Chemical Process Design and Integration(2nd Edition)

化工过程设计与集成

(原书第二版)

[英]罗宾·史密斯(Robin Smith) 著

徐冬梅 王彧斐 王英龙 高 军 译

中国石化出版社

内 容 提 要

本书内容涉及整个生产系统化工过程设计与集成的基本概念问题。全书共28章，以化工过程的设计、反应、分离、传热与安全为主线，将设备、过程和制造系统设计进行集成，综合阐述了进行过程设计的基本运算、工艺过程设计与化工厂整体设计及进行经济分析与评价的基本原理与方法，探讨了过程设计与集成的意义与描述方法，增加过程可靠性、安全性与风险性分析的方法，整体上更加强调环境可持续性。全书提供了大量的实际案例以供读者进一步熟悉相关知识。

本书可作为高等院校化工、化学、环境、制药等相关专业本科生和研究生的教学参考书，保证了对化学工程专业研究生和实践化学工程专业的有用性，也可供从事化工过程设计与开发的工程技术人员参考。

图书在版编目(CIP)数据

化工过程设计与集成：原书第二版／(英)罗宾·史密斯(Robin Smith)著；徐冬梅等译.—北京：中国石化出版社，2022.4

书名原文：Chemical Process Design and Integration，2nd Edition

ISBN 978-7-5114-6577-1

Ⅰ.①化… Ⅱ.①罗…②徐… Ⅲ.①化工过程-化工设计②化工过程-系统集成技术 Ⅳ.①TQ02

中国版本图书馆 CIP 数据核字(2022)第039773号

中国石化出版社出版发行

地址：北京市东城区安定门外大街58号

邮编：100011 电话：(010)57512500

发行部电话：(010)57512575

http://www.sinopec-press.com

E-mail：press@sinopec.com

北京富泰印刷有限责任公司印刷

全国各地新华书店经销

*

889×1194毫米 16开本 52印张 1546千字

2022年8月第1版 2022年8月第1次印刷

定价：290.00元

《化工过程设计与集成》翻译人员

徐冬梅　王彧斐　王英龙　高　军　马　准

李　军　崔志芳　刘　迪　于　昊　徐　步

张连正　马艺心　刘珊珊　王　群　张治山

《化工过程设计与集成》翻译人员工作分工

徐冬梅，山东科技大学：负责本著作翻译工作的统筹分工和协调、全书的翻译统稿、全书内容的修改完善、一致性审核以及校稿，并翻译第26章第6~18节(P735~780)、附录A、G和H、封面和版权页(Pi~vi)。

王彧斐，中国石油大学(北京)：翻译第17~24章(P457~686)，并同步完成相应章节图表的翻译处理和加工。

王英龙，青岛科技大学：翻译第13、14、16章(P349~392，P417~456)、目录(Pvii~xii)、前言(Pxiii~xiv)和致谢部分(Pxv~xvi)，一次统稿第1~10章、第25~28章，完成了第1~9章、第12~14章、第16章、第25~28章图表的翻译，并对全书所有章节的图表翻译内容进行了审核和修改完善。

高军，山东科技大学：翻译本书的符号说明(术语)部分，一次统稿第11~16章，统稿所有附录内容(含A~H)，并对全书符号的一致性进行审核。

马准，山东科技大学：翻译第7~9章(P125~220)。

李军，中国石油大学(华东)：翻译第10、11、15章(P221~274，P393~416)，并同步完成相应章节图表的翻译处理和加工。

崔志芳，山东科技大学：翻译第25、27、28章和第26章第1~5小节(P687~734，P781~826)。

刘迪，山东科技大学：翻译第12章(P275~348)。

于昊，山东科技大学：翻译第4~6章(P59~124)。

徐步，山东科技大学：翻译第1~3章(P1~58)。

张连正，山东科技大学：翻译附表B。

马艺心，山东科技大学：翻译附表C。

刘珊珊，山东科技大学：翻译附表D。

王群，山东科技大学：翻译附表E。

张治山，山东科技大学：翻译附录F。

第二版前言

本书主要用于解决化工过程的设计和集成问题。第二版在第一版的基础上，对内容重新进行了编写和改进，并重构了书的结构。本书的核心内容涉及整个生产系统化工过程设计与集成的基本概念问题。与第一版相比，在没有牺牲原有对整体概念设计的理解的基础上，此版更多考虑到了设备及设备的设计，其中包括了设备的选材等。与此同时，着重增加了有关物性、过程模拟和间歇过程的篇幅。随着环保意识的增强，也相应增加了更多相关环境可持续性的内容。本书涉及内容可以提高过程设计中原料、能量与水的利用率，同时强调生产安全。对化工过程的集成也不再局限于单个装置，而是强调装置间的集成，从而建立一个更加环境友好的、集成的生产系统。因此，第二版所考虑的，是对于设备层面、装置层面及整个生产系统层面的全面集成。也正是因为加入了设备的相关内容，此版对于化工专业的本科生来说，可以更好地与他们现在所学知识衔接，更易接受，与此同时，第二版仍然适用于化工研究生和化工工程师。

与第一版相比，第二版尽可能地强调了对于过程设计方法及其应用的理解。更具有实践意义的地方，是涉及了设计公式的推演，使得在应用这些公式的时候，读者更易于理解公式使用的限制，以及使用公式的最佳方法。

本书意在提供给处于各个学习阶段的化工专业学生、有经验的化工设计师和工程师，以及相关过程设计的应用化学家，具有实际指导意义的化工设计及集成的知识。对于本科生来说，本书呈现了基础的物料平衡、能量平衡及热力学知识，并提供了相关计算的电子表格。全书提供了大量的实际案例以供读者进一步熟悉相关知识。其中大部分案例不需要使用专业软件计算，只需手算或采用电子表格软件即可。对于一些较为复杂的案例，使用 Excel 软件可以更加方便地进行计算。最后，在每个章节后，增加了大量的习题，使得读者可以练习和掌握整个计算流程，并有答案可以参考。

Robin Smith

目　　录

符号说明(术语)

符号	说明
a	活度(-)
	立方状态方程常数(N · m^4 · $kmol^{-2}$)
	相关系数(单位取决于应用情况)
	成本系数($)
	反应顺序(-)
a_{mn}	UNIFAC 模型中的基团相互作用参数(K)
a_1，a_2	优化剖面控制参数(-)
A	吸收系数(-)
	年资金流($)
	蒸汽压相关常数(N · m^{-2}，bar)换热面积(m^2)
A_C	塔截面积(m^2)
A_{CF}	年资金流($ · y^{-1})
A_D	精馏降液管面积(m^2)
A_{DCF}	年折现金流($ · y^{-1})
A_{FIN}	翅片面积(m^2)
A_I	管内传热面积(m^2)
	界面面积(m^2，m^2 · m^{-3})
A_M	膜面积(m^2)
$A_{NETWORK}$	换热网络面积(m^2)
A_o	管外换热面积(m^2)
A_{ROOT}	翅片管外露的基管外表面面积(m^2)
A_{SHELL}	单个壳体换热面积(m^2)
AF	投资成本的年度系数(-)
	投资成本的规定系数(单位取决于成本的相关规定)
	立方状态方程(m^3 · $kmol^{-1}$)
	相关系数(单位取决于应用)
	反应顺序(-)
b_i	组分 i 的底部流量(kmol · s^{-1}，kmol · h^{-1})
B	管壳式换热器的折流板间距(m)
	精馏时的底部流量(kg · s^{-1}，kg · h^{-1}，kmol · s^{-1}，kmol · h^{-1})
	设备宽度(m)
	蒸汽压相关常数(N · K · m^{-2}，bar · K)
	间歇精馏剩余摩尔量(kmol)
B_c	管壳式换热器的挡板切割(-)

BOD	生物需氧量($kg \cdot m^{-3}$, $mg \cdot L^{-1}$)
c	投资成本规定系数(-)
	相关系数(单位取决于应用)
	反应顺序(-)
c_D	阻力系数(-)
c_f	范宁摩擦系数(-)
c_{fS}	光滑管范宁摩擦系数(-)
c_L	管道或管件损失系数(-)
C	浓度($kg \cdot m^{-3}$, $kmol \cdot m^{-3}$, ppm)
	蒸汽压相关常数(K)
	网络设计中组件(独立系统)数量(-)
C_B	设备的基本投资成本
C_e	环境排放浓度(ppm)
C_E	设备投资成本($)
	能源的单位成本($\$ \cdot kW^{-1}$, $\$ \cdot MW^{-1}$)
C_F	完整安装的固定投资成本
C_P	恒压比热容($kJ \cdot kg^{-1} \cdot K^{-1}$, $kJ \cdot kmol^{-1} \cdot K^{-1}$)
$\overline{C_P}$	恒压平均比热容($kJ \cdot kg^{-1} \cdot K^{-1}$, $kJ \cdot kmol^{-1} \cdot K^{-1}$)
C_S	修正的精馏表观速度($m \cdot s^{-1}$)
C_V	等容比热容($kJ \cdot kg^{-1} \cdot K^{-1}$, $kJ \cdot kmol^{-1} \cdot K^{-1}$)
C^*	溶质在溶剂中的溶解度(kg · kg 溶剂$^{-1}$)
CC	冷却塔浓度循环(-)
CC_{STEAM}	累积成本($\$ \cdot t^{-1}$)
COD	化学需氧量($kg \cdot m^{-3}$, $mg \cdot L^{-1}$)
COP	性能系数(-)
COP_{AHP}	吸收式热泵性能系数(-)
COP_{AHT}	吸收式热变压器性能系数(-)
COP_{AR}	吸收式制冷性能系数(-)
COP_{CHP}	压缩热泵性能系数(-)
COP_{HP}	热泵性能系数(-)
COP_{REF}	制冷系统性能系数(-)
CP	精馏的容量参数($m \cdot s^{-1}$)
	热容流量($kW \cdot K^{-1}$, $MW \cdot K^{-1}$)
CP_{EX}	热机排气的热容流量($kW \cdot K^{-1}$, $MW \cdot K^{-1}$)
CW	冷却水
d	直径(μm, m)
	相关系数(单位取决于应用)
d_C	柱内径(m)
d_i	组分 i 的馏分流量($kmol \cdot s^{-1}$, $kmol \cdot h^{-1}$)
d_I	管内径(m)
d_P	蒸馏和吸收填料尺寸(m)

d_R 翅片根部翅片管的外径(m)
D 馏分流量(kg · s⁻¹, kg · h⁻¹, kmol · s⁻¹, kmol · h⁻¹)
D_B 管壳式换热器管束直径(m)
D_S 管壳式换热器内壳径(m)
$DCFRR$ 折扣现金流收益率(%)
e 钢丝直径(m)
E 反应活化能(kJ · kmol⁻¹)
共沸蒸馏和萃取精馏中夹带剂的流量(kg · s⁻¹, kmol · s⁻¹)
辐射换热中的交换因子(-)
液-液萃取的萃取流量(kg · s⁻¹, kmol · s⁻¹)
分级效率(-)
E_O 精馏和吸收的总级效率(-)
EP 经济潜力($ · y⁻¹)
f 燃气轮机燃油空气比(-)
f_i 设备 i 的投资成本安装系数(-)
组分 i 的进料流量(kmol · s⁻¹, kmol · h⁻¹)
组分 i 的逸度(N · m⁻², bar)
f_P 考虑设计压力的投资成本因素(-)
f_T 考虑设计温度的投资成本因素(-)
F 进料流量(kg · s⁻¹, kg · h⁻¹, kmol · s⁻¹, kmol · h⁻¹)
考虑到利率情况下的某笔资金的将来值($)
自由度(-)
体积流量(m³ · s⁻¹, m³ · h⁻¹)
F_{FOAM} 精馏泡沫系数(-)
F_{LV} 精馏的汽液流动参数(-)
F_{RAD} 燃烧式加热器辐射段吸收的热量分数(-)
F_{SC} 管壳式换热器壳结构的修正系数(-)
F_T 管壳式换热器非逆流流动修正系数(-)
F_{TC} 管壳式换热器管数的修正系数(-)
F_{Tmin} 非逆流换热器的最小速率(-)
F_{XY} 规整填料的倾斜系数(-)
F_σ 考虑填料湿润不充分的因素(-)
g 重力加速度(9.81m · s⁻²)
g_{ij} NRTL 方程中分子 i 和分子 j 的相互作用能(kJ · kmol⁻¹)
G 自由能(kJ)
气体流量(kg · s⁻¹, kmol · s⁻¹)
$\overline{G_i}$ 组分 i 的偏摩尔自由能(kJ · kmol⁻¹)
$\overline{G_i^o}$ 组分 i 的标准偏摩尔自由能(kJ · kmol⁻¹)
GCV 燃料的总热值(J · m⁻³, kJ · m⁻³, J · kg⁻¹, kJ · kg⁻¹)
h 颗粒沉降距离(m)
h_B 管束的沸腾传热系数(W · m⁻² · K⁻¹, kW · m⁻² · K⁻¹)

h_C 冷凝膜传热系数($W \cdot m^{-2} \cdot K^{-1}$, $kW \cdot m^{-2} \cdot K^{-1}$)
h_I 内部膜传热系数($W \cdot m^{-2} \cdot K^{-1}$, $kW \cdot m^{-2} \cdot K^{-1}$)
h_{IF} 内部污垢传热系数($W \cdot m^{-2} \cdot K^{-1}$, $kW \cdot m^{-2} \cdot K^{-1}$)
h_L 管道或管件的压头损失(m)
h_{NB} 泡核沸腾传热系数($W \cdot m^{-2} \cdot K^{-1}$, $kW \cdot m^{-2} \cdot K^{-1}$)
h_O 膜外传热系数($W \cdot m^{-2} \cdot K^{-1}$, $kW \cdot m^{-2} \cdot K^{-1}$)
h_{OF} 外部污垢传热系数($W \cdot m^{-2} \cdot K^{-1}$, $kW \cdot m^{-2} \cdot K^{-1}$)
h_{RAD} 辐射传热系数($W \cdot m^{-2} \cdot K^{-1}$, $kW \cdot m^{-2} \cdot K^{-1}$)
h_W 管壁传热系数($W \cdot m^{-2} \cdot K^{-1}$, $kW \cdot m^{-2} \cdot K^{-1}$)
H 焓(kJ, $kJ \cdot kg^{-1}$, $kJ \cdot kmol^{-1}$)
高(m)
亨利定律常数($N \cdot m^{-2}$, bar, atm)
流股焓值($kJ \cdot s^{-1}$, $MJ \cdot s^{-1}$)
H_F 翅片高度(m)
H_T 塔盘间距(m)
$\overline{H_i^0}$ 组分 i 的标准生成热($kJ \cdot kmol^{-1}$)
ΔH^0 标准反应热(J, kJ)
ΔH_{COMB} 燃烧热($J \cdot kmol^{-1}$, $kJ \cdot kmol^{-1}$)
ΔH_{COMB}^0 298K 时的标准燃烧热($J \cdot kmol^{-1}$, $kJ \cdot kmol^{-1}$)
ΔH_{FUEL} 燃料达到标准温度的热量($J \cdot kmol^{-1}$, $kJ \cdot kg^{-1}$)
ΔH_{IS} 膨胀过程的等熵
焓变($J \cdot kmol^{-1}$, $kJ \cdot kg^{-1}$)
ΔH_P 将产物从标准温度加热到最终温度的热量($J \cdot kmol^{-1}$, $kJ \cdot kg^{-1}$)
ΔH_R 使反应物从初始温度上升到标准温度的热量($J \cdot kmol^{-1}$, $kJ \cdot kg^{-1}$)
ΔH_{STEAM} 发电蒸汽与锅炉给水的焓差(kW, MW)
ΔH_{VAP} 汽化潜热($kJ \cdot kg^{-1}$, $kJ \cdot kmol^{-1}$)
$HETP$ 理论板等效高度(m)
HP 高压
HR 燃气轮机热耗[$kJ \cdot (kWh)^{-1}$]
i 货币利息率(-)或离子数(-)
I 热流总数(-)
J 冷流总数(-)
k 反应速率常数(单位取决于反应的顺序),
或数值计算的步骤数(-),或导热系数($W \cdot m^{-1} \cdot K^{-1}$, $kW \cdot m^{-1} \cdot K^{-1}$)
k_F 翅片导热系数($W \cdot m^{-1} \cdot K^{-1}$, $kW \cdot m^{-1} \cdot K^{-1}$)
$k_{G,i}$ 气相传质系数($W \cdot m^{-1} \cdot K^{-1}$, $kW \cdot m^{-1} \cdot K^{-1}$)
k_{ij} 状态方程中组分 i 和 j 的相互作用参数(-)
$k_{L,i}$ 液相组分 i 的传质系数($m \cdot s^{-1}$)
k_0 反应热的频率因子(单位取决于反应的顺序)
k_W 壁导热系数($W \cdot m^{-1} \cdot K^{-1}$, $kW \cdot m^{-1} \cdot K^{-1}$)

K	总传质系数($kmol \cdot Pa^{-1} \cdot m^{-2} \cdot s^{-1}$)，或污垢速率常数($m^2 \cdot K \cdot W^{-1} \cdot day^{-1}$)，或换热网络焓区间总数(-)
K_a	基于活性的反应平衡常数(-)
K_i	组分 i 的平衡气液组分比(-)
$K_{M,i}$	组分 i 的膜平衡分配系数(-)
K_p	基于气相分压的反应平衡常数(-)
K_T	终端沉降速度参数($m \cdot s^{-1}$)
K_x	基于液相摩尔分数的反应平衡常数(-)
K_y	基于气相摩尔分数的反应平衡常数(-)
L	长度(m)，或液体流量($kg \cdot s^{-1}$，$kmol \cdot s^{-1}$)，或网络中独立环路的数量(-)
L_W	精馏塔板堰长(m)
LP	低压
m	质量流量($kg \cdot s^{-1}$)，或摩尔流量($kmol \cdot s^{-1}$)，或项目数(-)
m_C	水质污染物质量流量($g \cdot h^{-1}$，$g \cdot d^{-1}$)
m_{COND}	凝结水质量(kg)
m_{EX}	排气质量流量($kg \cdot s^{-1}$)
m_{FUEL}	燃料质量(kg)
m_{max}	最大质量流量($kg \cdot s^{-1}$)
m_{STEAM}	蒸汽的质量流量($kg \cdot s^{-1}$)
m_W	纯水质量流量($t \cdot h^{-1}$，$t \cdot d^{-1}$)
m_{WL}	限制纯水的质量流量($t \cdot h^{-1}$，$t \cdot d^{-1}$)
m_{Wmin}	淡水的最小质量流量($t \cdot h^{-1}$，$t \cdot d^{-1}$)
m_{WT}	淡水的目标质量流量($t \cdot h^{-1}$，$t \cdot d^{-1}$)
m_{WTLOSS}	含失水淡水的目标质量流量($t \cdot h^{-1}$，$t \cdot d^{-1}$)
M	投资成本相关系数(-)，或摩尔质量($kg \cdot kmol^{-1}$)，或变量个数(-)
MP	中压
MC_{STEAM}	蒸汽的边际成本($\$ \cdot t^{-1}$)
n	项目数(-)，或年数(-)，或多变性系数(-)，或 Willans 线斜率($kJ \cdot kg^{-1}$，$MJ \cdot kg^{-1}$)
N	压缩级的数目(-)，或独立方程的数目(-)，或摩尔数(kmol)，或理论级的数目(-)，或组分的传递速率($kmol \cdot s^{-1} \cdot m^{-3}$)，或转速($s^{-1}$，$min^{-1}$)
N_F	每单位长度的翅片数(m^{-1})
N_i	组分 i 的摩尔数(kmol)
N_{i0}	组分 i 的初始摩尔数(kmol)
N_{min}	最小理论级数(-)
N_P	管程数(-)
N_R	管排数(-)
N_{SHELLS}	管壳式换热器中 1-2 型管壳式换热器的数量(-)
N_R	排管数(-)
N_S	离心泵比转速(-)
N_T	管数(-)
N_{TR}	排管数(-)

N_{UNITS}	换热网络机组数(-)
NC	多组分混合物的组分数(-)
NCV	燃料的净热值($J \cdot m^{-3}$, $kJ \cdot m^{-3}$, $J \cdot kg^{-1}$, $kJ \cdot kg^{-1}$)
$NPSH$	净正吸头(m)
NPV	净现值($)
Nu	努塞尔数(-)
p	分压($N \cdot m^{-2}$, bar), 或螺距(m)
p_C	管道布局的螺距配置系数(-)
p_T	管间距(m)
P	未来一笔钱的现值($), 或压力($N \cdot m^{-2}$, bar), 或概率(-), 或 1-2 管壳式换热器的热效率(-)
P_C	临界压力($N \cdot m^{-2}$, bar)
P_{max}	1-2 套管式换热器最大热效率(-)
$P_{M,i}$	膜组分 i 的渗透性($kmol \cdot m \cdot s^{-1} \cdot m^{-2} \cdot bar^{-1}$, kg 溶剂 $\cdot m^{-1} \cdot s^{-1} \cdot bar^{-1}$)
$\overline{P}_{M,i}$	膜组分 i 的渗透率($m^{-3} \cdot m^{-2} \cdot s^{-1} \cdot bar^{-1}$)
P_{N-2N}	串联 1-2 型管壳式换热器的热效率随在管壳式换热器数量的变化(-)
P_{1-2}	1-2 型串联管壳式换热器的热效率(-)
P^{SAT}	饱和液汽压($N \cdot m^{-2}$, bar)
Pr	普朗特数(-)
ΔP	压降($N \cdot m^{-2}$, bar)
ΔP_{FLOOD}	注水条件下的压降($N \cdot m^{-2}$, bar)
q	热通量($W \cdot m^{-2}$, $kW \cdot m^{-2}$), 或精馏进料的热条件(-), 循环计算收敛的 Wegstein 加速参数(-)
q_C	临界热通量($W \cdot m^{-2}$, $kW \cdot m^{-2}$)
q_{C1}	单管临界热通量($W \cdot m^{-2}$, $kW \cdot m^{-2}$)
q_i	在 UNIFAC 模型(-)的 UNIQUAC 方程中测量分子 i 的分子范德华表面积
q_{RAD}	辐射热通量($W \cdot m^{-2}$, $kW \cdot m^{-2}$)
Q	热负荷(kW, MW)
Q_{ABS}	吸收器热负荷(kW, MW)
Q_c	冷却负荷(kW, MW)
Qc_{min}	冷负荷目标(kW, MW)
Q_{COND}	冷凝器热负荷(kW, MW)
Q_{CONV}	对流热负荷(kW, MW)
Q_{EVAP}	蒸发器热负荷(kW, MW)
Q_{EX}	热机排气热负荷(kW, MW)
Q_{FEED}	进料热负荷(kW, MW)
Q_{FUEL}	从炉子、锅炉或燃气轮机中产生的燃料的热(kW, MW)
Q_{GEN}	热泵发电机热负荷(kW, MW)
Q_H	加热负荷(kW, MW)
Q_{Hmin}	热公用工程目标(kW, MW)
Q_{HE}	热机热负荷(kW, MW)

Q_{HEN} 热交换器网络热负荷(kW，MW)
Q_{INPUT} 来自燃料的热输入(kW，MW)
Q_{HP} 高压蒸汽的热负荷(kW，MW)，或热泵热负荷(kW，MW)
Q_{LP} 高压蒸汽的热负荷(kW，MW)
Q_{LOSS} 炉膛、锅炉或燃气轮机的烟囱损失
Q_{OUTPUT} 产生蒸汽的热量输出(kW，MW)
Q_{RAD} 辐射热负荷(kW，MW)
Q_{REACT} 反应堆加热或冷却负荷(kW，MW)
Q_{REB} 再沸器热负荷(kW，MW)
Q_{REC} 热回收(kW，MW)
Q_{SITE} 现场供热需求(kW，MW)
Q_{STEAM} 蒸汽生产的热输入(kW，MW)
r 摩尔比(-)，或压力比(-)，或半径(m)
r_i 用 UNIQUAC 方程和 UINFAC 模型测量分子 i 的分子范德华体积(-)，
分子 i 的反应速率($kmol \cdot s^{-1}$)，分子 i 在分离过程中的回收率(-)
R 分离中某一组分的分级回收(-)，或 1-2 型管壳式换热器的热容比(-)，
或液-液萃取中萃余液的流量($kg \cdot s^{-1}$，$kmol \cdot s^{-1}$)，或热容流量比(-)，
或蒸馏中的回流比(-)，或水处理中的去除率(-)，或残留误差(单位取决于应用情况)，
或通用气体常数($8314.5N \cdot m \cdot kmol^{-1} \cdot K^{-1} = J \cdot kmol^{-1} \cdot K^{-1}$，$8.3145kJ \cdot kmol^{-1} \cdot K^{-1}$)
R_{AF} 空气与燃料的质量比(-)
R_{min} 最小回流比(-)
R_F 传热中的污垢热阻($m^{-2} \cdot K \cdot W^{-1}$)，或实际回流比与最小回流比之比(-)
R_{SITE} 现场功率热比(-)
ROI 投资回报率(%)
Re 雷诺数(-)
s 反应堆空速(s^{-1}，min^{-1}，h^{-1})，或燃气轮机的蒸汽空气比(-)
S 熵($kJ \cdot K^{-1}$，$kJ \cdot kg^{-1} \cdot K^{-1}$，$kJ \cdot kmol^{-1} \cdot K^{-1}$)，或换热器网络中的物流数(-)，
或反应器选择性(-)，或蒸馏的再沸比(-)，或反应的选择性(-)，
或优化中的松弛变量(单位取决于应用)，
或溶剂流量($kg \cdot s^{-1}$，$kmol \cdot s^{-1}$)，或吸收中的剥离因子(-)
S_C 冷物流(-)
S_H 热物流(-)
S_W 无量纲漩涡参数(-)
t 间歇时间/时间(s，h)
T 温度(℃，K)
T_{ABS} 吸收温度(℃，K)
T_{BPT} 标准沸点(℃，K)
T_C 临界温度(℃，K)
T_{COND} 冷凝温度(℃，K)
T_E 平衡温度(℃，K)
T_{EVAP} 汽化温度(℃，K)

T_{FEED} 进料温度(℃，K)
T_{GEN} 热泵发电机温度(℃，K)
T_H 热源温度(℃，K)
T_R 对比温度 T/T_C(-)
T_{REB} 再沸器温度(℃，K)
T_S 蒸汽供应温度(℃)
T_{SAT} 沸腾液体的饱和温度(℃，K)
T_T 目标温度(℃，K)
T_{TFT} 理论燃烧温度(℃，K)
T_W 壁温(℃，K)
T_{WBT} 湿球温度(℃)
$T*$ 温度范围(℃)
ΔT_{LM} 对数平均温差(℃，K)
ΔT_{min} 最小温度差异(℃，K)
$\Delta T_{THRESHOLD}$ 温差阈值(℃，K)
TAC 年度总成本($ $\cdot y^{-1}$)
TOD 总需氧量($kg \cdot m^{-3}$，$mg \cdot L^{-1}$)
U_{ij} UNIQUAC 方程中分子 i 与分子 j 的相互作用参数($kJ \cdot kmol^{-1}$)
U 总传热系数($W \cdot m^{-2} \cdot K^{-1}$，$kW \cdot m^{-2} \cdot K^{-1}$)
v 速率($m \cdot s^{-1}$)
v_D 下水管液体速率($m \cdot h^{-1}$)
v_S 壳程流体速度或空塔蒸汽速率($m \cdot h^{-1}$)
v_T 临界沉降速率或管速率($m \cdot h^{-1}$)
v_V 空塔中的表面蒸汽速度($m \cdot h^{-1}$)
V 摩尔体积或蒸汽流量或体积或吸收气体/蒸汽的体积($m^3 \cdot kmol^{-1}/kg \cdot s^{-1}/m^3/m^3 \cdot kg^{-1}$)
V_{min} 最小蒸汽流量($kg \cdot s^{-1}/kmol \cdot s^{-1}$)
V_F 汽相分率(-)
w 单位质量吸附剂吸附的吸附物质量(-)
W 轴功率或轴功(kW，MW/kJ，MJ)
W_{GEN} 发电(kW，MW/kJ，MJ)
W_{GT} 燃气轮机发电(kW，MW)
W_{INT} 威兰线截距(kW，MW)
W_{LOSS} 燃气轮机或蒸汽轮机的功率损失(kW，MW)
W_{SITE} 站点电力需求(kW，MW)
x 优化问题中的控制变量(单位取决于实际应用)或液相摩尔分数(-)
x_F 优化问题中控制变量的最终值或进料的摩尔分数(-)
x_B 塔底摩尔分数(-)
x_D 塔顶摩尔分数(-)
x_0 优化问题中控制变量的初值(-)
X 反应器转化率或蒸汽湿度(-)
X_E 反应器的平衡转化率(-)

X_{OPT} 最优的反应器转化率(-)

XP 1-2 管壳式换热器中允许的最大热效率 P_{max} 的分数(kW，MW)

y 优化中的整数变量或汽(气)相摩尔分数(-)

y_F 翅间距(-)

z 高度或进料摩尔分数(-)

Z 流体的压缩因子(-)

希腊字母

α 三次状态方程的常数或蒸汽压常数或阀门开度或螺旋线与管轴的夹角或相对挥发度(-)

α_{ij} 组分 i 和 j 之间的理想分离因子或膜选择性或表征分子 i 和分子 j 在 NRTL 方程中以随机方式分布趋势的参数或组分 i 和组分 j 之间的相对挥发度(-)

α_{LH} 轻、重关键组分的相对挥发度(-)

α_P 填料表面积($m^2 \cdot m^3$)

β_{ij} 组分 i 与组分 j 的分离系数(-)

γ 优化中的逻辑变量或气体和蒸汽的热容比(-)

γ_i 组分 i 的活度系数(-)

δ 厚度(m)

δ_F 翅片厚度(m)

δ_M 膜厚度(m)

ε 辐射率或液-液萃取中的萃取系数或管道摩擦系数(-)

η 卡诺系数或卡诺效率(-)

η_{AHP} 吸收的热泵效率(-)

η_{AHT} 吸收塔热变压器效率(-)

η_{BOILER} 锅炉效率(-)

η_C 卡诺效率(-)

η_{CHP} 压缩热泵效率(-)

η_{COGEN} 热电联产效率(-)

η_F 翅片管效率(-)

η_{GT} 燃气轮机效率(-)

η_{IS} 压缩或膨胀的等熵效率(-)

η_{MECH} 汽轮机的机械效率(-)

η_P 多变的压缩或膨胀效率(-)

η_{POWER} 发电效率(-)

η_{ST} 汽轮机效率(-)

η_W 权重翅片效率(-)

θ 角度或膜渗透率或安德伍德方程的根(-)

ϑ 优化中的逻辑变量(-)

λ 蒸发潜热的比值(-)

λ_{ij} 表征分子 i 与分子 j 相互作用的能量参数(-)

μ 流体黏度($kg \cdot m^{-3}$，$kmol \cdot m^{-3}$)

Π 渗透压($N \cdot m^{-2}$，bar)

ρ 密度($kg \cdot m^{-3}$，$kmol \cdot m^{-3}$)

σ	Stephan-Boltzmann 常数或表面张力$\left(W\cdot m^{-2}\cdot \frac{K^{-4}}{mN}\cdot m^{-1}=mJ\cdot m^{-2}=dyne\cdot cm^{-1}\right)$
τ	空时/停留时间(s, min, h)
τ_w	壁面剪切应力($N\cdot m^{-2}$)
v_k^i	分子 i 中相互作用基团的数量(-)
Φ	逸度系数或优化中的逻辑变量(-)
ω	离心因子(-)

下标

axial	轴向
B	锅炉排污或精馏塔底部
BFW	锅炉给水
BW	火墙
cont	贡献
C	冷物流或污染物
CN	冷凝
COND	冷凝状态
CP	连续相
CW	冷凝水
D	馏出物
DS	过热
e	增强或换热器壳侧的端部区域或环境或平衡
E	蒸发或液-液萃取的萃取物
EVAP	蒸发器条件
EX	废气
Final	间歇精馏的最终情况
F	进料或最后或流体
FIN	翅片管上的翅片
FG	液相
G	气相
H	热物流
HP	热泵或高压
i	组分或物流数
in	进口
I	内部
IF	内部
IMP	叶轮
IS	等熵
J	组分数
K	换热网络中的焓区间数
L	液相
LP	低压
M	补充

max	最大
min	最小
M	精馏或吸收中的级数
MIX	混合物
N	精馏或吸收中的级数
out	出口
O	标准情况或外部
OF	外部
p	精馏和吸收中的级数
prod	反应产物
P	颗粒或渗透
PINCH	夹点情况
react	反应物
R	液-液萃取中的萃余液
REACT	反应
ROOT	翅片管的底部或者基管
S	液-液萃取中的溶剂
SAT	饱和状态
SF	补燃
SUP	过热的条件
SW	漩涡的方向
T	处理
Te	管侧增强
TW	净化水
V	气相或汽相
w	换热器壳侧的窗口部分
W	管壁状况或水
WBT	湿球条件
WW	废水
∞	馏分夹点的条件

上标

I	相 I
II	相 II
III	相 III
IDEAL	理想情况
L	液相
O	标准情况
V	气相或者汽项
*	调整参数

第1章　化工过程设计与合成的本质

1.1　化学品

化学化工产品，对于生活在现代社会中的我们来说不可或缺。如今人们衣食住行的方方面面，都少不了形形色色化学品的助力。然而或许正是由于它们无处不在，社会大众往往把化学产品看成是理所当然、招之即来的存在。实际上，化学工业必须经过一系列精细缜密的设计、操作、控制，才有可能将原材料一步步转化成我们身边各式各样的最终产物。

在设计化学品生产过程时，产品销售的市场条件将从根本上影响该设计的目标和着力点。化学品可分为以下三大类：

1）普通或大宗化学品：此类产品的生产规模庞大，其需求取决于成品的化学组成、纯度和价格。如：硫酸、氮气、氧气、乙烯、氯气。

2）精细化学品：此类产品的生产规模较小，买家根据其化学组成、纯度和价格进行选购。如：环氧氯丙烷(可用于生成环氧树脂和离子交换树脂等)、二甲基甲酰胺(可用作制药过程的溶剂、反应介质和中间体)、正丁酸(用于饮品、调味品、芳香剂等)和钛酸钡粉末(用于制造电容器)。

3）特殊或功能化学品：对此类产品的需求主要受它们的作用(或功能)所影响，而不是其化学组成。如：药品、杀虫剂、染料、香水和调味剂。

由于人们在采购普通和精细化学品时，通常仅考虑其化学组成，我们认为它们是无差别的。譬如抛开价格和物流等因素，选择不同厂家生产的99.9%纯度的苯，不会有任何差异。此外，由于特殊化学品的功能决定其需求，它们被认为是可区分的。例如，竞争性医药产品是根据其产品的功效不同而区分的，而不是化学组成。同样，当我们需要购买黏合剂时，考察的并不是它的具体组成等，而是它粘接物体能力的强弱。

然而在实际中，几乎完全无差别和完全可区分的产品是不存在的。对于普通和精细化学品，在纯度要求之外，还可能有杂质要求。因为在某些情况下，可以通过普通和精细化学品中的杂质来区分制造商。例如99.9%的丙烯酸，本可以被认为一种无差别的产品。然而混迹其中的微量杂质，即使浓度仅有几个ppm，也有可能对某些丙烯酸参与的反应产生影响，从而影响丙烯酸产品的应用。而产品中的杂质的种类由于制造过程的不同而有差异。另外，特殊化学品也不都是可区分的。例如我们熟知的阿司匹林(乙酰水杨酸)就是无差别的。很多制药厂都生产它，而除了价格和市场营销方面的不同之外，这些产品的功效几乎完全一样。因此，所谓的“无差别”和“可区分”，更多是相对意义上，而非绝对意义上的产品特性。

这三类化学品的生产规模也各有不同。精细和特殊化学品的年产量往往小于1000t，普通化学品的产能通常要大得多。当然，这方面的差别也不是绝对的。比如聚合物的市场需求可能取决于其特有的机械性能，因此聚合物是可区分的，但该产品的生产规模往往大于年产1000t的水平。

在商业化的最初几年，新研发的化学品通常是有专利保护的。一项产品要想获得专利，必须具有新颖性、实用性和技术隐秘性等特点。厂家一旦取得专利权，实际上就在专利期限内作为垄断者，享有独家对该产品进行商业运作的权利。专利的期限一般是自签发之日起20年。作为同行竞争者，要么等到专利逾期，可以合法生产该产品，要么就研发替代品，与该专利产品抗衡。

除申请专利之外，企业也可通过严守技术机密，来捍卫自己产品的竞争力。例如可口可乐公司在长达100多年的时间里，对其配方始终秘而不宣。用此法保护产品，虽无时间限制，却对生产制造过程有额外的要求，因此外人无法只通过化学成分分析来成功复制该产品。只有当产品的性质不仅取决于其化学组成，也取决于具体的制造工艺时，该条件方可成立。也只有特定种类的特殊化学品和食品，才有可能满足这一条件。

图 1.1 所示为不同产品的市场寿命(Sharratt，1997；Brennan，1998)。大体趋势是，当一种新产品上市时，其销量先是缓慢上升，直到开拓出成熟稳定的市场后，才会更加快速地增长。若有专利保护，则在保护期内，竞争对手们无法对该商品进行开发。直到专利过期，他们才有可能生产同类产品，抢占市场份额。可以预见，同类产品的竞争将使得该产品的销量在其市场寿命的晚期开始逐渐减少，直至低到令生产者撤出市场竞争。从图 1.1 中来看，产品 A 就相当失败，市场寿命短、销量低。反映出由于该产品无法与其他竞争或替代商品抗衡，导致公司在短时间内被迫退出市场的情况。然而，销量低并不是判断是否应撤出市场的主要依据。例如某些产品一旦找到了适当的市场定位，在销量不高的情况下能保证较高的价位，也是可行的。此外，如果一个产品在所属市场分区内，遭遇具有类似功能产品的激烈竞争，使得其售价和销量均降低，那么退出市场是比较明智的选择。在图 1.1 中，与产品 A 相比，产品 B 看起来更有优势，市场寿命更长、销量更高，但在专利过期后其销量骤减，市场份额下跌。产品 C 比产品 B 更有优势，不但销量高，而且通过升级换代，延长了产品市场寿命(Sharratt，1997)。最后的产品 D 则显示出普通化学品的典型市场寿命形态。与精细化学品和特殊化学品不同的是，普通化学品的销量在市场化早期即呈现快速增长，接下来是销量缓慢增长的成熟期或某些特殊情况下，成熟期销量可能会缓慢下降，这是因为普通化学品往往用途广泛。通常随着产品用途的扩展，竞争对手可能会分流走一部分客户，但其市场寿命也会随之延长。

不同种类的化学品，其附加值也大不相同(所谓附加值，就是产品的售价与购买所有原材料的总成本之差)。普通化学品的附加值往往不如其他两种高，产量却刚好相反，明显高于精细和特殊化学品。

由于此种差异的存在，当对普通化学品的生产进行设计时，首要考虑的是把操作成本尽量降低，而其较大的生产规模则决定了其资金成本投入会显著高于精细和特殊化学品的生产成本。

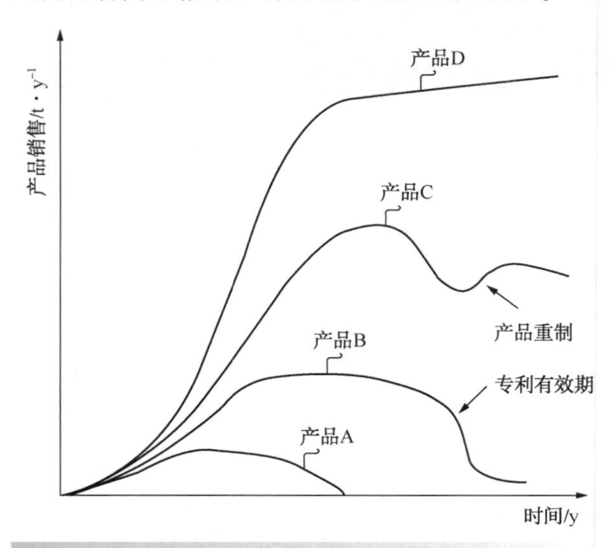

图 1.1　产品的寿命形态

设计特殊化学品生产工艺时，则应优先考虑产品性能，因为只有保证产品的独特性能不打折扣，才能获得市场需求。相对于普通化学品，此类工艺过程可能规模较小，操作成本往往不是特别重要的考量因素，同时资金成本也相对较低。尤其是在产品有专利保护时限的情况下，特殊化学品的市场化时间会非常重要，无论从基础研发到产品测试，还是从中试到工艺设计、工厂建设乃至生产环节，任何节省时间的举措都可能对整个项目的盈亏产生重大影响。

以上信息意味着，根据产品性质的不同，工艺设计的优先考量往往会显著不同。对普通化学品来说，产品方面的创新可能相对较少，而工艺流程方面的创新则层出不穷，为某一工段专门设计的设备并不鲜见。精细和特殊化学品的制造过程可能会有如下特点：

- 低销量市场；
- 较短的产品市场寿命；
- 产品市场化的时间紧迫，因此工艺设计时间短，往往产品与工艺的研发同步进行。

于是，精细和特殊化学品的制造，通常会用到多用途设备，同一套设备在一年中的不同时段，可能会被用来生产不同的化学品，设备的寿命可能远超产品的市场寿命。

药品的研发更为特殊。为满足安全性测试和临床测试，要求在研发过程中即能制备高质量的产品。医药产品的生产，体现了过程设计中的一种极端情形。由于受到严格的监管，即使在研发阶段，想要改进工艺流程也是十分困难的。即便设计方提出了具有显著意义的流程改进方案，由于其可能推迟甚至妨碍产品获批的过程，改进方案最终也极有可能会被束之高阁。

1.2 设计任务的明确化

在着手进行工艺设计之前，首先必须明确设计任务或设计问题。这一步骤需要建立在对产品特性指标的详尽了解之上。若已计划生产某种化学品，则通常可以确定产品的诸项特性指标(例如纯度要求)。不过对于特殊化学品来说，最重要的因素是其独特的功能，而非化学性质，故此时可能先需要进行一个产品设计阶段(详见 Seider et al.，2010；Cussler and Moggridge，2011)。

很多时候，在设计的初始阶段我们无法对所谓的设计问题有一个很好的定义。例如，设计团队接到的任务是扩大某公司一处现存工厂的产能，该工厂生产某种聚合物前体，而此种聚合物也是同一家公司的产品。该设计要求主要是源于此聚合物市场需求的增大，而前体制造工厂的现有产能已经达到饱和。设计团队可能会拿到具体的产能扩张要求。比如，经市场部评估，该产品的市场需求将增大 30%，且至少维持两年，则 30%的扩张规模即适用于前体工厂。然而，此类预测极有可能谬以千里。随着经济大环境的变化，市场需求的实际增长可能与预测相差极大。另一种可能是，将生产出的前体卖给其他制造商，则产能扩大的规模甚至需要高于 30%。随之而来的问题是，目前生产的前体的纯度，是否满足市场销售的要求？也许下游制造商需要更高纯度的前体。即便当前纯度可以为市场所认可，但若能进一步改善，则产品价值或销量会有明显提升。另有一个选项是，不提升产能，而是直接从市场上购买前体。若采用此方案，则须考虑买来的产品是否符合该公司的要求？是否需提纯才可使用？货源是否稳定可靠？所有这些不确定性更大程度上与市场供需，而不是与具体的工艺设计细节相关。

进一步研究发现，若产能扩容 10%，仅需投入一笔少量的资金，而扩容 20%则需要投入一大笔资金，而 30%的扩容需要耗费极大的资金量。这就带来了新问题，我们应该仅仅扩容 10%，然后从市场寻找货源以弥补缺口吗？还是扩容 20%？若是市场需求上升的可能性很大，而扩容 30%又异常昂贵，何不直接建立一所新的工厂？若决定建新厂，应该采取的技术路线是什么？自原厂投产以来，业界可能已发展出新的低成本生产工艺。同时，新厂的厂址应如何选取？考虑到运营成本，在国外建厂，产品运回国内作为聚合物过程生产的原料，或许更为划算。同时，这可能会刺激国外市场需求，那么新厂的产能应该设计成多大为宜？

这样，团队从刚开始不够明确的设计问题出发，衍生出一系列的具体方案，然后在某些共有假设(例如关于一定时期内原材料和产品价格的假设)的基础上加以比较。一旦确定某一方案的全部选项，设计团队就可以将设计问题明确化，并利用相关的工程和经济分析手段加以考察。

在考量每一个设计方案的时候，设计团队应该首先从最高层次加以考察——在仅考虑必要细节信息的情况下进行可行性研究——以确定这是否是一个值得考虑的方案(Douglas，1985)。产品价值与原料成本的差距足够大吗？如果总体可行性没有问题，就可以开始考虑一些细节信息，然后进一步评估方案，加入更多细节，再进一步评估，如此反复。生产中可能会得到一些富有经济价值的副产品。当前的工厂或许已将产出的少量副产品在市场上销售。然而如果扩容发生了，市场需求也许无法消化新的副产品的生产规模，这将如何影响公司的经济效益？

总而言之，最初摆在设计团队面前的问题或任务，可能是定义不清的、模糊的——即便它可能看起来有着明确的设计要求。设计团队的首要工作，是形成一系列可行的设计选项，再用工程分析和经济分析手段加以筛查。这些选项必须形成非常具体的设计问题。这样设计团队才能将定义不清的问题，转化成一系列定义明确的设计选项，以备进一步分析。

1.3 合成与模拟

在化工过程中，从原材料到所需化学产品的转化，通常不可能一步实现，而是被分解成若干步骤，每一步只实现总转化过程的一个环节。这些步骤可能包括反应、分离、混合、加热、冷却、变压，以及固体的粒径增减。一旦选定每个具体步骤，下一步须将它们相互联系以实现完整的转化过程(图 1.2a)。因此，化工过程的合成，包含了两大类操作：①选定每个单独步骤；②连接单独步骤形成完整的过程，以实现所需的总体转化。其工艺的步骤及相互联系的流程图(PFD)如图 1.2 所示。

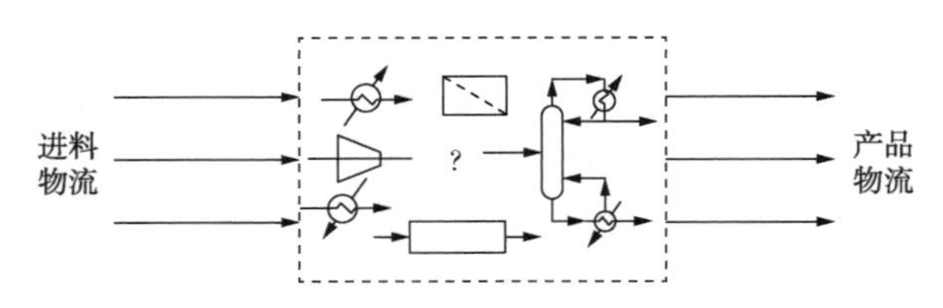

(a)工艺设计始于将原材料转化为所需产品的过程的综合

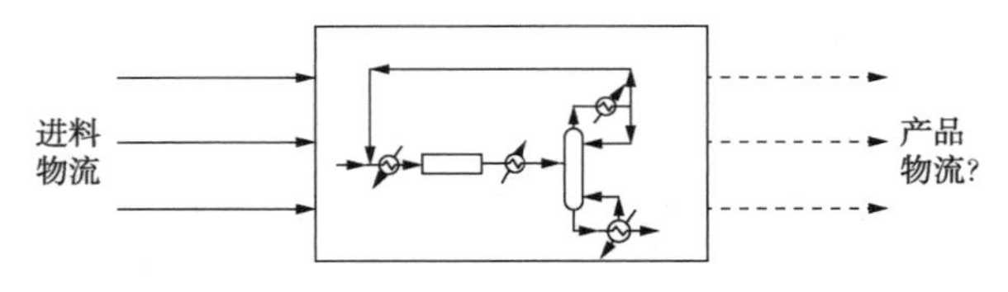

(b)模拟可以预测一个进程在被构造时的行为

图 1.2 合成是将原料流转化为产品流的过程。模拟预测如果它被建造的话会有什么结果

一旦确定了流程图，设计团队便可以着手进行工艺过程模拟。用化工过程的数学模型来尝试预测该过程实际建成后的表现，称为模拟(图 1.2b)。通过物料和能量衡算可以揭示该过程的内在的工作原理，有助于过程设计更细节化。建模之后，需要对各物料的流量、组成、温度和压力的数值进行合理假设，然后经过过程模拟，我们就可以预测产品的流量、组成、温度、压力和性质等。例如，模拟还有助于设计团队来确定每个设备的大小、预测原料的用量和能耗。接下来即可对所设计工艺过程的表现加以评估。

1) 设计计算的精准度。过程模拟步骤可以在合成步骤完成后提供更多细节信息。这部分的计算，通常可以由通用模拟软件求解，以获得较高精确度。然而，工厂建成不能证明设计是具有高准确精度的。几乎没有工厂在投产后会严格地按照设计团队给出的流率、温度、压力和组成来运转。可能的原因包括：实际使用的原材料与工艺设计假设的有细微差异、计算中使用的物性数据有误差、原设计的操作会带来腐蚀、积垢等问题，或者在原设计条件下工厂无法实现很好的自动控制等。工厂中用来测量流量、温度、压力和组成的仪器仪表，示数不可能达到模拟计算中采用的精度。不过设计的某些特定部分，可能依然要求高精度计算。例如，聚合物前体中某些杂质的量必须得到严格控制，达到 ppm 级别，或者废液中某些对环境极不友好的组分必须经过极其严格的衡算。

即便高精度计算无法与实际操作吻合，但对设计计算精度的要求依然不能太低。高精度计算的意义在于，通过检查计算的前后一致性，可以帮助我们找出误差或不合理的假设，同时也可以在公平合理的基础上对不同的设计选项加以比较。

由于执行设计方案过程中存在的种种不确定性，具体的设计标准通常会比计算结果所要求的条件更高，也就是说工厂是超安全标准设计，或者说，在设计安全系数方面加入了偶然性因素的考虑。例如，设计者可能会使用高精度计算方法，精确算出一个精馏分离单元所需的精馏塔板数，而考虑到偶然性，可以再增加 10% 的塔板数。如此设计可以应对单元进料量与规定值存在差距、物性存在偏差、生产中种种不利条件等因素的挑战。如果意外事件考虑得不够，设计出来的工厂可能是不可以用的；考虑得太多，不但工厂的造价会高到离谱，而且超过一定限度的过度设计，将会使得整个工厂运作困难，效率低下。例如，设计者在计算换热器尺寸后，考虑太多偶然性因素，最终会得到一个硕大无比的换热器。这种尺寸的换热器，在流体流速较低时，性能会大打折扣，而且更易积垢。

工艺设计中的“过度设计”，太少则无法运转，过多则浪费铺张，所以设计团队应该寻求合理的平衡点。

2）过程设计中物性。几乎所有的过程计算都要用到固体、液体和气体的物性，这些物质可能是进料、中间产品，或者是最终产品。准确合理的物性数据对成功的工艺设计至关重要。当使用软件包进行模拟计算的时候，我们通常可以选择所需的物性关系式和具体数据。然而，如果设计者的选择不够合理，即使精度再高，设计计算的结果也可能是无意义的，甚至导致危险发生。在应用物性关系式时，若超出了它所适用的范围之外，同样可能带来风险。关于工艺设计中物性数据的使用，参见附录A。

3）性能评估。评估工艺的性能，涉及方方面面。良好的经济绩效是一个显著的首要标准，但这绝对不是唯一的标准。化学工艺设计应最大限度发挥工业生产的可持续性。最大限度提高可持续性，要求工艺系统应以经济可行、环境友好和对社会有益的方式满足人类需求（Azapagic，2014）。对于化学工艺设计，这意味着工艺建设过程应尽可能少地采用资源消耗型的建筑材料，原料应尽可能在经济意义和实践意义上得到有效利用，这样既可防止产生对环境有害的废物，也可以尽可能多地保护原料的储备。工艺过程应尽可能从经济和实践意义上减少能量消耗，以减少二氧化碳的排放和保存化石燃料储备。水资源的消耗也必须是可持续的，以免导致水源质量和储量长期下降。不得向水体和大气排放对环境有害的废物，避免固体废物的直接填埋。设计者考虑的界线应超出被设计对象的物理边界，以最大限度地发挥社会效益，以避免不利的健康影响、过重的运输负担、气味和噪声滋扰等。

该过程还必须符合规定的健康和安全标准。开机、紧急停机及易控性也是考察的重要因素。灵活性——即在不同条件（例如原料和产品规格之间存在差异的情况）下运作的能力也是不容忽视的。此外实用性，即该工艺能够满足生产要求的时间占其总体运行时间的比例，也可能至关重要。设计中的不确定性，例如由于不可靠的设计数据或经济数据的不确定性，可能会导致实际设计与最初的设计选项大相径庭。其中一些因素，如经济性能，可以很容易量化；其他的，如安全因素，则往往难以量化。评估不容易量化抽象的因素，需要依靠设计团队的判断力。

4）施工材料。施工材料的选择，同时影响设备的机械设计和投资成本。许多因素影响到建筑材料的选择。其中最重要的是（见附录B）：

- 机械性能（特别是抗拉强度、抗压强度、延展性、韧性、硬度、疲劳极限和抗蠕变性）；
- 温度（低温和高温）对机械性能的影响；
- 易于制造（加工、焊接等）；
- 耐腐蚀性能；
- 材料中标准设备的可用性；
- 成本（例如，如果施工材料特别昂贵，可能希望在工艺侧使用更便宜的材料作为衬里，以降低成本）。

投资成本估算和设备评估初步规范，对施工材料有一定的要求。关于更常用的施工材料的讨论见附录B。

5）流程安全性。在评估流程设计时，流程安全性应成为首要考虑因素。不能把安全注意事项放到设计完成之后。需要在设计中加入安全系统以缓解高压和在危险环境下的跳闸等。然而，到目前为止，最有效的安全措施是，通过设计过程本身，设置各种安全手段。这将在第28章中详细介绍。固有安全的设计意味着避免使用危险材料，或者尽可能少使用它们，或者在较低的温度和压力下使用它们，或用惰性材料稀释。使过程本质安全的主要方法之一是限制有害物质的库存，尽量避免存储易燃或有毒液体（参见第28章）。

6）最优化。一旦评估了设计的基本性能，可以进行改进以提高性能；此谓对过程进行了最优化。这些变化可能涉及替代结构的整合，即结构优化。进而重新对该过程进行模拟和评估等以优化结构。可以通过改变结构中的操作条件来对每个结构进行参数优化，如图1.3所示。从项目定义中，合成了初始设计方案。然后可以对其进行模拟和评估。一旦评估完成，可以通过改变流量、组成、温度和压力的连续参数，进行参数优化设计，以改进评估结果。但是，此参数优化仅针对初始设计结构，此结构可能不是最佳结构。因此，设计团队可能会返回到设计合成阶段，以便通过结构优化，探索其他结构。此外，如果参数优化调整条件的设置与原始假设有显著差异，那么设计团队可能会返回到合成阶段，通过结构优化，考虑其他结构。本章后续部分将讲述这种设计方法的几种方式。

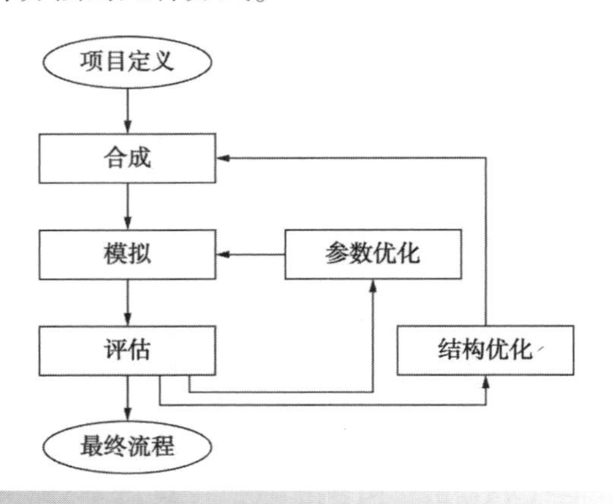

图 1.3　优化可以作为结构优化或参数优化来进行，以提高对设计的评价

7）对设计选项的灵活把握。要开发设计概念，需要首先生成设计选项，然后进行评估。人们倾向于经过早期初步评估之后，直接排除那些看起来缺乏吸引力的选项。但是，必须避免这种倾向性。在设计的早期阶段，除非设计方案绝对不可行的情况，评估中的不确定性通常会对消除早期选项产生过于严重的影响。初始成本估算可能具有很强的误导性，早期决策的全面安全和环境影响只有在添加了细节后才能明确。如果可以预见未来的一切，提前决定可能会大有不同。仅仅关注某一选项，而在获得了更多信息的条件下，不去重新审视其他选项，是危险的做法。设计团队不得存在某些先入为主的想法。这意味着设计选项应该尽可能长时间保持开放，直到可以拍板为止。总之所有的选项都应加以考虑，即使它们起初看起来没有任何吸引力。

1.4　化工过程设计与集成的层次

考虑图 1.4 描述的过程（Smith and Linnhoff，1988）。该过程需要一个反应器将原料转换成产品（图 1.4a）。不幸的是，并非所有的原料都参与反应。此外，原料的一部分会反应生成副产品，而不是所需的产品。需要一种分离系统将所需纯度的产品分离出来。图 1.4b 显示了一个由两个精馏塔组成的分离系统。图 1.4b 中的未反应原料被回收，产品、副产品则从该过程中被移除。图 1.4b 中所有的加热和冷却均由外部能源（这种情况下是蒸汽和冷却水）提供。这种流程在使用能源方面可能效率太低，应该考虑热量的回收利用。因此，进行热集成，在需要冷却的和需要加热的那些流股之间进行热交换。图 1.5（Smith and Linnhoff，1988）为两种可能的热交换器网络设计，文献中另外有许多其他热集成的布置方法。

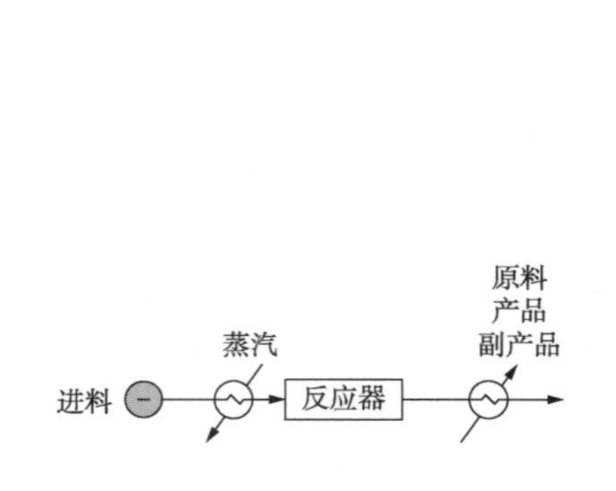

(a)反应炉将原料转化为产物和副产品

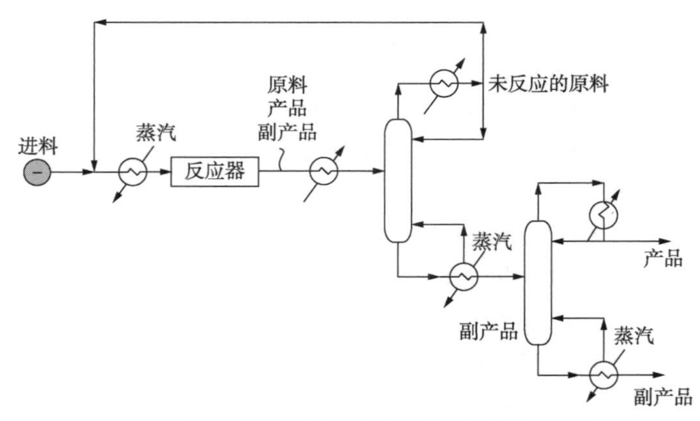

(b)利用分离系统来分离产品并回收未反应的原料

图 1.4　工艺设计从反应器开始。反应器的设计规定了分离和回收的问题
（转摘自 Smith R and Limhoff B，1998，Trams IChemE ChERD，66：195，by permission of the Institution of Chemical Engineers）

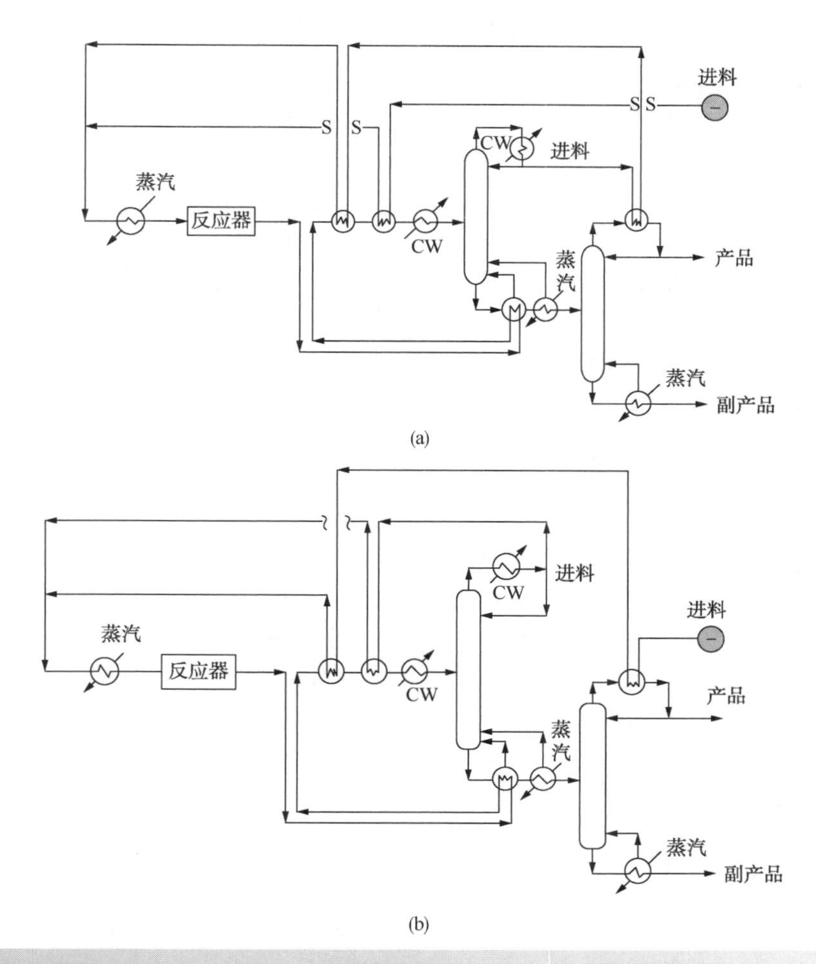

图 1.5　对于给定的反应器和分离器设计，有不同的热集成可能性
（转载自 Smith R and Linnhoff B，1998，Trans IChemE ChERD，66：195 by permission of the Institution of Chemical Engineers）

图 1.5 所示的流程图具有相同的反应器设计。对不同的反应器设计方法进行研究，或许颇有用处。例如，可以增加反应器的尺寸以提高原料转化率（Smith and Linnhoff，1988）。于是反应器出料中的原料不仅大大减少，而且还有更多的产品和副产品。然而，副产品的增量却大于产品。因此，尽管反应器在其出料中具有与图 1.4a 中的反应器相同的三个组分，但是原料较少、产品较多，副产品则显著增多。分离系统因为反应器设计的这种变化而产生出不同的任务要求，现在有可能采用不同于图 1.4 和图 1.5 所示的分离系统。图 1.6 所示为一个可能的替代方案，即同样使用两个精馏塔，但以不同的序列进行分离。

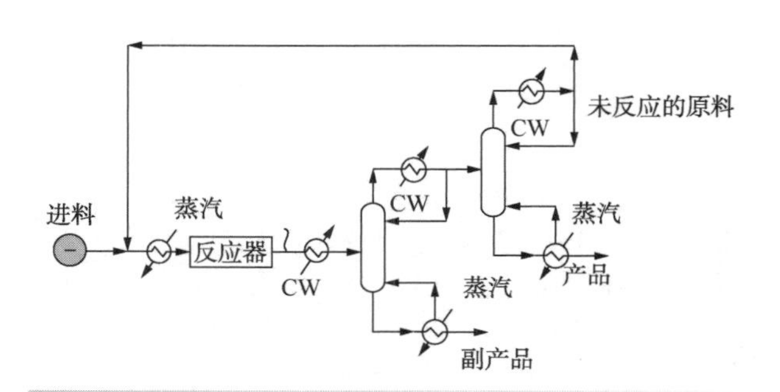

图 1.6　改变这些因素决定了不同的分离和循环问题
（转载自 Smith Rand Linnhoff B，1998，Trans IChemE ChERD，66：195 by permission of the Institution of Chemical Engineers）

图 1.6 所示为几个没有任何热集成的反应器和分离系统的流程图。如前所述，在能源利用方面这可能太低效了，应当改用热集成方案。图 1.7(Smith and Linnhoff，1988)所示为涉及热回收的许多可能的流程中的两个。

可以通过模拟和成本计算来评估不同的完整流程。在此基础上，图 1.5b 中的流程可能比图 1.5a 和图 1.7a 和图 1.7b 中的流程更有潜力。但是，最佳流程的确立，必须以各流程操作条件得到优化为前提。图 1.7b 中的流程具有比图 1.5b 更大的改进余地等。

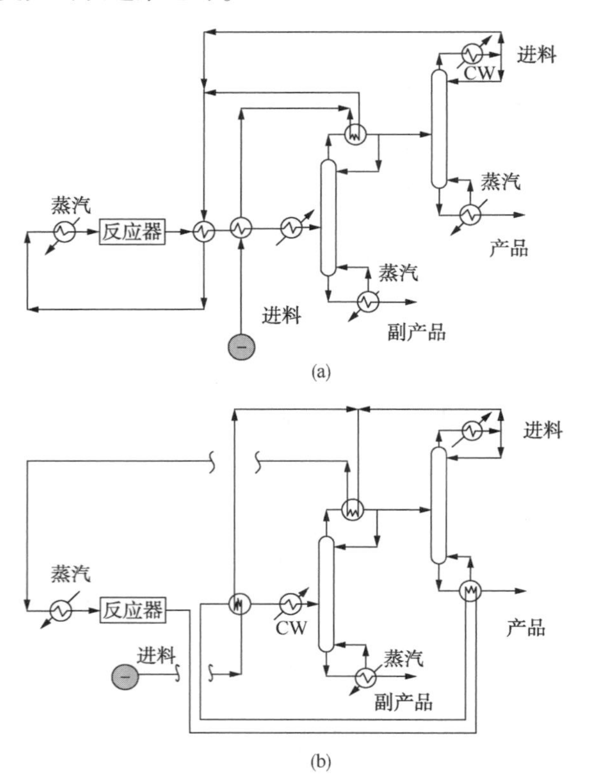

图 1.7　不同的反应器设计及分离系统
(转载自 Smith Rand Linnhoff B，1998，Trans IChemE ChERD，66：195，by permission of the Institution of Chemical Engineers)

因此，化学过程集成的复杂性具有两重意义。首先，所有可能的流程结构都可以被找到吗？可以认为，所有的，至少所有重要的结构选项都可以通过考察找到。事实上，即使长期存在的进程仍在持续被改进，这证明了该过程是多么困难。第二，是否可以对每个结构进行优化以进行合理的比较？当优化结构时，可以有许多方式可以执行每个单独的任务，以及可以将各个任务相互连接的许多方式。这意味着必须模拟和优化多种结构选项的操作条件。这看起来似乎是一个压倒性的复杂问题。

对问题的性质有清晰的把握，有助于问题的解决。如果这个过程需要反应器，这就是设计的出发点。这可能是整个过程中原材料成分转化为产品成分的唯一模块。所选择的反应器设计会产生未反应的进料、产品和副产品的混合物，之后需要加以分离。未反应的原料应被回收利用。反应器设计决定了分离和回收问题。因此，分离和循环系统的设计，应是反应器设计的下一步。反应器、分离和再循环系统设计又共同确定了加热和冷却过程的负荷。因此，接下来是热交换器网络设计。无法通过热量回收实现的那些加热和冷却负荷，需要外部能源输入(炉加热，蒸汽使用，蒸汽发生，冷却水，空气冷却或制冷)来满足。因此，能源选择和设计又跟在热回收系统设计的后面。前者的选择和设计更为复杂，因为一个过程很有可能被置于包含了多个连接到通用能源系统的不同过程的场所中。例如，为了产生蒸汽，该过程和公用事业系统都需要用水，从而产生必须达到排放标准的废水。因此，水和废水处理系统的设计是最后一步。另外，水和污水处理系统必须同时在地理环境层面以及工业过程层面考虑。

该层次结构可以由图 1.8 所示的“洋葱图”表示(Linnhoff et al.，1982)。该图强调了过程设计的顺序或层次性质。其他学者也提出过表示该层次结构的不同方法(Douglas，1985)。

一些过程不需要反应器，例如，一些过程只涉及分离，分离系统是设计的开始，分离系统的设计开始转向热交换器网络、公用设施等。但是，基本层次结构大致不变。

反应和分离系统设计中正确结构的集成和参数优化通常是工艺设计中最重要的任务。选项通常有很多，除非有一个贯穿洋葱模型“外层”的完整设计，是不可能对它们进行全面评估的。例如，如果没有充分评估所有可能的设计，例如图 1.5a 和图 1.5b 以及图 1.7a 和图 1.7b 所示设计的完整版，包含能源结构，我们就不可能评价图 1.4b或图 1.6 的基本方案哪个更好。这样一个完整的搜索太费时且不具有实用性。

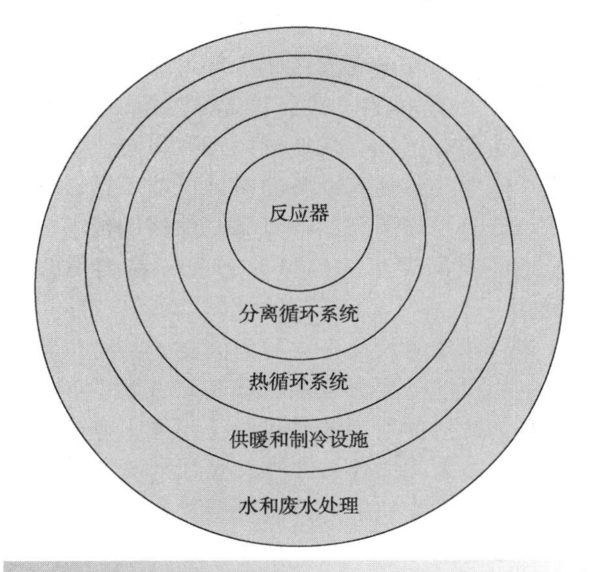

图 1.8 洋葱工艺设计模型。在设计分离和再循环系统之前，需要一个反应器，以此类推

在第 17 章中，我们将介绍一种方法，其中可以在没有“外层”完整设计的情况下评估一些早期设计（即关于反应器和分离器选项设计的决定）。

1.5 连续和间歇过程

当考虑到图 1.4 到图 1.6 的过程时，就会有一个隐含的假设，即这些工艺过程不间断运行。然而，并不是所有的过程都是连续操作的。在间歇过程中，主要步骤的运行是不连续的。与连续过程相反，间歇过程并不连续生产产品，而是采取分批的形式。这意味着热量、质量、温度、浓度等其他特性，是随时间变化的。在实践中，大多数间歇过程由一系列间歇和半连续步骤组成。一个半连续步骤以周期性地启动和停机方式连续运行。

考虑图 1.9 所示的简单过程。用泵将原料从储罐中提取出来，在进料到间歇反应器之前，先在换热器中预热。在反应进行之前，一旦原料充满反应器，通过进入反应器夹套的蒸汽，在反应器内进行进一步的加热。在反应的后期阶段，则需将冷却水通入反应器夹套。反应完成后，利用泵提取反应器产品。在储存之前，将反应器产品在换热器中冷却。

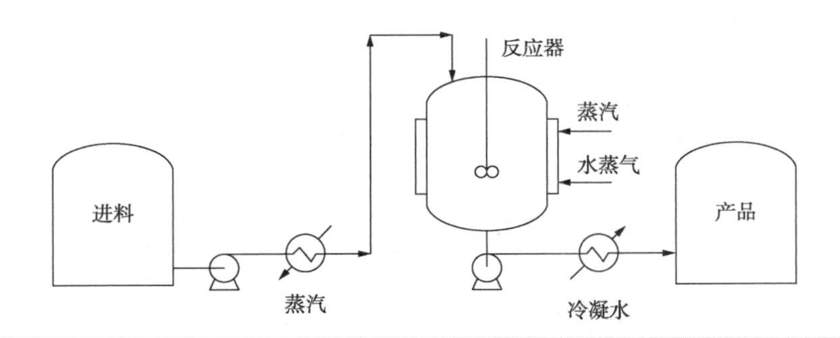

图 1.9 一个简单的间歇过程

前两个步骤，泵送反应器填充和进料预热都是半连续的。反应器内的加热、反应本身和使用反应器夹套的冷却都是间歇的。清空反应器和产品冷却步骤的泵送都是半连续的。

间歇流程的设计中的层次结构与连续流程设计相同。图 1.8 所示的层次结构也适用于间歇过程。然而，时间维度上存在着连续过程设计中不会出现的一些约束条件。例如，可能会考虑图 1.9中的过程的热回收。反应器产品（需要冷却）可用于预热进入反应器的进料（需要加热）。不巧的是，即使反应器产品的温度足够高，反应器进料和排空也必须安排在不同的时间段进行，这意味着如果没有某种方式来储存热量，热交换是不可能实现的。这种储热手段即使可能实现，也通常是不经济的，特别是对于小规模工艺。

如果一个间歇过程仅生产某种单一产品，则可以为该产品进行设备的设计与优化。过程的动态特性会给设计和优化带来额外的挑战。优化结果可能会要求反应器中的条件随时间按某一规律变化。例如，间歇反应器中的温度可能需要随间歇过程的变化而升高或降低。

在同一设备中生产多种不同产品的间歇过程，在设计和优化方面则面临更大的挑战(Biegler，Grossman and Westberg，1997)。不同的产品要求不同的设计、不同的操作条件，以及随时间变化的不同操作状态曲线。因此，多产品的设备设计将需要在多个不同产品的要求之间做出权衡。设备本身和设备的配置越灵活，越能满足每个产品的最佳要求。

间歇过程：

- 对小规模生产来说，经济性良好；
- 灵活地适应产品配方的变化；
- 通过改变任何时间段内的批量来灵活调整生产率；
- 允许使用标准化的多用途设备来生产同一厂区的多种产品；
- 如果设备由于结垢需要定期清洁，或需要定期的灭菌，采用间歇过程是最理想的方案；
- 可以直接从实验室规模加以放大；
- 允许产品识别。每批产品可以根据制造时间、所涉及的原料和加工条件等来确定。这在制药和食品等行业尤为重要。如果特定批次出现问题，则可以从市场上识别出所有该批次的产品并将其撤回。否则，厂家将不得不撤回所有市场上存在的该种产品。

间歇过程生产的主要问题之一是批次之间的一致性。对操作的轻微改变可能意味着产品在批次之间存在细微的变化。精细和特种化学品通常以分批方法制造。然而，这些产品通常对最终产品中的杂质具有非常严苛的限制，并且要求批次间的变动尽可能小。

我们将在第16章更详细地研究间歇过程。

1.6 设计与改进

在过程设计中可能会遇到两种情况。第一个是设计新的工厂或基础设计。第二种设计是修改现有工厂的改造或改装。改造现有工厂的动机可能是扩容、接受不同的原料或产品规格、降低运营成本、提高安全性能或减少环境排放。最常见的动机之一是扩容。进行改造时，无论什么动机，都希望尽可能有效地利用现有设备，这样做的基本问题是，现有设备的设计可能不适合新的工艺。此外，如果利用旧设备，即使旧设备并不完全适应新的要求，也可以避免不必要的设备投资。

进行改造时，设备项目之间的连接可以重新配置，也可能需要添加新的设备。或者，如果现有设备与改进中所需的设备显著不同，则除了重新配置设备之间的连接之外，可以对设备本身加以修改。总的来说，对设备项目之间的连接和改动越少越好。

最简单的情况是基础设计，因为它具有选择设计选项和设备尺寸的最大自由度。在改装中，设计必须尽可能在现有设备的限制下工作。因此，改装设计的最终目标往往不清楚。例如，目标是将工厂的产量提高50%。在工厂现有产量限制下，至少有一件设备必须达到最大容量，而大多数设备在运行中可能会低于其最大容量。现有设计中不同设备项目的备用容量的差异来自于原始设计中的不同设计配额(或应急量)、工厂相对于原始设计的变更、原始设计数据的误差等。最大容量的设备是阻碍产量提升的瓶颈。因此，为了克服瓶颈，需改进设备，或用新的设备替代，或以新设备与现有设备并联或串联，或重新配置现有设备之间的连接，或采取所有这些行动的组合。随着工厂产量的不断增加，各个设备将达到最大容量。因此，在不同设备项目的限制下，工厂产量将会到达阈值。所有容量小于阈值的设备必须以某种方式进行修改，或者重新配置工厂，以提升产量。克服阈值需要资本投资。随着产能从现有的规模增加，投资可能最终遇到某个无法超越的设计阈值。这可能会成为真正的设计限制，而不是原设计所规定的50%。

改装的另一个重要问题是进行调整所需的停机时间。当工厂关闭以进行调整时，生产损失的成本可能非常昂贵。因此，设计的目标之一是只需短暂停机进行调整。这通常意味着设备调整的大部分工作仍可以在生产运行时执行。例如，新设备的安装，只有最终管道连接步骤是在过程停机时进行的。是否完全取代主要工艺部件，或补充与现有部件串联或并联工作的新部件，可能对于改造所需的停工期至关重要。

1.7　可靠性、有效性和可维护性

如前所述，有效性通常是流程设计中的一个重要问题。除非工厂按照预期的方式运作，否则其产率会大打折扣。有效性是衡量满足生产要求的时间在过程总时间中的占比。有效性与可靠性、可维护性有关。可靠性是单位/系统运行一段时间后能继续运行的可能性(例如，一个单位在8000h之后有95%的概率继续可用)。可靠性定义了故障频率并确定正常运行时间模式。可维护性描述单元/系统需要多长时间才能修复，这决定了停机模式。有效性衡量过程在全部时间范围内满足生产要求条件下的正常运行时间百分比，是由可靠性和可维护性决定的。

有效性可以在很多方面得到改善。维护方法可对其产生直接的影响。预防性维护可以用来防止不必要的停机。利用振动监测技术对诸如压缩机之类的转轴设备进行状态监测，可以及早发现机械问题，防止不必要的停机。在设计中，使用备用组件(有时称为闲置或冗余组件)是提高系统可用性的常用方法。若仅一个设备投入在线生产，容易导致故障；更好的方法是准备两套设备，一套在线生产，另一套离线备用。这两项设备的尺寸和操作方式有很多种：

- 2×100%一个在线，一个离线关闭；
- 2×100%一个在线，一个在线空闲；
- 2×50%同时在线，若其一发生故障，则系统产能降至50%；
- 2×75%同时在线，在两个运行的情况下都是2/3的产能，但是如果其一故障，系统产能为75%；
- 其他。

过大的设备，特别是转轴设备，如泵和压缩机，在某些情况下更可靠。确定备用设备的最佳策略涉及需要考虑投资成本、运营成本、维护成本和可靠性的复杂权衡。

1.8　过程控制

一旦基本的过程配置得到确定，就必须添加一个控制系统。通过控制系统抵消外部干扰的影响，如进料流量、进料条件、进料成本、产品需求、产品规格、产品价格、环境温度等的变化。确保安全运行是控制系统的最重要任务。这是通过监控过程条件并将其维持在安全的操作范围内来实现的。在安全操作范围内保持运行的同时，控制系统应在外部干扰影响下优化过程性能。这包括保持产品质量、达到生产目标并有效利用原材料和水电。

为了消除干扰的负面影响，须引入一定的控制机制来影响工艺过程。为了达到这个目的，必须安装仪器来测量工厂的运行表现。这些测量变量可以包括温度、压力、流量、组成、水位、pH值、密度和粒度。可以进行一级测量来直接掌握目标控制变量(例如，测量需要控制的组成)。如果控制目标不可测量，则必须对其他变量进行二级测量，二级测量与目标变量间接相关。在测量了需要控制的变量之后，需要对其他变量进行操作以实现控制目标。设计的控制系统，要响应被测变量的变化，并操纵其他变量来控制过程。

设计了连续过程的工艺配置并对其进行优化，以在稳态下实现某些目标(例如利润最大化)，控制系统的影响，是否可能使先前已经优化过的过程不再是最优的？为了应对干扰和控制目标的影响，即使是连续过程，也有可能不停地从一个状态转换到另一个状态。在连续过程的稳态设计和优化中，考虑到多种操作情境，所有这些的状态都要加以考量。假设每个操作情境在一年中发生的比例是确定的。操作情境对总体稳态设计和优化的贡献按照该工厂在该状态下运行的时间比例进行加权。

虽然这在不同情况下需要考虑一些操作，但是它并没有考虑到从一个状态到另一状态的动态转换。这些过渡状态是否可能对最优性产生重大影响？如果暂态对目标函数优化的整体过程性能有显著影响，那么过程设计和控制系统设计就必须同时进行。过程和控制系统的同步设计是一个极为复杂的问题。值得注意的是，在将连续过程的稳态优化与过程和控制系统同时优化进行比较的情况下，已经发现两个设计结果几乎相同(Bansal et al.，2000a，2000b；Kookos and Perkins，2001)。

在工业实践中，首先设计和优化工艺配置(如果需要，可以考虑多个状态)，然后添加控制系统。然而，一旦考虑到过程动力学，无法保证在稳态条件下做出的设计决定不会导致控制问题。例如，基于稳态考虑因素，由于设计数据的不确定性或未来预期的突破瓶颈，一件设备可能会被设计得过大。一旦考虑过程动态，由于超大型设备造成的大量工艺材料库存，可能会使工艺难以控制。过程控制的方法应采用考虑控制整个过程的方法，而不是对每个过程步骤分别加以控制(Luyben，Tyreus and Luyben，1999)。

控制系统布置显示在过程的管道和仪表图(P&ID)(Sinnott and Towler，2009)中。管道和仪表图显示了所有的过程设备、管道连接、阀门、管道配件和控制系统。这不仅包括设备和连接的主要项目，还包括备用设备和用于启动、关闭、维护和异常操作的管道。图1.10a展示了一个非常简单的工艺流程图。这只显示了主要设备和正常的工艺流程。这些流程图中显示的信息及其风格因不同公司的惯例而异。作为一个例子，图1.10a显示了组分的流量和流股的温度及压力。相比之下，图1.10b显示了相应的管道和仪表图。这显示了所有的设备(包括在这种情况下的备用泵)、所有的管路连接和配件，包括用于启动，关闭，维护和异常操作的管道。它也显示了控制系统的布局。通常包括的附加信息是设备、管道连接和控制设备的标识号，有关建材的信息也可能包括在内。但是通常不会显示关于工艺流程和条件的信息。与流程图一样，管道和仪表图的样式也会根据不同公司的实际情况而有所不同。

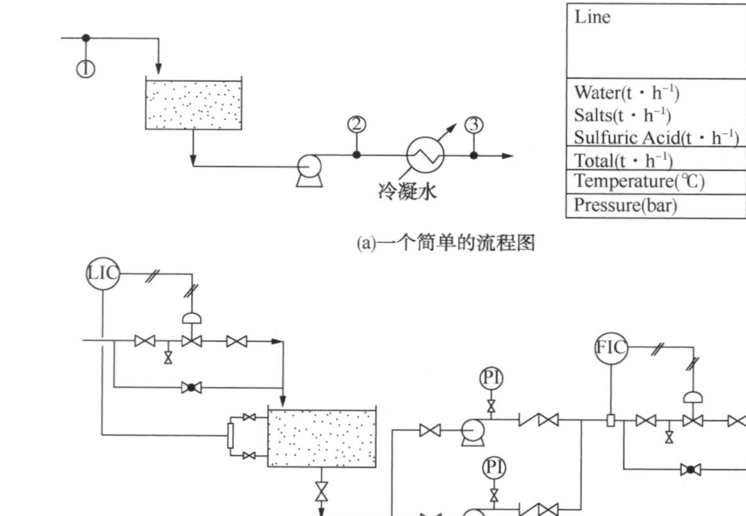

Line	1 Aqueous Recycle	2 Pump Discharge	3 Cooled Recycle
Water($t \cdot h^{-1}$)	11.6	11.6	11.6
Salts($t \cdot h^{-1}$)	0.37	0.37	0.37
Sulfuric Acid($t \cdot h^{-1}$)	–	–	–
Total($t \cdot h^{-1}$)	11.97	11.97	11.97
Temperature(℃)	60	60	30
Pressure(bar)	1.1	5.0	4.4

(a)一个简单的流程图

(b)管道和仪表图

图1.10 工艺流程图(PFD)和管道和仪表图(P&ID)

本书将重点介绍流程配置的设计和优化，不会涉及过程控制。过程控制需要另一个技术层面的专业知识，读者可以从其他信息来源获得(如Luyben，Tyreus and Luyben，1999)。因此，本书将描述如何开发流程图或工艺流程图，但不会在管道和仪表图中添加最终工程设计所需的仪表、控制和辅助管道和阀门。

间歇过程从本质上来说，总是处于瞬时状态。这就要求对过程的动态特性加以优化，我们将在第 16 章中予以考虑。但不会涉及实际应用所需的控制系统。

1.9　化工过程设计和集成的方法

大致来说，化工过程设计与集成可采用三种方法：

1）创建无法简化的结构。此种方法遵循“洋葱逻辑”，以某一反应器为中心开始设计，然后通过层层添加分离和循环系统等来构建整个工艺。在每一层，必须根据该阶段可获得的信息做出决定。预测未完成设计的能力可能导致不同的决策。因此，必须基于不完整的信息做出决策。

这种创建设计的方法涉及做出一系列最佳的局部决策。可能需要使用试探性方法及一定的经验法则（Douglas，1985），或采用更具系统性的方法。尽管数据不完整，但只有在可根据现有信息确认经济合理的情况下才允许增加设备。这可以保证结构的无法简化：所有导致技术上或经济上冗余的特征，将不被采纳。

这种方法有两个缺点：

（a）设计者在每个阶段都面临不同抉择。为确保做出最佳决策，必须评估其他选项。但是，如果采纳了替代方案完成整个设计并对操作条件加以优化，我们将无法公平地评估该方案。这意味着必须完成并优化许多套设计才能找到最优方案。

（b）完成和评估多套设计并不能保证最终会找到最佳设计，因为不能保证对所有可能方案的穷举。此外，流程的不同部分之间可能会发生复杂的相互作用。在设计的早期阶段保持系统简单而尽量不冗余的设计，可能导致在更复杂的系统中无法获取流程不同部分之间耦合的益处。

这种方法的主要优点是设计团队可以控制基本决策并在设计开发时进行交互。通过控制基本决策，设计的无形资产可以包含在决策中。

2）创建和优化高级结构。在这种方法中，首先创建一种可简化结构，又称为高级结构，其中嵌入了所有可行的过程选项和所有可行的互连，这些互连是最佳设计结构的候选者。最初，冗余特征存在于高级结构中。例如，图 1.11（Kocis and Grossmann，1988）显示了由甲苯和氢气反应制备苯工艺的一种可能结构。在此工艺中，混有少量甲烷杂质的氢气作为原料进入该过程。因此，在图 1.11 中，嵌入了用膜净化氢气后再进料或直接进料的选项。将氢气和甲苯混合并预热至反应温度。由于温度很高，在这种情况下燃烧炉是可行的。然后嵌入两个反应器选项——等温和绝热反应器。这里列出了很多冗余选项，以确保囊括所有可能成为最佳解决方案一部分的选项。

接下来将设计问题表述为数学模型。一部分参数是连续的，描述了每个单元的操作参数（例如流量、成分、温度和压力）及其尺寸（例如体积、传热面积等）。其他参数是离散的（例如是否包括流程图中的连接、是否包括膜分离器）。一旦问题以数学方式表达，其解决方案就变化为通过算法来实现最优化，即在结构和参数优化中求解某目标函数的最大值或最小值（例如，利润最大化或成本最小化）。通过最优化，可以确认一部分设计特性的有效性，同时剔除另一些不经济的特性，设计结构的复杂性得以降低。同时优化了操作条件和设备尺寸。实际上，过程设计的离散决策被离散/连续最优化所取代。因此，图 1.11 中的初始结构经过优化，可将结构缩小到图 1.12 所示的最终设计（Kocis and Grossmann，1988）。在图 1.12 中，氢气进料上的膜分离器已经通过优化去除，同样的等温反应器和初始结构的许多其他特征如图 1.11 所示。

这种方法存在许多困难：

① 如果初始结构中没有嵌入最优结构，则该方法将无法找到最优结构。所以包含的选项越多，包含最优结构的可能性就越大。

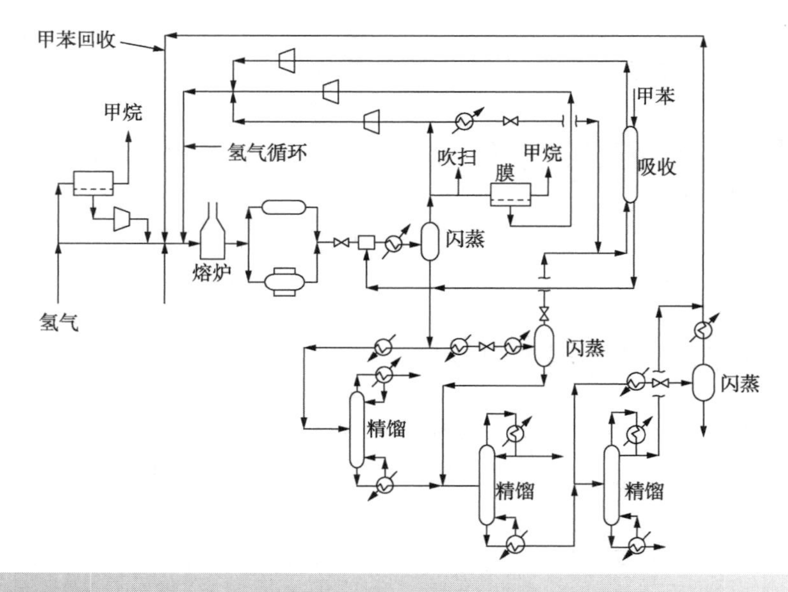

图 1.11　甲苯和氢气生产苯的流程图
（转载自 Kocis GR and Grossman IE，Comp Chem Eng，13：797，with permission from Elsevier）

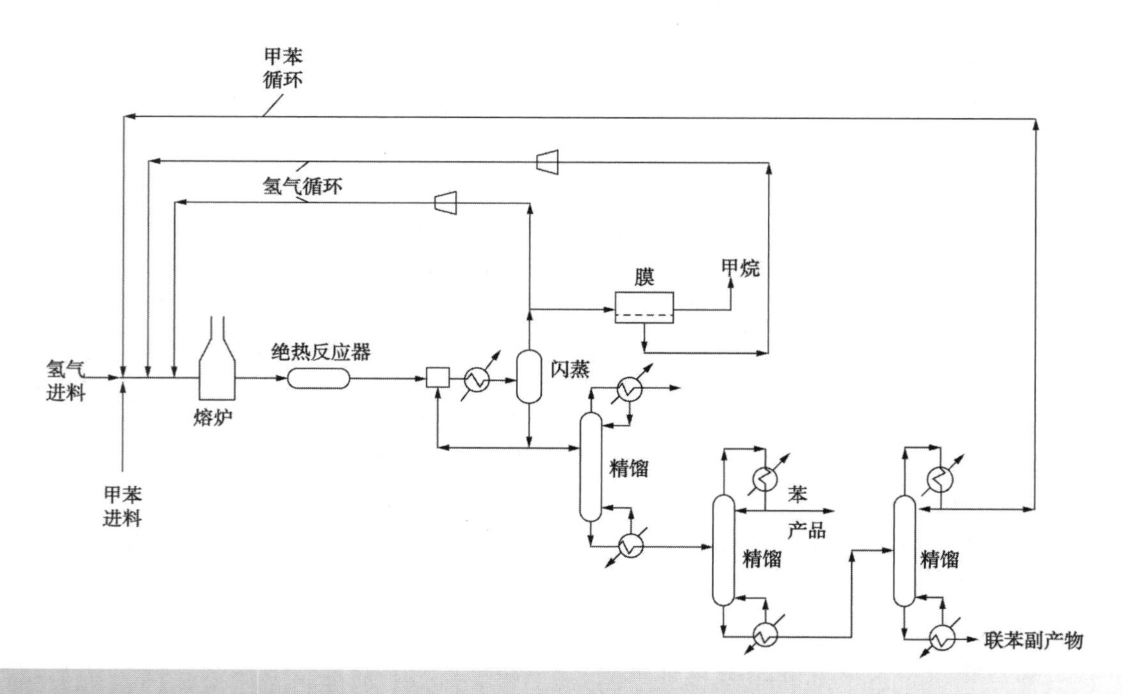

图 1.12　甲苯和氢气生产苯的最优流程图
（转载自 Kocis GR and Grossman IE，Comp Chem Eng，13：797，with permission from Elsevier）

② 如果要求对每个单元操作进行准确描述，则得到的数学模型将非常大，并且必须优化的目标函数将极其不规则。目标函数的图像就如同一列列山脉所形成的地理环境，包含许多山峰和山谷。如果目标函数要最大化（例如，最大化利润），则山脉中的每个峰值代表目标函数中的局部最优点。最高峰代表全局最优。优化任务就像是在没有地图帮助的情况下，在浓雾笼罩中搜索

整个山脉以找到最高峰，唯一的工具是指南针(指示方向)和高度计(显示海拔高度)。在到达任何高峰的顶部时，由于浓雾影响，无法知道它是否是最高峰。故而必须找到所有山峰、测量海拔以找到最高峰。搜索的同时还要当心不要陷入令人无法挣脱的深渊。

这类问题有多种解决方案。第一种方案是通过更改模型使其解决方案空间变得更加规则，从而为优化过程提供便利——这通常意味着简化数学模型。第二种方案是从不同的初始条件展开多次重复搜索。第三种方案利用数学变换和对某些形式的数学表达式的限制技巧，来找到全局最优(Floudas，2000)。第四种方案是在搜索解决方案空间的过程中，不但允许目标函数的“上坡”，同时也允许其有“下坡”的可能性，也就是向远离某个局域最优点的方向移动。而随着搜索的进行，下坡搜索的概率必须逐渐减少。这些问题将在第3章中详细讨论。

③ 这种方法最严重的缺点是设计工程师无法直接参与决策。因此，许多设计中的无形因素，例如安全性和布局，往往不能得到令人满意的考虑。

另一方面，这种方法具有许多优点。可以同时考虑许多不同的设计选项，通过这种方法可以应对化学工艺设计中通常遇到的复杂的多项权衡问题。此外，整个设计过程可实现自动化，能够快速有效地完成设计任务。

3) 创建初始设计方案并通过结构和参数优化进行演变。使用这种方法，首先创建初始设计。初始方案不一定是最优的，也不一定含有冗余特征，而只是设计的起点。下一步运用优化算法(参见第3章)进行结构和参数优化，让初始方案进行演化。与上层结构方法一样，设计问题被公式化为数学模型。然后，设计的演化开始一步步进行。我们称演化的一步为“行进”。演化中的每次行进都可能改变流程图中的一个连续变量(例如流速、组分、温度或压力)，或者可能改变流程图结构。流程图结构的更改可以指设备(及相应的连接)的添加或删除，或添加新连接、删除现有连接。

在每次行进时，评估目标函数(例如利润或成本)。然后以改善目标函数为目的来决定下一步的行进。行进的决策必须有明确的规则指导。高级结构方法也有同样的结构调整，但是在演化方法中，结构演化的行进在每一步只进行一次对结构特征的变动。本方法除结构演化外，还对流程条件进行连续演化以实现优化。

此方法带来的困难类似于人们在上层结构的创建和优化中遇到的那些障碍：

① 如果结构的演化无法通过一系列行进步骤产生最佳结构，则该方法将最终失败。

② 须优化的目标函数极不规则。因此，同样难以找到全局最优。通常采用这种方法的优化算法允许在目标函数值开始背离极值的情况下，继续进行搜索。随着优化的进行，算法对原离目标函数极值的包容度逐渐减弱。我们将在第3章更加详细地讨论这种方法。

③ 同样，这种方法的缺点是与工程设计师相关的人为因素无法在决策中体现。

总之，上述化学工艺设计的三种方法具有各自的优点和缺点。但是，无论在实践中使用哪一种，对问题的深入理解都是无法替代的步骤。

本书致力于帮助读者建立对设计中各个阶段所需概念的理解。无论采用哪种方法，对概念的理解始终都是化学工艺设计和集成的关键组成部分。

1.10　化工过程设计和集成的本质——总结

化工产品可以划分为三大类：普通化学品、精细化学品和特殊化学品。一般化学品的生产规模大，附加值低；精细和特殊化学品的生产规模一般不大，附加值却高。这三类不同产品所对应的过程设计，遵循着各自不同的优先原则。

设计团队面对的最初设计任务通常未经严格界定，因此必须重新对设计选项进行定义，并基于一致的标准加以对比。

设计工作始于设计选项的合成，其后是模拟和评估。模拟允许将进一步的细节添加到设计当中，在进行模拟时，必须慎重选择物性关联式和数据。在设计进展过程中，应尽早考虑安全性。应该进行结构和参数的优化，以改进设计效能。有时数据的不确定性，会导致潜在的优异设计选项被错误地淘汰，为了能实际避免上述情况，设计选项应尽量做成开放式的。

过程设计可以是全新的，也可以是已有过程的改进。如果是后者，则设计目标之一应是最大化利用已有设备，即使它们可能无法很好地执行新的任务。另一目标则应是尽可能压缩由改造而导致的停机时间。

设计既可以采用连续过程，也可以采用间歇过程。对于小规模的特殊化学品制造过程，通常倾向于采用后者。

在进行化学过程设计时，有如下两大基本问题：

• 是否可以找到所有可能的设计结构？

• 每一种结构是否都能得到优化，从而能在有效的基础上对所有结构进行比较？

设计始于反应器，因为它可能是原材料转化成所需产品的唯一场所。反应器的设计决定了分离和再循环过程。反应、分离和再循环过程的设计，共同决定了热交换网络的冷、热负荷。热量回收无法满足的负荷量，则决定了外部加热和制冷的负荷。而工艺过程和能源系统都有供水以及排水的需求，因此决定了供排水系统的设计。图1.8的"洋葱图"中的各层，分别代表了上述层级。无论是连续还是间歇过程的设计，即使在时间维度的加入带来更多限制情况下的间歇过程中，也需依从这种层级顺序。

化工过程设计有三大基本路线：

• 生成无法简化的设计结构；

• 生成并优化某个高级结构；

• 由某个初始结构开始，通过对结构和参数的优化使其不断改进。

以上方法，各有其利弊。

参考文献

Azapagic A (2014) Sustainability Considerations for Integrated Biorefineries, *Trends in Biotechnology*, **32**: 1.

Bansal V, Perkins JD, Pistikopoulos EN, Ross R and van Shijnedel JMG (2000a) Simultaneous Design and Control Optimisation Under Uncertainty, *Comp Comput Chem Eng*, **24**: 261.

Bansal V, Ross R, Perkins JD, Pistikopoulos EN (2000b) The Interactions of Design and Control: Double Effect Distillation, *J Process Control*, **10**: 219.

Biegler LT, Grossmann IE and Westerberg AW (1997), *Systematic Methods of Chemical Process Design*, Prentice Hall.

Brennan D (1998) *Process Industry Economics*, IChemE, UK.

Cussler EL and Moggridge GD (2011) *Chemical Product Design*, 2nd Edition, Cambridge University Press.

Douglas JM (1985) A Hierarchical Decision Procedure for Process Synthesis, *AIChE J*, **31**: 353.

Floudas CA (2000) *Deterministic Global Optimization: Theory, Methods and Applications*, Kluwer Academic Publishers.

Kocis GR and Grossmann IE (1988) A Modelling and Decomposition Strategy for the MINLP Optimization of Process Flowsheets, *Comp Comput Chem Eng*, **13**: 797.

Kookos IK and Perkins JD (2001) An Algorithm for Simultaneous Process Design and Control, *Ind Eng Chem Res*, **40**: 4079.

Linnhoff B, Townsend DW, Boland D, Hewitt GF, Thomas BEA, Guy AR and Marsland RH (1982) *A User Guide on Process Integration for the Efficient Use of Energy*, IChemE, Rugby, UK.

Luyben WL, Tyreus BD and Luyben ML (1999) *Plant-wide Process Control*, McGraw-Hill.

Seider WD, Seader JD, Lewin DR and Widagdo S (2010) *Product and Process Design Principles*, 3rd Edition, John Wiley & Sons, Inc.

Sharratt PN (1997) *Handbook of Batch Process Design*, Blackie Academic and Professional.

Sinnott R and Towler G (2009) *Chemical Engineering Design*, 5th Edition, Butterworth-Heinemann, Oxford, UK.

Smith R and Linnhoff B (1988) The Design of Separators in the Context of Overall Processes, *Trans IChemE ChERD*, **66**: 195.

第 2 章　过程经济学

2.1　过程经济学的作用

毋庸讳言，人们建立化工过程的目的是为了牟求利润，因此工艺流程的设计离不开过程经济的考量。过程经济学在流程设计中有三个基本作用：

1）评估设计选项。评估工艺设计选项会产生成本，例如，在提纯工段是否应该使用膜技术或吸附工艺？

2）流程优化。某些工艺变量的设定可能对流程图设计以及工艺流程的整体可盈利性造成重大影响，这些变量通常须通过优化加以确定。

3）整体项目可盈利性。在设计的不同阶段应持续评估整个项目的经济效应，以确定项目是否具有经济可行性。

在正式讨论过程经济学在工艺设计决策中的应用之前，让我们先来回顾一下该领域所涉及的各类重要成本。

2.2　新工艺设计的投资成本

设计一个新的工艺流程所需的总投资可分为四个主要部分：界区内投资、公用事业投资、场外投资、运营资本。

1）界区内投资。界区是整个生产工艺所占据的地理区域，即在该区域内实现从原材料到产品的转化。界区包括流程所需设备及容纳它们的建筑物，但不包括锅炉房、储存、污染控制、基础建设等设施。界区一词有时也用来指代一个项目的责任范围，尤其常见于升级改造项目中。

界区内投资用于购买和组装工厂开设所需的各个设备单元，以形成一个可运行的工艺流程。其中设备成本可由设备供应商或公布的成本数据中获得。尤须注意这些费用数据的核算基准。成本估算所需的是交付成本，而供货商的报价通常为离岸价(FOB)。离岸价指的是包含了供货商支付设备装运到卡车、有轨车、驳船或轮船上所需的费用，但不包含运费或卸货费。交付成本通常要比离岸价高出 5%~10%。交付成本取决于设备供应商、收货地址的地理位置，设备的尺寸大小等因素。

设备本身的成本则取决于：设备大小、材质、设计压力、设计温度。

成本数据可用成本性能图呈现，也可用如下公式描述：

$$C_E = C_B\left(\frac{Q}{Q_B}\right)^M \tag{2.1}$$

式中　C_E——性能值为 Q 的设备成本；

C_B——性能值为基准值 Q_B 的设备的已知成本；

M——取决于设备类型的一个常数。

我们不难从文献中查到此类数据(Guthrie，1969；Anson，1977；Hall，Matley and Mc Naughton，1982；Ulrich，1984；Hall，Vatavuk and Matley 1988；Remer and Chai，1990；Gerrand，2000；Peters，Timmerhaus and West，2003)。此类发表的数据通常较陈旧，可能来自不同年份的多种渠道，我们可以用成本指数来赋予这些数据统一的基准，使其更具时效性：

$$\frac{C_1}{C_2} = \frac{INDEX_1}{INDEX_2} \tag{2.2}$$

式中　C_1——某设备在第 1 个年份的成本；

C_2——其在第 2 个年份的成本；

$INDEX_1$——第 1 个年份的成本指数；

$INDEX_2$——第 2 个年份的成本指数。

这里常用的指数有化学工程指数（规定 1957~1959 年指数 = 100）和 Marshall and Swift 发表在“Chemical Engineering (CE)”杂志上的指数

(1926 年指数 = 100)，以及用于炼油厂建设的 Nelson-Farrar 成本指数(1946 年指数 = 100)，发表于"Oil and Gas Journal"。其中化学工程指数 CE 特别有用。CE 指数适用于以下设备：

- 换热器和储罐；
- 管道、阀门及配件；
- 过程仪表；
- 泵和压缩机；
- 电子设备；
- 结构支持和杂项设备。

设备的综合 CE 指数是可用的。CE 指数也可用于：

- 建筑和劳动力指数；
- 建筑物指数；
- 工程和监理指数。

将所有上述 CE 指数合并，就得到所谓的 CE 综合指数。

表 2.1 列出了基于 2000 年 1 月成本的若干设备数据(Gerrard，2000)(CE 综合指数 = 391.1，CE 设备指数 = 435.8)。有关建筑材料的选取指南见附录 B。

容器的成本关系式通常以容器的质量为指标，这意味着我们不仅需要初步确定容器的尺寸，而且还要对其机械图纸进行初步估算(Mulet，Corripio and Evans，1981a，1981b)设备的材质对其投资成本有重大影响。表 2.2 近似给出了一些材料的平均校正因子，可以将不同的材料与设备投资成本联系起来。

表 2.1 设备性能与交付成本之间的典型关联关系

设备	建造材料	性能指标	基准性能 Q_B	基准成本 C_B/ $	数值范围	成本指数 M
搅拌反应器	CS	体积(m^3)	1	1.15×10^4	1~50	0.45
压力容器	SS	质量(t)	6	9.84×10^4	6~100	0.82
蒸馏塔(空壳)	CS	质量(t)	8	6.56×10^4	8~300	0.89
筛板(10 块板)	CS	柱直径(m)	0.5	6.56×10^3	0.5~4.0	0.91
阀板(10 块板)	CS	柱直径(m)	0.5	1.80×10^4	0.5~4.0	0.97
填料(5m 高)	SS(低级)	柱直径(m)	0.5	1.80×10^4	0.5~4.0	1.70
(包括随机填料)	SS(低级)	体积(m^3)	0.1	4.92×10^3	0.1~20	0.53
旋风分离器	CS	直径(m)	0.4	1.64×10^3	0.4~3.0	1.20
真空过滤器	CS	过滤面积(m^2)	10	8.36×10^4	10~25	0.49
干燥器	SS(低级)	蒸发速率($kg\ H_2O\cdot h^{-1}$)	700	2.30×10^5	700~3000	0.65
管壳式换热器	CS	换热面积(m^2)	80	3.28×10^4	80~4000	0.68
风冷式换热器	CS	换热面积(m^2)	200	1.56×10^5	200~2000	0.89
小型离心泵(包括电机)	SS(高级)	功率(kW)	1	1.97×10^3	1~10	0.35
大型离心泵(包括电机)	CS	功率(kW)	4	9.84×10^3	4~700	0.55
压缩机(包括电机)		功率(kW)	250	9.84×10^4	250~10000	0.46
风扇(包括电机)	CS	功率(kW)	50	1.23×10^4	50~200	0.76
真空泵(包括电机)	CS	功率(kW)	10	1.10×10^4	10~45	0.44
电动马达		功率(kW)	10	1.48×10^3	10~150	0.85
储罐(小型常压)	SS(低级)	体积(m^3)	0.1	3.28×10^3	0.1~20	0.57
储罐(大型常压)	CS	体积(m^3)	5	1.15×10^4	5~200	0.53
筒仓	CS	体积(m^3)	60	1.72×10^4	60~150	0.70
封装蒸汽锅炉(火管式锅炉)	CS	蒸汽发生量($kg\cdot h^{-1}$)	50000	4.64×10^5	50000~350000	0.96
蒸汽锅炉(水管式锅炉)	CS	蒸汽发生量($kg\cdot h^{-1}$)	20000	3.28×10^5	10000~800000	0.81
冷却塔(压力通风)		水流量($m^3\cdot h^{-1}$)	10	4.43×10^3	10~40	0.63

注：CS=碳钢；SS(低等级)=低级不锈钢，例如 304 型；SS(高级)=高级不锈钢，例如 316 型。

需要强调的是，表 2.2 中给出的数据是近似平均值，并且会根据设备类型的不同而有所变化，例如表 2.3 中给出的材质对精馏塔成本的校正系数，大多与图 2.2 有明显差异。

表 2.2 设备材质-投资成本相关因子参考值

材质	校正因子 f_M
碳素钢	1.0
铝	1.3
不锈钢(低等级)	2.4
不锈钢(高等级)	3.4
哈氏合金 C	3.6
蒙乃尔合金	4.1
镍和铬镍铁合金	4.4
钛	5.8

表 2.3 压力容器和精馏塔的材质-成本因子参考值 (Mulet, Corripio and Evans, 1981a, 1981b)

材质	校正因子 f_M
碳素钢	1.0
不锈钢(低等级)	2.1
不锈钢(高等级)	3.2
蒙乃尔合金	3.6
铬镍铁合金	3.9
镍	5.4
钛	7.7

而对于管壳式(列管式)换热器来说，由于不同结构的部件可以选用不同材料，因而成本因子愈加复杂，表 2.4 给出了管壳式换热器的典型建筑材料因子。

表 2.4 管壳式换热器的常用材质-成本因子参考值(Anson, 1977)

材料	校正因子 f_M
碳钢外壳和管	1.0
碳钢外壳，铝管	1.3
碳钢壳，蒙乃尔管	2.1
碳钢外壳，不锈钢(低级)管	1.7
不锈钢(低级)外壳和管	2.9

操作压力也会影响设备的投资成本，因为压力升高要求容器壁相应增厚，表 2.5 列出了不同压力等级的成本因子。

表 2.5 设备压力-成本因子参考值

设计压力(绝对压力)/10^5Pa	校正因子 f_P
0.01	2.0
0.1	1.3
0.5~7	1.0
50	1.5
100	1.9

与材质修正系数一样，表 2.5 中的压力修正系数是近似平均值，并且根据设备类型等因素而变化。最后，设备的运行温度也会影响设备投资成本，原因包括温度升高会导致材料的允许应力降低等。表 2.6 列出了不同操作温度下的典型校正因子值。

表 2.6 设备温度-成本因子参考值

设计温度/℃	校正因子 f_T
0~100	1.0
300	1.6
500	2.1

因此，对于中等压力和温度下碳钢设备其实际成本可以通过下式估算：

$$C_E = C_B\left(\frac{Q}{Q_B}\right)^M f_M f_P f_T \tag{2.3}$$

式中 C_E——中等压力和温度下，产能为 Q 的碳钢设备的成本；

C_B——产能为Q_B的设备的基准成本；

M——取决于设备型号的常数；

f_M——设备材质校正系数；

f_P——设计压力校正系数；

f_T——设计温度校正系数。

除设备的购买成本之外，安装设备也是一笔投资。安装成本来自以下方面：

- 安装费用；
- 管道和阀门；
- 控制系统；
- 地基；
- 建筑结构；
- 绝缘层；

• 防火；
• 电路；
• 油漆；
• 工程费；
• 突发事件。

包含了界区安装费用的设备总投资成本，通常是其购买成本的 2～4 倍（Lang，1947；Hand，1958）。

除了在界区内的投资，我们可能还需要使用某些界区外的建筑结构、设备和服务才能让整个流程运转起来，这同样是一笔费用。

2）公用事业投资。用于公用事业工厂方面的资金通常投资于以下方面：

• 发电；
• 配电；
• 蒸汽产生；
• 蒸汽输送；
• 工艺用水；
• 冷却用水；
• 消防用水；
• 废水处理；
• 制冷；
• 压缩空气；
• 惰性气体（氮气）；
• 计算公用工程的成本，须全面考虑服务化工厂区的能源供应点情况。

3）厂外投资。厂外投资包括：

• 辅助建筑物，如办公室、医疗室、调度室、更衣室、警卫室、仓库和维护站等；
• 公路和过道；
• 铁路；
• 防火系统；
• 通讯系统；
• 废物处理系统；
• 不与生产过程直接相连接的终端产品、水和燃料的储存设施；
• 工厂用车、装载和称重设备。

公用工程和公共设施（有时也合称为服务项目）的成本通常占工厂界区总安装成本的 20% 至 40%（Bauman，1955）。一般而言，工厂越大，工厂和公司外的工程总成本就越大。也就是说，一个小规模项目的公用工程和场外成本通常占总安装成本的 20%。对于大型项目该数字可高达 40%。

4）运营成本。运营成本是为使工厂投入生产运营而投入的资金，这笔投资发生在工厂生产出产品之前，它包括：

• 工厂开工所需的原料（包括浪费的原材料）；
• 原料、中间体和产品的储存；
• 开工所需材料的运输成本；
• 用于平衡应收账款（即客户的未付账款）少于应付账款的资金（即欠供应商的账款）；
• 开工后用来支付工资的资金。

理论上来说，与固定投资相比，运营资本可在工厂关闭时收回，不会损失。

原料、中间体和产品的存储对通常对运营成本有很大的影响，并受设计人员的影响。有关储存的问题将在第 14 章和第 16 章中详细介绍。对所需运营成本的估计，有两种方法（Holland，Watson and Wilkinson，1983）：

① 年销售额的 30%；

② 总投资的 15%。

5）总投资费用。将每个设备的购置成本乘以某个系数（又称安装系数）就可以得到工艺、服务和运营方面的总投资费用（Lang，1947；Hand，1958）：

$$C_F = \sum_i f_i C_{E,\,i} \tag{2.4}$$

式中 C_F——整个系统的固定投资费用；

$C_{E,i}$——设备 i 的成本；

f_i——设备 i 的安装系数。

如果对所有类型设备采用平均安装系数（Lang，1947），则：

$$C_F = f_I \sum_i C_{E,\,i} \tag{2.5}$$

式中 f_I——整个系统的总安装系数。

对于一个新设计来说，可以根据所处理物料的主要相态，将总体安装系数分解成表 2.7 所示的若干部分。安装成本取决于气液操作与固体操作之间的平衡。如果工厂整个工艺只涉及气体和液体，那它属于流体操作工艺；如果大部分工艺材料是固相，则该工厂属固体操作工艺。例如，固体加工厂可以是煤或矿石加工厂。流体处理和固体处理这两个极端之间的过程是处理大量的固体和流体。例如，一个页岩油厂涉及页岩油的制备，随后是从页岩油中提取液体并进行分离和流体处理。对于这些类型的工厂，可以根据其主要步骤中流体操作和固体操作的比例，从表2.7中选择两个值进行插值估算，得出其对资本投资的影响。

表2.7　设备交付成本对投资成本影响系数的参考值

项目	流程类型	
	流体操作	固体操作
直接成本		
设备交付成本	1	1
设备安装，f_{ER}	0.4	0.5
管道(已安装)，f_{PIP}	0.7	0.2
仪表和控制元件(已安装)，f_{INST}	0.2	0.1
电器(已安装)，f_{ELEC}	0.1	0.1
公用工程，f_{UTIL}	0.5	0.2
场外设备，f_{OS}	0.2	0.2
建筑物(包括配套服务)，f_{BUILD}	0.2	0.3
场地准备，f_{SP}	0.1	0.1
已安装设备的总投资费用	3.4	2.7
间接成本		
设计、工程和建造，f_{DEC}	1.0	0.8
应急措施(约占固定成本的10%)，f_{CONT}	0.4	0.3
总固定成本	4.8	3.8
运营资本		
运营资本(总投资额的15%)，f_{WC}	0.7	0.6
总投资成本，f_I	5.8	4.4

关于表2.7中列出的对投资成本有重要影响的数据应该注意以下几点：

• 基于碳钢材料和适中的操作压力以及温度而计算得出；

• 在实际中，所有设备类型的平均值将根据设备类型而变化；

• 仅参考值和各组分因项目而异；

• 仅适用于新的设计。

当设备采用碳钢以外的材质，或者要求设备适应极端温度下操作时，投资成本的计算需要进行相应调整。设备成本及其相关的管路成本将会改变，不过无论设备是由碳钢还是其他材料来制造，其他的安装成本将基本保持不变。因此，表2.2至表2.6中各因子的值仅适用于设备和管道工程：

$$C_F = \sum_i [f_M f_P f_T (1 + f_{PIP})]_i C_{E,i} + (f_{ER} + f_{INST} + f_{ELEC} + f_{UTIL} + f_{OS} + f_{BUILD} + f_{SP} + f_{DEC} + f_{CONT} + f_{WS}) \sum_i C_{E,i} \tag{2.6}$$

因此，估计固定投资成本需以下步骤：

① 列出工厂的主要设备及其尺寸；

② 估算工厂主要项目设备的成本；

③ 用成本指标将设备成本调整到统一的时间基准下；

④ 将主要设备的成本转化成相应的碳钢材质、中温中压设备的成本；

⑤ 根据项目具体情况从表2.7中选取适当的安装子因素；

⑥ 针对每个主要设备，选取适当的制造材质、操作压力和温度校正系数；

⑦ 应用式2.6估算总固定投资成本。

我们在设计的早期阶段所采用的设备成本数据，通常只能基于设备产能、材质以及操作压力和温度来确定。然而实际上，设备成本还取决于其他一些难以量化的因素(Brennan，1998)：

• 大量购买所享有的打折优惠；

• 买家与卖家的关系；

• 设备制造车间的产能利用率(即制造车间的繁忙程度)；

• 所需的交货时间；

• 制造材料和劳动力是否易得；

• 购买时附加的特殊条款、条件等。

另外地理位置的影响也不可忽略。即使在同一个国家，选择不同地点建造完全相同工厂的成本可能会有很大差异。这种差异可能来自气候条件及其带来的对设计要求和施工条件、运输成本、当地法规、当地税收政策、劳动力的易得性和生产效率等方面的影响(Gary and Handwerk，2001)。例如在美国，墨西哥湾沿岸的费用往往是最低的，其他地区的成本一般会高出20%~50%，而若是在阿拉斯加设厂，费用或许会比墨西哥湾沿岸地区高出2~3倍(Gary and Handwerk，

2001)。在澳大利亚，悉尼和其他大城市的成本往往最低，北昆士兰等偏远地区的成本通常要高出40%~80%(Brennan，1998)。成本当然也因国家而异，例如，一般认为在印度设厂的成本比在美国墨西哥湾沿岸可能便宜20%，在印度尼西亚这个数字则是30%；而在英国反而要贵出15%，这是由该国高昂的人工成本、土地成本等造成的(Brennan，1998)。

应该强调的是，利用安装系数进行投资成本估算，得到的结果是不够准确的，最坏的情况可能是得到一个极具误导性的结果。在进行此类估算时，设计师把大部分时间都花在设备成本的估算上，这部分通常只占总安装成本的20%~40%。剩余的大部分成本(土木工程、劳动力等)都是难以定义的。因此这种估算的准确度至多可以达到±30%。要获得准确的结果，我们还需要细致地对投资项目进行全方位调查。例如为了准确地估算安装成本，需要了解打地基所需的混凝土量和多少钢架结构等，此类信息只能通过检索大型成本信息数据库来获取。

如果在相同基础上比较各种方案，初步工艺设计中考虑安装因素的投资成本估算的缺点不会那么严重。不在相同基础上比较各种方案，错误也不那么严重，因为错误往往在各个方案之间是一致的。

例2.1 作为某大型项目的一部分，需要安装一台新换热器。根据换热器的初步尺寸估计其传热面积为250m²，材质为低等级不锈钢，额定压力为5bar。估算换热器对项目总成本的贡献(CE设备指数=682.0)。

解：根据公式2.1和表2.1，碳钢换热器的成本可通过下式估算：

$$C_E = C_B\left(\frac{Q}{Q_B}\right)^M$$
$$= 3.28\times10^4\left(\frac{250}{80}\right)^{0.68}$$
$$= \$7.12\times10^4$$

可以使用成本指数之比将成本调整为最新值：

$$C_E = 7.12\times10^4\left(\frac{682.0}{435.8}\right) = \$1.11\times10^5$$

碳钢换热器的成本需要根据制造材料进行调整。由于压力较低，不需要对压力进行校正(表2.5)，但是制造材料的成本需要进行调整。从表2.4中可得，$f_M=2.9$，安装设备的总成本可由公式2.6和表2.7估算。如果该项目是一个新工厂，换热器对总成本的贡献约为：

$$C_F = f_m(1+f_{PIP})C_E+(f_{ER}+f_{INST}+f_{ELEC}+f_{UTIL}+$$
$$f_{OS}+f_{BUILD}+f_{SP}+f_{DEC}+f_{CONT}+f_{WS})C_E$$
$$=2.9(1+0.7)1.11\times10^5+(0.4+0.2+0.1+0.5+$$
$$0.2+0.2+0.1+1.0+0.4+0.7)1.11\times10^5$$
$$=8.73\times1.11\times10^5$$
$$=\$9.69\times10^5$$

如果此新换热器仅仅是对现有工厂的补充升级，不需要额外投资于电力服务、公用工程、场外设施、建筑物、场地准备或运营资本，那么成本可用下式估算：

$$C_F = f_M(1+f_{PIP})C_E+(f_{ER}+f_{INST}+f_{DEC}+f_{CONT})C_E$$
$$=2.9(1+0.7)1.11\times10^5+(0.4+0.2+1.0+$$
$$0.4)1.11\times10^5$$
$$=6.93\times1.11\times10^5$$
$$=\$7.69\times10^5$$

在已有工厂中安装新换热器所需的成本，可能会超过此处的估算值。将新设备与现有设备相连接、改装或重新安置现有设备以容纳新设备、停机调试等步骤，都会带来额外成本。

2.3 升级改造所需的投资成本

改造项目的成本估算要比新项目困难得多。原则上，无论是新项目还是改造项目，每个新增设备产生的成本应是相同的，不过与新项目完全不同，对于改造项目的设备安装因素的要求会更高或者更低。如果安装新设备时可以充分利用现有厂房的空间、地基、电路等，在某些情况下，新项目的安装系数可能较高，对于小型设备尤其如此。然而大多数情况下，改装的安装系数会高于新项目，并且可能会高出许多。这是因为安装新设备可能要求对现有设备进行改装或挪移，此外，与新工厂的分段安装相比，在已有工厂中安装设备时，施工区域很可能会受到更多的限制。小项目(需改造的多为此类)的改造升级往往会导致每单元安装设备的安装成本高于大型项目。

例如，化工厂很常见的一类改造升级是更换精馏塔内部构件以改善塔的性能，通常意味着吞吐量的增加。我们需要清除现有的旧内部构件，然后装载新的内部构件。表 2.8 给出了拆除旧内部构件和安装新内部构件的参考安装系数（Bravo，1997）。

表 2.8　升级改造精馏塔的成本（Bravo，1997）

塔的改造	改装成本（新置硬件成本系数）
拆除塔板，准备安装新塔板	0.1（板间距不变） 0.2（板间距改变）
拆除塔板，准备装载填料	0.1
移除填料，准备安装塔板	0.07
安装新塔板	1.0~1.4（板间距不变） 1.2~1.5（板间距改变） 1.3~1.6（替换原有填料）
装载新的规整填料	0.5~0.8

就公用工程和场外投资成本而言，也难有规律可循。小型改造项目可能完全不需要公用工程和场外投资，较大规模的改造则可能需要针对公用工程和场外设施进行重大改造，这样往往要求改装或移除现有设施以便容纳新的公用工程和场外设备，导致成本高昂。

运营资本方面的变化同样难以归纳出一定的规律。大多数情况下，改造项目不会导致重大运营资金的投入。例如，若只更换少量设备以升级工厂的产能，则原材料和产品库存、应收账款、应付工资等资金都不会发生重大变化。另一方面，如果工厂的功能彻底改变，或新增大量储存设备等情况，则运营资本可能会相应发生较大改变。

升级改造的最大成本来源之一可能是进行改装所需的停机时间（工厂无法生产的时间），停产损失成本也是改造项目所具有的一个主要特征。停产成本应该计入改造项目的投资成本中。为了最大限度地减少停机时间和停产损失，我们需在工厂运行时尽可能多完成改装准备工作，同时应尽量缩短停机改造时间。例如，我们可以在工厂正常运行时完成新设备及其底座结构的安装，剩下最后的管路和电路修改在待停机时完成。改造项目的安排也有讲究，通常选择一次正常的定期停机维护，在这之前完成改造准备工作，然后在停机时一并完成改装升级和正常的维护检修。以上这些考虑因素通常在决策如何完成改造项目时具有主导作用。

由于存在上述提及的一系列不确定因素，很难提供改造项目投资成本估算的一般性准则。投资成本估算应将购置新设备所需的投资作为起点，安装系数则需对照表 2.7 列出的针对新项目的数据加以调整（通常需增大）。如需改造现有设备以适应新任务（例如改变现有换热器的热负荷量），则必须在没有设备成本的情况下计算安装成本。在没有更好的信息的情况下，可考虑采用性能相当的全新设备的安装成本来替代。表 2.7 中的某些关于总成本分摊的数据在此并不适用，理应剔除。总而言之，估算改造项目的投资成本，离不开对项目诸细节的审慎考察。

例 2.2　一改造项目欲改变现有某个换热器的管道连接，以服务于不同的设备或工段，其位置不需移动。此处主要的投资是用于换热器管路改造的成本。该换热器的换热面积为 $250m^2$，管道材质为低等级不锈钢，设计压力为 5bar。试估算该项目成本（CE 设备指数=682.0）。

解：每个改造项目都有其特殊性，不存在成本计算的通用公式。要想得到具有一定可信度的估算结果，唯一方法就是详细分析所有改装步骤的成本。但如果缺乏这样的细节信息，我们就只能通过选择合适新项目的安装系数来初步估计改造所需的成本。在这种条件下，可用相同规格的新换热器的管道成本来估算改造管道的成本，但不包括新增设备成本的部分。在例 2.1 中，一个换热面积为 $250m^2$ 的全新不锈钢换热器的成本预计约为 $\$1.11\times10^5$，因此管道成本（不锈钢）可如下估计：

$$\begin{aligned}管道成本 &= f_M f_{PIF} C_E \\ &= 2.9\times0.7\times1.11\times10^5 \\ &= 2.03\times1.11\times10^5 \\ &= \$2.25\times10^5\end{aligned}$$

当然这个估算也可能是不正确的。它只能给我们一个成本的大体概念，可用于在同等基础上比较不同的改造设计方案，但同时也可能会具有很大的误导性。

例 2.3 为升级扩大产能，现欲将一精馏塔内的筛板换成不锈钢规整填料。该塔高 46m，直径 1.5m，目前装有 70 个筛板，板间距 0.61m，拟用总高 30m 的不锈钢规整填料替换。估算项目成本(CE 设备指数=682.0)。

解：首先，用公式 2.1 估算规整填料的购买成本，表 2.1 中可查到 5m 高填料的成本：

$$C_E=\left(\frac{Q}{Q_B}\right)^M$$

$$=1.8\times10^4\times\frac{30}{5}\left(\frac{1.5}{0.5}\right)^{1.7}$$

$$=\$6.99\times10^5$$

用成本指数比率调整该结果，使其反映当前价格水平：

$$C_E=6.99\times10^5\left(\frac{682.0}{435.8}\right)$$

$$=\$1.09\times10^6$$

据表 2.8，拆除旧板的因数是 0.1，装载新填料的因数是 0.5 到 0.8(可以取 0.7)。预计项目总成本：

$$项目总成本=(1+0.1+0.7)1.09\times10^6$$

$$=\$1.96\times10^6$$

2.4 年投资成本

安装所需资金可能来自：

① 银行贷款。

② 该公司发行的普通股票(普通股份)、优先股票(优先股份)、债券。

③ 公司利润随时间积累产生的净现金流。

来自银行、优先股和债券的融资，其利息是固定利率。公司利润应分出一部分用来作为普通股和优先股的分红(不包含为优先股支付的股息)。

项目的投资成本取决于资金的来源。在项目早期阶段通常难以确定资金的具体来源，但仍需要在工艺方案之间进行选择，并对资本和运营成本进行优化。如果无法为资本和运营成本找到共同的比较基准，设计者将很难做出决定。如果假定融资期限固定(对于大型项目通常为 5~10 年)且利率固定，我们可以对投资成本的年度费用进行计算：

$$年度投资成本=投资成本\times\frac{i(1+i)^n}{(1+i)^n-1} \quad (2.7)$$

式中 i——年利率；

n——借款年数。

公式 2.7 的推导在附录 C 中给出。

如前所述，由于资本来源通常是未知的，因此我们不确定式 2.7 是否适合计算投资成本。严格来说，式 2.7 仅适用于项目支出的资金是以固定期限、固定利率借入的情况。另外，若要使用式 2.7，则需明确融资年限和利率。不过最重要的是，即便资本来源未知且必须考虑某些不确定性的假设，式 2.7 还是为竞争项目和同一项目中不同的设计备选方案之间的比较提供了一定基准。

例 2.4 购买、安装一座新精馏塔装置的成本为 100 万美元。若融资期限为五年，期限内利率固定为 5%，计算年化投资成本。

解：首先计算安装的投资成本(表 2.7)：

$$C_F=f_iC_E$$

$$=5.8\times(1000000)$$

$$=\$5800000$$

$$年度系数=\frac{i(1+i)^n}{(1+i)^n-1}$$

$$=\frac{0.05(1+0.05)^5}{(1+0.05)^5-1}$$

$$=0.2310$$

$$年投资成本=5800000\times0.2310$$

$$=\$1340000\ y^{-1}$$

在使用年投资成本进行优化时，设计者不应忽视年度资本的不确定性。改变资本的年度期限可能会导致截然不同的结果(例如在能耗和资本投入之间进行权衡时)。在进行优化时，我们需要测试优化结果对假设条件的灵敏度。

2.5 运营成本

1) 原材料成本。在大多数工艺流程中，最大的一项运营成本来自于原材料。原材料成本和产品销售价格往往对该项目经济性能的影响最大。原材料的成本和产品的价格取决于所涉及的材料是根据合同约定(在同一公司内部或在该公司外部）或在公开市场上买卖的。某些化学品的公开市场价格会随时间大幅波动，而如果事先有合同约定，则原材料的购买价和产品的售价有可能低于或高于市场价格，具体取决于市场情况。公开市场买卖可能会让我们获得最有利的买卖价格，但却会导致经济环境的不确定；长期协议可能会降低每单位产量的利润，但会在项目生命周期内保证一定程度的确定性。

原材料和产品的价格可以在各种在线资源和贸易刊物中找到。但是此类来源报告的数值受短期波动的影响，完整的投资分析还需要进行长期市场价格的预测。

2）用于生产原料之外的催化剂和化学品。在工艺过程的运行期间，需要定期对催化剂进行置换或再生（见第 6 章）。如果使用均相催化剂，可采用连续方式置换催化剂（见第 5 章和第 6 章）。对于非均相催化剂来说，如果失活速度很快，且通过再生无法完全恢复催化剂活性，也可以考虑连续置换；更常见的情况是根据催化剂的失活特性交替进行再生和置换。

除了催化剂的成本外，在制造过程中消耗的化学品可能不构成最终产品的一部分，这可能会产生很大的成本。例如用来调节物料 pH 值的酸和碱。这部分成本可能会很高。

3）公用工程运营成本。公用工程运营成本通常是仅次于原材料成本的一种主要的可变营业成本，尤其对于通用化学品的生产。公用工程运营成本的来源包括：

- 燃料；
- 电力；
- 蒸汽；
- 冷却水；
- 制冷；
- 压缩空气；
- 惰性气体。

根据工厂选址不同，公用工程成本的差别可能会相当大，燃料和动力成本尤其如此。燃料成本不仅很大程度上受燃料品种（煤、石油或天然气）和地理位置的影响，而且也往往对市场波动反应敏感。此外合同关系也对燃料成本产生显著影响，燃料价格在很大程度上取决于购买的数量和使用的方式。

当采用签署长期合同的方式向发电公司缴纳电力费用时，其价格往往比市场价格更稳定，因为发电公司倾向于以签订长期供应合同的方式采购燃料。但是，电价通常会受到税率变动的影响。电费税率可能取决于一年中的季节（例如冬季与夏季）、一周内不同的时间（例如周末与工作日）和一天当中的不同时段（例如夜晚与白天）。在气候炎热的国家，由于空调用电量大，夏季的电费通常比冬季更贵；而在寒冷国家，由于有室内供暖的需求，冬季的电费通常比夏季更贵。电力的价格结构比较复杂，但如果事先有合同约定，应该是可预测的。如果在电力价格结构比较复杂的国家现货市场购买电力，价格变动可能会相当剧烈。

蒸汽成本随燃料和电力的价格而变化。如果蒸汽只在低压时产生，而不用于汽轮机发电，那么，则可以根据采取的发电效率和分配损失来估算燃料成本。蒸汽发生效率取决于锅炉的效率和在锅炉给水时消耗的蒸汽量（见第 23 章）。蒸汽传输系统损失包括蒸汽输送时和蒸汽在回流管中冷凝时排入环境的热量损耗，还包括蒸汽冷凝成水后沿排水管排出或残留管中没能返回锅炉以及蒸汽泄漏造成的损失。蒸汽发生效率（包括辅助的锅炉房工艺要求，见第 23 章）通常为 85%～90%，传输过程可能会额外造成 10%的损失，从而使蒸汽产生和分配的总效率通常约为 75%～80%（基于燃料的净热值）。在计算锅炉效率和蒸汽发生效率时应特别注意，查到的数据通常是根据燃料的总热值计算的，其中包括来自燃烧产生的水的气化潜热。燃料的净热值假定水蒸气的潜热没有被回收，因此是最相关的值，不过现有数据多是基于总热值给出的。

如果需采用高压蒸汽，那么蒸汽的成本某种程度上应该与它在蒸汽轮机产生动力的能力有关，而不是与其附加热值有关。此类工艺通过公用工程锅炉产生高压蒸汽，再用其驱动蒸汽轮机产生动力，同时减压生成低压蒸汽。该过程在第 23 章中有详细讨论。一种计算蒸汽成本简单方法是用产生高压蒸汽所需的燃料成本（包括所有损耗），并且燃料成本就是高压蒸汽的成本。虽然这样会忽略水费、劳动力成本等，但这也是一个合理的估算，因为燃料成本是占主导性地位的。低压蒸汽的成本等于高压蒸汽的值减去其通过蒸汽轮机中产生的动力值，这就要求计算蒸汽通过汽轮机膨胀所产生的功率。最简单的方法是基于在蒸汽轮机中进行理想和实际膨胀过程的对比。图 2.1 是汽轮机膨胀过程的焓-熵图。在理想汽轮机中，具有初始压力 P_1 和焓 H_1 的蒸汽经等熵膨胀至压力 P_2 和焓 $H_{2,IS}$。在此条件下，理想的输出功为 $H_1-H_{2,IS}$。由于涡轮喷嘴和叶片通道中存在摩擦，出口处的实际焓值（图 2.1 中的 H_2）应大于理想汽轮机中的输出焓值，因此输出功会小于理想值，即 (H_1-H_2)。汽轮机的等熵效率 η_{IS} 是实际与理想输出功之间的比值：

$$\eta_{IS}=\frac{H_1-H_2}{H_1-H_{2,IS}} \tag{2.8}$$

如图 2.1 所示，汽轮机输出的可能是过热或部分冷凝的蒸汽。通过以下例题讨论处理方法。

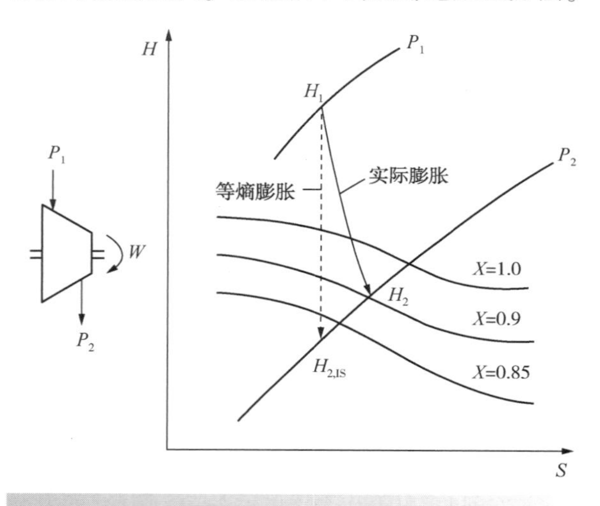

图 2.1 蒸汽轮机膨胀过程

例 2.5 三个蒸汽主管道的压力已按表 2.9 中给出的条件设定。其中高压蒸汽（HP）由压力为 41barg 的锅炉加热至 400℃，中压（MP）和低压（LP）蒸汽是高压蒸汽 HP 通过蒸汽轮机膨胀产生的，该汽轮机等熵效率为 80%。燃料成本为 4.00 $\$ \cdot GJ^{-1}$，电力成本为 0.07 $\$ \cdot kW^{-1} \cdot h^{-1}$。锅炉给水温度为 100℃，热容为 4.2kJ·$kg^{-1}$·$K^{-1}$。假设蒸汽发生效率 85%，传输损失为 10%，试估算这三种蒸汽的成本。

表 2.9 蒸汽主管道压力设置

主管道	压力/barg
HP	41
MP	10
LP	3

解： 41barg 蒸汽的成本计算：

从蒸汽表中可查到 400℃、41barg 的蒸汽，

$$焓=3212kJ \cdot kg^{-1}$$

锅炉给水：

$$焓=4.2(100-0)（相对于0℃的水）$$
$$=420kJ \cdot kg^{-1}$$

要产生 400℃、41barg 的蒸汽：

$$热负荷=3212-420=2792kJ \cdot kg^{-1}$$

对 41barg 的蒸汽来说，其成本：

$$成本=4.00\times10^{-6}\times2792\times\frac{1}{0.75}$$
$$=0.01489\ \$ \cdot kg^{-1}$$
$$=14.89\ \$ \cdot t^{-1}$$

10barg 蒸汽的成本计算：

当 41barg 的蒸汽通过蒸汽轮机膨胀减压至 10barg，由蒸汽表，输入条件为 41barg 和 400℃ 的蒸汽时：

$$H_1=3212kJ \cdot kg^{-1}$$
$$S_1=6.747kJ \cdot kg^{-1} \cdot K^{-1}$$

等熵膨胀至 10barg，输出蒸汽的条件为：

$$H_{2,IS}=2873kJ \cdot kg^{-1}$$
$$S_2=6.747kJ \cdot kg^{-1} \cdot K^{-1}$$

对于等熵效率为 80%的单级膨胀：

$$H_2=H_1-\eta_{IS}(H_1-H_{2,IS})$$
$$=3212-0.8(3212-2873)$$
$$=2941kJ \cdot kg^{-1}$$

从蒸汽表中可知出口蒸汽温度为 251℃，相当于 67℃的过热度。虽然蒸汽用于工艺加热在饱和条件下是首选的，但在这种情况下，通过锅炉给水来降低过热度以达到饱和条件是不可取的。因为如果通入主管道的是饱和蒸汽，则管道热损失会导致主管道中产生大量冷凝水，不利于操作。因此标准做法是保证通入主管道的蒸汽至少有 10℃的过热度，以避免主管道内出现冷凝水。

$$产生的动力=3212-2941=271kJ \cdot kg^{-1}$$

$$动力值=271\times\frac{0.07}{3600}=0.00527\ \$\cdot kg^{-1}$$

$$\begin{aligned}10barg\ 蒸汽的成本&=0.01489-0.00527\\&=0.00962\ \$\cdot kg^{-1}\\&=9.62\ \$\cdot t^{-1}\end{aligned}$$

3barg 蒸汽的成本计算：

假设来自前面一台汽轮机出口的 10barg 蒸汽又通入另一个汽轮机中，膨胀至 3barg。

由蒸汽表可知，10barg 和 251℃的蒸汽：

$$H_1=2941kJ\cdot kg^{-1}$$

$$S_1=6.880kJ\cdot kg^{-1}\cdot K^{-1}$$

在涡轮机中等熵膨胀至 3barg，出口蒸汽条件为：

$$H_{2,IS}=2732kJ\cdot kg^{-1}$$

$$S_2=6.880kJ\cdot kg^{-1}\cdot K^{-1}$$

对于等熵效率为 80%的单级膨胀：

$$\begin{aligned}H_2&=H_1-\eta_{IS}(H_1-H_{2,IS})\\&=2941-0.8(2941-2732)\\&=2774kJ\cdot kg^{-1}\end{aligned}$$

由蒸汽表可知，出口蒸汽温度为 160℃，过热度为 16℃。同样，低压主管道内的蒸汽理应有一定程度的过热度。

$$产生动力=2941-2774=167kJ\cdot kg^{-1}$$

$$产生动力值=167\times\frac{0.07}{3600}=0.00325\ \$\cdot kg^{-1}$$

$$\begin{aligned}3barg\ 蒸汽的成本&=0.00962-0.00325\\&=0.00637\ \$\cdot kg^{-1}\\&=6.37\ \$\cdot t^{-1}\end{aligned}$$

若锅炉中产生的蒸汽压力很高，或输出功率与燃料成本的比值很高，当二者满足其一时，所得低压蒸汽的价值会非常低，甚至可能为负值（见第 23 章）。当有现成的公用工程系统时，上述的蒸汽成本的简单计算方法通常不是很理想。第 23 章将更详细地讨论蒸汽成本的计算。

相较于燃料和电力，冷却水的运营成本往往较低。与冷却水的供应相关的运营成本主要来自于驱动冷却塔风扇和冷却水循环泵所需的动力。冷却水成本一般占总动力成本的 1%左右。例如动力成本为 0.07 $\$\cdot kW^{-1}\cdot h^{-1}$，则花费在冷却水方面的成本通常约为 $0.07\times0.01/3600=0.19\times10^{-6}\ \$\cdot kJ^{-1}$ 或 $0.19\ \$\cdot GJ^{-1}$。第 24 章将对冷却水系统展开讨论。

在估算制冷系统所需的动力成本时，可以假设其为某个理想系统所需动力成本的倍数：

$$\frac{W_{IDEAL}}{Q_C}=\frac{T_H-T_C}{T_C} \tag{2.9}$$

式中　W_{IDEAL}——制冷循环所消耗的理想功；

Q_C——冷却负荷；

T_C——制冷循环吸收热量的温度，K；

T_H——制冷循环排出热量的温度，K。

理想功与实际功之比通常约为 0.6，故而：

$$W=\frac{Q_C}{0.6}\left(\frac{T_H-T_C}{T_C}\right) \tag{2.10}$$

式中　W——制冷循环所消耗的实际功率。

例 2.6　某工艺过程需要 −20℃下功率为 0.5MW 的冷却水。一制冷循环拟用 25℃的水吸收热量，直至升温到 30℃。假设换热时冷热介质的最小温差（ΔT_{min}）为 5℃，且制冷剂的蒸发和冷凝均为等温过程，试估算年制冷成本。制冷系统年操作时长 8000h，电力驱动，电费为 $\$0.07kW^{-1}\cdot h^{-1}$。

解：

$$W=\frac{Q_C}{0.6}\left(\frac{T_H-T_C}{T_C}\right)$$

$$T_H=30+5=35℃=308K$$

$$T_C=-20-5=-25℃=248K$$

$$W=\frac{0.5}{0.6}\left(\frac{308-248}{248}\right)=0.202MW$$

$$\begin{aligned}电力成本&=0.202\times103\times0.07\times8000\\&=113120\ \$\cdot y^{-1}\end{aligned}$$

第 24 章将介绍更准确的制冷成本计算方法。

4）劳动力成本。这是一项不易估计的成本，它取决于流程是间歇的还是连续的、工艺自动化水平的高低、工艺步骤的数量和产量的多少。在合成一个工艺时，通常须对具有共同基本特征（例如同为连续过程）、相同自动化水平、相似数量的工艺步骤和相同产量水平的流程选项加以筛选。在这种情况下，劳动力成本对所有情况是大致相同的，不会影响比较结果。

但是，如果要比较差异较大的 2 种情况，例如间歇和连续过程之间的比较，则必须考虑到二者劳动力成本的差别，不可一概而论。此外，如果工厂选址尚未确定，则不同地理位置造成的劳动力成本差异可能是很重要的考量因素。

5）维护。维护成本取决于工艺中涉及的物料是固体还是流体（包括气体和液体）。固体物料和具有高腐蚀性的流体都会增加维护成本。平均来说维护成本约占固定资本投资的 6%（Peters, Timmerhaus and West, 2003）。

2.6 简单经济指标

为了评估设计方案并进行工艺优化，需要借助一些简单明了的经济指标来做出判断。考虑工厂投产、获得产品销售收入后，会发生什么。首先销售收入必须用来支付固定成本和可变成本，前者与产量无关，后者则完全受其支配；剩余的收入扣除税金后，可得到净利润。

与产量无关的固定成本包括：

- 融资还款；
- 日常维护；
- 日常管理费用（例如安全措施、实验室、人员设施、行政服务）；
- 质量管理；
- 地方税；
- 劳动力；
- 保险。

与产量有关的固定成本包括：

- 原料；
- 制造过程中消耗的催化剂和其他化学品；
- 公用工程（燃料、蒸汽、电力、冷却水、工艺用水、压缩空气、惰性气体等）；
- 运营产生的维护费用；
- 专利使用费；
- 运输费用。

就维护费用来说，它可能同时具备固定的和可变的元素。固定维护费用源自日常管理维护（如安全设备的法定维护），无论产量高低，此类维护都必须进行；而可变维护成本则是因为随着产量的提高，部分设备负荷增加，需要更多的维护费用。此外，因使用其他公司的工艺技术而支付的专利使用费，也存在两种可能性：若是按产量或销售收入的一定比例支付，则它是可变成本；若是在项目开始时一次性支付，则该笔款项就算作项目资本投资的一部分，因此它将被包括在年度融资还款中，而这仍是固定成本的一部分。

下面两个简单的经济指标对流程设计具有参考价值：

经济潜力（*EP*）：

$$EP = \text{产品价值} - \text{固定成本} - \text{可变成本} - \text{税金} \tag{2.11}$$

年度总成本（*TAC*）：

$$TAC = \text{固定成本} + \text{可变成本} + \text{税金} \tag{2.12}$$

当进行一个工艺流程的合成时，上述指标在各设计阶段都适用。不过由于信息不完全，人们通常不可能在项目的早期阶段就知道上面所列出的全部固定成本和可变成本，此外，在确定运营成本和现金流的完整情况之前，税金的计算几乎是没有意义的。

如果认识到 *EP* 和 *TAC* 的作用只是帮助衡量流程图中的不同结构情况和不同操作参数设定的话，它们的计算可以得到相应的简化，比如可以忽略各种情况下相同设备的成本。

2.7 项目现金流和经济评估

随着设计工作的推进，我们会掌握越来越多的信息。欲比较各竞争方案的盈利能力，最好的方法是预估项目生命周期内发生的现金流，以之为依据加以评估（Allen, 1980）。

图 2.2 是一个典型的项目现金流模式，图中所示的是累积现金流。首先考虑图 2.2 中的曲线 1，点 *A* 是项目的起始点，资金支付出去而没有任何即时的回报；在包含了开发、设计及其他初步工作的项目早期阶段，累积现金流曲线下降到点 *B*；接下来是建筑物、工厂和设备等主要资本投资阶段，曲线以更陡峭的方式下降到点 *C*；在点 *C* 和 *D* 之间支持的是运营资本，用于工厂启动；工厂从点 *D* 开始运行生产，销售收入开始出现；初始阶段的产量往往在设计产量之下，直至在点 *E* 处方达到饱和产量；至点 *F*，累积现金流量再度归零，此为项目的盈亏平衡点；到了点 *G*，项目已临近终结，净现金流率可能显著降低，原因可能是不断升高的维护成本，或是产品市场价格的下降等。

最终，工厂可能会被永久关闭或进行重大改

造，这标志着项目的结束，也就是点 H。若选择关闭工厂，经营者可回笼一部分运营资金，并可能产生资产清算价值，这会导致项目结束时最后一笔现金流入。

对项目整个生命周期累积现金流量曲线的预测，为更细致的评估奠定了基础。人们在此提出了许多量化指标或指数。不管采用何种方法，都要识别出累积现金流量曲线的重要特征，并将其转换为某个数值度量作为指标。

1）投资回收期。投资回收期是从项目开始（图2.2中的 A）到盈亏平衡点（图2.2中的 F）所经历的时间。投资回收期越短，项目就越有吸引力。通常以平均年度现金流量为基础，计算出收回全部资本投资所需的时间，即为投资回收期；对改造项目来说，投资回收期通常是从运营成本的年平均改善中收回改造资本投资的时间。

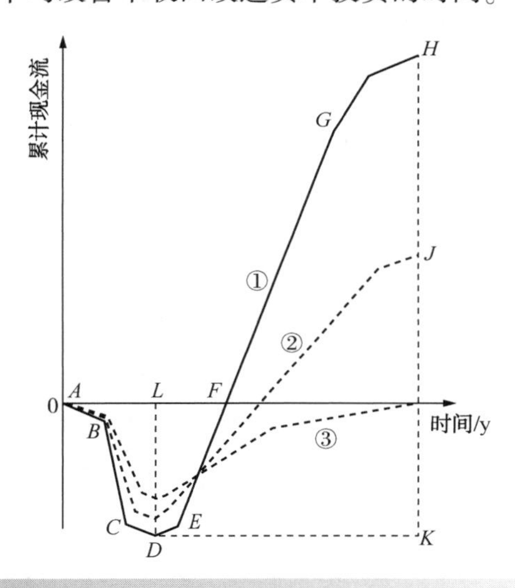

图2.2　典型项目的现金流模式
（转载自 AllenDH，（1980）A Guide to the Economic Evaluation of Projects，by permission of the Institution of Chemical Engineers）

2）投资回报率（ROI）。投资回报率（ROI）通常定义为项目投产期的年均收入与初始投资总额之比，以百分比表示。因此从图2.2可得：

$$ROI=\frac{KH}{KD}\times\frac{100\%}{LD}\text{每年} \tag{2.13}$$

投资回收期和投资回报率可以显示项目累积现金流的某些特点，但同时会忽略其他一些特性。例如它们无法反映项目现金流的模式。下面要介绍的两个指数，即净现值和折现现金流收益率，则更加全面地反映项目的经济表现，因为它们包含了项目净现金流随时间变化的模式，也考虑了货币的时间价值。

3）净现值（NPV）。由于可以通过投资赚取利润，我们手头现有的资金，比将来某个时间收到的等值货币更有价值。一个项目的净现值是所有现金流的现值之和。现值是指某个现金流换算到项目开始时的对应价值。

这里需通过时间和折现率来将某年度现金流 A_{CF} 折现，以得到其对应的年度贴现现金流 A_{DCF}，故第一年现金流的折现值为：

$$A_{DCF1}=\frac{A_{CF1}}{(1+i)}$$

到第二年年末有：

$$A_{DCF2}=\frac{A_{CF2}}{(1+i)^2}$$

第 n 年年末：

$$A_{DCFn}=\frac{A_{CFn}}{(1+i)^n} \tag{2.14}$$

n 年中所有现金流折现值之和 $\sum A_{DCF}$ 被称为项目的净现值（NPV）。

$$NPV=\sum A_{DCF} \tag{2.15}$$

NPV 的值直接取决于利息率 i 和项目寿命 n。

回到图2.2的项目累积现金流量曲线，它所示为折现带来的影响。曲线1是未经折现的原始曲线，即 $i=0$，项目的 NPV 等于点 H 给出的最终净现金；曲线2所示为在固定利率下折现的影响，对应的项目 NPV 由点 J 给出；图2.2中所示为曲线3对应较大的利率，该利率刚好使得 NPV 在整个项目结束时为零。

若项目的 NPV 为正值，则其值越大，该项目在经济上就越具吸引力；NPV 值为负值，则该项目在经济上是无利可图的。

4）折现现金流收益率。折现现金流收益率定义为刚好使得项目的 NPV 值等于零的折现率 i（图2.2中的曲线3）：

$$NPV=\sum A_{DCF}=0 \tag{2.16}$$

满足方程（2.16）的折现率 i 的值就是折现现金流收益率（$DCFRR$），该方程可通过图解法或试差法求解。

例 2.7 某公司欲从项目 A 中选择其一进行投资。两个项目的投资成本均为 1000 万美元，它们的预期年度现金流如表 2.10 所示。由于资金限制，请以五年期项目的折现现金流收益率为指标，做出选择。

表 2.10 预期年度现金流

年份	现金流量/百万美元	
	项目 A	项目 B
0	-10	-10
1	1.6	6.5
2	2.8	5.2
3	4	4
4	5.2	2.8
5	6.4	1.6

解： 项目 A

首先对 DCFRR 的初始估计为 20%，然后增加，详见表 2.11。

20%的折现率显然太低了，因为第 5 年结束时 $\sum ADCF$ 还是正的。同样道理 30%和 25%又都偏高了，因为第 5 年结束时它们的 $\sum ADCF$ 都是负的。答案一定介于 20%和 25%之间。根据 $\sum A_{DCF}$ 的值进行插值，得 $DCFRR \approx 23\%$。

项目 B 再次用试差法计算 *DCFRR*，如表 2.12 所示。

从第 5 年末的 $\sum ADCF$ 可知，20%和 35%太低，而 40%又太高。由插值法可得 $DCFRR \approx 38\%$。因此应选择项目 B。

表 2.11 项目 A 的 DCFRR 的计算

年份	A_{CF}	DCF 20%		DCF 30%		DCF 25%	
		A_{DCF}	$\sum A_{DCF}$	A_{DCF}	$\sum A_{DCF}$	A_{DCF}	$\sum A_{DCF}$
0	-10	-10	-10	-10	-10	-10	-10
1	1.6	1.33	-8.67	1.23	-8.77	1.28	-8.72
2	2.8	1.94	-6.73	1.66	-7.11	1.79	-6.93
3	4	2.31	-4.42	1.82	-5.29	2.05	-4.88
4	5.2	2.51	-1.91	1.82	-3.47	2.13	-2.75
5	6.4	2.57	0.66	1.72	-1.75	2.10	-0.65

表 2.12 项目 B 的 *DCFRR* 的计算

年份	A_{CF}	DCF 20%		DCF 40%		DCF 35%	
		A_{DCF}	$\sum A_{DCF}$	A_{DCF}	$\sum A_{DCF}$	A_{DCF}	$\sum A_{DCF}$
0	-10	-10	-10	-10	-10	-10	-10
1	6.5	5.42	-4.58	4.64	-5.36	4.81	-5.19
2	5.2	3.61	-0.97	2.65	-2.71	2.85	-2.34
3	4	2.31	1.34	1.46	-1.25	1.63	-0.71
4	2.8	1.35	2.69	0.729	-0.521	0.843	0.133
5	1.6	0.643	3.33	0.297	-0.224	0.357	0.490

2.8 投资准则

随着项目的进展，人们掌握的信息和细节也在不断完善，因此经济分析应贯彻项目的始终。是否决定继续进行一项工程将取决于许多因素。在同一公司内部，也往往存在项目之间以争取资本投入为目标的激烈竞争。不过在一个高效的资本市场中，只要收益率足够高，就不难找到充裕的资金。上一节中讨论的几个经济指标可作为人们判断是否应投资于某个项目的首要依据，尽管不是唯一依据。充分反映现金流发生时间的指标（即 *NPV* 和 *DCFRR*）一般是投资决策的基础。项目的 *NPV* 和 *DCFRR* 值越高，它就越值得投资。我们能接受的 *DCFRR* 最小值应为市场利率，若一个项目的 *DCFRR* 达不到市场利率的水平，那还不如把这笔资金存入银行。而且考虑到银行投资的风险低于大多数工程技术项目，因此合理的收益率下限应至少比银行存款的利率高5%～10%。*NPV* 和 *DCFRR* 之间的本质区别是：

• *NPV*(净现值)衡量的是项目的利润，但不能反映资金使用的效率；

• *DCFRR* 衡量项目带来的资金收益率，但不能反映项目的竞争力。

在竞争项目之间进行选择时，这些项目将带来不同的现金流模式和投资模式。如果投资的目标是利润最大化，则应选择 *NPV* 最高的项目，这并不一定等同于选择具有最高 *DCFRR* 的项目。一个 *DCFRR* 较低、投资额较大的项目，产生的 *NPV* 可能比另一个 *DCFRR* 更高、投资额却较少的项目更大。*NPV* 给出了一个项目吸引力的直接现金衡量。对于投资额不同的竞争项目，可通过投资效率来进行简单比较：

$$\text{投资效率}=\frac{NPV}{\text{投入资本}} \tag{2.17}$$

预测一个项目未来发生的现金流是极其困难的事情，包括项目周期在内的许多不确定因素。此外，也无法得到精确的利率。可接受的回报率取决于与项目相关的风险和公司的投资政策。例如，对于低风险项目，20%的 *DCFRR* 可能足以令人满意；对于具有一定风险的项目，30%才是最低标准；而具有显著不确定性的高风险项目的及格线可能是50%的 *DCFRR*。

需要测试经济分析对基本假设的敏感性。应进行敏感性分析，以测试经济分析对以下各项的敏感性：

• 投资成本估算误差；

• 在资金投入后延迟启动项目(对高额资本投资项目尤为重要)；

• 原料成本的波动；

• 产品销售价格的波动；

• 产品市场需求的下降等。

在进行经济评估时，现金流的大小及时间、项目寿命和利率都不确定。但如果我们在预测现金流和设定利率时采用一致的假设条件，则分析结果仍然可以帮助我们在竞争项目之间进行合理选择。在一致假设基础上比较不同的项目和项目内的选项是很重要的。因此，尽管评估结果在绝对意义上是不确定的，但在相对意义上，用于不同选项之间的比较时它是可以发挥作用的。因此，很重要的一点是要找到一个共同基准，作为比较衡量所有项目以及项目中所有选项的标杆。

然后，投资项目的最终决定不仅受到上述经济因素的影响还受到企业发展战略的影响。即便短期内有利可图，若预测某个商品市场在长期未来会出现恶性，过度竞争，企业的发展战略也有可能是逐步退出该市场。企业长期战略可能是进入不同领域，于是设定投资优先级。可以优先考虑增加某一特定产品的市场份额，以建立该领域的业务主导地位，并实现该业务的长期的全球规模经济。

2.9 过程经济学——总结

过程经济学是评估设计选项、优化工艺流程和评价工艺总体盈利能力所必需的工具，它采用两个简单的标准：

• 经济潜力；

• 年度总成本。

以上标准适用于设计的各个阶段，无须获取有关工艺流程的全部信息。

主要的营业成本来自原料采购，不过催化剂、非原料化学品、公用工程费用、人力和维护等方面的成本，也可有显著贡献。

利用各设备的安装系数和购买成本，可估算项目的投资成本。然而，以这种方式获得的成本估值存在相当大的不确定性，因为设备成本通常仅为总安装成本的20%～40%，其余部分取决于安装系数；另外公用工程投资、场外投资和运营资本，也都是资本投资的组成部分。投资成本可视为固定期限内、以固定利率计息的贷款，从而可将其年化。

随着有关项目的信息不断完善，我们可对项目周期内的现金流加以预测，于是可以在现金流的基础上更细致地评估项目盈利能力。净现值的计算考虑到货币的时间价值，可用于衡量利润大小。折现现金流收益率则衡量资本的使用效率。

总体而言，经济评估总要面对相当大的不确定性。除了在估算投资成本和营业成本时造成的误差之外，项目寿命或利率都还不确定。重要的是在一致假设的基础上比较不同的项目和项目内的不同选项。这样即使在绝对意义上是不确定的，但从相对意义上在选项之间进行评估取舍，仍然是有意义的。

2.10 习题

1. 某工厂需安装一台新的搅拌反应釜，并外接一台新的管壳式换热器和一台新的离心泵。搅拌反应釜采用玻璃内衬，可假设其设备成本是碳钢容器的三倍。换热器、泵和相关的管道都采用高级不锈钢制造，以上均为中压设备。该反应釜体积为 $9m^3$，换热器换热面积为 $50m^2$，泵的功率为 5kW。公用工程、场外、建筑物、场地准备和运营资本均不需要大量投资。用公式 2.1 和表 2.1(如有必要，外推至相关范围之外)估算项目成本(CE 设备指数=680.0)。

2. 某工厂在厂区内通过高压和低压主管道传输蒸汽。高压主管道内压力为 40bar，温度为 350℃。低压主管道内的压力为 4bar。高压蒸汽由锅炉产生，蒸汽生产和传输的总效率为 75%。低压蒸汽是将高压蒸汽通过等熵效率为 80%的蒸汽轮机膨胀产生的。锅炉燃料的成本是 3.5 $\$ \cdot GJ^{-1}$，电力成本为 0.05 $\$ \cdot kW^{-1} \cdot h^{-1}$。锅炉给水温度为 100℃，比热容为 4.2$kJ \cdot kg^{-1} \cdot K^{-1}$。估算高压和低压蒸汽各自的成本。

3. 某精馏冷凝器的冷负荷为 0.75MW。冷凝物流的温度为-10℃，其制冷循环可将热量排放到温度为 30℃的冷却水中。假设精馏冷凝器的冷热介质温差为 5℃，制冷循环的冷热介质温差为 10℃，估算制冷所消耗的功率。

4. 异丙醇水溶液脱氢生成丙酮的反应如下：

$$(CH_3)_2CHOH \rightarrow CH_3COCH_3 + H_2$$

反应器出口物流进入相分离器，将气相与液相分离。大部分产品都在液相中，因此气相是废弃物流。气相物流的温度为 30℃，绝对压力为 1.1bar。表 2.13 给出了气相各组分的流量，以及它们作为原料和燃料的价值。对气相废弃物流的处理有三种方案：

① 在炉中处理尾气。

② 用工艺流程其他部分回收来的水吸收丙酮，剩余尾气通入炉中进行处理。预计通过该方法可回收 99%的丙酮，这部分丙酮的回收成本为 1.8 $\$ \cdot kmol^{-1}$。

③ 使用冷却剂冷凝回收丙酮，预计在冷凝器温度需降至-10℃，尾气通入炉中处理。假设氢气是不溶于液态丙酮的惰性气体。丙酮的蒸气压由下式给出：

$$\ln P = 10.031 - \frac{29405}{T - 35.93}$$

式中 P——压力，bar；

T——绝对温度，K。

制冷成本为 11.5 $\$ \cdot GJ^{-1}$，气相的平均摩尔热容为 $40kJ \cdot kmol^{-1} \cdot K^{-1}$，丙酮潜热 $29100kJ \cdot kmol^{-1}$。

根据表 2.13 中的数据计算每种方案的经济潜力。

表 2.13 习题 4 数据

组分	在气相中的流量/$kmol \cdot h^{-1}$	原料价值/$\$ \cdot kmol^{-1}$	燃料价值/$\$ \cdot kmol^{-1}$
氢	51.1	0	0.99
丙酮	13.5	34.8	6.85

5. 某生产醋酸纤维素的工艺排出废气的主要成分是空气，同时含有少量丙酮蒸气。废气中空气的流量为 $300kmol \cdot h^{-1}$，丙酮流量为 $4.5kmol \cdot h^{-1}$。建议回收方法是先用水吸收废气中的丙酮，再用精馏的方法分离丙酮-水的混合物。吸收塔所需的水流量是空气流量的 2.8 倍。

① 假设丙酮价格为 34.8 $\$ \cdot kmol^{-1}$，吸收塔中使用的新鲜水成本为 0.004 $\$ \cdot kmol^{-1}$，工艺流程运行时间为 $8000h \cdot y^{-1}$。假定丙酮完全回收，计算该处理工艺的经济潜力。

② 假设吸收塔和精馏塔都能够回收 99%的丙酮。若精馏塔的塔顶馏分中产品丙酮的纯度必须达到 99%，且假设没有水分跑到空气当中，试画出系统的流程图，并计算精馏塔进、出料中丙酮和水的流量。

③ 若考虑吸收塔和精馏塔无法完全回收丙酮的情况，重新计算经济潜力。另已知精馏塔塔底馏出物须经处理才能排放，假设其中丙酮的处理成本为 50 $\$ \cdot kmol^{-1}$，水的处理成本为 0.004 $\$ \cdot kmol^{-1}$。

④ 保证回收率和纯度要求不变的情况下，如

何在分离过程中降低成本？

6. 某公司要在 A 和 B 两个项目中挑选一个进行投资。两个项目的投资成本均为 1000000 $，预期年度现金流见表 2.14 所示。对于每个项目，计算：

① 以平均年度现金流为准，每个项目的投资回收期。

② 投资回报。

③ 折现现金流收益率。

从上述结论中可以得出什么结论？

表 2.14 两个竞争项目的现金流

年份	现金流/ $ 1000	
	项目 A	项目 B
0	-1000	-1000
1	150	500
2	250	450
3	350	300
4	400	200
5	400	100

7. 某公司准备投资 A、B 两个项目中的一个。两个项目的投资成本均为 1000000 $。两个项目的预计年度现金流量见表 2.15 所示。对于每个项目，计算：

① 以平均年现金流为基准，每个项目的投资回收期。

② 投资回报。

③ 折现现金流收益率。

从上述结论中可以得出什么结论？

表 2.15 两个竞争项目的现金流

年份	现金流/ $ 1000	
	项目 A	项目 B
0	-1000	-1000
1	150	500
2	250	450
3	350	300
4	400	200
5	400	100

8. 某公司为一种市场前景尚不明朗的新产品开发出了一套工艺。要建立一个产能为 50000t · y^{-1} 的工厂，需要投资 $ 10000000，预计项目寿命为五年。预计固定操作成本为 $ 10000000，可变操作成本(不包括原料)为 40 $ · t^{-1} 产品，根据化学计量比得到的原料成本为 80 $ · t^{-1} 产品；每吨原料的产品收率为 80%；税金为当年利润的 20%。若可接受的折现现金流收益率下限为 15%，计算产品的最低销售价格。

9. 如何改进简单投资回报的概念，以给予项目盈利能力更有意义的衡量？

10. 计划建立一个可生产 170000t · y^{-1} 某种普通化学品的工厂。针对该产品供需进行的研究揭示，目前该行业已建成的总产能为 6.8×10^6t · y^{-1}，实际总产量为 5.0×10^6t · y^{-1}。估计最大产能利用率大约是 90%。若该产品的需求预计将以每年 8% 的速度增长，并且从项目开始到工厂建成需 3 年时间，那么你对该投资建议有何结论？

参 考 文 献

Allen DH (1980) *A Guide to the Economic Evaluation of Projects*, IChemE, Rugby, UK.

Anson HA (1977) *A New Guide to Capital Cost Estimating*, IChemE, UK.

Bauman HC (1955) Estimating Costs of Process Auxiliaries, *Chem Eng Prog*, **51**: 45.

Bravo JL (1997) Select Structured Packings or Trays? *Chem Eng Prog*, **July**: 36.

Brennan D (1998) *Process Industry Economics*, IChemE, UK.

Gary JH and Handwerk GE (2001) *Petroleum Refining Technology and Economics*, 4th Edition, Marcel Dekker.

Gerrard AM (2000) *Guide to Capital Cost Estimating*, 4th Edition, IChemE, UK.

Guthrie KM (1969) Data and Techniques for Preliminary Capital Cost Estimating, *Chem Eng*, **76**: 114.

Hall RS, Matley J and McNaughton KJ (1982) Current Costs of Process Equipment, *Chem Eng*, **89**: 80.

Hall R.S, Vatavuk WM and Matley J (1988) Estimating Process Equipment Costs, *Chem Eng*, **95**: 66.

Hand WE (1958) From Flowsheet to Cost Estimate, *Petrol Refiner*, **37**: 331.

Holland FA, Watson FA and Wilkinson JK (1983) *Introduction to Process Economics*, 2nd Edition, John Wiley & Sons, Inc., New York.

Lang HJ (1947) Cost Relationships in Preliminary Cost Estimation, *Chem Eng*, **54**: 117.

Mulet A, Corripio AB and Evans LB (1981a) Estimate Costs of Pressure Vessels Via Correlations, *Chem Eng*, **Oct**: 145.

Mulet A, Corripio AB and Evans LB (1981b) Estimate Costs of Distillation and Absorption Towers Via Correlations, *Chem Eng*, **Dec**: 77.

Peters MS, Timmerhaus KD and West RE (2003) *Plant Design and Economics for Chemical Engineers*, 5th Edition, McGraw-Hill, New York.

Remer DS and Chai LH (1990) Design Cost Factors for Scaling-up Engineering Equipment, *Chem Eng Prog*, **86**: 77.

Ulrich GD (1984) *A Guide to Chemical Engineering Process Design and Economics*, John Wiley & Sons, Inc., New York.

第3章 最优化

3.1 目标函数

最优化是工艺设计中不可或缺的一项工作。设计者往往不需要自己构造算法进行优化，现有的一些通用软件可以对工艺设计进行优化。然而，为了避免可能出现的错误，设计师有必要了解设计优化的工作原理。本章将介绍该理论，欲详细了解这方面的知识，可参阅其他著作(Floudas，1995；Biegler，Grossman and Westerberg，1997；Edgar，Himmelblau and Lasdon，2001)。

工艺设计中涉及的最优化问题通常是对某个目标函数的最大化或最小化。所谓目标函数，就是一个量化指标，用来衡量某个问题解的质量，通常可能导致经济潜力最大化或成本最小化。例如，考虑用换热器从一股高温废弃物流中回收热量。图3.1a是该热回收过程的温-焓图。在热流体中的热量可以被回收用来预热冷流体，不过到底应该回收多少热量为佳？回收的热量表达式如下：

$$Q_{REC}=m_{H}C_{P,H}(T_{H,in}-T_{H,out}) \tag{3.1}$$

$$Q_{REC}=m_{C}C_{P,C}(T_{C,out}-T_{C,in}) \tag{3.2}$$

式中 Q_{REC}——回收热量；

m_H，m_C——热流和冷流的质量流量；

$C_{P,H}$，$C_{P,C}$——热流和冷流的比热容；

$T_{H,in}$，$T_{H,out}$——热流的入口和出口温度；

$T_{C,in}$，$T_{C,out}$——冷流的入口和出口温度。

热量回收可以降低能量需求。因此，该过程的能源成本：

$$能源成本=(Q_{H}-Q_{REC})\cdot C_{Energy} \tag{3.3}$$

式中 Q_H——回收废弃物流之前整个工艺所需的由公用工程提供的热量；

C_{Energy}——每单位热量的成本。

由于热流是待排放的废弃物流，冷却成本不会发生变化。所需换热器的传热面积可由下式计算(参见第12章)：

$$A=\frac{Q_{REC}}{U\Delta T_{LM}} \tag{3.4}$$

式中 A——传热面积；

U——总传热系数；

ΔT_{LM}——对数平均温差$=\dfrac{(T_{H,in}-T_{C,out})-(T_{H,out}-T_{C,in})}{\ln\left[\dfrac{T_{H,in}-T_{C,out}}{(T_{H,out}-T_{C,in})}\right]}$

接下来，换热器面积又可用于估算年投资成本：

$$年投资成本=(a+bA^{c})AF \tag{3.5}$$

式中 a，b，c——成本系数；

AF——年度因子(见第2章)。

假设冷、热流的质量流量、热容和入口温度都是固定的，并且当前的热量需求、单位热量成本、总传热系数、成本系数和年度因子均已知。上述从(3.1)至(3.5)的五个方程，共涉及这13个数值已知的变量：m_H，m_C，$C_{P,H}$，$C_{P,C}$，$T_{H,in}$，$T_{C,in}$，U，a，b，c，AF，Q_H和C_{Energy}，共构成18个等式约束条件。除以上的13个变量外，方程中还涉及6个未知变量Q_{REC}，$T_{H,out}$，$T_{C,out}$，能源成本，年投资成本和A。也就是说，共有18个等式约束条件和19个变量，无法求解，因为要想解一个方程组(等式约束的集合)，变量的个数与方程(等式约束)的个数必须相等。该问题缺少条件，还需再找到1个等式约束条件才能求解，也就是说问题的自由度为1。这个自由度可以通过最优化来确定，对于该问题来说，可以定为年度能源成本和投资成本的和(即总成本)，如图3.1b所示。

如果进入换热器的冷物流质量流量是不确定的，则会减少一个等式约束，也就会产生额外的自由度，这样最优化将是二维优化问题。每个自由度都会相应地带来优化的空间。

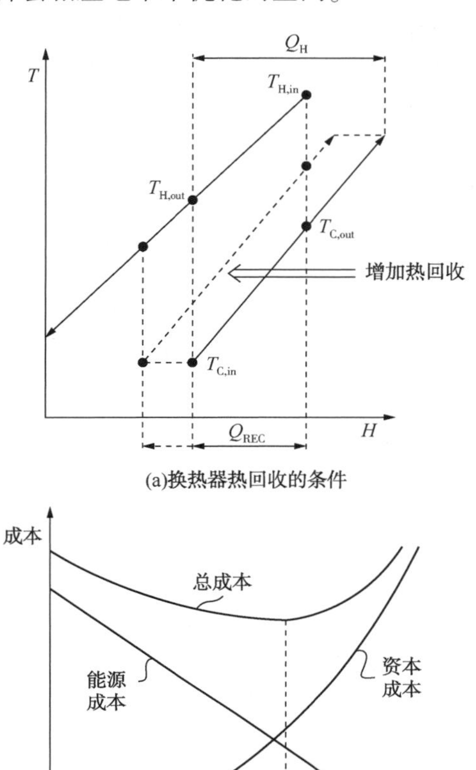

图 3.1 从废弃物流中回收热量涉及降低能源成本和增加换热器投资成本之间的权衡

图 3.1b 所示为与换热器有关的投资是如何优化的。一方面，回收的热量越多，系统的能源成本就越低；但另一方面，换热器设备的尺寸和投资成本也就越大，换热器尺寸的增加是由于传递热量的增加。而且，由于废弃物流的条件是不变的，从中回收的热量越多，换热器中的传热温差变低，导致投资成本随之急剧上升。理论上，如果热回收达到温差为零的极限情况，就需要一个无限大的换热器，其投资成本也是无限大的。如第 2 章所述，能源成本和投资成本都能以年表示，如图 3.1b 所示，二者加在一起得到年度总成本。总成本的最小值，对应的就是换热器的最佳尺寸。

给定图 3.1b 中目标函数的数学模型，寻找其最小值应该不难，为此可采取多种策略。图中目标函数是连续的，且只有一个极值点。仅有一个极值点(最大值或最小值)的函数称为单峰函数。相比之下，考虑图 3.2 中的目标函数。图 3.2a 中是一个要最小化的不连续目标函数。如果算法从点 x_1 处出发搜索最小值，则可能会轻易得出最小点在 x_2 处，而真正的最小点在 x_3。所以间断点的存在有可能会给寻找最小值的优化算法带来问题。图 3.2b 中的目标函数，在多个点处斜率为零。这些斜率为零的点都称为驻点。超过一个驻点的函数称为多峰函数。如果要最小化图 3.2b 中的函数，局部最优点出现在 x_2 处。如果算法从 x_1 处开始搜索，最优点出现在 x_2 处。然而，全局最优点是出现在 x_3 处。另外在 x_4 处斜率也为零，但它实际是一个鞍点。若仅考虑斜率值，容易将其与最大值或最小值混淆。因此，在 x_4 处可能存在另一个局部最优点。与间断点一样，目标函数的多峰性会给优化算法带来问题。显然，只找到目标函数的零斜率点是不足以确保找到最优解的。斜率为零是最优解的必要条件，但不是充分条件。

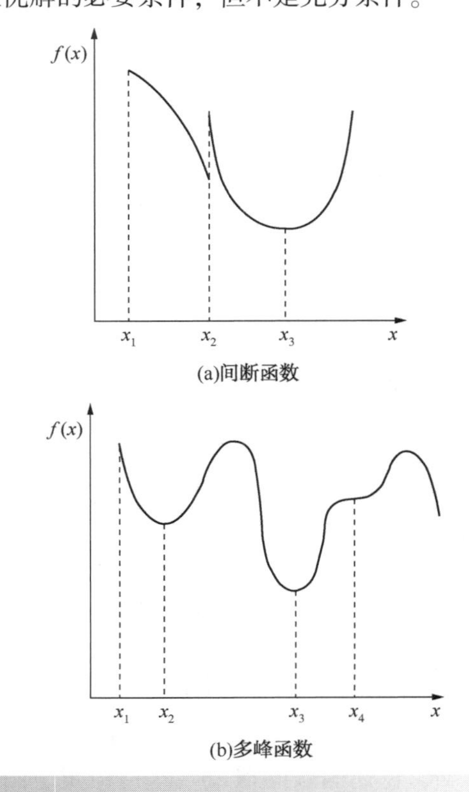

图 3.2 目标函数的复杂性质

为区分局部最优点和全局最优点，还须引入函数凹凸性的概念。图 3.3a 和 3.3b 所示为一个需被最小化和最大化的目标函数图像。在图 3.3a 目标函数的曲线上，如果连接任意两点得到的线段，其组成点全部位于曲线上方，则该函数是凸函数；类似地，在图 3.3b 中的函数曲线上，若连接任意两点的线段整个位于曲线下方，则说该函数是凹函数。凸函数或凹函数都只有唯一的最优点。因此，如果已知目标函数是凸函数，且已找到了一个极小值，那么它就是全局最优值；同样，如果已知目标函数是凹函数，只要找到一个极大值，就找到了它的全局最优值。不过，不具备凹凸性的函数可以有多个局部最优值。

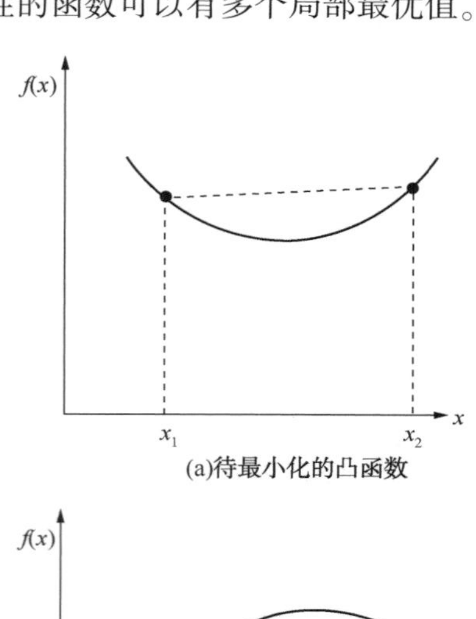

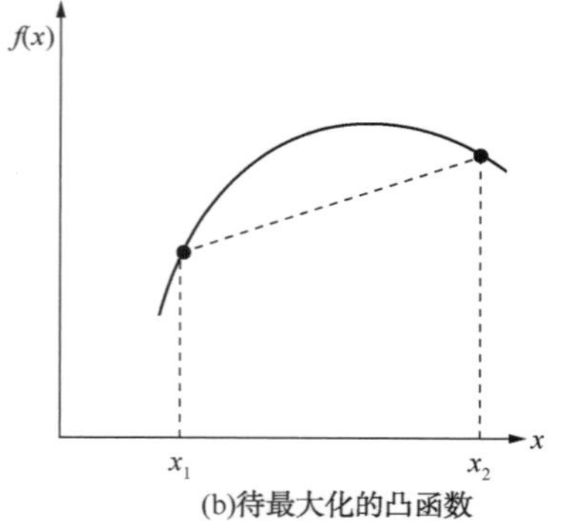

图 3.3 凸函数与凹函数

图 3.1~图 3.3 所展示的非线性最优化过程属于一维搜索。如果涉及两个变量的搜索，比如 x_1 和 x_2，对应函数为 $f(x_1, x_2)$，则可用图 3.4 所示的等值线图来描述该函数，沿着任意一条等值线移动，目标函数的取值会保持恒定。图 3.4 中的目标函数是多峰的，有一个局部最优点和一个全局最优点。凸性和凹性的概念可以扩展到多维优化问题（Edgar, Himmelblau and Lasdon, 2001）。图 3.4 中的目标函数并不是凸函数，也就是说无法保证在由等值线所圈定的面内，任意两点之间的连线全部位于这个面的下方。上述概念都有严格的数学定义，但不在本书涉及的范围之内（Floudas, 1995; Biegler, Grossmann and Westerberg, 1997; Edgar, Himmelblau and Ladson, 2001）。

在多变量优化中，完全可能涉及两个以上的变量，此时难以借助可视化手段来处理问题。

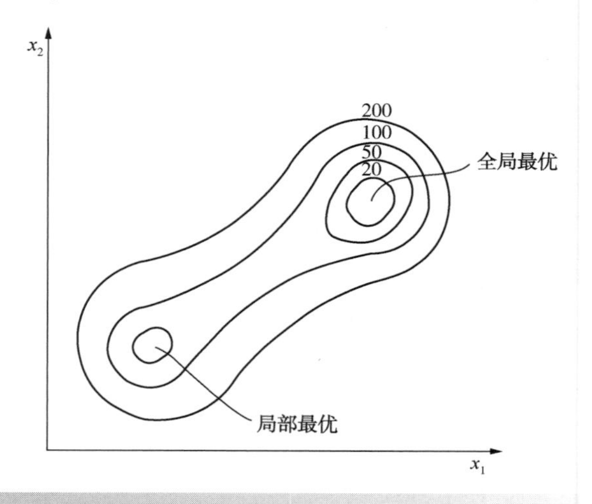

图 3.4 多峰函数(待最小化)的等值线图

3.2 单变量优化

求解图 3.1b 中目标函数的最优值点（最小值），需针对某个单独变量进行一维搜索，比如搜索回收热量的最优点。单变量搜索的方法之一是区域排除法。假设函数是单峰函数，图 3.5 说明了该方法。在图 3.5 中，为简便起见，首先假定搜索区域介于 0 和 1 之间。这不是限制该方法，而是为了更好地解释。该方法将图 3.5 中的解空间（即区间[0, 1]）分成长度相等的 4 个小区间，并检验所有区间端点处的函数值，发现 3.5a 标出的五个点中，x_1 对应的函数值最小。当然我们还不能确定 x_1 就是最优点，但如果假定函数是单峰的，则最优点一定介于 0 和 x_2 之间，这样就可以排除区间[x_2, 1]。图 3.5b 所示为另一个例子，其结果不同于五个函数评估，其中最优点在 x_2 处。由于函数是单峰的，所以最小值一定出现于 x_1 和 x_3 之间，所以可从搜索范围中排除 0 到 x_1 之间以及 x_3 到 1 之间的区域。图 3.5c 是第三个例子，最小值出现在 x_3，因而可排除[0，x_2]。在图 3.5 所示的各种情况下，每次检验五个点的函数值，可令搜索区域减半。

图 3.5 中采用的简单区域消除策略在某些条件下可以一次排除超过一半的搜索区域。图 3.6a 就是一个例子，五个点中的最小值位于区间下限。在这种情况下，最小值必位于 0 和 x_1 之间，可排除 x_1 到 1 之间的区域。图 3.6b 则是五个点的最小值出现在区间上限的情况，排除[0，x_3]，保留[x_3，1]。图 3.6c 中出现了两个刚好相等的最小值，也就是 x_1 和 x_2，这种情况未必常见，但一旦发生，函数最小值一定位于 x_1 和 x_2 之间。在图 3.6 的例子中，每检验五个点处的函数值，可以排除原搜索区间的四分之三。

图 3.5 和图 3.6 所示的算法，每一步都可排除搜索区域的一部分，从而缩小了最优点的搜索范围。继续对剩余区域重复上述步骤，搜索范围会不断缩小，一旦其宽度小于设定的公差，就可以确定最优点位置。

图 3.5 和图 3.6 中的搜索区域都被划分成等长的子区间，在大多数情况下，这样可以使得搜索区域逐次减半；在特殊情况下，甚至可以减掉更多。不过若论搜索效率，另有一种对称选取检验点的搜索方法，即黄金分割法，更胜一筹。

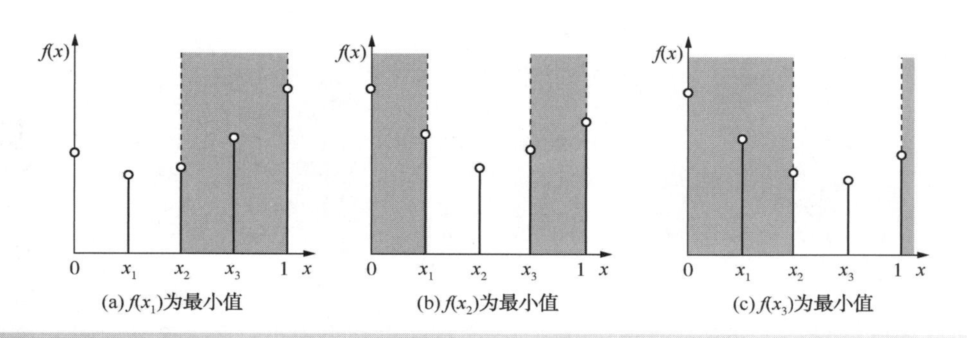

图 3.5　用于单变量优化的区域排除法

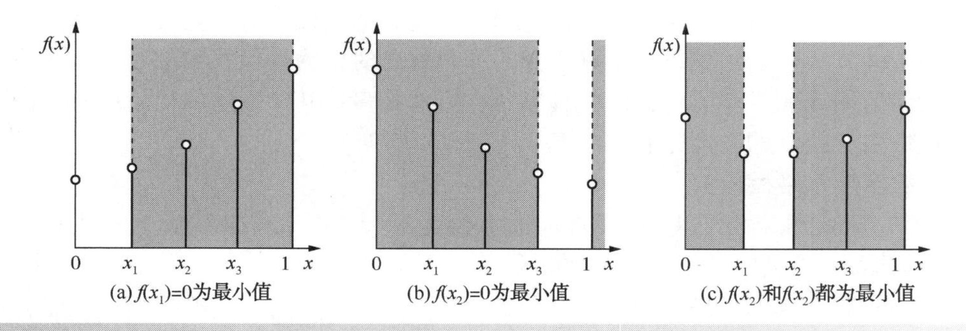

图 3.6　在某些情况下，区域排除法可以排除更多的搜索区间

该法如图 3.7a 所示，为简便起见，函数搜索区域也同样设置在 0 到 1 之间。在图 3.7a 中，中间的两个检测点 x_1 与 x_2 的位置，须使得整个区间的长度[$l+(1-l)$]与较大的子区间长度 l 的比，等于较大子区间长度 l 与较小的子区间长度 $(1-l)$ 的比，即：

$$\frac{l+(1-l)}{l}=\frac{l}{1-l} \tag{3.6}$$

由于

$$l+(1-l)=1 \tag{3.7}$$

代入式(3.6)整理得：

$$l^2+l-1=0 \tag{3.8}$$

该二次方程的解为 $l=0.618$。在图 3.7b 中，通过检验 x_1 与 x_2 两个点的函数值，并假设函数是单峰的，则可以排除 x_2 和 1 之间的区域。剩下的长度为 l 的区间内已有一个检验点，并保持了之前检验点排列的对称性。现在需要确定新的检验点，于是在图 3.7c 中，可找到 $x_3=0.382\times0.618=0.236$。继续在已知点处检验函数值，可以排除 x_1 和 x_2 之间的区域，在剩余区域中重复该过程，可以不断提高最优点位置的精确度。每个新增检验点可排除搜索区间的 0.618 倍，对大多数问题来说，这种方法比图 3.5 所示的“五点法”更有效率。

其他一些单变量优化方法可参阅（Edgar，Himmelblau and Lasdon，2001）。

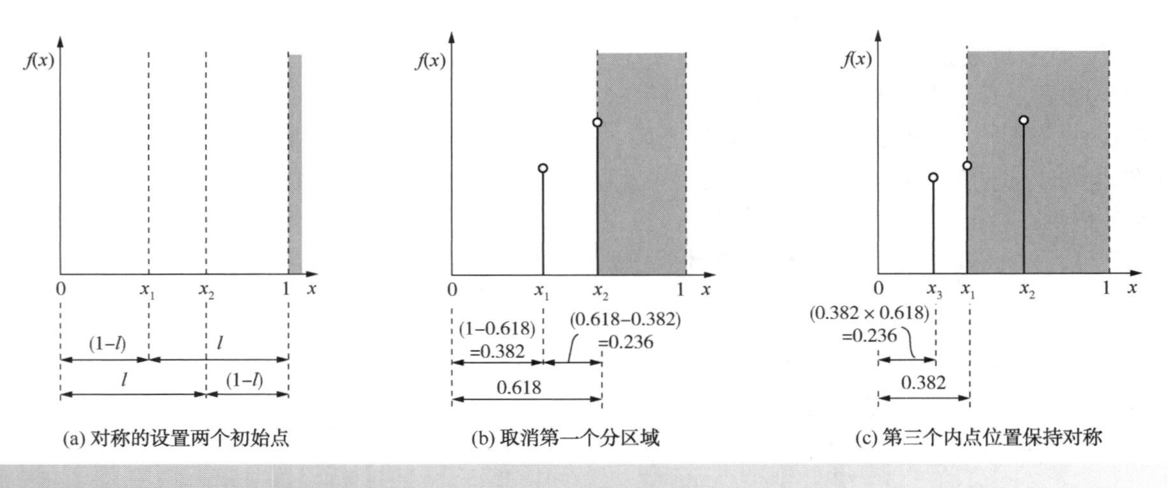

图 3.7 用黄金分割比例排除区间范围

3.3 多变量优化

多变量优化问题如图 3.4 所示。多变量优化常用搜索最优点的方法可分为确定性方法和随机方法两大类。确定性方法遵循预先设定的搜索路径，并不采用任何猜测或随机步骤；而随机搜索方法则利用随机性引导搜索的方向，它们会基于一定的概率随机决定搜索路径。

1）确定性方法。确定性方法可以进一步分为直接搜索法和间接搜索法。直接搜索法不需要计算函数的导数(梯度)；间接搜索法要用到导数，即使不存在解析方法，也要通过数值方法计算导数。

① 直接搜索法。单变量搜索是直接搜索法的一种，如图 3.8 所示。该方法是先固定其他所有变量，仅允许一个变量变动，针对该变量进行最优化，找到最小或最大点后，固定此变量，优化另一个变量，以此类推，直到目标函数值达到无法再优化的程度。图 3.8 所示为一个二维搜索，首先赋予 x_1 某个固定值，对 x_2 进行优化；然后固定 x_2 并优化 x_1，如此往复，直到目标函数值不能再缩小为止。图 3.8 所示的单变量搜索法成功找到了全局最优点，然而，若在搜索一开始选择了较小的 x_1 值，则单变量搜索最终可能找到的是局部最优值，而不是全局最优值。在进行多变量优化时，为确保找到的是全局最优值，唯一的方法是多选几个不同的初始点来进行优化。

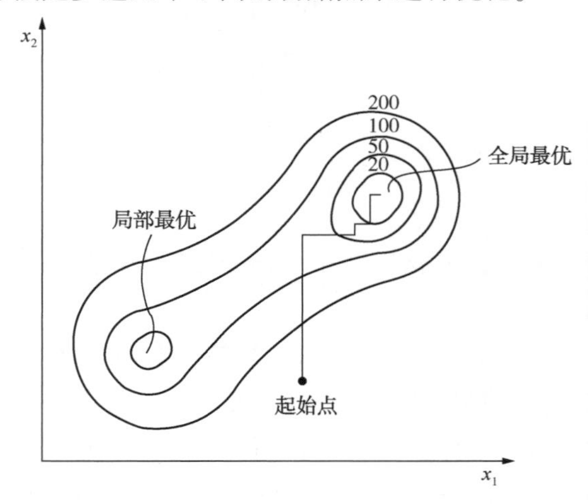

图 3.8 单变量搜索

直接搜索的另一个例子是单纯形搜索。该方法使用规则的几何形状(单纯形)来指引搜索方向。在二维条件下,最简单的单纯形是等边三角形,三维条件下则是正四面体,需在单纯形的每个顶点处对目标函数求值。如图 3.9a 所示,首先在三角形顶点 A、B 和 C 处检验目标函数的值,然后朝向表现最差的顶点(在图示情况下为顶点 A)的反方向继续搜索,并须经过剩余其他顶点所构成图形的质心。这样可以形成一个新的单纯形:将顶点 A 替换为其镜像点 D 即可。用顶点 D 取代表现最差的顶点 A 后,继续在单纯形 BCD 中重复上述步骤。这样前后生成的一系列单纯形顶点,有可能像图 3.9b 所示那样交错前进,也可能像图 3.9c 那样,出现转折。当单纯形的序列靠近最优点时,可能会出现单纯形绕圈打转的现象,可考虑减少单纯形的尺寸以避免这种情况。

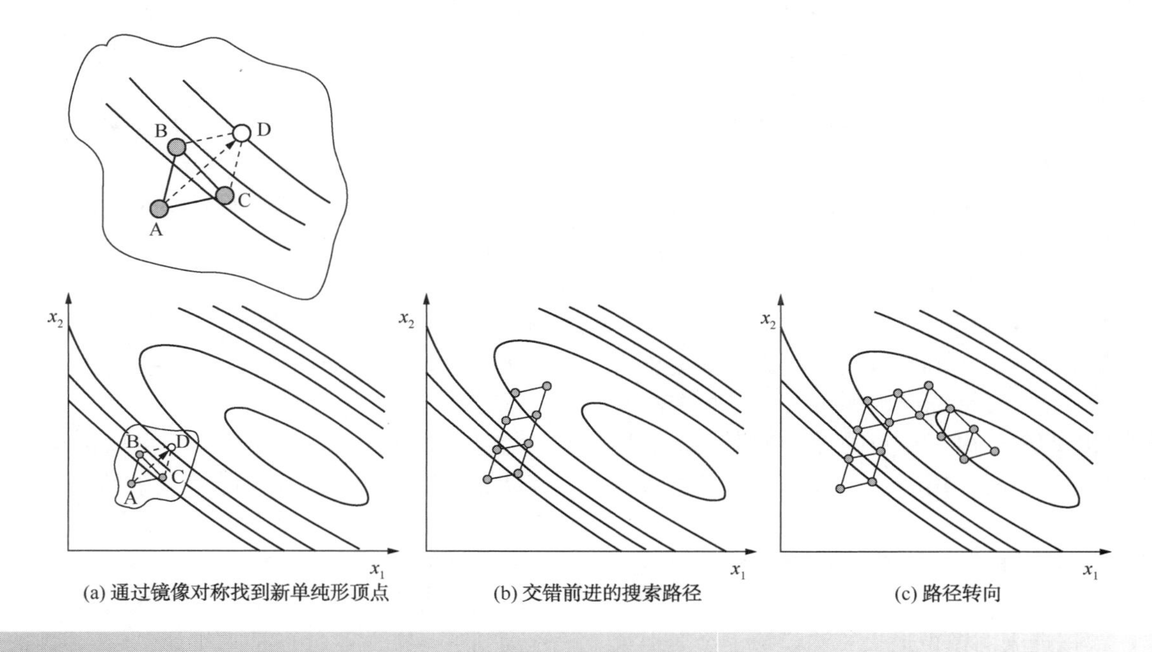

图 3.9 单纯形搜索

② 间接搜索法。间接搜索法需用到目标函数的导数(梯度),可通过解析或数值方法计算。间接搜索方法有很多,其中之一是最小化问题中常用的最速下降法,如图 3.10 所示,其搜索方向是在当前点计算出的目标函数变化率最大的方向。该搜索方法的难点之一是在搜索过程中梯度面临剧烈变化时,如何确定适当的步长。另一个问题是搜索进程可能会在接近最优点时显著放慢。如果需要搜索目标函数的最大值而非最小值,则可类似采用最速上升法。

直接搜索和间接搜索法的一个基本的实际性困难是搜索结果有时找到的是局部最优值,而非全局最优值,这取决于解空间的形状。通常情况下,唯一的解决方案还是选取不同的起始点,多次重复最优化搜索过程。

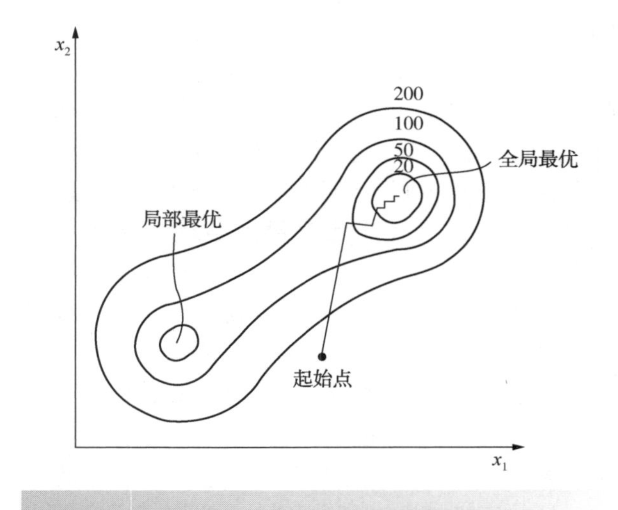

图 3.10 最速下降法

2）随机搜索方法。在迄今为止讨论的所有优化方法中，该算法试图利用梯度等信息，在每一步搜索中对目标函数值加以改进。然而正如先前所指出的那样，这些搜索进程可能最终被引向某个局部最优点。与之不同的是，随机搜索方法引入一定的随机性来指引搜索，允许目标函数值在搜索过程中出现恶化。重要的一点是要认识到随机搜索并不意味着没有方向的搜索。随机搜索方法会基于概率生成求解的随机路径，目标函数值的改进是最终目标，而不是当前目标，因而算法可以容忍目标函数出现一定程度的恶化，尤其是在搜索的早期阶段。在搜索目标函数中的最小值时，随机搜索并不总是要求函数值逐步下降，而是允许有时出现上升现象。同样，如果目标函数需要被最大化，随机方法会允许搜索有时出现下降现象。这种策略有助于缓解搜索进程被困在局部最优点附近的问题。

随机搜索算法无须如导数之类的辅助信息来推进，只需要定义目标函数即可。这意味着在某些棘手的问题中，由于导数的计算过于复杂而导致确定性方法不起作用时，可考虑用随机搜索算法来优化。

应用最广泛的两种随机搜索算法是模拟退火和遗传算法。

① 模拟退火。模拟退火算法模拟了金属退火工艺的物理过程（Metropolis et al.，1953；Kirkpatrick，Gelatt and Vecchi，1983）。在高温下的物理过程中，液态金属中的分子彼此相对自由移动。如果液态金属缓慢冷却，分子会失去热流动性，因为原子之间可以排列起来，形成完美晶体；该晶体状态是系统最小能量态之一。若液态金属快速冷却，则系统来不及达到最小能量态，而最终处于能量较高的多晶态或无定形态。因此，退火工艺的本质是缓慢冷却，让原子在失去可移动性之时有足够的时间重新排列，以达到最低能量状态。

考虑到这个物理过程，就可以提出一个算法，让系统从一点移动到另一点。在这个问题中，移动可能是由于温度、压力、流率等的变化。必须定义规则来创建移动，例如在温度中步长变化的大小。然后是随机选择移动。如果从迭代 i 到（$i+1$）的目标函数从 E_i 变为 E_{i+1}，且目标函数最小化，则接受（$E_{i+1}-E_i$）为负的移动（即目标函数得到改进）。如果（$E_{i+1}-E_i$）为正，则目标函数可行性下降，但这并不意味着拒绝移动。目标函数恶化时接受变化的概率可以假定遵循类似于 Boltzmann 概率分布的关系，保持与物理退火的类比（Metropolis et al.，1953）。

$$P=\exp[-(E_{i+1}-E_i)/T] \qquad (3.9)$$

其中 P 是概率，E 是目标函数（类似能量），T 是控制参数（类似退火温度）。根据式 3.9 可以决定是否接受某个移动，比如用一随机数生成器生成一个介于 0 和 1 之间的随机数，若式 3.9 算出的 P 大于该随机数，则接受此移动，反之就拒绝它，再尝试不同的移动。从式 3.9 可以明显看出，当 T 值较大时，几乎所有的改变都可以被接受；而当 T 接近于零时，几乎所有使得（$E_{i+1}-E_i$）>0 的移动都将被拒绝。因此式 3.9 决定是接受移动还是拒绝移动。这种方法在对目标函数进行最小化时，始终接受向下移动，有时也采纳向上移动。

退火算法开始时 T 值较高，可以接收高概率移动导致目标函数恶化。随着搜索的进行，T 值会逐渐减小。在 T 的每个取值下，算法会随机生成一系列的移动，它们构成一个马尔可夫链。在一个马尔可夫链中，算法以链状方式从一个状态移动到下一个，此过程是随机的，每一步移动的目标状态只取决于当前状态，完全不受之前步骤的影响。算法必须确定每个 T 值下马尔可夫链的长度，链长太小，不足以让系统达到当前 T 值下的平衡状态；链长太大，会造成过高的计算成本。适当的马尔可夫链长度取决于求解问题的具体类型。

算法还需制定一个冷却时间表，Aarts 和 Van Laarhoven（1985）建议采用如下形式：

$$T_{k+1}=T_k\left(1+\frac{\ln(1+\theta)T_k}{3\sigma(T_k)}\right) \qquad (3.10)$$

式中 T_k——第 k 条马尔可夫链的退火温度；

σ——在退火温度 T_k 下马尔可夫移动造成的目标函数的标准差；

θ——可控制退火温度下降速度的冷却参数。

θ 值越大，冷却过程就越快，同时也更有可能被局部最优所困。该算法的性能受初始退火温

度 T_0 的影响很大。T_0 过高，会导致收敛时间产生不必要的延长，T_0 太低则会使向上移动的数量和幅度受限，从而导致算法丧失摆脱局部最优的能力。最佳的初始退火温度取决于问题的性质和目标函数的取值范围。

总之，该算法的运转方式是：首先设定退火温度的初始值，然后在此设置下，随机产生一系列移动，再由式3.9决定每个移动应被接受还是拒绝；接下来降低退火温度，产生一系列新的随机移动。由式3.9，算法接受目标函数恶化的可能性随着退火温度的下降而降低，也就是说，对最小化搜索中的向上移动和最大化搜索中的向下移动的可接受性是在逐渐减弱的。

模拟退火算法在解决局部最优点数目多的最优化问题时非常有效，但它也有一些缺点，例如需要指定退火温度的初始值和最终值、制定退火时间表和规定每个马尔可夫链的随机移动次数，这些都因具体问题而异。

② 遗传算法。遗传算法则从生物进化中汲取灵感(Goldberg，1989)。与目前讨论的所有优化方法不同，遗传算法并非从一个点移动到另一个点，而是从一组点(称为种群)移动到另一组点。这要求创建一套名为染色体的字符串种群系统，以表示基本参数的集合(例如温度、压力或浓度)。简单的遗传算法会用到三个基本算子：繁殖(或选择)、交叉和变异。

繁殖或选择是根据目标函数的值，复制种群中的个体以生成新种群的过程。该算法的机制来源于“自然选择”和“适者生存”，可以用轮盘赌来说明选择算子的机制：轮盘上每个格子被选中的概率与它的面积成正比；在遗传算法中，被选中的概率则与拟合度(目标函数)成正比。尽管选择的过程是随机的，但拟合度高的染色体(即具有更优目标函数值的)更有可能被选中(意味着存活)。遗传算法中选择算子有多种实现方式(Goldberg，1989)。

交叉是将来自两个成功父母的基因信息组合以形成两个子代的过程，会随机在两个亲本染色体上选点切割，再将它们组合以形成新的个体。交叉点是随机生成的，可以帮助优异的特性在种群中传播。新种群中由交叉产生的个体所占比例通常很大(符合在自然界中观察到的规律)，并且受随机机制控制。遗传算法中的交叉算子同样有多种方式实现(Goldberg，1989)。

变异则是通过随机改变部分染色体来产生新的染色体，但是发生概率较低(同样符合自然界情形)。变异过程选择某一个基因进行随机变化来保证多样性，这会在经历变异的点的附近产生新的可行解。不过变异的概率通常设置得很低，若设置太高，则该算法就无异于原始的随机搜索算法。

如前所述，遗传算法首先随机生成一个初始种群，根据适合度(目标函数的值)来评估每个个体。然后，由选择算子随机选择生成一个中间种群，但会偏向适合度更高的一方；再将交叉和变异算子应用于中间种群，产生新一代种群。同样对新种群进行适合度评估，再继续进行选择、交叉和变异，直到种群满足收敛标准(例如最大繁殖代数或平均与最大适应度之间的差)。

作为一个例子，让我们考虑一个需要被最小化的函数 $f(x, y)$，x、y 的取值分别满足 $0.5\leq x\leq 7.5$ 和 $20.3\leq y\leq 80.0$。我们可以对 x 和 y 进行归一化，使得 $0\leq x\leq 1$ 和 $0\leq y\leq 1$。例如，原始值为 $(x, y)=(3.2, 52.8)$，通过归一化可令 $x=(3.2-0.5)/(7.5-0.5)=0.3857$ 和 $y=(52.8-20.3)/(80.0-20.3)=0.5444$，归一化为四位有效数字的小数。这两个归一化后的值可以被编码为两个基因［3857］和［5444］，并组成编码为{38575444}的染色体，该染色体实际代表了 $(x, y)=(3.2, 52.8)$。遗传算法首先随机生成一个初始种群，例如{27066372}，{83876194}，{48473693}等。虽然初始种群通常是随机产生的，但我们可以从中人为剔除不良染色体，同时也可以人为加入一些特定的染色体。接下来根据函数 $f(x, y)$ 对初始种群的适合度加以评估。适合度高的，即为对应目标函数值低的染色体，可能会被选中，繁衍到下一代，选择的规则可以依照轮盘赌之类的方法。适合度高的亲代个体间也可能会发生交叉，让优良的染色体之间结合从而创造出可能更好子代。选择染色体上交叉位点的方式很多，例如两条染色体{27 | 0663 | 72}和{48 | 4736 | 93}可以进行交叉，得到{27 | 4736 | 72}和{48 | 0663 | 93}。产生的子代染色体会被解码、评估，并可能入选到下一

代。变异机制则会使染色体中的一个或多个数值发生改变，这样有助于防止种群受困于局部最优点。例如染色体 {270 | 6 | 6372} 经变异可能成为 {270 | 9 | 6372}。变异后，会被解码、评估，并可能入选到下一代。遗传算法在特定数目的代际之间进行搜索，不断提高种群适应度。

随机搜索方法的主要优点是它们可以应对最困难的优化问题，找到全局最优解的概率较高。此外如果解的空间非常不规则，随机方法还可以生成一系列近似最优的解，而不是单个的最优点，这就为设计者提供了更为丰富的方案选项，因而也是一大优势。然而，随机搜索优化方法也有明显的缺点，它们通常收敛得非常缓慢，各种操作都需要提供参数设置。这些参数的适宜值对不同类别的问题来说也有所不同，通常需要调整以解决特定问题。这意味着需要对该方法进行调整以适应不同类型的问题。

3.4 约束优化

大多数最优化问题都涉及约束条件，例如某个不得超越的最高温度或最大流量值。因此，最优化问题的一般形式包含三个基本要素：

① 需要优化的目标函数(最小化的总成本、最大化的经济潜力等)。

② 等式约束(描述过程或设备数学模型的等式)。

③ 不等式约束(各参数的下限或上限)。

这三个要素可用如下数学形式表示

$$\text{最小}\, f(x_1,\ x_2,\ \cdots,\ x_n)$$

$$\text{在此条件下}\, h_i(x_1,\ x_2,\ \cdots,\ x_n)=0(i=1,\ p)$$

$$g_j(x_1,\ x_2,\ \cdots,\ x_n)\leqslant 0(j=1,\ q) \quad (3.11)$$

上式中有 n 个设计变量、p 个等式约束和 q 个不等式约束。约束条件的存在有时可以减小要搜索解的空间，或排除目标函数的棘手区域，从而使最优化问题得到简化；不过一般而言，约束条件会让问题的解决变得更为复杂。

先考虑不等式约束对优化的影响。不等式约束条件会缩减需搜索的解的空间的大小。不过，约束条件对可搜索的解的空间的定义方式很重要。图 3.11 中包括了凸区域和非凸区域的情况，图 3.11a 是凸区域，在这种区域中取任意两点 A 和 B，它们之间连线上的所有点也都属于该区域；相比之下，图 3.11b 就是非凸区域，A、B 的连线上有一些点不属于该区域；图 3.11c 中则是一组线性不等式约束条件定义下的凸区域——值得注意的是，任何一组线性不等式约束总是会定义出凸区域(Edgar，Himmelblau and Lasdon，2001)。这些概念可以找到数学上与之对应的一般性问题(Floudas，1995；Biegler，Grossman and Westerberg，1997；Edgar，Himmelblau and Lasdon，2001)。

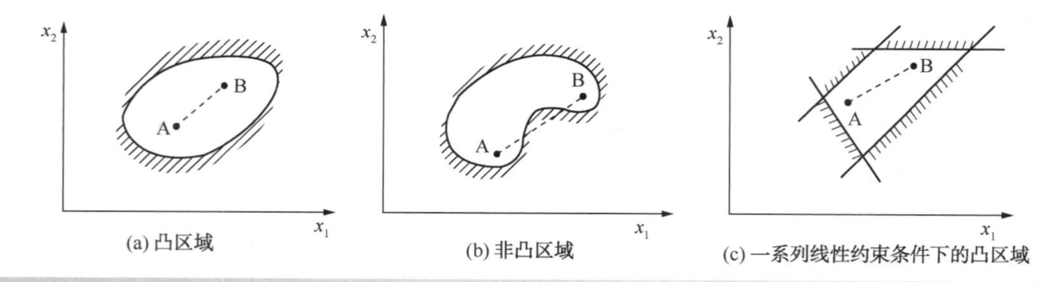

图 3.11 凸和非凸区域

现在将约束条件与目标函数相叠加。图 3.12a是一个叠加了一组不等式约束后的等值线图。适当的搜索算法应能找到无约束最优解。无约束最优解位于图 3.12a 的可行区域内。也就是说，在最优点处，没有一个约束条件是激活的。相比较而言，在图 3.12b 中，搜索区域也是凸区域，然而在无约束条件下的最优解却位于可搜索区域之外。如图所示，满足约束条件的最优解位于区域的边缘，其中一个不等式约束处于激活状态，此时它实际上构成等式约束。图 3.12c 揭示了非凸区域的潜在问题：若从图的右侧，即 x_1 值较大处开始搜索，则可能会顺利找到全局最优解；但如果从图的左侧，以 x_1 值较小处开始搜索，则最终搜索结果可能会是一个局部最优解（Edgar，Himmelblau and Lasdon，2001）。

应当注意，要保证可以顺利找到全局最优解，仅仅“搜索区域是凸的”这一条件是不够的。对目标函数自身的凹凸性也有要求：对最小化问题来说，要求目标函数也必须是凸的；对最大化问题，则要求目标函数是凹的。

先前介绍过的随机搜索优化方法也很便于进行约束优化。例如在模拟退火中，如果某一步移动超出了允许的搜索范围，则算法只需规定该移动发生的概率为 0，即可规避；也可在随机优化时对目标函数引入惩罚机制，一旦越界，即行启动。

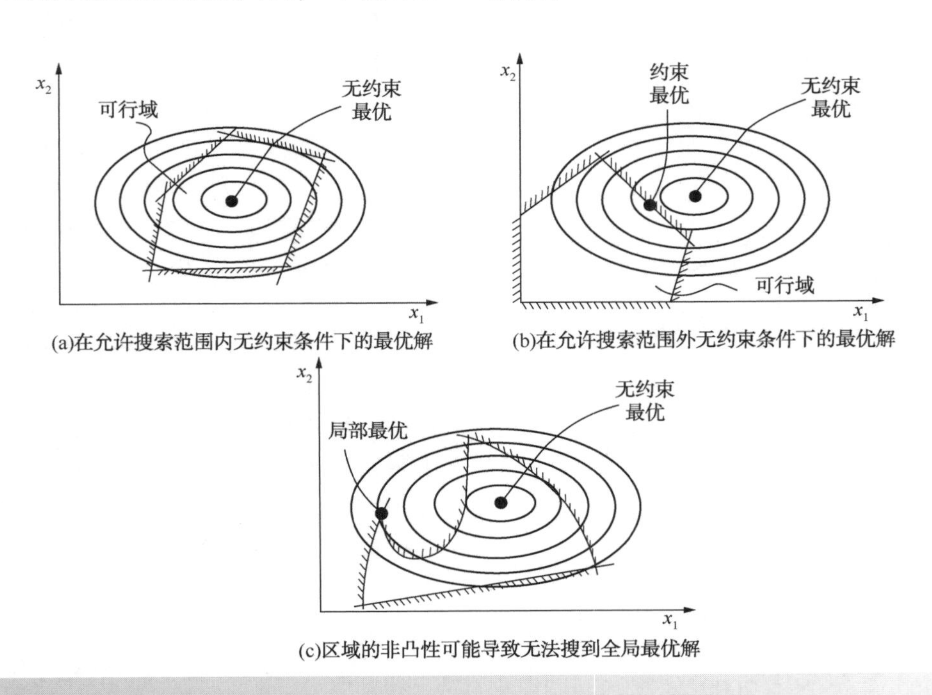

图 3. 12　约束条件对优化的影响

3. 5　线性规划

有一类约束优化问题，其中目标函数、等式约束和不等式约束都是线性的，也就是表达式中所有自变量仅以一次幂的形式出现。例如，两个自变量 x_1 和 x_2 的线性函数具有如下一般形式：

$$f(x_1,\ x_2)=a_0+a_1x_1+a_2x_2 \qquad (3.12)$$

其中 a_0、a_1 和 a_2 是常数。这类问题极为重要，人们也针对性地发展出相当成熟的工具，即线性规划（LP）。下面通过一个简单的例子来介绍此类线性优化问题的解法。

例 3. 1　某公司在一间歇工厂中生产两种产品（产品 1 和 2），工艺包含两个工序（工序Ⅰ和Ⅱ）。产品 1 的价值为 3 $ · kg^{-1}，产品 2 的价值为 2 $ · kg^{-1}。每批产量相同，均为 1000kg，但不同产品间歇消耗时间不同，具体见表 3. 1。

工序Ⅰ的操作时间最大为 5000h · y^{-1}，工序Ⅱ则为 6000h · y^{-1}。请合理安排工厂的运营时间以使年收入最大。

表 3. 1　间歇流程中不同工序所需的时间　h

产品	工序Ⅰ	工序Ⅱ
产品 1	25	10
产品 2	10	20

解：对于工序Ⅰ，运行时间上限决定了：

$$25n_1+10n_2\leqslant 5000$$

其中 n_1 和 n_2 分别是每年生产产品 1 和 2 的批次数。对于工序Ⅱ，同样有：

$$10n_1+20n_2\leqslant 6000$$

将上述不等式改为等式约束，就可界定允许搜索的解空间(图 3.13 中的 *ABCD*)：

$$25n_1+10n_2=5000$$

$$10n_1+20n_2=6000$$

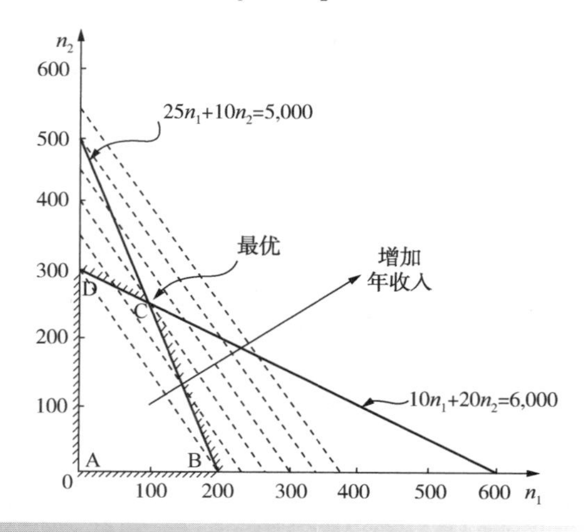

图 3.13 例 3.1 线性优化问题图示

年度总收入 *A* 可由下式得出：

$$A=3000n_1+2000n_2$$

在图 3.13 所示的 n_1-n_2 图中，对应年度总收入为 *A* 的点，都位于如下函数表达直线上：

$$n_2=-\frac{3}{2}n_1+\frac{A}{2000}$$

图 3.13 中的虚线都是年度总收入为常数的线，离原点越远，代表年度收入越高。从图中可见，最优点为两个等式约束的交叉点，即 *C* 点。

在这两个约束的交叉点处：

$$n_1=100$$

$$n_2=250$$

由于间歇次数是离散量，而结果恰好得到两个整数，显然有运气成分。不过即使所得结果不是整数，也仍然有意义。这并不是说我们的想法是处理几分之几个批次，而是只需将剩余部分批次安排到后续年份即可。

于是可得到最大年度收入：

$$A=300\times100+2000\times250=800000\ \$\cdot y^{-1}$$

虽然例 3.1 非常简单，但它足以展示一些重要的观念。如果优化问题完全是线性的，则解的空间是凸区域，我们可以得到全局最优解。最优解是像图 3.13 里那样的交点：不在允许搜索区域的内部，而总是位于边界上。对于线性函数，可以一直循着梯度上升方向不停增大目标函数，直至区域的边界。

虽然像例 3.1 这种简单的二维问题可用图解法求解，对更复杂的问题来说却未必可行，这就需要一种更为正式的非图形化解法。以下用图解法以外的方法重新求解例 3.1。

例 3.2 使用解析法重新解答例 3.1

解：例 3.1 中的条件归纳为：

$$A=3000n_1+2000n_2$$

$$25n_1+10n_2\leqslant5000$$

$$10n_1+20n_2\leqslant6000$$

使用代数方法求解，首先必须引入松弛变量 S_1 和 S_2 来消除不等号：

$$25n_1+10n_2+s_1=5000$$

$$10n_1+20n_2+s_2=6000$$

换句话说，这两个等式的含义是，如果两种产品的生产合起来也无法达到这两个工序的产能上限，则两个工序富余的产能可由变量 S_1 和 S_2 分别代表。由于富余产能并未投入使用，因此其经济价值为零。注意到生产率和松弛变量都是非负的，则原问题可表述为：

$$3000n_1+2000n_2+0s_1+0s_2=A \qquad (3.13)$$

$$25n_1+10n_2+1s_1+0s_2=5000 \qquad (3.14)$$

$$10n_1+20n_2+0s_1+1s_2=6000 \qquad (3.15)$$

其中，n_1，n_2，s_1，$s_1\geqslant0$

式 3.14 和式 3.15 涉及四个变量，因此无法同时求解。在此阶段，位于图 3.13 中标记为 *ABCD* 的可搜索区域内的任何点都可能是问题的解。在本例题中，n_1、n_2、S_1 和 S_2 都被视为实数而非整数变量。

首先从一个初始的可行解出发，再逐步地加以改进。这里搜索将以最坏可能的解为初始点，即 n_1 和 n_2 都为零的情况。由式 3.14 和式 3.15：

$$S_1=5000-25n_1-10n_2 \qquad (3.16)$$

$$S_2=6000-10n_1-20n_2 \qquad (3.17)$$

当 n_1 和 n_2 为零时：

$$S_1=5000$$

$$S_2=6000$$

代入式(3.13)：

$$A=3000\times0+2000\times0+0\times5000+0\times6000=0 \qquad (3.18)$$

此解对应图 3. 13 中的 A 点。为了改善年度总收入，必须增加 n_1，n_2，n_1 或 n_2 的值，因为由式 3. 13 可看出，只有这两个变量的系数为正。但是，应该首先增大哪个变量，n_1 还是 n_2？容易想到的策略是先增大可以更大程度影响年收入的变量，也就是 n_1。根据式 3. 17 中 S_2 的取值，n_1 最多可以增加到 6000/10＝600。如果假设式 3. 16 中 $n_1=600$，则 S_1 将是负的。由于松弛变量不可能为负，式 3. 16 才是对 n_1 的决定性约束，因此 n_1 的取值上限为 5000/25 = 200。式 3. 16 经整理得：

$$n_1=200-0.4\,n_2-0.04\,S_1 \quad (3.19)$$

当 n_2 和 S_1 为零时，n_1 取最大值。将上式代入目标函数表达式(3. 13)得：

$$A=600000+800\,n_2-120\,S_1 \quad (3.20)$$

由于 n_2 初始值为零，因此当 S_1 为零时目标函数值最大。这相当于在给定 n_2 为零时，让式 3. 19 中的 n_1 等于 200。当 $n_1=200$ 和 $n_2=0$ 时，年收入 $A=600000$，与图 3. 13 中的 B 点相对应。不过式 3. 20 还告诉我们，如果增大 n_2 的值就可以进一步提高利润。将式 3. 19 中的 n_1 代入式 3. 17 可得：

$$n_2=250+0.025\,S_1-0.0625\,S_2 \quad (3.21)$$

这意味着如果 S_1 和 S_2 均为零，则 n_2 的值最大取值可为 250。将上式代入式 3. 19 得：

$$n_1=100-0.05\,S_1+0.025\,S_2 \quad (3.22)$$

这意味着如果 S_1 和 S_2 均为零，则 n_1 最大取值可为 100。最后，将 n_1 和 n_2 的表达式代入式 3. 13 得：

$$A=800000-100\,S_1-50\,S_2 \quad (3.23)$$

式 3. 21 至式 3. 23 表明，当 $n_1=100$ 且 $n_2=250$ 时，最大年收入为 800000 \$ $\cdot\, y^{-1}$，与图 3. 13 中的 C 点相对应。

有趣的是，式 3. 23 提供了一些有关解的灵敏度的信息：我们看到工序 I 的工时每减少 1h，就会造成年收入减少 \$ 100，对于工序 II，这个数字为 \$ 50。这些数值被称为影子价格。如果分别设置 S_1 和 S_2 为 5000h 和 6000h，则式 3. 23 中的收入变为零。

虽然上述关于例题 3. 1 的解法不便于程序化，但是它们提供了程序化解决一般线性规划问题的思路。首先利用松弛变量将不等式约束转换为等式约束，然后求得初始可行解，再逐步通过搜索解空间的极点改善目标函数值。通常并不需要试遍所有的极点就能确定最优解。常用于程序化解决这种线性规划问题的方法是单纯形法（Biegler，Grossmann and Westerberg，1997；Edgar，Himmelblau and Lasdon，2001）。但要注意不要混淆解决线性规划的单纯形算法与前面描述的单纯形搜索法，二者完全不同。这里，“单纯形”是描述解空间的形状，为凸多面体，即单纯形。

如果一个线性规划问题没有被正确地加以定义，则它的解可能不唯一，甚至可能无解。此类问题被称为退化问题（Edgar，Himmelblau and Lasdon，2001）。图 3. 14 中就是一些退化线性规划问题的例子（Edgar，Himmelblau and Lasdon，2001）。在图 3. 14a 中，目标函数等值线与一个约束边界相平行，这就造成允许搜索区域内的目标函数最大值不唯一；图 3. 14b 中搜索区域是无界的，目标函数可以无限制地增大；图 3. 14c 中，根据约束条件划定的搜索区域根本不存在。

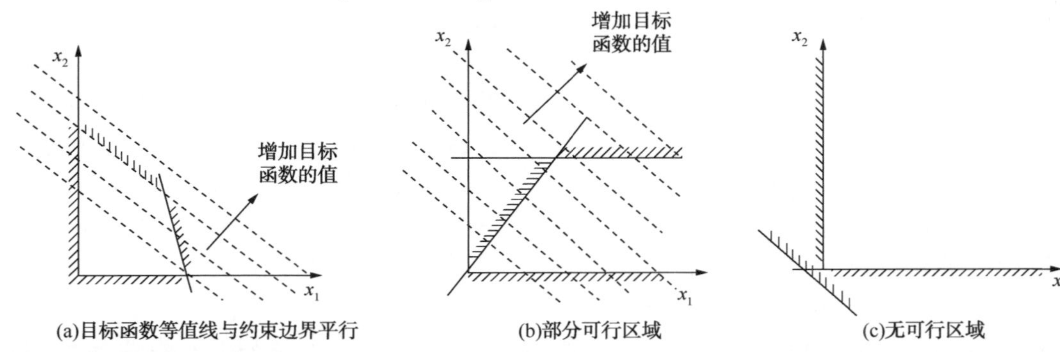

图 3. 14 退化的线性规划问题

3.6 非线性规划

若式(3.11)中的目标函数、等式或不等式约束不是线性形式，我们面对的就是一个非线性规划(NLP)问题。最棘手的情况是上述三者全都是非线性的。先前已讨论过一些非线性优化的直接或间接方法，它们虽然在某些特殊类型的约束条件下还有应用价值，但总的来说大都不太适合处理较为复杂的非线性规划，随机方法可能除外，因为它们通常容易将移动限制在允许搜索范围之内，例如在模拟退火中可将超出范围外移动的概率设为0。在图3.12中已经看到，非线性优化问题的最优解未必位于可行区域的边界之上，原则上可以存在于可行区域内的任何地方，这点与线性优化问题不同。

一类用于解决非线性规划问题的方法是逐次线性规划法。此类方法首先将问题线性化，再逐次应用前一节中描述的线性规划方法求解，步骤包括问题的初始化、在初始点周围将目标函数及所有约束条件线性化、应用线性规划方法优化函数值、获得改进后的解、重复之前步骤。在每次获得的优化解附近，目标函数和约束条件都要被再次线性化并重复线性规划求解，直到目标函数无法继续获得显著的优化解为止。如果某次线性规划的解位于允许搜索范围之外，则取最近的可行点作为此次的优化解。

另一种解决非线性规划问题的方法是基于二次规划(QP)(Edgar，Himmelblau and Lasdon，2001)。二次规划指的是目标函数为二次函数、不等式或(和)等式约束均为线性的最优化问题。例如，含两个自变量 x_1 和 x_2 的二次函数的一般形式如下：

$$f(x_1, x_2)=a_0+a_1x_1+a_2x_2+a_{22}x_2^2+a_{12}x_1x_2 \tag{3.24}$$

式中 a_{ij} 均为常数。二次规划问题在具有不等式约束的非线性规划问题中是最简单的一类。二次规划与线性规划的解法有许多相似之处(Edgar，Himmelblau and Lasdon，2001)。每个不等式约束必须转化为等式，或者与问题的解无关。这样可将二次规划简化为顶点搜索问题，类似于线性规划(Edgar，Himmelblau and Lasdon，2001)。对于一般的非线性规划问题，可采用逐次(或序贯)二次规划法(SQP)。这种方法要求把目标函数在某个点周围用二次函数近似表示，对于有两个自变量的函数，可由式3.24近似表示。每次迭代中将目标函数二次化、约束条件线性化之后，就可采用二次规划问题的解法求解(Edgar，Himmelblau and Lasdon，2001)。逐次二次规划通常比逐次线性规划效果好，因为用二次函数更适合非线性函数的近似表示。

值得注意的是，无论是逐次线性还是逐次二次规划，都未必能在一般的非线性规划问题中找到全局最优。将非线性优化近似为线性或二次规划，虽然后者容易找到全局最优，却并不会改变原有问题的属性。原问题中局部最优所造成的问题不会消失。所以在将上述方法用于求解一般的非线性规划问题时，一定要认识到可能存在的困难，并尝试通过从不同的初始条件开始优化来确认解的全局最优性。

先前描述的随机搜索优化算法，例如模拟退火，也可用于解决一般的非线性规划问题。此类方法的优点在于它们有时允许最小化问题中的上坡或最大化问题中的下坡，而不是总朝着一个方向移动，因此不易受局部最优解产生的影响。

3.7 结构优化

1）混合整数线性规划。在第1章中，我们讨论了可用于开发流程结构的几种方法。第一种方法以一个最简结构为出发点，再依次添加经过技术性、经济性已经证实的新结构，第二种方法是首先建立一个包含冗余结构的上层结构，所有值得考虑的结构选项都囊括其中，然后对该上层结构加以优化。这里的优化不仅涉及改变工艺参数的设置(例如温度、流速)，并且还包括改变结构特征。因此，若采用这种方法，就必须同时进行结构和参数优化。截至目前我们讨论过的最优化方法仅适用于参数优化，下面考虑如何进行结构优化。

线性和非线性规划的方法可用来进行结构优化，不过需借助一种整数(二元)变量的帮助来表示是否采纳某个结构特征。如果采纳，则对应二元变量取值为1，若不采纳，则为0。下面考虑如何利用二元变量来制定不同的决策(Biegler, Grossmann and Westerberg, 1997)。

① 多选约束。若需要从多个选项中仅挑选一个加以采纳，这种约束条件可用如下等式表示：

$$\sum_{j=1}^{t} y_i = 1 \tag{3.25}$$

其中y_j是取值为0或1的二元变量，选项的数目是J。更普遍的情况可能是从J个选项中刚好选择m个项目，可表示为：

$$\sum_{j=1}^{t} y_i = m \tag{3.26}$$

或者是从J个选项中选择最多m个项目，在这种情况下：

$$\sum_{j=1}^{t} y_i \leqslant m \tag{3.27}$$

另一方面，可能需要从许多选项中选择至少m个项目，则有：

$$\sum_{j=1}^{t} y_i \geqslant m \tag{3.28}$$

② 隐含约束。另一类逻辑约束是比如一旦选择了项目k，则必须选择项目j，反之则不然，可由如下不等式约束表示：

$$y_k - y_j \leqslant 0 \tag{3.29}$$

二元变量也可用来调控连续变量，例如规定某二元变量y为0，则与其相关联的某连续变量x也必须为0，于是：

$$x - Uy \leqslant 0,\ x \geqslant 0 \tag{3.30}$$

其中U是x的取值上限。

③ 或然约束。二元变量也可以应用于或然约束，也称为析取约束。例如，当两个约束条件$g_1(x) \leqslant 0$和$g_2(x) \leqslant 0$之一必然成立时：

$$g_1(x) - My \leqslant 0 \tag{3.31}$$

$$g_2(x) - M(1-y) \leqslant 0 \tag{3.32}$$

其中M是一个大的(任意的)值，表示$g_1(x)$和$g_2(x)$的最大上限。如果$y=0$，则$g_1(x) \leqslant 0$必须由式3.31得到。然而，如果$y=0$，式3.32的左侧会是较大的负值，因此式3.32也同时成立。同理如果$y=1$，那么无论$g_1(x)$如何取值，式3.31的左侧都小于0，因而始终成立；同时，式3.32变为$g_2(x) \leqslant 0$，也必定成立。

下面通过一些简单的例题来说明上述原理如何应用。

例3.3 某工艺废气中含有可回收的氢气组分，可选择变压吸附法(PSA)、膜分离法(MS)或低温冷凝法(CC)将氢与其他杂质分离。其中变压吸附和膜分离器原则上既可以单独使用，也可以联合使用。现考虑选择变压吸附、膜分离器或低温冷凝三种方法中的一种，或选择变压吸附和膜分离器联合应用的方案，写出对应的整数变量关系式。

解：令整数y_{PSA}表示选择变压吸附，y_{MS}表示选择膜分离器，y_{CC}表示选择低温冷凝。首先选择变压吸附与低温冷凝，满足下式：

$$y_{PSA} + y_{CC} \leqslant 1$$

同样选择膜分离器和低温冷凝，满足：

$$y_{MS} + y_{CC} \leqslant 1$$

上面两个不等式按题目要求约束了方案的取舍，也允许变压吸附和膜分离器同时被选择。

例3.4 一个换热器的入口热流温度为$T_{H,in}$，出口冷流温度为$T_{C,out}$，且规定一旦选用该换热器，则其实际出、入口温差必须大于某个实际最小值ΔT_{min}。以整数方程的形式表示该析取约束。

解：温差约束可写为：

$$T_{H,in} - T_{C,out} \geqslant \Delta T_{min}$$

不过上式成立的前提是换热器被选中。现令y_{HX}表示选择该换热器：

$$T_{H,in} - T_{C,out} + M(1-y_{HX}) \geqslant \Delta T_{min}$$

其中M是任意一个很大的数。如果$y_{HX}=0$(即不选择该换热器)，则该方程的左侧必然大于ΔT_{min}。如果$y_{HX}=1$(即选择该换热器)，则该方程变为$T_{H,in} - T_{C,out} \geqslant \Delta T_{min}$，即换热器工作时的约束条件。

当线性规划问题中包含整数(二元)变量时，它就变成了所谓混合整数线性规划问题(MILP)。相应地，当非线性规划问题扩展到包括整数(二元)变量时，就成为了混合整数非线性规划问题(MINLP)。

首先考虑解决MILP问题的一般策略。最初，可以将二元变量视为连续变量，即令$0 \leqslant y_i \leqslant 1$；作为一般的线性规划问题(LP)求解，所得的最优解称为松弛解。松弛解中的二元变量，通常不会刚好都取整数值。由于松弛解比所有二元变量都具有整数值的真混合整数解约束更小，因此它

3

通常会为目标函数提供比真混合整数解更好的值。一般来说，不能将松弛解进行简单的四舍五入到最接近的整数值，来得到真正的解，因为四舍五入可能会导致该解变得不可行(移动到可行区域之外)，或者会让该解失去最优性(不再位于可行区域的边界上)。不过松弛解可以为真正的混合整数解提供取值的下限(最小化问题)或上限(最大化问题)。然而，这种放宽的LP解在提供一个真正的混合整数解的下界到最小化问题是有用的。对于最大化问题，松弛LP解构成了解的上界。对于最大化问题，可以将整数变量设置为0或1，反复使用LP方法求解。将二元变量设置为0或1会产生如图3.15所示的树形解空间(Floudas，1995)，越往“深处”探索，面临的可能性就越多。在每个节点处，LP松弛解会为最小化问题提供目标函数最优解的下限；相应地，混合整数规划的最优解则提供上限。对于最大化问题则反之，LP松弛解提供上限，混合整数解提供下限。一种常用的解MILP问题的方法是分支定界搜索法(Mehta and Kokossis，1988)，下面将通过Edgar，Himmelblau和Lasdon(2001)中的一个简单例子来说明该方法。

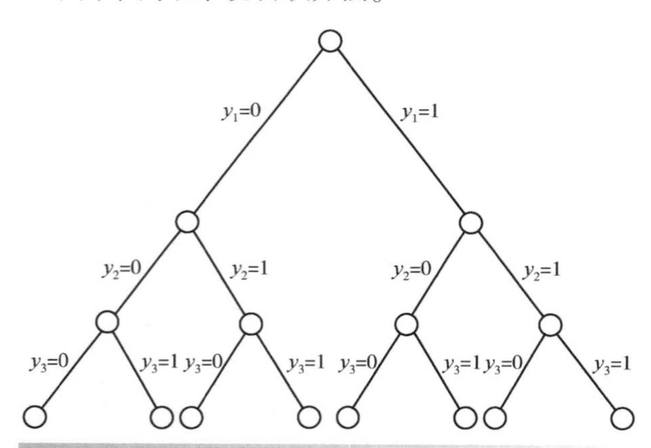

图3.15 设定二元变量的取值为0或1，会产生一树形结构
(转载自Floudas CA，1995，Nonlinear and Mixed-Integer Optimization，by permission of Oxford University Press)

例3.5 最大化包含三个二元自变量 y_1，y_2 和 y_3 的目标函数(Edgar，Himmelblau and Lasdon，2001)。

最大化：$f=86y_1+4y_2+40y_3$

取决于：$774y_1+76y_2+42y_3 \leqslant 875$

$$67y_1+27y_2+53y_3 \leqslant 875$$

$$y_1,\ y_2,\ y_3=0,\ 1 \qquad (3.33)$$

解：解法如图3.16a所示。首先求解对应的LP问题，允许 y_1，y_2 和 y_3 在0和1之间连续变化，这样就得到松弛解：$y_1=1$，$y_3=1$，$y_2=0.776$，对应图3.16a中的节点1。节点1处的目标函数值 $f=129.1$。以该节点为基础，考虑将 y_2 改为0或1。方法不一，这里首先采用一种非常简单的策略，即改为与当前实数值最为接近的整数。由于 $y_2=0.776$ 更接近1，于是设置 $y_2=1$ 并求解对应的LP，得到图3.16a中节点2对应的松弛解：$y_2=1$，$y_3=1$，$y_1=0.978$。鉴于 $y_1=0.978$ 更接近1，设置 $y_1=1$，继续解LP，得到节点3对应的松弛解：y_1 和 y_2 都已是整数，但得到的 $y_3=0.595$ 还需取整。若设 $y_3=1$，图3.16a的节点4处得到一个不可行的解，因为它不满足式3.33中的第一个不等式约束条件。于是回到节点3，设置 $y_3=0$，到达节点5，就得到了第一个可行的整数解：$y_1=1$，$y_2=1$，$y_3=0$ 并且 $f=90.0$。从节点4或5已无法再进一步搜索，因为前者是不可行的“死胡同”，而后者则是符合条件的一个“目的地”。当搜索在某个节点终止时，无论出于何种原因，都已被探明。搜索现在回溯到节点2，并设置 $y_1=0$。这产生在的第二个可行整数解节点6，其中 $y_1=0$，$y_2=1$，$y_3=1$，$f=44.0$ 得到节点6处的第二个可行整数解：$y_1=0$，$y_2=1$，$y_3=1$ 并且 $f=44.0$。最后回到节点1，令 $y_2=0$，这就产生了节点7处的第三个可行整数解：$y_1=1$，$y_2=0$，$y_3=1$ 并且 $f=126.0$。既然目标函数需要最大化，显然节点7是问题的最优解。

图3.16a所示的策略被称为深度优先或回溯搜索，特点是在每个节点处，首先选择表面上看起来更有优势的分支进行搜索。除此之外，还可以采用广度优先或跳跃跟踪法，如图3.16b所示。还是从节点1处开始，先得到松弛解 $f=129.1$，这也是这个最大化问题解的上界。不过接下来的搜索却是跨到树形图的另一条枝干上，令 $y_2=0$，在节点2处产生一个可行的整数解：$y_1=1$，$y_2=0$，$y_3=1$ 且 $f=126.0$。节点2就给最终解提供了一个下界，并且因为它是一个整数解，所以节点2是被探明的。接下来需要回溯到节点

1(无论节点2是否被探明)，令 $y_2=1$，找到图3.16b中的节点3：$y_1=0.978$，$y_2=1$，$y_3=1$ 和 $f=128.1$，这是一个新的上限。再让 $y_1=0$，分支蔓延到节点4，得到第二个有效整数解。再回溯到节点3，设置 $y_1=1$，可得节点5：$y_1=1$，$y_2=0$，$y_3=0.595$ 和 $f=113.8$。此时我们知道节点5已被探明，即便它既非不可行解，也非可行的整数解，因为该点以下枝干上所有节点的上限(即节点5对应的解)，低于节点2处定义的下界。因此从节点5出发只能得到更差的解。通过这种方式，可划定搜索的界限。

在本例中，广度优先搜索需要的搜索步骤比深度优先更少。除上述两种外，还有其他搜索策略(Taha，1975)。不同的搜索策略适用的问题类型也不同。

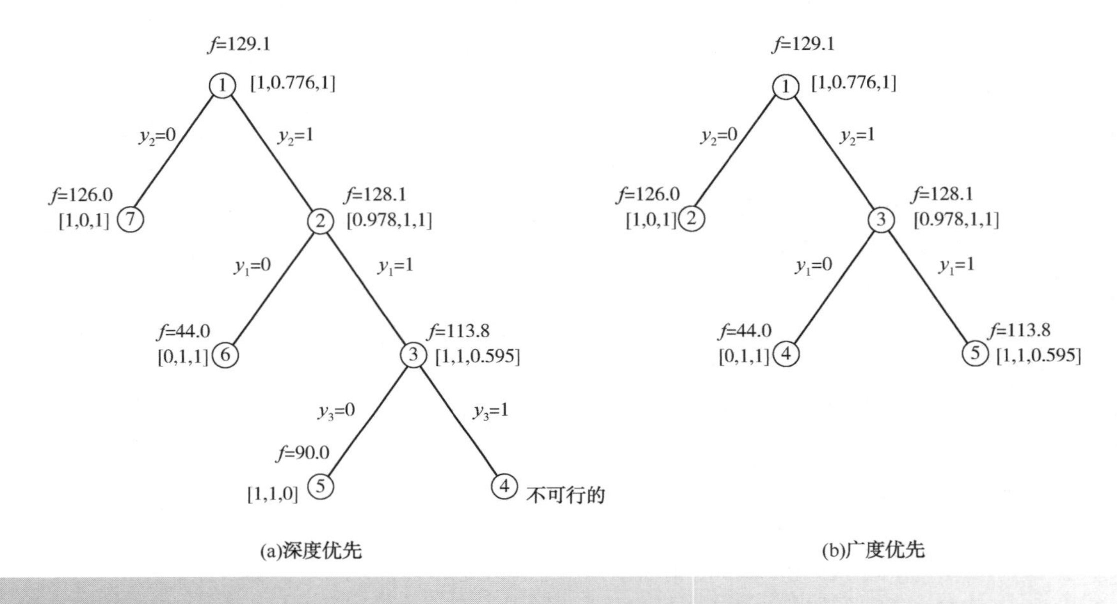

图3.16 分支定界搜索

因此，求解MILP问题始于求解其对应的松弛的LP问题。如果解得的二元变量恰好都取整数值，则问题解决；但如果解中有非整数值的二元变量，则需继续搜索，检查边界条件的应用以避免已知的树形图的部分是次优的。对最小化问题，非整数最优解对应的节点会给实际解的目标函数值提供下限，而整数最优解对应的节点则提供上限；最大化问题则恰好相反。当非整数最优解的目标函数值劣于已知的整数最优解(下界)时，则可以计算前者对应的节点。可以用深度优先原则，或广度优先原则，或两者结合来搜索树形图。对于比例题3.5更复杂的问题，则可以先将二元变量交替设置为0和1，并检验目标函数值(不是优化)。这将指明下一步优化的最佳方向。多种方法都具有可行性(Taha，1975)。

如果用一个LP的解作为下一个LP的初值，则可有效地求解MILP问题所需的一系列LP解。需要注意的一点是，MILP原则上与LP问题一样，可保证获取全局最优解。

2)混合整数非线性规划。求解混合整数非线性规划问题的一般策略与上述线性优化问题的求解十分相似(Floudas，1995)。主要区别在于每个节点处都需要解一个非线性规划，而不是线性规划。但逐次采用非线性优化方法来搜索树形图需要很长的计算时间，因为在非线性规划问题NLP中，信息无法像在LP中那样容易地在节点之间传递。另一个主要问题是，除非在每个节点处求解的NLP都是凸的，否则不能保证最优解甚至接近全局最优解。当然，可以尝试多个的初始点来克服这个问题，但这仍然不能保证我们会得到所有问题的全局最优解。

另一种处理此类非线性问题的方法是首先将

问题视为线性规划问题，并应用 MILP 的解法，然后再应用 NLP 的解法。该方法需要在 MILP 和 NLP 之间反复迭代(Biegler，Grossmann and Westerberg，1997)。

在某些情况下，问题的非线性可以在少数函数中分离出来。如果遇到此类问题，那么可以用一系列线段将该非线性函数线性化，然后用 MILP 方法进行优化，并用整数逻辑来确保每次搜索只会选择这些线段中的一个。对于某些形式的非线性函数，我们可以通过数学变换和定界技巧来改进确定性优化方法，并确保可找到全局最优解(Floudas，2000)。

3）随机搜索优化。随机搜索算法对非线性优化问题极为有效。在第 1 章介绍的流程设计方法中，首先确立一个初始设计方案，然后通过结构和参数优化不断令其完善。这种优化方法适用于随机搜索优化，既不需要一个上层结构，也不像分支定界法那样需要搜索树形图。例如，在模拟退火中，每个设定的退火温度下，算法会进行一系列随机移动。这些移动可能是连续变量的阶跃变化，也可能是结构变化(某个结构特征的添加或去除)。因此，该方法不需要依靠上层结构，因为它可以自行添加以及移除结构特征。但是该方法中涉及结构的移动都必须明确地加以定义，且须确保产生的移动能够以某种方式涵盖所有有可能成为全局最优的结构。理论上，只要随机搜索的参数设置是适当的，初始的结构就不会影响优化结果，所以任何合理可行的结构都可以作为初始结构开始优化。但在实践中，对于大多数问题来说，初始设计最好还是像上层结构那样，具有一些冗余特征为好，但不需要包括全部的结构选项。

因为随机搜索优化允许目标函数在过程中有一定的缺陷，所以它不像 MINLP 那样容易被局部最优所限制。然而，当优化问题中同时涉及连续变量(例如温度和压力)和结构的改变时，随机搜索算法未必能找到最优参数设置的精确值，因为随机搜索算法只能对连续变量采取有限的变动。因此可以在随机搜索优化之后再用确定性方法(例如 SQP)来微调。这种情况下相当于用随机方法为确定性方法提供可靠的初始点。

此外，还可以将随机和确定性方法结合成为混合方法。例如用随机搜索算法控制结构的改变，而用确定性方法控制连续变量的改变。这种方法对涉及大量整数变量的问题会很有效，因为此类问题中树形图的尺寸呈爆炸级增长，分支定界法难以解决。

3.8 用最优化方法求方程的解

有时最优化方法可作为一种便捷的工具用来求解方程或方程组，这是因为当前出现了很多通用优化软件，例如电子表格就有此类工具。令目标函数值恰好为 0，求根或方程求解可看作是最优化的特例。例如要求出所有满足 $f(x)=a$ 的 x，其中 a 是常数，也就相当于求下面这个方程的根(图 3.17a)：

$$f(x)-a=0 \tag{3.34}$$

从最优化的角度来看，是应尽可能满足公式 3.34 给出的等式约束。有多种方法可以将该求根问题转化为最优化问题，下面列出三种(Williams，1997)：

$$\text{i)最小化}\ |f(x)-a| \tag{3.35}$$

$$\text{ii)最小化}\ [f(x)-a]^2 \tag{3.36}$$

$$\text{iii)最小化}\ (S_1+S_2) \tag{3.37}$$

满足条件：

$$f(x)-a+S_1-S_2=0 \tag{3.38}$$

$$S_1,\ S_2 \geqslant 0 \tag{3.39}$$

其中 S_1 和 S_2 是松弛变量。

问题的性质、所采用的优化算法和初始值，决定了采用哪种形式的优化最合适。例如，如图 3.17b 所示，最小化目标函数(i)，即式 3.35 时，可能会由于梯度不连续而导致某些优化方法无法奏效。不过可以将问题转化为梯度连续的目标函数，比如式 3.36 中的目标函数(ii)。如图 3.17c 所示，现在的目标函数具有连续的梯度。不过式 3.36 也有一大缺陷：如果原方程是线性的，而该转换是把线性函数变为了非线性函数；即使原方程也是非线性的，经过式 3.36 的转换后，其非线性程度会增大。与之相对，式 3.37 中的目标函数(iii)既避免了非线性程度的加剧，也避免了梯度的不连续性，但是是以引入松弛变量为代价的。注意这里需要两个松弛变量：由式 3.38，松弛变量 $S_1 \geqslant 0$ 可保证：

$$f(x)-a\leqslant 0 \tag{3.40}$$

而松弛变量 $S_2\geqslant 0$ 则确保：

$$f(x)-a\geqslant 0 \tag{3.41}$$

式3.40和式3.41同时成立等价于式3.34成立。因此，可同时调整 x、S_1 和 S_2 以求解方程3.37至方程3.39而不会增加函数的非线性程度。

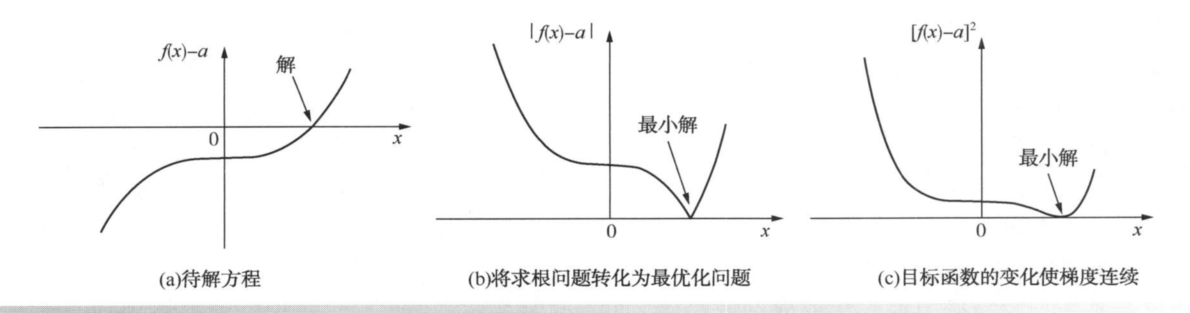

图3.17 最优化方法解方程

上述方法加以扩展，就可求解联立方程组。例如要求下列方程组的解 x_1 和 x_2：

$$f_1(x_1,\ x_2)=a_1,\ f_2(x_1,\ x_2)=a_2 \tag{3.42}$$

可转化成如下三种最优化问题之一：

i)最小化$\{|f_1(x_1,\ x_2)-a_1|+f_2(x_1,\ x_2)-a_2\}$ (3.43)

ii)最小化$\{[f_1(x_1,\ x_2)-a_1]^2+[f_2(x_1,\ x_2)-a_2]^2\}$ (3.44)

iii) 最小化$(S_{11}+S_{12}+S_{21}+S_{22})$ (3.45)

满足条件：

$$f_1(x_1,\ x_2)-a_1+S_{11}-S_{12}=0 \tag{3.46}$$

$$f_2(x_1,\ x_2)-a_2+S_{21}-S_{22}=0 \tag{3.47}$$

$$S_{11},\ S_{12},\ S_{21},\ S_{22}\geqslant 0 \tag{3.48}$$

其中 S_{11}、S_{12}、S_{21}和 S_{22}为松弛变量。

后面我们将看到，上述技巧在使用诸如电子表格之类的通用软件来解决设计问题时是很有用的。只要选择合适的最优化模型，就可以避免许多与优化相关的数值问题。模型构建的更多细节可参见其他著作(Williams，1997)。

3.9 搜索全局最优

从本章的讨论中可以清楚地看出，非线性优化问题的难度远远大于线性优化问题。对于线性问题，原则上一定可以找到全局最优解。

不巧的是，大多数达到一定规模的设计问题，都不可避免地要涉及非线性优化的问题，而标准的确定性优化方法仅能找到某一个局部最优解。尝试不同的初始条件，可以让优化算法探索解空间中不同的路径，从而有助于找到更优的解。但是，能否找到全局最优，依然无法保证；除了某些特殊形式的非线性函数，通过数学变换和定界方法，总是能找到全局最优解(Floudas，2000)。

另一种思路是使用随机搜索算法(例如模拟退火或遗传算法)进行优化。随机搜索算法的优势在于，原则上它们能够在一般的非线性优化问题中定位全局最优解。它们不需要良好的初始条件，也不要求函数的梯度有定义。但是，随机搜索算法依赖于与具体系统相关的参数设置，可能需要针对性质不同的问题进行参数调整。另一个缺点是它们在解决复杂的大型优化问题时可能非常耗时。我们可以将确定性算法和随机搜索算法各自的相对优势结合起来，建立混合方法求解，用随机搜索算法找到良好的初始点。如前所述，随机搜索算法和确定性算法也可以结合起来，以解决结构优化问题。

在第1章中，非线性优化的目标函数被比作一系列山脉形成的地势。若要将目标函数最大化，则山脉中的每座山峰都代表目标函数的一个局部最优点，最高峰则代表全局最优点。优化任务好比在浓雾环绕、无图可循的条件下，仅凭一个指南针和一个测高仪器来探索整个山脉，找到最高峰。每当到达一座山峰的顶部，由于浓雾遮挡，我们无法知道它是否是最高的。

当解这种非线性优化问题时，我们可不希望搜索止于某个远低于实际最高峰的山峰上。可以通过改变初始点并重复搜索，来检验得到的解。

好在多数优化问题的最优解周边的情形，看起来更像是南非的桌状山，而不是珠穆朗玛峰；换句话说，对于大多数优化问题，最优点附近的区域比较平坦。虽然一方面设计者应该避免得到准确性差的解，但另一方面设计者不应执着于找到全局最优解的准确位置，尤其是在最优解与当前解的准确性相差甚微的情况下。设计数据，尤其经济数据中，一定存在一些不确定性。此外，除了简单地考虑经济潜力最大化或成本最小化之外，还有许多问题需要兼顾，因而可能会有很多因素导致全局最优解并不是我们的首选项，某个准确性稍差的解反而可能因为其更佳的安全性、易操控性等原因后来居上。所以比之花大力气搜寻最优解的准确位置，对其他解弃之不顾，我们更应该细心检验最优解附近区域中的各个可能的解，详加斟酌。在这方面，随机搜索算法更具优势，因为它可以提供最优解附近的一系列解。

3.10 最优化——总结

大多数工艺设计都需要在某个阶段进行最优化，由于设计的质量往往通过某些目标函数加以表征，对目标函数的最优化(例如对经济潜力的最大化或对成本的最小化)就等同于优化设计的质量。目标函数的形式对于确定优化策略至关重要。对最小化问题来说，凸目标函数的最优点是唯一的；同样对最大化问题，凹目标函数也有这个性质。如果不符合上述凹凸性要求，则目标函数可能同时具有局部最优和全局最优。

寻找最优点的策略有很多，其中间接搜索策略不需要函数的梯度信息，而直接搜索策略需要此信息。这些方法总是试图在搜索的每个步骤中改善目标函数值。与之不同的是随机搜索算法，例如模拟退火和遗传算法，都允许目标函数值在搜索过程中有一定的缺陷(特别是在搜索的早期阶段)，以便减少陷入局部最优而错过全局最优的风险。不过随机搜索优化的收敛速度一般很慢，并且通常需要针对具体问题做相应的调整。

加入不等式约束会使优化问题变得更加复杂。这些不等式约束可以圈定一个凸的或非凸的区域。如果这个区域不是凸的，则即便目标函数的凹凸性满足上面的要求(对最小化来说为凸，对最大化来说为凹)，最终搜索可能还是无法摆脱某个局部最优。好在如果所有约束都是线性不等式，那么所得区域总是凸的。

当目标函数、等式约束和不等式约束都是线性时，该最优化问题可用线性规划方法来解决。此类问题的求解原则上效率较高，且一定能找到全局最优；然而与之对应的非线性规划问题通常不具备这两个特性。此类问题可通过逐次线性或逐次二次规划来解决。随机搜索算法在执行非线性优化方面非常有效，因为它们比确定性方法更难困于局部最优。

工艺设计中常用方法之一是对某个上层结构进行结构和参数的优化。结构优化问题可通过混合整数线性规划(当问题本身是线性的时候)或混合整数非线性规划(当问题本身是非线性的时候)来解决，同时随机搜索算法通常也可以有效解决结构优化问题。

3.11 习题

1. 封闭式圆柱形常压储罐的成本一般认为与制造所需的钢的质量成正比。假设容器顶部和底部都是平的。若以最小化投资成本为目标，给出这种储罐最佳尺寸数据的表达式。如果储罐顶部是敞开的，则其最佳尺寸是多少？

2. 精馏塔塔顶馏出物中的蒸汽需在换热器中冷凝，冷却介质为水。这里冷却水的流量和冷凝器的尺寸存在一种此消彼长的关系，值得权衡。冷却水的流量越大，相应成本自然就越高，然而返回冷却塔的水流温度也随之降低，换热器(冷凝器)冷热端的温差增大，所需传热面积减小，于是就降低了换热器的成本。冷凝器的负荷为4.1MW，蒸汽在80℃ 的恒定温度下冷凝，冷却水(入口)温度为20℃，成本为0.02 $ $\cdot t^{-1}$；总传热系数设为500W $\cdot m^{-1} \cdot K^{-1}$，冷凝器的成本单价设为2500 $ $\cdot m^{-2}$，安装系数为3.5；假设年度资本费用等于投资成本的20%；冷却水的比热容为 4.2kJ·kg·K^{-1}，且不随温度变化；蒸馏塔的运行时间为 8000h·y^{-1}。将冷凝器传热面积(及其年投资成本)视为冷却水回水温度的函数，列出函数关系式。利用该关系式，权衡冷却水相关成本和冷凝器相关成本，近似计算最优的冷却水回水温度。回水温度最高不应超过 50℃。冷凝器所需换热面积可由下式计算：

$$A=\frac{Q}{U\Delta T_{LM}}$$

式中 A——传热面积，m^2；

Q——热负荷，W；

U——总传热系数，W·m^{-1}·K^{-1}；

ΔT_{LM}——对数平均温差，

$$=\frac{(T_{COND}-T_{CW2})-(T_{COND}-T_{CW1})}{\ln\left(\frac{T_{COND}-T_{CW2}}{T_{COND}-T_{CW1}}\right)};$$

T_{COND}——冷凝器温度,℃；

T_{CW1}——入口冷却水温度,℃；

T_{CW2}——出口冷却水温度,℃。

3. 苯乙烯生产工艺排出的废气中含有氢气、甲烷、乙烯、苯、水、甲苯、苯乙烯和乙苯。该废气直接通入锅炉中焚烧。现有一提议：在焚烧前先利用低温冷凝技术从废气中尽可能多地回收苯、甲苯、苯乙烯和乙苯。该技术有制冷要求，需确定最佳冷凝温度。温度越低，回收的化学品就越多，价值就越高，但相应的制冷成本也会增加。表 3.2 中列出了经气液分离器处理后的废气中所含的各组分及其价值。

表 3.2 废气中各组分流量和价值

组分	流量/kmol·s^{-1}	价格/ $ ·$kmol^{-1}$
氢气	146.0	0
甲烷	3.7	0
乙烯	3.7	0
苯	0.67	21.4
水	9.4	0
甲苯	0.16	12.2
乙苯	1.6	40.6
苯乙烯	2.4	60.1
共计	167.63	

低温冷凝的制冷成本由下式给出：

$$制冷成本=0.033\,Q_{COND}\left(\frac{40-T_{COND}}{T_{COND}+268}\right)$$

式中 Q_{COND}——冷凝器负荷，MW；

T_{COND}——冷凝器温度,℃。

通过相平衡计算可确定苯、甲苯、苯乙烯和乙苯冷凝部分的比例。表 3.3 给出了进入冷凝器并随蒸汽离开的各种成分的百分比，是温度的函数。表 3.4 给出了气液分离器出口气流的总焓值与温度的关系。计算最优冷凝温度。若冷凝温度过低，会造成哪些问题?

4. 现准备向储有 1500m^3 石脑油的储罐中混入两股烃流，以得到规格等同于汽油的混合物。混合而成的最终产品的辛烷值(RON)不得低于 95，雷德蒸气压(RVP)不得高于 0.6bar，苯和总芳烃含量分别不得超过 2% 和 25%(体积比)。表 3.5给出了三种原料物流的性质和成本。

表 3.3 冷凝器性能

	进入冷凝器的组分中随气相离开(即未被冷凝)的百分比/%										
	冷凝温度/℃										
	40	30	20	10	0	10	20	30	40	50	60
苯	100	93	84	72	58	42	27	15	8	3	1
甲苯	100	80	60	41	25	14	7	3	1	1	0
乙苯	100	59	33	18	9	4	2	1	0	0	0
苯乙烯	100	54	29	15	8	4	2	1	0	0	0

表 3.4　气流的焓值数据

温度/℃	气流焓/MJ · $kmol^{-1}$
40	0.45
30	-1.44
20	-2.69
10	-3.56
0	-4.21
-10	-4.72

续表

温度/℃	气流焓/MJ · $kmol^{-1}$
-20	-5.16
-30	-5.56
-40	-5.93
-50	-6.29
-60	-6.63

表 3.5　参与混合的各物流

	RON	RVP/bar	苯/%体积	总芳烃/%体积	成本/ $ · m^{-3}
石脑油	92	0.80	1.5	15	275
重整油	98	0.15	15	50	270
烷基化油	97.5	0.30	0	0	350

假设混合物的性质与其所含的各物流的体积成比例。为使成本最小化，应分别掺入多少重整油和烷基化油？

5. 一炼油厂有两种原油可供选择。第一种(原油 1)是优质原油，每桶价格 $30(1 桶 = 42 US gallons)；第二种(原油 2)是劣质原油，每桶价格为 $20。原油经炼制，可分离出汽油、柴油、喷气燃料和燃料油等。表 3.6 列出了可从原油 1 和原油 2 获取的每种产品的百分比产率，和各产品每天所允许达到的最大产出流量(以桶为单位)以及加工成本。

表 3.6　炼油厂数据

	产率/%体积		产品价值	最大产量
	原油 1	原油 2	$ · bbl^{-1}	bbl · d^{-1}
汽油	80	47	75	120000
喷气燃料	4	8	55	8000
柴油	10	30	40	30000
燃油	6	15	30	
加工成本/ $ · bbl^{-1}	1.5	3		

取产品售价与原油原料成本之间的差作为经济潜力。用线性优化中的图解法求解两种原油各自的最佳进料流量。

6. 在上述习题 5 的条件中再添加一个约束条件，即燃料油的每天产量必须大于 15000 桶(15000bbl · d^{-1})。问题会怎样变化？应如何描述这个修改后的线性规划问题？

7. 为如下精馏过程设计一个上层结构：单一进料，两种产品，再沸器和冷凝器各一个，塔板数介于 3 到 10 之间，进料板位置可变。

8. 为一气液反应过程设计反应器，考虑两种不同类型的设备：搅拌釜(AV)和填充柱(PC)。只允许选择上述两个选项中的一个。设计一个上层结构，然后为气体、液体进料及产品出料设定整数变量约束。

参 考 文 献

Aarts EHL and Van Laarhoven PGM (1985) Statistical Cooling: A General Approach to Combinatorial Optimization Problems, *Philips J Res*, **40**: 193.

Biegler LT, Grossmann IE and Westerberg AW (1997) *Systematic Methods of Chemical Process Design*, Prentice Hall.

Edgar TF, Himmelblau DM and Lasdon LS (2001) *Optimization of Chemical Processes*, 2nd Edition, McGraw-Hill.

Floudas CA (1995) *Nonlinear and Mixed-Integer Optimization*, Oxford University Press.

Floudas CA (2000) *Deterministic Global Optimization: Theory, Methods and Applications*, Kluwer Academic Publishers.

Goldberg DE (1989) *Genetic Algorithms in Search Optimization and Machine Learning*, Addison-Wesley.

Kirkpatrick S, Gelatt CD and Vecchi MP (1983) Optimization by Simulated Annealing, *Science*, **220**: 671.

Mehta VL and Kokossis AC (1988) New Generation Tools for Multiphase Reaction Systems: A Validated Systematic Methodology for Novelty and Design Automation, *Comput Chem Eng*, **22S**: 5119.

Metropolis N, Rosenbluth AW, Rosenbluth MN, Teller AH and Teller E (1953) Equation of State Calculations by Fast Computing Machines, *J Chem Phys*, **21**: 1087.

Taha HA (1975) *Integer Programming Theory and Applications*, Academic Press.

Williams HP (1997) *Model Building in Mathematical Programming*, 3rd Edition, John Wiley & Sons.

第 4 章　化学反应器 I——反应器性能

由于工艺设计始于反应器，因此首要任务是选择反应器。良好的反应器性能对于确定总体设计的经济性至关重要，并且对环境影响至关重要。除目的产物外，反应器还产生副产物。这些有害的副产物不仅导致经济损失，而且还会造成环境问题。正如后面将要讨论的那样，解决环境问题的最佳方法不是采用复杂的处理方法，而是不产生废弃物。

确定了产品规格后，就需要选择反应路径。有时同一产物有不同的反应路径。例如生产乙醇，乙烯可以用作原料，与水反应生成乙醇。另一种路径是以甲醇为原料，然后使其与合成气(一氧化碳和氢气的混合物)反应生产相同的产物。这两条路径均采用化学反应器。第三条路径可以利用生化反应器中微生物的代谢过程的生化反应(或发酵)。因此，乙醇也可以通过碳水化合物的发酵来生产。

反应器可大致分为化学类和生化类。大多数反应器，无论是化学反应器还是生化反应器，都需要被催化。反应过程需要选择催化剂(如果要使用的话)，以及反应体系所需的理想特性和操作条件。反应器设计必须解决的问题包括：

反应器类型

- 催化剂；
- 尺寸(体积)；
- 操作条件(浓度、温度和压力)；
- 相态；
- 进料条件(浓度、温度和压力)。

一旦确定了这些基本条件，就可选择一个实用的反应器，尽可能接近理想的反应器，以便进行设计。但是，反应器的设计不能在此阶段确定，因为如后所述，它与流程的其余部分有很强的关联性。这里的重点是选择反应器，而不是确定详细的尺寸。有关上述问题的更多详细信息，请参见例如 Levenspiel(1999)，Denbigh 和 Turner(1984)和 Rase(1977)。

4.1　反应路径

如上述所述，鉴于目标是生产某种产物，因此对于该产物通常有许多替代反应路径。优先使用最便宜的原料并产生最少量的副产物的反应路径。应避免产生大量副产物的反应路径，因为它们会造成严重的环境问题。

但是，在选择反应路径时还需要考虑许多其他因素。有些是商业性的，例如关于原料和副产品未来价格的不确定性。其他是技术性的，例如安全性和能耗。

缺乏合适的催化剂是影响开发新型反应路径的最常见因素。在设计的第一阶段，不可能预测选择一条或另一条反应路径的所有结果，但是也可以确定这一阶段的某些结果。示例如下：

例 4.1　目标是生产氯乙烯，至少有三个反应路径可以使用(Rudd，Powers and Siirola，1973)

路径 1

$$C_2H_2+HCl \longrightarrow C_2H_3Cl$$

路径 2

$$C_2H_4+Cl_2 \longrightarrow C_2H_4Cl_2$$

$$C_2H_4Cl_2 \xrightarrow{加热} C_2H_3Cl+HCl$$

路径 3

$$C_2H_4+1/2O_2+2HCl \longrightarrow C_2H_4Cl_2+H_2O$$

$$C_2H_4Cl_2 \xrightarrow{加热} C_2H_3Cl+HCl$$

表 4.1 列出了所涉及原料的市场价格和摩尔质量。

在这个阶段，氧气是免费的，因为它来自大气。根据原料成本，产物和副产物的价格，确定哪个反应路径最合适？

表 4.1 例 4.1 中材料的摩尔质量和价格

原料	摩尔质量/kg · kmol^{-1}	价格/ $ · kg^{-1}
乙炔	26	1.0
氯气	71	0.23
乙烯	28	0.58
氯化氢	36	0.39
氯乙烯	62	0.46

解：可以根据工艺的经济潜力做出选择。在这个阶段，最佳的办法是将经济潜力（*EP*）定义为（请参阅第 2 章）：

$$EP=(\text{产品价格})-(\text{原料成本})$$

路径 1

$$EP=(62\times0.46)-(26\times1.0+36\times0.39)$$
$$=-11.52\ \$\cdot kmol^{-1}\text{氯乙烯产品}$$

路径 2

$$EP=(62\times0.46+36\times0.39)-(28\times0.58+71\times0.23)$$
$$=9.99\ \$\cdot kmol^{-1}\text{氯乙烯产品}$$

假设销售副产物 HCl。如果无法出售，则

$$EP=(62\times0.46)-(28\times0.58+71\times0.23)$$
$$=-4.05\ \$\cdot kmol^{-1}\text{氯乙烯产品}$$

路径 3

$$EP=(62\times0.46)-(28\times0.58+2\times36\times0.39)$$
$$=-15.8\ \$\cdot kmol^{-1}\text{氯乙烯产品}$$

路径 1 和 3 显然不可行。当副产品 HCl 可以出售时，只有路径 2 经济潜力为正。实际上，这可能非常困难，因为 HCl 的市场受到限制。不应根据副产品的价值来证明项目的合理性。

工艺首选以乙烯为原料的，而不是更昂贵的乙炔、氯气和氯化氢。电解池是一种比氯化氢更方便和更便宜的氯来源。此外，不产生副产物。

例 4.2 根据例 4.1 中的三个反应路径设计一个工艺，该工艺使用乙烯和氯气作为原料，除水以外不产生任何副产物（Rudd，Powers and Sirola，1973）。此工艺在经济上看起来具有吸引力吗？

解：对三种路径的化学计量的研究表明，可以通过组合路径 2 和路径 3 以获得第 4 条路径来实现这一点。

路径 2 和路径 3

$$C_2H_4+Cl_2\longrightarrow C_2H_4Cl_2$$

$$C_2H_4+1/2\,O_2+2HCl\longrightarrow C_2H_4Cl_2+H_2O$$

$$C_2H_4Cl_2\xrightarrow{\text{加热}}C_2H_3Cl+HCl$$

把这三个反应加起来就可以得到总的化学计量数。

路径 4

$$2C_2H_4+Cl_2+1/2\,O_2\longrightarrow 2\,C_2H_3Cl+H_2O$$

或

$$C_2H_4+1/2Cl_2+1/4\,O_2\longrightarrow C_2H_3Cl+1/2\,H_2O$$

现在的经济潜力：

$$EP=(62\times0.46)-(28\times0.58+1/2\times71\times0.23)$$
$$=4.12\ \$\cdot kmol^{-1}\text{氯乙烯产品}$$

总之，如果氯化氢的市场很大，例 4.1 的路径 2 则是最有吸引力的反应路径。在实际中通过这种方法产生的大量氯化氢往往难以出售。路径 4 是产生氯乙烯的常规商业途径。

4.2 反应体系类型

选择了反应路径后，必须选择反应器类型，并对反应器中的条件进行一些评估。这样可以评估所选反应路径的反应器性能，以便进行设计。

在选择反应器和操作条件之前，必须对可能遇到的反应体系的类型进行一些常规分类。反应体系可分为六大类：

1）单一反应。大多数反应体系涉及多个反应。实际上，有时可以忽略次级反应，只需要考虑一个初级反应。单一反应属于此类：

$$\text{原料}\longrightarrow\text{产品}\tag{4.1}$$

或

$$\text{原料}\longrightarrow\text{产品}+\text{副产品}\tag{4.2}$$

或

$$\text{原料 1}+\text{原料 2}\longrightarrow\text{产品}\tag{4.3}$$

等等。

不产生副产物的单一反应有异构化反应（原料与具有相同化学式但分子结构不同的产物的反应）。例如，烯丙醇可以由环氧丙烷生产（Waddams，1978 年）：

$$CH_3HC\overset{\diagdown O \diagup}{——}CH_2\longrightarrow CH_2{=}CHCH_2OH$$

产生副产物的反应如异丙醇生产丙酮，这会产生副产物氢气：

$$(CH_3)_2CHOH \longrightarrow CH_3COCH_3+H_2$$

2）多个平行反应产生副产物。除单一反应，体系还可能涉及与初级反应平行的次级反应，这会产生副产物。平行反应的类型为：

原料⟶产品
原料⟶副产品 （4.4）

或

原料⟶产品+副产品 1
原料⟶副产品 2+副产品 3 （4.5）

或

原料 1+原料 2 ⟶产品
原料 1+原料 2 ⟶副产品 （4.6）

等等。

环氧乙烷的生产中存在一个平行反应体系（Waddams，1978）：

$$CH_2{=}CH_2+1/2O_2 \longrightarrow \underset{\diagdown O \diagup}{CH_2{-}CH_2}$$

伴随平行反应：

$$CH_2{=}CH_2+3O_2 \longrightarrow 2CO_2+2H_2O$$

多个反应不仅可能导致原料和产物的损失，还可能导致副产物沉积在催化剂上使催化剂中毒（请参阅第 5 章和第 6 章）。

3）多个串联反应产生副产物。不是将主反应和副反应并行进行，而是将它们串联进行。串联的多个反应的类型为：

原料⟶产品
原料⟶副产品 （4.7）

或

原料⟶产品+副产品 1
原料⟶副产品 2+副产品 3 （4.8）

或

原料 1+原料 2 ⟶产品
原料 1+原料 2 ⟶副产品 （4.9）

等等。

串联反应：以甲醇生产甲醛为例：

$$CH_3OH+1/2\ O_2 \longrightarrow HCHO+H_2O$$

甲醛发生的一系列反应：

$$HCHO \longrightarrow CO+H_2$$

与平行反应一样，串联反应不仅可能导致原料和产物的损失，还可能导致副产物沉积在催化剂上使催化剂中毒（请参阅第 5 章和第 6 章）。

4）平行和串联反应混合产生副产物。在更复杂的反应体系中，平行和串联反应都可以同时发生。平行和串联反应混合的类型为：

原料⟶产品
原料⟶副产品 （4.10）
产品⟶副产品

或

原料⟶产品
原料⟶副产品 1 （4.11）
产品⟶副产品 2

或

原料 1+原料 2 ⟶产品
原料 1+原料 2 ⟶副产品 1
产品⟶副产品 2+副产品 3 （4.12）

平行和串联反应混合：以环氧乙烷与氨反应生产乙醇胺为例（Waddams，1978）。

$$\underset{\diagdown O \diagup}{CH_2{-}CH_2} + NH_3 \longrightarrow NH_2CH_2CH_2OH$$

$$NH_2CH_2CH_2OH + \underset{\diagdown O \diagup}{CH_2{-}CH_2} \longrightarrow NH(CH_2CH_2OH)_2$$

$$NH(CH_2CH_2OH)_2 + \underset{\diagdown O \diagup}{CH_2{-}CH_2} \longrightarrow N(CH_2CH_2OH)_3$$

在这个例子中，环氧乙烷发生平行反应，而单乙醇胺经历一系列反应生成二乙醇胺和三乙醇胺。

5）聚合反应。在聚合反应中，单分子反应生成高摩尔质量的聚合物。单体的混合物是否可以一起反应产生高摩尔质量的共聚物取决于聚合物的机械性能。聚合反应有两种类型，一种涉及终止步骤，另一种不涉及（Denbigh and Turner，1984）。涉及终止步骤的例子是烯烃分子的自由基聚合，称为加成聚合。自由基是含有一个或多个不成对电子的稳定分子的自由原子或片段。聚合需要来自引发剂（例如过氧化物）的自由基。引发剂分解形成自由基（例如 $\cdot CH_3$ 或 $\cdot OH$），该自由基与烯烃分子结合，从而生成另一个自由基。考虑由自由基引发的氯乙烯聚合 $\cdot R$。首先发生引发步骤：

$$\dot{R}+CH_2{=}CHCl \longrightarrow RCH_2{-}\dot{C}HCl$$

围绕活性中心增长步骤如下：

$$RCH_2—\dot{C}HCl+CH_2=CHCl \longrightarrow$$

$$RCH_2—CHCl—CH_2—\dot{C}HCl$$

等等，产生这种结构的分子：

$$R\text{-}(CH_2—CHCl)_n\text{-}CH_2\text{-}\dot{C}HCl$$

最终，该链通过以下步骤终止，消耗但不生成自由基的两个自由基结合：

$$R—(CH_2—CHCl)_n—CH_2—\dot{C}HCl+$$

$$\dot{C}HCl—CH_2—(CHCl—CH_2)_m—R \longrightarrow$$

$$R—(CH_2—CHCl)_n—CH_2—CHCl—$$

$$CHCl—CH_2—(CHCl—CH_2)_m—R$$

该终止步骤停止了聚合物链的后续生长。链长增长的时期，即终止之前的时期，被称为聚合物的活性寿命。也可能有其他终止步骤。

沿着碳链基团的方向及立体化学性质对产物的性能至关重要。加成聚合的立体化学可通过使用催化剂来控制。重复单元具有相同相对取向的聚合物称立构规整聚合物。

缩聚反应是没有终止步骤的聚合反应(Denbigh and Turner, 1984)。

$$HO—(CH_2)_n—COOH+HO—(CH_2)_n—COOH \longrightarrow$$

$$HO—(CH_2)_n—COO—(CH_2)_n—COOH+H_2O, \text{ etc.}$$

聚合物通过连续酯化同时消除水，并且没有终止步骤。通过将具有羧基的单体与具有羟基的单体连接而形成的聚合物被称为聚酯。这种类型的聚合物广泛用于人造纤维的制造。例如，对苯二甲酸与乙二醇的酯化反应会生成聚对苯二甲酸乙二酯。

6）生化反应。生化反应，又称为发酵，可以分为两种类型。在第一种类型中，反应利用选定微生物(尤其是细菌、酵母、霉菌和藻类)的代谢路径，将原料(在生化反应器设计中通常称为底物)转化为所需产品。这种反应的一般形式是：

$$\text{原料}\xrightarrow{\text{微生物}}\text{产物}+[\text{更多微生物}] \quad (4.13)$$

或

$$\text{原料 1}+\text{原料 2}\xrightarrow{\text{微生物}}\text{产物}+[\text{更多微生物}] \quad (4.14)$$

等等。

在此类反应中，微生物需要自身繁殖。除原料外，可能还需要添加营养素(例如含有磷、镁、钾等的混合物)以使微生物得以生存。涉及微生物的反应包括：

- 水解；
- 氧化；
- 酯化；
- 还原。

氧化反应，葡萄糖生产柠檬酸：

$$C_6H_{12}O_6+\frac{3}{2}O_2 \longrightarrow$$

$$HOOCCH_2COH(COOH)CH_2COOH+2H_2O$$

在第二种类型的反应中，反应由酶促进。酶是微生物产生的催化蛋白，可促进微生物中的化学反应。使用酶的生化反应具有以下一般形式：

$$\text{原料}\xrightarrow{\text{酶}}\text{产物} \quad (4.15)$$

等等。

与涉及微生物的反应不同，在酶反应中，催化剂(酶)不会自我繁殖。使用酶的反应如葡萄糖异构化为果糖：

$$CH_2OH(CHOH)_4CHO \xrightarrow{\text{酶}}$$

$$CH_2OHCO(CHOH)_3CH_2OH$$

尽管自然界存在许多有用的酶，但仍然可以对他们进行工程改造以提高其性能和新应用。生化反应的优势在于可以在温度和压力比较温和的反应条件下进行，通常在水性介质中进行而不是有机溶剂。

4.3 反应器性能的测试

在确定反应器条件之前，需要先对反应器性能进行一些测试。

对于聚合反应器，主要关注的是与机械性能有关的特性。需要考虑因素是聚合物产物中摩尔质量的分布、基团沿链的取向、聚合物链的交联、与单体混合物的共聚等。根本上需要关注的是聚合物产品的机械性能。

对于生化反应，反应器的性能通常由实验结果决定，因为理论上难以预测此类反应(Shuler and Kargi, 2002)。生化过程可能会导致反应器性能受到限制。例如，在使用微生物生产乙醇的工艺中，随着乙醇浓度的升高，微生物繁殖更加缓慢，直到其浓度约为 12%时才对微生物产生毒性。

对于其他类型的反应器，使用以下三个重要参数来描述其性能(Wells 和 Rose，1986)：

$$转化率=\frac{反应物在反应器中的消耗量}{送入反应堆中反应物的量} \tag{4.16}$$

$$选择性=\frac{所需产品的生产量}{反应物在反应堆中的消耗量}\times 化学计量比 \tag{4.17}$$

$$反应收率=\frac{所需产品的生产量}{反应堆中加入反应物的量}\times 化学计量比 \tag{4.18}$$

其中化学计量数是生成每摩尔产物所需反应物的摩尔数。当需要一种以上的反应物(或生产出一种以上的产物)时，可以将式 4.16 至式 4.18 应用于每种反应物(或产物)。

以下示例将可阐明这三个参数之间的区别。

例 4.3 根据以下反应，由甲苯生产苯(Douglas，1985)：

$$C_6H_5CH_3+H_2 \longrightarrow C_6H_6+CH_4$$

生成的部分苯经过一系列的次级反应生成副产物，这些副产物可以用二苯基的单一反应来表示：

$$2\,C_6H_6 \Longleftrightarrow C_{12}H_{10}+H_2$$

表 4.2 给出了反应器进料和出料物流的组成。

表 4.2 反应器进料和出料物流

组成	进口流量/kmol · h^{-1}	出口流量/kmol · h^{-1}
H_2	1858	1583
CH_4	804	1083
C_6H_6	13	282
$C_6H_5CH_3$	372	93
$C_{12}H_{10}$	0	4

针对以下方面计算转化率，选择性和反应器产率：

① 甲苯进料；

② 氢气进料。

解：

$$①\ 甲苯转化率=\frac{反应器中消耗的甲苯}{加入反应器中的甲苯}$$

$$=\frac{372-93}{372}$$

$$=0.75$$

$$化学计量数=每生成一摩尔苯需要多少摩尔甲苯$$

$$=1$$

$$甲苯对苯的选择性=\frac{反应器中产生的苯}{反应器中消耗的甲苯}\times 化学计量因子$$

$$=\frac{282-13}{372-93}\times 1$$

$$=0.96$$

$$甲苯制苯的反应收率=\frac{反应器中产生的苯}{反应器中加入甲苯的量}\times 化学计量因子$$

$$=\frac{282-13}{372}\times 1$$

$$=0.72$$

$$b)\ 氢转化率=\frac{反应器中氢的消耗量}{反应器中氢的加入量}$$

$$=\frac{1858-1583}{1858}$$

$$=0.15$$

$$化学计量数=每生成一摩尔苯需要多少摩尔氢$$

$$=1$$

$$氢对苯的选择性=\frac{反应器中苯的生成量}{反应器中氢的消耗量}\times 化学计量因子$$

$$=\frac{282-13}{1858-1583}\times 1$$

$$=0.98$$

$$反应器加氢制苯的产率=\frac{反应器中苯的生成量}{反应器中氢的加入量}\times 化学计量因子$$

$$=\frac{282-13}{1858}\times 1$$

$$=0.14$$

因为该工艺有两股进料，所以可以针对两股进料计算反应器性能。但是，主要关注的是甲苯的性能，因为它比氢气贵。

正如下一章将要讨论的，如果反应是可逆的，则存在最大转化率，即可以达到的平衡转化率，该转化率小于 1.0。

在描述反应器性能时，选择性通常比反应器

产率对反应影响更大。反应器收率是指进入反应器中的反应物而不是消耗的反应物。进料的部分反应物可能是已循环利用的原料，而不是新鲜的原料。反应器产量不考虑分离和回收未转化原料的能力。当由于某种原因而无法将未转化的原料再循环到反应器入口时，反应器的收率只是一个有意义的参数。然而，当描述整个工厂的性能时，整个过程的产量是一个非常重要的参数，这将在后面讨论。

4.4 反应速率

为了定义反应速率，须选定一种组分，并根据该组分定义速率。反应速率是单位时间单位体积反应混合物形成的摩尔数：

$$r_i=\frac{1}{V}\left(\frac{\mathrm{d}N_i}{\mathrm{d}t}\right) \tag{4.19}$$

式中 r_i——组分 i 的反应速率，$\mathrm{kmol\cdot m^{-3}\cdot s^{-1}}$；

N_i——组分 i 的摩尔数，kmol；

V——反应体积，$\mathrm{m^3}$；

t——时间，s。

如果反应器的体积恒定（V=常数）：

$$r_i=\frac{1}{V}\left(\frac{\mathrm{d}N_i}{\mathrm{d}t}\right)=\frac{\mathrm{d}N_i/V}{\mathrm{d}t}=\frac{\mathrm{d}C_i}{\mathrm{d}t} \tag{4.20}$$

式中 C_i——组分 i 的摩尔浓度，$\mathrm{kmol\cdot m^{-3}}$。

如果组分是反应物，则速率为负；如果为产物，则速率为正。例如，对于一般的不可逆反应：

$$b\mathrm{B}+c\mathrm{C}+\cdots\longrightarrow s\mathrm{S}+t\mathrm{T}+\cdots \tag{4.21}$$

反应速率为

$$-\frac{r_\mathrm{B}}{b}=-\frac{r_\mathrm{C}}{c}=-\cdots=\frac{r_\mathrm{S}}{s}=\frac{r_\mathrm{T}}{t}=\cdots \tag{4.22}$$

如果反应中的速率控制步骤是反应分子的碰撞，则用于量化反应速率的方程通常将遵循以下化学计量关系：

$$-r_\mathrm{B}=k_\mathrm{B}C_\mathrm{B}^bC_\mathrm{C}^c\cdots \tag{4.23}$$

$$-r_\mathrm{C}=k_\mathrm{C}C_\mathrm{B}^bC_\mathrm{C}^c\cdots \tag{4.24}$$

$$r_\mathrm{S}=k_\mathrm{S}C_\mathrm{B}^bC_\mathrm{C}^c\cdots \tag{4.25}$$

$$r_\mathrm{T}=k_\mathrm{T}C_\mathrm{B}^bC_\mathrm{C}^c\cdots \tag{4.26}$$

式中 r_i——组分 i 的反应速率. $\mathrm{kmol\cdot m^{-3}\cdot s^{-1}}$；

k_i——组分 i 的反应速率常数，$[\mathrm{kmol\cdot m^{-3}}]^{NC-b-c-\cdots}\mathrm{s^{-1}}$；

NC——比率表达式中的分量数；

C_i——组分 i 的摩尔浓度，$\mathrm{kmol\cdot m^{-3}}$。

浓度的指数（b，c，…）称为反应级数。反应速率常数是温度的函数，将在下一章中进行讨论。

因此，由式 4.22 至式 4.26 可知：

$$\frac{k_\mathrm{B}}{b}=\frac{k_\mathrm{C}}{c}=\cdots\frac{k_\mathrm{S}}{s}=\frac{k_\mathrm{T}}{t}=\cdots \tag{4.27}$$

如式 4.23 至式 4.26 所示，速率方程式遵循化学计量数的反应称为基元反应。如果反应化学计量与反应速率之间没有直接对应关系，则将其称为非基元反应，并且通常采用以下形式：

$$-r_\mathrm{B}=k_\mathrm{B}C_\mathrm{B}^\beta C_\mathrm{C}^\delta\cdots C_\mathrm{S}^\varepsilon C_\mathrm{T}^\xi\cdots \tag{4.28}$$

$$-r_\mathrm{C}=k_\mathrm{C}C_\mathrm{B}^\beta C_\mathrm{C}^\delta\cdots C_\mathrm{S}^\varepsilon C_\mathrm{T}^\xi\cdots \tag{4.29}$$

$$r_\mathrm{S}=k_\mathrm{S}C_\mathrm{B}^\beta C_\mathrm{C}^\delta\cdots C_\mathrm{S}^\varepsilon C_\mathrm{T}^\xi\cdots \tag{4.30}$$

$$r_\mathrm{T}=k_\mathrm{T}C_\mathrm{B}^\beta C_\mathrm{C}^\delta\cdots C_\mathrm{S}^\varepsilon C_\mathrm{T}^\xi\cdots \tag{4.31}$$

式中 β，δ，ε，ξ——反应级数。

反应速率常数和反应级数必须通过实验确定。如果反应机理涉及化学中间体的多个步骤，那么反应速率方程式的形式可能比式 4.28～式 4.31 更为复杂。

如果反应是可逆的，则：

$$b\mathrm{B}+c\mathrm{C}+\cdots\Leftrightarrow s\mathrm{S}+t\mathrm{T}+\cdots \tag{4.32}$$

那么反应速率就是净速率。如果正向和逆向反应都是基元反应，则：

$$-r_\mathrm{B}=k_\mathrm{B}C_\mathrm{B}^bC_\mathrm{C}^c\cdots-k'_\mathrm{B}C_\mathrm{S}^sC_\mathrm{T}^t\cdots \tag{4.33}$$

$$-r_\mathrm{C}=k_\mathrm{C}C_\mathrm{B}^bC_\mathrm{C}^c\cdots-k'_\mathrm{C}C_\mathrm{C}^sC_\mathrm{T}^t\cdots \tag{4.34}$$

$$r_\mathrm{S}=k_\mathrm{S}C_\mathrm{B}^bC_\mathrm{C}^c\cdots-k'_\mathrm{S}C_\mathrm{S}^sC_\mathrm{T}^t\cdots \tag{4.35}$$

$$r_\mathrm{T}=k_\mathrm{T}C_\mathrm{B}^bC_\mathrm{C}^c\cdots-k'_\mathrm{T}C_\mathrm{S}^sC_\mathrm{T}^t\cdots \tag{4.36}$$

式中 k_i——正反应中组分 i 的反应速率常数；

k'_i——逆反应中组分 i 的反应速率常数。

如果正向和逆向反应是非基元反应，可能有多个步骤形成化学中间体，则反应速率方程式的形式可能比式 4.33～式 4.36 更复杂。

4.5 理想的反应器模型

反应器的设计采用了三种理想化模型（Rase，1977；Denbigh and Turner，1984；Levenspiel，1999）。在第一个（图 4.1a）理想间歇模型中，反

应物料一次加入，经过一定时间达到反应要求后，反应产物一次卸出。浓度随时间变化，但是充分的混合可确保整个反应器的组成和温度在任何时刻都是均匀的。

在第二个模型中(图 4.1b)，混合流或连续的充分混合或连续搅拌罐式反应器(CSTR)，进料和出料都是连续的，并且假定反应器中的物料完全混合。这使得整个反应器的组成和温度均匀。由于充分的混合，流体微元可以在它进入反应器的瞬间离开或停留很长时间。各个流体微元在反应器中的停留时间是不同的。

在第三个模型(图 4.1c)中，平推流模型假定反应物稳定均匀运动，没有沿流动方向的混合。像理想间歇反应器一样，对于所有流体微元，平推流反应器中的停留时间都是相同的。可以通过使用多个串联的混流反应器来实现平推流操作(图 4.1d)。串联的混流反应器的数量越多，越接近于平推流操作。

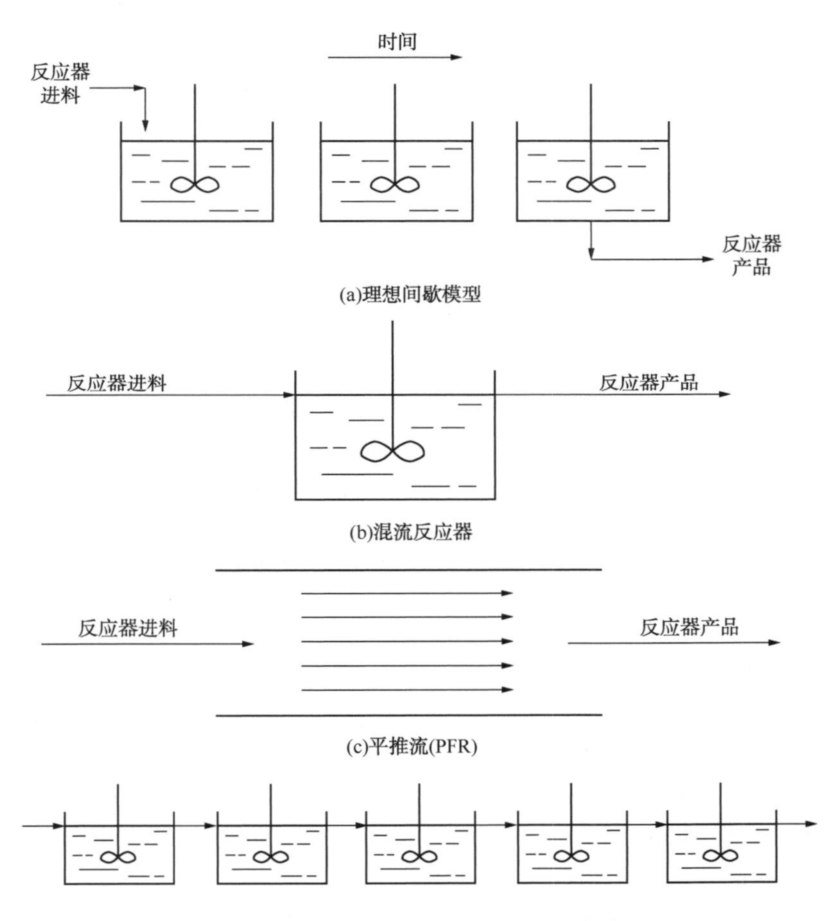

图 4.1　理想反应器设计模型
(转载于 Smith R and Petela EA(1992) Waste Minimization in the Process Industries Part 2 Reactors, Chem Eng, Dec(509-510): 17, by permission of the Institution of Chemical Engineers)

1) 理想间歇反应器。间歇反应器，反应物料一次加入，经过一定时间达到反应要求后，反应产物一次卸出。可以认为：

$$[\text{反应物的摩尔转化率}] = -r_i = -\frac{1}{V}\frac{\mathrm{d}N_i}{\mathrm{d}t} \tag{4.37}$$

将式 4.37 积分得到：

$$t = \int_{N_{i0}}^{N_{it}} \frac{\mathrm{d}N_i}{r_i V} \tag{4.38}$$

式中　t——间歇反应时间；

N_{i0}——组分 i 的初始摩尔量；

N_{it}——经过时间 t 后组分 i 的最终摩尔量。

另外，式 4.37 可以用反应器转换率 X_i 表示：

$$\frac{\mathrm{d}N_i}{\mathrm{d}t} = \frac{\mathrm{d}[N_{i0}(1-X_i)]}{\mathrm{d}t} = -N_{i0}\frac{\mathrm{d}X_i}{\mathrm{d}t} = r_i V \tag{4.39}$$

将式 4.39 积分得到：

$$t = N_{i0}\int_0^{X_i} \frac{\mathrm{d}X_i}{-r_i V} \tag{4.40}$$

同样，根据反应器转化率的定义，对于恒密度反应混合物的特殊情况：

$$X_i = \frac{N_{i0}-N_{it}}{N_{i0}} = \frac{C_{i0}-C_{it}}{C_{i0}} \tag{4.41}$$

式中　C_i——组分 i 的摩尔浓度；

C_{i0}——组分 i 的初始摩尔浓度；

C_{it}——在时间 t 时组分 i 的最终摩尔浓度。

将式 4.41 代入式 4.39，且 $N_{i0}/V=C_{i0}$，得到：

$$-\frac{\mathrm{d}C_i}{\mathrm{d}t} = -r_i \tag{4.42}$$

将式 4.42 积分得到：

$$t = -\int_{C_{i0}}^{C_{it}} \frac{\mathrm{d}C_i}{-r_i} \tag{4.43}$$

2）混流反应器。考虑图 4.2a 中的混流反应器，其中组分 i 的进料正在反应。每单位时间组分 i 的物料剩余量为：

$$\begin{bmatrix}\text{单位时间反应物}\\ \text{进料摩尔数}\end{bmatrix} - \begin{bmatrix}\text{单位时间转化的}\\ \text{反应物的摩尔数}\end{bmatrix} = \begin{bmatrix}\text{单位时间产物中}\\ \text{反应物的摩尔数}\end{bmatrix} \tag{4.44}$$

式 4.44 在单位时间可以写成：

$$N_{i,in} - (-r_i V) = N_{i,\mathrm{out}} \tag{4.45}$$

式中　$N_{i,\mathrm{in}}$——单位时间内组分 i 的入口摩尔数；

$N_{i,\mathrm{out}}$——单位时间内组分 i 的出口摩尔数。

重新整理式 4.45 得：

$$N_{i,\mathrm{out}} = N_{i,\mathrm{in}} + r_i V \tag{4.46}$$

将 $N_{i,\mathrm{out}} = N_{i,\mathrm{in}}(1-X_i)$ 代入式 4.46 可得：

$$V = \frac{N_{i,\mathrm{in}}X_i}{-r_i} \tag{4.47}$$

对于恒密度系统的特殊情况，可以将式 4.41 代入得：

$$V = \frac{N_{i,\mathrm{in}}(C_{i,\mathrm{in}} - C_{i,\mathrm{out}})}{-r_i C_{i,\mathrm{in}}} \tag{4.48}$$

类似于时间是衡量间歇性能的指标，可以为连续反应器定义空时(τ)：

$$\tau = [\text{处理一个反应器体积的进料所需的时间}] \tag{4.49}$$

如果空时基于进料条件：

$$\tau = \frac{V}{F} = \frac{C_{i,\mathrm{in}}V}{N_{i,\mathrm{in}}} \tag{4.50}$$

式中　F——进料的体积流量，$\mathrm{m^3 \cdot s^{-1}}$。

空时的倒数是空速(s)：

$$s = \frac{1}{\tau} = [\text{单位时间内处理的反应器体积数}] \tag{4.51}$$

将具有恒密度的混合流反应器的式 4.48 和式 4.50 结合起来可得：

$$\tau = \frac{C_{i,\mathrm{in}} - C_{i,\mathrm{out}}}{-r_i} \tag{4.52}$$

图 4.2b 是式 4.52 的曲线图。从 $C_{i,\mathrm{in}}$ 到 $C_{i,\mathrm{out}}$，反应速率在 $C_{i,\mathrm{out}}$ 降至最低。由于假定反应器已完全混合，因此 $C_{i,\mathrm{out}}$ 是整个反应器中的浓度；也就是说，这使整个反应器的速率最低。图 4.2b 中的阴影区域表示空时(V/F)。

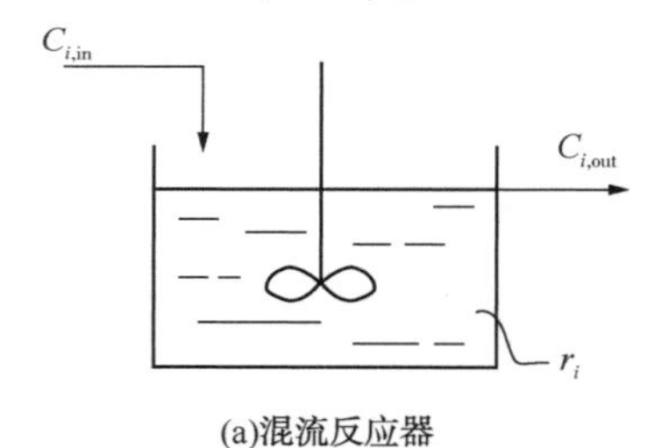

(a)混流反应器

(b)浓度与反应速率的关系

图 4.2　混流反应器的反应速率

3）平推流反应器。现在考虑图 4. 3a 中的平推流反应器，其中组分 i 为反应物。可以在图 4. 3a中的增量体积 dV 上按单位时间内进行物料衡算。

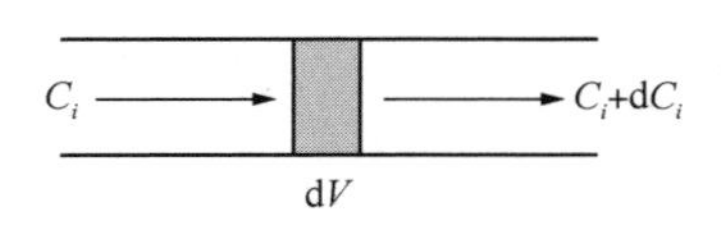

(a)平推流反应器

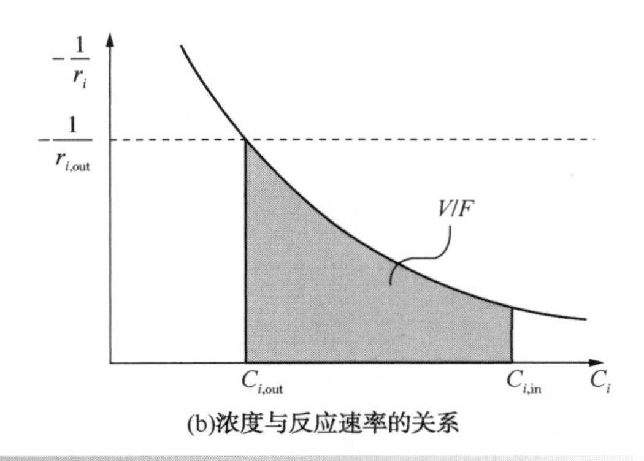

(b)浓度与反应速率的关系

图 4. 3　平推流反应器的反应速率

$$\begin{bmatrix}\text{单位时间内进}\\\text{入体积增量的}\\\text{反应物摩尔数}\end{bmatrix}-\begin{bmatrix}\text{单位时间转}\\\text{化的反应物}\\\text{摩尔数}\end{bmatrix}=\begin{bmatrix}\text{单位时间内}\\\text{剩余的反应}\\\text{物摩尔数}\end{bmatrix} \tag{4.53}$$

式 4. 53 在单位时间可以表示为：

$$N_i-(-r_i\mathrm{d}V)=N_i+\mathrm{d}N_i \tag{4.54}$$

式中　N_i——单位时间内组分 i 的摩尔数。

重新整理式 4. 54 得出：

$$\mathrm{d}N_i=r_i\mathrm{d}V \tag{4.55}$$

将反应器转化率代入式 4. 55 可得：

$$\mathrm{d}N_i=\mathrm{d}[N_{i,\mathrm{in}}(1-X_i)]=r_i\mathrm{d}V \tag{4.56}$$

式中　$N_{i,\mathrm{in}}$——单位时间内组分 i 的入口摩尔数。

在给定 $\mathrm{d}N_{i,\mathrm{in}}=0$ 的情况下重新整理式 4. 56 得：

$$N_{i,\mathrm{in}}\mathrm{d}X_i=-r_i\mathrm{d}V \tag{4.57}$$

将式 4. 57 积分得：

$$V=N_{i,\mathrm{in}}\int_0^{X_i}\frac{\mathrm{d}X_i}{-r_i} \tag{4.58}$$

用空时表示式 4. 58：

$$\tau=C_{i,\mathrm{in}}\int_0^{X_i}\frac{\mathrm{d}X_i}{-r_i} \tag{4.59}$$

对于恒密度系统的特殊情况，将式 4. 50 代入得到：

$$V=-\frac{N_{i,\mathrm{in}}}{C_{i,\mathrm{in}}}\int_{C_{i,\mathrm{in}}}^{C_{i,\mathrm{out}}}\frac{\mathrm{d}C_i}{-r_i} \tag{4.60}$$

$$\tau=-\int_{C_{i,\mathrm{in}}}^{C_{i,\mathrm{out}}}\frac{\mathrm{d}C_i}{-r_i} \tag{4.61}$$

图 4. 3b 是式 4. 61 的曲线图。反应速率在 $C_{i,\mathrm{in}}$处最高，而在 $C_{i,\mathrm{out}}$处是最低的。曲线下方的区域代表空时。

应当注意，理想间歇反应器的分析与活塞流反应器的分析相同(比较式 4. 43 和式 4. 61)。在这两种情况下，所有流体微元的停留时间均相同。因此

$$t_{\text{理想间歇}}=\tau_{\text{平推流}} \tag{4.62}$$

图 4. 4a 比较了在相同入口浓度和出口浓度之间的混合流和平推流反应器的分布图，可以看出，混合流反应器需要更大的体积。因为反应物会被产物稀释，混合流反应器的反应速率始终较低。在平推流或理想间歇反应器中，反应速率最初较高，并且随着反应物浓度的降低而降低。

在自催化反应中，由于几乎没有产物，因此速率开始时较低，但随着产物的形成会增加，最终达到最大速率，然后逐渐降低。在这种情况下，最好使用组合反应器来使给定流量下的体积最小，如图 4. 4b 所示。应使用混合流反应器，直到达到最大速率，并将中间产物送入平推流(或理想间歇)反应器。如果可以分离和再循环未转化的物料，则可以使用混合流反应器直至达到最大速率，然后将未转化的物料分离出来，并循环回到反应器入口。分离和循环是否具有成本效益，将取决于分离和循环原料的成本。串联混流反应器和循环的平推流反应器组合也可以用于自催化反应，但其性能总是不如混合流反应器组合或分离和循环的混合流反应器(Levenspiel, 1999)。

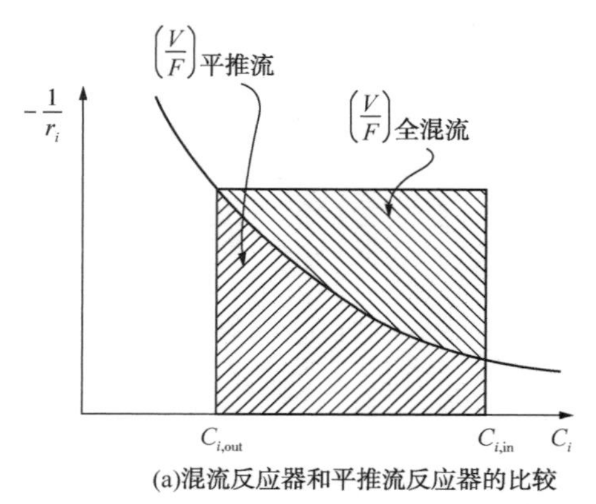

(a)混流反应器和平推流反应器的比较

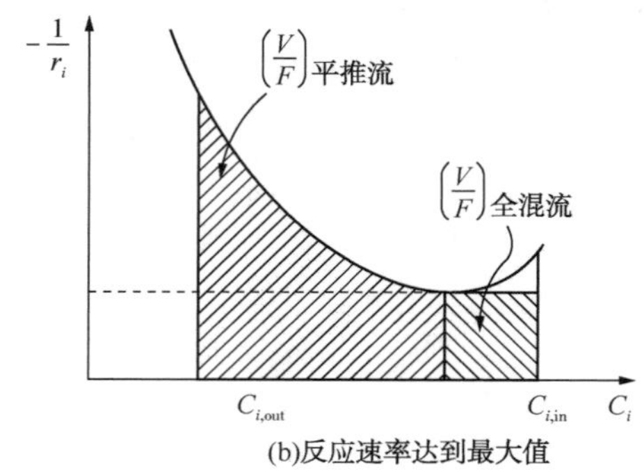

(b)反应速率达到最大值

图 4.4 使用全混流反应器和平推流反应器

例 4.4 乙酸苄酯用于香水、肥皂、化妆品和日用品中，是一种有馥郁茉莉花香气的无色液体，有时被用作香精。在三乙胺作为催化剂的条件下，由苄基氯与乙酸钠在二甲苯溶液中反应制得(Huang and Dauerman, 1969)：

$$C_6H_5CH_2Cl+CH_3COONa \longrightarrow CH_3COOC_6H_5CH_2+NaCl$$

或

$$A+B \longrightarrow C+D$$

表 4.3(Huang and Dauerman, 1969)给出了研究间歇反应实验的初始条件。

表 4.3 用于生产乙酸苄酯的初始反应混合物

组分	摩尔数
氯化苄	1
醋酸钠	1
二甲苯	10
三乙胺	0.0508

溶液体积为 1.321×10^{-3} m^3，温度保持在102℃。表 4.4(Huang and Dauerman, 1969)给出了测量的氯化苄摩尔含量与时间的关系。

表 4.4 生产乙酸苄酯的实验数据

反应时间/h	氯化苄/mol%
3.0	94.5
6.8	91.2
12.8	84.6

续表

反应时间/h	氯化苄/mol%
15.2	80.9
19.3	77.9
24.6	73.0
30.4	67.8
35.2	63.8
37.15	61.9
39.1	59.0

根据实验数据得出反应的动力学模型。假设反应器的体积是恒定的。

解：间歇反应方程如式 4.38 所示：

$$t=\int_{N_{A0}}^{N_{Af}}\frac{\mathrm{d}N_A}{r_AV}$$

首先，假定在 A 和 B 的浓度下反应是零级，一级或二级。但是，考虑到所有反应化学计量数都是统一的，并且初始反应混合物 A 和 B 是等摩尔量的，应该首先尝试根据 A 的浓度对动力学建模。因为在这种情况下，对于两种反应物，反应以相同的摩尔变化速率进行。因此，可以假定在 A 的浓度下反应可以是零级、一级或二级。原则上，还有许多其他可能性。将适当的动力学表达式代入式 4.47 同时积分，得到表 4.5 中的表达式。

表 4.5 不同动力学模型间歇反应的表达式

反应级数	动力学表达式	理想模型
零级	$-r_A=k_A$	$\frac{1}{V}(N_{A0}-N_A)=k_At$
一级	$-r_A=k_AC_A$	$\ln\frac{N_{A0}}{N_A}=k_At$
二级	$-r_A=k_AC_A{}^2$	$V\left(\frac{1}{N_A}-\frac{1}{N_{A0}}\right)=k_At$

如图 4.5 所示，将实验数据代入三个模型。从图 4.5 可以看出，三个模型都可以合理地表示数据，因为三个模型都可以给出合理的直线。从图中很难分辨出哪条线最适合。通过对三个模型的数据进行最小二乘拟合，可以更好地判断拟合程度。计算了模型计算值与实验值的误差：

$$\text{最小化}R^2=\sum_{j}^{10}\left[(N_{A,j})_{\text{calc}}-(N_{A,j})_{\text{exp}}\right]^2$$

其中 R——误差；

$(N_{A,j})_{\text{calc}}$——计算的用于测量 j 的 A 的摩尔数；

$(N_{A,j})_{\text{exp}}$——实验测量的用于测量 j 的 A 的摩尔数。

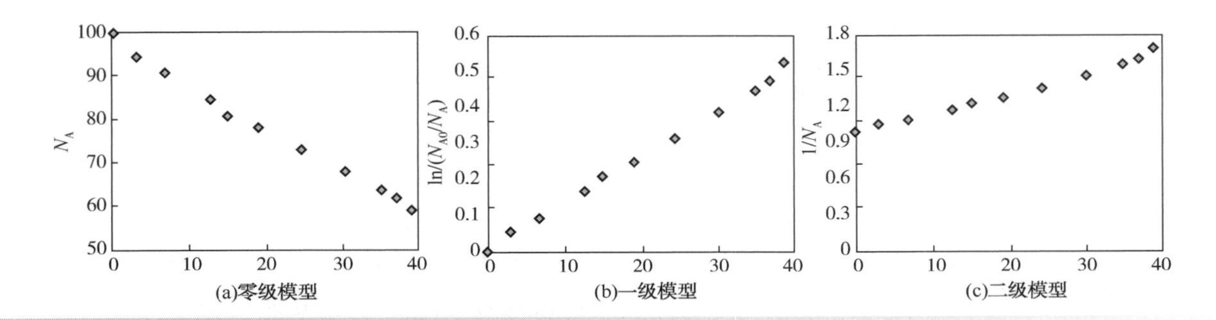

图 4.5 醋酸苄酯生产的动力学模型

但是，需要确定每个模型最合适的速率常数值。例如，可以在电子表格中通过为 R^2 设置一个函数并使用电子表格求解器通过控制 k_A 的值来最小化 R^2。结果如表 4.6 所示。

表 4.6 三种动力学模型

反应级数	速率常数	R^2
零级	$k_AV=1.066$	26.62
一级	$k_A=0.01306$	6.19
二级	$k_A/V=0.0001593$	15.65

从表 4.6 可以明显看出，最佳拟合是由一级反应模型给出的：$r_A=k_AC_A$，$k_A=0.01306\text{h}^{-1}$。

例 4.5 乙酸乙酯广泛用于生产印刷油墨、黏合剂、清漆，也用于食品加工的溶剂。它可以根据以下反应，由乙醇和乙酸在液相中反应制得：

$$CHCOOH+C_2H_5OH\Leftrightarrow CH_3COOC_2H_5+H_2O$$

或

$$A+B\Leftrightarrow C+D$$

可在 60℃下基于间歇实验使用离子交换树脂催化剂获得实验数据(Helminen et al.，1998)。这些数据列于表 4.7 中(Helminen et al.，1998)。

表 4.7 生产乙酸乙酯的实验数据

样本点	时间/min	A/%	B/%	C/%	D/%
1	0	56.59	43.41	0.00	0.00
2	5	49.70	38.10	10.00	2.20
3	10	46.30	35.50	15.10	3.10
4	15	42.50	32.50	20.70	4.30

续表

样本点	时间/min	A/%	B/%	C/%	D/%
5	30	35.40	27.20	30.90	6.50
6	60	28.10	21.90	41.40	8.60
7	90	24.20	18.60	47.60	9.60
8	120	22.70	17.40	49.80	10.10
9	150	21.20	17.00	51.10	10.70
10	180	20.90	16.50	51.70	10.90
11	210	20.50	16.20	52.30	11.00
12	240	20.30	15.70	52.90	11.10

各组分的摩尔质量和密度见表 4.8。

表 4.8 生产乙酸乙酯所涉及组分的摩尔质量

组分	摩尔质量/kg·kmol^{-1}	60℃时的密度/kg·m^{-3}
乙酸	60.05	1018
乙醇	46.07	754
乙酸乙酯	88.11	847
水	18.02	980

初始条件是等摩尔反应物，生成物的初始浓度为零。从实验数据来看，假设系统为恒定密度：

① 将动力学模型拟合到实验数据中。

② 对于每天生产 10t 乙酸乙酯的工厂，计算在 60℃下运行的混合流反应器和平推流反应器所需的体积。假设没有产物再循环到反应器中，并且反应器进料是等摩尔乙醇和乙酸的混合物。同时，假设反应器转化率是平衡时转化率的 95%。

解：① 为了使模型适合数据，首先将表 4.7 中的质量分数数据转换为摩尔浓度。

每千克反应混合物的体积（假设溶液的体积不变）

$$=\frac{0.566}{1018}+\frac{0.434}{754}$$
$$=1.1316\times10^{-3}\text{m}^3$$

摩尔浓度见表 4.9。

反应速率表达式可以假定为以下形式：

$$-r_A=k_A C_A^{\alpha} C_B^{\beta}-k'_A C_C^{\delta} C_D^{\gamma}$$

其中 α，β，δ，γ 可以为 0，1 或 2，使得 $n_1=\alpha+\beta$ 且 $n_2=\delta+\gamma$。可以假定许多其他形式的模型。理想间歇反应器的方程式由方程式 4.38 给出：

$$t=-\int_{C_{A0}}^{C_A}\frac{dC_A}{-r_A}$$

将动力学模型代入并积分，得到的结果随反应级数的变化如表 4.10 所示。可以从标准积分表中找到积分（Dwight，1961）。

表 4.9 生产乙酸乙酯的摩尔浓度

时间/min	A/kmol·m^{-3}	B/kmol·m^{-3}	C/kmol·m^{-3}	D/kmol·m^{-3}
0	8.3277	8.3266	0.0000	0.0000
5	7.3138	7.3081	1.0029	1.0789
10	6.8134	6.8094	1.5144	1.5202
15	6.2542	6.2339	2.0761	2.1087
30	5.2094	5.2173	3.0991	3.1875
60	4.1352	4.2007	4.1522	4.2174
90	3.5612	3.5677	4.7740	4.7078
120	3.3405	3.3376	4.9946	4.9530
150	3.1198	3.2608	5.1250	5.2472
180	3.0756	3.1649	5.1852	5.3453
210	3.0167	3.1074	5.2454	5.3943
240	2.9873	3.0115	5.3055	5.4434

表 4.10 用于拟合乙酸乙酯生产数据的动力学模型

n_1	n_2	速率方程	模型的最终浓度
1	1	$-r_A=k_AC_A-k'C_C$ $-r_A=k_AC_B-k'_AC_C$ $-r_A=k_AC_A-k'_AC_D$ $-r_A=k_AC_B-k'_AC_D$	$C_A=\frac{k_A\exp(-(k_A+k'_A)t)+k'_A}{k_A+k'_A}C_{A0}$
2	1	$-r_A=k_AC_A^2-k'_AC_C$ $-r_A=k_AC_B^2-k'_AC_C$ $-r_A=k_AC_A^2-k'_AC_D$ $-r_A=k_AC_B^2-k'_AC_D$ $-r_A=k_AC_AC_B-k'_AC_C$ $-r_A=k_AC_AC_B-k'_AC_D$	$C_A=\frac{(k'_A-a)(2k_AC_{A0}+k'_A+a)-(k'_A+a)(2k_AC_{A0}+k'_A-a)\exp(-at)}{2k_A(2k_AC_{A0}+k'_A-a)\exp(-at)-2k_A(2k_AC_{A0}+k'_A+a)}$ $a=\sqrt{k'_Ak'_A+4k_Ak'_AC_{A0}}$
1	2	$-r_A=k_AC_A-k'_AC_C^2$ $-r_A=k_AC_B-k'_AC_C^2$ $-r_A=k_AC_A-k'_AC_D^2$ $-r_A=k_AC_B-k'_AC_D^2-r_A=k_AC_A-k'_AC_CC_D$ $-r_A=k_AC_B-k'_AC_CC_D$	$C_A=\frac{(k_A+2k'_AC_{A0}+b)(k_A-b)\exp(-bt)-(k_A+2k'_AC_{A0}-b)(k_A+b)}{-2k'_A(k_A+b)+2k'_A(k_A-b)\exp(-bt)}$ $b=\sqrt{k_A^2+4k_Ak'_AC_{A0}}$
2	2	$-r_A=k_AC_A^2-k'_AC_C^2$ $-r_A=k_AC_B^2-k'_AC_C^2$ $-r_A=k_AC_A^2-k'_AC_D^2$ $-r_A=k_AC_B^2-k'_AC_D^2$ $-r_A=k_AC_AC_B-k'_AC_C^2$ $-r_A=k_AC_AC_B-k'_AC_D^2$ $-r_A=kC_A^2-k'C_CC_D$ $-r_A=k_AC_B^2-k'_AC_CC_D$ $-r_A=k_AC_AC_B-k'_AC_CC_D$	$C_A=\frac{\sqrt{k_Ak'_A}(1+\exp(2C_{A0}\sqrt{k_Ak'_A}t))}{(k_A+\sqrt{k_Ak'_A})\exp(2C_{A0}\sqrt{k_Ak'_A}t)-(k_A-\sqrt{k_Ak'_A})}C_{A0}$

注意，在表 4.10 中，许多积分是不同动力学模型所共有的。这对于该反应而言是特定的，在该反应中所有化学计量数均为 1，初始反应混合物为等摩尔。换句话说，对于所有组分，摩尔数的变化是相同的。与其通过分析确定积分，不如通过数值确定积分。如果可以获取分析积分，则将更加方便，特别是如果模型是适合于电子表格，而不是专门编写的软件。最小二乘拟合可改变反应速率常数使目标函数最小化：

$$\text{最小化}R^2=\sum_{i=1}^{4}\sum_{j=1}^{11}\left[(C_{i,j})_{calc}-(C_{i,j})_{exp}\right]^2$$

式中 R——误差；

$(C_{i,j})_{calc}$——计算的用于测量 j 的组分 i 的摩尔浓度；

$(C_{i,j})_{exp}$——实验测量的用于组分 j 的组分 i 的摩尔浓度。

同样，这可以在电子表格中实现，结果如表 4.11所示。

表 4.11 生产乙酸乙酯的模型拟合结果

n_1	n_2	k_A	k'_A	R^2
1	1	0.01950	0.01172	1.01108
2	1	0.002688	0.004644	0.3605
1	2	0.01751	0.002080	1.7368
2	2	0.002547	0.0008616	0.5554

从表 4.11 中可以看出，最好的两个模型都适用。正向反应的最佳拟合模型为二阶模型，逆向反应的最佳拟合模型为一阶模型，其中：

$$k_A = 0.002688\text{m}^3 \cdot \text{kmol}^{-1} \cdot \text{min}^{-1}$$

$$k'_A = 0.004644\text{min}^{-1}$$

但是，对于正向和逆向反应，模型和二级模型都可以适用。

② 现在使用动力学模型来确定反应器的大小，以每天生产 10t 乙酸乙酯为例。首先，需要计算平衡时的转化率。在平衡状态下，正向和逆向反应的速率相等：

$$k_A C_A^2 = k'_A C_C$$

用 X_E 代替平衡时转化率，得出：

$$k_A [C_{A0}(1-X_E)]^2 = k'_A C_{A0} X_E$$

整理得到：

$$\frac{(1-X_E)^2}{X_E} = \frac{k'_A}{k_A C_{A0}}$$

代入 $k_A = 0.002688$，$k'_A = 0.004644$ 以及 $C_{A0} = 8.3277$ 并通过反复试验求解 X_E：

$$X_E = 0.6366$$

假设实际转化率为平衡转化的 95%：

$$X = 0.95 \times 0.6366 = 0.605$$

10t/d 的生产率相当于 $0.0788\text{kmol} \cdot \text{min}^{-1}$。对于等摩尔进料的混合流反应器，在 60℃ 下，$C_{A0} = C_{B0} = 8.33\text{kmol} \cdot \text{m}^{-3}$：

$$\begin{aligned} V &= \frac{N_{A,\text{in}} X_A}{-r_A} \\ &= \frac{N_{C,\text{out}}}{k_A C_{A0}^2 (1-X_A)^2 - k'_A C_{A0} X_A} \\ &= \frac{0.0788}{0.002688 \times 8.33^2 \times (1-0.605)^2 - 0.004644 * 8.33 * 0.605} \\ &= 13.83\text{m}^3 \end{aligned}$$

对于平推流反应器：

$$\tau = \frac{V C_{A0}}{N_{A0}} = \int_0^{X_A} \frac{C_{A0} \mathrm{d}X_A}{-k_A C_{A0}^2 (1-X_A)^2 + k'_A C_{A0} X_A}$$

从标准积分表（Helminen 等，1998）中可以得到：

$$\tau = -\frac{1}{a} \ln \frac{(2k_A C_{A0}(1-X_A) + k'_A - a)(2k_A C_{A0} + k'_A + a)}{(2k_A C_{A0}(1-X_A) + k'_A + a)(2k_A C_{A0} + k'_A - a)}$$

其中 $a = \sqrt{k'_A k'_A + 4 k_A k'_A C_{A0}}$。代入 k_A，k'_A，C_{A0} 和 X_A 得：

$$\tau = 120.3\text{min}$$

反应器体积为：

$$V = \frac{\tau N_{A0}}{C_{A0}} = \frac{\tau N_C}{X_A C_{A0}} = \frac{120.3 \times 0.0788}{0.605 \times 8.33} = 1.88\text{m}^3$$

另外，在平推流反应器内的停留时间可以根据表 4.10 中给出的间歇方程计算。这是因为两者的停留时间相等。因此，平推流反应器的最终浓度为（表 4.10）：

$$C_A = \frac{(k'_A - a)(2k_A C_{A0} + k'_A + a) - (k'_A + a)(2k_A C_{A0} + k'_A - a)\exp(-a\tau)}{2k_A(2k_A C_{A0} + k'_A - a)\exp(-a\tau) - 2k_A(2k_A C_{A0} + k'_A + a)}$$

其中 $a = \sqrt{k'_A k'_A + 4 k_A k'_A C_{A0}}$。转化后 C_A 的最终浓度为 $8.33 \times 0.395 = 3.29\text{kmol} \cdot \text{m}^{-3}$（假设体积无变化）。因此，可以通过反复试验来求解上述方程，求解得出停留时间为 120.3min。

结果表明，混合流反应器所需的体积比平推流反应器所需的体积大。

关于例 4.4 和例 4.5，应注意以下几点：

① 在特定的进料比和温度条件下，动力学模型与实验数据相吻合。模型仅在等摩尔进料和相同温度条件下有效。

② 鉴于动力学模型仅在适当条件范围内有效，因此最好同时进行对反应动力学和反应器设计的实验研究。如果采用这种方法，则可以确保实验室中使用的实验条件范围覆盖了反应器设计中使用的条件范围。如果在设计反应器之前已完成了实验程序，则无法保证动力学模型适合最终

设计选择的条件。

③ 在有限的条件范围内，不同的模型通常会给出非常相似的预测。但是，如果超出模型拟合实验数据的范围，则不同模型之间的差异可能会变得很大。

4.6　选择理想的反应器模型

现在考虑在第 4.2 节中介绍的六类反应体系，选择更可取的理想化模型。

1）单级反应。考虑式 4.1 中的单级反应：

$$\text{原料} \rightarrow \text{产物} \quad r = k\, C_{\mathrm{FEED}}^{a} \tag{4.63}$$

式中　r——反应速率；

k——反应速率常数；

C_{FEED}——进料的摩尔浓度；

a——反应级数。

显然，进料浓度（C_{FEED}，$\mathrm{kmol \cdot m^{-3}}$）最大时反应速率也最快。如上所述，在混合流反应器中，进料立即被产物稀释，在混合流反应器中的反应速率低于理想间歇和平推流反应器中的速率。混合流反应器比理想间歇或平推流反应器体积更大。因此，对于单级反应，理想间歇或平推流反应器是首选。

2）平行反应产生副产物的多级反应。根据式 4.4 的平行反应与相应的速率方程（Rase，1977；Denbigh and Turner，1984；Levenspiel，1999）：

$$\text{原料} \rightarrow \text{产物} \quad r_1 = k_1\, C_{\mathrm{FEED}}^{a_1}$$

$$\text{原料} \rightarrow \text{副产物} \quad r_2 = k_2\, C_{\mathrm{FEED}}^{a_2} \tag{4.64}$$

式中　r_1，r_2——一级和二级反应的反应速率；

k_1，k_2——一级和二级反应的反应速率常数；

C_{FEED}——反应器中进料摩尔浓度；

a_1，a_2——一级和二级反应的反应级数。

副反应和主反应速率的比率为（Rase，1977；Denbigh 和 Turner，1984；Levenspiel，1999）：

$$\frac{r_2}{r_1} = \frac{k_2}{k_1} C_{\mathrm{FEED}}^{a_2 - a_1} \tag{4.65}$$

最大选择性要求式 4.65 中的最小比率 r_2/r_1。与混合流反应器相比，间歇式或平推流反应器可保持较高的平均进料浓度（C_{FEED}），在混合流反应器中，进料立即被产物和副产物稀释。如果式 4.64 和式 4.65 中的 $a_1 > a_2$，则高浓度的进料有利于产物的主反应。如果 $a_1 < a_2$，则低浓度的进料有利于产品的主要反应。因此，如果：

- $a_2 < a_1$，使用间歇式或平推流反应器。
- $a_2 > a_1$，使用混合流反应器。

一般而言，如果所需产物的反应级数比副产物反应级数高，请使用间歇或平推流反应器。如果生成产物的反应比副产物反应的级数低，请使用混合流反应器。

如果反应涉及一种以上的进料，则情况将变得更加复杂。考虑式 4.6 中的反应体系以及相应的速率方程：

$$\text{原料 1} + \text{原料 2} \rightarrow \text{产物} \quad r_1 = k_1\, C_{\mathrm{FEED1}}^{a_1} C_{\mathrm{FEED2}}^{b_1}$$

$$\text{原料 1} + \text{原料 2} \rightarrow \text{副产物} \quad r_2 = k_2\, C_{\mathrm{FEED1}}^{a_2} C_{\mathrm{FEED2}}^{b_2} \tag{4.66}$$

式中　$C_{\mathrm{FEED\,1}}$，$C_{\mathrm{FEED\,2}}$——反应器中原料 1 和原料 2 的摩尔浓度；

a_1，b_1——第一个反应的反应级数；

a_2，b_2——第二个反应的反应级数。

所需最小比例为（Rase，1977；Denbigh and Turner，1984；Levenspiel，1999）

$$\frac{r_2}{r_1} = \frac{k_2}{k_1} C_{\mathrm{FEED1}}^{a_2 - a_1} C_{\mathrm{FEED2}}^{b_2 - b_1} \tag{4.67}$$

给定反应体系，选择要求是：

- 保持 $C_{\mathrm{FEED\,1}}$ 和 $C_{\mathrm{FEED\,2}}$ 都较低（即使用混合流反应器）。
- 保持 $C_{\mathrm{FEED\,1}}$ 和 $C_{\mathrm{FEED\,2}}$ 都很高（即使用间歇或平推流反应器）。
- 保持其中一种浓度较高，而另一种浓度较低（可以通过在反应进行时加入其中一种进料来实现）。

图 4.6 总结了为多个反应平行的体系选择反应器的条件（Smith and Petela，1992）。

3）串联产生副产物的多级反应。考虑式 4.7 中的串联反应体系：

$$\text{原料} \rightarrow \text{产品} \quad r_1 = k_1\, C_{\text{进料}}^{a_1}$$

$$\text{产品} \rightarrow \text{副产品} \quad r_2 = k_2\, C_{\text{产品}}^{a_2} \tag{4.68}$$

式中　r_1，r_2——第一个和第二个反应的反应速率；

k_1，k_2——反应速率常数；

$C_{\text{进料}}$——进料的摩尔浓度；

$C_{产品}$——产物的摩尔浓度；

a_1，a_2——第一个和第二个反应的反应级数。

反应体系	进料 → 产物 进料 → 副产物	进料1+进料2 → 产物 进料1+进料2 → 副产物	
速率方程	$r_1=k_1C_{进料}^{a_1}$ $r_2=k_2C_{进料}^{a_2}$	$r_1=k_1C_{FEED1}^{a_1}C_{FEED2}^{b_1}$ $r_2=k_2C_{FEED1}^{a_2}C_{FEED2}^{b_2}$	
最小化比率	$\frac{r_2}{r_1}=\frac{k_2}{k_1}C_{进料}^{a_2-a_1}$	$\frac{r_2}{r_1}=\frac{k_2}{k_1}C_{FEED1}^{a_2-a_1}\ C_{FEED2}^{b_2-b_1}$	
$a_2>a_1$	进料 全混流	$b_2>b_1$	进料1 进料2 全混流
		$b_2<b_1$	进料1 进料2 半间歇 进料1 进料2 半推流
$a_2<a_1$	进料 间歇 进料 平推流	$b_2>b_1$	进料2 进料1 半间歇 进料2 进料1 半推流
		$b_2<b_1$	进料1 进料2 间歇 进料1 进料2 平推流

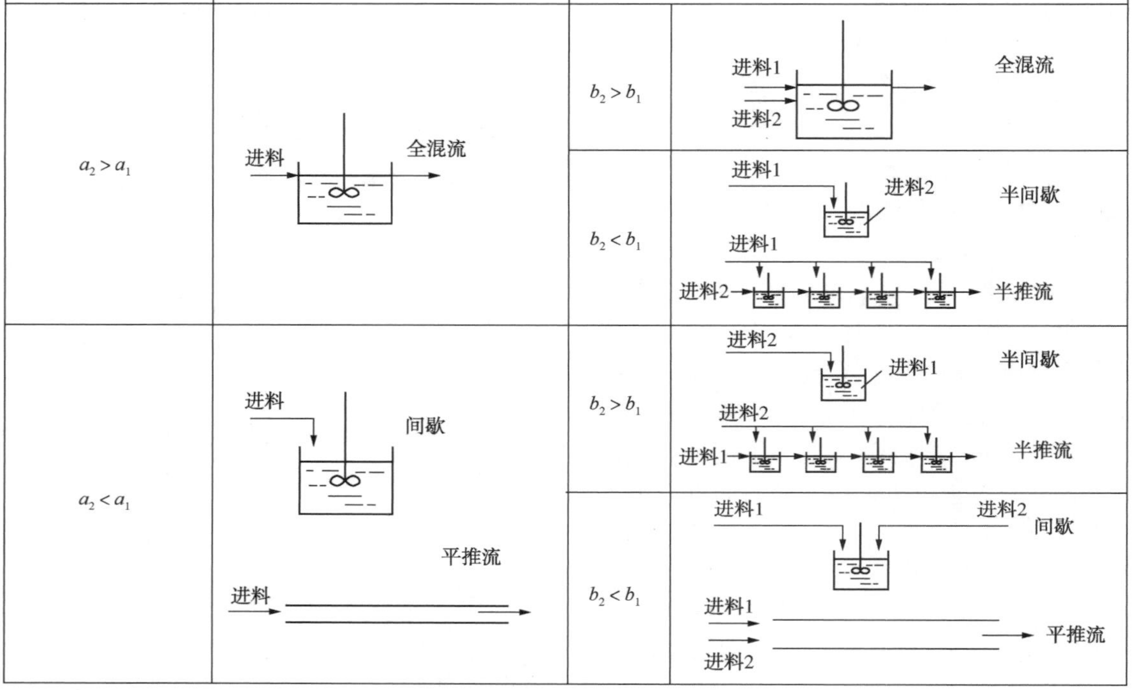

图 4.6 选择平行反应系统的反应器

（转载自 Smith R and Petela EA（1992）Waste Minimization in the Process Industries Part 2 Reactors，Chem Eng，Dec（509-510）：17，by permission of the Institution of Chemical Engineers）

对于反应器转化率，原料在反应器中应具有相应的停留时间。在混合流反应器中，原料进入或停留的时间可能会很长。同样，产物可以停留很长一段时间，也可以立即分离出去。大部分原料和产物都在给定转化的特定停留时间之前和之后分离。因此，对于给定的转化率，混合流模型的选择性或产率将比间歇或平推流反应器差。

间歇或平推流反应器应用于多个串联反应。

4）平行和串联反应混合产生副产物。考虑式 4.10 中的平行和串联混合反应体系以及相应的动力学方程：

$$原料\rightarrow产品\quad r_1=k_1\ C_{FEED}^{a_1}$$

$$原料\rightarrow副产品\quad r_2=k_2\ C_{FEED}^{a_2}$$

$$产品\rightarrow副产品\quad r_3=k_3\ C_{PRODUCT}^{a_3} \tag{4.69}$$

就并行副产物反应而言，如果满足以下条件，则具有较高的选择性：

- $a_1>a_2$，使用间歇或平推流反应器，
- $a_1<a_2$，使用混合流反应器。

串联副产物反应需要平推流反应器。因此，对于上述平行和串联混合体系，如果：

- $a_1>a_2$，使用间歇或平推流反应器。

但是，如果 $a_1<a_2$，正确的选择是什么？现在，并行的副产物反应需要混合流反应器。另一方面，副产物串联反应需要平推流反应器。在这种情况下，平推流和混合流反应器之间的某种程度的混合似乎将提供最佳的总体选择性（Smith and Petela，1992）。这可以通过以下方式获得：

- 串联混合流反应器（图 4.7a）；
- 带循环的循环的平推流反应器（图 4.7b）；
- 平推流和混合流反应器的串联图（图 4.7c 和 4.7d）。

只有通过对反应体系进行详细的分析和优化，才能得出最高的总体选择性。

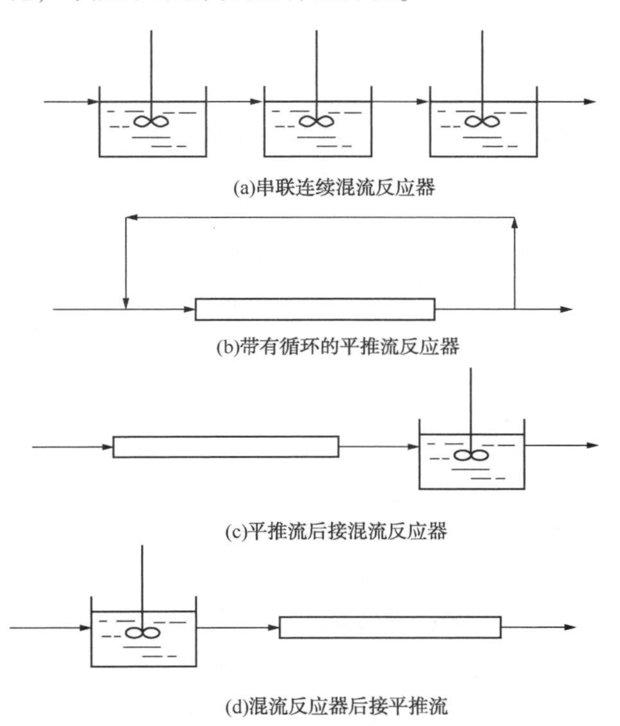

图 4.7 当平行反应比主反应阶数高时，选择混合平行反应和串联反应的反应器类型

5）聚合反应。聚合物的主要特征是摩尔质量分布在平均值附近以及平均值本身。基团沿链的取向和聚合物链的交联影响性能。摩尔质量分布的广度取决于使用间歇式反应器、平推流反应器或混合流反应器。宽度对聚合物的机械性能和其他性能有重要影响，这是选择反应器的一个重要因素。

可以确定两大类聚合反应（Denbigh and Turner，1984）：

① 在间歇或平推流反应器中，在没有终止作用的情况下，所有分子具有相同的停留时间（请参见第 4.2 节），所有分子都将生长到近似相等的长度，从而产生较窄的摩尔质量分布。相反，由于在反应器中停留时间不等，混合流反应器将引起较宽的分布。

② 当通过涉及自由基的机理进行聚合时，由于诸如两个自由基的结合之类的终止过程，这些活跃增长的中心的寿命可能会非常短（请参见第 4.2 节）。这些终止过程受自由基浓度的影响，自由基浓度与单体浓度成正比。在间歇或平推流反应器中，单体和自由基浓度下降。随着停留时间增加而产生链增长，并因此产生广泛的摩尔质量分布。混合流反应器保持单体浓度均匀，因此保持恒定的链终止速率。这导致窄的摩尔质量分布。因为聚合物的活性寿命短，所以停留时间的变化对此类聚合反应没有显著影响。

6）生化反应。如前所述，生化反应分为两大类：利用选定微生物中代谢途径的反应和由酶催化的反应。考虑以下类型的微生物生化反应：

$$A \xrightarrow{C} R+C$$

其中 A 是原料，R 是产物，C 代表细胞（微生物）。此类反应的动力学可通过 Monod 方程来描述（Levenspiel，1999 年；Shuler and Kargi，2002）：

$$-r_A=k\frac{C_C C_A}{C_A+C_M} \tag{4.70}$$

式中 r_A——反应速率；
k——反应速率常数；
C_C——细胞（微生物）浓度；
C_A——原料浓度；
C_M——常数（Michaeli 常数，它是反应和条件的函数）。

速率常数可以取决于许多因素，例如温度、微量元素、维生素、有毒物质、光强度等。反应速率不仅取决于原料的可用性（微生物的食物），还有微生物产生的废物，这些废物会干扰微生物的繁殖，抑制微生物生长。过量的原料或微生物会减慢反应速率。在不因废物堆积而导致动力学中毒的情况下，式 4.70 给出了与图 4.4b 所示的自催化反应相同的特性曲线。因此，根据浓度范围选用混合流、平推流、混合流和平推流联用或混合流与分离和再循环联用可能是合适的。

对于以下形式的酶催化生化反应：

$$A \xrightarrow{\text{酶}} R$$

动力学可以通过 Monod 方程（Levenspiel，1999；Shuler and Kargi，2002）的形式描述：

$$-r_A = k\frac{C_E C_A}{C_M + C_A} \tag{4.71}$$

式中 C_E——酶浓度。

某些物质的存在会导致反应减慢。这样的物质被称为抑制剂。这是由于抑制剂与原料竞争酶上的活性位点所致，或者是由于抑制剂攻击相邻位点，并且在这种情况下抑制了原料进入活性位点。

高浓度的酶（C_E）和高浓度的原料（C_A）有助于式 4.71 中的高反应速率。这意味着如果原料和酶都将进入反应器中，则首选平推流或理想间歇反应器。

4.7 反应器性能的选择

在设计的过程中定义反应器选择的目标。未转化的原料通常可以分离和回收。因此，只有设计进一步发展，才能最终确定反应器的转化率，而不是考虑选择反应器。如下所述，选择具有合适转化率的反应器对其余的工艺有重大影响。然而，必须选择反应器才能进行设计。因此，必须对反应器转化率赋予初值，因为一旦对整体系统设计进一步细化，转化率很可能会改变。

副产品通常不能转化产品或原材料。生成副产物的反应不仅会浪费原材料，而且生成和处理副产物会浪费环境成本。因此，需要选择选择性和转化率最大的反应器。现阶段的目标可以概括如下：

1）单级反应。生成副产物的单级反应（如式 4.2），不影响产物和生成的副产物的相对量。因此，对于如式 4.1 至式 4.3 的单级反应，目标是使反应器的投资成本最小化，对于给定的反应器转化率，这通常（但并非总是）意味着使反应器体积最小化。增加反应器转化率增加了反应器的尺寸并增加了反应器的成本，但是，如后所述，降低了工艺的许多其他部分的成本。因此，单级不可逆反应的反应器转化率初始设定约为平衡转化率的 95%（Smith and Petela，1992）。下一章将更详细地讨论平衡转化率。

对于间歇反应器，必须考虑达到给定转化率所需的时间。间歇反应周期时间将在后面介绍。

2）平行产生副产物的多级反应。工艺的经济性通常取决于原料成本。因此，在处理多级反应时，无论是平行反应、串联反应还是混合反应，目标通常是在给定的反应器转化率下，将副产物的产量降至最低（最大化选择性）。选择的反应器条件应利用一级和二级反应的动力学和平衡效应之间的差异，以利于生成所需的产物而不是副产物，即提高选择性。与单级反应相比，提出一个合理的转化初始设定值比单一反应要困难，因为影响转化的因素也可能对选择性产生重大影响。

考虑来自式 4.64 和式 4.65 的平行反应。反应器中的高转化率主要在于降低 $C_{进料}$。因此：

- $a_2 > a_1$ 选择性随着转化率的增加而增加；
- $a_2 < a_1$ 选择性随着转化率的增加而降低。

如果选择性随着转化率的增加而增加，则反应器转化率的初始设定值应约为平衡转化率的 95%，而可逆反应的初始设定值应约为平衡转化率的 95%。如果选择性随着转化率的增加而降低，那么给予指导就困难得多。不可逆反应的转化率初始设置为 50%或可逆反应的平衡转化率初始设置为 50%。但是，这些只是初步估计，可以肯定后期会进行更改。

3）串联多个反应产生副产物。考虑式 4.68 的串联反应。通过降低副反应中所含反应物的浓度，来提高式 4.7 至式 4.9 中给出的串联反应的选择性。这意味着反应器运行时产物的浓度低，换句话说，转化率低。对于串联反应，随着转化率的增加，选择性可能会大大降低。

此外，难以选择串联反应体系的反应器转化率的初始值。在此阶段不可逆反应的 50%转化率或可逆反应的 50%的平衡转化率是合理的。

杂质随原料进入反应器时，也可发生多种反应。同样，应将此类反应减至最少，但处理进料杂质引起的副产物反应的最有效方法不是改变反应器条件，而是进行原料纯化。

4.8　反应器性能——总结

为了进行设计，必须对反应器转化率设定初值。这在设计的后期可能会改变，因为如下所述，在反应器转化过程与其余工艺之间存在很强的联系。

1）单级反应。对于单级反应，不可逆反应的95%转化率和可逆反应的95%平衡转化率是合理的转化率初始值。

2）多级反应。对于平行生成副产物的多个反应，选择性可能随着转化率的增加而增加或降低。如果副产物反应比第一个反应级数更高，则选择性增加以增加反应器转化率。在这种情况下，应使用与单个反应相同的初始值。如果平行反应的副产物反应比第一个反应的级数低，则多级反应比单一反应的转化率低的转化是合适的。在此阶段，最好的初始值是将不可逆反应的转化率设置为50%，将可逆反应的转化率设置为平衡转化率的50%。

对于生成副产物的多级串联反应，选择性随着转化率的增加而降低。在这种情况下，多级比单级反应的转化率低是合适的。同样，在此阶段最好的建议是将不可逆反应的转化率设置为50%，或将可逆反应的转化率设置为平衡转化率的50%。

对于设定的反应器转化率初始值几乎肯定会在以后的工艺改变，因为反应器转化率是极其重要的优化变量。

当处理多级反应时，转化率、选择性或反应器产率应达到最大。为此，应选择反应器中混合方式和进料的添加方式。

4.9　习题

1. 乙酸酐由丙酮和乙酸制得。在第一阶段，通过以下反应，丙酮在700℃和1.013×10^5Pa的压力下分解为乙烯酮：

$$CH_3COCH_3 \longrightarrow CH_2CO + CH_4$$

然而，形成的部分烯酮会通过反应进一步分解形成副产物乙烯和一氧化碳：

$$CH_2CO \longrightarrow \frac{1}{2}C_2H_4 + CO$$

这些反应的实验研究表明，乙烯酮选择性S（每转化的kmol丙酮形成的kmol乙烯酮）和转化率X（每进料的kmol丙酮反应的kmol丙酮）遵循下式（Jeffreys，1964）：

$$S = 1 - 1.3X$$

第二阶段要求将烯酮与冰醋酸在80℃和1.013×10^5Pa的条件下反应，生成乙酸酐：

$$CH_2CO + CH_3COOH \longrightarrow CH_3COOCOCH_3$$

表4.12给出了所涉及的化学物质的摩尔质量及价格。

表4.12　乙酸酐生产数据

化学品	摩尔质量/kg · kmol^{-1}	价格/ \$ · kg^{-1}
丙酮	58	0.60
乙烯酮	42	0
甲烷	16	0
乙烯	28	0
一氧化碳	28	0
乙酸	60	0.54
乙酸酐	102	0.90

假设该工厂将生产15000t · y^{-1}乙酸酐：

① 假设通过抑制副反应从而获得100%的收率，计算经济效益。

② 如果副反应不能被抑制，确定使该工厂盈利的丙酮转化率（X）的范围。

③ 公布的数据表明，该项目的投资成本至少为3500万美元。如果假定年度固定费用为投资成本的15%，修改转化率的范围，使工厂盈利。

2. 表4.13给出了一个简单反应的实验数据，该数据显示了反应物随时间的变化率。

表4.13　简单反应的实验数据

时间/min	浓度/kg · m^{-3}
0	16.0
10	13.2
20	11.1
35	8.8
50	7.1

结果表明，动力学方程为 1.5 阶，并确定速率常数。

3. A 组分和 B 组分在液相中发生不可逆反应。A 的动力学是一级反应，反应速率常数为 $k_A = 0.3\text{min}^{-1}$。求 A 的转化率为 95%的停留时间：

① 混合流反应器

② 串联的三个等体积的混合流反应器

③ 平推流反应器

4. 苯乙烯(A)和丁二烯(B)将在体积为 50m^3 的串联混合流反应器中聚合。A 和 B 的反应速率由下式给出：

$$r = kC_A C_B$$

其中，$k = 10^{-5}\text{m}^3 \cdot \text{kmol}^{-1} \cdot \text{s}^{-1}$。

苯乙烯的初始浓度为 $0.8\text{kmol} \cdot \text{m}^{-3}$，丁二烯的初始浓度为 $3.6\text{kmol} \cdot \text{m}^{-3}$。反应物的进料速度为 $20\text{t} \cdot \text{h}^{-1}$。计算聚合 70%的苯乙烯所需的反应器总数。假设反应混合物的密度为 $870\text{kg} \cdot \text{m}^{-3}$，苯乙烯的摩尔质量为 $104\text{kg} \cdot \text{kmol}^{-1}$，丁二烯的摩尔质量为 $54\text{kg} \cdot \text{kmol}^{-1}$。

5. 使 $10\text{t} \cdot \text{h}^{-1}$ 的纯液体 A 与所需产物 B 反应。副产物 C 和 D 是通过串联和并联反应形成的：

$$A \xrightarrow{k_1} B \xrightarrow{k_2} C$$

$$B \xrightarrow{k_3} D$$

$$k_1 = k_2 = k_3 = 0.1\ \text{min}^{-1}$$

假设反应为一级反应，平均密度为 $800\text{kg} \cdot \text{m}^{-3}$，入口浓度为 $15\text{kmol} \cdot \text{m}^{-3}$。计算 B 达到最大产率时反应器所需的停留时间、体积和产率：

① 一个混合流反应器

② 三个串联的等尺寸混合流反应器

6. 在以下平行反应中，应使用哪种反应器使选择性最大化：

$$A + B \rightarrow R \quad r_R = 15\, C_A^{0.5} C_B$$

$$A + B \rightarrow S \quad r_S = 15 C_A C_B$$

其中 R 是期望的产物，而 S 是不期望的产物。

7. 所需的液相反应：

$$A + B \xrightarrow{k_1} R \quad r_R = k_1\, C_A^{0.3} C_B$$

平行反应：

$$A + B \xrightarrow{k_2} S \quad r_S = k_2\, C_A^{1.5} C_B^{0.5}$$

① 可能有许多反应器配置。理想间歇、半间歇、平推流和半平推流均可使用。在半间歇和半平推流反应器的情况下，可以改变 A 和 B 的进料顺序。将反应器配置从最不期望的顺序排列到最期望的顺序，以使所需产品的产量最大化。

② 混合流反应器的进料是纯 A 和 B 的等摩尔混合物(密度分别为 $20\text{kmol} \cdot \text{m}^{-3}$)。假设 $k_1 = k_2 = 1.0\text{kmol} \cdot \text{m}^{-3} \cdot \text{min}^{-1}$，计算转化率为 90%时混合流反应器出口物流的组成。

8. 对于自由基聚合和缩聚工艺，请解释为什么聚合物产品的摩尔质量分布会因使用混合流反应器或平推流反应器而有所不同，其摩尔质量分布有什么区别？

参 考 文 献

Denbigh KG and Turner JCR (1984) *Chemical Reactor Theory*, 3rd Edition, Cambridge University Press.

Douglas JM (1985) A Hierarchical Decision Procedure for Process Synthesis, *AIChE J*, **31**: 353.

Dwight HB (1961) *Tables of Integrals and Other Mathematical Data*, The Macmillan Company.

Helminen J, Leppamaki M, Paatero E and Minkkinen P (1998) Monitoring the Kinetics of the Ion-Exchange Resin Catalysed Esterification of Acetic Acid with Ethanol Using Near Infrared Spectroscopy with Partial Least Squares (PLS) Model, *Chemometr Intell Lab Syst*, **44**: 341.

Huang I and Dauerman L (1969) Exploratory Process Study, *Ind Eng Chem Prod Res Dev*, **8**(3): 227.

Jeffreys GV (1964) *A Problem in Chemical Engineering Design — The Manufacture of Acetic Acid*, The Institution of Chemical Engineers, UK.

Levenspiel O (1999) *Chemical Reaction Engineering*, 3rd Edition, John Wiley & Sons.

Rase HF (1977) *Chemical Reactor Design for Process Plants*, Vol. 1, John Wiley & Sons.

Rudd DF, Powers GJ and Siirola JJ (1973) *Process Synthesis*, Prentice Hall.

Shuler ML and Kargi F (2002) *Bioprocess Engineering*, 2nd Edition, Prentice Hall.

Smith R and Petela EA (1992) Waste Minimization in the Process Industries. Part 2: Reactors, *Chem Eng*, **Dec**(509–510): 17.

Waddams AL (1978) *Chemicals from Petroleum*, John Murray.

Wells GL and Rose LM (1986) *The Art of Chemical Process Design*, Elsevier.

第5章　化学反应器Ⅱ——反应条件

5.1　反应平衡

在前一章中，反应器类型的选择是在反应过程中最合适的浓度分布的基础上进行的，这是为了使单个反应的反应器体积最小化，或者在给定的转换过程中使多个反应的选择性(或收率)最大化。然而，对于温度、压力、相、浓度等反应条件仍有重要影响。在考虑反应条件之前，需要考虑化学平衡的一些基本原理。

反应可被认为是可逆的或基本上是不可逆的。基本上是不可逆反应的一个例子是：

$$C_2H_4+Cl_2 \longrightarrow C_2H_4Cl_2 \qquad (5.1)$$

可逆反应的一个例子是：

$$3H_2+N_2 \rightleftharpoons 2NH_3 \qquad (5.2)$$

对于可逆反应：

① 一定温度和压力下的给定反应物混合物，存在最大转化率(平衡转化率)，并且与反应器设计无关。

② 平衡转化率可以通过适当改变反应物的浓度、温度和压力来改变。理解反应平衡的关键是：吉布斯自由能或自由能，定义为(Dodge，1944；Hougen，Watson and Ragatz，1959；Coull and Stuart，1964；Smith，1990)：

$$G=H-TS \qquad (5.3)$$

式中　G——自由能，kJ；

H——焓，kJ；

T——绝对温度，K；

S——熵，$kJ \cdot K^{-1}$。

对于焓，G 的绝对值无法测量时，只改变 G 是有意义的。对于在恒定温度下发生的过程，式5.3中的自由能的变化是：

$$\Delta G=\Delta H-T\Delta S \qquad (5.4)$$

负 ΔG 值意味着反应物到产品是一个自发进行的反应。如图5.1所示，正的 ΔG 值意味着逆反应是自发的。系统处于平衡时(Dodge，1944；Hougen，Watson and Ragatz，1959；Coull and Stuart，1964；Smith，1990)：

$$\Delta G=0 \qquad (5.5)$$

自由能也可以以微分形式表达(Dodge，1944；Hougen，Watson and Ragatz，1959；Coull and Stuart，1964；Smith，1990)：

$$dG=-SdT+VdP \qquad (5.6)$$

其中，V 是系统的体积。当温度恒定时，$dT=0$，那么式5.6则变成如下式：

$$dG=VdP \qquad (5.7)$$

n 为理想气体的摩尔数，$PV=nRT$，其中 R 是理想气体常数。代入公式5.7中给出：

$$dG=nRT\frac{dP}{P} \qquad (5.8)$$

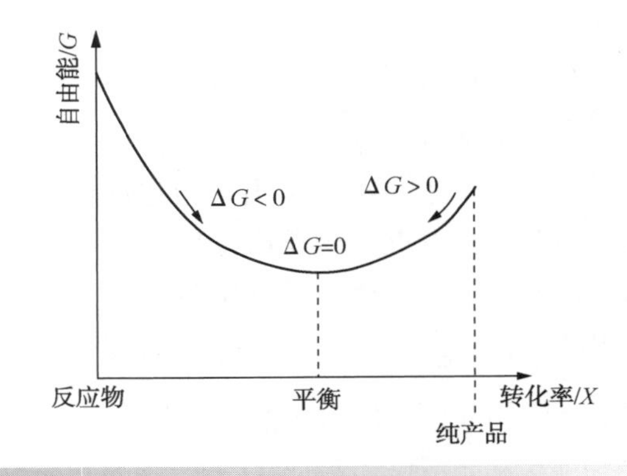

图5.1　反应混合物自由能的变化

当压力从 P_1 变化至 P_2 时，对式5.8积分整理可得：

$$\Delta G=G_2-G_1=NRT\int_{P_1}^{P_2}\frac{dP}{P} \qquad (5.9)$$

自由能的值通常涉及标准自由能 G^0。标准状态是任意的，并指定基准级别。气体的标准状态通常认为是在等温过程中，压力为 1×10^5Pa 的状态。因此，当压力由 P_0 变至 P 时，对式 5.9 积分整理得：

$$G=G^0+NRT\ln\frac{P}{P_0} \tag{5.10}$$

对于实际系统但不是理想气体的状态下，式 5.10 可写为：

$$G=G^0+NRT\ln\frac{f}{f^0} \tag{5.11}$$

$$=G^0+NRT\ln a$$

式中 f——逸度，N·m² 或者 bar；

f^0——在标准状态下的逸度，N·m² 或者 bar；

a——活度，f/f_0。

逸度和活度的概念没有严格的物理意义，但为理想系统到真实系统的变换引入了转换方程。然而，确实有助于把它们联系起来，也具有一定的物理意义。逸度可被视为"有效压力"，活度可以被视为相对于标准状态的"有效浓度"。

考虑一般的反应：

$$bB+cC+\cdots\rightleftharpoons sS+tT+\cdots \tag{5.12}$$

反应的自由能的变化可由下式得到：

$$\Delta G=s\,\overline{G}_S+t\,\overline{G}_T+\cdots-b\,\overline{G}_B-c\,\overline{G}_C-\cdots \tag{5.13}$$

式中 ΔG——反应的自由能变化量，kJ；

$\overline{G}_i$——组分 i 偏摩尔自由能，kJ/mol。

注意：偏摩尔自由能是用来指定混合物中单个组分的摩尔自由能。这是必要的，因为除了理想系统，混合物的性质不是纯组分性能的简单相加。因此，$G=\sum_i N_i\overline{G}_i$ 适用于混合物系统。标准条件下反应物和产品的自由能变化如下：

$$\Delta G^0=s\,\overline{G}_S^0+t\,\overline{G}_T^0+\cdots-b\,\overline{G}_B^0-c\,\overline{G}_C^0 \tag{5.14}$$

式中 ΔG^0——所有的反应物和产品都是在各自的标准条件下发生反应时，反应的自由能变化量，kJ；

$\overline{G}_i^0$——组分 i 在标准状态下的偏摩尔自由能。kJ·mol⁻¹。

结合式 2.13 和式 5.14 可得：

$$\Delta G-\Delta G^0=s(\overline{G}_S-\overline{G}_S^0)+t(\overline{G}_T-\overline{G}_T^0)+$$

$$\cdots-b(\overline{G}_B-\overline{G}_B^0)-c(\overline{G}_C-\overline{G}_C^0)-\cdots \tag{5.15}$$

混合物中组分 i 的偏摩尔自由能的式 5.11 应表示为：

$$\overline{G}_i-\overline{G}_i^0=RT\ln a_i \tag{5.16}$$

其中，a_i是指混合物中组分 i 的活度。

把式 5.15 代入式 5.16 可得：

$$\Delta G-\Delta G^0=sRT\ln a_S+tRT\ln a_T+\cdots$$

$$-bRT\ln a_B-cRT\ln a_C-\cdots \tag{5.17}$$

因为 $s\ln a_S=\ln a_S$，$t\ln a_T=\ln a_T^t$，…，代入式 5.17 可得：

$$\Delta G-\Delta G^0=RT\ln\left(\frac{a_S^s a_T^t\cdots}{a_B^b a_C^c\cdots}\right) \tag{5.18}$$

注意：在将 $s\ln a_S$ 重整为 $\ln a_S^s$ 的过程中，RTln a_S^s的单位仍然是 kJ，a_S^s是无量纲的。达到平衡时，$\Delta G=0$。式 5.18 变为：

$$\Delta G^0=-RT\ln\left(\frac{a_S^s a_T^t\cdots}{a_B^b a_C^c\cdots}\right)=-RT\ln K_a \tag{5.19}$$

其中，

$$K_a=\frac{a_S^s a_T^t\cdots}{a_B^b a_C^c\cdots} \tag{5.20}$$

K_a是反应的平衡常数。它表示在标准状态下的恒温反应的平衡活度。

1）均相气相反应。用逸度来表示式 5.20 可得：

$$K_a=\left(\frac{f_S^s f_T^t\cdots}{f_B^b f_C^c\cdots}\right)\left(\frac{f_B^{\theta b} f_C^{\theta c}\cdots}{f_S^{\theta s} f_T^{\theta t}\cdots}\right) \tag{5.21}$$

对于均相气体反应，逸度的标准态可认为是统一的，即$f_i^0=1$。如果逸度表示为分压和逸度系数的乘积((Dodge，1944；Hougen，Watson and Ragatz，1959；Coull and Stuart，1964；Smith，1990)，那么：

$$f_i=\Phi_i P_i \tag{5.22}$$

式中 f_i——组分 i 的逸度；

Φ_i——组分 i 的逸度系数；

P_i——组分 i 的分压。

把式 5.22 代入(假设 $f_i^0=1$)式 5.21 得到下式：

$$K_a=\left(\frac{\varphi_S^s\varphi_T^t\cdots}{\varphi_B^b\varphi_C^c\cdots}\right)\left(\frac{P_S^s P_T^t\cdots}{P_C^c P_C^c\cdots}\right)=K_\varphi K_P \tag{5.23}$$

同时，由定义知(见附录A)：

$$P_i=y_iP \tag{5.24}$$

其中，y_i表示组分i的摩尔分数；P表示系统的压强。

把式5.24代入式5.23可得：

$$K_a=\left(\frac{\varphi_S^s\varphi_T^t\cdots}{\varphi_B^b\varphi_C^c\cdots}\right)\left(\frac{y_S^sy_T^t\cdots}{y_C^cy_C^c\cdots}\right)P^{\Delta N}=K_\varphi K_yP^{\Delta N} \tag{5.25}$$

其中：

$$\Delta N=s+t+\cdots-b-c\cdots$$

对于理想气体$\Phi_i=1$，因此：

$$K_a=K_p=\left(\frac{P_S^sP_T^t\cdots}{P_C^cP_C^c\cdots}\right) \tag{5.26}$$

$$K_a=K_yP^{\Delta N}=\left(\frac{y_S^sy_T^t\cdots}{y_C^cy_C^c\cdots}\right)P^{\Delta N} \tag{5.27}$$

注意：虽然K_a看起来是有量纲的，但其实它是无量纲的，因为在式5.21中，为使$rf_i^0=1\times10^5$Pa，$(f_B^{0b}f_C^{0c}\cdots/f_S^{0s}f_T^{0t}\cdots)$应趋于统一，但保留压强单位。

2) 均相液相反应。对于均相液相反应，活度可被表示为(见附录A以及Dodge，1944；Hougen，Watson and Ragatz，1959；Coull and Stuart，1964；Smith，1990)：

$$a_i=\gamma_i\chi_i \tag{5.28}$$

式中　a_i——组分i的活度；

γ_i——组分i的活度系数；

χ_i——组分i的摩尔分数。

式5.28($\gamma_i=a_i/\chi_i$)中活度系数可认为是有效浓度的实际比值。把式5.28代入式5.20得到：

$$K_a=\left(\frac{\gamma_S^s\gamma_T^t\cdots}{\gamma_B^b\gamma_C^c\cdots}\right)\left(\frac{\chi_S^s\chi_T^t\cdots}{\chi_C^c\chi_C^c\cdots}\right)=K_\gamma K_\chi \tag{5.29}$$

对于理想溶液，活度系数是统一的，即：

$$K_a=\left(\frac{\chi_S^s\chi_T^t\cdots}{\chi_C^c\chi_C^c\cdots}\right) \tag{5.30}$$

3) 非均相反应。对于非均相反应，各种成分的状态不是统一的，例如，一个气体和液体参与的反应。这就需要为每个组分定义标准状态。平衡常数中固体的活度可以采取统一标准。

现在举一个例子来说明这些热力学原理的应用。

例5.1　氮和氢的化学计量混合物在1×10^5Pa下发生反应：

$$3H_2+N_2\rightleftharpoons 2NH_3$$

假设均为理想气体($R=8.3145$kJ·K^{-1}·kmol^{-1})，计算：

① 平衡常数；

② H_2的平衡转化率；

③ 平衡状态下反应产品的组成。

300K时，压力为1×10^5Pa时各物质的标准生成自由能数值列于表5.1中(Lide，2010)。

表5.1　氨合成反应中各物质的标准生成自由能数值

组分	$\overline{G}_{300}^0$/kJ·kmol^{-1}
H_2	0
N_2	0
NH_3	-16，233

解：

①　$3H_2+N_2\rightleftharpoons 2NH_3$

$$\Delta G^0=2\overline{G}_{NH_3}^0-3\overline{G}_{H_2}^0-\overline{G}_{N_2}^0=-RT\ln K_a$$

$$\ln K_a=\frac{-(2\overline{G}_{NH_3}^0-3\overline{G}_{H_2}^0-\overline{G}_{N_2}^0)}{RT}$$

在300K时

$$\ln K_a=\frac{-(-2\times16223-0-0)}{8.314\times300}=13.008$$

$$K_a=4.4597\times10^5$$

其中：

$$K_a=\frac{p_{NH_3}^2}{p_{H_2}^3p_{N_2}}$$

再次强调，虽然K_a看起来是有量纲的，但它的确是无量纲的，因为$f_i^0=1\times10^5$Pa。同时注意K_a取决于化学计量式的摩尔数的大小。例如：如果化学计量式的摩尔数为：

$$\frac{3}{2}H_2+\frac{1}{2}N_2\rightleftharpoons NH_3$$

$$K_a'=\frac{P_{NH_3}}{P_{H_2}^{3/2}p_{N_2}^{1/2}}$$

$$K_a'=\sqrt{K_a}$$

只要统一，使用哪个摩尔数是无关紧要的。

b) 反应开始时和反应达到平衡时各物质的摩尔数和摩尔分数列于表5.2中。

$$K_a = \frac{y_{NH_3}^2}{y_{H_2}^3 y_{N_2}}$$

当 $P=1\times10^5$Pa 时：

$$K_a = \frac{16X^2(2-X)^2}{27(1-X)^4}$$

温度为 300K 时：

$$4.4597\times10^5 = \frac{16X^2(2-X)^2}{27(1-X)^4}$$

这可以通过试验和误差，或使用电子表格软件求解得到(见 3.8 节)：

$$X=0.97$$

表 5.2 氨合成反应中各物质的摩尔数和摩尔分数

	H_2	N_2	NH_3
初始混合物摩尔数	3	1	0
摩尔变化量	$3-3X$	$1-X$	$2X$
平衡时摩尔数	$\frac{3(1-X)}{4-2X}$	$\frac{1-X}{4-2X}$	$\frac{2X}{4-2X}$

③ 为了计算平衡状态下反应产品的组成，将 $X=0.97$ 代入平衡状态下的表达式中进行计算可得：

$$y_{H_2}=0.0437$$
$$y_{N_2}=0.0146$$
$$y_{NH_3}=0.9418$$

在这个例子中，应该特别注意一些问题。首先，假定了的理想气体行为。这是一个近似值，但它用于低压下的计算是合理的。然后，在较高压力下重复计算时理想气体的近似情况很差。同时，应该清楚的是计算对于热力学数据是非常敏感的。热力学数据中的错误会导致显著不同的结果。应该谨慎使用热力学数据，包括由非常可靠的来源获得的数据。

式 5.19 可以定性地对平衡转换进行指示。如果 ΔG^0 小于零，反应达到平衡时对应于产品多于反应物($\ln K_a>0$)。如果 ΔG^0 大于零($\ln K_a<0$)，反应不会达到这样的程度，反应物将在平衡混合物中占主导地位。表 5.3 给出了在不同的 ΔG^0 和不同的反应平衡常数条件下平衡混合物的组成(Smith，1990)。

当在化学反应器中设置条件时，平衡转化率将是可逆反应的主要考虑因素。平衡常数 K_a 只是温度的函数，并且式 5.19 为反应提供定量关系。然而，压力和浓度的变化可以通过改变平衡常数中的活度来改变平衡。这将在后面看到。

表 5.3 298K 时，平衡时各组分的浓度随 ΔG^0 和平衡常数的改变的变化情况

ΔG^0/kJ	K_a	平衡混合物组成
-50000	6×10^8	微量反应物
-10000	57	主产品
-5000	7.5	
0	1.0	
5000	0.13	
10000	0.02	主反应物
50000	1.7×10^{-9}	微量产品

出自：Smith EB 转载，1990，《化学热力学基础》，第三版，牛津化学丛书，经牛津大学出版社批准。

一个基本的原则，可以定性预测对处于平衡状态下的任何体系改变任何反应器条件所带来的影响，称为 Le Châtelier 原理(勒夏特列原理)：

“如果一个系统处于平衡状态下，当改变任意反应条件导致平衡发生移动，那么平衡将朝逆方向运动。”

勒夏特列原理允许改变反应条件以增加平衡转化率。现在考虑化学反应器中的条件设置。

5.2 反应器温度

反应的温度取决于诸多因素。首先考虑温度对平衡转化的影响。定量关系如下所示。在恒压条件下写式 5.6：

$$dG=-SdT \tag{5.31}$$

式 5.31 又可写为：

$$\left(\frac{\partial G}{\partial T}\right)_P=-S \tag{5.32}$$

将式 5.31 代入式 5.3，然后整理得到：

$$\left(\frac{\partial G}{\partial T}\right)_P=\frac{G}{T}-\frac{H}{T} \tag{5.33}$$

在标准状况下，由定义可知，G 和 H 不是压力的函数。因此，在标准情况下，当 G^0 和 H^0 发生微小变化时式 5.33 可写为：

$$\frac{d\Delta G^0}{dT}=\frac{\Delta G^0}{T}-\frac{\Delta H^0}{T} \tag{5.34}$$

又因为：

$$\frac{d}{dT}\left(\frac{\Delta G^0}{T}\right)=\frac{1}{T}\frac{d\Delta G^0}{dT}+\Delta G^0\frac{d(1/T)}{dT}=\frac{1}{T}\frac{d\Delta G^0}{dT}-\frac{\Delta G^0}{T^2} \tag{5.35}$$

结合式5.34和5.35得到：

$$\frac{d}{dT}\left(\frac{\Delta G^0}{T}\right)=-\frac{\Delta H^0}{T^2} \tag{5.36}$$

将式5.19中的ΔG^0(kJ)代入式5.36得到：

$$\frac{d\ln K_a}{dT}=\frac{\Delta H^0}{RT^2} \tag{5.37}$$

式5.37积分后可得：

$$\ln K_{a2}-\ln K_{a1}=\frac{1}{R}\int_{T_1}^{T_2}\frac{\Delta H^0}{T^2}dT \tag{5.38}$$

假设ΔH^0和温度无关，则由式5.38得到：

$$\ln\frac{K_{a2}}{K_{a1}}=-\frac{\Delta H^0}{R}\left(\frac{1}{T_2}-\frac{1}{T_1}\right) \tag{5.39}$$

在这个表达式中，K_{a1}表示温度为T_1时的平衡常数，K_{a2}则表示温度为T_2时的平衡常数。ΔH^0则表示当所有的反应物和产品均在标准状况下时反应的标准热(kJ)，由下式得到：

$$\Delta H^0=(s\,\overline{H}_s^0+t\,\overline{H}_T^0+\cdots)-(b\,\overline{H}_B^0+c\,\overline{H}_C^0+\cdots) \tag{5.40}$$

其中，$\overline{H}_i^0$表示组分i的标准摩尔生成焓 $kJ\cdot mol^{-1}$。

式5.39表明$\ln K_a$对$1/T$作图应为一条直线，直线的斜率为$(-\Delta H^0/R)$。对于一个放热反应，$\Delta H^0<0$并且K_a随温度的升高而减小；对于一个吸热反应$\Delta H^0>0$并且K_a随温度的升高而增大。

当已知某一温度下的生成焓数据时，式5.39可用来计算一定温度下的平衡常数。标准温度下的生成函数值往往是已知的，因此当给出标准温度下的数据时，式5.39可计算一定温度下的平衡常数。但是，式5.39假设ΔH^0是固定不变的。当标准温度下的ΔH^0和热容数据已知时，可用图5.2中所示的热力学方法来更加准确地计算出反应平衡常数。于是有(Dodge，1944；Hougen，WatsonandRagatz，1959；CoullandStuart，1964；Smith，1990)：

$$\Delta H_T^0=\Delta H_{T_0}^0+\int_{T_0}^{T}C_{P,\ prod}dT-\int_{T_0}^{T}C_{P,\ react}dT \tag{5.41}$$

式中　ΔH^0——温度为T^0时的标准生成焓；

$C_{P,prod}$——表示反应产品的热容与温度的函数关系；

$C_{P,react}$——反应物的热容与温度的函数关系。

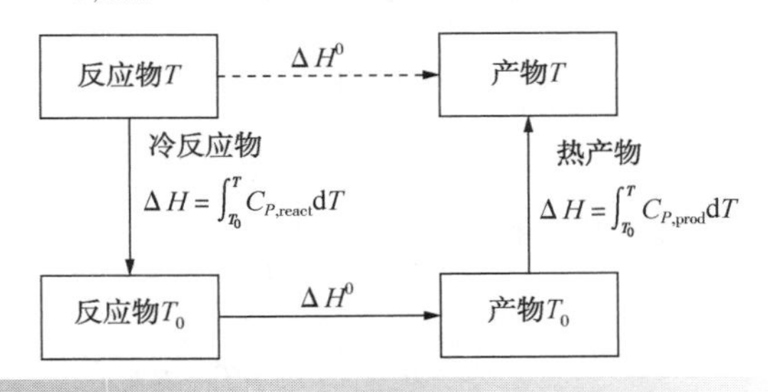

图5.2　根据标准温度下的数据计算任意温度下的标准生成焓

热容量的数据往往可由关于温度的多项式求得。例如(Poling，Prausnitz and O′Connell，2001)：

$$\frac{C_P}{R}=\alpha_0+\alpha_1T+\alpha_2T^2+\alpha_3T^3+\alpha_4T^4 \tag{5.42}$$

式中　C_P——比热容，$kJ\cdot K^{-1}\cdot kmol^{-1}$；

R——气体常量，$kJ\cdot K^{-1}\cdot kmol^{-1}$；

T——绝对温度，K；

$\alpha_0,\alpha_1,\alpha_2,\alpha_3,\alpha_4$——拟合实验数据确定的常数。

因此，式5.44又可写为：

$$\Delta H_T^0=\Delta H_{T_0}^0+\int_{T_0}^{T}\Delta C_P dT \tag{5.43}$$

对于式5.12给出的实际反应来说：

$$\frac{C_P}{R}=\Delta\alpha_0+\Delta\alpha_1T+\Delta\alpha_2T^2+\Delta\alpha_3T^3+\Delta\alpha_4T^4 \tag{5.44}$$

从式5.43和式5.44中：

$$\Delta H_T^0 = \Delta H_{T_0}^0 + R\int_{T_0}^{T}(\Delta\alpha_0 + \Delta\alpha_1 T + \Delta\alpha_2 T^2 + \Delta\alpha_3 T^3 + \Delta\alpha_4 T^4)\,dT$$

$$= \Delta H_{T_0}^0 + R\left[\Delta\alpha_0 T + \frac{\Delta\alpha_1 T^2}{2} + \frac{\Delta\alpha_2 T^3}{3} + \frac{\Delta\alpha_3 T^4}{4} + \frac{\Delta\alpha_4 T^5}{5}\right]^T \qquad (5.45)$$

$$= \Delta H_{T_0}^0 + R\left(\Delta\alpha_0 T + \frac{\Delta\alpha_1 T^2}{2} + \frac{\Delta\alpha_2 T^3}{3} + \frac{\Delta\alpha_3 T^4}{4} + \frac{\Delta\alpha_4 T^5}{5}\right) - 1$$

其中：

$$I = R\left(\Delta\alpha_0 T_0 + \frac{\Delta\alpha_1 T_0^2}{2} + \frac{\Delta\alpha_2 T_0^3}{3} + \frac{\Delta\alpha_3 T_0^4}{4} + \frac{\Delta\alpha_4 T_0^5}{5}\right) \qquad (5.46)$$

将式 5.45 代入式 5.38 得到：

$$[\ln K_a]_{K_{aT_0}}^{K_{aT}} = \frac{1}{R}\int_{T_0}^{T}\left(\frac{\Delta H_{T_0}^0}{T^2} + \frac{R}{T^2}\left[\Delta\alpha_0 T + \frac{\Delta\alpha_1 T^2}{2} + \frac{\Delta\alpha_2 T^3}{3} + \frac{\Delta\alpha_3 T^4}{4} + \frac{\Delta\alpha_4 T^5}{5}\right] - \frac{1}{T^2}\right)dT$$

$$\ln K_{aT} - \ln K_{aT_0} = \int_{T_0}^{T}\left(\frac{\Delta H_{T_0}}{RT^2} - \frac{1}{RT^2} + \frac{\Delta\alpha_0}{T} + \frac{\Delta\alpha_1}{2} + \frac{\Delta\alpha_2 T}{3} + \frac{\Delta\alpha_3 T^2}{4} + \frac{\Delta\alpha_4 T^3}{5}\right)dT$$

$$\ln\frac{K_{aT}}{K_{aT_0}} = \left[-\frac{\Delta H_{T_0}^0}{RT} + \frac{1}{RT} + \Delta\alpha_0 \ln T + \frac{\Delta\alpha_1 T}{2} + \frac{\Delta\alpha_2 T^2}{6} + \frac{\Delta\alpha_3 T^3}{12} + \frac{\Delta\alpha_4 T^4}{20}\right]_{T_0}^{T} \qquad (5.47)$$

用 K_{aT_0} 代替后：

$$\ln K_{aT} = \left[-\frac{\Delta H_{T_0}^0}{RT} + \frac{1}{RT} + \Delta\alpha_0 \ln T + \frac{\Delta\alpha_1 T}{2} + \frac{\Delta\alpha_2 T^2}{6} + \frac{\Delta\alpha_3 T^3}{12} + \frac{\Delta\alpha_4 T^4}{20}\right]_{T_0}^{T} - \frac{\Delta G_{T_0}^0}{RT_0} \qquad (5.48)$$

其中

$\Delta\alpha_0 = s\alpha_0 + t\alpha_0 + \cdots - b\alpha_0 - c\alpha_0 - \cdots$；

$\Delta\alpha_1 = s\alpha_1 + t\alpha_1 + \cdots - b\alpha_1 - c\alpha_1 - \cdots$。

当已知 $\Delta G_{T_0}^0$，$\Delta H_{T_0}^0$ 和 α_0，α_1，α_2，α_3，α_4 时即可由式 5.48 计算 K_{aT}。

另外，在温度为 T 时的标准状态下，式 5.48 可以写为：

$$\Delta G_T^0 = \Delta H_T^0 - T\Delta S_T^0 \qquad (5.49)$$

将式 5.19 代入式 5.47 可以得到：

$$\ln K_{aT} = \frac{\Delta S_T^0}{R} - \frac{\Delta H_T^0}{RT} \qquad (5.50)$$

类比关于 ΔH_T^0 的式 5.43，可以得到 ΔS_T^0 的相关关系式（Dodge，1944；Hougen，Watson and Ragatz，1959；Coull and Stuart，1964；Smith，1990）：

$$\Delta S_T^0 = \Delta S_T^0 + \int_{T_0}^{T}\frac{\Delta C_P}{T}dT \qquad (5.51)$$

代入式 5.44 可以得到：

$$\Delta S_T^0 = \Delta S_T^0 + \int_{T_0}^{T}\frac{R}{T}(\Delta\alpha_0 + \Delta\alpha_1 T + \Delta\alpha_2 T^2 + \Delta\alpha_3 T^3 + \Delta\alpha_4 T^4)\,dT$$

$$= \Delta S_T^0 + R\int_{T_0}^{T}\left(\frac{\Delta\alpha_0}{T} + \Delta\alpha_1 + \Delta\alpha_2 T + \Delta\alpha_3 T^2 + \Delta\alpha_4 T^3\right)dT \qquad (5.52)$$

$$= \Delta S_T^0 + R\left[\Delta\alpha_0 \ln T + \Delta\alpha_1 T + \frac{\Delta\alpha_2 T^2}{2} + \frac{\Delta\alpha_3 T^3}{3} + \frac{\Delta\alpha_4 T^4}{4}\right]_{T_0}^{T}$$

因此，ΔH_T^0 可由式 5.45、式 5.52 中的 ΔS_T^0 以及由式 5.50 得到的结果计算。

例 5.2 接例 5.1

① 当计算压力为 1×10^5Pa 时，温度为 300K，400K，500K，600K 和 700K 时各自的 $\ln K_a$ 值，并检验式 5.39 的有效性。关于 NH_3 的标准生成自由能和标准生成焓的数据已于表 5.4（Poling，Prausnitz and O'Connell，2001）中给出。H_2 和 N_2

的标准生成自由能为零。

② 由温度为 29.15K 时的相关数据，根据式 5.39 和式 5.48 计算 $\ln K_a$ 值，然后将其和由表 5.4 的已知数据计算所得的 $\ln K_a$ 值相比较。热容量系数见表 5.5(Poling，Prausnitz and O′Connell，2001)。

③ 利用表 5.4 中的数据确定温度对氢气平衡转化的影响。

同样假设均为理想气体，$R=8.3145\text{kJ}\cdot\text{K}^{-1}\cdot\text{kmol}^{-1}$。

表 5.4 压力为 1bar 时，不同温度下 NH_3 的热力学数据表(Lide，2010)

T/K	$\overline{G}^0_{NH_3}$/kJ·kmol^{-1}	$\overline{H}^0$/kJ·kmol^{-1}
298.15	−16407	−45940
300	−16223	−45981
400	−5980	−48087
500	4764	−49908
600	15846	−51430
700	27161	−52682

表 5.5 热容相关数据(Poling，Prausnitz and O′Connell，2001)

	C_P/kJ·kmol^{-1}·K^{-1}				
	a_0	$a_1\times10^3$	$a_2\times10^5$	$a_3\times10^8$	$a_4\times10^{11}$
H_2	2.88.3	3.681	−0.772	0.692	−0.213
N_2	3.539	−0.261	0.007	0.157	−0.099
NH_3	4.238	−4.215	2.041	−2.126	0.761

解：①

$$\ln K_a=-(2\overline{G}^0_{NH_3}-\overline{G}^0_{H_2}-\overline{G}^0_{N_2})/RT$$

在	300K	$\ln K_a=13.008$(来自于例 5.1)
	400K	$\ln K_a=3.5961$
	500K	$\ln K_a=-2.2919$
	600K	$\ln K_a=-6.3528$
	700K	$\ln K_a=-9.3334$

图 5.3a 所示为关于 $\ln K_a$ 和 $1/T$ 的图像。图像为一直线并且非常符合式 5.39。由图像的斜率可以推算出 ΔH^0 的值为−97350kJ。NH_3 的标准反应热是由下式计算：

$$\Delta H^0=2\overline{H}^0_{NH_3}-3\overline{H}^0_{H_2}-\overline{H}^0_{N_2}$$

$$=2\overline{H}^0_{NH_3}-0-0$$

这意味着一个标准生成焓的值为−48675kJ·kmol^{-1}。从标准生成焓的数值可知，ΔH^0 的数值由 300K 时的−45981kJ·kmol^{-1}变化至 700K 时的−52682kJ·kmol^{-1}，其中平均值为−49332kJ·kmol^{-1}。这似乎又与图 5.3a 的平均值一致。但是，这是基于温度变化范围内的平均值。在接下来的计算中，将会更详细地检验式 5.37 的准确性。

② 作为一个基准，首先用列于表 5.4 中的$\overline{G}^0$数据计算 $\ln K_{aT}$；

$$\ln K_{aT}=\frac{\Delta G^0_T}{RT}$$

其中：

$$\Delta G^0_T=2\overline{G}^0_{NH_3,T}-3\overline{G}^0_{H_2,T}-\overline{G}^0_{N_2,T}$$

用$\overline{G}^0$和 T 的值代替表 5.6 中结果，接下来由式 5.37 中的温度范围计算K_{aT}：

$$\ln K_{aT}=-\frac{\Delta H^0_{T_0}}{R}\left(\frac{1}{T}-\frac{1}{T_0}\right)+\ln K_{aT_0}$$

$$=-\frac{\Delta H^0_{T_0}}{R}\left(\frac{1}{T}-\frac{1}{T_O}\right)-\frac{\Delta G^0_{T_0}}{RT_0}$$

$$\Delta G^0=2\overline{G}^0_{NH_3}-3\overline{G}^0_{H_2}-\overline{G}^0_{N_2}$$

$$\Delta G_{T_0}=2\times(-16407)-0-0=-32814\text{kJ}$$

$$\Delta H^0=2\overline{H}^0_{NH_3}-3\overline{H}^0_{H_2}-\overline{H}^0_{N_2}$$

$$\Delta H^0_{T_0}=2\times(-45940)-0-0=-91880\text{kJ}$$

$$\ln K_{aT}=-\frac{-91880}{8.3145}\left(\frac{1}{T}-\frac{1}{298.15}\right)-\frac{-32814}{8.3145\times298.15}$$

用不同 T 值计算可得表 5.6 中得到的结果，然后用表 5.5 中的系数代入式(5.46)中计算K_{aT}：

$$\Delta\alpha_I=2\alpha_{NH_3}-3\alpha_{H_2}-\alpha_{N_2}$$

因此，

$$\Delta\alpha_0=-3.7120$$

$$\Delta\alpha_1=-1.9212\times10^{-2}$$

$$\Delta\alpha_2=6.3910\times10^{-5}$$

$$\Delta\alpha_3=-6.4850\times10^{-8}$$

$$\Delta\alpha_4=2.2600\times10^{-11}$$

将上述各个量的值代入式(5.46)可以得到：

$$I=-12583\text{kJ}\cdot\text{kmol}^{-1}$$

将不同的温度值代入式 5.48 中得到表 5.6 中的结果。从表 5.6 中可以看出，即使是在较大的温度范围内，以 ΔH_T^0为基础的热容数据计算 ln K_{aT}与由表格中$\overline{G}_T^0$值计算得到的 lnK_{aT}有很好的一致性。另一方面，用式 5.39 计算时关于 ΔH_T^0是定值这一假设会在较大的温度范围内推算时导致误差较大。

表 5.6 不同温度下计算 lnK_{aT}的方法比较

T/K	lnK_{aT}		
	$-\frac{\Delta G_T^0}{RT}$ G_T^0来自表 5.4	$-\frac{\Delta H_{T_0}}{R}\left(\frac{1}{T}-\frac{1}{T_0}\right)\frac{G_T^0}{RT_0}$	式 5.48
300	13.0078	13.0084	13.0083
400	3.5961	3.7996	3.5977
500	−2.1919	−1.7257	−2.2891
600	−6.3528	−6.4092	−6.3497
700	−9.3334	−8.0403	−9.3300

③

在	300K	$K_a=4.4597\times10^5$(来自于例 5.1)
	400K	$K_a=36.456$
	500K	$K_a=0.10107$
	600K	$K_a=1.7149\times10^{-3}$
	700K	$K_a=8.8421\times10^{-5}$

同样由例 5.1 中可知：

$$K_a=\frac{16X^2(2-X)^2}{27\,(1-X)^4}$$

替换 K_a 并计算 X 的值。这可以在电子表格软件中快捷地进行(参见第 3.9 节)：

在	300K	$X=0.97$(来自于例 5.1)
	400K	$X=0.66$
	500K	$X=0.16$
	600K	$X=0.026$
	700K	$X=0.0061$

图 5.3b 是平衡常数与温度的关系图像。可以看出，当温度升高，平衡常数减小(在本反应中)。这符合该反应是一个放热反应的事实。但是，这不一定能够得到反应器应在低温下操作这一结论，因为还没有考虑反应速率。同时，催化剂和催化剂的失活也有待考虑。

还应该指出：第一，假定气体是理性气体，这个假设在此压力下是合理的；第二，小的数据误差可能导致计算中的重大误差。

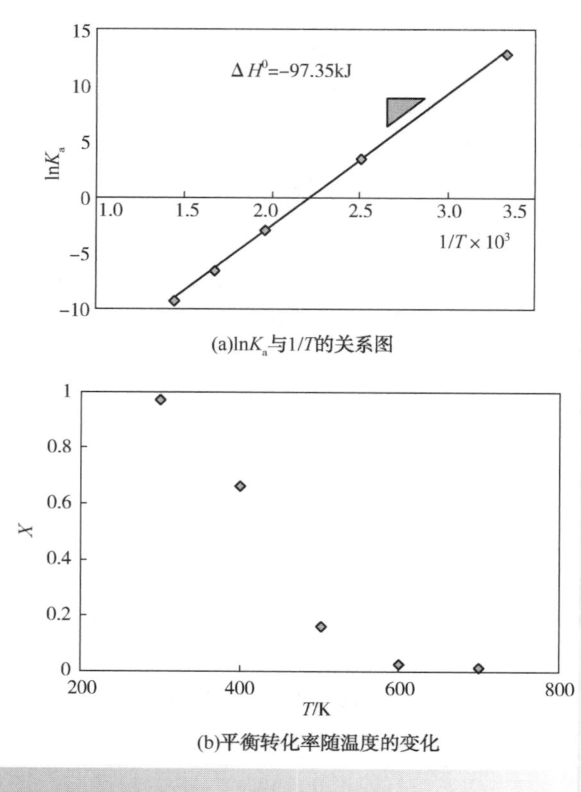

图 5.3 温度对 NH_3 合成反应的影响

例 5.2 表明，对于放热反应，平衡转化率随温度的升高而降低。这和勒夏特列原理一致。如果放热反应的温度降低，平衡将朝一个逆方向移动，即转化率提高的方向。

现在考虑温度对反应速率的影响。一个定性的观察发现大多数反应随着温度的升高而加快。当温度由室温升高 10℃时，通常会使溶液中有机物的反应速率提高一倍。在实践中发现，如果反应速率常数的对数与绝对温度的倒数成反比，这二者的关系图像就趋向于直线。因此，当浓度相同但温度不同时：

$$\ln k=\text{Intercept}+\text{slope}\times\frac{1}{T} \qquad (5.53)$$

如果截距由 ln k_0 和$-E/R$ 的图线斜率表示(其中 k_0 称为频率因子，是该反应的活化能；R 为理想气体常数)，然后：

$$\ln k = \ln k_0 - \frac{E}{RT} \quad (5.54)$$

或者

$$k = k_0 \exp\left[-\frac{E}{RT}\right] \quad (5.55)$$

浓度相同，但在两个不同的温度 T_1、T_2 反应时：

$$\ln \frac{r_2}{r_1} = \ln \frac{k_2}{k_1} = \frac{E}{R}\left(\frac{1}{T_1} - \frac{1}{T_2}\right) \quad (5.56)$$

这里假设 E 是常数。

一般来说，反应速率越高，反应器体积越小。实用上限是由安全因素、施工限制材料、催化剂的最高使用温度或催化剂寿命确定的。反应系统中发生的是单一反应或者复杂反应，反应是否可逆，也会影响反应器温度的选择。

1）单一反应。

① 吸热反应。如果一个吸热反应是可逆的，然后根据勒夏特列原理，在高温下反应会提高最大转化率。此外，高温下进行反应会提高反应速率，使反应器体积减小。因此，对于吸热反应，温度应尽可能高，同时应与安全性、施工限制材料和催化剂寿命相一致。

图 5.4a 所示为吸热反应中平衡常数与温度的关系图。这个图可以由在较大范围内的 ΔG^0 的数据得到，而平衡常数的相关计算在例 5.1、例 5.2 中已经解释清楚。如果假定反应绝热，可用热平衡来显示反应转化过程中温度的变化情况。如果假定反应物和产品的平均摩尔热容均是不变的，那么对于一个给定的起始反应温度 T_{in}，在绝热的反应过程中，反应混合物的温度会随反应转化率 X 成比例地变化（图 5.4a）。随着转化率的增加，由于该反应为吸热反应，温度会不断降低。如果反应能够达到平衡，必定也会达到平衡温度 T_E。图 5.4b 所示为如何将反应分阶段并在各阶段间加热反应物来增加平衡转化率。当然，平衡转化率也可以通过非绝热操作反应器和在反应过程中增加热量来提高，从而在可行的传热、施工材料、催化剂使用寿命、安全性等因素的限制下，使转化率最大化。

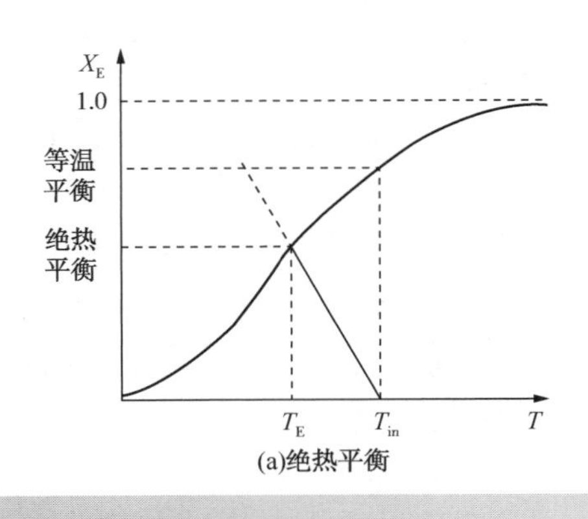

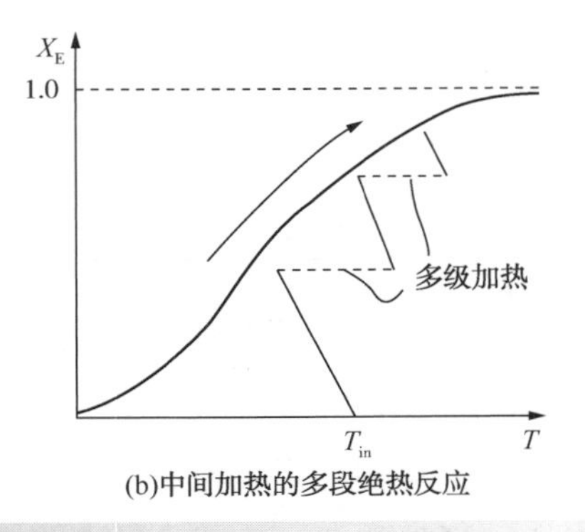

图 5.4　吸热反应中平衡常数随温度的变化

② 放热反应。对于单次放热不可逆反应，温度应设置得尽可能高，与材料的构造、催化剂寿命和安全性相一致，以使反应器体积最小。

对于可逆放热反应，情况更为复杂。图 5.5a 所示为放热反应的行为与温度的平衡转化图。同样，该图可以从 ΔG^0 在一定温度范围内的值和前面讨论的计算的平衡转换中获得。如果假设反应器绝热操作，反应物和生成物的摩尔热容是常数，那么对于一个给定的起始温度反应器，在绝热操作条件下，反应混合物的温度将与反应器转化率 X 成正比（图 5.5）。随着转化率的增加，反应放热导致温度升高。如果反应能达到平衡，则达到平衡温度 T_E（图 5.5a）。图 5.5b 所示为如何通过将反应分为多个阶段并在反应阶段之间冷却反应物来提高平衡转化率。除了绝热操作，也可以在非绝热操作下随着反应的进行不断移出热量来提高平衡转化率，从而在可行的传热、施工材料、催化剂使用寿命、安全性等因素的限制下实现转化率最大化。

因此，如果一个放热反应是可逆的，根据勒夏特列原理，低温操作可以提高最高转化率。然而，低温操作会降低反应速率，从而增加反应器体积。理想情况下，当远离平衡时，使用高温有利于提高反应速率。当接近平衡时，应降低温度以增加最大转化率。对于可逆放热反应，理想温度随着转化率的增加而不断降低。

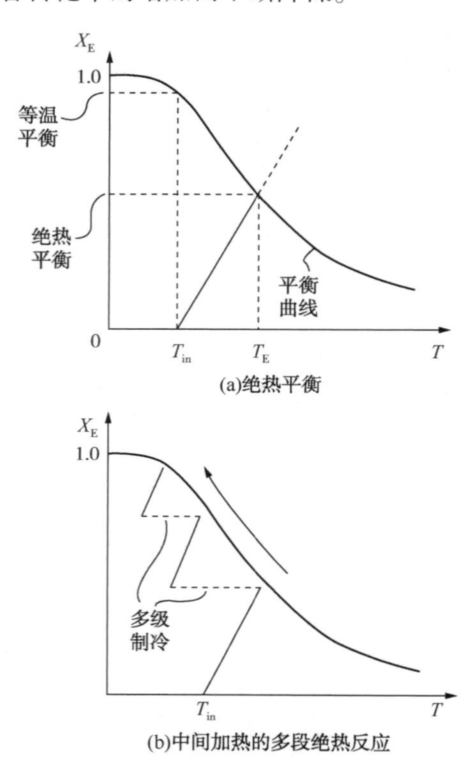

图 5.5　放热反应随温度变化的平衡行为

2）多级反应。可根据理论得出，当处理多级反应时，减少单一反应的反应器容积可用于初级反应。然而，当处理多级反应时，对于给定的转化率，这一阶段的设计目标是选择性或产量最大化，而不是减小体积。

考虑下面的平行反应方程：

$$\text{反应物}\longrightarrow\text{产物}\ r_1=k_1\ C_{\text{FEED}}^{a_1}\qquad(4.64)$$

$$\text{反应物}\longrightarrow\text{副产物}\ r_2=k_2\ C_{\text{FEED}}^{a_2}$$

$$\frac{r_2}{r_1}=\frac{k_2}{k_1}C_{\text{FEED}}^{a_1-a_2}\qquad(4.65)$$

连续反应：

$$\text{反应物}\longrightarrow\text{产物}\ r_1=k_1\ C_{\text{FEED}}^{a_1}$$

$$\text{反应物}\longrightarrow\text{副产物}\ r_2=k_2\ C_{\text{PRODUCT}}^{a_2}\qquad(4.68)$$

由于该初级反应和次级反应的反应速率常数 k_1 和 k_2 均随温度升高而增加，所以它们的反应速率都随着温度的改变而改变。但初级和次级反应随温度的变化率可能会显著不同。

• 如果 k_1 比 k_2 增加的快，则在高温下操作（但要注意安全、催化剂寿命和施工材料的限制）。

• 如果 k_2 的增长速度比 k_1 快，则在低温下操作（但要注意生产成本，因为低温虽然增加了选择性，但也增加了反应器的大小）。在减少副产品形成和增加投资成本之间存在着一种经济上的权衡。

例 5.3　例 4.4 建立了在三乙胺作为催化剂的条件下，从二甲苯溶液中的苄基氯和乙酸钠制造乙酸苄酯的动力学模型，根据：

$$C_6H_5CH_2Cl+CH_3COONa\longrightarrow CH_3COOC_6H_5CH_2+NaCl$$

或者

$$A+B\longrightarrow C+D$$

例 4.4 为在温度 102℃时等摩尔流量的动力学模型，即：

$$-r_A=k_AC_A\text{和}k_A=0.01306\ h^{-1}$$

进一步的实验数据是在 117℃。表 5.7 给出 117℃时氯化苄摩尔分数与时间的关系。

表 5.7　在 117℃合成乙酸苄酯实验数据

反应时间/h	氯化苄/摩尔/%
0.00	100.0
3.00	94.5
6.27	88.1
7.23	87.0
9.02	83.1
10.02	81.0
12.23	78.8
13.23	76.9
16.60	69.0
18.00	69.4
23.20	63.0
27.20	57.8

假设反应器的体积是恒定的。确定了反应的活化能。

解：示例4.4中同样的三个动力学模型，可以进行最小二乘法拟合：

$$最小化R^2 = \sum_{j}^{11} [(N_{A,j})_{calc} - (N_{A,j})_{exp}]^2$$

式中 R——剩余误差；

$(N_{A,j})_{calc}$——基于测量值j计算A的摩尔数；

$(N_{A,j})_{exp}$——基于测量值j实验得到A的摩尔数。

如示例4.4所示，一种可以执行的方法是在电子表格中设置R^2的函数，然后使用电子表格求解器通过操作K_A的值来最小化R^2（参见第3.9节）。结果见表5.8。

表5.8 在117℃三个动力学模型的最小二乘法的拟合结果

反应顺序	速率常数	R^2
零阶	$k_A V=1.676$	37.64
一阶	$k_A=0.02034$	7.86
二阶	$k_A/V=0.0002432$	24.94

从表5.8中可以明确地看出，最合适的是一级反应模型

$$-r_A = k_A C_A 和 k_A = 0.02034\ h^{-1}$$

将102℃（375K）和117℃（390K）代入公式5.56得：

$$\ln\frac{r_2}{r_1} = \ln\frac{k_2}{k_1} = \frac{E}{R}\left(\frac{1}{T_1} - \frac{1}{T_2}\right)$$

$$\ln\frac{0.02034}{0.01306} = \frac{E}{8.1345}\left(\frac{1}{375} - \frac{1}{390}\right)$$

$$E = 35900\text{kJ}\times\text{kmol}^{-1}$$

5.3 反应器压力

现在考虑压力的影响。对于可逆反应，压力对平衡转化率没有显著影响。尽管平衡常数只是温度的函数，不是压力的函数，但通过改变反应物和产品的活度（逸度）可以影响平衡转化率。下面从实例5.1和5.2考虑合成氨的例子。

例5.4 例5.2中，反应器的温度设置为700K。通过计算氢在1bar，10bar，100bar和300bar的平衡转化率，来检查提高压力对反应的影响。假设为理想气体。

解：根据方程5.26和5.27：

$$K_a = \frac{P_{NH_3}^2}{P_{H_2}^3 p_{N_2}}$$

$$= \frac{y_{NH_3}^2}{y_{H_2}^3 y_{N_2}} P^{-2}$$

注意，K_a是无量纲的，取决于化学计量方程中摩尔数的规格。由700K条件下的例5.2可得：

$$K_a = 8.8421\times10^{-5}$$

因此：

$$8.8421\times10^{-5} = \frac{y_{NH_3}^2}{y_{H_2}^3 y_{N_2}} P^{-2}$$

$$8.8421\times10^{-5} = \frac{16X^2(2-X)^2}{27(1-X)^4} P^{-2}$$

像以前一样，这可以通过反复试验来求解。

在	1bar	$X=0.0061$（来自于例5.2）
	10bar	$X=0.056$
	100bar	$X=0.33$
	300bar	$X=0.54$

很明显，通过增加压力，这个反应的平衡转化率显著提高。

应该再次指出，假定是理想气体。用状态方程进行实际气体（包括K_ϕ）的计算，能显著地改变结果，特别是在较高的压力，下面我们来研究一下。

例5.5 重复计算实例5.4考虑气相的非理想性。逸度系数可以从状态Peng-Robinson方程计算（见Poling，Prausnitz and O′Connell（2001）and Appendix A）。

可以通过将理想气体平衡常数乘以K_ϕ来修正实际气体行为，由式5.23定义，对于这个问题：

$$K_\phi = \frac{\phi_{NH_3}^2}{\phi_{H_2}^3 \phi_{N_2}}$$

逸度系数ϕ_i我可以从Peng-Robinson方程计算。ϕ_i值是温度、压力和组成的函数，并且计算复杂（见Pohling，Prausnitz and O′Connell（2001）and Appendix A），这里假定各组分之间的相互作用参数为零。结果显示，非理想的影响见表5.9。

表 5.9 实际气体的平衡转化率与压力的关系

压力/bar	$X_{理想}$	K_{ϕ}	$X_{实际}$
1	0.0061	0.9990	0.0061
10	0.056	0.9897	0.056
100	0.33	0.8772	0.34
300	0.54	0.6182	0.58

从表 5.9 可以看出，非理想气体的平衡转化率随着压力的增加而变化。需要注意的是，像 K_a，K_{ϕ} 还取决于化学计量方程的摩尔数的格式。例如，如果化学计量学写为：

$$\frac{3}{2}H_2+\frac{1}{2}N_2 \rightleftharpoons NH_3$$

则：

$$K_{\phi}^{'}=\frac{\phi_{NH_3}}{\phi_{N_2}^{1/2}\phi_{H_2}^{3/2}}$$

$$K_{\phi}^{'}=\sqrt{K_{\phi}}$$

气相可逆反应反应器压力的选择取决于摩尔数是否有减少或增加。在方程 5.25 中 ΔN 的值决定平衡转化率随着压力的增大而提高还是降低。如果 ΔN 是负的，平衡转化率随压力提高。如果 ΔN 为正，平衡转化率随压力的增加而降低。压力的选择还需考虑系统是否涉及多级反应。

提高气相反应压力可以提高反应速度从而降低了反应器体积，都是通过减少给定反应转化所需的停留时间和增加蒸汽密度完成的。总的来说，压力对液相反应的速率影响不大。

1）单一反应。

① 摩尔数减少。气相反应摩尔数的减少会使反应物转化为产品时的反应器体积减小。对于一个固定床反应器体积，这意味着当反应物被转化为产品时压力会降低。系统压力的增加会导致气体混合物的成分向体积较小的方向移动。增加反应器压力会提高平衡转化率。增加压力可以提高反应速度，也可以减少反应器体积。因此，如果反应涉及的摩尔数减少，则压力应尽可能高。考虑到通过压缩机动力获得高压可能成本很高，机械结构可能成本很高，并且高压还会带来安全问题。

② 摩尔数增加。气相反应摩尔数的增加会增加反应物转化为产品的体积。根据勒夏特列原理，降低反应压力会增加平衡转化率。然而，低压操作降低了气相反应的反应速度，增加了反应器体积。因此，一开始，当远离平衡时，利用高压增加反应速率是有利的。当接近平衡时，应降低压力以增加转化率。当转化率达到期望值时，理想压力会不断减小。通过在绝对减压下操作系统或通过引入稀释剂来降低分压，可以获得所需的低压。稀释剂是一种惰性物质（如蒸汽），常用于降低气相的分压。例如，乙苯脱氢苯乙烯可根据反应（Waddams，1978）：

$$C_6H_5CH_2CH_3 \rightleftharpoons C_6H_5CH=CH_2+H_2$$

这是一个吸热反应，伴随着摩尔数的增加。高温低压有利于转化率的提高。压力的降低在实际操作中是通过使用过热蒸汽作为稀释剂，或通过在常压下操作反应器来实现。这种情况下的蒸汽还可以为反应提供热量，达到双重目的。

2）生产副产品的多级反应。关于压力对单气相反应的影响可用于处理多级反应时的一级反应。同样，对于给定的转换率，选择性和反应器产量可能比反应器体积更重要。

如果压力的影响在一级和二级反应之间有显著的差异，可以通过降低压力来尽可能减少副反应与主反应之间的比值。用这种方法提高选择性、反应器产量可能需要改变系统压力或引入稀释剂。

对于液相反应，压力对选择性和反应器体积的影响不太明显，而压力可以选择为：

- 防止产品汽化；
- 使反应中的液体汽化，使其能够冷凝回流到反应器中，来移除反应热；
- 使一个可逆反应的组分蒸发，从而提高了反应的最大转换率（将在 5.5 节讨论）；
- 蒸发将蒸汽直接输送到精馏操作中，使反应与分离相结合（在第 14 章讨论）。

5.4 反应器相态

考虑了反应器温度和压力后，可以考虑反应器相态了。反应器相态可以是气体、液体或多相气体、液体和固体。在气相和液相反应之间的自由选择时，液相操作通常是首选的。考虑到单反应系统：

$$反应物 \longrightarrow 产物 \quad r = k\, C_{FEED}^{a}$$

显然，在液相中可以保持比在气相中浓度更高的 C_{FEED}（$kmol/m^3$）。一般情况下，这使得液相反应更快，从而使得液相反应器体积更小。

不过应该注意一点，在许多多相反应体系中，不同相之间的传质速率可能与反应动力学同等重要，甚至比反应动力学更重要。气相传质速率一般高于液相体系。在这种情况下，判断气相或液相不是很容易。

这种情况下通常是没有选择的。例如，如果反应器的温度高于化学物质的临界温度，那么反应器必须处于气相。即使温度低于临界值，在液体相中操作也可能需要极高的压力。

首先，反应器的温度、压力和相位的选择必须考虑到所需的平衡和选择性效应。如果在气相或液相之间仍有选择的自由，则在液相中操作是首选。

5.5 反应器的浓度

当使用不止一种反应物时，通常使一种反应物过量。有时也需要向反应器中加惰性物质，或者通过反应将产品在进一步的反应之前分离。有时也可以回收反应中不想要的副产品。现在考虑这些例子：

1）单一不可逆反应。过量的一个反应物可以使另一个组分完全转换。如氯乙烯和氯气的反应：

$$C_2H_2 + Cl_2 \longrightarrow C_2H_4Cl_2$$

乙烯过剩是用来确保氯气基本完成转换，从而消除对于下游分离系统的问题。在一个单一的不可逆反应（选择性不是问题），过量反应物的选择通常是消除下游分离体系中较难分离的组分。或者，如果一个组分更危险（如本例中的氯），完全转化对安全有好处。

2）单一可逆反应。可逆反应的最大转化率受平衡转化的限制，通常选择反应器中的条件以提高平衡转化率：

① 进料比。如果在平衡的系统中，添加一个额外的反应物，然后影响平衡移动来降低反应物浓度。换句话说，过量的反应物能提高平衡转化率。比如下面的例子：

例 5.6 乙酸乙酯可由乙酸和乙醇在如硫酸或离子交换树脂等催化剂的反应下酯化生成：

$$CH_3COOH + C_2H_5OH \rightleftharpoons CH_3COOC_2H_5 + H_2O$$

已经进行了实验室研究，以提供转换的设计数据。60g 乙酸和 46g 乙醇混合物恒温反应直至达到平衡。分析后发现产品含有 63.62g 乙酸乙酯。

a）计算乙酸平衡转化率。

b）估计使用 50%和 100%过量乙醇的效果。

假设混合物是理想液态混合物，乙酸和乙酸乙酯的摩尔质量分别为 $60kg \cdot kmol^{-1}$ 和 $88kg \cdot kmol^{-1}$。

解：

a）反应混合物中乙酸的摩尔数 = 60/60 = 1mol 乙酸乙酯 = 63.62/88 = 0.723 = 乙酸的平衡转化 = 0.723。

b）令 r 为乙醇与乙酸的摩尔比。表 5.10 给出摩尔初始平衡态和摩尔分数。

假设为理想溶液（即方程 5.29 中的 $k_\gamma = 1$）：

$$K_a = \frac{X^2}{(1-X)(r-X)}$$

对于化学计量混合物，实验室测得 $r=1$ 和 $X=0.723$：

$$K_a = \frac{0.723^2}{(1-0.723)^2} = 6.813$$

过量乙醇：

$$6.813 = \frac{X^2}{(1-X)(r-X)}$$

将 $r = 1.5$ 和 2.0 代入，通过反复试验求解 X。结果见表 5.11。

增加乙醇至过量促进乙酸转化为乙酸乙酯。为了更精确地进行计算，需要计算混合物的活度系数（见 Poling，Prausnitz and O′Connell（2001）and Appendix A）。

活度系数依赖于混合物每一对浓度和温度之间的相关系数。

表 5.10 乙酸乙酯生产中平衡摩尔分数

	CH_3COOH	C_2H_5OH	$CH_3COOC_2H_5$	H_2O
初始摩尔分数	1	r	0	0
平衡摩尔分数	$1-X$	$r-X$	X	X
平衡后摩尔分数	$\frac{1-X}{1+r}$	$\frac{r-X}{1+r}$	$\frac{X}{1+r}$	$\frac{X}{1+r}$

表 5.11 乙酸乙酯生产中平衡转化率与进料比的变化

r	X
1.0	0.723
1.5	0.842
2.0	0.894

例 5.7 在催化剂存在的条件下氢气可以由甲烷和蒸汽反应产生。两个主要反应为:

$$CH_4+H_2O \rightleftharpoons 3H_2+CO$$

$$CO+H_2O \rightleftharpoons H_2+CO_2$$

假设反应在 1100K 和 20bar 下进行，计算进料中蒸汽和甲烷在 3，4，5 和 6 的摩尔比下的平衡转化率。假设为理想气体（$K_\phi=1$，$r=8.3145\text{kJ}\cdot\text{K}^{-1}\cdot\text{kmol}^{-1}$）。表 5.12 给出了标准压力为 1bar 的热力学数据。

表 5.12 制氢的热力学数据(Lida，2010)

	$\overline{G}^0_{1100K}/\text{kJ}\cdot\text{kmol}^{-1}$
CH_4	30358
H_2O	−187052
H_2	0.0
CO	−209084
CO_2	−359984

解:

第一反应:

$$\Delta G_1^0=3\Delta\overline{G}^0_{H_2}+\Delta\overline{G}^0_{CO}-\Delta\overline{G}^0_{CH_4}-\Delta\overline{G}^0_{H_2O}$$

$$=3\times0+(-209084)-30358-(-187052)$$

$$=-52390\text{kJ}$$

$$-RT\ln K_{a1}=-52390\text{kJ}$$

$$K_{a1}=307.42$$

第二反应:

$$\Delta G_2^0=\Delta\overline{G}^0_{H_2}+\Delta\overline{G}^0_{CO_2}-\Delta\overline{G}^0_{CO}-\Delta\overline{G}^0_{H_2O}$$

$$=0+(-359984)-(-209084)-(-187052)$$

$$=36152\text{kJ}$$

$$-RT\ln K_{a2}=36152$$

$$K_{a2}=1.9201\times10^{-2}$$

设 r 是水和甲烷的摩尔进料比，X_1 是第一个反应的转化率，X_2 是第二个反应的转化率。

$$CH_4+H_2O \rightleftharpoons 3H_2+CO$$

$$CO+H_2O \rightleftharpoons H_2+CO_2$$

平衡时的总摩尔数

$$\text{Total moles at equilibrium}=(1-X_1)+(r-X_1-X_2)+3X_1+(X_1-X_2)+X_2+X_2=r+1+2X_1$$

摩尔分数见表 5.13。

表 5.13 氢的平衡摩尔分数

	CH_4	H_2O	H_2	CO	CO_2
平衡摩尔数	$1-X_1$	$r-X_1-X_2$	$3X_1+X_2$	X_1-X_2	X_2
平衡摩尔分数	$\frac{1-X_1}{r+1+2X_1}$	$\frac{r-X_1-X_2}{r+1+2X_1}$	$\frac{3X_1+X_2}{r+1+2X_1}$	$\frac{X_1-X_2}{r+1+2X_1}$	$\frac{X_2}{r+1+2X_1}$

$$K_{a1}=\frac{y^3_{H_2}y_{CO}}{y_{CH_4}y_{H_2O}}P^2=\frac{\left(\frac{3X_1+X_2}{r+1+2X_1}\right)^3\left(\frac{X_1-X_2}{r+1+2X_1}\right)}{\left(\frac{1-X_1}{r+1+2X_1}\right)\left(\frac{r-X_1-X_2}{r+1+2X_1}\right)}P^2=\frac{(3X_1+X_2)^3(X_1-X_2)}{(1-X_1)(r-X_1-X_2)(r+1+2X_1)^2}P^2 \tag{5.57}$$

$$K_{a2}=\frac{y_{H_2}y_{CO_2}}{y_{CO}y_{H_2O}}P^0=\frac{\left(\frac{3X_1+X_2}{r+1+2X_1}\right)\left(\frac{X_2}{r+1+2X_1}\right)}{\left(\frac{X_1-X_2}{r+1+2X_1}\right)\left(\frac{r-X_1-X_2}{r+1+2X_1}\right)}P^0=\frac{(3X_1+X_2)X_2}{(X_1-X_2)(r-X_1-X_2)}P^0 \tag{5.58}$$

已知 P，K_{a1}、K_{a2}并设置 r 值，这两个方程可以同时解出得到 X_1 和 X_2。然而，在这种情况下，不能用置换法来消除 X_1 或 X_2，方程必须用数值求解。可以假设一个值为 X_1，代入到这两个方程中，从而从两个方程中得出 X_2 值。然后改变 X_1，直到两个等式预测的 X_2 值相等。另外，在非线性优化算法中，X_1 和 X_2 可以同时改变，来使两个方程中的误差最小化。如果使用电子表格软件，可以把 K_{a1}的值代入 5.57 方程的右边，并赋给右边一个值，名叫 Objective 1，它最终必须是零。同样，可以把 K_{a2} 的值代入 5.58 方程的右边，并赋给右边一个值，名叫 Objective 2，它最终也必须是零。X_1 和 X_2 必须为确定的、使得 Objective 1 和 Objective 2 都为零的值。电子表格求解器可以用来同时改变 X_1 和 X_2 来搜索。(见第 3.8 节)：

$$(\text{Objective1})^2+(\text{Objective2})^2=0$$

(在允许范围内)

结果见表 5.14。

表 5.14　制氢的平衡转化率和产品摩尔分数

H_2O/CH_4	X_1	X_2	X_{CH_4}	y_{H_2O}	y_{H_2}	y_{CO}	y_{CO_2}
3	0.80	0.015	0.0357	0.3902	0.4313	0.1402	0.0027
4	0.86	0.019	0.0208	0.4644	0.3868	0.1251	0.0028
5	0.91	0.025	0.0115	0.5198	0.3523	0.1132	0.0032
6	0.93	0.031	0.0079	0.05687	0.3184	0.1015	0.0035

从表 5.14 可知，CH_4 和 H_2 的摩尔分数随着 H_2O 摩尔比的增加而减小，当结果在干燥的条件下呈现时，图像变得更清晰，如表 5.15 所示。

从表 5.15 可知，在干燥的条件下，随着摩尔比的增加，CH_4 的摩尔分数降低，H_2 增加。

该过程的两个阶段在较低的温度下进行变换，其中第二个反应被用来在更高的转换率下将 CO 转化为 H_2。

表 5.15　干制氢产品的摩尔分数

H_2O/CH_4	y_{CH_4}	y_{H_2}
3	0.0586	0.7072
4	0.0389	0.7221
5	0.0240	0.7337
6	0.0183	0.7383

② 惰性气体浓度。有时，反应中有惰性物质存在。这可能是液相反应中的溶剂或气相反应中的惰性气体。考虑反应：

$$A \rightleftharpoons B+C$$

可以通过添加惰性物质人为地降低摩尔数增加的影响。勒夏特列原理表明这将提高平衡转化率。例如，如果上述反应是在理想气相进行的：

$$K_a=\frac{P_B P_C}{P_A}=\frac{y_B y_C}{y_A}P=\frac{N_B N_C}{N_A N_T}P \qquad (5.59)$$

式中　N_i——组分 i 的摩尔数；

N_t——摩尔总数。

因此：

$$\frac{N_B N_C}{N_A}=\frac{K_a N_T}{P} \qquad (5.60)$$

添加惰性物质增加 N_T会增加产品与反应物的比率。加入惰性物质，使单位体积的摩尔数减小，为了抵消这一影响，平衡正向移动，得到更高的转化率。如果要添加惰性物质，那么考虑其分离十分重要。例如，蒸汽作为惰性物质加入到烃类裂解反应中，是一个有吸引力的选择，因为它很容易通过冷凝与烃组分分离。考虑反应：

$$E+F \rightleftharpoons G$$

例如，如果上述反应是在理想气相下进行：

$$K=\frac{P_G}{P_E P_F}=\frac{y_G}{y_E y_F}\frac{1}{P}=\frac{N_G N_T}{N_E N_F}\frac{1}{P} \qquad (5.61)$$

因此：

$$\frac{N_G}{N_E N_F}=\frac{K_a P}{N_T} \qquad (5.62)$$

移除惰性物质降低 N_T会增加产品与反应物的比率。去除惰性物质会导致单位体积摩尔数的增加，平衡将逆向移动，通过更高的转换率来抵消这一影响。如果反应不涉及摩尔数的变化，惰性物质对平衡转化率没有影响。

5

③ 反应过程中移除产品。有时，随着反应的进行平衡转化率可以通过不断移除产品(或是其中一种产品)来提高。例如，使产品从液相反应器中蒸发。另一种方法是分阶段进行反应，分离中间产品。中间产品分离的一个例子是如图 5.6 所示硫酸的生产。二氧化硫被氧化成三氧化硫：

$$2SO_2+O_2 \rightleftharpoons 2SO_3$$

首先使该反应接近平衡，就可以使该反应有效地完成转化。然后通过吸收分离三氧化二硫。三氧化硫的移除改变了剩余二氧化硫和氧气的平衡并促进反应正向进行，从而使二氧化硫的有效完全转化成为可能(图 5.6)。

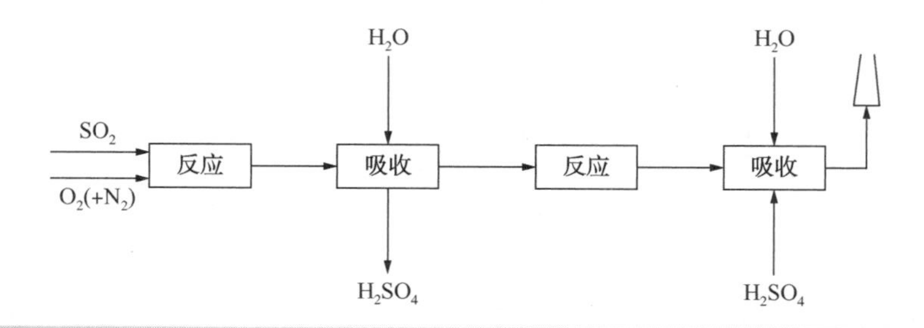

图 5.6 通过分离中间产品，再进行进一步反应可以提高硫酸生产的平衡转化率

正如硫酸生产那样，当分离中间产品比较容易时，分离中间产品然后进一步反应显然是最合适的。

3）多级平行反应。在为平行反应系统选择反应器类型以达到最大的选择性或反应器收率后，可以进一步改变条件以提高选择性。考虑方程 4.66 中的平行反应系统。为了最大限度地提高该系统的选择性，将公式 4.63 所给出的比率最小化：

$$\frac{r_2}{r_1}=\frac{k_2}{k_1}C_{\mathrm{FEED1}}^{a_2-a_1}C_{\mathrm{FEED2}}^{b_2-b_1} \qquad (5.67)$$

即使选择了反应器类型，也可以使用过量的反应物 1 和反应物 2。

- 如果$(a_2-a_1)>(b_2-b_1)$，使用过量的反应物 2。
- 如果$(a_2-a_1)>(b_2-b_1)$，使用过量的反应物 1。

如果二次反应是可逆的，涉及摩尔数的减少，例如：

$$原料 1+原料 2 \longrightarrow 产物$$
$$原料 1+原料 2 \rightleftharpoons 副产物 \qquad (5.63)$$

然后，如果惰性物质存在，增加惰性物质的浓度将减少副产品的形成。如果二次反应是可逆的，涉及摩尔数的增加，例如：

$$原料 1+原料 2 \longrightarrow 产物$$
$$原料 1 \rightleftharpoons 副产物 1+产物 2 \qquad (5.64)$$

如果存在惰性物质，降低惰性物质浓度将抑制副产品的形成。如果二次反应的摩尔数没有变化，那么惰性物质的浓度对其没有影响。对于所有可逆二次反应，有意地将副产品供给到反应器中，通过改变二次反应的平衡在源头抑制副产品形成。在实际中，这是通过分离和回收副产品达到的而不是直接分离和处理副产品来实现的。

在平行反应体系中，这种回收方式的一个例子是用于生产 C_4 醇的“Oxo”过程。丙烯和合成气(一氧化碳和氢气的混合物)首先在钴基催化剂作用下反应生成 n-异丁醛。发生的两个平行反应(Waddams，1978)是：

$$C_3H_6+CO+H_2 \rightleftharpoons CH_3CH_2CH_2CHO$$
$$C_3H_6+CO+H_2 \rightleftharpoons CH_3CH(CH_3)CHO$$

这个同分异构体是很有价值的。回收同分异构体可作为抑制其形成的手段(Waddams，1978)。

4）多级反应串联产生副产品。对于式 4.68 中的串联反应，产品的低浓度抑制了串联反应。众所周知，这可以通过较低的转化操作实现。

如果反应涉及一种以上的原料，就没有必要对所有的原料都进行相同的低转化率操作。使用过量的一种原料可以使其他原料的转化率相对较高，仍可抑制串联反应。再考虑例 4.3 中的串联反应体系：

$$C_6H_5CH_3+H_2 \longrightarrow C_6H_6+CH_4$$
$$2C_6H_6 \rightleftharpoons C_{12}H_{10}+H_2$$

通常向反应器中通入大量的氢气(Waddams，1978)。氢气和甲苯加入反应器的摩尔比为5∶1。过量的氢气直接促进了一次反应，并通过降低产品苯的浓度阻碍了二次反应。同样，在这种情况下，因为氢气是二次可逆反应的副产品，过量的氢气有利于反应生成苯。事实上，除非使用过量的氢气，否则将苯分解成碳的一系列反应就会变得很显著，这就是焦化反应。

另一种保持产品浓度低的方法是在反应过程中移除产品，例如，在进一步反应后进行中间分离。例如，在一个如方程式4.68的反应体系中，中间产品的分离和进一步的反应使反应过程中产品保持较低浓度。当从反应物中分离产品时，这种中间分离是最合适的方法。

如果串联反应是可逆的，例如：

$$原料 \longrightarrow 产物$$
$$产物 \rightleftharpoons 副产物 \tag{5.66}$$

随着反应的进行，不断分离产品，例如，通过产品的中间分离，保持较低的产品浓度，同时将二次反应的平衡转移到产品生成上而不是副产品的形成上。

如果二次反应是可逆的，且存在惰性物质，则为了提高选择性：

- 如果副产品反应的摩尔数减少，则增加惰性物质的浓度；
- 如果副产品反应的摩尔数增加，则降低惰性物质的浓度。

提高反应式5.65中反应体系选择性的另一种方法是有意地将副产品送入反应器，以改变二次反应的平衡，而不是生成副产品。

回收可以有效提高选择性或反应器收率的一个例子是用甲苯生产苯。串联反应是可逆的。因此，反应器中回收二苯基可以用来抑制其形成的源头。

5）混合并联和串联反应产生副产品。与平行和串联反应一样，使一种原料过量可以有效地提高混合反应的选择性。例如，考虑甲烷的氯化反应产生氯甲烷(Waddams，1978)。主要反应是：(Waddams，1978)。

$$CH_4+Cl_2 \longrightarrow CH_3Cl+HCl$$

二次反应可能发生在氯化程度较高的化合物中：

$$CH_3Cl+Cl_2 \longrightarrow CH_2Cl_2+HCl$$
$$CH_2Cl_2+Cl_2 \longrightarrow CHCl_3+HCl$$
$$CHCl_3+Cl_2 \longrightarrow CCl_4+HCl$$

二级反应相对于氯甲烷是串联反应，但相对于氯气是平行反应。过量的甲烷(甲烷与氯气的摩尔比为10∶1)用于提高选择性(Waddams，1978)。过量的甲烷有两种作用。首先，因为它只涉及一级反应，它促进一级反应。其次，通过稀释氯甲烷产品，它抑制二级反应，如高浓度的氯甲烷。只要分离简单，在反应过程中移除产品也可以有效地抑制一系列副产品的生成。

如上所述，如果副产品反应是可逆的，且存在惰性物质，则应考虑改变惰性物质的浓度，如果有摩尔数的变化。无论生成副产品的摩尔数是否发生变化，只要生成副产品的反应是可逆的，在某些情况下回收副产品会抑制其生成。用苯和乙烯生产乙苯就是一个例子(Waddams，1978)：

$$C_6H_6+C_2H_4 \rightleftharpoons C_6H_5CH_2CH_3$$

聚乙烯(二乙苯、三乙苯等)也是通过可逆反应生成有害副产品，对于乙苯为串联反应，对于乙烯为平行反应。例如：

$$C_6H_5CH_2CH_3+C_2H_4 \rightleftharpoons C_6H_4(C_2H_5)_2$$

这些苯乙烯再循环到反应器以抑制新苯乙烯的形成(Waddams，1978)。然而，应该指出的是，副产物的回收不总是有益的，因为副产品可以分解导致催化剂性能的恶化。

5.6 生化反应

生物化学反应必须适应生命系统，因此只能在很小范围内的水介质中进行。在一定条件下，每种微生物都生长得最好。温度、pH值、氧气浓度、反应物和产品的浓度以及可能的营养水平都必须小心控制以达到最佳条件。

1）温度。微生物可以根据其生长的最佳温度范围来分(Madigan，Martinko and Parker，2003)：

- 冷菌的最佳生长温度在15℃左右，最高生长温度在20℃以下。
- 温菌在20~45℃生长最好。

• 热菌的最佳生长温度为45℃和80℃。

• 端生物在极端条件下生长，一些物种高于100℃，其他物种低至0℃。

• 酵母菌、霉菌和藻类通常有一个最高温度，一般在60℃左右。

2）pH值。pH值条件取决于微生物的种类。大多数微生物喜欢pH值接近中性的条件。然而，一些微生物可以在极端的pH下生长。

3）氧含量。反应可以在需要游离氧的有氧条件下进行，也可以在无游离氧的厌氧条件下进行。细菌可以在有氧或厌氧条件下工作。酵母、霉菌和藻类更喜欢有氧条件，但可以在低氧条件下生长。

4）浓度。反应速率取决于原料、微量元素、维生素和有毒物质浓度。这个速率还取决于干扰微生物增殖的微生物所产生废物的累积。到了一定程度下，它们的排泄物会抑制生长。

5.7 催化剂

大多数反应过程是在已知催化剂的情况下进行的。催化剂的选择至关重要。催化剂可以提高反应速率，但在反应结束时，催化剂的数量和化学组成基本不变。如果催化剂被用来促进可逆反应，它本身并不改变平衡状态。但是，需要注意的是，如果使用多孔固体催化剂，那么催化剂内不同物种的不同扩散速率会改变反应发生点处反应物的浓度，从而间接影响平衡。

当涉及多个反应体系时，催化剂对不同反应速率的影响可能不同。这样就可以开发出催化剂来提高有用的反应的速度。因此，催化剂的选择对选择性有很大的影响。

催化过程可以是均相的、非均相的或生化的。

1）均相催化剂。使用均相催化剂时，反应完全在气相或液相中进行。催化剂可以通过参与反应而改变反应机理，但在随后的步骤中会再生。然后催化剂就可以自由地促进进一步的反应。这种均相催化反应的一个例子是乙酸酐的生产。在工艺的第一阶段，700℃下，乙酸在气相中裂解成烯酮：

$$CH_3COOH \longrightarrow CH_2{=}C{=}O+H_2O$$

反应使用磷酸三乙酯作为均相催化剂（Waddams，1978）。

一般来说，因为均相催化剂的分离和回收往往是非常困难的，所以使用非均相催化剂的情况多于使用均相催化剂。均相催化剂的损失不仅造成原料损失产生直接费用，而且造成环境问题。

2）非均相催化剂。在非均相催化剂中，非均相催化剂是一种与反应相不同的物质。在液相或气相反应中，最经常使用的非均相催化剂是固体。固体催化剂有以下的要求：

• 散装型催化材料，其中总组分不会因材料发生显著变化，如铂丝网。

• 负载型催化剂，其催化活性材料分散在多孔固体表面。

催化气相反应在许多大型化工过程中起着重要作用，如甲醇、氨、硫酸和大多数石油炼制过程。在大多数过程中，催化剂的有效面积是非常重要的。工业催化剂通常是多孔材料，因为这样可以得到一个更大的单位有效面积的反应器。

反应速率不仅取决于催化剂的孔隙率，还与反应物的浓度、温度和压力有关。然而，这个作用可能不像在非催化反应下那么简单。在反应发生之前，反应物必须通过小孔扩散到固体表面。负载型催化剂上的非均相气固反应总速率由一系列物理步骤和化学反应组成。步骤如下：

① 反应物从气相主体到外部固体表面的传质；

② 从固体表面到内部的活性位点扩散；

③ 固体表面吸附；

④ 吸附反应物的活化；

⑤ 化学反应；

⑥ 产品的脱附；

⑦ 从产品外表面内扩散；

⑧ 传质至气相主体。

所有这些步骤都是速率过程并且依赖于温度。重要的是要认识到在活性部位和气相主体之间可能存在非常大的温度梯度。通常，一个步骤比其他步骤慢，这就是速率控制步骤。有效系数是观察到的速率，如果试剂在相同的浓度下，整个球团的内表面都是可用的，那么就会得到有效速率。一般来说，有效系数越高，反应速率越高。

有效系数取决于催化剂颗粒的大小和形状以及活性物质在颗粒中的分布。

① 颗粒大小。如果活性物质在颗粒中均匀分布，那么颗粒越小，效果越高。然而，较小的颗粒可以通过填充床反应器产生很高的压降。在填充床中的气相反应，压降一般小于进口压力的10%(Rase，1990)。

② 颗粒形状。有效系数取决于催化剂颗粒的大小和形状以及活性物质在颗粒中的分布。最常用的形状是球体，圆柱体和方形。如果活性物质的量相同，分布成均匀的颗粒，并且颗粒的体积相同，有效系数的顺序是：

方形>圆柱体>球体

③ 活性物质分布。在催化剂制备过程中，可以控制活性物质在催化剂中的分布(Rase，1990)。与均相催化剂相比，活性物质的非均匀分布可以提高转化率、选择性或抗失活能力。原则上，通过使用适当的浸渍技术，可以使活性材料分布在几乎任何剖面上(Shyr and Ernst，1980)。图5.7说明了所示为颗粒一些可能的分布。除了均匀分布(图5.7a)，也可以像蛋壳一样分布，其中活性物质位于球体的外部(图5.7b)，或像蛋黄一样分布，其中活性物质位于球体的核心(图5.7c)。中间分布位于芯子和芯子外部之间的活性物质(图5.7d)。一个单一反应涉及一种固定数量的活性物质，它可以表现为在没有催化剂失活的条件下，载体上催化剂的最大化有效性，如图5.7e说明，活性位点集中在一个精确的零宽度位置(Morbidelli，Gavriilidis and Varma，2001)。催化剂的最佳性能是通过定位狄拉克催化剂的分布，从而利用球体内的温度和浓度梯度，使反应速率最大化。狄拉克函数可以位于曲面上、中心或两者之间的任何位置。不幸的是，从实际的角度来看，将催化剂定位成狄拉克函数是不可能的。然而，如图5.7f所示它可以近似为层状催化剂中的阶跃函数。活性层的厚度小于颗粒特征尺寸的5%(如半径球形颗粒)，狄拉克的三角函数分布几乎是相同的(Morbidelli，Gavriilidis and Varma，2001)。活性物质的位置需要优化。然而，需要强调的是，如果催化剂由于表面沉积等原因导致其性能下降，狄拉克(及其阶跃函数等效函数)的性能也会急剧下降，在这些条件下不一定是最佳选择。

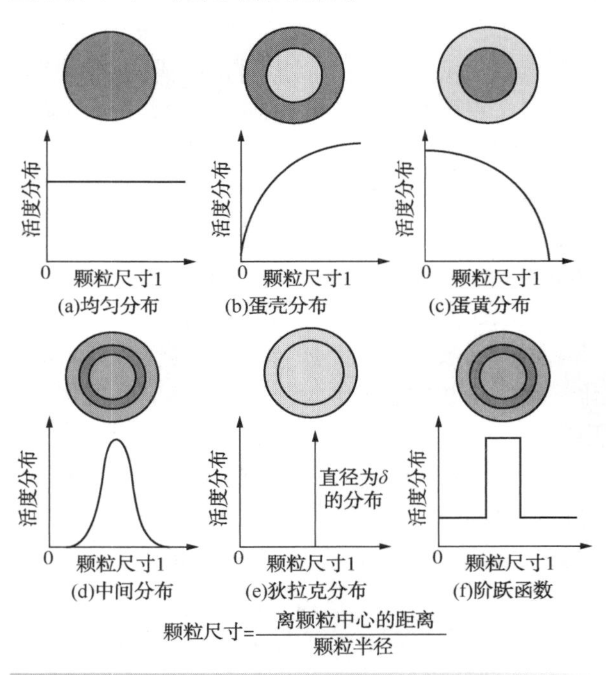

图5.7 负载催化剂颗粒中催化剂的分布

通常情况下，固体催化的反应是多级反应。对于平行反应，高选择性的关键是保持催化剂表面反应物的适当的浓度和温度，以促进预期的反应和阻止副产品反应。对于串联反应，关键是要避免不同组分流体的混合。这些关于流体通过任何反应器的总流动模式的论据已经得到发展。

然而，在通过反应器从均相反应的总体模式推断出固体催化反应的论点之前，必须认识到，在催化反应中，催化剂颗粒内部的浓度和温度可能与气相主体不同。局部不均匀性是由催化剂颗粒内反应物浓度降低或温度变化引起的，其结果是产品分布不同于在均匀系统中观察到的结果。考虑两个极端的例子：

① 表面反应控制。如果表面反应是速率控制，那么反应物在颗粒和主气流中的浓度基本上是相同的。在这种情况下，需要考虑通过反应器的流体总流型。

② 扩散控制。如果扩散阻力控制，则反应物在催化剂表面的浓度将低于主气流。例如，参照方程4.64，降低反应物浓度有利于低级数反应。因此，如果所预期的反应级数低，在扩散控制条件下操作将提高选择性。如果反应级数高，则

相反。

对于多级反应，在没有催化剂失活的情况下，与单一反应一样，催化剂在球体内的最佳分布是狄拉克函数(Shyr and Ernst，1980)。颗粒内的位置需要优化以获得最大的选择性或产率。同样，在实际中，只要阶跃函数小于颗粒特征尺寸的 5%，它就近似于狄拉克函数的性能(Morbidelli，Gavriilidis and Varma，2001)。然而，必须注意，正如下一章将要讨论的，由于各种原因，负载型催化剂的性能会随着时间而恶化。阶跃函数的选择应考虑该性能恶化的时间。事实上，正如前面所讨论的，如果催化剂的性能由于表面沉积受到降解等，狄拉克三角(和它的阶跃函数等效)可能会使其性能急剧恶化。考虑到整个催化剂的寿命，这未必是最好的催化剂选择。

非均相催化剂对选择性有重大影响。改变催化剂可以改变对主反应和副反应的相对影响。这可能直接来自于活性部位的反应机理或支撑材料中扩散的相对速率又或者两者的结合。

③ 生物催化剂。有些反应可以由酶催化。使用酶而不是微生物的原因是在没有微生物的情况下速率大幅提高。这仅限于酶能被分离并且是稳定的情况。此外，化学反应不必满足活细胞的特殊要求。然而，就像微生物一样，酶也是敏感的，必须在一定的条件下谨慎使用它们。使用酶的一个缺点是，在一次性使用的基础上，使酶分离的成本比使用繁殖的微生物更为昂贵。使用酶的另一个缺点是，一旦反应完成，酶很可能需要从产品中移除，这可能需要昂贵的分离成本。如果使用低浓度的酶来降低酶的成本，则可能需要较长的反应时间。

使用酶的一些困难可以通过固定酶来克服。目前已研究出许多固定化酶的方法。这些方法可分为以下几类：

① 吸附。酶可以吸附到离子交换树脂，不溶性聚合物，多孔玻璃或活性炭上。

② 共价键。可以用侧基反应或酶的交联反应。

③ 截留。酶可以截留在凝胶中，凝胶对原料和产品都有渗透性，但不能渗透酶。或者，也可以使用一种膜，在该膜内固定酶，并通过在膜上产生压力差使原料透过膜。

还有许多其他的可能性。无论反应的性质如何，由于反应的选择性和反应器成本的影响，催化剂的选择和反应条件对反应过程的性能至关重要。

5.8 反应条件——总结

化学平衡可以由自由能的数据预测。关于自由能的各种不同的数据来源：

① 表格数据可用于不同温度下的不同形式标准生成自由能。

② 表格数据可供 ΔH^0 和 ΔS^0 在不同的温度下可以用来计算 ΔG^0 在标准条件下编写的方程 5.4：

$$\Delta G^0=\Delta H^0-T\Delta S^0$$

③ 表格数据的标准可供 ΔG^0 和 ΔH^0 温度。这可使用地热容数据推广到其他的温度。

④ 现有的方法可通过化合物的化学结构来估计其热力学性质(Poling，Prausnitz and O′Connell，2001)。

平衡转化率可以从自由能计算得知，结合物理性能考虑气相、液相的非理想特性。通过适当改变反应器的温度、压力和浓度，就可以改变平衡转化率。

图 5.8 概括了反应平衡的一般趋势。

对于涉及多个反应生成副产品的反应系统，通过适当改变反应温度、压力和浓度，也可以提高选择性和收率。催化剂的选择也会影响反应的选择性和收率。论点见图 5.9(Smith and Petela，1992)。

对于负载层状催化剂，优化催化剂颗粒内活性位点的位置，可以最大限度地提高反应的效率、选择性和反应收率。

反应可以通过微生物代谢途径或直接利用在生化反应器中的酶来催化。如果酶能在某种程度上被分离或固定，直接使用酶就会有显著的优势。

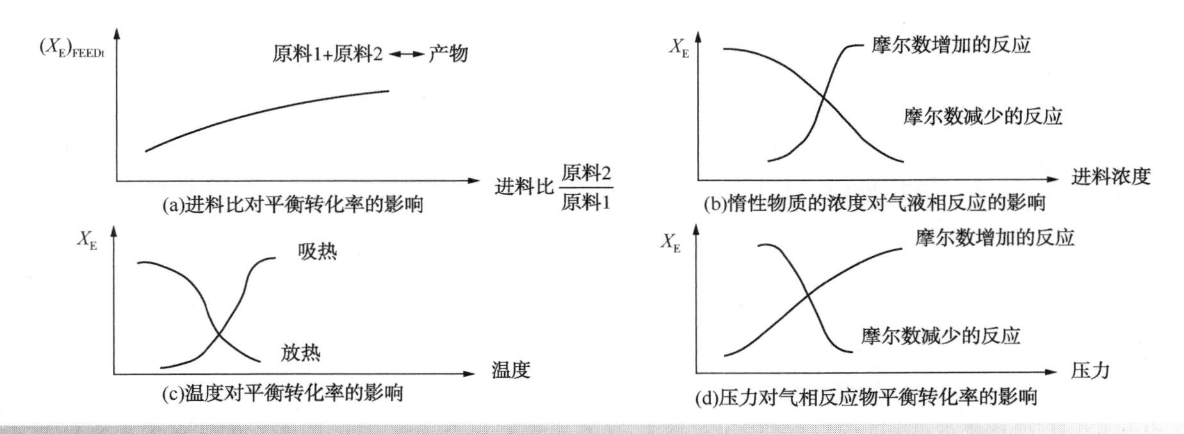

图 5.8 可逆反应中，可以采取各种措施来提高平衡转化率
(转载自 Smith R and Petela EA(1992) Waste Minimization in the Process Industries Part 2 Reactors, Chem Eng, Dec(509-510): 17, by permission of the Institution of Chemical Engineers)

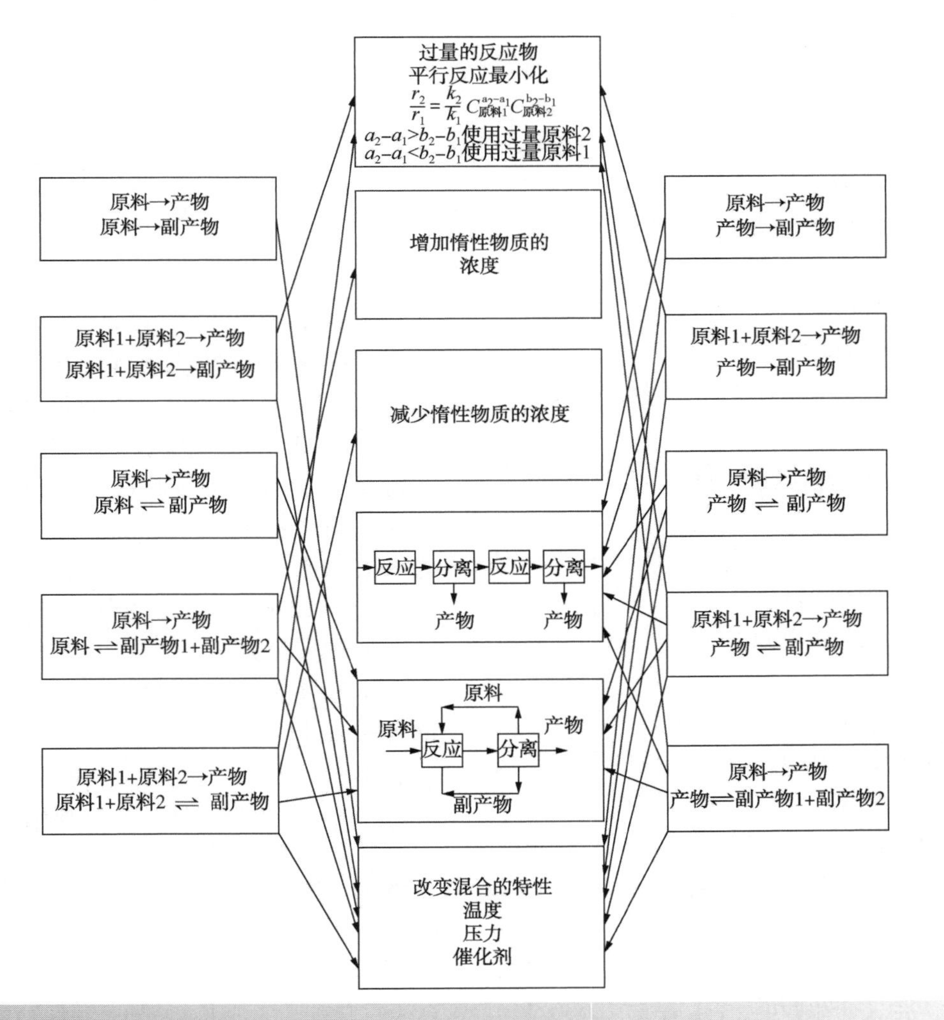

图 5.9 选择反应器来最大限度地保证多个反应物产生的副产物的安全
(转载自 Smith R and Petela EA(1992) Waste Minimization in the Process Industries Part 2 Reactors, Chem Eng, Dec(509-510): 17, by permission of the Institution of Chemical Engineers)

5.9 习题

1. 氨是在压力 50bar 下，将含有氢、氮和惰性气体的混合气体通过催化剂进行反应，从而产生氨：

$$N_2+3H_2 \rightleftharpoons 2NH_3$$

假定该系统遵循理想气体行为。如果 $K_P=0.0125$ 且原料具有最大转化率：

① 60% H_2，20% N_2并且保存在惰性气体中。

② 65% H_2，15% N_2 并且保存在惰性气体中。

2. 摩尔分数为 25%的 CO_2 和 75% CO 气体混合物与相应化学计量系数的 H_2 反应：

$$CO_2+3H_2 \rightleftharpoons CH_3OH+H_2O \quad K_P=2.82\times10^{-6}$$

$$CO+2H_2 \rightleftharpoons CH_3OH \quad K_P=2.80\times10^{-5}$$

在 300bar 的压力下，且催化剂存在下进行平衡转化。假设是理想行为，计算每个反应的转化率，从而计算平衡混合物的体积组成。

3. 例如这个反应：

$$2CO+4H_2 \rightleftharpoons C_2H_5OH+H_2O$$

原料中每摩尔 CO 含有 r 摩尔 H_2，在 20bar 的压力和 573K 温度下反应，标准压力为 1bar 下的 $\Delta G^0=8900\text{kJ}\cdot\text{kmol}^{-1}$。

① 在过量 H_2(即 $r>2$)的情况下推导出 CO 的部分转化的表达式。

② 推导出 CO 过量时 H_2 部分转化的相应表达式。

4. 表 5.16 给出了从反应物 A 到产品 B 异构化气相间歇实验得到的转化数据。

① 推导出一级可逆反应的反应器转化表达式。

② 结果表明，在 100℃和 150℃条件下，通过拟合一级可逆反应模型，可以将反应数据模拟为一级可逆反应。

③ 在 100℃到 150℃范围内测定正反应和逆反应的活化能，假设 $R=8.3145\text{kJ}\cdot\text{kmol}^{-1}\cdot\text{K}^{-1}$。

5. 通过平推流反应器进行一级正反应的流量增加了 20%，为了保持原来的转化率，决定提高反应器操作温度。如果反应活化能为 18000kJ · kmol^{-1}且初始温度为 150℃，求得新的操作温度。若是全混流反应器，将要求的温度升高会不同吗？假设 $R=8.3145\text{kJ}\cdot\text{kmol}\cdot\text{K}^{-1}$。

6. 燃烧过程产生的烟气中含有 NO_x(基本上是 NO 和 NO_2)。烟气流量 $10\text{Nm}^3\cdot\text{s}^{-1}$且含有体积分数为 0.1%的 NO_x(表示在 0℃和 1atm 下的 NO_2)和 3%的氧气。氮的两种主要氧化物在气相中存在可逆反应：

$$NO+\frac{1}{2}O \rightleftharpoons NO_2$$

反应的平衡关系：

$$K_a=\frac{P_{NO_2}}{P_{NO}P_{O_2}^{0.5}}$$

表 5.16

时间	转化率	
	100℃	150℃
0	0	0
100	0.05	0.15
500	0.21	0.49
1000	0.35	0.68
2000	0.52	0.81
5000	0.73	0.89

其中 K_a 是反应平衡常数时，P 是分压。在 25℃下的平衡常数为 1.4×10^6，在 725℃下是 0.14。假设为理想气体，在标准条件下，摩尔质量 1kg 是 22.4m^3，NO 和 NO_2 的摩尔质量分别是 $30\text{kg}\cdot\text{kmol}^{-1}$和 $46\text{kg}\cdot\text{kmol}^{-1}$，计算：

① 在 25℃和 725℃条件下，化学平衡时 NO 与 NO_2 的摩尔比。

② 在 25℃和 725℃条件下，化学平衡时 NO 与 NO_2 的质量流率。

7. 在硫酸的生产过程中，二氧化硫和空气的混合物通过一系列催化剂床层，并根据反应生成三氧化硫：

$$2SO_2+O_2 \rightleftharpoons 2SO_3$$

二氧化硫以 10%(体积分数)为初始浓度进入反应器，其余是空气。在第一床层的出口温度为 620℃。假设气体为理想气体，反应器工作在 1bar，$R=8.314\text{kJ}\cdot\text{kmol}\cdot\text{K}^{-1}$。假设空气是 21% O_2 和 79% N_2。在标准条件 298.15K 下的热力学数据在表 5.17 中给出(Poling，Prausnitz and O′Connell，2001)。

① 假设 ΔH^0 在温度范围内是恒定的，计算第一催化剂床层在 620℃下的平衡转化率和反应产品的平衡组成后。

② 反应是放热或吸热？

③ 根据勒夏特列原理，温度升高时平衡转化率会发生怎样的变化？

④ 压力增大时平衡转化率会发生怎样的变化？

表 5.17　1bar 大气压，298.15K 的标准条件下硫酸生产的热力学数据

	$\overline{H}^0$/kJ · kmol^{-1}	$\overline{G}^0$/kJ · kmol^{-1}
O_2	0	0
SO_2	−296800	−300100
SO_3	−395700	−371100

表 5.18　硫酸生产的热容数据

	C_P/kJ · kmol^{-1} · K^{-1}				
	a_0	$a_1\times10^3$	$a_2\times10^5$	$a_3\times10^8$	$a_4\times10^{11}$
O_2	3.630	−1.794	0.658	−0.601	0.179
SO_2	4.417	−2.234	2.344	−3.271	1.393
SO_3	3.426	6.479	1.691	−3.359	1.590

8. 重复计算练习 7 平衡转化率和平衡浓度，但考虑到 ΔH^0 随温度的变化，假设气体为理想气体。方程 5.42 的热容量系数列于表 5.18（Poling，Prausnitz and O'Connell，2001）。将答案与练习 7 的结果比较。

9. 在练习 7 和 8 中，假设反应器的进料为含有 10%二氧化硫的空气。然而，空气中的 N_2 是惰性气体，不参与反应。在实际中，可以加入富氧空气。

① 根据勒夏特列原理，如果富氧空气以同样的 O_2/SO_2 比例使用，平衡转化会发生什么变化？

② 重复练习 7 中的计算，假设原料中的有相同的氧气与二氧化硫的比例，但使用纯度从 21%提高到 50%、70%、90%和 99%的空气进料，计算每种空气纯度下的组分摩尔分数。

③ 除了平衡转化的潜在优势外，添加富氧空气还能带来哪些优势？

5

参　考　文　献

Coull J and Stuart EB (1964) *Equilibrium Thermodynamics*, John Wiley & Sons.

Dodge BF (1944) *Chemical Engineering Thermodynamics*, McGraw-Hill.

Hougen OA, Watson KM and Ragatz RA (1959) *Chemical Process Principles. Part II: Thermodynamics*, John Wiley & Sons.

Lide DR (2010) *CRC Handbook of Chemistry and Physics*, 91st Edition, CRC Press.

Madigan MT, Martinko JM and Parker J (2003) *Biology of Microorganisms*, Prentice Hall.

Morbidelli M, Gavriilidis A and Varma A (2001) *Catalyst Design: Optimal Distribution of Catalyst in Pellets, Reactors, and Membranes*, Cambridge University Press.

Poling BE, Prausnitz JM and O'Connell JP (2001) *The Properties of Gases and Liquids*, 5th Edition, McGraw-Hill.

Rase HF (1990) *Fixed-Bed Reactor Design and Diagnostics – Gas Phase Reactions*, Butterworths.

Shyr Y-S and Ernst WR (1980) Preparation of Nonuniformly Active Catalysts, *J Catal*, **63**: 426.

Smith EB (1990) *Basic Chemical Thermodynamics*, 3rd Edition, Oxford Chemistry Series, Oxford University Press.

Smith R and Petela EA (1992) Waste Minimisation in the Process Industries, IChemE Symposium on Integrated Pollution Control Through Clean Technology, Wilmslow UK, Paper 9: 20.

Waddams AL (1978) *Chemicals from Petroleum*, John Murray.

第6章　化学反应器Ⅲ——反应器配置

与理想模型相比，实际反应器必须考虑除温度、浓度和停留时间变化之外的诸多因素。首先考虑的是反应器的温度控制。

6.1　温度控制

在考虑如何控制温度之前，需要确定反应的热量输入或热量输出。当从原料到产品的焓降低时，反应为放热反应，反之则为吸热反应。在大多数情况下，反应物和生成物的温度不同。为了计算反应释放或吸收的热量和产物的温度，可以遵循图6.1所示的热力学路径(Hougen，Watson and Ragatz，1954)。实际的反应过程是从 T_1 温度下的反应物到 T_2 温度下的生成物。然而，从初始温度 T_1 下的反应物初始冷却(或加热)到标准温度298K的路径更方便。在298K的恒定温度下进行的燃烧反应。标准反应热可以从标准生成热计算出来(Hougen，Watson and Ragatz，1954)。燃烧产物从298K被加热(或冷却)到最终温度 T_2。实际燃烧热由(Hougen，Watson and Ragatz，1954)给出。

$$\Delta H_R = \Delta H_1 + \Delta H^0 + \Delta H_2 \tag{6.1}$$

式中　ΔH_R——反应热，$J \cdot kmol^{-1}$；

ΔH_1 = 反应物从初始温度加热到标准温度的反应热，$J \cdot kmol^{-1}$；

$= \int_{T_1}^{298} C_{P,\ react} dT$；

ΔH^o——298K下标准反应热，$J \cdot kmol^{-1}$；

ΔH_2——产物从标准温度加热到最终温度的反应热，$J \cdot kmol^{-1}$；

$= \int_{298}^{T_2} C_{P,\ prod} dT$

$C_{P,react}$——反应物比热容，$J \cdot kmol^{-1} \cdot K^{-1}$；

$C_{P,prod}$——产物热容，$J \cdot kmol^{-1} \cdot K^{-1}$。

对于绝热反应，$\Delta H_R = 0$ 则公式6.1可化简为：

$$\Delta H_2 = -\Delta H_1 - \Delta H^0 \tag{6.2}$$

通过以下的示例进行说明。

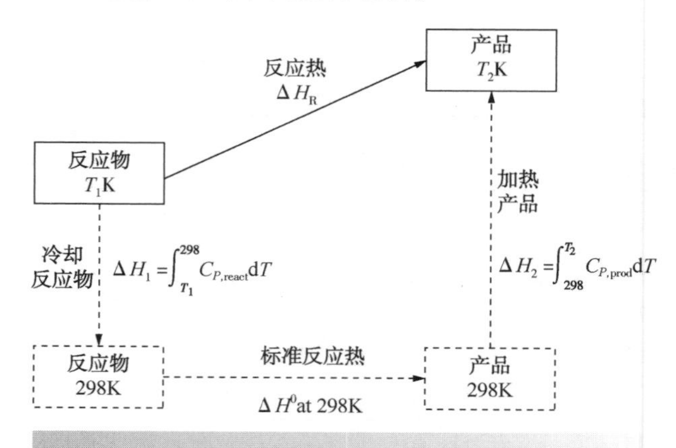

图6.1　在一个反应过程中，从起始状态到最终状态的焓变

例6.1　在反应器中环氧乙烷以每天100吨的速率由纯乙烯和氧气通过下列反应产生：

$$CH_2{=}CH_2 + 1/2O_2 \longrightarrow H_2C{-}CH_2 \ (\text{环氧}, -O-)$$

$$\Delta H^0 = -1.20 \times 10^5 kJ \cdot kmol^{-1}$$

发生平行反应导致选择性下降：

$$CH_2{=}CH_2 + 3O_2 \longrightarrow 2CO_2 + 2H_2O$$

$$\Delta H^0 = -1.32 \times 10^6 kJ \cdot kmol^{-1}$$

可以假设反应器转化率为20%，选择性为80%。使用超过化学计量的10%的过量氧。

① 确定进入和离开反应器的组分的流量。摩尔质量见表6.1。

② 如果反应物中氧气温度为150℃，乙烯温度为200℃，产物温度为260℃，求出散热率，式5.42的热容数据见表6.2。

表 6.1　例 1 数据

组分	摩尔质量/kg・kmol^{-1}	组分	摩尔质量/kg・kmol^{-1}
C_2H_4	28	CO_2	44
O_2	32	H_2O	18
C_2H_4O	44		

表 6.2　比热容(Poling，et al.，2001)

	C_P/kJ・kmol^{-1}・K^{-1}				
	α_0	$\alpha_1\times10^3$	$\alpha_2\times10^5$	$\alpha_3\times10^8$	$\alpha_4\times10^{11}$
C_2H_4	4. 221	−8. 782	5. 795	−6. 729	2. 511
O_2	3. 630	−1. 794	0. 658	−0. 601	0. 179
C_2H_4O	−0. 9043	26. 73	−1. 511	0. 3117	0. 0
CO_2	3. 259	1. 356	1. 502	−2. 374	1. 056
H_2O	4. 395	−4. 186	1. 405	−1. 564	0. 632

解：

① 设 X 为反应器转化率，S 为选择性，A 为乙烯(kmol)，B 为氧(kmol)：

反应 1　　$C_2H_4+0.5\ O_2 \longrightarrow C_2H_4O$

初始混合物摩尔数　A　B　0

出口摩尔数$[A-AXS]$　$[B-0.5AXS]$　$[AXS]$

反应 2

$C_2H_4+3O_2 \longrightarrow 2CO_2+2H_2O$

初始混合物摩尔数 C_2H_4 为 A，$3O_2$ 为 B，CO_2 为 0，H_2O 为 0

出口处的摩尔数

C_2H_4 为 $A-AX(1-S)$，O_2 为 $B-3AX(1-S)$，CO_2 为 $2AX(1-S)$，H_2O 为 $2AX(1-S)$

由于反应器每天需要生产 100t 环氧乙烷：

$$AXS=100\ \frac{t}{d}\times\frac{1000\text{kg}}{1\text{ton}}\times\frac{\text{kmol}}{44\text{kg}}\times\frac{1\text{d}}{24\text{h}}$$

$$=94.70\text{kmol}\cdot\text{h}^{-1}$$

出口组成：

C_2H_4	O_2	C_2H_4O	CO_2	H_2O
$A-AXS-AX(1-S)=A(1-X)$	$B-0.5AXS-3AX(1-S)=B-3AX+2.5AXS$	AXS	$2AX(1-S)$	$2AX(1-S)$
473. 50	$B-118.38$	94. 70	47. 35	47. 35

进料组成：

$$A=\frac{94.70}{0.2\times0.8}=591.88\text{kmol}\cdot\text{h}^{-1}$$

$$B_{\text{React1}}=0.5\times\frac{94.70}{0.2}=236.75\text{kmol}\cdot\text{h}^{-1}$$

$$B_{\text{React2}}=1.5\times\frac{47.35}{0.2}=355.13\text{kmol}\cdot\text{h}^{-1}$$

氧气过剩 10%：

$$B=1.1\times(236.75+355.13)=651.07\text{kmol}\cdot\text{h}^{-1}$$

出口处：

$$B=651.07-118.38=532.69\text{kmol}\cdot\text{h}^{-1}$$

组分	进口流量/kmol・h^{-1}	出口流量/kmol・h^{-1}
C_2H_4	591. 88	473. 50
O_2	651. 07	532. 69
C_2H_4O	0	94. 70
CO_2	0	47. 35
H_2O	0	47. 35

② 热量衡算(见公式 6.1)

$$\Delta H_R=\Delta H_1+\Delta H^0+\Delta H_2$$

式中　ΔH_R——反应热；

ΔH_1——将反应物冷却到标准条件下的焓变；

ΔH^0——标准反应热；

ΔH_2——反应物加热到最终状态的焓变；

$\Delta H_1 = \int_{T_1}^{298} C_{P,\ \mathrm{react}} \mathrm{d}T$ ；

$\frac{C_{Pi}}{R} = \alpha_{oi} + \alpha_{1i}T + \alpha_{2i}T^2 + \alpha_{3i}T^3 + \alpha_{4i}T^4$ ；

$\Delta H_{1i} = R\left(\alpha_{0i}T + \frac{\alpha_{1i}T^2}{2} + \frac{\alpha_{2i}T^3}{3} + \frac{\alpha_{3i}T^4}{4} + \frac{\alpha_{4i}T^5}{5}\right)_{T_1}^{298}$ ；

$\Delta H_1 = \sum_i m_i \Delta H_{1i}$ ；

$\Delta H_2 = \int_{298}^{T_2} C_{P_{\mathrm{prod}}} \mathrm{d}T$ ；

$\Delta H_{2i} = R\left(\alpha_{0i}T + \frac{\alpha_{1i}T^2}{2} + \frac{\alpha_{2i}T^3}{3} + \frac{\alpha_{3i}T^4}{4} + \frac{\alpha_{4i}T^5}{5}\right)_{298}^{T_2}$ ；

$\Delta H_2 = \sum_i m_i \Delta H_{2i}$ 。

代入热容系数计算得：

$$\begin{aligned}\Delta H_1 &= m_{C_2H_4}\Delta H_{C_2H_4} + m_{O_2}\Delta H_{O_2}\\ &= 591.88\times -8954 + 651.07\times -3730\\ &= -7.728\times 10^6 \mathrm{kJ}\cdot h^{-1}\end{aligned}$$

$$\begin{aligned}\Delta H_2 &= m_{C_2H_4}\Delta H_{C_2H_4} + m_{O_2}\Delta H_{O_2} + \\ &\quad m_{C_2H_4O}\Delta H_{C_2H_4O} + m_{CO_2}\Delta H_{CO_2} + m_{H_2O}\Delta H_{H_2O}\\ &= 473.50\times 12699 + 532.69\times 7126 + 94.70\times\\ &\quad 15173 + 47.35\times 9791 + 47.35\times 8115\\ &= 12.094\times 10^6 \mathrm{kJ}\cdot \mathrm{h}^{-1}\end{aligned}$$

$$\begin{aligned}\Delta H^0 &= \Delta H_{R1}^0 + \Delta H_{R2}^0\\ &= 94.7\times -1.2\times 10^5 + \frac{47.35}{2}\times -1.32\times 10^6\\ &= -42.615\times 10^6 \mathrm{kJ}\cdot \mathrm{h}^{-1}\end{aligned}$$

因此，散热率为：

$$\begin{aligned}\Delta H_R &= -7.728\times 10^6 - 42.615\times 10^6 + 12.094\times 10^6\\ &= -38.25\times 10^6 \mathrm{kJ}\cdot \mathrm{h}^{-1}\end{aligned}$$

① 绝热操作。首先，应该考虑反应器的绝热运行，这有利于最简单和最经济的反应器设计。如果绝热操作对放热反应产生不可接受的升温或对吸热反应产生不可接受的降温，则需要考虑温度控制。

② 冷激和热激。直接向反应器中间物质注入冷物料，称为冷激，此举可以非常有效地控制放热反应的温度。冷激不仅可以通过与冷料混合直接接触传热来控制温度，还可以通过控制进料浓度来控制反应速率。如果反应是吸热的，则将预热过的进料注入反应器中间位置，称为热激，温度控制通过直接接触传热和控制浓度结合实现。

③ 反应器的间接传热。控制反应温度也可以考虑间接加热或冷却。此方法可以通过反应器内的传热面，例如在管内进行反应，并在管外提供加热或冷却介质实现。或者材料可以从一个中间点被带出反应器外到一个传热装置，以提供加热或冷却，然后返回到反应器。不同的布置会在后续内容中详细讲解。

④ 热载体。惰性物质可以与反应器进料一起引入，以增加其热容流量(质量流量和比热容的乘积)，并降低放热反应的温升或吸热反应的温降。若条件允许，应使用一种现有的工艺流体作为热载体。例如，过量的进料可以用来限制温度变化，有效地降低转化率，达到控制温度的目的；产物或副产物可以回收到反应器中以限制温度变化，但必须确保这不会对反应的选择性或产率产生不利影响。另外，一种外来的惰性物质，如蒸汽，可以用来限制温度的上升或下降。

⑤ 催化剂。如果反应器中使用了一种多相催化剂，其中活性物质被支撑在多孔基底上，催化剂颗粒内活性物质的大小、形状和分布可以改变，如第5章所讨论的。对于均匀分布的活性物质，较小的颗粒有较高的效率，但增加了填充床的压降，同样球团形状催化效率一般按如下顺序：

立方体>圆柱体>球体

圆柱体的优点是制造成本低。除了改变形状外，也可以改变颗粒内活性物质的分布来控制反应温度，如图5.7所示。对于填充床反应器，颗粒的大小和形状以及颗粒内活性物质的分布可以通过反应器的长度来改变，以此控制热量释放(对于放热反应)或热量输入(对于吸热反应)的速率。此方法的一个应用在反应器中创建不同的区域，每个区域都有特定的催化剂设计。

例如，假设一个高度放热反应的温度需要通过将催化剂装入管内并在管外通冷却介质来控制。如果使用均匀分布的催化剂，则在靠近进料浓度较高的反应器入口附近，放出较高的热量，后续反应器释放的热量释放将逐渐减少。这通常表现为反应器入口温度的升高，这是因为大量的热量释放，冷却介质在早期阶段并未将热量完全去除，温度达到一个峰值，然后随着热量释放速率的减小反应器温度会沿着出口方向降低。设计者可以将反应器入口区域的催化剂设计成低效率，反应器中段的催化剂效率最高，使得反应器中的反应速率分布更加均匀，从而实现更好的温度控制。

使用催化剂颗粒和惰性颗粒的混合物有效地“稀释”催化剂，也可以在反应器的不同区域中使用不同的催化剂颗粒设计也可以达到相同的目的。改变活性颗粒和惰性颗粒的混合物，可以更容易地控制床层不同部位的反应速率。将反应器内的惰性颗粒使用量逐渐降低，使得反应器内的反应速率分布更均匀，从而实现更好的温度控制。

例如，例6.1中环氧乙烷的生产，使用了一种银载催化剂(Waddams，1978)。该反应系统是高度放热的，并且在装有催化剂的管内进行，冷却剂在管的外部循环以除去反应热。如果在整个管道中使用统一的催化剂设计，则在进口附近会出现较高的温度峰值。高温促进了次级反应，导致反应的选择性降低。在反应器入口处使用效率较低的催化剂可以降低温度峰值并提高选择性。设计者希望改变反应器的不同区域中的催化剂设计，以获得沿着反应器管的均匀温度分布。

以固定床管式反应器在甲醇生产中的应用为例。合成气体(氢、一氧化碳和二氧化碳的混合物)在铜基催化剂上反应(Supp，1973)。主要的反应是：

$$CO+2H_2 \rightleftharpoons CH_3OH$$

$$CO_2+H_2 \longrightarrow CO+H_2O$$

第一个反应是放热的，第二个反应是吸热的。总体而言，该反应放出大量热量。图6.2为两种可选的反应器设计(Supp，1973)。图6.2a为一种管壳式的设备，该设备在壳侧产生蒸汽。温度曲线显示温度在反应器入口后不久达到峰值，这是因为靠近入口的反应速率很高，然后温度恢复控制。可以看到，图6.2a中通过反应器的温度曲线比较平稳。图6.2b为使用冷激冷却的反应器设计。与管式反应器相反，图6.2b中的冷激反应器经历了明显的温度波动。在某些情况下，这种波动可能会导致催化剂意外过热并缩短催化剂寿命。

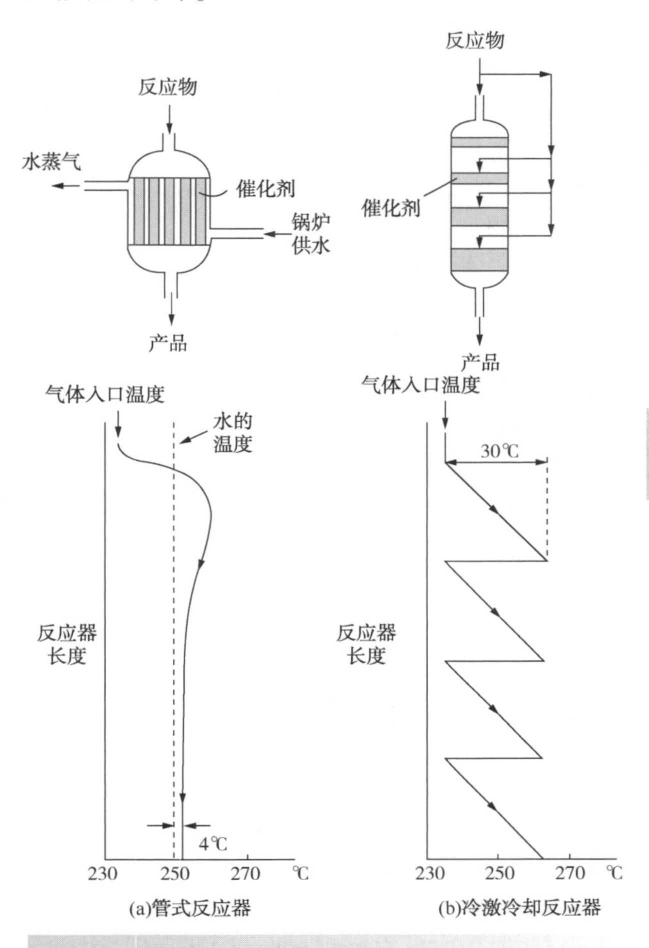

图6.2　两种生产甲醇的替代反应器设计给出了不同热剖面

即使将反应器温度控制在可接受的范围内，也可能需要快速冷却或淬灭反应器流出物，以迅速停止反应，防止形成过多的副产物。该淬灭可以通过使用常规传热设备的间接传热或通过与另一种流体混合的直接传热来实现。一种常见的情况是来自反应器的气态产物需要快速冷却，通过与骤冷液体混合。使得液体蒸发吸热来实现气态产物迅速冷却。骤冷液体可以是回收的，如冷却产品，也可以是惰性材料，如水。

事实上，通过直接传热来冷却反应器流出物的原因有很多：

- 反应非常迅速，必须迅速停止以防止过量的副产物形成。

• 反应器产品温度非常高或产品具有腐蚀性，如果直接传递到热交换器，需要特殊的结构材料或昂贵的机械设计。

• 在传统的交换器中进行反应器产品的冷却会造成过多的污垢。

• 选择用于直接传热的液体，应可以轻松地将其与反应产品分离，并且可以以最小的费用进行循环利用。

由于以下原因，应尽可能避免使用无关的材料，即过程中不存在的材料：

• 多余的材料可能会产生其他分离问题，从而需要过程中不存在的新分离方法。

• 外来材料的引入可能会在产品纯度规格方面产生新的问题。

• 高效地分离和回收废渣是非常困难的事情。任何不能回收的材料都可能造成环境问题。正如后面将要讨论的那样，处理废水问题的最好方法就是不产生废水。

6.2 光催化降解

大多数催化剂的性能随时间而变差(Butt and Petersen，1988；Rase，1990；Wijngaarden，Kronberg and Westerterp，1998)。催化剂失活发生的速率不仅是催化剂和反应器条件选择的一个重要因素，也是影响反应器配置的一个重要因素。

催化剂性能的损失可能发生在许多方面：

① 物理损失。由于均相催化剂需要从反应产物中分离出来并进行循环利用，其物理损失尤为重要。除非能够高效地完成此操作，否则会导致催化剂物理损失(以及随后的环境问题)。然而，物理损失不限于均相催化剂，对非均相催化剂也存在此问题。当采用流化床催化反应器(在后面讨论)时情况尤为突出。催化剂颗粒保持悬浮状态，并通过吹过催化剂床层向上流动的气流而混合。颗粒的磨损导致催化剂颗粒的尺寸被破坏。通过夹带从流化床带走的颗粒通常从反应器流出物中分离出来并再循环到床层中。然而，最细的颗粒不能被分离和再循环而损失了。

② 表面沉积物。固体催化剂表面上沉积物的形成为反应物引入了物理屏障。沉积物通常是反应中的不溶(液相反应中)或不挥发的(气相反应中)副产物。如在参与烃反应的催化剂表面上形成碳沉积物(称为焦炭)。有时可以通过适当调节进料组成来抑制这种焦炭的形成。如果形成焦炭，通常通过在提高温度对碳沉积物进行空气氧化来再生催化剂。

③ 烧结。对于使用固体催化剂的高温气相反应，可能发生载体或活性材料的烧结。烧结是一种分子重排，它发生在材料的熔点以下，并导致催化剂的有效表面积减少。如果不良的热传递或不均匀的反应物混合导致催化剂床层中的局部热点，则会加速该问题。在高温下通过氧化除去碳表面沉积物的催化剂的再生过程中也可能发生烧结。烧结可以在低至催化剂熔点一半的温度下开始。

④ 中毒。毒物是与催化剂发生化学反应或与催化剂形成牢固化学键的物质。这种反应会降解催化剂并降低其活性。毒物通常是腐蚀的原材料或产品中的杂质。它们可以对催化剂产生可逆或不可逆的作用。

⑤ 化学变化。理论上，催化剂不应发生化学变化。然而，某些催化剂可能会发生缓慢的化学变化，从而导致活性降低。

催化剂损失或失活的速率对反应器的设计有重大影响。催化剂性能的下降降低了反应速率，对于给定的反应器设计，其表现为随时间的增加其转化率降低。通常可采用一种随着时间逐渐提高反应器温度的操作策略来改善催化剂性能降低。然而，温度的升高会大大降低选择性，并通常加速催化剂的降解。

如果催化剂降解很快，反应器必须提供备用容量或从反应床上连续移除催化剂，这将在以后考虑反应器配置时进行更详细的讨论。除了成本影响外，还有对环境影响，因为损失或降解的催化剂意味着废物。虽然可以从降解的催化剂中回收有用的物质，并在制造新的催化剂时回用这些物质，但这仍然不可避免地产生废料，因为物质永远不可能完全回收。

6.3 气液和液液反应器

有许多反应涉及一种以上的反应物，其中反应物以气液或液液不同相混合物的形式进料。这意味进料在入口条件下处于不同的相是不可避免的。或者，可能需要创建两相行为，为了从其中一个相中去除不需要的组分或提高选择性。如果反应是两相的，那么就必须使其充分混合，这样才能有效地进行相间反应物的传质。总反应速率必须考虑使反应物结合在一起的传质阻力，以及化学反应的阻力。根据问题的不同，混合、传质和反应这三个方面可能会带来不同的困难。

1）气液反应器。气液反应器很常见，气相组分通常具有较小的摩尔质量。如图 6.3 所示，考虑气体和液体之间的界面，假设其流动模式在液体和界面两侧的气体中形成停滞膜，大部分气体和液体具有均匀的浓度，反应物 A 必须从气体转移到液体才能发生反应，气膜和液膜都存在扩散阻力。

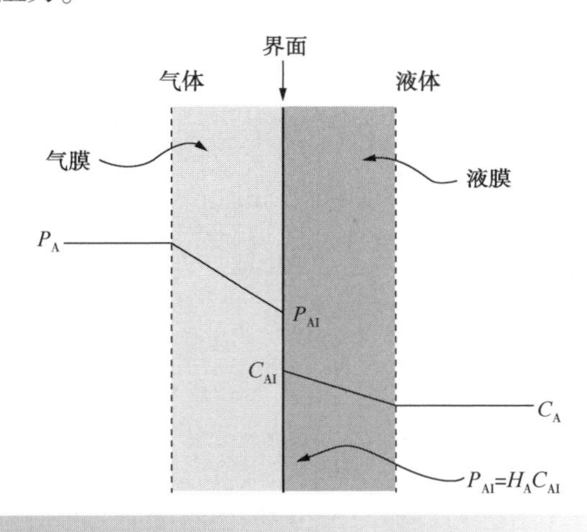

图 6.3　气液相界面

考虑一种极端情况，即反应没有阻力，所有阻力都是由传质引起的。传质速率与界面面积和驱动力的浓度成正比。对于每单位体积的反应混合物，组分 i 通过气膜从气体转移到液体的速率，可以写出一个表达式：

$$N_{G,i}=k_{G,i}A_I(P_{G,i}-P_{I,i}) \tag{6.3}$$

式中　$N_{G,i}$——组分 i 在气膜中的传递速率，$kmol \cdot s^{-1} \cdot m^3$；

$k_{G,i}$——气膜传质系数，$kmol \cdot Pa^{-1} \cdot m^{-2} \cdot s^{-1}$；

A_I——单位体积界面面积，$m^2 \cdot m^{-3}$；

$P_{G,i}$——气相中组分 i 的分压，Pa；

$P_{I,i}$——界面处 i 组分 i 的分压，Pa。

也可以写出每单位体积反应混合物中组分 i 通过液膜的传质速率的表达式：

$$N_{L,i}=k_{L,i}A_I(C_{I,i}-C_{L,i}) \tag{6.4}$$

式中　$N_{L,i}$——组分 i 在液膜中的传递速率，$kmol \cdot s^{-1} \cdot m^{-3}$；

$k_{L,i}$——液膜传质系数，$m \cdot s^{-1}$；

A_I——单位体积界面面积。$m^2 \cdot m^{-3}$；

$C_{I,i}$——界面处组分 i 浓度，$kmol \cdot m^{-3}$；

$C_{L,i}$——液相中分 i 的浓度，$kmol \cdot m^{-3}$。

如果界面处的平衡条件假设为亨利定律（见附录 A）：

$$p_{I,i}=H_i x_{I,i} = \frac{H_i}{\rho_L}C_{I,i} \tag{6.5}$$

式中　H_i——组分 i 的亨利系数，Pa；

$x_{I,i}$——界面处液体中组分 i 的摩尔分数；

$C_{I,i}$——界面处液体中组分 i 的浓度，$kmol \cdot m^{-3}$；

ρ_L——液相摩尔密度，$kmol \cdot m^{-3}$。

亨利系数因气体而异且必须通过实验测定。如果假定为稳态（$N_{G,i}=N_{L,i}=N_i$），则可将方程式 6.3～式 6.5 联立得到：

$$N_i=\frac{1}{\left[\frac{1}{k_{G,i}A_I}+\frac{1}{k_{L,i}A_I}\frac{H_i}{\rho_L}\right]}\left(P_{G,i}-\frac{H_i}{\rho_L}C_{L,i}\right) \tag{6.6}$$

或

$$N_i=K_{GL,i}A_I\left(P_{G,i}-\frac{H_i}{\rho_L}C_{L,i}\right) \tag{6.7}$$

且

$$\frac{1}{K_{GL,i}A_I}=\frac{1}{k_{G,i}A_I}+\frac{1}{k_{L,i}A_I}\frac{H_i}{\rho_L} \tag{6.8}$$

式中　$K_{GL,i}$——总传质系数，$kmol \cdot Pa^{-1} \cdot m^{-2} \cdot s^{-1}$。

并且 $k_{G,i}$，$k_{L,i}$ 和 A_I 是物理性质和接触排列的函数。方程 6.8 右侧的第一项表示气膜阻力，第二项表示液膜阻力。如果 $k_{G,i}$ 远大于 $k_{L,i}/H_i$，则传质是液膜控制的，这是低溶解度气体的情况（H_i较大）。如果 $k_{L,i}/H_i$远大于 $k_{G,i}$，则为气膜控制，这是高溶解度气体的情况（H_i很小）。

气体的溶解度变化很大。溶解度较低的气体（如 N_2、O_2）的亨利系数较大。这意味着方程 6.8 中的液膜阻力相对于气膜阻力较大。另一方面，如果气体高度可溶（例如 CO_2、NH_3），其亨利定

律系数很小。这导致气膜阻力相对于方程式6.8中的液膜阻力较大。因此

- 低溶解度气体控制液膜阻力；
- 高溶解度气体控制气膜阻力。

气体溶于液体的能力是由气体的溶解度决定的，如果一种液体与液体中的某种物质发生反应，它溶解气体的能力就会增加。

现在考虑化学反应的影响。如果反应快，其效果是降低液膜阻力。结果是有效地提高了总传质系数。也增加了液体容量。

如果反应缓慢，对总传质系数的影响很小。由于溶解气体在液体中的反应和聚集程度与纯物理吸收不同，传质的推动力将大于纯物理吸收的推动力。

图6.4说明可用于进行气液反应的一些装置。图6.4a为逆流装置，其中气体和液体中都会产生活塞流。填料或塔板可用于在气体和液体之间形成界面区域。在某些情况下，填充床可能是非均相固体催化剂，而不是惰性材料。

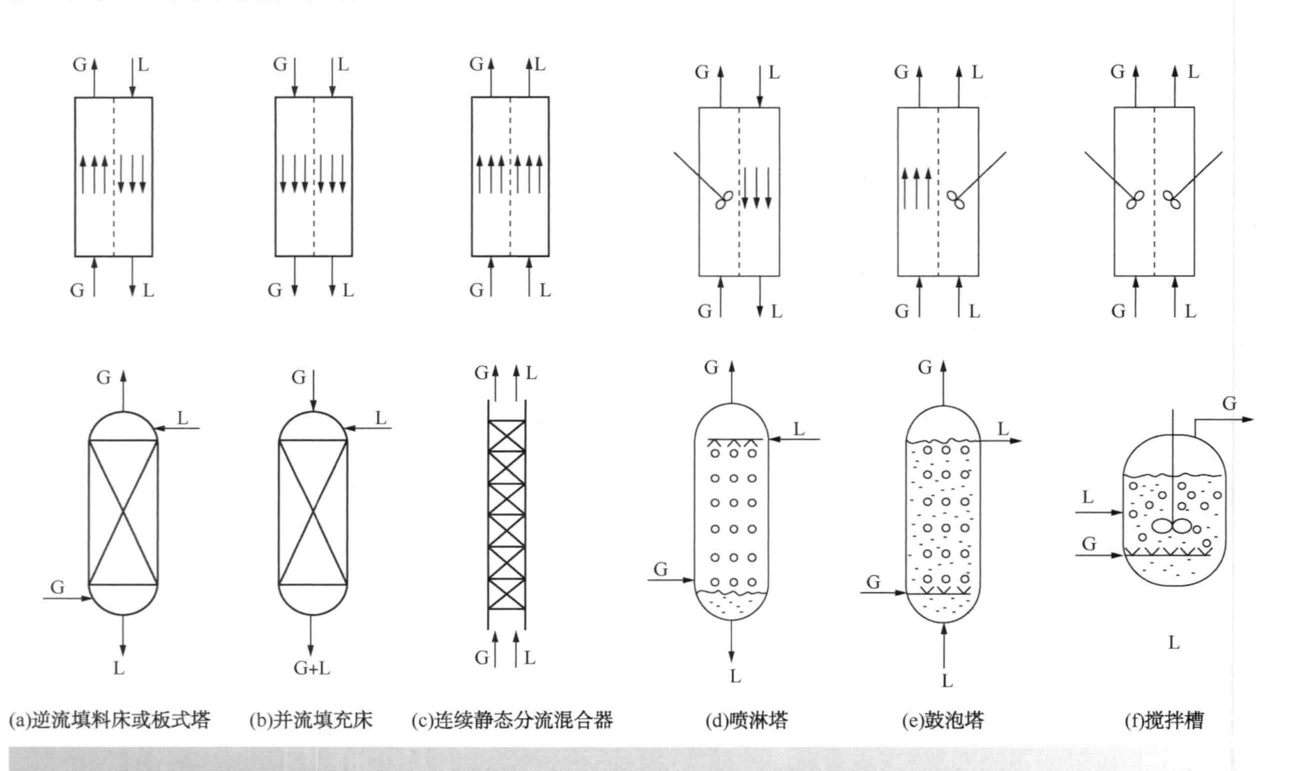

图6.4 气液反应器的接触模式

图6.4b为填充床装置，其中气体和液体中均为活塞流，但两相同时流动。一般来说，这比图6.4a中的逆流装置的性能差。但是，如果气体流量远大于液体流量，则可能需要并流装置，即滴流床反应器。这可能是一些反应涉及大量气相的多相催化剂的气液反应的情况。连续的气相和液相以薄膜和水线的形式表征流动模式。逆流接触可能是首选，但不适用于大流量气体。

为两相提供并流活塞流的另一种方法是将两相输送到包含在线静态混合器的管道中，如图6.4c所示。静态混合器的各种设计都是有用的，但当液体和气体流过时，通常通过反复改变装置内的流动方向来促进混合。这将很好地接近两相并流的活塞流。静态混合器特别适用于需要较短停留时间的情况。

图6.4d所示为喷淋柱。这近似于在气相中的混流和在液相中的活塞流，这种方式具有高的气膜传质系数和低液膜传质系数。由于液膜易于控制，此装置不适用于低溶解度气体的反应（亨利系数值大的）。喷淋塔通常比逆流填料塔的推动力低，但如果液体中含有固体，或在反应中形成固体，则可能需要喷淋塔。如果反应容易污染

填充床，出于实用性考虑，可能首选喷淋塔。

图 6.4e 所示为鼓泡塔。这近似于气相中的活塞流和液相中的全混流，这种方式具有低气膜传质系数和高液膜传质系数。由于气膜易于控制，所以不适用于与高溶解度气体(亨利系数值小的)的反应。尽管鼓泡塔的性能往往低于逆流填料床，但与填料床相比，鼓泡塔有两个优点。首先，单位反应器体积的持液率比填料床高，这使得在给定液体流速下，慢反应的停留时间更长。其次，如果液体中含有分散的固体(例如利用微生物进行的生化反应)，则填料床将迅速堵塞。缺点是，如果液体黏性很高，它将是无效的。

最后，图 6.4f 是一个搅拌槽，其中气体通过液体喷射。这近似于两相的混流行为，相对于逆流填料床，推动力较低。然而，使用喷射搅拌容器可能有实际原因。如果液体是黏性的(例如使用微生物的生化反应)，搅拌器允许气体以小气泡的形式分散，通过液体循环来保持气体和液体之间的良好接触。

在图 6.4 中的接触模式中，逆流填料床提供的传质推动力最大，搅拌槽提供的传质推动力最低。

温度对气液反应的影响比均相反应更为复杂。随着温度的升高：

- 反应速率加快；
- 气体在液体中的溶解度降低；
- 传质速率增加；
- 液相的挥发性增加，降低了方程式 6.6 中溶解气体的分压。

其中一些影响能增强总反应速率，也有其他不利的影响。这些影响的相对大小取决于所讨论的系统。更糟糕的是，如果考虑到多重反应是可逆的，并且也会产生副产物，那么第 5 章中讨论的关于温度影响的所有因素也适用于气液反应。

此外，传质也会影响选择性。例如，考虑一个由两个平行反应组成的体系，其中第二个反应产生一个不需要的副产物，并且相对于第一个反应速度较慢。溶解性气体在液膜中容易发生反应，而且不会大量扩散到液体中，在那里发生进一步反应而形成副产品。因此，在这种情况下，相之间的传质有望提高选择性。在其他情况下，预计影响很小或没有影响。

2) 液-液反应器。液-液反应的例子如有机液体的硝化和磺化。关于气液反应的许多讨论也适用于液-液反应。在液-液反应中，质量传递需要在两种不互溶的液体之间才能发生。然而，如图 6.3 所示，存在两个液膜阻力，而不是气膜阻力和液膜阻力。反应可以在单相或两相同时进行。一般来说，溶解度关系存在于单相反应中的程度是非常小的，可以忽略不计。

为了传质(以及反应)的发生，一个液相必须分散在另一个液相中。必须决定哪一相应该被分散在另一连续相中。大多数情况下，体积流量较小的液体会分散在另一种液体中。总传质系数取决于液体的物理性质和界面面积。反过来，液滴的大小和反应器中分散相的体积分数决定了界面面积。分散需要通过搅拌器或泵送液体来输入能量。分散度取决于功率输入、液体间的界面张力及其物理性质。虽然通常希望具有高界面面积，但是非常有效的分散小液滴可能导致在反应后形成难以分离的乳液。

图 6.5 是一些可用于液-液反应的装置。图 6.5a 所示的第一种装置是两种液体逆向流动的填料床。这与图 6.4a 中的气液反应相似。不只是填料床，塔板也可以用来创建两个液相之间的接触。这种装置近似于两相活塞流。

图 6.5b 所示为多级搅拌接触器，在两相中，大量级数和低反混趋于近似活塞流。然而，与活塞流的相近程度取决于详细的设计。

图 6.5c 所示为在线静态混合器。当液体被泵送通过时，通常通过反复改变混合装置内部的局部流动方向来促进分散。这非常近似于并流中两相的活塞流。与气液反应器一样，静态混合器在需要较短停留时间时特别适用。

图 6.5d 所示为轻质液体分散的喷淋塔。这近似于轻质液相中的活塞流和重质液相中的全混流行为。图 6.5e 所示为重质液体分散的喷淋塔。这近似于轻质液相中的全混流和重质液相中的活塞流行为。喷雾塔通常比逆流填料塔、多级搅拌接触器和在线静态混合器的推动力低。

图 6.5f 所示为一个搅拌槽，连接着一个沉淀池，在混合器-沉淀池装置中，在两相都是全混合流。尽管图 6.5f 是一个单级搅拌槽和沉淀池，但多个搅拌槽(每个搅拌槽后接一个沉淀池)可以

连接在一起。对于这种混合澄清器装置的级联，可以使两个液相逆向流过级联。使用的级越多，叶栅越倾向于逆流活塞流行为。与通过叶栅的逆流装置不同，可以使用横流装置，其中一个相位在通过叶栅的不同点逐渐增加和减少。如果反应受到化学平衡的限制，这种流动装置是有效的。如第 5 章所述，如果除去液体和已形成的产物，则反应的转化率会比逆流布置的转化率高。

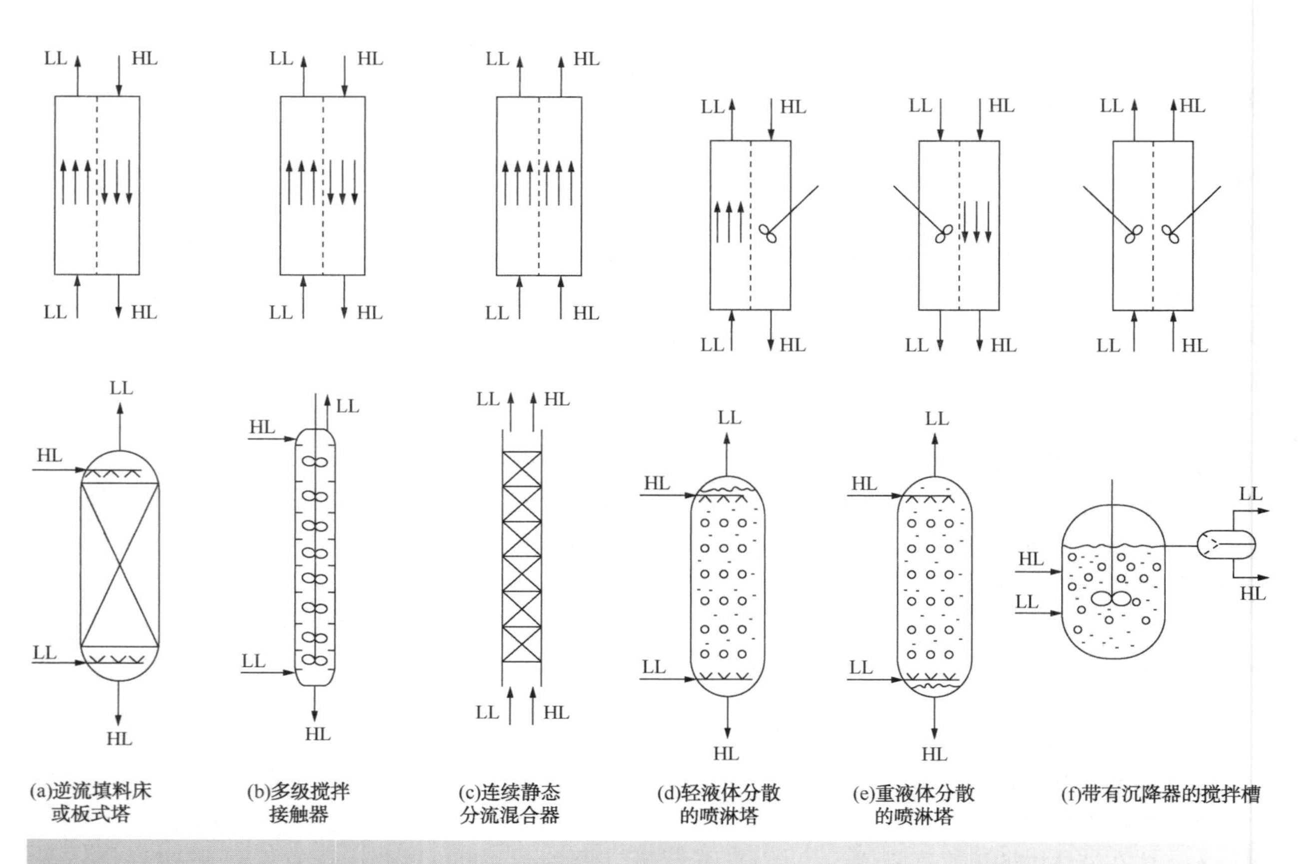

图 6.5 液-液反应器的接触模式

6.4 反应器配置

现在考虑更常见的反应器配置类型及其用法：

1）管式反应器。尽管管式反应器通常采用管的形式，但它们可以是任何仅在一个方向上有稳定运动的反应器。如果在反应进行时需要添加或除去热量，则可将管并联布置，其结构类似于管壳式换热器。反应物进入管内，冷却或加热介质在管外循环。如果需要高温或高热通量进入反应器，则要在炉子的辐射区中建造管子。

由于管式反应器近似于活塞流，因此，如果需要严格控制停留时间（如串联有多个反应的情况），则使用管式反应器。如果需要高的传热率，传热表面积与体积比可能是一个优势。通过设计传热装置，有时可以实现接近等温条件或预定的温度分布。

如前一节所述，管式反应器可用于多相反应。然而，除非使用静态管式混合器插入件，否则通常很难实现良好的相间混合。

管状装置的一个机械优势是满足高压的需要。在高压条件下，小直径圆筒需要比大直径圆筒更薄的壁。

2）搅拌釜式反应器。搅拌釜式反应器仅由搅拌釜组成，用于液体的反应。应用包括：

- 均相液相反应；
- 非均相气-液反应；

- 非均相液-液反应；
- 非均相固-液反应；
- 非均相气-固-液反应。

搅拌釜式反应器可间歇、半间歇或连续操作。在间歇或半间歇处理模式下：

- 操作更灵活，可用于可变生产速率或在同一设备上制造各种同类产品；
- 劳动力成本往往更高(尽管这在某种程度上可以通过使用计算机控制来克服)。

在连续操作中，自动控制往往更直接(更低的人工成本和更高的操作一致性)。

实际上，搅拌釜式反应器往往可以接近理想的全混流模型，只要液相不太黏稠。在均相反应中，对于某些类型的平行反应体系(见图 4.6)和通过串联反应生成副产物的所有体系，应避免使用此类反应器。

如果反应必须在高压下进行，搅拌釜式反应器将不适用。在高压条件下，小直径圆筒需要比大直径圆筒更薄的壁。在高压条件下，最好使用管式反应器，尽管多相反应的混合问题和其他因素可能是不利的。连续搅拌釜式反应器的另一个不利因素是，对于给定的转化率，相对于管式反应器，它需要大量的物料。如果反应物或产物特别危险，出于安全考虑，这是不可取的。

可通过外部夹套(图 6.6a)、内部盘管(图 6.6b)或流动回路(图 6.6c)的单独热交换器将热量传递到搅拌槽反应器或从搅拌槽反应器中去除热量。图 6.6d 所示为蒸发组分被冷凝和回流以除去热量。图 6.6d 中的变化不会将蒸发的物质回流到反应器中，但会将其作为产品去除。如第 5 章所述，用这种方法除去可逆反应的产物或副产物，可以提高平衡转化率。

6

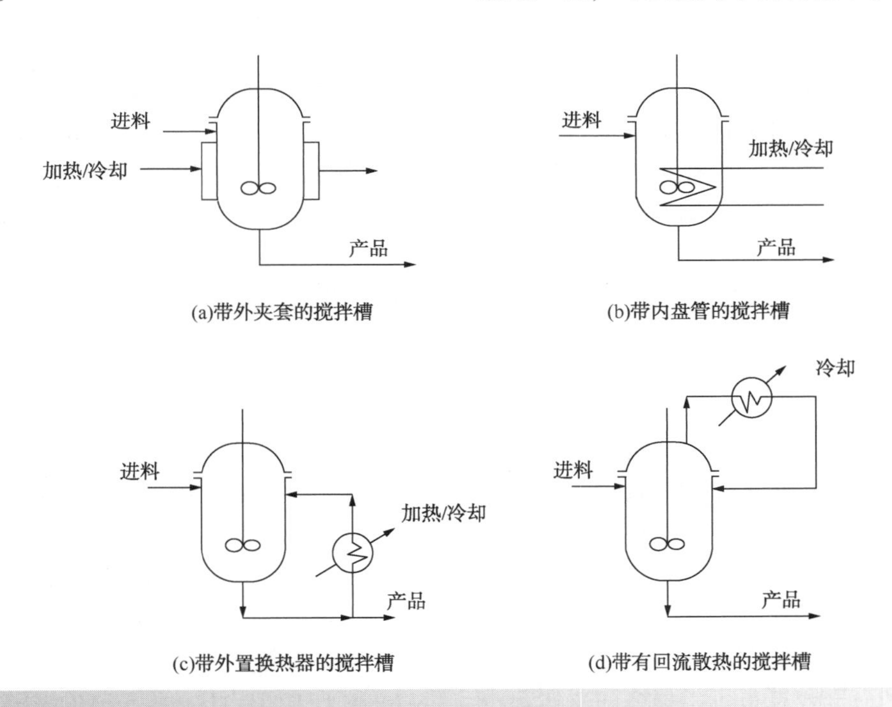

图 6.6 从搅拌槽到搅拌槽的传热

如果需要活塞流，但反应器的体积较大，则可以通过串联使用搅拌槽来实现活塞流操作，因为大体积搅拌槽通常比大体积管式装置更经济，并且也可以提供比等效管式反应器装置更好的温度控制优势。

3）固定床催化反应器。固定床催化反应器填充了固体催化剂的颗粒，大多数设计近似于活塞流。固定床催化反应器最简单的形式是采用绝热式，如图 6.7a 所示。如图 6.7b 所示，如果由于放热反应的温升较大或吸热反应的温降较大而不能采用绝热操作，则可采用冷激或热激。或者，如图 6.7c 所示，一系列具有中间冷却或加热的绝热床层可用于控制温度。加热或冷却可通过内部或外部热交换器实现。如图 6.7d 所示，可使用类似于管壳式换热器的管式反应器，其中管内装有催化剂，加热或冷却介质在管外循环。

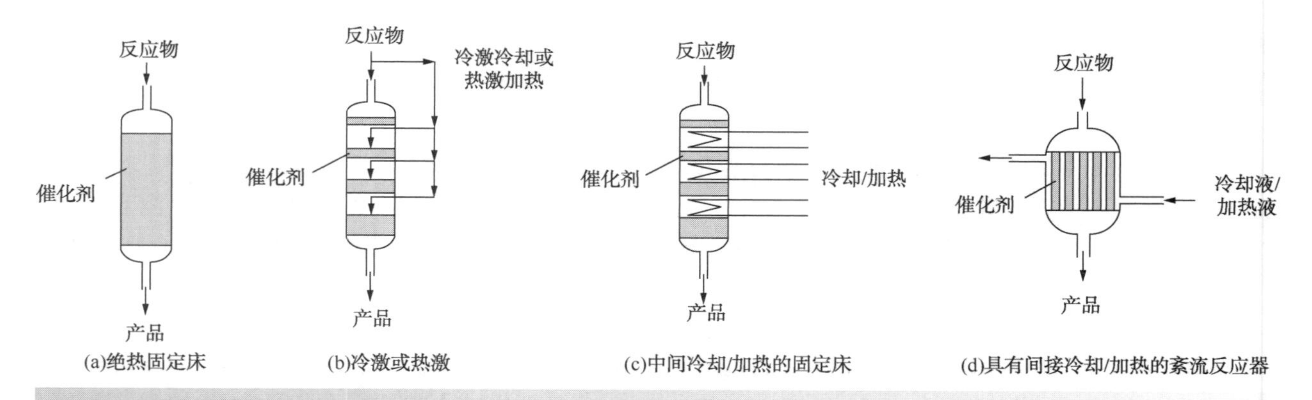

图 6.7 固定床催化反应器的传热布置

一般来说，固定床的温度控制比较困难，因为床层的热负荷是变化的。由于反应物通过催化剂孔扩散到反应发生的活性部位，催化剂颗粒内的温度可能与流经床层的反应物的整体温度有较大差异。在放热反应器中，催化剂中的温度可能会局部过高。这样的“热点”会引起副反应的发生或催化剂失活。如图 6.7d 所示的管式装置中，管的直径越小，温度控制越好。如第 6.1 节所述，温度控制问题也可以通过用过反应器的催化剂分布来克服，以平衡反应速率并实现更好的温度控制。

如果催化剂失活(例如表面形成焦炭)，则必须停止固定床装置以再生催化剂。这可能意味着暂停操作或使用备用反应器。如果使用备用反应器，则两个反应器定期切换，一个保持生产，另一个保持停产以再生催化剂。几个反应器可以这样使用，以维持接近稳定状态的整体运行。然而，如果催化剂需要频繁再生，那么固定床是不合适的，在这种情况下，移动床或流化床是首选，这将在后面讨论。

气液混合物有时在催化填料床中发生反应。第 6.3 节讨论了气液反应的不同接触方法。

4）固定床非催化反应器。固定床非催化反应器可用于气体和固体的反应。例如，可通过硫化氢与氧化铁反应从燃料气体中去除硫化氢：

$$Fe_2O_3+3H_2S \longrightarrow Fe_2S_3+3H_2O$$

氧化铁用空气再生：

$$2Fe_2S_3+3O_2 \longrightarrow 2Fe_2O_3+6S$$

两个固定床反应器可以并联使用，一个反应，另一个再生。然而，在填料床中进行这类反应有许多缺点。操作不是在稳态条件下进行的，这可能会出现控制问题。最后，必须停止固定床以更换固体。流化床(稍后讨论)通常是气固非催化反应的首选。

气体吸收设备形式的固定床反应器通常用于非催化气液反应。这里填料床只起到气体和液体良好接触的作用，过程中通常有并流和逆流操作。逆流操作的反应速率最高，但如果需要较短的液体停留时间，或气体流量太大，难以逆流操作，则首选并流操作。

例如，在吸收器中根据以下反应(Kohl and Riesenfeld，1979)，即通过与单乙醇胺反应从天然气中去除硫化氢和二氧化碳：

$$HOCH_2CH_2NH_2+H_2S \leftrightarrow HOCH_2CH_2NH_3HS$$

$$HOCH_2CH_2NH_2+CO_2+H_2O \leftrightarrow HOCH_2CH_2NH_3HCO_3$$

在汽提塔中可以发生这些反应的逆反应。向汽提塔提供热量以解吸硫化氢和二氧化碳，供进一步处理。这样，单乙醇胺可以循环使用。

5）移动床催化反应器。如果固体催化剂性能下降，固定床中催化剂失活的速率可能是不可接受的。在这种情况下，可以使用移动床反应器。这里，催化剂通过反应器和产品的进料保持运动，这使得连续移除催化剂以进行再生成为可能。炼油厂加氢裂化反应器如图 6.8a 所示。

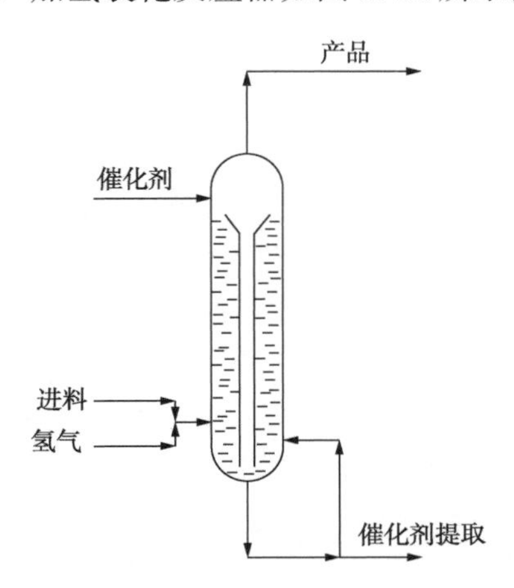

(a)移动床加氢裂化反应器

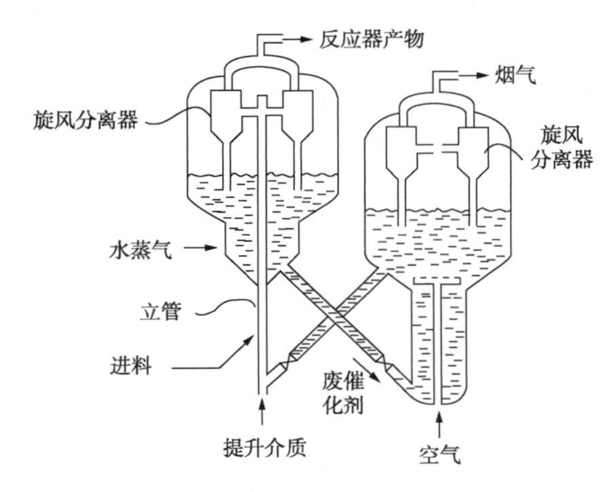

(b)流化床催化裂化反应器

图 6.8 移动床或流化床可不断地提取和再生催化剂

6）流化床催化反应器。在流化床反应器中，细颗粒状的固体物质借助向上流动的反应流体悬浮在悬浮液中。颗粒快速运动的结果是带来良好的传热和温度均匀性。这阻止了形成固定床反应器中可能出现的热点。

流化床反应器的性能不能用全混流或活塞流理想化模型来近似。固相倾向于全混流，而气泡导致气相更像活塞流。总的来说，流化床反应器的性能往往介于全混流和活塞流模型之间。

除了具有高传热率的优点外，流化床在催化剂颗粒需要频繁再生的情况下也很有优势。在这种情况下，颗粒可以从反应器床层中连续去除、再生并再循环回床层。在放热反应中，催化剂的循环可用于从反应器中除去热量，或在吸热反应中用于加热。

如前所述，流化床的一个缺点是，催化剂的磨损会导致催化剂粉末的产生，这些粉末随后会被从床层中带走并从系统中流失。这种催化剂粉末有时需要通过与冷流体混合的直接接触传热来冷却反应器流出物，因为粉末容易污染传统的热交换器。

图 6.8b 显示了炼油厂催化裂化装置的基本特征。摩尔质量较大的碳氢化合物分子在固体催化剂的作用下裂解成更小的碳氢化合物分子。液态烃进料在进入催化裂化反应器时被雾化，并与蒸汽或轻烃气流携带的催化剂颗粒混合。混合物被带上提升管，反应基本上在提升管顶部完成。然而，反应伴随着碳(焦炭)在催化剂表面的沉积。催化剂在反应器顶部与气体产物分离。气体产物离开反应器继续分离。催化剂流至再生器，其中空气在流化床中与催化剂接触。空气将沉积在催化剂表面的碳氧化，形成二氧化碳和一氧化碳。再生催化剂随后流回反应器。催化裂化反应为吸热反应，催化剂再生为放热反应。离开再生器的热催化剂为吸热裂化反应提供反应热。在这种情况下，催化剂具有催化反应和在反应器和再生器之间交换热量的双重功能。

7）流化床非催化反应器。流化床也适用于气固非催化反应。前面描述的气固催化反应的所有优点都适用于它。例如，石灰石(主要是碳酸钙)可根据以下反应在流化床反应器中加热以产生氧化钙：

$$CaCO_3 \xrightarrow{加热} CaO+CO_2$$

空气和燃料使固体颗粒流化，这些颗粒被送入床层并燃烧，以产生反应所需的高温。

8）窑炉。涉及自由流动固体、糊料和浆液材料的反应可在窑炉中进行。在回转窑中，安装一个圆柱壳，其轴线与水平面成小角度，并缓慢旋转。待反应的固体物料被送入窑的高架端，由于旋转而滚下窑。反应器行为通常近似于活塞流。高温反应需要耐火内衬钢壳，通常通过直接燃烧加热。在这种装置中进行的反应的一个例子是氟化氢的生产：

$$CaF_2+H_2SO_4 \longrightarrow 2HF+CaSO_4$$

其他设计的窑炉使用静态外壳而不是旋转外壳，并依靠机械耙移动固体材料通过反应器。

在讨论了反应器类型和操作条件的选择之后，思考两个例子。

例 6.2 需要单乙醇胺产品。这可以由环氧乙烷和氨之间的反应产生(Waddams，1978)：

$$H_2C\overset{O}{—}CH_2 + NH_3 \longrightarrow NH_2CH_2CH_2OH$$

二乙醇胺和三乙醇胺发生两个主要的二次反应：

$$NH_2CH_2CH_2OH + H_2C\overset{O}{—}CH_2 \longrightarrow NH(CH_2CH_2OH)_2$$

$$NH(CH_2CH_2OH)_2 + H_2C\overset{O}{—}CH_2 \longrightarrow N(CH_2CH_2OH)_3$$

副反应对于环氧乙烷是平行的，但是对于单乙醇胺是串联的。单乙醇胺比二乙醇胺和三乙醇胺更有价值。作为流程合成的第一步，首先选择一个反应器，相对于二乙醇胺和三乙醇胺，它将使单乙醇胺的产量最大化。

解：应尽可能避免产物二乙醇胺和三乙醇胺的生成。它们是由单乙醇胺的系列反应形成的。在全混流反应器中，主反应中形成的部分单乙醇胺可以停留较长时间，从而增加了转化为二乙醇胺和三乙醇胺的几率。理想的间歇或活塞流布置是在反应器中精准控制停留时间的首选。

对反应体系的进一步研究表明，原料氨只参与主反应，不参与副反应。考虑主要反应的速率方程：

$$r_1 = k_1 C_{EO}^{a_1} C_{NH_3}^{b_1}$$

式中 r_1——主反应速率；

k_1——主反应速率常数；

C_{EO}——反应器中环氧乙烷的摩尔浓度；

C_{NH_3}——反应器中氨的摩尔浓度；

a_1，b_1——主反应级数。

反应器中氨气过量时的操作会因$C_{NH_3}^{b_1}$条件而增加速率。然而，过量氨气的操作会降低环氧乙烷的浓度，其效果是由于 $C_{EO}^{a_1}$ 条件而降低速率。总体效果是反应速率的轻微增加还是减少取决于 a_1 和 b_1 的相对大小。现在考虑副产物反应的速率方程：

$$r_2 = k_2 C$$

$$r_3 = k_3 C_{DEA}^{a_3} C_{EO}^{b_2}$$

式中 r_2，r_3——二乙醇胺和三乙醇胺的反应速率；

k_2，k_3——二乙醇胺和三乙醇胺反应的反应速率常数；

C_{MEA}——单乙醇胺摩尔浓度；

C_{DEA}——二乙醇胺摩尔浓度；

a_2，b_2——二乙醇胺反应的反应级数；

a_3，b_3——三乙醇胺反应的反应级数。

反应器中过量的氨会降低单乙醇胺、二乙醇胺和环氧乙烷的浓度，并降低两个副反应的反应速率。

因此，反应器中过量的氨对主反应的影响不大，但会显著降低副反应的速率。使用过量的氨也可以被认为是氨的转化率较低。

使用过量的氨在实践中得到了证实(Waddams，1978)。氨与环氧乙烷的摩尔比为10：1时，生成75%的单乙醇胺、21%的二乙醇胺和4%的三乙醇胺。采用等摩尔比例，在相同的反应条件下，比例分别为12%、23%和65%。

提高选择性的另一种可能性是通过使用多个具有单乙醇胺中间分离的反应器来降低反应器中单乙醇胺的浓度。考虑到表6.3中给出的组分沸点，显然可以通过精馏进行分离。不幸的是，重复精馏操作可能非常昂贵。此外，尽管二乙醇胺和三乙醇胺的价值低于单乙醇胺，但它们仍有销售市场。因此，在这种情况下，重复的反应和分离可能是不合理的，选择的是单推流式反应器。

表 6.3 组分的沸点

组分	正常沸点/K
氨	240
环氧乙烷	284
单乙醇胺	444
二乙醇胺	542
三乙醇胺	609

反应器转换的初始设置很难确定。高转化率增加了单乙醇胺的浓度，并增加了二次反应的速率。低转化率可以降低反应器的成本，但会增加

工艺中许多其他设备的成本。因此，50%转化率的初始值可能更好。

例 6.3　叔丁基硫酸氢盐需要作为反应序列的中间体。这可以通过异丁烯和中等浓度硫酸之间的反应产生：

$$CH_3-\underset{}{\overset{CH_3}{\overset{|}{C}}}=CH_2+H_2SO_4\longrightarrow CH_3-\underset{OSO_3H}{\underset{|}{\overset{CH_3}{\overset{|}{C}}}}-CH_3$$

当叔丁基硫酸氢反应生成不需要的叔丁醇时，会发生串联反应：

$$CH_3-\underset{OSO_3H}{\underset{|}{\overset{CH_3}{\overset{|}{C}}}}-CH_3+H_2O\xrightarrow{加热}CH_3-\underset{OH}{\underset{|}{\overset{CH_3}{\overset{|}{C}}}}-CH_3+H_2SO_4$$

其他系列反应形成不需要的聚合材料。有关反应的更多信息如下：

- 主反应是快速放热的。
- 实验室研究表明，当硫酸浓度保持在63%时，反应器产率最高（Morrison and Boyd，1992）。
- 温度应保持在0℃左右，否则会产生过多的副产物（Albright and Goldsby，1977；Morrison and Boyd，1992）。

初步选择反应器。

解：要避免的副产物反应本质上都是一系列的。这表明不应使用全混流反应器，而应使用间歇或平推流反应器。

然而，实验室数据似乎表明，保持反应器中的恒定浓度对保持反应器中63%的硫酸是有益的。严格的温度控制也很重要。这两个因素表明全混流反应器是合适的。这里存在一个矛盾，如何同时保持一个明确的停留时间和一个恒定的硫酸浓度？

采用间歇式反应器，随着反应的进行，可以通过添加浓硫酸来保持硫酸的恒定浓度，即半间歇操作。可以保持系统的良好温度控制。

通过选择使用连续反应器而不是间歇反应器，可以使用一系列全混流反应器来接近平推流行为。这同样允许在反应过程中添加浓硫酸，类似于图4.6中一些平行系统的建议。将反应器分解成一系列的全混流反应器也可以实现良好的温度控制。

反应器转换的初始设定同样困难。副产物反应的系列性质表明，50%的值可能与现阶段的建议值一样好。

6.5　非均相固体催化反应的反应器配置

涉及固体负载催化剂的非均相反应是一类重要的反应器，需要特别考虑。如前一节所述，此类反应器可采用不同方式配置：

- 固定床绝热；
- 中间冷激或热激的固定床绝热；
- 间接加热或冷却的管；
- 移动床；
- 流化床。

其中，固定床绝热反应器的投资成本最低。管式反应器比固定床绝热反应器贵，移动床和流化床的投资成本最高。反应器结构的选择通常取决于催化剂的失活特性。

如果催化剂的失活时间很短，则需要使用移动床或流化床反应器，以便催化剂可以连续提取、再生并返回反应器。如图6.8b所示，前面讨论了炼油厂催化裂化的例子，其中催化剂从提升管中的反应区快速移动到再生区。在这里，催化剂在几秒钟内就会失活，必须迅速从反应器中取出并再生。如果失活速度较慢，则可使用移动床，如图6.8a所示。这使得催化剂能够被连续地移除、再生并返回反应器。如果催化剂失活较慢，大约一年或更长时间，则可以使用固定床绝热反应器或管式反应器。这样的反应器必须暂停设备运行才能再生催化剂。多个反应器可以与备用反应器一起使用，这样其中一个反应器就可以停止运行以再生催化剂，同时保持工艺的运行。然而，设备费用与备用反应器相关。

因此，设计者的目标应该是尽可能使用固定床绝热反应器。可以对反应器的条件和催化剂的设计加以控制，以尽量减少催化剂失活。反应器入口温度、压力、进料中反应物的组成、催化剂的形状和尺寸、惰性催化剂的混合物、催化剂颗粒内活性物质的分布、热发射、冷发射和进料中惰性气体的引入都可以通过这个目标来操作。通常需要在反应器大小、选择性和催化剂失活以及与其余过程的相互作用之间进行权衡。如果需要间接加热或冷却控制温度，则应考虑管式反应器，并随传热特性操纵相同的变量。如果其他一切方法都失败了，则需要考虑连续催化再生(提升管、流化床和移动床)。

6.6 反应器配置——总结

在选择反应器时，首先考虑的通常是原材料的效率(考虑到材料的结构、安全性等)。原材料成本通常是整个过程中最重要的成本。此外，原材料的任何低效使用都有可能产生废物造成环境问题。以下方式会造成反应器中原材料使用效率低下。

- 如果转化率低，未反应的原料很难分离和回收。
- 形成了无用的副产品。有时，副产品本身有价值；有时，它只有作为燃料的价值。有时，这是一种负担，需要在昂贵的废物处理过程中处理。
- 进料中的杂质会发生反应，形成额外的副产品。最好通过在反应前净化进料来避免这种情况。

反应器的温度控制可通过以下方式实现：

- 冷激和热激；
- 间接传热；
- 热载体；
- 催化剂的使用。

此外，通常必须对反应器流出物进行淬火，以快速停止反应或避免传统传热设备出现问题。

催化剂降解可能是反应器配置选择中的主要问题，取决于失活速率。缓慢的失活可通过定期停机和再生或更换催化剂来处理。如果不可行，那么备用反应器可以用来维持运行。如果失活很快，那么移动床和流化床反应器可能是唯一的选择，在移动床和流化床反应器中，催化剂被不断地去除以进行再生。

在处理气液反应和液液反应时，传质与反应同样重要。

常规设计的反应器配置可分为：

- 管状；
- 搅拌槽；
- 固定床催化；
- 固定床非催化；
- 移动床催化；
- 流化床催化；
- 流化床非催化；
- 窑炉。

在整个流程中，反应器设计中的决策往往是最重要的。反应器的设计通常与工艺的其余部分有强烈的相互作用。因此，当工艺设计进一步发展时，必须回到反应器设计的决策上来，以了解这些决策的全部后果。

6.7 习题

1. 氯苯是由苯和氯反应生成的。许多次级反应会形成不需要的副产物：

$$C_6H_6+Cl_2 \longrightarrow C_6H_5Cl+HCl$$

$$C_6H_5Cl+Cl_2 \longrightarrow C_6H_4Cl_2+HCl$$

$$C_6H_5Cl_2+Cl_2 \longrightarrow C_6H_3Cl_3+HCl$$

初步选择反应器类型

2. 1000kmol A 和 2000kmol B 在 400K 下反应形成 C 和 D，根据可逆反应：

$$A+B \rightleftharpoons C+D$$

反应发生在气相中。组分 C 为所需产物，400K 时的平衡常数为 $K_a=1$。假设理想气体行为，计算平衡转化率，并解释采用反应器时，从反应混合物中连续除去 C 以保持其低分压可获得什么好处。

3. 组分 A 和 G 通过三个同时发生的反应形成三种产物，一种是理想的(D)，两种是不理想的(U 和 W)。这些气相反应及其相应的速率定律如下所示。

所需产品：

$$A+G \longrightarrow D$$

$$r_D=0.0156\exp\left[18200\left(\frac{1}{300}-\frac{1}{T}\right)\right]C_AC_G$$

第一副产品：

$$A+G \longrightarrow U$$

$$r_U=0.0234\exp\left[17850\left(\frac{1}{300}-\frac{1}{T}\right)\right]C_A^{1.5}C_G$$

第二副产品：

$$A+G \longrightarrow W$$

$$r_W = 0.0588\exp\left[3500\left(\frac{1}{300}-\frac{1}{T}\right)\right]C_A^{0.5}C_G$$

T 是温度(K)，C_A 和 C_G 是 A 和 G 的浓度。

目的是选择使 D 的产率最大的条件。

① 选择适合给定反应动力学的反应器类型。

② 有人建议引入惰性材料。惰性物质对产量有什么影响？

③ 评估在高温或低温下操作反应器是否可以提高产率。

④ 评估是否可以通过在高压或低压下操作反应器来提高产率。

4. 纯反应物 A 在 330K 下被送入绝热反应器，在那里它可逆地转化为有用的产物 B：

$$A \leftrightarrow B$$

反应器使反应混合物在出口温度达到平衡。反应是放热的，平衡常数 K_a 由下式给出：

$$K_a = 120000\exp\left[-20.0\left(\frac{T-298}{T}\right)\right]$$

式中　T 是温度，单位为 K。反应热是 $-60000\text{kJ}\cdot\text{kmol}^{-1}$，A 和 B 的比热容为 $190\text{kJ}\cdot\text{kmol}^{-1}\cdot\text{K}^{-1}$。

① 使用焓平衡计算反应混合物的温度，作为转化率的函数。绘制沿反应器长度的温度曲线。

② 计算出口温度和平衡转化率。

③ 需要从体积为 V 的不同反应器中选择一个绝热反应器、两个绝热反应器串联或三个绝热反应器串联。哪种转化率更高转换？

5. 在乙烯与乙醇的反应中：

$$CH_2=CH_2+H_2O \rightleftharpoons CH_3—CH_2—OH$$

发生副反应，生成乙醚：

$$2CH_3—CH_2—OH \rightleftharpoons CH_3CH_2—O—CH_2CH_3+H_2O$$

① 将初步选择反应器作为第一步，反应器如何能够最大限度地提高对所需产品的选择性？

② 这个反应器的操作压力是多少？

③ 反应器进料中过量的水(蒸汽)将如何影响反应器的选择性？

参　考　文　献

Albright LF and Goldsby AR (1977) *Industrial and Laboratory Alkylations, ACS Symposium Series No. 55*, ACS, Washington DC.

Butt JB and Petersen EE (1988) *Activation, Deactivation and Poisoning of Catalysts*, Academic Press.

Hougen OA, Watson KM and Ragatz RA (1954) *Chemical Process Principles. Part I: Material and Energy Balances*, 2nd Edition, John Wiley & Sons.

Kohl AL and Riesenfeld FC (1979) *Gas Purification*, Gulf Publishing Company.

Morrison RT and Boyd RN (1992) *Organic Chemistry*, 6th Edition, Prentice-Hall.

Poling BE, Prausnitz JM and O'Connell JP (2001) *The Properties of Gases and Liquids*, 5th Edition, McGraw-Hill.

Rase HF (1990) *Fixed-Bed Reactor Design and Diagnostics – Gas Phase Reactions*, Butterworths.

Supp E (1973) Technology of Lurgi's Low Pressure Methanol Process, *Chem Tech*, **3**: 430.

Waddams AL (1978) *Chemicals from Petroleum*, John Murray.

Wijngaarden RJ, Kronberg A and Westerterp KR (1998) *Industrial Catalysis – Optimizing Catalysts and Processes*, Wiley-VCH.

第7章　非均相混合物的分离

7.1　均相与非均相分离

制定了反应器的初始规格后，将注意力转向反应器流出物的分离。在某些情况下，可能需要在反应器之前进行预分离以净化原料。无论是在反应器前后，总体分离任务可能需要分解成若干中间分离任务。现在考虑选择分离任务的分隔位置。在后面的第10，11和14章中，将考虑如何将分离任务连接在一起并连接到反应器。与反应器一样，重点放在分离器的选择上，以及其初步规格，而不是其详细设计。

选择不同类型的反应器时，从反应器性能的角度考虑连续反应器和间歇反应器(连续平推流反应器和理想间歇式反应器在停留时间方面相同)。如果选择间歇式反应器，则通常会影响反应器流出物的分离器的选择，其也要采用间歇操作的模式，尽管情况并非总是如此，因为中间储存可用于克服反应随时间的变化。间歇分离将在第16章介绍。

如果要分离的混合物是均匀的，则只能通过系统内生成另一相或加入质量分离剂。例如，如果蒸汽混合物离开反应器，则可以通过部分冷凝产生另一相。由部分冷凝产生的蒸汽含有更多的挥发性组分而液体含有不易挥发的组分，从而实现分离。或者，不是产生另一相，可以加入质量分离剂。回到反应器分离蒸汽混合物的例子，一种液体溶剂可以与蒸汽混合物接触，作为一种质量分离剂，优先溶解混合物中的一种或多种组分。需要进一步的分离以使溶剂与工艺材料分离以便再循环溶剂等。可以利用许多物理性质来实现均匀混合物的分离(King，1980；Rousseau，1987)

如果非均相或多相混合物需要分离，则可以通过利用不同相之间的密度差实现物理分离。非均相混合物的不同相之间的分离应在均相分离之前进行。相分离往往更容易，应该先考虑非均相分离。可能进行的相分离是：

- 气-液(或汽液)；
- 气-固(或汽固)；
- 液-液(不混溶)；
- 液-固；
- 固-固。

全面的研究超出了本文的范围，有许多好的研究可参考(Foust et al.，1980；King，1980；Rousseau，1987；Walas，1988；Coulson et al.，1991；Schweitzer，1997)。

分离非均相混合物的主要方法是：

- 沉降和沉积；
- 惯性和离心分离；
- 静电沉淀；
- 过滤；
- 洗涤；
- 浮选；
- 干燥。

7.2　沉降和沉积

在沉降过程中，颗粒通过重力作用从流体中分离出来。颗粒可以是液滴或固体颗粒，流体可以是气体、蒸汽或液体。

图7.1a所示为一种用于通过重力分离汽-液混合物的简单装置。通过容器的气体或蒸汽的速度必须小于液滴的沉降速度。

当颗粒由于重力作用沉降时，它将加速沉降直到流体的摩擦阻力和浮力的合力和与其方向相反的重力达到平衡。如果这个颗粒被看作是刚性球体，则在终端速度，得出一个力平衡(Ludwig，

1977；Coulson et al.，1991；Geankopolis，1993；Schweitzer，1997）：

$$\rho_P\frac{\pi d^3}{6}g=\rho_F\frac{\pi d^3}{6}g+c_D\frac{\pi d^2}{4}\frac{\rho_F v_T^2}{2} \quad (7.1)$$

式中　ρ_P——颗粒的密度，$kg \cdot m^{-3}$；

ρ_F——流体的密度，$kg \cdot m^{-3}$；

d——颗粒直径，m；

g——重力加速度，$9.81 m \cdot s^{-2}$；

c_D——阻力系数；

v_T——终端沉降速度，$m \cdot s^{-1}$。

重新整理方程式7.1给出：

$$v_T=\sqrt{\left(\frac{4gd}{3c_D}\right)\left(\frac{\rho_P-\rho_F}{\rho_F}\right)} \quad (7.2)$$

通常，方程式7.2可以写成：

$$v_T=K_T\sqrt{\frac{\rho_P-\rho_F}{\rho_F}} \quad (7.3)$$

其中，K_T为终端速度参数（$m \cdot s^{-1}$）。

如果假定为刚性球体颗粒，然后从式7.2和式7.3（Ludwig，1977；Coulsonetal.，1991；Geankopolis，1993；Schweitzer，1997）得：

$$K_T=\left(\frac{4gd}{3c_D}\right)^{1/2} \quad (7.4)$$

然而，在方程式7.3中，K_T可以找到更普遍的相关性。如果除了假定颗粒是刚性球体之外，在层流区域中流动，即斯托克定律区域，其雷诺数小于1（可以应用到雷诺数到2也不会有太多误差）：

$$c_D=\frac{24}{Re}=\frac{24}{dv_T\rho_F/\mu_F} \quad 0<Re<2 \quad (7.5)$$

式中　Re——雷诺数；

μ_F——流体黏度，$kg \cdot m^{-1} \cdot s^{-1}$。

将方程7.5代入方程7.2得到：

$$v_T=\frac{g\,d^2(\rho_P-\rho_F)}{18\mu_F} \quad 0<Re<2 \quad (7.6)$$

应用公式7.6时，有一个默认的假设，即在沉降器中没有湍流。在实际操作中，任何湍流的存在都意味着基于方程7.6的沉降装置的效率将低于预测值。

雷诺数大于2时，方程式7.5将低估阻力系数，从而高估沉降速度。此外，对于$Re>2$，必须使用经验表达式（Geankopolis，1993）：

$$c_D=\frac{18.5}{Re^{0.6}} \quad 2<Re<500 \quad (7.7)$$

将方程7.7代入方程7.2得到：

$$v_T=\left[\frac{gd^{1.6}(\rho_P-\rho_F)}{13.875\rho_F^{0.4}\mu_F^{0.6}}\right]^{0.7143} \quad 2<Re<500 \quad (7.8)$$

对于较高的Re值（Geankopolis，1993）：

$$c_D=0.445 \quad 00<Re<200000 \quad (7.9)$$

将方程7.9带入方程7.2得到：

$$v_T=\sqrt{\frac{gd(\rho_P-\rho_F)}{3.03\rho_F}} \quad 500<Re<200,000 \quad (7.10)$$

当设计图7.1a类型的沉降装置时，装置中的最大允许速度必须小于终端沉降速度。应用方程式7.6～式7.10必须已知颗粒的直径。对于气-液和汽-液分离，有一个颗粒液滴尺寸范围。在这样一个简单的装置中分离出直径小于100μm的液滴通常是不实际的。因此，图7.1a所示类型的简单沉降装置的设计通常被认为是一种容器，其中气体（或蒸汽）的速度是直径为100μm的液滴的终端沉降速度（Woods，1995；Schweitzer，1997）。

通过在分离区域的顶部安装网垫可以将较小的液滴聚结成较大的液滴，从而可以提高气-液（或汽-液）混合物的分离。如果这样做，那么方程式7.3中的K_T通常规定为$0.11 m \cdot s^{-1}$，尽管这会将真空系统的较小值降至$0.06 m \cdot s^{-1}$（Ludwig，1977）。

图7.1所示为用于从另一个液相中除去分散液相的简单重力沉淀器或滗析器。水平速度必须足够低以允许低密度液滴从容器的底部上升到界面并且聚结，高密度液滴沉降到界面并聚结。基于连续相的速度应小于分散相液滴的终端沉降速度来设计滗析器的尺寸。连续相的速度可以根据沉降阶段之间的界面区域估算（Ludwig，1977；Woods，1995；Schweitzer，1997）：

$$v_{CP}=\frac{F_{CP}}{A_i} \quad (7.11)$$

式中　v_{CP}——连续相速度，$m \cdot s^{-1}$；

F_{CP}——连续相的体积流量，$m^3 \cdot s^{-1}$；

A_I——滗析器的界面面积，m^2。

终端沉降速度由公式7.6或公式7.8给出。

7

滗析器通常设计为 150μm 的液滴尺寸(Woods, 1995；Schweitzer, 1997)，但可以设计用于低至 100μm 的液滴。小于 20μm 的液滴的分散体趋向于稳定。在聚结之前界面处收集的液滴带不应该延伸到容器的底部。通常占至少 10%的滗析器高度(Schweitzer, 1997)

使用一个空容器，但是可以使用水平挡板来减少湍流并且通过分散相优先润湿固体表面来帮助聚结。更复杂的聚结方法包括在容器中使用网垫或使用电场来促进聚结，化学添加剂也可用于促进聚结。

图 7.1c 是一个重力沉降室的示意图，气体、蒸汽或液体和固体颗粒的混合物从隔室的一端进入，颗粒在底部沉淀。再次说明，该装置是根据颗粒的终端沉降速度确定的。对于气-固颗粒分离，固体颗粒的大小比目前讨论的其他类型更可能被得到。颗粒数据可从图 7.1c 所示的简单沉降设备中得到(Dullien, 1989)。

$$\eta=\frac{h}{H} \tag{7.12}$$

式中 η——收集效率；

h——颗粒在设备停留时间内的沉降距离，m；

H——设备沉降区的高度，m。

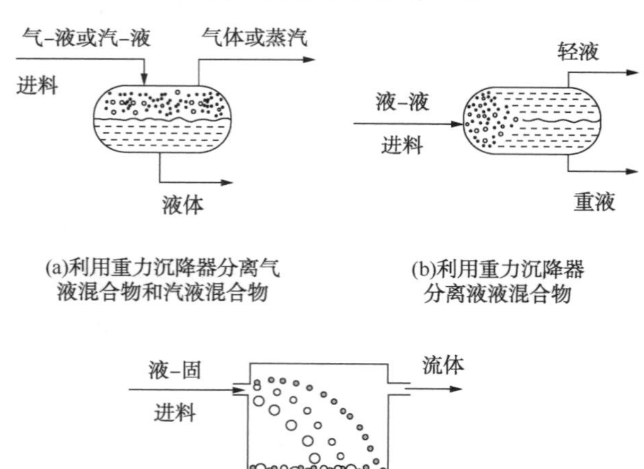

(a)利用重力沉降器分离气液混合物和汽液混合物

(b)利用重力沉降器分离液液混合物

(c)利用重力沉降器分离液-固混合物

图 7.1 用于分离异种混合物的沉降过程

当高浓度的颗粒沉降时，周围的颗粒会干扰单个颗粒。这点在液体中沉降高浓度的固体颗粒时是特别重要的。对于这种受阻的沉降，可以修改公式 7.6 中的黏度和流体密度项以修正这一情况。容器的壁也会影响到沉降(Coulson, et al., 1991；Woods, 1995)。

当用诸如图 7.1c 所示的重力沉降装置分离水和细固体颗粒的混合物时，通常在这种操作中向混合物中加入絮凝剂以辅助沉降过程。该试剂具有中和粒子上的电荷使其彼此排斥并保持分散的作用。其作用是形成聚集体或絮凝物，因为它们的尺寸较大，沉降较快。

悬浮固体颗粒通过重力沉淀从液体中分离出来形成一种澄清的液体和高固体含量的浆液即沉淀。图 7.2 所示为一种称为浓缩机的沉淀装置，其主要功能是产生浓缩程度更大的浆料。图 7.2 中的浆料从液体表面下方罐的中心进料。清液从罐顶部溢出。缓慢旋转的耙将沉渣缓慢地聚拢到底部中央排出，同时有助于形成浓缩程度更大的浆料。同样，在这种操作中将絮凝剂添加到混合物中以辅助沉降过程是很常见的。当沉淀的主要功能是从液体中除去固体而不是产生浓缩程度更大的固-液混合物时，这时该装置被称为澄清器。澄清器通常在设计上与增浓器相似。

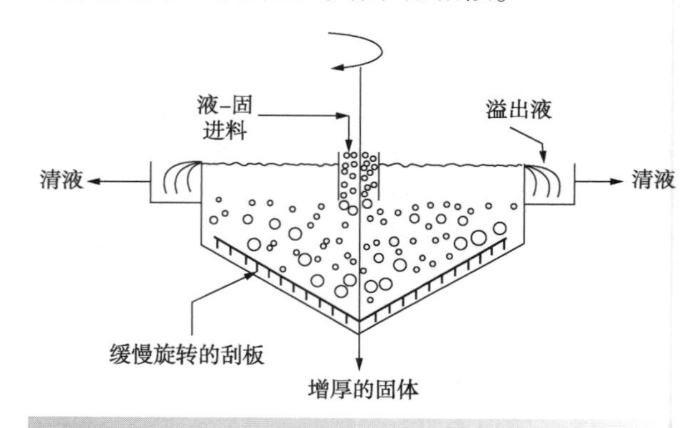

图 7.2 用于液固分离的增稠机

图 7.3 所示为一种简单的分类器。在图 7.3 的装置中，一个大型储罐被细分为几个部分。悬浮在罐内的气体、蒸汽或液体中的一定尺寸的固体颗粒。较大的、较快沉降的颗粒沉降到靠近入口的底部，较慢沉降的颗粒沉降到靠近出口的底部。储罐中垂直挡板可以对几个不同部分的组分进行收集。

这种分类装置可用于在不同固体混合物的固固相分离。首先将颗粒混合物悬浮在流体中，然后在类似于图 7.3 的装置中分离成不同大小或密度的部分。

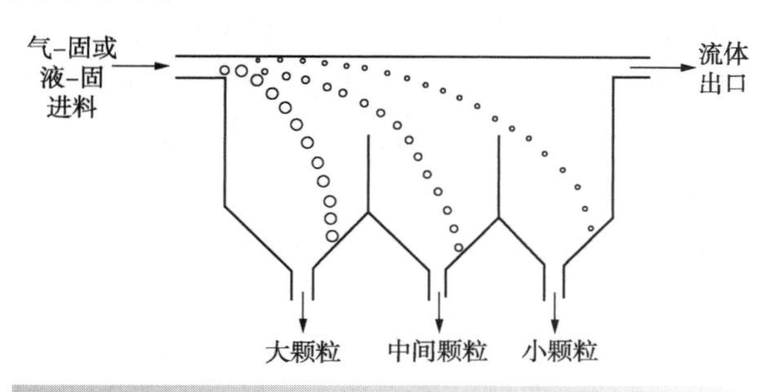

图 7.3　简单的重力降尘室

例 7.1　将尺寸大于 100 微米的固体颗粒与沉降室中的较大颗粒分离。气体流量为 $8.5m^3 \cdot s^{-1}$，气体密度为 $0.94kg \cdot m^3$，气体黏度为 $2.18 \times 10^{-5} kg \cdot m^{-1} \cdot s^{-1}$，颗粒密度为 $2780kg \cdot m^3$。

① 假设颗粒是球形的，计算其沉降速度。

② 如果沉降室为箱形，有一个矩形横截面用于气体流动。如果沉降室的长度和宽度是相等的，那么沉降室的尺寸为多少才能 100% 去除大于 100μm 的颗粒？

解：

① 首先假设沉降是在斯托克定律

$$v_T = \frac{gd^2(\rho_P - \rho_F)}{18\mu_F}$$

$$= \frac{9.81 \times (100 \times 10^{-6})^2 \times (2780 - 0.94)}{18 \times 2.18 \times 10^{-5}}$$

$$= 0.69m \cdot s^{-1}$$

检验雷诺数

$$Re = \frac{d\,v_T \rho_F}{\mu_F}$$

$$= \frac{100 \times 10^{-6} \times 0.69 \times 0.94}{2.18 \times 10^{-5}}$$

$$= 3.0$$

这超出了斯托克定律的有效性范围，虽然与方程式 7.8 的预测相比，这些误差不会太严重。

$$v_T = \frac{gd^{1.6}(\rho_P - \rho_F)}{13.875\,\rho_F^{0.4}\mu_F^{0.6}}^{0.7143}$$

$$= \left\{\frac{9.81 \times (100 \times 10^{-6})^{1.6} \times (2780 - 0.94)}{13.875 \times 0.94^{0.4} \times (2.18 \times 10^{-5})^{0.6}}\right\}^{0.7143}$$

$$= 0.61m \cdot s^{-1}$$

② 颗粒的 100% 分离

$$\tau = \frac{H}{v_T}$$

式中　τ——在沉降器中的平均滞留时间；

H——沉降室的高度。

同时　$$\tau = \frac{V}{F} = \frac{LBH}{F}$$

式中　V——沉降室的体积；

F——体积流量；

L——沉降室的长度；

B——沉降室的宽度。

假设 $L = B$，然后

$$\frac{H}{v_T} = \frac{L^2 H}{F} \tag{7.13}$$

其中 $L = \sqrt{\frac{F}{v_T}} = \sqrt{\frac{7.5}{0.61}} = 3.51m \cdot s^{-1}$

根据方程式 7.13，原则上可以选择任何高度。如果选择较大的高度，则可以将颗粒进一步沉降，但会有更长的停留时间。如果选择较小的高度，则颗粒的行程距离较短，停留时间也较短。为了降低投资成本，应选择较小的高度。然而，通过沉降室的体积速度不应该太高；否则将会发生沉降颗粒的二次扬尘。气体的最大平均体积速度通常保持在约 $5m \cdot s^{-1}$ 以下（Dullien, 1989）。此外，出于对设备进行维护和人员进入设备的考虑，最低高度约为 1m。如果高度为 1m，则平均体积速度为 $F/LH = 2.1m \cdot s^{-1}$，这应该是合理的。

例 7.2　将含有 $5kg \cdot s^{-1}$ 碳氢化合物和 $0.5kg \cdot s^{-1}$ 水的液-液混合物在滗析器中分离。物理性质见表 7.1。

表 7.1　例 7.2 的物性参数数据

	密度/$kg \cdot m^{-3}$	黏度/$kg \cdot m^{-1} \cdot s^{-1}$
碳氢化合物	730	8.1×10^{-4}
水	993	8.0×10^{-4}

解：假设一个液滴的大小为 150μm。在 Stoke's Law 区域流动

$$v_T = \frac{9.81 \times (150 \times 10^{-6})^2 \times (993 - 730)}{18 \times 8.1 \times 10^{-4}}$$

$$= 0.0040m \cdot s^{-1}$$

核对雷诺数

$$Re=\frac{730\times150\times10^{-6}\times0.0040}{8.1\times10^{-4}}$$

$$=0.54$$

由等式7.10可得

$$v_{CP}=\frac{F_{CP}}{A_I}=v_T$$

$$0.0040=\frac{5.0}{730\times A_I}$$

$$A_I=1.712m^2$$

其中，$A_I=DL$，D为滗析器的直径，L为滗析器的长度。

假设$3D=L$

$$A_I=\frac{L^2}{3}$$

$$L=\sqrt{3A_I}=2.27m$$

$$D=L/3=0.76m$$

检验可能夹带在分散相(水)中的连续相(碳氢化合物)液滴。然后：

$$水相速度=\frac{0.5}{993\times1.712}=2.94\times10^{-4}m\cdot s^{-1}$$

水相速度夹带的碳氢化合物液滴直径

$$v_T=-2.94\times10^{-4}m\cdot s^{-1}$$

$$d=\sqrt{\frac{18v_T\mu_F}{g(\rho_P-\rho_F)}}$$

$$=\sqrt{\frac{18\times-2.94\times10^{-4}\times8.0\times10^{-4}}{9.81\times(730-993)}}$$

$$=0.4\times10^{-6}m$$

只有小于0.4μm的碳氢化合物液滴被夹带。

7.3 惯性和离心分离

在上述方法中，颗粒通过重力作用与流体分离。有时由于颗粒和流体密度接近，重力分离可能太慢，这是因为小的颗粒尺寸或者在液-液分离的情况下形成稳定的乳液导致了低的沉降速度。

惯性或动量分离器通过给颗粒向下的动量，加上重力提高了气-固沉降装置的效率。图7.4所示为惯性分离器的三种可能类型。也有许多其他装置(Svarovsky，1981；Dullien，1989)。用于气固分离的惯性分离器的设计通常以收集效率曲线为基础，如图7.5所示。该曲线是通过实验获得的，并且给出了该设备给定尺寸颗粒预期收集比例。随着粒径的减小，收集效率降低。标准设计的收集效率曲线已经公布(Ludwig，1977)，但最好使用设备供应商提供的数据。

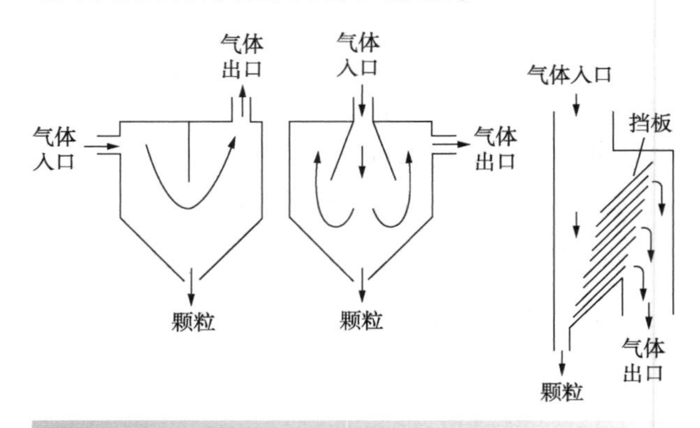

图7.4 简单的重力降尘室

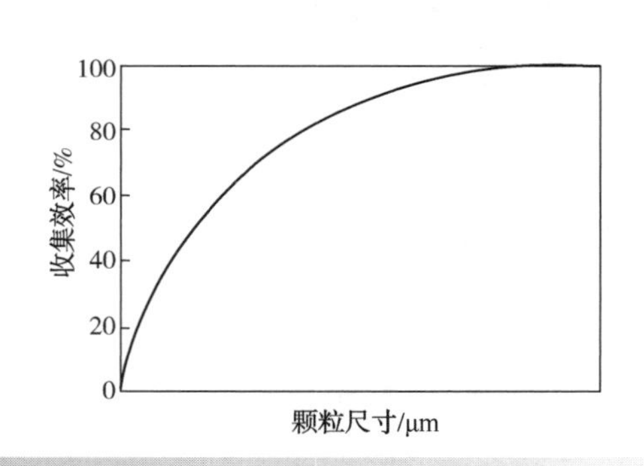

图7.5 收集效率曲线

离心分离器进一步采用了惯性分离器的概念，利用了这样一个原理，即一个物体在与该点保持恒定径向距离的情况下绕轴旋转时，受到了力的作用。离心力的使用增加了作用在颗粒上的力。在重力沉降器中不容易沉降的颗粒通常可以通过离心力与流体分离。

最简单的离心装置是旋风分离器，用于从气体或蒸汽中分离固体颗粒或液滴(图7.6)。它由一个底部为圆锥形的垂直圆柱体组成，通过流体的运动产生离心力。混合物通过靠近顶部的切向入口进入，旋转运动产生的离心力将密集的颗粒抛向器壁。进入的流体在邻近的器壁上螺旋向下流动。当流体到达锥体的底部时，它在锥体和圆柱体的中心处由下而上做小的螺旋运动。运动方向相同。密度大的颗粒被抛向器壁并落下，留在锥体的底部。

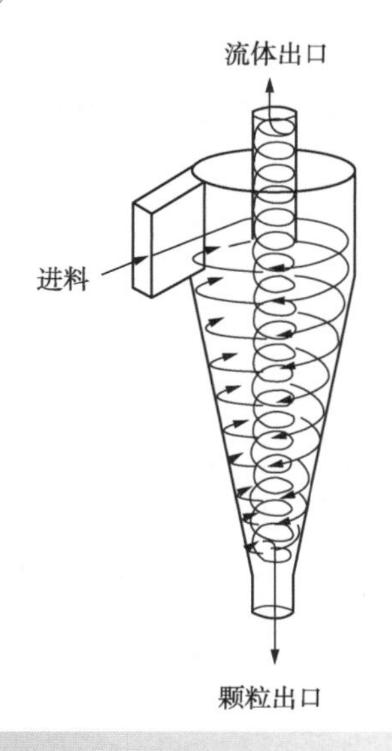

图 7.6　旋风分离器

旋风分离器的设计通常基于收集效率曲线，如图 7.5 所示（Svarovsky，1981；Dullien，1989）。根据已发表的标准尺寸旋风分离器曲线，可以使用缩放参数将其缩放到不同的尺寸（Svarovsky，1981；Dullien，1989）。同样地，最好使用设备制造商提供的曲线。标准设计倾向于在实际中使用，并且在处理大流量时采用多单元串联。

相同的原理可以用于从液体中分离固体的水力旋流器。尽管原理是相同的，但无论是气体还是蒸汽从液体中分离出来，旋风分离器的几何形状都会相应改变。水力旋流器也可用于分离不混溶液体的混合物，例如油水混合物。对于油和水的分离，水比油更致密，可以通过离心力抛向器壁从圆锥形底部排出。油从顶部排出。同样地，水力旋流器的设计通常基于收集效率曲线，例如图 7.5 所示的水力旋流器，其中使用标准设计，在处理大流量时采用多单元串联。

图 7.7 是离心机，其中转鼓旋转产生了离心力。在图 7.7a 中，转鼓带动进料旋转，液-固混合物进料从中心进入。原料被抛向容器的器壁。颗粒水平向外沉降。不同的方法可以从转鼓中去除固体。在图 7.7b 中，两种不同密度的液体被离心机分离。由于密度大的流体离心力大，所以密度大的流体占据了外边缘。

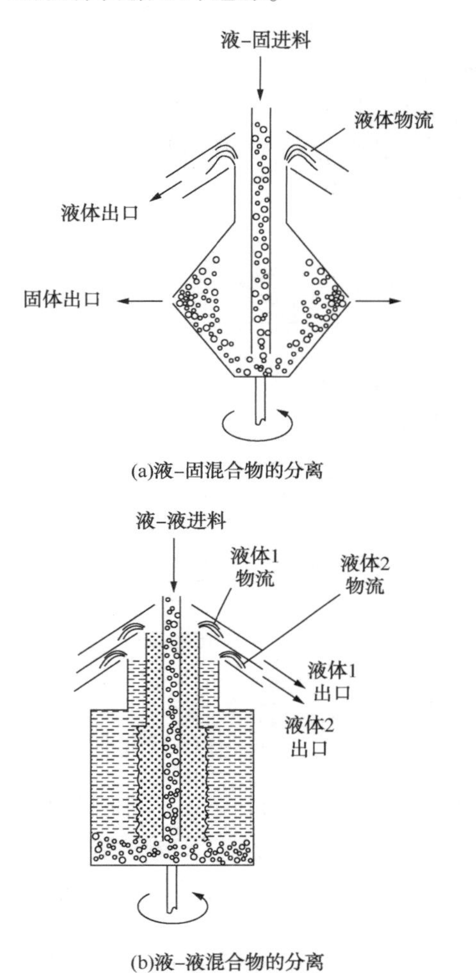

图 7.7　离心机利用旋转的圆柱体来产生离心力

7.4　静电沉淀

静电除尘器通常用于分离气流中易离子化的微粒物质（Ludwig，1977；Dullien，1989；Schweitzer，1997）。这是通过在导线或栅格与收集板之间施加高压产生静电场来实现的，如图 7.9所示。在带负电荷的电极周围形成一个电晕。当载有颗粒的气流通过该空间时，电晕电离气体中的分子，例如存在于气流中的 O_2 和 CO_2。这些带电分子将自身附着在微粒物质上，从而给微粒充电。带相反电荷收集板吸引这些微粒。颗粒收集在板上，并通过机械振动收集板清除掉落到设备底部的颗粒。当分离具有高电阻率的微粒时，静电除尘器是最有效的。根据设计和操作温度的不同，操作电压通常在25~45kV 变化或更高。静电除尘器的应用通常仅限于从大量气体中分离固体或液体微粒。初步设计可基于收集效率曲线，如图 7.5 所示（Ludwig，1977）。

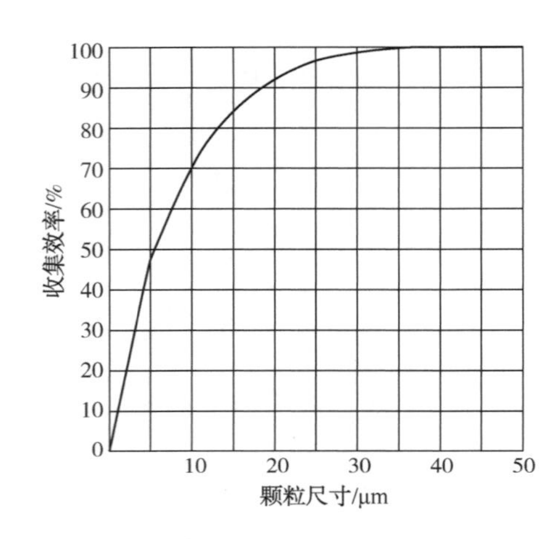

图 7.8 分离效率曲线

例 7.3 用旋风分离器清洁干燥器的排气口。气体流量为 $60m^3 \cdot s^{-1}$，固体密度为 $2700kg \cdot m^{-3}$，固体浓度为 $10g \cdot m^{-3}$。固体的尺寸分布见表 7.2。

表 7.2 例 7.3 颗粒尺寸分布

颗粒尺寸/μm	质量百分比小于/%
50	90
40	86
30	80
20	70
10	45
5	25
2	10

图 7.8 为所采用旋风分离器设计的收集效率曲线，计算出固体颗粒的去除率和最终出口浓度。

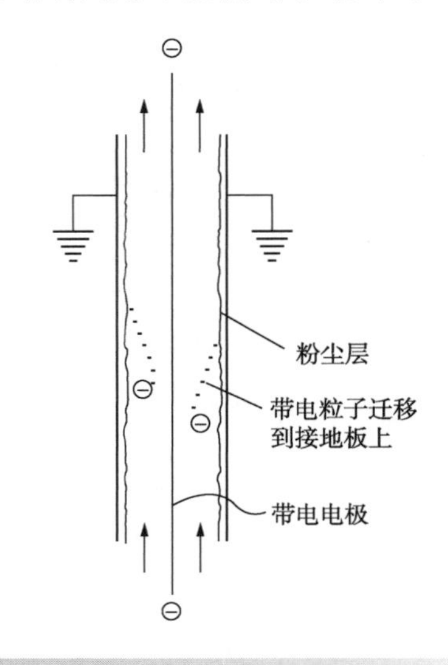

图 7.9 静电降尘

解：首先划分颗粒尺寸范围，平均大小的收集效率适用范围如表 7.3 所示。

总收集效率为 69.5%，出口固体颗粒浓度为 $3.05g \cdot m^{-3}$。

表 7.3 例 7.3 的收集效率

粒径范围/μm	范围内的百分比/%	平均尺寸效率/%	总效率/%	出口	
				分数范围	出口/%
>50	10	100	10	0	0
40~50	4	100	4	0	0
30~40	6	99	5.9	0.1	0.3
20~30	10	96	9.6	0.4	1.3
10~20	25	83	20.8	4.2	13.8
5~10	5~10	60	12.0	8.0	26.2
2~5	15	41	6.2	8.8	28.9
0~2	10	10	1.0	9.0	29.5
			69.5	30.5	100.0

7.5 过滤

在过滤中，气体、蒸汽或者液体中的悬浮颗粒可以用多孔介质来过滤，过滤后留下颗粒物，允许流体(滤液)通过多孔介质。固体被留在过滤介质的表面，称为滤饼过滤。固体被留在过滤介质中，称为深层过滤。过滤介质可以以多种方式布置。

图7.10所示为滤饼过滤的四个实例，其中过滤介质是天然或人造纤维布。在不同的装置中，过滤介质甚至可以是陶瓷或金属。图7.10a所示为板框式过滤器中用于固体颗粒与液体分离的滤布。图7.10b所示为套管或烛形物的滤布。对于从气体中分离固体颗粒这种装置是常见的，并且被称为袋式过滤器。当颗粒积聚在套管的内部时，该装置会定期脱机，反转流动以回收过滤的颗粒。为了从气体中分离固体颗粒，可以使用常规的过滤介质，传统的过滤介质可以达到250℃左右。陶瓷或金属(例如不锈钢烧结羊毛)过滤介质可用于250~1000℃及更高的温度。高温介质的清洗需要脱机，并施加压力脉冲以回收过滤后的颗粒。图7.10c是用于分离液体中固体颗粒的浆料的旋转带，图7.10d是旋转滚筒，滚筒通过浆料旋转。在这两种情况下，通过产生真空来诱导液体的流动。当从液体中过滤固体时，如果对滤饼的要求不高时，可以在混合物中加入助滤剂(多孔固体颗粒)以帮助过滤。当从液体中过滤固体时，通常在过滤的上游使用增稠剂以在过滤之前浓缩混合物。

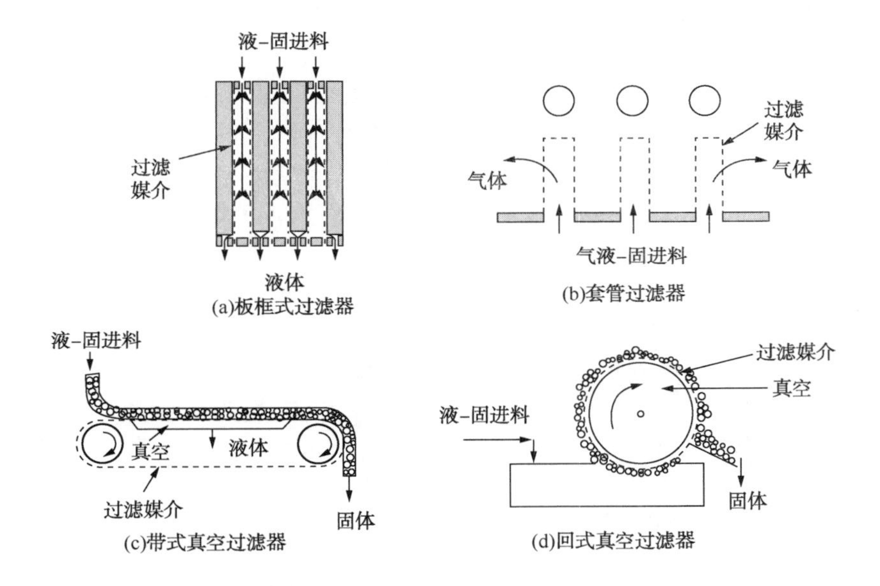

图7.10 多种过滤方式

当从液体滤液中分离固体颗粒时，如果固体滤饼是产品而不是废弃物，则通常洗涤滤饼以从滤饼中除去残留的滤液。过滤后滤饼的洗涤是通过置换和扩散进行处理。

可以使用在支撑网格上由颗粒状固体层组成的粒状介质而不是使用滤布。向下流动的混合物导致固体颗粒被捕获在介质中。这种深床过滤器常用于从大量的液体中除去少量的固体，释放床层捕获的固体颗粒，流动周期性地逆转，导致床膨胀释放被捕获的颗粒。这种反冲洗需要大约3%的回洗。

目前所述的液固过滤方法可以将颗粒分离成约10μm的尺寸，对于需要分离的较小颗粒，可以使用多孔聚合物膜。微滤的方法将颗粒保持在约0.05μm的尺寸。使用膜的压差为$(1\sim5)\times10^5$Pa。两个最常见的装置是螺旋缠绕和中空纤维。在螺旋缠绕装置中，用于分离原料和滤液的平膜片卷绕成螺旋并插入压力容器中。也就是说，中空纤维是在压力容器中以类似于管壳式换热器串联排列的圆柱形膜。从壳侧进料，渗透物通过膜到中空纤维的中心。影响滤液通过膜通量的主要因素是沉积物在过滤器表面上的积累。当颗粒沉积在过滤介质的表面时，颗粒具有方向性，这在滤饼过滤系统中是常见的。然而，在微滤的情况下，表面沉积导致滤液的通量随时间而降低。为了在微滤中改善这种效果，可以使用交叉流动，其中在进料的膜表面上诱导高速率的剪切。过滤介质表面的速度越高，滤液通量下降越低。即使膜的表面有明显的速度，也可能是由于膜的结垢而引起膜的劣化。需要定期冲洗或清洁膜才能解决这一问题。清洁方法取决于污垢的类型、膜的构型和膜对清洁剂的抵抗力。在最简单的情况下，逆流(反吹)能够去除表面沉积物。在最坏的情况下，可能需要清洁剂如氢氧化钠。微滤用于涂布工艺，油水分离，生物细胞与液体分离等回收涂料。

7.6 洗涤

分离气固混合物时，用液体(通常为水)洗涤可以增强颗粒的收集。图 7.11 所示为三种可能的洗涤器设计。图 7.11a 所示为一个与吸收塔类似的填充塔。虽然这可能是有效的，但它却有一个问题，那就是填充物可能被固体颗粒堵塞。也可以使用类似于精馏塔或吸收塔的多孔板塔。和填充柱一样，塔板也会遇到堵塞问题。相比之下，图 7.11b 使用的喷雾系统不易污染。图 7.11b 的设计使用了切向入口创建漩涡以增强分离。图 7.11c 所示的设计使用了一个文丘里管。液体被注入到文丘里管的喉部，此处气体的速度最高。气体将注入的水加速到气体速度，并将液滴分解成相对细的喷雾。这些颗粒随后被微小的液滴捕获。文丘里洗涤器可以达到非常高的收集效率。文丘里洗涤器的主要问题是设备的高压损失。与其他固体分离装置一样，可以使用如图 7.5 所示的收集效率曲线(Ludwig，1977)进行初步设计。

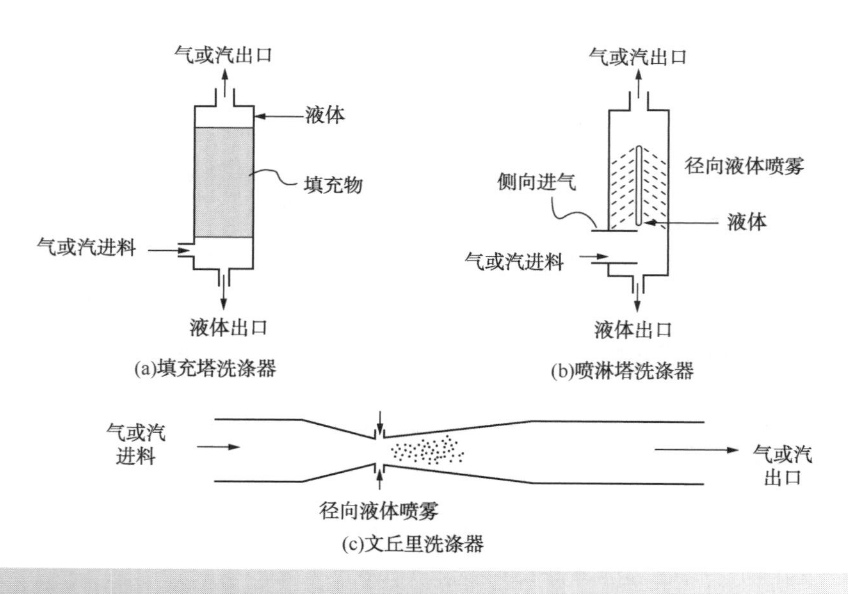

图 7.11 各种洗涤器设计可用于分离固体气体或蒸气

7.7 浮选

浮选是利用颗粒表面性质差异的重力分离过程。气泡在液体中产生并附着到固体颗粒或不混溶的液滴上，使颗粒或液滴上升到表面。它用于分离分散在液体中的固体颗粒的混合物、已经分散在液体中的固体颗粒或细碎的不混溶液滴的液-液混合物。使用的液体通常是水，如果固体或不混溶液体的颗粒是疏水性的(例如分散在水中的油滴)，则它们将附着在气泡上。

气体气泡可以通过三种方法产生：

① 分散，其中气泡是通过某种形式的喷射系统直接喷射的；

② 在压力下溶解在液体中，然后通过降低压力在浮选槽中释放；

③ 液体的电解。

浮选是一种重要的矿物加工技术，用于分离不同类型的矿石。当用于分离固体-固体混合物时，将该材料研磨成足够小的颗粒以释放要回收的化学物质粒子。然后将固体颗粒的混合物分散在浮选介质中，通常是水。再将混合物送入浮选池，如图 7.12a 所示。此时，气体也被供给到池中，气泡附着到固体颗粒上，从而使它们浮到液体的表面。固体颗粒通过溢流堰或机械刮板从表面收集。固体颗粒的分离取决于不同种类和不同表面性质，使得一种物质优先附着于气泡。为了满足浮选工艺的各种要求，可以在浮选介质中添加多种化学物质：

① 添加改性剂以控制分离的 pH。可以是酸、石灰、氢氧化钠等。

② 捕集剂是一种防水的试剂，被添加以优先吸附到某种固体表面上。涂覆或部分涂覆某种固体的表面使得固体更具疏水性，并增加其附着于气泡的倾向。

③ 活化剂用于“活化”收集器的矿物表面。

④ 抑制剂用于优先附着于一种固体上以减少其疏水性并降低其附着于气泡的倾向。

⑤ 起泡剂是在浮选介质中添加的表面活性剂，以产生泡沫，协助分离。

浮选也用于从水中分离低密度固体颗粒(例如纸浆)和从油-水混合物中分离油滴。如果颗粒是天然疏水的，则不需要添加试剂，例如油-水混合物的情况下，因为油是天然疏水的。

当从水中分离低密度固体颗粒或油滴时，最常用的方法是溶气浮选。一个典型的装置如图 7.12b 所示，为从某单元流出的水再循环过程，空气在此过程中的压力下溶解。然后再循环的压力减少，溶液中的空气以细气泡的薄雾形式释放出来。然后将其与进入该单元的原料混合。低密度材料在气泡的帮助下漂浮到表面并被除去。

7

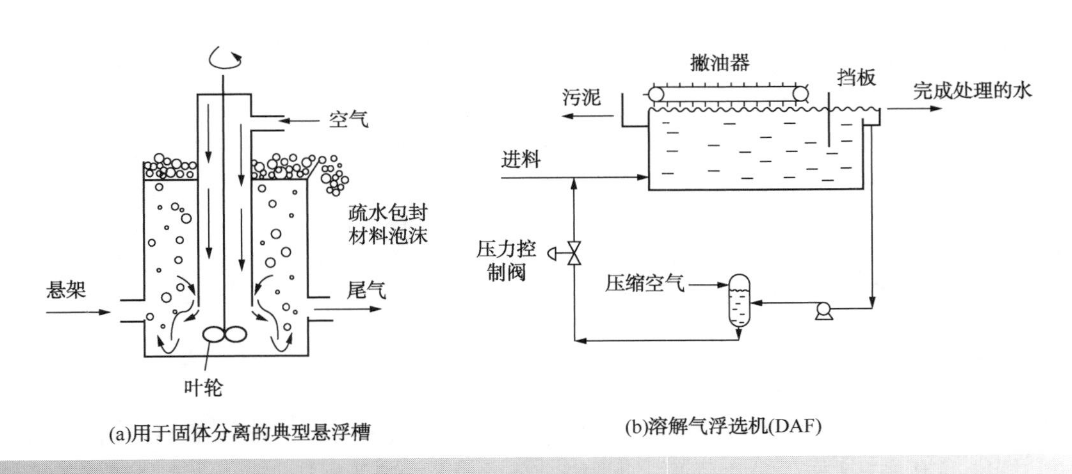

图 7.12 浮选设备

7.8 干燥

干燥是指通过精馏，蒸发甚至物理分离(例如离心机)的一系列方法从物质中除去水分。这里，仅考虑通过热量即热干燥将进入热气流(通常为空气)的固体中除去水分。一些用于除去水的设备也可用于固体中有机液体的去除。

用于过程工业的四种常见的热干燥器类型如图 7.13 所示。

1) 隧道式干燥机如图 7.13a 所示。托盘或输送带上的湿原料通过隧道，用热空气进行干燥。

气流可以是逆流、顺流或两者的混合。两种方法通常用在产品不自由流动的情况下。

2）旋转干燥机如图7.13b所示。这里，以水平方向小角度安装的圆筒形壳体以低速旋转。湿料在较高端原料并在重力作用下流动。干燥发生在空气流中，可以是逆流或顺流。可以直接通过干燥器气体或间接地通过干燥器壳体加热。当原料可自由流动时，通常使用这种方法。由于干燥机停留时间长，旋转式干燥机不适合对热量特别敏感的原料。

3）鼓式干燥机如图7.13c所示。它包括一个加热金属辊。当辊旋转时，一层液体或浆料被干燥。最终，干燥固体从辊上被刮掉。该产品以片状形式脱落。鼓式干燥机适用于处理泥浆或细小悬浮颗粒，适用于低、中等生产量。

4）喷雾干燥机如图7.13d所示。将液体或浆液溶液喷洒成细液滴进入到热气流中。干燥器的进料必须是可通过泵输送，以获得雾化器所需的高压力。产品往往是轻质、多孔的颗粒。喷雾干燥器的一个重要优点是产品在短时间内暴露于热气中。此外，即使在存在热气体的情况下，喷雾中液体的蒸发会使产品保持低温度。因此，喷雾干燥器特别适用于对热分解敏感的产品，如食品。

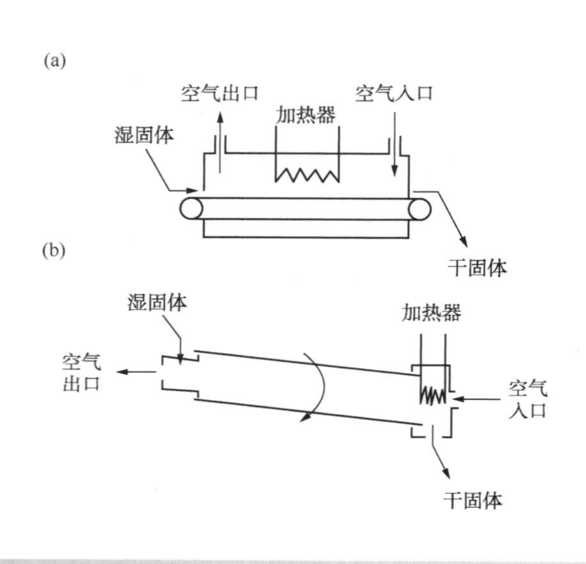

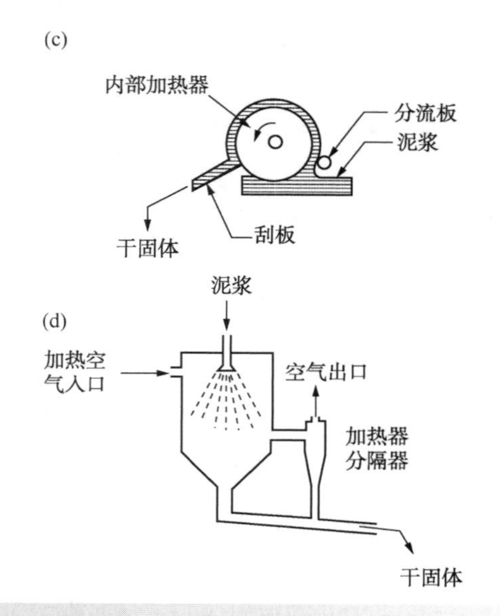

图7.13 四种常见的热驱动干燥机

另一类重要的干燥机是流化床干燥器。一些设计将喷雾和流化床干燥器结合起来。干燥器的选择通常是基于实用性，如材料的处理特性、产品分解、产品物理形式(例如，是否需要一种多孔粒状材料)等。此外，干燥效率可用于比较不同干燥机设计的性能。其定义如下：

$$干燥效率=\frac{蒸发热}{总的热量消耗} \tag{7.14}$$

如果消耗的总热量来自外部设施(例如主蒸汽)，那么高效率是可取的，即使可能以高成本为代价。然而，如果消耗的热量是通过在该过程中从其他地方回收的，如第21章所讨论的那样，那么干燥器效率的比较就变得不那么有意义。

7.9 非均相混合物的分离——总结

对于非均相或多相混合物的分离，通常可以通过相分离来实现。这种相分离应在均相分离之前进行。相分离往往更容易，优先进行。

用于分离非均质混合物的最简单的装置是利用沉降沉淀装置中的重力。通过这种装置流体的速度必须小于要分离颗粒的最终沉降速度。当高浓度的颗粒沉降时，周围的颗粒会干扰单个颗粒，沉降会受到阻碍。将分散的液相与另一液相分离可以在滗析器中进行。滗析器的尺寸是基于连续相的速度小于分散相的液滴沉降速度来确定的。

如果重力不足以实现分离，则可以利用惯性、离心力或静电力来提高分离效率。

在过滤中，混合物通过多孔介质时将颗粒留下而使液体通过，从而除去气体、蒸汽或液体中的悬浮固体颗粒。

分离气固混合物时，用液体(通常为水)洗涤可以增加颗粒的收集。浮选是利用颗粒表面性质差异的重力分离过程。气泡在液体中产生并附着到固体颗粒或不混溶的液滴上，可以使颗粒或液滴上升到表面。

热干燥可用于将进入热气流(通常为空气)中的固体的水分除去。许多类型的干燥器是可用的，可以根据它们的热效率进行比较。

为了分离气固混合物，根据从实验性能得到的收集效率曲线，对惯性分离器、旋风分离器、静电除尘器、洗涤器和几种类型的过滤器进行了初步设计。

在这个设计阶段，不能尝试进行任何优化。

7.10　习题

1. 用重力沉降器从 $1.6\text{m}^3\cdot\text{s}^{-1}$ 的气体中分离小于 75μm 的颗粒。颗粒密度为 $2100\text{kg}\cdot\text{m}^{-3}$。气体的密度为 $1.18\text{kg}\cdot\text{m}^{-3}$，且黏度为 $1.85\times10^{-5}\text{kg}\cdot\text{m}^{-1}\cdot\text{s}^{-1}$。假设矩形横截面的长度是宽度的两倍，估计沉降室的尺寸。

2. 当分离圆筒中的液-液混合物时，为什么通常水平安装圆筒比竖直安装要好?

3. 将含有 $6\text{kg}\cdot\text{s}^{-1}$ 的水和 $0.5\text{kg}\cdot\text{s}^{-1}$ 夹带油的液-液混合物在滗析器中分离。流体性质见表 7.4。

表 7.4　例题 7.3 的液体性质

	密度/$\text{kg}\cdot\text{m}^{-3}$	黏度/$\text{kg}\cdot\text{m}^{-1}\cdot\text{s}^{-1}$
水	993	0.8×10^{-3}
油	890	3.5×10^{-3}

假设水为连续相，滗水器为一个长：直径为 3：1 的水平滚筒且滚筒中心有一个界面，估计分离小于 150μm 水滴滗水器的尺寸。

4. 在练习 3 中，假设界面在滚筒的中心。如果界面较低，使得滚筒的界面长度是直径的 50%，则如何改变设计?

5. 蒸汽和液氨的混合物在一个垂直安装的圆柱形容器中分离，圆柱形容器带有一个用以辅助分离的网垫。蒸汽的流量为 $0.3\text{m}^3\cdot\text{s}^{-1}$。液体密度为 $648\text{kg}\cdot\text{m}^{-3}$，蒸气密度为 $2.71\text{kg}\cdot\text{m}^{-3}$。假设 $K_T=0.11\text{m}\cdot\text{s}^{-1}$，估计容器所需的直径。

6. 重力沉降器的尺寸为宽 1m，高 1m，长度为 3m。用于将 $1.6\text{m}^3\cdot\text{s}^{-1}$ 的固体颗粒从气体中分离。颗粒的密度为 $2100\text{kg}\cdot\text{m}^{-3}$。气体的密度为 $1.18\text{kg}\cdot\text{m}^{-3}$，且其黏度为 $1.85\times10^{-5}\text{kg}\cdot\text{m}^{-1}\cdot\text{s}^{-1}$。绘制一个从 0 到 50μm 的颗粒沉降的近似收集效率曲线。

7. 表 7.5 为气流中固体颗粒的大小分布。

表 7.5　颗粒大小分布

颗粒大小/μm	质量的百分比(小于)/%
30	95
20	90
10	70
5	30
2	20

气体流量为 $10\text{m}^3\cdot\text{s}^{-1}$，固体浓度为 $12\text{g}\cdot\text{m}^{-3}$。颗粒将在一个具有如图 7.14 所示的收集效率曲线的洗涤器中分离。估计出口气体的总收集效率和固体浓度。

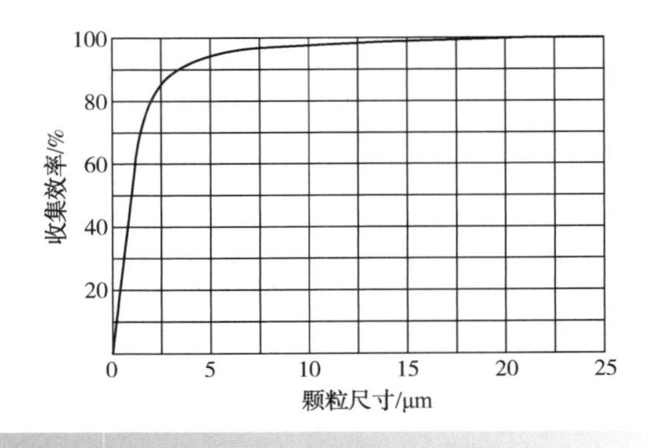

图 7.14　收集效率曲线

参 考 文 献

Coulson JM and Richardson JF with Backhurst JR and Harker JH (1991) *Chemical Engineering*, Vol. **2**, 4th Edition, Butterworth Heinemann.

Dullien FAL (1989) *Introduction to Industrial Gas Cleaning*, Academic Press.

Foust AS, Wenzel LA, Clump CW, Maus L and Anderson LB (1980) *Principles of Unit Operations*, John Wiley & Sons, Inc., New York.

Geankopolis CJ (1993) *Transport Processes and Unit Operations*, 3rd Edition, Prentice Hall.

King CJ (1980) *Separation Processes*, 2nd Edition, McGraw-Hill, New York.

Ludwig EE (1977) *Applied Process Design for Chemical and Petrochemical Plants*, 2nd Edition, Gulf Publishing Company, Houston.

Rousseau RW (1987) *Handbook of Separation Process Technology*, John Wiley & Sons, Inc., New York.

Schweitzer PA (1997) *Handbook of Separation Process Techniques for Chemical Engineers*, 3rd Edition, McGraw-Hill, New York.

Svarovsky L (1981) *Solid–Gas Separation*, Elsevier Scientific, New York.

Walas SM (1988) *Chemical Process Equipment Selection and Design*, Butterworths.

Woods DR (1995) *Process Design and Engineering Practice*, Prentice Hall, New Jersey.

第8章　均相流体混合物的分离I—精馏

如上一章所述，均匀流体混合物的分离必须产生或加入新相。由于是均相液体混合物，若这种液体混合物发生部分蒸发则会产生另一相，并且蒸汽中易挥发的组分(较低沸点的组分)含量更高。液体中的难挥发的组分(即较高沸点的组分)含量更高。如果体系达到平衡，则汽相和液相之间的组分分布由汽-液平衡决定。原则上，所有组分都可以存在于两相中。

另一方面，不是部分汽化液体，起始点可能是汽相中组分的均匀混合物和部分冷凝的蒸汽。在这种情况下会发生一次分离，在形成的液体中难挥发组分的含量更高，而气相中易挥发组分的含量更高。同样，若体系达到平衡，汽相和液相之间的组分分布由气-液平衡决定。

蒸馏涉及均相液体混合物的反复蒸发和冷凝。在一些情况下，单级蒸发或冷凝可以达到有效的分离。然而，首先要考虑汽-液平衡。

8.1　汽-液平衡

对于相互接触并达到平衡的汽相和液相，K值与汽相和液相摩尔分数相关(见附录A)：

$$K_i=\frac{y_i}{x_i}=\frac{\phi_i^{\mathrm{L}}}{\phi_i^{\mathrm{V}}} \tag{8.1}$$

式中　K_i——组分i的K值；

y_i——汽相中组分i的摩尔分数；

x_i——液相中组分i的摩尔分数；

ϕ_i^{L}——液相逸度系数；

ϕ_i^{V}——汽相逸度系数。

方程8.1定义了汽相和液相摩尔分数之间的关系，提供了基于状态方程计算汽液平衡的基础。热力学模型中的ϕ_i^{L}、ϕ_i^{L}可从状态方程式得到(见附录A)。液相活度系数模型也可以作为汽液平衡计算的依据(见附录A)。

$$K_i=\frac{y_i}{x_i}=\frac{\gamma_i P_i^{\mathrm{SAT}}}{\phi_i^{\mathrm{V}} P} \tag{8.2}$$

式中　γ_i——液相活度系数；

P_i^{SAT}——液体饱和蒸气压。

在式8.2中，热力学模型中需要的ϕ_i^{V}(来自状态方程)、γ_i由液相活度系数模型得到。一些重要的模型参见附录A。在常压下，气相认为是理想气体。对于理想气体，公式8.2简化为：

$$K_i=\frac{y_i}{x_i}=\frac{\gamma_i P_i^{\mathrm{SAT}}}{P} \tag{8.3}$$

- 当液相为理想溶液时：
- 所有分子的大小相同；
- 所有的分子作用力都相等。

混合物的性质仅取决于混合物中纯组分的性质。异构体的混合物，如邻、间和对二甲苯混合物，以及同系列的相邻组分，如正己烷、正庚烷以及苯、甲苯混合物，会产生近似理想状态的液相行为。

这种情况下，$\gamma_i=1$、公式8.3简化为：

$$K_i=\frac{y_i}{x_i}=\frac{P_i^{\mathrm{SAT}}}{P} \tag{8.4}$$

这就是拉乌尔定律，表示理想的气相和液相行为。

相关性方程可将组分蒸汽压力与温度关联起来。最常用方程之一是安托因方程(见附录A)：

$$\ln P^{\mathrm{SAT}}=A-\frac{B}{C+T} \tag{8.5}$$

其中A，B和C是通过相关实验数据确定的。提出了安托万方程的扩展形式(Poling，Prausnitz and O´Connell，2001)。在使用相关的蒸汽压力数据时，不能使用与数据相关的温度范围之外的相关系数，否则会导致很大的误差。

比较方程 8.3 和方程 8.4，液相非线性的特征在于活度系数 γ_i。当 $\gamma_i=1$ 时是理想状态。如果 $\gamma_i \neq 1$，那么 γ_i 的值可以用于表征非理想状态：

- $\gamma_i>1$ 表示与拉乌尔定律的正偏差；
- $\gamma_i<1$ 表示与拉乌尔定律的负偏差。

图 8.1 中给出了二元混合物中不同类别的非理想性。图 8.1a 说明了拉乌尔定律。拉乌尔定律指出，溶液中组分的平衡分压与该组分的摩尔分数成比例。因此，在图 8.1a 中，随着组分 A 摩尔分数的增加，组分 A 的分压线性增加。同时，组分 B 的分压线性降低。各组分的分压导致混合物的蒸汽压随摩尔分数线性变化。拉乌尔定律的偏离特点是活度系数不等于 1。当活度系数大于 1，拉乌尔定律产生正偏差，系统中各组分的分子相互排斥，并产生比理想行为更高的分压。如图 8.1b 所示，当活度系数小于 1 时，系统中的组分分子通过分子间相互作用力相互吸引，产生比理想行为更低的分压。如图 8.1c 所示，当分离的组分在极性上表现出极大的差异时，就会出现偏离拉乌尔定律的现象。

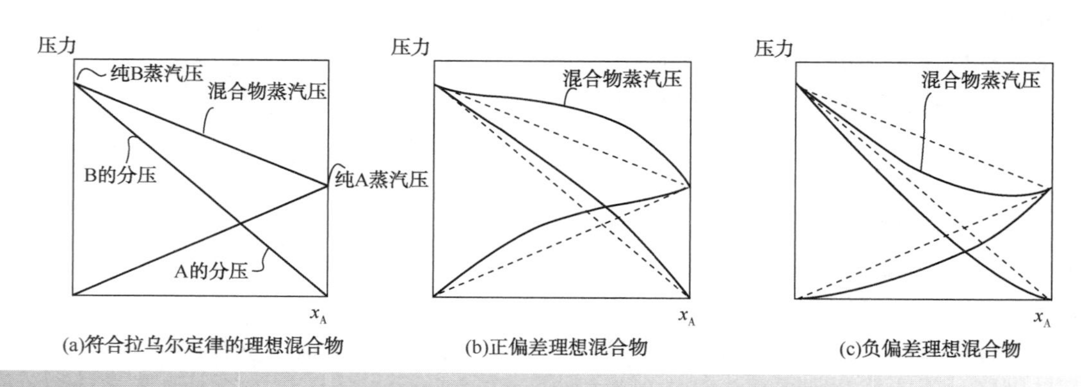

图 8.1 拉乌尔定律的偏差

用两组分平衡常数 K 值的比值计算其相对挥发度：

$$\alpha_{ij}=\frac{K_i}{K_j} \tag{8.6}$$

式中 α_{ij}——组分 i 相对于组分 j 的挥发度。

这些公式是两种计算气液平衡的基础公式：

① $K_i=\phi_i^L/\phi_i^V$ 是完全基于状态方程的基础计算公式。使用液相和气相两者的状态方程有许多优点。原则上，从相同模型得到的所有热力学性质，可以保证临界点的连续性。不易凝结气体的存在原则上不会引起偏差，状态方程的应用主要局限于非极性组分。在附录 A 中详细地描述了该方法与计算 ϕ_i^L、ϕ_i^V 的模型。

② $K_i=\gamma_i P_i^{SAT}/\phi_i^V P$ 是基于液相活度系数模型的基础计算公式。适用于极性分子存在的情况。对于大多数低压体系，假设 ϕ_i^V 等于 1。如果涉及高压，ϕ_i^V 必须从状态方程式计算得到。然而，对于高压体系，为了确保适当的组合，应当为 γ_i、ϕ_i^V 直接匹配不同的模型。在附录 A 中更详细地描述了该方法及关于 γ_i 的一些更重要的模型。

8.2 汽液平衡的计算

如图 8.2 所示，对于单级平衡，多组分进料分离成气相和液相，两相达到平衡。总物料平衡和组分的物料平衡可以写成：

$$F=V+L \tag{8.7}$$

$$Fz_i=Vy_i+Lx_i \tag{8.8}$$

式中 F——进料流量，kmol · s^{-1}；

V——分离器的蒸气流量，kmol · s^{-1}；

L——分离器的液体流量，kmol · s^{-1}；

z_i——进料中组分 i 的摩尔分数；

y_i——气相中组分 i 的摩尔分数；

x_i——液相中组分 i 的摩尔分数。

气液平衡关系可由方程式 8.1 的 K 值表示：

$$y_i=K_ix_i \tag{8.9}$$

根据方程 8.7~方程 8.9 可以得到离开分离器的汽相和液相组成：

$$y_i = \frac{z_i}{\frac{V}{F}+\left(1-\frac{V}{F}\right)\frac{1}{K_i}} \qquad (8.10)$$

$$x_i = \frac{z_i}{(K_i-1)\frac{V}{F}+1} \qquad (8.11)$$

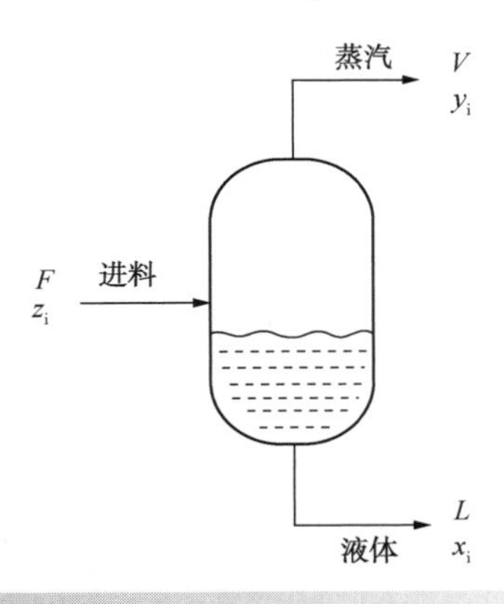

图 8.2　单级分离

方程 8.10 和方程 8.11 中的蒸汽分数(V/F)在 $0<V/F<1$ 的范围内。

对于给定温度和压力的情况，方程 8.10 和方程 8.11 需要通过迭代计算。因为

$$\sum_i^{NC} y_i = \sum_i^{NC} x_i = 1 \qquad (8.12)$$

其中 NC 是组分的数量，则：

$$\sum_i^{NC} y_i - \sum_i^{NC} x_i = 0 \qquad (8.13)$$

将方程 8.10 和方程 8.11 代入方程 8.13，计算得到(Rachford 和 Rice，1952)：

$$\sum_i^{NC} \frac{z_i(K_i-1)}{\frac{V}{F}(K_i-1)+1} = 0 = f(V/F) \qquad (8.14)$$

方程 8.14 被称为 Rachford-Rice 方程(Rachford-ice，1952)。为了求解方程 8.14，首先假设一个 V/F 的值，计算 $f(V/F)$ 并迭代 V/F 的值直到函数等于零。

基本的闪蒸计算可能有多种变化，可指定压力和 V/F，计算 T 等(King，1980；alas，1985)。然而有两种特殊情况值得关注。如果需要计算泡点，则方程 8.14 中的 $V/F=0$ 简化为：

$$\sum_i^{NC} z_i(K_i-1) = 0 \qquad (8.15)$$

并给出：

$$\sum_i^{NC} Z_i = 1 \qquad (8.16)$$

简化为泡点公式：

$$\sum_i^{NC} Z_i K_i = 1 \qquad (8.17)$$

因此，为了计算给定混合物在指定压力下的泡点，得到满足方程 8.17 的温度。或者可以指定温度，得到压力(即泡点压力)以满足公式 8.17。

另一种特殊情况是需要计算露点。在这种情况下，公式 8.14 中的 $V/F=1$，简化为：

$$\sum_i^{NC} \frac{Z_i}{K_i} = 1 \qquad (8.18)$$

同样地，对于给定的混合物和压力，得到满足方程 8.18 的温度。或者，指定温度并得到压力，即露点压力。

如果 K 值的计算需要知道两相的组成，则需要额外的计算。例如，假设液体的组成已知，使用气-液平衡状态方程(参见附录 A)计算泡点。计算之前先假定温度。则 K 值的计算需要气相组成来计算气相逸度系数，液相组成计算液相逸度系数(见附录 A)。虽然已知液相组成，但是气相组成未知，需要通过初始估计来进行计算。从气相组成的初始估算 K 值，可以重新估计气相组成等。

图 8.3 是苯和甲苯二元混合物的气液平衡相图(Smith 和 Jobson，2000)。图 8.3a 中，苯的摩尔分数增加(平衡为甲苯)，饱和液体和饱和蒸汽(即平衡对)的温度变化。这可以通过计算不同浓度的泡点和露点得到。图 8.3b 是 $x-y$ 图，是表示气液平衡的另一种方法。$x-y$ 图可以由相对挥发度(等式 8.6)得到。由组分 A 和 B 的二元混合物的相对挥发度的定义：

$$\alpha_{AB} = \frac{y_A/x_A}{y_B/x_B} = \frac{y_A/x_A}{(1-y_A)/(1-x_A)} \qquad (8.19)$$

整理得到：

$$y_A = \frac{x_A\alpha_{AB}}{1+x_A(\alpha_{AB}-1)} \qquad (8.20)$$

因此，通过从气液平衡得到 α_{AB}，并且给定

x_A，可以计算出 y_A。图 8.3a 为典型的气液平衡相图，其中液相中苯的摩尔分数为 0.4，气相中的摩尔分数为 0.62。图 8.3b 中 $x-y$ 图的对角线表示气相和液相组成相等。图 8.3b 中的相平衡是对角线上方的曲线。这表明苯在气相中的浓度高于甲苯，说明苯是易挥发组分。图 8.3b 是与图 8.3a 所对应的气液平衡情况(Smith 和 Jobson，2000)。

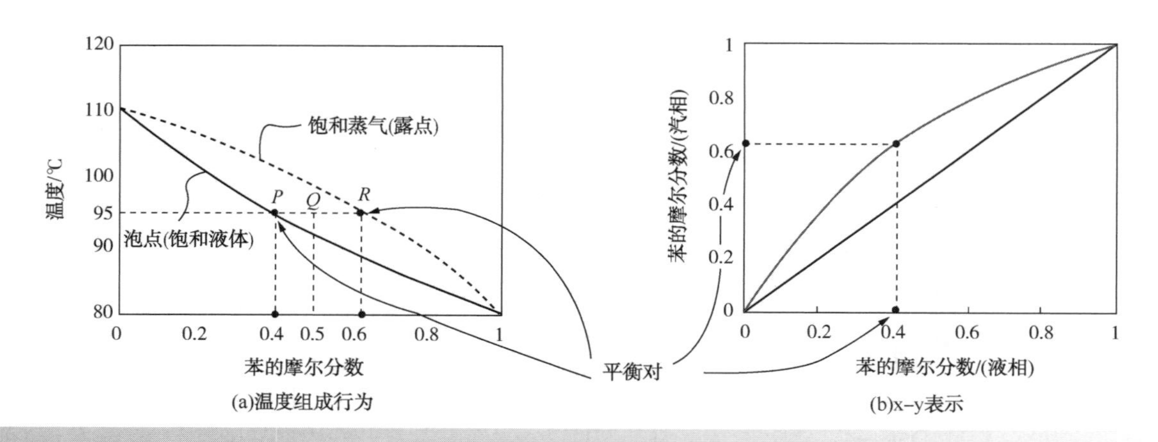

图 8.3 苯和甲苯二元混合物在 1atm 压力下的气液平衡

(Reproduced from Smith R and Jobson M(2000) Distillation, Encyclopedia of Separation Science, Academic Press, with permission from Elsevier)

如图 8.3a 所示，给定进料和平衡温度，可以用来预测单级平衡过程的分离。例如，假设进料是等摩尔分数的苯和甲苯的混合物，并在 95℃ 达到平衡(图 8.3a 中的点 Q)。即可得到液相中苯的摩尔分数为 0.4，气相摩尔分数为 0.62。此外，可以根据图 8.3a 中的线 PQ 和 QR 的长度来确定各相的量。整个分离器的总物料平衡：

$$m_Q = m_P + m_R \tag{8.21}$$

组分 i 的物料平衡：

$$m_Q x_{i,Q} = m_P x_{i,P} + m_R x_{i,R} \tag{8.22}$$

将方程式 8.21 代入方程式 8.22 重新整理得到：

$$\frac{m_P}{m_R} = \frac{x_{i,R} - x_{i,Q}}{x_{i,Q} - x_{i,P}} \tag{8.23}$$

因此，在图 8.3 中：

$$\frac{m_P}{m_R} = \frac{QR}{PQ} \tag{8.24}$$

汽相和液相的摩尔流动比由相对线段的比值得出，称之为杠杆规则(King，1980)。

如图 8.4a 所示，二元混合物 A 和 B 的气液平衡与理想状态的偏差不大。在这种情况下，由于纯 A 比纯 B 沸点低，所以组分 A 比组分 B 更易挥发。这也可以很明显地从气液组成图($x-y$ 图)中看出，因为它在 $y_A = x_A$ 线的上方。由图 8.4a 所示，随着组成的变化，挥发度的顺序不会改变。相比之下，图 8.4b 表现出更高的非理想行为，其中 $\gamma_i > 1$(与 Raoult 定律的正偏差)形成最低沸点共沸物。在共沸组成下，汽相和液相混合物组成相同。最低沸点温度低于任何一种纯组分，并且形成最低沸点共沸物。从图 8.4b 可以清楚地看出，组分 A 和组分 B 的挥发度顺序根据组成的不同而发生变化。图 8.4c 反映了共沸行为，混合物的 $\gamma_i < 1$(与 Raoult 定律的负偏差)形成最高沸点共沸物。最高沸点共沸物的沸点高于任一纯，并且是最后的馏分，而不是具有非共沸特性的挥发性最低的组分。从图 8.4c 中可以看出，组分 A 和组分 B 的挥发度顺序随组分的不同而变化。最低沸点共沸物比最高沸点共沸物更为常见。由于挥发度顺序的变化，对于混合物的分离，共沸物的组成存在特殊问题。这一问题将在第 11 章中详细讨论。本章的其余部分仅讨论非共沸物的分离。

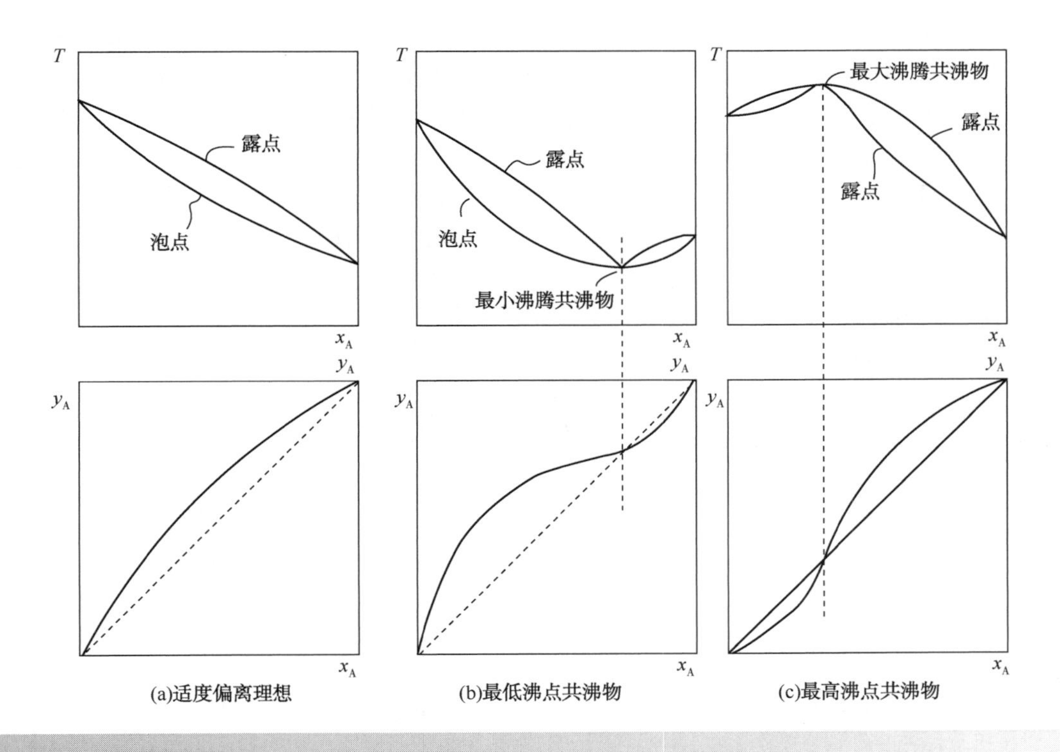

图 8.4 二元液相平衡行为

就其非理想性而言，气-液混合物的一般准则是：

① 同分异构体的混合物通常会形成理想溶液。

② 近沸点脂肪烃的混合物在 10×10^5Pa 以下几乎是理想的。

③ 由摩尔质量和结构接近的化合物组成的混合物(例如环化合物、不饱和化合物、环烷烃等)通常不会偏离理想状态。

④ 简单的脂肪族与芳香族化合物的混合物略微偏离理想状态。

⑤ 包含较重组分的混合物中存在的不可冷凝物如 CO_2，H_2S，H_2，N_2 等相对于其他化合物表现为非离子状态。

⑥ 极性和非极性化合物的混合物总是强非理想的。

⑦ 共沸物和液液混合物的相分离代表了最终的非理想状态。

例 8.1 在表 8.1 中给出了乙烷、丙烷、正丁烷、正戊烷和正己烷的混合物。在这个计算中，可以假设 K 值是理想的，并且遵循 Raoult 定律。对于表 8.1 中的混合物，状态方程式可能是一个更合适的选择(见附录 A)。然而，这使得 K 值的计算变复杂。混合物的理想 K 值可以用安托万方程表示为：

$$K_i=\frac{1}{P}\exp\left(A_i-\frac{B_i}{T+C_i}\right) \qquad (8.25)$$

其中 P 是压力(10^5Pa)，T 是绝对温度(K)，A_i，A_i和 C_i是表 8.1 中给出的常数。

① 在压力 5×10^5Pa 时，计算泡点。

② 在压力 5×10^5Pa 时，计算露点。

③ 计算 313K 时冷凝所需的压力。

④ 在 6×10^5Pa 和 313K 的条件下，有多少液体会凝结?

解：

① 泡点可以由方程 8.17 或方程 8.14 通过 $V/F=0$ 计算。由表 8.2 中的方程式 8.17，计算得到泡点为 296.4K。这很容易在电子表格软件自动搜索得到。

② 通过 $V/F=1$，根据方程 8.18 或方程 8.14 可以计算得出露点。在表 8.3 中，由公式 8.18

露点计算为 359.1K

③ 为了计算在 313K 时的冷凝所需的压力，计算泡点压力，与上述 A 部分相同，温度固定在 313K，压力变化，采用迭代方式，直到满足方程式 8.17。313K 时产生的泡点压力为 7.4×10^5Pa。

若对表 8.1 中给出的塔顶混合物进行精馏，并且在冷凝器中使用冷却水，则 313K(40℃)下的冷凝需要 7.4×10^5Pa 的操作压力。

④ 方程式 8.14 用于确定在 6×10^5Pa 和 313K 的条件下将有多少液体冷凝。计算详见表 8.4，根据 $V/F=0.0951$，90.49%的进料将被冷凝。

简单的相平衡计算，可以很容易地在电子表格软件和自动化中实现。在实践中，这些计算在商业中进行，通常要使用平衡 K 值进行更精细计算。

表 8.1 组分的填料和物理性质

组分	分子式	填料/kmol	A_i	b_i	C_i
乙烷	C_2H_6	5	9.0435	1511.4	-17.16
丙烷	C_3H_8	25	9.1058	1872.5	-25.16
正丁烷	C_4H_{10}	30	9.0580	2154.9	-34.42
正戊烷	C_5H_{12}	20	9.2131	2477.1	-39.94
正己烷	C_6H_{14}	20	9.2164	2697.6	-48.78

表 8.2 泡点计算

i	z_i	T=275K		T=350K		T=300K		T=290K		T=296.366K	
		K_i	z_iK_i	K_i	z_iK_i	K_i	z_iK_i	K_i	z_iK_i	K_I	z_iK_i
1	0.05	4.8177	0.2409	18.050	0.9025	8.0882	0.4044	6.6496	0.3325	7.5448	0.3772
2	0.25	1.0016	0.2504	5.6519	1.4130	1.9804	0.4951	1.5312	0.3828	1.8076	0.4519
3	0.30	0.2212	0.0664	1.8593	0.5578	0.5141	0.1542	0.3742	0.1123	0.4594	0.1378
4	0.20	0.0532	0.0106	0.6802	0.1360	0.1464	0.0293	0.1000	0.0200	0.1279	0.0256
5	0.20	0.0133	0.0027	0.2596	0.0519	0.0437	0.0087	0.0280	0.0056	0.0373	0.0075
	1.00		0.5710		3.0612		1.0917		0.8532		1.0000

表 8.3 露点计算

i	z_i	T=325K		T=375K		T=350K		T=360K		T=359.105K	
		K_i	z_i/K_i	K_i	$z_i/_i$	K_i	z_i/K_i	K_i	$z_i/_i$	K_i	$z_i/_i$
1	0.05	12.483	0.0040	24.789	0.0020	18.050	0.0028	20.606	0.0024	20.370	0.0025
2	0.25	3.4951	0.0715	8.5328	0.0293	5.6519	0.0442	6.7136	0.0372	6.6138	0.0378
3	0.30	1.0332	0.2903	3.0692	0.0977	1.8593	0.1614	2.2931	0.1308	2.2517	0.1332
4	0.20	0.3375	0.5925	1.2345	0.1620	0.6802	0.2941	0.8730	0.2291	0.8543	0.2341
5	0.20	0.1154	1.7328	0.5157	0.3879	0.2596	0.7704	0.3462	0.5778	0.3376	0.5924
	1.00		2.6911		0.6789		1.2729		0.9773		1.0000

表 8.4　闪点计算

i	z_i	K_i	$V/F=0$	$V/F=0.5$	$V/F=0.1$	$V/F=0.05$	$V/F=0.0951$
			$\frac{z_i(K_i-1)}{\frac{V}{F}(K_i-1)+1}$	$\frac{z_i(K_i-1)}{\frac{V}{F}(K_i-1)+1}$	$\frac{z_i(K_i-1)}{\frac{V}{F}(K_i-1)+1}$	$\frac{z_i(K_i-1)}{\frac{V}{F}(K_i-1)+1}$	$\frac{z_i(K_i-1)}{\frac{V}{F}(K_i-1)+1}$
1	0.05	8.5241	0.3762	0.0790	0.2147	0.2734	0.2193
2	0.25	2.2450	0.3112	0.1918	0.2768	0.2930	0.2783
3	0.30	0.6256	−0.1123	−0.1382	−0.1167	−0.1145	−0.1165
4	0.20	0.1920	−0.1616	−0.2711	−0.1758	−0.1684	−0.1751
5	0.20	0.0617	−0.1877	−0.3535	−0.2071	−0.1969	−0.2060
	1.00		0.2258	−0.4920	−0.0081	0.0866	0.0000

8.3　单级分离

当混合物含有相对挥发度较大的组分时，无论是气相的部分冷凝，还是液相的部分汽化，通常都能进行有效的分离(King，1980)。

图 8.2 为进料被分离成汽相和液相并达到平衡。如果进入分离器的进料和汽液产品是连续的，则平衡由方程 8.10、方程 8.11 和方程 8.14 表示(King，1980)。如果K_i在方程 8.10 中大于 V/F(通常为$K_i>10$)，则(Douglas，1988)：

$$y_i \approx z_i/(V/F)$$

$$Vy_i \approx Fz_i \tag{8.26}$$

这意味着进料组分 i，Fz_i，在蒸气相中分离组分Vy_i。因此，如果需要一个组分留在气相中，其 K 值应比 V/F 大。

另一方面，如果在等式 8.11 中K_i比 V/F(通常为$K_i<0.1$)小，那么(Douglas，1988)：

$$x_i \approx F z_i/L$$

$$Lx_i \approx F z_i \tag{8.27}$$

这意味着进料组分 i，Fz_i，在液相中分离组分Lx_i。因此，若某一组分需要留在液相中，其 K 值比 V/F 小。

理想情况下，相分离中轻组分的 K 值应大于 10，同时重组分的 K 值应小于 0.1。此时在单级分离效果良好。然而，若关键组分的 K 值不是那么极端，在流程中使用相分离器可能仍然有效。在这种情况下分离效果差。

8.4　精馏

单级平衡分离量有限。但是，这个过程可以重复，将气相从单级分离到另一个分离阶段部分冷凝，将液相带到另一个分离阶段部分汽化。随着每一次重复的冷凝和蒸发，将实现更大程度的分离。实际上，如图 8.5 所示，可以通过建立级联来扩展到多级的分离。级联中假设每个阶段分离的液相和气相处于平衡状态，形成一个平衡级。通过塔板级数可以使易挥发的组分转移到气相中，难挥发的组分转移到液相中。原则上，塔板级数足够多时，可实现完全分离。

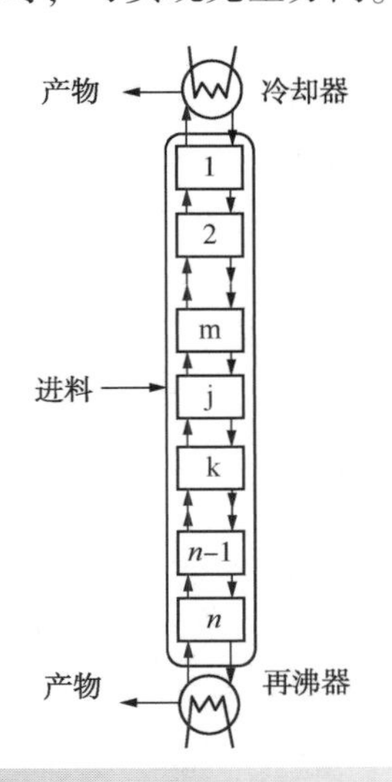

图 8.5　具有回流和再沸的平衡级联

进料板以上称为精馏段，进料板以下称为提

馏段。如图 8.5 中塔板级数的上部，精馏段每一级塔板需要有液相通过。气相通过冷凝从塔顶以液相形式返回到第一块塔板回流。塔顶离开的所有蒸汽在全凝器中冷凝成液体。或者，若塔顶不需要采出液体产物，则需要有足够用于回流的蒸汽，在部分冷凝器中冷凝以保证回流量。提馏段的每一级塔板上需要有汽相通过。一部分液体塔釜再沸器汽化后将返回最后一块塔板回流。物料由中间塔板进入，从冷凝器和再沸器中得到产品。

在精馏塔的每一级塔板上汽相和液相接触方式分为两大类：板式塔和填料塔。

1）板式塔。图 8.6a 是一种板式塔。液体回流进入塔顶的第一块塔板，流过图 8.6a 所示的多孔板(筛板)。液体存在气泡流过塔板可能形成泡沫，通过这种接触进行传质。利用上升的蒸汽防止液体在筛孔发生漏液。当上升气流太小而不能保持塔板上的液位时，会发生漏液。每个塔板的液体沿降液管向下流到下一块塔板，依此类推。图 8.7 进一步说明了降液管设计。大多数降液管设计成弧形或弓形，如图 8.6 和图 8.7 所示。降液管是从溢流堰向下延伸的垂直管。其他设计也可行。塔的蒸汽流使板压降通常为 0.007×10^5Pa。降液管形成液体密封，并且必须提供足够的液体压头以克服板压降。三种最常用的塔板类型是：

① 筛板。最简单且最常用的塔板类型是筛板，如图 8.6b 所示。这是一个多孔塔板，通过在塔板钻孔或打孔。孔尺寸通常在 3~25mm，较大的孔用于处理结垢。筛板便宜，简单，性能好。筛板的一个主要缺点是缺乏灵活性。灵活性通过操作弹性来衡量。对于筛板，保持设计分离的情况下，2∶1 的顺序意味着流量可以降低到 1/2。

② 浮阀板。浮阀板使用小型可移动的金属襟翼来调节塔板孔的开口尺寸。随着蒸汽速率的增加或减少，襟翼上升或下降。典型的设计如图 8.6c 所示。在图 8.6c 中，三个金属阀片向上运动起引导和约束作用。其他设计将金属挡板安装在固定槽中以引导和限制运动。浮阀板的主要优点是提高了操作弹性，以便能够满足塔中更广泛的汽相和液相流速。通过使用浮阀板，浮阀板调节比可以从筛板值 2∶1 增加到 5∶1 或更大。然而，污垢会影响阀门的开启和关闭。

③ 固定阀。固定阀塔板使用与塔板固定距离的金属阀片。典型的设计如图 8.6d 所示。与筛板相比，固定阀塔板的主要优点是固定阀产生的横向蒸汽流促进了塔板上的径向混合。阀的固定位置类似于筛板的操作弹性。但是，调节率和效率比筛板塔高，但低于浮阀塔。蒸汽的这种径向流动也减少了结垢。

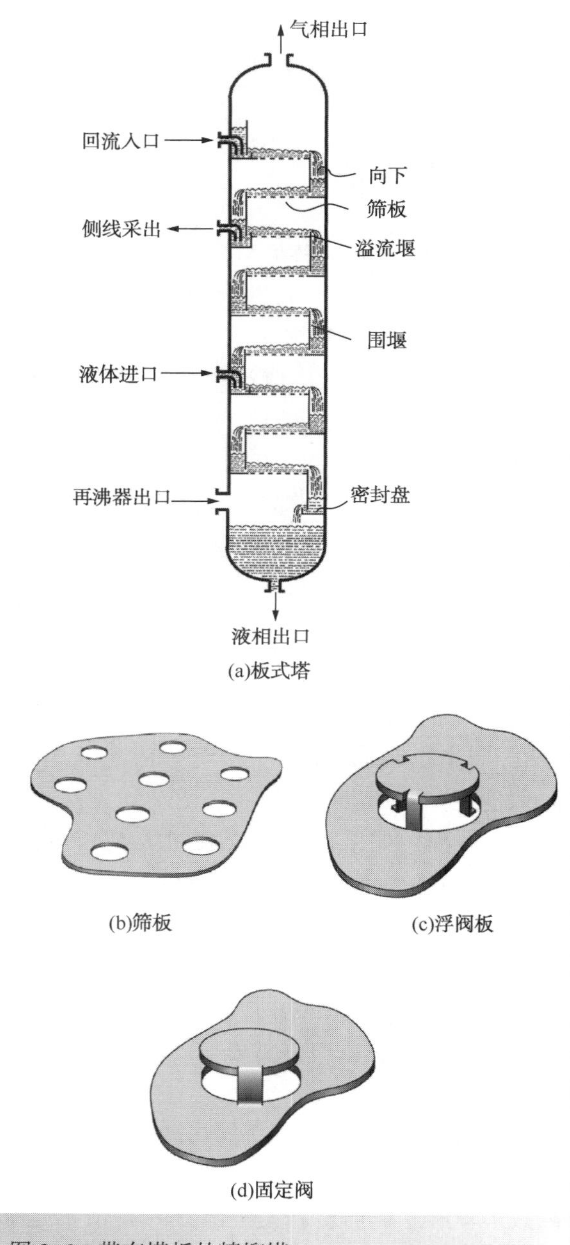

图 8.6　带有塔板的精馏塔

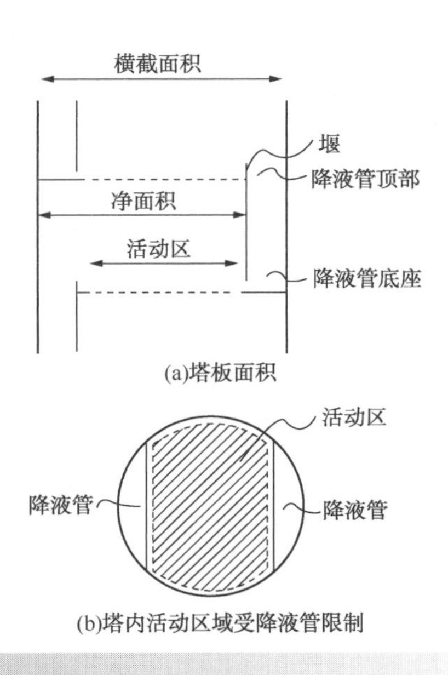

图 8.7　馏塔板布局区域

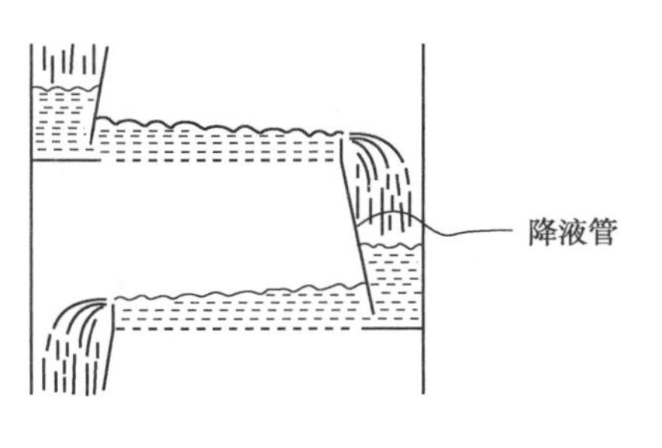

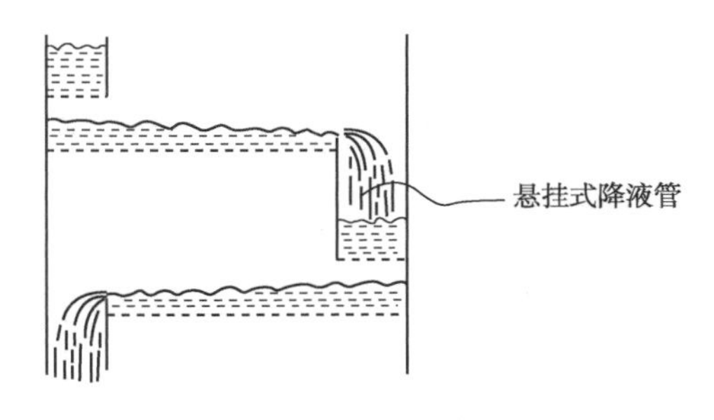

图 8.8　替代降液管的设计

塔板还有许多其他设计。图 8.6a 是与回流和进料相关的板式塔的其他设计。蒸气从塔底进入设备后的变化，取决于再沸器的出口是蒸气还是气液混合物。

精馏塔的一个缺点是，允许液体沿塔向下流动的降液管使得塔内很大一部分区域无法进行汽液接触。塔中的这个区域见图 8.7a。塔的横截面积是没有塔板和降液管的空塔面积。净面积或自由面积是横截面积减去降液管顶部的面积(见图 8.7)。这是塔板之间蒸气流动的最小面积。接触面积或孔面积是横截面积减去降液管顶部和底部区域以及任何其他非孔面积。这表示穿过塔板的蒸汽流可用的面积。每个降液管通常占横截面积的 10%~15%。如果降液管所占面积超过此范围，或者现有的塔需要增加传质面积，则可以采用不同的方法来增加有效面积。图 8.8a 是具有坡度的降液管设计。这可以使降液管顶部的更多区域用于汽液分离，并使下面塔板更大的面积作为接触面积。降液管上下横截面积的比例通常在 1.5 和 2.0 之间。倾斜的降液管可能是一个平板，或者更精细的设计，可以是半圆锥形的形状。另外一种是垂直降液管，如图 8.8b 所示。在这种情况下，来自降液管的液体的流动受到限制，降液管下方的区域是接触面积。当需要增加传质面积时，通常使用悬挂降液管。

溢流负荷量是塔板设计的重要参数。以液体体积流量除以塔板溢流堰的高度计算。溢流负荷量对塔板上的泡沫高度有直接的影响，因为较高的溢流负荷量增加了溢流堰堰高。在堰上增加的堰高会提高塔板上的液位，从而增加了塔板上的压降。这样会产生更高的降液管液位高度，发生降液管返混液泛，从而阻碍塔板传质。堰高也可以变得足够大，导致降液管流通不畅，并且可能发生降液管节流溢流，从而再次阻碍塔板传质。如果溢流负荷量过高，导致堰高过高，则可以增加降液管的数量。图 8.9 对比了不同数量的降液管设计。在塔板设计中增加降液管数量以确保塔板上液体的正确分配，但会增加复杂性(Pilling，2005)。由于不对称设计的困难性，双溢流设计很少使用(Kister 和 Olsson，2010)。较短的液体流动路径以及汽相和液相流的分布不均会导致较低的塔板效率。有坡度的降液管也可以与多溢流一起使用，而不是使用如图 8.9 所示的垂直板。

如果在塔板上接触的气相和液相达到平衡，将构成平衡级。在实际操作中，塔板的数量将超过平衡级数，因为传质限制和较差的接触效率使塔板无法达到平衡。

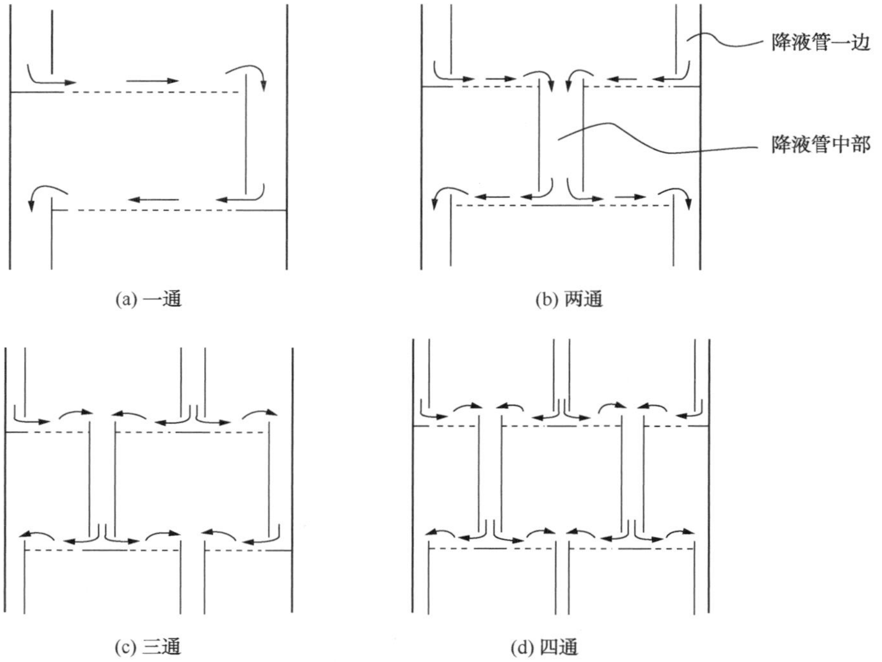

(a) 一通

(b) 两通

降液管一边

降液管中部

(c) 三通

(d) 四通

图 8.9 多通道塔板布局

2）填料塔。另一种通过多级塔板传质装置是填料塔。塔内装填具有高表面积的固体填料。液体通过填料表面，且上升的蒸汽流通过填料与液体在塔上方的空隙接触。有许多不同的填充设计。图 8.10a 是使用规整填料的塔排布。规整填料通常由波纹丝网制成，如图 8.10b 所示，其波纹丝网反方向交替倾斜排布。不同的设计具有不同的倾斜角度。将预制金属板接合在一起，以产生具有倾斜流动通道的圆柱形填充板，并在精馏塔内成为交替的塔板。板间出现混合点。可以增加金属板的卷边和板孔，规整填料通常是适合的。规整填料通常装有刮壁器，将液体从塔壁重新固定方向以防止液体沿着壁旁流动。填充材料可以是金属合金、塑料或陶瓷。另一种规整填料是网格填料。网格填料的塔板使用的开口格子结构。具有较高的有效筛孔面积、高容量、低压降以及更高的耐垢性。另一种填充设计是散装或乱堆填料。散装填料是预制的金属、塑料或陶瓷，当它们装填在塔中时，具有高表面积。图 8.10c 是最简单的散装填料形式是拉西环。图 8.10d 是一个金属 Pall Ring®，图 8.10e 是一个金属 Intalox Saddle®，图 8.10f 是一个鞍形填料。散装填料应用于许多设计中。对于散装填料，如图 8.10a 所示，将填料装入填料塔中，而不是规整的填料。虽然规整填料单位体积的表面积高，但是规整填料的液体负荷仅略高于散装填料。与规整填料一样，与散装或乱堆填料相比，规整填料通常具有较低的压降，更高的效率和更高的容量。填料塔设计通常比具有相同分离作用的板式塔设计压降更低。规整填料通常具有小于 $0.003\times10^5\mathrm{Pa}\cdot\mathrm{m}^{-1}$ 的压降。

填料塔需要塔内件进行汽液分离以及液体的收集。回流需要液体分配器。在精馏段的顶部需要集液器。从精馏段向下的液体随着液体进料进入提馏段再分离。在精馏段和提馏段的底部需要蒸汽分布器。液体分布、液体收集和蒸汽分布的有许多不同设计方案。当填料高度较大时，向下流动的液体必须收集并重新分配，以确保蒸汽和液体在整个填料层高度上的有效接触。而板式塔各级接触的变化是不连续的，填料塔的组成变化是连续的。

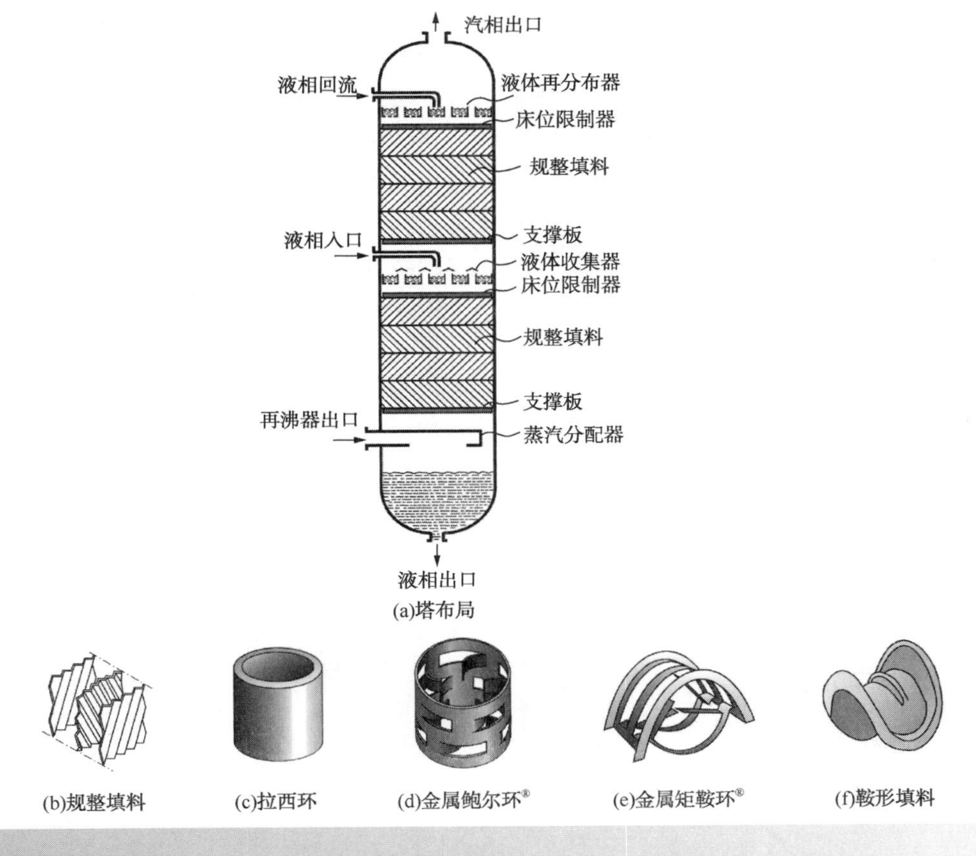

图 8.10　填料塔

在进行详细设计之前，必须对精馏塔进行参数设定。在进行模拟之前，必须选择进料条件、平衡级数、进料位置、操作压力、回流量等。

为了系统地得到这些参数，可以使用简捷设计。利用简化的假设可以得到更多的设计选项，而不是通过详细的仿真获得更多的设计选项。一旦确定了主要的参数，就需要进行详细的模拟。

对精馏设计的概念最好是通过二元混合物的精馏来理解。

8.5　二元精馏

讨论简单的二元精馏塔的物料平衡。一个简单的塔有一个进料、两个产品、一个再沸器和一个冷凝器，这种塔如图 8.11 所示。现在将开发一种称为 McCabe－Thiele（McCabe and Thiele，1925）的二元精馏的图形分析方法。尽管它涉及太多简化，以便用于精馏中的最终设计，但它是理解精馏的关键概念工具。

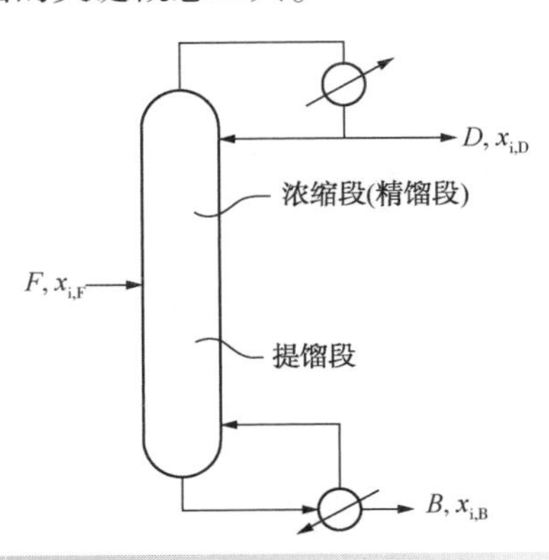

图 8.11　简单精馏塔的物料平衡

总物料平衡为：

$$F = D + B \tag{8.28}$$

组分 i 的物料平衡：

$$F\,x_{i,\mathrm{F}} = D\,x_{i,\mathrm{D}} + B\,x_{i,\mathrm{B}} \tag{8.29}$$

为了充分了解塔的设计，必须遵循塔的物料

平衡。为了简化分析，可以假设每个精馏塔板的摩尔汽液流量是恒定的，称为恒摩尔流。只有当各组分的汽化摩尔潜热相等，各组分之间不存在混合热，热容恒定，且没有外部热量的增加或减少时，这一结论才严格成立。事实上，对于许多具有理想行为的有机混合物，这是一个合理的假设。然而，对于许多如乙醇和水之类的混合物，这也可能是一个不合理的假设。

首先讨论塔精馏段的物料平衡。图 8.12 是塔的精馏段及精馏段内的气相和液相的流量和组成。精馏段的总物料平衡是(假设 L 和 V 是恒定的，即恒摩尔流)：

$$V=L+D \tag{8.30}$$

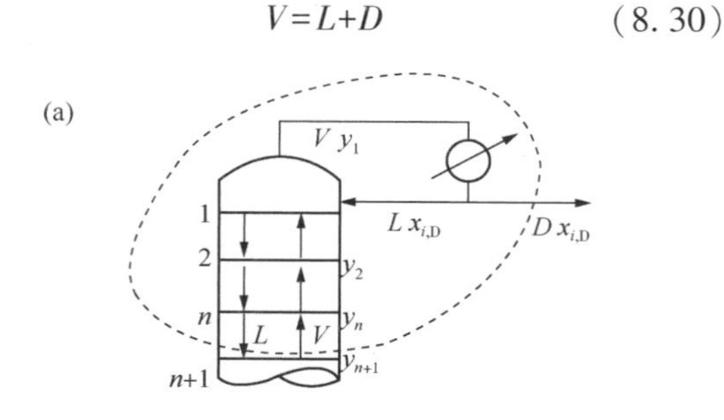

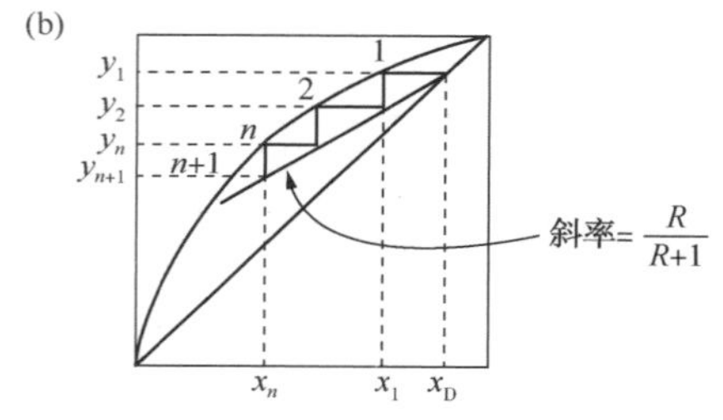

图 8.12 精馏段的质量平衡

(Reproduced from Smith R and Jobson M(2000) Distillation, Encyclopedia of Separation Science, Academic Press, with permission from Elsevier)

组分 i 的物料平衡：

$$V\,y_{i,n+1}=L\,x_{i,n}+D\,x_{i,\mathrm{D}} \tag{8.31}$$

回流比 R 定义：

$$R=L/D \tag{8.32}$$

根据回流比，蒸汽量可以用 R 表示：

$$V=(R+1)D \tag{8.33}$$

联立上述方程式，得出一个关于蒸汽进入和液体离开 n 级塔板的方程：

$$y_{i,n+1}=\frac{R}{R+1}x_{i,n}+\frac{1}{R+1}x_{i,\mathrm{D}} \tag{8.34}$$

在组分 i 的 $x-y$ 图上，这是一条斜率为 $R/(R+1)$ 且与对角线相交于点$x_{i,D}$的一条直线。向下做垂线得到离开第 1 块塔板的液体组分x_1。另一条穿过平衡线的水平线得到离开第 2 块塔板的汽相组成(y_2)。与这条操作线垂直的直线给出了离开第 2 块塔板的液相组成(x_2)，以此类推。在图 8.12b 中的操作线和平衡线之间画阶梯图，得到塔的精馏段汽液组成的变化。

讨论精馏塔提馏段的物料平衡。图 8.13a 是汽液相在塔的提馏段的流量和组成。提馏段第 $m+1$ 块塔板的总物料平衡如下：

$$L'=V'+B \tag{8.35}$$

组分 i 的物料平衡关系：

$$L'x_{i,m}=V'y_{i,m+1}+B\,x_{i,\mathrm{B}} \tag{8.36}$$

同时，假定恒摩尔流(L'和 V'是常数)，联立上述方程式，得出一个关于蒸汽进入和液体离开第 $m+1$ 级塔板的方程：

$$y_{i,m+1}=\frac{L'}{V'}x_{i,m}-\frac{B}{V'}x_{i,\mathrm{B}} \tag{8.37}$$

如图 8.13b 所示，这条线可以用 $x-y$ 曲线绘制出来。这是一条斜率为L'/V'且与对角线处相交于点$x_{i,B}$的直线。从组成为$x_{i,B}$的位置开始，做垂直于平衡线的直线得到再沸器蒸汽的组成(y_B)。作与操作线水平的直线得到离开第 N 块塔板(x_N)的液相组成。作平衡线的垂线得到离开第 N 块塔板的汽相组成(y_N)等等。

精馏段和提馏段可以在进料段进行合并。讨论精馏段和提馏段操作线的交点。由方程 8.31 和方程 8.36 得到：

$$V\,y_i=L\,x_i+D\,x_{i,\mathrm{D}} \tag{8.38}$$

$$V'y_i=L'x_i-B\,x_{i,\mathrm{B}} \tag{8.39}$$

其中y_i和x_i是操作线的交点。方程 8.38 减方程 8.39 如下：

$$(V-V')y_i=(L-L')x_i+D\,x_{i,\mathrm{D}}+B\,x_{i,\mathrm{B}} \tag{8.40}$$

代入总物料平衡，由公式 8.28 得到：

$$(V-V')y_i=(L-L')x_i+F\,x_{i,\mathrm{F}} \tag{8.41}$$

需要确定进料板处蒸汽和液体流量的变化。

进料板的状况取决于进料的状态，无论是过冷液体，饱和液体，气液混合物，饱和蒸汽或过热蒸汽。为定义进料的条件，引入变量 q，定义为：

$$q=\frac{\text{将 1mol 进料变为饱和蒸汽所需的热量}}{\text{进料液的摩尔汽化潜热}} \tag{8.42}$$

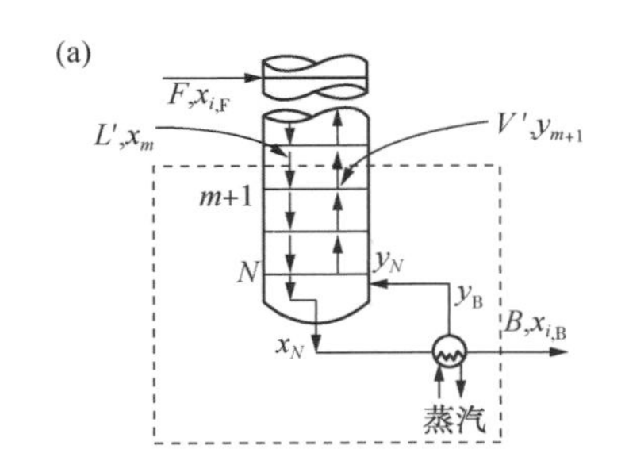

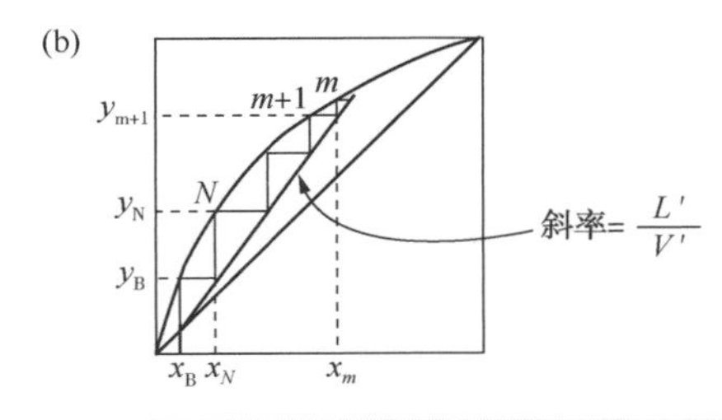

图 8.13　提馏段的质量平衡

(Reproduced from Smith R and Jobson M(2000) Distillation, Encyclopedia of Separation Science, Academic Press, with permission from Elsevier)

对于饱和液体进料 $q=1$，饱和蒸汽进料 $q=0$。如果进料是过冷液体，则 q 大于 1。如果进料是过热蒸汽，q 小于 0。液体进料流量为 $q \cdot F$。以蒸汽的形式进入塔内的流量为 $(1-q)F$。进料板如图 8.14 所示。蒸汽在进料板上的总物料平衡：

$$V=V'+(1-q)F \tag{8.43}$$

进料板上液体的总物料平衡：

$$L'=L+qF \tag{8.44}$$

联立方程 8.41，方程 8.43 和方程 8.44，得到进料组成与离开进料塔板的蒸汽和液体之间的关系：

$$y_i=\frac{q}{q-1}x_i-\frac{1}{q-1}x_{i,F} \tag{8.45}$$

该方程称为 q 线方程。在 $x-y$ 图上，它是斜率为 $\frac{q}{q-1}$ 的直线，并且在 $x_{i,F}$ 处与对角线相交。图 8.14 为各种进料热状况对 q 线的影响。

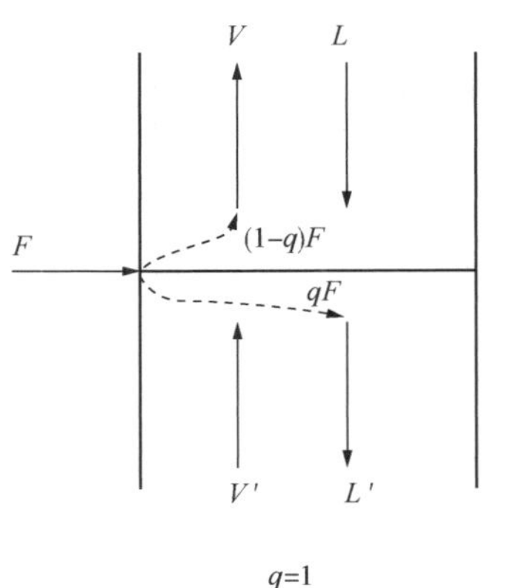

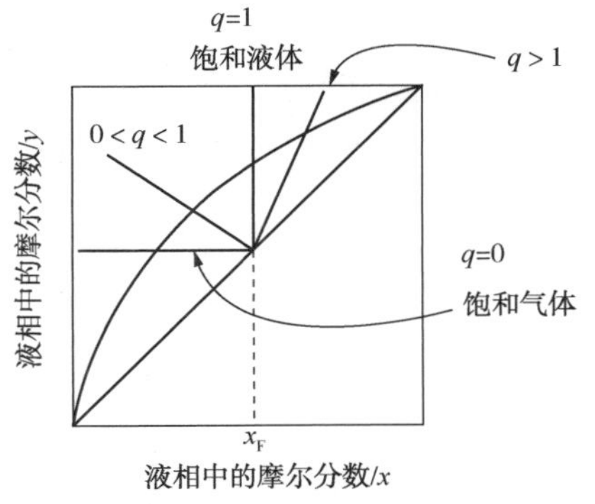

图 8.14　进料段的质量平衡

(Reproduced from Smith R and Jobson M (2000) Distillation, Encyclopedia of Separation Science, Academic Press, with permission from Elsevier)

图 8.15a 是结合了精馏段和提馏段的物料平衡图。绘制精馏段和提馏段的操作线。q 线是操作线交点及对角线进料点的连线，在操作线和平衡线之间切换。操作线的交点是最优的进料位置，该进料位置下理论板数最小。绘梯级过程需要在操作线与 q 线的交点处更换操作线。这种方法可以从顶部或从底部开始。这种设计方法被称为 Mccabe-Thiele 方法(Mccabe 和 Thiele，1925)。

图 8.15b 是另一种梯级画法，若梯级已跨过两操作线的交点，而仍在精馏段和平衡线之间绘梯级，导致达到相同分离效果的理论板数增加。图 8.15c 是另一种梯级画法，其中进料段位置高于最佳位置，导致理论板数数量的增加。

图 8.16 对比了 McCabe-Thiele 图中的全凝器(图 8.16a)和部分冷凝器(图 8.16b)。虽然部分冷凝器是一个理论塔板，但在实践中，冷凝器的性能不能达到理论板的性能。

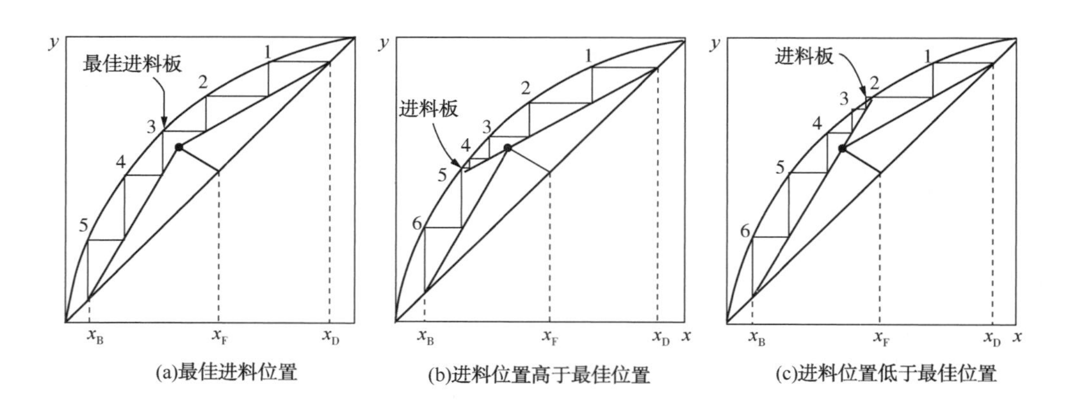

图 8.15　精馏段和提馏段结合

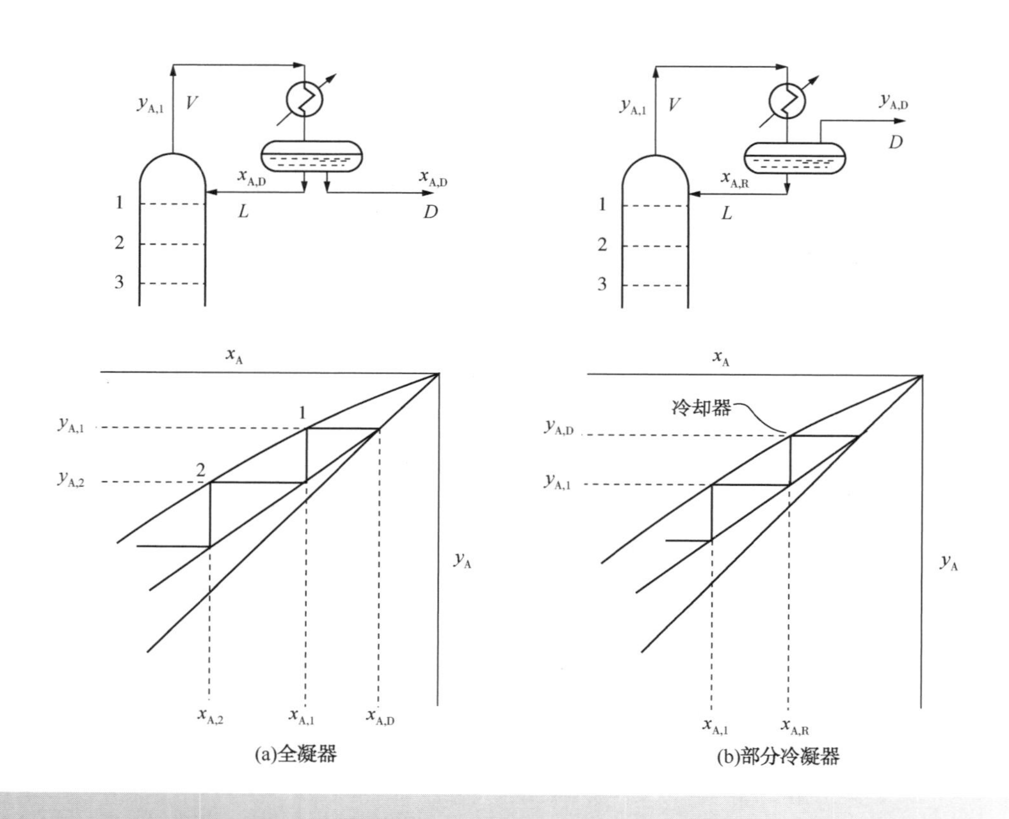

图 8.16　McCabe Thiele 图中的全凝器和部分冷凝器

图 8.17 对比了两种类型的再沸器。图 8.17a 为液体进料。部分蒸发并产生处于平衡状态的汽相和液相。如图 8.17a 中的 McCabe-Thiele 图所示，是部分再沸器或直通式再沸器或釜式再沸器，实际上是一个理论塔板。图 8.17b 是其他类型的再沸器，称为热虹吸式再沸器，来自塔底部的一部分液体被吸出并部分蒸发。如图 8.17b 中的 McCabe-Thiele 图所示，虽然在热虹吸式再沸器中出现部分分离，但其性能不能达到理论板的性能。

精馏需要考虑两个重要的因素。第一个是如图 8.18a 所示的全回流，其中没有产物，没有进料。在全回流的情况下，塔顶全部蒸汽回流，塔底所有液体再沸。图 8.18a 反映了 x-y 图上的全回流。这对应于分离所需的最小塔板数。如图 8.18b所示，另一个因素是选择回流比使得操作线与平衡线相交。随着这个梯级过程从两侧接近 q 线，需要无限数量的步骤来接近 q 线。这是在进料上方和下方存在恒浓(夹点)区的最小回流比。对于二元精馏，恒浓区通常位于进料板，如图 8.18b 所示。夹点也可以远离进料，如图 8.18c 所示。这样，在进料段上方出现夹点。根据 x-y 图，夹点也可出现在进料板下方。

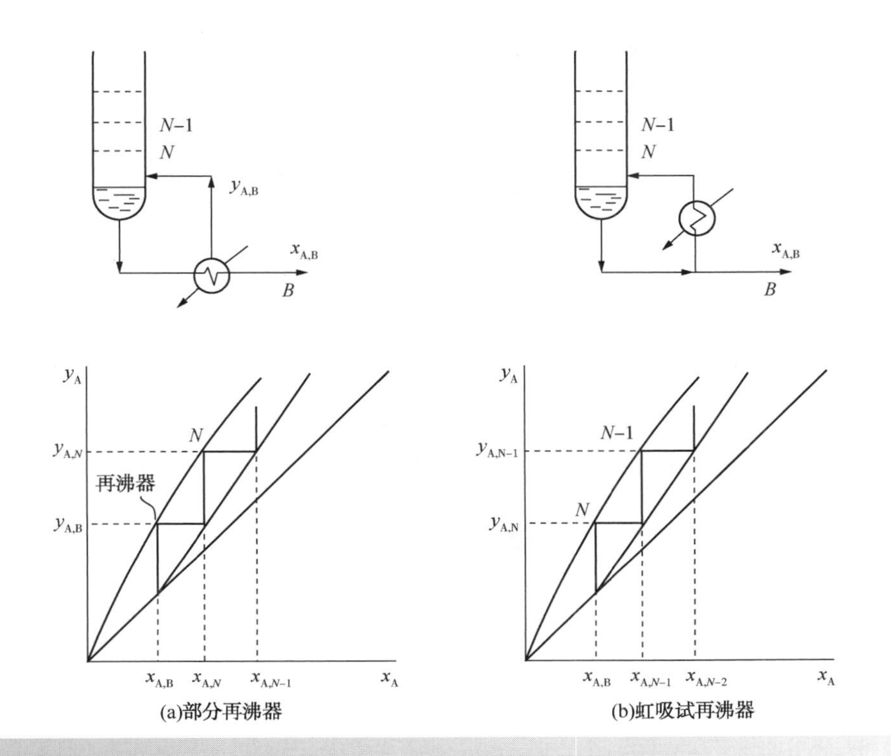

图 8.17　部分和热虹吸式再沸器

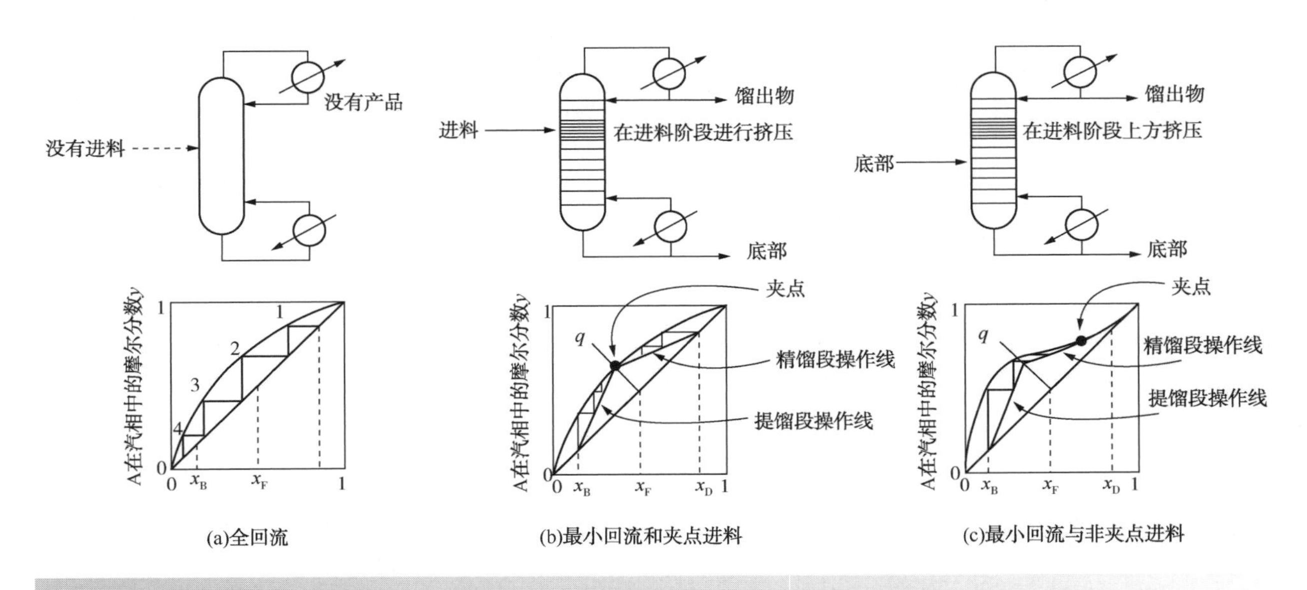

图 8.18　二元精馏中的全回流和最大回流

McCabe-Thiele 方法仅适用于二元精馏，并且涉及恒摩尔流的简化假设，因此在应用中受到限制。然而，这是一个重要的理解方法，因为它给出其他方式无法获得的对精馏重要概念的理解。

8.6 多组分混合物的全回流和最小回流比

与二元精馏一样，需要了解多组分精馏的操作极限。因此，将考虑全回流和最小回流比两个极端条件。然而，在设计多组分精馏塔之前，必须对需要分离的两个关键组分做出判断。根据一些规定，塔底产物不含轻关键组分。塔顶馏出物不含重关键组分。不能指定非分关键组分的分离。比轻关键组分更轻的组分主要是塔顶馏出物，而比重关键组分更重的组分将从塔底采出。中间沸点组分将分布在产物之间。在初步设计中，必须指定轻关键组分的浓度，轻关键组分的回收率，以及重关键组分的回收率或塔底产物中的浓度。首先讨论与最小理论级数相对应的全回流条件。全回流的精馏塔底部如图 8.19 所示。

$$V_n = L_{n-1} \tag{8.46}$$

组分物料平衡：

$$V_n y_{i,n} = L_{n-1} x_{i,n-1} \tag{8.47}$$

联立方程 8.46 和方程 8.47：

$$y_{i,n} = x_{i,n-1} \tag{8.48}$$

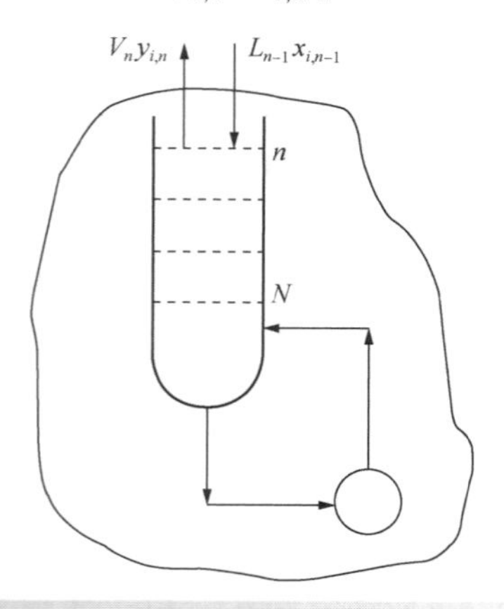

图 8.19 全回流条件下塔的提馏段

考虑二元物系分离。相对挥发度由公式 8.19 定义。将该方程应用于塔底，回流条件为全回流，所以在这种情况下，再沸器中的液体组成与塔底组成相同：

$$\left(\frac{y_A}{y_B}\right)_R = \alpha_R \left(\frac{x_A}{x_B}\right)_R = \alpha_R \left(\frac{x_A}{x_B}\right)_B \tag{8.49}$$

其中下标 R 指的是再沸器，下标 B 指塔底。联立方程 8.48 与公式 8.49：

$$\left(\frac{x_A}{x_B}\right)_N = \alpha_R \left(\frac{x_A}{x_B}\right)_B \tag{8.50}$$

类似地，对于第 N 块塔板：

$$\left(\frac{y_A}{y_B}\right)_N = \left(\frac{x_A}{x_B}\right)_{N-1} = \alpha_N \left(\frac{x_A}{x_B}\right)_N \tag{8.51}$$

结合方程 8.50：

$$\left(\frac{x_A}{x_B}\right)_{N-1} = \alpha_N \alpha_R \left(\frac{x_A}{x_B}\right)_N \tag{8.52}$$

一直到第 1 块塔板：

$$\left(\frac{x_A}{x_B}\right)_1 = \alpha_2 \cdots \alpha_N \alpha_R \left(\frac{x_A}{x_B}\right)_B \tag{8.53}$$

结合公式 8.19，α 的定义：

$$\left(\frac{y_A}{y_B}\right)_1 = \alpha_1\ \alpha_2 \cdots \alpha_N \alpha_R \left(\frac{x_A}{x_B}\right)_B \tag{8.54}$$

假设为全凝器，相对挥发度为常数：

$$\left(\frac{x_A}{x_B}\right)_D = \alpha_{AB}^{N_{min}} \left(\frac{x_A}{x_B}\right)_B \tag{8.55}$$

式中 N_{min}——最小理论塔板数(包括作为理论塔板的再沸器)；

α_{AB}——组分 A 和 B 之间的相对挥发度。

下标 D 是指塔顶馏出物。方程 8.55 预测了在全回流条件下指定的二元物系分离的理论塔板数，称为 Fenske 方程(Fenske，1932)。

事实上，方程式的推导不限制体系中组分数量，也可以为任何两个参考组分 i 和 j(King，1980，Treybal，1980，Geankopolis，1993，Seader，Henley and Roper，2011)，多组分体系：

$$\frac{x_{i,D}}{x_{j,D}} = \alpha_{ij}^{N_{min}} \frac{x_{i,B}}{x_{j,B}} \tag{8.56}$$

式中 $x_{i,D}$——塔顶馏出物组分 i 的摩尔分数；

$x_{i,B}$——塔釜馏出物组分 i 的摩尔分数；

$x_{j,D}$——塔顶馏出物组分 j 的摩尔分数；

$x_{j,B}$——塔釜馏出物组分 j 的摩尔分数；

α_{ij}——组分 i 和 j 之间的相对挥发度；

N_{min}——最小理论塔板数。

公式 8.56 也可以用产物的摩尔流量来表示：

$$\frac{d_i}{d_j}=\alpha_{ij}^{N_{\min}}\frac{b_i}{b_j} \qquad (8.57)$$

式中　d_i——组分 i 的塔顶摩尔流量；

b_i——组分 i 的塔底摩尔流量。

或者，等式 8.56 可以用产物的回收率来表示：

$$\frac{r_{i,D}}{r_{j,D}}=\alpha_{ij}^{N_{\min}}\frac{b_i}{b_j} \qquad (8.58)$$

式中　$r_{i,D}$——塔顶馏出物组分 i 的回收率；

$r_{i,B}$——塔底馏出物组分 i 的回收率；

$r_{j,D}$——塔顶馏出物组分 j 的回收率；

$r_{j,B}$——塔底馏出物组分 j 的回收率。

当组分 i 是轻组分 L，j 是重组分 H 时，变成（King，1980；Treybal，1980；Geankopolis，1993；Seader and Henley，1998）：

$$N_{\min}=\frac{\log\left[\frac{d_L}{d_H}\frac{b_H}{b_L}\right]}{\log\alpha_{LH}} \qquad (8.59)$$

$$N_{\min}=\frac{\log\left[\frac{x_{L,D}}{x_{H,D}}\frac{x_{H,B}}{x_{L,B}}\right]}{\log\alpha_{LH}} \qquad (8.60)$$

$$N_{\min}=\frac{\log\left[\frac{r_{L,D}}{1-r_{L,D}}\frac{r_{H,B}}{1-r_{H,B}}\right]}{\log\alpha_{LH}} \qquad (8.61)$$

Fenske 方程可用于估算产物的组成。公式 8.57 可以写成：

$$\lg\left[\frac{d_i}{b_j}\right]=N_{\min}\lg\alpha_{ij}+\lg\left[\frac{d_j}{b_j}\right] \qquad (8.62)$$

方程 8.62 表示 $\log\left[\frac{d_i}{b_j}\right]$ 的曲线是 $\log\alpha_{ij}$ 的线性函数，斜率为$N_{\min}$。重新整理：

$$\lg\left[\frac{d_i}{b_i}\right]=A\lg\alpha_{ij}+B \qquad (8.63)$$

其中 A 和 B 是常数。参数 A 和 B 由应用轻重关键组分的关系得到。这可以估算非关键组分的组成，如图 8.20 所示。指定轻重关键组分的分布，知道其他组分的相对挥发度可以估计其组成。该方法是基于全回流条件。它假设组分分布不依赖于回流比。

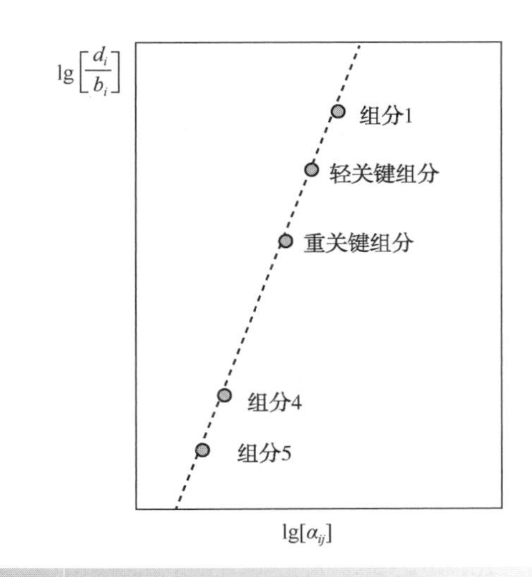

图 8.20　d_i/b_j与α_{ij}在对数轴上绘制时趋向于直线

（Reproduced from Smith R and Jobson M（2000）Distillation，Encyclopedia of Separation Science，Academic Press，with permission from Elsevier）

方程 8.57 可以写成比方程 8.62 和方程 8.63 更简单的形式。通过考虑总组分平衡：

$$f_i=d_i+b_i \qquad (8.64)$$

使用公式 8.57，得到（Seader，Henley 和 Roper，2011）：

$$d_i=\frac{\alpha_{ij}^{N_{\min}}f_i\left(\frac{d_j}{b_j}\right)}{1+\alpha_{ij}^{N_{\min}}\left(\frac{d_j}{b_j}\right)} \qquad (8.65)$$

$$和b_i=\frac{f_i}{1+\alpha_{ij}^{N_{\min}}\left(\frac{d_j}{b_j}\right)} \qquad (8.66)$$

Fenske 方程假设相对挥发度是恒定的。相对挥发度可以从进料组成中计算，但这可能不是整个塔的特征（King，1980）。实际上相对挥发度随精馏塔变化，需要采用平均值。平均值最好在塔的平均温度下得到。估计平均值，首先假设 $\ln P_i^{SAT}$随 $1/T$ 线性变化（见附录 A）。如果假设两个关键量都以这种方式线性变化，则差值（$\ln P_i^{SAT}-\ln P_j^{SAT}$）也随着 $1/T$ 而变化。假设拉乌尔定律适用（即理想的汽液平衡，见附录 A），则相对挥发度 α_{ij} 是饱和蒸气压 P_i^{SAT}/P_j^{SAT} 的比值。因此，$\ln(\alpha_{ij})$ 以 $1/T$ 为单位。塔中的平均温度由下式得到：

$$T_{mean}=\frac{1}{2}(T_{top}+T_{bottom}) \quad (8.67)$$

假设 $\ln(\alpha_{ij})$ 与 $1/T$ 成比例

$$\frac{1}{\ln(\alpha_{ij})_{mean}}=\frac{1}{2}\left(\frac{1}{\ln(\alpha_{ij})_{top}}+\frac{1}{\ln(\alpha_{ij})_{bottom}}\right) \quad (8.68)$$

重新整理得到：

$$(\alpha_{ij})_{mean}=\exp\left[\frac{2\ln(\alpha_{ij})_{top}\ln(\alpha_{ij})_{bottom}}{\ln(\alpha_{ij})_{top}+\ln(\alpha_{ij})_{bottom}}\right] \quad (8.69)$$

若假设 α_{ij} 与 $\frac{1}{T}$ 不成比例，则假定 α_{ij} 在平均温度下与 T 成比例：

$$\ln(\alpha_{ij})_{mean}=\frac{1}{2}[\ln(\alpha_{ij})_{top}+\ln(\alpha_{ij})_{bottom}] \quad (8.70)$$

重新整理以得到几何平均数：

$$(\alpha_{ij})_{mean}=\sqrt{(\alpha_{ij})_{top}(\alpha_{ij})_{bottom}} \quad (8.71)$$

方程 8.69 或方程 8.71 为 Fenske 方程提供更准确的相对挥发度。一般来说，方程 8.69 比方程式 8.71 预测更准确。然而，当整个塔的相对挥发度相对变化越大，使用任何平均方程的误差都越大。通过假设产物组成，可以计算塔顶和塔底的相对挥发度，并计算其平均值。迭代计算可以使准确度更高。计算进料条件的相对挥发度可以估计产品组成（例如使用 Fenske 方程）。然后可以根据塔顶和塔底产品组成估算平均相对挥发度。然而，使用新的相对挥发度需要重新估算产物组成，因此计算应该迭代收敛。近似值在很大程度上取决于精馏分离混合物的理想性（或非理想性）。一般来说，混合物非理想性越强，误差就越大。

除了塔的组成和温度的变化引起的相对挥发度的变化之外，压降引起的塔压变化也会影响相对挥发度的变化。在工艺的初步设计中，塔压降的影响经常被忽略。

全回流是精馏的一个极限操作，可以通过 Fenske 方程近似得到。精馏的另一个极限操作是最小回流比。在最小回流比下，对于所有组分，在多级塔板至少存在一个组成恒定的区域。否则其他塔板会改变分离。在二元精馏中，组成恒定的区域通常与进料位置相邻（图 8.21a）。如果在多组分精馏中没有非重关键组分，则进料上方的组成恒定的区域仍与进料位置相邻。类似地，如果没有非轻关键组分，则在进料下方的组成恒定的区域与进料位置相邻（图 8.21b）。如果塔顶馏出物不包括非重关键组分，则进料上方组成恒定的区域将移动到塔中较高的位置，使得非重关键组分在进料位置中的摩尔分数降低至零（图 8.21c）。如果塔底馏出物不包括非轻关键组分，则在进料下面的组成恒定的区域将移动到塔中的较低位置，使得非轻关键组分在进料位置中的摩尔分数降低至零（图 8.21d）。通常，在进料上方的精馏段中具有组成恒定（夹点）的区域，并且在进料下方的提馏段存在另一个组成恒定（夹点）的区域（图 8.21e）。

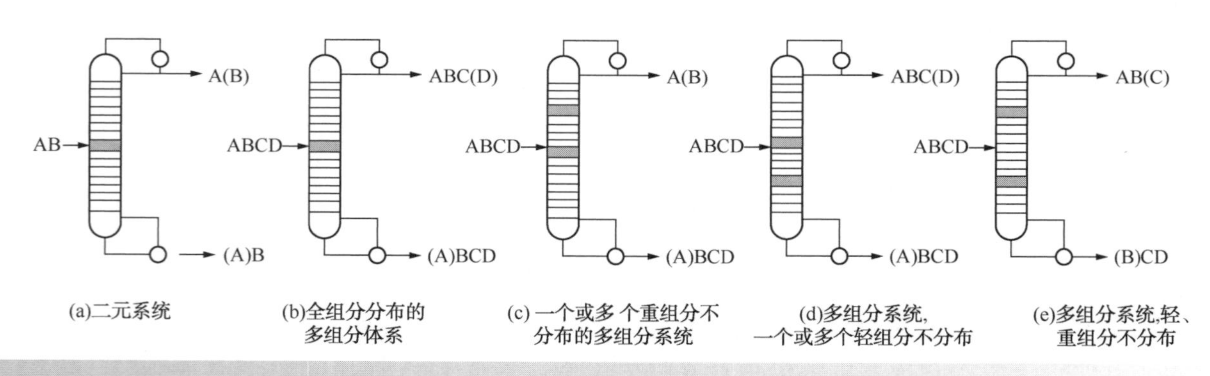

图 8.21　夹点位置

Underwood 方程可用于预测多组分精馏的最小回流比(Underwood，1946)。方程的推导是漫长的，读者参考其他来源的推导细节(Underwood，1946；King，1980；Geankopolis，1993)。该方程假设在恒定组成的区域之间，相对挥发度和摩尔流是恒定的。存在两个方程式。第一个是(安德伍德，1946 年)：

$$\sum_{i=1}^{NC} \frac{\alpha_{ij} x_{i,\ F}}{\alpha_{ij} - \theta} = 1 - q \tag{8.72}$$

式中　α_{ij}——相对挥发度；

$x_{i,F}$——进料中组分 i 的摩尔分数；

θ——方程的根；

q——进料条件，$\frac{\text{蒸发 1mol 进料所需的热量}}{\text{进料的汽化的摩尔潜热}}$，饱和液体进料为 1，饱和蒸气进料为 0；

NC——组分数。

为了求解方程式 8.72，首先假设一个进料条件，使得 q 是固定的。通常在初始设计中假设是饱和液体进料(即 $q=1$)，因为它倾向于降低汽化进料的最小回流比。除此之外，也可以液体进料，因为可通过液体泵来得到更高的压力，可以更容易地达到塔的操作压力。但增加蒸汽进料的压力成本更高，因为它使用的是压缩机而不是泵。过冷液体或过热蒸汽进料时会导致分离效率低下，因为进料必须先变为饱和状态才能参与精馏过程。

对于进料中的 NC 个组分均可代入公式 8.72，并求解 θ 的必要值。$(NC-1)$ 个 θ 值满足方程式 8.72，且每个都在组分 α 值之间。然后根据第二个方程，确定最小回流比 R_{min}(Underwood，1946)得到 θ 值：

$$R_{\min} + 1 = \sum_{i=1}^{NC} \frac{\alpha_{ij} x_{i,\ D}}{\alpha_{ij} - \theta} \tag{8.73}$$

为了求解方程 8.73，不仅要知道α_{ij}和 θ 的值，而且还要知道$x_{i,D}$的值。方程式 8.73 各组分的$x_{i,D}$值是最小回流比时的值。因此，在不假设组分分布的情况下，对于 Underwood 方程式，需要得到方程 8.72 中不同组分的α_{ij}值之间的$(NC-1)$个 θ 值。方程 8.73 经过$(NC-1)$次计算得到一系列方程，其中非关键组分的R_{min}和$(NC-2)$个$x_{i,D}$的值未知。然后可以同时求解这些方程。这样，除了计算R_{min}之外，还可以使用 Underwood 方程估算最小回流条件下的非关键组分的组分分布。类似于使用 Fenske 方程确定全回流的组分分布。虽然全回流和最小回流比的估算没有太大的差异，但实际组分分布可能在两个估计值之间。

然而，通过对组分分布进行一些合理的假设得到$x_{i,D}$近似值，可以使得计算大大简化。假设所有轻组分都在塔顶，所有重组分都在塔底，如果轻重关键组分挥发度相邻，关键组分之间不存在任何组分。并且所有$x_{i,D}$都是已知的，然后方程 8.72 可以通过试差求解所需位于关键组分的相对挥发度之间的单一 θ 值。因为所有的$x_{i,D}$已知，将 θ 值代入方程式 8.73 中可以直接求解R_{min}。

假设所有轻组分都在塔顶，所有重组分都在塔底，如果轻重关键组分挥发度相邻，所需的 θ 值比关键组分之间的组分的多一个。对于这种情况，在关键组分之间的组分的$x_{i,D}$是未知的。由方程 8.72 得到 θ 值，其中每个 θ 值位于相邻的相对挥发度之间。关键组分之间的组分的$x_{i,D}$未知时，一旦确定一个 θ 值，根据公式 8.73 可以得到所有 θ 值。然后，用R_{min}和$x_{i,D}$同时求解该组方程。

简化 Underwood 方程的求解过程的另一个方法是使用 Fenske 方程近似求解$x_{i,D}$。因此，$x_{i,D}$的这些值将与全回流而不是最小回流比相对应。

例 8.2　精馏塔在 14×10^5Pa 下运行，饱和液体进料为 1000kmol·h^{-1}，表 8.5 中给出进料组成和相对挥发度，塔顶馏出物正丁烷的回收率为 99%，塔底异戊烷回收率为 95%。

表 8.5　精馏塔进料和相对挥发度

组分	f_i/kmol·h^{-1}	α_{ij}
丙烷	30.3	16.5
异丁烷	90.7	10.5
正丁烷(LK)	151.2	9.04
异戊烷(HK)	120.9	5.74
正戊烷	211.7	5.10
正己烷	119.3	2.92
正庚烷	156.3	1.70
正辛烷	119.6	1.00

① 使用 Fenske 方程计算最小塔板数。

② 使用 Fenske 方程估算塔顶馏出物和塔底产物的组成。

③ 使用 Underwood 方程计算最小回流比。

答案

① 8.61 中代入$r_{L,D}=0.99$，$r_{H,B}=0.95$，$\alpha_{LH}=1.5749$

$$N_{min}=\frac{\lg\left[\frac{0.99}{(1-0.99)}\cdot\frac{0.95}{1-0.95}\right]}{\lg 1.5749}$$

$$=16.6$$

② 参考重组分：

$$\frac{d_H}{b_H}=\frac{f_H(1-r_{H,B})}{f_H\, r_{H,B}}=\frac{1-r_{H,B}}{r_{H,B}}=\frac{1-0.95}{0.95}=0.05263$$

在等式 8.65 中代入N_{min}，$\alpha_{i,H}$，f_i和(d_H/b_H)得到d_i，由物料平衡确定b_i。对于第一组分(丙烷)：

$$d_i=\frac{2.875^{16.6}\times 30.3\times 0.05263}{1+2.875^{16.6}\times 0.05263}=30.30\text{kmol}\cdot\text{h}^{-1}$$

$$b_i=f_i-d_i$$

$$=30.30-30.30$$

$$=0\text{kmol}\cdot\text{h}^{-1}$$

其他组分的结果在表 8.6 中。

表 8.6　例 8.2 的组分分布

组分	d_i	b_i	$x_{i,D}$	$x_{i,B}$
丙烷	30.30	0.0	0.1089	0.0
异丁烷	90.62	0.08	0.3257	0.0001
正丁烷	149.69	1.51	0.5380	0.0021
异戊烷	6.05	114.86	0.0217	0.1591
正戊烷	1.55	210.15	0.0056	0.2911
正己烷	0.0	119.30	0.0	0.1653
正庚烷	0.0	156.30	0.0	0.2165
正辛烷	0.0	119.60	0.0	0.1657
总计	278.21	721.80	0.9999	0.9999

③ 计算最小回流比，首先求解方程 8.72。必须找到满足方程式 8.72 的根 θ，由于关键组分之间没有组分，所以在 α_L 和 α_H 之间只有一个根。这涉及试差法，以满足总和为零，如表 8.7 所示。

表 8.7　Underwood 方程根的解

$x_{F,i}$	α_{ij}	$x_{i,F}$	$\frac{\alpha_{ij}x_{i,F}}{\alpha_{ij}-\theta}$			
			$\theta=7.0$	$\theta=7.3$	$\theta=7.2$	$\theta=7.2487$
0.0303	16.5	0.5000	0.0526	0.0543	0.0538	0.0540
0.0907	10.5	0.9524	0.2721	0.2796	0.2886	0.2929
0.1512	9.04	1.3668	0.6700	0.7855	0.7429	0.7630
0.1209	5.74	0.6940	0.5508	0.4449	-0.4753	-0.4600
0.2117	5.10	1.0797	-0.5682	-0.4908	-0.5141	-0.5025
0.1193	2.92	0.3484	-0.0854	-0.0795	-0.0814	-0.0805
0.1563	1.70	0.2657	-0.0501	-0.0474	-0.0483	-0.0479
0.1196	1.00	0.1196	-0.0199	-0.0190	-0.0193	-0.0191
			-0.2797	0.0559	-0.0532	0.0000

将 $\theta=7.2487$ 代入方程 8.73，如表 8.8 所示。

$$R_{min}+1=3.866$$

$$R_{min}=2.866$$

该示例中的计算可以在电子表格中方便地进行。也可在商业流程模拟软件中进行。

Underwood 方程式是基于相对挥发度和摩尔流量在夹点之间恒定的假设。考虑到整个塔的相对挥发度是变化的，哪一个相对挥发度值是最合适的？相对挥发度可以根据方程 8.69 或方程 8.71 进行计算平均值。基于进料条件计算的平均值通常比基于塔顶馏出物和塔釜产物计算的平均值更好，这是因为夹点的位置通常靠近进料。

表 8.8　Underwood 方程的第二个解

$x_{D,i}$	α_{ij}	$\alpha_{ij}x_{i,D}$	$\frac{\alpha_{ij}x_{i,D}}{\alpha_{ij}-\theta}$
0.1089	16.5	1.7970	0.1942
0.3257	10.5	3.4202	1.0519
0.5380	9.04	4.8639	2.7153
0.0217	5.74	0.1247	−0.0827
0.0056	5.10	0.0285	−0.0133
0.0	2.92	0.0	0.0
0.0	1.70	0.0	0.0
0.0	1.00	0.0	0.0
			3.8655

Underwood 方程估算的最小回流比的值通常比实际值小。主要原因是恒摩尔流假设。如前所述，Underwood 方程在夹点之间假定恒摩尔流。同时，为了确定塔的回流比，这一假设已经扩展到整个塔。然而，如图 8.22 所示，通过对塔顶夹点进行能量平衡，可以对摩尔流量的变化进行一些补偿。从而：

$$Q_{COND}=V(H_V-H_L) \quad (8.74)$$

式中　Q_{COND}——冷凝器换热量；

V——塔顶蒸汽流量；

H_V，H_L——塔顶蒸汽和液体的摩尔焓。

能量平衡如下：

$$V_\infty H_{V\infty}=L_\infty H_{L\infty}+DH_{hL}+Q_{COND} \quad (8.75)$$

式中　L_∞，$H_{L\infty}$——精馏夹点时的蒸汽和液体流量；

V_∞，$H_{V\infty}$——精馏夹点处蒸汽和液体的摩尔焓；

D——馏出率。

$$V_\infty=L_\infty+D \quad (8.76)$$

$$V=L+D \quad (8.77)$$

联立方程 8.74～8.77 得到（Seader，Henley and Roper，2011）：

$$\frac{L}{D}=\frac{(L_\infty/D)(H_{V\infty}-H_{L\infty})+H_{V\infty}-H_V}{H_V-H_L} \quad (8.78)$$

其中(L_∞/D)是由 Underwood 方程得到的回流比，(L/D)是补偿摩尔流量变化的回流比。在应用等式 8.78 之前仍然存在一个问题。需要计算$H_{V\infty}$和$H_{L\infty}$，因此需要塔顶夹点的蒸汽和液体组成。由 Underwood 方程（Underwood，1946；King，1980；Seader，Henley and Roper，2011）得到：

$$x_{i,\infty}=\frac{x_{i,D}}{\frac{L_\infty}{D}\left(\frac{\alpha_{ij}}{\theta}-1\right)} \quad (8.79)$$

式中　$x_{i,\infty}$——组分 i 在精馏夹点处的液体摩尔分数；

α_{ij}——相对挥发度。

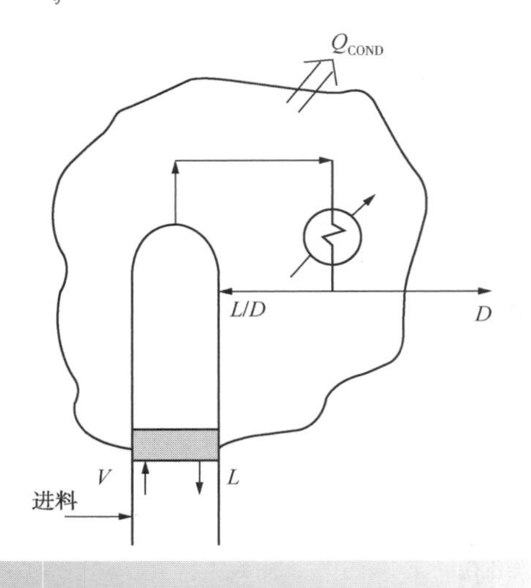

图 8.22　最小回流条件下精馏夹点附近的能量平衡

θ=满足已知最小回流比的（方程式 8.73）Underwood 方程的第二个根，与重关键组分相关的是最合适的根，其值小于 α_{HK}。这是由 $\alpha_{HNK}<\theta<\alpha_{HK}$给出的，其中 α_{HNK}是比重关键组分更重的组分的相对挥发度。如果没有比重关键更重的组分，则 $0<\theta<\alpha_{HK}$。

精馏夹点周围的物料平衡得到气相中的摩尔分数：

$$y_{i,\infty}=\frac{x_{i,\infty}(L_\infty/D)+x_{i,D}}{(L_\infty/D)+1} \quad (8.80)$$

式中　$y_{i,\infty}$——组分 i 在精馏夹点处的汽相摩尔分数。

例 8.3　将校正焓应用于例 8.2 的最小回流比的预测，以获得更准确的最小回流比。

答案：使用公式 8.79 计算精馏夹点处的液相组成。但是首先必须计算与重键组分关联的第二个 Underwood 方程式的根。从表 8.5 可以看出：

$$5.10<\theta<5.74$$

假设比重关键组分更重的组分不会出现在馏

出物中。根在表 8.9 中确定。

表 8.9 Underwood 方程的根

组分	$x_{i,D}$	α_{ij}	$\alpha_{ij}x_{i,D}$	$\sum_{i=1}^{NC}\frac{\alpha_{ij}x_{i,D}}{\alpha_{ij}-\theta}-R_{min}-1$			
				θ=5.7	θ=5.6	θ=5.65	θ=5.6598
丙烷	0.1089	16.5	1.7970	0.1664	0.1649	0.1656	0.1658
异丁烷	0.3257	10.5	3.4202	0.7126	0.6980	0.7052	0.7066
正丁烷	0.5380	9.04	4.8639	1.4562	1.4139	1.4348	1.4389
异戊烷	0.0217	5.74	0.1247	3.1180	0.8909	1.3858	1.5551
	0.9943			1.5882	−0.6973	−0.1736	0.0014

在公式 8.79 代入 $\theta=5.6598$ 来计算$x_{i,\infty}$，并从等式 8.80 求解$y_{i,\infty}$，结果见表 8.10。

表 8.10 精馏过程中的气相和液相摩尔分数

组分	$x_{i,\infty}$	$y_{i,\infty}$
丙烷	0.0198	0.0429
异丁烷	0.1329	0.1828
正丁烷	0.3144	0.3722
异戊烷	0.5348	0.4021
	1.0019	1.0000

计算气相和液相流股的摩尔焓。使用 Peng-Robinson 状态方程校正的理想气体焓数据(见附录 A)：

$$H_V=-122980\text{kJ}\cdot\text{kmol}^{-1}$$

$$H_L=-138380\text{kJ}\cdot\text{kmol}^{-1}$$

$$H_{V\infty}=-131210\text{kJ}\cdot\text{kmol}^{-1}$$

$$H_{L\infty}=-151110\text{kJ}\cdot\text{kmol}^{-1}$$

将这些值代入等式 8.78 中，$L_\infty/D=2.866$：

$$\frac{L}{D}=\frac{2.866(-131210-(-151110))-131210+122980}{-122980-(-138380)}$$

$$=3.170$$

将其与未校正的回流比(2.866)进行比较。为了获得最小回流比的准确值以评估“Underwood 方程式”的结果，需要对塔进行严格的模拟。建立了一个严格的模拟模型，并进行了大量(如 200 次或更多次)的分析。然后将回流比逐渐降低，并在每个设定值下进行模拟。重复这一步，直到出现恒定组成的区域(夹点)。对于这种分离，使用 Peng-Robinson 状态方程，得到$R_{min}=3.545$。需要强调的是，3.545 既可以说明相对挥发度的变化，也可以说明摩尔流的变化。

8.7 多种混合物的实际回流条件

在评估设计之前，需要确定一些重要的设计参数。操作成本要求对再沸器和冷凝器的负荷进行评估，然后才能计算它们的公用工程费用。需要知道塔的实际塔板数、板间距和塔径，以确定塔的尺寸并估算投资成本。首先考虑再沸器和冷凝器的负荷。

已经讨论过如何使用 Underwood 方程来计算最小回流比。如图 8.23 所示，在最小回流比下，塔顶的恒摩尔流的物料平衡：

$$V_{min}=D(1+R_{min}) \tag{8.81}$$

式中 V_{min}——进料板上方最小蒸汽流量，$\text{kmol}\cdot\text{s}^{-1}$；

R_{min}——最小回流比；

D——塔顶馏出物流量，$\text{kmol}\cdot\text{s}^{-1}$。

方程 8.81 也可以定义成实际回流(图 8.23)。将 RF 定义为 R/R_{min}(通常为 $R/R_{min}=1.1$)：

$$V=D(1+R_FR_{min}) \tag{8.82}$$

式中 V——进料板上方的蒸汽流量，$\text{kmol}\cdot\text{s}^{-1}$。

因此，总冷凝器的冷凝负荷由下式得到：

$$Q_{COND}=\Delta H_{VAP}V=\Delta H_{VAP}D(1+R_FR_{min}) \tag{8.83}$$

式中 Q_{COND}——冷凝器负荷，$\text{kJ}\cdot\text{s}^{-1}$，kW；

ΔH_{VAP}——塔顶蒸汽蒸发焓，$\text{kJ}\cdot\text{kmol}^{-1}$。

对于部分冷凝器，冷凝器的负荷由下式得到：

$$Q_{COND} = \Delta H_{VAP} D R_F R_{min} \quad (8.84)$$

假定恒摩尔流，进料板下方的蒸汽流量取决于进料条件：

$$V' = V-(1-q)F \quad (8.85)$$

式中　V'——进料板下方的蒸汽流量，$kmol \cdot s^{-1}$；

V——进料板上方的蒸汽流量，$kmol \cdot s^{-1}$；

Q——进料条件，$\dfrac{\text{每蒸发 1 摩尔进料所需的热量}}{\text{进料的摩尔汽化潜热}}$；

F——进料流量，$kmol \cdot s^{-1}$。

因此，全凝器的热负荷由下式得到：

$$Q_{REB} = \Delta H'_{VAP} V' = \Delta H'_{VAP}(V-F+qF) \quad (8.86)$$

式中　Q_{REB}——热负荷，$kJ \cdot s^{-1}$，kW；

$\Delta H'_{VAP}$——塔底液体的汽化焓，$kJ \cdot kmol^{-1}$。

代入公式 8.82：

$$Q_{REB} = \Delta H'_{VAP}(D+DR_F R_{min}-F+qF) \quad (8.87)$$

考虑如何估计塔板数。从 Underwood 方程中得到最小回流比，从 Fenske 方程得到最小理论板数，Gilliland(1940)的经验关系可用于确定实际理论板数。最初的相关性以图形形式呈现(Gilliland，1940)。使用两个参数(X 和 Y)关联数据：

$$Y = \frac{N-N_{min}}{N+1} \quad X = \frac{R-R_{min}}{R+1} \quad (8.88)$$

式中　X，Y——相关参数；

N——实际理论板数；

N_{min}——最小理论板数；

R——实际回流比；

R_{min}——最小回流比。

尝试用代数表示相关。例如(Rusche，1999)：

$$Y = 0.2788-1.3154X+0.4114\,X^{0.2910}+0.8268\ln X+0.9020\ln\left(X+\frac{1}{X}\right) \quad (8.89)$$

通过方程 8.89 对塔的理论板数进行估算。

尽管通过公式 8.89 可以估算理论板数，但是它不能得到精馏段和提馏段之间的分配数量，这可以通过 Kirkbride(1944)的经验方程来估算：

$$\frac{N_{REC}}{N_{STRIP}} = \left[\frac{B}{D}\left(\frac{X_{H,F}}{X_{L,F}}\right)\left(\frac{X_{L,B}}{X_{H,D}}\right)^2\right]^{0.206} \quad (8.90)$$

式中　N_{REC}——进料板上方的塔板数，包括部分冷凝器；

N_{STRIP}——进料板下方的塔板数，包括部分再沸器；

B——塔底流量，$kmol \cdot s^{-1}$，$kmol \cdot h^{-1}$；

D——馏出物流量，$kmol \cdot s^{-1}$，$kmol \cdot h^{-1}$；

$X_{H,F}$——进料中重关键组分的摩尔分数；

$X_{L,F}$——进料中轻关键组分的摩尔分数；

$X_{L,B}$——塔底轻关键组分的摩尔分数；

$X_{H,D}$——塔顶馏出物中重关键组分的摩尔分数。

应当注意，N_{REC} 和 N_{STRIP} 不包括进料板，并且 $N=N_{REC}+N_{STRIP}+1$。

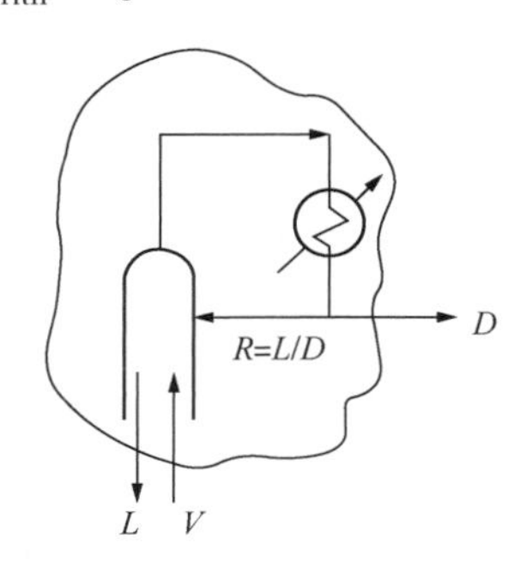

图 8.23　精馏塔塔顶的质量平衡

例 8.4　假设例 8.2 和例 8.3 中的精馏塔使用全凝器和热虹吸再沸器，$R/R_{min}=1.1$ 时估算例 8.2 和 8.3 中 R_{min} 值以及精馏段和提馏段之间的分布所需的理论板数。

解：

$$R_{min} = 2.866$$

给定 $R/R_{min}=1.1$：

$$R = 3.153$$

由方程 8.88：

$$X = \frac{R-R_{min}}{R+1} = \frac{3.152-2.865}{3.152+1} = 0.0690$$

将 $X=0.0691$ 代入方程 8.89：

$Y = 0.2788-1.3154\times0.069+0.4114\times$

$$0.069^{0.2910}+0.8268\ln 0.069+$$

$$0.9020\ln\left[0.069+\frac{1}{0.069}\right]$$

$$=0.5823$$

将 $Y=0.5822$ 代入方程 8.88：

$$0.5823=\frac{N-16.6}{N+1}$$

$$N=41.1$$

因此，塔的理论板数为 42。假设使用部分再沸器，则塔的理论板数为 41。

计算精馏段和提馏段之间的塔板分布：

$$B=721.80\text{kmol}\cdot\text{h}^{-1}$$

$$D=278.21\text{kmol}\cdot\text{h}^{-1}$$

$$x_{H,F}=0.1209$$

$$x_{L,F}=0.1512$$

$$x_{L,B}=0.0021$$

$$x_{H,D}=0.0217$$

由方程 8.90：

$$\frac{N_{REC}}{N_{STRIP}}=\left[\frac{B}{D}\left(\frac{x_{H,F}}{x_{L,F}}\right)\left(\frac{x_{L,B}}{x_{H,D}}\right)^2\right]^{0.206}$$

$$=\left[\frac{721.80}{278.21}\left(\frac{0.1209}{0.1512}\right)\left(\frac{0.0021}{0.0217}\right)^2\right]^{0.206}$$

$$=0.44$$

$$N=N_{REC}+N_{STRIP}+1$$

$$42=N_{REC}+N_{STRIP}+1$$

$$42=0.44\ N_{STRIP}+N_{STRIP}+1\ N_{STRIP}=28.47$$

$$N_{REC}=41-28.47=12.53$$

$$N_{REC}=13,\ N_{STRIP}=28$$

重复计算 $R_{min}=3.170$：

$$R=3.487$$

$$X=0.0706$$

$$Y=0.5799$$

$$N=41.0$$

$$N_{STRIP}=27$$

$$N_{REC}=12$$

因此，最小回流比的预测误差对本例的理论板数的估算影响不大，但是对于能源消耗的估算可能存在较大的偏差。

实际塔板数大于理论塔板数，这是因为传质限制阻止每个塔板达到平衡。为了估计实际塔板数，理论塔板数必须除以全塔效率。全塔效率通常在 0.7 和 0.9 之间，且取决于所进行的分离和所使用的精馏塔板设计。全塔效率可能低于 0.7（在极端情况下可能低至 0.4），也可能超过 0.9。O′Connell（1946）绘制了一个简单的图，用于初步估算全塔效率。可由下式绘图（Kessler 和 Wankat，1988）：

$$E_0=-0.3143-0.285\log(\alpha_{LH}\mu_L)\qquad(8.91)$$

式中　E_0——全塔效率（$0<E_0<1$）；

α_{LH}——关键组分之间的相对挥发度；

μ_L——塔进料条件下的平均黏度，（$\text{kg}\cdot\text{s}^{-1}\cdot\text{m}^{-1}=\text{N}\cdot\text{s}\cdot\text{m}^{-2}$）。

公式 8.91 只是近似的。对于在有效面积区具有长流动路径的塔板，其全塔效率通常高于公式 8.91 的估算值。

注意，方程式 8.91 的全塔效率只能用于推算精馏实际塔板数的初步估计值。更详细的方法本文不做讨论。实际上，塔效率因组分不同略有差异，更准确的计算需要更多关于塔板类型、形状及流体的物理性质（Kister，1992）的信息。

实际上，塔板数通常会增加 5 至 10%，以防止设计中的不确定性。

8.8　塔的规格

1）板式塔的塔高。塔高可以通过将实际塔板数乘以板间距来估计。板间距可以在 0.15m 和 1.0m 之间变化，具体取决于系统，塔径和通道要求。如果需要进行维护，清洁或检查，0.45m 是实际的最小板间距。在初步设计中，直径小于 1m 的塔通常设为 0.45m，直径较大的塔设为 0.6m。需要在塔顶增加 0.5m 至 1m 的附加高度以进行气相分离，并在塔底增加 1～2m 用于再沸器返回的气液分离和保持塔底泵液压的稳定。如果超过塔的最大高度，则必须分割成多个部分。大型塔设计是独立的。这意味着塔必须能够承受风载荷，地基也是如此。最大高度取决于当地的天气（特别是飓风和台风天气），地基条件和对地震的敏感性。最大高度通常限制在 100m 以下。然而这是在特殊情况下的设计。如果是在恶劣条件下，大多数塔高要小于 60m。

2）填料塔的塔高。为了将组成连续变化与平衡级的连续变化相关联，引入理论塔板等板高度（HETP）的概念。这是达到与平衡级相同浓度变化所需的填料高度。填料高度可以由下式估算：

$$H=N+HETP \quad (8.92)$$

式中 H——填料高度；

N——理论塔板数；

$HETP$——理论塔板的等板高度。

HETP 取决于多种因素，因为可靠的值只能从实验数据或填料制造商处获得，应谨慎使用。表8.11给出了一些常见的规整填料的数据。规整填料主要可用于两种不同的倾斜角度（图8.10b），称为“Y”型和“X”型。“Y”类型填料的倾斜角度与水平线成45°角，使用最广泛。“X”类型填料与水平线的成60°角。“Y”类型填料比“X”类型填料具有更高的效率，但有比“X”类型填料更高的压降和更低的容量。“X”型填料用于高容量和低压降的情况。表8.11中填料几何尺寸的经验系数特征值被用于关联通过填料的压降。

表8.11 一些常见规整填料的数据（Perry and Green，2007）

填料	数字	表面积/ $m^2 \cdot m^{-3}$	填料系数/ m^{-1}
金属波纹丝网			
弗里西派克	1Y	420	98
	1.6Y	290	59
	2Y	220	49
	3.5Y	80	30
	4Y	55	23
	1X	420	52
	1.6X	290	33
	2X	220	23
	3X	110	16
高容量的弗里西派克	700	710	223
	1Y	420	82
	1.6Y	290	56
	2Y	220	43
矩鞍环	1T	310	66
	2T	215	56
	3T	170	43

续表

填料	数字	表面积/ $m^2 \cdot m^{-3}$	填料系数/ m^{-1}
麦勒派克	12Y	125	33
	170	170	39
	2Y	223	46
	250Y	250	66
	350Y	350	75
	500Y	500	112
	125X	125	16
	170X	170	20
	2X	223	23
	250X	250	26
	500X	500	82
大麦勒派克	252Y	250	39
	452Y	350	69
	752Y	500	131
Montz-Pak	B1-250	250	66
	B1-250M	250	43
金属丝网			
苏尔寿	BX	492	69
陶瓷			
Flexeramic	28	260	131
	48	160	79
	88	100	49
塑料			
麦勒派克	250Y	250	72

对于规整填料，可由下式近似得到 *HETP*（Kister，1992；Perry and Green，2007）：

$$HETP=\frac{100\,F_{XY}F_{\sigma}}{\alpha_P}+0.1 \quad (8.93)$$

式中 $HETP$——理论塔的等板高度，m；

α_P——填料面积，$m^2 \cdot m^{-3}$；

F_{XY}——允许倾斜角度的因子，（对于Y型和高容量填料，$F_{XY}=1$，对于 $\alpha_P \leqslant 300 m^2 \cdot m^{-3}$ 的X型填料 $F_{XY}=1.45$）；

F_{σ}——允许高表面张力导致填料不充分“润湿”的因子，（$\sigma \leqslant 25$mn·

m^{-1}，$F_\sigma=1$，$\sigma\geqslant70mN\cdot m^{-1}$，$F_\sigma=2$，$25mN\cdot m^{-1}\leqslant\sigma\leqslant70mN\cdot m^{-1}$使用线性插值)；

σ——表面张力，$mN\cdot m^{-1}=mJ\cdot m^{-2}=dyne\cdot cm^{-1}$。

对于散装填料，可由下式近似得到 *HETP*（Kister，1992；Perry and Green，2007)：

$$HETP=18d_PF_\sigma$$

$$HETP\geqslant d_cF_\sigma \quad d_c\leqslant0.7m \tag{8.94}$$

式中 d_P——填料尺寸，m；

d_c——塔内径，m。

表 8.12 一些常见的散装填料数据

(Perry 和 Green，2007)

填料	公称尺寸/mm	表面积/$m^2\cdot m^{-3}$	填料系数/m^{-1}
金属			
拉西环	19	245	722
	25	185	472
	50	95	187
	75	66	105
鲍尔环	16	360	256
	25	205	183
	38	130	131
	50	105	89
	90	66	59
金属矩鞍环	25	207	134
	40	151	79
	50	98	59
	70	60	39
陶瓷			
拉西环	13	370	1900
	25	190	587
	50	92	213
	75	62	121
鲍尔环	25	220	350
	38	164	180
	50	121	142
	80	82	85
弧鞍	13	465	790
	25	250	360
	38	150	215
	50	105	150
塑料			
拉鲁环	15	320	230
	25	190	135
	38	150	80
	50	110	55
	90	75	38
	125	60	30
鲍尔环	15	350	320
	25	206	180
	40	131	131
	50	102	85
	90	85	56

填料塔的塔高需要考虑液体分配和再分配。当进料进入塔时，汇集进料上方的液体，使用槽、堰、滴管等使其分布在进料下方的填料上。需要 0.5~1m 的高度。而且，当液体向下流过填料时，由于与塔壁的相互作用，流体逐渐不充分地分布在填料上。这就要求要定期收集液体并重新分布在下面的填料上，填料制造商通常建议单个填料层不超过 20 个理论塔板，高度也不应大于塔径的 15 倍。填料层之间的液体收集和分布通常需要 0.5m 的高度。与板式塔一样，需要在塔顶增加 0.5~1m 的附加高度以进行汽相分离，并在塔底增加 1~2m 用于再沸器返回的气液分离和保持塔底泵液压的稳定。

3）板式塔的塔径。图 8.24 满足板式塔的操作范围(Kister，1992)。

① 当液体通过升气孔道向下流动时，漏液决定了操作的下限。这是由于蒸汽流量低引起的，蒸汽压强不足以使液体停留在塔板上。严重的漏液会使塔板不能积液，导致所有的液体都流到塔底。

② 过大的蒸汽流量造成了液泛，液泛决定了操作的上限。有两种基本的雾沫夹带作用机制。

对于雾沫夹带，液滴被夹带在蒸汽流中并被运送到上层塔板，导致液体积聚在上层塔板，而不是流到下层塔板。在雾沫夹带中，在塔板上形成泡沫，其高度随着蒸汽速度的增加而增加。对于较小板间距，泡沫可能会膨胀到上层塔板。对于较大板间距，随着蒸汽速度的增加，泡沫可能会变成喷雾。无论哪种方式，液体都会积聚在上层塔板，而不是流到下层塔板。喷雾挟带液泛是目前最常见的。在液体流量较低时，夹带现象可能更严重。

③ 降液管液泛发生在液体流量大情况下。有两种降液管液泛的作用机制。在降液管返混液泛中，泡沫在降液管中返混。当降液管中的液体和泡沫的高度所具有的压力不能克服塔板上的总压降时，会发生这种情况。这种压力不平衡导致降液管中的泡沫发生返混，直到到达塔板上方，导致液体积聚。当泡沫层超过降液管高度时，塔板会液泛。第二种降液管阻塞液泛。当降液管中的摩擦压力损失过大时，会发生这种情况。此外，流到降液管中的蒸汽必须与液体分离，然后与进入降液管的液体逆流流动。当进入降液管的蒸汽和液体流量过大时，降液管入口被堵塞，导致液体在塔板返混。

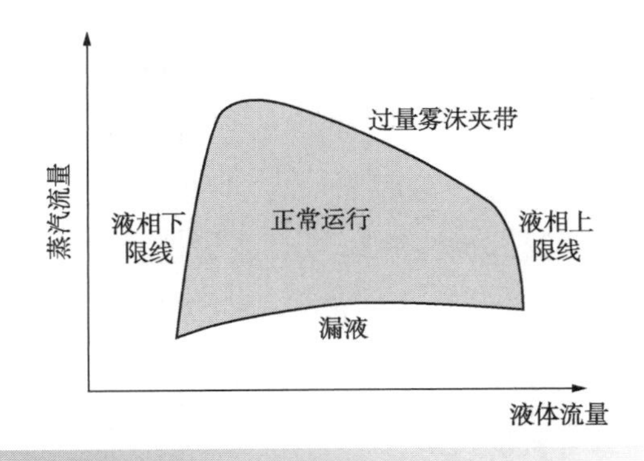

图 8.24　塔板的操作范围

导致塔中液泛的雾沫夹带取决于塔中的蒸汽流速。为了防止雾沫夹带，板式塔的蒸汽速度通常在 0.5~2.5m·s^{-1}。可以使用公式 7.3 来计算雾沫夹带以计算空塔气速（Souders 和 Brown，1934）：

$$V_T = K_T\left(\frac{\rho_L-\rho_V}{\rho_V}\right)^{0.5} \qquad (8.95)$$

式中　v_T——极限空塔气速，m·s^{-1}；

K_T——极限负荷因子，m·s^{-1}；

ρ_L——液体密度，kg·m^3；

ρ_V——蒸气密度，kg·m^3。

极限空塔气速是基于空塔截面积，如图 8.7 所示。要应用公式 8.95，需要指定参数K_T。对于使用板式塔进行精馏，K_T与液气流参数F_{LV}相关，定义如下：

$$F_{LV} = \left(\frac{M_L L}{M_V V}\right)\left(\frac{\rho_V}{\rho_L}\right)^{0.5} \qquad (8.96)$$

式中　F_{LV}——气液流体参数；

L——液体摩尔流速，kmol·s^{-1}；

V——蒸汽摩尔流速，kmol·s^{-1}；

M_L——液体摩尔质量，kg·kmol^{-1}；

M_V——蒸汽摩尔质量，kg·kmol^{-1}；

ρ_V——蒸汽密度，kg·m^{-3}；

ρ_L——蒸汽密度，kg·m^{-3}。

气液流体参数与操作压力有关，真空精馏是低压条件的操作，高压精馏是高压条件的操作。通常，F_{LV} 值低于 0.1 时，优选填料塔。Fair（1961）提出了可用于初步设计的K_T的关联图。K_T的原始图形相关性可以表示为：

$$K_T = \left(\frac{\sigma}{20}\right)^{0.2} \exp[-2.979-0.717\ln F_{LV}- 0.0865\,(\ln F_{LV})^2+0.997\ln H_T- 0.07973\ln F_{LV}\ln H_T+0.256\,(\ln H_T)^2] \qquad (8.97)$$

式中　K_T——极限负荷因子，m·s^{-1}；

σ——表面张力，mN·m^{-1} = mJ·m^{-2} = dyne·cm^{-1}；

H_T——塔板间距，m。

关联性在 0.25m<H_T<0.6m 范围内有效。夹带方程倾向于预测比实际经验的更高的液泛速度。这在某种程度上与系统发泡的趋势有关。然而，较高液泛速度的预测与发泡无关，这个问题主要与高压系统有关。为此，引入了降额因子或体系因子或发泡因子。方程 8.97 中的K_T值乘以的因子小于 1。这些因素通常是（Kister。1992；Bahadori 和 Vuthaluru，2010）：

- 涉及轻气体的精馏其值通常为 0.8 至 0.9；
- 原油精馏其值通常为 0.85；

• 吸收其值通常为 0.7~0.85；

• 汽提其值通常为 0.6~0.8。

当气相密度大于 28kg · m^{-3}时，这种发泡因子被应用于高压分离，并且可以用（Kister，1992；Bahadori 和 Vuthaluru，2010）：

$$F_{FOAM}=\frac{2.94}{\rho_V^{0.32}} \quad 0<F_{FOAM}\leq 1 \tag{8.98}$$

式中 F_{FOAM}——发泡因子；

ρ_V——气相密度，kg · m^{-3}。

方程 8.97 中的关联性需要指定塔板间距。塔板间距的取值范围通常是 0.15m 和 1m，具体取决于塔径、塔板设计、气相和液相流速以及流体的物理性质。如前所述，塔板间距通常在 0.45~0.6m。如果需要进行维护、清洁或检查，0.45m 是实际应用中的最小塔板间距。根据方程式 8.95 确定了液泛速度，塔的操作速度与液泛速度成一定比例，通常设计在液泛速度的 70%~90%的范围内。在初步设计中，液泛速度的 80%~85%是合理的。然后可以从塔上的蒸汽流速估算塔的空塔截面积。

从方程 8.97，K_T随塔板间距的增加而增加。因此，塔板间距和塔直径之间存在关系。增加塔板间距会增加蒸汽流动速度，从而能减小的直径塔。相反，增加塔板间距会增加塔高度。实际上，两个成本的变化往往相互平衡。然而，通过改变塔的高度确保一致的塔径，可以利用这种权衡关系来实现更简单的设计。

如果要使用传统塔板，则必须考虑由降液管占据的塔横截面积。降液管的尺寸取决于塔板的几何形状、蒸汽和液体流速、流体的操作压力和物理性质。由降液管占据的塔横截面积通常在塔的横截面积的 10%~15%。通常，塔的操作压力越高，降液管面积越小，占整个横截面积的比例越小。

降液管面积必须足够大以允许液体从塔板上部自由流动，同时允许蒸汽和液体分离，只有液体流动到塔板下部并产生液体密封。这取决于汽相和液相之间的密度差、塔板间距和塔板上的压降。Kister（1992）提出了详细的设计方法。对于概念设计，Bahadori 和 Vuthaluru（2010）提出了基于降液管中最大液体速度的下降区面积的初步确定的关联性：

$$V_D=\exp\left[a+\frac{b}{(\rho_L-\rho_V)}+\frac{c}{(\rho_L-\rho_V)^2}+\frac{d}{(\rho_L-\rho_V)^3}\right] \tag{8.99}$$

式中 V_D——降液流体速度，m · h^{-1}；

$$a=a_1+\frac{a_2}{H_T}+\frac{a_3}{H_T^2}+\frac{a_4}{H_T^3} \tag{8.100}$$

$$b=b_1+\frac{b_2}{H_T}+\frac{b_3}{H_T^2}+\frac{b_4}{H_T^3} \tag{8.101}$$

$$c=c_1+\frac{c_2}{H_T}+\frac{c_3}{H_T^2}+\frac{c_4}{H_T^3} \tag{8.102}$$

$$d=d_1+\frac{d_2}{H_T}+\frac{d_3}{H_T^2}+\frac{d_4}{H_T^3} \tag{8.103}$$

H_T——塔板间距，m；

ρ_L——液体密度，kg · m^{-3}；

ρ_V——蒸汽密度，kg · m^{-3}。

表 8.13 给出了方程 8.99~8.103 的系数。对于蒸汽密度大于 28kg · m^{-3}的高压系统，降液管液体速度需要乘以方程 8.98 给出的发泡因子。

表 8.13 降液面积系数（Bahadori 和 Vuthaluru，2010）

系数	值
a_1	6.93401
a_2	6.85621×10^{-1}
a_3	-4.80489×10^{-1}
a_4	7.90633×10^{-2}
b_1	1.06359×10^{3}
b_2	-2.47091×10^{3}
b_3	1.12853×10^{3}
b_4	-1.64928×10^{2}
c_1	-7.17957×10^{5}
c_2	1.21897×10^{6}
c_3	-5.57757×10^{5}
c_4	8.13018×10^{4}
d_1	1.08133×10^{8}
d_2	-1.71306×10^{8}
d_3	7.85777×10^{7}
d_4	-1.14496×10^{7}

4）板式塔的降液管数量。如前所述，如果降液管堰的液体负荷过大，则降液管可能受过度的

返混或阻塞。堰装载量是清液体积除以塔板出口堰的长度。液体流速不应超过$90m^3 \cdot m^{-1} \cdot h^{-1}$(Kister，1992；Pilling and Holden，2009)。有必要将堰长度与降液管的面积和塔的直径相关联。图 8.25a 显示了表示降液管的弦对着的角度。一些简单的几何关系：

$$\frac{A_D}{A_C}=\frac{\theta}{360}-\frac{1}{\pi}\sin\left(\frac{\theta}{2}\right)\cos\left(\frac{\theta}{2}\right) \quad (8.104)$$

$$\frac{L_W}{d_c}=\sin\left(\frac{\theta}{2}\right) \quad (8.105)$$

式中　A_D——降液管面积，m^2；

A_C——塔的横截面积，m^2；

θ——中心角，(°)；

L_W——堰长，m；

d_C——塔径，m。

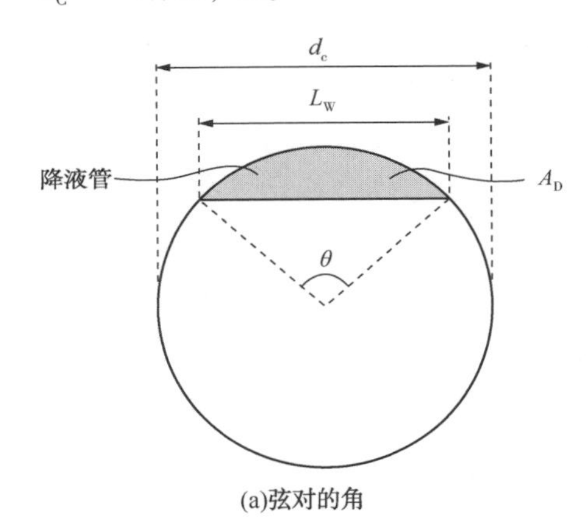

(a)弦对的角

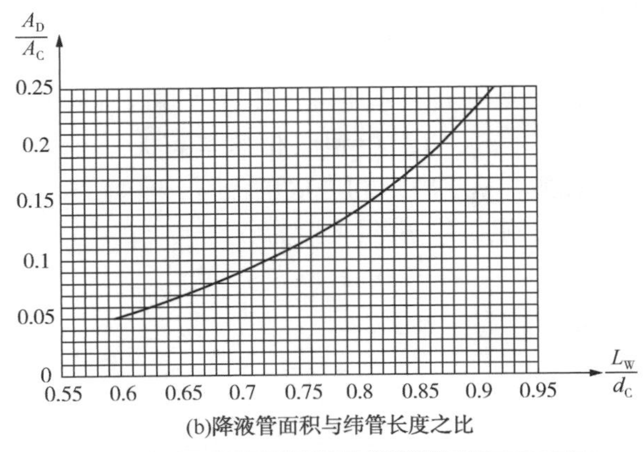

(b)降液管面积与纬管长度之比

图 8.25　塔面积与降水堰长度的关系

图 8.25b 是A_D/A_C与L_W/d_C之间的关系。考虑到降液管面积通常在塔截面积的 10%~15%的范围内，初始假设降液管的L_W/d_C值为 0.77，降液管的面积为 12.5%通常是合理的。然后计算堰负荷，看是否是合理的值。如果大于 $90m^3 \cdot h^{-1} \cdot m^{-1}$，则可以增加塔板数。

增加降液管个数通常必须减少堰装负荷，在塔板上的任何点处的液体堰装负荷也减小。从图 8.9可以看出，多降液管个数放入塔板的液体负载是单降液管个数塔板的液体负载除以降液管个数。这有增加液泛速度和减小塔直径的优势。

5）填料塔的塔径。填料塔的直径是蒸汽速度和液泛速度成一定比例的原因。在初步设计中，液泛速度的 80%至 85%通常是合理的。与板式塔一样，当发生严重的雾沫夹带时，填料塔中会发生液泛，并且液体不再沿塔向下流动使塔有效运行(Kister，1992)。在这种情况下，其特征在于，蒸汽流量增加时，通过填料层的压降开始快速地增加，同时降低传质效率。因此，可以用填料的压降特性来确定液泛条件。Kister 等人提出了一个经验关系(2007)将液泛条件下的压降与先前介绍的填料因子联系起来：

$$\Delta P_{FLOOD}=40.91F_P^{0.7} \quad (8.106)$$

式中　ΔP_{FLOOD}——液泛条件下的压降，$N \cdot m^{-2}$；

F_P——填料因子，m^{-1}。

表 8.11 和表 8.12 列出了一些常见类型的散装填料和规整填料的填料因子。因此，指定填料因子就指定了方程 8.106 中的液泛条件下的压降。接下来的问题是将 ΔP_{FLOOD} 与蒸汽速度相关联。对填料来说，存在普遍化的压降关联式用来预测任意条件下的压降(Kister et al.，2007)。这些关联式通常以图形的形式给出，例如所绘制的容量参数(CP)与气液流速参数F_{LV}关系曲线(方程式 8.96)。普遍化压降图的容量参数定义为(Kister et al.，2007)：

$$CP=C_SF_P^{0.5}\left(\frac{\mu_L}{\rho_L}\right)^{0.05} \quad (8.107)$$

式中　CP——容量参数；

C_S——C 因子，根据蒸汽和液体密度校正的表面蒸汽速度，$m \cdot s^{-1}$，$= v_S\left(\frac{\rho_V}{\rho_L-\rho_V}\right)^{0.5}$；

v_S——表面蒸汽速度，即空塔蒸汽流度，$m \cdot s^{-1}$；

ρ_L——液体密度，kg·m^{-3}；

ρ_V——蒸汽密度，kg·m^{-3}；

μ_L——液体黏度，kg·m^{-1}·s^{-1}。

对气液流量参数的原始图表可用容量因子表示（Enríquez-Gutiérrez，et al.，2014）：

$$CP = A\ln(F_{LV}) + B \tag{8.108}$$

式中 F_{LV}——汽液流量参数（Equation 8.96）。

对于规整填料

$$A = -7.31\times10^{-11}\Delta P^3 + 2.18\times10^{-7}\Delta P^2 - 2.19\times10^{-4}\Delta P - 0.0124 \tag{8.109}$$

$$B = 1.28\times10^{-10}\Delta P^3 - 3.15\times10^{-7}\Delta P^2 + 2.62\times10^{-4}\Delta P + 0.0826 \tag{8.110}$$

对于散装填料：

$$A = 6.80\times10^{-8}\Delta P^2 - 1.48\times10^{-4}\Delta P - 0.00629 \tag{8.111}$$

$$B = 2.55\times10^{-10}\Delta P^3 - 6.08\times10^{-7}\Delta P^2 + 4.69\times10^{-4}\Delta P + 0.08816 \tag{8.112}$$

其中 ΔP——填料层压降，Pa·m^{-1}。

在液泛条件下，等式 8.107 中的 CS 与方程 8.95 一样为液泛条件下K_T的参数。因此，在液泛条件下，方程式 8.107 可重新整理为：

$$K_T = \frac{CP_{FLOOD}}{F_P^{0.5}\left(\dfrac{\mu_L}{\rho_L}\right)^{0.05}} \tag{8.113}$$

式中 K_T——极限空塔气速，m·s^{-1}；

CP_{FLOOD}——液泛条件下的容量因子。

为了确定液泛速度，首先选择填料，这就需要固定填料因子 F_P，反过来又限制了方程式 8.106 的液泛压降。将方程 8.108 代入到 8.112 得出了 CP_{FLOOD}，然后将其代入公式 8.113 得出 K_T。将K_T代入公式 8.95 得出了液泛速度 V_T。

例 8.5 对于例 8.2，8.3 和 8.4 的精馏塔，假定 $R_{min}=3.170$ 且 $R/R_{min}=1.1$，估算：

① 板式塔的实际塔板数。

② 塔板间距为 0.6m 的板式塔高度，用于汽液分离的塔顶和塔底的总热负荷，塔底为 4m 的集水槽。

③ 板式塔塔径取决于塔顶和塔底条件下。假定塔易起泡，假定蒸汽速度为液泛速度的 80%。

④ 精馏段和提馏段的塔板数。

关键组分的相对挥发度为 1.57，进料黏度为 9.21×10^{-5}kg·m^{-1}·s^{-1}。塔顶和塔底的采出液物理性质见表 8.14。

表 8.14 馏出液和釜残液的物理性质

	塔顶采出	塔底采出
M_L/kg·kmol^{-1}	57.0	87.5
M_V/kg·kmol^{-1}	55.6	80.3
ρ_L/kg·m^{-3}	476	483
ρ_V/kg·m^{-3}	34.9	41.2
μ_L/kg·m^{-1}·s^{-1}	9.39×10^{-5}	9.03×10^{-5}
σ/mN·m^{-1}	4.6	3.7

解：

① 从例题 8.4 中可知，$R_{min}=3.170$，理论塔板数 $N=41$，总板效率可用公式 8.91 计算：

$$E_o = 0.3143 - 0.2853\lg(\alpha_{LH}\mu_L)$$

取平均黏度为 9.21×10^{-5}kg·m^{-1}·s^{-1}：

$$E_o = -0.3143 - 0.2853\times\lg(1.57\times9.21\times10^{-5}) = 0.78$$

$$实际塔板数 = \frac{41}{0.7} = 52.6 \approx 53$$

② 假设板间距为 0.6m，塔顶和塔底汽液分离允许的总高度 4m：

高度 = 0.6(53−1)+4 = 35.2m

③ 该塔的直径基于液泛速度，并与汽液流量参数有关。F_{LV}与汽相和液相速率有关，并与板式塔有关。基于塔顶和塔底的流量，假定恒摩尔流。根据例 8.2，塔顶采出为：

$$D = 278.21\text{kmol}\cdot\text{h}^{-1}$$

塔顶物料平衡：

$$V = D + L = D(R+1)$$

其中 V 和 L 为塔顶蒸汽和液体流速.

$$V = 278.21(3.170\times1.1+1) = 1248.3\text{kmol}\cdot\text{h}^{-1}$$

$$L = RD = 3.170\times1.1\times278.21 = 970.1\text{kmol}\cdot\text{h}^{-1}$$

饱和液体进料，流速为 $1000\text{kmol}\cdot\text{h}^{-1}$。因此进料的液体流速为：

$L'=970.1+1000=1970.1\text{kmol}\cdot\text{h}^{-1}$

对于例题 8.2，塔顶流速：

$$B=721.8\text{kmol}\cdot\text{h}^{-1}$$

蒸汽进料流速：

$V'=1970.1-721.8=1248.3\text{kmol}\cdot\text{h}^{-1}$

由方程 8.96 给出气液流量参数为：

$$F_{LV}=\left(\frac{M_L L}{M_V V}\right)\left(\frac{\rho_V}{\rho_L}\right)^{0.5}$$

在塔顶：

$$F_{LV}=\left(\frac{57.0\times970.1}{55.6\times1248.3}\right)\left(\frac{34.9}{476}\right)^{0.5}=0.2157$$

在塔底：

$$F'_{LV}=\left(\frac{87.5\times1970.1}{80.3\times1248.3}\right)\left(\frac{41.2}{483}\right)^{0.5}=0.5023$$

根据方程 8.97 得出极限负荷因子 K_T：

$$K_T=\left(\frac{\sigma}{20}\right)^{0.2}\exp(-2.979-0.717\ln F_{LV}-0.0865(\ln F_{LV})^2+0.997\ln H_T-0.07973\ln F_{LV}\ln H_T+0.256(\ln H_T)^2)$$

在塔顶：

$$\sigma=4.6\text{mN}\cdot\text{m}^{-1}$$
$$F_{LV}=0.2157$$
$$H_T=0.6\text{m}$$

代入方程 8.97：

$$K_T=0.0560\text{m}\cdot\text{s}^{-1}$$

在塔底

$$\sigma'=3.7\text{mN}\cdot\text{m}^{-1}$$
$$F'_{LV}=0.5023$$
$$H_T=0.6\text{m}$$

代入方程 8.97：

$$K'_T=0.0356\text{m}\cdot\text{s}^{-1}$$

蒸汽密度大于 $28\text{kg}\cdot\text{m}^{-3}$，由方程 8.98 计算。

精馏段

$$0<F_{FOAM}\leqslant1$$

$$F_{FOAM}=\frac{2.94}{\rho_V^{0.32}}=\frac{2.94}{34.9^{0.32}}=0.94$$

提馏段

$$F'_{FOAM}=\frac{2.94}{41.2^{0.32}}=0.89$$

蒸汽液泛速度可根据方程 8.95 得出并用发泡因子校正：

$$v_T=F_{FOAM}K_T\left(\frac{\rho_L-\rho_V}{\rho_V}\right)^{0.5}$$

在塔顶：

$$v_T=0.94\times0.0560\left(\frac{476-34.9}{34.9}\right)^{0.5}=0.188\text{m}\cdot\text{s}^{-1}$$

在塔底：

$$v'_T=0.89\times0.0356\left(\frac{483-41.2}{41.2}\right)^{0.5}=0.104\text{m}\cdot\text{s}^{-1}$$

应该注意，计算的液泛速度低于大多数精馏系统。这主要是由于在这种情况下，汽相和液相之间的密度差异较小。已知液泛速度就可以计算塔的横截面积。在提馏段，80%的液泛速度情况下：

$$A_N=\frac{VM_V}{0.8v_T\rho_V}=\frac{1248.3\times55.6}{0.8\times0.188\times3600\times34.9}=3.674\text{ m}^2$$

在提馏段，80%的液泛速度情况下：

$$A'_N=\frac{1248.3\times80.3}{0.8\times0.104\times3600\times41.2}=8.092\text{ m}^2$$

方程式 8.99～8.103 给出了精馏段降液管液体流速：

$$a=7.10805$$
$$b=-6.83344\times10^2$$
$$c=1.40738\times10^5$$
$$d=-1.21126\times10^7$$

$$v_D=\exp\left[a+\frac{b}{(\rho_L-\rho_V)}+\frac{c}{(\rho_L-\rho_V)^2}+\frac{d}{(\rho_L-\rho_V)^3}\right]$$
$$=\exp\left[7.10805-\frac{6.83344\times10^{-2}}{(476-34.9)}+\frac{1.40738\times10^5}{(476-34.9)^2}-\frac{1.21126\times10^7}{(476-34.9)^3}\right]$$
$$=464.6\text{m}\cdot\text{h}^{-1}$$

$$A_D=\frac{LM_L}{0.8\,v_D\rho_L F_{FOAM}}=\frac{970.1\times57.0}{0.8\times464.6\times476\times0.94}=0.3314\text{m}^2$$

提馏段的 a，b，c，d 值与精馏段相同，板间距也一样。根据方程式 8.99：

$$v'_D = \exp\left[7.10805 - \frac{6.83344\times10^{-2}}{(483-41.2)} + \frac{1.40738\times10^5}{(483-41.2)^2} - \frac{1.21126\times10^7}{(483-41.2)^3}\right]$$

$$= 464.9\text{m}\cdot\text{h}^{-1}$$

$$A'_D = \frac{1970.1\times87.5}{0.8\times464.9\times483\times0.89} = 1.073\ \text{m}^2$$

从而，得到精馏段塔的直径：

$$d_C = \sqrt{\frac{4(A_N + A_D)}{\pi}} = \sqrt{\frac{4(3.674+0.3314)}{\pi}}$$

$$= 2.26\text{m}$$

提馏段：

$$d'_C = \sqrt{\frac{4(8.092+1.073)}{\pi}} = 3.42\text{m}$$

④ 现在检验堰负荷：

$$\frac{A'_D}{A'_C} = \frac{0.3314}{3.674+0.3314} = 0.0827$$

根据图 8.25：

$$\frac{L_W}{d_C} = 0.69\quad L_W = 2.26\times0.69 = 1.56\text{m}$$

$$\text{堰负荷} = \frac{970.12\times57.0}{476\times1.56}$$

$$= 74.6\ \text{m}^3\cdot\text{h}^{-1}\cdot\text{m}^{-1}$$

这低于最大值 $90\text{m}^3\cdot\text{h}^{-1}\cdot\text{m}^{-1}$，因此单降液管的塔板就足够了提馏段：

$$\frac{A'_D}{A_C} = \frac{1.073}{8.092+1.073} = 0.117$$

根据图 8.25：

$$\frac{L'_W}{d'_C} = 0.76\quad L'_W = 3.42\times0.76 = 2.60\text{m}$$

液泛负荷量

$$= \frac{1970.1\times87.5}{483\times2.60}$$

$$= 137\ \text{m}^3\cdot\text{h}^{-1}\cdot\text{m}^{-1}$$

该负荷对于单降液管的塔板过高。将提馏段塔板的降液管个数增加到 2。降低了液体负载，提馏段的直径需要重新计算。

假设总降液管面积保持不变，考虑降液管长度为侧降液管，而不是中心降液管（见图 8.9）。通过将降液管面积分成两部分并计算新的堰高和降液管的负载量来检查两通道塔板的堰负荷。

$$L' = \frac{1970.1}{2} = 985.1\text{kmol}\cdot\text{h}^{-1}$$

$$V' = 1248.3\text{kmol}\cdot\text{h}^{-1}$$

$$F'_{LV} = 0.2511$$

$$K'_T = 0.05030$$

$$F_{FOAM} = 0.89$$

$$v'_T = 0.147\text{m}\cdot\text{s}^{-1}$$

$$A'_N = \frac{1248.3\times80.3}{0.8\times0.147\times3600\times41.2} = 5.733\text{m}^2$$

$$d'_C = \sqrt{\frac{4(5.733+1.073)}{\pi}} = 2.94\text{m}$$

$$A'_D = \frac{1.073}{2} = 0.5365\ \text{m}^2$$

其中 A'_D 指的是两侧每个降液管的面积：

$$\frac{A'_D}{A'_C} = \frac{0.5365}{5.733+0.5365} = 0.0856$$

根据图 8.25：

$$\frac{L'_W}{d'_C} = 0.70\quad L'_W = 2.94\times0.70 = 2.06\text{m}$$

两通道塔板的两侧降液管堰负荷

$$= \frac{1970.1\times87.5}{483\times2\times2.06} = 87\text{m}^3\cdot\text{h}^{-1}\cdot\text{m}^{-1}$$

这个负载量是合理的。

该计算是塔顶和塔底直径之间的显著差异。在概念设计中，取最大值是合理的。之后，当更详尽的考虑这个设计时，如果一个塔的不同段的直径差异大于 20%时，那么通常会使用不同的直径进行设计（Kister，1992）。概念设计的决定在对塔的设计进行更详细的分析之后进行。此外，这里的设计仅基于塔顶和塔底的液泛速度。在实际过程中，液泛速度在整个塔中都有变化，在更详细的分析中需要考虑中间点。

例 8.6　对于例题 8.5 的精馏塔，假设该塔使用规整填料 Flexipac 1.6Y 而不是塔板，计算：

① 使用规整填料的填料塔高度。假设达到精馏分离要求塔顶和塔底之间的高度为 4m，在进料处 1m 进行液体收集和分配，0.5m 处精馏段和提馏段的液体收集和再分配。

② 规整填料塔的直径。假定该物系易于发泡，蒸汽流速为液泛的 80%。其物理性质可以从表 8.14 得到。

解：

① 首先估算规整填料的 HETP。根据方程式 8.93：

$$HETP=\frac{100\ F_{XY}F_{\sigma}}{\alpha_P}+0.1$$

对于 Flexipac1.6Y，$F_{XY}=1$，给定 $\sigma\leqslant 25mN\cdot m^{-1}$，$F_{\sigma}=1$。另外，$\alpha_P$ 可以从表 8.11 得到：

$$HETP=\frac{100\times1\times1}{290}+0.1=0.44m$$

由例题 8.4 中可知，精馏段理论塔板数为 12：

$$H=N\times HETP=12\times0.44=5.28m$$

在提馏段，包括进料板，理论塔板数为(27+1)：

$$H'=28\times0.44=12.32m$$

每个填料层最多有 20 块塔板，精馏段可以是一层填料，但在提馏段需要两层填料。塔高需要 4m，精馏段需要 1m 用于液体收集和分配，提馏段需要 0.5m 用于液体收集和再分配：

$$H=5.28+12.32+4+1+0.5=23.10m$$

② 根据表 8.11，对于 Flexipac 1.6Y 规整填料，填料因子为 $59m^{-1}$，因此由方程 8.106：

$$\Delta P_{FLOOD}=40.91\times59^{0.7}=710.3Pa\cdot m^{-1}$$

根据方程 8.109~8.110：

$$A=-7.31\times10^{-11}\times710.3^3+2.18\times10^{-7}\times710.3^2-2.19\times10^{-4}\times710.3-0.0124=-0.08416$$

$$B=1.28\times10^{-10}\times710.3-3.15\times10^{-7}\times710.3^2+2.62\times10^{-4}\times710.3+0.0826=0.1556$$

根据方程 8.96，在精馏段：

$$F_{LV}=\left(\frac{M_L L}{M_V V}\right)\left(\frac{\rho_V}{\rho_L}\right)^{0.5}$$

$$=\left(\frac{57.0\times947.2}{55.6\times1225.4}\right)\left(\frac{34.9}{476}\right)^{0.5}=0.2146$$

因此，根据方程式 8.108：

$$CP_{FLOOD}=A\ln(F_{LV})+B$$

$$=-0.08416\times\ln(0.2146)+0.1556$$

$$=0.2852$$

$$K_T=\frac{CP_{FLOOD}}{F_P^{0.5}\left(\frac{\mu_L}{\rho_L}\right)^{0.05}}$$

$$=\frac{0.2852}{59^{0.5}\left(\frac{9.39\times10^{-5}}{476}\right)^{0.05}}$$

$$=0.0803m\cdot s^{-1}$$

$$v_T=K_T\left(\frac{\rho_L-\rho_V}{\rho_V}\right)^{0.5}=0.0803\left(\frac{476-34.9}{34.9}\right)^{0.5}$$

$$=0.286m\cdot s^{-1}$$

假设填料塔和板式塔发泡因子相同且蒸汽流速为液泛的 80%：

$$d_C=\left(\frac{4M_V V}{0.8\times0.94\times\pi\rho_V v_T}\right)^{0.5}$$

$$=\left(\frac{4\times55.6\times1225.4}{0.8\times0.94\times\pi\times34.9\times0.286\times3600}\right)^{0.5}$$

$$=1.79m$$

提馏段：

$$F'_{LV}=\left(\frac{87.5\times1947.2}{80.3\times1225.4}\right)\left(\frac{41.2}{483}\right)^{0.5}$$

$$=0.5057$$

$$CP'_{FLOOD}=-0.08416\times\ln(0.5057)+0.1556$$

$$=0.2130$$

$$K'_T=\frac{0.2130}{59^{0.5}\left(\frac{9.03\times10^{-5}}{483}\right)^{0.05}}=0.0602m\cdot s^{-1}$$

$$v'_T=0.0602\left(\frac{483-41.2}{41.2}\right)^{0.5}=0.1971m\cdot s^{-1}$$

$$d'_C=\left(\frac{4\times80.3\times1225.4}{0.8\times0.89\times\pi\times41.2\times0.1971\times3600}\right)^{0.5}$$

$$=2.45m$$

与板式塔一样，规整填料塔顶和塔底的直径也存在差异。对于板式塔，可以增加塔板筛孔数以减小差异。这种方法不适用于填料塔。这种情况下设计的填料塔的塔高和直径较小。

如果使用散装填料，则该方法基本相同，但使用方程 8.94 计算 HETP 和方程 8.111 和方程 8.112 计算液泛。

8.9　精馏的概念设计

通常规定进料组成和流量。产品的规格通常也是已知的，尽管产品规格可能有一些不确定性。产品规格可以用产品纯度或某组分的回收率表示。概念设计要求设计人员指定：

- 操作压力；
- 回流比；
- 进料条件；
- 冷凝器的类型；

- 再沸器的类型；
- 平衡级的初始分配；
- 塔内件的初始规格。

1）压力。首先要确定的是压力。因为压力升高：

- 分离变得更加困难（相对挥发度降低），即需要更多的塔板或回流；
- 蒸发潜热降低，即再沸器和冷凝器的功率降低；
- 蒸汽密度增加，导致塔径变小；
- 再沸器温度升高，其极限通常由汽化物料的热分解温度确定，过高会导致过度污垢；
- 冷凝器温度升高。

随着压力的降低，这些效果相反。设置下限通常为了避免：

- 真空操作；
- 冷凝器制冷。

真空操作和制冷都会引起投资和操作成本的增加，并增加设计的复杂性。如果可能的话应该避免，但有时是不可避免的。

对于可行的首次设计，如果工艺条件允许，将精馏压力设定为略高于环境的压力，使其允许在冷凝器中使用冷却水或空气。如果要使用全冷凝器，并在塔顶采出液体产品，压力应固定为：

- 如果要使用冷却水，塔顶产品的泡点通常应比夏季冷却水温度高10℃，或
- 如果要使用空气冷却，塔顶产品的泡点通常应比夏季空气温度高20℃，或
- 如果这些条件之一会导致真空操作，则压力应设定为大气压力。

如果要使用部分冷凝器并采出塔顶气相产品，则应将上述标准应用于塔顶气相产品的露点，而不是塔顶液相产品的泡点。而且，如果要采出塔顶气相产品，则产品的目标操作压力可能决定塔压力（例如，送到燃料气系统的顶部产品）。

这些准则主要有两个例外：

- 若由于试图将冷却水或空气用于冷凝器而使精馏塔的操作压力过大，则应使用高操作压力和低温冷凝制冷相组合。在分离气体和轻质烃时这种情况很常见。
- 若过程约束限制了精馏的最高温度，则必须使用真空操作，以将物质的沸点降低到产品发生分解的温度以下。当精馏摩尔质量高的物质时，往往是这种情况。

2）回流比。精馏需要设定的另一个变量是回流比。对于独立的精馏塔（例如再沸器和冷凝器使用公用工程），有一个资本-能量的平衡关系，如图8.26所示。随着回流比从其最小值增加，投资成本最初会随着塔板数从无穷多减少而降低，但是由于需要多次再沸和冷凝，公用工程费用会增加（图8.26）。如果按年计算塔，再沸器和冷凝器的投资成本（参见第2章），并结合公用工程成本（见第2章），则获得最佳回流比。最优与最小回流比的比例通常小于1.1。然而，除特殊情况外，大多数设计师都不愿意设计比1.1更接近最小回流比的塔，因为设计数据的小错误或操作条件的小变化都可能导致不可行的设计。此外，总成本曲线在围绕最优值的波动范围内相对平稳。在完成整个流程图设计之前，不要尝试图8.26所示的优化。之后，当考虑塔与其他过程的热集成时，权衡的本质发生变化，热集成塔的最佳回流比相对独立塔的回流比差异很大。在设计的初始阶段，任何合理的假设都是充分的，比如实际回流比与最小回流的比例为1.1。

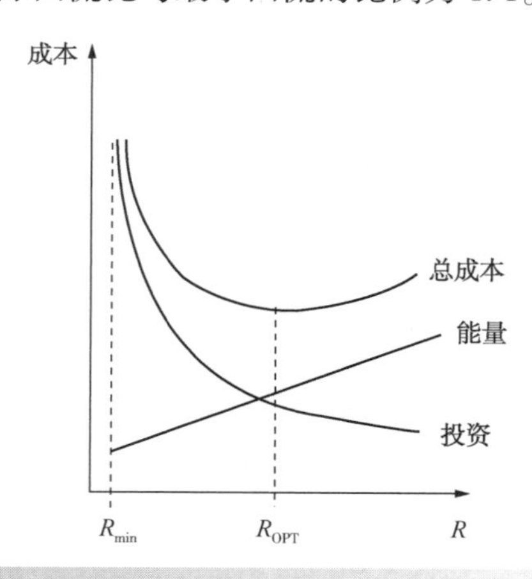

图8.26　资本和能源的平衡，独立蒸馏塔

3）进料条件。需要确定的另一个变量是进料条件。对于精馏本身，最佳进料点应使进料和塔内流体返混最小。在理论上，对于二元精馏，可以在进料板上实现液体进料和液体之间的精确匹配。实际上，这是不可能实现的，因为塔板到

塔板之间的变化是有限的。对于多组分精馏，除非在特殊情况下，一般不可能实现精确匹配。如果进料是气液两相，气化分率提供了气液相进料组成与塔中的气液相流量之间匹配更好的自由度。然而，进料返混最小并不一定使操作成本最小。

加热进料：

• 增加了精馏段塔板数，但减少了提馏段的塔板数；

• 再沸器加热负荷更小，但冷凝器冷凝负荷更大。

冷却进料通常出现相反的情况。

给进料预热的热量不能等量替代提供给再沸器的热量(Liebert，1993)。用于预热进料的热量除以再沸器热负荷的比值往往小于1。虽然用于进料的热量可能不能替代提供给再沸器中的热量，但由于进料条件的变化(等式8.50中的 q)，它会改变最小回流比。随着进料条件从饱和液体进料($q=1$)变为饱和蒸汽进料($q=0$)，最小回流比随之增加。因此，用于预热进料的热量与再沸器热负荷的比值取决于 q 的变化，关键组分之间的相对挥发度，进料浓度和实际最小回流比。在某些情况下，特别是在实际回流比相比最小回流比很高时，进料预热会增加再沸器热负荷(Liebert，1993)。

对于指定的分离，可以优化进料条件。在整体设计的早期阶段，不建议优化进料条件，因为设计后面的热量集成可能会改变最佳设置条件。通常将进料设置为饱和液体进料条件是可行的。这使进料上方和下方的蒸汽速率趋于平衡，并且有液体进料可以在必要时通过进料泵增加塔压力。当然，如果需要蒸汽进料，液体进料可以在蒸发并送入塔中前先用泵加压。

4) 冷凝器的类型。可以选择全凝器或部分冷凝器。大多数设计使用全凝器。如果塔顶产品作为中间或最终产品存储，则采用全凝器。此外，如果塔顶产品进入到一个压力更高的精馏塔则最好使用全凝器，因为通过泵容易增加液体压力。

如果选择部分冷凝器，理论上部分冷凝器可看作附加塔板，但在实践中性能小于理论塔板。选择部分冷凝器可以减少冷凝负荷，这有利于减小冷凝器昂贵的制冷费用，例如低温制冷过程。通常使用部分冷凝器分离含有低沸点组分的混合物，这种混合物需要用非常低的温度(和昂贵的制冷费用)来制冷。在冷凝液部分回流，部分作为塔顶产品采出的情况下，也可以使用混合冷凝器。在这种设计中，未冷凝的物质经常进入气体收集系统或燃料集管，例如作为燃料气体。如果将来自部分冷凝器的未冷凝物质送到后续精馏塔进一步处理，正如在讨论进料条件时已经注意到的，将会对后续精馏塔的再沸器和冷凝器的负荷产生影响。气相进料通常会增加后续精馏塔冷凝器的负荷并降低再沸器负荷。对于后续精馏塔的运行成本来说，这是好是坏取决于用于冷凝器的制冷设备和用于再沸器的加热设备的价格哪个更昂贵。此外，在讨论热集成时，整个过程设计中使用部分冷凝器可能会产生重要的影响。

5) 再沸器类型。主要是选择釜式再沸器还是热虹吸式再沸器。釜式再沸器相当于一个理论塔板。而在热虹吸管中会发生一些分离，但它的效率小于一个理论塔板。再沸器的选择取决于：

• 工艺流体的性质(特别是其黏度和结垢趋势)；

• 塔底产品对热降解的敏感性；

• 操作压力；

• 工艺与加热介质之间的温差；

• 设备布局(特别是净空高度及可用空间)。

热虹吸式再沸器通常最便宜，但不适用于高黏度液体或真空操作。第12章将进一步讨论再沸器。在设计的初步阶段，假设精馏塔具有足够的塔板来实现所需的分离。

6) 理论塔板的初步分配。可以从 Gilliland 相关性初步估计理论塔板数，从 Kirkbride 相关性初步估计塔板分布。

7) 塔内件的初步规定。关于塔内部结构首先要决定是使用塔板还是填料。一般情况下，塔板在以下情况下使用：

• 液体流速大于蒸汽流速(发生在分离困难时)；

• 塔径较大(填料可能会造成液体在填料上分布不均)；

• 进料组成有变化(操作状态发生变化时塔

板更灵活）；

●该塔需要多股进料或多股采出（板式塔更易于设计多个进料或采出）。

填料在以下情况下使用：

●塔径较小（小直径塔板的制造成本相对较高）；

●真空条件下（填料提供较低的压降并减少夹带）；

●需要低压降（填料压降比塔板低）；

●体系具有腐蚀性（更多种类的耐腐蚀材料可用作填料）；

●体系易发泡（填料促进发泡的趋势较低）；

●要求在塔中的持液量小（填料中的持液量小于塔板的持液量）。

如果选择塔板，通常选择筛板塔板、浮阀塔板或固定阀板。筛板塔板是最便宜和最常见的，但是比浮阀式塔板操作弹性低。塔板降液管数量也必须确定。

如果选择填料，则必须在规整填料和散装填料之间进行选择。对于相同的分离过程，规整填料需要的体积小于散装填料，但是更昂贵。

8.10 精馏的详细设计

一旦在概念设计的开发过程中做出了重大决定，那么就需要进行详细的模拟。要开发一种严格的精馏设计方法，图 8.27 是精馏塔中的任意一个平衡级。这是一个简单的塔板，除了有一个进料和两个采出之外还可以有许多设计选项。蒸汽和液体进入这个塔板。原则上，中间组分可以在精馏塔塔板中间作为液体或蒸汽侧线采出。进料可以进入该塔板，而热量可以转移到该塔板或从该塔板转移走。如图 8.27 所示的塔板一般形式，具有多股进料、多个产品和中间热交换的设计是可行的。方程式可以用来描述每个塔板的物料和能量平衡：

1）组分 i 和塔板 j 的物料平衡：

$$L_{j-1}x_{i,j-1}+V_{j+1}y_{i,j+1}+F_jz_{i,j}-(L_j+U_j)x_{i,j}-(V_j+W_j)y_{i,j}=0 \qquad (8.114)$$

2）各物料间的平衡（每个塔板的组分方程）：

$$y_{i,j}-k_{i,j}x_{i,j}=0 \qquad (8.115)$$

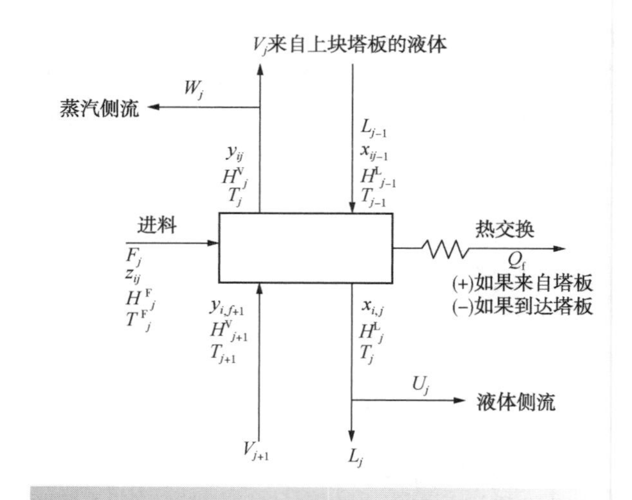

图 8.27 精馏塔的常规塔板

（Reproduced from Smith R and Jobson M（2000）Distillation，Encyclopedia of Separation Science，Academic Press，with permission from Elsevier）

3）组分分率归一化（对于每个塔板 j）：

$$\sum_{i=1}^{NC} y_{i,j}-1.0=0,\quad \sum_{i=1}^{NC} x_{i,j}-1.0=0 \qquad (8.116)$$

4）能量平衡（对于每个塔板 j）：

$$L_{j-1}H^L_{j-1}+V_{j+1}H^V_{j+1}+F_jH^F_j-(L_j+U_j)H^H_j-(V_j+W_j)H^V_j-Q_j=0 \qquad (8.117)$$

式中 $z_{i,j}$，$y_{i,j}$，$x_{i,j}$——塔板 j 的进料、蒸汽和液体摩尔分数；

F_j，V_j，L_j——塔板 j 的进料、蒸汽和液体摩尔流量；

W_j，U_j——塔板 j 的蒸汽和液体侧流摩尔流量；

H_F——进料的摩尔焓；

H^V_j，H^L_j——塔板 j 的气液摩尔焓；

Q_j——塔板 j 的传热（向该塔板的传热为负值）；

$K_{i,j}$——塔板 j 中 x_i 和 y_i 的气液平衡常数；

NC——组分数。

方程式 8.114 到 8.117：物料平衡方程（M），相平衡方程（E），组分分率归一化方程（S）和焓平衡方程（H），被称为 MESH 方程。它们需要汽液平衡和焓的物理性质数据，并且须同时求解方程组。虽然计算复杂，但许多方法可用于求解方程组(King，1980；Kister，1992；Henley，Seader and Roper，2011)。所使用详细解算超出了本书的范围。在实践中，设计师最常使用商业计算机模拟软件包。

为了进行详细的模拟，需要指定以下内容：

① 进料组成和流速。必须设定进料组成及其流速。

② 塔顶操作压力。最初的操作压力通常是根据在塔顶冷凝器中使用冷却水或空气冷却的要求来设定的，如果可能的话应该尽量避免真空操作。如果要在冷却水或空气冷却的情况下操作冷凝器，需要非常高的工作压力，那么应结合高操作压力和使用制冷的低温冷凝。过程约束可能限制精馏的最高温度以避免产物分解。在这些情况下，为了降低沸点温度，可能需要进行真空操作。

③ 压降。必须设定塔压降，或塔板压降(通常为每个板 0.01×10^5Pa)

④ 进料条件。从温度、压力和 q 中规定两个(对于饱和液体进料 $q=1$，饱和蒸汽进料 $q=0$)。

⑤ 塔板布局。必须设定理论塔板的数量和进料板。对于更复杂的塔，需要规定每个塔板的布局。

⑥ 物料和能量平衡。从馏出液、釜残液、一种产品的组分回收率(最多可以选择两个)、回流比、再沸比 $S(S=V/B)$、冷凝器负荷、再沸器负荷中规定两个。其他参数也是可能的，但不常见。

一旦基于理论板进行了详细设计，可以包含塔板效率。这可以是一个固定的总板效率或使用单板效率模型(King，1980，Kister，1992)。对于固定的总板效率，假定所有组分具有相同的板效率。然而，在实际过程中，每个组分具有不同的板效率。这只能通过使用详细的板效率模型来实现，这些模型超出了本文范围。

确定实际塔板的布局以及塔内物料和能量平衡以后，可以更详细地研究塔内部结构(Kister，1992)。如果要使用塔板，那么这需要水力学计算确定塔板的详细布局。详细的模拟还可以在塔板的基础上考虑塔板上的水力学设计。这意味着液泛特征(和溢流特征)可以随着精馏段和提馏段的变化而变化。反之，这意味着原则上，塔板设计可以通过精馏段和提馏段调整。如果使用填料，也可以对塔的设计进行改进。原则上，填料设计可以通过精馏段和提馏段改变。最终的水力学设计最好由设备供应商设计。

优化设计包括确定进料组成和流速，以及分离要求(但不一定要严格地规定分离，只要达到所需的分离要求)。优化以下内容：

• 压力；
• 进料条件；
• 回流比；
• 物料平衡(在分离规范的约束条件下)；
• 塔板布局；
• 塔板类型、塔板数、板间距、塔板设计，以及板式塔不同塔段的降液管设计；
• 填料塔不同塔段的填料设计。

除了在设计条件下检查塔的设计，还需要考虑调节塔以降低容量。在调节降低容量条件下，必须检查塔的漏液设计(Kister，1992)。

虽然为了建立整体工艺设计，建立初步设计是很重要的，但是在完全理解整体工艺中分离的背景之前，应避免在详细设计和优化方面做无用功。

例 8.7　对例 8.2~8.6 的精馏进行严格的模拟，并确定概念设计是否能够达到塔顶馏出物正丁烷 99%和塔底产物异戊烷 95%的回收要求。为了比较，假设塔的操作压力为 14×10^5Pa，塔中没有压降。根据例 8.4 的条件，假定该塔有 41 个理论塔板，饱和液体进料，进料板为 13(从塔顶计数)，冷凝器和再沸器不算作理论板(即所有塔板在塔内)。能量平衡应由回流比决定，根据例 8.3，$R_{min}=3.170$，$R/R_{min}=1.1$，给出 $R=3.487$。物料平衡由馏出液流速确定，根据例 8.2，其值为 278.21kmol·h^{-1}。根据 Peng Robinson 状态方程计算气液平衡及液体和蒸气焓。

解：许多软件包可用于执行此计算。图 8.28 是严格模拟的物料平衡结果。从图 8.28 中的数据可知，与 99%的回收要求相比，正丁烷在塔顶馏出物的回收率为 97%。与 95%的回收要求相比，塔底异戊烷的回收率为 94%。要达到所需的回收率，需要对设计进行一些调整。

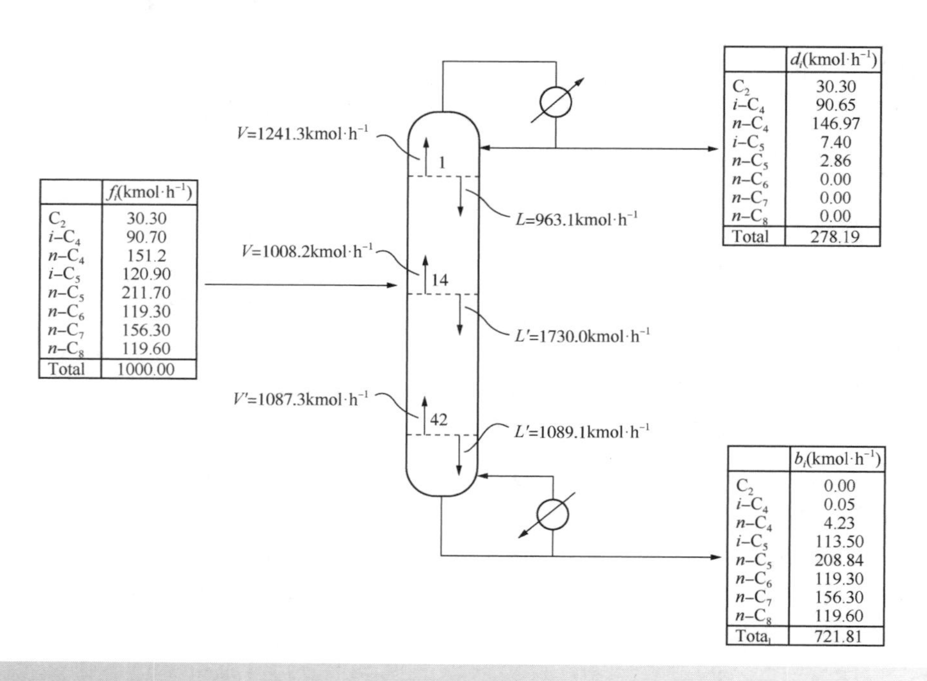

	f_i(kmol·h^{-1})
C_2	30.30
i-C_4	90.70
n-C_4	151.2
i-C_5	120.90
n-C_5	211.70
n-C_6	119.30
n-C_7	156.30
n-C_8	119.60
Total	1000.00

	d_i(kmol·h^{-1})
C_2	30.30
i-C_4	90.65
n-C_4	146.97
i-C_5	7.40
n-C_5	2.86
n-C_6	0.00
n-C_7	0.00
n-C_8	0.00
Total	278.19

	b_i(kmol·h^{-1})
C_2	0.00
i-C_4	0.05
n-C_4	4.23
i-C_5	113.50
n-C_5	208.84
n-C_6	119.30
n-C_7	156.30
n-C_8	119.60
Total	721.81

图 8.28 来自例 8.7 的严格模拟的质量平衡

① 在回流比相同的情况下，可以增加精馏段和提馏段的塔板数，调整总塔板数，保持精馏段和提馏段的塔板数之比。在这种情况下很难达到要求的回收率，需要调整总的塔板数及精馏段和提馏段的塔板数的比例。由例 8.3 可知，Underwood 等式估算的最小回流比往往较低。

② 塔板数相同，调节回流比。如果塔板数不变，回流比从 3.478 升高到 3.730，塔顶馏出物中正丁烷的回收率提高到 99%，塔底异戊烷的回收率提高到 95.5%，要求为 95%。塔板数不变，独立地调节回流比和再沸比可以同时达到两个要求。如果独立地调整回流比和再沸比，则需要放宽馏出率范围。

③ 回流比，再沸比以及精馏段和提馏段的塔板数可以同时变化。另外，进料条件也可以同时变化。这需要大量的实验和试差。

图 8.28 是塔顶、塔底和进料板的气液流速。塔的精馏段和提馏段气液流速变化，意味着塔内的液压设计将通过精馏段和提馏段而变化。

为了完成设计要求，精馏塔需要压降。每个塔板间的压降通常为 0.01×10^5Pa。然后对塔板数、进料位置、回流比、再沸比、进料条件和馏出率的设计进行灵敏度分析。

8.11 精馏的局限性

精馏是最常见的均相液体混合物分离方法。精馏几乎可以分离出大部分的均相液体混合物。精馏作为最常见的从均相液体混合物分离出液体产物的方法，相对于其他分离过程，精馏具有以下三个主要优点。

① 分离大量混合物的能力；相比精馏，其他分离方法处理量低。

② 进料浓度范围要求宽；相比精馏，其他分离方法需是理想进料。

③ 生产高纯度产品的能力；相比精馏，其他分离方法分离效果差。

然而，精馏也有其局限。不适合精馏分离的主要情况如下。

1）低摩尔质量物质的分离。低摩尔质量物质在高压下精馏，以提高其冷凝温度，并在可能的情况下，允许在塔冷凝器中使用冷却水或空气冷却。极低摩尔质量的物质通常需要在冷凝器中利用高压制冷。由于制冷是昂贵的，增加了分离的成本。对于低摩尔质量物质的分离，吸收、吸附和膜分离是最常用的分离方法。

2）热敏性物质的分离。高摩尔质量的物质通常是热敏性的，如果在高温下精馏会分解。低摩尔质量的物质在某些情况下也是热敏性的，特别是当其性质不稳定时(例如具有双键和三键的有机化合物)，这种物质通常在真空下降低沸点进行精馏。结晶和液-液萃取可用作高摩尔质量热敏物质分离的替代方法。

3）低浓度组分的分离。精馏不太适合进料混合物中低浓度组分的分离。在这种情况下，吸附和吸收都是有效的分离手段。

4）同类组分的分离。如果要分离同一类组分(例如从脂肪族组分混合物分离芳香族组分混合物)，则精馏只能根据沸点分离，而不考虑组分的类别。在复杂混合物中分离同类组分，这可能意味着分离许多不必要的组分。液-液萃取和吸附可用于同类组分的分离。

5）相对挥发度低的混合物或共沸混合物。一些均相液体混合物表现出高度非理想行为，形成恒定的共沸物。在共沸混合物中，混合物的气相和液相组成相同。因此，使用普通精馏不能实现共沸混合物分离。解决这些问题的最常见的方法是在精馏过程中加入质量分离剂，以一种有利的方式改变关键组分的相对挥发度，使分离成为可能。由于相对挥发度低虽然可以实现分离但是非常困难，在这种情况下，与共沸体系分离方式类似可以使用质量分离剂。这些过程将在第11章中详细讨论。结晶、液-液萃取和膜分离过程可以代替精馏，用于分离相对挥发度低或有共沸行为的混合物。

6）具有可冷凝和不可冷凝组分混合物的分离。如果蒸汽混合物含有可冷凝和不可冷凝的组分，则用简单相分离器进行部分冷凝可得到很好的分离效果。这基本上是一个单级精馏操作。这是一种特殊情况，值得在后面的第14章中详细讨论。

总之，精馏不太适用于分离低摩尔质量的物质或高摩尔质量的热敏性物质。然而，精馏可能仍然是这些情况的最佳方法，由于精馏的基本优点(高产量，任意进料浓度和高纯度的潜力)仍然占优势。下一章将考虑分离均相液体混合物的其他方法。

8.12 精馏分离均相液体混合物

精馏分离的设计包括以下的步骤：

① 设定分离和产品规格。

② 设定工作压力。

③ 确定所需的理论塔板数和能量要求。

④ 确定所需实际塔板数或填料高度及塔径。

⑤ 设计塔的内构件，包括塔板尺寸、填料、气液分配系统等。

一旦工艺设计完成，就需要结构设计来确定容器壁厚度，内部配件等。

尽管精馏的概念设计必须在工艺设计或改造开发的早期进行，对理想精馏过程的评估应该在整个系统的范围内进行。正如后面将要讨论的，分离器，如精馏，如果将热量适当地与过程的其他部分集成，那么使用输入热量进行分离的分离器通常可以有效地以零能源成本运行。尽管能源紧张，但如果能适当地热集成，热驱动分离设备则在整个过程中能够有效地利用能量。但在整个热集成建立之前，不必花费大量精力去优化压力、进料条件、回流比和塔板数。这些参数可能会在整个系统的设计后期发生改变。

8

8.13 习题

1. 对于表8.15中的芳烃混合物，规定：

① 压力为1×10^5Pa时的泡点；

② 压力为5×10^5Pa时的泡点；

③ 在313K温度下完全冷凝所需的压力；

④ 压力为1×10^5Pa和温度为4400K时，能冷凝多少液体?

假设K值可以与方程8.25相关联，压力单位用bar(10^5Pa)，温度单位用K。常数A_i，B_i和C_i见表8.15。

表8.15 芳烃混合物数据

组分	进料/kmol	A_i	B_i	C_i
苯	1	9.2806	2789.51	-52.36
甲苯	26	9.3935	3096.52	-53.67
乙苯	6	9.3993	3279.47	-59.95
二甲苯	23	9.5188	3366.99	-59.04

2. 丙酮是由 2-丙醇脱氢生成的。在该过程中，反应器中产物有氢，丙酮，2-丙醇和水，在进入闪蒸罐之前冷却。闪蒸罐的目的是将氢气从其他组分中分离出来。氢气在蒸汽中被除去并送入火炉中燃烧。然而，蒸汽中携带一些丙酮。使用冷却水可使闪蒸罐达到的最低温度为 35℃。绝对操作压力为 1.1×10^5Pa。表 8.16 中给出了闪蒸罐中组分的流量。假设 K 值可以与方程 8.25 相关联，压力单位用 bar，温度单位用 K。每个组分的相关常数 A_i，B_i和 C_i 见表 8.16。

表 8.16 丙酮生产过程中的流速和汽-液平衡数据

组分	流速/kmol·h^{-1}	A_i	B_i	C_i
氢	76.95	7.0131	164.90	3.19
丙酮	76.95	10.0311	2940.46	-35.93
2-丙醇	9.55	12.0727	3640.20	-53.54
水	36.6	11.6834	3816.44	-46.13

① 估算蒸汽中的丙酮和 2-丙醇的流量。

② 估计液流中的氢气流量。

③ 有没有另一种更合适的计算 K 值的方法?

3. 苯和甲苯的混合物的相对挥发度为 2.34。假设相对挥发度不变，绘制混合物的 $x-y$ 图。

4. 在甲醇和水的混合物中，甲醇是易挥发的组分。在 1atm 的压力下，可以认为相对挥发度是恒定的，为 3.60。做 $x-y$ 图。

5. 甲醇和水的进料混合物，含有摩尔分数为 0.4 甲醇，在 1atm 的压力下进行精馏分离。要求塔顶产物中甲醇摩尔分数为 95%，塔底产物中水的摩尔分数为 95%。假定进料为饱和液体进料。用练习 4 的 $x-y$ 图和 McCabe-Thiele 结构：

① 确定最小回流比；

② 回流比为最小回流比的 1.1 倍，确定分离的理论塔板数。

6. 对多组分混合物进行精馏计算。该混合物的气-液平衡可能会明显偏离理想状态，使用活性系数模型来模拟气液平衡(见附录 A)。然而，没有完整的二元交互参数。在评估缺少二元交互作用参数是否可能对计算有重要影响，您会考虑什么因素?

7. 组分 A 和组分 B 在精馏塔中分离，这两种组分的物理性质基本是未知的。塔顶馏出物中 A 和 B 的摩尔分数分别为 0.96 和 0.04。假设塔顶馏出物蒸气在与塔顶混合物的泡点温度对应的均匀温度下冷凝。冷凝器中冷却水的温度为 30℃，同时假设冷凝器的最小允许温差为 10℃。这两种组分没有气液平衡数据或蒸气压数据。只有测量的普通沸点，以及从组分的结构估计的临界温度和压力。在正常沸点到临界点间，假设这些行为遵循 Clausius-Clapeyron 方程，可以根据这些数据估计蒸汽压力：

$$\ln P_i^{SAT}=a_i+\frac{\beta_i}{T} \qquad (8.118)$$

其中 P_i^{SAT} 是蒸气压，T 是绝对温度，α_i 和 β_i 是每个组分的常数。物理数据见表 8.17。

表 8.17 组分 A 和组分 B 的物理性质

组分	临界温度/K	临界压力/bar	标准沸点/K
A	369.8	42.5	231.0
B	425.2	39.0	272.6

在理想气液平衡状态下，根据冷凝器中的温度，精馏塔必须在什么压力下进行操作?

8. 表 8.18 中的乙烷，丙烷，正丁烷，正戊烷和正己烷的饱和液体混合物通过精馏分离，使得在馏出液中丙烷的回收率为 95%，釜残液中丁烷的回收率为 90%。塔的操作压力为 10bar。假设 K 值可以与公式 8.25 相关联，其中 T 是绝对温度(K)，P 是压力(bar)，常数 A_i，B_i和 C_i 在表 8.18中给出。

① 在 10bar 时的进料泡点。

② 精馏过程中非关键组分的分布。

③ 评价所用的汽液平衡方法。

表 8.18 进料及常数的相关物理性质

组分	化学式	进料/kmol·h^{-1}	A_i	B_i	C_i
乙烷	C_2H_6	5	9.0435	1511.4	-17.16
丙烷	C_3H_8	25	9.1058	1872.5	-25.16
n-丁烷	C_4H_{10}	30	9.0580	2154.9	-34.42
n-戊烷	C_5H_{12}	20	9.2131	2477.1	-39.94
n-己烷	C_6H_{14}	20	9.2164	2697.6	-49.78

9. 芳烃装置的精馏系统中的第二个塔是分离甲苯和乙苯的。甲苯在塔顶馏出液中的回收率必须达到95%，塔釜残液中乙苯的回收率要达到90%。除了甲苯和乙苯之外，进料还含有苯和二甲苯。进料在温度170℃时的饱和条件下进料，组分流速如表8.19所示。使用Fenske方程估算塔的物料平衡。假设 K 值可以通过公式8.25与表8.19给出的常数 A_i，B_i 和 C_i 相关联。

表 8.19　芳族化合物数据

组分	进料/ $kmol \cdot h^{-1}$	A_i	B_i	C_i
苯	1	9.2806	2789.51	−52.36
甲苯	26	9.3935	3096.52	−53.67
乙苯	6	9.3993	3279.47	−59.95
二甲苯	23	9.5188	3366.99	−59.04

10. 用一个精馏塔分离流速 $150kmol \cdot h^{-1}$ 的四组分混合物，其最小回流比为3.5。进料组成和相对挥发度如表8.20所示。塔顶馏出液中组分B回收率为95%，塔底产物中组分C的回收率为95%。塔是饱和液体进料。

表 8.20　四组分混合物的进料特性

组分	进料的摩尔分数	进料的相对挥发度(相对于组分D)
A	0.10	3.9
B	0.35	2.5
C	0.30	1.6
D	0.25	1.0

① 计算该塔的馏出液和塔顶产物的摩尔流率和组成。陈述你需要做的所有假设。

② 如果回流比相比最小回流比大25%，估算再沸器对该塔的蒸汽负荷。假设塔使用全凝器且恒摩尔流。

③ 利用Gilliland关联式估计分离所需的最小理论板数。

11. 如图8.29所示精馏塔使用部分冷凝器。假设回流比、塔顶产物组成及流率和操作压力是已知的，并且塔内的气液相行为理想(即Raoult定律成立)。已知纯组分的蒸气压力数据，如何估算进入冷凝器的蒸气流量和组成？列出需要求解的方程。

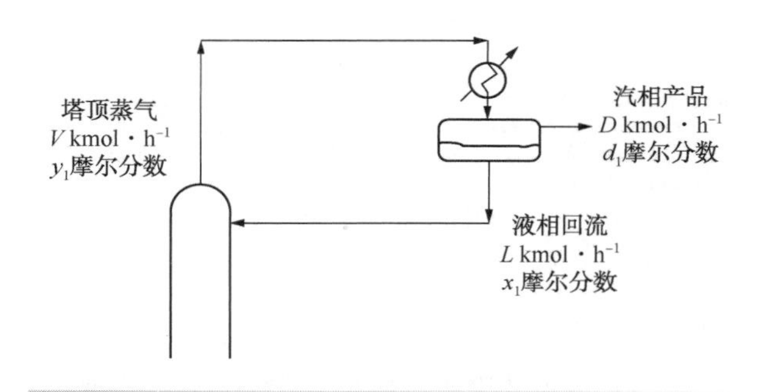

图 8.29　部分蒸馏塔的冷凝器

12. 通过精馏分离表8.21中给出的乙烷、丙烷、正丁烷、正戊烷和正己烷的混合物，馏出液中丙烷的回收率为95%，塔底丁烷的回收率为90%。该塔的操作压力为18bar。进料和相对挥发性的数据见表8.21。

表 8.21　五种组分体系的数据

组分	化学式	进料/ $kmol \cdot h^{-1}$	α_{ij}
乙烷	C_2H_6	5	16.0
丙烷	C_3H_8	25	7.81
n-丁烷	C_4H_{10}	30	3.83
n-戊烷	C_5H_{12}	20	1.94
n-己烷	C_6H_{14}	20	1.00

对该分离，计算：

① 使用Fenske方程计算非关键组分的组成。

② Underwood方程计算最小回流比。

③ 根据从Gilliland相关性，$R/R_{min} = 1.1$ 时的实际塔板数。

13. 进料、操作压力和相对挥发度与习题12相同，重关键组分改为戊烷。现在塔顶馏出物中丙烷的回收率为95%，塔底甲烷馏分的回收率为90%。假设所有轻于轻关键组分的物质都去到顶部，所有比重关键组分重的物质都去到底部，用“Underwood方程”估算丁烷分布和最小回流比。

参考文献

Bahadori A and Vuthaluru HB (2010) Predictive Tools for the Estimation of Downcomer Velocity and Vapor Capacity Factor in Fractionators, *Applied Energy*, **87**: 2615.

Douglas JM (1988) *Conceptual Design of Chemical Processes*, McGraw-Hill.

Enríquez-Gutiérrez VM, Jobson M and Smith R (2014) A Design Methodology for Retrofit of Crude Oil Distillation Systems, *24th European Symposium on Computer Aided Process Engineering – ESCAPE 24*, June 15–18, Budapest, Hungary.

Fair JR (1961) How to Predict Sieve Tray Entrainment and Flooding, *Petrol Chem Eng*, **33**: 45.

Fenske MR (1932) Fractionation of Straight-Run Pennsylvania Gasoline, *Ind Eng Chem*, **24**: 482.

Geankopolis CJ (1993) *Transport Processes and Unit Operations*, 3rd Edition, Prentice Hall.

Gilliland ER (1940) Multicomponent Rectification – Estimation of the Number of Theoretical Plates as a Function of the Reflux Ratio, *Ind Eng Chem*, **32**: 1220.

Kessler DP and Wankat PC (1988) Correlations for Column Parameters, *Chem Eng*, **Sept**: 72.

King CJ (1980) *Separation Processes*, 2nd Edition, McGraw-Hill.

Kirkbride CG (1944) Process Design Procedure for Multicomponent Fractionators, *Petroleum Refiner*, **23** (9): 87.

Kister HZ (1992) *Distillation Design*, McGraw-Hill.

Kister HZ, Scherffius J, Afshar K and Abkar E (2007) Realistically Predict Capacity and Pressure Drop for Packed Columns, *Chem Eng Progr*, **July**: 28.

Kister HZ and Olsson M (2010) Understanding Maldistribution in 3-Pass Trays, *Distillation Absorption 2010*, 12–15 Sept 2010, Eindhoven, The Netherlands, p. 617.

Liebert TC (1993) Distillation Feed Preheat – Is It Energy Efficient? *Hydrocarbon Process*, **Oct**: 37.

McCabe WL and Thiele EW (1925) Graphical Design of Fractionating Columns, *Ind Eng Chem*, **17**: 605.

O'Connell HE (1946) Plate Efficiency of Fractionating Columns and Absorbers, *Trans AIChE*, **42**: 741.

Perry RH and Green DW (2007) *Perry's Chemical Engineers' Handbook*, 8th Edition, McGraw-Hill.

Pilling M (2005) Ensure Proper Design and Operation of Multi-pass Trays, *Chem Eng Progr*, **June**: 22.

Pilling M and Holden BS (2009) Choosing Trays and Packings for Distillation, *Chem Eng Progr*, **Sept**: 44.

Poling BE, Prausnitz JM and O'Connell JP (2001) *The Properties of Gases and Liquids*, 5th Edition, McGraw-Hill.

Rachford HH and Rice JD (1952) Procedure for Use in Electrical Digital Computers in Calculating Flash Vaporization Hydrocarbon Equilibrium, *Journal of Petroleum Technology*, Sec. 1 **Oct**: 19.

Rusche FA (1999) Gilliland Plot Revisited, *Hydrocarbon Process*, **Feb**: 79.

Seader JD, Henley EJ and Roper DR (2011) *Separation Process Principles*, 3rd Edition, John Wiley & Sons.

Smith R and Jobson M (2000) *Distillation, Encyclopedia of Separation Science*, Academic Press.

Souders M. and Brown GG (1934) Design of Fractionating Columns, Entrainment and Capacity, *Ind Eng Chem*, **38**: 98.

Treybal RE (1980) *Mass Transfer Operations*, 3rd Edition, McGraw-Hill.

Underwood AJV (1946) Fractional Distillation of Multicomponent Mixtures – Calculation of Minimum Reflux Ratio, *J Inst Petrol*, **32**: 614.

Walas SM (1985) *Phase Equilibria in Chemical Engineering*, Butterworth Publishers.

第9章　均相流体混合物的分离Ⅱ—其他方法

9.1　吸收和解吸

在吸收过程中，一种气体或蒸汽混合物与一种液体溶剂接触，该液体溶剂优先吸收或与该蒸气的一种或多种成分发生反应。吸收过程可大致分为两大类：

1）物理吸收，溶质不与吸收剂发生反应。例如用水或有机溶剂去除挥发性有机化合物（VOC_s），用甲醇去除 H_2S 或 CO_2，以及用石脑油作为溶剂从烃类蒸气混合物中回收重质烃。

2）化学吸收，溶质与吸收剂发生反应。化学吸收可以提高吸收速率。例如用胺和烷醇胺溶液吸收 H_2S 和 CO_2，以及用 NaOH 溶液洗涤 SO_2。

吸收是分离低摩尔质量物质的常用方法。吸收过程中通常要加入一种物质作为液体溶剂。水和有机溶剂都可以作为液体溶剂，而且在某些情况下溶剂可以在解吸塔中再生，并循环再利用。如果吸收过程中已存在物质中的一种可以作为液体溶剂，应优先考虑加入一种不与该体系发生反应的物质。

首先考虑物理吸收。液体流量、温度和压力都是设置的重要参数。这类体系的气液平衡通常可以通过亨利定律估算（见附件 A）：

$$p_i = H_i x_i \qquad (9.1)$$

式中　p_i——组分 i 的分压力；

H_i——亨利常数（对于确定实验）；

x_i——组分 i 在气相中的摩尔分数。

假设理想气体特性（$p_i = y_i P$）：

$$y_i = \frac{H_i x_i}{P} \qquad (9.2)$$

因此，K 值为 $K_i = H_i / P$，可以预测 y_i 相对于 x_i 的图像是一条直线。如果假设吸收过程中的蒸汽流率和液体流率均恒定，则将极大地简化对吸收过程的分析。这类似于精馏过程中恒摩尔流假设。如果假设精馏过程中摩尔浓度恒定，则可以开发出一种简单的图解法，即 $M-T$ 图解法。如图 9.1 所示，对于吸收，可以对吸收塔的一部分进行质量衡算以获得操作线。假设吸收过程中蒸汽流量和液体流量均不发生变化：

$$y = \frac{L}{V}x + \left(y_{in} - \frac{L}{V}\right)x_{out} \qquad (9.3)$$

式中　y，x——蒸汽摩尔分数和液体摩尔分数；

y_{in}——进口蒸汽的摩尔分数；

x_{out}——出口液体的摩尔分数；

L——液体流量；

V——蒸汽流量。

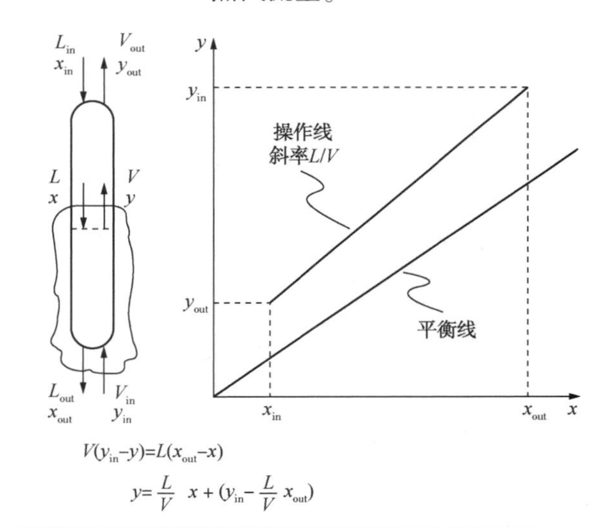

图 9.1　吸收塔的平衡线和操作线

如图 9.1 所示，是一条斜率为 L/V 的直线。如图 9.2 所示，假设蒸汽流量是确定的可以通过改变溶剂流量来得到最小溶剂流量值。

如图 9.3 所示，图解法能计算吸收塔级数，这类似于精馏过程中 McCabe-Theile 结构。在图

9.3 中，溶剂由第一块板进入吸收塔。操作线与流经物流的组分有关，因此 $y_1(y_{out})$ 和 x_{in} 是操作线的起点。由 y_1 做水平线交平衡线于 x_1，由 x_1 做垂线交操作线于 y_2，与 y_1 平衡的是 x_1，且 y_2 处于操作线上 x_1 的垂直位置。与 y_2 相平衡的是 x_2，且 x_2 处于平衡线的水平位置，以此类推。通过改变气液相组成这种方法可以找到塔的平衡级。

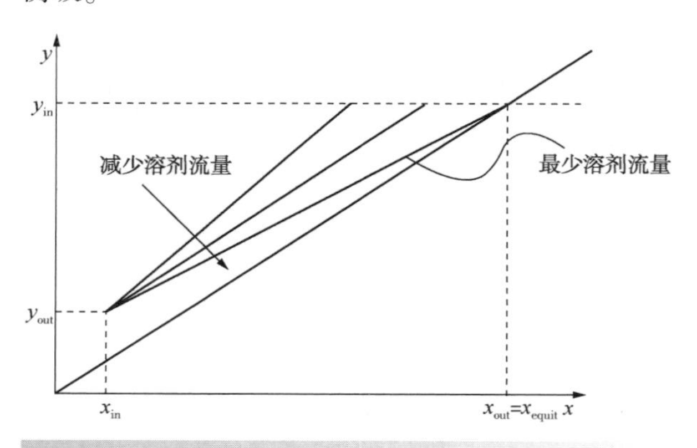

图 9.2 吸收塔的最小液汽比

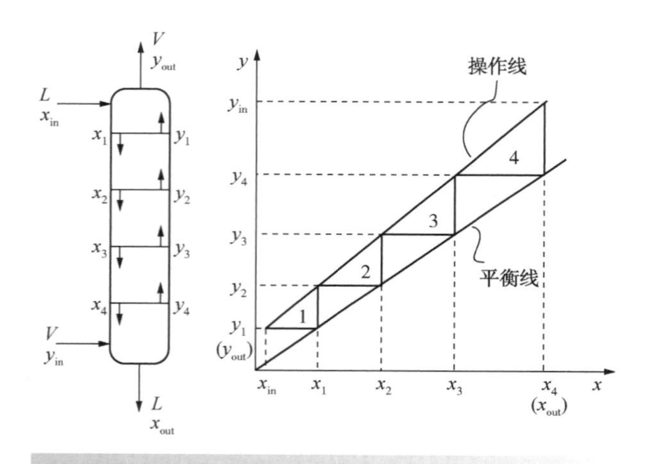

图 9.3 吸收塔的平衡逆流操作

除了做图法，这种方法可以用 Kremser 方程式表示(Treybal, 1980; King, 1980; Geankopolis, 1993; Seader and Henley, 1998)。Kremser 方程假设平衡线是直线并且与 $x-y$ 图的原点相交。假定操作线也是直线。它为图 9.3 所示的阶梯结构(梯级结构)提供了一个解析表达式。方程式的推导冗长，并且其中引用了其他的内容((King, 1980; Geankopolis, 1993; Seader and Henley, 1998))。如果浓度已知，则理论级数 N 可由方程式 9.4 计算。

$$N=\frac{\ln\left[\left(\frac{A-1}{A}\right)\left(\frac{y_{in}-K x_{in}}{y_{out}-Kx_{in}}\right)+\frac{1}{A}\right]}{\ln A} \tag{9.4}$$

式中 $A=L/KV$；

K——气液平衡常数 $K(y/x)$。

A 被称为吸收因子。当 $A=1$ 时，方程 9.4 可以用方程 9.5 的形式表示。

$$N=\frac{y_{in}-y_{out}}{y_{out}-Kx_{in}} \tag{9.5}$$

如果理论级数是已知的，则浓度可由式 9.6 计算。

$$\frac{y_{in}-y_{out}}{y_{in}-Kx_{in}}=\frac{A^{N+1}-A}{A^{N+1}-1} \tag{9.6}$$

对于多组分体系，等式 9.4 可以用极限组分 K_i 的最大值表示。确定级数后，通过方程式 9.6 可以得到其他组分的浓度。

吸收和解吸的全塔效率明显低于精馏，通常在 0.1 至 0.2。全塔效率的第一个估算值可以通过关联经验得到(Henley, Seader and Roper, 2011)。

$$\lg E_0=-0.773-0.415\log_{10}X-0.0896(\lg X)^2 \tag{9.7}$$

式中 E_0——全塔效率($0<E_0<1$)；

$X=\frac{KM_L\mu_L}{\rho_L}$；

M_L——液体摩尔质量，$kg \cdot kmol^{-1}$；

μ_L——(溶剂)液体黏度，$mN \cdot s \cdot m^{-2}=cP$；

ρ_L——(溶剂)液体密度，$kg \cdot m^3$。

要计算吸收塔全塔效率，液体的黏度和密度需要在平均条件下计算。

与精馏一样，方程式 9.7 中给出的吸收塔全塔效率的关系式仅用于对吸收塔的实际板数的第一个估计值的计算。虽然有更加精确的方法可用，但需要更多塔板类型、尺寸以及物理性质的信息。若是填料吸收塔，则可通过方程式 8.92 确定塔的填料高度。等板高度(HETP)会随着填料类型和分离方式显著变化。给定的填料性能在精馏过程和吸收过程中显著不同。只有从填料商家那才能得到可靠的数据。

如图 9.4 所示，解吸与吸收相反，解吸是将溶质从液相中转移到气相。需要注意的是图 9.4 中操作线低于平衡线。其次，如果假设 K_i、L 和 V 是恒定不变的(如图 9.4 所示)，则作图法可以用 Kremser 方程式表示成方程 9.8 (Treybal, 1980; King, 1980; Geankopolis, 1993; Seader, Henley and Roper, 2011)。

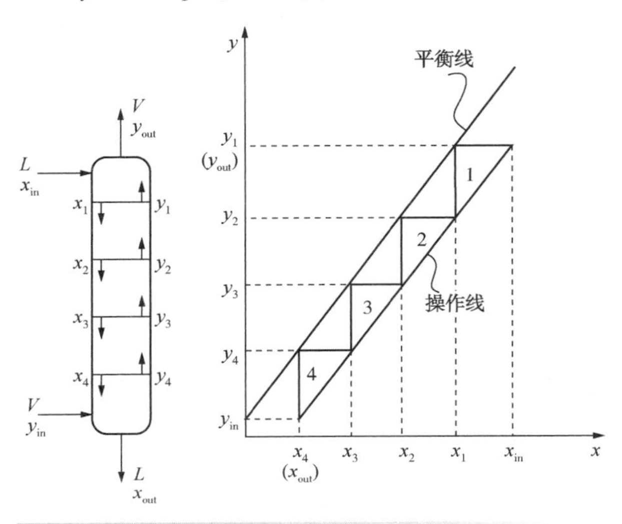

图 9.4 汽提平衡逆流操作

$$N=\frac{\ln\left[(1-A)\left(\frac{x_{in}-y_{in}/K}{x_{out}-y_{in}/K}\right)+A\right]}{\ln(1/A)} \qquad (9.8)$$

$$\text{当 } A=1 \text{ 时，} N=\frac{x_{in}-x_{out}}{x_{out}-y_{in}/K} \qquad (9.9)$$

如果级数是已知的，那么浓度可以通过方程式 9.10 计算。

$$\frac{x_{in}-x_{out}}{x_{in}-y_{in}/K}=\frac{(1/A)^{N+1}-(1/A)}{(1/A)^{N+1}-1} \qquad (9.10)$$

方程 9.8~9.10 可以用解吸因子(S)表示，式中 $S=1/A$。对于多组分体系，式 9.8 和式 9.9 可以用于极限组分(即具有最低 K_i 值的组分)，而等式 9.10 可用于确定其他组分的组成。

方程 9.4~9.6 和方程 9.8~9.10 可以用摩尔分数和摩尔流率表示，或者用质量分数和质量流率来表示，只要使用任一组一致的单位表示即可。

如果吸收是分离的手段，则必须对主要的设计变量进行一些初步选择，以使设计能够进行：

1) 液体流量。液体流量是由关键分离组分的分离因子决定的。吸收因子决定了组分 i 被吸收进入液相中的难易程度。当吸收因子大时，组分 i 能更容易被吸收。当去除高浓度溶质时，吸收因子必须大于 1，否则溶质的去除会被液体流量限制在一个较低的值。由于是通过增大液体流量来增大 L/K_iV，因此分离所需的理论塔板数减少。然而，当 L/K_iV 的值较大时，液体流量的增大带来的增益减少。这导致在 $1.2<L/K_iV<2.0$ 范围内最经济。通常采用的吸收因子在 1.4 左右(Douglas, 1988 年)。

2) 温度。降低温度会增大溶质的溶解度。在吸收塔中，将溶质从气体或者蒸气转移到液体中会发生热效应。这通常会导致吸收塔温度升高。如果是被分离组分的稀释过程，则吸收热较小，并且吸收塔温度的升高也小。否则，吸收塔的温度升高将会很大，这是我们不希望的，因为溶解度随着温度的升高而降低。为了抵消吸收塔中温度的升高，当液体沿着吸收塔往下流，会在中间点被冷却。除了在使用制冷的特殊情况下，冷却温度通常低于用冷却水所达到的温度。

如果是挥发性溶剂，则其在气体或蒸气中会有一些损失。如果对排出吸收塔的蒸汽使用冷凝器(如果需要冷却时)冷凝时，溶剂是昂贵的且对环境有害，应该避免这种损失。

3) 压力。高压使溶质在液体中更易溶解。然而，由于高压可能需要气体压缩机，高压的成本趋高。这就存在一个最佳压力的问题。

与精馏一样，在设计的这个阶段，不宜对液体流量、温度或压力进行任何优化。

溶质在液体中溶解后，在分离操作中通常需要将溶质从液体里分离出来，以便使液体在吸收塔中再循环。此时，组分 i 的解吸因子(K_iV/L)应该很大，以使组分 i 在气相中浓缩，从而被分离出液相。对于解吸塔，解吸因子应在 $1.2<K_iV/L<2.0$ 的范围内，通常约为 1.4(Douglas, 1988 年)。吸收塔全塔上下的温度可能会有显著的变化。然而，由于类似于吸收器的原因，液体在塔内温度下降。升高温度或者降低压力将会有利于解吸。

例 9.1 用平均摩尔质量为 $200\text{kg}\cdot\text{kmol}^{-1}$ 的重质烃类液体来吸收气相(含苯蒸汽)中的苯。气相中苯的体积浓度为2%，液体中苯的质量浓度为0.2%。气相流量为850m^3·h^{-1}，压力为0.107MPa，温度为25℃。气体流量和液体流量可以认为是恒定的，标准条件下的每千克分子体积占22.4m^3，苯的摩尔质量为78kg·kmol^{-1}，气液平衡符合拉乌尔定律。在分离温度下，苯的饱和液体蒸气压可以取0.0128MPa。若要去除95%的苯，求液体流量和理论级数。

解：首先，计算蒸汽流量(kmol·h^{-1})

$$V = 850 \times \frac{1}{22.4\left(\frac{298}{273}\right)\left(\frac{1.013}{1.07}\right)} = 36.6 \cdot \text{kmol} \cdot \text{h}^{-1}$$

由拉乌尔定律：

$$K = \frac{p^{sat}}{P} = \frac{0.128}{1.07} = 0.12$$

假设 $A = 1.4$

$$L = 1.4 \times 0.12 \times 36.6 = 6.15\text{kmol} \cdot \text{h}^{-1}$$
$$= 6.15 \times 200\text{kg} \cdot \text{h}^{-1} = 1230\text{kg} \cdot \text{h}^{-1}$$

$$x_{in} = 0.002 \times \frac{200}{78} = 0.0051$$

$$y_{out} = 0.02(1-0.95) = 0.001$$

$$N = \frac{\ln\left[\left(\frac{A-1}{A}\right)\left(\frac{y_{in} - K x_{in}}{y_{out} - K x_{in}} + \frac{1}{A}\right)\right]}{\ln A} + \frac{\ln\left[\left(\frac{1.4-1}{1.4}\right)\left(\frac{0.02-0.12\times0.0051}{0.001-0.12\times0.0051} + \frac{1}{1.4}\right)\right]}{\ln 1.4}$$

$= 8$(理论级数)

在吸收过程中，有时可以通过在液体中加入与溶质反应的组分来强化分离。关于吸收的讨论迄今仅限于物理吸收。在化学吸收中，化学反应被用来强化吸收。可逆反应和不可逆反应都可用。不可逆反应的一个例子是使用氢氧化钠溶液从气相中除去SO_2：

$$2NaOH + SO_2 \longrightarrow Na_2SO_3 + H_2O$$
$$Na_2SO_3 + 1/2O_2 \longrightarrow Na_2SO_4$$

不可逆反应的另一个例子是使用过氧化氢从气相中除去氮氧化物：

$$2NO + 3H_2O_2 \longrightarrow 2HNO_3 + 2H_2O$$
$$2NO_2 + H_2O_2 \longrightarrow 2HNO_3$$

另一个可逆反应的例子是使用单乙醇胺溶液从气相中除去硫化氢和二氧化碳：

$$HOCH_2CH_2NH_2 + H_2S \rightleftharpoons HOCH_2CH_2NH_3HS$$
$$HOCH_2CH_2NH_2 + CO_2 + H_2O \rightleftharpoons HOCH_2CH_2NH_3HCO_3$$

这种情况下，通过在再沸器进行加热，吸收反应在解吸塔的再生阶段逆向进行。如果通过从溶剂中解吸溶质来回收溶剂，则化学吸收比物理吸收需要更多的能量。这是因为化学吸收中输入的热量必须克服反应热以及溶解热。然而，化学吸收中溶剂流量比物理吸收要小得多。

然而化学吸收的设计比物理吸收要复杂得多。气液平衡的状态不能由亨利定律或附录A中所述的任何方法表示。而且，气体混合物中的不同化合物也可能发生竞争反应。这意味着像Kremser方程这样的简单方法不再适用，需要更加复杂的模拟软件来模拟诸如在单乙醇胺中吸收H_2S和CO_2一类的化学吸收。这不在本书的范围之内。

9.2 液-液萃取

与气体吸收相似，液-液萃取是通过在不互溶的液体中添加新组分来分离均相混合物。液-液萃取是通过在进料液中加入另一种不互溶的液体来实现分离的。用于液-液萃取的设备与图6.5所示的用于液-液反应的设备相同。由于组分在进料的两个液相之间分布不同而发生分离。被加入进料的液体称为萃取剂。萃取剂将溶质从进料中分离出来。进料中溶质溶解在进料溶剂或载体中。分离得到的富溶剂物流被称为萃取物，溶质已被提取出来的残留液被称为萃余相。图9.5a所示的是多级接触。

平衡时溶质在两相间的分布可由K值或分配系数通过式9.11进行计算(见附录A)。

$$K_i = \frac{x_{E,i}}{x_{R,i}} = \frac{\gamma_{R,i}}{\gamma_{E,i}} \tag{9.11}$$

式中 $x_{E,i}$，$x_{R,i}$——萃取物和萃余相中组分i的摩尔分数；

$\gamma_{E,i}$，$\gamma_{R,i}$——萃取物和萃余相中组分i的活度系数。

通过求得组分i和组分j的分布系数之比，将分离因子定义为式9.12，它类似于精馏中的相对挥发度。

$$\beta_{ij}=\frac{K_i}{K_j}=\frac{x_{E,i}/x_{R,i}}{x_{E,j}/x_{R,j}}=\frac{\gamma_{R,i}/\gamma_{E,i}}{\gamma_{R,j}/\gamma_{E,j}} \tag{9.12}$$

分离因子(或选择性)表明组分 i 比组分 j 更容易从萃余相中萃取出来。

液-液萃取的逐级计算与精馏、吸收和汽提有很多的共同点。$M-T$ 图解法假定摩尔蒸汽和液体流量是恒定不变的，并能使用操作线和曲线平衡线进行简单的逐级计算。在无溶质基础上，给定进料溶剂 F 和萃取剂 S 一个恒定流量，可以在液-液萃取中得到类似的概念。因为流量是在无溶质的基础上表示的，所以浓度必须调整为溶质与溶剂的比值。这些假设有助于保持操作线是直线并能简化计算。有三种简化计算的情况(Schweitzer，1997 年)：

1) 在大多数情况下，液-液萃取可用于处理不互溶的溶剂。如图 9.5a，假设 $F=R$，$S=E$，萃取塔第 1 级到第 n 级的物料平衡为：

$$Fx_F+Sx_{E,n+1}=Fx_{R,n}+Ex_{E,out} \tag{9.13}$$

重新整理得到：

$$x_{E,n+1}=\frac{F}{S}x_{R,n}+\frac{Ex_{E,out}-Fx_F}{S} \tag{9.14}$$

图 9.5b 所示是直线斜率为 F/S 的方程。假设 $F=R$，$S=E$，由萃取器第 N 到 n 级的萃余相物料平衡可以得到相似的操作线：

$$x_{E,n}=\frac{F}{S}x_{R,n-1}+\frac{Sx_S-Rx_{R,out}}{S} \tag{9.15}$$

萃取器总的物料平衡关系如式 9.16 所示：

$$x_{E,out}=\frac{Fx_F+Sx_s-Rx_{R,out}}{E} \tag{9.16}$$

因此，操作线对应的各个端点为($x_{R,out}$，x_S)和(x_F，$x_{E,out}$)。图 9.5b 是操作线与平衡线的曲线图。图 9.5b 也表示了类似于精馏、吸收和汽提的液-液萃取过程。质量分数和质量流量或摩尔分数和摩尔流量，其中任一组单位一致的组合都可以代入上式中。

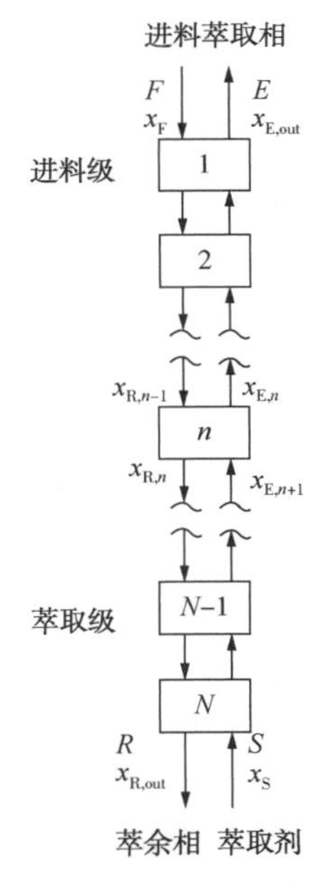

(a)液液萃取的质量平衡

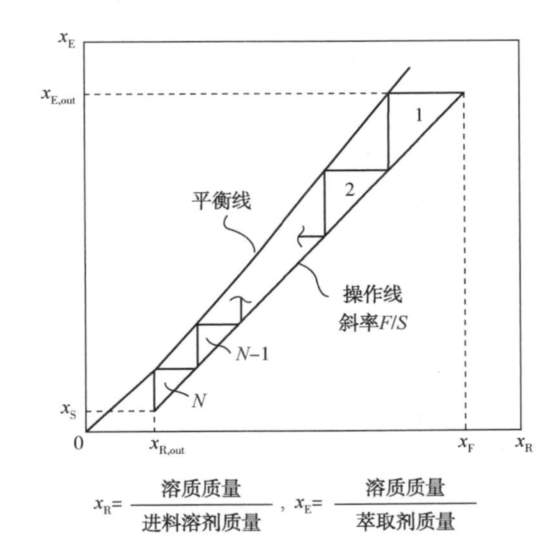

(b)理论板的逐级计算

图 9.5　逆流液液萃取

如果分配系数恒定，液体流量在无溶质基础上也恒定，则与 9.1 节中基于 Kremser 方程的关于汽提的分析相同。如式 9.17 所示，液液萃取过程中溶质被从 $\varepsilon\neq1$ 的进料液中萃取出来。

$$N=\frac{\ln\left[\left(\frac{\varepsilon-1}{\varepsilon}\right)\left(\frac{x_F-x_S/K}{x_R-x_S/K}\right)+\frac{1}{\varepsilon\neq1}\right]}{\ln\varepsilon} \tag{9.17}$$

式中 N——理论级数；

x_F——基于无溶质进料液中溶质的摩尔分数；

x_S——基于无溶质溶剂的入口处溶质摩尔分数；

x_R——基于无溶质的萃余相中溶质的摩尔分数；

K——平衡线斜率；

ε——萃取因子，$=KS/F$；

S——无溶质溶剂的流量，$kmol \cdot s^{-1}$；

F——无溶质进料液的流量，$kmol \cdot s^{-1}$。

当 $\varepsilon=1$ 时：

$$N=\frac{x_F-x_R}{x_R-x_S/K} \tag{9.18}$$

已知 N，组成可由式 9.19 计算：

$$\frac{x_F-x_R}{x_F-x_S/K}=\frac{\varepsilon^{N+1}-\varepsilon}{\varepsilon^{N+1}-1} \tag{9.19}$$

对于多组分系统，方程 9.17 和方程 9.18 可用于确定特定组分（即具有最低 K_i 的组分）对应的萃取级数。然后可以用方程 9.19 来确定其他组分的组成。

方程 9.17～9.19 以摩尔分数和摩尔流量表示。然而，只要使用的单位一致，也可用质量分数和质量流量表示。如果 K 值在整个萃取塔中变化，则可以使用离开进料级的值和离开萃余级 K_N 的萃余相 K_1 浓度几何平均值（Treybal，1980 年）：

$$K=\sqrt{K_1 K_N} \tag{9.20}$$

2）在第二种情况下，溶质部分互溶，并且部分互溶经常在溶质浓度相对较低时发生。为了简化计算，假设萃取剂仅溶解在进料液中，并且这种互溶性在萃取塔内保持恒定。这就意味着在图 9.5a 中萃取剂在第 N 级到第 1 级间进口流量保持恒定，且萃取剂在经过进料级互溶后在第一级处的流量减小。类似的，假设进料溶剂仅在萃余相（即第 N 级处）中溶解萃取剂，并且互溶度在全塔保持恒定。这说明在图 9.5a 中第一级到第 N 层级间进料液流量恒定不变，进料液经过与萃余相的互溶后在第 N 级上流量减小（Schweitzer，1997 年）。因此，可以假设流经全塔的萃取剂流量和进料液流量恒定不变。但是萃取液流量 E 小于 S，萃余相流量 R 小于 F，这是由于互溶造成的。方程式 9.14 和 9.15 的操作线斜率仍然是 F/S，但仅对从第 N 级到第 $N-1$ 级适用。第一级和第 N 级的点不会落在操作线上。对于进料级，当 F 因为互溶而改变时，为了第一级物流能在操作线上表示出来（式 9.14），将进料组成用 x'_F 表示，用方程式 9.21 计算。

$$x_{E,out}=\frac{F}{S}x'_F+\frac{Ex_{E,out}-Fx_F}{S} \tag{9.21}$$

重新整理得到：

$$x'_F=x_F+\left(\frac{S-E}{F}\right)x_{E,out} \tag{9.22}$$

对于萃余相，当 S 因互溶而改变时，为了能使流经第 N 级的流股能在操作线上表示出来（式 9.15），将溶剂组成用 x'_S 表示，用方程式 9.23 计算。

$$x'_S=\frac{F}{S}x_{R,out}+\frac{Sx_S-Rx_{R,out}}{S} \tag{9.23}$$

重新整理得到：

$$x'_F=x_S+\left(\frac{F-R}{S}\right)x_{R,out} \tag{9.24}$$

操作线必须经过点（$x_{R,out}$，x'_S）和点（x'_F，$x_{E,out}$）。只要调整了溶剂和进料浓度，接下来的步骤与不互溶液体的例子一致。如果平衡线和操作线都为直线，通过调整组成 x'_F 和 x'_S，$x_{R,out}$ 和 $\varepsilon=KS/F$ 的实际值，Kremser 方程也可以用于部分互溶的情况。如果萃取塔内 K 值是变化的，则由式 9.20 可计算其几何平均值。

3）第三种情况，溶剂也是部分混溶的，这通常发生在溶质在进料液和萃取剂中浓度高而在萃余相中浓度低的情况下。为简化计算，与例 2 中类似，假设萃取剂仅在进料板处溶于进料液中，且全塔中溶解度恒定不变。然而，假设进料液仅在进料板（即第 1 级）处溶于萃取剂，且全塔内溶解度恒定不变。这就意味着在图 9.5a 中，进料板上的进料液减少，从第 2 级塔板流入到第 N 级塔板流出的流量恒定不变（Schweitzer，1997 年）。因此，可以假设全塔萃取剂流量和进料液流量恒定不变。萃取液流量 E 小于 S，且由于溶解的原因，萃余相流量 R 小于 F。方程 9.14 和 9.15 中的操作线的斜率是 R/S，而不是 F/S，但是只是对第 2 级塔板到第 N 级塔板适用。而第 1 级（即进料级）的点不会出现在操作线上。对于进料板，当 F 因为溶解而改变时，为了使流过第一级塔板的流股出现在操作线上（如式 9.14），进料组成必须调整为 x'_F 的形式，且如方程 9.25 所示，用 R/S 替换斜率 F/S。

$$x'_{E,out}=\frac{R}{S}x'_F+\frac{Ex_{E,out}-Fx_F}{S} \qquad (9.25)$$

重新整理得到：

$$x'_F=\frac{F}{R}x_F+\left(\frac{S-E}{R}\right)x_{E,out} \qquad (9.26)$$

操作线必须经过点（$x_{R,out}$，x_S）和（x'_F，$x_{E,out}$）。如果改变进料浓度，接下来的计算步骤与不互溶液体的例子一致。如果平衡线和操作线均为直线，通过调整组成，x_S，$x_{R,out}$ 和 $\varepsilon=KS/R$ 的实际值，Kremser 方程也能用于计算部分互溶的情况。如果全塔中 K 值是变化的，则可以用方程 9.20 计算 K 的几何平均值。

例 9.2　有一流量为 $1000\text{kg}\cdot\text{h}^{-1}$ 的含有水溶性杂质的有机产物，质量浓度为 6%。实验数据表明，如果此产物用相同质量的水萃取，90% 的杂质能被萃取除去。假设有机产物不溶于水。

① 相同条件下去除率达到 90% 时，计算采用两级逆流萃取时需要多少水。

② 如果两级逆流萃取进水流量相同，计算所提取杂质的百分数。

解： ① 每小时进料中杂质的质量 = 1000×0.06 = $60\text{kg}\cdot\text{h}^{-1}$

无溶质情况下的进料流量 = 1000 − 60 = $940\text{kg}\cdot\text{h}^{-1}$

$$x_F=\frac{6}{940}=0.06383$$

萃余相中每小时产生的杂质质量 = 60×0.1 = $6\text{kg}\cdot\text{h}^{-1}$

萃取液中每小时产生杂质的质量 = 60 − 6 = $54\text{kg}\cdot\text{h}^{-1}$

当水和有机产物不互溶，假设 $F=R$，$S=E$：

$$x_R=\frac{6}{940}=6.383\times10^{-3}$$

$$x_E=\frac{54}{1000}=0.054$$

$$K=\frac{x_E}{x_R}=\frac{0.054}{6.383\times10^{-3}}=8.460$$

由式 9.15 可得：

$$\frac{x_F-x_R}{x_F-\dfrac{x_S}{K}}=\frac{\varepsilon^{N+1}-\varepsilon}{\varepsilon^{N+1}-1}$$

$$\frac{0.06383-6.383\times10^{-3}}{0.06383-\dfrac{0}{8.460}}=\frac{\varepsilon^3-\varepsilon}{\varepsilon^3-1}$$

$$0.9=\frac{\varepsilon^3-\varepsilon}{\varepsilon^3-1}$$

$$0=0.1\,\varepsilon^3-\varepsilon+0.9$$

由试差法求 ε：

$$\varepsilon=2.541$$

$$S=\frac{\varepsilon F}{K}=\frac{2.541\times940}{8.460}=282.3\text{kg}\cdot\text{h}^{-1}$$

②
$$\varepsilon=\frac{8.460\times1000}{940}=10.0$$

由式 9.15 得：

$$\frac{x_F-x_R}{x_F-\dfrac{x_S}{K}}=\frac{\varepsilon^{N+1}-\varepsilon}{\varepsilon^{N+1}-1}$$

$$\frac{0.06383-x_R}{0.06383-\dfrac{0}{8.460}}=\frac{9.0^3-9.0}{9.0^3-1}$$

$$x_R=7.0\times10^{-4}$$

萃余相中每小时产生的杂质质量 = 940×7×10^{-4} = $0.658\text{kg}\cdot\text{h}^{-1}$

$$提取的杂质百分数=\frac{60-0.658}{60}=0.989$$

例 9.3　有一进料流量为 $1000\text{kg}\cdot\text{h}^{-1}$，乙酸质量分数为 30% 的水溶液。用纯异丙醚萃取乙酸（AA），萃余相中无溶剂基乙酸质量分数为 2%。平衡数据见表 9.1（Campbell，1940；Treybal，1980）。从表 9.1 可以看出，水和异丙醚具有明显的互溶性，必须考虑到这一点。

① 根据进料中溶剂转移到萃取剂和萃余相中的量，确定哪种简化过程适用于此过程。

② 估计用于分离的最小异丙醚流量。

③ 若异丙醚流量为 $2500\text{kg}\cdot\text{h}^{-1}$，计算理论萃取级数。

④ 使用 Kremser 方程计算分离所需的萃取级数。

解：

① 为了保持操作线为直线，浓度以溶质与进

料(水)的比值和溶质与萃取剂(异丙醚)的比值表示。表 9.1 中的数据可按表 9.2 中的形式表示。

表 9.1　乙酸-水-异丙醚的平衡数据

(Campbell, 1940; Treybal, 1980).(来自 Cambell H, 1940, Trans AIChE, 36: 628, reproduced by permission of the American Institute of Chemical Engineers)

水相中组分的质量分数			乙醚相中组分质量分数		
乙酸	水	异丙醚	乙酸	水	异丙醚
0.0069	0.981	0.012	0.0018	0.005	0.993
0.0141	0.971	0.015	0.0037	0.007	0.989
0.0289	0.955	0.016	0.0079	0.008	0.984
0.0642	0.917	0.019	0.0193	0.010	0.971
0.1330	0.844	0.023	0.0482	0.019	0.933
0.2550	0.711	0.034	0.1140	0.039	0.847
0.3670	0.589	0.044	0.2160	0.069	0.715

表 9.2　以进料中溶剂和萃取剂的比例表示的平衡数据

水相中的质量比		乙醚相中的质量比		$K=\frac{x_E}{x_R}$
$x_{AA}(x_R)$	x_{Ether}	$x_{AA}(x_E)$	x_{Water}	
7.034×10^{-3}	0.01223	1.813×10^{-3}	5.035×10^{-3}	0.2577
0.01452	0.01545	3.741×10^{-3}	7.078×10^{-3}	0.2576
0.03026	0.01675	8.028×10^{-3}	8.130×10^{-3}	0.2653
0.07001	0.02072	0.01988	0.01030	0.2840
0.1576	0.02725	0.05166	0.02036	0.3278
0.3586	0.04782	0.1346	0.04604	0.3753
0.6231	0.07470	0.3021	0.09650	0.4848

为了确定哪种简化计算最佳，对比在进料级和萃取级上进料中水转移到萃取剂中的量。首先计算在 $x_{E,out}$ 未知情况下进料级上的转移量。

表 9.2 中的平衡数据表明分配系数变化很大。图 9.6a 表明平衡线不是直线。如图 9.6a 是从 $x_{R,out}=0.02/0.98=0.0204$ 开始斜率最大的操作线，$x_R=0.1576$kg AA/kg 水处与平衡线相交。在图 9.6a 中，最小溶剂流速对应的操作线在 $x_R=0.1576$ 和 $x_E=0.05166$ 处与平衡线相交。假设互不相溶，则该线的斜率是进料与溶剂流量的比值 F/S。从而：

$$\frac{F}{S}=\frac{0.05166-0}{0.1576-0.0204}=0.377$$

$$F=1000\times0.7=700\text{kg}\cdot\text{h}^{-1}$$

因此，由斜率可得：

$$S=\frac{700}{0.377}=1857\text{kg}\cdot\text{h}^{-1}$$

萃取器中醋酸的物料平衡为：

$$Ex_{E,out}=Fx_F+Sx_S-Rx_{R,out} \tag{9.27}$$

假设 $S=E$：

$$1857x_{E,out}=700\times\frac{0.3}{0.7}+S\times0-700\times0.0204$$

$$x_{E,out}=0.1539$$

从表 9.2 可以看出，在异丙醚相中 $x_E=0.1539$kgAA/kg 异丙醚，水相中 $x_E=0.05185$kg 水/kg 乙醚(通过插值法)。

萃取液中的水 $=0.05185\times1857=96.3\text{kg}\cdot\text{h}^{-1}$

离开进料级的萃余相中的水 $=700-96.3=603.7\text{kg}\cdot\text{h}^{-1}$

从表 9.2 看出，对于萃余相，在 $x_R=0.0204$kg 乙酸/kg 水时，异丙醚相中含有 0.007471kg 水/kg 乙醚的水(通过插值法)。

离开萃取塔的萃余相中的水 $=0.007471\times1857=13.9\text{kg}\cdot\text{h}^{-1}$

因此这种情况下，在进料级上萃余相的流量变化大于萃余相级。这意味着，假设进料级上萃取液中溶解了大量溶剂，操作线斜率为 R/S 的情况 3 最为合适。

② 图 9.6a 是 a 部分中操作线大于 0 的部分，起始点是(0.0204, 0)，这条操作线与斜率为 $R/S=0.377$ 的平衡线相交。在考虑离开萃取塔水的溶解以后对萃取剂用量进行重新计算：

$$S=\frac{603.7}{0.377}=1601\text{kg}\cdot\text{h}^{-1}$$

由方程 9.27 重新计算 $x_{E,out}$：

$$1601x_{E,out}=\frac{0.3}{0.7}\times700+1601\times0-603.7\times\frac{0.02}{0.98}$$

$$=0.1797\text{kgAA/kg 异丙醚}$$

从表 9.2 看出，当乙酸含量为 0.1797kgAA/kg 异丙醚，异丙醚相中水的含量为 0.05963kg 水/kg 异丙醚(通过插值法)。

萃取液中的水 $=0.05963\times1601=95.5\text{kg}\cdot\text{h}^{-1}$

萃余相(R)中的水 = 700−95.5 = 604.5kg · h^{-1}

重新计算萃取剂的流量：

$$S=\frac{604.5}{0.377}=1604\text{kg}\cdot\text{h}^{-1}$$

重复先前的计算直至收敛：

$x_{E,out}=0.1779$kgAA/kg 乙醚

萃取相中的水 = 94.8kg · h^{-1}

萃余相中的水(R) = 605.2kg · h^{-1}

$S=1605\text{kg}\cdot\text{h}^{-1}$

因此计算萃取剂的最小流量为 1605kg · h^{-1}

③ 如②中步骤作答：

$F=700\text{kg}\cdot\text{h}^{-1}$

$x_F=0.4286$

$x_R=0.0204$

此时，萃取剂的流量是固定不变的：

$S=2500\text{kg}\cdot\text{h}^{-1}$

假设 $F=R$，$S=E$，由方程 9.27 对乙酸进行总的质量衡算：

$$x_E=\frac{0.4286\times700+0\times2,500-0.0204\times700}{2500}$$

$=0.1143$

根据表 9.2 的数据，乙醚相中，x_E = 0.1143kg AA/kg 水，水的含量为 0.03976kg 水/kg 异丙醚。

萃取相中的水 = 0.03979×2500 = 99.4kg · h^{-1}

萃余相中的水(R) = 700−99.4 = 600.6kg · h^{-1}

萃余相中 $x_R=0.0204$kgAA/kg 水，水相中异丙醇含量为 0.01594kg 异丙醇/kg 水。

萃余相中异丙醚 = 0.01594 × 600.6 = 9.6kg · h^{-1}

萃取相中异丙醚 = 2500−9.6 = 2490.4kg · h^{-1}

$E=2490.4\text{kg}\cdot\text{h}^{-1}$

$R=600.0\text{kg}\cdot\text{h}^{-1}$

$x_{E,out}=0.1151$

再假设萃取剂仅在进料板上溶解在进料流股中，则传质后进料板上的表观进料浓度可由方程 9.26(Schweitzer, 1997)计算得到。

$$x_F'=\frac{F}{R}x_F+\left(\frac{S-E}{R}\right)$$

$$x_{E,out}=\frac{700\times0.4286}{600.0}+\left(\frac{2500-2490.4}{600.0}\right)\times0.1151$$

$=0.5019$

在图 9.6b 中，操作线由点($x_F'=0.5019$，$x_E=0.1151$)和($x_R=0.0204$，$x_S=0.0$)绘制。

虽然在假设中操作线为直线，但是平衡线不是直线形式。图 9.6b 表明操作线和平衡线之间大约需要 6 个平衡级。

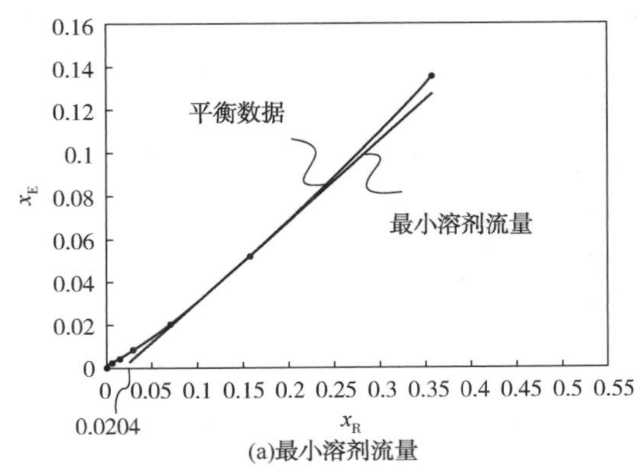

(a)最小溶剂流量

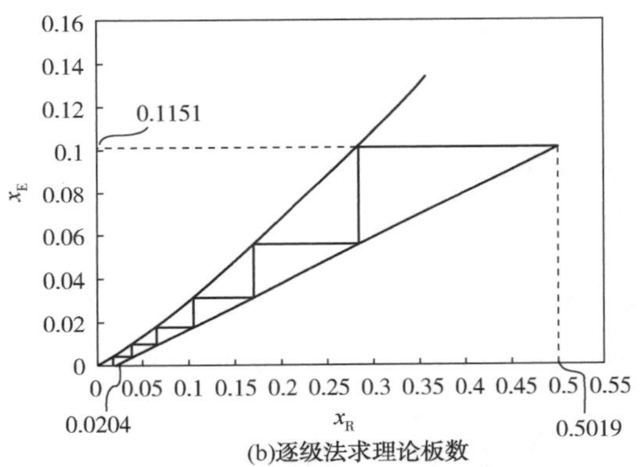

(b)逐级法求理论板数

图 9.6　使用异丙醚从水溶液中萃取乙酸

④ 由于平衡线不是直线，所以不能直接使用 Kremser 方程求解。

$x_F'=0.5019$

$x_R=0.0204$

$x_s=0.0$

$x_{E,out}=0.1151$ 时，$K_1=0.3641$。$x_{R,out}=0.0204$ 时，$K_N=0.2605$(由表 9.2 数据通过插值法算得)。因此：

$$K=\sqrt{K_1\cdot K_N}=\sqrt{0.3641\times0.2605}=0.3078$$

$$\varepsilon=\frac{KS}{R}=\frac{0.3048\times2,490.4}{600.0}=1.278\text{N}$$

$$=\frac{\ln\left[\left(\frac{1.278-1}{1.278}\right)\left(\frac{0.5019-0.0/0.3048}{0.0204-0.0/0.3048}\right)\right]}{\ln[1.278]}$$

$=6.8$

此结果与逐级计算的结果很接近。但是，当萃取塔内 K 值变化显著时，运用 Kremser 方程要格外注意。萃取塔中 K 值变化越大，Kremser 方程精度的不确定性就越大。

求得的理论级数必须要与实际塔高和设备的实际级数相结合。液-液萃取设备与图 6.5 中描述的液液反应的设备相同。图 6.5 为混合沉降器，可以以多级逆流的方式组合，其中每个混合沉降级代表一个理论级。在图 6.5 所示的其他装置中接触器的理论级数或高度与理论级之间的关系更加复杂。不同接触器设计的典型等板高度有以下几种情况(Humphrey and Keller，1997)：

接触器	等板高度/m
筛板	0.5~3.5
散装填料	0.5~2.0
规整填料	0.2~2.0
机械搅拌	0.1~0.3

理论级数与实际级数或等板高度的关系受很多因素的影响，诸如几何形状、搅拌速率、流量、液体的物理性质，影响界面处表面性质杂质的存在等。将液-液萃取设备中实际级数与理论级数联系起来的唯一可靠方法是参照类似分离过程设备的性能，或进行中试工厂实验。

选择萃取剂时，需要考虑下列问题：

1）分配系数。方程式 9.11 定义了分配系数，分配系数的值越大分离效果越理想。因为分配系数的越值大，意味着分离所需的溶剂越少。选择溶剂时应选择与溶质化学性质相近的溶剂，就和溶解一样。像水一类的极性溶液通常是离子化合物和极性化合物的首选。非极性化合物(如己烷)更适合非极性化合物。当溶质溶解在溶剂中形成溶液时，部分溶质分子之间的吸引力必定会被溶质和溶剂分子间的吸引力所取代。如果新的吸引力与被取代分子的吸引力相似，则形成新溶液所需要的能量相对较少。这个理论适用于多数系统，但是分子间的相互作用对提高一种化合物在另一种化合物中溶解度的作用是多种多样的。因此，这个理论只能作为一般的指导。

2）分离因子。方程 9.12 定义的分离因子能衡量一种化合物被萃取的难易程度。如果分离过程需要将一种化合物从一种混合进料中分离出来，则分离因子必须大于混合进料的各部分分离因子之和，并且分离因子应尽可能高。

3）溶剂的不溶性。萃余相中溶质的互溶度应尽可能的小。

4）回收的难易程度。通常需要回收溶剂以便再利用。此过程大多数情况是通过精馏实现的。这就要求溶剂具有热稳定性，不与溶质形成共沸物。而且对于精馏过程，要求相对挥发度足够大，汽化潜热足够小。

5）密度差。萃取相和萃余相之间的密度差应尽可能大，以使液相更容易聚集。

6）表面张力。两种液体之间的表面张力越大，就越容易聚集。但是另一方面，表面张力越大，萃取过程分离越困难。

7）副反应。溶剂化学性质应当稳定，不与进料中的组分(包括杂质)发生任何副反应。

8）蒸汽压。使用有机溶剂时蒸汽压应当尽可能的小。高压有机溶剂将导致挥发性有机化合物(VOCs)在该过程中的排放，这可能导致环境问题。在接下来讨论环境问题时会更深入地讨论挥发性有机化合物。

9）一般性质。溶剂应当无毒(对于食品制造)。即使制造一般化学品，为了安全起见，也是首选使用无毒溶剂。根据安全性原则，还规定溶剂最好是不易燃的。低黏度和高凝固点也是要考虑的因素。

选择的溶剂很少能兼顾上述所有标准，因此总是需要取舍。

与吸收过程类似，有时使用与溶质反应的溶剂来促进分离。到目前为止，关于液-液萃取的讨论仅限于物理萃取。不可逆和可逆反应均可用于化学萃取过程。例如，利用乙酸酸性的特点，使用有机碱萃取乙酸。这些有机碱可以再生和循环利用。

值得注意的是，化学萃取的分析比物理萃取复杂得多。相平衡特性不能通过恒定分配系数的方法估算。这意味着像 Kremser 方程这样的方法不再适用，需要复杂的仿真软件。这不在本文的讨论范围之内。

9.3 吸附

吸附是吸附物分子附着在固体吸附剂表面上

的过程。吸附过程可分为两大类：

① 物理吸附，吸附剂和吸附质之间形成物理键。

② 化学吸附，吸附剂和吸附质之间形成化学键。

化学吸附的一个例子是硫化氢和氧化铁之间的反应：

$$6H_2S+2Fe_2O_3 \longrightarrow 2Fe_2S_3+6H_2O$$

氧化铁吸附剂一旦转化为硫化铁，可以在氧化步骤中再生：

$$2Fe_2O_3+3O_2 \longrightarrow 6S+2Fe_2S_3$$

再生后的吸附剂可再次利用。相比之下，物理吸附在吸附剂和吸附质之间不存在化学键。表9.3从多个角度比较了物理和化学吸附（Hougen等，1959年）。

表9.3　物理吸附和化学吸附（Hougen，et al.，1959）

	物理吸附	化学吸附
吸附热	小	大
吸附速率	受到传质阻力控制	受阻抗表面反应控制
	低温时速率快	低温时速率慢
专一性	低	高
表面覆盖率	完整可扩展到多分子层	不完整，限于单分子层
活化能	低	高，对应于化学反应
单位质量吸附量	高	低

在这里主要讨论物理吸附。物理吸附是气体分离的常用方法，但也用于从液体中除去少量的有机组分。

吸附过程中用到的吸附剂种类众多，其中几乎都是多孔类的。主要分为以下几类：

1）活性炭。活性炭是一种被处理成具有高内部孔隙率的固体形式碳。几乎任何碳质材料都可用于制造活性炭。例如使用煤、石油渣、木材或坚果壳（特别是椰子）。制造活性炭的最常见方法是在惰性气体中，将固体加热至600～900℃。在氧气、蒸汽或一氧化碳的存在下，加热固体到更高的温度（高达1200℃），通过控制氧化（或活化），使其具有多孔性和表面活性。其他利用化学活化制备的方法，是将碳质材料与磷酸、氢氧化钠、氯化锌或其他试剂混合，然后升温至500～900℃。用活性炭进行吸附是将有机溶剂蒸汽从气体中分离的最常用的方法。活性炭也可用于液相分离。活性炭分离液相，常用于使水溶液脱色或除臭。用于液相分离的活性炭与用于气相分离的活性炭，两者孔结构不同。

2）硅胶。硅胶是二氧化硅（SiO_2）组成的非晶态物质，是通过酸性处理硅酸钠溶液后干燥制备而得。硅胶表面对水和有机材料具有亲和力。它主要用于气体和液体的脱水。

3）活性氧化铝。活性氧化铝是氧化铝（Al_2O_3）的多孔形式，具有高比表面积，通过在空气中将水合氧化铝加热至约400℃来制备。活性氧化铝主要用于干燥气体和液体，但也可用于吸附除水以外的气体和液体。

4）沸石分子筛。分子筛是结晶硅铝酸盐。沸石与以上三种主要吸附剂的不同之处在于其是结晶态的，并且在晶体内发生吸附。这导致沸石具有与其他吸附剂不同的孔结构，且孔径更均匀。由于进入晶体结构内部的吸附位点受到孔径的限制，因此沸石可用于吸收小分子并将小分子与大分子分离，如“分子筛”。沸石会基于分子大小、形状和其他性质（如极性）的差异，选择性地吸附或排斥分子。沸石可用于各种气体和液体的分离。沸石的典型应用是从天然气中除去硫化氢，从气体中分离出氢气，在低温处理空气之前从空气中除去二氧化碳，从混合芳烃中分离对二甲苯，从糖类混合物中分离出果糖等。

用于设计吸附过程的数据通常来自实验测量。吸附剂吸附吸附质的能力取决于被吸附的化合物、吸附质的类型和制备、入口浓度、温度和压力。此外，吸附可以是不同分子竞争吸附位的竞争过程。例如，如果将甲苯和丙酮蒸气的混合物从气体流吸附到活性炭上，则相对于丙酮，对甲苯的吸附将优先于丙酮，并将取代已被吸附的丙酮。吸附剂吸附吸附质的能力可以通过吸附等温线来表示，如图9.7a所示，或用图9.7b所示吸附等值线表示。从总体趋势可以看出，吸附能力随着温度的降低而增加，随着压力的增加而增加。

吸附等温线的数据通常可以通过Freundlich等温线方程校正。对于液体的吸附，其方程如下：

$$w=kC^n \tag{9.28}$$

9

式中 w——在平衡时单位质量吸附剂的吸附量；

C——浓度；

k，n——实验常数。

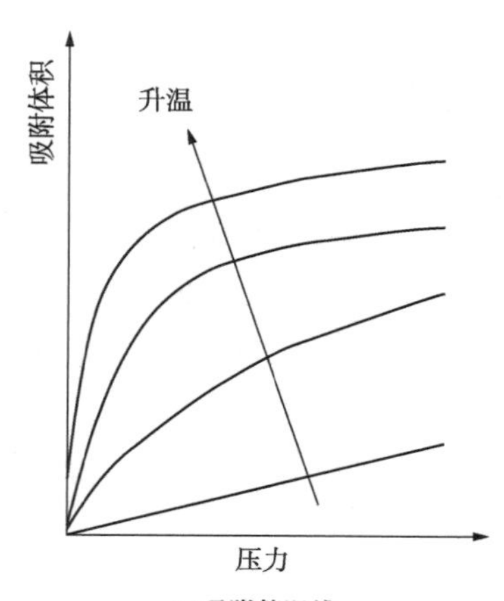

(a)吸附等温线

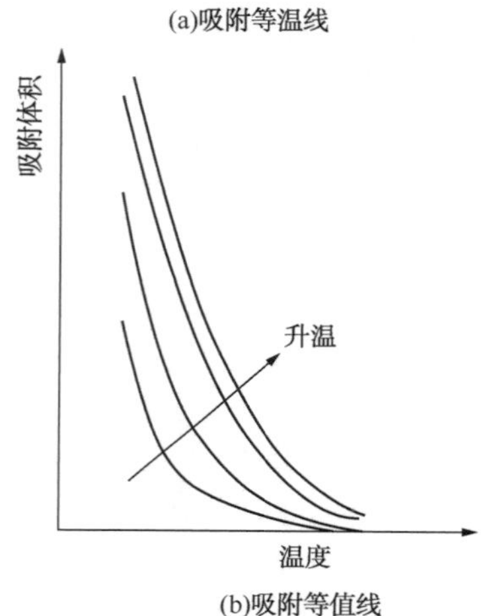

(b)吸附等值线

图 9.7 基于固体的气体和蒸汽吸附

尽管方程式 9.28 是以特定组分的浓度来表示的，但如果溶质的性质未知，式 9.28 也可以使用。例如，利用吸附除去液体中的颜色。在这种情况下，溶液的浓度可以用色度计和公式 9.28 来测量，公式中用任意单位的颜色强度表示，只要溶液的浓度与颜色呈线性关系。气体和蒸汽的吸附数据通常与吸附体积(在 0℃和 1atm 压力的标准条件)和分压有关。吸附可以由方程 9.29 表示。

$$V=k'P^{n'} \tag{9.29}$$

式中 V——在标准条件下吸附的气体或蒸气体积，$m^3\cdot kg^{-1}$；

P——气体分压，Pa；

k'，n'——实验常数。

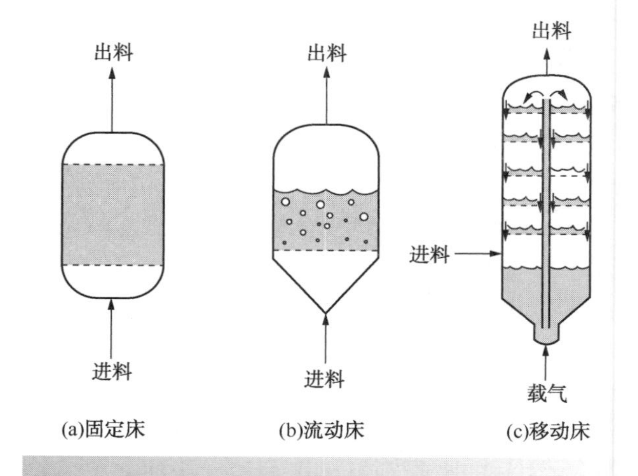

图 9.8 不同接触布置的吸附器设计

这意味着如果用对数形式表示两者之间的关系，则平衡吸附量(或体积)与浓度(或分压)应为直线关系。其他基于相关理论的方程可用于吸附气体和蒸汽(Hougen，et al.，1959 年)，但所有方程都有其局限性。

吸附可以在如图 9.8a 所示的固定床装置中进行。这是最常见的设备。当然吸附过程也可以在如图 9.8b 和 c 所示的流化床和移动床设备上进行。在固定床中的吸附是不均匀的，如图 9.9 所示，并且固定床的传质前沿会随时间变化。出口浓度开始上升的点被称为穿透点。一旦发生穿透，或者在穿透发生之前，固定床填料层必须停止使用，进行再生。这可以通过多个固定床装置并联运行，一台或多台运行，其中一台用来实现再生。固定床再生选择是：

1）蒸汽。这是从活性炭中回收有机物质最常用的方法。低压蒸汽逆流通过固定床。蒸汽会与所有回收的有机物质一起被冷凝。

2）热气。当再生气体被用作进料热氧化时，可以使用热气。空气通常在可燃性范围之外时作为热气使用(见后面的过程安全)；否则可以使用氮气。

3）变压吸附。在低于吸附压力的气流中解吸。

4）器外再生。当再生困难或再生较少时，使用器外再生。例如，有机材料可能在吸附剂上聚合，使其难以再生。如果使用活性炭，可以通过在炉中热处理并用蒸汽活化来使活性炭再生。

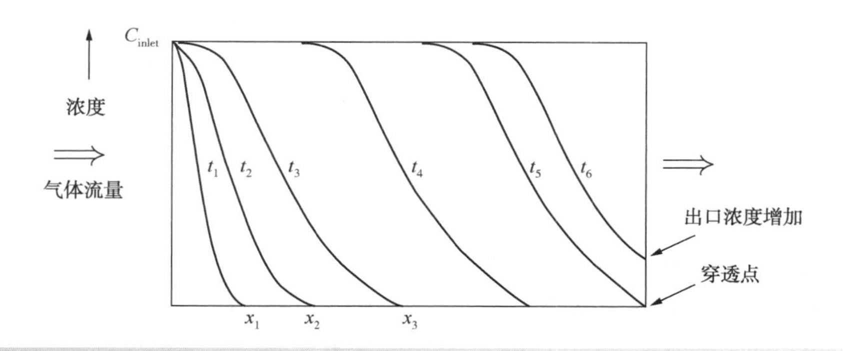

图 9.9　吸附过程中吸附床的浓度分布

当使用固定床时，有多种用于吸附和再生之间切换的方案。2，3 或 4 个固定床循环使用。显然，使用的固定床数量越多，床层之间的循环越复杂，但系统整体越高效。

在实际操作中，吸附床一般处于非平衡状态。此外，由于以下原因也会导致床层容量的损失：

- 吸附热
- 入口处竞争吸附位点的其他组分，例如竞争吸附位点的入口气流中的水分。
- 对于气体吸附，再生后床层中的任何水分都会阻塞吸附位点。

在实际操作中，经常会使用到平衡容量的 2 到 3 倍。

例 9.4　流量为 $0.1m^3 \cdot s^{-1}$ 的气体混合物含有 $0.203kg \cdot m^3$ 的苯。温度为 10℃，压力为 1atm (1.013bar)。需要分离出苯，得到苯浓度小于 $5mg \cdot m^3$ 的气体。通过在固定床中使用活性炭进行吸附来实现此过程，并使用过热蒸汽再生活性炭。Freundlich 等温线不能充分表达实验吸附等温线，可以通过经验关系式 9.30 在 10℃ 条件下校验。

$$\ln V = -0.0113\ (\ln P)^2 + 0.2071 \ln P - 3.0872 \tag{9.30}$$

式中　V——苯的吸附量，$m^3 \cdot kg^{-1}$；

P——分压，Pa。

可以认为气体混合物遵循理想气体方程，气体的千克摩尔质量（在 0℃ 和 1atm）标准条件下为 $22.4m^3$。

① 计算每千克活性炭可吸附的苯的质量。

② 计算所需的活性炭体积，假设循环时间为 2h（最短循环时间通常为 1.5h 左右）。假设实际体积是平衡体积的三倍，活性炭的体积密度为 $450kg \cdot m^3$。

③ 固定床用 200℃ 的蒸气再生后，必须使气体中苯的浓度小于 $5mg \cdot m^3$，并在 10℃ 条件下再吸附。如果假设在再生之前固定床已经饱和，则再生过程中必须从固定床中回收多少比例的苯，才能达到这一目的？

解：

① 假设气体为理想气体，计算苯在 10℃ 下的分压：

$$y = 0.203 \times \frac{1}{78} \times 22.4 \times \frac{283}{273} = 0.604$$

$$y = yP = 0.0604 \times 1.013 = 0.0612bar$$

将 $P = 6120Pa$ 代入公式 9.30 中

$$\ln V = -0.0113\ (\ln 6120)^2 + 0.2071 \ln(6120) - 3.0872$$

$$V = 0.1176m^3 \cdot kg^{-1}$$

吸附苯的质量 $0.1176 \times \frac{1}{24} \times 78 = 0.410kg$ 苯/kg 吸附碳

② 用活性炭再生 2h，假设过程处于平衡状态。

$$= 0.1 \times 0.203 \times 2 \times 3600 \times \frac{1}{0.410} = 356.5kg$$

假设设计因子为 3：

$= 1069.5kg$

$$固定床容积 = \frac{1069.5}{450} = 2.38m^3$$

③ 固定床再生后，在 10℃ 条件下床层中苯的浓度必须小于 $5mg \cdot m^3$。这是由于再生后残留在床层上苯的分压，直到床层出现穿透点。因

此，在10℃浓度为5mg/m³时：

$$y=5\times10^{-6}\times\frac{1}{78}\times22.4\times\frac{283}{273}=1.488\times10^{-6}$$

$$P=1.488\times10^{-6}\times1.013$$
$$=1.507\times10^{-6}\text{bar}=0.1507\text{Pa}$$

10℃下，固定床中苯的体积由下式得到：

$$\ln V=-0.0113\ (\ln0.1507)^2+$$
$$0.2071(\ln0.1507)-3.0872$$
$$V=0.0296\text{m3}\cdot\text{kg}^{-1}$$

假设再生前床层中苯已饱和，在再生期间从固定床中回收的苯：

$$=\frac{0.1176-0.0296}{0.1176}=0.75$$

在再生过程中，如果出口浓度为5mg·m^{-3}，则必须从床层中回收75%的苯。

9.4 膜

膜作为两相之间的半透过性薄膜，通过控制物质通过膜的移动速率来实现分离。分离包括两个气(汽)相，两个液相或一个气相和一个液相。原料混合物被分离为透过分离膜的透过物和未透过分离膜的截留物。在气体或蒸汽的情况下发生分离的驱动力是气体分压，而在分离液体的情况下驱动力为浓度。膜两侧气体分压和浓度的差异是通过膜两侧压力差产生的。然而，液体分离的驱动力可以通过减小膜另一侧的溶剂浓度从而产生浓度差，或当溶质为离子时施加电场产生使液体分离的驱动力。

为了达到有效的分离，对于两种被分离的物质，膜必须具有高渗透性和高透过率。某一种物质通过一定厚度的膜的渗透率与传质系数类似，即单位驱动力(分压或浓度)单位面积的膜对应的该物质的流量。组分i在膜上的通量(单位面积的流量)可以写成(Hwang and Kammermeyer，1975；Winston and Sirkar，1992；Mulder，1996；Seader and Henley，1998)：

$$N_i=\overline{P}_{M,i}\times(\text{driving force})=\frac{P_{M,i}}{\delta_M}\times(\text{driving force})\tag{9.31}$$

式中 N_i——组分i的流量；

$\overline{P}_{M,i}$——组分i的渗透量；

$P_{M,i}$——组分i的渗透率；

δ_M——膜的厚度。

流量、渗透量和渗透性可以由体积、质量或摩尔流量来定义。

要准确预测渗透率通常是不可能的，通常使用实验值。渗透率通常随温度的升高而增加。两个渗透率的比值定义为分离因子或选择性α_{ij}，其定义为：

$$\alpha_{ij}=\frac{P_{M,i}}{P_{M,j}}\tag{9.32}$$

另一个需要定义的重要变量是进料渗透量的比值或分数θ，其定义为：

$$\theta=\frac{P_{M,i}}{P_{M,j}}\tag{9.33}$$

式中 θ——原料渗透分数；

F_P——渗透的体积流量；

F_F——进料的体积流量。

膜材料可以分为两大类：

1）微孔膜。微孔膜的特点在于相互连通的小孔，但比小分子的尺寸大。孔的尺寸至少要小于进料混合物中的一部分组分，否则其余组分的扩散将受到阻碍。尺寸大于孔的分子则由于筛分效果无法通过孔进行扩散。

在气体(蒸汽)系统中，微孔膜的分压压力曲线和浓度曲线在透过前后是连续的，如图9.10a所示。膜对两侧离子的阻碍作用使膜两侧存在浓度差。微孔膜的渗透率高，但对小分子的选择性低。

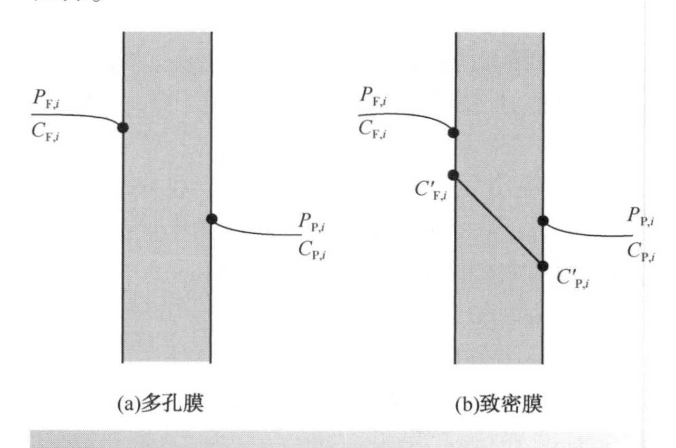

图9.10 透过膜的分压和浓度分布

2）致密膜。也使用无孔致密固体膜。在致密膜的分离过程中，气体或进料液中的组分扩散到膜表面，溶解在膜固体材料中，通过固体扩散并在下游界面解吸。渗透率取决于膜材料中渗透物的溶解度和扩散系数。膜的扩散过程可能很慢，但是选择性高。因此，对于分离小分子，可以满足高渗透率或高分离因子，但两者不能同时满足。通过加入复合材料，不对称性或者使用薄致密层(称为选择渗透层)的膜来解决这个问题，这层致密层被厚度大且具有多孔性的底物支撑。可以在致密层的一侧或两侧使用多微孔的底物。如果逆流冲洗膜，那么两侧均有致密层支撑的膜更具优势。物质的流率由薄膜的选择透过层的渗透性控制。

由于致密膜不存在微孔，致密膜的渗透性较低，但是如果 δ_M 非常小，即使渗透率低，方程式 9.20 中的组分 i 的渗透率仍可能很高。在气体分离过程中，选择透过层的厚度通常在 0.1～10μm 之间。多孔载体比选择透过层厚得多，通常大于 100μm。当不同物质的 P_M 相差很大时，使用不对称膜可以同时实现高渗透性和高选择性。

从图 9.10a 可以看出，对于多孔膜，在进料与透过液之间分压线和浓度线是连续的。如图 9.10b 所示无孔致密膜在进料与透过液之间的分压线和浓度线是不连续的。与上游膜界面相邻的进料液体的分压或浓度高于下游界面处的分压或浓度。此外，分压或浓度正好位于膜界面下游，在界面处渗透。膜界面处和紧邻膜界面的浓度由平衡分配系数 $K_{M,i}$ 关联。这可以定义为(见图 9.10b)：

$$K_{M,i}=\frac{C'_{F,i}}{C_{F,i}}=\frac{C'_{P,i}}{C_{P,i}} \tag{9.34}$$

大多数的膜是由合成聚合物制成。这种膜通常用于温度低于 100℃ 以及化学惰性物质的分离过程。当需要在高温下操作，或者物质不是化学惰性的，可以使用陶瓷制作的微孔膜，并用金属(如钯)制成致密膜。

如图 9.11 所示，根据膜的流动，可以概括成四个理想化的流动模型。在图 9.11a 中，膜两侧的进料和渗透液都能很好地混合。图 9.11b 表示并流流动，其中进料或截留液侧的流体沿着并平行于膜上游表面流动。膜下游侧的渗透液由刚刚通过该位置的膜加上流过该位置的渗透物的流体组成。如图 9.11c 所示为错流。在这种情况下，渗透液不会沿膜表面流动。最后，图 9.11d 为逆流流动，其中进料流过并平行于膜上游，并且渗透液是逆流流动。

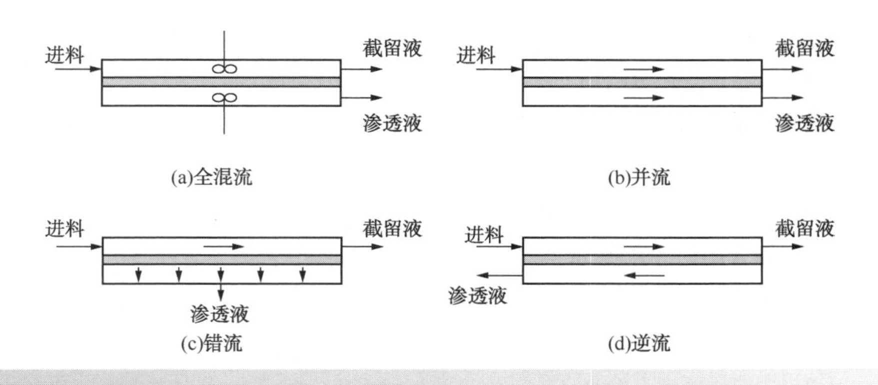

图 9.11 膜分离的理想流动模型

通过参数研究表明，对于这些理想化的流动模型，一般来说，在相同的操作条件下，逆流有最佳的分离效率并且需要的膜面积最小。其次错流的性能最佳，然后是并流，混流是性能最差的。实际上，哪种理想化的流动最好并不明显。流动模式不仅取决于膜组件的几何形状，还取决于渗透速率，而且也取决于透过物。两种最常见的膜组件形式是螺旋卷式和中空纤维式。螺旋卷式是由用于分离进料和渗透物流的平膜片螺旋卷绕并插入压力容器中。顾名思义，中空纤维式是将圆柱形膜串联装入类似于管壳式热交换器的压力容器中。选择透过层位于纤维的外侧。进料进入壳侧，渗透物通过膜进入中空纤维的中心。其他膜组件也是可能的，但不常见。例如，类似于图 7.10a 所示的板框式压滤机被用于一些膜分离过程。膜分离器通常采用模块化结构，要大规模应用，还需要许多并联装置。

对于所有的膜分离过程，进料条件对单元性能有重要影响。这通常意味着对进料进行预处理是十分必要的，将膜被损坏和被污染的可能性降到最低。

现在讨论最重要的膜分离。

1）气体渗透。膜的气体渗透应用中，进料处于高压条件，通常分离含有低摩尔质量的物质（通常小于 50kg · $kmol^{-1}$）与较高摩尔质量的物质。膜的另一侧保持在低压，在膜两侧施加高压差，通常在 2~4MPa。也可以使用有机物质更易渗透的膜（而不是气体更易渗透）从气体（如氮气，氢气）中分离有机蒸气。气体渗透的典型应用包括：

- 从甲烷中分离氢；
- 空气分离；
- 从天然气中除去二氧化碳和硫化氢；
- 从天然气中回收氦气；
- 调整合成气中的 H_2 与 CO 的比例；
- 天然气和空气脱水；
- 从空气中除去有机蒸气；
- 从天然气甲烷中回收较重的碳氢化合物（C_{3+}）等。

膜通常是致密膜，但有时是微孔膜。在图 9.10中，如果忽略了外部的传质阻力，那么 $p_{F,i}=p'_{F,i}$，$p_{P,i}=p'_{P,i}$和方程式 9.20 可以用体积通量的形式表示：

$$N_i=\frac{P_{M,i}}{\delta_M}(p_{F,i}-p_{P,i}) \tag{9.35}$$

式中 N_i——组分 i 的摩尔通量，kmol · m^{-2} · s^{-1}；

$P_{M,i}$——组分 i 的渗透率，kmol · m · s^{-1} · m^{-2} · bar^{-1}；

δ_M——膜厚度，m；

$p_{F,i}$——进料中组分 i 的分压，bar；

$p_{P,i}$——渗透液中组分 i 的分压，bar。

低摩尔质量的气体和强极性气体都具有高渗透性，被称为快速气体。慢速气体是具有高摩尔质量的分子和极性分子。对于有效的膜分离过程，快速气体与慢速气体的渗透率（分离因子）的比值通常应大于 2。因此，当被分离的气体已处于高压下并且仅需要部分分离时，膜分离是有效的。通常情况下近乎完美的分离是不可能实现的。通过创建膜网络以通过循环来提高整体性能。图 9.12 是膜网络的一些常见例子。

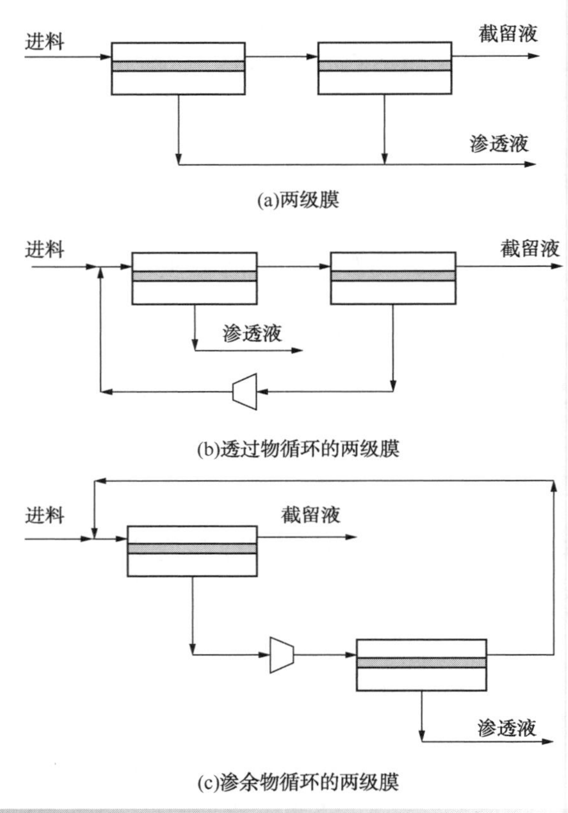

图 9.12 膜网络的示例

在使用膜进行气体分离设计时，膜分离的成本由膜的投资成本决定，投资成本与膜面积、所需压缩设备的成本和压缩设备的运营成本成正比。如果进料处于低压，则需要增加压力。低压渗透物可能需要重新压缩才能进一步处理。此外，如果已经使用了膜网络，那么在膜网络内可能需要压缩机。

在方程式 9.35 中，如果规定组分以一恒定总摩尔流速通过膜，则选择具有高渗透率的膜材料可减小所需的膜面积，从而降低投资成本。气体渗透率随温度升高而增加。因此，在膜的承受范围内增加温度会降低膜面积。这表明应对膜系统的进料进行加热以减小所需的膜面积。然而实际上经常使用的聚合物膜不允许高温进料，且进料温度通常限制在低于 100℃的温度。通常采用的做法是将进料加热以避免冷凝，但这可能会损坏膜。从等式 9.35 还可以看出，对于给定的膜材料，膜的厚度越小，膜的压差越高，则相同组分通量下要求的膜面积越小。然而，当考虑通过膜的组分的相对通量和纯度时，权衡各个因素变得更为复杂。图 9.13a 显示，随着级数切割增加，渗透物的纯度降低。换句话说，如果一个组分作为渗透物被回收，回收率越高，那么回收的产品纯度越低。这是另一个重要的自由度。图 9.13b 是渗透液纯度随分离因子的变化。如预期的那样，方程 9.32 所定义的分离因子越高，产物纯度越高。此外，在图 9.13b 中，膜两侧的压差越高，渗透物纯度越高。然而，图 9.13b 还显示，在分离因子高于某一值时，产物纯度不再明显受分离因子增加的影响。

对于设计者来说，给定某一分离要求，要考虑以下三个影响成本的因素：

- 膜设备的成本(膜组件和压力设备)；
- 压缩设备的成本和运营成本(用于压缩进料、渗透物的再压缩或膜内的回收)；
- 原料损失。

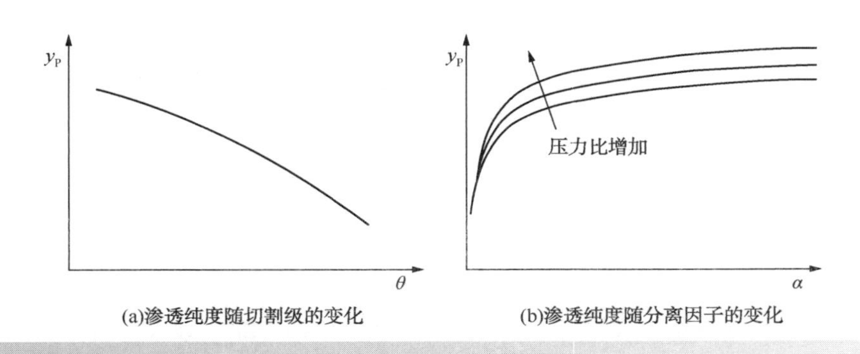

图 9.13 气体膜分离设计的权衡

2）反渗透。在反渗透中，溶剂渗透通过一个不对称膜，该膜对溶剂可渗透，但对溶质不可渗透。溶剂通常是水，溶质通常是盐。反渗透原理如图 9.14 所示。在图 9.14a 中，通过膜从稀释形式的相同溶剂中分离出浓缩形式的溶质溶剂。在膜两侧存在浓度差时，自发进行的过程称为渗透，其中溶剂透过膜稀释浓度更高的溶液。如图 9.14b 所示，渗透过程一直进行到平衡为止。在平衡状态下，溶剂在两个方向上的流动是相等的，并且在膜的两侧之间产生压力差，即渗透压。

虽然由于膜的存在而发生了分离，但是由于溶剂以错误的方向转移，所以渗透并不有效，导致混合而不是分离。然而，如图 9.14c 所示，向浓缩溶液施加压力可以逆转溶剂通过膜的方向。这使得溶质从高浓度溶液中渗透到低浓度溶液中。这种称为反渗透的分离方法可用于从溶质－溶剂混合物中分离溶剂。

膜通量可以写成：

$$N_i = \frac{P_{M,i}}{\delta_M}(\Delta P - \Delta\pi) \tag{9.36}$$

式中 N_i——溶剂(水)的膜通量，$kg \cdot m^{-2} \cdot s^{-1}$；

$P_{M,i}$——溶剂的膜渗透率，kg 溶剂 · $m^{-1} \cdot bar^{-1} \cdot s^{-1}$；

δ_M——膜厚度，m；

ΔP——膜两侧压差，bar；

$\Delta\pi$——进料溶液与渗透溶液的渗透压，bar。

因此，随着压差增大，溶剂流量增加。压差根据膜及其应用而变化，但通常在 10~80bar 的范围内，也可达 100bar。方程式 9.25 中稀释溶液的渗透压可以用 Van't Hoff 方程近似求值：

$$\pi = iRT\frac{N_S}{V} \tag{9.37}$$

式中 π——渗透压，bar；

i——溶质分子解离时形成的离子数（例如，对于 NaCl，$i=2$，对于 $BaCl_2$，$i=3$）；

R——气体常数，0.083145bar · m^3 · K^{-1} · $kmol^{-1}$；

T——绝对温度，K；

N_S——溶质摩尔数，kmol；

V——纯溶剂的体积，m^3。

反渗透装置设计中特别重要的一个现象就是浓差极化。这发生在反渗透膜的进料侧（高浓度侧）。由于溶质不能透过膜，与膜表面相邻的液体中溶质的浓度大于流体中溶质的浓度。这种差异导致溶质从膜表面扩散回液体而传质。扩散回到流体中的速率取决于进料侧边界层的传质系数。浓差极化是膜表面的溶质浓度与流体中的溶质浓度的比值。浓差极化导致溶剂通量降低，因为渗透压随着边界层浓度的增加而增加，总驱动力（$\Delta P-\Delta\pi$）减小。

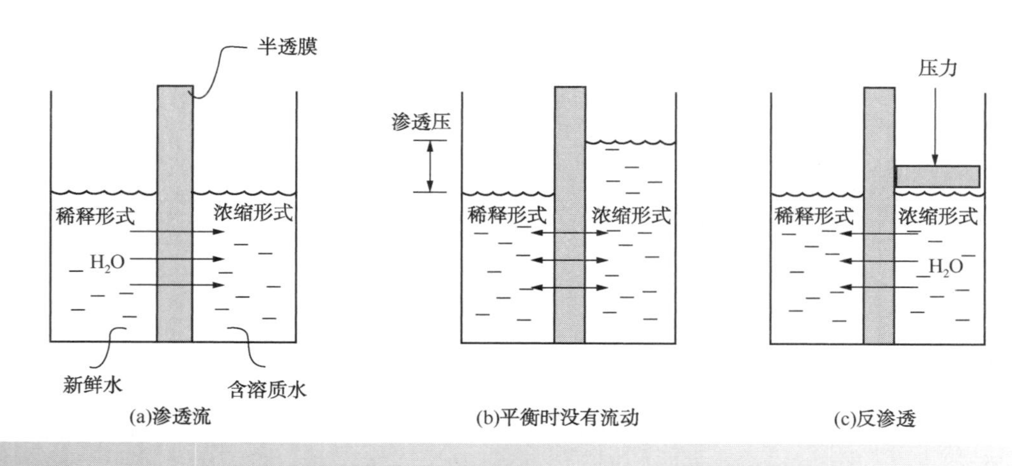

图 9.14 反渗透

图 9.15a 是通过反渗透实现的分离。目前，反渗透广泛应用于淡水生产饮用水的过程。其他应用包括：

- 食品脱水/浓缩；
- 血细胞浓缩；
- 工业废水重金属离子的去除；
- 处理电镀工艺中的液体，以获得可用作冲洗水的金属离子浓缩物和渗透物；
- 从纸浆和造纸工业的废水中分离出硫酸盐和硫酸氢盐；
- 印染工艺废水处理；
- 无机盐废水处理等。

当需要将离子与水溶液分离时，反渗透特别有效。单级操作能够以 90%或更高的效率去除多种离子。多级操作可以增强分离效果。

反渗透的温度通常限制在 50℃以下。在实际操作中，通过预处理进料减少膜污染和降解以保护反渗透膜（Hwang and Kammermeyer，1975；Winston and Sirkar，1992；Mulder，1996）。处理螺旋形的膜，将颗粒降至 20~50μm 被分离，而纤维膜则需要将颗粒降至 5μm 才能被分离。如果需要，应调整 pH 值以避免 pH 值超出允许的范围。此外，必须除去氧化剂如游离氯。根据应用，还可以使用其他预处理手段，例如除去钙离子和镁离子以防止其在膜上结垢。即使经过预处理，仍需要对膜定期清洁。

3）纳滤。纳滤是一种类似于反渗透的压力驱动膜工艺，使用不对称膜，但是具有更多微孔。它可以被认为是“粗的”反渗透，用于分离共价离子和较大的单价离子如重金属。小的单价离子（例如 Na^+，K^+，Cl^-）大部分能通过膜。例如，纳滤膜可以去除 50%的 NaCl 和 90%的 $CaSO_4$。纳滤膜比反渗透使用的膜具有更小的微孔结构（通常在 0.5~10nm），并且膜上的压降相应较低。压降通常在 5~30bar。此外，纳滤膜的结垢率相较于反渗透膜的结垢率更低。图 9.15b 是纳滤过程。纳滤的典型应用包括：

- 水软化（去除钙离子和镁离子）；

- 在离子交换或电渗析前水的预处理；
- 去除重金属，以回收利用水；
- 食品浓缩；
- 食品脱盐等。

与反渗透一样，可以使用进料预处理以减少膜污染和降解，并且需要定期清洗。

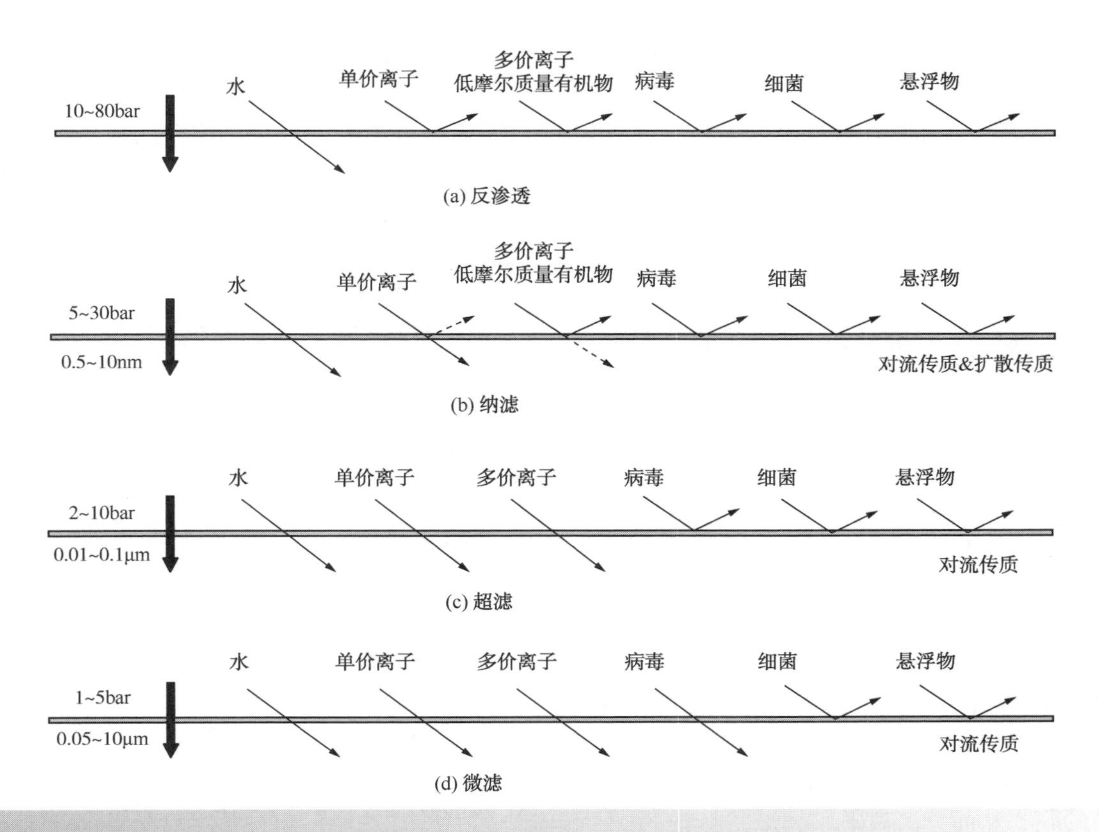

图 9.15 液体膜分离
（From Jevons K，2010，The Chemical Engineer，June，Issue 828：39-41，reproduced by permission of the Institution of Chemical Engineers）

4）超滤。超滤是另一种压力驱动的膜工艺，类似于反渗透，使用不对称膜，但是有更多微孔。颗粒和大分子不能通过超滤膜，并作为浓缩溶液被回收。溶剂和溶质小分子通过膜并被作为渗透物收集。超滤用于分离非常细小的颗粒（通常在 0.01～0.1μm）、微生物和摩尔质量大的有机组分。式 9.25 表示膜通量。然而，超滤不保留本体溶液渗透压显著的物质。压降通常在 2～10bar。

图 9.15c 是通过超滤实现的分离。超滤的典型应用是：

- 净化果汁；
- 从发酵液中回收疫苗和抗生素；
- 油水分离；
- 脱色等。

温度限制在 70℃以下。同样，进料预处理可以减少膜污染和降解，并且需要对超滤膜进行定期清洗。

5）微滤。微滤是一种压力驱动的膜分离方法，已经在第 7 章中讨论了多相混合物的分离。微过滤可将颗粒保留在 0.05μm 左右。盐和大分子通过膜，但细菌和脂肪球大小的颗粒被截留。在膜两侧上施加 1～5bar 的压力差。图 9.15d 是通过微滤实现的分离过程。典型应用包括：

- 净化果汁；
- 从食品中除去细菌；
- 从食品中除去脂肪等。

6）渗析。渗析通过微孔膜不同的扩散速率分离物质。板框式和中空纤维膜装置均可使用。含有待分离溶质的进料溶液或透析液在膜的一侧流动，溶剂或扩散物流在膜的另一侧流动。一些溶剂也可能在相反方向上扩散透过膜，这通过稀释渗析液来降低性能。渗析用于分离大小不同、扩散速率差异较大的物质。分离的驱动力是跨膜浓度梯度。因此，与依赖施加压力差的其他膜分离方法(如反渗透、微滤和超滤)相比，渗析的特点在于其通量低。当膜的两侧的溶液是水溶液时通常使用渗析进行分离。应用包括回收氢氧化钠、从冶金工艺废液中回收酸、药物净化和食品分离。渗析在生物医学领域一个重要应用是作为人工肾，用于人体血液的净化。在血液中浓度升高的尿素、尿酸和其他成分通过膜扩散到水溶性渗析液中，而不会去除必需的摩尔质量大的物质和血细胞。

7）电渗析。电渗析借助电场和离子选择性膜来增强渗透过程，将离子物质与溶液分离。将电解质水溶液分离成高浓度溶液和稀溶液。图9.16说明了此过程原理。阳离子选择性透过膜只允许透过阳离子(带正电荷的离子)。阴离子选择性透过膜只允许透过阴离子(带负电荷的离子)。电极显示中性。当对电池施加直流电荷时，阳离子被吸引到阴极(带负电荷)而阴离子被吸引到阳极(带正电荷)。离子将根据其所带的电荷通过适当的膜，从而分离离子。

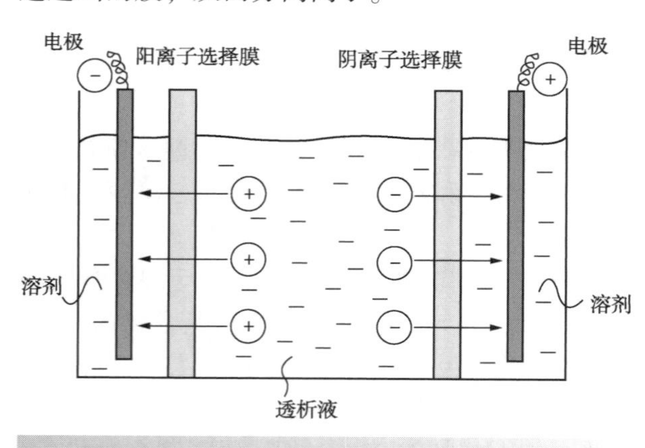

图9.16　电渗析

由于电渗析仅适用于离子物质的去除或浓缩，因此也适用于从溶液中回收金属，从有机化合物中回收离子，从盐中回收有机化合物等。

8）渗透汽化。渗透汽化与上述其他膜工艺的不同之处在于膜一侧的相态与另一侧的相态不同。渗透汽化是选择性和汽化的组合。膜组件的进料是一种混合物(如乙醇-水混合物)，其压力足以使其保持在液相。液体混合物与膜接触。膜的另一侧保持在渗透物的露点或低于露点的压力，从而将其保持在气相中。渗透侧通常保持在真空条件下。当分离共沸物(例如乙醇-水混合物)时，可用渗透汽化。改变气液平衡以防止发生共沸行为的一种方法是将膜置于气相和液相之间。温度限制在100℃以下。与其他液膜工艺一样，对进料进行预处理和膜清洗是十分必要的。

对于所有膜过程，都可能存在膜污染问题，在确定装置时必须加以解决。特别是使用液体进料，这通常意味着预处理进料以除去其中可能含有的固体杂质使其降至非常细的颗粒尺寸，以及其他预处理。用于液体分离的膜通常需要每天或经常地定期清洁。可以通过逆流(反冲洗)和化学处理进行清洗。用于清洁的方式通常是就地清洗，取下膜并连接到清洗回路。然而，膜很容易损坏——化学损坏、机械损坏、清洗循环损坏和温度过高损坏。

例9.5　工艺中气体放空流的摩尔分数为0.7。假定甲烷为剩余组分。要求使用膜分离从混合气中回收氢气。净化气体的流量为0.2kmol·s^{-1}。压力为20bar，温度为30℃。假定渗透物压力为1bar。假设气体在膜的两侧均充分混合，并且沿着膜表面没有压降。表9.4给出了膜对氢气和甲烷的渗透率($P_{M,i}/\delta_M$)。

表9.4　关于例9.5的渗透率数据

	渗透率/m^3STP·m^{-2}·s^{-1}·bar^{-1}
H_2	3.75×10^{-4}
CH_4	3.00×10^{-6}

假设在标况温度和压力(STP)下，1kmol气体占22.4m^3。对于0.1~0.9范围内的馏分，计算单级膜渗透液中的氢气纯度、膜面积和氢的回收率。

解：如果假设气体混合均匀，则在膜的高压(进料侧)侧，摩尔分数为离开膜的截留物的摩尔分数。假设沿着膜没有压降，二元分离，组分A的方程可以被写成9.35的形式：

$$\frac{F_P y_{P,A}}{224 A_M}=\frac{P_{M,A}}{224\delta_M}(P_F y_{R,A}-P_P y_{P,A}) \quad (9.38)$$

式中　F_P——渗透物的体积流量，$m^3 \cdot s^{-1}$；

A_M——膜面积，m^2；

$P_{M,A}$——组分 A 的渗透率，$m^3 \cdot m \cdot s^{-1} \cdot m^{-2} \cdot bar^{-1}$；

δ_M——膜厚度，m；

P_F——进料压力，bar；

P_P——渗透液的压力，bar；

$y_{P,A}$——渗透液中组分 A 的摩尔分数；

$y_{R,A}$——渗余液中组分 A 的摩尔分数。

类似的，对于组分 B：

$$\frac{F_P y_{P,B}}{224A_M}=\frac{P_{M,B}}{224\delta_M}(P_F y_{R,B}-P_P y_{P,B}) \quad (9.39)$$

式中　$y_{P,B}$——渗透液中组分 B 的摩尔分数；

$y_{R,B}$——渗余液中组分 B 的摩尔浓度。

对于二元混合物

$$y_{P,B}=1-y_{P,A}$$
$$y_{R,B}=1-y_{R,A} \quad (9.40)$$

将式 9.28 代入式 9.29 得到：

$$\frac{F_P(1-y_{P,A})}{A_M}=\frac{P_{M,A}}{\delta_M}[P_F(1-y_{R,A})-P_P(1-y_{P,A})] \quad (9.41)$$

式 9.38 除以式 9.41：

$$\frac{y_{P,A}}{1-y_{P,A}}=\frac{\left[y_{R,A}-\left(\frac{P_P}{P_F}\right)y_{P,A}\right]}{(1-y_{R,A})-\left(\frac{P_P}{P_F}\right)[1-y_{P,A}]} \quad (9.42)$$

式中，$\alpha=\frac{P_{M,A}}{P_{M,B}}$。

$y_{R,A}$的值通常是未知的，但可以通过进行总物料衡算从等式 9.42 中消除：

$$F_F=F_R+F_P \quad (9.43)$$

组分 A 的物料衡算：

$$F_F y_{F,A}=F_R y_{R,A}+F_P y_{P,A} \quad (9.44)$$

式中　F_F——进料的体积流量；

F_R——截留物的体积流量；

F_P——渗透物的体积流量。

联立式 9.32 和式 9.33，得到：

$$y_{R,A}=\frac{y_{F,A}-\theta y_{P,A}}{(1-\theta)} \quad (9.45)$$

式中，$\theta=\frac{F_P}{F_{PF}}$。

将式 9.31 代入式 9.34 并重新整理得到：

$$0=a_0+a_1 y_{P,A}+a_2 y_{P,A}^2 \quad (9.46)$$

式中，$a_0=-ay_F$

$$a_1=1-(1-\alpha)(\theta+y_{F,A})-\frac{P_P}{P_F}(1-\theta)(1-\alpha)$$

$$a_2=\theta(1-\alpha)+\frac{P_P}{P_F}(1-\theta)(1-\alpha)$$

因此，给定 α，θ，P_P，P_F 和 y_F，方程 9.35 可以求解得到 y_P。这可以用数值方法或用二次方程的一般解求解（Hwang and Kammermeyer，1975；Mulder，1996）：

$$y_{P,A}=\frac{-a_1+\sqrt{a_1^2-4a_2a_0}}{2a_2} \quad (9.47)$$

一旦确定了 y_P，则可以通过代入方程 9.45 和方程 9.38 中的 $F_P=\theta F_F$ 来确定 A_M：

$$A_M=\frac{\theta(1-\theta)F_F y_{P,A}\delta_M}{P_{M,A}[P_F(y_{F,A}-\theta y_{P,A})-P_P y_{P,A}(1-\theta)]} \quad (9.48)$$

此外，回收率可以定义为：

$$R=\frac{F_P y_{P,A}}{F_F y_{F,A}} \quad (9.49)$$

由标准条件下的进料数据得：

$$F_F=0.2\times22.4=4.48m^3 \cdot s^{-1}$$

将 θ 值代入式 9.35，式 9.37 和式 9.38，可以获得表 9.5 中的结果。

表 9.5　例 9.5 中一系列级数值下的结果

θ	a_0	a_1	a_2	$y_{P,A}$	A_M	R
0.1	−87.5	105.8	−18.0	0.996	96.3	0.142
0.2	−87.5	117.6	−29.8	0.995	206.1	0.284
0.3	−87.5	129.3	−41.5	0.994	339.4	0.426

续表

θ	a_0	a_1	a_2	$y_{P,A}$	A_M	R
0.4	−87.5	141.1	−53.3	0.991	519.3	0.567
0.5	−87.5	152.9	−65.1	0.987	811.4	0.705
0.6	−87.5	164.7	−76.9	0.976	1479.6	0.837
0.7	−87.5	176.5	−88.7	0.937	3890.6	0.937
0.8	−87.5	188.2	−100.4	0.854	9626.3	0.976
0.9	−87.5	200.0	−112.2	0.771	16653.9	0.991

图 9.17 给出了 $y_{P,A}$，A_M 和 R 的值。从图 9.17 可以看出，随着分割级的增加，渗透物浓度接近入口气体浓度。此外，随着分割级的增加，所要求的膜面积急剧上升，并超过 $\theta=0.6$。在所需的纯度、所需的回收率和膜面积之间进行权衡，最有可能在这种情况下小于 0.6。

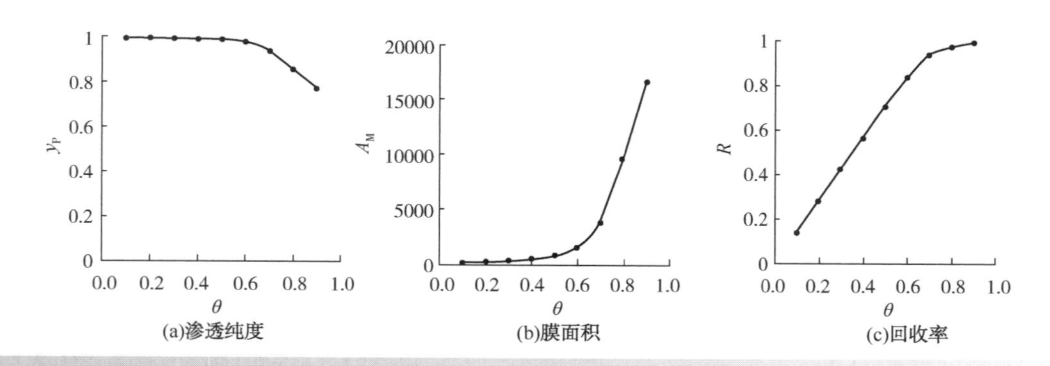

图 9.17　例 9.5 中渗透浓度、膜面积和氢回收率的权衡

例 9.5 说明了气体渗透的权衡。假设进料是二元混合物，计算就会简化。对于多组分混合物，每个分量都可以写出相同的基本方程，并同时求解（Hwang and Kammermeyer，1975）。这种方法基本上是一样的，但数值上更复杂。

假设膜两侧的气体混合均匀。这简化了计算。实际上，错流更有可能代表实际的流动模式。随着膜上分离过程的变化，使得计算在数值上更具复杂性。假设进料和渗透液充分混合，估算的膜面积往往会比较高。为了实现对错流假设的计算，可以使用图 9.18 所示的模型。如果简化假设膜的压降是定值，沿着膜没有压降并且选择性是固定的，那么方程式可以通过解析或数值求解。一个简单的数值方法是假设膜面积分为增量区域，如图 9.18 所示。每个增量区域可以通过例 9.5 中充分混合模型进行建模。计算从第一增量区域膜的进料侧开始。需要对第一个增量区域假设切割级 θ 的值。这允许根据等式 9.36 计算 $y_{P,A}$，并且根据等式 9.37 计算出的增量面积 dA_M。然后可以根据等式 9.34 计算截留物浓度 $y_{R,A}$。通过膜 dF_P 可以根据分割阶 θ 计算，因此 F_R 根据增量区域周围的平衡计算。对于跨越膜的下一个增量区域，进料流速是来自第一增量的 F_R，进料浓度是来自第一增量（即 $y_{R,A}$）的截留浓度。然后，将混合良好的模型应用于膜的下一个增量区域等。为了确保数值方法是准确的，假设的 θ 必须足够小，以允许增量区域的良好混合模型代表错流。该过程在膜上进行，直到回收或产物纯度满足要求。或者，如果膜组件的尺寸是已知的，继续对整个膜进行积分，直到计算出的膜面积等于指定的面积。对错流方程也可以求解（Hwang and Kammermeyer，1975）。

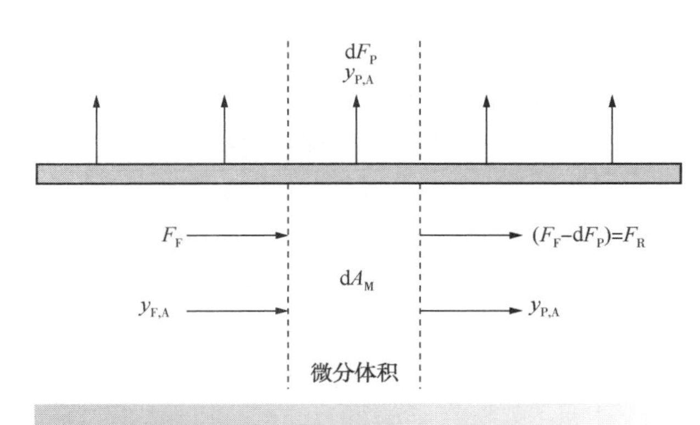

图 9.18　膜的横流模型

例 9.6　使用反渗透法分离氯化钠(NaCl)与水，分离出流量为 $45m^3 \cdot h^{-1}$，NaCl 浓度小于 250ppm 的水。进料的初始浓度为 5000ppm。有一种薄膜，其测试结果如下：

进料浓度	2000ppm NaCl
压力	16bar
温度	25℃
溶质排斥率	99%
流量	$10.7\times10^{-6}m^3 \cdot m^{-2} \cdot s^{-1}$

可以做出以下假设：

- 膜的进料和渗透两侧充分混合。
- 对于不同的进料，溶质脱除率是恒定的。
- 膜表面没有压降。
- 试验条件是，回收水的切割分数低到足以使截留液浓度等于进料浓度。
- 溶质浓度足够低可以用 Van't Hoff 方程($R=0.083145bar \cdot m^3 \cdot K^{-1} \cdot kmol^{-1}$)表示渗透压。
- 溶液的密度为 $997kg \cdot m^3$，NaCl 的摩尔质量为 58.5。
- 对于膜两侧 4MPa 的压差，计算切割组分为 0.1~0.5 的渗透物和渗余物浓度以及膜面积。

解：总物料平衡和溶质物料平衡：

$$F_F=F_R+F_P \tag{9.50}$$

$$C_F F_F=C_R F_R+C_P F_P \tag{9.51}$$

式中　F_F——进料流量，$m^3 \cdot s^{-1}$；

F_R——渗余量，$m^3 \cdot s^{-1}$；

F_P——渗透量，$m^3 \cdot s^{-1}$；

C_F——进料浓度，$kg \cdot m^3$；

C_R——渗余液浓度，$kg \cdot m^3$；

C_P——渗透液浓度，$kg \cdot m^3$。

将式 9.39 和式 9.40 与切割组分($\theta=F_P/F_F$)的定义相结合，重新整理后得出：

$$C_F=C_R(1-\theta)+C_P\theta \tag{9.52}$$

溶质排斥被定义为膜两侧的浓度差与膜的进料侧上的体积浓度之比。假设双方是充分混合的：

$$S_R=\frac{C_R-C_P}{C_R} \tag{9.53}$$

式中　S_R——溶质脱除率。

联立式 9.41 和式 9.42 得到：

$$C_R=\frac{C_F}{1-\theta SR} \tag{9.54}$$

$$C_P=\frac{C_F(1-SR)}{1-\theta SR} \tag{9.55}$$

在测试条件下计算膜两侧的渗透压：

$$C_R=2000ppm=0.002kg\text{ 溶质}\cdot kg\text{ 溶液}^{-1}$$

$$=\frac{0.002}{0.998}kg\text{ 溶质}\cdot kg\text{ 溶剂}^{-1}$$

$$\frac{N_R}{V_R}=\frac{0.002}{0.998}\times\frac{1}{58.5}\times997$$

$$=0.0342kmol\text{ 溶质}\cdot m^3\cdot\text{溶剂}^{-1}$$

$$\pi_R=iRT\frac{N_R}{V_R}=2\times0.083145\times298\times0.342$$

$$=1.69bar$$

$$C_R=2000ppm=0.002kg\text{ 溶质}\cdot kg\text{ 溶剂}^{-1}$$

$$=\frac{0.002}{0.998}kg\text{ 溶质}\cdot kg\cdot\text{溶剂}^{-1}$$

$$\frac{N_R}{V_R}=\frac{0.002}{0.998}\times\frac{1}{58.5}\times997$$

$$=0.0342\cdot kmol\cdot\text{溶质}m^3\cdot\text{溶剂}^{-1}$$

$$\pi_R=iRT\frac{N_R}{V_R}=2\times0.083145\times298\times0.342$$

$$=1.69bar$$

对与渗透侧也是如此：

$$\pi_P=0.00169\cdot MPa$$

$$\Delta\pi=1.69-0.0169=1.68\cdot bar$$

$$\overline{P}_M=\frac{10.7\times10^{-6}}{16-1.68}$$

$$=7.470\times10^{-8}m^3MPa^{-1}\cdot m^{-2}\cdot s^{-1}$$

9

所需的渗透通量为：

$F_P = 45 \cdot m^3 \cdot h^{-1} = 0.0125\ m^3 s^{-1}$

当 $\theta = 0.1$：

$$C_R = \frac{5000}{1-0.1\times0.99} = 5549 \cdot ppm$$

$$C_P = \frac{5000(1-0.99)}{1-0.1\times0.99} = 55.5ppm$$

$\pi_R = 4.71bar$

$\pi_P = 0.047bar$

$$A_M = \frac{Q_P}{\overline{P}_M(\Delta P - \Delta\pi)} = \frac{0.0125}{7.470\times10^{-7}(40-4.71+0.047)} = 473.5m^2$$

表 9.6 给出了其他 θ 值的计算结果。

表 9.6 例 9.6 中不同切割级时的结果

θ	$F_F/m^3 \cdot h^{-1}$	C_R/ppm	C_P/ppm	A_M/m^2
0.1	450	5549	55.5	473.5
0.2	225	6234	62.3	481.5
0.3	150	7112	71.1	492.0
0.4	112.5	8278	82.8	506.8
0.5	90	9901	99.0	528.9

由图 9.19 可以看出，随着 θ 的增大，Q_F 减小，C_R、C_P 和 A_M 均增大。

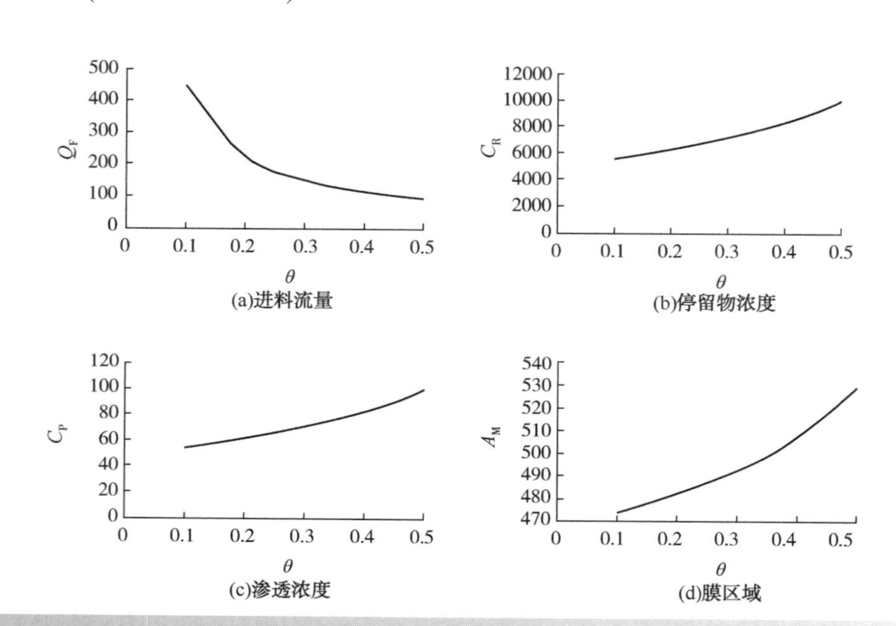

图 9.19 例 9.6 中对反渗透传感器的级切割、停留物浓度、渗透液浓度和膜面积的权衡

计算需要注意以下几点：

1）膜的进料侧流体充分混合的基本假设并不反映实际使用的流动模式。该假设简化了计算，并使得基本趋势得到证明。错流是对实际装置的更好反映。充分混合的假设仅适用于低浓度和低 θ 值的例子。作为比较，海水淡化中有浓度为 35000ppm 的进料。

2）膜测试数据假设 θ 的值为零。在实际情况中，测量中通常取低的 θ 值，溶质回收率取决于进料和渗余量浓度的平均值。

3）基本假设是溶质回收率恒定，与进料浓度和 θ 无关。这对于溶质回收率很高、溶质通量非常低的情况下假设合理。

4）对于给定面积要求的设备体积取决于选定的膜结构。例如，螺旋缠绕膜的典型填充密度约为 $800m^2 \cdot m^3$，中空纤维膜的填充密度要高出约 $6000m^2 \cdot m^3$。

9.5 结晶

结晶是从均匀的液体混合物形成固体产物。通常，由于要求产品是固态从而需要结晶。结晶的反过程是溶解，即固体在溶剂中的扩散。溶液中的分散固体是溶质。随着溶解的进行，溶质的浓度增加。在一定条件下，足够长的时间后，溶质溶解达到最大溶解度，此时，溶解速率等于结晶速率。在这些条件下，溶液达到饱和后，不能在平衡条件下溶解更多的溶质。

图 9. 20a 是两组分(A 和 B)的典型二元体系的溶解度。图 9. 20a 中的线 *CED* 表示饱和溶液的浓度和温度。如果混合物沿线 *CE* 冷却，则形成纯 B 的晶体，留下残余溶液。沿 *CE* 继续进行，到达到 *E* 点，*E* 点为共晶点。在共晶点，两种组分都会结晶，不可能再进一步分离。如果沿线 *DE* 上的混合物被冷却，则形成纯 A 的晶体，留下残余溶液。再次，沿 *DE* 线继续冷却，直到到达 *E* 点，即共晶点，进一步的分离是不可能的。图 9. 20a 中的点 *C* 是纯 B 组分的熔点，点 *D* 是纯 A 组分的熔点。在低于共晶温度时，形成 A 和 B 的固体混合物。如图 9. 20a 所示行为的二元混合物的例子是苯-萘和醋酸-水。并非所有二元系统都如图 9. 20a 一样。还有其他形式的过程，其中一些类似于气-液平衡过程。固体-液体平衡可以通过热力学方法预测。特别是当涉及两个以上的组分时，平衡过程可能非常复杂(Walas，1985)。

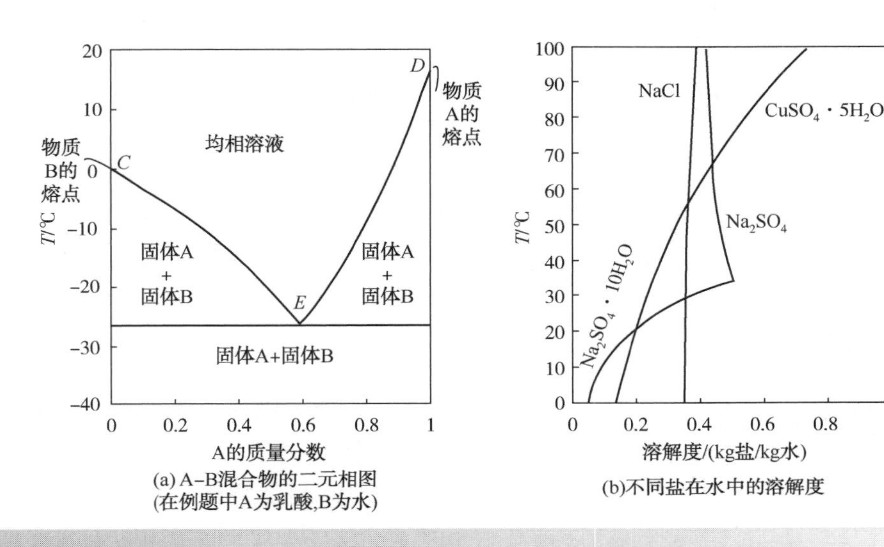

(a) A-B混合物的二元相图
(在例题中A为乳酸，B为水)

(b)不同盐在水中的溶解度

图 9. 20　溶质对温度的平衡溶解度

多晶型增加复杂性，其中固体材料可以以多于一种形式或晶体结构存在。例如，甘氨酸(通常在蛋白质中发现的氨基酸)能够形成单斜晶体和六方晶体。虽然具有相同的化学组成，不同的多晶型物质可能具有很多不同的性质。多晶型在药物成分的开发中是重要的，因为许多药物仅允许单一晶型或多晶型。一些溶质可以与其溶剂形成化合物。这些在溶质和溶剂之间具有一定比例的化合物称为溶剂化物。如果溶剂是水，则形成的化合物称为水合物。

图 9. 20b 是各种盐在水中的平衡溶解度。通常，溶解度随着温度的升高而增加。随着温度的升高，硫酸铜的溶解度显著增加。氯化钠的溶解度随着温度的升高而增加，但温度对溶解度的影响小。硫酸钠的溶解度随着温度的升高而降低。这种反向溶解行为是不常见的。

通常，溶解度主要是温度的函数，随温度升高而增加。而压力对溶解度的影响可以忽略不计。

如果将溶质溶解在固定温度的溶剂中直到溶液达到饱和状态并除去任何过量的溶质，然后将饱和溶液冷却，则溶质将立即从溶液中开始结晶。然而，解决方法通常可以加入含有比饱和时更多的溶质。这种过饱和溶液在热力学上是亚稳态的，并且可以无限期地保持恒定。这是因为结晶首先涉及核的形成或成核，然后在核周围产生晶体生长。如果溶液不含外来的或结晶物质的所有固体颗粒，那么在晶体生长开始之前，必须首先有核的形成。初始成核发生在不存在悬浮产物晶体的情况下。当不含杂质或外来颗粒时，溶质分子聚集在一起形成有序排列的簇，发生均相初级成核。随着溶质从溶液中转移，生长的簇变成晶体。当溶液变得更加过饱和时，形成更多的核。图 9.21 中的曲线 *AB* 表示平衡溶解度曲线。从不饱和区域的 *a* 点开始，冷却溶液而没有溶剂的任何损失，平衡溶解度曲线水平交叉进入亚稳态区域。结晶从点 *c* 开始，在不稳定区域继续到点 *d*，并继续向前。结晶从点 *c* 开始，继续向前到不稳定区域和向上的点 *d*。*CD* 曲线也叫超溶解度曲线，表示自发形成核的地方，也就是结晶开始的地方。超溶解度曲线更应该被认为是一个成核速率迅速增加的区域，而不是一个尖锐的边界。初次成核也可以发生在固体表面，如外来颗粒。

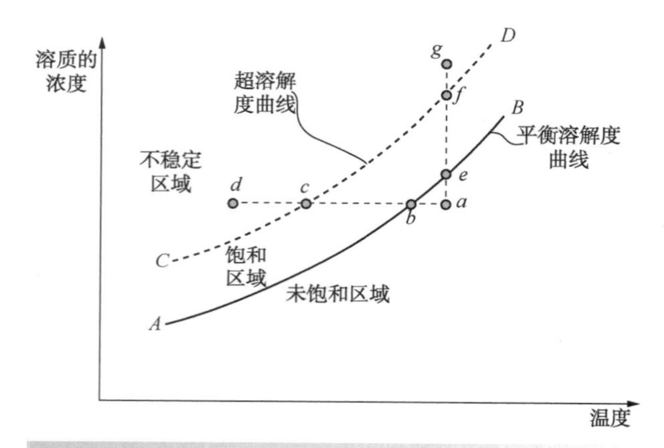

图 9.21 结晶过程中的过饱和度

图 9.21 是另一种不是通过传统的降低温度产生过饱和的方式。而是在不饱和区域中的点 *a* 开始，通过除去溶剂(例如通过蒸发)使温度保持恒定而增加浓度。平衡溶解度曲线在点 *e* 处垂直交叉，进入亚稳态区域。结晶从点 *f* 开始，并在不稳定区域和向上继续到点 *g*。

二次成核需要结晶产物的存在。核可以通过在晶体之间或晶体与固体壁之间的磨损形成。这种磨损可以通过搅拌或泵等方式产生。搅拌强度越大，成核速率越大。通过图 9.21 可知，平衡溶解度曲线 *AB* 不受搅动强度的影响。然而，随着搅拌强度的增加，超溶解曲线 *CD* 更接近于平衡溶解度曲线 *AB*。产生二次成核的另一种方法是在过饱和溶液中加入晶种使其开始晶体生长。这些晶种应该是纯物质。当结晶过程形成固体时，新核的来源往往是一次成核和二次成核的结合，二次成核通常是主要的核来源。二次成核可能随结晶容器中的位置而变化，这取决于搅拌的几何形状和方式。

晶体生长可以以多种方式表示，例如特征尺寸的变化或晶体的质量变化率。不同的测量方法通过晶体的几何形状联系起来。生长可以看作晶体的线性尺寸长度的增加。这种长度上的增加是晶体上相应的几何距离。

结晶的大小和最终结晶的大小分布都是决定产品质量的重要因素。通常，需要制造大型晶体。大型晶体更容易洗涤和过滤，因此可以得到更纯净的最终产品。因此，当操作结晶器时，通常避免在不稳定区域中的操作。主要成核机理使不稳定区域的操作产生大量的细晶体。成核和晶体生长的两种现象竞争结晶溶质。

除了晶体尺寸和尺寸分布外，晶体产品的形状也很重要。术语“晶形”用于描述晶体面的发展。例如，氯化钠从具有立方面的水溶液中结晶。另一方面，如果氯化钠从含有少量尿素的水溶液中结晶，则晶体将具有八面体晶型。两种晶形不一样。

对于给定分离的结晶器的选择将取决于产生过饱和的方法。可以使用间歇和连续结晶器。通常优选的是连续结晶器，但特殊情况通常要求使用间歇操作，如第 13 章将进一步讨论的。用于引起过饱和的方法可分为：

1）间接热交换冷却溶液。当溶质的溶解度随温度显著降低时是最有效的方式。快速冷却会导致结晶不稳定。可通过接种控制冷却将过程保持在亚稳态区域。必须注意，通过保持工艺和冷却剂之间的低温差来防止冷却表面结垢。此过程需要刮除热交换设备表面的污垢。

2）溶剂的蒸发可形成过饱和态。如果溶质对温度的溶解度弱，则可以使用这种方法。

3）真空可促进溶剂的蒸发并降低操作温度。将热溶液置于真空中，其中溶剂蒸发而使溶液冷却。

4）加盐、消除或溺灭涉及加入另一种物质(有时称为非溶剂)，这种物质会诱发结晶。非溶剂必须与溶剂混溶，并且必须改变溶质在溶剂中的溶解度。非溶剂通常具有与溶剂相反的极性。例如，如果溶剂是水，则非溶剂可能是丙酮，如果溶剂是乙醇，则非溶剂可能是水。该方法的优点是使热交换面的结垢最小化。另一方面，另外的(外来)组分被引入到必须分离和再循环体系中。

5）反应可直接产生亚稳态。当产生所需产物的反应和分离可以同时进行时，这极有可能发生。

6）pH 值变化可用于调节稀溶盐在水溶液中的溶解度。

给出这些创造过饱和度的各种方法，哪个是首选？

• 如果情况许可，反应是最好的。它要求形成的溶质溶解度较低，但是如果溶解度太低，则会产生微小的晶体。

• 也可优先选择冷却结晶。混合物可以直接在熔融结晶中结晶，也可以用溶剂进行溶液结晶。如果在熔融结晶中没有外界溶剂辅助结晶，则为了分离，可能需要高温来使混合物熔化。高温可能导致产品分解。如果是这种情况，只能使用外来溶剂。这也可能是强制要求设计使用溶剂的情况。例如，前一步(如反应)可能需要某种溶剂，而结晶必须通过该溶剂进行。否则，会自由选择溶剂。溶剂选择的初始标准将与溶质在溶剂中的溶解度特性有关。优选在高温下表现出高溶解度但在低温下溶解度低的溶剂。也就是它应该具有斜率较大的溶解度曲线。其原因在于可以尽可能少的使用溶剂，因此要在高温高溶解度的条件下，但需要尽可能多地回收溶质，因此在低温下的溶解度低。在找寻合适的溶剂的情况下，可以使用纯溶剂或混合溶剂。除了具有合适溶解度特性的溶剂之外，还应该优选具有低毒性、低燃烧性、低环境影响、低成本、易于回收和再循环，并且易于处理的溶剂，例如合适的黏度特性。

• 如果可以使用水作为溶剂，并且溶质在水中的溶解度对 pH 变化敏感，则优先改变 pH。

• 如果需要得到高纯度产品，则不优先选择蒸发结晶的方法。蒸发除了会浓缩溶质外，还浓缩杂质。这些杂质可能形成晶体从而污染产物，或者可能存在于残留液体内阻塞在固体产品中。

• 通常不建议使用消除或溺灭，因为这需要向过程中添加其他无关材料。如果要实现结晶，则需要陡峭的溶解度曲线与添加的非溶剂比例。

• 虽然晶体很可能是纯的，但是当固体晶体与残余液体分离时，晶体上将保留一些液体。如果粘附的液体在晶体上干燥，则会污染产品。实际上，可以通过过滤或离心将晶体与残余液分离。从低黏度液体中分离出的大而均匀的晶体将保留最小比例的液体。从黏性液体中分离出来的不均匀晶体将保留较高比例的液体。通常的做法是在洗涤过滤器或离心机中清洗晶体。

例 9.7　在连续操作中通过结晶分离在水溶液中的蔗糖。蔗糖在水中的溶解度可以用下式表示：

$$C^* = 1.524\times10^{-4}T^2+8.729\times10^{-3}T+1.795 \tag{9.56}$$

式中　C^*——在工作温度下的溶解度；

T——温度，℃。

在 60℃ 时，结晶器的进料处于饱和（$C^* =$ 2.867kg 蔗糖 · kgH_2O^{-1}）。比较冷却结晶法和蒸发结晶法从水中分离蔗糖的过程。

① 对于冷却结晶，蔗糖晶体的产率作为操作温度的函数，计算蔗糖晶体的产率。

② 对于蒸发结晶，能耗作为产率的函数，计算能耗。

解：

① 首先，定义产量。由于水量没有变化，产量可以定义为：

$$产率=\frac{C_{in}-C_{out}}{C_{in}}\times100\% \tag{9.57}$$

结晶器的操作条件处于过饱和状态。计算超溶解曲线是可行的，但是过程较为复杂。结晶器在亚稳态区域的过饱和条件下运行。过饱和度是结晶器设计中重要的自由度。需要详细的设计来确定这一点。因此，假设出口浓度为饱和状态时，定义产量。然后假定温度，出口浓度可由式 9.45 计算，产率由式 9.46 计算。结果见表 9.7。

表 9.7 表明，温度必须降到一个较低值，才能得到合理的产率。还需注意将冷却水冷却至 40℃，甚至可能冷却至 30℃，要达到比这更冷的

温度，需要对其进行制冷。这显著降低了冷却成本。

表 9.7 产率与温度

温度/℃	产量/%
60	0.0
50	8.9
40	16.7
30	23.5
20	29.7
10	33.8
5	35.7

② 溶剂的质量平衡：

$$F_{in}=F_{out}+F_V \tag{9.58}$$

式中 f_{in}——液体溶剂的入口流量；

F_{out}——液体溶剂的出口流量；

F_V——汽化溶剂的流量。

溶质的质量平衡：

$$C_{in}F_{in}=C_{out}F_{out}+m_{out}F_{out} \tag{9.59}$$

式中 C_{in}——进口溶质浓度；

C_{out}——出口溶质浓度；

m_{out}——离开结晶器的晶体质量。

$$\begin{aligned}产率&=\frac{m_{out}-F_{out}}{C_{in}F_{in}}=\frac{C_{in}F_{in}+C_{out}F_{out}}{C_{in}F_{in}}\\&=\frac{C_{in}F_{in}-C_{out}(F_{in}-F_V)}{C_{in}F_{in}}\\&=1-\frac{C_{out}}{C_{in}}+\frac{C_{out}}{C_{in}}\frac{F_V}{F_{in}}\end{aligned} \tag{9.60}$$

公式 9.49 表示随着蒸发速率 F_V 增加，产量增加。同时，能量输入也必然增加。如果假设出口浓度为 60℃时的饱和平衡浓度 C^*，则：

$$C_{in}=C_{out}=C^*$$

由方程 9.49 得：

$$产率=\frac{F_V}{F_{in}}$$

因此，如果蒸发 10% 的溶剂，则产率是 10%，以此类推。在 60℃条件下蒸发溶剂则需要能量输入。水的潜热为 2350kJ · kg^{-1}。蒸发量和潜热的乘积为能量输入：

$$能量输入=2350F_V$$

9.6 蒸发

蒸发是将挥发性溶剂与固体分离。单级蒸发仅在所需容量较小的情况下才能使用。对于大容量的分离过程，更常见的是采用能回收和再利用汽化潜热的多级系统。如图 9.22 所示是三级蒸发器的三种不同装置。

1）如图 9.22a 所示是正向进料操作。将进料加入到第一级中，并以与蒸气流相同的方向流入下一级。从上一级到下一级设备的沸腾温度逐渐降低，因此当浓缩产物在较高温度下分解时，可以使用这种排列方式。它还具有以下优点：蒸发级之间不需要泵提供动力。

2）如图 9.22b 所示为反向进料操作。进料进入最后一级即温度最低的蒸发级，并且离开第一个级时得到浓缩产品。当所要浓缩的产品黏度很高时，使用该方法。前面蒸发级的高温降低了黏度，并提供了较高的传热系数。因为溶液在两级之间的压力梯度上流动，所以必须使用泵在两级之间输送溶液。

3）如图 9.22c 所示为平行进料操作。在每个蒸发级均加入进料，并在每个蒸发级均采出产品。每个蒸发级的蒸汽仍然用于加热下一个蒸发级。这种装置主要在进料几乎饱和时使用，特别是当产品为固体晶体时。

还有许多其他可行的混合进料装置，结合了每种装置类型的优点。图 9.23 是温度-焓条件下的三级蒸发器，假设入口和出口溶液处于饱和状态，并且所有蒸发和冷凝过程均处于恒定温度下。

独立蒸发器设计的三个主要自由度是：

1）温度等级可以通过操纵操作压力来改变。图 9.23a 是其压力下降的影响。

2）通过更改传热面积可以控制各级之间的温差。图 9.23b 是传热面积减小对温差的影响。

3）可以通过改变级数来控制流经系统的热流。图 9.23c 是从三级增加到六级蒸发器的效果。

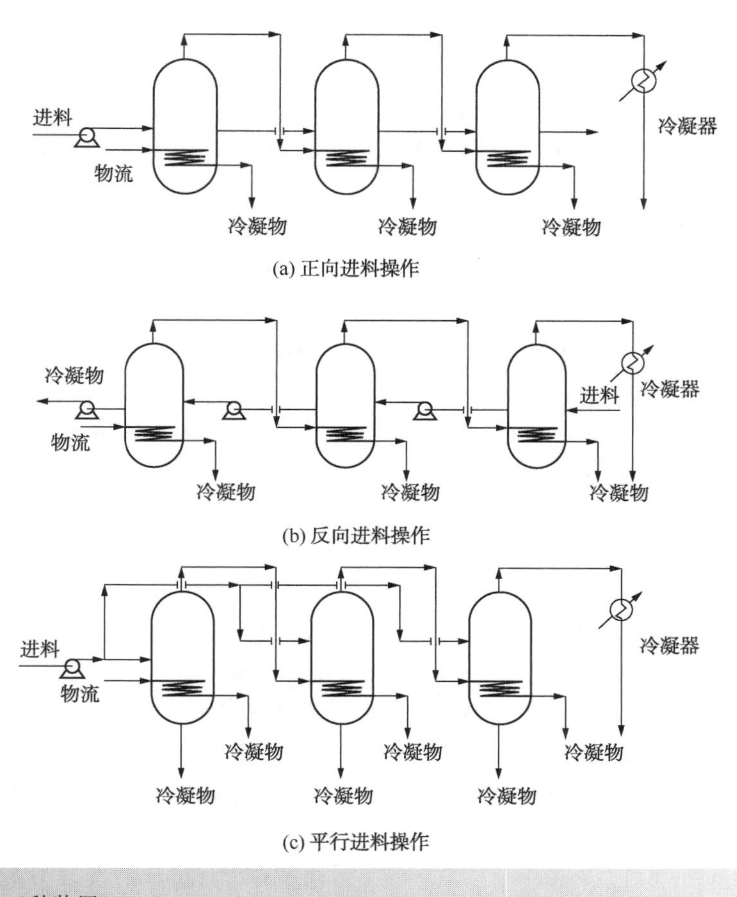

图 9.22　三级蒸发器的三种装置

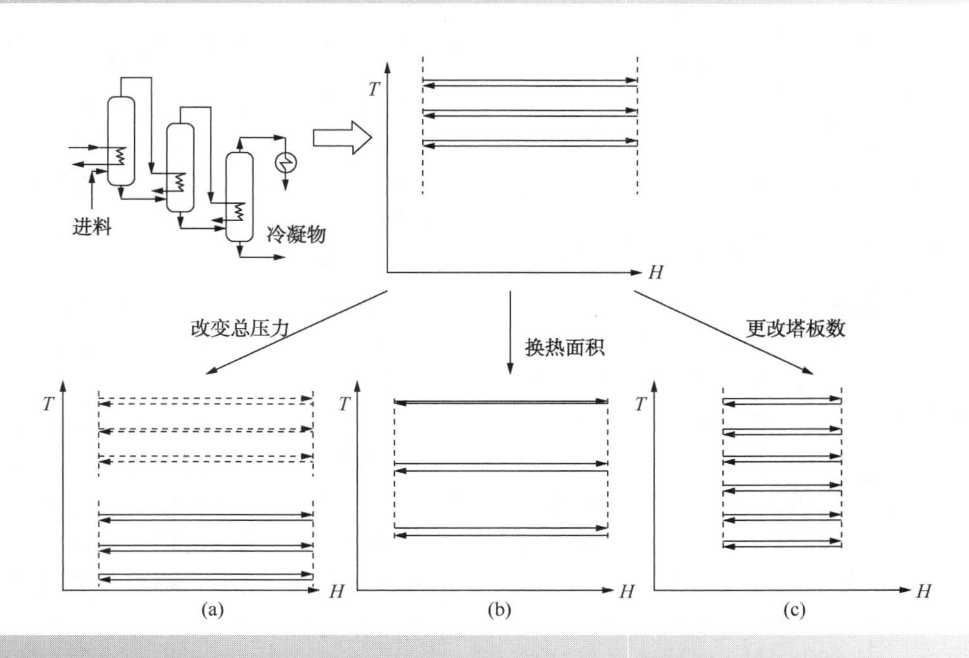

图 9.23　蒸发器设计中的自由度

给定这些自由度，如何初始化设计？最重要的自由度是蒸发级数的选择。如果蒸发器使用冷热公用工程运行，随着级数的增加，可能会出现折中，如图 9.24 所示。在这里，从一个蒸发级开始，它的成本较低，但需要大量的能源成本。将蒸发级增加到两个蒸发级可以降低能源成本，但成本会略有增加，总成本也会降低。然而，随着蒸发级的增加，在某一点上成本的增加不再补偿能源成本的相应减少，总成本也随之增加。因此，存在最佳蒸发级数。然而，在设计的早期蒸发级不应尝试进行这种优化，因为当稍后考虑热集成时，设计几乎肯定会发生显著变化。

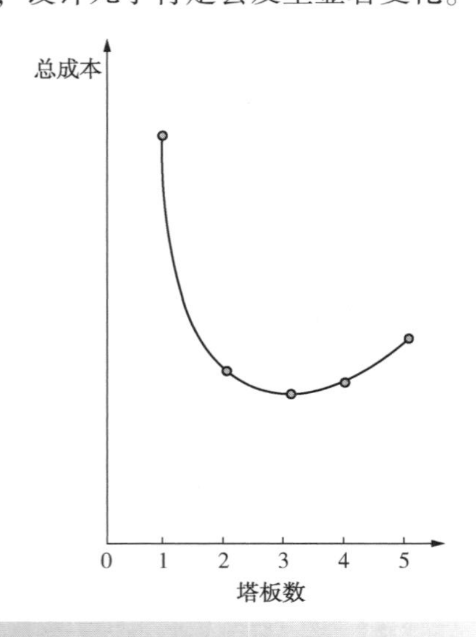

图 9.24　总成本随级数的变化表明，独立系统的最佳级数为 3 级

另一种常用的布置是在蒸发器上使用热泵。通过压缩蒸发提高蒸汽的温度，然后使用这种压缩蒸汽作为蒸发的热量。热泵将在后面进行更详细的讨论。在设计的初期，选择热泵也不合适，因为这只能在设计后期的全热集成问题的背景下进行。

对级数进行合理的初步计算。在决定级数后，通过暂时固定系统的热流，从而可以进行设计。通常，蒸发器中的最高温度由产品分解和结垢的因素所设定。因此，最高压级在足够低的压力下运行，以低于该最高温度。通常选择最低压力阶段的压力以允许排放冷却水或空气冷却的压力。如果分解和结垢没有问题，则应选级压，以使最高压蒸发级低于蒸汽温度，最低压蒸发级高于冷却水或空气冷却温度。

对于一定数量的蒸发级，如果

- 所有传热系数相等，
- 所有蒸发和冷凝负荷都是恒温的，
- 蒸发混合物的沸点升高可忽略不计，
- 系统的潜热是恒定的，则当所有的温差都相等时，给出最小的投资成本(Smith and Jones，1990)。如果蒸发器压力不受蒸汽温度的限制，而是受产品分解和污垢的限制，那么温差应在实际上限温度和冷公用工程之间平均分布。对于大多数情况，这通常是一个较好的初值，因为考虑到热集成时，设计可能会发生很大的变化。

在蒸发器设计中可能重要的另一个因素是进料状况。如果是冷进料，则反向进料装置的特点是必须将较少量的液体加热到高于第二级和第一级的温度。但是，在流程图设计的初期，不应该允许这样的因素来决定设计，因为可以通过与流程的其他部分热集成来预热冷进料。

如果蒸发器的设计是针对一个背景过程考虑的，并且与背景过程的热集成是可能的，那么设计会截然不同。当选择分离器时，应选择简单、低成本的蒸发器设计。

9.7　通过其他方法分离均相流体混合物——总结

用于分离低摩尔质量物质蒸馏的常见替代方法是吸收。液体流量、温度和压力是重要的设计变量，但不应在设计的初期进行任何优化。

吸附能有效分离气体和蒸汽。通常物理吸附随着温度的降低而增加，并随压力的增加而增加。吸附床需要定期再生。

膜分离对气体、蒸汽以及液体分离都是有效的。如果通过半透膜的两种气体的渗透率之比明显大于 2，则气膜分离可能是有效的。但通常需要高压降。膜工艺也可用于液体分离。常用压降作为膜分离的驱动力。根据分离的性质，所需的压降显著变化。

与蒸馏一样，当选择蒸发器时，不应在设计的初期尝试对各个操作进行优化。

当选择分离技术(吸收、汽提、液-液萃取

等)时，应避免使用其他的分离剂，原因如下：

- 在整个过程中引入无关物质可能会对产品纯度造成影响。
- 通常难以高效地分离和回收外来物质。任何不回收的物质都可能造成环境问题。所以处理污水问题的最佳途径是不要产生污染物。
- 外来物质可能会造成额外的安全和储存问题。

有时，过程中已经存在的组分可以用作质量分离剂，从而避免加入其他物质。然而，在许多情况下，实际困难和过高的费用可能会被迫使用无关的物质。

9.8 习题

1. 流量为 $8Nm^3 \cdot s^{-1}$，含有体积分数 0.1% 的 SO_2 气流。要在 10℃和 0.101MPa 的水中除去 95%的 SO_2。在 10℃的条件下，水中二氧化硫的亨利常数为 2.23MPa。可以认为，由于吸收的原因，气相和液相的流量在塔中保持不变，气体为理想气体，而以千克计的摩尔质量占 $22.4m^3$。对于吸收器出口处的水的浓度为平衡状态时的 70%，计算：

① 需要多少水？

② 吸收器的理论级数？

③ 如何增强吸收过程？

2. 某过程产生流量为 $5t \cdot h^{-1}$，乙酸质量分数为 25%的含水废物。用 $10t \cdot h^{-1}$ 纯异丙醚萃取回收乙酸。平衡数据见表 9.1。萃取相(x_E)中乙酸浓度与萃余相中的乙酸浓度(x_R)之间的关系可以用下式表示：

$$x_E = 0.3098x_R^3 + 0.104x_R^2 + 0.3007x_R - 0.0006 \quad (9.61)$$

假设使用单级混合沉降器单元进行萃取，达到平衡：

① 绘制流程图。

② 如果忽略相互溶解度，则计算萃取相中乙酸组分的回收率。

③ 重复计算相互溶解度，计算萃取相中乙酸组分的回收率。

3. 对于上述练习 2 中的相同过程，对过程废物进行萃取时纯异丙醚流量不变，但在逆流流动中采用三级混合器沉淀装置。

① 绘制流程图。

② 如果忽略溶解度，则使用 Kremser 方程计算萃取相中乙酸的回收率，假设在每一级都达到平衡。平衡数据见表 9.2。

4. 有一孔道中充满流量为 $40m^3 \cdot h^{-1}$，压力为 0.12MPa，温度为 25℃的硝基苯，现在用碳对硝基苯进行吸附处理，使硝基苯浓度降至百万分之一。此过程中处理量很小，因此将使用一次性碳粉盒。假设硝基苯在 25℃ 下的蒸气压为 0.000026MPa，摩尔质量为 $123kg \cdot kmol^{-1}$。同时假设孔道中的气体为标准状态下的理想气体。如果在 25℃(包括安全系数)下，碳能够吸附达到本身质量的 10%的硝基苯，则计算如果装入 90kg 碳的话，一次性墨盒能持续多长时间。

5. 有一温度为 10℃，压力为 0.11MPa 的容器中含有甲苯，用流量为 $300m^3 \cdot h^{-1}$的氮气去除甲苯。假设氮气被甲苯饱和，估计一个碳吸附系统的大小，该系统使用两个床层进行原位再生，以将甲苯浓度降低到 ppm 水平。假设在 10℃下的甲苯蒸气压为 0.00164MPa，并且碳在 10℃(包括安全余量)下能够吸收达到其本身质量的 15% 甲苯。假设床上气体的表观速度为 $0.2m \cdot s^{-1}$(即空床的速度)，并且使用高度与床径之比为 3∶1 的圆柱形容器。假设活性炭的密度为 $450kg \cdot m^{-3}$。甲苯的摩尔质量为 $92kg \cdot kmol^{-1}$。可以认为排气口气体是标准条件下的理想气体。

① 计算两次再生过程之间的循环时间。

② 若不保持表面速率不变，而是将流动床上的持续时间保持为 2h，计算流动床的体积。

③在操作和再生的循环形成之后，决定吸附床的通风口处浓度的因素是什么？

④ 如果用蒸汽再生，流化床的再生有什么步骤？不理想的再生过程有什么后果？

6. 空气中含有 21%体积的氧气和 79%体积的氮气，将空气浓缩以提高其含氧量，用于分离空气的膜的参数在表 9.8 列出。

加在膜上的空气流量为 $0.1kmol \cdot s^{-1}$。空气经由鼓风机鼓入，此时空气的压强为 0.17MPa，再经真空泵将膜两侧的渗透压力降低并保持在 0.025MPa。探究不同馏分(0.1~0.9)，渗透纯度和膜面积之间的关系。为简化计算，假设气体为标准状态下的理想气体，并在膜的两侧混合均匀。

表 9.8 练习 6 的渗透率数据

组分	渗透/$m^3STP\cdot m^{-2}\cdot s^{-1}\cdot bar^{-1}$
氧	1.80×10^{-3}
氮	6.93×10^{-4}

7. 在混合均匀的连续结晶器中，通过冷却结晶将硫酸钾从水溶液中分离出来。硫酸钾的溶解度可以用下式表示：

$$C^* = 0.0666+0.0023T-6\times10^{-6}T^2$$

式中 C^*——在操作温度下的溶解度；

T——温度，℃。

进入结晶器的物料在 80℃时饱和。

① 计算冷却至 40℃时，硫酸钾晶体的产率。

② 计算结晶产率达到 50%时，所需的冷却温度。

参 考 文 献

Campbell H (1940) Report on the Estimated Costs of Doubling the Production of the Acetic Acid Concentrating Department, *Trans AIChE*, **36**: 628.

Douglas JM (1988) *Conceptual Design of Chemical Processes*, McGraw-Hill, New York.

Geankopolis CJ (1993) *Transport Processes and Unit Operations*, 3rd Edition, Prentice Hall.

Hougen OA, Watson KM and Ragatz RA (1959) *Chemical Process Principles. Part I: Material and Energy Balances*, John Wiley & Sons.

Humphrey JL and Keller GE (1997) *Separation Process Technology*, McGraw-Hill.

Hwang S-T and Kammermeyer K (1975) *Membranes in Separations*, John Wiley Interscience.

King CJ (1980) *Separation Processes*, 2nd Edition, McGraw-Hill.

Mulder M (1996) *Basic Principles of Membrane Technology*, Kluwer Academic Publishers.

Schweitzer PA (1997) *Handbook of Separation Process Techniques for Chemical Engineers*, 3rd Edition, McGraw-Hill, New York.

Seader JD, Henley EJ and Roper DR (2011) *Separation Process Principles*, 3rd Edition, John Wiley & Sons.

Smith R and Jones PS (1990) The Optimal Design of Integrated Evaporation Systems, *Heat Recovery Systems and CHP*, **10**: 341.

Treybal RE (1980) *Mass Transfer Operations*, 3rd Edition, McGraw-Hill.

Walas SM (1985) *Phase Equilibrium in Chemical Engineering*, Butterworth Publishers.

Winston WS and Sirkar KK (1992) *Membrane Handbook*, Chapman & Hall.

第 10 章　精馏序列

考虑一种特殊情况，将均相多组分流体混合物分离成多个组分，而不是仅分离成两个组分。如前所述，精馏是分离均质流体混合物最常用的方法，在本章中，分离的选择会受到限制，以便所有分离都只能使用精馏进行。如果是这样的话，通常有一个产品分离顺序的选择，也就是精馏序列的选择。

10.1　简单塔的精馏序列

由简单塔组成的精馏系统设计，这些简单塔有以下特征：

- 一股进料分离成两股产品；
- 挥发度相近的关键组分，或者存在于关键组分之间的少量组分，将成为产品中的杂质；
- 再沸器和冷凝器。

如果要将三元混合物分离成三种高纯度组分，那么使用简单塔分离有两种序列，如图 10.1 所示。图 10.1a 为直接序列，轻组分在每个塔的塔顶采出；图 10.1b 为间接序列，重组分从每个塔的塔釜采出。

如果精馏塔再沸器与冷凝器的能量同时由公用工程提供，相较于图 10.1b 中的间接序列，图 10.1a 中的直接序列需要的能量更少。这是因为轻组分 A 在直接序列中仅蒸发一次。但是，如果进料中轻组分 A 含量较少而重组分 C 含量较多，那么间接序列则会更节能，因为在这种情况下，间接序列中轻组分蒸发两次不如直接序列中将进料流量大的重组分进入两个塔分离效果好。

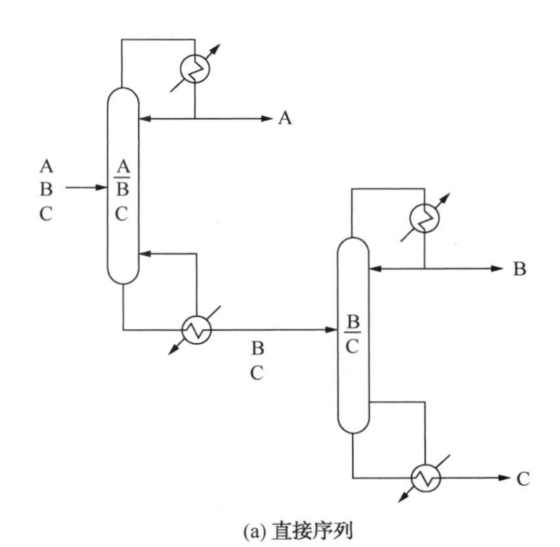

(a) 直接序列

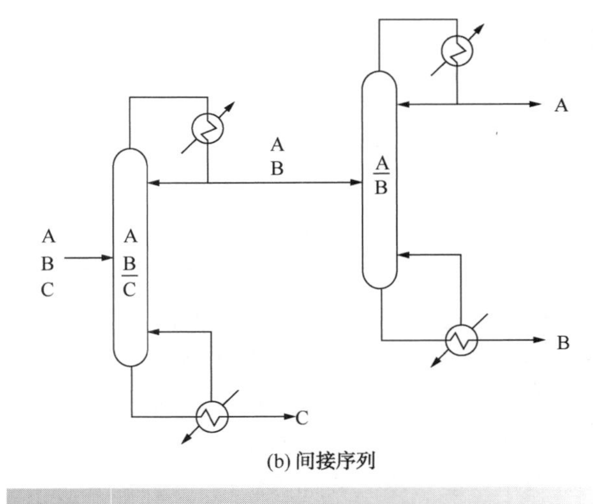

(b) 间接序列

图 10.1　三元混合物简单精馏塔的直接序列和间接序列
（摘自 Smith R 和 Linnhoff B，1998，Trans IChemE ChERD，66：195，by permission of the Institution of Chemical Engineers）

对于三元混合物分离成相对纯的组分，只有两种可供选择的分离序列。随着组分数的增加，分离序列复杂性急剧增加。图 10.2 展示了四组分混合物的各种分离序列。表 10.1 则列出了不同组分数和使用简单塔的可能分离序列数之间的关系(King, 1980)。

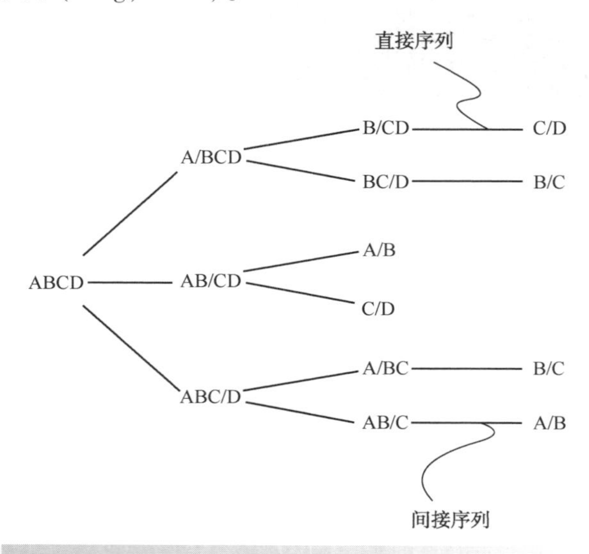

图 10.2　四元混合物的分离序列

表 10.1　使用简单精馏塔的精馏序列数

产品数	分离序列数
2	1
3	2
4	5
5	14
6	42
7	132
8	429

由此可见，分离生产相同的产品有多种可能的分离序列。然而，产生相同产品的不同精馏序列的设备费用和操作费用可能存在显著差异。其中，操作费用通常是选择精馏序列的主要因素。这些费用可能是蒸汽或加热炉向再沸器输入热量的成本，或是低温分离时从低温冷凝器提供制冷的成本中除去热量的成本。

10.2　影响分离序列数的实际约束条件

过程约束条件通常会减少分离序列数。这些约束条件如下：

1) 基于安全考虑，要求尽可能先将特别危险的组分从序列中移出，以尽量减少特别危险的组分在分离过程中的滞留时间；

2) 优先移出化学性质活泼和热敏性组分，避免产品热分解；

3) 考虑到腐蚀问题，通常要求优先分离腐蚀性组分，以尽量减少昂贵的设备费用；

4) 如果再沸器中的热分解会污染产品，则不能从塔底采出目标产品；

5) 一些化合物在精馏时易聚合，必须加入化学物质以抑制聚合。这些阻聚剂往往是不易挥发的，最终会进入塔釜。如果是这种情况，目标产物不能从塔釜采出；

6) 在精馏序列进料中可能存在难凝的组分，这些组分的冷凝可能需要使用制冷进行低温冷凝或较高的塔操作压力。使用制冷或较高的塔操作压力的冷凝大大提高了操作成本。此时，通常从第一个塔的塔顶采出轻组分以避免整个序列中制冷和高压操作。

10.3　简单非热集成精馏序列选择

为了使分离序列能量成本最小化，King 等提出了启发式方法来选择简单非热集成精馏序列(King, 1980)。这些启发式方法试图概括许多问题的观察结果，主要是高于环境温度的精馏，其中再沸器的热输入成本是主要成本。研究者们已经提出了许多启发式方法来最小化能源成本，这些方法可以概括为以下四种类型(Stephanopoulos, et al., 1982)：

分离序列 1：最难的分离最后分离。即关键组分的相对挥发度近似于 1 或存在共沸行为的分离应在无非关键组分存在的情况下进行。

分离序列 2：优先采用直接分离序列，即按挥发度大小把轻组分依次从塔顶分离出来。

分离序列 3：进料中含量大的组分优先分离。

分离序列 4：尽量使每个塔的塔顶塔底产品流率接近进料摩尔流率。

这些类型只限于简单塔和非热集成塔(所有再沸器和冷凝器的换热介质均由公用工程提供)。当这些类型相互矛盾时，分离序列选择难度也会增大，例 10.1 将对这类问题进行说明。

例 10.1 将表 10.2 中的烷烃混合物分离成纯组分，表 10.2 给出了烷烃混合物常压沸点、相对挥发度等数据，以表示组分挥发度顺序和分离的相对难度。相对挥发度是基于进料组成计算的，假定压力为 6barg。使用相互作用参数设置为零的 Peng-Robinson 法计算气液平衡（见附录 A）。实际上，序列中的不同塔可以使用不同的压力，如果使用一组相对挥发度，则需要尽可能选择计算相对挥发度的压力来代表整个系统。

表 10.2 烷烃混合物数据。

组分	流率/ $kmol \cdot h^{-1}$	常压沸点/K	相对挥发度	相邻组分间相对挥发度
A. 丙烷	45.4	231	5.77	
				1.93
B. 异丁烷	136.1	261	2.99	
				1.27
C. 正丁烷	226.8	273	2.36	
				1.95
D. 异戊烷	181.4	301	1.21	
				1.21
E. 正戊烷	317.5	309	1.00	

使用启发式方法来识别分离效果潜在的好序列，这些序列是进一步评估的备选序列。

解：分离序列 1：因为 D/E 相对挥发度最小，所以最后进行 D/E 分离。

分离序列 2：优选直接分离序列，首先分离 A/B，分离顺序为 A/BCDE

分离序列 3：首先分离流量最大的组分，分离序列为 ABCD/E

分离序列 4：塔顶塔底等摩尔流采出，分离序列为 ABC/DE

这 4 个分离序列相互矛盾。分离序列 1 建议最后分离 D/E，而分离序列 3 建议先分离 D/E；分离序列 2 建议先分离 A/B，而按分离序列 4，则建议先分离 C/D。

这时可以选择一种分离序列，比如说先分离 A/B，再分离其余组分。

分离序列 1：最后分离 D/E。

分离序列 2：B/CDE。

分离序列 3：BCD/E。

分离序列 4：BC/DE。

362.9$kmol \cdot h^{-1}$/498.9$kmol \cdot h^{-1}$

这 4 个分离序列还是相互矛盾的。分离序列 1 建议最后分离 D/E，而分离序列 3 则表明应该首先分离 D/E。分离序列 2 建议先分离 B/C，而分离序列 4 建议先分离 C/D。

继续这个过程，进一步考虑可能的分离序列。删除某些分离序列，分离序列数减小，如表 10.1 所示。

如例 10.1 所示，使用启发式方法选择精馏序列会产生矛盾，在原则上可以通过分离效果避免。但是，不同类型的精馏序列分离效果随具体的分离过程而异。在上面的例子中，虽然这些类型并没有给出最好的分离序列，但是在某些问题中可按其确定分离序列。这种情况下，需要一个比启发式方法更通用的方法确定分离序列。

因直观推断法不明确或类型之间相互矛盾，可以基于设备和操作成本定量比较不同分离序列的性能。对于大多数情况，成本由操作成本决定。热集成可能会在设计后期产生重大影响，但在此阶段会评估非热集成序列的性能：

- 高于环境温度过程。操作费用由向再沸器供热的成本决定，这可能涉及多种公用工程。在这种情况下，应优先选用较低温度的公用工程。负荷较高的再沸器可能由加热炉加热，但大多数情况下都采用蒸汽加热。冷却成本可以加在加热成本上，但操作成本很可能由加热成本决定。操作成本的估算方法见第 2 章。

- 低于环境温度过程。操作成本由向冷凝器提供冷却的制冷系统所需能量成本决定，这可能涉及多种冷公用工程，包括制冷剂、冷却水和空气冷却。在这种情况下，应优先选用较高温度的公用工程。制冷公用工程的温度越低，功率要求越高，成本越高。冷却水比制冷成本低很多。加热成本可以加到冷却成本上，但操作成本很可能由与制冷相关的能量成本决定。估算费用的方法见第 2 章。

在估算加热和制冷成本之前，需要计算再沸器和冷凝器热负荷。作为一级评估，对于高于环境温度过程，可以使用再沸器总热负荷来筛选序列；对于低温过程，可以使用冷凝器总热负荷来筛选序列。在第 8 章中，给出了单个全凝器的热负荷公式：

$$Q_{COND} = \Delta H_{VAP} D(1 + R_F R_{min}) \qquad (10.1)$$

式中 Q_{COND}——冷凝器热负荷，$kJ \cdot s^{-1}$，kW；

ΔH_{VAP}——塔顶蒸汽的蒸发焓，kJ·kmol^{-1}；

D——塔顶馏出率，kmol·s^{-1}；

R_F——回流比与最小回流比的比值；

R_{min}——最小回流比。

对单个部分冷凝器，冷凝器的热负荷由下式计算：

$$Q_{COND}=\Delta H_{VAP}DR_FR_{min} \quad (10.2)$$

因此，对应单个全凝器的再沸器的热负荷由下式计算：

$$Q_{REB}=\Delta H'_{VAP}(D+DR_FR_{min}-F+qF) \quad (10.3)$$

式中 Q_{REB}——再沸器热负荷，kJ·s^{-1}，kW；

$\Delta H'_{VAP}$——塔底液体的蒸发焓，kJ·kmol^{-1}；

F——进料流率，kmol·s^{-1}；

q——进料条件，$\dfrac{1\text{摩尔原料气化所需热量}}{\text{原料的摩尔汽化热}}$。

在大多数情况下，根据第 8 章讨论的原因，通常选用饱和液体进料（$q=1$）。

分离序列中所有塔的计算是重复的，根据高于或低于环境温度的过程，再沸器热负荷相加得到分离序列的总加热负荷，冷凝器热负荷相加得到总冷却负荷。然后可以基于总加热负荷或总冷却负荷来比较不同的序列。如果公用工程的温度和成本是已知的，则可以加和单个再沸器和冷凝器公用工程成本得到总成本。例 10.2 和例 10.3 举例说明了 Underwood 方程式在精馏序列选择中的应用。

例 10.2 使用 Underwood 方程来预测最小回流比，根据再沸器总热负荷确定最佳精馏序列，将表 10.2 中的烷烃混合物分离成纯组分。假定回收率为 100%。假设实际回流比与最小回流比的比值为 1.1，饱和液体进料。忽略每个塔的压降。相对挥发度和蒸发潜热可以由 Peng - Robinson 状态方程计算，交互作用参数假定为零（见附录 A）。根据每个塔的进料组成计算塔内组分的相对挥发度，根据再沸器总热负荷确定精馏序列。

① 所有塔压设定为 6barg。

② 随精馏序列的变化，压力可以调整，使得每个塔的压力最小化，以使塔顶产物的泡点温度比 35℃ 的冷却水高 10℃（即 45℃），从而避免使用制冷剂。

表 10.3 分离烷烃混合物的序列（压力设定为 6barg）

顺序	再沸器总热负荷/MW	%Best	序列			
1	32.40	100	ABCD/E	ABC/D	AB/C	A/B
2	32.62	100.7	ABCD/E	AB/CD	A/B	C/D
3	33.39	103.1	ABCD/E	ABC/D	A/BC	B/C
4	33.76	104.2	ABCD/E	A/BCD	BC/D	B/C
5	34.14	105.4	ABCD/E	A/BCD	B/CD	C/D
6	35.10	108.3	A/BCDE	BCD/E	BC/D	B/C
7	35.21	108.7	AB/CDE	A/B	CD/E	C/D
8	35.37	109.2	ABC/DE	AB/C	D/E	A/B
9	35.48	109.5	A/BCDE	BCD/E	B/CD	C/D
10	36.36	112.2	ABC/DE	A/BC	D/E	B/C
11	37.54	115.9	A/BCDE	B/CDE	CD/E	C/D
12	37.59	116.0	A/BCDE	BC/DE	B/C	D/E
13	37.73	116.5	AB/CDE	A/B	C/DE	D/E
14	40.06	123.7	A/BCDE	B/CDE	C/DE	D/E

表 10.4　分离烷烃混合物的序列(压力固定在能用冷却水作为冷凝器冷凝剂时的压力)

顺序	再沸器总热负荷/MW	%Best	序列			
1	31.05	100	ABC/DE	AB/C	D/E	A/B
2	31.44	101.2	ABCD/E	ABC/D	AB/C	A/B
3	31.60	101.8	ABCD/E	AB/CD	A/B	C/D
4	31.86	102.6	ABC/DE	A/BC	D/E	B/C
5	32.25	103.9	ABCD/E	ABC/D	A/BC	B/C
6	32.75	105.5	ABCD/E	A/BCD	BC/D	B/C
7	32.99	106.2	AB/CDE	A/B	CD/E	C/D
8	33.02	106.3	ABCD/E	A/BCD	B/CD	C/D
9	33.29	107.2	AB/CDE	A/B	C/DE	D/E
10	33.48	107.8	A/BCDE	BC/DE	B/C	D/E
11	33.82	108.9	A/BCDE	BCD/E	BC/D	B/C
12	34.09	109.8	A/BCDE	BCD/E	B/CD	C/D
13	35.39	114.0	A/BCDE	B/CDE	CD/E	C/D
14	35.69	114.9	A/BCDE	B/CDE	C/DE	D/E

①
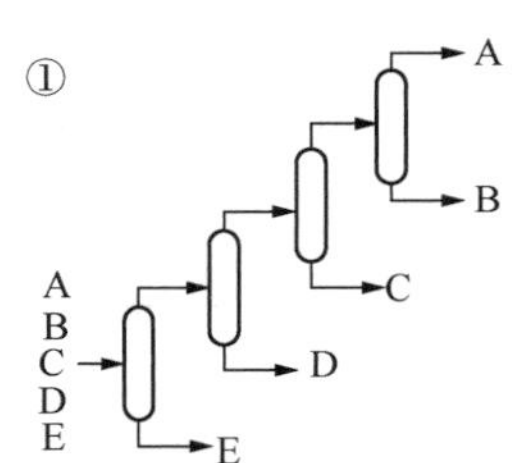

②
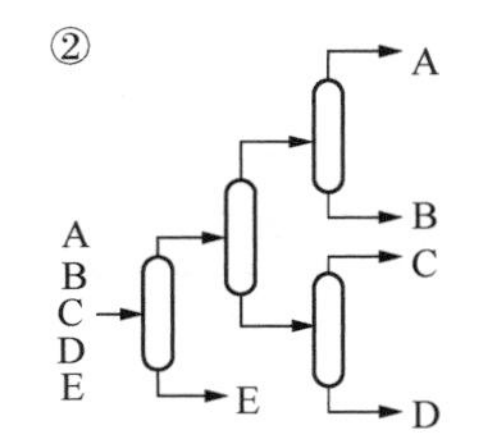

③
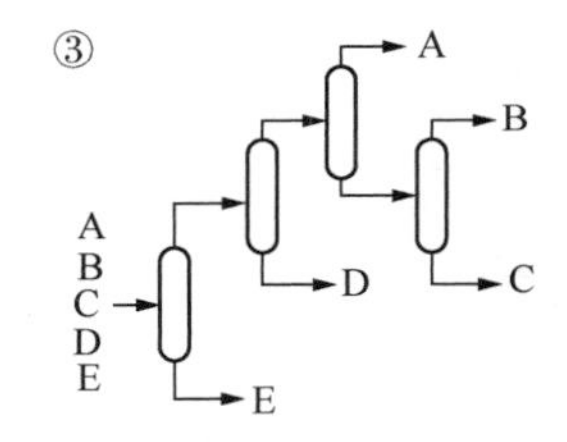

(a) 重新计算每个塔的相对挥发度,压力设定在6barg

①
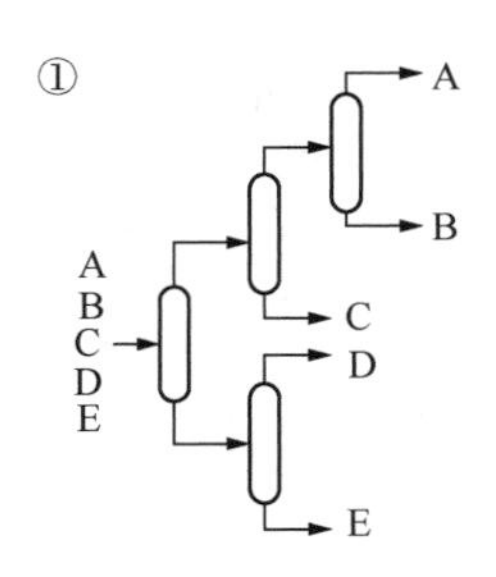

②
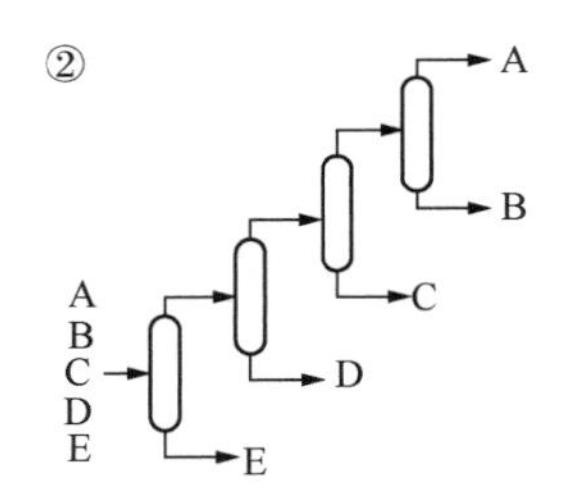

③
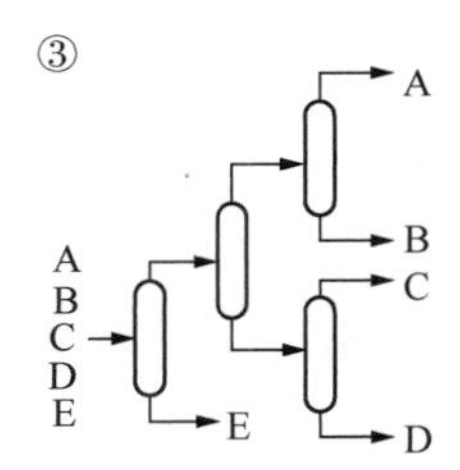

(b) 设定塔压力使冷却水用于冷凝器

图 10.3　例 10.2 分离烷烃混合物的最佳蒸汽负荷顺序

解：这两种情况的结果如表 10.3 和表 10.4 所示。从表 10.3 和表 10.4 可以看出，在这两种情况下，最好的几个分离序列在再沸器总热负荷方面几乎没有差异。这两种分离情况下的三种最佳分离序列如图 10.3 所示，考虑到各种分离序列之间差异小，精馏序列排序对塔压变化较为敏感。所有分离序列中的所有塔压都高于大气压，从 0.7barg 到 14.4barg 不等。

例 10.3 将表 10.5 中的芳烃混合物分成五种纯组分，其中二甲苯为混合二甲苯的产品。表 10.5 中的 C_9s 为 C_9H_{12}(1-甲基乙基苯)，回收率应设定为 100%。所有的相互作用参数为零(见附录 A)，相对挥发度和汽化潜热由 Peng-Robinson 状态方程计算。每个塔的塔压最小，使得塔顶产物泡点温度高于 35℃的冷却水回流温度 10℃(即 45℃)，或者采用最低大气压。假设实际回流比与最小回流比的比值为 1.1，每个塔采用饱和液体进料。忽略塔的压降。根据由 Underwood 等式计算的最小回流比，确定精馏序列。

表 10.5 精馏分离五产品芳烃混合物的数据

组分	速率/kmol · h^{-1}
苯	269
甲苯	282
乙苯	57
对二甲苯	47
间二甲苯	110
邻二甲苯	58
C_9s	42

解： 重新计算每个塔的相对挥发度。表 10.6 给出了在 1atm 压力下进料混合物的相对挥发度。这表明，乙苯/二甲苯分离是迄今为止最难分离的二甲苯体系。组分的相对挥发度使得所有分离可以在大气压下进行，同时允许在冷凝器中使用冷却水。因此，塔压恒为大气压，随着浓度的变化，在该压力下重新计算进料组成的相对挥发度。

表 10.7 按顺序给出了不同精馏序列的再沸器热负荷。

表 10.6 1atm 下进料的相对挥发度

组分	相对挥发度	相邻组分的相对挥发度
苯	7.570	
		2.33
甲苯	3.243	
		2.07
乙苯	1.564	
		1.07
邻二甲苯	1.467	
		1.04
间二甲苯	1.417	
		1.16
对二甲苯	1.220	
		1.22
C_9s	1.000	

表 10.7 分离例 10.3 中芳烃混合物的序列

顺序	总再沸器热负荷/MW	%Best	序列			
1	57.40	100	ABC/DE	A/BC	D/E	B/C
2	60.04	104.6	ABC/DE	AB/C	D/E	A/B
3	61.40	107.0	A/BCDE	BC/DE	B/C	D/E
4	64.81	112.9	ABCD/E	ABC/D	A/BC	B/C
5	65.98	115.0	A/BCDE	B/CDE	C/DE	D/E
6	66.02	115.0	A/BCDE	BCD/E	BC/D	B/C
7	66.63	116.1	A/BCDE	B/CDE	CD/E	C/D
8	67.02	116.8	AB/CDE	A/B	C/DE	D/E
9	67.46	117.5	ABCD/E	ABC/D	AB/C	A/B
10	67.67	117.9	AB/CDE	A/B	CD/E	C/D
11	68.50	119.3	ABCD/E	A/BCD	BC/D	B/C
12	70.26	122.4	A/BCDE	BCD/E	B/CD	C/D
13	72.73	126.7	ABCD/E	A/BCD	B/CD	C/D
14	73.97	128.9	ABCD/E	AB/CD	A/B	C/D

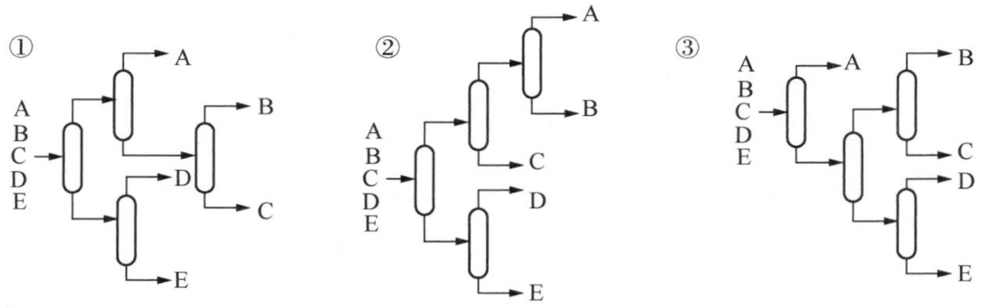

图 10.4 分离芳烃混合物的最佳序列

从表 10.7 还可以看出，就总体再沸器负荷而言，最佳序列之间没有太大差异。具有最低总再沸器负荷的三个序列如图 10.4 所示。在每种情况下，最难分离的(C/D)是有其他组分存在的情况。分离序列 1 表明这样较难的分离应该与其他组分隔离开来。进一步研究表明，这种最难分离的组分相对挥发度对其他组分的存在很敏感。苯和甲苯的存在使 C/D 分离的相对挥发度略有增加，有利于在存在非关键组分的情况下进行分离。这说明在处理相对挥发度非常近的分离时遇到的一些困难。在这些问题上需要特别谨慎，以确保汽-液平衡数据尽可能精确。Peng-Robinson 状态方程中相互作用参数为零的假设是不准确的。事实上，在这种情况下，交互参数并不会改变几个最佳序列的顺序。但是，它确实改变了计算的再沸器负荷的绝对值。另一个有问题的假设是产品完全回收。在这种情况下，将假定的完全回收改为小于 100%回收，也不会改变几个最佳序列的顺序，但是会改变总再沸器负荷的值。最后，在这个阶段的假设是，公用工程将用于满足所有的加热和冷却要求。这使得所有塔可在大气压下运行。稍后在第 21 章中将会看到，有些塔在较高压力下操作是有效的，因为可以在再沸器和冷凝器之间进行热回收。

在第 8 章中讨论了使用 Underwood 方程计算最小回流比的误差。Underwood 方程预测最小回流比值可能偏低。这导致了例 10.2 和例 10.3 中计算的不准确性。在一些情况下，不同序列之间的总热负荷差异很小，这种差异与使用 Underwood 方程预测最小回流比引起的误差相当。然而，只要所有精馏计算的误差都在相同的方向，仍然可以使用该方法来选择序列。然而，应该谨慎进行预测，不能因为不同序列评估中的一些小差异而排除序列。

即使没有任何计算误差，使用总加热或冷却负荷仍只起指导作用，可能不会给出正确的序列排序。如果公用工程的温度和成本是已知的，可以进一步计算能源成本。事实上使用简捷计算来确定所有可能的序列很简单，例如第 8 章中讨论的 Fenske-Gilliland-Underwood 方法，以及第 2 章讨论的成本计算方法。

在精馏中高热负荷和高成本之间可能会有一定的联系。更高的热负荷需要更大的设备，因此再沸器和冷凝器花费会更多。较高的热负荷也导致精馏塔中较高的蒸汽流速和较大的直径，塔的费用也更昂贵。因此，较高热负荷的序列也具有较高的设备成本。

不管用哪种方法选择分离序列，不能只考虑再沸器和冷凝器负荷最小或总费用最低。特别当分离序列数很大时，很少只从这方面来进行选择。热集成、可操作性、安全等因素对最终分离序列的确定有重要的影响，所以分离序列的选择应为几个最佳序列而不是一个最佳序列。在第 1 章中提到，保持设计选项的开放状态非常重要，直到有足够的信息用来筛选设计选项。

10.4 具有两产品以上的精馏序列

当使用简单塔分离三元混合物时，只有两个可能的序列，如图 10.1 所示。简单塔的特征是一股进料分离成两个产品。另一种分离塔如图10.5所示，三个产品从一个塔中分离出来。实际上，与简单塔(再沸器和冷凝器都使用公用工程)相比，这种塔设计可行且可节省费用。如果进料中含大量中间组分(超过进料的50%)，而含少量重组分(通常小于5%)，则图10.5a所示的序列最佳(Tedder and Rudd，1978)。重组分会越过侧线流向塔底。只有当重组分流率低，中间组分流率高时，才能从侧线得到较纯的中间产品。此时，侧线通常是汽相采出，得到高纯度侧线采出也必须要求侧线产品B和塔底产品C之间有较大的相对挥发度。

然而，侧线的气相采出比液相采出更为困难。塔顶蒸汽必须有足够的压力来克服管道和与侧线采出相关设备的压降，需要流量控制来控制侧线采出，也需要设备来防止液滴进入侧线流股(如带除雾器的分离滚筒)。为了克服侧线物流设备中的压降，可能需要通过在侧流上方安装一个高压降的塔板，以在塔中产生额外的压降。

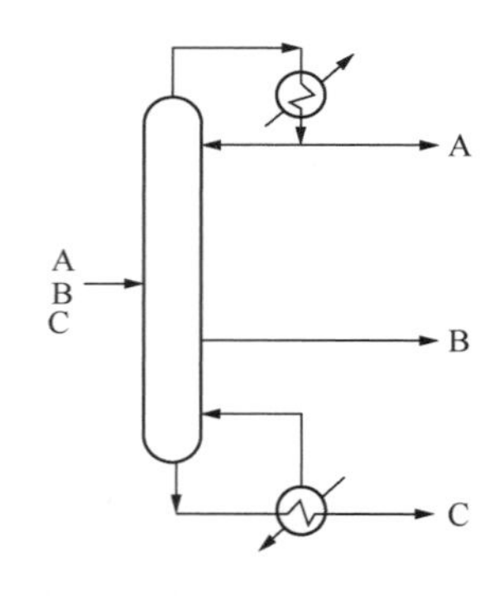

(a)超过50%的中间组分和低于5%的重组分

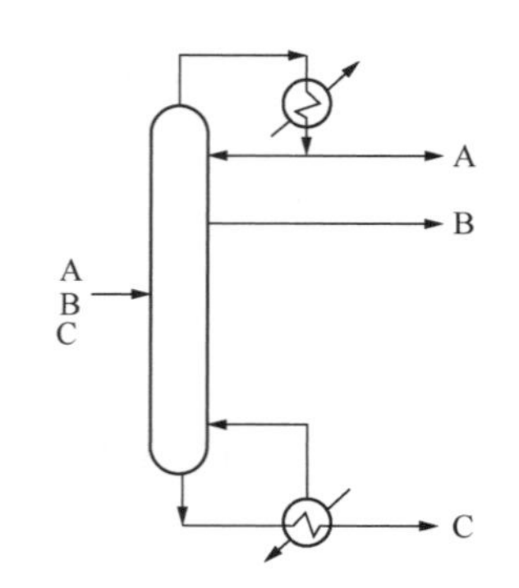

(b)超过50%的中间组分和低于5%的轻组分

图10.5 三组分分离精馏塔

如果塔的进料中含大量中间组分(通常超过50%)，少量轻组分(通常小于5%)，则图10.5b所示的序列是最佳序列(Tedder and Rudd，1978)。轻组分会越过侧线流向塔顶。只有当轻组分流率较低，而中间组分流率较高时，才能得到较纯的中间产品。此时侧线产品多为液相采出。得到高纯度侧线产品也要求侧线产品B和塔顶产物A之间有较大的相对挥发度。

总之，当中间产品含量大，而其他组分少量时，单塔侧线采出是有利的，因此，侧线采出塔仅适用于进料组成特殊的情况。更为普遍适用的精馏塔布局可通过放宽相邻关键组分必须分离的限制来实现。

如图10.6a所示的三组分分离，第一个塔的关键组分是重组分和轻组分，另外两个塔用来得到产品，这种精馏称为分布式精馏或者粗精馏。初看，图10.6a所示塔结构在设备使用方面是低效的，因为使用了三个塔，而不是两个塔。第二个塔的塔釜和第三个塔的塔顶都产生纯物质B，但是在某些情况下，这种布置是非常有用的。在新的设计中，三个塔可在不同压力下进行操作，并且，第二和第三塔之间的中间产品B的分布增加了一个额外自由度。改变压力和中间产品分布等额外自由度显著增加了负荷和能级的自由度，在这些负荷能级上，热量在蒸馏过程中增加或减少。这意味着再沸器和冷凝器可通过更经济有效地匹配以减少公用工程的使用，并且更有效地集成热量。

如果图10.6a中的第二个塔和第三个塔在相同压力下操作，则可以简单地连接第二和第三个塔，从侧线采出中间产物B。10.6b中的塔布置称为预分离塔结构。值得注意，图10.6b中的第一个预分离塔有部分冷凝器，可以降低总能耗。

将图10.6b流程与图10.1的传统流程相比，对于同样分离任务，预分离塔流程比传统流程减少20%~30%的能耗。这是因为预分离塔流程热力学效率更高。

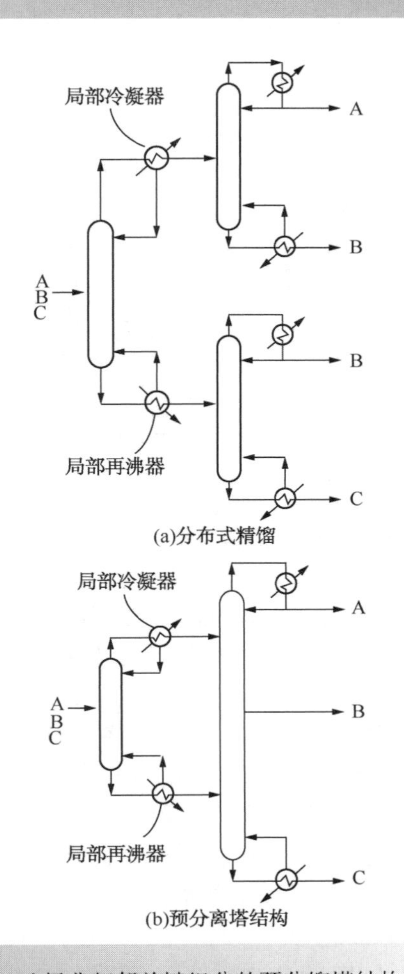

图 10.6　选择非相邻关键组分的预分馏塔结构

如图 10.7 所示的直接序列，第一个塔中组分 B 的组成随着易挥发组分 A 组成降低而增加。然而，再向下时，组分 B 的组成又随着不易挥发组分 C 的增加而再次降低。因此，组分 B 的组成存在峰值，导致塔中存在返混现象（Triantafyllou and Smith，1992）。

同样地，在间接序列第一个塔中，组分 B 的组成随不易挥发组分 C 组成降低而增加。再向上，又随着组分 A 组成的增加而降低，组分 B 组成也存在峰值，塔中也存在返混现象。

这种在简单精馏塔的两个序列中发生的返混是分离效率低下的原因。相比之下，如图 10.8 所示的预分离结构。在预分离塔中进行初步分离，使得组分 B 同时出现在塔顶和塔底。预分离塔的精馏段将 AB 与 C 分开，而提馏段则将 BC 与 A 分开。因此，上下两端只分离各段的产品，对于主塔的四段也是如此。这种方式避免了简单塔序列的返混问题（Triantafyllou and Smith，1992）。

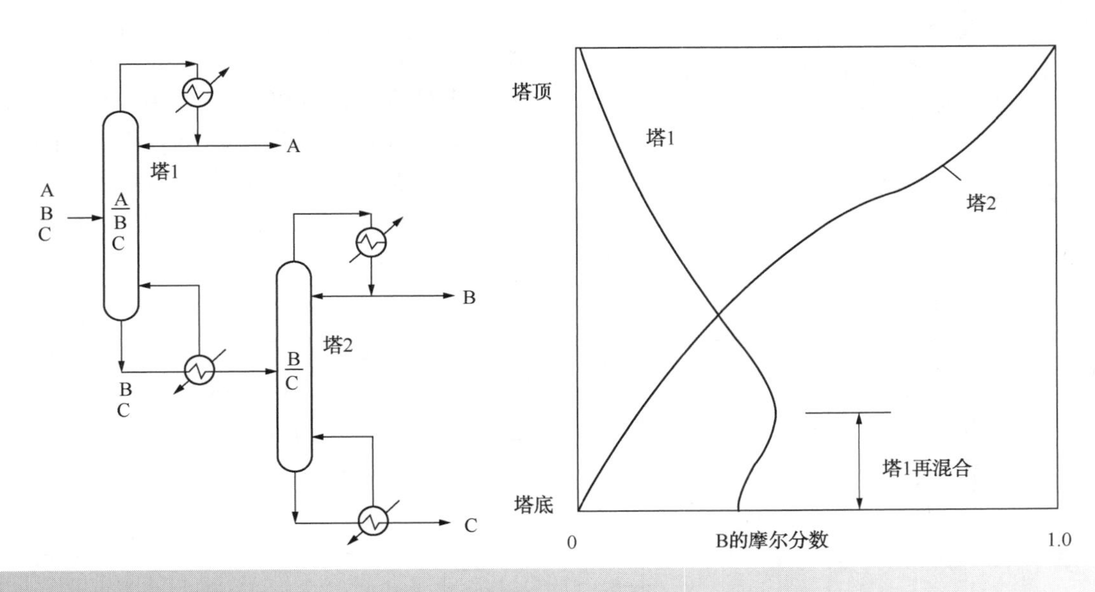

图 10.7　直接序列的中间产物的组成分布表明该精馏结构存在返混效应

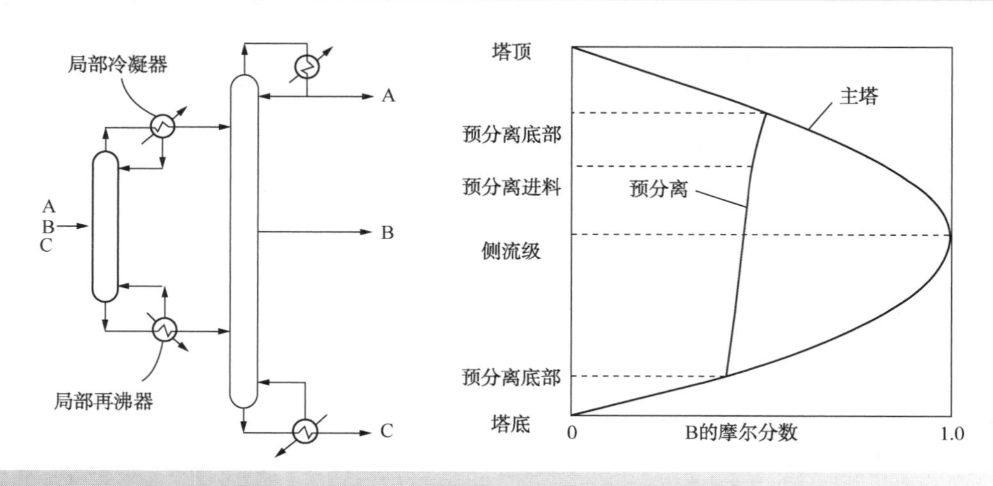

图 10.8 预分馏塔结构中的中间产品组成分布表明该精馏结构不存在返混效应

此外，预分离塔流程减少了进料板的混合效应。由于塔进料的组成与进料板上的组成不匹配，在精馏操作中会有所损失。在理论上，对于简单塔中的二元精馏，可以在进料组成和进料板之间找到良好的匹配。然而，由于塔板间的变化是有限的，所以不能总是完全匹配。对于简单塔中的多组分精馏，除特殊情况外，不可能使进料组成和进料板组成相匹配。在预分离塔流程中，由于预分离塔将组分 B 分配在塔顶和塔底之间，因此允许更大的自由使进料组成与塔中某块塔板组成相匹配，以减少进料塔板的混合损失。

混合损失消除意味着预分离塔流程比使用简单塔更有效。相同的基本论点适用于分布式精馏和预分离塔结构，分布式精馏塔结构具有额外的自由度，可以独立地改变第二塔和第三塔的压力。

10.5 热耦合精馏序列

前面提到的简单塔的限制是只有一个再沸器和一个冷凝器，可以通过物流接触换热进行热传递，这种通过物流换热进行的热传递被称为热耦合。

首先考虑图 10.9a 中简单塔序列的热耦合。图 10.9b 展示了热耦合的直接序列，第一个塔的再沸器被热耦合取代，第一个塔的液相输送到第二个塔，第一个塔的塔底汽相进料由第二个塔提供，而非由再沸器提供。图 10.9b 中的四个塔段标记为 1，2，3，4。在图 10.9c 中，图 10.9b 的四部分被重新排列成一个侧线精馏塔结构(Calberg and Westerberg，1989)。在工业实际中，侧线精馏塔结构中汽相采出较困难。如图 10.9d 所示，在具有隔壁的单个壳体中构造侧线精馏塔，可以避免这些问题。由于两侧进行的分离不同，温度不同，因此图 10.9d 中的隔壁应隔热，以避免跨越隔壁的热传递。隔壁的热传递将对塔性能产生不利的影响(Lestak, et al.，1994)。

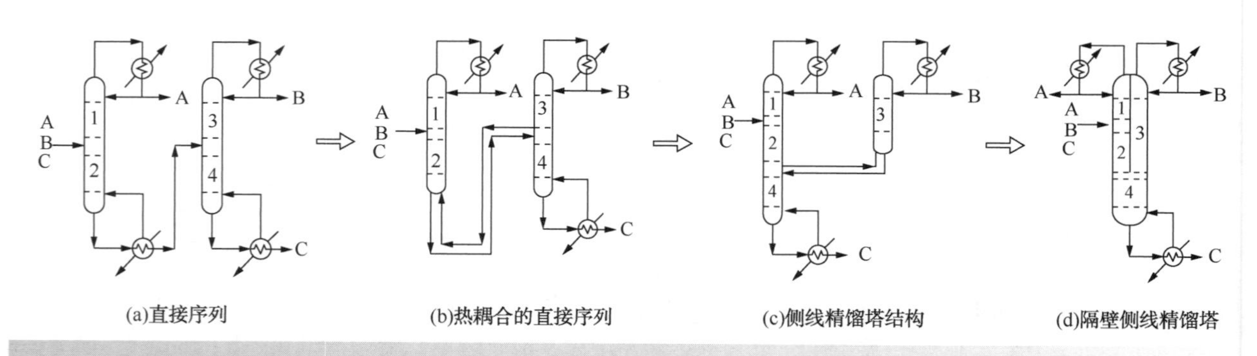

图 10.9 直接序列的热耦合

类似地，图 10.10a 为间接序列，图 10.10b 为相应的热耦合间接序列。第一个塔的冷凝器通过热耦合由第二塔的液相物流代替，图 10.10b 中的四段再次标记为 1，2，3，4。在图 10.10c 中，重新排列四个塔段，形成侧线提馏塔（Calberg and Westerberg，1989）。与侧线精馏塔一样，提馏塔也可以布置在具有隔板的单个壳体中，如图 10.10d 所示，给出了在隔壁塔中的侧线提馏塔。隔板是隔热的，否则隔板的热传递将对分离产生不利影响（Lestak，et al.，1994）。

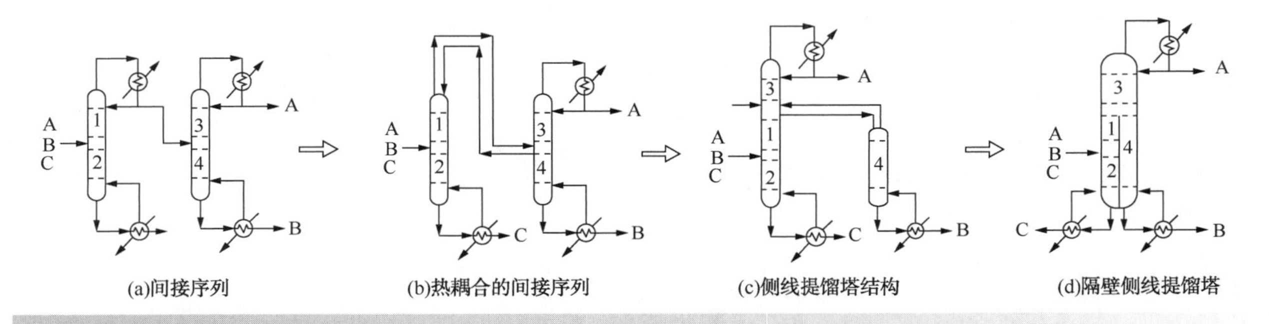

图 10.10 间接序列的热耦合

与简单的两塔流程相比，侧线精馏塔和侧线提馏塔结构能耗更低（Tedder and Rudd，1978，Glinos and Malone，1988）。这是由于主塔中的混合损失减少所致。与简单序列的第一个塔一样，中间产物的组成出现了峰值。因此，通过传递物料到侧线精馏塔和侧线提馏塔，中间组分峰值这种优势被利用。

侧线精馏塔和侧线提馏塔具有一些重要的优化自由度。在这些结构中，有四个塔段。对于侧线精馏塔，要优化的自由度为：

- 四个塔段的塔板数；
- 主塔和侧线采出塔中的回流比（回流与塔顶产物的流量比）；
- 主塔和侧线采出塔之间汽相分离比；
- 进料状况。

侧线提馏塔要优化的自由度为：

- 四个塔段的塔板数；
- 主塔和侧线采出塔的再沸比（汽提蒸气与底部产物的流量比）；
- 主塔和侧线采出塔之间液相分离比；
- 进料状况。

所有这些变量必须同时优化才能获得最佳设计。一些变量是连续的，一些是离散的（每塔中的塔板数）。如果进行严格模拟，这种优化是非常简单的。在进行严格模拟之前，可以使用简捷计算进行一些优化，然后通过严格模拟进行微调。

适用于简捷计算的侧线精馏塔的简单模型如图 10.11 所示。侧线精馏塔可以模拟为热耦合直接序列中的两塔。塔一是具有冷凝器和部分再沸器的常规塔。塔二为侧线采出塔，汽相在进料塔板下方一级采出（Triantafyllou and Smith，1992）。进入再沸器的液相和离开再沸器的汽相可以由气液平衡计算（见第八章练习例 11）。然后，塔一底部的汽相和液相可以与塔二的进料和侧线采出匹配，来进行塔二的计算。

侧线提馏塔可以在热耦合间接序列中建模为两塔，如图 10.12 所示。塔一是具有部分冷凝器和部分再沸器的常规塔。塔二是在进料板上方以液相采出的侧线采出塔（Triantafyllou and Smith，1992）。进入冷凝器的汽相和离开的液相可以由汽液平衡计算（见第八章练习 11）。连接两个塔，并进行塔二的计算。

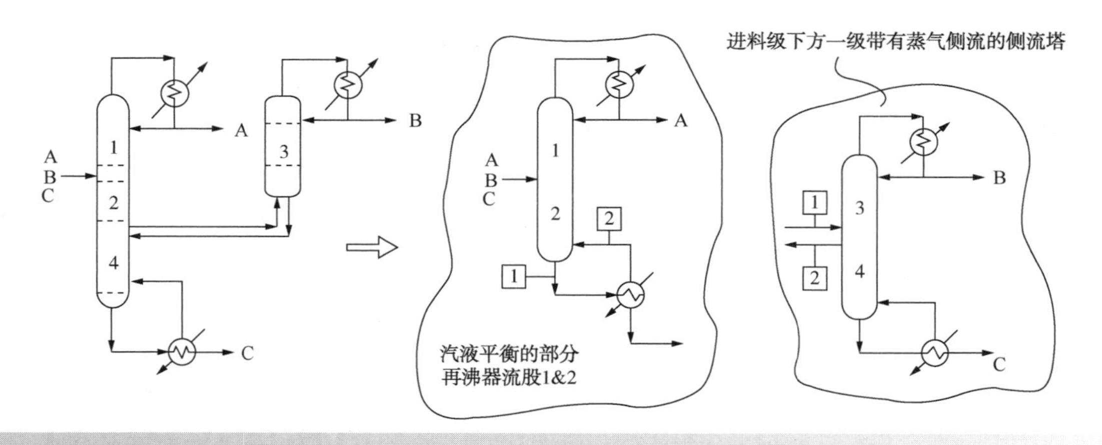

图 10.11 侧线精馏塔以两个塔直接序列建模

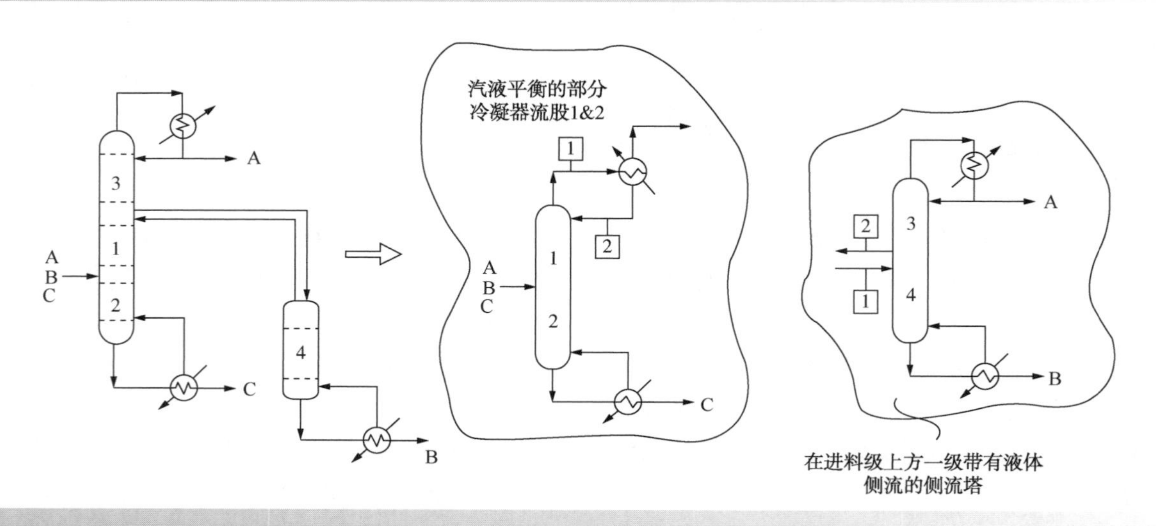

图 10.12 侧线提馏塔以两个塔间接序列建模

在模拟侧线精馏塔和侧线提馏塔时，两塔模型中的塔一可以使用 Fenske-Underwood-Gilliland 等式进行建模。塔二为侧线采出塔，也可以使用 Fenske-Underwood-Gilliland 方程(Triantafyllou 和 Smith，1992)进行建模。通过组合侧线采出和塔顶产物作为纯产品，可以使用 Underwood 方程来估计在进料板上一级液相侧线采出塔的最小回流比(King，1980)。在进料板下一级蒸汽侧线采出塔的最小回流比也可以使用 Underwood 方程来估算，但这次是基于将侧线采出和底部产物作为纯产品计算的(King，1980)。

还可以使用 SQP 等非线性优化技术进行优化(参见第 3 章)。如果使用 SQP 等技术进行优化，非线性优化存在局部最优的问题，需将约束条件添加到优化中，以便保持质量平衡并实现产品质量要求。在设备与能量成本权衡中，侧线精馏塔和侧线提馏塔的优化决定了塔板分布、主塔和侧线采出塔的回流比以及进料状态。如果要使用隔壁式侧线精馏塔或隔壁式侧线提馏塔，则可以使用隔板两侧的蒸汽流量比来确定隔板在塔上的位置。隔板的位置使隔板两侧区域的比例与隔板两侧的蒸汽流量的优化比相同。然而，如果隔板两侧的压降相同，则侧线精馏塔的汽相分流比只能遵循该比例。为了计算简单，以隔壁两侧的直径(即分隔板的每一侧上的相等的面积)来定位设计性能的一些优劣。在确定位置之前，应该探讨设计性能对隔板位置的敏感性。

现在考虑如图 10.6b 所示的预分离塔结构流程热耦合。图 10.13a 展示了带有部分冷凝器和再沸器的预分离塔结构。图 10.13b 是等效的热耦合预分离塔结构，也可称为 Petlyuk 塔。为了使图 10.13a 和图 10.13b 中的两个结构等效，热耦合的预分离塔结构需要额外的塔板来替代初步分馏冷凝器和再沸器(Aichele，1992)。图 10.13a 中的预分离塔结构和图 10.13b 中的热耦合预分离塔结构(Petlyuk 塔)在总加热负荷和总冷却负荷上是相等的。图 10.13a 和 10.13b 中设计的主塔的塔顶和塔底部分汽相流率和液相流率之间存在差异，这是由于图 10.13a 中的预分离塔存在部分再沸器和冷凝器。然而，总加热负荷和总冷却负荷是相等，但热负荷温度不同。图 10.13c 为热耦合的另一种结构，用一垂直挡板将塔分成两部分，称为隔壁塔。如果隔板没有热传递，则图 10.13b 和图 10.13c 中的结构是相同的。与侧线精馏塔和侧线提馏塔一样，隔板应是隔热的。隔板的热传递将对塔性能产生不利影响(Lestak，et al.，1994)。

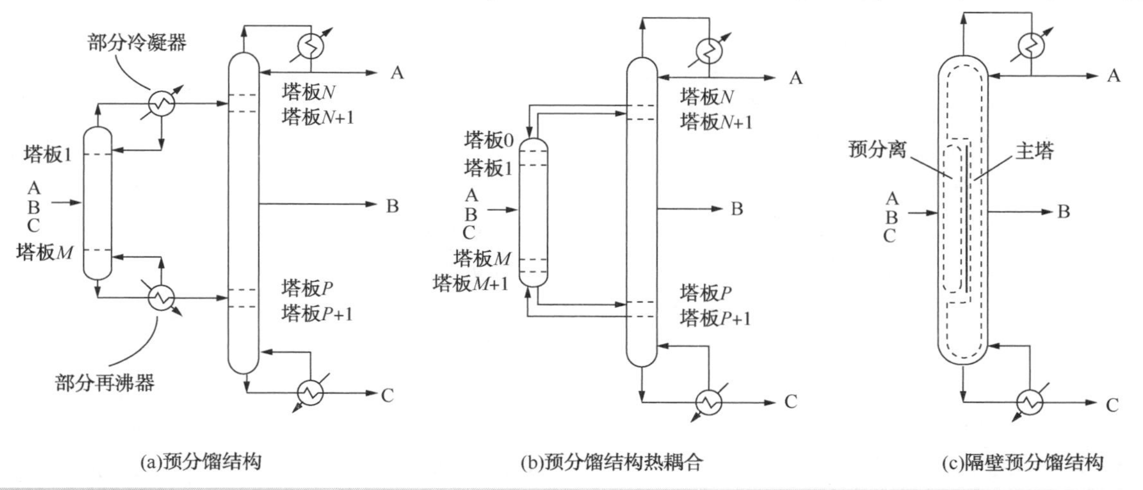

图 10.13　热耦合预分馏塔结构

隔壁预分离塔流程比普通流程多了许多优点：

1）各种研究将图 10.13b 和图 10.13c 中的热耦合结构与简单塔的普通流程进行了比较(Petlyuk，et al.，1965；Stupin and Lockhart，1972；Kaibel，1987；Kaibel，1988；Asprion and Kaibel，2010，1988；Glinos and Malone，1988；Mutalib and Smith，1998；Mutalib，et al.，1998；Becker，et al.，2001；Shultz，et al.，2002)。这些研究表明，图 10.13 中的预分离塔流程与简单塔流程的最佳结构相比，可减少 20%至 30%的能耗(图 10.1)。对于相同的分离，预分离塔也比侧线精馏塔和侧线提馏塔更节能(Glinos and Malone，1988)。热耦合结构的节能与预分离结构的节能效果相同，减少了混合损失，如图 10.7 和图 10.8 所示。

2）此外，图 10.13c 中的隔壁预分离塔比简单塔的两塔序列节省 20%~30%的成本。

3）隔壁预分馏塔与图 10.1 中的普通流程相比有一个优点。在隔壁预分馏塔中，物料仅再沸一次，其在高温区域的停留时间最小化。这对于分离热敏性物料是很重要的。

可使用标准精馏级备进行制造。虽然在实际中更常用的是填料塔，但填料塔和板式塔均可以采用，此外，隔壁预精馏塔的控制是简单直接的(Mutalib and Smith，1998；Mutalib Zeglam and Smith，1998)。

隔壁预分馏塔相对于简单塔也有许多缺点：

1）即使该装置可能比传统装置需要更少的能量，所有的热量都必须在最高温度下提供，所有的热量都必须在分离的最低温度下被释放。如果精馏在低温下使用制冷冷凝，这一点就尤其重要。在这种情况下，最小化在最低温度下的冷凝量是非常重要的。如果供应或释放热量的温度差异较大，则分布式精馏或预分馏可能是更好的选择。这些结构具有能够在不同温度下供热和排热的优点。这个问题将在第 21 章处理精馏热集成时再讨论。

2）如果一个简单塔流程中的两个塔需在压力相差较大的情况下操作，这时就不能用隔壁预分馏塔来替代两个简单塔，因为隔壁预分馏塔要求整个分离过程具有相同的操作压力(通常是最高的压力)。通常隔壁预分馏塔不适合替代操作压力差异较大的两个简单塔。

3）隔壁预分馏塔的另一个缺点与设备材料有关。如果普通流程的两个塔需用两种不同的材料，其中一种比另一种要贵得多，则使用隔壁预分馏塔不能节省设备成本。因为整个隔壁塔必须用更昂贵的材料建造。

4）隔壁预分馏塔的水力学设计要求压力在隔板的任一侧必须平衡。这通常通过在隔板的每一侧设计相同数量的塔板来实现，此约束限制了设计。或者，可以在每一侧上使用不同数量的塔板，并且每块塔板具有不同的压降。如果在隔板的一侧比另一侧更容易发泡，则可能导致水力学不平衡，并且使汽相分配比偏离设计值。

可以使用图 10.13b 中的塔结构作为模拟基础来模拟图 10.13c 中的隔壁精馏塔。然而，像侧线精馏塔和侧线提馏塔一样，完全热耦合塔具有一些重要的优化自由度。在完全热耦合塔中，有六个塔段(隔板的上方和下方，在精馏塔进料上方和下方，以及隔板主塔侧线采出的上方和下方)。隔壁塔的优化自由度为：

- 六个塔段的塔板数；
- 回流比；
- 隔板两侧的液相分离比；
- 隔板两侧的汽相分离比；
- 进料状况。

这些基本自由度可以以不同的方式表示，但是所有自由度都必须同时优化以获得最佳设计。一些变量是连续的，一些变量是离散的(每个塔段中的塔板数)。与侧线精馏塔和侧线提馏塔一样，在进行严格模拟和优化之前，可以使用简捷计算进行一些优化。像侧线精馏塔和侧线提馏塔一样，完全热耦合塔可以表示为简单塔。如图 10.14 所示(Triantafyllou and Smith，1992)，完全热耦合塔由三个简单塔来表示。图 10.14 中塔一为预分离塔的建模，有部分冷凝器和部分再沸器。图 10.14 中的塔二是主塔的顶部，并建模为液相侧线采出塔，液相侧线采出在汽相进料上一级。塔一部分冷凝器的气液相平衡计算可得到进入部分冷凝器的汽相和离开部分冷凝器的液相，然后将它们连接到塔二的侧线采出和进料。图 10.14 中的塔三是主塔的下部，可以建模为汽相侧线采出塔，侧线采出在液体进料下一级。塔一部分再沸器的气液相平衡计算可得到进入部分再沸器的液相和离开部分再沸器的汽相，然后将它们与塔三的侧线采出和进料连接。基于 Fenske-Gilliland-Underwood 相关性，这三个塔可以类似上述侧线精馏塔和侧线提馏塔进行简捷计算。可以使用 SQP 等非线性优化技术进行再次优化(参见第 3 章)。需将约束添加到优化中，以使其能够实现所需的目标。如图 10.15 所示，塔二和塔三表示主塔，并且必须确保塔二和塔三中的蒸汽流量相同。此外，塔二的塔底产物和塔三的塔顶产物表示热耦合主塔的侧线采出。因此，塔二的塔底产物和塔三的塔顶产物必须是相同的。另外，还必须增加额外的约束，以确保维持质量平衡并满足产品要求。在建立设计概念并进行一些初步优化后，可以基于图 10.13b 中模型的严格模拟来验证设计。

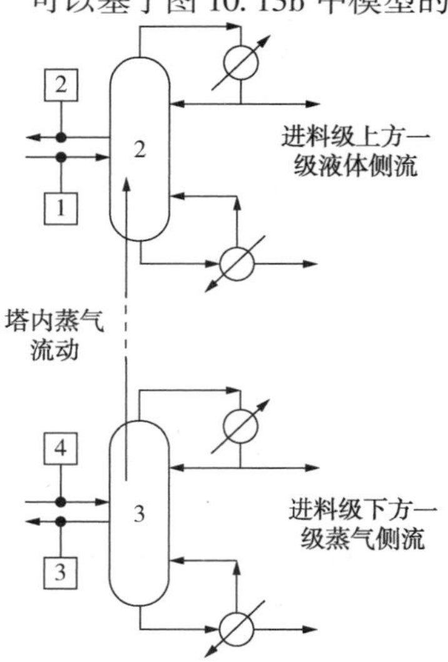

图 10.14 隔壁热耦合预分离塔的三塔模型

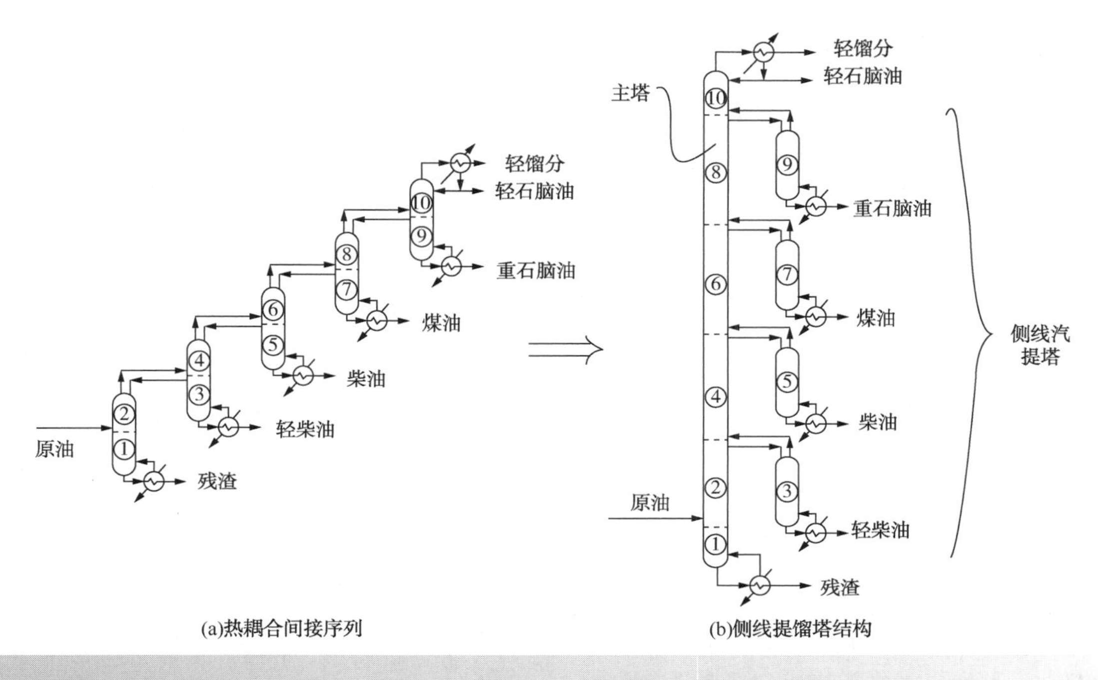

图 10.15 原油精馏的热耦合间接序列

10.6 精馏序列改进

一个现有设计有时可能需要进行改进，而不是进行新的设计。例如，改进设计以提高设备生产能力。进行这样的改进时，必须尽可能有效地利用现有的设备。例如，如图 10.1 所示的一个简单的两塔序列。如果需要增加生产能力，那么不用新的塔替换两个现有的塔，而是添加一个新塔，并重新布置得到图 10.6a 中的分布式精馏结构。汽相和液相负载增加的能力分散在三塔中，而不是两塔中，可以利用现有的两塔设备。当然，现有塔器的设计不适合新的工况，但至少它保存了现有设备，避免了不必要的新塔投资。在图 10.6a 所示的三个塔器中，三个塔器中的任何一个都可能是新的。新塔器和现有塔器的布置取决于现有的塔器如何能够适应新的工况。

如果现有的塔器与改进的序列中所需塔器显著不同，那么除了重新选择精馏序列之外，现有的塔器也可以被改进。例如，改变塔内件的设计，可以在塔中增加理论级数。但是，一般来说，改进的次数越少越好。

与其将两塔序列改造为图 10.6a 中的分布式精馏装置，不如将其改造为图 10.6b 中的预分馏塔装置。这时，如图 10.6b 所示，使用三个塔，塔二和塔三直接用汽相和液相连接。因此，塔二中没有再沸器，塔三中没有冷凝器。主塔的两壳体之间的液相被分离，为主塔和中间产物的下段提供回流。因此，使用双塔模拟预分离主塔。与分布式精馏改进装置一样，现有的两个塔器和新的塔器的结构取决于如何最好地适应新的工况。与分布式精馏改进装置一样，现有的塔器也可以被改进。还可以考虑对更复杂的精馏序列进行改进。在一个更大、更复杂的序列中，序列中的任何一对塔的改进都可以被视为与所讨论的双塔改进相同的候选。

10.7 原油精馏

精馏序列的一个特别典型的例子是原油精馏，原油精馏过程是石油加工和化工行业的基础过程。原油是烃的复杂混合物，并含有少量硫、氧、氮和金属，典型的原油含有数百万种化合物，大多数化合物无法鉴别。通常只能确定最轻的化合物，例如甲烷、乙烷、丙烷、苯等。在这种情况下，由于原油进料的组成未知，气液平衡的建模是一个挑战。原油进料和精馏产物可使用虚拟组分进行建模，这些虚拟组分是具有摩尔质量、临界温度、临界压力和偏心因子属性的假想组分，以一定的组成混合以再现进料的特性（在给定温度下蒸发的进料量）。

在原油加工的第一阶段，原油在略高于大气压（通常为 1bar）的条件下精馏。根据不同的组分沸点温度，从原油精馏中取出一系列产品。原油精馏塔的设计通常是热耦合精馏塔，大多数结构遵循热耦合间接序列，如图 10.15a 所示。但是，通常构建如图 10.15b 所示的原油精馏结构，而不是构建如图 10.15a 所示的结构。这两个结构是等效的，如图 10.15 所示，两精馏各塔段相互对应。然而，实际的原油精馏不能按图 10.15b 所示结构操作。第一个问题是，如果图 10.15b 中塔下部较高沸点产物需要高温再沸，则需要温度极高的热源，蒸汽通常不适用于在这样高的温度下的加热。此外，当烃因高温分解形成焦炭时，将严重污染再沸器。在炼油中再沸的最高温度通常在 300℃左右。因此，在实际中，通过直接向精馏塔注入蒸汽代替部分或全部再沸器。蒸汽有两个功能：

- 它提供了精馏所需的热量；
- 降低再沸组分的分压，使其更易挥发。

蒸汽注入图 10.16 的塔中，在塔顶冷凝，并在分离器中与可冷凝的烃和不凝的烃分离。

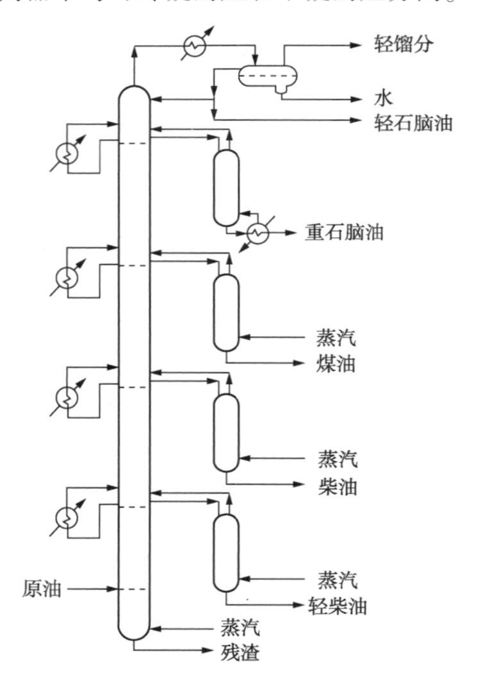

图 10.16 用直接蒸汽注入代替部分（或全部）再沸并引入中间冷凝

图 10.15b 排列中的另一个问题是随着蒸汽在主塔上升，流量显著增加。在图 10.16 中，在塔中间从主塔移除热量。这不仅可以控制塔的蒸汽流量，还可以在中间加入额外的控制点以保持产品质量。在中间引入冷凝，对应于在图 10.15a 所示的结构中引入中间塔塔顶蒸汽的冷凝。应该注意的是，在塔之间引入一些冷凝并不一定完全破坏图 10.15a 中塔间的热耦合，能留下部分热耦合，而不是完全热耦合。在每个点所需的冷凝和热耦合是要优化的重要自由度。

在原油精馏中，通过从侧线采出液相并使液体过冷后返回塔中来移除塔中的热量。即通过直接接触进行冷凝，但是这种设计效率较低。在精馏中，过冷液体返回到塔中效率不高，原因在于过冷液体恢复到饱和状态之前不能参与精馏。

从塔中除去热量有两种方式，如图 10.17 所示。第一种如图 10.17a 所示，是一个泵循环，液相从塔中采出，过冷后在较高点返回塔。另一种装置如图 10.17b 所示是泵回流，从塔中采出液体，冷却后将其返回到塔中的较低点。图 10.17b 所示结构的问题是采出的流量必须明显小于沿着塔流动的液相流量，因此，这种方式移除热量的能力受到限制。而 10.17a 所示的结构不受液体沿塔向下流动的限制，可以根据需要在塔的某一段周围循环尽可能多的液体，且可通过为泵循环选择最合适的流量和温度，来任意调整被移除的热量。在图 10.17a 结构中的液体采出和返回之间塔板的传热比传质过程更为有效地进行，然而，以该种方式将过冷液体返回到塔中的较高点会导致液相返混。

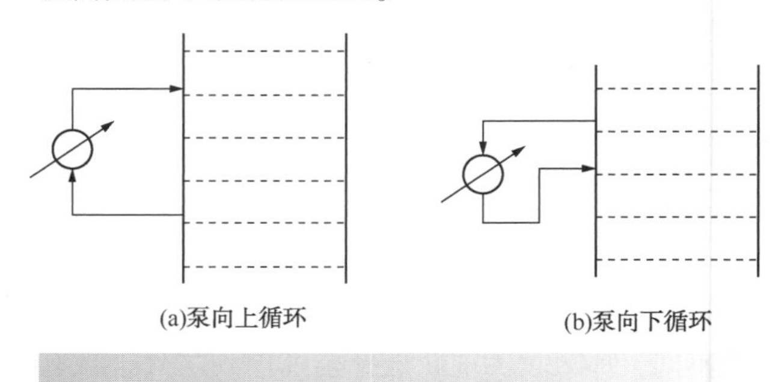

图 10.17 部分冷凝通过过冷液体循环实现

如图 10.16 所示的结构，进入主塔的原油需要预热。首先通过热回收将原油预热到 90～150℃，这时可用水萃取原油以除去盐。脱盐过程中原油与水混合后分成两层，盐溶于水中。然后将脱盐后的原油进一步通过热回收加热至约280℃或更高的温度，在进塔前通过加热炉(燃烧加热炉)加热至约360℃。注意，此温度高于之前使用的再沸器中可提供的最高温度。原油的分解取决于温度和停留时间，如果停留时间较短，则原油在炉中可耐受高温。

所有需要在进料点上方作为产品采出的物料都必须在进塔时汽化，除此之外，还必须产生超过该流量的一些额外的蒸汽，其将被冷凝并且通过该塔作为回流液体回流。这种额外的蒸发产生的回流称为过汽化度。

大多数常压原油精馏塔遵循图10.16所示的结构，其通常是部分热耦合的间接序列。然而，对不同的塔结构还有其他减少能源消耗的潜力。一种常见的变化是通进料预热引入闪蒸分离段，使蒸汽直接进料到塔中，使得部分汽化可在较低的温度下进行，减少了在更高温度下蒸发的物料量。

在略高于大气压的条件下，原油精馏受到精馏物料可耐受最高温度的限制，超过这个限制就会发生分解。塔底物料(常压渣油)的进一步分离还需要更高的温度，因此会导致物料分解。然而，常压渣油含有大量有价值的组分，这些组分可以从常压渣油中回收。因此，渣油通常重新加热至约400℃或略高的温度，并进入塔二(减压塔)，该塔在高真空条件(非常低的压力)下运行，以进一步回收常压渣油中的物质，如图10.18所示。真空塔的压力通常为0.006bar。真空塔的设计通常比侧线采出两个产品的常压塔简单，在塔底采出减压渣油。

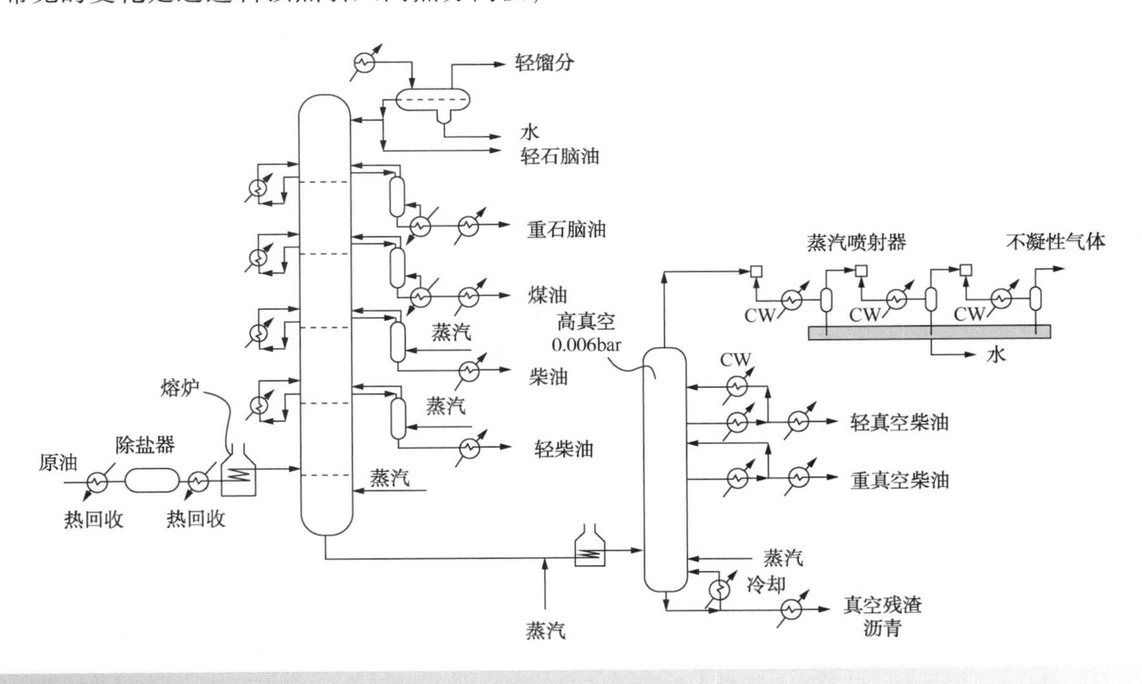

图10.18 典型的原油精馏体系

10.8 精馏塔序列的结构优化

如何更系统地确定精馏序列的最佳结构。由于改变简单塔的序列或引入分布式精馏、预分馏塔、侧线精馏塔、侧线提馏塔和完全热耦合结构的结构问题比较复杂，可以使用结构优化来解决这些问题。

结构优化有多种方法。图10.19给出了将四元混合物分离成纯组分物的一种方法。使用简单塔分离混合物的五个基本序列已经包括在图10.19的结构中。该结构包含了所有简单塔序列。简单塔的结构包含需要通过优化来去除的冗余特征。该优化不仅涉及精馏结构，还涉及各塔的操作压力、回流比和进料条件以及每个塔的部分冷凝器或全凝器的选择。应该注意的是，就进料条件而言，串联的塔之间存在相互作用。例如，如果上游精馏塔的塔底产物作为饱和液体离开并以相同的压力进料到下游塔，则下游塔的进料状况将是饱和液体进料。然而，如果下游塔的压力增加，则下游塔的进料将是过冷进料。另一方面，如果下游塔的压力降低，则下游塔的进料将是过热进料。

图 10.19 只包括简单塔序列。如图 10.20 所示，串联的任何两塔原则上可以被不同的复杂塔结构替代。相应的复杂塔结构取决于待替换的两个简单塔是直接序列还是间接序列。原则上，串联的任何两个塔可以合并在一起。

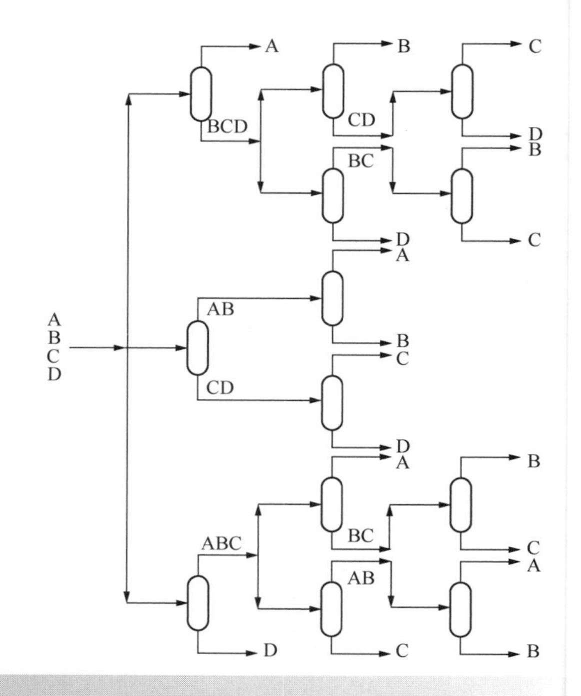

图 10.19 四产品精馏序列简单塔的结构

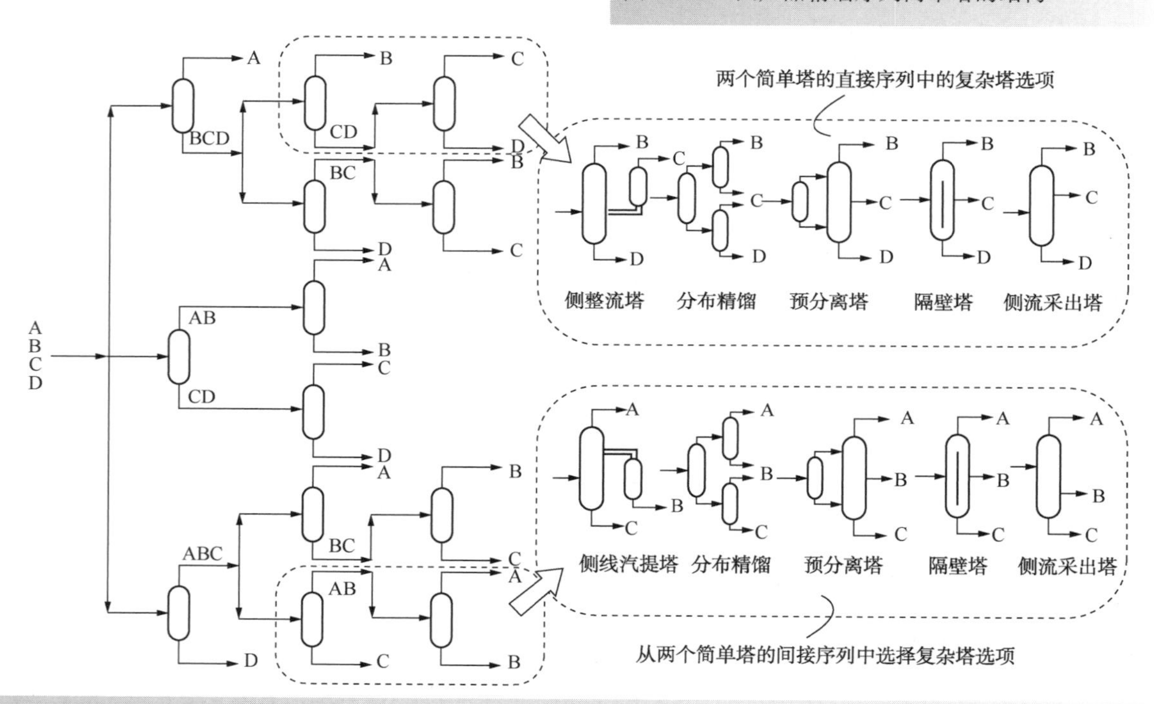

图 10.20 复杂的塔排列代替简单塔

可以使用混合整数优化(参见第 3 章)或随机搜索优化(例如模拟退火算法，参见第 3 章)进行结构优化。随机搜索优化从任何可行的精馏序列(例如简单塔序列之一)开始，然后通过一系列措施在优化中改进设计，这些举措包括：

- 更改简单塔的基本序列；
- 以直接序列串联两个简单塔的序列，形成一个具有侧线精馏塔、预分离塔、隔壁塔或液相侧线采出塔的复杂塔；

- 将间接序列中串联的两个简单塔的序列合并，形成一个复杂的塔，如侧线提馏塔、预分馏塔、隔壁塔和汽相侧线采出塔；
- 将两个串联的简单塔改造成分布式精馏结构（如图 10.6a 所示）；
- 将复杂的塔拆分成简单的塔（请注意，复杂的塔可能会被分割为直接序列或间接序列）；
- 将三塔分布式精馏结构合并成简单塔的直接序列；
- 将三塔分布式精馏装置合并成简单塔的间接序列；
- 在分布式精馏、预分馏塔和隔壁预分馏塔的预分离中改变组分的分布；
- 改变任意塔的压力；
- 改变任意塔的回流比；
- 更改任意塔的进料条件；
- 将塔上的全凝器更换为部分冷凝器；
- 将塔上的部分冷凝器更换为全凝器。

这样，通过对每个改变后的设计进行模拟计算，再进行再沸器总负荷、冷凝器总负荷、操作费用或年总费用的计算，从而优化设计。每个简单塔或复杂塔可以通过使用简捷计算进行设计和成本计算（见第 8 章和本章对简单塔和复杂塔的描述），或者使用严格模拟和成本核算计算。该方法通常使用简捷方法计算，例如 Fenske-Underwood-Gilliland 方法。

可以通过将简单塔和复杂塔所有可能的组合嵌入到单个结构中来开发综合性结构，而不是从初始设计使用随机搜索优化。如第 3 章所述，该结构可以表示为 MINLP 优化问题，并进行优化以提供设计方案。然而，如果使用确定性优化方法，则优化的非线性特性会产生局部最优问题（参见第 3 章）。

另外需要注意的是，到目前为止，还没有考虑热集成。所有的再沸负荷和冷凝负荷都满足公用工程需求。原则上可能有多个公用工程。例如，不同压力的蒸汽可用于再沸器的再沸，冷凝器的冷却可由蒸汽、冷却水或不同的制冷等级来提供。关于热集成对精馏序列的影响详见第 20 章。

在优化开始之前，需要指定总物料平衡。这可以通过产品回收矩阵来完成，如图 10.21 中的示例所示。组分按其挥发度顺序排列。因此，产品中的组分必须是相邻的，并且组分只能在相邻产品之间分配。此外，产品 $i+1$ 中最轻的组分至少必须比产品 i 中最轻的组分重，产品 $i+1$ 中最重的组分至少必须比产品 i 中最重的组分重，这样可以指定该序列的物料平衡。然而，可能无法实现产品回收矩阵中的所有质量要求，因为在系统中的任何一塔中，只能指定轻关键组分和重关键组分的回收率。非关键组分根据分离要求和相对挥发度分布。因此，产品回收矩阵是不可以在实践中实现的。

组分	回收产品		
	产品 A	产品 B	产品 C
1	1.0	0	0
2	0.2	0.8	0
3	0.05	0.95	0
4	0	0.5	0.5
5	0	0	1
6	0	0	1

图 10.21　典型产品回收矩阵

例 10.4　将表 10.21 中给出的烷烃混合物分离成较纯产物。使用 Underwood 等式计算最小回流比，确定使再沸器总负荷最小的简单塔和复杂塔的序列。回收率设为 100%。假定实际回流比与最小回流比的比值为 1.1，除了热耦合和预分离塔连接之外，所有塔采用饱和液体进料。冷凝器为全凝器。忽略全塔压降。相对挥发度和汽化潜热可以由 Peng-Robinson 状态方程计算，相互作用参数设为零。压力根据每个塔的进料组成重新计算的相对挥发度的顺序变化而变化。每个塔的压力被最小化使得塔顶产物的泡点温度高于35℃冷却水回流温度 10℃(即 45℃)或最低采用大气压。

解：图 10.22 列出了与简单塔的最佳序列相比，减少再沸器总负荷的三个序列。在给出计算假设的前提下，三个序列的性能实际上是相同的。再沸器总负荷比表 10.4 中简单塔的最佳序列低 30%左右。简单塔和复杂塔在再沸器负荷方面的差异因问题的不同而不同。

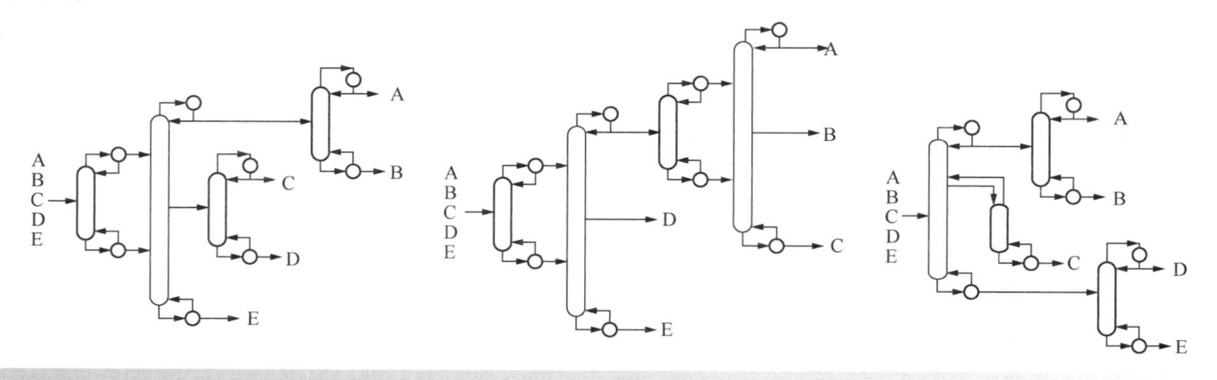

图 10.22 用于例 10.4 中烷烃分离的复杂塔结构

10.9 精馏序列设计小结

最佳非热集成分离序列的最简单判据是高于环境温度精馏过程的再沸器总负荷最小或低于环境温度过程的总冷凝器负荷最小。或者，也可以通过操作费用进行判断。如果不能满足要求，则应进行简捷设计计算和经济核算。

与简单塔的序列相比，预分离塔和热耦合结构的复杂塔节省了大量能量。隔壁塔也可大幅节省成本。但复杂塔设计应在过程设计后期进行，首先按简单塔进行过程设计，然后从整体设计角度评价热耦合的结构方案。

原油精馏在复杂的塔序列中进行，将蒸汽直接引入到分离中以提供所需的部分热量并降低待精馏组分的分压。最常使用的设计是等效于部分热耦合的间接序列。然而，也可以使用其他设计结构。

可以使用结构优化来进行简单塔和复杂塔的序列设计。可以使用随机搜索优化或结构优化来进行结构开发。每个塔的操作压力、回流比和进料条件以及每个塔的部分冷凝器和全凝器的选择也应进行优化。在这个阶段，假设所有的公用工程都能满足再沸和冷凝的需求。原则上可以有多种公用工程。

10.10 习题

1. 表 10.8 给出了使用精馏分离的四组分混合物组成。并给出了泡点温度下各组分的 *K* 值。假设这些组分的液相和汽相混合物是理想的。

表 10.8 待分离的四组分混合物数据

组分	进料中摩尔分数	*K* 值	沸点/℃
正戊烷	0.05	3.726	36.3
正己烷	0.30	1.5373	69.0
正庚烷	0.45	0.6571	98.47
正辛烷	0.20	0.284	125.7
总流量/$kmol \cdot h^{-1}$	150		

图 10.23 展示了将表 10.8 所示混合物分离成纯组分产物的精馏序列。该序列中每个塔的最小回流比如图 10.23 所示。假定进料和所有精馏产物在其泡点温度下是液体。

① 计算图 10.23 中所有流股的流量和组成。假设每一个塔中的轻组分和重组分完全回收

② 计算该序列的汽相负荷(该序列中所有再沸器中产生的汽相总流量)，假定实际回流比与最小回流比为 1.1。

③ 汽相总负荷的意义是什么?

2. 将简单精馏塔序列的直观推断法应用于表 10.8 中的问题。基于这些法则来说，图 10.23 所示的序列是好是坏?

3. 表 10.9 给出了使用复杂精馏塔将三元混合物分离成纯组分产物的一些法则。在这些法则的基础上，提出包含可用于将表 10.8 中描述的混合物分离成相对纯的产物的复杂塔的两个序列。

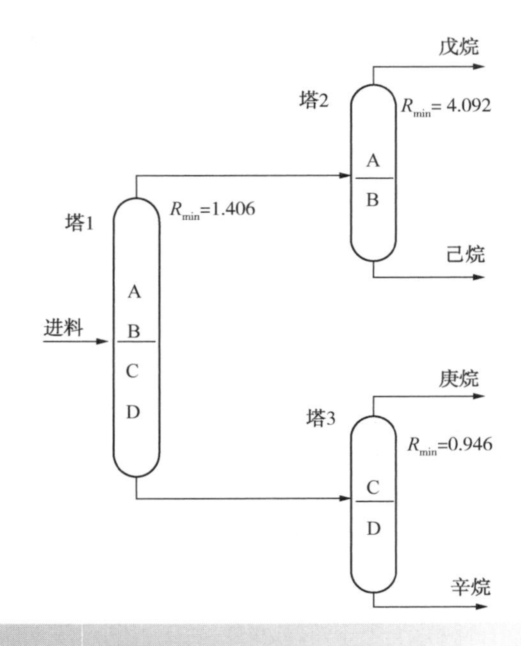

图 10.23　简单塔序列

表 10.9　使用复杂精馏塔分离组分为 A、B、C 混合物的法则(组分 A 最易挥发，组分 C 最难挥发)

复杂塔	法则
侧线采出塔(侧线低于进料位置)	B>进料的 50%，C<进料的 5%；$\alpha_{BC}>>\alpha_{AB}$
侧线采出塔(侧线高于进料位置))	B>进料的 50%，A<进料的 5%；$\alpha_{AB}>>\alpha_{BC}$
侧线精馏塔	B>进料的 30%；进料中 A 少于 C
侧线提馏塔	B>进料的 30%；进料中 C 少于 A
预分馏塔结构	进料中 B 的摩尔分数很大；α_{AB} 近似于 α_{BC}

4. 将表 10.10 中流量为 180kmol·h^{-1}，由苯(B)、甲苯(T)、对二甲苯(pX)和邻二甲苯(oX)组成的混合物分离成相对纯的产物。假设完全回收。

① 使用直观推断法，提出一个简单塔的分离序列。

② 使用表 10.9 中的法则，提出包含复杂塔的两个序列。

表 10.10　芳烃混合物

组分	摩尔分数	相对挥发度	相邻组分之间的相对挥发度
苯	0.40	6.215	2.33
甲苯	0.35	2.673	
对二甲苯	0.20	1.148	2.33
邻二甲苯	0.05	1.00	
			1.148

5. 当使用简单精馏塔将混合物分离成纯组分时，不同的序列可以分解成一系列分离任务(Shah and Kokossis, 2002)。一些分离任务对于不同的序列是常见的。为了在练习 4 中将芳烃混合物分离成纯组分，分离任务列在表 10.11 中。对于每个分离任务，R_{min}，N_{min}，ΔH_{VAP}，T_{COND}和T_{REB}的值列于表 10.11 中。假设实际回流比与最小回流比的比值为 1.1，所有塔采用饱和液体进料。

① 列出可用于分离的简单塔任务序列。

② 在所有可能的序列中，为所有简单塔计算馏出物的流量。从馏出物流量计算所有序列的汽相总负荷和再沸器总加热需求。

表 10.11 芳烃分离中的分离任务数据。

分离	R_{min}	N_{min}	ΔH_{VAP}/ kJ · kmol^{-1}	T_{COND}/ ℃	T_{REB}/ ℃
B/TpXoX	1.49	19.7	35170	80.2	120.1
BT/pXoX	0.63	19.6	35170	91.2	139.8
BTpX/oX	1.96	111.3	35170	97.4	143.6
B/TpX	1.5	19.8	34764	80.2	118.6
BT/pX	0.61	19.5	34764	91.2	139.0
T/pXoX	1.43	22.1	35476	110.3	139.8
TpX/oX	3.74	129.3	35476	118.6	143.6
B/T	1.36	20.0	32599	80.2	110.3
T/pX	1.34	22.8	35182	110.3	139.0
pX/oX	10.31	151.2	36349	138.9	143.6

注：B：苯；T：甲苯；pX：邻二甲苯；oX：对二甲苯。

6. 图 10.24 给出了用于分离轻质烃的现有精馏装置。将该系统改造为复杂精馏装置以减少其能量消耗。尽可能多的保留现有设备。

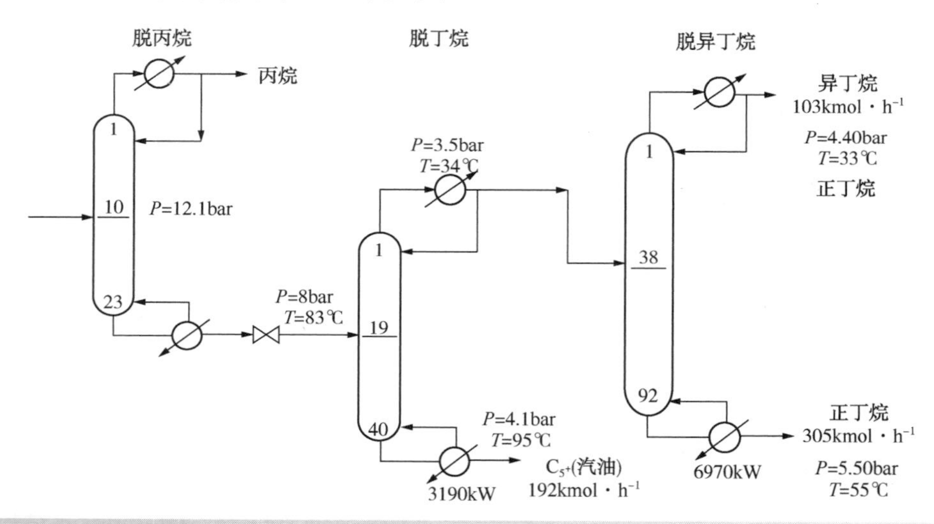

图 10.24 用于分离轻烃的现有塔结构

（参考 Lestak F and Collins C，1997，Chem Engg，July：72，reproduced by permission of McGraw Hill）

① 对于现有的两个简单精馏塔，提出两塔合并成复杂塔的不同方法。

② 对于现有的两个简单精馏塔，如何通过添加新的塔器，如何连接这三个塔，重新利用两塔并改造成复杂的塔结构。应强调最大限度利用现有设备。

③ 如果将图 10.24 中的三塔中的两塔转换成复杂的塔，哪两个塔最合适？

④ 设计一些复杂塔结构，如合并图 10.24 中现有的两塔，重新使用现有的塔器并降低能耗。

7. 用于分离四组分混合物的每个简单精馏任

务的汽相流量(kmol·h^{-1})为:

A/BCD	100	B/CD	90	A/B	70
AB/CD	120	BC/D	250	B/C	100
ABC/D	240	A/BC	130	C/D	220
		AB/C	140		

确定最小总汽相流量的最佳精馏序列。

8. 表10.12给出了分离四组分混合物的每个简单精馏的汽相流量(kmol·h^{-1})。

表10.12 习题8的汽相流率

序号	分离任务	汽相流率/kmol·h^{-1}
1	A/BCD	100
2	AB/CD	240
3	ABC/D	90
4	B/CD	250
5	BC/D	130
6	A/BC	140
7	AB/C	220
8	C/D	100
9	B/C	80
10	A/B	

a)对于所有可能的简单精馏序列，确定如何将各分离任务有效的组合在一起。

b)假定各简单精馏分离任务之间没有相互作用，计算所有可能的简单精馏序列所对应的汽相流率。

c)根据汽相流率判断，哪一个精馏序列效果最佳。

9. 通过使用将简单精馏塔序列分解为精馏塔任务的概念，推导出习题7中问题的混合整数模型，以确定使用简单精馏塔的最小蒸汽流量的最佳序列。

a)为混合物ABCD开发一个基于任务的网络结构。

b)为每个任务分配一个二元变量(y_i)，并根据二元变量编写一个蒸汽负荷的目标函数，假设习题7中给出的每个任务的负荷。

c)编写任务选择的逻辑约束。例如，如果任务4被选中($y_4=1$)，然后任务8也被选中($y_8=1$)，但是如果任务4没有被选中($y_4=0$)，然后任务8可能被选中，也可能没有被选中($y_8=0$或1)，因此(y_4-y_8)≤0。

d)将问题表述为MILP最优化问题。

参考文献

Aichele P (1992) Sequencing Distillation Operations Being Serviced by Multiple Utilities, MSc Dissertation, UMIST, UK.

Asprion N and Kaibel G (2010) Dividing Wall Columns: Fundamentals and Recent Advances, *Chem Eng and Processing*, **49**: 139–146.

Becker H, Godorr S, Kreis H and Vaughan J (2001) Partitioned Distillation Columns – Why, When and How, *Chem Eng*, **Jan**: 68.

Calberg NA and Westerberg AW (1989) Temperature-Heat Diagrams for Complex Columns 2, Underwood's Method for Side-Strippers and Enrichers, *Ind Eng Chem Res*, **28** (9): 1379.

Glinos K and Malone MF (1988) Optimality Regions for Complex Column Alternatives in Distillation Columns, *Trans IChemE, Chem Eng Res Dev*, **66**: 229.

Kaibel G. (1987) Distillation Columns with Vertical Partitions, *Chem Eng Technol*, **10**: 92.

Kaibel G. (1988) Distillation Column Arrangements with Low Energy Consumption, *IChemE Symp Ser*, **109**: 43.

King CJ (1980) *Separation Processes*, 2nd Edition, McGraw-Hill.

Lestak F and Collins C (1997) Advanced Distillation Saves Energy and Capital, *Chem Eng*, **July**: 72.

Lestak F, Smith R and Dhole VR (1994) Heat Transfer Across the Wall of Dividing Wall Columns, *Trans IChemE*, **49**: 3127.

Mutalib MIA and Smith R (1998) Operation and Control of Dividing Wall Distillation Columns. Part I: Degrees of Freedom and Dynamic Simulation, *Trans IChemE*, **76A**: 308.

Mutalib MIA, Zeglam AO and Smith R (1998) Operation and Control of Dividing Wall Distillation Columns. Part II: Simulation and Pilot Plant Studies Using Temperature Control, *Trans IChemE*, **76A**: 319.

Petlyuk FB, Platonov VM and Slavinskii DM (1965) Thermodynamically Optimal Method for Separating Multicomponent Mixtures, *Int Chem Eng*, **5**: 555.

Shah PB and Kokossis AC (2002) New Synthesis Framework for the Optimization of Complex Distillation Systems, *AIChE J*, **48**: 527.

Shultz MA, Stewart DG, Harris JM, Rosenblum SP, Shakur MS and O'Brien DE (2002) Reduce Costs with Dividing-Wall Columns, *Chem Eng Prog*, **May**: 64.

Stephanopoulos G, Linnhoff B and Sophos A (1982) Synthesis of Heat Integrated Distillation Sequences, *IChemE Symp Ser*, **74**: 111.

Stupin WJ and Lockhart FJ (1972) Thermally-coupled Distillation – A Case History, *Chem Eng Prog*, **68**: 71.

Tedder DW and Rudd DF (1978) Parametric Studies in Industrial Distillation, *AIChE J*, **24**: 303.

Triantafyllou C. and Smith R (1992) The Design and Optimization of Fully Thermally-Coupled Distillation Columns, *Trans IChemE*, **70A**: 118

第11章　共沸精馏的精馏序列

11.1　共沸体系

第10章讨论了均相液相混合物分离成多种产物的精馏序列。第10章讨论的混合物不涉及可能导致共沸物形成的高度非理想气液相平衡行为。如果需要分离多组分混合物，并且在该混合物中某些组分形成共沸物，一种方法是将共沸物形成组分当作单一虚拟组分处理，这些组分在如第10章所述的蒸馏过程中被分离。然后，共沸组分的分离可以在不存在其他组分的情况下进行。但是，当采取这样的方法时应该谨慎，因为这并不总是最佳的分离方法。组分之间可能发生复杂的相互作用，除与共沸物相关的组分存在外，其他存在于过程中的组分可能会使共沸物分离更容易。实际上，如果要使用质量分离剂来实现分离，如后面将讨论的那样，最好使用过程中已经存在的组分。

在许多情况下，共沸行为发生在两个组分之间，即二元共沸物。其他情况下，共沸物可以包含两个以上的组分，即多元共沸物。

如第8章所讨论的共沸行为问题，是对于高度非理想的混合物，在特定的组成下可以形成恒定的共沸混合物，而在中间组成的蒸汽和液体的组成是相同的。这取决于汽液平衡的物理性质。精馏可以分离出近沸点混合物，但共沸组成不能在有限的精馏塔板数内分离，即使在无限塔板数的情况下，也不能打破共沸行为。因此，如果轻重关键组分形成共沸物，则需要比简单精馏更复杂的分离方法。如果使用精馏分离共沸物混合物，则必须以某种方式改变气液相平衡行为，以打破共沸行为。有三种方法可以实现这一点：

1）压力变化。在分离共沸物混合物时，首先考虑共沸组成随压力的变化。如果共沸组成对压力敏感，并且可以在一定范围的压力下进行精馏，且任何物质不会发生分解，则可利用该性质进行分离。通常要求压力变化可使共沸组成变化至少5%（Holland，Gallum and Lockett，1981）。

2）加入夹带剂进行精馏。可以将质量分离剂，即夹带剂加入到精馏中。因为夹带剂与共沸物组分之一具有更强的相互作用，使共沸物的分离变得可行。这可以有效提高关键组分之间的相对挥发度。

3）使用膜分离。如果将半透膜置于汽相和液相之间，则可改变气液平衡行为并实现分离。这种技术称为渗透汽化。

11.2　压力变化

分离共沸混合物时，首先考虑共沸组成随压力的变化。共沸组成通常对压力变化不敏感。然而，如果共沸组成对压力敏感，并且可以在一定范围的压力下进行精馏而组分不会发生分解，则可利用该性质进行分离。通常要求压力变化可使共沸组成变化至少5%（Holland，Gallum and Lockett，1981）。

图11.1a是具有最低共沸点且为压敏性的共沸混合物的温度组成相图（Holland，Gallun and Lockett，1981）。如图11.1b所示，可以使用在不同压力下操作的两个塔分离该混合物。组成为f_1的进料进入高压塔。该高压塔的底部产物b_1是相对纯的B，而塔顶产物d_1接近高压共沸组成，该馏出物d_1作为进料f_2进入低压塔。低压塔产生相对纯的塔底产物b_2 A和接近低压共沸组成的塔顶产物d_2，该馏出物d_2循环回高压塔中。

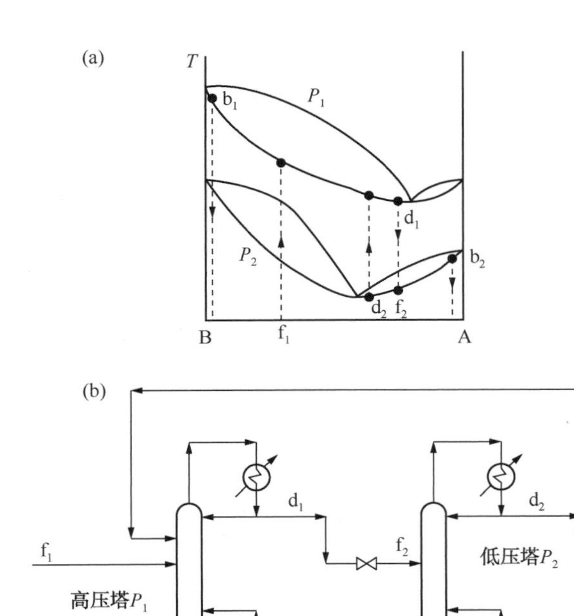

图 11.1　通过压力变化分离具有最低共沸点共沸物

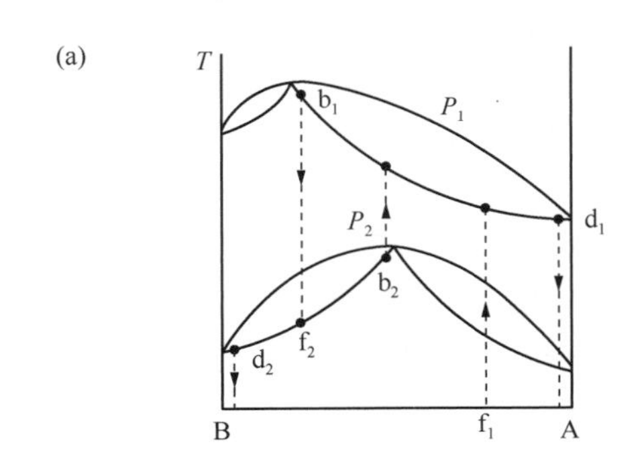

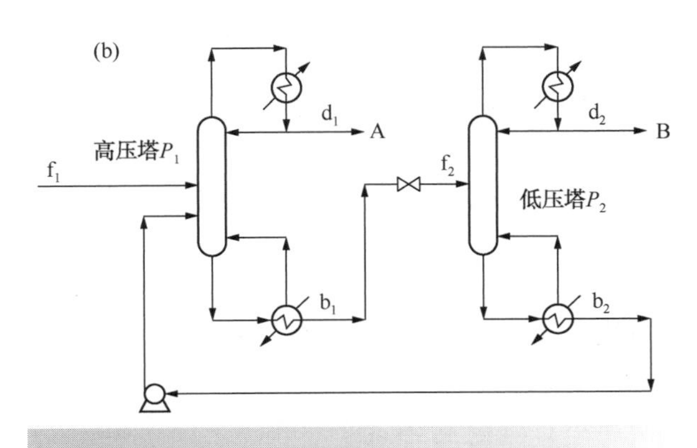

图 11.2　通过压力变化分离最大共沸点共沸物

图 11.2a 为形成最高共沸点且为压敏性的共沸混合物的温度组成相图（Holland，Gallun and Lockett，1981）。同样，如图 11.2b 所示，可以使用在不同操作压力下的两个塔分离该混合物。组成为 f_1 的进料进入高压塔。来自该高压塔的塔顶产物 d_1 是纯组分 A，而塔底产物 b_1 接近高压共沸组成。该塔底产物 b_1 作为进料 f_2 进入低压塔。低压塔得到组成为纯组分 B 的塔顶产物 d_2 和接近低压共沸组成的塔底产物 b_2。该塔底产物 b_2 循环回高压塔中。

压力变化的问题是共沸组成的变化越小，图 11.1b 和图 11.2b 中的循环量就越大。循环量大意味着塔的高能耗和高投资成本，这是由于塔的进料量大。如果共沸物对压力变化不敏感，则可以向精馏中加入夹带剂以提高关键组分的相对挥发度。在使用夹带剂分离共沸混合物之前，需要三元相图表达共沸精馏。

11.3　共沸精馏的表示

为了更好地理解分离共沸体系的概念，可以用三元相图形象地表示三元共沸体系（Doherty and Malone，2001）。图 11.3 是涉及三组分 A、B、C 的三元相图。可以使用不同形式的三元相图，比如等边三角形和直角三角形（Hougen，Watson and Ragatz，1954）。每种形式的三元相图原理是相同的，所使用相图的形式只是个人偏好问题。如图 11.3 所示，采用直角三元相图，三角形的三条边分别表示 A–B，A–C 和 B–C 混合物。三角形内的任何点表示 A–B–C 混合物。如

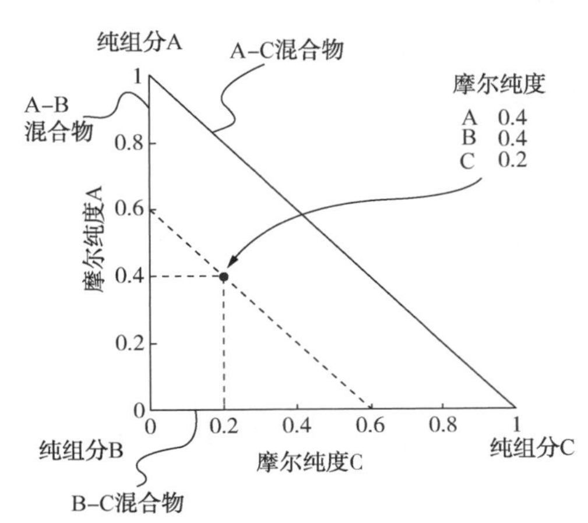

图 11.3　三元相图

11

图 11.3 所示实例，图中黑点表示摩尔分数为 A=0.4，B=0.4 和 C=0.2 的混合物。混合物的位置在三角形的 A-B 边轴线上 A=0.4 处相对应的水平线与三角形的 B-C 边轴线上 C=0.2 处相对应的垂直线的交点处。B 的浓度不是根据轴线上的尺度读取，而是通过差值获得，其值为 0.4。B 的恒摩尔分数线与三角形的 A-C 边平行。

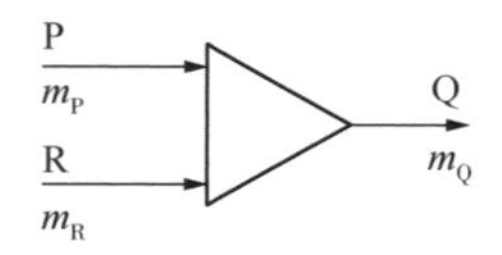

(a)用于P和R个物流的混合器

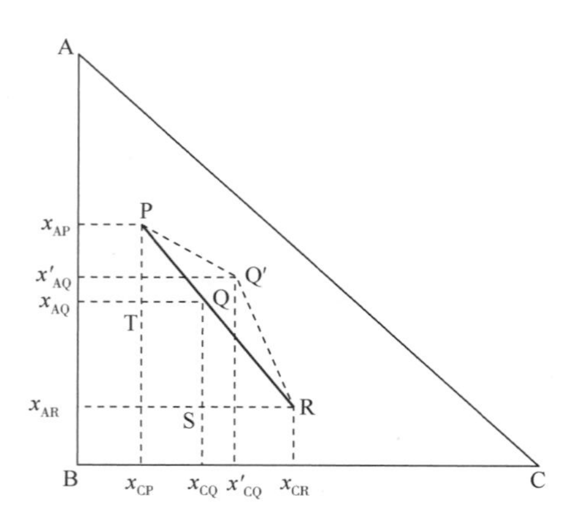

(b)以三角形图表示的混合器

图 11.4 杠杆规则

首先，考虑混合器在三元相图上的表示(Hougen，Watson and Ragatz，1954)。如图 11.4a 所示，在混合器内，物流 P 和 R 混合后生成混合物 Q，其总质量衡算如下：

$$m_Q = m_P + m_R \tag{11.1}$$

组分 A 质量守恒：

$$m_Q x_{A,Q} = m_P x_{A,P} + m_R x_{A,R} \tag{11.2}$$

组分 C 质量守恒：

$$m_Q x_{C,Q} = m_P x_{C,P} + m_R x_{C,R} \tag{11.3}$$

将式 11.1 中的 m_Q 代入式 11.2 得到：

$$\frac{m_R}{m_P} = \frac{x_{A,P} - x_{A,Q}}{x_{A,Q} - x_{A,R}} \tag{11.4}$$

将式 11.1 中的 m_Q 代入式 11.3 得到：

$$\frac{m_R}{m_P} = \frac{x_{C,Q} - x_{C,P}}{x_{C,P} - x_{C,Q}} \tag{11.5}$$

由式 11.4 和式 11.5 得到：

$$\frac{x_{A,P} - x_{A,Q}}{x_{A,Q} - x_{A,R}} = \frac{x_{C,Q} - x_{C,Q}}{x_{C,R} - x_{C,Q}} \tag{11.6}$$

式 11.6 仅由质量守恒定律推导得到，并没有参考三元相图。因此，Q 点必须位于三元相图中，以满足式 11.6。如图 11.4b 所示，如果 Q 点位于 P 点和 R 点之间的直线上，图 11.4b 中的三角形 PQT 和三角形 QRS 相似，并根据相似三角形的性质，式 11.6 成立。如果 Q 点不在 P 点和 R 点之间的直线上，而在图 11.4b 中的 Q′点，相应的三角形将不相似，并且式 11.6 将不成立。因此，当以三元相图表示时，图 11.4a 所示混合物 Q 的组成一定位于混合器的两个进料组成连接的直线上。由图 11.4b 可知：

$$\frac{x_{AP} - x_{AQ}}{x_{AQ} - x_{AR}} = \frac{PQ}{QR} = \frac{x_{CQ} - x_{CP}}{x_{CR} - x_{CQ}} \tag{11.7}$$

将式 11.7 代入式 11.4 与式 11.5 中得到：

$$\frac{m_R}{m_P} = \frac{PQ}{QR} \tag{11.8}$$

式 11.8 表明，当以三元相图表示(Hougen，Watson and Ragatz，1954)时，混合的两股物流摩尔流率比由直线上对应线段的比例给出。与第八章中建立的单级汽液平衡级的关系式一样，通过与机械水平和支点的类比，它又被称为杠杆规则。

图 11.5a 是两股物流混合的混合器，混合物流组成点位于两股物流组成点的连线上，其位置由杠杆规则确定。图 11.5b 为三元相图中表示的精馏塔，由于精馏塔可视为等效的反向混合器，其在相图中的表示与混合器的相图表示类似。进料、塔顶馏出物和塔底馏出物组成位于一条直线上，进料与塔顶馏出物和塔底馏出物的相对距离也由杠杆规则确定。

图 11.6a 是在三元相图上表示的两塔精馏序列。在这种情况下，没有形成共沸物，因此分离是简单的。图 11.6a 中，组分 A 最易挥发，组分 C 最难挥发。点 F 处由 A，B，C 组成的混合物首先分离成纯 A 和 B-C 混合物，B-C 混合物组成点如图 11.6a 三元相图上的 AF 连线和 B-C 边的交点所示。然后 B-C 混合物在第二精馏塔中分离，以产生纯 B 和纯 C。同样，相应流量由杠杆规则确定。图 11.6b 是一种稍微复杂的结构，其涉及一股循环物流和一个混合器。进料 F 是 A 和

B 的混合物，F 与纯 C 混合形成进料 F′并进入第一精馏塔。因此，F′是 A、B 和 C 的混合物，并在第一精馏塔被分离成塔顶馏出物纯 A 和塔底产物 B-C。在第二精馏塔中，得到纯产物 B 和 C，同时 C 被循环且与原始进料 F 混合。

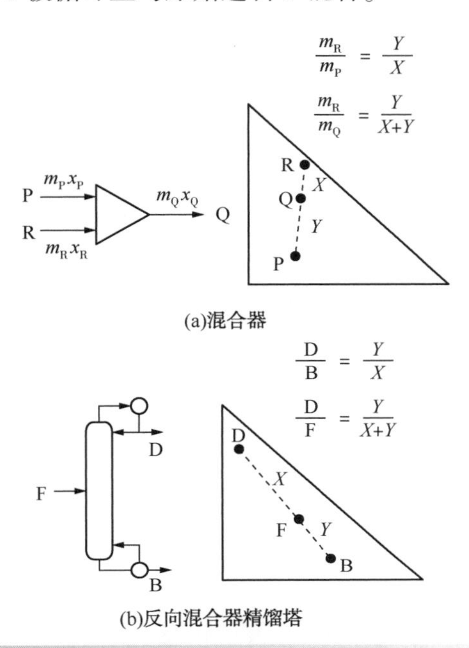

图 11.5　三元相图上的混合器与分离器

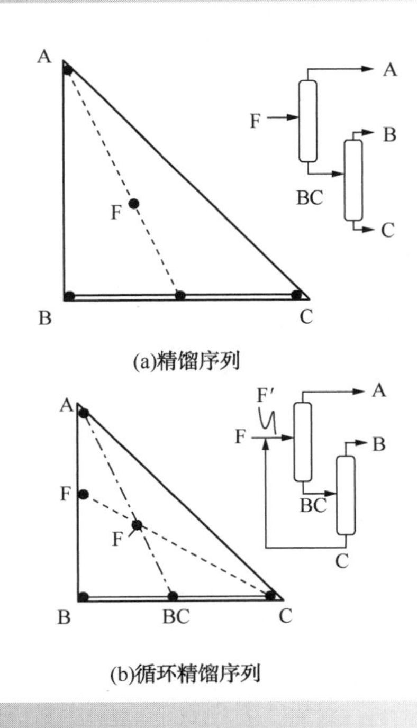

图 11.6　精馏系统在三元相图上的表示

11.4　全回流精馏

与常规精馏一样，当研究共沸精馏时，考虑在全回流条件和最小回流条件下精馏的两种极限情况是有意义的(Doherty and Malone，2001)。全回流条件下的精馏。板式塔和填料塔都需要考虑全回流条件。首先，在全回流条件下的板式精馏塔，其提馏段如图 8.19 所示。

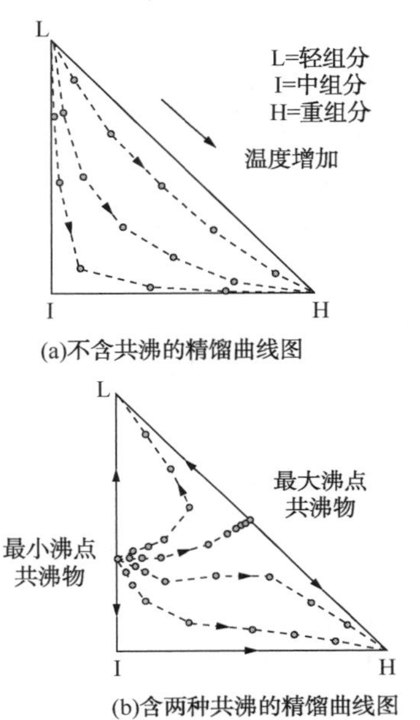

图 11.7　精馏曲线图

在第 8 章中，全回流条件下任意一块板 n 上的等式关系：

$$y_{i,n} = x_{i,n-1} \tag{8.48}$$

从假设的塔底组成开始，进入再沸器的液相和离开再沸器汽相在全回流条件下是相同的。这与进入塔底塔板的汽相和离开塔底塔板液相是相同的。已知离开塔底塔板的液相组成，则该塔板的汽相组成可以由汽液平衡计算。根据式 8.48，进入塔底塔板的液相组成在全回流条件下等于离开塔底塔板的汽相组成。已知从塔底开始的第二块塔板上离开的液相组成，可以由汽液平衡计算出从塔底开始的第二块塔板上离开的汽相组成。然后，应用式 8.48 计算从塔底开始的第三块塔板上离开的液相组成，一直计算到塔顶。在往上逐板计算时，压力通常被假定是常数。如果将每块塔板上的液相组成都绘制在三元相图上，则得到精馏曲线(Zharov，1968)。对于任何给定的三元混合物，精馏曲线是唯一的，并且仅取决于汽液平衡数据、压力和起始点的组成。如图 11.7 所示 (Petlyuk and Avetyan，1971；Petlyuk，Kievskii and Serafimov，1975a)，对于不同的塔底组成假设，重复上述内容，可以绘制出精馏曲线图。图 11.7a 所示的精馏曲线图涉及一种不含共沸物的简单体系。精馏曲线图中的精馏曲线绝不能相互交叉，否则系统汽液平衡不是唯一的。精馏曲线上的点表示板式塔中每块板上的离散液相组成。点之间的连线没有实际物理意义，因为板式塔中塔板上的组成变化是离散的。点之间的连线只是说明整体情况。箭头也可以分配给点之间的连接线用来解释精馏曲线图。这里，箭头指向温度升高的方向。

更复杂的精馏曲线图如图 11.7b 所示，其涉及两个二元共沸物。精馏曲线上点的紧密程度表示分离的难易程度。随着接近共沸物组成，点越来越密集，这表明从一块塔板到另一块塔板的组成变化越来越小。

如图 8.13 所示，在这种情况下，精馏曲线图中的精馏曲线通过在塔底进行平衡而得到。同样，在全回流条件下，精馏曲线可以通过在塔顶绘制一个包络线而得到，并且沿塔向温度逐渐升高的方向逐步计算。

图 11.7 中的精馏曲线显示了在全回流条件下板式塔中的组成变化，也可以类比推导出填料塔在全回流条件下的组成变化 (Doherty and Perkins，1979a)。如图 11.8a 所示，首先考虑部分回流条件下板式塔精馏段的质量平衡。为了简化方程式的推导，将引入恒摩尔流假设。组分 i 在塔顶的质量平衡：

$$V_{yi,\ n+1} = Lx_{i,\ n} + Dx_{i,\ \mathrm{D}} \tag{11.9}$$

此外，定义回流比 R：

$$L = RD \tag{11.10}$$

由塔顶的总质量平衡得到：

$$V = (R+1)D \tag{11.11}$$

结合式 11. 9、式 11.10、式 11.11 得到：

$$y_{i,\ n+1} = \frac{Rx_{i,\ n}}{R+1} + \frac{x_{i,\ \mathrm{D}}}{R+1} \tag{11.12}$$

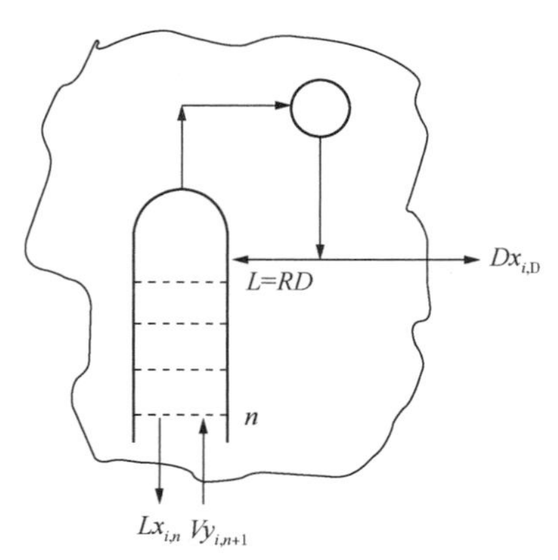

(a)精馏段物料平衡

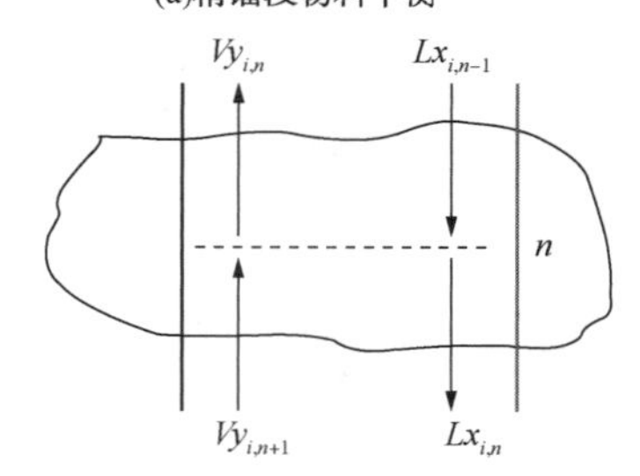

(b)第n块板上的物料平衡

图 11.8 部分回流条件下精馏段的质量平衡

如图 11.8b 所示，列出离开塔板 n 的组分 i 的质量平衡：

$$Lx_{i,\ n-1} + Vy_{i,\ n+1} = Lx_{i,\ n} + Vy_{i,\ n} \tag{11.13}$$

整理式 11. 13：

$$x_{i,\ n} - x_{i,\ n-1} = \frac{V}{L}(y_{i,\ n+1} - y_{i,\ n})$$

$$= \frac{R+1}{R}(y_{i,\ n+1} - y_{i,\ n}) \tag{11.14}$$

现在联立式 11. 12 和式 11. 14：

$$x_{i,\ n} - x_{i,\ n-1} = x_{i,\ n} + \frac{x_{i,\ \mathrm{D}}}{R} - \frac{(R+1)\,y_{i,\ n}}{R} \tag{11.15}$$

式 11. 15 是一个差分方程，对于微小变化，可以通过微分方程近似为：

$$\frac{\mathrm{d}x_i}{\mathrm{d}h} = x_i + \frac{x_i}{R} - \frac{(R+1)\,y_i}{R} \tag{11.16}$$

式中 h 是填料塔中的无量纲高度。

式 11. 16 可以表示填料塔内浓度随高度的变

化，塔内组成变化是连续的。在全回流时，回流比无穷大并且式 11.16 简化为：

$$\frac{dx_i}{dh} = x_i - y_i \tag{11.17}$$

代入汽液平衡常数 K 值：

$$\frac{dx_i}{dh} = x_i(1 - K_i) \tag{11.18}$$

从初始组成 $x_{i,0}$ 开始，该公式可以在无量纲高度 h 内进行恒定压力积分。但是，积分必须以数字形式进行。由于 K_i 是 x_i 的函数，所以公式 11.18 是非线性的。此外，各个组分的公式是相关联的。因此，积分必须以数字方式进行，通常使用四阶龙格库塔积分方程(Doherty and Perkins，1979a)。

对于全回流的填料塔，式 11.17 和式 11.18 也可以通过塔底的质量平衡来推导。这也会得到同样的结果。

方程 11.18 允许通过全回流条件下操作的填料塔来预测浓度分布。所得到的曲线称为剩余曲线，因为它们最先是通过考虑混合物随时间的间歇汽化来推导的(Schreinemakers，1901，Doherty and Perkins，1978)。这种间歇汽化通常被称为简单精馏。对简单精馏过程的分析得到与式 11.17 和式 11.18 相同的表达形式(Doherty 和 Perkins，1978)。然而，在简单精馏情况下，表达式的特点是无量纲时间，而不是无量纲填料高度。因此，简单精馏中剩余曲线的意义是随着物料被汽化残留液相组成随时间的变化，因此命名为剩余曲线。箭头沿着时间的推移和温度的升高分配给剩余曲线。本书中，在全回流条件下，剩余曲线解释为填料塔中组成随高度变化而变化更有益。剩余曲线对于任何给定的三元混合物是唯一的，并且仅取决于汽液平衡数据、压力和起始点的组成。

给定一些不同的起始点，可以在同一三元相图上绘制剩余曲线，并得到剩余曲线图(Doherty and Perkins，1979b)。图 11.9a 是不存在任何共沸物时的剩余曲线图。剩余曲线图中的剩余曲线不能互相交叉，否则系统的汽液平衡不是唯一的。与精馏曲线不同，剩余曲线是连续的。箭头可以用来帮助理解。在这里，箭头将指向温度升高的方向。稍微复杂的剩余曲线图如图 11.9b 所示。该剩余曲线是轻组分与中间组分形成的一个二元最低共沸物时的剩余曲线。更复杂的剩余曲线图如图 11.10 所示。图中三个组分中每两个组分形成二元共沸物。体系还具有涉及三个组分的三元最低共沸物。

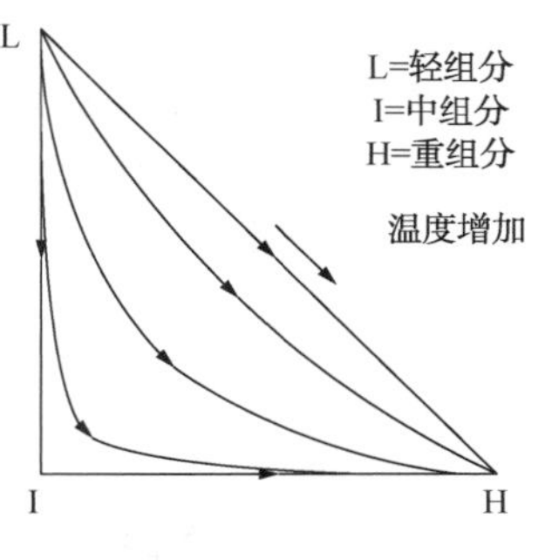

(a)不含共沸物的剩余曲线图

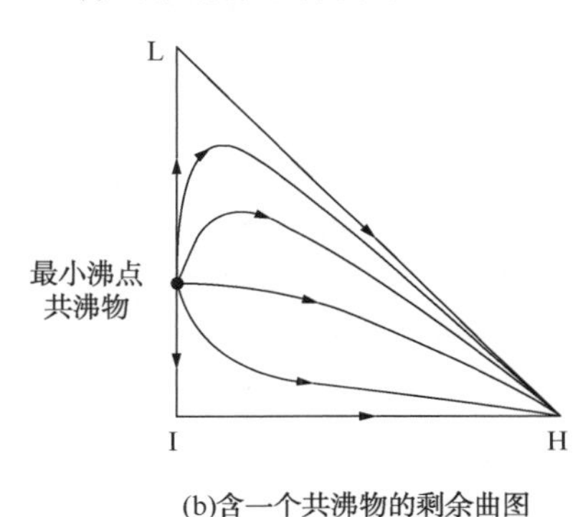

(b)含一个共沸物的剩余曲图

图 11.9 剩余曲线图

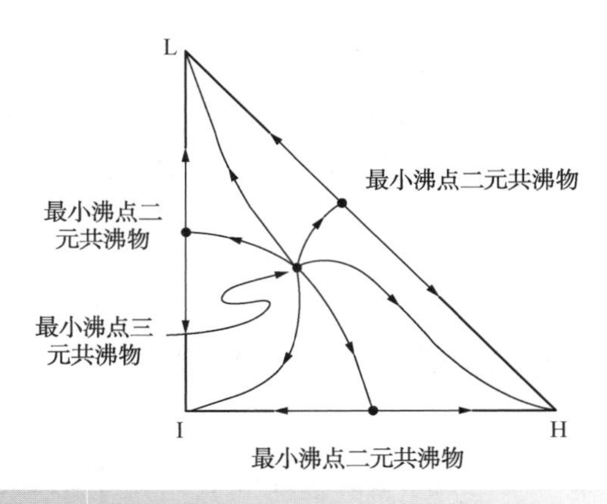

图 11.10 含三个二元共沸物和一个三元共沸物的剩余曲线图

图 11. 11 是同一个三元体系的精馏曲线和剩余曲线。图 11. 11a 是正戊烷、正己烷和正庚烷三元体系，这是沸程相对较宽的混合物。从图 11. 11a 可以看出，精馏曲线路径和剩余曲线路径之间存在显著的差异。相比之下，图 11. 11b 所示的乙醇、异丙醇和水三元体系是沸点更接近的混合物。这种情况下，精馏曲线和剩余曲线相互靠近，因为混合物难分离意味着板式塔中塔板间组成变化变得更小并且接近填料塔中的连续变化。值得注意的是，精馏曲线和剩余曲线在固定点(当精馏曲线和剩余曲线汇集到纯组分或共沸物)具有相同的性质。

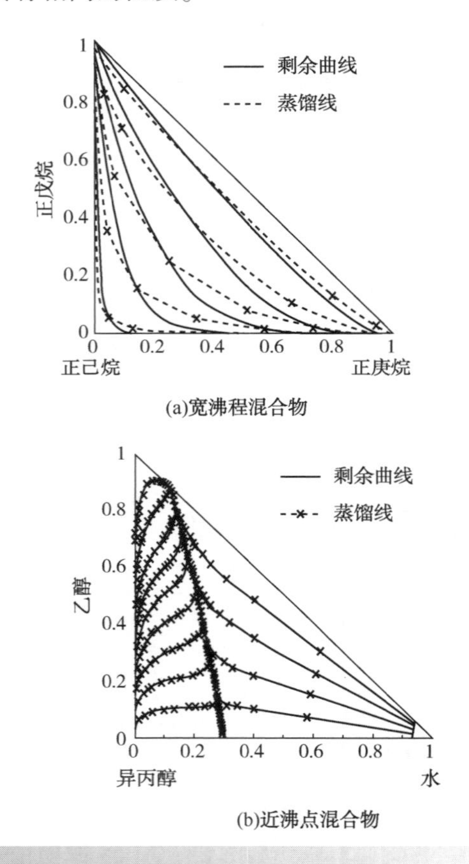

图 11. 11　精馏曲线与剩余曲线的比较

精馏曲线和剩余曲线都可用于对高回流比下共沸物分离的可行性进行初步评估，两者会给出相似的结论。图 11. 12a 是涉及一个二元共沸物的剩余曲线图，共沸物由轻组分与中间组分形成。图 11. 12a 还反映了两个绘制成直线的精馏分离方案。在全回流条件下，塔顶产物和塔底产物都应位于同一条剩余曲线上，进料和产物位于一条相同的直线上，这对填料塔是可行的。在图 11. 12a 中，上面的分离方案说明了这种情况，并且该方案在理论上是可行的。在图 11. 12a 中，下面的分离方案展示了产物不完全位于相同剩余曲线上的情况。然而，最终塔设计中不会采用全回流，因此进料和产物组成可能会发生轻微变化。从图 11. 12a 所示的两个分离方案可以初步确定其可行性。之后，将考虑对每个塔的可行性进行更严格的评估。相比之下，图 11. 12b 中相同的剩余曲线图展示了另外两种不同的分离方案。这种情况下所采用的分离手段穿过了剩余曲线。所以分离是不可实现的。

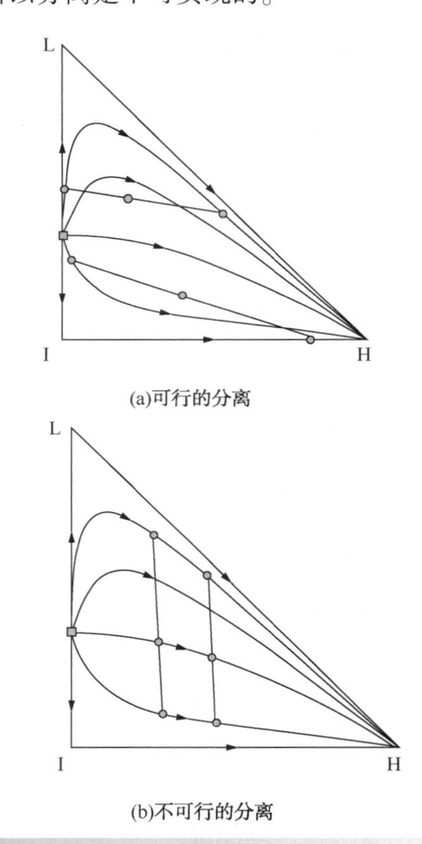

图 11. 12　剩余曲线能说明哪种分离是可能的

剩余曲线图(和精馏曲线图)的另一个重要特征如图 11. 13 所示。图 11. 13a 中的剩余曲线图表明存在两个二元共沸物。在剩余曲线图中的任何位置开始均会在同一点终止，图 11. 13a 中的中间组分和重组分之间的二元共沸物就是这样的终点。图 11. 13b 中的剩余曲线图则为完全不同的行为。同样，图中有两个二元共沸物。然而，剩余曲线图可以根据精馏边界划分为两个不同的精馏区域（Petlyuk，Kievskii and Serafimov，1975b；Doherty and Perkins，1979b）。从图 11. 13b 中的精馏边界左侧任何一点开始将始终终止于中间组分。从精馏边界右侧任何地方开始将始终终止于重组分。连接两个共沸物的剩余曲线将剩余曲线图划分成两个不同的区域。其意义至关重要。从图 11. 13b 中 I 区的任何组成开始，不能得到区域 II 中的组成，反之亦然。这意味着涉及精馏边界的精馏问题可能是非常复杂的。对于更复杂的体系，剩余曲线图可以划分为两个以上的区域。例如，参考图 11. 10，该剩余曲线图被划分成三个区域。三个精馏边界通过二元共沸物与三元共沸物连接的剩余曲线产生。

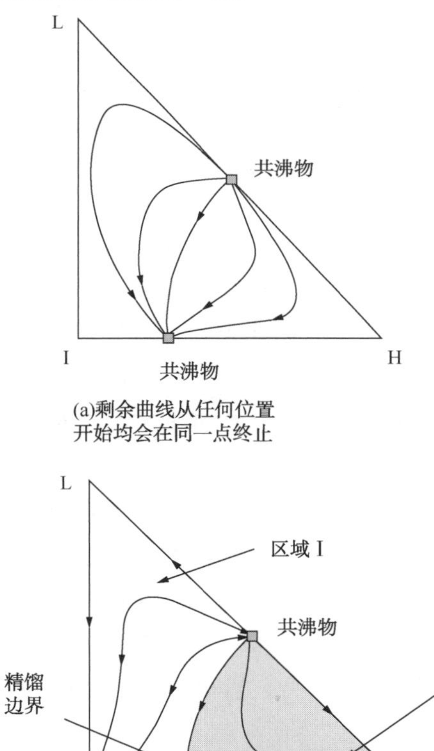

图 11. 13　剩余曲线图可以通过精馏边界划分区域

精馏曲线图也存在精馏边界。例如，参考图 11. 7b，精馏曲线图被划分为两个区域。边界由连接两个二元共沸物的精馏曲线形成。在图 11. 7b 中，体系的剩余曲线边界将在固定点开始和结束，但是可能遵循不同的路径，因为剩余曲线是连续曲线，而不同于图 11. 7b 所示精馏曲线边界的离散曲线。图 11. 11b 同样有两个区域。精馏曲线和剩余曲线在图 11. 11b 中复合，可以看出，在这种情况下，精馏曲线和剩余曲线的精馏边界紧密靠近。

11. 5　最小回流精馏

到目前为止，在绘制板式塔和填料塔的精馏曲线和剩余曲线时，仅研究了全回流条件下的极限情况。现在讨论最小回流条件下的极限情况（Wahnschafft，et al，1992，Doherty and Malone，2001）。考虑如图 11. 14a 所示的精馏塔精馏段。精馏塔在最小回流条件下操作，因为精馏塔中存在一个夹点，该点处的组成变化逐渐减小。这种变化随着板式塔逐板减小，或者随填料塔高度逐渐减小。如图 11. 14b 所示，在塔顶附近的质量平衡得到了离开塔顶的液相组成，馏出液的液相组成和进入塔顶的汽相组成必须全部在三元相图上的一条直线上。此外，在夹点条件下，组成的变化是递增的。如图 11. 14b 所示，对于剩余曲线中组成随高度的增量变化，夹点的两个增量点必须都在剩余曲线上，而增量变化将该线定义为剩余曲线的切线（Wahnschafft，et al.，1992）。因此，剩余曲线在夹点 x_i 处的切线必须通过馏出物组成 x_{iD}。这个原则给出了一种非常简单的方法来确定任何给定馏出物组成的夹点路径。图 11. 15 是馏出物 D 和一系列剩余曲线的切线。将切线与剩余曲线的交点轨迹定义为夹点曲线（Wahnschafft，et al.，1992）。相同的原理也可以应用于塔底。相同的夹点曲线适用于板式塔和填料塔，因为根据定义，在夹点条件下，增量逐渐变小。

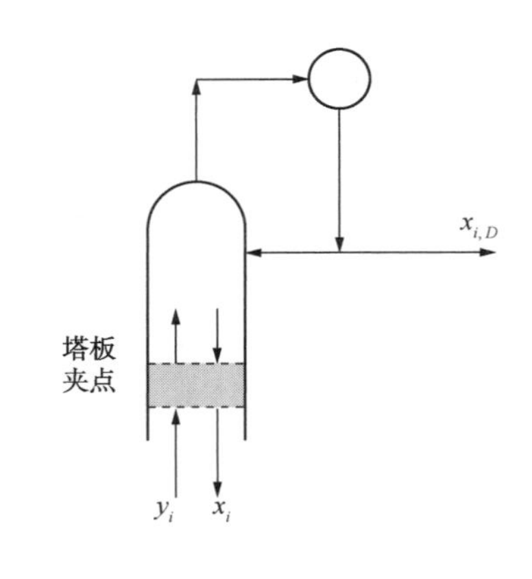

(a)最小回流条件下的精馏段

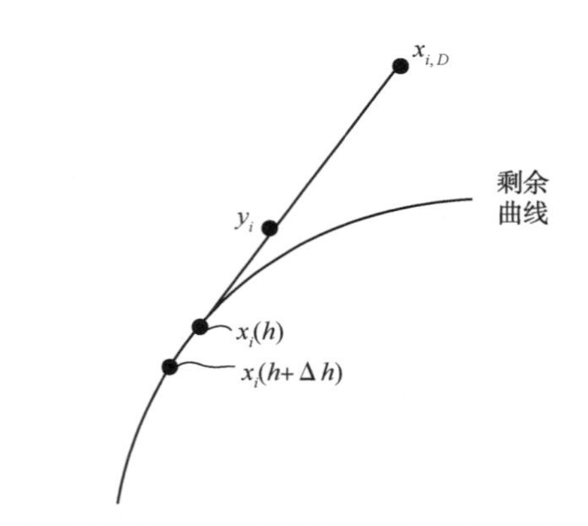

(b)最小回流条件下剩余曲线的切线一定通过馏出物组成

图 11.14 根据剩余曲线的切线确定最小回流条件

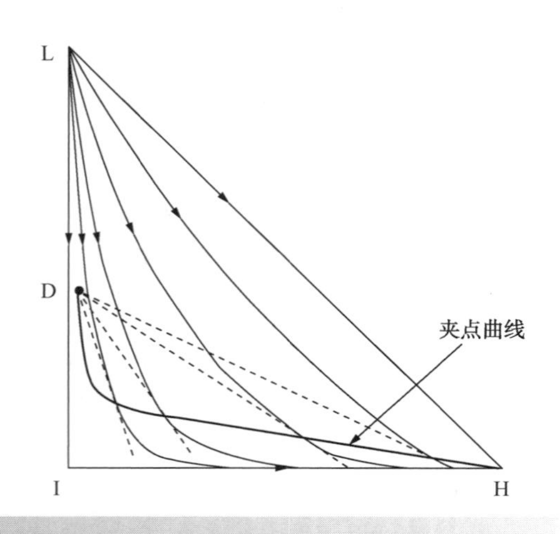

图 11.15 剩余曲线的切线轨迹为夹点曲线

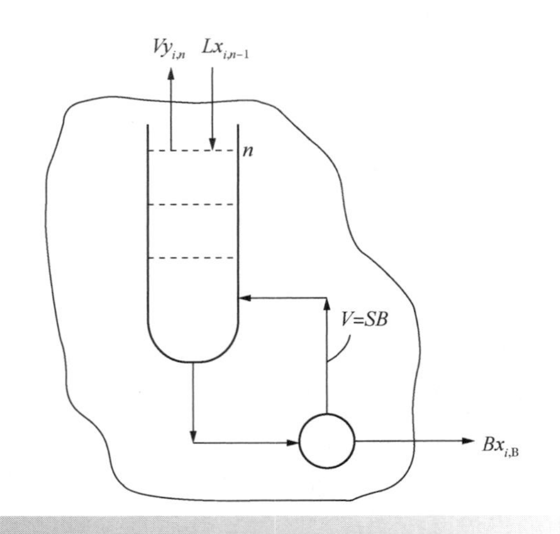

图 11.16 有限回流条件下的提馏段质量平衡

11.6 有限回流精馏

在有限回流条件下，重新考虑图 11.8a 所示的精馏塔精馏段。式 11.12 表示在给定回流比和馏分组成的条件下，任意塔板通过的汽液相组成。在图 11.8a 中精馏段指定馏出液组成，根据汽液相平衡计算离开精馏塔顶部的汽相组成。从而确定离开第一块板的汽相组成和进入第一块板(与馏出物组成相同)的液相组成。离开第一块板的液相组成与离开第一块板的汽相组成处于平衡状态。因此，通过汽液相平衡计算，离开第一块板的液相组成可以由离开第一块板的汽相组成计算。然后根据式 11.12 计算进入第一块板的汽相组成。它也是离开第二块板的汽相。因此，离开第二块板的液相组成可以根据汽液相平衡计算。然后可以根据式 11.12 计算进入第二块板的汽相，依此类推。通过这种方式，在恒摩尔流假设下，通过规定回流比和馏出物组成，就可以计算出精馏段的组成(Levy, VanDongen and Doherty, 1985)。

如图 11.16 所示，相应的质量平衡也可以在精馏塔的提馏段进行。组分 i 在精馏塔塔底的质量平衡：

$$L_{xi,\ n-1} = V_{yi,\ n} + B_{xi,\ B} \qquad (11.19)$$

此外，定义再沸比 S：

$$V = SB \qquad (11.20)$$

塔底的总质量平衡：

$$L = (S + 1) B \quad (11.21)$$

联立式 11.19~式 11.21 得：

$$x_{i,\ n-1} = \frac{S_{y_{i,\ n}}}{S} + \frac{x_{i,\ \mathrm{B}}}{S+1} \quad (11.22)$$

式 11.22 反映了在精馏塔提馏段中两塔板间通过的汽液相物流组成。式 11.22 可以与汽液相平衡计算式一起用，以计算精馏塔提馏段中的组成分布，类似于如上所述的精馏塔精馏段组成分布计算。从假定的精馏塔塔底组成开始计算，重复应用式 11.22 与汽-液相平衡计算式计算精馏塔组成。

图 11.17 是以上述方式得到的精馏塔组成分布曲线（Levy，Van Dongen and Doherty，1985）。从假设的塔顶馏出物组成 D 开始，以给定的回流比沿着精馏塔向下计算。沿着精馏塔向下，随着轻组分的减少，塔板间的组成变化逐渐减少。当较轻的组分被完全分离时，精馏塔组成分布接近夹点条件并朝向其终止状态。图 11.17 还反映了精馏塔提馏段的组成分布曲线。从给定再沸比的精馏塔底组成 B 开始，沿着精馏塔向上计算组成分布。同样，对于提馏段的组成分布末端，由于较重组分在提馏段中被完全分离并再次接近夹点条件，板间变化变小。从图 11.17 中的 D 和 B 开始的组成分布曲线在达到夹点条件前相交。相交点将与进料条件相对应。图 11.17 表明了这点，因为精馏段和提馏段的组成分布曲线相交，理论上这样设计的精馏塔可行。

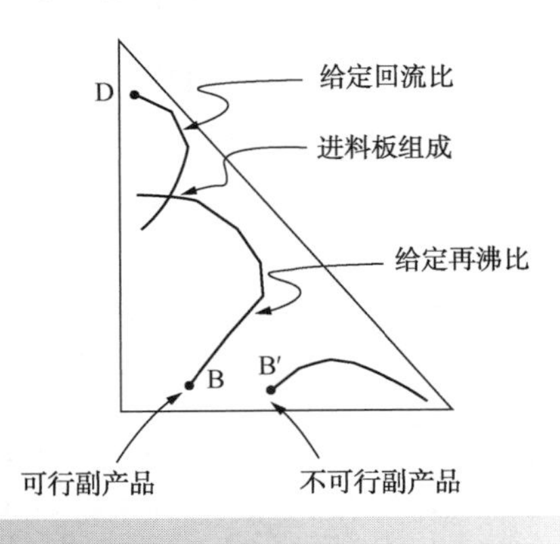

图 11.17　精馏塔组成分布曲线

但有两个问题需要注意。首先，组成分布实际上是组成从塔板到塔板的离散变化，严格地说，对应精馏段和提馏段的塔板离散点组成分布需相交以确保精馏设计的可行性。如果离散点不相交，则通常可以对产品组成、回流比或再沸比进行一些小的调整以保证可行性。另外，组成分布是由恒摩尔流假设推导的，这是一种近似的组成分布。

图 11.17 还反映了从 B′开始的提馏段组成分布。从 B′开始的提馏段组成分布遵循与从 B 开始的组成分布不同的路径，并且不与精馏段组成分布相交。这意味着无法设计出可行的精馏塔，从而无法得到塔顶产物 D 和塔底产物 B′。

如图 11.17 所示的精馏塔组成分布交点可用于测试给定产物组成和回流比与再沸比设置的可行性。然而，随着回流比和再沸比的变化，精馏塔组成分布将发生变化，所以需要进行反复试差计算。

应该注意，虽然使用恒摩尔流假设来推导精馏塔组成分布，但是也可以进行严格的精馏塔组成分布推导。严格的精馏塔组成分布需要同时求解物料平衡和能量平衡。因此，严格的精馏塔组成分布将依次通过精馏塔每一块塔板，求解每块塔板的物料平衡和能量平衡，而不仅仅是物料平衡。显然，计算会变得更加复杂。

图 11.18 反映氯仿、苯和丙酮体系的一个产物组成，也给出了从塔底组成 B 开始的一系列提馏段组成分布。对于确定的产物组成，提馏段组成分布可以由不同的再沸比设置预测（精馏段可由回流比设置预测）。再沸比从 $S=1$ 逐渐增加到 $S=100$，提馏段组成分布随再沸比的设定值而变化。每条提馏段组成分布曲线终止于夹点条件。这表明通过近似设置的再沸比，三元相图内的大面积区域可由组成 B 为起点，通过提馏段组成分布计算得到。如图 11.18 所示，可以方便地确定给定产物的所有可能组成分布区域，而不必绘制所有精馏塔组成分布。

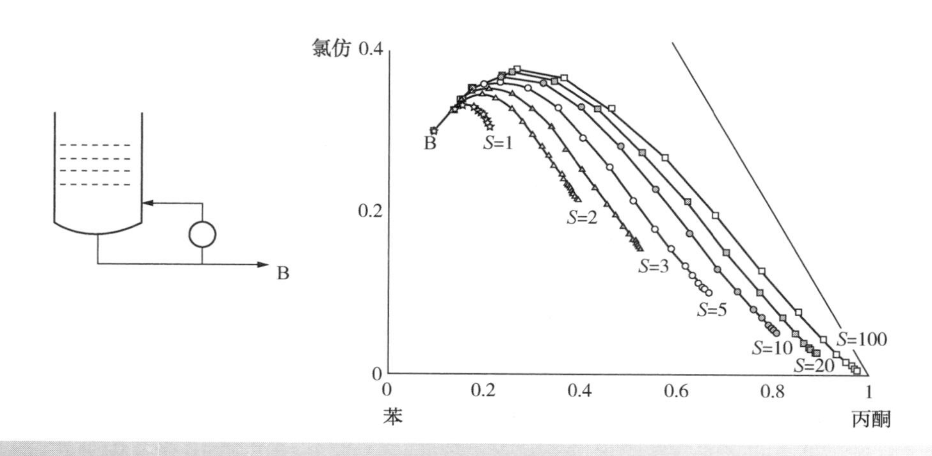

图 11.18 对于给定的塔底组成，可以通过改变再沸比来绘制一系列精馏塔组成分布曲线
（转载自 Castillo F. J. L，Thong D. Y. C and Towler G. P（1998）均相共沸精馏 1. 非全回流下单股进料精馏塔的设计程序，Ind Eng Chem Res，37：987。版权所有权 1998，American Chemical Society）

精馏塔的精馏段或提馏段必须在全回流和最小回流条件之间运行。因此，可以为给定的产物组成确定精馏塔可行的操作范围。在图 11.19 中可以看出，对于板式塔，这些组成分布曲线由精馏曲线和夹点曲线约束。如上所述，夹点曲线为板式塔和填料塔提供了最小回流边界，因为根据定义，夹点条件下变化递增较小。

图 11.19 也反映了相同产物组成的剩余曲线。因此，剩余曲线和夹点曲线包围的区域提供了从给定产物组成中通过填料塔段获得的可行组成。对于任何给定的产物组成，可以通过绘制精馏曲线（或剩余曲线）和夹点曲线（Levy，Van Dongen and Doherty，1985；Castillo，Thong and Towler，1998）确定可行的精馏塔操作区域。精馏段必须在全回流条件和最小回流条件之间进行操作。

为了使提馏段和精馏段组合成可行的塔，两个操作区必须重叠。图 11.20 是氯仿、苯和丙酮体系。在图 11.20 中，塔顶馏出物组成 D 的操作区与塔底馏出物组成 B_1 的操作区相交。这意味着对于这两个产物，存在某些回流比和再沸比的设置组合，使精馏塔组成曲线相交并成为可行的精馏塔设计。相比之下，塔底馏出物组成 B_2 的操作区不与塔顶馏出物 D 的操作区相交。这意味着两个产物 D 和 B_2 不能由同一操作段得到，其设计是不可行的。不设定回流比或再沸比可以使 B_2 和 D 的组合成为可行的设计。

当分离在高回流比下是不可行时，但在低回流比下是可行时，分离操作是特别有趣的。这种行为可能发生的原因将在后面讨论。

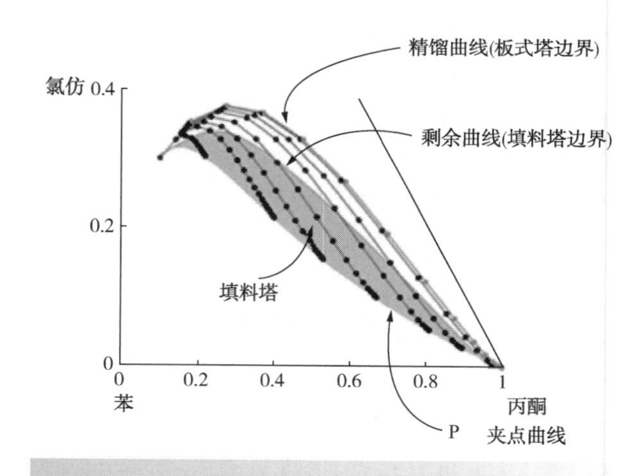

图 11.19 操作区由精馏曲线或剩余曲线和夹点曲线界定
（转载自 Castillo F. J. L，Thong D. Y. C and Towler G. P（1998）均相共沸精馏 1. 非全回流下单股进料精馏塔的设计程序，Ind Eng Chem Res，37：987。版权所有权 1998，American Chemical Society）

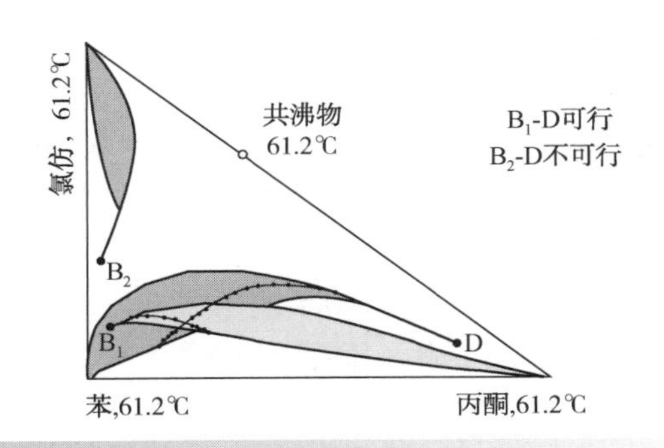

图 11.20　塔段操作区重叠是分离可行的必要条件
（转载自 Castillo F. J. L，Thong D. Y. C and Towler G. P（1998）均相共沸精馏1. 非全回流下单股进料精馏塔的设计程序，Ind Eng Chem Res，37：987. 版权所有权1998，American Chemical Society）

11.7　使用夹带剂的精馏序列

摩尔比为 7：3 的丙酮、庚烷混合物以获得纯丙酮。然而，当丙酮摩尔分数为 0.95 时，丙酮和庚烷之间存在共沸物。图 11.21a 为使用苯作为夹带剂时，将该混合物分离成纯丙酮和纯庚烷的质量平衡。原料首先与苯混合。图 11.21a 显示了三种不同的质量平衡，对应不同量的苯与进料混合，在图 11.21a 中，在 A、B 和 C 处产生进料混合物。根据杠杆规则，图 11.21a 中的 A 点混合了最大量的苯，C 点混合了最小量的苯。C_1 塔将三元混合物分离成纯庚烷和丙酮/苯混合物，混合物的组成取决于与原始进料混合的苯的量。然后，C_2 塔分离得到纯丙酮和纯苯，苯循环回收。图 11.21b 显示了与该质量平衡相对应的精馏序列。

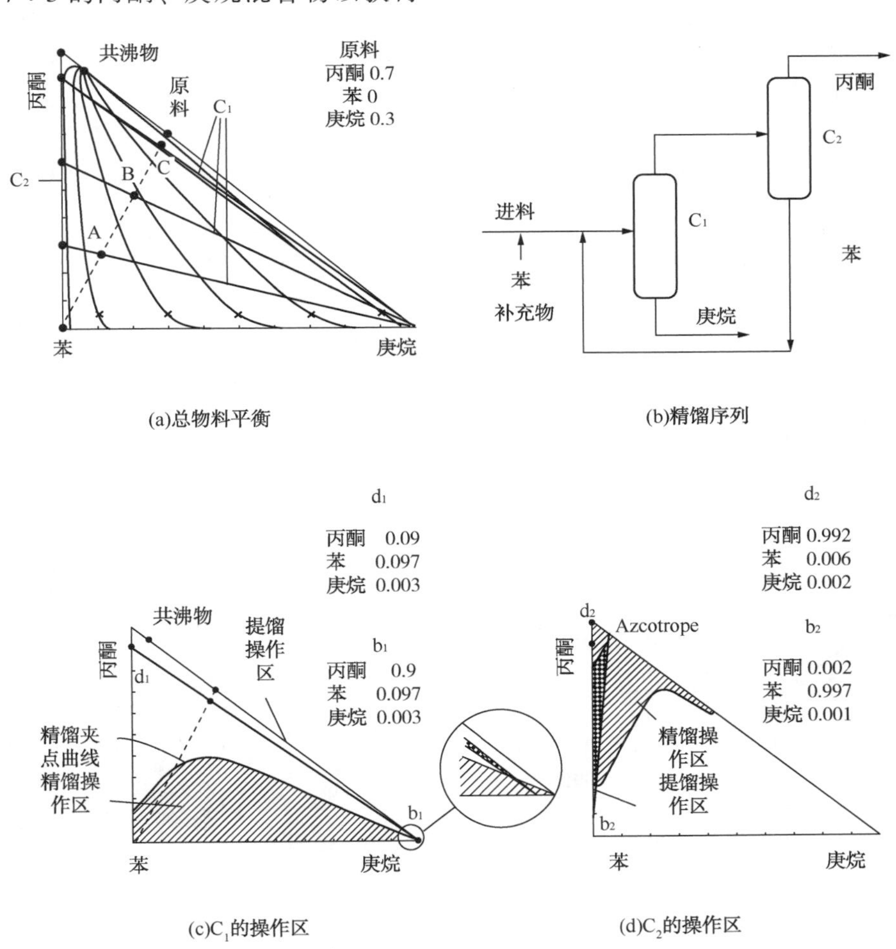

图 11.21　使用苯作为夹带剂分离丙酮和庚烷混合物的精馏序列

即使建立了可行的质量平衡，也不能保证汽液相平衡满足分离要求。为了测试精馏塔是否可行，需要绘制由质量平衡得出的与产物相对应的操作区。取图 11.21a 中 C 点对应苯的流量，这是对应三种不同苯流量设置中苯的最低流量。图 11.21c 显示了 C_1 塔的操作区。提馏段操作区非常窄，从 b_1 开始紧贴三元相图的丙酮-庚烷边。精馏段操作区从 d_1 开始，起初沿丙酮-苯边长而窄，之后它向纯庚烷延伸并汇集，并与提馏段操作区相交。如图 11.21c 所示，精馏段操作区由精馏夹点曲线和剩余曲线界定，剩余曲线沿着三元相图的丙酮-苯边和苯-庚烷边延伸。因为塔 C_1 的精馏段和提馏段操作区相交，所以理论上该塔可行。关于精馏段操作区需要注意的是，从操作区的形状来看，塔中苯浓度在塔的两端低，中间高。这是因为苯是中间沸点夹带剂，其挥发性介于丙酮和庚烷之间。塔 C_1 的详细模拟将表明整个塔中苯浓度变化和该趋势一致。图 11.21d 显示了 C_2 的操作区，操作区相交。因此，精馏序列理论上是可行的，并且可以考虑对设计进行优化。

事实上，使用苯作为夹带剂，使用与图 11.21 所示不同的序列分离丙酮和庚烷也是可行的，该序列在塔一塔顶采出丙酮。庚烷从塔二塔底采出，来自塔二塔顶的苯馏出物循环回收。

在图 11.21a 中，根据苯的循环量，塔内质量平衡不同。刚开始，苯循环量越低越好。也就是图 11.21a 中的 C 点将比 A 点更好。但是，实际并没有那么简单。C_1 塔中较高浓度的苯将有助于分离。图 11.21a 中 C 点所需塔 C_1 的回流比非常高，因此需要大的再沸负荷。随着苯循环量增加，进料点由 C 点向图 11.21a 中的 A 点移动，塔 C_1 的回流比显著降低。可以预期，随着苯循环量增加，对 C_1 塔设计的改进将会达到递减的效果，随后，随着苯的循环次数的增加，系统将产生过大的负荷。因此，苯的循环量是影响图 11.21 中 C_1 和 C_2 两塔尺寸的重要优化参数。

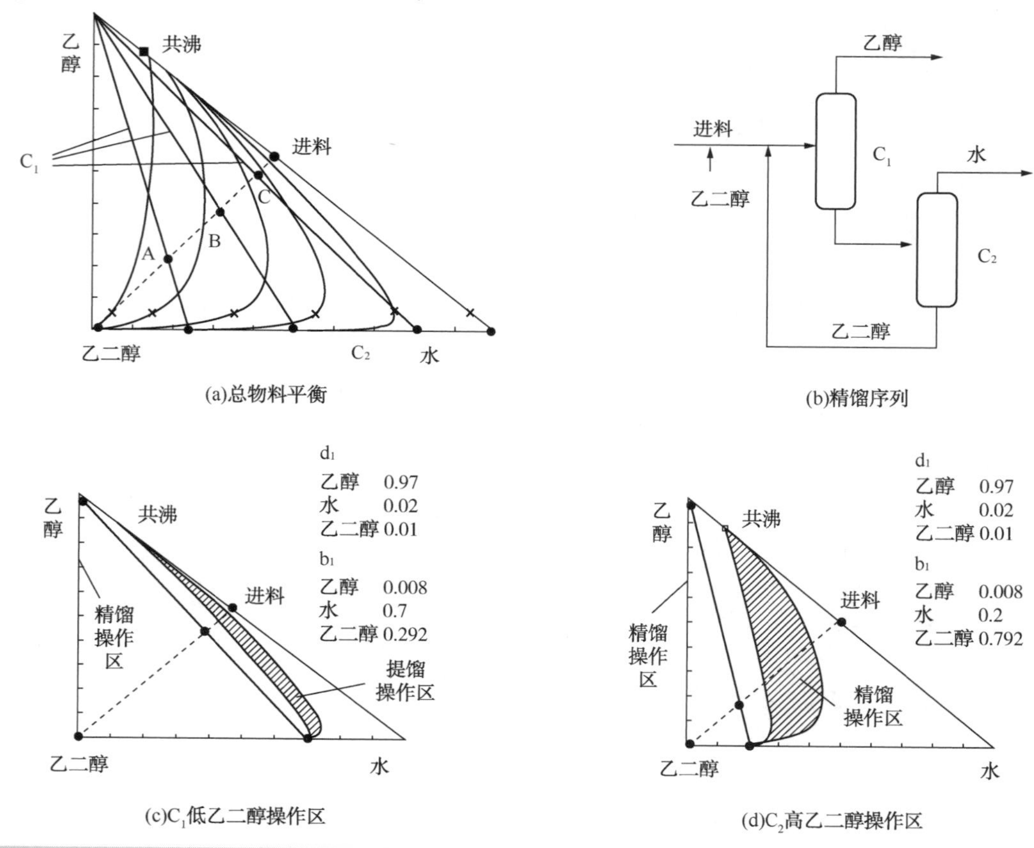

(a)总物料平衡　(b)精馏序列

(c)C_1低乙二醇操作区　(d)C_2高乙二醇操作区

图 11.22　用乙二醇作为夹带剂分离乙醇-水混合物的单股进料精馏塔序列不可行

考虑第二个例子，分离乙醇-水共沸混合物，其中乙醇的摩尔分数为 0.88 的。建议使用乙二醇作为夹带剂。分离的总质量平衡如图 11.22a 所示。与图 11.21 中的实例一样，将进料与不同量的夹带剂混合，得到点 A，B，C，并将所得混合物先进行精馏以获得纯乙醇(图 11.22b)。然后在二塔中分离水和乙二醇，并循环回收乙二醇。如图 11.22c 所示，现在可以构建塔一的操作区，并用低乙二醇循环量来测试可行性。精馏操作区不重叠，因此塔不可行。图 11.22d 也测试了 C_1 塔的可行性，但这次采用更高的乙二醇流量。然而，因为操作区不重叠，该设计同样不可行。

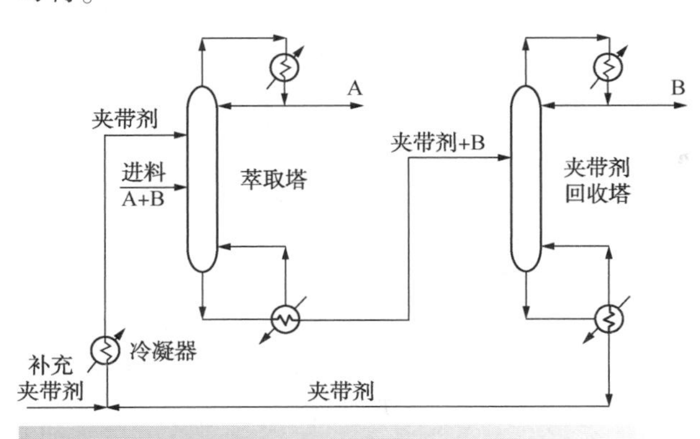

图 11.23 萃取精馏流程图

图 11.21 和图 11.22 中两种设计的一个共同特征是单股进料，夹带剂与进料混合进料。在乙醇-水-乙二醇的体系中，塔顶和塔底的操作区不重叠并且存在间隙。在一些体系中，可以通过在塔中创建一个中间段来填补塔顶和塔底操作区之间的间隙。这是通过使用一个双进料塔来实现的，如图 11.23 所示，重的夹带剂(有时称为溶剂)从进料混合物的进料点上方进入精馏塔中(Doherty and Malone，2001)。夹带剂不应与体系中任何物质形成新的共沸物。如图 11.23 所示，称为萃取精馏。在第一塔(萃取塔)中，重夹带剂在进料混合物的进料点上方进入萃取塔中。该夹带剂沿着塔向下流动减少操作区在塔顶和塔底之间的差距。纯组分 A 在塔顶蒸出。另一种组分和夹带剂从萃取塔塔底采出，并进入夹带剂回收塔，该塔将纯组分 B 与夹带剂分离，并将夹带剂回收利用。图 11.23 中设计的关键部分是双进料萃取塔。夹带剂回收塔的设计很简单，因为它是标准设计。对于双进料塔，需要构建中间段操作区，以确保其与顶部(夹带剂进料上方)和底部(进料混合物的进料点下方)的操作区相交。

图 11.24 显示了包括夹带剂进料在内的塔顶质量平衡。差值点可以定义为净塔顶馏出物的组成，即塔顶馏出产物和夹带剂进料之间的差值(Wahnschafft and Westerberg，1993)。因此：

$$\Delta = D - E \tag{11.23}$$

此外，提馏段质量平衡：

$$\Delta = F - B \tag{11.24}$$

因此，差值点(净塔顶产物)由连接进料 F 和塔底产物 B 的直线与连接馏出物 D 和夹带剂进料 E 的直线的交点得出，如图 11.24 所示。如图 11.25 所示的乙醇-水-乙二醇体系，中间段的夹点曲线现在可以通过从差值点(净塔顶产物)绘制剩余曲线切线来构造。由夹点曲线界定的区域定义了中间段操作区。

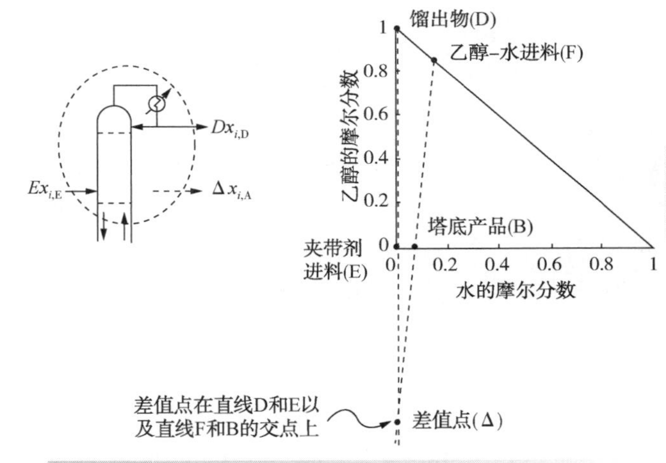

图 11.24 双进料塔的差值点

只有中间段操作区与顶部(夹带剂进料上方)和底部(进料混合物的进料点下方)操作区相交，塔设计将是可行的。值得注意的是，总是存在最大回流比，高于该最大回流比时分离不可行，因为顶部段和底部段的组成分布曲线将倾向于遵循不相交的剩余曲线。此外，由于夹带剂被低沸点组分的回流稀释，所以高回流比下的分离效果变差。

中间段操作区的尺寸和形状取决于差值点的位置，而该点又取决于夹带剂的流量。对于可行的设计，存在最小夹带剂流量。在最小流量之上，夹带剂的实际流量是优化的重要自由度。

双进料塔的组成分布也可以用类似于单股进料塔的组成分布推导方式来推导(Laroche et al.，1992)。截面形状将与夹带剂进料上方(方程11.12)和进料混合物进料点下方(方程11.22)的单股进料塔相同。图11.26显示了塔中间段的质量平衡。质量平衡可以在塔顶附近建立(如图11.26a所示)，也可以在塔底附近建立(或如图11.26b所示)。在图11.26a的塔顶部质量平衡得到：

$$V_{y_i,\ m+1} + E_{xi,\ E} = L_{x_i,\ m} + D_{xi,\ D} \quad (11.25)$$

因为：

$$V = (R+1)D \quad (11.26)$$

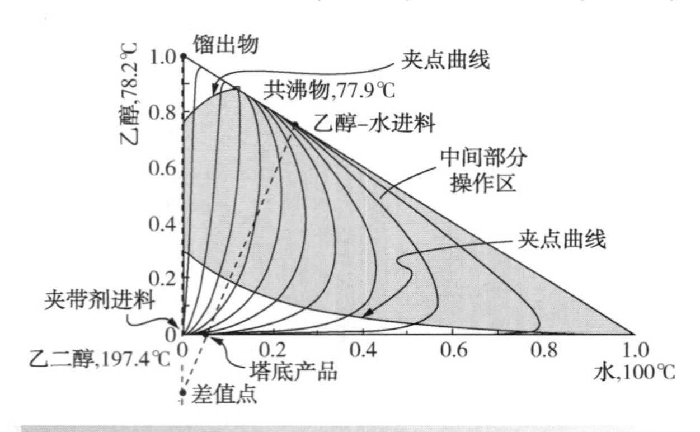

图11.25 差值点用于构建中间段操作区的夹点曲线

并且

$$L = RD + E \quad (11.27)$$

联立式11.25、式11.26、式11.27得到：

$$y_{i,\ m+1} \frac{(RD+E)x_{i,\ m} + Dx_{i,\ d} - Ex_{i,\ E}}{(R+1)D} \quad (11.28)$$

或者，可以从图11.26b的塔底进行质量平衡得到：

$$L_{x_{i,\ p-1}} + F_{x_{i,\ F}} = V_{y_{i,\ p}} + B_{x_{i,\ B}} \quad (11.29)$$

因为

$$V = SB \quad (11.30)$$

并且

$$L = V + B - F = SB + B - F \quad (11.31)$$

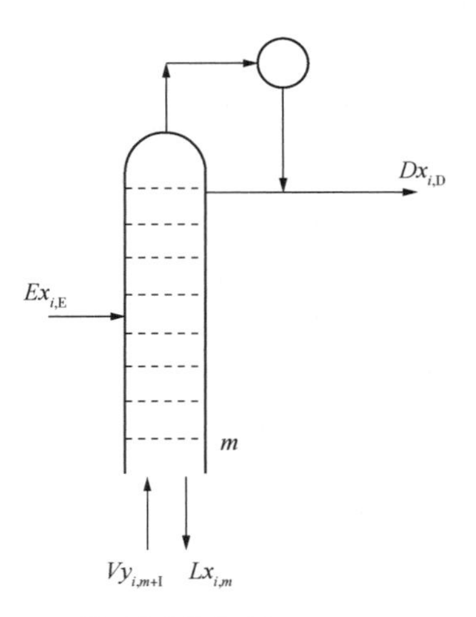

(a)塔顶中段物料平衡

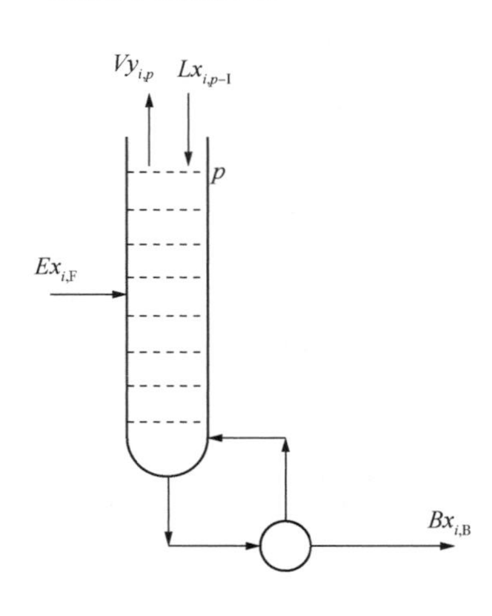

(b)塔底中段物料平衡

图11.26 双进料塔的中间段质量平衡

联立式11.29、式11.30、式11.31得到：

$$x_{i,\ p-1} = \frac{SB\,y_{i,\ p} + Bx_{i,\ B} - Fx_{i,\ F}}{SB + B - F} \quad (11.32)$$

图11.27显示了双进料塔的三塔段组成分布。三塔段组成分布在图11.27中相交，理论上该塔是可行的。

因此，双进料精馏塔设计的第一步是通过选择合适的产物和夹带剂进料流量来建立塔的三段操作区相交的系统。然后，如前所述，通过选择回流比就可以计算精馏段组成分布。中间段的组成分布可以根据可行的夹带剂流量用式11.28计算。提馏段组成分布的计算首先要假定再沸比。如果三塔段组成分布曲线相交，则该设计是可行

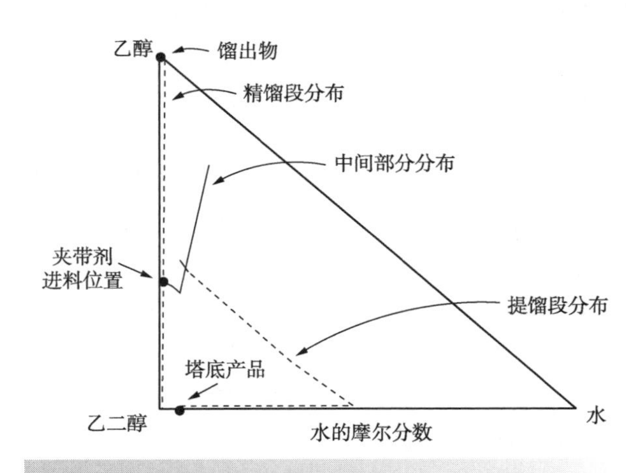

图 11.27　对于可行的双进料塔设计，双进料塔的三段组成分布曲线必须相交

的。回流比和再沸比可能需要一些试验和试差，使三塔段组成分布曲线相交，以获得可行设计。图 11.27 显示了双进料塔成功相交的组成分布曲线，用以提供可行的设计。每个塔段中的塔板数也可以从组成分布曲线中获得。

关于萃取精馏的最后一点如图 11.28 所示。分离序列取决于待分离两种组分之间的相对挥发度的变化。图 11.28 是 A-B 夹带剂的剩余曲线和等挥发度曲线。在这条等挥发度曲线上，组分 A 和 B 之间的挥发度是一样的。在等挥发度曲线的两边，A 和 B 的挥发性顺序发生变化。在图 11.28a 中，如果等挥发度曲线与 A-夹带剂轴相交，则应先分离组分 A。然而，如图 11.28b 所示，如果等挥发度曲线与 B-夹带剂轴相交，则应首先分离组分 B。

迄今为止，所讨论的所有体系都为均相，即始终为单相液体。接下来考虑涉及非均相的精馏系统。

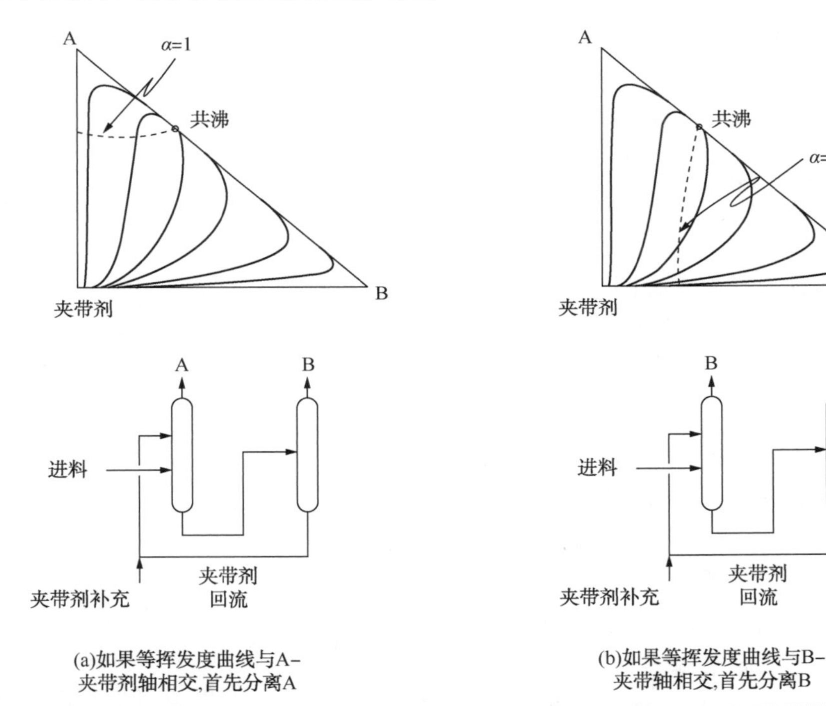

图 11.28　萃取精馏的分离序列公式 11.28 或公式 11.32 可以与汽-液平衡计算式结合使用来计算双进料塔的中段组成分布

11.8　非均相共沸精馏

当液相混合物中的组分化学结构差异大时，它们的相互溶解度降低。其特点是活度系数增加（为正偏离的拉乌尔定律）。如果化学结构的差异性和活度系数变得足够大，则溶液可以分离成非均相。对于液-液平衡，每个组分在各相中的逸

度必须相等(见附录 A):

$$(x_i \gamma_i)^{\mathrm{I}} = (x_i \gamma_i)^{\mathrm{II}} \quad (11.33)$$

式中 x_i——组分 i 在液相中的摩尔分数;

γ_i——组分 i 的液相活度系数。

Ⅰ和Ⅱ代表平衡的两个液相。

为了计算二元体系中两个共存液相的组成,需要求解两个相平衡方程:

$$(x_1 \gamma_1)^{\mathrm{I}} = (x_1 \gamma_1)^{\mathrm{II}} \text{ 与 } (x_2 \gamma_2)^{\mathrm{I}} = (x_2 \gamma_2)^{\mathrm{II}} \quad (11.34)$$

式中

$$x_1^{\mathrm{I}} + x_2^{\mathrm{I}} = 1, \; x_1^{\mathrm{II}} + x_2^{\mathrm{II}} = 1 \quad (11.35)$$

通过 NRTL 或 UNIQUAC 方程(见附录 A)预测的液相活度系数可以看出,可以同时求解方程 11.34 和方程 11.35 以计算 x_1^{I} 和 x_1^{II}。这些方程式有许多解,包括与 $x_1^{\mathrm{I}}=x_1^{\mathrm{II}}$ 对应的普通求解结果。一个有意义的解决方案:

$$0 < x_1^{\mathrm{I}} < 1, \; 0 < x_1^{\mathrm{II}} < 1, \; x_1^{\mathrm{I}} \neq x_1^{\mathrm{II}} \quad (11.36)$$

对于三元体系,要求解的相应方程式为:

$$(x_1 \gamma_1)^{\mathrm{I}} = (x_1 \gamma_1)^{\mathrm{II}} \text{ 与 } (x_2 \gamma_2)^{\mathrm{I}} = (x_2 \gamma_2)^{\mathrm{II}} \text{ 与 } (x_3 \gamma_3)^{\mathrm{I}} = (x_3 \gamma_3)^{\mathrm{II}} \quad (11.37)$$

这些方程式可以与物料平衡方程同时求解以获得 x_1^{I},x_2^{I},x_{11}^{I}和 x_2^{II}。液-液平衡计算和汽-液-液平衡计算的更多细节见附录 A。

图 11.29 是在特定组成下形成非均相的三元体系的三元相图。从图 11.29 可以看出,二元体系 I-L 完全互溶,二元体系 I-H 也是完全混溶。然而,二元体系 L-H 在一定浓度范围内部分互溶。对于 L-I-H 混合物,存在形成非均相的不互溶区域。在图 11.29 的两相区,一种混合物 F 将分为不同组成的 E 和 R。彼此平衡的相被称为共轭相,连接共轭相 E 和 R 的 E-R 线称为连结线。如图 11.29 所示,可以在两相区内构造任意数量的连结线。F 分离为 E 和 R 的两相比例由杠杆规则得到。因此,E 的流量由图 11.29 中的 F-R 线长度给出,R 的流量由图 11.29 中的 F-E 线长度给出。图 11.29 说明了如何使用三元相图设计分相器。

现在考虑带有分相器的精馏。当分相器与精馏结合时,可以有不同的布置。第一种布置如图 11.30 所示,这种一个独立分相器布置,塔顶馏分在分相器中冷凝形成非均相混合物。其中一部分回流,剩余部分进入分相器分离为 E 和 R 两液相。图 11.30 所示序列存在的一个问题是,回流至塔的混合物是两相混合物。除非不能避免,否则应尽可能避免塔内产生非均相。另一种序列如图 11.31 所示。这种情况下,分相器与塔部分耦合,塔顶汽相冷凝形成液相 D 和 R。D 作为塔顶产物,R(单相下层)回流到塔中。如图 11.31 所示,针对 F,D 和 B 之间的分离给出了塔质量平衡。图 11.32 展示了完全耦合的分相器,塔顶汽相被冷凝并进入分相器。分相器将冷凝液分离为轻分相液 DL 和重分相液 DH。轻、重分相液部分混合,以提供回流和塔顶产物。分相器之后用于回流和塔顶馏出物的混合程度是设计的自由度。在三元相图中,混合程度可以由杠杆规则反映。

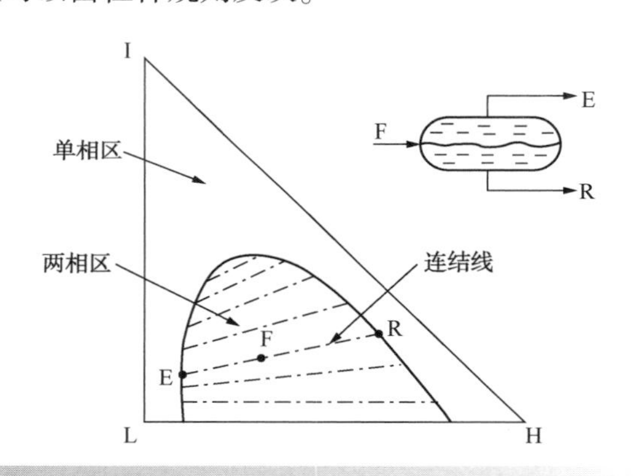

图 11.29 三元体系相分离

非均相精馏的一个非常重要的特征是具有跨过精馏边界的能力。前面提到,精馏边界将相图分成两个区域,常规精馏不能跨过精馏边界。如图 11.33 所示,分相器可协助分离跨越精馏边界。分相器的 F 处进料位于精馏边界的一侧,在分相器中分为两个液相 E 和 R。这两个液相位于精馏边界的两侧。这种方式的分相不受精馏边界约束,这种两相分离方式是跨越精馏边界极其有效的方法。

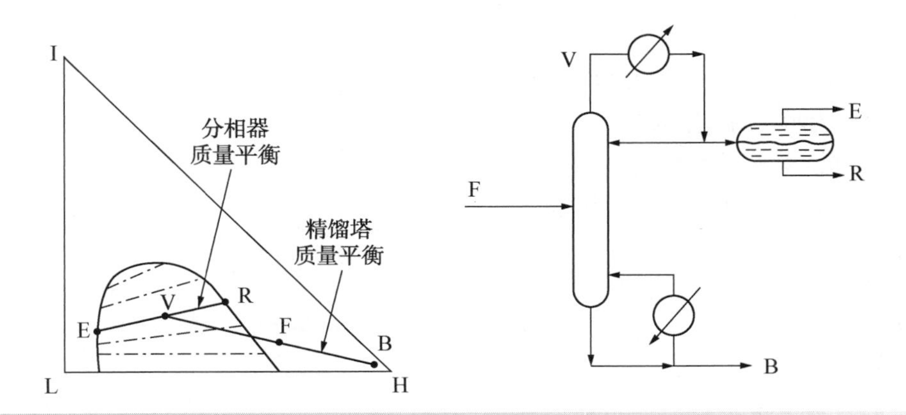

图 11.30　带有单独分相器的非均相精馏

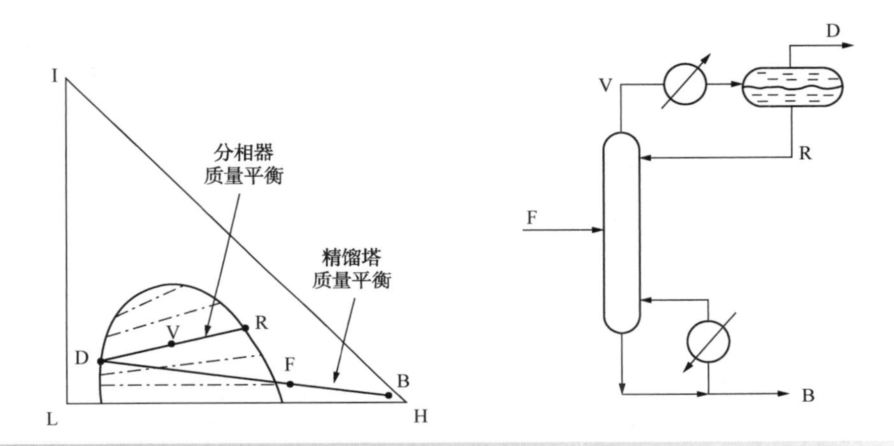

图 11.31　带有部分耦合分相器的非均相精馏

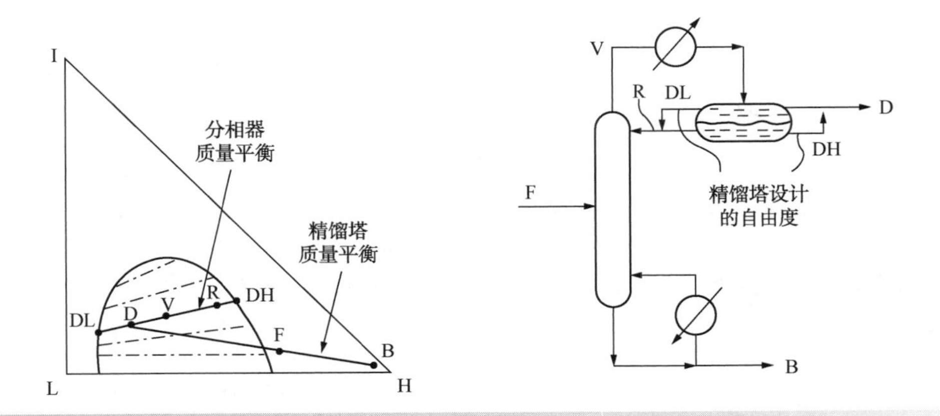

图 11.32　带有耦合分相器的非均相精馏

图 11.34 是一个将摩尔比 6∶4 的异丙醇-水的混合物分离成相对较纯的异丙醇和水的实例。异丙醇(IPA)和水之间存在共沸物，异丙醇的摩尔共沸组成为 0.68。使用二异丙醚(DIPE)作为夹带剂来分离该混合物。图 11.34a 中的三元相图展示了 IPA-DIPE-水三元体系的复杂行为。IPA 和 DIPE 之间以及 DIPE 和水之间形成了新的共沸物，同时也形成了三元共沸物。图 11.34a

所示的精馏边界表明这种分离变得非常困难。然而，如图 11.34a 所示的两相区域允许跨越精馏边界。如图 11.34a 所示，分离系统的建立可以从分相器分离三元共沸物开始。混合物沿着连结线分离成富含 DIPE 的液相和富含水的液相。之后，如图 11.34b 所示，设置精馏塔以获得 IPA 和三元共沸物。最后，将富含 DIPE 的液相从分相器循环至精馏塔。如图 11.34c 所示，循环物料与进料混合物混合作为塔的进料。图 11.34c 中分相器的水产物不纯，需要进一步分离。这个判断是基于图 11.34 中分相器设计来预测的。

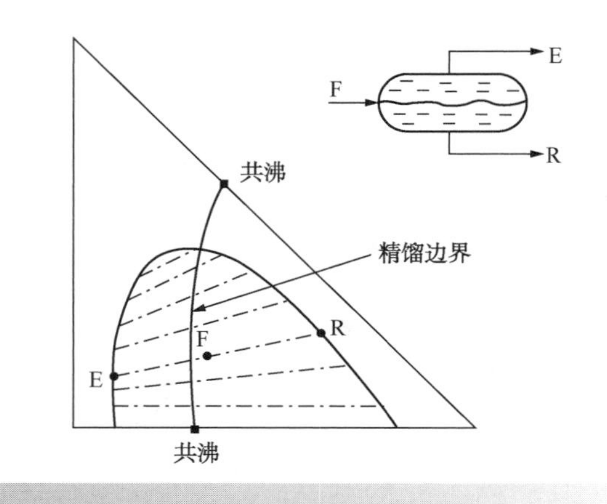

图 11.33 借助液液分相跨越精馏边界

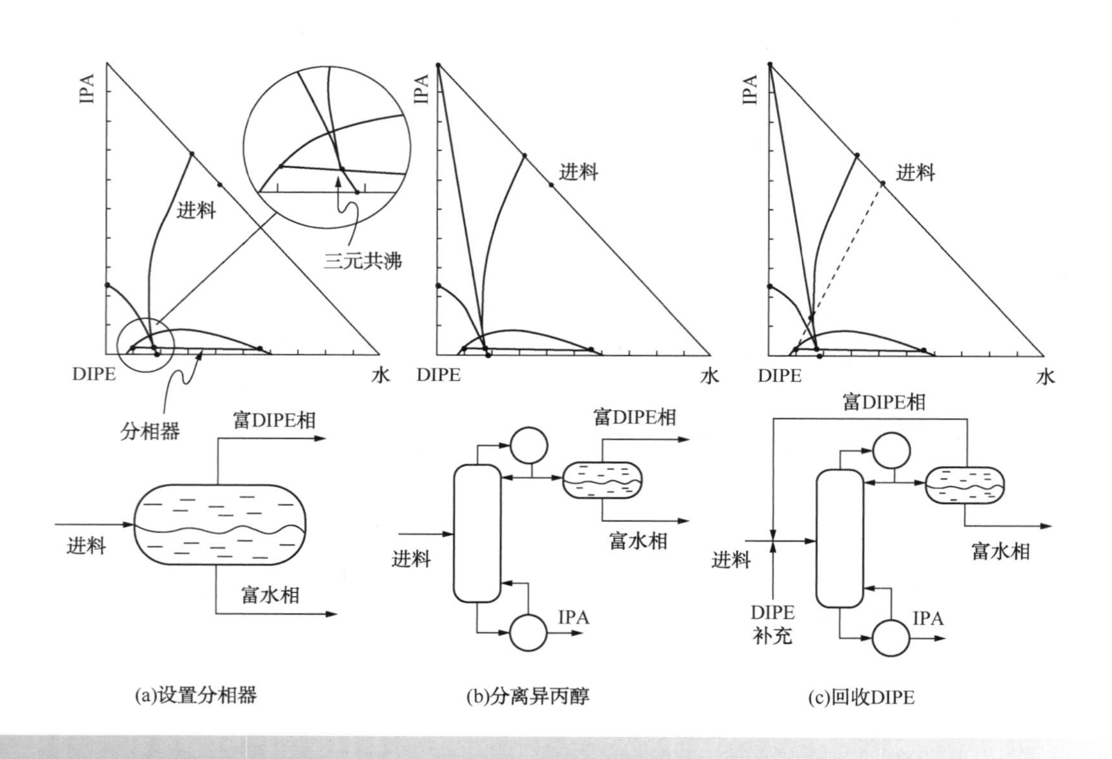

图 11.34 非均相共沸精馏中使用二异丙醚作为夹带剂分离异丙醇、水混合物

使用 NRTL 方程预测图 11.34 中三元相图中的相平衡(见附录 A)。NRTL 方程能够预测汽液平衡，液-液平衡和汽-液-液平衡。然而，很难找到一组交互参数来很好地表示所有这些相平衡行为。图 11.34 中用于绘制三元相图的参数由汽-液平衡行为关联得到。图 11.35a 再次展示了通过汽液数据关联 NRTL 参数得到的两相区域。图 11.35b 显示了相同体系的三元相图，但是两相区域是由 NRTL 方程根据液-液平衡数据相关的参数计算出来的。后者计算的两相区则大得多，根据该两相区预测，分相器几乎能够得到纯水。

处理下类相图中的两相区域需要更加注意。在图 11.34，图 11.35a 和图 11.35b 中，相平衡基于饱和条件计算。这有助于判断发生两相行为的位置和精馏系统的设计，因为精馏是在饱和条件下进行的。但是，分相器不一定是这样，分相器中的温度可以固定，因为它放置在塔外。图11.35c再次展示了基于液-液平衡数据通过NRTL方程参数回归计算的两相区域，但这次是在30℃的设定温度下绘制的。与饱和状态相比，在30℃时两相区域稍微大一些。一般来说，温度越低，两相区域越大。降低温度会降低两液相间的相互溶解度。在设计分相器时，温度是一个重要的自由度。在两液相分离之前，通过冷凝或过冷精馏塔顶馏出物可以使馏出物在分相器中得到更好的分离。

塔中是否存在非均相是非常重要的。如果在塔的大部分塔板上形成非均相，塔将难以操作。非均相的形成也影响了精馏中的水力学设计和传质（进而影响塔板效率）。如果可以避免在塔内形成非均相，则可避免这种情况。然而，很多情况下大部分塔板上的非均相不能避免。非均相的形成也对回流比的变化更加敏感。

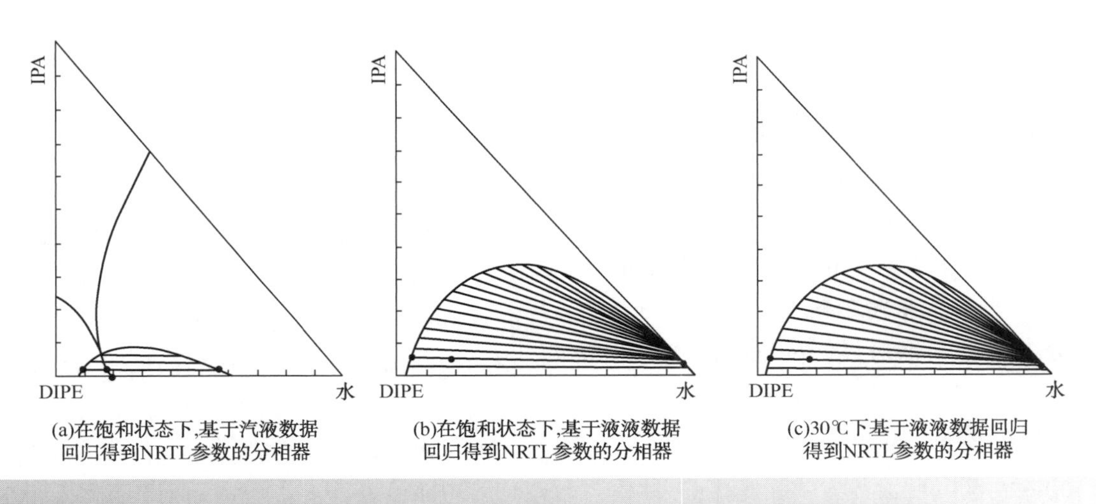

图11.35　可以由VLE或LLE数据的拟合绘制两相区域，并且可以在固定温度的饱和条件下绘制

11.9　夹带剂选择

如果可能，当分离共沸混合物时，应该利用共沸组成随压力的变化分离而不是使用额外的质量分离剂，因为：

- 引入外加物质可能会在整个过程中出现产品纯度方面带来的新问题。
- 通常难以高效地分离和回收外加物质。任何不回收的物质都能带来环境问题。如后文所述，处理污水问题的最好方法是不要产生污水。
- 外加物质会带来额外的安全和储存问题。

有时对于共沸精馏，已经存在于该过程中的组分可以用作夹带剂，从而避免引入额外物质。然而，在许多情况下，操作困难和过高的成本可能会被迫使用外加物质。是否使用工艺中已经存在的组分或外加物质作为夹带剂，需要对不同的夹带剂进行选择。精馏曲线图和剩余曲线图有助于选择夹带剂，可以根据相图的形状判断分离的难度。如前文所述，我们已经知道精馏边界如何将精馏曲线和剩余曲线图分成不同的区域，并且精馏曲线不能跨过精馏边界。对于非均相体系，可以使用液-液分离来跨越精馏边界。在序列中跨越精馏边界的另一种方法是将边界侧的物流与边界另一侧的物流混合。根据被混合物流的流量比例，经混合器混合后的物流可以处于边界任意一侧。

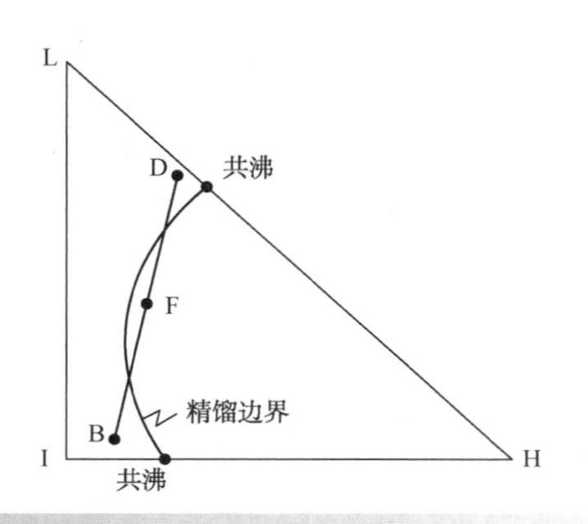

图 11.36 跨越精馏边界

如图 11.36(Laroche, et al., 1992)所示，理论上精馏曲线可以跨越均相体系的精馏边界。图 11.36 中的精馏边界具有明显的曲率，可以按图所示设置塔使得进料位于边界的一侧，产物在边界的另一侧。根据精馏曲线或剩余曲线的形状，产物 D 和 B 可能在相同的精馏曲线或剩余曲线上。可以以这种方式来跨越精馏边界，而不是依靠液-液分离跨越精馏边界。尽管如图 11.36 所示的形状理论上是可能的，但是存在许多与此形状相关的潜在问题，如下所示(Laroche, et al., 1992)：

1）精馏边界必须是如图 11.36 所示的曲线。然而，如图 11.36，即使有明显的曲率使得精馏曲线可跨越边界，那样设计的塔将存在严重的操作限制。

2）汽-液平衡数据和相关性总是存在不确定性和不精确性。这些数据的任何错误都可能意味着精馏边界位置和形状预测不准确。

3）迄今为止，关于精馏曲线、剩余曲线和精馏边界的所有讨论都在相平衡行为的假定下。实际精馏塔不在相平衡下操作，因此必须考虑塔板效率。每个组分都有对应的塔板效率，这意味着每个组分将不同程度地偏离相平衡，如果考虑到非相平衡行为，精馏曲线、剩余曲线和精馏边界的形状将发生变化(Castillo and Towler, 1998)。因此，与相平衡预测相比，实际塔中的精馏边界形状将不同。如果基于假定的相平衡设计一个系统，那么不能保证它仍然在一个有非理想塔板的实际塔中起作用。在分析中，理论上可以列入这些非平衡效应，但是在塔板效率计算方面也存在很大的不确定性，且计算需要大量精馏塔和塔内件的几何形状信息(Castillo and Towler, 1998)。

4）即使可以肯定汽液平衡数据和非平衡效应的不确定性，在实践中操作塔与设计的塔相比往往存在显著的差异。因为许多原因，整个工厂的运行通常与设计有所不同。如果设计受到严重限制，并且不能灵活地适应操作变化，那么它可能无法发挥作用。

因此，如图 11.36 所示，虽然在理论上可以跨越弯曲的精馏边界，但在诸多不确定性情况下采用宽范围的回流比更可行。使用精馏曲线和剩余曲线图可以非常容易地开发出这种设计。

当引入夹带剂时，需要确保夹带剂对待分离共沸组分间的相对挥发度具有显著影响，并且必须可以相对容易地分离夹带剂。确保夹带剂可以容易分离的一种方法是选择非均相分离的组分。这种夹带剂通常引入额外的精馏边界，但是如果非均相分离产生的混合物在不同精馏区域中，则整个分离是可行的(Doherty and Perkins, 1979b)。

当使用夹带剂分离均相混合物时，最好选择不引入任何额外共沸物的夹带剂。用于均相混合物分离的经典方法是萃取精馏，其依赖于高沸点夹带剂对夹带剂进料下部塔段中物料的相对挥发度的影响。这样的塔可以正常工作，但是有时会违背经验，特别是高回流稀释夹带剂的不利影响。然而，在大多数情况下，高沸点夹带剂是均相精馏的最佳选择。另一种可能是选择不引入共沸物的中间沸点夹带剂，因为这将使剩余曲线图没有精馏边界。然而，中间沸点夹带剂只能用于破坏具有较大沸点差的共沸物；否则将带来分离难度大且能耗高的近沸点混合物分离。最后，使用不引入共沸物的低沸点夹带剂通常是不实用的，因为这些组分不容易在液相中积聚，以使待分离组分之间的相对挥发度发生变化。

因此，精馏曲线和剩余曲线图是评估共沸分离可行性的优良工具，但有一个例外，那就是使用高沸点夹带剂进行分离。在这种情况下，本章讨论的等挥发度曲线是确定分离可行性更好的方法。

11.10　多组分体系

在本章中，迄今所有的讨论与二元或三元体系有关。大多数情况下，涉及共沸行为的体系是多组分的。本文提出的三元体系开发的概念很容易扩展到四元体系，不同的是，这些四元体系不能在三元相图上表示，而必须在三维锥体上表示，三元相图中的线条变成四元相图中的曲面，但这样曲面的图形化表示和解释变得更加困难。这些概念可以扩展到四元以上的体系，但是不能用图形方式表示，除非排除其他组分，挑选出三种或四种组分进行表示。

在处理多组分体系时，一种可能的方法是通过将组分集中在一起并在三元相图分析中表示多组分体系，但使用这种做法应该谨慎。在共沸体系中，即使痕量的组分也可以显著地影响分析结果。例如，如果99%的混合物被认为是三元混合物，而忽略其余1%的影响，那么设计人员可能会认为该体系可用该三元混合物很好地表示。然而，在一些体系中，改变1%的组成可以显著改变操作区的形状及其在多维空间中的等效性。因此，即使主要成分都在三元相图上表示，多组分混合物的剩余曲线、精馏曲线、夹点曲线和操作区仍应根据所有组分构建。

一旦完成了设计，就应该用最具体的模拟方案检查。即使该设计通过模拟确认可行，设计的灵敏度也应通过以下模拟方案进行严格检查：

- 通过扰动相平衡数据造成相平衡行为误差；
- 进料组成变化。

11.11　共沸精馏中的权衡

对于简单的二元精馏塔，一旦进料组成确定，则只能指定两个产物组分组成，每种产物中各指定一种组分。对于分离三元体系的简单精馏塔，一旦确定进料组成，就可以规定三种产物组分组成，每种产品至少指定一个组分组成。剩余组分组成将通过三元相图中的共线性来确定。一旦规定了质量平衡，还必须指定塔压力、回流(或再沸比)以及进料条件。

与非共沸体系相反，共沸体系存在最大回流比，超过该回流比时，分离效率降低(Laroche, et al., 1992)，这是因为回流比的增加导致两者竞争效应。首先，如非共沸精馏一样，操作表面相对于平衡表面位置的改变提高了分离效率。另一方面，由于增加回流，夹带剂被稀释使夹带剂浓度降低，导致共沸组分之间的相对挥发度降低，进而使分离效果变差(Laroche, et al., 1992)。

然而，到目前为止，假定精馏塔的进料是固定的。即使分离体系的总进料量固定，也可以通过改变夹带剂的循环量来改变每个塔的进料。这种权衡如图11.21所示。当夹带剂的循环量增加，这有助于共沸物分离，这时最小回流比变小。然而，随着夹带剂的循环量增加，它给整个系统造成过大的负荷。因此，夹带剂的循环量是一重要的优化自由度。

11.12　膜分离

到目前为止，共沸体系的分离仅限于变压及夹带剂的使用。第三种方法是使用膜来改变汽液平衡行为。渗透汽化与其他膜工艺的不同之处在于膜一侧的相态不同于另一侧。膜分离采取高压进料以保证进料为液相，另一侧维持在渗透物的露点或露点以下以保持渗透物为汽相。致密膜用于渗透蒸发，选择性受化学亲和力影响。大多数商业用途的渗透膜是亲水性的(Wynn, 2001)。这意味着它们优先允许水渗透通过，因此这种渗透膜适用于有机物的脱水。典型应用包括乙醇-水混合物和异丙醇-水混合物的脱水，两者均可形成共沸物(Wynn, 2001)。乙醇脱水流程图如图11.37所示。乙醇-水混合物进入普通精馏塔，塔底分离出过量的水，塔顶得到接近共沸点的馏出物。然后将塔顶馏出物送入渗透汽化膜，通过使水透过膜越过共沸点进行乙醇脱水。图 11.37 中膜的低压侧保持在真空下，以确保水以汽相离开。水相被冷凝并循环到精馏塔中，因为仍然有大量乙醇通过渗透膜并被回收。

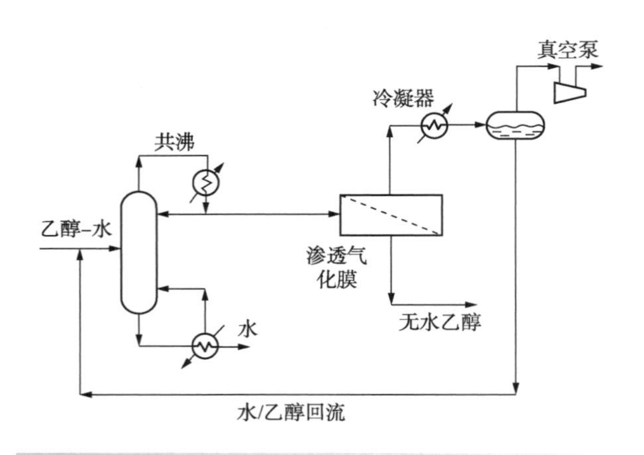

图 11.37 乙醇膜分离脱水流程图

图 11.38 为使用膜分离共沸混合物的流程图，但现在使用蒸汽膜渗透进行分离。首先使用带有部分冷凝器的精馏塔将该混合物精馏至接近共沸物组成。未冷凝的蒸汽进料到优先渗透有机物质的渗透汽化膜。滞留蒸汽返回精馏塔，膜分离以这种方式打破共沸现象。

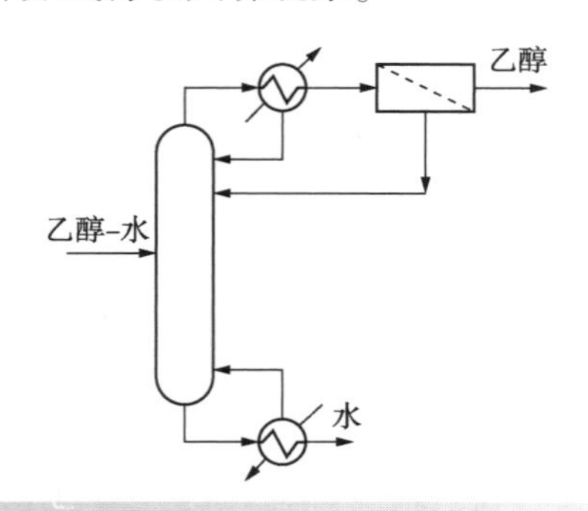

图 11.38 乙醇渗透汽化脱水流程图

11.13 共沸精馏序列——总结

当液相混合物存在共沸行为时，它给精馏序列的选择带来了特殊的挑战。在共沸组成下，汽相和液相都是有相同组成的混合物。组分挥发性顺序取决于组成处于共沸点的哪一侧。有三种方法来克服由共沸物引起的限制。

- 变压；
- 夹带剂的引入；
- 膜分离。

在分离共沸体系时，首先考虑是否可以采用变压精馏进行分离。如果可能，应尽量避免引入额外组分。不幸的是，大多数共沸物对压力的变化不敏感，并且变压分离要求是通常需要通过压力变化使共沸组成变化至少 5%（Holland，Gallun and Lockett，1981）。

如果无法利用变压打破共沸现象，则选择将夹带剂加入混合物中，夹带剂与混合物中不同组分的相互作用不同，可有效改变汽液平衡行为。当处理三元体系时，质量平衡和汽液平衡行为可以在三元相图上表示。可借助全回流和最小回流精馏两种极限情况来理解该体系。对于在全回流条件下的板式塔，可绘制精馏曲线。剩余曲线可表示填料塔在全回流条件下的行为。塔段的可行性可以由全回流和夹点线之间的区域表示，此区域作为操作区。如果精馏塔的精馏段操作区和提馏段操作区相交，理论上该塔的分离操作是可行的。

有些系统对某些组分形成两液相，这可以在非均相共沸精馏中加以利用。在分相器中使用液-液分离可以非常有效地跨越精馏边界。

当选择用于均相混合物分离的夹带剂时，优选不引入任何新共沸物夹带剂，否则难以将夹带剂从待分离组分中分离出去，当分离多组分混合物时，首先需要检查的是，进料中是否有组分可以促进形成共沸物组分的分离，因为使用这些组分分离通常会比将共沸物置于精馏序列末尾并使用外来夹带剂分离更具经济效益。使用进料中不存在的组分通常需要附加专门的回收步骤。

膜也可以用于改变汽液平衡行为并允许共沸物分离。将液相混合物进料到膜的一侧，并将渗透物保持在使其维持为汽相的条件下。大多数分离使用优先通过水而不是有机物质的亲水膜。因此，渗透蒸发通常用于有机物脱水。

11.14　习题

1. 通过精馏将乙醇和乙酸乙酯等摩尔混合物分离成相对纯的产物。如表 11.1 所示，混合物形成最低共沸点混合物。如表 11.1 所示，共沸物的组成对压力敏感，乙醇的共沸摩尔组成随着压力的增加而显著增加。绘制利用变压分离二元混合物的流程图。

表 11.1　乙醇和乙酸乙酯体系数据

组分	1atm 下共沸点(℃)与共沸组成	5atm 下的沸点(℃)与共沸组成
乙醇	78.2	125.6
乙酸乙酯	77.1	135.8
乙醇、乙酸乙酯体系共沸物	72.2℃，乙醇摩尔分数为 0.465	122.7℃，乙醇摩尔分数为 0.677

2. 通过精馏将甲醇和乙酸乙酯的等摩尔混合物分离成相对纯的产物。如表 11.2 所示，与乙醇-乙酸乙酯体系一样，混合物形成最低共沸物。同样，如表 11.1 所示，共沸组成对压力敏感，甲醇的共沸摩尔分数随着压力的增加而显著增加。绘制利用变压分离二元混合物的流程图。

表 11.2　甲醇和乙酸乙酯体系数据

组分	1atm 下共沸点(℃)与共沸组成	5atm 下共沸点(℃)与共沸组成
甲醇	64.5	111.8
甲酸乙酯	77.1	135.8
甲醇、乙酸乙酯体系共沸物	62.3℃，甲醇摩尔分数为 0.709	110.6℃，甲醇摩尔分数为 0.82

3. 图 11.39 展示了精馏序列及其质量平衡。绘制表示质量平衡的三元相图。

4. 根据表 11.1 和表 11.2 中的数据，绘制乙醇-乙酸乙酯-甲醇体系在 1atm 和 5atm 下的精馏曲线图(剩余曲线图)。体系是否具有精馏边界？边界的位置是否对压力敏感？

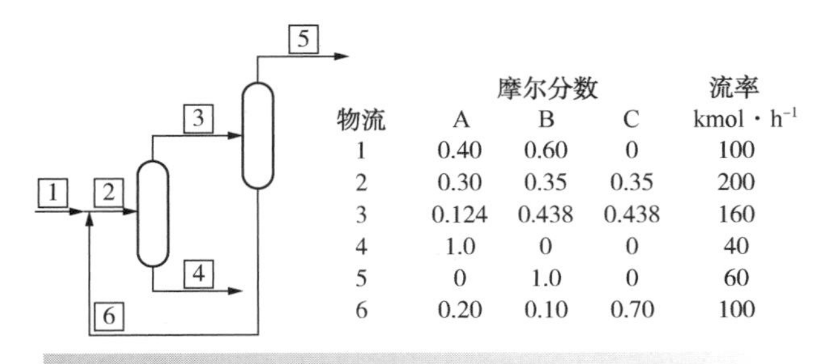

物流	摩尔分数 A	B	C	流率 kmol·h^{-1}
1	0.40	0.60	0	100
2	0.30	0.35	0.35	200
3	0.124	0.438	0.438	160
4	1.0	0	0	40
5	0	1.0	0	60
6	0.20	0.10	0.70	100

图 11.39　三元相图中的序列表示

5. 将乙醇摩尔分数为 0.15、乙酸乙酯摩尔分数为 0.6、甲醇摩尔分数为 0.25 的三元混合物分离成相对纯的产物。首先进行第一次分离，将三元混合物分离成两个产物，塔顶产物是乙酸乙酯和甲醇，塔底产物是乙酸乙酯和乙醇。然后使用练习 1 和 2 的流程图分离这两个二元混合物。在三元相图中表示精馏塔和混合器系统，以通过利用精馏边界随压力变化实现分离。绘制与此质量平衡对应的流程图。

6. 组分 A，B 和 C 的三元体系汽-液平衡可以表示为：

$$y_A = 0.2x_A$$
$$y_B = 2.0x_B$$
$$y_C = 1 - y_A - y_C$$

从塔底组成 $x_A = 0.95$，$x_B = 0, 04$ 和 $x_C = 0.01$ 开始，再沸比为 1，计算再沸器和塔底提馏段第 5 块塔板的组成分布。在三元相图上绘制组成分布。

7. 图 11.21 中的分离可以通过正庚烷-丙酮进料与苯夹带剂混合并在第一塔中分离纯丙酮这样的一种可选的序列来进行。在三元相图中绘制序列的质量平衡，并绘制相应流程图。

参 考 文 献

Castillo FJL and Towler GP (1998) Influence of Multi-component Mass Transfer on Homogeneous Azeotropic Distillation, *Chem Eng Sci*, **53**: 963.

Castillo FJL, Thong DYC and Towler GP (1998) Homogeneous Azeotropic Distillation 1. Design Procedure for Single-Feed Columns at Non-total Reflux, *Ind Eng Chem Res*, **37**: 987.

Doherty MF and Malone MF (2001) *Conceptual Design of Distillation Systems*, McGraw-Hill.

Doherty MF and Perkins JD (1978) On the Dynamics of Distillation Processes: I. The Simple Distillation of Multi-component Non-reacting Homogeneous Liquid Mixtures, *Chem Eng Sci*, **33**: 281.

Doherty MF and Perkins JD (1979a) The Behaviour of Multi-component Azeotropic Distillation Processes, *IChemE Symp Ser*, **56**: 4. 2/21.

Doherty MF and Perkins JD (1979b) On the Dynamics of Distillation Process: III. Topological Structure of Ternary Residue Curve Maps, *Chem Eng Sci*, **34**: 1401.

Holland CD, Gallun SE and Lockett MJ (1981) Modeling Azeotropic and Extractive Distillations, *Chem Eng*, **88** (March 23): 185.

Hougen OA, Watson KM and Ragatz RA (1954) *Chemical Process Principles. Part I: Material and Energy Balances*, 2nd Edition, John Wiley & Sons.

Laroche L, Bekiaris N, Andersen HW and Morari M (1992) Homogeneous Azeotropic Distillation: Separability and Flowsheet Synthesis, *Ind Eng Chem Res*, **31**: 2190.

Levy SG, Van Dongen DB and Doherty MF (1985) Design and Synthesis of Homogeneous Azeotropic Distillation: 2. Minimum Reflux Calculations for Non-ideal and Azeotropic Columns, *Ind Eng Chem Fund*, **24**: 463.

Petlyuk FB and Avetyan VS (1971) Investigation of Three Component Distillation at Infinite Reflux, *Theor Found Chem Eng*, **5**: 499.

Petlyuk FB, Kievskii VY and Serafimov LA (1975a) Thermodynamic and Topological Analysis of the Phase Diagrams of Polyazeotropic Mixtures: I. Definition of Distillation Regions Using a Computer, *Russ J Phys Chem*, **49**: 1834.

Petlyuk FB, Kievskii VY and Serafimov LA (1975b) Thermodynamic and Topological Analysis of the Phase Diagrams of Polyazeotropic Mixtures: II. Algorithm for Construction of Structural Graphs for Azeotropic Ternary Mixtures, *Russ J Phys Chem*, **49**: 1836.

Schreinemakers FAH (1901) Dampfdrueke im System: Wasser Aceton and Phenol, *Z Phys Chem*, **39**: 440.

Thong DYC and Jobson M (2001) Multi-component Azeotropic Distillation 1. Assessing Product Feasibility, *Chem Eng Sci*, **56**: 4369.

Wahnschafft OM and Westerberg AW (1993) The Product Composition Regions of Azeotropic Distillation Columns: II. Separability in Two-Feed Columns and Entrainer Selection, *Ind Eng Chem Res*, **32**: 1108.

Wahnschafft OM, Koehler JW, Blass E and Westerberg AW (1992) The Product Composition Regions of Single-Feed Azeotropic Distillation Columns, *Ind Eng Chem Res*, **31**: 2345.

Wynn N (2001) Pervaporation Comes of Age, *Chem Eng Prog*, **97**(10): 66.

Zharov VT (1968) Phase Representations and Rectification of Multi-component Solutions, *J Appl Chem USSR*, **41**: 2530.

第 12 章　传热器

在工业生产中，不同的场合使用不同类型的传热设备。图 12.1 展示了几种工业上常见的换热器。图 12.1 为套管式(发夹式)换热器，换热器的换热管通过管板和弯头进行连接和固定，通常冷流体在管程内流动，而热流体在壳程内由上向下流动，这是因为热流体在冷却过程中密度逐渐变大，自然地向下流动；如果冷却过程中发生蒸汽冷凝相变，这些冷凝液体也自然向下流动。对于管内的冷流体则趋向于向上流动，这是由于在被加热过程中冷液体密度逐渐变小，上浮力变大而趋向于自然地向上流动；如果有液体部分蒸发，则这些蒸汽将会自然向上流动。当然，在某些场合下，热流体也可走管程，冷流体壳程，这种流动方式和图 12.1a 中的结构恰好相反。

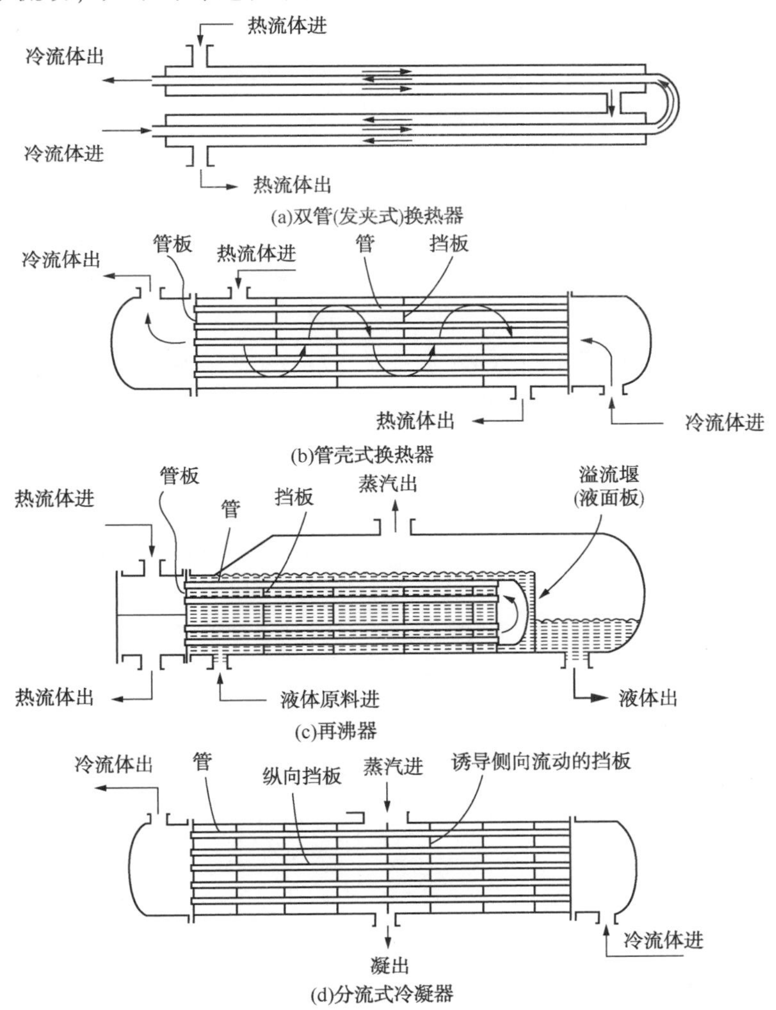

图 12.1　常见的管式换热器

装置可以通过将多个管安装在一起或将多个这样的单元堆叠在一起增加尺寸，但这种管束结构会降低传热能力。

目前，如图 12.1b 所示工业上最常用的换热器是管壳式换热器。图 12.1b 中冷流体流经管程，而热流体在壳程流动。冷热流体的流动通道可根据具体的情况进行调整。在壳程通过使用折流挡板流体多次错流通过管束。最常见的挡板是圆缺型挡板。在图 12.1b 中，插入折流挡板后产生了上下交叉流动。另外，也可以旋转挡板以产生侧向交叉流动。

图 12.1c 为一个釜式再沸器。热流体流过浸没在沸腾液体池中管子的内部。外壳会使冷凝沸腾的气体成液滴并滴下。设置的堰会保证液体的液位并使液体不会蒸发。这种换热器的设计可用于各种蒸发任务，也可用于精馏塔的再沸器。第 8 章中会介绍其他类型的再沸器。

图 12.1d 是一种常见的冷凝器。这种冷凝器水平放置，冷流体在管内流动，蒸汽在管外冷凝。图中所示的冷凝器具有一个水平纵向挡板，可将冷凝的蒸汽引导到壳体内部。它还安装垂直的圆缺型折流板，用于引导冷凝蒸汽从管道一侧流动到另一侧。

还有很多其他类型的管式换热器。图 12.2 为管壳式换热器典型的壳体结构及其应用。图 12.2 为 TEMA(管式换热器制造商协会)规定的外壳类型分类(TEMA，2007)。管壳式换热器是最常见的，还有很多其他类型的换热器。这些换热器将在 12.12 节中介绍。

主题分类	描述	应用
 E 外壳	壳体外壳	分流适用于大多数工艺加热或冷却应用——最常见的外壳设计
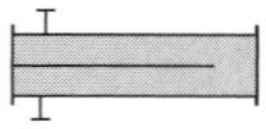 F 外壳	带有纵向挡板的双通管壳体	适合接近温度的逆流流型
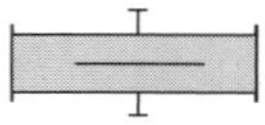 G 外壳	分流	外壳侧的相变应用程序
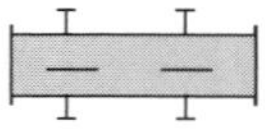 H 外壳	双分流	外壳侧的相变应用程序
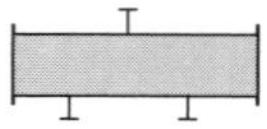 J 外壳	分流	在需要低压降的壳侧进行相变应用
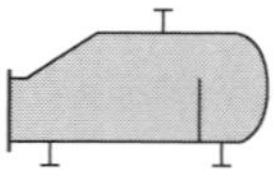 K 外壳	釜式再沸器	壳侧流在蒸汽脱离时进行蒸发
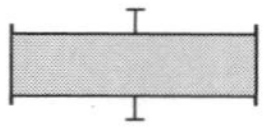 X 外壳	横向流	外壳侧的相变应用程序

图 12.2 根据 TEMA 标准定义的管壳式换热器的不同壳程排布及应用(TEMA，2007)

12.1 总传热系数

首先来看列管式换热器间壁换热的热阻。图 12.3 显示了间壁换热传热阻力的来源，由五部分共同构成总热阻。每部分热阻可以通过传热系数来表征。

1) 管外液膜传热系数。管外部(壳程)液膜的传热速率计算公式为：

$$Q = h_S A_O \Delta T_S \tag{12.1}$$

式中 Q——传热速率，$J \cdot s^{-1} = W$；

h_S——管外(壳侧)液膜传热系数，$W \cdot m^{-2} \cdot K^{-1}$；

A_O——管外(壳侧)传热面积，m^2；

ΔT_S——管外(壳侧)液膜温差，K。

2）壳程污垢传热系数。热传递通常被传热表面上沉积的污垢所阻碍，因此带有沉积污垢的材料导热性能较差。污垢与时间有关，取决于流体流速、温度和许多其他因素。污垢很难预测，余量通常基于经验。基于清洗前一段合理时间预期的预测值设计换热器。

通过管外(壳程)污垢所产生的传热阻力可量化为污垢传热系数：

$$Q = h_{SF} A_O \Delta T_{SF} \quad (12.2)$$

式中　h_{SF}——管外污垢系数，$W \cdot m^{-2} \cdot K^{-1}$；

ΔT_{SF}——管外污垢温差，K。

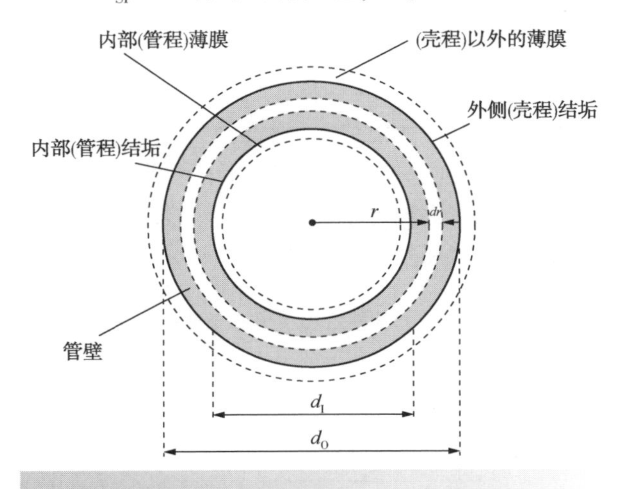

图 12.3　通过管的传热阻力

3）管壁导热系数。通过傅立叶方程（Kern，1950）计算管壁的传热速率：

$$Q = -kA\frac{dT}{dr} \quad (12.3)$$

式中　k——管壁材料的导热系数，$W \cdot m^{-1} \cdot K^{-1}$；

r——半径，m；

A——径向距离 r 的传热面积，m。

如图 12.3 所示，考虑随半径 r 增加的管壁厚度 dr 可得。

$$A = 2\pi rL \quad (12.4)$$

式中　L——管长，m。

将等式 12.4 代入等式 12.3 并化简，可得：

$$-\frac{Q}{2\pi kL}\int_{r_I}^{r_O}\frac{dr}{r} = \int_{T_I}^{T_O}dT \quad (12.5)$$

式中　r_O——管外径，m；

r_I——管内径，m；

T_O——管外表面温度，℃；

T_I——管内表面温度，℃。

积分等式 12.5 得到：

$$-\frac{Q}{2\pi kL}\ln\left(\frac{r_O}{r_I}\right) = T_O - T_I \quad (12.6)$$

因此：

$$Q = \frac{2\pi kL}{\ln\left(\frac{d_O}{d_I}\right)}\Delta T_W \quad (12.7)$$

式中　d_O，d_I——管外径和管内径，m；

ΔT_W——管壁两侧温差，K。

4）管程污垢传热系数　通过管程污垢热阻计算传热速率：

$$Q = h_{TF} A_I \Delta T_{TF} \quad (12.8)$$

式中　h_{TF}——管程结垢系数，$W \cdot m^{-2} \cdot K^{-1}$；

A_I——管内传热面积，m^2；

ΔT_{TF}——管程污垢两侧温差，K。

5）管内液膜传热系数。管内液膜的传热速率计算公式为：

$$Q = h_T A_I \Delta T_T \quad (12.9)$$

式中　h_T——管内液膜传热系数，$W \cdot m^{-2} \cdot K^{-1}$。

ΔT_T——管内液膜两侧温差，K。

总热阻即为以上五个热阻之和。如果用 ΔT 表示管内外冷热流体的温差，则：

$$T = \Delta T_S + \Delta T_{SF} + \Delta T_W + \Delta T_{TF} + \Delta T_T$$
$$= \frac{Q}{h_S A_O} + \frac{Q}{h_{SF} A_O} + \frac{Q}{2\pi kL}\ln\left(\frac{d_O}{d_I}\right) + \frac{Q}{h_{TF} A_I} + \frac{Q}{h_T A_I} \quad (12.10)$$

化简等式 12.10 可得：

$$\Delta T = \frac{Q}{A_O}\left[\frac{1}{h_S} + \frac{1}{h_{SF}} + \frac{d_O}{2k}\ln\left(\frac{d_O}{d_I}\right) + \frac{d_O}{d_I}\frac{1}{h_{TF}} + \frac{d_O}{d_I}\frac{1}{h_T}\right] \quad (12.11)$$

传热基本方程式为：

$$\Delta T = \frac{Q}{A_O}\frac{1}{U} \quad (12.12)$$

式中　U——基于管外表面积的总传热系数，

$W \cdot m^{-2} \cdot K^{-1}$。

则联立方程 12.11 和 12.12 得：

$$\frac{1}{U}=\frac{1}{h_S}+\frac{1}{h_{SF}}+\frac{d_O}{2k}\ln\left(\frac{d_O}{d_I}\right)+\frac{d_O}{d_I}\frac{1}{h_{TF}}+\frac{d_O}{d_I}\frac{1}{h_T} \tag{12.13}$$

或者，等式 12.13 可以用污垢热阻来表示。污垢热阻是污垢传热系数的倒数：

$$\frac{1}{U}=\frac{1}{h_S}+R_{SF}+\frac{d_O}{2k}\ln\left(\frac{d_O}{d_I}\right)+\frac{d_O}{d_I}R_{TF}+\frac{d_O}{d_I}\frac{1}{h_T} \tag{12.14}$$

式中 R_{SF}——管外污垢热阻，$W \cdot m^{-2} \cdot K^{-1}$；

R_{TF}——管内污垢热阻，$W \cdot m^{-2} \cdot K^{-1}$。

等式 12.13 和式 12.14 中定义的总传热系数是以圆管外表面积为基准，也可以选择内表面积作为基准，但通常使用外表面积为基准。

表 12.1 列出了常见流体传热系数的值（Kern，1950；Hewitt，Shires and Bott，1994；Hewitt，2008；Towler and Sinnott，2013）。

表 12.1 传输系数的典型值

	h_S 或 h_T/$W \cdot m^{-2} \cdot K^{-1}$
无相变	
水	2000～6000
气体	10～500
低黏度有机液体	1000～3000
高黏度有机液体	100～1000
冷凝	
蒸汽	5000～15，000
低黏度有机蒸汽	1000～2500
高黏度有机蒸汽	500～1000
氨	3000～6000
蒸发	
水	2000～10，000
低黏度有机液体	500～2000
高黏度有机液体	100～500
氨	1000～2500

表 12.2 列出了在常见尺寸下一些常见材料的导热系数。需要指出的是金属导热系数随着温度和金属纯度的变化而变化。

表 12.2 不同外径下多种金属管壁在 100℃时的导热系数

金属	k/$W \cdot m^{-1} \cdot K^{-1}$	h_s 或 h_T /$W \cdot m^{-2} \cdot K^{-1}$			
		d_O = 20mm		d_O = 25mm	
		d_I = 16.8mm	d_I = 16mm	d_I = 21mm	d_I = 19.8mm
铝	240	137700	107600	110100	82340
铜	395	226600	177000	181200	135500
哈氏合金	11.7	6710	5240	5370	4010
蒙乃尔铜镍合金	24	13770	10760	11010	8230
镍	83	47600	37200	38080	28470
不锈钢 304	16.5	9460	7390	7570	5660
不锈钢 316	15	8600	6720	6880	5150
钢	45	25810	20170	20650	15440
钛	21	12050	9410	9640	7200

从表 12.2 可以看出，金属材料的导热系数在大多情况下都很高，因此在整个传热过程中热阻的影响可以忽略不计。

12.2 换热器污垢

污垢是在换热器使用过程中流体中杂质在表面沉积形成的，可分为：

- 颗粒，悬浮在流体中的固体颗粒被输送到换热管表面并积聚；
- 水垢，可溶性物质从溶液中析出沉淀到换热管表面(例如水中碳酸钙的沉积)；
- 结晶，可溶性物质由于温度的变化或表面上的成核位点的存在而从溶液中结晶析出；
- 冻结，温度降低到物质的冰点以下时，这些物质发生冻结；

• 化学反应，在换热管表面发生化学反应（如聚合反应和裂解反应）而生成固体沉淀；

• 腐蚀，传热表面暴露于腐蚀性液体，该腐蚀性液体与金属表面反应产生化学反应，生成一些低热导率的氧化物；

• 生物污垢，一些微生物在传热表面生长，产生黏稠物质。

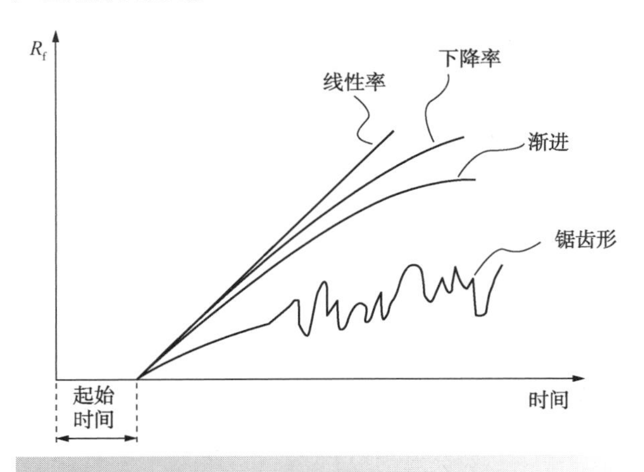

图 12.4 随时间改变的污垢热阻

以上这些污垢可能会同时出现。如图 12.4 所示，根据条件和结垢机理，可以采取一些不同的抗结垢措施（Bott，1995；Müller - Steinhagen，2000）。对于新的换热器或已经清洗过的换热器可以有一个启动期，在此期间污垢热阻可以忽略不计，在开始成核阶段开始出现污垢或供微生物生长的营养物沉积。这个启动期可能持续数秒或数天。颗粒物污染没有启动期。在图 12.4 中可以看出，污垢热阻的增加速率可能是不变的，也可能呈线性增加，或者下降并达到一个恒定的污垢阻力。图 12.4 还显示了周期性地除垢后，热阻出现锯齿状增加。对于多数结垢，根据其结垢机理，随着管壁温度的增加，污垢热阻呈指数增长（Müller-Steinhagen，2000）：

$$\frac{dR_F}{dt} = K\exp\left[-\frac{E}{RT_W}\right] \tag{12.15}$$

式中 R_F——污垢热阻，$m^2 \cdot K \cdot W^{-1}$；

t——时间，d；

K——取决于结垢机理和流体性质的速率常数，$m^2 \cdot K \cdot W^{-1} \cdot d^{-1}$；

E——活化能，$kJ \cdot kmol^{-1}$；

R——通用气体常数，$8.3145 kJ \cdot kmol^{-1} \cdot K^{-1}$；

T_W——管壁温度，K。

对于多数污垢类型，热阻随着管壁剪切应力的增加而减小（Bott，1995；Müller - Steinhagen，2000）。这是由于管壁剪切应力能够消除污垢。

结垢速率是污垢沉积速率和去除速率之间的平衡结果：

$$[污垢率] = [污垢速率] - [污垢沉积去除速率] \tag{12.16}$$

污垢沉积速率取决于许多因素，温度的影响通常最大。污垢去除速率主要取决于壁面剪切应力。对于管内流动，管壁剪切应力由下式确定：

$$\tau_w = c_f \frac{\rho v^2}{2} \tag{12.17}$$

式中 τ_w——管壁剪应力，$N \cdot m^2$；

c_f——摩擦系数；

ρ——流体密度，$kg \cdot m^{-3}$；

v——管内平均流速，$m \cdot s^{-1}$。

管外剪切应力的计算要复杂得多。污垢热阻通常与流体流速成正比（Müller - Steinhagen，2000）。

如果污垢沉积速率超过除垢速率，则会发生污垢的积聚。如果除垢速率大于污垢沉积速率，则表面不会产生污垢。对于某些类型的污垢，图 12.5 为典型的结垢现象，例如原油结垢。沉积速率主要受温度和管壁剪切应力的影响。在低于污垢阈值时，不会发生结垢。

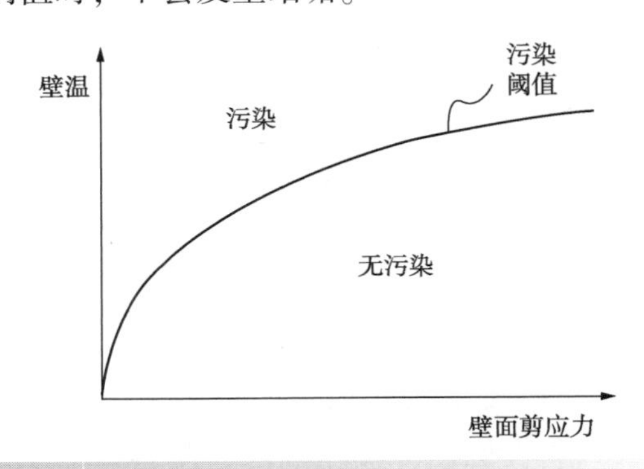

图 12.5 结垢临界模型

一些抗结垢化学剂可用于减轻换热器的结垢。对于管程，可以使用增强套管，这些增强套管内表面不规整，有利于传热；普通套管用作内管可以强化传热，强化湍流并减小压降，并降低套管的表面温度以减轻结垢。强化传热将在12.8节中介绍。

壳程污垢对传热的影响更为复杂。在壳程，污垢的存在会改变流体流动的形式，从而影响传热和压降。旁路和渗漏降低壳程传热系数和压降，而污垢会阻碍流体流动，增加流体的湍流程度，这有利于增加壳程传热系数和压降，但是这种传热系数和压降的增加往往会被污垢热阻抵消。在换热器使用初期，由于污垢能够促进湍流，所以结垢可能增加传热系数，随着污垢热阻的不断增加，传热系数才会减少。

在管壳式热交换器中，如果未能合理地布置折流挡板，就会产生滞流区。螺旋形折流挡板能够促进流体的螺旋流动，有效地消除滞流区。

因此，结垢是一个瞬态过程，从一个干净的传热表面开始，表面不断结垢直至换热器不能使用。此时，必须清理换热器。清理可以通过机械方法或化学方法完成。机械清洗可以使用高压水流清洗，化学清洗是利用化学试剂与表面沉积物发生反应并溶解消除污垢。这通常需要创建一个包括换热器和泵的清理路线，其中清洁流体以较高的速度流过换热器。在一些情况下(例如冷却水循环)，也可以向流体添加化学物质以抑制结垢。加入何种抑垢化学品和使用何种清洁方法取决于污垢的性质。

在设计换热器时，通常需要在热交换器清理之前的使用时间内，假定一个恒定的污垢传热系数和预期值。表12.3给出了污垢传热系数的常用值。

表 12.3 污垢传热系数的常用值

	h_{SF}或h_{TF}/W·m^{-2}·K^{-1}
水	
精馏	10000
锅炉水	5000~10000
蒸汽冷凝水	1500~5000
饮用水	2000~5000
钻孔水	1000~3000
清水	2000~6000
高品位冷却水	3000~6000
低品位冷却水	1000~2000
海水	2000~6000
锅炉排污	3000
液体	
盐溶液	3000~6000
低黏度有机液体	3000~11000
高黏度有机液体	1000~3000
机械油	6000
燃油	1000
焦油	500~1000
植物油	2000
气体	
空气	5000~10000
有机蒸汽	5000~10000
烟气	2000~5000
沸腾的溶液	
碳氢化合物	2500~10000
聚合碳氢化合物	2000~4000
冷凝气	
高品位蒸汽	4000~10000
低品位蒸汽	2000~5000
有机物	5000~20000

需要注意的是，表12.3中的污垢系数值是估计值。从一个全新的换热器到结垢、清洗是一个动态过程。设定污垢传热系数必须尽量合理，如果对污垢热阻估值偏大，那么换热器的尺寸会过大。这反过来又会导致换热器尺寸变大，流速变慢，从而加速结垢。

12.3 管壳式换热器的平均温差

考虑图12.6a中的换热过程。如图12.6a所示为套管式换热器。通常流体在换热器中逆流流动。假设传热是一个稳态过程，其中所有的流体性质和总传热系数U都是恒定的，传热过程没有发生相变，热损失可忽略不计。热传递过程温度变化如图12.6b所示。图中ΔT线的斜率由下式得到：

$$\frac{d(\Delta T)}{dQ}=\frac{\Delta T_H-\Delta T_C}{Q} \tag{12.18}$$

将式12.12应用于图12.6b：

$$dQ=UdA\Delta T \tag{12.19}$$

联立方程12.18和12.19可得：

$$\frac{\Delta T_H-\Delta T_C}{Q}=\frac{d(\Delta T)}{UdA\Delta T} \tag{12.20}$$

重新整理得到：

$$\int_0^A dA=\frac{Q}{\Delta T_H-\Delta T_C}\frac{1}{U}\int_{\Delta T_C}^{\Delta T_H}\frac{d(\Delta T)}{\Delta T} \tag{12.21}$$

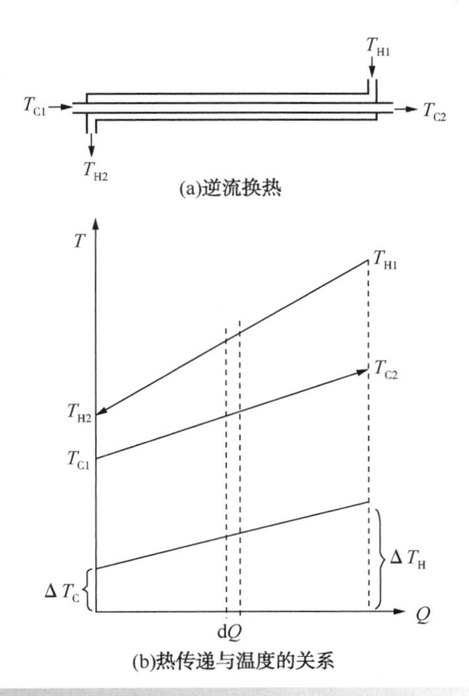

图 12.6　换热温差

从而：

$$A = \frac{Q}{\Delta T_H - \Delta T_C} \frac{1}{U} \ln \frac{\Delta T_H}{\Delta T_C} \qquad (12.22)$$

$$Q = UA\left[\frac{\Delta T_H - \Delta T_C}{\ln \dfrac{\Delta T_H}{\Delta T_C}}\right] \qquad (12.23)$$

$$= UA\Delta T_{LM} \qquad (12.24)$$

式中　ΔT_{LM}——对数平均温差。

注意，在以下情况中，计算公式也同样适用：

① 如图 12.6b，管内和管外的流体流动方向相反，即为逆流；

② 两种流体流动方向一致，即为并流；

③ 任一侧的流体温度恒定。

如果图中冷热流体的斜率相等，那么 $\Delta T_H = \Delta T_C = \Delta T$，在等式 12.24 中，用 ΔT 代替对数传热温差。如果两种流体温度相等，那么：

$$\frac{\Delta T_H - \Delta T_C}{\ln \dfrac{\Delta T_H}{\Delta T_C}} = \frac{\Delta T_C - \Delta T_H}{\ln \dfrac{\Delta T_C}{\Delta T_H}} \qquad (12.25)$$

公式 12.24 中的结果既适用于逆流也适用于并流，实际生产上很少采用并流，因为给定流体入口和出口温度，逆流流动的平均传热温差大于并流，较大的平均温差可以减小换热器换热面积。此外，对于逆流，热流体的出口温度可以低于冷流体的出口温度(有时称为温度交叉)。而在图 12.7b 中，很明显，不可能出现温度交叉。

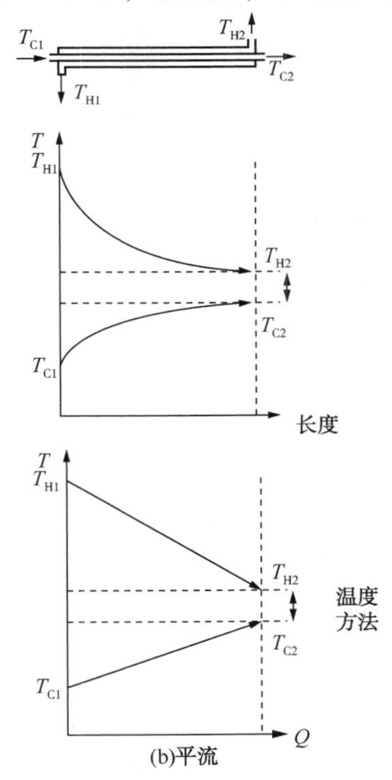

图 12.7　并流换热器中流体温度不会交叉

对于给定的热负荷和总传热系数，如图12.8a所示，在1-1设计中，对于管壳式换热器(单壳程单管程)，单管程所需传热面积最小。图12.8b是1-2设计(单壳程双管程)，其中流体两次流过管程。流体流动通过安装在换热器封头中的分流器或隔板来改变方向。管程的增加加大了流速和管侧传热系数，从而提高了总传热系数。

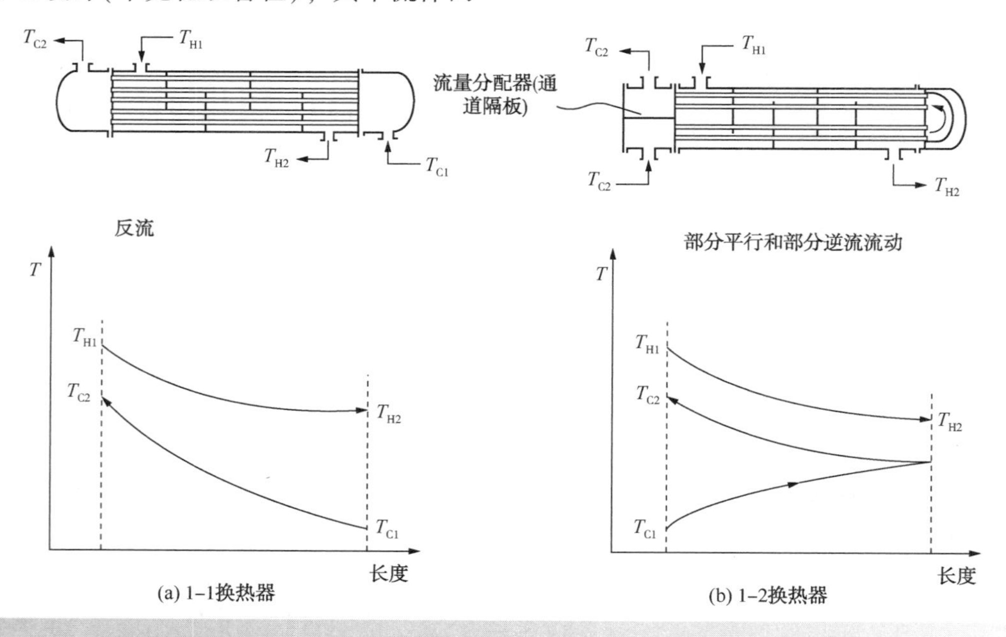

图12.8 1-1壳程接近逆流，1-2中壳程为部分逆流和部分并流

图12.9是管壳式换热器常见的四种形式。图12.9a为固定管板式换热器。这些管固定在两端的管板上，这种设计导致换热器管的外部清洗困难，另外由于管程和壳程之间的温差很大，通常需要安装膨胀节来抵消热应力。这类换热器不需要安装各种膨胀节，制造成本较低。图12.9b所示为U型管式换热器，在U型管式换热器中，由于换热管存在最小弯曲半径，使得外壳直径增大，产生额外的制造费用。管束可以抵消由温度引起的热应力。此外，可使换热管的外部容易清洗。然而，由于换热管弯曲，管内清洗较为困难，所以U型管式换热器大多应用在管内流体清洁的情况。图12.9c为浮头式换热器。浮头式换热器管束一端固定在管板上，另一端管板可自由地“浮动”，从而允许管束的自由伸缩。碟形封头用螺栓连接到浮头管板上，拆卸换热器管侧入口和出口的通道封头、壳盖、浮动头罩和开口环后，因为浮动管板的直径略小于壳体直径，管束可以从通道端拉出壳体。一旦取出，管子的外部可以采用机械方法清洗。如图12.9d所示为另一种不常见的浮头式换热器。在此种类型换热器中，一个碟形封头直接固定在浮头管板上。拆卸管侧入口和出口的换热器封头，可直接拆除管束。一旦拆除，管的外部也可以用机械方法清洗。然而，这种换热器设计必须采用更大的壳体直径。当换热管两侧的流体不清洁时，可以选用此种换热器。

图12.8b中的1-2设计表明，流体流动存在逆流和并流。与纯逆流装置相比，显然降低了热交换的平均温度差。在设计时，通过引入F_T因子来校正基本换热器设计方程(Underwood, 1934; Bowman, 1936; Bowman, Mueller and Nagle, 1940)：

$$Q = UA\Delta T_{LM}F_T \quad 0<F_T<1 \qquad (12.26)$$

因此，对于给定的换热器负荷和总传热系数，1-2的设计需要比1-1设计有更大的传热面积。然而，1-2设计也有很多优点，比如容易清洗、管内传热系数大、允许热膨胀等。

F_T校正因子通常是两个无量纲量(R)和换热器(P)的热效率的比值相关(Bowman, Mueller and Nagle, 1940)：

$$F_T = f(R, P) \qquad (12.27)$$

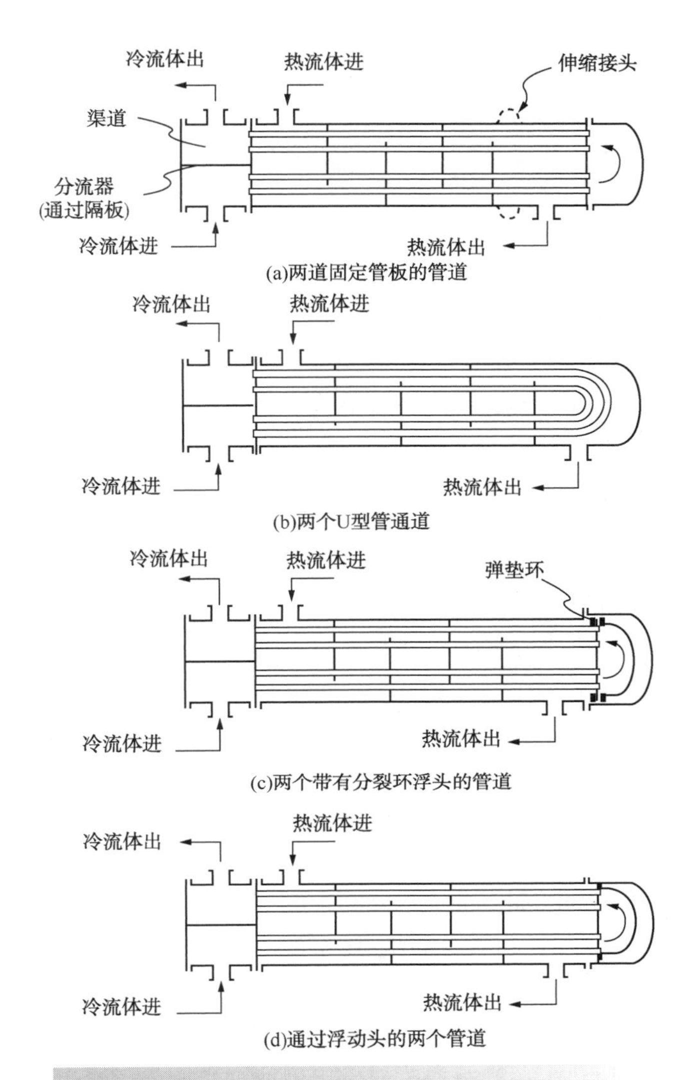

图 12.9 双管程的不同设计方式

其中

$$R = CP_C/CP_H = (T_{H1} - T_{H2})/(T_{C2} - T_{C1}) \quad (12.28)$$

$$P = (T_{C2} - T_{C1})/(T_{H1} - T_{C1}) \quad (12.29)$$

注意，F_T 仅取决于 1-2 换热器中流体的入口和出口温度。F_T 为 R 和 P 的函数在 1-2 换热器中 F_T 的表达式，可以在以下文献中找到(Underwood，1934；Bowman，1936；Bowman，Mueller and Nagle，1940；Kern，1950)：

对于 $R \neq 1$：

$$F_T = \frac{\sqrt{R^2+1}\ln\left[\frac{1-P}{1-RP}\right]}{(R-1)\ln\left[\frac{2-P\left(R+1-\sqrt{R^2+1}\right)}{2-P\left(R+1+\sqrt{R^2+1}\right)}\right]} \quad (12.30)$$

对于 $R=1$：

$$F_T = \frac{\left[\frac{\sqrt{2}P}{1-P}\right]}{\ln\left[\frac{2-P(2-\sqrt{2})}{2-P(2+\sqrt{2})}\right]} \quad (12.31)$$

通过增加管程数来提高管内流体流速，从而提高管程传热系数。严格来说，F_T 取决于管程数：

$$F_{T1-2} < F_{T1-4} < F_{T1-6} < F_{T1-8} < \cdots < 1 \quad (12.32)$$

由于这些 F_T 的值非常接近，在 P 和 R 所有取值范围内，最大误差约为 2%(Kern，1950)，因此可以用 F_{T1-2}代替所有 F_{T1-2+}：

$$F_{T1-2} = F_{T1-2},\ F_{T1-4},\ F_{T1-6},\ F_{T1-8} \quad (12.33)$$

图 12.10 为方程 12.30 和方程 12.31 的函数曲线。可看出，对于给定的 R 值，F_T 曲线的斜率非常大，随着热效率 P 的增加而接近渐近线。

使用 1~2 个换热器时可能遇到三种情况(图 12.10)：

1）热流体的出口温度高于冷流体的出口温度，如图 12.10a 所示。这就是温度差。这种情况可以直接设计的，因为它可以容纳在一个 1-2 壳中。

2）热流体的出口温度略低于冷流体的出口温度，如图 12.10b 所示。这就是温度交叉。这种情况通常很容易设计，因为温度交叉很小，可以适用于单壳程换热器。然而，F_T 的减小意味着必须增加传热面积。

3）如图 12.10c 所示，随着温度交叉量的不断增加，F_T 显著降低，导致所需传热面积急剧增加。也可能会遇到热流体温度低于冷流体的情况。设计换热器时，需要极力避免这种情况。因此，对于给定的 R 值，当 F_T 曲线越接近渐近线，换热器的效率就越低。

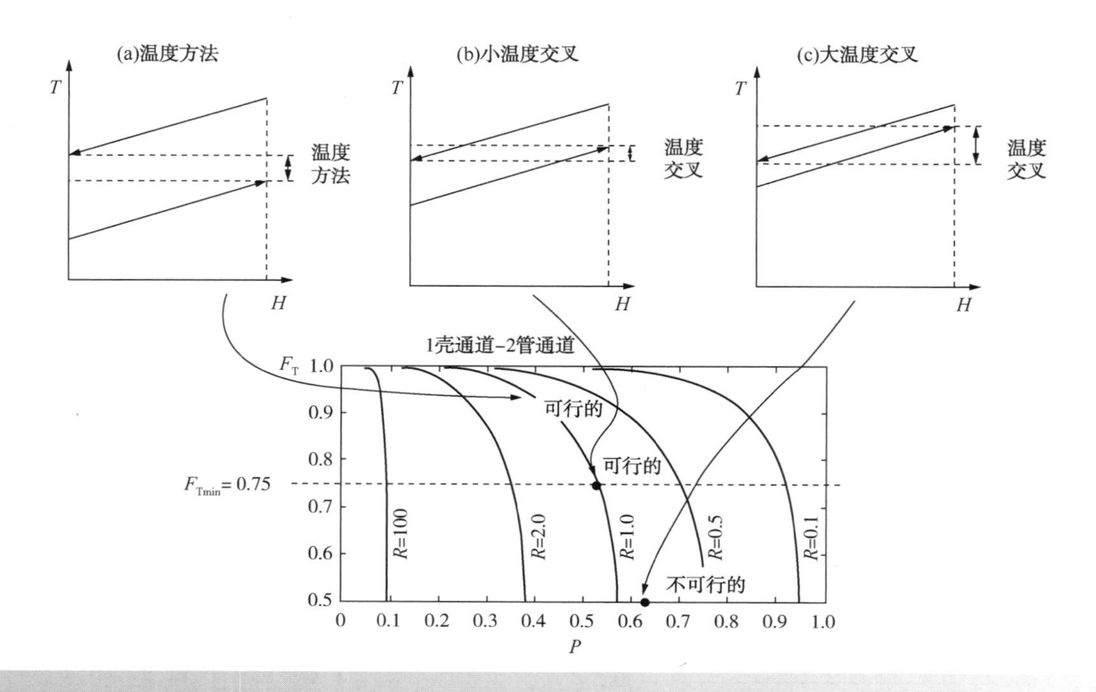

图 12.10 温度接近或小温度交叉设计适用于 1-2 壳中，而大温度交叉的设计则不适用
（摘自 Ahmad S，Linnhoff B and Smith R，1988，Trans ASME J Heat Transfer，110：304，reproduced by permission of the American Society of Mechanical Engineers）

1）F_T 的数值较低表示传热面积的利用率低。

2）设计过程中，在 F_T 图中特别陡峭的区域，一些违反该方法的简化假设往往对换热器性能具有显著的影响。

3）当斜率很大时，设计数据的波动或不准确都会对换热器性能有显著的影响。

因此，为了确保设计不出现意外，无论是否满足 $F_T > 0.75$（Ahmad，Linnhoff and Smith，1988），都应该避免所使用的 F_T 处于图中斜率过大的区域。对于任意 R 值，都存在一个 P 的最大渐近值，即 P_{max}，其可通过 F_T 趋向于无穷，由下式得出（Ahmad，Linnhoff and Smith，1988）：

$$P_{max} = \frac{2}{R + 1 + \sqrt{R^2 + 1}} \qquad (12.34)$$

公式 12.34 可以在附录 D 中查到。实际设计时，通常 P_{max} 被限制在以下范围（Ahmad，Linnhoff and Smith，1988）

$$P = X_P P_{max} \quad 0 < X_P < 1 \qquad (12.35)$$

其中 X_P 是设计者定义的常数。

将 X_P 的常数线与图 12.11 中的 F_T 曲线进行对比（Ahmad，Linnhoff and Smith，1990），可以看出，X_P 曲线避开了斜率大的区域。

由于 FT 值太小或 FT 斜率太大，在设计时常常遇到单个 1-2 型换热器不可行的情况。如果出现这种情况，必须考虑设计不同类型的单壳程或多壳程的换热器（Kern，1950；Hewitt，Shires and Bott，1994；Serth，2007；Hewitt，2008）。在这种情况下，对 1-2 型换热器可采用的多壳程设计。对于相同的任务，通过串联使用两个 1-2 型换热器（图 12.12），每个单壳程中的温度交叉能够降低到低于单个 1-2 壳程的温度交叉。图 12.12 所示的曲线原则上可以通过串联的两个 1-2 型换热器或单个 2-4 型换热器来实现。

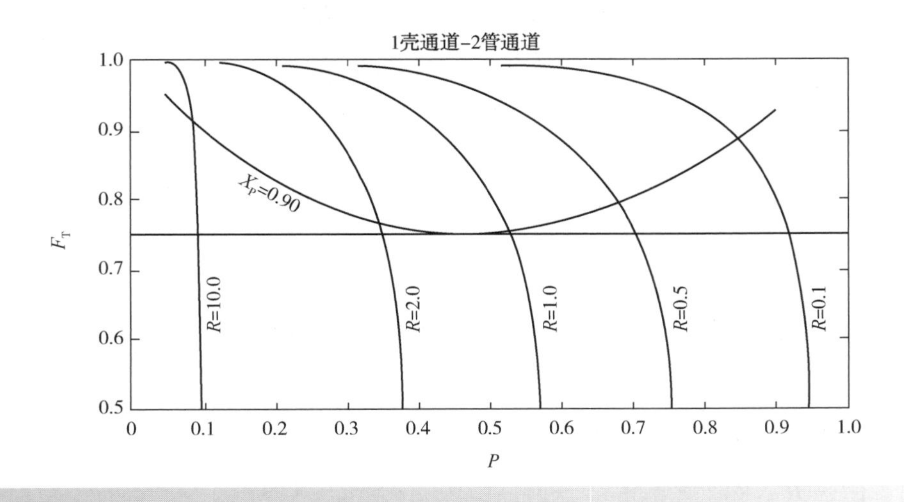

图 12.11 X_P 参数可避免 F_T 曲线上的斜率最大的点，而最小 F_T 则不能

（From Ahmad S，Linnhoff B 和 Smith R，1990，Computers and Chem Eng，7：751，经许可转载）

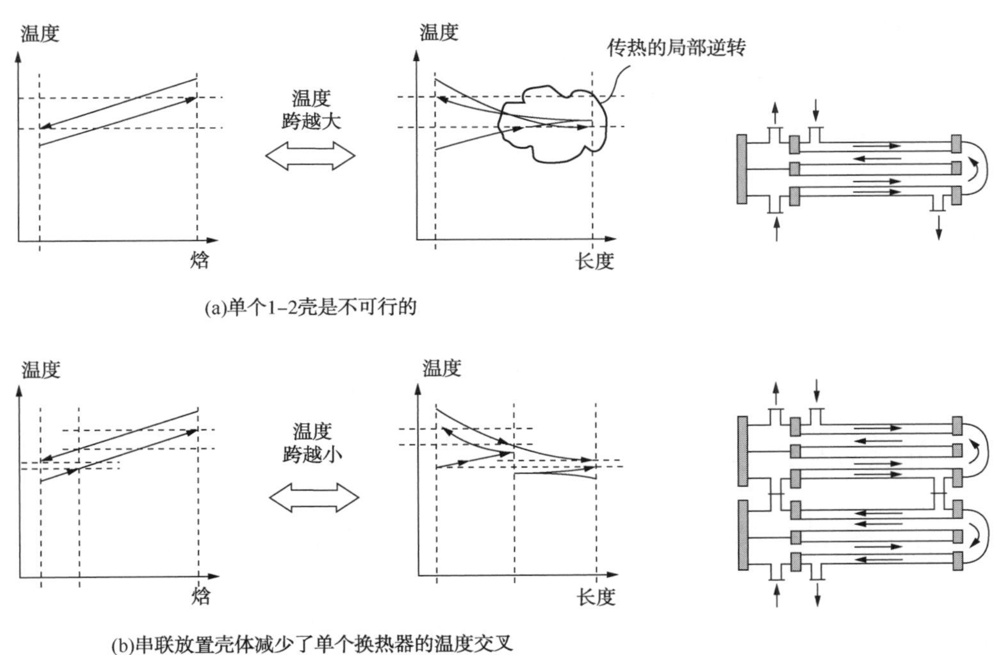

图 12.12 较大的总温度交叉需要串联壳体以减少单个换热器中的交叉

（From Ahmad S，Linnhoff B and Smith R，1988，Trans ASME J Heat Transfer，110：304，经许可转载自美国机械工程师协会）

对于串联的 1-2 型换热器，可以基于以下方法来进行转换：对于 NSHELLS 系列换热器，每个壳程都具有相同的 F_T 值，F_T 值对于所有 NSHELLS 型壳程都相等（Bowman，Mueller and Nagle，1940）。此外，每个壳程（P_{1-2}）的有效因子的值是也相等的，但每个 NSHELLS（P）的有效因子的值是不相等的。当然，R 在所有的壳程设计中都是不变的。

对于 $R \neq 1$（Bowman，Mueller and Nagle，1940）：

$$P = \frac{1 - \left(\frac{1 - P_{1-2}R}{1 - P_{1-2}}\right)^{N_{SHELLS}}}{R - \left(\frac{1 - P_{1-2}R}{1 - P_{1-2}}\right)^{N_{SHELLS}}} \quad (12.36)$$

对于 $R = 1$ (Bowman, Mueller and Nagle, 1940):

$$P = \frac{P_{1-2}N_{SHELLS}}{P_{1-2}N_{SHELLS} - P_{1-2} + 1} \quad (12.37)$$

因此，对于 NSHELLS，给定的 P 的总值，可以使用式 12.36 和 12.37 对每个壳程的 P1-2 计算。为此，首先定义一个变量 Z：

$$Z = \left(\frac{1 - P_{1-2}R}{1 - P_{1-2}}\right)^{N_{SHELLS}} \quad (12.38)$$

将 Z 代入公式 12.36 并整理得到：

$$Z = \frac{1 - PR}{1 - P} \quad (12.39)$$

因此，对 P 的总值，首先根据公式 12.39 计算 Z。然后，通过将 Z 代入公式 12.38，可计算 P_{1-2}。对于 $R \neq 1$：

$$P_{1-2} = \frac{Z^{1/N_{SHELLS}} - 1}{Z^{1/N_{SHELLS}} - R} \quad 对于 R \neq 1 \quad (12.40)$$

对于 $R = 1$，由公式 12.37 得到：

$$P_{1-2} = \frac{P}{P - PN_{SHELLS} + N_{SHELLS}} \quad 对于 R = 1 \quad (12.41)$$

由此，对于 R1 串联的 NSHELLS：

$$F_T = \frac{\sqrt{R^2 + 1}\ln\left[\frac{1 - P_{1-2}}{1 - RP_{1-2}}\right]}{(R - 1)\ln\left[\frac{2 - P_{1-2}\left(R + 1 - \sqrt{R^2 + 1}\right)}{2 - P_{1-2}\left(R + 1 + \sqrt{R^2 + 1}\right)}\right]} \quad (12.42)$$

其中 P_{1-2} 由等式 12.40 得出。对于 $R = 1$ 的 NSHELLS：

$$F_T = \frac{\left[\frac{\sqrt{2}P_{1-2}}{1 - P_{1-2}}\right]}{\ln\left[\frac{2 - P_{1-2}(2 - \sqrt{2})}{2 - P_{1-2}(2 + \sqrt{2})}\right]} \quad (12.43)$$

其中 P_{1-2} 由等式 12.41 得出。

传统的设计方法是通过反复试验和修正来实现单个设备的设计。一般先假设单壳程，然后对 F_T 进行评估。

如果 F_T 不符合要求，则逐渐增加壳程数，直到获得每个壳程的合适的 F_T 值为止。对于串联的 1-2 型换热器：

$$F_{T1-2} < F_{T2-4} < F_{T3-6} < F_{T4-8} < \cdots < 1 \quad (12.44)$$

以公式 12.35 给出的设计标准作为依据，可以省去不必要的试错，因为对于设计任务，壳程数量可在附录 E 中得到 (Ahmad, Linnhoff and Smith, 1988)。

对于 $R \neq 1$：

$$N_{SHELLS} = \frac{\ln\left(\frac{1 - RP}{1 - P}\right)}{\ln W} \quad (12.45)$$

其中

$$W = \frac{R + 1 + \sqrt{R^2 + 1} - 2R X_P}{R + 1 + \sqrt{R^2 + 1} - 2 X_P} \quad (12.46)$$

对于 $R = 1$：

$$N_{SHELLS} = \frac{\left(\frac{P}{1 - P}\right)\left(1 + \frac{\sqrt{2}}{2} - X_P\right)}{X_P} \quad (12.47)$$

为满足允许的最小 F_T 值，必须选择合适的 X_P 值(例如，对于 $F_{Tmin} > 0.75$，使用 $X_P = 0.9$)。一旦利用公式 12.45 或公式 12.47 计算出的实际壳程数不是整数，则需进一位得出整数壳程数。一般来说，对于给定总体任务，壳程数量越少，价格就越便宜；而 X_P 取值越大，壳体数就越多，但换热器会更可靠，因此需要取折中值。大多数情况下，$X_P = 0.9$ 是合理的。

应该注意的是，这种方法可以用于 1-4，1-6 等壳体串联的换热器并且仅有较小的误差，原因是因为 F_{T1-2} 和 F_{T1-2}+的值接近。

为减小壳程中的温度交叉，将换热器设计为多壳程。但对于单壳程换热器在实际生产制造中一般会有一个尺寸上限。对于具有可拆卸套管的管壳式热交换器，壳体的最大表面积约为 1000m^2。然而，为便于维护和清洁，通常会采用较低的换热器表面积。对于固定管板式换热器尺寸上限则大得多，最大表面积高达 4500m^2。

例 12.1 热流体通过换热器从 60℃ 加热到 200℃，冷流体从 300℃ 被冷却至 100℃。要使用 1-2 型管壳式换热器，$X_P=0.9$。换热器的热负荷为 3.5MW，总传热系数约为 $100W \cdot m^{-2} \cdot K^{-1}$。试求：

① 所需的壳程数；

② 每个壳程的 P_{1-2}；

③ 串联的换热器的 F_T 值；

④ 传热面积。

解：

①
$$R=\frac{T_{H1}-T_{H2}}{T_{C2}-T_{C1}}=\frac{300-100}{200-60}=1.4286$$

$$P=\frac{T_{C2}-T_{C1}}{T_{H1}-T_{C1}}=\frac{200-60}{300-60}=0.5833$$

$$W=\frac{R+1+\sqrt{R^2+1}-2RX_P}{R+1+\sqrt{R^2+1}-2X_P}=0.6748$$

$$N_{SHELLS}=\frac{\ln\left[\frac{(1-RP)}{(1-P)}\right]}{\ln W}=2.33$$

因此，该换热器需要三壳程。

②
$$Z=\frac{1-PR}{1-P}=\frac{1-0.5833\times1.4286}{1-0.5833}=0.4$$

$$P_{1-2}=\frac{Z^{1/N_{SHELS}}-1}{Z^{\frac{1}{N_{SHELLS}}}-R}=\frac{(0.4)^{1/3}-1}{(0.4)^{1/3}-1.4286}=0.3805$$

③
$$F_T=\frac{\sqrt{R^2+1}\ln\left[\frac{(1-P_{1-2})}{(1-RP_{1-2})}\right]}{(R-1)\ln\left[\frac{2-P_{1-2}(R+1-\sqrt{R^2+1})}{2-P_{1-2}(R+1+\sqrt{R^2+1})}\right]}$$

代入 $R=1.4286$ 和 $P_{1-2}=0.3805$

$$F_T=0.86$$

④
$$\Delta T_{LM}=\frac{(T_{H1}-T_{C2})-(T_{H2}-T_{C1})}{\ln\left[\frac{T_{H1}-T_{C2}}{T_{H2}-T_{C1}}\right]}=\frac{(300-200)-(100-60)}{\ln\left[\frac{300-200}{100-60}\right]}=65.48℃$$

$$A=\frac{Q}{U\Delta T_{LM}F_T}=\frac{3.5\times10^6}{100\times65.48\times0.86}=619\ m^2$$

12.4 换热器结构

根据公式 12.13 计算总传热系数需要知道液膜传热系数。尽管表 12.1 给出了一些液膜传热系数常用值，但由于液膜传热系数受流速（流量）、流体物理性质和换热器结构的影响，需要计算管程和壳程液膜传热系数。除了传热系数之外，还需要计算换热器压降。

在计算传热系数和压降之前，先考虑换热器的结构细节：

1）管径。管的尺寸一般有管外径和壁厚两个指标。管外径基于 TEMA 标准（TEMA，2007），以英寸为单位，而壁厚根据伯明翰线（BWG）规定，BWG 值越小，管壁越厚。TEMA 还规定了等效量度（TEMA，2007）。表 12.4 是一些更常用的尺寸。从表 12.4 可以看出，管壳式换热器中最常用的管外径为 19.05mm，25.5mm，15.55mm。外径为 31.75mm 和 38.10mm 的换热管常用于蒸发器和蒸汽锅炉。更大管径 76.2~101.6mm 的管常用于火焰加热器（见后文）。对于壁厚，首先必须能够承受管内外压力差，还要考虑管壁腐蚀余量。另外，管道振动以及管道的磨损也必须要考虑到。表 12.4 中管壁厚度在 1.651mm(16BWG)至 2.769mm(12BWG)之间。当管壁材料较为昂贵时，管壁会更薄。在换热器设计时，如果使用钢管，那么壁厚一般取 2.108mm(14BWG)。

表 12.4 基于英制尺寸的常用管尺寸

壁厚/mm	0.889	1.245	1.651	2.108	2.769	3.404	4.191
伯明翰线规(BWG)	20	18	16	14	12	10	8
外径/mm	内径/mm						
15.88	14.10	13.39	12.57	11.66	10.34	9.07	
19.05	17.27	16.56	15.75	14.83	13.51	12.24	
25.40	23.62	22.91	22.10	21.18	19.86	18.59	17.02
31.75	29.97	29.26	28.45	27.53	26.21	24.94	23.37
38.10			34.80	33.88	32.56	31.29	
76.20				71.98	70.66	69.39	

除了基于英制单位的标准外，还有许多其他标准。表 12.5 给出了常用的公制尺寸。表 12.5 中的常用尺寸为 d_O = 20mm，d_I = 16mm，d_O = 25mm，d_I = 19.8mm。

表 12.5 基于公制的常用管尺寸。

壁厚/mm	1.6	2	2.6	3.2	3.6	4	4.5
外径/mm	内径/mm						
16	12.8	12.0	10.8	9.6			
18	14.8	14.0	12.8	11.6	10.8		
20	16.8	16.0	14.8	13.6	12.8	12.0	
22	18.8	18.0	16.8	15.6	14.8	14.0	13.0
25	21.8	21.0	19.8	18.6	17.8	17.0	16.0
30	26.8	26.0	24.8	23.6	22.8	22.0	21.0
32	28.8	28.0	26.8	25.6	24.8	24.0	23.0
38	34.8	34.0	32.8	31.6	30.8	30.0	29.0
40	36.8	36.0	34.8	33.6	32.8	32.0	31.0
70	66.8	66.0	64.8	63.6	62.8	62.0	61.0

2) 管长。TEMA(2007)给出了常用的换热管管长规格。基于英制单位的常用管长规格为 1.83m，2.44m，3.05m，3.66m，4.88m，6.10m 和 7.32m。在炼油装置中通常使用长度为 4.88m 的换热管。然而，原则上可以使用管子制造商提供的任何长度的换热管，也可使用公制长度为 2.5m，3m，4m，5m 和 6m 的换热管。在 U 型管换热器(见图 12.9b)中，管长随着管束中位置的不同而变化。处于管束内侧的管子具有较小的弯曲半径，所以总长度比在管束外侧的管子短。整个管束有平均长度。管子的工作长度比其从安装在其上的管板占用的长度算起的端到端长度略短。管板的厚度通常在 2~4cm 变化。图 12.13 是最常见的换热管在管板上的排布方式。凹槽被研磨到管板上的孔中，管子通过液压或滚轮膨胀产生密封。如果管和管板可以焊接，则也可通过焊接方式来固定换热管和管板接口。管长在设计时可在一定范围内变化。相同的传热面积可以使用较少数量的直径小、长度长的换热管或较多数量直径大、长度短的换热管。管长与壳径之比一般

在 5~15。

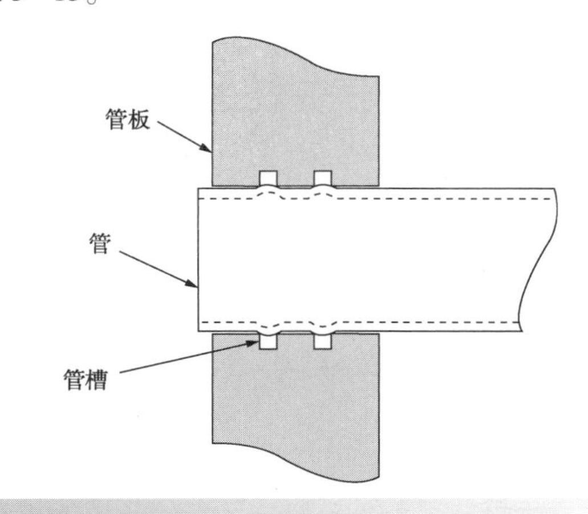

图 12.13 管子固定到管板上

3）管间距。管间距（p_T）是相邻管中心之间的距离。管间距一般在 1.25d_0和 1.5d_0之间。最小管间距通常设定为 1.25d_0。

4）管排布方式。如图 12.14 所示，管可以以正方形或三角形方式排布。错排要比直排排布具有更高的管外传热系数。对于相同的管间距和壳程流量，传热系数大小顺序一般为 $h_{S30°}>h_{S45°}>h_{S60°}>h_{S90°}$。正方形 90°排布方式的传热系数最低，但具有最低的压降。图 12.14a 和图 12.14b 所示的方形排布（45°或 90°）常用于不清洁流体，这种排布方式，管道能够连续穿过整个管束，方便机械清洁。图 12.14c 和图 12.14d 所示的三角形排布局限于管程内为清洁流体，因为它们难以机械清洁。然而，对于给定的管间距，三角形排布可以安装更多数量的换热管。在图 12.14a 中，对于方形排布，每个管子限定在 P_T^2 的范围内；对于三角形排布，每个三角形间距内所占表面为 $0.5p_T^2\sqrt{3}/2$，仅包含半个管，因此在 $p_T^2\sqrt{3}/2=0.866P_T^2$ 的区域中包含三角形间距的单管。这意味着对于相同的管间距，三角形排布能够允许比相同尺寸的正方形排布布置更多的换热管。

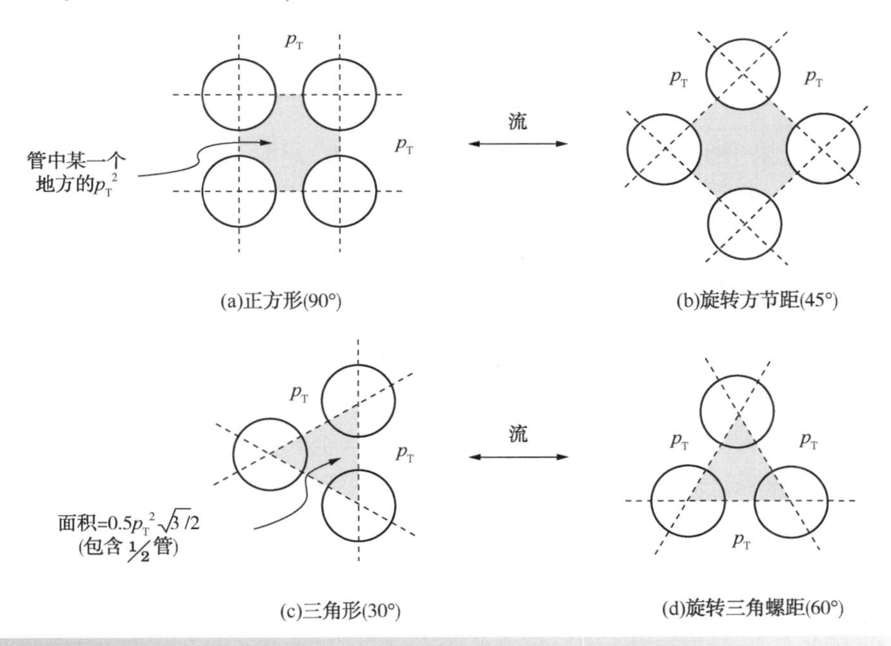

图 12.14 管子排布

5）折流板。如图 12.15a 所示，在壳程安装挡板来引导流体流动，错流比平流具有更高的传热速率，但压降随之加大。图 12.15a 是最常见的圆缺型折流板。挡板不仅提高了壳程的传热速率，而且还可以提供结构支持，防止管弯曲以及由于流体流动力而导致的管振动。图 12.15a 是管壳内安装圆缺型折流板流体的流动情况。如图 12.1d 所示，挡板可以旋转 90°以提供侧向流动。这对于蒸气混合物是适合的，例如冷凝过程。图 12.15b 所示的是双折流挡板。使用双折流挡板，壳程压降通常为单折流挡板的三分之一到二分之一(Bouhairie，2012)。然而，使用双折流挡板时传热系数较低。当气体位于壳程并且要求压降较低时，通常使用双折流挡板。挡板通常由拉杆和密封垫支撑，如图 12.15c 所示。还有一些其他类型的挡板设计(Bouhairie，2012)。在以后讲述和实际案例中，默认使用是单折流挡板。

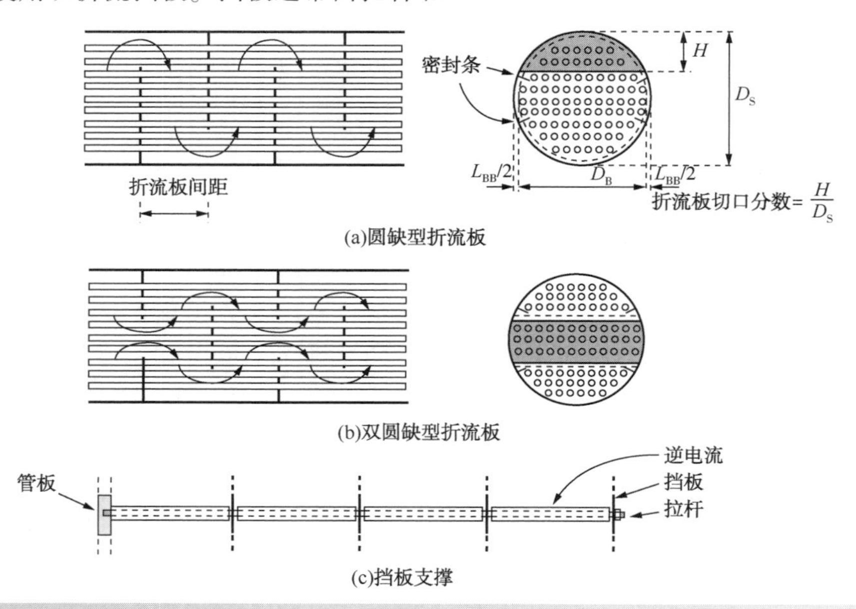

图 12.15 壳程挡板

图 12.16a 所示为壳程使用圆缺型折流挡板时流体理想的错流和平流流动模式。错流具有比平流更高的传热速率和压降。实际上，如图 12.16a 所示的流动方式并不是很理想，因为管至挡板间隙会发生流体泄漏，而且流体在管程和壳程之间的缝隙产生旁路，也会造成流体泄漏，泄漏程度与挡板和壳程的缝隙大小相关(图 12.16b 所示)。这些泄漏都会使得壳程传热速率降低。为了防止流体在管程和壳程之间的泄漏，可以在挡板边缘的凹口中安装纵向金属密封条(见图 12.15)。这些密封件能够有效避免泄漏现象的发生，特别是当管程和壳程之间的间隙通常大于 30mm 时，安装密封条是非常重要的。密封条通常不适用于固定管板式和 U 型管式换热器，但是开环和可抽式浮头换热器通常需要安装密封条。管板和管束中心的间隙中，也可以产生流体的旁路，这种内部旁路也可以通过安装纵向密封条的方法来解决。

当使用折流挡板时，一些重要的参数需要修正。折流挡板之间的最小间距应大于 $0.2D_S$，(其中 D_S 是壳程内径，TEMA，2007)。折流挡板间距与壳体直径的最佳比值是压降转化为传热的最大值，一般在 $0.3D_S$<挡板间距<$0.6D_S$(Bouhairie，2012)的范围内。在一些情况下，与壳程中心的挡板间距相比，入口和出口处挡板间距较大。这是为了便于安装壳程进出口管，不与挡板发生位置冲突，同时不干扰流体的流动。此外，对于挡板的数量和壳程进出口管的位置取决于挡板数是偶数还是奇数。挡板数是偶数，意味着壳程入口管和出口管都在管程的同一侧(例如参见图 12.1b)；奇数挡板意味着壳程入口管和出口管位于壳程的两侧。

挡板切割是挡板上所拆除的高度，作为挡板直径的一部分，如图 12.15a 所示。挡板切割比例在 0.15~0.45，通常为 0.25。尽可能地使挡板间隔和挡板切割匹配，以尽量保持错流和平流流速的一致(Bouhairie，2012)，这样可以避免流体流速的剧烈波动。

6) 管束间距。管束与壳内壁之间必须有一定的间距。该间距 L_{BB} 指的是壳内壁与管束中最外侧管外壁之间的距离(见图 12.15a)。管束直径 D_B 是指管束最外侧的管之间的距离(参见图 12.15a)。L_{BB}的值主要取决于管束的设计。固定管板和U型管换热器中管束与壳内壁间距通常较小。开环浮头式换热器设计需要较大的间距，可抽式浮头换热器则需要更大的间距，这个间距也和壳程的设计压力有关。L_{BB}对换热器性能影响较大，因为它能够增加壳程的传热面积。表 12.6 给出了不同类型换热器的常用值。

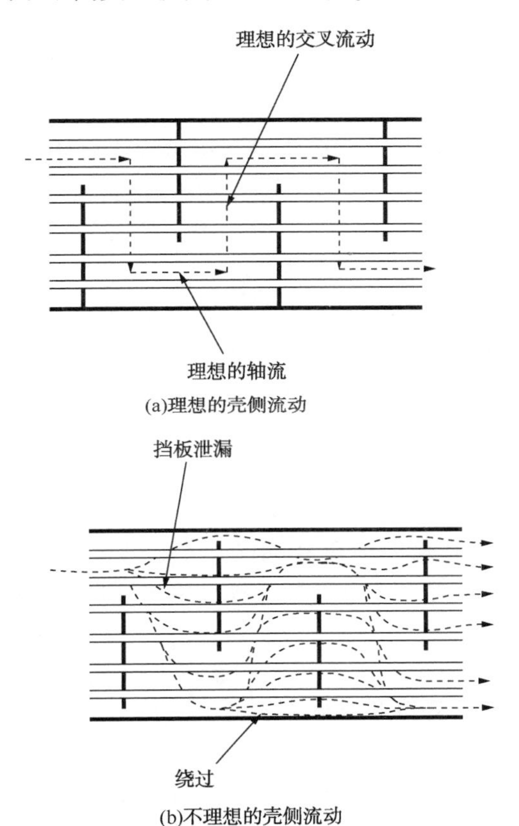

图 12.16 壳程流动形式

表 12.6 典型的壳程内径与管束间距
(L_{BB}和 D_S 单位：m)

设计类型	空隙
固定管板和U型管换热器	$L_{BB}=0.0048D_s+0.0133$
开环浮头式换热器	$L_{BB}=0.0169D_s+0.0257$
可抽式浮头换热器，1000kPa	$L_{BB}=5\times10^{-3}D_s^2+0.0179D_s+0.082$
可抽式浮头换热器，2000kPa	$L_{BB}=3\times10^{-3}D_s^2+0.0332D_s+0.082$

7) 壳程直径。对于正方形排布，每个管处于面积为 P_T^2 的区域中，对于三角形排布，每个管处于面积为 $0.866P_T^2$ 的区域中。因此，对于具有单个管的热交换器，原则上，对于直径 D_S 的壳程，可以安装换热管的数量由下式计算：

$$N_T=\frac{\frac{\pi}{4}D_S^2}{p_C p_T^2} \tag{12.48}$$

式中 N_T——总管数；

D_S——壳程内径，m；

p_T——管间距，m；

p_C——管间距排布因子，$p_C=1$ 为正方形排布，$p_C=0.866$ 为三角形排布。

实际上，在某些情况下，需要对管束和壳程之间的间距进行补偿。对于U型管设计，需要增加外壳直径以满足最小弯曲半径；对于多管程设计，由于安装了隔板且隔板和管板之间需要密封，换热管不能利用整个壳程直径。此外，如果采用浮头式设计，则需要增大壳程直径以便将浮头装置取出。因此，考虑到这两个因素，需要对公式 12.48 进行校正：

$$N_T=\frac{\pi D_S^2/4}{F_{TC}F_{SC}p_C p_T^2} \tag{12.49}$$

其中，F_{TC}=管数量常数，考虑到由于壳程和管束之间的必要间隙，以及由于多孔道设计中孔道隔板的位置而导致的孔道遗漏；F_{TC}在表 12.7 中给出。

F_{SC}=壳程结构修正系数，表 12.8 给出了其常用值。

表 12.7 各种管道的 F_{TC}(D_S>0.337m)

管程	F_{TC}
$N_P=1$	1.08
$N_P=2$	1.11
$N_P=4$，6	1.45，$D_S\leq635$mm 1.18，D_S>635mm

表 12.8 各种几何形状管束的 F_{SC}(D_S>0.337m)

换热器类型	F_{SC}
固定管板式	1.0
浮头式 (开环或外填料浮头式)	1.15
U 型管式	1.05 1.09(1.25d_O、管外径是 25mm)

利用公式12.49可以计算出某些壳程直径中可安装管数的近似值。从管计数表(TEMA, 2007)可以获得更精确的管数。方程式12.49变形则可得出壳程直径：

$$D_S = \left(\frac{4N_T F_{TC} F_{SC} p_C p_T^2}{\pi}\right)^{1/2} \quad (12.50)$$

通过引入传热面积可以从公式12.50中求出管的数量：

$$A = N_T \pi d_O L \quad (12.51)$$

式中 A——基于管子外表面的传热面积，m^2；

N_T——总管数；

d_O——管外径，m；

L——管长，m。

由方程12.50和方程12.51可得：

$$D_S = \left(\frac{4F_{TC} F_{SC} p_C p_T^2 A}{\pi^2 d_O L}\right)^{1/2} \quad (12.52)$$

如果给定管长度L，则公式12.52可用于计算近似壳程直径；也可以给定管长与壳程直径之比(L/D_S)，那么方程式12.52为：

$$D_S = \left(\frac{4F_{TC} F_{SC} p_C p_T^2 A}{\pi^2 d_O (L/D_S)}\right)^{1/3} \quad (12.53)$$

管长与壳程直径之比通常在5~10。对于壳程直径较小的壳体，通常用标准管制造；对于直径较大的壳体，可以利用轧制和焊接板材制造。制造商可以自行制定壳程直径的标准，但公差和外壳厚度必须符合标准规范(TEMA, 2007)。

8) 进出口接管。管程和壳程流体需要通过接管连接到外部管道。接管的尺寸取决于接管和与热交换器连接管道的压降。如果壳程入口流体的速度过快会导致管道损坏或振动。为避免振动，TEMA(2007)标准建议：

$\rho v_N^2 \leq 2200 kgm^{-1} \cdot s^{-2}$ 适用于非磨损单相流体

$\rho v_N^2 \leq 740 kgm^{-1} \cdot s^{-2}$ 适用于所有其他液体，包括饱和液体

如果流体流速超过以上范围，在壳程入口接管和管道之间可以安装抗冲击板以保护管道。

12.5 管壳式换热器中流体通道的选择

在设计换热器时，需要确定哪一种流体走管程，哪一种走壳程。分配的一般原则如下：

1) 换热系数。具有较低换热系数的流体可以走管程。换热系数取决于流体的物理性质和流量。如果一种流体的流量低于另一种流体，则走壳程可以获得更高的总体换热系数。然而，把流量较低的流体分配到管程可以通过增加管道数量来控制速度。因此，可以通过不同的方式解决换热系数较低的问题。

2) 污垢。非清洁流体通常走管程。在管内流动能够更容易控制流体流速，且管中的允许速度较高，有助于减少结垢。在壳程内，可能会产生停滞区和低速区，这将会加速结垢。此外，管内比管间更容易清洁。然而，非清洁流体换热系数常常也较低，因此管程走非清洁流体更合适。若走壳程，壳程设计必须要改变管道布局和挡板间距来适应非清洁流体。

3) 换热器材料。如果一种流体具有腐蚀性或高温，则该流体宜走管程，以减少昂贵材料的使用量，从而降低成本。

4) 操作压力。蒸汽具有较高的压力，宜走管程。管的直径越小，管壁所能承受的压力越大。因此，管程比壳程能承受更高的压力。

5) 压降。对于相同的压降，走管程比走壳程具有更高的换热系数，因此通常压降较低的流体走管程。

6) 黏度。如果流动是湍流，较黏稠的流体一般走管程以获得更高的换热系数。壳程湍流的雷诺数临界值为200。

7) 流体温度。温度较高的流体走管程，可降低壳体表面温度，从而减少热损失；并且从安全角度考虑，也是合理的。

在选择流体流动通道时，以上这些一般准则可能会相互矛盾。这种情况下，应抓住主要矛盾。

12.6 管壳式换热器的换热系数和压降

在附录F中列出了简单的管壳式换热器型号，其中换热系数和压降均与速度相关。模型的建立(Wang et al., 2012; Jiang, Shelley and Smith, 2014)基于以下条件：

i 管壳式换热器中无相变传热；

ii 换热管为普通管；

iii 20%~50%切割的单折流挡板；

iv 假设物理性质参数是不变的，为入口和出口之间的平均值。

1）管内换热系数。

① 对于层流 $Re \leqslant 2100$ 和 $L \leqslant 0.05Re \cdot Pr \cdot d_I$：

$$h_T = K_{hT1} v_T^{1/3} \tag{12.54}$$

$$K_{hT1} = 1.86 \frac{k}{d_I}\left[\left(\frac{\rho d_I}{\mu}\right) Pr\left(\frac{d_I}{L}\right)\right]^{1/3} \tag{12.55}$$

② 对于过渡流 $2100<Re<10^4$：

$$h_T = K_{hT2} v_T^{2/3} - K_{hT3} \tag{12.56}$$

其中

$$K_{hT2} = 0.116 \frac{k}{d_I}\left(\frac{\rho d_I}{\mu}\right)^{2/3} Pr^{1/3}\left[1+\left(\frac{d_I}{L}\right)^{2/3}\right] \tag{12.57}$$

$$K_{hT3} = 14.5 \frac{k}{d_I} Pr^{1/3}\left[1+\left(\frac{d_I}{L}\right)^{2/3}\right] \tag{12.58}$$

③ 对于完全湍流 $Re \geqslant 10^4$：

$$h_T = K_{hT4} v_T^{0.8} \tag{12.59}$$

其中

$$K_{hT4} = C \frac{k}{d_I} Pr^{0.4}\left(\frac{\rho d_I}{\mu}\right)^{0.8} \tag{12.60}$$

式中　C——常数（加热时 $C=0.024$，冷却时 $C=0.023$）；

h_T——管内换热系统；

Re——管内雷诺准数；

Pr——管内普朗特准数；

d_I——管内径；

L——管长；

ρ——管内流体密度；

μ——管内流体黏度；

C_P——管内比热容；

k——管内流体导热系数；

v_T——管内平均流体速度，$=\dfrac{m_T(N_P/N_T)}{\rho(\pi d_I^2/4)}$；

m_T——管内质量流量；

N_p——管程数；

N_T——换热管数。

流体物性参数取流体入口和出口平均温度下的值。

2）管内压降。单壳程换热器的总管内压降 ΔP_T 包括直管（ΔP_{TT}）压降，管入口压降，出口和反转接头（ΔP_{TE}）以及接管（ΔP_{TN}）压降（Serth，2007）。。

$$\Delta P_T = \Delta P_{TT} + \Delta P_{TE} + \Delta P_{TN} = K_{PT1} N_P L v_T^{2+m_f} + K_{PT2} v_T^2 + K_{PT3} \tag{12.61}$$

其中

$$K_{PT1} = \frac{2F_C\left(\dfrac{\rho d_I}{\mu}\right)^{m_f}\rho}{d_I} \tag{12.62}$$

$$K_{PT2} = 0.5\,\alpha_R \rho \tag{12.63}$$

$$K_{PT3} = \rho(C_{TN,\,inlet} v_{TN,\,inlet}^2 + C_{TN,\,outlet} v_{TN,\,outlet}^2) \tag{12.64}$$

其中

$F_C = 16$，$m_f = -1$　$Re \leqslant 2100$

$F_C = 5.36\times10^{-6}$，$m_f = 0.949$　$2100>Re>3000$

$F_C = 0.0791$，$m_f = -0.25$　$Re \geqslant 3000$

$\alpha_R = 3.25N_P - 1.5$　$500 \leqslant Re \leqslant 2100$

$\alpha_R = 2N_P - 1.5$　$Re>2100$

$C_{TN,inlet} = 0.75$　$100 \leqslant Re_{TN,inlet} \leqslant 2100$

$C_{TN,inlet} = 0.375$　$Re_{TN,inlet}>2100$

$$Re_{TN,\,inlet} = \frac{\rho v_{TN,\,inlet} d_{TN,\,inlet}}{\mu}$$

$$v_{TN,\,inlet} = \frac{m_T}{\rho(\pi d_{TN,\,inlet}^2/4)}$$

$d_{TN,inlet}$ = 管内流体入口接管内径

$C_{TN,outlet} = 0.75$　$100 \leqslant Re_{TN,outlet} \leqslant 2100$

$C_{TN,outlet} = 0.375$　$Re_{TN,outlet}>2100$

$$Re_{TN,\,outlet} = \frac{\rho v_{TN,\,outle} d_{TN,\,outlet}}{\mu}$$

$$v_{TN,\,outlet} = \frac{m_T}{\rho(\pi d_{TN,\,outlet}^2/4)}$$

式中　$d_{TN,outlet}$——管程流体入口接管内径。

对于具有串联连接的多个壳体的热交换器，管程流体的总压降是由单壳压降与串联壳数的乘积来计算：

$$\Delta P_{T,\,N_{SHELLS}} = N_{SHELLS}\Delta P_T \tag{12.65}$$

式中 $\Delta P_{T,N_{SHELLS}}$——通过 N_{SHELLS} 的管程总压降；

ΔP_T——每个壳程的管内压降，由等式 12.61 给出；

N_{SHELLS}——串联的壳程数。

对于多个平行壳程的热交换器，管内流体的总压降等于单壳体的压降 ΔP_T。

3）管间换热系数。管间换热系数由（Ayub，2005；Wang，et al.，2012）计算：

① 若 $Re_S \leqslant 250$：

$$h_S = K_{hS1}v_S^2 + K_{hS2}v_S + K_{hS3} \tag{12.66}$$

其中

$$K_{hS1} = -3.722 \times 10^{-5} \frac{F_P F_L J_S k^{2/3} c_P^{1/3} \rho^2 d_O}{\mu^{5/3}} \tag{12.67}$$

$$K_{hS2} = 0.03843 \frac{F_P F_L J_S k^{2/3} c_P^{1/3} \rho}{\mu^{2/3}} \tag{12.68}$$

$$K_{PS3} = \rho(C_{NS,\ inlet}v_{NS,\ inlet}^2 + C_{NS,\ outlet}v_{S,\ outlet}^2) \tag{12.69}$$

② 对于 $250<Re_S<250000$：

$$h_S = K_{hS4}v_S^{0.6633} \tag{12.70}$$

其中

$$K_{hS4} = 0.08747 \frac{F_P F_L J_S k^{2/3} C_P^{1/3} \rho^{0.6633}}{\mu^{0.33} d_O^{0.3367} B_C^{0.5053}} \tag{12.71}$$

式中 h_S——管间换热系数；

d_O——管外径；

ρ——管间流体密度；

k——管间流体导热系数；

C_P——管间流体比热容；

μ——管间流体黏度；

F_P——校正系数，这取决于管束中管子的排布方式，当管子为三角形和倾斜正方形排布时，$F_P=1.0$；为正方形排布时，$E_P=0.85$；

F_L——校正流体泄漏的因子，直管束为 0.9，U 型管束为 0.85，浮动头束为 0.8；

J_S——不等挡板间距的校正因子（Taborek in Hewitt，2008；Serth，2007）

$$= \frac{(N_B - 1) + (B_{in}/B)^{2/3} + (B_{out}/B)^{2/3}}{(N_B - 1) + (B_{in}/B) + (B_{out}/B)} \quad Re_S < 100$$

$$= \frac{(N_B - 1) + (B_{in}/B)^{0.4} + (B_{out}/B)^{0.4}}{(N_B - 1) + (B_{in}/B) + (B_{out}/B)} \quad Re_S \geqslant 100 \tag{12.72}$$

B——中央挡板间距；

B_{in}——入口挡板间距；

B_{out}——出口挡板间距；

B_C——挡板切割高度；

Re_S——基于管外径的雷诺数，$Re_S=\dfrac{\rho d_O v_S}{\mu}$

v_S——管间流体速度，

$$v_S = \frac{m_S}{\rho B\left[(D_S - D_B) + \dfrac{(D_B - d_O)(p_T - d_O)}{p_{CF}p_T}\right]} \tag{12.73}$$

D_S——壳程内径；

D_B——管束外径；

p_T——管间距；

p_{CF}——流动方向的校正因子；

p_{CF}——1，90°和 30°布局；

p_{CF}——$\sqrt{2}/2$，45°布局；

p_{CF}——$\sqrt{3}/2$，60°布局。

③ 壳程压降。一个壳体中壳程的总压降 ΔP_S 包括壳体直段压降（ΔP_{SS}）和接管压降（ΔP_{NS}）（Kern and Kraus，1972）。壳体外壳的总压降为：

$$\Delta P_S = \Delta P_{SS} + \Delta P_{NS} = K_{PS1}v_S^{1.875} + K_{PS2}v_S^{1.843} + K_{PS3} \tag{12.74}$$

其中

$$K_{PS1} = 18\left(5\frac{B}{D_S} - 1\right)(N_B - 1 + R_S)\frac{aD_S\rho}{d_e}\left(\frac{B_C}{0.2}\right)^{m_{fo}}\left(\frac{\rho d_e}{\mu}\right)^{-0.125} \tag{12.75}$$

$$K_{PS2} = 90\left(1 - \frac{B}{D_S}\right)(N_B - 1 + R_S)\frac{bD_S\rho}{d_e}\left(\frac{B_C}{0.2}\right)^{m_{fo}}\left(\frac{\rho d_e}{\mu}\right)^{-0.157} \tag{12.76}$$

$$K_{PS_3} = \rho(C_{NS,\ inlet}v_{NS,\ inlet}^2 + C_{NS_{outlet}}v_{S_{outlet}}^2) \tag{12.77}$$

D_S——壳内径；

N_B——折流挡板数；

R_S——不等间距挡板的校正系数，$(B/B_{in})^{1.8}+(B/B_{out})^{1.8}$； (12.78)

B——中央挡板间距；

B_{in}——入口挡板间距；

B_{out}——出口挡板间距；

d_e——壳程当量直径，$=C_{De}\dfrac{p_T^2}{d_O}-d_O$；

C_{De}——校正系数；

$C_{De}=4/\pi$，正方形；

$C_{De}=2\sqrt{3}/\pi$，三角形间距；

$a=0.008190$ 当 $D_s\leqslant 0.9$m；

$a=0.01166$ 当 $D_s>0.9$m；

$b=0.004049$ 当 $D_s\leqslant 0.9$m；

$b=0.002935$ 当 $D_s>0.9\text{m}=-0.26765$ 当 $20\%<B_C\leqslant 30\%$；

$m_{fo}=-0.36106$ 当 $30\%\leqslant B_C<40\%$；

$m_{fo}=-0.58171$ 当 $40\%\leqslant B_C\leqslant 50\%$；

m_S——壳程流体质量流量；

$C_{NS,inlet}=0.375$ 当 $Re_{NS,inlet}>2100$；

$C_{NS,inlet}=0.75$ 当 $100\leqslant Re_{NS,inlet}\leqslant 2100$。

$$Re_{NS,\ inlet}=\frac{\rho v_{NS,\ inlet}d_{NS,\ inlet}}{\mu}$$

$$v_{NS,\ inlet}=\frac{m_S}{\rho(\pi d_{NS,\ inlet}^2/4)}$$

$d_{NS,inlet}$——壳程流体的入口接管内径；

$C_{NS,outlet}=0.375$ 当 $Re_{NS,outlet}>2100$；

$C_{NS,outlet}=0.75$ 当 $100\leqslant Re_{NS,outlet}\leqslant 2100$；

$$Re_{NS,\ outlet}=\frac{\rho v_{NS,\ outlet}d_{NS,\ outlet}}{\mu}$$

$$v_{NS,\ outlet}=\frac{m_S}{\rho(\pi d_{NS,\ outlet}^2/4)}$$

$d_{NS,outlet}$——壳程流体的出口接管内径。

对于具有串联连接的多个壳体的换热器，壳程流体的总压降等于串联壳程数和每个壳程压降的乘积：

$$\Delta P_{S,\ N_{SHELLS}}=N_{SHELLS}\Delta P_S \qquad (12.79)$$

式中 $\Delta P_{S,N_{SHELLS}}$——壳程总压降；

ΔP_S——每个壳程的压降，由公式12.74给出；

N_{SHELLS}——串联的壳程数。

对于多个平行壳程的换热器，壳程流体的总压降等于单壳程的压降 ΔP_S。

这些管壳式换热器计算公式与商业热交换器中使用更复杂的模型的模拟对比发现，结果符合相当好(Jiang，Shelley and Smith，2014)。

在应用这些方程进行设计之前，需要注意以下问题：

1）流体流速。等式12.54，式12.56，式12.59，式12.61，式12.66，式12.70和式12.74都需要知道流体流速。管内的流体流速通常为$1\sim3\text{m}\cdot\text{s}^{-1}$。管内流体流速容易确定，而管间流体流速则较为复杂。因为当流体穿过管束时，流体流过横截面积是不同的，所以流体流速在不断地发生变化。同时管束的错流速度与管束平行流速之间也是不同的。管间流速通常取壳体最宽处的流体流速(见附录F)。然而，当采用此流速有时仍然不够精确，因为这个速度是以没有泄漏为前提的，流体的泄漏包括由管束和壳体之间的间隙引起的泄漏以及管束内管子与隔板间隙引起的泄漏。管间流体流速通常低于管内流体流速，这是因为壳程内的挡板会改变流动的方向，从而引起湍流。管间流体流速通常以无泄漏为前提，通常为$0.5\sim1.5\text{m}\cdot\text{s}^{-1}$。显然，泄漏会降低流体流速。在真空下，在管内和管间的气体流速气体的范围通常在$50\sim70\text{m}\cdot\text{s}^{-1}$，在常压下为$10\sim30\text{m}\cdot\text{s}^{-1}$，在较高的压力下为$5\sim10\text{m}\cdot\text{s}^{-1}$。

流体流速越高换热系数越大，还能减少结垢，但是高流速也导致较高的压力损失。此外，如果流体中存在固体颗粒，则高流速可能导致磨损。对于液体(通常大于$3\text{m}\cdot\text{s}^{-1}$)，管间流体的高速度也可能引起换热器管的振动，从而损坏换热器。

流体流速是热交换器设计的关键参数。对于管内流体，在相同的条件下，较高的流速使得管数量减少但管长度更长，还使得管内压降更大。对于管间流体，流体流速受到壳体直径和挡板间距影响。对于给定的管内流体流速(并且因此给定管的数量和壳程直径)，较高的管间速度将使得挡板间距更小，导致较高的壳程压降。

2）压降。在换热器设计时，通常优选考虑的是换热器的压降，不是流体流速。特别是在对现有的工艺进行改造换装新的换热器时，允许的最大压降常常受到限制，这是因为压降发生变化，需要安装新的泵或改造现有的泵，这无疑会大大的增加成本(泵将在下一章中详细讨论)。如果对压降没有特定的限制，液体压降通常在0.35~0.7bar。对于低黏度液体(小于1mN·s·m^{-2})，压降可能小于0.35bar。对于气体，在真空条件下，高压气体(10bar及以上)的最大允许压降通常在1bar之间变化至0.01bar。设计换热器时，与流体为液体的情况相比，气体压力降对换热器成本的影响更为明显。

如第12.1节所述，污垢增大了管内和管外传热热阻。如果流体不清洁(例如原油)，则设计较低初始压降可能是无法真正实现的。污垢流体通常在管内流动，由于流体对管子造成污染，不仅总换热系数显著降低，而且由于结垢造成压降也显著增加。如果对于这种易结垢的流体，换热器设计取较大的初始压降，则所产生的高剪切应力将不仅增加了初始传热速率，而且还能减缓传热速率的劣化速率和压降的增加速率。对于高污染流体(例如原油)，初始管内压力降设计为0.7bar，压降是清洁流体的两到三倍(Nesta and Coutinho，2011)。如初始设计为1.5bar，结垢导致的压降会更低，整体传热性能会更好。

如果要降低管内的压降，则可以采用以下措施：

- 减少管道数量；
- 降低管长度，增加壳程直径；
- 增大管径。

如果需要降低管间的压降，则可以采用以下措施：

- 增大挡板间距；
- 增加挡板切割；
- 增大管间距；
- 将管子排布方式由三角形改为正方形，或旋转到直列；
- 更换挡板类型。

3）最终设计。这里介绍的计算方法能够算出传热面积、管长度和壳程直径。需要对换热器进行的详细模拟实验来检验最初的设计。一个特别重要的因素是换热器内发生一些物理变化。这些变化只能通过对热交换器的每部分建立详细的模型来解决。

例12.2 在管壳式热交换器中从煤油产品中回收热量对原油进行预热。流量、温度和物理性质(平均温度)见表12.9。

表12.9 热回收的相关数据。

	煤油	原油
流量/kg·s^{-1}	25	79.07
初始温度/℃	200	35
最终温度/℃	95	75
密度/kg·m^{-3}	730	830
热容/J·kg^{-1}·K^{-1}	2470	2050
黏度/N·s·m^{-2}	4.0×10^{-4}	3.6×10^{-3}
导热系数/W·m^{-1}·K^{-1}	0.132	0.133
污垢系数/W·m^{-2}·K^{-1}	5000	2000

所使用的换热器类型为1壳程2管程的浮头式换热器。由于原油比煤油更容易结垢，因此原油走管内。换热管导热系数为45W·m^{-1}·K^{-1}，并且换热器的结构参数如下：

$d_O = 20mm$

$d_I = 16mm$

$p_T = 1.25d_O$

管布局 = 90°

$B_C = 0.25$

$d_{NT,inlet} = 0.3048m$

$d_{NT,outlet} = 0.3048m$

$d_{NS,inlet} = 0.2027m$

$d_{NS,outlet} = 0.2027m$

① 计算所需的壳程数量和基于$X_P = 0.9$的F_T。

② 若管内流体速度为1m·s^{-1}，管间流速为0.5m·s^{-1}，计算总换热系数、传热面积、管数、管长和壳径。

③ 若管内流体速度为1m·s^{-1}，管间流速为0.5m·s^{-1}，计算管程和壳程的压降。

④ 计算0.15bar的管程压降和0.15bar的壳程压降下的总换热系数和传热面积。

解：

① 首先计算R，P和F_T的值：

$$R = \frac{T_{H1} - T_{H2}}{T_{C2} - T_{C1}} = \frac{200 - 95}{75 - 35} = 2.625$$

$$P=\frac{T_{C2}-T_{C1}}{T_{H1}-T_{C1}}=\frac{75-35}{200-35}=0.2424$$

$$W=\frac{R+1+\sqrt{R^2+1}-2RX_P}{R+1+\sqrt{R^2+1}-2X_P}$$

$$N_{SHELLS}=\frac{\ln\left[\frac{1-RP}{1-P}\right]}{\ln W}=0.74$$

因此，该工艺需要 1 个壳程。

$$F_T=\frac{\sqrt{R^2+1}\ln\left[\frac{(1-P)}{(1-RP)}\right]}{(R-1)\ln\left[\frac{2-P\left(R+1-\sqrt{R^2+1}\right)}{2-P\left(R+1+\sqrt{R^2+1}\right)}\right]}$$

代入 $R=2.625$ 和 $P=0.2424$：

$$F_T=0.90$$

② 为了确定换热器的尺寸，采用管程和壳程的流速来指导设计。对于管程，流体流速为1m · s^{-1}，计算雷诺数：

$$Re=\frac{\rho v_T d_I}{\mu}=\frac{830\times1\times0.016}{3.6\times10^{-3}}=3689$$

流动类型为过渡流，管内换热系数可以由公式 12.56 计算。然而，对于过渡流(或层流)，换热系数的计算需要已知管长度。因此，假设初始管长度为 6m：

$$K_{hT1}=0.116\frac{k}{d_I}\left(\frac{\rho d_I}{\mu}\right)^{2/3}Pr^{1/3}\left[1+\left(\frac{d_I}{L}\right)^{2/3}\right]$$

$$=0.116\times\frac{0.133}{0.016}\times\left(\frac{830\times0.016}{3.6\times10^{-3}}\right)^{\frac{2}{3}}\left(\frac{2050\times3.6\times10^{-3}}{0.133}\right)^{1/3}\times\left[1+\left(\frac{0.016}{6.0}\right)^{2/3}\right]=895.0$$

$$K_{hT2}=14.5\frac{k}{d_I}Pr^{1/3}\left[1+\left(\frac{d_I}{L}\right)^{2/3}\right]$$

$$=14.5\times\frac{0.133}{0.016}\times\left(\frac{2050\times3.6\times10^{-3}}{0.133}\right)^{1/3}\times\left[1+\left(\frac{0.016}{6.0}\right)^{2/3}\right]=468.6$$

$$h_T=K_{hT1}v_T^{2/3}-K_{hT2}=895.0v_T^{2/3}-468.6=426.4\mathrm{W\cdot m^2\cdot K^{-1}}$$

对于壳程，流体流速为 0.5m · s^{-1}，计算雷诺数：

$$Re_S=\frac{\rho d_O v_S}{\mu}=\frac{730\times0.020\times0.5}{4.0\times10^{-4}}=18250$$

根据方程 12.70 计算壳程换热系数：

$$K_{hS4}=0.08747\frac{F_P F_L J_S k^{2/3}c_P^{1/3}\rho^{0.6633}}{\mu^{0.33}d_O^{0.3367}B_C^{0.5053}}$$

$$=0.08747\times\frac{0.85\times0.8\times1\times0.132^{2/3}\times2470^{1/3}\times730^{0.6633}}{(4\times10^{-4})^{0.33}\times0.02^{0.3367}\times0.25^{0.5053}}=1643$$

$$h_S=K_{hS4}v_S^{0.6633}=1643\times0.5^{0.6633}=1038\mathrm{W\cdot m^{-2}\cdot K^{-1}}$$

计算总换热系数：

$$\frac{1}{U}=\frac{1}{h_S}+\frac{1}{h_{SF}}+\frac{d_O}{2k}\ln\left(\frac{d_O}{d_I}\right)+\frac{d_O}{d_I}\cdot\frac{1}{h_{TF}}+\frac{d_O}{d_I}\cdot\frac{1}{h_T}$$

$$=\frac{1}{1038}+\frac{1}{5000}+\frac{0.02}{2\times45}\ln\left(\frac{0.02}{0.016}\right)+\frac{0.02}{0.016}\left(\frac{1}{2000}+\frac{1}{426.4}\right)$$

$$=209.7\mathrm{W\cdot m^{-2}\cdot K^{-1}}$$

$$\Delta T_{LM}=\frac{(200-75)-(95-35)}{\ln\left[\frac{200-75}{95-35}\right]}=88.6℃$$

计算所需换热面积：

$$A = \frac{Q}{U\Delta T_{LM}F_T} = \frac{79.07 \times 2050(75-35)}{209.7 \times 88.6 \times 0.9} = 387.7\ m^2$$

计算换热管数：

$$N_T = \frac{m_T N_P}{\rho\left(\frac{\pi d_I^2}{4}\right)_T} = \frac{79.07 \times 2}{830 \times \left(\pi \times \frac{0.016^2}{4}\right) \times 1} = 947.6$$

管子的数量必须是整数，并且能够数量均分。对于双管程，可以被2整除：

$$N_T = 948$$

计算管长度：

$$L = \frac{A}{\pi d_O N_T} = \frac{387.7}{\pi \times 0.02 \times 948} = 6.51m$$

从公式12.52计算壳程直径：

$$D_S = \left(\frac{4F_{TC}F_{SC}p_C p_T^2 A}{\pi^2 d_O L}\right)^{1/2}$$

F_{TC}和F_{SC}在表12.7和表12.8中取值：

$$D_S = \left(\frac{4 \times 1.11 \times 1.15 \times 1 \times 0.025^2 \times 387.7}{\pi^2 \times 0.02 \times 6.51}\right)^{1/2} = 0.981m$$

管长与初始假设略有不同。用所得的管长度重新计算，得到管长度为6.52m。实际设计上，通常将长度调整到指定的长度（例如6m），并相应地调节管子的数量。

③ 对于管程压降$Re = 3689$，其可以由等式12.61计算：

$$K_{PT1} = \frac{2F_C\left(\frac{\rho d_I}{\mu}\right)^{m_f}\rho}{d_I} = \frac{2 \times 0.0791\left(\frac{830 \times 0.016}{3.6 \times 10^{-3}}\right)^{-0.25} \times 830}{0.016} = 1053.0$$

$$K_{PT2} = 0.5\,\alpha_R\rho = 0.5 \times (2 \times 2 - 1.5) \times 830 = 1037.5$$

$$v_{NT,\ inlet} = \frac{m_T}{\rho\left(\frac{\pi d_{NT,\ inlet}^2}{4}\right)} = v_{NT,\ outlet} = \frac{79.07}{830\left(\pi \times \frac{0.3048^2}{4}\right)} = 1.31m \cdot s^{-1}$$

$$Re_{TN,\ inlet} = Re_{TN,\ outlet} = \frac{830 \times 1.31 \times 0.3048}{3.6 \times 10^{-3}} = 91,750$$

$$K_{PT3} = \rho(C_{TN,\ inlet}v_{TN,\ inlet}^2 + C_{TN,\ outlet}v_{TN,\ outlet}^2) = 830(0.375 \times 1.31^2 + 0.375 \times 1.31^2) = 1061.1$$

$$\Delta P_T = \Delta P_{TT} + \Delta P_{TE} + \Delta P_{TN} = K_{PT1}N_P L v_T^{2+m_f} + K_{PT2}v_T^2 + K_{PT3} = 1053.0 \times 2 \times 6.51 \times 1^{2-0.25} + 1037.5 \times 1^2 + 1061.1 = 15815N \cdot m^{-2}$$

对于壳程压降$Re_S = 18250$，可以由公式12.74计算。假设整个挡板间距相等，在指定速度下计算挡板间距。首先，束间隙可由表12.6估算：

$$L_{BB} = 0.0169D_S + 0.0257 = 0.0169 \times 0.981 + 0.0257 = 0.0423m$$

根据公式12.73计算初始挡板间距：

$$B = \frac{m_S}{\rho v_S\left[(D_S - D_B) + \frac{(D_B - d_O)(p_T - d_O)}{p_{CF}p_T}\right]} = \frac{25}{730 \times 0.5\left[0.0423 + \frac{(0.981 - 0.0423 - 0.020)(0.025 - 0.020)}{1 \times 0.025}\right]} = 0.303m$$

这并不是真正的挡板间距，因为挡板的数量必须是整数：

$$N_B = \frac{6.51}{0.303} - 1$$

$$n = 20.48$$

挡板的数量为 21 个挡板，实际挡板间距计算如下：

$$B = \frac{6.51}{21+1} = 0.296\text{m}$$

$$R_S = (B/B_{in})^{1.8} + (B/B_{out})^{1.8} = \left(\frac{0.296}{0.296}\right)^{1.8} + \left(\frac{0.296}{0.296}\right)^{1.8} = 2$$

$$d_e = C_{De}\frac{p_T^2}{d_O} - d_O = \frac{4}{\pi}\frac{0.025^2}{0.02} - 0.02 = 0.01979\text{m}$$

$$K_{PS1} = 18\left(5\frac{B}{D_S} - 1\right)(N_B - 1 + R_S)\frac{aD_S\rho}{d_e}\left(\frac{B_C}{0.2}\right)^{m_{f0}}\left(\frac{\rho d_e}{\mu}\right)^{-0.125}$$

$$= 18\left(\frac{5\times0.296}{0.981} - 1\right)(21 - 1 + 2)\left(\frac{0.01166\times0.981\times730}{0.01979}\right)\times\left(\frac{0.25}{0.2}\right)^{-0.26765}\left(\frac{730\times0.01979}{4.0\times10^{-4}}\right)^{-0.125}$$

$$= 21560$$

$$K_{PS2} = 90\left(1 - \frac{B}{D_S}\right)(N_B - 1 + R_S)\frac{bD_S\rho}{d_e}\left(\frac{B_C}{0.2}\right)^{m_{f0}}\left(\frac{\rho d_e}{\mu}\right)^{-0.157}$$

$$= 90\left(1 - \frac{0.296}{0.981}\right)(21 - 1 + 2)\left(\frac{0.002935\times0.981\times730}{0.01979}\right)\times\left(\frac{0.25}{0.2}\right)^{-0.26765}\left(\frac{730\times0.01979}{4.0\times10^{-4}}\right)^{-0.157}$$

$$= 26641$$

验证入口接管流体流速：

$$v_{NS,\ inlet} = \frac{m_S}{\rho\left(\frac{\pi d_{NS,\ inlet}^2}{4}\right)} = \frac{25}{\frac{730(\pi\times0.2027^2)}{4}} = 1.06\text{m}\cdot\text{s}^{-1}$$

允许的最大速度为：

$$v_{NS,\ inlet} \leqslant \sqrt{\frac{2200}{730}} = 1.74\text{m}\cdot\text{s}^{-1}$$

实际流速低于上限值。现在计算接管内流体雷诺数：

$$Re_{NS} = \frac{\rho v_{NS}d_{NS}}{\mu} = \frac{730\times1.06\times0.2027}{4\times10^{-4}} = 392587$$

$$K_{PS3} = \rho(C_{NS,\ inlet}v_{NS,\ inlet}^2 + C_{NS,\ outlet}v_{S,\ outlet}^2)$$

$$= 730(0.375\times1.06^2 + 0.375\times1.06^2) = 617$$

$$\Delta P_S = \Delta P_{SS} + \Delta P_{NS} = K_{PS1}v_S^{1.875} + K_{PS2}v_S^{1.843} + K_{PS3}$$

$$= 21560\times0.5^{1.875} + 26641\times0.5^{1.843} + 617 = 13920\text{N}\cdot\text{m}^{-2}$$

④ 管程和壳程压降为：

$$\Delta P_T = 15000 = K_{PT1}N_PLv_T^{2+m_f} + K_{PT2}v_T^2 + K_{PT3}$$

$$\Delta P_S = 15000 = K_{PS1}v_S^{1.875} + K_{PS2}v_S^{1.843} + K_{PS3}$$

因此，可以通过试验，调整 v_T 和 v_S 的值以满足压降的要求。在 v_T 和 v_S 的值每次调整时，需要重新计算 U，A 以确定 Q，ΔT_{LM} 和 F_T。计算需要采用迭代的方法，使用电子表格中的求解器可以方便地求解同时满足 ΔP_T 和 ΔP_S 的方程式。为了同时求得这两个变量，可以先设定值以获得方程两边之间的差值 1 和 2 的值。然后用电子表格求解器求解：

$(\text{Objective 1})^2+(\text{Objective 2})^2=0$（在公差范围内）

结果是：

管侧	壳侧
$v_T=0.97\text{m}\cdot\text{s}^{-1}$	$v_S=0.53\text{m}\cdot\text{s}^{-1}$
$h_T=409.7\text{W}\cdot\text{m}^{-1}\cdot\text{K}^{-1}$	$h_S=1072.4\text{W}\cdot\text{m}^{-2}\cdot\text{K}^{-1}$
$\Delta P_T=15000\text{N}\cdot\text{m}^{-2}$	$\Delta P_S=15,000\text{N}\cdot\text{m}^{-2}$
$U=205.8\text{W}\cdot\text{m}^{-2}\cdot\text{K}^{-1}$	
$A=395.1\text{m}^2$	
$N_T=974$	
$D_S=0.995\text{m}$	
$L=6.46\text{m}$	
$L/D_S=6.49$	
$N_B=22$	
$B=0.281\text{m}$	
$B/D_S=0.28$	
$L_{BB}=0.0425\text{m}$	

若给定了压降的范围，可通过改变换热器的尺寸来减小压降。

换热器设计需要考虑入口和出口处挡板间距。在这种情况下，挡板间距相对较小，以保持较大的壳程流体流速。在入口和出口处，挡板间距大于壳程接管直径，以便放置进出口接管，并防止影响热交换器法兰的安装，还需避免接管与挡板位置重叠。

12.7 换热器的模拟和检验

在设计换热器时，生产任务决定了换热器的入口和出口条件，从而可以确定换热器热负荷。一种情况是设计满足生产任务要求的换热器；另一种情况是已经给定换热器，按照生产任务要求进行评估以充分发挥换热器性能。

检验是在给定的工艺条件下对换热器性能的进行评估。检测需要计算该条件下的总传热系数和所需换热面积。然后将该计算值与实际设计的换热面积进行比较，以查看它是否满足要求。通过对比以判断换热器的设计是否恰当。

尽管这种检测能够判定换热器的设计是否满足生产任务需求，但并不能预测在实际使用中的性能。模拟则能计算给定入口条件下换热器的出口温度和热负荷。

很多因素决定了必须对换热器进行检验或模拟，以便解决以下问题：

- 对于给定的任务，在稳态运行中换热器的设计能否能够满足任务要求；
- 根据图 12.4 中的结垢模型，当换热器发生故障时，通过检测或模拟可以得到换热器的性能随时间变化情况；
- 若要改进生产工艺，可以对现有工艺中使用的换热器重新调节以满足新的工艺条件；
- 通过现有工艺中正在使用的换热器的总传热系数可以确定换热器在什么条件下需要清洁。在这种情况下，换热面积、进出口温度都是已知的，可以通过试差法计算总传热系数。

例 12.3 由冷却水冷却煤油。工艺参数见表 12.10，换热器的结构参数见表 12.11。

表 12.10 工艺参数

	冷却水	煤油
流量/$\text{kg}\cdot\text{s}^{-1}$		25
入口温度/℃	25	95
出口温度/℃	35	45
密度/$\text{kg}\cdot\text{m}^{-3}$	993	749
比热容/$\text{J}\cdot\text{kg}^{-1}\cdot\text{K}^{-1}$	4190	2131
黏度/$\text{N}\cdot\text{s}\cdot\text{m}^{-2}$	0.8×10^{-3}	1.1×10^{-3}
传热系数/$\text{W}\cdot\text{m}^{-1}\cdot\text{K}^{-1}$	0.62	0.13
污垢热阻/$\text{W}^{-1}\cdot\text{m}^2\cdot\text{K}$	0.00018	0.00033

表 12.11 换热器的结构参数

管径 p_T/m	0.02
列管数 N_T	600
管程数 N_P	4
管长 L/m	5.5
管侧传热系数/$\text{W}\cdot\text{m}^{-1}\cdot\text{K}^{-1}$	45
管型(管布局角度)	90°
管内径 d_I/mm	16
管外径 d_O/mm	20
壳内径 D_S/m	0.8
折流板间距 B/m	0.367
挡板切割 B_C	0.2
壳束直径间隙 L_{BB}/m	0.0392

煤油走管程，将冷却水走壳程。对此换热器进行检测，以评估其是否能够满足工艺要求。

解：在计算管内传热系数之前，必须先计算管内流速：

$$v_T = \frac{m_T\left(\frac{N_P}{N_T}\right)}{\rho\left(\frac{\pi d_I^2}{4}\right)} = \frac{25\left(\frac{4}{600}\right)}{749\left(\pi \times \frac{0.016^2}{4}\right)} = 1.107\text{m}\cdot\text{s}^{-1}$$

管内的雷诺准数，由下式给出：

$$Re = \frac{\rho v_T d_I}{\mu} = \frac{749 \times 1.107 \times 0.016}{1.1 \times 10^{-3}} = 12060$$

流动类型为湍流，管内传热系数可以由式12.59计算：

$$K_{hT4} = 0.024\frac{k}{d_I}Pr^{0.4}\left(\frac{\rho d_I}{\mu}\right)^{0.8}$$

$$= 0.024 \times \frac{0.13}{0.016} \times \left(\frac{2131 \times 1.1 \times 10^{-3}}{0.13}\right)^{0.4} \times \left(\frac{749 \times 0.016}{1.1 \times 10^{-3}}\right)^{0.8}$$

$$= 1008.6 h_T = K_{hT4} v_T^{0.8} = 1008.6 \times 1.107^{0.8} = 1094.0\text{W}\cdot\text{m}^2\cdot\text{K}^{-1}$$

在计算壳侧传热系数之前，必须先计算管间流体的流量和流速：

$$Q = m_T C_{PT}\Delta T_T = 25 \times 2131 \times (95 - 45) = 2.664 \times 10^6 W = \frac{2.664 \times 10^6}{4190 \times (35 - 25)}\text{kg}\cdot\text{s}^{-1} = 63.58\text{kg}\cdot\text{s}^{-1}$$

冷却水流量：

$$v_S = \frac{m_S}{\rho B\left[(D_S - D_B) + \frac{(D_B - d_O)(\rho_T - d_O)}{p_{CF}p_T}\right]}$$

$$= \frac{63.58}{993 \times 0.36\left[0.0392 + \frac{(0.8 - 0.0392 - 0.02)(0.025 - 0.02)}{1 \times 0.025}\right]} = 0.949\text{m}\cdot\text{s}^{-1}$$

计算壳程流体的雷诺数：

$$Re_S = \frac{\rho d_O v_S}{\mu} = \frac{993 \times 0.020 \times 0.949}{0.8 \times 10^{-3}} = 23560$$

根据式12.70计算管间传热系数：

$$K_{hS4} = 0.08747\frac{F_P F_L J_S k^{\frac{2}{3}} C_P^{\frac{1}{3}} \rho^{0.6633}}{\mu^{0.33} d_O^{0.3367} B_C^{0.5053}}$$

$$= 0.08747 \times \frac{0.85 \times 0.8 \times 1 \times 0.62^{\frac{2}{3}} \times 4190^{\frac{1}{3}} \times 993^{0.6633}}{(0.8 \times 10^{-3})^{0.33} \times 0.02^{0.3367} \times 0.20^{0.5053}}$$

$$= 6004.2$$

$$h_S = K_{hS4} v_S^{0.6633} = 6004.2 \times 0.949^{0.6633} = 5799\text{W}\cdot\text{m}^{-2}\cdot\text{K}^{-1}$$

从而计算总传热系数：

$$\frac{1}{U} = \frac{1}{h_s} + \frac{1}{h_{sF}} + \frac{d_O}{2k}\ln\left(\frac{d_O}{d_I}\right) + \frac{d_O}{d_I}\frac{1}{h_F F} + \frac{d_O}{d_I}\frac{1}{h_T}$$

$$= \frac{1}{5799} + 0.00018 + \frac{0.020}{2 \times 45}\ln\left(\frac{0.020}{0.016}\right) + \frac{0.02}{0.016}\left[0.00033 + \frac{1}{1094.0}\right]$$

$$U = 511.0\text{W}\cdot\text{m}^{-2}\cdot\text{K}^{-1}$$

$$\Delta T_{LM} = \frac{(95 - 35) - (45 - 25)}{\ln\left[\frac{95 - 35}{35 - 25}\right]} = 36.41℃$$

计算 F_T 校正系数：

$$R = \frac{T_{H1} - T_{H2}}{T_{C2} - T_{C1}} = \frac{95 - 45}{35 - 25} = 5.0$$

12

$$P = \frac{T_{C2} - T_{C1}}{T_{H1} - T_{C1}} = \frac{35 - 25}{95 - 25} = 0.1429$$

$$F_T = \frac{\sqrt{R^2+1}\ln\left[\frac{(1-P)}{(1-RP)}\right]}{(R-1)\ln\left[\frac{2-P\left(R+1-\sqrt{R^2+1}\right)}{2-P\left(R+1+\sqrt{R^2+1}\right)}\right]}$$

代入 $R=5.0$ 和 $P=0.1429$ 得：$F_T=0.93$

计算所需换热面积：

$$A = \frac{Q}{U\Delta T_{LM}F_T} = \frac{2.664\times10^6}{511.0\times36.41\times0.93} = 154.0\text{m}^2$$

换热器的实际面积由下式给出：

$$A = N_T\pi d_O L = 600\times\pi\times0.020\times5.5 = 207.3\text{m}^2$$

现在比较现有的和实际所需换热面积：

$$\text{设计余量} = \frac{207.3-154.0}{154.0}\times100\% = 31\%$$

要完成这个验证过程，还需要对比预测压降和实际允许压降。

现在对换热器进行模拟。在这种情况下，入口参数由工艺要求决定，出口参数需要进行计算。如果出口温度未知，则无法计算 ΔT_{LM}，P，F_T 和换热面积 A，因此可以先假定热流体或冷流体的出口温度，通过能量衡算计算另一出口温度。也可以根据 ΔT_{LM}，P，F_T 来计算换热面积 A，然后将计算得到的换热面积与实际面积进行比较，并通过试差法调整出口温度，直到计算的换热面积与实际面积相等。采用了一种无须迭代的计算方法。在第 18 章中，该方法将会用于换热器网络的模拟。

首先研究逆流换热器的模拟。描述逆流换热器的式由 Kotjabasakis 和 Linnhoff，1986 提出：

$$Q_H = CP_H(T_{H1} - T_{H2}) \quad (12.80)$$

$$Q_C = CP_C(T_{C2} - T_{C1}) \quad (12.81)$$

$$Q_H = Q_C = UA\Delta T_{LM} = UA\frac{(T_{H1}-T_{C2})-(T_{H2}-T_{C1})}{\ln\left(\frac{T_{H1}-T_{C2}}{T_{H2}-T_{C2}}\right)} \quad (12.82)$$

式中 Q_H——热流体的放热量；

Q_C——冷流体的吸热量；

CP_H——热流体的比热容；

CP_C——冷流体的比热容；

T_{H1}——热流体的入口温度；

T_{H2}——热流体的出口温度；

T_{C1}——冷流体的入口温度；

T_{C2}——冷流体的出口温度；

U——总传热系数；

A——换热面积。

另外，如果比热容为定值：

$$R = \frac{CP_C}{CP_H} = \frac{T_{H1}-T_{H2}}{T_{C2}-T_{C1}} \quad (12.83)$$

由式 12.81 和式 12.82，可得：

$$\frac{T_{H1}-T_{C2}}{T_{H2}-T_{C1}} = \exp\left[\frac{UA}{CP_C}\times\frac{(T_{H1}-T_{H2})-(T_{C2}-T_{C1})}{(T_{C2}-T_{C1})}\right] \quad (12.84)$$

结合式 12.83 和式 12.84，可得：

$$\frac{T_{H1}-T_{C2}}{T_{H2}-T_{C1}} = \exp\left[\frac{UA(R-1)}{CP_C}\right] \quad (12.85)$$

消去式 12.83 和式 12.85 中的 T_{C2}，可得到（Kotjabaskis 和 Linnhoff，1986）：

$$(R-1)T_{H1} + R(X-1)T_{C1} + (1-RX)T_{H2} = 0 \quad R\neq1 \quad (12.86)$$

其中

$$X = \exp\left[\frac{UA(R-1)}{CP_C}\right] \quad (12.87)$$

消去式 12.83 和式 12.85 中的 T_{H2} 得出（Kotjabaskis and Linnhoff，1986）：

$$(X-1)T_{H1} + X(R-1)T_{C1} + (1-RX)T_{C2} = 0 \quad R\neq1 \quad (12.88)$$

如果入口温度 T_{H1} 和 T_{C1}、U、A、C_{PH} 和 C_{PC} 是已知的。由式 12.86 和式 12.88 可以求出出口温度 T_{H2} 和 T_{C2}：

$$T_{H2} = \frac{(R-1)T_{H1} + R(X-1)T_{C1}}{(RX-1)} \quad R\neq1 \quad (12.89)$$

$$T_{C2}=\frac{(X-1)T_{H1}+X(R-1)T_{C1}}{(RX-1)} \quad R\neq 1 \tag{12.90}$$

当 $R=1$：

$$Q_C=CP_C(T_{C2}-T_{C1})=UA(T_{H2}-T_{C1}) \tag{12.91}$$

$$(T_{H1}-T_{H2})=(T_{C2}-T_{C1}) \tag{12.92}$$

结合式 12.91 和式 12.92 给出：

$$T_{H1}+YT_{C1}-(Y+1)T_{H2}=0 \quad R=1 \tag{12.93}$$

其中

$$Y=\frac{UA}{CP_C} \tag{12.94}$$

将式 12.92 的 T_{H2}代入式 12.91 给出：

$$YT_{H1}+T_{C1}-(Y+1)T_{C2}=0 \quad R=1 \tag{12.95}$$

因此，对于 $R=1$ 的情况，式 12.93 和式 12.95 可以代替式 12.86 和式 12.88。对于单个换热器，其中 $R=1$：

$$T_{H2}=\frac{T_{H1}+YT_{C1}}{(Y+1)} R=1 \tag{12.96}$$

$$T_{C2}=\frac{YT_{H1}+T_{C1}}{(Y+1)} R=1 \tag{12.97}$$

对于非逆流式换热器，传热速率式式为：

$$Q=UA\Delta T_{LM}F_T \tag{12.98}$$

因为 F_T 取决于出口温度，而换热器的出口温度未知，无法直接求出 F_T，有可能需要用试差法求得。然而，对 F_T 式进行转换可以避免使用试差法(Herkenhoff，1981)。由 F_T 的基本定义：

$$F_T=\frac{(UA/CP_C)_{CC}}{(UA/CP_C)} \tag{12.99}$$

式 12.99 的分子是逆流流动时的热负荷，分母是非逆流流动时实际的热负荷。由式 12.81 和式 12.82 可得出：

$$\left(\frac{UA}{CP_C}\right)_{CC}=\frac{\ln\left[\dfrac{T_{H1}-T_{C2}}{T_{H2}-T_{CC}}\right]}{\left[\dfrac{T_{H1}-T_{H2}}{T_{C2}-T_{C1}}\right]-1}=\frac{\ln\left[\dfrac{1-P}{1-RP}\right]}{R-1} \tag{12.100}$$

对于 1-2 型换热器的一系列 N_{SHELLS}，可以由式 12.99，式 12.100 和式 12.30 来给出：

$$\frac{\ln\left[\dfrac{1-P}{1-RP}\right]}{(R-1)(UA/CP_C)}=\frac{\sqrt{R^2+1}\ln\left[\dfrac{1-P_{1-2}}{1-RP_{1-2}}\right]}{(R-1)\ln\left[\dfrac{2-P_{1-2}\left(R+1-\sqrt{R^2+1}\right)}{2-P_{1-2}\left(R+1+\sqrt{R^2+1}\right)}\right]} \tag{12.101}$$

式 12.40 可以重新整理，得：

$$\ln\left[\frac{1-P}{1-RP}\right]=N_{SHELLS}\ln\left[\frac{1-P_{1-2}}{1-RP_{1-2}}\right] \tag{12.102}$$

由式 12.101 和 12.102 可得：

$$P_{1-2}=\frac{2G-2}{G\left(R+1+\sqrt{R^2+1}\right)-\left(R+1-\sqrt{R^2+1}\right)} \tag{12.103}$$

其中

$$G=\exp\left[\frac{UA\sqrt{R^2+1}}{CP_CN_{SHELLS}}\right] \tag{12.104}$$

然后可以从式 12.36 确定 P。式 12.103 在 $R=1$ 时有效，但 P 必须由式 12.37 计算确定。因此，如果 CP_H，CP_C，U，A 和 N_{SHELLS} 是已知的，则可以从式 12.103 求得 P_{1-2}，并将其代入式 12.42 或式 12.43，则可以在出口温度未知的情况下，求得 F_T。这种方法可以在不使用试差法的情况下模拟 1-2 个换热器的一系列 N_{SHELLS} (Herkenhoff，1981)。

对于非逆流换热器，式 12.87 变为：

$$X=\exp\left[\frac{UA(R-1)F_T}{CP_C}\right] \quad R\neq 1 \tag{12.105}$$

而对于非逆流换热器，式 12.94 变为：

$$Y=\frac{UAF_T}{CP_C} \quad R=1 \tag{12.106}$$

因此，如果 CP_H、CP_C、U、A、T_{H1}、T_{C1} 和 N_{SHELLS}都是已知的，对于逆流和非逆流换热器，

可以通过式 12.89，式 12.90 和式 12.96 和式 12.97 求得出口温度。

值得注意的是，式 12.103 对于适用于式 12.30 的非逆流流动有效，但不能用于交叉流等其他类型的非逆流流动。

练习 12.4 热交换单元由三个 1-2 型换热器串联组成，其中总热交换面积为 619m²，热流体入口温度为 300℃的热蒸汽，通过与冷流体交换热量，冷流体的入口温度为 60℃。总传热系数估计为 100W · m² · K。流体的比热容为 CP_H = 17.5kW · K⁻¹，CP_C=25.0kW · K⁻¹。

① 计算冷热流的出口温度。

② 计算单位的 F_T 和热传递负荷，并与例 12.1 中的设计计算进行比较。

解：①从式 12.83 得：

$$R = \frac{CP_C}{CP_H} = \frac{25.0}{17.5} = 1.429$$

由式 12.104 得到：

$$G = \exp\left[\frac{UA\sqrt{R^2+1}}{CP_C N_{SHELLS}}\right] = \exp\left[\frac{100 \times 619\sqrt{1.429^2+1}}{25.0 \times 10^3 \times 3}\right] = 4.217$$

再由式 12.103：

$$P_{1-2} = \frac{2G-2}{G\left(R+1+\sqrt{R^2+1}\right)-\left(R+1-\sqrt{R^2+1}\right)} = \frac{2 \times 4.217 - 2}{4.217\left(1.429+1+\sqrt{1.429^2+1}\right)-\left(1.429+1-\sqrt{1.429^2+1}\right)} = 0.3805$$

根据式 12.36 计算 P：

$$P = \frac{1-\left(\dfrac{1-P_{1-2}R}{1-P_{1-2}}\right)^{N_{SHELLS}}}{R-\left(\dfrac{1-P_{1-2}}{1-P_{1-2}}\right)^{N_{SHELLS}}} = \frac{1-\left(\dfrac{1-0.3805 \times 4.429}{1-0.3805}\right)^3}{1.429\left(\dfrac{1-0.3805 \times 4.429}{1-0.3805}\right)^3} = 0.5834$$

由式 12.29 中的 P 的定义计算 T_{C2}：

$$T_{C2} = T_{C1} + P(T_{H1} - T_{C1}) = 60 + 0.5834(300 - 60) = 200.0℃$$

T_{H2}可以由式 12.83 计算：

$$T_{H2} = T_{H1} - R(T_{C2} - T_{C1}) = 300 - 1.429(200.0 - 60.0) = 100.0℃$$

② F_T 可以根据式 12.42 计算：

$$F_T = \frac{\sqrt{R^2+1}\ln\left(\dfrac{1-P_{1-2}}{1-RP_{1-2}}\right)}{(R-1)\ln\left[\dfrac{2-P_{1-2}\left(R+1-\sqrt{R^2+1}\right)}{2-P_{1-2}\left(R+1+\sqrt{R^2+1}\right)}\right]} = \frac{\sqrt{1.429^2+1}\ln\left(\dfrac{1-1.03805}{1-1.429 \times 0.3805}\right)}{(1.429-1)\ln\left[\dfrac{2-0.3805\left(1.429+1-\sqrt{1.429^2+1}\right)}{2-0.3805\left(1.429+1+\sqrt{1.429^2+1}\right)}\right]} = 0.86$$

$$Q_H = CP_H(T_{H1} - T_{H2}) = 17.5(300.0 - 100.0) = 3500\text{kW}$$

$$Q_C = CP_C(T_{C2} - T_{C1}) = 25.0(200.0 - 60.0) = 3500\text{kW}$$

因此，模拟计算确认例 12.1 中设计计算的准确性。

例 12.5 模拟例 12.2d 换热器的设计，其结构参数见表 12.12。煤油的入口温度为 200℃，原油的入口温度为 35℃：

① 计算出口温度和热负荷，并与例 12.2 中的设计计算进行比较。

② 增大入口和出口挡板间距，以避免接管与

出入口挡板之间的干扰，但保持相同的挡板间距。计算调整后的出口温度和热负荷。

表 12.12 换热器结构参数

管径 p_T/mm	25
列管数 N_T	974
管程数 N_P	2
管长 L/m	6.456
管侧传热系数/$W \cdot m^{-1} \cdot K^{-1}$	45
管型(管布局角度)	90°
管内径 d_I/mm	16
管外径 d_O/mm	20
壳内径 D_S/m	0.995
挡板数	22
折流板间距 B/m	0.281
挡板切割 B_C	0.25
壳束直径间隙 L_{BB}/m	0.0425

解：① 计算管内流体流速和传热系数：

$$v_T = \frac{m_T\left(\dfrac{N_P}{N_T}\right)}{\rho\left(\dfrac{\pi d_I^2}{4}\right)} = \frac{79.07\left(\dfrac{2}{974}\right)}{830\left(\pi \times \dfrac{0.016^2}{4}\right)} = 0.973 m \cdot s^{-1}$$

$$Re = \frac{\rho v_T d_I}{\mu} = \frac{830 \times 0.973 \times 0.016}{3.6 \times 10^{-3}} = 3589$$

根据式 12.56 计算管内传热系数：

$$K_{hT1} = 0.116 \frac{k}{d_I}\left(\frac{\rho d_I}{\mu}\right)^{\frac{2}{3}} Pr^{\frac{1}{3}}\left[1+\left(\frac{d_I}{L}\right)^{\frac{2}{3}}\right]$$

$$= 0.116 \times \frac{0.133}{0.016} \times \left(\frac{830 \times 0.016}{3.6 \times 10^{-3}}\right)^{\frac{2}{3}}\left(\frac{2050 \times 3.6 \times 10^{-3}}{0.133}\right)^{\frac{1}{3}} \times \left[1+\left(\frac{0.016}{6.46}\right)^{\frac{2}{3}}\right]$$

$$= 894.1$$

$$K_{hT2} = 14.5 \frac{k}{d_I} Pr^{\frac{1}{3}}\left[1+\left(\frac{d_I}{L}\right)^{\frac{2}{3}}\right] = 14.5 \times \frac{0.133}{0.016} \times \left(\frac{2050 \times 3.6 \times 10^{-3}}{0.133}\right)^{1/3} \times \left[1+\left(\frac{0.016}{6.46}\right)^{2/3}\right]$$

$$h_T = K_{hT1} v_T^{2/3} - K_{hT2} = 894.1 \times 0.973^{2/3} - 468.1 = 409.8 W \cdot m^2 \cdot K^{-1}$$

$$v_S = \frac{m_S}{\rho B\left[(D_S - D_B) + \dfrac{(D_B - d_O)(p_T - d_O)}{p_{CF} p_T}\right]}$$

$$= \frac{25}{730 \times 0.281\left[0.0425 + \dfrac{(0.995 - 0.0425 - 0.020)(0.025 - 0.020)}{1 \times 0.025}\right]}$$

$$= 0.532 m \cdot s^{-1}$$

$$Re_S = \frac{\rho d_O v_S}{\mu} = \frac{730 \times 0.020 \times 0.532}{4.0 \times 10^{-4}} = 19418$$

根据式 12.70 计算管外传热系数：

$$K_{hS4} = 0.08747 \frac{F_P F_L J_S k^{\frac{2}{3}} C_P^{\frac{1}{3}} \rho^{0.6633}}{\mu^{0.33} d_O^{0.3367} B_C^{0.5053}}$$

$$= 0.08747 \times \frac{0.85 \times 0.8 \times 1 \times 0.132^{\frac{2}{3}} \times 2470^{\frac{1}{3}} \times 730^{0.6633}}{(4 \times 10^{-4})^{0.33} \times 0.02^{0.3367} \times 0.25^{0.5053}}$$

$$= 1643$$

$$h_S = K_{hS4} v_S^{0.6633} = 1643 \times 0.532^{0.6633} = 1081 W \cdot m^{-2} \cdot K^{-1}$$

计算总传热系数：

$$\frac{1}{U} = \frac{1}{h_S} + \frac{1}{h_{SF}} + \frac{d_O}{2k}\ln\left(\frac{d_O}{d_I}\right) + \frac{d_O}{d_I}\frac{1}{h_{TF}} + \frac{d_O}{d_I}\frac{1}{h_T}$$

$$= \frac{1}{1081} + \frac{1}{5000} + \frac{0.02}{2 \times 45}\ln\left(\frac{0.02}{0.016}\right) + \frac{0.02}{0.016}\left(\frac{1}{2000} + \frac{1}{409.8}\right)$$

$$U = 206.2\text{W} \cdot \text{m}^{-2} \cdot \text{K}^{-1}$$

换热面积由下式给出：

$$A = N_T \pi d_O L$$
$$= 974 \times \pi \times 0.020 \times 6.46$$
$$= 395.3\text{m}^2$$

由式 12.83：

$$R = \frac{CP_C}{CP_H} = \frac{79.07 \times 2050}{25 \times 2470} = 2.625$$

再由式 12.104：

$$G = \exp\left[\frac{UA\sqrt{R^2+1}}{CP_C N_{SHELLS}}\right]$$
$$= \exp\left[\frac{206.2 \times 395.3\sqrt{2.625^2+1}}{79.07 \times 2050 \times 1}\right]$$
$$= 4.106$$

由式 12.103：

$$P_{1-2} = \frac{2G-2}{G\left(R+1+\sqrt{R^2+1}\right) - \left(R+1-\sqrt{R^2+1}\right)}$$
$$= \frac{2 \times 4.106 - 2}{4.106\left(2.625+1+\sqrt{2.625^2+1}\right) - \left(2.625+1-\sqrt{2.625^2+1}\right)}$$
$$= 0.2427$$

由于该换热器为单壳程换热器：

$$P = P_{1-2} = 0.2427$$

根据式 12.29 中的 P 的定义计算 T_{C2}：

$$T_{C2} = T_{C1} + P(T_{H1} - T_{C1})$$
$$= 35 + 0.2427(200 - 35)$$
$$= 75.0℃$$

T_{H2}可从式 12.83 计算：

$$T_{H2} = T_{H1} - R(T_{C2} - T_{C1})$$
$$= 200 - 2.625(75.0 - 35)$$
$$= 95.0℃$$

$$Q_H = CP_H(T_{H1} - T_{H2})$$
$$= 25 \times 2470 \times (200.0 - 95.0)$$
$$= 6.484 \times 106\text{W}$$

$$Q_C = CP_C(T_{C2} - T_{C1})$$
$$= 79.07 \times 2050 \times (75.0 - 35.0)$$
$$= 6.484 \times 10^6\text{W}$$

因此，模拟计算结果与例 12.2 中的设计计算结果一致。

② 为了避免进出口接管与挡板之间的干扰，现将挡板的数量减少一个。中央挡板间距保持不变，但入口和出口挡板间距增加到 1.5×0.281 =0.422m。

由式 12.72：

$$J_S = \frac{(N_B - 1) + \left(\frac{B_{in}}{B}\right)^{0.4} + \left(\frac{B_{out}}{B}\right)^{0.4}}{(N_B - 1) + \left(\frac{B_{in}}{B}\right) + \left(\frac{B_{out}}{B}\right)}$$

$$= \frac{(21-1) + (1.5)^{0.4} + (1.5)^{0.4}}{(21-1) + (1.5) + (1.5)}$$
$$= 0.97$$

$$h_S = 1081 \times 0.97 = 1049\text{W} \cdot \text{m}^{-2} \cdot \text{K}^{-1}$$

新的总传热系数经计算为 205.1W · m^{-2} · K^{-1}。然后从 a 部分重复模拟，U = 205.1W · m^{-2} · K^{-1}和 A=295.3m^2 给出：

$$T_{C2} = 74.94℃$$
$$T_{H2} = 95.16℃$$
$$Q_H = 6.474 \times 10^6\text{W}$$
$$Q_C = 6.474 \times 10^6\text{W}$$

不同挡板间距的性能比相同挡板间距差，这主要是因为这个设计中挡板数量相对较多。

12.8 强化传热

总传热系数由管外液膜热阻、管外污垢热阻、管壁热阻、管内污垢热阻和管内液膜热阻构成。在某些情况下，管外液膜热阻或管内污垢热阻明显高于其他的热阻。换句话说，管外液膜传热系数或管内液膜传热系数明显低于其他的传热系数。如果是这种情况，则管外液膜热阻或管内液膜热阻支配整个传热热阻，是控制热阻。看下面的例子，其中传热系数如下：

h_S = 管外液膜传热系数 = 1000W · m^{-2} · K^{-1}

h_{SF} = 管外污垢传热系数 = 5000W · m^{-2} · K^{-1}

h_W = 管壁传热系数 = 20000W · m^{-2} · K^{-1}

h_{TF} = 管内污垢传热系数 = 5000W · m^{-2} · K^{-1}

h_T = 管内液膜传热系数 = 200W · m^{-2} · K^{-1}

由以上数据可得总传热系数为 155W · m^{-2} · K^{-1}。现在希望通过提高管内或管外液膜传热系数来增加总传热系数。若将管外液膜传热系数增至 2000W · m^{-2} · K^{-1}，总传热系数变为 168W · m^{-2} · K^{-1}，仅增加了 8%；若将管内液膜传热系数增至 400W · m^{-2} · K^{-1}，总传热系数增加到 253W · m^{-2} · K^{-1}，增加了 63%。显然，总传热系数为管内液膜控制的。对于管内或管外液膜控制的热传递，管内或管外液膜热阻是控制热阻。在此例中，对传热系数的倒数进行求和，总热阻为 0.00645m^2 · K · W^{-1}。管内液膜热阻为 0.0050m^2 · K · W^{-1}，为总热阻的 76%。对于管内或管外液膜控制的热传递，液膜热阻占到总传热阻力的 50%以上。如果液膜热阻占总传热阻力的 60%~70%，那么当加热或冷却黏稠液体或气体时，热传递极有可能受液膜热阻控制。

如果传热受管内液膜控制，则可以通过增加管道数量来增加管内流体流速，从而减少管内热阻。如果传热受管外液膜控制，则可以考虑优化挡板设计。对于分段挡板，可以减少挡板间距。然而，如果这些措施导致压降增大等问题，则可以考虑其他强化传热方式。必须强调的是，提高非控制热阻的传热系数，对总传热系数的提高很小。对于管内或管外液膜控制的热传递，可以通过以下措施来强化传热：

- 通过提高单位长度的换热管换热面积以增大总的换热面积
- 通过使用一些强化传热技术来提高液膜传热系数

1）提高换热管换热面积。提高换热面积增加了单位长度换热管的传热速率，并且最终的换热器体积比普通管小，降低成本。提高管的换热面积可以通过以下两种方式：

- 整体成型管，其增加的面积是通过将母管挤出从而在管的表面上形成翅片制成的。这种方法既可用在管外也可用于管内。
- 焊接管道，其增加的面积是通过将金属片通过焊接、钎焊、切槽等方式固定到换热管外表面，形成纵向、横向的线或者是点状的翅片。将翅片固定到母管会产生附加热阻。

通过整体成型的方法制得螺旋或纵向的翅片，可以增加管内侧的面积。目前，最常见设计是在管外表面使用“高”的横向翅片，如图 12.17a 所示。高横向翅片可由整体地或非整体地方式制得。非整体翅片可以以各种方式连接。装有这种高横向翅片的换热管表面积最多可达到普通管表面积的 16 倍。整体成型的“低”的横向翅片置于管外表面，用于传统的管壳式换热器，以增强管外液膜传热系数。低横向翅片相对于普通管可使表面积增加约 2.5 倍。如图 12.17b 所示，也可以在管外表面使用纵向翅片。类似于图 12.1a，它们主要用于套管式等小型换热器。在这种设计中，管内设置翅片，翅片在环形空间中强化传热。纵向翅片相对于普通管可使表面积增加 14~20 倍。

(a)带横向翅片的外翅片管

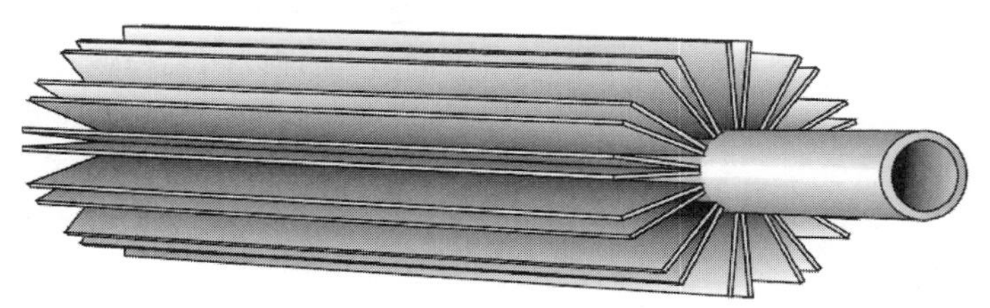

(b)带纵向翅片的外翅片管

图 12.17 强化传热管设计

高横向翅片管通常用于空间较大的换热器，在管内的流体和管外的气体间进行热传递。对于这种应用，将换热管按照三角形排列平行地安装在具有矩形横截面的腔室中。管内流体的流动方向与气流方向垂直(图 12.18)。这种换热方式的常用于冷却，其中热流体走管内，被风机输送的室温空气冷却(见第 24 章)。另一个应用是从烟道气中回收热量(见本章后面)。这种错流流动装置和管壳式换热器的校正因子 F_T 值是不同的。对流体直接混合换热的假设如下：对于管内，可以合理地假设传热时液体没有混合。当然，液体在每个管内都会发生混合，但是通过每个管的气流是独立的。气体流动更复杂。如果气体流过的管道装有与气流方向一致的挡板，用于防止在流动方向的混合，这种情况下则可以认为气体不混合。如果没有挡板并且管较短，则可以认为气体与流动方向正常混合。然而，如果没有挡板并且管很长，那么将会在流动方向上存在气体混合现象，但在整个横截面上气流不能完全混合。若假设气体与流体能够完全混合，如图 12.18a 所示，对于错流流动，气体侧被认为是与气流垂直的混合，但管内流体单程通过换热管不发生混合(Bowman，Mueller and Nagle，1940)：

$$F_T = \frac{\ln\left[\frac{1-P}{1-RP}\right]}{(1-R)\ln\left[1+\frac{1}{R}\ln(1-RP)\right]} \quad R \neq 1 \tag{12.107}$$

$$F_T = \frac{P}{(P-1)\ln[1+\ln(1-P)]} \quad R = 1 \tag{12.108}$$

其中

$P = \dfrac{T_{P2} - T_{P1}}{T_{G1} - T_{P1}}$ 热气流；

$P = \dfrac{T_{G2} - T_{G1}}{T_{P1} - T_{G1}}$ 热工艺物流；

$R = \dfrac{T_{G1} - T_{G2}}{T_{P2} - T_{P1}}$ 热气流；

$R = \dfrac{T_{P1} - T_{P2}}{T_{G2} - T_{G1}}$ 热工艺物流；

T_{G1} = 入口气体温度；

T_{G2} = 出口气体温度；

T_{P1} = 工艺进口温度；

T_{P2} = 工艺出口温度。

(a)单通道错流布置

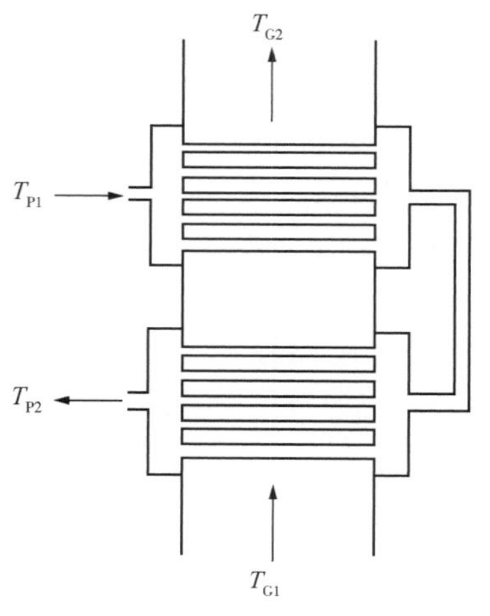

(b)双通道错逆流布置

图 12.18　错流布置

如图 12.18b 所示，当流体流过两管程后流体温度趋于一致时，气体侧被认为是与气流垂直的混合，而管内流体以两管程流经气体管且在流过管时不发生混合(Bowman，Mueller and Nagle，1940)：

$$F_T = \frac{\ln\left[\frac{1-P}{1-RP}\right]}{2(1-R)\ln\left[1-\frac{1}{R}\ln\left(\frac{\sqrt{\frac{1-P}{1-RP}}-\frac{1}{R}}{1-\frac{1}{R}}\right)\right]} \quad R \neq 1 \tag{12.109}$$

$$F_T = \frac{P}{2(P-1)\ln\left[1 - \ln\left(\frac{P}{2(1-P)} + 1\right)\right]} \quad R = 1 \tag{12.110}$$

在第 24 章中的空气冷却器也采用错流流动。

翅片管三角形排列的管外传热系数可以从下式(Briggs and Young，1963)计算得出：

$$Nu = 0.134Re^{0.681}\ Pr^{1/3}\left(\frac{y_F}{H_F}\right)^{0.2}\left(\frac{y_F}{\delta_F}\right)^{0.1134} \tag{12.111}$$

式中

$$Nu = \frac{h_O d_R}{k};$$

$$Re = \frac{\rho_O d_R v_{max}}{\mu};$$

$$Pr = \frac{c_P \mu}{k_O};$$

h_O——外传热系数，W·m^{-2}·K^{-1}；

d_R——翅片根部的外管直径，m；

k_O——外部流体的热导率，W·m^{-2}·K^{-1}；

ρ_O——外部流体的密度，kg·m^{-3}；

v_{max}——基于最小流通面积的最大流速，m·s^{-1}；

μ——外部流体的黏度，N·s·m^{-2}；

c_P——外部流体的热容，J·kg^{-1}·K^{-1}；

y_F——翅片间距，m；

H_F——翅片高度，m；

δ_F——翅片厚度，m。

对于翅片管，通常以单位长度上翅片数量来定义，从而得

$$y_F = \frac{1}{N_F} - \delta_F \tag{12.112}$$

式中 N_F——单位长度的翅片数，m^{-1}。

代入式 12.111：

$$Nu = 0.134Re^{0.681}\ Pr^{1/3}\left(\frac{1}{H_F N_F} - \frac{\delta_F}{H_F}\right)^{0.2}\left(\frac{1}{\delta_F N_F} - 1\right)^{0.1134} \tag{12.113}$$

v_{max}是在最小流动面积处的流速，对于三角形排列是相邻管、最外部的管与壳壁之间的面积。假设管处于矩形壳体内，则管和最外面的管及壳壁之间间距一致，并且与壳壁平行。对于交错的等边三角形排列，容纳 N_{TR} 列换热管的壳体宽度为

$$= (N_{TR} - 1)p_T + 2\left(p_T - \frac{d_R}{2}\right) + \frac{p_T}{2}$$

$$= N_{TR}p_T + \frac{3p_T}{2} - d_R \tag{12.114}$$

式中 N_{TR}——每排管数；

d_R——翅片根部的管直径，m；

p_T——管间距，m。

与直线排列相比，三角形排列管距增加 $p_T/2$。对于直线或三角形排列的换热管，宽度近似为 $p_T(N_{TR}+1)$。对于翅片管，除了筒体之外，每个管上的翅片在最窄处占据 $2H_F\delta_F N_F L$ 的面积，其中 L 是管长。因此最小流通面积为

$$= L\left[\left(N_{TR}p_T + \frac{3p_T}{2} - d_R\right) - (N_{TR}d_R + 2N_{TR}H_F\delta_F N_F)\right]$$

$$= L\left[N_{TR}(p_T - d_R - 2H_F\delta_F N_F) + \left(\frac{3p_T}{2} - d_R\right)\right] \tag{12.115}$$

式中 L——管长，m。

在此流动区域内，由下式给出最大速度：

$$v_{max} = \frac{m_O}{\rho L\left[N_{TR}(p_T - d_R - 2H_F\delta_F N_F) + \frac{3p_T}{2} - d_R\right]} \tag{12.116}$$

式中 m_O——管外流体的质量流量，kg·s^{-1}。

管壁上的翅片提供额外换热面积，同时带来了额外传热阻力。为了描述附加热阻，引入了翅片效率。翅片效率是指通过实际翅片传递的热量与翅片根部温度下等温时传递热量的比值。对于冷却操作，实际温度将从翅片根部到尖端不断降

低，降低的速度取决于翅片的形状、热导率和管外传热系数。为了测定翅片效率，假设热传递仅通过对流传热，且由于翅片的厚度没有引起温度差，翅片尖端也无传热。假设翅片半径比实际略大，可以为翅片传热留出余量。如果忽略外部翅片尖端的曲率，则尖端区域(即翅片的两侧)相当于翅片中间厚度 $\delta_F/2$。具有均匀厚度的圆周翅片的翅片效率由(McQuiston and Tree，1972)给出：

$$\eta_F = \frac{\tanh(\kappa\psi)}{\kappa\psi} \qquad (12.117)$$

式中 η_F——翅片效率。

$$\kappa = \left(\frac{2h_O}{k_F\,\delta_F}\right)^{1/2}$$

$$\psi = \left(H_F + \frac{\delta_F}{2}\right)\left[1 + 0.35\ln\left(\frac{d_R + 2H_F + \delta_F}{d_R}\right)\right]$$

k_F——翅片的导热系数，$W \cdot m^{-1} \cdot K^{-1}$。

该式中的 H_F 延长至 $\delta_F/2$ 处以允许从翅片尖端传热。由下式给出从翅片管外侧即来自管根部和翅片的传热：

$$\begin{aligned} Q &= \left(\frac{1}{\frac{1}{h_O} + R_{OF}}\right) A_{ROOT}(T_{ROOT} - T_O) + \left(\frac{1}{\frac{1}{h_O} + R_{OF}}\right) \eta_F A_{FIN}(T_{ROOT} - T_O) \\ &= \left(\frac{1}{\frac{1}{h_O} + R_{OF}}\right)(A_{ROOT} + \eta_F A_{FIN})(T_{ROOT} - T_O) \\ &= \left(\frac{1}{\frac{1}{h_O} + R_{OF}}\right)\left(\frac{A_{ROOT} + \eta_F A_{FIN}}{A_{ROOT}}\right) A_{ROOT}(A_{ROOT} - T_O) \\ &= \left(\frac{1}{\frac{1}{h_O} + R_{OF}}\right)\eta_W A_O(T_{ROOT} - T_O) \end{aligned} \qquad (12.118)$$

式中 Q——管外传热，W；

h_O——管外传热系数，$W \cdot m^{-2} \cdot K^{-1}$；

R_{OF}——管外污垢阻力，$W^{-1} \cdot m^2 \cdot K$；

A_{ROOT}——翅片管外露的基管外表面面积，m^2；

——$\pi d_R L(1 - N_F \delta_F)$；

A_{FIN}——翅片面积，m^2，

$= \frac{\pi N_F L}{2}[(d_R + 2H_F)^2 - d_R^2 + 2\delta_F(d_R + 2H_F)]$；

A_O——管外总面积，m^2，$= A_{ROOT} + A_{FIN}$；

T_{ROOT}——基管外表面温度，℃；

T_O——外部液体的温度，℃；

η_W——翅片效率，$= \frac{A_{ROOT} + \eta_F A_{FIN}}{A_{ROOT} + A_{FIN}}$。 (12.119)

翅片管的总传热系数可以采用如下的方法计算。首先必须定义换热面积，如式 12.13 和式 12.14 所定义的总传热系数是指光滑管的总外表面积。若以总面积(包括翅片面积)作为基础，则总传热系数计算式为：

$$\frac{1}{U} = \frac{1}{\eta_W h_O} + \frac{R_{OF}}{\eta_W} + \frac{A_O}{\pi d_R L}\frac{d_R}{2k_W}\ln\left(\frac{d_R}{d_I}\right) + \left(\frac{A_O}{\pi d_I L}\right)\left(R_{IF} + \frac{1}{h_I}\right) \qquad (12.120)$$

式中 h_O——管外传热系数，$W \cdot m^{-2} \cdot K^{-1}$；

h_I——管内传热系数，$W \cdot m^{-2} \cdot K^{-1}$；

R_{OF}——管外污垢热阻，$W \cdot m^{-2} \cdot K^{-1}$；

R_{IF}——管内污垢热阻，$W \cdot m^{-2} \cdot K^{-1}$；

k_W——管壁导热系数，$W \cdot m^{-2} \cdot K^{-1}$。

如果翅片管的结构不是一个整体，那么理论上应该在式 12.120 中增加一个描述翅片和管壁接触情况的附加热阻。然而，这个附加热阻通常很难量化。

2）螺旋管。螺旋管通过将管扭成螺旋形状来增强管内外的传热系数，如图 12.19 所示。由于扭曲形成的波纹增大了管内外流体的湍流程

度，从而增大了传热系数。若管以三角形排列，则管之间相互支撑，如图 12.19 所示就无须管道支架挡板。同时，管外的流体可绕管之间的空隙做旋转流动。

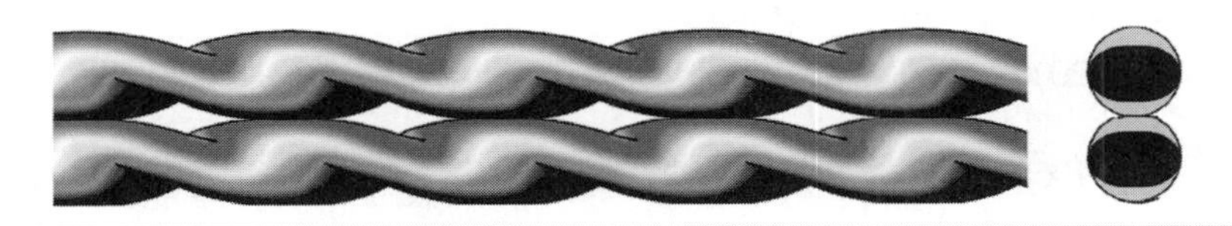

图 12.19 扭管强化传热

3）管插件。不改变管的形状，将管件插入普通管内增强传热。管插件的优点在于可以简便、低成本地增强常规设计或现有换热器的传热能力。对换热器改造的内容将在后面讨论。

- 纽带。如图 12.20a 所示，纽带由具有与换热管内径相同宽度的扭曲金属薄带制成。流体在管内沿着流动方向且沿纽带做螺旋状流动。相比于普通管，螺旋流动路径能使流体具有较高的流速，可以在低雷诺数下增大流体的湍流程度。纽带扭曲的程度可以根据实际应用的要求进行改变。
- 线圈。图 12.20b 为一个螺旋状的线圈插件。线圈通常将线绕着杆紧紧地缠绕而成，并使得线圈的外径略大于管内径。这样就能保证当它被安装到管中时，不会发生移动。线圈可以破坏管壁内部的边界层，增加传热系数。
- 网格插件。网格插件是将线圈编织在一起形成矩阵。矩阵由螺旋排列的小环路组成。图 12.20c 展示了 HiTran ©型网格插件。钢丝网的直径略大于管内径，以便能与管壁紧密接触。网格插件能够促进管内流体的充分混合，最重要的是破坏管壁处的流体边界层。通过每单位长度内编织丝网的多少可以制成不同“密度”网格。这样就可以根据需要定制网格插件。

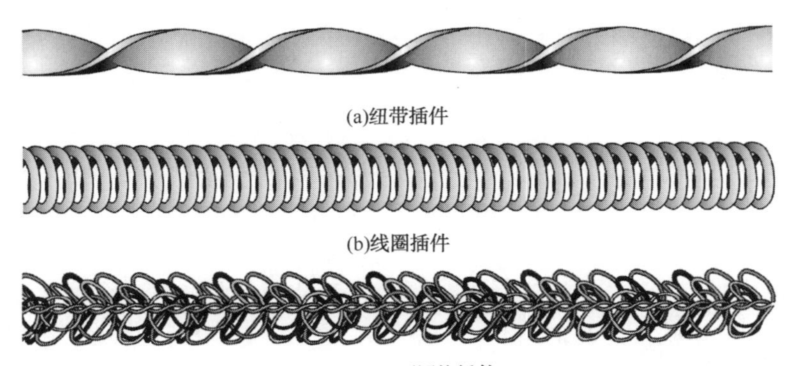

(a)纽带插件

(b)线圈插件

(c)HiTran©型网格插件

图 12.20 用于强化传热的管插件

当流体为层流或过渡流时，插入管件是提高传热系数最有效的方法。在完全湍流流动时插入管件也能够强化传热，但强化传热程度通常较弱。通常在雷诺数低于 20000 的情况下插入管件。当层流流动时插入管件能够将液膜传热系数提高 10 倍甚至更高。插入管件的一个优点是可以非常有效地减少结垢。通过扰乱管壁处的流体边界层，可以降低壁面温度，减少结垢；插入管件还能增加管壁处剪切应力，有助于去除污垢。管件插入的缺点是增加了管道的压降。如果压降过大并且换热器具有多个管道，则可使用插入管件与减少通道数量相结合的方法有效地提高总传热系数，同时小幅增加压降，或根本不增加。

目前还没有钢丝网性能的报道，但对于纽带

和线圈性能的研究已有相关报道。

- 纽带传热。对于层流，即 $Sw<2000$ 和 $Re<10000$ 的纽带传热(Manglik and Bergles，1993a；Jiang，Shelley and Smith，2014)：

$$Nu=\frac{h_{Te}d_I}{k}=0.106Sw^{0.767}Pr^{0.3} \quad (12.121)$$

式中 Sw—— 无量纲涡旋参数

$$=\frac{Re}{\sqrt{y}}\frac{\pi}{\pi-4(\delta/d_I)}\left[1+\left(\frac{\pi}{2y}\right)^2\right]^{1/2} \quad (12.122)$$

Re—— 基于裸管的雷诺数，$=\frac{\rho d_I v}{\mu}$；

h_{Te}——强化后管内膜传热系数，$W \cdot m^{-2} \cdot K^{-1}$；

$$v=\frac{4m}{\pi d_I^2\rho}(m \cdot s^{-1})； \quad (12.123)$$

m——质量流量，$kg \cdot s^{-1}$；

δ——绞带厚度，m；

y——扭转比，纽带 180°转动的轴向长度除以管的内径；

d_I——管内径，m。

湍流流动时，$Sw \geqslant 2000$ 和 $Re \geqslant 10000$ (Manglik and Bergles，1993b；Jiang，Shelley and Smith，2014)：

$$Nu=\frac{h_{Te}d_I}{k}=0.023Re^{0.8}Pr^{0.4}\left(1+\frac{0.769}{y}\right)\left[\frac{\pi}{\pi-4(\delta/d_I)}\right]^{0.8}\left[\frac{\pi+2-2(\delta/d_I)}{\pi-4(\delta/d_I)}\right]^{0.2} \quad (12.124)$$

如果 $Sw>2000$ 和 $Re<10000$，努塞尔数可近似取 12.121 和 12.124 两式计算值的平均值。

- 纽带压降计算。对于纽带，层流时，$Sw<2000$(Manglik and Bergles，1993a；Jiang，Shelley and Smith，2014)，压降为：

$$\Delta P_{Te}=4c_f\frac{L_{sw}}{d_I}\left(\frac{\rho v_{sw}^2}{2}\right) \quad (12.125)$$

$$c_f=\frac{15.767}{Re_{sw}}\left[\frac{\pi+2-2(\delta/d_I)}{\pi-4(\delta/d_I)}\right]^2(1+10^{-6}Sw^{2.55})^{1/6} \quad (12.126)$$

式中 ΔP_{Te}——插件在直管中的压降；

$Re_{sw}=\frac{\rho v_{sw}d_I}{\mu}$；

v_{sw}—— 涡流速度，$m \cdot s^{-1}$，

$$=v\frac{\pi}{\pi-4(\delta/d_I)}\left[1+\left(\frac{\pi}{2y}\right)^2\right]^{1/2}； \quad (12.127)$$

L_{sw}—— 涡流长度，m，

$$=L\left[1+\left(\frac{\pi}{2y}\right)^2\right]^{1/2}； \quad (12.128)$$

L——管长，m。

湍流时，$Sw \geqslant 2000$ (Manglik and Bergles，1993b；Jiang，Shelley and Smith，2014) 压降为：

$$\Delta P_{Te}=4c_f\frac{L}{d_I}\left(\frac{\rho v^2}{2}\right) \quad (12.129)$$

$$c_f=\frac{0.0791}{Re^{0.25}}\left(1+\frac{2.752}{y^{1.29}}\right)\left[\frac{\pi}{\pi-4(\delta/d_I)}\right]^{1.75}\left[\frac{\pi+2-2(\delta/d_I)}{\pi-4(\delta/d_I)}\right]^{1.25} \quad (12.130)$$

- 螺旋线圈传热。对于螺旋线，层流时，$Re<1000$(Jiang，Shelley and Smith，2014)：

$$Nu=1.86Re^{1/3}Pr^{1/3}\left(\frac{p}{d_I}\right)^{-1/3}\left[\frac{\cos\alpha-(e/d_I)^2}{\cos\alpha+(e/d_I)}\right]^{-1/3} \quad (12.131)$$

其中

$$\cos\alpha=\sqrt{\frac{1}{\left[\frac{\pi}{(p/d_I)}\right]^2+1}}$$

过渡流或湍流传热时，$1000<Re<80000$，$0.07<e/d_I<0.1$ 和 $1.17<p/d_I<2.68$ (Garcia，Xicenti and Viedma，2005；Jiang Shelley and Smith，2014)：

$$Nu=\frac{h_{Te}d_I}{k}=0.132\left(\frac{p}{d_I}\right)^{-0.372}Re^{0.72}Pr^{0.37} \quad (12.132)$$

湍流时，$80000 \leqslant Re \leqslant 250,000$，$0.01<e/d_I<0.2$，$0.1<p/d_I<7$ 和 $0.3<\alpha/90<1$ (Ravigururajan and Bergles，1996；Jiang，Shelley 和 Smith，2014)：

$$Nu=\frac{h_{\mathrm{Te}}d_{\mathrm{I}}}{k}=Nu_{\mathrm{s}}\left\{1+\left[2.64\,Re^{0.036}\left(\frac{e}{d_{\mathrm{I}}}\right)^{0.212}\left(\frac{p}{d_{\mathrm{I}}}\right)^{-0.21}\left(\frac{\alpha}{90}\right)^{0.29}Pr^{-0.024}\right]^{7}\right\}^{1/7} \qquad (12.133)$$

式中 Nu_{S}——光滑管努塞尔准数

$$=\frac{h_{\mathrm{T}}d_{\mathrm{I}}}{k}=\frac{RePr(c_{\mathrm{fS}}/2)}{1+12.7\sqrt{c_{\mathrm{fS}}/2}\,(Pr^{2/3}-1)}; \qquad (12.134)$$

h_{T}——光滑管内传热系数($\mathrm{W\cdot m^{-2}\cdot K^{-1}}$)；

c_{fS}——光滑管扇形摩擦系数；

e——螺旋线直径，m；

p——螺纹间距，m；

α——螺旋线与管轴的螺旋角度。

其中 $\frac{\alpha}{90}=\frac{2}{\pi}\tan^{-1}\left[\frac{\pi}{(p/d_{\mathrm{I}})}\right]$

• 螺旋线圈压降计算。螺旋线圈的压降(Ravigururajan 和 Bergles，1996；Garcia，Vicenti 和 Viedma，2005；Jiang，Shelley 和 Smith，2014)：

$$\Delta P_{\mathrm{Te}}=4c_{\mathrm{f}}\frac{L}{d_{\mathrm{I}}}\left(\frac{\rho\nu^{2}}{2}\right) \qquad (12.135)$$

对于 $Re\leqslant 310$

$$c_{\mathrm{f}}=\frac{16}{Re} \qquad (12.136)$$

若 $310<Re<30,000$，$0.07<e/d_{\mathrm{I}}<0.1$，$1.17<p/d_{\mathrm{I}}<2.68$ 和 $16.7<p/e<26.8$：

$$c_{\mathrm{f}}=9.35\left(\frac{p}{e}\right)^{-1.16}Re^{-0.217}\ \text{对于}\ 310<Re<30000 \qquad (12.137)$$

若 $30000\leqslant Re\leqslant 250000$，$0.01<e/d_{\mathrm{I}}<0.2$，$0.1<p/d_{\mathrm{I}}<7$ 和 $0.3<\alpha/90<1$：

$$c_{\mathrm{f}}=c_{\mathrm{fS}}\left\{1.036+\left[30.15\,Re^{a1}\left(\frac{e}{d}\right)^{a_2}\left(\frac{p}{d}\right)^{a_3}\left(\frac{\alpha}{90}\right)^{a_4}\right]^{15/16}\right\}^{16/15} \qquad (12.138)$$

其中

$$a_1=0.67-0.06\left(\frac{p}{d}\right)-0.49\left(\frac{\alpha}{90}\right)$$

$$a_2=1.37-0.157\left(\frac{p}{d}\right)$$

$$a_3=-1.66\times10^{-6}\,Re^{-0.33}\left(\frac{\alpha}{90}\right) \qquad (12.139)$$

$$a_4=4.59+4.11\times10^{-6}\,Re^{-0.15}\left(\frac{p}{d}\right)$$

单壳程的管内总压降包括直管压降(ΔP_{Te})，入口中的压降，出口和折弯(ΔP_{TE})和接管压降(ΔP_{TN})：

$$\Delta P_{\mathrm{T}}=\Delta P_{\mathrm{Te}}+\Delta P_{\mathrm{TE}}+\Delta P_{\mathrm{TN}}=\Delta P_{\mathrm{Te}}+K_{\mathrm{PT2}}\nu_{\mathrm{T}}^{2}+K_{\mathrm{PT3}} \qquad (12.140)$$

其中 K_{PT2} 和 K_{PT3} 由式 12.62 和式 12.63 计算。若有插入管件，首先确定插入管件尺寸。对于纽带来说，确定纽带的厚度和扭曲度。对于螺旋线圈，确定螺旋线直径和间距。然后根据流动状态计算强化传热系数。再计算压降以确保压降低于允许值。如果不满足传热要求或超过压降允许值，则选择其他强化传热方式，再次检查传热系数和压降。如果依然大于压降允许值，则可以减少换热器的管道数量。

12.9 换热器改进

由于各种原因，可能需要提高已有换热器的性能。维持或增加现有的热负荷需要改变流体流量或温度。考虑传热的基本式：

$$Q=UA\Delta T_{\mathrm{LM}}F_{\mathrm{T}} \qquad (12.141)$$

对于相同的 $\Delta T_{\mathrm{LM}}F_{\mathrm{T}}$，若需要增加 Q，则可以增大 U 或 A 的值实现。如果 Q 值不变，$\Delta T_{\mathrm{LM}}F_{\mathrm{T}}$ 的值减小，也可以通过增加 U 或 A 值实现。因此，换热器的改造原则上可以通过改变 U 或 A 来进行。

以下为换热器改进可选择的方法：

1) 增加换热面积。如果生产工艺中使用管壳式换热器且需要增大换热面积。如果换热面积增幅较小，则在现有的管束中安装新的管束。如果管间距减小或者排列方式从正方形变为三角形，这是可能实现的。如果换热面积增幅较大，则必须更换新的换热器（如果换热面积要求增大幅度很大，也可以增加多个的换热器）来增大换热器体积。新的换热器可以通过以下两种方式之一进行：

① 串联。当新的换热器与现有的换热器串联时，流体流量不会发生变化。如果串联换热器导致操作条件显著变化，那么仅会改变现有换热器压降和传热系数。需要注意，新串联的换热器将导致整个系统压降增大。尤其是流量已接近泵（或压缩机）的额定输送量时。

② 并联。当新的换热器与现有的换热器并联时，通过现有换热器的流体流量和压降将会减少。同时也将降低传热系数和传热性能。因此，新的换热器不会使压降发生太大的变化。整个系统的压降将是现有交换机的压降与并行安装的新换热器压降中较大的一个。

通过更换管束或添加换热器的方式来增加换热面积成本较大。在一些换热器设计中，可以采取一些更直接方式来增加换热面积（见第 12.12 节）。

2）强化传热的常规设计。若不采用增加换热面积方法来强化传热，则可以通过提高换热器总传热系数的方法实现。使用常规设计，可以调节管内流体流动状态以增加管程数量，从而提高管内流速和管内膜传热系数。然而，这并不像在换热器封头中安装隔板那样简单，需要将管束插入隔板。在壳程中，可以通过减小挡板间距来增加管外膜传递系数。同样，这将需要一个新的管束，因为需要切割现有的管束以安装挡板。

3）增加传热管表面积。将传热表面从平坦表面改为翅片状、肋状或不均匀的表面可以增加管表面的传热速率。这可以应用于管的内表面或外表面，但需要改变管束。

4）插入管。如前所述，在牺牲压降的前提下，将插件插入普通管的内部以提高管内传热系数。插入装置包括纽带、螺旋线圈和网格等。使用管插件增加传热系数的主要缺点是会导致管内压降的增加。在多管程列管式换热器中，通过安装管插件，同时减少管道数量，可以解决这个问题。通过拆卸和添加隔板管道等不改变管束的方法，可以显著增加传热系数，而不会增大压降。但是，进口和出口喷嘴以及管束需要更改。在一些情况下，也可以在不改变入口和出口喷嘴的情况下减少管束。表 12.13 列出了由于管束数量变化而对换热器结构要求的变化。在表 12.13 中，采用了两个基本标准：在减少管程后，每个管程的管数量不变，且不安装新的隔板切割换热管。

表 12.13 管壳式换热器中管束的减少

管束	减少管	要求的改造
2	1	（ⅰ）删除所有分区 （ⅱ）用两个新的封头替换现有的封头 （ⅲ）如有必要，重新分布管道流
4，8，12	2	（ⅰ）删除所有分区 （ⅱ）转动外壳或改变两个头的位置 （ⅲ）在前头中间安装一个新的隔板。 （ⅳ）如有必要，重新分布管道流
	1	（ⅰ）删除所有分区 （ⅱ）用两个新的封头替换现有的封头 （ⅲ）如有必要，重新分布管道流

续表

管束	减少管	要求的改造
6，10	2	(ⅰ) 除了前面中间的隔板外，把所有隔板都拆掉
	1	(ⅰ) 删除所有分区 (ⅱ) 用两个新的封头替换现有的封头 (ⅲ) 如有必要，重新分布管道流
12	4	移除一些分区，保留那些典型的四管布局

可以看出，最简单的减少管程的方式是从 6 和 10 减到 2 或 12 到 4。

满足以下三个条件前提下，应用管插件是非常有效的：

• 总传热系数受管内传热系数控制。换句话说，管内传热系数必须是五个传热系数中最小的。如果是受管外传热系数控制，或者污垢系数占主导地位，则内部系数不会对总传热系数产生显著影响。

• 管内流体的雷诺数通常应限制在 10000~20000，以便于对管内传热系数具有显著影响。

• 换热器应优选多管程，以便于能够采用减少管程数量的方法：

例 12.6　假设例 12.2d 中开发的设计并且在例 12.5b 中模拟换热器，其入口和出口挡板间距为 0.422m(参见表 12.12 的结构参数)，现在需要改进其性能。拟通过插入插件来增加传热性能。煤油的入口温度为 200℃，原油的入口温度为 35℃：

① 检查管插入管件是否有效。

② 使用扭曲比为 3 和厚度为 0.0016m 的纽带插入管件，计算流体出口温度、热负荷和管内压降。

③ 若使用间距为 0.04m，厚度为 0.0016m 的螺旋线插件，计算流体出口温度、热负荷和管内压降。

解：① 如上一节所述，为了使管插件有效，管内热阻应至少为总热阻的 50%，管内流体雷诺数最好介于 10000~20000。由例 12.5 得，管内流体的雷诺数为 3589。传热系数和热阻如下：

	h_S	h_{SF}	h_W	h_{TF}	h_T
系数/$W \cdot m^{-2} \cdot K^{-1}$	1081	5000	20166	2000	409.8
总阻力/%	23.0	4.8	1.2	12.1	58.9

因此，对于强化传热，管插件是一个可选项。

② 对于纽带，从式 12.122：

$$S_W = \frac{Re}{\sqrt{y}} \frac{\pi}{\pi - 4(\delta/d_I)} \left[1 + \left(\frac{\pi}{2y}\right)^2\right]^{1/2}$$
$$= \frac{3589}{\sqrt{3}} \frac{\pi}{\pi - 4(0.0016/0.016)} \left[1 + \left(\frac{\pi}{2 \times 3}\right)^2\right]^{1/2}$$
$$= 2680.2$$

对于光滑管：

$$\nu_T = \frac{m_T(N_p/N_T)}{\rho(\pi d_I^2/4)}$$
$$= \frac{79.07(2/974)}{830(\pi \times 0.016^2/4)}$$
$$= 0.973 m \cdot s^{-1}$$

$$Re = \frac{\rho \nu_T d_I}{\mu}$$
$$= \frac{830 \times 0.973 \times 0.016}{3.6 \times 10^{-3}}$$
$$= 3589$$

对于 Sw 大于 2000 且雷诺数小于 10，000，使用式 12.121 和式 12.124 计算努塞尔数的平均值：

$$Nu = \frac{h_{Te} d_I}{k} = 0.106 Sw^{0.767} Pr^{0.3}$$

$$h_{Te} = \frac{0.133}{0.016} \times 0.106 \times 2680.2^{0.767} \times \left(\frac{2050 \times 3.6 \times 10^{-3}}{0.133}\right)^{0.3} = 1252.3 \text{W} \cdot \text{m}^{-2} \cdot \text{K}^{-1}$$

$$Nu = \frac{h_{Te} d_I}{k} = 0.023 Re^{0.8} Pr^{0.4} \left(1 + \frac{0.769}{y}\right) \left[\frac{\pi}{\pi - 4(\delta / d_I)}\right]^{0.8} \left[\frac{\pi + 2 - 2(\delta / d_I)}{\pi - 4(\delta / d_I)}\right]^{0.2}$$

$$\begin{aligned} h_{Te} &= \frac{0.133}{0.016} \times 0.023 \times 3589^{0.8} \times \left(\frac{2050 \times 3.6 \times 10^{-3}}{0.133}\right)^{0.4} \\ &\times \left[1 + \frac{0.769}{3}\right] \left[\frac{\pi}{\pi - 4(0.0016/0.016)}\right]^{0.8} \left[\frac{\pi + 2 - 2(0.0016/0.016)}{\pi - 4(0.0016/0.016)}\right]^{0.2} \\ &= 1048.9 \text{W} \cdot \text{m}^{-2} \cdot \text{K}^{-1} \end{aligned}$$

取以上两个式的平均值，即 $h_{Te} = 1150.6 \text{W} \cdot \text{m}^{-2} \cdot \text{K}^{-1}$。

$$\begin{aligned} \frac{1}{U} &= \frac{1}{h_S} + \frac{1}{h_{SF}} + \frac{d_O}{2k} \ln\left(\frac{d_O}{d_I}\right) + \frac{d_O}{d_I}\left(\frac{1}{h_{Te}} + \frac{1}{h_{TF}}\right) \\ &= \frac{1}{1049} + \frac{1}{5000} + \frac{0.02}{2 \times 45} \ln\left(\frac{0.02}{0.016}\right) + \frac{0.02}{0.016}\left(\frac{1}{1150.6} + \frac{1}{2000}\right) \\ U &= 343.4 \text{W} \cdot \text{m}^{-2} \cdot \text{K}^{-1} \end{aligned}$$

对于例 12.5：

$$A = 395.3 \text{m}^2$$

$$R = 2.625$$

$$G = \exp\left[\frac{UA\sqrt{R^2 + 1}}{CP_C N_{SHELLS}}\right] = 10.496$$

$$P_{1-2} = \frac{2G - 2}{G\left(R + 1 + \sqrt{R^2 + 1}\right) - \left(R + 1 - \sqrt{R^2 + 1}\right)} = 0.2847 = P$$

$$T_{C2} = T_{C1} + P(T_{H1} - T_{C1}) = 35 + 0.2847 \times (200 - 35) = 81.98℃$$

$$T_{H2} = T_{H1} - R(T_{C2} - T_{C1}) = 200 - 2.625 \times (81.98 - 35) = 76.68℃$$

$$Q_H = CP_H(T_{H1} - T_{H2}) = 25 \times 2470 \times (200 - 76.68) = 7.615 \times 10^6 \text{W}$$

因此，热负荷增加了(7.615−6.444)×106W=1.131×10^6 W。管内的摩擦系数由下式给出：

$$c_f = \frac{0.0791}{Re^{0.25}}\left(1 + \frac{2.752}{y^{1.29}}\right) \left[\frac{\pi}{\pi - 4(\delta / d_I)}\right]^{1.75} \left[\frac{\pi + 2 - 2(\delta / d_I)}{\pi - 4(\delta / d_I)}\right]^{1.25} = 0.0452$$

$$\Delta P_T = \Delta P_{Te} + \Delta P_{TE} + \Delta P_{TN} = 4c_f \frac{L}{d_I}\left(\frac{\rho \nu_T^2}{2}\right) + K_{PT2}\nu_T^2 + K_{PT3} = 30691 \text{N} \cdot \text{m}^{-2}$$

强化传热时，压降从 15000N·m^{-2}增加到 30691N·m^{-2}。

③ 对于螺旋线插入件，对于给定 $Re_T = 3589$，传热系数可由式 12.132 计算：

$$Nu = \frac{h_{Te} d_I}{k} = 0.132 \left(\frac{p}{d_I}\right)^{-0.372} Re^{0.72} Pr^{0.37}$$

$$h_{Te} = \frac{0.133}{0.016} \times 0.132 \times \left(\frac{0.04}{0.016}\right)^{-0.372} 3589^{0.72} 55.489^{0.37} = 1250.9 \text{W} \cdot \text{m}^{-2} \cdot \text{K}^{-1}$$

$$U = 354.0 \text{W} \cdot \text{m}^{-2} \cdot \text{K}^{-1}$$

$$A = 395.3 \text{m}^2$$

$$R = 2.625$$

$$G = 11.302$$

$$P_{1-2} = 0.2866 = P$$
$$T_{C2} = 82.28℃$$
$$T_{H2} = 75.88℃$$
$$Q_H = 7.664 \times 10^6 W$$

热负荷增加了$(7.664-6.484)\times10^6 = 1.18\times10^6$ W。管内的摩擦系数由下式给出：

$$c_f = 9.35\left(\frac{p}{e}\right)^{-1.16} Re^{-0.217} = 0.0378$$

$$\Delta P_T = 4c_f \frac{L}{d_R}\left(\frac{\rho \nu_T^2}{2}\right) + K_{PT2}\nu_T^2 + K_{PT3}$$
$$= 26039N \cdot m^{-2}$$

强化传热时，压降从 $15000N \cdot m^{-2}$ 增加到 $26039N \cdot m^{-2}$。

12.10　冷凝器

管壳式冷凝器的结构类似于无相变时的管壳式换热器。冷凝器可以水平或垂直排列，冷凝可以发生在管内或管外。若换热面积和蒸汽冷凝量都已确定，冷凝膜系数的大小取决于冷凝器的排列方向。冷凝通常发生在釜式交换器的壳侧和垂直取向的管侧。通常优选水平壳侧冷凝，因为这时冷凝传热系数较大。釜式冷凝器管内的冷凝通常是使用冷凝蒸汽作为加热介质。

冷凝可以通过以下两种机制之一进行：

a）膜状冷凝，其中蒸汽冷凝液体能够润湿管表面，形成连续液膜（参见图 12.21a）；

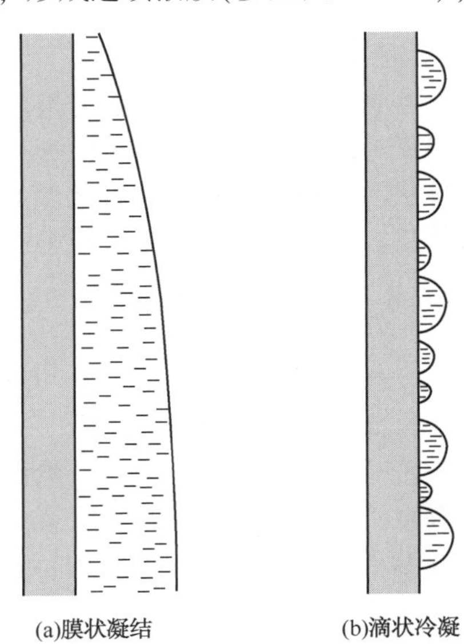

图 12.21　冷凝机制

b）滴状冷凝，其中冷凝液滴不会湿润表面，并且液滴足够大之后，从管中落下以暴露新的冷凝表面面而不形成连续的液膜（图 12.21b）。

虽然滴状冷凝具有更高的传热系数，但是很难保证做到滴状冷凝，一般来说设计是在膜状冷凝基础上进行的。

描述膜状冷凝的基本式是由努塞尔特（1916）提出的。公式的推导已经由 Kern（1950）和 Serth（2007）等发表。此推导中做出了一些假设：

- 液膜在重力的作用下能够稳定地流动。
- 液膜处于层流状态。
- 气相中不存在不可凝结气体。
- 在液-气界面没有气液剪切力作用。
- 动量变化可忽略不计。
- 冷凝液膜中的温度呈线性分布。
- 通过液膜传输的热量只有在液-气界面处释放的冷凝潜热（液膜中的显热传递可忽略）。
- 液-气界面的温度等于饱和温度。
- 液膜的物理性质保持不变。

对于图 12.21a 所示的液膜，冷凝传热系数由下式给出：

$$h_C = 0.943\left(\frac{k_L^3 \rho_L(\rho_L - \rho_V)\Delta H_{VAP} g}{L\mu_L \Delta T}\right)^{1/4} \tag{12.142}$$

式中　h_C——冷凝膜传热系数，$W \cdot m^{-2} \cdot K^{-1}$；

k_L——液体的导热系数，$W \cdot m^{-1} \cdot K^{-1}$；

ρ_L——液体密度，$kg \cdot m^{-3}$；

ρ_V——蒸汽密度，$kg \cdot m^{-3}$；

ΔH_{VAP}——潜热，$J \cdot kg^{-1}$；

g——重力加速度，$9.81m \cdot s^{-2}$；

L——壁长度，m；

μ_L——液体的黏度，$N \cdot s \cdot m^{-2}$ 或 $kg \cdot m^{-1} \cdot s^{-1}$；

ΔT——冷凝液膜两端的温差，K。

应该注意的是，努塞尔式的最初形式是用 ρ_L^2 而不是 $\rho_L(\rho_L-\rho_V)$。使用 $\rho_L(\rho_L-\rho_V)$ 是考虑了浮力的影响（Rosenow，1956；Rosenow，Webber and Ling，1956）。这种浮力通常仅在临界点附近时才起到重要作用。此外，原始形式的努塞尔式的常数值由于积分方式产生的误差而略有不同。在大多数情况下，导致与式 12.142 存在偏差的两个最重要的因素是蒸汽中存在蒸汽剪切力和不可凝结气体。蒸汽剪切力可增加传热系数，而不可冷凝的气体则会降低传热系数。

由于薄膜中的 T 是未知的，所以最好从式 12.142 中除去。根据冷凝液膜传热系数的定义：

$$m\Delta H_{VAP} = h_C LW\Delta T \qquad (12.143)$$

式中 m——冷凝液流量，$kg \cdot s^{-1}$；

L——壁长，m；

W——壁宽，m。

将式 12.143 代入式 12.142 可得：

$$h_C = 0.925k_L\left(\frac{\rho_L(\rho_L-\rho_V)gW}{\mu_L m}\right)^{1/3} \qquad (12.144)$$

流体的雷诺数为：

$$Re = \frac{\rho d_e \nu}{\mu_L}$$

式中 d_e—— 当量直径 $= 4 \times \dfrac{流动区域}{润湿周边} = 4\delta$；

δ—— 膜厚度，m；

ν—— 凝结水流速，$m \cdot s^{-1}$，$= \dfrac{m}{\rho W\delta}$。

因此雷诺数变为：

$$Re = \frac{4m}{\mu_L W} \qquad (12.145)$$

式 12.144，液膜的 Nusselt 式对 $Re<30$ 有效。

对于垂直管中的冷凝，忽略管壁的曲率，则式 12.143 变为：

$$m\Delta H_{VAP} = h_C \pi d_I L N_T \Delta T \qquad (12.146)$$

式中 d_I——管内径，m；

L——管长，m；

N_T——管数，m。

将 12.142 中代入式 12.146 得出：

$$h_C = 1.354k_L\left(\frac{\rho_L(\rho_L-\rho_V)d_I N_T g}{\mu_L m}\right)^{1/3} \qquad (12.147)$$

雷诺数为：

$$Re = \frac{\rho d_e \nu}{\mu_L}$$

式中 $d_e = 4 \times \dfrac{流动区域}{润湿周边}$。

若忽略曲率：

$$d_e = 4\delta$$

$$\nu = \frac{m}{\rho\pi d_I N_T \delta}$$

因此，雷诺数变成

$$Re = \frac{4m}{\pi d_I N_T \mu_L} \qquad (12.148)$$

当 $Re<30$ 时，式 12.147 有效。对于垂直管外的冷凝，为：

$$h_C = 1.354k_L\left(\frac{\rho_L(\rho_L-\rho_V)d_O N_T g}{\mu_L m}\right)^{1/3} \qquad (12.149)$$

对于 $Re<30$，它仍然有效：其中

$$Re = \frac{4m}{\pi d_O N_T \mu_L} \qquad (12.150)$$

对于单个水平管外冷凝，相应的努塞尔式是（Kern，1950；Rose，1999）：

$$h_C = 0.728\left(\frac{k_L^3\rho_L(\rho_L-\rho_V)\Delta H_{VAP}g}{d_O\mu_L\Delta T}\right)^{1/4} \qquad (12.151)$$

根据液膜系数的定义：

$$m\Delta H_{VAP} = h_C \pi d_O L N_T \Delta T \qquad (12.152)$$

结合式 12.151 和式 12.152：

$$h_C = 0.959k_L\left(\frac{\rho_L(\rho_L-\rho_V)LN_T g}{\mu_L m}\right)^{1/3} \qquad (12.153)$$

对于 $Re<30$ 时，

$$Re = \frac{4m}{\mu_L L N_T} \qquad (12.154)$$

对于水平管束的壳侧冷凝，冷凝液在连续的管束上会降低冷凝传热系数。这可以通过将单个管的冷凝传热系数乘以垂直排列管数量的经验校正值进行修正。Kern(1950)提出了修正式：

$$h_C = 0.959k_L\left(\frac{\rho_L(\rho_L-\rho_V)LgN_T}{\mu_L m}\right)^{1/3} N_R^{-1/6} \qquad (12.155)$$

式中 N_R——垂直排列的管数。

这种修正对单个垂直管很适合。然而，在圆管束中，垂直排列的管的数量随着管束中的位置而变化。可以通过将式 12.153 中的 N_T 修改为 $N_T^{2/3}$（Kern，1950）来修正：

$$h_C = 0.959k_L\left(\frac{\rho_L(\rho_L-\rho_V)LgN_T^{2/3}}{\mu_L m}\right)^{1/3}$$

$$= 0.959k_L \left(\frac{\rho_L(\rho_L - \rho_V) Lg}{\mu_L m}\right)^{1/3} N_T^{2/9}$$

(12.156)

水平管内的冷凝是非常复杂的。通过对水平冷凝的努塞尔式进行简单校正可以获得近似的冷凝系数，以解释沿着管底部冷凝液的积累。常用的校正值是 0.8（Butterworth，1977）。不需要考虑管数。因此，水平管内的冷凝传热系数可以近似为：

$$h_C = 0.767k_L \left(\frac{\rho_L(\rho_L - \rho_V) LgN_T}{\mu_L m}\right)^{1/3}$$

(12.157)

在此式中，膜厚度和冷凝传热系数在整个表面发生变化。我们可以根据它们之间的相关性给出适用于整个表面的一个平均冷凝传热系数。冷凝传热系数与壳侧几何形状（例如挡板切割，距离等）无关。在无蒸汽剪切力和不可凝结气体的情况下，努塞尔式与冷凝液膜层流时的实验数据一致。在没有不可凝结气体的情况下，努塞尔式给出的冷凝传热系数偏小。液膜中的蒸汽剪切力和湍流会导致冷凝传热系数比由努塞尔式计算值高得多。当在长的垂直表面上发生冷凝或冷凝速率较高时，液膜中流体呈湍流流动。层状膜经过一个波浪形的过渡最终达到湍流。湍流起到提高冷凝传热系数的作用，但薄膜的增厚会降低冷凝传热系数。

对于简单的等温全凝器：

$$Q = m\Delta H_{VAP} = UA\Delta T_{LM} \qquad (12.158)$$

其中 U 由式 12.13 给出。需要注意的是，在使用多管程换热器时，如果冷凝液非常纯净且等温，则 $F_T = 1$，不需要校正。

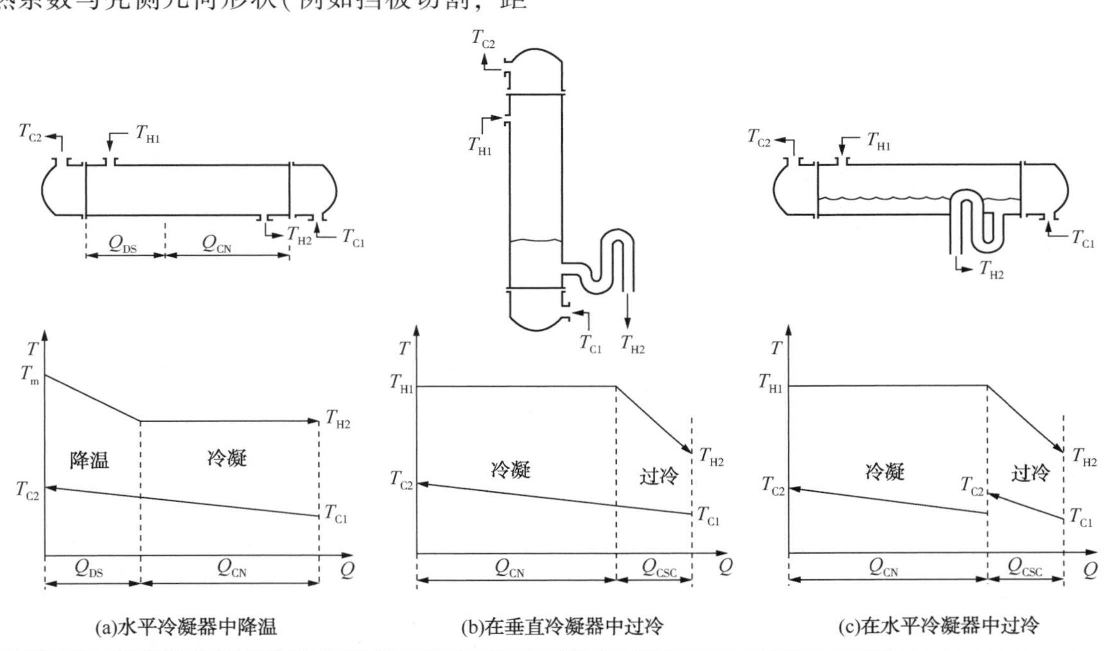

图 12.22　带降温和过冷的冷凝

如果换热过程涉及降温和冷凝，则换热器可以分成不同的区域，每个区域的温-焓曲线呈线性分布。图 12.22a 显示了卧式冷凝器壳侧的过热和冷凝情况。总换热面积是每个区域面积之和：

$$A = A_{DS} + A_{CN} = \frac{Q_{DS}}{U_{DS}\Delta T_{LM,\ DS}} + \frac{Q_{CN}}{U_{CN}\Delta T_{LM,\ CN}}$$

(12.159)

式中　A——总换热面积；

A_{DS}——降温区换热面积；

A_{CN}——冷凝区换热面积；

Q_{DS}——降温区热负荷；

Q_{CN}——冷凝区热负荷；

U_{DS}——过热区总传热系数；

U_{CN}——冷凝区域总传热系数；

$\Delta T_{LM,DS}$——降温区对数平均温差；

$\Delta T_{LM,CN}$——冷凝区域对数平均温差。

为了计算冷凝传热系数，需要规定冷凝区长度 L。因此，在进行计算之前，必须对 L 进行估值。为确保 L 估值的正确性，它须符合：

$$L = \frac{A_{CN}}{A} \times \text{管长} \tag{12.160}$$

对 L 值连续优化，直到与式 12.160 一致。

有时工艺过程也可能需要使冷凝液过冷。与过热相同，如果需要过冷冷凝，则换热器可以分为多个区域。图 12.22b 显示了立式冷凝器壳侧过冷冷凝的情况。图 12.22b 中的过冷冷凝通过使用环形密封使管束部分浸没（Kern，1950）实现。对于过冷冷却，换热面积由下式计算：

$$A = A_{CN} + A_{SC} = \frac{Q_{CN}}{U_{CN}\Delta T_{LM,\ CN}} + \frac{Q_{SC}}{U_{SC}\Delta T_{LM,\ SC}} \tag{12.161}$$

式中 A_{SC}——过冷区换热面积；

Q_{SC}——过冷区热负荷；

U_{SC}——过冷区总传热系数；

$\Delta T_{LM,SC}$——过冷区对数平均温差。

为了计算冷凝传热系数，需要规定冷凝区域长度 L。因此，必须估计和调整 L 的值，直到符合式 12.160。

图 12.22c 显示出了卧式冷凝器的壳侧过冷冷凝。图 12.22c 中的过冷冷凝也是通过使用环形密封使管束部分浸没来实现（Kern，1950）。也可以使用挡板来实现管束部分浸没（Kern，1950）。图 12.22c 显示了并联的区域，而不是图 12.22a 和图 12.22b 中的串联布置。计算水平换热器的冷凝传热系数需要已知冷凝区 $N_{T,CN}$中的管数。因此，在计算之前必须估计 $N_{T,CN}$的值。为保证 $N_{T,CN}$的准确度，它必须符合：

$$N_{T,\ CN} = \frac{A_{CN}}{A} \times \text{管数} \tag{12.162}$$

然后，不断优化 $N_{T,CN}$ 的值，直到与式 12.162 一致。

对于多组分冷凝，冷凝过程是变温过程，导致冷凝的温-焓曲线是非线性的。对于这种情况，则可把换热器分成多个区域，使每个区域中的温-焓曲线线性化。然后单独对每个区域进行计算，相加以获得需要的总面积（Kern，1950）。

若冷凝的蒸汽有不可凝结气体，需要特别注意。这里蒸汽穿过不可凝结气体扩散到冷凝壁面，并在壁面凝结随着冷凝的进行，不可凝结气体的浓度逐渐增加，这就增大了扩散阻力并降低了冷凝传热系数。使得冷凝过程变得极为复杂，这不在本书的讨论范围之内。

冷凝过程的压降主要来自蒸汽流动。随着冷凝的进行，蒸汽流速降低。前述用于管壳式换热器压降的式仅适用于恒定流速条件下。当然也可采用对换热器进行分区的方法。然而，在初步设计中，通常可以通过计算入口和出口蒸汽流量的平均值来获得过程压降。

例 12.7 精馏塔顶部的纯丙酮蒸汽需冷凝为液态（非过冷冷凝），蒸汽流量为 0.1kmol · s^{-1}。蒸汽的冷凝发生在卧式换热器的壳程，蒸汽与双管程管束的流动的冷却水进行换热，丙酮蒸汽走壳程，冷却水走管程。冷凝器的工作压力为 1.52bar。在此压力下，丙酮在 67℃冷凝。冷却水进口温度为 25℃，出口温度为 35℃。冷凝器换热管为钢管，外径 20mm，壁厚 2mm。管间距可以为 $1.25d_0$ 和正方形排列。具体参数见表 12.14。丙酮的定性温度为 67℃。尽管液膜平均温度将低于此值，但 $k(\rho^2/\mu)^{1/3}$ 的值对温度不敏感。丙酮的摩尔质量为 58kg · $kmol^{-1}$。假设壳侧和管侧的污垢系数分别为 11000W · m^{-2} · K^{-1} 和 5000W · m^{-2} · K^{-1}。丙酮蒸气的管内流速为 2m · s^{-1}，试计算换热面积。

表 12.14 丙酮和水的物理性质数据

性质	丙酮（67℃）	水（30℃）
液相密度/kg · m^{-3}	736	996
汽相密度/kg · m^{-3}	3.12	
比热容/J · kg^{-1} · K^{-1}	2320	4180
液体黏度/N · s · m^{-2}	0.213×10^{-3}	0.797×10^{-3}
导热系数/W · m^{-1} · K^{-1}	0.137	0.618
汽化热/J · kg^{-1}	494，000	

解：丙酮流速 = 0.1 × 58 = 5.8kg · s^{-1}

冷凝器的热负荷 = 5.8 × 494000 = 2.8652 × 10^6W

$$\text{冷却水流量} = \frac{2.8652 \times 10^6}{4180(35 - 25)} = 68.55\text{kg} \cdot \text{s}^{-1}$$

$= 0.06882\ m^3 \cdot s^{-1}$

为了使用式 12.156 计算冷凝液膜传热系数，需要知道传热管数。因此，需要使用试差法。假设初始换热面积(例如 $100m^2$)。如果管内流速为 $2m \cdot s^{-1}$：

$$N_T = \frac{m_T N_p}{\rho(\pi d_I^2/4)\nu_T} = \frac{68.55 \times 2}{996(\pi \times 0.016^2/4)^2} = 342.3$$

四舍五入得到此双管程管数：$N_T = 342$

管长为：

$$L = \frac{A}{\pi d_O N_T} = \frac{100}{\pi \times 0.020 \times 342} = 4.654m$$

换热器外壳直径可以由式 12.52 计算：

$$D_s = \left(\frac{4F_{TC}F_{SC}p_C p_T^2 A}{\pi^2 d_O L}\right)^{1/2}$$
$$= \left(\frac{4 \times 1.11 \times 1.15 \times 0.025^2 \times 100}{\pi^2 \times 0.02 \times 4.654}\right)^{1/2}$$
$$= 0.589m$$

通过式 12.156 计算冷凝系数：

$$h_C = 0.959k_L\left(\frac{\rho_L(\rho_L - \rho_V)Lg}{\mu_L m}\right)^{1/3} N_T^{2/9}$$
$$= 0.959 \times 0.137\left(\frac{736 \times (736 - 3.12) \times 4.654 \times 9.81}{0.213 \times 10^{-3} \times 5.8}\right)^{1/3} 342^{2/9}$$
$$= 1302.7W \cdot m \cdot K^{-1}$$

计算管内流体流动雷诺数：

$$Re = \frac{\rho d_I \nu_T}{\mu} = \frac{996 \times 0.016 \times 2}{0.797 \times 10^{-3}} = 39990$$

管内传热系数由式 12.59 计算：

$$K_{hT4} = 0.024\frac{k}{d_I}\left(\frac{C_P\mu}{k}\right)^{0.4}\left(\frac{\rho d_I}{\mu}\right)^{0.8}$$
$$= 0.024 \times \frac{0.618}{0.016}\left(\frac{4180 \times 0.797 \times 10^{-3}}{0.618}\right)^{0.4}\left(\frac{996 \times 0.016}{0.797 \times 10^{-3}}\right)^{0.8}$$
$$= 5017.4$$

$$h_T = K_{hT4}\nu_T^{0.8} = 5017.4 \times 2^{0.8} = 8735.8W \cdot m^{-2} \cdot K^{-1}$$

由此，计算总传热系数：

$$\frac{1}{U} = \frac{1}{h_C} + \frac{1}{h_{SF}} + \frac{d_O}{2k}\ln\frac{d_O}{d_I} + \frac{d_O}{d_I}\frac{1}{h_{TF}} + \frac{d_O}{d_I}\frac{1}{h_T}$$
$$= \frac{1}{1302.7} + \frac{1}{11000} + \frac{0.020}{2 \times 45}\ln\frac{0.020}{0.016} + \frac{0.020}{0.016}\left[\frac{1}{5000} + \frac{1}{8735.8}\right]$$
$$U = 768.5W \cdot m^{-2} \cdot K^{-1}$$

$$\Delta T_{LM} = \frac{(67-35)+(67-25)}{\ln\left[\frac{67-35}{67-25}\right]} = 36.8K$$

热负荷为：

$$Q = UA\Delta T_{LM} = 754.6 \times 100 \times 36.8 = 2.775 \times 10^6 W$$

这个结果规定值与 2.8652×10^6 W 不相符。为了平衡热负荷，对换热面积 A 通过试错试验进行调整。对于 A 的每个值，必须重新计算管数和 h_C。这可以使用计算机轻松完成。结果如下，

$$Q = 2.865 \times 10^6 W$$
$$h_C = 1307.7W \cdot m^{-2} \cdot K^{-1}$$
$$h_T = 8735.7W \cdot m^{-2} \cdot K^{-1}$$
$$U = 770.2W \cdot m^{-2} \cdot K^{-1}$$
$$A = 101.2m^2$$
$$D_s = 0.589m$$
$$N_T = 342$$

不只规定管内流速，也可以规定管内压降

（例如 $\Delta P_T = 30000\text{N} \cdot \text{m}^{-2}$）。若是这样，那么计算将需要一个迭代的算法，类似于例 12.2d。

12.11 再沸器和蒸发器

如第 8 章所述，精馏塔需要再沸器把塔底产物进行部分蒸发。有时也需要将液体蒸发用于其他目的；例如，在进入反应器之前，液体进料需要汽化。本章将重点讲述精馏塔的再沸，但其基本原理适用于其他类型的蒸发器。

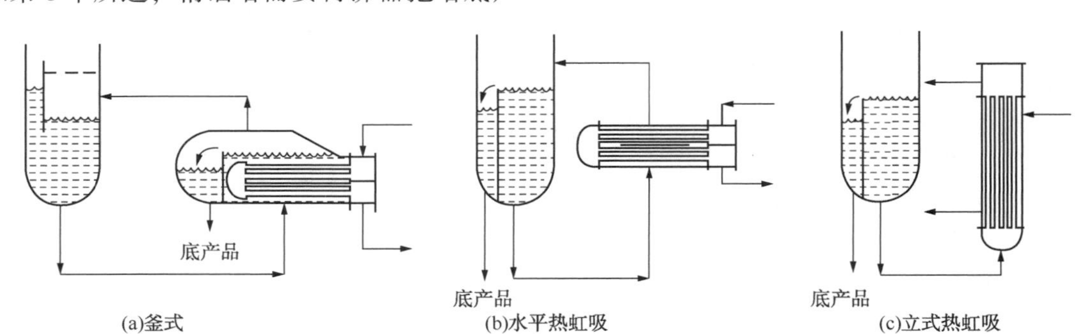

图 12.23 再沸器设计

再沸器的三种常见设计如图 12.23 所示。图 12.23a 中的第一个是釜式再沸器，蒸发器浸泡在管外侧的液体中。底部产品从液池的溢流管中取出，再沸器与塔之间不再循环。在一些设计中，管束可以作为内部再沸器安装在塔的底部。釜式再沸器的液池和管束上方的空间用于气液分离。所以壳体直径通常比管束直径大 40%。第二种类型的再沸器如图 12.23b 所示，蒸发在卧式热虹吸管外进行。然而，在这种情况下，塔底也有循环过程。蒸汽和液体的混合物离开再沸器并进入塔的底部，并在此实现分离。再沸器内部构件合理布置以提供用于循环的稳定压头。第三种类型的立式热虹吸再沸器，如图 12.23c 所示。同样，在塔的底部也存在塔底液的循环，但蒸发发生在管内。管侧沸腾通常使用单壳程单管程换热器。

图 12.23 中显示的三个再沸器是自然循环情况下的。液体从塔到再沸器的流动是通过供给再沸器的液体柱和由再沸器产生的气液混合物产生的静压头驱动的。

在再沸器中蒸发的液体量不能超过 80%，否则会导致再沸器严重结垢。对于热虹吸再沸器，再循环比可以定义为：

$$再循环比 = \frac{再沸器的液体流量}{再沸器的蒸汽流量}$$

再循环比通常在 0.25～6。再循环比值越大，再沸器中结垢越少。对于立式热虹吸再沸器中此值较低，而卧式热虹吸再沸器再循环比的值较高（通常大于 4）。再循环比是在设计时根据具体情况进行设定，但在后期详细设计时需要加以说明。

釜式再沸器的一个优点是相当于精馏的理论塔板，但由于分离蒸汽需要额外的体积，因此成本较高。此外，液体在加热区域中停留时间较长，可能会导致塔底产品分解。若是再沸器在高压下运行，那么釜壳直径太大也是一个缺点。一个大直径的圆柱体外壳需要一个更厚的壁来承受高压。水平和垂直热虹吸再沸器的缺点是不能为精馏提供完整的理论塔板。然而，相对于釜式再沸器，热虹吸再沸器不易结垢，并且塔底产品在加热区域中停留时间较短。热虹吸再沸器在塔壳内需要额外的高度，以允许汽-液混合物进入塔中进行液汽分离。立式热虹吸再沸器需要的高度高于釜式和卧式热虹吸再沸器。如果换热面积较大，最好采用卧式热虹吸再沸器，因为水平布置更容易维护。尽管热虹吸再沸器可以在真空条件下使用，但是必须注意真空度对进入再沸器的流体沸点的影响。当蒸发是多组分系统时，蒸发可以在一定温度范围内进行。由于釜式再沸器中沸腾温度恒定，所以在热虹吸管中的强制流动可以比相同百分比蒸发时的釜式再沸器具有更高的平均温差。一般来说，热流密度(单位面积传热)和传热系数大小顺序如下：

釜式再沸器<水平热虹吸再沸器<立式热虹吸再沸器

因此，再沸器的最常见设计是立式热虹吸再沸器。

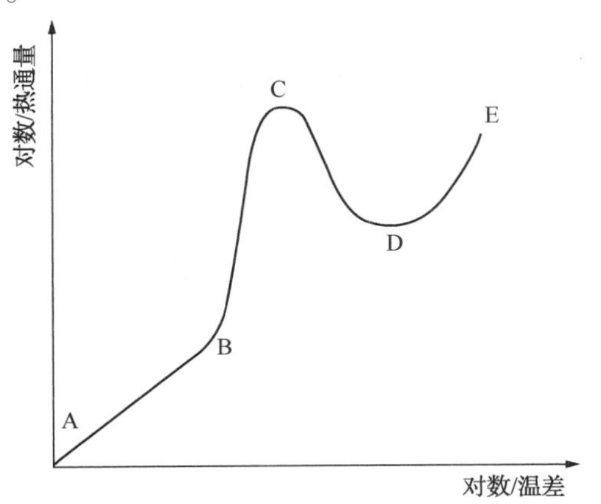

图 12.24 沸腾传热特征

沸腾过程的基本特征如图 12.24 所示。这显示了在对数轴上绘制的热通量与汽化表面和液体主体之间的温差关系图。最初，在图 12.24 的点 A 和 B 之间，热传递是通过自然对流进行的。过热液体上升到发生蒸发的液体表面。当温差超过图 12.24 中的点 B 时，发生核状沸腾，其中在加热表面处形成蒸汽气泡并释放。核状沸腾取决于核的存在。在此种沸腾中，所谓核是在传热表面上的预先存在的不凝结气体或一些杂质，这取决于传热表面的特性。

图 12.24 中的点 C 被称为临界点，因为气泡在表面上聚结，产生气膜。由于蒸汽气泡不能完全脱离，只有部分液体能够到达传热表面，因此发生临界热传递。超过 D 点，表面完全被蒸汽覆盖，热量只能通过传导和辐射传递。

再沸器通常设计为低于 C 点运行，因为超过 C 点，热流密度会更低或需要很高的温差。通常取低于临界传热速率的 70%。釜式和卧式热虹吸再沸器的初步设计可以基于池内沸腾。在池内沸腾中，加热面被大量的流体包围，其中流体运动仅由自然对流和气泡的运动驱动。对于核状沸腾，Palen 给出了传热系数与操作条件之间的关系(Hewitt，2008)：

$$h_{NB} = 0.18 P_C^{0.69} q^{0.7} \left(\frac{P}{P_C}\right)^{0.17} \qquad (12.163)$$

式中 h_{NB}——核状沸腾传热系数，$W \cdot m^{-2} \cdot K^{-1}$；

P_C——液体临界压力，bar；

P——操作压力，bar；

q——热流密度，$W \cdot m^{-2}$，$= h_{NB}(T_W - T_{SAT})$；

T_W——加热面壁温，℃；

T_{SAT}——沸腾液体的饱和温度，℃。

式 12.163 忽略了自然对流的影响，只有在温差小于 4℃时自然对流才会有较大影响。对于这种温差非常小的情况，可以将碳氢化合物的 $250W \cdot m^{-2} \cdot K^{-1}$和水的 $1000W \cdot m^{-2} \cdot K^{-1}$传热系数值加到由式 12.157 计算得到的值，以补偿自然对流的影响(Palen in Hewitt，2008)。

式 12.163 适用于单一组分的蒸发，可用于沸点相近的混合物。对于宽沸点混合物，计算得到的传热系数偏大，因此可以通过 Palen 提出的一个经验关联因子进行校正(Hewitt，2008)：

$$h_{NB} = 0.18 P_C^{0.69} q^{0.7} \left(\frac{P}{P_C}\right)^{0.17} \left[\frac{1}{1 + 0.023 q^{0.15} (T_{DEW} - T_{BUB})^{0.75}}\right] \qquad (12.164)$$

式中 T_{DEW}——混合物露点，℃，K；

T_{BUB}——混合物泡点，℃，K。

在相同条件下，管束的沸腾传热系数通常高于单管的传热系数。Palen(2008)提出了一种可以用于釜式和水平热虹吸再沸器的近似计算方法：

$$h_B = h_{NB}\left[1.0 + 0.1\left(\frac{0.785 D_B}{P_C (P_T/d_O)^2 d_O} - 1.0\right)^{0.75}\right] + h_{NC} \qquad (12.165)$$

式中 h_B——管束的沸腾传热系数，$W \cdot m^{-2} \cdot K^{-1}$；

h_{NB}——由式 12.163 和式 12.164 给出的核状沸腾传热系数，$W \cdot m^{-2} \cdot K^{-1}$；

h_{NC}——自然对流传热系数；

D_B——管束直径，m；

p_T——管间距，m；

d_O——管的外径，m；

p_C——校正因子，$p_C = 1$ 为方形，$p_C =$

0.866为三角形间距。

除了壁和沸腾液体之间的温差小于4℃的情况外，自然对流对总传热系数的影响相对较小。对于较大的温差，Palen（Hewitt，2008）建议对水和水溶液使用250W·m^{-2}·K^{-1}和1000W·m^{-2}·K^{-1}的h_{NC}值。

Mostinski（1963）给出了单管临界热流密度计算式：

$$q_{C1} = 3.67 \times 10^4 P_C \left(\frac{P}{P_C}\right)^{0.35} \left[1 - \frac{P}{P_C}\right]^{0.9} \tag{12.166}$$

式中　q_{C1}——单管的临界热流密度，W·m^{-2}。

这可以通过管束进行校正（Palen in Hewitt，2008）：

$$q_C = q_{C1} \cdot \phi_B，对于\ \phi_B < 1.0 \tag{12.167}$$

否则 $\phi_B = 1.0$

式中　q_C——管束的临界热流密度，W·m^{-2}·K^{-1}；

ϕ_B——$\dfrac{3.1\pi D_B L}{A}$；

D_B——管束直径，m；

L——管长，m；

A——换热面积，m^2。

立式热虹吸再沸器的设计需要进行迭代计算，需要对换热器进行分区。能量和压力平衡需要同时进行。Frank和Prickett（1973）进行了一系列详细的模拟，给出了模拟结果图。这可以作为初步设计的基础。图形数据可以用下式表示：

对于水溶液：

$$q = 384.52\Delta T + 130.07\Delta T^2 - 2.4204\Delta T^3 \tag{12.168}$$

式中　q——热流密度，W·m^{-2}；

ΔT——传热面和流体之间的平均温差，K。

对于有机液体：

$$q = -100.98 + 1705.9\Delta T + 26.37\Delta T^2 - 0.288\Delta T^3 - 5902.8 T_R \Delta T + 6031.3 T_R^2 \Delta T \tag{12.169}$$

式中　T_R——液体温度与临界温度比值；$= \dfrac{T}{T_C}$；

T——温度，K；

T_C——临界温度，K。

在模拟中，假定热量由壳侧饱和蒸汽提供，冷凝和污垢系数共为5700W·m^{-2}·K^{-1}。假设管侧污垢系数为5700W·m^{-2}·K^{-1}。

那么总传热系数可以由下式计算：

$$U = \frac{q}{\Delta T} \tag{12.170}$$

此式在$0.6<T_R<0.8$的范围内适用，不适用于压力低于0.3bar的条件。当处理清洁、稳定的物料时，总的污垢系数应增加到11000W·m^{-2}·K^{-1}左右，对于易聚合流体，应降低到1400～1900W·m^{-2}·K^{-1}（Frank and Prickett，1973）。如果要求壳侧工艺污垢系数不是5700W·m^{-2}·K^{-1}，校正后的总传热系数可以由下式（Frank and Prickett，1973）计算：

$$\frac{1}{U'} = \frac{1}{U} - \frac{1}{5700} + \frac{1}{h_S} - \frac{1}{5700} + \frac{1}{h_{TF}} \tag{12.171}$$

式中　U'——校正总传热系数，W·m^{-2}·K^{-1}；

h_S——给定的壳侧传热系数包括结垢系数，W·m^{-2}·K^{-1}；

h_{TF}——给定的总结垢系数，W·m^{-2}·K^{-1}。

为避免过度结垢和蒸发（即低再循环比），平均温差应小于35～55℃。过度结垢和蒸发会导致在管上部的传热效果变差。

要特别注意：沸腾参数的相关式不是很准确。与其他传热现象不同，沸点预测已被证明是不可靠的。文献中提供了许多其他的相关式。他们对同一沸腾体系参数的预测可能会差一个数量级。即使是进行了详细的模拟，数据也应该谨慎对待。

与图12.23中的设计所示，若不使用自然循环，液体可以通过泵的强制循环送入再沸器。沸腾通常发生在1-1型换热器的管侧，可以是垂直的或水平的。强制对流再沸器中的汽化分率通常限制在1%～5%以下（Palen in Hewitt，2008）。在某些情况下，可能需要通过在换热器出口处安装控制阀，增加换热器中的压力，来抑制换热器内部的沸腾。离开换热器的液体将随着液体压力的减少而部分蒸发。如果换热器中的沸腾导致过度结垢，则可能需要抑制沸腾。在初步设计中，强制对流再沸器可以仅考虑强制对流传热，如果考虑允许沸腾发生并且换热面积偏大，这是相对保守的设计。可以使用3～5m·s^{-1}的流速来减少结垢。

如果要实现强制对流沸腾，再沸器设计与1-1型换热器基本相同。

尽管强制对流抑制了核状沸腾，但引入了强制对流传热。事实上，在大多数实际情况下，包括自然对流、强制对流和核状沸腾对于传热都是重要的。在强制对流沸腾中，沸腾传热系数可以通过结合对流和核状沸腾传热来评估。这种预测有很大的不确定性。由于蒸汽通过换热器时性质会发生变化，所以换热器需要分为不同区域，对每个区域都应使用相关性计算。

采用自然对流设计比强制对流成本更低，但强制对流比相应的自然对流设计具有更好的抗结垢性能。

最后，对于其他需要蒸发液体的应用场合，也可以应用以上的原理和方法。区别是，除了釜式再沸器设计，其他设计都需要在蒸发器出口处添加气液分离装置，如图 12. 25 所示。

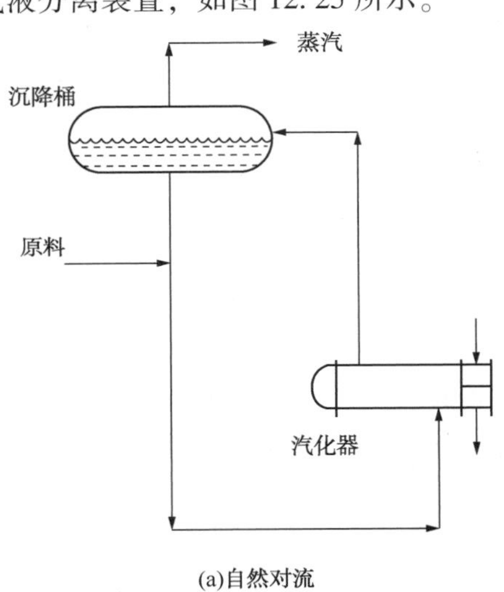

(a)自然对流

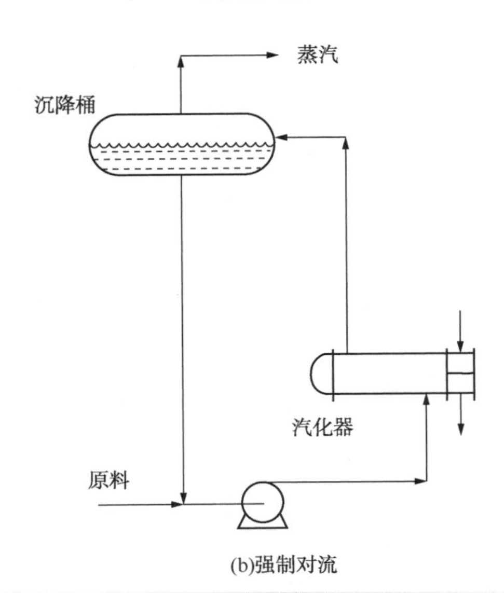

(b)强制对流

图 12. 25　工艺过程汽化器布置

例 12. 8　再沸器要向精馏塔供应 0. 1kmol · s^{-1}的蒸汽。塔底产品为丁烷。塔底的操作压力为 19. 25bar。在该压力下，丁烷在 112℃ 的温度下汽化。假设汽化过程是等温的，并且使用冷凝温度为 140℃ 的蒸汽进行加热。丁烷气化热为 233000 J · kg^{-1}，其临界压力为 38bar，临界温度为 425. 2K，摩尔质量为 58kg · $kmol^{-1}$。冷凝蒸汽的液膜传热系数(包含污垢传热系数)为 5700W · m^{-2} · K^{-1}。计算换热面积：

① 使用釜式再沸器，假设传热管外径为 30mm，壁厚为 2. 95m，管壁的导热系数为 45W · m^{-1} · K^{-1}，汽化结垢系数为 2500W · m^{-2} · K^{-1}。

② 立式热虹吸再沸器。

解：

①　热负荷 = 0. 1 × 58 × 233，000
$$= 1.3514106W$$

釜式再沸器的沸腾传热系数可以由 Palen 提出的式 12. 163 计算(2008)。然而，要求得热通量，换热面积需是已知的。因此，需要进行迭代计算。假设初始换热面积为 40m^2。

$$q = \frac{Q}{A} = \frac{1.3514 \times 10^6}{40} = 33785 \text{W} \cdot \text{m}^{-2}$$

计算沸腾传热系数：

$$h_{NB} = 0.18 P_C^{0.67} q^{0.7} \left(\frac{P}{P_C}\right)$$

$$= 0.18 \times 38^{0.67} \times 33,785^{0.7} \left(\frac{19.25}{38}\right)^{0.17}$$

$$= 2714 \text{W} \cdot \text{m}^{-2} \cdot \text{K}^{-1}$$

计算总传热系数：

$$\frac{1}{U} = \frac{1}{h_{NB}} + \frac{1}{h_{SF}} + \frac{d_O}{2k}\ln\frac{d_O}{d_I} + \frac{d_O}{d_I}\frac{1}{h_{TF}} + \frac{d_O}{d_I}\frac{1}{h_T}$$

$$= \frac{1}{2714} + \frac{1}{2500} + \frac{0.03}{2 \times 45}\ln$$

$$\frac{0.03}{0.026} + \frac{0.03}{0.026}\left(\frac{1}{5700}\right)$$

$$U = 1125 \text{W} \cdot \text{m}^{-2} \cdot \text{K}^{-1}$$

$$Q = UA\Delta T = 1125 \times 40 \times 28 = 1.260 \times 10^6 \text{W}$$

计算的热负荷与 1. 351 ×10^6 W 的规定负荷不一致。为使负荷平衡，需要采用试差法对换热面积进行调试。对于换热面积的每个假定值，重新计算热通量和沸腾传热系数，再计算总传热系数，直到所计算的热负荷与规定的负荷一致。此循环计算可以使用计算机轻松完成。结果是：

$$Q = 1.3514 \times 10^6 \mathrm{W}$$
$$h_{NB} = 2564 \mathrm{W \cdot m^{-2} \cdot K^{-1}}$$
$$U = 1112 \mathrm{W \cdot m^{-2} \cdot K^{-1}}$$
$$A = 43.40 \mathrm{m^2}$$
$$q = 31142 \mathrm{W \cdot m^{-2}}$$

注意检查热通量，看其是否低于临界热通量。单管的临界热通量由 Mostinski 式(式 12.166)得：

$$q_{C1} = 3.67 \times 10^4 P_C \left(\frac{P}{P_C}\right)^{0.35} \left[1 - \frac{P}{P_C}\right]^{0.9}$$
$$= 5.82 \times 10^5 \mathrm{W \cdot m^{-2}}$$

对于整个管束，根据式 12.52 计算管束直径，假设 F_{TC}和 F_{SC}一致：

$$D_B = \left(\frac{4p_C p_T^2 A}{\pi^2 d_O L}\right)^{\frac{1}{2}}$$

对于间距为 0.0375m，管长为 2.95m 的方形结构：

$$D_B = \left(\frac{4 \times 1 \times 0.0375^2 \times 43.40}{\pi^2 \times 0.03 \times 2.95}\right)^{\frac{1}{2}} = 0.53\mathrm{m}$$

$$\phi_B = \frac{3.1\pi D_B L}{A} = \frac{3.1 \times \pi \times 0.53 \times 2.95}{43.40} = 0.35$$

$$q_C = q_{C1}\phi_B = 5.82 \times 10^5 \times 0.35$$
$$= 2.04 \times 10^5 \mathrm{W \cdot m^{-2}}$$

因此，热通量低于由 Mostinski 式预测的最大值。

应该注意的是，壳体直径应大于管束直径约 40%，以允许蒸汽脱离。

② 对于立式热虹吸再沸器，可以使用式 12.169 近似计算有机液体的热通量。

$$T_R = \frac{T}{T_C} = \frac{112 + 273.15}{425.2} = 0.905$$

这个结果与原始数据预测值相差较大，应谨慎对待结果。

$$q = -100.98 + 1705.9 \times 28 + 26.37 \times 28^2 - 0.288 \times 28^3 - 5902.8 \times 0.91 \times 28 + 6031.3 \times 0.912 \times 28$$
$$= 5817 \mathrm{W \cdot m^{-2}}$$

$$U = \frac{\delta}{\Delta T} = \frac{50,817}{28} = 1289 \mathrm{W \cdot m^{-2} \cdot K^{-1}}$$

这不需要使用式 12.171 进行校正，因为蒸汽冷凝传热系数和结构传热系数与相关的假设基本一致。

$$A = \frac{Q}{q} = \frac{1.351 \times 10^6}{50817} = 26.6\mathrm{m^2}$$

基于这些计算结果，立式热虹吸似乎是更好的选择。然而，沸腾传热计算可靠性很低。也不应用于此方案对换热面积的估算。

12.12 其他类型的换热器

虽然管壳式换热器是工业过程中最常见的换热器，但它有一些明显的缺点：

① 在管壳式换热器中流体的流动不是真正的逆流。即使是单管程单壳程的换热器也不是真正的逆流，因为壳程流体是部分交叉流动的。这意味着管壳式换热器主要应用于具有 10℃以上温差的传热。优化设计可以实现在更小的温差(可能低至 5℃)下换热，但要小心使用。部分传热工作需要非常小的温差。

② 换热面积密度(换热器单位体积具有的换热面积)相对较低。常规的管壳式换热器的面积密度为 $100\mathrm{m^2 \cdot m^{-3}}$级。而其他类型的换热器可实现 $300 \sim 700\mathrm{m^2 \cdot m^{-3}}$的面积密度，甚至可达到 $1000\mathrm{m^2 \cdot m^{-3}}$以上。

其他常见的换热器类型有：

1) 垫片板式换热器。除了管壳式换热器，最常用的换热器类型是垫片板式换热器。换热器装有一系列平行板，在板之间垫有垫圈的以保证密封。这些板大多带有波纹，以增加流体湍流程度并提高换热板的机械强度。当加热和冷却黏度较大的流体时，波纹能增大传热系数。由波纹促进的湍流也有助于减少板表面的结垢。通过使用螺栓将换热板固定在框架中。结构如图 12.26 所示。每个波纹板都设有四个开口。在四个端口装有垫圈，使冷热流体沿着交替的通道逆流而下，在这种状态下允许冷热流体之间的温差低至 1℃。垫片板式换热器大多数应用于液体之间换热，也可用于冷凝和蒸发。使用垫圈密封导致换热器不适用于高温高压场合，通常温度限制在 -30 ~ 200℃，压力可达 20bar。

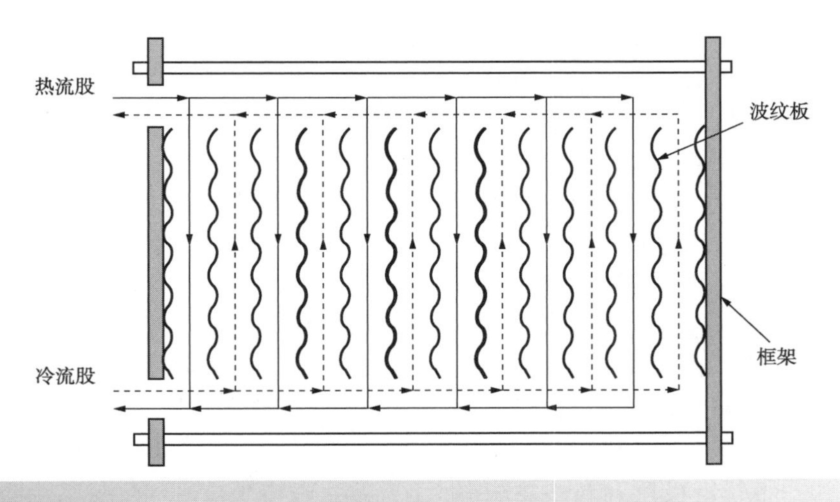

图 12.26　板框式换热器

垫片板式换热器通常比同负荷的管壳式换热器便宜得多。特别是管壳式换热器使用较昂贵的材料(如不锈钢)制造。

垫片板式换热器更适合于改造。如果需要更高的换热面积，垫片板式换热器的结构容易安装换热板。在相同的流量下，换热板数的增加减少了通道的流体流量，降低了传热系数。如果流量增加，则可以增加板的数量以增大换热器热负荷(以增加额外的压降为代价)。

图 12.26 所示的流程包括流体单次流过换热器，也可以使用更复杂的流动布置。

2）焊板式换热器。垫片板式换热器中垫片的局限性可以通过将钢板焊接在一起来克服。这种设计无须使用垫片和框架，从而可以应用更高的温度和压力。为提高焊接板式换热器的使用压力，可以将板安装在压力容器内。在压力容器中使流体的压力高于在板间流动流体的压力，传热仅发生在板间流动的流体之间。这意味着换热板仅需承受板间流动的流体的压差。焊板式换热器的面积密度可达 $300m^2 \cdot m^{-3}$。工作温度范围在 −200~900℃，可承受压力高达 300bar。

这种形式的换热器的成本高于垫片板式换热器。另外，清洗只能通过化学清洁方法，无法机械清洗。

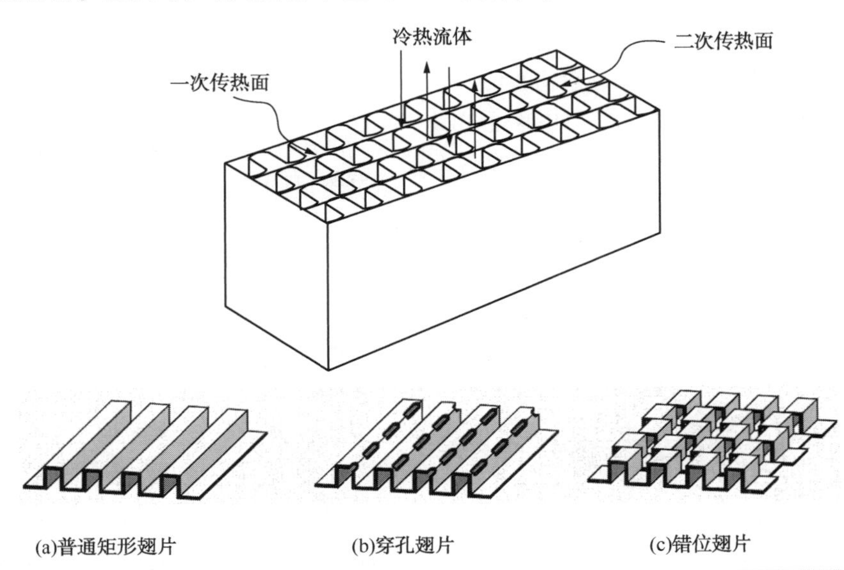

图 12.27　板翅式换热器

3）板翅式换热器。另一种板式换热器是板翅式换热器，如图 12.27 所示。板翅式换热器由一系列平板组成，其间由波纹金属形成矩阵，可提供更大的换热面积。组件通过钎焊或扩散粘合连接在一起。设置不同的几何形状表面以促进传热。图 12.27 显示了三个示例曲面。表面高度范围在 4~12mm。换热板之间的空间和表面几何形状对于传热是非常重要的。板翅式换热器的面积密度通常在 850~1500$m^2 \cdot m^{-3}$。换热器的工作范围取决于使用的焊接技术和金属材质。铝钎焊板翅式换热器适用于低温场合，但也可在高于100℃的温度下使用。不锈钢板翅式换热器能够高达 650℃下运行，钛金属换热器最高使用温度也可达 550℃。铝钎焊换热器使用压力可达100bar，不锈钢材质的使用压力可达 50bar 以上。若需更高的操作压力则需要专用接合部件。板翅式换热器具有面积密度高、传热系数高等优点，使其在很多领域都有广泛的应用。其允许的温度差可以在 1℃以内。此外，板翅式换热器可以通过安装的封头形成多个通道，从而处理多个流体，相当于将多个换热单元集成到一个换热器内。

4）螺旋板式换热器。螺旋板式换热器属于板式换热器，其换热板制成螺旋状，如图 12.28 所示。流体流动通道用端板封闭。热流体从换热器的中心进入并由内向外流动。冷流体从外围进入换热器，以逆流流动方式流向中心。换热板间隙可以根据需要进行调整。螺旋板式换热器工作温度可达 400℃，工作压力可达 20bar。螺旋板式换热器不易结垢，卸下端板可以对换热器进行清洁。流体在通道可实现真正的逆流流动，因此可以允许较低的温度差。螺旋式换热器适合于易结垢流体的小负荷传热。

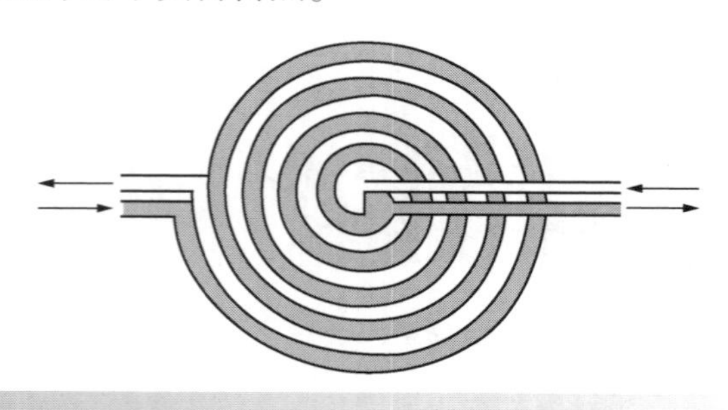

图 12.28 螺旋板式换热器

12.13 燃烧加热器

在某些情况下，需要给工艺过程提供热量：

① 要求较高热负荷(例如非常大的再沸器)；

② 在高温下(例如需要很高的温度，可以通过蒸汽供应热量)；

③ 具有高热通量(例如在反应器中，反应物停留时间短的情况下需要大量的反应热)。

在这些情况下，在燃烧加热器或炉中的燃料燃烧主要依靠热辐射方式传热。有时它的作用是提供热量；有时既是加热器还是反应器。燃烧加热器-蒸汽锅炉将在第 23 章中介绍。

燃烧加热器结构根据其功能、燃料类型和引入燃烧空气的方法而有所不同。图 12.29 为一些常见的燃烧加热器。燃料在装有耐火材料内衬火炉中燃烧。大多数情况下，炉壁上装有一排或两排水平或垂直的管道，管道中流动的是需要加热的流体。管道尺寸指公称直径(*DN*)和壁厚。表 13.5 给出了常用的管道尺寸。管间距通常为公称直径的 2 倍。如果装配两排管道，则管道以等边三角形的方式排列。管和炉壁之间的间距通常为公称直径。辐射段内的传热方式主要是辐射传热，对流传热对总传热的贡献较小。在烟道气离开辐射段之后，通过烟囱排放到大气之前，进一步提取对流段的水平管束中烟道气中的热量。对流段主要是通过辐射和对流传热，对流传热占主导地位。

图 12.29a 是一种简单的燃烧加热器结构，加热器呈圆柱体，管道垂直安装并紧贴燃烧室内壁。这种加热器没有对流部分，效率不高，仅适用于小型加热任务。图 12.29b 是另一种加热器，这种加热器有对流段。对流段由位于辐射段顶部的横截面为正方形或矩形的腔室组成。圆柱体设计多用于小于 60MW 的场合，更大的加热功率宜采用立方体设计，这种加热器具有矩形截面。图 12.29c 展示了一种燃烧室中装有水平管的箱式炉。对流段由矩形截面的腔室组成，位于圆柱体辐射段的顶部。对流段的长度通常与辐射段相同，但宽度比辐射段窄。图 12.29d 为双火源的箱式炉。在这种情况下，燃烧喷嘴位于辐射管的

一侧。双火源能够获得更高和更均匀的热通量，因此适用于吸热反应。在这种情况下，燃烧器原则上可以安装在底部或辐射段的炉壁上。图12.29e展示了双火源的箱式炉，但是燃烧室被耐火砖分成两部分。这种设计可以减少传热干扰。另一种设计如图12.29f所示，其特点是箱式炉带有两个腔室。管道也可以垂直安装在腔室的中心，燃烧喷嘴安装在炉壁上。这种布置通常用于管内吸热反应。

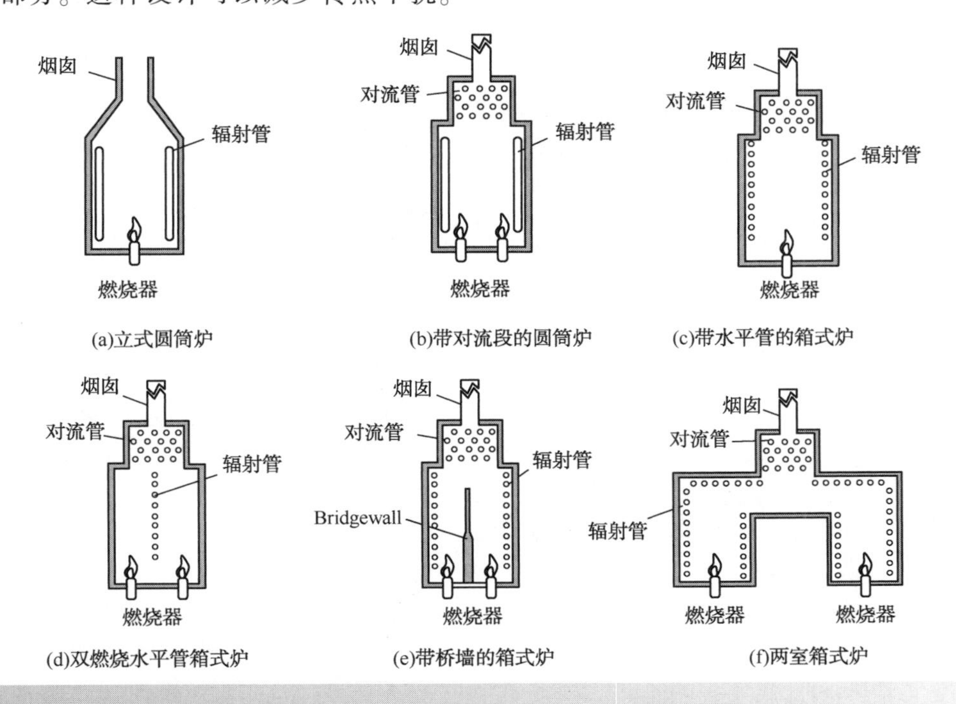

图12.29　不同类型的燃烧炉

燃烧加热器通常采用以下三种通风方式：

1）自然通风。在自然通风中，由于炉内积累的热气体与周围空气之间的密度差异，空气流入燃烧加热器。因此，烟囱高度同时提供用于空气流动和分散燃烧废气的驱动力。

2）强制通风。在强制通风中，空气通过鼓风机吹入加热器。因此，燃烧加热器处压力略高于大气压。烟囱高度完全取决于燃烧废气的分散要求。

3）诱导通风。诱导通风中，鼓风机安装在燃烧废气管道中。这会使加热器的压力略低于大气压。与强制通风装置一样，烟囱高度取决于燃烧废气的分散要求。

对于大型燃烧加热器，在烟道中需要布置大量设备来除去废气硫和/或氮氧化物，以及回收热量，就可能需要使用强制和诱导相结合的通风方式。

图12.30显示了用于加热的燃烧加热器配置。通过在不同的通道平行进料。研究显示，多通道设计是可行的（Nelson，1958；Martin，1998），图12.30中的加热炉具有四个通道。首先在对流段中对进料预热，管道表面通常进行处理以增加烟道气传热速率。然后进料流到保护段，该保护段管道称为冲击管或保护管。这些管道需要足够坚固以承受高温并从辐射段接收辐射热。对流段和保护段的管道是水平放置的，在每排中通常装有4~12个管。在保护段之后，流体流过辐射段的管道，在此完成传热。图12.30中的辐射管是单排水平放置的，这些管道制成环状，通过板框固定环的末端，形成一个与烟道气分离的隔热间。炉壁上的管套引导促进炉管的膨胀。管道也可垂直安装。垂直安装的管道由在炉顶上耐热金属合金支架固定。管的底部设置有导向件，防止管横向移动。对于水平或垂直布置，

也可以使用呈三角形的双管排列。燃料在辐射段燃烧后生成的烟道气流过保护段和对流段，通过烟囱收集释放到大气中。气体的流量由阻尼器控制。如果燃烧加热器需要进行化学反应，则可能需要布置比仅用于加热更多的管道，可采用连接到入口和出口管的平行管道。

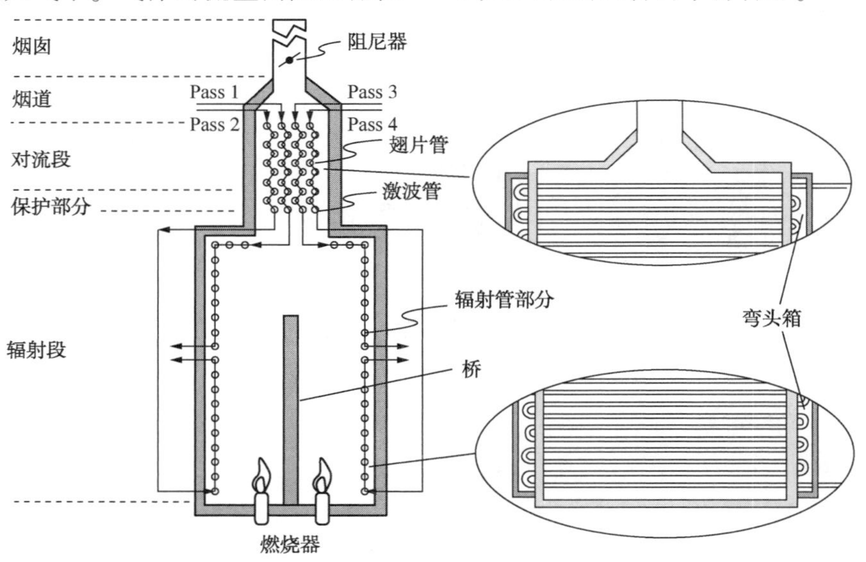

图 12.30 典型的燃烧炉结构

燃烧加热器的热量有三个来源：

① 燃烧净热(Q_{COMB})；

② 燃烧空气显热(Q_{AIR})；

③ 燃料显热，加上来自雾化蒸汽的热量，如果采用重油作燃料(Q_{FUEL})。

燃烧加热器热量损失来自于以下四个方面：

辐射段管道的热量($Q_{RADIANT}$)；

对流段损失的热量(Q_{CONV})；

套管热量损失(Q_{CASING})；

排出烟道气的显热(Q_{LOSS})。

根据能量守恒，可得

$$Q_{COMB}=Q_{RADIANT}+Q_{CONV}+Q_{CASING}+Q_{LOSS}-Q_{AIR}-Q_{FUEL} \tag{12.172}$$

辐射段和对流段之间的热负荷分配可通过改变设计进行调整。通常情况下，套管热量损失在燃烧释放热量的1%~3%。辐射段出口处的烟道气温度称为桥接温度，通常在800~1000℃。在对流段中回收热量以减小能量损失与避免对流部分中的水蒸气冷凝是相互矛盾的。如果燃料中含有硫，则冷凝水将具有腐蚀性。烟道气冷凝温度为露点。对于含硫燃料，烟道气的温度通常要保持在150~160℃以上。对于无硫气态燃料的燃烧，温度原则上可以降低到100℃以下。

1) 燃料燃烧。燃烧加热器的燃料通常是气态或液态的。如第23章所述，蒸汽锅炉也可以用煤作为燃料。燃烧过程中，燃料中的碳、氢、硫和氮可与氧气反应产生二氧化碳、一氧化碳、水、二氧化硫、三氧化硫和氮氧化物(NO_x)。空气中的氮气或气态燃料中的元素氮也可以与氧反应，在高温下形成氮氧化物。如第25章所述，尽管NO_x的产生量很少，对环境也是有害的。在设计和操作良好的燃烧装置中，几乎不会生成一氧化碳，所有的碳被氧化成二氧化碳。燃料中的硫可以反应生成二氧化硫。在实际燃烧过程中，还会生成一些三氧化硫，但是三氧化硫的量很少，并且低于热力学平衡预测的结果。因此，可以假设燃料中的所有硫都生成二氧化硫。

根据燃料、空气以及水分等条件，可以获得不同燃料的燃烧数据。燃料的总热值是假定燃料中含水，燃烧产物处于液态，在标准温度(25℃)和压力(1.01325bar)下，一定量的燃料完全燃烧所释放的热量。水的冷凝潜热很难回收。燃料的净热值是假定水蒸气的潜热未回收，燃料中含水，且燃烧产物在标准温度下处于蒸气状态，在标准温度(25℃)和压力(1.01325bar)下，一定量的燃料完全燃烧所释放的热量。净热值和总热值的标准温度通常取25℃，也有一些标准使用15℃(或60°F)为标准温度，所以在进行燃烧计算时，容易产生困惑。净热值和总热值可以相互换算，可以求得水的含量及水蒸发所需的热量。

一些常见的气体和液体燃料的燃烧数据见表12.15和表12.16。

表12.15 一些典型天然气的燃烧数据

气体	组分/%（体积）								净热值/MJ·m^{-3}	
	CO_2	N_2	CH_4	C_2H_6	C_3H_8	$C_{10}H_{14}$	C_5H_{12}	C_5H_{14}	Gross	Net
北海	0.2	1.5	94.4	3.0	0.5	0.2	0.1	0.1	38.62	34.82
格罗宁根	0.9	15.0	81.8	2.7	0.4	0.1	0.1		33.28	30.00
阿尔及利亚	0.2	5.5	83.8	7.1	2.1	0.9	0.4		39.1	

表12.16 一些典型液体燃料的燃烧数据

燃料	组分/%				净热值/MJ·kg^{-1}	
	C	H	S	O+N+Ash	Gross	Net
轻燃料油	85.6	11.7	2.5	0.2	43.5	41.1
中燃料油	85.6	11.5	2.6	0.3	43.1	40.8
重燃料油	85.4	11.4	2.8	0.4	42.9	40.5

燃烧过程可以使用过量的空气或氧气以确保燃料的完全燃烧。根据燃料和燃烧炉的不同，空气通常过量5%~25%。对于自然通风炉和气体燃料，一般空气过量10%，液体燃料为15%。对于强制通风和诱导通风设计，一般气体燃料空气过量5%，液体燃料过量10%。燃烧后烟道气中的氧通常过量3%左右。然而，对于设计优良的大型燃烧炉，氧气的过量可能明显减少(例如燃料油为2%，天然气为1%)。

2）火焰温度。燃烧器中的实际火焰温度极难预测，但是理论火焰温度或绝热燃烧温度是容易预测的，由此可以为燃烧加热器建立简单的燃烧模型。理论火焰温度是当燃料在空气或氧气中燃烧而没有额外供热或热量损失时获得的温度。

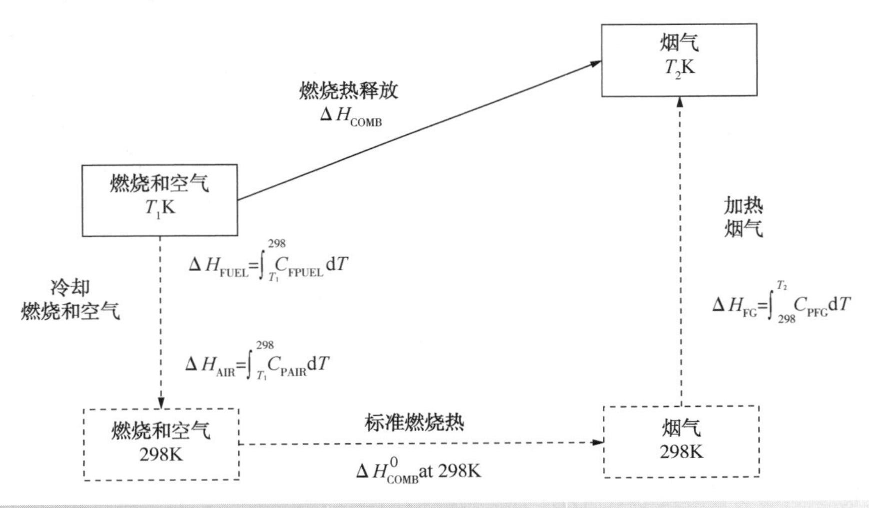

图12.31 燃烧过程中，从初始状态到最终状态的焓变与燃烧路径无关

为了获得燃烧过程释放的热量和燃烧产物的温度，可以根据图12.31所示的热力学路径(Hougen, Watson and Ragatz, 1954)进行计算。实际的燃烧过程是直接从温度T_1的反应物到温

度 T_2 的产物，然而使用从最初冷却（或加热）到标准温度 298 K 的温度 T_1 的反应物的路径更为方便，因此燃烧反应在 298K 的温度下进行。这样就可以使用标准燃烧热。然后将燃烧产物从 298K 加热至最终温度 T_2。实际的燃烧热量由下式（Hougen，Watson and Ragatz，1954）给出：

$$\Delta H_{COMB} = \Delta H_{FUEL} + \Delta H_{AIR} + \Delta H^0_{COMB} + \Delta H_{FG} \tag{12.173}$$

式中 ΔH_{COMB}——燃烧释放的热量，$J \cdot kmol^{-1}$；

ΔH_{FUEL}——燃料从初始温度升至标准温度需要的热量，$J \cdot kmol^{-1}$，$= \int_{T_1}^{298} C_{PFUEL} dT$；

ΔH_{AIR}——燃烧空气从初始温度升至标准温度需要的热量，$J \cdot kmol^{-1}$，$= \int_{T_1}^{298} C_{PAIR} dT$；

ΔH^0_{COMB}——298 K 标准燃烧热，$J \cdot kmol^{-1}$；

ΔH_{FG}——燃烧产物从标准温度提升到最终温度需要的热量，$J \cdot kmol^{-1}$；$= \int_{298}^{T_2} C_{PFG} dT$；

C_{PFUEL}——燃料热容，$J \cdot kmol^{-1} \cdot K^{-1}$；

C_{PAIR}——空气的热容，$J \cdot kmol^{-1} \cdot K^{-1}$；

C_{PFG}——燃烧产物的热容，$J \cdot kmol^{-1} \cdot K^{-1}$。

对于绝热燃烧过程，$H_{COMB} = 0$，式 12.173 变为：

$$\Delta H_{FG} = -\Delta H_{FUEL} - \Delta H_{AIR} - \Delta H^0_{COMB} \tag{12.174}$$

标准的燃烧热可应用。表 12.17 列出了一些燃烧反应的燃烧热数据。

当使用标准燃烧热数据时，应注意反应物的初始状态和产品的最终状态。如果这些状态和实际燃烧的条件不符，则可能会导致错误。如表 12.17 所示的情况下，水的最终状态是蒸汽而不是液体。燃烧产物的状态通常由燃烧实际条件决定。在计算时还需要注意，图 12.31 所示的热平衡涉及燃烧过程的温度变化非常大，这意味着物质的比热容会显著变化，特别是燃烧产物。比热容的变化可以用温度的多项式来表示，如附录 A 所述。然而，在燃烧过程中，应注意比热容随温度的变化情况，例如（Hougen，Watson and Ragatz，1954）：

表 12.17 标准燃烧热

反应	ΔH^0_{COMB}(298 K)/, MJ · $kmol^{-1}$
$C(sol) + O_2 \longrightarrow CO_2$	-393.5
$S(sol) + O_2 \longrightarrow SO_2$	-297.1
$CO + \frac{1}{2}O_2 \longrightarrow CO_2$	-283.0
$H_2 + \frac{1}{2}O_2 \longrightarrow H_2O$	-241.8
$CH_4(vap) + 2O_2 \longrightarrow CO_2 + 2H_2O(vap)$	-802.8
$C_2H_6(vap) + 3\frac{1}{2}O_2 \longrightarrow 2CO_2 + 3H_2O(vap)$	-1428.7
$C_3H_8(vap) + 5O_2 \longrightarrow 3CO_2 + 4H_2O(vap)$	-2043.2
$n\text{-}C_4H_{10}(vap) + 6\frac{1}{2}O_2 \longrightarrow 4CO_2 + 5H_2O(vap)$	-2657.7
$i\text{-}C_4H_{10}(vap) + 6\frac{1}{2}O_2 \longrightarrow 4CO_2 + 5H_2O(vap)$	-2649.1

$$C_P = \alpha_0 + \alpha_1 T + \alpha_2 T^2 + \alpha_3 T^3 \tag{12.175}$$

式中 C_P——比热容，$J \cdot kmol^{-1} \cdot K^{-1}$ 或 $kJ \cdot kmol^{-1} \cdot K^{-1}$；

α_0，α_1，α_2，α_3——常数；

T——绝对温度，K。

因此

$$\begin{aligned}\Delta H &= \int_{T_1}^{T_2} C_P dT \\ &= \int_{T_1}^{T_2} (\alpha_0 + \alpha_1 T + \alpha_2 T^2 + \alpha_3 T^3) dT \\ &= \left[\alpha_0 T + \frac{\alpha_1 T^2}{2} + \frac{\alpha_2 T^3}{3} + \frac{\alpha_3 T^4}{4}\right]_{T_1}^{T_2}\end{aligned} \tag{12.176}$$

式中 ΔH——焓变从 T_1 到 T_2，$J \cdot kmol^{-1}$，$kJ \cdot kmol^{-1}$。

表 12.18　比热容常数

组分	C_P/kJ · kmol^{-1} · K^{-1}			
	a_0	$a_1\times10^2$	$a_2\times10^5$	$a_3\times10^9$
O_2	25.4767	1.5202	-0.7155	1.3117
N_2	28.9015	-0.1571	0.8081	-2.8726
H_2O	32.2384	0.1923	1.0555	-3.5952
CO_2	22.2570	5.9808	-3.5010	7.4693
SO_2	25.7781	5.7945	-3.8112	8.6122
CO	28.3111	0.1675	0.5372	-2.2219
H_2	29.1066	-0.1916	0.4004	-0.8704
CH_4	19.8873	5.0242	1.2686	-11.0113
C_2H_6	6.8998	17.2664	-6.4058	7.2850
C_3H_8	-4.0444	30.4757	-15.7214	31.7359
n-C_4H_{10}	3.9565	37.1495	-18.3382	35.0016
i-C_4H_{10}	-7.9131	41.6000	-23.0065	49.9067

式 12.176 和表 12.18 可用于计算焓变。由比热容数据可计算平均比热容。平均比热容定义为（Hougen，Watson and Ragatz，1954）：

$$\overline{C_P}=\frac{\int_{T_1}^{T_2}C_P\mathrm{d}T}{T_2-T_1}\qquad(12.177)$$

式中　$\overline{C_P}$——T_1 和 T_2 温度之间平均比热容，J · kmol^{-1} · K^{-1} 或 kJ · kmol^{-1} · K^{-1}。

表 12.19 给出了在 25℃和给定温度之间的平均比热容数据。

表 12.19　平均比热容数据

T/℃	$\overline{C_P}$/kJ · kmol^{-1} · K^{-1}											
	O_2	N_2	H_2O	CO_2	SO_2	CO	H_2	CH_4	C_2H_6	C_3H_8	n-C_4H_{10}	i-C_4H_{10}
25	29.41	29.07	33.65	37.17	39.89	29.12	28.87	35.69	52.86	73.65	99.30	96.95
100	29.82	29.18	33.94	38.65	41.24	29.40	28.88	37.76	57.87	81.65	109.20	107.56
200	30.33	29.34	34.36	40.47	42.87	29.64	28.92	40.51	64.22	91.59	121.56	120.68
300	30.81	29.54	34.82	42.12	44.33	29.89	28.98	43.25	70.20	100.75	132.99	132.70
400	31.26	29.76	35.31	43.61	45.61	30.16	29.05	45.97	75.84	109.19	143.55	143.69
500	31.67	30.00	35.83	44.96	46.74	30.44	29.14	48.64	81.13	116.95	153.29	153.73
600	32.05	30.26	36.38	46.17	47.74	30.73	29.25	51.26	86.08	124.07	162.27	162.88
700	32.41	30.53	36.94	47.25	48.60	31.02	29.37	53.80	90.72	130.61	170.53	171.23
800	32.73	30.80	37.52	48.23	49.34	31.31	29.51	56.24	95.05	136.61	178.14	178.84
900	33.04	31.09	38.10	49.10	49.99	31.59	29.65	58.58	99.08	142.12	185.14	185.80
1000	33.32	31.36	38.68	49.88	50.54	31.88	29.80	60.79	102.82	147.19	191.59	192.18
1100	33.58	31.64	39.27	50.58	51.02	32.15	29.97	62.86	106.28	151.86	197.53	198.05
1200	33.82	31.90	39.84	51.21	51.43	32.40	30.14	64.77	109.48	156.19	203.03	203.49
1300	34.04	32.15	40.39	51.78	51.79	32.64	30.32	66.51	112.42	160.22	208.12	208.58
1400	34.25	32.39	40.93	52.31	52.12	32.86	30.50	68.05	115.12	163.99	212.88	213.38
1500	34.44	32.60	41.44	52.80	52.42	33.06	30.69	69.39	117.58	167.57	217.34	217.98

续表

T/℃	$\overline{C_P}$ /kJ · kmol^{-1} · K^{-1}										
	O_2	N_2	H_2O	CO_2	SO_2	CO	H_2	CH_4	C_2H_6	C_3H_8	n-C_4H_{10}	i-C_4H_{10}
1600	34.63	32.78	41.93	53.27	52.70	33.23	30.87	70.50	119.83	170.98	221.56	222.44
1700	34.81	32.93	42.37	53.73	52.99	33.37	31.06	71.37	121.86	174.28	225.59	226.84
1800	34.97	33.05	42.78	54.18	53.29	33.48	31.25	71.98	123.69	177.53	229.49	231.27
1900	35.14	33.13	43.13	54.65	53.62	33.55	31.44	72.32	125.33	180.76	233.31	235.78
2000	35.30	33.16	43.44	55.14	53.99	33.58	31.62	72.37	126.79	184.02	237.09	240.47
2100	35.46	33.14	43.69	55.66	54.41	33.60	31.80	72.11	128.08	187.36	240.91	245.39
2200	35.62	33.07	43.87	56.22	54.89	33.51	31.98	71.52	129.22	190.84	244.79	250.63

应该强调的是，理论和实际火焰温度会有很大的不同。实际火焰温度将低于理论火焰温度，因为实际火焰会有热损失(主要是由于辐射)。热量还会导致在高温下发生的各种吸热解离反应，例如：

$$CO_2 \rightleftharpoons CO+O$$
$$H_2O \rightleftharpoons H_2+O$$
$$H_2O \rightleftharpoons H+OH$$

然而，随着烟道气的温度降低，随着热量的减少，解离反应反向进行，从而释放热量。因此，尽管理论火焰温度不能反映火焰的真实温度，但它确实能够提供一个方便的参照，来获得随着烟道气冷却，燃烧过程实际的放热量。图12.32显示了烟道气从理论火焰温度开始的能量图。对流段出口处的温度为烟囱温度。从烟囱温度到环境温度的冷却过程代表着烟囱的热量损耗。

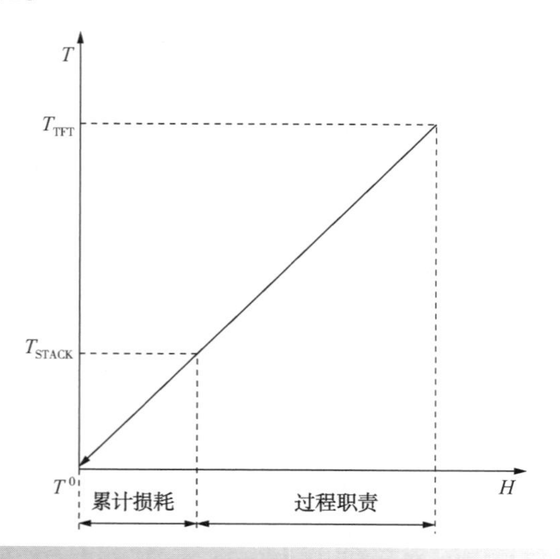

图 12.32　燃烧式加热器的烟气分布

在图12.32中，基于理论火焰温度表示辐射段(高于800~1000℃)的温度是不精确的。而且，当烟道气冷却并通过燃烧炉对流段时，温度能更精确地表示它们的状态。应该再次强调，图12.32中的简单模型确实可以表示热负荷。燃烧炉的效率可以定义为：

$$燃烧炉的效率=\frac{有效利用的热量}{燃烧释放的总热量} \tag{12.178}$$

如果没有来自燃料或燃烧空气的显热，并且忽略套管的热损失，则图12.32可表示加热炉的效率。基于这些假设，过程热负荷和烟囱热量损耗之和即是燃料释放的热量。随着空气的减少，理论火焰温度升高，对于某个工艺加热任务，如果保持烟囱温度不变，这能够减少烟囱热量损耗并提高燃烧炉的效率。

例 12.9　纯甲烷气体用作燃烧炉的燃料。燃气和燃烧空气初始温度为25℃。如果甲烷在以下条件下燃烧，试计算理论火焰温度和燃烧炉的效率，假设烟囱温度为150℃，套管损失为2%：

① 干燥空气的量恰为化学计量比；

② 干燥空气过量15%；

③ 相对湿度为60%的空气过量15%。

解：① 按化学计量的空气输入量，则

$$CH_4+2O_2 \longrightarrow CO_2+2H_2O$$

1kmol　2kmol　1kmol　2kmol

每千摩尔甲烷燃烧需要2kmol的氧气。如果假定空气中21%氧气，氮气为惰性气体，则燃烧产物为：

$$N_2=\frac{2\times0.79}{0.21}=7.52\text{kmol}$$

$$H_2O = 2kmol$$
$$CO_2 = 1kmol$$

由于燃料和燃烧空气的标准温度为25℃，$H_{FUEL} = H_{AIR} = 0$。为了计算 ΔH_{FG}，估算理论火焰温度为2000℃。由表12.19：

$$\overline{C}_{PO_2} = 35.30kJ \cdot kmol^{-1} \cdot K^{-1}$$
$$\overline{C}_{PN_2} = 33.16kJ \cdot kmol^{-1} \cdot K^{-1}$$
$$\overline{C}_{PH_2O} = 43.44kJ \cdot kmol^{-1} \cdot K^{-1}$$
$$\overline{C}_{PCO_2} = 55.14kJ \cdot kmol^{-1} \cdot K^{-1}$$

$$\Delta H_{FG} = (7.52 \times 33.16 + 2 \times 43.44 + 1 \times 55.14)(T - 25)$$
$$= 391.38(T - 25)$$

由表12.17，$\Delta H^0_{COMB} = -802.8 \times 10^3 kJ \cdot kmol^{-1}$。因此，由能量平衡可得：

$$\Delta H_{FG} = -\Delta H_{FUEL} - \Delta H_{AIR} - \Delta H^0_{COMB}$$
$$391.38(T_{TFT} - 25) = 0 - 0 - (-802.8 \times 10^3)$$
$$T_{TFT} = 2076℃$$

这与初步估算一致。如果不一致，则需要采用修正后的平均热容量并重新计算。

$$燃烧炉的效率 = \frac{有效利用的热量}{燃烧释放的总热量}$$
$$= \frac{391.38(2076 - 150)}{802.8 \times 10^3 \times 1.02}$$
$$= 0.921$$

② 如果使用过量15%的空气，则燃烧产物为：

$$O_2 = 2 \times 0.15 = 0.3kmol$$
$$N_2 = \frac{2 \times 0.79}{0.21} \times 1.15 = 8.65kmol$$
$$H_2O = 2kmol$$
$$CO_2 = 1kmol$$

理论火焰温度估计为2000℃。平均热容量如前所述，焓变为：

$$\Delta H_{FG} = (0.3 \times 35.3 + 8.65 \times 33.16 + 2 \times 43.44 + 1 \times 55.14)(T_{TFT} - 25) = 439.44(T_{TFT} - 25)$$
$$439.44(T_{TFT} - 25) = 0 - 0 - (-802.8 \times 10^3) \quad T_{TFT} = 1852℃$$

$$燃烧炉的效率 = \frac{439.44(1852 - 150)}{802.8 \times 10^3 \times 1.02} = 0.913$$

③ 到目前为止，燃烧空气一直被认为是干燥的。如果燃烧空气是潮湿的，则水蒸气将在燃烧中起吸热作用。空气的相对湿度是相对于饱和度的百分比。

25℃的饱和蒸汽压=0.03166bar

对于60%的相对湿度，水汽的分压由下式给出：

$$P_{H_2O} = 0.03166 \times 0.6 = 0.0190bar$$

因此，对于1atm(1.013bar)的压力，燃烧空气中的水蒸气的摩尔分数由下式给出：

$$y_{H_2O} = \frac{P_{H_2O}}{P} = \frac{0.0190}{1.013} = 0.0188$$

燃烧空气过量15%

$$= (2+7.52)1.15$$
$$= 10.95kmol$$

来自燃烧空气的水

$$= 10.95 \times \frac{y_{H_2O}}{1-y_{H_2O}}$$
$$= 10.95 \times \frac{0.0188}{1-0.0188}$$
$$= 0.21kmol$$

燃烧产物中的总水蒸气

$$= 2+0.21$$
$$= 2.21kmol$$

将理论火焰温度预估为2000℃。平均热容量如前所述，焓变为：

$$\Delta H_{FG} = (0.3 \times 35.3 + 8.65 \times 33.16 + 2.21 \times 43.44 + 1 \times 55.14) \times (T_{TFT} - 25) = 448.57(T_{TGT} - 25)$$
$$448.57(T_{TFT} - 25) = 0 - 0 - (-802.8 \times 10^3) \quad T_{TFT} = 1815℃$$

用修正的热容量进行迭代，以获得更准确的数值。可以看出，燃烧空气中的过量空气和湿气都能够降低理论火焰温度。

$$燃烧炉的效率 = \frac{448.57(1815 - 150)}{802.8 \times 10^3 \times 1.02} = 0.912$$

在这些计算中，燃料和燃烧空气均处于25℃的标准温度。如果其中任一个温度低于25℃，

ΔH_{FUEL}和ΔH_{AIR}会导致理论火焰温度降低。如果两者都高于25℃，则会提高理论火焰温度。对于给定的烟囱温度，理论火焰温度越高，燃烧炉的效率越高。然而，为确保燃烧效率，应尽量使过量空气最少。

3）辐射段内的热传递。辐射段传输的热量取决于燃烧炉的结构和通道数量，有效传热量占到总热量的50%~85%，通常为75%。通过辐射和对流方式传导的热量占辐射段热传递总量的80%~90%。

辐射传热符合斯特凡-玻尔兹曼定律，黑体辐射的能量为其温度的函数：

$$\frac{Q_{RAD}}{A} = \sigma T^4 \quad (12.179)$$

式中 Q_{RAD}——辐射热量，W；

A——辐射表面积，m^2；

σ——斯特凡-玻尔兹曼常数；

$=5.6704 \times 10^{-8}\ W \cdot m^{-2} \cdot K^{-4}$；

T——绝对温度，K。

实际上，辐射的热量是黑体辐射的一部分：

$$\frac{Q_{RAD}}{A} = \varepsilon \sigma T^4 \quad (12.180)$$

式中 ε——辐射系数，$0<\varepsilon<1$。

辐射系数大小取决于材料和温度，固体材料的辐射系数取决于其表面光洁度。

在燃烧炉内，在热的燃烧气体和冷固体表面之间存在辐射热交换。部分热量直接在管道的前部被吸收。部分热量被管壁吸收，并再次辐射到另一侧管壁。冷表面面积为管数乘以管长度，再乘以中心到中心管间距，这区域称为冷平面区域A_{CP}。然而，管不会像平面那样有效地吸收热量，因此引入吸收有效因子α_{CP}以校正由平面表示的管道吸收的热量。$\alpha_{CP}A_{CP}$表示理想的黑体平面的面积，其具有与管道相同的吸收能力，称为等效冷平面面积。α_{CP}的值取决于管径，管间距以及管排列方式。最后，为了计算热气体和冷表面的非黑体辐射率，引入了交换因子E，其值取决于气体的辐射系数，总耐火材料面积(墙壁，屋顶和地板)以及等效冷平面面积。因此，辐射热传递可以写为：

$$Q_{RAD} = \sigma\, \alpha_{CP}\, A_{CP} E(T_G^4 - T_W^4) \quad (12.181)$$

式中 α_{CP}——吸收有效因子；

A_{CP}——冷平面面积，m^2；

E——交换系数；

T_G——气体温度，K；

T_W——管壁温度，K。

除了辐射热传递之外，一小部分热量通过对流传递：

$$Q_{CONV} = h_{CONV}(T_G - T_W) \quad (12.182)$$

式中 h_{CONV}——辐射区对流传递系数，$W \cdot m^{-2} \cdot K^{-1}$。

式12.181和式12.182的应用需要已知燃烧条件、燃烧加热器的几何形状和辐射系数数据。Lobo和Evans(1939)，Kern(1950)和Tucker和Truelove(Hewitt，2008)提出了一种方法。在辐射段需要确定的关键参数是燃烧过程释放的热量在辐射段F_{RAD}所吸收的比例。这个比例取决于燃烧条件、管道平均辐射热通量和q_{RAD}。虽然q_{RAD}在设计中是设定值，但在概念设计中，可以根据实践取经验值。对于加热过程而言，在辐射段F_{RAD}值通常在45%~55%，有时也不在此范围之内。由于火焰温度降低，F_{RAD}随着空气与燃料的比例(R_{AF})增加而降低。F_{RAD}也随着对管的辐射热通量(q_{RAD})的增加而减小，这是因为高辐射通量需要较低的换热面积和较短的燃烧气体停留时间，以减少吸收的热量。Bahadori和Vuthaluru(2010)基于Wilson、Lobo和Hottel(1932)等式提出了计算F_{RAD}的公式，给出了辐射段吸收热量分数F_{RAD}与空气燃料质量比R_{AF}和管道平均辐射热通量q_{RAD}之间的关系：

$$F_{RAD} = a + bR_{AF} + cR_{AF}^2 + dR_{AF}^3 \quad (12.183)$$

式中 F_{RAD}——辐射段吸收的热量；

R_{AF}——空气与燃料的质量比；

q_{RAD}——辐射热通量，$W \cdot m^{-2}$。

$$a = a_1 + b_1 q_{RAD} + c_1 q_{RAD}^2 + d_1 q_{RAD}^3 \quad (12.184)$$

$$b = a_2 + b_2 q_{RAD} + c_2 q_{RAD}^2 + d_2 q_{RAD}^3 \quad (12.185)$$

$$c = a_3 + b_3 q_{RAD} + c_3 q_{RAD}^2 + d_3 q_{RAD}^3 \quad (12.186)$$

$$d = a_4 + b_4 q_{RAD} + c_4 q_{RAD}^2 + d_4 q_{RAD}^3 \quad (12.187)$$

系数见表 12.20。

表 12.20 燃烧加热器辐射段热传递系数。

变量符号	系数
a_1	1.77185
b_1	-1.00192×10^{-4}
c_1	3.75347×10^{-9}
d_1	-4.19104×10^{-14}
a_2	-1.36692×10^{-1}
b_2	1.53116×10^{-5}
c_2	-5.96386×10^{-10}
d_2	6.68455×10^{-15}
a_3	6.51975×10^{-3}
b_3	-8.13214×10^{-7}
c_3	3.08515×10^{-11}
d_3	-3.43559×10^{-16}
a_4	-1.10851×10^{-4}
b_4	1.38376×10^{-8}
c_4	-5.17240×10^{-13}
d_4	5.74804×10^{-18}

式 12.183 适用于单排公称直径 200mm 管道的设计(参见表 13.5)，其间距为 2×公称直径。对于其他尺寸，根据(Bahadori and Vuthaluru, 2010)对 R_{AF} 进行修正：

$$C = 1.09266 - 0.99501d_N + 3.49407d_N^2 - 4.17804d_N^3 \qquad (12.188)$$

式中 d_N——辐射管公称外径(表 13.5)，m。

校正因子 C 乘以 R_{AF} 以校正管径不是 200mm 的管道。也可以用于校正管间距和管数量不同的场合。校正数据在表 12.21 中列出，也适用于空气燃料比不同的情况 R_{AF}。

表 12.21 管间距和管排数的校正因子

行数	$2d_N$	$3d_N$
1	1	0.9
2	1.34	1.14

有时需要使用适当校正后的式 12.183 来计算在辐射区中吸收的热量比例。释放的热量包括燃烧热，入口燃料和空气显热，以及标准温度 25℃下的燃料油和烟道气的雾化蒸汽显热。需要注意，Bahadori 和 Vuthaluru(2010)使用的标准温度为 15℃(288 K)。

应用式 12.183 时，要求已知辐射热通量。对于简单的加热过程，辐射通量通常在 25000~60000W·m^{-2}，无汽化的加热过程通常为 47000W·m^{-2}，少量汽化的过程通常为 32000~47000W·m^{-2}，对于大型的低温汽化再沸器通常为 63000W·m^{-2}。对于炉子反应器，热通量通常在 60000~100000W·m^{-2}。

如果释放的热量是已知，那么辐射段吸收热量比例可以根据式 12.183 计算。如果辐射段各种气体混合均匀，则可以通过能量守恒来计算火墙温度(即离开辐射段的气体的温度)。$Q_{RELEASE}$ 为燃烧释放的热量，这是在 298K 时的标准燃烧热量与燃料和燃烧空气从其初始温度到 298K 的焓变之和。由图 12.31 和式 12.173，可得：

$$F_{RAD}\,Q_{RELEASE} = -m_{FUEL}\,\Delta H^0_{COMB} - m_{FG}\,\Delta H_{FG} \qquad (12.189)$$

其中 $Q_{RELEASE} = -m_{FUEL}\,\Delta H^0_{COMB} - m_{FUEL}\,\Delta H_{FUEL} - m_{AIR}\,\Delta H_{AIR}$(W)

ΔH^0_{COMB}——298 K 时标准燃烧热，J·$kmol^{-1}$，J·kg^{-1}；

ΔH_{FUEL}——燃料由初始温度到 298K 焓差，J·$kmol^{-1}$，J·kg^{-1}，$=\int_{T_{inlet}}^{298} C_{PFG}\,dT$；

ΔH_{AIR}——空气由入口温度达到 298K 焓差，J·$kmol^{-1}$，J·kg^{-1}，$=\int_{T_{inlet}}^{298} C_{PAIR}\,dT$；

ΔH_{FG}——空气由入口温度达到 298K 焓差，J·$kmol^{-1}$，J·kg^{-1}，$=\int_{298}^{T_{BW}} C_{PFG}\,dT$；

T_{inlet}——燃料初始温度，K；

T_{BW}——火墙温度，K；

m_{FUEL}——燃料流量，kmol·s^{-1}，kg·s^{-1}；

m_{AIR}——空气流量，kmol·s^{-1}，kg·s^{-1}。

如果燃料燃烧时需要汽化，则需要将燃料 25℃标准下的焓加到 $Q_{RELEASE}$ 中。如果烟道气循环利用，那么也需要将烟道气 25℃标准下的焓计算在内。式 12.189 可以像理论火焰温度方式一样计算火墙温度。唯一的区别是在计算理论火焰温度时，式 12.189 的左侧为零。

4）保护段传热。辐射段后至少前两排管是普通的冲击管。第一排的辐射热量提出看作等于辐射管的辐射热量。第二排管的辐射热量为辐射管的 56%(Nelson，1958)。热量也通过对流方式传递。

错排排列的平行管道的对流传热可根据 Butterworth 在 1977 年提出的方法计算：

$$Nu = 1.309\ Re^{0.36}\ Pr^{0.34} F_N \quad 10<Re<300 \tag{12.190}$$

$$Nu = 0.273\ Re^{0.635}\ Pr^{0.34} F_N \quad 30<Re<200000 \tag{12.191}$$

$$Nu = 0.124 Re^{0.7}\ Pr^{0.34} F_N \quad 200000<Re<2\times10 \tag{12.192}$$

式中 Nu——努塞尔准数，$=\dfrac{h_{CONV} d_O}{k}$；

Re——雷诺准数，$=\dfrac{\rho v_{max} d_O}{\mu}$；

Pr——普朗特准数，$=\dfrac{C_P \mu}{k}$；

$$F_N = -0.04375(\ln N_R)^2 + 0.27\ln N_R + 0.61 \tag{12.193}$$

h_{CONV}——对流换热系数，$W \cdot m^{-2} \cdot K^{-1}$；

d_O——水平管外径，m；

k——烟气导热系数，$W \cdot m^{-2} \cdot K^{-1}$；

v_{max}——最小流过流动面积处流体流速，对于公式 12.116($m \cdot s^{-1}$)

$$= \frac{m_{FG}}{\rho L\left[N_{TR}(p_T - d_0) + \dfrac{3p_T}{2} - d_0\right]} \tag{12.194}$$

m_{FG}——烟气质量流量，$kg \cdot s^{-1}$；

ρ——烟气密度，$kg \cdot m^{-3}$；

L——管长，m；

N_{TR}——第一排管数；

N_R——管排数。

可以使用式 12.190 和式 12.192 来计算冲击管的对流传热系数。

烟道气的物理性质和燃料燃烧和过量空气相关，但最重要影响因素是温度。烟道气的物理性质可以通过近似表示为温度的函数(Isachenko，Osipova and Sukomel，1977)：

$$\rho = \frac{1}{4\times10^{-9}T^2 + 0.0028T + 0.7701} \tag{12.195}$$

$$C_P = -9.546\times10^{-11}T^3 + 1.114\times10^{-4}T^2 + 0.2508T + 1043 \tag{12.196}$$

$$\mu = -9.614\times10^{-12}T^2 + 4.189\times10^{-8}T + 1.625\times10^{-5} \tag{12.197}$$

$$k = 9.3\times10^{-10}T^2 + 8.51\times10^{-5}T + 0.0229 \tag{12.198}$$

式中 ρ——烟气密度，$kg \cdot m^{-3}$；

C_P——烟气比热容，$J \cdot kg^{-1} \cdot K^{-1}$；

μ——烟气黏度，$kg \cdot m^{-1} \cdot s^{-1}$；

k——烟气导热系数，$W \cdot m^{-2} \cdot K^{-1}$；

T——烟气温度，℃。

5）对流段热传递。对流段传热的辐射热量可以通过下式计算(Nelson，1958)：

$$h_{RAD} = 0.02555T - 2.385 \tag{12.199}$$

式中 h_{RAD}——辐射热传递系数，$W \cdot m^{-2} \cdot K^{-1}$；

T——烟气在对流段的平均温度，℃。

对于光滑管，可以使用式 12.190～式 12.192 来计算对流段中管的对流传热系数。若是翅片管，以错排排列，则可用式 12.111 计算对流传热系数。

另外，还须对对流段炉壁的辐射热量进行补偿。这个热量损失占总热量的 6% 到 15% 之间，通常取 10%(Nelson，1958)，因此：

$$h_{FG} = 1.1(h_{CONV} + h_{RAD}) \tag{12.200}$$

式中 h_{FG}——对流段总传热系数，$W \cdot m^{-2} \cdot K^{-1}$。

6）烟道气热量回收。图 12.30 所示的加热炉可以实现的烟道气最低温度受到对流段面积和冷流体进料温度的限制。如果进料温度相对较高，则不可能将烟道气降至最低温度(例如 150℃)，不能达到较高的回收率。解决这种情况的方法是在对流段内在安装一排管，在管内流动另一种较低温度的流体，例如锅炉给水预热。

从烟道气中回收热量的另一种方法是空气预热，如图 12.33 所示。如果通过回收热预热燃烧空气，则理论火焰温度升高，减少了烟囱热损失。虽然较高的火焰温度降低了加热过程的燃料消耗，但存在一个明显的缺点。较高的火焰温度会促进对环境有害氮氧化物的形成。

7）加热器尺寸。对于圆柱体加热器，其长径比通常小于2.7。对于方形加热器，高宽比通常小于2.75。管径一般在*DN*50～*DN*250（见表13.5）。*DN*100和*DN*150（见表13.5）是最常用的尺寸。管长一般在9～18m，12m是常用的长度。管间距通常为2倍的公称直径，管和耐火墙距离约等于管公称直径。管内流体流速通常为1.5～2.5m·s^{-1}。

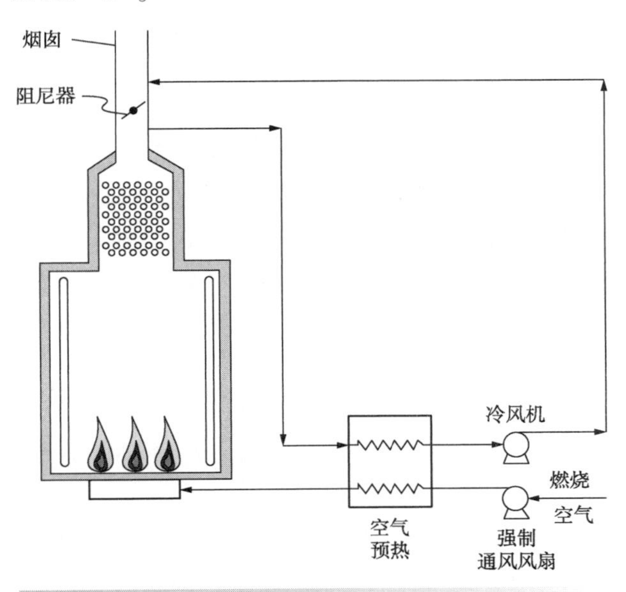

图12.33　采用空气预热的加热炉

例12.10　流量为185.4kg·s^{-1}的原油在燃烧加热器中从280℃加热至360℃。原油的平均热容为3282 J·kg^{-1}·K^{-1}。在这种情况下，平均热容不仅是液体的热容量，而且还包括当原油离开加热炉进入精馏塔时所需的部分汽化热（Nelson，1958）。炉子具有六个通道，辐射段内有一排管，保护段辐射区域后面有两排光滑管，在保护和对流段有12排翅片管，每行6根管。管的公称直径为150mm，d_O=168.3mm，d_I=154.1mm（见表13.5）。管长为12m，实际暴露长度为11.2m。在辐射、保护和对流区中，所有管道的间距为300mm。对于翅片管，d_R=168.3mm，d_I=154.1mm。翅片高度为55mm，厚度为2mm，每米翅片数为120个。管壁和翅片的导热系数为35W·m^{-1}·K^{-1}，管内传热系数为500W·m^{-2}·K^{-1}，管内结垢热阻为0.0005W^{-1}·m^{2}·K，保护段和对流段管外的结垢热阻为0.0002W^{-1}·m^{2}·K。

① 气体燃料组成为90%甲烷和10%氮气，空气过量10%，试计算出空气燃料比和烟道气的流量。

② 若燃料和空气进口温度都为25℃，初步估算燃料流量，并计算燃料发热量。

③ 若q_{RAD}为32000W·m^{-2}，计算辐射段吸收热量比例和辐射段燃料的入口温度。

④ 计算辐射段所需的管数。

⑤ 若辐射段燃料能够充分混合，计算火墙温度。

⑥ 计算保护段出口处的烟道气温度和保护段入口处的燃料温度。

⑦ 计算对流段出口处烟道气的温度和对流段入口处的燃料温度。

⑧ 计算满足此工艺所需的燃料流量。

⑨ 如果套管热损耗为总热量的2%，则计算加热炉效率。

解：①对于进口燃气，假定为理想气体：

$$m_{CH_4} = y_{CH_4} \times \frac{P}{RT}$$
$$= 0.9 \times \frac{1.013 \times 10^5}{8314 \times 298.15}$$
$$= 0.03678\text{kmol} \cdot \text{m}^{-3}\text{燃料}$$
$$= 0.03678 \times 16$$
$$= 0.5885\text{kg} \cdot \text{m}^{-3}\text{燃料}$$
$$m_{N_2} = 0.1 \times \frac{1.013 \times 10^5}{8314 \times 298.15}$$
$$= 0.004087\text{kmol} \cdot \text{m}^{-3}\text{燃料}$$
$$= 0.004087 \times 28$$
$$= 0.1144\text{kg} \cdot \text{m}^{-3}\text{燃料}$$
$$m_{FUEL} = 0.5885 + 0.1144$$
$$= 0.7029\text{kg} \cdot \text{m}^{-3}\text{燃料}$$

计算燃烧所需空气。每千摩尔CH_4燃烧需要2kmol O_2，加上10%的过量空气。燃气为理想气体：

$$m_{CH_4} = 2 \times y_{CH_4} \times \frac{P}{RT}(1 + \text{过量空气})$$
$$= 2 \times 0.9 \times \frac{1.013 \times 10^5}{8314 \times 298.15} \times (1 + 0.10)$$
$$= 0.08092\text{kmol} \cdot \text{m}^{-3}\text{燃料}$$

$=0.08092\times32$

$=2.5893\mathrm{kg\cdot m^{-3}}$燃料

空气组成为 21% O_2 和 79% N_2：

$$m_{N_2}=0.08092\times\frac{79}{21}$$

$=0.3044\mathrm{kmol\cdot m^{-3}}$燃料

$=0.3044\times28$

$=8.5231\mathrm{kg\cdot m^{-3}}$燃料

$$m_{AIR}=2.5983+8.5231$$

$=11.1124\mathrm{kg\cdot m^{-3}}$燃料

$$R_{AF}=\frac{11.1124}{0.7029}$$

$=15.81$

烟道气为理想气体：

$$m_{O_2}=2\times0.9\times\frac{1.013\times10^5}{8314\times298.15}\times0.1$$

$=0.007356\mathrm{kmol\cdot m^{-3}}$燃料

$=0.007356\times32$

$=0.2534\mathrm{kg\cdot m^{-3}}$燃料

$$m_{N_2}=0.1144+8.5231$$

$=8.6375\mathrm{kg\cdot m^{-3}}$燃料

对于烟道气，每千摩尔 CH_4 燃烧形成 2kmol H_2O 和 1kmol CO_2：

$$m_{H_2O}=2\times0.9\times\frac{1.013\times10^5}{8314\times298.15}$$

$=0.007356\mathrm{kmol\cdot m^{-3}}$燃料

$=0.007356\times18$

$=1.3241\mathrm{kg\cdot m^{-3}}$燃料

$$m_{CO_2}=0.9\times\frac{1.013\times10^5}{8314\times298.15}$$

$=0.03678\mathrm{kmol\cdot m^{-3}}$燃料

$=0.03678\times44$

$=1.6183\mathrm{kg\cdot m^{-3}}$燃料

烟道气总流量 $=0.2354+8.6375+1.3241+1.6183=11.8153\mathrm{kg\cdot m^{-3}}$

② 估算燃料流量。后期再对流量进行修正。所需的燃料量将取决于加热炉热负荷，烟囱损耗和套管热损耗。套管损耗假定为放热量的 2%，可以计算炉子热负荷。然而，烟囱损耗是未知的。这种燃烧式加热器的效率通常在 80%~90%。作为初步估计，炉效率假定为 85%，且初始空气和燃烧空气都处于标准温度，则释放热量由下式计算：

$$Q_{RELEASE}=-m_{CH_4}\Delta H^0_{COMB}-m_{FUEL}\Delta H_{FUEL}-m_{AIR}\Delta H_{AIR}$$

$$=-m_{FUEL}\times\frac{0.9}{16}\times(-802.3\times10^6)-0-0=4.5129\times10^7\,m_{FUEL}$$

过程热负荷为：

$$Q_P=m_PC_{PP}(T_{P,\ outlet}-T_{P,\ inlet})$$

$=185.4\times3,282(360-280)$

$=4.8679\times10^7\mathrm{W}$

$$\eta=0.85=\frac{4.8679\times10^7}{4.5129\times10^7\times m_{FUEL}\times1.02}$$

$$m_{FUEL}=1.24\mathrm{kg\cdot s^{-1}}$$

式中 m_P——工艺物流质量流量，$\mathrm{kg\cdot s^{-1}}$；

m_{FUEL}——燃料质量流量，$\mathrm{kg\cdot s^{-1}}$；

C_{PP}——过程流体热容，$\mathrm{J\cdot kg^{-1}\cdot K^{-1}}$；

$T_{P,outlet}$——过程流体的出口温度,℃；

$T_{P,inlet}$——过程流体的进口温度,℃；

η——加热炉效率。

因此：

$$Q_{RELEASE}=4.5129\times10^7\times1.24$$

$=5.5960\times10^7\mathrm{W}$

即为总释放热量的第一个估算值。

③ 根据式 12.183 计算辐射段吸收热量比例：

$$F_{RAD}=a+b\,R_{AF}+c\,R_{AF}^2+d\,R_{AF}^3$$

对于 $q_{RAD}=32000\mathrm{W\cdot M^{-2}}$，由式 12.184~式 12.187 和表 12.20 可得：

$a=1.0359$

$b=-3.8382\times10^{-2}$

$c=8.3106\times10^{-4}$

$d=-9.3509\times10^{-6}$

由式 12.188 可得：

$$C=1.09266-0.99501d_N+3.49407d_N^2-4.17804d_N^3$$

$$=1.09266-0.99501\times0.15+3.49407\times0.15^2-4.17804\times0.15^3$$

$$=1.0075$$

管间距或管排数不需要校正：

$$F_{RAD}=1.0359-3.8382\times10^{-2}\times(1.0075\times15.81)+8.3106\times10^{-4}\times(1.0075\times15.81)^{2}-9.3509\times10^{-6}\times(1.0075\times15.81)^{3}=0.5976$$

辐射段的功率，Q_{RADSEC}由下式给出：

$$Q_{RADSEC}=F_{RAD}Q_{RELEASE}=0.5976\times5.5960\times10^{-7}=3.3442\times10^{-7}$$

假设出口温度为360℃，计算辐射段的入口温度。

$$Q_{RADSEC}=m_{P}C_{PP}(360-T_{Pinlet})$$

$$3.3442\times10^{-7}=185.4\times3282\times(360-T_{Pinlet})$$

$$T_{Pinlet}=305.0℃$$

④ 计算辐射段中需要的管数。管外径如表13.5所示：

$$N_{T}=\frac{Q_{RADSEC}}{q_{RAD}\pi d_{O}L}=\frac{3.3442\times10^{7}}{32000\times\pi\times0.1683\times11.2}=176.5$$

对于6通道配置，这应该被舍入到180管。

⑤ 桥接温度T_{BW}由式12.189计算：

$$F_{RAD}Q_{RELEASE}=-m_{FUEL}\Delta H^{0}_{COMB}-m_{FG}\Delta H_{FG}$$

式中　M_{FG}——烟气的质量流量(kg·s^{-1})；

M_{FUEL}——1.24 KG·S^{-1}；

m_{FG}——$1.24\times\frac{11.8153}{0.7029}=20.84$kg·s^{-1}。

ΔH_{FG}可以根据式12.176和表12.18的焓数据计算。或者，不使用表12.18的数据，由式12.196中的系数可计算出近似值：

$$\Delta H_{FG}=\left[-9.546\times10^{-11}\frac{T^{4}}{4}+1.114\times10^{-4}\frac{T^{3}}{3}+0.2508\times\frac{T^{2}}{2}+1043T\right]_{25}^{T_{BW}}$$

$$=\begin{bmatrix}-2.3865\times10^{-11}T_{BW}^{4}+3.7133\times10^{-5}T_{BW}^{3}\\3+0.1254T_{BW}^{2}+1043T_{BW}-2.6154\times10^{4}\end{bmatrix}$$

代入式12.189可得

$$0.5976\times5.5960\times10^{7}=\frac{1.24}{16}\times0.9\times(802.3\times10^{6})-20.84\begin{bmatrix}-2.3865\times10^{-11}T_{BW}^{4}+3.7133\times10^{-5}T_{BW}^{3}\\+0.1254T_{BW}^{2}+1043T_{BW}-2.6154\times10^{4}\end{bmatrix}$$

$$1.1067\times10^{6}=-2.3865\times10^{-11}T_{BW}^{4}+3.7133\times10^{-5}T_{BW}^{3}+0.1254T_{BW}^{2}+1043T_{BW}$$

通过试差法可得$T_{BW}=928.8℃$

⑥ 保护段是通过辐射和对流方式传热的。辐射热量值从辐射通量的获得。假设第一管排具有与辐射段相同的热通量，而第二排是第一排管的56%：

$$Q_{RAD}=(1+0.56)\times q_{RAD}\times2\times\pi d_{O}LN_{TR}=1.56\times32000\times2\times\pi\times0.1683\times11.2\times6=3.5474\times10^{6}$$

式中　Q_{RAD}——辐射传递的热量，W。

对流传热Q_{CONV}可以从以下式计算：$Q_{CONV}=UA\Delta T_{LM}$

计算ΔT_{LM}要求烟道气的入口和出口温度必须是已知的。烟道气的入口温度为桥接温度，即为928.8℃。保护段的出口温度即为辐射截面的入口温度305.0℃。烟道气的出口温度和过程的入口温度都是未知的。如果热传递只通过对流方式进行，则可以使用前面用于管壳式换热器所示的方法来计算，可以避免迭代法。在这种情况下，热辐射与热对流有不同的计算基础，有些迭代是无法避免的。

首先从保护段初步估算烟道气的出口温度，假设为750℃。此假设值会被不断修正。计算保护段的平均温度从而获得烟道气物理性质参数。

$$\overline{T}_{FG}=\frac{928.8+750}{2}=839.4℃$$

在这个温度下，相应的烟道气体物理性质可以由式12.195至12.198计算得到：

$$\rho_{FG}=0.3203\text{kg}\cdot\text{m}^{-3}$$

$$\mu_{FG}=4.464\times10^{-5}\ \text{kg}\cdot\text{m}^{-1}\cdot\text{s}^{-1}$$

$$C_{PFG}=1332.0\ \text{J}\cdot\text{kg}^{-1}\cdot\text{K}^{-1}$$

$$k_{FG}=0.0950\text{W}\cdot\text{m}^{-1}\cdot\text{K}^{-1}$$

从烟道气出口温度的初步估算可以看出，过程入口温度 T_{Pinlet} 可以基于能量守恒来计算：

$$T_{Pinlet}=\frac{305.0-m_{FG}C_{PFG}(T_{BW}-T_{FGoutlet})}{m_PC_{PP}}$$

$$=305.0-\frac{20.84\times1332.0(928.8-750)}{185.4\times3282}$$

$$=296.8℃$$

对数平均温差为：

$$\Delta T_{LM}=\frac{(928.8-305.0)-(750-296.8)}{\ln\left[\frac{928.8-305.0}{750-296.8}\right]}$$

$$=534.0℃$$

总传热系数的计算需要根据雷诺数，在式12.190，式12.191或式12.192中，选择一式来计算烟道气对流传热系数。从式12.194计算烟道气的 v_{max}：

$$v_{max}=\frac{m_{FG}}{\rho_{FG}L\left[N_{TR}(\rho_T-d_O)-\frac{3p_T}{2}-d_O\right]}$$

$$=\frac{20.84}{0.3202\times11.2\left[6(0.3-0.1683)+\frac{3\times0.3}{2}-0.1683\right]}$$

$$=5.42\text{m}\cdot\text{s}^{-1}$$

$$Re=\frac{\rho_{FG}v_{max}d_O}{\mu_{FG}}=\frac{0.3202\times5.42\times0.1683}{4.464\times10^{-5}}=6545$$

因此，式12.191可计算管外传热系数：

$$Pr=\frac{C_{PFG}\mu_{FG}}{k_{FG}}=\frac{1332.0\times4.464\times10^{-5}}{0.0950}=0.6259$$

从式12.193计算 F_N：

$$F_N=-0.04375\ (\ln N_R)^2+0.27\ln N_R+0.61=-0.04375\ (\ln2)^2+0.27\ln2+0.61=0.78$$

由此，从式12.191，烟道气的对流传热系数 h_{FG} 可得：

$$h_{FG}=0.273\frac{k_{FG}}{d_O}Re^{0.635}Pr^{0.34}F_N$$

$$=0.273\times\frac{0.095}{0.1683}\times6545^{0.635}\times0.6259^{0.34}\times0.78$$

$$=27.1\text{W}\cdot\text{m}^{-2}\cdot\text{K}^{-1}$$

总传热系数为：

$$\frac{1}{U}=\frac{1}{h_{FG}}+R_{FG}+\frac{d_O}{2k_W}\ln\left(\frac{d_O}{d_I}\right)+\frac{d_O}{d_I}R_P+\frac{d_O}{d_I}\cdot\frac{1}{h_P}$$

$$U=\left[\frac{1}{27.1}+0.0002+\frac{0.1683}{2\times35}\ln\frac{0.1683}{0.1541}+\frac{0.1683}{0.1541}\times0.0005+\frac{0.1683}{0.1541}\times\frac{1}{500}\right]^{-1}$$

$$=24.90\text{W}\cdot\text{m}^{-2}\cdot\text{K}^{-1}$$

严格地讲，对于对流传热，ΔT_{LM} 应当进行校正，因为它是具有多个管程的错流流动。然而，由于较大的温度差和多个管程流动方式，使得 F_T 校正因子足够大，接近于逆流流动。对流热负荷为：

$$Q_{CONV}=UA\Delta T_{LM}$$

$$=U(2\pi d_OLN_{TR})\Delta T_{LM}$$

$$=24.90(2\times\pi\times0.1683\times11.2\times6)534.0$$

$$=9.4482\times10^5\text{W}$$

烟道气出口温度 $T_{FGoutlet}$ 可以由能量守恒来

计算：

$$T_{FGoutlet} = T_{BW} - \frac{Q_{RAD} + Q_{CONV}}{m_{FG}C_{PFG}}$$

$$= 928.8 - \frac{3.5474 \times 10^6 + 9.4482 \times 10^5}{20.84 \times 1332.0}$$

$$= 767.0℃$$

初始假设值为 750℃。由烟道气出口温度的计算值重新计算烟道气物理性质参数，由 T_{Pinlet}，ΔT_{LM}，U 和 Q_{CONV} 可以计算得到 $F_{FGoutlet}$ 的修正值。通过改变 $T_{FGoutlet}$ 进行迭代得出最终值是方便的：

$$0 = \frac{Q_{CONV}}{U\Delta T_{LM}} - 2\pi d_O L N_{TR}$$

在这种情况下，迭代几乎不会带来任何变化

$$T_{FGoutlet} = 766.5℃$$

$$T_{Pinlet} = 297.6℃$$

⑦ 在对流段，主要是以辐射和对流方式传热。在这种情况下，可以将辐射传热整合到对流传热系数上，一般来说无须迭代法计算。但是，若物理性质参数是可变的，那就可能需要迭代法计算。在这种情况下，管是带有翅片的。在辐射段之后，如果平行管多于两排，就看采用下列方法计算，对流传热系数可由式 12.190~式 12.192 计算。对于翅片管，对流传热系数可由式 12.111 计算。首先对对流段出口处的烟道气温度进行初步估算，确定物理性质参数。假定烟道气出口温度为 300℃，对流段的平均温度为：

$$\overline{T}_{FG} = \frac{766.5 + 300}{2} = 533.3℃$$

在这个温度下，相应的烟道气体物理性质参数可以由式 12.195~式 12.198 计算：

$$\rho_{FG} = 0.4416 kg \cdot m^{-3}$$

$$\mu_{FG} = 3.585 \times 10^{-5}\ kg \cdot m^{-1} \cdot s^{-1}$$

$$C_{PFG} = 1208.4\ J \cdot kg^{-1} \cdot K^{-1}$$

$$k_{FG} = 0.0685 W \cdot m^{-1} \cdot K^{-1}$$

对流传热系数可由式 12.113 计算。首先，根据式 12.116 计算烟道气的最大流速：

$$v_{max} = \frac{m_{FG}}{\rho L\left[N_{TR}(p_T - d_R - 2H_F\,\delta_F N_F) + \frac{3p_T}{2} - d_R\right]}$$

$$= \frac{20.84}{0.4416 \times 11.2\left[6(0.3 - 0.1683 - 2 \times 0.055 \times 0.002 \times 120) + \frac{3 \times 0.3}{2} - 0.1683\right]}$$

$$= 4.61 m \cdot s^{-1}$$

$$Re = \frac{0.4416 \times 4.16 \times 0.1683}{3.585 \times 10^{-6}} = 9581$$

$$Pr = \frac{1208.4 \times 3.585 \times 10^{-6}}{0.0685} = 0.06324$$

$$Nu = 0.134\,Re^{0.681}\,Pr^{\frac{1}{3}}\left(\frac{1}{H_F N_F} - \frac{\delta_F}{H_F}\right)^{0.2}\left(\frac{1}{\delta_F N_F} - 1\right)^{0.1134}$$

对流传热系数由下式给出：

$$h_{CONV} = \frac{0.0685}{0.1683}\left[0.134 \times 9561^{0.681} \times 0.06324^{\frac{1}{3}} \times \left(\frac{1}{0.055 \times 120} - \frac{0.002}{0.055}\right)^{0.2} \times \left(\frac{1}{0.002 \times 120} - 1\right)^{0.1134}\right]$$

$$= 17.80 W \cdot m^{-2} \cdot K^{-1}$$

根据式 12.199 和式 12.200 整合对流和辐射传热系数，可得

$$h_{FG} = 1.1(h_{CONV} + 0.02555T - 2.385)$$

$$= 1.1(17.80 + 0.02555 \times 533.3 - 2.385)$$

$$= 31.94 W \cdot m^{-2} \cdot K^{-1}$$

翅片效率由式 12.117 计算：

$$\kappa = \left(\frac{2h_{FG}}{k_F \delta_F}\right)^{\frac{1}{2}} = \left(\frac{2 \times 31.94}{35 \times 0.002}\right)^{\frac{1}{2}} = 30.21$$

$$\Psi = \left(H_F + \frac{\delta_F}{2}\right)\left[1 + 0.35\ln\left(\frac{d_R + 2H_F + \delta_F}{d_R}\right)\right]$$

$$= \left(0.055 + \frac{0.002}{2}\right) \times \left[1 + 0.35\ln\left(\frac{0.1683 + 2 \times 0.055 + 0.002}{0.1683}\right)\right]$$

$$= 0.0660$$

$$\eta_F = \frac{\tanh(\kappa\Psi)}{\kappa\Psi} = \frac{\tanh(30.21 \times 0.0660)}{30.21 \times 0.0660} = 0.4833$$

利用式 12.119 计算加权效率，需要首先计算 A_{ROOT}和 A_{FIN}：

$$A_{ROOT} = \pi d_R L(1 - N_F \delta_F) = \pi \times 0.1683 \times 11.2 \times (1 - 120 \times 0.002) = 4.50 \text{ m}^2$$

$$A_{FIN} = \frac{\pi N_F L}{2}[(d_R + 2H_F)^2 - d_R^2 + 2\delta_F(d_R + 2H_F)]$$

$$= \frac{\pi \times 120 \times 11.2}{2}\left[\begin{array}{l}(0.1683 + 2 \times 0.055)^2 - 0.1683^2 + 2 \\ \times 0.002 \times (0.1683 + 2 \times 0.055)\end{array}\right]$$

$$= 106.6 \text{ m}^2$$

$$\eta_W = \frac{A_{ROOT} + \eta_F A_{FIN}}{A_{ROOT} + A_{FIN}} = \frac{4.500 + 0.4833 \times 106.06}{4.50 + 106.06} = 0.5043$$

总面积由下式计算：

$$A_O = 4.500 + 106.06 = 110.56 \text{ m}^2$$

根据式 12.120 计算总传热系数：

$$\frac{1}{U} = \frac{1}{\eta_W h_O} + \frac{R_{OF}}{\eta_W} + \frac{A_O}{\pi d_R L}\frac{d_R}{2k_W}\ln\left(\frac{d_R}{d_I}\right) + \left(\frac{A_O}{\pi d_i L}\right)\left(R_{IF} + \frac{1}{h_I}\right)$$

$$U = \left[\frac{1}{0.5043 \times 31.94} + \frac{0.0002}{0.5043} + \frac{110.56}{\pi \times 0.1683 \times 11.2} \times \frac{0.1683}{2 \times 35}\ln\left(\frac{0.1683}{0.1541}\right)\right.$$
$$\left. + \left(\frac{110.56}{\pi \times 0.1541 \times 11.2}\right)\left(0.0005 + \frac{1}{500}\right)\right]^{-1}$$

$$= 8.24 \text{W} \cdot \text{m}^{-2} \cdot \text{K}^{-1}$$

通过应用错流流动的校正因子 F_T，非逆流流动进行校正 ΔT_{LM}。然而，由于较大的温度差和多个管道布置，使得 F_T 校正因子足够高，可以假定 $F_T = 1$。因此，由式 12.83 和式 12.87 计算 R 和 X：

$$R = \frac{CP_C}{CP_H} = \frac{T_{H1} - T_{H2}}{T_{C2} - T_{C1}} = \frac{185.4 \times 3282}{20.84 \times 0.4416} = 24.16$$

$$X = \exp\left[\frac{UA(R-1)}{CP_C}\right] = \exp\left[\frac{8.24 \times 110.56(24.16 - 1)}{185.4 \times 3282}\right] = 12.1431$$

对流段的入口温度可以由式 12.90 计算：

$$T_{C2} = \frac{(X-1)T_{H1} + X(R-1)T_{C1}}{(RX-1)} \quad R \neq 1$$

整理可得

$$T_{C1} = \frac{(RX-1)T_{C2} + (X-1)T_{H1}}{X(R-1)} \quad R \neq 1$$

$$= \frac{(24.16 \times 12.1431 - 1)297.6 + (12.1431 - 1)766.5}{12.1431(24.16 - 1)}$$

$$= 279.1℃$$

烟道气出口温度可以从式 12.89 计算：

$$T_{H2} = \frac{(R-1)T_{H1} + R(X-1)T_{C1}}{(RX-1)} \quad R \neq 1$$

$$= \frac{(24.16-1)766.5 + 24.16(12.1431-1)279.1}{(24.16 \times 12.1431 - 1)}$$

$$= 317.7℃$$

⑧ 对流段的入口温度为 279.1℃，而指定的入口温度为 280℃。两者非常接近，如果差异很大，则需要通过改变燃料流量来重复整个计算过程，直到计算出的入口温度为 280℃。这个过程通过计算机编程很容易完成。如果执行迭代法计算，过程如下：

$$m_{FUEL} = 1.22kg \cdot s^{-1}$$

$$m_{FG} = 20.58kg \cdot s^{-1}$$

$$Q_{RELEASE} = 5.5253 \times 10^{7}\ W$$

$$F_{RAD} = 0.5977$$

$$T_{BW} = 928.6℃$$

$$T_{FGoutlet,SHIELD} = 764.8℃$$

$$T_{FGoutlet\ CONVSEC} = 317.3℃$$

$$T_{Poulet,CONVSEC} = 298.3℃$$

$$T_{Pinlet,RAD} = 305.7℃$$

⑨ 换热管损耗 2%，炉子效率由下式计算：

$$\eta = \frac{185.4 \times 3282 \times (360 - 280)}{1.22 \times \frac{0.9}{16} \times 802.3 \times 10^{6} + 5.5253 \times 10^{7} \times 0.02} = 0.867$$

值得注意的是炉设计的计算。对于辐射区的所有设计方法都有相当大的不确定性，特别是基于经验的设计方法。对于工艺过程，热负荷基于热容量，可以假设恒定不变。在这个例子中，需要对原油的显热和蒸馏中的原油部分蒸发所需的能量进行补偿(Nelson, 1958)。内部传热系数是设定的，而不是基于热传递进行计算。对于烟道气，需要计算平均焓值，而不是依据单个组分的焓值。同时由于烟道气的温度变化也很大，导致物理性质参数变化很大。上述计算在保护和对流段使用了物理性质参数平均值，尽管对于每一段都存在较大的温差。

12.14 换热——总结

在工业中，传热设备类型有许多，其中管壳式换热器是目前最常用的。壳管式换热器有多种不同的流动方式，但最常见的是单壳程—单管程和单壳程—双管程。

管壳式换热器的传热系数由五个独立的传热系数组成：

- 管外传热系数；
- 管外污垢传热系数；
- 管壁传热系数；
- 管内污垢传热系数；
- 管内传热系数。

由这些分传热系数可计算出总传热系数，且任一个分系数都可能决定总传热系数的值。

对于管壳式换热器，一些简单的模型可用于计算与流速相关的传热系数和压降。单管程单壳程换热器冷热流体为逆流流动。对于多管程换热器，既有顺流流动也有逆流流动，必须通过对对数平均温度差进行校正。在对换热器进行设计、评估或模拟时需要考虑这一点。

在对现有的换热器进行改造时，流体流量、热负荷、温差或污垢热阻都可能发生变化。传热系数和压降可以从原始值进行估算。若热负荷增加，可以通过更换管束，或强化传热装置，或改变挡板装置来增加换热面积的方法来处理。

管壳式换热器也广泛用于冷却任务。冷凝器可以卧式或立式安装，冷凝可以发生在壳程，也可以发生在管程，冷凝在管侧或壳侧。冷凝通常发生在卧式换热器的壳程一侧和立式换热器的管程一侧。

在精馏塔上需要再沸器来蒸发底部产物的一部分。常见的再沸器有三种：釜式再沸器、水平和垂直热虹吸再沸器。釜式和水平热虹吸再沸器的初步设计可以基于池内沸腾进行。垂直热虹吸再沸器的设计需要同时进行压力和传热设计。这样的单元的初步设计可以基于详细设计得出的相关性数据。在再沸器的初步设计中必须非常小心，因为这种相关性的预测是非常不可靠的。

虽然管壳式换热器是最常用的一种换热器，但它的缺点是流动不是真正的逆流，这限制了最小温差，且单位体积换热面积也相对较低。壳管式换热器常用的替代品有：

- 垫板式换热器；
- 焊接板式换热器；
- 板翅式换热器；
- 螺旋式换热器。

一些传热操作需要高热负荷、高温和/或高热通量。在这种情况下，在燃烧加热器中的使用辐射热传递。燃烧加热器设计根据功能，加热功率、燃料种类和引入燃烧空气的方法而有所不同。在概念设计中，了解炉的各个部分的热负荷比传热面积更重要，因为初步设计中的成本是基于热负荷。理论火焰温度为确定热负荷提供了一个简单的模型。

12.15 习题

1. 分离低黏度碳氢化合物混合物的精馏操作需要三个管壳式热交换器。液体进料将通过从另一低黏度烃流中回收热量预热至饱和液体。再沸器应为立式热虹吸管，采用蒸汽加热。冷凝器应为水平换热器，冷凝流位于壳侧，并由冷却水进行冷却。三台换热器的总传热系数的预期排名是多少？

2. 对于练习 1 中的三个热交换器，首先根据表中的传热系数和污垢系数值估计总热系数的数量级。忽略管壁的阻力。

3. 在什么情况下热虹吸再沸器可以垂直或水平定向？

4. 在什么情况下精馏冷凝器可以垂直或水平放置？

5. 乙烯工艺的脱甲烷塔在极低的温度下工作。进料以 1℃ 数量级的极小温差冷却，以最大限度地降低与冷却相关的制冷成本。您希望使用哪种类型的热交换器来完成这项工作？

6. 垫片板式换热器通常用于食品加工。该设计在此类应用中具有哪些优势？

7. 通过以 1.7 MW 的负荷将冷流从 60℃ 加热到 150℃，将热流从 210℃ 冷却到 80℃。将使用 1-1 管壳式换热器，总传热系数估计为 $120W \cdot m^{-2} \cdot K^{-1}$。计算单元的传热面积。

8. 在练习 7 中不使用 1-1 设计，而是在 $X_P = 0.9$ 的条件下使用 1-2 设计。假设总传热系数不变。(在实践中，预计会增加)。计算：

① 所需管壳数；

② 每个管壳的 P_{1-2}；

③ 系列管壳的 F_T；

④ 传热面积。

9. 使用 25~35℃ 的冷却水，将液体正丁醇在冷却水的作用下由 115℃ 冷却至 45℃。正丁醇流量为 $10kg \cdot s^{-1}$，采用四通开口环浮头管壳式换热器。正丁醇将分配到管侧，冷却水分配到壳侧。流体的物理性质数据见表 12.22。

表 12.22 正丁醇和水的物理性质数据

	正丁醇	水
密度/$kg \cdot m^{-3}$	712	993
热容/$J \cdot kg^{-1} \cdot K^{-1}$	3200	4190
黏度/$N \cdot s \cdot m^{-2}$	4.0×10^{-4}	8.0×10^{-4}
传热系数/$W \cdot m^{-1} \cdot K^{-1}$	0.127	0.616

假设正丁醇的污垢系数为 $10000W \cdot m^{-2} \cdot K^{-1}$，冷却水的污垢系数为 $3000W \cdot m^{-2} \cdot K^{-1}$。使用钢管，换热器数据见表 12.23。

表 12.23 换热器的结构参数

管内径 d_I/mm	16
管外径 d_O/mm	20
管间距 p_T/mm	25
管型(管布置角度)	90°
管程数 N_P	2
管传热系数/$W \cdot m^{-1} \cdot K^{-1}$	45
挡板切口 B_C	0.25
管侧入口喷嘴直径 $d_{TN,inlet}$/m	0.1023
管侧出口喷嘴直径 $d_{TN,outlet}$/m	0.1023
壳侧入口喷嘴直径 $d_{TS,inlet}$/m	0.2545
壳侧出口喷嘴直径 $d_{TS,outlet}$/m	0.2545

① 根据 $X_P = 0.9$ 计算所需的管壳数和 F_T。

② 假设管侧和壳侧的流体速度均为 1m · s^{-1}，计算总传热系数、传热面积、管数、管长度和壳直径。

③ 假设管侧和壳侧的流体速度均为 1m · s^{-1}，计算管侧和壳侧的压降。

10. 练习 12.9 中的热交换器现在可以被认为是一个现有的换热器，在 115℃时，管侧的进料为 10kg · s^{-1}的液体正丁醇。在 25℃时，壳侧的给水为 53.46kg · s^{-1}冷却水。流体的物理性质数据见表 12.22。热交换器几何数据见表 12.24。

表 12.24 换热器的结构参数

管内径 d_I/mm	16
管外径 d_O/mm	20
管间距 p_T/mm	25
管型(管布置角度)	90°
管长 L/m	4.96
管数 N_T	280
管程数 N_P	4
管传热系数/W · m^{-1} · K^{-1}	45
壳内径 D_S/m	0.610
挡板数量	13
挡板间距 B/m	0.354
挡板切口 B_C	0.25
壳束径向间隙 L_{BB}/m	0.036
管侧入口喷嘴直径 $d_{TN,inlet}$/m	0.1023
管侧出口喷嘴直径 $d_{TN,outlet}$/m	0.1023
壳侧入口喷嘴直径 $d_{TS,inlet}$/m	0.2545
壳侧出口喷嘴直径 $d_{TS,outlet}$/m	0.2545
管侧污垢系数/W · m^{-2} · K^{-1}	10，000
壳程污垢系数/W · m^{-2} · K^{-1}	3000

计算出口温度和热负荷，并与练习 12.9 中的设计计算结果进行比较。

11. 需要使用冷凝器在 1.0bar 的工作压力下冷凝流量为 7kg · s^{-1}的异丙醇。冷凝在 83℃下等温发生，冷凝液没有过冷。冷却水温度在 25～35℃。冷凝器可假定为单程固定管板设计，由钢制成，管壁厚度为 2mm，导热系数为 45W · m^{-1} · K^{-1}。对于方形配置，管节可以假设为 1.25d_O。物理性质数据见表 12.25。

表 12.25 异丙醇和水的物理性质数据。

物理性质	异丙醇(83℃)	水(30℃)
密度/kg · m^{-3}	722	996
蒸汽密度/kg · m^{-3}	2.0	
液体热容/J · kg^{-1} · K^{-1}	3370	4180
液体黏度/N · s · m^{-2}	0.492×10^{-3}	0.797×10^{-3}
导热系数/W · m^{-1} · K^{-1}	0.131	0.618
汽化热/J · kg^{-1}	678000	
摩尔质量/kg · $kmol^{-1}$	60	

假设异丙醇和冷却水的污垢系数分别为 10000W · m^{-2} · K^{-1}和 5000W · m^{-2} · K^{-1}。对以下各项进行初步设计：

① 管侧速度为 1.5m · s^{-1}的壳侧冷凝卧式冷凝器。

② 垂直冷凝器，管侧冷凝，长径比为 5，壳侧流速为 1m · s^{-1}。

12. 精馏塔的再沸器需要供应 10kg · s^{-1}的甲苯蒸汽。塔底部的塔操作压力为 1.6bar。在此压力下，甲苯在 127℃下蒸发，可以假设为等温。160℃的蒸汽用于蒸发。甲苯的汽化潜热为 344000 J · kg^{-1}，临界压力为 40.5bar，临界温度为 594K。钢管外径为 30mm，壁厚为 2mm，管间距为 0.0375m，长度为 3.95m。管道布置角度为 90°。再沸器的污垢系数可假定为 2500W · m^{-2} · K^{-1}。冷凝蒸汽的传热系数(包括污垢)可假定为 5700W · m^{-2} · K^{-1}。估算传热面积：

① 釜式再沸器；

② 立式热虹吸管再沸器。

13. 来自石化过程的分流器放空气温度为 25℃，甲烷的摩尔分数为 0.6，其余为氢气。该分流器放空气将在熔炉中燃烧，以向冷流夹点温度为 150℃的工艺提供热量(ΔT_{min} = 50℃)。环境温度为 10℃。

① 如果燃烧中使用 15%的过量空气，则计算理论火焰温度。标准燃烧热见表 12.17，平均摩尔热容见表 12.19。

② 计算燃烧炉的效率。

③ 提出提高燃烧炉的效率的方法。

参 考 文 献

Ahmad S, Linnhoff B and Smith R (1988) Design of Multi-pass Heat Exchangers: An Alternative Approach, *Trans ASME J Heat Transfer*, **110**: 304.

Ahmad S, Linnhoff B and Smith R (1990) Cost Optimum Heat Exchanger Networks, II: Targets and Design for Detailed Capital Cost Models, *Comp Chem Eng*, **7**: 751.

Ayub ZH (2005) A New Chart Method for Evaluating Single-phase Shell-Side Heat Transfer Coefficient in a Single Segmental Shell-and-Tube Heat Exchanger, *Appl Therm Eng*, **25**: 2412.

Bahadori A and Vuthaluru HB (2010) Novel Predictive Tools for Design of Radiant and Convective Sections of Direct Fired Heaters, *Applied Energy*, **87**: 2194.

Bott TR (1995) *Fouling of Heat Exchangers*, Elsevier.

Bouhairie S (2012) Selecting Baffles for Shell and Tube Heat Exchanges, *Chem Engg Progr*, **Feb**: 27.

Bowman RA (1936) Mean Temperature Difference Correction in Multipass Exchangers, *Ind Eng Chem*, **28**: 541.

Bowman RA, Mueller AC and Nagle WM (1940) Mean Temperature Differences in Design, *Trans ASME*, **62**: 283.

Briggs DE and Young EH (1963) Convection Heat Transfer and Pressure Drop of Air Flowing Across Triangular Pitch Banks of Finned Tubes, *Chem Eng Progr Syp Ser*, **59** (41): 1.

Butterworth D. (1977) *Introduction to Heat Transfer*, Oxford University Press.

Frank O and Prickett RD (1973) Design of Vertical Thermosyphon Reboilers, *Chem Eng*, **3**: 107.

García A, Vicente PG and Viedma A (2005) Experimental Study of Heat Transfer Enhancement with Wire Coil Inserts in Laminar-Transition-Turbulent Regimes at Different Prandtl Numbers, *Int J Heat and Mass Transfer*, **48**: 4640.

Herkenhoff RG (1981) A New Way to Rate an Existing Heat Exchanger, *Chem Engg*, **March 23**: 213.

Hewitt GF (2008) *Handbook of Heat Exchangers Design*, Begell House Inc.

Hewitt GF, Shires GL and Bott TR (1994) *Process Heat Transfer*, CRC Press Inc.

Hougen OA, Watson KM and Ragatz RA (1954) *Chemical Process Principles. Part I: Material and Energy Balances*, 2nd Edition, John Wiley & Sons.

Isachenko VP, Osipova VA and Sukomel AS (1977) *Heat Transfer*, 3rd Edition, translated by Semyonov S, Mir Publishers, Moscow.

Jiang N, Shelley JD and Smith R (2014) New Models for Conventional and Enhanced Heat Exchangers for Heat Exchanger Network Retrofit, *Applied Thermal Engg*, **70**: 944.

Kern DQ (1950) *Process Heat Transfer*, McGraw-Hill.

Kern DQ and Kraus AD (1972) *Extended Surface Heat Transfer*, McGraw-Hill, New York.

Kotjabasakis M and Linnhoff B (1986) Sensitivity Tables for the Design of Flexible Processes (I) – How Much Contingency in Heat Exchanger Networks is Cost Effective?, *Chem Eng Res Des*, **64**: 198.

Lobo WE and Evans JE (1939) Heat Transfer in the Radiant Section of Petroleum Heaters, *AIChEJ*, **35**: 743.

Manglik RM and Bergles AE (1993a) Heat Transfer and Pressure Drop Correlations for Twisted-Tape Inserts in Isothermal Tubes, I: Laminar Flows, *J Heat Transfer*, **115**: 881.

Manglik RM and Bergles AE (1993b) Heat Transfer and Pressure Drop Correlations for Twisted-Tape Inserts in Isothermal Tubes, II: Transition and Turbulent Flows, *J Heat Transfer*, **115**: 890.

Martin GR (1998) Heat-Flux Imbalances in Fired Heaters Cause Operating Problems, *Hydrocarbon Processing*, **May**: 103.

McQuiston FC and Tree DR (1972) Optimum Surface Envelopes of the Finned Tube Heat Transfer Surface, ASHRAE Annual Meeting, Bahamas, p. 144.

Mostinski IL (1963) Calculation of Boiling Heat Transfer Coefficients, Based on the Law of Corresponding States, *Br Chem Eng*, **8**: 580.

Müller-Steinhagen H (2000) *Heat Exchanger Fouling – Mitigation and Cleaning Technologies*, Institution of Chemical Engineers, UK.

Nelson WL (1958) *Petroleum Refinery Engineering*, 4th Edition, McGraw-Hill.

Nesta JM and Coutinho CA (2011) Update on Designing for High-Fouling Liquids, *Hydrocarbon Processing*, **May**: 83.

Nusselt W. (1916) Die Oberflachenkondensation des Wasserdampfes, *Z Ver Deut Ing*, **60**: 541, 569.

Ravigururajan TS and Bergles AE (1996) Development and Verification of General Correlations for Pressure Drop and Heat Transfer in Single-Phase Turbulent Flow in Enhanced Tubes, *Exp Therm Fluid Sci*, **13**: 55.

Rose J (1999) Laminar Film Condensation of Pure Vapors, in *Handbook of Phase Change: Boiling and Condensation*, Kandlikar SG, Shoji M and Dhir VK (eds), Taylor Francis.

Rosenow WM (1956) Heat Transfer and Temperature Distribution in Laminar Film Condensation, *Trans ASME*, **78**: 1645.

Rosenow WM, Webber JH and Ling AT (1956) Effect of Velocity on Laminar and Turbulent Film Condensation, *Trans ASME*, **78**: 1645.

Serth RW (2007) *Process Heat Transfer: Principles and Applications*, Academic Press.

TEMA, (Tubular Exchanger Manufacturers Association Inc.) (2007) *Standards of the Tubular Exchanger Manufacturers Association, 25 North Broadway, Tarrytown, New York.*

Towler G and Sinnott RK (2013) *Chemical Engineering Design*, 2nd Edition, Butterworth-Heinemann.

Underwood, AJV (1934) The Calculation of the Mean Temperature Difference in Multi-pass Heat Exchangers, *J Inst Petroleum Tech*, **20**: 145.

Wang YF, Pan M, Bulatov I, Smith R and Kim JK (2012) Application of Intensified Heat Transfer for the Retrofit of Heat Exchanger Network, *Appl Energy*, **89**: 45.

Wilson DW, Lobo WE and Hottel HC (1932) Heat Transmission in Radiant Sections of Tube Stills, *Ind Eng Chem*, **24**: 486.

第 13 章　输送与压缩

通过对液体和气体进行加压输送来获得输送位置处所需的压力或克服物料输送过程中高度差、经过设备和管道产生的压降。通常，用泵增加液体压力的成本比用压缩机增加气体压力的成本小。另一方面，用压缩机提高气相物料的压力需要较高的设备费用和功率，从而导致较高的操作成本。

13.1　工艺操作中的压降

输送物料时，必须克服经过反应器、分离器、传热设备、控制阀和其他装置的压降。

对于气相反应，反应器的压降通常低于进口压力的 10%(Rase，1990)。滴流床反应器的压降一般小于 1bar。尽管填料和滴流床反应器的压降可能更高，但通常选取 0.5bar 作为初步估计值。流化床反应器的压降通常在 0.02~0.1bar。

精馏塔的压降与每块塔板的压降有关，每块塔板的压降通常为 0.007bar。对于同样的精馏分离过程，填料的压降通常低于塔板的压降。规整填料的压降通常小于 $0.003\text{bar}\cdot\text{m}^{-1}$。

对于液体，换热器的压降通常在 0.35 ~ 0.7bar(见第 12 章)。对于气体，换热器的压降通常在真空条件下的 0.01bar 到高压气体的 1bar (10bar 及以上)之间(见第 12 章)。

13.2　管道系统中的压降

如图 13.1a 所示，在两个容器间用泵输送液体。假设流体不可压缩且忽略从进口到出口的动能变化，则泵改变的压力为：

$$\text{泵压头} = \frac{\Delta P}{\rho g} = \frac{P_2 - P_1}{\rho g} + \Delta z + \sum h_L \tag{13.1}$$

式中　ΔP——经泵增加的压力，$\text{N}\cdot\text{m}^{-2} = \text{kg}\cdot\text{m}^{-1}\cdot\text{s}^{-2}$；

ρ——流体密度，$\text{kg}\cdot\text{m}^{-3}$；

g——重力加速度，$9.81\text{m}\cdot\text{s}^{-2}$；

P_2——出料口液体表面的压力，$\text{N}\cdot\text{m}^{-2}$；

P_1——进料口液体表面处的压力，$\text{N}\cdot\text{m}^{-2}$；

Δz——高度差，m；

$\sum h_L$——直管及管件总压头损失，m。

管件包括弯头、隔离阀、控制阀、孔板、扩径管和缩径管。如图 13.1b 所示，如果输送物料是气体，通常忽略高度的变化。假设气体不可压缩且忽略从进口到出口的动能变化，则压缩机改变的压力为：

$$\text{压缩机压头} = \frac{\Delta P}{\rho g} = \frac{P_2 - P_1}{\rho g} + \sum h_L \tag{13.2}$$

对于直管(Coulson and Richardson，1999)：

$$h_L = 2c_f \frac{L}{d_I}\frac{v^2}{g} \tag{13.3}$$

式中　c_f——范宁系数；

L——管长，m；

d_I——管内径，m；

v——管道内平均流速，$\text{m}\cdot\text{s}^{-1}$。

范宁系数由下式得到(Hewitt，Shires and Bott，1994)：

$$c_f = \frac{16}{Re} \qquad Re < 2000 \tag{13.4}$$

$$c_f = 0.046\,Re^{-0.2} \qquad 2000 < Re < 20,000 \tag{13.5}$$

$$c_f = 0.079\,Re^{-0.25} \qquad Re > 20,000 \tag{13.6}$$

式中　$Re = \frac{\rho d_I v}{\mu}$；

μ——流体黏度，$\text{N}\cdot\text{s}\cdot\text{m}^{-2}$。

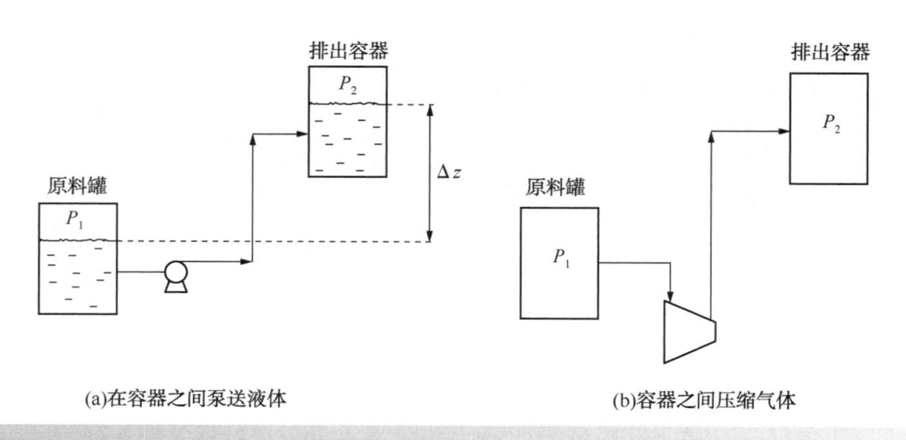

图 13.1 液体输送管道系统的压力变化

需要注意的是，式 13.5 和式 13.6 适用于光滑管道，而输送流体的管道通常有一定的表面粗糙度，这增加了摩擦系数。然而，对于较短的流体输送管道，总摩擦压降通常取决于管件(阀门、弯管等)的摩擦压降。因此，对于较短输送管道的直管摩擦压降可以忽略不计。如果传输管道是较长的直管(大于 100m)，则范宁系数关联式为(Coulson and Richardson，1999)：

$$\frac{1}{\sqrt{c_f}}=-1.77\ln\left[0.27\frac{\varepsilon}{d_1}+\frac{1.25}{Re\sqrt{c_f}}\right] \quad (13.7)$$

式中 ε——表面粗糙度，m。

表 13.1 列出了一些常用的表面粗糙度值(Coulson and Richardson，1999)。

表 13.1 管道表面粗糙度

管道	ε/mm
拉管	0.0015
钢材	0.046
铸铁	0.26
混凝土	0.3~3.0

在工艺管道中用到很多不同类型的管件。当输送流体时，阀门可以用于：

- 启动和截止流量(截止阀)；
- 调节流量(控制阀)；
- 防止反向流动(单向阀或止回阀)。

图 13.2 是过程工业中一些常见的阀门类型。

1）截止阀。典型的截止阀如图 13.2a 所示。利用螺旋结构移动紧靠阀座的阀芯或阀瓣。图 13.2a 是塞形阀瓣和组合盘的结合。组合盘是将阀座和阀瓣相结合，且阀瓣导向阀座上有很多优点。现在有不同的阀座布置设计。截止阀可以用来调节、启动和截止流量。

2）蝶阀。典型的蝶阀如图 13.2b 所示。通过操纵蝶阀阀瓣的角度来控制流量。当阀瓣与流体流动方向垂直时，阀瓣和阀衬形成密封以防止流体流动。当阀瓣旋转四分之一时，阀瓣与流体流动方向一致，阀门开启。蝶阀可以用来调节、启动和截止流量。它们通常适用于直径较大的管道。

3）闸阀。典型的闸阀如图 13.2c 所示。闸阀通过螺旋结构使圆形闸板在流体路径上升高和降低来实现操作。闸板可以是楔形或者是平行的。闸阀主要用于启动和截止流量，而不是调节流量。

4）旋塞阀。典型的旋塞阀如图 13.2d 所示。空心的圆柱形或更常见的锥形阀芯通过旋转四分之一的开度来控制流动。旋塞阀的安装空间小于闸阀，开关方便快捷。锥形阀芯允许紧闭。

5）球阀。典型的球阀如图 13.2e 所示。带有圆柱形空心端口的球体通过旋转四分之一开度来控制流体流动。传统球阀的端口小于管道直径。与管道直径相同的全端口阀门不常见。由于阀座环的作用，可以实现紧密关闭，但阀座材料受温度限制。与旋塞阀相同，球阀的安装空间小于闸阀，开关方便快捷。

6）止回阀。止回阀仅用于防止液体倒流，例如，防止泵关闭时液体从罐中虹吸出来。图

13.2f 中为一个旋启式止回阀。阀瓣在铰链上旋转至阀座以防止液体倒流，或者摆动以允许液体向前流动。其他止回阀设计采用不同的原理，比如向前流动时使狭槽中的球从圆形阀座中离开打开阀门，反向流动时通过球的反向移动实现阀座密封以阻止倒流。

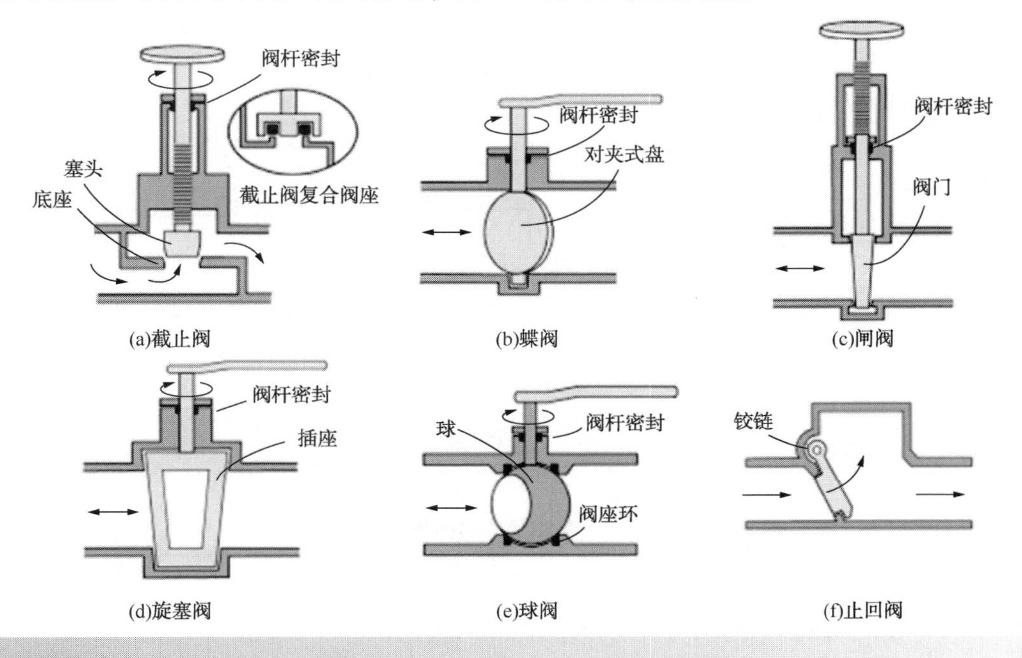

图 13.2　阀门类型

控制阀通过响应从控制器接收的信号实现开启或关闭从而控制流量、压力、温度和液位。控制阀的开启或关闭是由执行器远程控制的。执行器可以为气动或电动。工业过程中的控制阀多为截止阀设计。根据所需的控制特性设计阀芯和阀座来改变开度。图 13.3 是气动控制阀。气压信号在 0.2~1bar 之间变化来控制阀门的开启或关闭。对于使用电动机的电动执行器，电信号在 0~10V 或 4~20mA 之间变化来控制电动机开启或关闭。如果出现故障，阀门必须设计成最可能使系统处于最安全状态的故障模式，称为故障安全状态。故障安全状态可以是阀门全闭、全开或保持当前开度以维持当前操作。如果气压信号出现故障，图 13.3 中的阀门将打开。在气压信号出现故障时，不同的反向弹簧和隔板设置使阀门关闭。不同的控制阀使用不同的执行器。

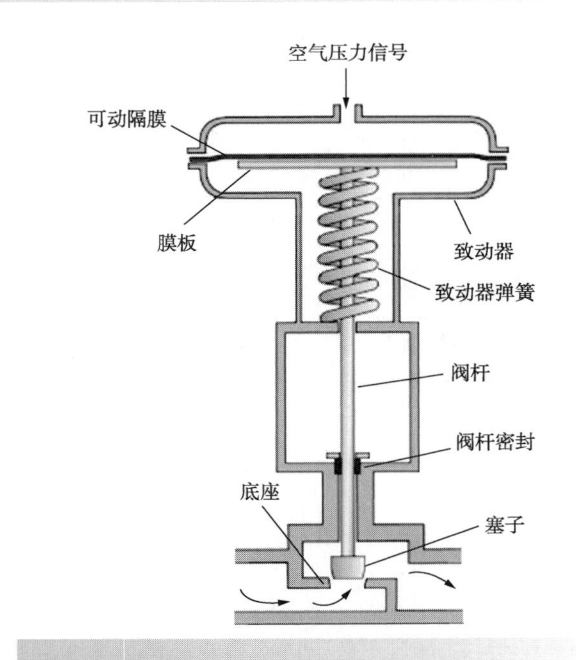

图 13.3　气动操作控制值的布置原理图

除阀门外，其他部件还包括突然缩小或突然扩大的异径管、弯头和用于测量流量的孔板（图 13.4）。管件中的压头损失关联式为（Coulson and Richardson，1999）：

$$h_L = c_L \frac{v^2}{2g} \tag{13.8}$$

式中　c_L——损失系数。

13

对于层流：

$$c_L = f(Re，部件的几何尺寸)$$

对于湍流：

$$c_L = f(部件的几何尺寸)$$

表13.2列出了一些阀门和其他部件损失系数的常见值(Perry，1997)。值得注意的是，对于同样的管件，由于来自不同厂家，其几何形状不同，损失系数也会不同。表13.3列出了突然缩小、突然扩大的异径管和孔板的压头损失。表13.3中孔板的计算公式与总压降相关，而与测量流量的测压口之间的压力降无关。

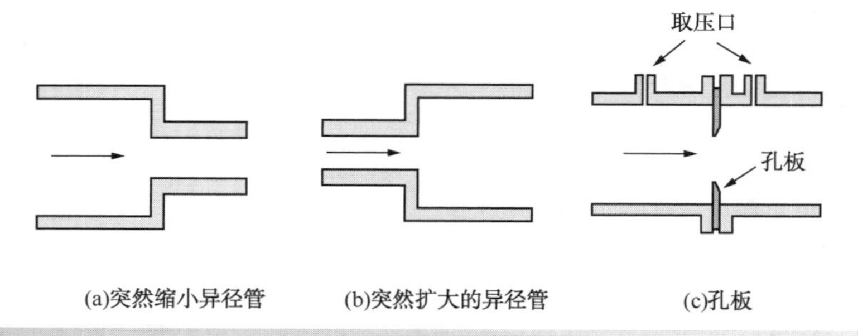

图13.4　管配件

表13.2　各种管件的损失系数

管件	层流 c_L	湍流 c_L	湍流状态下阀门部分关闭时的修正(α=开度)
弯头(标准)	$\frac{840}{Re}(Re<1100)$	0.8	
截止阀(塞阀瓣)	$\frac{70}{Re^{0.26}}(Re<2700)$	9.0	$\frac{c_L}{\alpha^{1.84}}$
截止阀(复合阀座)	$\frac{100}{Re^{0.33}}(Re<5000)$	6.0	$\frac{c_L}{\alpha^{0.5}}$
闸阀	$\frac{1200}{Re}(Re<6000)$	0.2	$\frac{c_L}{\alpha^{3.7}}$
旋塞阀		0.05	
球阀		0.05	
蝶阀		0.24	
止回阀(旋启式)	$\frac{1200}{Re^{0.86}}(Re<1700)$	2.0	

表13.3　突然缩小、突然扩大和孔板的压头损失

管件	h_L
突然缩小	$\left[0.5\left(1-\frac{A_2}{A_1}\right)\right]\left(\frac{v_2^2}{2g}\right)$
突然扩大	$\left(\left[1-\frac{A_1}{A_2}\right]^2\frac{v_1^2}{2g}\right)$
孔板	$\left[\frac{1}{c_D^2}\left(1-\frac{A_0}{A}\right)\right]\left[\left(\frac{A}{A_0}\right)^2-1\right]\left(\frac{v^2}{2g}\right)$

式中　v_1，v_2——上下管流速，$m \cdot s^{-1}$；
A_1，A_2——上下管面积，m^2；
g——重力加速度，$9.81m \cdot s^{-2}$；
A，A_0——管道和孔板面积，m^2；
v——管道速度，$m \cdot s^{-1}$；
c_D——0.62(初步设计)。

在初步设计中，基于假定的流速设计流体输送管路。对于非黏性流体($\mu<10mN \cdot s \cdot m^{-2}$=cP)，管内流速通常取$1\sim2m \cdot s^{-1}$。对于黏性流体，流速可能受到流体允许压降或剪切降解的限制(例如，由于高剪切速率，大分子分解成更小的分子)。表13.4给出了常见值。

表13.4　黏性流体的典型流速

黏度/($mN \cdot s \cdot m^{-2}$)(cP)	流速/$m \cdot s^{-1}$
50	0.5~1.0
100	0.3~0.6
1000	0.1~0.3

对于气体和蒸汽，流速通常在 15~30m·s^{-1}。

流速与标准管道尺寸有关。管道的尺寸由公称管道尺寸(NPS)、公称直径(*DN*)和管表号来确定。管表号的数值越大，管壁越厚。表 13.5 列出了一些常用管道规格尺寸。所需管道的管表号取决于最大内部压力和允许汽蚀余量。对于蒸汽系统，最小的管表号通常取 40。

表 13.5　常用钢管标准管尺寸

DN	外径/mm	内径/mm					
		管表号					
		5	10	30	40	80	160
15	21.34	18.04	17.12	16.51	15.80	13.87	11.79
20	26.67	23.37	22.45	21.84	20.93	18.85	15.54
25	33.40	30.10	27.86	27.61	26.64	24.31	20.70
32	42.16	38.86	36.62	36.22	35.05	32.46	29.46
40	48.26	44.96	42.72	41.91	40.89	38.10	33.99
50	60.33	57.03	54.79	53.98	52.51	49.26	42.91
65	73.03	68.81	66.93	63.48	62.72	59.01	53.98
80	88.90	84.68	82.80	79.35	77.93	73.66	66.65
100	114.30	110.1	108.2	104.8	102.3	97.18	87.33
150	168.28	162.7	161.5		154.1	146.3	131.8
200	219.08	213.5	211.6	205.0	202.7	193.7	173.1
250	273.05	266.2	264.7	257.5	254.5	242.9	215.9
300	323.85	315.5	314.7	307.1	304.8	288.9	257.2

如果已知管道布局，经过管道的压降可以利用上述关联式进行估算。例如工艺改造。初步设计时，在不了解管道布置的情况下，有必要对输送和压缩的费用留有余量。如果是上述情况，对流体输送所需的距离就不难作出初步估计，但涉及的管件是不确定的。为了对管件的压降进行初步估计，需要以下通用的原则：

- 容器通常有隔离阀(但在不同工业部门之间有所不同)。
- 需要维修的设备每侧通常都有隔离阀。这些设备包括泵、压缩机和控制阀。
- 为了工艺安全，在某些情况下需要更安全的隔离。在这种情况下，可以使用双堵塞和双排放设计。这主要包括两个隔离阀，且在它们之间有一个排气阀。通过关闭两个隔离阀同时打开排气阀，使得上游阀门的任何泄漏都将从排气阀排出，而不是通过下游阀门排出。
- 泵通常会有一个止回阀以防止逆向流动。
- 通常基于孔板压降流量控制。
- 当管道设计完成时，在容器之间或容器和管道接头之间的管线上通常至少有三个弯头。

例如，假设用泵将液体从一个容器输送到另一个容器中，且使用孔板测量流速并进行流量控制。所涉及的压头损失通常为：

- 从进料容器到排放管道突然收缩；
- 容器的隔离阀；
- 泵的两个隔离阀和一个止回阀；
- 用于流量测量的孔板；
- 控制阀；
- 控制阀的两个隔离阀；
- 改变管道方向的三个常见管道弯头；
- 排放容器的隔离阀；

- 流体进入容器的突然扩大。

例 13.1 在一个新设计中，在流量控制的作用下，用泵在两个相距约 30m 的常压容器之间输送水。高度增加估计为 5m。水的流量为 $100m^3 \cdot h^{-1}$，其黏度为 $0.8mN \cdot s \cdot m^{-2}$(cP)，密度为 $993kg \cdot m^{-3}$。估算由泵产生的压大。

解：首先假定流速为 $2m \cdot s^{-1}$，确定管道直径。管道面积 A 由下式给出：

$$A = 100 \times \frac{1}{3600} \times \frac{1}{2} = 0.01389\ m^2$$

内径(d_I)为：

$$d_I = \sqrt{\frac{4A}{\pi}} = \sqrt{\frac{4 \times 0.01389}{\pi}} = 0.133m$$

需要圆整到相近的最大标准管道内径。假设管表号为 40，内径是 0.154m。则实际流速为：

$$v = 100 \times \frac{1}{3600} \times \frac{4}{\pi \times 0.154^2} = 1.49m \cdot s^{-1}$$

直管的雷诺数是：

$$Re = \frac{\rho d_I v}{\mu} = \frac{993 \times 0.154 \times 1.49}{0.8 \times 10^{-3}} = 2.85 \times 10^5$$

直管的压头损失：

$$h_L = 2c_f \frac{L}{d_I} \frac{v^2}{g}$$
$$= 2 \times \frac{0.079}{Re^{0.25}} \times \frac{30}{0.154} \times \frac{1.49^2}{9.81}$$
$$= 0.30m$$

对于隔离阀，闸阀全开，一个容器，两个泵，两个控制阀：

$$h_L = 6 \times c_L \frac{v^2}{2g} = 6 \times 0.2 \times \frac{1.49^2}{2 \times 9.81} = 0.14m$$

假设泵用一个止回阀：

$$h_L = c_L \frac{v^2}{2g} = 2 \times \frac{1.49^2}{2 \times 9.81} = 0.23m$$

采用截止阀半开来估算控制阀：

$$h_L = \frac{c_L}{\alpha^{1.84}} \frac{v^2}{2g} = \frac{9}{0.5^{1.84}} \frac{1.49^2}{2 \times 9.81} = 3.65m$$

假设有三个弯头：

$$h_L = 3 \times 0.8 \times \frac{1.49^2}{2 \times 9.81} = 0.27m$$

假设用直径比为 0.4 和流量系数为 0.62 的孔板测量流量：

$$h_L = \frac{1}{{c_D}^2}\left[1 - \frac{A_O}{A}\right]\left[\left(\frac{A}{A_O}\right)^2 - 1\right]\frac{v^2}{2g} = \frac{1}{0.62^2}[1 - 0.4^2]\left[\left(\frac{1}{0.4}\right)^4 - 1\right] \times \frac{1.49^2}{2 \times 9.81} = 9.41m$$

进料容器的入口损失为：

$$h_L = 0.5\left[1 - \frac{A_2}{A_1}\right]\frac{v_2^2}{2g}$$
$$= 0.5(1 - 0)\frac{1.49^2}{2 \times 9.81} = 0.06m$$

出料容器的出口损失为：

$$h_L = \left[1 - \frac{A_1}{A_2}\right]^2 \frac{{v_1}^2}{2g}$$
$$= [1 - 0]^2 \frac{1.49^2}{2 \times 9.81} = 0.11m$$

$$\frac{\Delta P}{\rho g} = \frac{(P_2 - P_1)}{\rho g} + \Delta z + \sum h_L$$

因为进料和出料容器均在大气压力下($P_2 - P_1$) = 0：

$$\frac{\Delta P}{\rho g} = [0 + 5 + (0.30 + 0.14 + 0.23 + 3.65 + 0.27 + 9.41 + 0.06 + 0.11)]$$
$$= 19.17m$$

$$\Delta P = 993 \times 9.81 \times 19.17 = 1.87 \times 10^5 N \cdot m^{-2}$$

13.3 泵的类型

泵有两种基本类型：

1) 容积式。在容积式泵中，通过活塞式往复运动或齿轮、螺钉、叶片的旋转运动使捕获的一定体积的液体获得能量，进而使液体到达泵排出口。容积式泵提供一定的冲程或设备的部分旋转。这种类型的泵适用于高黏度或低流速以及两者兼具的液体。

2) 动力式。在动力式泵中，通过安装在轴承上的叶片将能量传递到液体。液体沿着或靠近轴承进入，并通过叶片的旋转加速。这使液体获得动能并转化为压力能。

化工过程中最常用的泵是离心泵。离心泵是动力式泵的一种，其弯曲叶片组成的叶轮在轴上旋转。装置如图 13.5a 所示。液体进入泵轴附近，加速并沿径向流入扩散器或外壳中，然后输出。当流体到达泵壳体时，叶轮传递到液体的动能转化为压力能。离心泵的体积流量取决于出口压力和增加的能量。开式叶轮设计如图 13.5b 所示。半开式叶轮如图 13.5c 所示，半开式叶轮采用盖板来保护叶轮、叶片。两侧均有盖板的闭式叶轮如图 13.5d 所示。开式和半开式叶轮比闭式叶轮运行效率更高，但易受磨损。开式叶轮更适用于输送含有固体的液体，而闭式叶轮易堵塞。对于高流量流体，叶片具有后向曲线(如图 13.5 所示)；对于高压头流体，叶片具有前向曲线；对于上述任一情况，可采用径向叶片。多级泵具有多个叶轮。泵启动时，必须充满或灌注液体才能启动。为便于泵启动，离心泵尽可能位于进料高度以下。如果不能，需要采用辅助泵将液体输送到泵的入口进行启动。

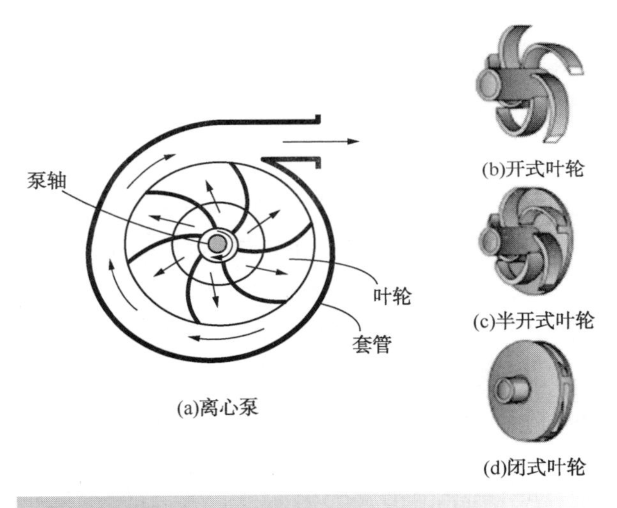

图 13.5　离心泵特性

与容积式泵相比，离心泵在工业上使用更为广泛，因为离心泵能够以较低的成本处理各种流体和各种输送条件。接下来关于泵的讨论将仅限于离心泵，因为这是目前最常用的类型。

13.4　离心泵性能

泵的性能可以通过扬程、功率和效率来表征。效率是将有用功转移到液体的度量，其定义为(忽略动能的任何变化)：

$$\eta = \frac{\text{转移到液体中的能量}}{\text{轴功率}} = \frac{F\Delta P}{W} \quad (13.9)$$

式中　W——轴功率，$N \cdot m \cdot s^{-1} = J \cdot s^{-1} = W$；

F——体积流率，$m^3 \cdot s^{-1}$；

ΔP——经过泵的压降，$N \cdot m^{-2}$。

泵的效率通常是由制造商根据水的性能测定。

图 13.6 为离心泵的特性曲线。叶轮的速度是固定的。如图 13.6 a 所示，随着流量的增加，泵的扬程减小，且随流量的增加，扬程下降得很快。图 13.6b 表示功率随流量的增加而增加。图 13.6c 显示，随着流量的增加，泵的效率到达一个最大值(最佳效率点或 BEP)。

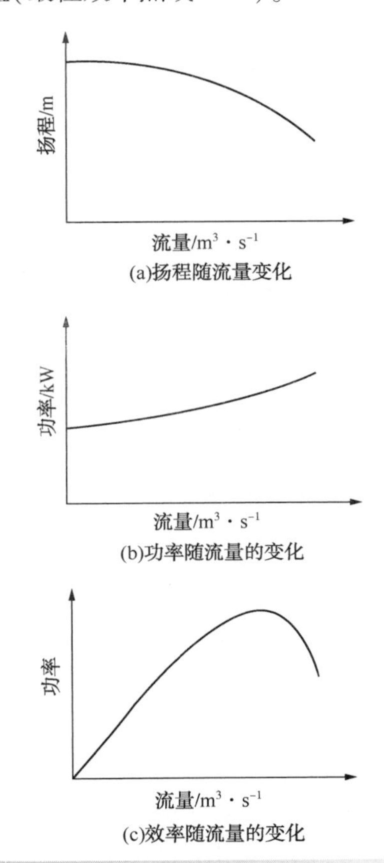

图 13.6　离心泵性能特点

在实际工作中，特定泵的性能与系统压降一一对应。图 13.7 是系统扬程随流量的变化情况。在零流量时，系统扬程是管路进料和出料之间的压力差和高度差的总和。随着流量的增加，系统的扬程随着流速平方的增加而增加。

操作点位于系统扬程和泵扬程曲线的交点处。如果系统设计良好，这个交点将对应泵的最

13

佳效率点。在实际操作中，使用控制阀操纵系统扬程曲线来确保合适的流量。改变控制阀的开度使系统扬程曲线绕零流量点旋转。

还有一点需要注意，在输送温度下泵的压力可能会低于液体的蒸汽压。如果泵中的局部压力低于蒸汽压，则会形成气泡或空腔。当到达更高压力的区域时，这些气泡会破裂。这种现象称为汽蚀。汽蚀会导致泵性能的降低，但更重要的是，气泡(空腔)的破裂会损坏泵，尤其对叶轮造成损坏。

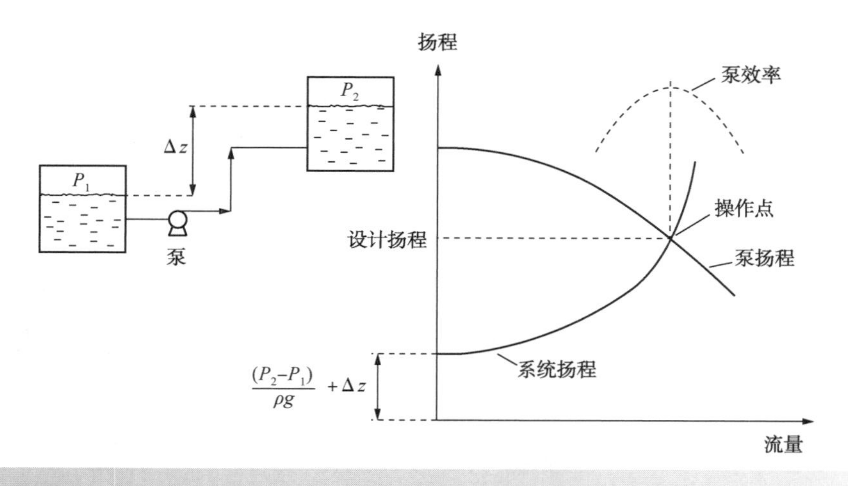

图 13.7 离心泵操作点

汽蚀余量($NPSH$)是泵入口的压力与液体的蒸汽压之差。如图 13.8 所示，有效汽蚀余量 $NPSH_A$ 可以用扬程表示，并定义为：

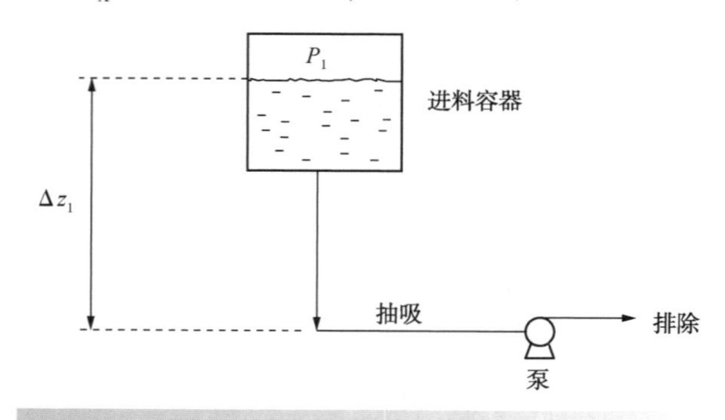

图 13.8 可用的正吸入压头

$$NPSH_A = \left(\frac{P_1}{\rho g} + z_1 - h_L\right) - \frac{P^{SAT}}{\rho g} \quad (13.10)$$

式中 $NPSH_A$——有效汽蚀余量；

P_1——进料容器中液体上方的压力；

ρ——液体密度，$kg \cdot m^{-3}$；

g——引力常数，$9.81 m \cdot s^{-2}$；

z_1——泵上方的进料容器中的液体高度，m；

h_L——吸入管道中的摩擦损失扬程，m；

P^{SAT}——饱和液体蒸汽压，$N \cdot m^{-2}$。

特定泵的必需汽蚀余量 $NPSH_R$ 取决于泵的设计并由制造商规定。因此，根据方程 13.10 计算的 $NPSH_A$ 应高于泵制造商给出的 $NPSH_R$。当输送沸腾液体(例如在精馏操作中)和从低位槽输送液体时，应注意 $NPSH_A$。

如果系统中的 $NPSH_A$ 低于泵制造商指定的 $NPSH_A$，则通常通过改变布局(特别是高度)来解决。也可以增加进料容器的压力。此外，还可以选择低转速的泵。

现在考虑离心泵设计中的主要参数，以及它们与特定泵选择之间的关系。离心泵的功率 W 取决于液体的密度 ρ、叶轮的转速 N_{IMP}、叶轮直径 D_{IMP}、泵提供的扬程 Δh、体积流量 F 和重力加速度 g。将 Δh 和 g 结合得到：

$$W = f(\rho, N_{IMP}, D_{IMP}, g\Delta h, F) \quad (13.11)$$

对变量进行量纲分析(库尔森和查尔森，1999)。给定式 13.11 中的六个变量，并且已知有三个基本变量(质量，长度，时间)，则可以形成三个独立的无量纲组。首先用 F 和 $\rho N_{IMP} D_{IMP}$ 形成一个无纲量组：

$$F=f(\rho,\ N_{IMP},\ D_{IMP})=\Pi_1\rho^a N_{IMP}^b D_{IMP}^c \tag{13.12}$$

式中　Π_1——第一无量纲组；

a，b，c——整数指数。

式 13.12 写为含有质量 M，长度 L 和时间 T 的形式：

$$M^3T^{-1}=(ML^{-3})^a(T^{-1})^b(L^1)^c \tag{13.13}$$

根据式 13.13，$a=0$，$b=1$ 和 $c=3$，得出：

$$F=\Pi_1\rho N_{IMP}D_{IMP}^3 \tag{13.14}$$

因此：

$$\Pi_1=\frac{F}{N_{IMP}D_{IMP}^3}=流量系数 \tag{13.15}$$

对于 $g\Delta h$ 和 $\rho N_{IMP}D_{IMP}$ 重复上述过程得出：

$$\Pi_2=\frac{g\Delta h}{N_{IMP}^2D_{IMP}^2}=扬程系数 \tag{13.16}$$

对于 W 和 $\rho N_{IMP}D_{IMP}$ 重复上面的过程得出：

$$\Pi_3=\frac{W}{\rho N_{IMP}^3D_{IMP}^5}=功率系数 \tag{13.17}$$

这些量纲组有利于比较不同的设计。

为了找到在单位扬程下输送单位流量的理论速度，有必要降低泵的操作容积。假设当泵缩小时，泵的几何形状保持不变且与叶轮直径成正比。为了建立必要的联系，将式 13.15 中的流量系数和式 13.16 中的扬程系数重新整理从而确定直径，公式为：

$$\left(\frac{F}{N_{IMP}\Pi_2}\right)^{1/3}=\left(\frac{g\Delta h}{\Pi_3N_{IMP}^2}\right)^{1/2} \tag{13.18}$$

重新整理式 13.18：

$$\frac{\Delta h^{1/2}}{F^{1/3}N_{IMP}^{2/3}}=\frac{\Pi_3^{1/2}}{\Pi_2^{1/3}g^{1/2}}=常数 \tag{13.19}$$

因此：

$$\frac{F^{1/3}N_{IMP}^{2/3}}{\Delta h^{1/2}}=常数 \tag{13.20}$$

将 N_{IMP} 的指数标准化得到：

$$\frac{F^{1/2}N_{IMP}}{\Delta h^{3/4}}=常数=N_S \tag{13.21}$$

式中　N_S——比速率。

对于几何形状相似的泵，N_S 是常数。应当注意，以上述方式定义的 N_S 属于量纲的量。制造商在最佳效率点标明比速率数据（见图 13.6）。对于离心泵，N_S 的单位为 r/min，F 的单位为 $m^3\cdot h^{-1}$，Δh 的单位为 m，其数值通常在 600~4500。

从比速率的定义来看，高比速率的泵具有流量大、扬程低的特点。低比速率的泵具有扬程高、流量小的特点。通常，高转速的泵容易遭受磨蚀性材料的损坏，更易发生汽蚀并且不稳定。另一方面，在相同的负荷下更高转速的泵通常体积更小，这往往会降低设备成本。

式 13.15~式 13.17 中定义的三个量纲可用于估算几何相似的同一系列泵之间的性能变化。

根据式 13.15 得到：

$$\frac{F_2}{F_1}=\frac{N_{IMP2}}{N_{IMP1}}\left(\frac{D_{IMP2}}{D_{IMP1}}\right)^3 \tag{13.22}$$

当泵的转速和叶轮直径变化时，该式可用来估算新的流量。

根据式 13.16 得到：

$$\frac{\Delta h_2}{\Delta h_1}=\left(\frac{N_{IMP2}}{N_{IMP1}}\right)^2\left(\frac{D_{IMP2}}{D_{IMP1}}\right)^2 \tag{13.23}$$

当泵的转速和叶轮直径变化时，该式可用来估算新的扬程。

根据式 13.17 得到：

$$\frac{W_2}{W_1}=\frac{\rho_2}{\rho_1}\left(\frac{N_{IMP2}}{N_{IMP1}}\right)^3\left(\frac{D_{IMP2}}{D_{IMP1}}\right)^5 \tag{13.24}$$

当泵的转速和叶轮直径变化时，该式可用来估算新的功率。

式 13.22~式 13.24 可以用来比较一系列几何形状相似泵的性能。特定泵的比例定律与几何相似的同一系列泵的比例定律不一定相同。首先考虑一个特定泵的速度变化。如果叶轮的转速发生变化，流量也发生相同的变化。因此，对于现有具有固定叶轮直径的泵：

$$\frac{F_2}{F_1}=\frac{N_{IMP2}}{N_{IMP1}} \tag{13.25}$$

接下来考虑转速变化对输送扬程的影响。摩擦损失扬程与速度的平方成正比。如果管道系统不变，这意味着摩擦损失扬程与体积的平方成正比：

$$\frac{\Delta h_2}{\Delta h_1}=\left(\frac{F_2}{F_1}\right)^2 \tag{13.26}$$

联合式 13.25 得到：

$$\frac{\Delta h_2}{\Delta h_1}=\left(\frac{N_{IMP2}}{N_{IMP1}}\right)^2 \tag{13.27}$$

下面考虑转速变化对功率的影响。因为现有管道工程中的压力损失与速度平方成正比：

$$\frac{\Delta P_2}{\Delta P_1} = \left(\frac{F_2}{F_1}\right)^2 \tag{13.28}$$

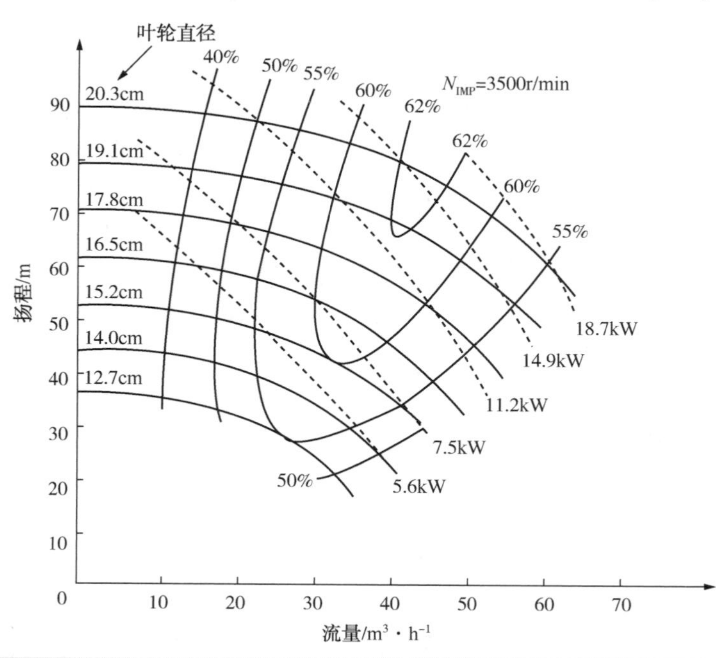

图 13.9 离心泵设计的典型性能曲线

因此：

$$\frac{F_2}{F_1}\frac{\Delta P_2}{\Delta P_1} = \frac{W_2}{W_1} = \left(\frac{F_2}{F_1}\right)^3 = \left(\frac{N_{IMP2}}{N_{IMP1}}\right)^3 \tag{13.29}$$

到目前为止已经考虑了转速的变化对特定泵的影响。现在假设转速保持恒定而叶轮直径发生变化。改变叶轮直径意味着叶轮顶端的速度改变为 $D_{IMP}/2$。因此，改变叶轮直径与改变转速具有相同的效果。这些观点可以归纳如下：

对于叶轮直径保持恒定的特定泵：

$$\frac{F_2}{F_1} = \frac{N_{IMP2}}{N_{IMP1}} \tag{13.30}$$

$$\frac{\Delta h_2}{\Delta h_1} = \left(\frac{N_{IMP2}}{N_{IMP1}}\right)^2 \tag{13.31}$$

$$\frac{W_2}{W_1} = \left(\frac{N_{IMP2}}{N_{IMP1}}\right)^3 \tag{13.32}$$

对于叶轮转速保持恒定的特定泵：

$$\frac{F_2}{F_1} = \frac{D_{IMP2}}{D_{IMP1}} \tag{13.33}$$

$$\frac{\Delta h_2}{\Delta h_1} = \left(\frac{D_{IMP2}}{D_{IMP1}}\right)^2 \tag{13.34}$$

$$\frac{W_2}{W_1} = \left(\frac{D_{IMP2}}{D_{IMP1}}\right)^3 \tag{13.35}$$

相似性定律或相关性定律可以更改同系列几何相似的泵的设计，或者开发特定泵的设计。

图 13.9 为特定转速下离心泵的特性曲线。图中绘制了不同叶轮直径下的泵扬程曲线。也绘制了不同条件下的功率和效率曲线。有时，也需要绘制必需汽蚀余量曲线。当泵壳中安装最大的叶轮时，泵效率最高。由于叶轮顶端和壳体之间的滑转增加，当安装较小叶轮时，泵的效率会下降。然而，新泵安装最大的叶轮并不一定是好的做法。这是因为将来会随着操作的变化而增加对泵的需求，则增大现有泵负荷的一种方法是安装一个较大的叶轮。因此，需要选择壳体和叶轮的组合以便将来能够增加负荷。

在缺少制造商数据的情况下，泵效率可以由文献（Branan，1999）估算为：

$$\eta = 0.8 - 9.367 \times 10^{-3}\Delta h + 5.461 \times 10^{-5}\Delta h F - 1.514 \times 10^{-7}\Delta h F^2 + 5.820$$

$$\times 10^{-5}\Delta h^2 - 3.029\times 10^{-7}\Delta h^2 F + 8.348\times 10^{-10}\Delta h^2 F^2 \quad (13.36)$$

式中 η——泵效率；

Δh——泵产生的扬程，m；

F——流量，$m^3 \cdot h^{-1}$，$20>F>230$。

当流量从 $20m^3 \cdot h^{-1}$ 下降到 $5m^3 \cdot h^{-1}$ 的流体，效率可以采用 $20m^3 \cdot h^{-1}$ 的效率来近似估计，然后减去 7.9×10^{-4} 和 $20m^3 \cdot h^{-1}$ 与所需流量之间的差值的乘积来估计(Branan，1999)。

例 13.2 需要输送流量为 $47m^3 \cdot h^{-1}$ 的流体、扬程为 50m 的离心泵。泵的性能见表 13.6。泵的转速为 1250 r/min，叶轮直径为 15cm。计算最佳效率点时提供相同的流量和扬程的泵的转速和叶轮直径。

表 13.6 离心泵的性能

流量/$m^3 \cdot h^{-1}$	压头/m	效率/%
0	104.4	0
25	104.0	28.0
50	103.2	47.8
75	99.9	59.9
100	92.4	65.0
125	78.8	63.6
150	57.2	56.3
175	25.7	43.5

解：泵的特性曲线如图 13.10 所示。从效率曲线来看，最佳效率点的流量为 $107m^3 \cdot h^{-1}$，扬程为 89m。计算该点的转速：

$$N_S = \frac{N_{IMP}F^{1/2}}{\Delta h^{3/4}} = \frac{1250\times 107^{1/2}}{89^{3/4}} = 446.2$$

对于尺寸相似的泵：

$$N_{IMP} = \frac{N_S\,\Delta h^{3/4}}{F^{1/2}} = \frac{446.2\times 50^{3/4}}{47^{1/2}} = 1224\text{r/min}$$

尺寸相似泵的叶轮直径可由式 13.22 计算：

$$D_{IMP2} = D_{IMP1}\left(\frac{F_2}{F_1}\frac{N_{IMP1}}{N_{IMP2}}\right)^{1/3}$$

$$= 15\left(\frac{47}{107}\times\frac{1250}{1224}\right)^{1/3} = 11.5\text{cm}$$

或者根据式 13.23：

$$D_{IMP2} = D_{IMP1}\frac{N_{IMP1}}{N_{IMP2}}\left(\frac{\Delta h_2}{\Delta h_1}\right)^{1/2}$$

$$= 15\left(\frac{1250}{1224}\right)\left(\frac{50}{89}\right)^{1/2} = 11.5\text{cm}$$

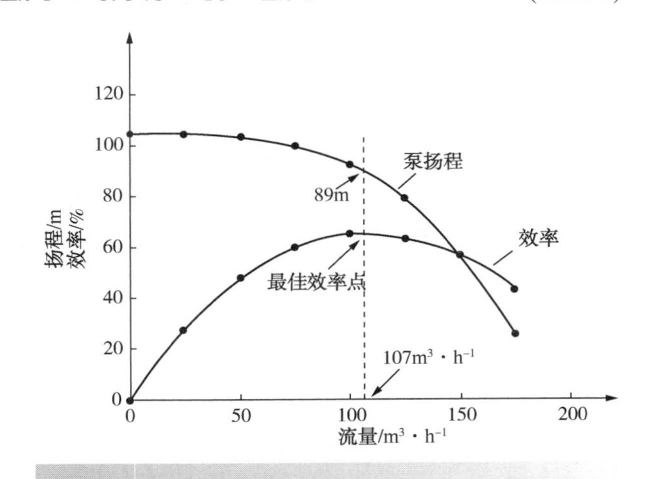

图 13.10 例 13.3 的泵扬程和效率曲线

例 13.3 精馏塔塔釜物流是纯苯，需要离心泵以 $20t \cdot h^{-1}$ 的流量从塔釜输出。精馏塔塔压为 1.5bar，塔釜温度为 125℃。在该温度下，甲苯密度为 $764kg \cdot m^{-3}$，黏度为 $0.00025N \cdot s \cdot m^{-2}$。塔径为 1.25m。泵的吸入管型号为 DN80，表号为 40，直管长 3.5m，有两个旋塞阀和一个弯头。塔釜液面高出泵 2.75m。计算泵的有效汽蚀余量。

解：首先计算吸入管中的摩擦损失。表 13.5 给出了管内径，为 0.0779m。

$$v = \frac{20\times 1000}{3600}\times\frac{1}{764}\times\frac{4}{\pi\times 0.0779^2} = 1.53\text{m}\cdot\text{s}^{-1}$$

直管内的雷诺数：

$$Re = \frac{\rho d_I v}{\mu} = \frac{764\times 0.0779\times 1.53}{0.00025} = 3.64\times 10^5$$

直管中的压头损失：

$$h_L = 2c_f\frac{L}{d_I}\frac{v^2}{g} = 2\times\frac{0.079}{(3.64\times 10^5)^{0.25}}\times\frac{3.5}{0.0779}\times\frac{1.53^2}{9.81} = 0.07\text{m}$$

两个旋塞阀的压头损失：

$$h_L = 2\times c_L\frac{v^2}{2g} = 2\times 0.05\times\frac{1.53^2}{2\times 9.81} = 0.01\text{m}$$

一个弯头的压头损失：

$$h_L = c_L\frac{v^2}{2g} = 0.8\times\frac{1.53^2}{2\times 9.81} = 0.10\text{m}$$

精馏塔的入口损失：

$$h_L = 0.5\left[1 - \frac{A_2}{A_1}\right]\frac{v_2^2}{2g}$$

假设 $A_2/A_1=0$：

$$h_L = 0.5[1-0]\frac{1.53^2}{2\times 9.81} = 0.06$$

如果塔釜液体处于塔压下的沸点，则饱和液体蒸汽压与塔压相同。由式13.10得：

$$NPSH_A = \left(\frac{P_1}{\rho g} + z_1 - h_L\right) - \frac{P^{SAT}}{\rho g}$$

$$= \frac{1.5}{764\times 9.81} + 2.75 - (0.07 + 0.01 + 0.10 + 0.06) - \frac{1.5}{764\times 9.81}$$

$$= 2.51m$$

这需要对泵的必需汽蚀余量进行检查。

例13.4 用离心泵输送例13.1中的物质，表13.7为泵的特性。该泵的叶轮直径为12.5cm，转速为1500r/min。

① 对于例13.1中给出的管路系统，假设控制阀的设置是固定的，建立一个系统的压头曲线来表示压头随流量的变化。如果在这个系统中采用该泵，确定所产生的流量。

② 考虑使用具有相同叶轮直径但转速不同的特定泵，使该系统满足 $100m^3\cdot h^{-1}$ 的流量要求。

③ 考虑使用具有相同转速但叶轮直径不同的特定泵，使该系统满足 $100m^3\cdot h^{-1}$ 的流量要求。

④ 假设泵由效率为90%的电动机驱动，电费为＄0.06kW·h^{-1}，每年运行8300h，在最佳效率点时，估算泵的效率和每年消耗的电力费用。

表13.7 离心泵特性曲线

流量/$m^3\cdot h^{-1}$	压头/m
0	72.5
25	72.3
50	71.5
75	68.4
100	61.0
125	47.5
150	26.0

解：①根据例13.1，设备的压头损失可以表示为速度的函数。在直管中压头损失的摩擦系数与速度几乎无关：

直管	$0.135v^2$
闸阀	$0.063v^2$
止回阀	$0.104v^2$
截止阀	$1.644v^2$
弯头	$0.122v^2$
孔板	$4.239v^2$
进口损失	$0.027v^2$
出口损失	$0.050v^2$

因此，总压头损失 h_L 为：

$$h_L = 6.384v^2$$

流量为：

$$F = \frac{\pi\times 0.154^2}{4}\times 3600\times v = 67.06v$$

过程扬程曲线为：

$$F = \frac{\pi\times 0.154^2}{4}\times 3600\times v = 67.06v$$

图13.11为泵压头曲线和过程压头曲线。曲线相交于流量 $142.3m^3\cdot h^{-1}$、压头33.4m处。泵设计过大。

② 通过调节转速将泵调节到所需的操作条件，根据式13.26：

$$\Delta h_1 = \Delta h_2\left(\frac{F_1}{F_2}\right)^2$$

其中下标1表示现有设计，下标2表示所需设计。为了达到流量为 $100m^3\cdot h^{-1}$ 和压头19.17m的条件：

$$\Delta h_1 = 19.17\left(\frac{F_1}{100}\right)^2 = 0.001917F_1^2$$

如图13.11所示方程是一个从原点开始的二次曲线，与现有的泵压头曲线相交于流量 $138.7m^3\cdot h^{-1}$、压头36.9m处。根据式13.30：

$$N_{IMP2} = 1500\times\frac{100}{138.7} = 1081r/min$$

此外，可用式13.31修正：

$$N_{IMP2} = 1500\sqrt{\frac{19.17}{36.9}} = 1081r/min$$

计算结果一致。当速度改变时可以使用式13.30和式13.31对泵的 F 和 Δh 的初始值进行修正。在图13.11中转速调整至1081 r/min后增加了泵的扬程曲线。

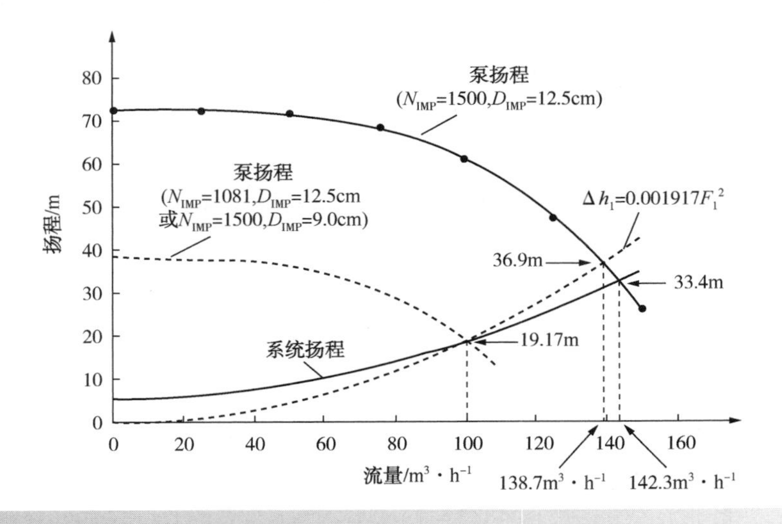

图 13.11　例 13.4 泵扬程和系统曲线

③ 固定转速并改变叶轮的直径。结合式 13.33 和式 13.34，以达到期望的流量 $100m^3 \cdot h^{-1}$和压头 19.17m：

$$\Delta h_1 = 19.17\left(\frac{F_1}{100}\right)^2 = 0.001917\,F_1^{\,2}$$

这与②的扬程曲线相同并且与现有的泵扬程曲线再次相交于流量 $138.7m^3 \cdot h^{-1}$、扬程 36.9m 处。根据式 13.33：

$$D_{IMP2} = 12.5\left(\frac{100}{138.7}\right) = 9.0\text{cm}$$

此外，可以使用式 13.34 修正：

$$D_{IMP2} = 12.5\sqrt{\frac{19.17}{36.9}} = 9.0\text{cm}$$

计算结果一致。使用式 13.33 和式 13.34 能对泵的 F 和 Δh 的初始值再次进行修正，但改变的是叶轮直径。叶轮直径调整至 9.0cm 后泵的压头曲线与 12.5cm 的叶轮直径降低转速后的曲线一致，如图 13.11 所示。

④ 在最佳效率点，泵的效率可以由式 13.36 估算：

$$\eta = 0.8 - 9.367\times10^{-3}\times19.17 + 5.461\times10^{-5}\times19.17\times100 - 1.514\times10^{-7}\times19.17\times100^2 + 5.820\times10^{-5}\times19.17^2 - 3.029\times10^{-7}\times19.17^2\times100 + 8.348\times10^{-10}\times19.17^2\times100^2 = 0.71$$

$$W = \frac{F\Delta P}{\eta}\times\frac{1}{0.9} = \frac{F\rho g\Delta h}{\eta}\times\frac{1}{0.9} = \frac{100\times19.17\times993\times9.81}{3600\times0.71\times0.9} = 8118\text{W}$$

$$\text{年度费用} = \frac{8118}{10^3}\times0.06\times8300 = 4042\,\$\cdot y^{-1}$$

13.5 压缩机类型

气体压缩机通常可分为：

1）容积式压缩机将连续的流体限制在一个封闭的空间内，流体的压力随着封闭空间体积的减小而增大。

2）动力压缩机或涡轮压缩机以动力的方式通过旋转叶轮或叶片将能量传递给气体。气体的动能增加，然后转化为压力能。离心压缩机中气体的流动方向相对于轴承是径向的。在轴流式压缩机中，气体的流动方向与轴承平行。具有低压缩比的动力压缩机通常被称为风机(压缩比达 1.11)或鼓风机(压缩比为 1.11~1.2)。

3）喷射器利用高速运动的流体或者动力流体(蒸汽或气体)的动能来夹带和压缩第二流体。该设备无移动部件。工作效率低，气体处理量小，常用于真空处理。

过程工业中最常用的气体压缩机类型有：

1）往复型。往复式压缩机的汽缸内含有一个可以往复运动的活塞。在一定压力下，进气阀和排气阀分别设置为开启和关闭。压缩机可以是单动式或双动式。单动式压缩机只使用活塞的一侧，双动式压缩机使用活塞的两侧。图 13.12 为双动往复式压缩机。往复压缩机一个主要的缺点是不能连续输送压缩气体。流量和压力引起的脉动会导致振动(在极端情况下，导致机械故障)和效率低(克服高压峰)。必须使用缓冲罐和声波滤波器来抑制脉动。

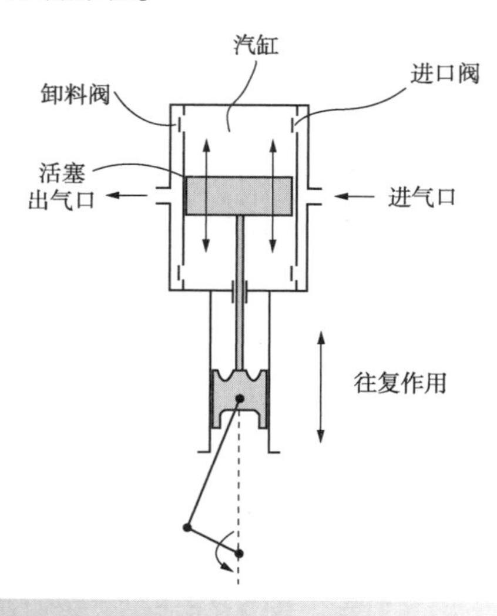

图 13.12　往复式压缩机

2）容积回转式。回转式机器由一个或两个轴承形成一个封闭的空间，通过减少进口与出口之间的尺寸来加大压力。容积回转式压缩机有四大类：

- 螺杆式压缩机使用两个反向旋转的螺旋轴(图 13.13a)。在一些设计中需要用润滑油来润滑转子、密封转子之间的间隙并减小压缩过程中气体的升温。缺点是润滑油会污染气体。使用无油机械不会污染压缩气体。在设计中，通过工作腔外部的定时齿轮来防止转子之间的接触。然而，这比注油式压缩机贵。
- 回转活塞式、回转滑片式或罗茨式压缩机使用两个反向旋转匹配的滑片形转子(图 13.13b)。滑片的每一次旋转可提供四次气体脉冲。
- 滑片式压缩机使用一个带有偏心转子的单轴承，压缩机机壳内使用的转子是滑动叶片(图 13.13c)。
- 液环式压缩机使用一个带有偏心转子的单轴承，压缩机机壳内使用的转子是静叶片式(图 13.13d)。低黏度液体(通常是水)通过壳体的流动将气体吸入叶片之间的空腔，气体在空腔中通过转子的运动实现压缩。压缩机后面的沉降室将液体从气体中分离出来，通常再循环使用。

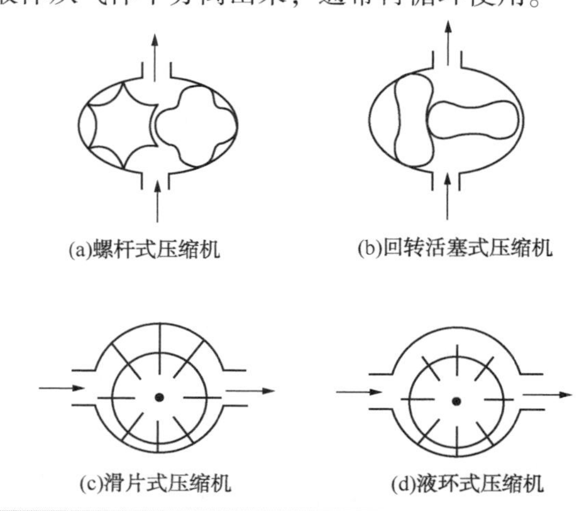

图 13.13　容积回转式压缩机

3）离心式。离心式压缩机通过叶轮或旋转轮从半径方向外侧提高气体速度来增大气压。当气体离开叶轮时，通过叶轮增加的动能在扩散器中转化为静压能。有多种设计类型，图 13.14 为一个常用的四个叶轮的单缸压缩机装置图。

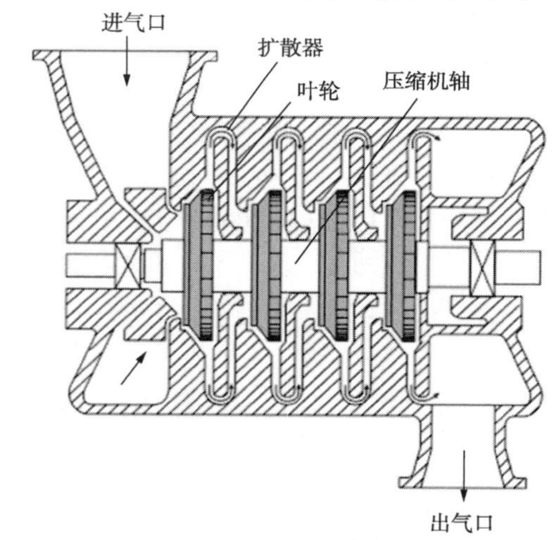

图 13.14　离心式压缩机

4）轴流式。轴流式压缩机使用轴承上的叶片在壳体上的静叶片之间旋转来提高气体在流动方向上的速度来增大气压。轴流式压缩机有转子和定子。转子运动用于提高气体的动能。定子固定不动。它们用来将动能转化为静压能。这一原理如图 13.15 所示。

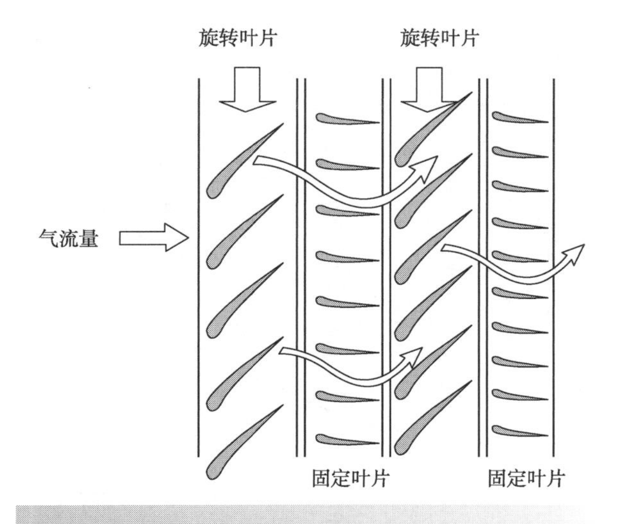

图 13.15 轴流式压缩机

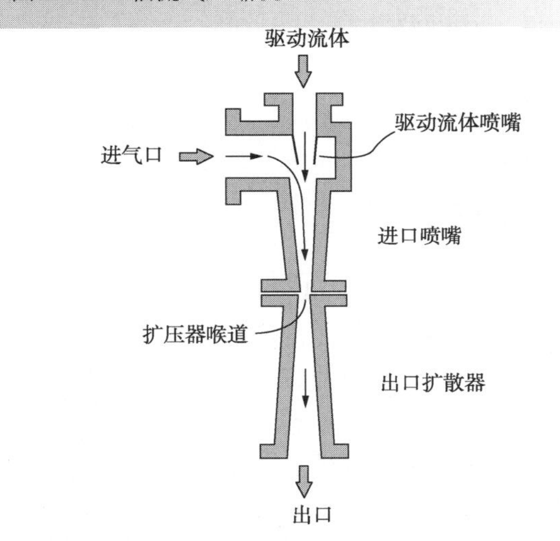

图 13.16 喷射泵

5）喷射泵。图 13.16 为一个喷射泵。高压蒸汽驱动流体，通常通过喷嘴进入喷射泵。高压流体在缩脉处转化为高速液体喷出。在喷嘴缩脉处流体流速的增加形成了一个低压点，将待压缩气体吸入到缩放喷嘴处与驱动流体混合。然后混合物流经膨胀机，流速降低，动能转化为静压能，压力升高，最终实现吸入气体的压缩。随后，蒸汽和被压缩气体的混合物进入冷凝器，蒸汽冷凝并排出。喷射泵仅适用于低气量和中等压力的气体压缩，且最常用于真空生产。例如，在真空精馏中，蒸汽在塔顶冷凝器中冷凝，精馏塔冷凝器中的不凝性气体在蒸汽喷射泵中压缩，在精馏塔冷凝器中形成真空。随后，蒸汽冷凝并排出。除中度真空外，在多级喷射泵中的每一级喷射泵与冷凝器串联使用，在最后一级喷射泵之后使用一个冷凝器。图 13.17 是一个典型的三级蒸汽喷射泵的结构。蒸汽在每级喷射泵之间被压缩，冷凝液收集在热阱中。在蒸汽冷凝器和热阱之间需要有气压柱保持的液态冷凝压头来平衡冷凝器和热阱之间的压力。图 13.17 是用于冷凝的管壳式换热器。冷凝通常是在储罐中直接注入蒸汽与水直接接触而实现。此方式投资少，但应尽可能地避免，因为会消耗额外的水。应该避免这种直接接触式冷凝，除非冷凝负荷导致管壳式换热器过度结垢。与同样用作真空设备的液环式压缩机不同，蒸汽喷射泵没有动力部件。

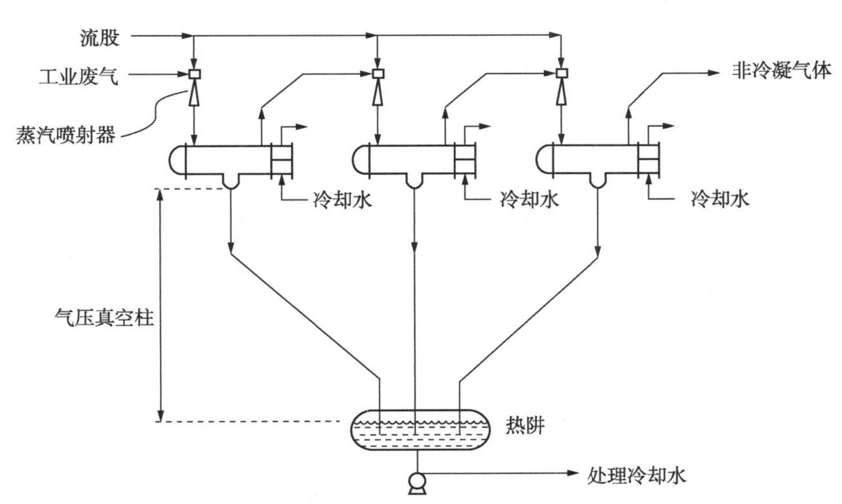

图 13.17 三级蒸汽喷射泵

13.6 往复式压缩机

大多数压缩过程都是在绝热条件下进行。理想气体沿热力学可逆(等熵的)路径的绝热压缩过程可表示为(见附录 G):

$$PV^{\gamma}=\text{常数} \tag{13.37}$$

式中 γ——$C_P/C_V=\dfrac{C_P}{(C_P-R)}$，理想气体；

C_P——等压热容；

C_V——等容热容。

常见气体的热容比(C_P/C_V)见表 13.8。

此外，热容比 C_P/C_V 的值可通过 C_P 的关系式计算得到(Hougen，Watson，Ragatz，1959)：

$$\gamma=\frac{C_P}{C_V}=\frac{C_P}{C_P-R} \tag{13.38}$$

式中 R——摩尔气体常数。

热容比 C_P/C_V 的值与压力和温度有关，可以通过状态方程进行计算。得出：

$$\gamma=\frac{C_P}{C_V}=\frac{C_P}{C_P-(C_P-C_V)} \tag{13.39}$$

式中 $C_P-C_V=-T\left(\dfrac{\partial P}{\partial T}\right)_V\left(\dfrac{\partial V}{\partial P}\right)_T$。

表 13.8 20℃ 和 1bar 下不同气体的热容比

	典型值	C_P/C_V	
单原子气体	1.67	He	1.67
		Ar	1.67
双原子气体	1.40	H_2	1.41
		N_2	1.40
		CO	1.40
		Air	1.40
		NO	1.39
		O_2	1.40
		Cl_2	1.34
		HCl	1.41
多原子气体	1.30	CH_4	1.30
		NH_3	1.31
		H_2O	1.31
		C_2H_4	1.24
		C_2H_6	1.19
		H_2S	1.32
		CO_2	1.29
		C_3H_6	1.15
		C_3H_8	1.13
		C_4H_{10}	1.09

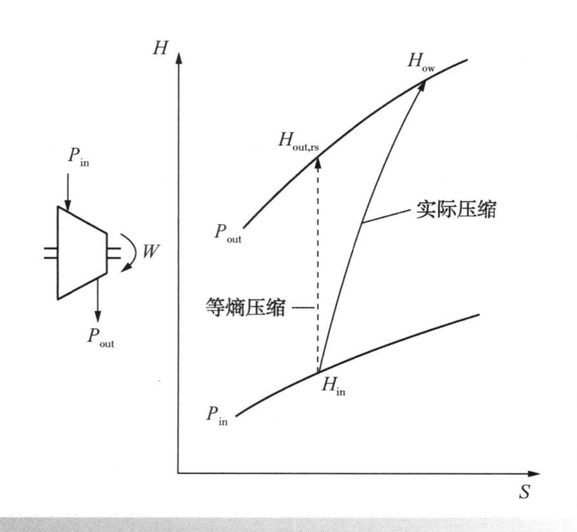

图 13.18 压缩机效率

$(\partial P/\partial T)_V$ 和 $(\partial V/\partial P)_T$ 的值可以通过状态方程(例如 Peng-Robinson 方程)计算。理想气体(等熵)的绝热压缩过程由式 13.37 得到：

$$\frac{P_1}{P_2}=\left(\frac{V_2}{V_1}\right)^{\gamma} \tag{13.40}$$

式中 P_1，P_2——初始压力和最终压力；

V_1，V_2——初始体积和最终体积。

如图 13.18 所示，理想气体压缩过程遵循了流体焓-熵图的垂直路径。图 13.18 是真实气体压缩路径。真实气体压缩路径可通过等熵效率来定义：

$$\eta_{IS}=\frac{H_{in}-H_{out,\ IS}}{H_{in}-H_{out}} \tag{13.41}$$

压缩理想气体所需要的功由下式确定(见附录 G)：

$$W=\left(\frac{\gamma}{1-\gamma}\right)\frac{P_{in}V_{in}}{\eta_{IS}}\left[1-\left(\frac{P_{out}}{P_{in}}\right)^{(\gamma-1)/\gamma}\right] \tag{13.42}$$

式中 W——气体压缩所需的功，J；

P_{in}，P_{out}——进出口压力，$N\cdot m^2$；

V_{in}——进口气体体积，m^3；

η_{IS}——等熵效率；

γ——热容比 C_P/C_V。

体积流量 V_{in} 得到 W 值(单位：W)。此外，功可以通过引入压缩因子，来表示摩尔流率，注意 $PV=ZRT$(见附录 A)：

$$W=\left(\frac{\gamma}{\gamma-1}\right)\frac{ZRT_{in}}{\eta_{IS}}\left[1-\left(\frac{P_{out}}{P_{in}}\right)^{(\gamma-1)/\gamma}\right] \tag{13.43}$$

式中 W——实际产生的功，$J\cdot kmol^{-1}$；

R——通用气体常数，$8314.5\ J\cdot kmol^{-1}\cdot K^{-1}$；

Z——压缩因子。

压缩因子 Z 可通过状态方程得到（见附录A）。需要注意的是，在式13.43中引入状态方程的压缩因子虽然校正了规定的非理想性，但没有通过压缩路径补偿非理想性。还可以引入机械效率来表示轴承和密封件的机械损耗。然而，机械效率通常能够达到98 %或99 %。因此，机械损耗可以忽略。

在热力学中，式13.42和式13.43中的压缩功通常为负值。

有必要计算压缩机的出口温度。通过定义，等熵效率 η_{IS} 由式13.41给出。假设热容恒定：

$$\eta_{IS}=\frac{mC_P(T_{out,\ IS}-T_{in})}{mC_P(T_{out}-T_{in})}=\frac{T_{out,\ IS}-T_{in}}{T_{out}-T_{in}} \tag{13.44}$$

式中 m——质量流率；

C_P——比热容；

$T_{out,IS}$——等熵压缩出口物流温度；

T_{in}——进口物流温度；

T_{out}——实际压缩出口物流温度。

为了得到理想气体等熵压缩的温升，将 $V=RT/P$ 代入式13.37得到：

$$\frac{T_{out,\ IS}}{T_{in}}=\left(\frac{P_{out}}{P_{in}}\right)^{(\gamma-1)/\gamma} \tag{13.45}$$

式13.45假设为理想气体绝热（等熵）压缩过程。结合式13.44和式13.45得到：

$$\eta_{IS}=\frac{\left(\frac{P_{out}}{P_{in}}\right)^{(\gamma-1)/\gamma}-1}{\left(\frac{T_{out}}{T_{in}}\right)-1} \tag{13.46}$$

如果 η_{IS} 已知，整理式13.46可计算 T_{out}：

$$T_{out}=\left(\frac{T_{in}}{\eta_{IS}}\right)\left[\left(\frac{P_{out}}{P_{in}}\right)^{(\gamma-1)/\gamma}+\eta_{IS}-1\right] \tag{13.47}$$

式13.42、式13.43和式13.47可用来模拟气体压缩。然而，由于这些公式是基于理想气体行为且假设热容为常数，所以在使用的时候需要特别注意。假设气体压力不高且偏离理想气体行为较小，则可用这些公式模拟压缩过程。此外，γ 值在压缩过程变化显著。

另一种方法是通过进、出口物流总焓之差来计算绝热压缩功：

$$W=H_{in}-H_{out}=\frac{H_{in}-H_{out,\ IS}}{\eta_{IS}} \tag{13.48}$$

式中 H_{in}——进口物流的总焓，kJ；

$H_{out,IS}$——绝热压缩过程的出口物流总焓，$kJ\cdot s^{-1}$；

H_{out}——真实压缩过程的出口物流总焓，$kJ\cdot s^{-1}$。

从进口焓值开始计算，给定初始焓与压力，计算进口熵。然后，假设出口熵与进口熵相等（等熵），给定出口压力，计算出口焓。然后根据等熵焓变，将其除以等熵效率得到真实焓变，计算实际的出口焓。忽略任何机械损失，就得到所需的总功率。根据出口焓、压力和物理特性就可以计算出口温度。因为手算不方便，所以常使用模拟软件进行计算。只要物理性质准确且一致，根据式13.42和式13.43或式13.48的两种方法会得到相同的结果。这两种方法基于物理性质的等熵压缩。使用式13.42、式13.43和式13.47的问题是气体可能会明显偏离理想行为，γ 在压缩路径中可能改变。根据式13.48的方法更可靠，但需要模拟软件。

13.7 动力式压缩机

动力式压缩机是通过轴承的径向运动或安装在轴承叶片的轴向运动来加快气体的流动而实现气体压力的提高。然后气体流经截面积增大的扩散器，速度增加所产生的动能转化为静压能，压力随之增加。与往复式压缩机不同，通过动力压缩机的流量恒定。

1）绝热压缩。首先考虑动力式压缩机中理想气体的绝热压缩过程。式13.42和式13.43也给出了压缩功的计算方法（见附录G）。

另一种方法是利用式13.48，根据进、出口物流总焓之差来计算绝热压缩功。同样，虽然基于公式 13.48 的方法更可靠，但需要使用模拟软件。

2）多变压缩。与理想气体的绝热压缩不同，多变压缩是一个更普遍的过程，它取决于该过程是如何进行的。一般的多变压缩是指非绝热和非等温过程，而是具体针对气体的物理性质和压缩机设计。多变压缩的定义为：

$$PV^n = 常数 \tag{13.49}$$

式中 n——多变系数。

如果 $n=1$，式 13.49 对应于理想气体等温压缩过程。对于 $n=\gamma$，式 13.49 对应于理想气体的绝热压缩过程。两个状态间的多变压缩通过下式给出：

$$\frac{P_1}{P_2} = \left(\frac{V_2}{V_1}\right)^n \tag{13.50}$$

如果已知特定压缩过程的初态和终态，n 可通过整理式 13.50 确定：

$$n = \frac{\ln(P_2/P_1)}{\ln(V_1/V_2)} \tag{13.51}$$

如果假设为理想气体行为，则式 13.50 为：

$$\frac{T_{out}}{T_{in}} = \left(\frac{P_{out}}{P_{in}}\right)^{(n-1)/n} \tag{13.52}$$

如图 13.18 所示，虽然总等熵效率是衡量压缩机总体性能的一个有效指标，但是它没有衡量内部损失。这可通过引入多变效率来解决。假设压缩发生在一系列增量的等熵步骤中来定义多变效率。图 13.19 说明了这一原理。等熵压缩过程表示为从进口到出口的一条垂直线。为了定义多变效率，实际压缩被分解为多个等熵步骤。如图 13.19 所示，一个压缩过程被分成三个等熵步骤。这三个等熵步骤的功率之和高于从进口到出口的单一等熵步骤的功率。这是因为等压线随着焓的增加而发生了偏离。实际上，在整个过程中集成是采用多个增量很小的步骤而非少量的步骤，如图 13.19 所示。多变效率定义为：

$$\eta_P = \frac{dH_{out,IS}}{dH} \tag{13.53}$$

根据热力学中能量微分特性的（Hougen，Watson，Ragatz，1959；Coull，Stuart，1964）：

$$dH = TdS + VdP \tag{13.54}$$

对于等熵过程 $T\,dS=0$，结合式 13.53 和式 13.54 得到：

$$\eta_P = \frac{VdP}{dH} \tag{13.55}$$

对于理想气体（Hougen，Watson，Ragatz，1959；Coull，Stuart，1964）：

$$V = \frac{RT}{P},\quad dH = C_P dT \text{ 和 } C_P = \frac{\gamma}{\gamma - 1}R \tag{13.56}$$

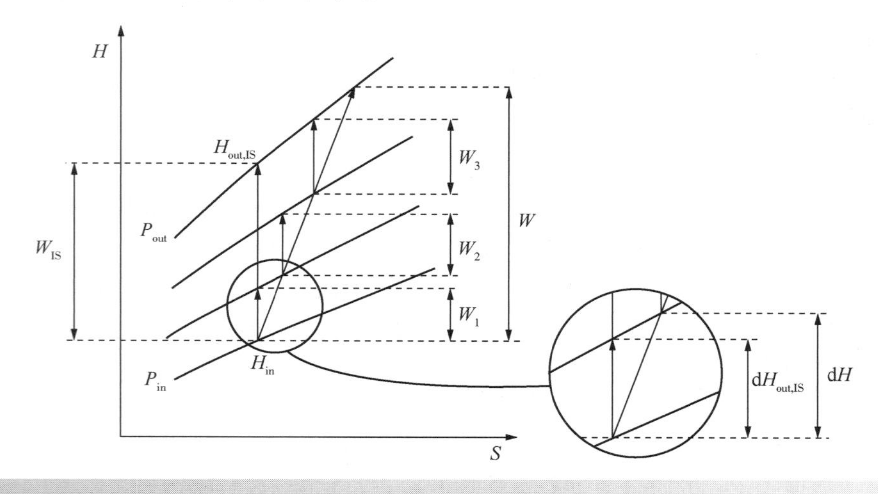

图 13.19　多变效率

将式 13.56 代入式 13.55，整理得到：

$$\frac{dT}{T} = \left(\frac{\gamma - 1}{\gamma\eta_P}\right)\frac{dP}{P} \tag{13.57}$$

假设 η_P 为常数，根据进口和出口条件对式 13.57 积分得到：

$$\ln\left(\frac{T_{out}}{T_{in}}\right)=\frac{\gamma-1}{\gamma\eta_P}\ln\left(\frac{P_{out}}{P_{in}}\right) \tag{13.58}$$

将式 13.52 代入式 13.58 中，重新整理得：

$$\eta_P=\frac{\left(\dfrac{\gamma-1}{\gamma}\right)}{\left(\dfrac{n-1}{n}\right)} \tag{13.59}$$

重新整理式 13.59 得：

$$n=\frac{\gamma\eta_P}{\gamma\eta_P-\gamma+1} \tag{13.60}$$

式 13.60 是多变系数表达式。考虑到压缩机的多变效率(来自制造商的数据)，多变系数可以由式 13.60 得到。显然，根据式 13.59 和式 13.60 可以得到γ和η_P的常用值，其中$1.1>\gamma>1.7$、$0.5>\eta_P>1$且$n>\gamma$。

结合式 13.46、式 13.52 和式 13.60 可以得到另一个表达式：

$$\eta_{IS}=\frac{\left(\dfrac{P_{out}}{P_{in}}\right)^{(\gamma-1)/\gamma}-1}{\left(\dfrac{P_{out}}{P_{in}}\right)^{(\gamma-1)/\gamma\eta_P}-1} \tag{13.61}$$

这提供了等熵效率与多变效率之间的关系。由式 13.61 可知，等熵效率低于多变效率。例如，如果假设空气的$\gamma=1.4$，空气压缩机的$\eta_P=0.7$，则随着P_{out}/P_{in}接近 1.0，那么η_{IS}接近 0.7，但对于$P_{out}/P_{in}=2$，$\eta_{IS}=0.67$，而$P_{out}/P_{in}=4$，$\eta_{IS}=0.64$。

需要注意的是，式 13.46 和式 13.61 中的等熵效率是压力比的函数，而方程 13.59 的多变效率并不是压力比的函数。如果将等熵效率用于比较不同压力比的不同压缩机的效率，虽然从根本上来说是有效的，但可能会产生误差。对于具有不同压力比的两个压缩机，由于热力学损失，压力比较高的压缩机具有更低的等熵效率。这种特性使评价不同压缩机设计变得困难。由于多变效率值不像等熵效率值那样变化较大，因此比较不同的压缩机，多变效率比等熵效率更好。实际上，多变效率是流量、气体物理性质和机械设计的函数。

结合式 13.59、式 13.61 与式 13.42 得到多变压缩功：

$$W=\frac{n}{n-1}\frac{P_{in}V_{in}}{\eta_P}\left[1-\left(\frac{P_{out}}{P_{in}}\right)^{(n-1)/n}\right] \tag{13.62}$$

式中 W——产生的实际功，J；

η_P——多变效率(多变功与实际功之比)。

体积流量V_{in}得到W值(单位：W)。此外，通过引入压缩因子，可以用摩尔流率来表示功，注意$PV=ZRT$(见附录 A)：

$$W=\frac{n}{n-1}\frac{ZRT_{in}}{\eta_P}\left[1-\left(\frac{P_{out}}{P_{in}}\right)^{(n-1)/n}\right] \tag{13.63}$$

式中 W——实际功，$J\cdot kmol^{-1}$。

同样，需要注意的是，在式 13.63 中引入状态方程的压缩因子虽然校正了所规定的压缩机进口体积的非理想性，但没有补偿通过压缩路径的非理想性。

多变压缩的温升可以通过由式 13.58 重新整理来计算：

$$\frac{T_{out}}{T_{in}}=\left(\frac{P_{out}}{P_{in}}\right)^{(\gamma-1)/\gamma\eta_P} \tag{13.64}$$

13.8 分级压缩

由于压缩机结构、气体特性或机器中使用的润滑油的性能，单级气体压缩产生的温升可能高得无法接受。如果是这种情况，整个压缩可以分解成一些带有中间冷却的压缩级。另外，中间冷却会减少级间的气体体积与下一级的压缩功。另一方面，中间冷却器会产生压降使功增加，但是与气体冷却降低的功相比这种影响通常较小。

考虑中间气体冷却到初始温度的多级压缩。理想气体的多级绝热压缩的最小功为(见附录 G)：

$$W=\frac{\gamma}{\gamma-1}\frac{P_{in}V_{in}N}{\eta_{IS}}\left[1-(r)^{(\gamma-1)/\gamma}\right] \tag{13.65}$$

式中 N——压缩级数；

r——每级的压力比。

N级压缩最小功的压力比为(见附录 G)：

$$r=\sqrt[N]{\frac{P_{out}}{P_{in}}} \tag{13.66}$$

理论上，等熵效率可能会逐级改变。然而，如果假设往复式压缩机的等熵效率只是压力比的函数且各级间的压力比恒定，则在式 13.65 中使用单一数值是合理的。分级压缩基于理想气体的绝热压缩，因此对于真实气体的压缩不是严格有效的。假设中间冷却回到进口条件，这可能不是真实中间冷却器的情况。对于固定的进口条件和出口压力，总功耗通常对中间冷却器温度的微小变化不敏感。

对应多变压缩的公式为(见附录 G)：

$$W = \frac{n}{n-1}\frac{P_{in}V_{in}N}{\eta_P}\left[1-(r)^{(n-1)/n}\right] \tag{13.67}$$

如果假设离心式或轴流式压缩机的多变效率是体积流量的函数，则理论上效率将会逐级改变。这是因为即使气体由于压力增加而冷却回相同的温度，每级之间的密度也发生变化。然而，这种效果可能不会对功率的预测有明显的影响。

如果中间冷却不能回到初始进口温度且中间冷却器中存在压降，则不能用式 13.66 预测最小功耗的压力比。考虑中间气体冷却到确定温度 T_2(与进口温度 T_1 不同)且在中间冷却器之间存在压降 ΔP_{INT}的两级压缩。设 T_2 和 P_2 为中间冷却器的出口温度和压力。最小功率的条件为(见附录 G)：

$$\frac{P_2^{2\gamma-1}}{(P_2+\Delta P_{INT})} = \left(\frac{T_2}{T_1}\right)^{\gamma}(P_1P_3)^{\gamma-1} \tag{13.68}$$

如果 $\Delta P_{INT}=0$ 且 $T_2=T_1$，则式 13.68 简化为式 13.66。式 13.68 预测理想气体两级压缩过程中最小轴功的中间压力。将式 13.68 中的 γ 用 n 代替，就得到多变压缩的表达式。如果中间冷却不能回到初始进口温度且中间冷却器中存在压降，则式 13.66 就不能预测最小功耗的压力比。对于多于二级的压缩，分解为级间温度和压降能适当修正的不同压缩级。

13.9 压缩机性能

压缩机的最大压缩比(出口压力与入口压力的比例)取决于压缩机的设计、压缩机中所用润滑油的性能、气体的热容比($C_P/C_V=\gamma$)、气体的其他性质(例如加热时聚合的趋势)和入口温度。压缩机由于轴承摩擦等原因通常存在机械损失。然而，机械效率通常为 98%~99%，因此常常忽略。

1）往复式压缩机。往复式压缩机在使用高压缩比时，需要高流量。压缩比为 10 时流量高达 $7000m^3 \cdot h^{-1}$(Dimoplon，1978)。$\gamma=1.4$ 的双原子气体压缩比可高达 4，而 $\gamma=1.2$ 的烃类气体压缩比可高达 9。对于往复式压缩机，等熵效率通常在 60%~80% 的范围内，这取决于压缩比、流量、机械设计和气体性质。往复式压缩机的等熵效率可以通过下式初步估算：

$$\eta_{IS} = 0.1091(\ln r)^3 - 0.5247(\ln r)^2 + 0.8577\ln r + 0.3727 \qquad 1.1 < r < 5 \tag{13.69}$$

式中 r——压缩比 P_{out}/P_{in}。

2）螺杆式压缩机。压缩比能达到 20。$\gamma=1.4$ 的双原子气体压缩比可高达 4.5，而 $\gamma=1.2$ 的烃类气体压缩比可高达 10。最大排出压力 30bar。吸入流量 $15m^3 \cdot s^{-1}$，甚至可能更大。

3）回转活塞式、回转滑片式或罗茨式压缩机。单级最大排放压力 2.5bar。最大吸入流量为 $3m^3 \cdot s^{-1}$。

4）滑片式压缩机。最大压缩比限制在 3.5 左右。最大排放压力为 10bar。最大吸入流量为 $3m^3 \cdot s^{-1}$。

5）液环式压缩机。最大排出压力为 5bar。最大流量为 $3m^3 \cdot s^{-1}$。液环式压缩机常用于真空操作。

6）离心式压缩机。单级压缩比最大为 3。离心式压缩机应用的流量范围取决于压缩比，通常为 $1000\sim350000m^3 \cdot h^{-1}$(Dimoplon，1978)。对于离心式压缩机，等熵效率通常在 70%~90%，这取决于压缩比、流量、机械设计和气体性质。离心式压缩机的多变效率可以通过下式估算：

$$\eta_P = 0.017\ln F + 0.7 \tag{13.70}$$

式中 F——气体的进料流率，$m^3 \cdot s^{-1}$。

离心式压缩机调节能力有限，通常需要在低于额定流量下操作。如果流量减少的过大，则压缩机进入不稳定区域(喘振区域)。图 13.20 给出了离心式压缩机的压力随流量变化的常见现象。

如果操作点在图 13.20 中 A 点处，并且通过限制出口流量将流量减少到 B 点，此过程带来的压降增加由压缩机来实现。将流量限制到低于峰值点 C 会导致排出压力高于压缩机压力。当操作点移动到零流动点 D 时则发生反转。一旦流体排空，操作点将移动到 E 点。过大的流量将操作点移回到 C 点之下，然后重复循环。喘振边界取决于压缩机的速度，并随着速度的降低而减小。不稳定操作从额定流量的 50%～70% 范围内开始，喘振常发生在低流量的条件下。在图 13.20 中，流量达到瓶颈时，性能曲线就变得非常陡峭。压缩机中的流量达到 1 马赫且不再有流量通过压缩机的情况被称为“石墙”。

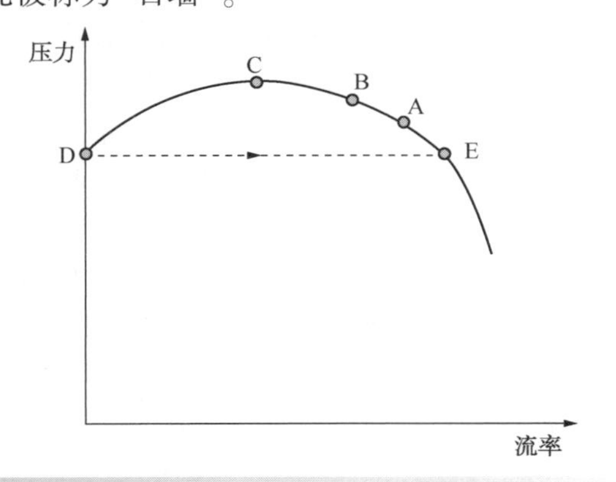

图 13.20　离心压缩机喘振

如图 13.21 所示，为特定离心压缩机的性能曲线，压缩机可以以不同的速度运行，每个速度下的操作都有一个性能曲线。操作限制在喘振线、容量限制(堵塞)、最大速度和最小速度构成的区域，压缩机的效率在该操作范围内变化。对于特定的压缩机，等熵效率可以通过一般表达式关联为：

$$\eta_{IS} = a_1 F_{in}^{b1} + a_2 \left(\frac{P_{out}}{P_{in}}\right)^{b2} + a_3 \left(F_{in} \frac{P_{out}}{P_{in}}\right)^{b3} \tag{13.71}$$

式中　F_{in}——进口体积流率，$m^3 \cdot s^{-1}$；

a_1，a_2，a_3，b_1，b_2，b_3——根据机械性能数据回归确定的关联常数。

7）轴流式压缩机。轴流压缩机用于超高流量和中等压降。流量取决于压缩比，通常在 130000～1300000$m^3 \cdot h^{-1}$ 的范围内（Dimoplon，1978）。对于相同的压缩比，轴流式压缩机的多变效率比离心式压缩机高 10%。合理估计的多变效率比由式 13.70 计算的效率高 5%。与离心式压缩机一样，轴流式压缩机也可会有喘振和堵塞问题，需在与图 13.21 类似的一定操作范围内运行。

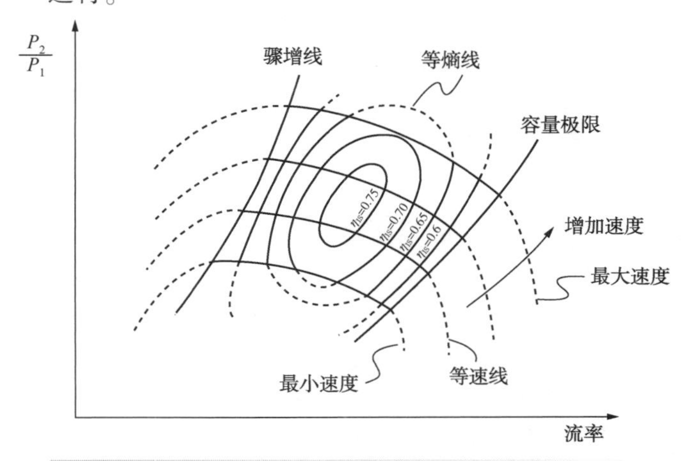

图 13.21　离心压缩机性能曲线

对于低压差和大流量气体，往复式压缩机的设备费用可能是相同流量的离心式压缩机的两倍。如果压差高，流量低，则费用相同。此外，离心式压缩机一般比往复式压缩机更可靠。如果使用往复式压缩机，可能需要安装备用设备。轴流式压缩机与离心式压缩机的设备费用相当。在流量小于 30$m^3 \cdot s^{-1}$时，轴流式压缩机的设备费用比离心式压缩机高。操作范围内，回转螺杆式压缩机通常比往复式压缩机和离心式压缩机更便宜。在操作范围内，滑片式压缩机比往复式压缩机更便宜。

压缩负荷要求高时，整个压缩过程可以分为不同的等级，在不同情况下采用不同类型的压缩机。例如，具有压差高的大流量气体可以先使用离心式压缩机，然后使用轴流式压缩机。

例 13.5　含有 88%氢气和 12%甲烷的循环气体物流的压力要从 81bar 增加至 98bar。入口温度为 40℃，流量为 170000$Nm^3 \cdot h^{-1}$。假设多变效率为 0.75，估算离心式压缩机需要的功率。

解：　　压力比 $= \frac{98}{81} = 1.21$

因此，可以使用单级压缩。

在 40℃和 81bar 的设计条件下(假设为理想气体)，气体的吸入量由下式得出：

$$F_{in} = 170,000 \times \frac{313}{273} \times \frac{1.013}{81} = 2438\ m^3 \cdot h^{-1} = 0.677\ m^3 \cdot s^{-1}$$

混合物的比热容可以取为表 13.8 中的加权平均值：

$$\gamma = 0.88 \times 1.40 + 0.12 \times 1.30 = 1.39$$

然后多变系数可以由式 13.60 计算：

$$n = \frac{\gamma\eta_P}{\gamma\eta_P - \gamma + 1} = \frac{1.39 \times 0.75}{1.39 \times 0.75 - 1.39 + 1} = 1.60$$

现在由式 13.62 计算功率，入口体积 V_{in}由入口体积流量 F_{in}代替，计算压缩机功率：

$$\begin{aligned} W &= \frac{n}{n-1}\frac{P_{in}F_{in}}{\eta_P}\left[1 - \left(\frac{P_{out}}{P_{in}}\right)^{(n-1)/n}\right] \\ &= \frac{1.60}{1.60-1}\frac{81 \times 10^5 \times 0.677}{0.75}\left[1 - \left(\frac{98}{81}\right)^{(1.60-1)/1.60}\right] \\ &= -1.44 \times 10^6 W \end{aligned}$$

该计算假设气体为理想气体。为了比较与真实气体的偏差，可以基于 Peng-Robinson 状态方程(见附录 A)进行计算。一些商业物性软件包使用 Peng-Robinson 状态方程预测氢气和甲烷的混合气体的密度和 γ。使用该状态方程，标准条件下的气体密度为 0.1651kg · m^{-3}。在 40℃和 81bar 时，密度为 11.2101kg · m^{-3}，因此，气体的吸入量由下式计算：

$$\begin{aligned} F_{in} &= 170000 \times \frac{0.1651}{11.2101} \\ &= 2504\ m^3 \cdot h^{-1} = 0.695\ m^3 \cdot s^{-1} \end{aligned}$$

在吸入状态下：

$$\gamma = 1.38$$

这接近于估计值。在平均压缩条件下，通过 γ 可以再次获得更高的精度。由式 13.60：

$$n = 1.58$$

由式 13.62：

$$W = -1.48 \times 10^6 W$$

这对于高压下的压缩是一个比较小的误差。

13.10 膨胀机

膨胀机与压缩机工作过程相逆。如果气相流股处于一定压力下并需要降低压力，则可使用膨胀机来回收能量。这些能量可用于驱动其他机器(如压缩机)或发电。石油炼制催化裂化装置是一个应用实例，如图 6.8b 所示。在催化剂再生器中，沉积在催化剂上的炭被烧掉从而使催化剂再生。废气的压力在 1.5~2bar，温度在 620~650℃(部分燃烧过程)或 670~750℃(完全燃烧过程)。废气可以在排出之前经膨胀机膨胀来回收能量。尽管该废气压力低，但其体积大、温度高，这使能量回收具有一定的吸引力。膨胀机可用于驱动再生器的空气压缩机或发电。

膨胀机的建模机理与压缩机相同。理想膨胀是理想压缩的逆过程，膨胀机通常是单级设备。对于绝热膨胀，式 13.42 变为：

$$W = \left(\frac{\gamma}{\gamma-1}\right)\eta_{IS,E}P_{in}V_{in}\left[1 - \left(\frac{P_{out}}{P_{in}}\right)^{(\gamma-1)/\gamma}\right] \tag{13.72}$$

式中 W——实际产生的功，J；

$\eta_{IS,E}$——等熵膨胀效率。

与式 13.42 相比，式 13.72 中效率项降低了发电量，增加了压缩输入功率。公式 13.72 预测的功率为正，表明有能量生成。将 V_{in}表示为体积流量得到以 W 为单位的功值。或者，可以通过引入压缩因子，以摩尔流量的方式表示功，式 13.43 变为：

$$W = \left(\frac{\gamma}{\gamma-1}\right)\eta_{IS,E}ZRT_{in}\left[1 - \left(\frac{P_{out}}{P_{in}}\right)^{(\gamma-1)/\gamma}\right] \tag{13.73}$$

式中 R——摩尔气体常数，8314.5 J · K^{-1} · kmol^{-1}；

Z——压缩因子。

根据定义，等熵效率 $\eta_{IS,E}$(见图 2.1)为：

$$\eta_{IS,E} = \frac{H_{in} - H_{out}}{H_{in} - H_{out,IS}} \tag{13.74}$$

对于多变膨胀，式 13.72 和式 13.73 变为：

$$W=\left(\frac{n}{n-1}\right)\eta_{P,E}P_{in}V_{in}\left[1-\left(\frac{P_{out}}{P_{in}}\right)^{(n-1)/n}\right] \tag{13.75}$$

$$W=\left(\frac{n}{n-1}\right)\eta_{P,E}ZRT_{in}\left[1-\left(\frac{P_{out}}{P_{in}}\right)^{(n-1)/n}\right] \tag{13.76}$$

式中 $\eta_{P,E}$——膨胀过程的多效性。

压缩因子 Z 可以根据状态方程确定(见附录A)，需计算出口温度。如果假设热容恒定，则式13.74 可以写为：

$$\eta_{IS,E}=\frac{CP(T_{in}-T_{out})}{CP(T_{in}-T_{out,IS})}=\frac{T_{out}-T_{in}}{T_{out,IS}-T_{in}} \tag{13.77}$$

式中 CP——总热容量(质量流量与比热容乘积)；

T_{out}——实际膨胀出口物流的温度；

T_{in}——入口物流的温度；

$T_{out,IS}$——等熵膨胀的出口物流温度。

对于等熵过程，由式 13.45 得出：

$$\frac{T_{out,IS}}{T_{in}}=\left(\frac{P_{out}}{P_{in}}\right)^{\frac{(\gamma-1)}{\gamma}} \tag{13.78}$$

结合式 13.77 和式 13.78 得到：

$$\eta_{IS,E}=\frac{\left(\frac{T_{out}}{T_{in}}\right)-1}{\left(\frac{P_{out}}{P_{in}}\right)^{(\gamma-1)/\gamma}-1} \tag{13.79}$$

如果 $\eta_{IS,E}$已知，整理式 13.79 来计算 T_{out}：

$$T_{out}=T_{in}\eta_{IS,E}\left[\left(\frac{P_{out}}{P_{in}}\right)^{(\gamma-1)/\gamma}+\frac{1}{\eta_{IS,E}}-1\right] \tag{13.80}$$

式 13.72，式 13.76 和式 13.80 可用于计算气体膨胀过程。然而，公式基于理想气体假设且热容量恒定。在压力不高且气体没有明显偏离理想行为的情况下，这些方程可以用来模拟膨胀过程。此外，γ 值会在膨胀过程中发生显著变化。

另一种方法是根据进出流量总焓差来计算绝热膨胀功：

$$W=H_{in}-H_{out}=\eta_{IS,E}(H_{in}-H_{out,IS}) \tag{13.81}$$

式中 W——膨胀产生的功率，$N\cdot m\cdot s^{-1}=J\cdot s^{-1}=W$；

H_{in}——进口物流的总焓，$kJ\cdot s^{-1}$；

$H_{out,IS}$——等熵膨胀的出口物流总焓，$kJ\cdot s^{-1}$；

H_{out}——实际膨胀的出口物流总焓，$kJ\cdot s^{-1}$；

$\eta_{IS,E}$——膨胀过程的等熵效率。

从进口焓值开始计算，给定初始焓与压力，计算进口熵。然后，假设出口熵与进口熵相等(等熵)，给定出口压力，计算出口焓。然后根据等熵焓变，将其除以等熵效率得到真实焓变，计算实际的出口焓。忽略任何机械损失，就得到所需的总功率。根据出口焓、压力和物理特性就可以计算出口温度。因为手算不方便，所以常使用模拟软件进行计算。只要物理性质准确且一致，根据式 13.72 和式 13.73 或式 13.81 的两种方法会得到相同的结果。这两种方法基于物理性质的等熵压缩。使用式 13.72 和式 13.73 或式 13.81 的问题是气体可能会明显偏离理想行为，γ 在压缩路径中可能改变。根据式 13.48 的方法更可靠，但需要模拟软件。

例 13.6 来自流体催化裂化再生器的烟气，流量为 $1.25kmol\cdot s^{-1}$，温度为 700℃，压力为 2.0barg。烟气主要含有氮气，还含有一定量的一氧化碳、二氧化碳、水蒸气和少量的氧气。气体在锅炉中燃烧产生蒸汽，然后排放到大气中。锅炉的入口压力为 0.2barg。虽然来自再生器的气体不是高压气体，但其高流量和高温意味着回收能量是经济的。假设膨胀机的等熵效率为 0.8，气体的 γ 为 1.32，压缩因子为 1.0，计算由膨胀机回收的能量和膨胀机出口温度。

解：由式 13.73：

$$\begin{aligned}W&=\left(\frac{\gamma}{\gamma-1}\right)\eta_{IS,E}ZRT_{in}\left[1-\left(\frac{P_{out}}{P_{in}}\right)^{(\gamma-1)/\gamma}\right]\\&=1.25\left(\frac{1.32}{1.32-1}\right)\times0.8\times1.0\times8314.5\times973.15\times\left[1-\left(\frac{0.2+1.013}{2.0+1.013}\right)^{(1.32-1)/1.32}\right]\\&=6.61\times10^{6}W\\&=6.61MW\end{aligned}$$

出口温度可以由式 24.37 计算：

$$T_{out} = T_{in}\eta_{IS,\ E}\left[\left(\frac{P_{out}}{P_{in}}\right)^{(\gamma-1)/\gamma} + \frac{1}{\eta_{IS,\ E}} - 1\right]$$

$$= 973.15 \times 0.8 \times \left[\left(\frac{0.2 + 1.013}{2.0 + 1.013}\right)^{(1.32-1)/1.32} + \frac{1}{0.8} - 1\right]$$

$$= 819.1\text{K}$$

$$= 545.9℃$$

除了能量回收外，大多数膨胀机应用在低温系统中并产生低温气体或蒸汽。膨胀机将在第 24 章中再次详细讨论。

13.11 泵送和压缩——总结

通过对液体和气体进行加压输送来获得输送位置处所需的压力或克服物料输送过程中高度差、经过设备和管道产生的压降。总压降包括直管和管件两部分压力损失，其中管件压降对总压降影响最大。在设计之前，最终所需的管件是整个压降中最不确定的。可通过管件使用的简单原则对压降进行初步估算。

对于液体，使用容积式泵和动力式泵。工业中最常用的泵是离心泵，确保泵的压力不低于输送温度下液体的蒸汽压，否则会发生汽蚀，使泵性能降低并可能导致泵损坏。汽蚀余量是泵吸入压力超过液体饱和蒸汽压时的富余能量。离心泵的功率取决于液体的密度、叶轮的转速、叶轮直径、泵压头的变化以及体积流量。相似性定律可用于从泵的一种设计到另一种设计。

压缩机分为容积式、动力式或喷射式。在工业中最常用的压缩机类型是往复式、离心式、轴流式和喷射式。喷射式与其他压缩机设计的不同之处在于，它们需要高压驱动流体在缩放喷嘴处与流体接触。除了喷射式外，压缩过程可以模拟为绝热压缩或多变压缩。如果与气体压缩相关的温升是不可接受的，则可以将压缩分为含有中间冷却的多级压缩。多级压缩降低了所需要的总功率，但增加了复杂性。离心式压缩机的一个明显缺点是，如果流量减少过大，则压缩机会进入喘振区域而变得不稳定。

膨胀机是一种高效的逆流工作过程压缩机，可以用于高压流程的能量回收。

13.12 习题

1. 使用流量为 30t·h^{-1}离心泵，将甲苯从压力为 1.5bar 的进料容器输送到压力为 5bar、高 3m 的容器中。管内径为 77.93mm。管长 35m，有 4 个隔离阀(塞子)、1 个止回阀和 5 个弯头。甲苯的密度为 778kg·m^{-3}，黏度为 0.251×10^{-3} N·s·m^{-2}。

① 估算通过管道的压降。

② 估算离心泵的功率。

2. 在大气压下，两个容器之间用泵输送流量为 30t·h^{-1}甲苯。管道布局未详细列出，但两台储罐之间的距离约为 50m。甲苯的密度为 778kg·m^{-3}，黏度为 0.251×10^{-3}N·s·m^{-2}。

① 确定液体流速约为 2m·s^{-1}时的适宜管道尺寸。

② 如果使用离心泵输送，且两个储罐处于相同的高度，估算通过管道的压降和所需的功率。

③ 如果流体由重力驱动，求进料罐的高度。

3. 泵输送水的操作条件需要改变。在最佳效率点处，泵的流量为 30m^{-3}·h^{-1}、压头为 43m，额定功率为 6.42kW。泵的叶轮直径为 15.2cm、转速为 3500r/min。操作条件需要将转速降低到 3000r/min，叶轮直径增加到 16.5cm。计算几何相似泵的流量、压头和功率。

4. 对于练习 1 中的问题：

① 建立一个系统的扬程-流量曲线来表示流量和压头之间的关系。

② 将系统扬程-流量曲线与表 13.7 中的泵扬程-流量头曲线相对应，确定输送的实际流量。

③ 计算提供 30t·h^{-1} 流量的特定泵所需转速。

5. 一个二级压缩过程将气体从环境压力(1.013bar)压缩到最终压力 10bar。假设中间冷

却到进口温度且 $\gamma=1.3$，对如下情形每级压缩的压力应为多少：

① 级间没有压降；

② 中间冷却器和相关管道的级间压降为 0.2bar。

6. 用压缩机将流量为 $100000Nm^3 \cdot h^{-1}$（在15℃和1.013bar下测量）的天然气从1.013bar压缩到10bar。假设气体的进口温度为20℃且 $\gamma=1.3$，使用等熵效率为0.85的二级压缩机且中间冷却至40℃，估算以下情形所需的功率：

① 中间冷却器没有压降；

② 中间冷却器的压降为0.3bar；

③ 中间冷却器压降为0.3bar且中间冷却至30℃。

7. 对于练习6①中的压缩过程，假设中间冷却器中没有压降、中间冷却至40℃、$\gamma=1.3$ 且 $\eta_{IS}=0.85$，与练习6中绝热压缩的压缩比相同，基于多变压缩对练习6①再次进行计算。将结果与练习6的结果进行比较。计算多变系数，多变效率和功率：

① 一级压缩；

② 二级压缩。

参 考 文 献

Branan CR (1999) *Pocket Guide to Chemical Engineering*, Gulf Publishing Company.

Coull J and Stuart EB (1964) *Equilibrium Thermodynamics*, John Wiley & Sons.

Coulson JM and Richardson JF (1999) *Chemical Engineering, Volume 1: Fluid Flow, Heat Transfer and Mass Transfer*, 6th Edition, Butterworth-Heinemann.

Dimoplon W (1978) What Process Engineers Need to Know About Compressors, *Hydrocarbon Processing*, **57** (May): 221.

Hewitt GF, Shires GL and Bott TR (1994) *Process Heat Transfer*, CRC Press Inc.

Hougen OA, Watson KM and Ragatz RA (1959) *Chemical Process Principles. Part II: Thermodynamics*, John Wiley & Sons.

Perry RH (1997) *Chemical Engineers Handbook*, 7th Edition, McGraw-Hill.

Rase HF (1990) *Fixed-Bed Reactor Design and Diagnostics – Gas Phase Reactions*, Butterworth.

第 14 章　连续工艺循环结构

在确定反应器和后续的分离系统后，需要将两个系统结合起来。原料从仓库中取出后送入反应系统，必要时进行纯化或处理。将反应器的输出物流输送到分离系统，分离出产品、副产物产物以及未反应的原料，大部分产品直接进入产品储罐。在此过程中，一些物料特别是未反应的原料，可能需要循环到上游工序中，副产物和未反应的原料也需要储存。确定反应器的结构以及分离和循环系统，可以实现基本工艺流程的物料和能量衡算，同时可以对储存要求进行初步评估。

14.1　工艺循环的作用

原料的循环利用是大多数化工流程的基本特征，因此有必要考虑影响工艺循环结构的主要因素。首先对连续过程进行讨论。

1）反应器转化率。在第 4～6 章中，讨论了反应器类型、操作条件和转化率的初始选择。根据是否存在简单反应或产生副产物的多个反应以及反应是否可逆。考虑简单反应。

$$原料 \longrightarrow 产品 \qquad (14.1)$$

在反应器中实现原料到产品的完全转化可能需要很长的停留时间，这通常是不经济的。如第 4 章所讨论的，若没有副产物生成，可设置初始反应器转化率为 95%左右。因此，反应器出口物流会含有产品和未反应的原料(图 14.1)。

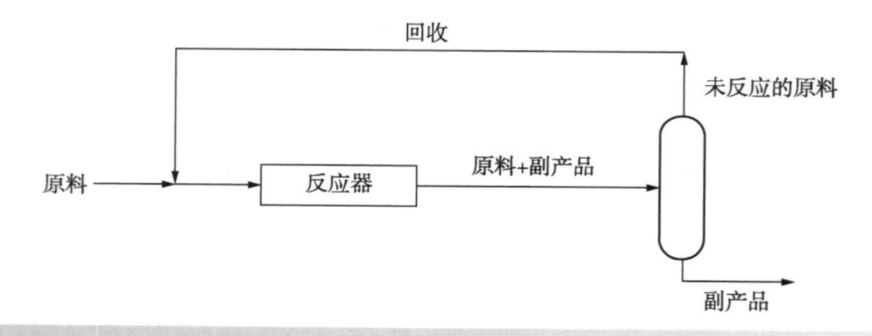

图 14.1　由于反应器中的原料存在不完全转化，因此需要对未转化的原料进行循环

由于要求的是纯的产品，故需要一步分离。一些未反应原料通常很有价值而不能丢弃，因此通过泵或压缩机循环至反应器中(图 14.1)。此外，将未反应的原料丢弃而非循环可能会造成环境问题。

2）生成副产物。考虑主反应生成副产物的情况，例如：

$$原料 \longrightarrow 产品 + 副产物 \qquad (14.2)$$

或通过二次反应生成副产物的情况，如：

$$原料 \longrightarrow 产品$$
$$产品 \longrightarrow 副产物 \qquad (14.3)$$

现在需要一个额外的分离器(如图 14.2a 所示)。同样，未反应的原料通常是循环利用的，但必须除去副产物以保证总物料守恒。由于分离顺序可以变化(图 14.2b)，两个分离器带来额外的复杂性。

此外，也可以利用分流器放空来代替两个分离器(如图 14.2c 所示)。采用分流器放空节省分离器的成本，但会增加原料损失，也可能增加废弃物处理与处置费用。如果原料-副产物分离成本高则是可行的。若要采用分流器放空，原料和副产物必须在分离序列中彼此相邻(例如，如果利用挥发性差异进行分离，则两者在挥发度上彼此相邻)。应确保反应器中副产物浓度的增加不会对反应器性能产生不利影响。例如，过量的副产物可能会导致反应器内催化剂性能变差。

显然，如图 14.2 所示，如果分离所依据的性质改变了分离序列，不同过程的分离结构型式也会发生变化。例如，在精馏中，组分之间挥发性顺序发生变化，那么分离顺序也将改变。

3）回收副产物以提高选择性。在多重反应体系中，有时在可逆二次反应中产生副产物，例如：

$$\text{原料} \longrightarrow \text{产品}$$
$$\text{产品} \rightleftharpoons \text{副产物} \qquad (14.4)$$

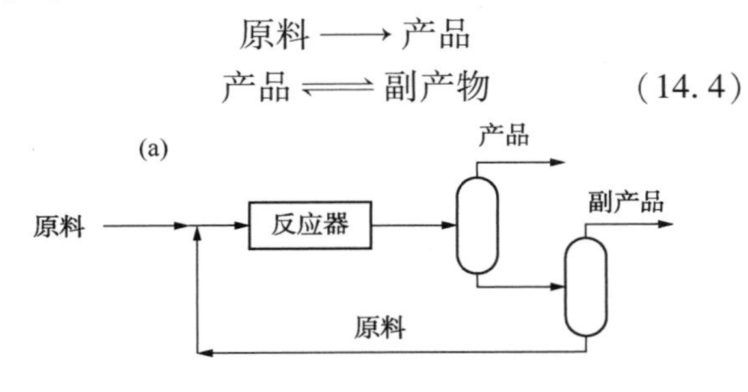

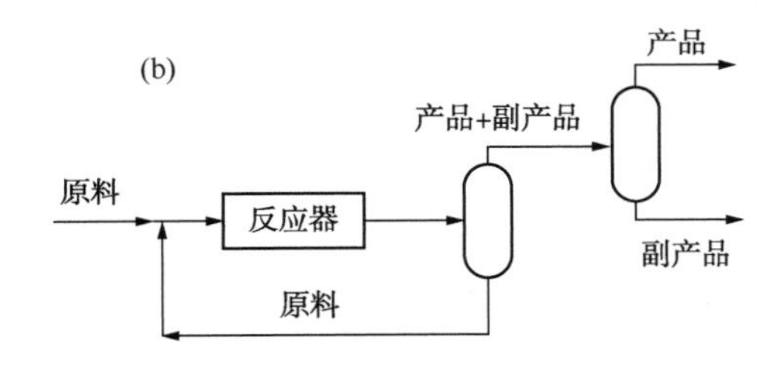

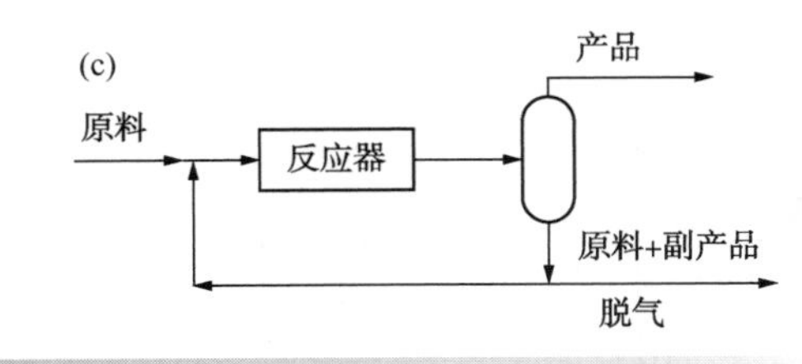

图 14.2 如果反应器中形成副产物，则会有不同的工艺循环结构

图 14.2 所示的三种循环结构也适用于这种情况。然而，如图 14.3 所示，由于副产物是可逆二次反应产生的，因此可以通过循环副产物从源头上来抑制其形成。在图 14.3 中，可以在一定程度上抑制副产物的生成。如果只是减少副产物的生成，则必须移除副产物。同样，由于分离所依据的物理性质改变了分离序列，不同过程的分离结构也会发生改变。

4）循环损害反应器的副产物或污染物。循环未反应原料时，一些副产物或污染物如腐蚀物可能会使反应器中的催化剂中毒，即使痕量物质，有时也会破坏催化剂。显然，希望利用类似图 14.2 所示的循环来除去这些有害组分。

5）进料杂质。目前为止一直假设进料为纯品。原料中的杂质会影响循环结构，并导致进一步的操作。图 14.4a 表示将原料中的杂质在进入工艺之前分离。如果杂质对反应有不利影响或使催化剂中毒，这是一种显然的解决方案。但是，如果杂质对反应没有显著影响，那么可以使其通过反应器然后分离，如图 14.4b 所示。或者，分离序列可以改变成图 14.4c 所示(Smith and Linnhoff，1988)。

图 14.4d 所示为第四种选择，使用分流器放空部分物流(Smith and Linnhoff，1988)。与分离副产物一样，如果原料-杂质分离费用昂贵，则使用分流器放空部分物流以节省分离成本，但原料利用率会降低。利用分流器放空时，原料和杂质在分离序列中必须彼此相邻(例如，如果使用单级闪蒸或精馏进行分离，则在挥发度顺序上相邻)。应注意确保反应器中杂质浓度的增加不会对反应器性能产生不利影响。同样，与图 14.4 相比，当分离原理所依据的性质改变了分离顺序时，不同工艺的分离构型不同。

6）反应器稀释剂和溶剂。如第 5 章所述，反应器中有时需要一种惰性稀释剂，如水蒸气，来降低反应物的分压。稀释剂通常循环使用。图 14.5 是一个实例。所用实际构型取决于分离顺序。

很多液相反应在溶剂中进行。如果是这种情况，则应按照与图 14.5 类似的流程进行分离和循环。在某些情况下，需要分离及处理(例如热氧化)的反应副产物会污染溶剂。在这种情况下，处理全部溶剂可能比分离和循环溶剂更经济。然而，为了有效利用物料，应尽量循环利用溶剂，如图 14.5 所示。

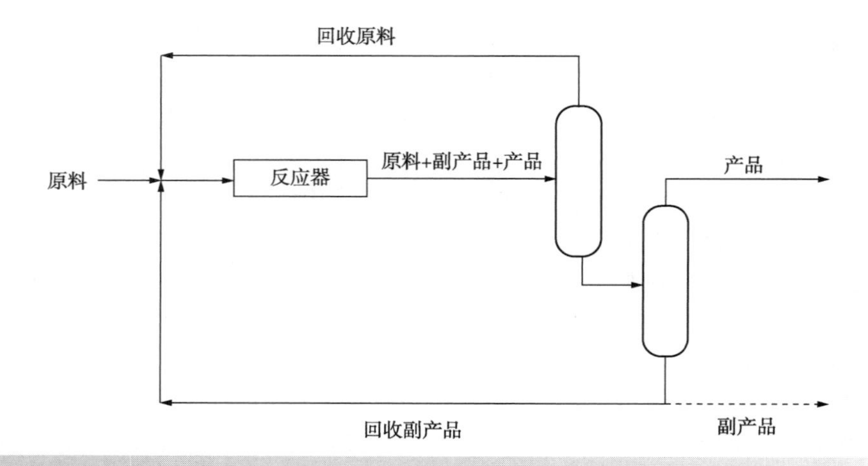

图 14.3 如果副产物是通过可逆二次反应生成的，则循环副产物会从源头上抑制其形成

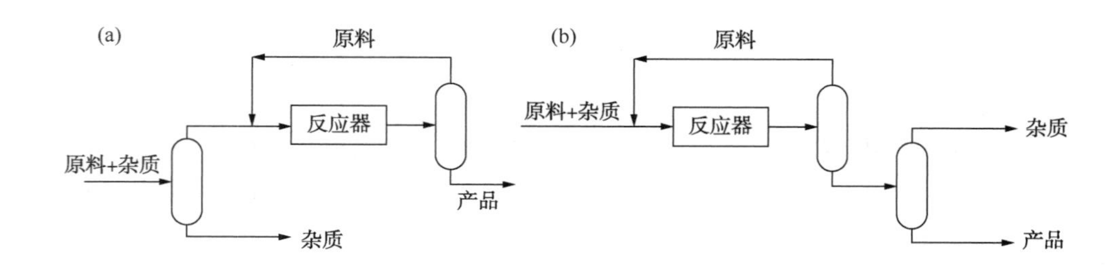

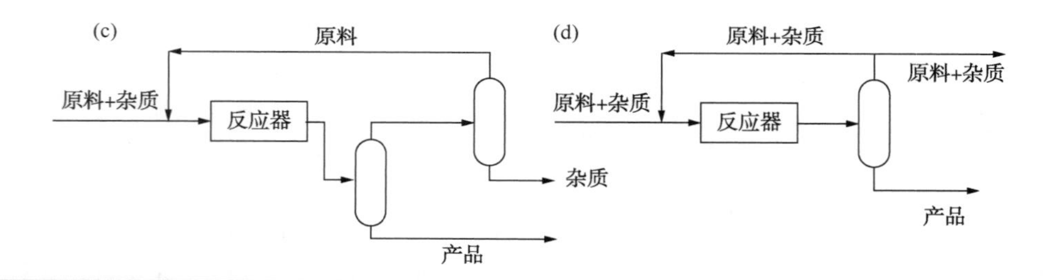

图 14.4 原料中杂质的引入导致循环结构的变化

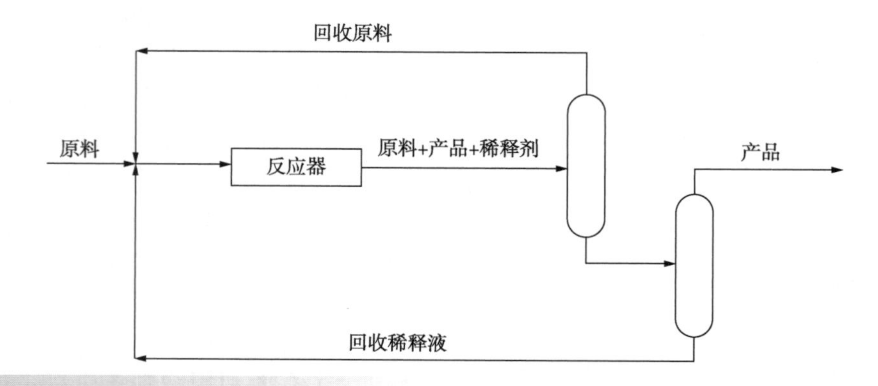

图 14.5 稀释剂与溶剂通常循环利用

7）反应器热载体。如第6章所述，绝热操作不可能，或也不可能通过间接传热来控制温度，那么可以向反应器中引入惰性物质以增加其热容流量(即质量流量和比热容的乘积)。这将减少放热反应的温升或减少吸热反应的温降。引入一种外来物质作为热载体会影响流程的循环结构。图14.6a正是这种工艺的一个循环结构示例。

在可能的情况下，应避免在流程中引入外来物质，尽量使用流程中已有的物质。图14.6b说明了使用产品作为热载体的实例，这简化了流程的循环结构，并减少了对其中一个分离单元的需求(图14.6b)。显然，产品作为热载体仅限于产品不会发生二次反应而产生不需要的副产物的情况。循环的未反应原料也起到热载体的作用。因此，与其依赖产品循环来限制温升或温降，不如简单地选择低转换率即原料的高循环量，这使反应器温度变化较小。

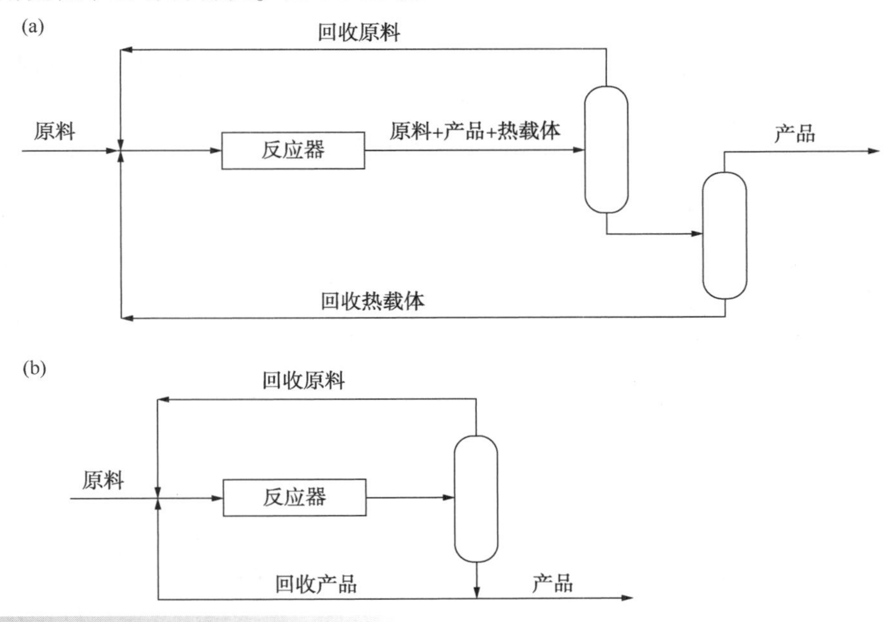

图14.6　热载体通常被回收

其他选择也是可能的。如果流程有反应副产物生成，只要不影响反应器的性能可以循环副产物。如果原料中有杂质只要不对反应器性能产生不利影响，那么杂质也可以作为热载体循环。

无论是外来物质、产品、原料、副产物还是原料杂质用作热载体，同前所述，由于分离所依据的性质改变了分离顺序，不同过程间的分离流程的实际构型会发生变化。

在考虑了决定需要循环的主要因素后，应该考虑一个流程是否需要多次循环。将需要循环到反应器的分离顺序中相邻的两个物质分离开是适得其反的，因为它们会在进入反应器之前的某个点重新混合。设计者应始终警惕避免不必要的分离和混合。

例14.1　通过反应由癸烷(DEC)和氯气制备一氯癸烷(MCD)(Powers，1972；Rudd，Powers and Siirota，1973)：

$$C_{10}H_{22}+Cl_2 \longrightarrow C_{10}H_{21}Cl+HCl$$

一个产生二氯癸烷(DCD)的副反应是：

$$C_{10}H_{22}Cl+Cl_2 \longrightarrow C_{10}H_{20}Cl_2+HCl$$

副产物DCD是不需要的。氯化氢可以卖给附近的工厂。假设在这个阶段，所有的分离都可以用精馏完成。物质的正常沸点在表14.1中给出。

表14.1　制备一氯癸烷所涉及组分的数据

物质	摩尔质量/kg · kmol^{-1}	正常沸点/K	值/ $ · kg^{-1}
氯化氢	36	188	0.35
氯气	71	239	0.21
癸烷	142	447	0.27
一氯癸烷	176	488	0.45
二氯癸烷	211	514	0

① 通过假定不同水平的原料转化率和不同程度的反应物超额量，确定该过程的备选循环结构。

② 哪种结构对抑制副反应最有效？

③ 为了操作盈利，癸烷必须达到的最小选择性是多少？表 14.1 给出了所涉及的组分物性参数及其摩尔质量。

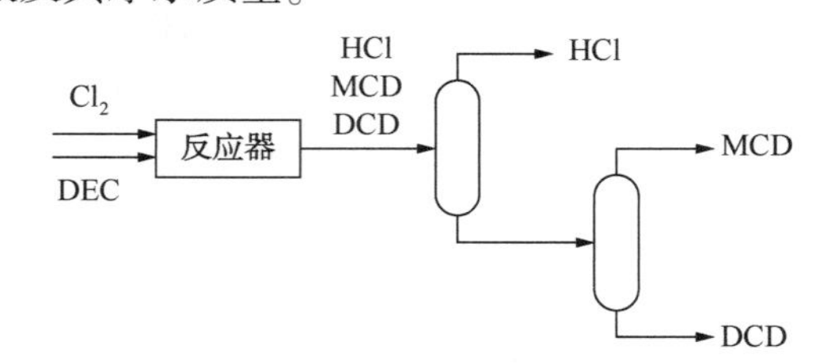

(a)假设两个原料完全转化

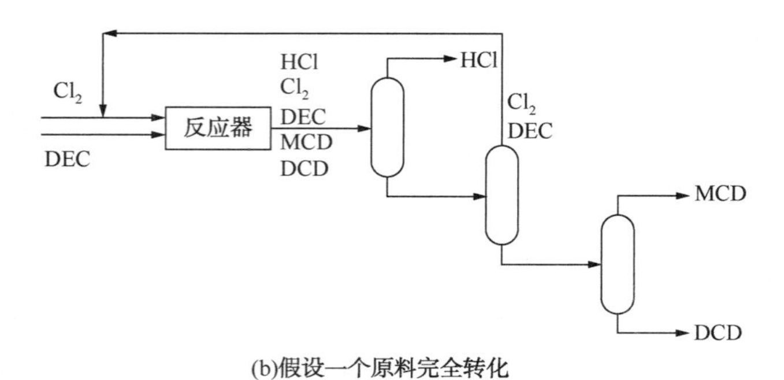

(b)假设一个原料完全转化

Cl_2
过量
DEC
反应器
HCl
Cl_2
MCD
DCD
HCl
Cl_2
MCD
DCD

(c)假设氯气过量

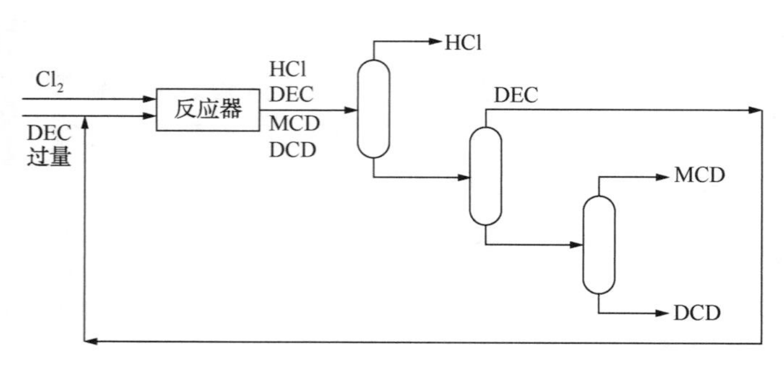

(d)假设癸烷过量

图 14.7　生产一氯癸烷的不同工艺循环结构

解：① 能够考虑的四种方案：

ⅰ)两种原料完全转化。图 14.7a 所示是最理想的方案；癸烷和氯气在反应器中完全转化。反应器出口物流中没有反应物，意味着不需要循环。

尽管图 14.7a 所示的流程很吸引人，但并不实用。这需要严格控制癸烷与氯气的化学计量比，同时考虑主反应和副反应的要求。即使有可能使反应物精确的达到平衡，工艺条件的一个小扰动会产生过量的癸烷或氯气，然后它们就会出现在反应器出口物流中。如果这些组分出现在图 14.7a 的主流程中反应器出口物流中，不存在处理这些物质的分离器，也没有办法循环利用未反应的原料。

同样，虽然没有反应的选择性数据，但选择性损失预计会随转化率的增加而增加。完全转化会导致多副产物生成与低选择性。最后，完全转化所需的反应器体积将会非常大。

ⅱ)两种原料不完全转化。如果完全转化不切实际，则要考虑不完全转化。如图 14.7b 所示。在这种情况下，所有物质都在反应器出口物流中出现，并且需要另外一个分离器和循环结构。因此，与完全转化相比，不完全转化的工艺流程的复杂性显著增加。

注意，没有试图分离氯气和癸烷，因为它们循环回反应器之后又发生混合。

ⅲ)氯气过量。在反应器中使用过量氯气可使癸烷有效地全部转化(图 14.7c)。此时，反应器出口物流中没有癸烷，因此又一次需要三个分离器和一个循环结构。

实际上，在反应器出口物流中可能有微量的癸烷。然而，这应该不是问题，因为它既可以与未反应的氯气一起循环利用，也可以与产品一氯癸烷一起离开(只要仍能满足产品规格)。

在目前阶段，不能确定图 14.7c 中氯气过量多少是可行的。为了确立这一点，需要化学反应实验数据。然而，氯气过量的多少并不会改变流程的基本结构。

ⅳ)癸烷过量。在反应器中使用过量的癸烷会使氯气有效地全部转化(图 14.7d)。此时反应器出口物流中没有氯气。同样，需要三个分离器和一个未反应原料的循环。

实际上，反应器出口物流中可能存在微量的氯气。它可以与未反应的癸烷一起循环回反应器中，也可以与氯化氢副产物离开（如果仍能满足副产物规格）。

同样，在目前阶段，不能确定需要过量多少癸烷才能使图 14.7d 中方案可行。这必须由实验数据确定，但癸烷的过剩数量多少并不会影响基本的流程结构。

② 选择一种抑制副反应（即高选择性）的方案。通过在反应中减少一氯癸烷或氯气的量来抑制副反应。由于反应器的设计目的是生产一氯癸烷，前一种选择是不明智的。所以，使用过量癸烷的方案是可行的。

因此，择优选择上述四个流程方案中的最后一个（图 14.7d），其特点是反应器中癸烷过量。

③ 选择性（S）定义为：

$$S=\frac{\text{反应器中生成的 MCD}}{\text{反应器中消耗的 DEC}}\times \text{化学计量系数}$$

在这种情况下，化学计量系数为 1。这是由消耗的 DEC 获得 MCD 的一个度量。为了评估选择性损失，主反应中成生的 MCD 被分为变成最终产品的部分和副产物的部分。故反应的化学计量方程为：

$$C_{10}H_{22}+Cl_2 \longrightarrow$$
$$SC_{10}H_{21}Cl+(1-S)C_{10}H_{21}Cl+HCl$$

对于副反应：

$$(1-S)C_{10}H_{21}Cl+(1-S)Cl_2 \longrightarrow$$
$$(1-S)C_{10}H_{20}Cl_2+(1-S)HCl$$

将两个反应相加，得到主反应：

$$C_{10}H_{22}+(2-S)Cl_2 \longrightarrow$$
$$SC_{10}H_{21}Cl+(1-S)C_{10}H_{20}Cl_2+(2-S)HCl$$

只考虑原材料成本，经济潜力（工艺流程的 EP）定义为：

$$\begin{aligned} EP &= \text{产品的价格}-\text{原材料的成本} \\ &= [176\times S\times 0.45+36\times(2-S)\times 0.35]-[142\times 1\times 0.27+71\times(2-S)\times 0.21] \\ &= 79.2S-2.31(2-S)-38.34\ (\$\cdot \text{kmol}^{-1}\ \text{反应的癸烷}) \end{aligned}$$

当经济潜力刚好为零时，给出了可接受的最低选择性：

$$0=79.2S-2.31(2-S)-38.34$$
$$S=0.53$$

换句话说，该工艺必须将至少 53% 的癸烷转化为一氯癸烷而不是二氯癸烷，才能使该工艺具有经济性。这个数字是假定将氯化氢卖给邻近的工厂。否则氯化氢就没有相应的价值。假设现在的废氯化氢是没有处理和处置费用的，最低的经济潜力是：

$$\begin{aligned} 0 &= [176\times S\times 0.45]-[142\times 1\times 0.27+71\times(2-S)\times 0.21] \\ &= 79.2S-14.91(2-S)-38.4 \\ S &= 0.72 \end{aligned}$$

现在工艺至少要把 72% 的癸烷转化成一氯癸烷。

如果氯化氢无法出售，必须以某种方式处理。或通过反应转化成氯气：

$$2HCl+\frac{1}{2}O_2 \rightleftharpoons Cl_2+H_2O$$

然后循环到 MCD 反应器。由于以副产物形式产生的（2−S）摩尔 HCl 现在循环从而代替新鲜的氯气进料，总的化学计量方程发生变化：

$$(2-S)HCl+\frac{1}{4}(2-S)O_2 \longrightarrow$$
$$\frac{1}{2}(2-S)Cl_2+\frac{1}{2}(2-S)H_2O$$

因此，现在的整体反应为：

$$C_{10}H_{22}+\frac{1}{2}(2-S)Cl_2+\frac{1}{4}(2-S)O_2 \longrightarrow$$
$$SC_{10}H_{21}Cl+(1-S)C_{10}H_{20}Cl_2+\frac{1}{2}(2-S)H_2O$$

现在的经济潜力为：

$$\begin{aligned} 0 &= [176\times S\times 0.45]-[142\times 1\times 0.27+71\times 1/2(2-S)\times 0.21] \\ &= 79.2S-7.445(2-S)-38.34 \\ S &= 0.61 \end{aligned}$$

此时可接受的最小选择性变成了 61%。

14.2 含分流器放空的循环

如前一节所述，采用分流器放空部分物流来避免物质从循环物流中分离的成本。从原理上讲，分流器放空可以用于液体或蒸汽（气体）的循环。分流器放空最常用来去除蒸汽（气体）循环物流中的低沸点物质。

一种常见的情况是化学反应器的出口物流中含有相对挥发度较大的物质。正如第 8 章所述，气相的混合物部分冷凝，然后进行简单的相分离，通常得到有效的分离。低于冷却水冷却温度冷却是不可取的，否则就需要制冷。体系压强下的露点计算（见第 8 章）揭示了高于冷却水温度的部分冷凝是否有效。如果降低到冷却水温度也不发生部分冷凝，可以考虑增加反应器压强或使用制冷（或两者结合）来实现相分离。就反应器设计而言，增加反应器的压强需要进行仔细评估。然而，就其本质而言，单级分离得不到纯产品；因此，经常需要进一步分离液相和气相流股。

在第 8 章中得到结论，如果需要一个组分从气相中离开，它的 K 值应该大，通常大于 10（Douglas，1988）。如果要求某一组分以液相离开，其 K 值应该小，通常小于 0.1（Douglas，1988）。理想情况下，相分离中轻关键组分的 K 值应大于 10，同时，重关键组分的 K 值应小于 0.1。在这种情况下，单级分离的效果好。然而，如果关键组分的 K 值不是如此理想，在流程中使用相分离器可能是有效的。在这种情况下，粗分离是可以接受的。

如果轻关键组分温度明显高于其临界温度，用这种方法进行相分离是最有效的。如果一个组分高于它的临界温度，它就不会凝结。然而，任何冷凝液体仍会含有少量在其临界温度以上的物质，因为该物质溶解在液相中，这意味着在临界温度以上的物质会有极高的 K 值。许多过程，特别是在石油和石化工业中，产生的反应器出口物流含有一种由低沸点组分（如高于临界温度的氢气和甲烷）和挥发度很低的有挥发性机物质组成的混合物。在这种情况下，简单的相分离可以达到非常有效的分离效果。如果相分离中产生的气相主要是产品或副产物，那么可以将其从流程中分离出去。如果气相主要含有未反应的原料，它通常循环到反应器中。如果汽相中有未反应的原料、产品及副产物的混合物，则可能需要对气相进行分离。如果分相的进料已经冷却至冷却水温度，则分相产生的气相将很难冷凝。如果需要在这种情况下分离汽相，可以使用下列方法：

1）冷冻冷凝。冷凝分离依赖于冷凝物质之间挥发度的差异。需要采用制冷，或高压和制冷的结合。如果使用冷冻冷凝的单级分离不能得到充分分离，则这个过程可以在回流冷凝器或分凝器中重复使用。这是一个板翅式换热器（将在第 12 章讨论）。蒸汽向上流过立式冷凝器，冷凝液逆向向下流过换热表面。向上流动的蒸汽和向下流动的冷凝液体之间进行质量交换。在这种装置中通常可以实现多达 8 个理论级的分离。

2）低温/高压精馏。与使用低温单级冷凝或回流冷凝器不同，可以使用常规精馏。在这种情况下进行分离需要塔内有一个低温冷凝器，或在高压下操作，或两者结合。

3）吸收。吸收在第 9 章中讨论过。如果可能，应该使用工艺中已存在的组分作为溶剂。在工艺流程中引入新的组分会增加复杂性，并且可能增加后期设计中的环境和安全问题。

4）吸附。吸附将组分转移到固体表面（第 9 章）。当床层接近饱和时，需要通过气体或蒸汽再生吸附剂。如第 9 章所述，蒸汽或气体可用于再生。然而，再生过程中可能会引入新物质并且再生物流，需要进一步分离。因此，对于吸附，通常多采用改变压强（变压吸附）的再生。

5）膜分离。如第 9 章所述，膜的利用膜两侧压强梯度分离气体，通常为 40bar 或更大。某些气体通过膜的速度比其他气体快，在低压侧富集。低摩尔质量气体和强极性气体具有高渗透率，称为快速气体。慢速气体具有更高的摩尔质量和对称性的分子结构。因此，当待分离气体已经处于高压并只需要部分分离时，膜分离器是有效的。

在露点低于冷却水温度的大流量汽体（气体）循环至反应器时，在循环上进行这样的分离通常是昂贵的。当需要从循环物流中分离出相对少量的物质时就更为正确，不在循环汽体（气体）流股上进行分离操作，对循环物流采用分流器放空部分物流能够实现对这些物料的去除，而不需要进行分离操作。尽管采用分流器放空不需要分离器，但会造成原料损失。这不仅成本高，而且还会造成环境问题。然而，另一种方法是在分流器放空物流后面耦合一个分离器。

以合成氨为例。在合成氨工艺循环中，氢气和氮气反应生成氨气，反应器出口物流部分冷凝，从而将氨以液体形式分离。未反应的气态氢和氮循环至反应器中。在循环过程中利用分流器放空部分物流可以防止作为进料杂质进入体系的氩气及甲烷富集。尽管分流器放空的气体可以作为燃料燃烧，但也会损失数量可观的氢气，因此回收氢气通常是经济的。对于这样的氢气回收系统，可以采用吸附、膜分离或低温冷凝等方法。在对从氨分流器放空物流中的氢气回收，膜分离通常是最经济的操作，膜分离可以从甲烷这样的慢速气体中分离氢气这样的快速气体。快速气体(将快速气体从其他较慢的组分中分离出来)渗透的驱动力是膜两侧的分压差。因此，对于氢气的回收，产品物流必须比进料物流的压强低得多。

如果来自相分离的液体需要进一步分离，通常可以利用精馏来完成，特殊情况除外。将产品和副产物从工艺流程中分离，未反应的原料进行循环时通常需要采用一系列塔。在某些情况下，副产物由于之前讨论的原因而进行循环。

下面的例子说明了在气体循环物流上使用分流器放空部分物流所用到的定量关系。

例 14.2 根据下列反应(Douglas，1985)，甲苯反应生成苯：

$$C_6H_5\,CH_3+H_2 \longrightarrow C_6H_6+CH_4$$

反应通常在 700℃ 和 40bar 左右的气相中进行。部分生成的苯发生一系列二次反应。这些二次反应在此用一个二次可逆反应来表征，即通过以下反应生成不需要的副产物联苯：

$$2C_6H_6 \rightleftharpoons C_{12}H_{10}+H_2$$

实验室研究表明，为了防止反应器中结焦过多，要求反应器入口的氢气与甲苯比率为 5。即使氢气大量过剩，也不能使甲苯完全转化。实验室研究表明，选择性(即甲苯反应后转化为苯的部分)与转化率(即进料甲苯中所反应的部分)的(Douglas，1985)的关系为：

$$S = 1 - \frac{0.0036}{(1 - X)^{1.544}}$$

式中 S——选择性；

X——转化率。

因此，反应器出口物流可能含有氢气、甲烷、苯、甲苯和联苯。由于这些组分的挥发度差异很大，部分冷凝可能实现出口物流分离成以氢气和甲烷为主的气相物流和以苯、甲苯和联苯为主的液相物流。

气相物流中的氢气是反应物，因此应该循环回反应器入口(图 14.8)。甲烷作为进料杂质进入流程中，也是主反应的副产物，必须从工艺流程中除去。氢气-甲烷分离成本高，但甲烷可以通过分流器放空的方式从工艺流程中除去(图 14.8)。

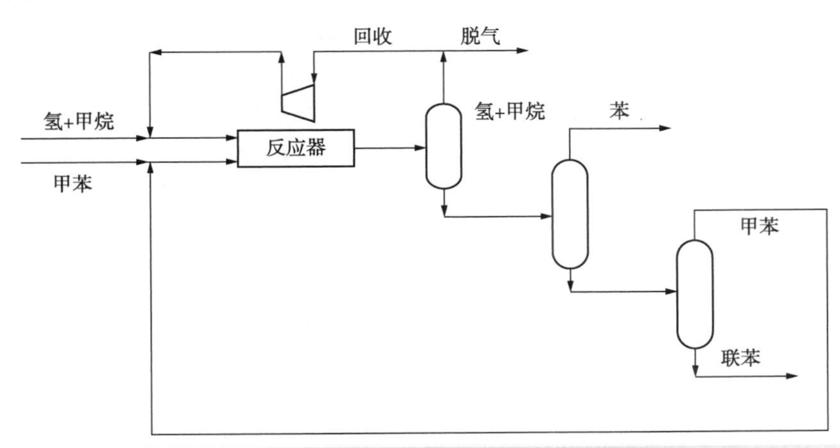

图 14.8 生产苯的工艺流程采用分流器放空去除作为进料杂质同时也是作为副产物生成的甲烷

通过精馏可以很容易地将液体分离成相对纯净的组分，苯为产品，联苯为不需要的副产物，而甲苯可循环利用。可以循环联苯提高选择性，但此处假设不采用循环。氢气进料中含有摩尔分数为 0.05 的甲烷杂质，所要求苯的产率为 265kmol · h^{-1}。首先假定相分离器可将反应器出口物流分成只含氢气和甲烷的气相物流和只含苯、甲苯和联苯的液相物流，并能够分离出得到基本上纯净的产品。对于反应器的转化率为 0.75 的情形：

① 确定来自相分离的气相中进入分流器放空物流的气相分率(α) 和循环与分流器放空物流中甲烷分数(y) 的关系，如图 14.9 所示。

② 给定假设，估计反应器出口排出物中进入循环和放空的气相混合物中甲烷分率为 0.4 的情形。

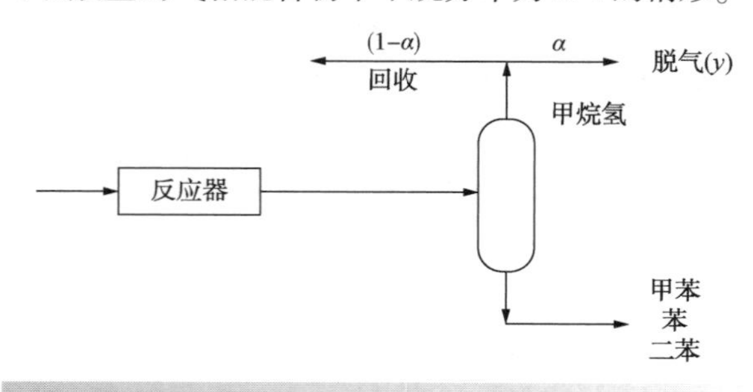

图 14.9 循环中放空物流所占比例

解：① 根据 Douglas (1985)，苯的产率为 P_B，主反应生成的苯分成两部分，一部分形成最终产品，另一部分反应生成副产物：

$$C_6H_5CH_3+H_2 \longrightarrow C_6H_6+C_6H_6+CH_4$$

$$\frac{P_B}{S} + \frac{P_B}{S} \qquad P_B + P_B\left(\frac{1}{S} - 1\right) + \frac{P_B}{S}$$

$$2C_6H_6 \rightleftharpoons C_{12}H_{10}+H_2$$

$$P_B\left(\frac{1}{S} - 1\right) \qquad \frac{P_B}{2}\left(\frac{1}{S} - 1\right) + \frac{P_B}{2}\left(\frac{1}{S} - 1\right)$$

对于 $X=0.75$ 的情形：

$$S = 1 - \frac{0.0036}{(1 - 0.75)^{1.544}} = 0.9694$$

甲苯衡算

新鲜甲苯进料 $= \frac{P_B}{S}$

循环甲苯 $= R_T$

进入反应器的甲苯 $= \frac{P_B}{S} + R_T$

反应器出口物流中的甲苯 $= \left(\frac{P_B}{S} + R_T\right)(1 - X) = R_T$

对于 $P_B = 265\text{kmol}\cdot\text{h}^{-1}$，且 $X=0.75$，$S=0.9694$ 的情形

$$R_T = 91.12\text{kmol}\cdot\text{h}^{-1}$$

进入反应器的甲苯 $= \frac{265}{0.9694} + 91.12 = 364.5\text{kmol}\cdot\text{h}^{-1}$

氢气衡算

反应器中氢气的净消耗 $= 5 \times 364.5 = 1823\text{kmol}\cdot\text{h}^{-1}$

反应器中氢气净耗量 $= \frac{P_B}{S} - \frac{P_B}{2}\left(\frac{1}{S} - 1\right) = \frac{P_B}{S}\left(1 - \frac{1 - S}{S}\right) = 269.2\text{kmol}\cdot\text{h}^{-1}$

反应器出口物流中氢气 $= 1823 - 269.2 = 1554\text{kmol}\cdot\text{h}^{-1} = 1554\alpha$

清洗工艺中的氢气损失 $= 1554\alpha$

原料中氢气量 $= 1554\alpha + 269.2$

甲烷衡算

作为杂质进入到流程中甲烷的量 $= (1554\alpha + 269.2)\frac{0.05}{0.95}$

反应器中生成的甲烷 $= \frac{P_B}{S}$

放空物流中的甲烷 $= \frac{P_B}{S} + (1554\alpha + 269.2)\frac{0.05}{0.95} = 81.79\alpha + 287.5$

放空物流的总流量 $= 1554\alpha + 81.79\alpha + 287.5 = 1636\alpha + 287.5$

放空物流中的（和循环）甲烷分率 $y = \frac{81.79\alpha + 287.5}{1636\alpha + 287.5}$

图 14.10 所示为式 14.5 的曲线图。随着放空物流占比分数 α 的增加，放空物流的流量增加，但放空物流和循环物流中的甲烷浓度降低。这种变化(以及反应器的转化率)在反应和分离系统的优化中是一个重要自由度，将在后面讨论。

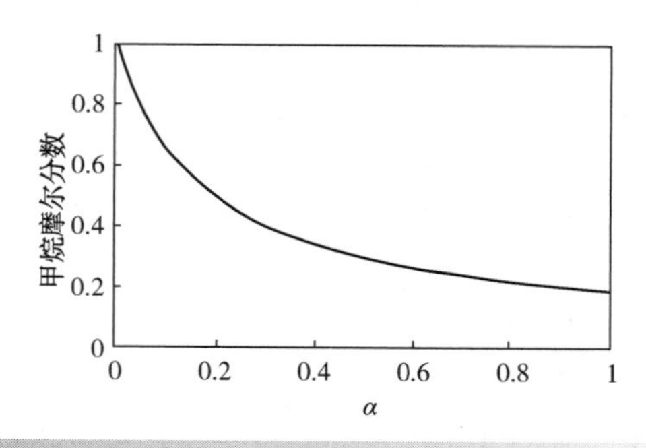

图 14.10 甲烷浓度与分流器放空分数的关系

② 甲烷衡算

相分离器气相中甲烷的摩尔分数为0.4

反应器出口物流中的甲烷量 $=\frac{0.4}{0.6}\times 1554=$ 1036kmol·h^{-1}

联苯衡算

反应器出口物流中的联苯量 $=\frac{P_B}{2}\left(\frac{1}{S}-1\right)=$ 4kmol·h^{-1}

估计的反应器出口物流组成见表14.2。这个计算假设在相分离器中所有的分离都是清晰的。

表14.2　例14.2中反应器出口物流的组成

物质	流量/kmol·h^{-1}
氢气	1554
甲烷	1036
苯	265
甲苯	91
联二苯	4

上面的例子说明了带有分流器物流放空的循环设计的一些重要原则：

1）总质量必须平衡，在这个过程中，随原料进入的待分离组分的质量或在反应器中生成的组分的质量必须等于随放空物流离开组分的质量加上随液体离开的组分的质量。如果随着液体离开的组分的质量相对于放空物流的组分质量来讲非常小，那么实际上所有质量都必须以分流器物流放空的形式除去。

2）循环的浓度可以通过改变分流器放空的分率来控制。降低分流器放空分率会导致由放空物流中的组分浓度增加，反之亦然。

3）给定质量的物质可以以低流量和高浓度的分流器放空去除，从而使有用物质在分流器放空过程中损失较少。或者，给定质量的物质可以采用高流量和低浓度进行分流器放空，但会导致在分流器放空过程中有用物质大量损失。

4）低流量和高浓度的分流器放空会导致相对高的循环流量，因此循环成本较高。另一方面，高流量和低浓度的分流器放空会导致相对低的循环流量，因此循环成本较低。

5）有一些重要的成本需要权衡，将在第15章中讨论。

14.3　反应与分离的集成

到目前为止，假设反应和分离连续进行，并在适当的情况下与循环物流连接。考虑一个液相放热平衡反应，例如：

$$\text{原料 1 + 原料 2} \rightleftharpoons \text{产品 + 副产物} \tag{14.5}$$

如图14.11a所示，如果反应在一个反应器中进行，允许产品蒸发并离开反应器，那么平衡向转化率更高的方向移动，如第5章所述。然而，可以预见的是，不仅产品会发生汽化，原料和副产物也可能发生汽化。如图14.11b所示，可在反应器添加精馏段进行精馏，从精馏塔顶得到纯产品。当然，要做到这一点，各物质的相对挥发度的次序和大小都必须适宜。而且，进行反应和精馏过程的温度必须相近。流程如图14.11b所示，由于供应到精馏的蒸汽来自反应热，因此也具有能源效率。如图14.11c所示，将该想法进一步拓展到添加一个提馏段，从离开反应器液体中分离出纯副产物并将原料循环至反应器。同样，为了实现这一目标，组分的相对挥发度次序和大小都必须适宜。最后，将整个系统集成到一个精馏塔中，这就是反应精馏，如图14.11d所示。

当平行反应产生副产物时，采用集成反应与分离也可能有用，例如：

$$\begin{gathered}\text{原料 1+原料 2} \longrightarrow \text{产品}\\ \text{产品} \longrightarrow \text{副产物}\end{gathered} \tag{14.6}$$

一旦产品形成，希望将其立即从反应中移出，以防止其进一步反应生成副产物。如图14.11d所示的流程可以实现这一目的，如果物质之间的相对挥发度顺序和大小合理。

因此，反应精馏有许多潜在的优点：

- 反应平衡时的转化率可以更高（甚至完全转化）；
- 可以抑制副反应并提高选择性；
- 可以减少投资费用；
- 放热反应可以为分离提供热量，降低操作成本。

在某些幸运的情况下，可以消除分离的共沸物，如果反应和分离连续进行，则需要处理这些共沸物。

反应精馏的缺点是：

- 需要良好的相对挥发度；
- 精馏条件必须有足够的反应速率；
- 需要进行全面的研究、测试甚至中试。

图 14.12 所示为反应和分离集成的另一个例子。这表明在酯化反应中，在反应级之间利用如第 11 章中（Wynn，2001）所述的渗透汽化除去水。酯化反应使用非均相催化剂，图 14.12 所示的过程采用的是 4 级反应。每一级包括一个反应器，反应器中各组分在其中接近平衡，然后混合物流经过渗透汽化段，反应阶段产生的水在渗透汽化段分离除去，这有利于提高平衡转化率。在接下来的反应步骤中，重新建立平衡，再次除去反应生成的水，依此类推。

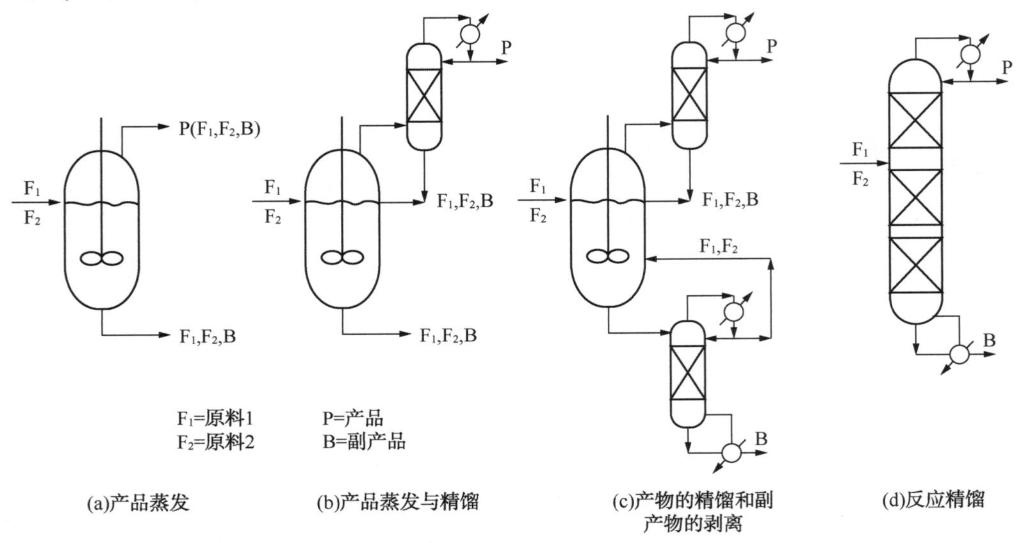

图 14.11 集成反应与精馏–反应精馏

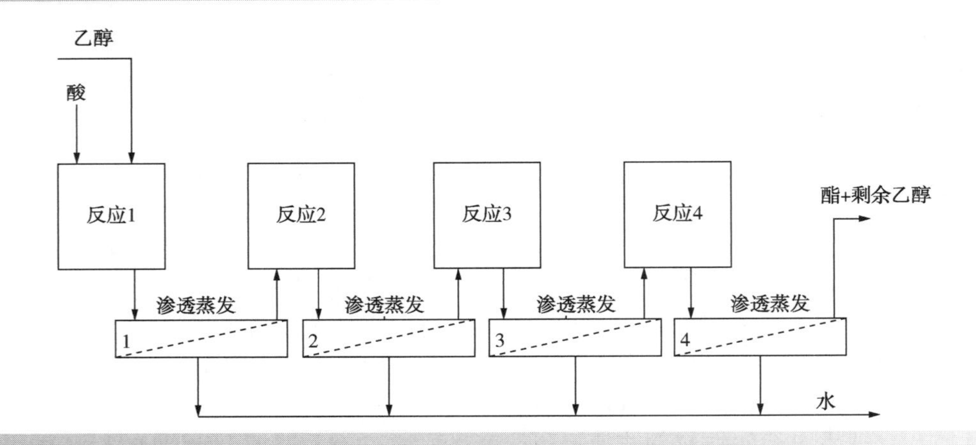

图 14.12 反应和渗透汽化的集成（摘自 Wynn N，2001，Chem Eng Progr，Oct：66，经 AiChE 许可转载）

14.4 工艺收率

考虑物质的进料、反应、分离和循环，可以确定进入和离开工艺流程反应工艺的物流。图 14.13 表明了典型的输入和输出物流。分离和循环系统建立后，原料物流进入工艺流程，产品、副产物和分流器放空物流离开流程。

在大多数生产过程中原料成本占主导地位（见第 2 章）。此外，如果原料没有得到有效利用，就会产生废弃物，从而导致环境问题。因此，衡量原料的使用效率是很重要的。工艺收率定义为：

$$\text{工艺收率} = \frac{\text{目标产品}}{\text{进入流程的反应物进料量}} \times \text{化学计量系数} \quad (14.7)$$

其中，化学计量系数是每摩尔产品所需反应物的化学计量摩尔数。当使用一种以上的反应物(或生产一种以上的预期产品)时，式14.7可适用于任何一种反应物(或产品)。

广义上讲，在这一过程中收率损失的原因有两个：

- 由于生成副产物(选择性损失)或不能循环造成的未转化的原料在反应器内的损失；
- 分离和循环系统的损失。

如图14.13所示，处理进入和离开工艺流程的物流时，应尽可能减少副产物和分流器放空中的物料损失。因此，在开展进一步工作之前，应该考虑一些问题：

1）能否通过循环避免或减少副产物的产生？当副产物是由二次可逆反应形成时，这是有可能的。

2）如果副产物是由进料中的杂质反应生成的，能否通过提纯原料避免或减少这种情况？

3）能否使副产物进一步反应从而提高其价值？例如，大多数有机氯化反应产生氯化氢作为副产物。如果无法出售氯化氢，必须将其处理。例14.1讨论了另外一种方案，将氯化氢通过反应重新生成氯气：

$$2HCl+\frac{1}{2}O_2 \rightleftharpoons Cl_2+H_2O$$

然后可以将氯气循环使用。

4）能否通过原料提纯以避免或减少分流器放空中有用物质的损失？

5）能否通过在分流器放空中增加其他分离手段来避免或减少分流器放空过程中有用物质的损失？已经讨论过冷冻冷凝、低温精馏、吸收、吸附和膜在这方面的作用。

6）能否通过对有用产品的其他反应来减少在分流器放空过程中损失的有用物质？如果分流器放空物流中含有可观数量反应物，则在分流器放空物流上增加反应器与其他分离单元有时是可行的。该技术已应用于一些环氧乙烷工艺流程设计中。

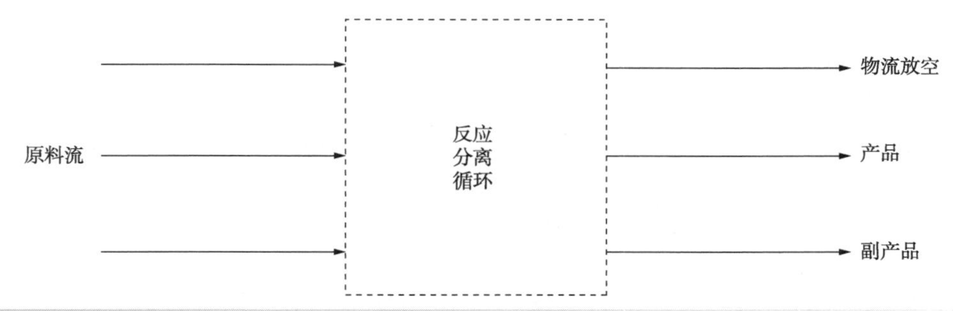

图14.13　用于计算工艺收率的总流程的物料平衡

例14.3　计算与例14.2中近似的相分离的甲苯制苯和氢气制苯的工艺收率。

解：

$$\text{苯的收率} = \frac{\text{苯的产量}}{\text{进入工艺流程中甲苯的量} \times \text{化学计量系数}}$$

化学计量系数=每生成1mol苯所需的甲苯摩尔化学计量数=1

$$\text{甲苯制苯的收率} = \frac{P_B}{P_B/S} \times 1 = S = 0.97$$

在这种情况下，由于分离和循环系统中没有原料损失，因此唯一的收率损失是在反应器中，工艺收率等于反应器的选择性：

$$\text{氢制苯的收率} = \frac{\text{苯的产量}}{\text{进入工艺流程中氢气的量} \times \text{化学计量系数}}$$

14

化学计量系数=每生成 1mol 所需的氢气摩尔化学计量数=1

对于 $y=0.4$，$\alpha=0.3013$ 的情形：

$$氢气生成苯的收率 = \frac{P_B}{1554\alpha + 269.2} \times 1 = \frac{256}{1554 \times 0.3013 + 269.2} = 0.36$$

14.5 原料、产品和中间储存

大多数工艺都需要储存原料和产品。如果原料分批交付(如驳船、轨道车、公路卡车)，则需要储存原料。即使原料通过气体和液体管道或固体管道连续输送也不能保证原料不会中断供应。例如，由于各种原因，提供连续进料的上游工厂需要关闭，还有可能存在诸如故障导致的意外交付失败。

虽然固体和液体易于储存，但气体却很难储存。相对少量的气体可以在室温下以气态储存在压力容器中。更大量的气体储存则需要液化。这可以通过制冷或增加压强，或两者相结合来实现降低温度。高压储存需要壁厚的容器，因此其投资成本高。低温储存也有很高的投资成本，因为它需要制冷设备的投资资本。低温储存也需要一个较大的运行费用来运行制冷过程。最合适的气体储存方法取决于许多因素，并且涉及安全性以及投资及操作费用的考虑。

如果原料分批交付并连续使用，则存在储存量的波动，这称为活动库存。例如，假设使用液体原料的工厂处于稳定状态。一次输送后的液体原料罐容量可能达到 80%。随着工厂的稳定运行，当下一次物料输送到达时，液位持续下降，比如到 20%，并且由于物料输送，液位又恢复到 80%。20%~80%液位之间的液体量为活动库存量，20%为内置库存量。液体储罐的设计，最小液体剩余量不应低于闲置库存量的 10%，因为这会造成操作困难。另一方面，液体储罐不能设计在液体储存量超过 90%情况下运行。当储罐装满时，需要在液体上方留出一个空间(称为气隙)，以确保安全和膨胀。如果进料流量为 m_{FEED} t/a，最大活动库存为 m_{STOCK}，则每年的交货数量将为 m_{FEED}/m_{STOCK}。

储存设备的投资成本与储存容量大致成比例。这涉及其中包括气体及液体所用的储罐与固体所用筒仓的投资成本，以及物料运输设备(如泵、输送机等)的投资成本和制冷设备的投资成本。除了设备的投资成本外，还有与所储存材料的价格有关的操作资本。储存物料价值越大，就越不利于储存大量物料。

原料储存：

- 在原料输送之间为工厂提供原料供应；
- 补偿因不可预见的情况(例如，生产原料的工厂故障)而导致的原料输送中断；
- 如果产品销售市场情况好，允许短期增加产量；
- 补偿因假期造成的原料输送中断；
- 补偿原料供应的季节性变化；
- 允许当原料价格较低时在有利的市场条件下购买，并储存起来供以后使用；
- 抑制原料性质的变化。

原料储存的数量依赖于：

- 交付的频率；
- 交付的规模；
- 交付的可靠性；
- 工厂的生产能力；
- 原料的相态(气、液或固)；
- 原料的危险特性(危险原料的库存应保持在最低限度)；
- 与原料储存设备相关的投资成本和操作成本(如存储液化气所用的制冷系统)；
- 冻结在储存原料上的周转资金；
- 能够利用原料采购成本的市场波动而获得经济效益。

类似于原料储存的原因，产品也必须储存。产品输送往往不是连续的。此外，产品通常会交付给不同的客户。如果产品是通过管道输送的(液体或气体)，或连续输送机输送(固体)，那么产品的储存量可以最小化。

产品的储存：

- 平衡生产速度和调度速度之间的差异；
- 在工厂停工维修期间维持产品交付；
- 在工厂意外停产期间继续交付产品；
- 补偿高峰期和季节性需求；

- 在节假日不能发货时储存物料；
- 如果短期市场条件不佳导致销售价格的短期下降时，将物料搁置供以后销售；
- 抑制产品质量的变化。

产品储存的数量将取决于：

- 产品调度的频率；
- 调度的规模；
- 调度的可靠性；
- 工厂的生产能力；
- 产品的相态(气、液或固)；
- 产品的危险特性(危险产品的库存应保持在最低限度)；
- 与产品储存设备相关的投资成本和操作成本(如储存液化气所用的制冷系统)；
- 冻结在储存产品上的周转资金；
- 能够利用产品销售价格的市场波动而获得经济利益。

除了储存原料和产品，化学中间体在加工过程中也经常需要储存。当工艺流程需要在进料与产品之间转换若干步骤时，尤其需要化学中间体的中间储存。它增加了工厂操作的灵活性，例如，考虑一个涉及复杂反应系统伴随复杂分离系统的过程。如果这两个部分能够解耦，就可以简化它们的启动和控制。可以通过在反应段和分离段之间引入中间储罐来实现。对于启动过程，反应段可独立于分离段启动。启动后，反应段产生一种中间化学物质并累积在中间储罐中。

当反应段产出适宜质量的产品并将其送入分离段时，分离段通过从中间储罐进料启动。不符合规格的原料可以单独保存，以便日后返工或处理。中间储罐允许两个部分相互独立操作。这不仅对反应段和分离段的启动及关闭很重要，而且保证了短时间内即使一个部分发生故障另一个部分也能运行。中间储罐也解耦了这两个部分的控制。

反应和分离系统之间的中间储罐也可以抑制两个部分之间的组成、温度和流量(气体和非黏性液体，但不是固体)的变化。与进口物料性质变化相比，储存出口物料性质变化减小。

中间储存量越大，流程操作的灵活性增加的就越大，控制也就越简单。然而，像原料和产品储存一样，中间储存也需要大量的成本，包括投资、运营和操作成本。此外，如果储存的物料只有危险性质，中间储存将带来其他的安全问题。

综上所述，原料、产品和中间储存的数量将取决于投资、运营和操作成本，以及可操作性、控制和安全方面的考虑。

14.6　连续工艺循环结构——总结

反应器设计中过量反应物、稀释剂或热载体的使用对工艺循环结构有显著影响。有时，将不需要的副产物循环至反应器中可以从源头上抑制其形成。如果能实现这一点，它将改善原料的整体使用，并减少排放物处理问题。然而，循环会增加一些成本。

当反应器输出物流中的混合物含有挥发度跨度大的组分时，将气相部分冷凝，然后进行简单的相分离，通常可以得到良好的分离。如果相分离出来的气相难冷凝，那么需要在气相分离过程中进行进一步的分离，如膜分离。相分离出来的液体可以送至液相分离装置，如精馏。

工艺收率是衡量原料效率和环境影响的重要指标。

进料、产品和中间储存的成本是非常重要的。

14.7　习题

1. 通过空气催化氧化将乙烯转化为环氧乙烷，反应如下：

$$C_2H_4+\frac{1}{2}O_2 \longrightarrow C_2H_4O$$

发生一个导致选择性损失的平行反应：

$$C_2H_4+3O_2 \longrightarrow 2CO_2+2H_2O$$

空气(21% O_2，79% N_2)和乙烯(假设是纯物质)按体积比 10∶1 混合。这种混合物与循环物流相混合，两股物流被进入反应器。进入反应器的乙烯中，40%转化为环氧乙烷，20%转化为二氧化碳和水，其余不发生反应。反应器的出口气体经过处理，基本上除去了所有的环氧乙烷和水，剩余物循环利用。为了避免二氧化碳的累积，需要对循环进行分流器放空，从而保持反应器的进料恒定。

① 绘制基本流程图。

② 如果分流器放空中损失的乙烯不超过 8%，则计算分流器放空与循环的比例。

③ 计算相应反应器原料气的组成。

2. 甲苯加氢脱烷基化反应生成苯，反应如下：

$$C_6H_5CH_3+H_2 \longrightarrow C_6H_6+CH_4$$

生成的苯经过一系列的二次甲苯反应生成不需要的副产物，可以用生成联苯的反应来表征：

$$2C_6H_6 \rightleftharpoons 2C_6H_6+H_2$$

实验室研究表明，选择性(即甲苯反应后转化为苯的分率)与转化率(即甲苯所反应的分率)有关：

$$S = 1 - \frac{0.0036}{(1 - X)^{1.544}}$$

式中 S——选择性；

X——转化率。

工厂的氢气进料中含有摩尔分数为 0.05 的甲烷杂质。在第一种情况下，可以假定反应器排出物流含有氢气、甲烷、苯、甲苯和联苯，简单的相分离将产生包含所有氢气和甲烷的气相物流和包含所有芳烃的液相物流。氢气和甲烷将循环到反应器中，并且利用分流器放空来防止甲烷积聚。含有芳香烃的液相物流被分离成纯产品与循环的甲苯。进料和产品的值在表 14.3 中给出。

表 14.3 练习 2 的原料和产品的价格

	摩尔质量/$kg \cdot kmol^{-1}$	价格/ \$ · kg^{-1}
氢气	2	1.06
甲苯	92	0.21
苯	78	0.34

含氢气、甲烷及其副产物联苯的分流器放空物流将在炉中燃烧，其燃料价值见表 14.4。

表 14.4 练习 2 废弃物流的燃料价格

	摩尔质量/$kg \cdot kmol^{-1}$	燃料价格/ \$ · kg^{-1}
氢气	2	0.53
甲烷	16	0.22
联苯	154	0.17

① 对于苯的产率为 $300kmol \cdot h^{-1}$，分流器放空中氢气的摩尔分数为 0.35 的情形，确定氢气的流量与选择性 S 的关系。

② 确定工厂盈利时的反应器转化率范围。

3. 图 14.8 所示为练习 2 中以甲苯为原料生产苯的加氢脱烷基工艺流程。

① 设计该工艺的另外一种循环结构，以提高甲苯制苯收率。

② 提出两种方法用以提高由氢气制取苯的产率。

4. 环氧乙烷(EO)与氨气反应生成单乙醇胺(MEA)的反应如下：

$$C_2H_4O+NH_3 \rightleftharpoons NH_2-CH_2-CH_2OH$$

主要发生两个二次反应生成二乙醇胺(DEA)和三乙醇胺(TEA)：

$$NH_2-CH_2-CH_2OH+C_2H_4O \rightleftharpoons NH\ (CH_2CH_2OH)_2$$

$$NH\ (CH_2CH_2OH)_2+C_2H_4O \rightleftharpoons N\ (CH_2CH_2OH)_3$$

以上反应都是可逆放热的，事实上反应器中 DEA 或 TEA 的存在抑制了胺的生成。

这些组分的正常沸点如下：

组分	沸点/℃
氨气	-33
环氧乙烷	11
单乙醇胺	170
二乙醇胺	269
三乙醇胺	335

这三种胺都有市场需求。假设目标是设计一个柔性工厂，即一个可以生产胺的任何特定组合的工厂。通常，通过氨水反应产生环氧乙烷。所有组分都是水溶性的。

① 氨气与环氧乙烷的比例、中间产品的循环以及从反应中去除中间产物对产品有什么影响?

② 提出一个灵活生产高纯度胺产品的循环分离方案。

5. 考虑一个流程，每次输送的原料提供 10 天的供应量并储存在一个罐中。供应商发货需要 5~15 天，储罐中的最小库存设为 20 天的供应。储罐的尺寸应设计为多少?

参 考 文 献

Douglas JM (1985) A Hierarchical Decision Procedure for Process Synthesis, *AIChE J*, **31**: 353.

Douglas JM (1988) *Conceptual Design of Chemical Processes*, McGraw-Hill.

Powers GJ (1972) Heuristics Synthesis in Process Development, *Chem Eng Prog*, **68**: 88.

Rudd DF, Powers GJ and Siirola JJ (1973) *Process Synthesis*, Prentice-Hall, New Jersey.

Smith R and Linnhoff B (1988) The Design of Separators in the Context of Overall Processes, *Trans IChemE ChERD*, **66**: 195.

Wynn N (2001) Pervaporation Comes of Age, *Chem Eng Prog*, **97**: 66.

第 15 章　连续过程的模拟和优化

在完成了流程初始设计后，要求从材料、能量平衡以及设备的尺寸和经济性对设计进行更精确的评估。因此，需要建立一个流程的仿真模型。仿真模型需要设计多个单元模型(化学反应、分离、变压等)，并由工艺物流进行连接。热力学方程和物性模型是描述流体相行为关键因素，通常使用仿真软件建模。通过流程模拟可评估设计的可行性，确定设计对流程性能的影响。模型可能与经济、产量、产能、安全性、环境影响、可操作性等因素有关。通过优化提高仿真模型的设计性能。

15.1　流程模拟的物性模型

流程模拟首先需要确定体系的物理性质(见附录 A)。通常，在使用模拟软件时，有多种物性方法可供选择。从多个方法中选出最合适的方法对提高设计可靠性至关重要。相平衡性质(如汽-液、液-液、固-液等)通常是最关键的物理性质。热力学性质(如摩尔体积、密度、焓、蒸发焓、比热容、熵)和传递性质(黏度、导热系数、扩散系数)也很重要。预测多组分混合物的物性通常从单组分开始，然后根据混合规则进行组合(见附录 A)。这种混合规则引入的误差取决于物理性质和混合规则的准确性。

应尽可能采用相关实验数据。如果没有这些数据，那么设计人员必须采用估算的方法。估算方法有两大类：

1) 利用化合物的已知性质来估计未知性质的方法。例如 Riedel(1954)提出预测蒸气压的方程：

$$\ln P^{SAT} = A + \frac{B}{T} + C\ln T + DT^6 \qquad (15.1)$$

式中　P^{SAT}——饱和液体蒸气压；

T——绝对温度；

$A，B，C，D$——由临界参数和常压沸点计算的常数(见 Poling，Prausnitz and O'Connell，2001)。

可用已知的临界性质和常压沸点的数据来预测蒸气压。

2) 基团贡献法，即化合物的特定物理性质可认为由化学基团和化学键的贡献组成(例如，乙烯 C_2H_4被认为由两个$=CH_2$基团组成。而氯乙烷 CH_3CH_2Cl 被认为由一个$—CH_3$、一个$—CH_2—$和一个$—Cl$ 构成)。基团贡献法可以使用 Joback 和 Ried(1987)的方法预测关键性质。临界性质可由如下公式预测：

$$T_C = T_{BPT}\left[0.584 + 0.965\sum\Delta_T - \left(\sum\Delta_T\right)^2\right]^{-1}$$

$$P_C = \left(0.113 + 0.0032n_A - \sum\Delta_P\right)^{-2}$$

$$V_C = 17.5 + \sum\Delta_V \qquad (15.2)$$

式中　T_C——临界温度，K；

T_{BPT}——常压沸点，K；

P_C——临界压力，bar；

V_C——临界体积，$cm^3 \cdot mol^{-1}$；

$\Delta_T\Delta_P\ \Delta_V$——基于原子团和化学键参数；

n_A——分子中的原子数。

物性数据所需的精度取决于如何使用数据。一般要考虑三个因素：

1) 设计阶段。与最终设备设计计算相比，用于评估高水平工艺方案的探索性计算需要的物理性能数据精确度不高。

2) 设计方法的可靠性。如果设计方法存在很大的不确定性，则不需使用高精度物性数据。

3) 在低驱动力下质量和能量传递。如果在具有较小驱动力的过程中进行质量传递，则需要高精度的相平衡数据。对低相对挥发度的组分进行精馏就是这种情况。例如，通过精馏分离乙烯中的丙烯和丙烷，二者的相对挥发度非常小。丙烷 K 值预测误差为+1%时，可能需要增加 26%的塔板或增加 25%的回流量（Streich and Kirstenmacher, 1979）。如果进行高纯度精馏，会导致每个塔板的驱动力较小（即在 McCabe-Thiele 图中平衡线和操作线接近），因此需要高精度的相平衡数据。如果热量在具有较小温差的物流之间传递，则需要物流（热容量）的精确焓值，以确保计算能精确反映温度的变化。

设计计算对物性数据是否错误的敏感度不同。例如，黏度误差对计算湍流中压降几乎没有影响。另一方面，当相对挥发度较小时，精馏计算对物性数据的误差较为敏感。确定物性数据是否错误的唯一方法是通过重复计算进行灵敏度检查，微调校正物性数据。

应尽可能验证物性数据，尤其是相平衡数据。例如，假设我们需要得到苯和环己烷混合物的汽液平衡数据。因其为碳氢化合物混合物，通常使用 Peng-Robinson 或 Soave-Redlich-Kwong 状态方程（见附录 A）。苯和环己烷在某情况下会形成共沸物，此时状态方程会得到错误的结果。而另一方面，苯和甲苯的混合物可通过状态方程表示。没有一个汽液平衡模型能应用于所有体系，不同的混合物需要不同的物性模型。采用不合适的物性模型可能会得到结果，但是这些结果是无意义的。在汽液平衡中，数据可通过 x-y 图，温度-组成图或压力-组成图表示，并与实验得到的数据进行比较（Gmehling, Onken and Arlt, 1977; Oellrich et al., 1981），以确保该模型适用于该体系。

15.2 流程模拟单元模型

如前所述，流程模拟首先为各单元建模，然后将它们连接在一起以构成整个流程的模型。对于每个单元模型必须遵守的第一个基本原则是质量守恒：

$$\text{总物料输出} = \text{总物料输入} - \text{物料积累} \tag{15.3}$$

对于反应系统中的独立组分 i：

$$i\text{ 组分物料输出} = i\text{ 组分物料输入} + i\text{ 组分生产} - i\text{ 组分消耗} - i\text{ 组分积累} \tag{15.4}$$

对于间歇过程可能存在累积，但对于稳态下的连续过程：

$$\text{总物料输出} = \text{总物料输入} \tag{15.5}$$

$$i\text{ 组分物料输出} = i\text{ 组分物料输入} + i\text{ 组分生产} - i\text{ 组分消耗} \tag{15.6}$$

可使用质量或摩尔作为流程模拟的单位，但多数情况下对于反应系统更倾向于使用摩尔单位。每个单元还需要有能量转化过程：

$$\text{能量输出} = \text{能量输入} - \text{系统中能量累积} \tag{15.7}$$

对于间歇过程可能存在系统中的能量积累，但对于稳态下的连续过程：

$$\text{能量输出} = \text{能量输入} \tag{15.8}$$

通常，能量输入和输出应该考虑热量、功、动能和势能。在大多数能量平衡计算中，动能和势能的变化可以忽略不计。对于化学反应，可能会产生热量（放热）或消耗热量（吸热），但总能量既不会被反应系统产生也不会被反应系统消耗。反应物和产品中的化学键储存的能量存在差异。

即便使用模拟软件，单元模型的基本参数通常并不明确。模型既可能少于定义变量也可能超过定义变量数。考虑一个简单的二元精馏定义物料平衡的例子。如图 15.1 所示，可以通过等式对精馏进行建模。

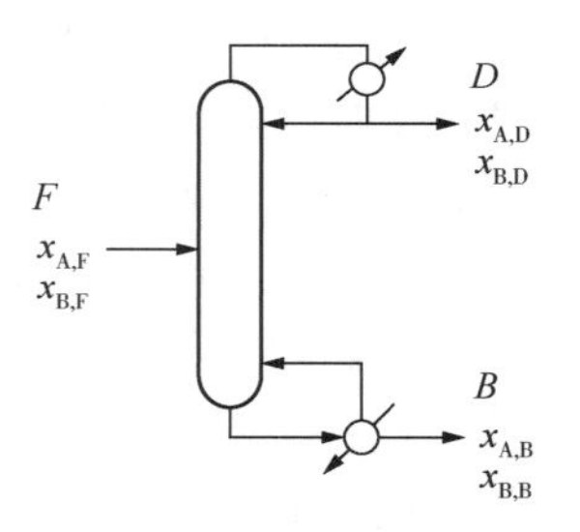

图 15.1 二元精馏物料平衡

物料平衡方程

$$F = D + B \tag{15.9}$$

$$Fx_{A,F} = Dx_{A,D} + Bx_{A,B} \tag{15.10}$$

$$Fx_{B,F} = Dx_{B,D} + Bx_{B,B} \tag{15.11}$$

组成加和式

$$x_{A,F} + x_{B,F} = 1 \tag{15.12}$$

$$x_{A,D} + x_{B,D} = 1 \qquad (15.13)$$

$$x_{A,B} + x_{B,B} = 1 \qquad (15.14)$$

产品收率

$$R_{A,D} = \frac{Dx_{A,D}}{Fx_{A,F}} \qquad (15.15)$$

流率与纯度

$$F = 1000\text{kmol} \cdot \text{h}^{-1} \qquad (15.16)$$

$$D = 500\text{kmol} \cdot \text{h}^{-1} \qquad (15.17)$$

$$x_{A,F} = 0.5 \qquad (15.18)$$

$$x_{A,D} = 0.99 \qquad (15.19)$$

$$R_{A,D} = 0.98 \qquad (15.20)$$

变量数与方程数必须一致。此时变量数为 10（F，$x_{A,F}$，$x_{B,F}$，D，$x_{A,D}$，$x_{B,D}$，B，$x_{A,B}$，$x_{B,B}$，$R_{A,D}$），但方程数为 12。为了得出此模型的唯一解，变量数必须等于方程数。因此，此模型没有唯一解。然而，在舍去方程之前，我们需确保所有方程均相互独立。在上述等式中，可以通过组合等式 2~6 以获得等式 1。或者可以组合方程 1、2、4、5、6 以获得等式 3 等。因此，前 6 个方程不是相互独立的。必须舍弃一个方程，例如舍弃方程 1，而后剩下 5 个独立方程。但问题是仍存在过多的等式，必须再舍弃一个等式。可以舍弃 $D = 500\text{kmol} \cdot \text{h}^{-1}$、$x_{A,D} = 0.99$ 或 $R_{A,D} = 0.98$。那么系统就可以求解了。例如，舍弃方程 $D = 500\text{kmol} \cdot \text{h}^{-1}$。求解方程得出 $D = 494.9\text{kmol} \cdot \text{h}^{-1}$，$B = 505.1\text{kmol} \cdot \text{h}^{-1}$，$x_{A,B} = 0.0199$，$x_{B,B} = 0.98011$。如果再舍弃更多等式，则系统就没有唯一解。

现在考虑图 15.2 中的简单流程图。要模拟此流程图需要以下单元的模型：

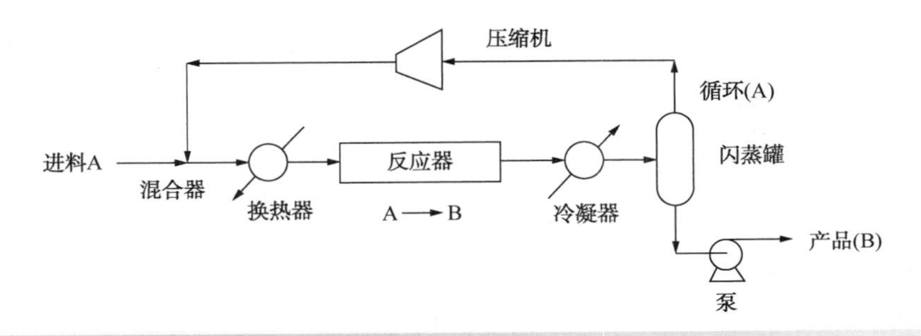

图 15.2　简单流程

1）进料物流。进料需要定义总流量和组成（或组分流量）、温度和压力。固体进料需要更多的信息。

2）混合器。出口条件由物料和能量平衡决定。出口压力通常为两个进料压力中的最小值减去设定的压降。

3）加热器和冷却器。一个简单的加热器不指定加热的热源。类似地，简单的冷却器也不指定用于冷却的冷却剂。供热和冷却可能由公用工程来供给，或者可能处于流程图建模的初步阶段，最终将与其他热源或水槽相连接。简单加热器和冷却器的建模方程为：

$$Q = m\int_{T_1}^{T_2} C_P \mathrm{d}T \qquad (15.21)$$

式中　Q——加热或冷却负荷，kW；
m——物流流率，$\text{kg} \cdot \text{s}^{-1}$；
C_P——以温度为函数的物流热容，$\text{kJ} \cdot \text{kg}^{-1} \cdot \text{K}^{-1}$；
T_1——物流进口温度，℃，K；
T_2——物流出口温度，℃，K。

入口条件由上游单元指定，上游单元可能是进料物流或另一单元。加热器或冷却器的负荷以不同形式指定，出口温度可以通过加热或冷却热负荷来确定。

4）换热器。换热器比简单的加热器或冷却器更复杂，因为热源和冷源都需要在模型中被指定。入口条件将由上游单元规定。第 12 章已经介绍了换热器的更多细节。逆流传热的简单方程由下式给出：

$$Q = UA\Delta T_{LM} = UA\left[\frac{(T_{H1} - T_{C2}) - (T_{H2} - T_{C1})}{\ln\left(\frac{T_{H1} - T_{C2}}{T_{H2} - T_{C1}}\right)}\right] \quad (15.22)$$

$$Q = m_H C_{P,H}(T_{H1} - T_{H2}) \quad (15.23)$$

$$Q = m_C C_{P,C}(T_{C2} - T_{C1}) \quad (15.24)$$

式中 Q——热交换器负荷，kW；

U——总传热系数，$kW \cdot m^{-2} \cdot K^{-1}$，

$=U$（m_H，m_C，物理性质，换热器结构）；

A——传热面积，m^2；

ΔT_{LM}——对数温差，℃，K；

m_H，m_C——热流与冷流流率，$kg \cdot s^{-1}$；

$C_{P,H}$，$C_{P,C}$——冷热物流比热容，$kJ \cdot kg^{-1} \cdot K^{-1}$；

T_{H1}，T_{C1}——冷热物流入口温度，℃，K；

T_{H2}，T_{C2}——冷热物流出口温度，℃，K。

式15.22～式15.24假设了换热器中物流的物性保持不变。另外，式15.22假设为逆流传热。第12章给出了更复杂的模型。指定换热器模型有许多方法。例如可以规定热负荷，由上游单元给定入口条件和流量，计算出口温度和UA值。或者，可以指定UA来计算出口温度和热负荷。另一个选择可以指定总传热系数U和热负荷Q的值，计算传热面积A和出口温度。其他组合也是可能的。如果要计算总传热系数U，则需要提供换热器的几何结构。这些计算在第12章中进行了更详细的讨论，除了热负荷的计算之外，还必须规定或计算换热器两端的压力变化。计算压降需要提供换热器几何结构。流程模拟中最常见的方法是为物流指定合理的压降。

5）反应器。流程模拟中使用三类反应器模型：

① 转化率反应器。通过定义反应转化率规定反应程度：

$$转化率 = X = \frac{(反应物消耗量)}{(反应物进料量)} \quad (15.25)$$

因此，该反应器模型是基于指定每个反应转化率的简单物料平衡模型。

② 平衡反应器。对于一个平衡反应器，具有如下反应：

$$A \Leftrightarrow B \quad (15.26)$$

如第5章所述：平衡常数用反应平衡和平衡转换率来定义。

$$K_a = \frac{y_B}{y_A}(气相反应) \quad (15.27)$$

$$K_a = \frac{x_B}{x_A}(液相反应) \quad (15.28)$$

平衡常数可以是常数，也可以是温度的函数，例如：

$$\ln(K_a) = a + \frac{b}{T} + c\ln(T) + dT \quad (15.29)$$

式中 T——反应温度；

a，b，c，d——由实验或热力学数据得出的常数。

如第5章所述，平衡常数可以由热力学数据计算得出。另一种方法为“吉布斯反应器”，当反应发生在未知的情况下，或者由于反应中有许多组分参与或反应数量很大时，可以使用“吉布斯反应器”。吉布斯反应器模型通过找到最低吉布斯自由能的平衡状态来建立模拟系统。该方法可以有效地找到所有可能的平衡反应，并达到反应平衡，而不需要知道单个反应的平衡常数。反应中仅需列出发生反应的反应组分。使用此方法建模的关键是将组分分为反应物和未反应物。

③ 动力学反应器。第三种方法是建立一个动力学模型，如第4章至第6章所述。必须选择合适反应流动模型。例如，对于式15.26给出的平推流反应，其动力学模型为：

$$\tau = -\int_{C_{A,in}}^{C_{A,out}} \frac{dC_A}{-r_A} \quad (15.30)$$

$$-r_A = k_A C_A - k'_A C_B \quad (15.31)$$

式中 τ——反应器空时，s；

r_A——组分A的反应速率，$kmol \cdot m^{-3} \cdot s^{-1}$；

k_A，k'_A——可逆反应速率常数，s^{-1}；

C_A——组分A的摩尔浓度，$kmol \cdot m^{-3}$；

C_B——组分B的摩尔浓度，$kmol \cdot m^{-3}$。

全混流反应器模型如下：

$$\tau = \frac{C_{A,in} - C_{A,out}}{-r_A} \quad (15.32)$$

$$-r_A = k_A C_A - k'_A C_B \quad (15.33)$$

因此对于基本模型需要指定流动形态和动力学表达式。

6）分离器。图15.2中的流程图显示了一个

相分离器。分离器模型有多种模型可供选择：

① 简单分流器。建模中最简单的分离器是简单分流器，入口物流以特定的比例分流。对于该模型，没有组分的分离并且出口物流具有相同的组分。在简单分流器可以指定压降。

② 组分分流器。在组分分流器中，按比例指定每个组分的分流。对于指定组分闪蒸或精馏分离的初步计算可能是有用的。该分流器适用于难以建模的情况(例如变压吸附，色谱分离，膜分离等)。在组分分流器中也可以指定压降。

③ 闪蒸分离器。如果组分之间的相对挥发度较大，则可使用单级蒸发或冷凝。可以通过热量输入或减压来进行汽化，但分离的程度有限。如果汽液平衡常数 K_i 非常大(通常为 $K_i>10$)，组分 i 将与汽相一起采出。如果 K_i 非常小(通常为 $K_i<0.1$)，则组分 i 将从液相采出(Douglas，1985)。

④ 精馏。如果在建模中使用精馏分离，则需对分离进行定义。由第 8 章总结可知，无论通过何种方式建模，必须指定两个重要的设计参数。它们分别是：

ⅰ. 操作压力。最初，塔顶的操作压力通常是根据需要设置，以便能够在塔顶冷凝器中使用冷却水或空气进行冷凝，应尽可能避免真空操作。如果在冷凝器中使用冷却水或空气冷却需要非常高的操作压力，则应使用高压力和低温冷凝进行操作。过程约束条件可能会限制精馏的最高温度以避免产品分解。在这种情况下，为了降低沸点温度，可能需要真空操作。

ⅱ. 压降。必须指定全塔的压降或每块塔板的压降。

如果精馏塔通过简捷法计算(如 Fenske-Underwood-Gilliland，见第 8 章)，还需要定义以下的参数：

ⅰ. 进料条件。进料条件由 q 表示。对于饱和液体进料 $q=1$，饱和蒸汽进料 $q=0$。

ⅱ. 物料平衡。需要给定轻重关键组分及其在塔顶和塔底的收率。对于关键组分通常是挥发度相邻的组分，但也不是必须这样。对于非关键组分的分离，无法进行控制。根据物料平衡、能量平衡、物性进行分割。Fenske 方程可用于估计产物的组成(全回流)。

ⅲ. 能量平衡。必须规定回流比或实际回流比与最小回流比的比值(R/R_{min})。

如果精馏塔通过严格计算，除了操作压力和压降以外还需定义以下参数：

ⅰ. 进料组分和流率。必须给定进料组分和流率或通过上游单元模块计算得到。

ⅱ. 进料状态。进料状态可由上游单元得到，或由温度、压力和 q 中的两个得到。

ⅲ. 塔板数和塔板分布。必须给定理论板数和进料板位置。对于更复杂的塔，也需要给定塔板分布。

ⅳ. 物料和能量平衡。从塔顶馏出量、塔底采出量、某组分在某产品中的收率(最多指定两个)、回流比、再沸比、冷凝器负荷、再沸器负荷中给定两个变量。也可以给定其他变量。

7) 泵。泵功率可由下式计算：

$$W=\frac{F\Delta P}{\eta} \tag{15.34}$$

式中　W——泵所需功率，$N\cdot m\cdot s^{-1}=J\cdot s^{-1}=W$；

F——体积流量，$m^3\cdot s^{-1}$；

ΔP——泵的压降，$N\cdot m^{-2}$；

η——泵效率。

泵的效率是有效功率和轴功率之比。效率是泵的一个重要参数，大型泵的效率可能高达 90% 而小型泵的可能只有 30%。对于离心泵可以由下式进行估计(Branan，1999)：

$$\begin{aligned}\eta = {} & 0.8-9.367\times10^{-3}\Delta h+5.461\\ & \times10^{-5}\Delta hF-1.514\times10^{-7}\Delta hF^2\\ & +5.820\times10^{-5}\Delta h^2-3.029\times10^{-7}\Delta h^2F\\ & +8.348\times10^{-10}\Delta h^2F^2\end{aligned} \tag{15.35}$$

式中　η——泵效率；

Δh——压头，m；　　$15<\Delta h<90$

F——流率，$m^3\cdot h^{-1}$。　$20<F<230$

流量介于 $5\sim20m^3\cdot h^{-1}$ 时，效率近似于 $20m^3\cdot h^{-1}$ 减去 7.9×10^{-4} 乘以 $20m^3\cdot h^{-1}$ 与所需流量差值(Branan，1999)。

8) 压缩机。压缩机建模有两种基本方法。

① 绝热压缩。图 13.18 为压缩过程的焓/熵曲线。理想压缩遵循入口压力到出口压力垂直(等熵)。实际压缩为熵增过程，如图 13.18 所示。根据定义，等熵效率 η_{IS} 由下式得出：

$$\eta_{IS}=\frac{H_{in}-H_{out,\ IS}}{H_{in}-H_{out}} \tag{15.36}$$

15

式中 η_{IS}——等熵压缩机效率；

H_{in}——进口物料总焓，kJ·s^{-1}；

$H_{out,IS}$——等熵压缩后出口物料总焓，kJ·s^{-1}；

H_{out}——实际压缩出口物料总焓，kJ·s^{-1}。

绝热压缩的实际功率可以通过出口和入口总焓的差异来计算：

$$W = H_{in} - H_{out} = \frac{H_{in} - H_{out,IS}}{\eta_{IS}} \quad (15.37)$$

式中 W——压缩机功率，kJ·s^{-1}。

压缩机的机械效率也可以概括为：

$$W = \frac{H_{in} - H_{out,IS}}{\eta_{IS}\eta_{MECH}} \quad (15.38)$$

式中 η_{MECH}——压缩机机械效率。

机械效率通常为98%~99%，一般可以忽略。从进口焓值开始计算，给定初始焓与压力，计算进口熵。然后，假设出口熵与进口熵相等(等熵)，给定出口压力，计算出口焓。然后根据等熵焓变，将其除以等熵效率得到真实焓变，计算实际的出口焓。忽略任何机械损失，就得到所需的总功率。功率需求可以通过将等熵变化除以等熵效率和机械效率来计算，从而总功率需求值。可以通过状态方程预测物理性质，根据实际出口焓和出口压力计算出口温度(见附录A)。

由于气体的性质(如分解、聚合等)、压缩机的结构、材料以及润滑油的性质，伴随压缩的温度而达到极限。其温度必须低于润滑油的闪点(即其释放足够的蒸汽达到可燃混合物的温度)。在这种情况下，压缩可以分解成带有中间冷却的多级压缩。此外，中间冷却将减少级之间的气体体积，并降低下一级的压缩功率。另一方面，中间冷却器具有的压降将会增加功率消耗，但是与气体冷却功率的降低相比，效果不明显。气体多级压缩的功可由下式得到(见附录G)：

$$r = N\sqrt{\frac{P_{out}}{P_{in}}} \quad (15.39)$$

式中 N——压缩机级数；

r——级压缩比。

式15.39设置压缩比使N级压缩的总压缩功率最小。然而，该式基于绝热理想气体压缩，因此对真实气体压缩不是绝对有效的(见附录G)。此外，还假设了中间冷却回到初始状态，并且中间冷却的气体没有压降，这可能不是中间冷却的真实情况。虽然某些类型的机器可以使用压缩比为7或更高，但是每级的最大值通常取3或4。如果已知最大温度，则可以计算最大压缩比。对于多级过程压缩机，每级都可以有自己的绝热效率。在每级之间，必须规定每个中间冷却器的压降和出口温度。最末级的冷却都将通过外部冷却器处理。

分级压缩不应与压缩机级数混淆。离心压缩机通常有在轴上安装多个叶轮(或轮)，形成不需要冷却的多级压缩机。分级压缩是将压缩过程分解成具有中间冷却的压缩。

等熵效率是压缩机设计和压力比(P_{out}/P_{in})的函数。对于往复式压缩机，等熵效率取决于压缩比、流量、压缩机设计和气体性质，其等熵效率通常在60%~80%。对于离心式压缩机，等熵效率取决于压缩比、流量、压缩机设计和气体性质，其等熵效率通常在70%~90%。考虑到轴承等方面的损失，机械效率通常假定为98%~99%，且常常忽略不计。

绝热压缩建模方法基于状态方程的物性(焓和熵)计算，因此更适合使用软件计算。也可选择其他方法，压缩机设计和操作的更多细节见附录G。

② 多变压缩。绝热模型压缩是沿热力学可逆(等熵)路径进行。沿等熵路径的理想气体绝热压缩可以表示为：

$$PV^{\gamma} = 常数 \quad (15.40)$$

式中 $\gamma = \dfrac{C_P}{C_V} = \dfrac{C_P}{(C_P - R)}$；

C_P——恒压热容；

C_V——恒容热容。

在实际过程中，压缩既不是绝热的也不是可逆的。相反，可以假设气体压缩遵循表达式表示的多变压缩(见附录G)：

$$PV^{n} = 常数 \quad (15.41)$$

式中 n——多变系数。

多变压缩所需的功率可以表示为(见附录G)：

$$W = \frac{n}{n-1}\frac{P_{in}F_{in}N}{\eta_P}[1-(r)^{\frac{(n-1)}{n}}] \quad (15.42)$$

式中 W——气体压缩所需的功率，$N \cdot m \cdot s^{-1} = J \cdot s^{-1} = W$；

n——多变系数；

P_{in}——进口压力，$N \cdot m^{-2}$；

F_{in}——进口体积流量，$m^3 \cdot s^{-1}$；

N——压缩级数；

η_P——多变效率，即多变功率与实际功率的比值；

r——级压缩比，$=N\sqrt{\frac{P_{out}}{P_{in}}}$。

多变效率是气体流量、物性和压缩机设计的函数。在相同的压缩机中进行相同的压缩时，多变效率总是大于等熵效率，且依赖于热容比和压缩比(见第13章)。等熵效率，从根本上是有效的，但如果用于比较不同压缩比的不同压缩机的效率，可能会有误差。对于具有不同压缩比的两台压缩机，由于热力学损失，较高压缩比的压缩机具有较低的等熵效率。这使评估不同的压缩机设计较为困难。对于压缩机之间的比较，由于多变效率的变化不像等熵效率的变化那么大，因此多变效率优于等熵效率。

等熵和多变效率可以通过相同的压缩过程联系在一起(参见第13章)：

$$\eta_{IS} = \frac{\left(\frac{P_{out}}{P_{in}}\right)^{\frac{(\gamma-1)}{\gamma}} - 1}{\left(\frac{P_{out}}{P_{in}}\right)^{\frac{(\gamma-1)}{\gamma\eta_P}} - 1} \quad (15.43)$$

多变系数可以用热容比和多变效率(如来自设备制造商)的关系来计算(见第13章)：

$$n = \frac{\gamma\eta_P}{\gamma\eta_P - \gamma + 1} \quad (15.44)$$

n 的值永远大于 γ。

9) 产品物流。当使用模拟软件时，产品物流也使用此定义。

15.3 流程模型

上一节讨论了流程的各个单元模型。现在这单元模型必须连接起来形成一个工艺体系。正如单个单元模型可能被过度定义或定义不足一样，当单元模型连接成为流程时亦是如此。上面已经指出，如果有 M 个变量和 N 个独立方程，则当 $M=N$ 时有唯一解。如果 $M<N$ 时没有唯一解。如果 $M>N$，则需要从其他来源获取$(M-N)$个变量来获得解。差值$(M-N)$即是自由度 DF 的个数。自由度可以通过增加约束条件消除，也可以用作优化。应该再次指出的是，方程式必须独立(从其他方程导出的变量不是独立的)。在流程中，应考虑单元模型的自由度和连接关系。系统的自由度 DF、每个单元模型的自由度 DF_i，以及连接关系数之间的关系有：

$$DF = \sum_i DF_i - [\text{连接关系数}] \quad (15.45)$$

例如，两个串联的蒸汽加热器为进料物流提供热量，第一个由低压蒸汽供热，第二个由高压蒸汽供热。下游加热器的部分自由度由上游加热器的出口指定。两个加热器之间的温度可被指定。但是，若指定了上游低压蒸汽加热器的出口温度，则下游高压蒸汽加热器的入口温度就能确定。或者，若指定高压蒸汽加热器的入口温度，则上游低压蒸汽加热器的出口温度就能确定。定义变量不足则无法求解。过度定义变量也无法求解，至少无法得到唯一解。任何自由度都可以提供能够进行调整或优化的设计变量。

与单元模型一样，流程还必须符合式15.3~式15.8中规定的物料和能量守恒。

15.4 循环的模拟

一旦建立循环结构后，通常使用模拟软件来评估物料和能量守恒。

要了解模拟软件如何运行，请参照图15.3a中的简单流程。流程涉及将一种组分A到组分B的异构化。将来自反应器的A、B混合物分离为相对纯的A和B，相对纯的A物流循环，相对纯的B作为产物。不会形成副产物且反应器性能可以通过其转化率来表示。分离器的性能通过回收A至循环物流(r_A)中A的回收率与将B回收至产物(r_B)中B的回收率进行表征。

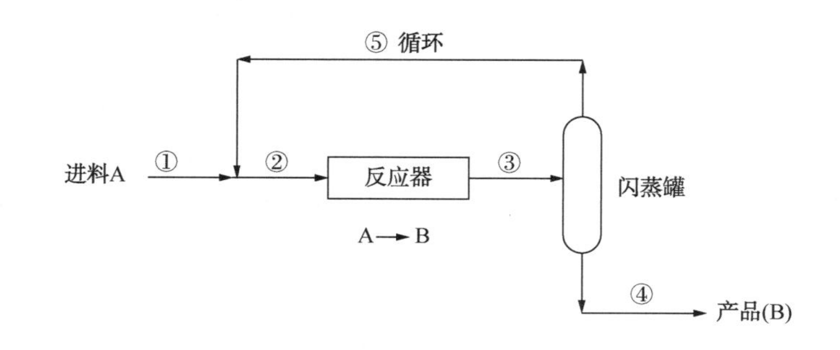

(a)工艺流程

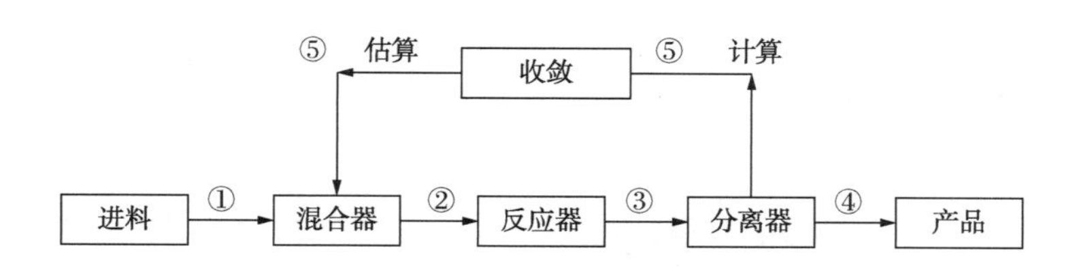

(b)序贯模块计算的结构块

图 15.3 循环的简单流程

为了简化问题，在这种情况下只求解物料平衡方程。如果需要求解物料平衡方程，那么可为图 15.3a 中的流程图列出一系列物料平衡方程：

混合器

$$m_{A,2} = m_{A,1} + m_{A,5} \qquad (15.46)$$

$$m_{B,2} = m_{B,1} + m_{B,5} \qquad (15.47)$$

反应器

$$m_{A,3} = m_{A,2}(1 - X) \qquad (15.48)$$

$$m_{B,3} = m_{B,2} + X m_{A,2} \qquad (15.49)$$

分离器

$$m_{A,4} = m_{A,3}(1 - r_A) \qquad (15.50)$$

$$m_{A,5} = r_A m_{A,3} \qquad (15.51)$$

$$m_{B,4} = r_B m_{B,3} \qquad (15.52)$$

$$m_{B,5} = m_{B,3}(1 - r_B) \qquad (15.53)$$

式中 $m_{i,j}$——物流 j 中组分 i 的摩尔流率；

X——反应器转化率；

r_i——组分 i 的收率。

式 15.46~式 15.53 共有 8 个方程和 13 个变量(每个物流的 m_A、m_B、X、r_A、r_B)。指定进料物流的 $m_{A,1}$和 $m_{B,1}$以及 X、r_A、r_B可以求解一组方程式。有两种求解的基本方法。

1）面向方程法。面向方程法或基于方程的方法同时求解整个方程组。如果问题涉及 n 个设计变量，使用 p 个方程(等式约束)和 q 个不等式约束，问题可表示为：

$$\text{最小值 } h_i(x_1, x_2, \cdots, x_n) = 0 (i = 1, p)$$

$$\text{约束值 } g_j(x_1, x_2, \cdots, x_n) \leqslant 0 (j = 1, q) \qquad (15.54)$$

虽然这种方法对上述简单的物料守恒来说似乎很容易，但是对于能量平衡方程和相平衡方程的循环系统就比较复杂。将描述流程连通性的方程式与描述流程中各种单元模型的方程组合，如果可能的话，将物性方程也纳入方程组(Biegler, Grossman and Westberg, 1997)。方程组的解可由通用非线性方程求得。由于求解物性方程的过程较为困难，其通常被表示为单独的步骤，并与描述流程连通性和单元模型的方程分开(Biegler, Grossman and Westerberg, 1997)。

例如，在上述简单问题中，如果值设置为：

$$m_{A,1} = 100\text{kmol}$$

$$m_{B,1} = 0\text{kmol}$$

$$X = 0.7 \qquad (15.55)$$

$$r_A = 0.95$$
$$r_B = 0.95$$

则可以同时求解方程：

$$m_{A,5} = 39.8601\text{kmol}$$
$$m_{B,5} = 5.1527\text{kmol}$$
$$m_{A,4} = 2.0979\text{kmol}$$
$$m_{B,4} = 97.9021\text{kmol}$$

2）序贯模块法。在序贯模块法中，过程模型方程通过单元操作模块分组。每个单元操作模块为出口物流和单元性能变量与入口物流变量和指定参数相关联的方程。随后每个单元操作模块按顺序求解（Biegler, Grossman and Westerberg, 1997）。每个模块计算的输出值作为下一个模块的输入值，依此类推。图 15.3b 所示为图 15.3a 中流程图的模块结构，信息流的方向通常遵循物料流动的方向。首先创建进料流，然后进入混合器，其中新鲜进料与循环物流混合。但是循环物流的流量和组分是未知的。序贯模块法在循环物流中建立一个撕裂物流。在图 15.3b 中，循环物流本身设有撕裂物流。一般来说，撕裂循环物流本身就是对循环物流的一种自适应选择，它决定了系统（或子系统）必须被定义为非循环的物流。撕裂物流确定系统（或子系统）之间或子系统之间必须循环的蒸汽或物流。一个循环收敛单元或求解器会被加入到撕裂物流中（图 15.3b）。为了计算图 15.3b 中的物料平衡，必须估算循环物流（撕裂物流）的组分摩尔流量。这样方可求解反应器和分离器中的物料平衡。反过来，这又允许计算循环物流的摩尔流率。然后可以通过比较计算的值和估计的值来检测误差是否在指定容差范围内。通常指定的是相对误差，以下形式表示：

$$-\text{容差} \leqslant \frac{f(x) - x}{x} \leqslant \text{容差} \qquad (15.56)$$

式中　x——变量的估计值；

$f(x)$——变量的计算值。

如果某些组分为痕量，则需注意。若估计浓度为 0.5ppm，计算值为 1ppm，其相对误差为 100%。对于大多数变量，其误差值太高，但是对于痕量组分该绝对误差值是可以接受的。在其他情况下，可能需要对痕量组分进行精确定义。可以设置痕量组分阈值，当低于该阈值时忽略收敛标准。循环物流的估计值不太可能在初始估计的容差范围内，若不满足收敛标准，则收敛模块需要更新循环物流的值。

面向方程法和序贯模块法各有其优缺点。序贯模块法直观易懂，它允许设计者在开发过程中与解决方案进行交互，且与面向方程法相比错误更直观。然而，复杂的问题可能难以采取序贯模块法收敛。另一方面，面向方程法可能难以判断错误。它通常不如序贯模块化法那么强大，并且通常需要一个较好的初值来求解。面向方程法的一个主要优点是能够将问题求解过程表述为优化问题，因为设计过程涉及一些优化问题。因此，式 15.54 可以很容易地转化为相应的优化问题，同时优化问题也解决了物料和能量平衡：

最小值

$$f_i(x_1, x_2, \cdots, x_n) \qquad (15.57)$$

约束于 $h_i(x_1, x_2, \cdots, x_n) = 0 (i = 1, p)$

$g_j(x_1, x_2, \cdots, x_n) \leqslant 0 (j = 1, q)$

当然，这两种方法可以组合起来，且序贯模块法可为面向方程法提供初值。

15.5　循环物流的收敛

对于序贯模块法，存在多种可以实现循环物流收敛的方式。

1）直接迭代。最简单的方法是直接迭代、重复迭代或连续迭代（Biegler, Grossman, Westerberg, 1997, Seider, Seader, Lewin, 2010），此方法如图 15.4a 所示，迭代序列是从循环物流 x_1 的初始值开始计算。通过流程响应 $f(x_1)$ 的计算值后变为下一次迭代的值 x_2。即：

$$x_{k+1} = f(x_k) \qquad (15.58)$$

重复此过程，直至满足所有收敛标准，当：

$$x_{k+1} \approx f(x_{k+1}) \qquad (15.59)$$

迭代值满足收敛容差

$$-容差 \leqslant \frac{f(x_{k+1})-x_k}{x_k} \leqslant 容差 \quad (15.60)$$

图 15.4a 所示为直接迭代法收敛的示意图。相比之下，图 15.4b 所示为另一种直接迭代法。不稳定的情况下很少采用直接迭代法。

根据图 15.3 中的示例进行说明。假设公式 15.55 中的初始值为：

$$m_{A,5}=50\text{kmol}$$

$$m_{B,5}=5\text{kmol}$$

表 15.1 所示为使用直接迭代法迭代收敛的过程。

大多数循环问题具有多个变量。若要求解物料平衡，则可以使用摩尔流量或摩尔分数作为收敛变量。当同时求解物料和能量平衡时，通常还需增加压力和焓作为额外收敛变量。对于使用直接迭代的多变量系统，对于第 k 次迭代中的每个变量 i：

$$x_{i,k+1}=f(x_{i,k+1}) \quad (15.61)$$

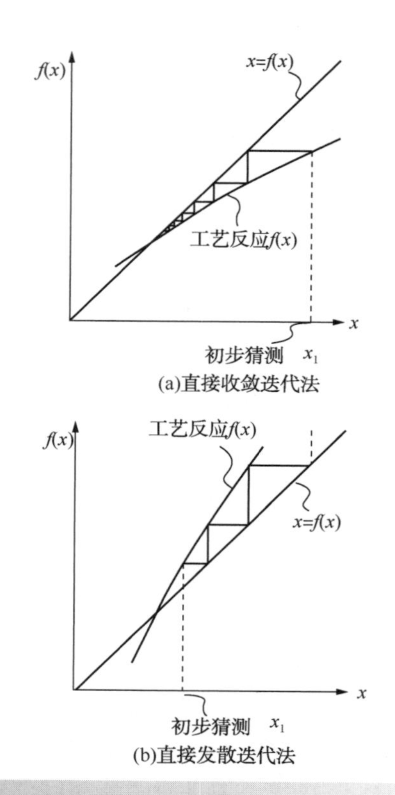

图 15.4 直接迭代法

表 15.1 直接迭代法迭代物料平衡的解

迭代次数	估计值		计算值		相对偏差	
	$m_{A,5}$/kmol	$m_{B,5}$/kmol	$m_{A,5}$/kmol	$m_{B,5}$/kmol	$m_{A,5}$	$m_{B,5}$
1	50	5	42.7500	5.5000	-0.1450	0.1000
2	42.7500	5.500	40.6838	5.2713	-0.0483	-0.0416
3	40.6838	5.2713	40.0949	5.1875	-0.0145	-0.0159
4	40.0949	5.1875	39.9270	5.1627	-0.0042	-0.0048
5	39.9270	5.1627	39.8792	5.1556	-0.0012	-0.0014
6	39.8792	5.1556	39.8656	5.1536	-0.0003	-0.0004
7	39.8656	5.1536	39.8617	5.1530	-0.0001	-0.0001
8	39.8617	5.1530	39.8606	5.1528	0.0000	0.0000

对于多变量问题，误差的均方根（RMS）可被作为一个收敛标准：

$$RMS=\sqrt{\frac{1}{n}\sum_{i=1}^{n}\left(\frac{x_{k+1,i}-x_{k,i}}{x_{k,i}}\right)^2} \leqslant \text{Tolerance} \quad (15.62)$$

使用直接迭代法时变量是相互独立的，但事实并非如此。虽然这种方法在很多情况下都是有效的，但直接迭代法收敛可能需要多次迭代，一些问题可能无法收敛到允许容差。收敛单元可以不使用直接迭代而加速收敛。

2）Wegstein 法。加速收敛最常用的方法是 Wegstein 法（1958），如图 15.5 所示。直接迭代是线性的。可以对两次迭代写出如下线性方程：

$$f(x) = ax + b \quad (15.63)$$

其中 a = 直线的斜率 $= \dfrac{f(x_k) - f(x_{k-1})}{x_k - x_{k-1}}$

$f(x_k)$，$f(x_{k-1})$ = 第 $k/k-1$ 次迭代变量的计算值

x_k，x_{k-1} = 第 $k/k-1$ 次迭代变量的估算值

对于第 k 次迭代，截距可由公式 15.63 定义：

$$b = f(x_k) - ax_k \quad (15.64)$$

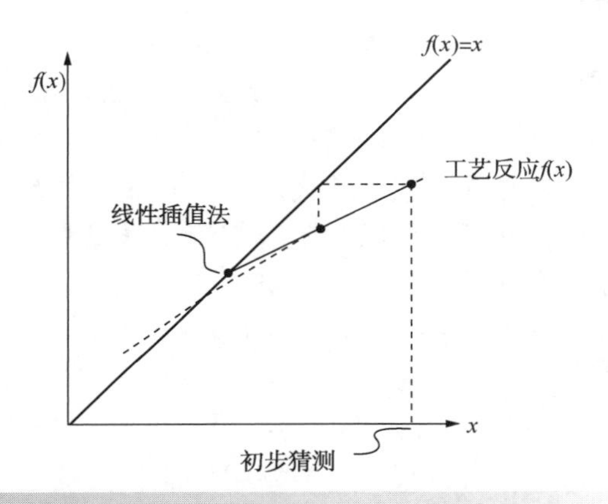

图 15.5 Wegstein 法

将式 15.64 代入式 15.63 中：

$$f(x_{k+1}) = ax_{k+1} + [f(x_k) - ax_k] \quad (15.65)$$

与式 15.65 相交的方程为：

$$f(x_{k+1}) = x_{k+1} \quad (15.66)$$

将式 15.66 代入式 15.65：

$$x_{k+1} = ax_{k+1} + [f(x_k) - ax_k] \quad (15.67)$$

整理式 15.67 得：

$$x_{k+1} = \left(\frac{a}{a-1}\right)x_k - \left(\frac{1}{a-1}\right)f(x_k) \quad (15.68)$$

代入 $q=a/(a-1)$ 得：

$$x_{k+1} = qx_k + (1-q)f(x_k) \quad (15.69)$$

因此，式 15.69 可以用于加速收敛，并被称为 Wegstein 法（Wegstein，1958）。通常为 Wegstein 的加速参数 q 值设置一个范围以防收敛不稳定。如果式 15.69 中的 $q=0$，就变为直接迭代法。如果 $q<0$，即可以加速求解。如果 q 有界如 $0<q<1$，则可能缓慢而稳定的收敛。通常其取值在 $-5<q<0$ 的范围内（Towler，Sinnott，2013）。

在图 15.3 的示例中，直接迭代法如表 15.1 所示。如果在前两次迭代之后应用 Wegstein 法，则：

$$a = \frac{40.6838 - 42.7500}{42.7500 - 50} = 0.2850$$

$$q = -0.3986$$

代入式 15.69 中：$x_{k+1} = -0.3986 \times 42.7500 + [1 - (-0.3986)] \times 40.6838 = 39.8602$kmol

对于多变量问题，公式 15.69 可写为针对第 k 次迭代每个变量 i 的方程：

$$x_{i,k+1} = q_i x_{i,k} + (1 - q_i) f(x_{i,k}) \quad (15.70)$$

其中 $q_i = a_i/(a_i - 1)$

与直接迭代法一样，Wegstein 法将变量视为彼此独立，但实际情况并非如此。该方法于多步直接迭代后开始。然后加速收敛。后面的直接迭代过程被加速，直到收敛。与直接迭代法相比，该方法可更快地求解。

3）Newton-Raphson 法。更为复杂的收敛方法是 Newton-Raphson 法，它利用梯度来解决物流。为了了解这种方法，我们从 Newton-Raphson 方法的最简单的形式开始介绍。为了解决图 15.4 中的循环问题，需要得到解：

$$f(x) = x \quad (15.71)$$

为了使用 Newton-Raphson 法求解方程式，要确定下式的根：

$$g(x) = f(x) - x = 0 \quad (15.72)$$

图 15.6a 所示为 $g(x)$ 在 x_1 处的导数（斜率）$g'(x_1)$。斜率可被定义为：

$$g'(x_1) = \frac{g(x_1) - 0}{x_1 - x_2} \quad (15.73)$$

重新整理：

$$x_2 = x_1 - \frac{g(x_1)}{g'(x_1)} \quad (15.74)$$

因此从 x_1 值的估计值开始，通过式 15.74 来估计 x_2 的值。根据下式重复该过程：

$$x_{k+1}=x_k-\frac{g(x_k)}{g'(x_k)}\text{ 对于 }g'(x_k)\neq 0$$

(15.75)

其中 $g'(x_k)$ 是 $g(x)$ 在 x_k 处第 k 次迭代的导数。重复使用式 15.75，直到解的连续近似变化值小于可接受容差。

该过程如图 15.6a 所示。$f(x)$ 的等效示意图如图 15.6b 所示。该方法的一个显著缺点是需要梯度(导数)。对于显函数，可以通过分析求得导数。而对于一般的过程模拟，尤其是循环收敛过程，无法直接求得导数，梯度必须通过改变微小值 δx 的数值扰动来近似求解。使用这种方法会引入一些误差，则公式 15.75 变为：

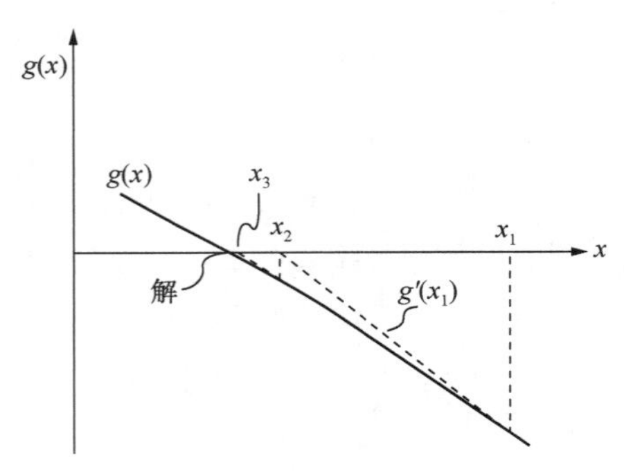

(a)基于Newton-Raphson求g(x)的解

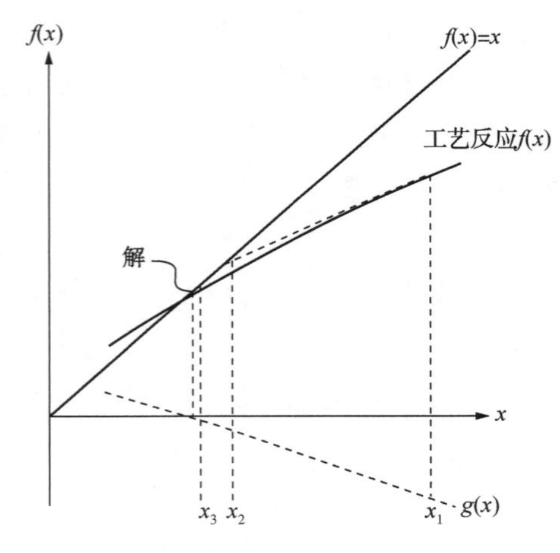

(b)基于Newton-Raphson求f(x)=x的解

图 15.6 Newton-Raphson 法

$$x_{k+1}=x_k-\frac{g(x_k)}{g(x_k+\delta x)-g(x_k)}\delta x$$

(15.76)

例如，在表 15.1 进行两次迭代之后，应用 Newton-Raphson 加速求解图 15.3a 中的问题：

$x_k = 42.75\text{kmol}$, $f(x_k) = 40.6838\text{kmol}$

$g(x_k) = 40.6838 - 42.7500 = -2.0663\text{kmol}$

令 $x_k = 0.1$：

$x_k + \delta x = 42.7500 + 0.1 = 42.8500\text{kmol}$

通过单元操作模块求解 $f(x+\delta x)$：

$f(x_k + \delta x) = 40.7123\text{kmol}$, $g(x_k + \delta x)$

$= 40.7123 - 42.8500 = -2.1378\text{kmol}$

使用式 15.76 的 Newton-Raphson 法加速求解：

$$x_{k+1}=42.7500-\frac{-2.0663}{-2.1378-(-2.0663)}\times 0.1 = 39.8601\text{kmol}$$

这显然优于直接迭代。对于有 n 个循环变量的多变量问题，可以为撕裂物流变量编写一个具有 n 个未知数的 n 阶方程组：

$$\begin{aligned}g_1(x_1,\ x_2,\ \cdots x_n)&=0\\g_2(x_1,\ x_2,\ \cdots x_n)&=0\\g_n(x_1,\ x_2,\ \cdots x_n)&=0\end{aligned}\qquad(15.77)$$

每个 n 阶方程均为与撕裂物流相关的 n 个未知数的函数。用向量表示，记为：

$$\mathbf{g}(\mathbf{x})=0\qquad(15.78)$$

Newton-Raphson 法记为：

$$x_{k+1}=x_k-J_k^{-1}g(x_k)\qquad(15.79)$$

其中 x_k 和 x_{k+1} 是第 k 和 $k+1$ 次迭代中的变量 x_i 的向量，$g(x_k)$ 是第 k 次迭代中函数 g_i 的向量，J_k 是偏导数的 Jacobian 矩阵：

$$J_k=\begin{bmatrix}\frac{\partial g_1}{\partial x_1} & \frac{\partial g_1}{\partial x_2} & \cdots & \frac{\partial g_1}{\partial x_n}\\ \frac{\partial g_2}{\partial x_1} & \frac{\partial g_2}{\partial x_2} & \cdots & \frac{\partial g_2}{\partial x_n}\\ \cdot & \cdot & \cdots & \cdot\\ \cdot & \cdot & \cdots & \cdot\\ \frac{\partial g_n}{\partial x_1} & \frac{\partial g_n}{\partial x_2} & \cdots\cdots & \frac{\partial g_n}{\partial x_n}\end{bmatrix}_k\qquad(15.80)$$

Jacobian 在少数情况下可以分析每个变量偏导数进行直接估算，然而，在大多数情况下，Jacobian 必须用循环变量的小扰动来确定数值，如下所示：

$$J_K = \begin{bmatrix} \frac{g_1(x_1+\delta x_1)-g_1(x_1)}{\delta x_1} & \frac{g_1(x_2+\delta x_2)-g_1(x_2)}{\delta x_2} & \cdots & \frac{g_1(x_n+\delta x_n)-g_1(x_n)}{\delta x_n} \\ \frac{g_2(x_1+\delta x_1)-g_2(x_1)}{\delta x_1} & \frac{g_2(x_2+\delta x_2)-g_2(x_2)}{\delta x_2} & \cdots & \frac{g_2(x_n+\delta x_n)-g_2(x_n)}{\delta x_n} \\ & & \cdots & \\ & & \cdots & \\ \frac{g_n(x_1+\delta x_1)-g_n(x_1)}{\delta x_1} & \frac{g_n(x_2+\delta x_2)-g_n(x_2)}{\delta x_2} & \cdots & \frac{g_n(x_n+\delta x_n)-g_n(x_n)}{\delta x_n} \end{bmatrix}_K \quad (15.81)$$

使用这种方法，首先要预估循环变量 x_i。然后，随后使用初始值来计算新的 x_i 值来对循环回路中的单元模型进行评估。为了计算 Jacobian 的具体值，逐次为每个 x_i 值增加扰动。对于每个扰动，通过求解循环回路中的单元模型来确定流程响应。然后重新设置 x_i 的值，并对下一个变量添加扰动，依此类推，求得 Jacobian 矩阵的偏导数。循环变量的新值由式 15.79 确定。Newton-Raphson 法从直接迭代开始，然后加速收敛。后续的直接迭代过程均被加速，重复该过程，直到误差小于规定容差。收敛准则通常依据均方根误差。这种方法在计算上非常复杂。更有效的方法是 Secant 或 Quasi-Newton 法。Newton-Raphson 法对于具有复杂循环结构或设计规定的系统均有效（见第 15.6 节）。

4）secant 法。不使用一阶导数来确定 $g(x)$ 的根，而使用连续的迭代值来确定根的位置。Newton-Raphson 法的一阶导数近似为：

$$g'(x_k) \approx \frac{g(x_k) - g(x_{k-1})}{x_k - x_{k-1}} \quad (15.82)$$

因此对于单变量问题，secant 法有：

$$x_{k+1} = x_k - g(x_k)\frac{x_k - x_{k-1}}{g(x_k) - g(x_{k-1})} \quad (15.83)$$

secant 法类似于带数值导数的 Newton-Raphson 法，但使用了较大的扰动而不是小扰动来估算斜率。图 15.7 将 Newton-Raphson 法和 secant 法的第一次迭代进行了对比。secant 法的优点在于仅需计算 $g(x)$，而 Newton-Raphson 法需要在每次迭代中计算 $g(x)$ 和 $g'(x)$。secant 法需要指定最大步长。例如，在表 15.1 中的两次迭代之后，对图 15.3a 中的问题使用 secant 法加速迭代：

$$x_{k-1} = 50.00\text{kmol},\ f(x_k) = 42.7500\text{kmol}$$
$$g(x_k) = 42.75 - 50.00 = -7.25\text{kmol}$$
$$x_k = 42.75\text{kmol},\ f(x_k) = 40.6838\text{kmol}$$

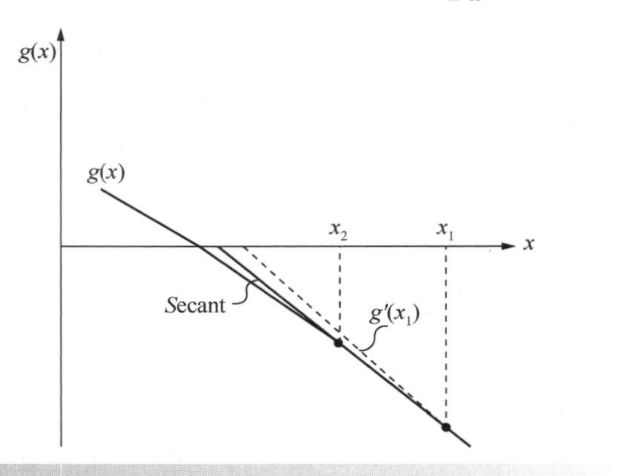

图 15.7　secant 法

$$g(x_k) = 40.6838 - 42.7500 = -2.0663\text{kmol}$$

使用式 15.83 的 secant 法加速迭代：

$$x_{k+1} = 42.7500 - (7.25)\left[\frac{42.75 - 50.00}{-2.0663 - (-7.2500)}\right] = 39.8601\text{kmol}$$

secant 法结果优于直接迭代结果。应该注意的是，Wegstein、Newton-Raphson 和 Secant 法的加速迭代在该例下效果是相同的。这是由于在这个简单的例子中流程响应结果曲线为线性。对于多变量问题，通常使用 Broyden 法（1965）。Broyden 法类似于多变量 Newton-Raphson 法，但使用了 Jacobian 的近似值。单变量 Secant 方程（式 15.83）可被广义化用于确定 Jacobian 近似值：

$$J_k(x_k - x_{k-1}) \approx g(x_k) - g(x_{k-1}) \quad (15.84)$$

但是，上式并不能为计算整个矩阵提供足够的信息。该方法使用了估算值 J_{k-1}，该值满足式 15.84 的最小变量。有多种方法可以确定 Jacobian 的近似值，由于不在讨论范围内，这里没有详细介绍。确定 Jacobian 近似值后，该方法按照 Newton-Raphson 法（式 15.79）进行，并随着迭代的进行更新 Jacobian 近似值。与 Newton-Raphson 法相同，Broyden 法从加速前的直接迭代开始。Broyden 法比 Newton–Raphson 法迭代更快，但可靠性低。与 Newton–Raphson 法类似，它对于复杂的循环结构和设计规定十分有用(见第 15.6 节)。

例 15.1 ① 例 14.2 的反应器出口物流中甲烷在循环和分流器放空物流中的摩尔分数为 0.4，计算 40℃下分相器中的实际分离情况。该混合物的相平衡可由假设二元交互参数为零的 Peng–Robinson 状态方程表示。可用多种计算机模拟软件进行计算。

② 不使用清晰分割，而使用实际相平衡数据重复计算例 14.2 中的相平衡。可使用模拟软件直接迭代计算收敛循环。

解：① 按照表 14.2 的进料情况进行两相分离，其结果如表 15.2 所示：

表 15.2 使用 Peng–Robinson 状态方程计算的相平衡结果

组分	反应器出口流量/kmol · h^{-1}	分相器气相流量/kmol · h^{-1}	分相器液相流量/kmol · h^{-1}
氢气	1554	1550	4
甲烷	1036	1020	16
苯	265	17.8	247.2
甲苯	91	2.3	88.7
联苯	4	0	4

40℃时的相分离使氢气和甲烷很好地分离为气相，苯、甲苯和二苯基很好地分离为液相。在这样的条件下，氢气和甲烷均高于其临界温度，属于不凝气体。然而，部分氢气和甲烷溶于液相。同样，气相中夹带部分芳烃。故得出重要结论，即为将氢气和甲烷从液相中分离出来需要对图 14.8 所示中的流程进行改进。这就需在分离芳烃之前，使用另一个精馏塔来将氢气、甲烷从混合芳烃中分离出来。

读者或许会注意到，当两相分离的温度升高或压力降低时，氢气、甲烷和其他组分之间的分离将变得更难。

② 假设两相分离在 40bar 和 40℃下进行，使用 Peng–Robinson 状态方程进行严格相平衡计算，由软件模拟出的反应器出口物流和循环物流组成如表 15.3 所示。

表 15.3 用 Peng–Robinson 状态方程计算反应器出口物流组成和相分离，并对例 15.1 的循环问题求解

组分	反应器出口流量/kmol · h^{-1}	分相器气相流量/kmol · h^{-1}	分相器液相流量/kmol · h^{-1}
氢气	1536	1532	4
甲烷	1053	1036	17
苯	283	18	265
甲苯	93	3	90
联苯	4	0	4

将该结果与例 14.2 中基于两相清晰分割的结果进行比较，其误差极小。然而，通过研究表 15.4 给出的分相器 K 值后，发现这并不奇怪。

表 15.4 基于 Peng–Robinson 状态方程的相分离系数 K 值

组分	K_i
氢气	54
甲烷	8.9
苯	0.010
甲苯	0.0037
联苯	1.2×10^{-5}

两相分离的温度远高于氢气和甲烷的临界温度，导致其 K 值较大。另一方面，苯、甲苯和联苯的 K 值都非常小，因此在这种情况下，使用例 14.2 中的清晰分割假设是可行的。

15.6 设计规定

对于序贯模块法，可以使用设计规定来规定流程中的值，否则可能需要经过重复模拟、试差才能得出所需的值。例如，必须指定进入流程的进料流量，但可能也需要指定离开流程的产品流量。由于装置各处的物料损失，进料与产品之间的关联通常并不明确。通过在模拟模块中添加设计规定来指定产品流量，设计规范单元的作用类似于过程控制器。指定流程中的期望值，使用设计规定操纵变量以获得期望值。在指定产品流量的情况下，通过设计规定改变进料流量以达到期望的产品流量。另一个例子，需要将气体循环物流中的一个组分的浓度指定为其最大可接受值。此时必须首先明确单元输入变量、过程进料变量或其他特定的输入参数，以便控制循环物流组成。此单元可以是一个净化分离器的分流部分。选好要控制的变量。变量可以是循环或净化物流的组成。然后使用设计规定来连接两者并且操纵净化分流部分以达到期望的循环物流纯度。以这种方式，设计规定模拟了反馈控制器的稳态效果。设计规定只能操纵一个变量的值。添加设计规定会创建一个循环，该循环需要在被控变量和操纵变量之间加入收敛模块。每个设计规定都需要收敛模块。调整操纵变量直到收敛：

$$|\text{给定值}-\text{计算值}|\leq\text{容差} \qquad (15.85)$$

当将循环收敛与设计规范进行比较时，在设计规定中指定解的前提下将迭代过程中的值与正确的值进行比较。在循环收敛中，仅在相邻迭代值之间进行比较。一个合适的操纵变量估计值将有助于减少设计规定中的迭代收敛次数。这一点对带有大量循环的复杂流程尤为重要。

15.7　流程顺序

当处理比图 15.3 中更复杂的流程时，序贯模块法的计算顺序很重要。首先要考虑的是为撕裂物流设置合适的初值。此后，撕裂物流的选择应尽量降低求解的复杂性。对于图 15.8a 中的模块流程图，直接看去有五个撕裂物流。图 15.8b 所示为重新排序后的计算顺序。该计算顺序只需要两个撕裂物流而不是五个撕裂物流。这将极大地简化计算。同样在图 15.8b 中，将计算分为两组。同一个分区中的模块必须同时计算求解。在图 15.8b 中，在第一个分区得到解之前，几乎不会对第二个分区求解。如果分区中有多股撕裂物流，撕裂物流可以按一定顺序收敛或同时收敛。对于流程的划分和撕裂有多种算法（Biegler, Grossman and Westerberg, 1997）。与其撕裂最小数量的撕裂物流，不如优先考虑能够提供良好估计的撕裂物流，而不考虑与最小撕裂物流的兼容性。一些软件可以自动识别最少撕裂物流数。然而，若能为某些物流提供良好初值，设计人员可能会更改撕裂物流。

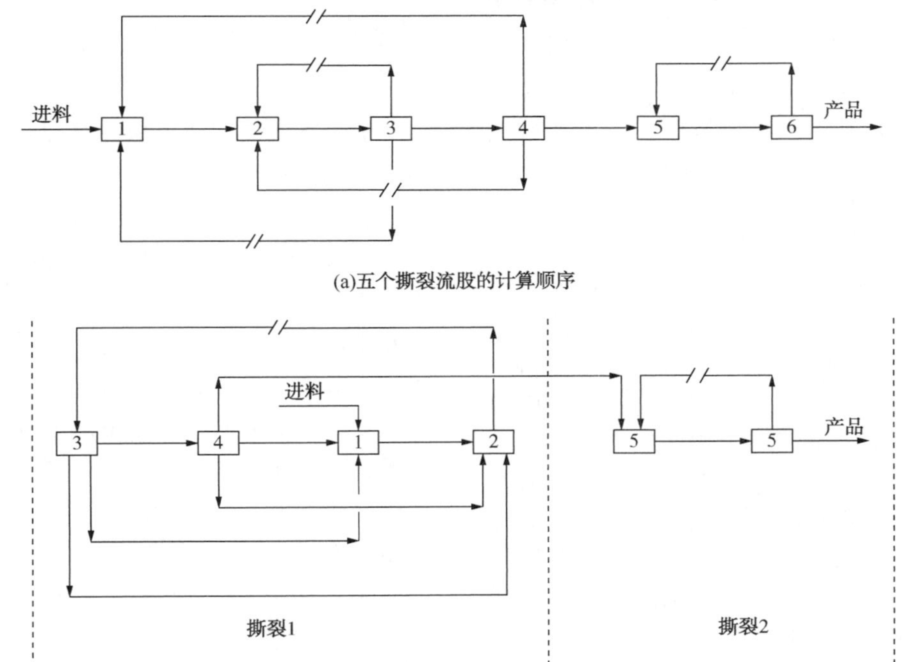

图 15.8　复杂流程的划分与撕裂

15.8 模型验证

所有流程模拟模型都应进行验证。一味地接受来自模拟软件的全部输出结果是不可靠的。然而，物性模型或单元模型的选取不当可能会导致结果无法代表实际生产过程，在最坏的情况下结果甚至可能是完全错误的。验证流程模拟的最佳方法是尝试对与设计的流程或流程类似的现有操作或流程进行建模。评估工艺是否相似的关键点在于产物组分、压力和温度。如果模拟的目的是为了辅助了解或修改现有工艺，那么可以通过将模型与现有操作进行比较而验证。但如果模拟的目的是设计，验证可能就没有那么简单。在适应新环境之前，设计人员应尝试识别关键单元模型所需要的操作数据，并通过模拟模型再现报告性能。如果可能的话，也可以使用整个流程的报告数据来帮助验证模型。

15.9 过程优化

一旦确定了反应、分离和循环系统的结构，并据此建立仿真模型后，就可以优化对整个工艺过程经济有重要影响的自由度。这种优化通常会自动执行。然而，正如第 3 章所述，由于优化较为困难，特别是优化非线性问题时，了解期望的趋势十分重要。这里仅考虑对反应器转化率和循环系统预期趋势的优化。

1）反应器转化率的优化。反应器转化率可能是变化的。如果更改了反应器转换率以使其值达到最大，则不仅影响反应器的尺寸和性能，还会影响分离系统。因为其分离任务发生了变化，循环量的多少也会改变。如果循环需要使用压缩机，循环压缩机的设备费用和操作成本也将发生变化。此外，与反应器相关的加热和冷却负荷以及分离和循环系统也将发生变化。随着反应器转化率的增加，反应器体积增加，因此反应器设备成本也增加。同时，需要分离的未转化进料量减少，因此未转化进料的循环回收成本降低。

考虑一个由进料反应得到产物的简单反应：

$$\text{进料} \longrightarrow \text{产物} \qquad (15.86)$$

流程设计从反应器开始。由反应器流出的物流含有需要分离的产物和未反应的进料。如果循环回收反应物流为液体，则未反应的进料通过泵循环回到反应器中，如果循环回收反应物流为气体，则未反应的进料通过压缩机循环回到反应器中。

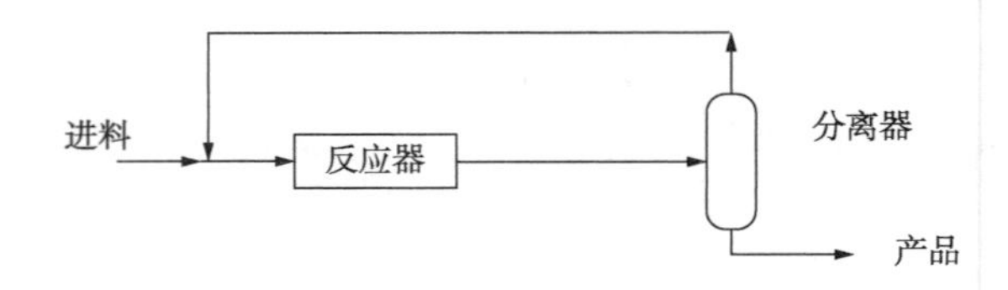

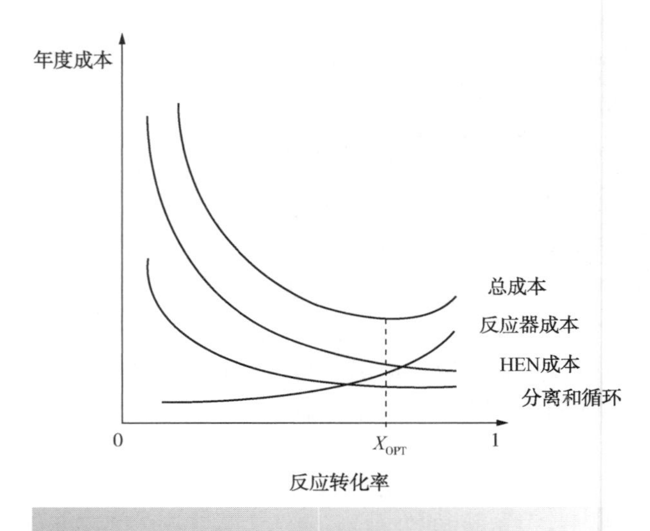

图 15.9　作为反应器转换率函数的总成本权衡

如第 2 章所述，可以通过最低成本或最大经济潜力（EP）的方法来实现系统优化。如图 15.9 所示，根据洋葱模型（Smith and Linnhoff，1988），说明了式 15.86 表示的反应过程成本。在图 15.9 中，因为高转化率需要更大的反应器体积，因此导致更高的设备费用，年度反应器费用（仅设备）增加。分离和循环的年化成本（仅在这种情况下为成本）随着反应器转化率的增加而降低，因为用于分离和循环的未反应进料减少。如果循环需要压缩机，则压缩机的设备费用和操作成本将被包含在分离费用中。换热器网络和公用工程的成本是所有热交换器、加热器和冷却器的年能耗费用和年设备费用的总和。后面将在没有详细设计的情况下，详细说明如何估算换热网络的能耗费用。图 15.9 所示，换热网络和设备费用随着转化率的增加而降低，这是因为分离负荷、加热和冷却循环物流的负荷降低。将反应器、分离、循环以及换热网络成本合并为一个年总费用(能耗和设备)，得到一个最佳反应转化率。从图 15.9 可以看出，在这个例子中，热集成或换热网络和公用工程对最佳转化率有重要影响。在其他情况下，不同成本的相对重要性将有所不同。

如果换热网络的成本改变，那么或许可以通过能耗费用的变化，改变反应器的最佳转化率。这一变化可能会确定不同的最佳反应器转化率，从而确定不同的分离器设计和工艺流率。

在图 15.9 中，最佳转化率的唯一成本来自高值反应器的成本。因此，对于这种简单的反应系统，可期待较高的最佳转化率。这是第 5 章中简单反应体系的反应器选择 0.95 作为最大转化率的原因。

在图 15.9 中，实际费用与最大转化率曲线约束于反应器最大转化率 1.0。如果是可逆反应，那么可以得到类似的结果。然而，该结果不是受反应器转化率 1.0 的约束，而是受到平衡转化的约束(见第 5 章)。

考虑包含多个反应的过程示例：

$$\text{进料} \longrightarrow \text{产物}$$
$$\text{进料} \longrightarrow \text{副产物} \tag{15.87}$$

因为反应器的流出物为反应物、产物和副产物的混合物，所以需要一个额外的分离器来分离这一混合物。经济权衡变得更加复杂，必须增加新的成本来进行权衡。这是由于原料利用率低形成副产物。如果产品的生成量维持不变，仅改变副产物的生成条件，成本可以定义为(Smith and Omidkhah Nasrin，1993a)：

$$\text{副产物形成导致的费用} = \text{副产物损失的原料费用} - \text{副产物价值} \tag{15.88}$$

若生成的产品的价值与反应的原料的价值是相当的。或者，如果副产物没有价值，费用应包含处理副产物的费用：

$$\text{副产物形成导致的费用} = \text{副产物损失的原料费用} + \text{副产物的处理费} \tag{15.89}$$

仅考虑生成副产物的原料，原则上可以减少原料成本。转化成所需产品的原料成本是必须的。原则上可避免的原料成本与反应的化学计量要求中不可避免的成本是有差异的。(Smith and Omidkhah Nasrin，1993a，1993b)。

图 15.10 所示为典型的成本权衡。在高转化率下，原料成本主要由形成的副产物决定。这是因为对不需要的副产物的反应本质上是连续的，导致在高转化率下选择性变得很低。在第 4 章中，反应器转化率的初始值为该反应体系最大转化率的 0.5 倍。图 15.10 清楚地揭示了高反应器转化率设置不合理的原因。副产物的形成成本导致最优转化率降低。另外，如果主反应可逆，也将会得到类似的结果。在这种情况下，曲线不受反应器转化率 1.0 的限制，而将受到反应平衡转化的限制(见第 5 章)。

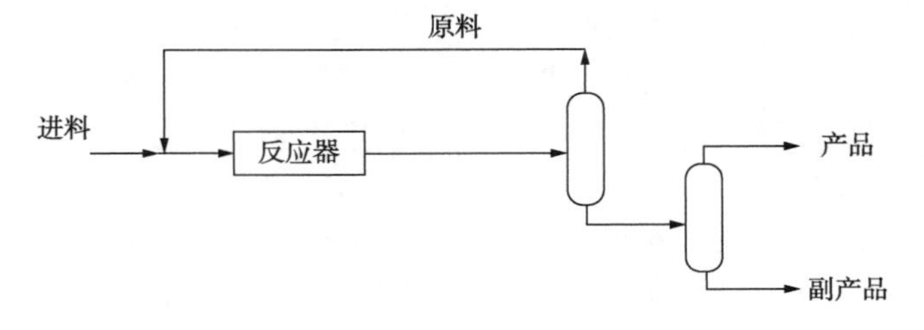

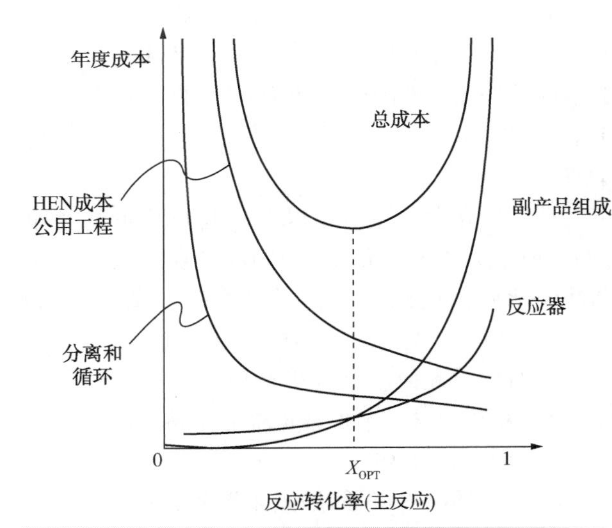

图 15.10　有副产物生成的二次反应过程的成本权衡

另外，如果有两个分离器，分离的顺序可以改变。两个流程之间的权衡也将不同。可以使用第 10、11 章中描述的方法进行不同分离序列的选择。然而，随着反应器转化率的改变，最合适的分离序列也可能发生改变。也就是说，不同的反应器转化率适用的分离系统结构不同。

2）涉及分流器放空工艺的优化。如果需要通过分流器放空除去进料中的杂质或反应中的副产物，则循环中的杂质浓度可以作为一个自由度而发生变化。如果允许较高浓度的杂质存在，则可以减少分流器放空物流中可利用原料的损失。但额外杂质的回收成本以及循环设备成本的增加可以抵消原料成本的下降。再循环浓度的变化也会影响整个流程。

与副产物损失的情况一样，在进行分流器放空时，需要权衡增加的这一项成本。这是由于分流器放空损失造成的原料成本增加。如果产品组分不变，这个成本可以定义为(Smith and Omidkhah Nasrin，1993a，1993b)：

物流放空损失的价值=原料进入放空损失的价值
-放空物流本身能产生的价值 (15.90)

分流器放空通常是一种混合物，有时具有燃料价值。或者，如果分流器放空必须通过废弃处理时：

物流放空损失的价值=原料进入放空损失的价值
+处置放空物流所需的成本 (15.91)

同样，与副产物情况一样，原则上将可避免的那些原料成本(即放空损失)与无法避免的原料成本区分开来(即转化为所需产品的进料需求)。考虑了式15.86中反应的权衡，但原料中含有杂质。

现在优化两个变量。既要优化反应器转化率(如前所述)，还要优化循环中的杂质浓度。对于循环中杂质浓度的设定，可以生成如图15.9和图15.10所示类似的一组曲线。图15.11所示为进料中的杂质和回收过程中杂质浓度固定的分流器放空过程的权衡曲线(Smith and Omidkhah Nasrin，1993a，1993b)。

随着循环中的杂质浓度的变化，每个成本都随反应器转化率的变化而变化，进而组成一系列曲线。反应器成本(仅成本)随着转化率的增加而增加(见图15.12a)。如前所述分离和回收成本降低(见图15.12b)。图15.12c显示了换热网络及其设备成本随着转化率的增加而降低。图15.12中的每部分成本都随着循环中杂质浓度的增加而增加。

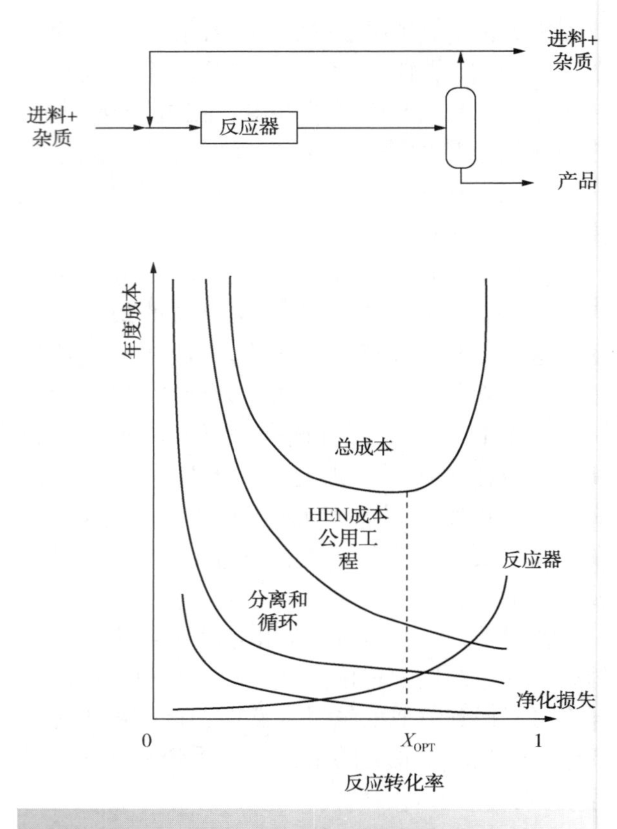

图15.11 循环中固定杂质浓度过程的成本权衡

图15.13所示为不同分流器放空损失成本的趋势。图15.13a所示为分流器放空过程中损失的原料相对于燃料价值较高的分流器的典型成本曲线。图15.13b所示为当分流器放空过程中损失的原料相对于燃料价值较低的分流器典型成本曲线。如果过程产生了副产物，并且分流器放空物有价值，则成本变化趋势更为复杂，如图15.13c所示。分流器放空损失成本呈现出一种基于原料和分流器放空相对成本的复杂关系(Smith and Omidkhah Nasrin，1993a，1993b)。

图15.14所示为各组分总成本的加和，总成本随反应器转化率和循环的杂质浓度而变化。设置的每一个循环杂质浓度都显示了最佳反应器转化率的成本曲线。循环杂质浓度的每个设定值都具有最佳反应器转化率的成本分布。随着循环杂质浓度的增加，总成本先降低，随后增加。图15.14中的最佳条件是在 $y=0.6$ 和 $X=0.5$ 的区域，然而最佳值附近的曲线平滑。

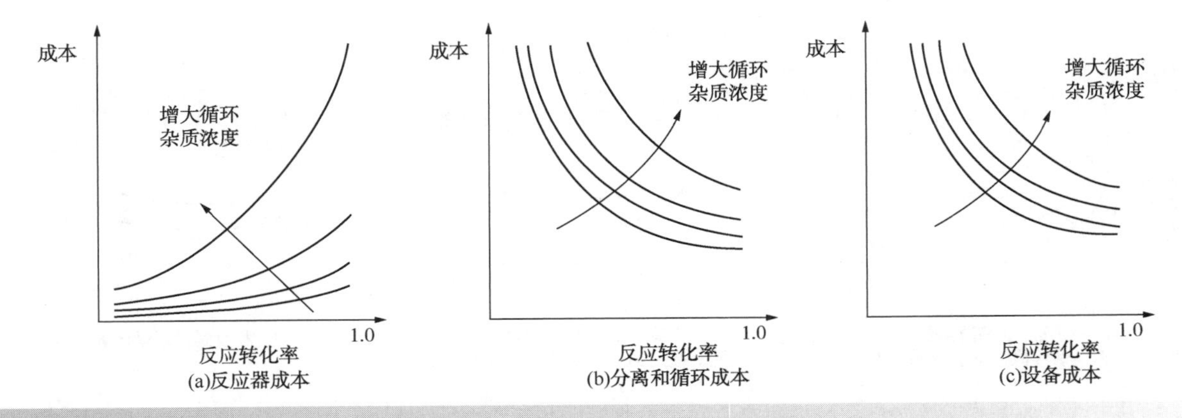

图 15. 12　随循环中的杂质浓度变化的成本权衡

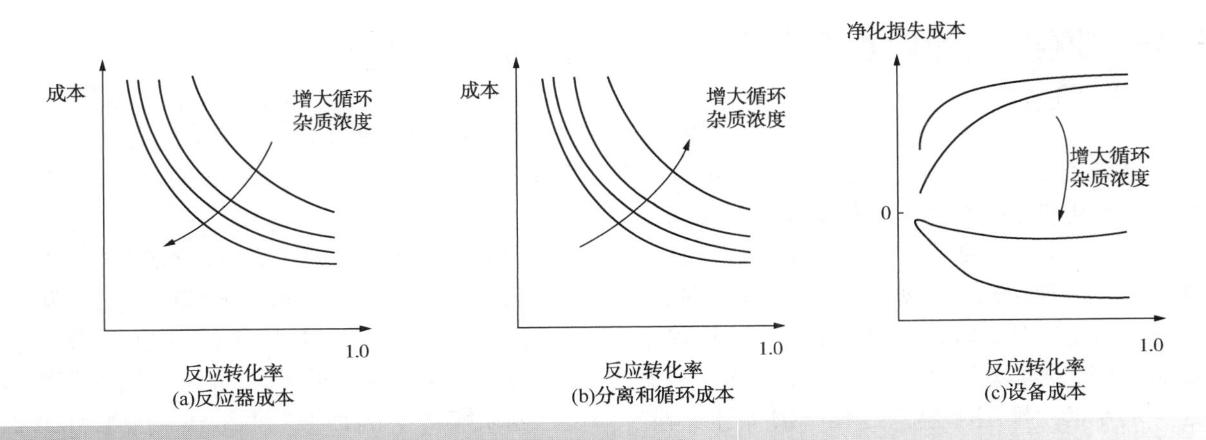

图 15. 13　随反应器转化率和循环中的杂质浓度的变化的成本权衡

如图 15. 15 所示的等值线图是另一种权衡方法。图 15. 15a 中的等值线是恒定总成本线。优化的目的是找到最低点。通常是设置第一个变量，然后优化第二个变量。而后设置第二个变量，优化第一个变量，正如第 3 章所讨论的，不断进行单变量搜索。如图 15. 15b 所示，首先设置反应器转化率(X)和优化杂质浓度(y)。然后设置杂质浓度并优化反应器转化率。在这种情况下，经过两次近似搜索得到最优解(图 15. 15c)。该最优值是否可行取决于解所在区域的平滑度。如第 3 章所述，这样的策略能否得到实际最优值取决于空间的形状和优化的初值。其他的优化策略已在第 3 章中讨论过了。

显然，分流器放空并不限于处理杂质。也可处理副产物。与优化反应器转化率一样，再循环杂质浓度的变化也可能改变最合适的分离

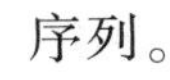
序列。

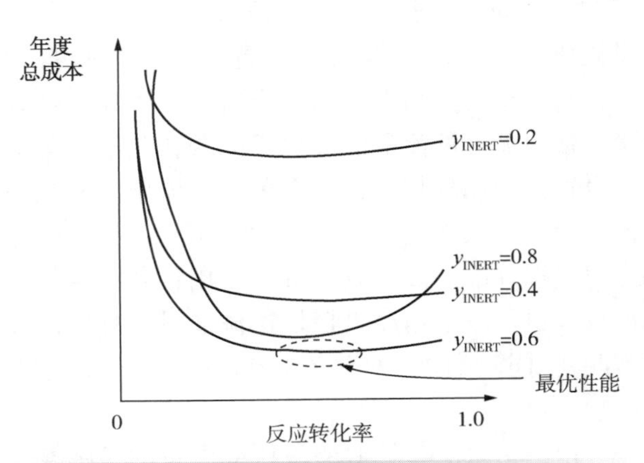

图 15. 14　所有成本的加和确定最佳的转化和循环惰性浓度

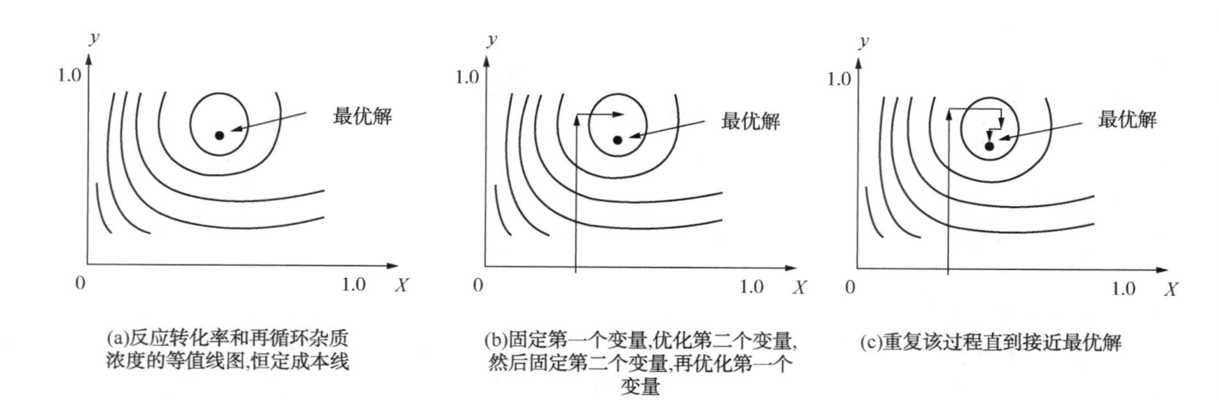

图 15.15 使用单变量优化反应器转化率和循环杂质浓度

15.10 连续过程模拟与优化——总结

一旦建立了基础流程，就需要更详细的评价。这就需要建立一个详细的模拟模型，包括建立物料平衡和能量平衡，并初步确定主要设备的尺寸参数。这种仿真模型通常用模拟软件创建。物性方法的选择对于仿真模型和要构建的流程至关重要，相平衡模型同样也是至关重要的。需要创建一系列单元模型来模拟过程中的各种步骤。然后，需要这些单元模型联接在一起，形成整个过程的仿真模拟。

过程建模有两种基本方法。第一种方法是基于方程式的方法求解一组方程。第二种方法是序贯模块法，过程方程被分组置于单元操作模块内，每个单元操作模块依次求解。序贯模块法在求解带有循环的流程时会出现问题，其解决方案是设置撕裂循环物流，并在撕裂物流中加入收敛循环单元。收敛循环单元可以使用直接迭代法作为解决循环的手段，或者可以使用各种技术加速计算。也可以使用序贯模块法添加设计规定。通常改变计算顺序会对仿真模型的收敛有显著的影响。

预测结果应与类似的工厂或设备的实际操作进行比较，尽可能地验证流程模型。一旦开发出一个经过验证的流程模型，就可以进行优化。反应器转化率和涉及分流器放空流程的循环组分是重要的优化变量。

15.11 习题

1. 某模拟过程包含一个简单反应器、分离器和循环系统，如图 15.3 所示，反应可表示为：

$$A \longrightarrow B$$

进料包含 95kmol 的 A 和 5kmol 的 B。反应器转化率为 70%。分离器中，循环物流中 A 的回收率为 95%，产品中 B 的回收率为 98%。在电子表格中：

① 使用借助撕裂循环物流的序贯模块法和直接迭代法求解物料平衡，使得两组分容差均为 0.0001。

② 在第二次直接迭代后用 Wegstein 法加速求解物料平衡。

③ 通过联立方程验证结果。

④ 由物料平衡计算该过程 B 的产量。

2. 在流程中建立一个如例 15.1 的流程模型。将模拟结果与习题 1 的结果比较。通过在模拟软件中引入两个新组分，可以建立流程模拟。指定组分 A 和 B 的物理性质，对简单的物料平衡计算并不是必须的，最简单的方法是将 A 和 B 定义为在物性数据库中存在的两个组分，例如：

正丁烷⟶异丁烷

这样就可以不引入新组分进行模拟，假设：

ⅰ. 进料温度 20℃，压力 45bar。

ⅱ. 进料后所有操作压力为 40bar。

ⅲ. 原料进入反应器前被加热到 500℃。

ⅳ. 反应器使用产率反应器模型，转化率为 70%。

ⅴ. 忽略反应热。

ⅵ. 反应产物进入分离器前被冷却至150℃。

ⅶ. 使用分流器模块模拟分离器，循环物流A的回收率为95%，产物B的回收率为98%。

ⅷ. 循环使用直接迭代法收敛，容差0.0001。

3. 建立甲苯加氢脱烷基化过程的流程模拟模型(Douglas，1985)。苯由甲苯经以下反应制备：

$$C_6H_5CH_3+H_2 \longrightarrow C_6H_6+CH_4$$

反应在700℃、40bar、气相条件下进行。部分苯发生副反应，可由一个生成副产物联苯的二级可逆反应表述：

$$2C_6H_6 \Leftrightarrow C_{12}H_{10}+H_2$$

反应器入口处的氢气/甲苯比为5，以防反应器生成过多焦炭。根据(Douglas，1985)，反应后的甲苯转化为苯的选择性与转化率有关(即反应掉的甲苯分率)：

$$S = 1 - \frac{0.0036}{(1-X)^{1.544}}$$

式中　S——选择性；

X——转化率。

不包含精馏和甲苯循环的流程如图15.16所示。进料量是265kmol·h^{-1}的纯甲苯。氢气夹带摩尔分数为0.05的甲烷杂质进入装置。甲烷也是初级反应的副产物，且需要通过分流器放空从工艺中除去。

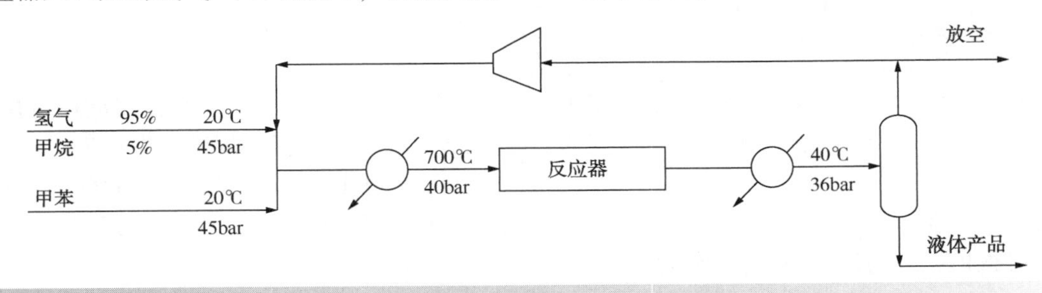

图15.16　练习3流程图

假定：

ⅰ. 物性方法选用Peng-Robinson状态方程。

ⅱ. 甲苯和氢气进料条件为25℃、45bar。

ⅲ. 反应器操作条件700℃、40bar。

ⅳ. 反应器使用产率反应器，甲苯转化率0.75。

ⅴ. 反应器流出物为700℃、40bar。

ⅵ. 闪蒸分离器的操作温度和压力为40℃、36bar。

ⅶ. 分流器放空分率(循环物流的纯化分率)为0.3。

ⅷ. 循环气体压缩机采用绝热压缩模型，等熵效率为0.8。

使用流程包，开发流程模拟模型，使用直接迭代法收敛循环物流，容差为0.0001。

① 假设氢气供应量为1400kmol·h^{-1}。

② 通过改变加氢进料流量，添加氢气甲苯比为5的设计规定。

表15.5　习题3的精馏塔详细参数

塔	冷凝器类型	压力/bar	塔板数	回流比	塔顶采出流率/kmol·h^{-1}
稳定塔	分凝器	20	4	2	50.5
苯塔	全凝器	1.1	15	1	260
甲苯塔	全凝器	1.1	7	1	56

4. 图15.16的液相产物可以通过精馏分离成相对纯的组分，苯是产品，联苯是副产物，甲苯循环。流程如图15.17所示。精馏塔使用严格平衡模型，具体数据如表15.5所示。假设每个精馏塔均为饱和液体进料。利用流程模拟软件，建立流程，通过分流器模型回收甲苯，解决物料和能量的平衡问题。流程模型应使用直接迭代法，容差范围为0.0001。

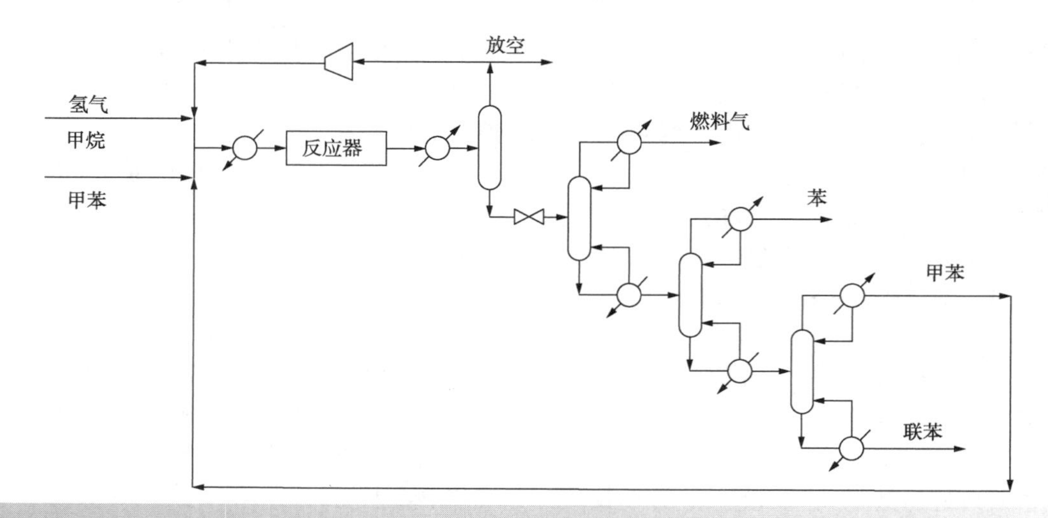

图 15.17 练习 4 流程图

5. 通过添加设计规定，使习题 4 流程的甲苯产量达到 265kmol · h^{-1}，且维持循环氢中氢气浓度为 0.6。

6. 图 15.18 所示为流程模拟的模块图

① 将流程模型分为四个分区，使得物流从前一个区进入后一个区，且分区之间没有循环。

② 在每个分区内识别撕裂物流。

③ 对于具有多个撕裂物流的分区，使用不同的流程序列来减少撕裂物流的数量。

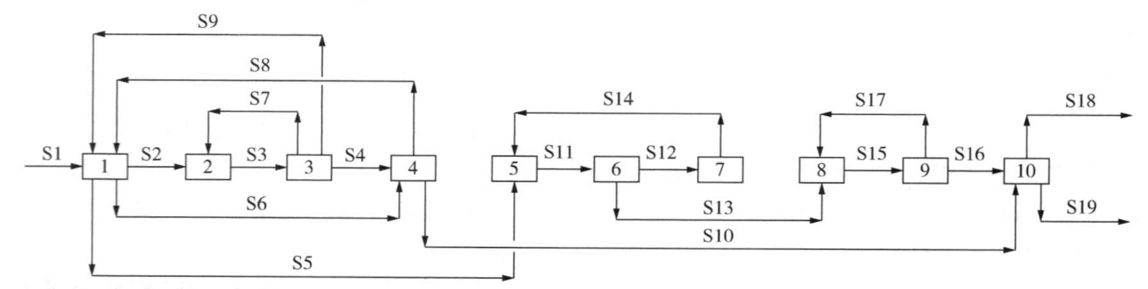

图 15.18 练习 6 流程图

参 考 文 献

Biegler LT, Grossman IE and Westerberg AW (1997) *Systematic Methods of Chemical Process Design*, Prentice Hall.

Branan CR (1999) *Pocket Guide to Chemical Engineering*, Gulf Publishing Company.

Broyden CG (1965) A Class of Methods for Solving Nonlinear Simultaneous Equations, *Mathematics of Computation*, **19**: 577.

Douglas JM (1985) A Hierarchical Decision Procedure for Process Synthesis, *AIChE J*, **31**: 353.

Gmehling J, Onken U and Arlt W (1977–1980) *Vapor–Liquid Equilibrium Data Collection,* Dechema Chemistry Data Series.

Joback KG and Reid RC (1987) Estimation of Pure-Component Properties from Group-Contributions, *Chem Eng Comm*, **57**: 233.

Oellrich L, Plöcker U, Prausnitz JM and Knapp H (1981) Equation-of-State Methods for Computing Phase Equilibria and Enthalpies, *Int Chem Eng*, **21**(4): 1.

Poling BE, Prausnitz JM and O'Connell JP (2001) *The Properties of Gases and Liquids*, McGraw-Hill.

Riedel L (1954) Kritischer Koeffizient, Dichte des Gesättigten Dampfes und Verdampfungswärme, *Chem Ing Tech*, **26**: 679.

Seider WD, Seader JD, Lewin DR and Widago S (2010) *Product and Process Design Principles: Synthesis, Analysis and Design*, 3rd Edition, John Wiley & Sons.

Smith R and Linnhoff B (1988) The Design of Separators in the Context of Overall Processes, *Trans IChemE ChERD*, **66**: 195.

Smith R and Omidkhah Nasrin M (1993a) Trade-offs and Interactions in Reaction and Separation Systems, Part I: Reactions with No Selectivity Losses, *Trans IChemE ChERD*, **A5**: 467.

Smith R and Omidkhah Nasrin M (1993b) Trade-offs and Interactions in Reaction and Separation Systems, Part II: Reactions with Selectivity Losses, *Trans IChemE ChERD*, **A5**: 474.

Streich M and Kistenmacher H (1979) Property Inaccuaracies Influence Low Temperature Designs, *Hydrocarbon Process*, **58**: 237.

Towler G and Sinnott R (2013) *Chemical Engineering Design*, 2nd Edition, Butterworth-Heinemann imprint of Elsevier.

Wegstein JH (1958) Accelerating Convergence of Iterative Processes, *Commun Assoc Comp Mach*, **1**: 9.

第16章 间歇工艺

16.1 间歇工艺的特性

正如第1章指出的，在间歇工艺中主要的步骤不是连续的。这意味着温度、浓度、质量和其他参数随着时间的变化而变化。在第1章中也指出了，大部分的间歇工艺是由一系列的间歇和半连续过程构成，半连续工艺是有周期性的开车和停车的连续工艺。

许多间歇工艺的设计是基于实验室过程的放大，尤其是对于一些特殊化学品和药物的生产。如果是这种情况，流程开发者将为制造过程提供一个“菜谱”，这个菜谱并不像烹饪中使用的菜谱一样。这是类似于实验室的循序渐进的过程，但可按生产所需的数量进行缩放。“菜谱”提供了生产过程中每一步所用原料的数量、任意时刻操作温度和压力以及各个步骤运行的时间等信息。在连续工艺中“菜谱”可认为是遵循物料和能量平衡的。但是，应注意避免将人为限制从实验室带到实际生产过程(即实验室程序强加的那些不适用于工业工厂的限制)。

如第1章所述，间歇工艺中的优先级通常与大规模工艺中的优先级完全不同。尤其是在生产特殊化学品和药物时，在最短的时间内将新产品推向市场往往是最优先考虑的事项(产品必须符合要求的规格和规定，且工艺必须符合所要求的安全和环境标准)。受专利保护的产品应尽快在专利保护的期限内推向市场。这意味着产品开发、测试、中试、工艺设计和施工应尽可能快速跟踪并同时进行。

在考虑间歇反应和分离工艺之前，需要对间歇工艺中的主要操作进行检查，但重点是它们与连续过程中相应的操作有何不同。

16.2 间歇反应

与连续工艺一样，间歇反应工艺的核心是反应器。第4章讲述了理想的反应器模型。在理想间歇反应器中，所有流体微元具有相同的停留时间。因此，在理想间歇反应器与平推流反应器之间进行了类比。得到了影响间歇反应器性能的四个主要因素：

- 接触方式；
- 操作条件；
- 搅拌槽反应器的搅拌方式；
- 溶剂选择。

1）接触方式。大多数间歇反应器具有标准配置的搅拌槽，但是，这只是其中一种可以实现间歇反应的方式。如果反应是多相的，图6.4和图6.5中的任何一种接触方式都认为能通过搅拌来增强传质。例如，使用再循环系统，未反应的物料可以从反应器中取出，并且通过液体或气体的形式返回到反应器中，考虑到这些可能性，那么就可以使用连续工艺所使用的设备，循环的物料进行间歇操作。实际上，反应器可以进行半连续操作，如果反应迅速，并且可以控制温度，无论是单相还是多相，那么以半连续操作的简单静态混合器装置可能是最佳解决方案(图6.4和图6.5)。

图16.1展示了各种间歇式和半间歇式搅拌反应器。图16.1a中，物料在间歇工艺开始时加入到反应器中，在反应进行一定的时间后移除产物。图16.1b展示了半间歇操作，在这个工艺中，一种原料开始时就加入到反应器中，另一种原料逐渐加入，这种操作模式在第4章中进行了介绍。图16.1b的半间歇操作中，反应器中的组分和体积都随时间的变化而变化。然而，间歇反

应器提供了额外的选择空间。图 16.1c 展示了半间歇操作，在这个操作中进料方式与间歇反应相同。采用这种方式理论上可以保持组分恒定，但体积会产生变化。最后，图 16.1d 展示了在间歇反应结束之前将产物取出的半间歇操作。在 16.1d 所示的装置中，组成会发生变化，但理论上体积可以保持恒定。在第 4 章中，一些简单的启发式方法可以用来确定接触方式。例如，对于平行反应：

$$\text{进料 1+进料 2}\rightarrow\text{产物} \qquad r_1=k_1C_{\text{FEED1}}^{a_1}C_{\text{FEED2}}^{b_1}$$
$$\text{进料 1+进料 2}\rightarrow\text{副产物} \qquad r_2=k_2C_{\text{FEED1}}^{a_2}C_{\text{FEED2}}^{b_2} \tag{16.1}$$

反应速率之比：

$$\frac{r_2}{r_1}=\frac{k_2}{k_1}C_{\text{FEED1}}^{a_2-a_1}C_{\text{FEED2}}^{b_2-b_1} \tag{16.2}$$

为了使副产物的产率最低，应使式 16.2 中反应速率的比率最小化。（Smith and Petela, 1992；Sharratt，1997）

- $a_2>a_1$ 并且 $b_2>b_1$。两股物料的浓度都应该最小并且随着反应的进行逐渐增加。应该考虑物料的预稀释。
- $a_2>a_1$ 并且 $b_2<b_1$。要尽量减少进料 1 的浓度，可以在间歇开始时加注进料 2，并随着反应的进行逐步加入进料 1。可以考虑预稀释进料 1。
- $a_2<a_1$ 并且 $b_2>b_1$。为了使进料 2 的浓度最小化，可以在间歇开始时加入进料 1，并随着反应的进行逐步加入进料 2。可以考虑预稀释进料 2，通过将物料进料 1 在反应开始之前就加入反应器，使物料进料 2 浓度最小，并且在反应过程中逐渐增加进料 2 的浓度。
- $a_2<a_1$ 并且 $b_2<b_1$。进料 1 和进料 2 的浓度应通过快速添加和混合达到最大。

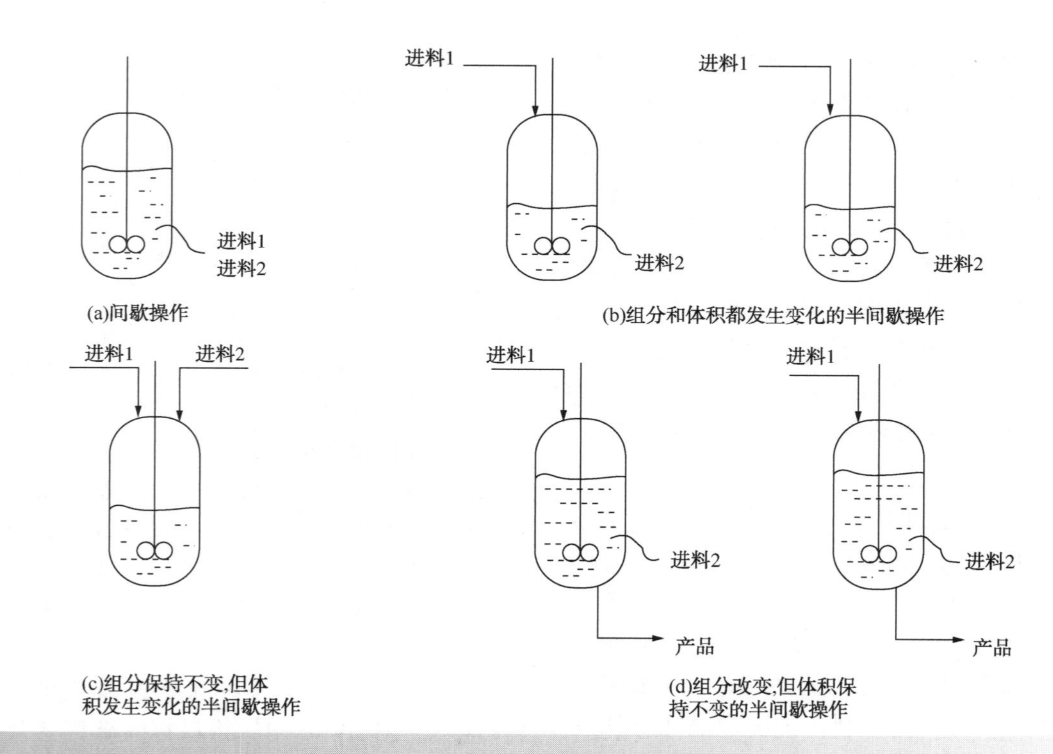

图 16.1 间歇和半间歇操作的各种搅拌方式

虽然这些方法很有用，但它们有严重的限制性：

- 需要反应化学和动力学知识。
- 只有在处理简单反应时它们才有用。
- 它们只是定性分析。

即使在上述实施案例中决定使用半间歇操

作，先将物料 2 加入反应器，然后在反应进行中加入物料 1，但是不知道进料应以什么速度加入才可以获得最佳产率。进料流率和产品采出率是需要优化的自由度。

在选择混合设备和混合模式时，除了最大化产量、选择性或转化率之外，还需要考虑许多实际性的问题（Harnby，Nienow and Edwards，1997）。在处理多相反应时尤其如此（Harnby，Nienow and Edwards，1997）。可以使用上层结构方法来优化反应混合模式，但这需要有反应体系的详细模型（Zhang and Smith，2004）。

2）操作条件。对于给定的间歇反应器，间歇过程的循环时间和反应物的总量已经固定，诸如温度、压力、进料流率和产物采出率等变量是随间歇循环时间变化的动态变量。这些值在间歇循环时间内为每个变量的形成提供了相关的数据。

如果已知每个时间间隔内的原料流率、产物采出率、温度和压力，则可以在该时间间隔内进行反应器的模拟。问题是从一个时间间隔到下一个时间间隔的条件将发生改变。需要知道时间动态变量的分布（原料流量、产品采出温度和压力）。稍后将讨论一种优化方法。

需要从控制和安全的角度，根据其实用性评估运行条件的最佳分布。如果一个复杂的分布只能提供相对于固定值的边际效益，那么简单性（也可能是安全性）将规定固定值。然而，优化分布可能会显著增加性能，复杂的控制问题将在其中得到解决。

3）搅拌。搅拌槽有不同设计，主要区别在于热量增加或移除的方式以及搅拌器的设计，图 16.2 是搅拌槽的三种设计，图 16.2a 是一种内部线圈设计，用来加热或者散热。图 16.2b 是一个带有夹套的设计，图 16.2c 是一个半管焊接到外部的设计，用于加热或散热。图 16.3 是四种更为常见的搅拌槽设计。许多其他搅拌槽的设计也可使用，多个搅拌器可以安装在同一个轴上，不同的搅拌器设计使得在搅拌的容器中产生不同的流动模式。生产目标是选择搅拌器的关键。搅拌器的功能是：

- 混合；
- 固体悬浮（悬浮的下沉固体或漂浮固体）；
- 两个分散液相；
- 气体扩散；
- 传热。

选择最合适的搅拌器设计不属于本章专门研究的范围（例如 Harnby，Nienow and Edwards，1997）。

在反应体系中，重要的是要注意，当涉及产生副产物的平行反应时，搅拌会影响体系的选择性。例如，考虑反应体系：

$$\begin{aligned}&\text{进料 1}+\text{进料 2}\rightarrow\text{产物}\\&\text{产物}+\text{进料 2}\rightarrow\text{副产物}\end{aligned}\qquad(16.3)$$

在混合不完全时，物料 2 过量的区域会产生过多的副产物。物料 2 含量低的区域，产物和副产物含量都较低。这意味着混合不完全有利于副产物的生成。

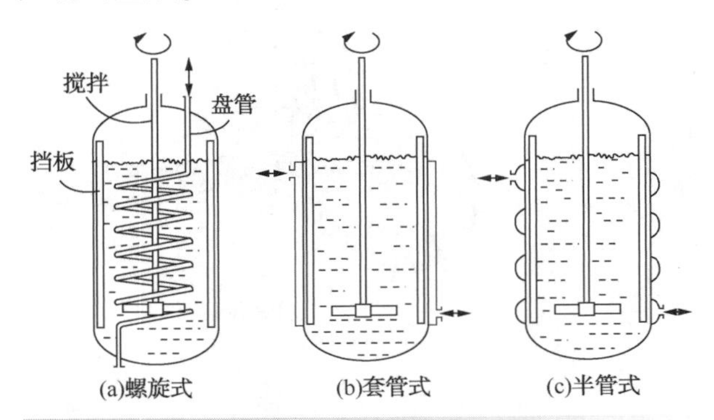

图 16.2 搅拌槽的传热

当尝试设计间歇反应器时，通常反应动力学是未知的。事实上，化学反应通常也是未知的。在这种情况下，使用了从实验室规模到生产规模的放大。可以区分两种不同的混合比例。通过体积流量混合的混合方式称为宏观混合。在分子水平上通过扩散方式的混合称为微观混合。微观混合速率与操作环境、黏度和能量损耗率有关。如果搅拌器反应区域的能量损耗率保持定值，同样操作条件下的产品分布与生产规模无关。如果反应很慢，则反应将在整个反应器空间内进行。另一方面，如果反应很快，反应将会在反应器体积的一小部分内进行。反应发生的部位具有尺度依赖性，在不同的尺度下反应区分布程度不同。这导致了反应体系放大的复杂性。

4）溶剂选择。溶剂在间歇反应体系中非常

常见，溶剂有多种用途(Sharratt，1997)：

- 使固体反应物或具有高熔点的固体产物流动起来；
- 反应和传质；
- 改变反应途径；
- 作为一个散热器；
- 当溶剂从反应器中蒸发出来时提供温度控制，冷凝并返回反应器；
- 循环物料转移到其他单元。

有许多学者考虑了溶剂选择的问题(Sharratt，1997)：

- 熔点和沸点之间的较大工作温度是可取的；
- 溶剂的黏度应能使物料较好的混合；
- 液相反应需要考虑表面张力；
- 溶剂应该易于回收利用(例如如果使用精馏，则不含共沸物；低潜热等)；
- 低沸点物质会产生挥发性组分造成环境问题；
- 如果产生废弃物溶剂应该易于处理(例如，避免使用氯化溶剂)；
- 对反应的影响(溶剂极性、成键类型、对反应速率影响、活化能、反应机理的改变)。

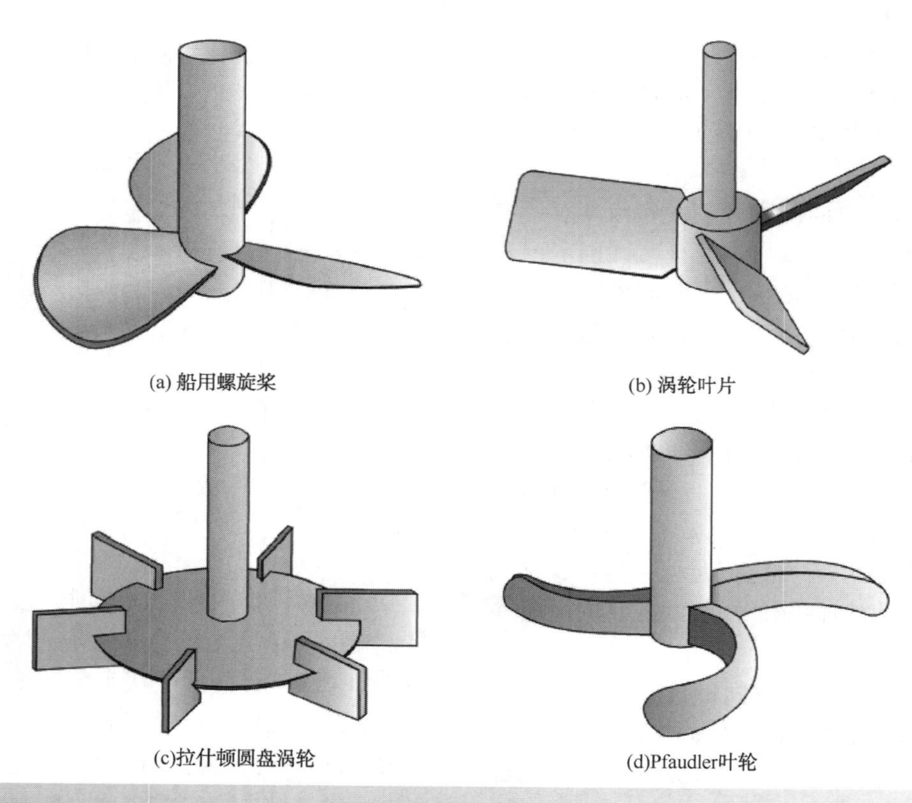

图 16.3 搅拌器设计举例

16.3 间歇精馏

与连续精馏相比间歇精馏有很多优势：

- 相同的设备可用于处理许多不同的物料并生产不同的产物；
- 可以灵活的满足不同的产物需求；
- 一个精馏塔可以将多组分混合物分离为纯物质。

间歇精馏的缺点：

- 由于它处于动态，获得高纯度产品需要严格控制精馏塔；
- 混合物长时间暴露于高温下；
- 通常需要较高的能量。

1）无回流的间歇精馏。如图 16.4 所示，最简单的间歇精馏是将进料分批装入精馏塔中。没有塔板、填料以及回流罐。形成的蒸汽从系统中移除。由于汽相比釜中的液相含有更多的易挥发组分，所以残留在釜中液体的轻组分逐渐减少。这种蒸发的结果是产品的组成随时间逐渐变化。假定在任何时间内离开塔釜的蒸汽与液体处于平衡状态，由于气相富含更多的挥发性组分，所以液体和气相的组成不是恒定的。为了说明组分是如何随时间变化的，考虑图 16.4 中蒸馏釜的初始进料汽化。

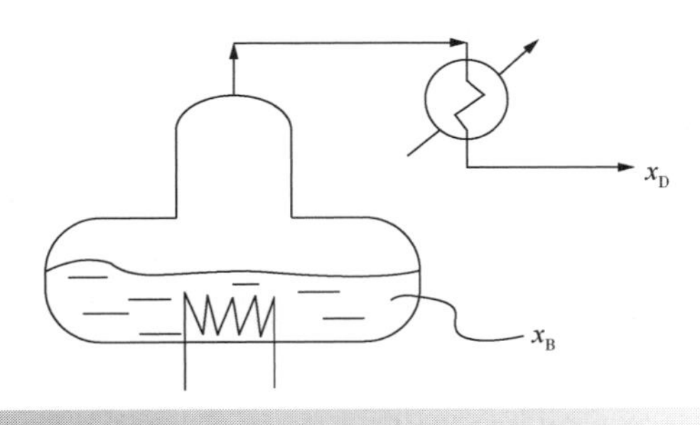

图 16.4　一个间歇蒸馏釜的简单精馏

首先，仅考虑二元混合物的限制，F(kmol) 为进入反应釜的初始二元进料，x_F 为进料中挥发性较高的组分(A)的摩尔分数。B 是在时间 t 的间歇蒸馏釜中剩余物质的量，x_B 是釜中组分 A 的摩尔分数，x_D 是气相中组分 A 的摩尔分数。如果少量气相摩尔分数 x_D 的液体 dB 蒸发，则组分 A 的物料平衡：

$$x_D dB = d(Bx_B) = Bdx_B + x_B dB \tag{16.4}$$

重新整理的式 16.4：

$$\frac{dB}{dx_B} = \frac{B}{x_D - x_B} \tag{16.5}$$

式 16.5 的积分形式：

$$\int_F^B \frac{dB}{B} = \int_{x_F}^{x_B} \frac{dx_B}{x_D - x_B} \tag{16.6}$$

或

$$\ln\frac{B}{F} = \int_{x_F}^{x_B} \frac{dx_B}{x_D - x_B} \tag{16.7}$$

式中　B——t 时刻间歇蒸馏釜中的总摩尔数；
F——操作开始时间歇蒸馏釜中的总摩尔数；
x_B——t 时刻间歇蒸馏釜液相中组分 A 的摩尔分数；
x_F——操作开始时间歇蒸馏釜液相中组分 A 的摩尔分数；
x_D——t 时刻离开间歇蒸馏釜汽相中组分 A 的摩尔分数。

式 16.7 是 Rayleigh 方程描述了间歇蒸馏釜的物料平衡。式 16.7 可以对某些特殊情况进行综合分析。根据 $y=Kx$，假设 K 为常数，如果离开反应釜的汽相组成与釜中的液相组成有关，那么将 $x_D=Kx_B$ 带入式 16.7 得到：

$$\ln\frac{B}{F} = \frac{1}{K-1}\ln\left[\frac{x_B}{x_F}\right] \tag{16.8}$$

另外一种简单的情况是相对挥发度 α 假设为定值时，由式 8.20 可得：

$$x_D = \frac{\alpha x_B}{1-x_B(1-\alpha)} \tag{16.9}$$

代入式 16.7 得：

$$\ln\frac{B}{F} = \int_{x_F}^{x_B} \frac{dx_B}{\dfrac{\alpha x_B}{1+x_B(\alpha-1)} - x_B}$$

$$= \int_{x_F}^{x_B}\left[\frac{1+x_B(\alpha-1)}{x_B(\alpha-1)(1-x)}\right]dx_B$$

$$= \int_{x_F}^{x_B}\left[\frac{1}{x_B(\alpha-1)(1-x_B)} + \frac{1}{(1-x_B)}\right]dx_B$$

$$= \left[\frac{1}{(\alpha-1)}\left(-\ln\frac{1-x_F}{x_B}\right) + \frac{1}{(1-x_B)}\right]_{x_F}^{x_B}$$

$$= \frac{1}{(\alpha-1)}\ln\frac{x_B(1-x_F)}{x_F(1-x_B)} + \ln\left(\frac{1-x_F}{1-x_B}\right) \tag{16.10}$$

$$\ln\frac{B}{F} = \frac{1}{(\alpha-1)}\left[\ln\left(\frac{x_B}{x_F}\right) + \alpha\ln\left(\frac{1-x_F}{1-x_B}\right)\right]$$

如果 K 值或者相对挥发度不是常数，式 16.7 必须进行数值积分，数值积分如图 16.5。其中，$1/(x_D-x_B)$ 对塔底摩尔分数 x_B 作图。积分计算出图下方区域的面积（例如，利用 Trapezoidal 规则或者 Simpson 规则），最终间歇釜中残留的液体量为：

$$B_{final} = F\exp(-面积) \tag{16.11}$$

式中　B_{final}——间歇过程结束时间歇蒸馏釜中的总摩尔数。

16

馏出物的量通过质量守恒计算：

$$D_{final}=F[1-\exp(-面积)] \qquad (16.12)$$

最终产品中 A 的量

$$=x_F F-x_{B,final}B_{final}$$

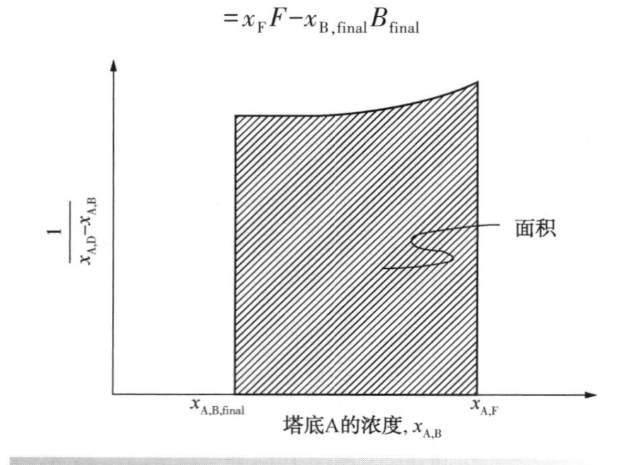

图 16.5 固定回流比的 Rayleigh 方程积分

因此，平均组成 $\bar{x}_{A,D}$ 为：

$$\bar{x}_D=\frac{x_F F-x_{B,final}B_{final}}{F-B_{final}} \qquad (16.13)$$

虽然这里提到的方程都是关于二元体系的，但 Rayleigh 方程(式 16.7)也可以用于多元体系的计算。

2) 有回流的间歇精馏。除非相对挥发度很高，否则釜式间歇蒸馏不能提供很好的分离。在大多数情况下，在釜上加入一个带有回流的精馏塔，如图 16.6 所示。使用 McCabe-Thiele 图，可以对给定时刻的二元体系间歇精馏操作进行分析。操作线与连续精馏精馏段相同(第 8 章)：

$$y_{i,n+1}=\frac{R}{R+1}x_{i,n}+\frac{1}{R+1}x_{i,D} \qquad (8.34)$$

如图 16.6 所示，其中操作线的斜率由 $R/(R+1)$ 给出。在间歇操作一开始将物料加入到精馏塔中并进行连续汽化。然后，气相将通过塔板或填料向上至冷凝器，并且像连续精馏那样进行回流。然而，与连续精馏不同，塔顶产物将随时间变化而变化。精馏得到的第一种物质是最易挥发的组分。随着精馏过程的进行和产品的采出，产品中不易挥发组分的含量越来越高。

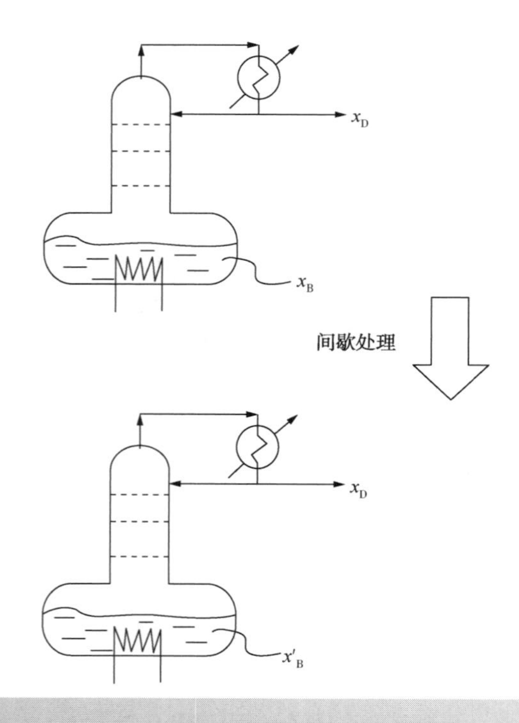

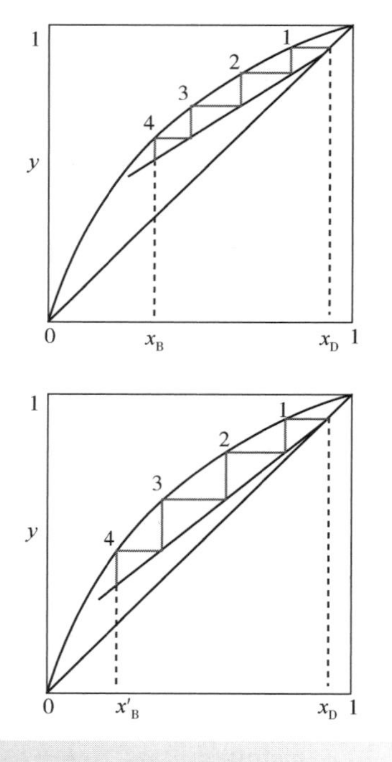

图 16.6 固定间歇精馏的回流比，塔顶产品纯度降低

图 16.6 所示为固定回流比二元组分分离的情况。由于回流比固定，操作线的斜率固定，但其位置随时间而变化。对于数量固定的塔板，馏出物和塔釜液中重组分的浓度逐渐增高。这意味着产品质量随时间降低，需要混合才能达到要求的纯度规格。对于 AB 混合物的分离 Rayleigh 方程(式 16.7)可以图形化，如图 16.5 所示。精馏塔的初始物料是 F，摩尔分数为 x_F。McCabe-Thiele 结构可用于确定在固定回流比(固定操作线斜率)和给定塔板数(在图 16.6 中为 4 块塔板)下不同塔釜摩尔分数 x_B 的馏分下的塔顶摩尔分数 x_D。因此，Rayleigh 方程可以如图 16.5 所示进行数值积分。

通过严格控制回流比，可以将馏出物的组分保持一段时间，直到所需的回流比不能再增大，如图 16.7 所示。此外，Rayleigh 方程可以数值积分，如图 16.5 所示。

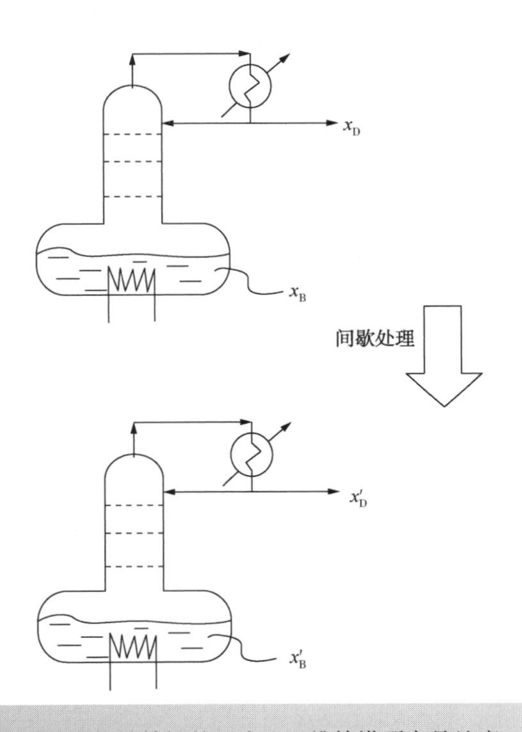

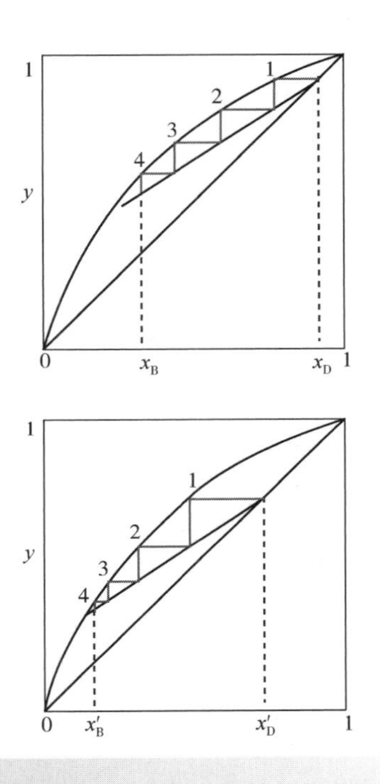

图 16.7 通过改变间歇精馏的回流比以维持塔顶产品纯度

在高效的间歇分离中，固定回流比要比固定塔顶组分更容易操作。然而，如果产品纯度要求高，就有必要在固定塔顶组分的条件下操作。事实上，没有必要在固定回流比或固定塔顶组分的情况下操作。给出适当的控制方案，使回流比在整个过程中变化，其目标不同于保持恒定的馏出物组成，可能对最终平均馏出物组成有限制。可以通过间歇工艺进行回流比优化，这将在以后讨论。

3）二元间歇精馏模型。间歇精馏可以通过将间歇周期划分为时间增量和在每个时间增量中假定的稳态连续精馏来建模。对于具有恒定相对挥发度以及恒定摩尔流量的二元精馏，在每个时间增量内均可以由 McCabe-Thiele 图来预测其分离性能。但是，这需要重复应用图形化的方法，很不方便。所以 Smoker(1938)开发了对 McCabe-Thiele 结构的分析方法。精馏段的操作线可以表示为：

$$y=\frac{R}{R+1}x+\frac{1}{R+1}x_D \tag{8.45}$$

或者是

$$y=ux+v \tag{16.14}$$

式中 y——气相摩尔分数；
x——液相摩尔分数；
x_D——馏出物摩尔分数；
R——回流比。

$$u=\frac{R}{R+1}$$

$$v=\frac{x_D}{R+1}$$

对于恒定相对挥发度

$$y=\frac{x\alpha}{1+x(\alpha-1)} \tag{8.27}$$

式中 α——相对挥发度。

y 可以从这些方程中消除，以给出 x 的二次方程：

$$u(\alpha-1)x^2+[u+(\alpha-1)v-\alpha]x+v=0 \tag{16.15}$$

这个方程只有一个实根 k，其中 $0<k<1$。表示这个方程式的根：

$$u(\alpha-1)k^2+[u+(\alpha-1)v-\alpha]k+v=0 \tag{16.16}$$

Smoker 给出了精馏段理论板数的计算方式：

$$N=\frac{\ln\left[\frac{x_D^*(1-\beta x_F^*)}{x_F^*(1-\beta x_D^*)}\right]}{\ln\left[\frac{\alpha}{uv^2}\right]} \tag{16.17}$$

式中 N——理论板数；

$$\begin{cases} x_F^*=x_F-k; \\ x_D^*=x_D-k; \\ \beta=\dfrac{uw(\alpha-1)}{\alpha-uw^2}; \\ w=1+k(\alpha-1)。\end{cases}$$

重新整理式 16.17，得：

$$x_F^*=\frac{x_D^*}{\left(\frac{\alpha}{uw^2}\right)^N(1-\beta x_D^*)+\beta x_D^*} \tag{16.18}$$

因此

$$x_F^*=\frac{x_D-k}{\left(\frac{\alpha}{uw^2}\right)^N[1-\beta x_D(x_D-k)]+\beta(x_D-k)}+k \tag{16.19}$$

应该注意的是，式 16.17 不能通过重新整理来表示 x_D，但可以表示 x_F（间歇精馏工艺中的 x_B）。因此，可以方便地设置每个时间增量中 x_D 的值和相应计算的 x_B 的值，以便对 Rayleigh 方程进行积分。回流比可以在时间间隔内保持不变，也可以在不同的时间间隔内变化。后面会给出说明性例子。

4）多组分间歇精馏模型。也可以开发多组分间歇精馏的简捷模型（Diwekar 和 Madhavan，1991）。与二元模型一样，多组分模型的基础是将间歇精馏塔视为连续塔，在任何时间间隔内均处于稳定状态，但是在时间间隔之间的进料过程会产生连续状态。以这种方式，可以在每个时间间隔内使用 Fenske-Underwood-Gilliland（FUG）方法（见第 8 章）。回流比可能随着时间间隔保持不变或有所变化。假设塔板上和冷凝器中的持液量为零，相对挥发度和摩尔流量恒定。

首先需要建立多组分 Rayleigh 方程式。假设蒸汽流量 V 为恒量，总质量衡算方程为：

$$\frac{dB}{dt}=-\frac{V}{R+1} \tag{16.20}$$

多组分的质量衡算由文献得到：

$$\frac{d(x_{r,D}B)}{dt}=-x_{r,D}\frac{V}{R+1} \tag{16.21}$$

式中 $x_{r,B}$——任意时间塔底参考组分 r 的摩尔分数；

$x_{r,D}$——任意时间塔顶参考组分 r 的摩尔分数。

扩展左侧的方程式（16.21），并结合方程 16.20 和方程 16.21 给出：

$$x_{r,D}\frac{dB}{dt}+B\frac{dx_{r,B}}{dt}=x_{r,D}\frac{dB}{dt} \tag{16.22}$$

或者

$$\frac{dB}{B}=\frac{dx_{r,B}}{x_{r,D}-x_{r,B}} \tag{16.23}$$

对于 $i=1$ 到 $NC(i\neq r)$ 的其他分量：

$$\frac{dx_{r,B}}{x_{r,D}-x_{r,B}}=\frac{dx_{i,B}}{x_{i,D}-x_{i,B}} \tag{16.24}$$

这个方程需要根据间歇精馏积分。如果间歇周期被分成小的增量，那么对于参考组分 $d_{xr,B}$ 中的一个小的定义步骤，可以假定在任何 $k+1$ 步中 $x_{r,D}$，$x_{r,B}$，$x_{i,D}$ 和 $x_{i,B}$ 的值与前一步骤 k 计算的值相同，用于计算每个组分 $dx_{i,B}$ 的组分增量。因此，从式 16.24 可得：

$$dx_{i,B}^{k+1}=\frac{dx_{r,B}}{x_{r,D}^k-x_{i,B}^k}\times(x_{i,D}^k-x_{i,B}^k) \tag{16.25}$$

步骤 $k+1$ 中组分 i 的组成由下式给出：

$$x_{i,B}^{k+1}=x_{i,B}^{k}+dx_{i,B}^{k+1}=x_{i,B}^{k}+\frac{dx_{r,B}}{(x_{i,D}^{k}-x_{r,B}^{k})}\times(x_{i,D}^{k}-x_{i,B}^{k}) \tag{16.26}$$

必须确保 $x_{i,B}^{k+1}$ 的摩尔分数之和为 1.0。从式 16.26 可得：

$$\sum_{i}^{NC}x_{i,B}^{k+1}=\sum_{i}^{NC}\left[x_{i,B}^{k}+\frac{dx_{r,B}}{(x_{i,D}^{k}-x_{r,B}^{k})}\times(x_{i,D}^{k}-x_{i,B}^{k})\right]=\sum_{i}^{NC}x_{i,B}^{k}+\frac{dx_{r,B}}{(x_{i,D}^{k}-x_{r,B}^{k})}\left(\sum_{i}^{NC}x_{i,D}^{k}-\sum_{i}^{NC}x_{i,B}^{k}\right) \tag{16.27}$$

只要前面步骤 k 的求和为 1，即：

$$\sum_{i}^{NC}x_{i,D}^{k}=1 \text{ 和 } \sum_{i}^{NC}x_{i,B}^{k}=1 \tag{16.28}$$

那么式 16.27 可以表示为：

$$\sum_{i}^{NC}x_{i,B}^{k+1}=1 \tag{16.29}$$

因此，式 16.26 为式 16.24 的积分提供了基础。然而，式 16.26 需要馏出物浓度。Fenske 方程可以用于关联馏出物和塔底组分，如第 8 章连续精馏所示：

$$x_{i,D}^{k}=\alpha_{i,r}^{N\min}\left(\frac{x_{r,D}^{k}}{x_{r,B}^{k}}\right)x_{i,B}^{k} \tag{16.30}$$

然而，需要参考组分的馏出物组成来完成计算。因为塔顶馏出物的组分加和为 1，所以对每个间隔 k：

$$\sum_{i}^{NC}x_{i,D}=1 \tag{16.31}$$

将式 16.30 与式 16.31 组合：

$$1=\frac{x_{r,D}^{k}}{x_{r,B}^{k}}\sum_{i}^{NC}\alpha_{i,r}^{N\min}x_{i,B}^{k} \tag{16.32}$$

或

$$x_{r,D}^{k}=\frac{x_{r,B}^{k}}{\sum\alpha_{i,r}^{N\min}x_{i,B}^{k}} \tag{16.33}$$

假设在间歇操作开始时是全回流操作且在塔板和冷凝器中没有持液量，则 $x_{i,B}^{0}$ 与进料浓度相同，$N_{\min}$ 为塔板数。因此，可以通过式 16.33 计算馏出物组分，也可以通过式 16.30 利用 $N_{\min}$ 表示所有其他组分的组成。如果在随后的间隔中已知 $N_{\min}$，则可以通过式 16.27 计算塔底浓度，通过式 16.30 和式 16.33 计算塔顶馏出物组成。然而，一旦馏出物产品在时间间隔为 0 之后开始采出，那么 $N_{\min}$ 是未知的并且必须计算。原则上，如果实际回流比 R，最小回流比 $R_{\min}$ 和实际塔板数 N 已知，则可以通过 Gilliland Correlation 计算 $N_{\min}$（见第 8 章）Eduljee（1975）提出了一个明确的方程来表示 Gilliland Correlation：

$$R_{\min}^{G}=R-(R+1)\left[1-\frac{4}{3}\left(\frac{N-N_{\min}}{N+1}\right)\right]^{\frac{1}{0.5668}} \tag{16.34}$$

式中 $R_{\min}^{G}$——通过 Eduljce 方程计算的最小回流比；
R——实际回流比；
N——实际理论塔板数；
$N_{\min}$——最小理论塔板数。

最小回流比可以通过 Underwood 方程计算（见第 8 章）。

$$\sum_{i=1}^{NC}\frac{\alpha_i x_{i,B}}{\alpha_i-\theta}=1-q \tag{16.35}$$

$$R_{\min}^{U}=\sum_{i=1}^{NC}\frac{\alpha_i x_{i,B}}{\alpha_i-\theta}-1 \tag{16.36}$$

式中 α_i——组分 i 与参考组分 r 的相对挥发度；
$x_{i,B}$——塔底组分 i 的摩尔分数；
$x_{i,D}$——塔顶组分 i 的摩尔分数；
θ——方程的根；
q——进料状况，
=摩尔进料汽化所需要的热/进料的摩尔汽化潜热，
1 代表饱和液体进料，0 代表饱和蒸汽进料；
NC——组分数；
$R_{\min}^{U}$——通过 Underwood 方程计算的最小回流比。

在每个间隔，都赋予 $N_{\min}$ 一个初始值，可以保证 $R_{\min}^{G}$ 和 $R_{\min}^{U}$ 的顺利计算。然后可以将（$R_{\min}^{G}-R_{\min}^{U}$）的差值作为解决这些方程的目标，并迭代求得 $N_{\min}$ 的值。储罐 B 中物质的摩尔数也是必需的。积分 Rayleigh 方程 16.23 得到：

$$\ln\left(\frac{B^k}{B^0}\right)=\int_{x_{r,B}^{0}}^{x_{r,B}^{k}}\frac{dx_{r,B}}{x_{r,D}-x_{r,B}} \tag{16.37}$$

式 16.37 可以通过使用一系列增量变化来求

解，例如梯形规则。在二元模型的情况下，以便在每个时间增量中设置 x_D 的值，并计算 x_B 的相应值以积分 Rayleigh 方程。然而，多组分精馏的方程式需要设置 x_B 的值，并且在每个时间增量中计算 x_D 的值。计算将在后面说明。

5）间歇周期。很明显，式 16.7，式 16.8，式 16.10，式 16.13 和式 16.23 与时间无关。但间歇过程的时间是一个重要的考虑因素。F 和 B 分别代表物质的摩尔分数，V 代表蒸汽离开罐的速率。对于连续精馏，从图 8.21 可以看出，$D=V/(R+1)$。对于任意时刻的间歇精馏如下：

$$\frac{dB}{dt}=-\frac{V}{R+1} \tag{16.38}$$

或

$$dt=-\frac{R+1}{V}dB \tag{16.39}$$

如果采用固定回流比为常数的操作方式，则在式 16.39 中，V 和 R 都是常数，并且可以将方程式积分为：

$$\int_0^{t_B} dt = -\frac{R+1}{V}\int_F^B dB \tag{16.40}$$

$$t_B=\frac{R+1}{V}(F-B) \tag{16.41}$$

式中 t_B——间歇周期。

对于允许回流比变化的一般情况，二元组分的 Rayleigh 方程由下式给出：

$$dB=\frac{B dx_B}{(x_D-x_B)} \tag{16.42}$$

将式 16.40 代入式 16.37 得出：

$$dt=-\frac{B}{V}\frac{R+1}{(x_D-x_B)}dx_B \tag{16.43}$$

对式 16.43 积分得：

$$t_B=\int_{x_B}^{x_F}\frac{B}{V}\frac{R+1}{(x_D-x_B)}dx_B \tag{16.44}$$

对于多组分体系，相应的方程如下：

$$t_B=\int_{x_{r,B}^k}^{x_{r,B}^0}\frac{B}{V}\frac{R+1}{(x_{r,D}-x_{r,B})}dx_{r,B} \tag{16.45}$$

6）建模误差。本章开发了间歇精馏的近似模型。对稳态过程采用近似模型可能不太会出现严重的错误。然而，在间歇精馏中，如果 Rayleigh 方程需要数学积分，则连续模型用于一系列小的增量。每个增量的误差在计算过程中会积累。同时该模型也忽略了塔和冷凝器中的持液量。在解释近似间歇精馏计算的结果时，应注意这样的计算可以用于进行简单探究，但是在设计完成后应该采用更严格的计算（Diwekar，2011）。

例 16.1 溶剂 S 通过间歇精馏从较重的残余物 HR 中回收。塔釜容积为 150kmol，溶剂 S 的摩尔分数为 0.6。S 与 HR 之间的相对挥发度为 3.5。可以假设蒸出率为 100kmol·h^{-1}。

① 如果假设精馏塔在没有回流的情况下运行，计算溶剂回收率为 90% 的情况下平均馏出物组成。

② 如果塔全回流并且塔板和冷凝器相当于四个理论塔板数，计算平均馏出物纯度为 98% 的回收率，以及回流比为 9、溶剂回收率为 90% 的情况下平均馏出物组成。

③ 对于 b 部分中的全回流精馏，假设汽化焓为 33000kJ·kmol^{-1}，计算间歇循环时间和消耗的总能量。

解：①如果溶剂回流率为 90%

$$\begin{aligned}Bx_B &= 0.1\times Fx_F\\ &= 0.1\times150\times0.6\\ &= 9\text{kmol}\end{aligned}$$

$$x_B=\frac{9}{B}$$

从式 16.10 可以得出：

$$\ln\frac{B}{F}=\frac{1}{\alpha-1}\left[\ln\left(\frac{x_B}{x_F}\right)+\alpha\ln\left(\frac{1-x_F}{1-x_B}\right)\right]$$

$$\ln\left(\frac{B}{150}\right)=\frac{1}{(3.5-1)}\left[\ln\left(\frac{9}{0.6B}\right)+3.5\ln\left(\frac{1-0.6}{1-9/B}\right)\right]$$

通过试差计算：

$$B=40.08\text{kmol}$$

$$x_B=0.2246$$

$$\begin{aligned}Dx_D &= Fx_F-Bx_B\\ &= 150\times0.6-40.08\times0.2246\\ &= 81.00\text{kmol}\end{aligned}$$

$$\begin{aligned}D &= 150-40.08\\ &= 109.92\text{kmol}\end{aligned}$$

$$\begin{aligned}x_D &= \frac{81.00}{109.92}\\ &= 0.74\end{aligned}$$

② 对于全回流塔，式 16.7 必须代入具体数值求解以获得物料平衡。塔釜组成的变化是数值

积分所必需的。然而，由 Smoker 方程计算的 McCabe-Theile 方法需要由 x_D 计算 x_B。因此，x_D 将从初始浓度通过增量减小，并且从 Smoker 方程(式 16.19)计算出 x_B。可以假设蒸馏将从全回流开始以确定分离，然后通过将回流比固定为 9 开始进行分离。时间为 0 的全回流馏出物组成可以通过芬斯克方程(式 8.56)来进行计算。

$$\frac{x_D}{1-x_D}=\alpha^N\left(\frac{x_B}{1-x_B}\right)$$

$$x_D=\frac{\alpha^N\left(\frac{x_B}{1-x_B}\right)}{1+\alpha^N\left(\frac{x_B}{1-x_B}\right)}$$

$$=\frac{3.5^4\left(\frac{0.6}{1-0.6}\right)}{1+3.5^4\left(\frac{0.6}{1-0.6}\right)}$$

$$=0.9956$$

得到初始的馏出物组成后，开始处理第一个间歇过程的增量，初始馏出物组成逐步减少，塔底组成由 Smoker 方程式计算。式 16.7 可以通过数值积分求得一系列增量变化，例如通过梯形规则简化求解。计算过程可以方便地在 Excel 表格中进行。表 16.1 显示了详细的计算，x_D 的增量变化为 0.005。从表 16.1 可知，馏出物组成为 0.98 时，馏出物中溶剂 S 的回收率为：

$$=Fx_F-Bx_B$$

$$=150\times0.6-6.94$$

$$=83.06\text{kmol}$$

$$=92.2\%$$

这个结果应该与①部分中没有使用回流的结果进行对比。

③ 恒定回流比的间歇时间由式 16.41 得出：

表 16.1 固定回流比为 9 的间歇精馏

Interval	x_D	K	W	β	x_B	1	$\Delta Area$	$\ln(B/F)$	B	$\bar{x}_D$	Bx_B
0	0.9956	0.044216	1.110540	1.045474	0.6000	2.527952	0.000000	0.000000	150.00	0.9956	90.00
1	0.9906	0.043958	1.109896	1.044305	0.4894	1.995445	0.250063	0.250063	116.81	0.9892	57.17
2	0.9856	0.043701	1.109252	1.043139	0.3890	1.676138	0.184438	0.434502	97.14	0.9878	37.78
3	0.9806	0.043444	1.108610	1.041976	0.3244	1.524036	0.103275	0.537776	87.61	0.9869	28.42
4	0.9756	0.043187	1.107969	1.040818	0.2794	1.436478	0.066603	0.604379	81.96	0.9862	22.90
5	0.9706	0.042931	1.107329	1.039662	0.2462	1.380590	0.046737	0.651116	78.22	0.9855	19.26
6	0.9656	0.042676	1.106690	1.038511	0.2208	1.342596	0.034717	0.685833	75.55	0.9849	16.68
7	0.9606	0.042421	1.106052	1.037362	0.2005	1.315711	0.026875	0.712709	73.55	0.9843	14.75
8	0.9556	0.042166	1.105415	1.036217	0.1841	1.296203	0.021468	0.734177	71.99	0.9838	13.25
9	0.9506	0.041912	1.104779	1.035076	0.1705	1.281853	0.017578	0.751755	70.73	0.9833	12.06
10	0.9456	0.041658	1.104144	1.033938	0.1590	1.271257	0.014684	0.766438	69.70	0.9828	11.08
11	0.9406	0.041404	1.103510	1.032803	0.1491	1.263483	0.012471	0.778909	68.84	0.9824	10.26
12	0.9356	0.041151	1.102878	1.031672	0.1406	1.257889	0.010740	0.789650	68.10	0.9820	9.57
13	0.9306	0.040898	1.102246	1.030544	0.1331	1.254020	0.009361	0.799010	67.47	0.9816	8.98
14	0.9256	0.040646	1.101616	1.029420	0.1266	1.251541	0.008243	0.807253	66.91	0.9813	8.47
15	0.9206	0.040394	1.100986	1.028298	0.1207	1.250203	0.007324	0.814577	66.42	0.9809	8.02
16	0.9156	0.040143	1.100358	1.027181	0.1155	1.249816	0.006560	0.821137	65.99	0.9806	7.62
17	0.9106	0.039892	1.099730	1.026066	0.1107	1.250233	0.005916	0.827053	65.60	0.9803	7.26
18	0.9056	0.039642	1.099104	1.024955	0.1064	1.251338	0.005370	0.832424	65.25	0.9800	6.94

$$t_B=\frac{R+1}{V}(F-B)$$

$$=\frac{9+1}{100}(150-65.25)$$

16

$$= 8.48\text{h}$$

分离所需的能量：

$$= 100 \times 33000 \times 8.48$$

$$= 27.98 \times 10^6 \text{kJ}$$

值得注意的是，减小增量的大小，从而增加增量的数量，会稍微改变结果。例如，平均馏出物纯度为 0.98，将 x_D 平均馏出物纯度降低至 0.0025，回收率为 93.7%，间歇循环时间为 8.61h。也可以通过使用更精确的数值积分计算来提高数值精度。

尽管这里提出的用于间歇精馏模型的方法适用于相对理想的气液平衡体系，但气液平衡通常需要比前面例子中描述的恒定相对挥发性更复杂的模型。在这种情况下，需要更严格的塔板及塔板模型(Diwekar，2011)。

大多数间歇精馏操作使用间歇精馏来分离出单一塔顶产物，如图 16.6 和图 16.7 所示。然而，需要分离多个产物时，通常需要结合其他设备，如图 16.8 所示(Diwekar，2011)。图 16.8a 所示的间歇整流器允许从同一进料混合物中精馏出多个产物。图 16.8b 所示为间歇汽提塔。在间歇汽提塔中，罐体位于汽提塔上方。高沸点组分与罐中的液体分离并用塔底的储罐进行回收。如果待精馏的混合物与用于分离的低沸点夹带剂形成最低沸点共沸物，则倾向于使用该装置。图 16.8c 展示了包括精馏塔和汽提器两部分的间歇操作。

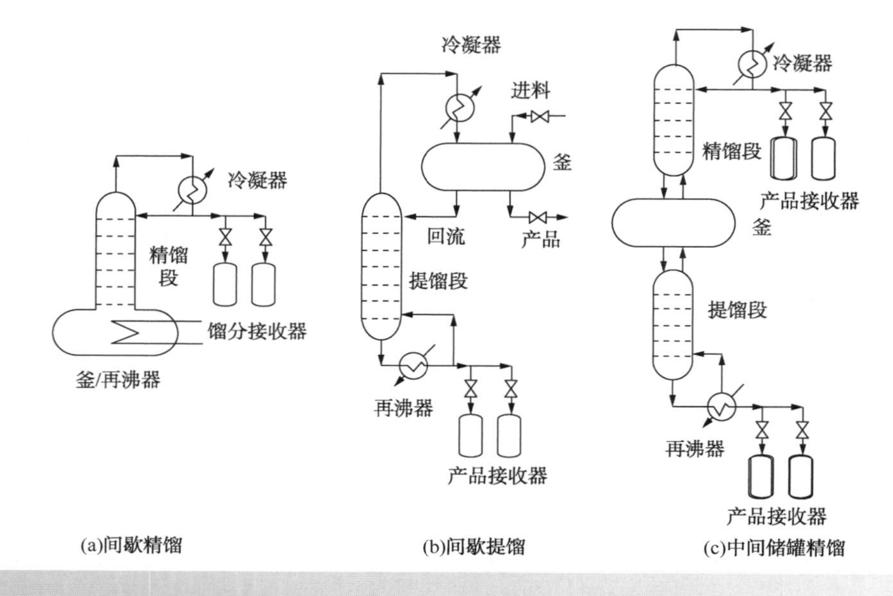

图 16.8　多种产物的不同间歇精馏装置

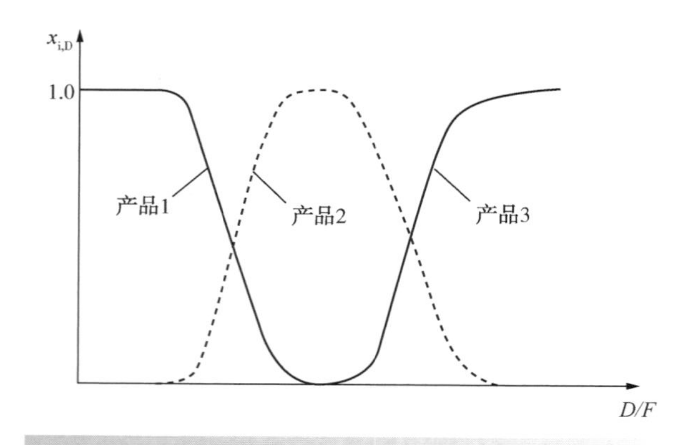

图 16.9　多组分间歇精馏

图 16.8 中的每一种工艺都能从同一进料混合物中馏出多种产物(Diwekar，2011)。分离的产物用不同的储罐进行回收。图 16.9 显示了在间歇精馏塔中塔顶馏出物与进料流量的比率。最初，产物 1 在塔顶馏出。一旦产物 1 从塔顶大量馏出，精馏塔中产物 1 的浓度开始下降，产物 2 的浓度开始上升。然后建立回流，将产物 2 在塔顶停留一段时间，之后随着馏出物中产品 3 的浓度增加，其浓度开始下降。通过回收塔顶产物 3 来完成精馏。

当评价间歇精馏时，无论是通过模拟还是扩大中试规模，需要特别注意的一个问题就是塔中的持液量。冷凝和回流系统中塔板(或填料层)的持液量降低了分离的灵敏度，因此需要增加回流量或塔板数。如果不考虑塔中的持液量，产物可能会不符合要求(Diwekar，2011)。当进料中待分离组分浓度较低时，问题更加严重。

例 16.2 表 16.2 中详细说明了在间歇整流器中分离 150kmol 的三元混合物数据。两个不同的馏出物储罐会随着精馏的顺序依次收集两个最轻的组分，将最重的组分作为残留物留在釜中。塔和冷凝器相当于五个理论板，回流比为 11，保持恒定。模拟最轻组分的回收率，其最低回收浓度为 99%。如果釜中的蒸馏速率保持在 $100kmol \cdot h^{-1}$，确定回收第一个产物所需的时间。

表 16.2 三元间歇分离数据

组　分	x_F	α_i
L	0.45	8
I	0.25	3
H	0.3	1

解：将最重的组分 H 作为参考组分。为了得到物料平衡，必须用式 16.24 进行数值求解。这可以在 Excel 表格中逐步进行。然而，在每个步骤中需要进行两次迭代。对于每个步骤，可以利用计算程序通过改变 Underwood 方程的 θ 值来确定 R_{min}^{U} 的值；然后改变 N_{min} 使($R_{min}^{C}-R_{min}^{U}$)差值最小。已知 N_{min} 的值可以确定馏出物组成，以及每块塔板增量的物料平衡。表 16.3 给出假设值为 $d_{xr,B}=0.01$ 的计算结果。式 16.24 可以通过一系列增量的变化来求解。

从表 16.3 可以看出，当 $k=0$ 时，在第一个增量中，$x_{i,B}$ 是进料组成并且是已知的。N_{min} 也是已知的，因为操作是在全回流条件下。这样可以根据 Fenske 方程式(假设在塔和冷凝器中没有滞留)确定馏出物浓度，其中 $x_{3,D}$ 是根据式 16.33 确定的，$x_{2,D}$ 和 $x_{1,D}$ 根据式 16.30 确定。对于 $k=1$ 时的下一个增量，最重的组分作为参考组分，定义其浓度 $d_{xr,B}=0.01$。那么 $x_{2,B}$ 和 $x_{1,B}$ 由式 16.26 确定。对于 $k=1$ 时，可以从 Fenske 方程中使用 N_{min} 的初始估计(假设该值来自前一个增量)确定 $x_{i,D}$ 的初始值，其中 $x_{3,D}$ 由式 16.33 确定，$x_{1,D}$ 以及 $x_{2,D}$ 由式 16.30 确定。N_{min} 的值需要之后定义。然后，通过使用计算程序的迭代，可以根据式 16.35 得到塔底浓度 $x_{i,B}$ 和 $\alpha_{i,r}$ 确定 Underwood 方程的 θ 值。反过来，可以使用式 16.36 从 $x_{i,D}$ 的初值确定 R_{min}^{U} 的初值。通过式 16.34 从特定值 R 和 N_{min} 的初始估计值来确定 R_{min}^{C} 的值。现在 N_{min} 的值通过使用迭代程序计算定义($R_{min}^{C}-R_{min}^{U}$)最小来求得。这使得迭代 $k=1$ 时的馏出物浓度更精确。现在需要用式 16.37 的来计算增量，例如使用梯形规则确定 B 的值。最后，式 16.13 可以确定增量 $k=1$ 的平均馏出物浓度。然后在增量 $k=2$ 时重复整个过程，以此类推直到馏出物的平均浓度低于规定的 $x_{1,D}=0.99$。详细的计算结果见表 16.3。

固定回流比条件下，轻组分的间歇精馏时间由式 16.41 给出：

$$
\begin{aligned}
t_B &= \frac{R+1}{V}(F-B) \\
&= \frac{11+1}{100}(150-95.73) \\
&= 6.5h
\end{aligned}
$$

应该再次指出，需要探究减小增量的大小。手动模拟太过烦琐，常规计算需要商业软件。另外需要注意的是，特别是在使用近似模型进行精馏时，存在累积误差的风险。该模型在每个增量中出现一个错误，在单个增量中可能不是严重的，但是错误将随着增量的增加而增加。

16.4 间歇结晶

结晶在精细和特殊化学品生产中非常常见。许多化学产物是以固体晶体的形式存在。结晶的优点是可以生产高纯度的产物，对于分离热敏物质，结晶比精馏更有效。结晶在第 9 章已经讨论过了，有两个主要步骤。首先，将结晶的溶质溶解在合适的溶剂中，除非其已经溶解，例如溶质在之前的反应步骤中已经溶解。第二，固体通过冷却、蒸发等从溶液中以晶体的形式沉积。

结晶的两个主要目标是使平均晶体尺寸最大并使晶体尺寸变化的系数最小。正如第 9 章所指出的，大晶体易于过滤和洗涤以便生产高纯度的产物。表 16.4 比较了间歇结晶和连续结晶。

表 16.3 回流比为 11 的间歇精馏

K	$x_{3,B}=x_{r,B}$	$x_{2,B}$	$x_{1,B}$	$x_{3,D}=x_{r,D}$	$x_{2,D}$	$x_{1,D}$	N_{min}	θ	$\sum_{i=1}^{NC}\frac{\partial_i x_{i,B}}{\partial_i-\theta}$	R_{min}^{U}	R_{min}^{G}	$R_{min}^{G}-R_{min}^{U}$	$\frac{1}{x_{r,D}}-x_{r,B}$	ΔA_{rea}	$\ln(B/F)$	B	$\bar{x}_D$
0	0.3000	0.2500	0.4500	2.03×10^{-5}	0.0041	0.9959	5.0000						-3.3336	0.0000	0.0000	150.00	
1	0.3100	0.2582	0.4318	3.75×10^{-5}	0.0057	0.9943	4.7391	1.3172	3.69×10^{-8}	0.20028	0.20028	-4.52×10^{-11}	-3.2262	-0.0328	-0.0328	145.16	0.9958
2	0.3200	0.2663	0.4137	4.04×10^{-5}	0.0061	0.9938	4.7386	1.3285	2.95×10^{-7}	0.20262	0.20262	-2.39×10^{-10}	-3.1254	-0.0318	-0.0646	140.62	0.9950
3	0.3300	0.2745	0.3955	4.36×10^{-5}	0.0066	0.9933	4.7380	1.3398	9.93×10^{-7}	0.20499	0.20499	-6.50×10^{-10}	-3.0307	-0.0308	-0.0953	136.36	0.9946
4	0.3400	0.2826	0.3774	4.71×10^{-5}	0.0071	0.9928	4.7375	1.3511	-6.87×10^{-8}	0.20742	0.20742	-1.37×10^{-9}	-2.9416	-0.0299	-0.1252	132.35	0.9943
5	0.3500	0.2907	0.3593	5.10×10^{-5}	0.0077	0.9922	4.7369	1.3625	-1.67×10^{-7}	0.20989	0.20989	-2.53×10^{-9}	-2.8576	-0.0290	-0.1542	128.57	0.9940
6	0.3600	0.2988	0.3412	5.52×10^{-5}	0.0083	0.9916	4.7364	1.3738	-3.41×10^{-7}	0.21243	0.21243	-4.29×10^{-9}	-2.7782	-0.0282	-0.1824	124.99	0.9938
7	0.3700	0.3069	0.3231	6.00×10^{-5}	0.0090	0.9909	4.7358	1.3851	-6.17×10^{-7}	0.21502	0.21502	-6.90×10^{-9}	-2.7031	-0.0274	-0.2098	121.61	0.9935
8	0.3800	0.3149	0.3051	6.53×10^{-5}	0.0098	0.9901	4.7352	1.3964	6.16×10^{-8}	0.21769	0.21769	-1.07×10^{-8}	-2.6320	-0.0267	-0.2365	118.41	0.9932
9	0.3900	0.3229	0.2871	7.12×10^{-5}	0.0107	0.9892	4.7346	1.4076	1.07×10^{-7}	0.22044	0.22044	-1.63×10^{-8}	-2.5646	-0.0260	-0.2624	115.38	0.9929
10	0.4000	0.3309	0.2691	7.80×10^{-5}	0.0117	0.9882	4.7340	1.4189	1.71×10^{-7}	0.22329	0.22329	-1.29×10^{-8}	-2.5005	-0.0253	-0.2878	112.49	0.9926
11	0.4100	0.3389	0.2511	8.57×10^{-5}	0.0128	0.9871	4.7333	1.4301	2.58×10^{-7}	0.22626	0.22626	-3.66×10^{-8}	-2.4395	-0.0247	-0.3125	109.75	0.9923
12	0.4200	0.3469	0.2331	9.45×10^{-5}	0.0141	0.9858	4.7326	1.4412	3.67×10^{-7}	0.22937	0.22937	-5.53×10^{-8}	-2.3815	-0.0241	-0.3366	107.13	0.9920
13	0.4300	0.3548	0.2152	1.05×10^{-4}	0.0157	0.9842	4.7319	1.4523	4.97×10^{-7}	0.23266	0.23266	-8.53×10^{-8}	-2.3261	-0.0235	-0.3601	104.64	0.9917
14	0.4400	0.3627	0.1973	1.17×10^{-4}	0.0174	0.9824	4.7311	1.4634	6.44×10^{-7}	0.23618	0.23618	-1.37×10^{-7}	-2.2733	-0.0230	-0.3831	102.26	0.9913
15	0.4500	0.3705	0.1795	1.31×10^{-4}	0.0196	0.9803	4.7302	1.4744	7.98×10^{-7}	0.23998	0.23998	-2.32×10^{-7}	-2.2229	-0.0225	-0.4056	99.99	0.9909
16	0.4600	0.3783	0.1617	1.49×10^{-4}	0.0221	0.9777	4.7293	1.4853	9.51×10^{-7}	0.24416	0.24416	-4.30×10^{-7}	-2.1746	-0.0220	-0.4276	97.81	0.9904
17	0.4700	0.3861	0.1439	1.71×10^{-4}	0.0253	0.9745	4.7283	1.4962	-1.33×10^{-7}	0.24885	0.24885	-9.27×10^{-7}	-2.1284	-0.0215	-0.4491	95.73	0.9899

表 16.4 间歇结晶与连续结晶

间歇结晶	连续结晶
灵活	不灵活
低成本投资	高成本投资
小型工艺开发需求	大型工艺开发需求
再现性差	再现性好

根据表 16.4，间歇和连续结晶都具有相对的优势和劣势。间歇结晶的最大的一个优点是它的灵活性。间歇结晶经常在搅拌器中进行。然而，槽中应该装有叶片或者一个引流管。引流管是放置在结晶器内部的垂直圆柱体，其直径通常为容器直径的 70%。搅拌器通过引流管的内部引起纵向流动，并在引流管外侧沿相反方向垂直循环。这有助于悬浮液保持良好的循环速率。

冷却结晶（见第 9 章）是达到过饱和的最常用方法。优先选择在高温下表现出高溶解度但在低温下溶解度低的溶剂。初始温度逐渐降低到最终温度。图 16.10 为间歇冷却结晶。从不饱和区域的 A 点开始，可以将其冷却并进入亚稳态区域。然后可以在亚稳态区域内遵循冷却模式到最终温度。正如第 9 章所指出的那样，最好远离不稳定的区域，否则就会产生太多的小晶体。在从初始温度到最终温度的冷却时，可以遵循不同的冷却曲线，如图 16.11 所示。图 16.11a 为自然冷却，开始时温度大幅下降，但随着结晶温度和环境温度之间的温差减少，冷却速率降低。自然冷却不受控制，导致晶体质量差。不使用自然冷却，可以利用冷却水之类的冷却剂进行冷却。图 16.11b 表示使用冷却剂流动来维持恒定的冷却速率的线性冷却。这比自然冷却的结晶质量更好。最后，图 16.11c 为可控冷却，其中通过改变冷却剂的流量以便符合从初始温度到最终温度的特定参数。冷却曲线是一个可优化的自由度，可以使用该曲线（Choong and Smith，2004a）进行优化。这将在后面讨论。

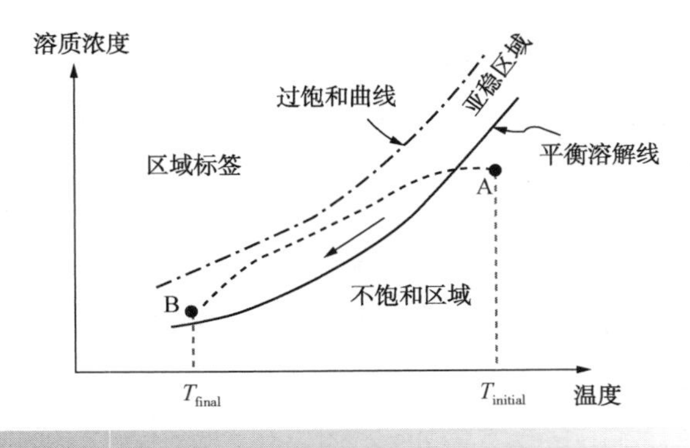

图 16.10 间歇冷却结晶

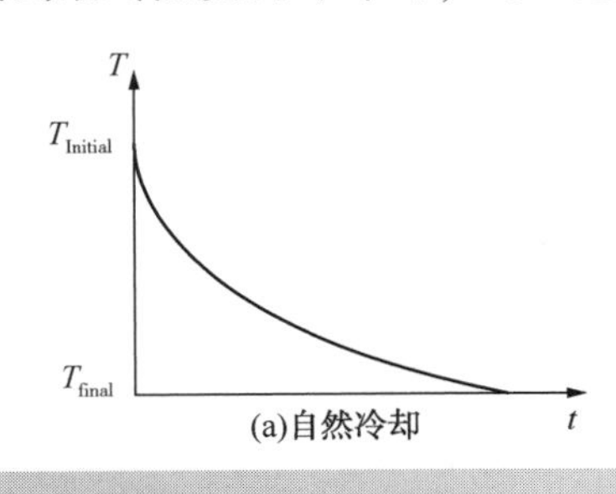

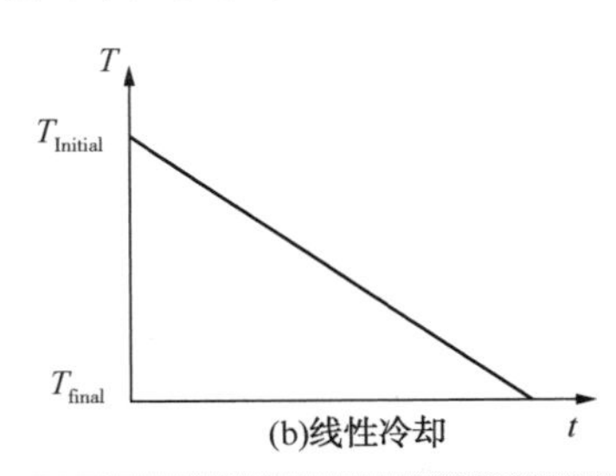

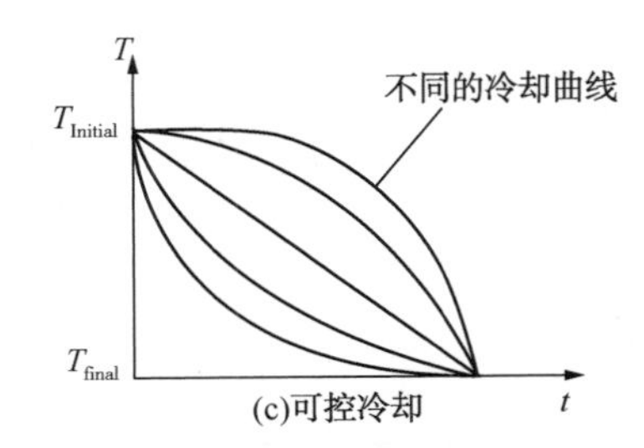

图 16.11 间歇冷却结晶的类型

如第 9 章所述，虽然冷却结晶是在间歇结晶过程中达到过饱和的最常见方法，但其他方法也可以使用。例如，可以使用蒸发，在这种情况下，可以通过间歇蒸发速率进行优化（Choong and Smith，2004b）。实际上，可以同时控制温度和蒸发速率的指标，以实现对过饱和程度更大的控制（Choong and Smith，2004b）。然而，应该指出的是，在生产精细、特殊化学品和药物产品时往往不倾向于使用蒸发，因为蒸发可能会聚集杂质，并增加最终产物的污染程度。

搅拌是结晶器设计的关键组成部分，其要求如下：

- 在整个容器中产生适当水平的二次成核；
- 避免局部过饱和度过高；
- 在整个冷却结晶过程中提供适当的温度控制；
- 如果使用蒸发结晶，应提供足够的蒸发传热速率；

• 防止晶体沉淀在结晶器底部，以保持晶体生长和较低的晶体尺寸变化系数。

增加搅拌输入功率和对流体的剪切会增加晶体的断裂和二次成核。随着搅拌器的速度增加，通常亚稳区域减小。结晶器从实验室规模不能直接扩大到工厂规模。如果基于几何相似性的每单位体积浆料的恒定功率输入进行结晶操作放大，搅拌器处的最大剪切速率增加，但平均剪切速率降低。这可能导致放大时晶体尺寸发生更大变化。二次成核可能会因在结晶器中的位置不同而有显著差别。搅拌和容器几何形状变化可以改变局部的能量耗散速率，并导致整个二次成核的显著变化。

正如第9章所述，另一种产生二次成核的方式是在饱和溶液中加入晶种。这些晶种必须是纯物质。

正如反应器可以在间歇或半间歇模式下操作一样，结晶器也可以间歇或半间歇模式运行。表16.5对比了冷却结晶的间歇和半间歇操作的最优变量。

表16.5 间歇和半间歇冷却结晶的优化变量

间　歇	半 间 歇
1. 温度曲线	1. 溶质/给水流量
2. 晶种数量	2. 温度曲线
3. 晶种尺寸	3. 晶种数量
4. 搅拌	4. 添加晶种的曲线
5. 初始过饱和水平	5. 晶种尺寸
6. 间歇处理时间	6. 搅拌
	7. 初始过饱和水平
	8. 间歇处理时间

如前所述，实验室的结晶过程并不能直接放大。需要将各种参数保持在尽可能接近于实验室使用的参数水平，以便再现实验室结果。对于放大、过度溶解、搅拌(及其对整个容器中的二次成核的影响)，浆料中固体的分数、晶种数量和尺寸、生长晶体和液体之间的接触时间都需要保持一致。

16.5 间歇过滤

间歇过滤是从液体的浆液中分离悬浮固体。所需的产物可以是固体颗粒或过滤后的液体。在间歇过滤中，过滤介质对流体流动产生初始阻力，当颗粒沉积时流体流动会发生变化。间歇过滤使用的驱动力包括：

• 重力；
• 真空；
• 压力；
• 离心力。

如果在过滤介质和滤饼上保持恒定的压力差，则对于过滤的液体体积 F，过滤时间与 F 的平方成正比。

如第7章所述，可将助滤剂加入浆料中以降低滤饼阻力。这些材料有很高的孔隙率。它们的应用通常限于滤液有价值且滤饼是废弃物的情况。在固体有价值的情况下，助滤剂应易于与滤饼分离。有时，过滤器辅助材料预涂在过滤介质上。如果固体滤饼是产物，则通常洗涤滤饼以除去原始进料中存在的溶质和溶剂。液体可以保留在颗粒簇的颗粒内或颗粒之间的接触点处。在理想的情况下，理想的洗涤将仅需要与固体床层空隙体积相当的洗涤液来洗去不需要的溶质和溶剂。在实际中，理想洗涤是无法实现的，实际的洗涤效率取决于混合和传质。洗涤滤饼后，通常将产品干燥以除去残留在固体中的洗涤液体。

来自实验室或中试装置的实验结果往往可以放大100倍或更多倍。然而，为了减小放大误差，应使用相似的过滤器、相同的浆料混合物和大约相同的压降。

更多关于过滤的详细讨论见 Rushton 和 Griffiths(1987)以及 Svarovsky(1981)。

16.6 间歇加热和冷却

现在考虑间歇加热和冷却的问题。在这里，假设含有完全混合液体的搅拌容器，搅拌器中没有进料或产物采出(图16.2)。通过安装在容器盘管中的加热或冷却介质的流动(图16.2a)来实现与液体的热传递，容器外部的夹套(图16.2b)或半管夹套焊接到容器的外部(图16.2c)。图16.3展示了一些不同搅拌器设计的实例。在传热的条件下，不同的搅拌器设计将导致不同流动模式从而影响传热系数。

盘管加热的总传热系数（图 16.2a）通常在 $400\sim600W\cdot m^{-2}\cdot K^{-1}$（Carpenter，1997）。夹套式搅拌容器的典型总体传热系数见表 16.6（Carpenter，1997）。

总传热系数通常由过程控制。对于容器内部的表面积，过程侧膜传热系数可以由下式计算（Carpenter，1997）。

$$Nu=aRe^{2/3}Pr^{2/3}\left(\frac{\mu}{\mu_w}\right)^{0.14} \quad (16.46)$$

对于盘管，外部的总传热系数由下式给出：

$$Nu=1.4Re^{0.62}Pr^{1/3}\left(\frac{\mu}{\mu_w}\right)^{0.14} \quad (16.47)$$

式中 $Nu=\frac{hD_{VI}}{k}$；

$Re=\frac{ND_{IMP}^2\rho}{\mu}$

$Pr=C_P\mu/k$

C_P——液体比热容，$J\cdot kg^{-1}\cdot K^{-1}$；

k——液体导热系数，$W\cdot m^{-1}\cdot K^{-1}$；

h——工艺处理的传热系数，$W\cdot m^{-2}\cdot K^{-1}$；

D_{VI}——搅拌器内径，m；

N——叶轮转速，s^{-1}；

D_{IMP}——叶轮直径，m；

ρ——液体密度，$kg\cdot m^{-3}$；

μ——流体中的液体黏度，$N\cdot s\cdot m^{-2}$；

μ_W——传热面上的液体黏度，$N\cdot s\cdot m^{-2}$；

a——表 16.7 中的常数。

表 16.6 夹套式搅拌容器的典型总体传热系数

	$U/W\cdot m^{-2}\cdot K^{-1}$
加热（不锈钢容器）	400
加热（玻璃钢容器）	310
冷却（不锈钢容器）	350
冷却（玻璃钢容器）	200

夹套中使用的公用工程液体传热系数由下式给出（Carpenter，1997；Lehrer，1970）：

$$Nu=\frac{0.03\,Re^{3/4}Pr}{1+1.74\,Re^{-1/8}(Pr-1)\left(\frac{\mu}{\mu_w}\right)^{0.14}} \quad (16.48)$$

式中 $Nu=\frac{hd_e}{k}$；

$Re=\frac{\rho d_e(\sqrt{v_iv_A}+v_B)}{\mu}$；

$d_e=0.816(D_J-D_{VO})$；

$v_i=\frac{4Q}{\pi D_{INLET}^2}$；

$v_B=0.5\sqrt{2z\beta g\Delta T}$；

D_J——夹套直径，m；

D_{VO}——釜的外径，m；

Q——冷却液流率，$m^3\cdot s^{-1}$；

D_{INLET}——进口喷嘴内径，m；

Z——夹套高度，m；

β——冷却液热膨胀系数；

g——重力加速度，$m\cdot s^{-2}$；

ΔT——冷却液温升，K；

$v_i=\frac{4Q}{\pi(D_J^2-D_{VO}^2)}$（径向进口）；

$v_A=\frac{2Q}{(D_J-D_{VO})z}$（切向进口）。

表 16.7 搅拌器的传热系数（Carpenter，1997）

叶轮类型	a
螺旋桨	0.46
45°涡轮	0.61
拉什顿涡轮	0.87

用于半管式外夹套的液体：

$$Nu=0.023Re^{0.8}Pr^{1/3}\left(\frac{\mu}{\mu_w}\right)^{0.14} \quad (16.49)$$

换热面积应为整个夹套面积，直径应为下式给出的水力直径（Carpenter，1997）：

$$d_e=\frac{\pi d_I}{2}$$

式中 d_I——半管直径。

为了分析间歇过程的加热和冷却过程，做出如下假设：

- 规定传热面积（A）。
- 总传热系数（U）在整个表面和整个时间内是恒定的。
- 搅拌使容器内温度均一。
- 假设比热容为常数。
- 热损失忽略不计。

多种情况需要被考虑在内（Bowman，Mueller

and Nagle，1940；Kern，1950）。

1）采用等温加热介质。这种情况下相当于正在冷凝的纯物质被用作加热介质，可以不使用过热蒸汽或者过冷液体。在任意时刻 t 条件下间歇温度均是 T。由此得到一个微分热量平衡方程：

$$dQ=mC_P\frac{dT}{dt}=UA(T_{COND}-T) \quad (16.50)$$

式中 dQ——传热增量，$J\cdot s^{-1}$；

m——釜内液体质量，kg；

C_P——液体比热容，$J\cdot kg^{-1}\cdot K^{-1}$；

T——釜内液体的温度，℃，K；

t——时间，s；

U——总传热系数，$W\cdot m^{-2}\cdot K^{-1}$；

A——传热面积，m^2；

T_{CODN}——加热介质温度，℃，K。

重新整理积分方程 16.50 得：

$$\int_0^{t_B}dt=\frac{mC_P}{UA}\int_{T_1}^{T_2}\frac{dT}{(T_{COND}-T)} \quad (16.51)$$

式中 T_1——间歇的初温；

T_2——间歇的终温。

由式 16.51 可得：

$$t_B=\frac{mC_P}{UA}\left[\frac{T_{COND}-T_1}{T_{COND}-T_2}\right] \quad (16.52)$$

2）采用等温介质冷却。这种情况下相当于正在汽化的纯物质被用作冷凝介质，可以作为蒸发冷却剂。由此得到一个微分热量平衡方程：

$$dQ=-mC_P\frac{dT}{dt}=UA(T-T_{EVAP}) \quad (16.53)$$

式中 T_{EVAP}——冷却介质的温度，℃，K。

重新整理积分方程 16.53 得：

$$\int_0^{t_B}dt=-\frac{mC_P}{UA}\int_{T_1}^{T_2}\frac{dT}{(T-T_{EVAP})} \quad (16.54)$$

由方程 16.54 可得：

$$t_B=\frac{mC_P}{UA}\left[\frac{T_1-T_{EVAP}}{T_2-T_{EVAP}}\right] \quad (16.55)$$

3）采用非等温介质加热。假设加热介质和进口温度流率恒定，出口温度随操作发生变化。由此得到一个微分热量平衡方程：

$$dQ=m_HC_{PH}(T_{H1}-T_{H2})=UA\Delta T_{LM} \quad (16.56)$$

式中 $$\Delta T_{LM}=\frac{(T_{H1}-T)-(T_{H2}-T)}{\ln\left[\frac{T_{H1}-T}{T_{H2}-T}\right]}$$

$$=\frac{T_{H1}-T_{H2}}{\ln\left[\frac{T_{H1}-T}{T_{H2}-T}\right]} \quad (16.57)$$

m_H——加热介质的质量流率，$kg\cdot s^{-1}$；

C_{PH}——热介质的比热容，$J\cdot kg^{-1}\cdot K^{-1}$；

T_{H1}——热介质的进口温度，℃，K；

T_{H2}——热介质的出口温度，℃，K；

重新整理式 16.56 得：

$$T_{H2}=T+\frac{T_{H1}-T}{K_1} \quad (16.58)$$

式中 $K_1=\exp\left[\frac{UA}{m_HC_{PH}}\right]$

热平衡的微分形式可以写成：

$$dQ=mC_P\frac{dT}{dt}=m_HC_{PH}(T_{H1}-T_{H2}) \quad (16.59)$$

将式 16.58 代入式 16.59 并重新整理得：

$$\frac{dT}{dt}=\frac{m_HC_{PH}}{mC_P}\left(\frac{K_1-1}{K_1}\right)(T_{H1}-T) \quad (16.60)$$

将式 16.60 重新整理并积分：

$$\int_0^{t_B}dt=\frac{mC_P}{m_HC_{PH}}\left(\frac{K_1}{K_1-1}\right)\int_{T_1}^{T_2}\frac{dT}{(T_{H1}-T)} \quad (16.61)$$

由式 16.61 得：

$$t_B=\frac{mC_P}{m_HC_{PH}}\left(\frac{K_1}{K_1-1}\right)\ln\left[\frac{T_{H1}-T_1}{T_{H1}-T_2}\right] \quad (16.62)$$

4）用非等温冷却介质冷却。再次假设冷却介质的流量和进口温度恒定。能量平衡的微分形式如下：

$$dQ=m_CC_{PC}(T_{C1}-T_{C2})=UA\Delta T_{LM} \quad (16.63)$$

其中 $$\Delta T_{LM}=\frac{(T_{C1}-T)-(T_{C2}-T)}{\ln\left[\frac{T-T_{C1}}{T-T_{C2}}\right]}$$

$$=\frac{T_{C2}-T_{C1}}{\ln\left[\frac{T-T_{C1}}{T-T_{C2}}\right]} \quad (16.64)$$

m_C——冷却介质的质量流率，$kg\cdot s^{-1}$；

C_{PC}——冷却介质的比热容，$J\cdot kg^{-1}\cdot K^{-1}$；

T_{C1}，T_{C2}——冷却介质的进出口温度，℃，K。

重新整理式 16.63：

$$T_{C2}=T-\frac{T-T_{C1}}{K_2} \quad (16.65)$$

式中 $K_2=\exp\left[\frac{UA}{m_C C_{PC}}\right]$

热平衡的微分形式可以写成：

$$dQ=-mC_P\frac{dT}{dt}=m_C C_{PC}(T_{C2}-T_{C1}) \quad (16.66)$$

将式 16.65 代入式 16.66 得：

$$\frac{dT}{dt}=-\frac{m_C C_{PC}}{mC_P}\left(\frac{K_2-1}{K_2}\right)(T-T_{C2}) \quad (16.67)$$

重新整理积分式 16.67 得：

$$\int_0^{t_B}dt=\frac{mC_P}{m_C C_{PC}}\left(\frac{K_2}{K_2-1}\right)\int_{T_1}^{T_2}\frac{dT}{T-T_{C2}} \quad (16.68)$$

式 16.68 整理如下：

$$t_B=\frac{mC_P}{m_C C_{PC}}\left(\frac{K_2}{K_2-1}\right)\ln\left[\frac{T_1-T_{C2}}{T_2-T_{C2}}\right] \quad (16.69)$$

该分析可推广到使用外置热交换器的加热和冷却循环回路(Fisher，1944；Kern，1950)。

例 16.3 一个带有夹套的容器内有 10t 溶剂，温度为 100℃，比热容为 1.72kJ · kg^{-1} · K^{-1}。容器内溶剂由 25℃的冷却介质间歇冷却到 40℃。冷却水的比热容为 4.2kJ · kg^{-1} · K^{-1}并且最高循环温度为 40℃。可以假设夹套的换热面积为 18m^2 以及总换热效率为 350W · m^{-2} · K^{-1}。计算所需要的冷却水流量和操作时间。

解：首先计算循环温度为 40℃的最大冷却水的流量。最高的循环温度会出现在间歇的初始状态。式 16.65 给出了冷却水循环温度的计算方法：

$$T_{C2}=T-\frac{T-T_{C1}}{K_2}$$

式中 $K_2=\exp\left[\frac{UA}{m_C C_{PC}}\right]$

$$K_2=\exp\left[\frac{0.350\times18}{4.2m_C}\right]$$

$$T_{C2}=100-\frac{100-25}{K_2}$$

改变 m_C 直到 T_{C2}=40℃，其中 m_C=6.72kg · s^{-1}，则间歇冷却时间可以计算为：

$$K_2=\exp\left[\frac{0.350\times18}{6.72\times4.2}\right]$$
$$=1.25$$

$$t_B=\frac{mC_P}{m_C C_{PC}}\left(\frac{K_2}{K_2-1}\right)\ln\left[\frac{T_1-T_{C2}}{T_2-T_{C2}}\right]$$

$$t_B=\frac{10,000\times1.72}{6.72\times4.2}\left(\frac{1.25}{1.25-1}\right)\ln\left[\frac{100-25}{40-25}\right]$$
$$=4902.5s$$
$$=1.36h$$

冷却这批物料是一个长时间的操作，这个设备并不适用于冷热交换操作。

16.7 间歇操作的优化

间歇过程的操作条件随着时间而改变，比如间歇反应和间歇精馏过程。为了提高间歇过程的操作性能，可以随时间改变间歇过程的操作条件以达到对间歇过程整体性能的改善。在间歇反应中，可以控制温度随时间变化的分布来增加转化率或者产率。对于间歇精馏，回流比随时间的变化可能会增加产品回收率或降低能量。间歇过程的操作参数应该维持不变吗？它们应该升高还是降低？它们升高或降低的变化是线性的、指数的或者其他关系吗？它们的分布应该具有最大值还是最小值？这是一个动态优化问题。

可以开发图像生成器算法，以生成随时间变化的连续函数曲线族。理论上，可以由多种方法实现(Mehta and Kokossis，1988；Choong and Smith，2004a)。其中一个方法是开发两个不同类型的文件生成一个各种形状的分布。虽然可以使用很多数学表达式，但是用以下两个公式表达两种不同类型的分布可以用来提供各种不同的分布，其变量就可以很容易地控制为最优变量(Choong and Smith，2004a)。

类型Ⅰ

$$x=x_F-(x_F-x_0)\left[1-\frac{t}{t_F}\right]^{\alpha_1} \quad (16.70)$$

类型Ⅱ

$$x=x_0-(x_0-x_F)\left[\frac{t}{t_F}\right]^{\alpha_2} \quad (16.71)$$

在这些方程式中，对于任意时间 t，x 是瞬时值，x_0 是初值，x_F 是控制变量的终值。理论上，x 可以是任意控制变量，比如温度，反应物进料流率，蒸发率，热移除率或者热供应率，等等。t_F 是分布的终值。分布的凸面或者凹面可以由 α_1 和 α_2 控制。图 16.12a 和图 16.12b 说明了每条曲线的类型。

在时间范围内将这两个分布结合起来，可以在实际设计中实现所有类型的连续曲线。当这两个图结合时，需要两个额外的变量。变量 t_{F1} 为两条曲线结合时的点，x_1 是当曲线相交时相应控制变量的值。图 16.12c 说明在类型Ⅱ后类型Ⅰ的形成，图 16.12d 说明在类型Ⅰ后类型Ⅱ的形成。

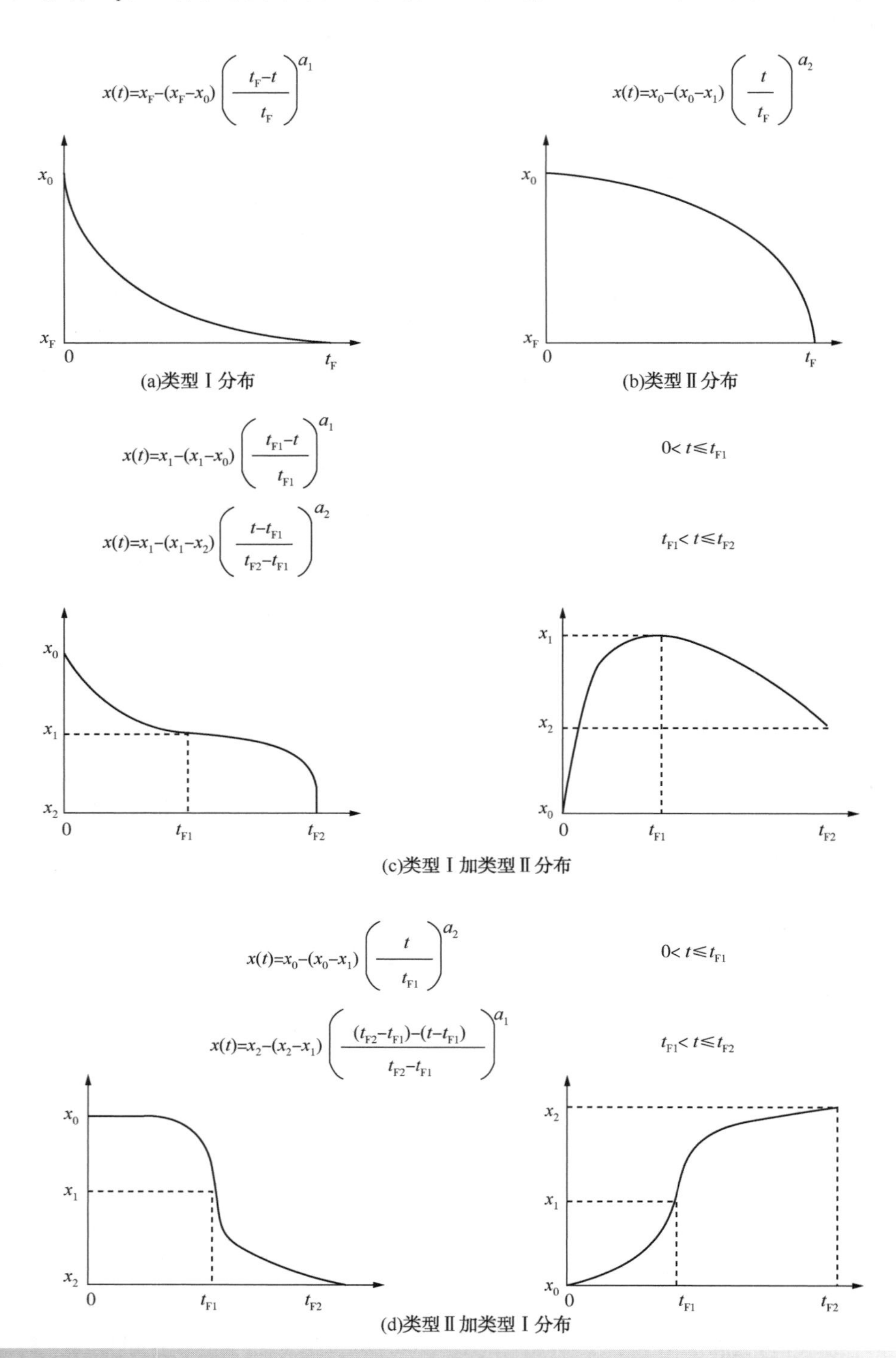

图 16.12 两个基本分布可通过不同的方法组合

将这两条曲线结合起来，生成分布图只需要六个变量即可。这六个变量是控制变量的最初值和最终值即 x_0 和 x_{F2}，两个指数常量 α_1 和 α_2，两个变量收敛的中间时间点 t_{F1} 和相应的控制变量收

敛的中间值 x_1。在有限的案例中，只应用一种类型的分布图，而不是两个。

在制定的分布图中，重点应该放在搜索一些连续的且在实际过程中容易完成的分布。因此，应该避免不连续曲线。获得一些复杂的无实际意义的全局最优解决方案是没有意义的。在公式基础上的曲线组合，比如类型Ⅰ+类型Ⅰ或者类型Ⅱ+类型Ⅱ通常不考虑，因为中间点是一个显著的不连续点。发生器易于扩展应用为在整个时间范围内结合三个或更多的曲线。然而，对于大多数问题，使用两个以上的不同曲线几乎没有实际用途。随着生成的曲线数量的增加，分布的复杂性也随之增加。必须找到一种在实践中实现该分布的方法。在一个随时间变化的动态问题中，必须设计一个控制系统，使分布随时间变化。

对于分布曲线的每一点，不同控制变量有不同的性能，过程可以以不同的方式在分布中建模。分布曲线可以划分时间增量，并且为每个时间增量开发模型。增量的大小必须用一个方法进行评估，以确保随着分布曲线的改变的增量足够小。或者随着时间改变的比率可以通过不同的公式建立模型。这个分布函数(式 16.70 和式 16.71)很容易根据不同的公式获得不同的解决方案。

六个变量的设置是通过系统的性能表现决定的，每一个变量的优化是将多目标函数优化到最大值或者最小值后设置的。事实上，很多模型是非线性的，例如，可以用 SQP 或其他的随机搜索方法。

为了利用时间表示包含类型Ⅰ和类型Ⅱ的分布曲线，因此需要一个比式 16.70 和式 16.71 更复杂的数学公式。需要将类型Ⅰ和类型Ⅱ的分布曲线结合，并通过优化Ⅰ型和Ⅱ型曲线和它们被施加的顺序来优化形状。为了转换分布曲线的顺序，引入两个逻辑变量 γ 和 ϑ。进一步的引入逻辑变量 ϕ，用来防止在优化过程中潜在的“除数为0”的问题发生。

类型Ⅰ

$$x=\gamma\left\{\vartheta x_1+(1-\vartheta)x_2-[\vartheta(x_1-x_0)+(1-\vartheta)(x_2-x_1)]\times\left[\frac{\mathrm{ABS}(1-\vartheta)(t_{F1}+t_{F2})+\vartheta t_{F1}-(1-\vartheta)(t_{F1}-t)}{\vartheta t_{F1}+(1-\vartheta)(t_{F2}-t_{F1})+\phi_{\mathrm{I}}}\right]^{a_1}\right\} \tag{16.72}$$

类型Ⅱ

$$x=(\gamma-1)\left\{\vartheta x_1+(1-\vartheta)x_0-[\vartheta(x_1-x_2)+(1-\vartheta)(x_0-x_1)]\times\left[\frac{\mathrm{ABS}(t-\vartheta t_{F1})}{\vartheta(t_{F2}-t_{F1})+(1-\vartheta)t_{F1}+\phi_{\mathrm{II}}}\right]^{a_2}\right\} \tag{16.73}$$

式中 t——时间；

t_{F1}——分布曲线从类型Ⅰ转换到类型Ⅱ所用的中间时间；

t_{F2}——最终间歇处理时间；

x——x 随时间变化的瞬时值；

x_0——x 在时间为 0 时的初值；

x_1——x 在时间为 t_{F1} 时从类型Ⅰ转换到类型Ⅱ处的中间值，反之亦然；

x_2——x 在时间 t_{F2} 处的终值；

ϑ——用来控制分布曲线顺序的逻辑变量；

ϑ——1 产生类型Ⅰ+类型Ⅱ；

ϑ——0 产生类型Ⅱ+类型Ⅰ；

γ——用来控制分布曲线顺序的逻辑变量；

若 $\vartheta=1$ 且 $t\leqslant t_{F1}$，$\gamma=1$

若 $\vartheta=1$ 且 $t\geqslant t_{F1}$，$\gamma=0$

若 $\vartheta=0$ 且 $t\leqslant t_{F1}$，$\gamma=0$

若 $\vartheta=0$ 且 $t\geqslant t_{F1}$，$\gamma=1$

ϕ=在优化过程中用来避免“除数为0”情况的逻辑变量

如果$[\vartheta t_{F1}+(1-\vartheta)(t_{F2}-t_{F1})]=0$，$\phi_{\mathrm{I}}$=任意值(为 1)

如果$[\vartheta t_{F1}+(1-\vartheta)(t_{F2}-t_{F1})]\neq0$，$\phi_{\mathrm{I}}=0$

如果$[\vartheta t_{F1}+(1-\vartheta)(t_{F2}-t_{F1})]=0$，$\phi_{\mathrm{II}}$=任意值(为 1)

如果$[\vartheta t_{F1}+(1-\vartheta)(t_{F2}-t_{F1})]\neq0$，$\phi_{\mathrm{II}}=0$

在式 16.72 和式 16.73 中，绝对值问题可以避免优化过程中将负值传递给 a_1 或 a_2 而引起的数值问题。这样的负值没有物理意义，但是经常会出现在类型Ⅰ和类型Ⅱ函数的结果中，这个可以通过变量 γ 除去。式 16.72 和式 16.7 可以组合成各种分布曲线，这些分布曲线原则上可以在间歇控制系统中实现。优化变量是：

$$x_0;\ x_1;\ x_2;\ t_{F1};\ a_1;\ a_2;\ \vartheta$$

此外，如果需要的话，间歇时间 t_{F2} 也可以优化。以上提到的变量都是连续的，除了变量 ϑ，它是常数。这会使优化过程成为一个混合整数非线性优化过程。这可以由一个确定混合整数的方法或者随机搜索优化的方法完成(见第3章)。然而，混合整数优化可以通过简单地使用非线性程序ϑ为1(类型Ⅰ后跟类型Ⅱ，如图16.12c所示)，之后重复ϑ为零(类型Ⅱ后跟类型Ⅰ，如图16.12d所示)来避免。

控制变量可以被约束为固定值(在温度梯度中固定初始温度)或者约束在一定的范围内。除了在文件中提到的六个变量，如果需要，t_{F2}也可以被优化。例如，在间歇过程中，除了其他的变量，优化间歇循环时间也是很重要的。

这个方法很容易适用于单个分布曲线中，例如文献(Jain, Kim and Smith, 2012)对间歇精馏的优化。这个方法很容易扩展到包含多组分分布曲线。例如，在间歇结晶过程，温度变量和蒸发变量可以同时被优化(Choong and Smith, 2014b)。每一个分布的优化过程都可使用以上的公式，优化这6个变量。

一旦最优的分布被确定，必须评估它的适用性。对于一个连续的过程，设备必须被设计成能够通过调整反应速率、传质速率、传热速率等，可以在整个空间内来跟踪曲线。在动态问题中，控制体系必须被设计为可以随着时间改变的分布体系。如果体系是不实用的，则优化过程必须增加额外的约束重复进行以避免不实际的问题出现。

例16.4 以下异构化反应将在间歇反应器中进行：

$$A \xrightleftharpoons{k_1, k_2} B \quad (16.74)$$

正反应速率和逆反应速率由下式给出：

$$k_1 = \exp\left[13.25 - \frac{49,900}{RT}\right] \quad (16.75)$$

$$k_2 = \exp\left[38.25 - \frac{121,000}{RT}\right] \quad (16.76)$$

式中 k_1——正反应速率，min^{-1}；

k_2——逆反应速率，min^{-1}；

R——气体常数，$8.3145kJ \cdot K^{-1} \cdot kmol^{-1}$；

T——反应温度，K。

间歇反应时间设置为6h。

① 确定A(C_A)浓度从初始浓度C_{A0}开始随时间变化的表达式，适用于随时间的增量变化。

② 在间歇反应过程中，如果温度保持为常数，初始浓度$C_{A0}=0$时，则确定最佳温度以使批处理时间的转换最大化。

③ 在间歇反应过程中，最初浓度$C_{A0}=0$时，确定最佳温度分布，以最大限度地在间歇处理时间内转换。

解：①对于间歇反应：

$$t = -\int_{C_{A1}}^{C_{A2}} \frac{dC_A}{-r_A}$$

$$= -\int_{C_{A1}}^{C_{A2}} \frac{dC_A}{k_1 C_A - k_2 C_B}$$

$$= -\int_{C_{A1}}^{C_{A2}} \frac{dC_A}{k_1 C_A - k_2(C_{A_0} - C_A)}$$

$$= -\int_{C_{A1}}^{C_{A2}} \frac{dC_A}{(k_1 + k_2) C_A - k_2 C_{A_0}}$$

$$= -\frac{1}{(k_1 + k_2)}\left[\ln((k_1 + k_2) C_A - k_2 C_{A_0})\right]_{C_{A_1}}^{C_{A_2}}$$

替换和重新整理后得：

$$C_{A_2} = \frac{[(k_1+k_2) C_{A_1} - k_2 C_{A_0}][\exp-(k_1+k_2)t] - k_2 C_{A_0}}{k_1+k_2} \quad (16.77)$$

根据转化率的定义：

$$X = \frac{C_{A_0} - C_{A_2}}{C_{A_0}} \quad (16.78)$$

② 对于是恒温的间歇反应，式16.77和式16.78用k_1定义，式16.75、式16.76用k_2定义间歇反应的转换率。这个带有温度变化的模型可以建立在一个Excel表格中，模型使用计算程序来使转化率X最大。当温度为324.9K时，转化率为0.722。

③ 为了确定最优的温度梯度，以20min的时间增量对时间为206min的间歇过程进行分割，式16.77和式16.78用来计算出口浓度和每个时间增量后的浓度。式16.72和式16.73可以决定整个间歇过程的温度梯度。在Excel表格中，这些最优变量T_0，T_1，T_2，t_{F1}，a_1和a_2可以用求解程序计算出最优值。重复计算$\vartheta=1$和$\vartheta=0$直到可以确定最优分布。图16.13为最优的温度分布曲线：

$T_0 = 367.3K$

$T_{F1} = 333.7K$

$T_{F2} = 316.3K$

$t_{F1} = 83.5min$

$a_1 = 2.398$

$a_2 = 0.548$

$\vartheta = 1$

优化结果给出了最优的转化率0.760，增加了4%。值得注意的是这是一个带有多个局部最优解的非线性优化过程。因此设置不同的参数组合可以获得类似的最优转化率。然而，都有相同的基本形状，如图16.13所示。

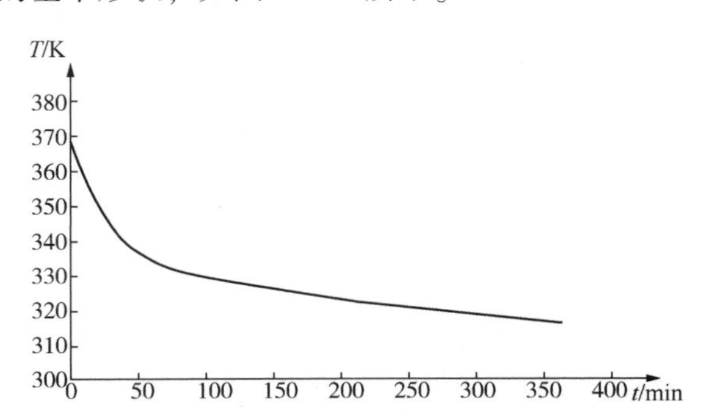

图16.13 例16.4的最优温度分布

例16.5 对于例16.1中的分离，馏分的纯度达到0.98，回收率S达到90%：

① 优化回流比使间歇过程时间最少，在整个间歇循环过程中维持回流比为常量。

② 通过将间歇循环时间减少到最小来优化回流比。

解：①同例16.1，必须通过式16.7解决物料平衡问题。如果在循环过程中，回流比维持为常量，间歇时间可以用式16.41计算。假设精馏过程在全回流状态下开始，然后，同例16.1，$x_D = 0.9956$，$t = 0$。最小间歇时间设定为$\overline{x_D} = 0.98$，$B_{xB} = 9.0$。为了达到这个目标，必须改变回流比，同时x_D也要改变。这可以在Excel表格中用计算程序求解。

表16.8表示了最优的结果，将间歇循环分成20个增量：

$$R = 6.1712$$

$$\Delta x_D = 0.004136$$

从式16.41可得：

$$t = 5.93\text{h}$$

② 为了加强和优化回流比分布，式16.72和式16.73需要被应用到间歇过程中。然而，与例16.3间歇反应优化不同，间歇循环时间是计算得出的而不是设定的。同样，在整个循环中，因为回流比的改变，间歇周期必须通过数值积分式16.44计算。因此，当应用式16.72和式16.73(比如0到100)时，循环被划分为任意刻度的增量。如前所述，假设时刻0时全回流，得到$x_D = 0.9956$。在间歇周期中，精馏浓度逐渐降低。间歇时间在约束条件$x_D = 0.98$和$B_{xB} = 9.0$下最小，但是对下述变量进行优化：

$$x_0,\ x_1,\ x_2,\ t_{F1},\ a_1,\ a_2,\ \vartheta,\ \Delta x_D$$

计算可以在Excel表格中通过求解程序计算。结果是将间歇循环分成20间隔，结果在表16.9中给出。优化变量的结果为：

$x_0 = 10.89$

$x_1 = 3.44$

$x_2 = 15.05$

$t_{F1} = 14.0$(取自时间100的总间隔中)

$a_1 = 2.783$

$a_2 = 1.482$

$\vartheta = 1$

$\Delta x_D = 0.00259$

优化的最小间歇时间为4.98h(回流比优化时间为5.93h，但是整个周期保持不变)。应该注意的是在数值积分时不可避免地会出现数值错误。增加间隔的时间可以减少积分错误。同时，使用Simpson规则，可完成更加精确的数值积分。然而，在这种情况下，误差仍然很小。应该注意的是，由于非线性优化的特点，不同的优化结果可以有相似的性能。如图16.14为回流比分布曲线。

表16.8 在循环中保持恒定的间歇精馏优化回流比

时间间隔	x_D	k	W	B	x_B	$\frac{1}{x_D - x_B}$	ΔArea	ln(B/F)	B	$\bar{x}_D$	Bx_B
0	0.9956	0.064461	1.161153	1.067679	0.6000	2.527952	0.000000	0.000000	150.00	0.9956	90.00
1	0.9914	0.064129	1.160323	1.066160	0.5439	2.234469	0.133568	0.133568	131.25	0.9925	71.39
2	0.9873	0.063798	1.159495	1.064647	0.4503	1.862121	0.191770	0.325338	108.34	0.9894	48.78

16

续表

时间间隔	x_D	k	W	B	x_B	$\frac{1}{x_D-x_B}$	ΔArea	ln(B/F)	B	$\bar{x}_D$	Bx_B
3	0. 9832	0. 063467	1. 158669	1. 063140	0. 3862	1. 675007	0. 113411	0. 438750	96. 73	0. 9883	37. 35
4	0. 9790	0. 063138	1. 157844	1. 061639	0. 3395	1. 563531	0. 075623	0. 514372	89. 68	0. 9874	30. 44
5	0. 9749	0. 062808	1. 157021	1. 060144	0. 3039	1. 490325	0. 054286	0. 568658	84. 94	0. 9866	25. 81
6	0. 9708	0. 062480	1. 156200	1. 058655	0. 2759	1. 439166	0. 040996	0. 609654	81. 53	0. 9859	22. 50
7	0. 9666	0. 062152	1. 155380	1. 057171	0. 2533	1. 401872	0. 032133	0. 641788	78. 95	0. 9853	20. 00
8	0. 9625	0. 061825	1. 154563	1. 055693	0. 2346	1. 373870	0. 025918	0. 667706	76. 93	0. 9847	18. 05
9	0. 9584	0. 061499	1. 153747	1. 054220	0. 2189	1. 352406	0. 021385	0. 689091	75. 30	0. 9842	16. 49
10	0. 9542	0. 061173	1. 152932	1. 052753	0. 2056	1. 335717	0. 017976	0. 707067	73. 96	0. 9837	15. 20
11	0. 9501	0. 060848	1. 152120	1. 051292	0. 1940	1. 322629	0. 015345	0. 722412	72. 84	0. 9832	14. 13
12	0. 9459	0. 060523	1. 151309	1. 049836	0. 1839	1. 312324	0. 013271	0. 735682	71. 88	0. 9828	13. 22
13	0. 9418	0. 060200	1. 150499	1. 048386	0. 1751	1. 304220	0. 011606	0. 747288	71. 05	0. 9824	12. 44
14	0. 9377	0. 059877	1. 149692	1. 046942	0. 1672	1. 297886	0. 010249	0. 757537	70. 32	0. 9820	11. 76
15	0. 9335	0. 059554	1. 148886	1. 045502	0. 1601	1. 293001	0. 009129	0. 766666	69. 68	0. 9816	11. 16
16	0. 9294	0. 059233	1. 148082	1. 044069	0. 1538	1. 289319	0. 008192	0. 774858	69. 12	0. 9813	10. 63
17	0. 9253	0. 058912	1. 147279	1. 042640	0. 1481	1. 286648	0. 007401	0. 782259	68. 61	0. 9809	10. 16
18	0. 9211	0. 058591	1. 146478	1. 041217	0. 1428	1. 284837	0. 006727	0. 788985	68. 15	0. 9806	9. 73
19	0. 9170	0. 058272	1. 145679	1. 039799	0. 1380	1. 283764	0. 006147	0. 795132	67. 73	0. 9803	9. 35
20	0. 9129	0. 057953	1. 144882	1. 038387	0. 1336	1. 283332	0. 005645	0. 800778	67. 35	0. 9800	9. 00

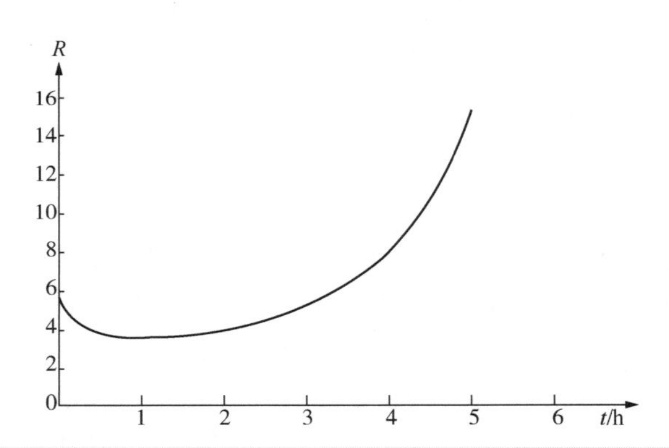

图 16. 14 最佳回流比分布曲线

表 16. 9 间歇精馏的回流比优化分布

时间间隔	t	RR	x_D	x_B	$\frac{1}{x_D-x_B}$	ΔArea	ln(B/F)	B	$\bar{x}_D$	Bx_B	$\frac{B}{V}\cdot\frac{R+1}{(x_D-x_B)}$	Δt	t
0	0	10. 8899	0. 9956	0. 6000	2. 527952	0. 000000	0. 000000	150. 00	0. 9956	90. 00	45. 0857	0. 0000	0. 0000
1	5	5. 6067	0. 9930	0. 6000	2. 544624	0. 000003	0. 000003	150. 00	0. 9943	90. 00	25. 2175	0. 0000	0. 0000
2	10	3. 6611	0. 9904	0. 5772	2. 420233	0. 056576	0. 056579	141. 75	0. 9915	81. 82	15. 9906	0. 4696	0. 4696
3	15	3. 4543	0. 9878	0. 5305	2. 186889	0. 107530	0. 164109	127. 30	0. 9895	67. 53	12. 4002	0. 6626	1. 1323
4	20	3. 6636	0. 9852	0. 4778	1. 970775	0. 109631	0. 273740	114. 08	0. 9881	54. 51	10. 4850	0. 6034	1. 7357
5	25	3. 9900	0. 9826	0. 4296	1. 808131	0. 091139	0. 364879	104. 14	0. 9871	44. 73	9. 3963	0. 4795	2. 2152
6	30	4. 3984	0. 9800	0. 3866	1. 685285	0. 074946	0. 439825	96. 62	0. 9862	37. 36	8. 7906	0. 3902	2. 6054

续表

时间间隔	t	RR	x_D	x_B	$\frac{1}{x_D-x_B}$	ΔArea	$\ln(B/F)$	B	$\bar{x}_D$	Bx_B	$\frac{B}{V}\cdot\frac{R+1}{(x_D-x_B)}$	Δt	t
7	35	4.8740	0.9774	0.3490	1.591333	0.061641	0.501466	90.85	0.9854	31.71	8.4918	0.3251	2.9305
8	40	5.4077	0.9748	0.3163	1.518493	0.050903	0.552369	86.34	0.9848	27.31	8.4007	0.2765	3.2070
9	45	5.9934	0.9722	0.2879	1.461248	0.042300	0.594669	82.76	0.9842	23.83	8.4575	0.2393	3.4463
10	50	6.6265	0.9696	0.2633	1.415674	0.035420	0.630089	79.88	0.9836	21.03	8.6246	0.2103	3.6566
11	55	7.3036	0.9671	0.2419	1.378957	0.029904	0.659993	77.53	0.9831	18.75	8.8772	0.1873	3.8439
12	60	8.0216	0.9645	0.2232	1.349054	0.025462	0.685455	75.58	0.9827	16.87	9.1985	0.1687	4.0126
13	65	8.7784	0.9619	0.2069	1.324468	0.021860	0.707315	73.94	0.9822	15.30	9.5767	0.1535	4.1661
14	70	9.5717	0.9593	0.1925	1.304084	0.018918	0.726233	72.56	0.9819	13.96	10.0033	0.1409	4.3070
15	75	10.3999	0.9567	0.1797	1.287064	0.016497	0.742729	71.37	0.9815	12.83	10.4720	0.1304	4.4374
16	80	11.2615	0.9541	0.1684	1.272769	0.014488	0.757217	70.35	0.9812	11.85	10.9782	0.1214	4.5588
17	85	12.1552	0.9515	0.1583	1.260705	0.012808	0.770025	69.45	0.9808	10.99	11.5182	0.1137	4.6725
18	90	13.0797	0.9489	0.1492	1.250488	0.011393	0.781418	68.66	0.9805	10.25	12.0892	0.1071	4.7796
19	95	14.0340	0.9463	0.1410	1.241813	0.010193	0.791611	67.97	0.9803	9.59	12.6890	0.1013	4.8810
20	100	15.0171	0.9437	0.1336	1.234437	0.009167	0.800778	67.35	0.9800	9.00	13.3159	0.0963	4.9772

16.8 Gantt 图

现在考虑完整的间歇过程。图 16.15 展示了一个简单的间歇过程。进料通过泵从储罐中抽出。进料在进入间歇反应器中通过换热器预热。一旦进料充满反应器，在反应开始之前，使用蒸气加热套加热，更多的热量会集中在反应器内部。在反应后期，反应器夹套需要使用冷却水来冷却反应器。一旦反应结束，反应器中的产物则需要用泵抽出。反应产物进入间歇精馏过程中，在塔顶形成产物，残留物留在塔底。产物和残留物进入不同储罐中。

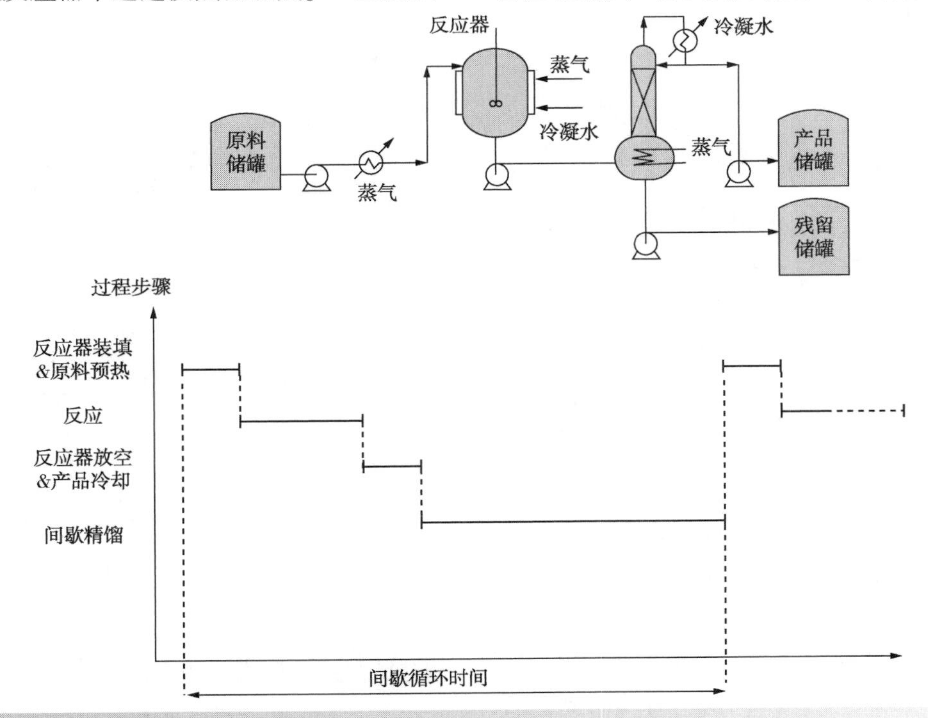

图 16.15　一个简单的间歇处理过程的 Gantt 图

这个过程作为 *Gantt* 或时间节点图(Mah，1990；Biegler；Grossman and Westerberg；1997)也显示在图 16.15。前两步中，泵送反应器填充和进料预热都是半连续的。反应器内的加热、反应过程和冷却过程都是间歇的。泵将反应器抽空，抽入到间歇精馏中都是半连续的。精馏过程是间歇的。从图 16.15 中的 Gantt 图可以看出，设备的利用率非常低。在相当长的一段时间内，设备是闲置的，有时称为死时间。间歇循环时间是连续间歇生产之间的时间间隔。

设备的高利用率是间歇过程设计的目标。这个目标可以通过重叠的间歇过程实现。重叠意味着同一过程随时间存在着多个不同阶段的间歇过程，如图 16.16 所示。这大大减少了间歇循环时间，循环时间是指连续间歇生产之间的间隔。最长的步长限制循环时间。如果在同一设备中完成多个步骤，循环时间受限于这一设备中耗时最长的步骤。间歇周期时间必须至少与最长的步长相同。除了受限制步骤的设备外，在整个间歇过程中，其余设备都是处于空闲状态。

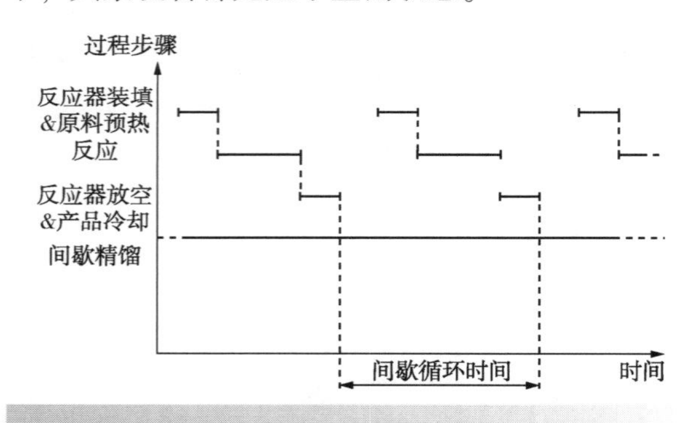

图 16.16 重叠间歇减少间歇循环时间

16.9 单一产物的生产时间表

间歇过程可专门用于生产单一产物或多种产物。首先考虑过程只能生成一种单一产物的最简单的情况。如图 16.17 所示的过程，涉及三个步骤(步骤 A，步骤 B 和步骤 C)，其中步骤 A 需要 10h，步骤 B 需要 5h，步骤 C 也需要 5h。图 16.17a 显示了连续的生产时间表。后续间歇只有在上次间歇完全完成后才能启动。对于此连续生产的时间表，循环时间为 20h。这显然造成了较低的设备利用率。应注意，重叠的间歇可以减少周期时间。图 16.17b 中说明，只要设备可用，随后的间歇过程可以立即启动。图 16.17b 表明对于重叠的间歇过程循环时间可减少到 10h(最长步长)。如果在特定时期内需要实现特定的生产量，那么在图 16.17b 中使用重叠间歇过程中的设备原则上可以是图 16.17a 中连续生产设备尺寸的一半。

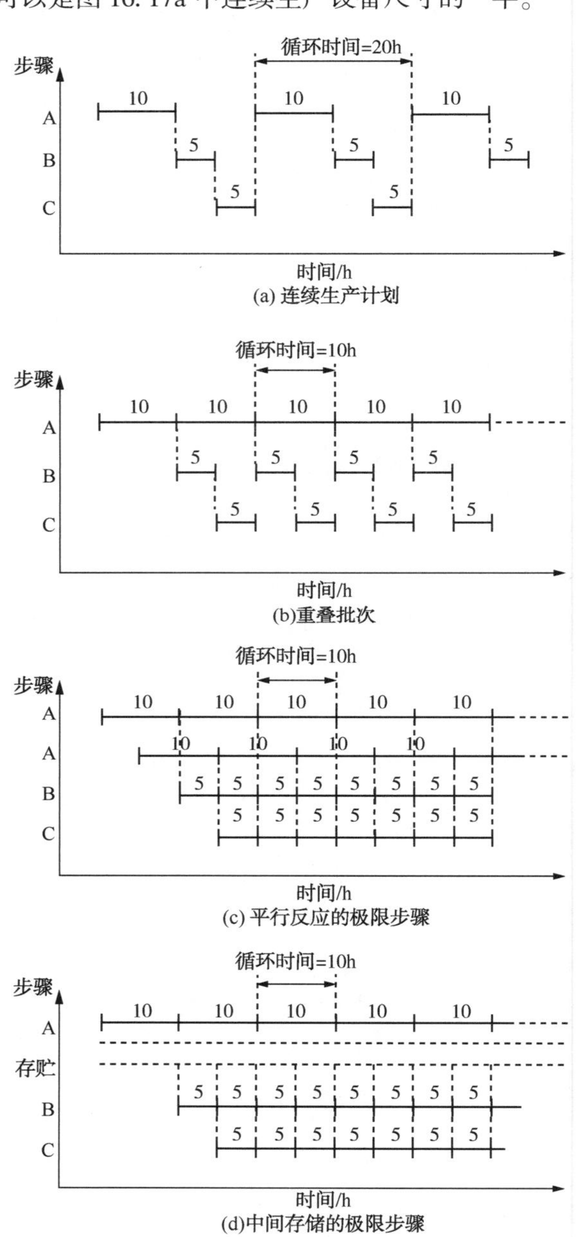

图 16.17 三个步骤的生产时间表

即使在图 16.17b 中的重叠间歇过程，步骤 B 和 C 仍未得到充分利用。步骤 A 被充分利用，这是限制步骤。图 16.17c 显示出了有两个设备操作的步骤 A，但这是并行的设计。这使步骤 B 和步骤 C 可以完全利用。如果将设备的尺寸与连续生产时间表进行比较，则图 16.17c 中的两个步骤 A1 和 A2 原则上可以是图 16.17a 中连续生产步骤 A 的设备尺寸的四分之一。相同生产速率的连续生产时间表中，图 16.17c 中步骤 B 和 C 的设备尺寸也是图 16.17a 尺寸的四分之一。

图 16.17d 中的最后一个选项是使用中间存储器的限制步骤。来自步骤 A 的物料被输送到存储器中，步骤 B 从存储器中抽出物料。物料仍然直接从步骤 B 传递到步骤 C。现在所有的三个步骤都被充分利用。对于一段时间内相同的生产率，步骤 A 的规模原则上可以相对于图 16.17a 中的连续生产的一半，步骤 B 和 C 的尺寸原则上可以是连续生产的四分之一。然而，这是以引入中间存储为代价的。

16.10 多产物的生产时间表

假设每一个单元操作都只涉及单一产物。然而在实际生产中，同一设备间歇过程通常生产多个产物。主要分为两种工艺类型。在流水车间或多产物车间中，所有的产物生产都需要经过此工艺中的所有步骤，并遵循相同的操作顺序。在加工车间或多用途工艺中，并非所有产物都需要经过所有步骤，有可能需要遵循不同的步骤顺序(Biegler, Grossman and Westerberg, 1997)。

图 16.18 为生产两个产物(产物 1 和 2)的工艺流程。图 16.18a 给出了涉及顺序生产计划的生产周期。产物 1 和产物 2 之间交替生产。生产产物 1 和产物 2 的循环时间为 28h。

为了减少循环时间并提高设备利用率，可以考虑的方案是如图 16.18b 所示的重叠间歇。这使循环时间缩短到 18h。

目前考虑的所有计划是在没有任何延迟的情况下将原料从一个步骤转移到另一步骤。从一个步骤转移存储或从存储转移到另一个步骤被称为零等待转移。另一种方法是开发一种利用生产步骤进行延迟的设备。在这种情况下，原料停留在设备中，直到执行下一步的生产计划。使用设备保留的时间表如图 16.18c 所示。这使循环时间缩短到 15h。

最后，图 16.18d 显示了使用中间存储的情况。存储的使用只对产品 2 是必需的。使用中间存储的方法可将时间周期缩短到 14h。

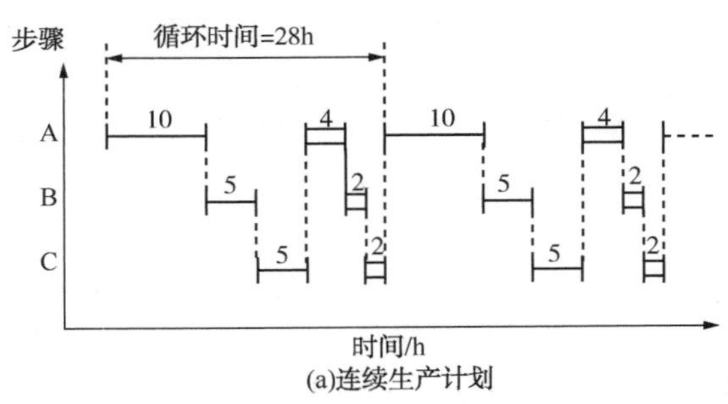

(a)连续生产计划

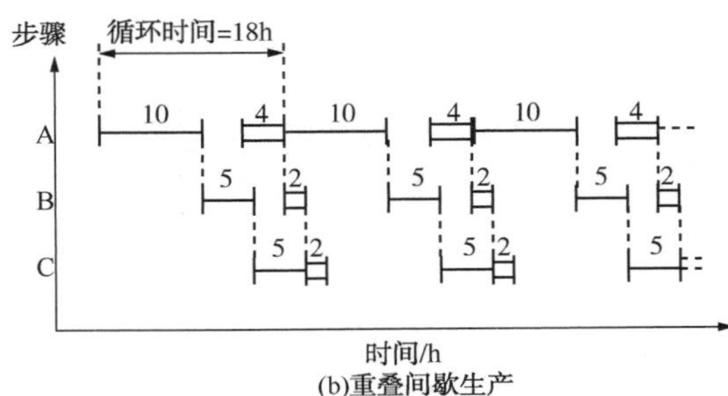

(b)重叠间歇生产

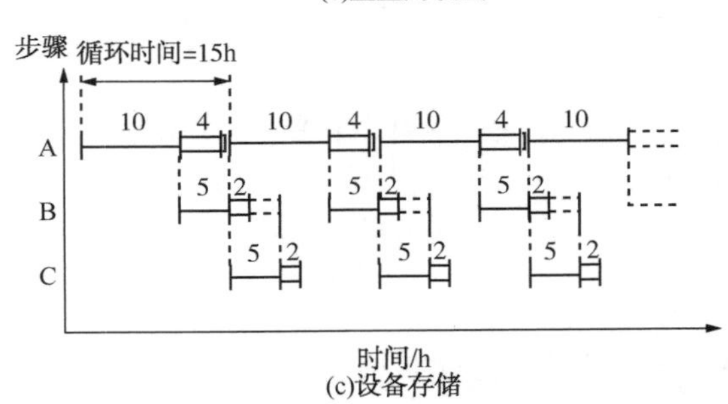

(c)设备存储

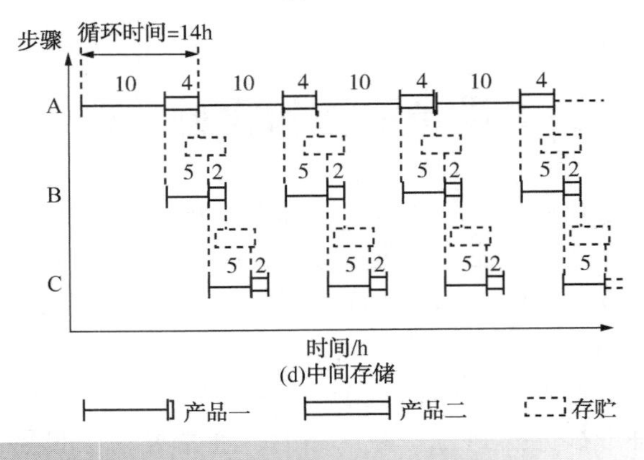

(d)中间存储

图 16.18 有三个步骤的两个产物的生产时间表

现在考虑涉及流水线车间生产的两种产物(产物 1 和 2)的另一个问题，每个产物涉及两个步骤(步骤 A 和 B)。图 16.19a 显示了产物 1

16

和产物 2 的三个间歇生产周期。从图 16.19a 可以看出，重叠间歇生产可以增加设备利用率。为了生产三种包含产物 1 和产物 2 的产品，图 16.19a 中的时间表涉及单一产品生产。三种间歇过程中产物 1 的生产和产物 2 的生产直接相连。对于此生产时间表，周期时间为 47h。生产给定数量的所有间歇过程所需的总时间被称为生产时间。如图 16.19a，对于单一产品生产，生产时间为 53h。

如图 16.19b 所示，可以通过以下混合产物生产来替代生产时间表。在图 16.19b 中的产物 1 和产物 2 间歇过程的交替允许将循环时间减少到 45h，并将生产时间减少到 51h。

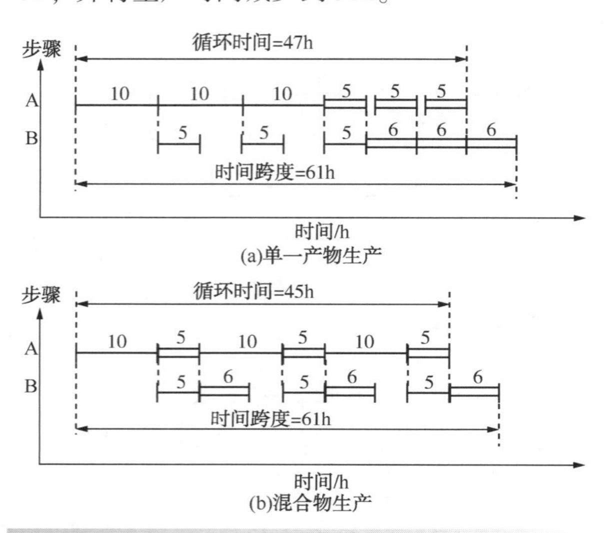

图 16.19 单次和混合产品活动，两个产品分的三个批次

16.11 设备清洁和物料转移

在讨论生产计划时忽视了一些实际问题。生产调度中可能遇到两个实际问题，这两个问题对周期时间和生产时间有重要的影响（Biegler, Grssman and Westberger, 1997）。

首先考虑两种不同产物之间的转移。在从一种产物更换到另一种产品时，通常要清洁设备。图 16.20 显示了如图 16.19 所示的单一产物生产和混合产物生产，但是在产物更改之间进行了清理。清洁增加了循环时间和生产时间。将图 16.19a 中没有清洁的单一产物生产与图 16.20a 中有清洁的单一产物生产进行比较，那么循环时间将从 47h 增加到 49h，生产时间将从 53h 增加到 55h。然而，当图 16.19a 中的混合产物生产与图 16.20b 中的清洁混合产物生产进行比较时，可以看出，循环时间和生产时间都有更显著的增加。清洁使得循环时间从 45h 增加到 55h，生产时间从 51h 增加到 61h。

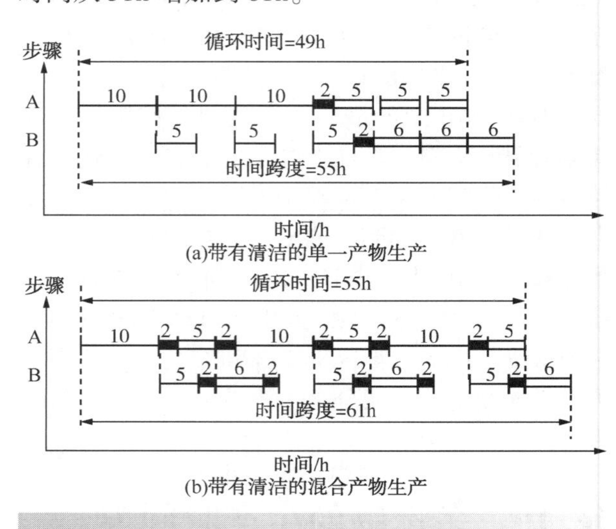

图 16.20 清洁产物延长循环时间

如果没有清理，我们就会认为混合产物生产比单一产物生产更有效。一旦采用清洁，混合产物生产比单一产物生产效率低。

如图 16.19 和图 16.20 所示的整体设备利用率的下降取决于是否采用清洁。然而，在规划生产计划时必须考虑到这一点。之后需要解决的另一个问题是，当间歇生产系统中的产物发生变化且设备需要清洁时，可能会产生大量的废物，从而造成重大的环境问题。这将在后面的清洁生产中再次讨论。

到目前为止，生产计划中忽略的另一个重要问题是不同步骤之间的转移时间。图 16.21 再次显示了图 16.17 的生产时间表，但这次引入 1h 的余量，以便在存储和生产步骤之间，从一个生产步骤到另一个生产步骤以及从生产步骤出口到存储转移物料。如果物料从一步转移到另一步，则可以同时进行前一步骤的排空和下一步骤的填充；因此从步骤 A 到步骤 B 以及从步骤 B 到步骤 C 是重叠的。如图 16.21a 所示，连续生产的循环时间从 20h 增加到 24h，其中 1h 作为转移时间。图 16.21b 显示了有 1h 转移时间的重叠生产。在这种情况下，循环时间从 10h 增加到 12h。

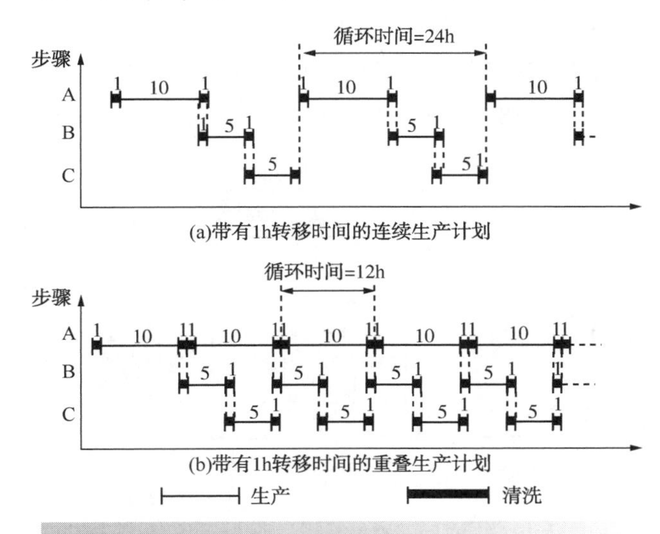

图 16.21 传输时间延长了循环时间

16.12 整合间歇过程的反应和分离系统

现在考虑间歇过程的反应和分离系统是如何进行整合的。首先假设过程是连续的，如果选择使用间歇操作，连续步骤将被间歇步骤替代（Myriantheos，1986）。开始时进行连续过程操作比较简单，因为间歇处理操作的时间依赖性增加了连续操作的附加限制。

然而，用于整合反应和分离系统的间歇和连续方法之间存在非常显著的差异。连续过程涉及处理步骤之间的距离连接。间歇过程也涉及处理步骤之间距离连接。此外，间歇过程在处理步骤之间也涉及时间连接。在间歇过程中，距离的连接有时被时间连接所取代。考虑到图 16.17a 中的连续生产时间表。假设步骤 B 和 C 可以在与步骤 A 相同的设备中进行。生产时间表如图 16.17a 所示，这意味着只需要一个设备而不需要三个设备。这将有助于降低设备的建设成本。它也将在原料转移方面有所帮助。因此，图 16.21 中的步骤之间的转移时间将被消除。在清洁方面的另一个优势是，清洁的设备更少，清洁产生的废物也更少。当然，如果步骤合并，则间歇重叠选项将不再可行。例如，合并随后冷却结晶的反应。原则上讲，这两个步骤都可以在同一台设备中完成。

在步骤合并到同一台设备之前，必须确保设备在功能、尺寸，施工材料和压力等级等方面适合于多种用途。同时，合并将影响生产进度，合并时需要考虑生产计划。

最后，间歇过程中原料的回收是困难的，因为在循环中涉及回收的步骤之间通常不能及时进行连接。这是因为不同的步骤发生在不同的时间段。然而，通过使用中间存储器可以实现回收步骤时间上的连接。

该方法由以下示例说明。

例 16.6 丁二烯砜（或 3-环丁烯砜）是用于生产溶剂的中间体。可以根据丁二烯和二氧化硫的反应生产（McKetta，1977；Myriantheos，1986）

$$CH_2{=}CHCH{=}CH_2 + SO_2 \rightleftharpoons \underset{\displaystyle CH_2\ \ CH_2 \atop \displaystyle SO_2}{CH{=}CH}$$

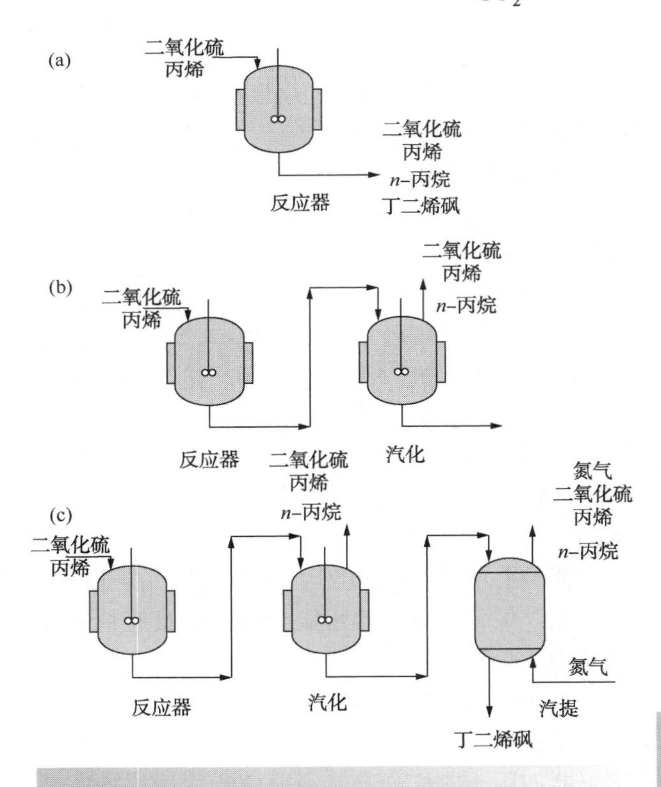

图 16.22 生产丁二烯砜的反应和分离系统

这是在单一液相中发生的放热、可逆、均相反应。丁二烯进料含有 0.5% 正丁烷杂质，采用纯的二氧化硫。二氧化硫与丁二烯的摩尔比必须保持在 1 以上以防止发生副反应，摩尔比设为 1.2。必须保持反应过程中的温度在 65℃以上以防止丁二烯砜结晶，但同时要低于 100℃以防止其分解。产物中丁二烯的质量分数必须小于 0.5%，二氧化硫的质量分数必须小于 0.3%。

原料的常沸点在表 16.10 中给出。

为该过程综合设计一个连续反应、分离和再循环系统，以便在之后改成间歇过程。

表 16.10　组分的正常沸点

原　　料	正常沸点/℃
二氧化硫	-10
丁二烯	-4
正丁烷	-1
丁二烯砜	151

解：反应的可逆性意味着进料不能完全转化。图 16.22a 中的反应器设计显示反应器产物是含有进料、产物以及正丁烷杂质的混合物。这必须分离，但问题是如何分离？

若考虑反应器产物中组分的相对沸点，各组分挥发度跨度很大。与二氧化硫、丁二烯和正丁烷这些低沸点物质相比丁二烯砜是具有很高沸点的物质。考虑到反应发生在液相中，部分蒸发可能会使丁二烯砜与其他组分的分离更有效(图 16.22b)。

汽液平衡的计算结果表明分离效果较好，但没有达到产品纯度要求即丁二烯<0.5%和二氧化硫<0.3%，需要进一步分离液相。由于精馏操作的温度范围窄，所以液相难以用精馏来分离。然而液体可以用氮气汽提分离(图 16.22c)。

即使连续操作是预期的操作，图 16.22 所示的间歇操作设备类型比连续操作更典型。例如：蒸发器是一个带有加热夹套的搅拌槽。在连续生产的工厂中，该蒸发器可能会设计成具有特殊加热结构的盘管式蒸发器。

考虑到未反应物料的循环。图 16.23a 所示为未转化物料的循环系统。通过蒸发器进料泵对蒸发器加压，使从蒸发器到反应器的循环具有可行性。否则蒸汽循环需要压缩机。汽提操作在较低的压力下进行，使未反应物料实现汽提分离。因此，汽提操作的循环需要压缩机，然后将其冷凝后返回反应器。

另一个问题是进料中的大多数正丁烷杂质从蒸发器进入气相，因此，必须及时冷凝器排空否则正丁烷将在循环中积累(图 16.23a)。最后，应考虑氮气循环的可能性，以最大限度地减少新鲜氮气的使用(图 16.23b)。

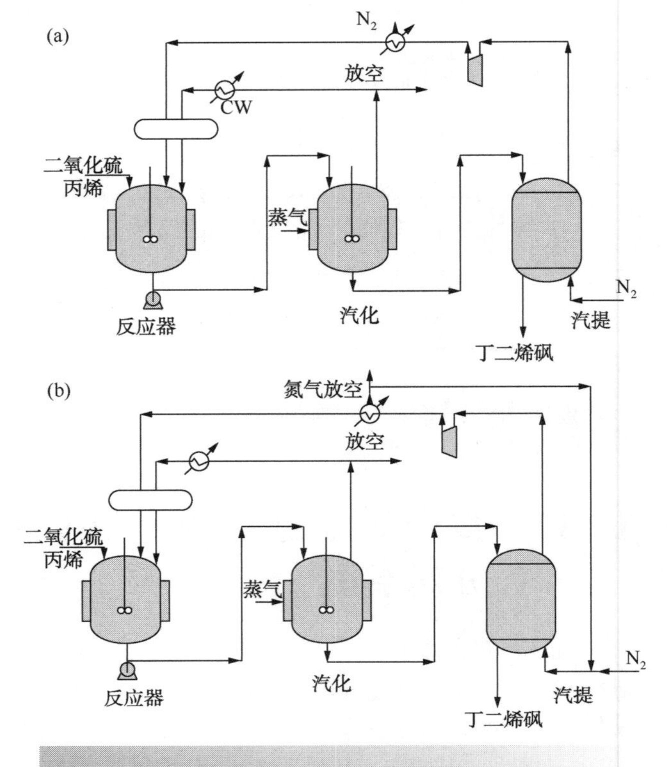

图 16.23　生产丁二烯砜的回收系统

例 16.7　将例 16.6 的连续过程转化为间歇过程。设备的初始尺寸表明处理步骤的时间，见表 16.11(Myriantheos，1986)

表 16.11　处理步骤的时间

处 理 步 骤	时间/h
反应	2.1
蒸发	0.45
搅拌	0.65
容器灌装	0.25
容器排空	0.25

解：综合的流程如图 16.23b 所示，现将这一流程转化为间歇操作。反应器变为间歇式，要求在分离之前完成反应。图 16.24 显示了间歇过程循环的 Gantt 图。注意到图 16.24 在过程中存在小的重叠，即前一步骤的结束与后一步骤的开

始同时进行。图 16.24 所示的 Gantt 图表明各单项设备的利用率不高。为了提高设备利用率，重叠间歇如图 16.25 所示。由于反应器进料与分离不能同时进行，不可能将物流直接从分离器循环回反应器中，所以需要用贮罐来贮存循环物料。这些物料作为下一间歇过程的部分进料。最终的间歇生产流程如图 16.26 所示。

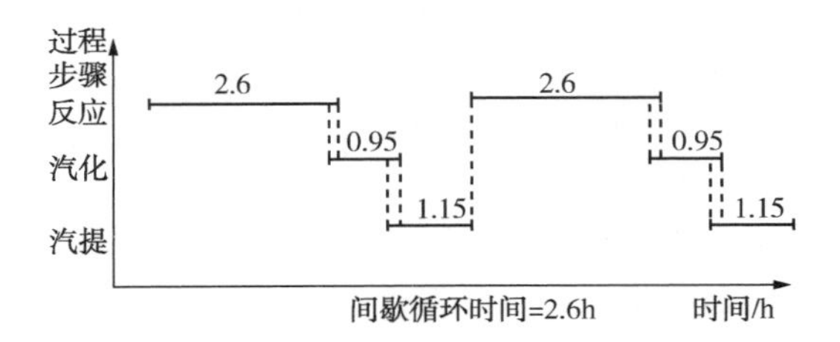

图 16.24 例 16.7 间歇循环周期 Gantt 图(即时间-事件图)

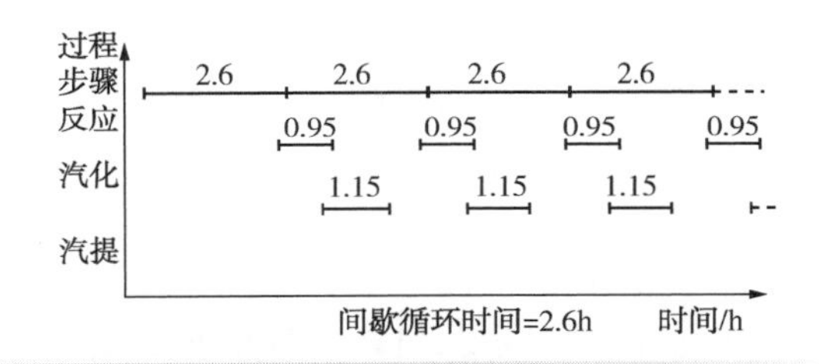

图 16.25 例 16.7 重叠间歇减少了周期时间

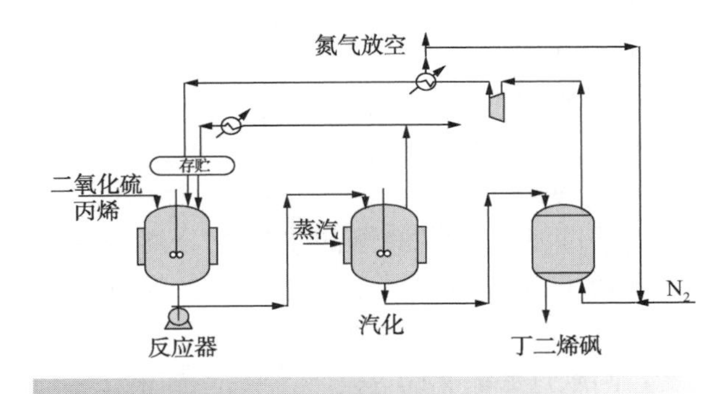

图 16.26 丁二烯砜的生产工艺流程

在图 16.25 中，反应器限制了间歇循环时间，即没有死时间。另一方面，蒸发器和汽提塔都有明显的死时间，图 16.27 为两台反应器平行操作的时间-事件图。在平行操作下，反应操作可以重叠，从而允许蒸发和汽提操作更频繁地进行。这提高了设备的整体利用率，并且原则上可以减小设备的尺寸。

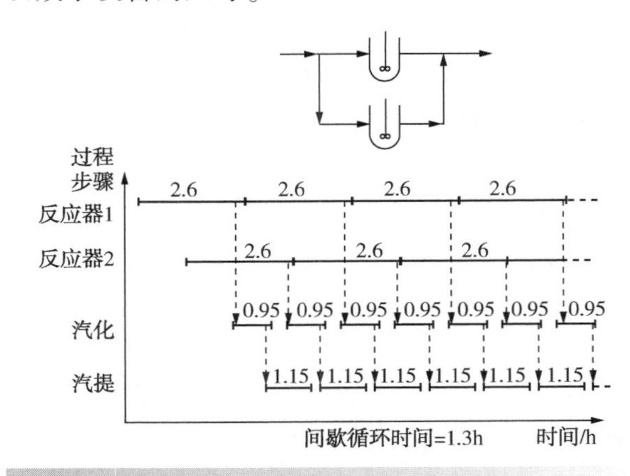

图 16.27 在平行限制步骤放置单元减少例 16.7 的间歇循环时间

间歇循环时间从 2.6h 降低到 1.3h，这意味着可以处理更多间歇物料，因此，如果使用两台各自具有原始物料的反应器处理能力将会提高。但是，处理能力的提高是以增加第二反应器的成本为代价的。我们必须先通过经济评估来权衡该判断的合理性。

如果不需要附加产量，那么可以降低反应器、蒸发器和汽提塔的尺寸。用反应器平行操作以保持原产量不变，意味着需要在两个(较小)反应器的建设费用增加与蒸发器和汽提器的投资费用降低之间权衡。这样做是否有益则需要进行经济评估才能得出结论。

提高设备利用率的方法除了增加平行反应器，另一个选择是安装中间贮罐。图 16.28 为在反应器和蒸发器之间以及反应器和汽提塔之间安装了中间贮罐的操作过程的时间-事件图。蒸发步骤不再受反应操作步骤完成才能开始的限制，汽提步骤也不再受蒸发操作步骤完成才能开始的限制。这些独立的步骤可以通过中间贮罐耦合完成。如图 16.28 所示，这种操作方式保持了原来的间歇操作时间 2.6h 但能消除蒸发和汽提步骤中的死时间。可以进行更多的蒸发和汽提步骤，因此蒸发器和汽提器的尺寸也可以相应地减小。这样一来，需要权衡是增加中间贮罐的建设费用还是减少蒸发器和汽提塔的建设费用。在图 16.28 中，反应器和蒸发器之间的中间储罐对设备利用率有明显影响。蒸发器和汽提器之间的中间储罐的效果不明显，其经济性将很难判断。

最后，将操作合并到一个设备中，可认为是通过时间的连接来替换距离中的连接。例如，可能在同一设备中进行反应和蒸发。反应和蒸发的重叠将不再出现，但会节省建设成本。

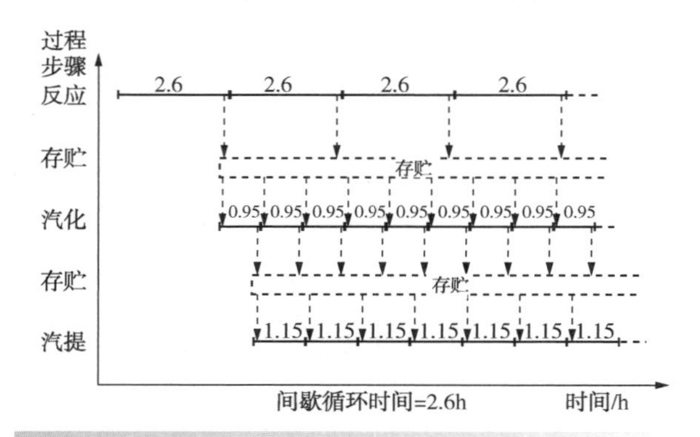

图 16.28　例 16.7 中带有中间存贮的 Gantt 图

16.13　间歇过程的存储

第 14 章讨论了与连续过程相关的存储要求。间歇过程中的最小存储量等于间歇所需物料的量，或每次间歇生产的产物量。

因为间歇操作是动态过程，所以很难在整个间歇过程中维护所需的产品规格。因此，储存有助于减弱流体产品的产品质量变化。与流体产品进口特性的变化相比，存储的出口特性的变化减少了。只要平均质量在规格范围内，所有产品都可以销售。

每个工艺生产一定数量的产物，并存储直到发货。产物生产可能涉及单个或多个间歇工艺。生产可能会转移到另一种产物中，并对该产物进行另一个工艺设计。更换产物会浪费生产时间，清洁和净化设备会造成浪费，由于更换可能导致产生一些不合格的产物。因此，大批量和长时间的产品生产对工厂运行有利，但增加了存储成本(建设、运行和操作)。

与连续过程的存储一样，液体存储罐尺寸应设计为在贮存量的 10%到 90%的情况下运行。与连续过程的储存一样，进料产物和中间贮存量将取决于建设、运行和操作成本，以及可操作性、控制和安全等因素。

16.14　间歇工艺——总结

许多间歇工艺设计是在实验基础上放大，特别是用于制造特种化学品的过程。制造特种化学品通常优先考虑在最短时间内将产品推向市场(产品必须符合要求的产品规格和相关规定，且工艺必须符合所需的安全和环境标准)。如果产品受到专利保护，情况尤其如此。

对于间歇反应器影响间歇操作性能的四个主要影响因素为：

- 接触方式；
- 操作条件；
- 搅拌；
- 溶剂选择。

相比于连续精馏，间歇精馏有许多的优势：

- 相同的设备可用于处理不同的进料，生产不同的产品。
- 满足不同的产品规格。
- 一个精馏塔可以将多组分混合物分离成相对纯的产物。

结晶在精细化学品和特种化学品中非常常见。许多化学产物是以固体晶体的形式存在的。结晶的优点是可以生产高纯度的产物，并且对于热敏物料可能比精馏分离更有效。间歇结晶具有以下特征：

- 灵活；
- 投资成本低；
- 适应小过程开发要求；
- 可重复性差。

间歇过滤涉及从液体的浆液中分离悬浮固体。产物可以是固体颗粒或滤液。在间歇过滤中，过滤介质对流体的初始阻力将随颗粒沉积而改变。间歇过滤的驱动力是：

- 重力；
- 真空；
- 压力；
- 离心力。

可以分析搅拌容器的间歇加热和冷却，无论是恒温还是变温的加热和冷却介质。

间歇工艺的生产计划可以是顺序的、重叠的、并行的、使用中间存储的，或者组合使用的。可以使用 Gantt 图来分析这些时间表。间歇工艺通常在同一设备中生产多种产物，可以分为流水车间或多产物工厂。设备清洁和物料转移策略对生产进度有重要影响。

综合间歇工艺的反应和分离系统可以通过假设该工艺连续进行，然后通过间歇步骤代替连续步骤。在组合间歇工艺时，可以利用距离和时间的连接。

16.15 习题

1. 在间歇反应器中三氯甲烷作为催化剂，在二甲苯的溶液中，由苄基氯和乙酸钠反应制备乙酸苄酯，根据以下反应：

$$C_6H_5CH_2Cl+CH_3COONa \longrightarrow CH_3COOC_6H_5CH_2+NaCl$$

或

$$A+B \longrightarrow C+D$$

反应的动力学模型如下：

$$-r_A=k_AC_A$$

式中 r_A——苄基氯的反应速率；

k_A——反应速率常数，0.01306h^{-1}；

C_A——苄基氯的摩尔浓度。

假设反应器进料中没有产物，计算转化率为40%和60%所需的停留时间。

2. 产物 C 是通过间歇反应生成，根据：

$$A+B \rightleftharpoons C+D$$

反应器的进料中 B 应过量。

反应器的进料比为 1kmol A/ 5kmol B。在这些条件下，反应速率可以由下式表示：

$$r_A=-kC_A^2$$

式中 r_A——反应速率；

k——反应速率常数，0.0174$m^3 \cdot kmol^{-1} \cdot min^{-1}$；

C_A——A 的浓度，$kmol \cdot m^{-3}$。

假定反应混合物的密度恒定为 10.75$kmol \cdot m^{-3}$

① 计算 A 转化 50%所需的时间。

② 如果反应器在间歇反应过程中关闭 30min，计算生产 10$kmol \cdot h^{-1}$C 的反应体积。

3. 在间歇反应器中通过乙醇和乙酸在液相中反应生产乙酸乙酯，反应如下：

$$CH_3COOH+C_2H_5OH \rightleftharpoons CH_3COOC_2H_5+H_2O$$

或

$$A+B \rightleftharpoons C+D$$

反应速率表达式为：

$$-r_A=k_AC_A^2-k'_AC_C$$

式中 $k_A=0.002688m^3kmol^{-1} \cdot min^{-1}$；

$k'_A=0.004644min$。

组分的摩尔质量和密度见表 16.12。

表 16.12 各组分的摩尔质量

组分	摩尔质量/$kg \cdot kmol^{-1}$	60℃时密度/$kg \cdot m^{-3}$
醋酸	60.05	1018
乙醇	46.07	754
乙酸乙酯	88.11	847
水	18.02	980

反应是等摩尔的，产物初始浓度为零，反应器体积恒定。

① 计算转化率为 60%的停留时间。

② 操作计划表要求在间歇反应过程停留 1h。计算在进料体积下，转化率为 60%，每天操作 24h，计算生产 10$t \cdot d^{-1}$产物所需的反应器体积。

4. 通过间歇精馏分离 125kmol 含组分 A 和 B 的二元混合物。进料混合物的 A 摩尔分数为 65%。A 和 B 之间的相对挥发度为 2.75。需要进行精馏回收 90%的 A。如果仅使用一个间歇式精馏塔(即没有精馏塔板，没有回流)，则计算回收的 A 的组成。

① 使用 Rayleigh 方程的分析解。

② 使用 Rayleigh 方程的数值解。

5. 习题 4 的混合物应以间歇整流器分离，相当于 6 个理论板。釜中产生 95$kmol/h^{-1}$蒸汽。

① 计算 A 的回收率以及在回流比为 6 时回收纯度为 98%的 A 所需的间歇循环时间。

② 计算回收 90%纯度为 98%的 A，使间歇循环时间最小的回流比。

6. 表 16.13 给出了由四个步骤组成的间歇工艺。对于相同过程的重复间歇循环，计算以下的间歇循环时间：

① 顺序生产计划；

② 重叠的间歇工艺。

7. 由表 16.14 给出的三个步骤组成间歇工艺。对于相同工艺的重复循环，计算循环时间：

① 顺序生产计划；

② 重叠的间歇工艺；

表 16.13 习题 6 的间歇处理步骤

步 骤	持续时间/h
A	0.75
B	3
C	0.75
D	6

表 16.14 习题 7 的间歇处理步骤

步 骤	持续时间/h
A	12
B	5
C	5

③ 两个平行单元有限步骤；

④ 中间存贮的有限步骤的。

8. 在同一间歇工艺中生产产物 1 和产物 2。两种产物的生产包括三个步骤，持续时间如表 16.15 所示。计算产物 1 和产物 2 间歇工艺的循环时间和生产时间，两个循环之间没有延迟：

① 具有零等待转移的顺序生产计划；

② 具有零等待转移的重叠间歇；

③ 无滞留的重叠间歇；

④ 有中间存储的重叠间歇。

9. 以下工艺用于生产产物 C。对于生产活动的调度，允许重叠且对存储策略应用零等待转移。该工艺如图 16.29 所示。

阶段 I

- 液体原料 A 和 B 在间歇反应器中反应 6h。
- 将 1kg A 和 1kg B 混合生产 C。
- 操作反应器产率达到 70%(质量分率)。
- 混合物密度为 $800kg \cdot m^{-3}$。

阶段 II

- 将 A，B 和 C 的液体混合物送入罐中，在溶剂中混合 3h，产物 C 转化为固体。
- 加入 1kg 溶剂与 A，B 和 C 混合。
- 混合物密度为 $950kg \cdot m^{-3}$。

阶段 III

- 将产物 C 通过离心机分离 4h；
- 产物 C 的质量回收率为 90%。
- 混合物密度为 $900kg \cdot m^{-3}$。

① 当每个阶段仅使用一个单元时，计算生产产物 C 的循环时间。使用 Gantt 图至少显示两个生产间歇。

② 目前的生产活动必须生产 $100000kg \cdot y^{-1}$ 的产物 C。该厂的运行时间为 $7200h \cdot y^{-1}$。反应器的大小(阶段 I)是多少？(使用 a 部分计算循环时间)

③ 添加平行单元可提高设备利用效率。对于第一阶段为两个反应器，第二阶段为一个贮罐，第三阶段则为两个离心机，循环时间如何变化？使用 Gantt 图至少显示四个生产间歇。

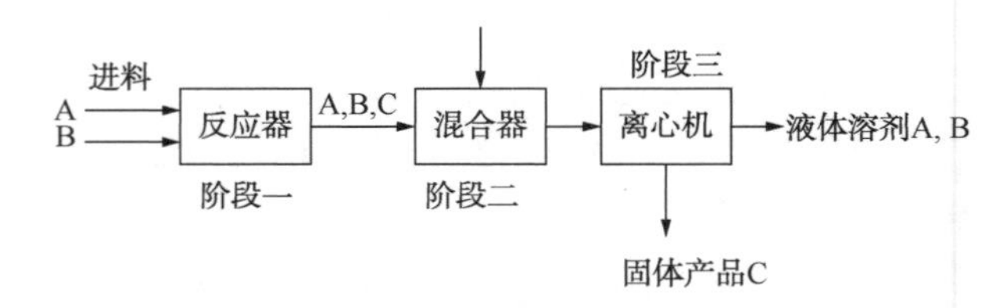

图 16.29 一个包含三个步骤的简单间歇工艺

10. 根据表 16.15 对练习 9 中车间的时间表进行了修改，以生产产品 D 和 E。

① 当没有贮罐时，计算按照 DEDEDE…. 顺序生产 D 和 E 的循环时间。使用 Gantt 图至少显示两个生产周期(即 DEDE)。

② 当应用无限制的中间存贮时，计算按照 DEEDEEDEE 序列生产 D 和 E 的周期时间。使用 Gantt 图至少显示两个生产周期(即 DEEDEE)。

表 16.15 修正时间表

	产品	阶段 I	阶段 II	阶段 III
工艺时间/h	D	8	3	5
	E	4	2	4

参 考 文 献

Biegler LT, Grossmann IE and Westerberg AW (1997) *Systematic Methods of Chemical Process Design*, Prentice Hall.

Bowman RA, Mueller AC and Nagle WM (1940) Mean Temperature Difference in Design, *Trans ASME*, **62**: 283.

Carpenter KJ (1997) Agitation, Chapter 4, in Sharratt PN (ed.), *Handbook of Batch Process Design*, Chapman and Hall.

Choong KL and Smith R (2004a) Optimisation of Batch Cooling Crystallization, *Chem Eng Sci*, **59**: 313.

Choong KL and Smith R (2004b) Novel Strategies for Optimization of Batch, Semi-batch and Heating/Cooling Evaporative Crystallization, *Chem Eng Sci*, **59**: 329.

Diweka UM (2011) *Batch Distillation – Simulation, Optimal Design and Control*, 2nd Edition, CRC Publishers.

Diwekar UM and Madhavan KP (1991) Multicomponent Batch Distillation Column Design, *Ind Eng Chem Res*, **30**: 713.

Eduljee HE (1975) Equations Replace Gilliland's Plot, *Hydrocarbon Processing*, **54**: 120.
Fisher RC (1944) Heating and Cooling in Circulating Systems, *Ind Eng Chem*, **36**: 939.
Harnby N, Nienow AW and Edwards MF (1997) *Mixing in the Process Industries*, Butterworth-Heineman.
Jain S, Kim J-K and Smith R (2012) Operational Optimization of Batch Distillation Systems, *Ind Eng Chem Res*, **51**: 5749–5761.
Kern DQ (1950) *Process Heat Transfer*, McGraw-Hill, New York.
Lehrer IH (1970) Jacket Side Nusselt Number, *Ind Eng Chem Proc Dec*, **9**: 533.
Mah RSH (1990) *Chemical Process Structures and Information Flows*, Butterworth.
McKetta JJ (1977) *Encyclopedia of Chemical Processing and Design*, Vol. **5**, Marcel Dekker Inc, New York.
Mehta VL and Kokossis AC (1988) New Generation Tools for Multiphase Reaction Systems: A Validated Systematic Methodology for Novelty and Design Automation, *Comp Chem Eng*, **22S**: 5119.
Myriantheos CM (1986) *Flexibility Targets for Batch Process Design*, MS Thesis, University of Massachusetts, Amherst.
Rushton A and Griffiths P (1987) *Filtration Principles and Practice*, Matteson MJ (ed), 2nd Edition, Marcel Dekker, New York.
Sharratt PN (1997) *Handbook of Batch Process Design*, Blackie Academic and Professional.
Smith R and Petela EA (1992) Waste Minimisation in the Process Industries: Part 2 – Reactors, *Chem Eng*, **12**, 509510:12.
Smoker EH (1938) Analytical Determination of Plates in a Fractionating Column, *Trans AIChE*, **34**: 165.
Svarovsky L (1981) *Solid–Liquid Separation*, 2nd Edition, Butterworth, London.
Zhang J and Smith R (2004) Design and Optimisation of Batch and Semi-batch Reactors, *Chem Eng Sci*, **59**: 459.

第 17 章　换热网络 I——网络目标

主要的工艺过程(反应器、分离器和循环系统)确定之后，物料和能量平衡随之确定。因此，热回收系统的加热和冷却负荷是已知的。然而，要评价已完成的设计的能量性能时，不必进行换热网络设计。可通过确定换热网络的目标，来评价整个工艺设计的能量性能，而无须进行实际的网络设计。而且，基于这些目标值，设计者可以对反应器、分离器和循环系统的设计做出改进，从而改善能量费用目标。

采用换热网络的目标值，而不是详细的设计，可以快速方便地对多个设计方案进行筛选。而由于时间和精力所限，通过完整的设计来筛选多个设计方案往往是不现实的。在第 19～22 章中，我们将讨论怎样将能量目标用于反应、分离和循环系统的设计改进。

17.1　复合曲线

对换热网络的分析，首先是根据物料和能量平衡识别热源(称为热流)和热阱(称为冷流)。先来考虑一个非常简单的问题，只有一个热流(热源)和一个冷流(热阱)。表 17.1 给出了初始温度(称为供应温度)、最终温度(称为目标温度)和两个流股焓的变化。

有 180℃ 的蒸汽和 20℃ 的冷却水的公用工程。显然，可以用蒸汽加热表 17.1 中的冷流，用冷却水冷却热流。然而，这必然将导致过多的能量消耗。同时这也不符合可持续工业活动的目标要求——提倡尽可能少的能量消耗。因此如果可能的话，进行热量回收是更为可取的。热量回收的多少可以通过将表 17.1 中的两流股绘在温-焓图(T-H 图)上确定。只有当热流温度在所有的点都高于冷流温度，两流股之间的换热才是可行的。图 17.1a 显示了最小温差(ΔT_{min})为 10℃ 时该问题的 T-H 曲线。图 17.1 中两个流股之间的重叠区域表示了可能回收的热量。对 ΔT_{min} = 10℃，本问题可回收的热量 $Q_{回收}$ 是 11MW。在图 17.1a 中，冷流体超出到热流体起点的部分是不能通过热回收来达到目标温度的，所以只能用蒸汽加热。这就是公用工程目标，亦即能量目标 Q_{Hmin}，对于本问题 Q_{Hmin} 为 3MW。同样，在图 17.1a 中超出冷流起点的那部分热流也只能通过冷却水冷却。该冷却量即为最小冷却公用工程量 Q_{Cmin}，对于本问题，Q_{Cmin} 为 1MW。在图 17.1a 的底部还显示了与 T-H 图对应的换热网络构造。

表 17.1　两流股热回收问题

流股	类型	供应温度 T_S/℃	目标温度 T_T/℃	ΔH/MW
1	冷	40	110	14
2	热	160	40	-12

流股的温度或焓变是不能改变的，因此其斜率不变。但两流股的相对位置可以通过在 T-H 图中水平方向上的移动而改变。这是可行的，因为相对于冷流的基准焓值来说，热流的基准焓值可以独立地改变，但两个流股各自焓的差值不变。图 17.1b 给出了相同的两个流股，但其相对位置已经改变，此时 ΔT_{min} 为 20℃。两流股之间的重叠部分减少(因此热回收也相应减少)到 10MW。冷流体超出热流体起点的部分更长，所需的蒸汽量相应地增加到了 4MW。同样，热流体超出冷流体起点的部分也加长了，冷却水用量增加到 2MW。因此，在给定的 ΔT_{min} 下，将冷热流绘制在同一个 T-H 图上的方法，能够确定冷、热公用工程量。

ΔT_{min} 的重要性在于，它在双流股问题中确定了冷热流的相对位置，从而确定了热回收量。指

定 ΔT_{min} 或 Q_{Hmin} 或 Q_{Cmin} 的值，也就确定了冷热流的相对位置和热回收量。

考虑到多股热流和多股冷流的情况。图 17.2 为一个简单的工艺流程。每个流股的温度和热负荷如图所示。图 17.2 中热流(热源)和冷流(热阱)各有两条。假定热容为常数，将冷、热流数据列在表 17.2 中。注意这里 CP 为热容流率，是质量流率和比热容的乘积($CP=mC_P$)。如果热容变化显著，流股温-焓关系是非线性的，则可以用若干条线段来表示(见第 19 章)。

表 17.2 图 17.2 流程中换热物流数据

流股	类型	供应温度 T_S/℃	目标温度 T_T/℃	热容流率 CP/MW·K^{-1}
1	冷	20	180	0.2
2	热	250	40	0.15
3	冷	140	230	0.3
4	热	200	80	0.25

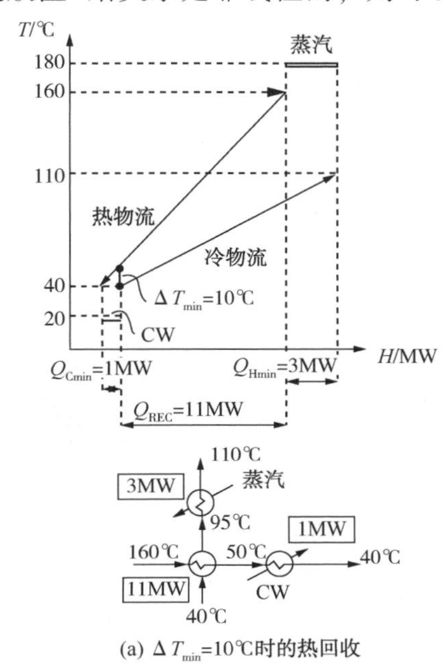

(a) ΔT_{min}=10℃时的热回收

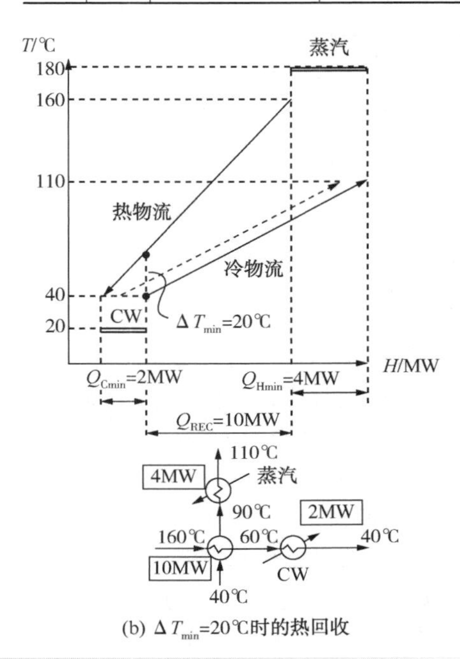

(b) ΔT_{min}=20℃时的热回收

图 17.1 热、冷流股的简单热回收问题

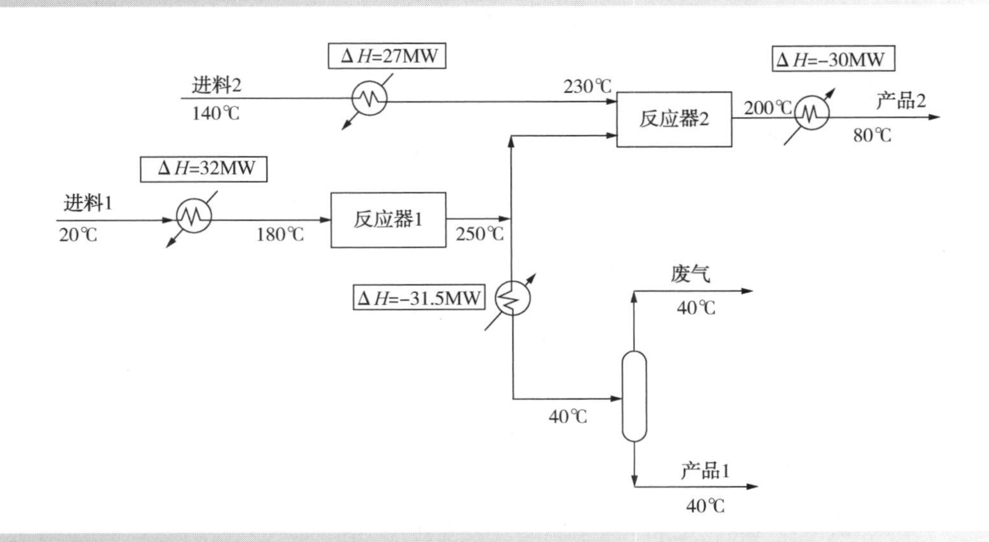

图 17.2 含两个热、冷流股的简单流程

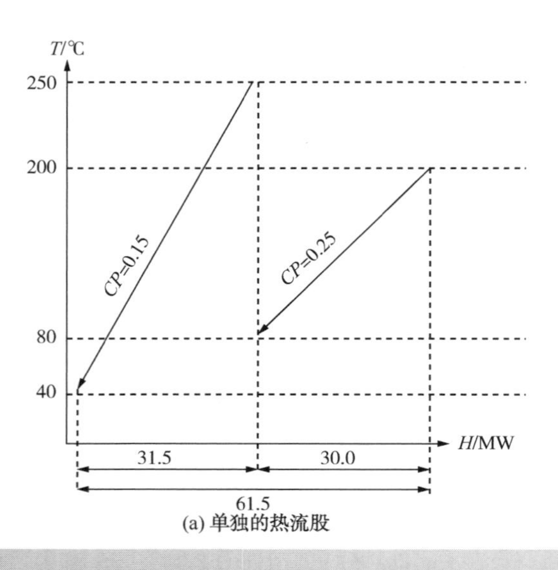

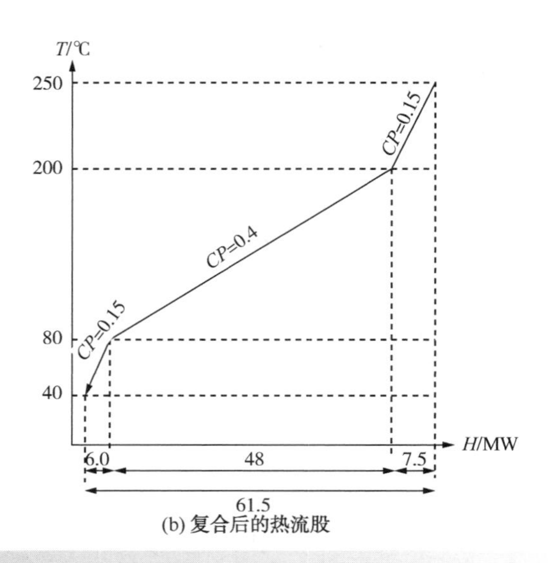

图 17.3 热流股可以组合为复合热流股

不同于处理表 17.1 单流股的情况，我们需要对全流程有总体的了解。图 17.3a 分别显示了 T–H 图轴上的两个热流。将它们在同一温度区间内加以组合，就能看出这些热流的总体行为了(Hohman, 1971; Huang and Elshout, 1976; Linnhoff, Mason and Wardle, 1979)。所讨论的温度范围是由总焓随温度的变化率来定义的。如果热容流率恒定，则只有在流股的起止位置才会发生上述关系的改变。因此在图 17.3 中，根据流股的供应和目标温度划分温区。

在每个温度区间内，所有的热流将组合成一条复合热流。在任一温度区间内，该复合热流的 CP 为该区间内所有热流的 CP 之和，其焓变也是各流股焓变之和。图 17.3b 示出了热流的复合曲线(Hohman, 1971; Huang and Elshout, 1976; Linnhoff, Mason and Wardle, 1979)。就温度和焓方面而言，复合热流等价于一个独立的热流。同样地，如图 17.4 所示，根据这个方法也可以构造出该问题的冷复合曲线。同理，复合冷流在温度和焓方面也等价于一个独立的冷流。

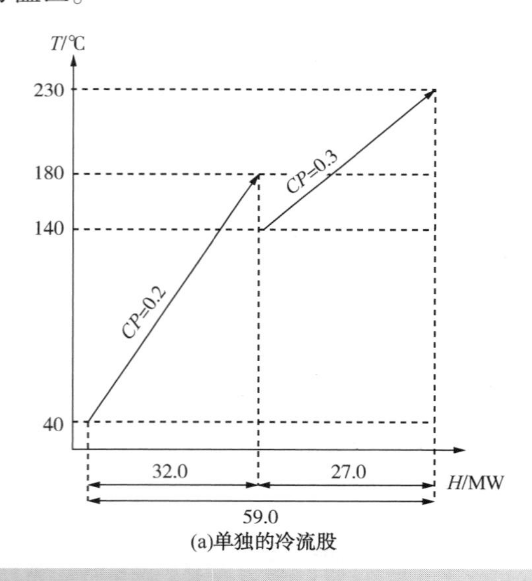

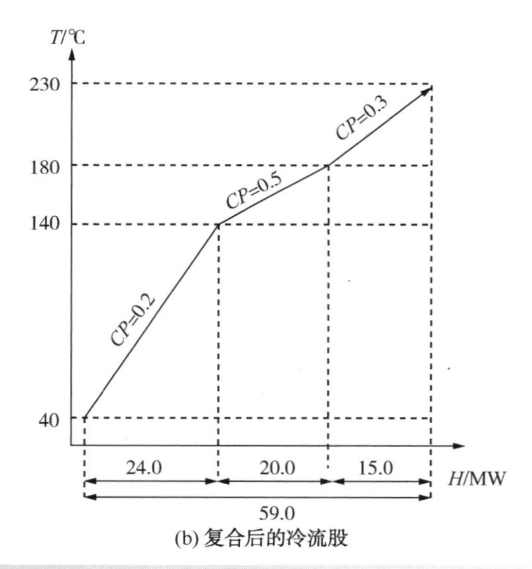

图 17.4 冷流股可以组合为复合冷流股

类似于图 17.1 处理单个热流和冷流，现在将热复合曲线和冷复合曲线绘制在同一个 $T-H$ 图上，如图 17.5 所示。图 17.5a 也设定最小温差 ΔT_{min} 为 10℃。图中曲线重叠部分，热量可垂直地从构成热复合曲线的各个热流回收到构成冷复合曲线的各个冷流。复合曲线的构造方式(即热复合曲线单调降低和冷复合曲线单调升高)使得两曲线之间可以有最大的重叠，即最大的热回收。通过最大限度地减少对加热和冷却负荷的外部要求，来最大限度地降低能耗。在本问题中，对于 $\Delta T_{min}=10$℃，最大热回收量 $Q_{回收}$ 为 51.5MW。

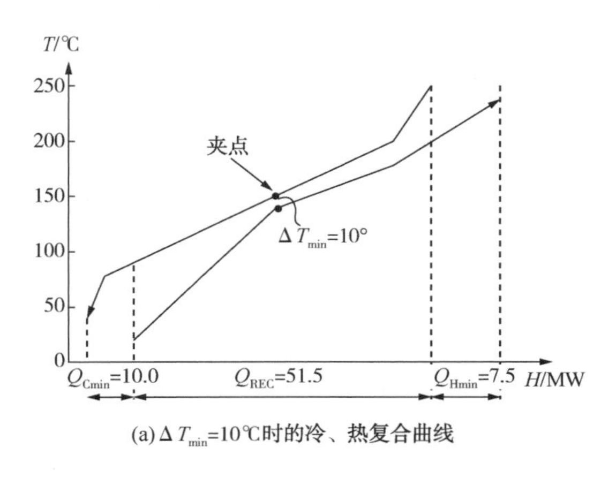

(a) ΔT_{min}=10℃时的冷、热复合曲线

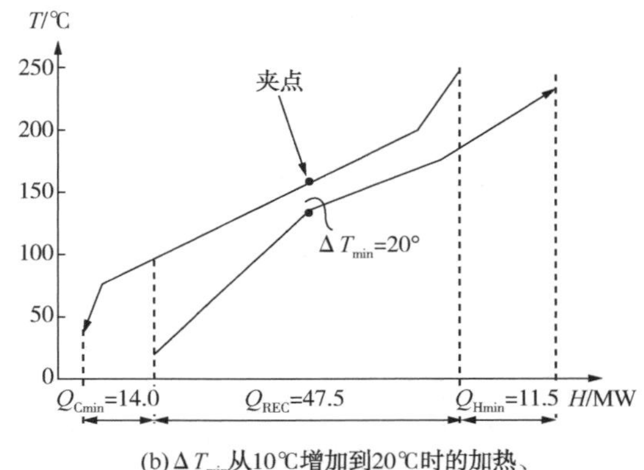

(b) ΔT_{min}从10℃增加到20℃时的加热、冷却公用工程目标随之增加

图 17.5　同时绘制冷、热复合曲线可以获得加热、冷却公用工程目标

在图 17.5a 中，超出热复合曲线起点的那部分冷复合曲线，进行热回收是不可能的，必须采用外部加热公用工程(如蒸汽)对其供热。该外部热量即为加热公用工程的目标(Q_{Hmin})。对于本问题，$\Delta T_{min}=10$℃，则 $Q_{Hmin}=7.5$MW。同样地，超出冷复合曲线起点的那部分热复合曲线，进行热回收也是不可能的，必须采用外部冷却公用工程(如冷却水)对其冷却。这一冷却量即为冷却公用工程目标(Q_{Cmin})。对于本问题，$\Delta T_{min}=10$℃，则 $Q_{Cmin}=10.0$MW。

加热公用工程用量、冷却公用工程用量或者 ΔT_{min}一经指定，两曲线的相对位置就固定下来。对于图 17.1 所示的简单问题，两曲线之间的相对位置只有一个自由度(Linnhoff, et al., 1982)。同样地，在图 17.5 上，这两条曲线的相对位置通过在水平方向上平移而改变。显然，考虑从热流到冷流的热量回收，只有热复合曲线上的每一点温度均高于冷复合曲线的温度，传热才是可行的。此后就可以选择曲线的相对位置了。图 17.5b 显示了 $\Delta T_{min}=20$℃时的曲线位置。此时热、冷公用工程用量分别增大到 11.5MW 和 14MW。

如果要达到公用工程消耗最小，则可按照实际的最小温差值设置复合曲线，这个最小温差值是由用于夹点区域传热的传热设备类型决定的。在设计中要达到小的 ΔT_{min}，就要求换热器纯逆流操作。在管壳式换热器中是不可能实现的，即使对于单壳程单管程来讲也是如此，这是因为壳程的流股呈周期性交叉流，因此，小于 10℃的最小温差操作时应避免，除非一些特殊情况，温差可低至 5℃及以下。而板式换热器中可实现 5℃甚至更低的温差，最小温差可低至 1℃(Polley, 1993)。对于高温过程，典型的有烟气的传热，应避免 ΔT_{min} 小于 20℃。不过，应该注意的是，只有在两曲线最接近点附近的设计才涉及这些约束条件。并且如果此处有汽化或冷凝发生，则还应附加约束(见第 12 章)。

图 17.6 显示了复合曲线相对位置随 ΔT_{min} 在一定范围内变化的时候对年度费用的影响。当两复合曲线刚好接触时，在过程的某一点上不存在传热推动力，这就需要无限大的传热面积，因而设备投资费用无限大。随着能量目标的增加(曲线间距的增加)，年度投资费用降低，这是由于

整个过程的温差都增大，导致换热面积的减少。另一方面，随着 ΔT_{min} 的增大，公用工程能量费用也增大。因此，在能量费用与设备投资费用间存在权衡的问题，即存在一个能量回收的经济度。应注意的是，加热或者冷却都可能主导公用工程费用。对于高温过程，往往是供热费用在权衡中占主导地位。而在需要昂贵的冷却设备来达到低于环境温度的低温过程中，倾向于冷却费用在权衡中占主导地位。公用工程与投资费用之间的权衡也非常依赖于年度投资费用。如果设备折旧期较长，那么最优 ΔT_{min} 将较低。

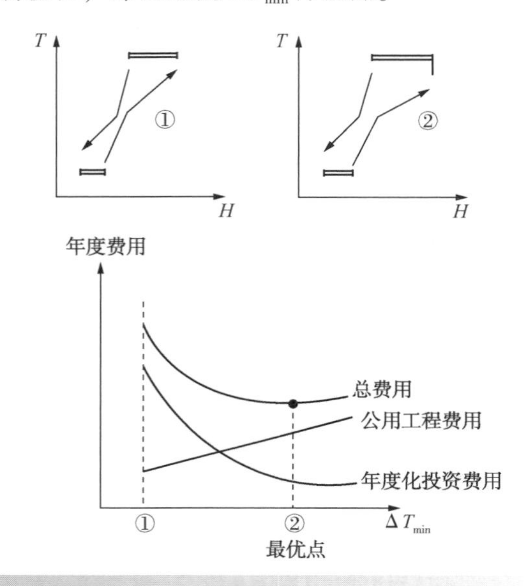

图 17.6 通过经济权衡设定 ΔT_{min}

实际上，在大多数情况下，经济权衡曲线的形状在最优区域相当平缓。这意味着在大多数情况下，只要在最优平缓区域的某个地方选一个合适的值，就不会产生严重的错误。另外，后面会介绍换热网络设计的优化（见第 18 章）。适用于大多数环境温度之上过程的 ΔT_{min}，ΔT_{min} 典型值为 10℃。在某些情况下，特别是在传热系数低的情况下，这个数值有时会高达 20℃。对于需要中等温度制冷的低温工艺，5℃是合理的。而对于需要极低温制冷的工艺，则可降至 1℃。

17.2 热回收夹点

ΔT_{min} 的值一经选定，复合曲线的相对位置就确定下来，从而能量目标也就确定了。因此，如果换热网络要达到能量目标，ΔT_{min} 值及其在两条复合曲线之间的位置对设计具有非常重要的意义。通常最小传热温差 ΔT_{min} 只存在于冷、热复合曲线之间的一点，这一点被称为热回收夹点（Umeda，Itoh and Shiroko，1978；Umeda，Harada and Shiroko，1979；Umeda，Niida and Shiroko，1979；Linnhoff，Mason and Wardle，1979）。两条复合曲线之间出现夹点，夹点位于冷或热复合曲线斜率发生变化的地方。如果夹点出现在热复合曲线的斜率变化的地方，那么在夹点之下这条曲线的斜率减小，而这也正是某热流起始点。或者，如果夹点出现在冷复合曲线的斜率变化的地方，那么在夹点之上这条曲线上升的斜率也将减小，而这也正是某冷流起始点。因此，夹点出现在一股热流或者一股冷流的起始点。夹点有着特殊的意义。

复合曲线中能量费用与投资费用的权衡，要求单个换热器的温差平均不能小于 ΔT_{min}。因此换热网络设计的一个好起点应当是假设任何一台换热器的传热温差都不小于 ΔT_{min}。

根据上述原则，将整个过程从夹点处分开，如图 17.7a 所示。在夹点上方（以温度而言），该过程处于热平衡状态。它从热公用工程中得到热量，且无热量排出，因此该部分过程相当于一个热阱。在夹点下方（以温度而言），过程处于热平衡状态，冷公用工程最小。它排放热量到冷公用工程中，且无热量流入，因此该部分过程相当于一个热源。

然后，考虑在这两个子系统之间换热的可能性。从图 17.7b 可以看出，夹点上方的热流有可能与夹点下方的冷流换热。本问题中，热流的夹点温度为 150℃，冷流夹点温度为 140℃。如图 17.7b 所示，显然热量可以从夹点上方的温度为 150℃或更高的热流传热到夹点下方的温度为 140℃及更低的冷流。相反，图 17.7c 所示，夹点下方的热流不可能与夹点上方的冷流进行换热。因为这样的换热要在温度为 150℃或更低的热流与温度为 140℃或更高的冷流之间进行。在不违反 ΔT_{min} 约束的前提下，这显然是不可能的。

如图 17.8a 所示，假如有热量 XP 从夹点上方的子系统流向夹点下方的子系统，那么夹点上方将出现 XP 热量的亏缺，夹点下方将出现多余

的 XP 热量。只能从加热公用工程引入额外的 XP 热量进行补偿，并输出额外的 XP 热量给冷却公用公程（Linnhoff, Mason and Wardle, 1979; Linnhoff, et al., 1982）。

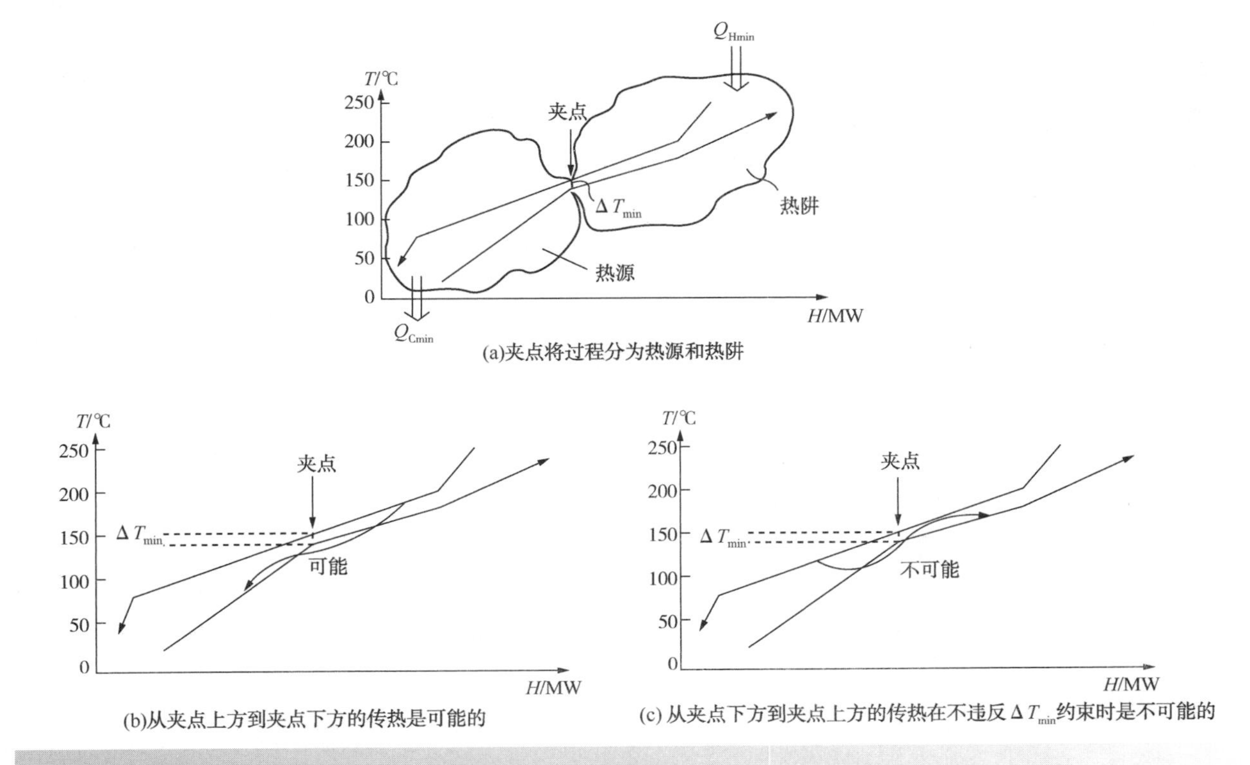

图 17.7 复合曲线确定能量目标和夹点位置

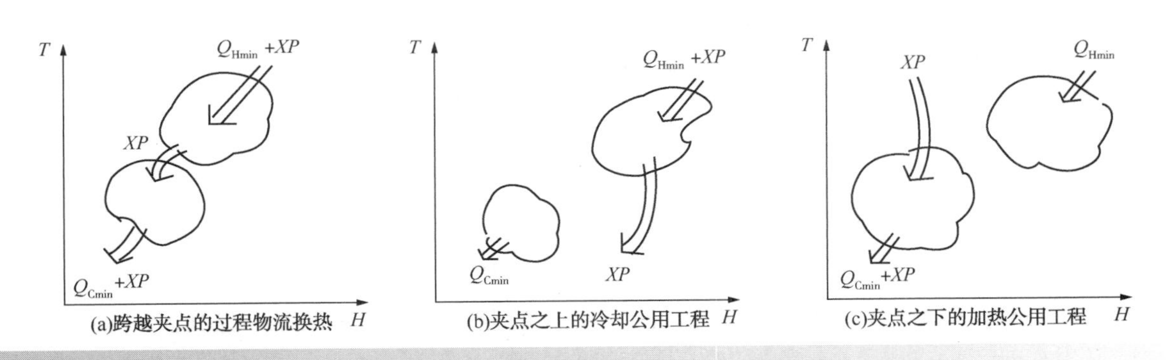

图 17.8 三种跨越夹点传热

公用工程的不合理使用也会导致类似结果。只有公用工程恰好满足相应过程的焓差需求，这样的公用工程才是合理的。如图 17.8a，此时夹点上方使用加热公用工程(在这种情况下是蒸汽)来满足焓差需求。图 17.8b 则说明了公用工程不合理利用所带来的后果。如果用冷却水(其热量为 XP)来冷却夹点上方的热流，将会造成夹点上方系统的焓不平衡。为了满足夹点上方过程的焓差，需要从蒸汽引进($Q_{Hmin}+XP$)的热量。相应地，总的冷却公用工程为($Q_{Cmin}+XP$)(Linnhoff, Mason and Wardle, 1979; Linnhoff et al., 1982)。

公用工程的另一种不合理使用的情况是在夹点下方用蒸汽加热某些冷流。在夹点下方，冷却水是用以满足过程焓差需求的。图 17.8c 说明了

夹点下方使用蒸汽 XP 而产生的后果。为了满足夹点上方过程的焓差，所需蒸汽仍为 Q_{Hmin}。故总的公用工程为($Q_{Hmin}+XP$)的蒸汽以及($Q_{Cmin}+XP$)的冷却水(Linnhoff，Mason and Wardle，1979；Linnhoff et al.，1982)。

换句话说，为了达到由复合曲线所设定的能量目标，设计者不能跨越夹点换热。即应避免(Linnhoff，Mason and Wardle，1979；Linnhoff，et al.，1982)：

① 夹点上方过程热流与夹点下方过程冷流间的换热；

② 公用工程的不合理使用。

这些规则是确保达到能量目标的充要条件。当然，前提是每台换热器温差都不小于 ΔT_{min}。

图 17.9a 给出了对应于图 17.2 所示流程的一种设计方案，它达到了在 $\Delta T_{min}=10$℃时，$Q_{Hmin}=7.5$MW，$Q_{Cmin}=10$MW 的能量目标。图 17.9b 给出了图 17.9a 中流程的另一种表示形式——格子图(Linnhoff and Flower，1978)。格子图仅显示换热操作。热流在顶部从左到右，冷流在下方从右到左流动。两流股的换热匹配由两个匹配流上的两个圆圈连接的垂直线表示。使用加热公用工程的换热器表示为带有“H”的圆圈。使用冷却公用工程的换热器表示为带有“C”的圆圈。图 17.9b 清楚地显示出了格子图的重要性，因为该图很容易地表明了夹点位置以及夹点如何将该过程分为两部分的。而在如图 17.9a 的常规图上展示出这些是相当困难且极为麻烦的。

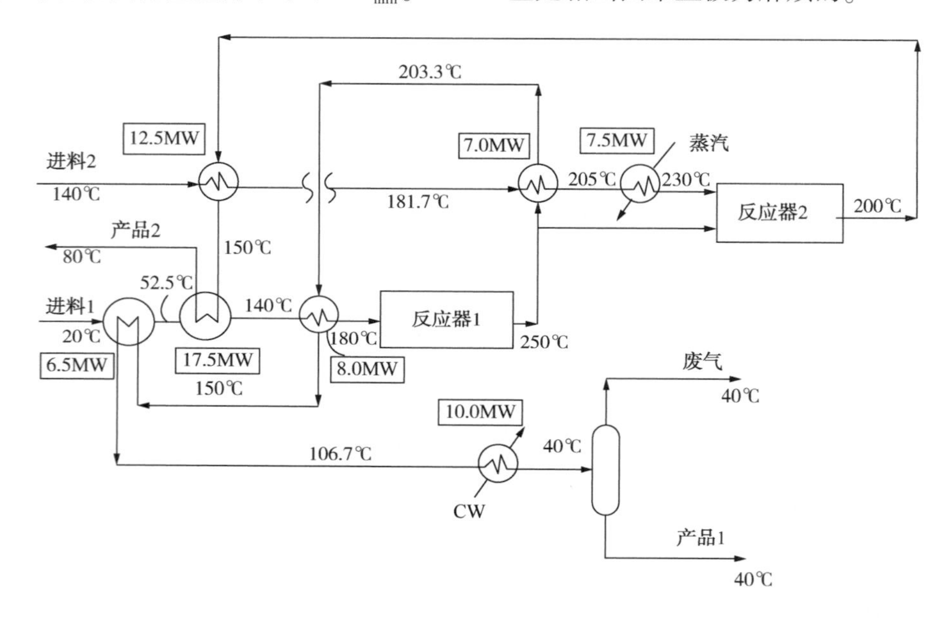

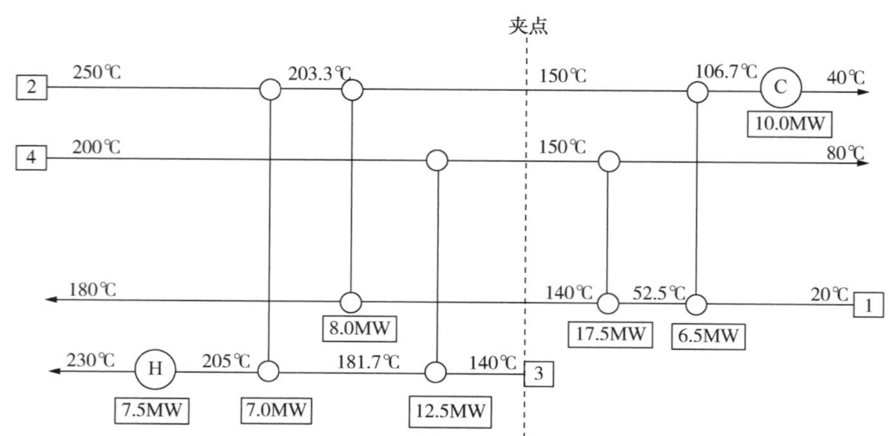

图 17.9　达到能源目标的设计

第 18 章将会详细讨论怎样形成图 17.9 所示的设计方案的细节。现在，我们仅仅需要知道，只要识别夹点位置且没有能量跨越夹点且没有不合理的公用工程使用，通过复合曲线所设定的能量目标是可以达到的。然而，在考虑换热网络设计之前，我们还需要对夹点的物理意义做进一步的探讨，以便分析几个重要决策的确定。

17.3　阈值问题

并非所有问题都具有将过程分成两部分的夹点（Linnhoff，et al，1982）。在如图 17.10a 所示的复合曲线的情况下，同时需要蒸汽和冷却水。当两条复合曲线越来越靠近，蒸汽和冷却水的需求量越来越少，直至如图 17.10b 所示的位置为止。此时，冷、热复合曲线在热端对齐，这意味着不再需要加热公用工程。将曲线进一步靠近，到如图 17.10c 所示时，冷端所需的冷却公用工程量进一步减少，但热端处有了冷却公用工程需求，其所需量等于冷端公用工程的减少量。换言之，超过如图 17.10b 所示的位置后，虽然两曲线进一步靠近，但所需的总公用工程量不再变化。如图 17.10b 所示的情况为一个阈值，存在这个特征的问题被称为阈值问题（Linnhoff，et al.，1982）。一些阈值问题不需要加热公用工程，如图 17.10 所示；而有一些则不需要冷却公用工程，如图 17.11 所示。

考虑阈值问题投资费用–能量费用的权衡，有两个可能的结果，如图 17.12 所示。在阈值温度 ΔT_{min} 之下，因为需要的公用工程用量不变，公用工程费用是恒定的。图 17.12a 显示了最优设计点正好出现在阈值温度 ΔT_{min} 的情况。图 17.12b 显示的是最优设计点出现在阈值温度 ΔT_{min} 之上的情况。由于在阈值温度 ΔT_{min} 之下能量费用线为水平线，意味着最优点不可能在阈值之下出现，它只能等于或者大于这一阈值。

在如图 17.12a 所示的情况中，最优 ΔT_{min} 正好在阈值处，所以就不存在夹点。相反，在如图 17.12b 所示的另一种情况中，即最优 ΔT_{min} 位于阈值之上时，冷、热两种公用工程同时存在，故存在夹点。

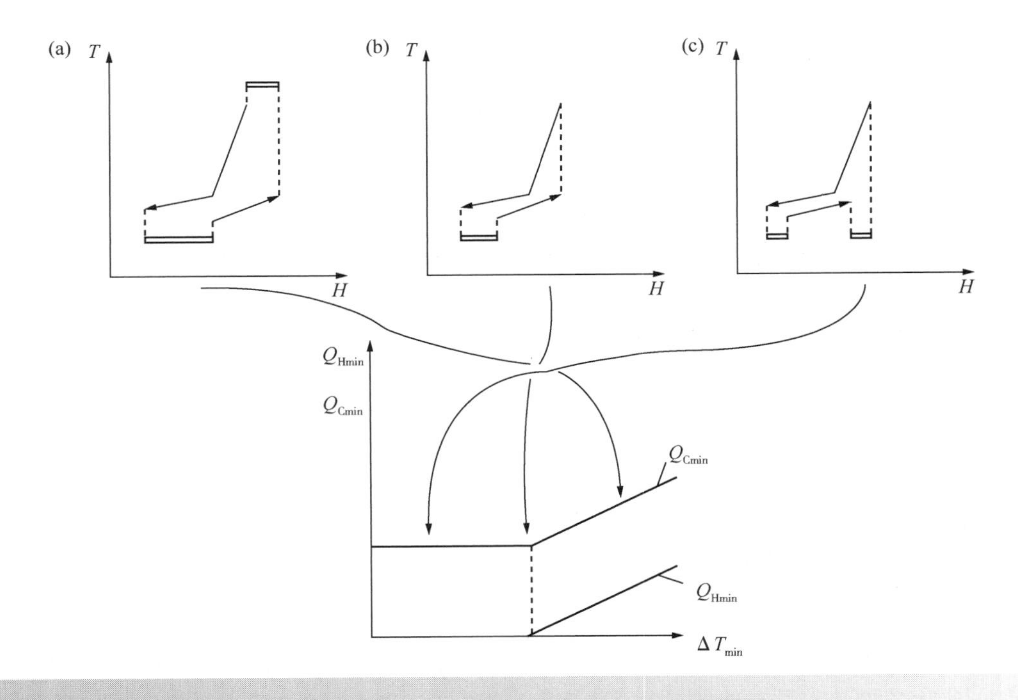

图 17.10　当 ΔT_{min} 变化到阈值温度之下时，一些问题仅需要冷却公用工程

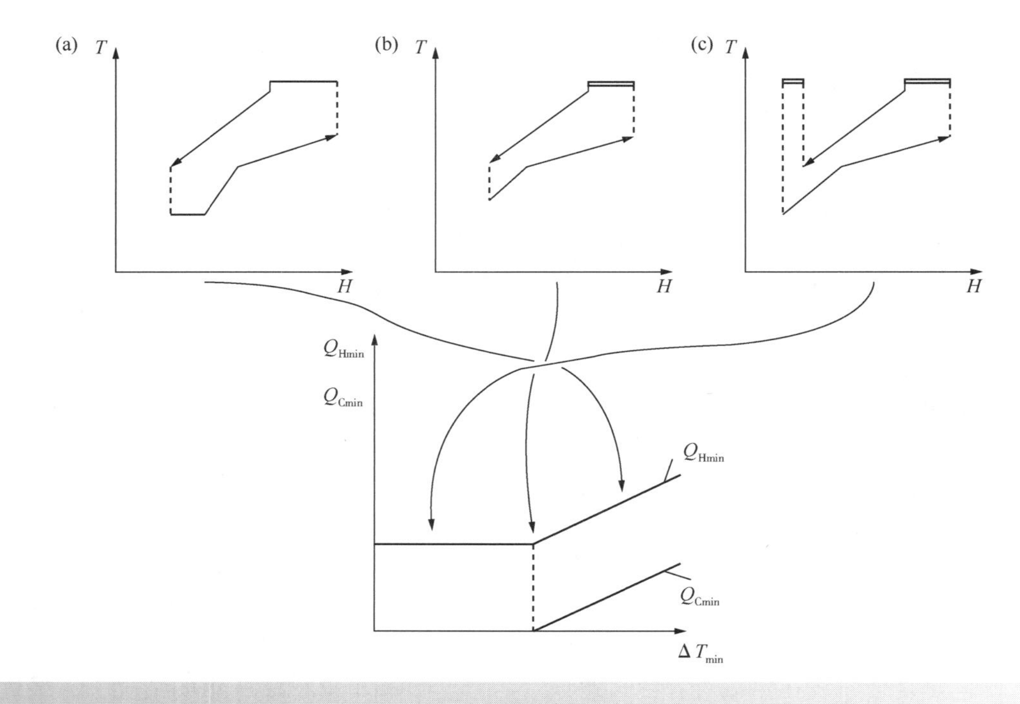

图 17.11 当 ΔT_{min} 变化到阈值温度之下时，一些问题仅需要加热公用工程

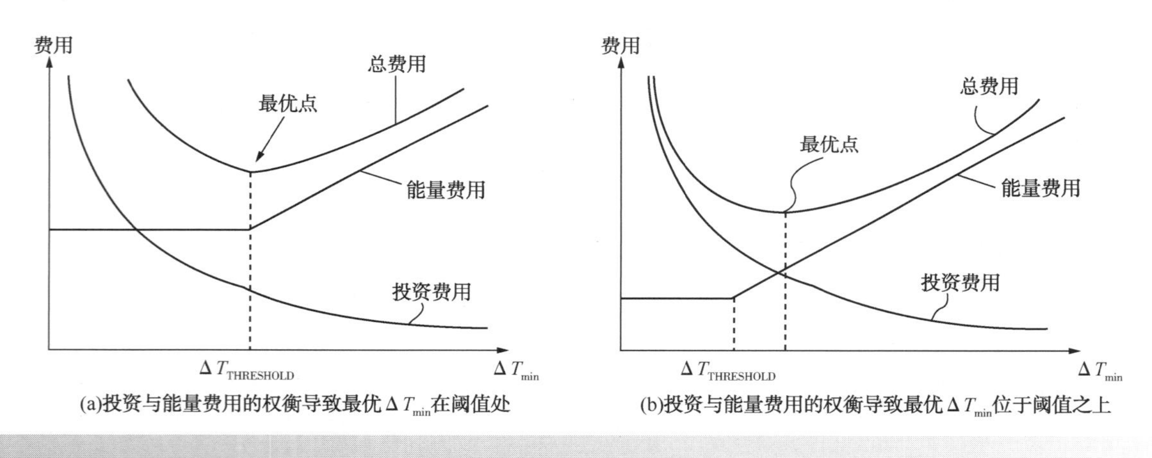

图 17.12 阈值问题通过投资与能量费用的权衡确定最优点

有趣的是，阈值问题在实际运用中相当常见，但当采用多等级公用工程的时候，尽管不存在工艺夹点，但在添加多个公用工程时常把夹点引入设计问题中。图 17.13a 中的复合曲线与图 17.10 的复合曲线类似，但使用了两级冷却公用工程，第二级产生蒸汽。第二级公用工程的引入导致了夹点的出现。这称为公用工程夹点，之所以这样称呼是因为它是引入了额外的公用工程而产生的夹点（Linnhoff，et al.，1982）。

图 17.13b 所示的复合曲线与图 17.11 的复合曲线类似，但前者使用了两个等级的蒸汽。同样，第二级蒸汽的引入导致了公用工程夹点的出现。

在设计中，公用工程夹点应遵循的规则和工艺夹点相同，即两部分间不能有跨越夹点的过程物流换热，且不能有不合理的公用工程使用。在图 17.13a 中就意味着，在公用工程夹点上方所能采用的公用工程只能是发生蒸汽，而在公用工程夹点下方可用的冷却公用工程只能是冷却水。在图 17.13b 中就意味着，在公用工程夹点上方所能采用的公用工程只能是高压蒸汽，而在夹点下方可用的公用工程只能是低压蒸汽。

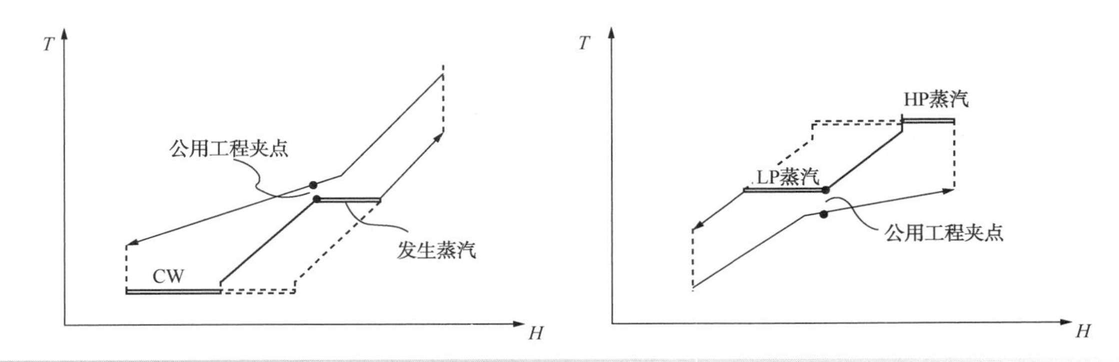

图 17.13　引入了额外公用工程时阈值问题变为夹点问题

17.4　问题表法

虽然可用复合曲线来设定能量目标，但由于这一方法是基于图形构造的，多有不便。故开发出一种无需借助图形直接计算能量目标的方法（Hohman，1971；Linnhoff and Flower，1978；Bandyopadhyay and Sahu，2010）。该方法与构建复合曲线的构造相同，也是先划分出若干温度区间。图 17.14a 为划分温度区间后的复合曲线，其中一个温度区间被突出显示。可以看出，在各温度区间内不可能回收所有的热量，因为在整个温度区间内温差是不可行的。图 17.14b 展示了一些可行的热回收。过程中能够回收的热量很难量化，其既取决于 ΔT_{min}，也取决于同一温度区间内两条曲线的相对斜率。通过一个简单的偏移就可以量化温区内的热回收。该方法就是将实际温度转换为偏移温度。即将热复合曲线下降 $\Delta T_{min}/2$。而冷复合曲线上升 $\Delta T_{min}/2$。如图 17.14c 所示。偏移后的复合曲线相碰于夹点。在偏移后的各温度区间内，对两复合曲线间进行热量平衡，此时的传热是可行的，因为实际的热流温度要高于 $\Delta T_{min}/2$。而冷流则低于 $\Delta T_{min}/2$。因此，在转换后的各温度区间内，热流温度实际上比冷流温度高出 ΔT_{min} 以上，故传热在整个偏移后的温度区间内是可行的。

需要注意的是，复合曲线在垂直方向上的移动，并不改变其在水平方向上的重叠部分。因此，超出热复合曲线起点的那部分冷复合曲线，以及超出冷复合曲线起点的那部分热复合曲线，均未发生改变，这种偏移只是解决了在温度区间内传热的可行性问题。

利用这种偏移技巧，可开发出一种计算策略，无需构建复合曲线，就可以计算能量目标（Hohman，1971；Linnhoff and Flower，1978；Bandyopadhyay and Sahu，2010）：

1）将热流的供应温度、目标温度均减去 $\Delta T_{min}/2$，而将冷流的供应温度、目标温度均加上 $\Delta T_{min}/2$，建立偏移温度区间（如图 17.14c 所示）。

2）在每一温度区间内，通过下式计算热量平衡：

$$\Delta H_i = \left(\sum_{\text{所有冷流股}} CP_C - \sum_{\text{所有热流股}} CP_H\right)_i \Delta T_i \tag{17.1}$$

式中，ΔH_i 是偏移温度区间 i 的热量平衡，ΔT_i 是跨越该温度区间的温差。如果在温度区间内冷流总热容流率大于热流总热容流率，那么这个区间存在净的热量亏缺，此时 ΔH 为正。反之，如果在温区内热流总的热容流率大于冷流总的热容流率，那么这个区间有净的热量盈余，ΔH 为负。这与标准热力学规定相一致例如，对于放热反应来说，ΔH 为负。如果不引入加热公用工程，把偏移复合曲线构造出来，就相当于构建了如图 17.15a 所示的复合曲线。

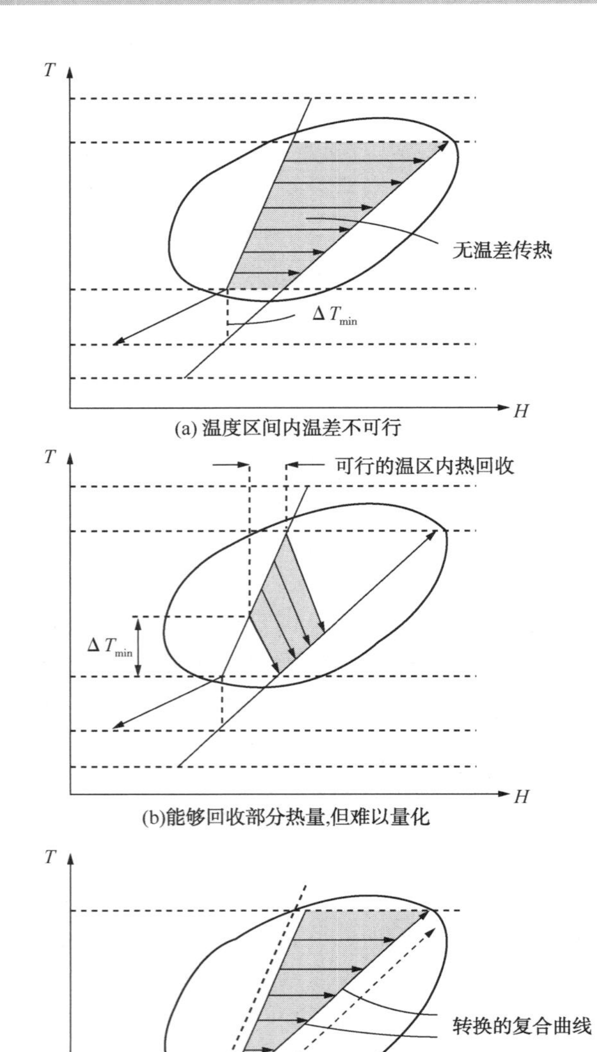

图 17.14 偏移复合曲线使传热在温区内可行

3）如图 17.15a 所示的偏移复合曲线有所重叠，意味着传热是不可行的。在某一点处，重叠部分达到最大值。将这个最大重叠值作为热公用工程对重叠部分进行修正。修正后的曲线在夹点处相碰，如图 17.15b 所示，因为偏移后的曲线刚刚开始接触，故该点上两条实际曲线彼此相距恰为 ΔT_{min}。

这一基本方法发展成为一种正规算法，称为问题表法（Linnhoff and Flower，1978）。为演示该算法，采用图 17.2 所示过程，数据见表 17.2，取 $\Delta T_{min}=10$℃进行计算。

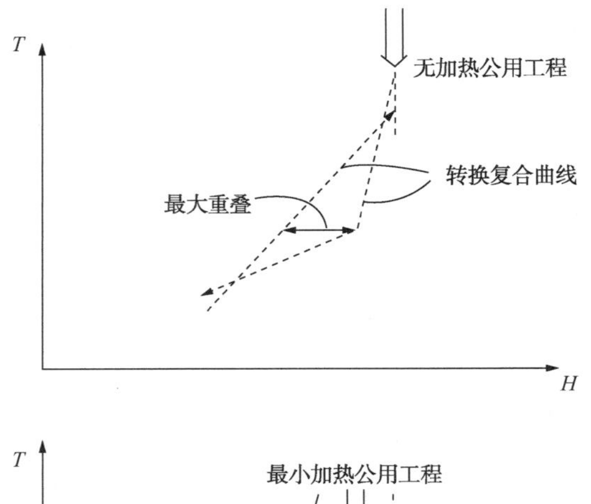

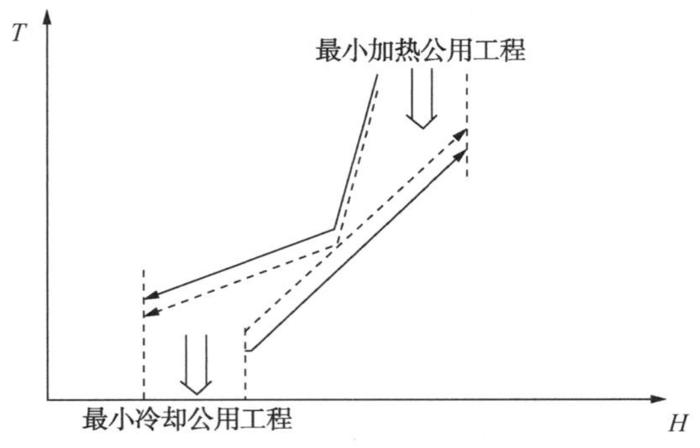

图 17.15 通过转换复合曲线的最大重叠确定公用工程目标

首先根据各流股实际供应温度和目标温度确定偏移温度区间 T^*，即将热流温度下移 $\Delta T_{min}/2$，冷流温度上移 $\Delta T_{min}/2$，详见表 17.3。

表 17.3 表 17.2 中数据的偏移温度

流股	类型	T_S	T_T	T_{S*}	T_{T*}
1	冷	20	180	25	185
2	热	250	40	245	35
3	冷	140	230	145	235
4	热	200	80	195	75

图 17.16 列出了垂直温度尺度下的各个流股。该图所示的温度区间被设定为比热流温度低 $\Delta T_{min}/2$，比冷流温度高 $\Delta T_{min}/2$。

其次，根据公式 17.1，计算各转换温度区间内的热量平衡。对图 17.17 的各温区的热平衡进行加和，即可实现该计算的交叉检查，因为总和必须与表 17.2 所示的四股物流的总焓平衡一致，在本例下为 2.5MW（Bandy opadhyay 和 Sahu，2010）。图 17.17 给出了各温区热量的盈余和亏缺。偏移温度区间内的热量平衡允许区间内最大的热量回收，但不同区间之间也允许热回收。

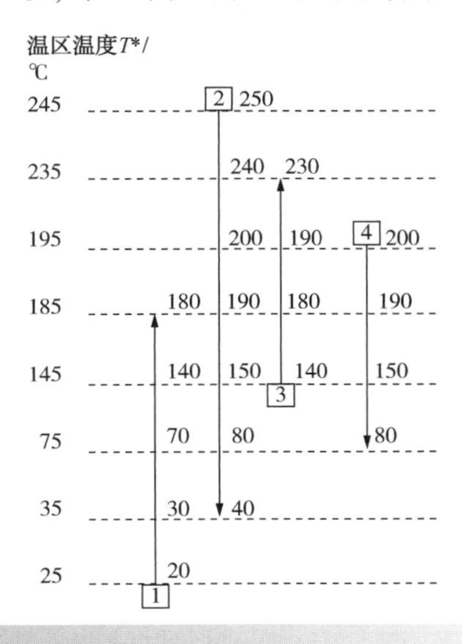

图 17.16 图 17.12 中的物流

现在，将盈余热量沿温度坐标向下逐个区间串联传递。这种传热是可行的，因为上一温度区间盈余热量温度较高，足以用来供给下一温度区间的热量亏缺。图 17.18 为本问题的串联图。首先，假设第一个区间无热公用工程输入（图 17.18a）。第一个区间有 1.5MW 的盈余热量，这部分热量将向下传递给第二区间。第二区间本身有 6MW 的亏缺热量，因此从该区间输出的热量为-4.5MW。第三区间本身有 1MW 的盈余热量，因此输给下一区间的热量为-3.5MW，依此类推。

图 17.18a 中的一些热流率为负值，这显然是不可行的。因为热量不能沿温度轴向上传递。为使热串联可行，需通过热公用工程引入足够的热量，以使级间的热流率至少为零。所需要引入的最小加热公用工程量为图 17.18a 中负热流率的最大值，即为 7.5MW。在图 17.18b 中，第一区间从热公用工程引入了 7.5MW 热流率。这样做并没改变每一区间内本身的热平衡，只是将各区间之间的热流率都增加了 7.5MW，这样处理后，在温度为 145℃处，其热流率正好为零。

温区温度/℃	物流	$\Delta T_{INTERVAL}$ (℃)	$\Sigma CP_C - \Sigma CP_H$ (MW/℃)	$\Delta H_{INTERVAL}$ (MW)	盈余/亏缺
245	2				
		10	–0.15	–1.5	盈余
235					
	4	40	0.15	6.0	亏缺
195					
		10	–0.1	–1.0	盈余
185	CP=0.15　CP=0.3　CP=0.25				
		40	0.1	4.0	亏缺
145	3				
		70	–0.2	–14.0	盈余
75	CP=0.2				
		40	0.05	2.0	亏缺
35					
		10	0.2	2.0	亏缺
25	1				
			$\Sigma\Delta H_{INTERVAL}$ (MW)	–2.5	盈余

图 17.17 温度区间热平衡

当然第一区间也可以从热公用工程引入比 7.5MW 更多的热量，但我们的目标是找到最小的冷、热公用工程量，因此这里只引入最小值。由图 17.18b 可以看出，最小热公用公程 Q_{Hmin} = 7.5MW，最小冷却公用公 Q_{Cmin} = 10MW。这与从图 17.5 的复合曲线所得的结果是一致的。从图 17.18b 的串联图中可得出另一重要信息：在 T^* = 145℃时，热流率为零，这一点也正对应着夹点。在第 17.2 节中，可知夹点必须对应于热流或冷流的起始处，此处可再次对计算进行交叉检查。从图 17.17 可知，夹点温度必须是 254℃、195℃、145℃或 25℃其中之一才能够保证区间夹点温度可行。本案例中实际的热流、冷流夹点温度分别为 150℃和 140℃，这也与图 17.5a 中复合曲线得到的结果一致。

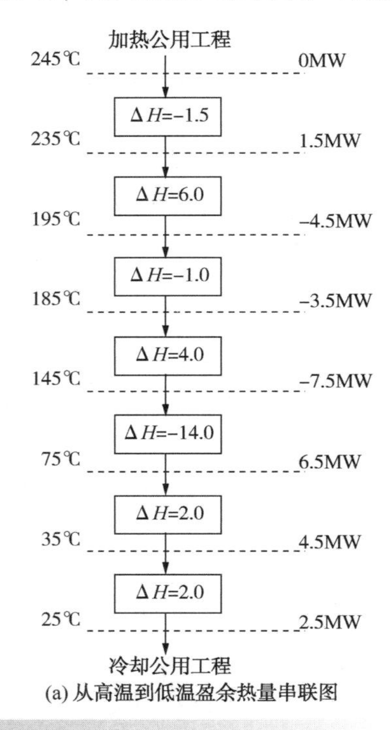

(a) 从高温到低温盈余热量串联图

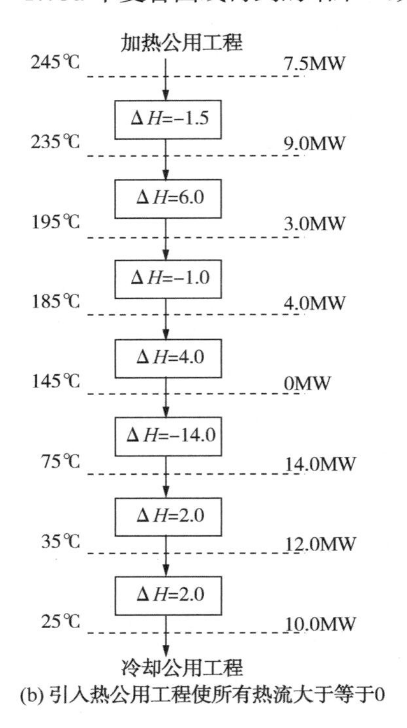

(b) 引入热公用工程使所有热流大于等于0

图 17.18 问题表串联图

图 17.18a 中的初始热串联对应于图 17.15a 中的偏移复合曲线(其复合曲线有重叠)。而图 17.18b 中热流率为零或正数的热串联对应于图 17.15b 所示的偏移复合曲线。

复合曲线有助于我们对于过程的概念性理解，而问题表法是一种更为方便的计算工具。

例 17.1 有一低温精馏过程的流程如图 17.19 所示。试计算该过程所需的最小加热与冷却公用工程用量并确定夹点位置(假设 $\Delta T_{min}=5℃$)。

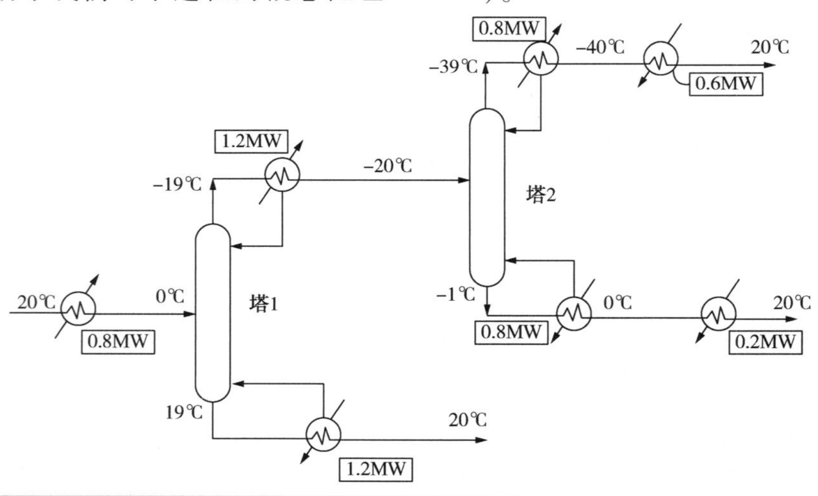

图 17.19 低温精馏过程

解：首先从流程中提取流股数据，列于表17.4中。

表17.4　低温精馏过程流股数据

物　流	类型	供应温度 T_S/℃	目标温度 T_T/℃	ΔH/MW	CP/MW·K^{-1}
1. 塔1进料	热	20	0	−0.8	0.04
2. 塔1冷凝器	热	−19	−20	−1.2	1.2
3. 塔2冷凝器	热	−39	−40	−0.8	0.8
4. 塔1再沸器	冷	19	20	1.2	1.2
5. 塔2再沸器	冷	−1	0	0.8	0.8
6. 塔2塔底产物	冷	0	20	0.2	0.01
7. 塔2塔顶产物	冷	−40	20	0.6	0.01

其次，计算偏移区间温度。热流温度下移2.5℃，冷流温度上移2.5℃，如表17.5所示。

现在计算每一偏移温度区间的热平衡，如图17.20所示。各温度区间内热平衡的总和为0.0MW，这与表17.4中七个流股能量平衡的总和一致。最后，画出热串联图如图17.21所示。图17.21a为无热公用工程时的热串联图。其间出现负的热流率，最大负值为−1.84MW。图17.21b为加热公用工程为1.84MW时的串联图，可看出Q_{Hmin} = 1.84MW，Q_{Cmin} = 1.84MW，区间夹点温度为21.5℃，对应于图17.20中流股2的起点。热流夹点温度为−19℃，冷流夹点温度为−24℃。

表17.5　对表17.4进行转换后的温度

物流	类型	T_S/℃	T_T/℃	$T_S{}^*$/℃	$T_T{}^*$/℃
1	热	20	0	17.5	−2.5
2	热	−19	−20	−21.5	−22.5
3	热	−39	−40	−41.5	−42.5
4	冷	19	20	21.5	22.5
5	冷	−1	0	1.5	2.5
6	冷	0	20	2.5	22.5
7	冷	−40	20	−37.5	22.5

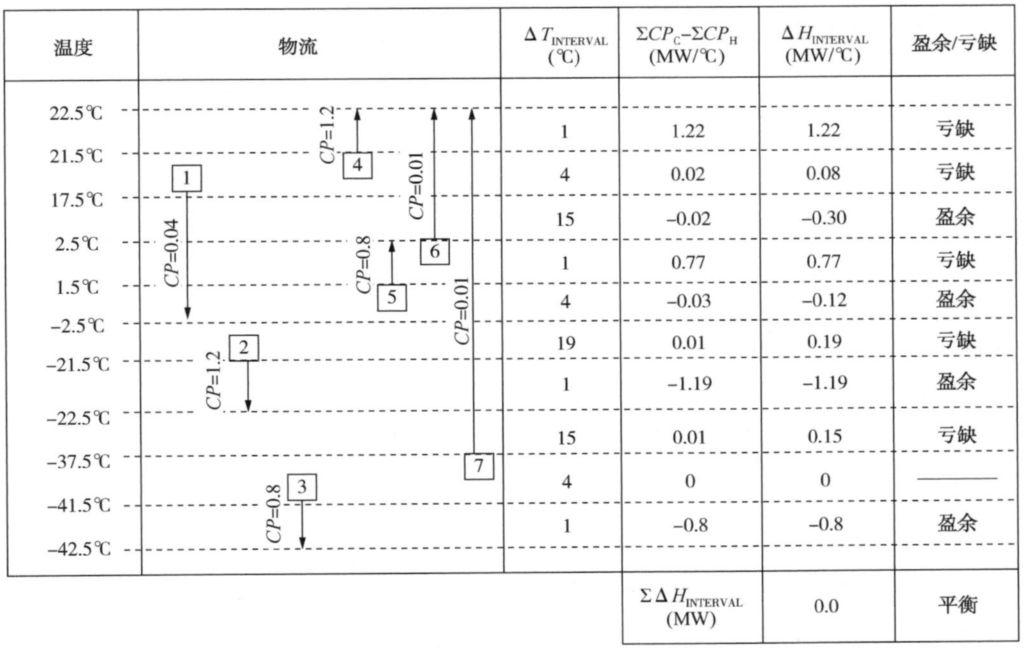

温度	物流	$\Delta T_{INTERVAL}$ (℃)	$\Sigma CP_C - \Sigma CP_H$ (MW/℃)	$\Delta H_{INTERVAL}$ (MW/℃)	盈余/亏缺
22.5℃					
		1	1.22	1.22	亏缺
21.5℃					
		4	0.02	0.08	亏缺
17.5℃					
		15	−0.02	−0.30	盈余
2.5℃					
		1	0.77	0.77	亏缺
1.5℃					
		4	−0.03	−0.12	盈余
−2.5℃					
		19	0.01	0.19	亏缺
−21.5℃					
		1	−1.19	−1.19	盈余
−22.5℃					
		15	0.01	0.15	亏缺
−37.5℃					
		4	0	0	———
−41.5℃					
		1	−0.8	−0.8	盈余
−42.5℃					
			$\Sigma\Delta H_{INTERVAL}$ (MW)	0.0	平衡

物流：1 CP=0.04；2 CP=1.2；3 CP=0.8；4 CP=1.2；5 CP=0.8；6 CP=0.01；7 CP=0.01

图17.20　例17.1温度区间内的热平衡

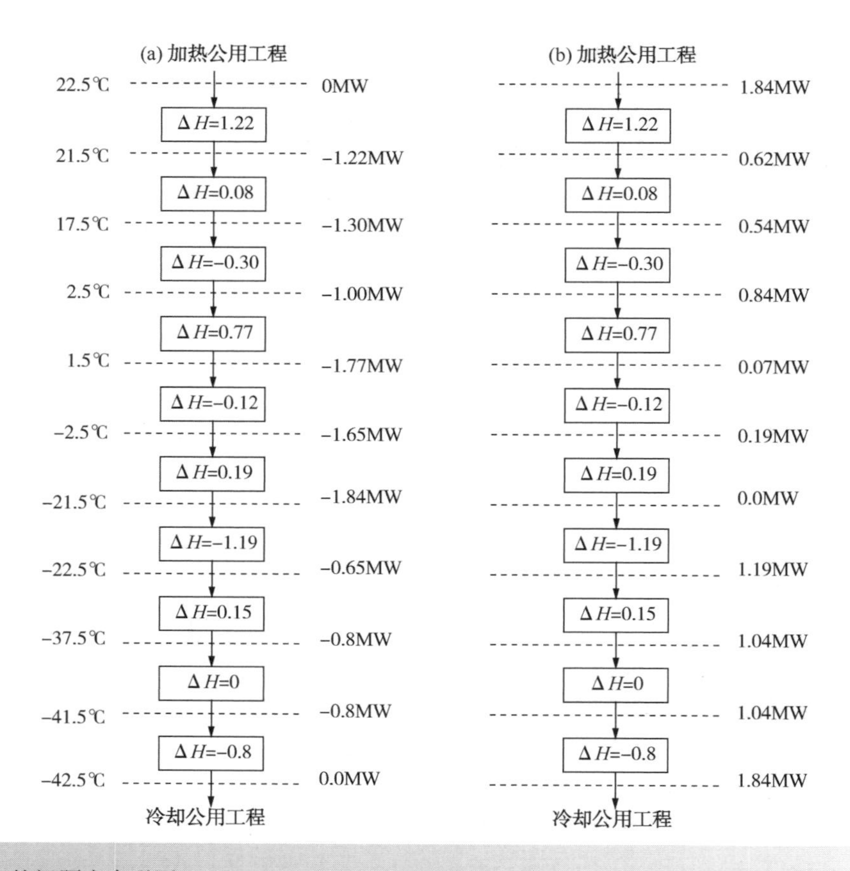

图 17.21　例 17.1 的问题表串联图

17.5　局部最小温差

迄今，假设换热网络的最小温差可在整个换热网络所有流股中通用。但是，有时候需要的是局部最小温差。例如，假设一个换热网络里有液态流股，也有气态流股。对于液-液换热匹配，换热温差 $\Delta T_{min}=10℃$是合理的。然而，对于气-气换热匹配，所需的最小温差则需更大一些，为 $\Delta T_{min}=20℃$。那么在确定目标时该如何处理这种情况呢？

当使用问题表法时，偏移后的冷流温度会被加上 ΔT_{min}，而偏移后的热流温度则会被减去 $\Delta T_{min}/2$。$\Delta T_{min}/2$ 值可被认为是冷、热流对总体的 ΔT_{min} 值的贡献度。各个物流对该 ΔT_{min} 的贡献度不同，可以根据流股来确定：

$$T_{H,i}^{*}=T_{H,i}-\Delta T_{min,cont,i}$$

$$T_{C,j}^{*}=T_{C,j}-\Delta T_{min,cont,j}$$

式中，$T_{H,i}^{*}$，$T_{H,i}$分别为热流 i 的偏移温度和实际温度；$T_{C,i}^{*}$，$T_{C,i}$分别为冷流 j 的偏移温度和实际温度；$\Delta T_{min,cont,i}$，$\Delta T_{min,cont,j}$分别为热流 i 和冷流 j 对 ΔT_{min} 的贡献度。因此，对于上述示例，如果液态流股的 ΔT_{min} 贡献度为 5℃，气态流股的 ΔT_{min} 贡献度为 10℃，那么液-液匹配的最小温差 $\Delta T_{min}=10℃$，气-气匹配的最小温差 $\Delta T_{min}=20℃$，液-气匹配的最小温差 $\Delta T_{min}=15℃$（Linnhoff，et al，1982），直接将其代入问题表法中即可。该方法只需分配给每个流股适当的 ΔT_{min}，然后将热流减去相应的 ΔT_{min}，并将冷流加上相应的 ΔT_{min}（而不是仅仅减去或加上 $\Delta T_{min}/2$）。与全局最小温差相比，这将产生不同的区间温度。问题表法的其余部分则是相同的。一旦建立了基于 ΔT_{min} 贡献度的温度区间，即可进行热量衡算，并以与全局 ΔT_{min} 相同的方式进行串联计算。

从复合曲线的角度来看，夹点位置和夹点处的 ΔT_{min} 取决于在冷、热复合曲线之间最接近处流股的类型。如果在复合曲线最接近处附近只有液态流股，则在上述示例中，$\Delta T_{min}=10℃$。如果在复合曲线最接近处附近只有气态流股，则在上述示例中，ΔT_{min}

=20℃。如果在复合曲线最接近的点附近既有气态流股又有液态流股，则 $\Delta T_{\min}=15$℃。

17.6 过程约束

到现在为止一直假定，只要存在可行的温差，原则上任意一条热流股都可以与任意一条冷流股进行匹配。但实际上，由于实际过程中存在的一些约束而不能这样做。例如，可能存在这样一种情况，两流股在同一换热器中匹配换热，由于泄漏将引起两流体直接接触而导致极为严重的危险后果。此时，毫无疑问，应该施加一个约束，来限制两流股匹配换热。施加约束的另一种原因是因为两流股相距太远，而导致过长距离管道铺设。此外，潜在的控制和开车等问题也可能形成约束。总之，受到约束的原因有很多。

产生约束的一个常见原因来自于集成区域的划分(Ahmad and Hui，1991)。一个过程通常被设计成具有逻辑上可识别的若干个工序或区域。例如“反应区”和“分离区”。这些区域由于开车、停车、操作柔性、安全性等原因，常常被分开。并且通常会在这些区域之间设置一些中间贮罐，以使各个区域能够独立操作。这样的独立区域通常被称为集成区域，并对换热施加了约束。显然，为保持各区域的操作独立性，两个区域之间相互进行热量与冷量回收并不能够保证相互独立。

现在的问题就变成：既然给定了这些约束，那么如何评估这些约束对系统性能的影响呢？这种情况下，不能直接使用问题表法进行计算。而应利用问题表法与一些常识相结合来达到目的。以下示例就说明了怎样进行这一过程(Ahmad and Hui，1991)。

例 17.2 一个过程包括两个可独立操作的集成区域 A 和 B。两区域的流股数据如表 17.6 所示(Ahmad and Hui，1991)。

表 17.6 两区域之间热集成的物流数据

A 区				B 区			
物流	T/℃	T_T/℃	CP/kW·K^{-1}	物流	T_S/℃	T_T/℃	CP/kW·K^{-1}
1	190	110	2.5	3	140	50	20.0
2	90	170	20.0	4	30	120	5.0

试计算为维持两个集成区域 $\Delta T_{\min}=20$℃时所需的公用工程的消耗罚值。

解：为了确定公用工程罚值，首先计算两区域各自分离时的公用工程消耗量，如图 17.22a 所示。其次，将两区域内流股组合在一起重新计算公用工程消耗量(见图 17.22b)。图 17.23a 为 A 区的问题表串联图，图 17.23b 为 B 区的问题表串联图，图 17.23c 为 A 区和 B 区合并起来的问题表串联图。

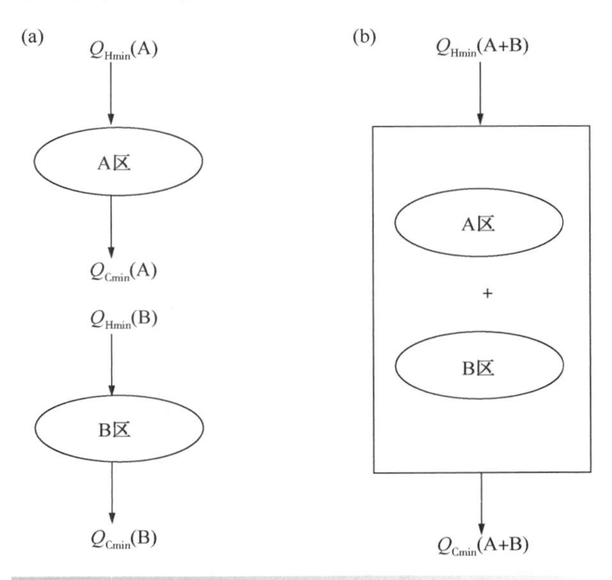

图 17.22 两区集成目标可分别或组合确定

A 区和 B 区独立时，热公用工程消耗总和为(1400+0) = 1400kW，冷公用工程消耗总量为(0+1350) = 1350kW。A 区和 B 区合并后，公用工程总用量为：950kW 的热公用工程用量和 900kW 的冷公用工程用量。

因此，为保持 A 区和 B 区的独立性产生的罚值为热公用工程(1400−950) = 450kW 和冷公用工程(1350−900) = 450kW。

根据算出的罚值大小，可对该约束进行取舍。如果该约束代价昂贵，则有两种选择方案：

① 放弃约束，将过程作为一个独立系统运行。

② 另寻他法来克服该约束。通常可采用间接换热方案。最简单的方案是利用现有的公用工程系统。例如，可以不采用两物流间的直接换热，而是利用热源产生蒸汽，送入蒸汽管线，而热阱

对该蒸汽管线中的蒸汽加以利用。此时，公用工程系统就充当了热源和热阱之间的缓冲区。另一种可能的方案是采用例如热油或热水等传热介质，使之在被匹配的两流股之间循环换热。为了保持操作独立性，应在传热介质回路中设置备用的公用工程加热器和冷却器各一台。这样的话如果热源或者热阱停工时，公用工程也可以在短时间内替代热回收。

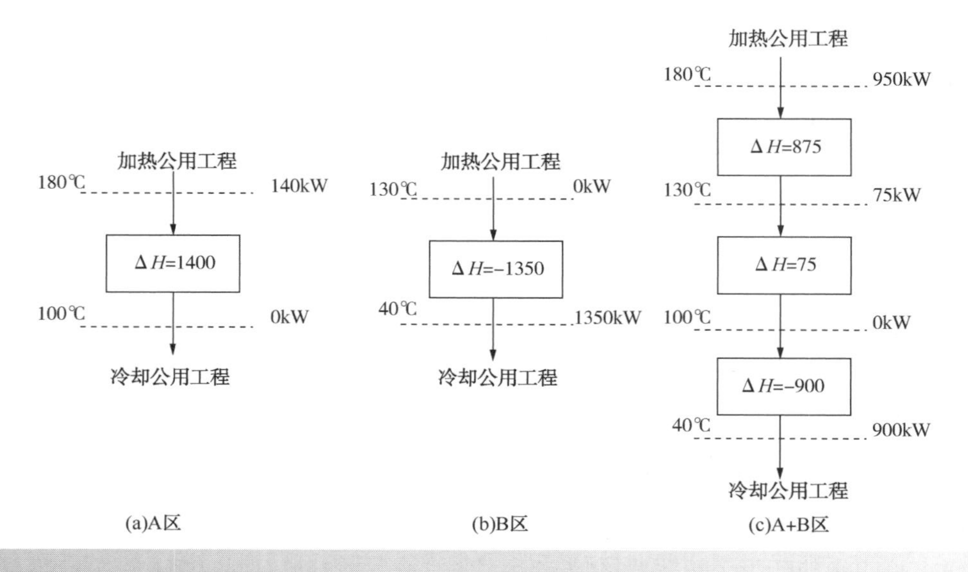

图 17.23 集成区域独立于组合时的问题表串联图

大多数约束可以通过划定问题的不同边界这一方法进行评估。在例 17.2 中，被约束分离的流股集中在各自的约束边界达到能量目标。通过比较每个边界内的流股与所有流股放在一起的目标可以评估约束条件的惩罚。该方法比仅一个区域应用更为广泛。任何时候当流股或流股的集合与任何其他流股集合分开考虑时，都可以使用相同的方法。然而，这种划分不同边界界定问题的方法在评价约束时也会存在局限性。应对更复杂的约束时，则应采用线性规划法来确定能量目标(Cerda, et al., 1983; Papoulias and Grossman, 1983)。

17.7 公用工程的选择

在换热网络中达到最大热回收后，那些不能通过热回收来满足的加热负荷和冷却负荷就必须由外部的公用工程来提供。最常规的加热公用工程是加热蒸汽。热蒸汽通常分为多个等级。更高温度的加热负荷需要加热炉或热油回路。冷公用工程可以是制冷剂、循环水、空气冷却、炉内空气预热、锅炉给水预热，甚至可能是蒸汽发生(当排热温度较高时)等。

虽然复合曲线可用于确定能量目标，但它并不适合于公用工程的选择。接下来要引入的总复合曲线有助于更好地理解过程与公用工程界面(Itoh, Shiroko and Umeda, 1982; Linnhoff, et al., 1982; Townsend and Linnhoff, 1983)。从第20~22 章也讲述了这一工具在热集成反应器和分离器与过程其他环节之间的相互作用关系研究中的应用。

构建总复合曲线的方法是绘制问题表串联图。图 17.24 为一条典型的总复合曲线，它表示了过程热量沿温度的分布。需要注意的是总复合曲线上的温度是偏移温度 T^* 而不是实际温度。热流的偏移温度比实际温度低 $\Delta T_{min}/2$，而冷流温度则比实际温度高 $\Delta T_{min}/2$。因此，所允许的 ΔT_{min} 已经包含在曲线中。

图 17.24 中的总复合曲线上热流率为零的点就是热回收夹点。曲线顶部和底部的“开口”分别为 Q_{Hmin} 和 Q_{Cmin}。所以在图 17.24 中可识别出夹点上方的热阱和夹点下方的热源。图 17.24 中的阴影区域，可称为口袋，代表额外的过程物流之

间的传热。在问题表法中总复合曲线表示偏移温度区间内热回收后的剩余加热和冷却需求。在图 17.24 的口袋中，温差超过 ΔT_{min}，过程的局部盈余热量被温度区间用于满足局部热量亏缺。这表明了问题表法中从较高温度区间到较低温度区间盈余热量的串联。

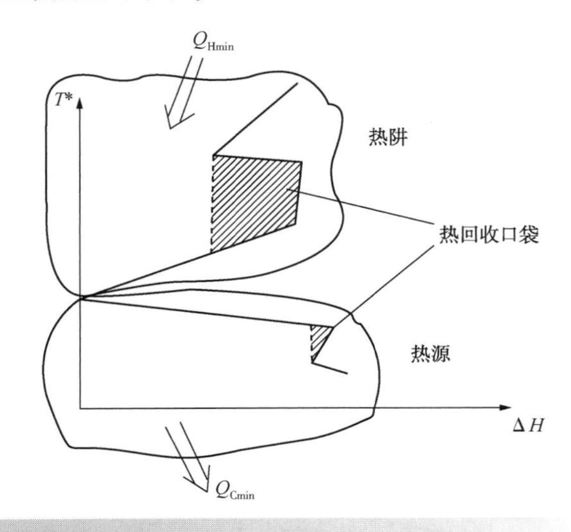

图 17.24　总复合曲线显示了焓与温度方面所需的公用工程

图 17.25a 为同一条总复合曲线，采用两级蒸汽作为加热公用工程。图 17.25b 为采用热油作为公用工程的同一条总复合曲线。

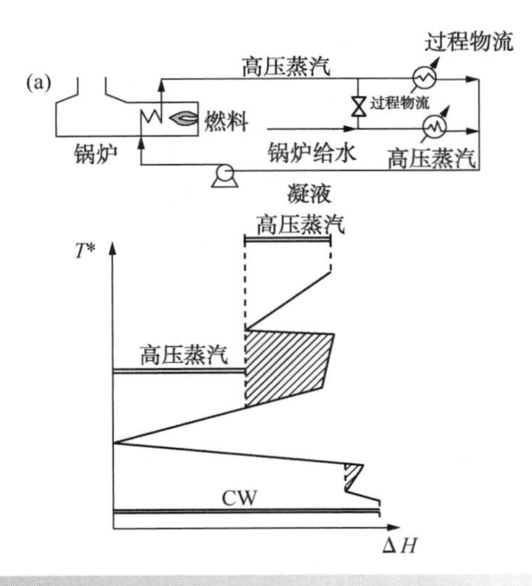

图 17.25　使用总复合曲线评估不同组合的公用工程

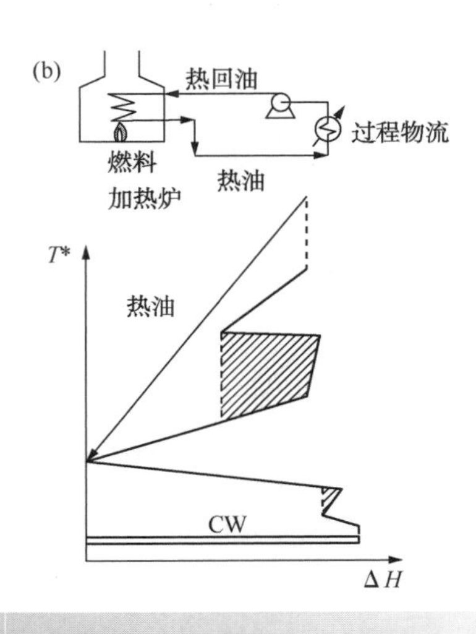

图 17.25　使用总复合曲线评估不同组合的公用工程(续)

例 17.3　图 17.2 所示过程的问题表串联图如图 17.18 所示。试用总复合曲线解决以下问题：

① 加热公用工程为温位 240℃ 和 180℃ 的饱和蒸汽，确定最大限度利用低压蒸汽时，两等级蒸汽的热负荷。

② 用初始温度 280℃，$C_P = 2.1 \text{kJ} \cdot \text{kg}^{-1} \cdot \text{K}^{-1}$的热油作为热公用工程。试计算热油所需的最小流率。

解：

① 对于 $\Delta T_{min} = 10℃$，两蒸汽等级分别标绘在总复合曲线温度为 235℃ 和 175℃ 处。图 17.26a 展示了最大限度利用低压蒸汽时两个等级的热负荷。通过热流串联插值计算低压蒸汽的负荷。当 $T^* = 175℃$：

180℃蒸汽的热负荷：

$$\frac{175-145}{185-145} \times 4 = 3\text{MW}$$

240℃蒸汽的热负荷：

$$7.5-3 = 4.5\text{MW}$$

② 图 17.26b 为使用热油提供所需热公用工程时的总复合曲线。要使所需热油流率最小，则对应使斜率最陡并使热油返回温度最小的位置。本问题，热油的最小返回温度是夹点温度（$T^* = 145℃$，热流 $T = 150℃$）。在 $T^* = 195℃$时，检查热油管线是否适合总复合曲线：

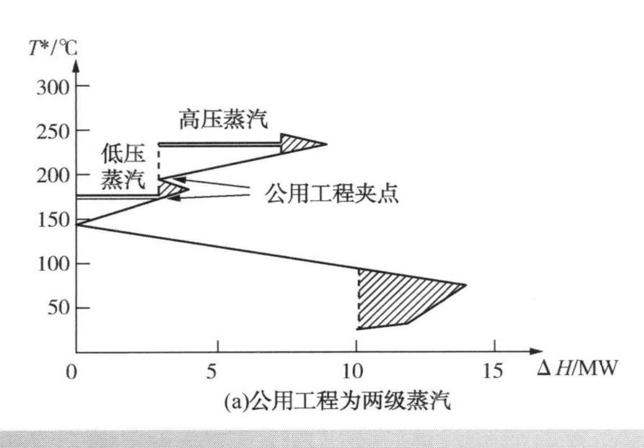

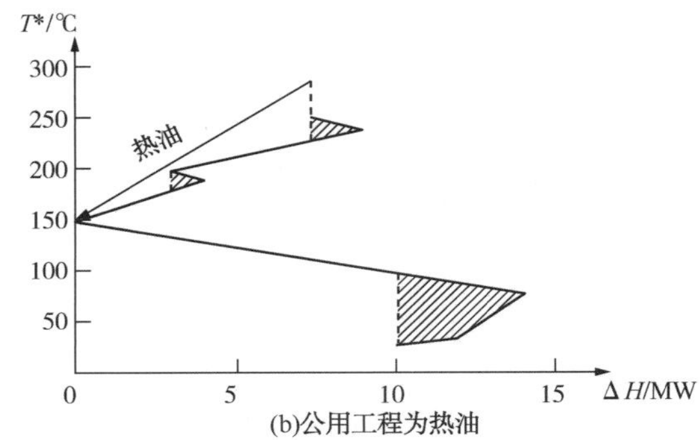

图 17.26 图 17.2 中流程可替代的公用工程程组合

从 $T^{*}=195℃$ 到 $T^{*}=145℃$ 的热油负荷 = $\frac{195-145}{275-145}\times7.5=2.9\text{MW}$

因此，热油管线能够满足总复合曲线：

$$最小流率 = 7.5\times10^{3}\times\frac{1}{2.1}\times\frac{1}{(280-150)}=27.5\text{kg}\cdot\text{s}^{-1}$$

在其他问题中，远离夹点处的过程也可能限制流率的选择。

17.8 加热炉

当加热公用工程需要加热很高温度的热流时，可通过加热炉中燃烧产生的辐射传热实现。根据加热炉功能、加热负荷、燃料类型以及空气引入方式的不同，加热炉的设计多种多样(见第 12 章)。有时热炉只用于提供热量，而有时它则可以充当反应器且为吸热反应提供反应热。然而，加热炉有一些共同特征。在燃烧进行的燃烧室内，热量主要以辐射的方式传递给炉壁周围的管子上，从而将管内的流体加热。在烟气离开燃烧室排放到大气之前，大多数加热炉都设有一个对流段以进一步回收其中的热量(见第 12 章)。

如图 17.27 所示为烟气供热时的总复合曲线(Linnhoff and de Leur，1988)。烟气的初始温度为理论火焰温度(见第 12 章)，在总复合曲线上已经减去了 ΔT_{min}。由于它只提供显热，因此呈现形式为斜线。理论火焰温度是指燃料在空气或氧气中燃烧没有热量损失或供热时能达到的温度。

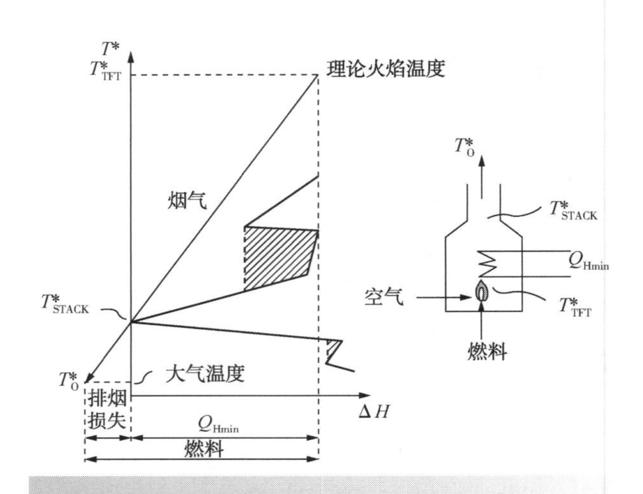

图 17.27 简单加热炉模型

在图 17.27 中，烟气冷却到夹点温度后再排入大气。烟气在夹点温度至环境温度这一区间内释放的热量即为排烟损失。因此，在图 17.27 中，对于给定的总复合曲线和理论火焰温度，可确定燃料的热量及排烟损失。

所有燃烧过程都使用过量空气或氧气，以确保燃料完全燃烧。过量气体量通常为 5%~20%，依据燃料、燃烧器类型和加热炉类型而定。如图 17.28 所示，当过剩空气量减少，理论火焰温度就升高。这导致，对于给定的过程加热负荷，排烟损失就会减少，炉效率也会提高。另外，如果燃烧空气经过预热(比如通过热回收器预热)，则理论火焰温度也会升高，如图 17.28 所示，相应地排烟损失也会减少。

如图 17.28，尽管对于给定的过程加热负荷，火焰温度越高，燃料用量就越少，但这也明显带来一个不利的影响。火焰温度越高，氮氧化物的生成量就越多，而该物质对环境有害。我们会在第 25 章再讨论这一点。

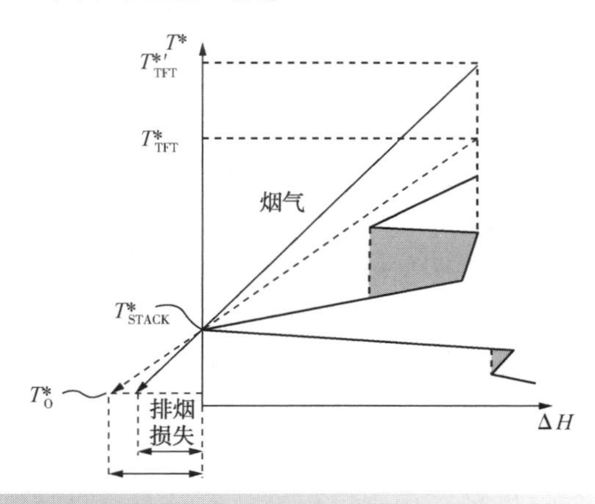

图 17.28　通过减少过量空气或预热燃烧空气理论火焰温度减少排烟损失

在图 17.27 和图 17.28 中，烟气排放到大气之前都可以被冷却到夹点温度。但实际却并非全部如此。图 17.29a 为由于实际因素导致排烟温度高于夹点温度的情况。烟气存在一个实际最低温度点，低于该温度，烟道气会发生部分凝结，从而对烟囱造成腐蚀，这一温度就是酸露点(见第 12 章)。图 17.29a 中的最低烟道温度就是由酸露点决定的。另一种情况如图 17.29b 所示，非夹点处的过程限制了烟气线的斜率，从而导致排烟损失也变大。

例 17.4　图 17.2 所示的过程采用加热炉作为其加热设备。燃烧的理论火焰温度为 1800℃，烟气的酸露点为 160℃。环境温度为 10℃。假设过程间的最小传热温差 $\Delta T_{\min}=10$℃，而烟气与过程之间的最小传热温差 $\Delta T_{\min}=30$℃。后者取值较大，是由于加热炉对流段管排的传热系数太低。试计算所需燃料、排烟损失和加热炉效率。

解：第一个问题是不同的匹配需要采用的 $\Delta T_{\min}$ 不同。对问题表算法稍加调整即可适合这种情况，具体做法是对每一流股规定其 $\Delta T_{\min}$ 贡献值。假设过程流股的温差贡献为 5℃，而烟气的温差贡献为 25℃，则过程流股间匹配的 $\Delta T_{\min}$ 为(5+5) = 10℃，而烟气与过程匹配的 $\Delta T_{\min}$ 为(5+25) = 30℃。当在问题表算法中建立温区时，温区边界应设置为热流温度减去其 $\Delta T_{\min}$ 贡献值，而不是总体 $\Delta T_{\min}$ 的一半。同样，冷流的温区边界值应设为冷流温度加上其 $\Delta T_{\min}$ 贡献值。

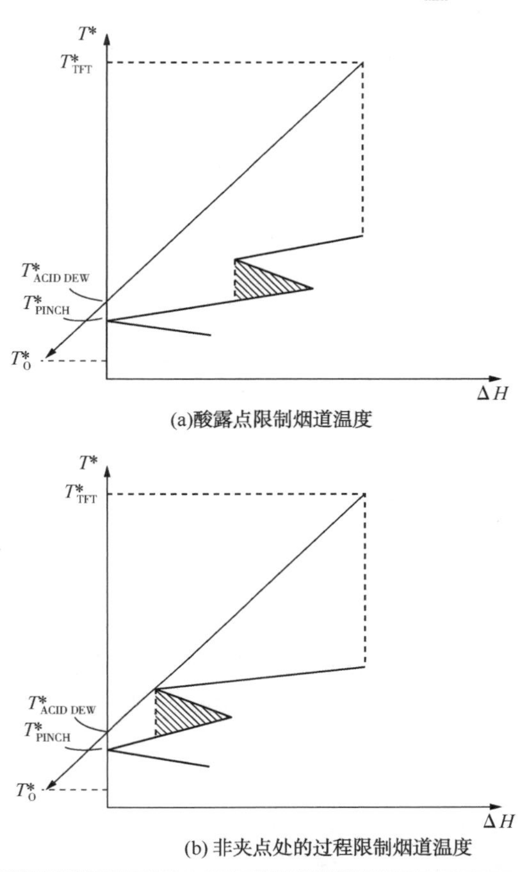

图 17.29　加热炉烟道温度由非夹点因素限制

图 17.30 为对图 17.18b 所示的问题表绘制的总复合曲线。烟气起点实际温度为 1800℃，它所对应的总复合曲线上的平均温度为(1800−25) = 1775℃。烟气分布并不局限于在夹点上方，在排放到大气之前，它可冷却到夹点温度，夹点对应的烟气温度为(145+25) = 170℃。这一温度刚好高于酸露点 160℃。现在计算燃油消耗：

$$Q_{\mathrm{Hmin}}=7.5\mathrm{MW}$$

$$CP_{\mathrm{FLUEGAS}}=\frac{7.5}{1775-145}=0.0046\mathrm{MW}\cdot\mathrm{K}^{-1}$$

按烟气从理论火焰温度降到环境温度，计算燃料消耗量：

所需燃料 = 0.0046(1800−10) = 8.23MW

排烟损失 = 0.0046(170−10) = 0.74MW

$$\text{加热炉效率}=\frac{Q_{\mathrm{Hmin}}}{\text{所需燃料}}\times100\%$$

$$=\frac{7.49}{8.23}=\times 100\%=91\%$$

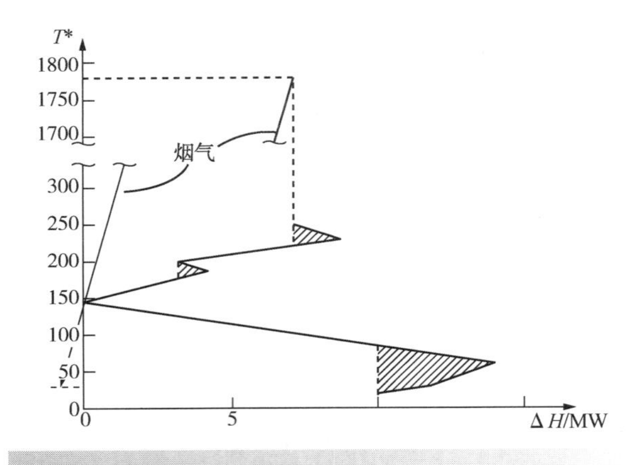

图 17.30　烟气与图 17.2 中过程的总复合曲线的匹配

17.9　热电联产

当利用热电联产时，会遇到更复杂的公用工程。它是以蒸汽轮机，燃气轮机或柴油发动机等热机排出的热量作为加热公用工程。

原则上，热机排热的集成有两种可行方案（Townsend and Linnhoff，1983）。在图 17.31 中，将过程表示成由夹点分开的热阱和热源两部分。如图 17.31a 所示，跨越夹点的热机集成会产生反作用。从图中可以看出，该过程仍然需要 Q_{Hmin}，这种集成并不比热机单独操作好。因此跨越夹点的热机集成并不会节能（Townsend and Linnhoff，1983）。

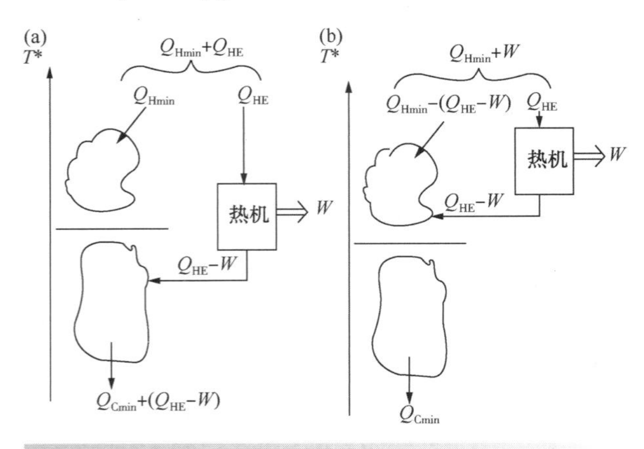

图 17.31　热机的排热通过或不通过夹点的集成

图 17.31b 给出了在夹点上方的热机集成。排放的热量在夹点上方，会将热量排放到部分过程中，此处工艺是一个净热阱。这样，利用加热公用工程和过程热阱间的温差，高效做功。图 17.31b 的净效应就是从热源输入额外的能量 W 并转变成轴功 W。由于过程和热机合为一体，因此很明显，热功转换效率达到了 100%（Townsend and Linnhoff，1983）。

现在考虑两个最常用的热机，蒸汽轮机和燃气轮机，看它们实际上是否能达到这一效率。为了对任一热电联产方案进行定量评估，应采用总复合曲线，且把热机排热与其他公用工程一样处理。

图 17.32 示出蒸汽轮机与夹点上方过程的集成。蒸汽轮机在概念上就像逆向工作的离心压缩机。蒸汽在机器中从高压膨胀到低压，从而产生动力。在图 17.32 中，高压蒸汽向过程供热 Q_{HP}。不足的热公用工程量 Q_{LP} 从蒸汽轮机排汽中获得。图 17.32a 中，燃料向锅炉供热 Q_{FUEL}。整体能量平衡方程如下：

$$Q_{燃料}=Q_{HP}+Q_{LP}+W+Q_{损失} \tag{17.2}$$

该过程需要 $Q_{HP}+Q_{LP}$ 的热量来满足其在夹点上方的焓差。如果锅炉没有热损失，则燃料 W 将以 100%的效率转换为轴功 W。然而，因为存在锅炉损耗 $Q_{损失}$，所以这个转化率达不到 100%。实际上，除了锅炉损失外，配汽蒸汽分配系统也会造成一定的热损失。图 17.32b 给出了怎样利用总复合曲线来决定蒸汽轮机循环的规模（Townsend and Linnhoff，1983）。在第 23 章中将会更详细地讨论蒸汽轮机。

图 17.33a 为简单燃气轮机的示意图。该设备基本结构是有一个与燃气轮机同轴的旋转式压缩机。空气先进入压缩机，压缩后进入燃烧室。在燃烧室通过燃烧燃料，使空气温度升高。燃烧后的空气和烟气混合物在燃气轮机内膨胀。输入燃烧室的能量使燃气轮机产生足够的轴功，同时推动压缩机对外做功。燃气轮机的性能指标有：输出功率、通过机器的空气流率、热功转换效率以及排气温度。燃气轮机通常仅应用于较大规模的场合，在第 23 章中将对此进行更详细地讨论。

图 17.33b 为与总复合曲线匹配的燃气轮

机(Townsend and Linnhoff, 1983)。与蒸汽轮机一样，如果没有排向大气的排烟损失(即 $Q_{损失}$ 为零)，则热量 W 将全部转化为轴功 W。图 17.33 中的排烟损失降低了热功率转化效率。热功率转换的总效率取决于涡轮排气剖面、夹点温度和过程总复合曲线的形状。

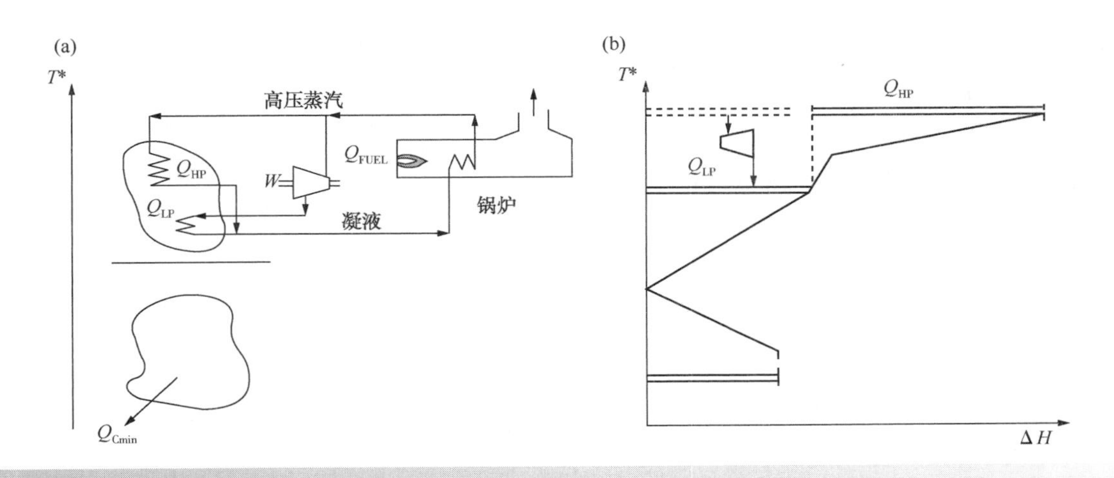

图 17.32　蒸汽轮机与过程的集成

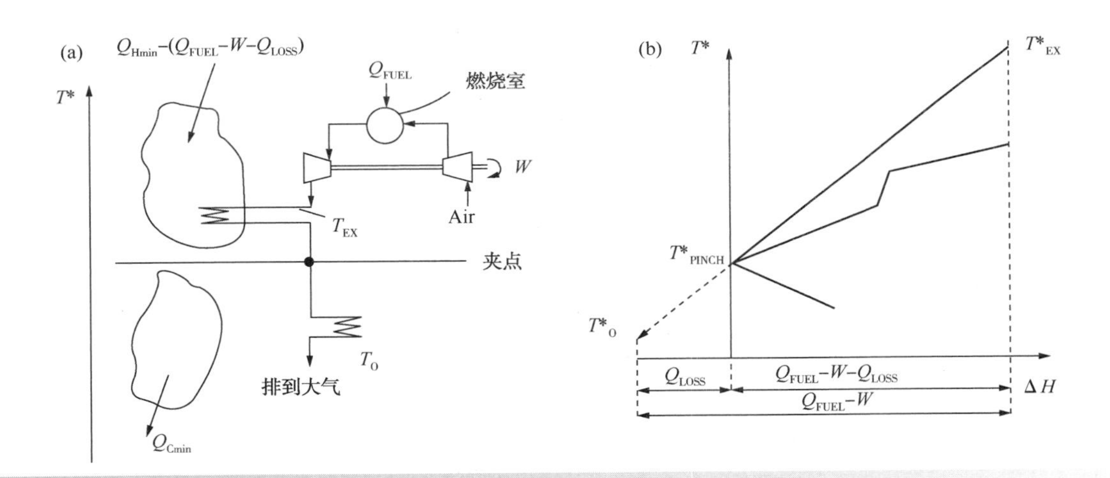

图 17.33　燃气轮机排气与过程匹配(类似于烟气)

例 17.5　一个热回收问题的流股数据如表 17.7 所示。

对于 $\Delta T_{min}=20℃$，表 17.8 给出了问题表分析得到的热串联结果。

另外，该工艺系统还需动力 7MW。对下面两种热电联产方案进行经济对比。

① 方案一是采用蒸汽轮机，排出 150℃饱和蒸汽用于过程加热。中央锅炉房产出温度为 300℃、压力为 4.1MPa(41bar)过热蒸汽。该蒸汽在单级蒸汽轮机中膨胀，等熵效率为 85%。试计算出口蒸汽与过程匹配下的最大可能输出功。

② 方案二是采用燃气轮机，空气流率为 $97kg \cdot s^{-1}$，出口温度为 400℃。在环境温度为 10℃的条件下，如果燃气轮机效率为 30%，试计算输出功。

③ 燃气轮机所用燃料费用为 $\$4.5GW^{-1}$。输入电能的费用为 $\$19.2GW^{-1}$，输出电能的价格为 $\$14.4GW^{-1}$，蒸汽轮机所用燃料的费用为 $\$3.2GW^{-1}$，蒸汽产生和输送的总效率为 80%。请问哪种方案更经济，是蒸汽轮机还是燃气轮机？

表 17.7 例 17.5 的物流数据

物流	类型	T_S/℃	T_T/℃	CP/MW · K^{-1}
1	热	450	50	0. 25
2	热	50	40	1. 5
3	冷	30	400	0. 22
4	冷	30	400	0. 05
5	冷	120	121	22. 0

表 17.8 例 17.5 的问题表热串联结果

T^*/℃	热通量/MW
440	21. 9
410	29. 4
131	23. 82
130	1. 8
40	0
30	15

解：

① 方案一如图 17. 34a 所示。蒸汽冷凝的平均温度为 140℃。

所需蒸汽轮机出口蒸汽热流率为 21. 9MW。

从蒸汽表查得，在入口条件为 T_1 = 300℃，P_1 = 41bar 时：

$$H_1 = 2959\text{kJ} \cdot \text{kg}^{-1}$$

$$S_1 = 6.349\text{kJ} \cdot \text{kg}^{-1} \cdot \text{K}^{-1}$$

从蒸汽表可查得，等熵膨胀到 150℃ 的蒸汽轮机出口条件是：

$$P_2 = 4.77\text{bar}$$

$$S_2 = 6.349\text{kJ} \cdot \text{kg}^{-1} \cdot \text{K}^{-1}$$

排汽湿度 X 可以由下式计算：

$$S_2 = XS_L + (1-X)S_V$$

式中 S_L 和 S_V 分别是饱和液体和饱和蒸汽的熵。从蒸汽表可知在 150℃ 和 4. 77bar 时，饱和液体和饱和蒸汽的熵：

$$6.349 = 1.842X + 6.838(1-X)$$

$$X = 0.098$$

则蒸汽轮机出口焓可通过下式计算：

$$H_2 = XH_L + (1-X)H_V$$

式中 H_L 和 H_V 分别为饱和液体和饱和蒸汽的焓。从蒸汽表可知在 150℃ 和 0. 477MPa 时，饱和液体和饱和蒸汽的焓：

$$H_2 = 0.098 \times 632 + (1-0.098)2427 = 2540\text{kJ} \cdot \text{kg}^{-1}$$

对于等熵效率为 85%的单级膨胀有：

$$H'_2 = H_1 - \eta_{1S}(H_1 - H_2)$$

$$= 2959 - 0.85(2959 - 2540) = 2603\text{kJ} \cdot \text{kg}^{-1}$$

实际湿度 X' 可通过下式计算：

$$H'_2 = X'H_L + (1-X')H_V$$

式中 H_L 和 H_V 分别为饱和液体和饱和蒸汽的焓，因此：

$$H'_2 = 2603 = 632X' + 2747(1-X')$$

$$X' = 0.068$$

假设在这种情况下，饱和蒸汽和凝液在蒸汽轮机中分离，且只有饱和蒸汽用于过程加热：

$$\text{输向过程的蒸汽流率} = \frac{21.9 \times 10^3}{2747 - 632} = 10.35\text{kg} \cdot \text{s}^{-1}$$

$$\text{蒸汽轮机蒸汽流率} = \frac{10.35}{1 - 0.068} = 11.1\text{kg} \cdot \text{s}^{-1}$$

$$\text{产出轴功 } W = 11.11 \times (2959 - 2603) \times 10^{-3} = 3.96\text{MW}$$

② 燃气轮机的排气主要为带有少量燃气的空气。因此，排气的 C_P 大致等于空气的 C_P。假设空气的 C_P = 1. 03kJ · kg^{-1} · K^{-1}：

$$C_{P\text{乏气}} = 97 \times 1.03 = 100\text{kW} \cdot \text{K}^{-1}$$

燃气轮机的方案如图 17. 34b 所示：

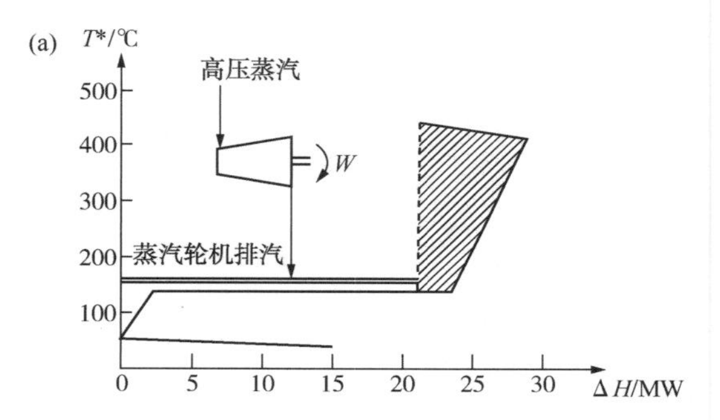

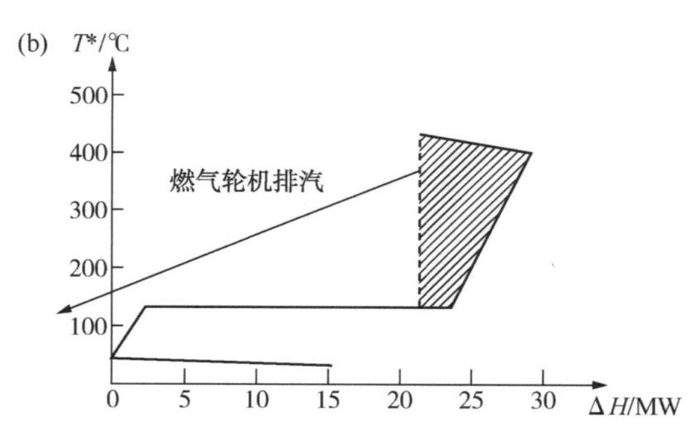

图 17. 34 例 17. 5 中不同组合的热电联产方案

$$Q_{EX} = CP_{EX}(T_{EX} - T_0) = 0.1 \times (400 - 10) = 39\text{MW}$$

$$Q_{FUEL} = \frac{Q_{EX}}{(1-\eta_{GT})} = \frac{39}{(1-0.3)} = 55.71\text{MW}$$

$$W = Q_{FUEL} - Q_{EX} = 16.71\text{MW}$$

③ 蒸汽轮机的经济分析：

$$\text{燃料费用} = (21.9+3.96)\times\frac{3.2\times10^{-3}}{0.8} = \$0.10\text{s}^{-1}$$

$$\text{输入电能费用} = (7-3.96)\times19.2\times10^{-3} = \$0.06\text{s}^{-1}$$

$$\text{净费用} = \$0.16\text{s}^{-1}$$

燃气轮机的经济分析：

$$\text{燃料费用} = 55.71\times4.5\times10^{-3} = \$0.25\text{s}^{-1}$$

$$\text{电能收益} = (16.71-7)\times14.4\times10^{-3} = \$0.14\text{s}^{-1}$$

$$\text{净费用} = \$0.11\text{s}^{-1}$$

因此，燃气轮机在控制能量成本方面更为有利。然而，这样考虑并不全面，因为燃气轮机的设备投资费用远高于蒸汽轮机的投资费用。

例 17.6　表 17.9 为 $\Delta T_{min} = 10$℃工艺过程的问题表结果。建议采用锅炉给水温度为 100℃所产生的蒸汽提供过程的冷却需求。

表 17.9　问题表热串联结果

温度区间/℃	热通量/MW
495	3.6
455	9.2
415	10.8
305	4.2
285	0
215	16.8
195	17.6
185	16.6
125	16.6
95	21.1
85	18.1

① 确定可产出多少温度为 230℃ 的饱和蒸汽。

② 确定可在饱和温度为 230℃并过热到与过程匹配的最大可能温度的情况下可以产生多少蒸汽。

③ 对于问题②，若采用等熵效率为 85%的单级凝汽式蒸汽轮机，试计算过热蒸汽能产出的功率。可供采用的冷却水为 20℃，返回冷却塔的温度 30℃。

解：

① 在平均温度 235℃处产生蒸汽，可用的热量为 12.0MW。

由蒸汽表可知，饱和温度为 230℃的水的潜热为 $1812\text{kJ}\cdot\text{kg}^{-1}$。

$$\text{蒸汽产量} = \frac{12.0\times10^{-3}}{1812} = 6.62\text{kg}\cdot\text{s}^{-1}$$

水的热容为 $4.3\text{kJ}\cdot\text{kg}^{-1}\cdot\text{K}^{-1}$，则用于锅炉给水预热的热负荷

$$6.62\times4.3\times10^{-3}(230-100) = 3.7\text{MW}$$

图 17.35a 为过程总复合曲线匹配的蒸汽生产线数据。从图中可看出该过程既能预热锅炉给水，又能用于生产蒸汽。

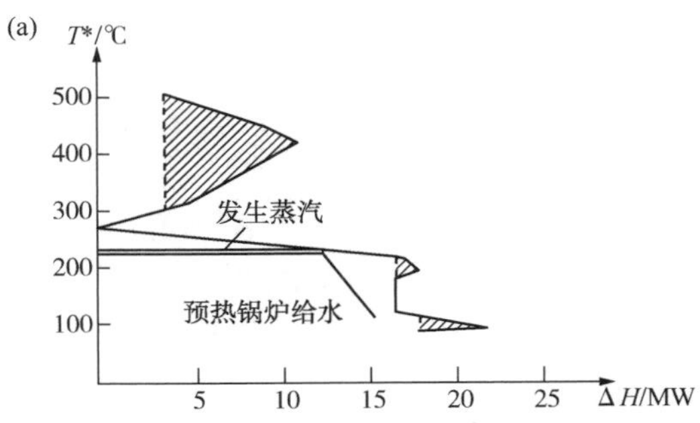

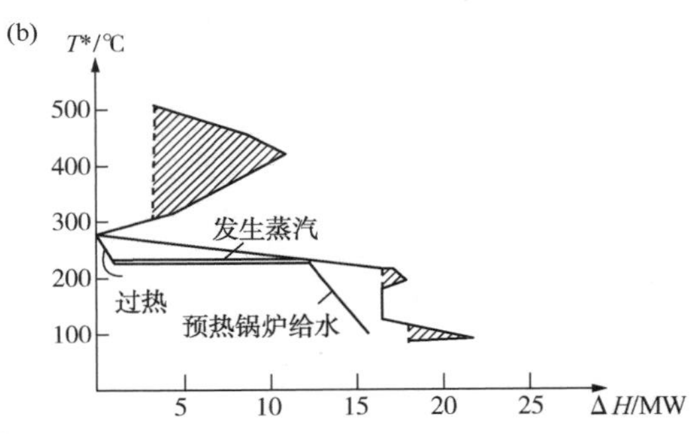

图 17.35　例 17.6 的不同冷却公用工程

② 最大过热的平均温度为 285℃，实际温度为 280℃。如图 17.35b 所示为曲线与过程总复合曲线的数据。

由蒸汽表可知，280℃和 2.8MPa 时，过热蒸汽的焓 $= 2947\text{kJ}\cdot\text{kg}^{-1}$

230℃和 2.8MPa 下的饱和水的焓 $= 991\text{kJ}\cdot\text{kg}^{-1}$

$$\text{所以蒸汽产量} = \frac{12.0\times10^{-3}}{(2947-991)} = 6.13\text{kg}\cdot\text{s}^{-1}$$

③ 在凝汽式蒸汽轮机中，蒸汽轮机出口蒸汽在真空下被冷却水冷凝。冷凝温度越低，产出功率就越大。本问题的最低冷凝温度为冷却水温度再加 ΔT_{min}，即 30+10=40℃。

由蒸汽表可知，在进口条件为 $T_1 = 280$℃和

$P_1=2.8\text{MPa}$ 时：

$$H_1=2947\text{kJ}\cdot\text{kg}^{-1}$$
$$S_1=6.488\text{kJ}\cdot\text{kg}^{-1}\cdot\text{K}^{-1}$$

由蒸汽表可知，等熵膨胀至40℃时的蒸汽轮机出口状态为：

$$P_2=0.074\text{MPa}$$

对于 $S_2=6.488\text{kJ}\cdot\text{kg}^{-1}\cdot\text{K}$，可按例 17.5 计算出口湿度 X 和出口焓 H_2：

$$X=0.23$$
$$H_2=2020\text{kJ}\cdot\text{kg}^{-1}$$

对于等熵效率为 85%的单级膨胀：

$$H'_2=2947-0.85(2947-2020)=2159\text{kJ}\cdot\text{kg}^{-1}$$

产出轴功 W：

$$W=6.13(2947-2159)\times10^{-3}=4.8\text{MW}$$

由下式可得实际膨胀的湿度 X'：

$$H'_2=2159=X'H_L+(1-X')H_V=167.5X'+2574(1-X')$$
$$X'=0.17$$

该湿度过高，可能会损坏蒸汽轮机。为了得到较低的湿度，例如 $X'=0.15$，蒸汽轮机的出口压力必须升高到 0.02MPa，对应的冷凝温度为60℃。然而这样产出的功率就降至 4.2MW。

17.10 热泵集成

热泵是一种吸收低温热量，将其提高温度为其他流股提供能量的装置。简单的蒸汽压缩式热泵流程如图 17.36 所示。在图 17.36 中，热泵在低温下从蒸发器吸收热量，消耗功率压缩工质，在高温下在冷凝器中排出热量。冷凝的工质膨胀并部分汽化。往复循环。工质通常是纯组分，这意味着蒸发和冷凝是等温进行的。在进行热泵和工艺集成时，也要考虑合理性。

热泵的集成过程同样存在着跨越夹点和不跨越夹点两种方式(Townsend and Linnhoff，1983)。不跨越夹点(在夹点上方)的集成如图 17.37a 所示。这种设置输入了轴功 W 并节省了加热公用工程用量 W。也就是说，系统将功转化为热量，这是不经济的做法。如图 17.37b 所示，另一种不跨越夹点的方式为位于夹点下方的热泵集成。这种做法在经济上更差，因为功被转变成废热排出(Townsend and Linnhoff，1983)。

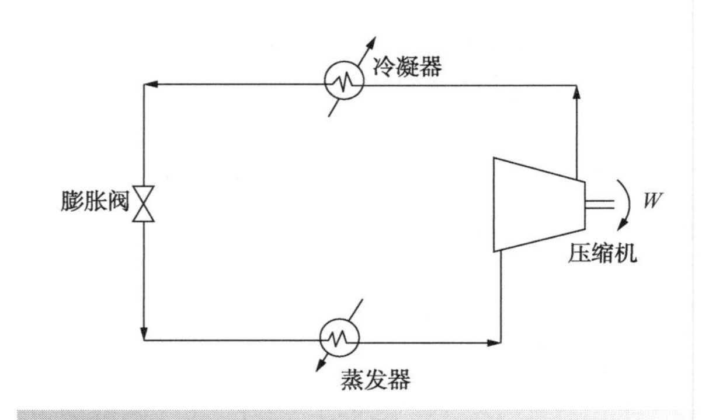

图 17.36 简单蒸汽压缩式热泵流程

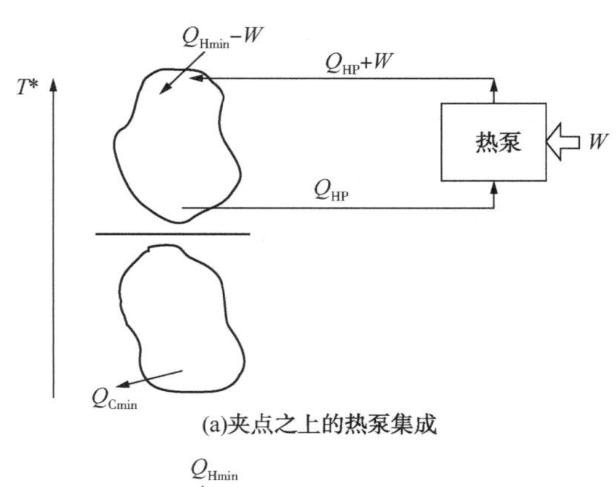

(a)夹点之上的热泵集成

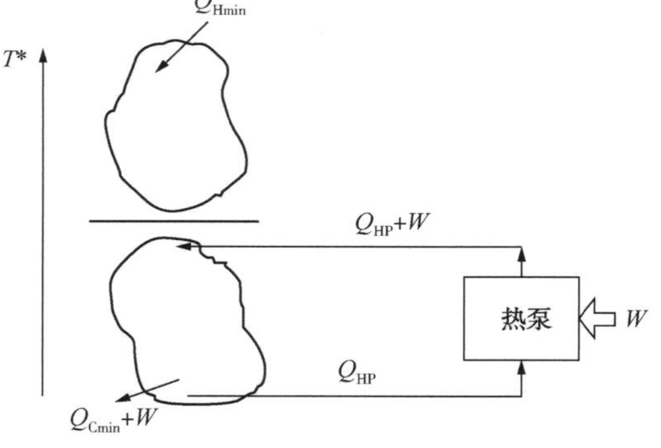

(b)夹点之下的热泵集成

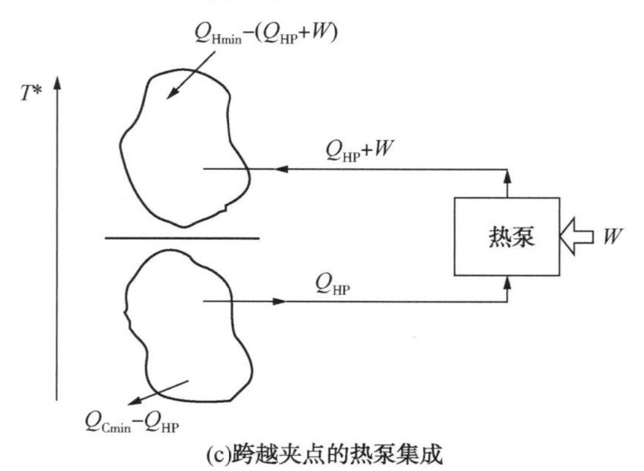

(c)跨越夹点的热泵集成

图 17.37 热泵与过程的集成

图 17.37c 为跨越夹点的集成。这种设置能够带来真正的节能。这在整体上也是合理的，因为是把热量从工艺过程的热源部分泵送到了工艺过程的热阱部分。

图 17.38 展示了一个与工艺过程合理集成的热泵。图 17.38a 为总的热平衡。图 17.38b 阐述了如何利用总复合曲线来决定热泵的容量。如图 17.38b 所示，如果热泵的冷端是给定的，那么就需要轴功来对其升温。温度升得越高，轴功需求就越大，排出的热量也越大。在图 17.38b 中，吸热和放热量沿 A–B 线。图 17.38b 显示了夹点上方排出热量的最低温度。热泵工作方式决定了其性能系数。热泵的性能系数通常定义为：热泵向过程释放的有用的能量除以产生这些能量所需的轴功。从图 17.38a 得出：

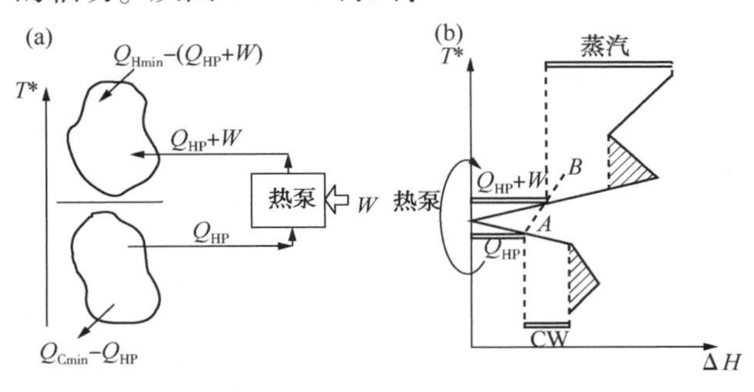

图 17.38 采用总复合曲线确定热泵容量

$$COP_{HP}=\frac{Q_{HP}+W}{W} \tag{17.3}$$

式中，COP_{HP}是热泵性能系数，Q_{HP}是低温下吸收的热量，W 是消耗轴功。

对于任意类型的热泵，COP_{HP}越高，经济性越好，这意味着热泵跨越的温差越小其经济性越好。温差越小，COP_{HP}就越高。大多数应用场合中，温差高于 25℃后很难有经济性。好的热泵通常温升应小于 25℃。

通过总复合曲线，可以方便地估计热泵的冷却和加热负荷及其温位，因此也就很容易地估计出集成热泵的 COP_{HP}。

因此，热泵的合理位置应该是跨越夹点放置（Townsend and Linnhoff，1983）。要注意的是，如果存在公用工程夹点，这一原则还需进一步阐述。在这种情况下，如果热泵跨越了公用工程夹点，则它无论是位于工艺夹点上方还是下方都是经济的。图 17.39a 所示的过程中，跨越工艺夹点的热泵节能潜力很小，因为工艺夹点下方的热源很小，工艺夹点上方的热阱也很小。在这种情况下，跨越工艺夹点的显著节能需要热泵在较大的温差下实现，这将导致 COP_{HP}过小。然而，图 17.39b 为另一种可行的热泵设置。在总复合曲线中，热源以一个相对较小的温差被热泵提升，以代替中压（MP）蒸汽。为了取出的这部分热量，需要使用额外的低压（LP）蒸汽用于工艺过程加热以保持热平衡。因此，热泵节省了 MP 蒸汽，增加了额外的 LP 蒸汽使用量和热泵所耗的功率。如果 MP 和 LP 蒸汽之间的费用差异很大，这会产生很好的经济性。虽然热泵的运行没有跨越工艺夹点，但这并不违反热泵合理设置的原则。图 17.39b 中的热泵跨越公用工程夹点运行。

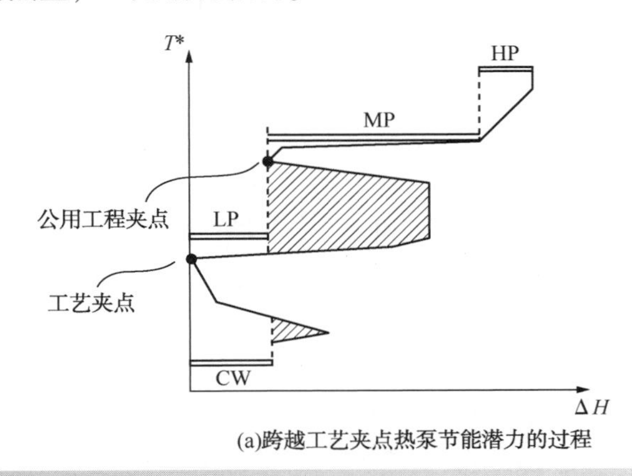

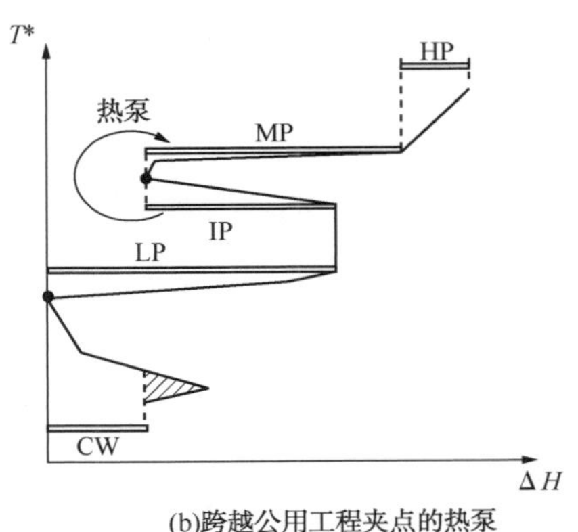

图 17.39 热泵可以应用在公用事业夹点和过程夹点

17.11 换热单元数目

在确定目标后的设计中，需要在换热单元中对热流和冷流之间进行换热匹配。现在考虑如何确定最小换热单元数目标。应注意的是，一个单元并不一定是指单个换热器，还有可能包括在同一流股上串联或并联的多个换热器。匹配的换热单元两侧对同一流股上将有一个入口和出口，但可能会在匹配的两侧由不同设置构成多个换热器。

要理解一个换热网络中所需的最小匹配数或单元数，需要用到图论中的几个基本结果(Hohman，1971；Linnhoff，Mason and Wardle，1979)。一个图是任意点的集合，且其中一些点由线(或边)互相连接。图 17.40a 和图 17.40b 给出了两个图表示例。应注意的是，图 17.40a 中的线段 BG，CE 和 CF 并不相交，也就是说此图其实是三维图。图 17.40 中的其他看似相交的线段也是如此。

在本文中，点对应于工艺流股和公用工程流股，连线则对应了热源和热阱之间的换热匹配。

路径是指相互连接的若干不同线段的序列。例如，在图 17.40a 中，AECGD 是一条路径。如果一个图中的任何两个点都可由一条路径连通，则该图构成一个组元(有时称为独立系统)。因此，图 17.40b 包含两个组元，而图 17.40a 仅含一个组元。

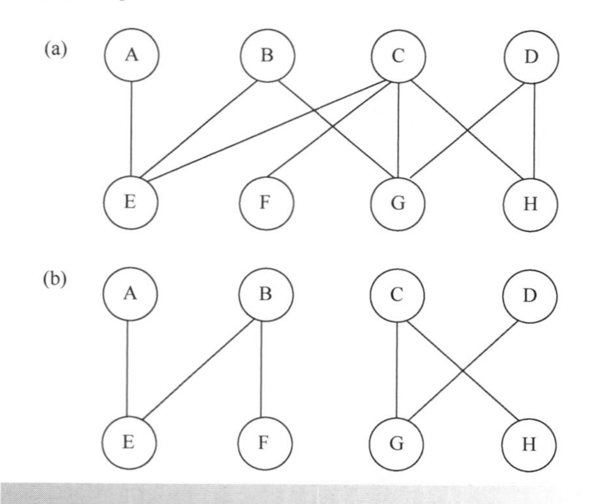

图 17.40 两个不同的图
(Linnhoff B，Mason D and Wardle I，1979)

循环是指在起点与终点重合的路径，如图 17.40a 中的 CGDHC。如果两个循环共用一条边，则去掉该边后就形成了另一回路。例如在图 17.40a 中，BGCEB 和 CGDHC 共用边 CG，去掉边 CG 后就形成了另一回路 BGDHCEB。此时，我们就说最后形成的回路不独立于前两个回路。

本节中要用到图论中的一个重要结论：一个图的独立回路数，由下式(Hohman，1971；Linnhoff，Mason and Wardle，1979)给出：

$$N_{UNITS}=S+L+C \tag{17.4}$$

式中 N_{UNITS}——匹配或换热单元数(图论中的线或边)；

S——流股数，包括公用工程流股(图论中的点)；

L——独立的回路数目；

C——组元数目。

一般来说，如果最终的设计网络能使换热单元数最小，成本费用会降低(尽管这不是降低成本费用的唯一考虑因素)。为了使公式 17.4 中的换热单元数最小，L 应为零，C 应取最大值。在最终设计中取 L 为零是合理的。但是，C 应该是多少呢？考察图 17.40b 所示网络，它包含两个组分。流股 A 和 B 的总热负荷应与流股 E 和 F 的总热负荷恰好平衡。同样，流股 C 和 D 的总热负荷也应与流股 G 和 H 的总热负荷平衡。实际中，这种平衡关系很难达到，且很难预测。因此，C 的最保险估计值应为 1，即 $C=1$。这是一个很重要的特例，即网络中只含有一个组分且没有回路存在，此时(Hohman，1971；Linnhoff，Mason and Wardle，1979)：

$$N_{UNITS}=S-1 \tag{17.5}$$

公式 17.5 表明换热网络所需的最小换热单元数为总流股数(包括公用工程流股)减 1。

这是一个非常有价值的结论，因为假设一个换热网络不存在回路且仅有一个组分时，其最小换热单元数就可以简单地从总流股数推断出来。假定网络中不存在夹点，则可通过公式 17.5 计算最小换热单元数。如果该网络存在一个夹点，那么在夹点的两侧分别应用公式 17.5(Linnhoff，Mason and Wardle，1979)：

$$N_{UNITS}=[S_{夹点上方}-1]+[S_{夹点下方}-1] \tag{17.6}$$

例 17.7 如图 17.41 所示，给定热流夹点温度为 150℃，冷流夹点温度为 140℃，试计算换热网络所需的最小换热单元数。

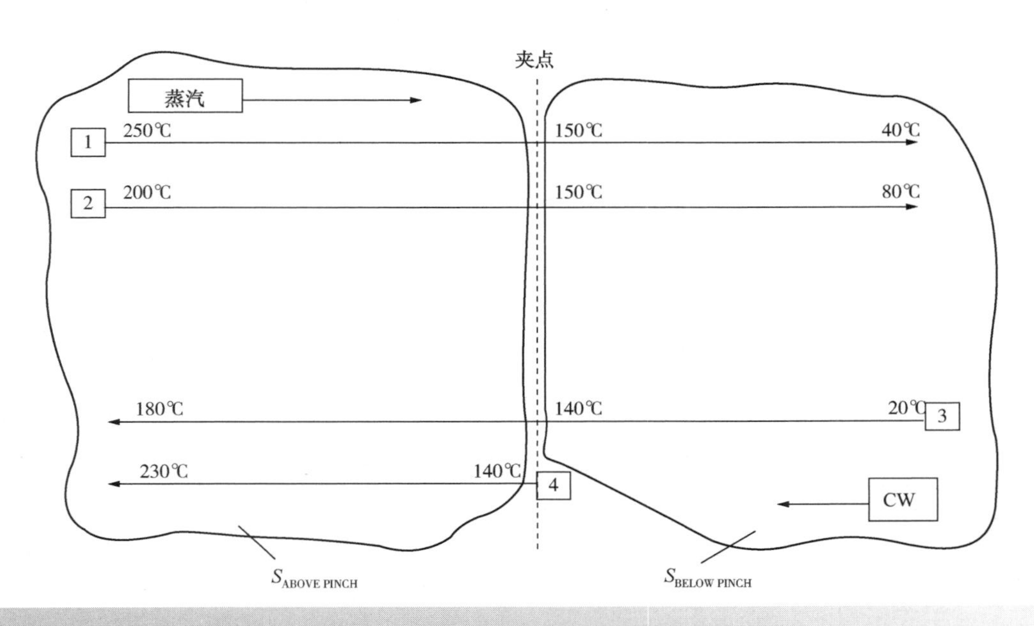

图 17.41 目标夹点上下物流要分别计算换热单元数且包含合适的公用工程

解：图 17.41 给出了该过程的流股网格图，图中夹点把流程分为了两部分。夹点上方共有 5 条流股，其包括蒸汽流股。夹点下方共有 4 条流股，其包括冷却水流股。应用公式 17.6 得：

$$N_{UNITS} = (5-1)+(4-1)=7$$

回顾图 17.9 对该问题所示的设计方案，它实际采用了 7 个换热单元，即为最小单元数。在下一章中将讨论如何进行最小换热单元数的设计。

17.12 目标换热面积

复合曲线除了能预测能量目标之外，还包含了必要的信息来预测换热网络面积。为了能根据复合曲线算出网络面积，必须采用同时包括工艺流股与公用工程流股的平衡复合曲线（Townsend and Linnhoff，1984），其过程与图 17.3 和图 17.4 所示一致，但包含公用工程物流。该平衡复合曲线不应再有对公用工程的需求。将此平衡复合曲线划分为纵向焓区间，如图 17.42 所示。初始假设总传热系数 U 在整个过程中保持不变，且为逆流换热，则在这样的垂直传热下焓区间 k 所需的面积可由下式（Hohman，1971；Townsend and Linnhoff，1984）计算：

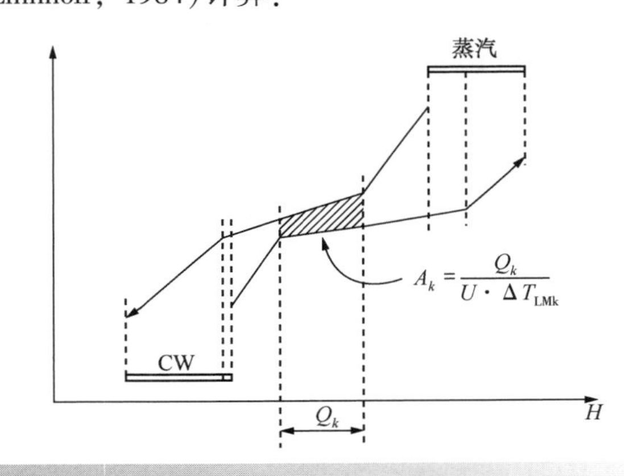

图 17.42 将平衡复合曲线划分为焓区间以确定网络面积

$$A_{区间k} = \frac{\Delta H_k}{U\Delta T_{LMk}} \tag{17.7}$$

式中 $A_{区间k}$——区间 k 上垂直匹配传热所需的换热面积；

ΔH_k——区间 k 的焓变；

ΔT_{LMk}——区间 k 对数平均温差；

U——总传热系数。

将公式 17.7 应用于所有的焓区间，即得换热网络面积(Hohman，1971；Townsend and Linnhoff，1984)：

$$A_{网络} = \frac{1}{U}\sum_{k}^{所有区间K}\frac{\Delta H_k}{\Delta T_{LMk}} \quad (17.8)$$

式中 $A_{网络}$——垂直匹配换热时，整个换热网络所需的换热面积；

K——焓区间总数。

公式 17.8 存在的问题是在整个过程中总传热系数并不是恒定的。有没有办法来扩展这一模型使之能处理各个传热系数呢？

下式考虑了单个流股传热系数的影响，其推导过程见附录 H(Townsend and Linnhoff，1984；Linnhoff and Ahmad，1990)：

$$A_{网络} = \sum_{k}^{所有区间K}\frac{1}{\Delta T_{LMk}}\left(\sum_{i}^{热流I}\frac{q_{i,k}}{h_i} + \sum_{j}^{冷流J}\frac{q_{j,k}}{h_j}\right) \quad (17.9)$$

式中，q_i——焓区间 k 上热流 i 的热负荷；

q_j——焓区间 k 上冷流 j 的热负荷；

h_i，h_j——热、冷流的对流传热系数(包括管壁热阻和污垢热阻)；

I——焓区间 k 上热流总数；

J——焓区间 k 上冷流总数；

K——焓区间总数。

这样一个基于垂直换热模型的简单公式，即使在对流传热系数有一定差异时，也能对整个网络面积进行目标求取。然而，当对流传热系数差异显著时，公式 17.9 就不能给出准确的最小换热面积。但此时可以考虑通过非垂直匹配来获取最小换热面积。考虑如图 17.43a 所示的匹配方案，传热系数较低的热流 A 与传热系数较大的冷流 C 进行匹配换热，而传热系数较大的热流 B 与传热系数较小的冷流 D 匹配换热。这两种匹配方案的传热温差是两曲线间的垂直距离。该方案所需的总换热面积为 1616m²。

与之相反，图 17.43b 展示了另一种匹配方案。同为低传热系数的热流 A 与冷流 D 匹配，其温差高于垂直换热时的温差。而同为高传热系数的热流 B 与冷流 C 匹配，其温差低于垂直换热时的温差。这一方案却仅需 1250m² 的总传热面积，明显小于垂直换热方案。

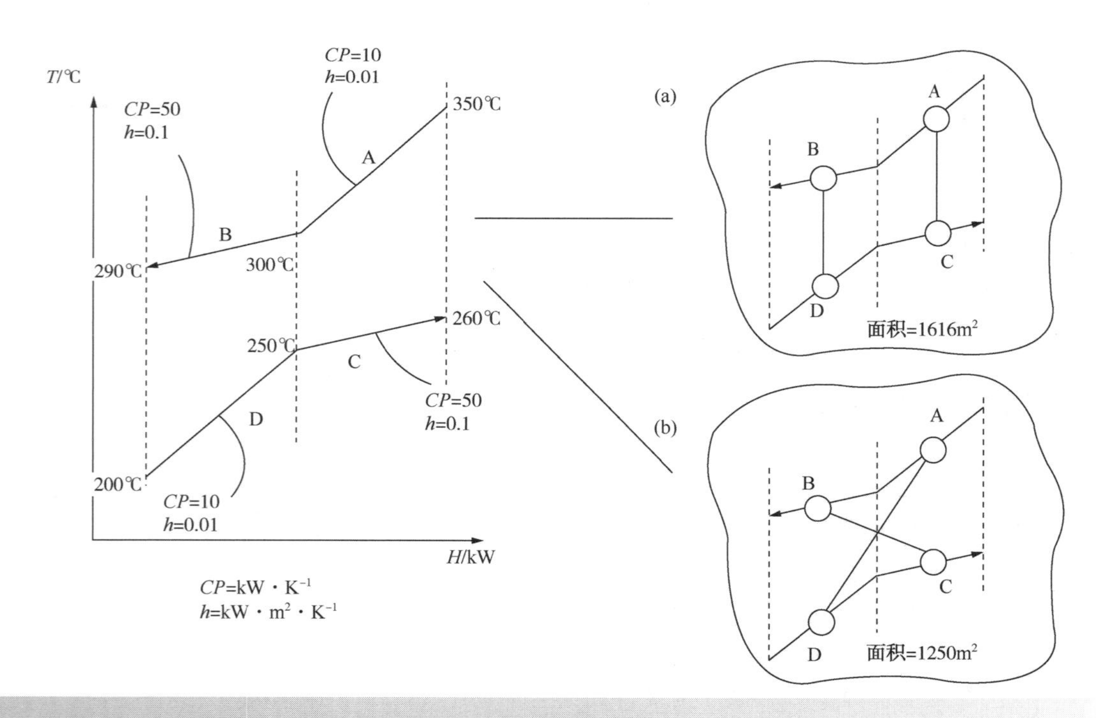

图 17.43 当对流传热系数差异显著时用非垂直传热来获取最小换热面积
(Linnhoff and Ahmad，1990)

因此当对流传热系数相差显著时，需使用线性规划法来求解真正的最小换热面积(Saboo, Morari and Colberg, 1986; Ahmad, Linnhoff and Smith, 1990)。然而，公式17.9仍然不失为估算投资费用目标的最小换热网络面积的有效算法，原因如下：

1）若对流传热系数相差不到一个数量级，则公式17.9预测的最小换热网络面积误差范围为真实最小换热网络面积的10%(Ahmad, Linnhoff and Smith, 1990)。

2）换热网络设计实际上并非真要达到最小换热网络面积，因为达到最小面积的设计通常太过复杂，并不实用。换句话说，只需要付出很小的换热面积作为代价就能使问题复杂性显著下降。

但这里存在了一个重要问题：怎样才能获得对流传热系数 h_i 和 h_j。这里有三条途径：

1）列出的经验数据(见第12章)；

2）通过假定合理的流体速度以及流体物性，采用标准传热关联式(见第12章)；

3）若已知流股压降，则可以使用第12章表达式计算。

此外，确定换热面积的公式不能确定流体是要分配给管程还是壳程，对于流体在管程或壳程的具体分配将在以后的换热网络设计中进行确定。换热面积函数仅能确定各个对流传热系数。在网络面积的确定中，可以根据对最终设计中流体是否适合分配到管程或壳程的初步评估，来对对流传热系数进行初步估值。因此，除了确定面积公式本身的近似性之外，对于对流传热系数的初步估值也存在不确定性。

然而，待评估的另一个问题通常有助于降低对流传热系数估值的不确定性。根据式12.13和式12.14，需要在对流传热系数中加入污垢热阻。

例17.8　对于图17.2的过程，试计算 $\Delta T_{min}=10℃$ 时网络换热面积目标。加热公用工程为240℃的蒸汽，其冷凝温度为239℃。冷却公用工程为20℃冷却水，其回到冷却塔的温度为30℃。流股数据、公用工程数据和流股传热系数列于表17.10中。

表17.10　图17.2过程完整的物流和公用工程数据

物　　流	供应温度 T_S/℃	目标温度 T_T/℃	ΔH/MW	C_P/MW · K^{-1}	对流传热系数 h/MW · m^{-2} · K^{-1}
1. 反应器1进料	20	180	32.0	0.2	0.0006
2. 反应器1产品	250	40	−31.5	0.15	0.0010
3. 反应器2进料	140	230	27.0	0.3	0.0008
4. 反应器2产品	200	80	−30.0	0.25	0.0008
5. 蒸汽	240	239	7.5	7.5	0.0030
6. 冷却水	20	30	10.0	1.0	0.0010

解：首先，采用表17.10中提供的数据构造如图17.44所示的平衡复合曲线。注意，蒸汽已被包含在热复合曲线中，以保持复合曲线的单调性。同样地，冷却水也包含在冷复合曲线中。图17.45同时展示了复合曲线各个焓区间的物流。在热复合曲线或冷复合曲线上存在斜率变化的地方，即为焓区间的边界。

图17.9中的换热网络设计已经实现了最小的能耗，如果计算出图17.9中的独立单元的换热面积就可以判断与设计目标的差距。采用如表17.10所示的传热系数，图17.9中的换热网络设计换热面积需要8341平方米，比最小换热面积高出13%。请记住，图17.9中没有试图设计最小换热面积。相反，设计目标为以最小的单位数量实现预期换热，这往往会使设计更简单。

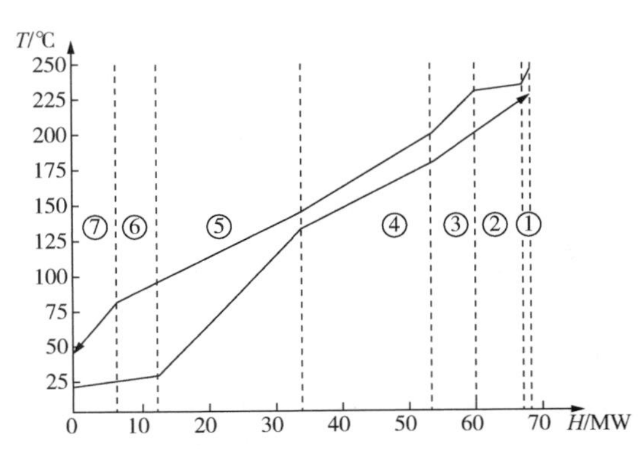

图17.44　例17.8平衡复合曲线的焓区间

图 17.45 示出了每个焓区间上的冷、热物流及其温度。用一个表列出公式 17.9 中各项的计算结果，见表 17.11。

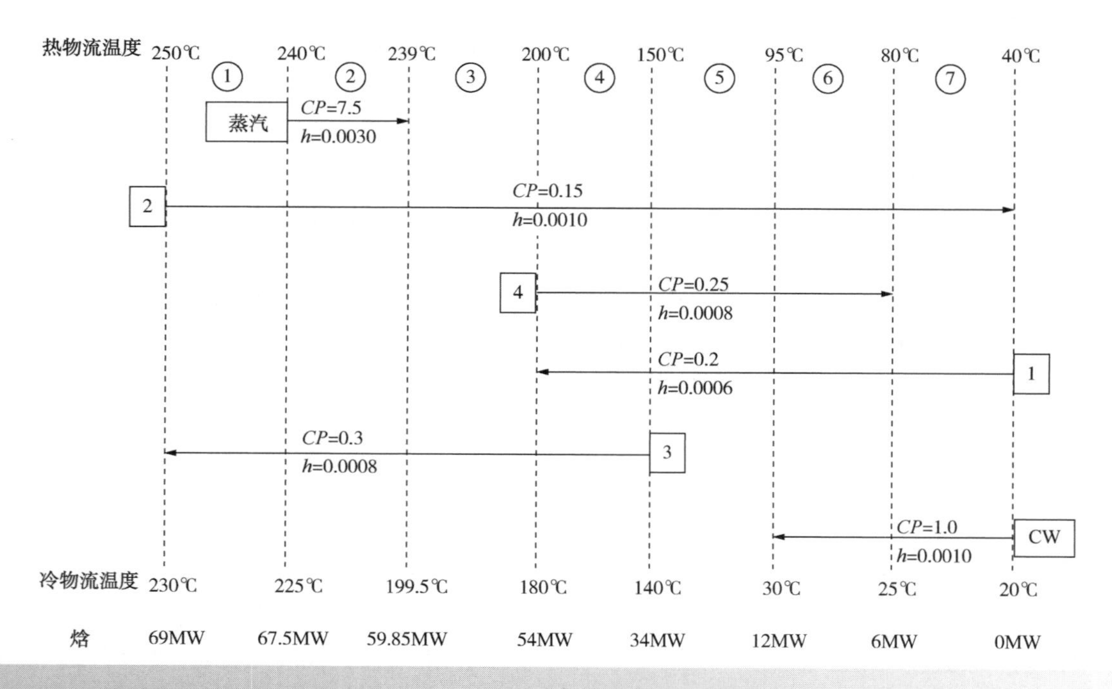

图 17.45 例 17.8 各焓区间的物流

表 17.11 图 17.2 中过程的目标换热网络面积

焓区间	ΔT_{LMk}	热物流 $\sum(q_i/h_i)_k$	冷物流 $\sum(q_j/h_j)_k$		A_k
1	17.38	1500	1875		194.2
2	25.30	2650	9562.5		482.7
3	28.65	5850	7312.5		459.4
4	14.43	23，125	28，333.3		3566.1
5	29.38	25，437.5	36，666.7		2113.8
6	59.86	6937.5	6666.7		227.3
7	34.60	6000	6666.7		366.1
				$\sum A_k$	7409.6

17.13 目标灵敏度

最小能耗、最小换热单元数和目标换热网络面积都是基于假定的 ΔT_{min}。在进行工艺设计时，测试设计对所做假设的灵敏度是很重要的。因此，需要了解目标值对 ΔT_{min} 的灵敏度。对图 17.2 中的流程，当 ΔT_{min} 的值从低到高变化时，三个目标值的变化情况如图 17.46 所示。图 17.46a 为 ΔT_{min} 所对应的冷、热公用工程目标值的变化情况。与预期相符，随着 ΔT_{min} 增加，公用工程目标值随之增加。对于更复杂的问题，图中的灵敏度将根据流股分布随 ΔT_{min} 的变化而变化。在本案例中，问题很简单，冷却、加热公用工程的斜率都是恒定的。图 17.46b 为目标单元数随 ΔT_{min} 的变化。本案例中，问题同样很简单，目标装置单元也是固定值。然而，并非所有的问题都这么简单，单元的数量也可能随 ΔT_{min} 的变化而变化的。图 17.46c 为目标换热面积随 ΔT_{min} 的变化情况。目标换热面积通常随着 ΔT_{min} 的增加而减小。在本案例中，图形的斜率没有发生突变。然而在复杂案例中，曲线可能存在不连续性。

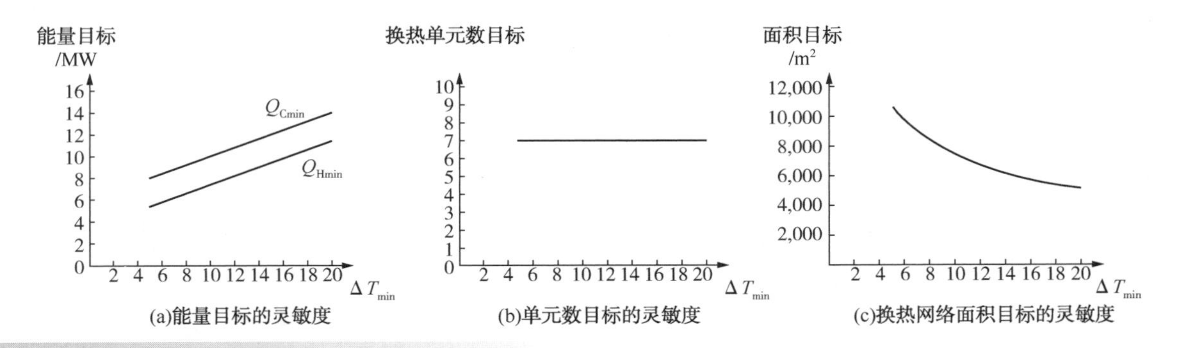

图 17.46　图 17.2 中过程目标的灵敏度

17.14　资金和总成本目标

为预测换热网络的成本费用，首先假定换热面积为 A 的单个换热单元的简单费用关联式如下：

$$换热单元安装投资费用=a+bA^c \quad (17.10)$$

式中，a，b，c=成本费用常数，随换热器结构材料、压力等级及换热器类型而变化。

当确定费用目标时，装置的换热面积的分布是未知的。因此，在采用公式 17.10 来对网络费用进行计算时，应对面积分配做出一定的假设，其中最简单的是网络内所有装置都具有相同的换热面积，即：

$$网络投资费用=N[a+b(A_{网络}/N)^c] \quad (17.11)$$

式中，N 为换热单元数。

在目标确定阶段，由于换热网络结构尚未确定下来，所以没有哪一种分布一定会比其他的好。此外，若过程能量消耗增大，则热回收可利用的温差也随之变大，这就使得所需总换热器面积相应减少，如图 17.46 所示。总换热面积可以按照换热装置目标数量进行分配，就可采用公式 17.11 计算出投资费用。投资费用的年度化计算方法详见第 2 章。然后，将年投资费用与年公用工程费用进行权衡，如图 17.6 所示。在最佳能量消耗处的总成本最小。

例 17.9　对于图 17.2 所示的过程，试确定在资金-能量权衡最优点处的 ΔT_{min} 值和换热网络总费用。流股和公用工程数据如表 17.10 所示。公用工程费用为：

$$蒸汽成本=120000(\$ \cdot MW^{-1} \cdot yt^{-1})$$

$$冷却水成本=10000(\$ \cdot MW^{-1} \cdot yt^{-1})$$

采用单壳程的管壳式换热器，其投资费用为：

$$换热器投资费用=40000+500A(\$)$$

式中，A 为换热面积(单位：m^2)。成本费用将在五年内以 10%的利润折旧。

解：根据第 2 章的公式 2.7 得：

$$换热器年投资费用=投资费用\times\frac{i(1+i)^n}{(1+i)^n-1}$$

式中　i——年利率；

　　N——年数。

$$换热器年投资费用=(40000+500A)\times\frac{0.1(1+0.1)^5}{(1+0.1)^5-1}$$

$$=(40000+500A)0.2638$$

$$=10552+131.9A$$

$$网络年投资费用=N_{UNIT}\left(10552+\frac{131.9A_{网络}}{N_{UNIT}}\right)$$

现在对于不同的 ΔT_{min} 计算能量目标、换热单元装置数目标和换热网络面积目标，并将它们与总费用目标结合。结果如表 17.12 所示。将表 17.12 的数据作图，如图 17.47 所示。则最优 ΔT_{min} 为 10℃，确定了该问题的初值。在成本能源权衡的最佳设置下，总的年费用为 2.05×10^6。

表 17.12 年度费用随 ΔT_{min} 的变化

ΔT_{min}	Q_{Hmin}/MW	年加热公用工程费用/10^6 \$ · y^{-1}	Q_{Cmin}/MW	年冷却公用工程费用/10^6 \$ · y^{-1}	$A_{网络}$/m^2	年投资费/10^6 \$ · y^{-1}	年总费用/10^6 \$ · y^{-1}
2	4. 3	0. 516	6. 8	0. 068	15，519	2. 121	2. 705
4	5. 1	0. 612	7. 6	0. 076	11，677	1. 614	2. 302
6	5. 9	0. 708	8. 4	0. 084	9645	1. 346	2. 138
8	6. 7	0. 804	9. 2	0. 092	8336	1. 173	2. 069
10	7. 5	0. 900	10. 0	0. 100	7410	1. 051	2. 051
12	8. 3	0. 996	10. 8	0. 108	6716	0. 960	2. 064
14	9. 1	1. 092	11. 6	0. 116	6174	0. 888	2. 096

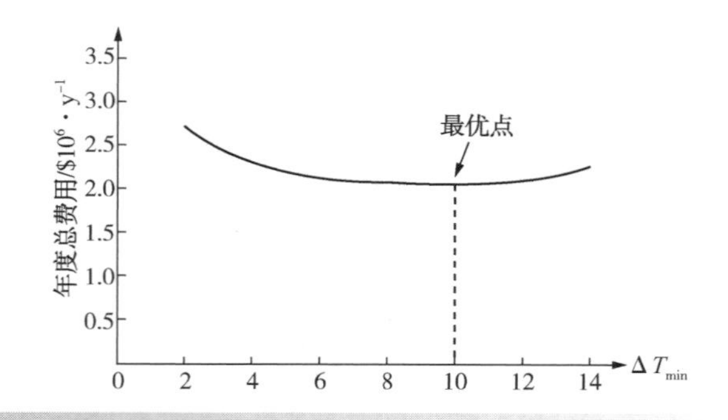

图 17.47 例 17.9 成本费用和能量费用权衡优化

到目前为止，都是假设网络中的每个单元均可通过公式 17.10 来计算费用。即假设每个单元都包括一个单独的逆流换热器，所有换热器结构材料类型和压力等级相同，且压力等级也相同。然而，换热网络的成本费用一般取决于多个因素：

1）单元数(热流体和冷流体间的匹配)。对于没有夹点的网络，通过公式 17.5 得到目标值；对于存在夹点的网络，可用公式 17.6 得到目标值。

2）壳程数。如果使用多壳程管式换热器，则一个单元可以包括多个壳程。在确定目标阶段，可以基于一定假设预估壳程数(Ahmad and Smith，1989)。

3）网络传热面积。如果流股传热系数没有显著不同，那么可通过公式 17.9 计算得到网络传热面积。然而，一旦流股传热系数显著变化，则需考虑优先匹配，以通过网络中较大的温差来解决较差的传热系数(Ahmad，Linnhoff and Smith，1990)。这样就需通过基于线性规划的方法，来得到网络传热面积的目标值(Saboo，Morari and Colberg，1986；Ahmad，Linnhoff and Smith，1990)。另外，如果采用多壳程管壳式换热器，那么还需对网络传热面积的目标值进行调整，以适应非逆流的换热情况(Ahmad and Smith，1989)。

4）结构材料。如果所有换热器的结构材料均相同，那么可以根据合适的材料修正公式 17.10。然而，通常情况下工艺流股不同，所需要的结构材料也不同。可以通过对给定流股的传热系数人工加权，来得到网络传热面积的目标值。例如，如果某流股需要更高价的材料，则可将其传热系数加权到低于真实的传热系数，从而人为增加网络面积，来调整成本费用(Hall，Ahmad and Smith，1990)。

5）换热器类型。如果所有的换热器类型相同，则可以根据合适的类型修正公式 17.10。然而，通常情况下工艺流股不同，所需要的换热器类型也不同。此时解决办法与解决网络中所用结构材料不同的情况类似。对于需要不同换热器类型的不同流股，也可通过加权传热系数来人为地改变传热面积，从而导致成本费用的变化(Hall，Ahmad and Smith，1990)。

6）压力等级。流股不同，不同的额定压力要求不同的换热器的机械结构。压力越高，所需的机械强度越高，因此换热器的费用也就越高。如果在整个网络中应用的压力等级全部相同，则可以简单地反映在公式 17.10 中。然而，通常在网络的不同部分，需要不同的压力等级。同样，可通过加权各个流股传热系数来得到网络面积的目标值(Hall，Ahmad and Smith，1990)。

在设计网络之前，想通过流股数据来预估成本费用有很多的不确定性。因此，成本和总费用目标值不可用于预估网络性能。然而，如果从以往的设计中得不到经验数据的话，可以用目标值来设定一个合理 ΔT_{min} 值。

17.15　换热网络目标——总结

不需进行换热网络及公用工程的设计就可以设定过程的能量目标。该能量目标可直接从物料平衡和能量平衡计算得到。因此，对于洋葱模型的外层，不需进行设计就可以确定能量费用。采用总复合曲线，可以快速、方便地筛选不同的公用工程情况，包括热电联产和热泵。

除了建立能量目标值之外，还可以建立最小换热单元数和换热面积的目标值。另外，还应检验目标值对给定 ΔT_{min} 的灵敏度。

17.16　习题

1. 考虑如表 17.13 所示的两股物流的热回收：

表 17.13　习题 1 物流数据

物流	类型	供应温度/℃	目标温度/℃	焓差/MW
1	热	100	40	12
2	冷	10	150	7

有 180℃的蒸汽和 20℃的冷却水。

① 如果允许的最小温差 ΔT_{min} 为 10℃，试计算最小冷却、加热公用工程的需求。

② 热流和冷流的夹点温度是多少？

③ 如果蒸汽是来自于蒸汽轮机的排气，热机的安置是否合适？

④ 如果 ΔT_{min} 值增加到 20℃，公用工程的需求会怎么变化？

2. 表 17.14 给出放热反应的工艺流股数据。

① 请在 ΔT_{min} = 10℃的情况下做问题表分析，并绘制出总复合曲线。试确定这是仅需要冷却公用工程的阈值问题。

② 若以蒸汽发电作为冷却公用工程，请计算可以产出压力为 41bar，饱和温度为 252℃，潜热量为 1706kJ · kg^{-1} 的蒸汽量。假设锅炉给水为饱和水且为饱和蒸汽。

③ 如果蒸汽过热到 350℃，请计算可产生的 41bar 的蒸汽量。假设蒸汽的热容为 4.0kJ · kg^{-1} · K^{-1}。

④ 如果部分锅炉给水为 100℃，热容为 4.2kJ · kg^{-1} · K^{-1}，如何计算蒸汽发生量？

表 17.14　习题 2 物流数据

物流	类型	焓差/kW	T_S/℃	T_T/℃
1	热	−7000	377	375
2	热	−3600	376	180
3	热	−2400	180	70
4	冷	2400	60	160
5	冷	200	20	130
6	冷	200	160	260

3. 流股数据如表 17.15 所示。

表 17.15　习题 3 物流数据

物流	类型	T_S/℃	T_T/℃	热负荷/MW
1	热	150	30	7.2
2	热	40	40	10
3	热	130	100	3
4	冷	150	150	10
5	冷	50	140	3.6

① 请绘制 ΔT_{min} = 10℃时的复合曲线，并确定冷却、加热公用工程目标值。

② 请使用问题表法来确定 ΔT_{min} = 10℃时的冷却、加热公用工程目标值，并与复合曲线进行比较。

4. ΔT_{min} = 10℃时，某一过程的问题表串联如表 17.16 所示。

表 17.16　习题 4 问题表热串联

平均温度/℃	热通量/MW
360	9.0
310	7.6
260	8.0
210	4.8
190	5.8
190	0
170	1.0
150	7.6
60	3.0

对于不同的匹配，所允许的最小温差如表 17.17 所示。

表 17.17 不同匹配的 ΔT_{min}

匹配类型	ΔT_{min}/℃
工艺物流/工艺物流	10
工艺物流/物流	10
工艺物流/烟气(加热炉或燃气轮机)	50

① 采用加热炉提供所需的热量。加热炉的理论火焰温度为 1800℃，酸露点为 150℃，环境温度为 25℃。请计算所需的燃料量。。

② 如果同时使用①中的加热炉与 300℃的高压饱和蒸汽来加热，并使蒸汽的热负荷最大化，请问蒸汽的热负荷和加热炉的热负荷分别是多少?

③ 如果同时使用①中的加热炉与 210℃的低压饱和蒸汽来加热，使蒸汽的热负荷最大化，那么蒸汽的热负荷和加热炉的热负荷分别是多少?

④ 不使用加热炉，改为匹配燃气轮机排气，排气温度为 445℃。假设通过改变燃气轮机的流量可以满足工艺要求。这种情况下，如果燃气轮机的效率为 30%，请问可以产生多少电能?

5. ΔT_{min}=10℃时，某一过程的问题表热串联如表 17.18 所示。

表 17.18 习题 5 问题表热串联

平均温度/℃	热通量/MW
495	3.6
455	9.2
415	10.8
305	4.2
285	0
215	16.8
195	17.6
185	16.6
125	16.6
95	21.1
85	18.1

建议通过温度为 80℃的锅炉给水发生蒸汽来提供过程的冷却要求。

① 请确定可产出多少温度为 230℃的饱和蒸汽。蒸汽的潜热为 1812kJ·kg^{-1}。水的热容为 4.2kJ·kg^{-1}·K^{-1}。

② 请确定可产出多少饱和温度为 230℃的蒸汽，并计算过热至与过程匹配的最大可能温度。蒸汽的热容为 3.45kJ·kg^{-1}·K^{-1}。

③ 试计算②中的过热蒸汽可以产生的电能。假设排汽为 4bar 压力下的饱和蒸汽，焓为 2738kJ·kg^{-1}·K^{-1}。假设焓的参考温度为 0℃。

6. ΔT_{min}=20℃时，某一过程的问题表热串联如表 17.19 所示。

表 17.19 习题 6 问题表热串联

平均温度/℃	热通量/MW
440	21.9
410	29.4
130	23.82
130	1.8
100	0
95	15

该过程还需要 7MW 的动力。现在需要对三个待选公用工程方案做经济上的比较:

① 第一种方案为：采用蒸汽轮机排汽提供过程的加热需求，排汽为 150℃饱和蒸汽。蒸汽在中央锅炉中从焓值为 418kJ·kg^{-1}的锅炉给水升至 41bar 的焓为 3137kJ·kg^{-1}的蒸汽。41bar 时饱和冷凝水的焓为 1095kJ·kg^{-1}。蒸汽系统的整体效率为 85%。150℃时饱和蒸汽的焓为 2747kJ·kg^{-1}，潜热为2115kJ·kg^{-1}。请计算排气与工艺匹配时产生的最大功率。

② 第二种方案为：使用燃气轮机排气，排气温度为 400℃，热容流率为 0.1MW·K^{-1}。最小排气温度取 100℃。这时，如果燃气轮机将热量转换为动力的效率为 30%，请计算产生的功率。环境温度为 10℃。

③ 第三种方案为：将热泵与过程相结合。热泵所需的功率由下式给出:

$$W=\frac{Q_H}{0.6}\frac{T_H-T_C}{T_H}$$

式中，Q_H 是在 T_H(K)时热泵排出的热量。在 T_C(K)时热量被吸收到热泵中。请计算热泵所需的功率。公用工程费用如表 17.20 中所示。

表 17.20 习题 6 公用工程费用

公用工程	费用/$·MW^{-1}
燃气轮机所用燃料	0.0042

续表

公用工程	费用/ \$ · MW^{-1}
发生蒸汽所用燃料	0.0030
输入功率	0.018
输出功率	0.014
冷却水	0.00018

蒸汽产生和输送的总体效率为60%。请问哪个方案经济效益最好，是汽轮机，燃气轮机还是热泵？

7. $\Delta T_{min}=10℃$时，某一过程的问题表热串联如表17.21所示。

表17.21　习题7问题表热串联

平均温度/℃	热通量/MW
160	1000
150	0
130	1100
110	1400
100	900
80	1300
40	1400
10	1800
-10	1900
-30	2200

可用的公用工程如下：

ⅰ. 200℃的中压饱和蒸汽。

ⅱ. 130℃的低压饱和蒸汽，蒸发潜热为2174kJ · kg^{-1}，蒸汽来源为比热容为4.2kJ · kg^{-1} · K^{-1}、90℃的锅炉给水。

ⅲ. 冷却水(20~30℃)。

ⅳ. 在0℃下的冷量。

ⅴ. 在-40℃下的冷量。

对于过程和冷量的匹配，$\Delta T_{min}=10℃$。请绘制过程总复合曲线并建立公用工程的目标值。在夹点下方，应尽可能使较高温度的冷却公用工程最大化。

参　考　文　献

Ahmad S and Hui DCW (1991) Heat Recovery Between Areas of Integrity, *Comp Chem Eng*, **15**: 809.

Ahmad S, Linnhoff B and Smith R (1990) Cost Optimum Heat Exchanger Networks – 2. Targets and Design for Detailed Capital Cost Models, *Comp Chem Eng*, **14**: 751.

Ahmad S and Smith R (1989) Targets and Design for Minimum Number of Shells in Heat Exchanger Networks, *Trans IChemE ChERD*, **67**: 481.

Bandyopadhyay S and Sahu GC (2010) Modified Problem Table Algorithm for Energy Targeting, *Ind Eng Chem Res*, **49**: 11557.

Cerda J, Westerberg AW, Mason D and Linnhoff B (1983) Minimum Utility Usage in Heat Exchanger Network Synthesis – A Transportation Problem, *Chem Eng Sci*, **38**: 373.

Hall SG, Ahmad S and Smith R (1990) Capital Cost Targets for Heat Exchanger Networks Comprising Mixed Materials of Construction, Pressure Ratings and Exchanger Types, *Comp Chem Eng*, **14**: 319.

Hohman EC (1971) Optimum Networks of Heat Exchange, PhD Thesis, University of Southern California.

Huang F and Elshout RV (1976) Optimizing the Heat Recover of Crude Units, *Chem Eng Prog*, **72**: 68.

Itoh J, Shiroko K and Umeda T (1982) Extensive Application of the T–Q Diagram to Heat Integrated System Synthesis, International Conference on Proceedings Systems Engineering (PSE-82) Kyoto, 92.

Linnhoff B and Ahmad S (1990) Cost Optimum Heat Exchanger Networks – 1. Minimum Energy and Capital Using Simple Models for Capital Cost, *Comp Chem Eng*, **14**: 729.

Linnhoff B and Flower JR (1978) Synthesis of Heat Exchanger Networks, *AIChE J*, **24**: 633.

Linnhoff B and de Leur J (1988) Appropriate Placement of Furnaces in the Integrated Process, *IChemE Symp Ser*, **109**: 259.

Linnhoff B, Mason DR and Wardle I (1979) Understanding Heat Exchanger Networks, *Comp Chem Eng*, **3**: 295.

Linnhoff B, Townsend DW, Boland D, Hewitt GF, Thomas BEA, Guy AR and Marsland RH (1982) *A User Guide on Process Integration for the Efficient Use of Energy*, IChemE, UK.

Papoulias SA and Grossmann IE (1983) A Structural Optimization Approach in Process Synthesis – II. Heat Recovery Networks, *Comp Chem Eng*, **7**: 707.

Polley GT (1993) Heat Exchanger Design and Process Integration, *Chem Eng*, **8**: 16.

Saboo AK, Morari M and Colberg RD (1986) RESHEX – An Interactive Software Package for the Synthesis and Analysis of Resilient Heat Exchanger Networks – II Discussion of Area Targeting and Network Synthesis Algorithms, *Comp Chem Eng*, **10**: 591.

Townsend DW and Linnhoff B (1983) Heat and Power Networks in Process Design, *AIChE J*, **29**: 742.

Townsend DW and Linnhoff B (1984) *Surface Area Targets for Heat Exchanger Networks*, IChemE Annual Research Meeting, Bath, UK.

Umeda T, Harada T and Shiroko K (1979) A Thermodynamic Approach to the Synthesis of Heat Integration Systems in Chemical Processes, *Comp Chem Eng*, **3**: 273.

Umeda T, Itoh J and Shiroko K (1978) Heat Exchange System Synthesis, *Chem Eng Prog*, **74**: 70.

Umeda T, Niida K and Shiroko K (1979) A Thermodynamic Approach to Heat Integration in Distillation Systems, *AIChE J*, **25**: 423.

第 18 章　换热网络Ⅱ——网络设计

在探索了换热网络的目标后，余下的任务是完成换热网络的设计。手动或自动化方法的换热网络设计都是可行的。首先介绍一种允许用户交互的手动方法。

18.1　夹点设计方法

第 17 章中讨论了换热网络投资和能量的权衡。如图 17.6 所示，复合曲线的相对位置随着 ΔT_{min}的变化而变化。当 ΔT_{min} 由小到大变化时，投资费用减少，而能量费用增加。根据两个费用加和得到的总费用，可以确定投资和能量权衡的最优点，对应着一个最优的 ΔT_{min}(见图 17.6)。这样的权衡只能在有了一定的设计之后进行。因此，为了建立初步设计方案，ΔT_{min}初始值必须根据启发式规则或对类似工艺流程的经验近似地设置。正如第 17 章所述，投资和能量权衡表明，独立换热器的温差不应小于复合曲线之间的 ΔT_{min}。尽管无法准确知道 ΔT_{min}的值，但如果假设 ΔT_{min}的值对所有换热器来说是固定的，这样就可以设置一些规则来简化设计过程。

已假定所有换热器的温差均不小于 ΔT_{min}，则可以由第 17 章推导出两条规则。即如果要实现由复合曲线(或问题表算法)确立的能量目标，则必定没有以下两种方式的跨夹点传热：

- 工艺流程之间的传热；
- 公用工程的不合理使用。

假定独立换热器的温差均不小于 ΔT_{min}，那么这些规则对于设计实现能量目标的换热网络是十分必要的。为了遵循这两条规则，工艺流程应该在夹点处分开。如第 17 章所述，通过在网格图中表示物流数据可以最清晰地做到这一点。图 18.1 以网格图的形式表示了表 17.2 中的物流数据，同时标记了夹点的位置。如第 17 章所述，至少会有一条热物流或一条冷物流从夹点处开始。夹点上方可以采用蒸汽(最大负荷为 Q_{Hmin})，夹点下方可以采用冷却水(最大负荷为 Q_{Cmin})。那么为了实现这样的设计应该采用什么策略呢?下面提出的准则将会有助于此类问题的解决。

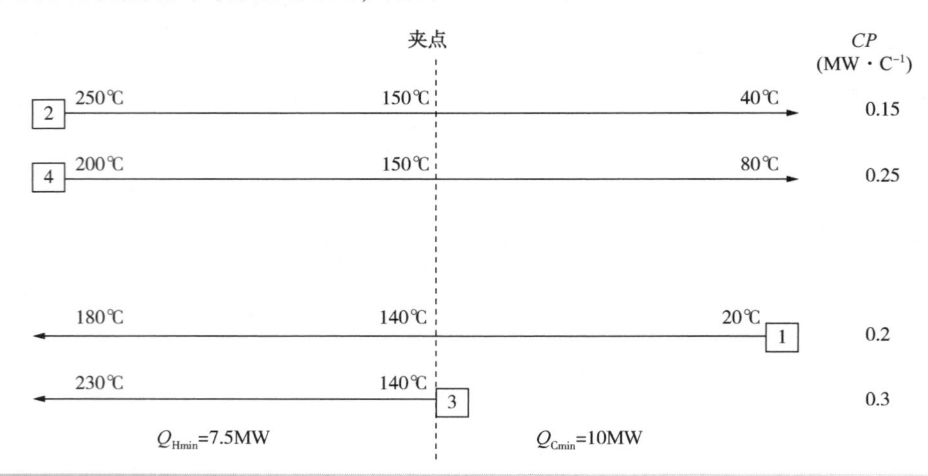

图 18.1　表 17.2 中数据的网格图

1）从夹点处开始。夹点是整个设计问题中约束最多的区域。在夹点处，所有冷物流和热物流之间都存在 ΔT_{min} 的限制。因此，夹点处的可行匹配数目是受到严格限制的。通常存在一些必要的匹配关系，否则，会导致温差小于 ΔT_{min} 或由于跨夹点传热而引起的公用工程的额外消耗。如果从远离夹点的热端或冷端开始设计，则当接近夹点时，后续的匹配很可能会违背夹点原则或 ΔT_{min} 约束。因此，如果从夹点处开始设计，就是从整个问题中最受约束的部分确定初始匹配，这一般不会给后续的匹配造成困难。

2）单个匹配的 CP 不等式。图 18.2 给出了位于夹点上方的一个独立换热器的温焓曲线。离开夹点位置的传热温差必须是增加的。在图 18.2a 所示的一条热物流与一条冷物流的匹配关系中，冷物流的 CP 值小于热物流。在夹点处，这两股物流之间的温差等于 ΔT_{min}，但由两股物流温焓曲线的相对斜率表明，物流间的温差会随着与夹点距离的增大而减小，所以这个匹配是不可行的。或者，图 18.2b 给出了包括同一条热物流和一条 CP 值较大的冷物流的匹配关系。这两条物流的温焓曲线的相对斜率表明，物流间的传热温差会随着与夹点距离的增大而增大，所以这个匹配是可行的。因此，对于夹点上方可行的夹点匹配，匹配温差在夹点处等于 ΔT_{min}，并随着离开夹点而增大。即在夹点上方，夹点匹配中热物流的热容流率 CP_H 要小于或等于冷物流的热容流率 CP_C，如式 18.1 所示（Linnhoff et al.，1982；Linnhoff and Hindmarsh，1983）。

$$CP_H \leq CP_C（夹点上方） \qquad (18.1)$$

图 18.3 所示为在夹点下面的情况。如图 18.3a 所示，如果一条冷物流和一条 CP 值较小的热物流匹配（即热物流的温焓曲线斜率更大），传热温差将随着与夹点的距离增大而减小（不可行的匹配）。如果同一条冷物流和一条 CP 值较大的热物流匹配（即热物流的温焓曲线斜率更小），传热温差将随着与夹点距离的增大而增大（可行的匹配），如图 18.3b 所示。因此，对于夹点下方可行的夹点匹配，匹配温差在夹点处等于 ΔT_{min}，并随着离开夹点而增大。即在夹点下方，夹点匹配中热物流的热容流率 CP_H 要大于或等于冷物流的热容流率 CP_C，如式 18.2 所示（Linnhoff，et al.，1982；Linnhoff and Hindmarsh，1983）。

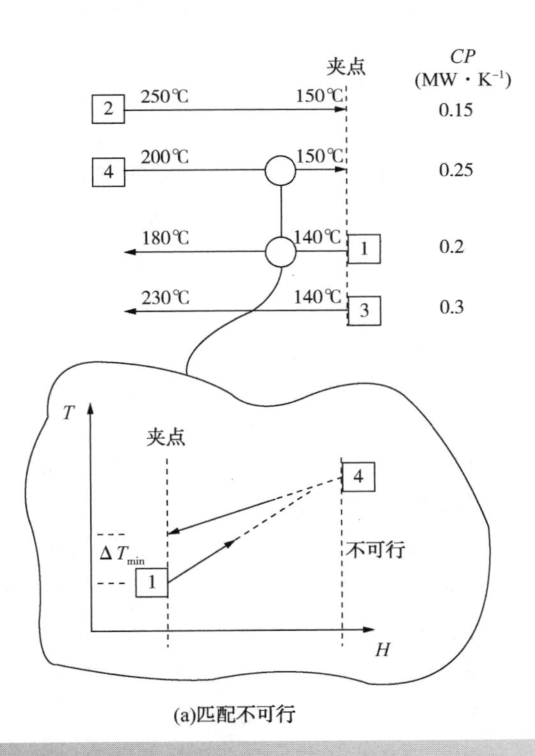

(a)匹配不可行

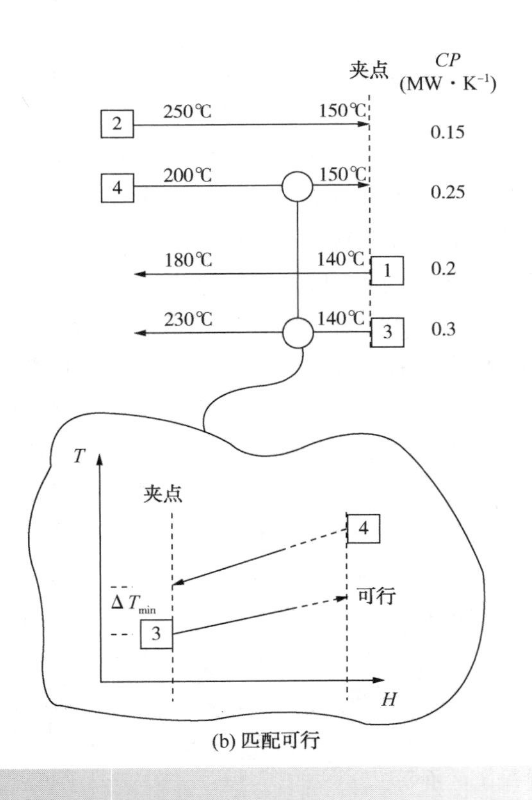

(b) 匹配可行

图 18.2 夹点之上夹点匹配准则

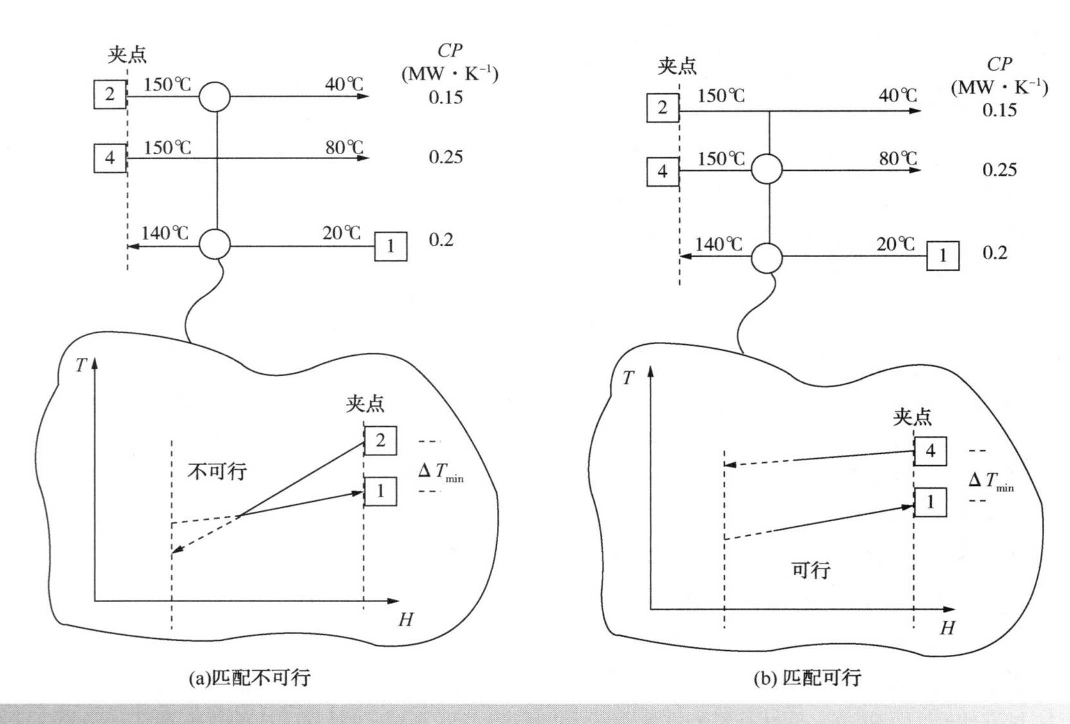

图 18.3 夹点之下夹点匹配准则

$$CP_{\mathrm{H}} \geqslant CP_{\mathrm{C}}(\text{夹点下方}) \qquad (18.2)$$

需要注意的是，公式 18.1 和公式 18.2 所给出的 *CP* 不等式只适用于夹点匹配，匹配的两个物流都位于夹点处。

3）*CP* 表。使用 *CP* 表可以更加清晰地识别夹点处的基本匹配（Linnhoff，et al.，1982；Linnhoff and Hindmarsh，1983）。在 *CP* 表中，夹点处冷物流和热物流的 *CP* 值按照降序排列。

图 18.4a 给出了针对夹点上方设计的换热网络图和 *CP* 表。夹点上方不应使用冷公用工程，即所有热物流必须通过热回收被冷却至夹点温度。如果必要的话，可以采用热公用工程加热夹点上方的冷物流。因此，夹点上方的每一条热物流都必须与相应的冷物流匹配。另外，如果热物流位于夹点处，则与之相匹配的冷物流也应位于夹点处，否则将违背 $\Delta T_{\min}$ 约束条件。图 18.4a 给出了一个夹点上方可行的设计方案，它的传热温差不小于 $\Delta T_{\min}$。需要注意的是 *CP* 不等式只适用于夹点匹配。温差随着远离夹点而增大，因此不必再遵循 *CP* 不等式。

图 18.4b 给出了针对夹点下方设计的换热网络图和 *CP* 表。夹点下方不应使用热公用工程，即所有冷物流必须通过热回收被加热至夹点温度。如果必要的话，可以采用冷公用工程冷却夹点下方的热物流。因此，夹点下方的每一条冷物流都必须与相应的热物流匹配。另外，如果冷物流位于夹点处，则与之相匹配的热物流也应位于夹点处，否则将违背 $\Delta T_{\min}$ 约束条件。图 18.4b 给出了一个夹点下方的可行设计方案，它的传热温差不小于 $\Delta T_{\min}$。

在已经明确了夹点周围必须确定的基本匹配后，接下来的问题是确定匹配的热负荷。

4）“剔除”经验准则。一旦按照能量最小准则确定了夹点周围的匹配关系，接下来的设计则应遵循投资费用最小准则。投资费用的一个重要指标是换热单元数（当然还有其他指标，后文将会说明）。利用“剔除”经验规则可以使换热单元数保持最小。为了剔除一条物流，单个换热单元的热负荷应尽可能大，即其热负荷为匹配中两个物流热负荷较小者的热负荷。

图 18.5a 给出了图 18.4a 中夹点周围的匹配关系，其中换热单元的热负荷已经被最大化以剔

除某些物流。需要强调的是，“剔除”经验规则只是一个经验规则，有时会给设计带来不利影响。后文将提出一些能够在设计过程中识别此类不利影响的方法。

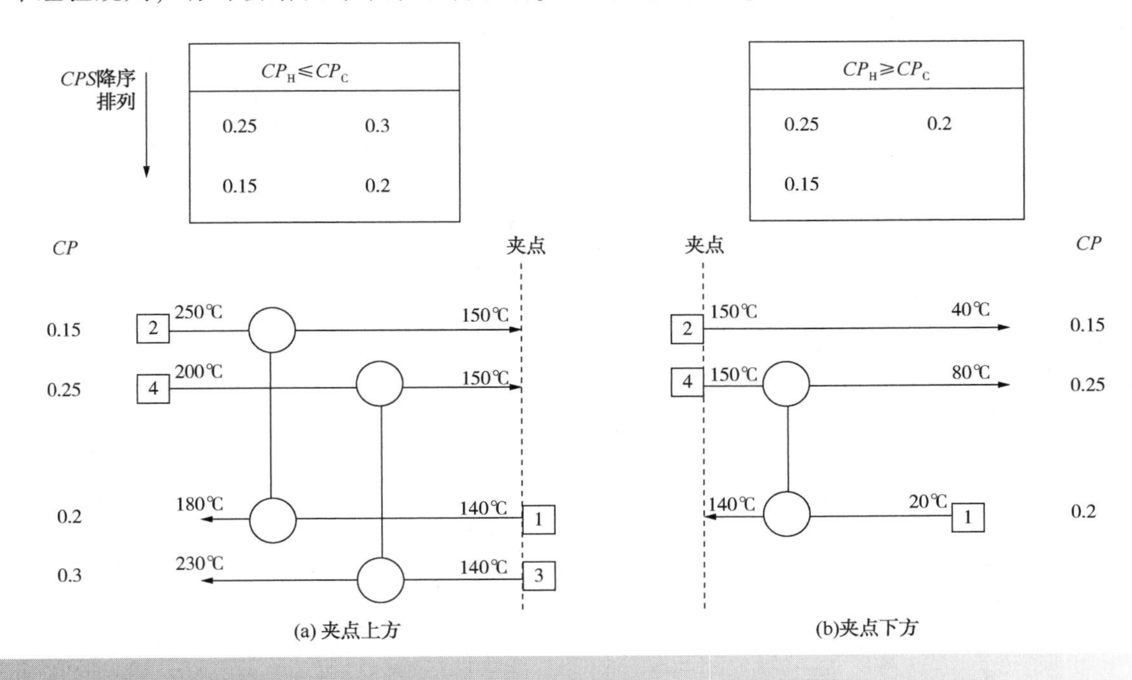

图 18.4　表 17.2 中问题夹点上下设计的 CP 表

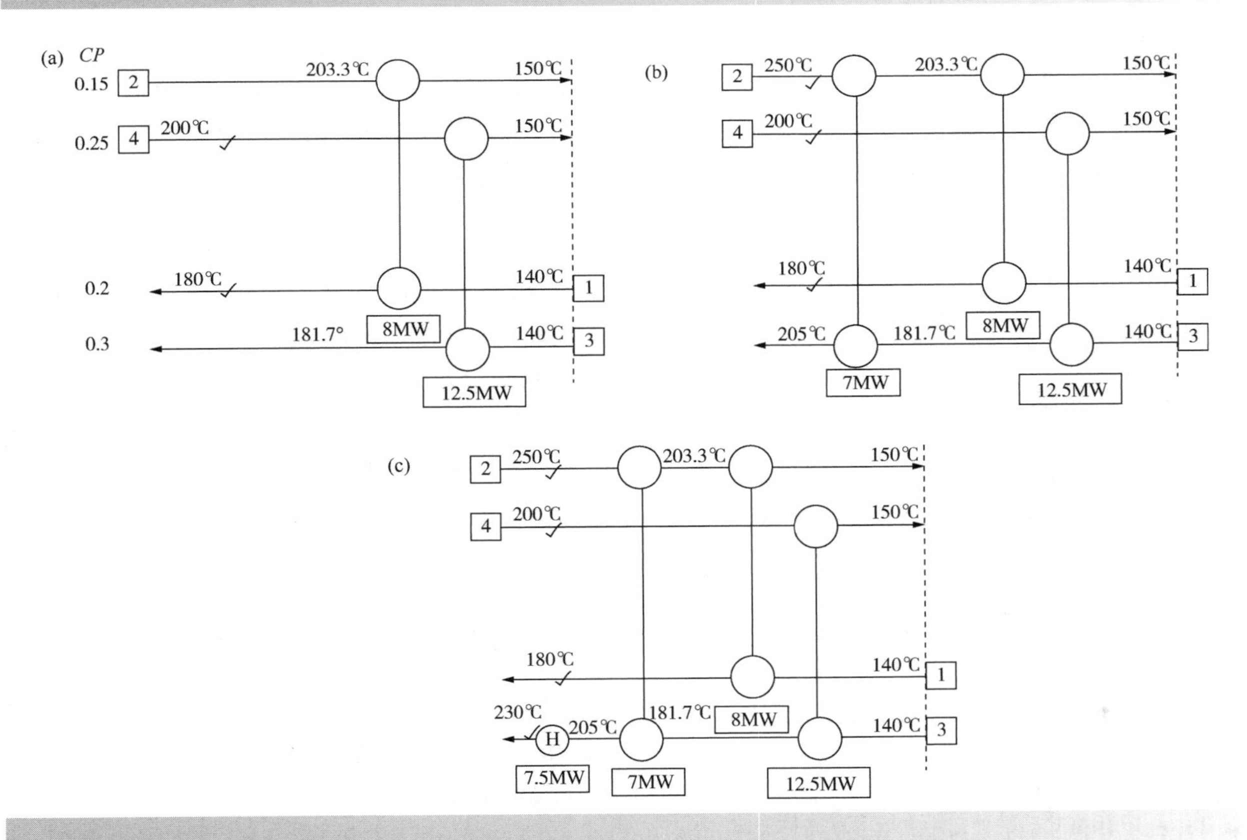

图 18.5　采用剔除准则确定夹点上方单元热负荷

接下来可以通过满足离开夹点的物流的热负荷和冷却负荷来完成图 18.5a 中的设计。夹点上方不能使用冷却水。因此，如果夹点上方存在没有通过夹点匹配满足其负荷要求的热物流，则必须利用其他工艺物流来回收其热量。图 18.5b 给出了一个满足夹点上方热物流剩余冷却负荷要求的附加匹配。而且，这个换热单元的热负荷已经达到最大化。最后，必须满足夹点上方冷物流的剩余加热负荷要求，由于夹点上方已经没有可利用的热物流，所以必须采用热公用工程，见图 18.5c。

现在转向冷端的设计，图 18.6a 所示为采用剔除准则的夹点下方设计。夹点下方不能使用热公用工程，因此，如果夹点下方存在没有通过夹点匹配满足其负荷要求的冷物流，则必须回收其他工艺物流的热量。图 18.6b 给出了一个满足夹点下方冷物流的剩余加热负荷要求的附加匹配。同样，这个换热单元的热负荷已经达到最大化。最后，必须满足夹点下方热物流的剩余冷却负荷要求，由于夹点下方已经没有可利用的冷物流，所以必须采用冷公用工程(图 18.6c)。

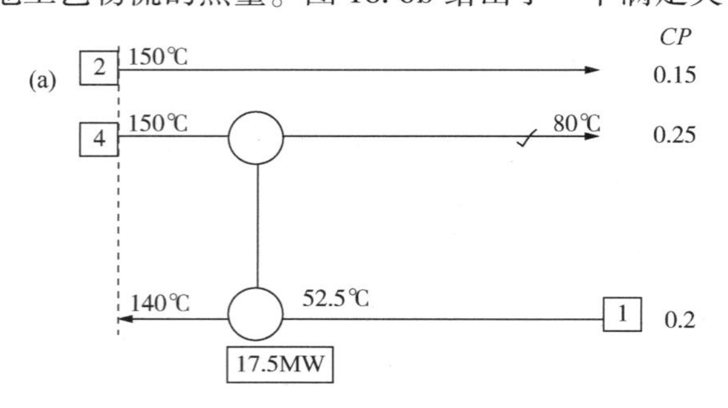

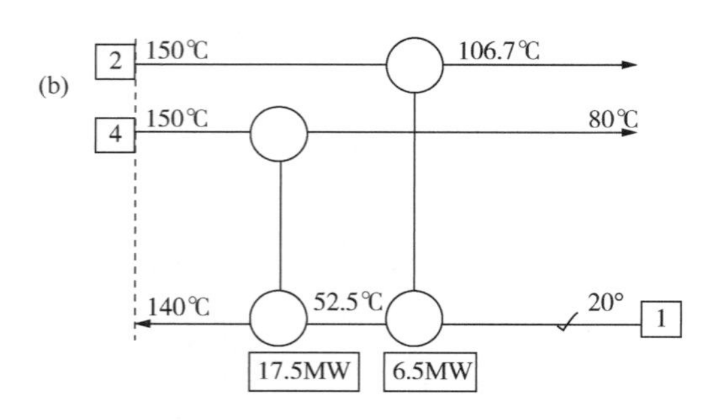

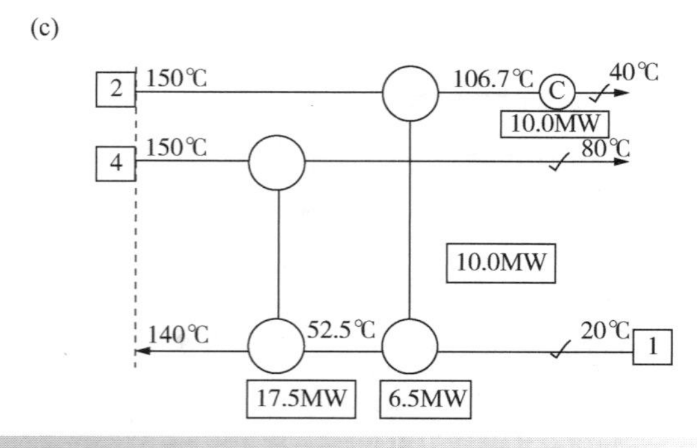

图 18.6　采用剔除准则确定夹点下方单元热负荷

将图 18.5c 中的热端设计和 18.6c 中的冷端设计合并可得图 18.7 所示的最终设计。热公用工程负荷为 7.5MW，冷公用工程负荷为 10.0MW，分别与复合曲线以及问题表算法所预测的 Q_{Hmin} 和 Q_{Cmin} 值相符合。

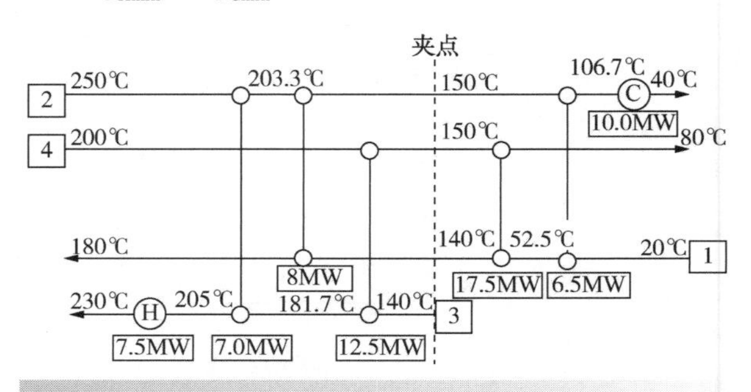

图 18.7　表 17.2 中数据的完整设计

在图 18.7 中还应注意的是，总的换热单元数是 7(包括加热器和冷却器)。参照例 17.7，所计算出的最小换热单元数目标也是 7。这表明在设计过程中存在某种规则，它引导设计实现满足最小换热单元数的目标。

事实上，是“剔除”经验规则引导设计实现最小换热单元数的目标(Linnhoff，et al.，1982；Linnhoff and Hindmarsh，1983)。最小换热单元数目标由式(17.5)给出：

$$N_{UNITS}=S-1 \tag{17.5}$$

由目标计算式可知，在进行匹配之前，所需的最小换热单元数等于物流数(包括公用工程物流)减 1。每当采用一个换热单元，“剔除”经验规则就要求要满足一条物流的负荷，即剔除该物流，使其不再是剩余设计问题的一部分。换言之，“剔除”经验规则确保了每设置一个换热单元，一条物流也将随之从设计问题中剔除掉，直到用尽所有可利用的换热单元。因此，如果每个匹配都能满足一个工艺物流或公用工程的负荷要求，则必满足式 17.5。

这个设计过程被称为夹点设计法，可以被总

结为以下五个步骤（Linnhoff and Hindmarsh, 1983）：

- 在夹点处把整个问题分成两个独立的子问题；
- 从夹点处开始对每个子问题进行设计，并向离开夹点的方向推进；
- 对于夹点处物流间的匹配，必须满足基于 *CP* 值的温度可行性约束条件；
- 利用“剔除”经验规则确定每个换热单元的热负荷以实现换热单元数最小。“剔除”经验规则有时会带来一定的问题。
- 离开夹点后，通常有更多的自由度来确定匹配关系。这种情况下，设计者可以依据可操作性和工厂布局等进行设计。

例 18.1　表 18.1 给出了一个热回收网络设计问题的工艺物流数据。利用问题表法对这些数据进行分析表明，在最小允许传热温差为 20℃的情况下，该问题的最小热公用工程需求量为 15MW，最小冷公用工程需求量为 26MW。分析也揭示了夹点位置，即热物流的夹点温度为 120℃，冷物流的夹点温度为 100℃。试设计一个具有最小换热单元数，且能够实现最大能量回收目标的换热网络。

表 18.1　例 18.1 物流数据

物流编号	物流类型	供应温度/℃	目标温度/℃	热容流率/$MW\cdot K^{-1}$
1	热	400	60	0.3
2	热	210	40	0.5
3	冷	20	160	0.4
4	冷	100	300	0.6

解： 图 18.8a 给出了附有 *CP* 表的热端设计。夹点上方临近夹点处，$CP_H \leqslant CP_C$。换热单元的热负荷已经根据“剔除”经验规则最大化。

图 18.8b 给出了附有 *CP* 表的冷端设计。夹点下方临近夹点处，$CP_H \geqslant CP_C$。同样，换热单元的热负荷已经根据“剔除”经验规则最大化。

完整的换热网络设计如图 18.8c 所示。该问题的最小换热单元数为：

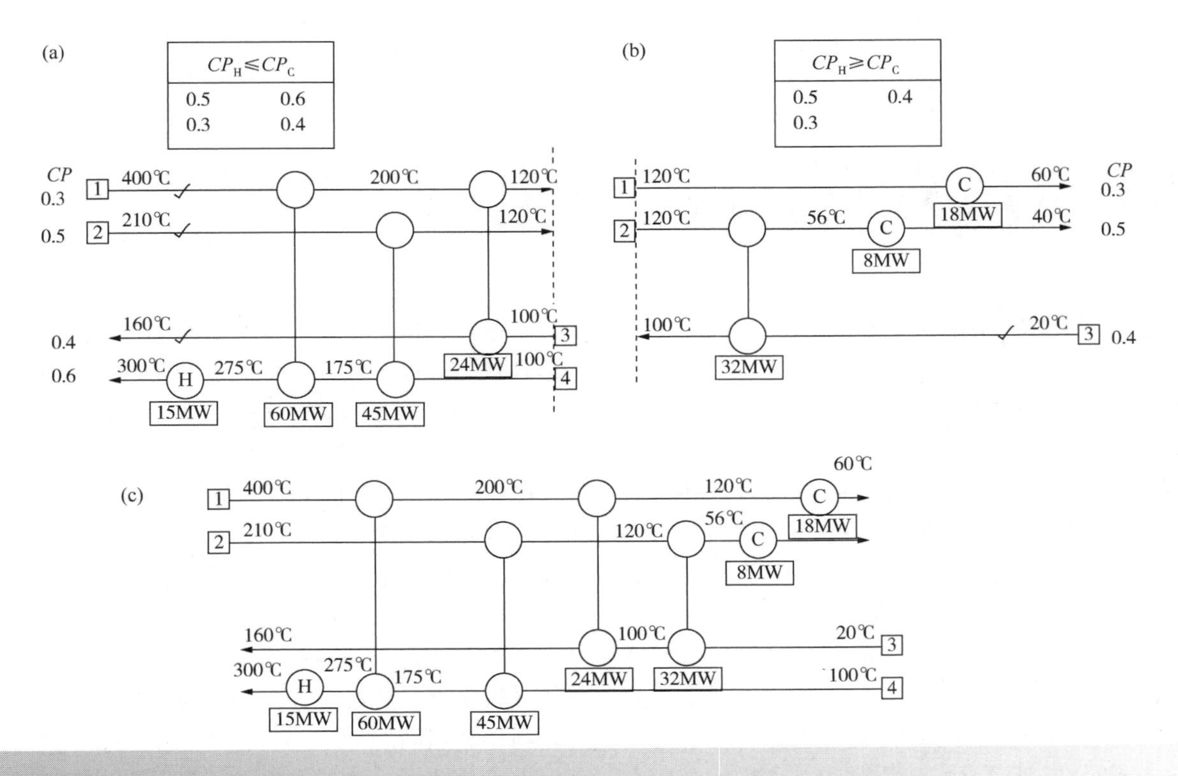

图 18.8　例 18.1 的最大热回收设计

$$N_{UNITS} = (S-1)_{ABOVEPINCH} + (S-1)_{BELOWPINCH}$$
$$= (5-1) + (4-1) = 7$$

可以看出，图 18.8 中的设计实现了最小换热单元数目标。

到目前为止所讨论的夹点设计法对所有物流匹配假定了相同的 ΔT_{min} 值。第 17 章中已经讨论了基于复合曲线以及问题表算法确定目标的方法中如何设置具有物流特性的 ΔT_{min} 值。举例说明，假设液态物流对 ΔT_{min} 的贡献值为 5℃，气态物流对 ΔT_{min} 的贡献值为 10℃。则对于液－液匹配，ΔT_{min} = 10℃；对于气－气匹配，ΔT_{min} = 20℃；对于液－气匹配，ΔT_{min} = 15℃（Linnhoff, et al., 1982）。改进问题表算法和复合曲线来考虑这些具有物流特性的 ΔT_{min} 值更简单，但是如何改进夹点设计法以考虑此类 ΔT_{min} 值的贡献呢？图 18.9 阐明了这种方法。假设从问题表得到的夹点平均温度为 120℃，则对应对 ΔT_{min} 值的贡献值为 5℃的热物流的夹点温度为 125℃，对应对 ΔT_{min} 值的贡献值为 10℃ 的热物流的夹点温度为 130℃。夹点平均温度为 120℃，则对应对 ΔT_{min} 值的贡献值为 5℃的冷物流的夹点温度为 115℃，对应对 ΔT_{min} 值的贡献值为 10℃的冷物流的夹点温度为 110℃。图 18.9 所示为物流网格图，图中给出了夹点匹配，并根据所匹配物流标注了合适的 ΔT_{min} 值。与具有相同 ΔT_{min} 值的情况一样，*CP* 不等式也适用于这种情况。

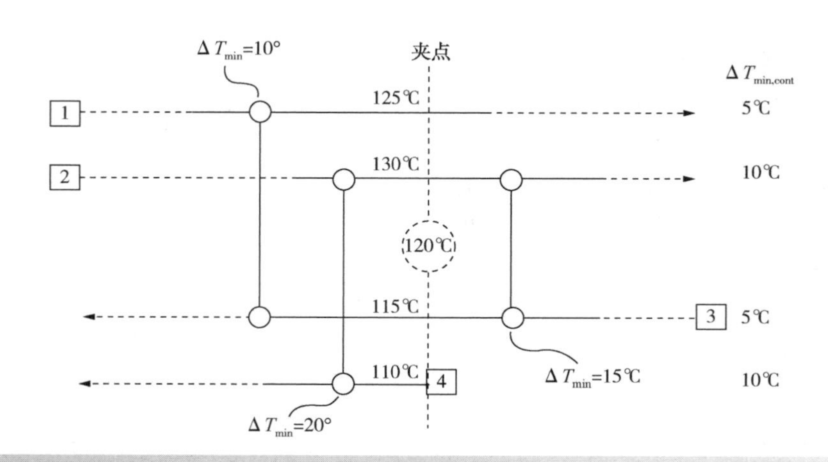

图 18.9 物流对 ΔT_{min} 贡献值不同时的设计网格图

18.2 阈值问题设计

在 17.3 小节中已经提到，一些不存在夹点的问题被称为阈值问题。它们只需要热公用工程或者冷公用工程，不必二者兼具。那么该如何修正夹点设计法以解决阈值问题的设计呢？

夹点设计法的原则是从约束最多的部分开始设计。夹点设计时，约束最多的部分是夹点处。如果不存在夹点，约束最多的部分是哪里呢？图 18.10a 所示是一个只需要冷公用工程，而不需要热公用工程的典型的阈值问题。这个问题中约束最多的部分是无公用工程端（Linnhoff, et al., 1982）。无公用工程端处的传热温差最小，并且可能存在一些约束条件，例如图 18.10b 所示的约束条件，即一些热物流只能通过特定匹配才能达到目标温度。同样，如果要求单个匹配的传热温差不小于阈值温差 ΔT_{min}，则必须满足夹点设计法中所提到的不等式 *CP*。在大多数情况下，与图 18.10a 所示的相似的问题可以被当作半个夹点问题来处理。

图 18.11 给出了另一个只需要热公用工程的阈值问题。这个问题与图 18.10 所示的问题的特性不同。在这个问题中形成了一个最小传热温差的虚拟夹点。解决此类阈值问题的最好方法是将它当作夹点问题处理。在图 18.11 中，问题在虚拟夹点处被划分为两个部分，然后应用夹点设计法。夹点设计法处理此类问题唯一的复杂性在

于，问题的一部分(图 18. 11 中的冷端)不能灵活　　与公用工程匹配。

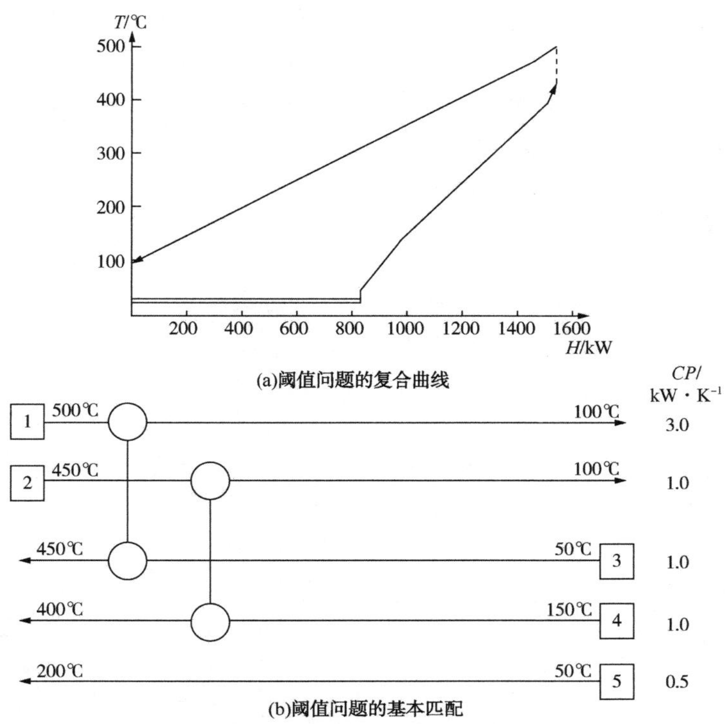

(a)阈值问题的复合曲线

(b)阈值问题的基本匹配

图 18. 10　尽管阈值问题驱动力较大，还是存在基本匹配，特别在无公用工程端

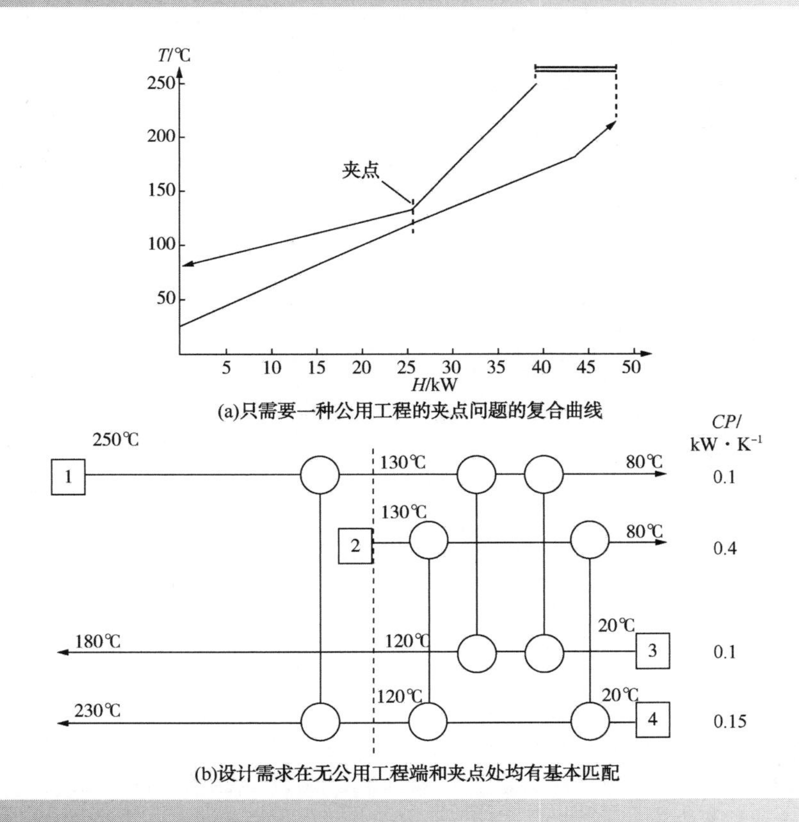

(a)只需要一种公用工程的夹点问题的复合曲线

(b)设计需求在无公用工程端和夹点处均有基本匹配

图 18. 11　一些阈值问题必须作为夹点问题处理

18.3 物流分流

早期的夹点设计法以及在最小传热单元数的条件下实现最小公用工程用量(或最大能量回收)的设计准则和方法步骤。但有时，会因为一条或几条设计准则不能满足而无法设计出合适的物流匹配。

图 18.12a 所示为一个夹点上部的设计。夹点上方不应使用冷公用工程，即热物流必须通过热回收被冷却至夹点温度。图 18.12a 中有三条热物流和两条冷物流。因此，无论物流的 CP 值如何，若要不违背 ΔT_{min} 的约束条件，则必有一条热物流不能被冷却至夹点温度。这个问题只能通过将一条冷物流分流成两条并行支流的方式才能解决，如图 18.12b 所示。现在每一条热物流都有一条冷物流与之匹配，且能够将其冷却至夹点温度。因此，除了前文介绍的 CP 不等式准则，夹点之上还有如下所示的物流数目准则(Linnhoff, et al., 1982; Linnhoff and Hindmarsh, 1983)：

$$S_H \leqslant S_C \text{(夹点上方)} \tag{18.3}$$

式中 S_H——夹点处的热物流数目(包括分支物流)；

S_C——夹点处的冷物流数目(包括分支物流)。

如果夹点上方的冷物流数目多于热物流数目，则不会产生此类问题，因为夹点上方可以采用热公用工程。

相应地，现在考虑一个夹点下部的设计，如图 18.13a。这时不能使用热公用工程，即所有冷物流只能通过热回收被加热至夹点温度。图 18.13a 中有三条冷物流和两条热物流。同样，无论物流的 CP 值如何，若要不违背 ΔT_{min} 的约束条件，则必有一条冷物流不能被加热至夹点温度。这个问题只能通过将一条热物流分流成两条并行支流的方式才能解决，见图 18.13b。现在每一条

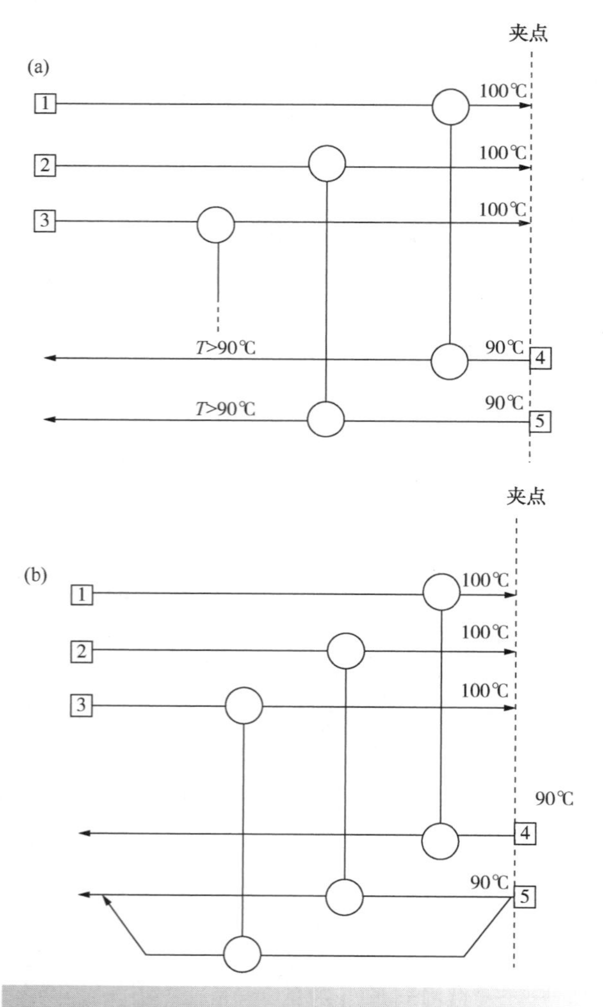

图 18.12 如果夹点处的热物流数大于冷物流，冷物流需要分流

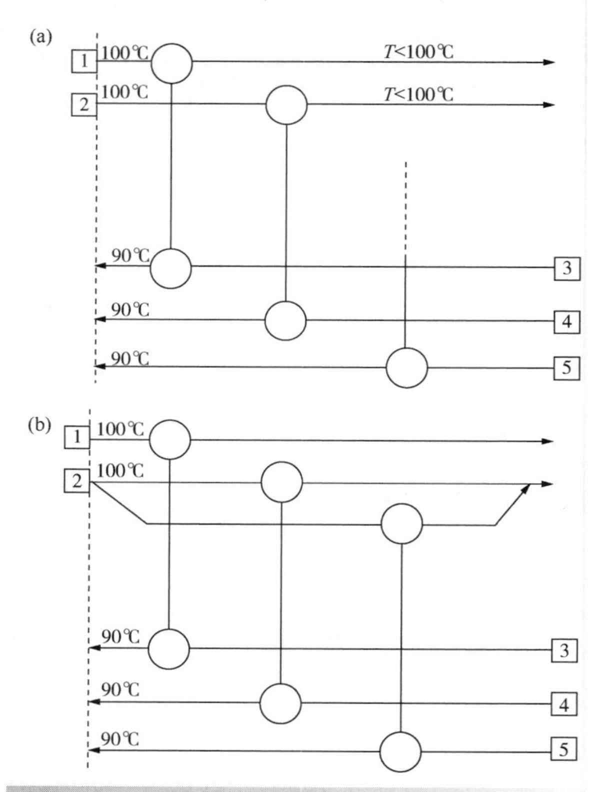

图 18.13 如果夹点之下夹点处的冷物流数大于热物流，热物流需要分流

冷物流都有一条热物流与之匹配，且能够将其加热至夹点温度。因此，夹点下方也存在如下所示的物流数目准则（Linnhoff, et al., 1982; Linnhoff and Hindmarsh, 1983）：

$$S_H \geqslant S_C (\text{夹点下方}) \tag{18.4}$$

如果夹点下方的热物流数目多于冷物流数目，则不会产生此类问题，因为夹点下方可以采用冷公用工程。

在夹点处，不仅物流数目会导致需要进行物流分流。有时，如果不采用物流分流，在夹点处就无法满足 *CP* 不等式准则（式 18.1 和式 18.2）。考虑问题中的夹点上部，如图 18.14a。热物流数目少于冷物流数目，因此满足式 18.3。而 *CP* 不等式准则（式 18.1）也必须得到满足，但是两条冷物流的 *CP* 值都不够大。所以可以将热物流分流成两条 *CP* 值较小的并行支流以满足 *CP* 不等式准则（图 18.14b）。

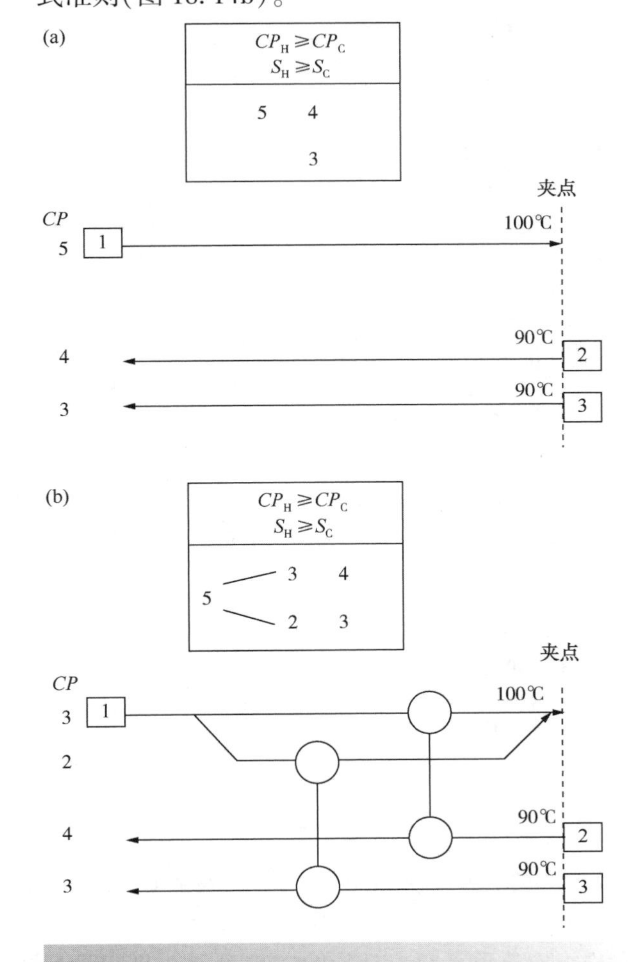

图 18.14 夹点之上的 *CP* 不等式准则需要物流分流

图 18.15a 为问题中的夹点下部，其中热物流数目多于冷物流数目，因此满足式 18.4。然而，两条热物流都没有足够大的 *CP* 值以满足 *CP* 不等式准则（式 18.2）。所以可以将冷物流分流成两条 *CP* 值较小的并行支流以满足 *CP* 不等式准则（图 18.15b）。

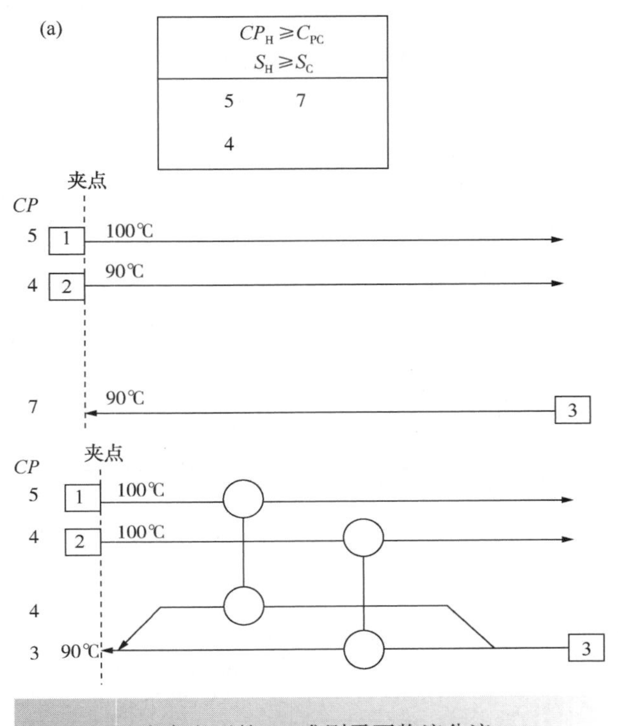

图 18.15 夹点之下的 *CP* 准则需要物流分流

显然，在不同于图 18.14 和图 18.15 所示的情况下，采用物流分流以满足 *CP* 不等式准则可能会导致夹点处的物流数目不满足式 18.3 和式 18.4。这时需要进一步的物流分流以满足物流数目准则。图 18.16a 和图 18.16b 给出了整个方法的求解过程（Linnhoff, et al., 1982; Linnhoff and Hindmarsh, 1983）。

关于物流分流，还有一个关键之处需要说明。在图 18.14 中，为了满足 *CP* 不等式准则，热物流被分成两条 *CP* 值分别为 3 和 2 的分支物流。然而，还可以选择其他不同的分流形式。例如，分支物流的 *CP* 值可以分别为 4 和 1，或 2.5 和 2.5，或 2 和 3（或者是 4 和 1 与 2 和 3 之间的任意设置）。这些设置都能满足 *CP* 不等式准则。因此，在设计中存在一定选择分支物流的流率的自由度。当固定图 18.14b 中两个传热单元的热负荷并改变分支物流的流率时，每个传热单元的温差也随之改变。对于不同的分支物流流率，只能通过估算整个换热网络所采用的不同换热单元的尺寸和投资费用来确定最佳选择。这在换热网络优化时是一个重要的自由度。对于图 18. 15b 中的冷端设计，也存在类似情况。

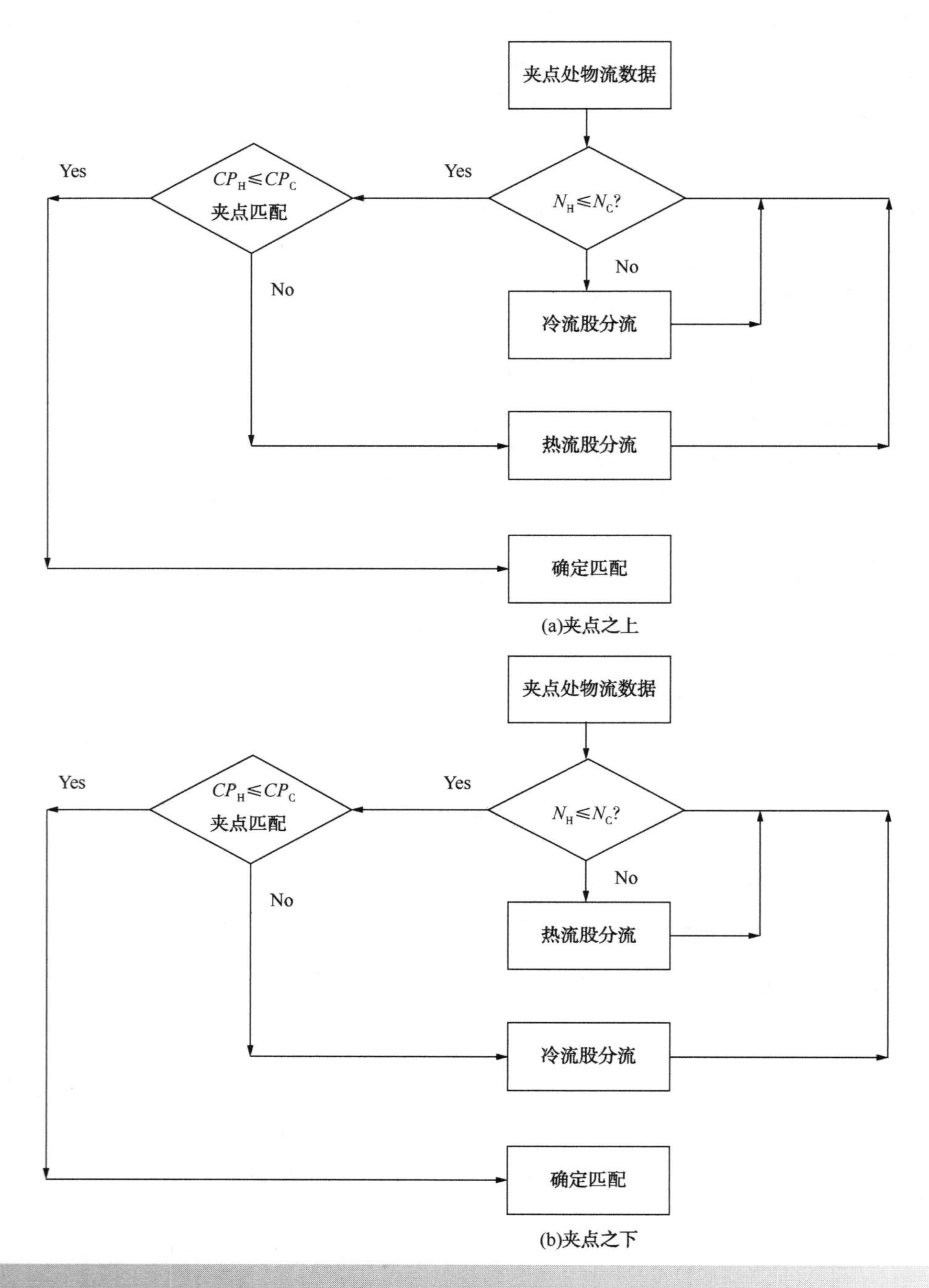

图 18. 16 物流分流算法

例 18. 2 一个高温过程的问题分析表表明，在最小传热温差为 20℃时，该过程的热公用工程需求量为 9. 2MW，冷公用工程需求量为 6. 4MW，热物流夹点温度为 520℃，冷物流夹点温度为 500℃。工艺物流数据见表 18. 2。试设计一个具有最小换热单元数，且能够实现最大能量回收目标的换热网络。

表 18.2　例 18.2 物流数据

物流编号	物流类型	供应温度/℃	目标温度/℃	热容流率/$MW \cdot K^{-1}$
1	热	720	320	0.045
2	热	520	220	0.04
3	冷	300	900	0.043
4	冷	200	550	0.02

解：图 18.17a 针对夹点上方和夹点下方的设计给出了附有 *CP* 表的网格图。根据图 18.16a 所示的算法，夹点上方的热物流必须分流以满足 *CP* 不等式准则，如图 18.17b 所示。之后的设计很明确，图 18.17c 给出了最终设计。

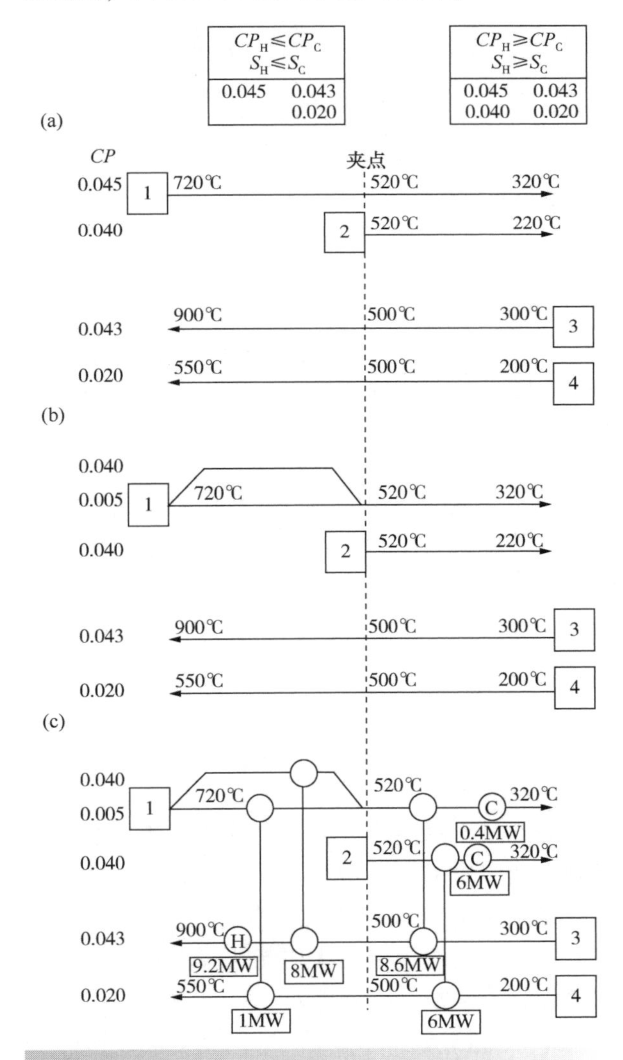

图 18.17　例 18.2 最大热回收设计

最小传热单元数目标为：

$$N_{\mathrm{UNITS}} = (S-1)_{\mathrm{ABOVEPINCH}} + (S-1)_{\mathrm{BELOWPINCH}} = (5-1)+(4-1) = 7$$

可以看出，图 18.17c 所示的设计达到了最小传热单元数目标。

18.4　多夹点设计

在第 17 章中，我们已经讨论了多级公用工程的配置是如何导致多夹点问题的。例如，图 17.2 中的工艺流程既可以采用单级的热公用工程，也可以采用两个等级的蒸汽(图 17.26a)。目标确定过程表明，不需要完全采用 7.5MW 的 240℃高压蒸汽，其中 3MW 热负荷可以用 180℃的低压蒸汽代替。图 17.26a 中总复合曲线与低压蒸汽曲线相碰处形成了一个公用工程夹点。高压蒸汽也在低于其温度处形成了一个公用工程夹点。图 18.18a 给出了采用两个等级蒸汽时的网格图，图中两个公用工程夹点及过程夹点将整个过程分成了四个部分。

根据夹点准则，工艺物流间进行热交换时，热量不能跨越过程夹点或公用工程夹点。同时，不能不合理地使用公用工程。这就意味着在图 18.18a 中的高温公用工程夹点之上，只应使用高压蒸汽，不应使用低压蒸汽或冷却水；在两个公用工程夹点之间，不应使用任何公用工程，即只应通过热回收加热或冷却物流；在低温公用工程夹点和过程夹点之间，只应使用低压蒸汽，不应使用高压蒸汽或冷却水；在图 18.18a 中的过程夹点下方，只应使用冷却水。图 18.18a 已经给出了工艺物流以及适当的公用工程物流。

现在可以利用夹点设计法设计换热网络(Linnhoff, et al., 1982, Linnhoff and Hindmarsh, 1983)。夹点设计法的准则是从夹点处开始设计，然后向远离夹点的方向延伸。在夹点处，必须遵守 *CP* 不等式准则和物流数目准则。在图 18.18a 中高温公用工程夹点上方和过程夹点下方，应用这个准则没有任何问题。但是，应用在两个夹点之间存在问题，因为设计从两个夹点处同时向远离夹点的方向延伸时可能会引起冲突。

更加仔细地研究图 18.18a 发现，在低温公用工程和过程中有一个约束更多的夹点。在公用工程夹点下方，要求 $CP_{H} \geqslant CP_{C}$，同时低压蒸汽可作为一条具有极大 CP 值的热物流。事实上，如果假设蒸汽等温冷凝或蒸发，它的 CP 值为无穷大。因此，根据从约束最多的部分开始设计的准则，图 18.18a 中两个夹点之间的设计应该从约束最多的夹点——过程夹点开始。

最后，两个公用工程夹点之间的设计必须满足：在不考虑公用工程物流的情况下，在高温公用工程夹点下方 $CP_{H} \geqslant CP_{C}$，在低温公用工程夹点上方 $CP_{H} \leqslant CP_{C}$。这是设计中最受约束的部分。设计必须从两个公用工程夹点处开始，然后在中间合理交汇。图 18.18b 展示了一种可行的设计。

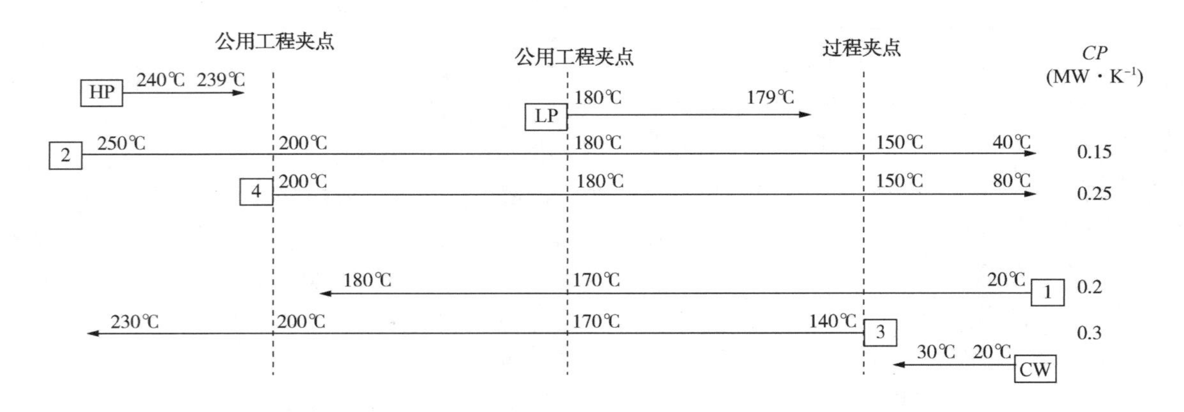

(a)物流网格图

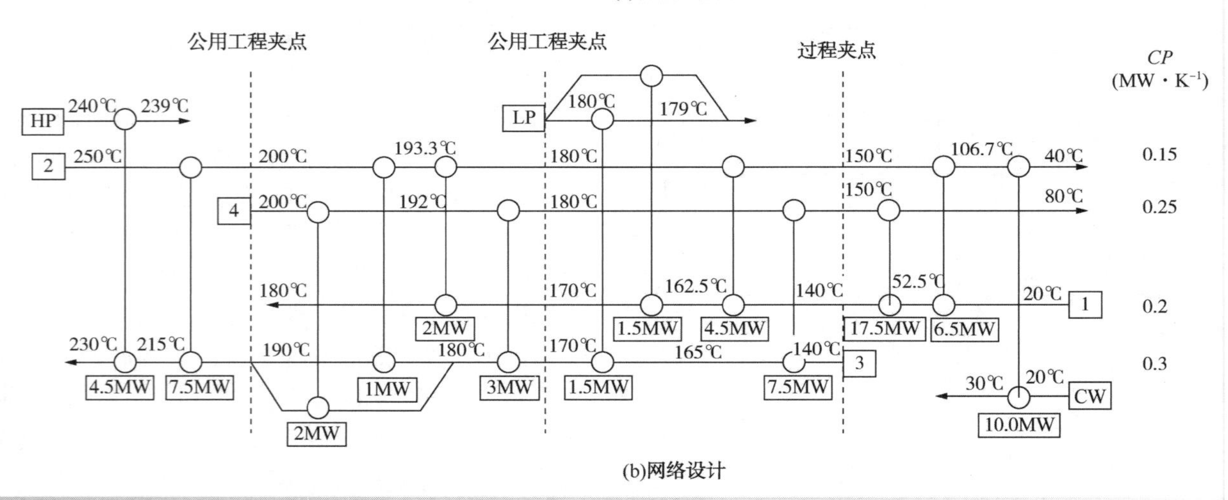

(b)网络设计

图 18.18 图 17.2 过程采用两级蒸汽的网络设计

根据这个方法，最终设计方案如图 18.18b 所示。它在具有最小传热单元数下实现了例 17.3 所设定的能量目标。在这种多夹点设计中，在计算最小传热单元数时，应该对设计中四个部分的物流分别计数。需要注意的是，图 18.18b 中低压蒸汽的分流不是必要的，需要根据实际情况确定。如果不采用分流，蒸汽会在一个传热单元中部分冷凝，而后汽液混合物会被输送到下一个传热单元。采用物流分流可以对低压蒸汽使用两个常规的蒸汽加热器。从图 18.18b 中可以清楚看出，使用两个等级蒸汽大大增加了设计的复杂性。但是，后续的结构优化能够降低这种设计的复杂性，去除不经济的单元。

在一个问题中存在两个过程夹点的情况很少。多夹点问题通常是由于引入了多个公用工程形成了公用工程夹点造成的。

例 18.3　表 18.3 给出了一个工艺流程的物流数据。现决定用燃气透平的排气与工艺流程进行集成。燃气透平的排气温度为 400℃，CP = 0.05MW·K^{-1}，环境温度为 10℃。

表 18.3　例 18.3 物流数据

物流		供应温度/	目标温度/	热容流率/
编号	类型	℃	℃	MW·K^{-1}
1	热	635	155	0.044
2	冷	10	615	0.023
3	冷	85	250	0.020
4	冷	250	615	0.020

① 计算 ΔT_{min} = 20℃时的问题表。

② 利用工艺流程热量加热饱和锅炉给水生成 250℃饱和高压蒸汽和 140℃饱和低压蒸汽。高压蒸汽的生成达到最大。假设锅炉给水和最终蒸汽都为饱和状态，那么可能生成两个等级的蒸汽量分别为多少？

③ 试设计一个 ΔT_{min} = 20℃的最大能量回收网络，并生成上述两个等级蒸汽。

④ 确定剩余冷却负荷。

解：

① ΔT_{min} = 20℃时的问题表热级联如表 18.4 所示；

表 18.4　问题表热级联

平均温度/℃	热通量/MW
625	0
390	0.235
260	6.865
145	12.73
95	13.08
20	15.105
0	16.105

② 高压蒸汽饱和温度 T^* = 260℃，低压蒸汽饱和温度 T^* = 150℃。图 18.19 给出了根据问题表数据标绘的总复合曲线。由总复合曲线可确定所发生的两个等级蒸汽。

高压蒸汽发生热负荷 = 6.865MW

对问题表热级联数据内插计算可得：

T^* = 150℃时的热通量

$$= 6.865 + \frac{(260-150)}{(260-145)} \times (12.73 - 6.865)$$

$$= 12.475\text{MW}$$

低压蒸汽发生热负荷 = 12.475 − 6.865 = 5.61MW

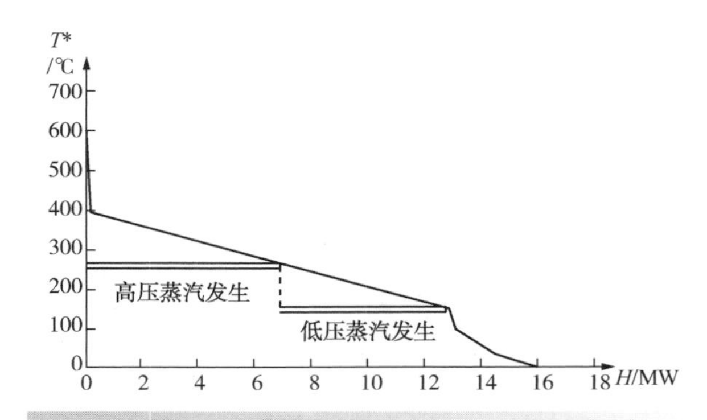

图 18.19　例 18.3 的总复合曲线所示为两级蒸汽发生

③ 两级蒸汽生成在图 18.19 中形成了两个公用工程夹点。因此，物流网格图需要被分为三个部分。图 18.20 给出了最终设计，达到了高压蒸汽和低压蒸汽生成目标。在图 18.20 中高压公用工程夹点的上方，物流 1 和燃气透平的排气的 CP 值太大以至于不能直接和物流 3、物流 4 相匹配。为解决这个问题，图 18.20 中对物流 1 采用物流分流，并充分利用高压蒸汽生成时的无穷大的 CP 值。在两个夹点之间，设计从高压公用工程夹点下方开始，然后向低压公用工程夹点处延伸，这里可以利用低压蒸汽生成时无穷大的 CP 值以满足 CP 不等式准则。在低压公用工程夹点下方，尽管直接匹配就能满足 CP 不等式准则，但是物流 1 的热负荷小于其他所有物流的热负荷。如果低压公用工程夹点下方没有物流 1，这时就要对燃气透平的排气采用物流分流。图 18.20 中由于物流 1 的低负荷，对燃气透平的排气采用物流分流。虽然图 18.20 中高压蒸汽生成和低压蒸汽生成是以分流的方式给出，但实际上，每个单元都是独立的以锅炉给水为进料的蒸汽发生器。另外，对燃气透平的排气采用物流分流时，可以通过将燃气透平排气分配到两个输气管中，或者在燃气透平的排气处安置两个列管来实现。图 18.20 所示为被很大程度上简化后的设计，但这种简化降低了能量效率。这样的权衡取决于设计者的判断力。

④ 物流 1 的 0.22MW 的冷却负荷需求由冷公用工程提供。燃气透平的排气的冷却负荷需求量为 3.41MW，这可以在热回收完成后排向大气中。

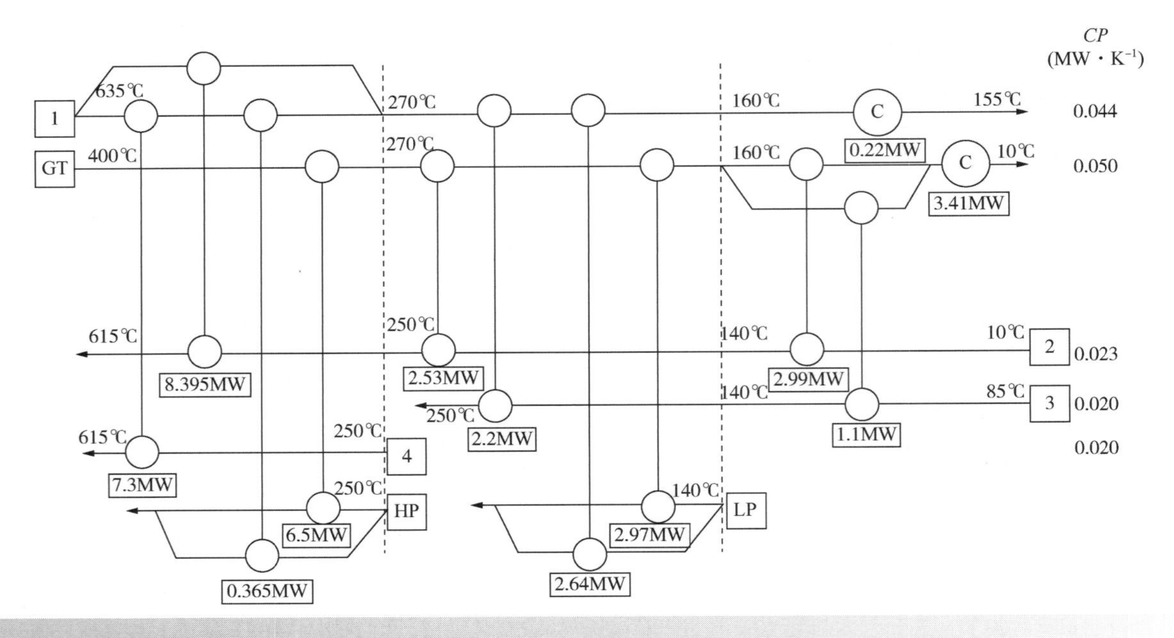

图 18.20 例 18.3 的网络设计

18.5 剩余问题分析

至此，在网络设计中所考虑的因素一直局限于能量性能和换热单元数两个方面。另外，所有问题都通过剔除物流而顺利地实现最小传热单元数下的最大能量回收的设计。但是，并不是所有问题都是如此简单的。此外，在设置物流匹配时，还要考虑换热面积。因此，还需要一个更加完善的方法(Linnhoff and Ahmad，1990)。

在设置一个匹配时，其负荷的选择需要从整个网络的角度对该匹配进行一些定量评估，而无须完成整个网络的设计。这可以通过采用一种名为剩余问题分析的技术发挥目标确定方法的功能来实现。

首先考虑一个比先前所遇到的情况都更加复杂的问题的最小能量设计。如果采用问题表法分析物流数据，可以计算出 Q_{Hmin} 和 Q_{Cmin}。当进行网络设计和设置物流匹配时，在无需完成整个网络设计的情况下，评估该匹配的某些特点是否会导致能耗增加是十分有用的。是否存在能耗增加的情况可以通过对剩余问题进行问题表分析来确定。将冷、热物流已经通过匹配的负荷需求从物流数据中移走，只需对剩余物流数据重复做问题表分析，则将会遇到以下两种情况。

1）计算中，Q_{Hmin} 和 Q_{Cmin} 值保持不变。这种情况下，设计者知道该匹配不会增加公用工程用量。

2）计算中，Q_{Hmin} 和 Q_{Cmin} 值增大。这意味着该匹配发生跨夹点传热，或者设计完成后，该设计存在的某些特点会造成跨夹点的传热。如果该匹配没有直接跨夹点传热，应用“剔除”经验规则会使该匹配的负荷太大，从而导致公用工程用量增加。

剩余问题分析技术可以应用于能够设定目标的网络的任何特性，如最小面积。在第 17 章中，确定传热面积目标的方法(式 17.9)是基于热量在冷、热复合曲线之间垂直传递。如果传热系数变化不显著，该模型足以预测在大多数情况下的最小面积需求(Linnhoff and Ahmad，1990)。因此，如果传热系数变化不显著，则设计中所设置的匹配应尽可能符合复合曲线之间垂直传热的条件。剩余问题分析可以应用在采用最少(或接近最少)换热单元时，在实际设计要求许可下面积尽可能接近目标。假设已经设置了一个匹配关系，则可以计算它的面积需求。从物流数据中去除该匹配所满足的那部分负荷数据，即可利用剩余问题分析计算剩余物流数据的面积目标。该匹配所需的面积加上剩余问题的面积目标所得到的值与整个物流数据的初始面积目标 $A_{NETWORK}$ 的差值即为多余面积。

如图 17.43 所示，如果传热系数变化显著，那么利用式 17.9 所采用的垂直传热模型预测的网络面积将大于实际的最小面积。在这种情况下，需要一个切实的“非垂直”匹配模型来近似得到最小网络面积。然而，这种情况下仍然可以采用剩余问题分析法使设计趋近最小面积。当传热系数变化显著时，可以采用线性规划法预测最小网络面积(Saboo, Morari and Colberg, 1986; Ahmad, Linnhoff and Smith, 1990)。运用了这些更加完善的面积目标确定方法后就可以继续采用剩余问题分析法。但在这种情况下，很难使设计趋近最小面积目标，需要采用一种自动设计方法，详细情况将在后文讨论。

例 18.4　表 18.5 给出了一个工艺流程的物流数据。可采用的蒸汽的冷凝温度在 179~180℃，冷却水的温度在 20~30℃。所有的膜传热系数均为 $200W \cdot m^{-2} \cdot K^{-1}$。当 $\Delta T_{min} = 10℃$ 时，最小热、冷公用工程用量分别为 7MW 和 4MW；相应的热物流夹点温度为 90℃，冷物流夹点温度为 80℃。

表 18.5　例 18.4 物流数据

物流 编号	物流 类型	供应温度/℃	目标温度/℃	热容流率/$MW \cdot K^{-1}$
1	热	150	50	0.2
2	热	170	40	0.1
3	冷	50	120	0.3
4	冷	80	110	0.5

① 在夹点上方，设计一个最大能量回收网络，使其接近最小传热单元数下的面积。

② 在夹点下方，设计一个最大能量回收网络，使其尽可能地接近最小传热单元数。

解：

① 图 18.21 所示的夹点上方的问题的面积目标为 8859m²。如果从夹点处物流 1 开始设计，则图 18.21a 给出了一个遵守 *CP* 不等式准则的可行匹配。该匹配的负荷达到最大值 12MW 可以使匹配的两条物流被同时剔除掉。这个结果是由于物流数据的巧合，即在夹点上方物流 1 和物流 3 的负荷相同。该匹配的面积为 6592m²，而夹点上方剩余问题的面积目标为 3419m²，则得到总面积为 10011m²。因此，图 18.21a 中的匹配导致整个面积目标多出 1152m²(13%)。这并不是一个好的匹配方案。

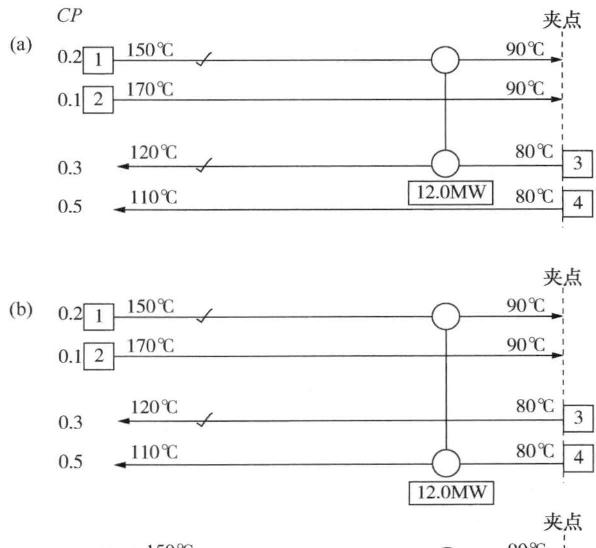

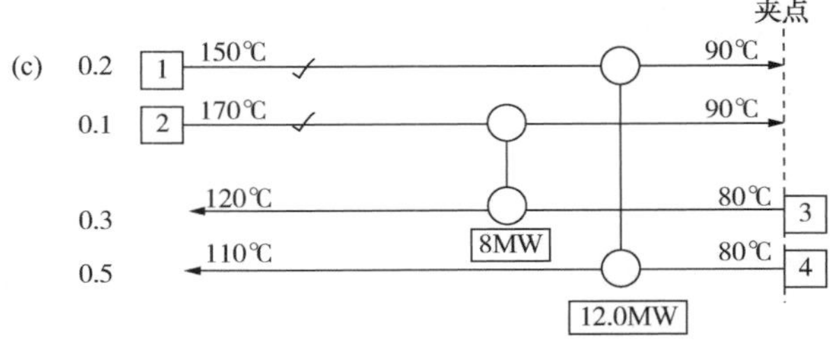

图 18.21　例 18.4 夹点上方设计

图 18.21b 给出了物流 1 的另外一个匹配，它也遵从 *CP* 不等式准则。“剔除”经验规则也确定该匹配的负荷为 12MW。该匹配的面积为 5087m²，而夹点上方剩余问题的面积目标为 3788m²，则得出总面积为 8875m²。因此，图 18.21b 中的匹配导致整个面积目标多出 16m²(0.2%)。这是一个更好的匹配方案，因此被采纳。

图 18.21c 给出了夹点上方的下一个匹配，它同样也遵从 *CP* 不等式准则。图 18.21c 中两个匹配的总面积为 7856m²，而剩余问题的面积目标为

1020m²，则得到总面积为 8876m²。接受这两个匹配将导致总面积目标多出 17m²(0.2%)。这在合理范围内，因此这两个匹配都被接受。工艺物流之间已再无可能的匹配，接下来该设置热公用工程。

② 图 18.22 中所示问题的冷公用工程目标为 4MW。如果从夹点处物流 3 开始设计，那么物流 3 必须分流以满足 *CP* 不等式准则(图 18.22a)。将分支物流之一与物流 1 匹配并剔除物流 1，使该匹配的负荷达到 8MW。这是“剔除”经验规则导致的问题。由于该匹配中冷端物流的温差不可行，所以该匹配是不可行的。它的负荷必须减少到 6MW，此时不能剔除任何物流(图 18.22b)。

图 18.22c 给出了物流 3 的另外一条分支物流的一个匹配，它的负荷被设置为最大值 3MW 以剔除物流 3。工艺物流之间已再无可能的匹配，因此接下来该设置冷公用工程。

图 18.23a 给出了实现最大能量回收的完整设计，但由于在夹点下方不能实现“剔除”经验准则而使换热单元数比最小目标多出一个。如果接受图 18.21a 中的匹配关系，并进一步完成设计，则可以得到 18.23b 所示的设计方案。这个方案实现了最小单元数为 7 的目标(以额外的面积为代价)。这是由于在前面图 18.21a 中提到的数据巧合使两条物流被同时剔除掉了。结果在夹点上方，由于形成了两个“独立的子系统”使设计方案的换热单元数比目标值少一个。而夹点下方设计方案的换热单元数比目标值多一个，所以净结果是总体设计方案实现了最小换热单元数目标。

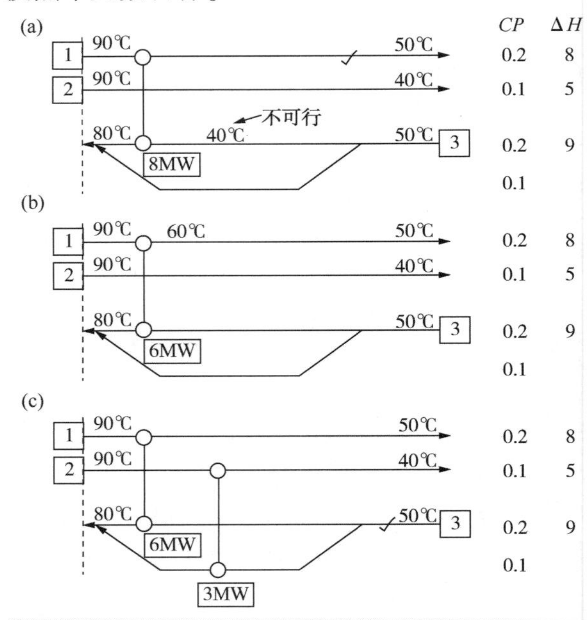

图 18.22 例 18.4 夹点下方设计

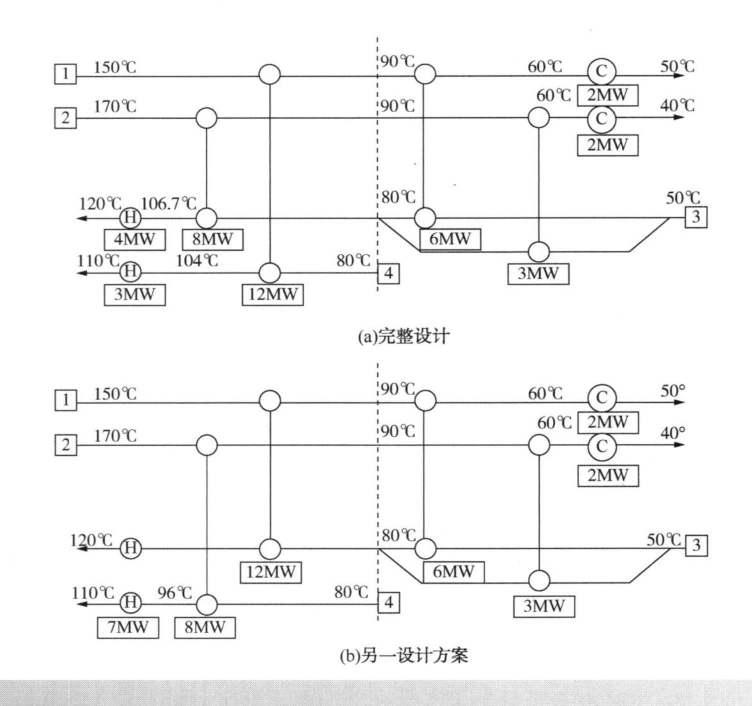

图 18.23 例 18.4 的不同设计

18.6 换热网络模拟

一旦确定了网络结构，则可以进一步进行细节设计。然后就可以模拟整个网络性能。在最简单的情况下，可以通过估算或计算来确定每台换热器的总传热系数 U 值。每台换热器的 ΔT_{LM} 可从初步设计中得知，由此可以确定每台换热器的换热面积 A。如果确定了 U 和 A 的值，且每条物流的 CP 值为常数，那么可以写出换热网络中每台换热器的模拟公式（式 12.83，式 12.86，式 12.88，式 12.93，式 12.95，式 12.105 和式 12.106）：

当 $R\neq1$ 时，有：

$$(R_k-1)T_{H1k}+R_k(X-1)T_{C1k}+(1-R_kX)T_{H2k}=0,\ R_k\neq1 \tag{18.5}$$

$$(X-1)T_{H1k}+X(R_k-1)T_{C1k}+(1-R_kX)T_{C2k}=0,\ R_k\neq1 \tag{18.6}$$

当 $R=1$ 时，有：

$$T_{H1k}+YT_{C1k}-(Y+1)T_{H2k}=0,\ R_k=1 \tag{18.7}$$

$$YT_{H1k}+T_{C1k}-(Y+1)T_{C2k}=0,\ R_k=1 \tag{18.8}$$

式中

$$R_k=\frac{CP_{Ck}}{CP_{Hk}} \tag{18.9}$$

$$X=\exp\left[\frac{U_kA_k(R_k-1)F_{Tk}}{CP_{Ck}}\right]; \tag{18.10}$$

$$Y=\frac{U_kA_kF_{Tk}}{CP_{Ck}} \tag{18.11}$$

CP_{Hk}——换热器 k 中热物流的热容流率（质量流率与比热容的乘积）；

CP_{Ck}——换热器 k 中冷物流的热容流率（质量流率与比热容的乘积）；

T_{H1k}——换热器 k 中热物流的进口温度；

T_{H2k}——换热器 k 中热物流的出口温度；

T_{C1k}——换热器 k 中冷物流的进口温度；

T_{C2k}——换热器 k 中冷物流的出口温度；

U_k——换热器 k 的总传热系数；

A_k——换热器 k 的换热面积；

F_{Tk}——换热器 k 的对数平均温差校正因子。

如果存在物流分流，则与每一个分流相关的混合器还需要一个公式。假设混合过程没有热量变化：

$$T_{MIX}=\frac{1}{\sum_i CP_i}\sum_i CP_iT_i \tag{18.12}$$

式中 T_{MIX}——混合节点的温度，℃；

CP_i——进入混合节点的物流 i 的热容流率，$kW\cdot k^{-1}$；

T_i——进入混合节点的物流 i 的温度，℃。

现在考虑这些公式在换热网络中的应用。首先要知道需要确定的未知温度的数目。网络中独立的温度节点数为：

温度节点数＝物流数（包括公用工程）＋2×换热器数＋混合器数 (18.13)

例如，图 18.24 中独立的温度节点数为：

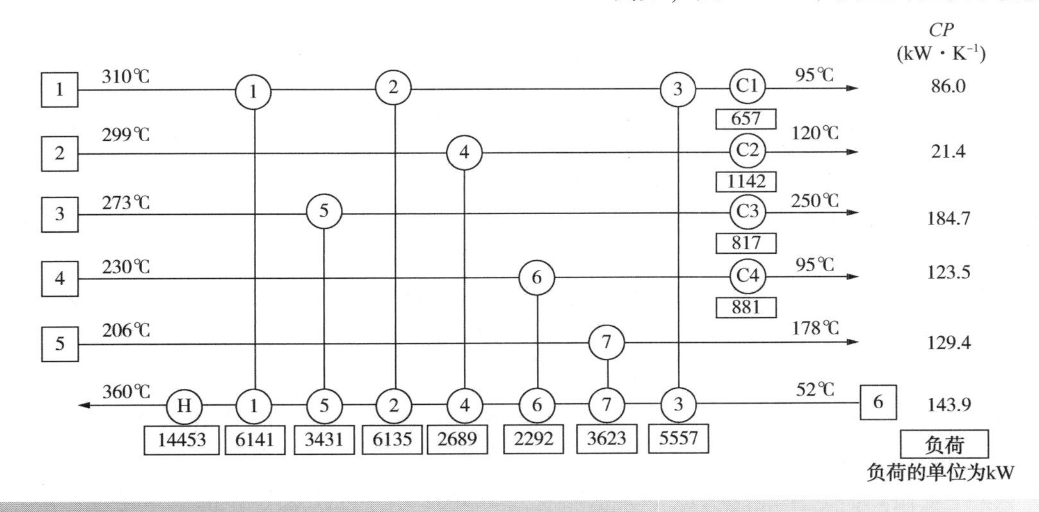

图 18.24 换热网络示例

(Reproduced from Ning Jiang, Jacob David Shelley, Steve Doyle, Robin Smith (2014) Heat exchanger network retrofit with a fixed network structure, Applied Energy, 127: 25-33, with permission from Elsevier)

$$温度节点数=(6+2)+2\times12+0=32 \quad (18.14)$$

因此共有 32 个温度节点，其中有一些是已知的。工艺物流和公用工程物流的初始温度是已知的，即 8 个温度已知，还有 24 个未知温度。每台换热器可以写出两个公式，即有 24 个公式和 24 个未知温度。

如果确定了 U_k，A_k，R_k，CP_{Ck}，CP_{Hk} 和 N_{SHELLS} 的值，那么式 18.5 ~ 式 18.8，以及式 18.12 就是一组线性方程。由式 12.42 和式 12.43 可以看出 F_T 是 R 和 P_{1-2} 的函数，所以式 18.5 和式 18.8 是线性的。由式 12.103 可以看出 P_{1-2} 是 U_k，A_k，R_k，CP_{Ck}，CP_{Hk} 和 N_{SHELLS} 的函数。因此，如果确定了 U_k，A_k，R_k，CP_{Ck}，CP_{Hk} 和 N_{SHELLS} 的值，则前面提到的 X 和 Y 也被确定，同时如果确定了式 18.12 中的 CP_i，那么式 18.5 ~ 式 18.8 以及式 18.12 就是一组线性方程。这组线性方程可以采用，例如，LU 分解法来高效地求解(Press，et al.，2007)。值得注意的是，不必一定达到物流的指定目标温度，因为这是一个能够计算得出最终网络温度的模拟计算过程。

这个方法可以用于具有非线性热容流率的物流。图 18.25 阐明了如何应用此方法将具有非线性比热容的物流的温-焓曲线在其进出口温度之间线性化。可以采用类似于线性 CP 情况的方法。然而，这时物流的焓值必须被定义为温度的函数，如图 18.25 所示。焓作为温度的函数，每次设置温度为方程 18.5 ~ 方程 18.11 的解空间的中间值，每台换热器的进出口温度定义了物流温-焓曲线上的点，见图 18.25。这定义了通过换热器的物流的焓变，CP_{Ck} 和 CP_{Hk} 可以由焓变计算得到。然而，非线性温-焓曲线决定了方程组的非线性。可以采用不同的方法求解非线性方程组(Press，et al.，2007)。一种方法是利用非线性方程求解器处理温度，同时采用 LU 分解法在每次迭代时求解换热网络。

最后，可以进一步地引入第 12 章中介绍的 U_k 的模型。这样就能够以一个非线性模型对整个换热网络进行详尽的模拟。

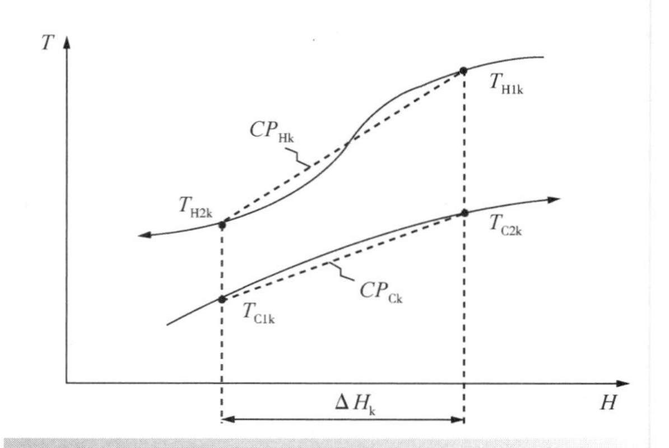

图 18.25 换热器 k 中非线性物股热容流率的线性化
(Reproduced from Ning Jiang, Jacob David Shelley, Steve Doyle, Robin Smith(2014) Heat exchanger network retrofit with a fixed network structure, Applied Energy, 127: 25 - 33, with permission from Elsevier)

18.7 固定网络结构的优化

采用夹点设计法所产生的网络结构基于假设任意一个换热器的传热温差都不小于 ΔT_{min}。当设计出一个换热网络结构后，该结构可以被不断优化。在优化过程中，可以松弛任意一个换热器的传热温差都不小于 ΔT_{min} 这一约束条件。换热网络优化基于换热器负荷的重新分配。一些换热器可能变大，一些可能变小，还有一些换热器可能完全从设计中被移除。如果优化过程一些换热器的负荷调整为零，则意味着这些换热器将从设计中被去除。

给定一个换热网络结构，则可以按照第 17.11 节中所述的方法识别它的热负荷回路和路径(Linnhoff，et al.，1982；Linnhoff and Hindmarsh，1983)。从优化的角度来看，只需要考虑那些连接两个不同公用工程的热负荷路径。这样的路径可以是从蒸汽到冷却水的路径，或者是从作为热公用工程的高压蒸汽到同样作为热公用工程的低压蒸汽的路径。这些在两个不同公用工程之间的路径被命名为公用工程路径。热负荷回路和公用工程路径都为优化过程提供了自由度。

考虑图 18.26a，它给出了图 18.7 中的换热网络设计，并标出了一个热负荷回路。热量可以沿回路转移。图 18.26a 给出了沿该回路转移热

负荷 u 所产生的影响。在这个回路中，热负荷 u 简单地从换热单元 E 转移到换热单元 B。热负荷在回路上的变化维持了网络热平衡以及物流的初始温度和目标温度。但是，回路上的温度会改变，所以回路上的换热器的热负荷和温差也会改变。u 的大小可以改变，对每一个 u 值估算网络费用可以确定最佳 u 值。如果 u 的最佳值为 6.5MW(换热单元 E 的初始热负荷)，那么其中一台换热器的热负荷为零，应该从设计中去除。

图 18.26b 中标示出了该网络的另一个回路，并给出了沿该回路转移热负荷 v 产生的影响。同样，维持了热平衡，但导致了回路上的温度和热负荷发生了变化。如前文所述，也可以通过对不同 v 值估算网络费用来确定最佳的 v 值。如果 v 的最佳值为 7.0MW(换热单元 A 的初始热负荷)，那么单元 A 的热负荷变为零，单元 A 应该从设计中去除。再次强调，一旦优化过程开始，就不再维持传热温差大于 ΔT_{min} 的约束条件。

(a)热负荷可以在回路中转移而不改变公用工程消耗

(b)另一个回路允许热负荷转移而不改变公用工程消耗

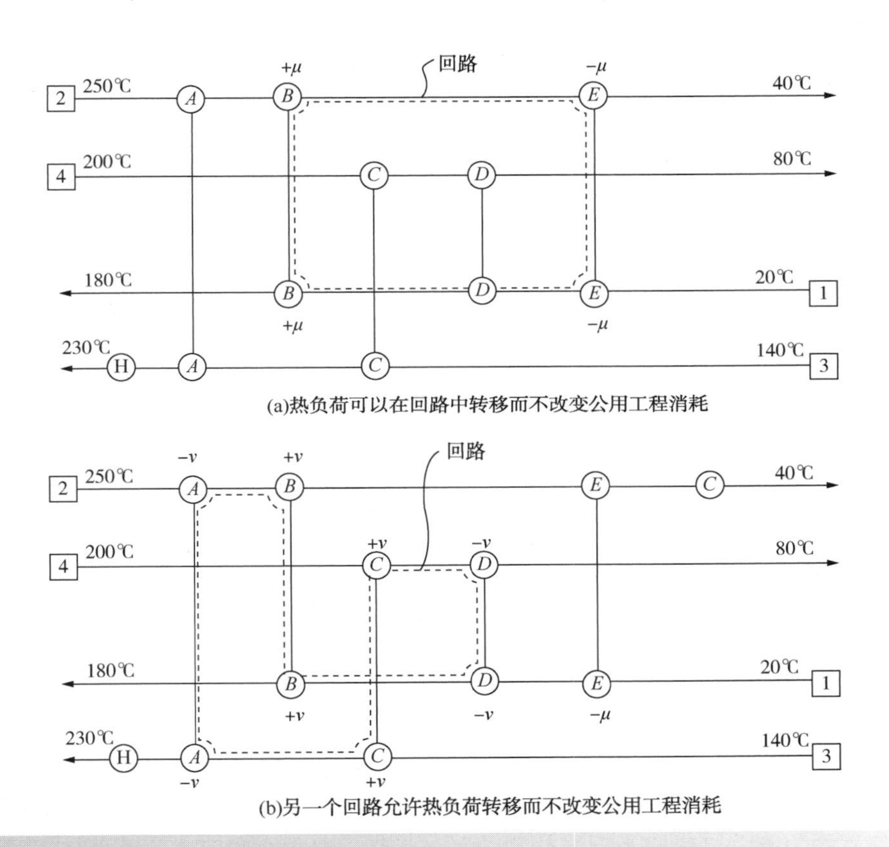

图 18.26　为优化图 18.7 中设计找出的回路

图 18.27a 中标示出了该网络的一个公用工程路径。热负荷可以用与其在回路中转移相似的方式沿着公用工程路径转移。图 18.27a 给出了沿该路径转移热负荷 w 所产生的影响。这时，由于从热公用工程输入的负荷和从冷公用工程输出的负荷都变化了 w，因此热平衡发生了变化。但物流的初始温度和目标温度都保持不变。如果 w 的优化值为 7.0MW，这将导致单元 A 从设计中去除。也可以采用不同的 w 值，并对每一个值估算网络规模和投资费用来找出 w 的最佳值。图 18.27 给出了另外一些公用工程路径，它们也可以用于网络优化。

事实上，换热网络优化要求图 18.26 和图 18.27 中的变量 u、v、w、x、y 和 z 同时优化。此外，在设计方案中还可能存在物流分流，所以在优化中，分支物流流率的变化可以叠加到回路和路径的使用上。在优化过程中，设计不再受温差大于 ΔT_{min} 的约束条件的限制(但是由于实际因素，应该避免换热器采用很小的温差值）。同时，夹点不再把整个设计划分为独立的热力学区域，也不必再担心热量跨夹点传递。优化目标的基准仅仅是费用最小。

因此，回路、公用工程路径以及物流分流为调整网络费用提供了自由度。新设计的目标函数通常是总费用最小化，即操作费用和年度投资费用的总和最小。对于投资费用的年化周期的选择对优化有直接影响。选择较长的年化周期可以使设计更加节能。

在实践中，优化过程通常是采用公式根据以下原则在多变量优化中改变每个匹配的热负荷，而不是明确地处理循环和路径：

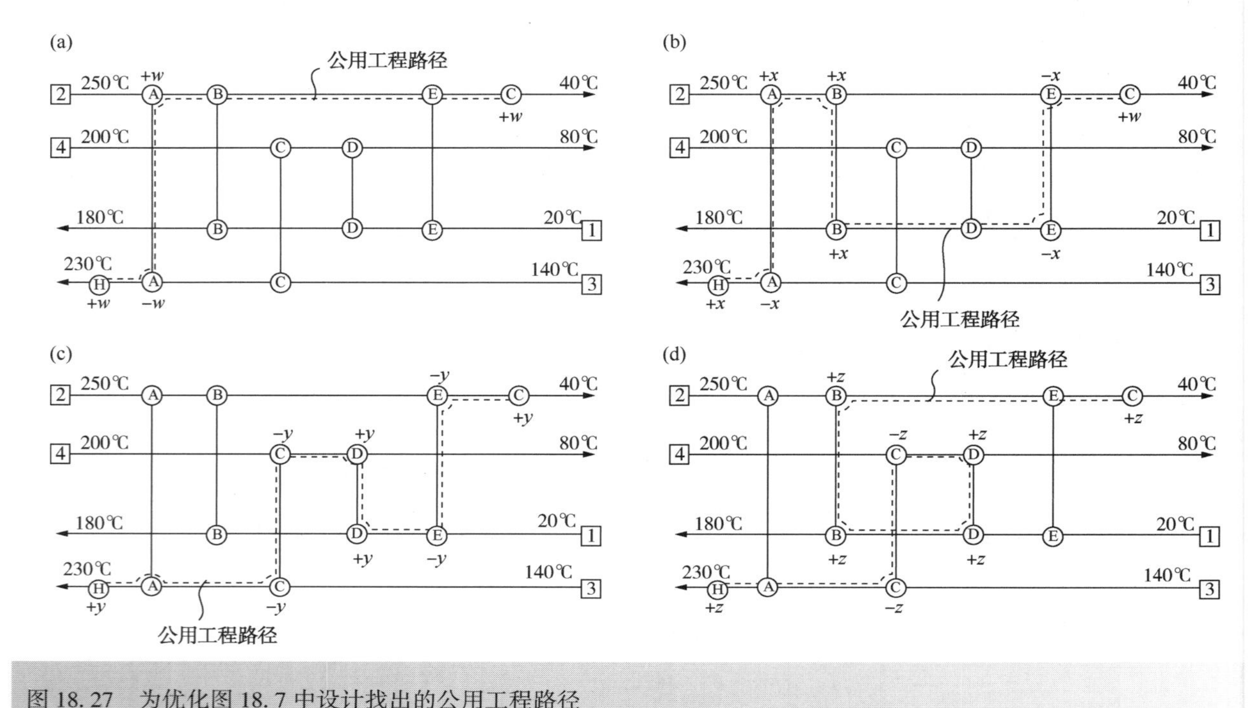

图 18.27 为优化图 18.7 中设计找出的公用工程路径

• 每条物流的总焓变在初始物流数据的指定公差内；

• 每个匹配的热负荷非负；

• 每台换热器的温差大于给定类型换热器的实际最小值；

• 对于物流分流，支路物流的流率必须为正值，且大于实际最小流率。

在一个网络中，有些匹配的热负荷不在回路或者公用工程路径中，因此是无法改变的。这简化了优化问题。该优化问题是一个多变量非线性的连续优化问题（Gunderson and Naess，1988）。

如果网络是在固定能耗的情况下进行优化的，那么只能利用循环或者物流分流的方法。当能耗可以改变时，还必须包括公用工程路径。随着网络能耗的增加，总投资费用会逐渐降低，反之亦然。

例 18.5 简化图 18.7 中换热网络的结构。

① 利用循环的自由度将负荷最小的热回收单元从网络中去除；

② 重新计算网络中的温度并判断是否符合 $\Delta T_{min}=10℃$ 的约束条件；

③ 利用公用工程路径在整个网络中恢复初始的 $\Delta T_{min}=10℃$。

解：

① 图 18.28a 给出了图 18.7 中的换热网络，并强调了与具有最小热负荷（6.5MW）的换热单元相关的循环。沿循环转移 6.5MW 的热负荷调节最小换热负荷单元的热负荷为零。这会改变循环的温度。

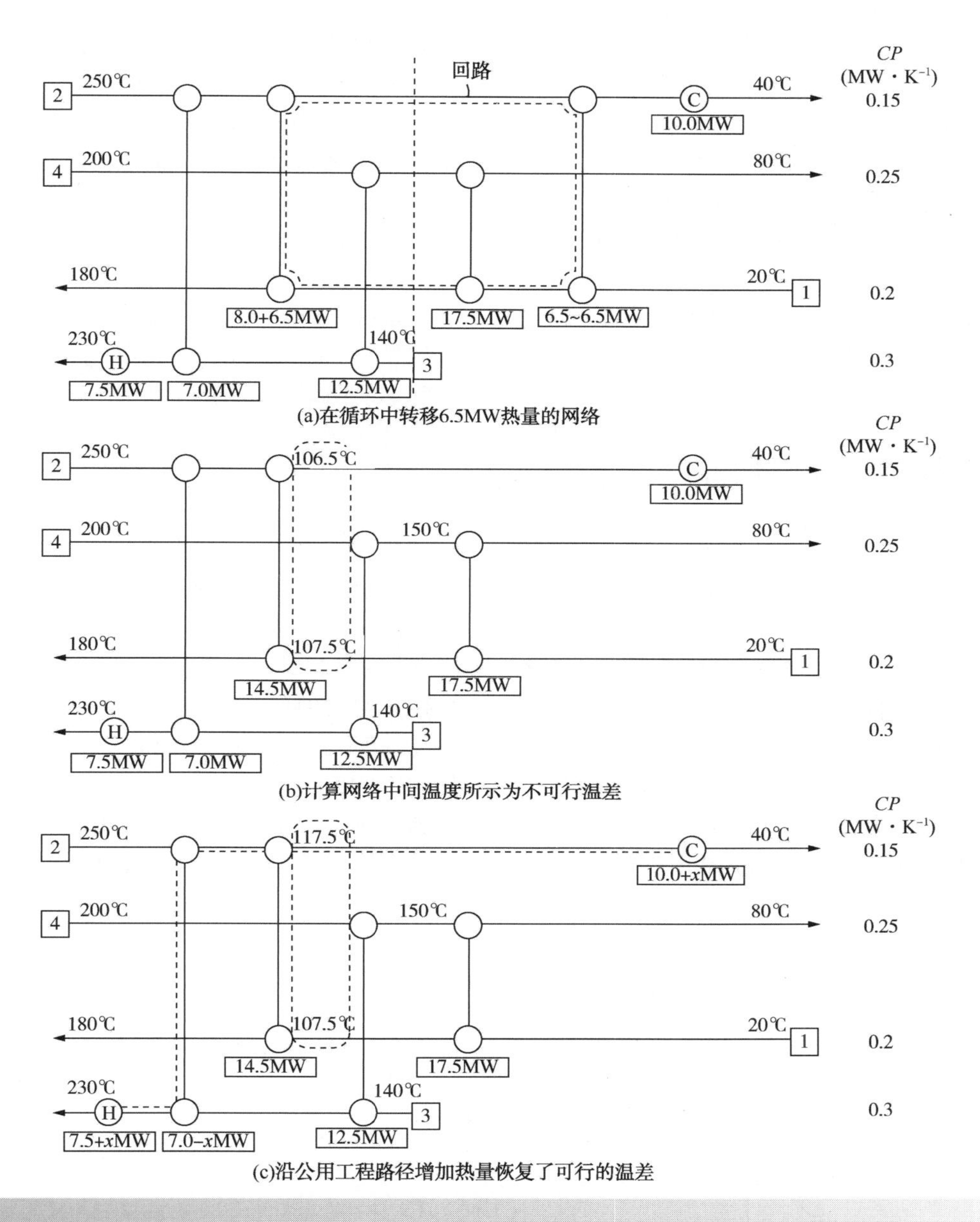

(a)在循环中转移6.5MW热量的网络

(b)计算网络中间温度所示为不可行温差

(c)沿公用工程路径增加热量恢复了可行的温差

图 18.28　改进网络结构以去除一个单元

② 对具有新的热负荷的换热单元进行热量守恒计算，可以得到网络中的新温度，如图 18.28b 所示。图 18.28b 中强调了一个具有不可行温差的换热单元。这个温差小于初始的最小传热温差 10℃，它实际上是一个负值。如果固定热、冷公用工程，以这种方式去除一个换热单元总会导致一个小于初始 ΔT_{min} 的传热温差。根据 ΔT_{min} 的约束条件，存在一个最小换热单元数满足热公用工程消耗 Q_{Hmin} 和冷公用工程消耗 Q_{Cmin}。如果去除一个换热单元会违反一些原则。就其本质而言，沿着一个循环转移热负荷，不会改变能耗，但会改变内部温度。

③ 对图 18.28b 中不可行的传热温差，可以通过一个公用工程路径改变网络里的温度，并以增加能耗为代价来修正。图 18.28c 给出了一个公用工程路径的换热网络。通过公用工程路径可以调整一个不可行温差（本例中的物流 2）。如图 18.28c 所示，如果要恢复初始的最小传热温差 10℃，那么物流 2 的中间温度需要调整至 117.5℃。未知的是需要沿着公用工程路径转移

多少额外热负荷（xMW）来调整温度至117.5℃。这可以通过该冷却器的热量守恒来确定：

$$10.0+x=0.15(117.5-40)$$

$$x=1.6\text{MW}$$

因此，热和冷公用工程都需要增加1.6MW以使ΔT_{min}恢复至初始的10℃。事实上，没有理由将ΔT_{min}恢复至初始的10℃。沿公用工程路径转移的额外能量的量是一个应该由费用优化确定的自由度。然而，这个案例说明了在网络优化中是如何操作该自由度。

18.8 换热网络设计的自动方法

已经讨论了手动设计换热网络的方法，现在讨论自动方法。手动方法对解决较小的问题是足够的。然而，更大、更复杂的问题需要更高程度的自动化。并且，在设计换热网络时通常需要考虑更多关于设备设计的细节。有两个基本方法可实现网络设计的自动化。

1）超结构优化。手动方法进行换热网络设计是基于产生一个最简结构不包括冗余特性。当然，结构生成之后，可以通过优化消除一些特性。可以通过优化删除一些特性来简化网络是在生成初始网络过程中设置假设的结果。然而，这些冗余特性并不是刻意引入的。

第一个自动设计网络的方法是采用确定性优化算法优化超结构（Floudas，Ciric and Grossman，1986）。超结构在创建时有意地引入了一些冗余特性。然后采用确定性算法。优化过程会消除冗余特性，留下最终的网络设计。Floudas，Ciric 和 Grossmann（1986）提出了如何创建一个包含所有结构特性的换热网络的超结构。图18.29a给出了基本的网络超结构。图中一条物流被分成了三条分支物流，每一条支路上都有一个匹配的网络。图18.29a中有大量的额外连接，因此通过从图18.29a中去除合适的连接可以使图18.29a中的基本结构演变为图18.29b中的任意一种结构。图18.29说明了如何从超结构中去除合适的连接使超结构演变为不同的并联、串联、串-并联和并-串联结构。图18.30说明了该方法在一个换热网络中包含两条热物流、两条冷物流和蒸汽物流部分的应用。图18.30a给出了这部分换热网络的超结构。图中包含了所有结构特性。然后利用该方法优化超结构，以去除不必要的特性，并使费用最小。图18.30b给出了可能演变出的一种结果。

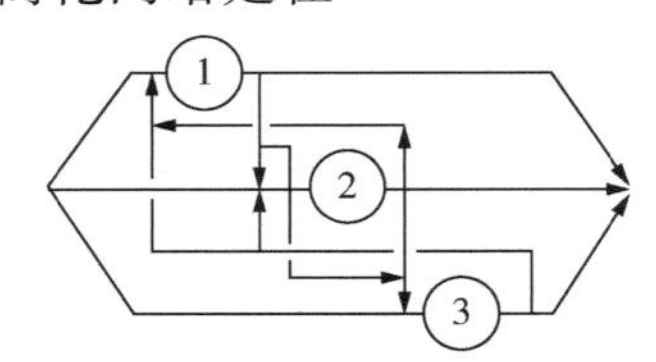

(a)基本网络超结构

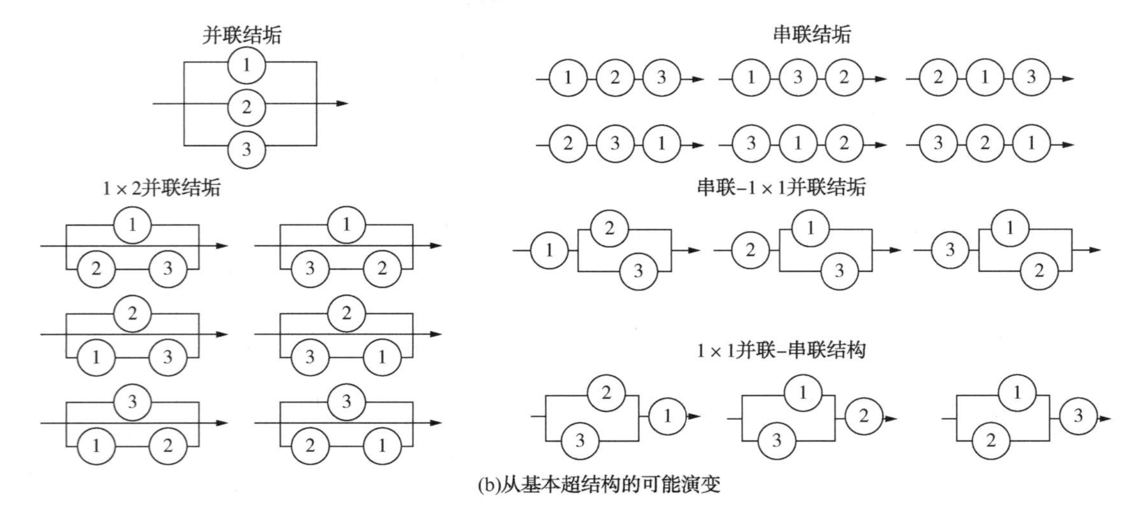

(b)从基本超结构的可能演变

图18.29 基本超结构及其所有的结构演变

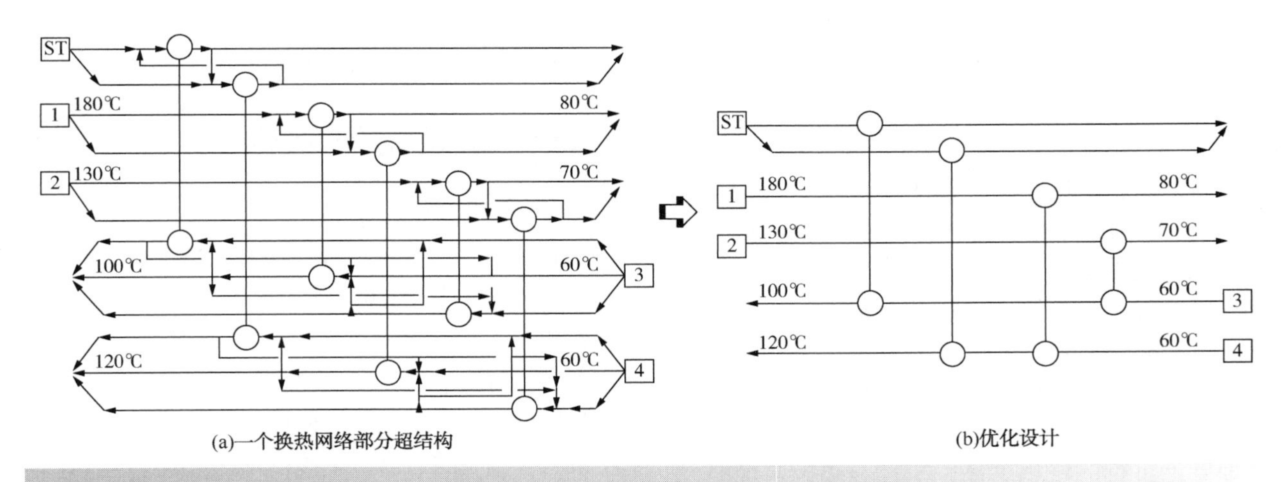

图 18.30　始于超结构优化的换热网络设计

这个方法从原理上看起来很简单，然而所需的优化是一个混合整数非线性规划问题（MINLP，见第 3 章）。这是一个相当困难且容易陷入局部最优的优化问题。

另一个问题是如何创建初始的超结构。可以像夹点设计法中所做的一样，在夹点处将问题分开，并在夹点两侧分别创建一个超结构，如图 18.30 中所示。对于大型复杂的问题，该方法对结构选择的数目不够全面。因此，可以将整个问题分割成一系列如图 18.31 所示的焓区间，并在每个焓区间创建一个超结构（Yee，Grossmann and Kravanja，1990）。而这会存在一些潜在风险，即超结构过度复杂，导致最终设计存在不必要的复杂结构。因此，不是如图 18.31 所示将复合曲线分割成焓区间，在每个焓区间创建一个超结构，而是将一些焓区间合并在一起组成模块（Zhu et al.，1995）。因为模块是通过合并焓区间创建的，所以在整个模块内所有冷物流和热物流之间至少存在一个可行的传热温差。那么就可以在每个模块而不是每个焓区间内创建一个超结构。这将简化整个网络的超结构。

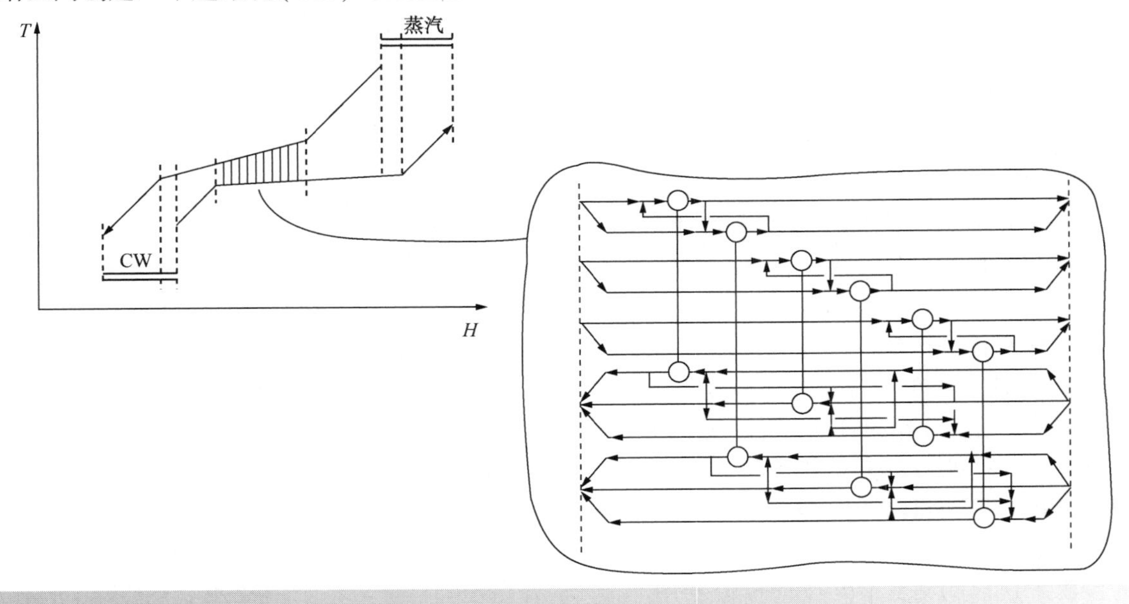

图 18.31　对每一个焓区间创建超结构

对于换热网络设计，超结构方法的主要优势是，原则上能够设计具有复杂约束条件以及考虑设备细节的大型换热网络。它的一个主要缺点是优化问题是一个很难的 MINLP 问题，尤其对于大型问题。另一个重要缺点是，因为优化过程由计算机执行，所以排除了设计者的决策。

2）采用随机搜索优化算法的自动设计。不是采用确定性优化算法优化超结构，而是开发出基于随机搜索优化的自动方法（Dolan，Cummings and Le Van，1990）。应用最为普遍的随机搜索优化算法是模拟退火算法（见第 3 章）。在这个方法中，首先要生成一个初始设计。初始设计可以是在原则上可行的任意设计，并且不必包含最终设计所需的所有特性。这与超结构方法形成了对比。然后采用模拟退火移动使初始设计演变发展。

该演变可以是连续的，例如，改变换热器的热负荷。也可以是结构演变，例如，在设计中增加一个新的换热器。设计中的各种演变可分为：

连续演变：

- 改变一台换热器的热负荷。
- 改变一个分支物流的分流比。

改变网络结构的离散演变：

- 增加一台换热器。
- 减少一台换热器。
- 改变一台换热器的位置。
- 增加一条分支物流。
- 减少一条分支物流。

每次演变后，需要重新恢复网络的能量平衡，并进行网络模拟和评估目标函数。可以用不同的机制来恢复能量平衡。然后随机优化会进行一次优化，如第 3 章所述。优化过程不取决于梯度，也不会陷入局部最优解。原则上，优化过程可以从任意可行的初始设计开始，且时间足够就能找到全局最优解所在的区域。实际上，由于演变的数量受计算约束，演变本身也要服从优化规则，所以初始设计会对优化结果产生影响。通常来说，从一个较复杂的初始设计开始优于从一个简单的初始设计开始。另一点需要注意的是，即使是连续演变，比如改变换热器的热负荷，也应该采取有限的步骤。这样的话，最终设计可以利用非线性规划连续优化进行微调。可以直接在基于随机搜索优化算法中设置约束条件。例如，如果有必要禁止某两条物流之间的匹配，则可以将模拟退火算法中这个演变概率设置为零（见第 3 章）。

18.9 固定网络结构的换热网络改造

目前为止，所有关于换热网络的目标和设计均只涉及新设计。但经常需要对现有的换热网络进行优化。优化的目的可能是减少现有网络的公用工程消耗、扩能、改变工艺流程的原料或者产品规格。所有目标都可能使网络内部的热负荷发生改变。首先考虑固定网络结构的情况。尽管这看起来是不必要的约束，但它对于维持低改造投资费用是可取的。由于布管和土建费用，改变换热网络的网络结构增加新的换热器是非常昂贵的。另外，由于工厂布局紧凑，改造现有工厂以改变网络结构可能是不可行的。最具成本效益的改造往往对现有网络的改造最少。因此，固定结构的换热网络改造是优化问题中的一个极端情况。后文将会探索允许改变网络结构的改造。

如果要增加整体热回收量以提高换热网络的整体热回收性能，或者要进行扩能改造，那么需要增大换热网络中多个匹配位置的热负荷。有两种方式可以增大一个匹配的热负荷。一个是增大传热面积，另一个是增大总传热系数。对单个匹配采用这两者中的任意一种方式都能或多或少地提高换热网络的整体性能，这取决于换热器设计的一些细节以及换热网络的结构。

1）增大传热面积。如果使用管壳式换热器，且需要额外的传热面积，则在额外面积需求较小时，可以在现有的壳程中安装一个新的管道布局更紧凑的管束。如果不可行，则可以增加一个壳程（如果面积需求较大，可以为多个）以补充现有的传热面积。布置方式有：

a）串联。在现有的匹配中增加串联的换热器会导致该匹配的总压降增大。这对于泵（或者压缩机）已经接近其最大容量的情况是很重要的。

b）并联。增加并联的换热器会使压降基本保持不变。整个匹配的压降等于现有换热器在新条件下的压降与新安装的并联换热器的压降中的最大值。

换热网络中也可能会使用板式换热器（见第 12

章)，而不是管壳式换热器。板式换热器增加额外的面积比管壳式换热器更容易。通常可以通过在现有的板框中增加额外的板来增大板式换热器的传热面积。如果需要增加一个额外的板框来增加换热面积，新增的板框可以与现有的板框串联或并联。串联安装会增大压降。并联安装会降低通过每一个板框的物流流量从而降低现有板框中的传热系数，整个匹配的压降等于现有换热器在新条件下的压降与新安装的并联换热器的压降中的最大值。

2）增大总传热系数。增大总传热系数等同于增大传热面积。改变管程数或者挡板布置可以增大传热系数。另外，还可以采用管内插件，如第12章所述。采用管内插件的一个主要缺点是会增大每个管程的压降。而这在改造中是非常重要的，因为输送物流的泵受其容量的限制可能无法满足所需增加的压降(见第13章)。然而当采用管内插件以强化传热时，压降增大并不是必然的，如第12章所述。虽然管侧传热强化会增大每个管程的压降，但可以通过改变管侧板片以降低管程数。

一旦建立好网络模型，其计算速度是非常快的，因此通过灵敏度分析可以很容易地探索网络结构的变化，尤其是物流的比热容为常数时。如果改造的目的是降低某一特定公用工程换热器的热负荷，那么将由这台公用工程换热器的进口温度对换热网络中现有换热器 UA 值变化的灵敏度来指导改造过程。在这种灵敏度分析中，可以对某一特定匹配设置不同的 U 和 A 值，每次设置后进行模拟计算。这也适用于其他可能提高换热网络性能的换热器。然后可以比较换热网络性能对每台备用换热器的变化的灵敏度。这样，就可以识别出换热网络中对公用工程换热器进口温度影响最大的换热器。

该方法包括以下步骤：

步骤1. 如果不能改变网络结构，那么降低某一特定公用工程换热器的热负荷只能通过改造与该公用工程换热器在同一公用工程路径上的换热器来实现。因此，需要分析网络结构以识别与所研究的公用工程换热器在同一公用工程路径上的换热器。

步骤2. 对于与所研究的公用工程换热器在同一公用工程路径上的换热器，需要通过灵敏度分析以识别对所研究的公用工程能耗降低影响最大的换热器。

步骤3. 根据可行性和优先性，采用强化传热或者增加额外传热面积以增强步骤2中所识别出的影响最大的换热器的传热性能。如果改造的目的是降低公用工程能耗，那么当过程换热器的热负荷的增量超过公用工程路径上某一公用工程换热器的热负荷时，换热网络改造就不可行。换言之，随着过程换热器热负荷的增大，公用工程换热器热负荷相应减少，当达到一定量时，其中一台公用工程换热器的热负荷会变为零，这时需要将其从换热网络中移除。否则将无法将物流维持在目标温度。除了检查热负荷改变的可行性，还应注意检查热负荷的改变是否会导致网络中不可行的传热温差。

步骤4. 若完成一台换热器的强化后，达不到物流的目标温度，则可以通过调整公用工程换热器的热负荷将物流的目标温度修正到可接受的范围内。如果必要的话，继续强化其他过程换热器。

步骤5. 提高网络性能，并将目标温度修正到可接受的范围内，新的网络设计就成了进一步改进的基础案例。然后重复步骤2~步骤4直至满足改造目标或者完成改造范围。

图18.24中所示的换热网络可用来说明该方法。其热负荷、UA 值以及其他详细数据见表18.6。

表18.6 换热器数据

换热器	热负荷/kW	UA/kW·K^{-1}	壳程数	F_T
1	6141	205	2	0.878
2	6135	259	2	0.820
3	5557	100	1	0.882
4	2689	34.2	1	0.937
5	3431	59.7	1	0.978
6	2292	59.9	1	0.831
7	3623	41.4	1	0.985
C1	657			
C2	1142			
C3	817			
C4	881			
H	14453			

假设改造的目的是降低加热器的能耗，这可以理解成为提高进入加热器的工艺物流的温度。从图18.24可以看出，除了换热器7，其他所有换热器都在加热器所在的公用工程路径上。不断

增加换热器 1~6 的 UA 值进行灵敏度分析，然后重新模拟换热网络以计算加热器的入口温度的变化。模拟的速度非常快且可靠，因此采用软件可以快速完成这个工作。图 18.32 以图示的方式给出了结果，图中 $\Delta T_{OBJECTIVE}$是每个换热器中 UA 值的变化所引起的加热器进口温度的变化。UA 值的变化可以理解为由于传热强化引起的 U 的变化，或者增加新的壳程而引起的面积 A 的变化，或者是二者结合。从图 18.32 中可以看出，目前为止换热器 5 对提高加热器的入口温度的影响最大。沿换热器 5 所在公用工程路径对热负荷进行的检查表明，换热器 5 热负荷的最大增量为 817kW。这是从换热网络中除去冷却器 3 所降低的热负荷。换热器 5 的热负荷增加 817kW 会使加热器的入口温度相应提高 5.7℃。反过来，这对应于换热器 5 的 UA 值要增加接近 50%，见图 18.32。如果沿公用工程路径改变热负荷，然后对温度进行核查，如果不存在过小的传热温差，则提出的改造方案从整个网络看是可行的。

假设将换热器 5 的 UA 值增加 49%，其他所有换热器采用表 18.6 中初始的 UA 值，网络模拟结果如图 18.33a 所示。模拟的基础是所有过程换热器的 UA 值固定不变，而公用工程换热器的热负荷固定不变。但这样不再能达到所需的目标温度。因此需要平衡网络以达到所需的目标温度。这个问题可以通过调节加热器和冷却器的热负荷解决。为了平衡换热网络，对加热器和冷却器设置不同的热负荷进行网络模拟，同时保持过程换热器的 UA 值固定不变，直至达到目标温度。图 18.33b 给出了平衡后的结果。最终加热器的热负荷为 13729kW。这表明节约了 724kW 的热公用工程用量和 742kW 的冷公用工程用量。这两者之间的差异是由最初的目标温度和图 18.33 中所达到的目标温度之间的细微差别造成的。在实际中，根据物流的最终去向可以允许目标温度存在些许偏差。图 18.33b 中的设计使热公用工程用量节约了 5.1%。值得注意的是，换热器 5 的强化使得热公用工程用量的变化不是 817kW。在整个图中，任何给定的过程换热器平衡后的热负荷取决于换热器的 UA 值。

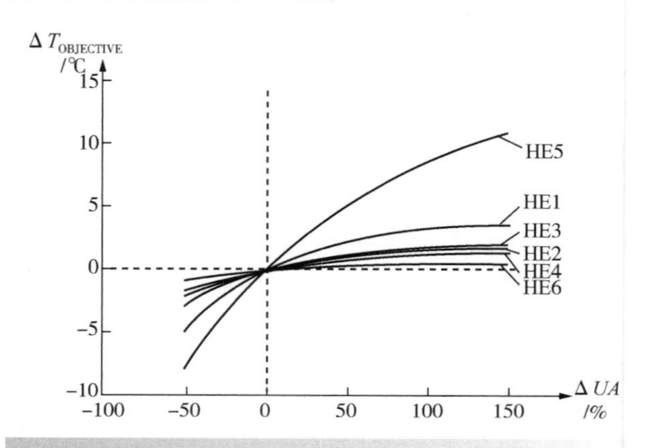

图 18.32 网络灵敏度分析
(Ning Jiang, Jacob David Shelley, Steve Doyle, Robin Smith, 2014)

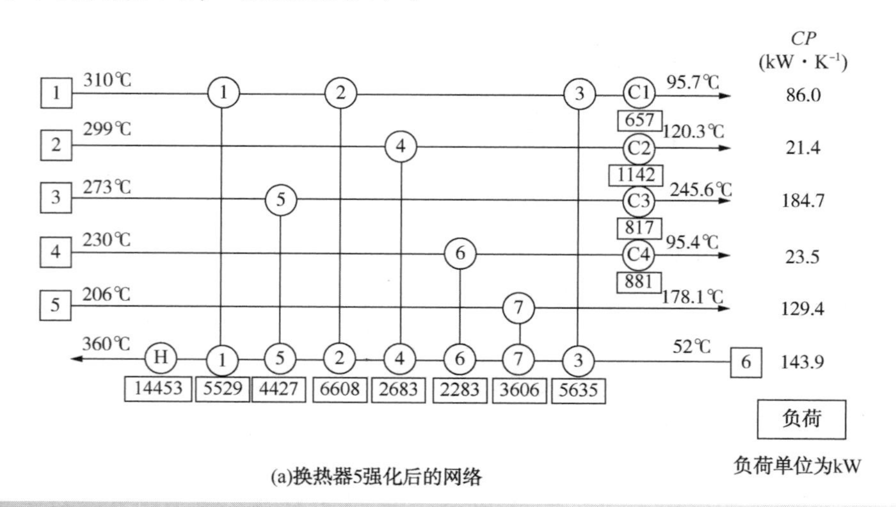

图 18.33 传热强化后的网络改变
(Ning Jiang, Jacob David Shelley, Steve Doyle, Robin Smith(2014))

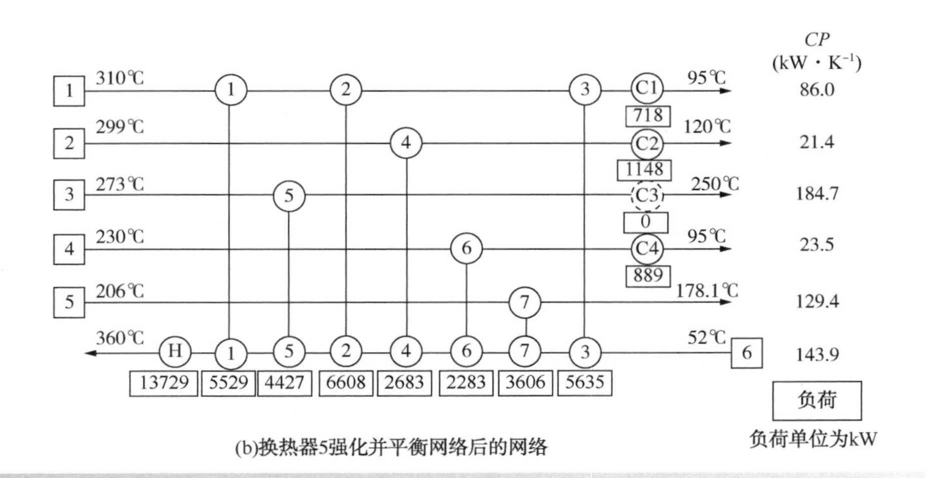

图 18.33　传热强化后的网络改变(续)
(Ning Jiang, Jacob David Shelley, Steve Doyle, Robin Smith, 2014)

在这个案例中，网络平衡是通过调整公用工程换热器的热负荷实现的。在更复杂的案例中，除了调整公用工程换热器的热负荷，可能还需要调整一些过程换热器的 *UA* 值以平衡网络。

知道了需要强化的程度，就可以对换热器 5 进行详细的改进以实现所需的强化。现有换热器的强化可以通过增加新的传热面积或强化传热实现。这里考虑两种常用的传热强化技术：纽带和螺旋线圈(见第 12.8 节)。换热器 5 的详细数据见表 18.7。

表 18.7　换热器 5 的数据

物　流	壳程	管程
热容 C_P/J·kg^{-1}·K^{-1}	2718.5	2325
导热系数 k/W·m^{-1}·K^{-1}	0.215	0.106
黏度 μ/N·s·m^{-2}	2.1×10^{-4}	2.38×10^{-3}
密度 ρ/kg·m^{-3}	776	544.5
流率 m/kg·s^{-1}	67.93	61.87
进口温度 T_{in}/℃	273	193.04
终温/℃	254.4	216.9
污垢热阻/m^2·K·W^{-1}	6.90×10^{-4}	5.35×10^{-4}
对流传热系数/W·m^{-2}·K^{-1}	2692	505.0
压降/Pa	22988	14740
换热器几何尺寸		
管心距 p_T/m	0.025	

续表

管数 N_T	808
管程数 N_P	2
管有效长度 L_{eff}/m	5.0
管壁导热系数 k_{tube}/W·m^{-1}·K^{-1}	51.91
排管角	90°
管内径 d_I/m	0.016
管外径 d_O/m	0.020
壳内径 D_S/m	0.9
挡板数 N_B	9
挡板间距 B/m	0.5
入口挡板间距 B_{in}/m	0.5
出口挡板间距 B_{out}/m	0.5
挡板缺口 B_C	25%
管侧进口喷嘴内径 $d_{TN,inlet}$/m	0.3048
管侧出口喷嘴内径 $d_{TN,outlet}$/m	0.3048
壳侧进口喷嘴内径 $d_{NS,inlet}$/m	0.3048
壳侧出口喷嘴内径 $d_{NS,outlet}$/m	0.3048
壳束直径间隙/m	0.041
面积/m^2	253.8
总传热系数/W·m^{-2}·K^{-1}	235.4
负荷/kW	3431

换热器 5 传热受管侧控制，因此可以考虑采

用管插入件法强化传热(见第 12.8 节)。根据第 12.8 节中给出的纽带和螺旋线圈的性能模型可以计算强化后的换热器的性能。

由于换热器 5 所需的热负荷增量为 817kW,可以有不同的强化设计方案。第一种方案是给现有的换热器串联一台面积为 $113m^2$ 的新换热器,假设新换热器的传热系数与现有换热器的传热系数相同。或者不安装新的换热器,可以给现有换热器采用管插入件。内部膜传热系数占总传热阻力的 55%,因此强化管侧传热应当是有效的。可以采用扭曲比为 6.57、条带厚度为 1.6mm 的纽带插件或间距为 82mm、厚度为 1.6mm 的螺旋线圈插件。基于第 12.8 小节中的模型公式,表 18.8 中比较了采用不同管插入件时的换热器性能。然而,螺旋线圈所对应的结果应该谨慎处理,因为关联公式不在所用的 p/d_I 的范围内。

表 18.8　换热器 5 的传热强化方案

方案	h_T/W·m^{-2}·K^{-1}	h_s/W·m^{-2}·K^{-1}	U/W·m^{-2}·K^{-1}	Q/kW	ΔP_T/kPa	ΔP_S/kPa
纽带	963.8	2692	325.2	4247	22.8	26.4
螺旋线圈	963.8	2692	325.2	4247	12.5	26.4

换热器 5 的热负荷增加 817kW 不会使热公用工程用量降低 817kW。这是因为其他换热器的 UA 值是固定的,但它们的热负荷不是固定的。只要压降的增量在可接受的范围内,采用传热强化可能比增加传热面积更具优越性。

进一步的改造可以通过强化影响最大的换热器来实现,如图 18.32 中换热器 1。如果假设换热器 1 的 UA 值增大 40%,这样可使换热量增加 557kW,热公用工程用量降低 108kW。换热器 1 强化后为了平衡换热网络,需要降低换热器 5 的强化程度。由此,累计节能 5.7%(Jiang, et al., 2014)。因此,改造第二步的优化效果不理想,可能不值得实施。

18.10　变结构的换热网络改造

允许改变结构会为改造提供更多的选择。一种允许改变结构的改造方法是尝试使换热网络演变为一个理想的新设计。采用这种方法,根据物流数据可以使用复合曲线或者问题表法来确定给定最小传热温差下的网络目标和夹点位置。知道夹点位置后,就可以确定网络中现有换热单元相对于夹点的位置。然后识别并消除跨夹点传热的换热器。跨夹点传热可能是工艺物流换热或者公用工程的不合理使用导致的(例如,在夹点下方使用蒸汽)。重新连接换热网络,尽可能多地保留现存网络的特性(Tjoe and Linnhoff, 1986)。这可能会提升现有换热网络的能量性能,但存在一些基本问题:

- 最小传热温差 ΔT_{min} 应当设置多大?随着 ΔT_{min} 的变化,夹点位置会改变,因此发生跨夹点传热的换热单元也会改变;
- 现有的设备只能以一种特别的方式重新使用;
- 改造过程可能涉及对现有的换热网络的大量改造。改造的首要任务之一是尽可能少地对换热网络进行修改;
- 不包括与现有换热网络相关的约束。

这个方法的根本问题是将换热网络改为新设计,而不是接受已经存在的特性。由于这些原因,基于能量目标的方法和夹点设计法都不适用于改造。根据能量目标可以给出换热网络改进的范围,但实现该目标很可能是不经济的。一个更好的方法是使网络从现有结构开始优化,以识别最关键、最经济的网络结构变化(Asante and Zhu, 1997)。

假设想要降低图 18.34a 中现有换热网络的能耗。图 18.34b 给出了根据基本物流数据得到的复合曲线。复合曲线已经经过调整,因此复合曲线之间的重叠部分与现在实际的 200MW 热回收量相吻合,相应的最小传热温差为 22.5℃。另一方面,现有换热网络中的最小传热温差为 20℃。首先考虑如何在不改变网络结构的条件下降低现有网络的能耗。如前所述,这只能利用公用工程路径才可能实现。图 18.34a 中现有网络只有一个自由度可以用于换热网络优化,用虚线圈来突出表示。它包括加热器和冷却器之间的公用工程路径。网络中虚线圈以外的匹配关系都受到各个物流热负荷的约束。因此，降低现有网络的公用工程能耗的唯一方法是沿加热器与冷却器之间的路径转移热负荷。

图 18.35a 给出了为降低公用工程能耗而将现有网络中传热温差设为 0℃ 的换热网络(Asante and Zhu，1997)。这在实践中是不可能实现的极限，在这里只是为了用来说明。当现有换热网络中的最小传热温差为 0℃ 时，热回收必须增至 220MW。比较增大热回收后的复合曲线，如图 18.35b 所示，它们的最大重叠部分为 250MW。此时，复合曲线的最小传热温差为 6℃。这表明现有网络结构下的最大热回收与从复合曲线得到的理论最大热回收不同。这种差异是因为现有换热网络结构不适合最大热回收。那么如何改造现有网络结构以提升网络性能呢？

图 18.36 给出了将网络热回收增至绝对最大值的现行换热网络。图 18.36a 中强调了限制现行换热网络的热回收的部分。其中一台现有换热器具有最小传热温差(为了说明设为 0℃)。图 18.36b 中也给出了复合曲线，但设置总热回收量与现行换热网络受限制时的热回收量相同(220MW)。复合曲线上另外给出的是每一台现有换热单元中热物流的温度曲线。其中有一个匹配限制了热回收，此时它的传热温差为 0℃。这个限制热回收的匹配被称作夹点匹配(Asante and Zhu，1997)。夹点匹配位于网络夹点处(Asante and Zhu，1997)。网络夹点限制了现行换热网络的热回收。

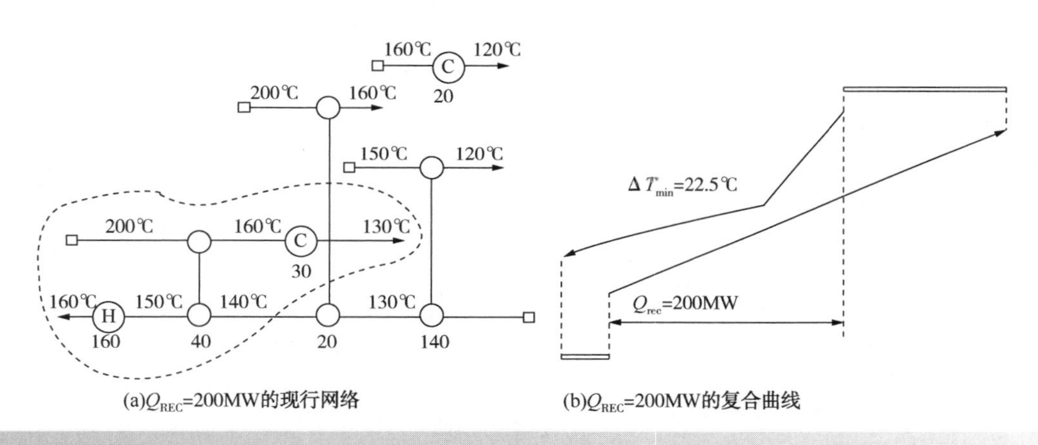

(a)Q_{REC}=200MW的现行网络　(b)Q_{REC}=200MW的复合曲线

图 18.34　现行换热网络
(Asante and Zhu，1997)

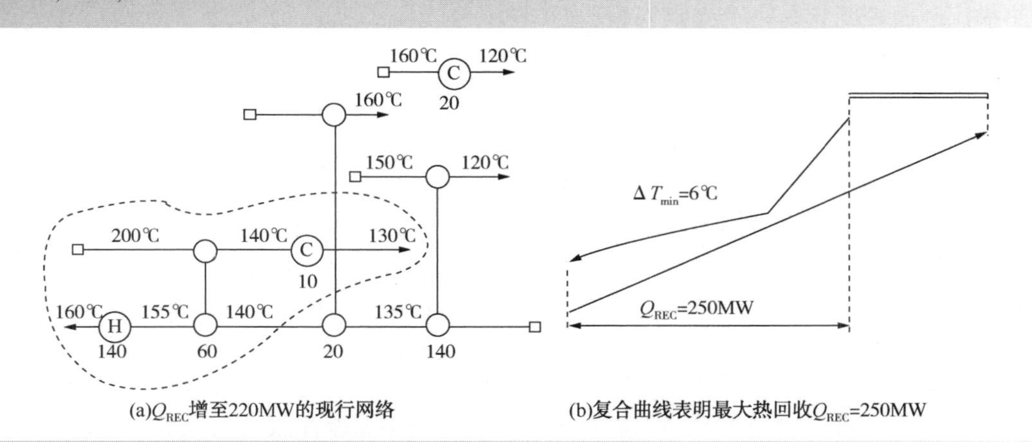

(a)Q_{REC}增至220MW的现行网络　(b)复合曲线表明最大热回收Q_{REC}=250MW

图 18.35　即使 $\Delta T=0$℃ 现行换热网络的最大热回收也小于能量目标
(Asante and Zhu，1997)

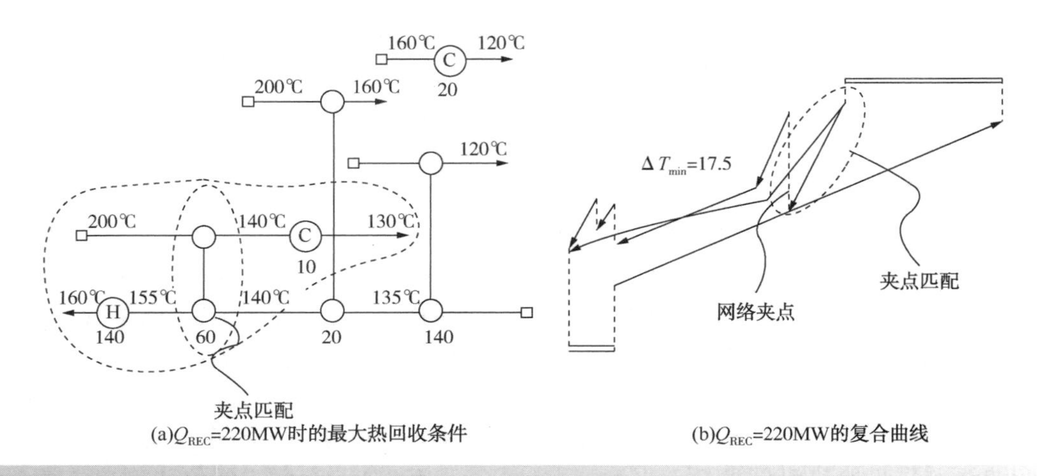

图 18.36 网络夹点限制了现行换热网络的热回收
(Asante and Zhu, 1997)

在实际中，如果在设计研究中识别到了网络夹点，那么实际的最小传热温差会设置为 10℃或者 20℃，而不会像这个案例中为了说明而采用的 0℃。但原理是完全一样的。当存在网络夹点时，现行换热网络中存在一个或者多个匹配中的换热器具有实际的最小传热温差。

有四种方法可以克服网络夹点，并且能够提升现行换热网络的性能使其超过夹点状态下的性能(Asante and Zhu，1997)。

① 重排。图 18.37 给出了如何利用重排来克服网络夹点。重排是将换热单元移到网络中一个新的位置，但与相同的物流之间作为初始匹配。图 18.37 给出了一条冷物流被两条热物流加热。其中一条热物流剖面表明它是一个夹点匹配，且具有最小传热温差 0℃(再一次为了说明)。在图 18.37 中，与夹点匹配相邻的热物流具有一个有限的传热温差。如果通过一个简单的重排交换两条热物流的位置，如图 18.37 所示，则不再有夹点匹配的限制。这意味着利用公用工程路径降低网络能耗有了新的范围。如果公用工程路径被利用达到极限，会产生新的网络夹点，但现在网络的公用工程的消耗较低。

② 重新匹配。重新匹配与重排非常相似。与重排一样，重新匹配也是将换热单元移到网络中一个新的位置。但是，重新匹配时，换热单元不用限制在与初始匹配相同的物流之间工作，而可以被移到一个不同于初始匹配物流的位置。重新匹配是一种比重排更普遍的情况，但由于一些原因可能不实用。例如，结构材料或者机械压力等级不适用于其他物流。重新匹配的基本原则与重排一样，但由于实际因素两者需要区分。

③ 增加一个新的匹配。图 18.38 给出了如何通过插入一个新的匹配来克服网络夹点。同样，这一原理还可以由两股热物流向一股冷物流提供热量来说明。其中包括一个夹点匹配。如果增加一个新的匹配，使与夹点匹配相邻的热物流的热负荷降低，且被新的匹配替代，那么夹点匹配的位置就发生改变导致此处不再存在夹点。这样就为利用公用工程路径来降低网络的公用工程消耗提供了新的范围，直到再次出现夹点。虽然在再次出现夹点，但公用工程能耗降低。

④ 引入另外的分流。如图 18.39 所示，第四种克服网络夹点的方法是在现有的网络中引入另外的分流。此时，可以看出两种匹配同时都在夹点处。通过引入一个物流分流，使两个夹点匹配中的冷物流线不再受夹点限制。这意味着增加公用工程路径来降低网络能耗的范围。在图 18.39 中采用该方式降低能耗直至达到极限，然后网络又再次被夹点限制，但降低了对应的公用工程用量。值得强调的是，实际应用中应当设置一个有限的实际最小传热温差，而不是 0℃。然而，任何以最小温差为假设来识别、进而克服网络夹点的方法都不能保证优化改造。

举例来说，图 18.40 给出了一个现有的换热网络。现有的热公用工程能耗为 14453kW。改造的第一步，在不改变网络结构的条件下最大限度地利用节能的自由度来使现有的换热网络出现夹点。可以通过使用以能耗最小为目标的线性规划(LP)优化调整整个网络的热负荷来实现，且满足整个换热网络中最小传热温差的约束条件。在这种情况下，优化会受到约束，以致在所有匹配中存在一个实际最小传热温差。第二步可以根据每一个匹配的新操作条件计算对应的面积，结

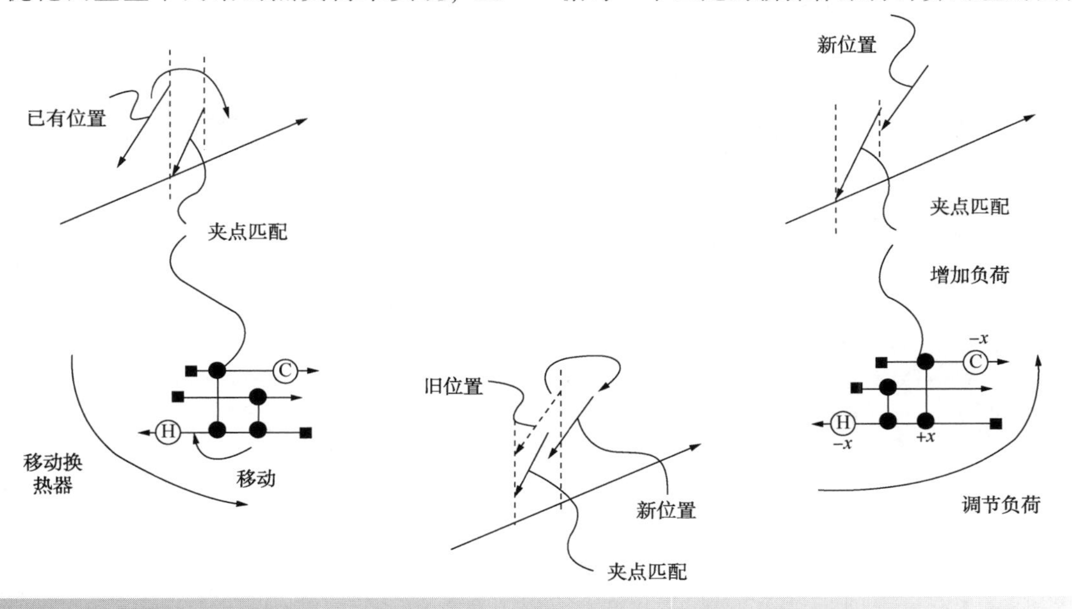

图 18.37　采用重排匹配克服网络夹点

(Reproduced from Asante NDK and Zhu XX (1997) An Automated and Interactive Approach for Heat Exchanger Network Retrofit, Trans IChemE, 75: 349, by permission of Elsevier)

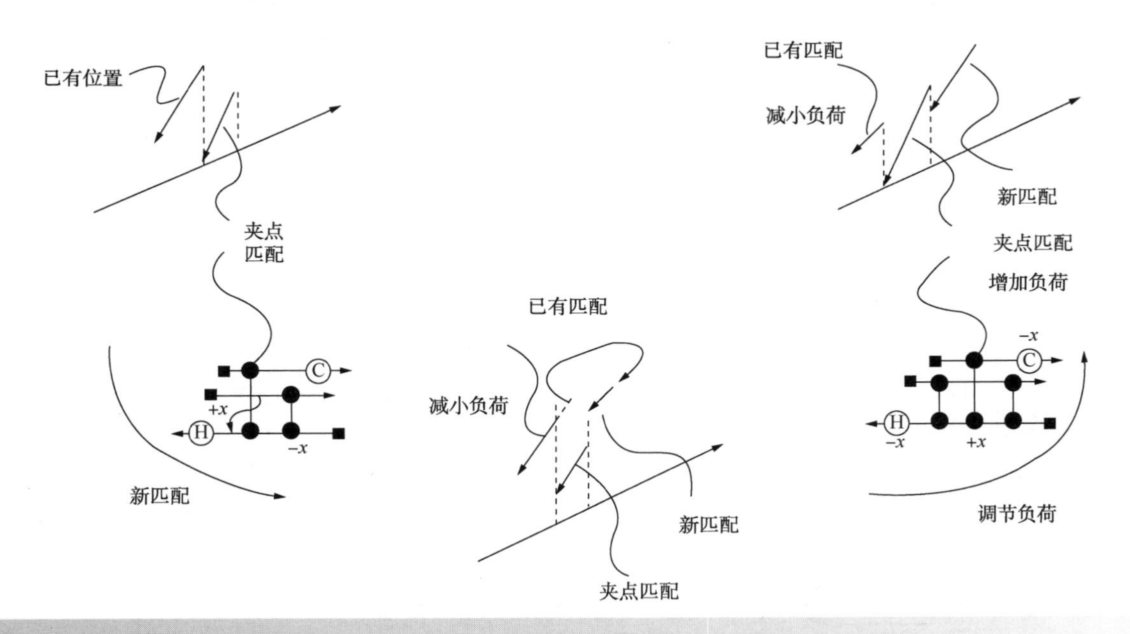

图 18.38　增加新的换热器以克服网络夹点

(Reproduced from Asante NDK and Zhu XX (1997) An Automated and Interactive Approach for Heat Exchanger Network Retrofit, Trans IChemE, 75: 349, by permission of Elsevier)

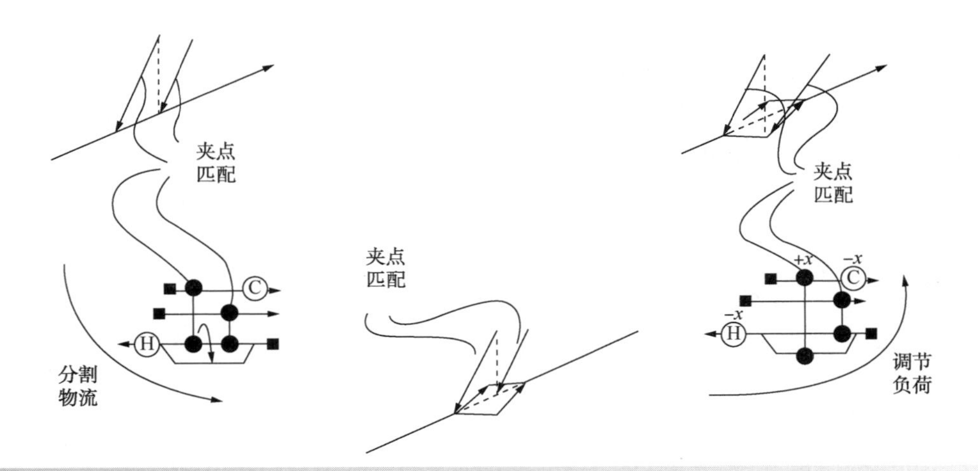

图 18.39 改变分流排列克服网络夹点
(Reproduced from Asante NDK and Zhu XX (1997) An Automated and Interactive Approach for Heat Exchanger Network Retrofit, Trans IChemE, 75: 349, by permission of Elsevier)

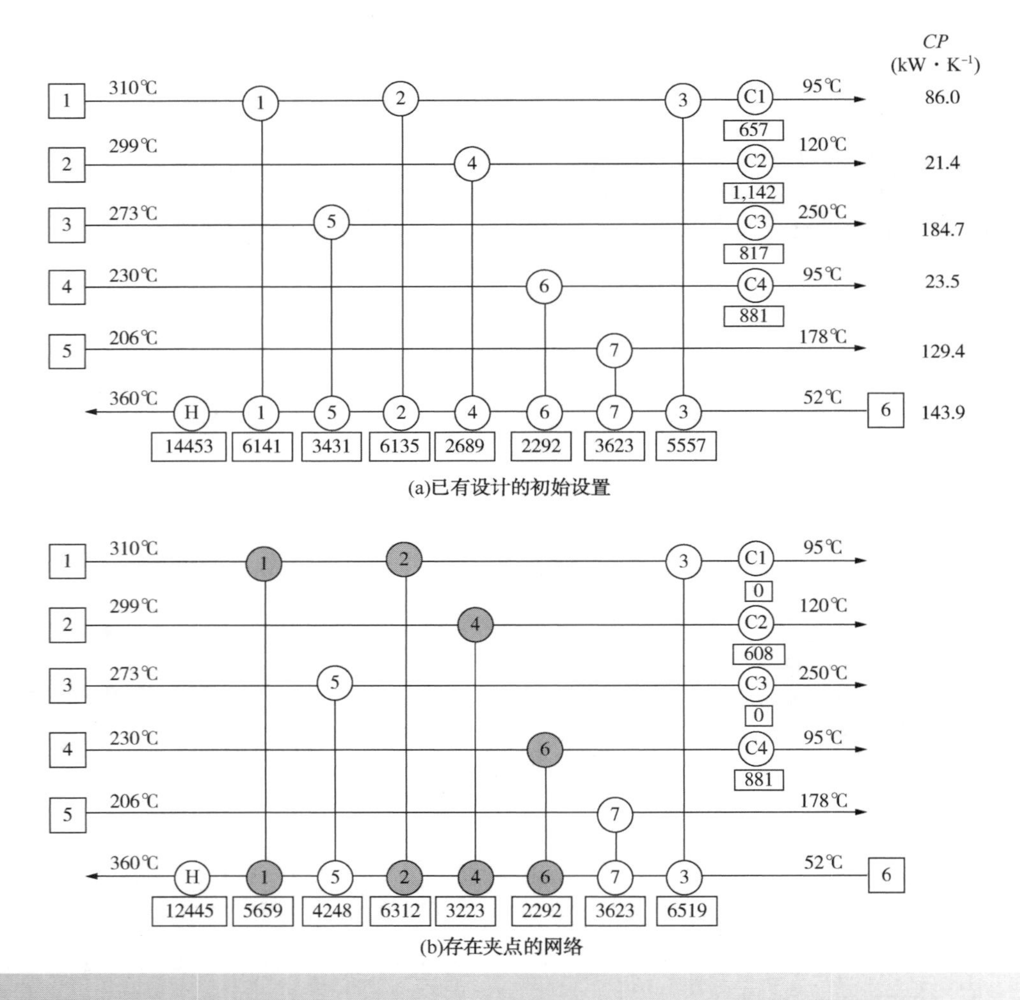

图 18.40 现有网络设计

果见图18.40b。原则上，在不改变网络结构的条件下，热公用工程能耗可以减少至12445kW，且满足所有换热器的传热温差都不低于10℃的约束。可以看出，尽管可以显著地降低能耗，但换热器1、2、3和5都需要增加额外的换热面积。额外的传热面积可以通过直接增加换热面积或传热强化来实现。虽然这是一个可能的改造方案，但不一定是一个经济性能好的改造方案。为了确保改造的经济性，需要进行投资和能耗的权衡。需要估计增加的传热面积的成本费用和传热强化费用，并在一个给定的折旧期间内计算年成本费用。最小化加和年投资费用和年操作费用得到总费用。这是一个非线性规划(NLP)优化问题。这样做的结果很可能是消除一些额外的传热面积或传热强化，已包括夹点网络，但会导致节能水平降低。

想要进一步降低能耗就必须改变换热网络的结构。图18.41给出了重排的可能性。在这种情况下，换热器7被移动到一个新的位置，新的网络结构通过LP优化后出现夹点。能耗降低至11715kW。不幸的是，大多数过程换热器需要额外的传热面积或者传热强化。虽然这是一个可能的改造方案，但这个改造方案可能不具有经济效益，如前文所述，应该采用NLP优化进行投资-能量的权衡。这样可以避免一些额外的传热面积或强化传热，但会导致节能效果降低。

与图18.41a中所示的对一台换热器进行重排不同，图18.41b给出的是通过引入一台新的换热器8来改变网络结构，同时，进行LP优化之后，能耗降低至11831kW，满足最小传热温差为10℃的约束。现有的4个工艺换热器需要增加新的传热面积或进行传热强化，其中一台冷却器也需要额外的传热面积。同样，这个网络结构改变需要进行能量和投资的权衡优化。

最后，图18.41c说明在网络中引入一个新的分流的影响。和前文一样，采用LP优化后网络出现夹点，满足最小传热温差为10℃的约束。现在能耗降低至12，189kW，代价是除了换热器7，其他所有过程换热器都需要增加新的传热面积或进行传热强化。这同样需要进行一个投资和能量的权衡以得到一个最佳的改造方案。

在图18.40和图18.41的案例中，图18.41a中所示的重排是很好的选择，但这只是一个很浅显的评估，在做筛选之前应当对每一种选择进行一个投资与能量的权衡优化。

改造后的换热网络应当进行费用优化以获取权衡投资-能耗的正确设置。如前文所述，固定结构的换热网络优化是一个非线性规划(NLP)优化。当处理现有换热网络的优化问题时，需要了解到传热面积情况，但是需要在网络中增加一部分新的传热面积(或强化传热)以提升网络性能。现有的传热面积的投资费用为零，优化过程的投资费用只需要考虑新增传热面积、传热强化、管道改造以及土建工程等。在改造过程中，需要谨慎指定投资费用的关联公式。设计者通常采用单位传热面积费用，比如：

$$投资费用=bA \tag{18.15}$$

式中，A是传热面积；b是费用系数。

如果采用式18.15计算新增传热面积的投资费用，这将会导致改造结果较差。式18.15的问题是，优化很可能会在网络的多个位置增加新的传热面积或强化传热，但该式不能体现出因改造增加的相关费用。为了确保不会在整个现有换热网络中增加新的传热面积，投资费用的关联公式应该采用如下形式：

$$投资费用=a+bA^c \tag{18.16}$$

式中，a，b，c都是费用系数。

在式18.16中，系数a是一个即使增加少量的传热面积也会产生的阈值成本。如果在公式中的阈值成本较大，则会使优化倾向于在网络中尽可能少的增加新的传热面积。反过来，这将减少改造项目，以适应新的传热面积要求。

值得注意的是，即使不购买新的换热器设备，重排和重新匹配的投资费用也不是零。重排或重新匹配的管道改造非常昂贵。同时，可能需要重新安置设备，也许会产生土建费用。改造的投资费用估算方法见第2章。

虽然网络夹点的概念为提升网络性能所必需的结构变化提供指导意义，但是没有提供如何选择最佳网络结构变化的方法。无法直观地确定采用哪种结构方案。为此，需要引入自动的方法。

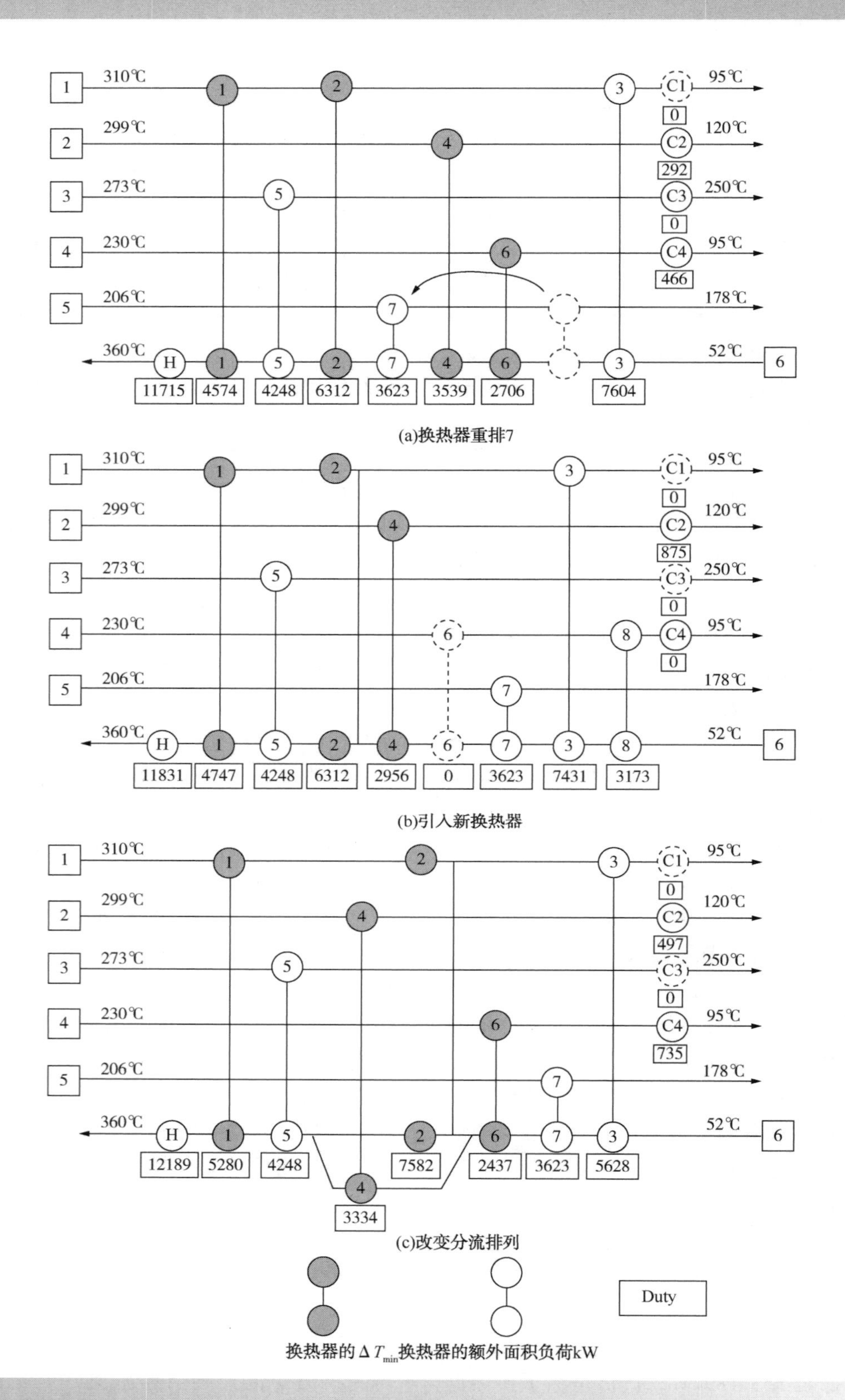

图 18.41 改变网络结构以克服网络夹点

18.11　换热网络改造的自动方法

由于很难直接的在结构改造中确定关键的网络变化，可以使基于网络夹点概念的换热网络改造方法成为自动化方法（Zhu and Asante，1999）。构造网络重排（或重新匹配）的结构，在假定实际的 ΔT_{min} 下通过优化重排（或重新匹配）的结构来确定最优的重排（或重新匹配）（Zhu and Asante，1999）。如果换热网络在一个固定的 ΔT_{min} 下以能耗最小化为目标进行优化，这可以被表示为一个 MILP 优化（Zhu and Asante，1999）。估算换热器的投资费用时包含面积计算会使优化变为非线性的。类似地，也可以在改造现有网络时增添新的匹配或分流的结构，并在假定实用的 ΔT_{min} 下优化结构使其能耗费用最小化（Zhu and Asante，1999）。

每采用 MILP 确定一个可行的修改之后，需要采用 NLP 优化对网络进行详细的投资-能耗权衡。图 18.42 给出了投资-能耗权衡的优化。首先采用 MILP 探索并修改结构，然后使用 NLP 进行投资-能耗权衡以修正设置。通过这种方式分解问题，将一个整体的 MINLP 问题通过 MILP 和 NLP 来解决。

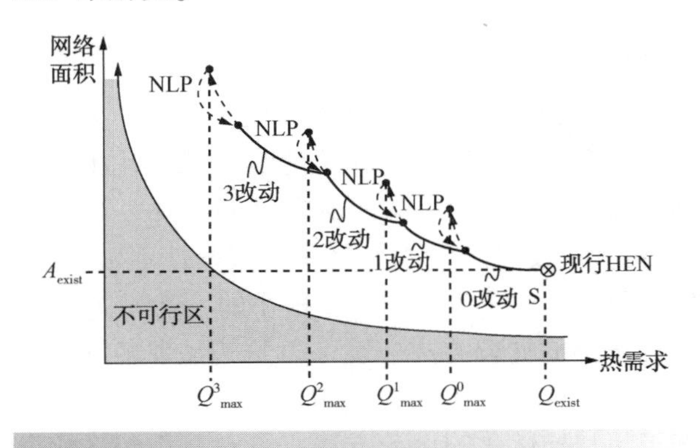

图 18.42　基于网络夹点分步推进的改造方法

这种方法可以很容易地扩展到同时进行结构和投资-能耗的优化。这需要从现行网络结构出发创建一个超结构，以给现行网络结构添加新的可行的特性，包括在现行网络中进行网络重排、增加新的匹配或修改物流分流。当目标函数为总费用最小（包括投资-能耗的权衡优化）时，所产生的优化问题是一个混合整数非线性规划问题（MINLP）。如果 MINLP 受到限制只允许一个简单改动，改造策略可以遵循一个演化方法，如图 18.43 所示。首先在现行的结构中对网络进行优化，其次确定并优化一个改动，然后确定并优化第二个改动，以此类推。这种方法有很多实际的优势。它可以发展得到一系列不同的网络改造设计，节能水平越来越高，相应的改造设计也越来越复杂和昂贵。然后，可以对每一个改造设计进行详细的研究以探索实施的可操作性。当每个阶段如果出现预期外的问题，必要时可以添加额外的约束条件重新进行优化。然而，这种方法也有缺点。由于可以选择不同网络变化的组合方式，所以不一定会得到最优的改造方案。想要得到最优的改造方案需要同时考虑所有选择。

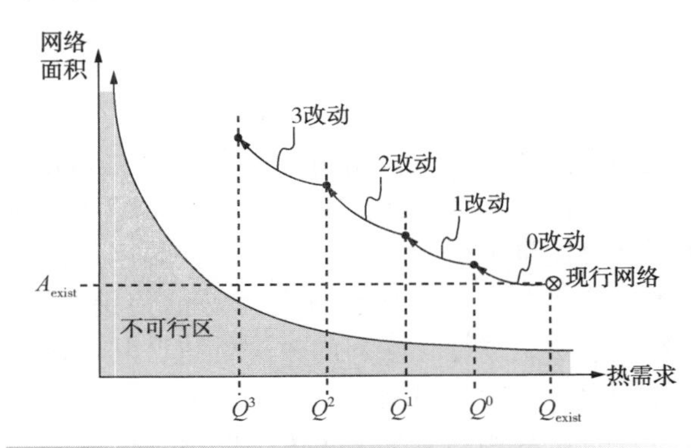

图 18.43　采用 MINLP 或随机算法一次一改动的优化

有一种更好的方法是再次遵循演化策略，但是同时考虑这些修改。首先对现行网络进行优化。然后以网络 1 改动为约束，采用 MINLP 对改造的超结构进行优化。再以网络 2 改动为约束，采用 MINLP 对初始网络重新进行优化，接着是以网络 3 改动为约束的网络优化，以此类推，如图 18.44 所示。在每个阶段，如果对遇到预期外的问题，可以添加额外的约束条件重新进行优化。

根据这种方法可以确定一系列可能的改造，节能效果逐步增加，但复杂性和投资费用也逐步增加。这一点是不可避免的，因为优化中不可能包含与现有工艺流程的布局、紧凑程度和管道布置相关的所有实际细节和问题。准备一系列方案有助于更灵活地选择一个既经济又可以不过度改动现有工艺流程的改造方案。

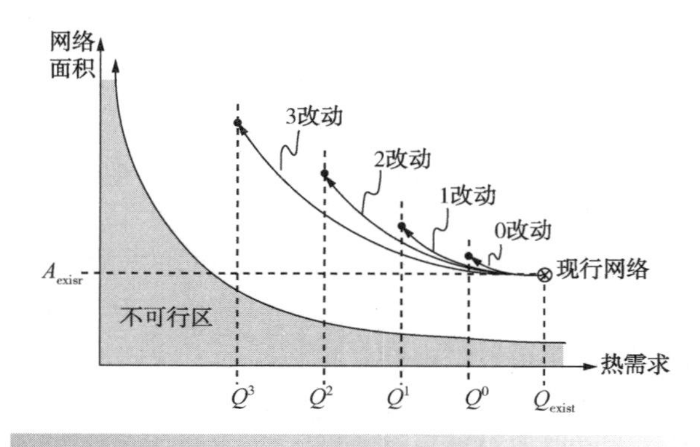

图 18.44 采用 MINLP 或随机算法受改动数约束的优化

除了采用超结构的确定性优化来确定改造方案的选择，还可以使用基于随机搜索优化的方法，例如模拟退火，类似于前文讨论的用于新设计的方法。这种方法从现有的网络设计开始，然后使用模拟退火算法通过一系列的演变来确定涉及重排、重新布管、新的匹配或者改变物流分流设置等结构变化。每次演变之后，需要基于一些机制恢复能量平衡，然后模拟新的换热网络以及计算目标函数。与确定性优化算法的使用一样，最好的方法是进行一系列的改进优化，其中网络改动的次数受约束限制，允许修改的次数逐渐增加。优化过程中应该权衡投资-能量。同样，在每个阶段，如果必要的话，当遇到预期外的问题时，可以添加额外的约束条件重新进行优化。然后从可能方案列表中选出最佳改造方案。

这种方法能够指导改造过程得出简单实用的解决方案，它的主要优势是允许设计人员评估所做改动并能控制改造的复杂程度。

18.12 换热网络设计——总结

一个良好的换热网络初始设计是假设所有换热器的传热温差都大于 ΔT_{min}。确立这个假设之后，在第 17 章中推导出了两条规则。如果想要实现由复合曲线(或问题表法)所设定的能量目标，则必须不存在以下方式的跨夹点传热：

- 工艺物流间的传热；
- 不合理使用公用工程。

如果所有换热器的传热温差都大于 ΔT_{min}，则这两条规则对于能量目标的设计是充分和必要的。

换热网络的设计可以归纳为以下五个步骤：

1）在夹点处将问题划分为独立的子问题。

2）从夹点处开始对子问题进行设计，并向离开夹点的方向延伸。

3）对于夹点处物流之间的匹配，为保证温度的可行性必须满足对 *CPs* 的约束条件。

4）利用“剔除”经验规则确定单个换热器的热负荷，以实现换热单元数最小。但该经验规则有时会引起一些问题。

5）离开夹点后，通常有更多的自由度来选择匹配关系。在这种情况下，设计者可以根据可操作性、工厂布局等进行选择。

在夹点上方，如果夹点处的热物流数目多于冷物流数目，则必须对冷物流进行分流以满足 ΔT_{min} 的约束条件；在夹点下方，如果夹点处的冷物流数目多于热物流数目，则必须对热物流进行分流以满足 ΔT_{min} 的约束条件。如果夹点处所有物流的 *CP* 不等式均不能得到满足，那么也需要进行物流分流。

对于多夹点问题，两个夹点之间的设计应该从约束最多的夹点处开始。

剩余问题分析可以在无须完成网络设计的情况下，从整个网络的角度对匹配关系进行定量估算。

一旦确定了初始的网络结构，回路、公用工程路径和物流分流就为在多变量连续优化中调整网络成本提供了自由度。在优化过程中，温差大于 ΔT_{min} 或没有跨夹点传热等约束条件不再适用。优化目标仅仅是得到总费用最小的设计。

对于更复杂的网络设计，尤其是那些涉及多个约束条件、设备规格等问题的设计，可以采用基于超结构优化的设计方法。可以采用超结构的确定性优化算法或随机优化算法。

网络改造可以通过重排、重新布管、增加新的换热器以及增加物流分流等方式来完成。可以采用超结构的确定性优化或随机搜索优化来识别网络变化。应该识别一系列可能的改造，逐步提升节能效果，但同时也增加了复杂性和投资费用。这一点很必要，因为优化中不可能包含与现有工艺流程的布局、紧凑程度和管道布置有关的所有实际细节和问题。准备一份方案列表有助于更灵活地选择一个既经济又可以不过度改动现有工艺流程的改造方案。可以通过以串联或并联的方式增加新的换热器壳体，或者强化现有换热器的传热来为现有匹配增加新的传热面积。

18.13　习题

1. 表18.9给出了一个过程的物流数据。

表18.9　习题1物流数据

物流编号	物流类型	供应温度/℃	目标温度/℃	热容流率/$MW\cdot K^{-1}$
1	热	200	100	0.4
2	热	200	100	0.2
3	热	150	60	1.2
4	冷	50	140	1.1
5	冷	80	120	2.4

① 当$\Delta T_{min}=10$℃时，热物流的夹点温度为90℃，冷物流的夹点温度为80℃。设计一个在最小换热单元数下实现最大能量回收的换热网络。

② 松弛$\Delta T_{min}=10$℃的约束条件，沿一个公用工程路径转移热负荷，使网络只使用热公用工程，而完全不使用冷公用工程。

2. 表18.10给出了一个热回收网络问题的工艺物流数据。

表18.10　习题2物流数据

物流编号	物流类型	供应温度/℃	目标温度/℃	热容流率/$MW\cdot K^{-1}$
1	热	300	80	0.15
2	热	200	40	0.225
3	冷	40	180	0.2
4	冷	140	280	0.3

① 确定$\Delta T_{min}=20$℃时的热、冷公用工程的能量目标。

② 设计一个在最小换热单元数下实现能量目标的换热网络。

③ 确定通过回路和公用工程路径以牺牲能量消耗为代价可以减少的换热单元的数目。

④ 设计一个能够实现这个换热单元数的换热网络，并将ΔT_{min}恢复为20℃。

3. 表18.11给出了一个热回收过程的物流数据。表18.12给出了热回收级联中$\Delta T_{min}=10$℃的问题表分析结果。

表18.11　习题3物流数据

物流编号	物流类型	供应温度/℃	目标温度/℃	热容流率/$kW\cdot K^{-1}$
1	热	180	40	200
2	热	150	40	400
3	冷	60	180	300
4	冷	30	130	220

表18.12　习题3热回收级联结果

平均温度/℃	热通量/MW
185	6.0
175	3.0
145	0
135	3.0
65	8.6
35	20.0

① 设计一个具有最小换热单元数的热回收网络。换热单元的数目可能小于预期的换热单元数目标，为什么？

② 在115℃的平均温度下，从饱和锅炉给水可以产生低压饱和蒸汽。确定可以产生多少低压蒸汽，并设计一个换热网络实现这个负荷。

③ 部分设计所得网络有两个蒸汽发生器，改进换热网络以牺牲蒸汽发生量为代价去除其中一个蒸汽发生器，但要保持$\Delta T_{min}=10$℃。

4. 表18.13给出了一个热回收问题的工艺物流数据。问题表分析表明，在$\Delta T_{min}=10$℃时，$Q_{Hmin}=13.95MW$，$Q_{Cmin}=8.19MW$，热物流的夹点温度是159℃，冷物流的夹点温度是149℃。

表18.13　习题4物流数据

物流编号	物流类型	供应温度/℃	目标温度/℃	热容流率/$MW\cdot K^{-1}$
1	冷	18	123	0.0933
2	冷	118	193	0.1961
3	冷	189	286	0.1796
4	热	159	77	0.2285
5	热	267	80	0.0204
6	热	343	90	0.0538

① 设计一个具有最小换热单元数的热回收网络。(提示：在夹点下方，可能需要对一条物流进行分流以达到最小换热单元数。)

② 维持换热单元数不变，改变网络设计，允许传热温差略小于10℃，以消除夹点下方的分支物流。

5. 表18.14给出了一个热回收问题的物流数据。表18.15给出了ΔT_{min}=20℃时的问题表热级联。根据这些数据：

① 做出物流网格图。

② 设计一个能够实现最大能量回收的换热网络。

表18.14 习题5物流数据

物流编号	物流类型	供应温度/℃	目标温度/℃	热容流率/$MW \cdot K^{-1}$
1	热	120	65	0.5
2	热	80	50	0.3
3	热	135	110	0.29
4	热	220	95	0.02
5	热	135	105	0.26
6	冷	65	90	0.15
7	冷	75	200	0.14
8	冷	30	210	0.1
9	冷	60	140	0.05
蒸汽		250		
冷却水		15		

表18.15 习题5问题表热级联

平均温度/℃	热通量/MW
220	20.95
210	19.95
150	6.75
125	0
110	4.2
100	12
95	13.7
85	14.5
75	16.5
70	18.25
55	28.75
40	31.75

6. 表18.16给出了一个工艺流程的物流数据。有温度在179~180℃的蒸汽，和温度在20~40℃的冷却水。当ΔT_{min}=10℃时，最小热公用工程和最小冷公用工程的负荷分别为7MW和4MW。热物流的夹点温度是90℃，冷物流的夹点温度是80℃。

表18.16 习题6物流数据

物流编号	物流类型	供应温度/℃	目标温度/℃	热负荷/MW
1	热	150	50	-20
2	热	170	40	-13
3	冷	50	120	21
4	冷	80	110	15

① 计算能够实现最大能量回收的最小换热单元数。

② 给出两种不同的最大能量回收设计，使换热单元数保持最小。

③ 解释为什么夹点下方的设计不能达到最小换热单元数。

④ 网络优化有多少自由度?

7. 表18.17给出了一个工艺流程的物流数据。表18.18给出了ΔT_{min}=20℃时的问题表热级联。热公用工程由热油回路提供，温度为400℃。冷却水的温度为20℃。

表18.17 习题7物流数据

物流编号	物流类型	供应温度/℃	目标温度/℃	热容流率/$kW \cdot K^{-1}$
1	热	170	88	23
2	热	278	90	2
3	热	354	100	5
4	冷	30	135	9
5	冷	130	205	20
6	冷	200	298	18

表18.18 习题5问题表热级联

平均温度/℃	热通量/MW
349	1528
303	1758
273	1368
210	675
205	520
165	0
140	250
135	255
95	1095
85	1255
83	1283
35	851

① 假设工艺物流之间的最小传热温差为10℃，工艺物流与热油之间的最小传热温差为20℃，如果热油的 C_P 值为 2.1kJ·kg^{-1}·K^{-1}，计算热油的最小流率。

② 设计一个以最小换热单元数实现最大能量回收的换热网络，确保整个网络中的所有换热器满足 $\Delta T_{min}=10℃$。

③ 给出一个夹点下方的网络设计，允许违反 ΔT_{min} 的约束条件以消除分支物流。

④ 可以采用什么工具更加系统地开发夹点下方的设计？

8. 表 18.19 给出了一个工艺流程的物流数据。

表 18.19　习题 8 物流数据

物流编号	物流类型	供应温度/℃	目标温度/℃	热负荷/MW
1	热	150	30	7.2
2	热	40	40	10
3	热	130	100	3
4	冷	150	150	10
5	冷	50	140	3.6

① 画出 $\Delta T_{min}=10℃$ 时的复合曲线。

② 确定 $\Delta T_{min}=10℃$ 时热、冷公用工程的目标。

③ 设计一个以最小换热单元数实现最大能量回收的换热网络，$\Delta T_{min}=10℃$。

④ 可以通过改变换热网络减少换热单元的数目吗？

9. 表 18.20 给出了一个工艺流程的物流信息。该问题中，$\Delta T_{THRESHOLD}=50℃$，$\Delta T_{min}=20℃$。对这些数据进行问题表法分析，所得热级联见表 18.21。

表 18.20　习题 9 物流信息

物流编号	物流类型	供应温度/℃	目标温度/℃	热容流率/MW·K^{-1}
1	热	500	100	4
2	冷	50	450	1
3	冷	60	400	1
4	冷	40	420	0.75

表 18.21　习题 9 热级联

平均温度/℃	热通量/MW
490	0
460	120
430	210
410	255
90	655
70	600
60	582
50	575

① 设计一个以最小换热单元数实现最大能量回收的换热网络。

② 确定这个过程可以产生多少冷凝温度为180℃的蒸汽。

③ 画出该过程的复合曲线，并标出在 180℃的最大蒸汽产量。

④ 设计一个以最小换热单元数实现最大能量回收，且在 180℃产生最大蒸汽量的换热网络。

参　考　文　献

Ahmad S, Linnhoff B and Smith R. (1990) Cost Optimum Heat Exchanger Networks: II. Targets and Design for Detailed Capital Cost Models, *Comp Chem Eng*, **14**: 751.

Asante NDK and Zhu XX. (1997) An Automated and Interactive Approach for Heat Exchanger Network Retrofit, *Trans IChemE*, **75**: 349.

Dolan WB, Cummings PT and Le Van MD (1990) Algorithm Efficiency of Simulated Annealing for Heat Exchanger Network Design, *Comp Chem Eng*, **14**: 1039.

Floudas CA, Ciric AR and Grossmann I.E. (1986) Automatic Synthesis of Optimum Heat Exchanger Network Configurations, *AIChEJ*, **32**: 276.

Gunderson T and Naess L. (1988) The Synthesis of Cost Optimal Heat Exchanger Networks: An Industrial Review of the State of the Art, *Comp Chem Eng*, **12**: 503.

Jiang N, Shelley JD, Doyle D and Smith R. (2014) Heat Exchanger Network Retrofit with a Fixed Network Structure, *Applied Energy*, **127**: 25.

Linnhoff B and Ahmad S. (1990) Cost Optimum Heat Exchanger Networks: I. Minimum Energy and Capital Using Simple Models for Capital Cost, *Comp Chem Eng*, **14**: 729.

Linnhoff B and Hindmarsh E. (1983) The Pinch Design Method of Heat Exchanger Networks, *Chem Eng Sci*, **38**: 745.

Linnhoff B, Townsend DW, Boland D, Hewitt GF, Thomas BEA, Guy AR and Marsland R.H. (1982) *A User Guide on Process Integration for the Efficient Use of Energy*, IChemE, Rugby, UK.

Press WH, Teukolsky SA, Vettering WT and Flannery BP (2007) *Numerical Recipes: The Art of Scientific Computing*, Cambridge University Press.

Saboo AK, Morari M and Colberg R.D. (1986) RESHEX – An Interactive Software Package for the Synthesis and Analysis of Resilient Heat Exchanger Networks – II. Discussion of Area Targeting and Network Synthesis Algorithms, *Comp Chem Eng*, **10**: 591.

Tjoe TN and Linnhoff B. (1986) Using Pinch Technology for Process Retrofit, *Chem Eng*, **April**: 47.

Yee TF, Grossmann IE and Kravanja Z. (1990) Simultaneous Optimization Models for Heat Integration – I. Area and Energy Targeting of Modeling of Multi-stream Exchangers, *Comp Chem Engg*, **14**: 1151.

Zhu XX and Asante NDK (1999) Diagnosis and Optimization Approach for Heat Exchanger Network Retrofit, *AIChE J*, **45**: 1488.

Zhu XX, O'Neill BK, Roach JR and Wood RM (1995) New Method for Heat Exchanger Network Synthesis Using Area Targeting Procedures, *Comp Chem Eng*, **19**: 197.

第 19 章　换热网络Ⅲ——物流信息

对于给定工艺条件的换热网络，第 17 章和第 18 章已经分别介绍了使热回收最大化的设计目标和设计方法。然而，在进行任何分析之前都需要描述物料平衡和能量平衡的一组冷物流和热物流，通常这不能直接获得。首先工艺条件并不是严格固定不变的。例如压力、温度和流率等这些工艺条件的数值有在一定范围内变化的自由度。在可能的情况下，通过改变工艺条件可以进一步提高热回收量。但是，即使工艺流程和物料能量平衡是固定的，一组冷物流和热物流也不能清楚地说明该工艺流程。

首先需要考虑的问题是改变工艺条件及如何提高热回收量。

19.1　热集成工艺变化

考虑图 19.1a 中的复合曲线。改变以下过程可以减少公用工程的需求（Umeda，Harada and Shiroko，1979a；Umeda，Nidda and Shiroko，1979b）：

- 增加夹点以上热物流的总热负荷；
- 减少夹点以上冷物流的总热负荷；
- 减少夹点以下热物流的总热负荷；
- 增加夹点以下冷物流的总热负荷。

以上被称为加减原则（Linnhoff and Parker，1984；Linnhoff and Vredeveld，1984）。这些简单的原则为适宜的设计改造提供了参考，以改善优化目标。这些工艺改变适用于反应器、循环物流和精馏塔等工艺流程。

如果工艺改变，例如改变精馏塔的压力，使得一股热物流从夹点以下升到夹点以上，就可以增加夹点以上热物流的总负荷，从而减少热公用工程用量。同时，这样也能减少夹点以下热物流的总负荷和冷公用工程用量。类似地，将冷物流从夹点以上降到夹点以下，可以减少夹点以上冷物流的总负荷和热公用工程用量，同时也可以增加夹点以下冷物流的总负荷，并减少冷公用工程用量。图 19.1b 所示为加减原则的一种实现方法（Linnhoff，et al.，1982）：

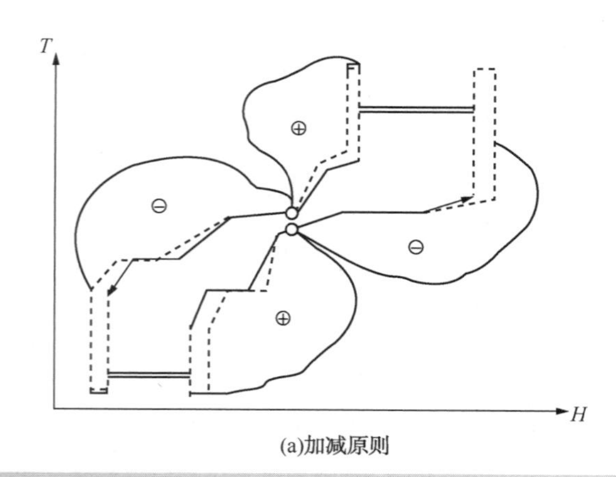

(a)加减原则

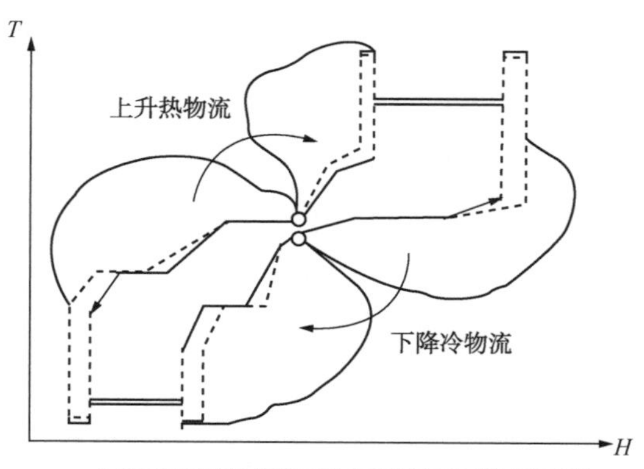

(b)物流跨越夹点沿正确方向浮动实现加减原则

图 19.1　依据加减原则改变以减少公用工程消耗

（Reproduced from Smith R and Linnhoff B，1998，Trans IChemE ChERD，66：195 by permission of the Institution of Chemical Engineers）

- 热物流从夹点以下升到夹点以上；
- 冷物流从夹点以上降到夹点以下。

与上述原则有关的另外一种方法是：保持热物流的高温以及冷物流的低温对热集成总是有利的(Linnhoff, et al., 1982)。

19.2　工艺改变、公用工程选择、能量以及投资费用之间的权衡

尽管加减原则是指导工艺改变来减少公用工程费用的基本依据，但是它并没有考虑投资费用。如图 19.1 所示，为了减少公用工程消耗所进行的工艺改变一般会使过程温差减小。所以，在工艺改变之后还需要调整投资-能量的权衡(亦即 ΔT_{min})。

另外，图 19.1 中由工艺改变引起的传热驱动力降低还会影响其使用多等级公用工程的潜力。例如像 17.7 节所述，由于夹点以上的驱动力变小，负荷从高压蒸汽变为低压蒸汽的潜力就会降低。工艺条件的变化将与公用工程等级的选择、热机和热泵的设置相竞争，以提供更优选择。

19.3　数据提取

讨论了通过改变基本物流数据来改善目标的方法之后，现在需要解决一个更加基本的问题。在进行任何热集成分析之前，都需要从物料和能量平衡中提取出基本的物流数据。有时，从物料和能量平衡中得到物流数据的表述是简单直接的。然而，可能存在一些误区，导致错误并错失机会。其中，提取太多不必要的约束数据会错失解决问题的最佳时机。

以下是热集成物流信息提取的基本原则。

1）物流识别。图 19.2a 所示为流程的一部分，其中进料物流在过滤之前从 10℃ 被加热到 70℃。过滤以后，它从 70℃ 被加热到 135℃，然后在进入精馏塔之前继续从 135℃ 被加热到 200℃。热集成物流数据的一个基本问题是：“在这部分流程中一共有多少股物流的信息?”可以假设有一股物流从 10℃ 被加热到 70℃，另外一股物流从 70℃ 被加热到 135℃，第三股物流从 135℃ 被加热到 200℃，这样共有三股冷物流。还有三股热物流用来预热这三股冷物流。一股热物流从 100℃ 被冷却到 30℃，另外一股热物流从 150℃ 被冷却到 90℃，第三股热物流从 210℃ 被冷却到 170℃。如果以这种方式提取数据，就会得到一些已经存在的冷物流和热物流的匹配。采用这种方式提取数据似乎并没有任何改进。需要讨论的基本问题是什么对于物流数据来说是重要的。将过滤器出口的物流从 70℃ 加热到 135℃ 是上述方案的一部分。工艺流程的加热应该停止在 135℃ 并不是一个约束条件。进料物流需要被加热到 200℃，但是 135℃ 这个中间点不是约束。进料物流在进入过滤器之前从 10℃ 被加热到 70℃。由于进行过滤操作的温度可以具有一定的灵活性，因此并不需要严格控制在 70℃。所以，对于这个问题，将进入精馏塔的原料物流分成两股物流比较合适，第一股从 10℃ 被加热到 70℃，第二股从 70℃ 被加热到 200℃。如图 19.2b 所示，在 70℃ 进行的过滤操作其温度有一定的灵活性。

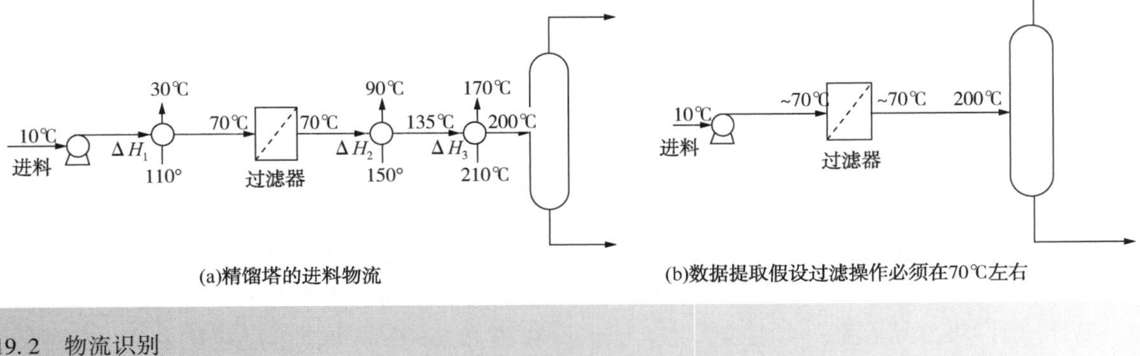

(a)精馏塔的进料物流

(b)数据提取假设过滤操作必须在70℃左右

图 19.2　物流识别

2）温-焓曲线。换热网络确定目标时，假定各物流的热容流率是常数，这样温-焓曲线为直线。然而，热容流率一般不是常数，必须用某些方法表示出来，否则可能会出现严重的错误。再次考虑预热图 19.2a 中蒸馏塔的进料物流。如果物流的物性是已知的，那么可能通过物性的关联式得到进料物流的温-焓曲线，也有可能是近似地表示温-焓曲线，如图 19.3 所示。如图 19.3 所示，对于已经存在的换热器，可根据已知的温度和热负荷绘制温-焓曲线。图中所示为直接从流程中提取的由三条线段表示的温-焓曲线。在许多用途中这种近似是足够的。当处理现有流程的改造问题时，这也是一种十分方便且能接受的方法。

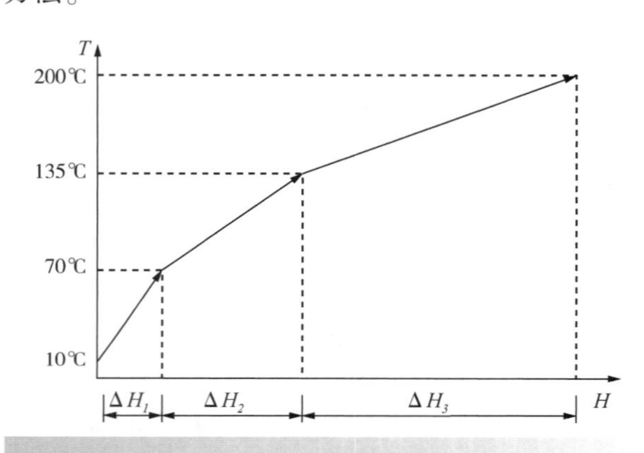

图 19.3 由现有换热器负荷和温度估算的温-焓图

如图 19.4 所示，假设温度和焓值的对应关系是已知的，并且高度非线性。那么为了构造复合曲线和问题的求解，非线性的数据如何线性化？图 19.4 所示为用一组线段来表示非线性的物流数据。热物流数据的线性化应该在曲线下方(低温侧)进行，冷物流数据的线性化在曲线上方(高温侧)进行。这是一种保守的表示非线性数据方法，因为随着线性化两条曲线比实际曲线将更为接近。

运用大量的线段来表示非线性物流数据有很大的吸引力，但这并不是必要的。如图 19.4 所示，大部分非线性物流数据用两条或者三条线段就可以很好地表示出来。

3）混合。图 19.5 所示为一个混合节点，其中一条 100℃的物流和一条 50℃的物流混合后生成一条温度为 70℃的混合物流。由于是作为传热单元进行混合，因此这种混合点必须十分谨慎地处理。如图 19.5 所示，混合是直接传递热量而非通过换热器间接传热。

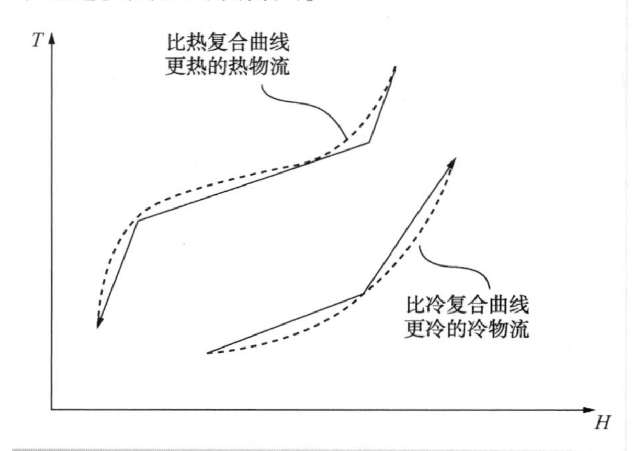

图 19.4 非线性温-焓曲线的线性化

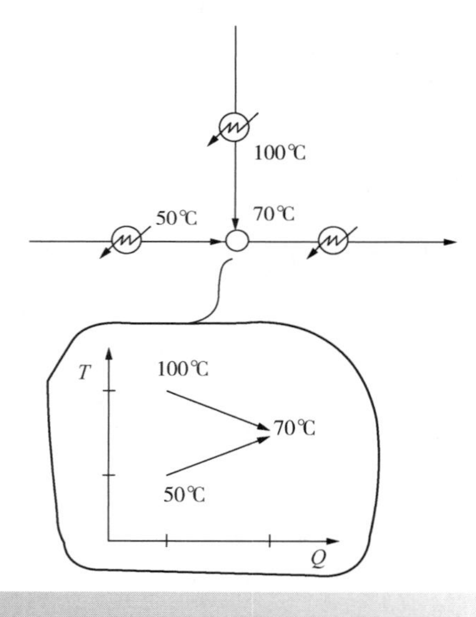

图 19.5 非等温混合实现直接接触式传热

如图 19.6a，为分析问题数据表，可提取混合器数据如下：一条物流从 150℃ 被冷却到 100℃，另外一条物流从 80℃被冷却到 50℃，这两条物流混合成一条温度为 70℃的物流，然后这条物流再被冷却到 30℃。如果数据按照 19.6a 所示的方式进行提取，那么在混合节点发生的换热必然会嵌入到物流数据中，这可能不节能。例如在图 19.6b 中，夹点温度可能会在 50℃到 100℃之间的某一处。如果是这种情况，那么物流数据中会嵌入一些跨夹点的传热，这将会失去一些提高系统能效的机会。

在混合节点上出现的跨夹点传热是无法修正的。因此为避免非等温混合物流发生传热，物流需要等温混合。图 19.7 所示为提取混合节点数据的方法。为了避免传热损失，首先应该假设物流在 30℃时混合，这就意味着将物流分成两条单独的物流，一条从 150℃被冷却到 30℃，另外一条从 80℃被冷却到 30℃。假设混合发生在 30℃处，因为在这里物流混合不会发生传热。即使混合节点没有发生跨越夹点的传热，它仍会降低整个热集成的传热驱动力。在图 19.6 中的例子中，100℃的高温热物流被冷却到 70℃，这种温度变化对整个换热网络没有任何益处。

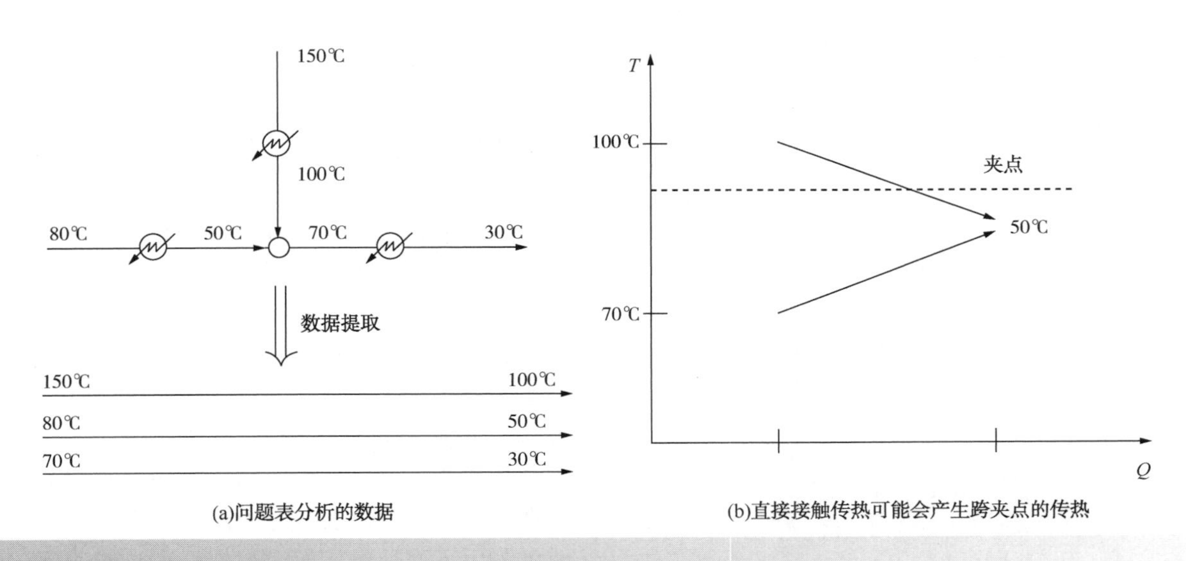

(a)问题表分析的数据　(b)直接接触传热可能会产生跨夹点的传热

图 19.6　非等温混合降低传热驱动力但可能会导致跨夹点的传热

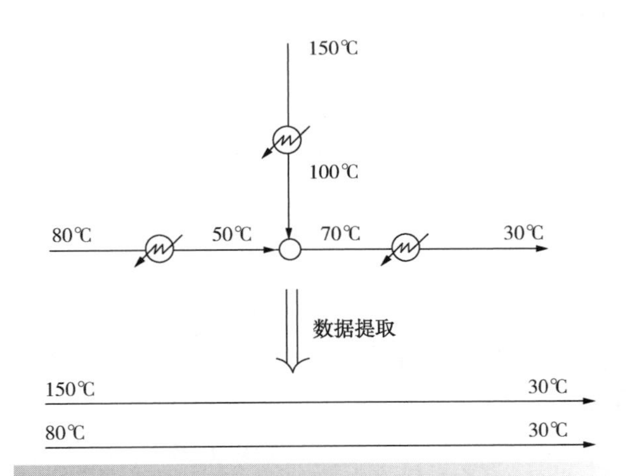

图 19.7　为确定能量目标应该假设物流等温混合

4）公用工程。一般来说，公用工程不应该从现有流程中分离出来，也不应该包括在热集成中。例如，假设一个高温加热的负荷可以由高压蒸汽或加热炉中产生的热油来提供。公用工程加热的冷物流需要被包括在内，但高压蒸汽或者热油不应该被包括在内。设计者应该在确定能量目标并构建复合曲线之后，然后选择最佳公用工程方案。不论是热公用工程还是冷公用工程，多数公用工程均属于这种类型。然而还有其他复杂情况，假设精馏塔使用蒸汽，但为了降低气化组分的分压，蒸汽直接进入精馏塔，正如第 8 章所述，这种情况常见于炼油厂的精馏过程中。在这种情况下，虽然蒸汽在锅炉中产生，是公用工程系统的一部分，但当蒸汽进入精馏塔时，它就变成了工艺流程的一部分。如果没有新鲜蒸汽的流入，精馏塔无法运行。这种情况下，在工艺流程中流入的蒸汽就直接成为了工艺物流，而不是公用工程。然而，蒸汽通常是由公用工程系统产生的，应该将其从公用工程系统物流数据中提取出来并单独考虑。

5）有效温度。对于换热网络问题，当提取代表热源和热阱的物流数据时，必须格外注意在有效温度下表示该热量。图 19.8 所示的部分工艺为到反应器的原料流。反应器进料从 20℃被预热到 95℃后进入反应器。反应器出料温度为120℃，之后进入急冷器被冷却到 100℃。离开急冷器的蒸汽温度为 100℃，需要被冷却到 40℃；离开急冷器的急冷液也是 100℃，需要被冷却到30℃。那么应该怎样提取数据呢？

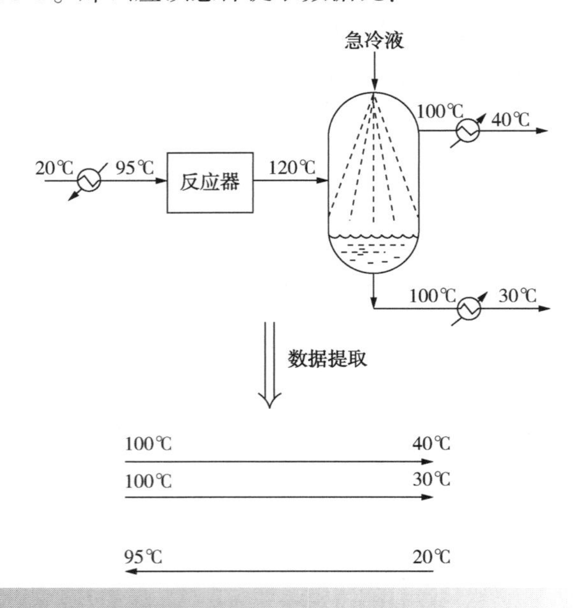

图 19.8 必须在有效温度下提取数据

图 19.8 中部分工艺流程的热源热阱的基本问题是，热量在什么温度下是可以回收的。虽然反应器出料温度为 120℃，但此温度下的热量是不可用的，因为反应器出料需要被急冷。对于蒸汽物流，热量只有在 100℃时才是可用的，需要被冷凝并冷却到 40℃；急冷液需要从 100℃被冷却到 30℃。

6）再沸。液体再沸时泡点和露点之间存在显著差异。如果提取从泡点开始到露点结束的数据，绘成汽化曲线，这意味着原则上任何热集成都能利用这条曲线进行逆流传热。然而，通常这不符合设备的实际使用情况。正如第 8 章和第 12 章所述，对于大部分再沸操作，共有三种类型的再沸器：釜、立式热虹吸器和卧式热虹吸器。在再沸釜中，汽化发生在管束外部，并且沸腾时在管束周围出现混合现象。在立式热虹吸器中，汽化发生在管内，但是只有一小部分进入管内的液体汽化。在卧式热虹吸器中，汽化发生在管束外部，只有一小部分进入的液体汽化，并且沸腾时在管束周围出现混合现象。因此不可能利用这些类型的再沸器中泡点与露点的温差。安全提取再沸器数据的方法是，假设再沸器热负荷出现在进入液体露点处。只有使用板式换热器等特殊设备时，物流数据中才会包含实际的汽化曲线。

7）冷凝。与再沸相似，蒸汽冷凝时泡点和露点之间也存在显著的温差。同样，如果提取的数据从露点开始到泡点结束，将其绘成冷凝曲线，这意味着原则上任何热集成都能利用这条曲线进行逆流传热。然而，与普通再沸器一样，如第 12 章中所述，普通列管冷凝器不能利用露点与泡点之间的温差。例如，冷凝器通常使用卧式管壳式换热器，壳程冷凝，蒸汽和液体在壳程混合并冷凝。只有使用板式换热器等特殊设备时，物流数据中才会包含实际的冷凝曲线。

8）热损失。在大多数情况下，从热表面到环境中的热损失与其他热负荷相比小到可忽略。有时为了满足能量平衡，必须要接受一些能量损失。如果能量损失来自冷物流，那么它应该被包含在工艺流程负荷里，因为热损失需要由热回收或者公用工程补充。如果热损失来自热物流，那么可以通过对发生热损失的物流进行分流来处理热损失，被分流的物流包括两部分：工艺流程负荷和热损失。如果来自热物流的热损失是被接受的，那么就应该在分析中排除这部分热损失。

9）软约束。在图 19.2b 中，过滤操作时温度的改变具有一定的灵活性。这种情况被称为软约束。操作条件的选择虽然不是完全自由的，但是可以进行一定程度的改变。软约束的另一个例子是产品存储温度。有时要灵活选择存储材料的温度。那么如何控制软约束使其有利于完全热集成？

当提取软约束时需要使用加减原则，如图 19.1a 所示，条件选择中的灵活性可以降低公用工程消耗。如图 19.9 所示，产品物流在进入储罐前需要被冷却。储存温度的选择具有一定的灵活性，但是应该如何选择温度？图 19.9 中的复合曲线表明热物流夹点温度为 65℃。产品冷却时是热物流，并且只有在夹点温度 65℃以上时才能用。因此，对于热集成而言，65℃似乎是一个合适的存储温度。

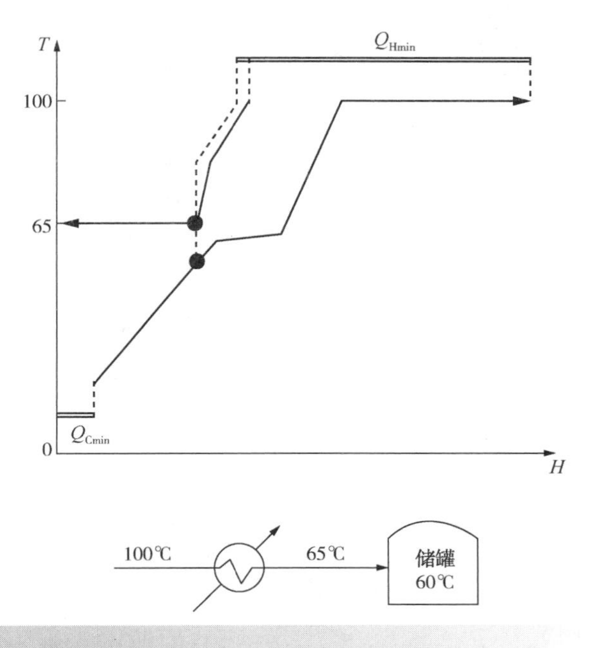

图 19.9　软温度

10）强制匹配。通常在改造时换热网络中会存在一些特性，设计者可能希望这些特性保持不变。例如，一个热物流与冷物流之间的匹配可能已经存在，我们认为这种匹配合理或者改造费用太高。如果是这种情况，那么热物流和冷物流的这部分匹配就属于强制匹配，在分析时应该忽略，并在最后的分析中再添加进来。在改造过程中遇到的另一个典型案例是由公用工程来提供具有少量热负荷的冷物流和热物流。尽管其温度能被用于热集成，但如果它们的热负荷很小，热集成结果就不会有明显的差别，而且改变它们经济性不强。这些物流也作为强制匹配而被接受，并在分析中忽略。只有热负荷大的物流才可能对结果产生重要影响。

11）数据的准确性。设计换热网络时，努力让一组数据保持一致是十分重要的。与新的设计相比，数据不一致更可能出现在改造过程中。如果存在数据不一致的情况，那么应该通过调整使能量平衡一致。特别是在改造过程中，在整个问题中可能无法获得准确的数据。如果是这种情况，那么最好是调整数据使其一致，并进行初步分析。当问题处于约束最多的热回收夹点区域时，就需要更加准确的数据。在完成初步分析之前热回收夹点的位置是未知的。在深入了解了数据错误可能导致问题之后，就可以仅针对问题中对数据错误敏感的部分得到更好的数据。应该注意避免花费大量的精力去改善对分析影响很小的数据。

例 19.1　邻苯二甲酸酐是塑料工业中一种重要的中间体，通过控制邻二甲苯或萘来生产。最常见的路线是二甲苯通过以下反应：

$$C_8H_{10}+3O_2 \longrightarrow C_8H_4O_3+3H_2O$$

发生的副反应是：

$$C_8H_{10}+5/2O_2 \longrightarrow 8CO_2+5H_2O$$

这个反应采用固定床反应器，使用五氧化二钒-氧化钛作催化剂，它对邻苯二甲酸酐有良好的选择性。温度控制在相对较窄的范围内。该反应为气相反应，反应器的温度一般在 380~400℃。

该反应为放热反应，采用列管式反应器通过传热介质直接冷却。目前已经提出一些用于反应器冷却的传热介质，例如：循环热油、水、硫、水银等。然而，比较常用的传热介质一般是传热熔盐，这种熔盐是钠-硝酸钾-亚硝酸盐的共熔混合物。

图 19.10 表示的是通过氧化邻二甲苯生产邻苯二甲酸的生产过程。空气和邻二甲苯被加热之后在文丘里管中混合，邻二甲苯在其中汽化。反应混合物进入管式催化反应器。反应热由熔盐循环从反应器中带走。用熔盐以外的方法很难控制反应器中的温度。熔盐中的热量通过产生高压蒸汽移走。

气相的反应产物在进入冷却水冷凝器之前首先被锅炉给水冷却。为避免冷凝，锅炉给水提供的冷却负荷是固定的。实际上在冷却水冷凝器中，邻苯二甲酸在管壁形成了固体，并被冷却到 70℃。在线冷凝器定期变为离线，然后邻苯二甲酸通过高压热水再循环熔化脱离管壁表面。两个冷凝器并联使用，一个在线进行冷凝操作而另外一个离线进行邻苯二甲酸酐的回收。图 19.10 中给出的热负荷是时间平均值。含有少量副产物和痕量的邻苯二甲酸酐不凝气在经过净化后被排放到大气中。

将粗邻苯二甲酸酐加热并保持在 260℃，这样可以终止一些副反应。通过在两个精馏塔内进行连续精馏完成净化。在第一个精馏塔中，顺丁烯二酸酐、苯和苯甲酸从塔顶采出。在第二个精馏塔中，纯邻苯二甲酸酐从塔顶采出。高沸点的残留物从第二个精馏塔的塔底采出。两塔的再沸器通过使用循环热油的加热炉来提供热量。

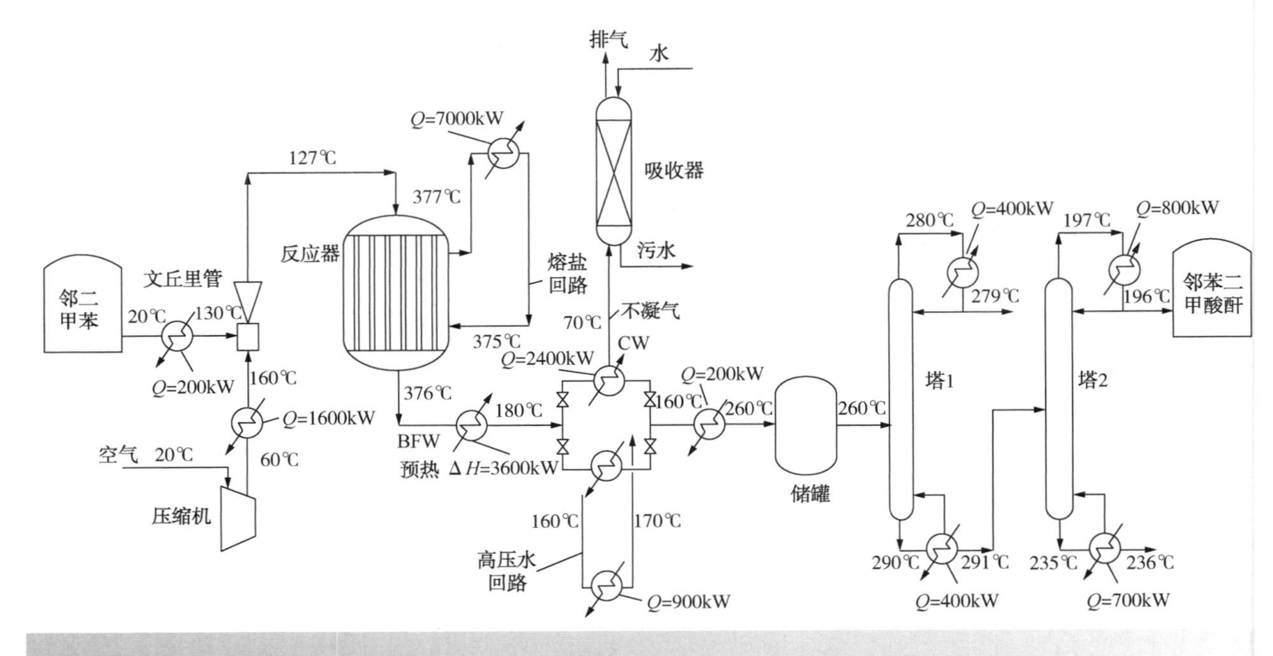

图 19.10　邻苯二甲酸酐工艺流程图

现有的蒸汽管道共有两级，分别是压力为 41bar、过热到 270℃的高压蒸汽和压力为 10bar、过热到 180℃的中压蒸汽。锅炉给水为 80℃，冷却水可以从 25℃被加热到 30℃。

① 从流程中提取数据；

② 画出冷热复合曲线和总复合曲线。

解：

① 表 19.1 为根据图 19.10 中的流程图提取的热回收问题的物流数据。

从流程中提取数据需要注意以下几点：

1. 反应器是剧烈放热的，将熔盐当作是一股热物流来提取数据。其基础是假设熔盐循环是反应器设计的重要特征。然后，就有了选择如何冷却熔盐的自由度。

表 19.1　图 19.1 中工艺流程的物流数据

物流			T_S/℃	T_T/℃	ΔH/kW
编号	名称	类型			
1	反应器冷却	热	377	375	-7000
2	反应器产品冷却	热	376	180	-3600
3	产品升华	热	180	70	-2400
4	塔 1 冷凝器	热	280	279	-400
5	塔 2 冷凝器	热	197	196	-800
6	空气进料	冷	60	160	1600
7	邻二甲苯进料	冷	20	130	200
8	产品熔化	冷	70	160	900
9	储罐进料	冷	160	260	200
10	塔 1 再沸器	冷	290	291	400
11	塔 2 再沸器	冷	235	236	700

2. 产品的升华和融化都是间歇进行，采用时间平均值。

3. 在相对较大的温度变化范围内，产品升华和产品融化都意味着焓的线性变化。然而，相变通常发生在相对较小的温度范围内。因此，产品升华可能包括一个相对较大的温度范围内的过热态降温过程，一个相对较小的温度变化范围内的相变过程，以及一个相对较大的温度范围内的过冷过程。产品融化可能包含温度范围较大的加热到熔点的过程，然后是温度范围较小的融化过程。所以，用焓的线性变化来表示产品升华和产品融化似乎是不合适的。为了解决这个问题，这两股物流可以拆分为线段来表示这种非线性的温-焓关系。在这里，为了简单起见，将假设物流的温-焓关系是线性的。

4. 空气的起始温度为 20℃，在压缩机中随着压力的增加被加热到 60℃。如果压缩机是工艺流程的基本特征，那么从 20℃ 到 60℃ 的加热是由压缩机来完成，不应该包括在热回收问题中。

5. 空气和邻二甲苯在文丘里管内非等温混合，邻二甲苯在其中汽化。非等温混合会产生直接接触传热，在原则上有可能是跨越夹点的直接接触传热，夹点位置未知。因此，如果混合过程中发生的传热跨越了夹点，进行直接接触传热会导致能量目标提高。因此，在确定目标时，混合物流尽可能在等温下进行混合，这样可以避免任何的直接接触传热。当然，一旦建立了目标并且夹点的位置已知，在设计中物流就可以避免夹点非等温混合，就没有跨越夹点的传热。在这种情况下，至少在最开始的时候，由于混合时发生汽化，所以可以接受这种工艺条件。

② 图 19.11a 为过程的复合曲线。这个问题本质上是阈值问题，只需要冷却，阈值温差 ΔT_{min} 为 86℃。图 19.11b 所示为 $\Delta T_{min}=10$℃ 的总复合曲线。由于副产蒸汽的引入完成冷却所以 ΔT_{min} 的值不取 86℃ 而取 10℃，这将会使阈值问题转变为夹点问题，正如第 16 章所述，对于这个问题 ΔT_{min} 的值为 10℃。

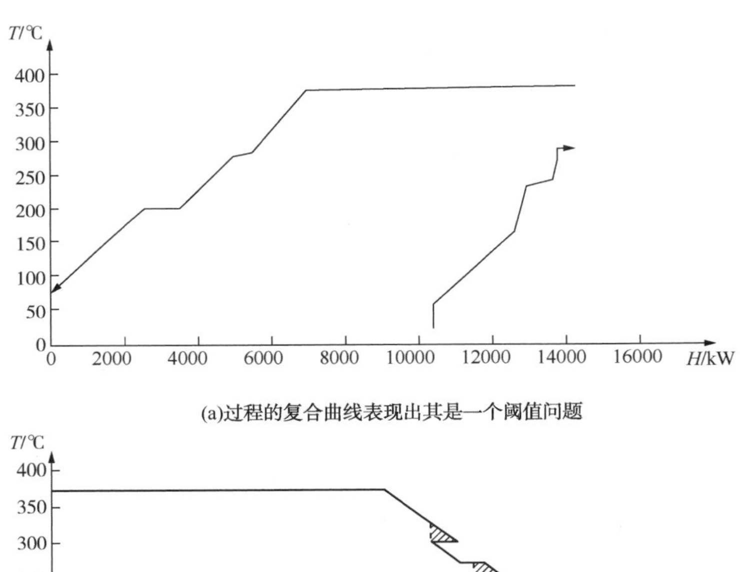

(a)过程的复合曲线表现出其是一个阈值问题

(b) $\Delta T_{min}=10$℃时过程总复合曲线

图 19.11　邻苯二甲酸酐过程的复合曲线和总复合曲线

19.4　换热网络物流数据——总结

加减原则是指导改变工艺流程以减少公用工程费用的基准。然而，工艺流程的改变也改变了投资-能量的权衡以及公用工程的选择。

对于从流程中提取数据：

- 物流数据中只包含必要的约束；

- 物流数据应该向保守一侧线性化；
- 混合应该等温进行；
- 不应和物流数据一起提取公用工程数据；
- 应在有效温度下提取数据；
- 不必按照逆流传热来提取再沸和冷凝数据；
- 应根据加减原则利用软约束来改善目标；
- 可以通过包含一个虚构的冷物流来考虑冷物流的热损失；
- 可以通过热物流分流来考虑热物流的热损失；
- 并不总是需要所有问题的准确数据；
- 可以通过从问题中去除部分物流数据来考虑强制匹配。

19.5 习题

1. 醋酸纤维素纤维的工艺制造流程如图19.12所示。在循环空气干燥器中，从纤维中除去溶剂。空气在进入吸收塔之前被冷却，在吸收塔中溶剂被水吸收。溶剂-水混合物在精馏塔中分离，水被循环利用。工艺流程需要使用150℃的饱和蒸汽，20℃的冷却水和-5℃的制冷剂。忽略冷却水以及制冷剂温度的升高。

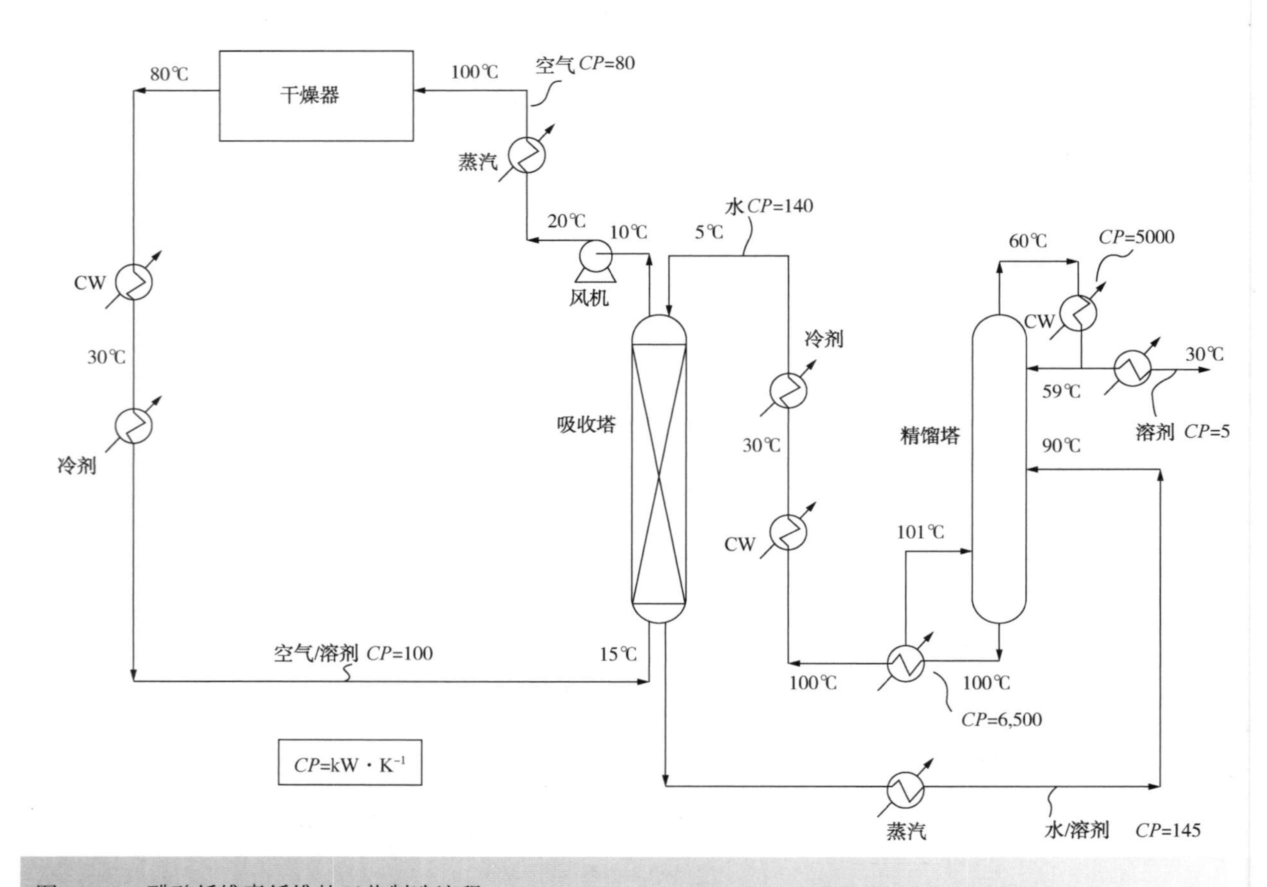

图 19.12 醋酸纤维素纤维的工艺制造流程

① 从流程中提取物流数据，表示为带有供给和目标温度以及热容流率的冷热物流；

② 画出工艺流程的复合曲线，$\Delta T_{\min}=10℃$；

③ 确定使用最大冷却水用量的换热网络的最小单元数；

④ 通过使用少于最大可能冷却水用量来确定网络简化的范围；

⑤ 设计过程的换热网络，当不使用冷却水时（即仅使用蒸汽和冷剂），用最少的单元数以实现最大能量回收；

⑥ 对于⑤中的换热网络，提出一个明显的用冷却水代替制冷剂的用法。

2. 图 19.13 所示为一股进料物流在进入搅拌反应器之前被加热的两种情况。反应器的温度需要控制在 100℃。在第一种情况中(图 19.13a)，进料被预热到比反应器更高的温度。在第二种情况下(图 19.13b)进料被预热到比反应器更低的温度。如果是以下情况，应该如何提取数据：

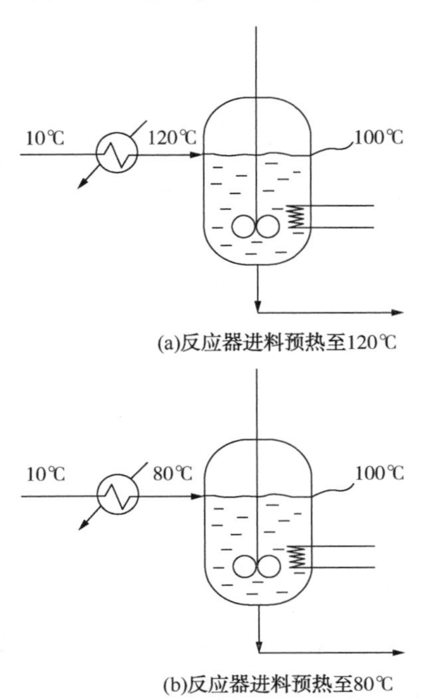

图 19.13　反应器进料数据的提取

① 反应的热量由冷却水从反应器中移除，并且由于安全原因，有必要采用冷却水来移除反应器产生的热量；

② 采用蒸汽将反应的热量加入到反应器中，并且由于控制原因，有必要采用蒸汽提供反应所需的热量。

参 考 文 献

Linnhoff B and Parker SJ (1984) Heat Exchanger Network with Process Modifications, *IChemE Annual Research Meeting*, Bath, April.

Linnhoff B and Vredeveld DR (1984) Pinch Technology Has Come of Age, *Chem Eng Prog*, **July**: 40.

Linnhoff B, Townsend DW, Boland D, Hewitt GF, Thomas BEA, Guy AR and Marsland RHA (1982) *User Guide on Process Integration for the Efficient Use of Energy*, IChemE, Rugby, UK.

Umeda T, Harada T and Shiroko K (1979) A Thermodynamic Approach to Synthesis of Heat Integration Systems in Chemical Processes, *Comp Chem Eng*, **3**: 273.

Umeda T, Nidda K and Shiroko K (1979) A Thermodynamic Approach to Heat Integration in Distillation Systems, *AIChE J*, **25**: 423.

第20章　反应器的热集成

20.1　反应器的热集成特征

反应器的热集成特征取决于热量移走或加入方式和反应器混合特性两个方面。首先考虑绝热操作，因为它的设计最为简单。

1）绝热操作。如果绝热操作在放热反应器内产生的温升或吸热反应器内产生的温降是可接受的，那么通常选择绝热操作。在进行绝热操作时，大多数情况下反应器进料物流需要加热，流出物流需要冷却。于是在大多数情况下，如果进料要升温或气化，热集成特征是一条冷物流（反应器进料）；如果产品要降温或冷凝，热集成特征是一条热物流（反应器出料）。在放热反应时，反应热体现为出料的温升；在吸热反应时，体现为出料的温降。

2）热载体。如果绝热操作产生的温升或温降不可接受，则可以按第6章和第14章讨论的方案引入一个热载体。操作过程仍然是绝热的，但有一股惰性物质作为热载体和反应器进料一起进入反应器。热集成特征如前所述：反应器进料是一条冷物流，反应器出料是一条热物流。热载体起到增加两条物流热容流率的作用。

3）冷激或热激。在放热反应器中部注入新鲜的冷进料或吸热反应器中部注入预热的进料，可以用来控制反应器的温度。其热集成特征与绝热操作类似：在大多数情况下，如果进料需要升温或气化，它是一条冷物流；如果产品需要降温或冷凝，它是一条热物流。如果有热量被提供给冷激或热激物流，它们则是附加的冷物流。

4）反应器的间接传热。虽然反应器的间接传热使得反应器的设计变得非常复杂，但相比于直接使用热载体，间接传热更为可取。热载体的使用会使工艺流程的其他部分变复杂。在第6章已经讨论过用于间接传热的一些可选方案。

就传热来说，首先要区分是活塞流反应器还是全混流反应器。在如图20.1所示的活塞流反应器中，传热可在一定的温度范围内发生。温度剖面的形状取决于以下方面：

- 入口进料浓度；
- 入口温度；
- 入口压力和压降（气相反应）；
- 转化率；
- 副产物的生成；
- 反应热；
- 冷却或加热速率；
- 反应器中催化剂的稀释或变化。

图20.1a给出了放热活塞流反应器的两种可能的温度分布曲线。如果热量移走速率低和/或反应热高，则反应物流温度将随反应器长度升高；如果热量移走速率高和/或反应热低，则温度下降。当处于图20.1a所示两种情况之间的工况，温度的极大值会出现在反应器入口和出口之间的中间部位。

图20.1b给出了吸热活塞流反应器的两种可能的温度分布曲线。如果热量加入速率低和/或反应热高，温度下降；当情况相反时，温度上升。当处于图20.1b所示两种情况之间的工况，温度的极小值会出现在反应器入口和出口之间的中间部位。

大多数情况下，沿反应器的温度分布需详细优化，以实现最大的选择性、延长催化剂寿命等目的。因此反应器几乎从不与其他工艺物流进行直接热集成。进入或来自反应器的热量传递一般借助一个传热中间介质完成。例如，在放热反应中，可以通过发生蒸汽进行冷却，发生的蒸汽可用于加热过程其他部分冷物流。

与活塞流反应器相反，如果是全混流反应

器，则反应器是恒温的。恒温是液相反应的搅拌釜或气相反应的流化床反应器的典型特征。混合过程使反应器内温度均匀。

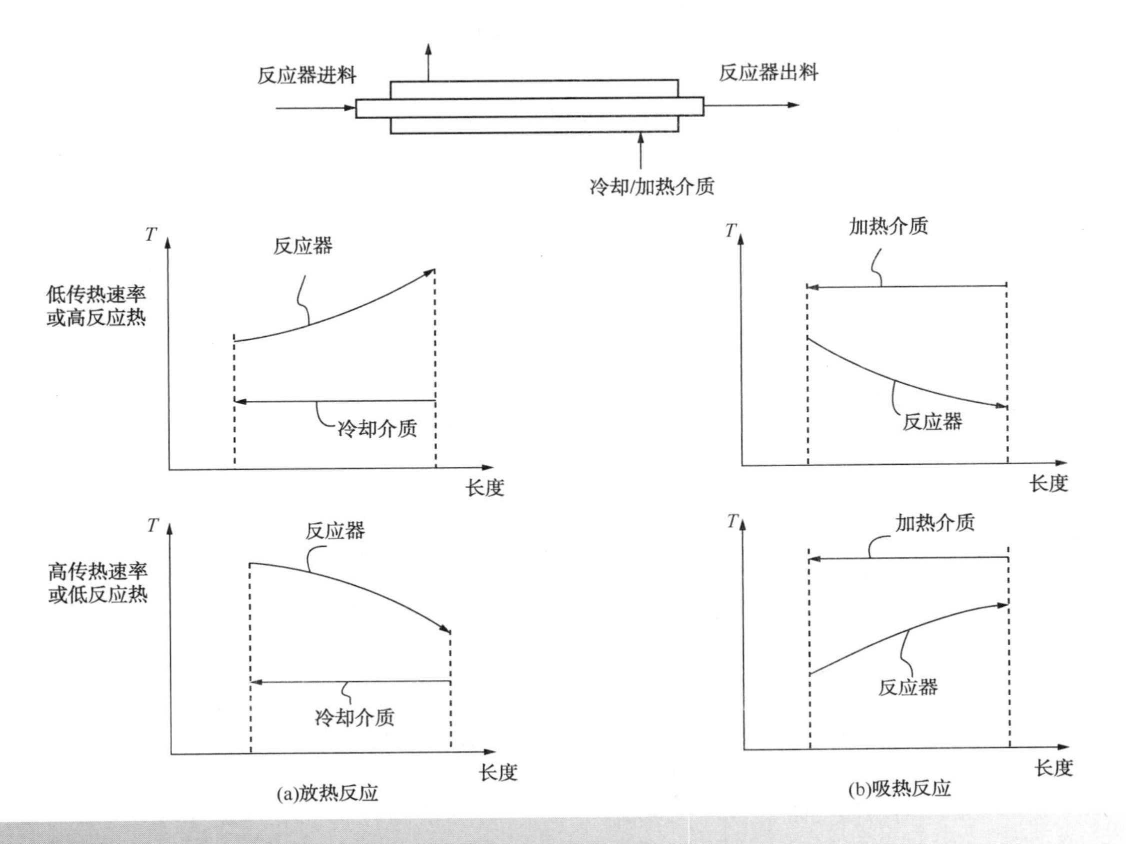

图 20.1　活塞流反应器的传热特征

对于间接传热，反应器的热集成特征可以分为以下三种情况：

① 如果反应器可以与其他的工艺物流直接匹配(这是不太可能的)，则在热集成问题中应该包括反应器温度分布曲线。就放热反应来说，这是一条热物流；就吸热反应来说，是一条冷物流。

② 如果利用传热中间介质，并且冷却或加热介质是固定的，则热集成问题应该包括加热或冷却介质而不包括反应器温度分布曲线自身。一旦冷却介质离开放热反应器，那么它就是一个需要冷却的热物流。类似地，一旦加热介质离开吸热反应器，那么它就是一个需要加热的冷物流。对于如导热油或熔盐这样的冷却和加热介质而言，一旦热量被移走或加入，它们将直接返回反应器。

③ 如果利用传热中间介质，但冷却或加热介质的温度是不固定的，则热集成问题应该同时包括反应器温度分布曲线和冷却或加热介质。如同在第 19 章介绍的一样，可以从整个热集成的角度去改变加热或冷却介质的温度以改善热集成目标。

除反应器内的间接冷却或加热外，如果反应器进料需要升温或气化，它就是一条附加的冷物流；如果反应器产品需要降温或冷凝，它就是一条附加的热物流。

对于理想的间歇反应器，在以热集成为目的的情况下，假设任一时刻反应器的温度是均匀的。图 20. 2a 给出了间歇反应器内典型的放热反应温度随时间的变化关系。一组曲线说明了增大热量移走速率和/或减小反应热的影响。在整个间歇循环中，假设每一条单个曲线向冷却介质传热的速率是常数。图 20. 2b 给出了类似的典型吸热反应曲线。在整个间歇循环中，假设图中的每条单个曲线从加热介质中加入热量的速率为常数。

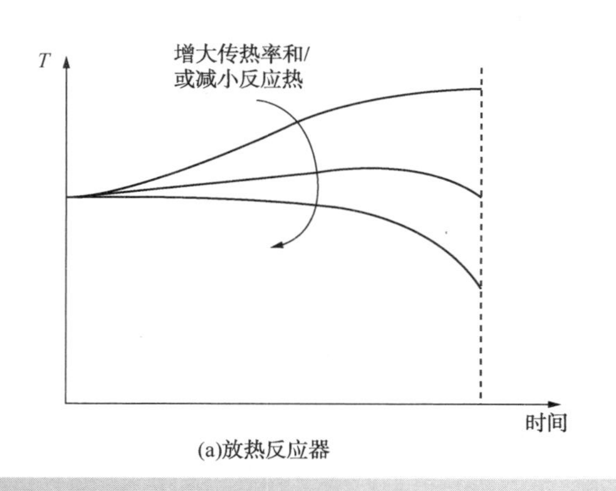

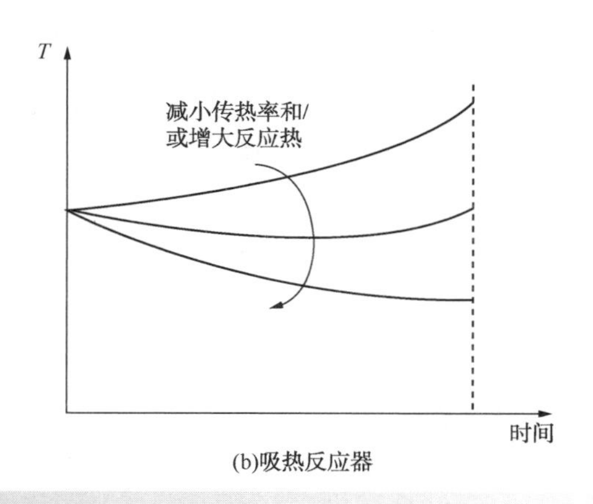

图 20.2 间歇反应器的传热特征

固定间歇反应器内的传热速率通常不是控制反应的最佳方式。加热或冷却特性可以随时间变化以适应反应的特性(见 16 章)。由于间歇操作较为复杂且通常规模小，因此很少从一个间歇反应器回收热量或通过回收来提供热量。相反，通常采用公用工程。

加热或冷却介质的热负荷由下式给出：

$$Q_{REACT}=-(\Delta H_{STREAMS}+\Delta H_{REACT}) \quad (20.1)$$

式中 Q_{REACT}——反应器所需的加热或冷却负荷；

$\Delta H_{STREAMS}$——进料物流和产品物流之间的焓变；

ΔH_{REACT}——反应焓(放热反应为负)。

5) 淬火。如第 6 章中所讨论的，反应器出料可能需要被快速冷却(淬火)。为此可通过常规的传热设备以间接传热的方式进行，或通过混合其他流体以直接传热的方式进行。

如果采用间接传热，并保持较大温差以提高冷却速度，则应根据工艺要求确定冷却流体(如沸腾水)。在这种情况下，反应热并不在反应器出料的温度上利用，而是在淬火流体的温度上利用。于是反应器进料物流是冷物流，淬火流体是热物流，反应器出料在淬火后也是一个热物流。这些都已在 19 章的数据提取下讨论过。

反应器出料有时可能以直接传热方式冷却，其原因有反应必须急速停止、常规换热器会结垢或者反应器产物太热或腐蚀性太强而不能通过常规换热器等。反应产物将和一个可循环利用的液体物流混合，如冷却后的产品物流或者惰性物流(如水)。液体物流部分或全部气化以冷却反应器出料。此时反应器进料是一个冷物流，淬火形成的蒸气和任何液体都是热物流。

下面从整个热集成问题的角度来考虑反应器的放置。

20.2 反应器的适宜放置

在 17 章中，已经讨论了在改进热集成中夹点的重要性。现在让我们探究在相对于夹点的不同位置放置反应器的结果。

图 20.3 是一个背景过程可简单地表示为由夹点划分的一个热阱和一个热源。图 20.3a 给出了一个集成于夹点上方的放热反应器的过程。最小热公用工程用量可以通过反应释放的热量而减少。

对比来看，图 20.3b 给出了集成于夹点下方的放热反应器。尽管热量是回收了，但它只是被回收到作为热源的部分。夹点上方的过程仍至少需要 Q_{Hmin} 的热量来弥补它的热量不平衡，所以热公用工程需求量并没有减少。

在夹点下方集成放热反应器没有益处。放热反应器应放置在夹点上方(Glavic，Kravanja and Homsak，1988)。

图 20.4a 是一个集成于夹点上方的吸热反应器。吸热反应器从夹点上方的过程中移出热量 Q_{REACT}。夹点上方的过程至少需要 Q_{Hmin} 的热量以弥补热量不平衡，额外的热量 Q_{REACT} 必须由热公

用工程提供进行补偿。所以在夹点上方集成吸热反应器没有益处。从局部看，以热回收方式进行吸热反应好像是有益的，然而在另外的地方必定加入额外的热公用工程进行补偿。

对比来看，图 20.4b 所示为一个集成于夹点下方的吸热反应器。反应器从需要排放热量的过程输入热量 Q_{REACT}。因此，反应器的集成起到了减少冷公用工程消耗量 Q_{REACT} 的作用。同时总热公用工程用量减少，这是因为如果不进行集成，工艺流程和反应器将一共需要热公用工程提供(Q_{Hmin} + Q_{REACT})的热量。

在夹点上方集成吸热反应器没有益处，吸热反应器合适的布局是在夹点下方 (Glavic, Kravanja and Homsak, 1988)。

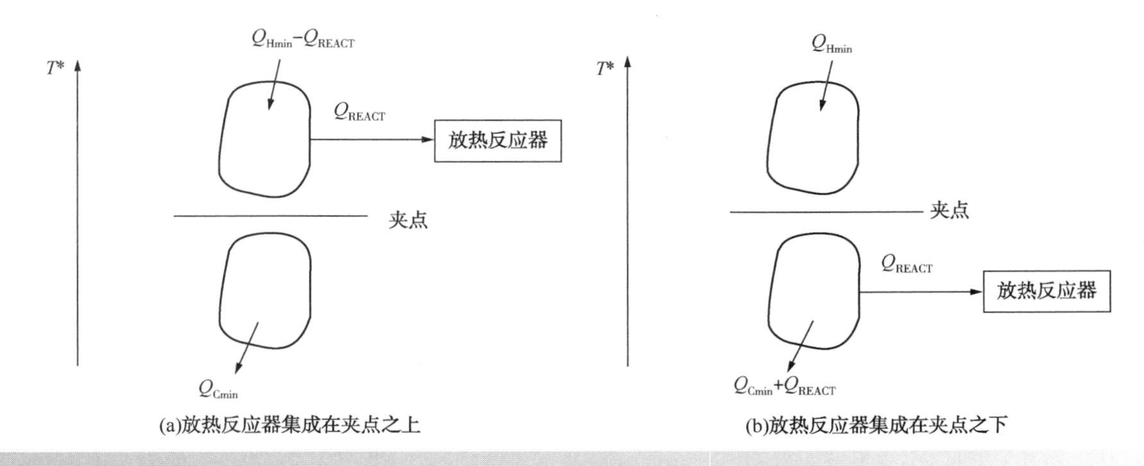

(a)放热反应器集成在夹点之上　(b)放热反应器集成在夹点之下

图 20.3　放热反应器的布局

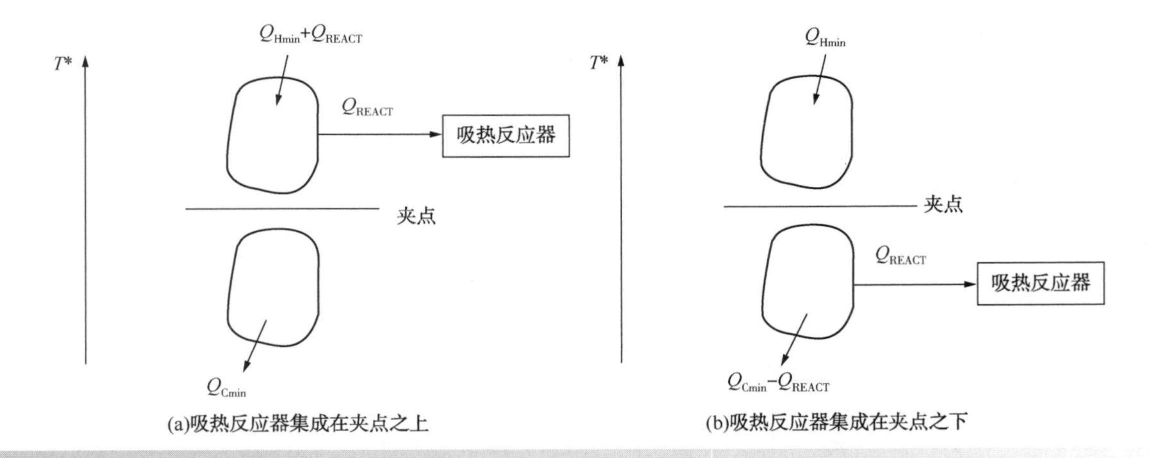

(a)吸热反应器集成在夹点之上　(b)吸热反应器集成在夹点之下

图 20.4　吸热反应器的布局

20.3　应用总复合曲线分析反应器的热集成

前述反应器布局的讨论假定了工艺流程有能力在给定的反应器温度下接受或给出反应器所需要的热负荷。现需要一个定量工具来评价背景过程的这种能力。为实现这个目的，可以利用总复合曲线，反应器温度分布曲线可以像第 17 章中描述的一样当作一个公用工程处理。

不同于公用工程曲线，表示反应器温度分布曲线的问题在于它可能包含几条物流。其中不但包括如图 20.1 所示的间接传热物流，也包括反应器进料和出料物流，它们可能是反应器加热和冷却特征的一个重要特性。与反应器相联系的各种物流可以组合形成一条反应器的总复合曲线。它可以与过程其余部分的总复合曲线相匹配。如下例所示。

例 20.1 再次考虑例 19.1 讨论的邻苯二甲酸酐的生产过程。从图 19.10 所示流程中提取数据并列入表 19.1。图 19.11 为复合曲线和总复合曲线。

① 考察反应器相对于其余过程的放置；

② 确定过程的公用工程需求。

解：

① 图 20.5a 中用来构建总复合曲线的物流数据包括与反应器相联系的物流和其余过程的物流。如果要考察反应器相对于其余过程的布局，那些与反应器相联系的物流则需要从其余过程中分离出来。图 20.5b 为这两部分过程的总复合曲线。图 20.5b 基于表 19.1 中的物流 1、2、6、7，图 20.5c 基于物流 3、4、5、8、9、10、11。

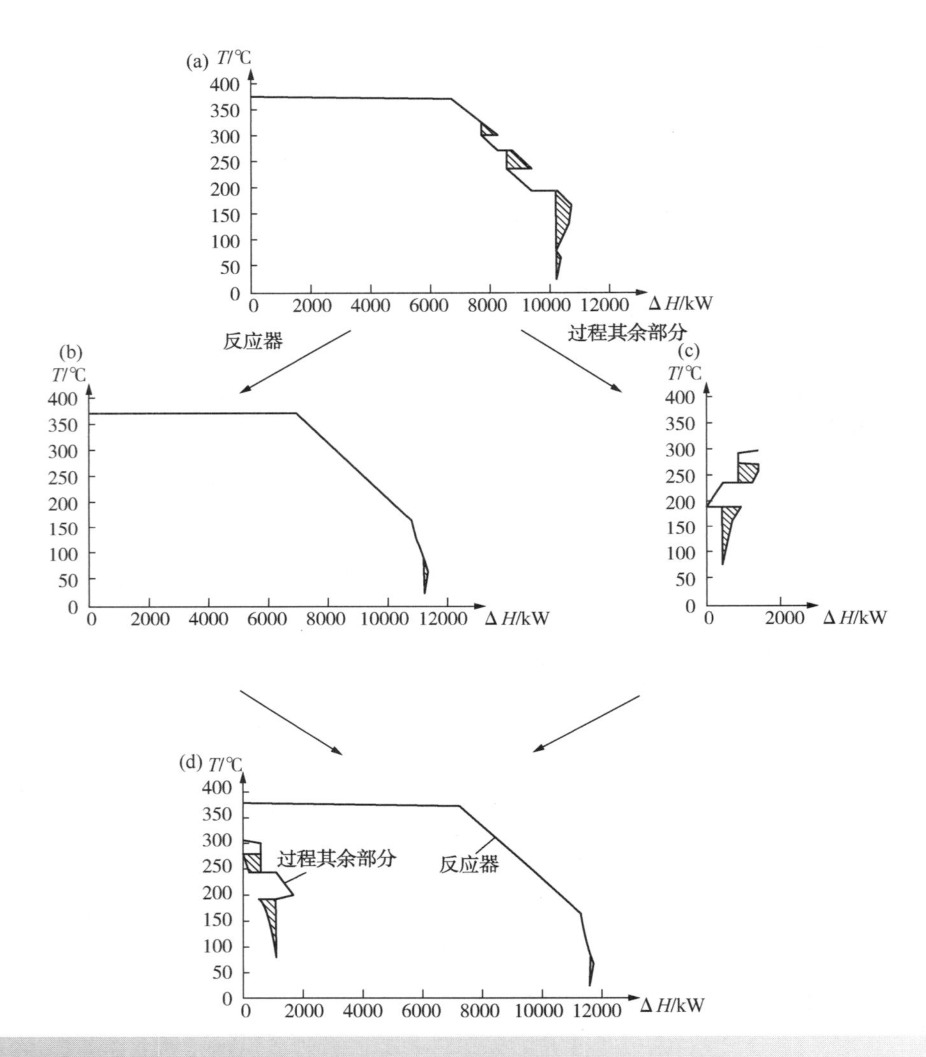

图 20.5 将问题划分为两部分，一部分与反应器有关，另一部分与其余过程有关（$\Delta T_{min}=10$℃），然后将两者合并布局

在图 20.5d 中，反应器的总复合曲线和其余过程的总复合曲线合起来布局，为了获得最大的重叠，其中一条曲线必须作为镜像。从图 20.5d 中可以看出，反应器相对于其余过程的放置是适宜的。假设反应器布局不当，基本不可能通过改变反应器使之适宜布局，更加可行的办法是改变其余过程。

② 图 20.6 给出了所有物流的总复合曲线，

并有一条蒸汽发生曲线与之匹配。冷却需求由从锅炉给水发生高压蒸汽(41bar)来满足，该高压蒸汽过热到 270℃。发生高压蒸汽比发生低压蒸汽更可取。此时显然不需要冷却水冷却。

如果采用催化热氧化方式(见第 25 章)处理不凝气而不用吸收方法，则可以发生大量的蒸汽。催化热氧化放出的热量将产生额外的热物流用于产生蒸汽。

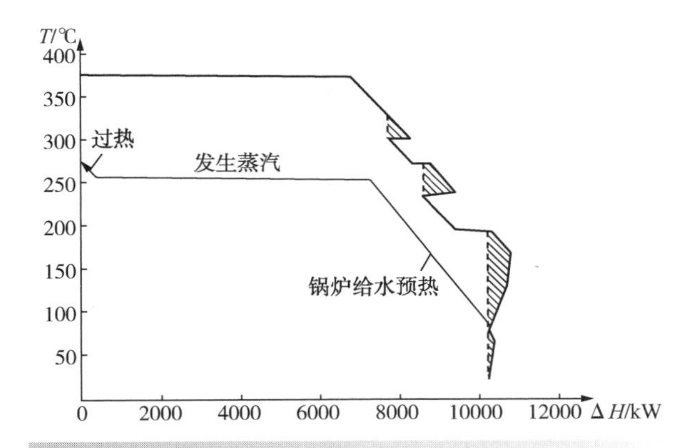

图 20.6 整个过程的总复合曲线明显只需要从锅炉给水发生高压蒸汽

20.4 反应器设计调优以改进热集成

如果反应器的位置不合适，那么过程的变化可能会使它有可能纠正这一点。一个可选方案是改变反应器条件。然而，大多数情况下，在反应器条件可能已经从选择性、催化剂效率等方面进行了优化，与安全性、构造材料的约束、控制等方面的限制一起，使得不大可能通过改变反应器条件来改进热集成。因此，为实现反应器的适宜布局，最有可能改变的是其余的过程。

如果可能改变反应器设计，可以用第 19 章中提出的简单准则指导这些改变。使热物流更热、冷物流更冷总会对热集成更有利。这适用于热集成是直接在工艺流之间或通过中间体(如蒸汽)进行。例如，考虑图 20.1a 中的放热反应，如果不存在影响选择性或催化剂寿命或引起安全和控制等方面的因素，使反应器在更高的温度下工作将改进热集成。然而，如果反应器必须使用固定的中间冷却流体，比如蒸汽的产生，唯一的好处是减少反应器的传热面积。离开反应器的蒸汽成为一条可用于热集成的热物流。如果可提高蒸汽发生的压力，当它与其余过程集成时，可以带来能量或面积上的收益。

当利用反应热在反应器内预热进料时应谨慎。在实践中，这是通过将冷料直接送入反应器，并允许它们与反应器内的热料混合进行预热来实现的。然而，如果放热反应器已适宜地布局于夹点上方，而进料温度起始于夹点下方，则在反应器内预热就是跨越夹点传热。在这种情况下，进料物流在进入反应器之前，应当利用夹点下方的物流以回收热量的方式进行预热，这样可以增加反应器的产热量并且由于反应器可回收热量的增加而改进热集成。

20.5 反应器的热集成——总结

就热集成而言，反应器的适宜布局是：放热反应器集成于夹点上方，吸热反应器集成于夹点下方。在放热反应器内利用反应热预热反应器进料这种方案应该谨慎，因为可能造成跨越夹点传热。进料物流应当在进入反应器之前以热回收的方式预热到夹点温度。

利用总复合曲线，可以定量地确定反应器的适宜布局问题。与反应器相关的物流可以表示为反应器的总复合曲线，并与其余过程的总复合曲线相匹配。

如果反应器未能适宜布局，那么更有可能实现适宜布局的方法是改变其余的过程，而不是改变反应器设计。如果改变反应器设计是可能的，则使热物流更热、冷物流更冷的简单准则可用于实现有利的改变。

20.6 习题

1. 表 20.1 中给出了一个高放热化学反应的工艺物流数据。

表 20.1 有放热化学反应的过程的物流数据

物流编号	物流类型	焓差/kW	T_S/℃	T_T/℃
1	热	7000	377	375

续表

物流编号	物流类型	焓差/kW	T_S/℃	T_T/℃
2	热	3600	376	180
3	热	2400	180	70
4	冷	2400	60	160
5	冷	200	20	130
6	冷	200	160	260

① 绘制 $\Delta T_{min}=10$℃下的复合曲线，确认它是一个阈值问题，并确定冷公用工程需求；

② 建议使用发生蒸汽作为冷公用工程。假设采用饱和锅炉给水发生饱和蒸汽，计算该过程可产生多少41bar压力下的蒸汽。在此压力下，饱和蒸汽的温度是252℃，潜热为1706kJ·kg^{-1}。

③ 如果蒸汽被过热到350℃，计算该过程可产生多少41bar压力下的蒸汽。假设蒸汽的热容是4.0kJ·kg^{-1}·K^{-1}。

④ 如果蒸汽由100℃且热容为4.4kJ·kg^{-1}·K^{-1}的锅炉给水产生，将会发生什么？在此时，发生蒸汽量应怎样计算？

参考文献

Glavic P, Kravanja Z and Homsak M (1988) Heat Integration of Reactors: I. Criteria for the Placement of Reactors into Process Flowsheet, *Chem Eng Sci*, **43**: 593.

第 21 章　精馏的热集成

21.1　精馏热集成的特征

精馏塔的主要加热负荷和冷却负荷来自再沸器和冷凝器。然而，通常来说，还有一些负荷与加热或冷却进料和产品相关。与再沸器和冷凝器中的潜热变化相比，这些显热的热负荷是比较小的。

再沸和冷凝过程通常发生在一定的温度范围内。然而，在实际考虑中，通常要求提供给再沸器热量的温度必须高于离开再沸器蒸汽的露点温度，要在温度低于流出液的泡点温度下从冷凝器中移走热量。这一点在 19 章中已经讨论。因此，至少在初步设计中，可以假设再沸和冷凝过程均发生在恒定温度下。

21.2　精馏的适宜位置

下面讨论简单精馏塔(即包含一股进料、两股出料、一个再沸器和一个冷凝器的精馏塔)相对于热回收夹点放置在不同位置时的结果。精馏塔以温度 T_{REB} 向再沸器输入热量 Q_{REB}，以较低的温度 T_{COND} 排出热量 Q_{COND}。精馏塔与其他过程有两种可能的热集成方式，即再沸器和冷凝器跨越或者不跨越热回收夹点进行热集成。

1）精馏塔跨越夹点。这种布局如图 21.1a 所示。背景过程(不包括再沸器和冷凝器)可以简单地表示为由夹点划分的一个热阱和一个热源。热量 Q_{REB} 在夹点温度以上输入再沸器，然后热量 Q_{COND} 在夹点温度以下排出。因为夹点上方过程热阱需要至少 Q_{Hmin} 的热量来弥补该子系统的热量不平衡，所以，移入再沸器的热量 Q_{REB} 必须通过从热公用工程中引入额外热量 Q_{REB} 来补偿。无论怎样，在夹点下方，过程都需要排出 Q_{Cmin} 的热量，还要加上从冷凝器中移走额外的热量 Q_{COND}。如果将精馏塔和过程系统相集成，仅考察再沸器，可能会得出再沸器已经节省能量的结论。因为已经通过热回收来提供再沸器所需的热量。然而，整体的情况却是，通过精馏塔，热量跨越热回收夹点进行了传递，过程系统中的冷热公用工程不得不相应增加。因此，对一个分离装置跨越夹点进行热集成，原则上不会带来节省能量的效果(Umeda，Niida and Shiroko，1979；Linnhoff，Dunford and Smith，1983)。

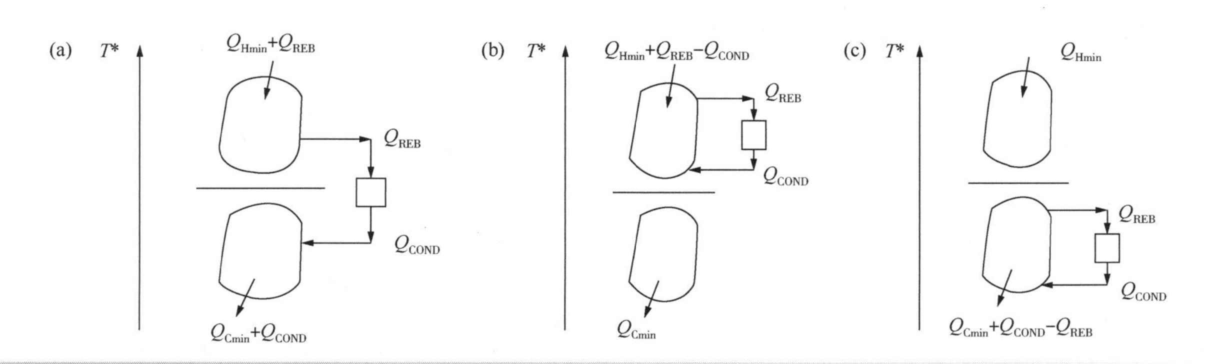

图 21.1　精馏塔的适宜布局
(Smith and Linnhoff，1998)

2）精馏塔不跨越夹点。这种情况则有些不同。图 21.1b 是一个完全在夹点之上的精馏塔。精馏塔从系统中获得热量 Q_{REB}，然后排出高于夹点温度的热量 Q_{COND}。热公用工程消耗量的改变量为（$Q_{REB}-Q_{COND}$），冷公用工程的消耗不变。通常来说，Q_{REB} 和 Q_{COND} 大小相近。如果 $Q_{REB} \approx Q_{COND}$，那么消耗的热公用工程就是 Q_{Hmin}，并且不需要额外的热公用工程输入给精馏塔。可以说，精馏塔搭了系统的“顺风车”。夹点之下的热集成如图 21.1c 所示。这种情况下，热公用工程不变，但冷公用工程的消耗量改变了（$Q_{COND}-Q_{REB}$）。同样，Q_{REB} 和 Q_{COND} 通常大小相近，那么可以得到与夹点上方热集成相似的结论。

以上讨论可以用一句话总结：精馏塔的合理位置为不跨越夹点（Umeda，Niida and Shiroko，1979；Linnhoff，Dunford and Smith，1983）。尽管这一原理是针对于精馏塔发展起来的，但它可以应用于任何在较高温度下输入热量并在较低温度下排出热量的分离器。如果再沸器和冷凝器都与系统相集成，那么精馏塔的开车和控制会比较困难。但是，如果深入考虑集成，就会发现，再沸器和冷凝器都不需要集成。在夹点之上，再沸器可以直接用热公用工程加热，只有冷凝器在夹点上方集成。这时，总的公用工程的消耗与图 21.1b 所示相同。在夹点之下，冷凝器可以直接被冷公用工程冷却，只有再沸器在夹点之下集成。此时，总的公用工程的消耗与图 21.1c 所示相同。

21.3 采用总复合曲线对精馏进行热集成

只有在系统有能力提供或接收所需的热负荷的情况下，才可以应用精馏塔适宜布局的原则。因此，对于一个给定的背景过程，需要一个定量的工具来评价热源和热阱的大小。总复合曲线可以解决这个问题。假设与精馏塔有关的主要冷热负荷就是再沸器和冷凝器的负荷，那么可以用一个简单的“盒子”来方便地表示再沸器和冷凝器的负荷（Linnhoff，Dunford and Smith，1983）。这个“盒子”可以和系统其余部分的总复合曲线相匹配。该总复合曲线包括过程中所有的加热和冷却负荷，包括分离器进料和出料的加热和冷却，但不包括再沸器和冷凝器的负荷。

现在举例说明。图 21.2a 所示是一条总复合曲线。分别画出精馏塔再沸器和冷凝器的负荷并和总复合曲线相匹配。再沸器和冷凝器的负荷在热回收夹点的两侧，因此塔的设置并不合适。在图 21.2b 中，虽然再沸器和冷凝器的热负荷都在夹点之上，由于热负荷的缘故，不能合适相配。在这种情况下，有部分负荷可以热集成，节省了一部分能量，但比总的再沸器和冷凝器负荷要小。

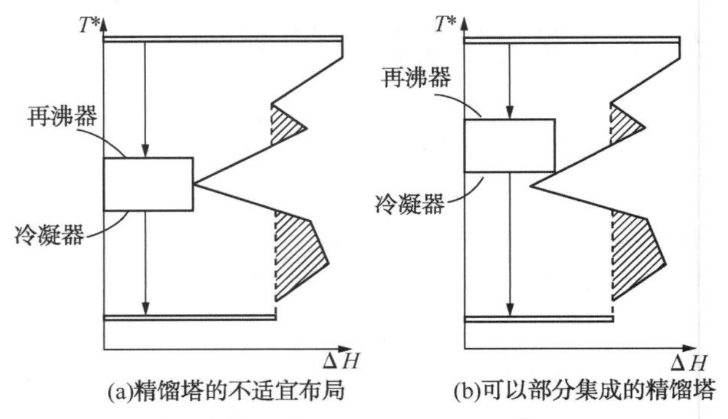

图 21.2 与总复合曲线不相配的精馏塔
（Smith and Linnhoff，1998）

如图 21.3 所示的这两种情况都是合适的。如图 21.3a 所示的情况下，再沸器负荷可以由热公用工程提供，冷凝器的冷却负荷必须和其他的过程相集成。另一种如图 21.3b 所示的情况，精馏塔的布局也是适宜的。再沸器必须和过程系统相集成来获取热量，冷凝器的一部分负荷也必须通过集成获得，剩余负荷可以排出到冷公用工程。

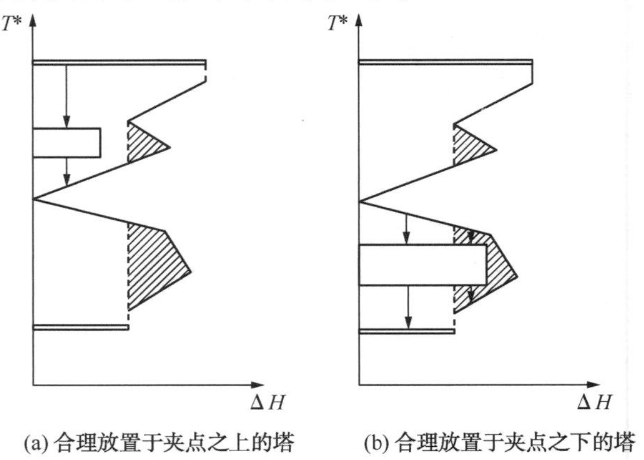

图 21.3 与总复合曲线相配的精馏塔
（Smith and Linnhoff，1998）

21.4　改进简单精馏塔的设计以提升热集成

对于一个不恰当布局的精馏塔来说，如果通过改变压力将它提升到热回收夹点上方，需要冷凝的流股(热流股)从夹点下方提升到夹点上方。再沸流股(冷流股)仍然在夹点之上。而如果将没有适宜布局的精馏塔调整到夹点之下，那么再沸流股(冷流股)将从夹点上方调整到夹点下方，而冷凝流股将继续留在夹点下方。因此，精馏塔的适宜布局其实是调整流股跨越夹点的一种特殊情况，同样也是加减原则的一种特殊情况(参见第19章)。

对于一个跨越夹点不合理布局的精馏塔，可以通过改变压力的方法来使它布局合理。当然，由于压力的改变，“盒子”的形状也会改变，因为不仅再沸器和冷凝器的温度改变了，它们之间的温差也随之改变。同时，这也会影响相对挥发度，通常来说，相对挥发度随着压力的增加会降低。因此，压力的改变将同时影响盒子的高度和宽度。压力的改变也会影响进料和产品流股的加热和冷却负荷，这些流股通常包括在背景过程中。因此，塔压的改变也会在某种程度上影响总复合曲线的形状。但是，如前所述，在大多数过程中这种影响是不明显的，因为与再沸器和冷凝器中的潜热变化相比，这些显热变化通常相对较小。

但是，精馏塔的操作压力是有一些限制的。例如，通常情况下，精馏塔的最大压力受到限制，以避免再沸器中的物料发生分解反应。这一点在再沸高分子量的物料时尤为突出。因此通常高分子量的物料不得不在减压环境下精馏。但是，除非是必要情况，否则最好不要使用减压精馏。很明显，如果精馏塔的压力被限制，那么热集成的机会也将被限制。

如果因为热负荷或限制条件的缘故，精馏塔既不能在夹点之上合适布局，也不能在夹点之下合适布局，那么就可以考虑其他的设计方案。一种可能的方法是采用如图21.4a所示的双效精馏(Smith and Linnhoff，1988)。塔的进料被分成两股，分别进入两个并联的精馏塔。双效精馏的一个典型应用是通过选择两个塔的相对压力，使得压力较高的塔的冷凝器的热量用来作为压力较低的塔再沸器的热源。在不进行其他集成的情况下，这种方法可以节省大约一半的能量，因为同一部分能量在不同的温度范围内被使用了两次。但是，节能是以增加投资费用为代价的。并且，在独立地使用这种方法以减少系统的热负荷的同时，整个精馏系统的温差也将会增加。如果我们尝试把这个双效精馏系统与过程系统的其余部分进行热集成，系统温差的增加可能会引起一些问题。由于温差的增加，我们或许不能在夹点之上进行热集成(比如由于再沸器中所需要的高温会产生结垢)，或者不能在夹点之下进行热集成(比如由于冷凝器所需要的低温导致昂贵的制冷)。

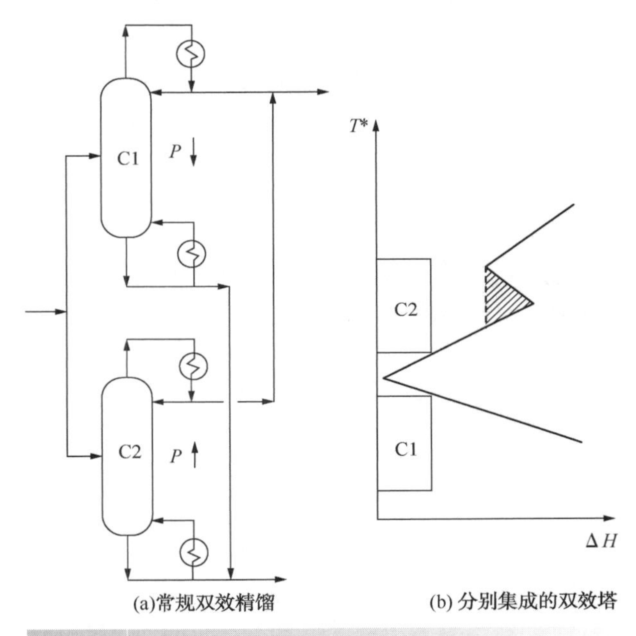

图21.4　双效精馏
(Smith and Linnhoff，1998)

然而，这两个塔并非必须用热集成联系起来。如图21.4b展示了两个没有用热集成联系起来的塔，因而，每个塔都可以单独地进行适当的设置。很明显，这种方案的投资费用将比单塔的投资费用高，但如果在节能方面更有利的话，也是合理的。

如果一个精馏塔不能很好地嵌入总复合曲线中，那么另一个设计方案是使用中间冷凝器，如图21.5所示。在这种情况下，“盒子”的形状会发生改变，因为中间冷凝器改变了通过精馏塔的热流，在中间冷凝器中，一些热量以更高的温度排出。在图21.5所示的这种与总复合曲线匹配的特殊方式下，至少一部分从中间冷凝器中排放出来的热量必须要传给系统。与此类似，也可以考虑使用中间再沸器。对于中间再沸器，一部分再沸器的热量在塔的中部某点输入，其所需温度低于塔底再沸器的温度。Flower 和 Jackson(1964)，Kayihan(1980)和 Soares-Pinto 等人(2011)已经提出了确定中间再沸器和冷凝器合适位置的方法。

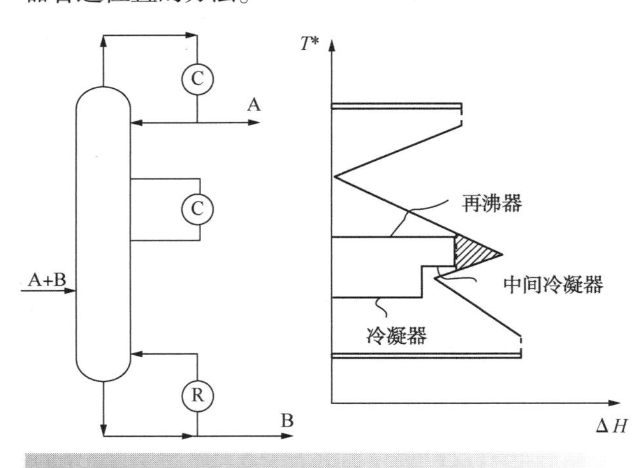

图 21.5　有中间冷凝器的精馏塔，与背景过程相匹配(Smith and Linnhoff，1998)

21.5　热泵精馏

为了节省精馏的能耗，提出了多种热泵精馏的方法。一种方法是使用如在第 17 章中讨论的方案一种闭式循环热泵。另一种方案是使用塔顶蒸汽作为热泵的介质，也就是开式热泵。这种开式方案也就是人们所说的蒸汽再压缩。该方案有很多种序列，图 21.6 所示是两种可行的方案。图 21.6a 显示了一种用于高于环境温度的精馏的典型方案，通常会需要几个辅助冷却器以实现总体的能量平衡。图 21.6a 给出了辅助冷凝器。如果进料显著过冷，则可能需要一些辅助再沸器。图 21.6b 展示了一种用于低于环境温度的精馏的典型方案。如果需要辅助冷却的话，最好是在较高温度下进行冷却，以避免使用冷剂。与图 21.6a 相比，图 21.6b 所示的方案需要在较高温度下进行辅助冷却。同样，如果进料显著过冷，那么可能会需要一些辅助再沸器。

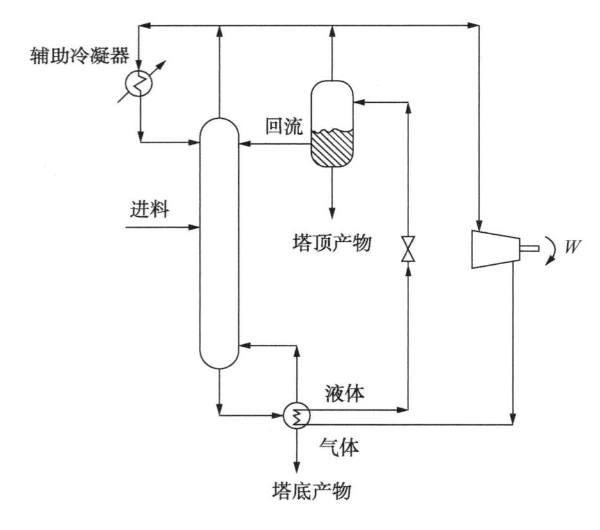

(a)环境温度之上精馏的典型蒸汽再压缩方案

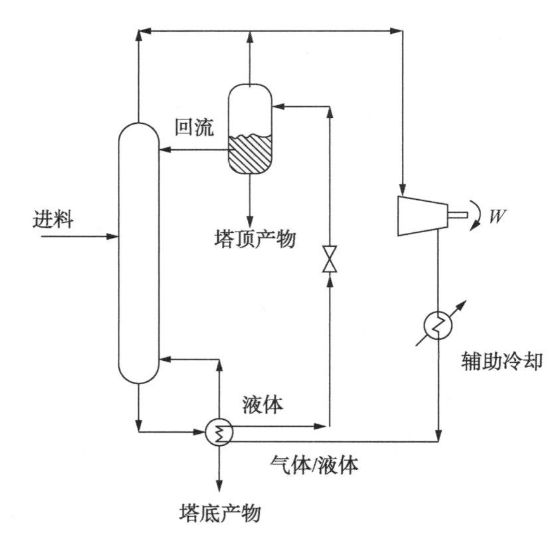

(b)环境温度之下精馏的典型蒸汽再压缩方案

图 21.6　热泵精馏，蒸汽再压缩方案

开式(蒸汽再压缩)方案比闭式方案在所需的温升方面有优势。闭式系统进行了两次换热操作，每一次的换热都需要有一个传热温差。开式系统仅进行一次换热操作。因此，开式热泵系统与闭式热泵系统相比，通常温升较小，进而所需能量也较小。然而，对于闭式热泵系统，可以在各种物质中选择适宜的工质，使得在达到同样温升的情况下，所需的能量比使用精馏塔塔顶蒸汽作为工质所需的能量更低。

对于一个独立的塔，该塔的热泵如果想要具有经济性，那么它必须在较小的温差下运行，对于精馏塔来说，这意味着分离的物质应该是具有相近沸点的。另外，除非精馏塔必须独立运行或者由于压力的缘故必须跨越夹点运行，那么最好是使用热集成的方法节能。在一些限制条件下近沸点的混合物的精馏，热泵精馏的方法更合适(Smith and Linnhoff，1988)。

21.6 精馏热集成中设备费用的考虑

到目前为止，我们对精馏塔的设计改进，都是以精馏塔和其他过程系统进行更有效的集成以节省更多能量费用为出发点的。但是当精馏塔的设计和热集成方案改变时，设备费用也会改变。这种改变可以分成两大类：精馏塔设备费用的改变和换热网络设备费用的改变。很明显，设备费用的变化应该和能量费用的变化同时考虑，以实现设备和能量费用的权衡。

1）精馏塔设备费用。正如第 8 章所讨论的，经典的精馏塔优化是通过调节回流比来权衡塔的设备费用和能量费用。在第 8 章中，这个问题是在精馏塔仅采用公用工程，而不与其余的过程系统相集成的情况下讨论的。在长期的实践中，人们已经获得选择回流比的经验规律。典型的情况是，最优的回流比与最小回流比的比值通常在 1.1 左右或更低。正如在第 8 章中讨论的，在实际应用中，除非特殊情况，实际回流比与最小回流比的比值一般不低于 1.1。

如果塔没有合理布局，那么增加回流比就会造成总体上能耗的增加，上述权衡的规律就可以应用。但是如果塔被合理布局，回流比就可以在一定范围内增加而不改变总体能耗，如图 21.7 所示。增大通过塔的热量将减少所需的塔板数，但同时会增加蒸汽的流量。按传统的经验法则进行初始设计，这会减少塔的设备费用。但是，如图 21.7 所示，由于通过换热网络的热量减少，换热网络的传热温差也将减少，换热网络的设备费用将会增加。因此，适宜集成的精馏塔的权衡问题变成了一个在塔的设备费用和换热网络的设备费用之间权衡的问题(Smith and Linnhoff，1988)(图 21.7)。

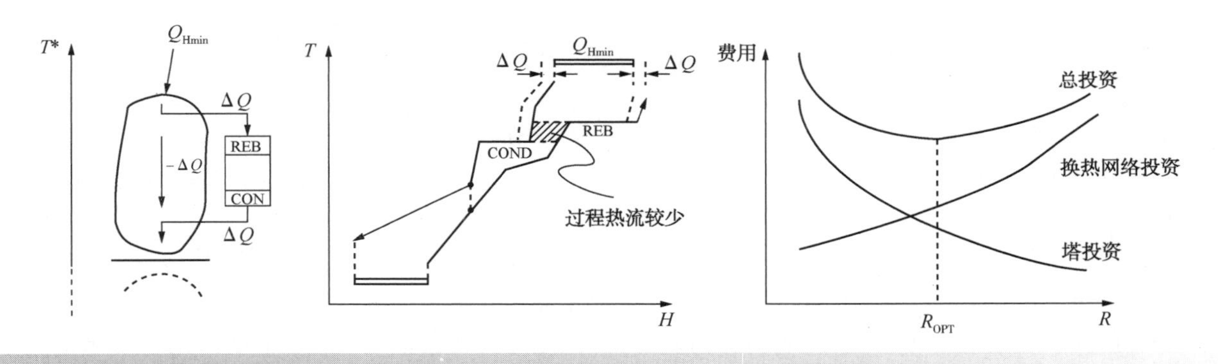

图 21.7 合理集成精馏塔的投资-投资权衡
(Smith and Linnhoff，1998)

2）换热网络的投资费用。设计者很容易把“盒子”放入总复合曲线，并且以为这就行了。实际上，当考虑了过程和精馏塔的复合曲线之后，整体的热集成的情况才刚刚清晰起来。作为热集成的结果，整个过程的传热温差变小。这意味着要重新调整投资和能量之间的权衡，并且可能需要更大的 ΔT_{min}。投资和能量之间的权衡优化，可能会抵消一部分通过合理集成节省的能量。

不幸的是，在实际中，整体的设计问题甚至更加复杂。过程系统中大的传热温差(也就是总复合曲线中的空间)，可以通过使用中等温度的公用工程，或与热机、热泵等设备进行热集成，相比于精馏塔的热集成，这些利用方法更应该优先考虑。因此，事实上这是一个在精馏塔设计和集成、公用工程的选择以及投资和能量费用三个问题的权衡。

21.7 精馏序列的热集成特征

精馏序列问题已经在第 10 章进行了讨论，在第 10 章，我们讨论的精馏塔是在单独运行的情况下使用再沸器和冷凝器的公用工程。按照第 10 章的方法，可以找到几种最好的非集成的精馏序列。这些序列可以按照之前讨论过的方法进行热集成。图 21.8 显示了如何对一个两塔直接精馏序列分离三种产品的过程进行热集成。在图 21.8a 中，提高第一个精馏塔的压力，这样第一个塔的冷凝器可以为第二个塔的再沸器提供热量，有时这种方法被称为顺序集成。在图 21.8b 中，升高第二个塔的压力，这样第二个塔的冷凝器可以为第一个塔的再沸器提供热量，有时这种方法被称为倒序集成。这两种方案都可以显著节省能量需求。然而，通常有五种与精馏塔相关的加热/冷凝负荷。

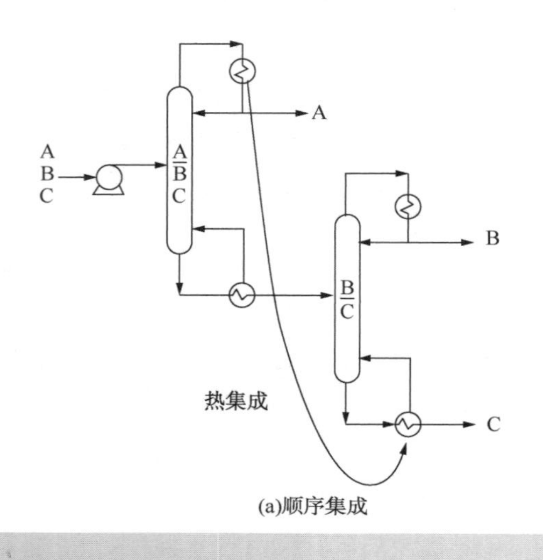

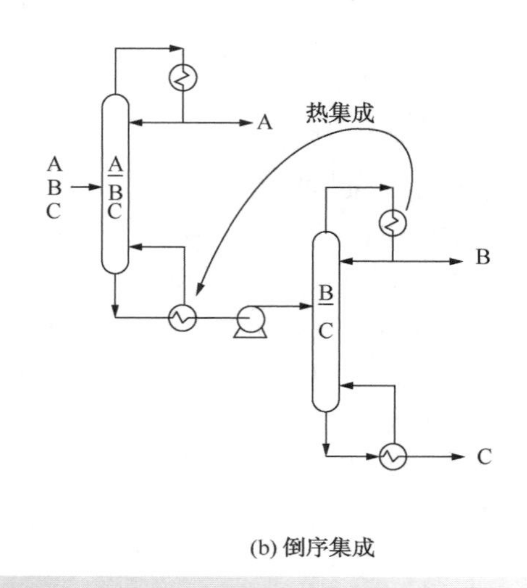

图 21.8 两个简单塔序的热集成

- 进料的预热/冷却；
- 冷凝器中的冷却；
- 再沸器中的加热；
- 塔顶产品的加热/冷却；
- 塔底产品的加热/冷却。

通常情况下，精馏塔中的这些负荷都可以用以下方式之一得到满足：

- 热或冷公用工程；
- 与其他精馏塔的再沸/冷凝负荷进行热集成；
- 与背景过程的加热和冷却公用工程进行热集成；
- 闭式热泵精馏；
- 开式热泵精馏；
- 使用闭式热泵将其他精馏塔冷凝器或过程冷却负荷转移到本精馏塔；
- 使用开式热泵将其他精馏塔冷凝器的负荷转移到本精馏塔；
- 使用闭式热泵将本精馏塔冷凝器的负荷用于满足其他精馏塔或过程加热；
- 使用开式热泵将本精馏塔冷凝器的热量用于满足其他精馏塔或过程加热。

另外，我们将在第 24 章讨论，对于需要复杂制冷系统的低温过程，也可以考虑与制冷系统的热集成。通过给精馏过程增加中间再沸器和冷凝器，会有更多的节能机会。一种方法是将整个设计过程分成两步：首先确定最好的非集成序列，然后进行热集成。这种方法的前提是，精馏序列问题和热集成问题可以分别解决。

然而，精馏序列的结构和热集成之间有着复杂的相互作用。不仅可以选择不同简单塔的精馏序列，塔的压力也可以在实际约束之内改变。因为塔压会发生变化，上面讨论过的能量集成的方案也会改变。序列中每个塔的压力都会改变还会引起一个问题，就是对下游塔的进料会产生影响。如果两个塔有相同的压力，那么离开第一个塔的饱和液体在进入第二个塔的时候也是饱和的。但是，如果由于压力的调整，使得第一个塔的压力比第二个塔的压力高，那么第一个塔的饱和液体进入第二个塔的时候就会成为过冷进料。如果由于压力的调整，第一个塔的压力比第二个塔低，那么第一个塔的饱和液体将部分气化或作为过热进料进入第二个塔。进料的情况将显著影响塔的设计。

为了减少投资费用(比如为了避免使用太长的管道)会设置一些限制条件。另外，为了使换热网络具有可操作性和可控性(比如热回收情况下使用一个热源来提供热量给一个再沸器，而不要使用两个或三个热源供给一个再沸器)，应该设置一些限制条件来避免换热网络过于复杂。

除了考虑这些单塔问题，把复杂塔加入到精馏序列中也会有相应的问题。图 21.9a 显示了直接序列的两个简单塔的热特性。如图 21.9b 所示，一旦这两个塔在热量上进行了耦合，整体的热负荷就会下降。但是，所有的热量都必须在系统最高温度下供给。因此，如果减少负荷，那么就要提高提供热量的温度，必须在这两者之间进行权衡。相应的间接序列的例子如图 21.10 所示。如果间接序列的两个塔进行了热量耦合，热负荷将减少，但同时，所有的热量都必须以最低的温度排出。因此，减少热负荷获益的同时，又有排出的热量温度更低的缺点。相同的问题也会在热耦合的预分馏器和隔壁塔中发生。但是，在这种情况下，提供的热量必须以最高的温度输入，排出的热量必须以最低的温度排出。

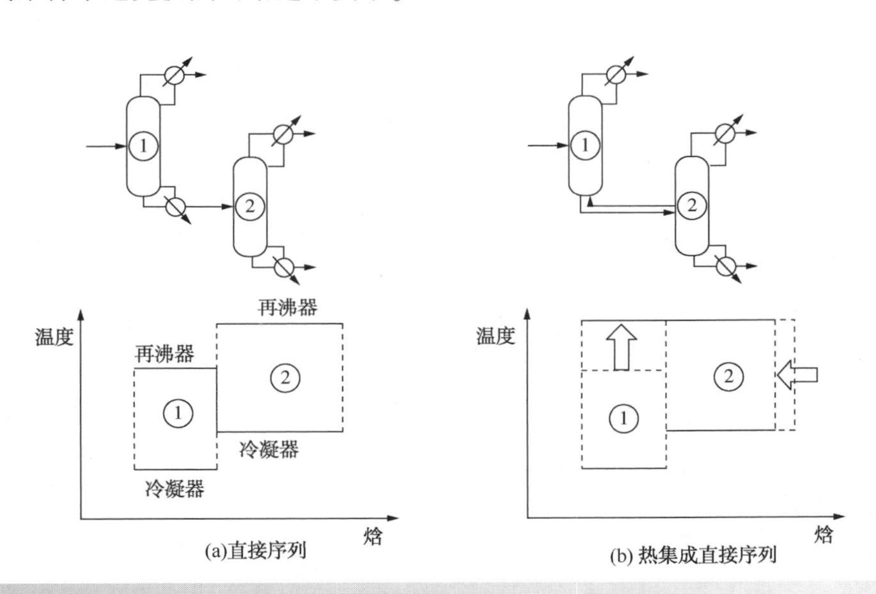

图 21.9　直接序列的热集成改变了负荷和温位

所有这些考虑都需要用比分步式方法更加复杂的方法来实现，要同时考虑精馏序列和热集成(包括复杂塔)。

例 21.1　两个精馏塔已经按照如图 21.8 所示，顺序精馏的方法连接。考虑这两个塔之间进行热集成的可能性。需要选择这两个塔的操作压力来进行热回收。表 21.1 和表 21.2 中给出了塔 1 和塔 2 在不同压力下的数据。

表 21.1　塔 1 的数据

P/bar	T_{COND}/℃	T_{REB}/℃	Q_{COND}/kW	Q_{REB}/kW
1	90	120	3000	3000
2	130	160	3600	3600
3	140	170	4000	4000
4	160	190	4300	4300

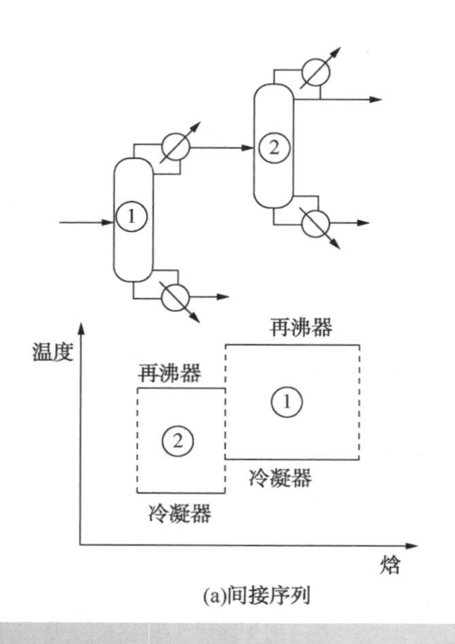

(a)间接序列

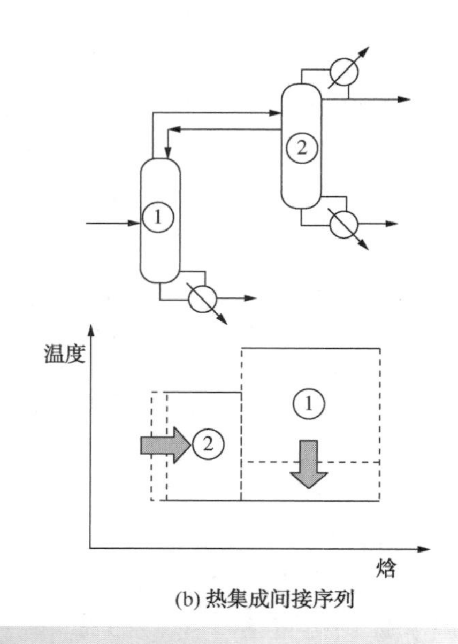

(b) 热集成间接序列

图 21.10 间接序列的热集成改变了负荷和温位

表 21.2 塔 2 的数据

P/bar	T_{COND}/℃	T_{REB}/℃	Q_{COND}/kW	Q_{REB}/kW
1	110	130	5500	5500
2	130	153	6000	6000
3	150	175	6300	6300
4	163	190	6500	6500
5	170	200	6600	6600

200℃的中压(MP)蒸汽可以用来给再沸器加热。冷却水可以用于冷凝器，冷却水返回冷却塔的温度为 30℃。设最小传热温差为 10℃。确定以下情况下的最小公用工程用量：

① 两个塔都在 1bar 压力下运行，

② 顺序热集成

③ 倒序热集成

解：①如果满足以下条件，则在冷凝器和再沸器之间的热集成是可行的

$$T_{COND} \geqslant T_{REB}+\Delta T_{min}$$

从表 21.1 和表 21.2 中可以看到，当两个塔操作压力均为 1bar 时，不能进行热集成，因此：

$$Q_{Hmin}=3000+5500=8500\text{kW}$$

$$Q_{Cmin}=3000+5500=8500\text{kW}$$

② 通过提高塔 1 的压力，考虑顺序集成。因为随着压力的提高，热负荷也将增加，因此应该采用较小的操作压力。因此，塔 2 保持操作压力 1bar 不变，再沸器温度即为 130℃。这意味着塔 1 的最小冷凝温度为 140℃，对应的操作压力为 3bar。从表 21.1 和表 21.2 中可以得到：

$$Q_{Hmin}=4000+(5500-4000)=5500\text{kW}$$

$$Q_{Cmin}=0+5500=5500\text{kW}$$

③ 考虑倒序集成，塔 1 和塔 2 合适的操作压力分别是 1bar 和 2bar。因此，从表 21.1 和表 21.2 中可以得到：

$$Q_{Hmin}=0+6000=6000\text{kW}$$

$$Q_{Cmin}=3000+(6000-3000)=6000\text{kW}$$

因此，为了获得最小的公用工程费用，应该使用顺序集成，此时，塔 1 的操作压力为 3bar，塔 2 的操作压力为 1bar。

21.8 热集成精馏序列设计

为了同时考虑精馏序列和热集成，需要一个更自动化的方法。在第 10 章中，讨论了怎样自动地形成精馏序列，图 10.19 是一个用简单塔分离五种物质的例子，说明了如何把所有方案嵌入到一个超结构中，通过优化这个超结构去除多余的特征。这个优化不仅包含精馏塔序列的优化，也包括对操作压力、回流比和进料条件的优化，以及每个塔是部分冷凝还是全冷凝的选择。这里

应该再次注意，在串联关系的塔之间，由于牵涉到进料条件，塔之间会有相互作用。之后，图10.20说明任何两个串联的塔，从原则上讲都可以被一个不同的复杂塔序列所取代。复杂塔的合适构成取决于这两个要被替代的串联简单塔是直接序列还是间接序列。在第10章中，曾讨论了如何使用随机搜索优化的方法(比如模拟退火算法，详见第3章)确定这个结构。随机搜索优化可以从任何可行的精馏序列(例如一种简单塔序列)为起始点开始，之后经过一系列的结构的改变，方案会得以进化，以提高各方面的表现，如第10章中讨论的内容。除了结构的改变，塔压、回流比、进料状态和所有塔的冷凝器类型等都需要考虑。在每一次的改变之后，新的设计方案都需要进行模拟和评估。

正如第10章中讨论的，除了使用随机搜索优化方法从一个初始设计出发进行搜索外，也可以采用一种综合的超结构并使用确定性算法(MINLP)来优化求解，该超结构中涵盖了所有简单塔和复杂塔的可能的组合。

不论采用哪种方法，目前为止，这些方法都假设所有的加热和冷却均采用公用工程。对于大多数问题，热集成对最终方案的确定都会有极大的影响。而且由于上面讨论过的原因，对精馏结构和热集成的优化必须同时进行。对于新的设计，最简单的方法就是假设一个最小传热温差ΔT_{min}，然后采用来自于问题表的能量目标。在这种方法中，只要结构发生了改变并且新的设计被模拟和评估，就可从能量目标获取能量费用。如果只考虑单一的热和冷公用工程，那么这是一种很直接的方法。而如果考虑到多种公用工程，以能量为目标的话，就需要在每一次精馏结构改变之后优化公用工程的混合使用并且重新评估。可以使用线性规划来优化公用工程的混合使用，使之与总复合曲线相匹配。然而，即使不使用在第17章中讨论过的以能量为目标的方法，只要给定ΔT_{min}，使用线性规划也可以得到换热网络的设计方案。这个换热网络方案可以用于评估每一次精馏系统结构的改变。不论用哪一种方法来设计热集成，换热网络的评价都要作为精馏结构问题优化的子问题来解决。

如果精馏塔的热集成问题是一个改造型问题，那么要根据已有的精馏结构进行调整。通过使用随机搜索优化方法，以已有的精馏结构为初始点，进行一系列的改动。与设计型问题相比，改造型问题不能以能量目标来判断系统的热集成改造潜力。对于改造型问题，换热网络应该用第18章中阐述过的方法，在已有的换热网络结构的基础之上进行改动。对精馏结构或操作条件的每一次更改，都将产生一个新的热集成问题。正如第18章中阐述的，这个新的换热网络问题需要由改造算法去解决，把已经存在的换热网络改造成新的网络。大多数的改造问题只有在变动少量设备的时候才是经济的。因此，在改造优化问题中必须限制改造数。

21.9 精馏的热集成——总结

热集成时精馏塔的合理设置是不跨越热回收夹点。总复合曲线是一种可以定量评价热集成机会的工具。把一个常规精馏塔集成到一个过程中的范围通常是有限的。各种实际约束通常阻碍了精馏塔与过程其余部分的集成。如果精馏塔不能和过程其余部分相集成，或是背景过程中的热流限制热集成的潜力，那么注意力必须重新放到精馏塔自身操作上，以及考虑复杂塔的方案。

复杂塔(侧线提馏、侧线精馏和热耦合的预分馏器)能够减少分离过程整体的热负荷，但同时，以再沸器和冷凝器的温度升高或降低为代价。热集成的好处是能够节省能量，但需要更极端的温度使得热集成变得更加困难。

因此，考虑限制条件和复杂塔后需要同时来求解精馏序列和热回收问题。这种问题可以用超结构的确定性算法或随机搜索优化算法进行求解。

21.10 习题

1. 表21.3给出了一个问题表级联数据($\Delta T_{min}=10℃$)。可用的公用工程在表21.4中给出，制冷所需的能量通过下式计算：

表 21.3 习题 1 的热流级联数据

平均温度/℃	热通量/kW
160	1000
150	0
130	1100
110	1400
100	900
80	1300
40	1400
10	1800
-10	1900
-30	2200

$$W=\frac{Q_C}{0.6}\left(\frac{T_H-T_C}{T_C}\right)$$

式中 W——制冷循环所需的能量；

Q_C——冷却负荷；

T_C——热量进入制冷循环的温度，K；

T_H——热量排出制冷循环的温度，K。

设只需要一种等级的制冷，且制冷循环排出的热量用冷却水带走。

表 21.4 习题 1 公用工程数据

公用工程	费　用
180℃蒸汽	$\$135kW^{-1}\cdot y^{-1}$
20~40℃冷却水	$\$4.5kW^{-1}\cdot y^{-1}$
电	$\$620kW^{-1}\cdot y^{-1}$

该过程目前有一个使用蒸汽和冷水的精馏塔。再沸器温度为 120℃，冷凝器温度为 90℃，其热负荷均为 1400kW。

① 计算不考虑塔的热集成时的公用工程费用

② 计算塔在当前压力下进行热集成后的公用工程费用

③ 尝试在降低塔压强之后进行热集成。假设塔压强改变之后，塔的压降以及再沸器和冷凝器的热负荷不变。计算塔热集成之后的公用工程费用。

④ 确定塔热集成时最合适的再沸器和冷凝器温度。计算公用工程费用。

⑤ 如何降低制冷费用？

2. 表 21.5 给出了一个给定过程的问题分析所得热级联结果，$\Delta T_{min}=10℃$。

表 21.5 习题 2 的问题表级联

平均温度/℃	热通量/MW
295	18.3
285	19.8
185	4.8
145	0
85	10.8
45	12.0
35	14.3

① 一个将甲苯和联苯的混合物分离到相对纯的产品的精馏塔，与过程相集成。塔的操作压力初始确定为大气压（1.013bara）。在此压力下，塔顶甲苯冷凝器温度保持 111℃，塔底联苯再沸器温度保持 255℃。如果将这个精馏塔在压力 1.013bara 下与过程集成，结果如何？

② 如果要将精馏塔与过程相集成，你能否提出一个更合适的操作压力？再沸器和冷凝器负荷都是 4.0MW，且可以假设热负荷不随压力的改变有明显变化。甲苯和联苯的气相压力可以用下式计算：

$$\ln P_i=A_i-\frac{B_i}{T+C_i}$$

其中，P_i 是气相压力（bar），T 是绝对温度（K）。A_i、B_i 和 C_i 是常数，其值在表 21.6 中给出。不能使用减压操作，且再沸器温度应尽可能低以减少结垢。

表 21.6 蒸气压力常数

组　分	A_i	B_i	C_i
甲苯	9.3935	3096.52	-53.67
联苯	10.0630	4602.23	-70.42

③ 在精馏塔热集成之后画出总复合曲线的示意图。

3. 直接序列的两个塔在泡点温度下将混合物分离为 A、B 和 C 三种产物。可用的加热蒸汽的温度为 200℃，冷却水温度为 30℃。最小传热温差为 10℃。表 21.7 和表 21.8 中给出两个精馏塔的数据。

设两个塔的进料都为饱和液体，计算以下情况的最小公用工程用量：

① 两塔操作压力都为 1bar 时的热集成。

② 选择合适的操作压力进行顺序集成。

③ 选择合适的操作压力进行倒序集成。

表 21.7　习题 3 塔 1 的数据

P/bar	T_{COND}/℃	T_{REB}/℃	Q_{COND}/kW	Q_{REB}/kW
1	90	120	3000	3000
2	130	160	3600	3600
3	140	170	4000	4000
4	160	190	4300	4300

表 21.8　习题 3 塔 2 的数据

P/bar	T_{COND}/℃	T_{REB}/℃	Q_{COND}/kW	Q_{REB}/kW
1	110	130	5500	5500
2	130	153	6000	6000
3	150	175	6300	6300
4	163	190	6500	6500
5	170	200	6600	6600

4. 直接序列的两塔生产三种产物 A、B 和 C。选择进料条件和操作压力，使得热回收机会最大。为了简化计算，设进料由饱和液体改为饱和气体时，冷凝器的冷却负荷不变。这个假设在实际中是不成立的，但可以简化练习的计算。同时，设饱和液体进料情况下的再沸器热负荷等于饱和气相进料情况下的再沸器热负荷加上气化进料所需的热负荷。表 21.9 和表 21.10 给出两个塔的数据。

冷却水温度为 30℃，运行费用为 $\$4.5\mathrm{kW^{-1}\cdot y^{-1}}$。低压蒸汽温度为 140℃，费用为 $\$90\mathrm{kW^{-1}\cdot y^{-1}}$。中压蒸汽温度为 200℃，费用为 $\$135\mathrm{kW^{-1}\cdot y^{-1}}$。最小传热温差为 10℃。

① 列出可能的热集成机会(包括蒸汽产生和进料加热)。

② 通过饱和液体进料情况下优化塔压，并计算倒序集成时的最小费用。

③ 通过优化进料饱和液体时的塔压进行倒序热集成，但不允许冷凝器和再沸器之间进行热回收，计算最小费用。

④ 如果两塔进料都为饱和气相，则不允许冷凝器和再沸器之间进行热回收，取上面部分②中的压力，计算最小公用工程费用。

⑤ 保持塔压为 1bar，饱和气相进料，计算最小费用。

表 21.9　习题 4 塔 1 数据

P/bar	T_{COND}/℃	T_{REB}/℃	饱和液体进料		饱和汽体进料	
			Q_{COND}/kW	Q_{REB}/kW	T_{FEED}/℃	Q_{FEED}/kW
1	90	120	3000	3000	110	2000
2	130	160	3600	3600	130	1800
3	140	170	4000	4000	150	1600
4	160	190	4300	4300	170	1500

表 21.10　习题 4 塔 2 数据

P/bar	T_{COND}/℃	T_{REB}/℃	饱和液体进料		饱和汽体进料	
			Q_{COND}/kW	Q_{REB}/kW	T_{FEED}/℃	Q_{FEED}/kW
1	120	140	3000	3000	110	2000
2	140	165	4000	3600	130	1800
2.5	150	178	4500	4000	150	1600

5. 考虑使用侧线精馏和侧线提馏分离三种物质的混合物。假定热耦合的塔有相同的操作压力，且进料为饱和液相。表 21.11 和表 21.12 中给出了两种分离序列的操作数据。

表 21.11　习题 5 侧线精馏数据

P/bar	T_{COND1}/℃	T_{REB}/℃	Q_{COND1}/kW	Q_{REB2}/kW	T_{COND2}/℃	Q_{COND2}/kW
1	90	140	2000	3000	120	2500
2	110	165	2500	3600	140	3000
2.5	120	178	3000	4000	150	3500

表 21.12　习题 5 侧线提馏数据

P/bar	T_{COND1}/℃	T_{REB}/℃	Q_{COND1}/kW	Q_{REB2}/kW	T_{COND2}/℃	Q_{COND2}/kW
1	90	140	5000	3000	120	2500
2	110	165	6000	3500	140	2500
2.5	120	178	7000	4000	150	3500

使用习题 4 的公用工程数据：

① 当两个塔操作压力都为 1bar 时，哪种复杂塔方案有更低的公用工程费用?

② 将 1bar 压力下操作的简单塔按直接序列进行热集成，与问题①的结果相比谁的公用工程费用更低?

③ 优化两种复杂塔方案下的塔压以最小化公用工程费用。

参 考 文 献

Flower JR and Jackson MA (1964) Energy Requirements in the Separation of Mixture by Distillation, *Trans IChemE*, **42**: T249.

Kayihan F (1980) Optimum Distribution of Heat Load in Distillation Columns Using Intermediate Condensers and Reboilers, *AIChE Symp Ser*, **192**(76): 1.

Linnhoff B, Dunford H and Smith R (1983) Heat Integration of Distillation Columns into Overall Processes, *Chem Eng Sci*, **38**: 1175.

Smith R and Linnhoff B (1988) The Design of Separators in the Context of Overall Processes, *Trans IChemE ChERD*, **66**: 195.

Soares-Pinto F, Zemp R, Jobson M and Smith R (2011) Thermodynamic Optimization of Distillation Columns, *Chem Eng Sci*, **66**: 2920.

Umeda T, Niida K and Shiroko K (1979) A Thermodynamic Approach to Heat Integration in Distillation Systems, *AIChE J*, **25**: 423.

第 22 章　蒸发器与干燥器的热集成

22.1　蒸发器和干燥器的热集成

正如第九章讨论的一样，蒸发过程通常是从难挥发的混合物中分离出某一单组分物质（如水）。大多数情况下，可以假设汽化和冷凝过程是在恒温条件下进行的。

像精馏一样，蒸发器的冷热负荷主要集中在冷凝和气化过程。与蒸发过程有关的负荷还有进料、产品及冷凝物流的冷却和加热。但和冷凝和气化过程的潜热相比较，这些显热的负荷通常是很少的。

图 22.1a 为用实际温度和平均温度表示的单效蒸发器。注意，尽管蒸发和冷凝过程实际是在同一温度发生，但采用平均温度时，蒸发和冷凝负荷是在不同的温位下。图 22.1b 为类似的三效蒸发器的情况。

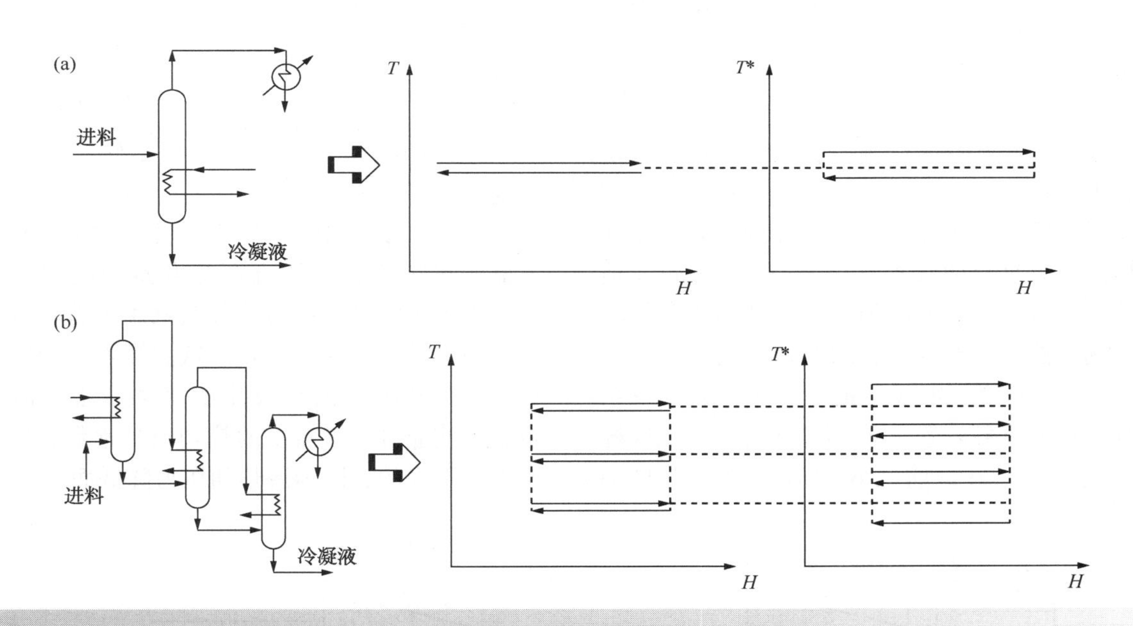

图 22.1　在平均温度下表示的蒸发器

与精馏过程一样，蒸发过程也可以用一个盒子来表示。假设其进料和浓缩所需的任何加热或冷却将与其他流程包括在大的复合曲线中。然而，代表汽化过程的盒子的传热温差可以通过改变换热面积来调整。在各相之间增加换热面积可以允许各相更小的传热温差。因而整体的传热温差可以减小，反之亦然。

22.2　蒸发器的合理放置

上一章提出了精馏塔合理布局的概念，该原则也适合于蒸发器。精馏塔和蒸发器热集成的特点非常类似，因此蒸发器的布局不应跨越夹点（Smith and Linnhoff，1988）。

22.3 改变蒸发器设计以改进热集成

蒸发器的热力学曲线可以调整，其方法与蒸馏塔所用方法类似。二者自由度的大小明显不一样(Smith and Linnhoff, 1988; Smith and Jones, 1990)。

考虑一个在背景过程中的三效蒸发器，如图22.2a所示。在选定的压力下，蒸发器不能合适地嵌入总复合曲线。最可能的方式首先是增加其压力使其合适地置于夹点之上(图22.2b)。

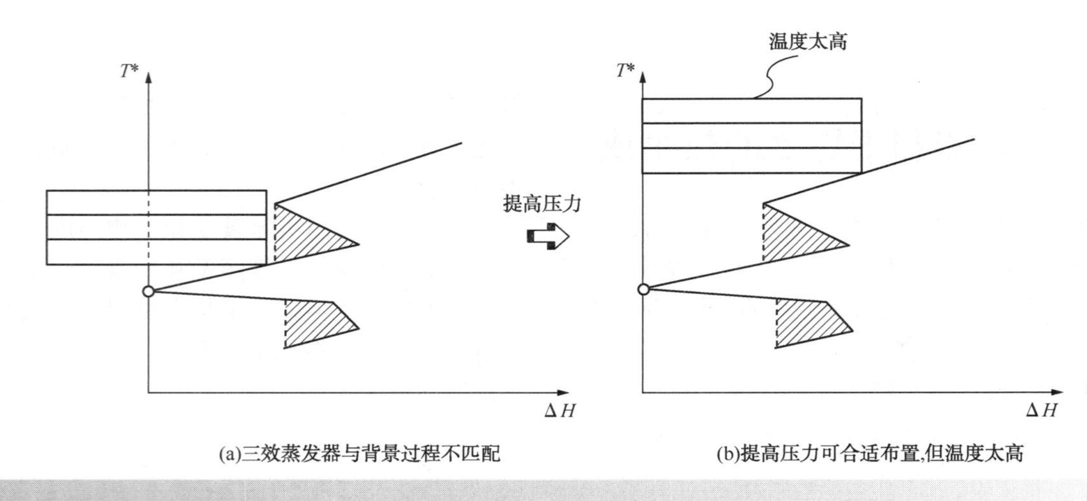

图22.2 三效蒸发器的集成

假定在图22.2b中，升压会使温度过高，从而引起不可接受的分解和结垢问题。这时一个可能性是增加效数，例如把三效增加到六效，使其合适地嵌入总复合曲线夹点之上(图22.3a)。蒸发器位置适宜了，但可能仍然存在高温使产品降级的问题。然而，不是所有的蒸发器效数必须热耦合。反之，图22.3b显示的是一个六效蒸发系统，其夹点上下各放置三效。这可能是一个传统型的六效系统，只是前三效和后三效没有热耦合，也可能是两个并行的三效系统，类似双效精馏。

图22.3c给出的是另一种设计方案，其中蒸发器的热物流和质量流在蒸发器的级间是变动的。该图表明第二级的部分蒸汽用于背景过程加热，而不是第三级的蒸发。这意味着前两级过程比第三级及随后的级发生更多的蒸发。需要注意，即使通过多级蒸发的热物流是常数，然而蒸发率是下降的，因为潜热随压力降低而升高。

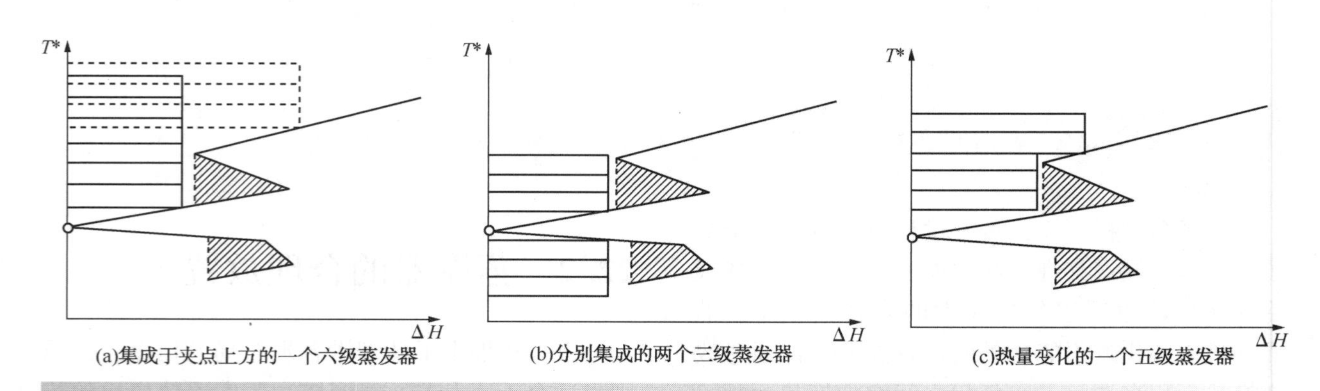

图22.3 总复合曲线帮助下的蒸发器设计

如果蒸发器由于热负荷或约束不能和过程其余部分相集成，另一个方案是使用热泵。和精馏系统中的热泵一样，只有蒸发器不能集成或必须跨越夹点运行时，使用热泵才有意义。实际上，在很多包含大负荷蒸发器的过程中，夹点是由蒸发器气化和冷凝负荷造成的。这种情况下，因为蒸发器所用的热泵也就是跨夹点的热泵，所以使用热泵有意义(见22.6节的案例)。最常用的是蒸汽再压缩，其流程基本和精馏过程的一样。所蒸发出来的气体，通常是水蒸气，压缩后又用于蒸发过程，如图22.4所示。图22.4所示的是一个机械式蒸汽再压缩过程。对于水蒸发过程，也可利用一个蒸汽喷射器进行热式蒸汽再压缩。尽管图22.4给出的只是一个单效机械式再压缩蒸发器，多效过程和热泵可以组合成多种不同结构的系统。

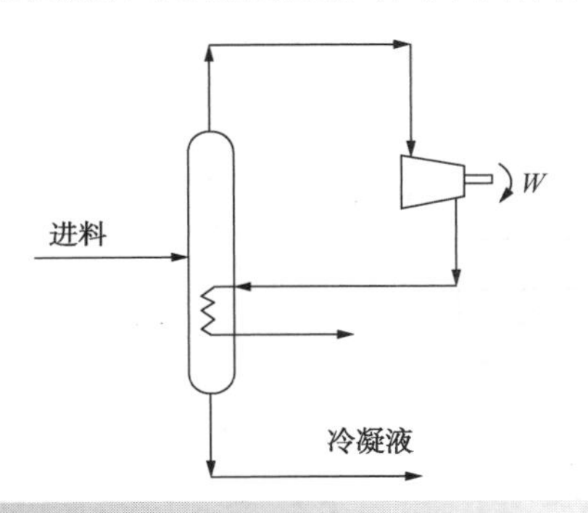

图22.4　机械式蒸汽再压缩蒸发器

22.4　干燥器的热集成特点

正如第9章所讨论的，输入到干燥器中的热量是给气体的，而且，是在一定温度范围内的。另外，该气体要加热到高于其液体蒸发的泡点的温度。干燥器的排气低于其进口温度，但是排气的热量在一定温度范围内是可用的。基于干燥器的热特性，其设计往往较为特殊，这和精馏与蒸发过程本质上是不同的。图22.5所示为一个典型的干燥器的热集成特点。

22.5　改变干燥器设计以改进热集成

注意干燥器与精馏和蒸发系统是不同的。但是热量仍然是在高温下输入，在干燥排气中排出。适合于精馏塔和蒸发器的适宜布置的原则也适用于干燥器。第19章所叙的加减原则提供了一个通用的工具，可以用来理解干燥器在整个过程中的集成。如果设计人员能自由地改变干燥温度和气体流速，就可按照加减原则进行调整以降低整体的公用工程费用。

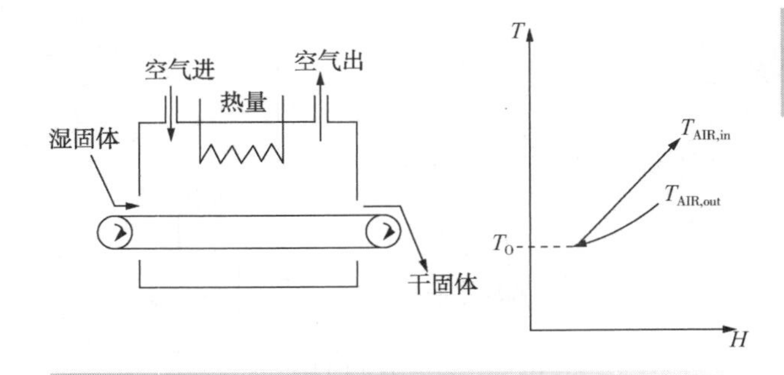

图22.5　干燥器的热集成特点

22

22.6　案例

图22.6所示的是一个利用食品加工中的废酒糟生产动物饲料的工厂。该厂有高浓度和低浓度两种固体进料。低浓度进料中的水分先用蒸发器脱除，然后经旋转干燥器处理。高浓度进料中的水分先通过离心机脱除，然后在两级旋转干燥器中干燥。和一般这种类型的工厂一样，蒸发器和干燥器是独立设计，不考虑背景过程。对于独立的蒸发器的优化显示，使用机械式蒸汽再压缩系统是经济的。

图22.6所示为该过程的总复合曲线和蒸发器热泵的位置。由于第一台干燥器所需的温度太高，不能与其余的过程集成，总复合曲线上省略了其热负荷。热泵可以看成适当地放置在跨越夹点的位置。但是，其冷侧在夹点下方进入了总复合曲线的口袋。如果改变热泵的设计使其不进入口袋，将会得到如图22.7那样的设计结果。蒸汽消耗量几乎没有变化，但能量费用将会降低。这是因为热泵的负荷减少了，导致电力需求也减少。

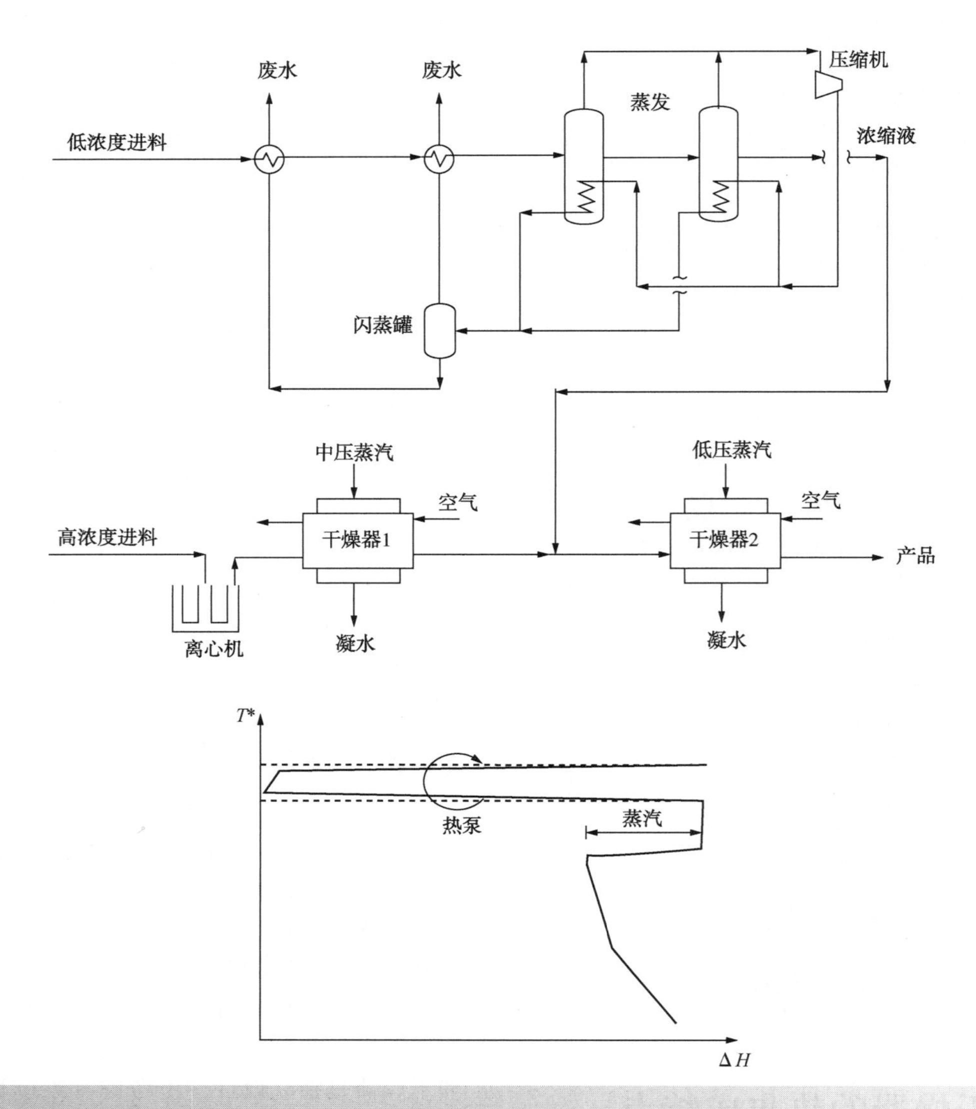

图 22.6　生产动物饲料的工厂，热泵置于总复合曲线的口袋中
(Smith and Linnhoff，1998)

22.7　蒸发器和干燥器的热集成——总结

像蒸馏一样，蒸发器和干燥器适当的放置位置应该是在夹点之上或之下，但不能跨越夹点。总复合曲线可以用于定量地评估其适当的位置。

也像蒸馏一样，蒸发器的热特性可以通过改变压力来调整。但是，蒸发器设计的自由度更大，有更多的设计选择。

干燥器的特性与精馏塔和蒸发器的有所不同，因为其热量是在大范围的温度下加热和排出的。加减原则可以指导干燥器设计的改变。

22.8　习题

1. 表 22.1 给出了某过程在 ΔT_{min} 为 10℃时的问题表级联数据。一个蒸发器要和该过程相集成。蒸发器要求蒸发出 1.77kg/s 的水分。假设水的蒸发潜热为常数 2260kJ/kg，冷却水的温度为 25℃并以 35℃回到冷却塔。求蒸发器配置方案，使蒸发器可以与背景过程进行热集成。

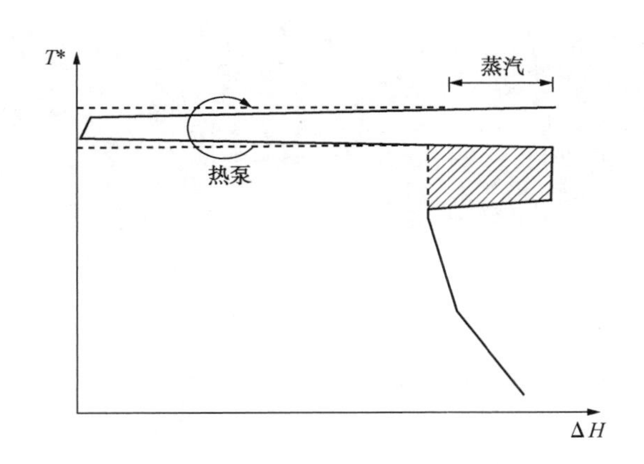

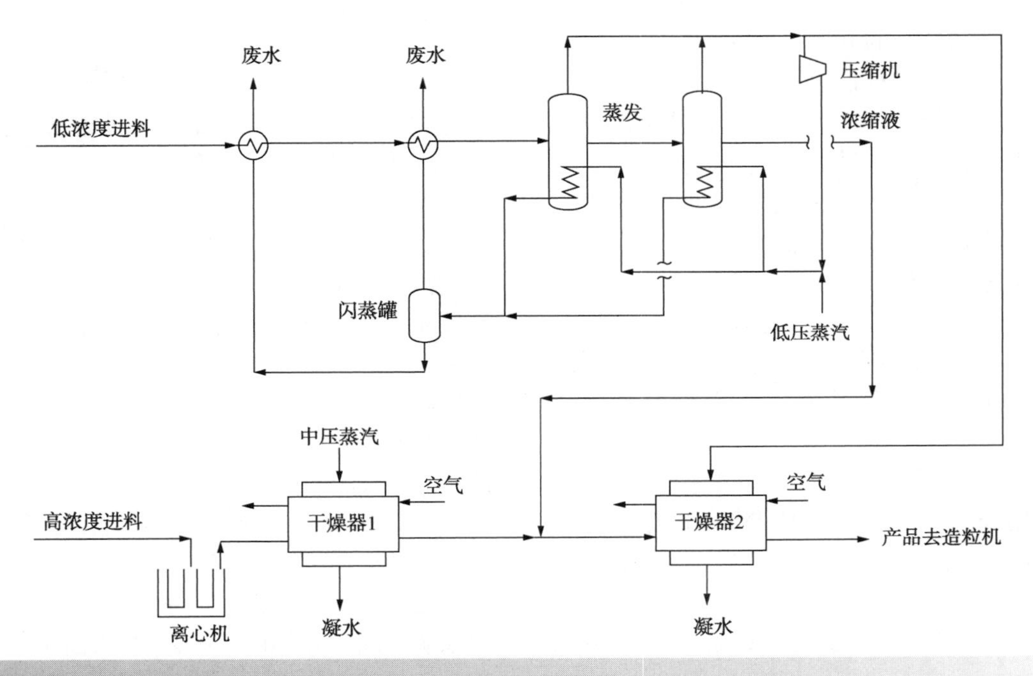

图 22.7　简单的改进减少了热泵负荷，节省了电力
(Smith and Linnhoff, 1998)

表 22.1　背景过程的问题表级联数据

T^*/℃	ΔH/kW
211	0
191	2800
185	3280
171	2580
125	4880
105	2880
95	2680
80	4330
60	4930
51	4480
45	3580

参　考　文　献

Smith R and Jones PS (1990) The Optimal Design of Integrated Evaporation Systems, *J Heat Recovery Syst CHP*, **10**: 341.

Smith R and Linnhoff B (1988) The Design of Separators in the Context of Overall Processes, *Trans IChemE ChERD*, **66**: 195.

第 23 章　蒸汽系统和热电联产

对于在同一企业中运行的大多数工艺流程而言，多个过程会使用同一公用工程系统。经过多年时间改进，大多数企业的公用工程系统，已经基本没有设计和运行的问题。由于每个过程投资评估和对未来进行规划都独立进行，属于不同专业领域的各个生产过程构成的企业整体情况是复杂的。然而，企业基础设施和所需的投资的效率是具有战略意义的，即使跨越不同业务的界限，也必须将整个企业作为一个整体考虑。

在化工过程设计中需要研究企业蒸汽和电力系统，原因包括：

1）可能需要设计新的公用工程系统。但这种情况很少见，大多数情况下是对现有系统的改造。

2）由于蒸汽需求和电力需求的变化，需要改造现有的公用工程系统。需求变化的原因可能是新过程启动、过程停工、加工能力变化或基本工艺技术改变。

3）旧的公用工程系统需要改造以更换旧的设备。

4）可能需要改变现有公用工程系统的布局以降低运行成本。

5）公用工程系统的操作改变可能会降低运行成本。

6）为企业的新流程选择公用工程时，需要了解所用公用工程系统的成本和限制条件。

7）在对已有过程实施节能改造前，需要确定节能效益，这需要研究公用工程系统。

8）即使不需要在公用工程系统中投资，在考虑扩大生产的能源成本时也需要解决公用工程系统的费用问题。

图 23.1 是一个典型的企业公用工程系统。企业中运行的各个过程连接到共用的公用工程系统。图 23.1 中，公用工程锅炉中产生超高压蒸汽。燃气轮机产生动力并将烟气排放到热回收蒸汽发生器(HRSG)以产生高压蒸汽。蒸汽在汽轮机中膨胀为高压、中压、低压蒸汽，同时产生动力。最终汽轮机的废汽膨胀至真空条件，并用冷却水冷凝。动力生产过程可能需要从外部电厂输入电力进行补充，也可能造成过量电力输出。

在图 23.1 中，在全厂分布着三个级别的蒸汽管网，各个过程连接到蒸汽管线。图 23.1 中的过程 A 包含一台加热炉，通过管网系统输入低压蒸汽，输出高压和中压蒸汽。过程 B 输入高压和低压蒸汽。过程 C 输入高压和中压蒸汽，并通过低压蒸汽管线输出低压蒸汽。最后，过程 A、B 和 C 都需要通过循环冷却水系统向环境排出废热。某些企业也使用其他冷却方法，这些冷却方法将在第 24 章讨论。

这个复杂的系统具有不同压力和温度的蒸汽。一些过程使用蒸汽，而另一些过程产生蒸汽。通过蒸汽的使用与产生，工艺过程和公用工程系统之间相互作用。工艺过程之间也可以通过蒸汽管线相互作用。一些过程将余热输出到蒸汽系统中，而其他过程则使用来自蒸汽系统的余热。过程之间的热回收使用蒸汽作为传热中间介质。图 23.1 显示了汽轮机的热电联产过程(电力和热量的联合)。严格来说，热电联产是通过汽轮机/燃气轮机/涡轮发电机组，从同一个热源生产有用的热量和电力，或者直接驱动设备(例如汽轮机直接驱动压缩机)。然而，副产的热量必须有用，这个过程才能被定义为热电联产。热电联产是产热、发电以及降低能源成本的最有效方式。它也可以降低烟气的总排放量，但这应该合理地考虑外部输入电力造成的排放量或输出电力所减少的外部发电的排放量(见第 25 章)。

蒸汽和热电联产系统的另一个重要特征是系统负荷随时间显著变化。过程的开车和停车，过程的处理量将根据市场需求而变化。冬季和夏季之间的热量需求也可能会有变化。此外，公用工程系统本身的停车维修以及故障都会影响系统性能。但是尽管有这些变化，蒸汽和热电联产系统在可变甚至不良的条件下仍然要满足企业需求。这要求系统在不同条件下运行时具有相当大的弹性。相反这意味着设备有较大的闲置生产能力、应急容量或冗余。这可能意味着安装了多余的设备去应对多变的条件，或者仅是设备尺寸过大。

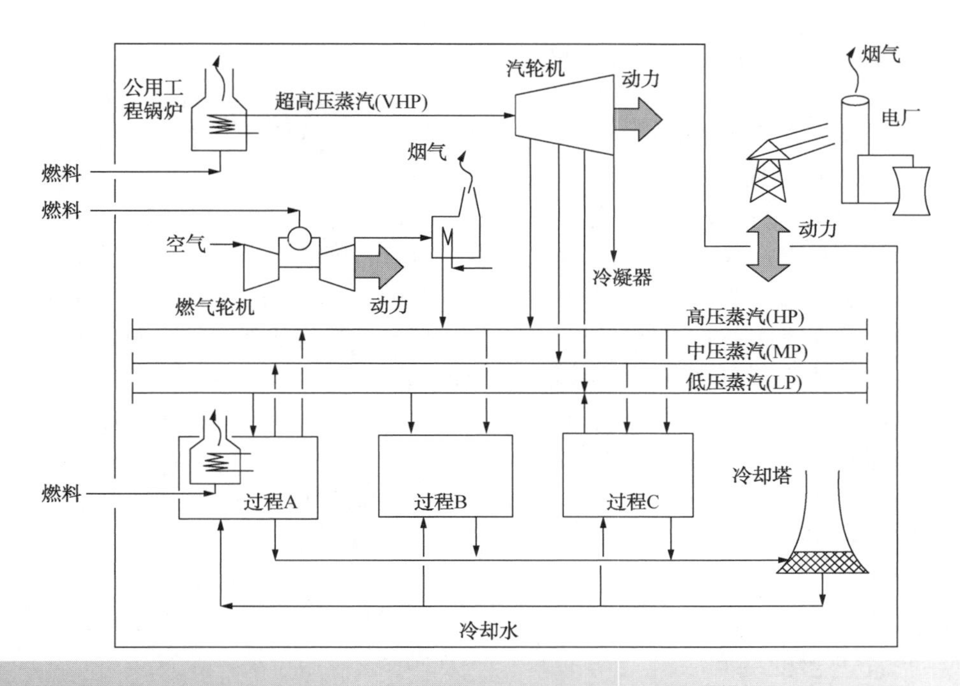

图 23.1 典型的企业公用工程系统

在全厂中蒸汽被分配用于不同的目的：

1）蒸汽加热器。蒸汽是迄今为止最常用的加热介质。最常用的换热器是管壳式换热器，但也有其他类型的换热器和盘管。

2）蒸汽伴热。即使容器、管道和设备已有绝热层，但在环境温度下，流体还会出现冻结、变黏稠或凝结的情况。为了防止这种情况发生，除使用绝热层外，还可以输入额外热量。为了这个目的而附在容器或管道上通有蒸汽的圆管或小直径管道，称为蒸汽伴热。也可以使用夹套代替管子。

3）供暖。生产建筑物、车间、仓库和办公室可能需要供暖。采用蒸汽的管道、散热器和暖风机可用于供暖。

4）注入蒸汽加热水。蒸汽可以直接注入水中供热，而不是在换热装置中使用蒸汽进行间接加热。但是必须注意，蒸汽中的任何处理剂都不能给水造成不可预期的污染（例如在食品加工操作中）。

5）锅炉给水除氧。制备发生蒸汽用水的操作之一是使用蒸汽在除氧操作中去除溶解在水中的气体。本章后面将更详细地讨论如何除氧。

6）使用汽轮机产生动力。通过叶片的蒸汽膨胀产生旋转动力，汽轮机借此将蒸汽的能量转化成动力。本章后面将详细地讨论汽轮机。

7）蒸汽喷射器。如第 13 章所述，以及图 13.16 和图 13.17 所示，蒸汽喷射器系统可用蒸汽产生真空。

8）火炬燃烧。可燃废气通常在火炬中燃烧。第 25 章将更详细地讨论火炬。在蒸汽射流的作用下，废气与火炬顶部的燃烧空气混合。这个过程会消耗大量的蒸汽，特别在不良的工况下。

9）燃烧操作中燃油雾化。黏性燃料油在燃烧器中燃烧时通常需要蒸汽使之雾化。

10）将蒸汽注入燃烧过程以减少 NO_x 排放。蒸汽注入燃烧过程可以减少氮氧化物（NO_x）的排放量，其中蒸汽的作用是降低火焰温度。这将在第 25 章讨论。

11）蒸汽精馏。如第 8 章所述，蒸汽加入精馏操作中可以帮助分离，这在原油精馏中尤为重要。

12）反应器蒸汽。如第 4 至 6 章所述，蒸汽可以作为反应物，也可以与反应物一起进入反应器，以降低反应物的分压。

13）反应器除焦。处理烃类进料的反应器表面的结焦(积炭)，可以通过加入蒸汽来除去。为此，反应器应周期性停工并通过蒸汽射流除焦。

14）吹灰。加热炉和锅炉的传热表面暴露于烟气中，烟尘灰烬沉积导致其表面结垢，这种结垢降低了传热效率。吹灰是指通过周期性的蒸汽射流除去沉积物。用于火炬、反应器除焦和吹灰的蒸汽是系统的短期需求，要求操作具有灵活性。蒸汽广泛用于过程加热并非偶然，这是因为它有许多有用的特性，包括：

- 能量可以在一点产生并分配；
- 一种便于传递的能量；
- 操作温度范围较广；
- 由于潜热具有很高的热量；
- 易通过控制压力来调节温度；
- 可用于在汽轮机中产生动力并在蒸汽喷射器中产生真空；
- 不需要昂贵的建筑材料；
- 无毒且损失易于弥补。

整个企业需要动力或电力来驱动设备。需要轴功来驱动下述各种工艺设备和动力设备：

- 发电机；
- 工艺气体压缩机；
- 空气压缩机；
- 制冷压缩机；
- 风机；
- 泵；
- 混合器；
- 固体输送机(例如皮带和螺杆输送机)；
- 固体加工设备(如破碎、研磨和造粒设备)。

整个企业以下过程需要电力(取决于过程的性质)：

- 电加热过程(例如浸入式加热器和电炉)；
- 电伴热(蒸汽伴热的电当量)；
- 电解操作(如氯气和铝的生产)；
- 需要电场的操作(例如电凝和电渗析)；
- 仪表和控制系统；
- 照明。

下面将讨论蒸汽系统的主要组成部分，然后将各部分集成到高效的蒸汽和热电联产系统中。

23.1 锅炉给水处理

图 23.2 为锅炉给水处理系统的示意图。来自水库、河流、湖泊、水井或海水淡化厂的原水作为原料进入到蒸汽系统。但在产生蒸汽之前，需要对其进行处理。所需的处理过程取决于原水的质量和公用工程系统的要求。原料水的主要问题是含有(Kemmer，1988；Betz，1991)：

- 固体悬浮物；
- 溶解固体；
- 溶解盐类；
- 溶解气体(特别是氧气和二氧化碳)。

因此，在图 23.2 中进入系统的原料水可能首先需要进行过滤。通常使用砂滤除去固体悬浮物。图 23.3 显示了两种不同类型砂滤器的设计，一种使用重力控制流量，另一种使用泵的压力控制流量。砂滤器通常能够去除 90%~95%的固体悬浮物，可去除 10~20μm 固体颗粒。沙床需要定期停工，并用清水逆流冲洗，以除去沉积的固体。膜微滤比砂滤去除率更高，可去除约 0.5μm 的颗粒。

溶解盐会引起蒸汽锅炉结垢和腐蚀，需要在下一步将其除去。溶解盐的主要问题是钙离子和镁离子以水垢的形式沉积在传热表面上。二氧化硅的存在也是一个特殊的问题。二氧化硅可以在锅炉中形成低热导率的沉积物，如果水滴或挥发物将其从锅炉带出，可能会损坏汽轮机叶片，尤其是损坏汽轮机中易发生冷凝的低压部分叶片。锅炉给水的质量取决于锅炉的工作压力和结构设计。去除钙和镁等结垢离子(有时称为硬度)的最简单过程是使用钠沸石软化。所生产的软化水可用于中低压锅炉。在软化过程中，水通过钠沸石的床层去除钙离子和镁离子(Kemmer，1988；Betz，1991)：

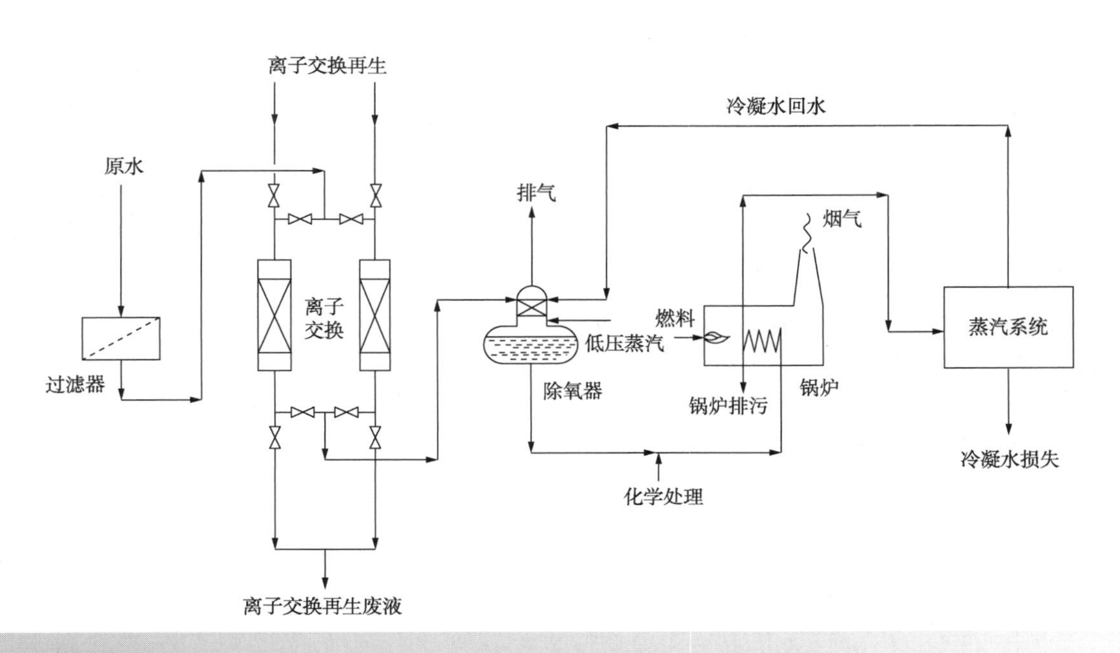

图 23.2 锅炉给水处理

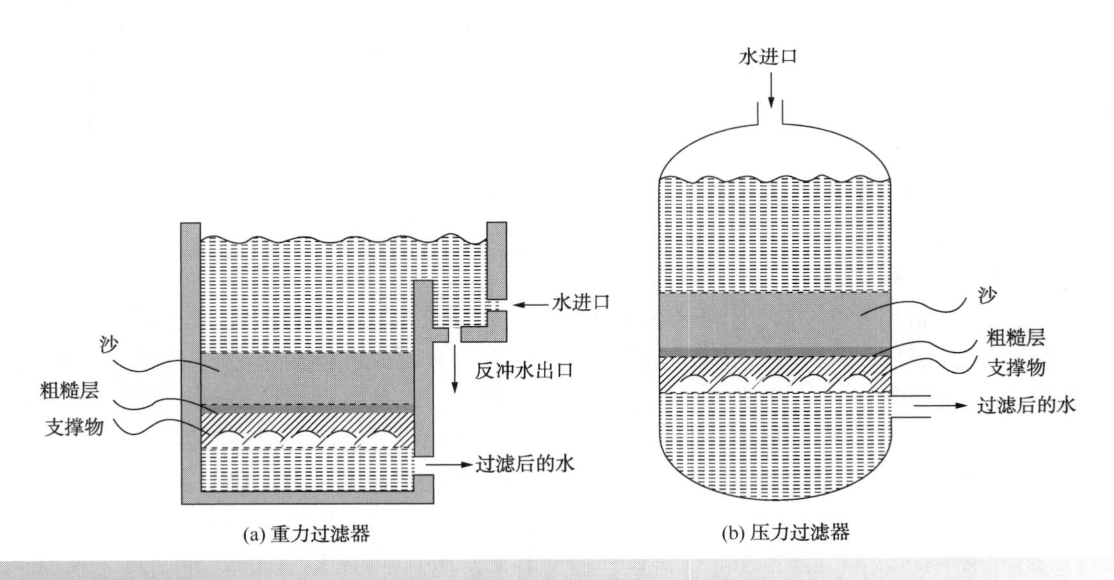

图 23.3 去除固体悬浮物的砂滤器

$$\begin{bmatrix} Ca \\ Mg \end{bmatrix}\begin{bmatrix} SO_4 \\ 2Cl \\ 2HCO_3 \end{bmatrix} + Na_2Z \longrightarrow Z\begin{bmatrix} Ca \\ Mg \end{bmatrix} + \begin{bmatrix} Na_2SO_4 \\ 2NaCl \\ 2NaHCO_3 \end{bmatrix}$$

其中 Z 指沸石。树脂通过氯化钠溶液处理后再生(Kemmer，1988；Betz，1991)：

$$Z\begin{bmatrix} Ca \\ Mg \end{bmatrix} + 2NaCl \longrightarrow Na_2Z\begin{bmatrix} Ca \\ Mg \end{bmatrix} + \begin{bmatrix} Ca \\ Mg \end{bmatrix}Cl_2$$

软化过程可以除去少量溶于水的钙离子和镁离子，并用较少的钠离子代替它们。对于大多数高压锅炉给水来说往往需要去离子水，仅软化过程是不够的。去除水中离子除了降低硬度外，还包括除去其他溶解固体，如钠、硅土、碱等，以及除去矿物离子，如氯化物、硫酸盐和硝酸盐等。去离子的实质是除去所有无机盐。在这个过程中，强酸性阳离子交换树脂将溶解的盐转化为相应的酸，再用氢氧化物形式的强碱性阴离子交换树脂来除去这些酸。阳离子交换树脂为原料水提供氢离子(Kemmer，1988；Betz，1991)：

$$\begin{bmatrix} Ca \\ Mg \\ 2Na \end{bmatrix}\begin{bmatrix} 2HCO_3 \\ SO_4 \\ 2Cl \\ 2NO_3 \end{bmatrix} + 2ZH \longrightarrow 2Z\begin{bmatrix} Ca \\ Mg \\ 2Na \end{bmatrix} + \begin{bmatrix} 2H_2CO_3 \\ H_2SO_4 \\ 2HCl \\ 2HNO_3 \end{bmatrix}$$

为了完成去离子过程，需要来自阳离子装置的水通过氢氧化物形式的强碱性阴离子交换树脂。离子交换树脂从高电离态的矿物离子以及弱电离态的碳酸和硅酸交换氢离子(Kemmer，1988；Betz，1991)：

$$\begin{bmatrix} H_2SO_4 \\ 2HCl \\ 2H_2SiO_3 \\ 2H_2CO_3 \\ 2HNO_3 \end{bmatrix} + 2ZOH \longrightarrow 2Z\begin{bmatrix} SO_4 \\ 2Cl \\ 2HSiO_3 \\ 2HCO_3 \\ 2NO_3 \end{bmatrix} + 2H_2O$$

当离子交换床失活时，需要停工和再生。阳离子树脂用酸溶液(通常使用硫酸)再生，使交换位点返回到氢形式。阴离子交换树脂用氢氧化钠溶液再生，使交换位点返回到羟基形式。

水也可以不通过离子交换过程而通过膜分离去离子化。例如可以用纳滤和反渗透，但只有反渗透能够生产高质量的锅炉给水。纳滤仅能分离共价离子和较大的一价离子例如重金属。第9章中已详细讨论过纳滤和反渗透。与离子交换相比，反渗透的主要优势在于，不需要离子交换床层再生时所需的昂贵且危险的化学品，而且不会产生再生废液造成环境负担。此外，离子交换床的再生需要很长时间，床层停工时间较长；而反渗透只需定期常规维护。

除去固体悬浮物和溶解盐后，需要进一步除去水中溶解的气体，主要包括会在蒸汽锅炉中引起腐蚀的氧气和二氧化碳。通常方法是通过提高水温和汽提来除去溶解气体(Kemmer，1988；Betz，1991)。除氧器有很多不同的设计，图23.4展示了一种典型设计形式。待除氧的水通过喷淋系统进入除氧器的顶部，与加入的蒸汽接触。除氧器中通常采用一定形式的填料或塔板促进锅炉给水和蒸汽之间的接触。锅炉给水加热到蒸汽的饱和温度附近。大多数不凝气体会(主要是氧气和游离二氧化碳)释放到蒸汽中。而除氧后的水排放到下面的储罐中，罐中有蒸汽膜保护锅炉给水不再被污染。除氧蒸汽向上流经除氧器，大部分冷凝成为除氧水的一部分；一小部分蒸汽含有水中释放的不凝气体，被排放到大气中。除氧蒸汽与最终锅炉给水温度之间需要存在至少10℃的最小温差使除氧器有效运行。

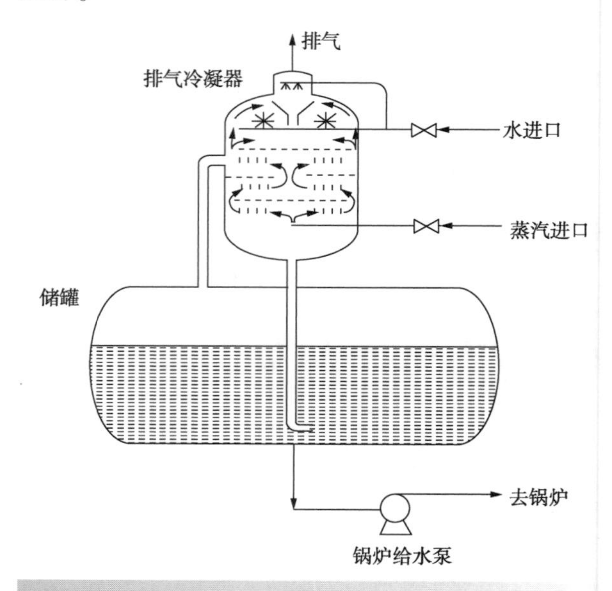

图23.4 锅炉给水除氧器

一些除氧器的设计包括一个排气冷凝器，在将蒸汽和不凝气体排出之前，将一小部分锅炉给水喷入，以使排出的蒸汽最小化，从而减少来自除氧器的可见气流并提高能量效率。

即使在除氧之后，仍有一些残余氧会导致腐蚀，需要通过化学处理去除(Kemmer，1988；Betz，1991)。所以在除氧器之后，需加入除氧剂(例如氢醌)与其反应。锅炉给水处理过程不能去除原料水中的全部固体，锅炉中的固体沉积是另一个问题。可通过加入磷酸盐使沉积的所有钙和镁脱离锅炉传热表面。亦可通过加入高分子分散剂使沉淀分散。还可使用螯合剂(弱有机酸)。它们能够与许多阳离子(钙、镁和重金属离子，在锅炉条件下)络合，将金属固定到可溶性有机环结构中。另一个腐蚀问题出现在冷凝水系统中。蒸汽冷凝水中含有对钢铁有腐蚀性的二氧化碳。如果不进行处理，冷凝水的pH值可达到

5.0~6.5，这会腐蚀冷凝水回水管线所用钢管。通过向锅炉给水中加入挥发性胺（例如环己胺、二乙基氨基乙醇）来防止冷凝水系统的腐蚀。当蒸汽冷凝时，蒸汽冷凝水系统中溶解的二氧化碳或其他酸性污染物产生的酸（H^+）能被这些胺中和。

锅炉给水的纯度和所需的处理过程取决于锅炉的压力。锅炉的压力越高，所使用的水就越纯净。

锅炉给水经除氧处理后进入锅炉。锅炉中发生汽化，产生的蒸汽送入蒸汽系统。经锅炉给水处理未能除去的（悬浮或溶解的）固体，积累在锅炉中，产生腐蚀。如果固体继续积累，会导致发泡并携带到蒸汽中，也将在锅炉中形成水垢，导致锅炉性能降低，并造成局部过热和锅炉故障。可以通过排污来实现固体浓度的控制。排污可以连续或间歇地进行以根据锅炉设计和压力来限制总溶解固体（TDS）量。表 23.1 列出了一些典型值。

表 23.1　不同压力锅炉所许可固体量的典型值

压力范围/barg	总溶解固体/ppm
15~25	3000
25~35	2000
35~45	1500
45~60	500
60~75	300
75~100	100

排污通常是通过测量水的电导率来控制的。排污率一般指排污量与蒸发量的比值。所需的排污率取决于锅炉给水处理系统和锅炉的压力。典型的排污率如下：

- 小型低压锅炉：5%~10%，
- 大型高压锅炉：2%~5%，
- 非常大的锅炉，采用非常纯净的进水：小于 2%。

来自锅炉的蒸汽进入蒸汽系统中会发挥不同的作用。蒸汽最终凝结在蒸汽系统的某处。一些冷凝水返回到除氧器中，一些从系统损失到废水中。返回的冷凝水有时需在凝结水处理步骤中去离子化，以除去可能已经积累的溶解痕量固体物质。冷凝水回收率可达 90%甚至更高，但由于冷凝水回水所需的管道投资成本以及冷凝水被污染的可能性，冷凝水回收率高于 90%可能是不合理的。因此通常明显低于此水平。蒸汽系统冷凝水的损失，意味着必须有相应的新鲜水补充。

例 23.1　一个小型快装管式锅炉，其补充水含有 250ppm 总溶解固体（TDS）。蒸汽系统有 50%冷凝水回水。估算排污率。假设锅炉 TDS 的最大极限为 3000ppm，在蒸发中或冷凝水回水中没有固体。

解：参考图 23.5：

$$m_M C_M = m_F C_F = m_B C_B$$

式中　m_M，C_M——补充水中固体的流量和浓度；

m_F，C_F——锅炉进水中固体的流量和浓度；

m_B，C_B——排污中固体的流量和浓度。

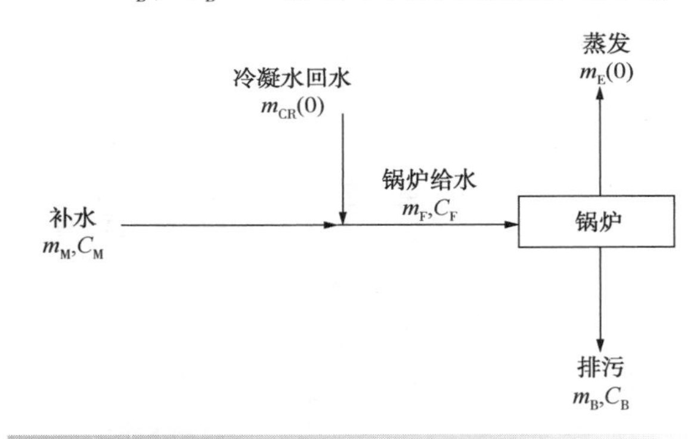

图 23.5　锅炉排污物料衡算

同时：

$$m_F = m_M + m_{CR}$$

联立以上方程可得：

$$(m_F - m_{CR}) C_M = m_B C_B$$

冷凝水回水率 CR：

$$(m_F - CR m_E) C_M = m_B C_B$$

$$(m_E + m_B - CR m_E) C_M = m_B C_B$$

整理得：

$$\frac{m_B}{m_E} = \frac{C_M(1-CR)}{C_B - C_M} = \frac{250(1-0.5)}{3000-250} = 0.038 = 3.8\%$$

例 23.2　某企业的冷凝水回水率是未知的。锅炉为高压水管锅炉，补水中含有 5ppm 总溶解固体（TDS）。锅炉中的 TDS 控制在 100ppm。流量测量表明，基于蒸发量的排污率为 2%。假设蒸发或冷凝水回水中没有固体，计算冷凝水回水率。

解：参考图 23.5，与例 23.1 一样，总溶解固体的质量平衡已给出：

$$(m_E+m_B-CRm_E)C_M=m_BC_B$$

整理得

$$CR=1-\frac{m_B}{m_E}\left(\frac{C_B-C_M}{C_M}\right)=1-0.02\left(\frac{100-5}{5}\right)=0.62=62\%$$

23.2 蒸汽锅炉

根据蒸汽压力、蒸汽量和燃料类型，可将蒸汽锅炉分为多种类型(Dryden，1982)。压力通常有以下等级：

- 100bar(g)，用于产生动力；
- 40bar(g)，正常情况下分布的最大压力(更高的压力需要碳钢以外的材料)；
- 10~40bar(g)，常规的分布压力水平；
- 2~5bar(g)，通常是分布的最低压力。

图 23.6 显示了一个火管式(或壳式)锅炉。在省煤器中，水被烟道气预热，然后进入锅炉壳体。壳体是一个大的金属圆筒，里面是一个沸水池，通过流经管内的热烟道气加热，使沸水蒸发。大的圆柱形壳体承受蒸汽压力，这使壳体受到一些机械限制。当承受与小直径外壳相同的压力时，大直径外壳需要较厚的外壁。这种设计的经济限制是 20bar 左右(但在更高的压力下也有)。火管式锅炉通常用于生产小负荷的低压蒸汽，燃料通常只能采用天然气或轻质燃料油。设计的主要缺点之一是难以提供过热蒸汽。

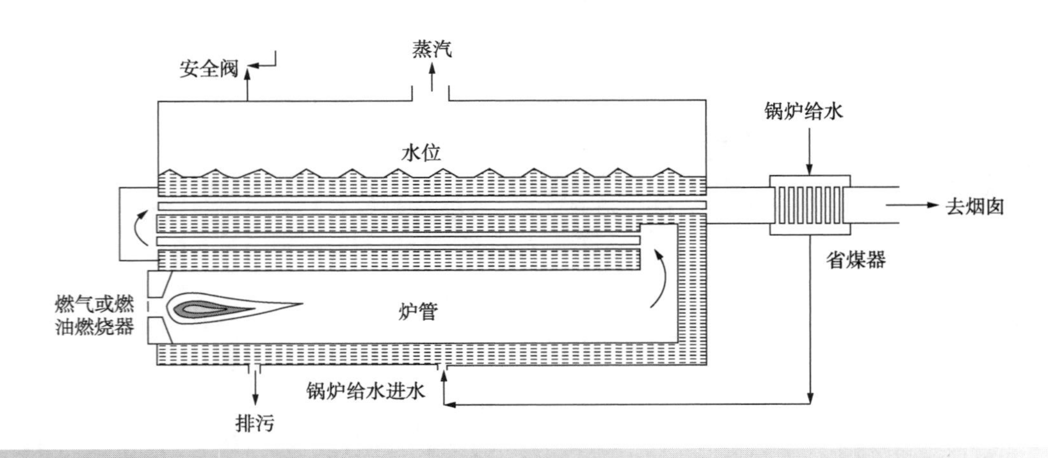

图 23.6 火管(或壳式)锅炉

高负荷锅炉使用水管布置，如图 23.7 所示。水首先在省煤器中经烟道气预热，然后进入挡板后的汽包中。汽包通过锅炉管连接到稍低的水包或炉底锅筒。因为冷水比重大，所以它从“降液管”下降到水包。这使得热水从水包在前管中向上流动靠近火焰。前管中的水继续加热使水部分汽化。在汽包中蒸汽从热水中分离。在进入蒸汽系统之前，从汽包中分离的蒸汽进入过热部分。水管锅炉适用于高压和高蒸汽量的情况。燃料可以是燃气、燃油或粉状固体燃料。使用固体燃料时，锅炉需要设置一些结构以便于从辐射室底部除去燃烧产生的灰分。

图 23.8 为锅炉采用流化床燃烧系统的设计，可用于固体燃料(煤、石油、焦炭或生物质)的燃烧。燃烧空气通常经烟道气预热后进入燃烧区。燃料颗粒悬浮在充满燃料和灰分的热鼓泡流化床中，在没有火焰的情况下整体燃烧。轻质灰分颗粒与废气一起从床层顶部离开。流化床为燃料和燃烧空气提供良好的接触环境，床层中燃烧温度比常规锅炉低，通常为 800~900℃，从而减少了氮氧化物的形成(参见第 25 章)。固体燃料中可能含有较多的水分和灰分，

也可能含有大量含硫杂质。将石灰石添加到燃烧反应中，可与任何形式的硫反应形成硫酸钙，并与废灰一起离开，以防止硫以硫氧化物的形式随烟气排放到大气中。图 23.8 是一个鼓泡流化床锅炉。另一种设计采用循环流化床。循环流化床有更高的流化速度，使颗粒通过主燃烧室进入旋风分离器，使得较大的颗粒从中沉降并返回到燃烧室。

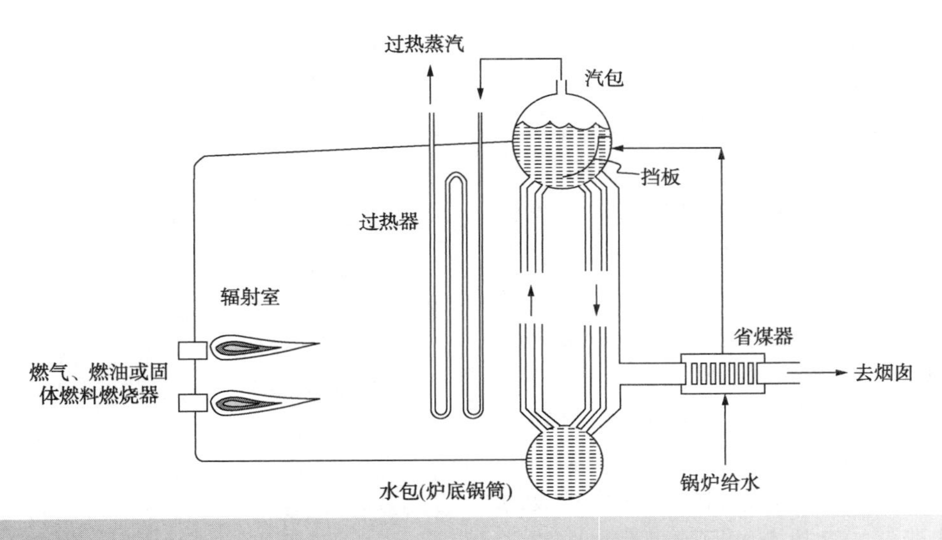

图 23.7　水管锅炉

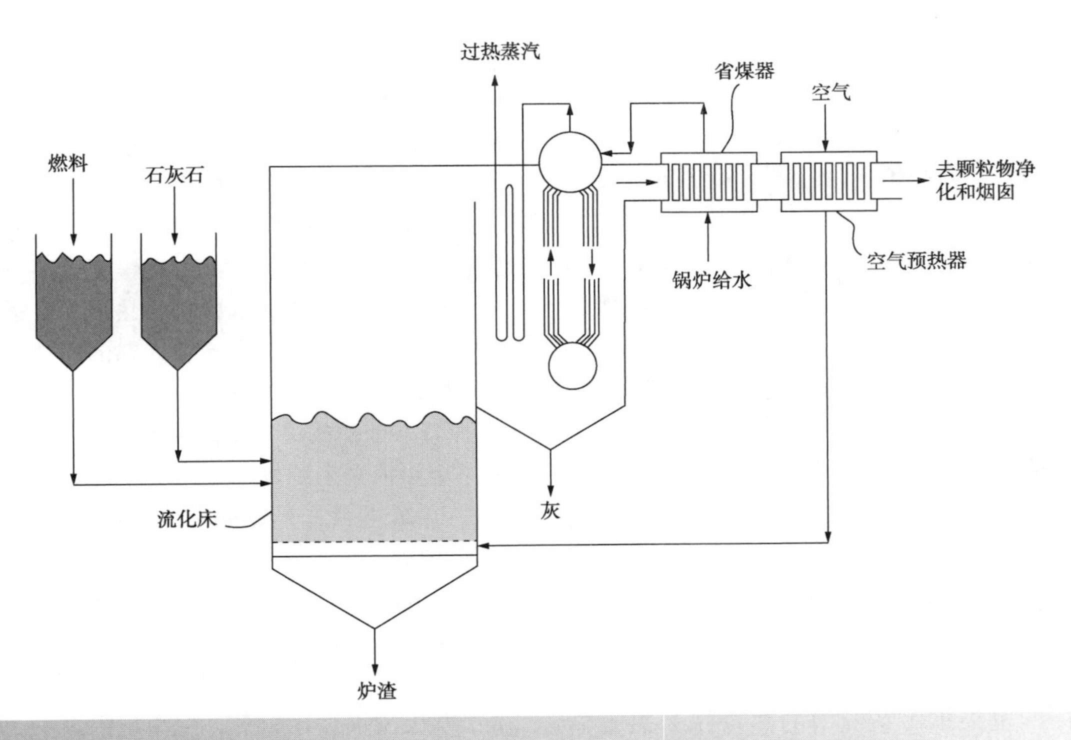

图 23.8　流化床锅炉

锅炉还有许多其他的设计。锅炉中的气流可以是鼓风式，使用风机将空气吹入炉中。因此，炉内的压力略高于大气压。或者是在引风式设计中，风机安装于位于锅炉之后和烟囱之前的输送燃烧废气的管道上。这使得锅炉中的压力略低于大气压。对于大型锅炉，在烟道中需要大量设备处理烟气以除去硫氧化物和/或氮氧化物，以及用于热回收。在平衡通风设置中，可能需要使用鼓风式和引风式的组合。

定量评价蒸汽锅炉的性能需要对热量输入、热量输出和热量损失进行量化。

1）热量输入。热量输入可以基于燃料的高热值或低热值。如第 12 章所述，燃料的高热值是在标准温度（15℃ 或 25℃）和标准压力（1.01325bar）下一定量燃料完全燃烧释放的热量，燃料中的水在燃烧产物中以液态形式存在。在燃烧设备中水的冷凝潜热很少回收。燃料的低热值指在标准温度（15℃ 或 25℃）和标准压力（1.01325bar）下一定量的燃料完全燃烧释放的热量，假设水蒸气的潜热未被回收，燃料中的水在燃烧产物中以标准温度下的气态形式存在。低热值与高热值之间的关系为：

$$NCV=GCV-m_{COND}\Delta H_{VAP} \qquad (23.1)$$

式中 NCV——低热值，$J\cdot m^{-3}$，$kJ\cdot m^{-3}$，$J\cdot kg^{-1}$，$kJ\cdot kg^{-1}$；

GCV——高热值，$J\cdot m^{-3}$，$kJ\cdot m^{-3}$，$J\cdot kg^{-1}$，$kJ\cdot kg^{-1}$；

m_{COND}——单位体积气体或单位质量的固体、液体燃料生成的冷凝物质量，kg；

ΔH_{VAP}——标准温度下的气化潜热，$J\cdot kg^{-1}$，$kJ\cdot kg^{-1}$。

低热值将作为热量输入的基础：

$$Q_{输入}=m_{燃料}NCV \qquad (23.2)$$

式中 $Q_{输入}$——燃料输入的热量，W，kW；

$m_{燃料}$——燃料流量，$m^3\cdot s^{-1}$，$kg\cdot s^{-1}$。

2）热量输出。热量输出是提供给从供应温度下的锅炉给水到最终温度下的蒸汽的热量。一些锅炉标准也将排污系统中的热量视为热量输出。原则上，可以从排污系统回收热量，但至少其一部分甚至全部热量都会损失。因此最合理的方式是将排污作为损失的一部分从而考虑可能进行的任何热回收，例如锅炉给水预热。热输出定义为：

$$Q_{输出}=m_{蒸汽}(H_{蒸汽}-H_{BFW})NCV \qquad (23.3)$$

式中 $Q_{输出}$——产生蒸汽的热量输出，W，kW；

$m_{蒸汽}$——蒸汽流量，$kg\cdot s^{-1}$；

$H_{蒸汽}$——蒸汽热焓，$J\cdot kg^{-1}$，$kJ\cdot kg^{-1}$；

H_{BFW}——锅炉给水的热焓，$J\cdot kg^{-1}$。

3）热量损失。锅炉的热量损失包括：

① 排烟热损失。离开锅炉的高温烟道气体冷却至环境温度时会释放出大量的热量。这通常是锅炉最大的损失。为了量化排烟损失，需要知道烟气流率及其组成和各组分的焓值。公式 12.196 提供了温度函数的近似热容量。

② 可燃气体的不完全燃烧热损失。最常见的不完全燃烧可燃气体是一氧化碳和氢气。通常在大量烟道气中只含有一氧化碳，但原则上它在数量上可以忽略不计。使用过量空气通常可使一氧化碳的量保持极少。为了量化可燃气体不完全燃烧的热损失，需要了解可燃气体的流量及其净热值。

③ 可燃燃料不完全燃烧的热损失。不完全燃烧的固体燃料可能随燃烧室的底部炉渣离开锅炉，或者随着烟气携带的飞灰离开。不完全燃烧的液体燃料可以随烟道气离开锅炉。为了量化不完全燃烧固体燃料的热损失，需要知道炉渣和飞灰中不完全燃烧的固体燃料流率，以及燃料的净热值。燃煤锅炉的损失可达 2%或更高。为了量化来自不完全燃烧液体燃料的热损失，需要知道烟气携带的未燃燃料流率和燃料的净热值。燃油锅炉的该热损失在 0.2%~0.5%。

④ 灰渣热损失。灰渣和烟气中飞灰的显热是另一个热损失来源。

⑤ 散热损失。热量通过辐射和对流从锅炉外表面向环境中流失。通过假设传热系数为 $250W\cdot m^{-2}\cdot K^{-1}$ 量级以及外表面温度为 55℃，该热损失可以估算。散热损失随着锅炉尺寸减小而成比例下降。燃气和燃油锅炉散热损失范围为，从大型锅炉 0.25%，到小型锅炉 1.25%。对于燃煤锅炉，为过程工业设计的锅炉散热损失范围为 0.5%~1.5%。

⑥ 排污损失。如上所述，某些标准中认为排污水中的可用热量是锅炉输出的一部分。然而，

即使回收排污中的热量，仍有部分排污热损失。因此，排污热损失可以认为是从排放温度下降到参考温度时排污水所释放的热量。排放温度可能是锅炉温度，也就是蒸汽饱和温度，或热回收后的排污温度。

⑦ 雾化蒸汽热损失。有时蒸汽用在燃烧器中雾化燃料油。这部分损失可由雾化蒸汽的流率和焓值计算。

蒸汽锅炉的性能是通过锅炉效率来衡量的。计算锅炉效率有两种不同的方法：正平衡法和反平衡法。在正平衡法中，锅炉效率由锅炉输出热量和燃料输入热量直接计算：

$$\eta_{锅炉}=\frac{Q_{输出}}{Q_{输入}}=\frac{m_{蒸汽}(H_{蒸汽}-H_{BFW})}{m_{蒸汽}NCV} \qquad (23.4)$$

式中　$\eta_{锅炉}$——锅炉效率。

在反平衡法中，锅炉效率是根据燃料输入热量和热损失计算得出的：

$$\eta_{锅炉}=1-\frac{Q_{损失}}{Q_{输入}} \qquad (23.5)$$

式中　$Q_{损失}$——烟气热损失、不完全燃烧可燃气体热损失、不完全燃烧可燃固体或液体燃料热损失、灰渣热损失、散热损失、排污热损失和雾化蒸汽热损失的总和，W，kW。

这里锅炉效率的定义基于燃料的净热值。锅炉效率可以基于高热值或低热值，基于高热值的效率将低于基于低热值的效率。

图 23.9 显示了锅炉中的蒸汽产生曲线，它与锅炉烟气温度相匹配，锅炉烟气温度从第 12 章所讨论的理论火焰温度（典型为 1800℃）降到环境温度。图 23.9 显示了从预热过冷锅炉水到过热蒸汽的过程。蒸汽最高温度通常低于 600℃。更高的温度需要更昂贵的建筑材料。反过来，烟气在释放到大气之前冷却到排烟温度。在释放到大气之前，烟气通常保持在露点之上，尤其是燃料中存在硫化物时。排烟热损失 $Q_{烟气}$是不能有效使用燃料的主要原因。

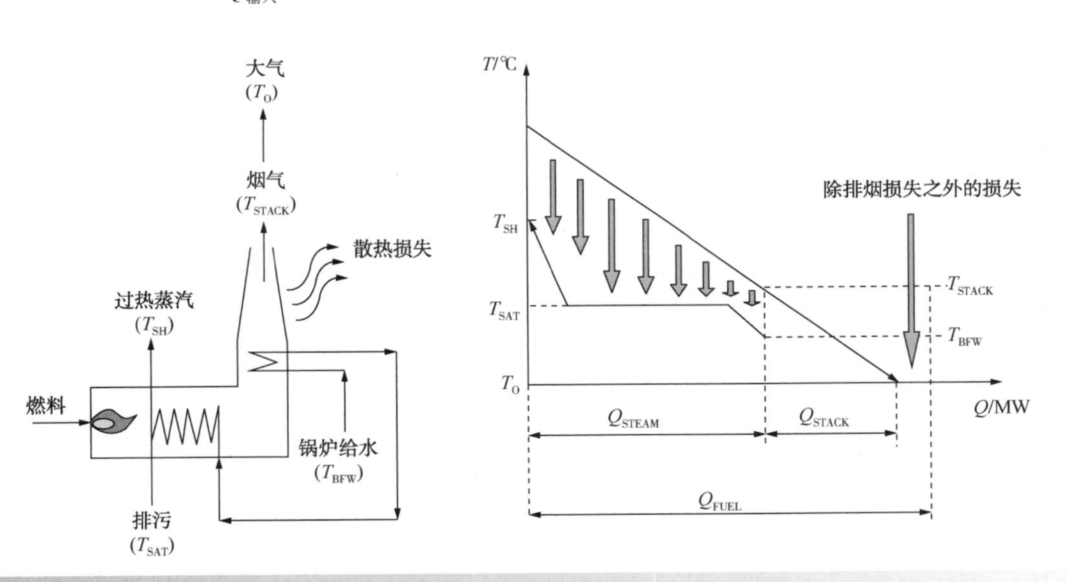

图 23.9　蒸汽锅炉模型

锅炉效率随锅炉负荷而变化。图 23.10a 显示了锅炉性能随负荷的变化。锅炉可以连续运行的最大负荷称为最大连续率（MCR）。超过 MCR 的操作只能维持很短的时间。最大锅炉效率点被称为经济连续率（ECR）。根据锅炉的设计，ECR 通常在 MCR 的 60%～80%的范围内。锅炉的平均工作负荷应与 ECR 一致。因此，对于大多数锅炉，最好将 ECR 设置在 MCR 的 80%左右。锅炉可以在低至 MCR 的 20%时正常工作。锅炉效率从 75%到 90%，但对于大型水管锅炉，锅炉效率可以高达 93%～94%。造成负荷随效率变化的主要因素有两个。散热损失主要由辐射造成，与负荷无关。因此，在低负荷下，由于散热损失，成比例地损失更多的热量。这导致负荷降低时效率降低，相应地，负荷增加效率增加。导致效率变化的另一个主要原因是烟气的流量变化。随着锅炉负荷的增加而增加烟道气的流量，使得从燃料气到传热表面的传热速率低于按比例增加。这两种效应联合起来使锅炉效率出现最大值，如图23.10a所示。

对较大范围内负荷随效率的变化，使用单个方程难以准确地进行建模。故可使用多项式方程。然而，可用数据的准确性普遍较差，同时产生了非线性优化问题，使优化过程需要更简单的解决方法。在较窄的范围内可以使用如下较简单的方程式(Shang，2000)：

$$\eta_{锅炉}=\frac{1}{a+b\dfrac{m_{max}}{m_{蒸汽}}} \tag{23.6}$$

式中 m_{max}——锅炉的最大蒸汽流率，$kg \cdot s^{-1}$；

$m_{蒸汽}$——锅炉产生的蒸汽的质量流量，$kg \cdot s^{-1}$；

a，b——关联参数。

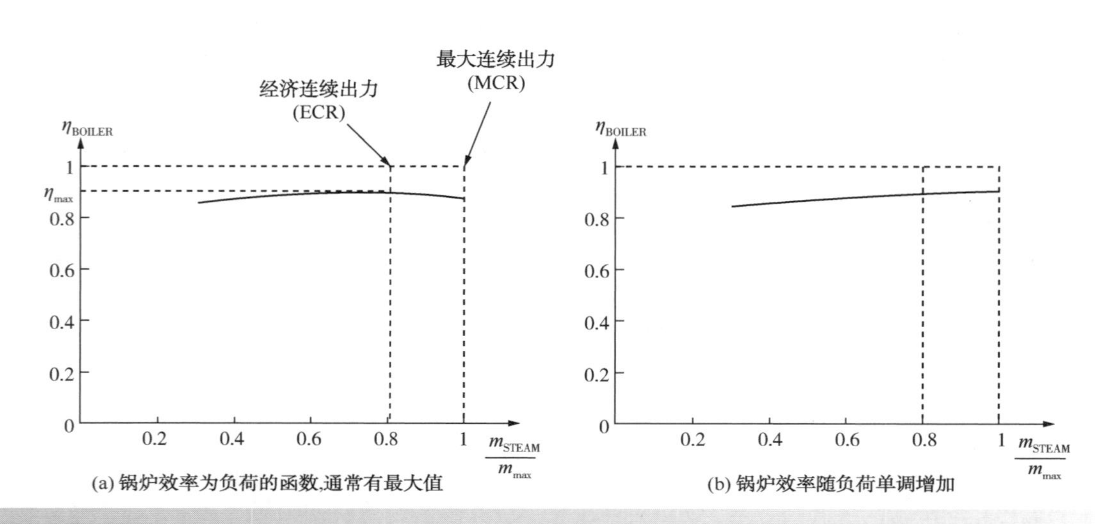

图23.10 部分负荷时的蒸汽锅炉性能

对于给定的锅炉，可以通过部分负荷操作时的数据点拟合来确定关联参数 a 和 b。a 和 b 的值取决于新设计中锅炉采用的设计，还取决于现有设备中锅炉的年限和维护情况。根据方程23.6，锅炉所需的燃料量由下式给出：

$$Q_{燃料}=\frac{Q_{蒸汽}}{Q_{锅炉}}=\frac{\Delta H_{蒸汽}m_{蒸汽}}{\eta_{锅炉}}=\Delta H_{蒸汽}[am_{蒸汽}+bm_{max}] \tag{23.7}$$

式中 $\Delta H_{蒸汽}$——产生的蒸汽和锅炉给水之间的焓差。

式23.6这种较简单的形式优点在于，燃料消耗和产生蒸汽之间为线性方程，易在优化中使用。式23.7适用于许多建模和优化问题，它提供了 $Q_{燃料}$ 和 $m_{蒸汽}$ 之间的线性关系，对于给定的锅炉，$\Delta H_{蒸汽}$、m_{max}、a 和 b 都是常数。然而，图23.10b中曲线的形状只显示了效率随负荷的单调增加。可能需要对具有最大值时的效率曲线进行建模，公式23.7可以对ECR两侧不同范围内 $m_{蒸汽}/m_{max}$ 进行拟合。这样就允许保留线性模型。

由于锅炉的最大损失是排烟损失，减少排烟损失对锅炉效率的影响最大。烟气温度每降低22℃，锅炉效率就提高1%。省煤器可用烟道气预热锅炉给水，能降低烟道气温度，如图23.6~图23.8所示。这些是在锅炉给水和排放到大气之前的热烟气之间换热的换热器（Dryden，1982)，可提高锅炉的能量效率。另一个提高能量效率的方法是使用空气预热器（Dryden，1982)，将热烟气回收的热量用于预热进炉的冷燃烧空气，如图23.8所示。其缺点是随着燃烧温度的升高，氮氧化物(NO_x)的产生随之增加。酸露点限制含有硫氧化物(SO_x)的烟气的最低温度。如果含有 SO_x 的烟气发生冷凝，则会导致金属表面腐蚀。通常在含有 SO_x 的烟气中，金属换热表面温度应高于130~160℃。酸露点取决于燃料的硫含量和所用过量空气的量。

过量空气也会对锅炉效率产生重要影响。过量空气对于维持燃烧过程的效率至关重要，但是过多的空气会导致不必要的排烟损失。通常控制锅炉烟气中的过量氧气在3%左右。过量氧气每增加1%，锅炉效率将降低1%。

例 23.3　中型锅炉规格

蒸汽输出	$31.6kg \cdot s^{-1}$
蒸汽压力	60bar
蒸汽温度	500℃
锅炉给水温度	100℃
燃料，天然气	96.5%CH_4，0.5%C_2H_6，其余为不燃物
高热值	$38700kJ \cdot m^{-3}$，15℃
燃料消耗	$2.9m^3 \cdot s^{-1}$

根据燃料的低热值确定锅炉效率。

解：

$$CH_4(vap)+2CO_2 \longrightarrow CO_2+2H_2O(vap)$$

1kmol CH_4 产生2kmol H_2O，0.965kmol CH_4 产生 $2\times0.965\times18=34.74kg$ H_2O。

$$C_2H_6(vap)+3\frac{1}{2}O_2 \longrightarrow 2CO_2+3H_2O(vap)$$

1kmol C_2H_6 产生3kmol H_2O，0.005kmol C_2H_6 产生 $3\times0.005\times8=0.27kg$ H_2O。因此，1kmol气体产生 $34.74+0.27=35.01kg$ 的 H_2O。

1kmol气体所占体积 $=(RT/P)=(8314.5\times288/1.013\times10^5)=1223.64m^3$（1.013bar，15℃）

因此，$1m^3$ 气体形成的蒸汽 $=35.01/23.64=1.481kg$

然后，使用高热值(GCV)和低热值(NCV)之间的关系：

$$Q_{GCV}=Q_{NCV}+m_{coND}\Delta H_{VAP}$$

$$Q_{NCV}=38700-(1.481\times2441.8)=35084kJ \cdot m^{-3}$$

从蒸汽表获取蒸汽性质，传递到工作流体的热量为：

$$H_{蒸汽}-H_{BFW}=3241-419.1=3001.9kJ \cdot kg^{-1}$$

锅炉效率为：

$$\eta_B=\frac{(3001.9\times31.6)}{(2.9\times35084)}=0.93(93\%)$$

23.3　燃气轮机

燃气轮机最简单的形式，是由一个压缩机和一个涡轮机（或膨胀机）组成。在单轴燃气轮机中，这些设备以机械方式连接并以相同的速度旋转，如图23.11a所示。来自环境的空气被压缩并由于压缩而升温。一部分压缩空气进入燃烧室，燃料燃烧以提高气体温度；大部分压缩空气用来冷却燃烧器壁。接着空气和燃料气的热压缩混合物流入涡轮机的入口。燃烧器出口温度在800~1600℃。在涡轮机中，气体膨胀产生动力并驱动压缩机，汽轮机产生动力的三分之二用于驱动压缩机。然而，在燃烧过程中输入能量，产生更多的动力。膨胀机入口温度越高，其性能就越好。涡轮机温度受涡轮机叶片材料的限制。燃气轮机有不同的设备结构。图23.11b显示了汽轮机的分轴或双轴结构，其在机械上更复杂。第一台涡轮机提供驱动压缩机所需的动力，第二台涡轮机为外部负荷提供动力。图23.11c为空心轴或双转子结构，其中压缩和膨胀分成两级，由同心轴连接。高温涡轮机驱动高压空气压缩机，低压涡轮机驱动低压压缩机和外部负荷。每个轴以最佳转速运行，以提高整体效率。如图23.11c所示，膨胀后的气体可以直接排放到大气中，或者如图23.11d所示，用一个回热器预热压缩机出口处进入燃烧室之前的空气。这提高了机器的效率。然而，回热器的压缩空气侧和涡轮机排气侧的压力降均增加，造成循环效率降低。

燃气轮机的效率可以定义为：

$$\eta_{GT}=\frac{W}{Q_{燃料}} \tag{23.8}$$

式中　η_{GT}——燃气轮机效率；

W——涡轮机轴功率，kW；

$Q_{燃料}$——燃料释放的热量，kW；

燃气轮机的效率也可以表示为热耗率，简单来说是其效率的倒数：

$$HR=\frac{Q_{燃料}}{W} \tag{23.9}$$

式中　HR——燃气轮机热耗率。

根据公式23.9中的 W 和 Q 燃料的定义，常引用的热耗率取决于单位。机器性能通常是指在国际标准组织(ISO)条件下，即 15℃，1.013bar 和 60%相对湿度下的最大负荷。对于来自特定制造商的燃气轮机系列，最大负荷下的性能可以用下式关联：

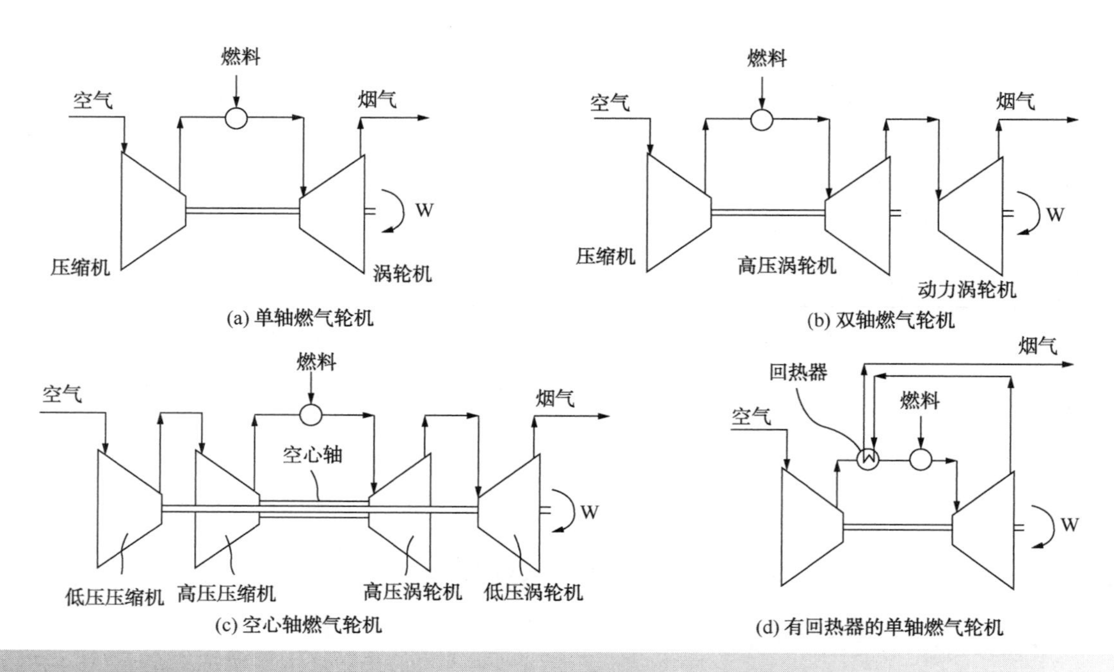

图 23.11 燃气轮机结构

$$Q_{燃料,max}=a+bW_{最大值} \qquad (23.10)$$

式中 $Q_{燃料,max}$——在最大负载和 ISO 条件下燃料释放的热量，MW；

W_{max}——在最大负载和 ISO 条件下的涡轮机轴功率，MW；

a，b——常数取决于设备和涡轮机系列制造商。

例如，$25MW<W_{max}<250MW$ 时，$a=2.668$，$b=21.99MW$（Brooks，2001；Varbanov，Doyle and Smith，2004）。重新整理方程 23.10 可得：

$$\eta_{GT,最大值}=\frac{1}{a+\frac{b}{W_{max}}} \qquad (23.11)$$

方程 23.10 和方程 23.11 可以用于初步计算设备的尺寸。但应该注意的是，这种关联式仅适用于特定制造商的某一类设备。

燃气轮机的基本特点是：

- 尺寸限于从 500kW 以下到 300MW 以上的标准尺寸。
- 微型汽轮机的尺寸范围为 25~500kW。
- 电效率为 30%~45%(对于带有冷却涡轮叶片的设计，电效率提高到 50%以上)。
- 排气温度范围为 450~600℃。
- 燃料需要高压。
- 燃料必须不含微粒和硫。

最常用的燃料是气体燃料(天然气、甲烷、丙烷、合成气)和轻质燃料油。污染物如灰分、碱(钠和钾)和硫将导致沉积物的产生，这会降低性能并导致汽轮机高温部分的腐蚀。燃料中的总碱和总硫含量均应小于 10ppm。燃气轮机可以配备双燃系统，以便在使用不同燃料(例如天然气和轻质燃料油)时可以切换。

燃气轮机可以分类为工业设备和航空设备。从飞机发动机衍生的设备重量更轻。表 23.2 比较了两大类燃气轮机的特点。

表 23.2 燃气轮机类型

工　业	航　空
低压比(一般为 15 以下)	高压比(典型为 30 以下)
耐用	重量轻
效率低(一般为 30%~35%)	效率高(典型在 45%以下)
不需检修长周期连续运行	比工业燃气轮机需要更频繁的维护

续表

工　业	航　空
单位动力输出投资费用低	单位动力输出投资费用高（需要先进材料）
尺寸在300MW以下	尺寸在65MW以下

航空衍生燃气轮机通常应用于海上石油勘探，其重量和效率是非常重要的，它可用来驱动天然气管道的压缩机，也可满足功率需求高峰期时独立的发电应用。对于独立应用，燃气轮机效率成为一个重要问题。但如果从燃气轮机的排气中回收热量，由于余热得到利用，效率就不那么重要了。

燃气轮机需要启动装置，通常是电动机。根据设备的尺寸和设计，启动装置的功率可以高达燃气轮机功率的15%。一旦燃气轮机启动，电动机就可以关闭，作为辅助电机运行，以提高燃气轮机的功率，或者电动机可以切换为发电机，利用燃气轮机发电。

燃气轮机的性能是一些重要参数的函数。

1）膨胀机入口温度。涡轮机（膨胀机）产生的功率与入口气体的绝对温度成正比。膨胀机入口温度的升高可增加设备的功率输出并提高效率。最高温度受涡轮叶片材料的约束。在没有涡轮叶片冷却的情况下，膨胀机入口温度可高达1300℃。可使用空气冷却涡轮叶片，其中1%~3%的主风直接通过叶片内部的通道流动以提供冷却。这使得涡轮机入口温度可以升高到1600℃及以上。

2）压力比。随着压缩机的设计压力比增加，功率输出首先增加，达到最大后开始减小。最佳压力比随着膨胀机入口温度的升高而增加。工业设备的压力比通常在10~15之间，但也可以更高。航空衍生设备的压力比通常为20~30。

3）环境条件。通常在国际标准组织（ISO）15℃，1.013bar和60%的相对湿度下对设备的性能进行标定。压缩机消耗的功率与入口空气的绝对温度成正比。因此，环境温度的降低会增加给定设备的输出功率并提高效率，反之亦然。例如，在40℃时，输出功率通常会下降到ISO额定功率的90%左右。在0℃时，输出功率可能会增加到ISO额定功率的106%。在炎热的气候中，可以冷却入口空气（例如对入口空气喷淋水或使用入口空气冷却器）来提高性能。然而，必须注意避免将水携带到压缩机中（例如通过安装聚结垫），否则可能导致压缩机结垢和性能下降。降低相对湿度导致输出功率和效率均降低。增加高度也会导致输出功率降低。

4）工作负荷。当负荷降低时，效率快速下降。负荷从额定容量的100%下降得越多，设备的性能下降越快。性能下降取决于设备和控制系统。例如，在满载的70%时，部分负载效率与满载效率之比通常可能在0.95~0.85变化。双轴和空心轴设备比单轴设备具有更好的部分负荷性能。部分负荷性能取决于设备的尺寸。但在燃气轮机热电联产系统中，设备通常设计成常规状态下燃气轮机不在满载下运行，以便增加设备的可靠性。

5）背压。在气体排放到大气中之前，它们可能会经过一个有压降的装置。有可能是热回收蒸汽发生器（HRSG）、一个加热炉或是一个NO_x处理单元。由这种装置产生的背压降低了动力产生量。

燃气轮机内的燃烧产生气体排放。主要的关注点通常是NO_x。在第25章中将详细讨论NO_x的排放问题，但现在需要研究与燃气轮机相关的这个问题。燃气轮机的NO_x排放可以通过以下三种方式之一来处理：

1）分级燃烧。在燃气轮机的标准燃烧过程中，燃料和空气在燃烧器中混合。这导致火焰温度出现局部峰值，空气中的氮与氧燃烧反应产生NO_x。通过将燃料和空气预混合成亚化学计量混合物，分级或预混燃烧可以缓解这个问题。燃烧的第一级发生在富含燃料的区域，然后加入空气混合完成燃烧。这种分级燃烧降低了峰值火焰温度并减少了NO_x形成。对于气态燃料，NO_x排放量可以降低到10ppm；对于液体燃料，其排放量可以降低到25ppm。

2）注入蒸汽。蒸汽可作为惰性物质注入燃烧区，以降低峰值火焰温度，从而减少NO_x的形成。注入蒸汽一般可以减少60%的NO_x排放。这样做的一个明显缺点是注入的蒸汽会损失到大气中，且潜热无法回收。积极作用是由于注入蒸汽使得通过涡轮机的质量流量增高从而增加了功率输出。实际上，注入蒸汽超过抑制NO_x产生所需时，可在动力需求峰值时段用于增加动力。

3）排气处理。如果分级燃烧或注入蒸汽不能

满足 NO_x 排放的监管要求，则必须对燃气轮机的排气进行处理以去除 NO_x。如果现有的燃气轮机装置需要减少 NO_x 排放，则必须处理排气。通常处理燃气轮机排气中 NO_x 排放的方法是选择性催化还原。在第 25 章中详细地讨论这个问题，涉及在催化剂上游注入氨以化学方法还原 NO_x 中的氮。

燃气轮机可以分为三个部分建模：

1）空气压缩机可用公式 13.42 或公式 13.43 进行建模，效率为 85%~90%(Perry and Green，1997)。

2）燃烧室中，燃料喷射与压缩空气反应，可以用第 12 章所述的燃烧过程建模。但必须考虑明显存在的压力损失。根据设备设计，压力损失的范围为 2%~8%，燃烧温度的范围为 800~1600℃(Perry and Green，1997)。

3）涡轮膨胀机可以用公式 13.72 或公式 13.73 进行建模，效率为 88%~92%(Perry and Green，1997)。

为了对特定设备建模，可以改变压缩机的效率、燃烧温度、燃烧器压降和涡轮机效率，以使模型符合制造商规定的 ISO 等级性能。

虽然这种建模方法对于概念设计是有用的，但是如果部分负荷操作条件变化，这种方法则不适用于现有系统的建模和优化。这是因为在 ISO 等级条件下对设备进行建模的参数可能随负荷而改变。在维多利亚州机械工程师彼得·威廉·威伦斯(Peter William Willans)的 Willans Line 方法的基础上可以开发出另一种方法。为开发这种方法，燃料/空气的比值和蒸汽/空气的比值可以定义为：

$$f=\frac{m_{燃料}}{m_{空气}} \quad s=\frac{m_{蒸汽}}{m_{空气}}$$

质量平衡给出：

$$m_{EX}=m_{空气}+m_{蒸汽}+m_{燃料}=\frac{f+s+1}{f}m_{燃料} \tag{23.12}$$

其中 $m_{空气}$，$m_{蒸汽}$，$m_{燃料}$，m_{EX} 分别为入口空气、注入的蒸汽(如果有的话)、燃料和排气的质量流率。

燃气轮机的能量平衡为(Shang，2000)：

$$m_{空气}H_{空气}+m_{蒸汽}H_{蒸汽}+m_{燃料}H_{蒸汽}+m_{燃料}\Delta H_{COMB}-m_{EX}H_{EX}-W-W_{损失}=0 \tag{23.13}$$

式中 $H_{空气}$，$H_{蒸汽}$，$H_{燃料}$，H_{EX}——分别为入口空气、注入的蒸汽(如果有的话)、燃料和排气的比焓；

ΔH_{COMB}——燃料的低热值；

W——产生的动力；

$W_{损失}$——损失的功率。

结合公式 23.12 和公式 23.13 并重新整理可得(Shang，2000；Varbanov，Doyle and Smith，2004)：

$$W=nm_{燃料}-W_{损失} \tag{23.14}$$

式中 $n=\frac{H_{空气}}{f}+\frac{s}{f}H_{蒸汽}+H_{燃料}+\Delta H_{COMB}-\frac{f+s+1}{f}H_{EX}$

如果燃气轮机在部分负载下具有固定的燃料空气比和固定的蒸汽空气比，并且假设机械损失与负载无关，则公式 23.14 表示额定机械功输出和燃料质量流量之间的线性关系。热机的轴功率和质量流量之间的关系有时被称为 Willans 线(Shang，2000；Varbanov，Doyle and Smith，2004)。这是否严格正确取决于燃气轮机的控制系统。因此，燃气轮机的 Willans 线可以写成：

$$W=nm_{燃料}-W_{INT} \tag{23.15}$$

式中 W_{INT}——Willans 线的截距，kW，MW。

然而，公式 23.15 假设燃气轮机在 ISO 条件(环境条件为 15℃，1.133bar 和 60%相对湿度)下运行。最重要的是需要对环境温度进行校正。因此，对环境温度校正后的等式 23.15 可改为：

$$W=(nm_{燃料}-W_{INT})(a+bT_0) \tag{23.16}$$

式中 T_0——环境温度，℃；

a，b——功率的关联参数。

因此，为了在部分负载下对燃气轮机的性能进行建模，需要对燃气轮机运行数据通过回归拟合 n、W_{INT}、a 和 b。$(a+bT_0)$ 项在 15℃ 时必须约束为 1.0。对于特定燃气轮机模型，功率随环境温度变化的相关参数是一定的。

图 23.12 显示了燃气轮机的集成布置，来自燃气轮机的排气在排放到大气之前用于在热循环蒸汽发生器(HRSG)中产生蒸汽。因为燃气轮机排气仍然富含氧气(通常为 15%O_2)，出燃气轮机后的排气可以用燃料燃烧，提高温度后进入

HRSG，这被称为补燃或辅燃。来自 HRSG 的蒸汽可以直接用于工艺加热或在汽轮机系统中膨胀以产生额外动力。图 23.12a 显示了产生一级压力蒸汽的 HRSG。图 23.12b 显示了产生两级压力蒸汽的双压 HRSG 的更复杂的布置。图 23.13a 在温焓图上显示了没有补燃的单压力 HRSG。蒸汽曲线包括锅炉给水预热、潜热和过热。燃气轮机排气用于发生蒸汽以回收热量的极限值，将受到燃气轮机排气线和蒸汽产生曲线之间的夹点限制。图 23.13b 显示了温焓图中的双压 HRSG，它包括低压(LP)和高压(HP)蒸汽的锅炉给水预热和过热。双压 HRSG 的蒸汽曲线与燃气轮机排气之间显示更好的匹配。这意味着与单压 HRSG 相比，它可以回收更多的热量。在双压 HRSG 中，产生低压和高压蒸汽量的自由度，受到限制热回收潜力的两个夹点的影响。最大的燃气轮机有时使用三压 HRSG，但这些通常应用于电站。

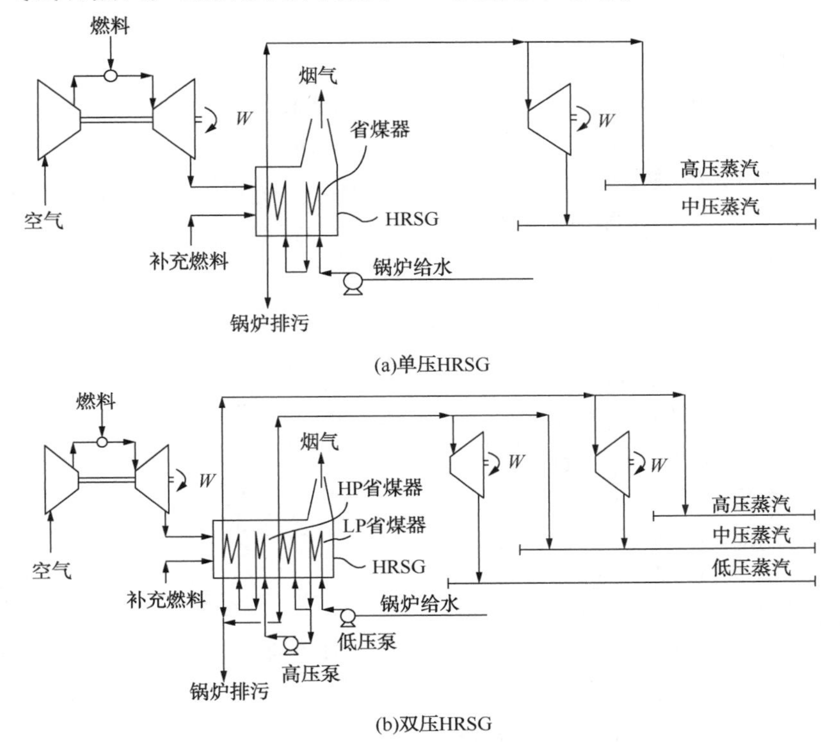

图 23.12　带有热循环蒸汽发生器的燃气轮机(HRSG)

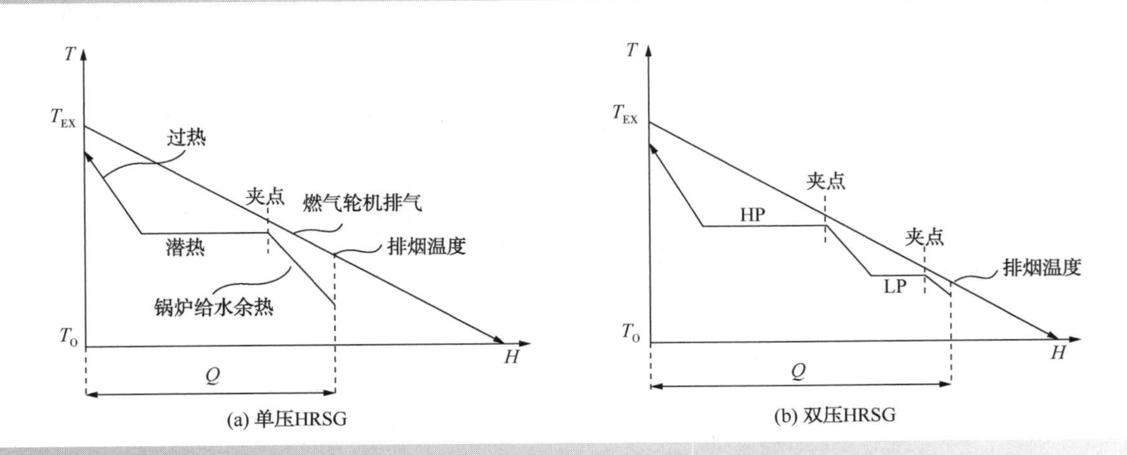

图 23.13　HRSG 的温焓图

图 23.13 显示了在没有补燃的情况下从燃气轮机排气产生蒸汽的可能。可以通过在燃气轮机之后引入燃料燃烧来提高产生蒸汽的潜力。燃气轮机有三种燃烧模式：

1）非燃式 HRSG。非燃式 HRSG 使用燃气轮机排气中的显热来产生蒸汽。

2）补燃式 HRSG。利用排气中的氧气含量通过燃烧补充燃料来提高排气温度。补燃使用对流传热，由于所用管道材料温度最高限制在 925℃。然而，如果 HRSG 的器壁是水冷的，补燃温度可以提高到 1200~1300℃。

3）完全燃烧式 *HRSG*。完全燃烧式 HRSG 充分利用过量氧气来提高 HRSG 中的最大蒸汽量。完全燃烧意味着将过剩的氧气减少到最低值，即通常所有燃烧过程要求的 3%，以确保有效的燃烧。然而，完全燃烧将导致辐射传热。完全燃烧基本上意味着燃气轮机排气将被用作预热燃烧空气送往蒸汽锅炉。

图 23.14 显示了在温焓图上的补燃。补燃会提高排气的温度，从而增加了可用热量和产生蒸汽的潜力。补燃式 HRSG 可以高效地产生较多蒸汽，以及较高的蒸汽过热温度。还有一点重要的是，补燃式 HRSG 的蒸汽系统更灵活。如前所述，燃气轮机在其部分负荷性能方面是不灵活的。补燃式 HRSG 可以在不改变燃气轮机负荷的情况下改变蒸汽量。图 23.14 显示与非燃情况相比，补燃气轮机排气和蒸汽曲线之间匹配更接近。与非燃式 HRSG 情况相比，补燃式 HRSG 的排烟温度较低。这意味着由于较低的烟气温度，补燃产生的额外热量大于来自补燃燃料输入的热量。

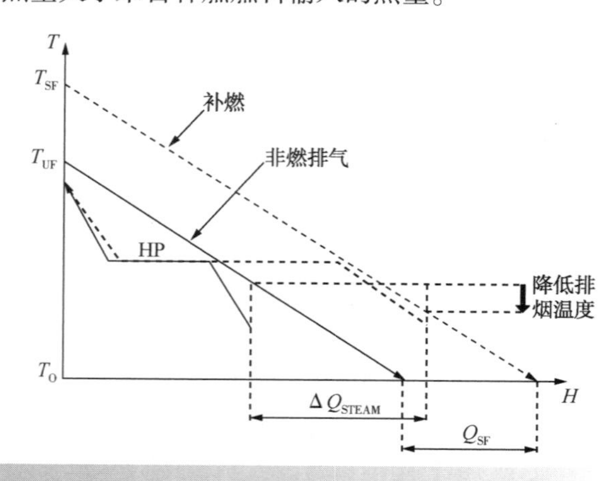

图 23.14 补燃式 HRSG

例 23.4 某燃气轮机在 ISO 条件下建模。根据制造商的数据，空气流量为 $641\text{kg}\cdot\text{s}^{-1}$，压力比为 17，涡轮机入口温度为 1250℃。假定气体的压缩系数为 1.0，平均摩尔质量为 $28.8\text{kg}\cdot\text{kmol}^{-1}$。计算：

① 压缩机所需功率和压缩机出口温度，假设等熵效率为 0.85，气体的 $\gamma=1.38$。

② 涡轮机膨胀产生的功率和排气温度，假设燃烧器的压降为入口压力的 6%，排气压力为 1.013bar，等熵效率为 0.88，气体的 $\gamma=1.32$。

③ 燃气轮机产生的轴功率，忽略机械损失。

④ 所需的燃料热量，涡轮机效率和涡轮机热耗率（$\text{kJ}\cdot\text{kW}\cdot\text{h}^{-1}$），假设气体的平均摩尔热容为 $33.2\text{kJ}\cdot\text{kmol}^{-1}\cdot\text{K}^{-1}$。

解：

① 压缩机所需的功率可以根据公式 13.43 计算：

$$W=\left(\frac{\gamma}{\gamma-1}\right)\frac{ZRT_{\text{in}}}{\eta_{\text{IS}}}\left[1-\left(\frac{P_{\text{out}}}{P_{\text{in}}}\right)^{(\gamma-1)/\gamma}\right]$$

$$=\frac{641}{28.8}\left(\frac{1.38}{1.38-1}\right)\times\frac{1.0\times8314.5\times288.15}{0.85}\times\left[1-\left(\frac{17\times1.013}{1.013}\right)^{\frac{(1.38-1)}{1.38}}\right]=-2.693\times10^{8}\text{W}$$

压缩机的出口温度可以根据公式 13.47 计算：

$$T_{\text{out}}=\left(\frac{T_{\text{in}}}{T_{\text{out}}}\right)\left[\left(\frac{P_{\text{out}}}{P_{\text{in}}}\right)^{(\gamma-1)/\gamma}+\eta_{\text{IS}}-1\right]$$

$$=\left(\frac{288.15}{0.85}\right)\left[(17)^{\frac{(1.38-1)}{1.38}}+0.85-1\right]$$

$$=688.8\text{K}=415.6℃$$

② 膨胀机产生的功率可以根据公式 13.73 计算：

$$W=\left(\frac{\gamma}{\gamma-1}\right)\eta_{\text{IS,E}}ZRT_{\text{in}}\left[1-\left(\frac{P_{\text{out}}}{P_{\text{in}}}\right)^{(\gamma-1)/\gamma}\right]$$

$$=\left(\frac{641}{28.8}\right)\left(\frac{1.38}{1.38-1}\right)\times0.88\times1.0\times8314.5\times1523.15\times\left[1-\left(\frac{1.013}{0.94\times17\times1.013}\right)^{\frac{(1.32-1)}{1.32}}\right]$$

$$=5.006\times10^{8}\text{W}$$

涡轮机的排气温度可以根据公式 13.80

计算：

$$T_{out}=T_{in}\eta_{IS,E}\left[\left(\frac{P_{out}}{P_{in}}\right)^{(\gamma-1)/\gamma}+\frac{1}{\eta_{IS,E}}-1\right]$$

$$=1523.15\times0.88$$

$$\times\left[\left(\frac{1.013}{0.94\times17\times1.013}\right)^{(1.32-1)/1.32}+\frac{1}{0.88}-1\right]$$

$$=867.4K=594.2℃$$

③ 燃气轮机产生的轴功率

$$=(5.006-2.693)\times10^8=2.313\times10^8W=231.3MW$$

④ 所需燃料的热量

$$=\left(\frac{641}{28.8}\right)\times33.2\times(1250-415.6)=6.165\times10^5kJ\cdot s^{-1}$$

$$热耗率=\frac{6.615\times10^5\times3600}{231.3\times10^3}=9595kJ\cdot kW\cdot h^{-1}$$

$$\eta=\frac{231.3\times10^3}{6.615\times10^3}=0.375$$

例 23.5　已知在 ISO 条件下燃气轮机燃烧天然气的数据：

$$W=26070kW$$

$$HR=12650kJ\cdot kW\cdot h^{-1}$$

$$m_{EX}=446000kg\cdot h^{-1}$$

$$T_{EX}=488℃$$

使用这些数据计算：

① 在标准条件下的燃料消耗 $\Delta H_{燃料}$ 和效率 η_{GT}。

② 如果 $T_{排烟}=100℃$，排气的 C_P 为 $1.1kJ\cdot kg^{-1}\cdot K^{-1}$，求从排气回收的热量。

③ 在 0℃ 的环境温度下，求 W_{max}、HR、η_{GT} 和 $Q_{燃料}$。性能的变化可以根据下式估算：

$$W_{max}(kW)=29036-189.4T_0$$

$$HR(kJ\cdot kW\cdot h^{-1})=12274+31.32T_0$$

其中 T_0=环境温度(℃)

④ 如果在 ISO 条件下进行补燃至 850℃，求排气中可用的热量。

解：

根据公式 23.9：

$$\Delta H_{燃料}=W_{HR}=\frac{26070(kW)\times12650(kJ\cdot kW\cdot h^{-1})}{3600(kJ\cdot kW\cdot h^{-1})}$$

$$=91607kW$$

$$\eta_{GT}=\frac{1}{HR}=\frac{3600(kJ\cdot kW\cdot h^{-1})}{12650(kJ\cdot kW\cdot h^{-1})}=0.28$$

$$Q_{EX}=mC_P(T_{EX}-T_{烟气})=\frac{446000\times1.1\times(488-100)}{3600}$$

$$=52876kW=52.9MW$$

在 0℃时，

$$W_{max}=29036-189.4T_0=29036-189.4\times0=29036kW$$

$$HR=12274+31.32T_0=12274kJ\cdot kW\cdot h^{-1}$$

$$\eta_{GT}=\frac{3600}{12274}=0.29$$

$$Q_{燃料}=WHR=\frac{29036\times12274}{3600}=98997kW$$

$$Q_{SF}=mC_P(T_{SF}-T_{排气})=\frac{446000\times1.1\times(850-488)}{3600}$$

$$=49333kW=49.3MW$$

$$Q_{SF}=mC_P(T_{SF}-T_{排气})=\frac{446000\times1.1\times(850-488)}{3600}$$

$$=49333kW=49.3MW$$

补燃后排气中的总热量=52.9+49.3=102.2MW

到目前为止，燃气轮机系统集成的重点是非燃、补燃或完全燃烧的系统中利用排气产生蒸汽，排气能以其他方式利用。原则上排气可以直接用于过程加热。这需要过程物流和燃气轮机热排气之间的直接匹配。然而从安全考虑，可能会避免使用这种方法。如果工艺物质易燃，并泄漏到富含氧气的管道中，则可能发生火灾或爆炸。燃气轮机排气也可用于干燥过程。如第 7 章所述，干燥过程一般通过将水分蒸发到热空气中而除去水分。在一些应用过程中，燃气轮机排气可以直接从管道通到干燥器中以提供热空气。但应注意确保少量的燃烧产物(包括 NO_x)不会污染该过程。最后，来自燃气轮机的热排气可为加热炉提供预热的燃烧空气(尽管氧气略有不足)。这种方式已应用在乙烯生产中的加热炉反应器和石油炼制的加热炉中。

23.4　汽轮机

蒸汽通过安装在叶轮上的一排叶片膨胀，汽轮机将蒸汽的能量转换成动力驱使叶轮旋转(Elliot，1989)。汽轮机叶片可以分为冲动式叶片和反动式叶片，而大部分汽轮机采用二者组合的形式(Elliot，1989)。冲动式汽轮机就像一个水轮。单级冲动式汽轮机如图 23.15a 所示。脉冲喷嘴使蒸汽定向流动，形成良好的高速喷气。动叶片吸收喷射蒸汽的动能并将其转换为机械能。当蒸汽撞击动叶片时，它的方向发生变化，因此有动量产生，这会给叶片带来冲击。在纯冲动式汽轮机中，动叶片不会发生压降(摩擦所造成的除外)，仅会在静叶片上产生压降。图 23.15b 显示了两级冲动式汽轮机。

反动式汽轮机的原理有些不同。图 23.15c 显示了单级反动式汽轮机。蒸汽通过固定叶片产生较小的压降，速度增加，接着进入动叶片，像冲动式汽轮机一样，方向上发生变化，产生动量。但在通过叶片的过程中，蒸汽压力进一步降低，速度增加造成与之方向相反的作用力。这与使用喷气发动机推动火箭和推进飞机的反动原理相同。汽轮机中的总推力是冲动和反动的加和。因此，实际上所谓的反动式汽轮机中的叶片，部分是冲动式的，部分是反动式的。图 23.15c 显示出了单级反动式汽轮机。图 23.15d 显示出了双级反动式汽轮机。

叶片安装在旋转轴上。旋转轴支撑在壳体内。壳体支撑连接旋转轴的轴承、静叶片和蒸汽入口喷嘴。

汽轮机尺寸从 100kW 到 250MW 以上。冲动式设备用于小型汽轮机，大型汽轮机的高压部分使用冲动式叶片。大型汽轮机的低压段倾向于使用反动式叶片。最高蒸汽入口温度取决于机械设计，通常低于 585℃。更高的入口温度需要特殊的材料。

图 23.16 显示了可以配置汽轮机的基本方法。汽轮机基本可分为两大类：

- 背压式汽轮机，排汽压力高于大气压；
- 凝汽式汽轮机，排汽压力低于大气压。

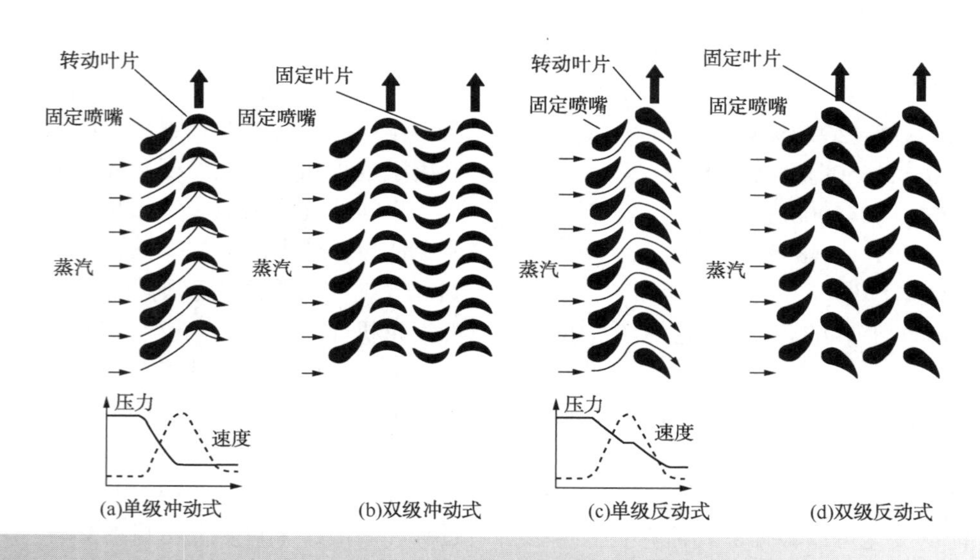

图 23.15 汽轮机类型

汽轮机的排汽压力由下游设备的工作压力确定。图 23.16a 显示了在高压和低压蒸汽管线之间运行的背压式汽轮机。低压蒸汽管线的压力将在其他地方控制(见后文)。

图 23.16b 显示了凝汽式汽轮机。实际应用的三种冷凝器如下：

1) 直接接触，冷却水直接喷入排汽中。

2) 表面冷凝器，其中冷却水和排汽是分开的(见第 12 章)。也可不使用冷却水，而用预热锅炉给水以回收余热。

3) 空气冷却器，也使用表面冷凝，但热量将直接排到环境中(见第 24 章)。

在这三种类型中，目前最常见的是使用冷却水的表面冷凝器。充满容器体积的蒸汽冷凝后，所得到的冷凝物占据较小的体积，从而产生真空。冷凝后剩余的任何不凝气都可以通过蒸汽喷射器或液环泵除去(参见第 13 章)。凝汽式汽轮机的排汽压力维持在高于冷却水温度的合理温度(例如，根据冷却水的温度，0.07bar 时 40℃，0.12bar 时 50℃)。汽轮机整体的压差越高，汽轮机入口蒸汽的能量转换成动力就越多。在冷凝蒸汽和冷却介质的温差一定、蒸汽流量及入口条件一定的情况下，冷却温度越低，可产生的动力越多。

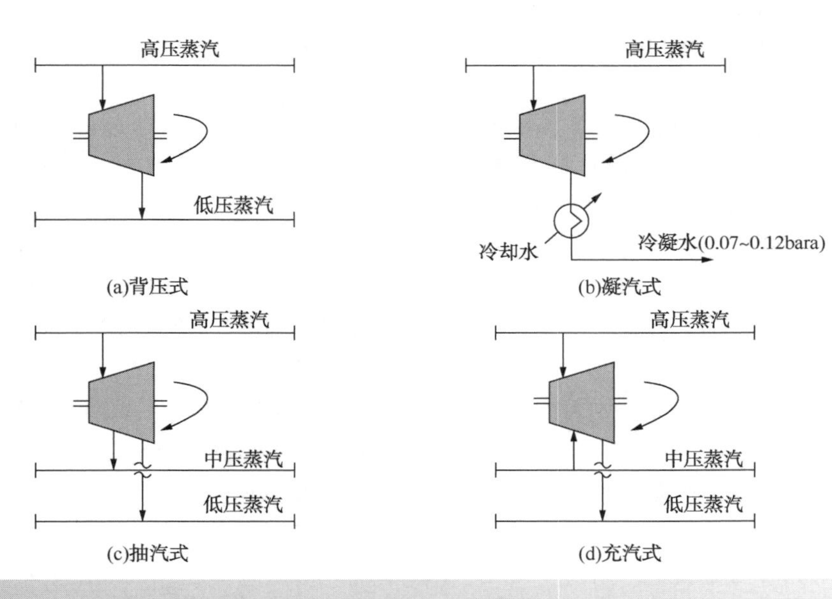

图 23.16　汽轮机配置

背压式汽轮机和凝汽式汽轮机可以进一步根据蒸汽进行分类。图 23.16c 为抽汽式汽轮机。抽汽式汽轮机在一个或多个点上抽出主蒸汽流的一部分。抽汽可能不受控制，由入口、出口处的压力和汽轮机部分的压降决定，抽汽也可能由内部控制阀控制。图 23.16c 显示了单级抽气，抽汽和排汽都被送入蒸汽管线。排汽也可能为真空条件并冷凝，如图 23.16b 所示。

图 23.16d 是一台中间充气式汽轮机。充气式汽轮机的工作方式与抽汽式汽轮机相似，只是过程相反。比排气压力更高的蒸汽被输入到汽轮机中，一定程度上增加了通过设备的流量，以提高动力产生。在如图 23.16d 所示的情况下，超出过程加热需求的中压(MP)蒸汽的部分用于产生动力并排放到用于过程加热的低压蒸汽中。同样，排汽也可在真空条件并冷凝。

任何给定的设备都具有最小和最大允许的蒸汽流量。就抽气式汽轮机和中间充气式汽轮机而言，在汽轮机每一段中都有最小和最大允许流量。这些最小和最大流量由各个汽轮机的物理特性决定，以及由汽轮机制造商规定。

汽轮机中的膨胀过程将入口蒸汽的一部分能量转换成动力。汽轮机效率可以定义为：

$$\eta_{ST}=\frac{W}{W_{IS}}=\frac{W}{m\Delta H_{IS}} \tag{23.17}$$

式中　η_{ST}——汽轮机效率；

W——汽轮机轴功率，kW；

W_{IS}——与等熵膨胀对应的功率，kW；

ΔH_{IS}——等熵膨胀到出口压力时的焓变，$kJ\cdot kg^{-1}$，$=H_{in}-H_{IS}$；

H_{in}——入口蒸汽的比焓，$kJ\cdot kg^{-1}$；

H_{IS}——出口压力下熵为入口蒸汽熵时蒸汽的比焓，$kJ\cdot kg^{-1}$；

m——汽轮机蒸汽流量，$kg\cdot s^{-1}$。

汽轮机总效率由两个部分组成：等熵效率和机械效率。图 2.1 和方程 2.3 引入的蒸汽能量转换效率，表示为等熵效率，其定义为：

$$\eta_{IS}=\frac{H_{in}-H_{out}}{H_{in}-H_{IS}}=\frac{\Delta H}{\Delta H_{IS}} \tag{23.18}$$

式中　η_{IS}——汽轮机等熵效率；

H_{in}——入口蒸汽的比焓，$kJ\cdot kg^{-1}$；

H_{out}——出口蒸汽的比焓，$kJ\cdot kg^{-1}$；

H_{IS}——出口压力下熵为入口蒸汽熵时蒸汽的比焓，$kJ\cdot kg^{-1}$；

$\Delta H = H_{in} - H_{out}$。

等熵效率反映了汽轮机中从蒸汽中提取能量的效率。机械效率考虑了设备的摩擦损失和热损失，反映了从蒸汽提取的能量转化为有用能的效率。机械效率很高(通常为0.97~0.99)，其远远高于等熵效率(Siddhartha and Rajkumar，1999)，且在大多数情况下，机械效率不会随负荷变化发生显著变化。相反地，等熵效率随负荷变化发生显著变化。汽轮机总效率可以定义为：

$$\eta_{ST} = \eta_{IS}\eta_{MECH} \quad (23.19)$$

式中 η_{ST}——汽轮机总效率；

η_{MECH}——机械效率。

汽轮机效率由多个因素决定。其中最重要的是：

- 最大功率负荷时的汽轮机尺寸；
- 蒸汽入口压力；
- 蒸汽出口压力；
- 工作负荷(部分负荷条件下)。

如果汽轮机驱动发电机组，则还有一个与发电有关的效率(通常为95%~98%)。

原则上汽轮机功率输出可以用公式13.72或公式13.75计算。然而，定义汽轮机的物理特性难度较大，通常通过汽轮机的焓平衡和效率计算功率，如方程式23.17~式23.19所示。从汽轮机的能量平衡：

$$W = \eta_{MECH} m (H_{in} - H_{out}) \quad (23.20)$$

联立式23.18和式23.20可以得到：

$$W = \eta_{MECH}\eta_{IS} m \Delta H_{IS} \quad (23.21)$$

这对于初步设计是有用的，但是η_{MECH}和η_{IS}必须是已知的。因为$\eta_{MECH} \gg \eta_{IS}$，$\eta_{MECH}$可以假设为0.97~0.99的值，使用公式23.21的最大问题是η_{IS}。Peterson and Mann(1985)给出了以最大负荷运行的汽轮机的数据，显示汽轮机效率随着汽轮机的尺寸以及固定出口压力时汽轮机入口压力的增加而增加。Varbanov，Doyle and Smith(2004)从汽轮机数据说明，在最大负荷下，不同大小的汽轮机轴功率和等熵功率之间遵循线性关系。在最大负荷下，可以假设(Varbanov，Doyle and Smith，2004；Sun and Smith，2015)：

$$W_{IS,max} = aW_{max} + b \quad (23.22)$$

式中 $W_{IS,max}$——最大负荷下等熵膨胀的功率，kW；

W_{max}——最大负荷下的汽轮机轴功率，kW；

a，b——模型系数。

在最大负荷下，将式23.21与式23.22结合可得：

$$\eta_{ST,max} = \frac{1}{a + \frac{b}{W_{max}}} \quad (23.23)$$

式中 $\eta_{ST,max}$——最大负荷时的汽轮机效率。

式23.23与最大负荷时燃气轮机效率方程式具有相同的形式(公式23.11)。系数a和b是入口、出口压力的函数。

如果指定了W_{max}，则可以使用式23.23来预测最大负荷时汽轮机的效率。这对于设计是有用的。如果已知蒸汽的设计流量，功率需求未知，则可以通过联立式23.21和式23.22来消除W_{max}：

$$\eta_{IS,max} = \frac{1}{a}\left(1 - \frac{b}{m_{max}\Delta H_{IS}}\right) \quad (23.24)$$

通常需要灵活的蒸汽系统以满足随时间显著变化的现场需求。诸如压缩机等驱动设备，负荷是恒定的。但对于驱动发电机的汽轮机，负荷可能会随时间而显著变化。汽轮机的效率一般会随着负荷的减小而减小。图23.17a显示了汽轮机效率与通过汽轮机的质量流量间的关系。因为$\eta_{MECH} \gg \eta_{IS}$，总效率随部分负荷的非线性变化趋势主要取决于等熵效率η_{IS}。汽轮机模型需要采集这些数据。

轴功率和蒸汽质量流量之间的关系曲线有时也被称为Willans线，以彼得·威廉·威伦斯(Peter William Willans)的名字命名。汽轮机的典型Willans线如图23.13b所示。对于许多设备来说，这几乎是一条直线。图23.13b中的功率-蒸汽流关系可以在一个合理范围内用线性关系表示，如图23.17c所示。线性关系(Mavromatis，1996；Mavromatis and Kokossis，1998；Varbanov，Doyle and Smith，2004；Sun and Smith，2015)为：

$$W = nm - W_{INT} \quad (23.25)$$

式中 W——汽轮机产生的轴功率(kW)，不包括机械损失；

m——通过汽轮机的蒸汽质量流量，$kg \cdot s^{-1}$；

n——Willans直线的斜率，$kJ \cdot kg^{-1}$；

W_{INT}——Willans 直线的截距，kW。

如果图 23.17c 所示的直线关系不够准确，则可以使用如图 23.17d 所示的一系列直线段。图 23.17d 中的每个线段均可由等式 23.25 表示，每个线段都有自己的斜率和截距。因为线性模型在优化中的优势，需要保留线性模型而不是引入一个非线性模型，这将在后面讨论。然而在实践中，一条直线是足够精确的。

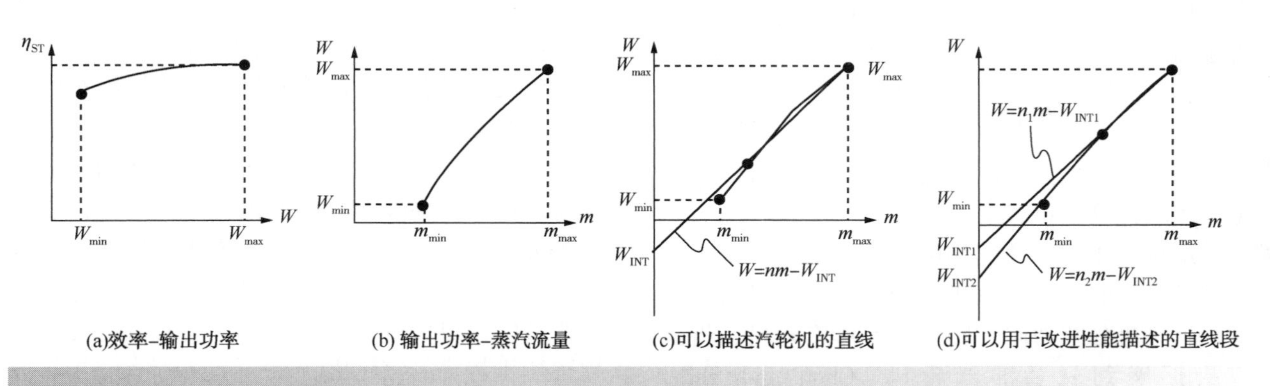

图 23.17　汽轮机性能与负荷的关系

当方程 23.22 允许式 23.25 中的最大点存在时，必须以某种方式定义截距点。假设：

$$W_{INT}=cW_{max} \qquad (23.26)$$

式中　c——模型参数。

写出在最大负荷下的方程 23.25 联立式 23.26 可得：

$$W_{max}=\frac{nm_{max}}{(1+c)} \qquad (23.27)$$

联立式 23.22 和式 23.27 可得：

$$n=\frac{(1+c)}{a}\left(\Delta H_{IS}-\frac{b}{m_{max}}\right) \qquad (23.28)$$

联立式 23.22 和式 23.26，假设 $W_{IS,max}=m_{max}\Delta H_{IS}$，可得到：

$$W_{INT}=\frac{c}{a}(m_{max}\Delta H_{IS}-b) \qquad (23.29)$$

式 23.28 和式 23.29 定义了方程 23.25 的斜率和截距。式 23.28 和式 23.29 中的系数 a、b 和 c 需要采用实际的汽轮机数据拟合。系数 a、b 和 c 的关联式如下(Sun and Smith，2015)：

$$a=a_1+a_2P_{in}+a_3P_{out} \qquad (23.30)$$

$$b=b_1+b_2P_{in}+b_3P_{out} \qquad (23.31)$$

$$c=c_1+c_2P_{in}+c_3P_{out} \qquad (23.32)$$

其中 $a_1\sim a_3$，$b_1\sim b_3$ 和 $c_1\sim c_3$ 均是模型系数。这些模型系数已经用 70 台背压式汽轮机在 214 个运行状态和 104 台凝汽式汽轮机在 335 个运行状态下的数据进行了拟合(Sun and Smith，2015)，功率预测的平均误差为 2%。模型参数如表 23.3 所示。

表 23.3　汽轮机模型参数

	背压式汽轮机	凝汽式汽轮机
a_1	1.1880	1.3150
a_2	-2.9564×10^{-4}	-1.6347×10^{-3}
a_3	4.6473×10^{-3}	−0.36798
b_1	449.98	−437.77
b_2	5.6702	29.007
b_3	−11.505	10.359
c_1	0.20515	7.8863×10^{-2}
c_2	-6.9517×10^{-4}	5.2833×10^{-4}
c_3	2.8446×10^{-3}	−0.70315

对于汽轮机，在进口压力、背压和进口温度固定的情况下，其等熵焓变保持不变。由于等熵效率的变化，汽轮机的实际焓变随负荷而变化。但变化不能超过等熵焓变。下面的模型可用于预测汽轮机效率随负荷的变化：

$$\eta_{ST}=\frac{W}{W_{IS}}=\frac{W}{m\Delta H_{IS}}=\frac{nm-W_{INT}}{m\Delta H_{IS}} \qquad (23.33)$$

如果机械效率已知，该模型还可用于预测汽轮机等熵效率随负荷变化关系：

$$\eta_{IS}=\frac{\Delta H}{\Delta H_{IS}}=\frac{W}{m\eta_{MECH}\Delta H_{IS}}=\frac{nm-W_{INT}}{m\eta_{MECH\Delta H_{IS}}} \tag{23.34}$$

汽轮机的出口焓值可以通过能量平衡来计算。出口焓等于入口焓与从蒸汽获得的有效能和机械损失之差：

$$H_{out}=H_{in}-\frac{W}{\eta_{MECH}m} \tag{23.35}$$

如果出口焓值和压力是已知的，则可以根据蒸汽性质计算出口温度。

迄今为止，这种汽轮机建模方法仅限于单进汽和单排汽的简单汽轮机。原则上，可以通过将复杂汽轮机分解为同一轴上的简单汽轮机，将该方法扩展到复杂的汽轮机（Chou and Shih, 1987）。这种分解方法如图 23.18 所示。图 23.18 给出了复杂汽轮机的两个例子，其已被分解成基本部件，包括简单汽轮机单元、分流器和混合器。图 23.18a 展示了如何通过两个简单汽轮机组通过适当的连接来构建具有单个抽汽的汽轮机。图 23.18a 为抽汽式涡轮机。图 23.18b 展示了如何通过具有合适连接的简单汽轮机组对中间感应式汽轮机进行建模。应注意，与两个简单的汽轮机相比，复杂汽轮机中的控制特征和内部流动模式可能会导致额外的低效现象。因此，使用分解方法可能会过量预测给定蒸汽流量下的发电量。这可以通过在各部分之间增加一些额外的压降来补偿。也可以对模型中的一些系数进行回归以适用于特定的汽轮机。

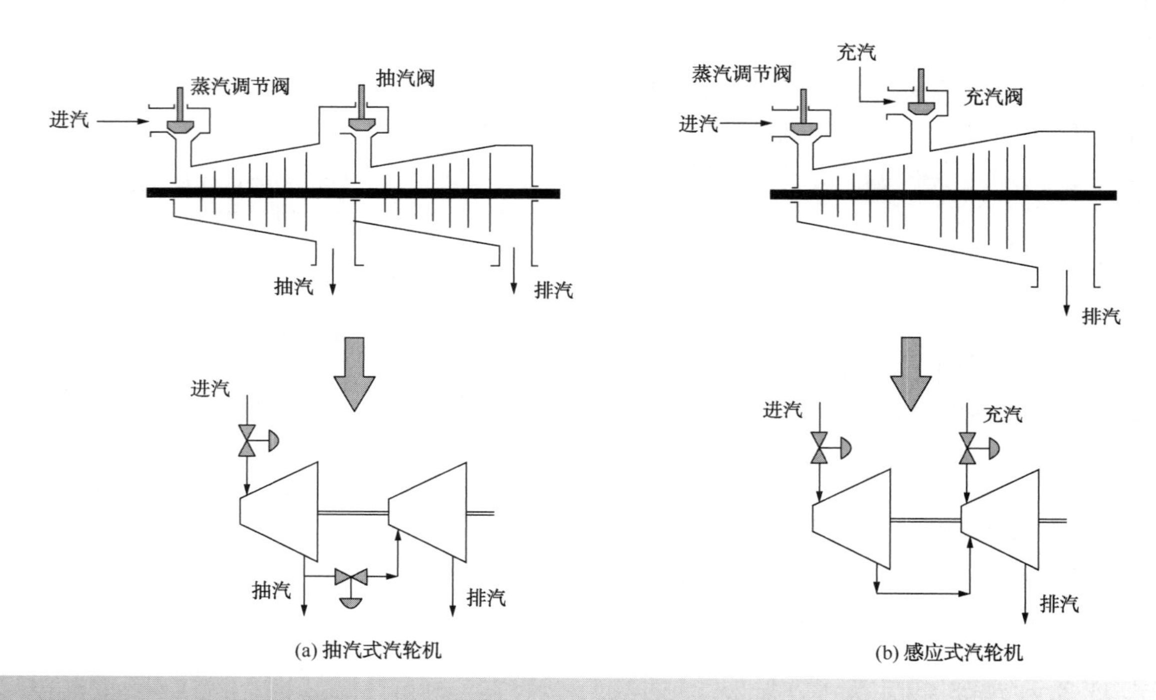

图 23.18　复杂汽轮机的建模

作为现有蒸汽系统建模的一部分，通常有必要对现有的汽轮机进行建模，以优化现有系统或进行改进研究。如果没有可用的操作数据，则可以使用表 23.3 中的数据。如果有可用的操作数据，则可以通过回归测量数据拟合出系数 a、b 和 c。然而，通常情况下只有有限数量的操作点可用。在这种情况下，一些系数可以取自表 23.3，其他系数通过测量数据回归。在拟合诸如图 23.18 所示的复杂汽轮机的数据时，对其每个部分都需要一组 a、b 系数。这些可以部分地由表 23.3 设定，部分由回归得到。在回归复杂汽轮机数据时面临的一个问题是，仅已知总功率，而将其分解成汽轮机的每个部分中产生的功率是未知的。在这种情况下，抽气测定温度可以用于间接测量汽轮机部分的抽出功率。因此，复杂汽轮机的回归为（Sun and Smith，2015）：

最小化

$$\sum_i\left[\left(\frac{W_{计算}-W_{测量}}{W_{测量}}\right)_i^2+\left(\frac{T_{out,计算}-T_{out,测量}}{T_{out,测量}}\right)_i^2\right] \tag{23.36}$$

$$0.4<\eta_{ST}<0.9$$

式中　$(W_{计算}-W_{测量})_i$——数据点 i 处总功率的计算值与测量值之差；

$(T_{out,计算}-T_{out,测量})_i$——数据点 i 处蒸汽出口温度的计算值与测量值之差。

例 23.6　背压式汽轮机的排汽提供 25MW 的过程加热负荷。485℃、100bar(g)的高压蒸汽膨胀到 20bar(g)，用于过程加热。假设 20bar(g)蒸汽的加热负荷为过热和潜热的总和。假设机械效率为 97%。

① 确定满负荷条件下背压汽轮机的功率、蒸汽流量和汽轮机效率。

② 在相同的加热负荷下运行，如果汽轮机的额定流量增加了 20%，求此时的功率。

解：

① 入口蒸汽的条件是固定的，但出口蒸汽的条件取决于汽轮机的性能。首先，利用过程加热负荷估计蒸汽流量。粗略的估算从入口到出口过热和潜热的热量总和是恒定的。在汽轮机入口过热热量高于出口过热热量，但入口处的潜热比出口处低。这两种趋势往往相互抵消，过热和潜热的总热量沿汽轮机大致恒定。从蒸汽表中可得在 100bar(g)时，过热蒸汽焓 H_{SUP}，饱和蒸汽焓 H_{SAT} 和饱和冷凝水 H_L 焓如下：

$$H_{SUP}=3335\text{kJ}\cdot\text{g}^{-1},\ 485℃$$

$$H_{SAT}=2726\text{kJ}\cdot\text{g}^{-1}$$

$$H_L=1412\text{kJ}\cdot\text{g}^{-1}$$

假设过热量和蒸汽潜热恒定，可以估计蒸汽的流量：

$$m=\frac{25\times10^3}{3335-1412}=13.0\text{kg}\cdot\text{s}^{-1}$$

现在计算蒸汽轮机的模型参数：

$$a=a_1+a_2P_{in}+a_3P_{out}=1.880-2.9564\times10^{-4}\times101.01+4.6473\times10^{-3}\times21.01=1.2558$$

$$b=b_1+b_2P_{in}+b_3P_{out}=44.98+5.6702\times101.01-11.505\times21.01=781.01$$

$$c=c_1+c_2P_{in}+c_3P_{out}=0.20515-6.9517\times10^{-4}\times101.01+2.8446\times10^{-3}\times21.01=0.19470$$

下一步，确定等熵焓变 ΔH_{IS}。从蒸汽性质可知，入口蒸汽的熵为：

$$S_{SUP}=6.5432\text{kJ}\cdot\text{kg}^{-1}\cdot\text{K}^{-1}$$

由蒸汽性质可知，20barg 下蒸汽的焓为：

$$H_{SUP}=2912\text{kJ}\cdot\text{kg}^{-1}$$

因此：

$$\Delta H_{IS}=3335-2912=423\text{kJ}\cdot\text{kg}^{-1}$$

根据公式 23.22 计算最大流量下的汽轮机功率：

$$W_{max}=\frac{W_{IS,max}-b}{a}=\frac{m_{max}\Delta H_{IS}-b}{a}$$

$$=\frac{13\times423-781.01}{1.2558}$$

$$=3757\text{kW}$$

出口蒸汽焓可由能量平衡式 23.35 求出：

$$H_{out}=H_{in}-\frac{W}{\eta_{MECH}m}=3335-\frac{3757}{0.97\times13.0}=3037\text{kJ}\cdot\text{kg}^{-1}$$

修改蒸汽流量。根据 20bar(g)的蒸汽性质可知，$H_L=920\text{kJ}\cdot\text{kg}^{-1}$：

$$m=\frac{25\times10^3}{3335-920}=11.81\text{kg}\cdot\text{s}^{-1}$$

与原来估计的 $13.0\text{kg}\cdot\text{s}^{-1}$ 进行比较。用修改后的蒸汽流量重新计算：

$$W_{max}=3356\text{W}$$

$$H_{out}=3042\text{kJ}\cdot\text{kg}^{-1}$$

$$m=11.78\text{kg}\cdot\text{s}^{-1}$$

进一步迭代不会带来任何显著变化。根据公式 23.24 计算最大负荷时的汽轮机效率为：

$$\eta_{ST,max}=\frac{1}{a}\left(1-\frac{b}{m_{max}\Delta H_{IS}}\right)$$

$$=\frac{1}{1.2558}\left(1-\frac{781.01}{11.78\times423}\right)$$

$$=0.672$$

增加额外 20% 流量时汽轮机的容量：

$$m=1.2\times11.78\text{kg}\cdot\text{s}^{-1}$$

部分负荷性能可由公式 23.25 和 Willans 线预测。首先计算公式 23.28 和公式 23.29 的斜率和截距：

$$n=\frac{(1+c)}{a}\left(\Delta H_{IS}-\frac{b}{m_{max}}\right)$$

$$=\frac{(1+0.19470)}{1.2558}\left(423-\frac{781.01}{14.14}\right)$$

$$=349.9kJ\cdot kg^{-1}$$

$$W_{INT}=\frac{c}{a}(m_{max}\Delta H_{IS}-b)$$

$$=\frac{0.19470}{1.2558}(14.14\times423-781.01)$$

$$=806.2kW$$

根据公式 23.25：

$$W=nm-W_{INT}=349.9\times11.78-806.2=3315kW$$

出口蒸汽焓由能量平衡式 23.35 给出：

$$H_{out}=H_{in}-\frac{W}{\eta_{MECH}m}=3335-\frac{3315}{0.97\times11.78}$$

$$=3045kJ\cdot kg^{-1}$$

现在修正蒸汽流量：

$$m=\frac{25\times10^3}{3045-920}=11.76kg\cdot s^{-1}$$

因为在部分负荷下较大的汽轮机运行时产生的功率会稍微降低，这比设计的用来提供 20barg 下 25MW 热量的汽轮机最大负荷对应的流量略低。

23.5 配汽

如前所述，出于各种目的蒸汽分布在企业附近。当在蒸汽加热器、伴热和供暖装置中使用蒸汽时，应使蒸汽接近饱和。过热蒸汽通常不适合用于工艺加热，因为作为冷凝前降温至饱和的部分工艺的传热系数很差。而且，较高温度的过热蒸汽可能导致结垢或产品质量下降。如图 23.19 所示，在温度控制下，通过将蒸汽与锅炉给水混合，使蒸汽在进入蒸汽加热器之前，局部降温至饱和状态 3~5℃以内。

当在蒸汽加热器、伴热和供暖装置中使用蒸汽时，需要一些机制使冷凝液体离开换热装置，同时防止未冷凝的蒸汽离开。此外，蒸汽在配气管道中会发生冷凝，必须防止冷凝水积聚。蒸汽疏水阀是设计成冷凝水通过而不允许蒸汽通过的设备。因空气存在会导致传热系数的显著减小，所以排放启动前进入的空气也同样重要。用于过程工业的各种蒸汽疏水阀设计：

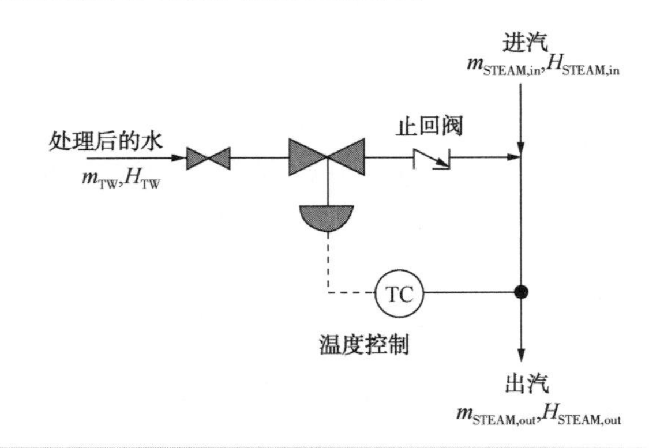

图 23.19 降温器

① 图 23.20a 为浮球式疏水阀的原理图。这种疏水阀通常用于过程设备。浮球式疏水阀通过蒸汽和冷凝水之间的密度差起作用。在图 23.20a 中，当冷凝水在蒸汽疏水阀内积聚时，浮力使浮球上升阀提升离开阀座，从而使冷凝液可以离开。图 23.20a 中的设计需要手动排气。更复杂的设计可以配有恒温通风口，允许初始空气通过，而疏水阀仍用于排除冷凝水。

② 图 23.20b 为倒吊桶式疏水阀的原理图。这种疏水阀也用于过程设备。倒吊桶通过杠杆连接阀门。倒吊桶顶部有一个小排气孔。冷凝水从桶的底部流出。任何进入疏水阀的蒸汽会使桶浮起，桶升高而关闭出口。疏水阀保持关闭，直到桶中的蒸汽冷凝或起泡通过通气孔。然后桶下沉，打开疏水阀。启动时空气进入疏水阀会使桶浮起而关闭阀门。空气可以从排气孔排出。

③ 盘式疏水阀如图 23.20 所示。启动时，进入的压力使盘升高，冷凝水和空气从盘下排到出口。当蒸汽进入疏水阀时，盘上的静压力迫使盘靠近阀座使其关闭。同时，以高速进入的蒸汽在盘的下方形成一个低压区域，也迫使其关闭。当冷凝水进入时，顶盘的压力降低，疏水阀开启。盘式疏水阀通常用于从主蒸汽管线排出冷凝水。

④ 波纹管式疏水阀如图 23.20d 所示。波纹管式疏水阀使用流体填充的热元件(波纹管)，通过热胀冷缩来工作。启动时，疏水阀是打开的，允许空气和冷凝水从系统中排出。当蒸汽进入疏水阀时，波纹管中的流体随温度的升高汽化并膨

胀，导致波纹管关闭阀门。进入疏水阀的冷凝液导致温度降低，波纹管中的流体凝结并收缩，导致波纹管打开阀门。这些疏水阀用于工艺设备、主蒸汽管线和伴随蒸汽。

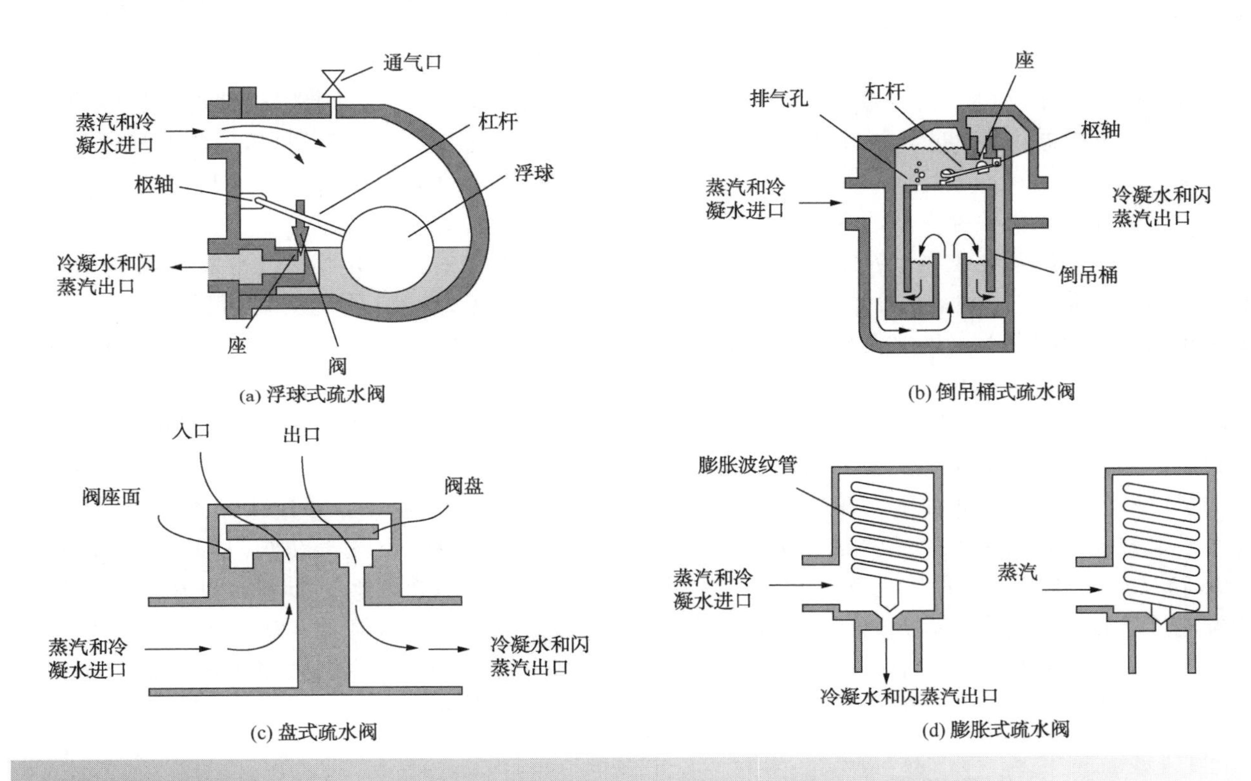

图 23.20　蒸汽疏水阀

有许多其他的疏水阀可供选择。当换热负荷大时，较好的方法是回收因冷凝水压力降低而闪蒸的蒸汽，如图 23.21 所示。蒸汽进入蒸汽加热器，而冷凝水(实际带有蒸汽)通过疏水阀。闪蒸发生在汽水混合物进入沉降器之前，使闪蒸蒸汽与冷凝水分离。然后将蒸汽以适当压力送入蒸汽总管。

应尽可能回收蒸汽冷凝水并送回锅炉给水的除氧器中。如果存在污染的风险，冷凝水送回锅炉前可能需要通过给水处理进行改善，然后再除氧。蒸汽加热器、蒸汽伴热和供暖装置的蒸汽冷凝水通常送回到除氧器。对于蒸汽喷射器系统，如图 13.17 所示，在大多数情况下热井中收集的冷凝液污染太严重，不能直接送回到除氧器。冷凝水经处理后排放或处理后重复利用(但不一定作为锅炉给水)。注入精馏操作中的蒸汽最终被冷凝，但是冷凝水被高度污染，需要处理后排放或重复利用(但一定作为锅炉给水)。类似地，在

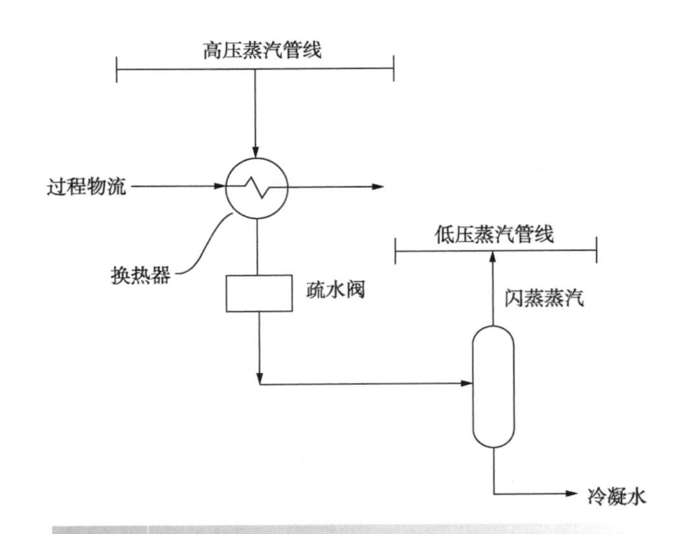

图 23.21　闪蒸蒸汽回收

反应器中所用稀释蒸汽并在该过程中回收得到的冷凝水，污染程度很高而不能直接再利用作为锅炉给水。在某些情况下，反应器稀释蒸汽是过程

中的换热器内而非在蒸汽锅炉(例如从热回收)中产生的，送入反应器的反应器稀释蒸汽及其冷凝水在闭环中直接循环利用。这种情况是可行的，原因是稀释蒸汽被过程组分污染并不会在反应器中引起问题。用于燃烧、燃油雾化、燃烧过程中NO_x减少、反应器除焦和吹灰操作的所有蒸汽都将损失。

由于企业中有各种各样的蒸汽用户，配汽系统是必要的。蒸汽总管或集水管以不同的压力将蒸汽分布在企业周围。蒸汽总管的数量及其压力取决于各种过程需求以及集中式或局部发生动力的需求。图23.22显示了典型的蒸汽分配系统示意图。原料水经过处理后，进入蒸汽锅炉，燃烧燃料以产生高压(HP)蒸汽。图23.22显示了典型的蒸汽系统的特点。通常蒸汽系统至少有三级蒸汽。大型企业也可能在非常高的压力(通常为100bar)下产生蒸汽，这只用在锅炉房的汽轮机中发电。然后，蒸汽将进行分配，大型企业通常有三个压力等级的蒸汽。在小型企业，可能只有一个压力等级的蒸汽可供分配。背压式汽轮机通过产生动力使得蒸汽从高压管线流向低压管线。凝汽式汽轮机产生额外动力。在最高入口压力下运行冷凝式汽轮机可以最大限度地发电。图23.22中的系统表示出中压和低压蒸汽管线的闪蒸蒸汽回收。此外，如图23.22所示，锅炉排污水闪蒸，对闪蒸蒸汽进行回收，闪蒸液用于预热锅炉给水，最终排到污水中。闪蒸蒸汽回收是否有价值是规模经济问题。

图23.22还示出了蒸汽总管线之间的减压站，通过压力控制系统控制总管线压力。减压站中的流量应较低。否则，就应选择通过蒸汽轮机发电来减压。然而，减压站中的零流量是不可取的。应该选择的是有一定流量(通常为每小时几吨)，来控制并避免管道中发生冷凝。在某些情况下，减压站也有减热器，如图23.22所示。绝热条件下蒸汽在阀门中从高压向低压减压时，过热量增加。如果通过在温度控制下注入锅炉给水实现降温，锅炉给水会发生蒸发并减少过热。确定蒸汽管线中过热需求量由两个重要因素决定。

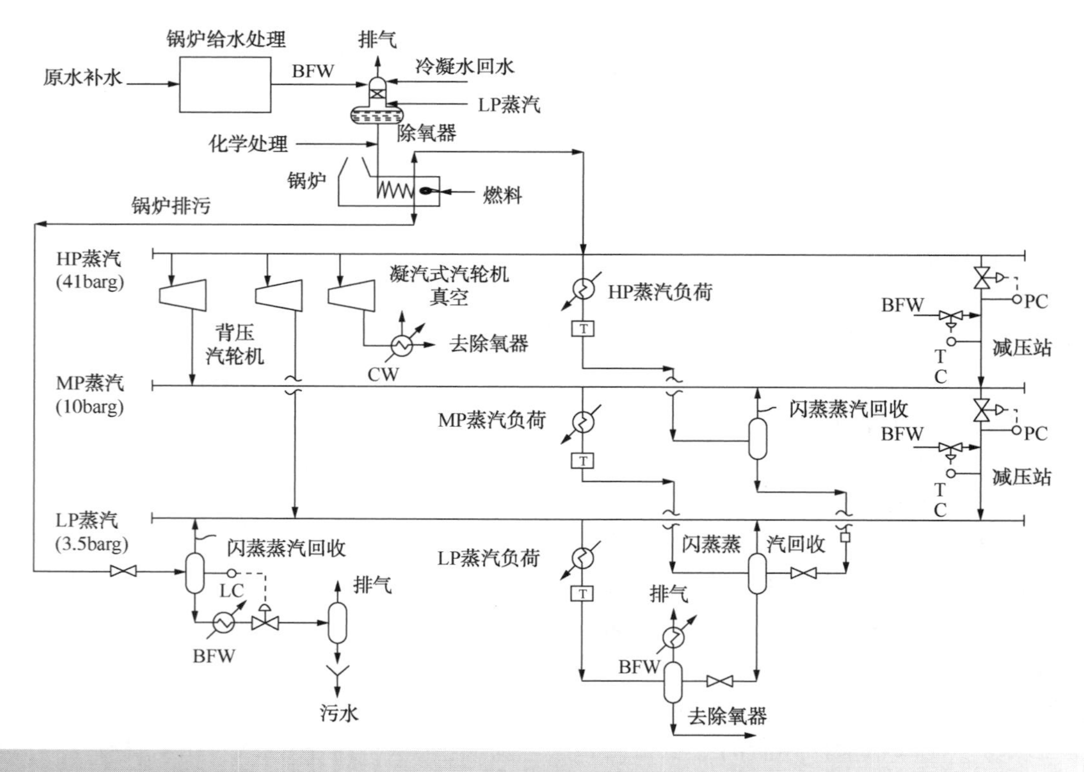

图23.22　典型配汽系统特点

① 蒸汽最有效的加热方式是利用冷凝潜热来加热，而不是冷凝之前的降温。因此，蒸汽加热器的设计不考虑过热部分。但在蒸汽管线中没有过热将导致蒸汽过度冷凝。蒸汽管线中至少需要10~20℃的过热，以避免过度冷凝。

② 蒸汽除了加热外，还可以通过汽轮机膨胀做功。汽轮机可集中发电，再分配给企业的电机，也可以使用汽轮机直接驱动设备。汽轮机中的蒸汽膨胀使压力降低，也减少了过热。如果入口蒸汽没有足够的过热，则汽轮机中可能发生冷凝。虽然少量冷凝是可以接受的，但过度的冷凝可能会损坏设备。而且如果将蒸汽排放到蒸汽管线，则汽轮机出口蒸汽需要一定的过热度，以使低压蒸汽管线出口保持一定的过热。

考虑图 23. 23a 中的简单汽轮机级联，除了公用工程锅炉和汽轮机外，没有其他蒸汽输入蒸汽管线。蒸汽管线压力和最终蒸汽真空度是定值，所有级联汽轮机的等熵效率也已给定，一旦指定了公用工程锅炉中产生蒸汽的温度，则所有的蒸汽管线的温度就确定了。这取决于等熵效率的定义。超高压蒸汽的温度和压力确定了它的焓值。指定 $\eta_{IS,VHP-HP}$，就确定了高压蒸汽的焓值，由于高压蒸汽压力一定，所以它的温度也是确定的。以此类推，级联中所有较低压力蒸汽管线的条件也能确定。通过汽轮机级联时，蒸汽的过热度减少。蒸汽过热度最小的蒸汽管线是低压管线，应至少有 10~20℃的过热。另外，如果是图 23. 23a 所示的凝汽发电，则过热度会进一步降低到开始冷凝的位置。当蒸汽湿度超过 12%，或者在某些情况下略高时，会导致蒸汽轮机叶片损坏。因此，如果低压管线中没有足够的过热度或负压蒸汽的湿度过大，则在图 23. 23a 中，增加低压蒸汽过热或降低负压蒸汽湿度的唯一方法是增加公用工程超高压蒸汽的温度。但管道和汽轮机的材质限制了超高压蒸汽的最高温度。根据设备设计，汽轮机最高入口温度通常为 500 ~ 585℃。如果温度满足最小过热度和最大真空压力湿度约束时，其值大于温度最高值（例如 550℃），那么满足约束条件同时将温度保持在 550℃以下的一种方法是，允许一些蒸汽通过减压站在蒸汽管道间流动，如图 23. 23b 所示。蒸汽通过阀门膨胀时，由于没有能量被提取，所以到较低压力时过热度增大。因此，在图 23. 23b 中，蒸汽在汽轮机中流动的同时，还并行地通过减压站级联，以满足所有的约束条件。然而，减压站中的所有流量都应该最小化，因为这代表失去了在汽轮机中做功的机会。实际上，还会有副产的蒸汽流入各种蒸汽管线，这也会影响蒸汽管线的过热度。在确定整体目标时对以下部分需要进行更详细的检查。

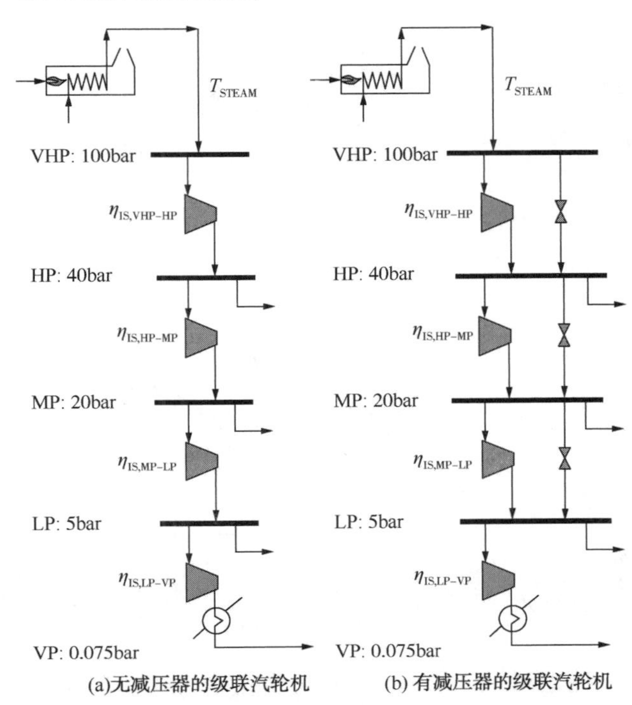

图 23. 23　简单的级联汽轮机

使用蒸汽加热时一般优先使用低压蒸汽，而非高压蒸汽。使用低压蒸汽进行加热：

- 汽轮机使用高压蒸汽做功；
- 为蒸汽加热器中的蒸汽提供更高的潜热；
- 由于压力较低使得换热投资设备成本更低。

应该注意的是，在配汽系统中会有大量的热损失，通常可达到锅炉燃料燃烧产生热量的 10%。

23. 6　全局复合曲线

正如有必要为个别过程制定能量目标，那么也有必要为全局制定能量目标。这需要全局的热力学分析来绘制全局复合曲线。全局复合曲线提供了全局的温焓图，类似于第 17 章中各个过程的温焓图。有两种方法可以绘制该曲线。第一种方法涉及新设计。

对于新设计，将从全局每个过程的总复合曲线开始，并将它们结合在一起，以获得全局公用工程系统的曲线(Dhole and Linnhoff，1992)。如图 23.24 所示，使用第 17 章中获得复合曲线的步骤，将两个过程总复合曲线中的热阱线和热源线结合起来，获得全局热复合曲线和全局冷复合曲线。当物流之间存在温度重叠时，将其温度间隔内的热负荷复合起来。

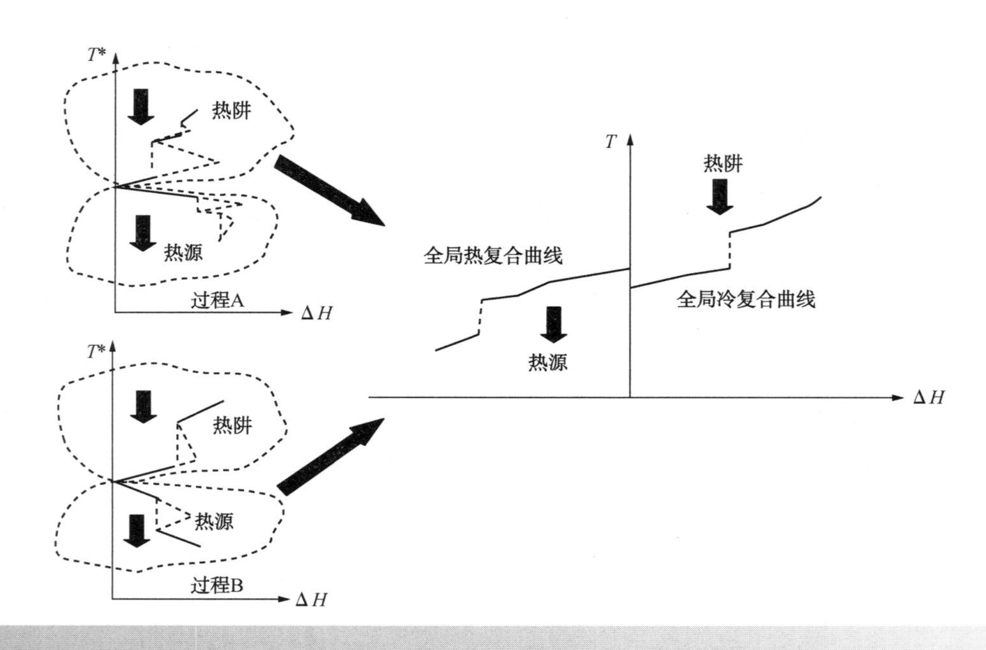

图 23.24　新设计的全局复合曲线可从各过程的总复合曲线产生

在图 23.24 中，全局分析没有考虑总复合曲线上口袋热量的回收。假设这部分热量已在该过程内回收(见第 17 章)。将剩余的热阱线和热源线组合以获得全局复合曲线(Dhole and Linnhoff，1992)。在一个过程中，通常忽略口袋过程的附加热回收，但一些过程要求包含口袋内的信息。图 23.25 是一个典型的强放热化学反应过程的总复合曲线。由于反应放热，总复合曲线仅包含冷却曲线，没有加热需求。有一个大口袋可用于额外的热回收，这在图 23.25 中没有忽略。口袋内的温度使得口袋内可以产生高压蒸汽。如图 23.25 所示，口袋内产生高压蒸汽，而这部分蒸汽的热量原本用来满足冷却要求。这打破了口袋内的能量平衡。为了补偿，可以使用低压蒸汽提供口袋内所需的热量。实际上，以图 23.25 所示的方式利用口袋，如果使用高低压蒸汽的组合，且高低压蒸汽之间有显著价格差异，则这种方法可能是经济的。因此，在这种情况下，从总复合曲线中提取数据应包括口袋部分的曲线，如图 23.25 所示。但是，应该在何时利用这些机会？当口袋两端的温差跨越两个蒸汽等级时就会发生这种情况。如果口袋没有跨越两个蒸汽级别，那么口袋就应该被忽略，如图 23.24 所示。此外，

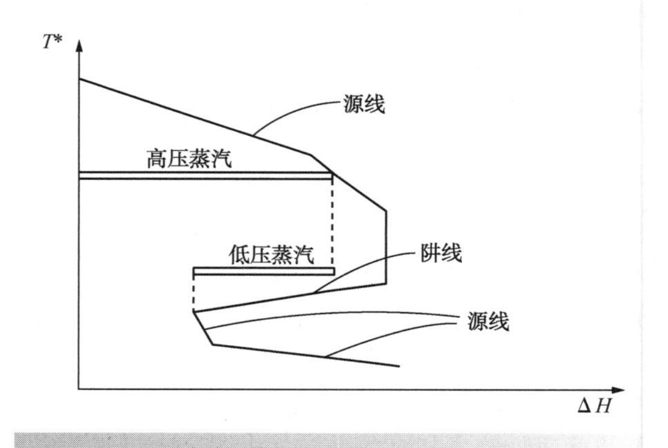

图 23.25　有时总复合曲线口袋的细节应包括在全局线中

即使口袋的温度范围很大，口袋内的热量也必须足够大，引入额外等级的蒸汽到该过程中才是合理的。

另外需要注意的一点是全局复合曲线的构造。在构造总复合曲线时，对温度进行了变动。如果原来的冷热流股温度变动 $\Delta T_{min}/2$ 以获得总复合曲线，那么全局复合曲线需要额外的 $\Delta T_{min}/2$ 的变动量获得 ΔT_{min} 的总变动温度，如图 23.26 所示(Raissi，1994)。如果不同过程的 ΔT_{min} 值不同，则在合成全局复合曲线之前，需给出每个总复合曲线的 ΔT_{min} 数据。而且如第 17 章所述，在单个过程构造总复合曲线时，不同的流股可能具有不同的 ΔT_{min}。最终每个流股必须变动 ΔT_{min}，再构造全局复合曲线。

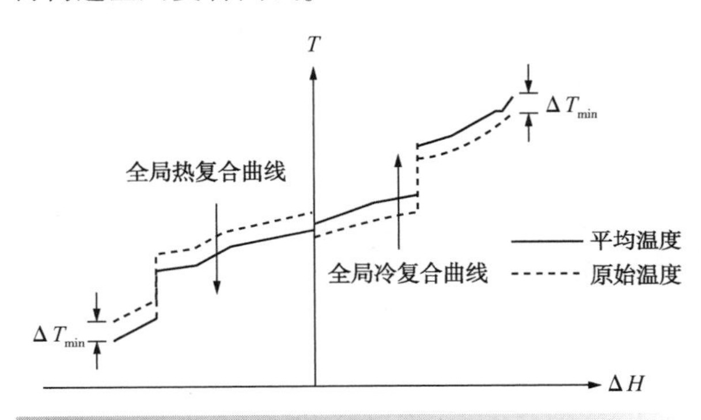

图 23.26　全局复合曲线需要温度变动 ΔT_{min}

构造全局复合曲线的另一种方法更多地与改造的情况有关。在改造情况下，工厂及其热回收系统已经存在。热回收可能已经最大化，并且与由复合曲线和问题表格法设定的目标一致(见第 17 章)。如果是这种情况，那么总复合曲线将准确地反映公用工程需求。但在改造中，热回收可能没有达到其最大值。因此，在改造情况下，总复合曲线不一定能给出公用工程需求的准确信息，因为它是在假定最大热回收下得到的。如果假设现有的热回收量是一定的(无论是否达到最大化)，则可以利用全局各个公用工程换热器的过程物流负荷构建全局曲线。利用每个公用工程换热器中过程流股的温焓线，以第 17 章中给出的构造复合曲线完全相同的方式构建全局复合曲线。因此，构建全局复合曲线的这种方法接受了每个过程中现有的热回收系统。同样地，需要在全局复合曲线中对温度进行变动。如图 23.26 所示，各个过程物流的温度根据其 ΔT_{min} 变动。相比基于总复合曲线的方法，这种方法的另一个优点是构造全局复合曲线所用的数据较少。构建一个过程的总复合曲线，需要收集过程中所有热源和热阱的数据，而这种方法仅需要收集公用工程换热器的数据。

按照这些步骤，可以构造出全局复合曲线，从而刻画出全局加热和冷却需求的温焓特性(Dhole and Linnhoff，1992)。例如，表 23.4 显示了包含五个过程的数据。蒸汽在非常高的压力下产生并以三个压力等级进行分配；对于所有过程，ΔT_{min} 均为 10℃ (Sun，Doyle and Smith，2015a)。

表 23.4　全局过程物流数据(Sun，Doyle and Smith，2015a)

过程 A					过程 B				
物流	T_S/℃	T_T/℃	ΔH/MW	CP/MW·K^{-1}	物流	T_S/℃	T_T/℃	ΔH/MW	CP/MW·K^{-1}
1	300	280	30	1.5	1	270	260	10	1
2	148	135	10	0.769231	2	260	241	10	0.5263
3	135	110	20	0.8	3	241	240	20	20
4	110	100	10	1	4	240	220	10	0.5
					5	220	200	5	0.25
					6	200	150	5	0.1
					7	150	135	10	0.6667
					8	135	90	10	0.2222

续表

过程 C					过程 D				
物流	T_S/℃	T_T/℃	ΔH/MW	CP/MW·K^{-1}	物流	T_S/℃	T_T/℃	ΔH/MW	CP/MW·K^{-1}
1	169	174	10	2	1	209	210	20	20
2	168	169	10	10	2	149	150	20	20
3	159	168	10	1.1111	3	104	105	30	30
4	179	160	5	0.2632	4	119	118	20	20
5	160	150	15	1.5	5	101	100	30	30
6	150	135	5	0.3333	6	95	94	20	20
7	135	90	5	0.1111					
8	90	85	8	1.6					
9	85	84	12	12					
过程 E					蒸汽和公用工程数据				
物流	T_S/℃	T_T/℃	ΔH/MW	CP/MW·K^{-1}	管道	T_S/℃	T_T/℃	T_{SAT}/℃	压力/bar
1	235	237	5.7143	2.8571	VHP	111	550	310.9	100
2	230	235	16.1039	3.2208	HP	105	270	250.3	40
3	180	230	18.1818	0.3636	MP	105	232	212.4	20
4	160	180	30	1.5	LP	105	172	157.8	5
5	110	160	20	0.4	CW	20	30		
6	95	110	5	0.3333					
7	90	95	25	5					
8	110	90	40	2					
9	90	80	20	2					

图 23.27 为在变动 ΔT_{min} 之后各个过程单独的复合曲线。图 23.28 为组合了每个过程的复合曲线，给出了全局冷、热复合曲线，采用的方法与第 17 章中构造过程复合曲线的方法相同。图 23.29a 为与全局复合曲线匹配的发生蒸汽和使用蒸汽的曲线。为了清楚起见，目前图 23.29a 中只包含发生和使用蒸汽的潜热部分。随后，将考虑复杂的锅炉给水预热、蒸汽过热、蒸汽减温和冷凝水冷却等复杂情况。应当注意，与单个工艺的复合曲线相比，全局复合曲线之间不能直接进行热回收。全局分析中的所有加热、冷却和回收仅通过公用工程系统进行。图 23.29a 是蒸汽产生和蒸汽使用与全局复合曲线之间的理想匹配。全局冷却目标的设定，从最高温度的冷公用工程开始，在本例中是产生高压(HP)蒸汽。这与全局热复合曲线匹配并最大化。第二级高温度的冷公用工程产生中压(MP)蒸汽，现在已经最大化了。下一级最高温度的冷公用工程产生低压(LP)蒸汽，现已最大化。剩余的冷公用工程通过冷却水来完成。为了设定蒸汽使用目标，最低温度的加热公用工程首先最大化。在本例中，最低温度的加热公用工程使用低压蒸汽。在低压蒸汽使用最大化的情况下，下一级最低温度加热公用工程最大化，在本例中使用中压蒸汽。剩余的高温加热由高压蒸汽完成。

应该注意的是，在图 23.29a 中，蒸汽以实际温度表示，当蒸汽线与全局复合曲线相交时，意味着蒸汽和工艺之间存在 ΔT_{min}，这是由于构建全局复合曲线时 ΔT 的变动造成的。这类似于第 17 章中讨论的公用工程曲线和总复合曲线之间的匹配。实际上，全局热复合曲线构造中的流股比实际温度高出 ΔT_{min}，而全局冷复合曲线中的流股比实际温度低出 ΔT_{min}。蒸汽线以其实际温度绘制。

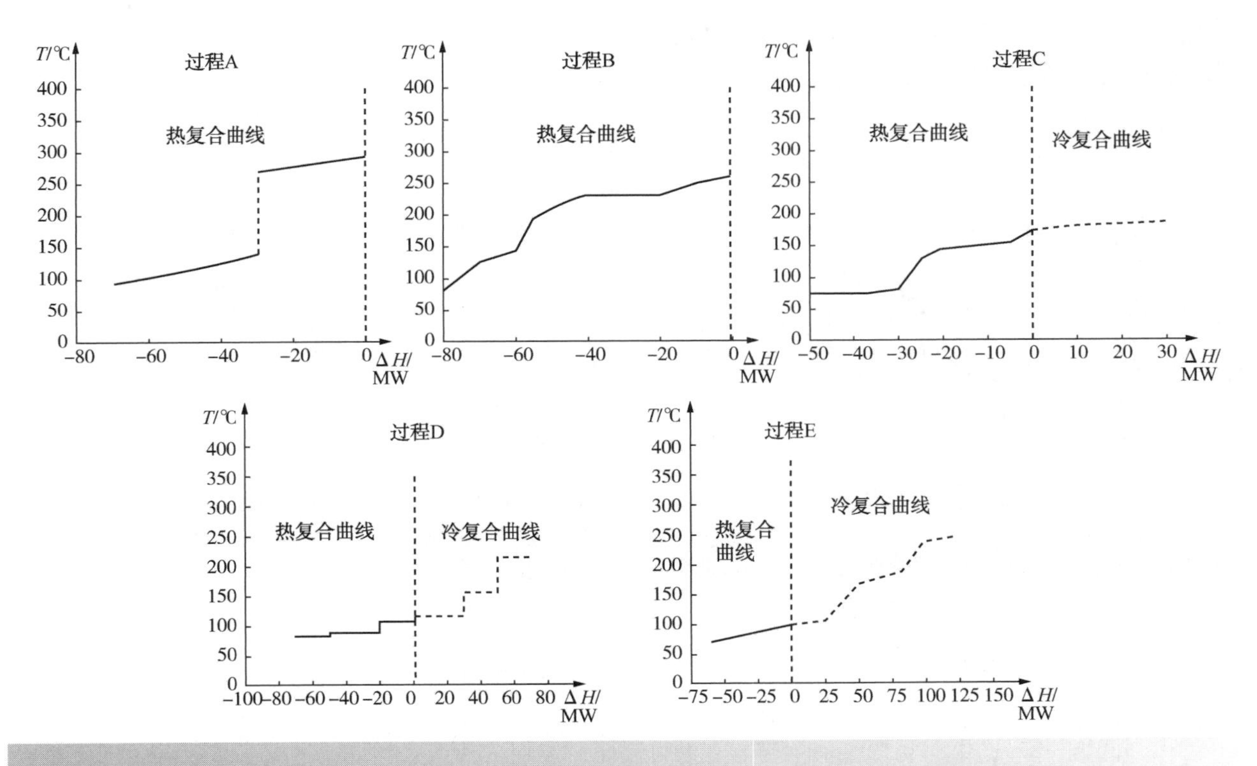

图 23.27　五个过程 ΔT_{min} 变动后各自的复合曲线

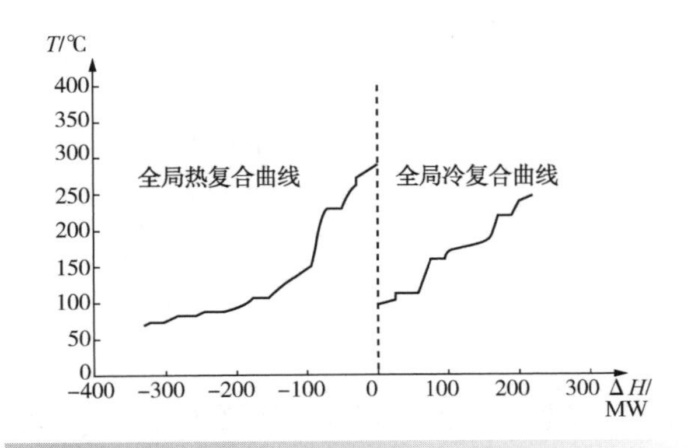

图 23.28　由各过程复合曲线复合得到的全局复合曲线

图 23.29b 显示了全局复合曲线，但现在考虑改造问题。这时，各级蒸汽的热负荷已经固定为现有的热负荷(Dhole and Linnhoff，1992)。全局复合曲线和蒸汽线之间存在不匹配的现象。在图 23.29b 的例子中，蒸汽的使用与全局热复合曲线按目标值匹配。然而，蒸汽使用与全局冷复合曲线的匹配性较差。在图 23.29b 中，低压蒸汽负荷应提高，中压蒸汽负荷也应提高，而高压蒸汽负荷应降低。最终，这种不匹配的后果是丧失了汽轮机热电联产的机会。更多地使用低压蒸汽进行加热，能够使更多的高压蒸汽膨胀到低压，汽轮机从而可以产生更多动力。图 23.29b 显示了全局复合曲线，但现在考虑更新情况。这时，各级蒸汽的热负荷已经固定为现有的热负荷(Dhole and Linnhoff，1992)。全局复合曲线和蒸汽线之间存在不匹配的现象。在图 23.29b 的例子中，蒸汽发生与全局热复合曲线的目标值匹配。然而，蒸汽使用与全局冷复合曲线的匹配性较差。在图 23.29b 中，低压蒸汽负荷应提高，中压蒸汽负荷也应提高，而高压蒸汽负荷应降低。最终，这种不匹配的后果是丧失了汽轮机热电联产的机会。更多地使用低压蒸汽进行加热，能够使更多的高压蒸汽膨胀到低压，汽轮机从而可以产生更多动力。

虽然图 23.29 有助于设定蒸汽生成和蒸汽使用目标，并识别改造中错失的机会，但通过蒸汽系统回收余热的问题尚未得到解决。图 23.30a 显示了全局中同时发生和使用高、中、低压蒸汽的情况。由余热产生的蒸汽不需要从公用工程蒸汽锅炉中燃烧燃料产生。由过程产生的蒸汽被送入蒸汽管线，随后由全局中的其他过程使用，如图 23.30b 所示。过程之间通过蒸汽系统的热回收需要包括在全局目标中。

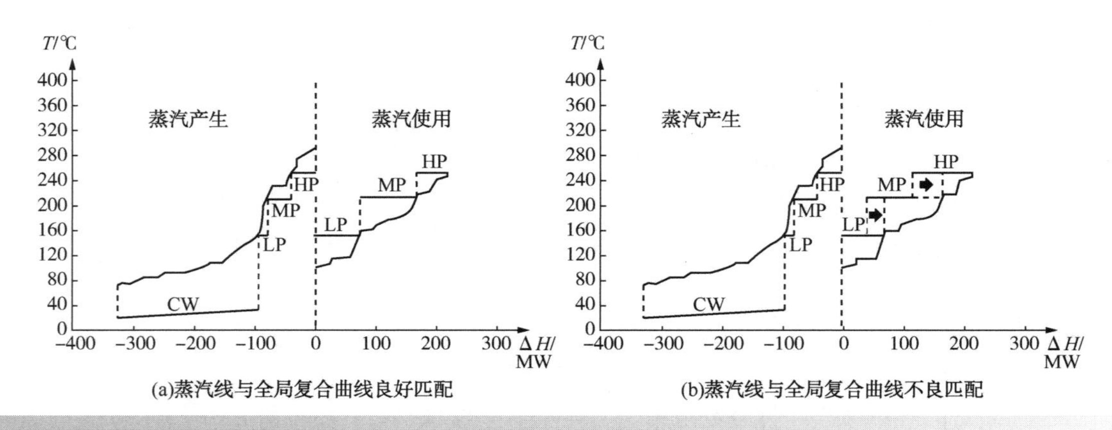

图 23.29 蒸汽产生与全局热复合曲线匹配，蒸汽使用与全局冷复合曲线匹配

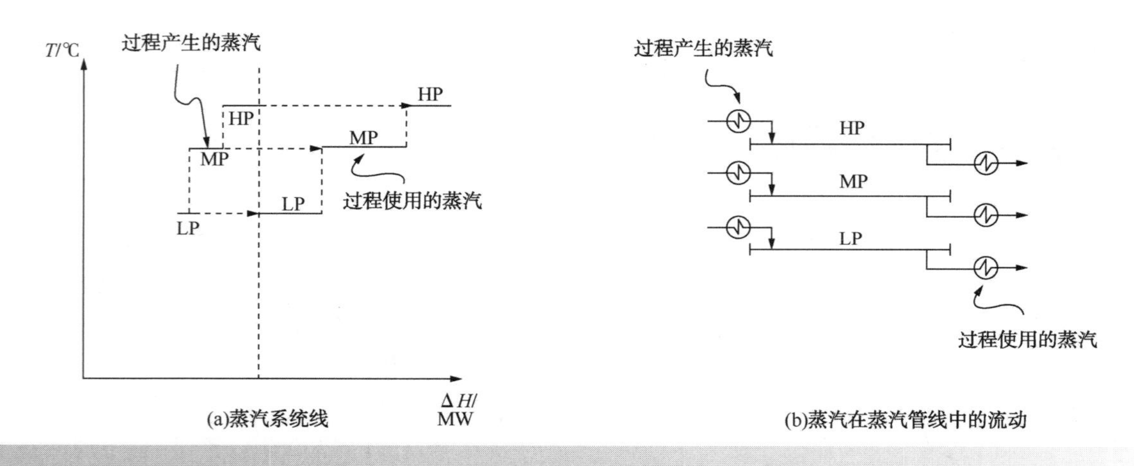

图 23.30 通过蒸汽系统的全局热回收

图 23.31a 显示了全局复合曲线之间没有重叠的情况。如果发生这种情况，则全局热复合曲线产生的高压、中压和低压蒸汽均须放空，而且全局冷复合曲线使用的高压、中压和低压蒸汽将需要由公用工程超高压蒸汽减压提供。实际上绝不会这样排放蒸汽。然而，为了获得整体情况，需要考虑热回收产生的动力，这将在下一节中讨论。图 23.31b 说明了如何根据蒸汽曲线的重叠部分来确定全局的热回收目标。图 23.31b 显示了蒸汽曲线之间的重叠区域，可作为通过蒸汽系统全局热回收的量度（Raissi，1994；Klemes，et al.，1997）。对于图 23.31b 中的设置，全局复合曲线中发生的部分中压蒸汽和所有低压蒸汽仍然需要放空。同样实际上不会这样操作，在下一节将考虑产生动力的影响。全局复合曲线的部分中压蒸汽和所有低压蒸汽需要从公用工程超高压蒸汽减压提供。蒸汽线之间的重叠量是设计者可用的自由度。

图 23.32 显示，增加全局复合曲线之间的热回收减少了必须由公用工程锅炉产生的蒸汽量，并减少全局排热量。换句话说，增加的热回收量能减少系统从公用工程蒸汽发生到最终冷却的热通量，反之亦然。如果全局蒸汽曲线之间的重叠最大化，如图 23.32b 所示，就可以最大限度地

减少公用工程锅炉产生的蒸汽和全局的排热。此限制是由全局夹点（Raissi，1994；Klemes，et al.，1997）确定的。图 23.33 显示了全局夹点的总体意义，将全局分割成位于夹点之上的热阱以及位于夹点之下的热源。这与将单个过程分为两个部分的过程夹点类似，如第 17 章所述。

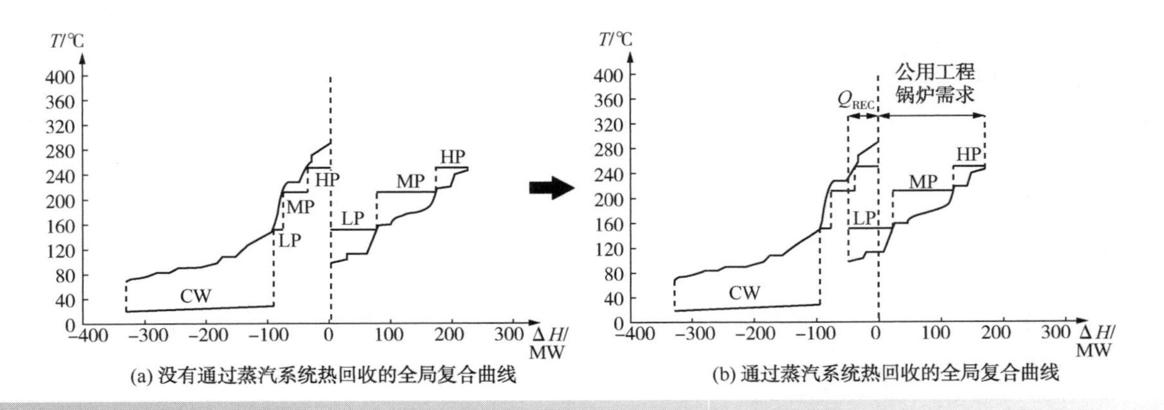

(a) 没有通过蒸汽系统热回收的全局复合曲线　(b) 通过蒸汽系统热回收的全局复合曲线

图 23.31　全局复合曲线的重叠部分为通过蒸汽系统的热回收潜力

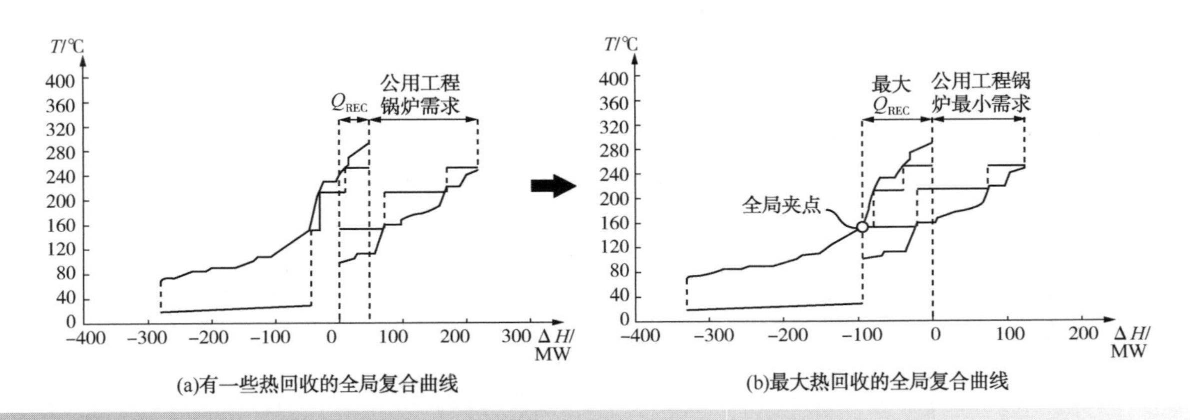

(a)有一些热回收的全局复合曲线　(b)最大热回收的全局复合曲线

图 23.32　最大化重叠使公用工程锅炉需求最小化

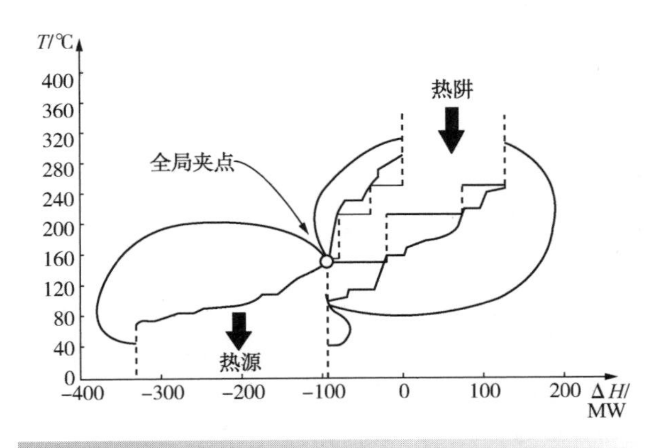

图 23.33　重叠最大化导致出现全局夹点，将其分为热换热器和热源(类似单独过程夹点)

到目前为止，蒸汽线还有一些问题没有解决：

1）锅炉给水预热。供给锅炉给水在除氧温度下产生蒸汽，这低于饱和温度。蒸发前的锅炉给水预热可以通过全局热复合曲线回收的热量来实现。

2）蒸汽过热。过程副产的蒸汽进入蒸汽管线应为过热，这也可以通过全局热复合曲线的热回收来进行。

3）蒸汽降温。供给蒸汽加热器的蒸汽如果过热，会导致传热系数降低，直到达到饱和条件。蒸汽加热器的设计是优先使用饱和蒸汽。给过热蒸汽降温时，通常在温度控制下将来自除氧器的锅炉给水注入到蒸汽中，通常其温度过热在10℃以内。该法优点是可以使用较小且更便宜的换热器，在某些情况下对热敏性过程流体的影响较小。但对于相同的过程加热负荷，蒸汽的质量流量增加，需要额外的锅炉燃料来补偿降温。

4）冷凝热回收。蒸汽在过程蒸汽加热器中冷凝后，可以从冷凝水中回收额外的热量，然后冷凝水返回锅炉。这样对传热设备的设计产生不利条件，即降低了总传热系数。但这使冷凝水系统中能量损失较少，这可能会减少锅炉燃料用量。

这些方案需要包含在目标中，以便对不同方案的利弊进行筛选。图 23.34 说明了如何做到这一点。图 23.34a 给出了一个示例，其中两个蒸汽发生曲线，每个都有锅炉给水预热和蒸汽过热。图 23.34b 显示了如何组合这两个曲线以产生蒸汽复合曲线，其方法与构造过程物流复合曲线的方法相同。按照图 23.34 所示的方法，蒸汽曲线中包含了所有附加特征。图 23.35a 显示了全局热复合曲线以及相匹配的蒸汽复合曲线，其中包括锅炉给水预热、蒸汽蒸发和过热，以及与全局冷复合曲线匹配的复合蒸汽曲线，其中包括蒸汽过热、冷凝水冷凝和冷却。图 23.35b 显示了全局复合曲线之间的最大化重叠部分，以获得全局夹点，并最大限度地减少对公用工程锅炉的需求（Sun，Doyle and Smith，2015a）。

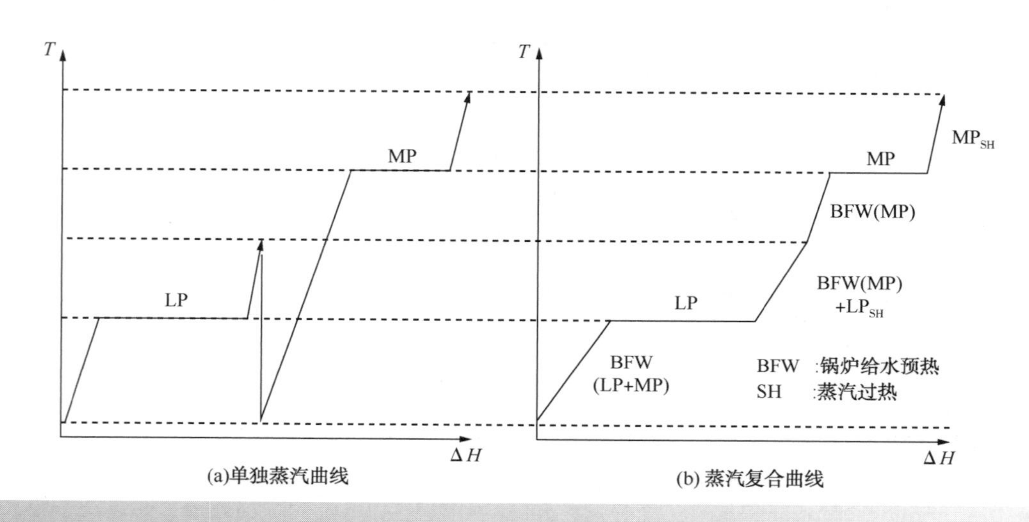

图 23.34 在构造蒸汽负荷曲线时包括锅炉给水预热（或冷却）或蒸汽过热（或降温）

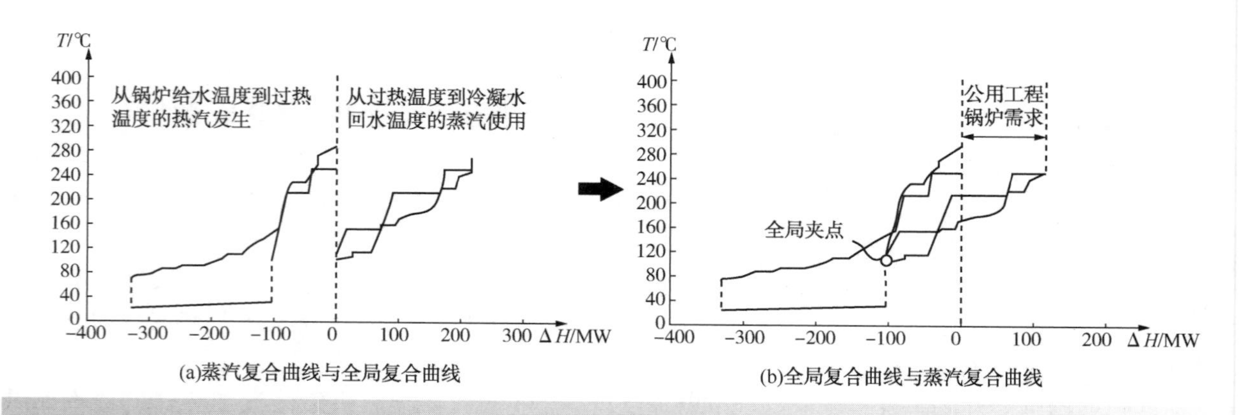

图 23.35 全局复合曲线包括锅炉给水预热、蒸汽过热、过热蒸汽使用和冷凝水冷却

在图 23.35 中，假定蒸汽产生和使用的过热是相同的。产生过热是传热设备的设计问题，原

则上可以设计为任何程度的过热。另一方面，使用的蒸汽都将从适当的蒸汽管线中抽出，无论管线中有怎样的过热。蒸汽管线中的温度是以下因素的函数：过程蒸汽产生的过热温度、公用工程蒸汽的温度，不同压力蒸汽管线之间汽轮机膨胀的效率、不同压力蒸汽管线之间过减压器和减温器的蒸汽流量。因此，实际中蒸汽使用的过热温度不像蒸汽生成那样可以直接控制。

图 23.36 是与全局冷复合曲线匹配的蒸汽使用曲线的各种方案的比较。另一种方案如图 23.37 所示，其特征是蒸汽使用曲线中的闪蒸蒸汽回收与冷复合曲线相匹配。作为一个例子，图 23.38 给出了全局复合曲线，包括锅炉给水预热、蒸汽过热、蒸汽在使用前降温至饱和等过程，不包括冷凝水冷却。另一个例子如图 23.39 所示，包括锅炉给水预热、蒸汽过热、蒸汽使用前降温至饱和以及冷凝水冷却等过程（Sun，Doyle and Smith，2015a）。

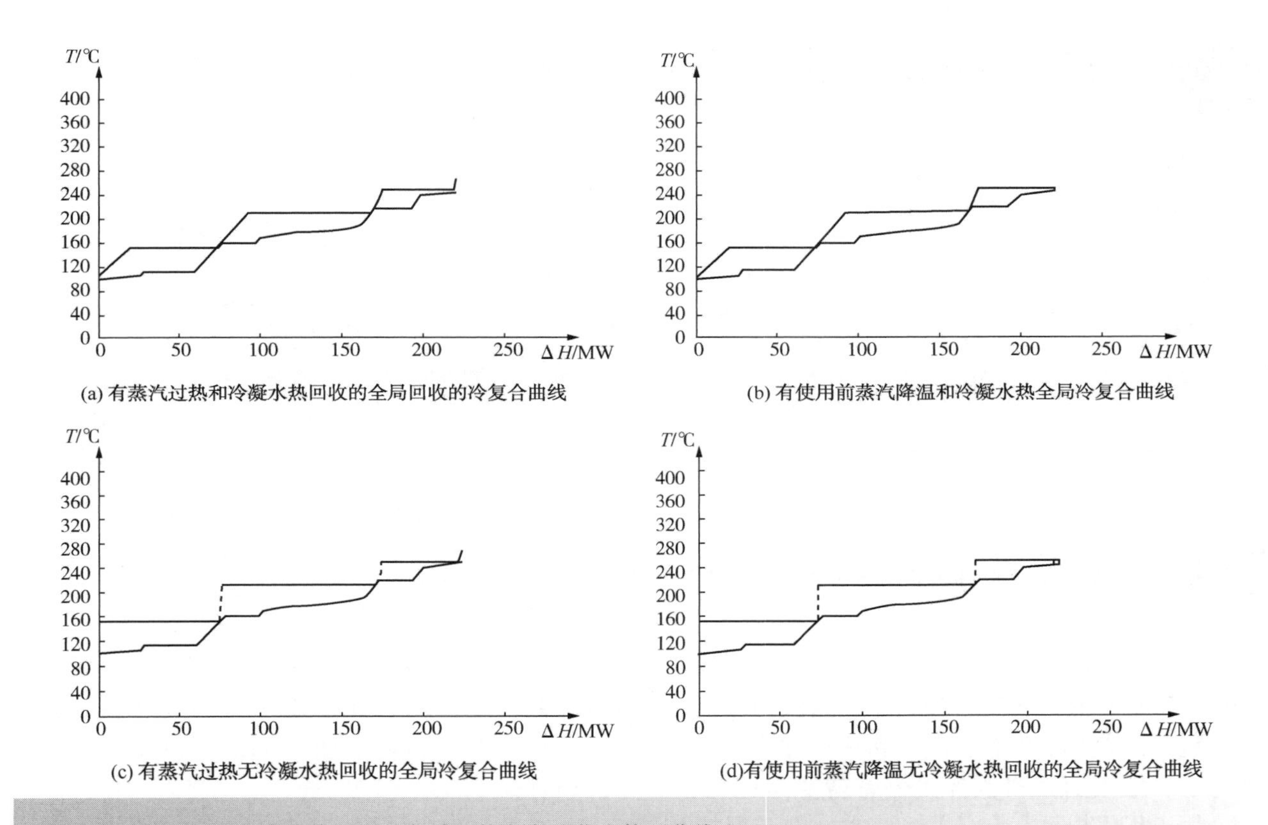

图 23.36　与全局冷复合曲线匹配的各种可能方案的蒸汽使用曲线

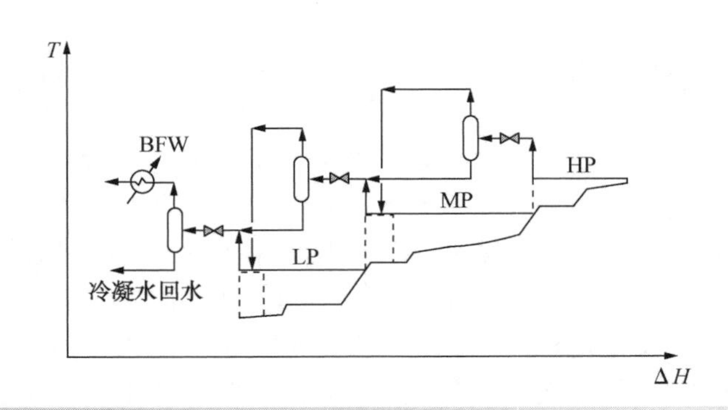

图 23.37　有闪蒸蒸汽回收的全局冷复合曲线

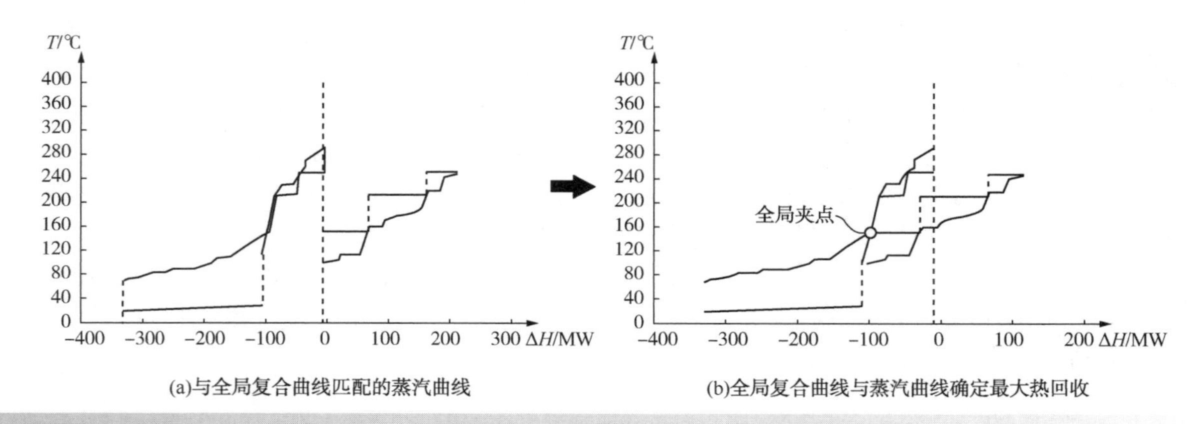

图 23.38 全局复合曲线，包括锅炉给水预热、蒸汽过热、蒸汽在使用前降温，不包括冷凝水冷却

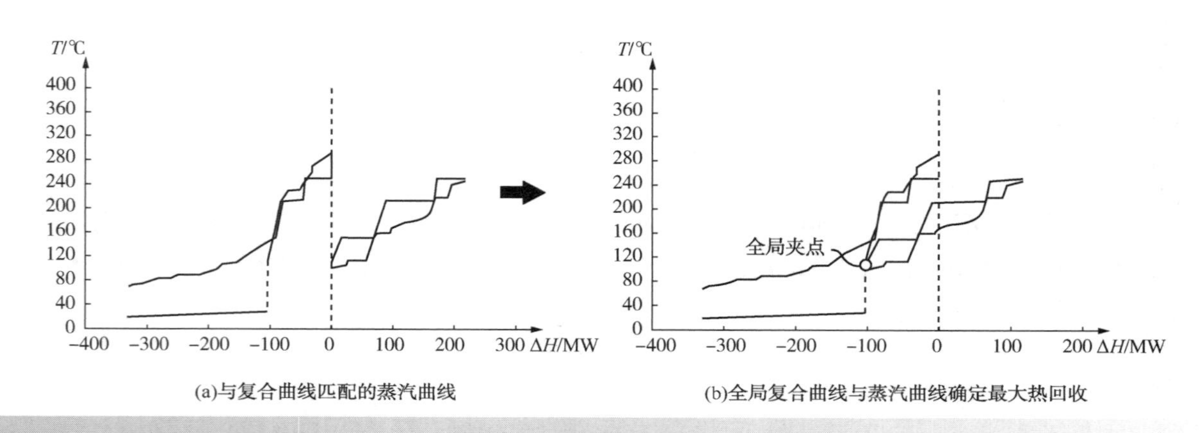

图 23.39 全局复合曲线，锅炉给水预热、蒸汽过热、蒸汽使用前降温及冷凝水冷却

现在，还没有讨论到的目标确定的重要特征是公用工程蒸汽的发生。公用工程蒸汽的发生原则上包括锅炉给水预热、蒸发和蒸汽过热。这需要将锅炉烟气剖面图包含在全局热复合曲线中。但公用工程锅炉具有自己的省煤器，通常保持系统独立，不与全局进行热量集成。虽然通常情况下是这样，但原则上可以探讨热集成方案。

尽管迄今为止提出的目标在热力学上是可行的，但由于设计的复杂性，在实践中可能难以实现。考虑图 23.39 所示的全局复合曲线，许多不同的过程整合到一起构成全局热复合曲线。锅炉给水从全局热复合曲线回收热量，这可能要求锅炉给水在多个过程中循环，以达到图 23.39 中的温度。同样地，蒸汽的过热可能也要求蒸汽在许多过程中循环以达到图 23.39 中的温度。这种蒸汽的循环比锅炉给水的循环问题更大。相同的论断也适用于与全局冷复合曲线相匹配的冷凝水冷却，如图 23.39 所示。因此，尽管图 23.39 中的目标在热力学上可行的，但它们在设计上可能带来非常不期望的复杂性(Sun，Doyle and Smith，2015a)。

通过分解全局数据可以解决这个问题(Sun，Doyle and Smith，2015a)。图 23.40 再次展示了全局各个过程变动 ΔT_{min} 后的热冷复合曲线。同样在图 23.40 中，蒸汽曲线目标已经与各个过程相匹配。图 23.41a 是组合各个过程的蒸汽曲线所得的全局蒸汽曲线。图 23.41b 为相同的曲线，但通过重叠使得蒸汽系统的热回收最大化以及公用工程锅炉需求最小化。应该注意的是，图 23.41 中的能量目标不需要通过各种过程中的热回收与锅炉给水、蒸汽或冷凝水匹配来实现。图 23.41 所示的目标是基于全局的分解目标。因为数据已被分解，所以图 23.41 所示的蒸汽曲线不再与全局复合曲线相匹配。因此，图 23.41 中并未显示全局复合曲线。图 23.41 中的分解方法设定的目标(对于锅炉给水预热、蒸汽过热和使用前蒸汽降温至饱和蒸汽的情况)，相比图 23.38 中显示的全局复合曲线的目标，要求更高的公用工程锅炉需求和全局冷却需求。但是，这两个目标有助于了解不同选择的全局公用工程系统的潜在优势。

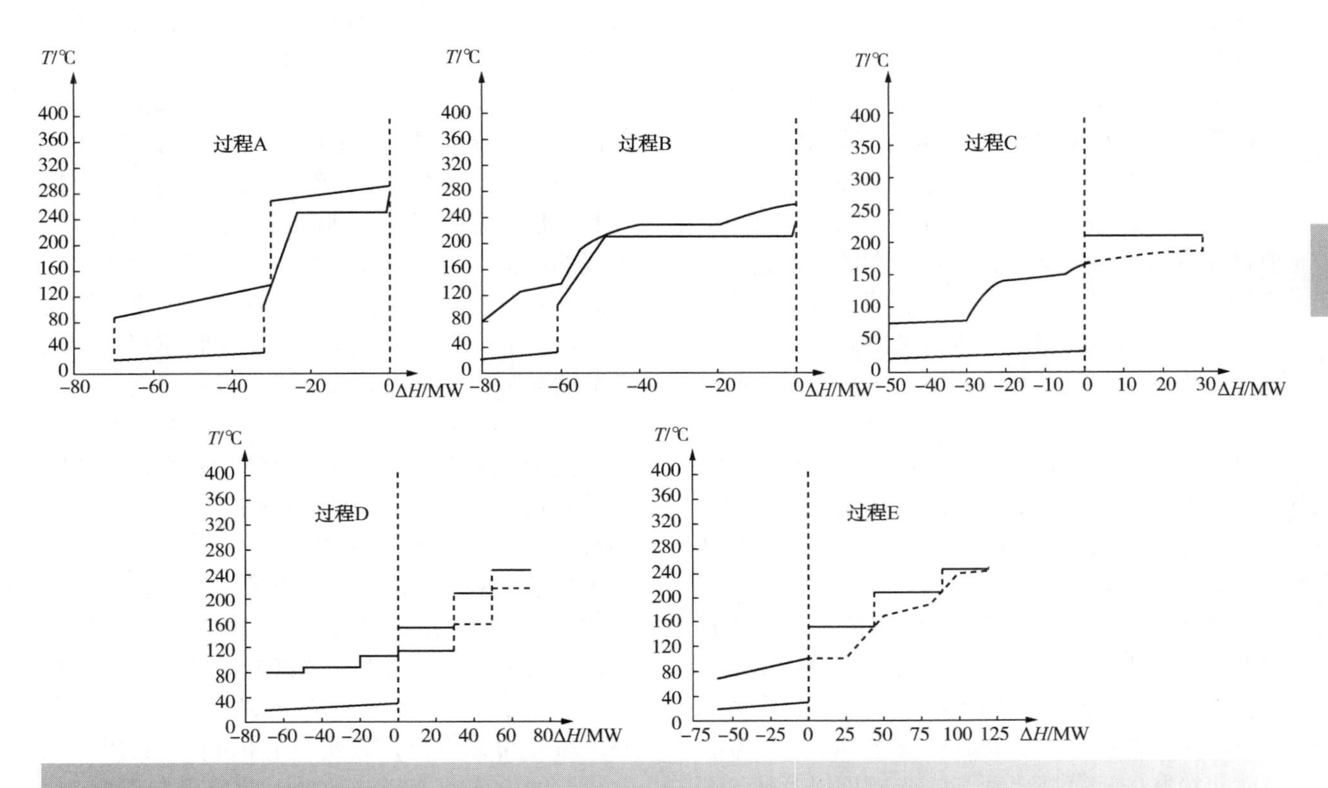

图 23.40　全局中各过程蒸汽产生和使用的目标

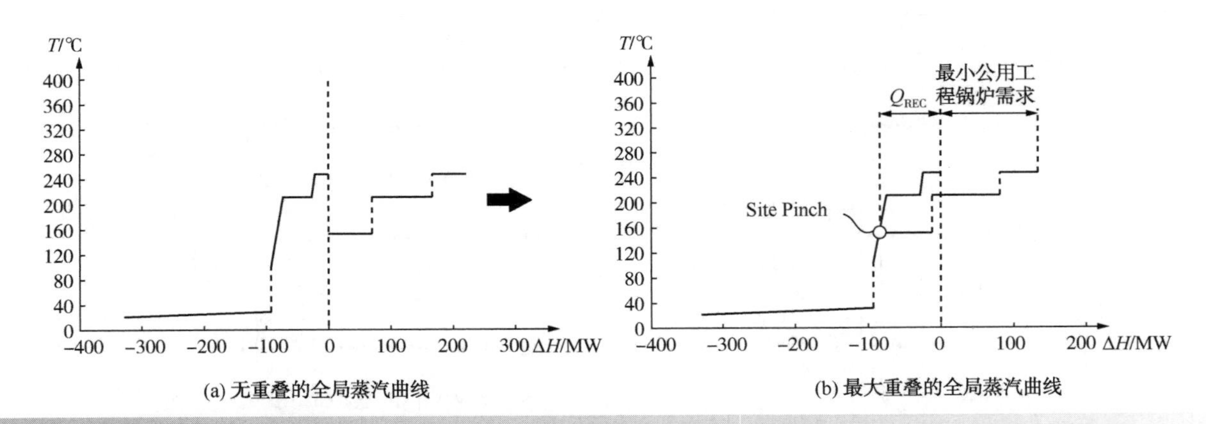

图 23.41　基于分解全局数据的全局蒸汽曲线，包括锅炉给水预热、蒸汽过热、蒸汽在使用前降温到饱和，不包括冷凝水冷却

在通过蒸汽系统确定合适的全局热回收量时，需要考虑很多权衡。在此之前，需要将全局热回收对热电联产的影响进行量化。

23.7 热电联产目标

到目前为止，全局的目标仅限于蒸汽发生和蒸汽使用的热负荷。但这并不完整，因为还需要包括汽轮机中蒸汽膨胀的热电联产潜力。还需要一个简单的与冷热负荷相结合的做功模型。为此可以使用基于公式 23.23 的简单等熵效率模型。等熵效率可以取典型值或从公式 23.23 计算。

汽轮机网络中的蒸汽级联如图 23.23 所示。值得注意的是，如果没有过程副产的蒸汽进入蒸汽管道，一旦蒸汽管线压力、公用工程蒸汽的温度和汽轮机的等熵效率一定，则所有蒸汽管线的温度也为定值。但是蒸汽系统的运行需要维持实际的限制条件。为了防止过度冷凝，蒸汽管线的过热度需要保持最低值(通常为 10~20℃)以上。此外，对于图 23.23 中的凝汽式汽轮机，出口处蒸汽的最小干度通常需要保持最小值(典型为 90%)以上。

例如，考虑图 23.42a 给出的情况，图中的数据来源于表 23.4，产生蒸汽时采用锅炉给水预热、蒸汽发生过热，使用蒸汽时降温至饱和并且没有冷凝水回收(Sun，Doyle and Smith，2015a)。汽轮机级联的计算需要蒸汽膨胀模型以及从全局复合曲线(或分解蒸汽曲线)确定的冷热负荷目标。通过将蒸汽发生曲线(给定假定的锅炉给水条件和蒸汽过热温度)与全局热复合曲线(或分解蒸汽曲线)相应的冷却负荷相匹配，来确定不同压力下产生的蒸汽流量。通过将蒸汽使用曲线(给定压力下蒸汽管线的蒸汽性质)，与全局冷复合曲线(或分解蒸汽曲线)相应的加热负荷相匹配，来确定在给定压力下使用的蒸汽流量。每个蒸汽管线中蒸汽的性质由该蒸汽管线的物料和能量平衡决定。这取决于供给蒸汽管线的蒸汽的性质和流量、流通流量、进口蒸汽条件、供给蒸汽管线的汽轮机的等熵效率以及供给蒸汽管线的减压站的入口蒸汽条件和流量。可以从公用工程蒸汽开始向下计算，从高压到低压级联模拟汽轮机和减压膨胀，对每个蒸汽管线进行物料衡算和能量衡算，以确定蒸汽管线条件和从每个蒸汽管线进出提供冷热负荷的流量。假设所有汽轮机的等熵效率均为 0.75，限定所有蒸汽管道至少过热 20℃，图 23.42a 显示了其结果。也假设通过减压阀流量为零，尽管前文说明了实践中应维持较小的流量。为了达到最低 20℃的过热度，需要通过试差法来改变公用工程蒸汽的温度。迭代计算蒸汽级联，直到满足过热的约束条件。从图 23.42a 中可以看出，需要一个 624℃的公用工程蒸汽温度。该温度过高，由于建筑材料的限制，应限制在 600℃以下。

50.95kg · s⁻¹
VHP: 100 bar T=624℃
11.95MW
30.3kg · s⁻¹
HP: 40 bar T=403.5℃
25.6kg · s⁻¹
7.52MW
22.6kg · s⁻¹
MP: 20 bar T=296.1℃
46.2kg · s⁻¹
6.74MW
1.9kg · s⁻¹
LP: 5 bar T=171.8℃
33.9kg · s⁻¹

(a)无减压器且锅炉流量的汽轮机级联

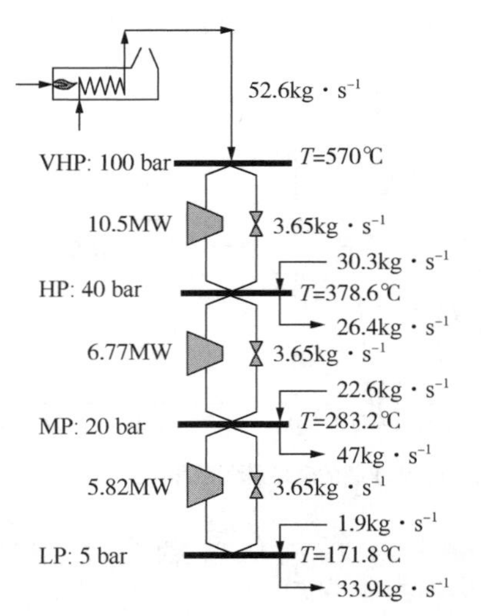

(b)最高蒸汽温度570℃且LP过热最小时汽轮机级联

图 23.42 确定做功目标的汽轮机级联，考虑锅炉给水预热、蒸汽过热、蒸汽在使用前降温，不考虑冷凝水冷却

如果假设最高温度为570℃，则该温度下，在低压管线中将不可能保持20℃的最小过热度。解决这个问题的一个方法是将公用工程蒸汽的温度固定在最大值570℃，通过减压站使蒸汽膨胀以提高过热度，使蒸汽管道中的过热度增加到所需的最小值。通过汽轮机膨胀的蒸汽，利用其中的能量用来做功，减少了过热度；而通过阀门的蒸汽膨胀是绝热过程，所以增加了过热度。图23.42b显示了一个汽轮机级联，其中公用工程锅炉蒸汽的温度设定为570℃，逐渐增加减压站中的蒸汽流量，直到管线中达到最小过热温度。在这种情况下，为了限制低压管线中最低过热20℃及最大公用工程锅炉蒸汽温度为570℃，要求通过减压站的蒸汽流量为3.65kg·s^{-1}。解决问题的另一种方法是增加热回收副产蒸汽的过热度。图23.42b基于假定的最大公用工程蒸汽温度、汽轮机等熵效率和最小蒸汽管线过热度，给出了热电联产目标的示例。

现以蒸汽产生、蒸汽使用和热电联产为目标来比较不同的方案。表23.5显示了基于570℃的公用工程蒸汽的假定最高温度，0.75的汽轮机等熵效率和20℃的最小蒸汽管线过热度(Sun, Doyle and Smith, 2015a)的不同方案的比较。

表23.5列出了公用工程蒸汽温度为570℃、最低管线过热20℃条件下，各种公用工程方案下的锅炉流量、减压阀流量和做功量。假设使用前蒸汽的降温只在局部发生。表23.5还列出了每单位锅炉蒸汽流量的做功量，作为不同方案之间比较的基础。可以看出，每种情况下的分解方案比集成方案的结果要差，这与预期一致。表23.5显示，对于采用集成和分解方法所得目标来说，使用过热蒸汽和无冷凝水热回收的方案都是最好的。过热蒸汽降温增加了锅炉的蒸汽需求。这是由于锅炉给水的注入需要补偿，锅炉给水必须通过直接换热从供应温度加热到蒸汽的饱和温度。此外，提供加热负荷后，降温会增加冷凝水的流量，造成冷凝水系统额外的损失。表23.5显示，冷凝水热回收是不利的。这是因为冷凝水热回收提取高温位热量，而不是在不同压力下进行级联做功。应该注意的是，这里使用的模型不包括冷凝水回水系统的特征和对蒸汽除氧的影响。冷凝水过冷会使返回到除氧器的温位降低，同时增加了除氧蒸汽。这些目标可用于探讨不同的方案，但最终需要通过对整个公用工程系统进行更详细的模拟，以评估每个方案。

23

表23.5 不同公用工程方案的全局目标值(Sun, Doyle and Smith, 2015a)

源线	阱线	锅炉流率/kg·s^{-1}	减压阀流率/kg·s^{-1}	产生功率/MW	单位锅炉流率做功/MW·kg^{-1}·s
集成方案					
BFW预热+蒸汽过热	使用过热蒸汽+冷凝水热回收	50.29	3.6	20.83	0.414
BFW预热+蒸汽过热	使用过热蒸汽，无冷凝水热回收	49.95	3.9	22.68	0.454
BFW预热+蒸汽过热	使用减温蒸汽+冷凝水热回收	52.66	3.3	21.35	0.405
BFW预热+蒸汽过热	使用减温蒸汽，无冷凝水热回收	52.06	3.7	23.10	0.444
分解方案					
源线	阱线	锅炉流率/kg·s^{-1}	减压阀流率/kg·s^{-1}	产生功率/MW	单位锅炉流率做功/MW·kg^{-1}·s
BFW预热+蒸汽过热	使用过热蒸汽+冷凝水热回收	53.35	3.1	21.48	0.403
BFW预热+蒸汽过热	使用过热蒸汽，无冷凝水热回收	53.25	2.8	23.18	0.435
BFW预热+蒸汽过热	使用减温蒸汽+冷凝水热回收	55.95	2.8	21.84	0.390
BFW预热+蒸汽过热	使用减温蒸汽，无冷凝水热回收	55.48	2.6	23.68	0.427

汽轮机膨胀区可以用图形表示，如图23.43(Sun, Doyle and Smith, 2015a)所示。这同时显示了全局复合曲线和汽轮机网络中的汽轮机的蒸汽膨胀区。为了识别膨胀区，必须在每个蒸汽管线之间进行能量衡算。全局热复合曲线用于产生蒸汽的热量将用于抵消全局冷复合曲线所需的热量。如果蒸汽不足，则必须通过汽轮机与上一级级联。如果蒸汽过剩，那么盈余部分可以级

联到下一级。

到目前为止，全局复合曲线之间热回收的所有设置均已被设为最大值，最大程度地减少了公用工程锅炉负荷。图 23.44 是全局复合曲线之间的设置，蒸汽系统没有达到最大热回收，因此没有全局夹点。这意味着公用工程锅炉需要输入更多的热量，并且从全局排出更多的热量。但在图 23.44 中可以看出，蒸汽膨胀至负压条件，然后在冷凝式机组中产生动力后被冷却水冷凝，从而从全局排出额外热量。因此，图 23.44 中的汽轮机网络包括背压式汽轮机和凝汽式汽轮机做功的组合。公用工程锅炉输入的蒸汽越多，凝汽做功量就越多。这需要经济上的权衡，包括额外的蒸汽产生成本、产生动力的利润和所需投资费用。

图 23.43 和图 23.44 是单个汽轮机在不同等级蒸汽之间的膨胀。实际上，这可能是简单的汽轮机在两个或多个等级蒸汽之间膨胀、运行，或是抽汽式汽轮机在多个蒸汽等级之间运行，也可以是不同蒸汽等级之间运行的简单汽轮机和抽汽式汽轮机之间的组合。一些可能的配置如图 23.45 所示。此外，如图 23.45 所示，可以在并行运行的几台设备之间分配膨胀负荷，而不是为每两级压力等级之间的膨胀提供一台汽轮机。如果每条蒸汽管线的唯一进汽都通过汽轮机膨胀，并且具有相同的等熵效率，那么不管配置如何，所有汽轮机网络将有相同的性能。但实际上，蒸汽管线的进汽不同且汽轮机具有不同的等熵效率，意味着不同汽轮机网络的配置存在性能上的差异。汽轮机的最终设计必须考虑动力分配。过程和公用设备所需的轴功可以通过电机来提供电力，或由汽轮机直接驱动。这意味着汽轮机可以驱动涡轮发电机发电，或者直接驱动单独的过程设备。动力分配将在下一节中考虑。

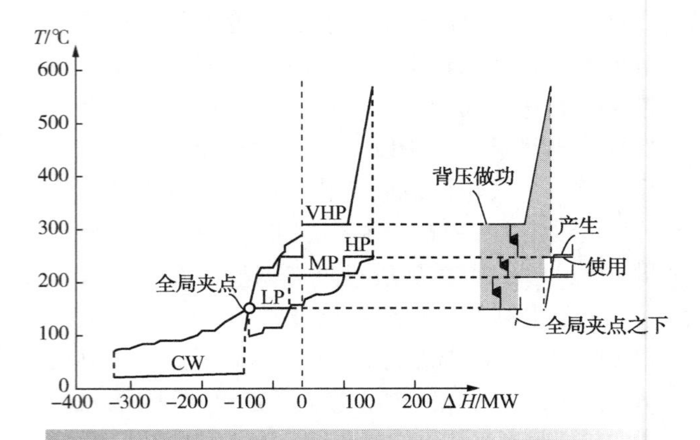

图 23.43　全局存在夹点时的动力产生

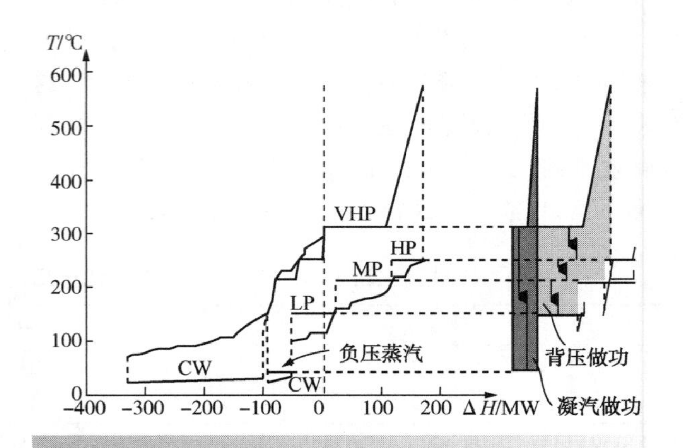

图 23.44　全局不存在夹点时的动力产生显示了凝汽作功

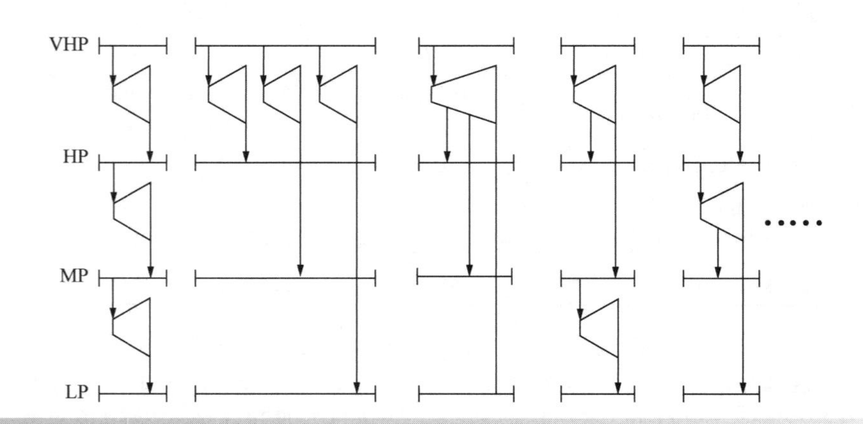

图 23.45　许多汽轮机网络配置

23.8　产生动力和机械驱动

企业需要热量和电力，应尽可能通过热电联产来提供。整个企业需要电力驱动设备，电力可以由现场生产或由电网输入。电力生产的能力可能超出现场需，此时可向电网输出。现场发电可以通过设备驱动发电机进行。包括：

- 汽轮机；
- 燃气轮机；
- 燃气发动机(往复式发动机，燃烧气体)；
- 柴油发动机(往复式发动机，燃烧柴油)。

一旦产生电力，就可以用电动机驱动过程设备。或者，上述设备可以直接耦合到驱动过程设备上。

如果以热电联产为目标，那么发电产生的副产热的温度是一个重要的考虑因素。燃气轮机热排气的温度取决于特定的设备，但已足以产生高压蒸汽。燃气发动机和柴油发动机在大约450℃下产生高温排气，其原则上可用于产生一些蒸汽。此外，气缸需要用冷却水通过夹套来冷却。这提供高达95℃的热源。因此，就燃气发动机和柴油发动机而言，大约一半的余热仅在低温下可用。例如，如果需要大量的热水这是合适的，但是如果需要大量蒸汽则不合适。因此，对于大多数过程工业来说，燃气发动机和柴油发动机不适用于热电联产方案。因此，以下将主要讨论汽轮机和燃气轮机。

在考虑过程设备最适合的动力之前，需要考虑适合于全局的热电联产系统的类型。为了解释这一点，需要引入两个指标。全局功热比定义为(Kenney，1984；Kimura and Zhu，2000)：

$$R_{全局}=\frac{W_{全局}}{Q_{全局}} \tag{23.37}$$

式中　$R_{全局}$——全局功热比。

$W_{全局}$——全局的功率需求，包括轴功率和电力需求，kW，MW；

$Q_{全局}$——全局过程加热需求，kW，MW。

取决于过程的特性，全局功热比通常在0.03~3。例如，基于蒸汽需求的石油炼制过程功热比通常约为0.5，一旦包括加热炉热量和蒸汽加热，功热比通常低至0.1。在这方面，蒸汽加热是相关性最大的。

公用工程系统性能的另一个的衡量指标是热电联产效率。在公用工程系统中燃烧燃料所得的能量，一些用于产生动力，一些提供工艺加热，一些损失了。热电联产效率认为产生动力和提供过程热量的燃料消耗量是有效的，可以定义为(Kenney，1984；Kimura and Zhu，2000)：

$$\eta_{COGEN}=\frac{W_{SITE}+Q_{SITE}}{Q_{FUEL}} \tag{23.38}$$

式中　η_{COGEN}——热电联产效率；

Q_{FUEL}——公用工程系统燃料燃烧的能量，kW，MW。

建立基本定义后，可以根据热电联产效率与全局功热比($R_{全局}$)做图。首先假定全局没有动力输入与输出。图23.46为η_{COGEN}仅在汽轮机做功下随R_{SITE}变化的情况。汽轮机最适合于低功/热比($R_{全局}$)的情况。曲线生成时假定全局热需是固定的。电力需求逐渐增加，全局功热比也随之增大。从极限情况开始，假设动力需求为零，$R_{全局}=0$，如图23.46所示。在这一点上，还没有尝试通过汽轮机扩容发电。相反，所有的蒸汽都通过减压站膨胀。随着$R_{全局}$从零增加，蒸汽通过汽轮机膨胀以满足动力需求，其余的在减压站中膨胀。在图23.46中，随着$R_{全局}$进一步增加，逐步实现了背压式汽轮机所有的蒸汽膨胀潜力。这与全热电联产和厂用电系统被夹点出现在$R_{夹点}$处相对应。由于额外动力在图23.46中的$R_{夹点}$上方产生，需要公用工程蒸汽的凝汽做功量逐渐增加。该曲线渐近接近独立的蒸汽动力循环的效率。

如果使用热电联产效率(而不是成本)来控制全局电力的输入输出策略，那么电力输入输出的区域如图23.47所示(Varbanov et al.，2004)。在$R_{全局}$处于低于$R_{夹点}$的低值下，全局的热量需求意味着有联产比汽轮机需求更多动力的潜力。在这种情况下产生动力比单产产生动力更有效。从效率的角度来看，实现$R_{全局}=0$和$R_{全局}=R_{夹点}$之间热电联产的全部潜力，并输出全局多余的电力是有益的。在$R_{全局}$较高时，如图23.47所示，η_{COGEN}降低，可能会低于集中式独立发电的$\eta_{集中}$。这是因为集中发电的发电循环往往比过程现场使用的简单蒸汽循环更复杂、更有效。常规集中式独立蒸汽动力循环的最大效率约为40%，对于最先进的独立循环来说，其效率会明显更高。现在从效率的角度来看，当η_{COGEN}低于集中发电的效

率 $\eta_{集中}$，需停止发电，输入电力以平衡全局电力需求。当然，这些观点基于热力学效率而非成本考虑，全面的经济分析可能会改变这些阈值。例如，尽管热电联产效率不佳，但大量廉价燃料的供应可能使得现在较大 $R_{全局}$ 的范围内，输出电力很有吸引力。回顾第 2 章，电力成本(输入输出)随着税率变化，通常与年度季节(冬季和夏季)、周内时间(周末和周日)和一天中的时间(晚上和白天)有关。即使多变的经济因素可能改变取舍，但了解经济权衡的基本原理仍然是重要的。

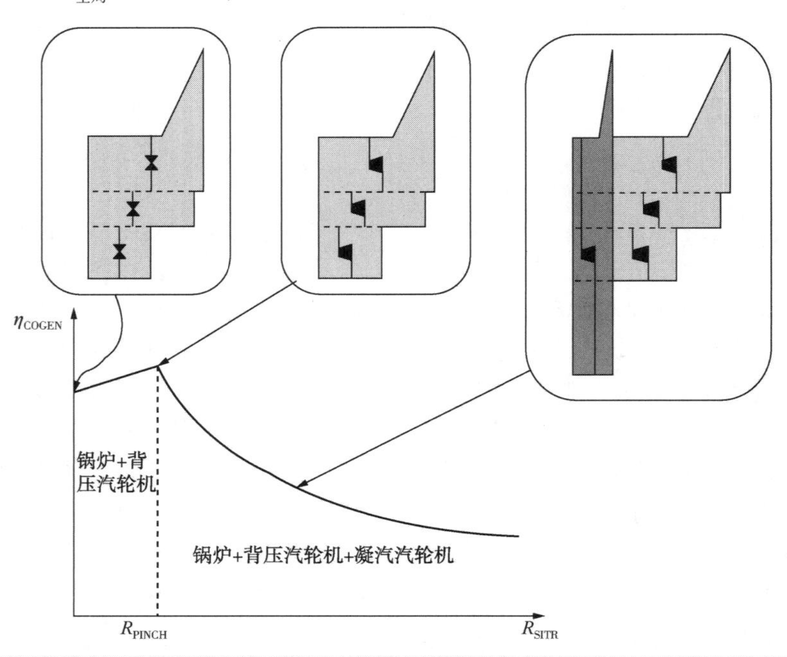

图 23.46 表示现场在汽轮机中产生动力的全局功-热曲线

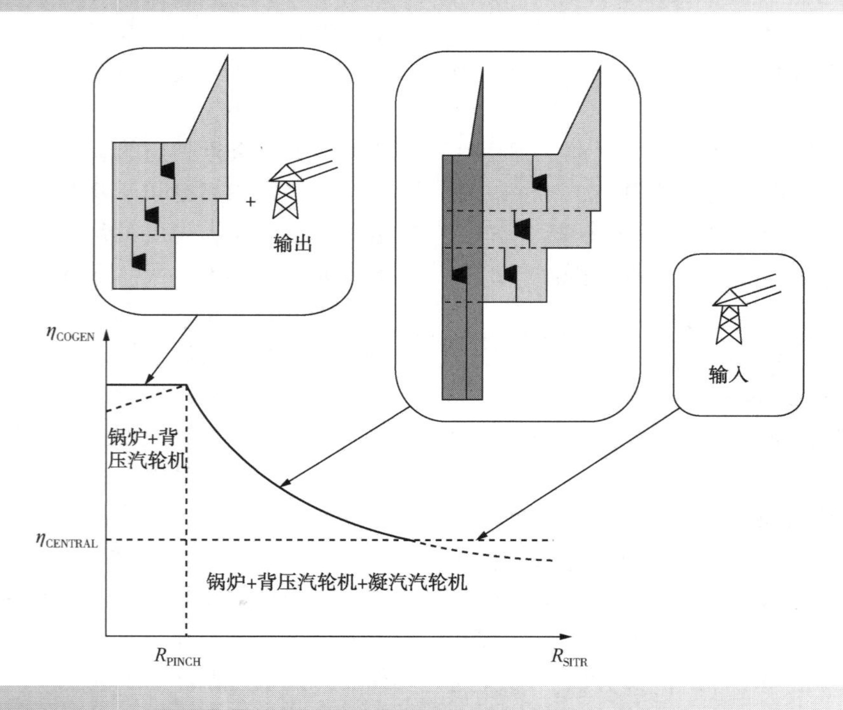

图 23.47 表示现场在汽轮机中产生动力的全局功-热曲线

已经注意到，汽轮机适用于较低的 R 全局。随着全局动力需求的增加，燃气轮机以及燃气轮机和汽轮机的组合更适用于满足现场对热电联产的需求。对于较高的 R 全局，使用燃气轮机的热电联产效率将高于汽轮机(Kenney，1984)。先考虑带有 HRSG 的独立燃气轮机：

$$R_{GT}=\frac{W_{GT}}{Q_{REC}}=\frac{W_{GT}}{\eta_{REC}(Q_{燃料,GT}-W_{GT})}=\frac{1}{\eta_{REC}\left(\frac{Q_{燃料,GT}}{W_{GT}}-1\right)}=\frac{1}{\eta_{REC}\left(\frac{1}{\eta_{GT}}-1\right)} \quad (23.39)$$

$$R_{GT}=\frac{W_{GT}}{Q_{REC}}=\frac{W_{GT}}{\eta_{REC}(Q_{燃料,GT}-W_{GT})}=\frac{1}{\eta_{REC}\left(\frac{Q_{燃料,GT}}{W_{GT}}-1\right)}=\frac{1}{\eta_{REC}\left(\frac{1}{\eta_{GT}}-1\right)}$$

式中　R_{GT}——燃气轮机功热比；

W_{GT}——燃气轮机产生的功率，kW，MW；

$Q_{燃料,GT}$——燃气轮机燃料燃烧的热量，kW，MW；

Q_{REC}——燃气轮机排气回收的热量，kW，MW；

η_{REC}——余热锅炉中燃气轮机排气的热回收分数；

η_{GT}——燃气轮机效率。

同时：

$$\eta_{COGEN,GT}=\frac{W_{GT}+Q_{REC}}{Q_{燃料,GT}}=\frac{W_{GT}+Q_{REC}}{W_{GT}/\eta_{GT}}=\eta_{GT}\left(1+\frac{1}{R_{GT}}\right) \quad (23.40)$$

式中　$\eta_{COGEN,GT}$——燃气轮机热电联产效率。

例如，如果 $\eta_{REC}=0.75$ 且为定值，则 $\eta_{GT}=0.3$，$R_{GT}=0.57$ 时，$\eta_{COGEN,GT}=0.83$；$\eta_{GT}=0.5$，$R_{GT}=1.33$ 时，$\eta_{COGEN,GT}=0.88$。

图 23.48 显示了燃气轮机与汽轮机同时做功的情况下，η_{COGEN} 随 $R_{全局}$ 的变化。曲线的初始点 R_{GT} 仅与来自燃气轮机的做功量有关，其大小可满足 HRSG 中产生蒸汽供全局加热需求。最初汽轮机没有做功，所有蒸汽都通过减压站膨胀。随着 $R_{全局}$ 的增加，减压站膨胀逐渐转变为汽轮机膨胀，η_{COGEN} 提高直到充分利用所有的背压膨胀能力。全局夹点 $R_{夹点}$ 的出现对应于汽轮机的全部热电联产能力。类似于图 23.47 中仅有汽轮机的情况，图 23.48 中在 R_{GT} 和 $R_{全局}$ 之间有动力输出的潜力。此外，与仅产生蒸汽的情况一样，可以通过补燃方法来实现完全燃烧，引入凝汽式动力发生，来增加 $R_{全局}$。随着 $R_{全局}$ 增加，热电联产效率降低至一点，在该点可以引入额外的燃气轮机无须热量回收，或输入电网电力，或两者都有。

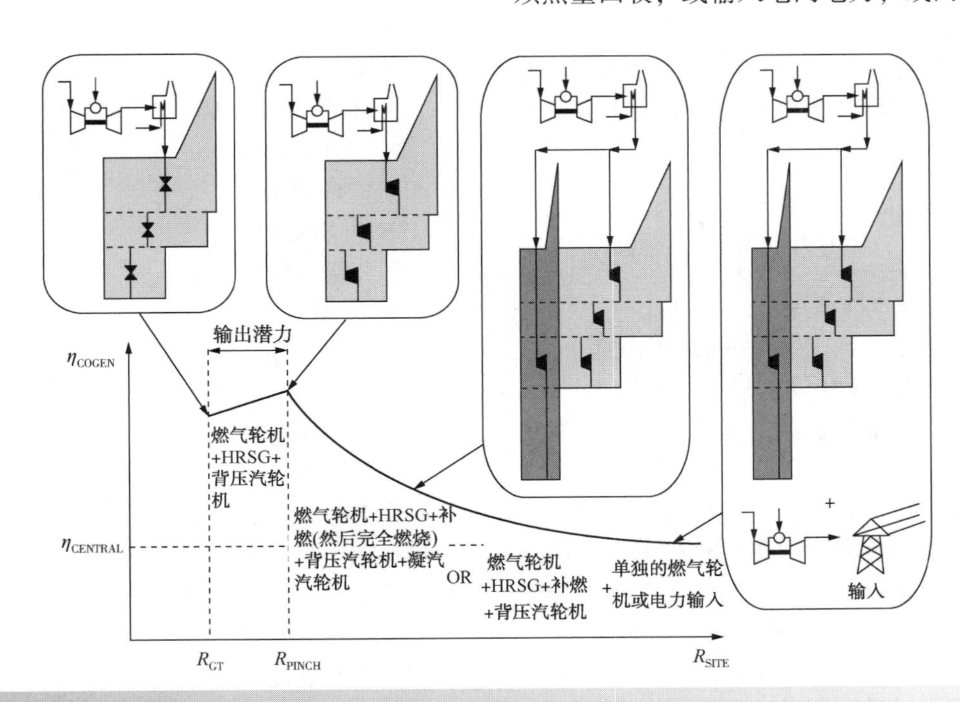

图 23.48　燃气轮机和汽轮机联合循环完全现场产生动力的全局功-热曲线

如果需要热水而不是蒸汽，那么可以将与燃气轮机相同的基本方法用于燃气发动机和柴油发动机。

所有 R 曲线在某种程度上都有所不同，具体取决于现场公用工程加热和冷却以及设备规模。分析 R 曲线可以为改进公用工程系统的效率指出方向。然而它有本质上的局限性，仅纯粹基于热力学而不考虑成本。例如，它不考虑不同价格的不同燃料，有可能是低效率的锅炉燃烧便宜的燃料，高效率的锅炉燃烧昂贵的燃料。在这种情况下，公用工程系统最高效率的操作并不总是意味着最低成本的操作。因此，还需要一种经济工具来衡量公用工程系统节省成本的潜力。但是 R 曲线分析提供了不同动力需求下的全局热电联产潜力的目标，因此有助于设定一个考虑经济因素、进一步优化的总体框架。

一旦对热电联产系统中是否使用锅炉、汽轮机、燃气轮机和 HRSG 做出了决策，就需要对现场主要的驱动设备做出重要的决定。这些驱动设备包括：

- 电动机；
- 汽轮机；
- 燃气轮机；
- 透平膨胀机。

电动机是迄今为止最常用的动力设备。电动机有 1kW～50MW 的各种型号。效率随电动机的型号和设计有所不同。电动机的近似效率可以由下式获得：

$$\eta_{电机}=\frac{1}{1.039+\frac{0.4235}{W}} \tag{23.41}$$

式中 $\eta_{电机}$——电动机效率；

W——最大负荷下电动机产生的功率，kW。

电动机可以在部分负载下运行，一般可低到满载的 50%。

汽轮机通常也用作直接驱动设备，特别是在相对较大的轴功率负荷时。燃气轮机用作直接驱动设备，但仅用于最大负荷，例如在天然气液化的情形。涡轮膨胀机主要限于产生低温的过程，以及从过程物流中回收动力的情况（见第 24 章）。

广泛地说，为过程设备提供动力有两个基本选择。一是通过发电并分配给电动机，或直接驱动。相对于大型汽轮机发电，将电力分配给电动机，再利用电能驱动电动机而言，直接驱动（例如，汽轮机驱动大型泵）通常是最廉价的解决方案。另一方面，一个大型（而且高效）发电机可以驱动许多电动机。直接驱动设备在公用工程系统中不够灵活。例如，如果汽轮机驱动大型泵，则即使不需要汽轮机排气的热量，也需要保持汽轮机的流量以维持泵的运行。在公用工程系统中，发电机更灵活。它们可以调节大小，通过电动机来驱动许多设备。现场中需要许多小型设备，最经济的方法是通过电力驱动它们，而不是直接驱动。最好的解决方案通常是电动机驱动和直接驱动相组合。

在选择最合适的驱动方式组合时有很多问题需要考虑：

- 经济分析；
- 适应现有的基础设施；
- 过程要求；
- 电源故障时的安全问题；
- 空间限制。

例如，假设在现有的公用工程系统中要安装新的汽轮机。新汽轮机的经济性需要根据投资费用和运行费用进行分析。但是，需要考虑的问题包括：

- 锅炉容量；
- 燃料系统容量；
- 蒸汽管线容量；
- 水处理能力；
- 冷却塔容量；
- 可用空间。

工艺需求包括：

- 转速；
- 速度变化；
- 无检修运行时间；
- 尺寸和重量；
- 可靠性。

在选择最合适的驱动组合方式时，需要考虑许多问题。最佳组合是对投资费用、运行费用、系统柔性和可靠性之间的权衡。

由于问题的复杂性，在大多数情况下，设计系统配置的最佳方法是优化超结构。图 23.49 示出了基本方法，没有给出所有细节（Del Nogal et al.，2010）。所有结构特征将包括在最终设计中。

多台锅炉为不同的蒸汽管线提供蒸汽。具有可能补燃的 HRSG 的多台燃气轮机也可以为不同的蒸汽管线提供蒸汽。燃气轮机可能直接提供轴功负荷，或驱动涡轮发电机提供。对于直接驱动，同轴上可以包含多个过程负载。可以用多个燃气轮机结构来提供直接驱动和驱动涡轮发电机。也可以包括独立的燃气轮机。图 23.49 还描绘了一个汽轮机网络，包含了汽轮机所有可能的位置和连接。每个汽轮机可能是一个直接驱动过程设备或驱动涡轮发电机。需要开发一种可以同时优化公用工程系统结构和参数的超结构模型（Del Nogal, et al., 2010）。优化将消除冗余特征。在优化之前应尽可能使用 R 曲线分析来筛出超结构中的不妥特征。

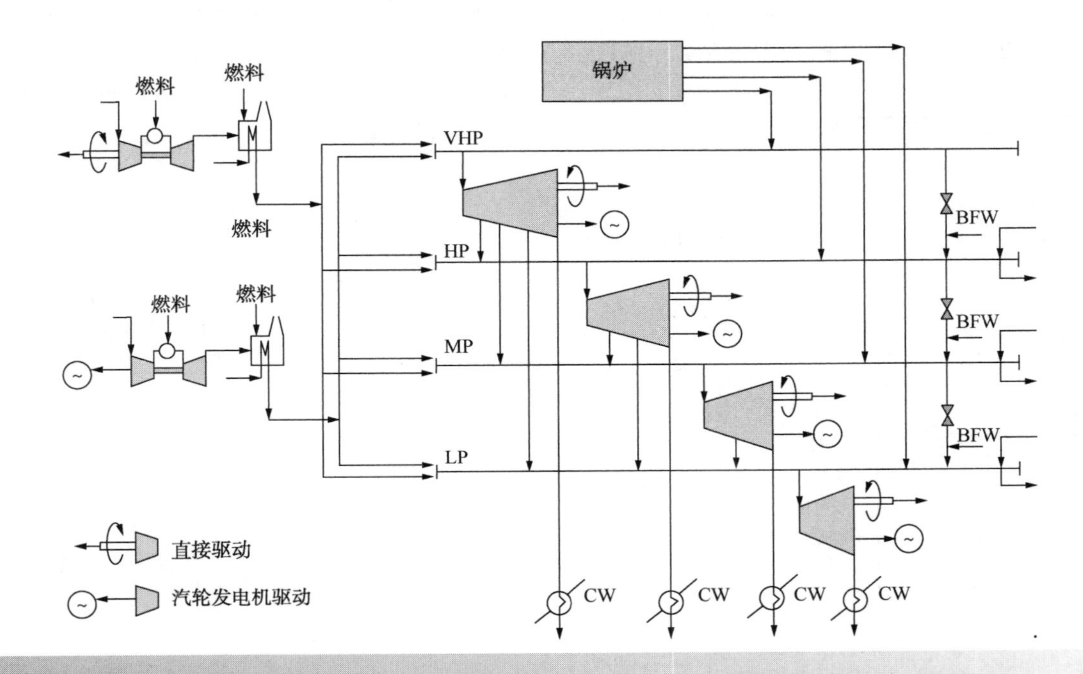

图 23.49　优化公用工程系统结构的超结构

23.9　公用工程模拟

一旦公用工程系统结构确定，或研究现有的系统时，需要开发一个模拟模型。该模型可以评估系统各个部分的容量和运行，系统各部分中蒸汽流量、压力和温度，以及动力产生、电力输入输出和运行成本。

考虑图 23.50 所示的一个现有系统的简单示例，希望建立其蒸汽平衡。

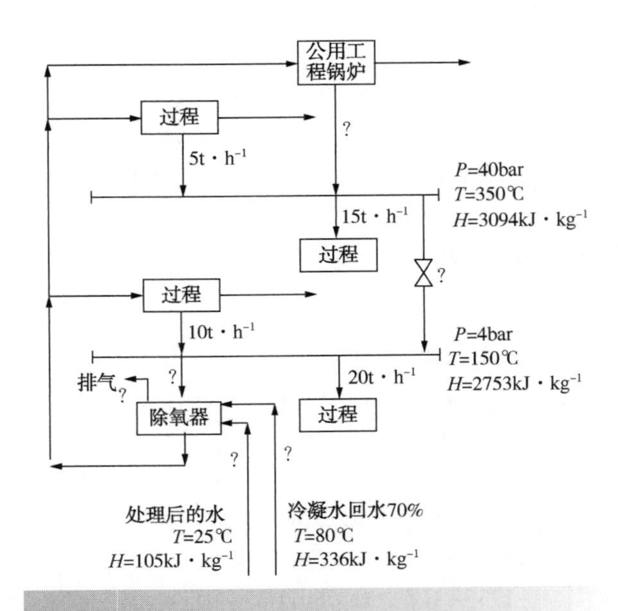

图 23.50　蒸汽平衡示例

图 23.50 为两个没有汽轮机的蒸汽管线。利用不改变温度的减压站，蒸汽从高压管线流向低压管线。图 23.50 为蒸汽的使用和余热回收过程中蒸汽的产生过程。处理后的水在 25℃ 下进入除氧器。如图 23.50 所示，该部分在 80℃ 下有 70% 的冷凝水回水（基于产汽率），显示了由于缺乏测

量仪器而导致体系中的各种流量未知的情况。公用工程锅炉出口蒸汽流量、过减压阀的流量、除氧器的蒸汽流量、处理后的水的流量以及冷凝水回水流量都是未知的。对于这个特定的问题，如果已知除氧蒸汽的流量，则可以建立蒸汽平衡。假设到除氧器的流量为 $5t \cdot h^{-1}$，排污率为 5%。假设除氧器流量为 $5t \cdot h^{-1}$，固定减压阀流量为 $15t \cdot h^{-1}$，则公用工程锅炉出口流量为 $25t \cdot h^{-1}$，如图 23.51 所示。假设过程的排污率为 5%，计算可得公用工程锅炉的给水流量为 $42t \cdot h^{-1}$。冷凝水回水率为 70% 时，回水至除氧器的冷凝水流量为 $28.0t \cdot h^{-1}$。假设 5% 的除氧蒸汽排空（$0.3t \cdot h^{-1}$），可以计算出处理后的补水为 $9.3t \cdot h^{-1}$。

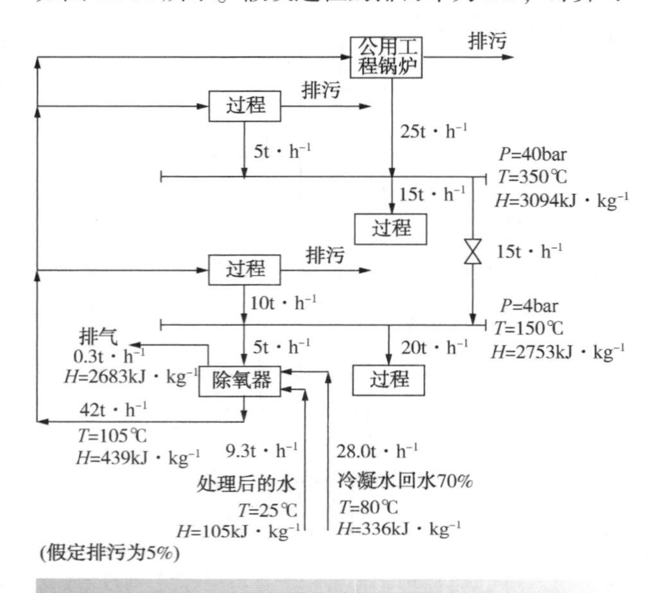

图 23.51 估算除氧蒸汽以确定未知流量

因此，在这个简单的例子中，假设除氧蒸汽就可以建立蒸汽平衡。但这是基于假定的除氧器流量。除氧器的实际流量可以通过除氧器的热量平衡来计算。图 23.52 显示了除氧器的进出口流量。如果已知锅炉给水流量和冷凝水流量，假定排空蒸汽，则可以根据除氧器的能量平衡计算除氧蒸汽的流量。

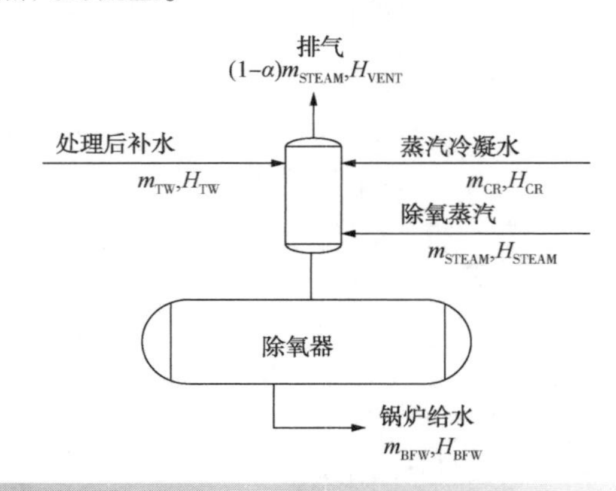

图 23.52 除氧器物料和能量平衡

除氧器的物料平衡为：

$$m_{TW} = m_{BFW} - m_{CR} - m_{蒸汽}(1-\alpha) \tag{23.42}$$

式中 m_{TW}，m_{BFW}，m_{CR}，$m_{蒸汽}$——处理后的水、锅炉给水、冷凝水回水和除氧蒸汽的流量；

α——除氧蒸汽排空率。

假定除氧器排空蒸汽的焓是除氧器压力下的饱和焓，则除氧器的能量平衡为：

$$m_{TW}H_{TW} + m_{CR}H_{CR} + m_{蒸汽}H_{蒸汽} = m_{BFW}H_{BFW} + \alpha m_{蒸汽}H_{VENT} \tag{23.43}$$

式中 H_{TW}，H_{BFW}，H_{CR}，$H_{蒸汽}$，H_{VENT}——处理过的水、锅炉给水、冷凝水回水、除氧蒸汽、排空汽的比焓。

联立公式 23.42 和公式 23.43，整理得：

$$m_{蒸汽} = \frac{m_{BFW}(H_{BFW} - H_{TW}) - m_{CR}(H_{CR} - H_{TW})}{(H_{蒸汽} - H_{TW}) - \alpha(H_{VENT} - H_{TW})} \tag{23.44}$$

代入示例的值并假设 $\alpha = 0.05$，可得：

$$m_{蒸汽} = \frac{42(439-105) - 28.0(336-105)}{(2733-105) - 0.05(2683-105)} = 3.0t \cdot h^{-1}$$

现在可以计算新的蒸汽平衡，修正除氧器的能量平衡，并重复该过程，直到达到收敛。收敛的蒸汽平衡如图 23.53 所示。

在其他情况中，减压站可能会降温。图 23.19 显示出了降温器。物料平衡为：

$$m_{蒸汽,out} = m_{蒸汽,in} + m_{tw} \tag{23.45}$$

能量平衡为：

$$m_{蒸汽,out}H_{蒸汽,out} = m_{蒸汽,in}H_{蒸汽,out} + m_{tw}H_{tw} \tag{23.46}$$

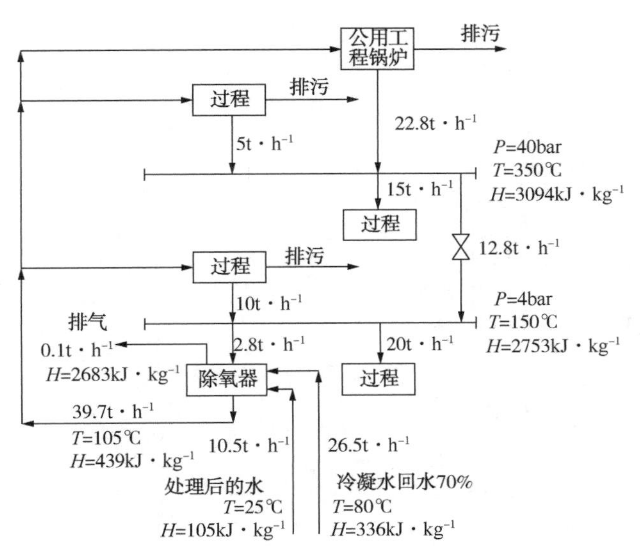

图 23.53 修改除氧器蒸汽流率后更新的蒸汽流率

联立方程 23.45 和方程 23.46，整理得：

$$m_{蒸汽,out}=m_{蒸汽,in}\frac{H_{蒸汽,in}-H_{TW}}{H_{蒸汽,out}-H_{TW}} \quad (23.47)$$

蒸汽流量和入口蒸汽的条件是已知的。出口条件通常由下游管线条件确定，因此可以解出公式 23.47。

也可能有闪蒸蒸汽的回收。如图 23.54 所示，将冷凝水或排污水送入闪蒸罐。物料平衡给出：

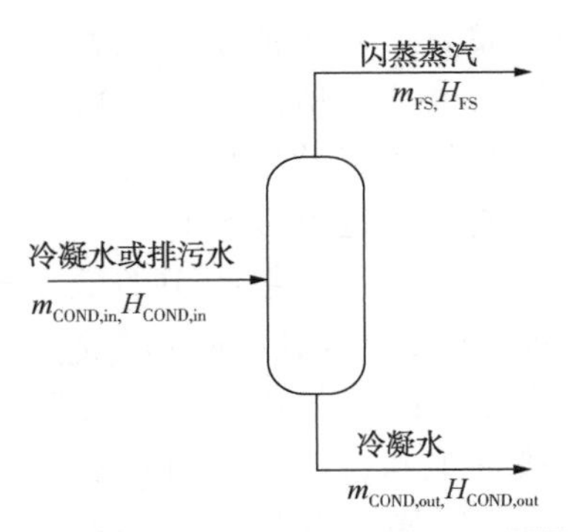

图 23.54 闪蒸蒸汽回收

$$m_{FS}=m_{COND,in}+m_{COND,out} \quad (23.48)$$

能量平衡给出：

$$m_{FS}H_{FS}=m_{COND,in}H_{COND,in}+m_{COND,out}H_{COND,out} \quad (23.49)$$

联立方程 23.47 和方程 23.48，整理得：

$$m_{FS}=m_{COND,in}\frac{H_{COND,in}-H_{COND,out}}{H_{FS}-H_{COND,out}} \quad (23.50)$$

闪蒸罐压力将由闪蒸蒸汽回收后送入的管线压力确定。出口处闪蒸蒸汽和冷凝液的焓由饱和条件确定。

可以用两种基本方法通过软件设置仿真模型，如第 15 章所述。在基于方程的方法中，各种质量和能量平衡方程可以同时求解。另一种是采用序贯模块法，从最高压力管线开始向下到较低压力管线，依次对每个管线进行平衡计算。

23.10 蒸汽系统优化

规模较大且复杂的公用工程系统，即使不更改配置，通常也具有很大的优化空间。现考虑对一个固定配置的公用工程系统优化。首先，需要确定在公用工程系统中可以优化的自由度。

1）多台蒸汽发生装置。考虑图 23.55 中的高压（HP）蒸汽的生产过程。高压蒸汽需要超高压（VHP）管线中的蒸汽通过某一路径膨胀而得到。超高压蒸汽可以由锅炉 1、2 或燃气轮机 HRSG 生产得到。如果所有蒸汽发生装置在性能和操作成本方面相同，则在三个蒸汽发生装置中的任一个中产生蒸汽都没有区别，不存在选择的问题。但这是不可能的情况。在这个例子中，两个锅炉可能使用不同的燃料，具有不同的燃料成本和不同的效率，而且燃气轮机（可能在 HRSG 中进行辅助燃烧）与蒸汽锅炉具有完全不同的特性。因此，不同燃料成本、不同锅炉效率和不同产能潜力的多个蒸汽发生装置产生了自由度。每个蒸汽锅炉和 HRSG 具有最小流量和最大流量。

2）多台汽轮机。图 23.56 中的过程所需的高压蒸汽可以通过汽轮机 T1 或 T2 膨胀、或通过减压站、或二者的组合来产生。蒸汽通过汽轮机膨胀通常比通过减压站更加经济，因为通过汽轮机的膨胀会产生动力。此外，蒸汽从 VHP 膨胀到 HP，汽轮机 T1 和 T2 的效率可能不同。因此，选择蒸汽膨胀的最适当路径时，有多种选择的自由。

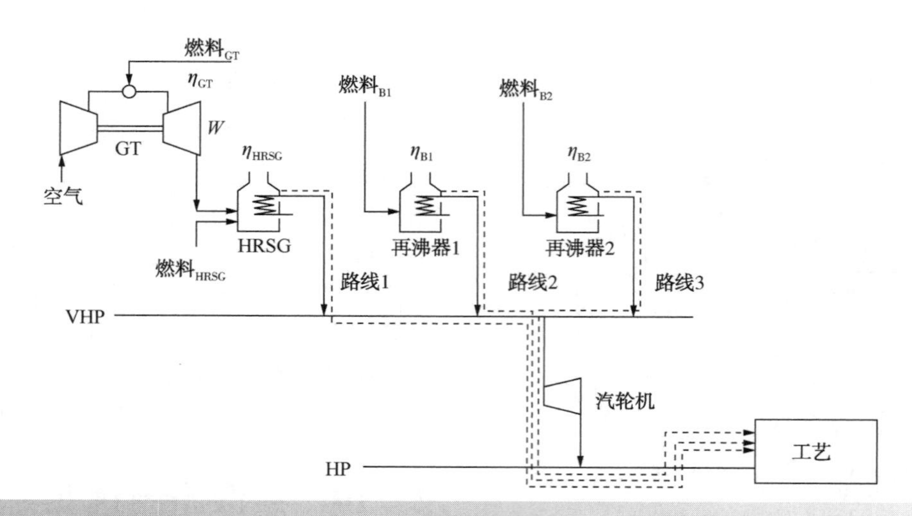

图 23.55 多个蒸汽发生装置提供了优化的自由度

(Reproduced from Varbanov PS, Doyle S and Smith R(2004) Modeling and Optimisation of Utility Systems, Trans IChemE, 82A: 561, with permission from Elsevier)

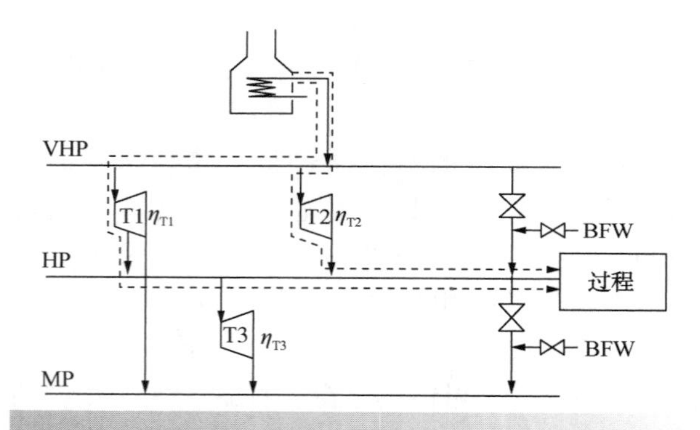

图 23.56 汽轮机网络和减压站提供了优化的自由度

(Varbanov, Doyle and Smith, 2004)

如果利用汽轮机发电，则通过汽轮机的流量可以在设备允许的最小和最大流量内变化。如果汽轮机直接驱动设备(例如驱动大型泵的背压汽轮机)，那么很可能无法改变通过汽轮机的流量，这是由通过过程设备所需的动力确定的。在某些情况下，过程设备同时配备汽轮机和电动机，从而可以根据公用工程系统中的蒸汽需求和运行成本在两台设备之间进行切换。在一天不同的时间、一周中是否周末以及一年中不同的季节，会有不同的电价，操作成本随之可能会有很大的不同。

抽汽式汽轮机在汽轮轮机的每个部分有最小和最大流量。这导致抽气时存在最小和最大流量。

3）减压站。如果需要膨胀蒸汽，则通常应使通过汽轮机的流量最大化以最大限度地做功。但必须保持蒸汽平衡，减压站在优化中仍然是重要的自由度，如图 23.57 所示。减压站膨胀的蒸汽可能绕过系统中某处汽轮机中的流量约束，间接增加发电量。为维持蒸汽管道中的最低过热温度，可能需要一些蒸汽流过减压站，减压站经常需要保持小流量用以控制并避免管道中的冷凝。在某些情况下，在减压阀膨胀后通过注入锅炉给水来使蒸汽降温，从而增加膨胀后的蒸汽流量。这可以替代公用工程锅炉中的蒸汽发生，同时增加系统中的低压部分蒸汽流量。如前所述，蒸汽管线中需要保持最小过热度，以避免管线中过度冷凝。蒸汽加热器中希望蒸汽接近饱和，而如果有汽轮机用于局部做功，则蒸汽需要过热。

因此，减压流量大通常可能会丧失一些热电联产机会，但可能提供了绕过蒸汽系统瓶颈的自由度。此外，通过减压站的流量独立于通过汽轮机的流量，可以对低压管线的过热度进行控制。

4）凝汽式汽轮机。凝汽式汽轮机为做功提供了额外的自由度，如图 23.58 所示。虽然不需要来自凝汽式汽轮机排气的热量，但它适合发电，可以降低输入电力的成本或增加输出过剩电力的收益。

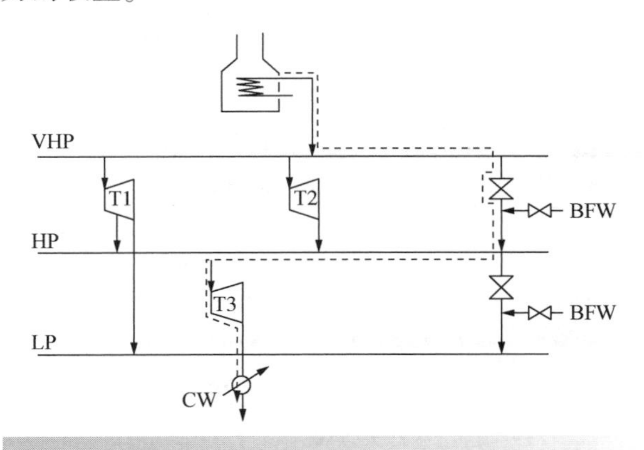

图 23.57　减压站提供了绕过公用工程系统约束的自由度

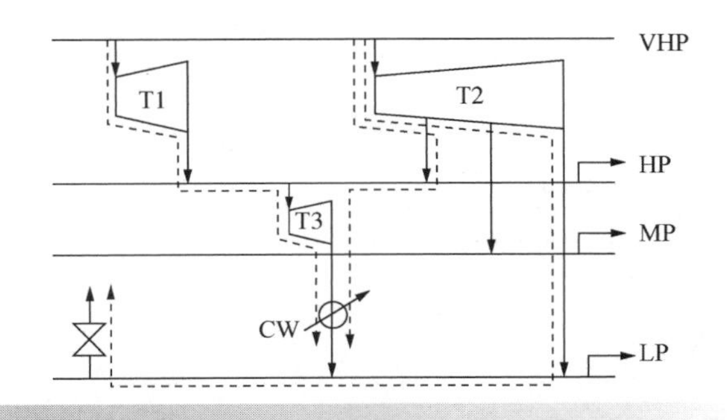

图 23.58　凝汽式汽轮机和排气口为优化提供了额外的自由度

5）排气口。图 23.58 还显示了低压蒸汽管线上的排气口。初看起来，将蒸汽直接排放到环境中可能不太明智。蒸汽是在 VHP 压力级别下产生的，因此会涉及燃料成本。但在通过汽轮机从 VHP 管线膨胀至 LP 管线时会产生动力。如果燃料和电力成本之间存在很大的差异，排气可能是经济的。但是如果有具有富裕容量的凝汽式汽轮机，则蒸汽通过汽轮机膨胀总是比排气更好。此外，在一些管理制度中，可能不允许排气。

图 23.59 为现有全局公用工程系统的示例。高压蒸汽（HP）同中压蒸汽（MP）和低压蒸汽（LP）一起，在全局分配。蒸汽通过汽轮机网络从高压管线膨胀到较低压的管线。减压站用于控制管线压力，来自高压、中压和低压管线的蒸汽用于过程加热。汽轮机 T1 ~ T6 用于发电。T5 和 T6 是凝汽式汽轮机。DRV1 和 DRV2 是与过程设备连接的直接驱动式汽轮机。

为了优化图 23.59 中的系统，需要为整个系统开发一个模型，要考虑以下因素：

- 锅炉中产生单位质量蒸汽的燃料费用；
- 燃气轮机/HRSG 中单位动力和蒸汽产生的燃料费用；
- 燃气轮机的做功特性；
- 汽轮机的做功特性；
- 输入动力费用；
- 输出动力收益；
- 除燃料成本外蒸汽和产生动力的运行费用；
- 整个系统的流量限制；
- 需要替代冷凝水、排污和排汽损失的软化水的费用；
- 冷却水费用。

图 23.59 显示了系统每个部分的最大流量、最小流量和当前流量。图 23.59 中公用工程系统的辅助数据见表 23.6。图 23.59 中公用工程系统燃料使用的数据见表 23.7。汽轮机的数据如表 23.3 所示。

表 23.6　图 23.59 中公用工程系统的辅助数据

环境条件	25℃，1.103bar
锅炉给水温度	105℃
冷凝水回水温度	30℃
冷凝水回水率	78.1%
锅炉效率	90%
HRSG 效率	90%
全局动力需求	30MW
最小动力输入	0MW
最大动力输入	30MW
最小动力输出	0MW
最大动力输出	50MW
动力费用（输入）	0.118 \$ · kWh^{-1}
动力价格（输出）	0.0942 \$ · kWh^{-1}
动力分配损失	2%
冷却水费用	0.005 \$ · kWh^{-1}
软化水费用	0.005 \$ · kg^{-1}

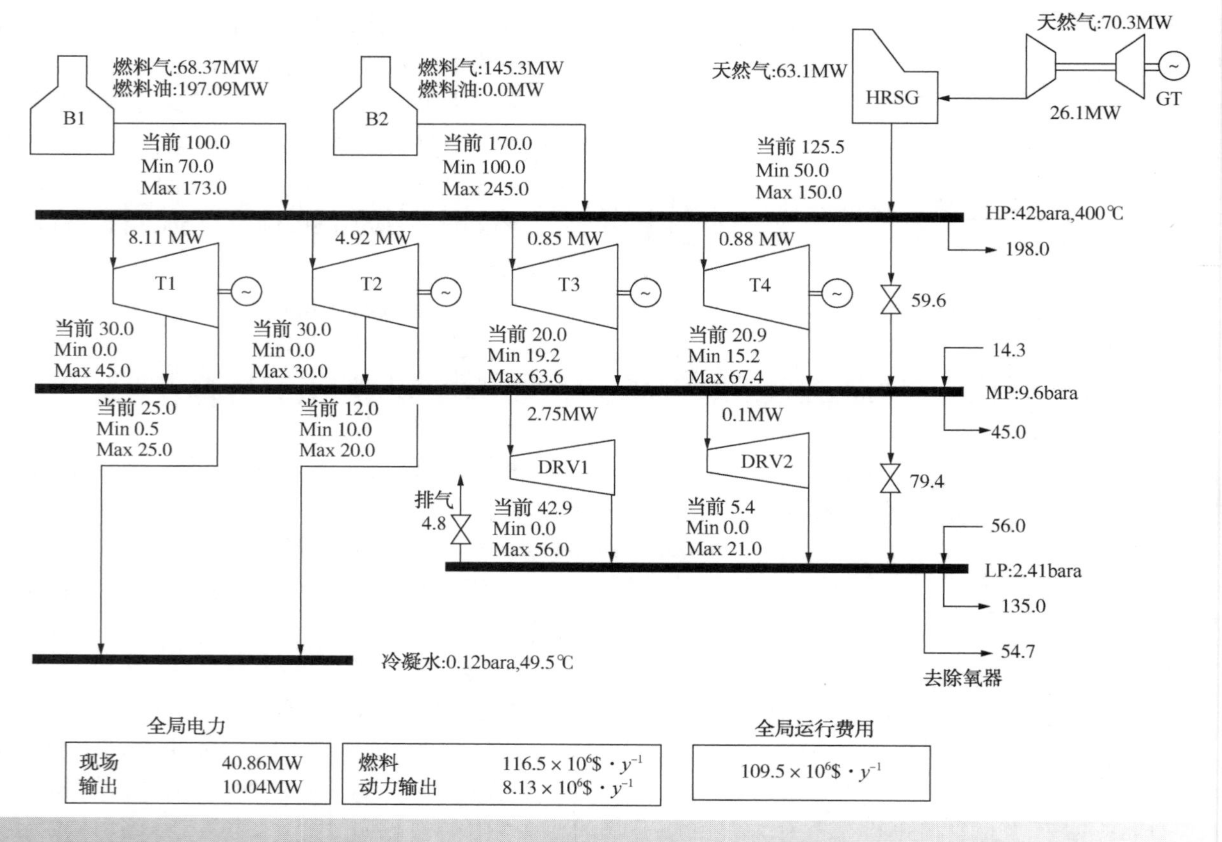

图 23.59 一个全局公用工程系统的当前运行条件(流量为 $t \cdot h^{-1}$)

表 23.7 图 23.59 中公用工程系统燃料费用

燃料	低热值/	密度/	价格	
	$kJ \cdot kg^{-1}$	$kg \cdot m^{-3}$	$\$ \cdot kg^{-1}$	$\$ \cdot kW \cdot h^{-1}$
燃料油	40245	890	0.6260	0.0560
燃料气	32502	0.668	0.3174	0.0352
天然气	46151	0.668	0.4880	0.0381

如果蒸汽管线的条件(温度和压力)是固定的，而且蒸汽锅炉、汽轮机、汽轮机性能模型和成本假定为常数或是线性函数，则可以用线性规划进行优化。实际上，即使通过压力控制固定蒸汽管路的压力，温度(和焓)也将随着通过汽轮机和减压站的流量而变化。如果考虑这些，那么该模型就变为非线性优化。优化可以通过非线性规划或迭代线性规划方法来实现。对于迭代线性规划的方法，首先对蒸汽系统模型进行模拟，并固定蒸汽管线的压力和温度。然后使用线性规划优化模型模拟。模型的再次模拟确定了蒸汽管线的温度。然后固定这些温度，使用线性规划再次优化模型并再次模拟，直到收敛。

对于大型现场，一条长蒸汽管线沿管线的条件会不均一，因为蒸汽没有很好地混合，而且沿着管线会有明显的压降。因此，在大型现场同一管线不同部分的条件可能有所不同。如果这变成一个重要的问题，那么如果假设蒸汽管线内混合良好，则必须在模型中创建额外的蒸汽管线，以反映相同蒸汽管线在不同地理位置时的不同条件。

图 23.60 为优化系统的条件。表 23.8 比较了图 23.59 所示基础案例的费用和图 23.60 所示的优化系统的费用。需要注意的是，可能需要稍微调整设置，以允许小流量通过 HP-MP 减压站。

可见，在这种情况下，优化能够将总运行成本降低 13%。通过优化降低费用的程度将视具体情况而言，但对于大型复杂系统，通常约为 5% 或更少。

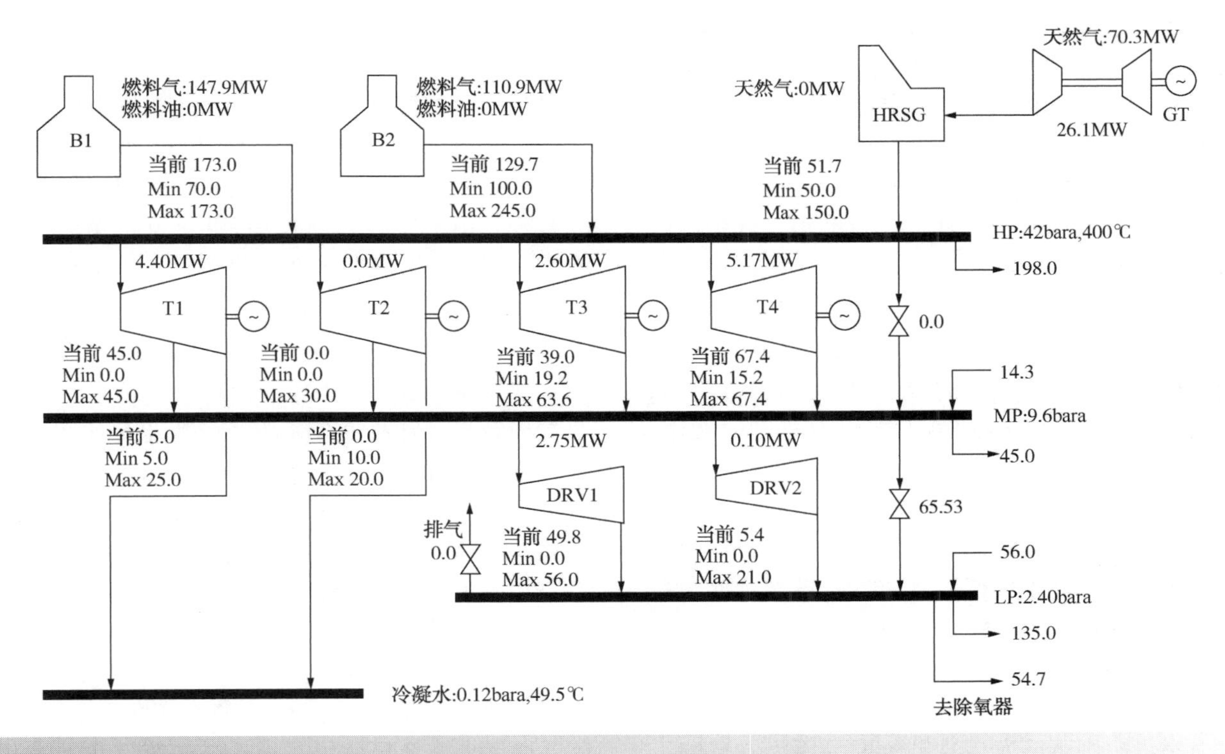

图 23.60 全局公用工程系统优化的运行条件

表 23.8 图 23.60 中优化的公用工程系统性能

费　用	基础案例	优化系统
输出动力	8.13×10^6	6.07×10^6
燃料	116.5×10^6	101.2×10^6
总运行费用	109.5×10^6	92.27×10^6

最后，到目前为止所有的讨论都假设有一组需要优化的操作条件。这几乎是没有的情况。首先，过程和公用工程装置的关闭和维护期间会有不同的蒸汽流量和限制条件，导致出现不同的操作情况。更为复杂性的是，在大多数情况下，输入电力的费用和输出电力的收益会根据一天中的不同时间段、一周中的周末还是工作日以及一年中的季节而变化。对于这些费率，通常会与电力供应商协商并形成固定模式，但仍然是复杂的。这些不同的费率也提供了不同的需要优化的操作情况。因此，需要许多不同的优化来反映全年每种操作的情况。因此公用工程系统的运行设置应该根据每种情况而改变，以反映新情况。在线优化对这方面是有帮助的。

如果需要全年的优化，也许设计需要修改，则不同的操作情况需要根据每个情况的持续时间进行加权，并组合起来以给出年度结果（Iyer and Grossmann，1998）。

23.11 蒸汽费用

蒸汽费用在第 2 章中有简要的介绍。蒸汽费用计算的理念是从生产最高压力蒸汽的燃料成本中扣除蒸汽膨胀到较低压力得到的动力的价值。采用简单的汽轮机等熵效率模型来计算通过汽轮机膨胀产生的动力量的价值。这代表蒸汽费用的简化结果。该方法适用于尚无蒸汽系统细节的新设计。它不考虑现有设备、设备性能以及现有设备和现有蒸汽网络的约束。对于现有的蒸汽系统，可以使用本章讨论的建模和优化方法来建立蒸汽的真实费用模型。需要考虑两种不同的情况。

1）蒸汽热负荷固定时的蒸汽费用。在第一种情况下，现场过程中的蒸汽热负荷是固定的，目的是计算蒸汽费用，以便将费用分摊到现场的过程和任务中。为了计算现有蒸汽系统的真实蒸汽费用，首先需要开发现有系统的模型。该模型应反映现有设备的性能以及现有设备和蒸汽网络的约束。该模型还应包括各种过程现有的蒸汽加热需求。然后优化该模型，如上节所述。公用工程锅炉在最高压力下发生蒸汽的费用可以从优化模型中计算出来。主要是燃料费用，也可能包括其他费用，如原水、水处理、劳动力、锅炉给水泵的动力和除氧蒸汽费用等。计算出最高压力蒸汽的费用后，该模型还能计算出蒸汽从最高压力膨胀到第二高压力的做功量。然后从公用工程锅炉中产生最高压力蒸汽的费用中减去膨胀产生做功量的价值，可以得到第二高压力蒸汽的费用。下一级压力等级的计算重复此过程。因此，每个等级蒸汽的费用是上一级蒸汽的费用减去上一级等级蒸汽膨胀到该级产生动力量的价值。如果有公用工程锅炉产生较低压力蒸汽，那么这些锅炉的运行费用也必须加在该级别的蒸汽费用上。

在极端情况下，这种计算蒸汽费用的方法可能会导致低压蒸汽出现负费用。如果燃料便宜且电力昂贵，则可能发生这种情况。因为它反映了真正的经济性，所以这不是原则性问题。全局公用工程系统受益于低压蒸汽热阱的可用性。但应该强调的是，如果低压蒸汽具有负费用，并不意味着显著增加低压蒸汽的使用是经济的。如稍后将讨论的那样，蒸汽的费用可能随着其消耗量的变化而改变。

还应该指出的是，考虑一天中不同时段、一周中的不同的日期和一年中的不同季节可能发生的电价变动将改变优化结果，从而改变蒸汽费用。根据费率的相对持续时间可以对其取平均值。

2）蒸汽热负荷改变时的蒸汽费用。在第二种情况下，需要在热负荷变化时确定蒸汽费用。这可能是要求减少能源需求的项目(例如，用于增加热回收的换热网络改造)。或者，项目可能涉及由于新工厂的启动或现有工厂的扩建而导致的热需求增加。仍然以蒸汽系统的模型以及优化现有的蒸汽加热负荷为第一步。从现有蒸汽负荷的模型中计算所得蒸汽费用，对于是否可以用于不同的蒸汽负荷下给定蒸汽管线的蒸汽费用，可能是有疑问的。然而，情况并非如此。一旦蒸汽管线的负载变化，蒸汽系统的最佳配置就会改变，还会遇到对现有设备的约束，所有这些都需要考虑。

再次考虑图 23.60 中优化的蒸汽系统。假设可以减少该全局过程中的高压蒸汽需求，如改进了过程中的热回收。这样节省的蒸汽实际上价值多少？蒸汽锅炉和燃气轮机 HRSG 产生高压蒸汽。如果节省了蒸汽，首先要采取的措施明显就是减少公用工程锅炉的蒸汽发生，从而节省燃料费用。但是，节省燃料费用将伴随着动力费用的增加。这是由汽轮机的蒸汽流量减少导致的，这反过来又减少了热电联产和电力输出(或者在另外一些情况下是额外的电力输入)。因此，无法直接确定与节省蒸汽有关的经济效益是什么。另一种方法处理由于蒸汽节省而过剩的高压蒸汽，是通过替代路径传递热量，例如传递到凝汽式汽轮机，这将产生额外的动力，从而获得经济效益。在一个复杂的公用工程系统中，热量可以通过许多途径流经公用工程系统。流经不同路径将具有不同的经济效果。

在评估与节约蒸汽相关的真正的经济效益时，必须考虑全局公用工程系统的蒸汽和动力平衡，以及燃料和动力费用(或输出电力的收益)。一般来说，节约蒸汽所产生的过程需求蒸汽过剩可以通过以下方式利用：

- 节省公用工程锅炉燃料；
- 将蒸汽传递到凝汽式汽轮机来产生额外的动力；
- 将剩余蒸汽经背压式汽轮机排放而产生额外的动力；
- 蒸汽加热器改用比原用蒸汽压力更低的蒸汽，使蒸汽膨胀到比先前更低的压力等级。

如果产生蒸汽，而不是使用蒸汽，原则是相同的。例如，假设通过改进过程热回收，过程产生额外的高压蒸汽送至图 23.60 中的高压蒸汽管线。这导致高压蒸汽过剩，同样的原则也适用于寻求利用过剩高压蒸汽的最有效方法。

由于能量回收的改进或全局生产情况变化，给定管线的蒸汽需求可能会减少。或者由于生产率的增加，蒸汽需求可能会增加。一般来说，管线中的蒸汽平衡可能会因以下原因而改变：

- 增加或减少过程蒸汽需求；
- 增加或减少过程蒸汽发生；
- 将过程需求从一种蒸汽等级改换到另一种蒸汽等级；

• 改变公用工程系统，例如关闭锅炉、汽轮机等。

由节能项目或生产变化造成的蒸汽需求变化后，调整其真正成本的唯一方法是使用上一节中描述的优化方法。首先必须建立现有公用工程系统的优化模型。从最贵的(通常是最高压力)蒸汽管线的蒸汽负荷开始，负荷逐渐减少，在每个设定的蒸汽负荷下重新优化公用工程系统。蒸汽负荷只能减少到不违反流量约束的程度。

蒸汽边际成本的概念用于定义蒸汽需求变化的引起的费用问题。蒸汽边际成本定义为给定蒸汽管线的单位蒸汽需求的变化所引起的公用工程系统运行费用的变化(Sun，Doyle and Smith，2015b)：

$$MC_{蒸汽}=\frac{\Delta \mathrm{Cost}}{\Delta m_{蒸汽}} \qquad (23.51)$$

式中 $MC_{蒸汽}$——蒸汽的边际成本；

ΔCost——成本变化量；

$\Delta m_{蒸汽}$——蒸汽流量的变化量。

特别要强调，运行费用的变化为蒸汽需求变化之前的最佳运行和蒸汽需求变化后的最佳运行之间的费用差值。显然，结果对于不同的情况是不同的，每个蒸汽等级将具有不同的边际成本。此外，当节省的蒸汽量不同时，该等级蒸汽的边际成本可以改变。

大多数情况下，目标在于确定潜在的节能项目所节约蒸汽的价值(Varbanov，et al，2004；Sun，Doyle and Smith，2015b)。第一步是优化初始蒸汽需求下公用工程系统的运行。然后逐渐减少所选管线的需求。每减少一步，整个公用工程系统优化一次。重复该过程，直到无法进一步减少蒸汽使用(或增加蒸汽产生)。

图23.61为图23.60中蒸汽边际成本与高压蒸汽节省量的关系(Sun，Doyle and Smith，2015b)。这种情况是复杂的，涉及上下阶跃变化。边际成本中的每一步变化都是由新约束下或新约束组合下的优化引起的。例如，在图23.61中，从当前高压蒸汽负荷为198t·h^{-1}开始，其他蒸汽负荷固定，初始节约的高压蒸汽边际成本为32.9＄·h^{-1}。下一步节省11.5t·h^{-1}的高压蒸汽，边际成本变为33.9＄·h^{-1}。该步骤是通过联合使用背压式和凝汽式汽轮机来减少高压蒸汽负荷。凝汽式汽轮机运行时至中压蒸汽管线抽汽流量达到最大，冷凝流量为最小。高压和中压之间减压阀的蒸汽流量为零。高压蒸汽节省量大于11.5t·h^{-1}(高压蒸汽负荷低于186.5t·h^{-1})时，关闭凝汽式汽轮机更为经济，将背压式汽轮机流率设置为最大，与通过高压-中压减压阀的蒸汽保持平衡。进一步节省蒸汽，达到高压蒸汽节省85.6t·h^{-1}(高压蒸汽负荷低于112.4t·h^{-1})。此时，两台锅炉都处于最小点火状态，HRSG中不燃烧燃料。由于燃气轮机假定持续在满负荷下运行，当蒸汽节省量超过85.6t·h^{-1}时，需要减少HRSG中的蒸汽产生。然而，由于锅炉处于最小点火状态，HRSG中不燃烧燃料，所以节约更多蒸汽不会节省成本，导致边际成本为零。当凝汽式汽轮机至中压蒸汽管线抽汽流量达到最大且冷凝流量为最小，一台背压式汽轮机减少其流量，高压-中压减压阀流量变为零，锅炉1的流量略高于其最小流量，则可以进一步节省蒸汽3.5t·h^{-1}。额外的发电量的价值大于背压式汽轮机的发电损失值与增加的锅炉燃料费用之和。图23.61中高压蒸汽边际成本的每一步改变都是由于系统约束条件的影响。

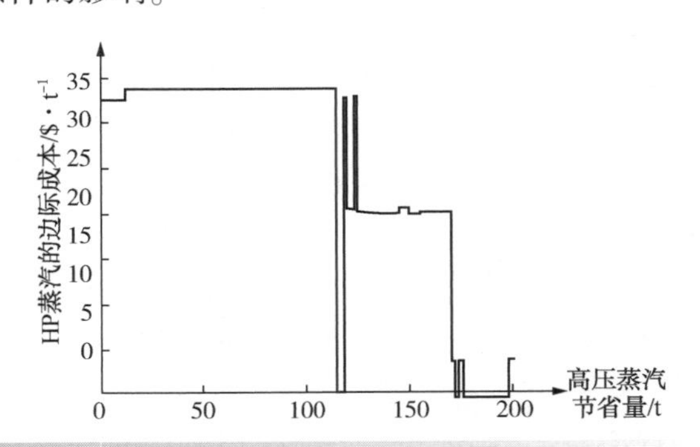

图23.61 高压蒸汽的边际成本

在制定节能策略方面难以解释边际成本变化模式。可以根据下式累积边际成本(Sun，Doyle and Smith，2015b)：

$$CC_{蒸汽}=\sum MC_{蒸汽}\times \Delta m_{蒸汽} \qquad (23.52)$$

式中 $CC_{蒸汽}$——蒸汽的累积成本。

接下来可以对累积成本和蒸汽节省量绘图，如图23.62所示。这显示了节省高压蒸汽的总体效益随着节约量的增加而下降。节省高压蒸汽量超过 170t · h^{-1}后就不再经济。

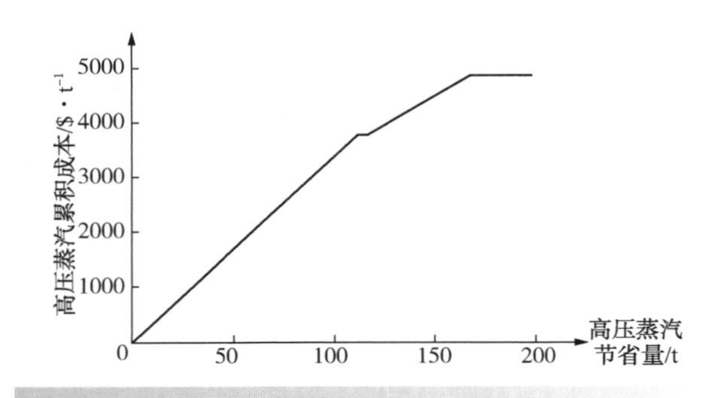

图 23.62 高压蒸汽累积成本

接下来的一个问题是，高压蒸汽的边际成本和累积成本是否受到其他蒸汽管线蒸汽需求变化的影响。现在考虑图 23.60 中中压蒸汽的边际成本。开始时为了计算中压蒸汽的边际成本，高压蒸汽的原始流量恢复为 198t · h^{-1}。图 23.63 显示了高压蒸汽流量为 198t · h^{-1}时中压蒸汽的边际成本。图 23.63 也显示了高压蒸汽流量为 86t · h^{-1}和 31t · h^{-1}时中压蒸汽的边际成本。显然不同蒸汽管线的蒸汽边际成本相互影响。中压蒸汽的边际成本取决于高压蒸汽的节省量。图 23.63 中的边际成本再次显示了蒸汽系统约束引起的阶跃式变化模式。高压蒸汽节省量分别为 198t · h^{-1}、86t · h^{-1}和 31t · h^{-1}时中压蒸汽的累积蒸汽成本如图 23.64 所示。从图 23.64 可以看出，高压蒸汽节约量越大，节省中压蒸汽的效益就越低。事实上，高压蒸汽节约超出一定量后，节省中压蒸汽也适得其反(Sun, Doyle and Smith, 2015b)。

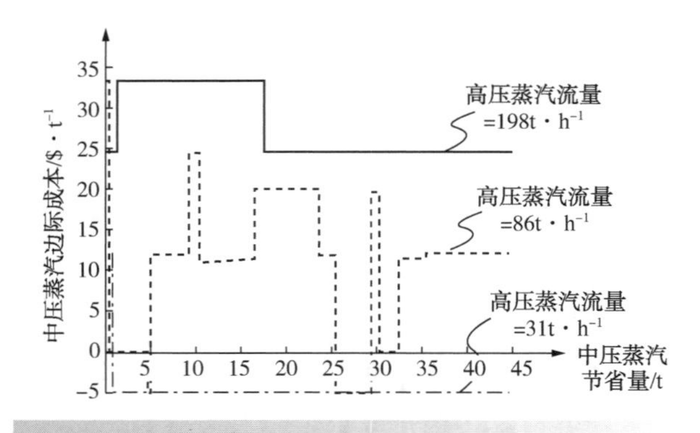

图 23.63 高压蒸汽不同节省量下中压蒸汽的边际成本

这个例子说明，当过程中使用复杂的公用工程系统时，简单的蒸汽成本不能用于评估节省蒸汽的收益。需要一个模拟和优化模型，用以评估不同等级蒸汽节约组合下节省蒸汽的真正价值。可以测试不同蒸汽等级的节约组合。不同的组合将导致不同的边际成本和不同的经济效益。绘制蒸汽边际成本和累积成本可以帮助说明蒸汽节约策略。必须记住，边际成本和累积成本并不是说能够节约一定程度的蒸汽，而只是给出一定节省蒸汽量的经济效应。

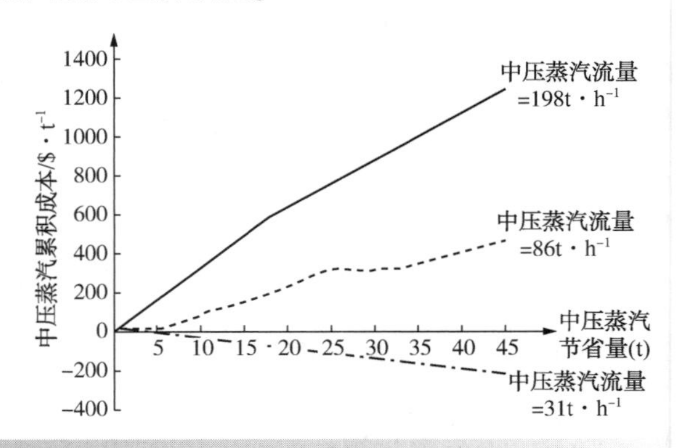

图 23.64 不同高压蒸汽节省量下的中压蒸汽累积成本

还应该强调的是，电力和燃料费率的变化会改变其结果。因此，针对峰谷电价等可以生成如图 23.61 ~ 图 23.64 的图表。在设计研究中为了获得适合的蒸汽节省量，需要对不同的运行情景采用平均值。根据相对持续时间，加权不同费率的边际成本，可以获得平均值。

现在设计人员的任务是考虑使用高压蒸汽的过程，并确定节能项目是否经济。

到现在为止的讨论集中在改造全局的现有过程以减少蒸汽消耗或增加蒸汽产生。另一方面，也可能遇到全局中要增设新过程的情况，使得对蒸汽系统的需求增加。这可以通过增加蒸汽的消耗而不是减少蒸汽的消耗来进行同样的分析，并确定新过程蒸汽的边际成本。同样地，现有公用工程系统中的约束条件可能导致蒸汽边际成本的阶跃。这可能需要改进公用工程系统，解决约束问题，以便降低向该过程提供蒸汽的成本。

图 23.61 ~ 图 23.64 显示，当负荷可变(增加或减少)时，一般来说，给某等级蒸汽的价值分配一个固定值并不正确。该等级蒸汽的价值

取决于该等级蒸汽的消耗量，以及燃料费用、动力费用、设备性能、设备约束等。给定等级的变化的蒸汽价格可以与该等级通常的单一边际成本形成对比，不考虑负荷。蒸汽负荷的变化不仅可能来自节能项目或正在投产的新过程，而且可能来自现有过程生产模式发生变化而导致的日常变化。使用这种方法可以为任何蒸汽负荷模式确定蒸汽的真实成本。现有公用工程系统的细节已包括在费用分析以及与该系统相关的所有费用和约束中。与不考虑这些细节的方法相比，它可以给出非常不同的任何等级蒸汽负荷变化下的成本。

23.12　蒸汽系统和热电联产——总结

大多数过程加热是由现场不同压力等级的蒸汽来提供的。通常，会有两个或三个蒸汽管线分配不同压力下的蒸汽。蒸汽系统不仅从过程加热的角度来看是重要的，而且它在现场产生大量的动力。

对原水需要进行锅炉给水处理，以清除固体悬浮物、溶解固体、溶解盐和溶解气体(特别是氧气和二氧化碳)。原水进入现场，通常会过滤，并通过软化或离子交换除去溶解盐。主要的问题是钙离子和镁离子。然后除去溶解气体，并在进行化学处理后用于蒸汽发生。

根据蒸汽压力、产汽量和燃料类型，蒸汽锅炉有多种类型。需要通过排污以除去锅炉给水处理中未除去的溶解固体。锅炉效率取决于其负荷。

燃气轮机由机械连接的压缩机和涡轮机组成。在压缩机之后，燃料燃烧向压缩气体释放能量，实现净产能。燃气轮机有多种尺寸可供选择，但有标准规格。热排气可用于产生蒸汽，并且可以通过补燃来提高排气的温度。燃气轮机的性能可以建模为连接在一起的压缩机和膨胀器，并考虑燃烧室中的压降。部分负荷可以通过燃料的质量流量来简单关联建模。

汽轮机将蒸汽的一部分能量转换为动力，而且有不同的配置。汽轮机可以分为两个基本类别：背压式汽轮机和凝汽式汽轮机。汽轮机的效率及其动力输出取决于进入汽轮机的蒸汽流率。在合理的操作范围内，性能特征可以通过简单线性关系来建模。

蒸汽系统的配置通常是在锅炉产生大部分最高压力下的蒸汽，供给高压蒸汽管线。最高压蒸汽通常主要用于产生动力，而不是过程加热。蒸汽通过汽轮机或节流阀膨胀至较低压力。通过减压阀膨胀的蒸汽可为低压管线提供附加的过热，也可以通过注入锅炉给水降温。从大流量的高压蒸汽冷凝水中回收闪蒸蒸汽也是一个很好的做法。

全局复合曲线可用于在热力学上表征全局的加热和冷却需求。这需要分析全局的热负荷和温位。使用汽轮机和燃气轮机的模型，可以建立全局的热电联产目标。需要进行成本核算，以确定燃料需求和热电联产之间的最佳权衡。

在确定全局最合适的热电联产系统和设备驱动选择方面，全局功热比非常重要。现场许多不同类型的过程设备都需要驱动。可以采用发电来驱动电动机或直接驱动。直接驱动在公用工程系统操作方面是不灵活的。直接驱动和电动机的组合通常是全局的最佳解决方案。

复杂的蒸汽系统通常具有许多重要的自由度要优化。多个蒸汽发生装置、多个汽轮机、减压站、冷凝涡轮和通风口都提供了优化的重要的自由度。为了确定全局过程改造的蒸汽成本，需要开发优化模型。逐渐减少过程加热的蒸汽负荷，并在每个设置下重新优化蒸汽系统。蒸汽费用降低的结果确立了以降低蒸汽耗量为目的的改造项目的真正蒸汽费用。

23.13　习题

1. 生产能力为 100000kg · h^{-1} 的锅炉生产 40bar、350℃ 的蒸汽。来自除氧器的供水为 100℃，含有 100ppm 溶解固体。锅炉中允许的最大溶解固体量为 2000ppm。蒸汽系统运行中有 60%的冷凝水回水。蒸汽焓值数据见表 23.9。计算：

① 排污率。

② 锅炉效率为 88%时的能耗。

表 23.9 习题 1 焓数据

	焓/kJ·kg^{-1}
40bar，350℃下的蒸汽	3095
40bar 下的饱和蒸汽	2800
40bar 下的饱和水	1087
100℃下的水	422

2. 汽轮机的入口为 40bar(g)和 420℃蒸汽，假设其等熵效率为 80%，机械效率为 95%。使用表 23.10 中的蒸汽性质，计算在下述出口条件下，蒸汽流量为 10kg·s^{-1}时的功率和每千克排气的可用热量(即过热加潜热)：

① 20bar(g)；

② 10bar(g)；

③ 5bar(g)；

④ 当出口压力变化时，对排气中的热量可得出什么结论?

表 23.10 习题 2 的蒸汽性质

	H_{SUP}/ kJ·kg^{-1}	H_L/ kJ·kg^{-1}	S_{SUP}/ kJ·kg^{-1}·K^{-1}	ΔH_{IS}/ kJ·kg^{-1}
420℃，40bar(g)	3261	1095	6.828	0
20bar(g)		920.1		188.8
10bar(g)		781.4		346.1
5bar(g)		670.8		473.8

3. 汽轮机入口条件为 40barg 和 420℃，出口条件为 5bar(g)。根据表 23.3 的参数和表 23.10 的蒸汽性质，使用 Willans Line 模型，计算满负荷时汽轮机的功率，流量为 10kg·s^{-1}。

4. 抽汽式汽轮机的入口蒸汽为 30bar 和 400℃，假设机械效率为 95%。抽出蒸汽为 10bar，排气为 0.12bar。汽轮机满负荷时，进汽量为 40kg·s^{-1}，抽汽量 15kg·s^{-1}，剩下的 25kg·s^{-1}进行冷凝。根据表 23.3 的参数和表 23.11 的蒸汽性质，使用 Willans Line 模型，计算功率。

表 23.11 习题 4 蒸汽性质

	H_{SUP}/ kJ·kg^{-1}	S_{SUP}/ kJ·kg^{-1}·K^{-1}	ΔH_{IS}/ kJ·kg^{-1}
400℃，30bar	3232	6.925	0
10bar			290.1
0.12bar			1016.3

5. 现场蒸汽系统需要提供中压(MP)蒸汽，用于加热 200℃、120MW 和 150℃低压(LP)80MW 蒸汽。锅炉中产生 40bar、420℃的高压(HP)蒸汽，并通过汽轮机膨胀为中压蒸汽和低压蒸汽。饱和蒸汽的温度应高于加热温度 10℃。假设汽轮机的等熵效率为 70%，机械效率为 97%，计算热电联产目标。蒸汽性质可参见表 23.12。

表 23.12 习题 5 蒸汽性质

流股	P/ bar	H_{SUP}/ kJ·kg^{-1}	S_{SUP}/ kJ·kg^{-1}·K^{-1}	T_{SAT}/ ℃	H_{SAT}/ kJ·kg^{-1}	H_L/ kJ·kg^{-1}	ΔH_{IS}/ kJ·kg^{-1}
HP	40	3262	6.841	250.3	2800	1087	0
MP	19.1			210	2796	897.7	207.6
LP	6.18			160	2757	675.5	464.0

表 23.13 习题 6 问题表热级联结果

平均温度/℃	热通量/MW
400	15
400	20
170	20
115	21
115	11.5
100	12
100	0
80	1
80	17.5
50	18
50	5

6. 表 23.13 给出了一个过程的问题表热级联结果，ΔT_{min} = 10℃。在热电联产方案中，该过程要与具有单出口的汽轮机集成。入口蒸汽为 40bar 和 350℃。假设汽轮机满负荷，机械效率为 97%，根据表 23.3 中的参数，功率可以由 Willans Line 模型确定。计算满负荷下的汽轮机功率，汽轮机的入口蒸汽流量固定为满足过程加热要求。蒸汽性质可从表 23.14 获得。

表 23.14 习题 6 蒸汽性质

流股	P/ bar	H_{SUP}/ kJ·kg^{-1}	S_{SUP}/ kJ·kg^{-1}·K^{-1}	T_{SAT}/ ℃	H_{SAT}/ kJ·kg^{-1}	H_L/ kJ·kg^{-1}	ΔH_{IS}/ kJ·kg^{-1}
入口	40	3095	6.587	250.3	2800	1087	0
出口	1.985			120	2706	503.7	602.3

7. 以下是燃气轮机的数据：

功率	W	15MW
做功效率	η_{GT}	32.5%
排气流量	m_{EX}	$58.32kg \cdot s^{-1}$
排气温度	T_{EX}	488℃
排气热容	$C_{P,EX}$	$1.1kJ \cdot kg^{-1} \cdot K^{-1}$
排烟温度	T_{STACK}	100℃

① 计算燃料消耗 $Q_{燃料}$。

② 假设排气中72%的热量可以回收用于发生蒸汽，从非燃式余热锅炉可以产生多少MW蒸汽($Q_{蒸汽}$)？燃气轮机和余热锅炉系统的热电联产效率 η_{COGEN} 是多少？

③ 补燃($T_{SF}=800℃$)时，计算同一余热锅炉的补燃燃料消耗量 Q_{SF}，排气的可用热量 Q_{EX}，以及蒸汽发生量，余热锅炉效率为83%。

④ 补燃时，计算燃气轮机和余热锅炉系统的做功效率 η_{POWER} 和热电联产效率 η_{COGEN}。补燃是否提高 η_{POWER} 或 η_{COGEN}？

8. 燃气轮机性能数据如下：

电力输出	13.5MW
热速率	$10810kJ \cdot kWh^{-1}$
排气流量	$179800kg \cdot h^{-1}$
排气温度	480℃

排气用于在非燃式余热锅炉中产生蒸汽，最低排烟温度为150℃。排气的比热容为 $1.1kJ \cdot kg^{-1} \cdot K^{-1}$。蒸汽焓值数据见表23.15。计算：

① 燃料需求量(MW)。

② 燃气轮机的效率。

③ 在非燃式余热锅炉中，求从100℃的锅炉给水中产生10bar(a)和200℃的蒸汽量。余热锅炉的 $\Delta T_{min}=20℃$。

表 23.15　习题 8 焓数据

	焓/$kJ \cdot kg^{-1}$
200℃的蒸汽	2827
饱和蒸汽(179.9℃)	2776
饱和水(179.9℃)	763
100℃的水	420

9. 完成图23.65所示的蒸汽平衡。

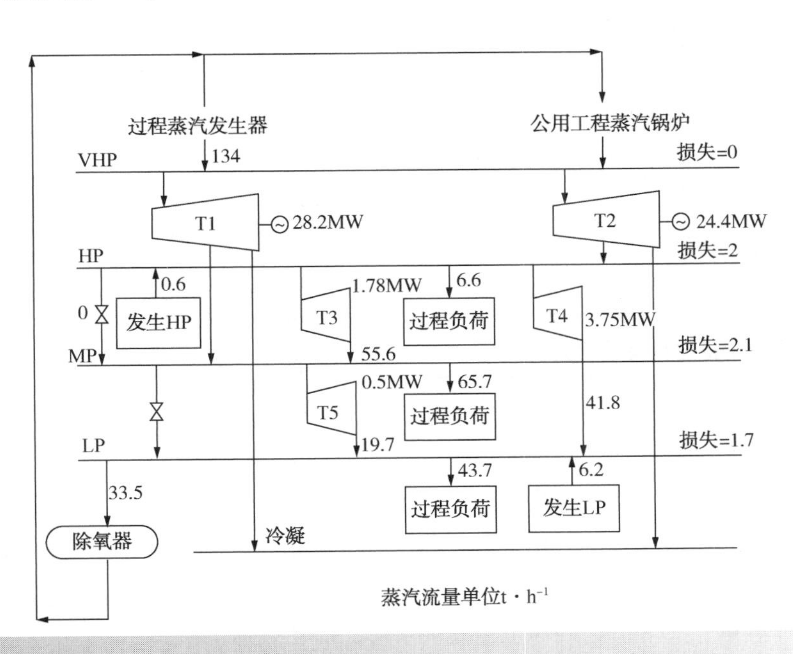

图 23.65　现场蒸汽平衡

① 计算通过T1和T2的抽汽流量。

② 假设功率固定，机械效率为97%，汽轮

机的出口焓等于蒸汽管中的焓，根据每个汽轮机的动力平衡，计算 T1 和 T2 的冷凝流量。汽轮机入口的蒸汽性质可以取表 23.16 给出的相应蒸汽管线中的蒸汽性质。图 23.65 中的蒸汽管线之间的等熵焓变见表 23.17。

③ 确定满足蒸汽需求时公用工程锅炉的蒸汽发生量。

④ 计算汽轮机 T4(负荷 = 3.75MW) 的等熵效率和总效率，假设入口条件见表 23.17，机械效率为 97%。

⑤ 汽轮机 T3 关闭，切换到电动机。假定蒸汽平衡的任何变化都不会改变汽轮机的入口条件。流经汽轮机 T4 和 T5 的蒸汽将保持其当前值。但是，通过汽轮机 T1 和 T2 的流量改变，以重新平衡蒸汽系统，同时保持当前的动力输出。如果这样做，公用工程锅炉需要产生多少蒸汽？这样的改变节省多少费用？假设每个蒸汽管线的条件是一定的，列在表 23.16 中。

锅炉效率 = 0.92

燃料成本 = 5.69 $ · GJ^{-1}

动力成本 = 55 $ · MW · h^{-1}

表 23.16 图 23.65 中蒸汽管线中的蒸汽性质

	压力/bar	过热温度/℃	焓/kJ · kg^{-1}	饱和温度/℃
VHP	100	500	3375	311
HP	40	400	3216	250
MP	15	300	3039	198
LP	4.5	200	2858	148
冷凝水	0.12		2591	49.4
BFW			504	

表 23.17 图 23.65 中的等熵焓变

进口	出口	ΔH_{IS}/kJ · kg^{-1}
VHP	HP	271.7
VHP	MP	507.6
HP	MP	235.8
HP	LP	467.5
HP	冷凝	991.6
MP	LP	231.6

10. 一家公司正在考虑实施热电联产方案。目前，公司每年从电网输入 50000MW · h 的电力，公司每年用燃气锅炉生产 80000MW · h 的蒸汽。提出用燃气轮机代替这种配置。通过热电联产方案，来自燃气轮机的余热可产生蒸汽用于满足蒸汽需求。假设燃气轮机的发电效率为 0.35，平均电费为 0.063 $ · kW · h^{-1}，天然气价格为 0.015 $ · kW · h^{-1}，锅炉效率为 0.9，燃气轮机每千瓦电力的装机费用为 1000 $ · kW · h^{-1}，公司每年运行 8000h。

① 计算当前操作方案和拟建热电联产方案的运行成本。

② 确定通过实施热电联产方案可以实现的节省和投资回收年限。

③ 从燃气轮机中回收排气热量时应考虑什么问题？

11. 建议在一个化工厂附近设置直燃式焚烧炉，目的是将直燃式焚烧炉烟气产生的蒸汽供给化工厂，ΔT_{min} = 10℃。表 23.18 中给出两个过程的问题表热级联。注意，T^* 表示 $\Delta T_{min}/2$ = 5℃ 时过程物流的平均温度。

① 绘制全局复合曲线。

② 假设安装一条 180℃ 的中间蒸汽管线，并且仅使用蒸汽的潜热，全局最低热量需求是多少？

③ 是否有全局夹点，如果有，温度是多少？

表 23.18 习题 11 的数据

直燃式焚烧炉		化工厂	
T^*/℃	Q/MW	T^*/℃	Q/MW
605	0	245	17
155	18	125	11
		45	0

参 考 文 献

Betz (1991) *Handbook of Industrial Water Conditioning*, 9th Edition, Betz Laboratories Inc.

Brooks FJ (2001) GE Gas Turbine Performance Characteristics, GE Power Systems GER-3567H.

Chou CC and Shih YS (1987) A Thermodynamic Approach to the Design and Synthesis of Utility Plant, *Ind Eng Chem Res*, **26**: 1100.

Del Nogal FL, Kim J-J, Perry S and Smith R (2010) Synthesis of Mechanical Driver and Power Generation Configurations, Part 1: Optimization Framework, *AIChE Journal*, **56**: 2356.

Dhole VR and Linnhoff B (1992) *Total Site Targets for Fuel, Cogeneration, Emissions and Cooling, ESCAPE – II Conference*, Toulouse, France.

Dryden IGC (1982) *The Efficient Use of Energy*, Butterworth Scientific.
Elliot TC (1989) *Standard Handbook of Powerplant Engineering*, McGraw-Hill.
Iyer RR and Grossmann IE (1998) Synthesis and Operational Planning of Utility Systems for Multiperiod Operation, *Comp Chem Eng*, **22**: 979.
Kemmer FN (1988) *The Nalco Water Handbook*, 2nd Edition, McGraw-Hill.
Kenney WF (1984) *Energy Conservation in Process Industries*, Academic Press.
Kimura H and Zhu XX (2000) R-Curve Concept and Its Application for Industrial Energy Management, *Ind Eng Chem Res*, **39**: 2315.
Klemes J, Dhole VR, Raissi K, Perry SJ and Puigjaner L (1997) Targeting and Design Methodology for Reduction of Fuel, Power and CO_2 on Total Sites, *J Applied Thermal Eng*, **17**: 993.
Mavromatis SP (1996) Conceptual Design and Operation of Industrial Steam Turbine Networks, PhD Thesis, UMIST, UK.
Mavromatis SP and Kokossis AC (1998) Conceptual Optimisation of Utility Networks for Operational Variations – I Targets and Level Optimisation, *Chem Eng Sci*, **53**: 1585.
Perry RH and Green DW (1997) *Perry's Chemical Engineers' Handbook*, 7th Edition, McGraw-Hill.
Peterson JF and Mann WL (1985) Steam System Design: How it Evolves, *Chem Eng*, **92** (21): 62.
Raissi K (1994) Total Site Integration, PhD Thesis, UMIST, UK.
Shang Z (2000) Analysis and Optimisation of Total Site Utility Systems, PhD Thesis, UMIST, UK.
Siddhartha M and Rajkumar N (1999) Performance Enhancement in Coal Fired Thermal Power Plants. Part II: Steam Turbines, *Int J Energy Res*, **23**: 489.
Sun L and Smith R (2015) Performance Modelling of New and Existing Steam Turbines, *Ind Eng Chem Res*, **54**: 1905.
Sun L, Doyle S and Smith R (2015a) Heat Recovery and Power Targeting in Utility Systems, *Energy*, **84**: 196.
Sun L, Doyle S and Smith R (2015b) Understanding Steam Costs for Energy Conservation Projects, *Applied Energy*, **161**: 647.
Varbanov PS, Doyle S and Smith R (2004) Modeling and Optimisation of Utility Systems, *Trans IChemE*, **82A**: 561.
Varbanov PS, Perry SJ, Makwana Y, Zu XX and Smith R (2004) Top Level Analysis of Utility Systems, *Trans IChemE*, **82A**: 784.

第24章 冷却和制冷系统

24.1 冷却系统

在大多数工业生产过程中，需要外部换热器来移除热量和控制温度。尽可能减少废热排放，这样既节约能源，又防止对环境的破坏。首先应优先考虑过程中的余热回收。如果余热的温位足够高，而过程本身又不需要用其加热，则应寻找机会将这些余热用于厂区内其他换热器。如第23章所述，热量可以通过蒸汽系统在各工艺间传递。其他传热介质(如热油)可用于在高温下传热。在低于蒸汽温度时，热量可以通过热水传递。有时也可以将余热排放至公用工程中，例如将余热用于锅炉给水预热或燃烧空气预热。一旦没有合适的热回收或有用的外部换热器，这些热量必须排放到环境中。

如果需要在高于环境温度的温度下排热，可以使用三种不同的方法：

- 直流冷却水；
- 循环冷却水系统；
- 空气冷却。

当冷却要求的温度低于空冷和水冷所能达到的温度时，则需要制冷系统。制冷系统是一种提供低温冷却的热泵。这意味着余热必须在一个较高的温度下通过外部的冷却公用工程(例如冷却水)、加热器或制冷系统排放到环境中，冷却系统需要与现场工艺、其他冷却系统以及加热公用工程系统集成。

首先考虑在环境温度以上的冷却。

24.2 直流冷却水

直流冷却水系统从河流、运河、湖泊或海洋取水，直接用于冷却，用后将其返回源头。以这种方式将废热排放到环境中会对环境产生影响，并可能对生态系统造成影响。废热排放导致的地表水和地下水温度的任何变化，都会影响水的化学、生化、水文性质，并可能对整个生态系统产生影响。直流冷却水系统需要一次性使用大量的水，才能满足冷却需求。这种方法简单而便宜，但会带来环境问题，除非在使用前对水进行预处理，否则会造成冷却器结垢。

当新鲜冷却水的使用受到限制，或相关环保法规限制了向河流、运河、湖泊、海洋中排放废热，就必须使用空冷系统或循环冷却水系统。循环冷却水系统是将热量排放至环境中最常用的方法。

24.3 循环冷却水系统

图24.1展示了循环冷却水系统的基本特征(Kröger，1998)。来自冷却塔的冷却水被泵送到冷却器，将工艺中的废热排放到环境中。冷却水在换热网络中被加热后返回冷却塔。回到冷却塔的热冷却水向下流过填料，以逆流或错流的方式与空气接触。填料为冷却水和空气之间的传热和传质提供足够大的接触面积。空气被加湿加热，向上流过填料。水在流经填料时主要通过蒸发来冷却。离开冷却塔顶部蒸发的水，反映了冷却塔的冷却负荷。水也会因漂移或风损而流失。漂移是空气中夹带的水滴离开塔顶。与蒸发不同，风损与循环水具有相同的组成。应尽量减少风损，因为它既浪费水，也可导致建筑物污染等。风损约为水循环率的0.1%～0.3%。如图24.1所示，需要排污防止循环中污染物的累积。需要补水以补偿蒸发、风损和排污造成的水损失。补水中含有的固体在循环中由于蒸发而累积。排污可以清除这些固体以及腐蚀产生的物质

和生长的微生物。循环系统需要通过化学药剂来抑制腐蚀和微生物生长。添加分散剂以防止固体沉积，缓蚀剂防止腐蚀，杀菌剂抑制微生物生长。图 24.1 是从冷却塔排污。排污取自冷却塔水池。如图 24.1 所示也可看作冷排污。或者，也可以在热循环水返回到冷却塔之前排出，作为热排污。采取热排污可能有助于提高冷却系统的散热，但从升高了排放温度的角度来看，可能不为环境所接受。

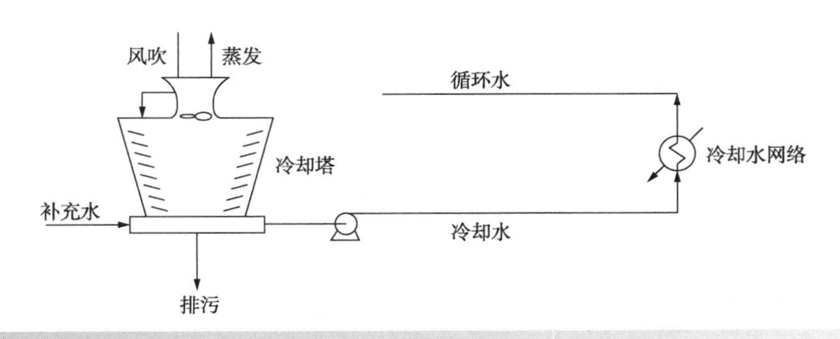

图 24.1 冷却水系统

24

冷却塔有不同的设计，通常可以分为以下两大类：

1）自然通风冷却塔。其通常由混凝土构建的双曲形空壳组成。壳的上部空的部分仅用于增加通风。下部填充填料。通过塔内的暖湿空气与较密集的环境空气之间的密度差产生通风。

2）机械通风冷却塔。机械通风冷却塔使用风机让空气通过冷却塔。在强制通风设计中，风机将空气吹入塔的底部。引风式冷却塔顶部有一个风机，用于吸引空气通过冷却塔。机械通风冷却塔的塔架高度不需要超过填料深度太高。大负荷的机械通风冷却塔通常由一系列并联运行的矩形单元构成，每个矩形单元都有自己的风机。

使用的填料类型可以像搅拌棒一样简单，但更可能是使用的与吸收和精馏塔中类似的填料。需要注意填料的温度限制。对于冷却水回水温度，塑料填料具有严格的温度限制。如果温度太高，塑料填料会变形，这将导致冷却塔性能的下降。聚氯乙烯的最高温度限制在 50℃左右。其他类型的塑料填料可承受高达 70℃的温度。

图 24.2 给出了冷却水系统基础的模型。对冷却塔：

$$T_0 = f(F_2, T_2, G, T_{WBT}) \quad (24.1)$$

$$F_0 = f(F_2, T_2, G, T_{WBT}) \quad (24.2)$$

$$F_E = f(F_2, T_2, G, T_{WBT}) \quad (24.3)$$

式中 T_0——冷却塔出口温度；

T_1，T_2——换热网络的进出口温度（T_2 为冷却塔的进口温度）；

T_{WBT}——入口空气的湿球温度；

F_0——冷却塔出口的水流率；

F_1，F_2——换热网络的进出口水流率；

F_E——蒸发率；

G——空气流率。

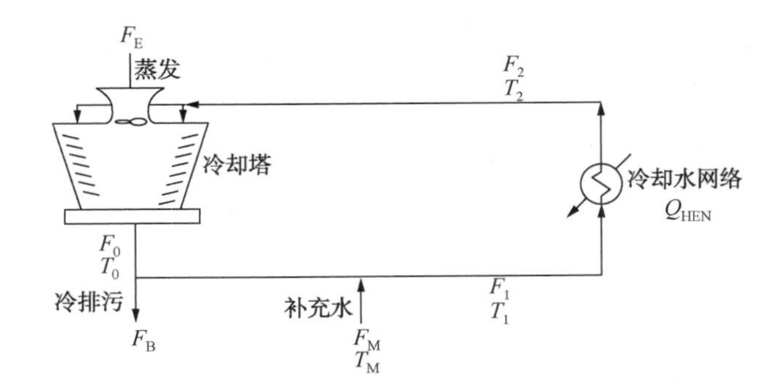

图 24.2 冷却水系统模型

T_0 和 T_{WBT}之差为进口空气的不饱和度。如果最初空气与水蒸气饱和，液体蒸发和湿球温度的降低均不会发生。设计中可用的简单冷却塔模型可参阅文献（Kim and Smith，2001）。

从冷却塔进口冷却水的温度和流率，可以观察到冷却塔设计的一般趋势。对给定冷却塔固定流率，提高进口温度可以提高冷却塔性能，可移除更多的热量(Kim and Smith，2001)。另一方面，给定冷却塔固定进口温度，如果进口流率降低，可以提高冷却塔性能，可移除更多的热量(Kim and Smith，2001)。因此，当最大化冷却塔进口温度并最小化进口流率时，冷却塔性能最高(Kim and Smith，2001)。由于上述的冷却塔存在填料、结垢、腐蚀等问题，冷却塔对最高回水温度有约束。

如图24.3a所示，水冷器通常为并联连接。如果工艺冷却负荷允许冷却器如图24.3b所示的串联连接，就会降低冷却水流率并提高回水温度。图24.3a的并联结构对换热网络设计有利，而图24.3b的串联结构对冷却塔的设计有利。例如，如果现有的冷却塔已处于最大容量，其容量可以通过将一些冷却器从并联改为串联而得到提升。

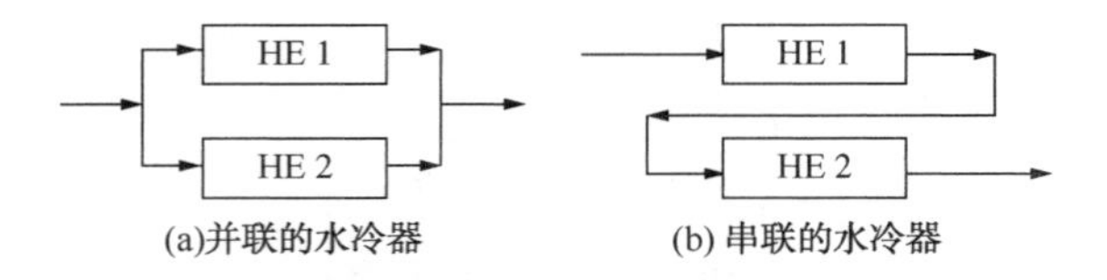

图24.3 水冷器的并联和串联结构
(Kim and Smith R，(2001) Cooling Water System Design，Chem Eng Sci，56：3641，with permission from Elsevier)

参考图24.2，冷却塔的补充水和排污形成了下式的物料平衡：

$$F_1 = F_0 - F_B + F_M \qquad (24.4)$$

式中 F_1——进入换热网络的水流率；

F_B——冷却塔排污率；

F_M——补水率。

如果假定水的热容为常数，则能量平衡如下：

$$F_1 T_1 = (F_0 - F_B) T_0 + F_M T_M \qquad (24.5)$$

式中 T_1——换热网络的进口温度(加入补水后)；

T_0——冷却塔的出口温度(加入补水前)；

T_M——补水的温度。

换热网络的热负荷为

$$Q_{HEN} = (T_2 - T_1) C_P F_2 \qquad (24.6)$$

式中 Q_{HEN}——换热网络的冷却负荷；

C_P——水的比热容。

由于蒸发的水是纯水，固体就留在了循环水中，使其浓度高于补水浓度。排污从系统中清除固体。注意，排污的化学组成与循环水相同。浓缩系数是排污中的溶解固体与补水中的溶解固体的对比。例如，浓缩系数为3时，排污水中的固体浓度是补水的3倍。为了实现计算，排污定义为所有的非蒸发水损失(风损、泄漏和有目的的排污)。原则上，补水和排污中的任何可溶组分都可用来定义浓缩系数。例如，氯化物和硫酸盐在高浓度下可以溶解。因此，浓缩系数定义为

$$CC = \frac{C_B}{C_M} \qquad (24.7)$$

式中 CC——浓缩系数；

C_B——排污的浓度；

C_M——补水的浓度。

固体的物料平衡为(假定蒸发的固体为0)

$$F_M C_M = F_B C_B \qquad (24.8)$$

联立式24.7和式24.8，有

$$CC = \frac{F_M}{F_B} \qquad (24.9)$$

则

$$F_M = F_B + F_E \qquad (24.10)$$

联立式24.9和式24.10，有

$$F_B = \frac{F_E}{CC-1} \qquad (24.11)$$

$$F_M = \frac{F_E CC}{CC-1} \qquad (24.12)$$

图24.4为补水、排污、蒸发损失和风损与浓缩系数之间的关系。对一个给定的冷却塔设计，固定热负荷并固定条件，当浓缩系数变化时，蒸发损失和风损为常数。但是，当浓缩系数增加时，排污量减小，因此补水量减少。如26章中所讨论的，从全局水耗的观点，这是一个重要的因素。

提高浓缩系数的结果是，由于溶解的固体水平增加，腐蚀和沉积倾向也随之增加。虽然冷却系统的水耗降低，但增加了化学药剂的需求量。

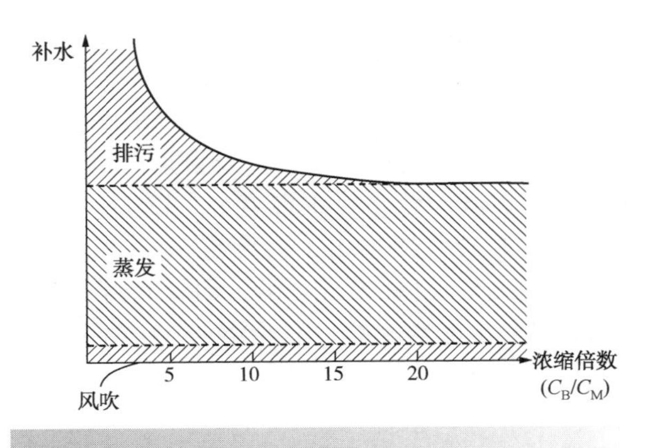

图 24.4　冷却塔补水和排污的关系

24.4　空冷器

高于环境温度的热量可以通过空冷换热器或者翅片-风扇换热器直接排放到环境中(Kröger, 1998)。图 24.5 展示了三种空冷换热器设计。在这些设计中，待冷却的流体流过管子的内部，而外部的空气通过风扇从管外吹过。在管外壁，通常采用增大表面积(如翅片等)的方法来强化传热。如第 12 章所述，通常情况下会采用高翅片管。翅片可以使用以下三种方式之一来设计：

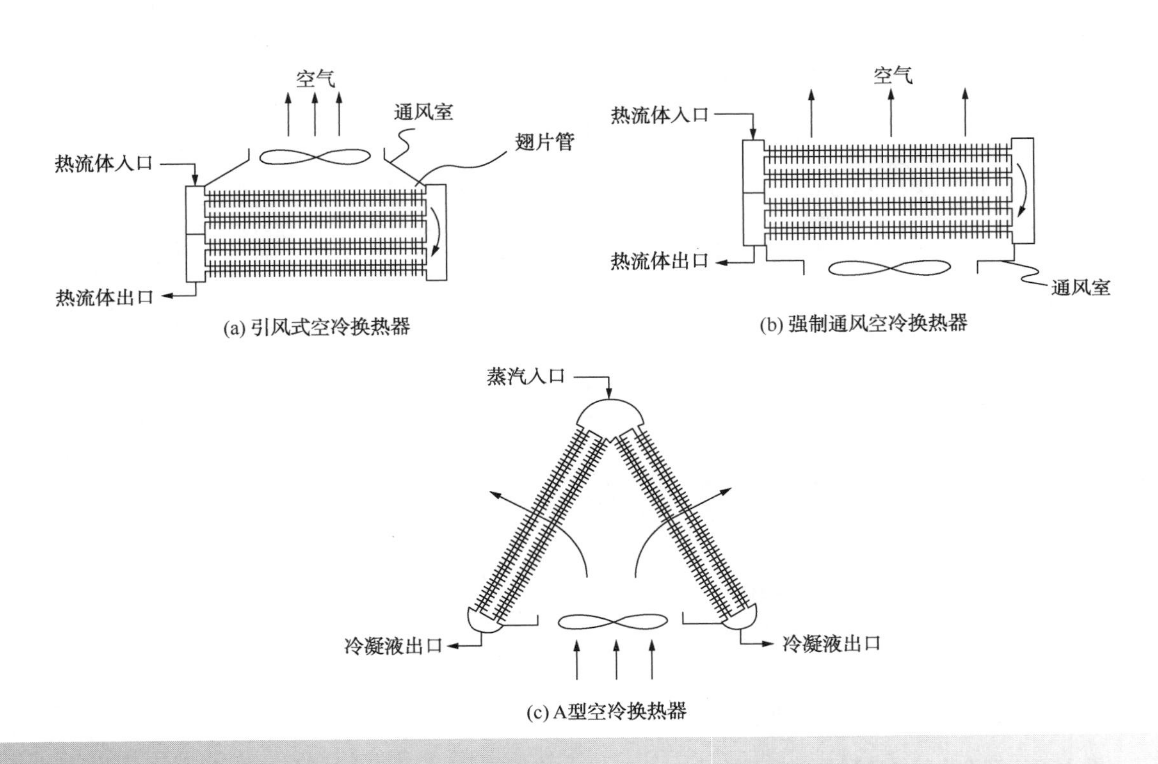

图 24.5　空冷换热器

- 缠绕在管外的"L"形的铝条。
- 将铝条螺旋缠绕在管外侧的预切螺旋槽内。
- 铝管壁挤压翅片。由内管和外管组成的双金属管，外管是挤压翅片与铝管构成，内管可以采用与标准换热器管相同的材料和尺寸。

如果不使用一体式翅片，则管壁和翅片的连接处将产生额外的传热阻力。类似的，如果采用双金属管(双层管)，则需要考虑两层管子连接处产生的额外热阻。由于这些热阻难以量化，因此在设计初期通常不予考虑。

传热强化取决于管径、翅片的尺寸，单位长度的翅片数、翅片在管上布置的形式、管的排布形式(正方形或三角形)、管和翅片的材料，以及空气和管侧的流速、物性、温度、污垢特性。图 24.6 展示了很多可能性中的三种典型的空冷器的布局。管被分成多组矩形的管束，通常每组管束有 1~2m 宽。管束由工厂完成组装。每个管束通常有 2~10 行。管束被组装入包含一个或多个管束的托架中，每个管束连接入口和出口总管。每个托架可以使用一到三个风扇，这取决于管子布局的几何形状。

集管可以采用类似管壳式换热器的安装方式，通过安装分程隔板来实现多种流动形式。图 24.5a 和 b 展示了两种最为常见的两程布置，尽管单程或四程的布局也可行。这种错流需要校正因子 F_T。如第 12 章所述，可以假定空气侧是混合的而管侧是不混合的。虽然在垂直于流动方向有一些混合，但是在整个气体流动的横截面上混合并不理想。保守的假设是垂直于流动方向的气体完全混合。式 12.107 和式 12.108 给出了错流的 F_T，假定气体侧在垂直于流动方向是混合的，而管侧单程流经管子且不混合（图 12.18a）。式 12.109 和式 12.110 给出了错流的 F_T，此时气体侧在垂直于流动方向是混合的，而管侧为双管程逆流，且管侧流经管子时不混合，但在两个管程之间均匀混合（图 12.18a）。

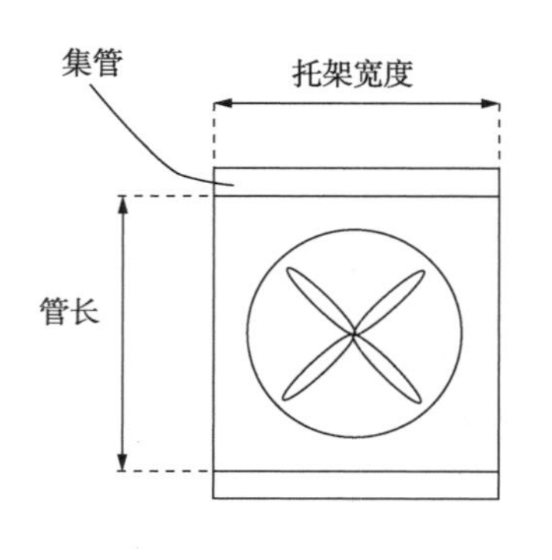

(a)每托架一个管束
每托架一个风扇
每单元一个托架

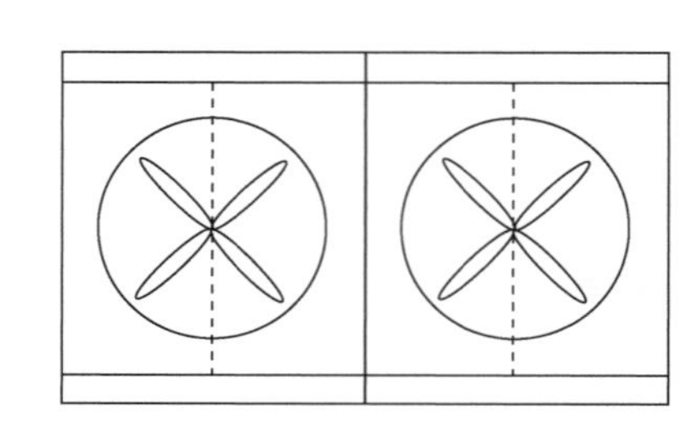

(b)每托架两个管束
每托架一个风扇
每单元两个托架

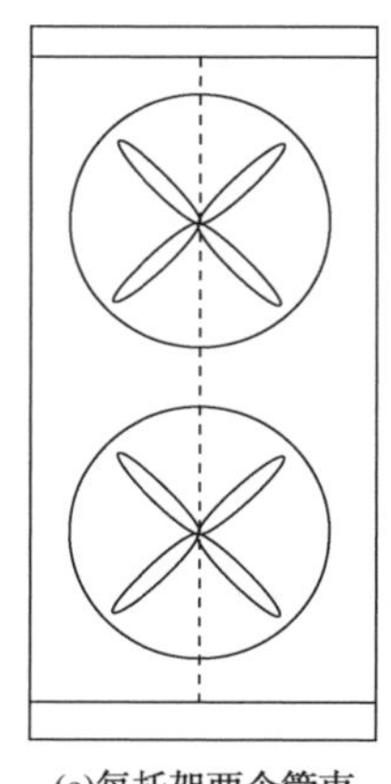

(c)每托架两个管束
每托架两个风扇
每单元一个托架

图 24.6 空冷换热器的一些典型布局

典型的外侧膜传热系数为 50~70W·m^{-2}·K^{-1}，污垢热阻为 3000W·m^{-2}·K^{-1}。典型的总传热系数的取值可参考表 24.1。表 24.1 假定管为高翅片管，但是换热面积是基于裸管面积。

表 24.1 空冷换热器典型总传热系数

（Hudson Products，2015）

任　务	总传热系数/W·m^{-2}·K^{-1}
液体冷却器	
水	680~880
轻烃	400~680
重烃	30~170
气体冷却器	
空气或烟气	55~170
烃类气体	170~510
冷凝器	
蒸汽	770~1100
烃类	400~600

在图 24.5a 中，管子水平安装，空气通过诱导通风的作用从管间穿过。在图 24.5b 中，管子也是水平安装，但是空气是通过强制通风穿过管间。图 24.5a 和 b 的两种水平布置在没有冷凝发生的时候是合理的，例如冷却液体或者不会发生凝结的气体。如果冷却负荷为冷凝，那么就要使用 24.5c 中的 A 形架构。此时管子倾斜，因此可以使冷凝的液体和蒸汽分离。

对于给定的空气质量流量，引风机的风力原则上要比鼓风机的风力大一点。因为引风机压缩的热空气密度较低，气体体积比鼓风机体积大。

不过引风机可以使气体在管束上分布更加均匀。而鼓风机的缺点是热空气可能会再循环到空气入口。单元的效能明显受环境因素和外表面污垢的影响。可以通过使用变桨距风扇叶片和变速电机来控制管道上的气流。应经常清洁外表面以保持其传热性能，通常采用水喷射的方式清洁。当环境温度较高时，也可以在外表面喷水来暂时增强热传递。如果换热器必须在冬季温度非常低的情况下工作，为允许部分热空气再循环，可以安装在装有百叶窗的机箱内来防止结冰。

空冷式换热器设计的一般指导原则如下（Kröger，1998；Serth，2007；Hudson Products，2015）：

- 气温通常被认为是一年中仅超过5%的温度。这意味着一年中有95%的时间空冷的冷却能力是过量的，因此需要合适的控制系统以避免过度冷却。应该取接近但低于可能遇到的最高温度作为空气温度。
- 相比不拥堵区域的环境温度，拥堵区域的循环可以将有效入口温度提高1~2℃。
- 迎风面上的空气流速通常在3~6m/s。
- 风扇的投影面积通常应比管的表面积大40%。
- 穿过管束的空气压降通常在100~200N·m^{-2}。
- 初步设计中通常将风扇效率假定在70%左右。
- 最小温差（工艺流体的出口温度和设计的空气温度之差）通常不低于10℃，常取20℃。
- 管内液体的流速通常在1~2m·s^{-1}。
- 对数平均温差校正因子 F_T 的值取决于管排数、管程数及管内的流动形式。在初步设计中，单程假设为0.9，双程为0.96，三程为0.99。应按照图24.5a和b的方式逆流排列。
- 管束通常是矩形的，由2~10排翅片管组成，排列在一个三角形节距上。
- 管子的直径在1.59~15.2cm，最常见的是2.54cm。
- 管间距通常在2.0~2.5倍的管径。
- 管长在2~18m。
- 翅片间距为275~430翅片·m^{-1}，翅片高度为8~25.4mm，翅片厚度为0.25~0.9mm，相邻翅片间隙为3~10mm。
- 在工厂组装运输时管束通常有一个约3.7m的宽度限制。当然，现场最终组装可以获得更宽的管束。

三角形排布的翅片管组的外侧传热系数可用式12.111（Briggs and Young，1963）计算。计算的细节已在12.8节中给出，

如图24.5所示的空冷换热器在某些工业中已非常普遍，特别是某些难以满足冷却水系统用量的缺水地区。此外，空冷相比于冷却塔对环境更为友好。

例24.1 流量为100000kg·h^{-1}的含烃流股经过空冷换热器从90℃冷却到50℃。含烃流股的热容是2.3kJ·kg^{-1}·K^{-1}。假定空气温度为25℃，进行初步设计。空气热容可以假定为1.01kJ·kg^{-1}·K^{-1}，密度为1.16kg·m^{-3}。假定空气出口温度为40℃：

① 以外径为2.54cm的管为基础，三角距为2.5倍直径，管长为10m，总传热系数为500W·m^{-2}·K^{-1}，初步设计管束。

② 假定空气流经管子的压降为150N·m^{-2}，风扇效率70%，电机效率90%，估算风扇需要的功率。

解：过程热负荷 $=\dfrac{100000}{3600}\times 2.3\times(90-50)$

空气流量 $=\dfrac{2555.6}{1.01\times(40-25)}\times\dfrac{1}{1.16}=145.42\text{m}^3\cdot\text{s}^{-1}$

$$\Delta T_{LM}=\frac{(90-40)-(50-25)}{\ln\left(\dfrac{90-40}{50-25}\right)}$$

$$=36.07℃$$

$$R=\frac{T_{P1}-T_{P2}}{T_{G2}-T_{G1}}=\frac{90-50}{40-25}$$

$$=2.6667$$

$$P=\frac{T_{G2}-T_{G1}}{T_{P1}-T_{G1}}$$

$$=\frac{40-25}{90-25}=0.2308$$

首先假定单程，从式12.107得：

$$F_T=\frac{\ln\left[\frac{1-P}{1-RP}\right]}{(1-R)\ln\left[1+\frac{1}{R}\ln(1-RP)\right]}R\neq1$$

$$=\frac{\ln\left[\frac{1-0.2308}{1-2.6667\times0.2308}\right]}{(1-2.6667)\ln\left[1+\frac{1}{2.6667}\ln(1-2.6667\times0.2308)\right]}$$

$=0.9374$

假定 $U=500\text{W}\cdot\text{m}^{-2}\cdot\text{K}^{-1}$，光滑管的传热面积为：

$$A=\frac{Q}{U\Delta T_{LM}F_T}$$

$$=\frac{2555.6}{0.5\times36.07\times0.9374}$$

$=151.2\text{m}^2$

单管的面积 $=\pi\times0.0254\times10=0.7980\text{m}^2$

管数 $=\frac{151.2}{0.7980}=189.5$

即 190

计算双排管时，根据式 12.114，束宽为：

$$=N_{TRPT}+\frac{3pT}{2}-d_R$$

$$=\frac{190}{2}\times0.0254\times2.5+\frac{3\times0.0254\times2.5}{2}-0.0254$$

$=6.102\text{m}$

迎风面 $=10\times6.102=61.02\text{m}^2$

校核空气流速

空气流速 $=\frac{2555.6}{1.01\times(40-25)}\times\frac{1}{1.16}$

基于迎风面的空气流速 $=\frac{45.42}{61.02}=2.38\text{m}\cdot\text{s}^{-1}$

该流速较低。也需要校核迎风面的长宽比：

$=\frac{10}{6.102}=1.6$

可以用两台风扇以得到较高的迎风面流速。计算 2 管程 4 排管，根据式 12.109：

$$F_T=\frac{\ln\left[\frac{1-P}{1-RP}\right]}{2(1-R)\ln\left[1-\frac{1}{R}\ln\left(\frac{\sqrt{\frac{1-P}{1-RP}}-\frac{1}{R}}{1-\frac{1}{R}}\right)\right]}R\neq1$$

$$=\frac{\ln\left[\frac{1-0.2308}{1-2.6667\times0.2308}\right]}{2(1-2.6667)\ln\left[1-\frac{1}{2.6667}\ln\left(\frac{\sqrt{\frac{1-0.2308}{1-2.6667\times0.2308}}-\frac{1}{2.6667}}{1-\frac{1}{2.6667}}\right)\right]}$$

$=0.9829$

管数 $=\frac{144.2}{0.7980}=180.7$

即 184

束宽 $=N_{TRPT}+\frac{3pT}{2}-d_R$

$$=\frac{184}{4}\times0.0254\times2.5+\frac{3\times0.0254\times2.5}{2}-0.0254$$

$=2.991\text{m}$

迎风面积 $=10\times2.991=29.91\text{m}^2$

基于迎风面的空气速度 $=\frac{145.42}{29.91}=4.86\text{m}\cdot\text{s}^{-1}$

该流速更为合理。校核迎风面长宽比 $=\frac{10}{2.991}=3.34$

可以布置 2 台风扇。

假定空气流经管子的压降为 $150\text{N}\cdot\text{m}^{-2}$，功率

$$=\frac{150\times145.42}{0.7\times0.9}$$

$$=34619\text{W}$$

这种初步设计需要在详细考虑内外传热系数的设计之后进行。

例 24.2 对例 24.1 的初步设计进行更详细的设计。例 24.1 的初步设计估算得到 184 根管子，长 10m，2 管 4 排。假定管子是带铝翅片的钢管。表 24.2 给出工艺数据，表 24.3 给出几何参数。

表 24.2 流 体 数 据

	烃	空气
流率/$\text{kg}\cdot\text{h}^{-1}$	100000	
初温/℃	90	25
终温/℃	50	40
密度/$\text{kg}\cdot\text{m}^{-3}$	663	1.16
热容/$\text{kJ}\cdot\text{kg}^{-1}\cdot\text{K}^{-1}$	2.3	1.01
黏度/$\text{N}\cdot\text{s}\cdot\text{m}^{-2}$	2.45×10^{-4}	1.87×10^{-5}
导热系数/$\text{W}\cdot\text{m}^{-1}\cdot\text{K}^{-1}$	0.10	0.0267
污垢系数/$\text{W}\cdot\text{m}^{-2}\cdot\text{K}^{-1}$	5000	3000

解： 可以用式 12.113 求出对流传热系数。首先计算管程传热系数。管程速度为：

$$v_\text{T}=\frac{m_\text{T}(N_\text{P}/N_\text{T})}{\rho(\pi d_\text{I}^2/4)}$$

$$=\frac{(10000/3600)(2/184)}{663(\pi\times0.0198^2/4)}$$

$$=1.479\text{m}\cdot\text{s}^{-1}$$

管内雷诺数为：

表 24.3 空冷器几何参数

管外径 d_O/mm	25.4
管内径 d_I/mm	19.8
管心距 p_T/mm	$2.5\times d_\text{O}$
管长 L/m	10.0
翅片数 N_F/m^{-1}	350
翅片高 H_F/m	0.0127
翅片厚 δ_F/m	0.0005
管导热系数/$\text{W}\cdot\text{m}^{-1}\cdot\text{K}^{-1}$	45
翅片导热系数/$\text{W}\cdot\text{m}^{-1}\cdot\text{K}^{-1}$	206

$$Re=\frac{\rho v_\text{T}d_\text{I}}{\mu}$$

$$=\frac{663\times1.479\times0.0198}{2.45\times10^{-4}}$$

$$=79247$$

为湍流，故管内传热系数可以用式 12.59 计算：

$$K_{\text{hT4}}=0.023\frac{k}{d_\text{I}}Pr^{0.4}\left(\frac{\rho d_\text{I}}{\mu}\right)^{0.8}=0.023\times\frac{0.10}{0.0198}\times\left(\frac{2300\times2.45\times10^{-4}}{0.10}\right)^{0.4}\times\left(\frac{663\times0.0198}{2.45\times10^{-4}}\right)^{0.8}=1408.1$$

为了计算管外传热系数，首先用式 12.116 计算废气的最大流速。空气的最大流速为：

$$m_\text{G}=\frac{2555.6}{1.01\times(40-25)}$$

$$=1.479\text{kg}\cdot\text{s}^{-1}$$

式 12.116 给出气体的最大流速：

$$v_{\max}=\frac{m_\text{G}}{\rho L\left[N_{\text{TR}}(p_\text{T}-d_\text{R}-2H_\text{F}\delta_\text{F}N_\text{F})+\frac{3p_\text{T}}{2}-d_\text{R}\right]}$$

$$=\frac{168.7}{1.16\times10.0\left[\frac{184}{4}(2.5\times0.0254-0.0245-2\times0.0127\times0.0005\times350)+\frac{3\times2.5\times0.0254}{2}-0.0254\right]}$$

$$=8.988\text{m}\cdot\text{s}^{-1}$$

$$Re=\frac{\rho d r_\text{R}v_{\max}}{\mu}=\frac{1.16\times0.0254\times8.988}{1.87\times10^{-5}}=14162$$

$$Pr=\frac{C_P\mu}{k}=\frac{1.01\times10^3\times1.87\times10^{-5}}{0.0267}=0.7074$$

根据式 12.113：

$$Nu=0.134Re^{0.681}Pr^{1/3}\left(\frac{1}{H_FN_F}-\frac{\delta_F}{H_F}\right)^{0.2}\left(\frac{1}{\delta_FN_F}-1\right)^{0.1134}$$

外膜传热系数为：

$$h_O=\frac{0.0267}{0.0254}\left[0.134\times14162^{0.681}\times0.7074^{1/3}\times\left(\frac{1}{0.0127\times350}-\frac{0.0005}{0.0127}\right)^{0.2}\times\left(\frac{1}{0.0005\times350}-1\right)^{0.1134}\right]$$

$$=71.27\text{W}\cdot\text{m}^{-2}\cdot\text{K}^{-1}$$

需要根据式 12.117 计算翅片效率：

$$\kappa=\left(\frac{2h_O}{k_F\delta_F}\right)^{1/2}=\left(\frac{2\times71.27}{206\times0.0005}\right)^{1/2}=37.318$$

$$\psi=\left(H_F+\frac{\delta_F}{2}\right)\left[1+0.35\ln\left(\frac{d_R+2H_F+\delta_F}{d_R}\right)\right]$$

$$=\left(0.0127+\frac{0.0005}{2}\right)\times\left[1+0.35\ln\left(\frac{0.0254+2\times0.0127+0.0005}{0.0254}\right)\right]$$

$$=0.01614$$

$$\eta_F=\frac{\tanh(\kappa\psi)}{\kappa\psi}$$

$$\frac{\tanh(37.318\times0.01614)}{37.318\times0.01614}=0.8944$$

用式 12.119 计算加权效率需要计算 A_{ROOT} 和 A_{FIN}：

$$A_{ROOT}=\pi d_RL(1-N_F\delta_F)=\pi\times0.0254\times10.0\times(1-350\times0.0005)=0.6583\text{m}^2$$

$$A_{FIN}=\frac{\pi N_FL}{2}[(d_R+2H_F)^2-d_R^2+2\delta_F(d_R+2H_F)]$$

$$=\frac{\pi\times350\times10.0}{2}[(0.0254+2\times0.0127)^2-0.0254^2+2\times0.0005\times(0.0254+2\times0.0127)]$$

$$=10.920\text{m}^2$$

$$\eta_W=\frac{A_{ROOT}+\eta_FA_{FIN}}{A_{ROOT}+A_{FIN}}=\frac{0.6583+0.8944\times10.920}{0.6583+10.920}=0.9004$$

每根管的外部总面积为：

$$A_O=0.6583+10.920=11.578\text{m}^2$$

用式 12.120 计算总传热系数：

$$\frac{1}{U}=\frac{1}{\eta_Wh_O}+\frac{R_{OF}}{\eta_W}+\frac{A_O}{\pi d_RL2k_W}\ln\left(\frac{d_R}{d_I}\right)+\left(\frac{A_O}{\pi d_IL}\right)\left(R_{IF}+\frac{1}{h_T}\right)$$

$$U=\left[\frac{1}{0.9004\times71.72}+\frac{1/3000}{0.9004}+\frac{11.578}{\pi\times0.0254\times10.0}\times\frac{0.0254}{2\times45}\ln\left(\frac{0.0254}{0.0198}\right)+\frac{11.578}{\pi\times0.0254\times10.0}\left(\frac{1}{5000}+\frac{1}{1925.8}\right)\right]^{-1}$$

$$=36.602\text{W}\cdot\text{m}^{-2}\cdot\text{K}^{-1}$$

从例 24.1 可知，$F_T=0.9829$，基于翅片管面积，所需传热面积为：

$$A_{REQUIED}\frac{Q}{U\Delta T_{LM}F_T}$$

$$=\frac{2555.6\times10^3}{36.602\times36.07\times0.9829}$$

$$= 1969.4\text{m}^2$$

可用面积为：

$$A_{\text{AVAILABLE}} = N_{\text{T}} \times A_{\text{O}}$$
$$= 184 \times 11.578$$
$$= 2130.4\text{m}^2$$

可用的面积大于所需的面积（2130.4 − 1969.4）= 26.1m^2。在例 24.1，假定总传热系数为 500W·m^{-2}·K^{-1}。本例中，基于翅片管面积的总传热系数为 36.602W·m^{-2}·K^{-1}。将其转换为基于裸管面积的值为：

$$U_{\text{BARETUBE}} = U_{\text{FINNED}} \frac{A_{\text{FINNED}}}{A_{\text{BARETUBE}}}$$
$$= 36.602 \times \frac{11.578}{\pi \times 0.0254 \times 10}$$
$$= 531.1\text{W} \cdot \text{m}^{-2} \cdot \text{K}^{-1}$$

该值略高于例 24.1 中的假设值，导致设计的面积大了 8%。这可以看作是偶然发生的。面积过大或不足都可以通过调整一些参数来修正。空气流率、管径和管子排布、翅片尺寸和间距，都可以改变。最简单的办法通常是调整管数。但是要注意，当面积不足时，简单地增加额外的管子可能是不安全的。因为增加额外的管子降低了管侧流速，降低了管内的传热系数，增加了迎风面积，降低了外侧流速和传热系数。在本例中，面积过大可以通过去掉一些管子来调整。但是，这将增大空气流速和管外传热系数。可能需要同时调整管数和管长，以维持合理的长宽比。

24.5 制冷

许多化工过程是在低于环境温度下进行，例如气体分离、天然气液化。需要在低于环境温度的条件下排放热量，则需要制冷。制冷系统就是一个提供比冷却水或空冷更低冷却温度的热泵（Gosney，1982；Isalski，1989；Dossat，1991）。因此，以制冷的方式移除热量，需要在更高的温度条件下排放热量。这样的高温条件可来源于外部冷公用工程(例如冷却水)、换热网络中的热阱，或是其他制冷系统。对于运行在低温下的化工过程，制冷是非常重要的，它可以用来冷凝气体(Isalski，1989)、结晶固体、控制反应等，以及保鲜食品和用于空调系统。通常情况下，冷凝系统的冷却温度越低，负荷越大，系统就越复杂。像液化和气体分离(例如乙烯、液化天然气等)这样的化工过程，就需要复杂的制冷系统。

制冷系统主要分为两大类：

- 压缩式制冷；
- 吸收式制冷。

压缩式制冷是目前最常见的制冷方式，吸收式制冷只应用于少数特殊情况。

首先考虑一个简单理想化的压缩式制冷循环，制冷剂为纯组分制冷剂，如图 24.7a 所示。过程冷却由液态制冷剂在蒸发器中汽化来实现。气液相混合的制冷剂在点 1 进入蒸发器后蒸发产生冷却效果，在点 2 离开蒸发器。然后气态制冷剂被压缩后到点 3。在点 3 处，气态制冷剂不但压力高，而且由于压缩而过热。压缩后，气态制冷剂进入冷凝器，降温冷凝，在点 4 成为饱和液相离开冷凝器。之后，液相制冷剂膨胀到较低压

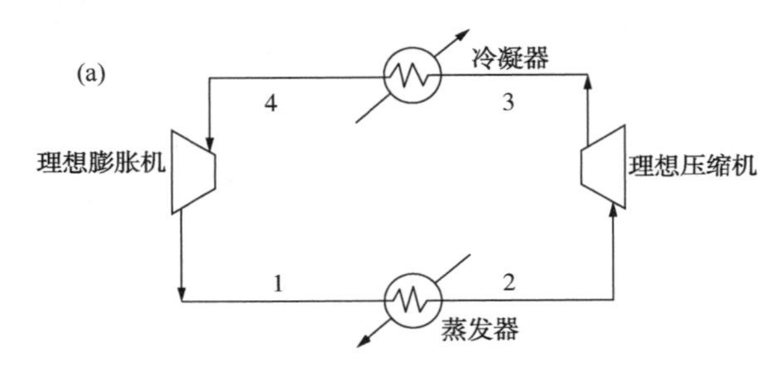

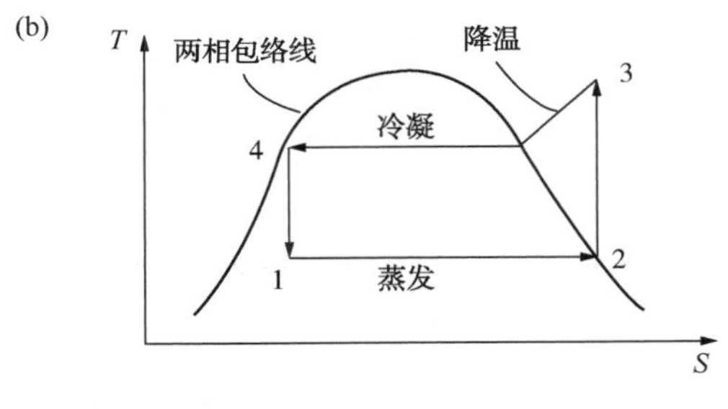

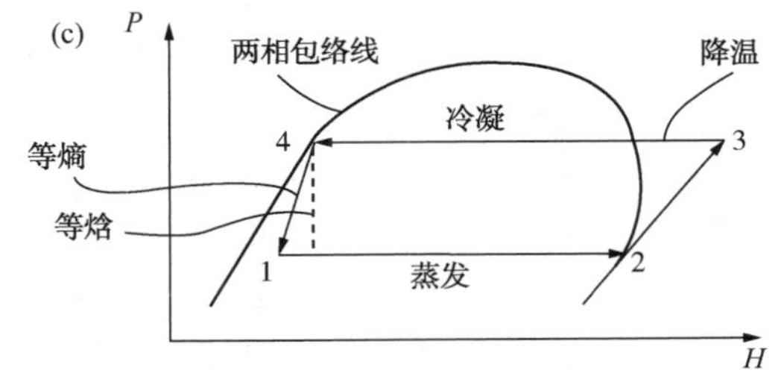

图 24.7 简单(理想)压缩式制冷循环

力下的点 1。液相制冷剂在膨胀器中部分汽化，产生制冷效应，完成循环。图 24.7b 所示为温-熵的循环图。该图中所示为两相包络线，在该线内，制冷剂为汽液两相共存。该线左侧为液相，右侧为气相。在点 1 处，气液两相混合物的制冷剂进入蒸发器，等温汽化到点 2。从点 2 至点 3 是一个压缩过程，该过程假设为理想压缩过程，即等熵过程。从点 3 到点 4，是降温冷凝的过程，4 点为饱和液体。点 4 至点 1 的过程中，制冷剂膨胀，因为假设该过程是理想的，故无熵增。在图 24.7c 中，将同样的制冷表示在压-焓循环图上。同样明显地给出了两相包络线。从点 1 至点 2，制冷剂在蒸发器中，焓值增加。从点 2 至点 3，制冷剂在压缩机中压力增加，焓值也相应增加。从点 3 至点 4，由于冷却和冷凝，虽然制冷剂的压力不变但焓值下降。在点 4 和点 1 之间，在膨胀器中压力下降，由于假设为等熵过程，制冷剂的焓值下降。图 24.7 假设的是理想等熵膨胀和压缩过程。接下来考虑非理想膨胀和压缩过程。

图 24.8a 再次展示了一个单组分制冷剂的简单压缩制冷过程，但现在用膨胀阀(节流阀)而不是理想膨胀机，该循环的压缩过程也是非理想的。如图 24.8b 所示的温-熵图，压缩过程中，熵是增加的。膨胀过程中，熵也是增加的。如图 24.8c 的压-焓图上，制冷剂在由点 2 到点 3 时，相比等熵压缩，该非理想压缩过程的焓变更大。现在，假设从点 4 至点 1 的过程是等焓的，因此在压-焓图中，这一过程是一条垂直的线。

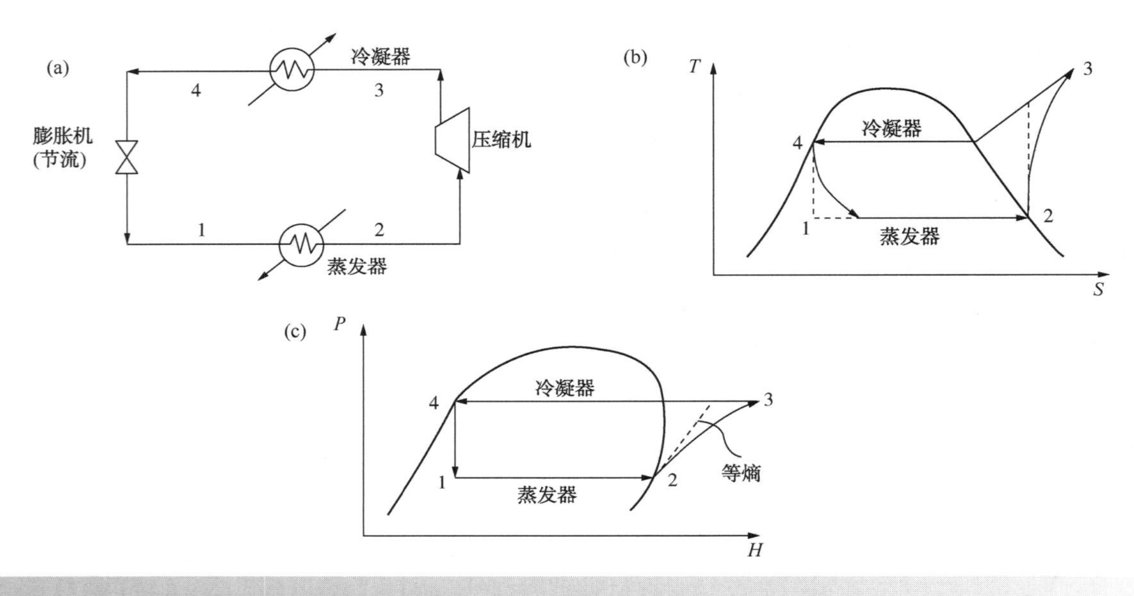

图 24.8 有膨胀阀和非理想压缩的简单压缩式循环图

图 24.9a 是一个相应的简单压缩制冷循环，但冷凝液过冷。该过程和之前的基本相同，只是冷凝器出口液相为过冷状态。这一过冷的效果，可在图 24.9b 的温-熵图和 24.9c 的压-焓图中看出。图 24.9 所示的液体过冷，对制冷循环是有好处的。在制冷剂进入膨胀过程之前的流体过冷，所以在膨胀过程达到指定温度下时，制冷剂气化较少。这使得在进入蒸发器前的 1 点，制冷剂液相的比例更高。液相制冷剂在蒸发器中可以产生制冷效应，而气相制冷剂却不可以，因为气相制冷剂进出蒸发器时，焓值不会改变。若制冷剂的液相组分更多，在一定的冷却负荷下，制冷剂流率可以降低，这又使得压缩机负荷也降低。因此过冷液体使循环的整体效率提升。

在图 24.7a，图 24.8a，图 24.9a 中，液相制冷剂在膨胀过程中，产生的气液两相混合物直接进入蒸发器提供冷量。对于在饱和状态下的气液两相单组分制冷剂，气相不产生制冷效应，因为气相物质进出蒸发器无焓值变化(忽略压降)。只有液体的气化产生制冷效应。有些制冷设计采用制冷剂膨胀后的气液分离器。分离出的蒸气直接进入压缩机，分离出的液体进入蒸发器，汽化后进入压缩机。从热力学的角度来看，这种增加气液分离器的工艺与没有气液分离器的工艺是对等的(忽略压降)。增加这样的分离器，投资和系统的复杂性会增加，而从热力学的角度来看，没有给系统带来优势。是否需要安装这样的分离器，很大程度上取决于蒸发器所使用的换热器类型。例如，若蒸发过程是在釜式再沸器的壳程进行，处理气液两相的制冷剂是完全没有问题的，所以气液分离器也没有必要安装。但是，如果蒸发过程是在板翅式换热器的通道内进行，因为气液两相的制冷剂在这样的歧管中无法均匀分布，就会出现问题。这种情况下，通常会安装气液分离器。

如图 24.10 所示制冷循环的性能是由性能系数来评价的(COP_{REF})。性能系数是制冷量与所需功率的比值。

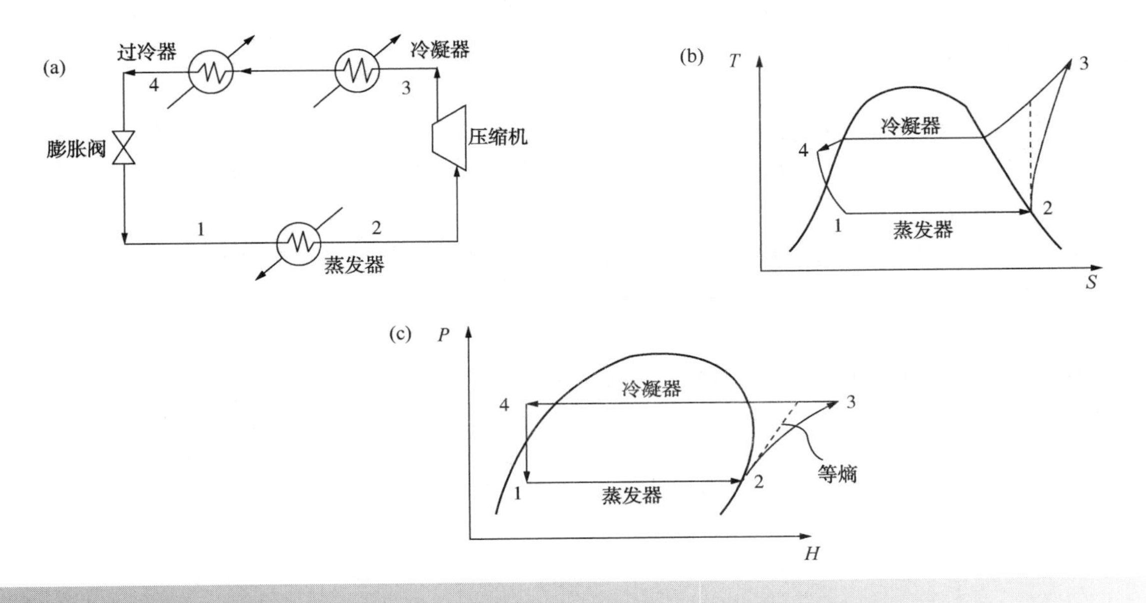

图 24.9 过冷凝液的简单压缩式循环图

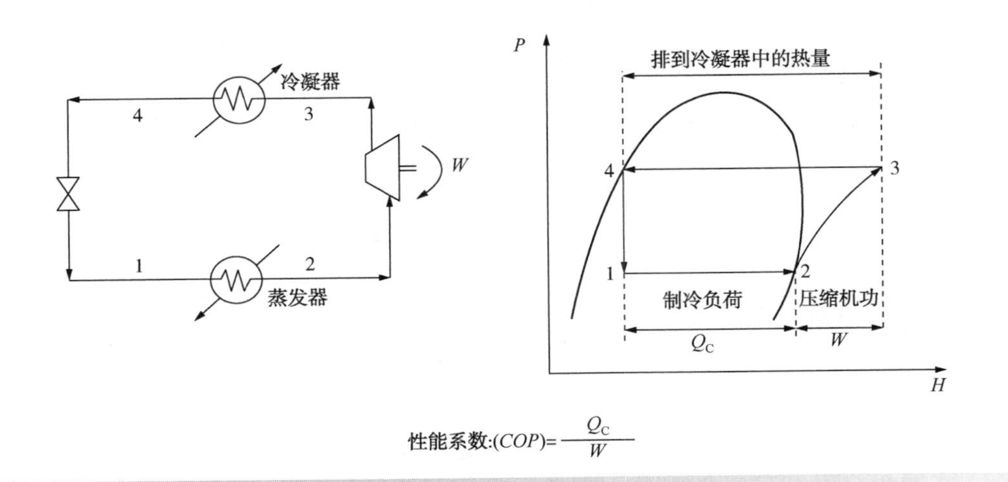

图 24.10 实际制冷循环性能

$$COP_{REF}=\frac{Q_C}{W} \quad (24.13)$$

式中 Q_C——制冷量；

W——制冷所需功率。

性能系数越高，则制冷循环的效率越高。理想的性能系数可定义为

$$\text{Ideal}COP_{REF}=\frac{Q_C}{W}=\frac{T_{ECVAP}}{T_{COND}-T_{EVAP}} \quad (24.14)$$

式中 T_{EVAP}——蒸发温度，K；

T_{COND}——冷凝温度，K。

实际性能可在公式 24.14 基础上，引入卡诺效率来预测

$$COP_{REF}=\frac{Q_C}{W}=\eta_C\frac{T_{ECVAP}}{T_{COND}-T_{EVAP}} \quad (24.15)$$

式中 η_C——卡诺效率。

卡诺效率是工作流体的物理性质、循环结构、系统压力和压缩机性能的函数。制冷循环的卡诺效率可以通过软件模拟来得到，这点将在后面讨论。在首次预测循环的性能时，效率可取近似值 0.6。

从公式 24.15 可以明显看出，在一定的冷却负荷下，制冷循环的温差($T_{COND}-T_{EVOP}$)越大，性能系数越低，所需功率越高。

例 24.3 估算一个制冷循环的性能系数与所耗功率：$T_{EVAP}=-30℃$，$T_{COND}=40℃$，$Q_{EVAP}=3MW$。

解：

$$COP_{REF}\approx0.6\frac{243}{313-243}=2.08$$

$$W\approx\frac{3}{2.08}=1.4MW$$

以上讨论的简单制冷循环，提供的制冷温度可低至-40℃。对于更低的制冷温度，则需要更复杂的制冷循环。

如图 24.11a 所示引入多级压缩与膨胀，是减少制冷循环功率需求的一种方式。系统的膨胀过程有 2 级，在两级之间，有一个气液分离器。从气液分离器分离出的气相制冷剂直接进入高压压缩阶段。分离出的液相制冷剂去第二级膨胀。因为有气液分离器，在低压压缩阶段中，气相制冷剂流率降低。这使得整体功率需求降低。图 24.11a 所示了介于高压压缩阶段和低压压缩阶段之间的中间冷却器。中间冷却器使高压压缩阶段的压缩功进一步降低，同时使整体功率需求降低。图 24.11b 是该制冷循环的压-焓图。

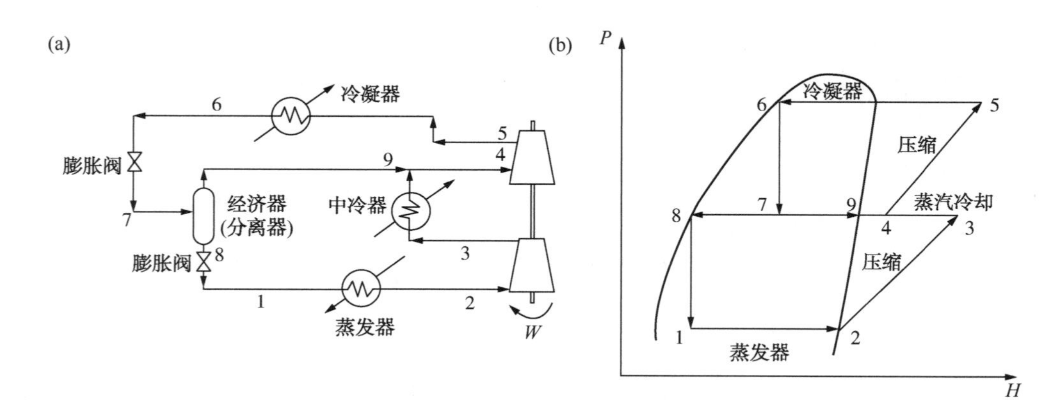

图 24.11 带有节能器的多级压缩与膨胀

图 24.12a 所示为通过多级压缩与膨胀降低制冷循环整体功率需求的另一种方法。系统的膨胀仍为 2 级，在两级之间，有一个气液分离器。但这次从第一级膨胀出来的冷液气，在预饱和器中直接与低压压缩阶段压缩后的蒸气接触。预饱和器通过直接接触冷却了低压压缩阶段出来的蒸气，其作用如同一个阶段的气液分离器。离开预饱和器的蒸气以饱和的状态去高压压缩阶段。预饱和器出来的液体去第二膨胀阶段。预饱和器的引入也降低了低压压缩阶段中蒸气流率，使得整体功率需求降低。图 24.12b 是该循环的压-焓图。

图 24. 13a 是一种复叠式制冷循环。该循环中，两个制冷循环连接在一起。每个制冷循环的制冷剂不同。低温循环在蒸发器中给过程提供冷量，并将本循环的热量传递给另一个循环，另一个循环通过冷凝器向冷却水排放热量。复叠式制冷循环被用于温度非常低的制冷，单一制冷剂通常无法在非常大的温度范围内工作。在图 24. 13a 中，两个循环都是简单循环。图 24. 13b 是循环的压-焓图。两个制冷循环的界面温度，一般认为是上循环(高温)蒸发器温度，被称为分割温度。分割温度是一个重要的自由度。

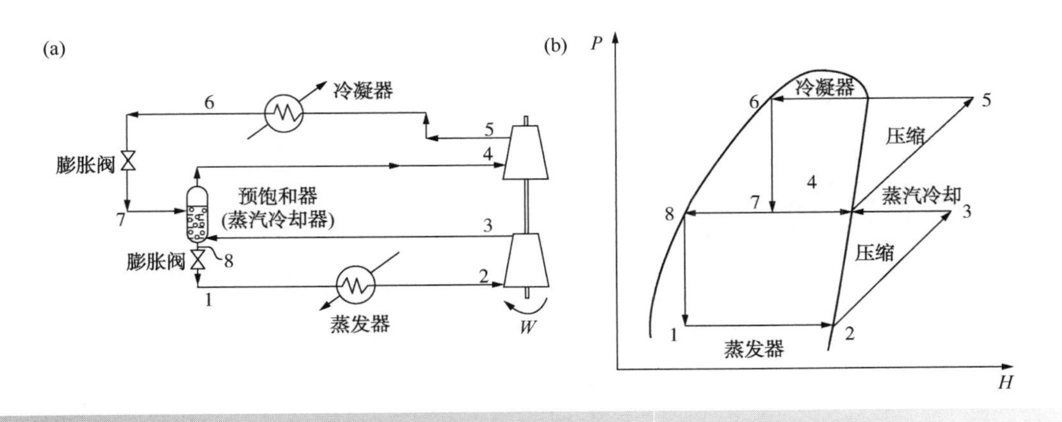

图 24. 12　带有预饱和器的多级压缩与膨胀

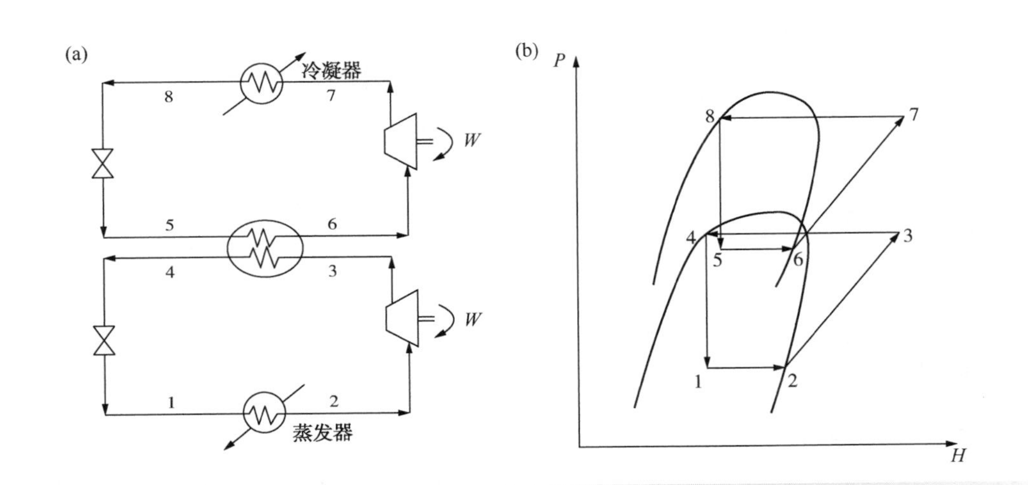

图 24. 13　复叠式制冷循环

复杂的制冷系统可以通过不同的方式建立。图 24. 14 是一个多高温气体多级压缩和膨胀的复叠式循环示例图。

图 24. 15a 所示为一个两级制冷循环。第一级和第二级分别提供不同的制冷温度。两级制冷循环，使得制冷剂在低压压缩级的流量降低，总体功率需求也降低。图 24. 15b 是其压-焓图。

图 24. 16a 是一个具有预饱和器的两级复叠式制冷系统，它显示了多种方式结合在一起的不同特征。第一级和第二级蒸发器给过程提供不同温度的冷量。两个循环复叠在一起，每一个循环都有多级压缩和预饱和器。图 24. 16b 是该循环的压-焓图。这只是组合多种特征的可能的复杂设置之一。

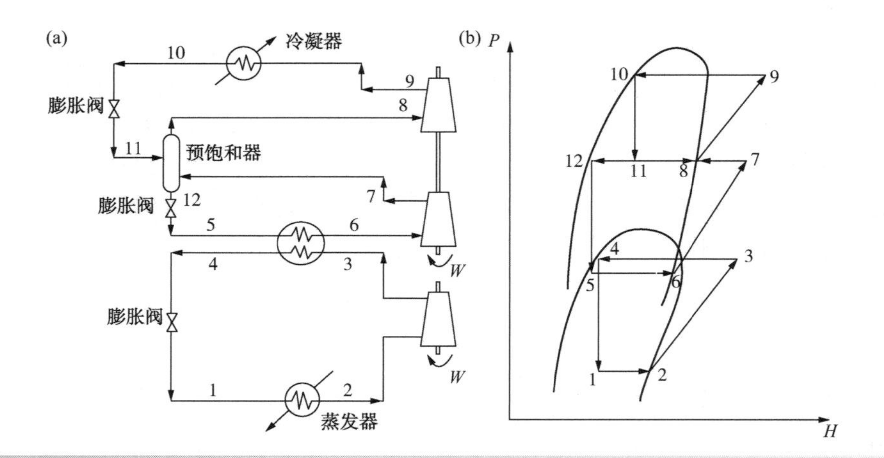

图 24.14 多级压缩与膨胀的复叠式循环图

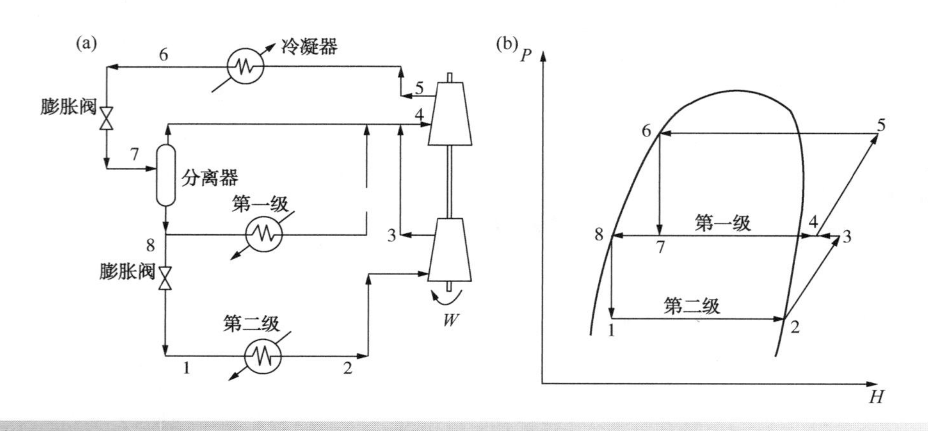

图 24.15 两级制冷循环图

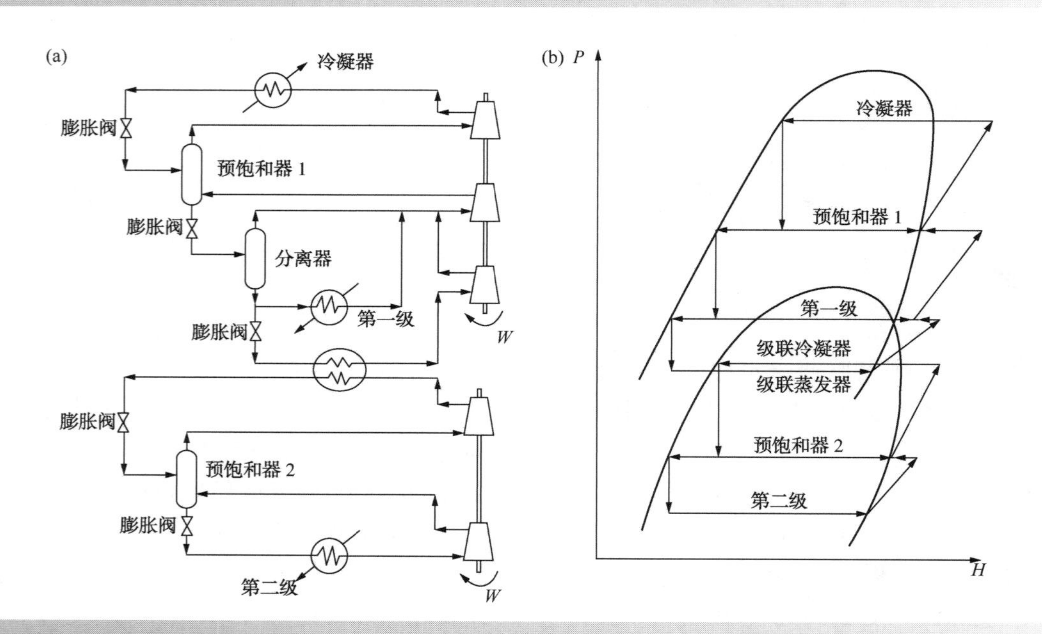

图 24.16 两级复叠式制冷循环图

24.6　压缩式制冷中单组分制冷剂的选择

接下来考虑对压缩式制冷的单组分制冷剂选择的主要影响因素和限制条件。

1）凝固点。首先，在操作压力下，蒸发器温度要高于制冷剂在操作压力下的凝固温度。表24.4列举了一些常见制冷剂在常压下的凝固点。

表24.4　一些常用制冷剂的凝固点和正常沸点

制冷剂	大气压下的凝固点/℃	大气压下的沸点/℃
氨	-78	-33
氯	-101	-34
正丁烷	-138	0
异丁烷	-160	-12
乙烯	-169	-104
乙烷	-183	-89
甲烷	-182	-161
丙烷	-182	-42
丙烯	-185	-48
氮	-210	-196

2）真空操作。如图24.17所示，在蒸发器温度下，应避免压力小于大气压力。当蒸发器压力高于大气压时，可避免由于空气进入循环导致的循环性能降低，并造成安全隐患。但是，一些特殊的设计可以使蒸发器低于常压。

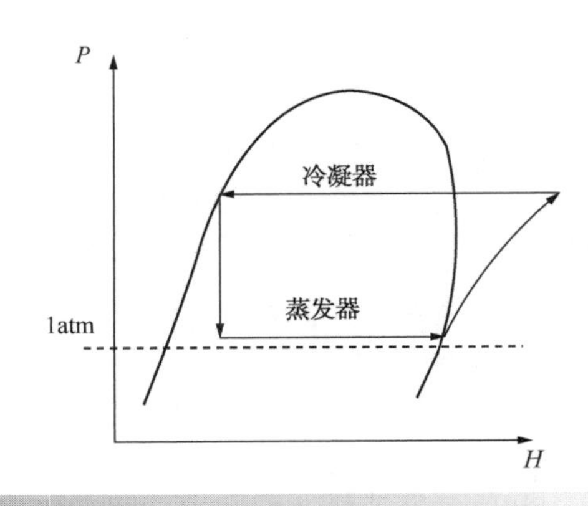

图24.17　制冷剂压力选择

3）汽化潜热。制冷循环中，使用具有潜热较高的制冷剂为佳。在制冷循环中高潜热的制冷剂导致较低的流量，因而相应的功率需求也较低。如气液两相包络线所示，制冷剂温度升高时，因更接近临界温度，潜热降低。因此，对于蒸发器和冷凝器而言，其温度比临界温度越低越好。同样，如图24.18所示，当冷凝器温度接近临界温度时，相对于冷凝，很大一部分热量在降温过程中被提取。因平均放热温度增加，性能系数下降。同时，冷凝器的传热面积增加。当操作温度和临界温度较远时，是比较理想的状态，对于给定的制冷剂，此时的汽化潜热较大。操作温度与临界温度多远时最合适呢？汽化潜热与温度的关系可由Watson公式关联（Poling，Prausnitz and O′Connell，2001）：

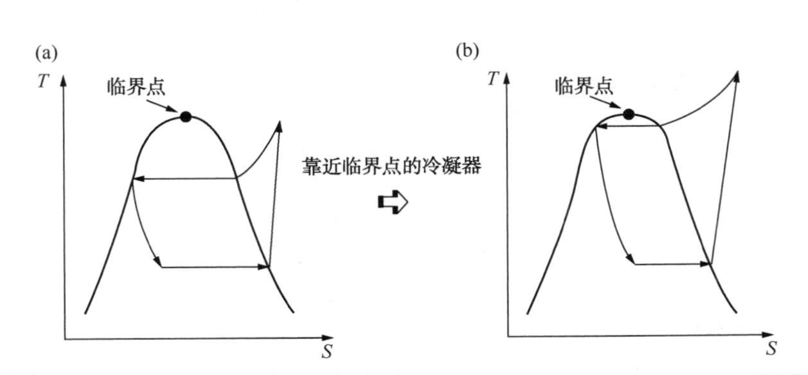

图24.18　制冷剂临界点的选择

$$\frac{\Delta H_{VAP2}}{\Delta H_{VAP1}}=\left(\frac{T_C-T_2}{T_C-T_1}\right)^{0.38} \tag{24.16}$$

式中　ΔH_{VAP1}——T_1下的汽化潜热；

ΔH_{VAP2}——T_2下的汽化潜热；

T_1——绝对温度，K；

T_2——绝对温度，K；

T_C——临界温度。

式 24.17 是标准沸点和温度 T 的关联式，其中 $\Delta H_{VAP,BPT}$是在标准沸点下的汽化潜热。

$$\frac{\Delta H_{VAP}}{\Delta H_{VAP,BPT}}=\left(\frac{T_C-T}{T_C-T_{BPT}}\right)^{0.38} \qquad (24.17)$$

令 λ = 汽化潜热的比值，则从式 24.17 可得

$$\lambda=\left(\frac{T_C-T}{T_C-T_{BPT}}\right)^{0.38} \qquad (24.18)$$

式 24.18 可变型为

$$T=T_C-\lambda^{2.63}(T_C-T_{BPT}) \qquad (24.19)$$

因此，当给定制冷剂的标准沸点和临界温度时，由公式 24.19 可知，若给定 λ 的最小值，最高制冷温度即可确定。例如，对于乙烯，T_C = 282K，T_{BPT} = 169K。如果要求在蒸发器中最低的汽化潜热不小于标准沸点时的汽化潜热的 50%，则最高制冷温度可如下得出：

$$T=282-0.5^{2.63}(282-169)=264\text{K}$$

λ 的值根据设计者不同，会有所差别，一般保守的取值为 60%～70%。低到 50%的取值，在大多数条件下也是可行的。

4）两相包络线形状。另一个影响制冷剂选择的因素是温熵图上两相区的形状，如图 24.19 所示。重要的区别是两相区右侧气相线的斜率。相对于图 24.19a 中的气相线，图 24.19b 中的气相线具有更陡的斜率。如果斜率较陡，如图 24.19b 中的情况，可以减少过热度并减少降温过程中的放热量。这使性能系数增大，因为它降低了平均放热温度。同时，传热面积也减小了。

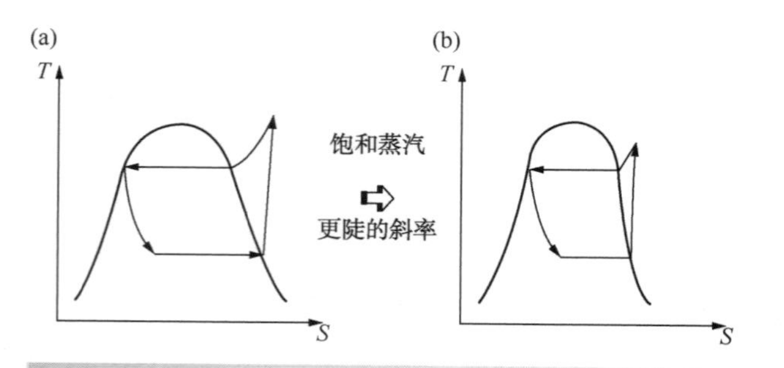

图 24.19 制冷剂饱和蒸汽线的选择

5）一般性考虑。制冷剂应尽可能选择无毒，不燃，无腐蚀，臭氧消耗潜势低，全球变暖潜势低（见第 25 章）的制冷剂。应尽可能利用过程中现有的工质。引进新物质作为制冷剂，会有新的储存需求，也会引起新的安全、环境问题。

例题 24.4 图 24.20 给出了一些制冷剂的操作范围。图 24.20 中的操作范围上限设定为环境温度，如果临界温度远高于环境温度，或临界温度远高于大气压下 50%汽化潜热所对应的温度。图 24.20 中，为避免制冷循环中出现真空操作，温度下限为标准沸点。应该注意的是，制冷剂的工作范围可以通过在真空条件下操作而向更低温度延伸，以及通过去除潜热不应低于在大气压下的 50%的限制而向更高温度延伸。图 24.20 中的制冷剂按照给定制冷负荷下的功率需求大致排序。表 24.5 给出的四个需要制冷冷却的过程物流信息。根据图 24.20 中的信息，对表 24.5 中的每个物流初步选择合适的制冷剂。

表 24.5 需要制冷冷却的过程物流

物流编号	温度/K
1	170
2	200
3	230
4	245

解：

物流 1：图 24.20 中，在 175K 时，唯一合适的制冷剂是乙烯。甲烷太接近其上限。如果选择乙烯作为制冷剂，热量需要在 313K 下排给大气，则需要与另一种制冷剂进行复叠，以将热量排给大气。原则上，乙烯可以与氯、氨、异丁烷、丙烯或丙烷进行复叠。而且，乙烯与异丁烷的重叠很小，使得两个循环需要一个传热温差较小的换热器来连接。

复叠制冷剂的选择将取决于许多因素。选择氯气将会使系统的功耗最小化，但出于安全问题需要慎重考虑。为了避免引起新的安全问题（例如引进丙烯），选择在该过程中已有的组分是合适的。

物流 2：在 200K 时，乙烷或乙烯将是适合的制冷剂，从功耗的角度来看，乙烷略好。同物流 1 一样，需要一个复叠的系统以排放热量给大气。

物流 3：在 230K 时，丙烯、乙烷和乙烯都将

是合适的制冷剂。鉴于丙烯需要最低的功耗，并且不需要与别的制冷剂复叠就可将热量排给大气，这将是合适的选择。

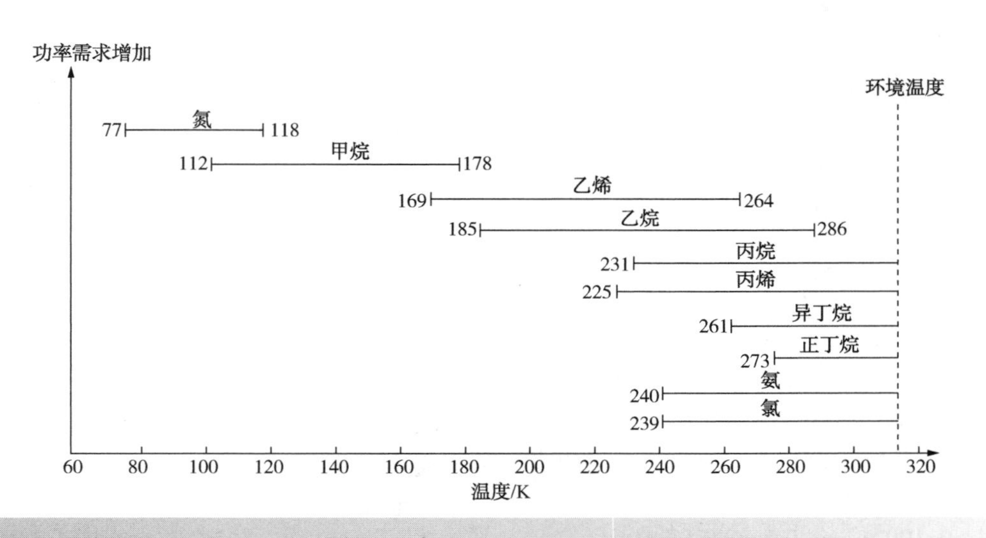

图 24.20　制冷剂的操作范围

物流4：在245K时，可以选择氯、氨、丙烯和丙烷作为制冷剂。原则上也可以使用乙烷和乙烯，但它们的临界温度太接近245K，并且相比其他制冷剂，明显需要更高的制冷功耗。氯所涉及的安全问题比氨更严重。因此，氨可能是制冷剂的合适选择。选择该过程中已有的组分作为制冷剂是最理想的。

24.7　纯组分压缩式制冷功率目标的确定

为了评估每个设计方案的影响，提出一种快速可靠的估计制冷所需功率的方法是很有用的(Lee，Zhu and Smith，2000；Lee，2001)。设定制冷所需功率目标的好处是：

- 在完成设计之前评估制冷功率需求；
- 在详细设计之前评估整个过程的性能；
- 使许多替代设计方案可以被快速筛选并可靠预测；
- 评估能量和投资费用。

1）简单循环。考虑如图24.8所示的简单循环。需要解决的问题是，在给定冷却负荷(Q_{EVAP})、冷凝温度(T_{COND})和蒸发温度(T_{EVAP})的条件下，如何估计实际功率需求。

计算步骤如下(Lee，Zhu and Smith，2000；Lee，2001)：

① 求出冷凝器在温度 T_{COND} 下的蒸气压力 P_{COND}^{SAT} 和蒸发器在 T_{EVAP} 温度下蒸气 P_{EVAP}^{SAT}，可通过像安托尼公式这样的饱和压力关联式来计算：

$$\ln P^{SAT}=A-\frac{B}{C+T} \qquad (24.20)$$

式中　P^{SAT}——饱和蒸气压，bar；
A、B、C——由实验确定的常数；
T——温度，K。

当这些压力确定下来，若忽略换热器、闪蒸器和管路的压降，压缩机和节流阀的压差就可以确定。

② 参考图24.8，由蒸发器的能量平衡可得制冷剂的质量流量：

$$m=\frac{Q_{EVAP}}{H_2-H_1}=\frac{Q_{EVAP}}{H_2-H_4} \qquad (24.21)$$

式中　m——制冷剂流量，kg/s；
Q_{EVAP}——蒸发器热负荷，J/s，kJ/s；
H_1——蒸发器入口比焓，J/kg，kJ/kg；
H_2——蒸发器出口比焓(蒸发器压力下的饱和蒸气焓)，J/kg，kJ/kg；
H_4——冷凝器出口比焓(冷凝器压力下的饱和液体焓)，J/kg，kJ/kg。

24

可以使用 Peng-Robinson 状态方程的偏差函数计算大多数制冷剂液体的焓值(见附录 A)。焓值计算较为复杂，通常使用商业物性软件包来完成。然而，一旦能够确定焓值，就可以根据蒸发器和冷凝器的压力采用式 24.21 来确定制冷剂质量流量。质量流量已知后，就可以从蒸汽密度获得压缩机入口的体积流量，这可以从诸如 Peng-Robinson 状态方程式得到。因此：

$$F=\frac{m}{\rho_v} \quad (24.22)$$

式中 F——体积流率，m^3/s^{-1}；

ρ_v——蒸气密度，$kg \cdot m^{-3}$。

③ 估算压缩机效率：尽可能使用压缩机厂商的数据。若无法获得厂商数据，往复式压缩机的等熵效率可根据公式 13.69 估算。

$$\eta_{IS}=0.1091(\ln r)^3-0.5247(\ln r)^2+0.8577\ln r+0.37271.1<r<5 \quad (13.69)$$

式中 η_{IS}——等熵效率；

r——压缩机出口和进口的压力比。

离心式压缩机的多变压缩效率可由公式 13.70 得出。

$$\eta_P=0.017\ln F+0.7 \quad (13.70)$$

式中 η_P——多变效率；

F——入口气体流量，$m^3 \cdot s^{-1}$。

④ 对离心式压缩机，估算多变系数 n(具体可见 13 章)：

$$n=\frac{\gamma\eta_P}{\gamma\eta_P-\gamma+1} \quad (13.60)$$

⑤ 求解压缩机出口温度(T_{out})。对于绝热模型，假设中间冷却器将制冷剂从出口温度冷却至入口温度，每一级压缩出口温度可由公式 13.47 求解。

$$T_{out}=\left(\frac{T_{EVAP}}{\eta_{IS}}\right)\left[(r)^{(\gamma-1)/\gamma}+\eta_{IS}-1\right] \quad (24.23)$$

式中 $r=\sqrt[N]{\frac{P_{COND}^{SAT}}{P_{EVAP}^{SAT}}}$；

N——压缩级数。

对于多变模型，出口温度可由式 13.52 确定：

$$T_{out}=T_{EVAP}(r)^{n-1/n} \quad (24.24)$$

如果 η_P 已知，多变系数 n 可由公式 13.60 得出。

⑥ 压缩机的能量平衡为：

$$W=m(H_2-H_3) \quad (24.25)$$

式中 W——压缩所需功率，$kJ \cdot s^{-1}=kW$；

M——制冷剂流率，$kg \cdot s^{-1}$；

H_2——压缩机入口在压力 P_{EVAP} 和温度 T_{EVAP} 下的比焓，$kJ \cdot kg^{-1}$；

H_3——压缩机出口在压力 P_{COND} 和温度 T_{OUT} 等下的比焓，$kJ \cdot kg^{-1}$。

通过使用商业物性软件，采用状态方程(见附录 A)的偏差函数可以计算出压缩机入口和出口处的焓值。因此，可以得到这种简单压缩式循环压缩机的制冷功率需求。除了通过能量平衡，往复式压缩机的制冷功耗还可以通过公式 13.65 直接得出：

$$W=\left(\frac{\gamma}{\gamma-1}\right)\frac{P_{EVAP}F_{in}N}{\eta_{IS}}\left[1-r^{\gamma-1/\gamma}\right] \quad (24.26)$$

式中 W——所需压缩功，$Nm \cdot s^{-1}=J \cdot s^{-1}=W$；

P_{EVAP}——压缩机进口压力，$N \cdot m^{-2}$；

P_{COND}——压缩机出口压力，$N \cdot m^{-2}$；

γ——热容比 C_P/C_V；

η_{IS}——等熵效率。

离心式和轴流式压缩机的制冷功率可由式 13.67 计算：

$$W=\left(\frac{n}{n-1}\right)\frac{P_{EVAP}F_{in}N}{\eta_P}\left[1-(r)^{\frac{n-1}{n}}\right] \quad (24.27)$$

式中 η_P——多变效率(多变功率和真实功率的比值)。

2) 多级制冷循环。简单循环制冷功目标的计算步骤，可以扩展到多级循环，例如图 24.21a 所示的循环图。为应用该计算过程，必须确定第 1 级和第 2 级之间混合节点之后的温度(图 24.21a 中的 T_{MIX})。由于低压(第 2 级)压缩机的过热，T_{MIX}不在饱和状态。由于多级循环中级间的混合效应，高压压缩阶段入口处为过热状态，可以通过加权质量流量，来校正各级之间的温度(Lee, Zhu and Smith, 2000; Lee, 2001)。假设蒸汽的热容恒定，图 24.21a 中的混合节点的能量平衡有(Lee, Zhu and Smith, 2000; Lee, 2001)：

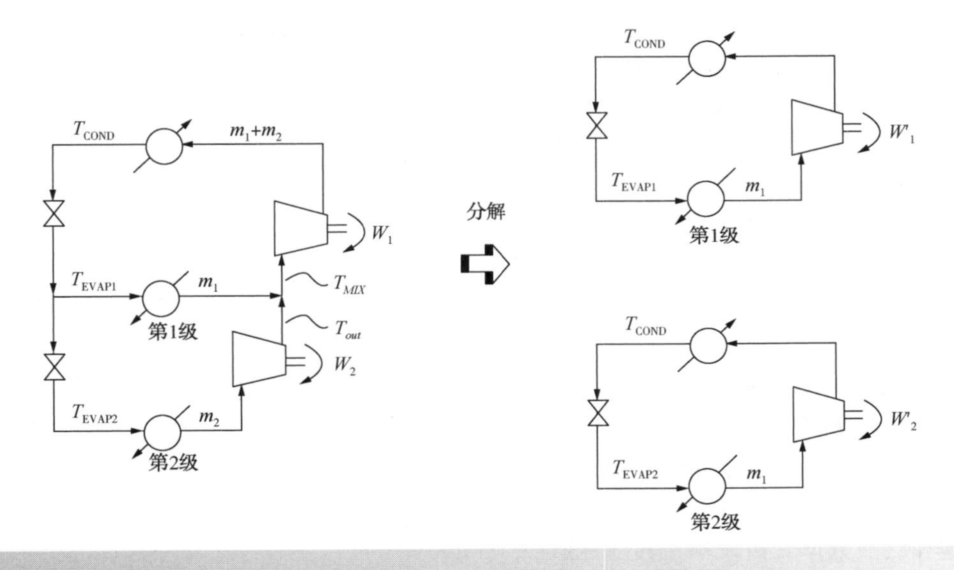

图 24.21　多级循环制冷功率目标的确定

$$(m_1+m_2)T_{MIX}=m_2T_{OUT}+m_1T_{EVAP1} \quad (24.28)$$

式中　m_1，m_2——第 1 级与第 2 级的制冷剂质量流率，$kg \cdot s^{-1}$；

T_{MIX}——混合节点后温度，K；

T_{out}——第 2 级压缩机(低压压缩机)出口温度，K；

T_{EVAP1}——第一级蒸发器温度，K。

整理式 24.28 得出：

$$T_{MIX}=\frac{m_2T_{OUT}+m_1T_{EVAP1}}{m_1+m_2} \quad (24.29)$$

在式 24.23 或式 24.24 中，通过将 T_{EVAP} 替换为 T_{MIX}，可得出图 24.21a 中的高压压缩机的出口温度。因此，采用混合节点质量流量加权，可以将计算制冷功目标的求解方法扩展到复杂的制冷循环。

然而，以这种方式求解复杂的制冷循环功的目标问题，是有严格的限制的。它要求制冷系统的配置已定。问题越复杂，制冷循环设计中的可能方案就越多。因此，需要一种方法，可以在不受严格限制的情况下，探索过程设计和制冷之间的相互作用。

多级循环，例如图 24.21a 所示循环，可将其分解成一组简单的蒸气压缩式循环，以此来估算功率需求。图 24.21b 所示为将两级循环分解为两个并行运行的简单循环，来估算功率需求。一个简单循环在第 1 级和环境温度之间运行，冷却负荷来自第 1 级蒸发器。另一个简单循环在第 2 级和环境温度之间运行，冷却负荷来自第 2 级蒸发器。

因此，为了筛选方案，求取制冷功率目标确定的目的是可以估算一组简单循环的功率需求。除了将废热排到大气中以外，也可以将热量从一个制冷循环排到过程中或另一个制冷循环中，后面将对此进行讨论。随着设计的发展，简单循环可以合并组合成复杂循环。当简单循环合并时，组合设计的功可能会不同于一组简单循环所预测的功。

● 多级制冷循环中存在非等温混合，这增加了功率需求。在多级循环中，例如图 24.21a 中的循环，高压压缩机入口处为过热状态，这是低压(第 1 级)蒸发器出来的饱和制冷剂与过热的低压压缩机(第 2 级)出口物流混合的结果。如图 24.21b 所示，与两个平行操作的简单循环相比，高压压缩阶段入口处的过热状态，导致了总体功率需求的增加。

● 引入气液分离器(经济器)可以降低功率需求。例如，如果气液分离器被引入图 24.21a 所示循环中，如图 24.15 所示，来自第 1 级节流阀的蒸气不会传递到低压(第 2 级)压缩机。这降低了低压压缩机负荷和整体功率需求。

● 如果几台压缩机的负荷可以合并，则需要较大的压缩机。相比简单循环中的小压缩机，大压缩机可能具有更高的效率。

这意味着将制冷系统分解成一组简单循环计算出的制冷功目标，可能低于或高于最终制冷设计，这取决于问题本身以及设计者所选择的方案。一个复杂循环的投资费用，可能要低于一组简单循环。因此，在确定最终制冷设计时，需要权衡考虑到运行费用、投资费用、复杂性、可操作性和安全性等问题。

例 24.5 接着例 24.3，计算制冷功目标：蒸发器温度为-30℃，制冷冷凝器温度为 40℃，使用氨，丙烷和丙烯为制冷剂，制冷负荷为 3MW。假设使用往复式压缩机。熵可以根据 Peng-Robinson 状态方程计算。

解：从饱和气液数据，蒸发器温度为-30℃，冷凝器温度为 40℃，可以得到以下压力数据。

	压力/bar		
	氨	丙烯	丙烷
蒸发器	1.2009	2.1191	1.6815
冷凝器	15.548	16.431	13.718
压比	12.95	7.75	8.16

热容比 γ 可根据平均条件由制冷剂的物理性质数据得出。

	氨	丙烯	丙烷
γ	1.3	1.13	1.16

从热容比 γ 和压力比的数值可以看出，对于单级压缩，氨的压力比非常高。从第 13 章中给出的气体压缩指南可以看出，丙烯和丙烷的压缩应该能够在单级压阶段中实现，但氨需要带有中间冷却的两级压缩。然而，在这种情况下，进入压缩机的气体处于低温，这导致压缩机出口温度也较低，这需要详细检查。实际上，如果引入两级压缩，考虑使用经济器以及中间冷却器来降低低压压缩阶段中的蒸汽流率是合理的。在本例中，氨压缩将被假定为在单压缩阶段中进行，以便与其他制冷剂在共同的基础上进行比较。

计算三种制冷剂的功率需求，需要计算制冷负荷为 3MW 时制冷剂的流率。这可以通过蒸发器(H_2-H_1)的焓差来计算。蒸发器的焓差假定为蒸发器压力下的饱和蒸汽的焓值与冷凝器压力下的饱和液体的焓值之差。假设制冷剂无过冷。

	氨	丙烯	丙烷
H_2-H_1/kJ·kg^{-1}	1047	245.8	229.33
$m=\dfrac{Q_{EVAP}}{H_2-H_1}$/kg·s^{-1}	2.865	12.21	13.10
ρ_v/kg·m^{-3}	1.007	4.605	3.850
$F_{in}=\dfrac{m}{\rho_v}$/m^3·s^{-1}	2.845	2.650	3.402

现在可以估算压缩机效率(等熵效率)，然后可以估算出口温度和压缩机功率。

	氨	丙烯	丙烷
η_{IS}(式 13.69)	0.960	0.866	0.870
T_{out}(K)(式 24.23)	447	318	337
W(MW)(式 24.26)	1.24	1.50	1.60

从以上结果中应该注意到压缩机出口处的温度氨制冷剂较高。这点验证了先前关于氨压缩的性质。

原则上，从功率的角度讲，氨是最好的制冷剂。然而，这一结论忽略了与压缩有关的潜在实际问题。如果以功率为判断依据，那么在丙烯和丙烷之间几乎没有选择。

将这个详细计算的结果与例 24.3 中的近似计算结果相比较，是很有价值的。在假设 COP 为理想循环效率的 60%下，估算功率为 1.4MW。

24.8 纯组分压缩式制冷过程的热集成

图 24.22a 是制冷循环与一个总复合曲线相匹配的示例。热量在最低温度下从过程向制冷剂转移。在图 24.22a 中，制冷循环排出的热量排放给冷却水。仔细观察图 24.22a 中的总复合曲线可以看出，当低于冷却水温度下，有较大的热需求。因此，图 24.22b 所示为一个制冷循环，将热量排到该过程中，因降低温升而减少功耗，同时节省热公用工程。

图 24.23 所示为与图 24.22 同样的总复合曲线，不同的是通过两级制冷系统冷却到环境温度以下。总复合曲线用于确定每一级制冷的放热量。如图 24.23 所示，使用两级制冷系统，与图 24.22 所示的单级制冷相比，降低了功耗需求。这是由于在较高的制冷温度下，温升较小。

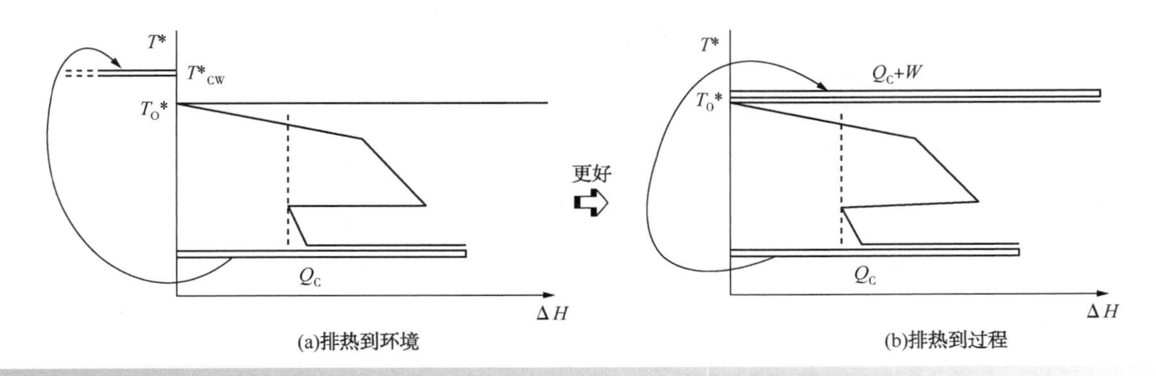

图 24.22　单级制冷系统的热集成

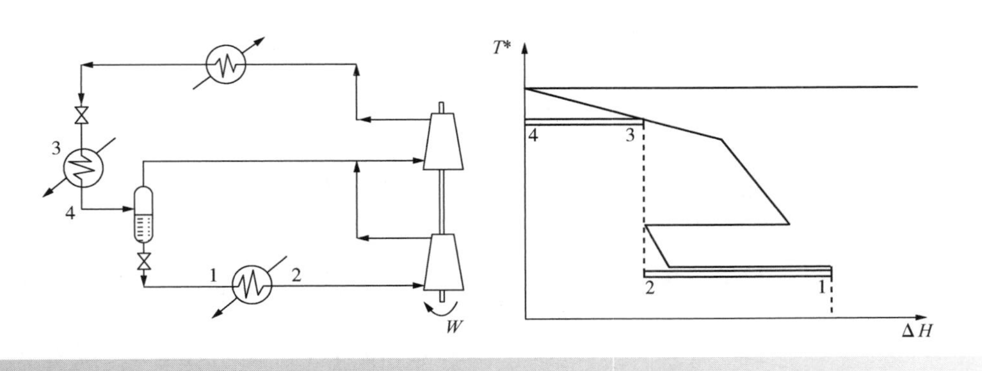

图 24.23　双级制冷系统的热集成

图 24.24 所示是与同一总复合曲线相匹配的更复杂的制冷循环。热量被排放到点 1 和 2 之间的最低制冷级，另一级制冷在第 3 和第 4 点之间。到现在为止，这是与图 24.23 所示相同的解。图 24.24 所示为一个不同的特征，其中一些热量被排至点 5 和 6 之间的过程中。以图 24.24 所示方式在一个中间温度下排放热量，可以节省功耗，否则要升温到夹点温度以上排热。然而，图 24.24 中的点 5 和 6 之间的中间排热，打乱了总复合曲线的热端口中的能量平衡，需要在点 7 和 8 之间引入第三级制冷来从过程取热。从图 24.22 中的单级制冷到图 24.23 中的两级制冷，再到图 24.24 中具有中间排热的三级制冷系统，随着级数(复杂性)增加，制冷功耗降低。然而，随着复杂性的增加，投资费用也在增加。因此，是否值得引入如图 24.24 所示的复杂设计，在很大程度上取决于规模经济以及能量费用和投资费用之间的权衡。

当制冷曲线与总复合曲线匹配时，无论是从过程中移出热量或将热量排到过程中，温度的选择并不是直接的。有时，制冷级刚好与复合曲线平坦的一部分相匹配(例如图 24.23 中点 1 和 2 之间)。如图 24.25 所示，有时制冷级需要与复合曲线的倾斜部分相匹配。在这种情况下，制冷级的选择就有一个自由度。图 24.25 中的示例，是两级制冷。高温制冷级的温度越高，其单位热负荷的功率需求越低。这将降低高温制冷级的动力费用。然而，随着高温制冷级热负荷的降低，低温制冷级的热负荷增加，其功率需求也增加。若高温制冷级的温度下降，则出现相反的趋势。因此，存在一个需要优化的自由度，以确定分配给两个制冷级中的每一个制冷级的热负荷。为了分析这种权衡，需要对给定制冷蒸发和冷凝温度的功率需求进行定量预测。

如果制冷系统涉及串联循环，隔板温度是一个需要优化的重要的自由度。

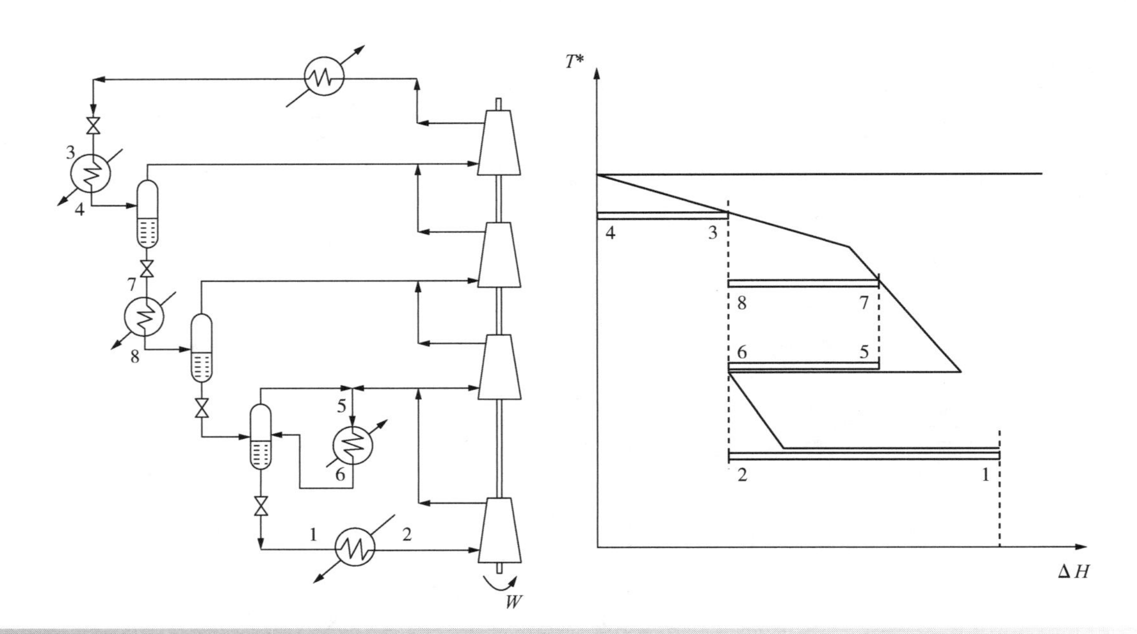

图 24.24 利用总复合曲线中的凹槽降低总温升和轴功需求

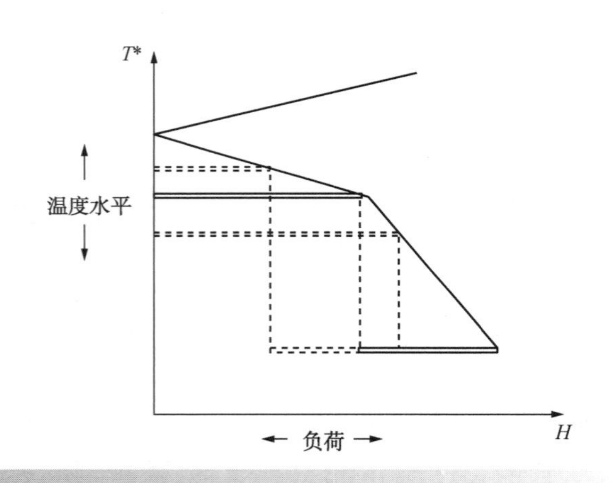

图 24.25 制冷级的优化

例 24.6 对图 17.19 中例 17.1 的低温精馏过程，确定制冷需求，$\Delta T_{min}=5℃$。

① 根据图 17.21b 给出的热量串联信息画出总复合曲线，确定两级制冷时的制冷温度和制冷负荷。假设制冷剂蒸发和冷凝过程都是等温过程。

② 根据公式 24.15 近似计算制冷功率需求，制冷循环排热给运行在 20~25℃的冷却水，卡诺效率为 0.6。

③ 重复②部分的计算确定制冷功目标，假设丙烯作为制冷剂，压缩机为往复式压缩机。

④ 将制冷系统的热量排放到过程中，以降低制冷功率需求。使用公式 24.15 计算功率，卡诺效率为 0.6。

⑤ 重复④部分的计算确定制冷功目标，假设丙烯作为制冷剂，采用往复式压缩机。

解：

① 图 24.26a 给出了来自于图 17.21b 中热串联对应的问题表的总复合曲线图。图 24.26a 给出了两级制冷线。

	T^*/℃	T/℃	Q_{EVAP}/MW
第 1 级	−24.5	−25	1.04
第 2 级	−42.5	−45	(1.84−1.04)=0.8

② 排给冷却水的热量：

$$T_H=25+5=30℃=303K$$

$$W_1=\frac{1.04}{0.6}\left[\frac{303-248}{248}\right]=0.38MW$$

$$W_2=\frac{0.8}{0.6}\left[\frac{303-228}{228}\right]=0.44MW$$

排给冷却水的总热量为 0.38+0.44=0.82MW

③ 重复②部分的计算，假设丙烯作为制冷剂。指定循环 1 在 25~30℃之间运行，循环 2 在 45~30℃之间运行。

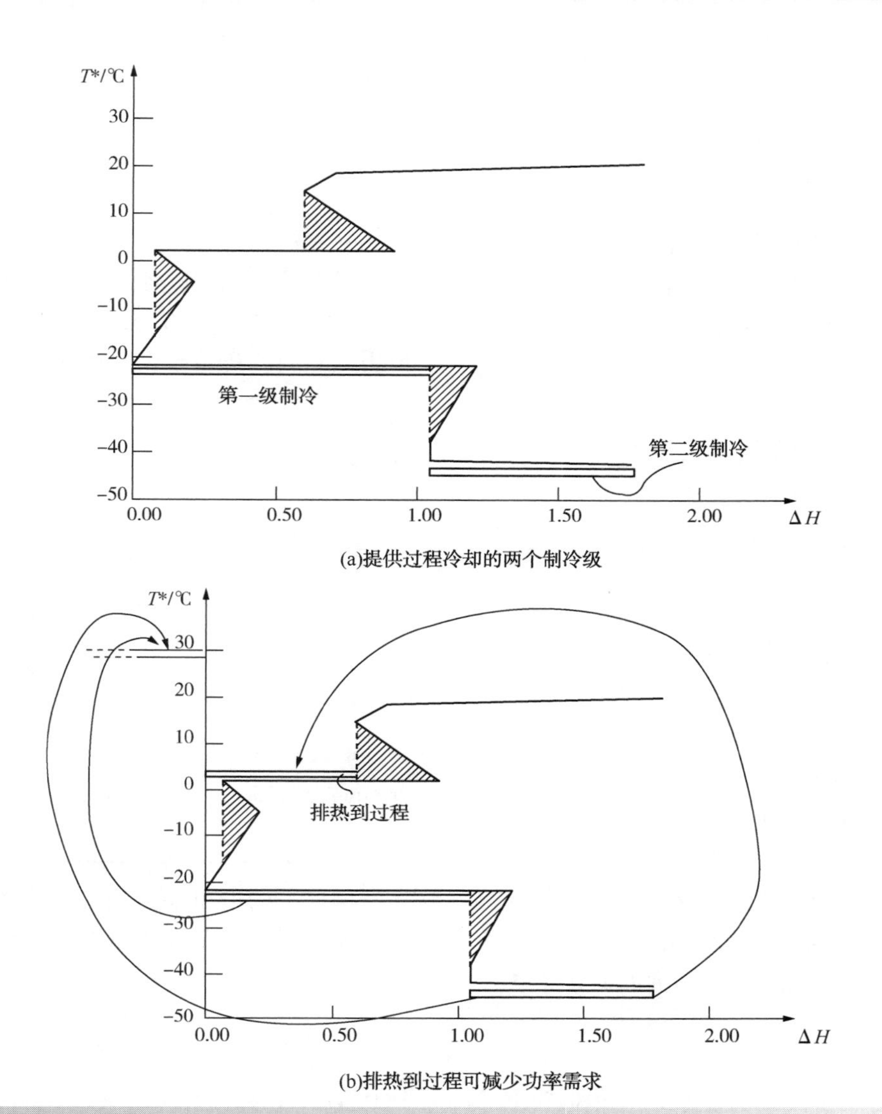

(a)提供过程冷却的两个制冷级

(b)排热到过程可减少功率需求

图 24.26 例 24.6 的制冷循环

	压力/bar	
	循环 1	循环 2
蒸发器	2.5239	1.1291
冷凝器	13.0081	13.0081
压比	5.15	11.52

循环 2 的压比对于单级压缩稍高。然而，为比较不同方案，均假定为单级压缩。假定热容比 γ 为常数 1.13。

	循环 1	循环 2
Q_{EVAP}/MW	1.04	0.8

续表

	循环 1	循环 2
H_2-H_1/kJ·kg^{-1}	279.4	258.2
$m=\dfrac{Q_{EVAP}}{H_2-H_1}$/kg·s^{-1}	3.722	3.098
ρ_v/kg·m^{-3}	5.492	2.593
$F_{in}=\dfrac{m}{\rho_v}$/m^3·s^{-1}	0.6778	1.195

现在可以估算压缩机效率（在这种情况下是等熵效率）。由此可以计算压缩机出口温度。

	循环 1	循环 2
η_{IS}(式 13.69)	0.849	0.928
T_{out}(K)(式 24.23)	302	328
W(MW)(式 24.26)	0.36	0.41

排给冷却水的总热量为 0.36+0.41=0.77MW

④ 如图 24.26b 所示，现假设二级制冷可以将部分热量排放到夹点以上的过程中。图 24.26b 所示的换热器在实际中可能是几个换热器。排放热量负荷固定在 0.54MW：

$$W=\frac{Q_{EVAP}}{0.6}\left[\frac{T_{COND}-T_{EVAP}}{T_{EVAP}}\right]$$

$$W=\frac{Q_{COND}-W}{0.6}\left[\frac{T_{COND}-T_{EVAP}}{T_{EVAP}}\right]$$

$$W=\frac{0.54-W}{0.6}\left[\frac{(5+273)-248}{248}\right]$$

$$W=0.14\text{MW}$$

此时，第二级制冷提供给过程的跨越夹点热量为

$$0.54-0.14=0.4\text{MW}$$

保证第二级的冷却需求平衡(0.8－0.4)=0.4MW，加上第一级的负荷，必须排放到夹点之上的过程中，或者排放到冷却水中。该过程在20℃时有加热需求，这意味着热量可能在25℃下被排出。然而，这种过程似乎没有什么优点，因为热量可以在30℃时排放到冷却水中，并且给过程排热将增加设计和操作的复杂性。现假设其余热量排放到冷却水中：

$$W_1=\frac{1.04}{0.6}\left[\frac{303-248}{248}\right]=0.38\text{MW}$$

$$W=\frac{0.8-0.4}{0.6}\left[\frac{303-228}{228}\right]=0.22\text{MW}$$

对于第二级部分排热到过程中，总制冷功率为

$$0.38+0.22+0.14$$
$$=0.74\text{MW}$$

因此，通过与过程集成节省的制冷功率

$$=0.82-0.74$$
$$=0.08\text{MW}$$

⑤ 重复以上计算步骤。第三级制冷的操作温度在－45～5℃。

	压力/bar
	循环 3
蒸发器	1.1291
冷凝器	6.7033
压比	5.15

对循环 3，制冷剂流量和功耗由冷凝器的热负荷 $Q_{COND}=Q_{EVAP}+W$ 决定。由于 W 未知，需要采用试差法。初始假设循环 3 的 $Q_{COND}=0.4$MW。

Q_{EVAP}/MW	0.4	0.38	0388
H_2-H_1/kJ·kg^{-1}	258.2	258.2	258.2
$m=\frac{Q_{EVAP}}{H_2-H_1}$/kg·s^{-1}	1.549	1.472	1.503
ρ_v/kg·m^{-3}	2.593	2.593	2.593
$F_{in}=\frac{m}{\rho_v}$/m^3·s^{-1}	0.5974	0.5676	0.5795
η_{IS}(式 13.69)	0.852	0.852	0.852
T_{out}/K(式 24.23)	308	308	308
W/MW(式 24.26)	0.156	0.149	0.152
Q_{COND}/MW	0.556	0.529	0.540

循环 1 的负荷保持与③部分相同，但循环 2 的负荷因为添加循环 3 而减少。对于循环 2：

$$Q_{EVAP}=0.8-0.388$$
$$=0.412\text{MW}$$

调整③部分的计算以将 QEVAP 减少到 0.412MW：

$$m=1.596\text{kg/s}$$
$$F_{in}=0.6153\text{m}^3/\text{s}$$
$$W=0.211\text{MW}$$

对于有部分热量排给过程的第二级总制冷功率为：

$$0.36+0.21+0.15$$
$$=0.72\text{MW}$$

因此，通过过程集成，制冷功耗节省量为

$$=0.77-0.72$$
$$=0.05\text{MW}$$

节能效果并不明显。

24.9 压缩式制冷的混合制冷剂

前面讨论了纯组分制冷剂运行的温度范围。

制冷剂的工作范围可以通过使用混合制冷剂来扩展和改进。混合制冷剂可以应用于简单、多级或串联制冷系统。然而，与纯组分制冷剂和共沸混合物不同，非共沸混合物的温度和气液组成在制冷剂恒压蒸发或冷凝时不保持恒定。当冷却负荷的温度有显著变化时，使用多组分制冷剂特别有效。通过选择合适的混合物组成，可使液体制冷剂在一定温度范围内的蒸发过程与冷却过程需求相似。图 24.27 比较了纯组分制冷剂(或共沸混合物)和混合制冷剂，两者均使用冷却温度明显变化的低温热源。在图 24.27a 中，可以看出，纯组分制冷剂(或共沸混合物)在恒定温度下蒸发，导致换热器一端的温差较小，而另一端的温差很大。相比之下，如图 24.27b 所示的混合制冷剂在一定温度范围内蒸发，并且更接近于低温冷却线。在低温系统的整个换热过程中，因温差很小，导致制冷功耗降低。制冷蒸发的平均温度较高意味着较低的温升和制冷功耗。

图 24.28 是使用混合制冷剂的简单制冷循环。图 24.28 也同时给出了过程冷却需求和制冷剂蒸发的温焓图。可以看出，相比纯组分制冷剂，混合制冷剂的蒸发曲线与过程冷却需求之间的温差小得多。制冷剂蒸发和过程冷却之间的匹配通常在板翅式换热器中以较小的传热温差逆流进行。应该注意的是，在这种循环中，通常制冷剂会过热，如图 24.28 所示。制冷剂进压缩机之前过热，可以避免液体进入压缩机产生潜在损害。

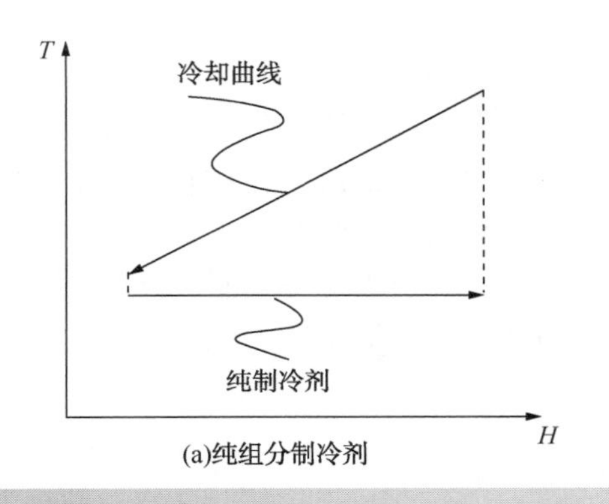

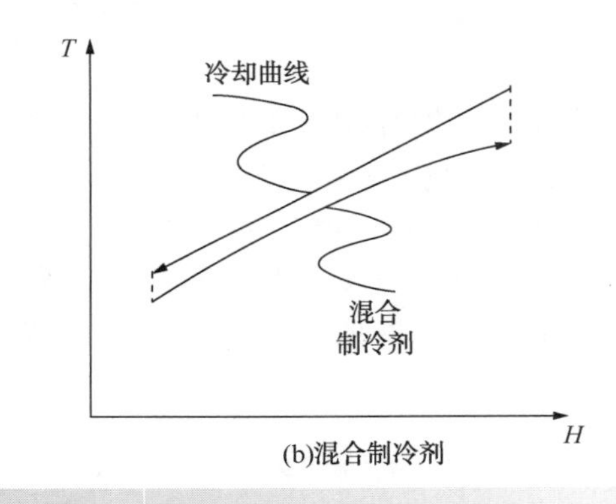

图 24.27　纯组分制冷剂和混合制冷剂

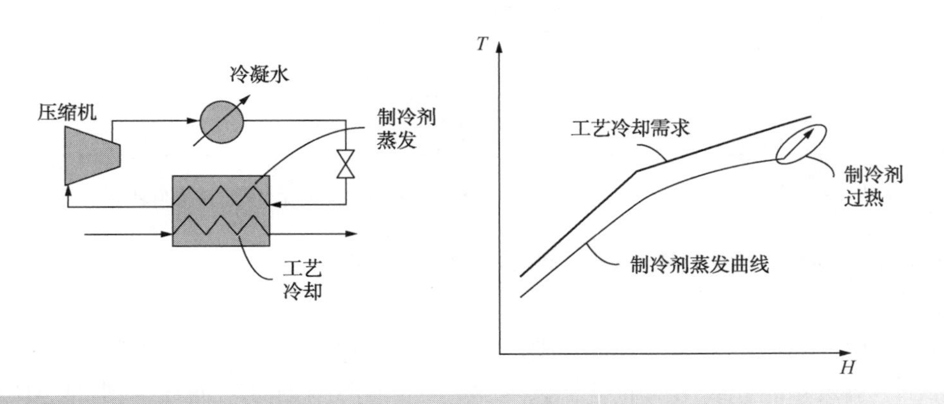

图 24.28　利用混合制冷剂的简单制冷循环

混合制冷剂系统的设计需要同时控制的自由度如下(Lee，Smith and Zhu，2003)。

1) 压力。混合制冷剂蒸发压力的选择，会影响温焓图中冷却曲线和制冷剂蒸发曲线之间的温差。如图 24.29 中的示例，其中天然气通过混合制冷剂被冷却液化。图 24.29a 所示的混合制冷剂蒸发曲线，由于温度交叉而不可行。在这种情况下，如图 24.29b 所示，增加压缩机排气压力，会使整个天然气液化过程产生可行的温差。然而，这是以增加压缩机功率为代价的。增加总的温差会增加制冷功率需求。

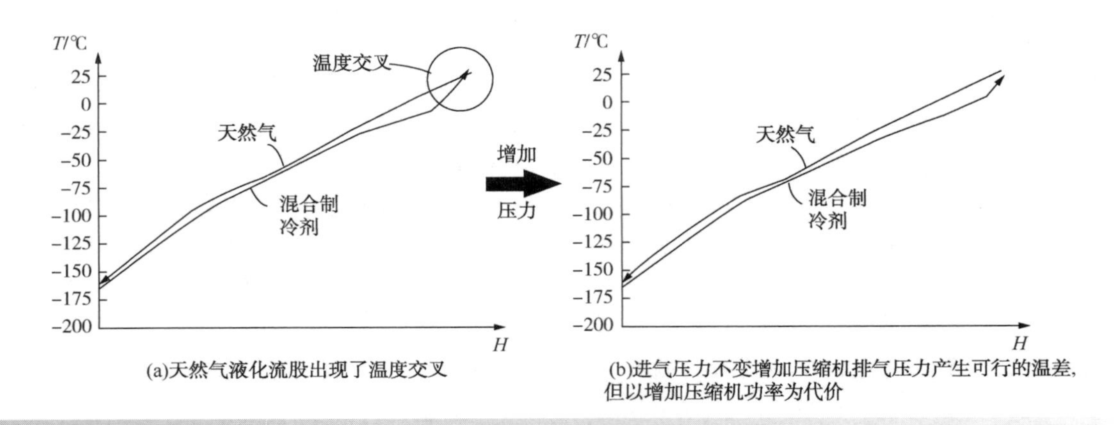

图 24.29 采用混合制冷剂时压力对天然气液化温度可行性的影响

2）制冷剂流率。增加制冷剂流率可以增加过程冷却曲线和制冷剂蒸发曲线之间的温差，反之亦然。图 24.30 再次用天然气液化过程为示例。图 24.30a 由于温度交叉，混合制冷剂蒸发曲线不可行。如图 24.30b 所示，增加制冷剂流率，会使天然气液化过程中产生可行的温差。但是，增加制冷剂流率会增加压缩机功率。如果制冷剂流率太高，则在压缩机入口物流中可能会有一定湿度，应当避免这种情况。因此，只能在合理的范围内改变制冷剂流率。

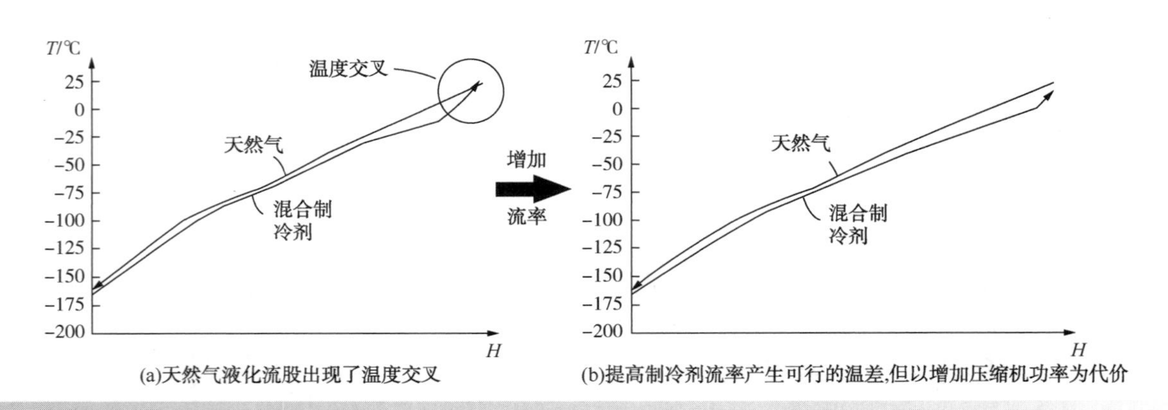

图 24.30 采用混合制冷剂时制冷剂流率对天然气液化温度可行性的影响

3）制冷剂组成。可以改变混合物的组成以获得所需的特性。引入新组分或用新的组分替换现有组分，增加了提升性能的自由度。与调整制冷剂压力和流率不同，组分的优化不一定意味着增加换热时的温差会导致制冷功耗的增加。图 24.31 仍以相同的天然气液化过程为示例。图 24.31a 所示为具有温度交叉的混合制冷剂蒸发曲线。在这种情况下，可以改变制冷剂组成以改变混合制冷剂的蒸发曲线。图 24.31b 所示为通过改变组成后的替代制冷剂蒸发曲线，其特征是具有可行的温差。在这种情况下，压缩机功率会降低。由于压力水平和制冷剂流率只能在一定范围内变化，因此在设计混合制冷剂系统时，制冷剂组成是最为灵活的重要变量。

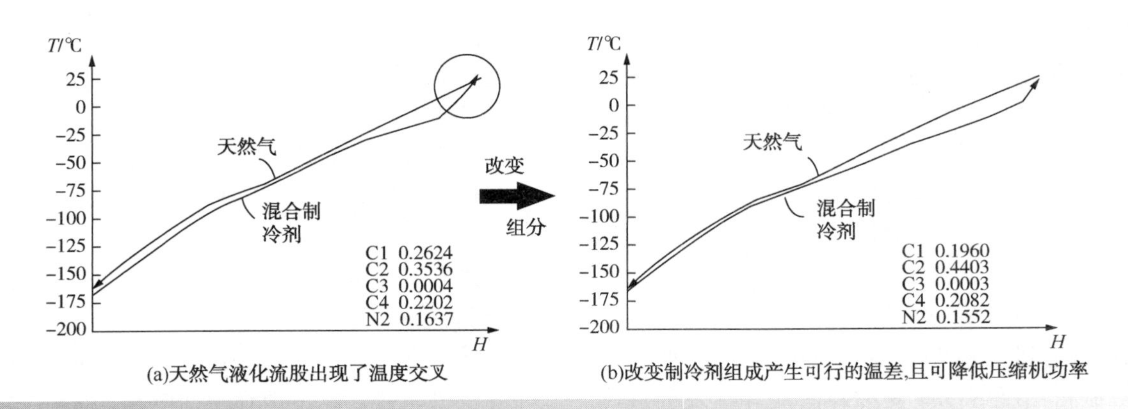

图 24.31 采用混合制冷剂时制冷剂组成对天然气液化温度可行性的影响

混合制冷剂组成选择的主要难点，来自变量之间的相互作用和过程冷却曲线与制冷剂蒸发曲线之间的温差。制冷剂组成、蒸发压力或制冷剂流量的任何变化将改变制冷剂蒸发曲线的形状和位置。

可通过优化制冷剂组成、流率和压力，以获得所需制冷剂性质和条件。过程冷却曲线和制冷剂蒸发曲线之间的理想匹配将导致蒸发曲线趋向于与冷却曲线的形状一致，但是两条曲线不必平行，且制冷剂曲线通常还存在过热问题。

为了确定压缩机吸入和排出压力的最佳参数，制冷剂流量和组成需要一个模拟模型以便进行优化。可以使用非线性规划(例如 SQP，参见第 3 章)来优化组成、流率和压力(Lee，Smith and Zhu，2003)。目标通常是使压缩机功率最小化。然而，这种方法很容易受到高度非线性优化特性的影响。或者可以采用随机搜索算法，但这需要更多的计算。如第 3 章所述，遗传算法已被证明可以得到良好的解(Wang，2004；Del Nogal，et al.，2008)。在整个冷却过程中，必须确保温差可行。要检查沿着冷却曲线的各点温度，以确保温差大于实际的最小值。

混合制冷剂系统的一个主要应用是液化天然气(Kinard and Gaumer，1973；Bellow，Ghazal and Silverman，1997；Finn，Johnson and Tomlinson，1999)。混合制冷剂的组成，通常是碳氢化合物(通常在 C_1 至 C_5 范围内)和氮气的混合物(见图 24.31)。合理地选择制冷剂的性质，使得在特定的制冷需求下，在整个温度范围内，冷却和加热曲线之间以较小温差靠近进行匹配(不必平行)。使用混合制冷剂液化天然气的最简单方法如图 24.32 所示。该过程的作用是将天然气转化为液态以便运输或储存。天然气在环境温度和高压下进入换热器，与逆流通过主换热器的混合制冷剂换热从而液化。主换热器通常是板翅式换热器(参见第 12 章)。混合制冷剂被再压缩，并通过冷却水部分冷凝。由于在该过程中没有其他热阱可以完全冷凝混合制冷剂，因此必须通过其自身制冷剂冷凝。因此，离开压缩机的混合制冷剂首先被冷却水冷却，然后通过主换热器，在那里通过与蒸发的制冷剂换热而被冷凝。然后通过阀门膨胀，并逆流经过换热器后，返回到压缩机。

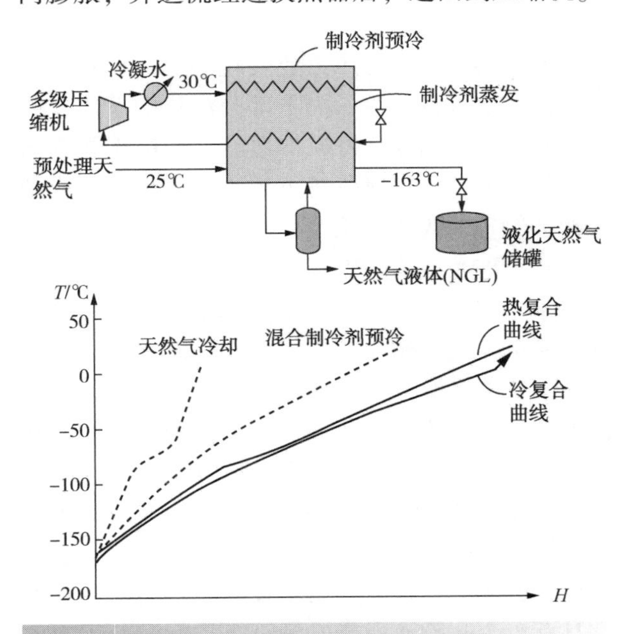

图 24.32 一个简单的液化天然气过程
(Lee，Smith and Zhu，2003)

24

图 24.32 所示为主换热器中天然气、膨胀阀前的换热后制冷剂物流和膨胀阀后的冷制冷剂物流(Lee, Smith and Zhu, 2003)三股物流的温度曲线。使用第 17 章中的方法，天然气和换热后制冷剂物流组合成热复合曲线，给出总体的冷却需求。混合制冷剂在两个恒定的压力水平下蒸发和冷凝，蒸发和冷凝温度都在很宽的范围内变化。两个压力水平的选择影响热复合曲线与制冷蒸发曲线之间的温差。应当注意，在这种情况下，控制自由度可以改变冷却曲线和蒸发曲线两者的形状。这意味着，随着优化的进行，冷却曲线(热复合曲线)必须重新计算(Lee, Smith and Zhu, 2003)。

在图 24.32 所示的简单循环可能有许多不同的结构变化。通过引入多级膨胀和压缩，可以使循环更复杂。可以使用结构优化来筛选结构变化，例如使用遗传算法(Del Nogal, et al., 2008)。除此之外，许多不同的复杂循环可以利用混合制冷剂。在使用混合制冷剂循环之前，可以将两个不同的混合制冷剂循环复叠，或一个复杂的多级纯组分制冷剂循环可以作为混合制冷剂循环的预冷。

24.10 膨胀机

膨胀器是一种将压力能转化为功的机器。原则上，入口可以是在压力下部分汽化的液体，由于膨胀而冷却和部分冷凝的蒸汽，或由于膨胀而冷却的任何气体。膨胀机可用于回收动力，或产生冷却效果，或两者兼而有之。

有三种类型的膨胀机：

① 往复式膨胀机。往复式膨胀机类似于往复式压缩机，但以相反的方式操作。通常在两个气缸中安置两个活塞，活塞通过公共轴连接。这一类型的配置，适用于低温工况。这种配置并不常用，仅限于流率低、压缩比高的场合。

② 径流式涡轮机。径流式涡轮机，有时也称为涡轮膨胀机，类似于离心式压缩机，但是反向运行。流体流动方向与涡轮轴成一定角度。其通常具有单个叶轮。径流式涡轮机是低温应用中最常用的设备。

③ 轴流式涡轮机。轴流式涡轮机类似于反向运行的轴流式压缩机，气体平行于涡轮轴流动。轴流式涡轮机通常用于高流率高入口温度的场合，其主要原理是通过气体压力变化产生动力，在此不做进一步讨论。

涡轮机回收能量有三种方式：

① 膨胀机-压缩机。在这种结构中，膨胀机直接连接压缩机，并且在膨胀机中回收的能量完全或部分地满足压缩机负荷。

② 膨胀机-发电机。在这种结构中，膨胀器与发电机连接，电力送到本地电网。

③ 膨胀机-制动器。在某些情况下，小规模回收动力是不经济的。在这种情况下，回收的能量在液压制动装置中被转换成余热。在膨胀气体提供有效冷却时，这种结构可能在小规模的情况下是有优势的。

在压缩式制冷循环中，以膨胀机代替节流阀，可以提高循环的效率，并能够回收能量。例如，考虑图 24.7，其中液体制冷剂是等熵膨胀的。与图 24.8 中通过节流阀的膨胀方式相比，等熵膨胀后产生更多的液体。这降低了压缩功率，因为在相同的冷却负荷下，较高的液相分率需要制冷剂的流量较低。虽然在图 24.7 中的膨胀在实际中是不可能的，但是如果使用膨胀机使得过程比节流阀更贴近等熵，则可以减少压缩需求。

与节流阀的膨胀相比，膨胀机中气体的膨胀也可以带来好处。这种膨胀机通常是径流式涡轮机。虽然离心压缩机的性能通常以多变效率来衡量，但径向流量涡轮机的性能通常以等熵效率来衡量。等熵效率通常很高，范围在 70%~90%，有时甚至高于 90%。这样的机器出口的液体质量分数通常可以超过 40%，而没有显著的效率损失。图 24.33 说明了膨胀机如何有效地提供低温冷却。图 24.33 显示了丙烯以 10bar 和 350K 为起点的许多不同的膨胀路径。当膨胀到 1bar 时，等熵膨胀出口温度为 256K。随着等熵效率的降低，当出口压力相同时，出口温度增高。$\eta_{IS}=0\%$ 的膨胀路径对应于通过阀门的膨胀。与等熵膨胀相比，通过阀门膨胀后的气体具有 340K 的高温。这就解释了为什么有时候愿意使用膨胀机来进行气体膨胀，以产生低温冷却，不回收能量，而是简单地使用制动器。

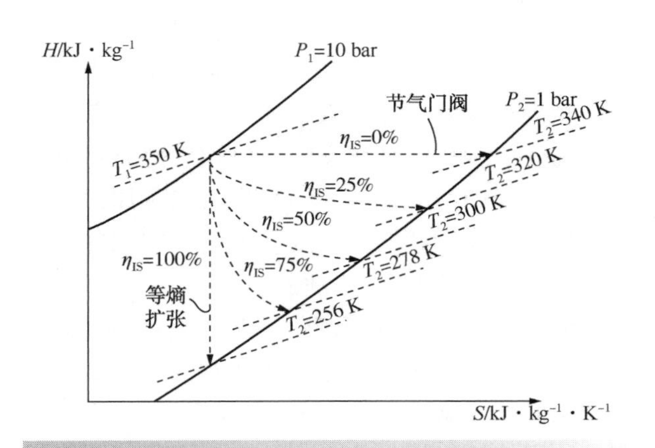

图 24.33　以丙烯为例，气体膨胀的不同路径

图 24.34 是使用膨胀机的一个例子，是在制冷循环中使用氮气液化天然气的过程。压缩后的氮气被冷却到环境温度，然后进入多股流换热器，通常是板翅式换热器(见第 12 章)。

氮气制冷剂先通过多股流换热器预冷，然后进入膨胀机膨胀并冷却至天然气冷却所需的最低温度。膨胀机出来的氮气进入多股流换热器，对天然气进行冷却并对氮气制冷剂进行预冷。从多股流换热器出来的氮气被压缩。从膨胀机回收的动力可作为部分压缩所需动力。压缩机功耗的其余部分必须由电动机，汽轮机或燃气轮机提供。氮气制冷剂冷却换热器中的天然气，然后天然气闪蒸到较低的压力以完成冷却。使用氮气的制冷循环效率较低，但是可用于小型的天然气液化过程，此时相比通常被用于液化所用的烃类制冷剂，氮气作为制冷剂更安全。引入两个集成在一起的循环可以提高液化的效率。高温循环可使用氮气、甲烷或氮气和甲烷的混合物，低温循环使用氮气制冷剂完成冷却。两个循环都使用膨胀机。

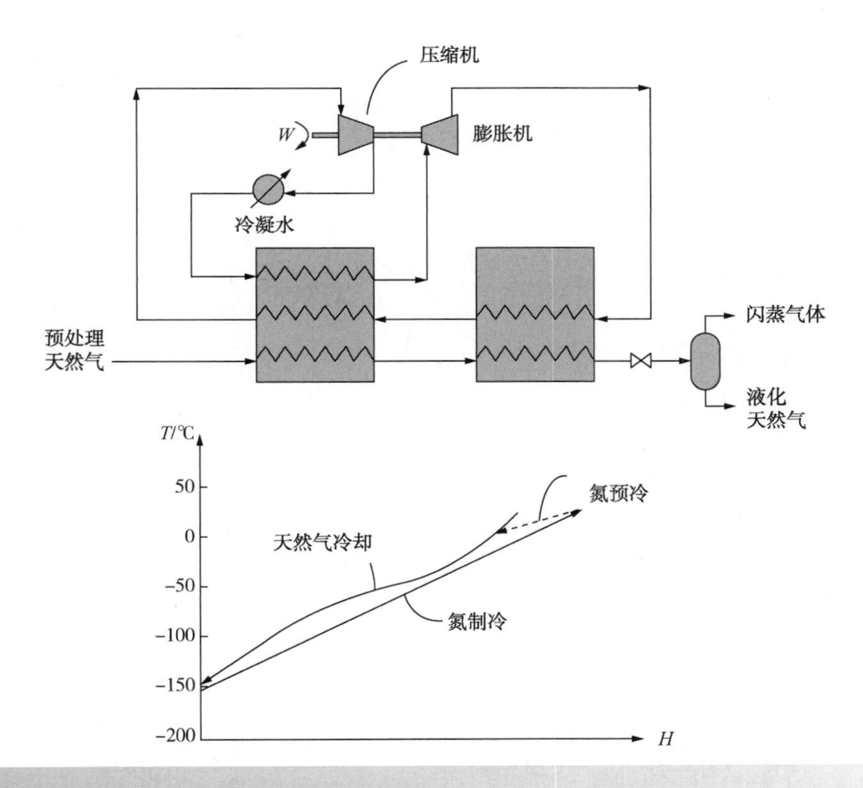

图 24.34　天然气液化的氮膨胀过程

膨胀机的建模过程与压缩机基本相同。由于理想膨胀是理想压缩的逆过程，则理想气体的绝热(等熵)膨胀所做的功，可以从用式 G.22 计算：

$$W_S=\frac{\gamma}{\gamma-1}P_{in}V_{in}\left[1-\left(\frac{P_{out}}{P_{in}}\right)^{(\gamma-1)/\gamma}\right] \quad (24.30)$$

式中　W_S——产生的理想功；

P_{in}——入口压力，N/m^2；

P_{out}——出口压力，N/m²；

V_{in}——入口气体体积，m³；

γ——热容比 C_P/C_V。

对于实际膨胀过程：

$$W=\left(\frac{\gamma}{\gamma-1}\right)\eta_{IS,E}P_{in}V_{in}\left[1-\left(\frac{P_{out}}{P_{in}}\right)^{\frac{\gamma-1}{\gamma}}\right] \tag{24.31}$$

式中 W——实际做的功，J；

$\eta_{IS,E}$——膨胀过程的等熵效率。

若 V_{in} = 容积流率体积流量，W 的单位就是 $J\cdot s^{-1}$。或者，通过引入压缩因子，$PV=ZRT$（见附录A），功可以基于摩尔流率：

$$W=\left(\frac{\gamma}{\gamma-1}\right)\eta_{IS,E}ZRT_{in}\left[1-\left(\frac{P_{out}}{P_{in}}\right)^{\frac{\gamma-1}{\gamma}}\right] \tag{24.32}$$

式中 W——实际所做的功，$J\cdot kmol^{-1}$；

R——通用气体常数 $8.314J\cdot K^{-1}\cdot kmol^{-1}$；

Z——压缩因子。

压缩因子的值，可由状态方程计算得出（附录A）。出口温度为：

$$T_{out}=T_{in}\eta_{IS,E}\left[\left(\frac{P_{out}}{P_{in}}\right)^{\frac{\gamma-1}{\gamma}}+\frac{1}{\eta_{IS,E}}-1\right] \tag{24.33}$$

式中 T_{in}——进口温度，K；

T_{out}——出口温度，K。

公式24.31、公式24.32和公式24.33可用于模拟气体膨胀。然而，这些方程需要谨慎使用，因为它们基于理想气体的行为，并且假定热容是恒定的。压力不高时，气体不会显著偏离理想状态，则可以使用上述公式来模拟气体膨胀。此外，γ 的值在膨胀过程中会有显著变化。

在13章讨论过，计算绝热膨胀所做功的另一种方法，是根据出口和入口总焓差来计算：

$$\begin{aligned}W&=H_{in}-H_{out}\\&=\eta_{IS,E}(H_{in}-H_{out,IS})\end{aligned} \tag{24.34}$$

式中 W——膨胀功，W；

H_{in}——入口总焓；

$H_{out,IS}$——等熵膨胀出口总焓；

H_{out}——真实膨胀出口处总焓；

$\eta_{IS,E}$——等熵膨胀效率。

计算从入口焓开始，给定入口焓和压力，可以求出入口处的熵。然后，假设出口熵与入口熵相等（等熵），并给出出口压力，可以求得出口焓值。将等熵焓变与等熵效率相乘，就可以获得实际的焓变，从而计算真实的出口焓。忽略机械损失，就得到产生的总功。已知出口焓和压力，就可以根据物性计算出口温度。这是模拟软件中常用的方法，但是手算不方便。

例24.7 一小规模液化天然气装置，每天生产210t的液化天然气。该过程规模较小，因此适合使用氮膨胀制冷工艺，如图24.34所示。实现制冷所需的氮气流量为0.43kmol/s。氮气膨胀机可以采用0.85的等熵效率进行建模。膨胀机两端的温度和压力变化大，导致 γ 值在过程中变化。考虑到 γ 值变化是非线性的，简单的平均值不具有代表性。因此，整个膨胀过程的 γ 值，取1.42。假设压缩机为多级离心压缩机，每级的最大压比为3，以多变压缩来建模。假设中间冷却器将气体冷却到压缩机入口温度，且无压降。通用气体常数 R 取 $8314.5J\cdot kmol^{-1}\cdot K^{-1}$。氮的压缩因子由Peng-Robinson状态方程确定（见附录A）。

① 膨胀机入口处的条件为268K，59.9bar，压缩因子为0.966。出口压力为1.6bar。假设热容恒定，计算膨胀机出口温度。

② 计算膨胀机回收的能量。

③ 压缩机入口处的条件为303K，1.4bar，压缩因子为0.999。所需的出口压力为60.1bar。计算过程的输入功率。

解：

① 假设热容和 γ 值保持恒定，可由公式24.33计算膨胀机出口温度

$$T_{out}=T_{in}\eta_{IS,E}\left[\left(\frac{P_{out}}{P_{in}}\right)^{(\gamma-1)/\gamma}+\frac{1}{\eta_{IS,E}}-1\right]$$

② 带入出口压力和入口参数，得出：

$$\begin{aligned}T_{out}&=268\times0.85\left[\left(\frac{1.6}{59.9}\right)^{(1.42-1)/1.42}+\frac{1}{0.85}-1\right]\\&=118.2K\end{aligned}$$

③ 膨胀机回收功率可由公式24.32计算：

$$\begin{aligned}W&=m\left(\frac{\gamma}{\gamma-1}\right)\eta_{IS,E}ZRT_{in}\left[1-\left(\frac{P_{out}}{P_{in}}\right)^{(\gamma-1)/\gamma}\right]\\&=0.43\left(\frac{1.42}{1.42-1}\right)\times0.85\times0.966\times8314.5\end{aligned}$$

$$\times 268\left[1-\left(\frac{1.6}{59.9}\right)^{\frac{(1.42-1)}{1.42}}\right]$$

$$=1.75\times 10^6\,\mathrm{W}$$

首先，根据附录 G，求得压缩级数：

$$r=\sqrt[N]{\frac{P_{out}}{P_{in}}}$$

假设 $N=3$：

$$r=\sqrt[3]{\frac{60.1}{1.40}}=3.50$$

r 值过高，带入 $N=4$：

$$r=\sqrt[4]{\frac{60.1}{1.4}}=2.56$$

假设四级压缩，需要冷却器，由此可以计算体积流率：

$$F_{in}=m\times\frac{ZRT_{in}}{P_{in}}$$

$$=\frac{0.43\times 0.999\times 8314.5\times 303}{1.40\times 10^5}$$

$$=7.73\,\mathrm{m^3\cdot s^{-1}}$$

多变压缩效率可由公式 13.70 得出：

$$\eta_P=0.017\ln F+0.7$$

$$=0.017\ln(7.73)+0.7$$

$$=0.73$$

多变压缩系数 n 由公式 13.60 计算：

$$n=\frac{\gamma\eta_P}{\gamma\eta_P-\gamma+1}$$

$$=\frac{1.42\times 0.73}{1.42\times 0.73-1.42+1}$$

$$=1.68$$

压缩所需功率由公式 13.67 求得：

$$W=\frac{n}{n-1}\frac{P_{in}F_{in}N}{\eta_P}\left[1-(r)^{\frac{n-1}{n}}\right]$$

$$=\left(\frac{1.68}{1.68-1}\right)\times\frac{1.40\times 10^5\times 7.73\times 4}{0.73}\left[1-(2.6)^{\frac{(1.68-1)}{1.68}}\right]$$

$$=-6.92\times 10^6\,\mathrm{W}$$

净输入功率：

$$(-6.92+1.75)\times 10^6\,\mathrm{W}$$

$$=-5.17\times 10^6\,\mathrm{W}$$

因此净功率需求为 5.17MW。

应该注意的是，由于过程中的温度和压力变化很大，故热容和 γ 都有变化。因此，从方程 24.34 给出的基于焓计算功的方法精度较高。但是，这个计算需要模拟软件。

在膨胀机中膨胀的气体，可能是过程气体。若一股气体或蒸汽压力高，而在下游的工艺中，却不需要这么高的压力，那么这一物流可以用于提供冷量，或提供有用功，或两者都提供。冷却可能是部分冷凝，以回收混合物中不易挥发的组分，或为制冷过程提供冷物流。使用节流阀的膨胀过程，仅能提供冷却。而使用膨胀机的膨胀过程，可以提供冷却并回收动力能量。例如，假设需要在低温高压下进行蒸精馏，以分离包含轻质气体的混合物。来自冷凝器的未冷凝的轻质气体压力高，但不需要在高压条件下操作，就可以膨胀以冷却气体，例如可以用于对蒸精馏装置的进料进行预冷。

24.11　吸收式制冷

现在考虑吸收式制冷。压缩式制冷由压缩机压缩制冷剂蒸汽来提供动力压缩制冷剂蒸汽(图 24.35a)。其主要问题是压缩费用比较高。图 24.35b 所示为实现压缩的另一种方法。制冷剂蒸汽首先在溶剂(吸收剂)中被吸收。所得到的液体溶液可以使用泵来增加其压力。然后压缩的制冷剂与溶剂在汽提塔(发生器)中分离。与相应的气体压缩相比，泵所需的增压功率要小得多，所以总的效果是以更少的功率增加了制冷剂的压力。缺点是汽提塔(发生器)需要供热。

图 24.36 所示为典型的吸收制冷装置。图 24.36 的循环左侧是吸收器和汽提塔(发生器)。来自蒸发器的低压制冷剂蒸汽首先被溶剂吸收，升压后在换热器中升温。然后制冷剂进入蒸汽发生器，制冷剂从溶剂中汽提出来。热量输入蒸汽发生器，溶剂在换热器中被冷却，降压后返回到吸收器。来自蒸汽发生器的高压蒸汽在冷凝器中冷凝，在膨胀阀中膨胀以产生冷却效果，然后进入蒸发器给过程进行冷却。

吸收式制冷的特征在于，相对于压缩式制冷，具有功耗低的优点，但需要向蒸汽发生器(汽提塔)供热。吸收器需要排热，通常是冷却水。吸收式制冷仅适用于中等温度制冷。

吸收式制冷的最常用工质与工作范围列于表 24.6 中。

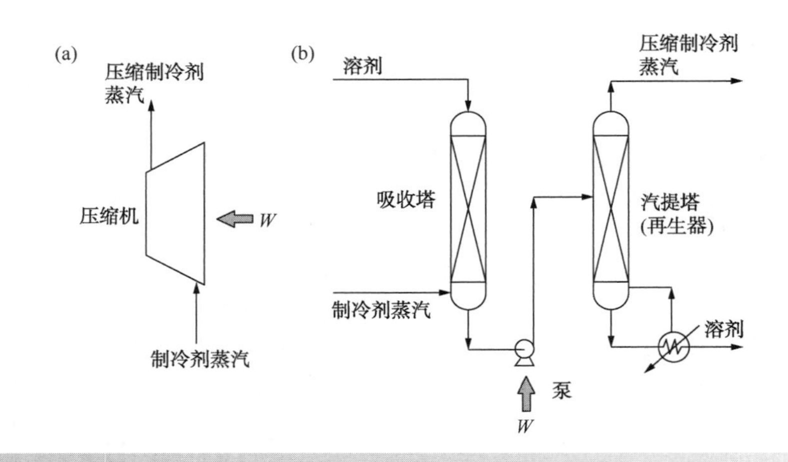

图 24.35　压缩式与吸收式制冷的比较

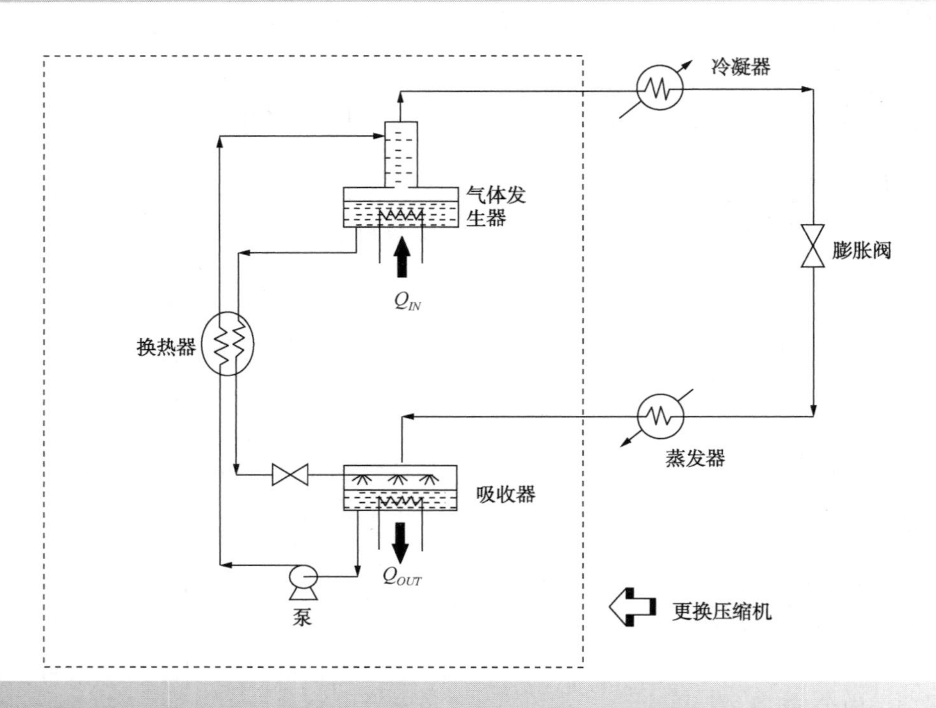

图 24.36　典型的吸收式制冷装置

表 24.6　吸收式制冷的常用工质

制冷剂	溶剂	温度下限/℃
水	溴化锂	5
液氨	水	-40

什么时候应该使用吸收式制冷而不是压缩式制冷？有两个重要的标准。首先，吸收式制冷只能在中温制冷时使用。第二，只有当有较大的余热供给蒸汽发生器时，才应该使用。余热温度必须在90℃以上，越高越好。

24.12　间接式制冷

间接式制冷是常用的制冷方式。图 24.37 为通过中间液体循环给过程提供冷却。通过制冷循环移走中间液体热量。这种方式用于多个工艺负荷之间的制冷分配，或者当制冷剂和流体之间的接触，会产生安全或产品污染的问题时，可采用这种方式。由于制冷剂和中间介质之间需要换热，导致额外的温升，间接式制冷比直接式制冷的功率需求更高。

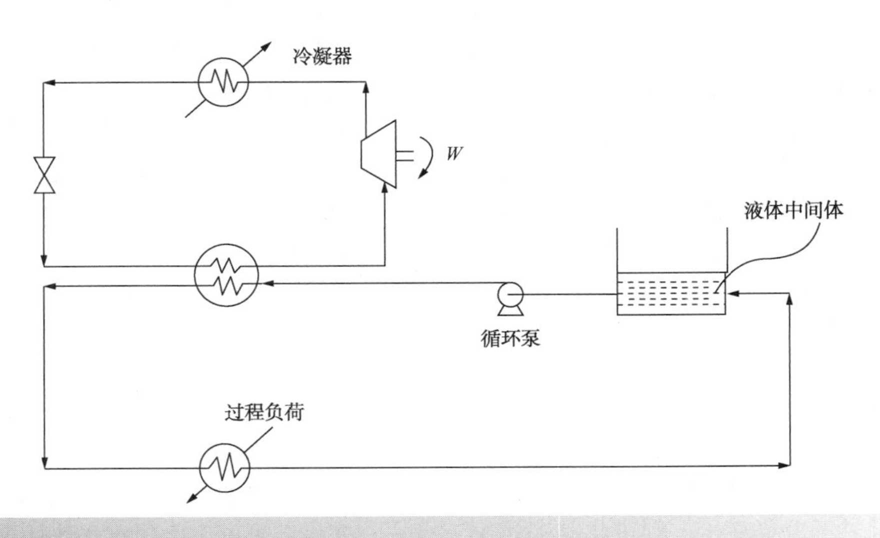

图 24.37　间接式制冷

使用的中间液体通常是各种浓度的水溶液，例如盐(氯化钙、氯化钠)、二元醇(乙二醇、丙二醇)、醇(甲醇、乙醇)，或纯物质如丙酮、甲醇和乙醇。

24.13　循环冷却水和制冷系统——总结

多数化工生产过程需要排放余热。当余热难以回收用于其他过程，也不能用于热公用工程(例如产生蒸汽)，则余热必须被排放到环境中。将热量排出到环境温度以上的最直接方式是使用风冷式热交换器。也可以采用河水等直流水作为冷却水。然而，这种直流水系统耗水量极大，并且排放到水生态系统的余热会产生环境问题。

排除高于环境温度的余热最常见方法是采用循环冷却水系统。可以用自然通风和机械通风冷却塔。热量通过水的蒸发而被排出，但是水的热量损失是由于需要排污，以防止在再循环和漂移损失中积聚其他的污染物。增加浓缩倍数可减少排污损失，但要以增加防止结垢和腐蚀的化学药剂用量为代价。

冷却塔的设计和冷却水网络的设计相互影响。冷却器可以并联或串联。降低冷却水的总流量，升高冷却塔的回水温度，可以提高冷却塔的效能。将冷却器串联而不是并联，可以降低冷却水的总流量，提高冷却塔的回水温度，从而提高冷却塔的效能。然而，这是以减小冷却器的温差和增大冷却水系统的压降为代价的。在少数关键再利用机会中通过冷却器串联，能有效改进循环水系统的设计。

若需要在低于环境温度下冷却，则需要制冷。制冷分为两大类型：

- 压缩式制冷；
- 吸收式制冷。

压缩式制冷是目前为止最常见的制冷方式。可以采用简单循环来提供低至-40℃的冷却。对于更低的温度，要采用复杂循环。省煤器、预饱和器、多级压缩和膨胀可以用来降低制冷功率的需求。当系统温度很低时，则需要采用两个制冷循环连接在一起的复叠式制冷循环，每个循环使用不同的制冷剂。

制冷剂的选择取决于一些因素。通常要避免蒸发器压力低于大气压。最好在蒸发器条件下具有较高的汽化潜热，以减小制冷剂流量，从而降低制冷功率需求。制冷剂两相区的形状也会影响制冷剂的选择，一些其他因素，诸如毒性、易燃性、腐蚀性和环境因素，都会影响制冷剂的选择。

制冷循环提供了与工艺过程进行热集成的机会，可以通过总复合曲线来确定这些机会。

针对特定的制冷剂，通过能量平衡可以计算制冷目标。可以针对简单、多级和复杂的循环，实现最小的制冷功率。混合制冷剂系统使用混合物而不是纯组分作为制冷剂。制冷剂混合物在一定温度范围内蒸发，如果制冷负荷随着温度有显著的变化，那么就可以在制冷负荷和制冷剂蒸发之间实现更好的匹配。在设计混合制冷剂系统时，重要的自由度包括：

- 混合制冷剂的组成；
- 压力等级；
- 制冷剂流量。

膨胀机比制冷阀门更有效。膨胀机可以在制冷循环中使用。或者，如果过程气体或蒸汽处于高压并且下游工艺不需要高压，则可将其通过膨胀器减压，以产生低温热阱或回收能量。

吸收式制冷远不如压缩式制冷常用。吸收制冷通过使用泵压缩液体，降低了功率需求。

24.14 习题

1. 冷却水以流率为 $20m^3 \cdot min^{-1}$ 的速度循环到冷却水系统中。循环冷却水在冷却塔的进出口温度分别为 40℃ 和 25℃。通过测量冷却塔进出口水的杂质浓度，得出浓缩倍数为 5。假设水的比热容为 $4.2kJ \cdot kg^{-1} \cdot K^{-1}$，补充水温度为 10℃。计算：

① 假定冷却塔条件下冷却水的汽化潜热为 $2423kJ \cdot kg^{-1}$，求解水的蒸发率；

② 假设漂移损失可以忽略，求补充水损失的需求量。

2. 若一个冷却塔的负荷已经接近最大负荷，系统中需要新的冷却负荷，有什么方案可以满足所需冷却负荷而不必增加新的冷却塔。

3. 冷却器在

① -40℃

② -60℃

将 1MW 的冷却负荷排放到回水温度为 40℃ 的冷却水中，计算所需功率。假设卡诺效率为 0.6，蒸发器和冷凝器的最小传热温差分别为 5℃ 和 10℃。根据图 24.20，对这两种情况查找合适的制冷剂。

4. 有一复叠式制冷系统，蒸发温度为 -90℃，最终在 30℃ 下将余热排放给冷却水。两个循环之间界面的分割温度，是上(高温)循环蒸发器的温度，需要被优化。上循环制冷剂的最低许可温度为 225K，下循环制冷剂最高许可温度为 264K。假设循环可以采用卡诺效率模型建模，且卡诺效率为 0.6。确定两循环分割温度，以最小化输入功率。假设 $\Delta T_{min} = 5℃$。

5. 表 24.7 是一个低温过程冷热物流的数据。

假设最小传热温差为 10℃。蒸汽温度 120℃，冷却水温度范围 25~35℃。制冷可以采用卡诺效率模型建模，且卡诺效率为 0.6。

① 进行问题表分析，并画出总复合曲线。

② 为过程匹配一个纯组分制冷剂单级制冷系统。若将余热排至冷却水，请计算所需功率。

③ 为过程匹配一个纯组分制冷剂两级制冷系统。若制冷循环的热量排到过程中，请计算所需功率。

④ 两级制冷循环，将余热排放至工艺过程中而不是冷却水，设计一个方案减少所需功率。所有在制冷循环中的余热，需要排至过程中。

表 24.7 习题 5 物流数据

物流编号	物流类型	T_S/℃	T_T/℃	热负荷/MW
1	热	65	-35	-15
2	热	-54	-55	-4
3	冷	-85	55	7
4	冷	-6	-5	12

6. 表 24.8 列出了一个热回收问题的数据。进行问题表分析，并画出总复合曲线。最小传热温差为 5℃。

表 24.8 习题 6 物流数据

物流编号	物流类型	T_S/℃	T_T/℃	热负荷/MW
1	热	-20	-20	1.0
2	热	-40	-40	1.0
3	热	20	0	0.8
4	冷	20	20	1.0
5	冷	0	0	1.0
6	冷	0	20	0.2
7	冷	-40	20	0.6

① 为减小能耗，采用两级制冷循环，请计算两级的温度和负荷。

② 制冷循环中蒸发与冷凝都是等温过程。假定制冷循环的余热排至冷却水中，计算功率需求。冷却水在20~25℃运行。制冷循环所需功率根据公式25.14计算。

③ 除了将热量排放至冷却水外，可将热量传递给过程。如果尽可能地将余热传递给过程，计算功率需求。多余的热量排给冷却水。

7. 图24.38是以两级氮气膨胀循环液化天然气的过程。表24.9给出了过程条件和流体物性。通用气体常数 R 为8314.5J·kmol^{-1}·K^{-1}。

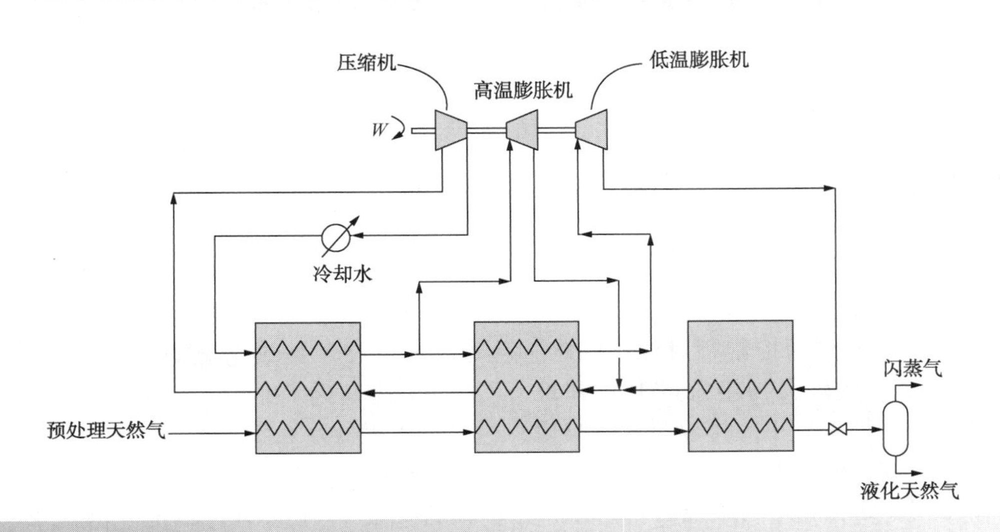

图24.38 习题7中两级氮气膨胀机过程

① 膨胀机基于等熵膨胀建模，等熵效率为0.85，计算膨胀机的能量回收量。

② 用一个离心式压缩机压缩氮气，氮气进口温度为300K，压力为12.3bar，出口压力为59.9bar，压缩因子为0.995，每一级的最大压缩比为3。假设中间冷却器将氮气冷却至入口温度，在中间冷却器中无压降损失。压缩机可以采用多变效率建模，γ 值为1.4。计算过程的净功输入。

表24.9 习题7中的过程数据

	高温循环	低温循环
流率/kmol·s^{-1}	0.60	0.26
膨胀机入口温度/K	263	182
膨胀机入口压力/bar	59.8	59.7
膨胀机出口压力/bar	12.5	12.6
热容比 γ	1.49	1.78
膨胀机入口压缩因子 Z	0.962	0.806

参考文献

Bellow EG, Ghazal FP and Silverman AJ (1997) Technology Advances Keeping LNG Cost-Competitive, *Oil Gas J*, **June**: 74.

Briggs DE and Young EH (1963) Convection Heat Transfer and Pressure Drop of Air Flowing Across Triangular Pitch Banks of Finned Tubes, *Chem Eng Progr Syp Ser*, **59** (41): 1.

Del Nogal F, Kim JK, Perry S and Smith R (2008) Optimal Design of Mixed Refrigerants, *Ind Eng Chem Res*, **47**: 8724.

Dossat RJ (1991) *Principles of Refrigeration*, 3rd Edition, Prentice Hall.

Finn AJ, Johnson GL and Tomlinson T (1999) Developments in Natural Gas Liquefaction, *Hydrocarbon Process*, **April**: 47.

Gosney WB (1982) *Principles of Refrigeration*, Cambridge University Press.

Hudson Products (2015) Basics of Air-Cooled Heat Exchangers, www.hudsonproducts.com/products/finfan/.

Isalski WH (1989) *Separation of Gases*, Oxford Science Publications.

Kim JK and Smith R (2001) Cooling Water System Design, *Chem Eng Sci*, **56**: 3641.

Kinard GE and Gaumer LS (1973) Mixed Refrigerant Cascade Cycles for LNG, *Chem Eng Prog*, **69**: 56.

Kröger DG (1998) *Air-Cooled Heat Exchangers and Cooling Towers*, Department of Mechanical Engineering, University of Stellenbosch, South Africa.

Lee G-C (2001) *Optimal Design and Analysis of Refrigeration Systems for Low-Temperature Processes*, PhD Thesis, UMIST, UK.

Lee G-C, Smith R and Zhu XX (2003) Optimal Synthesis of Mixed-Refrigerant Systems for Low-Temperature Processes, *Ind Eng Chem Res*, **41**: 5016.

Lee G-C, Zhu XX and Smith R (2000) *Synthesis of Refrigeration Systems by Shaftwork Targeting and Mathematical Optimisation, ESCAPE 10, Florence, Italy*.

Poling BE, Prausnitz JM and O'Connell JP (2001) *The Properties of Gases and Liquids*, McGraw-Hill.

Serth RW (2007) *Process Heat Transfer: Principles and Applications*, Academic Press.

Wang J (2004) *Synthesis and Optimization of Low Temperature Gas Separation Processes*, PhD Thesis, UMIST, UK.

第 25 章　大气排放环境设计

25.1　空气污染

排放到大气的污染物种类繁多，可主要划分为如下几种：颗粒物(固态或者液态)、蒸汽或气体。总体而言，大气排放的控制相对比较困难，因立法者主要针对一些较大污染源的监督和检查，而大多数的排放物来自小的排放源，较难规范和控制。工业排放污染的主要指标如下：

1）PM_{10}。燃料发生不完全燃烧时，其中的硫和氮的复合物在空气中发生反应所产生的副产物，通常为小于 10μm 的颗粒物，即为 PM_{10}。它会导致人体呼吸系统受损。

2）$PM_{2.5}$。小于 2.5μm 的颗粒物，其产生过程与 PM_{10}相同，因其体积更小，对人体呼吸系统穿透力更强，故危害性更强。

3）O_3。臭氧是一种高反应活性的物质，既存在在高平流层中，又在低对流层中存在。尽管臭氧的存在对于平流层而言至关重要，但是在较低的对流层中存在的臭氧，则对于人类健康是有害的，而且因其高反应活性，往往会诱发其他污染物的进一步形成。

4）VOCs。VOC 指的是任何一种含碳的挥发性有机物，不包括一氧化碳、二氧化碳、碳酸、金属碳化物、碳酸盐或者碳酸铵。这一类物质参与大气层中的光化学反应的形成(美国环境保护署，1992a)。VOCs 是近地面臭氧产生乃至各种光化学污染物的前体，它们是通过光化学反应产生的光化学烟雾的主要组分(harrison，1992；De Nevers，1995)。关于 VOCs 的主要来源，将在后续进行讨论。

5）SO_x。这一类硫的氧化态(主要是 SO_2 和 SO_3)，主要是含有硫的燃料燃烧过程中的产物，通常是伴随一些化学生产过程的副产物。

6）NO_x。这一类氮的氧化态(主要是 NO 和 NO_2)，主要是在燃烧过程中形成，通常也是化学生产过程的副产物。

7）CO。一氧化碳，主要是燃料不完全燃烧的产物，通常也是化学生产过程的副产物。

8）CO_2。二氧化碳是燃料燃烧过程中的主要产物，也是化学生产过程的副产物。

9）二噁英和呋喃类。二噁英和呋喃类是一大类具有相似化学结构的 200 多种不同的有毒化合物的简称。它们不属于商品化的化学产品，但是在热氧化过程中产生的痕量副产物，比如金属加工或者造纸业制造过程中都会产生此类物质。二噁英和呋喃类物质还会在森林大火或者火山爆发时自然溢出。它们在环境中广泛存在，尽管浓度极低，但其很难降解，在环境中易于累积，属于人类致癌物，且会诱发一系列不利于人类健康的非致癌疾病的产生。

因大气排放物同时对环境和人类健康均存在危害，需要对其进行立法控制，这些危害效应主要体现在对于当地以及全球效应两个层面的影响。主要有六种跟大气排放相关的问题：

1）城市烟雾。城市烟雾在现代化城市中出现，尤其是空气在盆地中扩散不出去的时候，会经常发生。空气颜色通常是褐色的。其产生是通过太阳光(*hf*)的照射，产生一系列复杂的光化学反应，主要典型过程如下式：

$$\text{VOCs}+NO_x+O_2 \xrightarrow{hf} O_3+\text{其他光化学污染物} \quad (25.1)$$

光化学污染物如臭氧、醛以及过氧硝酸酯类如过氧乙基自由基(或者过氧乙酰硝酸酯 PAN)等污染物的形成，对于活有机体是有害的。高浓度的污染物会导致 VOCs 和 NO_x之外，城市烟雾还会因为燃料不完全燃烧产生颗粒物和一氧化碳的排放，而变得更为严重。

2）酸雨。因空气中二氧化碳溶于水成为碳酸，同时SO_x以及H_2S自然溢出产生的硫化物以及硫酸也会使水变酸。故自然状态下的雨（未污染过的）或其他形式的降水，也通常呈现pH在5~6的自然酸性。人类活动可使降水的pH大大降低，因为SO_x以及NO_x的排放，在某些严重情况下可使pH降至2~4。因为空气污染可以随风扩散至很远的距离，酸雨往往并非仅限在当地发生，甚至会发生在离污染源非常远的地方。酸雨会导致海洋、淡水以及土壤的酸化。酸雨所导致的一系列问题如下：

- 破坏植物，尤其对森林造成破坏。
- 土壤酸化往往伴随着土壤中的养分流失，同时土壤中的其他成分可能会达到对植物有害的水平，进而会导致农作物以及牧草地产量降低。
- 水质酸化，会导致湖泊和溪流里的水成为死水，水生物生命的丧失，进而可能会对人类水体供应造成危害。
- 腐蚀建筑物，尤其是对于大理石和砂岩建造的建筑物。

3）海洋酸化。海洋酸化指的是因空气中二氧化碳的溶解导致海洋水体pH的降低。人类活动产生的二氧化碳排放，其中很大一部分会溶解在海洋水体中。当二氧化碳进入海洋后，与水结合产生碳酸，使得水体酸度增加进而pH降低。海洋水体酸化加剧的一个主要后果性影响主要体现在：海洋生物不能从水体中得到碳酸根以满足贝壳以及骨骼的形成。尽管有些生物在较酸的水体中仍能形成贝壳和骨骼，但是需要耗费更多能量，因而会降低其繁衍速度。一旦贝壳类生物濒危，整个食物链也会受到威胁。

4）富营养化。富营养化通常是陆地或者海洋水体因为营养过剩导致的水体植物如浮游植物、水藻等的大量繁殖。破坏了生态系统的正常功能进而引起一系列问题，如水生物生存所必需的氧气缺乏，生物多样性降低，生物种类以及优势生物类群的改变，同时还会有毒性效应。NO_x的排放是导致富营养化的元凶。

5）臭氧层破坏。上层大气含有一层丰富的臭氧，这使得其能够吸收掉太阳光中的大部分紫外光，使其不能到达地球表面。而在下层对流层中含有的臭氧是有害的。臭氧层的破坏主要是指平流层中氮氧化物作为催化剂而引起的一系列反应，具体如下：

$$NO^{\bullet}+O_3 \longrightarrow NO_2^{\bullet}+O_2$$

$$NO_2^{\bullet}+O \longrightarrow NO^{\bullet}+O_2$$

$$NO_2^{\bullet} \xrightarrow{hf} NO^{\bullet}+O$$

臭氧层的破坏，有时候也涉及卤代烃的参与，如：

$$CCl_2F_2 \xrightarrow{hf} {}^{\bullet}CClF_2+Cl^{\bullet}$$

$$Cl^{\bullet}+O_3 \longrightarrow ClO^{\bullet}+O_2$$

$$ClO^{\bullet}+O \longrightarrow Cl^{\bullet}+O_2$$

$Cl^{\bullet}$还会进一步与臭氧反应，臭氧的破坏会导致臭氧层变薄，尤其是对于本来臭氧层就相对稀薄的南北极地区。臭氧层破坏会使到达地球的紫外线增加，潜在的后果是皮肤癌患者增加，两极地区生物类群受到威胁。而且臭氧层变薄会使得平流层吸收紫外线变少，平流层温度降低进而改变原有的气候模式。

6）温室效应。空气中存在少量的CO_2、CH_4、N_2O以及H_2O，这些气体的存在会反射地球辐射出的部分热量进而降低地球的热量损失，这使得其对地球产生一种“毯子”效应，使得地球更加温暖。这一问题因为化石燃料的燃烧以及森林的破坏而加剧，最终导致全球温度的上升，两极冰川以及冰山的融化、海平面升高、沙漠化加剧、永久冻土解冻、气候反常以及海洋洋流的改变等一系列问题。

当对大气排放进行立法时，监管局可以控制来自各个排放点的排放，也可以将所有排放综合起来考虑，作为一个假想的“气泡”来对整个生产制造业加以规范。

25.2　空气污染来源

如前所述，大气排放的主要问题在于很多潜在的污染源。对于固体排放物而言，主要来源如下：

- 固体干燥操作；
- 高温热处理固体的焚烧炉；
- 金属加工；
- 固体的粉碎、磨粉以及筛选操作；

• 敞开环境下固体的任何操作；

• 炉子、锅炉以及热氧化器中的燃料不完全燃烧及其产生的灰尘；

• 火焰等的不完全燃烧。

因为蒸汽排放源头很多，所以蒸汽的排放更难处理。有些可以简单地认为是点排放源，例如管道接口、阀门以及泵的密封处的泄漏，我们称之为难以捕捉的排放。蒸汽排放源主要如下：

• 冷凝器出口；

• 管道或容器的出口；

• 惰性气体吹扫管道及容器带出的蒸汽；

• 过程吹扫排放到大气；

• 烘干操作；

• 溶剂型表面涂料的应用；

• 敞开体系的一些过滤、容器中的混合等操作均会导致 VOCs 的逸出；

• 转鼓的排空以及进料过程产生的 VOCs 蒸发；

• VOCs 的溢出；

• 处理挥发性有机建筑物的通风处理；

• 贮罐的装料及清洗过程；

• 道路、轨道以及驳船罐的装载及清洗；

• 通过垫圈以及轴上密封垫的不可捕捉排放；

• 污水管或废水处理过程中不可捕捉的排放；

• 取样点不可捕捉的排放；

• 炉子、锅炉以及热氧化器中的不完全燃烧；

• 火焰的不完全燃烧等。

在大规模工厂里，通过控制主要污染源如罐体通风口、冷凝器、吹扫气体排放等可显著降低 VOC 的排放，同时还可以通过及时检查以及维修垫圈以及密封垫等来降低 VOC 排放。

加工厂最大污染源来自于燃烧产生的气体排放，这些排放主要来源于：

• 焚烧炉、锅炉以及热氧化器；

• 燃气轮机的废气；

• 火焰燃烧；

• 焦炭和催化剂分离等操作过程（如炼制过程中的流体催化裂化重整）。

除了燃料燃烧过程的气体溢出，一些化学生产过程也会产生气体，如硫酸的生产过程中会产生 SO_x，硝酸的生产过程中会产生 NO_x，氯化过程会产生 HCl 的逸出等。

例题 25.1 若要往贮罐中加入苯和甲苯混合液，其摩尔比为 0.2∶0.8，贮罐有一个空气通风口，温度为 25℃，试预测下列条件下，通风口处苯和甲苯的浓度。

① 25℃

② 校正到 0℃、1atm 的标准状态下。

假定苯和甲苯的混合物符合拉乌尔定律，标准状态下，1kmol 蒸气态的混合物体积为 $22.4m^3$。苯和甲苯的摩尔质量分别为 $78kg \cdot kmol^{-1}$ 和 $92kg \cdot kmol^{-1}$。25℃ 下，苯和甲苯的蒸气压分别为 0.126bar 和 0.0376bar。

解：

①
$$y_{BEN} = 0.2 \times \frac{0.126}{1.013} = 0.0249$$

$$y_{TOL} = 0.8 \times \frac{0.0376}{1.013} = 0.0297$$

因混合物与惰性的空气达到平衡，因此在 25℃ 下：

$$C_{BEN} = y_{BEN} \times \frac{1}{22.4\left(\frac{T}{273}\right)} \times 78$$

$$= 0.0249 \times \frac{1}{22.4\left(\frac{298}{273}\right)} \times 78$$

$$= 0.0794kg \cdot m^{-3}$$

$$= 79400mg \cdot m^{-3}$$

$$C_{TOL} = y_{TOL} \times \frac{1}{22.4\left(\frac{T}{273}\right)} \times 92$$

$$= 0.029 \times \frac{1}{22.4\left(\frac{298}{273}\right)} \times 92$$

$$= 0.112kg \cdot m^{-3}$$

$$= 112000mg \cdot m^{-3}$$

② 校正到 0℃，1atm 的标准状态下：

$$C_{BEN} = y_{BEN} \times \frac{1}{22.4} \times 78$$

$$=0.0249\times\frac{1}{22.4}\times78$$
$$=0.0867\text{kg}\cdot\text{m}^{-3}$$
$$=86700\text{mg}\cdot\text{m}^{-3}$$
$$C_{\text{TOL}}=y_{\text{TOL}}\times\frac{1}{22.4}\times92$$
$$=0.029\times\frac{1}{22.4}\times92$$
$$=0.122\text{kg}\cdot\text{m}^{-3}$$
$$=122000\text{mg}\cdot\text{m}^{-3}$$

通过大致的计算我们可以看出，在多数情况下计算的浓度要远超过允许浓度的很多倍（允许浓度通常要低于 10mg · m^{-3}）。当然若想得到更为准确的计算结果，则需用状态方程（如附录 A 中的 Peng-Robinson 状态方程）。

25.3　大气中固体颗粒物排放的控制

选择控制空气中固体排放物的设备需要考虑如下诸多不同的因素（Stenhouse，1981；Svarovsky，1981；Rousseau，1987；Dullien，1989；Schweitzer，1997）：

- 需要截留的固体颗粒的大小分布；
- 固体颗粒负载量；
- 气体通量；
- 允许的压力降；
- 温度。

可选择的控制空气中固体排放物设备也有很多种，如第 7 章所介绍的那样，这些设备按照广义的划分如表 25.1 所示（Stenhouse，1981）。

表 25.1　控制固体排放物的设备

设备	主要分离颗粒的尺寸范围/μm
重力沉降器	>100
惯性除尘器	>50
旋风除尘器	>5
洗涤器	>3
文丘里管除尘器	>0.3
袋式滤器	>0.1
静电沉降除尘器	>0.001

1）重力沉降除尘器。该设备在第 7 章已经介绍过，示意图见图 7.1 和图 7.3。其功能是基于密度差，主要用于收集粗颗粒，所以主要用于预除尘。只有大于 100μm 的颗粒才能够通过该设备除去（Stenhouse，1981；Rousseau，1987；Dullien，1989；Schweitzer，1997）。

2）惯性除尘器。该法也在第 7 章介绍过，示意图如图 7.4 所示。颗粒被给予一个向下的动量以便于其沉降，只有大于 50μm 的颗粒才能够通过该设备得到有效去除（Stenhouse，1981；Rousseau，1987；Dullien，1989；Schweitzer，1997）。因此该设备如重力沉降除尘器一样主要用于预除尘。

3）旋风除尘器。旋风除尘器也作为一种主要预除尘设备。如第 7 章所介绍的那样，示意图如图 7.6 所示。装载有固体颗粒的气体法向从底部进入分离器，最终从设备顶部离开。颗粒在离心力的作用下随机碰撞到除尘器的壁上，最终从底部排出。

旋风除尘器通常可以处理固体负载量较大的空气，相对便宜，设备简单，而且设备维护要求相对较低。主要问题在于分离一些易于黏附在旋风除尘器壁的颗粒时比较麻烦。

4）洗涤器。该设备主要将含有固体颗粒的空气与液体接触使得颗粒被液体洗涤下来，该法可在除去固体颗粒的同时，除去一些气体污染物，这是该法最为显著的优点。进入洗尘器之前的废气需要先进行冷却，一些主要的洗涤器类型如图 7.11 所示。

填料塔通常用于气体吸收，但是也可通过该设备去除其中含有的颗粒（图 7.11a）。该设备的主要缺点是固体颗粒通常会在塔体中累积，需要及时清洗。有些填料塔的设计，通过让气体自下而上通过塔体，使得塔体能够发生移动而实现塔体的自我清洗。如图 7.11b 所示，另外喷头式的洗涤器如果采用切向流进气，可产生旋涡流来强化分离，更不易滋生污染。颗粒去除效率的提高也可以通过采用文丘里管除尘器增加喷出口压力来实现（图 7.11c）。

5）袋式过滤器。具体介绍请见第 7 章，主要示意图如图 7.10b 所示，可能是目前最为常见的气体中除去固体颗粒的方法。主要采用颗粒不能透过的滤布或者毛毡滤芯，适用于粉尘含量很高的情况，除尘率很高，但是缺点是通过滤布的压力降将可能会很大。

6）静电沉降除尘器。该法尤其适用于细小颗粒既需高效去除，同时又要求压力降很小的情况。静电沉降除尘器如图7.9所示。含有固体颗粒的气体进入一系列管道或者进入一些平行板中。颗粒会带电并沉积在接地板上或者管壁上。需要对管壁定期进行机械敲打以去除沉积其上的粉尘层。该法主要用于处理含有固体颗粒的流速较大的气体，如：锅炉废气、水泥厂、热电氧化器排出的废气等。

25.4 VOC排放的控制

VOC的排放标准是针对特定组分(例如苯、四氯化碳等)单独设定的，有些则将其作为一类对环境影响较小的有机污染物来统一做排放标准要求，例如甲苯等。

控制VOC排放的方法有很多，按照使用频率从高到低的顺序大致有如下几种(Hui and Smith，2001)：

① 通过改变工艺设计或者操作方法来消除或者降低VOC排放。

② 回收VOC以再利用。

③ 回收VOC用于热氧化来实现热量回收。

④ 热氧化含有VOC的气体，实现热量回收。

⑤ 热氧化含有VOC的气体，但并不回收热量。

消除或者降低VOC排放的主要难点在于，产生VOC排放的过程很多而且多变。

当常压储存有机液体的贮罐装卸液体时，会产生大量的VOC排放。如图25.1所示，是一个常压贮罐被卸空时，随着液面下降，必须向其中引入空气或惰性气体，以避免贮罐被外界大气压压瘪。吸入的空气或者惰性气体如氮气等，迅速被贮罐中挥发性的液体蒸气所饱和。当贮罐被装料时，随着液面的上升，排出上空被VOC饱和的空气或者氮气，进而产生VOC的排放。诸如此类从储罐中产生VOC逸出的情况，可以采取多种措施加以避免。图25.2采用一种简单的平衡装置来避免贮罐中VOC的逸出。常压贮罐采取了一种真空/压力释放装置来避免贮罐中出现压力过大或者过小的问题。当常压贮罐被排空、液体转移到罐式货车上时，货车上的贮罐上空排出的气体，沿管道排到常压贮罐的液面上空。通过这种方式可以避免货车上贮罐中的挥发性气体排放到空气中。当货车上贮罐中液体转移至常压贮罐时，常压贮罐上空的气体也会沿管道排到货车贮罐的上空，同理而言，有轨货车或者驳船的装卸过程也可以采取此措施来有效避免VOC的排放。

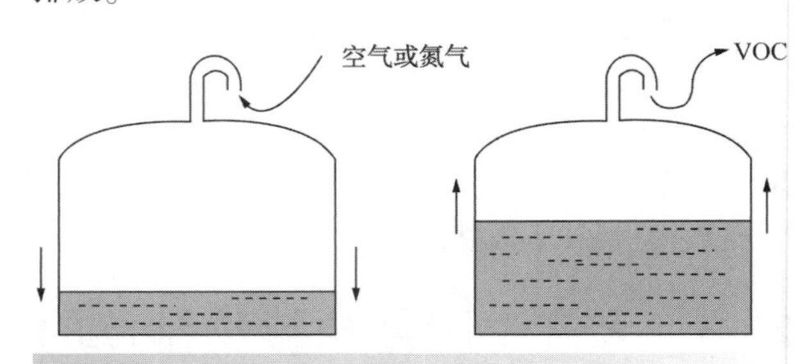

图25.1 贮罐装料时伴随着VOC排放至大气中

贮罐货车除了装卸过程中容易造成VOC的排放之外，还有另一种情况也会产生排放，在储存过程中昼夜温差的变化导致贮罐中液体的热胀冷缩，当然这种情况跟贮罐装卸导致的排放相比，影响相对较小。

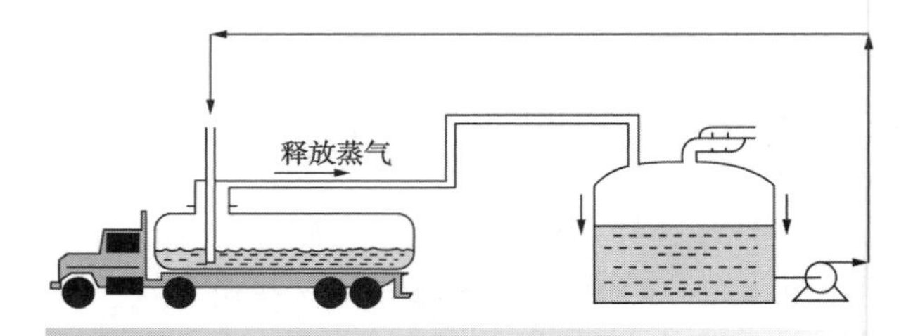

图25.2 采用平衡装置避免贮罐装卸时产生VOC排放

也可以采取如图25.3所示的浮顶设计，主要有如下几种：

1）外部浮顶。这种设计通常是在液面上空直接加一个浮顶(图25.3a)，浮顶上部暴露在空气中，浮顶本身是在贮罐顶和罐壁之间的一个密封系统，从原理上来讲，该法可以避免罐体中的逸出物排放到外在部空气中，但是如何在罐壁和浮顶边缘维系一个可靠的密封是一个问题。

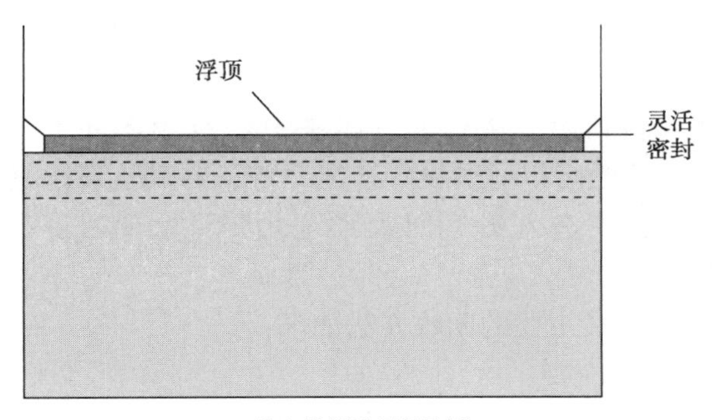

(a)带有外部浮顶的贮罐

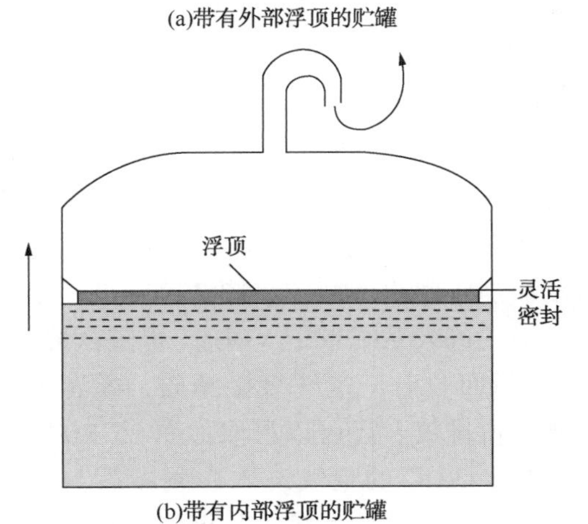

(b)带有内部浮顶的贮罐

图 25.3　浮顶和有弹性的膜可以用来防止污染物的逸出（转载自 Smith R and Petela EA（1992）WasteMinimization in the Process Industries Part 2 Reactors，Chem Eng，Dec(509-510)：17，by permission of the Institution of Chemical Engineers）

2）内部浮顶。该设计浮顶没有暴露在空气中(图 25.3b)。通常应使用惰性气体吹扫清理变动和固定顶之间的空间。吹扫后的惰性气体需经过处理后进行排放。在可能出现的情况下，应在浮顶上使用内部浮顶，以免雨水积聚。

废液系统也是产生 VOC 逸出的一个主要来源。如果有机物排放至废水中，则有机物在排出口挥发会产生大量的 VOC 排放。这种情况下需要对有机废弃物以及水相废水分别设置污水管。有机废水应该在密闭系统中单独收集，通常排放至一个废油罐，以便有机废液的回收或者处理后再排放。图 25.4 为一种单独收集的排放系统，这一设计除了能够消除 VOC 从污水口逸出外，还有诸多其他好处，如减少废水口中水相废水的排放量，这会在 26 章加以讨论。

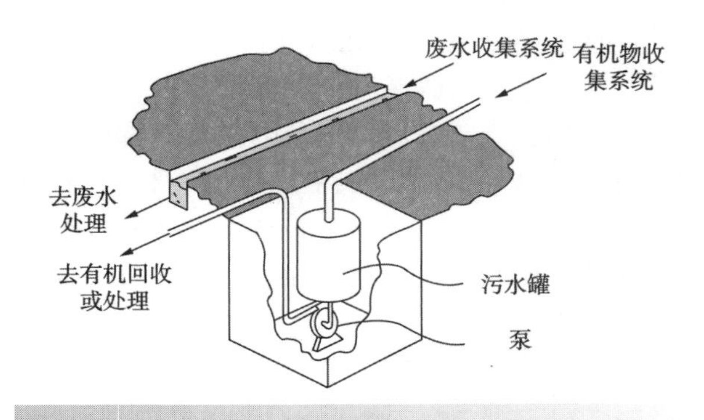

图 25.4　废水以及有机废物分开可助于防止排污口处 VOC 逸出

分析实验室中为了进行质量控制，通常需要对有机液体进行取样，这也是 VOC 排放的一个主要来源。如图 25.5 所示，传统的取样技术通常在取样点采用一个简单的阀门。为了获取有代表性的样品，这种取样方法会产生大量的废液。装有样品的容器被带到实验室后，取出相应的样品进行分析，剩余的样品则被当作废液。如前所述，一旦这些过程产生的有机废物排放到废液排放口，会有大量的 VOC 逸出。对于有些需要大量实验分析的化学过程而言，因取样产生的有机废液对于废水处理而言，是很大的污染源。图 25.5的设计则可以消除这种因为取样而导致的污染，尤其是因取样有机废液所产生的 VOC 排放。取样容器通过两个管子连接到取样的管道中。通常接到一个节流部件的两侧，如孔板或者阀门两侧。一旦取样容器跟管道之间的取样阀门打开，在部件两侧的压力差会产生一个推动力，足够量的样品进入取样容器中，以确保取到代表性的样品。当样品需要取走进行分析时，取样阀门关闭使得取样容器得以密封。没有用完的液体可以留在取样容器中，重新拿到取样现场进行连接完成下次取样，这样可以消除因取样分析实验室分析产生废液。

垫圈、冷凝器、泵或者阀门密封处有慢漏气，进而会产生大量难以捕集的 VOCs 逸出。针对这些 VOC 排放，可以通过加强现场维护等措施来加以降低，但是同时也需要采取更为精细的密封设计，从源头上消除泄漏的产生。

一旦 VOC 排放能够在污染源头得以消除或者减少，接下来我们就可以考虑如何对 VOC 进行回收或者再利用。图 25.6 所示是一个与常压贮罐相连的蒸汽回收装置。贮罐配备一个真空压力释放阀门，当装有液体的容器液面下降时，可以允许空气或者氮气进入液面上方(图 25.6a)；而当容器中液面上升时，则会将上空的蒸发气体排出至蒸气回收装置(图 25.6b)。

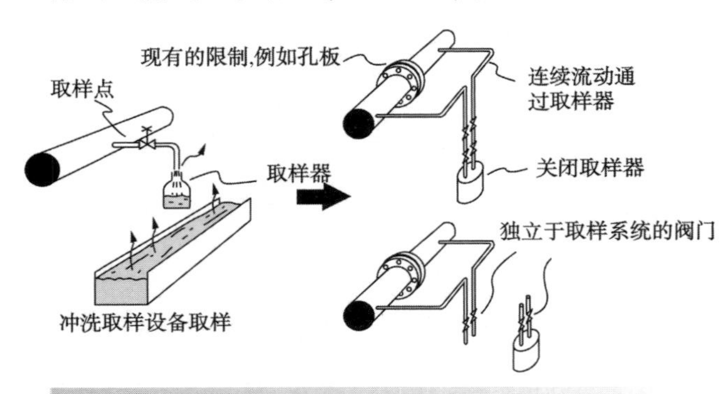

图 25.5 避免取样导致 VOC 逸出

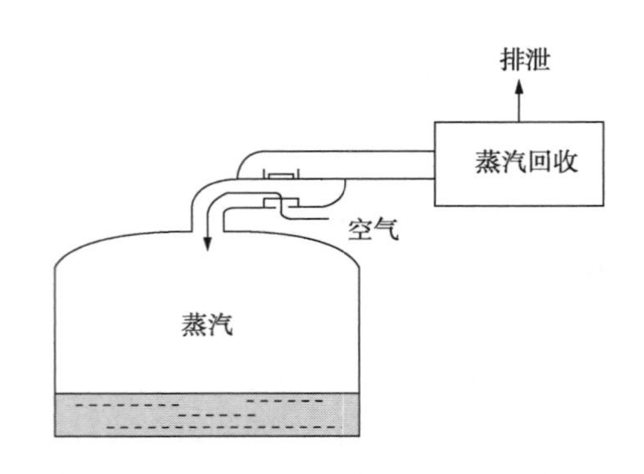

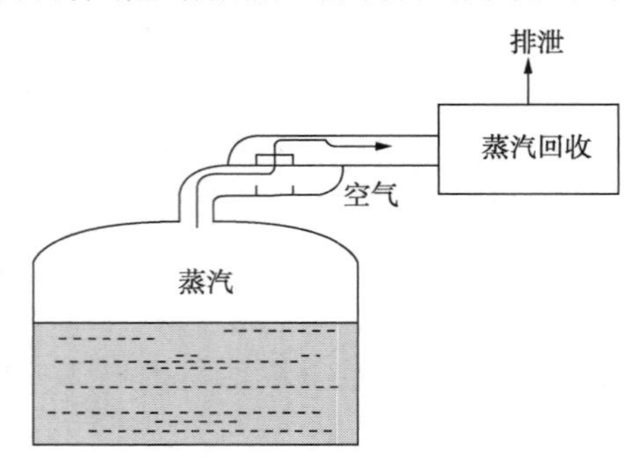

图 25.6 贮罐与蒸汽处理系统相连
(图片来自 Smith R 和 Petela EA (1992)加工过程中污染物的减排，第二部分反应器，化学工程，12(509-510)，经过化学工程师学会的允许)

很多过程涉及敞开体系的操作，如过滤、油桶搬运等，都会产生 VOC 的逸排放。这种情况下，将其置于独立密封体系中进行操作并不现实，但是可以通过设置通风系统，将其连续通过管道汇集进入蒸气回收系统，加以处理后进行排放。

VOC 主要的回收方法如下：

- 冷凝；
- 膜过滤；
- 吸收；
- 吸附。

1) 冷凝。该操作可以通过提高压力或者降低温度的方式来实现。通常采用降低温度的操作方式。图 25.7 列出了两种主要的 VOC 通过空气流带动而加以回收的装置。图 25.7a 是一个开环操作，空气进入系统带走 VOCs，再进入冷凝器，VOCs 冷凝回收后，空气直接排放，或者经过二次处理后再排放。还可以采取如图 25.7b 所示的方法，带走 VOC 的空气进入冷凝器后与空气分离，空气循环打回原系统中，该法可以完全消除废气的排放，是一种更加有效的方式。

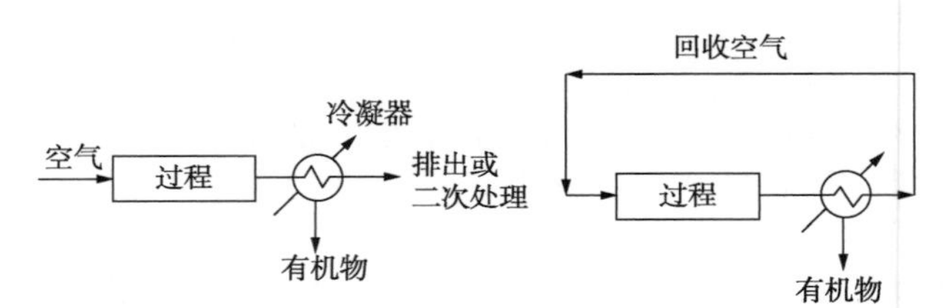

图 25.7 有机物冷凝

然而不幸的是，VOCs 的冷凝通常需要制冷。图 25.8a 为使用一级制冷和简单制冷循环的制冷冷凝的装置。图 25.8b 为在 VOC 冷凝器中未使用次级制冷的布置。但是，如果需要一定量的冷却负荷，则可以使用一定数目的冷凝器对次要制冷剂进行循环制冷。

另外制冷操作的另一个复杂之处在于，当气流中含有水蒸气或者其他一些凝固点较高的有机组分时，这些组分会在冷凝器中凝固，导致管道堵塞。这种情况需要将气流预冷，在 VOCs 去除之前，去除水蒸气。如图 25.9a 所示，首先使用制冷回路将气流预冷至 2～4℃，来去除其中的水蒸气以及高沸点有机物。二重制冷采用第二个制冷回路实现 VOCs 的冷凝。

图 25. 9b 中的操作与图 25. 9a 基本相同，但是采用了二级制冷系统，而不是如 a 那样两个分离的制冷回路。图 25. 9 的两种情况下，冷凝器中的冷凝水或者其他有机物慢慢累积增加时，可将其周期性地抽离。

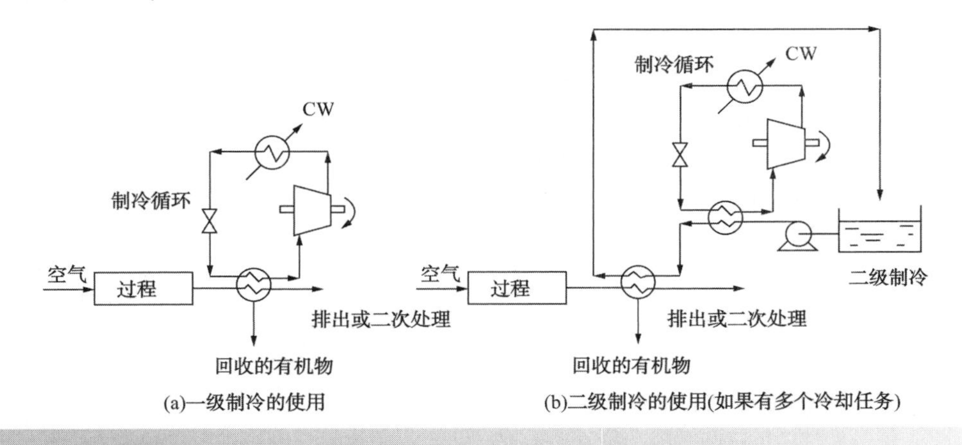

图 25. 8　逸出蒸汽的冷凝通常需要制冷操作

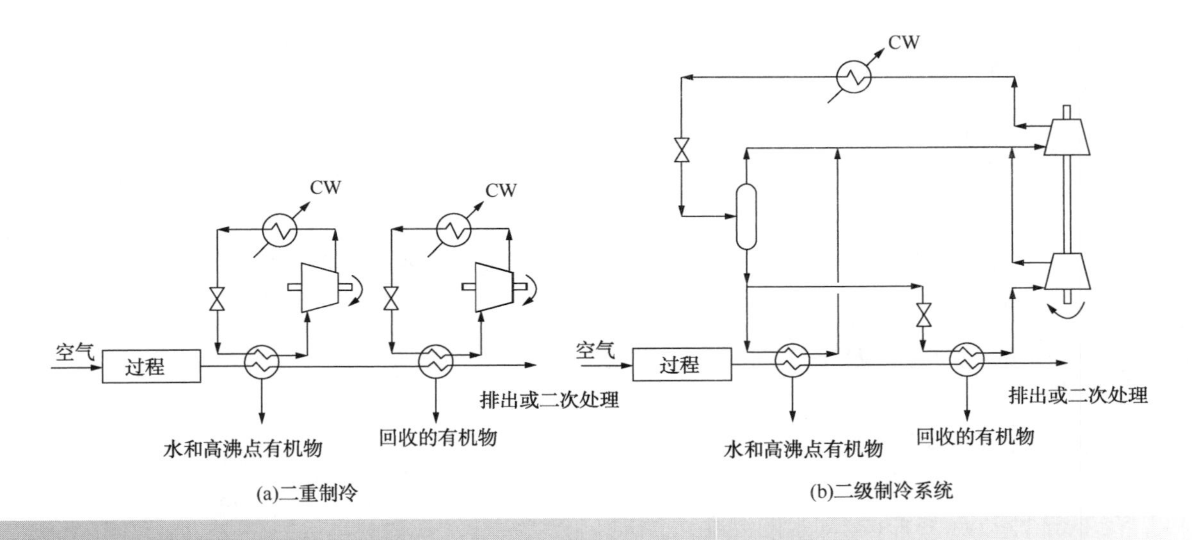

图 25. 9　气流中含有水蒸气或其他一些凝固点较高的有机组分时，则需预制冷

如果采取氮气作为惰性气体且以液氮形式储存在生产现场的话，液氮也可作为一种制冷剂，这时可以不采用低压气流或者空气热交换器使液氮气化，直接利用液氮冷凝含有 VOC 的气流中的有机物。

如图 25. 10 所示冷凝器表面结冰的问题可以通过直接接触冷凝操作得以避免。二级制冷直接跟含有 VOC 的废气接触，制冷回路用于实现二级制冷剂的冷却。二级制冷剂以及冷凝的后的 VOC 混合物需要进行分离，将二级制冷剂再加以循环利用。

采用压缩气体的方式实现 VOC 冷凝通常是不经济的。如图 25. 11 所示，对含有 VOC 的气体进行压缩，以实现用冷却水而非制冷机的方式来对其冷凝。图 25. 11 中的流程在采用高压压缩冷凝的同时，通过与同一轴上的膨胀操作进行耦合可以节省前续压缩操作 60%的能量消耗。

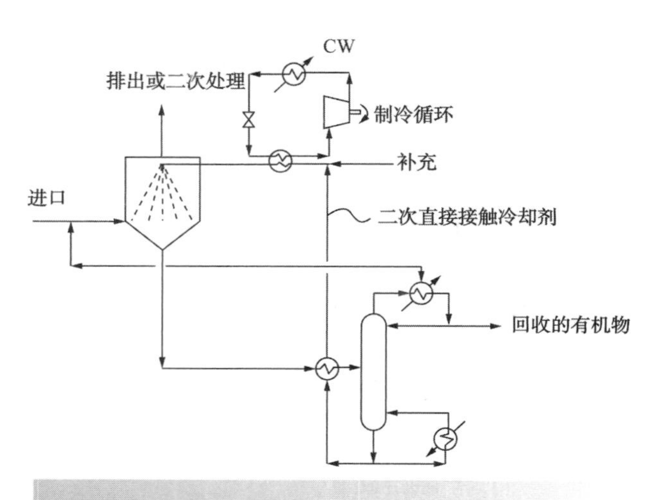

图 25.10　直接接触制冷

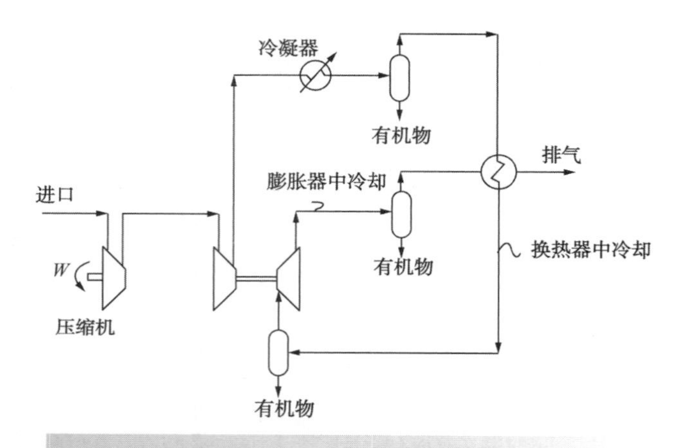

图 25.11　回收冷凝所需能量的废气压缩操作

例题 25.2　含有丙酮的空气流，试计算如下问题：

① 在 1atm 冷却至 35℃（冷却水的温度），出口处所能达到的的浓度。

② 在 1atm 冷却至−20℃，出口处所能达到的浓度。

③ 如果出口处浓度达到 $20\text{mg}\cdot\text{m}^{-3}$，则出口处气流的温度必须降至多少度？

首先假定在标准状态 0℃，1atm 下，1kmol 蒸气态的空气体积为 22.4m^3。丙酮的摩尔质量为 $58\text{kg}\cdot\text{kmol}^{-1}$。由此可得丙酮的饱和蒸气压：

$$\ln P^{SAT}=10.0310-\frac{2940.46}{T-35.93}$$

其中 P^{SAT} 为液体的饱和蒸汽压（bar），T 为绝对温度（K）。

解：

① 当分压达到丙酮的饱和蒸气压时，丙酮开始冷凝。在 35℃（308K）时的饱和蒸气压为：

$$P^{SAT}=\exp\left[10.0310-\frac{2940.46}{308-35.93}\right]$$
$$=0.460\text{bar}$$

在 0.460bar 的分压下，其摩尔分数为：

$$y=\frac{0.460}{1.013}$$
$$=0.454$$
$$C=y\times\frac{1}{22.4}\times58$$
$$=0.454\times\frac{1}{22.4}\times58$$
$$=1.18\text{kg}\cdot\text{m}^{-3}$$
$$=1.18\times10^6\text{mg}\cdot\text{m}^{-3}$$

② 在−20℃（253K）时：

$$P^{SAT}=0.0297\text{bar}$$
$$C=\frac{0.0297}{1.013}\times\frac{1}{22.4}\times58$$
$$=0.0759\text{kg}\cdot\text{m}^{-3}$$
$$=75900\text{mg}\cdot\text{m}^{-3}$$

③ 在浓度为 $20\text{mg}\cdot\text{m}^{-3}$（$20\times10^{-6}\text{kg}\cdot\text{m}^{-3}$）时：

$$y=\frac{20\times10^{-6}}{58}\times22.4$$
$$=\frac{P^{SAT}}{1.013}$$
$$P^{SAT}=1.013\times\frac{20\times10^{-6}}{58}\times22.4$$
$$=7.825\times10^{-6}\text{bar}$$

将其代入饱和蒸汽压公式

$$T=35.93-\frac{2940.46}{\ln P^{SAT}-10.310}$$
$$=35.93-\frac{2940.46}{\ln7.825\times10^{-6}-10.310}$$
$$=169\text{K}$$
$$=-104℃$$

该温度在蒸气压相关性的范围之外，而且低于丙酮的凝固点（−95℃），通过该题主要可以看出如果要达到很低的 VOC 浓度，则往往需要很低的温度。

例题 25.2 主要说明了如果要得到较高的 VOC 去除率，需要低温操作。若要有效去除 VOC，以达到环境排放标准，往往需要极低的操作温度。因此冷凝通常需要跟其他操作过程如吸附联用，以此达到较高的环境排放标准。

当 VOC 气体含有多种 VOCs 的时候，需要按照第 8 章所述的方法进行单级平衡计算，假定冷凝器出口温度和压力，按第八章所述的试差法来计算其蒸汽分压，然后在之前假定的平衡状态下完成物料衡算。

冷凝法主要的优点是，跟吸收或者吸附相比(通常水或者其他物质会掺杂在回收的 VOC 中)，回收所得 VOCs 没有受到其他污染。其主要缺点是，该法的回收效率相对较低(通常低于 95%)，而且操作费用相对较高。

2）膜分离。VOCs 也可以通过采用有机选择性透过膜来实现分离。该类膜对于有机蒸气的透过性要远大于永久气体的透过性。图 25.12 是一种可用于回收 VOCs 的膜分离流程(烃加工的环境过程，1998)。排出的气体压缩后通过一个冷凝器，VOCs 得到回收。从冷凝器出来的气体进入膜分离器中，剩余 VOC 通过膜。富含 VOC 的透过气再循环进入冷凝器入口。通过该操作可以实现 90%~99%的 VOC 回收。除图 25.12 所示的工艺组合流程之外，也可以采用膜分离和冷凝操作相结合的其他操作方式来实现 VOC 的去除。

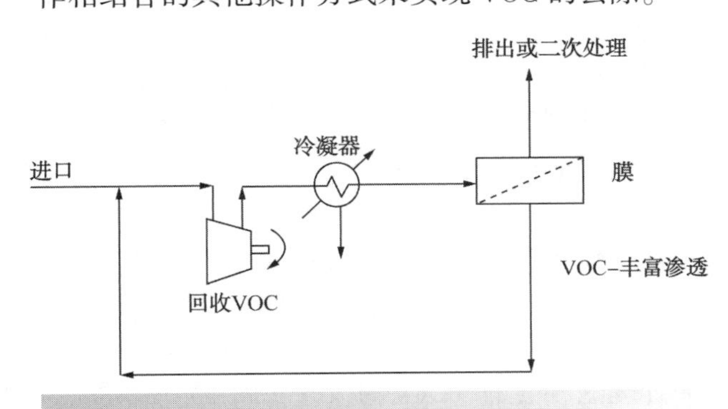

图 25.12　采用膜技术实现 VOCs 的回收

3）吸收。物理吸收已经在第 9 章中介绍，可以用于 VOCs 的去除。如果可能，可将用于吸收 VOCs 的溶剂再生循环使用，同时 VOC 也得以回收。如果 VOC 是水溶性的(如甲醛等)，此时通常将水作为吸收溶剂。而大多数情况下，需采用高沸点的有机溶剂来吸收 VOC。吸收的效率取决于 VOC 种类、所用溶剂及吸收器的设计，但总体而言吸收效率可以达到 95%。温度越低、压力越高，吸收效率越高，当采用有机溶剂作为吸收溶剂时，必须注意有机溶剂的选择，防止其被气流带走而导致新的环境问题。

4）吸附。VOCs 的吸附通常可以采用活性炭来完成，并采用蒸气实现活性炭的原位再生，具体内容如第 9 章所述。具体操作流程有多种选择，如图 25.13 即为一种。该法涉及三个吸附床系统。含 VOCs 气流经过的第一层为原生层。来自原生层的气体进入二级吸附床，二级吸附床刚刚被蒸气再生，跟进料气体接触后被冷却。第三级吸附则是离线的、正在用蒸气再生的吸附床。从再生床出来的蒸气、同回收的有机物被冷凝，经过分离后得到有机物。冷凝器接收器通风口处的气体往往比较比较浓，难以直接排放到空气中，因此通常要通过接口回流到一级吸附床的入口。一旦一级吸附床饱和后会发生穿透(请见第 9 章)，则需及时切换吸附床，原来的二级吸附床切换成为新的一级吸附床，而原先的再生吸附床则变为二级吸附床，原先的一级吸附床则进行再生。这种切换循环通常基于一定的时间安排。

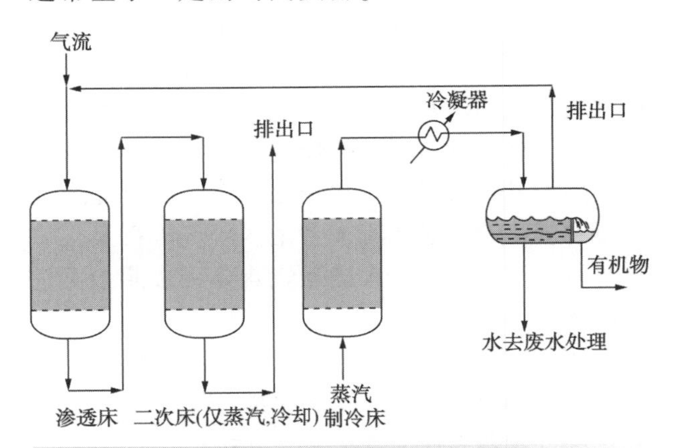

图 25.13　三级吸附床吸附

当排出有机废物的量小于 5kg/d 时，可以采用小处理量的单级吸附床操作，如一次性滤芯的吸附床。若环境排放要求不高，也可以采取两个吸附床操作，一个吸附床用于吸附而另一个用于再生，两者之间需要进行及时切换。当要求更高的时候，需如图 25.13 所示的更加复杂的循环操作，涉及四个吸附床。

吸附的回收率的影响因素：

- VOC 分子量越高，吸附效率越高(活性炭吸附剂通常对于沸点低、分子量低于 40 的 VOCs 吸附效果不好)；
- 吸附温度越低吸附效率越高；
- 高压有利于吸附；
- 废气中水蒸气浓度越低越有利于 VOCs 的吸附(水与 VOC 在吸附位点存在竞争)。

总体而言，冷凝和吸收是最为简单的回收 VOC 的操作方法。不同的回收方法可以进行有效组合，但是往往会增加操作成本。吸附是一种能够使 VOC 浓度得到较大降低的方法。如果废气中含有不同 VOCs 的混合物，则回收所得液体往往不适合再利用，需要通过蒸馏的方式进行分离或者通过热氧化的方式将其反应掉。

一旦 VOC 在污染源的排放已经降到最低，回收 VOCs 的方法也已经得到充分利用，则必须考虑将剩余的 VOC 加以反应使之得到有效处理。有两种常用的 VOC 反应方法((美国环境保护署，1992a)。

热氧化(包括催化热氧化)。

生化处理法。

首先对各种热氧化方法讨论如下：

1) 火炬燃烧。该法是在火焰周围空气中的氧气参与下的敞开体系燃烧过程，良好的燃烧过程依赖于火焰的温度、燃烧区的停留时间以及燃烧过程中良好的混合。火炬燃烧时，可以是通过特定通气孔的一股气流或者是多股气流在集气口混合后再进行燃烧。火焰燃烧具体可按照如下进行区分：

- 火焰喷嘴的高度(从火焰底部开始算起)；
- 加强火焰处气流混合的方式(蒸气、空气强化混合或者无任何强化混合方式)。

工业生产中最常见的过程是蒸气强化的高架火炬，如图 25.14 所示。燃烧主要发生在喷嘴处。喷嘴需要点火燃烧器、点火装置以及燃气来维系引燃火焰。对于蒸气强化的火焰，环绕着喷嘴一周的蒸气喷嘴可以提供混合。如图 25.14，在通风口气流进入火炬之前，需要一个气液分离装置来去除残存的液体，因为液体若不去除则会导致火焰熄灭或者导致火焰中的不规则燃烧。另外还会引起液体不完全燃烧的风险，进而导致液体滴到地面而产生危害。集气口需要加以保护以防止火焰蔓延回集气口。可采用气体阻隔或者火焰清除器来防止火焰返回至集气口，尤其是当气流速度比较低的时候。也可采用装水的回火密封鼓来提供进一步的密封。在一些设计中，将回火密封鼓集成到基础的火焰燃烧器中。

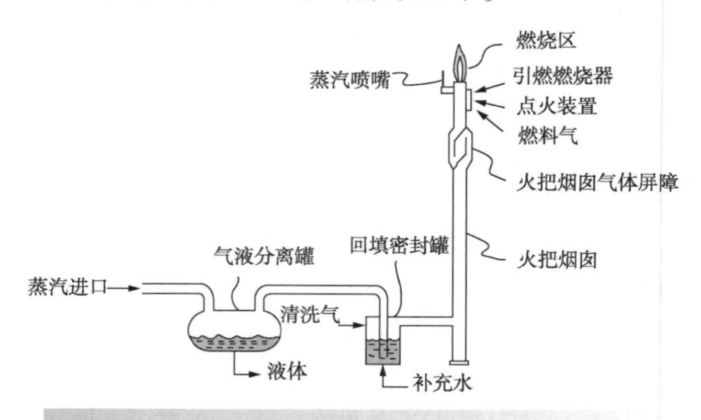

图 25.14　蒸汽强化的高架火炬

蒸气辅助的火焰燃烧器可以达到 98%的破坏率。卤化物以及含硫的一些组分不能采用火焰燃烧的方法。几乎所有含 VOC 的气流均可用该法处理，也用于组成、热含量以及排出流速变化波动较大的气体的处理。

而火焰燃烧法通常用于处理一些非常规操作或者突发事件导致的一些排放，尤其是紧急异常情况下，气流中有非常规的含有 VOC 的气体需要短期处理时。对于一些常规操作条件下的排放，则可通过其他方法来进行处理。

2) 热氧化。有些情况下，集气口处的气流可以被作为进口燃烧空气而导入蒸气锅炉，这样任何的 VOCs 都可被氧化成 CO_2 和 H_2O。然而，更多时候我们需要采取一种特殊设计的热氧化器来处理这种含有 VOCs 的废气。图 25.15 所示为三种典型的热氧化器。图 25.15a 为一种立式热氧化器，废气进入一个耐火材料衬燃烧室，同时有辅助气和辅助燃料进入。图 25.15b 是一个相应的水平组装的示意图。图 25.15c 所示为流化床操作，在这种操作下，通气口的废气和补充燃料进入一个含有惰性材料(如沙子)的床体中，床体被气流悬浮，流动床在燃烧区提供很好的混合，床体材料本身也储存一定的热量，来平衡通气孔进入气流的温度波动。

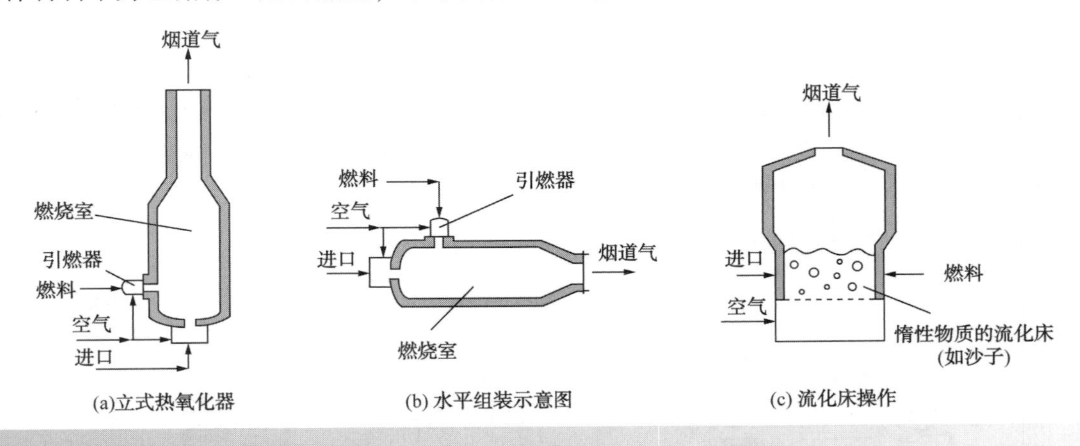

图 25.15　热氧化

为了保证气流被彻底氧化为 CO_2 和 H_2O，通常热氧化器中的氧气供应量要超过化学计量所需的 25%及以上。含有碳、氢以及氧的 VOCs 处理时所需的最低温度大约为 750℃，但 850~900℃更常见。VOCs 在燃烧区的停留时间一般是 0.5~1s。而当热氧化卤代有机物时，则最低温度范围一般为 1100~1300℃，停留时间一般可达 2s。当氧化含有一些卤化物的废气时，尤其重要的是要避免形成二噁英及呋喃的条件。它们一般是在热氧化气体的冷却过程中形成的，尤其当其中含有粉尘时。当冷却至 500~200℃时最易形成。一般来说如果气体迅速冷却如通过注水的方式骤冷，则可以降低其形成的可能性。对于卤代物而言，热氧化的典型操作条件为高于 1200℃的热氧化，然后在废热锅炉中冷却至 400℃，再骤冷至 70℃。通常情况下二噁英及呋喃的排放水平要低于 0.1ng/m^3。可以在排气口采用粉末状活性炭或者碳纤维来对其进行吸附，或者采用蜂窝状催化剂对其进行催化氧化。

在热催化氧化的初始阶段，或当进料废气中的有机物含量很少或进料浓度变化较大时，往往需要添加燃料。通常需向通气口的气流中添加燃料，因为当氧化空气中 VOCs 时，通气口的设计通常是在低于其燃点下限操作，或者当 VOCs 处在一种惰性气体中时，其设计的氧气浓度也低于其最低氧气浓度（请见 28 章）。在空气混合物中的 VOC 通常应低于其最低燃点下限的 25%~30%，或当其处在惰性混合气体中时，要低于其最低氧气浓度的 40%。如果安装了在线的 VOC 浓度连续测定装置，则该浓度可以适当提高些。如果通气孔的气流高于此限定，则相应地需将空气流速提高。也可以通入氮气，但这种方法往往成本更高。图 25-15 所示的方法并不是最节省能量的设计，因为并未采取措施回收废气中的热量。有两种主要的可以从废气中回收热量的方式。其一可以用废气来预热进料气以降低燃料消耗；其二则可以用来产生后续流程所需的蒸气。

图 25-16a 所示是一种配备间壁式换热回收的热氧化器，将废气中的热量用于加热进料气流。在该流程中，燃料及空气直接进入燃烧区，而进料气则通过燃烧室壁热交换的方式进行预热。还可以有很多种其他的可通过间接热交换的方式来进行热量回收。图 25-16b 为采用间壁式换热回收来预热进料气的典型流程。燃料以及空气直接进入燃烧区，而进料气则通过一个热床来进行预热再进入燃烧室，有两个再生床可以周期性切换交替工作。一旦用于加热进料气床体的温度下降时，另一个床即利用要排出废气中的余热进行升温，当预热进料气的床层冷却后，床体即进行切换。冷却的床体再重新用废气余热进行加温，而另一个热的床体则进行工作，即对于进料气预热。再生床通常用耐火材料或者金属。需要注意的是，如果采取这种操作方式，则当床体从加热模式切换到给进料气预热的冷却模式时，会含有一些未处理的气体。这些床体中含有的未处理气体会直接排放到大气中。如果采取多加一个

床体的三床操作系统则可以避免这一问题。然而这会导致额外的资金投入，同时会增加操作的复杂程度。除了采用不同床体切换工作以便再生的操作方式之外，也可以采取连续运转的圆柱形旋转床进行再生，这种床体有个缓慢旋转的轮子，管道设计如下：进料气以及热的排放气体均沿着轴向进入轮子，轮子的不同部位分别跟这两股气流接触，因此轮子的不同部位同时分别进行加热和冷却模式。该法可以起到跟图 25.16b 所示两个床体轮流操作的效果，但是不同的是可以连续运转，这种连续操作方式要比切换床体的操作更好，但是从机器运作上来讲更加复杂一些，另外一些沿轴向导入气流时的密封问题也是需要注意的。

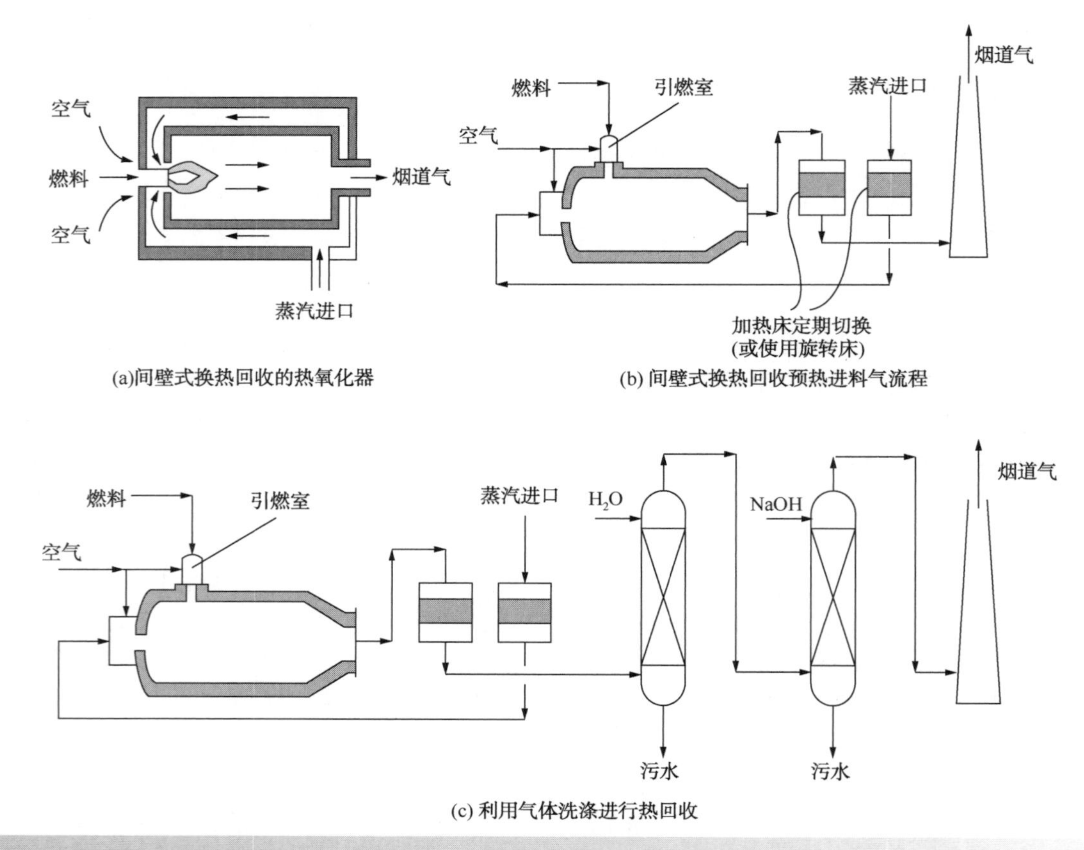

(a)间壁式换热回收的热氧化器

(b) 间壁式换热回收预热进料气流程

(c) 利用气体洗涤进行热回收

图 25.16 采用热氧化方式进行间壁式换热回收

如果通气孔在燃烧之前需要预热，则需要注意要低于其燃点下限或者保持其氧气浓度低于下限(见 28 章)。高于 70% 的间壁式换热器的热回收往往对于气气热交换而言是不经济的。若采用气化的方式则热回收一般可以提高到 80%。蓄热式热交换的回收率往往可达 95%。

若通气孔的气流含有卤代物或者硫，则在排放前必须将其洗涤去除。图 25.16c 所示的典型装置示意图，对冷却后的废气先用水进行洗涤，然后在排放前用氢氧化钠溶液洗涤。水和氢氧化钠洗涤器通常是通过利用再循环的洗涤液。洗涤过气流的水和氢氧化钠进入废水排放管道。从热氧化器出来的排放气体需要在洗涤前通过蓄热式热回收器进行冷却。热的排放气冷却方式有多种，可以采取前面所述的热量回收的方式，或者通过直接注入水的方式骤冷，也可以采取两者结合的方式。立法要求可能需要烟囱中没有可见的烟出现，在此情况下，烟囱需要在 80℃ 以上运行，这就需要废气在洗涤后，排放前重新加热。

图 25.17a 是一种利用热氧化器出来的热气产生后续过程所需蒸气的一种操作。图 25.17b 所示，是相应的产生蒸气后，并对其在排放前进

行洗涤的一种操作。

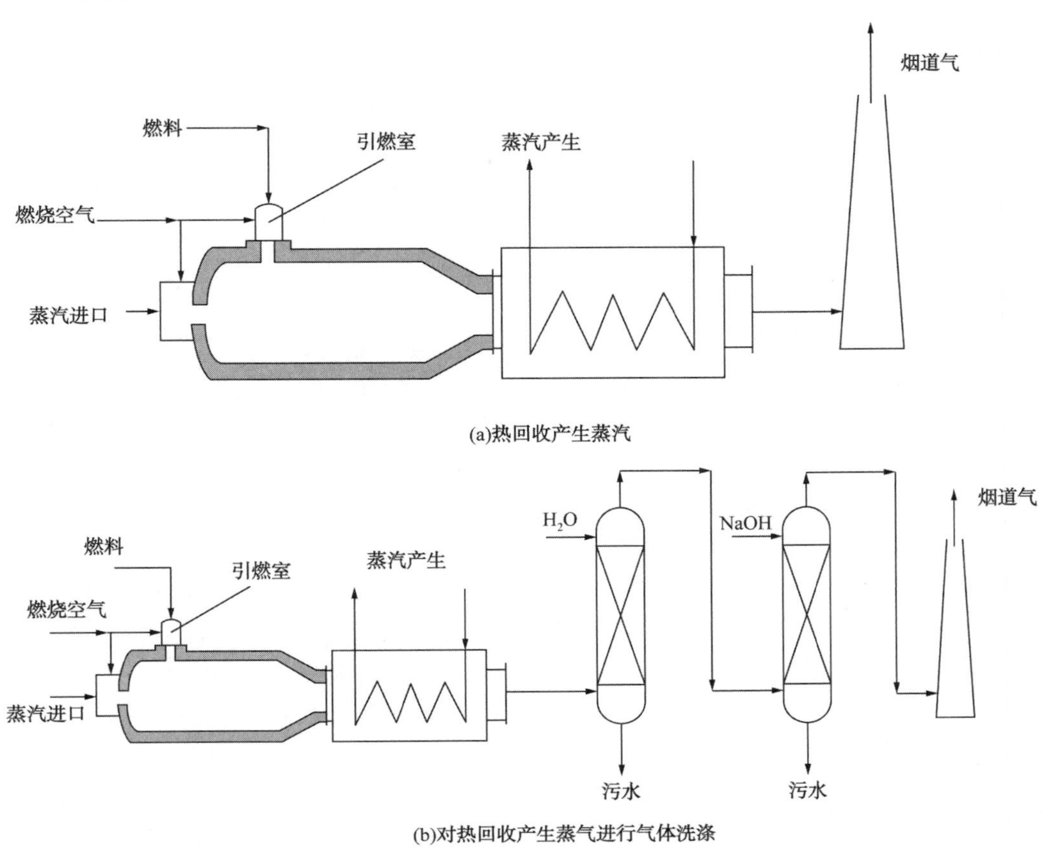

图 25.17　对热氧化器的气体进行热回收产生蒸汽

通常而言，热氧化器的氧化效率高于 98%，一般的流程设计其破坏效率实际可以达到 100%(受温度、停留时间、热氧化器中的混合情况等影响)。热氧化器设计通常可以处理进料较小的波动，但是不适用于进料流速变化很大的情况。

3）催化热氧化。采用催化剂可以降低热氧化过程的燃烧温度同时节省燃料。图 25.18 是一种采用催化热氧化的流程示意图。燃烧空气以及辅助燃料，跟预热的含有 VOC 的气流，在进入催化床之前先进入预热器。图 25.18 所示的热量回收，在实际操作时并不一定经常采用。通常采用负载在铝上的铂或钯，也可以采用其他金属氧化物，如氧化铬、氧化镁或者氧化钴作载体。通气孔气流要低于其燃点的下限(见 28 章，通常要低于其燃点下限的 25%~30%)。如果组分中含有硫、铋、砷、锑、汞、铅、锌或者卤化物的话，会导致催化剂失活。通常催化剂随着使用时间延长也会慢慢失活，一般而言其使用时间大约 2~4 年。催化剂的使用温度一般不超过 500~600℃，温度过高会导致催化剂烧结。通常的操作条件为 200~480℃，停留时间为 0.1s。因为其采用较低的燃烧温度，催化热氧化一般不适用于卤化物的处理。如果催化氧化过程中释放出来的热量会导致催化剂温度上升过高，则需要将冷却的烟道气的一部分循环回来并将其与进料气混合。间壁式换热回收的热量回收率往往可达 70%~80%，而蓄热式热回收则可高达 95%。其破坏效率可高达 99.9%，但是该设计不适用于进料气流速有较大波动的情况。

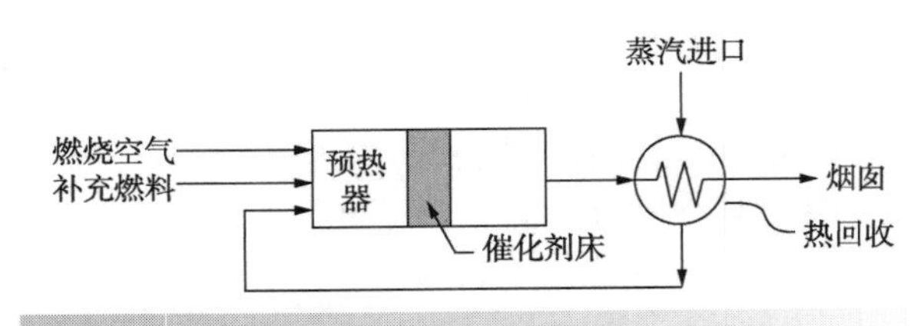

图 25.18　催化热氧化

催化热氧化的优点是操作温度较低，因而可以节省燃料(当然如果在没有催化剂的情况下，采取有效的热回收措施，同样可以起到节省能量的目的)。其缺点在于2~4年需要更换催化剂，因而其投入成本可能会比没有催化剂的热氧化过程要高。另一方面，因催化剂的存在，催化热氧化可能会使系统的压力降更大。

4）燃气涡轮机。对于进料气很稳定而且气流流速比较高、其VOC载量较大的情况下，可以采用燃气涡轮机来进行热氧化。有多种燃气涡轮机的型号在设计时可以满足该应用的要求。该法能够利用进料气的气流直接产生能量。这一过程限于非卤化产物、且不含硫的VOCs。如果VOC的载量很高，则操作不需要利用辅助燃料，否则需要加入辅助燃料。破坏效率可达99.9%。

例题 25.3 20℃下，含有体积分数为0.4%的丁烷空气需在800℃下热氧化，燃烧时需要采用至少过量25%的空气。丁烷的燃烧热为2.66×10^6kJ·kmol^{-1}，燃烧气体的平均热容量为37kJ·kmol^{-1}·K^{-1}。

① 入口处空气中的氧气是否足够，以提供充分的燃烧?

② 在稳态下，热回收的效率需要多少，才能在燃烧时不需要辅助燃料?

解：燃烧过程反应方程式如下：

$$C_4H_{10}+6\frac{1}{2}O_2\longrightarrow 4CO_2+5H_2O$$

因此每kmol的丁烷燃烧需要6.5kmol的氧气，则0.4%kmol的丁烷完全燃烧需要空气量为(kmol)

$$0.004\times6\frac{1}{2}=0.026$$

气流中氧气量(kmol)

$$0.21\times(1-0.004)=0.2092$$

则该燃烧过程中，过量氧气的百分比如下：

$$\frac{0.2092-0.026}{0.2092}=88\%$$

因此有足量的可用于燃烧的空气。

因为燃烧导致的温度的上升为：

$$\frac{0.004\times2.66\times10^6}{37}=288℃$$

则入口处燃烧前的温度要求为：

$$800-288=512℃$$

进料预热需要：

$$(512-20)\times37=492\times37\text{kJ}\cdot\text{kmol}^{-1}\text{gas}$$

排放口处气体的可获取的热量：

$$(800-20)\times37=780\times37\text{kJ}\cdot\text{kmol}^{-1}\text{gas}$$

如果不添加辅助燃料，则需要热量回收效率为：

$$\frac{492}{780}=63\%$$

5）生物处理。微生物可用于氧化VOCs(碳氢化合物加工的环境过程，1998)。载有VOC的气流与微生物接触，有机VOC是微生物的食物。VOC中的碳被氧化成CO_2，氢被氧化为H_2O，氮被转化为硝酸盐，硫被转化为硫酸根。生物生长过程需要大量的氧气和其他养分。图25.19是一种生物淋洗装置。载有VOC的气流自下而上进入浸水的填充材料中。需要加入养分(如磷、硝酸盐、钾以及微量元素)以促进微生物的生长。微生物在填充材料的表面生长。塔出口处的水，如果需要循环使用，则需要调整pH以防止pH过低。当微生物慢慢在填充材料表面生长成膜后，最终会变得越来越厚，从填充材料上脱离下来。这些过量的污泥需要在循环利用时除去，并加以处理。

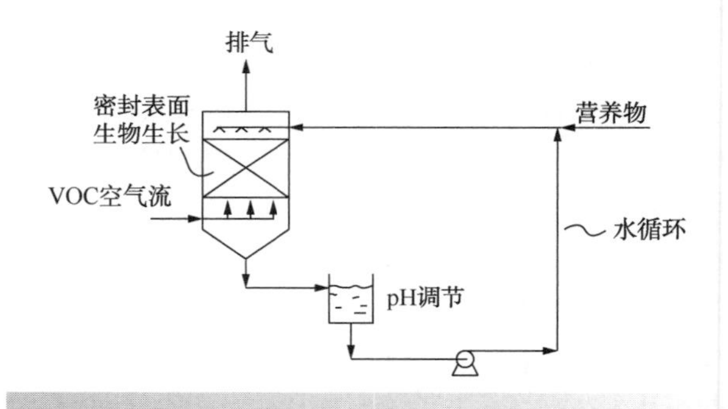

图25.19 处理VOC的生物淋洗器

也可采用如图25.20所示的另一种操作，不用前述的填充床，而采用一种装有土壤或者堆肥的生物滤器。这种生物滤器的优点是，其中的土壤或者堆肥通常含有许多营养，可以用来维系微生物生长所需，不需要额外添加营养源。然而，微生物的活性最终因营养殆尽而降低，该滤器一般需要五年更换一次。

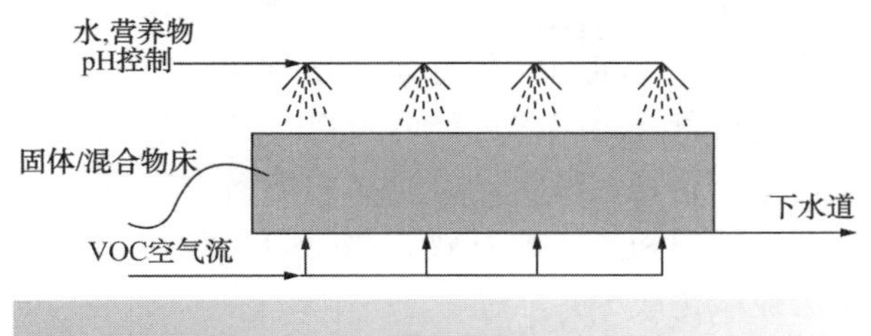

图 25.20　处理 VOC 的生物滤器

生物处理的破坏效率通常可达 95%，但是有些 VOCs 是微生物很难降解的，该法适用于气流的浓度较低（通常低于 1000ppm），且流速低于 $100000m^3 \cdot h^{-1}$（美国环境保护署，1992b）。

25.5　硫排放的控制

含有 SO_2 和 SO_3 的污染物统称为 SO_x，通常是如下一些工业加工过程产生的：

- 化学品生产过程，如硫酸生产过程、磺化反应等；
- 矿石提炼过程，如铜的生产过程；
- 燃料加工过程，如燃料的脱硫；
- 含硫燃料的燃烧过程。

在燃烧形成 SO_2 和 SO_3 的过程中，化学平衡表明，随着温度的降低，平衡有利于 SO_3 的形成，而实际上往往混合物反应过程很难达到平衡，通常混合物中 SO_2 的形成占主导。

在讨论排放到空气中的硫的处理之前，需要先将其源头排放降到最低。硫的源头排放最小化的措施如下：

- 提高化学转化过程的转化率；
- 提高能量效率来尽量减少需要燃烧的燃料；
- 改用含硫量小的燃料；
- 燃烧前先对燃料进行脱硫处理。

燃烧过程产生的硫可以通过采用含硫量较低的燃料来得以降低。燃料中的含硫量变化很大，通常不同种类燃料中的含硫量为气体<液体<固体。这一顺序也通常是燃料脱硫的难易程度顺序。燃烧前煤的脱硫是最难的，首先需要将其粉碎成细小的颗粒（100μm）以释放其中的矿物（无机）硫，然后较轻的煤可以通过浮选工序将其跟较重的矿物分开。不幸的是，该脱硫过程只能够去除 30%～60%的硫，因剩余的硫是有机态的硫。对于液体燃料的脱硫则相对更加直接，是精炼过程的常规流程。硫通常以硫醇、硫醇基团、噻吩类等形式存在，液体燃料的脱硫通常需要与氢气在催化剂存在情况下加温加压进行反应，其中有机态的硫会反应转化为 H_2S。气体燃料的脱硫是最直接的，气体燃料中的硫通常是以 H_2S 存在，如第 9 章所述，这可以直接去除，例如在胺分离吸收中。

从气相中去除硫通常去除的是 H_2S 或者 SO_2（Crynes，1977）。通常而言，H_2S 的去除要比 SO_2 更容易些。H_2S 通常采用如前所述的吸收法，利用胺的化学吸收是通常采用的方法。然而也可以采取别的化学吸收剂，如碳酸钾。物理吸收如采用一些溶剂如低温甲醇（Rectisol 低温甲醇洗工艺）或者二甲醚和聚乙二醇的混合溶剂（Selexol 工艺）等。

当燃烧含硫量较高的燃料时，气化是比较理想的方式。气化是燃料在蒸气的存在下在纯氧或者空气中的部分燃烧。通常采用 1600℃ 的温度，压力高达 150bar。气化的产物通常是 CO，CO_2，H_2，H_2O，CH_4，H_2S，COS，N_2，NH_3 和 HCN 等的混合物。硫主要被转化为 H_2S（通常 95%），还有与之平衡的少量 COS（硫化碳）。含有 H_2S，COS，CO_2 的酸性气体通常采用再生溶剂逆流吸收的方式去除。根据所选的溶剂的不同，有时需要将 COS 先通过一个水解装置转化为 H_2S，HCN 在水解装置中转化为 NH_3 和 CO。H_2S 和 CO_2 可以同时或者分别去除，这取决于气化器最初所得合成气以及最终合成气产品的特定要求。合成气（H_2 和 CO）可作为无硫燃料使用。因此当采用高含硫的燃料时，气化是要比常规的燃烧具有优势的。

图 25.21 是使用燃气轮机和蒸汽轮机组合发电的综合气化联合循环的流程图。图 25.21 还展示了可将所得的合成气作为化学原料使用。含有硫的燃料，跟水蒸气、氧气一起进入气化单元操作。气化所得产品需进行处理以去除颗粒物。COS 在水解装置操作中催化剂作用下转化为 H_2S，随后除去 H_2S。所得合成气可用于化学原料或者在燃气涡轮机联合循环中得到燃烧，如图 25.21 所示。也可将燃气涡轮机与工艺集成，主要涉及

采用压缩机给燃气涡轮机提供循环所需的压缩气体，同时提供给空气分离装置分离氧气所需的压缩空气。空气分离单元操作剩余的氮气，在一定的压力下，进入燃气涡轮机的燃烧室，在那里可以降低火焰最高温度，同时 NO_x 还原(见 25 章后)，然后在涡轮机中跟压缩机中的空气一起膨胀，从而氮气的压缩能得以回收。从燃气涡轮机出来的热废气排放前可用于产生蒸气，蒸气进一步用于蒸汽轮机所需的能量。基于图 25.21 的基本原理可以提供很多可能的选择。气化的重要意义在于，它是一种从含硫量高的燃料中生产化工原料、动力和热能的有效方法，因为硫在处理前不会被氧化成 SO_2。

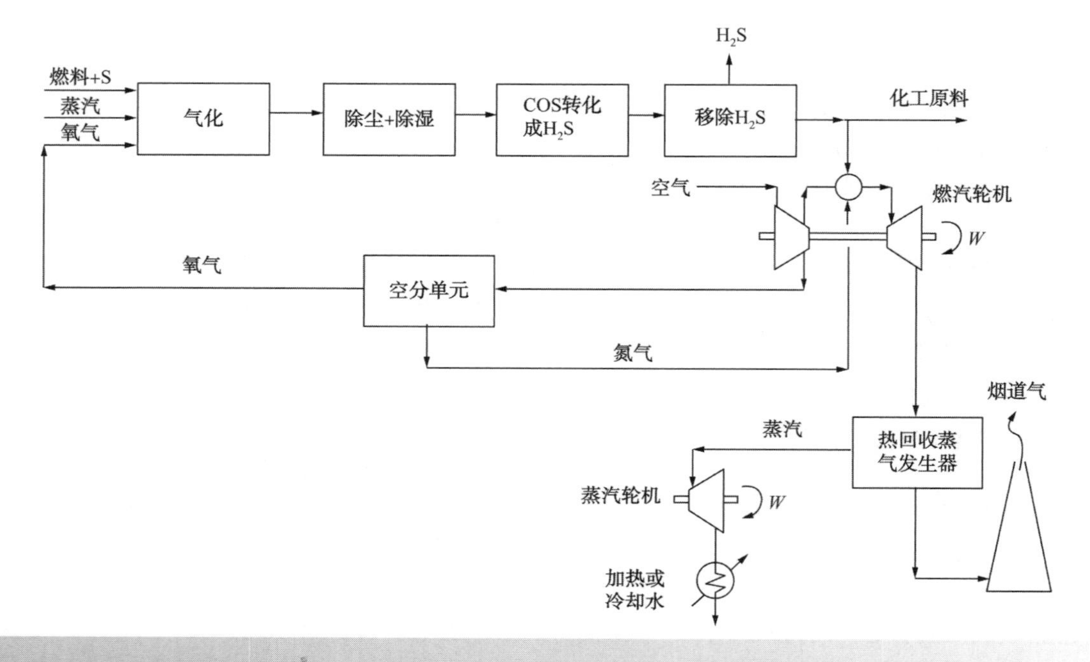

图 25.21 集成气化联合循环

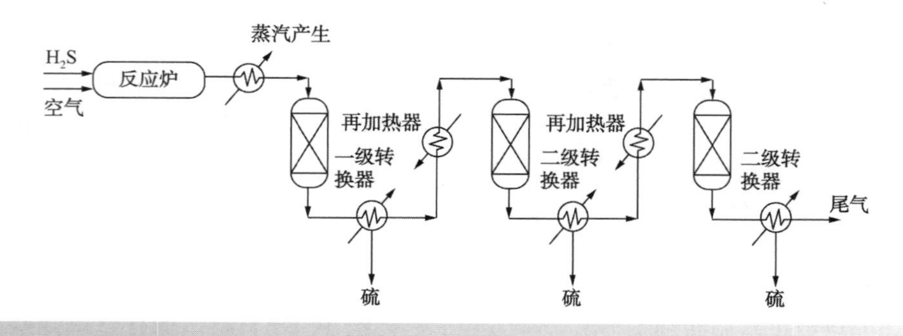

图 25.22 采用 Claus 工艺去除 H_2S

空气中的硫化氢进入反应炉，在那里发生部分燃烧，通过产生蒸气的方式使气体冷却后，气体进入转换器中，主要化学反应如下：

$$\text{反应炉}\ 2H_2S+3O_2 \longrightarrow 2H_2O+2SO_2$$

$$\text{转化器}\ 2H_2S+SO_2 \longrightarrow 2H_2O+3S$$

$$\text{总反应}\ H_2S+\frac{1}{2}O_2 \rightarrow S+H_2O$$

经过图 25.22 所示的转化器后，硫通过冷凝回收。转化率受反应平衡所限，只能达到约 60%，因此需要几次(通常三次)转换，如图 25.22 所示。每经过一段转换，硫被冷凝，气体则被重新加热然后进入下一段转换流程。最终的气体含有 CO_2，H_2S，SO_2，CS_2，COS 以及 H_2O，不能直接排放到空气中。可采用的用于处理 Claus 工艺尾气的方法有很多，图 25.23 给出的是一种利用含硫化合物跟氢气反应来得到 H_2S 的一种工艺。氢气是利用燃料气体部分氧化产生的。硫以及含硫化合物在氢化器中被氢化成硫化氢。来自反应堆的气体通过产生蒸气进行冷却，然后通过循环水进入淬火塔(图 25.23)。H_2S 然后再通过被吸收(如进入氨溶液)与其他气体分离。吸收器中的溶剂进行汽提后，H_2S 循环进入 Claus 工艺中。

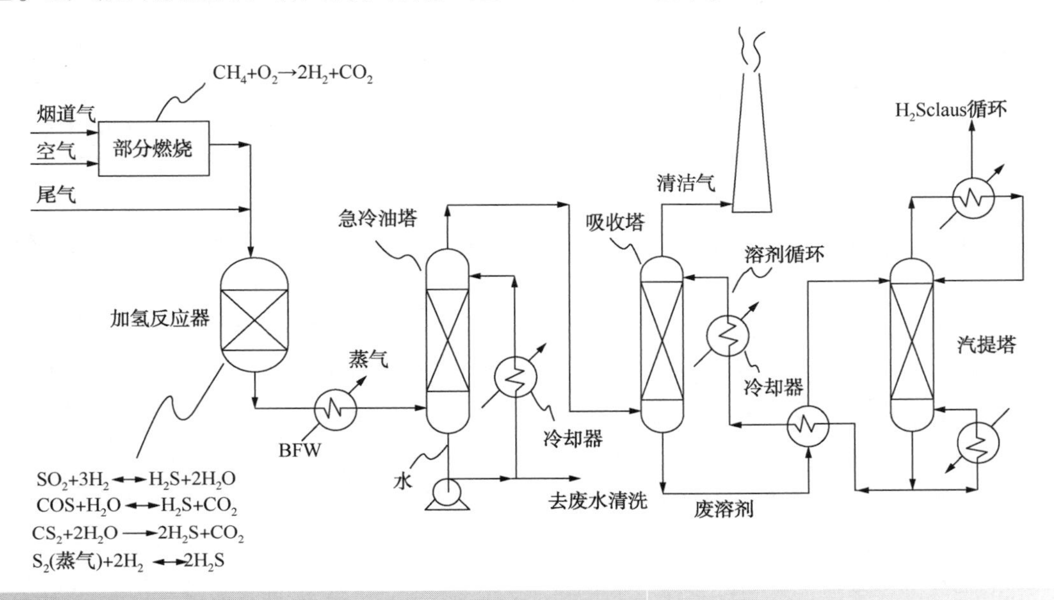

图 25.23 Claus 过程所得尾气的处理

还有一个通过部分氧化法去除 H_2S 的工艺，如图 25.24 所示(碳氢化合物加工工艺的环境过程，1998)。该过程采用铁做螯合剂来部分氧化 H_2S，如图 25.24 所示。气体进入含有铁螯合剂溶液的吸收剂中。Fe^{3+} 与 H_2S 反应产生 Fe^{2+} 与元素 S。被还原的铁螯合剂溶液通过曝气被重新氧化为 Fe^{3+}，并再返回吸收器中，这一工艺可适应较大操作条件的变化。

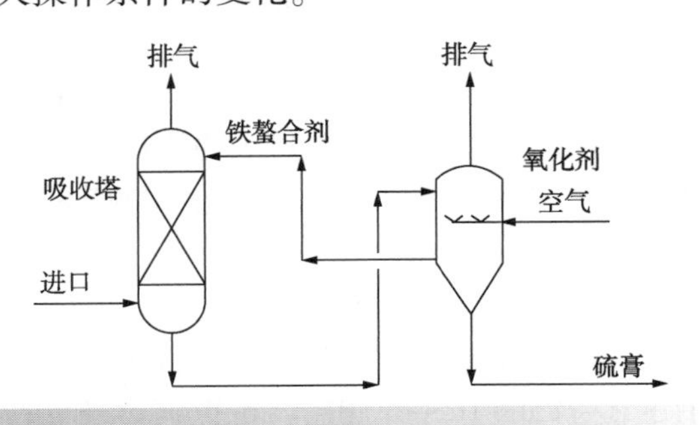

图 25.24 通过采用铁螯合剂的方式来进行部分氧化去除 H_2S

迄今为止，我们讨论到涉及去除硫的技术，基本都是去除的 H_2S 形式的硫。若考虑到以 SO_2 形式存在的硫的去除，则可将气流通过氢氧化钠溶液中，在氧化环境中：

$$2NaOH+SO_2 \longrightarrow Na_2SO_3+H_2O$$

$$Na_2SO_3+\frac{1}{2}O_2 \longrightarrow Na_2SO_4$$

然而该法只是在小规模应用时比较经济，因为氢氧化钠溶液相比较其他试剂而言相对成本高。可采用成本相对较低的试剂如石灰石来去除二氧化硫，石灰石与其反应形成固态的硫酸钙(石膏)，反应式如下(Crynes，1977)：

$$CaCO_3+SO_2 \longrightarrow CaSO_3+CO_2$$

$$CaSO_3+\frac{1}{2}O_2+2H_2O \longrightarrow CaSO_4 \cdot 2H_2O$$

用湿的石灰石溶液淋洗去除 SO_2 如图 25.25 所示(Crynes，1977)，含有 SO_2 的气流进入淋洗器中，石灰浆溶液从上面喷淋下来。反应后的浆状物收集，通过浓缩和过滤后使之分离。产生的固体物质(石膏)可用于建筑材料。然而该固体产物通常的附加值很低，一般需要丢弃。

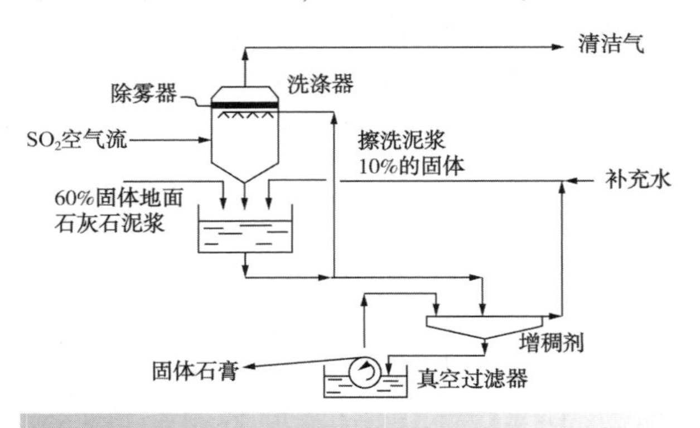

图 25.25 采用湿石灰石淋洗方式去除 SO_2

尽管湿石灰浆淋洗去除 SO_2可作为大规模的一些设备工艺如集成化的发电厂的一种工艺，但该工艺不适合作为小规模工艺过程，如加工现场的锅炉等的脱 SO_2。此时一般不采用图 25.25 所示的湿法石灰水淋洗工艺，而是采用“干”淋洗，该工艺指的是产生的废副产品是干态的，而不是像湿石灰石淋洗那样得到湿态的副产物。其过程如图 25.26 所示，氢氧化钙的浆状液(有时采用碳酸钠)淋洗到气流中，其反应式如下：

$$Ca(OH)_2+SO_2 \longrightarrow CaSO_3+H_2O$$

$$CaSO_3+\frac{1}{2}O_2 \longrightarrow CaSO_4$$

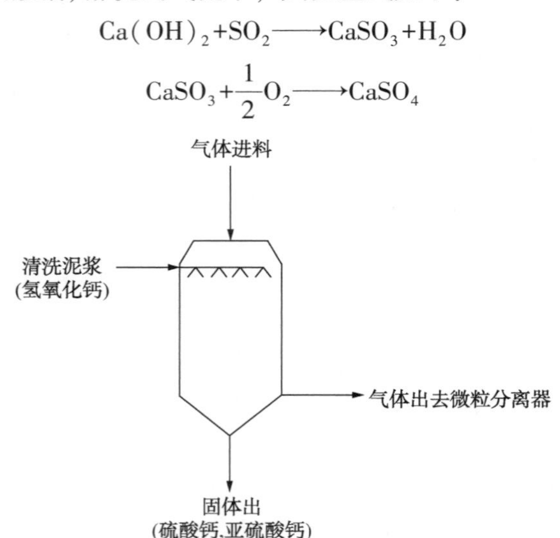

图 25.26 采用干石灰石淋洗的方式去除 SO_2

水蒸发后，反应产物以固态形式存在。该法与湿法淋洗相比的优点在于其简单、建造成本低，得到固体的废弃物，且没有废水产生。缺点是其试剂利用率低，去除 SO_2的效率相对较低。SO_2去除效率一般在 70%～90%，每去除 1t 的 SO_2，需要产生大约 2.2t 的固体废弃物。

另一个去除 SO_2的工艺是采用 Wellman-Lord 工艺(Crynes，1977)。该工艺具体反应如下：

$$SO_2+Na_2SO_3+H_2O \longrightarrow 2NaHSO_3$$

$$2NaHSO_3 \xrightarrow{\text{结晶}} Na_2SO_3+H_2O+SO_2$$

该工艺示意图如图 25.27。含有 SO_2的气体进入喷淋亚硫酸钠溶液的淋洗塔中，然后进入蒸发器或者结晶釜中，生成的亚硫酸氢钠结晶析出的同时，重新转化为亚硫酸钠，并释放出 SO_2。亚硫酸钠晶体重新溶于水中并循环回淋洗塔中。Wellman-Lord 工艺可从 SO_2含量较低的气流中浓缩得到高 SO_2含量的气体，得到的高 SO_2含量气体仍需处理，通常是将其转化为硫酸。与石灰水淋洗工艺相比，Wellman-Lord 工艺在处理含硫气流时不会产生固体废弃物。另一方面，它需要一个硫酸过程来转化浓缩的二氧化硫。

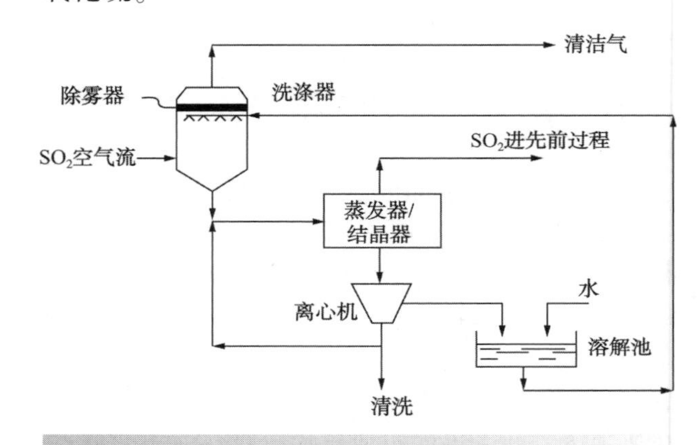

图 25.27 采用 Wellman-Lord 工艺去除 SO_2

Wellman-Lord 工艺所产生的 SO_2，或者其他工艺(如铜冶炼过程产生气体)产生的高浓度 SO_2 气体，可以采用第 5 章介绍的氧化成 SO_3的方式来产生硫酸。

如果不采用氧化 SO_2的方式，也可以采用图 25.23类似的流程来将其还原，此时 SO_2还原为 H_2S。所得的 H_2S 分离后，可以通过硫回收装置进行分离。

例题 25.4

某发电厂标准状态下，产生的废气为

$500m^3 \cdot s^{-1}$，其中含SO_2体积比为0.1%，排放前需要将90%的SO_2去除。有三种去除方式以供评估，假定气体在标准状态下每kmol所占体积为$22.4m^3$。

① 选择一：标准大气压下，采用当地河流中的水(10℃)来吸收，假定水吸收浓度最终能够达到80%的平衡。平衡满足亨利定律：

$$p_i = H_i x_i$$

式中 p_i——组分i的分压；

H_i——亨利定律常数(实验测得)；

x_i——组分i在液相中的摩尔分数。

假定气体满足理想状态方程($p_i = y_i P$)：$x_i = \frac{y_i^* P}{H_i}$

式中 y_i^*——液相平衡后的蒸气中i组分的摩尔分数；

P——总压力。

H_{SO_2}在10℃下为22atm

在此情况下，若去除SO_2，则需多少水？

② 选择二：用氢氧化钠溶液吸收，假定氢氧化钠和SO_2反应是在氧化环境中，产生硫酸钠，试计算吸收所需试剂氢氧化钠的量。

③ 选择三：用碳酸钙浆液来吸收，试计算所需碳酸钙的量，假定该发电厂的运行时间为$8600h \cdot y^{-1}$。

解：①$x_{SO_2} = \frac{0.8 y_{SO_2}^* P}{H_{SO_2}}$

$$= \frac{0.8 \times 0.001 \times 1}{22}$$

$$= 3.6 \times 10^{-5}$$

计算气体流速G：

$$G = 500 \times \frac{1}{22.4}$$

$$= 22.32 kmol \cdot s^{-1}$$

假定气体和液体流速稳定情况下：

$$G(y_{in} - y_{out}) = L(x_{out} - x_{in})$$

$$L = \frac{G(y_{in} - y_{out})}{x_{out} - x_{in}}$$

$$= \frac{22.32(0.001 - 0.1 \times 0.001)}{3.6 \times 10^{-5} - 0}$$

$$= 558 kmol \cdot s^{-1}$$

$$= 558 \times 18 \times \frac{1}{10^3} t \cdot s^{-1}$$

$$= 10 t \cdot s^{-1}$$

显而易见，该方法实际操作上是不可能达到这么大的水流速的。

$$②2NaOH + SO_2 + \frac{1}{2}O_2 \longrightarrow Na_2SO_4 + H_2O$$

排放口气流中SO_2的量为：

$$= 500 \times \frac{1}{22.4} \times 0.001$$

$$= 0.0223 kmol \cdot s^{-1}$$

若要去除90%SO_2，所需NaOH的量为：

$$= 2 \times 0.0223 \times 0.9 kmol \cdot s^{-1}$$

$$= 2 \times 0.0223 \times 0.9 \times 40 kg \cdot s^{-1}$$

$$= 1.606 kg \cdot s^{-1}$$

$$= \frac{1.606 \times 3600 \times 8600}{10^3} t \cdot y^{-1}$$

$$= 49722 t \cdot y^{-1}$$

$$③CaCO_3 + SO_2 + \frac{1}{2}O_2 + 2H_2O \longrightarrow CaSO_4 \cdot 2H_2O + CO_2$$

排放口气流中SO_2的量为$0.0223 kmol \cdot s^{-1}$

若要去除90%SO_2所需碳酸钙的量为：

$$0.0223 \times 0.9 kmol \cdot s^{-1}$$

$$= 0.0223 \times 0.9 \times 100 kg \cdot s^{-1}$$

$$= 2.007 kg/s^{-1}$$

$$= \frac{2.007 \times 3600 \times 8600}{10^3}$$

$$= 62137 t \cdot y^{-1}$$

25.6 氮氧化物的排放控制

氮氧化物有八种，但主要关注两种最常见的氧化物：

- 一氧化氮(NO)；
- 二氧化氮(NO_2)。

通常把上述两种氮氧化物统称为NO_x，NO_x的排放来源于：

- 化学生产过程(如硝酸生产、硝化反应等)；
- 金属和矿物加工过程中用硝酸；
- 燃料燃烧。

燃料燃烧过程中最初形成的NO_x为NO，其后被氧化为NO_2。燃料燃烧产生的NO有三种来源(Wood, 1994)。

1) 燃料型 NO。燃料中的有机氮与氧气反应产生 NO。

$$[\text{Fuel}N]+\frac{1}{2}O_2 \rightleftharpoons NO$$

有机氮要比空气中的氮气更加活泼,燃料型 NO 的形成过程跟燃烧温度有弱相关性。

2) 热力型 NO。热力型 NO 的形成是燃烧室里空气中分子氮与氧气反应形成 NO,反应方程式如下:

$$N_2+O_2 \rightleftharpoons 2NO$$

该反应的反应机理是自由基引发的,高度依赖于反应温度。

3) 快速型(迅速形成型)NO。快速型 NO 是当分子氮与碳氢自由基在火焰中反应时所形成的,该过程只发生在火焰中,跟温度为弱相关关系。

如图 25.28 所示为三种 NO 形成的机理。由图可见,燃料型和快速型 NO 的形成都是跟温度有弱相关性。在低于约 1300℃ 左右时,热力型 NO 的形成基本可以忽略的。但是当温度较高时,热力型 NO 的形成则占主导。一旦 NO 形成后,可被氧化为 NO_2,反应式如下:

$$NO+\frac{1}{2}O_2 \rightleftharpoons NO_2$$

废气中 NO_x 主要形成 NO(90%),NO 在空气中氧化为 NO_2。

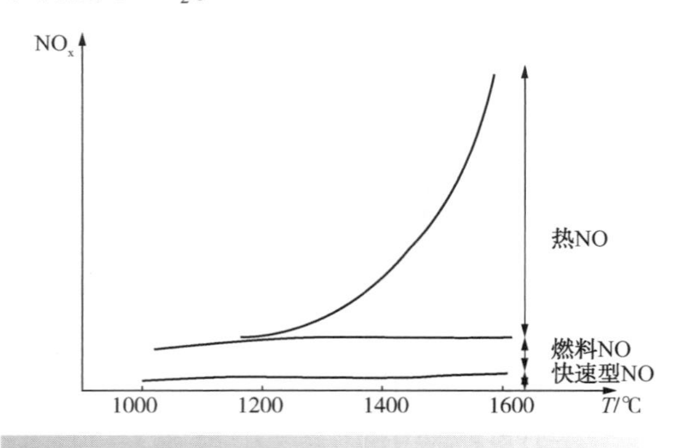

图 25.28 NO_x形成示意图

燃烧过程中 NO_x的形成取决于燃料和燃烧装置的类型。通常而言,煤的燃烧会产生较高浓度的 NO_x,而石油、天然气的燃烧所产生的 NO_x是最低的。因此降低 NO_x形成的一个方法就是改变燃料类型。例如一个大的蒸汽锅炉如果采用石油的话可能废气中含有 150ppm 的 NO_x,而若换成天然气的话,则会降低到 100ppm。但是,必须注意到 NO_x 的产生同时还跟燃烧器设备类型有关,这个只能用一些说明性的图来表示。

源头降低 NO_x的排放通过如下方式:

- 提高化学生产过程的转化率;
- 提高能源利用效率,从而降低燃烧所需燃料;
- 改用含氮量少的燃料类型;
- 降低燃烧过程中 NO_x 的形成。

通常而言,采用含氮量少的燃料一般是将煤改成石油或者天然气。但是需要注意的是,天然气中的含氮量可能较高(有时可达到 5%),但其中的氮往往是分子氮,因此,它跟空气中的氮类似,属于低反应活性的氮。

燃烧过程中 NO_x的生成通常采取如下方法减少(Wood, 1994; Garg, 1994),这些方法均采用降低火焰温度的方式(表 25.2):

1) 降低空气预热。燃烧前预热空气可以提高火焰温度以及焚烧炉的工作效率(见 12 章)。但是火焰温度的提高会导致 NO_x增加。因此降低预热温度会减少热力型 NO_x的形成,但是这同时也会降低焚烧炉的工作效率。

2) 烟气再循环。如图 25.29 所示,部分的循环烟气会通过提高火焰中惰性物质的质量来降低火焰最高温度,进而减少热力型 NO_x的形成,通常将烟气的 10%~20%循环回去。

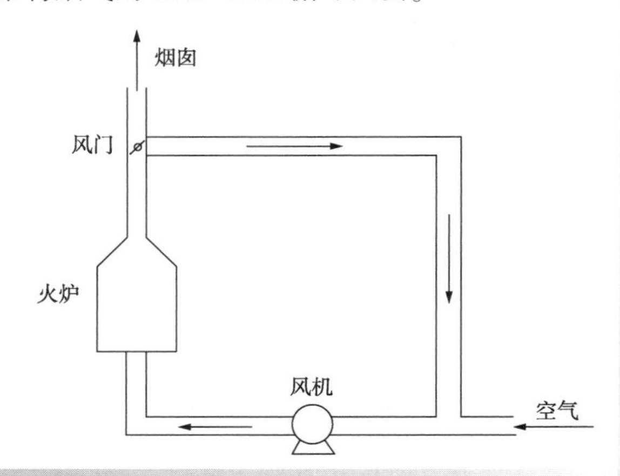

图 25.29 烟气循环

3) 蒸汽注入。注入蒸汽是通过注入惰性物质而降低燃烧温度。原则上,可注入水或者蒸汽,但是通常采用过热的干蒸汽,这会降低焚烧炉的工作效率，因为产生蒸汽需要能量，而蒸汽中潜在的热量不能回收而导致浪费。这一工艺通常适用于中等程度的 NO_x 减排。蒸汽注入也可以用于燃气涡轮机。

4）降低过量空气。该法通过降低过量空气的方法来减少 NO_x 生成。

5）空气分级燃烧。燃烧器中的空气分级燃烧可以减少 NO_x 生成，主要原理如图 25.30a 所示。燃料以及一级燃烧的空气注入火焰中，其中氧气的含量是低于化学计量值的。二级燃烧的空气再注入其中完成燃烧过程，氧气总加入量是高于化学计量要求的。该法通过降低火焰最高温度来降低燃料燃烧过程所产生的NO以及热力型NO的形成。空气分级燃烧可以用在焚烧炉或者燃气涡轮机中。

6）燃料分级燃烧。该法如图 25.30b 所示，一级燃烧的燃料先在空气高于化学计量要求的情况下燃烧，在分级区域中二级燃料（通常是一级燃料的 10%～20%）在低于化学计量要求的情况下（还原状态下）燃烧。在分级区的温度通常要最低 1000℃。最终燃烧区，再加入空气完成燃烧，最终燃烧区的温度通常低于 1000℃ 来降低 NO 的形成。

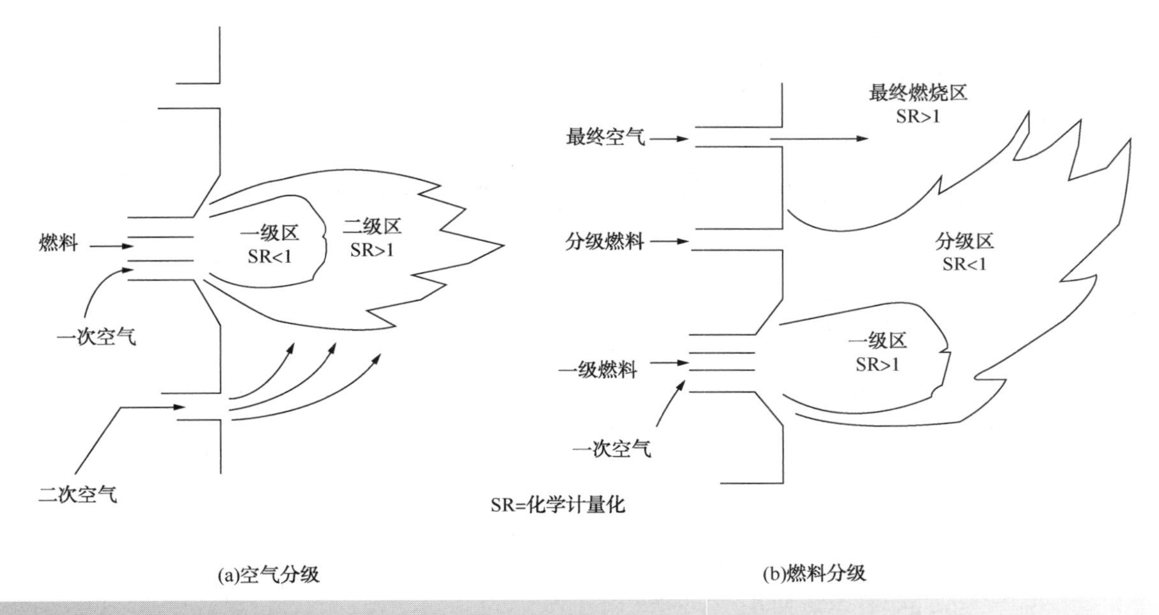

图 25.30　减少 NO_x 生成的燃烧器设计

表 25.2　减少 NO_x 生成的不同工艺（Wood，1994）

工艺	NO_x 的降低
降低空气预热	25%～65%
烟气再循环	40%～80%
水/蒸汽注入	40%～70%
降低过量空气	1%～15%
空气分级	30%～60%
燃料分级	30%～50%

如果采取 NO_x 在源头得以降低的措施后，NO_x 的含量仍未达到环境排放标准，则需要采取相应的处理措施。

第一个可选的措施就是用水吸收。该法主要的问题是 NO_2 是溶于水的，但 NO 仅微溶于水。为吸收 NO，需要在溶剂中加入其他试剂或者氧化试剂。通常采用的方法是向水溶液中加入过氧化氢，反应式如下：

$$2NO+3H_2O_2 \longrightarrow 2HNO_3+2H_2O$$

$$2NO_2+H_2O_2 \longrightarrow 2HNO_3$$

该法可将氧化氮转化为硝酸的方式来进行回收。这一方法在某些领域是非常有用的，比如金属表面精整工艺中，通常需要硝酸的加入。更为常见的是，NO_x 通过还原的方式去除，氨作为还原试剂，主要反应式如下：

$$6NO+4NH_3 \longrightarrow 5N_2+6H_2O$$
$$4NO+4NH_3+O_2 \longrightarrow 4N_2+6H_2O$$
$$2NO_2+4NH_3+O_2 \longrightarrow 3N_2+6H_2O$$

这一过程可以在较窄的温度范围内(850~1100℃)、不采用催化剂来完成。一般我们将该工艺称为选择性非催化还原过程(碳氢化合物生产的环境过程，1998)。低于850℃时，该化学反应速率很低，而高于1100℃时，主要反应为：

$$4NH_3+5O_2 \longrightarrow 4NO+6H_2O$$

因此一旦该情况发生，该工艺达不到预期目的。选择性非催化还原过程的主要流程安排如图25.31所示。液相氨气化后与载气(低压蒸汽或者压缩空气)混合，注入位于燃烧器的喷嘴中，在合适的温度和停留时间下进行反应(碳氢化合物生产的环境过程，1998)。该法 NO_x 的还原率可达75%。但是必须主要小心控制过量氨的泄漏。

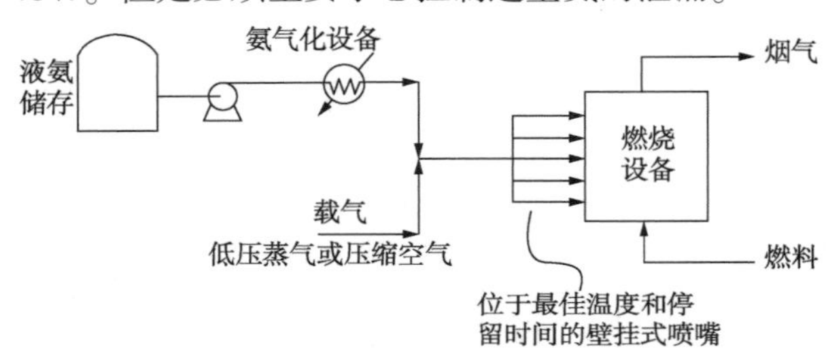

图25.31 采用选择性非催化还原方式去除 NO_x

除采用选择性非催化还原过程，NO_x 的还原还可采用催化剂在250~450℃完成催化(分散在二氧化钛上的五氧化二钒或三氧化钨)。通常将该工艺称为选择性催化还原。如图25.32所示，是一个典型的选择性催化还原的典型流程。可以采用无水或含水氨，将其与空气混合后进入气流中，然后通过装填催化剂的床体，该法去除 NO_x 的效率可达95%，但也是同时需要注意氨气的泄漏问题。

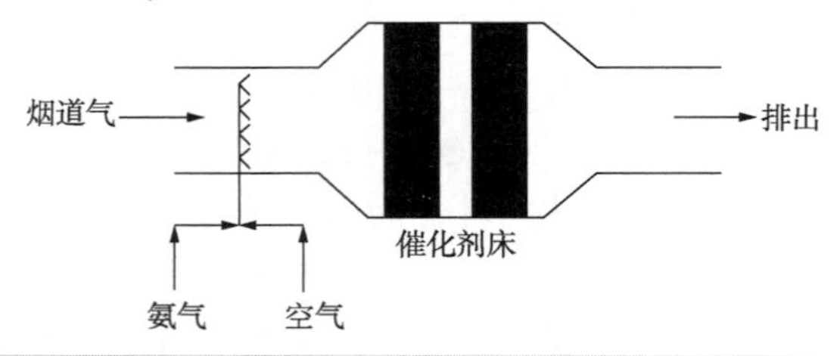

图25.32 采用选择性催化还原方式去除 NO_x

例题25.5 某一燃气涡轮机排放废气的排放量为41.6kg·s^{-1}，废气中含有200ppm的 NO_x，在0℃1atm下需要将其降低到60mg·m^{-3}(用 NO_2 表示)，要处理的 NO_x 的工艺为低温选择性催化还原，氨气泄漏必须限制在10mg·m^{-3}以下，但是设计时须将其控制在5mg·m^{-3}。采用氨水的成本为300·t^{-1}(基于氨气)。预测该工厂运行时间为8000h·y^{-1}时，估算氨的成本？假定废气成分跟空气类似，摩尔质量数据请见表25.3，假定标准状态下每千摩气体所占体积为22.4m^3。

表25.3 摩尔质量数据

	摩尔质量/kg·kmol^{-1}
空气	28.9
NO_2	46
NH_3	17

解：标准状态下，排放废气的体积为：

$$=41.6\times22.4\times\frac{1}{28.9}$$
$$=32.2\ m^3\cdot s^{-1}$$

标准状态下 NO_2 的浓度为：

$$y\times\frac{1}{22.4}\times46$$
$$=0.0002\times\frac{1}{22.4}\times46$$
$$=0.0004107kg\cdot m^{-3}$$
$$=410.7mg\cdot m^{-3}$$

则需要去除的 NO_2 的量为：

$$32.2(410.7-60)\times10^{-6}kg\cdot s^{-1}$$
$$=0.01129kg\cdot s^{-1}$$

还原反应的反应式如下：

$$2NO_2+4NH_3+O_2 \longrightarrow 3N_2+6H_2O$$

则需要还原 NO_2 的 NH_3 量为：

$$0.01129\times\frac{17\times4}{46\times2}$$
$$=8.345\times10^{-3}kg\cdot s^{-1}$$

氨气泄漏为：

$$=32.2\times5\times10^{-6}$$
$$=0.161\times10^{-3}kg\cdot s^{-1}$$

因此该工艺所需 NH_3 的成本为：

$$(8.345+0.161)\times10^{-3}\times3600\times8000\times300\times10^{-3}$$
$$=\$73500\ y^{-1}$$

25.7　燃烧过程的排放控制

燃料燃烧的主要排放物为 CO_2、SO_x、NO_x和颗粒物(Glassman，1987)。通常采取提高能量利用效率的方式，得到尽可能少的燃烧废物，具体操作是有效的热量回收，避免非必要的废物的热氧化来减少过程所产生的废弃物。烟道气排放可以通过如下措施得到源头控制：

- 在生产现场提高能量利用效率(如：更好的热集成)；
- 提高公用设施的能量利用效率(如：提高热电联产)；
- 改善燃烧过程(产 NO_x较低的燃烧器)；
- 改变燃料类型(如从石油切换到天然气)。

对于给定的能量消耗情况下，改变燃料是唯一的源头降低 CO_2以及 SO_x排放的途径。比如，从煤到天然气的转换可以在相同热量释放的情况下降低 CO_2排放，因为天然气中的含碳量较低。改变燃料类型还可以有效地降低 NO_x的排放，一旦排放在源头降低到最小，接下来即可考虑如何解决排放控制。

1）SO_x的处理。一系列技术可以用于处理 SO_x：

- 用 NaOH、$CaCO_3$、水或者其他溶剂吸收；
- 氧化转化为 H_2SO_4；
- 还原转化为 H_2S，然后再转变为元素硫。

2）NO_x 的处理。用于处理 NO_x 的技术有：

- 用 NO 络合剂或氧化剂吸收；
- 采用选择性非催化或催化过程来进行还原。

3）颗粒物的处理。有诸多可用于处理颗粒物的方法，请见第 7 章，主要包括：

- 淋洗；
- 惯性收集；
- 旋风分离器；
- 袋式滤器；
- 静电沉降器。

4）CO_2的处理。若为了降低温室气体排放而需要将 CO_2从燃烧产物中分离出来，根据燃烧过程的布置有很多种不同的方法。主要有两种常见的燃烧过程工艺：燃烧后和燃烧前的分离(Steeneveldt，Berger and Torp，2006)。

① 燃烧后的 CO_2分离。如图 25.33 所示，有两种燃烧后分离 CO_2的工艺。如图 25.33a 所示，是采用标准的燃烧操作，用空气燃烧燃料，燃烧后的分离比较适合采取化学吸收，因为在燃烧后的气体中 CO_2分压比较低。有时可以采取氨溶液或者混合氨的水溶液体系，如第 9 章所介绍的那样。可以采用乙醇胺(MEA)、二乙醇胺(DEA)或者甲基乙醇胺(MDEA)。如果不采取氨溶液或者混合氨溶液，也可采取热的碳酸钾水溶液。

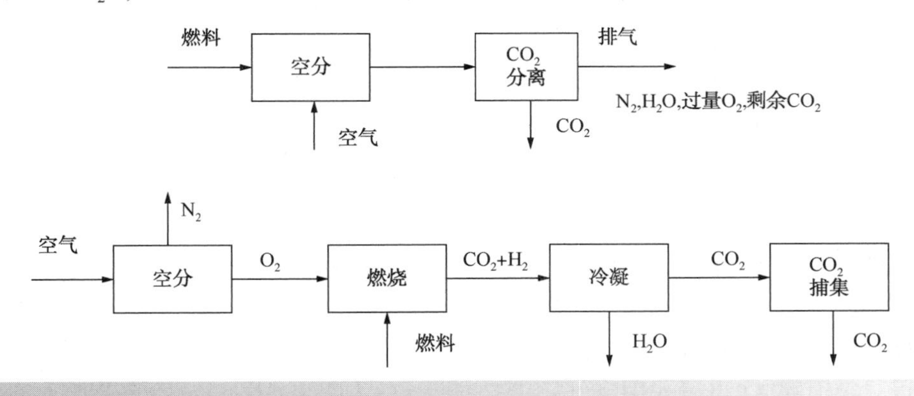

图 25.33　空气和氧气燃烧后分离二氧化碳的操作流程

另一种燃烧后分离 CO_2的方法如图 25.33b 所示，是采用氧气燃烧法，该过程利用空气分离设备来提供燃烧所需的纯氧。这一过程去除了燃烧过程的氮气，燃烧主要产生的是 CO_2和水蒸气，可通过将水蒸气冷凝的方式来进行分离。然而，单纯采用纯氧使得碳氢化合物的燃烧温度高于

3000℃，该法往往带来燃烧炉设计的问题，因此通常采用往燃烧炉中通入惰性气流对其稀释，来控制火焰的温度。例如可以采取将分离后 CO_2 循环回来，或者理论上也可将分离后水蒸气循环作为惰性气流。

② 燃烧前 CO_2 分离。与燃烧后再分离 CO_2 不同，有多种燃烧前分离 CO_2 的工艺可以选择，主要是先产生合成气（H_2 和 CO 的混合气体），然后 CO 转换为 CO_2，再对 CO_2 进行分离，只留下 H_2 用于燃烧或者其他化学用途。如图 25.34 所示，有四种可采用的燃烧前分离工艺。其主要区别在于合成气产生的方式不同。共有两种催化重整过程。当水蒸气催化重整占主导时，化学反应式主要如下：

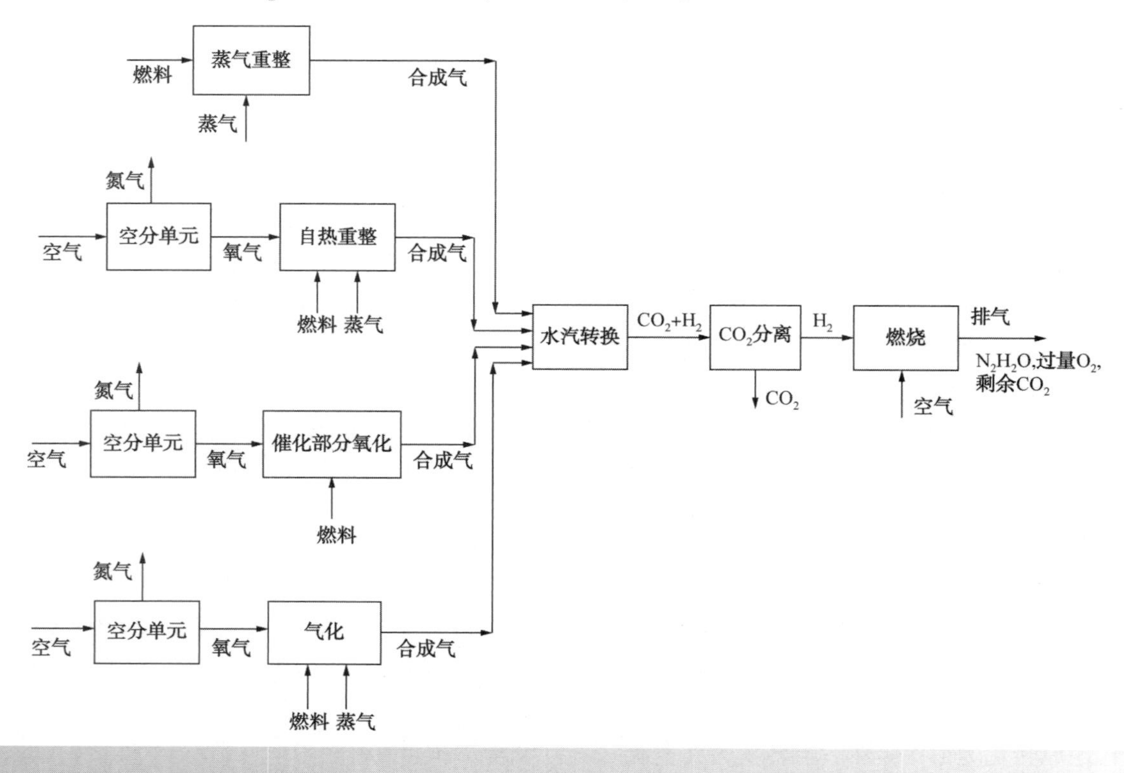

图 25.34 燃烧前分离 CO_2 的操作流程

$$C_nH_m+n\ H_2O \rightleftharpoons nCO+\left(n+\frac{m}{2}\right)H_2$$

蒸气重整反应通常是强吸热的，需要在一个加热炉进行。蒸气重整通常是轻烃组分常用的方法，但是在小规模生产时往往很难采用。

另两种如图 25.34 所示的工艺涉及部分氧化反应。催化部分氧化的工艺通常用于轻烃作为原材料的加工过程，采用氧气（也可采用空气），具体反应如下：

$$C_nH_m+\frac{n}{2}O_2 \rightleftharpoons nCO+\frac{m}{2}H_2$$

图 25.34 最后所示是通过气化方式产生合成气，如我们之前讨论的那样。尽管气化反应很复杂，但其主导反应是前面的部分氧化。气化可适用的原材料很广泛，可以是固体、液体或者气体。通常用其处理更难分解的生物质、煤、石油残渣或者其他重烃，因为通常采用原料的特性，需要对于气化产物的气流中颗粒物进行去除。

如图 25.34 所示的燃烧前分离 CO_2 的操作，均伴随着水煤气变换反应，反应式如下：

$$CO+H_2O \rightleftharpoons CO_2+H_2$$

尽管这一反应发生在重整和部分氧化阶段，但往往在催化水煤气转化反应器中，会达到很高的转化率，如图 25.34 所示。原则上，CO 会强行达到很高的转化率，而高转化率是否有利，取决于合成气的最终用途，以及水煤气转换反应后所采取的分离方法。如果合成气是为了之后的化学转化过程（或者燃烧），那么高的转化率是有利的。如果在燃烧前需要进行大量的 CO_2 分离、以降低 CO_2 排放的环境效应，则高的转化率是不利的。水煤气转化过程中 CO 的转换一般是在低温下更为彻底，因此为了达到高的转化率，通常采用两段水煤气转化的方式。第一段是在高温下进行，第二段则在中间冷却后进行低温反应。两段温度转化需要采取不同的催化剂。高温水煤气转换反应通常是在 300~450℃，此时的优点是反应速率在高温下较快，可以将反应出口处 CO 的浓度降低到 3%(干基)。而进入低温水煤气转化阶段，其温度范围为 180~250℃，反应出口处 CO 浓度可降低到 0.2%(干基)。不管是否采取两段水煤气转化工艺，最终所得气体主要为 H_2、CO_2、水蒸气和少量 CO 的混合气体(如果燃气中含硫的话还可能含有 H_2S)。

接下来需要分离 CO_2(如果燃料中含硫的话还需要进行 H_2S 分离)。最终所得气体主要为纯的氢气，可用于燃烧或者化学过程。因为与燃烧后从空气中分离 CO_2 相比，因燃烧前 CO_2 有较高的分压，故燃烧前分离 CO_2 的操作可有很多选择，分离可采用的方式主要有：

- 反应吸收，如采取氨水或者热的碳酸钾溶液吸收；
- 物理吸收，如采用低温甲醇洗(Rectisol 工艺)或者乙二醇二甲醚和聚乙二醇的混合溶液(Selexol 工艺)；
- 变压吸附，如采用氧化铝或沸石；
- 膜；
- 低温下压缩 CO_2 的低温分离。

分离 CO_2 之后，剩余气体基本为纯氢气，可以用于化学反应也可用于燃烧来提供热量、产电或者热电联产过程，后续的燃烧产物基本为水蒸气。

分离得到的 CO_2 可以做其他用途或者排放处理。主要选择如下：

- CO_2 转化为其他化学产品(如 CO、甲烷、甲醇或者甲酸)。但化学产品转化过程往往需要提供能量，这可能会根据所用能源种类的不同，产生额外的 CO_2 的排放。
- 分离出来的 CO_2 干燥脱水后，压缩为液体封存或者用于强化气/油采收率。这种碳汇工艺需要一个稳定的长期贮存 CO_2 的位置，是一种很昂贵的处理 CO_2 排放的方法。

如果显著降低 CO_2 在空气中的排放是很迫切的任务的话，毫无疑问，最好的解决方法是通过提高能源利用效率来降低其排放。

例题 25.6

一种中级燃料油在空气过剩 10% 的焚烧炉中燃烧，外界空气为 10℃，相对湿度为 60%，10℃ 下的饱和水汽压为 0.0123bar。燃料分析如表 25.4所示，试预测产生废气的组成。

表 25.4 例题 25.6 所用燃料成分

	摩尔质量/kg·kmol⁻¹	燃料分析(质量分数)/%
C	12	83.7
H	1	12.0
S	32	4.3

解：首先计算燃烧空气中的水蒸气摩尔分数。在燃烧空气中水的分压为：

$$P^{SAT}(10℃) = 0.0123\text{bar}$$

$$p_{H_2O} = 0.6 \times 0.0123 = 0.00738\text{bar}$$

燃烧空气中水的摩尔分数为：

$$y_{H_2O} = \frac{p_{H_2O}}{P} = 0.00738$$

燃料				通过化学计量关系所得燃料产生废气的组成			
	摩尔质量/kg·kmol⁻¹	M/kg	N/kmol	N_{O_2}/kmol	N_{CO_2}/kmol	N_{SO_2}/kmol	N_{H_2O}/kmol
C	12	83.7	6.975	6.975	6.975		
H	1	12.0	21.000	3.000			6.000
S	32	4.3	0.134	0.134		0.134	
		100.0		10.109	6.975	0.134	6.000

燃烧空气中的氮气为：

$$=10.109\times\frac{79}{21}=38.03\text{kmol}$$

燃烧空气中的水为：

$$=(10.109+38.03)\left(\frac{y_{H_2O}}{1-y_{H_2O}}\right)$$

$$=48.139\left(\frac{0.00738}{1-0.00738}\right)$$

$$=0.358\text{kmol}$$

则化学计量的湿空气量为：

$$=10.109+38.03+0.358$$

$$=48.497\text{kmol}$$

化学计量上产生的废气的量：

$$=6.975+0.134+6.000+38.03+0.358$$

$$=51.497\text{kmol}$$

假定10%的过量空气，则：

$$N_{O_2}=0.1\times10.109=1.011\text{kmol}$$

$$N_{N_2}=0.1\times38.03+38.03=41.833\text{kmol}$$

$$N_{N_2}=0.1\times0.358+0.358+6.000=6.394\text{kmol}$$

总的废气流速为：

$$1.011+41.833+6.394+6.975+0.134=56.347\text{kmol}$$

其中

$$y_{CO_2}=\frac{6.975}{56.347}=0.1238$$

$$y_{SO_2}=\frac{0.134}{56.347}=0.0024$$

$$y_{N_2}=\frac{41.833}{56.347}=0.7424$$

$$y_{H_2O}=\frac{6.394}{56.347}=0.1135$$

$$y_{O_2}=\frac{1.011}{56.347}=0.0179$$

除了上述组成，还会产生一定量的 NO_x。这依赖于燃烧器类型，但是通常假定其排放量为300ppm，也就是 $y_{NO_x}\approx0.0003$。

25.8 大气扩散

污染控制的主要目的是将空气排放降到最小化，或者最起码能够达到立法要求。然而不可避免地会有一些残留物排放出来，而这些残留物在扩散到环境中时必须保证是安全的。有如下因素会影响气体在大气中的扩散(De Nevers, 1995)：

- 温度；
- 风；
- 涡流。

温度是一个关键因素，通常大气的温度随着高度而降低，实际温度随高度的改变用环境温度直减率表示。源于地球表面的空气，在上升时会因为压力变化而膨胀进而冷却，其冷却速率称为干绝热直减率，大约为每公里降低9.8℃，一直到其发生冷凝。环境温度直减率(ELR)主要说明一块区域范围内的空气强制上升时的温度变化。图25.35a所示，是ELR随高度变化，温度改变远大于干绝热递减率的情况。这意味着上升气流中的少量气体比周围空气密度小，因而会继续其上升运动。这种情况对于空气扩散是有利的，将其称为非稳态。图25.35b所示是一种ELR和干绝热递减率近乎相等的情况，称之为中性状态，该情况下，空气几乎稳态不动，因为几乎没有浮力或者下降的力量。第三种情况如图25.35c所示，ELR的温度随高度增加而上升，称之为逆温，这种情况叫作稳态，该情况下，空气的垂直流动受到限制，该情况下对于空气扩散是极为不利的。

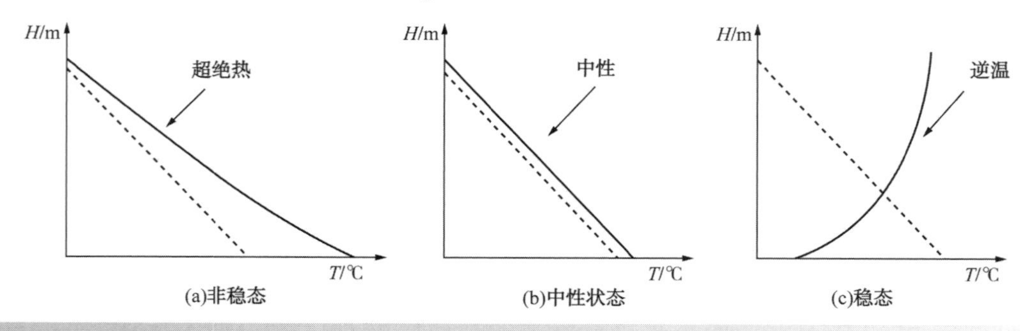

图25.35 温度及空气稳定性

在空气的较低层，ELR 随时间的改变而变化。图 25.36 所示为典型的每天不同时间的空气稳定程度的变化。从太阳升起开始，最低的温度出现在地球表面，这是因为长波辐射所导致的热量损失，这往往导致逆温层的形成(温度随高度上升而升高)，逆流层高度约 100m。太阳升起后不久如图 25.36 所示，地表温度升高，但是在较高的地方仍然有逆温。大致在中午前后，地表温度慢慢升高并扩散，开始在地表出现非稳态(温度随高度上升而降低)。近日落时如图 25.36 所示，会有来自地表的热辐射，开始慢慢由地表产生逆温。

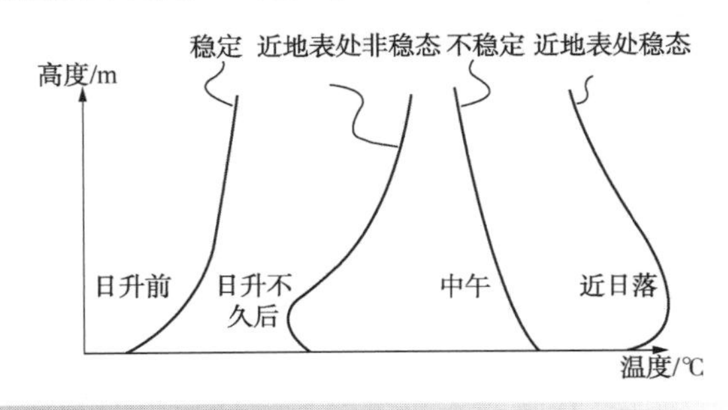

图 25.36 空气稳定性的典型日变化图

随着高度离地面的增加，不仅风向会改变，风速也会增加，在某一高度达到一个最高值，该值与自由空气或地转风速相同。风速随着地面高度的改变速率受空气状况影响，同时还受地形影响。例如在城市的建筑物，会使近地空气速度降低，因而要比平地地区最高风速对应的高度要高。

第三个影响大气扩散的关键因素是湍流。机械湍流通常是由于地球表面的起伏不平引起的。在地表之上，对流湍流(热空气上升，而冷空气下降)会变得越来越明显。湍流的程度以及其对应的高度，与地表的起伏不平程度有关，还与风速以及大气稳定程度有关。

对于设计者而言，主要的问题是要决定合适的烟囱高度。这个如图 25.37 所示。可以看出，烟囱有效高度是烟囱实际高度加上烟气抬升高度。烟气抬升高度跟排放速度、排放温度以及空气稳定程度有关(De Nevers，1995)。

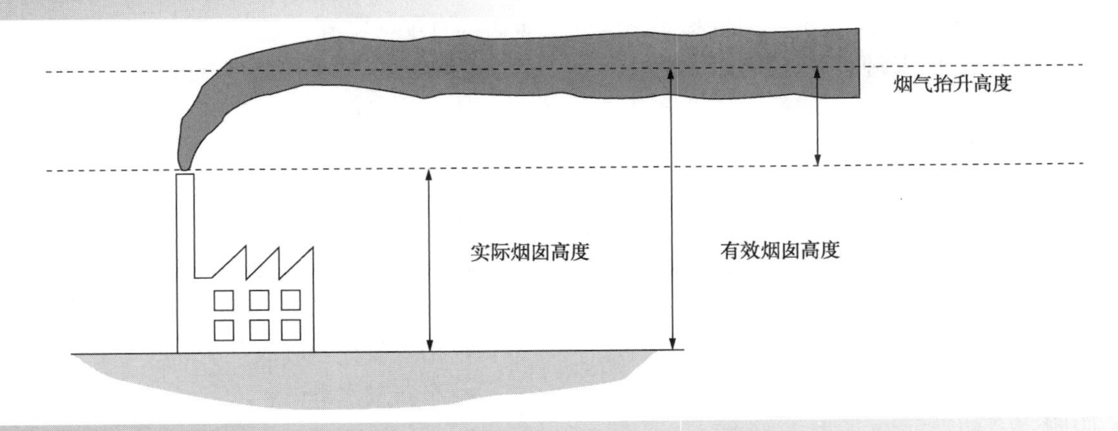

图 25.37 烟囱高度

烟囱排放物必须跟环境立法中有关污染物的浓度以及排放速度相一致。然而烟囱的高度必须足够高，需使到达地面的污染物要低于立法机构要求的地表污染浓度。到达地表污染物的浓度与很多因素有关，主要的影响因素有：

- 排放烟囱的高度；
- 烟囱排放物的速度和温度；
- 风速；
- 空气稳定程度；
- 降雨；
- 周边地形的地质结构。

地表污染物浓度的计算需要特殊的计算模型，往往需要考虑到很长一段时间内的气象状态，来保证所得地表浓度在所有天气状态下仍然能够保持在安全的范围。这些问题不在本篇关注点的范围之内。

25.9 大气排放的环境设计——总结

排放到大气的污染物可以按照其状态进行分类(气态、蒸气态、液态和固态)。工业排放主要的关注点如下：

- VOCs；
- NO_x；
- SO_x；
- CO；
- CO_2；
- 二氧杂芑和呋喃；
- 颗粒物；
- PM_{10}；
- $PM_{2.5}$。

城市烟雾、酸雨、海水酸化、富营养化、被破坏的臭氧层、温室气体排放等一系列问题均为大气污染物排放所引起的环境问题。

固体(颗粒物)排放通常是不完全燃烧、干操作、粉碎、磨碎操作、固体物质处理过程等。大气排放的主要污染物来源于燃烧的产物(CO_2，CO，NO_x，SO_x以及颗粒物)。酸性气体通常是由一些化学生产过程产生的(CO_2，NO_x，SO_x，H_2S，HCl)。因为其排放源的多样性，蒸发物的排放通常更难处理。

大气污染物排放的补救措施有如下几种：

- 颗粒物去除；
- 冷凝；
- 膜技术；
- 吸附；
- 物理吸收；
- 化学吸收；
- 热氧化；
- 气体扩散。

控制 VOC 排放的措施主要有如下几种不同层次的考虑：

- 源头上降低或者消除 VOC 的排放；
- 回收 VOC 再利用；
- 回收 VOC 便于热氧化或回收产生过程所需的热量；
- 采用有热量回收措施的热氧化来处理载有 VOC 的气流；
- 热氧化处理载有 VOC 的气流，不采用热量回收措施。

有如下四种 VOC 回收的方法：

- 冷凝；
- 膜技术；
- 吸收；
- 吸附。

VOCs 排放一旦在源头上得到控制能够使之降到最低，且同时采用可能的回收措施之后，残余的 VOC 需要采取如下几种手段来进行消除：

- 火焰燃烧(通常仅用于非常规或者紧急情况释放的 VOC 处理)；
- 热氧化；
- 催化热氧化；
- 燃气涡轮机；
- 生物淋洗；
- 生物过滤。

提高过程转化率或者燃料燃烧前采取脱硫处理可在源头上使大气中硫的排放降到最低。燃料脱硫的难度从高到低是：固体>液体>气体。硫可以通过 SO_2或者 H_2S 的形式排放从而得以去除。去除 H_2S 的方式如下：

- 物理吸收；
- 化学吸收；
- 物料汽化后进行 H_2S 去除；
- 部分氧化为元素硫。

SO_2的去除方式主要如下：

- 用氢氧化钠吸收；
- 湿石灰水淋洗；
- 干石灰淋洗；
- Wellman-Lord 工艺；
- 或者其他方法。

NO_x(主要 NO 和 NO_2)排放主要是由于化学生产过程、金属冶炼或者选矿过程以及燃料燃烧引起的。NO_x在燃烧过程的形成主要涉及三种机理(燃料型、热力型以及快速型 NO)。NO_x的排放可以通过提高化学过程的反应产率、采用含氮量较低的燃料或者降低燃烧过程中 NO_x的形成过程来进行控制。采取降低 NO_x形成的措施之后，NO_x的去除可以通过氧化或者还原的方式。NO_x可以通过过氧化氢氧化吸收产生硝酸，还原则通常采用氨溶液：

- 在较窄的温度范围内(850～1100℃)不采用催化剂；
- 采用催化剂，在较低的温度范围内(250～450℃)达到较高的去除率(高达90%)。

原位提高能量利用效率可采用如下措施：

- 原位提高能量效率；
- 提高公共设施的能量利用效率；
- 燃烧过程的改善；
- 改变燃料类型。

提高使用点能量利用效率可以通过提高热量集成利用的方式来实现。提高公共设施的能量利用效率可以通过优化反应过程与公共设施的匹配度、提高废热发电等联供系统的运行等。改善燃烧过程也是降低 NO_x 排放的有效途径。

25.10　习题

1. 40℃下一个装有甲苯的贮罐，贮罐有一个与空气相通的通风孔：

① 试计算通风孔处甲苯的浓度，是否超过立法要求的 $80mg \cdot m^{-3}$？

② 通过冷冻浓缩系统来降低甲苯在通风孔的浓度，请问如果将通风孔出口温度降低到-20℃，是否能够使其达到环境排放标准的 $80mg \cdot m^{-3}$？

③ 试画出通过冷冻浓缩工艺来回收通风孔处挥发性有机物的示意图。

④ 采取该冷冻浓缩系统可能遇到的问题有哪些？

⑤ 如果将通风孔出口温度降低到-20℃，仍然不能使其达到环境排放标准的 $80mg \cdot m^{-3}$，则为使其能够达到环境排放标准，该冷冻浓缩系统的设备需要耐受的压力是多少？这在实际操作中可行么？

⑥ 试给出三种可能的替代处理工艺，使其能够达到环境排放标准。

假定标准状态下，气体每 kmol 所占体积为 $22.4m^3$，甲苯的蒸气压可用下式表示：

$$\ln P^{SAT}=9.3935-\frac{3096.52}{T-53.67}$$

式中　P^{SAT}——饱和液体蒸气压，bar；

T——绝对温度，K。

甲苯的凝固点为-95℃，摩尔质量为 $92kg \cdot kmol^{-1}$。

2. 带盖的储罐体积为 $50m^3$，用于贮存丙酮，该储罐有一个通风孔与空气相通，贮存地区的温度晚上5℃，白天为25℃，因温度的变化，罐体会与外界空气有交换。假定罐中液体上空的气体与周围温度达到平衡，上空蒸汽满足理想气体状态，罐体中液体的丙酮随温度变化，其体积变化可以忽略。

① 当温度开始上升时，试预测罐体中通风孔处丙酮的浓度(校正到标准0℃，1atm下)。

② 当温度达到最高点时，预测罐体通风孔处丙酮的浓度(校正到标准0℃，1atm下)。

③ 如果装满罐体的20%时，试预测体积变化，假定气体满足理想气体状态。

④ 假定蒸气压力在平均温度下，试预测丙酮蒸气因膨胀而通过通风孔处扩散到空气中的质量。

⑤ 立法要求 VOC_S 的浓度以及质量排放达到一定标准，通常折合成甲苯等效浓度(根据其摩尔分子量的比值换算)。立法要求通风孔处甲苯等效的浓度须低于 $80mg \cdot m^{-3}$，在甲苯等效的质量排放高于 $5000kg \cdot y^{-1}$ 的情况下。如果每年365天都发生温度变化，请问该储罐的排放是否达到立法要求？

⑥ 减少释放的质量的一种方法是用更高的平均水平来操作水箱。为了将其质量释放量降低到一半，平均水平为多少？

⑦ 在计算④部分时，你认为所预测的排放浓度以及排放质量偏高还是偏低？

⑧ 怎样能够在平均温度下使得预测排放质量更加准确？

⑨ 若不采取额外设备，怎样在罐体装载量固定的情况下，降低罐体因温度变化而导致的排放损失？

假定标准状态下，气体每 kmol 所占体积为 $22.4m^3$，丙酮的摩尔质量为 $58kg \cdot kmol^{-1}$，甲苯摩尔质量为 $92kg \cdot kmol^{-1}$。

丙酮的蒸气压可用下式表示：

$$\ln P^{SAT}=10.0310-\frac{2940.46}{T-35.93}$$

式中　P^{SAT}——饱和液体蒸气压，bar；

T——绝对温度，K。

3. 甲苯作为用于表面涂层的溶剂，蒸发后会导致有机污染物 VOCs 排放。立法要求排放到空气中的 VOCs 的量，应小于表面涂层加工过程中固相沉积质量的 60%。目前的涂层操作需沉积的固体量为 $50t \cdot y^{-1}$。在涂层材料中固体的浓度为 20%，其余为甲苯。

① 试计算在涂层操作时释放到环境中的甲苯的质量，以及要达到环境排放标准，求需要回收或者处理的甲苯的量。

② 如果通过安装通风系统，利用空气带走挥发性的甲苯，然后采用热氧化方式进行去除。处于安全方面考虑，通风系统中易燃物的浓度要控制在其最低燃点之下 30%。甲苯在空气中的燃点下限为 1.2%体积比。假定该过程产生的 VOC 每年的排放是平均分配在 8000h 中的。试计算空气需要多少 $m^3 \cdot h^{-1}$ 的流速，才能够将所需要处理的 VOCs 带走？

③ 甲苯也可用于清洗用途，通常用 $10m^3$ 带盖的容器储存在所需位置，一般甲苯的装载量为容器的一半。该容器有与空气接触的通风孔。存贮区的温度晚上为 5℃，白天为 30℃。因为昼夜温度变化使得贮罐中甲苯会与空气有交换。假定液体上方的蒸气区域温度与周围空气温度达到平衡。蒸气遵循理想气体状态，贮罐中甲苯的体积变化可以忽略。试计算贮罐通风孔处甲苯的浓度以及质量(校正到标准状态 0℃，1atm)，计算时采用平均温度下的蒸气压力。

④ 环境排放要求当质量排放高于 $5000kg \cdot y^{-1}$ 时，通风孔处浓度低于 $80mg \cdot m^{-3}$，如果上述假定每年 365 天都有昼夜变化时，请问所发生的排放能否达到排放标准？

假定标准状态下，气体每 kmol 所占体积为 $22.4m^3$。

甲苯的蒸气压可用下式表示：

$$\ln P^{SAT} = 9.3935 - \frac{3096.52}{T - 53.67}$$

式中 P^{SAT}——饱和液体蒸气压，bar；

T——绝对温度，K。

甲苯的凝固点为−95℃，摩尔质量为 $92kg \cdot kmol^{-1}$。

4. 废气的流速为 $10Nm^3 \cdot s^{-1}$(Nm^3 为标准立方米，即 1atm，0℃)，其中含有 0.1%体积比的 NO_x(用 1atm，0℃下的 NO_2 表示)和 3%体积比的 O_2。计划采用水吸收 NO_x 至浓度为 100ppmv 然后排放。尽管 NO_2 易溶于水，NO 微溶于水。在气相中两者存在如下的可逆反应：

$$NO + \frac{1}{2}O_2 \rightleftharpoons NO_2$$

该反应的平衡关系可由下式得到：

$$K_a = \frac{P_{NO_2}}{p_{NO} p_{O_2}^{0.5}}$$

式中 K_a 为反应平衡常数，p 为分压，在 25℃ 时，平衡常数是 1.4×10^6，而在 725℃ 时则为 0.14。

① 假定在 25℃ 和 725℃ 下达到化学平衡时，试计算 NO_2 和 NO 的摩尔比。

② 假定在 25℃ 和 725℃ 下达到化学平衡时，试计算 NO_2 和 NO 的流速。假定在标准状态下，每 kmol 的气体所占的体积为 $22.4m^3$。

③ 假定在 25℃ 下达到化学平衡后，若计划通过水吸收的方式来去除 NO_x，请问该方法是否可行。

④ 假定在最不理想的情况下，达不到所期望的平衡态，NO 不能转化为 NO_2。试计算该情况下，若在 1atm，25℃ 下通过水吸收 NO 至浓度为 100ppm，则水的流速应为多少？NO 在水中的溶解度假定遵循亨利定律：

$$x_i = \frac{y_i^* P}{H}$$

式中 x_i——组分 i 在液相中的摩尔分数

y_i^*——组分 i 在与液相平衡的蒸气态中的摩尔分数；

P——总压力；

H——亨利定律常数。

表 25.5 习题 5 中所用燃料的分析

元素	%(质量百分比)
C	78
O	7
H	3
S	1
灰分	6
水	6

5. 表25.5中分析的，煤将燃烧20%以上锅炉里的空气。灰分中含有钙(占煤的0.15%)和钠(占煤的0.18%)。假设钙反应成硫酸钙，钠反应成硫酸钠。假设所有剩余的硫都与SO_2反应。在0℃和1atm下，有关烟气的规定应以干气为基础(不含水蒸气)。

① 煤中有多少比例的硫，灰分和氧化成二氧化硫的比例是多少?

② 燃烧后的灰分的质量是多少硫酸盐形成?

③ 计算每千克燃料的烟气流量干基上20%的过量空气，忽略所有来自锅炉里的灰分。假设空气体积含量为21%O_2和79%N_2。

④ 在干燥的基础上计算烟气的成分。原子质量和摩尔质量见表25.6。

6. 如表25.7所分析的煤，在锅炉中20%过量空气的存在下燃烧。灰分中有钙(煤中含量为0.2%)、钠(煤中含量为0.24%)。假设钙转化为固体硫酸钙$CaSO_4$，钠则转化为固体的硫酸钠Na_2SO_4:

① 煤中的硫有多少比例残留在灰分中，有多少比例氧化为SO_2?

表25.6 元素及其摩尔质量

元素	摩尔质量/$kg \cdot kmol^{-1}$
H	1
C	12
O	16
N	14
Na	23
S	32
Ca	40
CO_2	44
H_2SO_4	98
$CaCO_3$	100
$CaSO_4$	136
Na_2SO_4	142

② 有一种方法可以将逸出硫转化为SO_2的形式，在流化床中燃烧，同时加入石灰石$CaCO_3$，将其转化为硫酸钙$CaSO_4$，若加入过量20%的石灰石，则每千克煤燃烧时，为避免残留SO_2的逸出，需要加入多少质量的石灰石?

③ 通过石灰石还能用什么方法来防止SO_2的排放?写下过程中的关键反应和步骤。替代方法有哪些优点?②除了利用石灰石来反应SO_2，也可采用Wellman-Lord工艺来回收SO_2，如果将所得SO_2转化为硫酸，则每燃烧单位质量的煤，所产生的硫酸(假定100%纯度)的量为多少?

元素摩尔质量以及某些化合物的摩尔质量请见表25.6。

表25.7 习题6中所用燃料的分析

元素	%(质量百分比)
C	75
O	7
H	3
S	2
灰分	7
水	5

7. 某燃气涡轮机的输出能量为10.7MW，采用天然气作为燃料，其效率为32.5%。为了降低NO_x的排放，每千克的燃料燃烧时，需注入0.6kg的水蒸气。燃气涡轮机的空气流速为41.6$kg \cdot s^{-1}$。假定天然气的组成为100%的甲烷，其摩尔质量为16$kg \cdot kmol^{-1}$。在标准状态下，假定每kmol的气体所占体积为22.4m^3。

① 试计算天然气的质量流速，标准状态下天然气的燃值为34.9$MJ \cdot m^{-3}$。

② 为了降低NO_x的含量，蒸汽的流速应为多少?

③ 无蒸气注入时，燃气涡轮机的输出功率为10.7MW。假定燃气涡轮机的输出功率与其质量流速呈正比，试预测当NO_x减少时，燃气涡轮机的输出功率。

④ 若降低NO_x采用的蒸汽来自于天然气作燃料的锅炉所产生的(天然气成分为100%甲烷)，锅炉效率为90%。蒸汽为20bar，350℃，热焓为3138$kg \cdot kg^{-1}$。锅炉进水温度为100℃，热焓为420$kJ \cdot kg^{-1}$。试预测锅炉以及燃气涡轮机所产生的CO_2排放。

⑤ 若不采用燃气涡轮，采用蒸汽轮机来产生能量。在蒸汽轮机中，20bar的蒸气理想状态下

膨胀至蒸气为 0. 075bar。每 kW · h 的能量产生，需要注入 3. 7kg 的蒸气，假定蒸汽轮机的效率为 0. 75，以③部分计算出的功率输出为基础计算 CO_2 排放。

⑥ 试比较燃气涡轮机和蒸汽轮机所产生的排放，并对哪种工艺更好提出建议。

参 考 文 献

Crynes BL (1977) *Chemical Reactions as a Means of Separation – Sulfur Removal*, Marcel Dekker Inc.

De Nevers N. (1995) *Air Pollution Control Engineering*, McGraw-Hill, New York.

Dullien FAL (1989) *Introduction to Industrial Gas Cleaning*, Academic Press.

Garg A (1994) Specify Better Low-NO_x Burners for Furnaces, *Chem Eng Prog*, **Jan**: 46.

Glassman J (1987) *Combustion*, 2nd Edition, Academic Press.

Harrison RM (1992) *Understanding Our Environment: An Introduction to Environmental Chemistry and Pollution*, Royal Society of Chemistry, Cambridge, UK.

Hui C-W and Smith R (2001) Targeting and Design for Minimum Treatment Flowrate for Vent Streams, *Trans IChemE*, **79A**: 13.

Hydrocarbon Processing's Environmental Processes '98 (1998) *Hydrocarbon Process*, **August**: 71.

Rousseau RW (1987) *Handbook of Separation Process Technology*, John Wiley & Sons, Inc., New York.

Schweitzer PA (1997) *Handbook of Separation Process Techniques for Chemical Engineers*, 3rd Edition, McGraw-Hill, New York.

Steeneveldt R, Berger B and Torp, TA (2006) CO_2 Capture and Storage Closing the Knowing – Doing Gap, Chemical Engineering Research and Design, **84** (A9): 739.

Stenhouse JIT (1981) Pollution Control, in Teja AS, *Chemical Engineering and the Environment*, Blackwell Scientific Publications.

Svarovsky L (1981) *Solid–Gas Separation*, Elsevier Scientific, New York.

US Environmental Protection Agency (1992a) *Hazardous Air Pollution Emissions from Units in the Synthetic Organic Chemical Industry – Background Information for Proposed Standards*, Vol. 1B, *Control Technologies*, US Department of Commerce, Springfield, VA.

US Environmental Protection Agency (1992b) *Control of Air Emissions at Superfund Sites*, Technical Report EPA/625/R - 92/012.

Wood SC (1994) Select the Right NO_x Control Technology, *Chem Eng Prog*, **Jan**: 32.

第 26 章 水系统设计

过去水被认为是可以无限利用的低成本资源。然而现在越来越多的人意识到过度使用水资源会导致一系列的环境问题。在某些地区，未来用水量的增长受到限制，同时越来越严格的排放规定的实施提高了污水处理成本，资金投入几乎没有或者只有很少的回报。图 26.1 是一个来自处理现场的简化水系统示意图。过程加工所需的原料水可能需要一些处理，这可能涉及一些很简单的砂滤工艺。在很多情况下，供应的原料水可能达到过程所需的品质，即可不经处理直接进入后续过程。水可能会作为反应介质，或者溶剂萃取过程的溶剂。水一旦被污染后，排放进入废水系统。同时，如图 26.1 所示，有些蒸汽系统也需要原料水，这就需要在其进入蒸汽锅炉之前先经过锅炉原料水处理系统进行处理，来去除悬浮固体、溶解盐和溶解气体，具体请见第 23 章。有时过程中还需要去离子水。蒸汽锅炉产生的蒸汽进行分配并加以利用，有些蒸汽冷凝后并没有返回锅炉，而进入废水系统后损失。需要及时清理锅炉中慢慢沉积的固体，具体请见第 23 章。同时，用于去除溶解盐和可溶性离子的离子交换树脂需要通过盐溶液或酸和碱来再生，这一过程产生的液体也进入废水系统。最终如图 26.1 所示，水用于蒸发冷却系统，以弥补蒸发损失和冷却水回路的排放，如第 24 章所述。所有这些进入废水系统的水都会在废水管路中相互混合，同时跟污染的雨水一起在废水处理系统中进行集中处理，然后排放到环境中。大部分进入加工环境的水都以废水的形式离开。如果能够减少过程所需的水，就可以降低水供应所需的成本，同时还可以降低废水处理的成本，如上所述，进入过程中所需的水往往会变为废水。因此我们急需在降低原料水消耗的同时减少废水的产生。

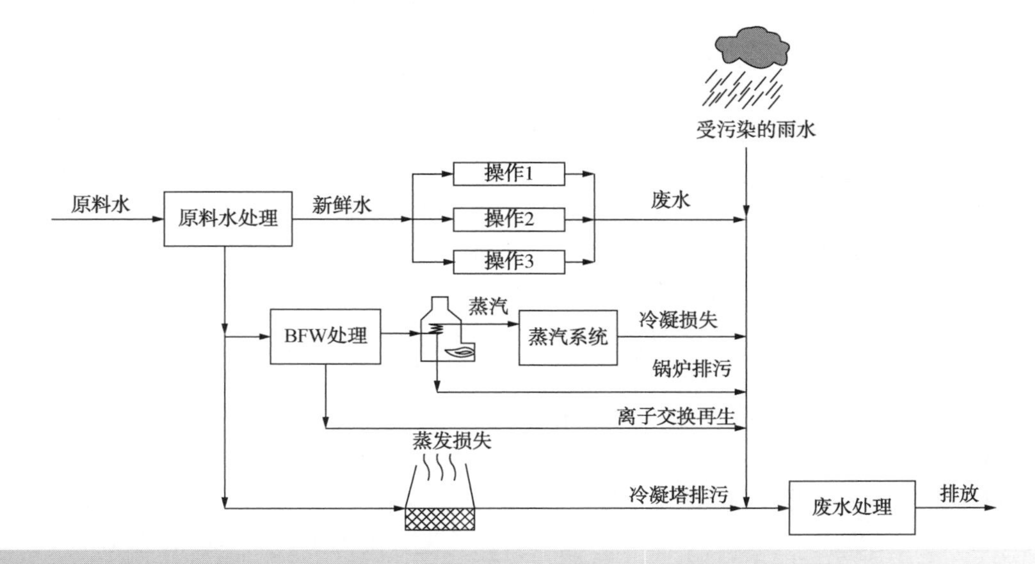

图 26.1 典型的水及废水处理系统

图 26. 2a 有三种既涉及原料水利用又同时产生废水的工艺过程。与之相反，如图 26. 2b 所示，是将过程 2 产生的水再利用于过程 1 所需的工艺流程。通过这种再利用的工艺安排，既可以降低淡水消耗量的同时也降低废水的产生，因为同样的水利用了两次。然而，为了使该流程可行，则需从过程 2 的出口产生的水中的污染物含量都能够满足过程 1 的入口所需的含量，因为不是所有的过程操作都需要高品质淡水。例如在 10. 7 所诉，在原油蒸馏中，原油中进行脱盐萃取的溶剂不需要高品质的水。水中可以接受一些污染物，但是有一些特定的无污染物(比如在原油脱盐时，若水中含有硫化氢、氨等)会导致一些问题产生。另一个例子是多级清洗操作，低品质的水可用于第一级清洗，而高品质的水用于最后的清洗。有好多诸如此类的例子，即一些流程可用含有一定污染物的水，此时就不需要用高品质的水。

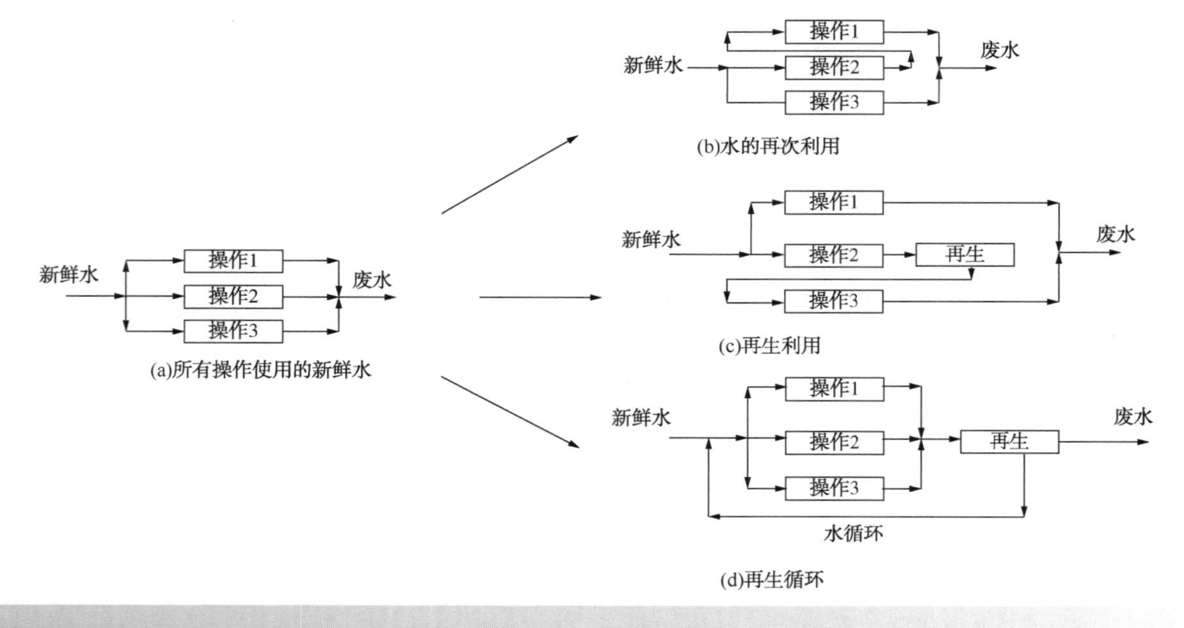

图 26. 2 水的再利用和再生

图 26. 2c 和图 26. 2d 均是涉及再生的操作流程。再生是一个术语，用来描述所有的处理过程，使得水的品质能够达到继续利用的要求。图 26. 2c 所列的再生工艺中，过程 2 出口的水达不到过程 3 所需的品质，如果在两个过程之间加一道再生工艺，则可能使水再利用。通过再生的方式再利用水，使得原料水的利用量以及废水的量减少，同时还可以去除废水中污染物负荷(如可以除去污染物质量)。再生过程除了可以减少用水体积，还可以去除污染物负荷，因为这些污染物如果不通过再生的工艺去除，就意味着在进入废水处理系统前进行处理。

第三种可能的选择如图 26. 2d 所示，过程出口产生的废水通过再生工艺后再循环利用。与图 26. 2c 的再生工艺区别在于，图 26. 2c 再生出来的水只供给另一工艺一次的流程所需。如从操作 2 出来的水经过再生后，进入操作 3 中后进行排放。而 26. 2d 再生的水则可重复多次相同的操作。如前所述，再生过程不仅降低原料水的利用量，还可降低废水的产生量和废水污染物负荷，因为通过再生过程去除了废水排放前所需处理的一些污染物。

再生后再利用和再生后循环再利用从本质上来说是类似的。再生后循环再利用能大大降低原料水的使用以及废水的产生，要比再生再利用要更好一些。然而再生后循环再利用可能会碰到一些问题：即再生的成本可能会比较高，而更严重的是，再循环时会使得一些不希望产生的污染物累积，比如滋生微生物或者导致腐蚀的产生。这些污染物如果在再生过程中不彻底去除，则会慢慢累积最终会对过程造成负面影响。

如图 26.1 所示，所有的废水都是收集在一起然后在排放前集中处理。另一个处理废水的方法是通过分布式废水处理或者隔离式废水处理。其主要过程如图 26.3 所示。除了操作 2 和操作 1 之间可能会涉及水的再利用，在操作 1 或操作 3 的出口进入最终的废水处理排放之前，加一些原位的水处理工艺。该流程的另一个特点是，有些废水在排放前不用经过处理。图 26.1 的流程是从操作 1，2，3 出来的污染物含量较高的水，在处理或者排放前用污染物含量较少的废水进行稀释。与之相反的是，在图 26.3 中，在操作 1 和操作 3 的出口进行预处理后，出水在最终处理排放前不需要再稀释。这意味着现在只有轻微污染的溪流不再需要处理。

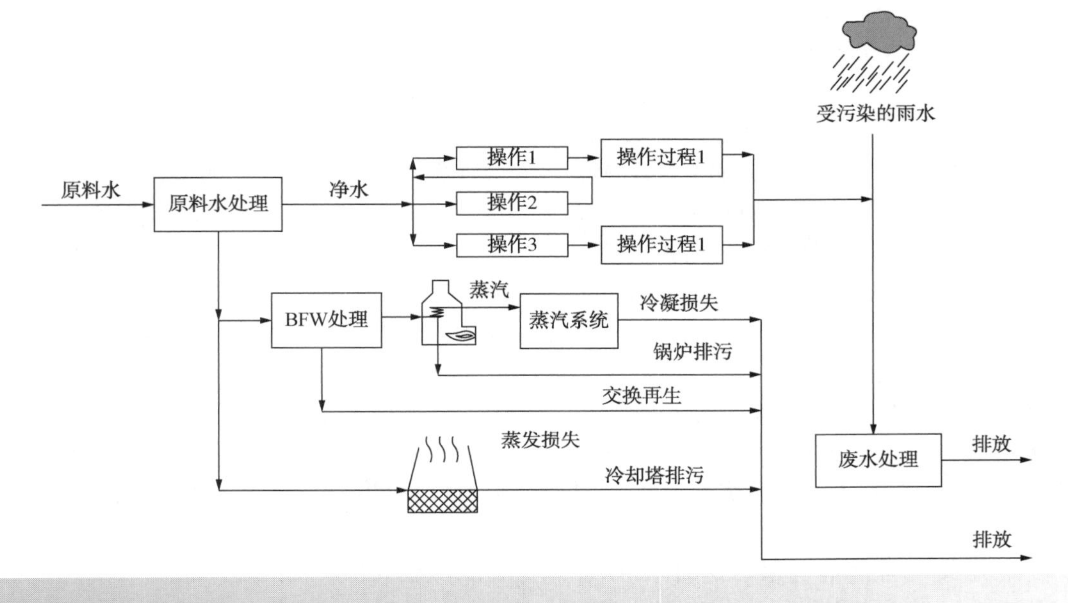

图 26.3 分布式废水处理

废水处理操作的投资成本跟其总处理量呈正相关，在要去除的污染物质量一定的情况下，其浓度越低，操作成本就越高。因此如果两种废水需要不同的处理操作，若将其混合往往是不合理的，因为需要采取两种不同的处理工艺来处理混合后的废水，这样无形中增加了资本投入和运行成本。这种情况下采用分散式废水处理是比较合理的。因此分散式废水处理的主要原理就是在其混合前分别处理。该种情况下，处理工艺只针对特定的、污染物种类较少且浓度较高。该法的优点在于，通过避免混合，更便于回收原料而降低原料成本、减少用水量。而最重要的一点在于，可大大减少需要处理的废水的排放量，最终降低废水处理成本。

在体系性的设计水系统之前，我们需首先考虑水体污染物及其处理的通用问题。

26.1 水体污染

重视水体中的污染物主要有两个关键的原因，其一是废水在排放前必须符合环境法规。污染可能直接影响环境，例如排放有毒物质，对鱼类、动物甚至人类产生致命剂量的有毒物质。有些污染物可能间接影响环境效应。有些不能生物降解的有毒物质，比如昆虫杀灭剂或者害虫杀灭剂，如果其释放到环境中，会被微生物吸收进入食物链。这些成分可以在环境中持续存在很久，慢慢沿着食物链浓缩累积，对处于食物链顶端的捕食者如鱼或者鸟类而言，通常最终会产生致死效应。这些废水中各类污染物的浓度或者负荷必须达到环境法规所规定的标准才可以排放。如图 26.2所示，另外一个原因就是污染物水平会影响到水的再利用或者循环。若想对于水进行再利用或循环使用，则再利用或者循环使用工艺的入口处污染物必须达到可接受程度。需要我们重点关注的污染物的类型具体有哪些呢？

首先需要考虑的是水体中有机废物的排放。当其排放到水体中时，微生物会利用这些污染物作为营养源。这些有机物质最终被氧化成稳定的终产物。分子中的碳会转化为二氧化碳，氢转化成水，氮转化为硝酸根，而硫则转化为硫酸根等。比如尿素的降解可用下式表示：

$$CH_4N_2O+9/2O_2 \longrightarrow CO_2+2H_2O+2NO_3^-$$

由上面反应式可以看出，每分子的尿素的彻底氧化需要 9/2 分子的氧气。因上述氧化反应会利用掉水体中的氧气，导致水体中水生生物缺氧而死亡。测定降低废水中污染物降解所需的氧气含量已经有标准方法（Tchobanoglous and Burton，1991；Berne and Cordonnier，1995；Eckenfelder 和 Musterman，1995）。

1）生化需氧量（BOD）。标准测定生化需氧量（BOD）的方法，是 20℃下将微生物加到废水中接触 5 天，在此期间测定其水中溶解氧的消耗量（通常用 BOD_5 表示）。测定时间可以延长（超过 20 天）以测定其最终氧气消耗量。尽管 BOD_5 是一个很好的反映废水中污染物对于环境影响的指标，它需要五天来完成测定（甚至测定最终需氧量的时候需要更长时间）。因而开发出了其他能够更加快捷地测定氧化过程的指标。

2）化学需氧量（COD）。在化学需氧量 COD 测定过程中，采用重铬酸钾的酸溶液，需要加入催化剂（硫酸银）来氧化一些特定类型的有机污染物。化学需氧量通常高于 BOD_5，因为 COD 测定过程中氧化的物质是能够缓慢生物降解的。尽管 COD 测定过程提供了很强的氧化环境，但是还有一些有机物还是缓慢氧化的，并不是所有物质都能被氧化。

根据污染物种类不同，BOD_5 与 COD 的比例根据污染物的不同会变动，通常是在 0.05～0.8 之间波动（Eckenfelder and Musterman，1995），生活污水的值通常约为 0.37（Wang and Smith，1994a），考虑到所有污染物的特性，其平均值大致在 0.35。

3）总化学需氧量（TOD）。总化学需氧量 TOD 的测定是通过测定废水中样品在高温下（1200℃）的焚烧炉中被空气流氧化所需的氧气。在这一高温下，所有的碳均为氧化为 CO_2。通过测定载气中氧气含量的变动来计算所消耗的氧气。TOD 的结果不仅代表有机物氧化所需的氧气，还包括其中无机物质氧化所需氧气。

有机废水中 BOD_5、COD 以及 TOD 的关系有如下顺序：

$$BOD_5 < COD < TOD$$

4）总有机碳（TOC）。总有机碳 TOC 的测定是通过让废水样品在强氧化环境下氧化所产生的二氧化碳的量来进行定量的。可以通过将样品用空气流在高温（大约 1000℃）的焚烧炉中进行氧化，与 TOD 的测定相类似，但是测定其中二氧化碳的含量变化，而不是如 TOD 那样测定其中氧气的变化。为了确保所有的碳都能彻底氧化，需要加入如氧化铜或者铂等催化剂。另一种测定方法并不是采用高温焚烧炉，而是采用其他强还原环境。例如在紫外光照射下采用过硫酸钠作为消化试剂。为了得到 TOC，需要在测定前将无机碳去除，或者对测定结果进行校正以扣除无机碳。无机碳可以通过加入酸将其转化为二氧化碳，然后再采用载气将其吹扫出样品。

化学过程的选择需要基于对废水物性浓度的了解的基础上，尽管已经有基于不同的 BOD_5、COD 和 TOD 等指标的不同废水处理系统。其中需要建立起来 BOD_5、COD 和 TOD 以及废水污染物浓度等之间的关系。如果不进行测定只能得到大致的关系。而且 BOD_5，COD 和 TOD 的关系并不好建立，因不同的污染物会有不同的氧化速率，而且有很多废水本身含有一些可氧化的复杂物质，也许跟某些化学试剂一起时，会抑制氧化反应。

如果废水的污染物组成已知，则理论化学需氧量（ThOD）即可通过大致的化学计量关系来计算得到。初步粗略估计的话，可以假定 ThOD 与 COD 或者 TOD 大致等同。如下例子可以帮助我们来理清这些关系。

例题 26.1 一个过程产生废水中含有 0.1% 摩尔比的丙酮，试估计其中的 COD 和 BOD_5。

解：首先从丙酮的氧化反应式来计算 ThOD：

$$(CH_3)_2CO+4O_2 \longrightarrow 3CO_2+3H_2O$$

假定废水的单位体积的摩尔量与纯水相同(如 $56kmol \cdot m^{-3}$),则其理论需氧量如下:

$$0.001 \times 56 \times 4 komlO_2 \cdot m^{-3}$$
$$= 0.001 \times 56 \times 4 \times 32 kgO_2 \cdot m^{-3}$$
$$= 7.2 kgO_2 \cdot m^{-3}$$

因此:

$$COD \approx 7.2 kg \cdot m^{-3}$$
$$BOD_5 \approx 7.2 \times 0.35 \approx 2.5 kg \cdot m^{-3}$$

废水处理的相关排放标准通常是要控制其中的 BOD5、COD 或者两者都有明确规定。而且目前废水排放立法的趋势是更多地关注某些特定的毒性。主要测定废水对某些活的生物的毒性。另外一些特定的污染物如下:

- 某些特定的污染物(如酚,苯等):
- 重金属(如铬、钴、钒等);
- 有机卤代物;
- 有机氮;
- 有机硫;
- 硝酸盐;
- 磷;
- 悬浮固体;
- pH 等。

其中硝酸盐和磷会导致废水排放的陆地水体或者海洋水体产生富营养化。硝酸盐和磷作为营养物,会使得水生植物或者浮游植物加快生长,产生水华,进而破坏生态系统的正常运行,导致一系列的问题比如氧气缺乏使得水生生物很难生存,降低生物多样性,改变生物群落组成和优势种群,产生毒性效应等。

污染物的浓度水平,一般在百万分之一即 ppm 或者每升所含毫克数($mg \cdot L^{-1}$),有时法规会要求污染物每天排放的污染物总量($kg \cdot d^{-1}$)或每年排放吨数($t \cdot y^{-1}$)。有时还会对废水排放的最高温度有特殊规定。

按照处理顺序,可将水处理过程做如下划分(Tchobanoglous and Burton, 1991):

- 一级处理(预处理);
- 二级处理(生物法处理);
- 三级处理(精细处理)。

26.2 一级水处理过程

废水的一级处理或者预处理主要涉及物理或者化学处理,这主要取决于污染物类型,一级处理主要有如下三个目的:

- 实现水的再利用或者循环;
- 如果可能,回收废水中的有用物质;
- 通过去除过量污染物负荷或者抑制后续生物法处理的污染物,便于后续生物法处理废水的工艺正常进行。

与废水混合在一起预处理再进入生物处理的过程相比,当特定工艺流程出来的废水单独进行预处理时,预处理工艺过程会更加有效。主要的预处理工艺的综述方法主要如下(Tchobanoglous and Burton, 1991; Berne and Cordonnier, 1995; Eckenfelder and Musterman, 1995)。如果废水是一个非均相混合物时,通常预处理的第一步是相分离。

1) 固体分离。用于分离固体的主要技术如下:

- 沉降;
- 离心分离;
- 过滤。

如图 7.2 所示,也可用第 7 章所讨论的澄清器。举一个澄清器高效的例子,在处理石油精制工艺产生的废水时,通过澄清器可以去除大约 50%~80%左右的悬浮固体,同时还可去除大约 60%~95%的分散的碳氢化合物(通常漂浮在液面)。30%~60%的 BOD_5 和 20%~50%的 COD(Betz Laboratories, 1991)。当然其具体性能依赖于澄清器的设计以及所处理的废水。该过程可以通过加入化学试剂来提高效率,化学添加剂能够中和颗粒上的电荷,而这些电荷的存在使得固体颗粒相互排斥,并在水体中保持分散状态不宜沉降。

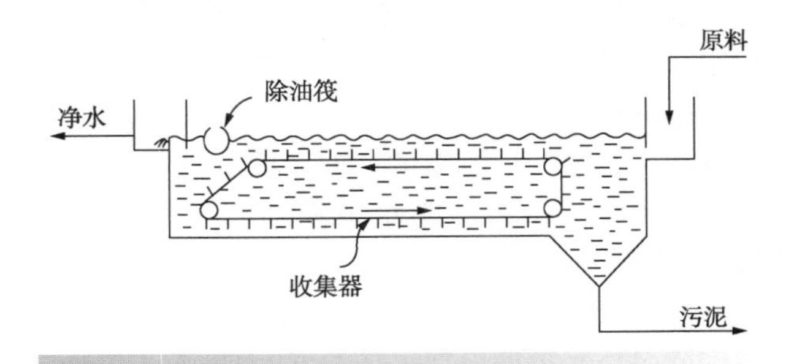

图 26.4 典型的 API(美国石油协会)分离器

可借助水力旋流器的离心力作用加强从废水

中去除固体的效果。该设备已在第 7 章进行介绍，固体通常在离心离的作用下沉积在水力旋流器的壁面，最终从底部去除。通过离心可以去除固体，但是通常离心只适合小规模操作。固体物质的去除率可达 50%~80%。如果同时结合一些化学试剂，可以提高到 80%~95%。

过滤可以去除 10μm 及以上的固体颗粒。可采用第 7 章所提到的滤饼过滤和深层过滤。

2）聚结。通过简单的沉降设备在重力作用下聚结，即可分离不互溶的液液两相混合物。聚结可以通过网垫或者离心力进行强化，如第 9 章所述。

在石油或者石油化工厂，通常采用的从废水中分离悬浮的碳氢化合物的设备就是美国石油协会(API)分离器，如图 26.4 所示。该设备是一个简单的沉降装置，其中废水进入一个很大体积的沉降池。较轻的烃类物质因流速变慢上升到液面，而较重的固体颗粒则沉降到设备的底部，可采用耙子把浮于液面的较轻的物质以及沉积于底部的较重的物质收集起来。较轻的物质的收集可以通过除沫器，比较简单的方法是在其顶部的表面采用一个狭槽的水平管道。设备的转动使得狭槽恰好处在液面下面，这样即可将较轻的物质(碳氢化合物)收集到管道中。在石油炼制过程，这种 API 分离器可以去除大约 60%~99%的悬浮碳氢化合物，以及 10%~50%的悬浮固体、5%~40%的 BOD_5 和 5%~30%的 COD(Betz 实验室，1991)。这是一种一级处理采用的很简单的设备，其去除率依赖于设备的具体设计以及所处理的废水，同时还可采用化学添加剂提高其去除率。

也可借助水力旋流器的离心力来进行分离。如第 7 章所述，该法分离固体和浮油的设计不同。跟固体去除相反的是，水中油的去除是通过将水离心到水力旋流器的壁面，然后处理后的水从底部排出。该法从废水中除油的效率大致是 70%~90%。

3）浮选。可采用浮选来分离固体或者从废水中分离不互溶的液滴，如第 7 章所述。这些液滴要比水的密度低且通常是疏水性的。主要用于去除石油或者石油化工废水中悬浮的烃类液滴，或者从制浆以及造纸工业废水中去除纤维。直接向水中注入空气并不是很有效的浮选的方式。一般更倾向于采用溶解空气浮选。该法通常将几个大气压下的空气溶于废水中，然后降低浮选槽的压力使溶解的空气释放出来，如第 7 章所述。细小的气泡会带着颗粒上升到液面。一旦液滴上升到液面，即将浮沫撇除。浮选对于分离小的以及轻的颗粒非常有效。该单元操作在石油炼制废水处理中，溶解空气浮选可以去除 70%~85%的悬浮油，50%~85%的悬浮固体，同时还可去除 20%~70%的 BOD_5 以及 10%~60%的 COD(Betz Laboratories，1991)。当然具体效率依赖于设备的具体设计和所处理的废水，这一工艺通常用于处理 API 分离器之后的一级废水。

4）膜操作过程。传统的膜过滤操作通常能够分离 10μm 左右的颗粒。如果需要分离更小的颗粒，则需要多孔聚合物膜。微滤操作可以截留尺寸在 0.05μm 左右的颗粒。膜两侧的压降大约为 4bar。两种最常用的模式为螺旋状和中空纤维式，如第 9 章所述。

在超滤操作中，废水通过一个半透膜(请见第九章)。水透过膜，而亚微米尺寸或者更大尺寸的颗粒则被膜截留。通常膜采用多孔支撑介质来支撑，如第 9 章所述。超滤通常用于分离非常细小的颗粒(尺寸为 0.001~0.02μm)，微生物或者分子量最小可达 $1000kg \cdot kmol^{-1}$ 的有机物。该操作的压降通常为 1.5~10bar。

反渗透以及纳滤是高压膜分离过程(通常反渗透压降达 10~50bar，而纳滤可达 5~20bar)，这些单元操作可用于去除溶解的无机盐物或重金属等。如第 7 章所述，在去除水相中的离子如钠、镁、硝酸根、硫酸根、氯离子时非常有用。依赖于膜系统的具体设计以及离子种类，这两种操作的去除率可高达 85%~99%。

具体操作模式有管式、板框过滤式，螺旋卷式等。螺旋卷式可以处理 20~50μm 的颗粒，而中空纤维式则可以处理 5μm 左右的颗粒。有时需要调节 pH 以避免极端 pH 的出现，有时需去除一些氧化试剂比如游离氯等。因为这些限制，反渗透通常用于处理一些已经消除了重污染的废水。通过膜操作之后的浓缩废水有时可以再利用，但是可能需要进一步处理或者丢弃。

第 9 章还给出了另一种可替代反渗透的工

艺，即电透析。

5）汽提。可以通过汽提的方式将挥发性有机组分以及溶解气体从废水中分离出来。通常的操作是将废水从上面通入填料塔或者板式塔中，而汽提试剂(通常是蒸气或者空气)则从下而上进入。

如果采用蒸汽作为汽提剂，则可采用直接产生的蒸汽，也可采用再沸蒸汽。采用直接产生的蒸汽会增加废水处理体积。挥发性有机物会被带到液面上空，冷凝后可能再循环回过程。如果不能再循环，则需要进一步处理或者处置。采用蒸汽汽提的一个最常见的例子是石油炼制中，水中硫化氢和氨的汽提，污染的水在汽提后可以再利用。如果需要汽提的硫化氢和氨的量很高，则往往比较麻烦。因为汽提硫化氢的最适 pH 需要低于5，pH 高于5时，硫存在的主要形式为 HS^- 和 S^{2-}，这两种形式均不利于硫的汽提。另外在 pH 低于7时，氨在水中的主要存在形式为 NH_4^+，这种存在形式不利于氨的汽提。在 pH 高于10时，氨在溶液中主要存在形式为游离的 NH_3，该形式使得汽提更容易。因此如果硫化氢和氨的浓度较高时，比较适合采用两段汽提工艺，即一个在较低 pH 下操作(如汽提前通过加入硫酸调低 pH)以去除硫化氢。第二段汽提操作则在较高的 pH 下(比如汽提前通过加入氢氧化钠)来汽提氨。然而两段法汽提操作会增加操作成本使其不经济，因此有时候不得不采取折中的操作，即在 pH = 8 左右时实现两者的一步汽提。可以通过在塔底注入氢氧化钠来提高氨的汽提，同时还能使得硫化氢更易在塔顶得到汽提。

蒸汽汽提一般可以去除大约 90% ~ 99% 的 H_2S，90% ~ 97% 的 NH_3，以及 75% ~ 99% 的有机物。但是必须注意一点，有些有机物是不能通过蒸汽汽提的，也就是说该法不是一个去除有机物污染的通用方法。

如果采用空气作为汽提剂，则需要对汽提后的气体进一步处理。通常将其通入热氧化器或者采用一些吸附操作来回收这些物质。

6）结晶。如果废水中的污染物溶解度随温度变化较大，则可考虑通过冷却的方式结晶析出其中的大部分物质，第9章已经介绍过结晶操作。然而，冷却结晶的方式处理废水需要采用制冷系统将废水冷却至冷却水温度之下，安装制冷机这一过程比较昂贵，同时运行成本也较高。另一个产生过饱和的方法是利用蒸发，如第9章所述。考虑到蒸发所需要的热量，这个操作成本可能也较高，除非所需要的热量是来自回收热，或者蒸发水的潜热可以得到回收。该法的另一优点为，通过蒸发出来的水，能够产生一些相对干净的水。

7）蒸发。一个采用蒸发结晶的特殊例子是通过蒸发来简单地浓缩污染物，使之变成更浓的废水。这种操作通常适用于废水体积较少且废水中污染物是非挥发性的情况。蒸发出来的相对较纯的水，冷凝后需要经过一些处理过程才可排放。蒸发结晶所需能量成本通常是非常高的，除非蒸发时所用的热量是通过热量回收得到或者蒸发水中含有的热量满足结晶条件。

8）液液萃取。通过液液萃取，含有有机污染物的废水与溶解污染物的溶剂接触。通过蒸发或者蒸馏的方式，水和有机溶剂得到分离，有机溶剂可以再循环使用。

液液萃取的一个典型应用是从废水中去除或者回收酚类物质以及酚的复合物。尽管酚类物质可以通过生物法处理，但是生物法仅能处理有限浓度的酚类废水，如果酚类含量波动很大，对于生物法处理是很麻烦的，因为生物处理过程需要一定的适应波动的时间。

9）吸附。吸附法可用于有机物质(包括很多有毒物质)、重金属(尤其当其与有机物形成复合物的时候)的去除。尽管有时候也采用合成树脂。活性炭是常用的吸附剂，可以采用固定床或者流动床的操作方式，但是通常固定床的操作最为常见。当采用活性炭吸附时，有机物的去除主要取决于污染物的摩尔质量和极性。大致的规律为，非极性组分(如苯)要比极性组分(如甲醇)更容易吸附在活性炭上。作为一个典型的应用，活性炭吸附用于石油炼制废水，可以去除 70% ~ 95% 的 BOD_5 以及 70% ~ 90% 的 COD，具体视所处理的废水类型而定(Betz Laboratories，1991)。

当吸附剂吸附达到饱和后，需要再生。对于吸附了有机物的活性炭再生，通常是采用汽提即蒸汽脱附，或者在熔炉中加热再生。汽提再生能够回收一些物质，而热再生则是通过将有机物破坏的方式再生。通常热再生需要将炉子温度加热到800℃以上来氧化所吸附的物质，同时每次再生循环都会导致约5%~10%的碳损失。

10）离子交换。离子交换通常用于选择性地去除废水中的离子，而且该法可以从废水中回收一些特定的物质，比如重金属。与吸附过程类似，介质再生是必须的。离子交换树脂的再生通常是通过化学法实现的，往往会产生一些浓度较高的废水，需要进一步处理或者处置。

11）湿氧化。湿氧化过程中，废水在空气或者纯氧存在下，水相介质中加热加压，湿氧化效果主要依赖于反应的时间和压力。通常采用的温度为150~300℃，压力在3~200bar，还要看过程设计、废水类型以及氧化过程中是否用到催化剂。如果采用催化剂可使反应温度以及压力降低。碳被氧化为二氧化碳，氢转变为水，氯转化为Cl^-，氮转变为NH_3或者N_2，硫则转变为SO_4^{2-}，磷变为PO_4^{2-}等。

湿氧化通常处理一些废水中的有机污染物，可使其COD降至原来的2%，且通常在生物处理之前操作。能够使化学需氧量降低约95%，有机卤代物的去除率可高达95%。有机卤代物通常是很难生物降解的。湿氧化的设计若用于处理一些特定的有机物(如酚类)，去除率可达99%或者更高。该工艺通常放在生物处理工艺之前，预处理难于生物氧化的物质。

湿氧化过程的基本示意图如图26.5所示。尽管湿氧化过程放热，该过程还是需要净热量投入，通常是通过外在供热源(如蒸汽或者热油)提供。有些情况下反应释放的热量足够，不需要外在供热源。该过程最大的成本在于高压反应器的资金投入，该反应器通常内部有钛涂层。

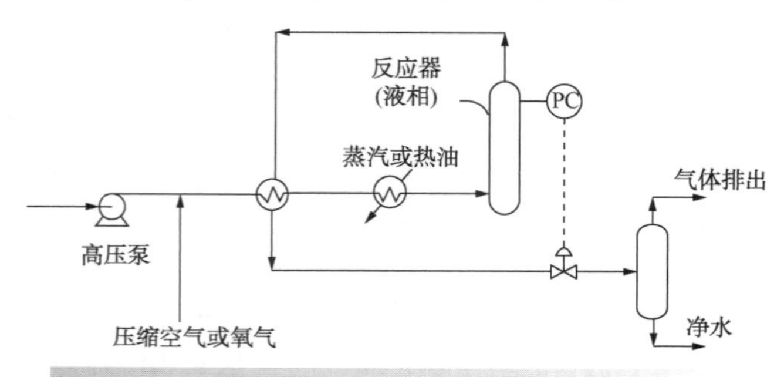

图26.5 典型的湿氧化过程

12）化学氧化。化学氧化可用于去除一些生物法难于降解的有机污染物。可采用氧化的方式来杀死某些微生物。如果将其置于生物法处理之前，则可通过化学氧化使得一些生物法难于处理的有机污染物氧化成较小的、相对易于降解的有机组分。可采用的氧化剂为氯(气态氯或者次氯酸根)。溶液中氯跟水反应产生次氯酸(HOCl)，反应式如下：

$$Cl_2+H_2O \longrightarrow HOCl+HCl$$

$$HOCl \rightleftharpoons H^++OCl^-$$

例如可通过下式废去除水中的氨：

$$2NH_3+3HOCl \longrightarrow N_2+3H_2O+3HCl$$

如果采用非均相固体催化剂，则可改善催化效果。氯化反应的主要缺点是会形成少量的不期望出现的有机卤代物。

过氧化氢是另一种常用的化学氧化剂，通常采用30%~70%的溶液处理如下物质：

- 氰类化合物；
- 甲醛；
- 硫化氢；
- 对苯二酚；
- 硫醇类；
- 苯酚；
- 亚硫酸盐类等。

也可采用臭氧作为氧化剂，但是因其不稳定，只能够现场制备，对一些有机物而言，它是很强的氧化剂，但是对有些有机物则只能够很缓慢地氧化或者根本没有效果。臭氧通常适用于浓度较低的能够氧化的物质，通常用其对水进行消毒。

这些化学氧化的效果可通过紫外光(UV)来和固体催化剂来加强。有时候也将化学氧化放在生物处理后面。

13）灭菌。有些过程比如食品、饮料加工或者医药品生产过程，水可能在再利用或者循环之前需要灭菌。可采用化学氧化(比如臭氧化作用)。也可采用紫外光照射来处理一些轻度污染的水。有时还采用化学氧化结合紫外光照射的方式。另外，也可采用热处理(巴氏灭菌)。通过80℃热处理的水来进行灭菌，可达到很多过程所需的要求。

14）调节pH。废水在再利用、排放或者进行生物处理前往往需要调节pH。生物法处理的pH通常需要调节到8~9。所用的碱一般为氢氧化钠，氧化钙或者碳酸钙，所用的酸通常为硫酸或者盐酸。

15）化学沉降。化学沉降后进行固液分离，该法常用于分离一些重金属。废水处理过程重点关注的重金属主要有镉、铬、铜、铅、汞、镍和锌等。在染料以及纺织品生产乃至金属加工过程如酸洗、镀锌以及电镀过程中，重金属的污染问题尤为突出。

可以通过化学沉降的方式，以金属碳酸盐、金属氢氧化物或者金属硫化物的形式析出。碳酸钠，亚硫酸钠、氢氧化钠或者氧化钙是常采用的沉淀剂。固体沉淀通常以含有大量水的絮状物形式出现，如果可能回收的话，需要对其通过浓缩或者过滤的方式将固体物进行分离，如果不能回收，则固体通常进行废渣埋填处理。

溶液中若同时有多种金属存在时，可能会使化学沉降过程变得更加复杂。此时往往需要通过调整 pH，使不同的金属依次沉降出来，因为金属种类不同，沉降所需 pH 也会不同。

26.3　生物处理过程

在二级处理或者生物处理过程中，需要向稳定排放的废水中加入一定量的微生物，来处理其中的有机物，废水中可降解的有机物质可作为微生物的营养源。生物生长需要氧气、碳、氮、磷和无机盐如钙、镁、钾等。一般生活污水能够满足微生物生长所需的营养源，但是工业废水往往缺乏这些，因此会抑制微生物生长。在这种情况下，需要向废水中加入营养源，随着废水处理的进行，微生物生长增殖，过程会产生过量的污泥，这些污泥不能够回收。

有三种典型的生物法处理流程（Tchobanoglous and Burton，1991；Berne and Cordonnier，1995；Eckenfelder and Musterman，1995），具体如下：

1）好氧过程。好氧反应通常是在有自由氧的情况下进行，最终产物往往是相对稳定的惰性产物，比如二氧化碳和水。好氧反应是目前最广泛采用的处理过程。氧化过程的反应主要如下：

$$\begin{bmatrix} C \\ O \\ H \\ N \\ S \end{bmatrix} + O_2 + [\text{营养物质}] \rightarrow CO_2 + H_2O + NH_3$$

$$+ [\text{细胞}] + [\text{其他终端产物}]$$

同时还会伴随着内源呼吸过程，这会降低污泥的产生：

$$[\text{细胞}] + O_2 \longrightarrow CO_2 + H_2O + NH_3 + [\text{能量}]$$

还可能发生硝化反应过程，使得有机氮和氨转化为硝酸根：

$$\text{有机氮} \longrightarrow NH_4^+$$

$$NH_4^+ + CO_2 + O_2 \longrightarrow NO_2^- + H_2O + [\text{细胞}] + [\text{其他终端产物}]$$

$$NO_2^- + CO_2 + O_2 \longrightarrow NO_3^- + [\text{细胞}] + [\text{其他终端产物}]$$

当废水中有高浓度废氨时，会抑制硝化反应的进行。

2）厌氧过程。厌氧过程是在没有自由氧的情况下进行，其能量来源于废水中的有机污染物。厌氧反应相对较慢，主要产物往往是不稳定且蕴含较高能量的物质，比如甲烷和硫化氢等：

$$\underset{\text{有机物}}{\begin{bmatrix} C \\ O \\ H \\ N \\ S \end{bmatrix}} + [\text{营养物质}] \longrightarrow CO_2 + CH_4$$

$$+ [\text{细胞}] + [\text{其他终端产物}]$$

3）缺氧过程。缺氧反应通常也是在没有自由氧的情况进行。然而其主要生物化学途径跟厌氧反应并不相同，而是对好氧反应途径的补充。因此我们将其称为缺氧过程。缺氧反应通常用在反硝化处理中，使硝酸盐转化为氮气：

$$NO_3^- + BOD \longrightarrow N_2 + CO_2 + H_2O + OH^- + [\text{细胞}]$$

有各种微生物与废水接触的方法，在完全混合的反应系统中，废水的水力停留时间以及微生物固体的停留时间是一致的。因此最短的水力停留时间通常是根据微生物生长速度来进行调整。因为关键微生物的生长周期比较长，会导致废水处理时间过长而不经济。为了克服这一问题，开发出了一系列方法，使得废水水力停留时间可以不与微生物的固体停留时间一致。

1）好氧消化。

a）悬浮生长或者活性污泥。这一方法如图26.6所示。在生物反应池中，废水与絮凝态的生物活性污泥混合，为了维系有氧环境，生物反应池需要曝气。从排水口出来的污泥可以通过重力沉降的方式进行分离。部分污泥循环回去而过量污泥则需进行去除。曝气池进出水的方式通常采用较为剧烈的混流，也可采用较为温和的塞流方式。在混流反应器中，废水通常迅速分布到反应池中，污染物浓度迅速降低，该法的主要优点是显而易见的，因为废水的排放会有周期性的变化，一旦浓度过高，该法能够使得进入反应池的废水浓度迅速降低，从而使得有些有毒物质的浓度降低，保护反应池中微生物不会受到有毒物质的影响。因此混流反应池对于进水波动较大的废水的处理过程而言，仍然能够保持一个较为稳定的出水水质。

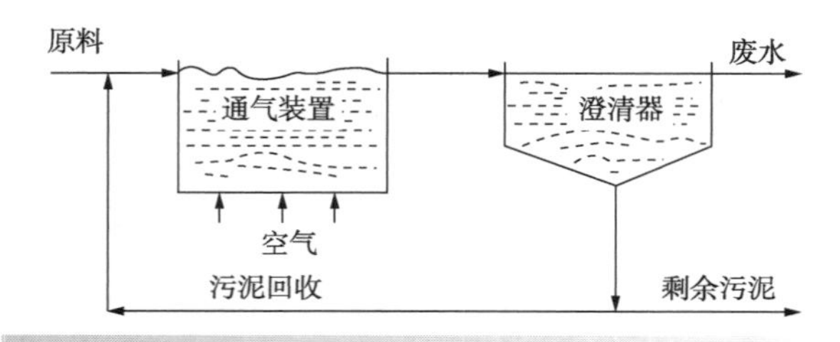

图26.6 好氧过程微生物悬浮生长

塞流反应池的废水浓度从进口到出口的浓度是慢慢降低的，这意味着其进口处进入的废水的浓度并没有得到稀释，因而可能会抑制或者杀死反应池中的微生物，沿着反应池的微生物生长所需的氧气需求也不一样。另一方面，浓度的增加意味着反应的速率也会增加。对于两个具有相同体积和水力停留时间的混流式和塞流式反应器而言，塞流式反应器的会有更高的BOD_5去除率。

特定的污染物类别使得特定的生化菌群的构成与之相适应。然而，大多数情况下，废水中诸多有机物质种类使得反应池中微生物是混菌生长的状态。

硝化和反硝化反应可以通过悬浮生长的方式，将一个反应池分成不同区域来完成。通常采用的操作是将第一个区域控制在缺氧状态下，来完成反硝化过程，这一过程需要废水中已经含有的有机碳，如果在废水中的有机碳不足，则需要向其中补充有机碳源（比如甲醇）。从缺氧池逸出的水，进入好氧状态的反应池中，在此区域进行硝化过程，同时也会发生有机碳的氧化，该过程产生的硝酸盐需要循环回缺氧区域。

在好氧过程中，污泥的平均停留时间一般为5~15d。水力停留时间则一般为3~8h。具体还要看待处理的废水的类型以及反应器的具体设计。悬浮生长的好氧反应过程可以去除大约95%左右的BOD，通常控制进水的BOD最高浓度大约$1kg \cdot m^{-3}$（$1000mg \cdot L^{-1} \approx 1000ppm$）或者COD大约在$3.5kg \cdot m^{-3}$（$3500mg \cdot L^{-1} \approx 3500ppm$）。氯（如$Cl^-$）要低于$8 \sim 15kg \cdot m^{-3}$。若采用纯氧的话，要比用空气可能会更好，采用纯氧可以一方面使反应池体积降低，同时还可以将可允许的COD的浓度提高到约$10kg \cdot m^{-3}$，但是对总体去除率并没有明显提高。更加重要的是，通过吸附可以处理一些更难降解的有机物，同时能够使得进料浓度波动的时候，反应池出水波动变小。

b）附着生长（膜）方法。该法中有溶解空气的废水喷洒到固定床上，微生物膜或者叫作污泥，慢慢在填充床中在好氧状态下累积起来。空气中的氧和废水中的污染物扩散进入污泥中，随着生物膜的慢慢累积，最终污泥会从填充床上掉下来，然后被水带走。填充床的材料可以是块状的石头或者预制塑料填料。图26.7是一种典型的填充床处理流程示意图，或者可以让废水自上而下进入流化床，流化床中填充碳或者沙子，污泥膜在其上面慢慢形成。

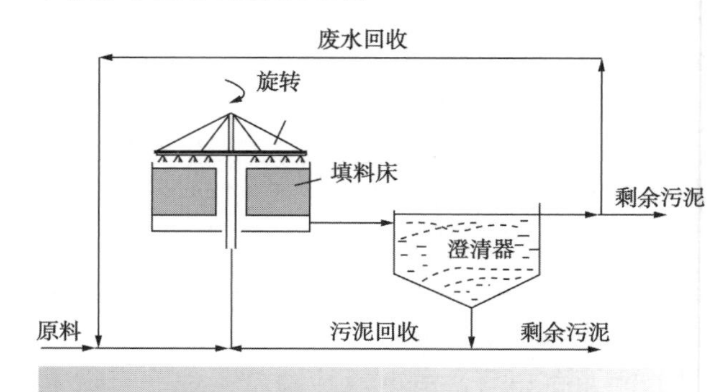

图26.7 好氧过程的附着生长

附着生长处理工艺可以去除大约90%的BOD_5，因此要比悬浮生长过程去除率低一些。硝化-反硝化过程也可以采用附着生长工艺来进行。

2）厌氧消化。含有高浓度有机物的废水，其需氧量很大，因此如果维系好氧状态来处理往往很难且非常昂贵。在这种情况下，厌氧工艺通常能够提供一种很有效的方法来帮助去除大量的有机物。通常当 BOD_5 的水平超过 $1kg \cdot m^{-3}$（$1000mg \cdot L^{-1}$）的时候，采用厌氧过程来进行处理。然而厌氧通常很难达到高的出水要求，往往还需要进一步的处理才能达标。

厌氧处理的一个很大的缺点就是难以达到高的出水要求，另一个缺点是厌氧过程通常需要保持温度在35~40℃来达到较好的处理效果。如果有温度较低的废热可以利用，则该缺点可以忽略。但是厌氧消化有一个优点就是可以产生甲烷作为一种有用的能源。它可以用于蒸汽锅炉加热或者在热力发动机中燃烧用于产电。

a）悬浮生长方法。污泥附着在厌氧消化器的状态跟好氧状态下活性污泥的附着状态类似。进水以及微生物在反应器中混合（此时反应器是密封的）。通常需要进行机械搅拌（因里面并没有空气通入）。污泥通过沉降或者过滤的方式从出水中分离出来，一部分污泥回收，剩余污泥则需要排出来。

另一种是采用升流式厌氧培养床，如图26.8所示。其中污泥与上升流的进水接触，进水的速度需要进行调整，使其不会把污泥带出消化器。

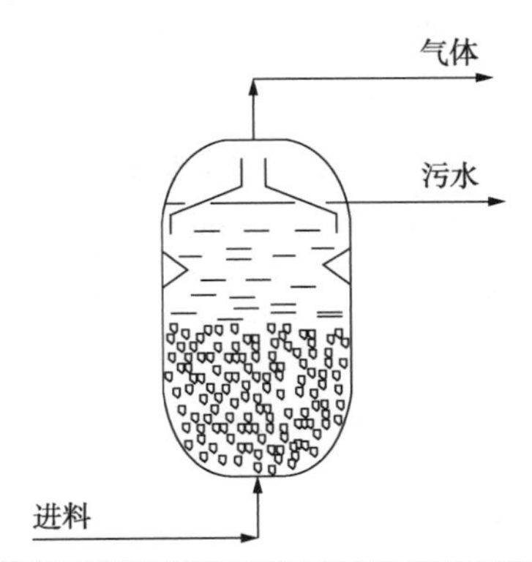

图26.8 采用升流式厌氧污泥床的厌氧消化工艺下污泥的悬浮生长

第三种接触的方法称为厌氧滤膜，也是采用上升流的方式，但是通常采用一些物理屏障如格栅等，将污泥用挡在消化器中。

b）接触生长（膜）法。跟好氧消化相类似，微生物也可以附着在一定的支撑介质上面，比如塑料填料或者沙子。在厌氧接触生长消化器中，床体通常是流化床操作，一般不采用固定床操作，如图26.9所示。

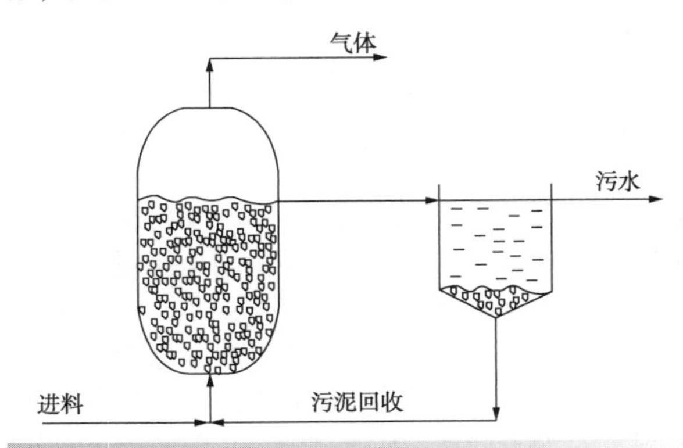

图26.9 采用厌氧流化床的厌氧消化工艺下污泥的悬浮生长

26

厌氧过程通常能够去除大约75%~85%的COD（Tchobanoglous and Burton，1991；Eckenfelder and Musterman，1995）。

3）芦苇床。该过程通常需要在废水中的土壤、沙地或者卵石上生长的芦苇。图26.10是典型的芦苇床操作，从空气中的氧沿着芦苇叶子、茎至它的根茎，在芦苇的根部区域有很高浓度的微生物群落，厌氧处理过程通常即发生在其根部区域，在土壤周边发生缺氧或者厌氧处理过程。

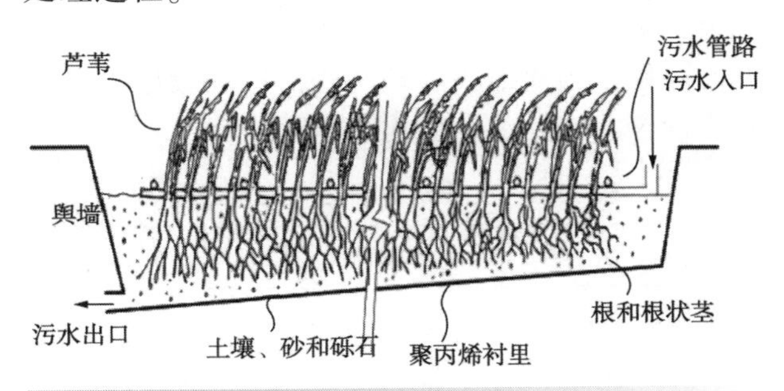

图26.10 芦苇床

也可采用如图26.10不同的流程安排。芦苇床一般可以去除大约80%~90%的 BOD_5，还能去除大约30%左右的总氮和大约30%左右的总磷（Schierup，Brix and Lorenzen，1990）。该法最大的优点是没有污泥产生和处理。最大的进水浓度可以到 3.5kg · m^{-3} 的 BOD_5。最大的缺点是芦苇床需要时间建立起来，通常要六个月到两年。而且该方法处理冬天和夏天的效率不同，这也是需要考虑的问题。另外还有个很大的缺点就是，每 7~10 年就需要重建芦苇床。

很多生物处理过程需要产生过量的污泥，这些污泥必须要进行处置。污泥的处理和处置是一个很大的问题，因为该过程成本是必须要考虑的。厌氧过程的优点在于，因其产生的污泥量与好氧过程相比少得多(相同出水量的情况下，大约为好氧过程产生污泥量的 5%)。好氧操作过程中，通常污泥处置费用占总操作费用的 25%~40%。污泥处理的首要目标是降低其体积。这是因为污泥通常含水量高达 95%~99%，而处理成本跟体积大小密切相关。水一部分是自由水，通常一部分被絮凝物结合，而有的则被微生物结合。厌氧过程产生的污泥可以被利用，再进行脱水，脱水通常采用过滤或者离心。或者直接用过滤或离心来进行脱水。对于离心操作而言，加入黏土可以使脱水过程更加容易。加入活性炭到悬浮生长过程产生的污泥中，也可以使得脱水过程更加容易。经过这些过程后，其水含量可以降低到 60%~85%。通过干燥可以将其含水率降到 10%。最终的污泥可以用作农业用途(尽管是一种不太好的肥料)或者用于热氧化。

如果在其最终处理排放前让其进行自我生化降解，则需要很大的处理面积。较小的处理规模有时可用于当地市政处理过程，这一般用于工业和生活废水的处理，使其达标后排放。

表 26.1　生物法处理废水工艺比较

好氧法	厌氧法	芦苇床
BOD_5<1kg · m^{-3} (如果采用氧气则可能处理更高浓度 BOD_5)	BOD_5> 1kg · m^{-3}	BOD_5< 3.5kg · m^{-3}
得到稳定终产物(CO_2、H_2O 等)	所得产物不稳定(CH_4、H_2S 等)	同时得到稳定/不稳定的产物
BOD_5 去除率高达 95%	BOD_5 去除率约 75%~85%	BOD_5 去除率约 60%~80%
较多污泥产生	污泥产生较少	无污泥需要额外处置

表 26.2　废水中常见污染物的处理工艺总结

悬浮固体	分散油	溶解的有机物
重力分离	聚结	生物氧化(好氧、厌氧、芦苇床等)
离心分离	离心分离	化学氧化
过滤	浮选	活性炭
膜过滤	湿氧化	湿氧化
	热氧化	热氧化
氨	苯	重金属
蒸汽脱附	溶剂萃取	化学沉降
空气吹脱	生物氧化(好氧)	离子交换
生物硝化	湿氧化	吸附
化学氧化	活性炭	纳滤
离子交换	化学氧化	反渗透 电透析
溶解固体	中和	灭菌
离子交换	酸	热处理
反渗透	碱	紫外光
纳滤		
电透析		化学氧化
结晶		
蒸发		

26.4　三级处理过程

三级处理或者精细处理过程，主要是将废水处理后进行排放。最终出水质量取决于受纳水体的特点以及流速。表 26.3 给出了最终各类水体要求的指标(Tebbutt，1990)。

表 26.3　不同受纳水体所允许的废水排放质量(Tebbutt，1990)

受纳水体	排放典型指标	
	BOD_5/mg · L^{-1}	悬浮固体/mg · L^{-1}
潮汐河口	150	150
河流下游	20	30
河流上游	10	10
高水质河流、稀释倍数较低	5	5

好氧消化通常能够去除大约 95%的 BOD。厌氧消化的去除能力稍弱一些，大致在 75%~85%的范围波动。市政废水处理过程通常处理一些生活污水和工业废水，有些废水可能在排放前需要经过消毒过程，以杀死引发疾病的微生物。三级

处理的流程有很多种，但是主要的目的是确保废水处理最后阶段能够保证出水达到排放的特定要求。三级处理流程主要如下：

1）过滤。该过程采用微滤器（开孔精筛）或者采用砂滤。主要是通过去除一些经过生物处理之后的水中的悬浮物以及残留的 BOD_5，来进一步提高出水水质的。在很多情况下，砂滤可将残留的 BOD_5完全去除。

2）超滤。超滤已经在预处理里讨论过了，可以用于去除一些极细的悬浮固体。当其用于三级处理时，在很多情况下，都能将经过生物处理后的水中残留 BOD_5去除掉。

3）吸附。在生物处理系统正常运行时，一些有机物仍然会不能完全去除，可采用活性炭或者合成树脂，将这些残留的有机物通过吸附的方式进行去除。如同我们在预处理过程讨论的那样，活性炭在炉中再生时会导致大约5%～10%的碳损失。

4）氮以及磷的去除。因为氮和磷对于微生物生长是必需的营养源，所以经二级处理的出水中肯定会含有一定的氮和磷。而排放到受体水中的这些物质会引起水体的富营养化，对于其中藻类的生长有很大的影响。如果排放到高水质的水体中，而且/或者稀释速度很慢的时候，则在排放前的进一步去除是非常有必要的。氮的主要存在形式有铵 NH_4^+、硝酸盐 NO_3^-以及亚硝酸盐 NO_2^-等。而磷的主要存在形式为磷酸根 PO_4^{3-}。有很多处理氮和磷的工艺（Tchobanoglous and Burton，1991；Eckenfelder and Musterman，1995）。该过程往往会产生额外的生物或者无机污泥需要进一步处理。

5）消毒。气体氯或者次氯酸根广泛用于消毒过程。然而在有些情况下，会产生有毒的有机氯，且过量氯的排放往往是有害的。过氧化氢或者臭氧也是替代的消毒剂，且其产物的毒性效应较小。该过程可以通过紫外光照射来强化。实际上有时可单独通过紫外灯照射即可达到消毒效果。

26.5　水利用

水在各种过程操作中均有广泛的应用：

- 作为反应介质（蒸汽或者液态）；
- 萃取过程；
- 汽提；
- 蒸汽喷射器用于产生真空；
- 设备清洗；
- 冲洗操作等。

以上所有操作都有一个共同点，即：水会跟过程中的物质接触然后被污染。如图 26.11 所示，给出了污染物质量负荷与水体污染浓度的定量关系。最初没有污染物的水，随过程中传质的进行，其污染物浓度慢慢增加。

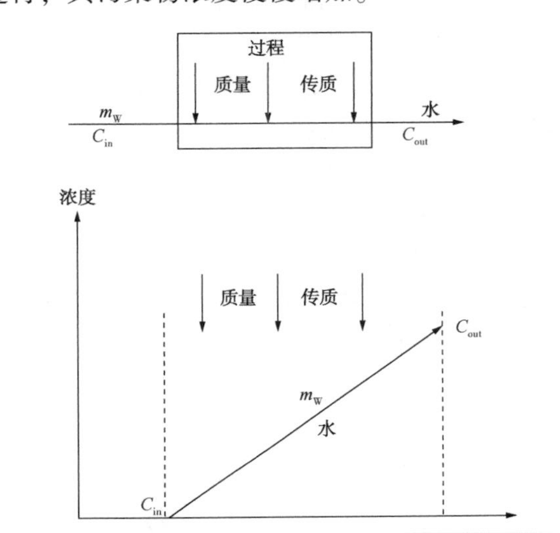

图 26.11　用水过程

如果因为操作的调整导致进入流程所需的水的流速降低，则在相同的质量传递的情况下，会导致出水中污染物浓度急剧增加，如图 26.12 所示。所用水的量的降低时，一方面需要考虑到流程所需的最低流速，若低于该最低流速则难于操作，同时还需要考虑到出口水的浓度有最高限度，出口处最高浓度的限定主要考虑如下因素：

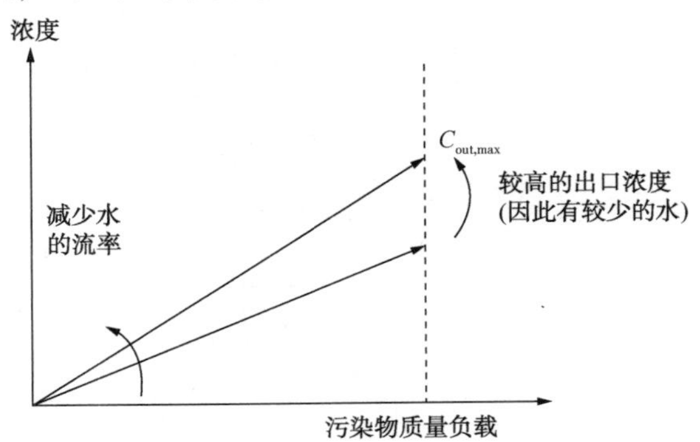

图 26.12　水的流速降低受限于最低流速或者最高出水浓度

- 污染物的最高溶解度；
- 腐蚀的限制；
- 管道积垢的限制；
- 最低质量传输的驱动力；
- 最低流速要求；
- 下一步废水处理工艺要求的最高进水浓度。

如果操作过程用到清洁的水，则通过降低进水流速到最低值，可以减少水消耗，如图 26.12 所示。但是这一操作没有采用水的再利用。如果要考虑不同操作流程之间水的再利用，则必须使得上一流程的出水，达到下一流程的进水要求。如图 26.13 所示，水利用过程中的进水和出水浓度都设定到其最高值，这一设定方式可以用于定义最少新水量（Takama，et al.，1980；Wang and Smith，1994a）。

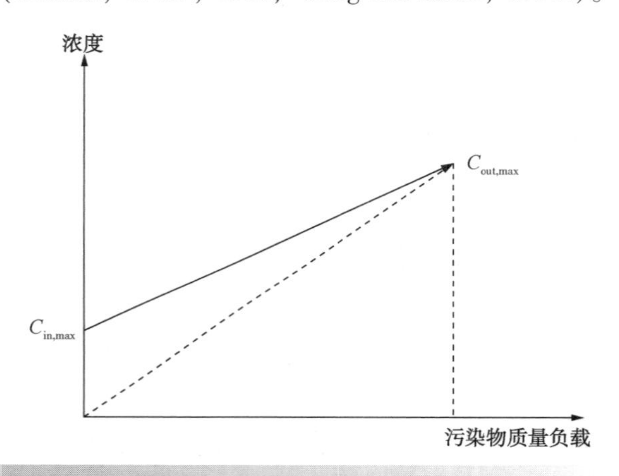

图 26.13 利用较多的水，但是可采用较少污染物的水

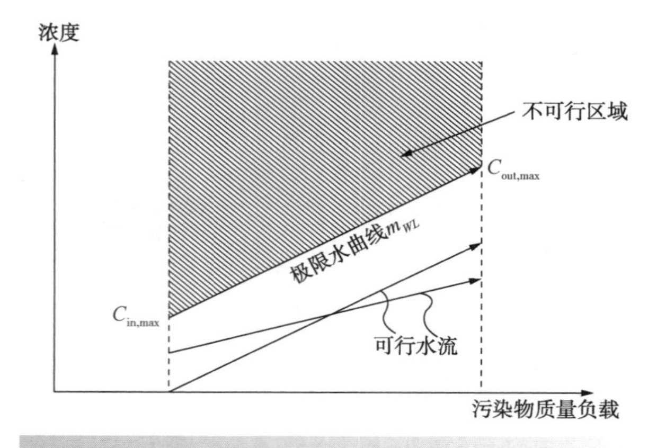

图 26.14 最少新水量

水边界是可行浓度与不可行浓度之间的边界。水边界低于极限水边界，认为其浓度是可行的，如图 26.14 所示。稍后将详细说明水边界。水边界方法有许多优点：

- 可以在同一个基础上比较不同的操作特性。例如：萃取过程使用的水与用软管冲洗中使用的水比较。
- 不需要操作模型来表示质量传递。
- 不依赖于任何特定的流型（逆流和并流）。
- 适用于任何情况下的水利用操作（如消防水供给，冷却塔供给等）。

26.6 在固定质量负荷下，最大限度地再利用有单一污染物的水

如前所述，如果所有操作都使用新鲜水，那么可以将单个操作的流量降至最低从而减少水的用量，但新鲜水将不可以再利用。如果允许使用污水，原则上水可以在两次操作之间再利用。为了阐述再利用时如何达到整体最小用水量，见表 26.4中给出的数据。其中指定单一污染物的最大入口和出口浓度或极限浓度。单一污染物可能是一种特定的组分（如苯酚、丙酮、淀粉）或者一种聚合物（如总有机物、悬浮物、溶解物、COD）。该方法可以应用到指定多种污染物极限浓度体系中。

表 26.4 中的数据给出了若干个数据点。首先，浓度是根据水的质量流量而不是混合物的质量流量来确定的：

$$C=\frac{m_C}{m_W}\text{不是 }C=\frac{m_C}{m_W+m_C} \qquad (26.1)$$

式中 C——浓度，ppm；

m_C——污染物的质量流量，$g \cdot h^{-1}$，$g \cdot d^{-1}$；

m_W——纯水的质量流量，$t \cdot h^{-1}$，$t \cdot d^{-1}$。

在许多问题中，污染物的浓度很低，以至于水的浓度、流速和混合物的质量流速之间几乎没有差别。但是，保持其一致性和遵循式 26.1 是很重要的。另一点要注意的是单位，用公吨（通常是每小时吨或每天吨）定义流量是很方便的，用百万分之一（ppm）来定义浓度也很方便。如果

流量的基本单位为吨，浓度为百万分之一，则质量负荷以克为单位(通常为克/小时或克/天)。

表 26.4 四个操作中的问题数据

操作数	污染物质量/$g \cdot h^{-1}$	C_{in}/ppm	C_{out}/ppm	m_{WL}/$t \cdot h^{-1}$
1	2000	0	100	20
2	5000	50	100	100
3	30000	50	800	40
4	4000	400	800	10

表 26.4 中的流量为极限水流量(m_{WL})。极限水流量是指在最大入口和出口浓度之间除去规定质量污染物所需的水流量。如果操作的最大入口污染物浓度大于零，并且入口水浓度为零，则对于规定的质量负荷，所用的流量可以低于极限水流量。主要考虑的情况是，操作时污染物的质量负荷是固定的，但允许流量变化。稍后将考虑固定流量操作的情况。

表 26.4 的数据可以由每个操作中零浓度的新鲜水提供的流量进行计算。污染物的供给质量、水的质量流量与浓度变化的关系为：

$$\Delta m_c = m_w \Delta C \tag{26.2}$$

式中 Δm_c——污染物的供给质量，$g \cdot h^{-1}$，$g \cdot d^{-1}$；

m_w——纯水的质量流量，$t \cdot h^{-1}$，$t \cdot d^{-1}$；

ΔC——浓度的变化，ppm。

表 26.4 为新鲜水进料和污水的最低流量：

$$m_{w1} = \frac{2000}{100-0} = 20t \cdot h^{-1}$$

$$m_{w2} = \frac{5000}{100-0} = 50t \cdot h^{-1}$$

$$m_{w3} = \frac{30000}{800-0} = 37.5t \cdot h^{-1}$$

$$m_{w4} = \frac{4000}{800-0} = 5t \cdot h^{-1}$$

新鲜水的总流量 = 20 + 50 + 37.5 + 5 = 112.5$t \cdot h^{-1}$

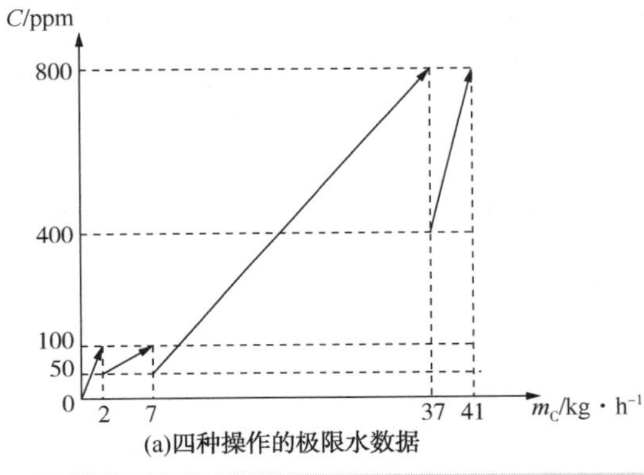

(a)四种操作的极限水数据

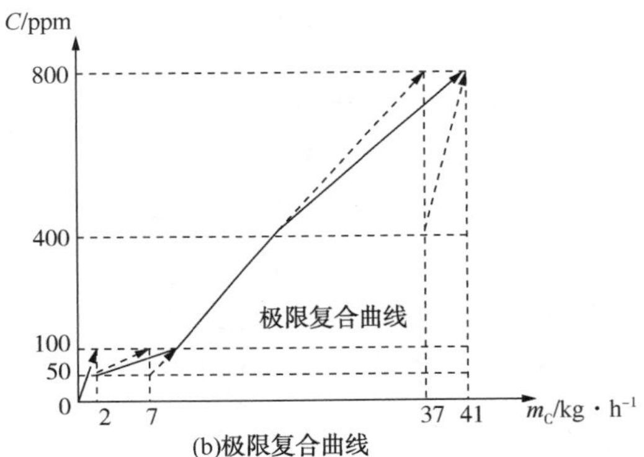

(b)极限复合曲线

图 26.15 表 26.4 中的简单例子绘制极限复合曲线
(转载自 Wang YP and Smith R (1994a) Wastewater Minimization, Chem Eng Sci, 49: 981, with permission from Elsevier)

现在考虑再利用水的可能性。为了确定再利用的最大潜力，图 26.15a 所示为浓度与质量负荷轴线上的四个操作。注意浓度是最大入口浓度和出口浓度(极限浓度)。图 26.15b 所示为四股水物流的极限复合曲线(Wang and Smith，1994a)。极限复合曲线与第 17 章中提出的能量复合曲线类似。为了画出图 26.15b 中的极限复合曲线，将图划分为若干个浓度区间，并将每个浓度区间内的质量负荷进行组合，得到极限复合曲线(Wang and Smith，1994a)。它是可行浓度和不可行浓度之间的共同边界。为了达到最小用水量的目标，画一条供水线来表示供水情况，如图 26.16所示(Wang and Smith，1994a)。在这种情况下，供水管道从零浓度开始(因为必须满足浓度要求)。在其他情况下，供水可能不一定从零开始，这取决于供水过程的水质。原则上，可以得到任何斜率的曲线，只要它低于极限复合曲线。如果要获得最小用水量，必须尽可能画出斜率最大的供水线。如

图 26.16所示，其中最大斜率对应于在夹点处极限复合曲线的供水线。夹点与极限供水线斜率的浓度边界相对应。已知质量负荷(例 9000g・h^{-1})从零浓度到夹点浓度(例中 100ppm)，系统的流量可由式 26.2计算为 90t・h^{-1}。这代表了固定质量负荷情况下的最小流量目标，固定质量负荷允许在最小浓度下有流量变化。

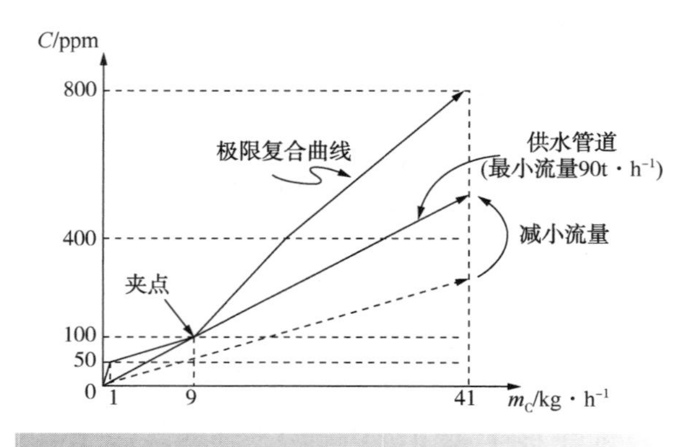

图 26.16 针对单一污染物的最小水流量

关于图 26.16，应该注意以下要点。如果绘制的供水线比图 26.16 所示的斜率更大，它将越过极限复合曲线并且无法达到某点的浓度。例如，供水线与极限复合曲线相交并不意味着在质量传递操作中浓度差为零。极限数据中包括驱动力的供应。当供水线与极限复合曲线相交时，表示水浓度在此处达到最大值。这与最小质量传递驱动力、最大溶解度极限等相对应。在图 26.16 中除了零浓度点和关键点外，水的浓度都将低于它们的最大值。夹点处水浓度达到最大值的点决定了系统的最小流量。

用浓度(或纯度)和水的体积流量图来表示极限复合曲线与供水线(Dhole et al.，1996)。利用这种方法，绘制了一个涉及水槽(入口浓度和流量)和水源(出口浓度和流量)的图。虽然此图是一种替代方式，但它不能用图 26.16 (Polley and Polley，2000)中的方式来确定最小用水量。

可以进行级联分析，而不是使用图解法，类似于第 17 章(Foo，2007，2012)中介绍的热交换网络问题表算法。虽然这种级联分析的优点是提供更多的算法来定位目标，但它不如图解法更直观。

26.7 在固定质量负荷下操作时，单个污染物的最大水再利用设计

已知如何为图 26.16 中的数据设定目标，假设操作中有固定的质量负荷并允许流量变化，现在考虑如何在设计中实现该目标(Kuo and Smith，1998a)。图 26.17 说明了设计方法的基础。首先，确定每个区域的最小用水量。在例子中，有两个设计区域：夹点的上方和下方。在图 26.17 的夹点下方，根据定义，需要达到最小目标流量(本例为 90t・h^{-1})。在夹点上方，不需要达到最小目标流量 90t・h^{-1}，该工艺原则上可以在低于目标流量的情况下运行。夹点上方所需的最小流量由一个简单的质量守恒决定(本例为 45.7t・h^{-1})。设计区域通过在凸点之间画直线来确定，以确定问题中的“凹点”。设计策略的基础是使用夹点下方的目标流量，然后将夹点上方的流量平衡后的流量流入污水中。这个设计方案有两个目的：

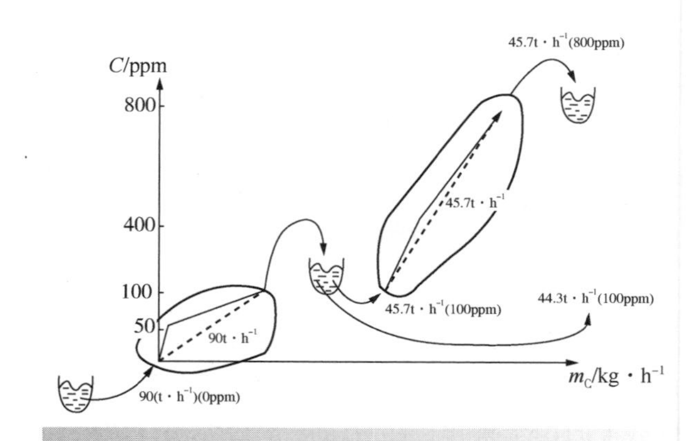

图 26.17 设计方案的基础

① 严格定义质量衡算，允许在设计中应用非常具体的规则。

② 该方法与通过分布式污水处理将所有污水处理费用降至最低，后续将讨论。

在制定了基本的设计之后，就可以建立一个网格，如图 26. 18 所示（Kuo and Smith，1998a）。设计网格从设置三个总水管开始，分别对应图 26. 17中的新鲜水浓度、夹点浓度和最大（污水）浓度。各总水管所需的流量显示在总水管的顶部，总水管产生的废水显示在底部。代表个别运行要求的水流叠加在总水管上。操作 1 具有与入口新鲜水和出口 100ppm 的新鲜水相对应的极限数据，因此显示在新鲜水总管和夹点污水总管之间。操作 2 从 50ppm 开始，到 100ppm 结束，浓度范围在新鲜水浓度与夹点浓度之间。

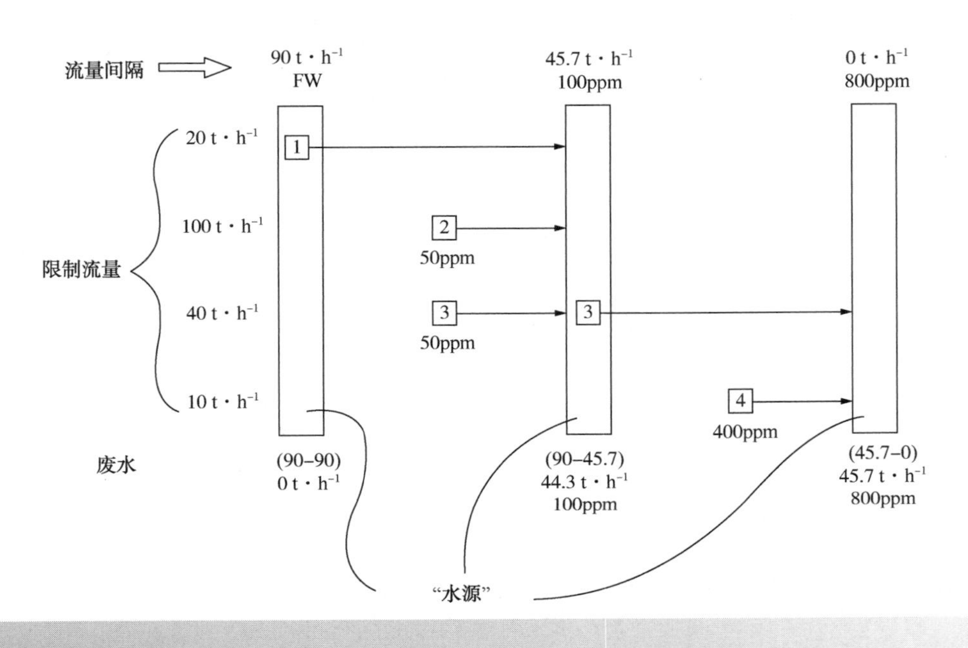

图 26. 18　水系统的设计网格

操作 3 分为两个部分，因为它同时具有夹点上方浓度和夹点下方浓度。操作 4 从 400ppm 开始，到 800ppm 结束，具有夹点浓度和最终浓度之间的特点。如图 26. 19 所示，这些操作随后连接到合适的总水管中。图 26. 19 所示为操作浓度和极限浓度与质量负荷的关系。原则上，这是一个可行的设计。然而，操作 3 有一个问题，即在夹点下方，它接收 $20\mathrm{t \cdot h^{-1}}$ 的新鲜水流量，但在夹点处，它接收含污染物 100ppm 的 $40\mathrm{t \cdot h^{-1}}$ 水流量。在操作 3 中改变流量是不现实的。例如，如果操作 3 涉及具有多个清洗阶段的操作，则改变流量是可行的，那么不同的阶段可以用不同的流量和水质来供水。然而，在大多数情况下，这种流量变化是不现实的。

操作 3 的流量实际上很容易变化。在流量变化情况下，图 26. 20 的操作浓度与质量负荷的关系与图 26. 19 中的操作 3 类似。图 26. 20 中第 1 部分中质量守恒给出：

$$m_{W1}(C_{PINCH}-C_0)=m_{W1}(C_{PINCH}-C_{in,max}) \tag{26.3}$$

将混合结点移至操作入口，如图 26. 20 所示，并在新的混合结点上进行质量衡算，得出：

$$C_{in}=\frac{(m_{W2}-m_{w1})C_{PINCH}+m_{W1}C_0}{m_{W2}}=\frac{m_{W2}C_{PINCH}-m_{W1}(C_{PINCH}-C_0)}{m_{W2}} \tag{26.4}$$

将式 26. 3 代入式 26. 4 得到：

$$C_{in}=\frac{m_{W2}C_{PINCH}-m_{W1}(C_{PINCH}-C_0)}{m_{W2}}=C_{in,max} \tag{26.5}$$

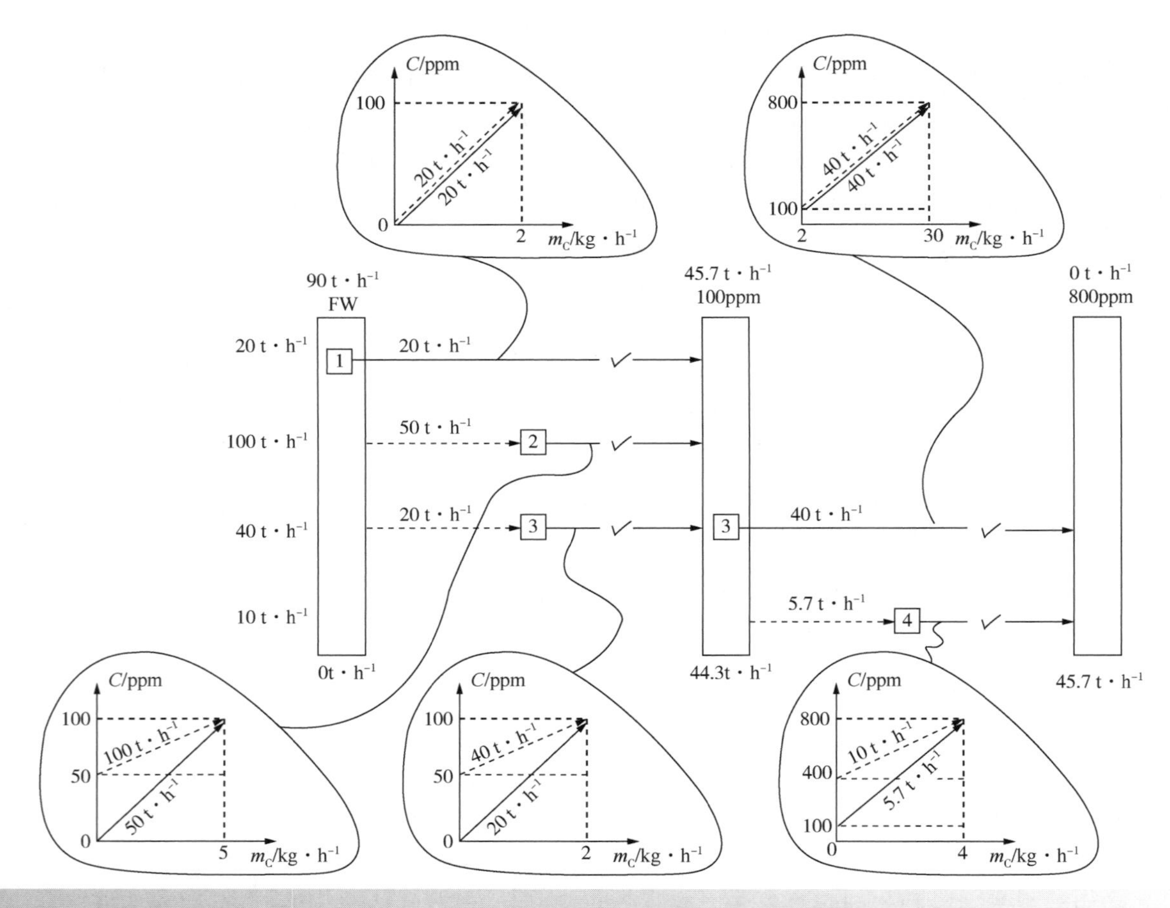

图 26.19 水物流与总水管相连

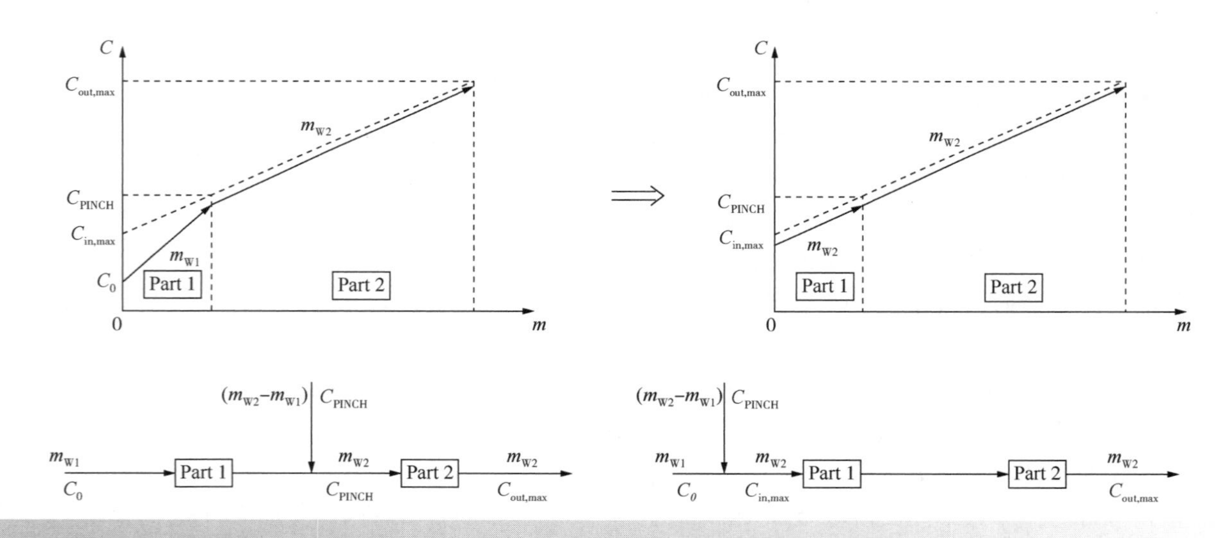

图 26.20 一种涉及改变流量的操作

（转载自 Kuo W-CJ and Smith R（1998a），Designing for the Interactions Between Water Use and Effluent Treatment，Trans IChemE，A76：287301，with permission from Elsevier）

换句话说，如果将混合结点从操作的中间位置移动到操作的开始位置，则在整个操作过程中都有一个恒定的流量，与最大入口浓度混合后的入口浓度相对应。此外，流量为极限水流量。

在图26.21中，操作3在总水管夹点处发生的流量变化调整到入口处。该设计特点是在所有操作中保持恒定的流量，并达到90t·h^{-1}的最小流量目标。图26.21所示通过水管将操作1和2的水再利用送到操作3和4中，水的浓度为100ppm。设计的另一种方法是将水管直接连接，而不是通过中间水管。图26.22所示为从操作1到操作3的直接连接，以及从操作2到操作4的直接连接，其中44.3t·h^{-1}的废水来自操作2。图26.22所示是水源和水槽之间唯一可能的连接设计。图26.23所示为常规流程的最终设计。可以改进图26.23中的设计以产生替代网络。例如，将40t·h^{-1}的流量都通过操作1，而不是将操作1入口的水流分成通过主路的20t·h^{-1}和旁路的20t·h^{-1}。然后，操作1的出口可以直接连接操作3的入口。其他选择也是可能的。

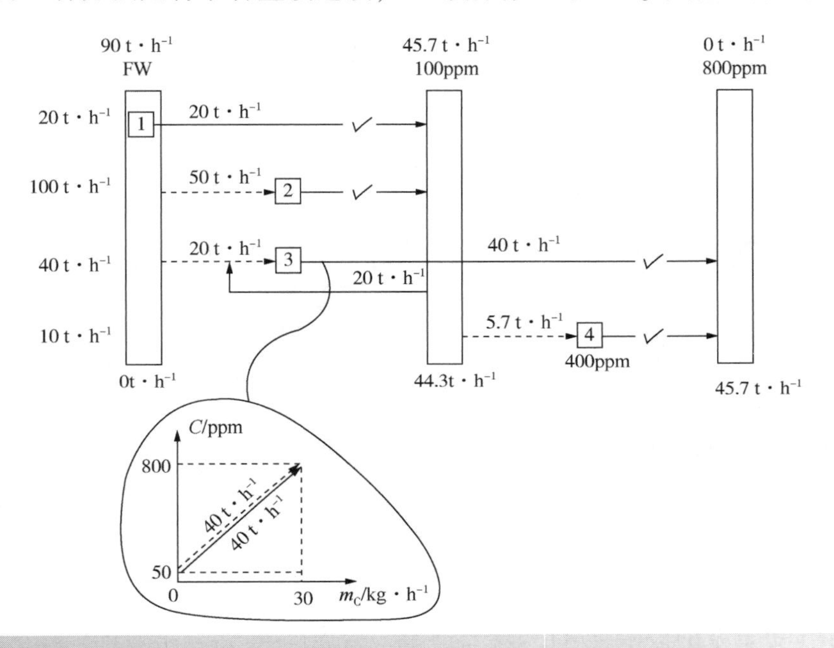

图26.21　修正设计网络中的流量变化

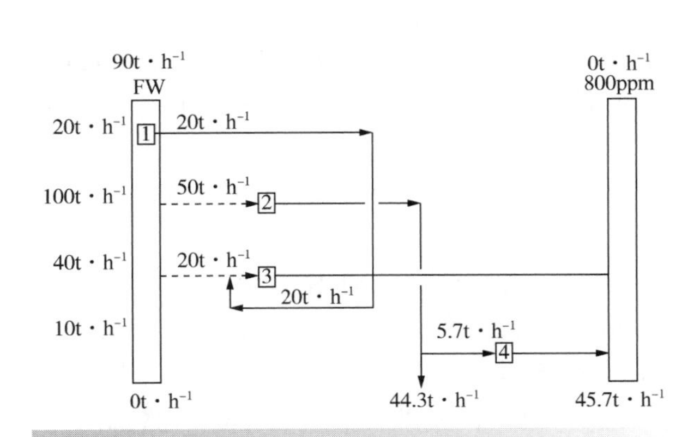

图26.22　没有中间总水管的供水网络

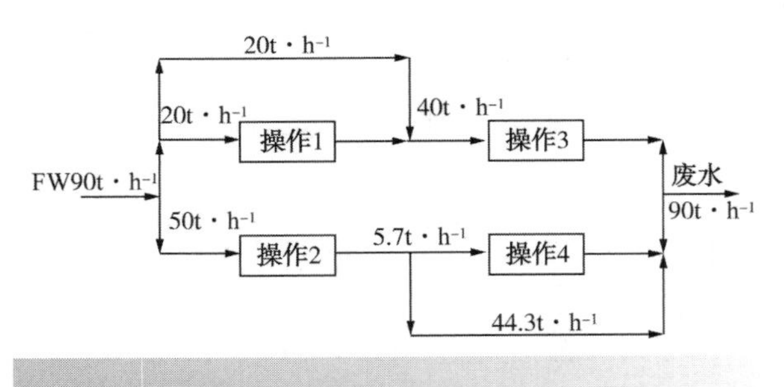

图26.23　水网络流程图

这个简单的例子说明了水网络设计的基本原则，最大限度地再利用单一污染物的固定质量负荷和不同的流量。应该考虑一些更复杂例子中的问题。图26.24中包括三个水管和三种操作。当夹点上方操作 2 的浓度低于高浓度水管的浓度时终止。操作 2 的出口不得直接连接最终水管。图 26.17所示的质量衡算表明，所有水流必须达到供水管的浓度；否则会破坏物料平衡。因此，在图 26.24a 中，操作 2 的出口达到供水管的浓度进行再利用，而没有输送至最终水管(图 26.24b)。

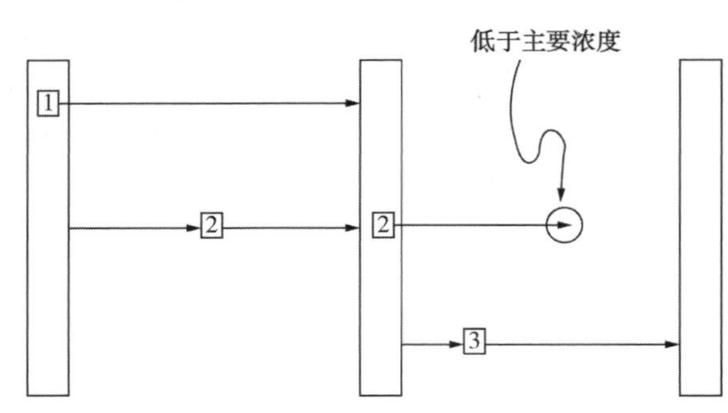

(a) 水物流的最终浓度可能低于总水管的浓度

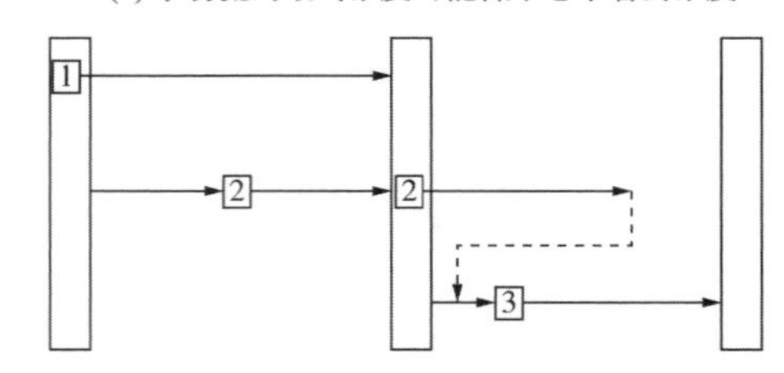

(b) 在达到总水管的浓度之前,不得将水排放到总水管

图 26.24　如果蒸汽的最终浓度低于总水管浓度，则连接到总水管

图 26.25 显示了更复杂的极限复合曲线，它涉及三个设计区域，而不是两个。通过在凸点之间绘制直线来标识设计区域，以识别问题中的凹点。每一个极点都需要一个总水管。在图 26.25 中，设计网格中有四根总水管，基本原理与上述的完全相同，只是增加了一根总水管。

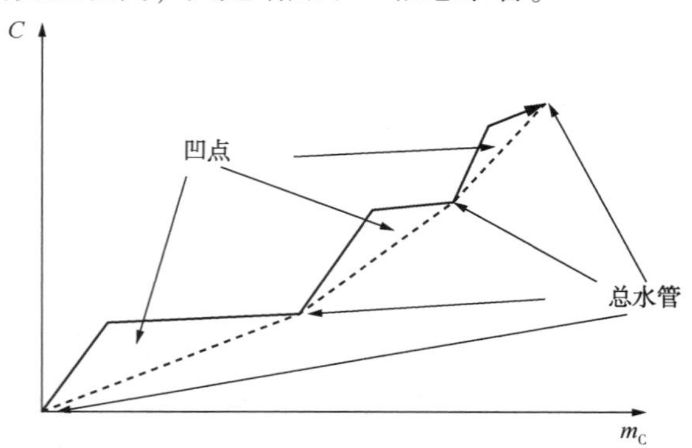

图 26.25　在更复杂的问题中，可能有更多的设计间隔

例 26.2　表 26.5 列出了三个操作简单示例的用水数据。

① 通过最大限度的再利用，使系统的耗水量达到最小。

② 设计一个水利用网络目标。

表 26.5　例 26.2 的用水数据

操作次数	污染物流量/$g \cdot h^{-1}$	C_{in}/ppm	C_{out}/ppm	m_{WL}/$t \cdot h^{-1}$
1	6000	0	150	40
2	14000	100	800	20
3	24000	700	1000	80

解：

① 图 26.26 所示为例 26.2 的极限复合曲线。图 26.27 所示为供水管线夹持在 150ppm 时的极限复合曲线。根据表 26.5，在浓度高达 150ppm 的质量负荷可计算为：

质量负荷达到夹点浓度

$$40(150-0)+20(150-100)$$
$$=7000g \cdot h^{-1}$$

$$最小流率=\frac{质量负荷达到夹点浓度}{浓度变化}$$
$$=\frac{7000}{150-0}$$
$$=46.7t \cdot h^{-1}$$

② 要实现设计目标，首先必须确定设计区域的个数。根据图 26.27 中的极限复合曲线，有两个设计区域介于 0~150ppm 以及 150~1000ppm 之间。在夹点下方，定义第一个设计区域的要求为 $46.7t \cdot h^{-1}$。在夹点上方，浓度变化从 150ppm 扩展到 1000ppm，质量负荷为 $37000g \cdot h^{-1}$。这与要求最小流量大于 $43.5t \cdot h^{-1}$相对应。图 26.28 所示为该示例有适当流股的设计网络。图 26.29 所示为完成的设计网络。

800ppm 时操作 2 的出口没有直接连接到 1000ppm 的总水管中，否则物料平衡就会被破坏。如果要进一步利用从操作 2 出口流出的水，则需要将其注入操作 3 的入口，然后排到 1000ppm 的总水管中。图 26.30 所示为已完成的供水网络的流程图。

C/ppm
1000
800
700
150
100
0
6
20
44
m_C/kg · h^{-1}
1
2
3

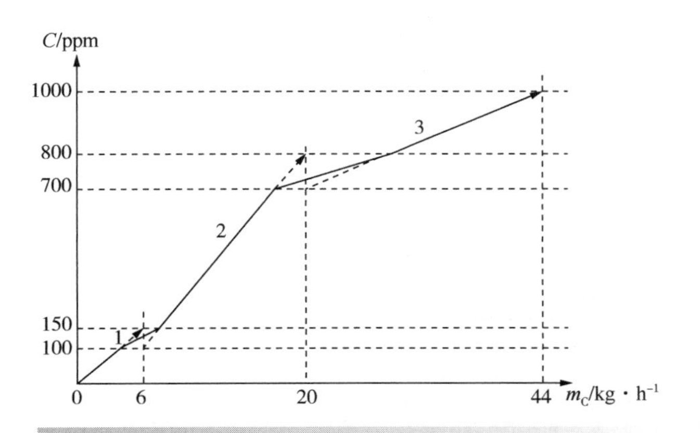

图 26.26　例 26.2 的极限复合曲线

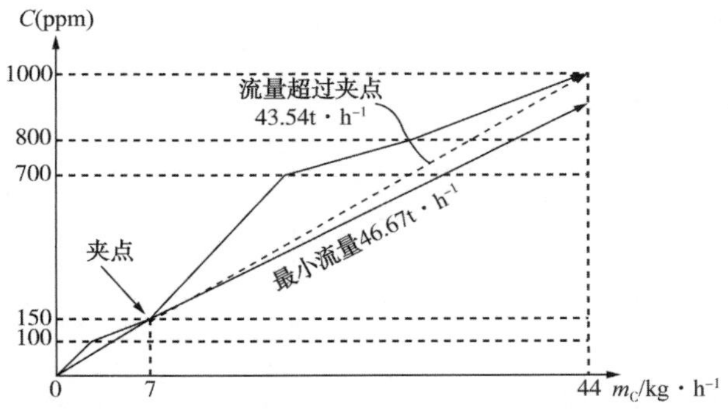

C(ppm)
1000
800
700
150
100
0
7
44
m_C/kg · h^{-1}
流量超过夹点
43.54t · h^{-1}
夹点
最小流量46.67t · h^{-1}

图 26.27　例 26.2 的最小用水量目标

间隔所需的流量46.67 t · h^{-1}
FW
43.53t · h^{-1}
150ppm
0t · h^{-1}
1000ppm
1
2
100ppm
2
3
700ppm
废水
(46.67–46.7)
0t · h^{-1}
(46.67–43.53)
3.14t · h^{-1}
150ppm
(43.5–0)
43.53 t · h^{-1}
1000ppm

图 26.28　例 26.2 的设计流程

46.67 t · h^{-1}
FW
43.53t · h^{-1}
150ppm
0t · h^{-1}
1000ppm
40t · h^{-1}
1
40t · h^{-1}
20t · h^{-1}
6.67t · h^{-1}
2
20t · h^{-1}
800ppm
13.33t · h^{-1}
80t · h^{-1}
23.53t · h^{-1}
3
43.53t · h^{-1}
449ppm
(46.67–46.67)
0t · h^{-1}
(46.67–43.53)
3.14t · h^{-1}
150ppm
(43.53–0)
43.53 t · h^{-1}
1000ppm

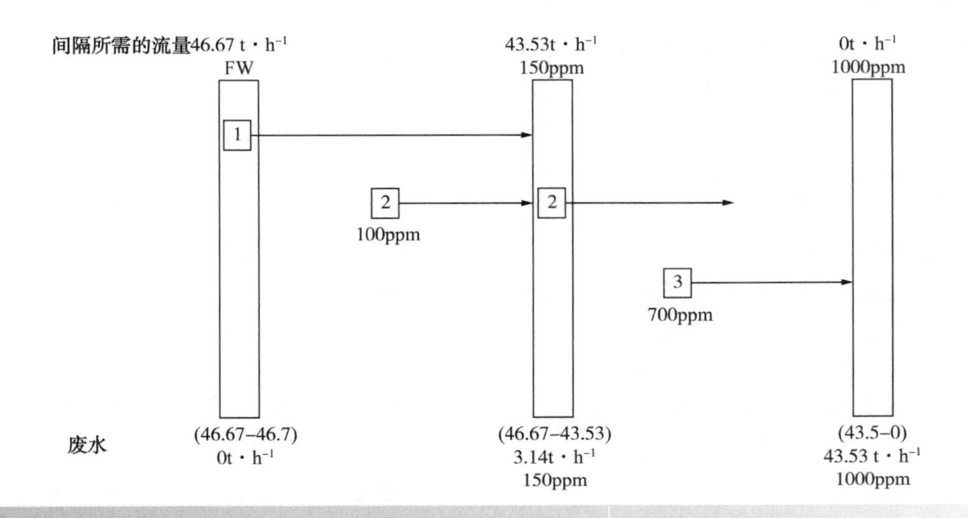

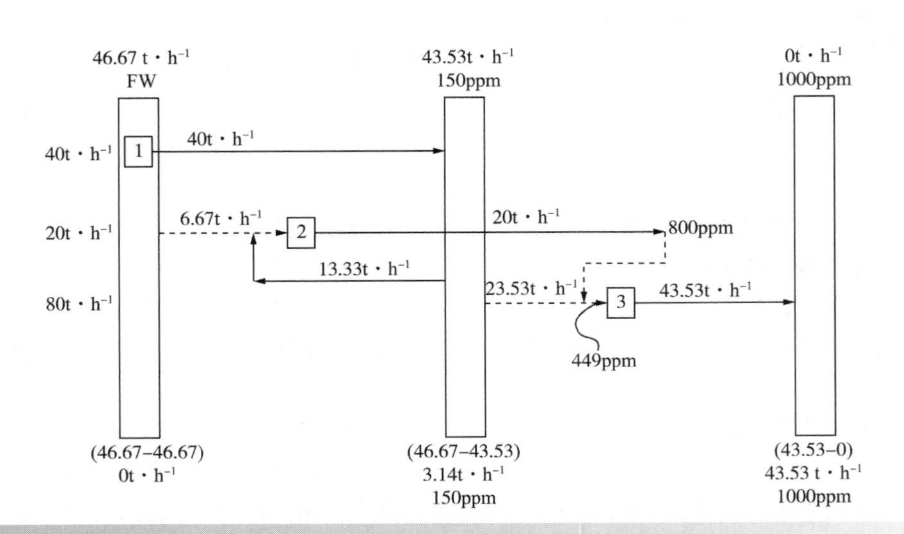

图 26.29　例 26.2 完成的设计网络

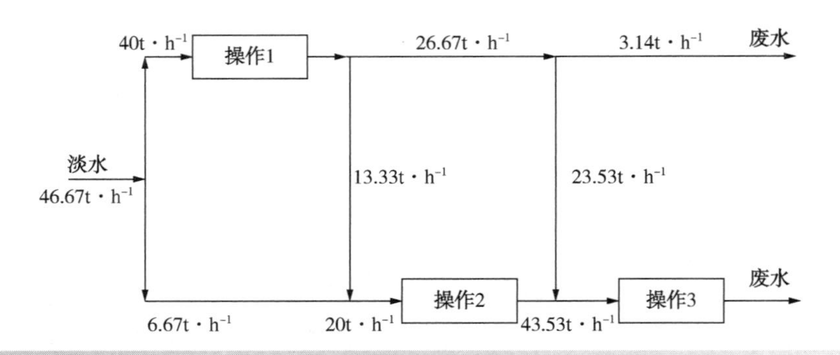

图 26.30 例 26.2 中水网络流程图

即使是一个涉及三个操作的小问题，也很难通过检查来解决。在这种设计被接受之前，必须对网络的实用性和可操作性进行探索，可能有些设计被认为是不可行操作的。此时必须简化设计，然而可能造成耗水量增加。该程序目前只可以识别再利用水的最大潜力；之后探索实用性，并在必要时改进设计。

通常情况下不止有一种可用的新鲜水。可以从水库、湖泊、河流、运河或井中获得水源。通常也可以从水库或脱盐厂获得饮用水。此外，还可以使用脱盐水(见 23 章)。水质的优劣通常取决于水的单位成本。脱盐水的成本通常是最高的，饮用水次之。通过一个简单的例子来说明如何处理多个水资源。

例 26.3 三种操作的限制数据见表 26.6。

表 26.6 三种操作的极限数据

操作	污染物质量流量/kg · h^{-1}	$C_{入口,最大值}$/ppm	$C_{出口,最大值}$/ppm	m_{WL}/t · h^{-1}
1	2	0	100	20
2	5	50	100	100
3	30	50	800	40

有两种新鲜水资源，即浓度为 0ppm 的 WSⅠ和浓度为 25ppm 的 WSⅡ：

① 以系统的最小用水量为目标，最大限度地再利用水。

② 设计一个用水量目标。

解：

① 图 26.31 是三种操作的极限复合曲线。与之相匹配的是一条由两个水源组成的供水线路。在 0~25ppm 间，只有 WSI 可以满足该工艺的要求。WSⅠ的流量已降至 20t · h^{-1}。

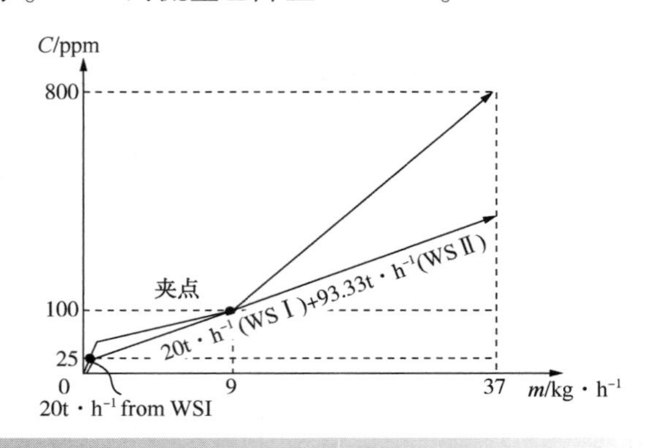

图 26.31 例 26.3 以多个水源为目标

这是由 0~25ppm 之间的极限复合曲线的斜率决定的。

通过继续使用 20t · h^{-1}的 WSⅠ和 25ppm 的 WSⅡ来满足 25ppm 以上的工艺要求。所需的 WSⅡ量可由夹点下方的质量守恒来确定：

$$9000 = m_{WSI}\Delta C_{WSI} + m_{WSII}\Delta C_{WSII}$$
$$= 20\times(100-0) + m_{WSII}(100-25)$$
$$m_{WSII} = 93.3t \cdot h^{-1}$$

比起使用图解法来设置目标，级联分析可以作为一种替代方法(Foo，2007，2012)。

② 图 26.32a 为两个水源对应的设计网络。在设计网络中增加一条总水管作为第二水源。图 26.32b 是流程图设计。

另一个常出现的复杂问题是系统中的水损失。例如，软管操作中水的损失或冷却塔中水蒸发到空气中的损失，这两种情况损失的水不能再利用。为了说明如何计算水损失，参考以下示例。

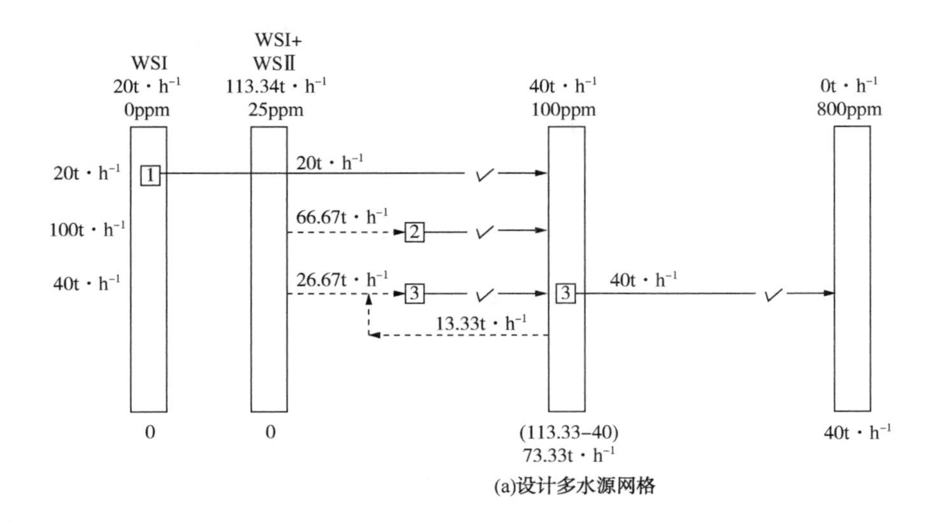

(a)设计多水源网格

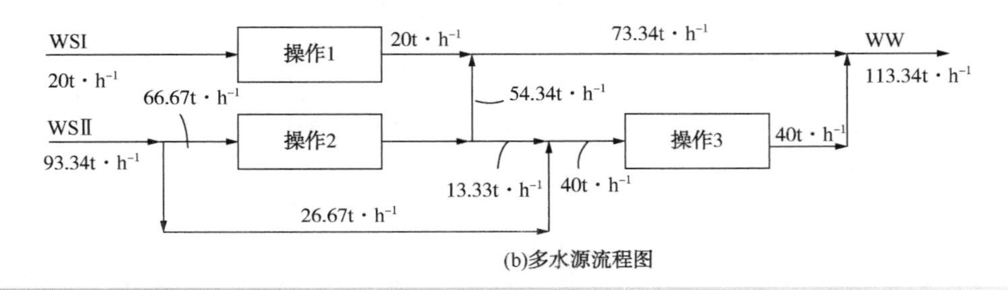

(b)多水源流程图

图 26. 32 例 26. 3 的多水源设计

例 26. 4 在表 26. 6 中增加一个最大入口浓度 80ppm，流量为 10t · h^{-1}的条件。

① 通过最大限度的再利用水，使系统的耗水量最少。

② 设计目标用水网络。

解：

① 图 26. 33 所示为表 26. 6 中三种操作的极限复合曲线(即排除流量损失)。与极限复合曲线相匹配的是一条供水线，该线反映了发生流量损失的斜率变化。目标流量可以通过夹点下方的质量守恒来确定。

$$9000 = m_W(\Delta C \text{ before loss}) + (m_W - f_{LOSS}) \times (\Delta C \text{ after loss})$$
$$= m_W(80-0) + (m_W - 10) \times (100-80)$$
$$m_W = 92.0\text{t} \cdot \text{h}^{-1}$$

② 图 26. 34a 为相应的损耗设计网格。不需要额外的水来补充水的损失。还需要注意的是，表 26. 6 中三个操作的目标新鲜水是单一新鲜水源，水源在 0ppm 时为 90t · h^{-1}，在 80ppm 时增加到 92t · h^{-1}。由于损耗的水可通过重复利用来补充，水损失为 10t · h^{-1}，而不是 100t · h^{-1}。如果在夹点浓度以上发生同样的损失，那么就不会由于损耗水而导致流量增加。值得注意的是，图 26. 34a 中的目标是基于在最大入口浓度时损失的假设。图 26. 34b 是常规流程的设计。

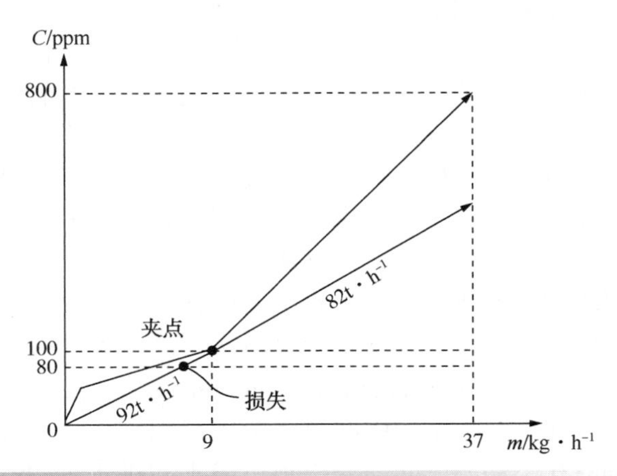

图 26. 33 例 26. 4 中的水损失情况

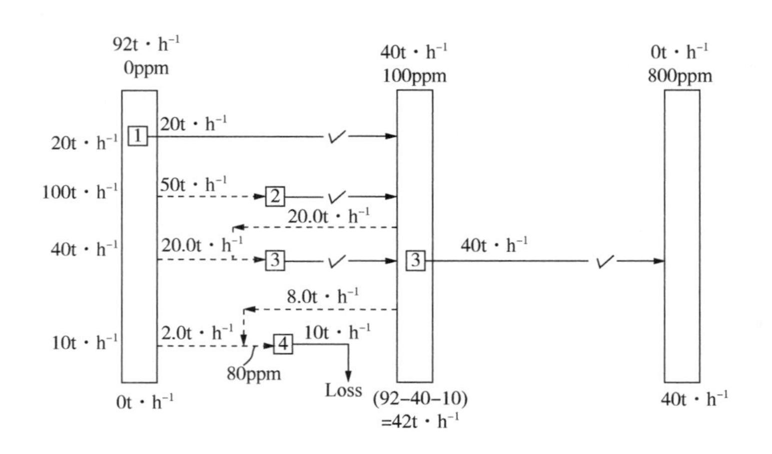

(a) 设计水损失网格

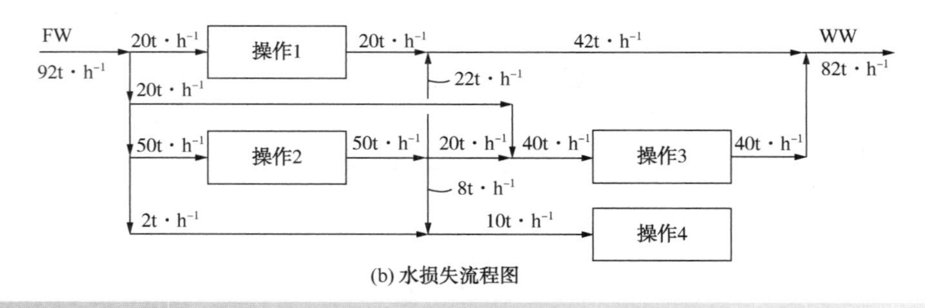

(b) 水损失流程图

图 26.34　例 26.4 水损失设计

设计过程可以概括为四个步骤（Kuo and Smith，1998a）：

① 设置网格；

② 连接操作与总水管；

③ 修正单一操作流量的变化；

④ 拆除中间总水管，直接连接总水管。

程序的最后一步可能合适，也可能不合适。在某些情况下，在夹点处集中设置中间总水管的设计是可行的。在工厂中保持与设计过程中所介绍的方法相对应的水源，以方便在工厂周围处理轻度污染的水，并提供了操作间直接连接所不具备的灵活性。此外，在间歇操作中，对水系统的要求和从操作出口的水量随时间而变化。这通常需要缓冲能力，便于联系需水和供水（Wang and Smith，1995b；Gunaratnam and Smith，2005）。因此，间歇过程中的中间总水管可以设想为一个储罐，在不同的时间间隔内提供需水和供水之间的缓冲能力。

26.8　在固定流量操作时，最大限度地再利用单一污染物的水

到目前为止，该方法的一个关键特点是，单一工艺水的流速随着水中污染物浓度的变化而变化。然而，许多工艺都有固定的流量要求。例如，容器清洗、冲洗操作、液压运输等，往往需要一个固定的流速，而与进水口处污染物的浓度无关。如上所述，另一个复杂的问题是，在某些流程中，有一个固定的流量发生变化，无法再利用。现在假设每个操作的固定流量都指定为极限水流量。原则上，浓度可以变化到最大入口和出口浓度，但是流量是固定的。

考虑图 26.35a 中的单个操作，其中最大入口浓度固定为 $C_{in,max}$，最大出口浓度固定为 $C_{out,max}$，最大水流量固定为 m_{WL}。图 26.35a 所示为入口浓度 C_0 的目标最小流量 m_{Wmin}。直到考虑如何在设计中实现固定流量之前，这似乎是矛盾的。图 26.35b 是入口 m_{Wmin} 的设计，通过局部循环（$m_{WL}-m_{Wmin}$）的工艺

m_{WL}实现固定流量。简单的质量守恒证明了该过程的入口浓度在极限范围内。入口 m_{Wmin} 与局部循环($m_{WL}-m_{Wmin}$)混合后的浓度为：

$$C_{in}=\frac{C_0 m_{Wmin}+C_{out,max}(m_{WL}-m_{Wmin})}{m_{WL}} \quad (26.6)$$

$$m_{Wmin}=\frac{C_{out,max}-C_{in,max}}{C_{out,max}-C_0}m_{WL} \quad (26.7)$$

用式 26.7 代替式 26.6 中的 m_{Wmin}：

$$C_{in}=\frac{1}{m_{WL}}\left[m_{WL}C_0\frac{C_{out,max}-C_{in,max}}{C_{out,max}-C_0}+m_{WL}C_{out,max}-m_{WL}C_{out,max}\frac{C_{out,max}-C_{in,max}}{C_{out,max}-C_0}\right]=C_{in,max}$$

因此，入口浓度在操作允许的最大范围内(Wang and Smith，1995a)。现在讨论涉及多个操作而不是单个操作的情况。假设图 26.35a 所示为极限复合曲线中的质量负荷区间。图 26.35a 中的物流代表了几种物流情况。多个工艺的总流量要求超过了 m_{Wmin}，但同样可以使用局部循环来满足约束条件。如图 26.36 所示，有不同的循环设计。简单的质量守恒证明有一个回流流量满足约束。在图 26.36a 中，三个过程的总流量为 $\sum m_{WLi}$。循环流量为($\sum m_{WLi}-m_{Wmin}$)。该工艺的入口浓度如下所示：

$$C_{in}=\frac{m_{Wmin}C_0+C_{out,max}\left[\left(\sum m_{WLi}\right)-m_{Wmin}\right]}{\sum m_{WLi}} \quad (26.8)$$

$$\begin{aligned} m_{Wmin} &= (C_{out,max}+C_0) \\ &= \left(\sum m_{Wmin}\right)(C_{out,max}-C_{in,max}) \end{aligned} \quad (26.9)$$

用式 26.9 代替式 26.8 中的 m_{Wmin}：

$$C_{in}=\frac{\left(\sum m_{WLi}\right)(C_{out,max})-\left(\sum m_{WLi}\right)(C_{out,max}-C_{in,max})}{\sum m_{WLi}}=C_{in,max}$$

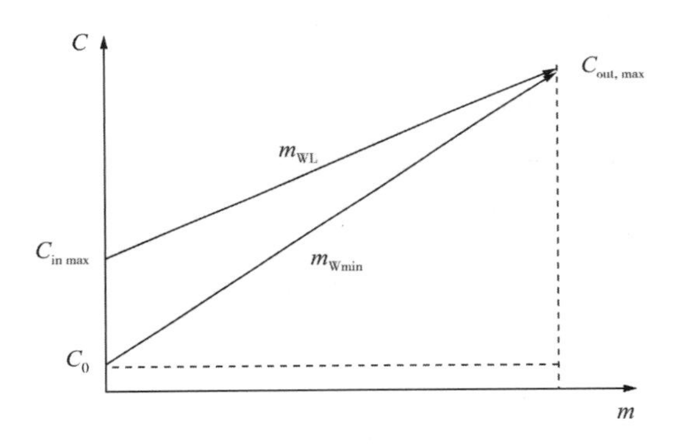

(a) 以固定流量的单一操作为目标，允许局部循环

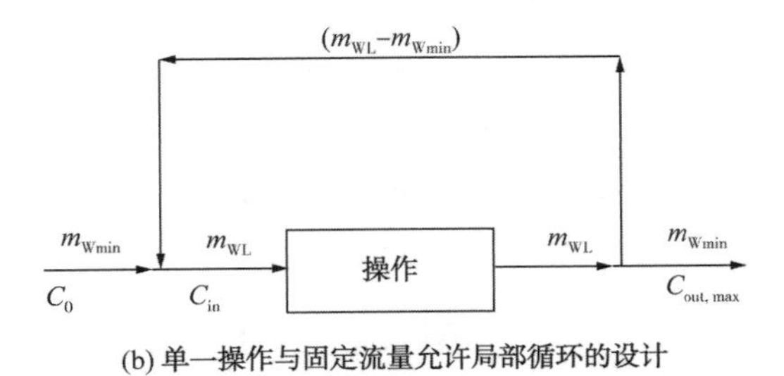

(b) 单一操作与固定流量允许局部循环的设计

图 26.35　以保持极限流量的局部循环

(转载自 Wang YP and Smith R (1995a) Wastewater Minimization with Flowrate Constraints, Trans IChemE, A73: 889, by permission of the Institution of Chemical Engineers)

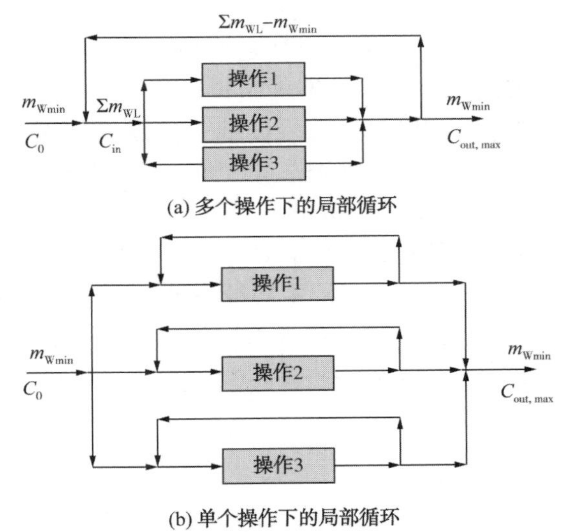

图 26.36　可以以不同的方式实现多个操作的局部循环来保持极限流量

(转载自 Wang YP and Smith R (1995a) Wastewater Minimization with Flowrate Constraints, Trans IChemE, A73: 889, by permission of the Institution of Chemical Engineer)

因此，局部循环可用于克服单次和多次操作的流量限制(Wang and Smith，1995a)。然而，然而，局部循环并不总是可接受的。污染物会在循环过程中积聚，从而导致工艺中存在问题。这些污染物可能是腐蚀或微生物等的产物。

如图 26.35a 所示，讨论在缺少局部循环和再利用(Wang and Smith，1995a)条件下，如何使用 m_{Wmin} 设计单一操作。在图 26.37a 中，操作分为两部分。一个操作是否可以分割为多个部分取决于操作环境。例如，一个多级洗涤操作可以很容易地分割，而蒸汽汽提操作不易分割。在图 26.37a 中操作分割中，在第 2 部分处于流量平衡时，每个部分的流量需求均小于或等于 m_{Wmin}。图 26.37 说明如果水在这两部分之间循环使用，那么设计是可行的，前提是需要较低流量的部分首先被供给。另一方面，图 26.37c 所示为相同的分割情况，但分割顺序不同。图 26.37d 所示水在两个部分之间再利用，前提是需要较高流量的部分首先被供给。第 1 部分的出口浓度超过第 2 部分，则设计是不可行的。在图 26.37a 中，任一部分的操作超过了流量要求的 m_{Wmin} 都可以进一步分割，直到所有部分小于或等于 m_{Wmin}。适用于匹配的顺序在这里也适用，因为水必须用在流量要求最小的部位，然后是到流量较大的部分，依此类推。可以得出结论，图 26.35a 中的单一操作可以使用 m_{Wmin} 设计，无需局部循环，只要将操作分割为多个部分，每个部分的流量就小于或等于 m_{Wmin}。因此，设计必须确保水的使用顺序符合流量要求(图 26.38a)。可以证明，如图 26.38 所示，入口浓度到最终过程的最大浓度 $C_{in,max}$ 是通过简单的平衡来实现的。入口浓度 C_{in}：

$$C_{in}=C_0+\frac{(m_{WL}-m_{W3})(C_{out,max}-C_{in,max})}{m_{Wmin}} \tag{26.10}$$

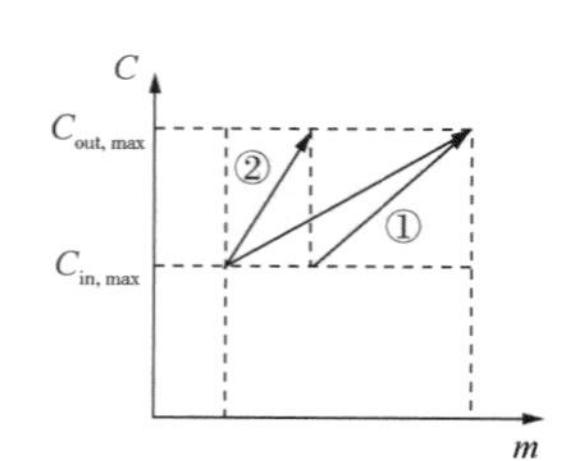

(a)操作分割为两部分，第一部分为f_{min}

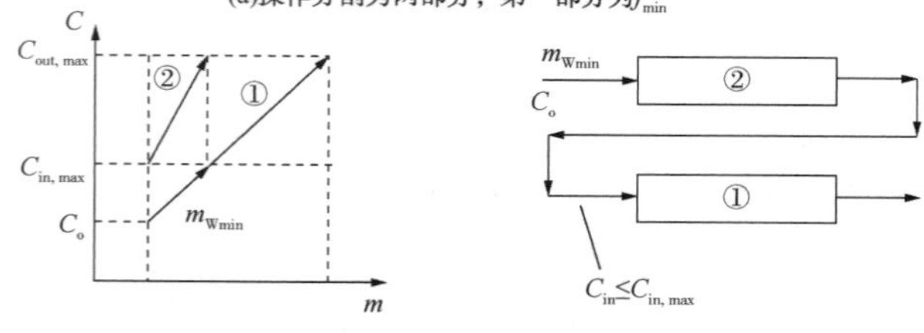

(b) 基于需要较低流量的部分首先被供给则再利用是可行的

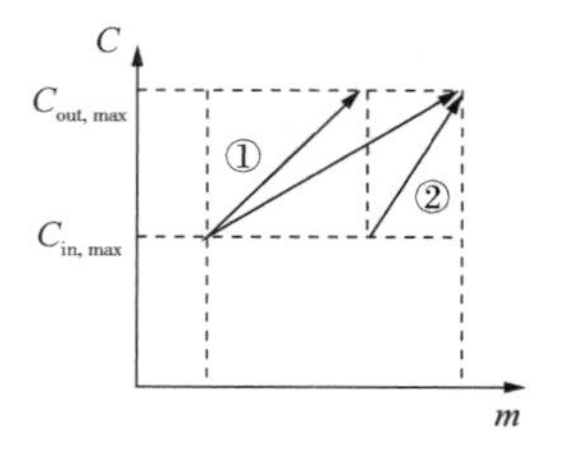

(c) 将操作分割为两部分,第一部分取f_{min},但使用顺序不同

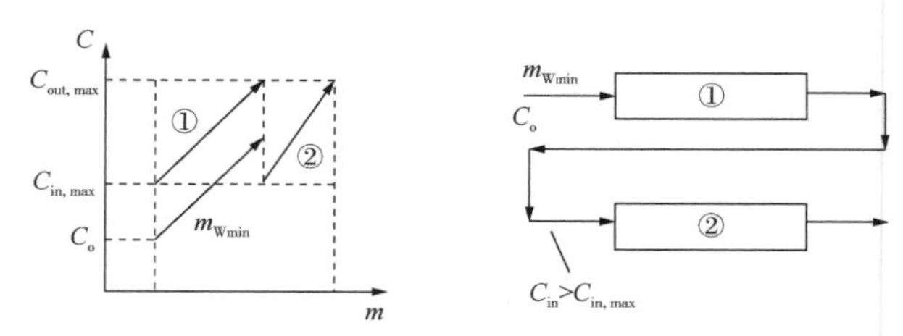

(d) 基于需要较高流量的部分首先被供给则再利用是不可行的

图 26.37 单一操作分割为两部分，以符合极限流量，前提是较低流量的部分首先被供给
(转载自 Wang YP and Smith R (1995a) Wastewater Minimization with Flowrate Constraints，TransI ChemE，A73：889，by permission of the Institution of Chemical Engineers)

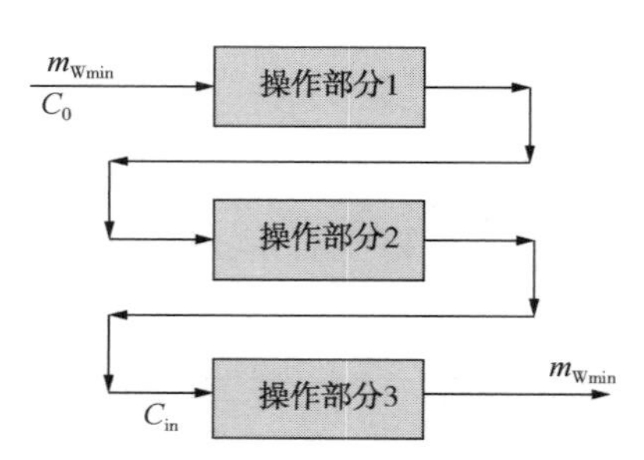

(a)将单一操作分割成三部分,用水按需水量升序排列

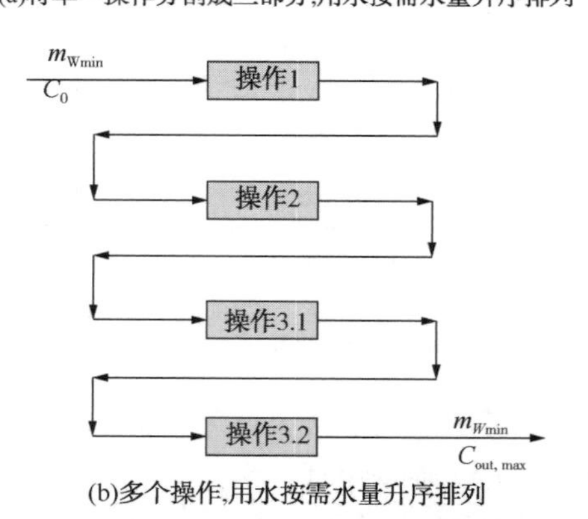

(b)多个操作,用水按需水量升序排列

图 26.38 再利用水按需水量升序排列可以满足流量要求
(转载自 Wang YP and Smith R (1995a) Wastewater Minimization with Flowrate Constraints，Trans IChemE，A73：889，by permission of the Institution of Chemical Engineers)

$$m_{\mathrm{WL}}(C_{\mathrm{out,max}}-C_{\mathrm{in,max}})=m_{\mathrm{Wmin}}(C_{\mathrm{out,max}}-C_0) \tag{26.11}$$

因此，联立式 26.10 和式 26.11（假设 $m_{\mathrm{W3}}=m_{\mathrm{Wmin}}$）：

$$\begin{aligned}C_{\mathrm{in}}&=C_0+\frac{1}{m_{\mathrm{Wmin}}}[m_{\mathrm{WL}}(C_{\mathrm{out,max}}-C_{\mathrm{in,max}})]-\frac{1}{m_{\mathrm{Wmin}}}[m_{\mathrm{Wmin}}(C_{\mathrm{out,max}}-C_{\mathrm{in,max}})]\\&=C_0+C_{\mathrm{out,max}}-C_0-C_{\mathrm{out,max}}+C_{\mathrm{in,max}}\\&=C_{\mathrm{in,max}}\end{aligned}$$

因此，对于图 26.35a 中由 m_{WLin} 定义的具有固定流量要求的单一操作，可以通过局部循环或操作分割再利用的方式设计 m_{WLin} 的流量，使每个部分要求的流量小于或等于 m_{WLin}，并且这些部分按照流量升序的要求供水。

现在考虑涉及多个操作的情况。假设图 26.35a 中是几个操作的物流，而不是一个操作的。如果不能局部循环，那么图 26.38b 是一个再利用区间，这遵循了在单个操作中在再利用的理念。区别是，操作是独立进行的，因为整个系统由几个操作组成。由于长时间运行要求流量小于或等于 m_{Wmin}，因此不需要分割单一操作。在图 26.38b 中，操作 3 已经进行了分割，以满足小于 m_{Wmin} 的要求。在图 26.38 中，为了满足所有的约束条件再利用的顺序必须是增加流量需求的顺序。

如果不进行循环，并且某个操作不能分割为小于或等于 m_{Wmin} 的操作，则区间的最小目标不能再是 m_{Wmin}。由于每次循环利用操作的流量要求必须小于或等于循环利用的最小流量，如果区间内不允许操作分割，则最小目标流量由为：

$$m_{\mathrm{WT}}=\max\{m_{\mathrm{Wmin}},\ m_{\mathrm{WLi}}\} \tag{26.12}$$

其中，最陡供总水管线给出的最小流量可与极限复合曲线相匹配，最小流量可满足每个操作的流量要求。注意，等式 26.12 只保证了在任何单独的区间内的操作拆分是不必要的。可能仍然需要在区间之间拆分操作。下面的例子说明这一点。

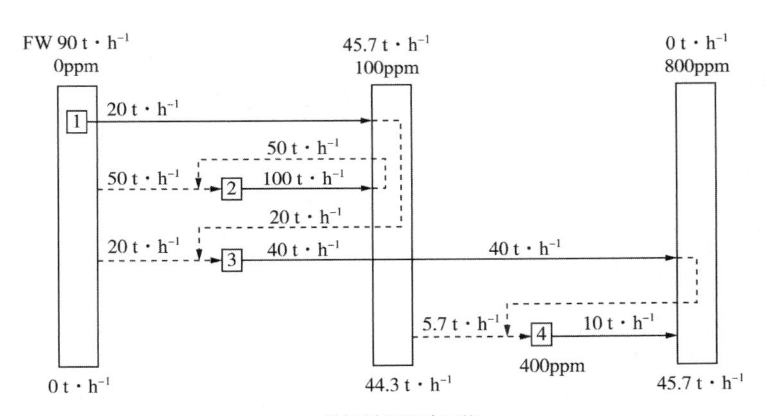

(a) 局部循环设计网格

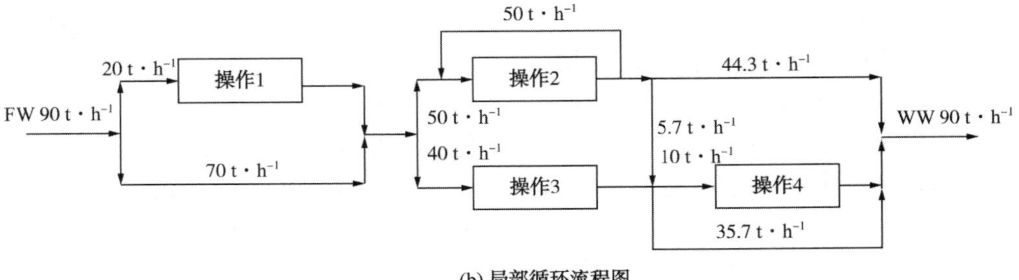

(b) 局部循环流程图

图 26.39　局部循环设计

26.9 固定流量操作的单一污染物最大水量再利用设计

一旦确立了合适的设计目标，在26.7节中针对固定质量负荷开发的设计程序可以很容易地进行固定流量的设计。这可以通过表26.4中给出的数据来说明。现在假设浓度可以变化到最大值，但是表26.4中的极限水流量是固定的。首先考虑系统循环的情况。如果允许局部再循环，图26.16中给出的目标流量仍然适用。此外，对于设计，夹点上下的流量要求仍由图26.17给出。图26.39a是局部循环的设计网格。与该设计网格相对应的流程图如图26.39b所示。

如果不允许系统循环，则需要应用不同的设计目标。图26.40a是极限复合曲线，但目标分别应用在夹点的下方和上方。在夹点下方，等式26.12中的设计目标：

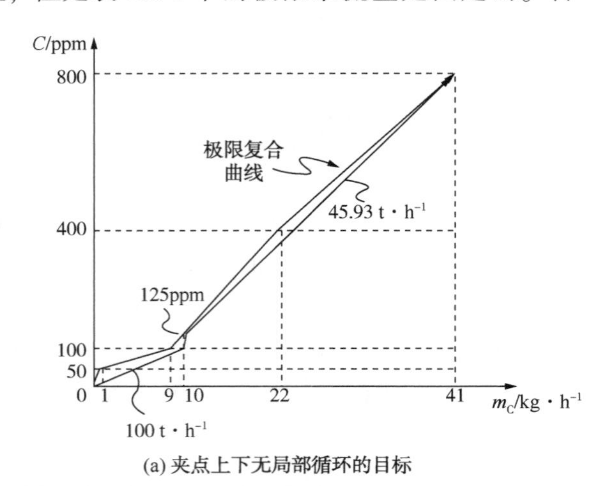

(a) 夹点上下无局部循环的目标

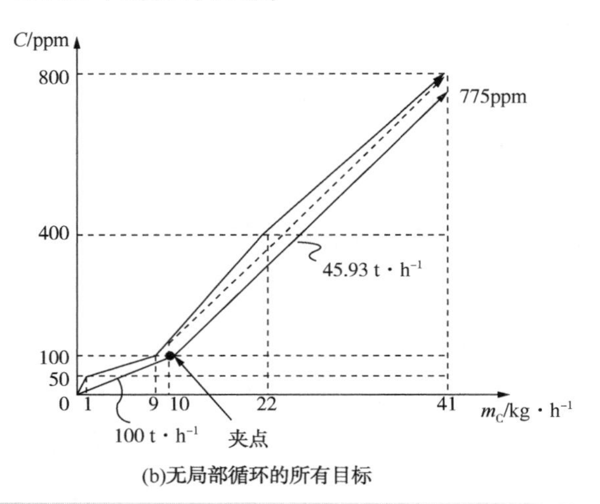

(b)无局部循环的所有目标

图26.40 无局部循环的目标

$$m_{WT}=\max\{m_{W\min}, m_{WLi}\}$$
$$=\max\{90, 20, 100, 40\}$$
$$=100t \cdot h^{-1}$$

夹点对应于浓度区间边界，该边界限制了供水线的斜率，即100ppm。等式26.12中夹点上方的目标由下式得到：

$$m_{WT}=\max\{m_{W\min}, m_{WLi}\}$$
$$=\max\{45.93, 40, 10\}$$
$$=49.53t \cdot h^{-1}$$

图26.40b是无局部循环的组合设计目标。图26.41a所示为与图26.40b中的目标相对应的无局部循环的设计网格。与该设计网格相对应的流程图如图26.41b所示。应注意的是，为了实现等式26.12中的设计目标，操作3被分成两部分。这是由于目标方程应用于夹点上下的单个区间内。目标方程仅严格适用于跨单个区间的分割运算。然而，图26.41实现了设计目标。大多数情况下，分割操作是不可取的。为了消除分割，必须改进图26.41中的设计。然而，取消操作3的节水措施将会在用水量上产生一些不利影响。图26.42a是一个设计网格，用于改进消除操作分割的设计。可以看出用水量从$100t \cdot h^{-1}$增加到$111.43t \cdot h^{-1}$。图26.42b是相应的流程图。

再次讨论示例26.2~示例26.4，用于固定质量负荷，但极限流量是固定的。

例26.5 列出了涉及三种操作类型的用水数据。

① 在流量固定的情况下，通过最大限度的再利用，实现系统最小用水量的目标和设计。

② 在流量固定的情况下，最大限度地再利用，但不进行局部循环，以达到系统最小用水量。

③ 基于固定流量、无局部循环利用的水消耗目标设计一个网络。

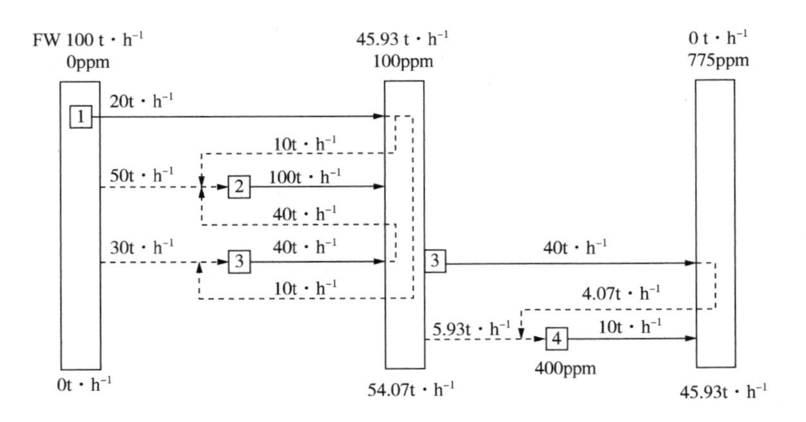

(a) 无局部循环的设计网格

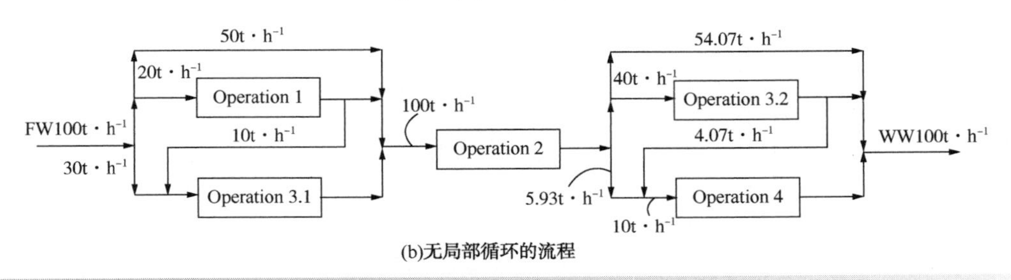

(b)无局部循环的流程

图 26.41 无局部循环的设计

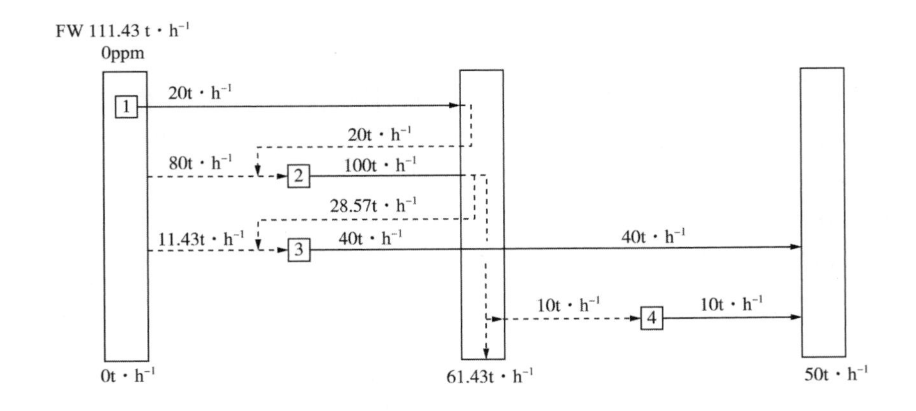

(a)无局部循环和操作拆分的设计网格

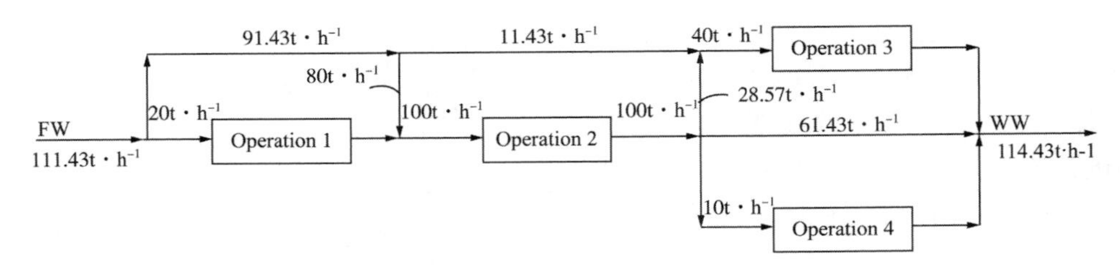

(b)无局部循环和操作拆分的流程

图 26.42 无局部循环和操作拆分的设计改进

解：

① 当允许局部循环时，目标与图 26.27 中给出的目标相对应。图 26.43a 展示了实现目标的设计网格图。图 26.43b 为相应的流程图。

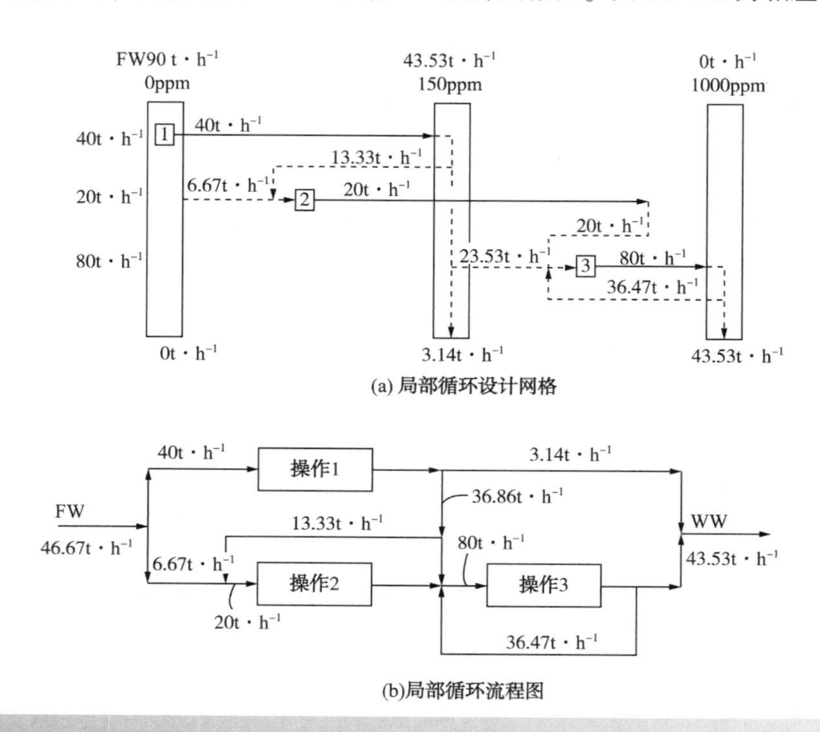

图 26.43　例 26.5 的局部循环设计

② 当不允许局部循环时，夹点下方的目标由下式给出：

$$\begin{aligned} m_{\mathrm{WT}} &= \max\{m_{\mathrm{Wmin}}, m_{\mathrm{WLi}}\} \\ &= \max\{46.67,\ 40,\ 20\} \\ &= 46.67\mathrm{t \cdot h^{-1}} \end{aligned}$$

夹点上方的目标由下式给出：

$$\begin{aligned} m_{\mathrm{WT}} &= \max\{m_{\mathrm{Wmin}}, m_{\mathrm{WLi}}\} \\ &= \max\{43.53,\ 20,\ 80\} \\ &= 80\mathrm{t \cdot h^{-1}} \end{aligned}$$

这些目标值在图 26.44 的极限复合曲线中展示。在这种情况下，夹点上方的目标大于下方的目标。在夹点下方进料量为 46.67t · $\mathrm{h^{-1}}$，达到 150ppm 的浓度，然后与剩余的 33.33t · $\mathrm{h^{-1}}$的新鲜水混合，加入到夹点上方的工艺中，达到 87.5ppm 的进料浓度。但是，这种混合方式在设计中不是必需的，将会在后面叙述。总的来说，这个过程必须用 80t · $\mathrm{h^{-1}}$的新鲜水。

图 26.45a 展示了设计网络。应该注意的是，对应于图 26.44 中的供水目标，总水管中水的浓度分别为 0ppm、150ppm 和 550ppm。图 26.45a 为满足目标已完成的设计网格，图 26.45b 所示为相应的流程图。

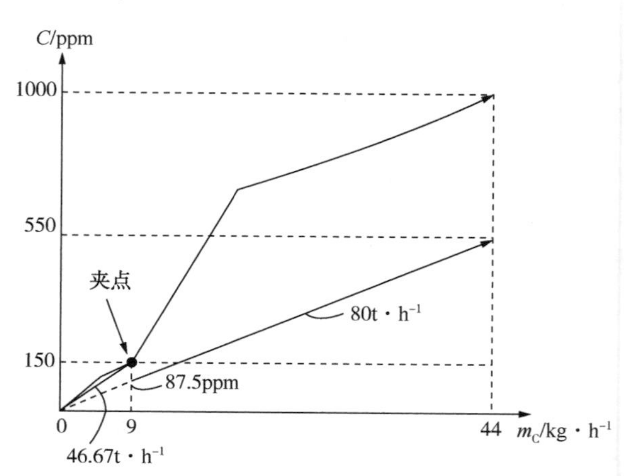

图 26.44　例 26.5 无局部循环的最小用水量目标

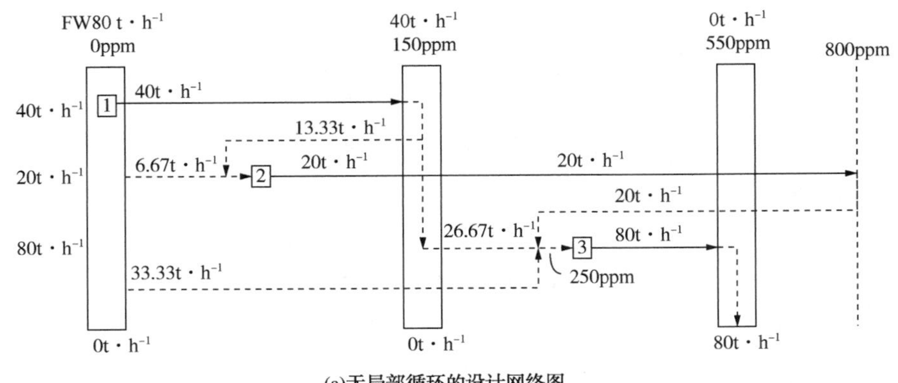

(a)无局部循环的设计网络图

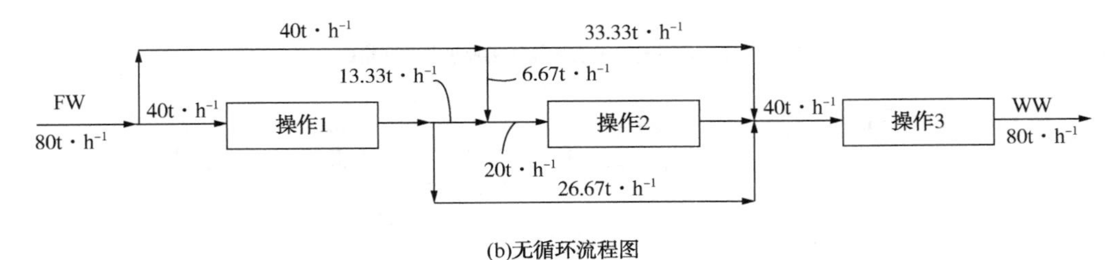

(b)无循环流程图

图 26.45　无局部循环的设计流程图

例 26.6　表 26.6 给出了三种操作的极限数据。有两种新鲜水来源：浓度为 0ppm 的 WSI 和 25ppm 的 WSII：

① 通过最大限度地再利用固定流量的水，而不进行局部循环，从而使系统的水消耗量达到最低。

② 不进行局部循环为固定流量的目标用水量设计一个网络。

③ 改进②部分，以消除操作分割。

解：

① 三种操作的极限复合曲线如图 26.46 所示，所示目标位于夹点的上方和下方。

② 图 26.47a 展示了两个水源的设计网络，分别为 0ppm、25ppm、100ppm 和 800ppm，与图 26.46 中的目标相对应。图 26.47a 所示为完整的设计网格，图 26.47b 所示为相应的流程图。

③ 图 26.48a 所示为操作 3 中去除喷口的设计网格的改进。可以看出，要消除操作分割，需要额外的 13.33t·h^{-1}的 WSII。相应的流程图如图 26.48b 所示。

当系统中有固定损失时，无局部循环的固定流量目标如下：

$$m_{WT} = \max\{m_{W_{min}}, m_{WLi}\} + m_{WTLOSS} \quad (26.13)$$

其中m_{WTLOSS} = 目标新鲜水的损失要弥补，目标值以上没有损失

如果损失在夹点下方，则可以假定由新鲜水和夹点管的水的组合来弥补。补充量的质量守恒为：

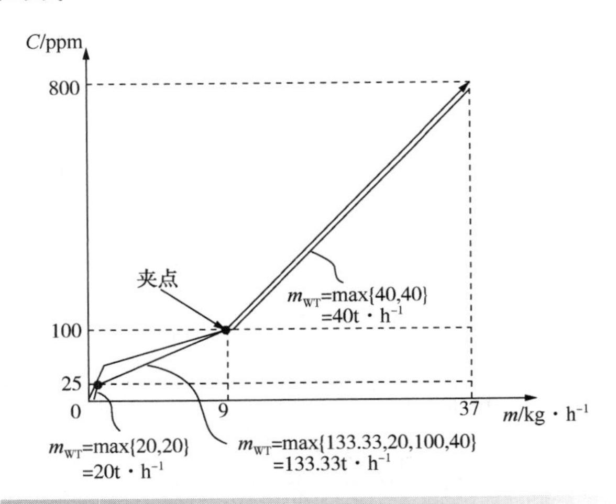

例 26.46　例 26.6 所示，以无局部循环固定流量的多个水源为目标

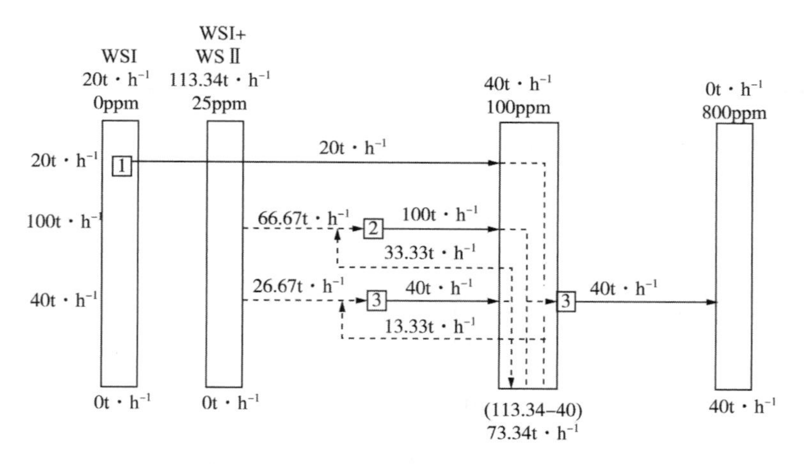

(a) 为达到目标而采用固定工艺流量的两种水源的网格图

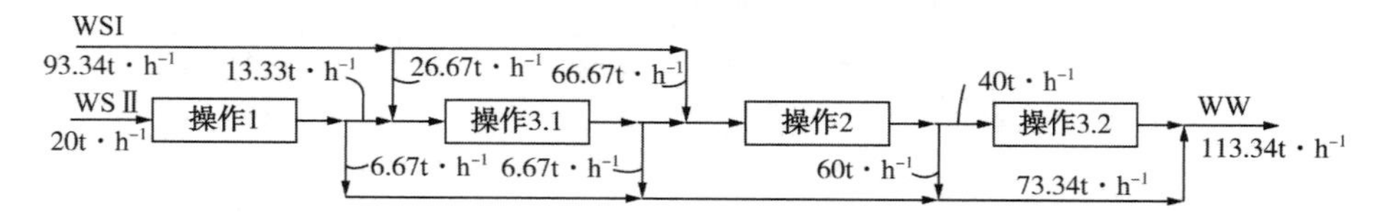

(b) 为达到目标而采用固定工艺流量的两个水源的流程图

图 26.47 设计应满足多个水源固定流量且无局部循环利用的目标

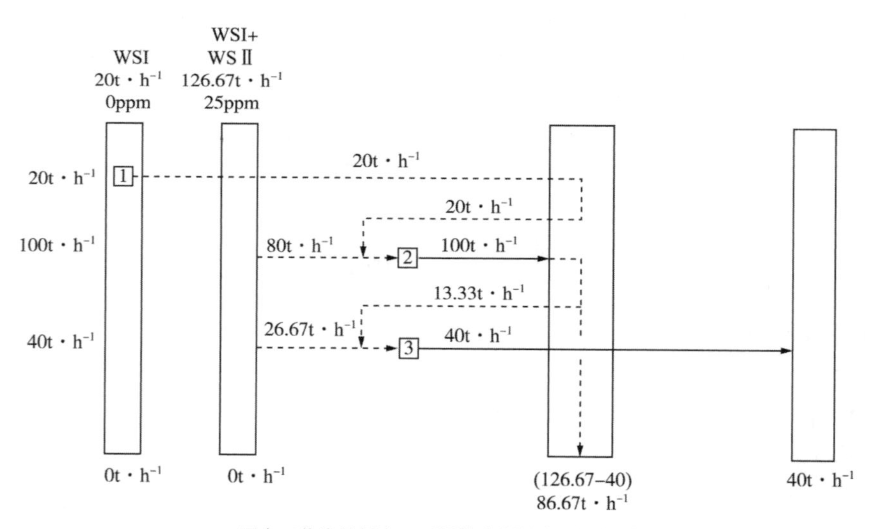

(a)两个工艺流量固定、无操作分割的水源网格图

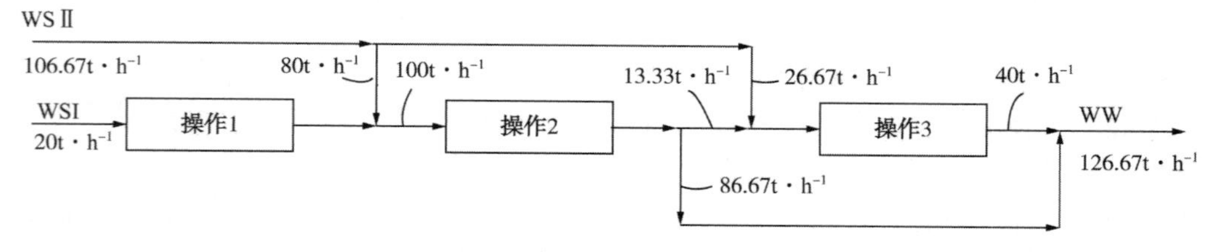

(b)两个工艺流量固定、无操作分割的水源流程图

图 26.48 如例 26.6 在没有操作分割的情况下，对多个水源设计的改进

$$m_{\mathrm{WLOSS}}C_{\mathrm{LOSS}}=m_{\mathrm{WTLOSS}}C_0+m_{\mathrm{WPINCH}}C_{\mathrm{PINCH}} \tag{26.14}$$

式中　m_{WLOSS}——水损失流量；

m_{WPINCH}——从夹管流出的水以弥补水分损失的流量；

C_{LOSS}——水损失时的浓度；

C_0——新鲜水浓度；

C_{PINCH}——夹点时刻的水浓度。

公式 26.14 整理后：

$$m_{\mathrm{WTLOSS}}=m_{\mathrm{WLOSS}}\frac{C_{\mathrm{PINCH}}-C_{\mathrm{LOSS}}}{C_{\mathrm{PINCH}}-C_0} \tag{26.15}$$

式 26.15 假设在夹点主管处有足够的水满足水损失的要求。夹点浓度处可用水量的最大流量由夹点下方和下方目标之间的差值给出。如果损失在夹点上方，则可以认为是由新鲜水和废总水管的水结合造成的。补充量的质量守恒为：

$$m_{\mathrm{WTLOSS}}=m_{\mathrm{WLOSS}}\frac{C_{\mathrm{WW}}-C_{\mathrm{LOSS}}}{C_{\mathrm{WW}}-C_0} \tag{26.16}$$

式中　C_{WW}——废水浓度。

同样，方程 26.16 假设在废水管有足够的水来满足水分流失的要求。与其使用新鲜水和夹点浓缩水或废水的组合来弥补损失，原则上可以使用夹点浓缩水和废水的新鲜水组合。但是，处理起来比较复杂。

例 26.7　在表 26.6 中添加一个条件：最大进气浓度 80ppm，流量 $10\mathrm{t\cdot h^{-1}}$，以下损失：

① 通过最大限度地再利用固定流量的水，使系统的水消耗达到最小，而不需要进行局部循环。

② 为目标用水量设计一个网络，固定流量，无局部循环。

③ 对于来自②部分的设计，改进设计以消除任何操作分割。

解：

① 夹点浓度以下的水损失，假设夹点主管道有足够的水，则水损失补充量指标如式 26.15 所示：

$$\begin{aligned}m_{\mathrm{WTLOSS}}&=m_{\mathrm{WLOSS}}\frac{C_{\mathrm{PINCH}}-C_{\mathrm{LOSS}}}{C_{\mathrm{PINCH}}-C_0}\\&=10\,\frac{100-80}{100-0}\\&=2\mathrm{t\cdot h^{-1}}\end{aligned}$$

$$\begin{aligned}m_{\mathrm{WT}}&=\max\{m_{\mathrm{W_{min}}},\ m_{\mathrm{WLi}}\}+m_{\mathrm{WTLOSS}}\\&=\max\{90,\ 20,\ 100,\ 40\}+2\\&=102\mathrm{t\cdot h^{-1}}\end{aligned}$$

夹点上方的目标值是：

$$\begin{aligned}m_{\mathrm{WT}}&=\max\{m_{\mathrm{W_{min}}},\ m_{\mathrm{WLi}}\}\\&=\max\{40,\ 40\}\\&=40\mathrm{t\cdot h^{-1}}\end{aligned}$$

这些目标值如图 26.49 所示。

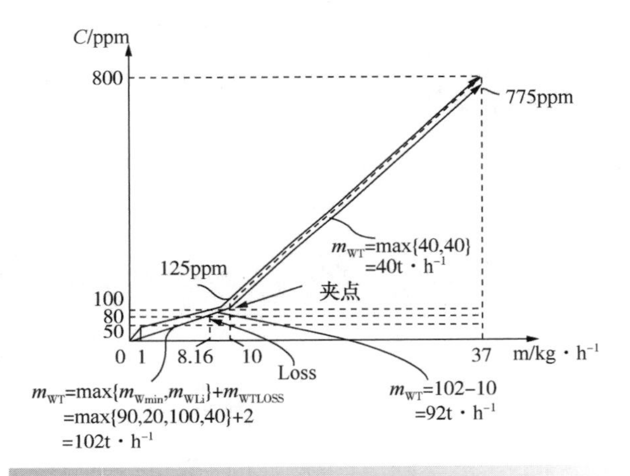

图 26.49　例 26.7 以无局部循环为目标

② 从图 26.49 中可以看出，在设计中总水管中水的浓度主要是 0ppm，100ppm 和 775ppm 三种。图 26.50a 所示为设计网格，以达到目标的水损失为 $10\mathrm{t\cdot h^{-1}}$。图 26.50b 所示为相应的流程图。

③ 从图 26.50 中可以看出，为了达到目标，操作 3 被分成了两部分。图 26.51a 所示为操作 3 中无分割的设计网格。图 26.51b 所示为相应的流程图，可以看出，操作 3 中消除操作分割的代价是增加 $20\mathrm{t\cdot h^{-1}}$的新鲜水。

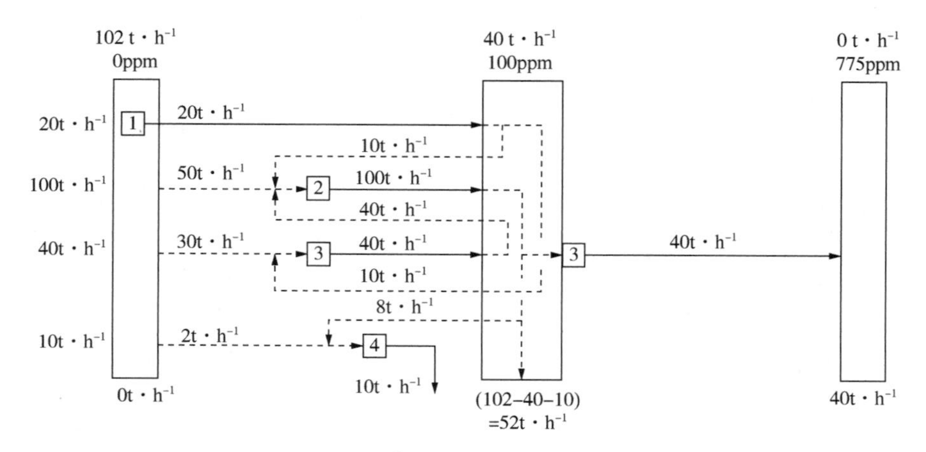

(a) 固定流量的水损失设计网格

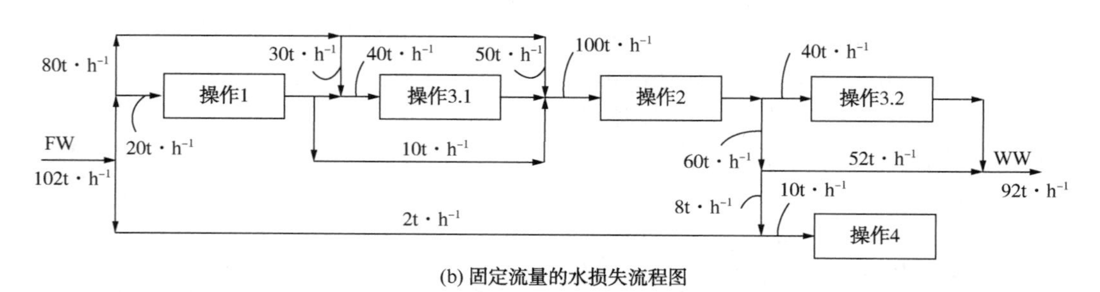

(b) 固定流量的水损失流程图

图 26.50 如例 26.7，设计要满足固定流量的目标，且不存在局部循环用水损失

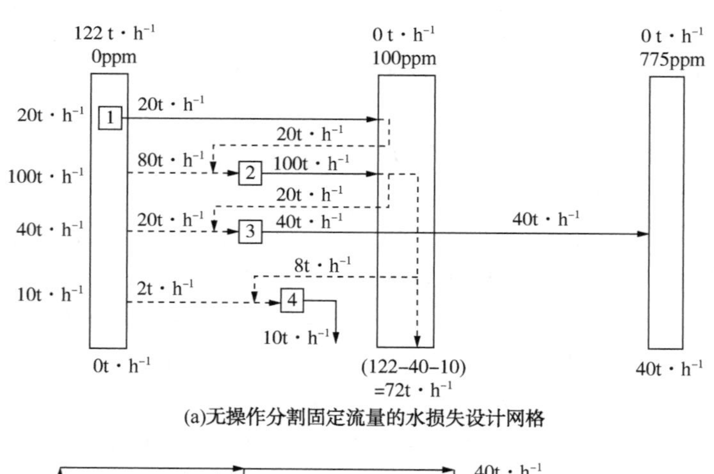

(a)无操作分割固定流量的水损失设计网格

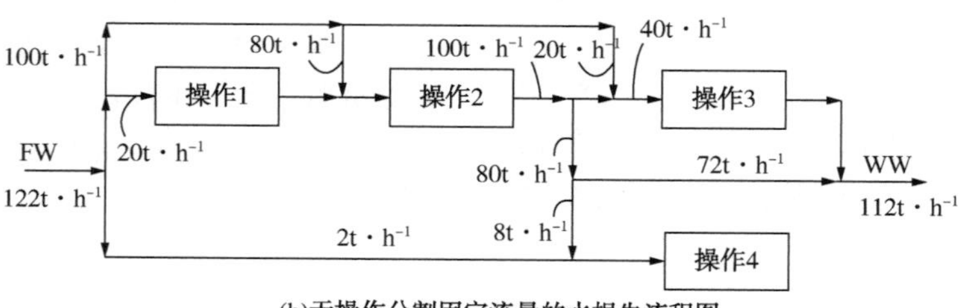

(b)无操作分割固定流量的水损失流程图

图 26.51 例如 26.7，对固定流量、无局部循环水损失和无物流分割的设计进行了改进

26.10　基于上层结构优化最大水再利用量的目标与设计

目前所提出的方法对处理单一污染物(例如总固体、悬浮物、总溶解固体、有机浓度等)是足够的，但通常也需要处理浓度限制要求指定多种污染物的问题。考虑表26.7中涉及两个操作的问题。

表26.7　两种污染物问题的数据

操作数	m_{WL}/t·h^{-1}	污染物	$C_{入口}$/ppm	$C_{出口}$/ppm
1	90	A	0	120
		B	25	85
2	75	A	80	220
		B	30	100

这时分别指定两种污染物A和B的最大浓度。解决这一问题的简单方法可能是将污染物A从污染物B中分离，或者将污染物B从污染物A中分离，然后选择最坏的情况。图26.52a所示为分离时污染物A目标值为115t·h^{-1}的极限复合曲线。图26.52b所示为分离时污染物B的目标值为112.1t·h^{-1}的极限复合曲线。因此，根据这些计算，最坏的情况是污染物B的目标值为115t·h^{-1}。实际上，如果同时考虑污染物A和污染物B，这个问题的实际目标值是126.5t·h^{-1}。单独考虑每一种污染物的问题是，它不允许当污染物A指定时，污染物B也被指定，反之亦然。

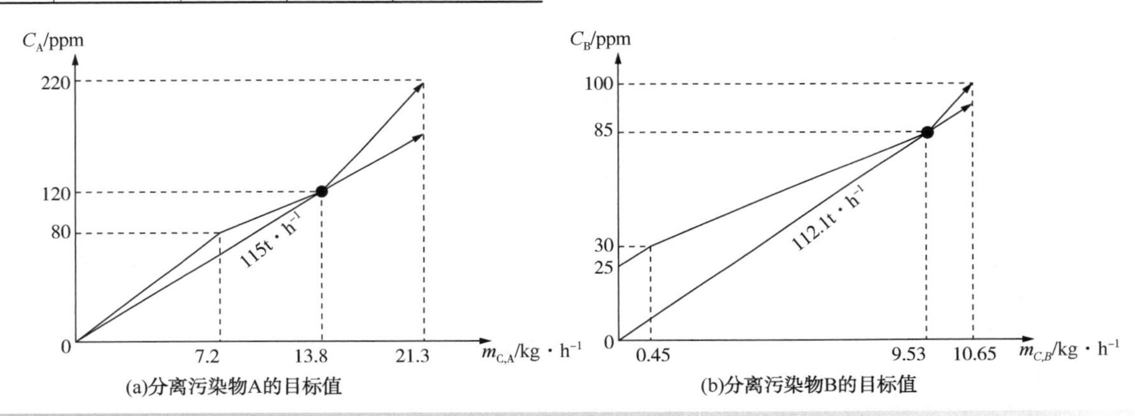

图26.52　表26.7中多个污染物问题中的单个污染物目标值

在一些问题中，简单的方法是针对个别污染物，并采取最坏的情况可以给出正确的答案。多污染物问题的目标值很可能是单个污染物的最大目标值。然而，它可能是一个更大的值，如本例所述。

因此，在处理多种污染物时，需要采用更复杂的方法。这里描述的图解法有可能用来处理多个污染物，但是这明显会更复杂(Wang and Smith，1994a)。此外，图解法还有许多其他限制，有时可能需要不同的传质模型。图26.53给出了三种不同的模型，它们在不同的情况下对水网络的设计是有用的。图26.53a所示为一个涉及固定质量负荷，但允许流量变化的模型。图26.53b所示为无论入口浓度如何，操作都需要固定流量的情况。可以选择不同的入口浓度，但必须固定斜率。第三种选择如图26.53c所示，其出口浓度和流量是固定的。如果水与微溶的污染物接触，并且只能溶解到最大浓度，即最大溶解度，最后一种情况就会发生。在这些情况下，质量负荷将随入口浓度变化，如图26.53c所示。其他模型可能适用于不同的问题。以第10.7节中描述的原油脱盐器作为需要不同的传质模型的例子。这是一个简单的提取过程，其中原油与水混合，将原油中的盐提取到水中，脱盐器的作用是提取盐。因此，盐的负荷是固定的。水的流量可以在某个范围内变化。水从原油中提取盐，同时，其他污染物则从原油中转移到水中。这些污染物通常是具有最大溶解度的碳氢化合物，因此希望确定污染物的最大浓度。从而，不仅需要指定多种污染物，还可能需要在单个操作中指定不同的传质模型。此外，水的流量是固定的，或者只允许在指定的范围内变化。

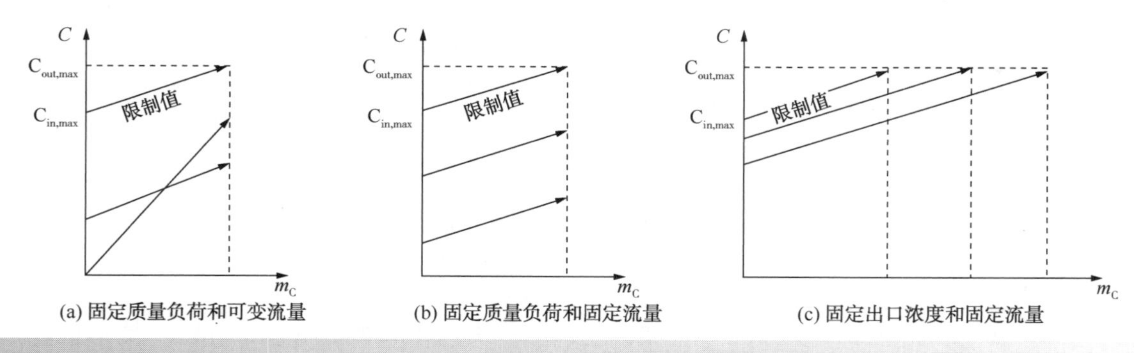

图 26.53 不同的传质模型

除了这些复杂性之外，可能还需要分析其他问题，这些问题不容易用图解法表示。这些可能包括禁止匹配(例如，因为可能需要长时间的管道运行)、强制匹配(例如，为了可操作性)和投资成本问题(例如，在操作之间运行管道的成本)。

要分析所有这些复杂性，需要一种与目前描述的图解法不同的方法。基于上层结构优化的设计方法可用于解决此类问题。图 26.54 所示为一个涉及两个操作单元和一个新鲜水源的上层结构问题(Doyle and Smith，1997)。上层结构允许从操作 1 到操作 2 的再利用，从操作 2 到操作 1 的再利用，围绕两个操作的局部循环，两个操作的新鲜水供应和废水排放。为初步设计候选的所有结构特征都已包含在上层结构中。如图 26.54 所示，需要对物料平衡进行建模，建立成本模型，然后对上层结构进行优化。

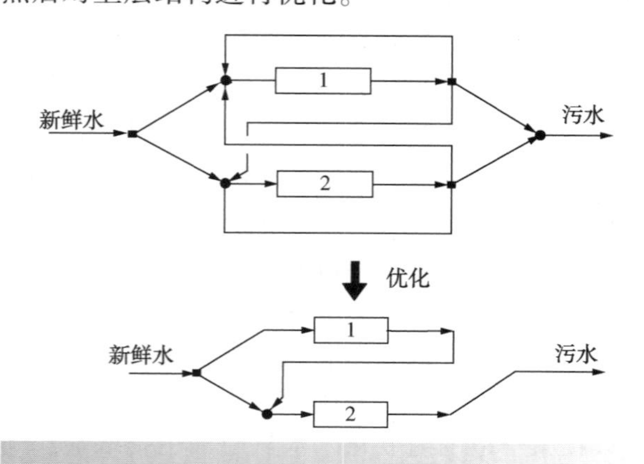

图 26.54 基于上层结构优化的水网络设计

目标函数可以与最小化新鲜水供应一样简单，也可以像最低成本一样复杂。最低成本可包括以下特征(Gunarantnam，et al.，2005)：

- 不同成本的多种水源；
- 污水处理成本；
- 管道成本。

从一个给定的水源得到水的成本与它的流量成比例。污水处理费用也可以用流量的函数来表示。然而，水再利用量的经济性往往严重依赖管道成本。通过提供连接水源和水槽所需的大约管道长度以及管道的成本数据，可以对管道成本进行优化。在优化过程中，计算出水的流量。假设合理的流速为 $1 \sim 2\mathrm{m \cdot s^{-1}}$，可以计算出管径。从已知的长度和直径，可以估计管道之间的液位差的成本。考虑到这些信息，优化将会避免产生长且昂贵的管道连接的解决方案(Gunarantnam，et al.，2005)。

根据所选择的传质模型，优化问题的本质可以是线性或非线性的(Doyle and Smith，1997)。如果选择基于固定出口浓度的模型，则模型为线性模型(假设采用线性成本模型)。如果允许出口浓度变化，如图 26.53a 和图 26.53b 所示，则优化是一个非线性优化，所有问题都是与此问题相关的局部最优。实际上，对于非线性问题，优化在实际中并不困难，因为它可以为非线性模型提供一个良好的初始化数据。假定每个操作的出口浓度最初都达到其最大出口浓度，那么这就可以通过线性优化来求解。这通常为非线性优化提供了良好的初始值，因为在大多数情况下，网络设计可将浓度达到其最大出口浓度，以实现最大水再利用量(Dovle and Smith，1997)。

优化方法的优点是使复杂问题达到了自动化，提供了设计和目标，并允许包含各种约束和成本。但是此种方法存在的一个缺点是不再允许有概念洞察的图解法来表示。可以通过以图形形式展示优化的输出来克服这个缺点。每次利用一种污染物是最便捷的方法，在这种情况下，该优化提供了一个入口和出口浓度的网络设计，可以在一个复合区域中进行组合。通过将优化预测的流量叠加到复合曲线上，可以更好地从概念上理解。

26.11　减少再利用水量的工艺改变

到目前为止，关于最小用水量的讨论限制了对确定水再利用机会的考虑。水再利用的最大化可以减少新鲜水消耗和废水产生。然而，到目前为止，入口浓度、出口浓度和流量的工艺限制是固定的。通常可以自由地改变操作条件。可能考虑的典型工艺改变包括：

- 在洗涤器或洗涤操作周围引入局部循环。
- 如果水是多余的，则将其从操作中完全去除(例如，用冷凝取代从蒸汽流中分离有机污染物的洗涤操作，或用冷却结晶取代用水的萃取工艺)。
- 增加萃取过程中的塔板数不能减少指定分离所需的水。
- 增加使用水的吸收和洗涤操作的塔板数，以减少相同分离的水消耗。
- 用间接蒸汽加热的再沸器代替精馏操作中的注入蒸汽。
- 在设备清洗过程中引入多个阶段，即在初始阶段使用轻微污染的水(例如去除残余固体)，然后在最后阶段使用高质量的水。
- 在多产品工厂中，调度操作以减少产品转换，从而减少产品转换之间的清洗要求。
- 引入机械清洗处理黏性物料的容器(如墙壁刮水器)和管道(如管道清管)，并需要定期用水清洗。
- 对于清洗搅拌容器，引入一个使用更少水量的局部循环而不是将容器装满并使用搅拌进行清洗，但在容器内部使用喷雾系统，以更少的水提供有效的清洗。
- 在软管上安装触发器，以防止在不使用时、无人值守的情况下水从软管中流出，以便操作员一旦释放触发器，水流就会停止。
- 在液环泵周围引入局部循环。
- 用冷却水间接冷凝代替水喷雾直接接触冷凝。
- 在淬火作业周围引入局部循环，在循环回路中使用水雾和一些间接冷却操作。
- 对于间歇操作，在水洗涤器中引入电磁阀，直接接触冷凝水和冲洗用来保护泵和搅拌器的密封，这样如果运行中不使用，水流就会停止。
- 提高能源效率以减少蒸汽需求，从而减少由蒸汽系统通过锅炉排污、锅炉给水处理和冷凝水损失(见第23章)。
- 增加蒸汽系统的冷凝水回流，以减少补充水的需求，减少锅炉给水处理和锅炉排污产生的废水(见第23章)。
- 改进蒸发冷却水回路的冷却塔排污控制(见第24章)，以增加浓缩循环次数，降低冷却塔排污率。
- 通过更好的能源效率来降低蒸发冷却塔循环的热负荷，以减少冷却塔的蒸发，从而减少补充量。
- 引入空气冷却代替蒸发冷却塔(见第24章)。
- 考虑在不使用时降低总水管压力或隔离区域，如果地下管道系统存在泄漏和不可解释的损失等问题。

上面列出的只是一些可以进行的操作变化，以减少对固有水的需求，但是哪些改变会对整个系统产生影响？考虑图26.16和图26.27中所示的极限复合曲线。很明显，只有在夹点或夹点下方系统发生改变，才能减少整个系统对水的需求。位于夹点上方的工艺应该通过适当的再利用以使系统中有过量的水可用。因此，一般来说，过程变化中对整个系统有利的方法是：

- 对于一个给定的夹点下方过程的体积流量，通过增加浓度将污染物的质量负荷从夹点下方移到夹点上方。

- 对于夹点下方的固定质量负荷污染物的过程，减少体积流量，从而增加浓度。
- 以上两项措施相结合。

有利的工艺改变标准是相对于夹点的操作位置，另一个标准是尺度。注入到操作过程中的流量越大，工艺改变的总体影响也可能越大。为了理解工艺改变对总用水量的影响程度，应该使用上述的目标方法来筛选。

26.12 针对单一污染物的最低废水处理量

流程工艺中的废水处理通常在中央处理设备中进行。污水物流汇集在同一个下水道系统中，然后输送到中央处理设备，或者在某些情况下，经过一些预处理后送到城市处理设备。集中处理的问题是，需要将不同处理技术的废弃物流汇集在一起，导致处理汇集的废弃物流的成本可能比单独处理单一的废弃物流的成本更高。造成这种情况的原因是，大多数废水处理工艺的投资成本与废水的总流量有关。此外，对于一定质量负荷的污染物进行处理，处理的操作成本通常随着浓度的降低而增加。另一方面，如果两个废弃物流需要完全相同的处理，那么将它们汇集一起处理可以使设备规模获得更高的经济性。

需要一种设计哲学，使设计者能够在适当的时候将污水汇集起来进行处理，但在适当的时候又将它们分离开。现在考虑对需要进行处理以使浓度低于环境排放限制的一组污水物流设定最小处理流量的目标。

图 26.55a 所示为一个涉及四种不同入口浓度的污水物流的系统，所有这些污水物流都需要经过处理，以减少质量负荷，并将其浓度降至环境排放 C_e的可接受水平。为了获得一个整体的图像，而不是处理四个单独的污水物流，可以将这些污水物流汇集在一起形成一股污水物流（Wang and Smith，1994b）。

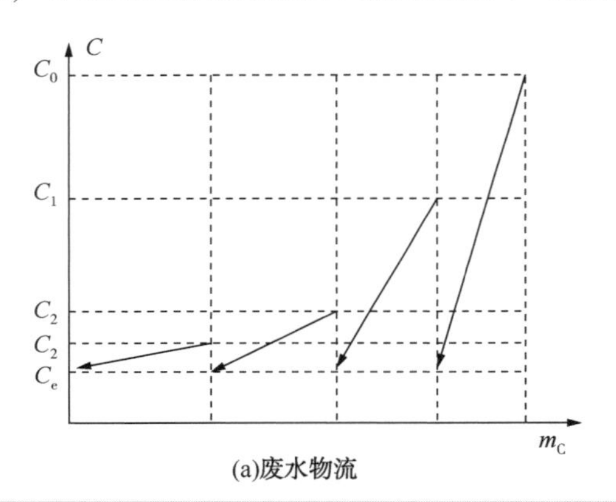

(a)废水物流

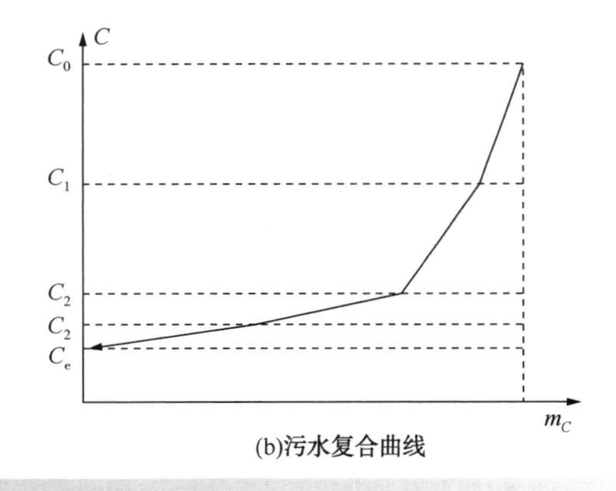

(b)污水复合曲线

图 26.55 污水物流的复合曲线
（转载自 Wang YP and Smith R（1994a）Wastewater Minimization，Chem Eng Sci，49：3127，with permission from Elsevier）

可以通过许多不同的网络布置来减小质量负荷。设计废水处理网络的目的是使成本最小化。在第一种情况下，这意味着将通过网络设计把流量降至最低。图 26.56a 所示为污水复合曲线。叠加的处理线代表污水处理过程的实际性能（Wang and Smith，1994b）。为了使污水浓度降至环境排放限制，需要采用污水处理工艺减小质量负荷。处理线斜率越大，通过污水处理的流量就越小。图 26.56a 中处理线的最大斜率是由低浓度端的最小出口浓度以及污水复合曲线和处理线之间的夹点决定的，低于此浓度处理过程将无法进行。处理线的斜率不能比图 26.56a 所示的更大。如果斜率增大，如图 26.56b 所示，则处理线穿过污水复合曲线，它要求在不可用的浓度范围内进行质量处理是不可行的。任何这种流量的设计都将不可避免地导致污水处理系统设计中的质量不守恒。

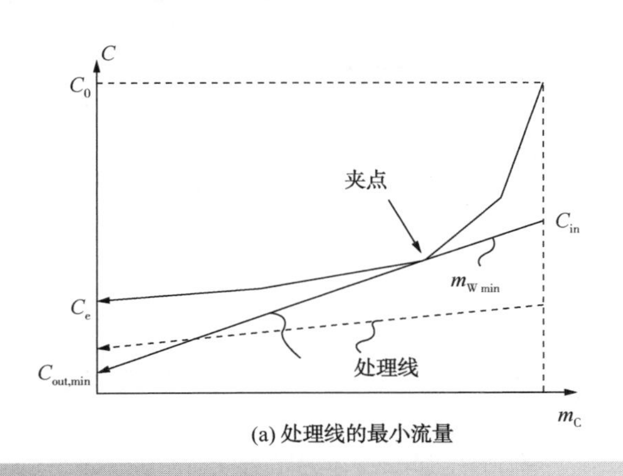

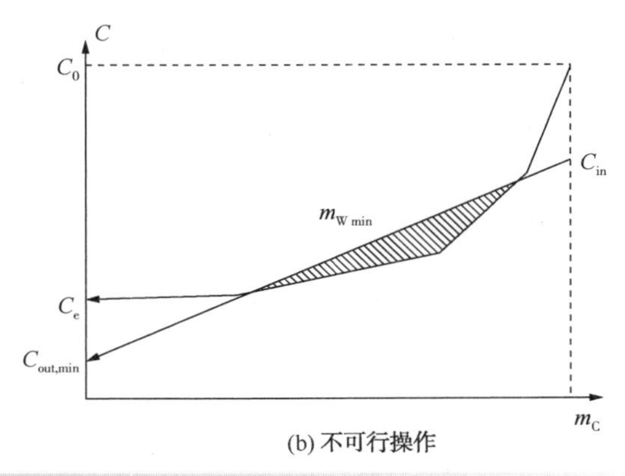

图 26.56　基于最小废水处理量为目标

（转载自 Wang YP and Smith R（1994a）Wastewater Minimization，Chem Eng Sci，49：3127，with permission from Elsevier）

在规定污水处理工艺时，概念设计使用了两个规范。最简单的情况是规定污水处理工艺出口浓度为一个固定值。如图 26.57a 所示，以确定的出口浓度为目标。首先构造污水复合曲线，规定污水处理的出口浓度，处理线的斜率围绕该值变化，直到处理线与污水复合曲线相接触为止。然后，处理线的斜率将决定最小处理流量。

处理过程的性能更可能由去除率来确定：

$$R=\frac{\text{去除的污染物的质量}}{\text{进料中污染物的质量}}$$

$$=\frac{m_{\mathrm{W,in}}C_{\mathrm{in}}-m_{\mathrm{W,out}}C_{\mathrm{out}}}{m_{\mathrm{W,in}}C_{\mathrm{in}}} \tag{26.17}$$

式中　R——去除率；

$m_{\mathrm{W,in}}$，$m_{\mathrm{W,out}}$——入口和出口流量；

C_{in}，C_{out}——入口和出口浓度。

在许多情况下，可以忽略处理过程中流量的变化，如下所示：

$$R=\frac{C_{\mathrm{in}}-C_{\mathrm{out}}}{C_{\mathrm{in}}} \tag{26.18}$$

图 26.57b 所示为在确定了去除率后，以最小污水处理流量为目标的设计。如果考虑图 26.57b 中所示的初始污水处理线，则存在一个与指定去除率对应的原点。如图 26.57b 所示，采用相似三角形的几何原理重新排列后，比值 $\Delta m_{\mathrm{T}}/m_{\mathrm{T}}$ 等于去除率。因此，给定的去除率对应一个给定的 $\Delta m_{\mathrm{T}}/m_{\mathrm{T}}$ 比率，所以处理线有一个固定的原点。如图 26.57b 所示，如果处理线围绕这个原点旋转，则可以确定比率 $\Delta m_{\mathrm{T}}/m_{\mathrm{T}}$，因此去除率是固定的。处理线在污水复合曲线的最大斜率即为对应的最小处理流量。

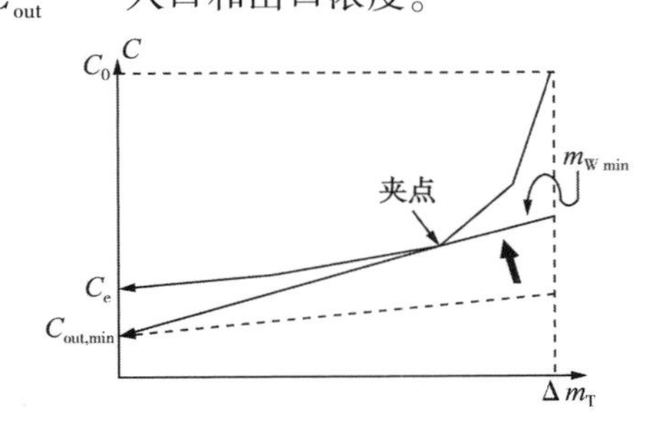

(a) 固定出口浓度的目标值

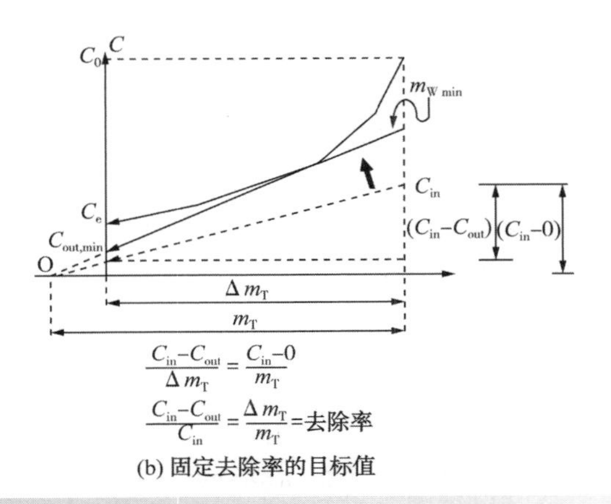

(b) 固定去除率的目标值

图 26.57　以最小废水处理流量为目标

（转载自 Wang YP and Smith R（1994a）Wastewater Minimization，Chem Eng Sci，49：3127，with permission from Elsevier）

例 26.8 废水处理问题的数据列于表 26.8。集中处理的流量为 $75t \cdot h^{-1}$。确定对于 20ppm 的环境排放限制时的最小处理流量。

① 对于固定出口浓度为 10ppm 的工艺。

② 对于去除率为 95%的处理工艺。

表 26.8 污水处理问题的数据

物流	C_{in}/ppm	水流量/$t \cdot h^{-1}$
1	250	40
2	100	25
3	40	10

解：

① 图 26.58 所示为表 26.8 中三股物流的污水复合曲线。污水处理线的固定出口浓度为 10ppm，绘制斜率最大的线，直到其与污水复合曲线在 100ppm 时相交。去除流量为：

$$m_{Wmin}=\frac{\Delta m_T}{\Delta C}=\frac{5400}{100-10}=60t \cdot h^{-1}$$

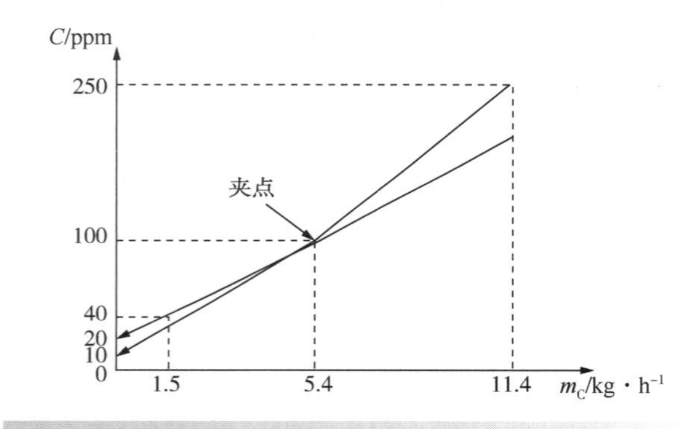

图 26.58 例 26.8 中目标为 10ppm 的固定出口浓度

② 在水流量不变的情况下，固定去除率为：

$$R=0.95=\frac{C_{in}-C_{out}}{C_{in}}$$

重新排列为：

$$C_{in}=20\,C_{out} \tag{26.19}$$

总质量负荷为：

$$\Delta m_T=m_{W,min}\Delta C$$

$$11400=m_{W,min}(C_{in}-C_{out}) \tag{26.20}$$

对于最小流量，处理线将在 100ppm 时通过夹点。写出夹点下方的质量守恒式：

$$5400=m_{W,min}(100-C_{out}) \tag{26.21}$$

用式(26.20)除以式(26.21)得到：

$$\frac{11400}{5400}=\frac{C_{in}-C_{out}}{100-C_{out}}$$

将式(26.19)代入：

$$C_{out}=10ppm$$

因此

$$C_{in}=200ppm$$

$$m_{W,min}=60t \cdot h^{-1}$$

这两种情况下的结果是相同的，即 10ppm 出口浓度对应的去除率为 0.95。

到目前为止，还没有考虑到一个在污水系统中经常遇到的复杂问题，即有些污水已经低于它们的环境排放限制。表 26.9 提出了一个涉及四股污水物流的问题。环境排放限制为 20ppm。

表 26.9 一种污水低于环境排放限制的问题

物流	C_{in}/ppm	水流量/$t \cdot h^{-1}$
1	200	40
2	100	30
3	30	20
4	10	80

从表 26.9 中可知，物流 4 的浓度为 10ppm 已经低于 20ppm 的环境限制。假设采用能够产生 5ppm 出口浓度的操作进行处理。在这种情况下，如何设定最小流量目标值?

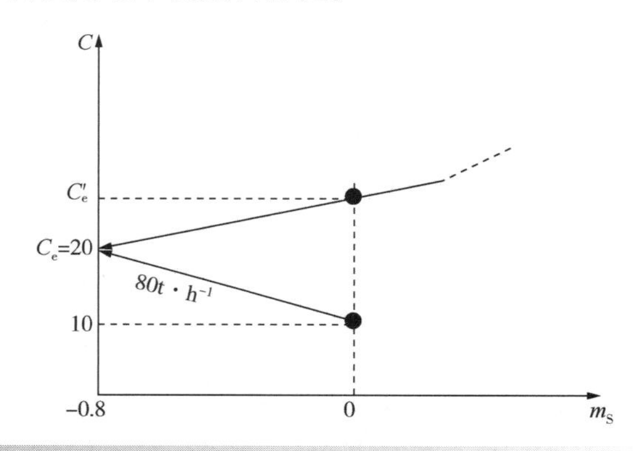

图 26.59 基于低于环境限制的物流定义新的有效环境限制

实际上，如果物流的浓度低于环境限制，那么污水处理系统就会通过其稀释作用，减少部分环境负荷。图 26.59 显示了包含这种效果的污水复合物流的组成。可以看出，当物流浓度从 10ppm 开始增加到规定的 20ppm 的环境限制时，就占了其他物流的部分污水负荷，否则就必须处理污水减少这些负荷。问题的目标如图 26.60 所示，低于环境限制的物流稀释效果会有效产生大于 20ppm 的新环境限制。在这种情况下，基于出口浓度来确定处理工艺的规范。如果规范是基于去除率的，那么基本方法将是相同的。唯一的变化是污水处理线的规范。

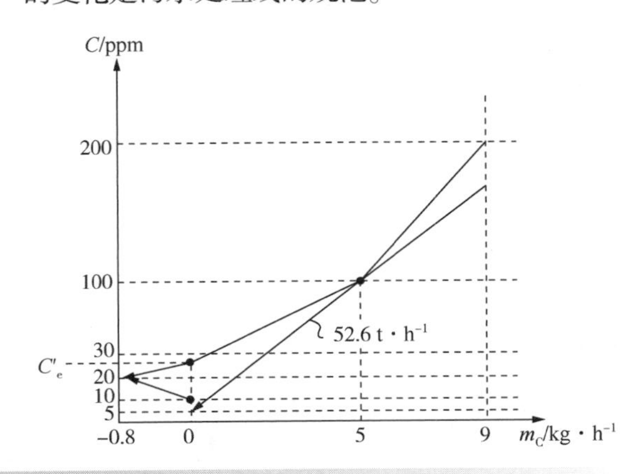

图 26.60 表 26.9 中的问题目标

有时，单个污水处理过程无法完成污水处理。例如，可能需要不同的处理工艺来处理不同浓度范围内的污染物。使用多种处理方法可能比单一处理方法更经济。例如，处理炼油厂污水时，通常先用 API 分离器处理，然后用其他处理工艺完成处理更经济，如气浮法（见第 7 章）和生物处理。使用 API 分离将污水输送到更昂贵的处理过程之前去除部分污染物是一种经济的过程。因此，性能限制或与污水处理工艺相关的成本可能要求采用多种处理工艺。

以最小处理流量为目标的图解法可以扩展到多个处理过程，如图 26.61 所示（Kuo and Smith，1998b）。在图 26.61a 中，污水复合曲线被划分为不同工艺处理的部分污水的质量负荷（图 26.61a 中 m_{TPI} 和 m_{TPII}）。如图 26.61b 所示，在质量负荷的分界点，将污水复合曲线分为两部分。分解与创建复合对象的过程相反。在图 26.61b 中，质量守恒的划分是这样的，即 C_1 和 C_e 之间的污水复合曲线需要分解。通过这种方法，可以为处理工艺Ⅰ（TPI）和处理工艺Ⅱ（TPⅡ）创建两条独立的污水复合曲线。然后将 TPⅠ 和 TPⅡ的处理线与各自的分解污水复合曲线进行匹配，如图 26.61c 所示。如前所述，现在处理线与分解后的污水复合曲线的匹配与单个处理过程的匹配相同。规格可根据出口浓度或去除率而定。图 26.61d 为分解污水复合曲线和各复合物组合的处理线。值得注意的是，图 26.61c 中 TPII 的处理线实际上会越过原来的污水复合曲线，这似乎是不可行的。然而，两条处理线的复合不会跨越原始污水复合曲线。两种处理线的组合得到了一个可行的解决方案，如图 26.61d 所示（Kuo and Smith，1998b）。

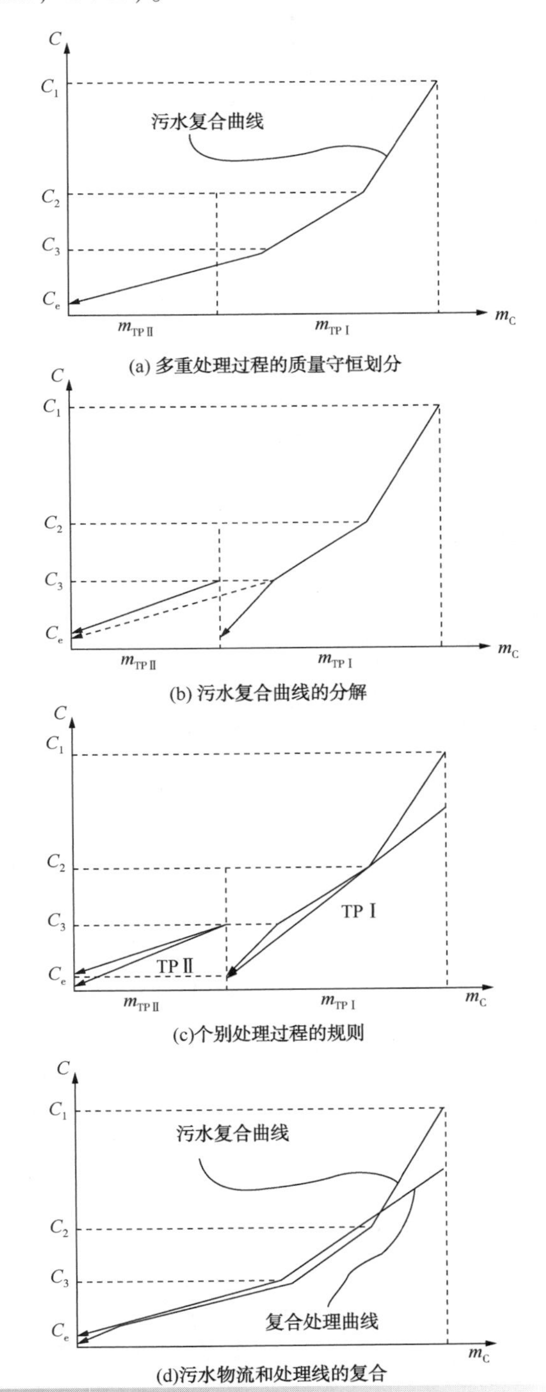

图 26.61 基于多种处理过程

最后，两种处理工艺的相对污染物质量负荷通常可以在合理范围内变化。随着负荷从 TPI 转移到 TPII，它们的相对资本和运营成本将发生变化，反之亦然。这是一个可优化的自由度。

26.13 针对单一污染物的最小废水处理流量设计

在确定了如何设定最小处理流量的目标后，接下来的问题是如何设计以实现这一目标。实现目标的设计原则是基于相对于夹点浓度的物流初始浓度：

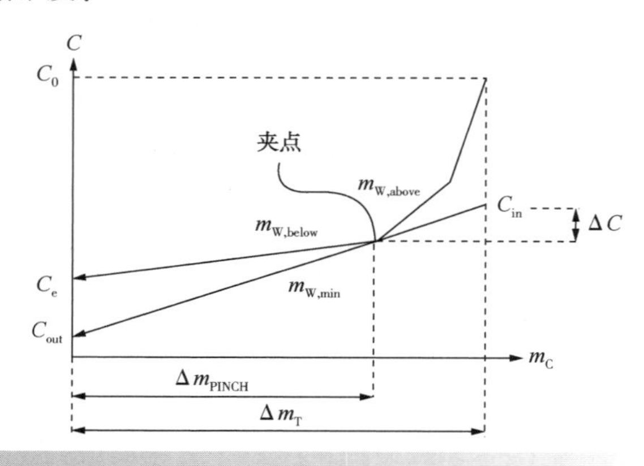

图 26.62 达到流量处理目标
（转载自 Wang YP and Smith R（1994b）Design of Distributed Effluent Treatment Systems，Chem Eng Sci，49：3127，with permission from Elsevier）

$$第Ⅰ组\ C_{Ⅰ,j}>C_{PINCH} \quad (26.22)$$

$$第Ⅱ组\ C_{Ⅱ,j}=C_{PINCH} \quad (26.23)$$

$$第Ⅲ组\ C_{Ⅲ,j}<C_{PINCH} \quad (26.24)$$

式中 $C_{Ⅰ,j}$，$C_{Ⅱ,j}$，$C_{Ⅲ,j}$——第Ⅰ，Ⅱ和Ⅲ组中 j 物流的浓度。

将 $m_{W,above}$ 和 $m_{W,below}$ 分别定义为紧靠夹点浓度上、下两个浓度区间的总废水流量，如图 26.62 所示，则：

$$m_{W,above}=\sum_j^{S_Ⅰ} m_{WⅠ,j} \quad (26.25)$$

$$m_{W,below}=\sum_j^{S_Ⅰ} m_{WⅠ,j}+\sum_j^{S_Ⅰ} m_{WⅡ,j} \quad (26.26)$$

式中 $m_{W,above}$，$m_{W,below}$——紧靠夹点上方和夹点下方的水流量；

$m_{WⅠ,j}$，$m_{WⅡ,j}$——分别在第Ⅰ组和第Ⅱ组中 j 物流的水流量；

$S_Ⅰ$——第Ⅰ组中的物流总数；

$S_Ⅱ$——第Ⅱ组中的物流总数。

由于此时具有流量 m_{WT} 的处理线与复合曲线紧靠，所以以下关系成立：

$$m_{W,above}\leqslant m_{Wmin}\leqslant m_{W,below} \quad (26.27)$$

这意味着：

$$\sum_j^{S_Ⅰ} m_{WⅠ,j}\leqslant m_{Wmin}\leqslant \sum_j^{S_Ⅰ} m_{WⅠ,j}+\sum_j^{S_Ⅰ} m_{WⅡ,j} \quad (26.28)$$

因此，最小处理流量目标 m_{Wmin} 由下式给出：

$$m_{Wmin}=\sum_j^{S_Ⅰ} m_{WⅠ,j}+\theta\sum_j^{S_Ⅰ} m_{WⅡ,j} \quad (26.29)$$

其中 $0\leqslant\theta\leqslant 1$

由式 26.29 可知，当第Ⅰ组所有污水物流均得到处理，第Ⅱ组部分污水物流得到处理，第Ⅲ组部分污水物流没有处理时，即可达到处理流量目标。

为了达到流量目标，确定了要处理的物流之后，仍然有必要证明这些物流的平均入口浓度 $C_{mean,in}$ 等于处理过程的目标入口浓度 C_{in}。如果处理废水的流量目标 m_{Wmin} 由公式 26.29 确定，则处理水流的平均入口浓度 $C_{mean,in}$ 可通过下式得出：

$$C_{mean,in}=\frac{\sum_j^{S_Ⅰ} m_{WⅠ,j}C_{Ⅰ,j}+\theta\sum_j^{S_Ⅱ} m_{WⅡ,j}C_{PINCH}}{\sum_j^{S_Ⅰ} m_{WⅠ,j}+\theta\sum_j^{S_Ⅱ} m_{WⅡ,j}} \quad (26.30)$$

从图 26.62 中可以看出，处理流量目标的目标入口浓度 C_{in} 为：

$$C_{in}=C_{PINCH}+\Delta C=C_{PINCH}+\frac{\Delta m_T-\Delta m_{PINCH}}{m_{Wmin}} \quad (26.31)$$

其中 ΔC 为经过夹点上方处理工艺后的浓度变化，然后：

$$\Delta m_T-\Delta m_{PINCH}=\sum_j^{S_Ⅰ} m_{WⅠ,j}(C_{Ⅰ,j}-C_{PINCH}) \quad (26.32)$$

式中 Δm_T——总质量处理负荷；

Δm_{PINCH}——夹点下方的质量处理负荷。

将式 26.32 和式 26.29 代入式 26.31，得到目

标入口浓度 C_{in}：

$$C_{in}=C_{PINCH}+\frac{\sum_{j}^{s_{\mathrm{I}}}m_{W\mathrm{I},j}(C_{\mathrm{I},j}-C_{PINCH})}{\sum_{j}^{s_{\mathrm{I}}}m_{W\mathrm{I},j}+\theta\sum_{j}^{s_{\mathrm{I}}}m_{W\mathrm{II},j}}$$

$$=\frac{\sum_{j}^{s_{\mathrm{I}}}m_{W\mathrm{I},j}C_{\mathrm{I},j}-\sum_{j}^{s_{\mathrm{I}}}m_{W\mathrm{I},j}C_{PINCH}+\sum_{j}^{s_{\mathrm{I}}}m_{W\mathrm{I},j}C_{PINCH}+\theta\sum_{j}^{s_{\mathrm{II}}}m_{W\mathrm{II},j}C_{PINCH}}{\sum_{j}^{s_{\mathrm{I}}}m_{W\mathrm{I},j}+\theta\sum_{j}^{s_{\mathrm{II}}}m_{W\mathrm{II},j}}$$

$$=\frac{\sum_{j}^{s_{\mathrm{I}}}m_{W\mathrm{I},j}C_{\mathrm{I},j}+\theta\sum_{j}^{s_{\mathrm{II}}}m_{W\mathrm{II},j}C_{PINCH}}{\sum_{j}^{s_{\mathrm{I}}}m_{W\mathrm{I},j}+\theta\sum_{j}^{s_{\mathrm{II}}}m_{W\mathrm{II},j}}$$

$$=C_{mean,in} \tag{26.33}$$

式 26.33 证明所有处理物流的平均入口浓度等于目标入口浓度。

总结以上讨论，给出了以下设计规则，这些规则是实现处理流量目标所必须遵循的。

设计规则Ⅰ。如果废水物流的浓度大于夹点浓度，那么所有这些物流的所有流量都必须进行污水处理。

设计规则Ⅱ。如果废水物流的浓度等于夹点浓度，那么这些物流一部分被处理而另一部分不需要进行污水处理。

设计规则Ⅲ。如果废水物流的浓度低于夹点浓度，那么所有这些物流都不需要进行污水处理。

设计规则Ⅱ是由质量守恒决定的。第二组待处理的废水物流可按下列方法计算：

$$m_{W\mathrm{II}}=\frac{\Delta m_{T}-\Delta m_{CI}}{C_{PINCH}-C_{out}} \tag{26.34}$$

其中

$$\Delta m_{CI}=\sum_{j}^{S_{\mathrm{I}}}m_{W\mathrm{I},j}(C_{\mathrm{I},j}-C_{e}) \tag{26.35}$$

这三条基本规则创建了分离策略，以确保在设计中实现目标。

如图 26.61 所示，如果污水处理涉及多个处理流程，则可采用与单一处理流程相同的基本方法。如图 26.61 所示的分解问题，这为设计提供了目标和依据。每个处理过程都有自己的夹点，每个处理过程的网络设计可以单独开发，然后将网络设计简单地连接在一起（Kuo and Smith，1998b）。

例 26.9　再考虑例 26.8。表 26.8 中三个物流的目标值确定为 60t · h^{-1}。这与其在出口浓度达到 10ppm 的处理工艺和去除率为 95%时相一致。设计一个污水处理网络，达到 60t · h^{-1}的处理目标值。

解：为实现这一目标，首先需要确定相对于夹点的起始浓度。夹点位于 100ppm，物流 1 从夹点上方开始，物流 2 从夹点处开始，物流 3 从夹点下方开始。因此，物流 1 必须完全处理，物流 2 必须一部分被处理而另一部分不处理，物流 3 必须全部不处理。问题是物流 2 中有多少进行了污水处理，有多少没有进行污水处理。如果流量为 40t · h^{-1}的物流 1 必须经过污水处理，并且污水处理量的目标值是 60t · h^{-1}，那么来自物流 2 的 20t · h^{-1}必须经过污水处理工艺。图 26.63 所示为污水处理的设计结构及流量。

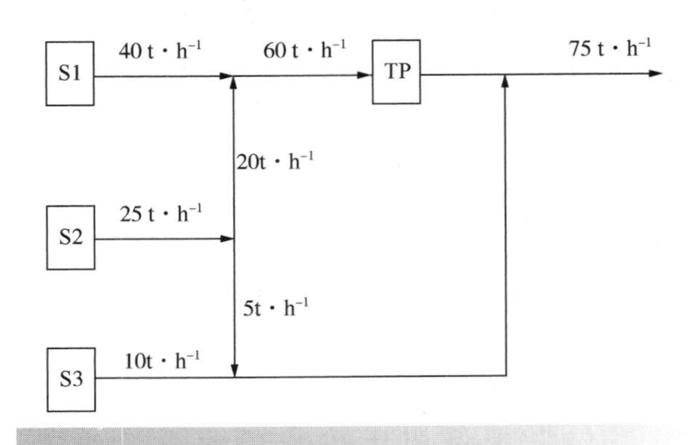

图 26.63　例 26.9 的设计结构

因此，实现这一设计目标需要遵循三个简单的规则。不过有几点需要强调。首先，为了实现目标，开始的物流必须处理一部分。虽然这种分流方式对于解决所提出的问题是必要的，但在实践中通常是不可行的。在需要分流时它会使设计更复杂。此外，监管部门通常认为这样的安排是不可接受的，即使它依据相关规定解决了问题。环境法规通常对最优方法或最佳环境选择等标准有要求。因此，通常认为处理部分物流不是最环保的做法。如果需要处理部分物流，那么为什么不处理所有物流呢？如果所有物流都处理，并且在夹点处开始的物流都通过处理工艺，那么系统的性能将远高于监管要求。虽然这在小型系统中似乎是一个缺点，但在实际中并不是个问题。在实践中，不只是处理三个物流，来自一个站点的物流的数量可能是 100 个或更多。在这种情况下，改变可能完全通过处理的工艺而不是部分处理的工艺，对整个系统性能的影响很小（Smith，Petela and Howells，1996）。

关于设计过程的另一点是物流的影响已经低于环境限制。实际上，如图 26.60 所示，对于一个大站点，许多物流已经低于环境限制。从设计的角度来看，这些物流不应该被处理，而是与所有低于夹点浓度的物流一起排放（Smith，Petela and Howells，1996）。

26.14 废水再生

图 26.2 介绍了再生的基本原理。再生是一种处理工艺，但其目的是将水再利用或再循环，而不是直接排放。废水再生在下列情况下有可能是经济的：

- 允许回收工艺材料；
- 通过承担部分污水负荷代替了在排放处理方面的投资，并减少了对水的总体需求；
- 新鲜水消耗量受到限制。

考虑表 26.10 中的三种操作的用水数据。它的目的是尽量减少新鲜水的消耗和废水的产生。再生后的出口浓度可达 5ppm。

首先考虑仅用于再利用的系统性能。图 26.64所示为再利用的目标值仅为 60t · h^{-1}。为了实现再利用，图 26.65a 所示为一种简单的目标方法（Wang and Smith，1995a）。在本例中，新鲜水的浓度为 0ppm，在图 26.65a 中的浓度为 200ppm。然后，浓度为 200ppm 的水进入再生过程，并将其浓度降低至 5ppm。如果假定再生过程中的水的流量与进入再生过程的水的流量相同，那么再生后的水可用于完成再生过程。因为再生前后的水流量相同，所以新鲜水线和再生水线的斜率相同。通过平行移动新鲜水线和再生水线以达到相对于极限复合曲线的最大斜率来达到目标。在这种情况下，它对应的新鲜水和再生水的流量为 30.4t · h^{-1}。需要注意的是，在图 26.65a 中，新鲜水线的剖面越过了极限复合曲线，然而，这仍然是可行的，因为新鲜水和再生水的复合线没有越过极限复合曲线。在图 26.65 中，在进入再生过程之前，新鲜水的浓度为 200ppm，这是夹点浓度。可以证明，在许多问题上，在夹点浓度下再生可以减少新鲜水的消耗（Wang and Smith，1995a）。然而，在夹点浓度下供给再生水并不总能得到再生水再利用的最小新鲜水流量（Bai，Feng and Deng，2007）。

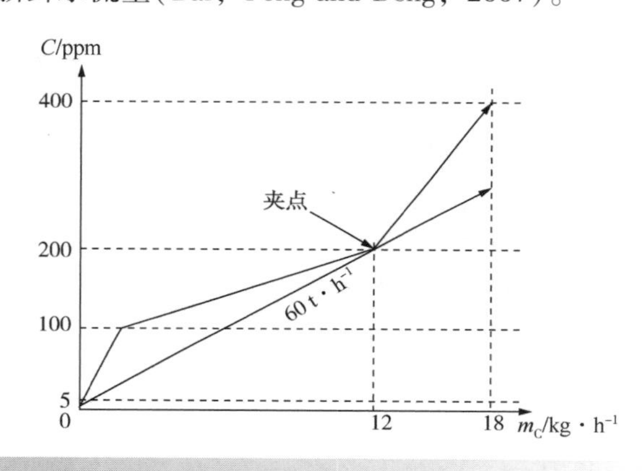

图 26.64 再利用的目标值

图 26.65b（Wang and Smith，1995a）中所示为一个使用再生再循环时的简单目标。在这种情况下，如果允许循环利用，那么供给系统的新鲜水的最小流量由低浓度下的极限复合曲线决定。在 200ppm 时，新鲜水进入再生过程，其浓度降低到 5ppm。以 20t · h^{-1}为例，需要增加再生水的流量以匹配极限复合曲线。如图 26.65b 所示，在这个例子中目标值为 21t · h^{-1}，通过再生后的部分水的回收来调节新鲜水线和再生水线之间的

流量差异。同样，选择以 200ppm 的夹点浓度进入再生工艺，以实现最小流量。然而，再生工艺在夹点浓度下进料并不总会得到再生循环的最小新鲜水流量(Feng, Bai and Zheng, 2007)。

图 26.65 中以再利用和再循环为目标的简单方法有两个主要的缺点。第一，极限复合曲线的形状决定了再生工艺中进料的最佳浓度。在多数情况下是夹点浓度，也可能高于或低于夹点浓度(Bai, Feng and Deng, 2007; Feng, Bai and Zheng, 2007)。第二，通常在设计中基于图 26.65 中所示结构的方法都需要将操作分为两部分，一部分由新鲜水供给，另一部分由再生水供给(Wang and Smith, 1995a)。这种操作分割通常并不实际。

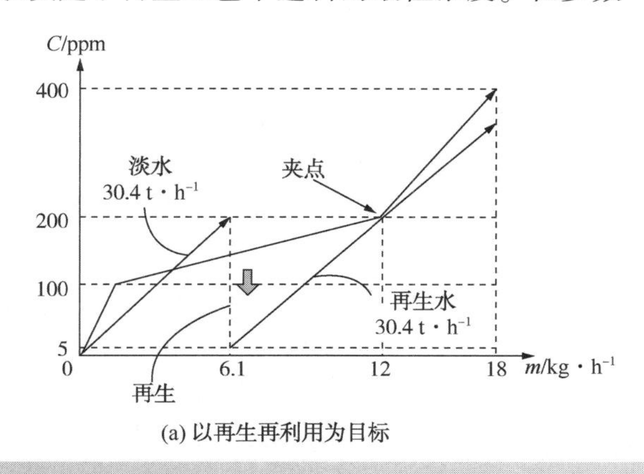

(a) 以再生再利用为目标

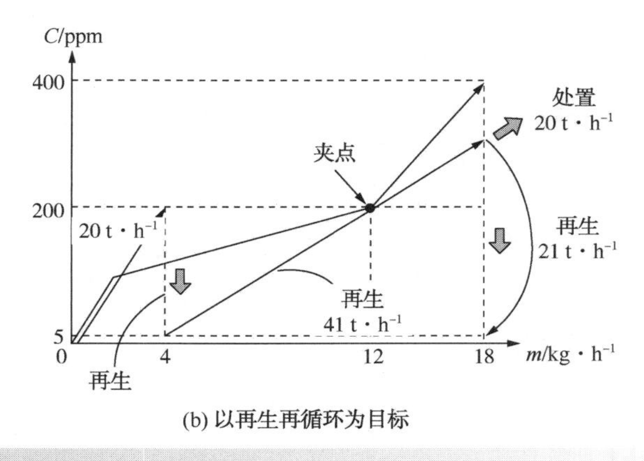

(b) 以再生再循环为目标

图 26.65　一种针对再生再利用和再生再循环的简单方法

图 26.66　为再生再利用提供初始分组的算法

更好的方法是将操作分为两组。第一组操作必须由新鲜水进料。第二组操作由再生水补给(Kuo and Smith, 1997)。分组原则取决于是否希望回收。首先以再利用为例，这是不允许回收的。

图 26.66 给出了一个简单的算法，可以为再生再利用的问题提供一个初始分组，以避免回收(Kuo and Smith, 1997)。初始分组时先将物流划分为需要浓度低于再生所能达到的浓度的物流，以及能够接受比再生能实现的浓度更高的物流。在本例中，根据表 26.10 中给出的数据，操作 1 必须是新鲜水进料。然后，决定操作 2 和 3 是由新鲜水还是再生水供给。再利用夹点下方的质量负荷为：

物流 14000g · h^{-1}

物流 25000g · h^{-1}

物流 33000g · h^{-1}

由于操作 1 属于新鲜水组，则与新鲜水组中的操作 1、3 和再生水组中的操作 2 一起安排，尽可能均匀地平衡再利用夹点下方的质量负荷。

这种布置如图 26.67 所示。由新鲜水补给的物流(操作 1 和 3)被用来构建一个极限复合曲线。这两条物流的目标新鲜水量为 35t · h^{-1}，只有操作 2 使用再生水，浓度为 5ppm 的再生水的目标值为 26.6t · h^{-1}。由于新鲜水的目标值为 35t · h^{-1}，大于 26.6t · h^{-1}的再生水目标值，操作 1 和 3 出口部分水直接流出，其余的水用于操作 2 的再生和使用。虽然图 26.67 提供了一个初始分组，但有时可以通过将物流从新鲜水组转移再生水组或反之来改善目标。改进的原因是由于该系统有两个夹点：用于新鲜水的夹点和用于再生水的夹点。在某些问题中，利用夹点之间的相互作用可以改进目标。通过这种转移，可以使用三种基本方法来优化物流的分组：

1）一种基于新鲜水和再生水夹点的概念性方法（Kuo and Smith，1997）；

2）组合搜索；

3）混合整数设计（Gunarantnam，et al.，2005）。

实际上，在这个简单的示例中，没有通过转移来改进目标的范围，最终的目标如图 26.67 所示。为达到这一目标而进行的设计采用了迄今为止所描述的完全相同的水网络设计程序，但需要在两组物流上分别进行。然后，这两种设计通过再生工艺连接在一起，以符合图 26.67 所示的简要流程图。图 26.68 所示为再生再利用设计。与新鲜水目标仅 60t・h^{-1}再利用相比，再生再利用使新鲜水减少到 35t・h^{-1}。

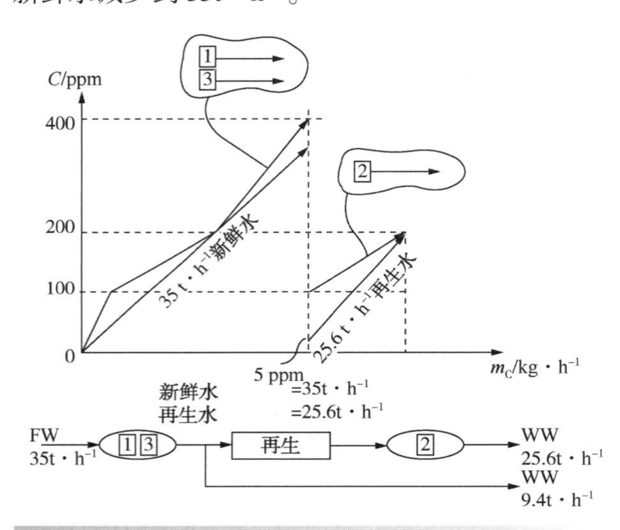

图 26.67 表 26.10 中数据的目标是利用出口浓度为 5ppm 的再生工艺进行再生再利用

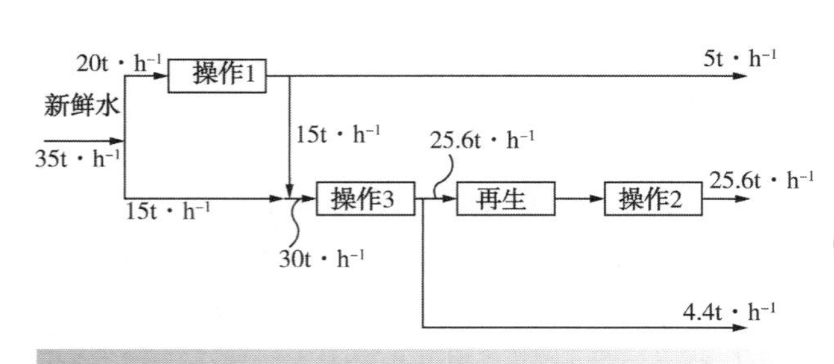

图 26.68 基于表 26.10 中的问题进行再生再利用设计

与再生再利用一样，再生再循环的目标是将用水操作分为两组，需要新鲜水的和需要再生水的（Kuo and Smith，1997）。图 26.69 所示为再生再利用提供初始分组的一种算法（Kuo and Smith，1997）。这种算法很简单，把物流分成两部分，一部分需要比再生技术浓度低的水，另一部分需要比再生技术浓度高的水。以这一初始分组为基础的指标见图 26.70。同样，有时通过转移也可以改进初始目标。这再次源于问题中存在两个“夹点”，在某些情况下可以利用这两个“夹点”之间的相互作用。然而，与再生水再利用不同的是，转移只是为了减少再生水的成本，将物流从再生水转移到新鲜水（Kuo and Smith 1997）。这种转移同样可以基于概念性的方法（Kuo and Smith，1997），组合搜索或混合整数设计（Gunarantnam，et al.，2005）。一旦最终目标被接受，设计就是分别为两组设计网络，然后通过再生工艺和循环将两个设计连接在一起。最终设计为达到的目标如图 26.71 所示。淡水消耗现在减少到 20t・h^{-1}，相比之下，35t・h^{-1}再生再利用和 60t・h^{-1}仅供再利用。

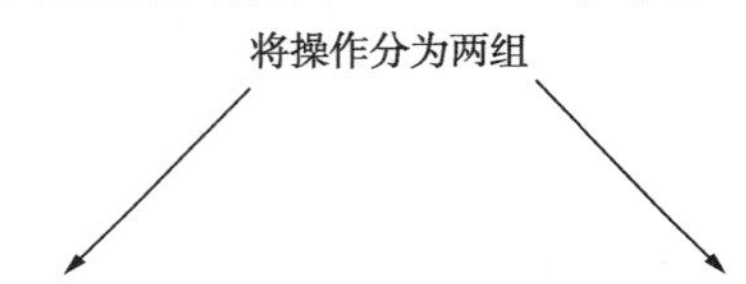

图 26.69 为再循环提供初始分组的算法

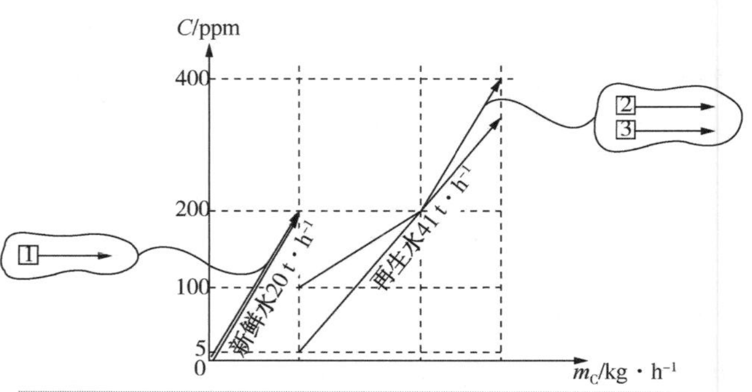

图 26.70 表 26.10 中的数据目标是利用出口浓度为 5ppm 的再生工艺进行再生再循环

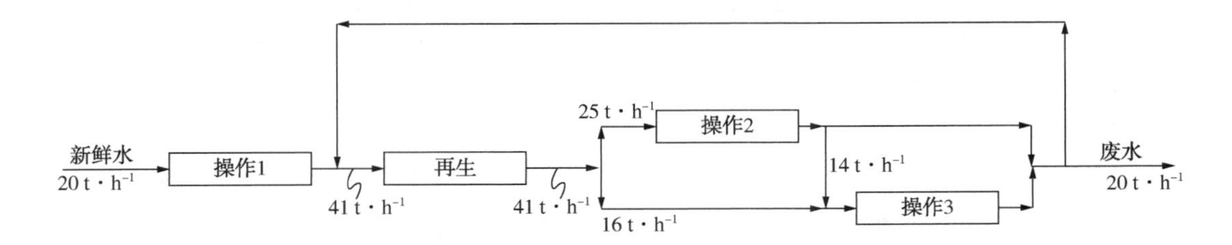

图 26.71　基于表 26.10 中的问题进行再生再利用设计

26.15　基于上层结构优化的污水处理和再生目标设计

与最小化用水量的情况一样，用于污水处理和再生的图解法有一些限制。同样的，多种污染物、约束条件、管道和下水道成本、多种处理过程和改造都难以进行。要包括这些复杂情况，需要一种基于上层结构优化的方法。

图 26.72 所示为涉及三条污水物流和三种处理工艺的污水处理系统设计的上层结构（Kuo and Smith，1998b）。上层结构允许所有的可能性。任何物流都可以进入污水处理工艺或部分进入污水处理工艺。此外，上层结构底部的连接允许改变处理过程的顺序。为了优化这种上层结构，需要建立一个数学模型用于系统的各种物料平衡和成本相关性。这样的模型可以对上层结构进行优化，最终的设计如图 26.72 所示。上层结构方法的优点是容易解决大型复杂问题，设计过程是自动化的，它提供了一个设计和目标，易于考虑到约束条件、管道和下水道成本，并且权衡成本关系（Galenand and Grossmann，1998；Gunarantnam，et al.，2005）。该方法的主要缺点是优化难度比相应的水再利用的优化难度大。一般问题是非线性的，最好的方法是通过简化的线性模型提供非线性优化的初始解（Galen and Grossmann，1998；Gunarantnam，et al.，2005）。

基于上层结构优化自动化方法的一个缺点是丧失了概念性的洞察力。然而，与优化水再利用网络的案例一样，可以构建基于浓度与质量负荷的关系图来表示优化的结果。设计中的实际浓度用于绘制污水复合曲线和污水处理工艺。这可以在单个组分的基础上完成，如图 26.73 所示。图 26.73所示为涉及两种污染物处理的优化结果。污染物 A 的复合处理曲线涉及多个处理工艺和污水复合曲线的夹点。如图 26.73 所示为污染物 B 的处理工艺。此外，复合处理曲线有一些特征。首先，它没有夹点。第二，复合处理曲线超出了污水复合曲线。这表明污染物 B 被过度处理了。这可能是为了满足污染物 A 的排放要求而产生的结果。污染物 A 和 B 在不同的处理过程中同时被处理，而污染物 A 显然在这个特殊问题上受到了限制。

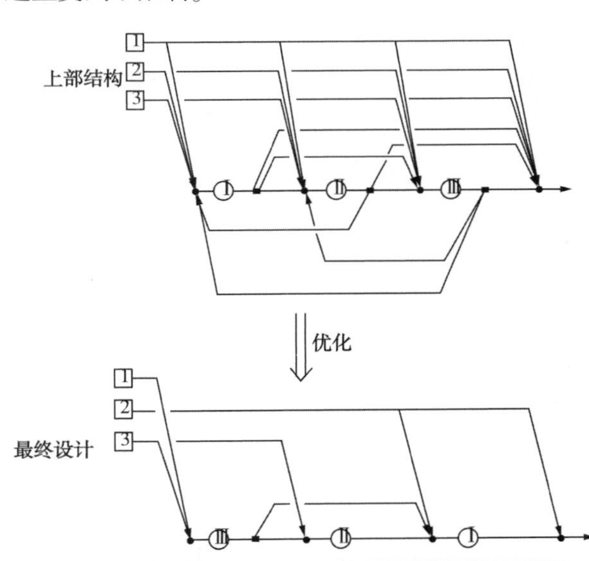

图 26.72　基于上层结构设计一种三股物流和三种处理工艺的污水处理工艺

处理工艺的另一个作用是它们可以用于废水的再生再利用或再生再循环，而不是直接排放。原则上，任何处理工艺都可以用于废水排放或废水再生。图 26.74 所示为两个操作和一个处理工艺的上层结构（Gunarantnam，et al.，2005）。上层结构允许操作 1 和操作 2 之间的所有基本再利用选择。以及使用处理工艺的再生再利用或再生再循环。或者，同样的处理工艺可用于处理和排放污水。这样，只考虑再利用、再生再利用、再生再循环和污水处理排放的分析，都可以通过图26.74所示的上层结构的优化同时进行检验。

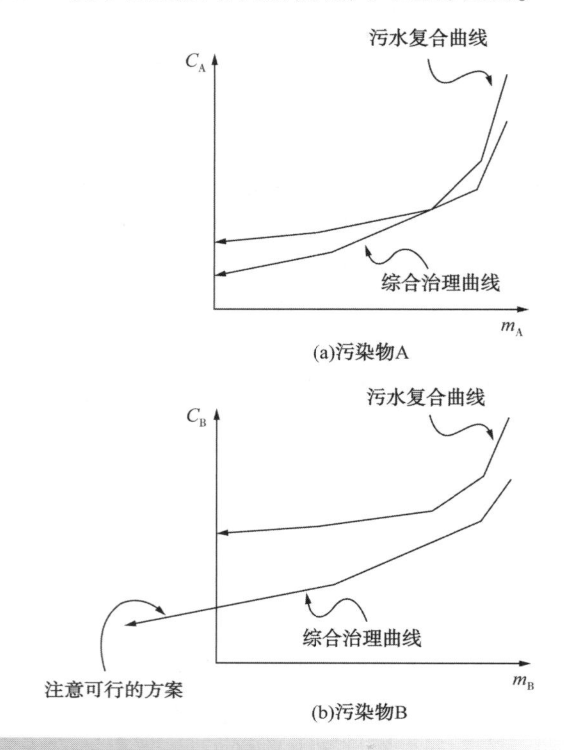

图26.73 从优化计算输出组成与质量负荷图

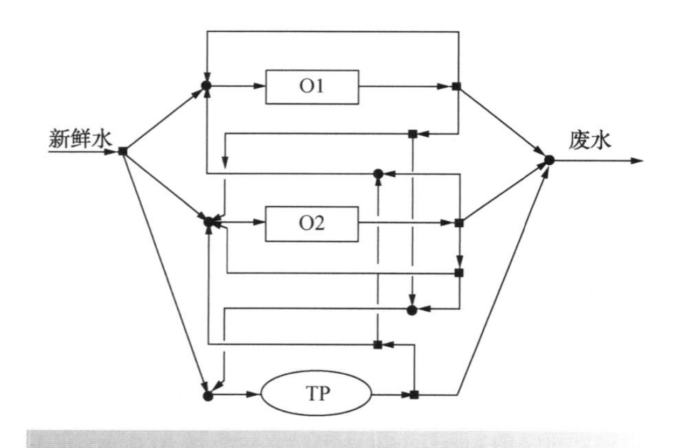

图26.74 处理工艺用于再生或排放的上层结构

26.16 数据提取

在考虑换热器网络设计时，需要强调数据提取的重要性，因为在换热器网络设计中，数据提取不当会导致设计失败。同样，在水系统的设计中也存在与数据提取相关的基本问题。

1）水守恒。在从水消耗和污水处理的角度研究现有系统之前，第一步必须是建立水守恒。对于一个新的设计，这只是一个简单的问题，即从流程中提取与水物流有关的信息，以及场地和相关公用系统工程的物料和能量守恒。然而，很少有设计师面对的是一个全新的场地。最常见的情况是对现有场地进行改造，所有现有单元已就绪，或在现有场地上增加新单元，或关闭修改场地基本配置的单元。目标是通过增加或关闭单元来满足场地负荷的变化，改善现有的环境和经济性能，或满足环境法规的变化。在改造的情况下，往往很难产生水守恒，但这是必要的。普遍缺乏信息、错误记录和指导意味着通常不可能将水守恒控制在90%以上。这当然适用于整个场地，通常也适用于单个流程。在一个工艺中或一个地点，水守恒至少占水的90%，这是一个必要的起始点。

2）污染物。下一个要解决的问题是哪些污染应该包括在分析中？答案是，没有必要包含全部的污染物。污染物应该尽可能地集中在一起，例如总有机物质，盐，悬浮物，总固体等。如果要考虑特定的约束，则有必要包含单个组分(如苯酚)。应该注意的是，不能仅仅因为可以从工艺出口获得分析数据就将污染物纳入分析。对于水的再利用分析，污染物应该只在有约束条件下考虑。假定整个问题可以用单一污染物进行分析是好的方法，例如溶解的固体。额外的污染物应该只在必要的时候添加。应该注意的是，这里描述的研究水系统的方法并不是模拟水系统。在用水系统设计的这一阶段所涉及的所有问题是污染物规格是否反映了允许、阻止水再利用或再循环的限制。对于污水处理系统，研究通常可以通过加入与排放法规有关的最重要的污染物来进行。当然，当设计完成后，必须进行检查，以确保所有的环境指标都符合法规要求。

3）流量限制。有些工艺需要固定的流量，例如，冷却塔补给、冲洗操作、蒸汽喷射器等。在提取数据时，设计人员需要确定这种流量约束条件。如果这项研究的目的对新鲜水的消耗和废水的生成产生了重大影响，那么就不分析小物流。在大多数情况下，小物流的再利用或再循环可能不经济。只需要研究最大的物流。

4）数据准确性。水系统通常很复杂，并且缺乏研究数据。在研究的早期避免收集大量不必要的数据是很重要的。对于系统来说，最精确的数据要求是在夹点附近和夹点下方。根据定义，这是限制性数据。因此，一个好的方法是先收集近似数据然后进行初步分析。最初的目标和数据分析将揭示设计对数据错误最敏感的地方。在这些领域收集更好的数据可以用来细化目标。这种方法应该避免收集太多不必要的数据。

5）限制条件。当确定再利用、再生再利用和再生再循环的可能时，起点是确定一个操作可接受的受污染最严重的极限水数据。但是限制条件是如何确定的呢？对此没有直接的答案，许多因素会影响限制条件的设置：

- 判断和经验；
- 腐蚀限制；
- 最大溶解度；
- 模拟研究；
- 实验室研究；
- 工厂试验；
- 灵敏度分析。

灵敏度分析在确定极限浓度时是一个特别有用的工具。从初始限制条件开始，也就是现有的浓度，可以设定如图 26.75 所示的初始目标。然后可以调整数据以增加入口浓度并重新定位。结果对入口浓度的变化可能敏感或不敏感。图 26.75 中的操作 2 表明，入口浓度的小幅增加最初导致需水量大幅降低。入口浓度进一步增加会使收益逐渐递减。当流量对入口浓度变化不敏感时，应使用模拟、实验室研究等方法更仔细地检查其实用性。相比之下，操作 1 的入口浓度的大幅增加只会使总流量适度减少。进行这样的灵敏度分析允许识别关键的设计变量，以便更仔细地研究。

6）数据处理。当研究污水处理系统时，如研究水的再利用时，应尽可能少地包含污染物。同样，悬浮固体、COD、BOD_5等污染物应尽可能集中在一起。在研究现有生物处理工艺的性能时，如果要处理来自不同工艺的混合污水，应格外小心。例如，假设一个场地有一个现有的生物处理单元，其现有的性能可以降低 90% 的 COD。现在假设这种性能不再满足需求，需要提高性能以降低 COD 或单独指定的污染物。可以在生物处理单元中增加额外的处理能力，在上游采用分布式处理，或者在源头进行废物最小化（见第 27 章）。假设现有的生物处理性能可以通过增加额外的处理能力来改善是错误的。当对来自不同工艺的个别污水处理性能进行更仔细的研究时，对不同的污水物流的影响是不同的。可能是因为某些污水物流中的污染物很容易被分解，所以在生物处理装置中被完全处理。此外，因为一些材料难降解，来自其他工艺的污水可能在生物处理后基本上没有变化。换句话说，一些污水被过度处理，而另一些处理不足，总体效果是 COD 去除率达到 90%。这种情况可能发生在涉及各种化学过程的化学处理单元。要研究系统在这种情况下的改进，就需要将污水根据来源分为不同的 COD 类别，而不仅是总体的 COD。每个工艺都有一个 COD 类别，其特征是对该污水进行生物处理的效果如何。为了查明个别物流如何降解，需要对个别物流（例如生化需氧量）进行生物消化试验。然后可以对消化的相对速率进行建模，从而得出现有生物处理装置中混合污水的总体去除率。然后就可以更可靠地评价从源头上减少废物、预处理或增加生物处理能力的备选办法。

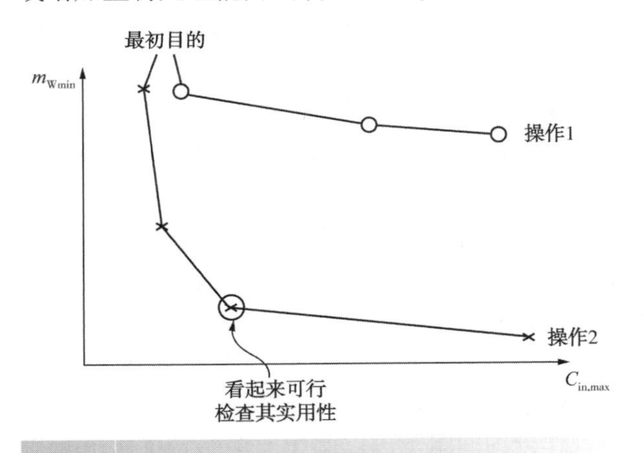

图 26.75 确定限制条件的灵敏度分析

7）环境限制。每个单元都有监管部门规定的环境排放限制。这些可能与浓度、总负荷（即排放的污染物总公斤数）或两者结合有关。通常规定主要污染物的浓度(特别是 BOD_5 和 COD)。考虑到环境排放限制或监管当局的允许限制，为这些浓度进行设计是一种不好的做法。问题是就像蒸汽系统一样，水系统几乎不会处于稳定状态。不稳定的条件会导致污水浓度和污水量的激增。例如，污水通常被收集在污水池中，直到污水池蓄满，然后控制系统启动水泵将其排空。这导致流量和污水浓度的增加。考虑到水系统的动态特性，设计排放浓度显著低于允许限制是良好的做法。考虑到附加条件，设计为允许限度的60%通常是合理的。

26.17 水系统设计——总结

越来越多的人意识到过度取水的问题和越来越严格的排放规定意味着水系统的设计必须比过去更高效。通过再利用、再生再利用和再生再循环，可以减少水的消耗和废水的产生。

分布式污水处理要求采用一种设计理念，即在适当的情况下将污水分离处理，并在适当的情况下将其联合处理。有一、二、三级多种处理工艺，可达到排放要求的浓度。

可以通过限制水剖面来确定水再利用的最大限度。这项操作中确定受污染最严重的水是可接受的。可以利用限制水剖面的复合曲线来确定最小水流量。虽然这种方法足以解决简单问题，但它有一些严重的局限性。一个更精确的方法是使用一个上层结构的优化，该优化可以包括多种污染物的复杂性、约束条件、强制匹配、资本和运营成本在内。Mann 和 Liu(1999)对这一领域进行了综述。

创建复合污水物流并根据适当的规格由复合曲线匹配处理线，可以以待处理最小污水流量为目标。针对简单问题进行定位和设计是可行的。污水的再生需要将用于再生的水物流分成两组：需要新鲜水的和需要再生水的。有各种方法可以将操作分为两组。可以基于上层结构优化进行污水处理和再生的目标和设计。

水系统的研究可能非常复杂，如果要研究整个场地，可能需要大量的数据。充分了解数据需求，可以避免收集不必要的数据，避免错失机会。

26.18 习题

1. 一种工艺包括四种用水操作，具体见表 26.11。

① 绘制固定质量负荷下水的极限复合曲线。

② 仅在固定质量负荷时，将水流量作为再利用的目标。

③ 生成网格图，设计用水网络，以达到固定质量负荷的目标。

2. 在一个工艺中需要四个操作来提供水。表 26.12 给出了入口和出口水的最大浓度以及每次操作中污染物的质量负荷。

① 若四道工序均采用入口无污染的新鲜水，则计算 $t \cdot h^{-1}$ 的总需水量。

② 当水达到其最大潜力时，计算 $t \cdot h^{-1}$ 在固定质量负荷下对应的用水量并生成网格图，设计用水网络以达到目标

表 26.11 练习 1 极限水数据

操作	极限水流量/$t \cdot h^{-1}$	$C_{in,max}$/ppm	$C_{out,max}$/ppm
1	20	0	300
2	46	100	300
3	14	100	600
4	40	400	600

表 26.12 练习 2 极限水数据

操作	$C_{in,max}$/ppm	$C_{out,max}$/ppm	水损失/$kg \cdot h^{-1}$
1	0	400	16
2	200	400	16
3	200	1000	32
4	700	1000	6

3. 考虑一个只有单一污染物的用水网络。问题的极限数据见表 26.13。

① 在没有操作 4 的情况下，构建固定质量负荷下的极限水复合曲线和最小新鲜水目标。

② 在考虑所有操作的情况下，以最小的新鲜水和废水流量为目标，实现最大的再利用。

③ 设计固定质量负荷的网络以达到目标。设计水网络有一个限制条件，仅来自操作 1 的水可以用于其他操作。画出设计步骤并且用传统的流

程图表示水网络。

表 26.13　练习 3 极限水数据

操作	$C_{in,max}$/ppm	$C_{out,max}$/ppm	极限水流量/t·h^{-1}	水损失/t·h^{-1}
1	0	100	30	
2	25	100	50	
3	50	200	40	
4	70		10	10

4. 根据表 26.13 中的数据设计一个水网络，以最大限度地实现水的再利用，但将操作限制在固定的流量进行：

① 局部循环操作是否可以接受。

② 局部循环操作不被接受。

③ 假设操作 4 的水是冷却塔的补充水。有几种工艺变化可以减少冷却塔运行所需的水。建议改变工艺。

5. 考虑使用 COD 表示单一污染物的用水网络，极限数据见表 26.14。

① 仅固定质量负荷，以最小新鲜水和废水流量为目标实现最大的再利用。

② 设计网络以实现目标。

③ 说明设计步骤，并以常规流程表示用水网络。

表 26.14　练习 5 极限水数据

操作	$C_{in,max}$/ppm	$C_{out,max}$/ppm	m_C/g·h^{-1}	极限水流量/t·h^{-1}	水损失/t·h^{-1}
1	0	100	1000	10	
2	50	100	1000	20	
3	100	400	6000	20	
4	0	10	200	20	
5	100	200	2000	20	
6	100		2000	20	20

6. 某一工厂的污水数据列于表 26.15。环境排放限制值为 50ppm：

① 绘制污水物流的合成曲线。

② 处理流量目标为固定出口浓度 $C_{out}=20$ppm。

③ 目标处理量去除率 $RR=(C_{in}-C_{out})/C_{in}=0.97$。

④ 确定处理系统设计的物流组。

⑤ 画出流程图。

表 26.15　练习 6 污水物流数据

物流	C/ppm	水的流量/t·h^{-1}
1	1000	20
2	600	53.4
3	200	22.6

7. 一个化学工艺有三种主要的用水操作，它们主要受到 NH_3 的污染。污水物流数据列于表 26.16。

目前，污水物流被合并送往蒸汽汽提塔以除去废水中 NH_3。NH_3的环境排放限制值是 30ppm。

① 构建该工艺的污水复合曲线。

② 汽提塔的最小处理流量是多少(汽提塔去除率=90%)?

③ 设计一个分布式处理网络，以达到②部分中最小处理流量目标。按照常规流程绘制最终设计图，并给出所有废水物流的流量和浓度。

④ 蒸汽汽提塔用于从废水中除去 NH_3。如果废水物流中同时含有 NH_3 和 H_2S，描述可以去除这两种污染物的蒸汽汽提塔的工艺或操作变化。

表 26.16　练习 7 污水物流数据

物流	C/ppm	水的流量/t·h^{-1}
1	300	50
2	150	30
3	80	20

8. 表 26.17 所示，一个用水网络产生的六种污水物流。污染物浓度的环境排放限制值为 50ppm。现在有两种处理方法，分别可将污染物浓度降低至 20ppm 和 40ppm(表 26.18)。

① 绘制问题的污水复合曲线，确定单独使用的每个处理工艺的目标。

② 为每个处理工艺绘制处理系统的常规流程图，并确定哪一种方案是最经济的。

③ 画出该问题的上层结构。

表 26.17　练习 8 污水物流

物流	水的流量/t·h^{-1}	C/ppm
1	25	200
2	40	350
3	50	200

物流	水的流量/$t \cdot h^{-1}$	C/ppm
4	90	150
5	85	120
6	40	75

表 26.18　练习 8 污水处理工艺

处理过程	C_{out}/ppm	单位操作费用/$\$ \cdot t^{-1}$	最大流量容量/$t \cdot h^{-1}$
TP1	20	2.25	700
TP2	40	1.5	500

9. 在一个水资源严重短缺的国家，政府已经对工业使用的新鲜水量进行了限制。某公司有三个主要的用水操作。在每个操作中，水会以悬浮固体(SS)的形式吸收污染物。表 26.19 列出了 SS 的现有浓度。

该公司现在被告知必须将总用水量减少至少 10%。与运营经理讨论后得出的结论是，并不是所有的操作都需要新鲜水。表 26.20 给出了操作入口允许的最大浓度。

① 假设表 26.19 中的出口浓度为最大允许浓度，每个操作的污染物质量负荷和极限流量是多少？

② 如果水在固定质量负荷下再利用，所需的最小新鲜水流量是多少？

③ 公司能否通过再利用水达到所需的减水量？

④ 设计一个在固定质量负荷下能达到最小水用量目标的网络。按照常规流程绘制最终设计图，给出所有水流的流量和浓度。

表 26.19　练习 9 水数据

操作	C_{in}/ppm	C_{out}/ppm	水流量/$t \cdot h^{-1}$
1	0	100	20
2	0	100	30
3	0	330	50

表 26.20　练习 9 最大浓度

操作	$C_{in,max}$/ppm
1	0
2	50
3	30

10. 供水网络极限数据如表 26.21 所示。该污染物的环境排放限制值为 50ppm。可用新鲜水的浓度为 0ppm。有一种处理工艺能够使污染物出口浓度达到 20ppm。

① 绘制水的极限复合曲线，得到在固定质量负荷下再利用的最小新鲜水流量目标。

② 设计实现这一目标的用水网络。绘制常规的流程图。

③ 从物流到污水，设计一个分布式处理问题。绘制污水复合曲线。获得最小处理目标。

④ 设计分布式污水处理网络，达到最小处理目标。绘制常规的流程图。

表 26.21　练习 10 水数据

操作	极限水流量/$t \cdot h^{-1}$	m_C/$t \cdot h^{-1}$	$C_{in,max}$/ppm	$C_{out,max}$/ppm
1	10	1000	0	100
2	55	8250	100	250
3	40	4000	300	400

11. 表 26.22 所示为五种用水操作的数据。目标表明该工艺仅需要 $80t \cdot h^{-1}$用于再利用。建议通过引入去除率为 0.95 的再利用来降低该目标。将探究不同的物流组进行再利用。在每种情况下，画出水物流在两组之间的分布模式。没有必要确定每组内的流动模式。

① 将物流分为两组进行再利用。第一组包含操作 1、操作 2，第二组包含操作 3、操作 4 和操作 5。确定新鲜水和再利用水的目标。

② 第一组中只有操作 1，其余的都在第二组中。同样，确定新鲜水和再利用水的目标。

③ 第三种分组在第一组中有操作 1 和操作 4，其余的在第二组中。确定新鲜水和再生水的目标。

④ 建议哪一组？

表 26.22　练习 11 水数据

操作	污染物质量负荷/$t \cdot h^{-1}$	$C_{in,max}$/ppm	$C_{out,max}$/ppm	极限水流量/$t \cdot h^{-1}$
1	8	0	200	40
2	5	100	200	50
3	6	100	400	20
4	6	300	400	60
5	8	400	600	40

参　考　文　献

Bai J, Feng X and Deng C (2007) Graphical Based Optimisation of Single-Contaminant Regeneration Reduce Water Systems, *Chem Eng Res Dev*, **85**: 2127.

Berne F and Cordonnier J (1995) *Industrial Water Treatment*, Gulf Publishing.

Betz Laboratories (1991) *Betz Handbook of Industrial Water Conditioning*, 9th Edition.

Dhole VR, Ramchandani N, Tainsh R and Wasilewski M (1996) Make Your Process Water Pay for Itself, *Chem Eng*, **103**: 100.

Doyle SJ and Smith R (1997) Targeting Water Reuse with Multiple Contaminants, *Trans IChemE*, **B75**: 181.

Eckenfelder WW and Musterman JL (1995) *Activated Sludge Treatment of Industrial Wastewater*, Technomic Publishing.

Feng X, Bai J and Zheng X (2007) On the Use of Graphical Method to Determine the Targets of Single-Contaminant Regeneration Recycling Water Systems, *Chem Eng Sci*, **62**: 2127.

Foo DCY (2007) Water Cascade Analysis for Single and Multiple Impure Fresh Water Feed, *Trans IChemE Part A*, **85**: 1169.

Foo DCY (2012) *Process Integration for Resource Conservation*, CRC Press.

Galen B and Grossmann IE (1998) Optimal Design of Distributed Wastewater Treatment Networks, *Ind Eng Chem Res*, **37**: 4036.

Gunaratnam M and Smith R (2005) Design of Water Systems with Buffering Capacity for Operability, *Trans IChemE*, **A86**: 852–862.

Gunaratnam M, Alva-Argaez A, Kokossis A, Kim JK and Smith R (2005) Automated Design of Total Water Systems, *Ind Eng Chem Res*, **44**: 588.

Kuo W-CJ and Smith R (1997) Effluent Treatment System Design, *Chem Eng Sci*, **52**: 4273.

Kuo W-CJ and Smith R (1998a) Designing for the Interactions Between Water Use and Effluent Treatment, *Trans IChemE*, **A76**: 287–301.

Kuo W-CJ and Smith R (1998b) Design of Water-Using Systems Involving Regeneration, *Trans IChemE*, **B76**: 94.

Mann JG and Liu YA (1999) *Industrial Water Reuse and Wastewater Minimization*, McGraw-Hill.

Polley GT and Polley HL (2000) Design Better Water Networks, *Chem Eng Prog*, **Feb**: 47.

Schierup HH, Brix H and Lorenzen B (1990), Wastewater Treatment in Constructed Reed Beds in Denmark - State of the Art, in Cooper PF and Findlater BC, *The Use of Constructed Wetlands in Water Pollution Control*, Pergamon Press.

Smith R, Petela EA and Howells J (1996) Breaking a Design Philosophy, *Chem Eng*, **606**: 21.

Takama N, Kuriyama T, Shiroko K and Umeda T (1980) Optimal Water Allocation in a Petroleum Refinery, *Comp Chem Eng*, **4**: 251.

Tchobanoglous G and Burton FL (1991) *Metcalf & Eddy Wastewater Engineering – Treatment, Disposal and Reuse*, McGraw-Hill.

Tebbutt THY (1990) *BASIC Water and Wastewater Treatment*, Butterworths.

Wang YP and Smith R (1994a) Wastewater Minimization, *Chem Eng Sci*, **49**: 981.

Wang YP and Smith R (1994b) Design of Distributed Effluent Treatment Systems, *Chem Eng Sci*, **49**: 3127.

Wang YP and Smith R (1995a) Wastewater Minimization with Flowrate Constraints, *Trans IChemE*, **A73**: 889.

Wang YP and Smith R (1995b) Time Pinch Analysis, *Trans IChemE*, **A73**: 905.

第 27 章　化学生产过程的环境可持续性

化学过程的设计需要使得工业活动可持续性最大化。可持续性的最大化通常要求工业系统尽量做到从经济上可行、环境上良性运转以及对社会有利等方面满足人类需求（Azapagic，2014）。因此可持续性具有经济、环境和社会等多重维度。对于过程设计而言，需要将环境维度放在第一位，但是在从环境角度出发来考虑设计问题时，还需要充分考虑其经济可行性。

可持续性要求考虑到过程设计时，需要突破现有的生产设备的界限，考虑到长远的影响，以追求社会利益的最大化，避免不利的健康影响、生态危害、不必要的材料消耗和交通负担，同时避免异味或噪音的干扰等。

生态危害的一个潜在的首要问题是过程产生的环境排放。当处理过程中产生的环境污染问题时，有两种方法：

1）采用热氧化法、生物消化等方法治理，使污染物转化成一种稳定的能够排放至环境的物质，我们称之为末端治理法。

2）通过提高原材料、能量、水的利用效率，进而降低污染物排放，我们称之为废物减排法。

末端治理法的主要问题是，一旦污染物形成之后，就很难被消除。通过浓缩或者稀释可能改变污染物的物理或化学形态，但是它不能够被完全消除。因此，末端治理的主要问题在于，其本质上没有解决问题，只是将污染物从一处转移到另一处。比如含有重金属污染物的水相，通过化学沉降法可以去除，如果处理系统设计以及操作得当，去除掉重金属的水相可以继续进行下一步处理或者直接排放到受纳水体中，但是对于沉降下来的重金属污泥，通常需要对其进行处置后进行垃圾填埋（Smith and Petela，1991a）。

环境的可持续性要尽可能降低或者消除污染物排放，这通常要提高原材料、能量以及水的利用率。然而环境可持续性具有比单纯避免排放更高的尺度要求。对于化学过程设计而言，过程所用材料需要在能够满足生产需求的情况下，少用稀有材料。尤其是要用到进口稀有金属材料时。所用的设备要求维护时尽可能少产生废物。过程所用原材料要尽可能从经济和实用性角度上做到高效，一方面可以尽量避免对环境有害的废物的产生，另一方面可以尽量保证生产所用原材料的贮备。生产过程在保障经济和可行性的基础上，尽可能减少能量消耗，一方面可以避免燃料燃烧过程中产生的二氧化碳在空气中的累积，另一方面可以尽可能保证化石燃料的贮备量。水的消耗往往也要控制在可持续的范围内，一方面不能引起水源的水质劣化，还要保证长期的水供应量尤其是地下贮水层不被破坏。排放到水体或者空气中的物质必须是环境无害的，而且尽可能不采用固体废物的填埋处理。

进行过程设计时，若要实现工业活动可持续的最大化，需要考虑其具体位置、建设施工以及后续拆除等方面的因素，另外其进料和产物，废水、过程与运输以及更广的工业基础设施之间的关联，都是在进行整个生命周期评估时所需要考虑的因素。

27.1　生命周期评估

生命周期评估是针对产品、过程或者服务进行摇篮到坟墓的评估过程。评估过程涉及所有的从上游到下游的资源需求以及环境影响等因素（Curran，1996；Guinee，2002；Azapagic and Perdan，2011）。尽管原理上而言，生命周期能考虑到很多不同产品的选项，但此处假定产品固定，主要针对该产品的生产过程进行生命周期分析。该过程可以从天然原料中萃取原材料开始，原理上来说，同样的产品生产可采用不同的原材料和过程路线。原材料的不同转化产品对应不同的转化路线以及最终产品消费环节、产品的运输和使用、产品循环再利用(如果可能)、最终处置等。每一个生命周期的步骤都需要用到资源和产生废物。因为运输、生产以及过程设备维护过程中所消耗的资源和产生的废物都是需要考虑的因素。

生命周期分析通常对过程相关的一些环境因素或者潜在的环境影响进行分析，主要如下：

• 收集工厂建造、产品生产所用原材料、能量以及水的输入以及环境排放等各类条目数据。

• 评估跟输入以及环境排放相关的潜在的环境影响

• 将所得结果进行分析来提高过程的可持续性。

生命周期分析涉及四个步骤，具体如下：

1）目标与范围的界定。第一步需要通过定义哪些因素是分析过程中需要考虑的、那些是不考虑的因素，然后界定研究的目标并建立系统边界。如果边界定义太过广泛，则收集输入输出相关信息所需要的时间以及付出精力就会很多，同时过程分析也比较烦琐。另一方面，如果边界定义范围太窄，则会造成对于真实生命周期分析过于低估。因此 LCA 一方面不能太过广泛而很难分析，另一方面应该足够广泛地捕捉主要的环境影响因素。

2）清单分析。生命周期中的清单需要列出施工所用材料、过程所用原材料的数量、能量以及用水量，并对空气排放、水体排放以及固体废弃物，包括工厂建设以及最后报废等，从整个生命周期的过程进行定量。对于不同的环境影响或者任何潜在提高可能性，生命周期清单可提供进行评估以及比较的基础。

一旦分析所定义的边界确立之后，需要绘制流程图。在系统边界中的各个单元操作相互关联，形成整个生命周期，且系统需要输入和输出，包括建设施工以及报废。需要特别注意的是，施工所用的材料用到稀有元素。报废过程中应该尽可能强调过程组件的利用或者建设时所用原材料的循环使用。对于报废过程，包括生产停止后过程清单中所列条目中材料的再利用、处置等。

边界中的每一个子系统均需要材料、能量、水的输入，还要包括原材料以及资源的运输等。从每一个子系统输出的不仅包括产品、副产品，同时还要包括空气、水体排放以及固体废弃物等。同时也要考虑到相关运输所产生的输出。

① 原材料及产品。每个子系统的原料输入应考虑与原料提取和输送到使用点相关的能量、水和运输。产品以及副产品是需要考虑的有价值的输出。副产品是产品加工过程中产生的，但并不是生产的主要目的产品，还具有一定的价值，因此不能将其划分为废物。资源的利用、能量、水的消耗以及污染排放必须逐一分配到产品以及副产品上面。过程清单中所产生的废弃的副产品包括再利用或者处置等，必须将其作为报废的一部分，对其产生的环境影响进行分析。

② 能量。能量输入首先包括直接的过程生产以及运输所需的能量。运输能量包括运输所需的能量，比如管道、卡车、轨道车、驳船、船等。除了燃料一级燃烧之外的能量输入也应该包括在内，因为燃料燃烧所产生的能量输入只是总能量输入的一部分。非直接的或者燃烧前用来开采燃料所需的能量(比如煤炭开采、钻油等)、用于将粗燃料转化为可利用的燃料、用于运输燃料至所需地点所需能量等均属于非直接的能量。非直接能量为传送可利用的燃料至所需地点的总能量。比如，对于石油燃料而言，非直接的能量应该包括原油开采和生产、原油炼制以及运输燃料油至所需位点。只有通过将非直接能源包含在内，才能够充分考虑生命周期过程中系统所需的总能量需求。

来自集成发电厂的电力输入，可能会采用煤、天然气、油，还有废物来源的能量、核能、水力能、太阳能、风能或者地热能来产电。进入电网的不同原料来源发电所产生的能量，需要进行加权平均以得到进入电网提供能量所需的材料。效率低的原因往往不仅在于单一电厂产电循环过程中效率较低，还可能因为传输时的电力损失。有些电厂产电需要采用化石燃料的燃烧，但有些电厂则不需要。采用非化石能源产电的能量输入应该考虑其化石燃料当量。比如，核电厂产生的非直接能源包括开采和燃料加工过程，还包括因为建设电厂和其他电力厂所需设备所导致的能量增加因素等。

③ 水。进入清单的水的输入，应该包括过程所需的采自所有来源的水的总量。输入的水有些进入产品或者副产品中，通过蒸发损失的水也需要将其计入水的输入清单中。输出到环境中的水，包括在废水处理后仍然在废液中的液体量，还包括排放到受纳水体中的水的总量。最常见的水体污染为生化需氧量(BOD)、化学需氧量(COD)、悬浮固体、溶解固体、烃类、酚类、硝酸盐和磷酸盐，但是可能根据具体情况还有很多其他相关的污染物指标。

④ 大气排放。大气排放应该是经过排放控制设备之后最终排放到大气中的量。也应该包括某些排放比如从泵、压缩机或者阀门密封、管道连接以及存贮区域的不可捕集的排放，无法经过排放控制装置而直接进入环境。典型的大气排放包括颗粒物、挥发性有机物(VOCs)、硫氧化物、氮氧化物、一氧化碳以及二氧化碳等，都是生命周期分析清单中需要考虑的。生命周期分析清单中的大气排放不仅包括过程生产所产生的排放，还包括燃料燃烧以提供给过程以及运输所需能量，该过程也会产生排放。

⑤ 固体废弃物。对于固体废弃物而言，需要区分工业产生的固体废弃物和消费者产生的固体废弃物，因为这两种废弃物处置方式差别很大。工业固体废弃物指的是工业加工过程中产生的固体废弃物(如果有的话，还包括包装过程中产生的固废)。通常分成两种，一种是过程产生的固体废弃物和燃料相关的固体废弃物。燃料相关的固体废弃物包括燃料开采过程、燃料加工中产生的固体废弃物、燃料燃烧过程中产生的灰分，以及从空气污染控制装置收集得到的固体废弃物等。对于消费者产生的固体废弃物，如果在分析中也列入边界之内，则一般包括达到预期用途的产品及其包装，还包括进入市政固体废弃物体系的固体废弃物。

3) 影响评价。影响评价主要是评估对于人类以及生态的潜在影响以及因为材料、能源、水等的使用导致的资源开采；清单中所识别列出的环境排放等。影响评价的一些例子比如因为温室气体排放导致的全球变暖效应，或者受体因为接收富氮磷排水导致其富营养化的评价等。

① 影响类别的定义。影响通常针对清单中所列出的输入和输出因素，对于人类健康、环境或者未来自然资源可获取性等造成的一系列因果性的影响。表 27.1 列出了 LCA 中常用的影响类别。其影响类别通常是用所参照物质的等效质量来定量(Azapagic and Perdan，2011)。比如温室气体排放通常定量为当量 kg 二氧化碳的质量排放。

② 分类。分类通常是把资源使用以及排放到环境的量折算成相应的影响类别。比如，二氧化碳排放一般会划分为全球变暖的影响类别下，而另一方面氮氧化物的排放则往往划分到光化学烟雾形成、酸雨和富营养化类别下等。

③ 影响具体描述。该过程采用各类因子来描述清单中各类输入和输出的影响，最终用一个单独的有代表性的影响因子来表示。影响因子通常定义为：

影响因子=各类描述因子的系数×输入或输出的量

为方便比较，通常不同的影响均需折算为单一的影响因子，这样需要将不同物质产生的影响折算为特定参照物质相当的影响。表 27.1 给出了主要影响因子的例子(Azapagic and Perdan，2011)。影响因子的相关数据可以从不同数据库得到。

表 27.1　主要影响因子(Azapagic and Perdan，2011)

影响类别	描述	参考物种	计算
元素的非生物资源枯竭(ADP)	金属和矿物的枯竭	锑	$ADP = \sum_i ADP_i B_i$ (kg Sb eq.) ADP_i——i 资源的非生物损耗 B_i——i 资源数量
能源的资源枯竭(ADP)	化石燃料的耗尽	MJ 能量	$ADP = \sum_i LHV_i B_i$ (MJ) LHV_i——化石燃料 i 较低的热值 B_i——化石燃料 i 的数量

续表

影响类别	描述	参考物种	计算
一次能源需求(PED)	生命周期中能源的总使用，包括可再生能源和不可再生能源	MJ 能量	$PED = \sum_i LHV_i B_i + \sum_i \frac{EF_i + Q_i}{\eta_{EFi}} + \sum_i \frac{ENC_i}{\eta_{ENC_i}}$(MJ) LHV_i——用于加热燃料 i 消耗的较低热值 B_i——加热消耗的化石燃料 i 的数量 EF_i——燃料 i 燃烧产生的耗电量 Q_i——燃料 i 燃烧发电产生的有用热量 η_{EFi}——燃料 i 燃烧发电的热电联产效率 ENC_i——不可燃能源 i 产生的电力消耗量（如核能、水能、风能、太阳能） $\eta_{ENC i}$——不可燃能源 i 的发电效率
全球变暖潜能值(GWP)	温室气体(如 CO_2、CH_4 和 N_2O)的全球预警可能性	二氧化碳	$GWP = \sum_i GWP_i B_i$($kgCO_2eq.$) GWP_i——物种 i 的全球波动潜在因子 B_i——温室气体 i 的排放数量
臭氧消耗潜值(ODP)	氯氟烃和其他卤代烃的排放可能会耗尽油层	三氯氟甲烷(CFC-11)	$ODP = \sum_i ODP_i B_i$(kgCFC - 11eq.) ODP_i——物种 i 的臭氧消耗系数 B_i——消耗臭氧层物质 i 的排放数量
人体潜在毒性值(HTP)	释放到空气、水和土壤中的物种对人类的毒性	1,4-二氯苯(1,4-DB)	$HTP = \sum_i HTP_{Ai} B_{Ai} + \sum_i HTP_{Wi} B_{Wi} + \sum_i HTP_{Si} B_{Si}$(kg1，4 - DBeq.) HTP_{Ai}，HTP_{Wi}，HTP_{Si}——空气、水和土壤的毒理学分类因子 B_{Ai}，B_{Wi}，B_{Si}——物种 i 向空气、水和土壤的排放量
潜在生态毒性(ETP)	淡水水生生物、海洋水生生物、淡水沉积物、海洋沉积物和毒性试验的可能性	1,4-二氯苯(1,4-DB)	$ETP = \sum_i \sum_j ETP_{ij} B_{ij}$(kg1，4 - DBeq.) ETP——释放到介质 j 中的物种 i 的生态毒性分类因子（淡水水生、海洋水生、淡水养殖、海洋沉积物、陆地） B_{ij}=物质 i 向介质 j 中的排放数量
光化学氧化创造势(POCP)	挥发性有机化合物和氮氧化物产生光化学烟雾的可能性	乙烯	$POCP = \sum_i POCP_i B_i$($kg C_2H_4eq.$) $POCP_i$——物种 i 的光化学氧化剂分类因子 B_i——参与光化学烟雾形成的物种 i 的排放数量
酸化潜力(AP)	酸沉积的可能性，特别是由于 SO_x、NO_x 和 NH_3 的排放	二氧化硫	$AP = \sum_i AP_i B_i$($kg SO_2eq.$) AP_i——物种 i 的酸化潜力 B_i——酸化物种 i 的排放数量
富营养化可能性(EP)	营养物引起水和油的过营养化和藻类生长的可能性，特别是通过 NO_x、NH_4^+、PO_4^{3-}、NO_3^-	磷酸盐(PO_4^{3-})	$EP = \sum_i EP_i B_i$($kgPO_4^{3-}eq.$) EP_i——物种 i 的富营养化潜力 B_i——富营养化物种 i 的排放数量

比如所有的温室气体都可以用它们的全球变暖潜力(GWP)表示，采用二氧化碳作为参照物，折算成相应的二氧化碳当量之后，某种物质的GWP 再与另一物质 GWP 相比较。二氧化碳的

GWP 因子为 1，而且假定其不随时间变化。其他温室气体对于环境的影响随时间变化，通常根据特定时间段比如 20、100 或者 500 年进行数据平均。比如对于甲烷而言，其 20 年的 GWP 因子为 86，而对于 100 年的时间而言其 GWP 为 34。通常全球变暖产生的环境影响评估所选用的参考时间段为 100 年。如果 100 年时间段中甲烷的 GWP 因子为 34，这就意味着 1kg 的甲烷产生的全球变暖效应，在 100 年时间内，为二氧化碳的 34 倍。同理，在 100 年的时间段内，如果 1kg 甲烷和 1kg 二氧化碳混合后，产生的全球变暖潜力为 35kg 的二氧化碳当量。

④ 标准化。通过标准化，能够将不同的影响潜力采用相同标准表示出来，主要通过将不同影响值除以选定的参考值，来方便不同影响类别的比较。用于标准化的参考值选择有不同的方式，常见的方法是基于每人每年在给定区域(全球、地区性或者当地等)的方式。必须注意一点，标准化数据仅仅用于比较给定影响类目内的各类因子比较，不能够比较不同类目下的因子。

⑤ 分组。分组涉及将不同的影响类别打包集结到最终的危害组别，这可以方便结果的最终分析。比如，可以按照空气、水体或者固体废物排出等，或者，可以按照地区来进行分组(全球、地区性或者当地)等。

⑥ 加权。这涉及对于不同的影响类别及资源进行权重分配，以反映其预期的相对重要性，然而并没有通用的正确的方法来分配权重。产生单一权重影响因子会帮助筛选选项，但是权重之后结果的解释必须要相对谨慎，在生命周期分析中，仅有当该选择项在所有影响类别的评价中均显示出比其他选择更好的时候，才可以确认判断该选择项是较好的。

4) 提高分析。生命周期在过程设计开发中的主要目的是，从生命周期的角度减少对环境以及人类健康的影响，选择较优的过程。它可以从生命周期的角度，用于评估降低原材料、能源以及水的输入及生产过程中的排放对环境影响。然而，必须清楚地意识到不确定性以及在进行评估时所采用的各类假设均会影响结果。选择不同的边界可能会结论完全不同。因子的描述必须来自通用的数据库，而且这些因素的可靠性存在不确定性。因此单靠生命周期评价往往不能够作为设计选择的基准，通常进行设计选择时，需要提供额外的信息以供决策者权衡参考。

对于过程设计者而言，生命周期评价的价值体现在，若孤立地只关注过程开发本身，会产生一些问题，这些问题可以通过生命周期分析来发现。设计者可以通过改变系统的边界，从比单纯设计过程这一方面更广的范围，获得一些有用的信息。然而，一旦识别出问题所在，设计者应该更加关注与如何进行提高分析。

例题 27.1

排气系统需要释放到环境中的废气流速为 $1000Nm^3 \cdot h^{-1}$。气体中包含 47%的甲烷，其他为惰性气体。在 100 年时间范围内，可以假设甲烷的 GWP 因子为 34。假定惰性气体没有任何引起全球变暖的潜力。试计算该排气系统在 100 年时间段内的全球变暖潜力。

① 如果其直接排放到空气中。

② 如果采用在蒸汽辅助高架火炬中燃烧，燃烧的破坏率为 98%。火炬需要的蒸汽为 2bar，140℃下流速为 $500kg \cdot h^{-1}$。产生蒸汽所需的能量假定为 $2601kJ \cdot kg^{-1}$。蒸汽产生和传输效率为 85%。假定利用天然气来产生蒸汽。火炬引燃燃烧器需要天然气流速为 $15Nm^3 \cdot h^{-1}$。假定天然气跟纯甲烷一样有效，其净热值为 $50MJ \cdot kg^{-1}$。假定用于长明灯以及用于产生蒸汽的甲烷均得到充分燃烧成为二氧化碳。火焰中燃烧的其他产物有 CO 或者 NO_x(包括 N_2O)，但是很难预测其成分而且含量很低，故直接忽略。燃烧过程中假定所形成的水汽没有全球变暖的潜力。

可以假设，在标准条件下，气体的摩尔质量(单位：kg)在气相中占 $22.4m^3$。甲烷和二氧化碳的摩尔质量分别为 $16kg \cdot kmol^{-1}$ 和 $44kg \cdot kmol^{-1}$。

解：甲烷在排气口的质量流速为：

$$1000 \times 0.47 \times \frac{1}{22.4} \times 16 = 335.7kg \cdot h^{-1}$$

① 排气系统直接释放到大气中时，其产生的全球变暖潜力为：

$$335.7 \times 34 = 11413kg\ CO_2当量/h$$

② 如果排气系统通过蒸汽辅助火炬燃烧后再释放至空气中，则会有四种来源可能是造成全球

变暖因素：未燃烧的甲烷、燃烧后排放物、引燃燃料的燃烧产物、火炬燃烧所需蒸汽产生系统的燃烧产物。设备建造时导致的排放可以忽略，同时非直接的能源排放也加以忽略。首先考虑未燃烧的甲烷：

98%破坏率时，未燃烧甲烷排放的质量流速为：

$$335.7\times0.02=6.714\text{kg}\cdot\text{h}^{-1}$$

对于排气口处燃烧的甲烷，反应式如下：

$$CH_4+2O_2\longrightarrow CO_2+H_2O$$

因为每 kmol 甲烷燃烧会产生 1kmol 的 CO_2，则因为甲烷燃烧导致形成的 CO_2流速为：

$$1000\times0.47\times0.98\times\frac{1}{22.4}$$
$$=20.56\text{kmol}\cdot\text{h}^{-1}$$
$$=20.56\times44\text{kg}\cdot\text{h}^{-1}$$
$$=904.6\text{kg}\cdot\text{h}^{-1}$$

引燃气体流速：

$$15\times\frac{1}{22.4}=0.6696\text{kmol}\cdot\text{h}^{-1}$$

如果假设引燃气体为 100%甲烷，并且假设甲烷完全燃烧，则引燃气体形成的 CO_2流量：

$$0.6696\times44\text{kg}\cdot\text{h}^{-1}=29.46\text{kg}\cdot\text{h}^{-1}$$

如果产生火炬所需蒸汽的燃料假定是 100%甲烷，甲烷产生蒸汽的效率为 85%，则：

$$2601\times500\times\frac{1}{50\times10^3}\times\frac{1}{0.85}=30.6\text{kg}\cdot\text{h}^{-1}$$

$$=\frac{30.6}{16}\text{kmol}\cdot\text{h}^{-1}=1.913\text{kmol}\cdot\text{h}^{-1}$$

产生蒸汽时对应 CO_2产生量为：

$$1.913\times44=84.17\text{kg}\cdot\text{h}^{-1}$$

则从火炬口释放的全球变暖潜力为：

$$6.714\times34+904.6\times1+29.46\times1+84.17\times1$$
$$=1247\text{kg }CO_2\text{eq}\cdot\text{h}^{-1}$$

由此可以看出，跟直接排放相比，采用火炬燃烧方式能够降低排出口全球变暖潜力约 89%。注意，对于火炬燃烧而言，未燃烧的甲烷以及燃料和蒸汽的生产占到全球变暖潜力的约 27%。火炬燃烧通常仅用于非常规操作或紧急释放，通常排放气体需要采用在热氧化器中氧化之后排放，这种更适用于连续操作时全球变暖潜力的控制，且更有效。

27.2　过程中原材料的有效利用

在设计开始或者修改工艺需考虑如何提高过程所需原材料利用的效率，且一般在考虑上下游产生的相应问题之前进行考虑。原材料利用率的提高不仅能够避免对环境有害的废物的产生，而且能够有效保护原材料资源。对于考虑如何提高单个过程的原材料利用率而言，主要有如下几点：

1）当循环利用不太可行时，考虑降低化学反应器的废物产生。

① 提高单个不可逆反应的转化率。如果未反应的进料很难分离并加以循环使用，则很有必要尽可能提高其转化率。如果反应是不可逆的，则可通过延长反应物在反应器中的停留时间、采用高效催化剂、提高反应温度、高压或者上述方式的组合使用等方法，使得低转化率提高为高转化率。

② 提高单个可逆反应的转化率。当反应可逆且未反应的进料很难分离并加以循环使用时，情况会比较麻烦。第 5 章讨论了如何提高平衡转化的转化率。

- 加入过量反应物。向反应器中加入一种过量反应物可提高转化率，如图 5.8a 所示。
- 反应过程中产物及时去除。在反应结束前即对产物加以分离，可提高反应的转化率，如第 5 章所述。图 5.6 所示为硫酸生产过程的示意。有时产物（或者产物之一）可以在反应阶段连续从反应器中去除，比如可在采用液相反应器中蒸发，或者在反应器中结合膜分离等方法使其从膜的一侧透过等方式分离。
- 惰性物质浓度。反应有时是在惰性物质存在的情况下进行的。比如在液相反应器中的溶剂或者气相反应器中的惰性气体等。图 5.8b 所示的反应，当反应之后摩尔数增加时，加入惰性物质会提高平衡转化率，另一方面，当反应的摩尔数降低时，可减少惰性物质的浓度（图 5.8b）。如果反应器中摩尔数没有变化，则惰性物质对于平衡转化率没有影响。
- 反应器温度。对于吸热反应，图 5.8c 显示，在反应器承受范围内、催化剂寿命以及安全范围内尽可能升高温度。对于放热反应，则建议随着转化过程的进行，逐渐降低其反应器反应温度(图 5.8c)。

• 反应器压力。在第 5 章中，我们知道，随着反应进行摩尔数降低的蒸汽态反应，在可操作范围内通常将其压力设定越高越好，因为同时需要考虑到高压操作可能需要很高的压缩机动力消耗、设备建设的成本增加以及高压带来相应的安全隐患等(图 5.8d)。而反应过程中伴随着摩尔数增加的反应，则建议随着转化率的提高，连续降低反应体系的压力(图 5.8d)。可采用降低反应器绝对压力的方式，也可采用引入惰性物稀释的方式。

如果未反应的进料很容易进行分离和循环利用，则可以不用过度追求如何提高反应器的转化率。

2）从产生废弃副产物的初级反应中尽可能降低废物产生。如果废弃副产物在反应过程中形成，如下式：

$$进料1+进料2 \longrightarrow 产品+副产物 \quad (27.1)$$

则能够通过采用不同的化学反应，比如设计不同的反应路径，或采用不同的原材料等方式来避免废物产生。

3）减少多级反应中废物产生。除了在第二部分讨论的单个反应的损失之外，多级反应系统会在第二级反应过程中进一步产生废弃的副产物。在第 4~6 章已经对如何减少副产物形成进行了初步的讨论。

① 反应器类型。首先需要确保采用合适的反应器类型，来增加给定转化路径下的选择性，与之相关问题均在第 4 章已经讨论过了。

② 反应器浓度。可以通过如下一种或者多种方法，来尽可能提高反应选择性(Smith and Petela，1991b)：

• 当有多种进料时，可使得一种进料过量。

• 当副反应可逆且反应过程摩尔数降低的反应，可提高惰性物质浓度。

• 当副反应可逆且反应过程摩尔数增加的反应，可通过降低惰性物质浓度。

• 进行下一步反应或者进一步分离时，在反应中途分离产物。

• 如果副反应可逆的话，尝试循环废弃副产物至反应器中。

以上的方法在合适的情况下，均能够降低废弃副产物的形成。(图 5.9)。

③ 反应器温度以及压力。如果温度和压力的改变对产物和副产物形成的影响有显著差异，需要控制温度和压力，使其具有较好的选择性，尽可能避免副反应所形成的废物产生。

④ 催化剂。催化剂往往会对反应的选择性有显著影响，改变催化剂可以改变初级反应和副反应。这可能直接跟活性位点的反应机制有关，也可能跟支撑材料的相对扩散速率有关，或者跟两者都有关系。

4）降低反应中进料含有的杂质来降低反应废物的产生。如果进料杂质也会发生一定反应，则会产生废物、产品或者既产生废物也产生产品。为了避免这类废物的产生，需要对进料原料进行纯化，当然因进料纯化所产生的额外成本可能会抵消原材料和产品分离以及废弃物处置所降低的成本(图 27.1)。

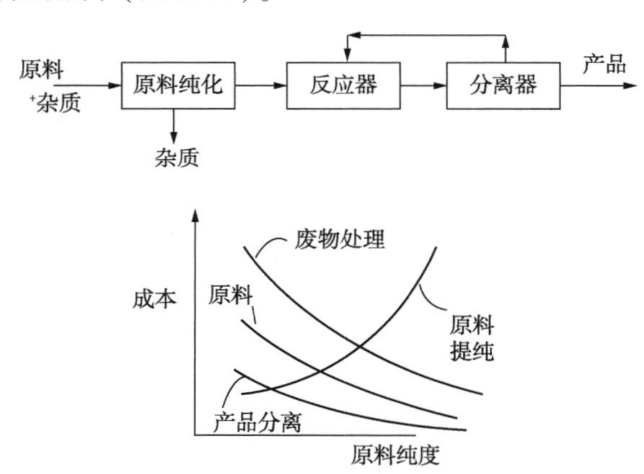

图 27.1　如果进料中杂质也参与反应，则原料纯度有最优值

5）通过升级废弃副产物的方式来降低废物。可以将产生的废弃副产物在另外的反应器中进行额外的反应，有时可以升级为有用的材料。在第 14 章给出了一个具体的例子。氯化氢作为卤化反应的副产物，可以转化为氯并循环回卤化反应器中加以重新利用。

6）降低催化剂产生的废物。反应过程中有时会采用均相或非均相催化剂。一般而言，尽可能采用非均相催化剂而不是均相催化剂，因为均相催化剂的分离以及再循环往往比较困难而产生废物。在大规模生产中通常采用的是非均相催化剂，然而它们会降解并且需要及时更换。一旦在进料中或者循环过程中有污染物则会缩短催化剂寿命。因此需要在进入反应器之前往往需要评判其是否进行额外的分离来去除其中的污染物。如果催化剂对于外界条件很敏感，比如高温等，则可以采取一些方法来降低催化剂所在位点的温度，延长催化剂寿命：

- 流体分布更加均匀；
- 更好的传热；
- 引入催化剂稀释液；
- 更好的仪表和控制。

流化床催化反应器中固体颗粒间的摩擦导致细粉产生，往往会导致催化剂的损失。可采取有效的催化剂细粉与反应产物的分离措施，并将催化剂细粉循环回反应器，可以在一定程度上降低催化剂浪费。长远来看，提高催化剂的机械强度也是很好的一种解决办法。

7）废物直接循环。有时候可通过将废物直接循环使用的方式来减少废物产生。如图 27.2 的第一个选择。如果这种方式可行，则无疑是最简单可以降低废物产生的方式，应该首先考虑该方式。最常见的情况是，将废水直接循环至反应的进水中，尽管废水中可能会有些污染物，但是可以替代进入反应过程中的部分用水，如同第 26 章介绍的那样。

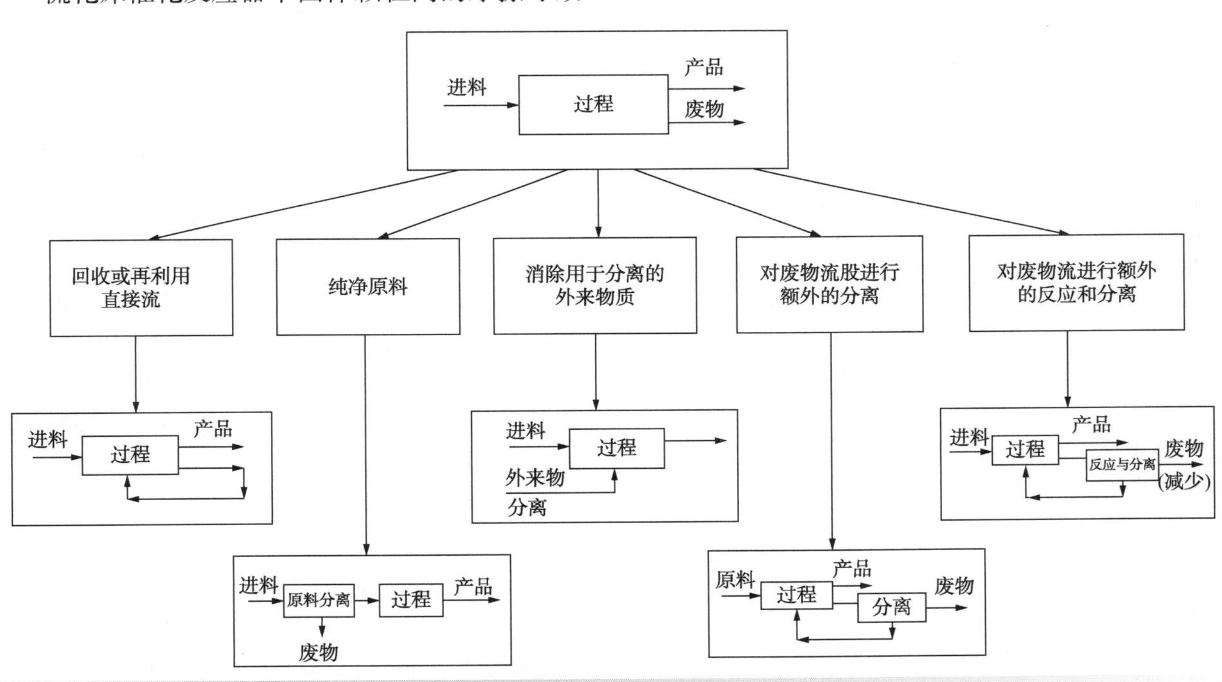

图 27.2　在分离和循环系统下废物的减量化

图 27.3a 是异丙醇生产的简化流程图，该工艺采取丙烯直接水合的方式来生产异丙醇(Smith and Petela，1991c)。该流程有许多不同的反应器设计，且分离以及循环系统各异，但是图 27.3a 是最具代表性的一种反应流程。含有丙烷杂质的丙烯通过下式与水反应：

$$C_3H_6+H_2O \longrightarrow (CH_3)_2CHOH$$

反应过程中会形成少量的副产物，主要的副产物为二异丙基醚。反应物中的产物冷却后，所产生的蒸气-液体进行相分离，产生主要成分为丙烯和丙烷的蒸气相以及含有其他成分的液相。未反应的丙烯循环回反应器，并对其进行放空以防止丙烷的累积。在图 27.3a 的第一个精馏塔(塔 C1)主要去除轻组分(包括二异丙基醚)。第二个塔(C2)主要去除水，一直分离到水和异丙醇的共沸点组成。图 27.3a 的最后一个塔(C3)是采用夹带剂的共沸精馏塔。该方案中，过程中已有的一种物质二异丙基醚可以作为夹带剂使用。

废水从第二塔底部和共沸馏塔的倾析器排出。尽管这两个过程产生的废液主要成分为纯水，但仍然含有少量的有机物，在最终排放前需要进行处理。可将其汇在一起后进行循环到反应器入口，代替部分进水要求(图 27.3b)。如果废液可以直接循环使用，无疑是降低废物产生的最简单的办法，但是很多情况下需要进行额外的分离。

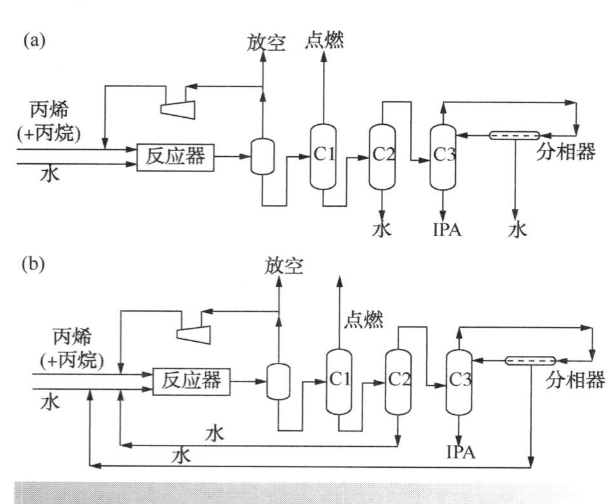

图 27.3 丙烯直接水合的方式来生产异丙醇

8）进料纯化。进料中伴随的杂质不可避免会产生废物，如果杂质也同时进行反应，则会在反应器中产生废物，这一点前面已经讨论过了。如果进料中杂质不会进行反应，则可以通过许多方法从过程中分离出来，如 14.1 所述。当采用分流器放空净化操作时，会产生很多的废物。另外在循环过程中杂质会不断累积，通常情况下，在允许范围内，让其不断累积至一个高浓度值，以便能够减少进料和产品净化所产生的废物。然而有两个因素往往会限制进料中所容许杂质的程度，也同时会限制杂质的不断累积。

① 高浓度惰性组分可能会对反应器正常运行造成不利影响。

② 随着越来越多的进料杂质的循环，循环成本增加(比如通过提高循环气体压缩成本等)，一直到其因为循环使用节省的成本大于最终净化所多付出的成本。

通常而言，最好处理进料中杂质的方式是在进入过程反应器之前将其净化。这个是在图 27.2 的第二种选择。

回到我们图 27.3 所讨论的异丙醇生产的例子上。进入反应器的丙烯含有一定的丙烷杂质，丙烷采用分流器放空方式去除，这会引起丙烯的损失，当然还有很少一部分异丙醇的损失。如果丙烯在进入过程之前就进行纯化，则流程中的分流器放空过程即可省去，在这种情况下，可通过蒸馏方式去除丙烯中的丙烷，类似的可采用的方法很多。

很多基于氧化的化学流程，采用空气作为首选的氧气来源。部分例子比如乙酸、乙炔、丙烯酸、丙烯腈、炭黑、环氧乙烷、甲醛、马来酸酐、硝酸、酚、邻苯二甲酸酐、二氧化钛、乙酸乙烯酯、氯乙烯等(Chowdhury and Leward, 1984)。因为空气中的氮气是反应不需要的组分，因此在某些单元需要对其进行分离并使其排出系统。因为气体分离相对比较困难，如果将其循环使用的话，氮气通常采用分流器放空方式去除。或者，若设计中不采用循环使用，而是通过采用高转化率的反应器来避免循环使用。这种情况下氮气会带走过程中的原料，可能是进料的也可能是产品，因此在进行最终排放前往往需要进行处理。如果用纯氧代替空气进行氧化，那么，最坏的情况下，分流器放空量会小得多。充其量也可以完全消除。当然这需要过程上游有空气分离厂来提供纯氧。尽管这是该操作的一个缺点，但是仍然还会有诸多优点，将会通过如下例子加以说明。

考虑到氯乙烯生产的例子(见例 4.1)，在氧氯化反应阶段，过程所需的乙烯、氯化氢以及氧气会反应形成二氯乙烯，如下式：

$$C_2H_4+2HCl+\frac{1}{2}O_2\longrightarrow C_2H_4Cl_2+H_2O$$

若采用空气，则每种进料均采用专一的进入通道，且没有循环至反应器(图 27.4a)。因此过程操作在近似于化学计量关系下进行来获得高的转化率。通常每公斤二氯乙烯生成伴随着 0.7~1.0kg 的排放气体逸出(Reich, 1976)。如果用纯氧代替空气，则会避免大量的惰性气流的问题(图 27.4b)。未反应的气体可以循环回反应器，这使得基于氧气反应的过程可以在过量乙烯加入的情况下进行，从而可以不牺牲乙烯转化率的同时，提高氯化氢的转化。不幸的是，该法在反应器下游会有安全问题出现。未反应的乙烯会与氧气形成爆炸混合物，为了避免爆炸混合物的形成，通常会往氧气中加入少量的氮气。

因为进料中的氮气大幅度降低，且关键的是所有的乙烯均循环使用，所以最终排出废气的净化压力会很小，这使得净化器尺寸会降低大致20~100倍(Reich，1976)。

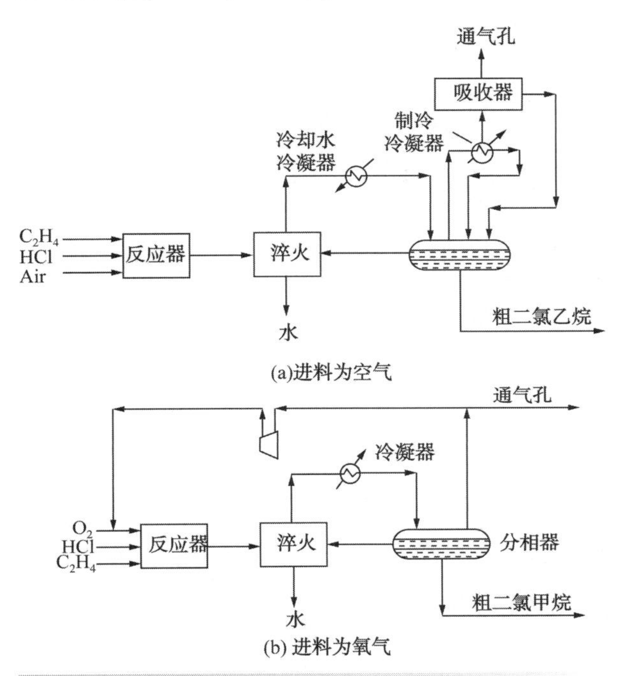

图 27.4　氯乙烯生产的氧氯化反应过程

9）避免分离过程中加入外来试剂。第三种选择如图27.2所示，即分离时尽可能避免向过程中加入外来试剂来实现分离。典型例子是加入有机或者水溶剂。有时候可能会加入酸或者碱，来使得溶液中其他物质沉淀下来。如果这些额外加入的试剂可以高效回收使用，则该操作并没有太大问题。但有时这些外来加入的试剂不能有效回收，在此情况下，会导致排放物中有额外的污染。为了降低这些废物的产生，需要相应采取其他分离方法，比如采用蒸发而不是沉淀的方法等。

我们还是举氯乙烯生产的例子，在这个过程的第一阶段，乙烯和氯反应形成二氯乙烷：

$$C_2H_4+Cl_2 \longrightarrow C_2H_4Cl_2$$

该部分氯乙烯生产过程流程图如图27.5所示(McNaughton，1983)。反应物(乙烯和氯)溶解在流动的二氯乙烯中，在溶液中进行反应并形成更多的二氯乙烷。温度通常控制在45~65℃，且采用少量的氯化铁作为催化剂，反应产生大量的热量。

最初的设计通常采用冷却水来带走过量的反应热。二氯乙烷粗品从反应器中以液体形式排出，通过酸洗来去除氯化铁，然后再用稀释的氢氧化钠来中和并通过精馏法纯化。分离氯化铁的材料可以在一定程度上循环使用，但是最终还是需要进行净化。该过程会产生含有大量氯代烃类的废水，对于环境危害很大，必须在处置前进行处理。

图27.5的流程图主要问题在于氯化铁催化剂是从反应器中随产物排出。通过酸洗进行分离。如果反应器设计时，能够不让氯化铁流出反应器，则因为酸洗以及后续中和所产生的废液问题即可得到有效避免。因为氯化铁是非挥发性的，可以让反应热使得反应混合物的温度升至其沸点，并使得产物以蒸气态离开反应器，氯化铁则会留在反应器。不幸的是，如果反应混合物沸腾后，会产生如下两个问题：

- 乙烯以及氯化氢会从液相中逸出，导致反应物浓度降低；
- 过量的副产物形成。

这一问题可以通过采用图27.6的反应器得到解决(McNaughton，1983)。乙烯和氯化氢随着流动的二氯乙烷液体进入反应器，它们溶解并反应形成更多二氯乙烷。在反应物进料区以及反应区并未产生沸腾，如图27.6，反应器是一个U型，二氯乙烷在其中因为气体上升以及热虹吸现象会产生循环流动，乙烯和氯化氢在U型反应器的底部引入反应器中，在足够的静水压的作用下，可以防止其产生沸腾现象。

反应物溶解后迅速反应进一步形成二氯乙烷。通常在达到U型反应器两边的三分之二处，反应即完成。随着液体进一步上升，此时开始沸腾最终液体-蒸气混合物进入汽泡分离鼓。加入少量过量的乙烯会使得氯转化率达到100%。

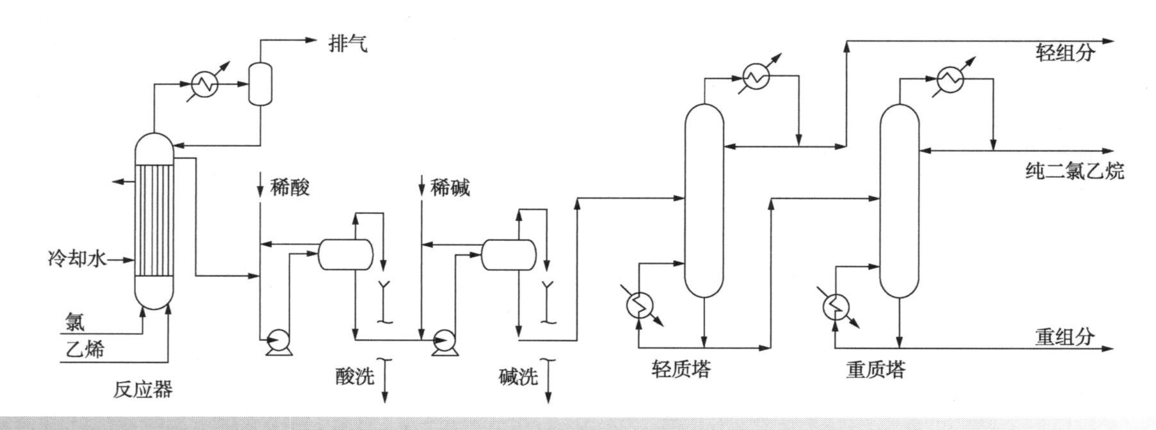

图 27.5 采用液相反应器生产氯乙烯的过程的直接氯化步骤

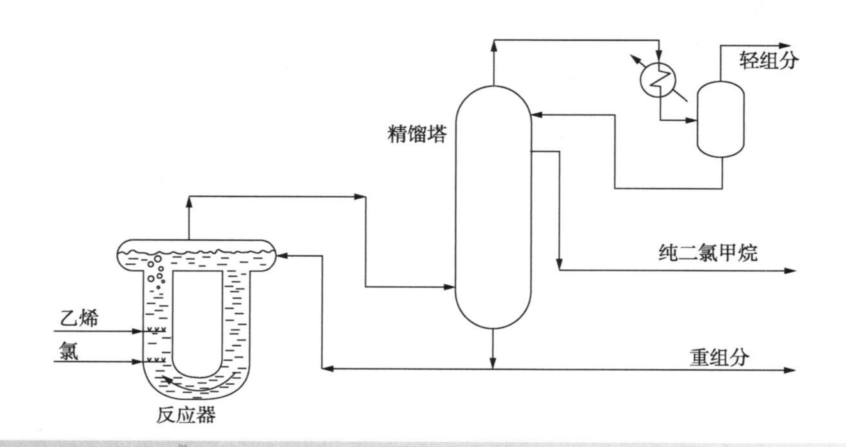

图 27.6 采用沸腾反应器以消除清洗、中和步骤进而避免产生废液的氯乙烯生产过程直接氯化步骤

如图 27.6 所示，从反应器中出来的蒸气进入蒸馏塔底部，高纯度的二氯乙烷作为侧线馏出物，可以从塔顶的几个板塔中收集（McNaughton，1983）。27.6 所示的设计非常简洁，可以利用反应热来驱动分离，同时不需要清洗反应器中的产物。这样可以避免两种液相废水的产生，而这些废水不可避免会夹带一些有机物，需要处理并且同时会导致物质的损失。

如果可能，通常采用过程中释放的热量给分离系统供能，可以提高热量回收率，同时使得分离过程没有或者几乎没有额外的操作成本。

10）额外的分离和循环。一旦不能直接循环废水或者废气，进料的纯化以及为了分离额外加入的溶剂不能够有效循环，则建议采取如图 27.2 所示的第四种选择，还剩下废液或者废气中物质的回收程度需要加以讨论。需要强调的是，一旦废液排出后，可能会将有用的物质作为废物排放，需进行仔细考虑这种情况下的回收问题。从循环利用的角度来说，若额外的分离工艺经济可行的情况下，可以考虑从其中额外回收材料，尤其当考虑到下游废液处理的成本时，该操作可能更加有用。

可能在净化阶段会遇到更加极端的情况，通常采用净化处理进料的杂质以及生产过程产生的副产物。在前面部分讨论了如何通过去除进料杂质以减小净化器尺寸。然而如果通过进料纯化以降低净化器尺寸不可行，或者需要净化器以去除反应中副产物时，则需要考虑额外的分离。

当额外的进料或者产品组分需要从废液中回收并再循环时，图 27.7 所示为基本的一些需要权衡考虑的方面，当组分回收率提高时，分离和循环成本增加，另一方面因材料损失所导致的成本得到降低。需要指出的是，原材料成本为净成本，这就意味着材料的成本损失应该照如下之一进行调整：

① 加入未回收材料所导致的废物处理成本或者

② 如果回收的材料是要进行燃烧来给焚烧炉或者锅炉提供有用的热量的话，应该减掉燃料成本。

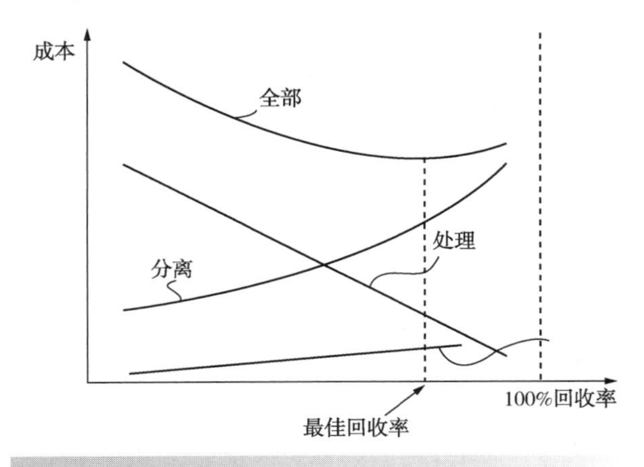

图 27.7 当权衡考虑分离成本以得到有效回收时，废水处理成本应该包括原料

图 27.7 表明，在分离和净原材料成本之间进行权衡，可获得经济的回收率。回收程度的重大变化可能会对成本产生重大影响，而非图 27.7 所示(如反应堆成本)。如果是这样，那么这些也必须权衡。必须强调的是，图 27.7 所示的图中的任何能量成本必须在总能量集成问题的总框架下加以考虑，毕竟分离所需能量可能是由热回收而来。

11) 废物的额外反应及分离。有时可能对废物采取进一步反应或者分离操作，相关例子已经在第 14 章介绍过了。

12) 原材料利用效率的过程操作。如果过程设计成材料库存很小的情况的话，很多跟过程操作产生的废物相关的问题可以得到减小。这一方面也是跟固有安全过程设计相一致的(第 28 章)。另外的减少过程操作产生废物的方法有如下：(Smith and Petela，1992)：

- 通过设计高可靠性的设备来减少停工次数，采用可靠的设备或者安装备用设备。
- 设计能够进行弹性操作的连续过程，比如高的负荷率而尽可能少采用停产。
- 考虑批式反应改为连续反应。批式过程在其本质上处在非稳态，通常很难保证在优化条件下进行。
- 安装足够的中间产物存储罐，以允许不合格物料的重新操作。
- 不同产品的完全切换会导致废物产生，因为需要彻底清洗设备，可以通过有计划地操作尽可能减少产品切换，来减少这些废物产生(见第 16 章)。
- 安装废物收集系统，以收集设备清洗以及取样产生的废物，这样可以方便废物分离并在可能的情况下进行循环使用。通常需要分开的水相和有机相废物的污水管，汇集到总管中进行循环或者分离后再循环。这个在第 25 章已经介绍过了，如果设备清洗时采用蒸汽吹出，则工厂应该设置蒸气收集和冷凝以及尽可能对回收物进行循环。
- 降低不可捕捉以及油罐呼吸导致的逸出导致的损失等，如第 25 章介绍的那样。

还有很多其他因过程操作产生的废物源，只能够在设计的后续阶段进行考虑，或者等工厂建成投入使用之后才能够考虑，比如不合格的操作演习意味着过程操作产生设计考虑范围之外的废物。

27.3 不同过程中间原材料的有效利用

考虑一个单独过程中原材料的利用效率时，可再利用和循环物料的选择往往很有限。可操作性以及经济方面的考虑往往限制了反应器、分离以及循环系统的优化。一旦操作范围界定之后，往往有时候只能够将该操作中不能用于产品生产的材料以及一些没有经济价值的副产品，认为是废物。但是通常从一个过程中产生的所谓的废物，可能对于另一个流程而言是一种有用的材料。因此从提高原材料分析的角度而言，往往需要对其上下游的加工过程加以考虑。

很多化学工业所得产品，比如交通运输的燃料、表面活性剂、皂类以及化妆品类等，都是直接面向消费者的产品。然而有大约四分之三的化工产品并不是直接面对消费者的，是被其他化学工业生产过程用来作为原料来生产产品的。所以工业生产用到的原料种类很多，从原油到矿物质到空气等。因而工业需要形成一个由材料流连接的生产厂之间的集成网络。通常每个单独生产过程所得的一些没有直接经济价值的所谓副产品，将其作为其他过程所需的一些原料，尽量加以利用，以便实现原材料的有效利用。同时，尽量减少废物的排放量。增加原料有效利用的同时、减少过程产生的废物量以及排放，这就需要过程网络或者综合化学集群，使不同的加工过程集成起来，能够使材料在不同过程中得到再利用或者循环使用。

图 27.8 所示，为过程集成网的一个典型例子。该过程用到的原料为原油。原油首先被精馏成不同的组分。然而，在精馏组分被利用转化为最终产品前，每个组分(残留组分除外)需要加氢处理，来去除硫和氮。如果用来生产粗柴油，则需要将其进入氢化裂解器，这一过程在去除硫和氮的同时，还使得一些较大分子量的烃类分解为小分子烃类。图 27.8 所示的加氢器或者氢化裂解器是通过蒸气重整器产生的(见第 5 章)，通过氢气管网进行传输。氢气管网是用于分布各种不同纯度、不同压力氢气的集成系统。相应地，在蒸气重整器产氢的过程中，需要天然气，该过程是通过天然气管网来提供的，这一管网系统同时还用于燃料的分布传输。含氮的杂质在加氢器或者氢化裂解器中转化为 NH_3，NH_3是很容易溶于水而得以去除。含硫杂质则转化为 H_2S，然后可以通过 H_2S 管网来收集。H_2S 可采用克劳斯二段脱硫法转化为元素硫(见第 25 章)然后再形成硫酸(见第 5 章)。加氢器或者氢化裂解器会产生含有大量氢气的放空气流，与进料的氢气相比较而言，其氢气浓度低了很多。这些放空气通常返回氢气管网以便其他流程中的再利用，或者还可以通过提纯工艺比如膜分离或者变压吸附等方法(见第 9 章)对其纯化。然而最终还是会产生一些低品质的不能够再回到氢气管网的气体，这些通常会进入燃料气系统，作为燃料进入加热炉或者锅炉中进行燃烧。图 27.8 中原料有蒸馏产生的轻油，通常是直链或者支链的烷烃，在乙烯法中转化为烯烃(烯族)，而重油组分则主要包含芳香组分和环烃，同时也含有一些直链和支链烃，进入连续催化重整器中。进料经过连续催化重整反应之后，芳香组分含量增加，产物进过液相萃取过程(见第 9 章)，则脂肪族组分在萃余液中从而与芳香族组分分开。含有脂肪族组分的萃余液进入乙烯化过程中，而萃取所得芳香族类的混合物则进入芳烃联合装置转化为各种纯的芳烃产品。从乙烯化过程出来的裂解汽油(也叫脱丁烷芳香族浓缩物或者混合芳烃)加氢使得各种烯烃组分饱和(要不然会在下游过程中产生问题)，然后进入液相萃取装置，使得脂肪族组分与芳香族组分分开。从原油蒸馏出来的柴油组分作为柴油燃料产品出售。汽油组分则经过加氢重整器转化为轻油进入乙烯化过程，中油组分则进入连续催化重整器，重油组分作为柴油出售。从原油精馏的残留物在图 27.8 中则进入气化器(见第 25 章)，在其中转化为主成分为 H_2和 CO 的合成气，但同时也含有一定量的 CO_2、H_2O、CH_4、H_2S、COS、N_2、NH_3和 HCN 等。在对气体进行净化以去除颗粒物和硫之后，在图 27.8 中，一部分用于联合循环产电(见第 25 章)，另一部分则通过对其组分调整后，转化为甲烷。

在 27.8 所示的流程中，很多安排其实可以加以变动。比如从氢气管网出来的氢气可以用气化而不采用蒸气重整产生。可以生产不同的液相燃料(比如飞机燃料)。或者不生产液体燃料，所有的流程产品均用于化学品生产。可以生产很多种不同的化学品。在图 27.8 所示的流程中最重要的一点是：某些过程的副产物并没有直接的经济价值，但这些副产物可以在其他流程中进行再利用或者循环，从而转化成有用的产品或者转化为有经济价值的副产品等。集成网络主要是基于尽可能从整体提高原料的利用率，使之转化为有用的产品或者副产品。过程网络的设计需要尽可能将过程中产生的、没有经济价值的副产品，用于其他过程。然而通常材料在不同过程中的再利用或者循环往往受到很大限制，尤其是对于接收再利用或者循环材料的化学反应过程而言。最理想的目标是将所有的原材料均转化成有用的产品或者副产品没有废物产生。毫无疑问，过程网络所涵盖范围越广，就越容易实现材料在不同过程间的高效流动。

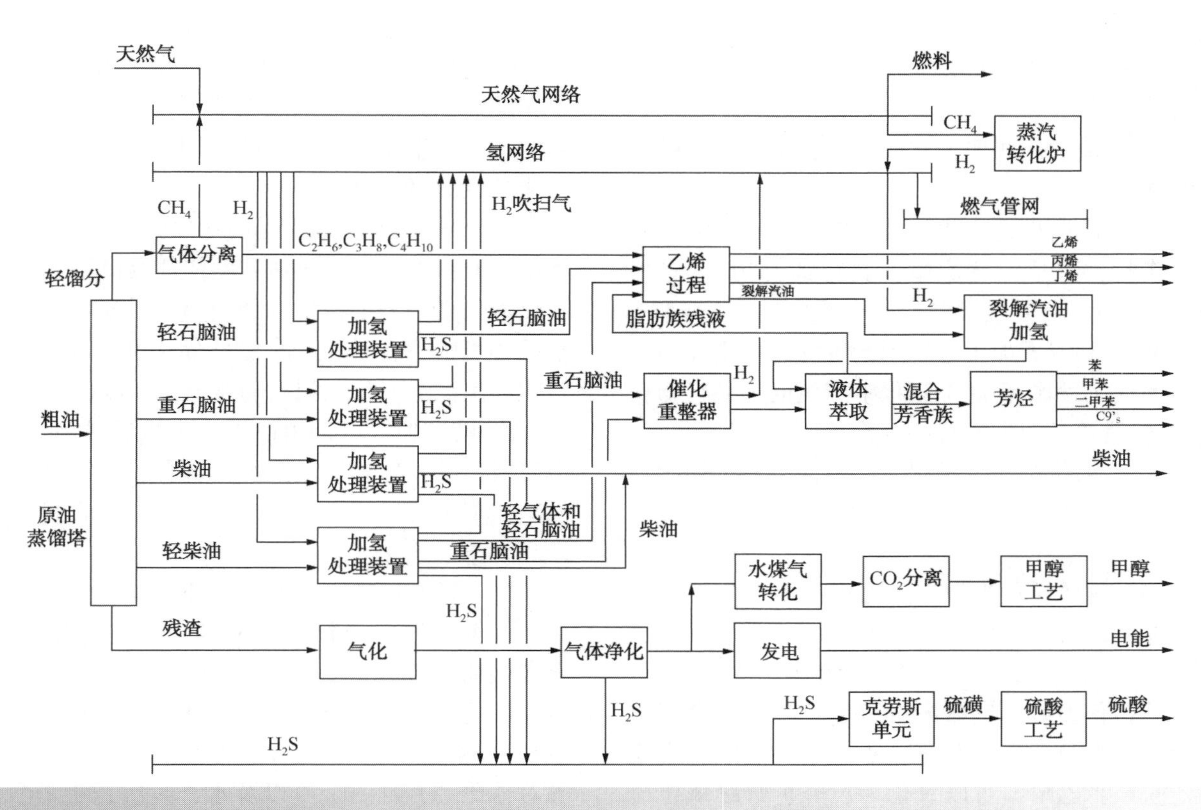

图 27.8　过程集成网络的典型实例

如图 27.8 这些复杂的网络设计，需要根据多变的商业市场的对于产品的需求、价格变化及时做出调整。过程材料流动的相互关联，链接了不同的过程。有时候某些过程会因为仪器维护需要关闭，这就需要对于中间产物的存贮有一个统筹规划。因此过程网络的设计会在如下几点显得尤为挑战：原材料利用效率需要从总体上尽可能做到最大化，同时过程网络设计必须尽可能做到有弹性，这样不仅可以适应市场变化的需求，同时也方便不同过程的可操作性。另一个在设计过程网络时的问题在于，过程网络有时候需要涉及不同的公司，这样会使得公司合作关系变得更加复杂。从某一个公司排出的废物可以在另外的公司得到利用，这一过程一般称为工业共生体或者工业生态。

为了实现生产系统可持续发展的最大化，需要不同过程和过程内的材料流尽可能设计得更加高效。整个上游和下游的供应链都需要考虑可持续性的最大化，然而，这并不是需要考虑的全部，还有很多生产系统的其他部分也是需要考虑的。能量、水和废水处理也会对经济和环境造成冲击。这些问题将会在本章后续加以讨论。

27.4　可再生原材料的开发

除了利用原油、天然气和煤炭等作为加工化学产品的原材料之外，很多化学品的生产还可以采用可再生的原材料作为替代。通常一些在有人类活动的时间尺度上能够得到补充的原材料称为可再生资源。生物质是一类从活的或者最近存活的生物体上产生的一类生物材料。从简单的微生物到哺乳动物以及其他动物，其范围涵盖了几乎整个生物链。在最基础一层，生物质的生产主要是通过捕捉太阳能，在光合作用下转化为化学能。通常所说的可再生的作为原材料的资源，生物质往往指的是基于植物的一些材料和基于能够进行光合作用的微生物，比如某些藻类和真菌等。在生长的过程中，这些生物质从空气中吸收二氧化碳，一些常见的生物质的类别如下：

- 林业的木材或者木材加工过程产生的

废料；

- 产碳水化合物类的一些作物比如玉米、甘蔗或者小麦；
- 产油的一些作物比如棕榈、油菜籽或者加拿大油菜等；
- 特殊用于进行化学或者能量生产所常用的高产作物，包括一些木本作物比如柳树、杨树、象草；
- 收割或者加工过程中产生的农业废弃物；
- 食品和饮料加工过程中产生的食品废物；
- 消费者产生的食品废物；
- 生物化学加工过程中产生的工业废物；
- 为了化学或能量生产所收集的藻类或者真菌。

将生物质转化为中间产物进而用于化学生产的具体工艺有很多种：

1）发酵。通过发酵这一生物化学过程，可以将糖转化为酸、气体或者醇类。酸和醇类是很有用的化学品，比如发酵法所得乙醇可以脱水成为乙醚或者乙烯，可以氧化为乙醛再继续氧化成为乙酸，若与羧酸反应则形成酯类等。

2）生物积累。有些微生物能够以生物质为营养源，并将其转化为油或生物塑料在体内慢慢累积。所得产物可以通过一些相应的下游加工过程得到，这主要包括微生物体内从生物质到生物塑料或者油的有效转换。

3）厌氧消化。如同第26章介绍的那样，厌氧消化可以用于将生物质转化为气体产物，主要成分为甲烷和二氧化碳。

4）藻类通过光合作用产氢。藻类在一定条件下能够产氢。有些类型的藻类在汽提硫的情况下，能够将正常的光合作用产氧的途径切换到产氢的代谢途径。

5）气化以及合成气转化。象煤炭和石油这些材料类似，生物质可以通过气化过程转化为主要成分为氢气和一氧化碳的合成气。氢气和一氧化碳可用作很多化学品的基础材料。合成气可以转化为甲烷，进而形成乙酸、乙醚、甲醛、烯烃类等。或者合成气可用于氨的生产，并转化为磷酸铵、硝酸、尿素等。另一个选择就是将合成气采用菲舍尔托技术转化为液体燃料（汽油、航空油或者柴油）。由此可见，气化产生的合成气可以作为大量化学品生产的起点材料。

6）裂解。裂解是一种热降解过程，通常发生在缺氧的环境中，且温度高于600℃，裂解得到的产品为生物油、水和碳，同时得到主要成分为H_2和CO的气体。

7）水热液化。气化和裂解均需要干的生物质作为原料，且过程所需温度往往要高于600℃，水热液化则是一项将生物质直接液化的技术，在水的环境中，有时加入一定的催化剂，使生物质转化为生物油，反应温度通常低于400℃。

8）酯交换。可采用植物油跟短链醇（通常为甲醇或乙醇）通过转酯化反应来制备柴油（生物柴油）。同时该过程会产生大量的不纯的甘油副产品。

9）可再生燃油。该过程催化转化从油脂、藻类、植物油中的甘油三酯和/或脂肪酸，成为合成煤油和合成柴油，这些产品主要富含烃类、可再生的石脑油以及轻的碳氢化合物气体等。该过程主要涉及三步，首先，原材料先预处理以去除对催化剂有毒的杂质以及水，其次，脂肪酸链在加氢器中通过与氢气反应脱氧，转化为主要是烷烃的产物。最后一步中，长的直链烷烃氢化裂解为短的支链烷烃。加氢裂解的产物在沸程划分上面，主要为煤油和石脑油。石脑油和轻的气体可以用作乙烯生产过程中。

如果因为过程所需的原料是可再生的，即认为该过程是更加可持续的想法是错误的。只有对所有可替代的原料来源进行全生命周期分析，通过比较才可以得到相应的结论。生物质生产过程中有可能会与食物生产争夺有限的资源同时产生的废物还会排放到环境中。

27.5 能源的有效利用

在现有过程的设计以及修订过程中，主要对过程所需能源的有效利用加以提高，其后则需要对于更广的能源网络加以考虑。过程生产能源利用的同时产生排放的一些过程主要有供热设施（包括热电联产）、制冷设施或者制冷水系统等。火炉、蒸汽锅炉、燃气涡轮以及柴油发动机通常产生气体燃烧产物的排放。这些燃烧产物含有二氧化碳、硫氧化物、氮氧化物以及颗粒物(金属氧化物、未燃烧的碳以及碳氢化合物等)。这些污染物在引起温室效应、酸化以及在烟雾形成过程中的作用各有不同。除了废气排放，燃煤产物还会产生如燃烧过程中产生的灰分，这通常是从废气流中收集得到的一些固体废弃物。另外，锅炉进水处理过程中，蒸汽产生过程会有废水排放。因为能源利用产生的排放所造成的环境危害，往往要比过程加工所导致的危害要低。然而，能源利用相关的污染物的排放量往往要比过程加工产生的污染物排放量要高。如此大量的排放，最终导致能源利用所产生的环境冲击要比过程生产排放导致的环境冲击高。

1) 生命周期能源排放。当考虑到能源利用相关的排放时，主要考虑过程生产及其相关设施系统导致的当地污染排放(图 27.9a)。然而这仅是其中的一部分。集成电厂运转时所需要输入的能量，其能量产生过程中产生的污染排放，跟电厂运转时所产生的排放几乎一样多。如果有相应数据还应该考虑预燃烧所产生的排放。所有这些排放在进行能量相关的排放分析时都应该考虑在内。

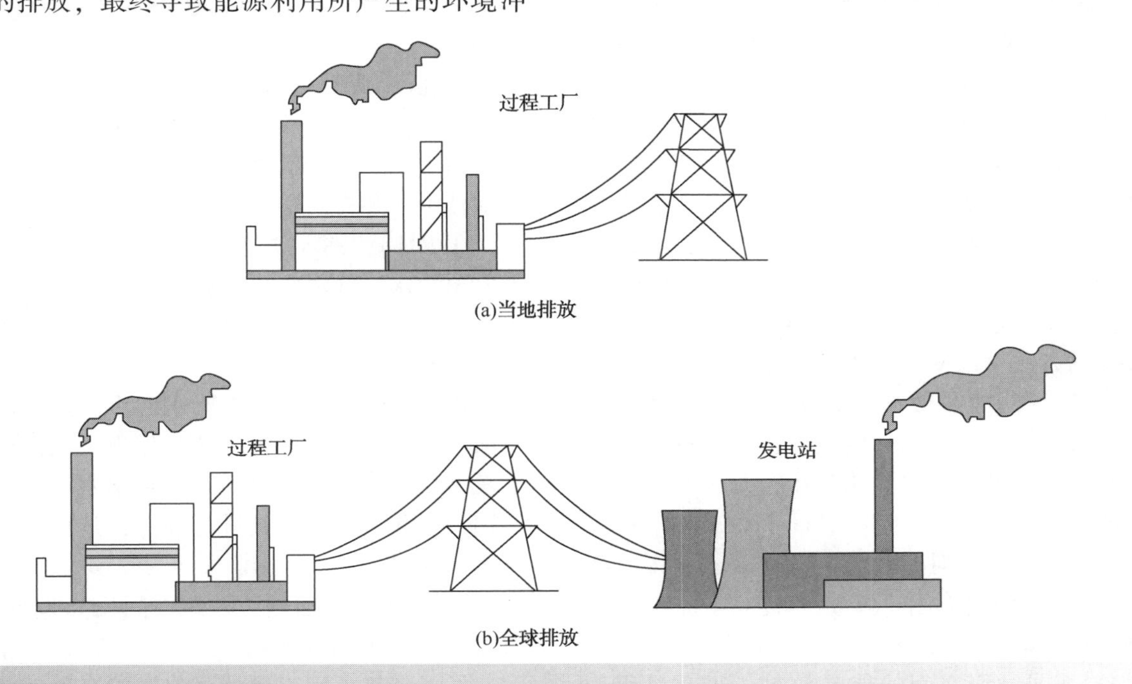

图 27.9　当地以及全球产生的排放

生命周期排放=生产现场产生的排放+集成电厂运转所需外来能量的产生过程中产生的排放-集成电厂输出电力而节省的排放+非直接的能量排放(27.2)

热电联产会对能量相关的排放贡献很大。仅仅评估热电联产所产生的当地的排放往往是错误的。联产往往会导致当地公用设施排放量增加。燃料燃烧除了提供加热所需之外，还需要靠燃料燃烧来产电。在进行排放分析时，只有将其放在生命周期的基础上时，集成电厂所产生的排放才会描述出真实的情景。跟热点联产相比，集成电厂往往能量产生效率比较低。一旦考虑到其他集成电厂的效率低下问题，比如电力传输的损失等，则集成电厂在效率方面跟热电联产之间的差距会更大。

举例而言，如果一个过程需要火炉来满足其热设施的需求。假定采用最先进的炉子，其热效率为 90%，产生每兆瓦输送到过程所需的热量对应产生 CO_2 为 300kg · h^{-1}，热量通过集成发电厂管网传输过来。如果采用燃气涡轮机来代替焚烧炉，则产生每兆瓦输送到过程所需的热量，对应二氧化碳产生量为 500kg · h^{-1}。看起来似乎对于当地二氧化碳排放量而言，采用燃气涡轮机时，每兆瓦热量产生 CO_2 200kg · h^{-1}。然而燃气涡轮机工作的同时会产生 400kW 的电，使其可减少集成电厂的负荷。如果集成电厂产生相同数量的电来供给焚烧炉，则由集成电厂产生的二氧化碳排放量为 450kg · h^{-1}。这样总体算来，若加上产生电所需的二氧化碳排放量，集成电厂焚烧炉生命周期所排放的二氧化碳的总量为 750kg · h^{-1} (Smith and Delaby，1991)。

2）燃料类型切换。焚烧炉或者蒸汽锅炉所采用的燃料类型，对于燃烧产生的气体排放物类型的影响是很大的。比如在蒸汽锅炉运转过程中，若从煤炭切换到天然气，则产生相同热量使二氧化碳排放量降低约 40%。这主要是因为天然气含碳量较低的原因。另外，从煤炭到天然气切换的同时还意味着 SO_x 和 NO_x 的排放量也会大幅度降低。这种燃料类型的切换，尽管可以大量降低污染物排放量，但往往使得成本升高。如第 25 章讨论的那样，如果想控制 SO_x 和 NO_x 的排放，有其他的方法可以使其排放量降低。

3）过程的能量效率。如果过程需要焚烧炉或者蒸汽来提供热设施，则这些供热设施的任何过量利用都会导致供热设施产生过量的排放，过量排放的典型有 CO_2、NO_x、SO_x 和颗粒物。提高热量回收可以降低对于设施的总体要求，因此降低能量相关的污染物排放。过程能量效率的相关问题已经在第 17~22 章详细介绍过了。

4）不同过程之间的能量效率。很多过程所需热量是通过能够提供各种压力的蒸汽管网来提供的。过程往往与蒸汽管网链接，如第 23 章讨论的那样，可以通过管网进行热量交换。蒸汽锅炉设施通常需要对利用过程废热产生蒸汽的过程进行补充。通常典型的会有两到三个主蒸汽管道来对周边过程提供不同压力的蒸汽。在某些过程中可能需要一些现场的火焰加热器再热一下。蒸汽管网也是电力产生系统的集成部分。

可利用全局复合曲线来代表现场的热动力学方面对于供热和制冷的需求，如同第 23 章讨论的那样。这使得能够现场分析热负荷及水平。采用蒸汽锅炉和燃气锅炉的模型使得现场所要达到的联产目标的建立成为可能(第 23 章)。

一旦过程内以及不同过程之间的能量回收得到最大化，不可避免会出现一些现场排放出来的温度较低的废热。因其过程特点所限，石油、石化及化学过程均很难利用大量的温度较低的废热。当温度低于 200℃，热量可利用程度就较为有限了，当温度低于 100℃，热量可利用度就更加有限。然而，对于生物化学、食品以及饮料过程而言，则完全不同，因为这些过程往往本身即在较低的温度下操作。因此为使得不同过程之间的能量得到有效利用，需要设计过程网络集成，使得网络中不同过程之间能量得到最大化利用，主要是降低排放的废热，这一部分已经在第 23 章详细介绍过。

5）低温废热开发利用。一旦已经采取措施尽可能降低废热排放之后，若不想将废热排放到一些高于 100℃ 的环境中，比如冷却塔或者空气冷却器中，还有一些废热利用的方法如下：

① 对锅炉进水预热。锅炉进水的补给水通常是室温的水，低温废热可以用于锅炉补给水进入脱气器前的预热。该过程会降低脱气器所需蒸汽，进而降低蒸汽锅炉燃烧所需的燃料量。除了预热锅炉补给水之外，冷凝水回水在进入脱气器之前也可利用废热进行预热。如果废热的温度相对较高，则脱气器之后的锅炉补给水，在进入蒸汽锅炉之前也可利用其进行预热，从而降低锅炉所需的燃料量。

② 现场空间加热。一些空间比如包装车间、仓库、工作车间还有办公室等需要加热保持温度，低温废热可用于代替蒸汽锅炉产生的蒸汽或者电加热等，来对于该部分现场空间进行加热。

③ 现场外区域供暖。区域供暖通常是以热水的形式提供热量给工厂区域之外的当地用户，该过程经济效能取决于传输系统的投资成本、热水需要传输的距离以及传输系统所需要的泵的成本等。该过程的操作也是一个问题，因为往往用户所需的热量在每天不同的时间段、一周内不同的天数以及每年不同的季节均变化很大，而化工生产则需要以相对稳定的状态连续运行，热水储存可以在一定程度上克服该问题。

④ 采用凝汽式汽轮机产电。第 23 章介绍了燃气涡轮机产电，通常只要膨胀蒸汽用于进一步产电或者过程热量所需时，倾向于出采用背压式汽轮机的膨胀方式。最终，如果膨胀蒸汽不用于

过程热量所需，通过将其温度降至稍高于制冷水的温度同时将其膨胀到具有一定真空度的压力，则可用于产生额外的电能，然而蒸汽膨胀后的潮湿度必须控制在不高于10%以上，否则会导致很严重的涡轮机损伤(请见第23章)，若从蒸气涡轮机的排气温度略高于外界温度，则热量很难排出至周围空气中。

⑤ 采用有机 Rankine 和 Kalina 循环来产电。蒸汽通常是传统的产电的工作流体，其具有低成本、不易燃、无毒等优点，但是对于一些温度较低的热源，若采用水蒸气作为工作流体，则其操作过程往往效率较低。将蒸汽 Rankine 循环中的工作流体蒸汽换为有机流体，采用有机 Rankine 循环，则可在一定程度上提高低温下的产电效率。而即便采用有机液体作为工作流体，其效率仍然较低。有机 Rankline 循环的主要问题在于合适工作流体的选择(Victor，Kim and Smith，2013)。除了工作流体的选择，传统的 Rankine 循环和有机 Rankine 循环所采用的将流体膨胀产电的设备也不一样。不能采用传统循环中所用的涡轮机，需要采取特殊的膨胀器，来适应有机溶剂作为工作流体的特性。另一个选择是 Kalina 循环。该过程并不单纯地采用水蒸气或者有机液体作为工作流体，而是采用氨和水这一双组分混合物作为工作流体。双组分混合物的特点会产生非等温蒸发并且在循环中冷凝，与单一组分做工作流体相比，该过程效率更高。在 Kalina 循环中工作流体的具体混合物组成可以进行优化以满足热量输入和排放温度要求。然而，对于低温热源而言，有机 Rankine 和 Kalina 循环产电效率仍然是比较低的。

⑥ 压缩热泵。压缩热泵在17.10已经描述过，图17.36所示为一个简单的压缩热泵的示意图。压缩热泵在蒸发器中吸收低温热量，当工作流体压缩时消耗能量，在冷凝器中排出高温的热量，冷凝的工作流体膨胀并且部分蒸发。该过程不停重复循环。压缩热泵的工作效率通常用如下性能系数来表示：

$$COP_{CHP}=\frac{有效热输出}{输入能量}=\frac{Q_{COND}}{W} \tag{27.3}$$

式中　COP_{CHP}——压缩热泵的性能系数(-1)；

Q_{COND}——热泵冷凝器的有用热输出，W，kW；

W——压缩机的能量输入，W，kW。

工作性能取决于工作流体的选择、压缩机工作效率以及蒸发器和冷凝器的温度。且可以通过卡诺效率与理想 COP(可逆热泵的 COP)相乘进行预测。

$$COP_{CHP}=\frac{Q_{COND}}{W}=\eta_{CHP}COP_{CHP}^{IDEAL}=\eta_{CHP}\frac{T_{COND}}{T_{COND}-T_{EVAP}} \tag{27.4}$$

式中　η_{CHP}——压缩热泵的卡诺效率；

T_{COND}——冷凝器温度，K；

T_{EVAP}——蒸发器温度，K。

使废热回收越所需温度上升越小，则热泵就可能更经济。卡诺效率可以通过下式推算(Oluleye et al.，2016)：

$$\eta_{CHP}=A+\frac{B}{COP_{CHP}^{IDEAL}}=A+B\left(\frac{T_{COND}-T_{EVAP}}{T_{COND}}\right) \tag{27.5}$$

式中，A，B 表示表27.2所列的相关系数(假定压缩机等熵效率为75%)。

表27.2　机械热泵的相关系数

(Oluleye，Smith 和 jobson，2016)

工作流体	T_{COND}/℃	T_{EVAP}范围/℃	A	B
丙烯	50	10~40	0.6705	-0.4313
	60	10~50	0.6391	-0.4264
	70	10~60	0.5913	-0.3847
	80	10~70	0.511	-0.2541
丙烷	50	10~40	0.6811	-0.5107
	60	10~50	0.655	-0.529
	70	10~60	0.6165	-0.5254
	80	15~70	0.5554	-0.4697
异丁烷	50	10~40	0.723	-0.5688
	60	10~50	0.7108	-0.5859
	70	10~60	0.7024	-0.6724
	80	15~70	0.6871	-0.7265
	90	20~80	0.6663	-0.7795
	100	25~90	0.6375	-0.8269
	110	25~100	0.5861	-0.7916

续表

工作流体	T_{COND}/℃	T_{EVAP}范围/℃	A	B
正丁烷	50	10~40	0.7319	−0.5154
	60	10~50	0.7259	−0.5602
	70	10~60	0.7181	−0.6077
	80	15~70	0.7081	−0.6582
	90	20~80	0.6952	−0.7107
	100	25~90	0.6781	−0.7639
	110	30~100	0.6551	−0.8149
	120	35~110	0.6217	−0.8549
	130	35~110	0.5586	−0.7767
氯	50	10~40	0.7228	−0.3337
	60	10~50	0.7144	−0.3261
	70	10~60	0.7037	−0.3167
	80	10~70	0.6901	−0.3035
	90	20~80	0.6724	−0.2837
	100	25~90	0.6492	−0.2526
	110	30~100	0.6175	−0.2022
氨	50	10~40	0.7267	−0.4774
	60	10~50	0.7132	−0.4003
	70	15~60	0.7006	−0.3861
	80	25~70	0.6932	−0.4851
	90	25~80	0.6628	−0.3684
	100	25~90	0.6294	−0.282
	110	25~100	0.5732	−0.1195
	120	25~100	0.4971	0.0586

公式 27.4 和公式 27.5 提供了筛选选择所用的简单模型。然而，一旦完成筛选后，模型还必须根据更为具体的模拟来进行校正。

⑦ 吸收式热泵。简单的蒸汽压缩制冷循环与吸收式热泵循环的最基本区别在于，吸收式热泵采用一个含有蒸汽发生器、吸收器、泵和节流阀组成的复合单元代替了压缩机(如图 27.10)。通过将工作流体溶解在溶剂中，将其压缩到高压，再将工作流体加热使其从溶剂中分离出来，通过该操作得到具有一定压力的工作流体。用泵来代替压缩机能够使得用电成本大幅度降低。然而，吸收循环需要热源来分离溶剂，因此适用于现场有较高温度废热的情况。基本流程都如图 27.10a 所示。图 27.10b 所示为流程中压力和温度的关系。流程所产生的低温废热用于在蒸发器 Q_{EVAP} 中蒸发工作流体(有时候称其为制冷剂)。输入至蒸发器，从过程产生的热来自废热源。从蒸发器产生的低压蒸发流体进入吸收器中，在低压下被吸收于溶剂中的工作流体。当蒸汽态工作流体被吸收时，产生热量 Q_{ABS} 以中等温度释放出来。这一热量可以回收成为有用的热量。吸收器中的处于低压的溶液通过泵升高压力，通过节热器升高温度，然后进入蒸汽产生器中，工作流体从溶剂中高压汽提出来，该过程所需能量 Q_{GEN} 来自高温废热源。高压溶液在节热器再降温，压力随之降低，再返回吸收器。蒸汽产生器中产生的高压、高温的工作流体蒸汽在冷凝器中冷凝，冷凝过程放出来的热量 Q_{COND} 可以回收得到有效过程热量。工作流体以液体形式从冷凝器出来并在阀中进行膨胀之后进入蒸发器，在蒸发器低温废热被吸收，然后重复该循环过程。

可采用溴化锂作为溶剂(吸收剂)，水作为工作流体(制冷剂)，或者用水作溶剂(吸收剂)而氨水作为工作流体(制冷剂)。当使用氨-水时可能需要在发电机后面加一个整流器。整流器为一个回流冷却器，把热量排到槽中并提高蒸汽的浓度。也可以采用其他的工作流体和溶剂的组合，但通常最常用的是水-溴化锂体系。循环中的相平衡可用 Dühring 图来表示，该图中溶液沸点对应制冷剂(水)作图。图 27.11 所示为水-溴化锂体系的 Dühring 图。发电机中溶剂的温度用 x 轴(横坐标)来表示，而相应的冷凝器温度用 Y 轴(纵坐标)来表示。图中的线表示固定的溶液浓度。一旦发电机和冷凝器温度固定，则发电机中溶液的浓度即固定。或者当发电机温度和溶液浓度固定时，即冷凝器温度恒定，或者固定冷凝器温度及其溶液浓度，则发电机温度固定。相类似地，吸收剂温度可用 x 轴表示，蒸发器温度则用 y 轴表示。为达到所需温度，往往需要根据相平衡调整循环中的压力。冷凝器(或者蒸发器)压力可以通过水的温度和蒸汽压力对应关系调整。同时也可以固定发电机(或者吸收器)的压力。

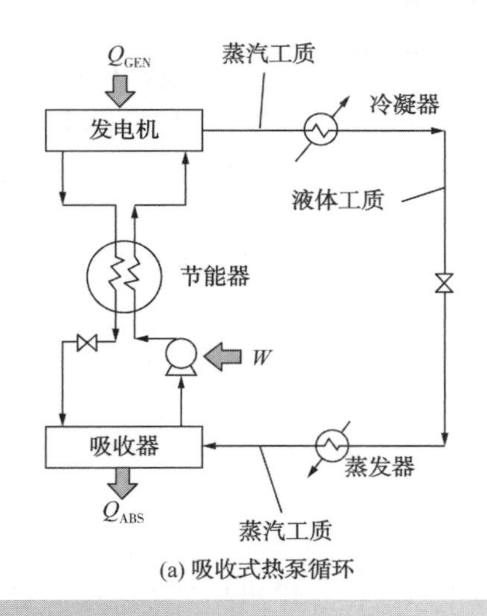

(a) 吸收式热泵循环

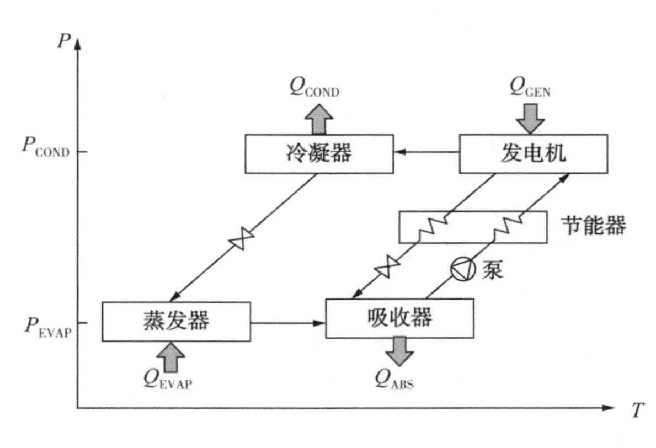

(b) 吸收式热泵循环的压力-温度关系

图 27.10　吸收热泵

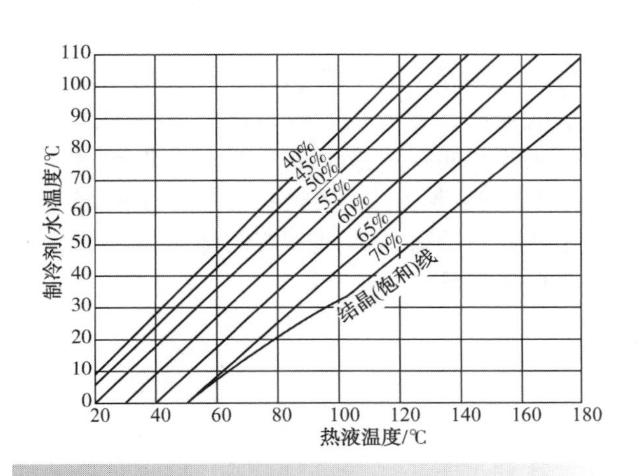

图 27.11　水-溴化锂体系的 Dühring 图

吸收热泵的工作效率也可以通过性能系数来进行衡量：

$$COP_{AHP}=\frac{有效热输出}{输入能量}=\frac{Q_{ABS}+Q_{COND}}{Q_{GEN}+W_{PUMP}} \quad (27.6)$$

式中　COP_{AHP}——吸收热泵的性能系数(-1)；

Q_{ABS}——热泵吸收器的有效热输出，W，kW；

Q_{COND}——热泵压缩器的有用热输出，W，kW；

Q_{GEN}——来自热泵发电机的热输入，W，kW；

W_{PUMP}——液体泵的能量输入，W，kW。

很多情况下，液体泵的能量输入可以忽略。基于理想 COP 状态，同样可以得到简化的 COP_{AHP}。对于理想的循环，假定膨胀以及泵送过程是没有能量输入或损失的可逆过程。可逆的热泵成为一个可逆的卡诺发动机。其中蒸发器和冷凝器的熵变相等（请见 Dodge，1944；Hougen，Watson and Ragatz，1959；Smith and Van Ness，2007）：

$$\frac{Q_{EVAP}}{T_{EVAP}}=\frac{Q_{COND}}{T_{COND}} \quad (27.7)$$

式中　Q_{EVAP}——蒸发器的热输入，W，kW；

T_{EVAP}——蒸发器温度，K；

T_{COND}——冷凝器温度，K。

对于理想的循环，整个系统的熵变为零，因此：

$$\frac{Q_{EVAP}}{T_{EVAP}}+\frac{Q_{GEN}}{T_{GEN}}=\frac{Q_{ABS}}{T_{ABS}}+\frac{Q_{COND}}{T_{COND}} \quad (27.8)$$

式中　T_{GEN}——发电机温度，K；

T_{ABS}——吸收器温度，K。

将公式 27.7 和公式 27.8 合并后，可得：

$$\frac{Q_{GEN}}{T_{GEN}}=\frac{Q_{ABS}}{T_{ABS}} \quad (27.9)$$

若忽略从液体泵的能量输入，则整个过程的能量平衡如下：

$$Q_{EVAP}+Q_{GEN}=Q_{ABS}+Q_{COND} \quad (27.10)$$

将公式 27.6、公式 27.7、公式 27.9 和公式 27.10 合并后，忽略从泵来的能量输入：

$$COP_{AHP}^{IDEAL}=1+\left(1-\frac{T_{ABS}}{T_{GEN}}\right)\left(\frac{T_{EVAP}}{T_{COND}-T_{EVAP}}\right) \quad (27.11)$$

27

式中 $COP_{\mathrm{AHP}}^{\mathrm{IDEAL}}$——吸收热泵的理想性能系数。

实际性能系数可通过下式得到：

$$COP_{\mathrm{AHP}} = \eta_{\mathrm{AHP}} COP_{\mathrm{AHP}}^{\mathrm{IDEAL}} = \eta_{\mathrm{AHP}} \left[1 + \left(1 - \frac{T_{\mathrm{ABS}}}{T_{\mathrm{GEN}}} \right) \left(\frac{T_{\mathrm{EVAP}}}{T_{\mathrm{COND}} - T_{\mathrm{EVAP}}} \right) \right] \quad (27.12)$$

忽略来自液体泵的能量输入，对于水-溴化锂体系，其卡诺效率可以通过下式得到：

$$COP_{\mathrm{AHP}} = A\,\eta_{\mathrm{AHP}} + B \quad (27.13)$$

式中，A，B 表示表 27.3 所列的水-溴化锂体系的相关系数。

公式 27.12 和公式 27.13 需要进行联立求解以得到 COP_{AHP}。这提供了一种找到优化工艺的简单模型，但是一旦初步优化过程完成之后，该模型还需要进一步的模拟来进行验证。

表 27.3 水-溴化锂吸收热泵的相关系数

（Oluleye，smith 和 Jobson，2016）

T_{GEN}/℃	T_{EVAP}/℃	$T_{\mathrm{COND}}=T_{\mathrm{ABS}}$/℃	A	B
90	$20<T_{\mathrm{EVAP}}<30$	50	−2.5064	3.4299
100	$20<T_{\mathrm{EVAP}}<30$	50	−0.7448	2.2099
	$30<T_{\mathrm{EVAP}}<40$	60	−2.9497	3.7592
110	$20<T_{\mathrm{EVAP}}<30$	50	−0.5081	2.0366
	$30<T_{\mathrm{EVAP}}<40$	60	−0.7478	2.2099
	$40<T_{\mathrm{EVAP}}<50$	70	−2.4461	3.3795
140	$40<T_{\mathrm{EVAP}}<50$	80	−1.7978	2.8816

⑧ 热变换器。可采用热变换器使得废热温度提高到方便利用的程度。基本流程图请见图 27.12a和图 27.12b(压力和温度关系)。该流程采用跟吸收热泵相同的组件，但是与之相反的是，吸收热泵、冷凝器和发电机在低压下工作，蒸发器和吸收器在相对高的温度下工作。在中间温度下的废热(其温度低于过程所需但是高于环境温度)进入蒸发器和发电机。有用的热量在高温下从吸收器中排出。在图 27.12 中，中等温度下的废热 Q_{GEN}进入发电机中，其中部分工作流体从工作流体和溶剂的混合溶液中蒸发，蒸发的工作流体进入冷凝器中冷凝，并排出热量 Q_{COND}。从冷凝器中排出的热量可以回收作为过程所需热量或者通过水或空气冷却后排放至环境。冷凝器中出来的液体工作流体采用泵升压进入高压蒸发器中，此时工作流体在蒸发器中蒸发，蒸发所需热量来自另外的一股等温度的废热 Q_{EVAP}，蒸发的工作流体进入吸收器中，在此被工作流体和溶剂的溶液所吸收。吸收热使得溶液温度升高。吸收器传递高温易于利用热量 Q_{ABS}。从吸收器中出来的溶液因此在节热器重冷却，通过节流阀降压后进去发电机。如此循环重复。

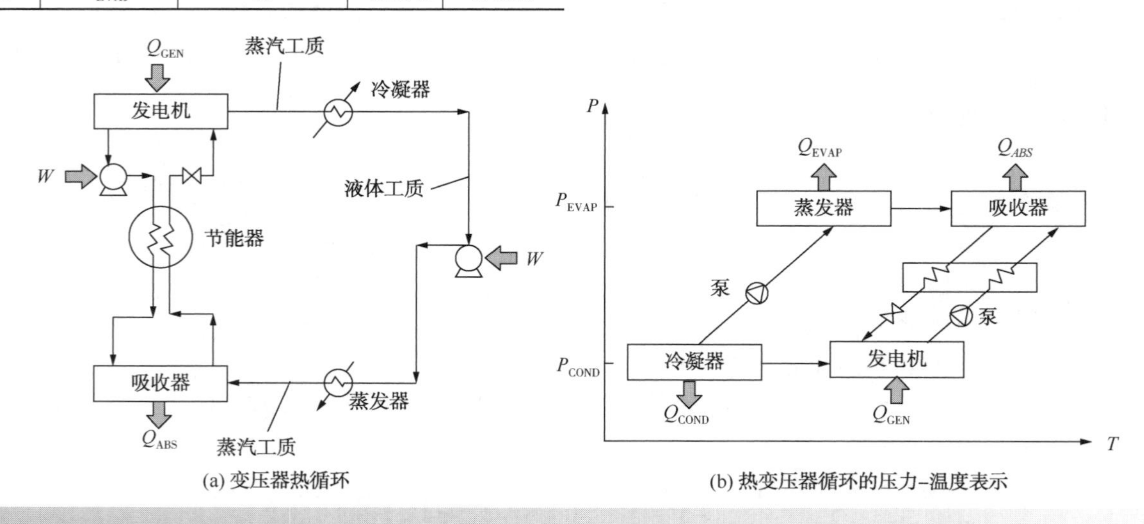

图 27.12 热变换器的热泵系统

总而言之，热变换器能够使得废热源温度提高，这与吸收热泵需要消耗较高温度下的热量不同。热变换器所用的液体泵与压缩热泵相比，该操作过程需要较低的能量。废热的输入是必须的，主要用于从吸收器中蒸发工作流体，并释放工作流体进入溶剂中。

对于吸收热泵而言，水可以作为工作流体溴化锂作为溶剂，这是最常用的体系。吸收器和蒸发器温度以及发电机和冷凝器温度之间的关系可用 Dühring 图来表示，如图 27.11 所示。也可采用氨水作为溶剂。另外也有其他的组合方式。

吸收热转换器的工作效能可用性能系数来进行衡量：

$$COP=\frac{有效热输出}{输入能量}=\frac{Q_{ABS}}{Q_{GEN}+Q_{EVAP}+W_{PUMP}} \tag{27.14}$$

公式 27.7～公式 27.10 也可用于吸收热转换器。综合公式 27.14、公式 27.7、公式 27.9 以及公式 27.10，忽略来自液体泵的能量输入：

$$COP_{AHT}^{IDEAL}=\frac{T_{ABS}(T_{EVAP}-T_{COND})}{T_{ABS}(T_{EVAP}-T_{COND})+T_{COND}(T_{ABS}-T_{COND})} \tag{27.15}$$

或者，可以采用与公式 27.15 等同的式子：

$$COP_{AHT}^{IDEAL}=\frac{T_{ABS}(T_{EVAP}-T_{COND})}{T_{GEN}(T_{EVAP}-T_{COND})+T_{EVAP}(T_{ABS}-T_{GEN})} \tag{27.16}$$

忽略来自液体泵的能量输入，对于水-溴化锂系统，卡诺效率如下（Oluleye，Smith and Jobson，2016）：

$$COP_{AHT}=\eta_{AHT}COP_{AHT}^{IDEAL} \tag{27.17}$$

$$COP_{AHT}=A\,\eta_{AHT}+B \tag{27.18}$$

式中，A，B 可由表 27.4 水-溴化锂体系的相关系数得到。

表 27.4　$T_{COND}=30℃$下吸收热转换器的相关系数（Oluleye，Smith 和 Jobson，2016）

T_{GEN}/℃	T_{ABS}/℃	T_{GEN}/℃	A	B
40	$60<T_{ABS}<90$	$50<T_{GEN}<80$	0.6356	−0.0549
50	$70<T_{ABS}<100$	$50<T_{GEN}<80$	0.6303	−0.0461
60	$80<T_{ABS}<110$	$50<T_{GEN}<80$	0.6270	−0.0392
70	$90<T_{ABS}<120$	$50<T_{GEN}<80$	0.6190	−0.0305
80	$100<T_{ABS}<130$	$50<T_{GEN}<80$	0.5797	−0.00704
90	$120<T_{ABS}<140$	$60<T_{GEN}<80$	0.6568	−0.0407

公式 27.17 和公式 27.18 需要一起求解以得到 COP_{AHP}。这提供了一种找到优化工艺的简单模型，但是同理，一旦初步优化过程完成之后，该模型还需要更进一步的模拟来进行验证。

⑨ 吸收制冷。吸收制冷在 24.11 节已经讨论过了。吸收制冷采用跟吸收热泵相同的循环，但是在室温下工作来提供制冷。这可能需要在现场提供额外的冷量，或者通过利用废热来替代压缩制冷。或者现场所需的制冷可以从外界获取。跟吸收热泵相类似，吸收制冷循环适用于有相对温度较高的废热可以提供给发电机的情况。循环与图 27.10 所示的相同。过程中从蒸发器吸收所得热量 Q_{EVAP} 用来使工作流体蒸发，这是制冷负荷。当蒸发的工作流体被溶剂吸收时，释放中等温度下的热量 Q_{ABS}。如果该热量仍然可以探讨其作为有效热而加以利用的可能性。要不然该热量需要通过水或者空气冷却后排放到空气中。工作流体通过高温废热源提供的热量 Q_{GEN}，在高压下从溶剂中汽提出来。冷凝器中释放的热量 Q_{COND} 可以通过回收转化为过程有用的热量，或者通过空气和水冷却后排放至环境中。

在吸收热泵以及吸收转换器中所采用的工作流体，同样也可用于吸收制冷循环中。一般倾向于采用高于 90℃ 的废热输入。若需降至 5℃ 以下，则可采用水-溴化锂系统。若采用氨水-水系统，则可冷却至-40℃。吸收制冷过程中从废热所得的制冷可用于如下用途：

- 用于某些过程所需的新制冷负荷；
- 通过替代压缩制冷降低总体能量输入；
- 替代冷凝器中冷却水，提高材料回收以及降低原材料损失；
- 替代冷却水，冷却进料气体至压缩机，在压缩机的中间制冷阶段冷却以降低压缩所需的能量输入；
- 使燃气涡轮机入口处空气冷却，以提高效率（燃气涡轮机产生的废热可以用于驱动吸收热泵来冷却入口处空气）；
- 在包装车间、仓库、生产车间以及办公室等比较热的工作现场提供冷气；
- 向厂区外输出以冷水、冷的溶液（如甘油-水、盐-水或者乙醇-水等）等形式存在的冷却源（通常温度低于 0℃），可用于附近商业生产所需的过程冷却（如食品加工过程）；
- 向厂区外的一些较热的区域提供以冷水等方式的制冷。

吸收制冷的效率通常用性能系数来表示：

$$COP_{AR}=\frac{有效制冷}{输入能量}=\frac{Q_{EVAP}}{Q_{GEN}+W_{PUMP}} \quad (27.19)$$

如果忽略来自液体泵的能量输入：

$$COP_{AR}=\frac{Q_{EVAP}}{Q_{GEN}}=COP_{AHP}-1 \quad (27.20)$$

对于低于100℃的废热，最有效的利用方式是加热需要热水的一些过程(比如食品和饮料加工等)，锅炉进水的预热，现场空间加热、非现场的区域供暖等。当温度较高比如100~200℃时，废热则可通过有机Rankine循环或者Kalina循环来产电。循环的效率取决于工作流体的选择、热源温度以及排出热的温度。然而，当废热温度为200℃时，通常循环的效率低于20%。不管是从设备投资还是能量需求上来说，采用蒸汽压缩的热泵往往比较昂贵，如果采用热转换器，可以降低与蒸汽压缩循环相关的能量输入，但是设备投资仍然是其制约因素。对于刚描述的采用单循环的热泵而言，比较经济的温度上升为低于50℃。尽管采用更加复杂的循环会提高效率，但是若想做到比较经济，其温度上升仍低于80℃。很难找到一种简便的方法来讨论低温废热的利用同时提高其操作的可持续性。必须要提高高温操作的热回收率，来使得低温废热的产生量尽可能少。因此，废热集成范围越广，就越可能得到更加有效的利用(比如可以采用小区供暖系统)。

例题27.2　图27.13a所示为通过低压蒸汽进行现场冷的复合曲线的一部分。图27.13b通过冷却水进行现场供热的复合曲线的一部分。冷却水的温度为20℃，返回至冷却塔的温度为25℃。较高温度的废热源为390℃的火炉废气。图27.13c为火炉的烟囱排烟损失图。废气的热容量为15.974kW·K^{-1}，废气可用于将锅炉103℃进水加热产生的160℃的水蒸气。火炉采用不含硫的燃料气，这使得废气可以冷却至100℃。假定蒸汽发生的潜热为2087kJ·kg^{-1}，水在160℃和103℃的热焓分别为670kJ·kg^{-1}和432kJ·kg^{-1}。需要指出的是在图27.13复合曲线以及火炉烟囱排烟损失曲线均包含10℃的ΔT_{min}调整。公用设施流的温度均表示其实际温度，该设计尽可能将从废气中蒸汽回收与热泵中排到冷却的部分热量综合起来，以尽可能替代现有的低温蒸汽热量。

① 试计算火炉中废气产生的蒸汽量。

② 采用废气产生的蒸汽来替代现有的蒸汽消耗，计算压缩热泵输出的低温过程加热平衡所需能量。假定采用氨水作为工作流体。

③ 假定提供给压缩热泵的能量产生效率为40%，计算产生所需要的能量时，同时产生的废热。

④ 若不采用压缩热泵，采用水-溴化锂吸收热泵来提供能量，原理上来讲，炉中产生的废气可直接提供发电机热量，用于吸收热泵所需。然而从实际来讲，利用废气产生蒸汽将其提供给发电机热量所需更为实用。试计算采用吸收热泵所能产生的热量回收。

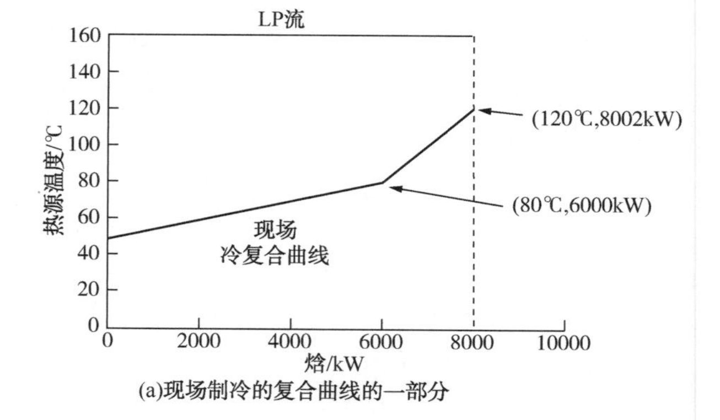

(a)现场制冷的复合曲线的一部分

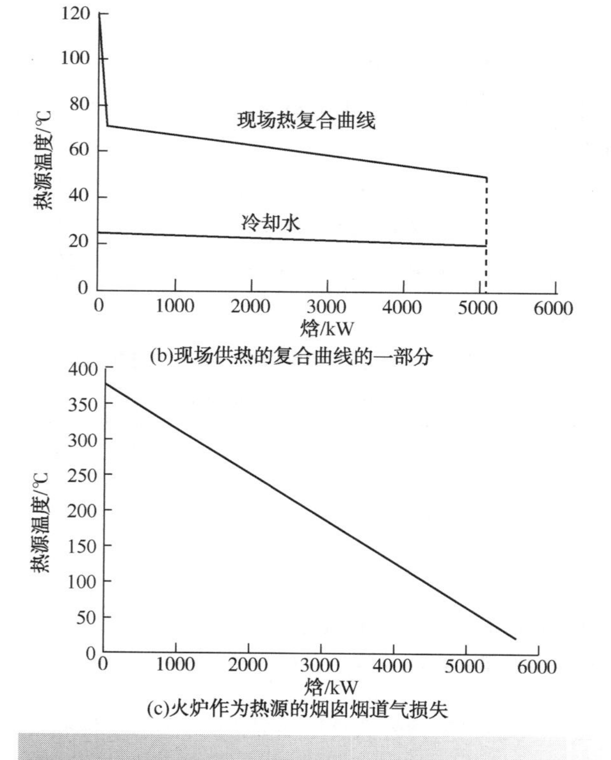

(b)现场供热的复合曲线的一部分

(c)火炉作为热源的烟囱烟道气损失

图27.13　现场热回收时的冷源以及热源

解：

① 假定产生水蒸气温度为 160℃，则蒸汽挥发所得热量为：

$$15.974\times(380-160)=3514\text{kW}$$

蒸汽流速为：

$$\frac{3514}{2087}=1.684\text{kg}\cdot\text{s}^{-1}$$

散热器和热源用于现场热回收问题：

$$1.684\times(670-432)=401\text{kW}$$

则蒸汽产生所需的总热量为：

$$3514+401=3915\text{kW}$$

废气可用的热量冷却到 103℃：

$$15.974\times(380-103)=4425\text{kW}$$

因此，废气在 160℃下能够产生 $1.684\text{kg}\cdot\text{s}^{-1}$ 的饱和蒸汽，如图 27.14a 所示。

② 假设仅利用废气来产生蒸汽，仅有产生蒸汽的潜热被用于加热，则热泵所需的热量为：

$$8002-3514=4488\text{kW}$$

以上为压缩热泵所需的热量，如图 27.14b 所示。初步假定 T_{COND} 为 80℃，T_{EVAP} 为 50℃，计算热泵的 COP。从公式 27.5 以及表 27.2 可得：

$$\eta_{\text{CHP}}=A+B\left(\frac{T_{\text{COND}}-T_{\text{EVAP}}}{T_{\text{COND}}}\right)$$

$$=0.6932-0.4851\times\left(\frac{353-323}{353}\right)$$

$$=0.6520$$

由式 27.4 可得：

$$COP_{\text{CHP}}=\eta_{\text{CHP}}\frac{T_{\text{COND}}}{T_{\text{COND}}-T_{\text{EVAP}}}$$

$$=0.6520\times\left(\frac{353}{353-323}\right)$$

$$=7.672$$

根据式 27.4：

$$W=\frac{Q_{\text{COND}}}{COP_{\text{CHP}}}=\frac{4488}{7.672}=585\text{kW}$$

$$Q_{\text{EVAP}}=Q_{\text{COND}}-W$$

$$=4488-585$$

$$=3903\text{kW}$$

则冷却如图 27.14c 所示。

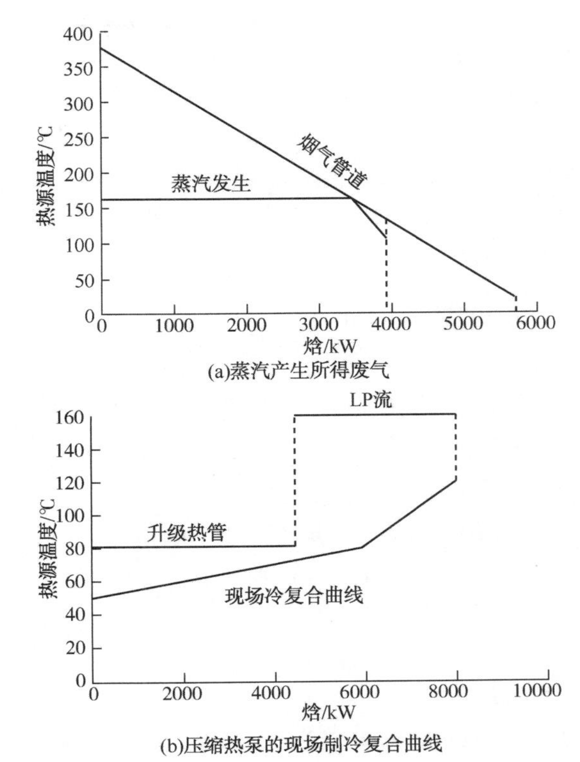

(a)蒸汽产生所得废气

(b)压缩热泵的现场制冷复合曲线

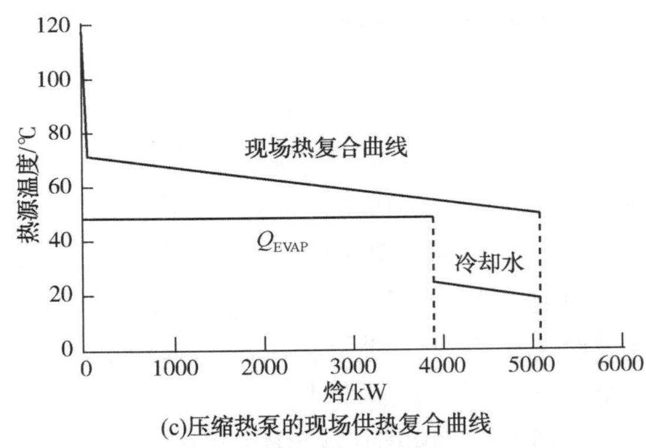

(c)压缩热泵的现场供热复合曲线

图 27.14　压缩热泵的冷源以及热源

③ 假定能量产生效率为 40%，压缩热泵产生的废热为：

$$585\times\frac{60}{40}=877.5\text{kW}$$

这说明一点：另外为了降低热泵现场产生的废热，在现场之外的区域，热泵的能量输入需求会产生大量的废热。

④ 初步假定 $T_{\text{COND}}=T_{\text{ABS}}=80℃$ 且 $T_{\text{EVAP}}=50℃$，则发电机温度可能取决于所用热源。然而，操作温度受限于 Dühring 图，且须注意避免结晶。对于 160℃的蒸汽，$T_{\text{GEN}}=140℃$。产生废气、蒸汽与蒸

汽利用和发电的 $\Delta T_{min}=10℃$。由图 27.11 $T_{COND}=80℃$，$T_{GEN}=140℃$ 可得，该过程在发电机中会有一个浓度为 63% 的浓溶液(吸收剂)。而图 27.11 也同样可以看出，如果 $T_{EVAP}=50℃$ 且 $T_{ABS}=80℃$，则吸收器中溶液浓度会降低到 52%。因此，从图 27.11 可以看出，该过程不会产生结晶。该过程热泵吸收热由公式 27.12 可得：

$$COP_{AHP}^{IDEAL}=1+\left(1-\frac{T_{ABS}}{T_{GEN}}\right)\left(\frac{T_{EVAP}}{T_{COND}-T_{EVAP}}\right)$$

$$=1+\left(1-\frac{353}{413}\right)\left(\frac{323}{353-323}\right)=2.564$$

从表 27.3 可得 $A=-1.7978$ 且 $B=2.8816$，由公式 27.12 和公式 27.13 可得：

$$COP_{AHP}=\eta_{AHP}COP_{AHP}^{IDEAL}=2.564\ \eta_{AHP}$$

$$COP_{AHP}=A\ \eta_{AHP}+B=-1.7978\eta\ A_{HP}+2.8816$$

同时解这些公式可得：

$$\eta_{AHP}=0.6606$$

由此可得：

$$COP_{AHP}=0.6606\times COP_{AHP}^{IDEAL}=0.6606\times 2.564=1.694$$

根据公式 27.6，假定液体泵的能量可以忽略：

$$Q_{ABS}+Q_{COND}=COP_{AHP}\times Q_{GEN}=1.694\times 3514=5953\text{kW}$$

因此，升级的热量为 5953kW。这正好能够满足图 27.13 的 80℃ 下现场冷复合曲线。可以有(8002−5953)= 2049kW 的热量用于蒸汽加热。

当然在设计完成之前有很多需要探索和考虑的权衡措施。从图 27.14 可以清楚看出，蒸发器中可以产生高温以供利用。在最终确定设计之前，蒸发器、冷凝器以及总体压缩和吸收热泵的热负荷都可以适当进行调整以优化过程所需。

27.6 废物处理和能量系统的集成

通常废物处理和能量系统往往分开考虑，但是如果将这两个系统集成就可以提高生产系统的可持续性。

对于很多废物来说，热氧化器燃烧是唯一的实用处理方法。对于固体和浓缩废物以及有毒废物，例如含有卤代烃、农药、除草剂等的废物。很多有毒物不能采用生物法降解，且在自然环境中很久都不会降解。除非这些物质能够在水溶液中以稀释状态存在，否则热氧化是最有效的处理方法。热氧化器还可用于氧化好氧废水处理过程中产生的过量污泥。这些过量污泥通常先通过过滤或者离心的方式来脱水，然后再干燥后进行热氧化。根据所处理废物的不同，热氧化器有时需要有时则不需要用燃料油或者天然气来进行辅助燃烧。第 25 章介绍了适用于废气处理的不同热氧化器设计。25 章所介绍的热氧化器设计可用于废气或者废液的氧化，但是不适用于固体废弃物的热氧化。如果固体废弃物需要进行氧化，则可采用如下两种方式：

1）回转窑。该法采用圆柱形的具有耐火材料内衬的外壳，与水平面以很小的角度倾斜，并以低速旋转。固体材料、污泥或者浆状物从高处进料，在重力作用下进入回转窑中，该法也可以氧化废液，是处理固体废弃物的理想方法，但是同时具有高投资以及维护费用等缺点。

2）炉膛热氧化器。该法设计初衷主要用于固体废弃物的氧化，采用耙子使得固体在燃烧室中机械移动。

建于废物产生点的热氧化器可以跟废热回收装置相匹配，通常产生的蒸汽可以进入现场蒸汽管道。

气化是一个相对适应性较高的过程，可以将主要成分为碳和氢的废物转化为合成气，并将其用于发电(或者化学生产)。生产现场产生的废物量如果不足，可以补充生物质，将其一起用于气化过程中。

如果废物浓度较高，且可生物降解，则可采用厌氧消化来处理废物，产生的甲烷副产物可以用于能量系统中。

有些含有较低有机污染物的废水，如果其负荷超过生物处理的能力，可采用湿式氧化过程(请见 26.2 节)。湿式氧化过程产生的热量可以考虑将其应用在能量系统中。

27.7 可再生能源

可再生能源指的是在人类活动的时间尺度能够得以补充的能源。可再生能源包括：

- 风能；
- 水力能；
- 波力；

- 潮汐能；
- 太阳能；
- 地热能；
- 生物质、生物油和沼气。

在化学加工范围内，仅有生物质、生物油以及沼气可以考虑用于能够显著替代非再生能源的可能性。沼气可以直接替代焚烧炉、燃气涡轮机以及蒸汽锅炉所用的天然气。生物油可以直接替代焚烧炉和蒸汽锅炉所用的燃料油，比如生物柴油。在探索固体生物质用于燃烧时存在的问题更多，在23章中介绍了采用固体生物质作为原材料的流化床蒸汽锅炉。固体生物质可以用于气化过程来产生合成气，合成气可作为燃料(或者化学品)生产。可采用固体生物质与化石燃料相结合的方式，比如，在图27.8所示的气化过程中，进料可以采用固体生物质作为补充。

可再生燃料用在化学加工现场提供可再生的能源，集成到供热和电力系统中。然而，其他的可再生能源如风能太阳能发电等，通常对于现场能源提供的贡献是较为有限的。从可再生途径产生的能源可以传输到生产现场来替代不可再生能源。

在化工生产现场区域之外，可以在更大的范围内来探索可再生能源的利用，并在一个地理区域内与更广泛的能源系统集成。对于当地发电而言，分布式能量是一个很好的替代选择，可能对传统的集中产电方式而言，该法的产电规模很小。能量产生调整到跟能量需求接近的程度。这使得更冷天气下区域供暖可以更加广泛地采取热和电相结合的方式。在较热天气下，发电厂产生的热可通过采用吸收制冷的方式来制冷。分布式能量系统主要包括蒸汽锅炉、燃气涡轮机、内燃机、燃料电池、热泵或者可再生设备如太阳能板或者风轮机等。分布式能量可用于房屋或者建筑物中，或者集中到分布式能量中心，以服务于更大区域的居民、商业或者主要的工业消费者等。如果也以热水或蒸汽的形式产生热量，并沿着小区供暖网络分布，则分布式能量中心的能量产生效率可高达85%，这与传统的集成化电厂相比，能够极大降低二氧化碳的排放。

分布式能源可以在家庭、商业和工业层面进行探索，采用一种综合方法来利用特定地理区域已有的工业废热。居民以及商业化能量需求往往每天不同时间、每周不同天以及每年不同月份的波动很大，这个是主要的问题。而另一方面来说，大规模的工业系统通常对能源需求相对较为恒定。

因为对于热量、电力需求以及电力价格的波动，分布式能量中心需要能够具有一定弹性满足峰值需求。这主要依赖于地理位置以及冬天加热和夏天制冷的需求。这一特点使得在选择供热以及供电单元时，往往各有利弊。比如，采用单一单元可能从经济尺度来说是有利的，但是可能仅在一年中只运行半年并同时进行产电，因为另外半年对于排放的热量没有需求。或者，可以采取几个小的单元，有一些可以全年运行。

27.8　水的有效利用

水的有效利用包括两个维度，其一是在过程内和过程间水的利用，其二是与能量利用相关的，主要是在蒸汽系统以及制冷水系统排出的废热。

1）过程水的有效利用。过程中水的利用主要如下：

- 化学反应器的反应介质(蒸汽或者液体)；
- 吸收或者萃取过程的溶剂；
- 蒸汽汽提操作过程的能量和质量传输流；
- 蒸汽喷射器的动力液；
- 设备清洗以及清洗操作过程中的清洁以及脱污介质，等。

这些操作过程中水的再利用，可以减少进水以及废水的体积。再生再利用则提高了水的质量，使其可用于进一步的利用过程。再生再利用也可以减少新鲜水需求量以及废水的排放体积，这一点跟再利用相同，但是同时还可以通过去除部分污染物来降低废水的负荷，这些污染物即便不进行去除，在最终排放前也是必须要进行处理的。第三个选择是当再生过程用于处理操作过程中时，水再循环使用。达到以上三个选择的设计方法已经在第26章详细介绍过了。

2）蒸汽系统水的有效利用。图23.2是一个锅炉进水处理系统的流程图。如果该过程冷凝的冷凝液损失而并未返回系统，则需要用新鲜水来补充，这一补充过程会产生水相逸出：

① 废水的去离子化过程中，离子交换床的再生过程会产生含盐，或者酸、碱的废水。

② 由锅炉排污产生的废水。该过程产生废水的主要问题在于其含有水处理化学试剂。

③ 损失的冷凝液一般不会产生直接的问题，因为通常该过程可能仅含有百万分之几的氨，用于防止冷凝系统的腐蚀。但通常会产生非直接的问题，因为冷凝液不再利用会导致热量损失，该过程最终往往要靠燃烧额外的燃料，同时会产生额外的燃烧产物。

除此之外，冷凝物不再利用也会导致热冷凝物所含能量直接损失掉，从而需要燃烧额外的燃料。这些水相挥发以及蒸汽系统的热量损失可以通过提高返回的冷凝物的比例来降低。提高能量效率，也可降低水相挥发，比如通过提高热量回收的方式，降低蒸汽系统的负荷。

3）冷却系统中水的有效利用。由于热回收系统效率低下，任何额外的热量输入到过程能量系统中，都将导致额外的热量被拒绝用于冷设备。这些对于制冷水系统的非必需负荷，往往需要额外的热量将其冷却后才能排放至环境中，同时还会导致额外的废水产生。很多制冷水系统通常采取循环水的方式，而不是一次性进入排出方式。在冷却塔的循环系统中，水的损失主要通过蒸发，但是有时候也会有少量的飞溅损失(见第 24 章)。通过冷却塔排污可以防止固体物质累积。对许多生产现场而言，冷却塔排污会产生大量的废水。排放物中主要含有腐蚀防护剂、防止固相沉积的聚合物以及一些防止微生物滋生的杀虫剂。制冷水系统的一些不必要的负荷，往往会导致额外的热量排放至环境中、同时还会有额外的水的补充以及排污。通过提高热量回收率进而提高过程能量效率，可以降低冷却塔排污，从而降低冷却塔的热负荷，或者通过提高浓缩倍数(见第 24 章)。另外，冷却水系统可以切换至空气冷却器，该法可以消除补充水负荷、排污产生的挥发等问题，但是需要提供额外能量以供空气冷却器的风扇工作。

27.9 化工生产的可持续性——总结

化工过程的设计必须能够满足工业活动可持续的最大化需求。可持续的最大化要求工业系统尽可能从经济可行、环境无害、社会有利等角度来满足人类需求(Azapagic，2014)。在进行过程设计以实现工业活动可持续最大化生产需要时，需从过程的整个生命周期来考虑，比如其选址、建造、报废拆除、进料、产品、废物流、运输环节以及更广范围内的工业基础设施之间的关联等。生命周期评价(LCA)是一个从摇篮到坟墓的过程，其主要评估所有的上游和下游资源需求以及环境冲击。考虑的界限应该比生产设施的直接相关范围要广。

单个过程也必须尽可能通过有效利用原材料来减少废物产生。如果在生产现场即可减少废物产生，这样不仅可以减少废物处理成本，同时还可以减少原材料成本。

一些过程会产生没有直接商业价值的副产品。需要创建一个过程网络，通过将尽可能多的原材料转化为有用的产品和副产品，以全面有效的方式使用材料。

在很多化学品的生产过程中，除了利用原油、天然气、煤炭等作为原材料之外，还可采用一些可再生的原材料作为替代。但是如果仅仅因为原材料是可再生的，则该过程即为更加可持续的过程这一看法是错误的。仅有当从整个生命周期来评价可替代的原材料时才可以对其做出正确的评价。

当考虑到与能源相关的排放时，通常考虑的是过程及其公用设施系统在当地产生的排放，然而，从集成电厂产生的排放通常有许多能量输入，这些能量输入产生的排放量往往与现场产生的排放相当。如果数据可获取，预燃烧产生的排放也尽可能包括在内。提高热量回收通常会降低设施的总体能量需求进而降低能量相关的排放。这一过程可以从过程方面来考虑也可以从现场水平来考虑。

废物处理以及能量系统通常是分开考虑的。然而如果将其集成考虑，通常会提高生产系统的可持续性。

在化学加工现场的界限范围内，可用于显著性替代非可再生能源的，目前仅有生物质、生物油以及沼气等。

可通过再利用、再生再利用以及过程内或者不同过程的水再生循环等方式，实现水的可持续利用。

27.10　习题

1. 有机化合物之间的反应是在搅拌槽反应器的液相中进行的，反应过程中加入过量甲醛。与甲醛相比，有机反应物不易挥发。反应后通过吸收器汽提反应器中的有机物后，排放到大气中。吸收器进水为新鲜水，从吸收器出来的水进入废水体系中，吸收器排放的液相废物主要成分为甲醛。

① 如果采用吸收操作，怎样降低体系的水相废物体积？

② 排放到废水中的有机物怎样去除？

2. 化工厂生产现场产生的大量废水流，排放到水体之前通过生化处理。尽管生化处理出口处污染物浓度在允许范围之内，但排放口的温度过高，排放的最高允许温度为30℃，而现有排放口的温度为40℃。生化处理流程进口温度为36℃。即生化处理过程使得温度升高了4℃。生化处理反应器会产热，但是同时也会向环境直接散热。生化处理过程停留时间越长，则热量损失就越高。有提议说可以在生化处理下游增加冷却塔装置来解决这一问题。而更好的措施则是通过原位解决问题。

① 为了缓解这一问题，生化处理进水口哪个方面需要加以改变？

② 产生废水的过程往往是批次性质的，涉及很多在不同温度下的清洗操作，为了解决这一问题，需要做出哪些调整？

3. 化学生产现场产生各种特定的废液排放有问题的各类化学品。现有的生产过程，废液直接不经处理排放。废液中有机物含量较高且pH较低。立法部门要求在排放前有机物含量降低90%，同时要加以中和。据此设计了相应的废水处理系统，并对其加以成本核算。处理系统主要包括将所有排放蒸汽收集在一起，采用石灰中和，并进行生化处理。中和以及生化处理的成本与所处理废水的量呈正比，生化处理成本还会随废水中污染物含量的增加而增加，现有处理系统的成本过高，公司准备通过废物减量化方式来采用其他工艺达到要求。

① 从有机物含量的角度而言，对废水产生贡献最多的流程在于从工厂A的操作1产生的废水。该废水是在有机产物与盐通过萃取操作分离时产生的。产物与水在容器中混合后，在澄清器重静置实现水相分离。该洗涤步骤不仅能使盐溶于水中，同时还有有机产物。盐是极易溶于水的，而有机产物则微溶于水。离开该操作的废水是被有机污染物饱和的，但是盐浓度远低于其饱和点。如果单独考虑该流程，可采取哪些措施以降低废水体积和有机物负荷？

② 另一个过程，工厂A的操作2，采用冷却水循环中的水。通过直接接触的方式实现有机蒸气的冷却。在该操作中，有机蒸气通过喷洒冷却水的容器。得到的两相混合物同样通过澄清器静置。水相被有机污染物所饱和并通过冷却塔进行循环。冷却回路需进行清洗，清洗液进入废水排放系统。通常采用来自工厂A的另一股高污染物浓度的废液进行清洗。通过集成操作1和操作2，为了降低工厂A产生的废液，可采用什么措施？并对你建议的措施可能会影响污染物含量和废水体积的因素进行进一步解释。

③ 工厂B对排放口处的氯化氢采用水来汽提。所得水为强酸性但并未含有有机污染物。而另一种现场产生的废水则为中性的，为了降低废水处理成本，可采取什么措施？

④ 工厂C产生一种被有机污染物污染的废水。此外，没有回收利用蒸气加热产生的蒸气冷凝水的政策。大量蒸气冷凝水被排放到排水系统。现场还有一个大型冷却塔，需要大量补水以补偿蒸发损失。冷却塔的排污不包含有机污染物。整体来看，除了目前建议的措施外，还可以采取哪些措施来降低污水处理成本？

参 考 文 献

Azapagic A (2014) Sustainability Considerations for Integrated Biorefineries, *Trends in Biotechnology*, **32**: 1.

Azapagic A and Perdan S (2011) *Sustainable Development in Practice: Case Studies for Scientists and Engineers*, 2nd Edition, Wiley-Blackwell.

Chowdhury J and Leward R (1984) Oxygen Breathes More Life into CPI Processing, *Chem Eng*, **19**: 30.

Curran MA (1996) *Environmental Life Cycle Assessment*, McGraw-Hill, New York.

Dodge BF (1944) *Chemical Engineering Thermodynamics*, McGraw-Hill.

Guinee JB (2002) *Handbook on Life Cycle Assessment, Operational Guide to the ISO Standards*, Kluwer Academic Publishers.

Hougen OA, Watson KM and Ragatz RA (1959) *Chemical Process Principles. Part II Thermodynamics*, John Wiley & Sons.

McNaughton KJ (1983) Ethylene Dichloride Process, *Chem Eng*, **12**: 54.

Oluleye O, Smith R and Jobson MR (2016) Modelling and Screening Heat Pumping Options for the Exploitation of Low Temperature Waste Heat in Process Sites, *Applied Energy*, **169**: 267.

Reich P (1976) Air or Oxygen for VCM? *Hydrocarbon Process*, **March**: 85.

Smith R and Delaby O (1991) Targeting Flue Gas Emissions, *Trans IChemE*, **69A**: 492.

Smith R and Petela EA (1991a) Waste Minimization in the Process Industries. Part 1 The Problem, *Chem Eng*, **506**: 31.

Smith R and Petela EA (1991b) Waste Minimization in the Process Industries. Part 2 Reactors, *Chem Eng*, **509/510**: 12.

Smith R and Petela EA (1991c) Waste Minimization in the Process Industries. Part 3 Separation and Recycle Systems, *Chem Eng*, **513**: 24.

Smith R and Petela EA (1992) Waste Minimization in the Process Industries. Part 4 Process Operations, *Chem Eng*, **517**: 9.

Smith JM and Van Ness HC (2007) *Introduction to Chemical Engineering Thermodynamics*, 7th Edition, McGraw-Hill.

Victor RA, Kim JK and Smith R (2013) Composition Optimization of Working Fluids for Organic Rankine Cycles and Kalina Cycles, *Energy*, **55**: 114.

第 28 章　过程安全

尽管过程安全在本书中放在最后，但并不意味着设计时是将其放在最后阶段才考虑的问题。之所以放在最后介绍过程安全的问题，是因为诸多跟安全相关的问题在前面过程设计时都逐一介绍过了。在开展过程设计的开始一直到最后阶段，安全方面的考虑应该贯穿始终。如果在最初设计决策时仅仅考虑过程因素，则经常最终会对于安全、健康和环境造成一系列问题，需要更加复杂的措施来进行弥补。所以在最初进行设计的基本决策时，最好首先考虑到安全问题。

在加工厂通常面临的三大安全问题为火灾、爆炸和有毒物质泄漏(Lees，1989)。

28.1　火灾

火灾为处理工厂的首要危险，尽管通常认为其导致的危险程度要低于爆炸和有毒物质泄漏(Lees，1989)，火灾仍然是最主要的安全隐患，而且在某些情况下其危害程度甚至与爆炸接近。火的产生通常需要易燃物质(气体、蒸气或者液体、固体、在气体中以粉尘形式分散的固体等)、氧化剂(通常是空气中的氧气)，另外，一般情况下(但不是所有情况下)还需要一个引火源。评价火灾作为安全隐患的主要因素如下：

1）可燃极限。可燃性的气体或者蒸气需要在一定的浓度范围内才能够在空气中燃烧。可燃气体的浓度低于一定浓度时，即低于可燃极限的下限时，混合物中的可燃气体浓度太低，不能够燃烧；而高于一定浓度也就是高于其可燃极限的上限时，气体的浓度太浓也不能够燃烧。在上下限之间的可燃气体的浓度即为其可燃范围。

当可燃气体的浓度处在可燃范围内，且有引火源时，可燃气体即发生燃烧。有时候可燃气体与空气混合物在可燃范围内，即便没有引火源，但是通过加热至自燃温度，仍然可能发生燃烧。

最易燃烧的混合物组成通常是按照燃烧反应式的化学计量关系来进行混合的。而且一般的规律是，可燃极限的下限和上限浓度，往往分别是燃烧反应式化学计量关系的一半和两倍的关系(Lees，1989；Crowl and Louvar，1990)。

可燃极限还受压力影响，压力变化对其影响往往视混合物不同而不同。在某些情况下，降低压力会使得可燃极限下限增加而上限降低，从而使得可燃范围变窄，甚至会使得上下限重合，混合物变得不可燃。相反地，有时候压力升高会增加可燃极限的浓度范围。然而有些情况下，升高压力则会使得可燃极限范围变窄。

可燃极限范围同时还受温度影响，一般而言，升高温度会使得可燃浓度范围增加(Lees，1989；Crowl and Louvar，1990)。

2）极限(最低)氧浓度(LOC)。尽管可燃极限的下限给出了蒸气-空气混合物发生燃烧所需可燃物的最低浓度，有时候将惰性气体(通常氮气，但有时候采用二氧化碳或者蒸气)加入其中，来防止燃烧。极限(最低)氧浓度是混合物(包括其中的惰性气体在内)中，因为氧气浓度太低，使得反应产生的能量不足以使得火焰自我蔓延，LOC 与燃料浓度无关。通常用可燃物中氧的体积分数来表示。LOC 与体系压力以及温度有关，同时还依赖于其中惰性气体(非可燃气体)的种类。

3）最低点火能量。最低点火能量表示点火源比如火花的最低能量，该能量用来引发燃烧。最低点火能量的具体数值变化很大，典型的可燃蒸汽的最低点火能量为 0.025mJ(Crowl，2012)。

4）自燃温度。气体或者蒸气的自燃温度表示该物质在空气中达到一定温度即可自我引发燃烧，不需要外在的点火源。

5）闪点。液体的闪点温度代表一个最低温

度，当温度高于此温度时，液体会产生大量的蒸气，与空气混合后成为易燃的混合物。闪点通常随压力升高而升高。

6）粉尘的极限氧浓度。该浓度表示能够使得粉尘形成一团后产生燃烧所需的最低氧气浓度(通常氧气跟惰性气体如氮气置换)。低于粉尘的极限氧气浓度情况下，粉尘不会燃烧，因此也不会产生相应的粉尘爆炸现象。

7）粉尘最低引燃温度。该温度代表团状粉尘燃烧所需的最低温度。最低引燃浓度在评估粉尘对于一些引燃源如热的表面等的敏感程度的时候是很重要的一个指标。提高粉尘的粒径、增加湿度均会增加粉尘的最低引燃温度。

28.2 爆炸

生产现场的第二大危险因素即为爆炸，其危害程度通常要比火灾高，但是要比有毒物质泄漏低一些(Lees，1989)。爆炸往往是能量的突然剧烈释放。在加工厂能量的突然释放导致的爆炸主要有如下几种原因：

1）化学能。化学能是来源于化学反应所产生的能量。化学能往往来源于一些放热的化学反应或者易燃物质(粉尘、蒸气或者气体)的燃烧。基于化学能所产生的爆炸可以是均一的也可以是逐渐蔓延的。在容器中产生的爆炸通常是均一爆炸，而在长的管子中产生的爆炸往往则是蔓延性爆炸。对于粉尘而言，最低爆炸浓度是 $g \cdot m^{-3}$，为在空气中的最低浓度，该浓度下一旦点燃产生火花蔓延进而引发爆炸。

2）物理能。物理能可以是气体的压力能量、热能、金属的应变能或者电能等。一个因物理能释放导致爆炸的例子就是含有高压气体容器的破裂。

热能尽管本身一般不会作为一个爆炸产生的能源，但是在制造爆炸产生的条件时往往用到热能。比如特定情况下，在一定压力的过热液体意外泄漏到空气中会产生过热导致闪蒸现象。

如下两种常见类型的爆炸均用到化学能的释放：

1）爆燃。爆燃过程中，火焰前沿通常沿着易燃混合物缓慢向前移动。

2）爆炸。爆炸过程中，火焰前沿以冲击波的形式向前迅速移动，燃烧波紧随其后，维系冲击波向前移动所需的能量是释放能量的燃烧波。爆炸过程中前沿移动的速度甚至比未反应介质中声速还快。

爆炸产生很的高压力，其破坏性远远大于爆燃。烷烃和空气的混合物或者粉尘混合物在常压下产生的爆燃压力峰值可达到 8~10bar。然而爆炸产生的压力峰值可达 20bar。爆燃可以转变为爆炸，尤其当其沿长的管道传播时。

我们刚刚讨论了有两种基本类型的爆炸，它们的产生往往也分成两种情况：

1）密闭爆炸。密闭爆炸往往产生在容器中、管道工程或者建筑物中。产生爆炸的易燃混合物是在反应容器或者管道中爆炸，既可能产生爆燃也可能产生爆炸。爆燃产生往往需要气体混合物在可燃极限范围内，且有一个引火源；或者即便没有点火源，混合物被加热到自燃温度以上。一旦爆炸以爆燃开始，有时会转变成爆炸。通常这种转变发生在管道中，容器中的爆燃一般不会转变为爆炸。

2)非密闭爆炸。通常将在敞开空气中的爆炸称为非密闭爆炸。非密闭蒸气云爆炸是在工业过程中危害最为严重的一种爆炸类型。尽管有毒物质泄漏是危害最大的一种，非密闭蒸气云爆炸则在工业过程中产生频率更高(Lees，1989)。很多情况下，非密闭蒸气云爆炸是闪蒸可燃液体的泄漏导致的。非密闭蒸气云爆炸的主要问题不仅在于其破坏力极大，而且往往发生在距离蒸气排放周边的区域，因而会威胁到很大一片区域的安全问题。英国 1974 年傅立克斯镇(Flixborough)的爆炸灾难就是因为环己烷液体泄漏引起的。产生了可燃的蒸气云，进而引发了非密闭蒸气云爆炸，现场有 72 人，该爆炸导致 28 人遇难，36 人受到严重伤害。

如果发生非密闭蒸汽云爆炸，爆炸波中的能量通常只是构成蒸气云中所有物质燃烧所释放出来的理论能量的一少部分。实际释放的能量与理论上燃烧所释放出来热量的比值称为爆炸效率。通常爆炸效率在 1%~10%，一般假定为 3%。

含有压力液体的容器破裂会导致沸腾液体扩展蒸气爆炸(沸腾液体膨胀蒸气爆炸，BLEVE)。

当容器破裂时，防止液体沸腾的压力随之消失，如果破裂很严重，则会导致大量的液体迅速沸腾，进而引发急剧的体积膨胀。根据容器中的物质不同，温度和压力的变化有时会导致爆炸。产生这种爆炸的物质不一定是可燃的，因为本身储存的能量即可引发爆炸。然而如果是易燃物质则易于产生 BLEVE，而且一旦有点火源存在，一级 BLEVE 的产生往往会引发二级爆炸。BLEVE 可以由外加火源引起，也可由化学反应容器的过压引起，或者由于容器本身的机械故障所导致。

当过程中用到可燃物时，通常采取避免过程中采用可燃物和空气相混合的方式来降低爆炸发生的可能性和危害，具体可以通过改变反应条件或者加入惰性组分。而如果仅仅想通过避免点火源的方式来消除爆炸，往往不是最好的选择。

28.3　有毒物质泄漏

第三种具有最高破坏潜力的危害是有毒物质泄漏(Lees，1989)。有毒物质泄漏的危害，不仅跟化学物质种类有关，而且跟暴露状态有关。有毒物质泄漏危害最坏的情况是：发生泄漏的现场有很多人，且暴露在高浓度的有毒物质下。尽管工作时即便暴露在低浓度的有毒物质下，如果暴露时间过久也会有长期的健康风险。在 1984 年的 Bhopal 博帕尔事件中，有毒气体泄漏(异氰酸甲酯)导致大约 3800 人在事件发生后很快死亡。随即又有约 10000~20000 人死于跟毒气泄漏相关的疾病。甚至后来，还有好几千人受到该毒气相关的危害致残伤害。

一般而言，危害健康的化学物质通常需要跟暴露的皮肤表面接触，有三种方式，主要有呼吸、皮肤接触和消化道接触。

在过程设计中，首先要考虑的是如何避免呼吸接触。这种情况一般是在有毒物质意外泄漏到空气中或者通过逃逸性排放的方式(因为管道法兰、阀箱压盖、泵或者压缩机的密封垫圈等的慢漏气)泄漏时需要考虑的。罐式货车装箱时，因为液面的上升导致罐体中的蒸气排放到大气中，也会导致泄漏，这一问题如第 24 章所述。

可接受的有毒物质泄漏的极限往往取决于暴露是短期的还是长期的。一般空气传播的致死浓度以及非空气传播的致死剂量的测定是通过模型动物来完成的。空气传播的有毒物质致死浓度的测定通常是在给定的暴露时间(一般是 4h)，测定能使模型动物 50%致死率所需的有毒物质的浓度，用 LC_{50}表示(能够使测试组 50%死亡率所需的致死剂量)，该指标将有毒物质的绝对毒性在严重暴露情况下，用一个浓度剂量来表示。对于非空气携带的有毒物质，致死剂量指的是使测试组动物死亡所给予的有毒物质的量(mg/100g 测试动物体重)。必须注意一点的是，很难直接将针对动物的测试结果推算到人类上面。非动物的一些测试方法也已经介绍了。

长期暴露的限值通常用阈限值来表示，该值表示在工作环境的可接受浓度，主要有三类阈限值的表示方法：

1) 时间加权暴露。这是一个在给定时间范围段内，通常是一天工作 8h，或者每周工作 40h 情况下，所允许接触有毒物质的平均浓度，通常用百万分之一(ppm)或者 $mg \cdot m^{-3}$表示。在该浓度范围下，即便工人每天接触有毒物质，也不会产生有害的影响。比较短的时间(通常每个工作日内小于 30min)下如果工人接触有毒物质的浓度超过该限值，也是允许的，但必须有其他时间接触该有毒物质的浓度低于该限值。

2) 短期接触。该浓度表示工人在很短时间下，通常是 15min，所允许的接触的有毒物质的最高浓度，在该浓度下，一般工人不会受到如下伤害①无法忍受的刺激；②慢性或者不可逆转的器官性损伤；③一定程度的昏迷进而增加事故发生的可能性，或者降低自我救援意识或实质性降低效率等。然而只有在满足时间加权暴露的前提下，才允许短期接触的可能。另外，还有额外的限制，比如每天短期接触次数不能超过四次，每次接触之间至少间隔 60min，而且要求当天的加权时间暴露值没有超过限定值。

3) 最高限度接触。该浓度为任何情况下均不允许超过的接触浓度，即便发生突发事件。

低浓度有毒物质泄漏有时很难察觉。通常泄漏可以通过采用密封设备来避免(比如将填料密封改为机械密封或者采用无密封泵等)。同时需要经常检查其密封性。设备经常进行关闭和通风。降低罐体装卸时所导致的蒸气泄漏已经在第

24 章介绍过。

28.4　危险识别

在过程设计的开始，需要先对危险加以识别，这样在做一些基础设计决策时，即可在设计时消除或者降低危害。这既适用于过程的基础决策，又适用于规划布局以及选址。规划布局以及选址方面的考虑在设计时不应该放到最后才考虑。只有时刻对危害保持警觉，才能在决策时尽可能消除或者降低危害。

化学生产过程本质上而言都会产生有害物质。特定的危害都跟被列在有害物质名单中的物质，或者采用一些极为苛刻的操作条件有关，但是除此之外当然还有其他的条件：

1)有害物质目录。列在易燃或者有毒物质清单里的物质会有很大的产生危害的风险。然而过程所采用易燃或有毒物质越多，产生危害的风险就越大。被列在清单里的物质，操作时需要注意保证这些易燃或有毒液体要保持其压力在沸点之上。相同泄漏孔尺寸的情况下，气体泄漏的质量流速要比液体小。闪蒸液体与过冷液体泄漏的速度相同，但是它们极易变为蒸气混合物而且一旦释放会形成喷雾。喷雾的尺寸如果很小，则跟蒸气的危害程度相同，而且极易随风传播。因此闪蒸液体在给定泄漏孔的泄漏所导致的危害，甚至比相应的气体泄漏还要严重(Kletz and Amyotte, 2010)。

2) 高压。工厂中采用高压可以极大提高所贮存的能量。尽管高压本身对于建筑材料不会造成很严重的问题，但高压的同时，采用高温、低温或者腐蚀性的化学品确实会产生危害(Lees, 1989)。高压操作时，泄漏的问题会显得更加严重，因为在给定的泄漏孔尺寸的情况下，高压操作提高了流体的质量流速，尤其当涉及闪蒸液体的操作时，这一问题尤为突出。

3) 真空压力。真空压力跟其他极端操作条件相比，其危害性一般没有那么大。然而需要特别注意的是，当处理一些易燃物质的真空操作时，空气一旦进入则容易形成易燃混合物。

4) 高温。工厂中采用高温加高压的方式来可以极大提高贮存的能量。通常高温由过火炉提供，往往存在很多风险。若携带过程所需液体的管道在高温辐射区域破裂往往会产生爆炸。如果燃料与空气比例控制得不好，则低于化学计量的燃料产生一氧化碳和烟尘。如果别处有易燃物质泄漏，则燃烧器本身可能就是一个点火源。如果是高压操作，还存在建筑材料选择的问题(见附录 B)，设备容易受到热变化的冲击尤其是在反应启动和结束阶段，此时材料的蠕变是一个主要的问题(见附录 B)。

5) 低温。低温过程(低于冷却水温度)经常需要用一个循环冷却装置来产生低温。这一过程往往需要额外的设备，会有额外的易燃物(丙烷)或有毒物(如氨)作为制冷液。该过程本身要用到大量的在一定压力或者低温下的液体。如果不能够将其维持在一定压力下或者不能够维持其低温，则这些液体会挥发。这种情况下需要迅速通风，此时沸腾的液体中的杂质则易于以固体形式沉淀出来，尤其是当设备可以蒸干的时候。沉积的固体不仅会导致设备堵塞，而且有些情况下还会导致爆炸。因此如果可能，尽量确保进入低温流程液体的纯度。另一个低温操作的问题是水合物的形成。气体水合物通常是非化学计量的晶体，通常含有烃类如甲烷乙烷或丙烷被固定在水分子的晶格中。气体水合物的形成需要低温、高压、自由水以及烃类物质的存在。如果形成，则气体水合物会阻断管道包括减压和通风系统。一个很严重的问题是和低温操作过程有关的建筑材料低温下材料的脆化(见附录 B)。低温操作和跟高温操作相类似，设备也会受到热冲击，尤其是在反应的启动以及结束阶段。

6) 设备故障。供电、制冷系统(冷却水、冷却空气或者冰箱制冷)、惰性气体供应、仪表气源等发生故障，都会导致很大的危害。过程安全应该避免设备故障所带来的风险。

7) 反应失控。通常如果反应器中的反应为放热反应，其过程热量产生的速度比制冷系统冷却速度快的话，会产生比较严重的安全问题。这种反应失控的情况通常是由于制冷剂失效，有时则可能是因为冷却水循环的泵的问题而导致制冷能力短时间下降。因为反应速率、热量产生速率随着温度的升高呈指数增长，而制冷速率的提高则仅随温度升高呈现线性增加。一旦热量的产生超出其制冷能力，则温度会急剧升高（Tharmalingam，1989）。如果热量升得过高，则液体会蒸发，反应器会出现过压现象。

8）不可靠性。从经验上来说，过去发生的很多安全问题都是跟设备损坏或者维护有问题而导致的。因此设计时应该尽可能做到可靠且不易受到不可预知的损坏。不可预知的设备损坏会干扰过程正常运行，同时会产生安全问题，使得安全问题变成一个需要隔离、排除污染、设备拆除问题。应该通过定期检修的方式，或者通过监控设备运行状态来预防意外发生，同时还应该修复损坏的设备。一旦基本设计完成之后，需要对其进行系统的可靠性、可行性以及可维护性等方面进行分析，这时可以改用可靠性更好的设备。为了避免不必要过程中的不稳定性，通常需要有备用设备。因为备用设备的存在而产生的备用容量或者多余度，可用于替换一些损坏的在线设备，来避免过程不稳定。一些相应的设备监控和预防性维护的规定也会对可靠性造成影响。应该提前考虑维护策略以提高资产可靠性。可靠性、可行性以及可维护性的分析通常需要考虑到设备的固有可靠性、备用设备的包容性以及运行政策、预防维护和监控政策等进行整体分析。具体需要考虑的细节在本文讨论范围之外。

9）维护产生的危害。过程所用设备比如泵、压缩机、阀、容器、仪表等，需要监控以及维护。一旦设备需要维护，很多情况下要将其隔离、排除污染并且拆装。提供合适的设计数据能够有助于安全检查和维护设备。进行设备维护的安全通道也需要建立起来，同时设计时还需要采用可靠的设备以避免不必要的维护。

10）提升风险。有些设备维护操作时需要将重的设备吊起来。此时设计时要考虑到设备起吊所导致的安全问题，或者要给移动式起重机提供安全通道或者保证其起吊通道通畅。

11）交通运输。原材料运输到加工厂或将产品从加工厂运走，都会在工厂的内部和外部导致危害的风险。原材料的运输以及储存是紧密相关的，在第14.5节和16.13节所讨论的那样。特别要指出的是，采用公路车或者有轨车从工厂运出或者运入危险品原材料，都是需要尽可能避免的。

12）通道和疏散产生的风险。工作和维护人员需要进入现场的通道，同时还需要进入现场紧急疏散的通道。设备的安全通道也必须确保方便进行维护操作。

13）紧急车辆的通道。一旦发生事故，需要给消防车以及疏散人员的紧急车辆提供通道。

14）人员密集建筑的位置。人员密集建筑，比如控制室、维修车间、分析实验室和办公室，不应该选在爆炸辐射区域或者任何有有毒物质泄漏且会对工作人员造成风险的区域。通常而言，加工厂设计时应尽可能把危险区域与人员密集区域分开。这可能意味着集中控制室最好建在偏远区域。

15）风向。设备规划时应该尽可能让主导风向能够将可能泄漏的任何有害物质吹向最为安全的方向

16）自然以及环境危害。极端天气（飓风、台风、龙卷风、极热天气或极冷天气等）以及地震都是需要考虑的安全隐患，设计时应该尽可能将这些危险产生的安全隐患降到最低。

17）其他危害。以上列出的危害并不是全部的，有些特定过程会产生仅适用范围较小的一些危害。比如近海油和气的生产，通常会因为直升机和海上运输所产生一些特定的危害，等等。

可采用正规的过程来对各类危害进行识别，比如HAZID研究（Kletz，1999）。这是一个框架性的头脑风暴技术，通常涉及过程设计、过程操作、安全系统工程师、过程控制、设备仪表、机械工程师、设备试运行、项目管理人员等。这些管理工具应该在项目流程图、一级原料、能量平衡以及初步设计规划图出来之后，尽早利用起来。过程涉及还需要结合原有位置的基础设施、交通、天气以及当地情况等，以便既能识别过程外部风险，又能识别内部风险。HAZID研究软件不仅能够识别潜在的风险，还能够考虑到风险之间的因果关系，并提出一些安全方法来消除或者降低风险。

28.5 安全管理的分级层次

安全管理应该遵循一定的分级层次，可以直接降低安全事故发生的频率，也可通过降低有因果效应潜在的安全风险，如图28.1所示的那

样)(化学过程安全中心，2009)。

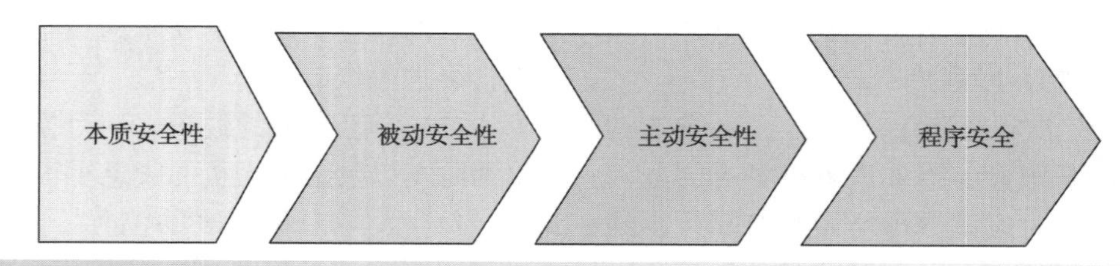

图 28.1 过程安全管理的分级层次
(来自化学过程安全中心(2009)本质上更安全的化学过程，第二版，经 John Wiley & Sons 许可)

① 本质安全性。过程的整体调整以在源头上将风险消除或者降低。比如将采用易燃溶剂的反应过程改为水相反应过程。

② 被动安全性。尽可能采用一些能够降低危害频率或者降低危害发生的因果效应的设计以避免设备损坏导致的严重后果，比如采用防火或者防爆墙。

③ 主动安全性。采用过程控制、安全设备系统、过程预警来检测或者应对危险状况，采取尽可能降低危害的措施，比如一旦检测到贮罐中液面高于高水位基线，即关掉进料泵。人为及时干预也是主动安全性的一种。然而，人为干预在整体而言，不如过程控制以及安全设备系统来的可靠。

④ 程序安全。采用行政控制和紧急应对措施，来避免安全事件或者降低事件的影响，比如在进行维修工作控制时采用安全许可制度等。

以上四个分层的安全管理，能够在整体上进行过程的安全控制，然而，固有安全性相比较其他几种的不同在于，它追求源头上消除或者降低潜在的风险。

28.6 本质安全设计

尽管没有一个过程能够做到本质安全，但过程设计的目标是要尽可能在设计开发时做到本质上更安全。本质更安全设计的目的是要完全消除或者极大降低安全系统或者流程的复杂性。危害的消除和降低应该通过内在的过程设计来达到。设计时避免采用有害物质，或者尽可能少用。采用时尽可能在不太极端的温度或压力下使用，或者将其用惰性物质来稀释等操作，这样即为本质更安全，不需要很复杂的安全系统(Kletz and Amyotte，2010)。本质安全设计也存在分级层次，如图 28.2 所示(化工过程安全中心，2009)。

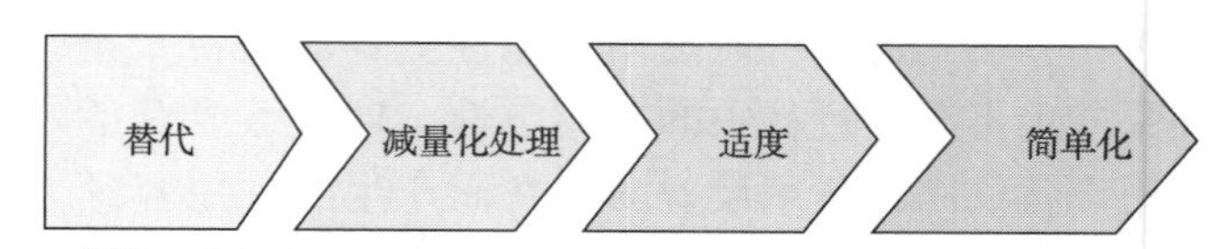

图 28.2 本质安全设计的分级层次

1）替代。过程设计中处理危害的最好的方法是将其彻底去除。如果可能，将危险物用危害相对较小的物质替代。比如：

• 改变反应路径来避免化学反应中所采用的有害物质。

• 用水来替代有机溶剂。

• 传热媒介有时采用高压下的液体烃类，如果可能应该采用高沸点的液体。或者，将易燃物用非易燃介质比如水或者熔融盐来代替。

• 有些需要用制冷来提供低温的操作，制冷液体可能是丙烯，会产生很大的安全隐患。而另一方面有些操作过程可能同时需要高压，也进一步增加其安全隐患，但同时可能会消除制冷或者可以采用更小危害的制冷剂等。

通常，危险物品的使用是作为整体过程所需的一个物质存在的，有时候不能够替代，比如，易燃的烃类在石油炼制或者石化产品加工过程中是必需的。

2）减量化处理。当不得不采用有害物质时，则需要尽可能降低有害物质的库存。需要尽可能降低库存的有害物质有闪蒸的易燃液体或者闪蒸的有毒液体。

① 反应器。可以通过采用催化剂，如果反应

中已采用催化剂，则尽可能采用新型催化剂，来提高反应速率，当然也可采用更加苛刻的反应条件。采用更加苛刻的反应条件可以降低所采用的危险品库存，然而同时也会产生相应问题。很小的反应器如果在很高的温度和压力下操作，从本质而言可能会比相对较低温度和压力操作下更加安全一些，因其能够在一定程度上降低危险品的库存。而有时较大的反应器在接近外界温度和压力的情况下操作，可能也是安全的，这主要有多方面的原因，其一可能产生泄漏的风险相对较小，另外即便产生泄漏，也会因为所处压力较低因而泄漏量相对较小。其二泄漏的液体产生的蒸气量也因其所处温度较低而较少。采用中间压力、温度，同时库存量也相对中等的折中做法可能与所有的极端情况的结合。折中方法也可能碰到库存大，一旦有泄漏会导致连续爆炸或者严重的有毒物质泄漏；或者高的压力则会使泄漏量很大，而高温则会使得泄漏液体产生很大量的蒸气等情况(Kletz and Amyotte，2010)。

通过降低反应器中装载的反应物的量，或降低操作温度均可以减少失控反应的潜在风险。通常相同生产量情况下，批式反应所需库存往往要比相应的连续反应器所用库存要大。因此，从安全角度而言，将批式反应改为连续反应是有利的。或者也可将批式反应改为半批式反应，即每隔一段时间加入一种或者多种反应物，该操作的优点为，一旦温度或压力超过限定值，即可将反应进料停止。从而可以降低接下来的放热反应产生化学能。在连续反应器中，塞流设计往往需要更小的反应器体积，因而在相同的产量下，要比混合流设计所用库存要小，如第 4 章所述。

② 蒸馏。在蒸馏塔的底部以及蒸馏塔中间，往往有很大量的沸腾液体，有时候是带有一定压力的。如果采用多个蒸馏塔，如第 10 章所述，则优化蒸馏塔的顺序排列方式可以降低有害物质的量。采用隔板塔或者分割内壁蒸馏塔，如图 10. 13c 所示，可以极大降低两个简单塔的有害物。隔板塔或者隔板精馏塔通常要比传统的设计要安全一些，因为它们组仅仅降低有害物的量，而且还减少设备配件所用数量，从而有更小的泄漏的风险。

塔中的有害物还可以采用内部具有较低的滞留量的塔来得以降低。填料塔通常要比板式塔要好。塔底部的直径可以比其他部位小一些，但是保持一个相同的液面高度，以降低底部的装载量。可以采用更小或者完全不采用馏分收集器。热虹吸式再沸器要比釜式再沸器更好一些，外围设备比如再沸器可以将其置于塔的内部(Kletz and Amyotte，2010)。

③ 热传输操作。强化传热操作比如采用管壳换热器会使换热器变小，同时降低库存。如同 12. 12 节所讨论的那样，传热设计时采用换热面积密度比管壳换热器更高的换热器，会进一步降低库存。

④ 贮存。生产过程中，原材料、产品或者中间产物通常需要储存，减少存储量的一个办法是，将生产和消费的工厂建的尽可能近，因此有毒的中间物可以避免储存和运输(Kletz and Amyotte，2010)。也可以通过设计更加弹性化的方式来降低存储方面过的要求。比如生产量随时可调整，即可以一定程度上应对某些原材料延迟到达，或者生产厂的某一个部位出了问题等情况。这样也可以降低存储要求(Kletz and Amyotte，2010)。

大量的有毒气体，比如氯气、氨气和易燃气体比如丙烷、环氧乙烷等，可以贮存在一定压力下，也可以在常压冷藏条件下储存。如果采用常压低温条件下储存，则一旦发生泄漏，有害物质的泄漏量往往要比常温高压条件下要少。对于大的储存罐，低温存储更加安全，但是如果小储存罐则不适用。因为冷藏设备本身也会产生泄漏的风险，因此对于小的存储规模而言，带压储存可能会更加安全(Kletz and Amyotte，2010；Lees，1989)。

优化反应器转化效率这一方面的考虑已经在第 15 章讨论过了，随着转化率的提高，反应器的尺寸以及成本也会升高，但是产物的分离、循环以及热交换器等网络系统成本降低。同时对于这些系统中所用材料的量也满足相同的趋势。反应器所用物质的量随着反应转化率的提高而增加，但是在其他系统中所用物质的量降低了。因此在某些过程设计中，应该从整体上降低所用物质的量(Boccara，1992)。同样，可以调整反应器转化率，来从整体上降低所用物质的量。如果调整反应器转化率、同时调整循环的惰性物质的浓度，给成本带来冲击不大的话，有时候通过调整以上两种，则可能极大降低生产过程所需物质的成本。

3）适度。尽可能避免采用不必要的高温设备或者加热介质。这其实是导致1976年意大利塞韦索反应失控事件的主要原因。这一事件导致有毒物质泄漏危害到很大一片区域。当时反应器是搅拌的液相反应器(图28.3)。在160℃下进行不完全的批式反应，该温度远远低于反应的失控温度230℃(Cardillo and Girelli，1981)。正常反应条件为在一定真空条件下，160℃。反应器是通过300℃蒸气加热的。液体的温度在正常情况下，该操作压力下不会高于其沸点160℃。该事故中，从反应器中分离的蒸气中含有为反应的批式反应物，且搅拌器关闭。低于反应器液面的反应器壁温和液体温度一样，大约160℃。因为采用高温蒸气加热，所以高于反应液体液面反应器的壁温度要高一些(但是现在从反应器中分离了)。热量是从反应器的壁，通过传导和辐射使得反应器顶部的滞留液体温度升高，最终温度高于其反应失控温度(图28.3)。一旦顶部液体反应失控，失控反应蔓延至整个反应器。如果不采用这么高温度的蒸气来加热，比如采用170℃，则该反应失控事件就不会发生(Cardillo and Girelli，1981)。

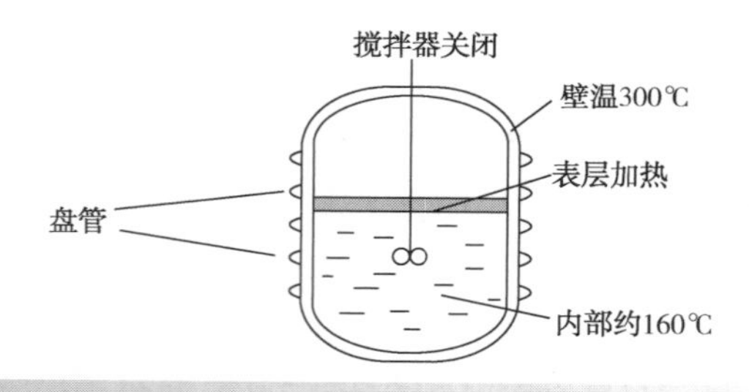

图28.3 塞韦索事件的反应器示意图

尽可能避免易燃气体和粉尘混合物的产生，不要一味依赖于消除反应现场的点火源。其一可以通过改变反应条件，比如粉尘混合物中氧气低于其最低氧气浓度，或者气体混合物的组成在其燃烧范围之外。如果这一点不能做到，可以加入一些惰性气体比如氮气、二氧化碳或者水蒸气。

在有些情况下，静电荷容易在粉尘上面累积，最终产生的电火花会导致火灾或者粉尘爆炸。因此在一些粉尘物质的操作过程中，建造时一些电绝缘材料，比(如塑料管道)往往是需要避免的。因为这会使得电荷累积不能释放。高的相对湿度会降低某些粉尘的电阻，使得电荷易于衰减，从而降低静电荷的累积。

采用温和状态下进行过程操作，会使得生产厂更加安全，因为温和操作往往意味着有害物质的量不会增加。同时温和条件会降低对于保护设备的依赖(Kletz and Amyotte，2010)。

4）简单化。通常而言设施越简单往往过程更安全，对于含有有害物质的加工过程而言，可以降低：

- 设备数量；
- 管道长度；
- 管道连接；
- 设备到仪表的渗透(比如如果可能采用无仪表设备)。

这会降低泄漏的风险。“如果没有，肯定不会泄漏”(Kletz and Amyotte，2010)。消除不必要的设备和不必要的复杂程度，也会使得过程控制更加简单，过程操作更加直接，操作过程中更不容易发生误操作现象。同时还会简化设备维护以及对于不熟练的操作容忍度更高。

事故救助系统往往比较贵，而且也会对环境问题产生较大影响。有时可能会完全摒弃掉事故救助系统，而采用非常结实的容器，强到能够耐受所能够达到的最高压力(Kletz and Amyotte，2010)。这种情况称为被动安全性。法规要求可能必须要有压力释放装置，比如用于保护万一有外部火灾的情况。然而其尺寸和释放容量，包括其因为打开释放装置所产生的危害应该尽可能减小或者消除。有时也可以考虑不采用一些用于处理从紧急释放系统产生的危害物装置，比如收集槽、喷水灭火系统、洗涤器和火把烟囱等。图28.4比较了两种可能的装置，28.4a是采用了很安全的容器，而28.4b则是一个比较一般的容器以及其附属的压力释放和通风系统(Kletz and Amyotte，2010)。总体而言，安全参数更高的容器可能会更加安全且便宜(Kletz and Amyotte，2010)

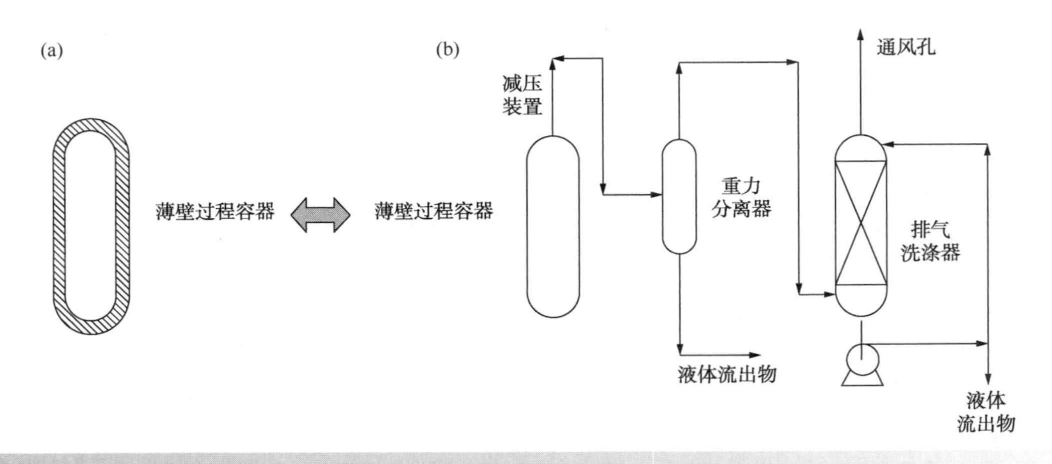

图 28.4 与薄壁且带有压力释放和通风系统的容器相比厚壁容器可能更经济

例题 28.1 某生产过程需要采用一定压力下的苯溶剂，操作温度在一定范围内波动。若操作现场有 1000kmol 的苯，试比较在 100℃ 和 150℃ 下，基于其理论燃烧热量，一旦产生设备的灾难性失败所导致的火灾以及爆炸危害。苯的标准沸点为 80℃，气化潜热为 31000kJ · $kmol^{-1}$。比热容为 150kJ · $kmol^{-1}$ · K^{-1}，燃烧热为 3.2 × 106kJ · $kmol^{-1}$。假定在该温度范围内其各项物理参数为常量。

解：当传热平衡时，可计算释放出来的液相挥发的百分比(Crowl and Louvar，1990)。室压下高于饱和状态下的感热提供蒸发所需热量，过热液体产生的多余热量可以通过下式计算：

$$m\,C_P(T_{SUP}-T_{BPT})$$

式中 m——液体的质量或摩尔数；

C_P——比热容；

T_{SUP}——过热液体的温度；

T_{BPT}——标准沸点。

蒸发的液体量用 m_v 表示，则

$$m_v=\frac{m\,C_P(T_{SUP}-T_{BPT})}{\Delta H_{VAP}}$$

式中 m_v——蒸发液体的质量或摩尔数；

ΔH_{VAP}——蒸发潜热。

因此挥发的分数(VF)可以通过下式计算：

$$VF=\frac{m_v}{m}=\frac{C_P(T_{SUP}-T_{BPT})}{\Delta H_{VAP}}$$

当操作温度为 100℃时：

$$VF=\frac{150(100-80)}{31000}$$

$$=0.097$$

$$m_v=0.097\times1000=97\text{kmol}$$

此时理论燃烧热量为：

$$97\times3.2\times10^6=310\times10^6\text{kJ}$$

当操作温度为 150℃时：

$$VF=0.339$$

$$m_v=339\text{kmol}$$

理论燃烧热量为：

$$1085\times10^6\text{kJ}$$

因此，通过对于火灾产生的固有安全性的计算，我们发现 150℃ 下操作，火灾所产生的危害是 100℃ 下的 3.5 倍。实际上，火灾所产生的真正危害要比计算的高很多。因为一旦过热液体释放出来，则除了蒸气之外还会同时产生细小的雾，这会使得能量释放甚至是单纯蒸发的两倍。

28.7 安全防护的不同层次

一旦固有的安全过程设计建立之后，过程安全需要添加多层的防护体系。如图 28.5 所示，每一层防护都会使得危险降低。必须注意到每一层防护都是相对独立的。即便其中一层防护失败，也不会影响相对独立的另一层防护，其他防护体系仍然能够正常运行来将风险降低。

1) 布局与被动安全屏障。工厂布局时要充分考虑安全通道以及工作人员撤离通道、维修通道(包括移动起重机)以及紧急车辆通道等。布局时还应该尽可能将工作人员、关键设备与常规操作时的一些有害物质尽可能分开。工厂控制室的布局也是很关键的，同时还需要尽可能地将潜在危险因素相互之间分开，以避免一旦事故发生后危险因素相互影响扩散。

应该设在贮罐周边以防止一旦液体发生泄漏，流到其他部位使得危害扩散。同理容易发生泄漏的部位最好应该设一个有倾斜度的密封垫，使得泄漏不会往外流而扩散。主要的目的是为了过程安全(化工过程安全中心，2009)。

- 一旦可燃物溅出并被点燃，应该尽可能限制火灾扩散并防止其他设备暴露在其周围；
- 发生泄漏或者溅出时，防止高反应活性、性质不相容的物质的接触；
- 尽可能减少溅出的腐蚀性材料的扩散，且为了防止其接触设备后容易引起损坏，尽可能防止其与设备的接触。

有倾斜度的密封垫也可提供一定的环境保护并防止污染周边土壤和地表水。这些密封垫通常装在泵上、生产现场建筑物的周边以及轨道车装载区域和其他一些潜在的液体易于溅出的区域。

可通过安装防火墙来提供防火屏障，防止火灾在建筑物之间或者建筑物内的扩散，以保护工作人员和关键设备的安全，防爆墙也有如此功能，另外还可阻止爆炸导致的扩大效应。防爆墙应该在任何爆炸冲击以及由此导致的火灾等情况下仍然保持完整性。

采用防火线可以保证关键设备以及紧急照明系统正常运行，以便在火灾发生后一段时间内保障电力供应。

2）过程控制。控制系统应该抵抗如进料速度、进料组成、温度、压力以及产品需求等外部干扰的冲击。在正常操作范围内确保安全操作。这可以通过监控过程工作状态，使其保持在正常操作的范围。引入随着过程状态变化进行调整的控制机制，可使过程操作不受负面干扰的影响，或者工作人员通过选点减少其影响。为达到这一目的，应安装设备来测定工厂运行状态。这些测定变量包括温度、压力、流速、组成、液面水平、pH 值、密度以及颗粒尺寸等。通常测量的变量有些是需要控制的，其他变量需要进行操控以达到要求，以此来设计能够对测量变量进行调整。一旦控制失败，阀门应立即启动失败保护。失败保护状态可以是完全关闭、完全打开或者维护现有阀门的位置来维持现有操作状态、或者移动到提前设定的介于 0～100% 的开放状态的位置，保持设备在安全线以上的状态运行。

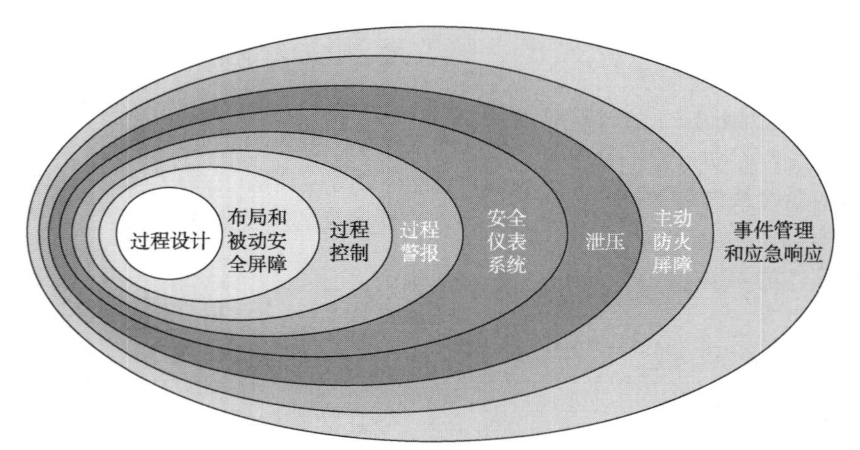

图 28.5 过程设计的安全防护层次

3）过程预警。当超出正常操作范围运行时，警报用于提醒操作者不正常的操作状态。过程预警分为高水平和低水平预警，比如容器中液面过高或者过低都会产生相应的预警信号。操作人员的及时干预，原则上可以防止人员以及环境危害的发生，保证设备的完整和产品质量。该过程重要的是，操作人员需要及时准确地判断出哪些是需要采取措施的警报。一般而言，需要成文的安全文件，能够指示操作人员在预警之后需要相应地采取什么样的应对措施。与过程控制系统相比，预警系统应该相对独立而且也分成很多类别。基本预警一般是检测到某一个单独操作过程中参数异常而进行的预警，而综合预警或者通用预警往往是多个基本预警的综合，与单个基本预警相比，更能够精确贴合生产或者亚系统的工作状态。基于模型的报警则是对于过程在线模拟所产生的报警。一键报警通常是关键报警，即便同时有很多报警信号被激活，该报警的特殊性也能够将其与其他报警迅速区分开。安全相关的报警一般应该设置成一键报警，但是往往也有其他的报警也可能划到一键报警类别。

4）安全仪表系统。检测到操作状态偏离原先设定的参数时，安全仪表系统能够采取措施将其调整到安全极限状态或者接近安全极限状态，以防止或者减小危害的发生。安全仪表系统通常由一种或者多种安全仪控功能构成。安全仪控功能是由诸多传感器的组合、逻辑解算器和末控元件构成的。传感器收集基础数据(比如温度、压力和流速等)来判断是否有危险因素存在。这些传感器主要是安全仪控系统，并不属于控制系统。逻辑结算器的主要功能是分析前面收集的数据来决定需要采取的措施。逻辑结算器读取传感器信号，然后按照设定程序采取措施来防止危害产生。逻辑结算器通常提供自动防故障和容错操作两种。典型的末控原件有开关两个阀门。危害发生时，安全防控功能应该将过程的危险区域隔离开，安全防控功能一旦开启，控制系统会将控制阀门切换到安全状态。

5）压力释放。任何一个有可能升压至安全水平之上的系统，都需要配备安全装置以保护工作人员以及设备。压力释放装置通常有如图28.6所示的安全阀或者防爆盘。图28.6a所示为典型的泄压阀，主要有一个可调节的弹簧用于抵消内部压力。设定压力是泄压阀启动工作的压力。如果内部压力超过阀门的设定压力，则阀门打开。泄压阀有不同的工作原理，最简单的一种是图26.6a所示的弹簧式，基于不同的应用，还有好多种其他类型的泄压阀：

① 安全阀。安全阀是在完全打开或者突然打开时，当压力下降到安全限之下，会重新关闭。这种设计通常用于气体或者蒸汽操作。

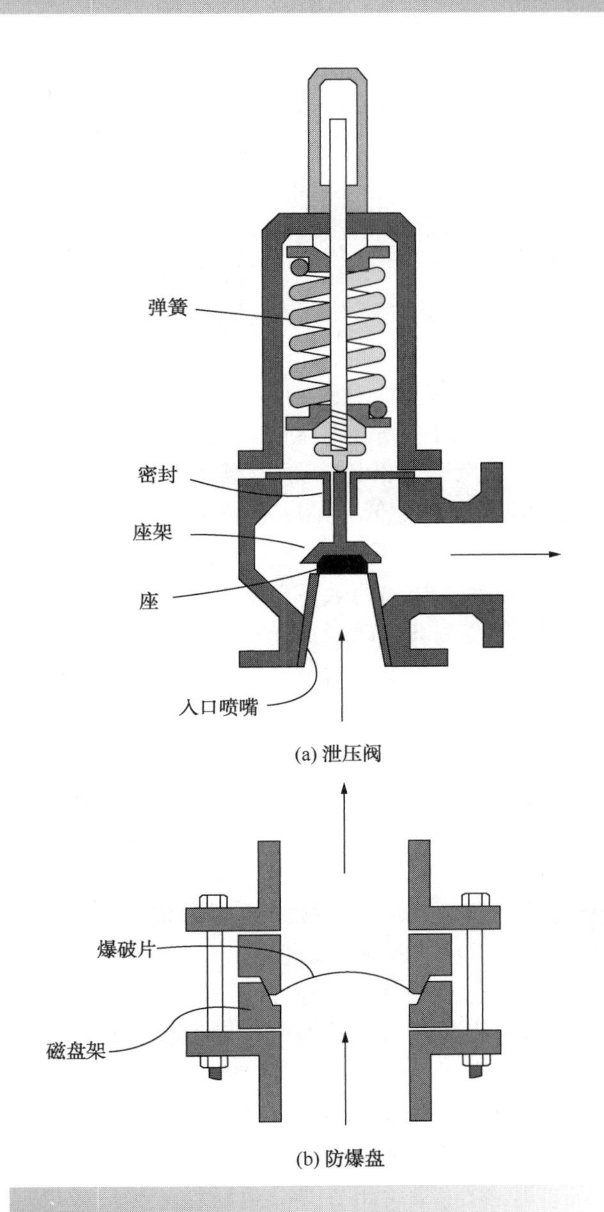

图28.6　压力释放装置

② 泄压阀门。泄压阀门通常是逐渐打开，打开程度通常与高于开启压力的值呈比例的，通常用于液体操作。

③ 安全释放阀门。安全释放阀门通常用于可压缩的流体或者某些特定操作下的液体，其在操作可压缩流体时，跟安全阀相类似，是突然打开的，而在操作液体时，其阀门打开程度跟压力升高呈正比。

另一种压力释放系统是防爆盘或者爆破膜，如图28.6b所示。防爆盘是一个薄膜(通常是金属的)，该薄膜在高于设定压力时会破裂，防爆盘往往是一次性的，跟压力释放阀不同，压力释放后不能重新关闭，防爆膜也有不同种类：

① 正向作用。图 28.6b 所示为正向作用膜，内部压力作用于凹形的膜表面。一旦压力提高到高于允许极限时，膜就会向外部凸出，并在张力作用下破裂。为了在设定压力极限下更加方便地控制膜的破裂，会对膜的凸面一侧进行擦痕设计。

② 反向作用。在反向作用膜工作时，内部压力在膜的凸面一侧，因压向负荷导致其先变成平的膜后，膜反向凸出，压力继续增加最终膜破裂，该膜通常在低压侧产生擦痕或者刀锋状穿透。

防爆盘和压力释放阀门的主要区别为，压力释放阀门会重新关闭，而防爆盘则不能，一旦启动后需要重新更换，这就意味着需要将整个流程暂停。因此压力释放阀门系统相对应用更广。然而压力释放阀门因经常跟过程所需材料接触，会导致腐蚀或者引起设备堵塞，所以在用一段时间之后往往不能够正常工作，这说到底是一个阀门可靠性的问题。因此压力释放阀门需要定期检查和维护。这也意味着可能需要同时装两个压力释放阀门，这样如果其一有问题，另一个仍然能够保障过程的正常进行。还有另外一种解决办法，即：同时安装压力释放阀门和防爆盘，设定两种仪表的压力时，压力释放阀门先打开，仅当压力释放阀门不能释放过高的压力工作时，防爆盘才开始工作。压力释放阀门的另一个问题在于，如果阀门没有正常关闭，会导致材料泄漏，或者在真空状态下导致空气进入系统。防爆盘可以安装在压力释放阀门的前面，以避免阀门跟其生产所用材料接触，并预防泄漏。如果系统承受过高的压力，防爆盘以及压力释放阀门同时启动，压力降低之后，压力释放阀门会重新关闭，如果处理得当，生产过程会保持连续。在某些情况下，压力可能是因为生产过程波动出现短时超限，这时压力释放阀门来不及做出反应以释放压力，此时必须采用防爆盘装置。

过程设计需要明确正常操作状态下的操作压力，最高操作压力会超过正常操作状态的压力，比如系统启动、关闭以及其他一些非设计工况下。最高允许的工作压力或者最高允许操作压力，指的是在设定温度下，系统中最薄弱部件能忍耐的最高压力对应的表压。这是基于设计规范的，而且一般是在系统操作最大压力之上大约10%~25%的范围内波动。

基于如下原因，压力可能会超过最大允许工作压力：

- 过程控制系统出故障；
- 安全防控功能出故障；
- 设备出故障；
- 冷却介质出问题(比如在保持再沸时蒸馏过程所需的制冷压缩机出故障)；
- 保持进口压力时，出口关闭；
- 化学反应失控；
- 外在火源的热量；
- 关闭状态下液体产生的热膨胀；
- 操作失误。

一旦出现上述问题，而且在设备设计、设备尺寸或者设备维护也有问题时，会使得问题更加严重。在压力释放系统的保护下，容器以及管道中的压力需要维系在其最高允许工作压力之下。设定的最高压力往往就是其最高允许工作压力。过压通常表示压力超出释放装置设定压力的百分比。过压通常限定在超过最高工作压力的10%以内。火灾情况除外。在火灾发生情况下，通常过压会超过最高工作压力的21%。

从释放阀门以及防爆盘产生的紧急排空可做如下处理：

① 直接排放到空气，从而使得过程产生的危害得到快速和安全稀释。

② 全部紧急排空至一个相连的容器中，过一段时间后再进行最终处置。

③ 部分处理，排空物中的一些成分通过物理(比如重力沉降或离心操作)方法或者化学方法(吸附等)进行分离。

④ 火焰中燃烧。火焰燃烧系统通常包括能够收集液体并将气体送往火焰的捕集器(见 24 章)。

通风管道的尺寸更加复杂，且不在本书讨论范围内，比如带压容器含有一定的液体需要释放压力，则通风管道尺寸需要能够从液面上空去除足够量的蒸汽，以确保压力释放到所需值。而实际操作中，压力的突然下降往往会导致液体沸腾，进而沸腾的液体随蒸汽进入通风管道中，如果这种情况发生，则压力释放设备以及通风管道的尺寸必须设计成能够应对这种两相流体的要求。

6）主动防火屏障。自动喷水灭火装置或者雨淋系统，可以通过消防水系统管网，喷水到火焰上来提供主动防火保护。对于自动喷水灭火装置，每个喷头由一个热敏性塞子组成，当喷头所处的温度与室温一致，塞子处于关闭状态，一旦喷头所处温度超过其设计的激活温度，喷头塞子打开，水喷流出来。在雨淋系统中，所有的喷头都跟消防水系统管网相连，平时为打开状态，一旦系统工作，水才会进入管道，这些系统通常用于特定的危害处理，通常在应对较快的火灾扩散时启动，该法采用向整个危害区域喷水的方式运行。

7）事故管理以及紧急应对。安全防护的最后一层次为事故的管理和紧急应对。在较严重的安全事件发生时，该层次启动，主要用于减小随之发生的破坏、伤害以及减少生命伤亡等。主要包括撤离计划以及灭火措施等。

28.8　危险以及可操作性研究

危险及可操作性研究（HAZOP）是一种用于识别潜在的安全及环境危害、主要的可操作性问题等的结构化、定量化的方法，评估结果并形成应对措施的建议，但是并不用于改变设计的用途。在 HAZOP 研究中用到常规的管理过程（Kletz，1999；Crawley and Tyler，2015）。这一结构性头脑风暴通常需要多学科组成的队伍来完成。团队中的主席引领团队，抄写员则需要记录 HAZOP 研究过程中的一些成果或者结论。该团队构成取决于具体过程所设计的技术。通常而言，团队中包括一位或多位过程设计工程师、过程控制工程师、过程操作人员等。有时还会根据过程特点，其他方面的专家也可能参与其中。

HAZOP 的开展往往在设计的开始阶段，不应该在设计快要完成阶段。然而必须已经形成过程以及仪表图（P&IDs）。一般先对 P&IDs 进行拆分并形成节点。所谓节点，是在 P&IDs 上面具有明确边界定义的一组设备，在该节点范围内进行过程参数的审查。比如，一些典型的节点如下：

- 反应罐以及相关设备；
- 用于储罐之间输送液体的泵、管道等；
- 相分离器；
- 压缩机等。

在每种情况下，节点都应该包含相关的控制以及仪表系统。简单的节点可以在适当情况下组合形成复杂节点。比如，管道、泵以及热交换器可以组合为一个节点。节点的大小可由进行 HAZOP 研究的团队自行决定。如果节点过大或过于复杂，则在进行相应分析时很有可能发现不了一些重要的问题。首先应该定义在过程操作没有偏离设计范围的情况下，工厂需要的常规操作，然后再寻找偏离设计范围后的应对方法。

下一步是针对每个节点讨论，对可能进行的操作进行分析，通过结合引导词和参数，形成针对每个节点的有意义的偏离范围。引导词主要定性描述变化情况，而参数则给出具体变化的指标。表 28.1 所列为标准的引导词以及通用含义，表 28.2 则给出了过程操作中常用参数。

表 28.1　HAZOP 中的标准引导词及其通用含义（Crawley and Tyler，2015）

引导词	含义
否	没有达到设计目的
更多（或更高）	参数值的量增加
更少（或更低）	参数值的量减少
也（不仅）	产生另外的活动
部分	只达到某些设计目的
相反	设计目的相反的过程发生
其他	完全替换——另外的活动产生 或者产生不寻常的活动或者非常态的情况
其他有用的引导词包括	
别的地方	用于流动、转移、源头或目的地
前/后	由因果产生的过程（或者部分过程）
早/晚	时间与最初的不同
快/慢	过程（没有）在合适时间完成

表 28.2　过程操作中可能参数举例（Crawley and Tyler，2015）

流速	相
压力	速度
温度	粒径

（续表）

混合	测量
搅拌	控制
转移	pH
液面	序列
黏度	信号
反应	开始/终止
组成	操作
添加	维护/保持
分离	服务
时间	交流
老化	

通常偏差的定义需要选择参数，并将其与每一个引导词依次结合，来看是否会形成一个有意义的偏离结果(通常采用参数优先的方法)。还有一种方法是先挑一个引导词，然后逐一检查相应的参数(引导词优先的方法)。表 28.1 的前七个引导词是最常用的，有时候也会结合后面的来使用。连续或者批式过程所采用的方法区别不大，根据实际情况，可以在标准流程的方法下适当变通。引导词用于从给定操作中挑出有意义的偏差。最终参数以及引导词的定义需要 HAZOP 团队一致通过，并且根据所研究具体过程而不同。根据过程不同，可能有些引导词是表 28.1 中没有的。然而，很多在表 28.1 中所列的参数，并不适用于全部状况。在寻找有意义的偏差时，不是每一个引导词结合相应的参数，都能够产生有意义的偏差。讨论一些没有物理含义的组合，是没有意义的。一些有意义的组合如表 28.3 所示。

表 28.3　有意义组合的参数和引导词举例
(Crawley and Tyler，2015)

参数	能够产生有意义组合的引导词
流动	没有、更多、更少、相反、其他地方、也
温度	更高、更低
压力	更高、更低、相反
液面	更高、更低、没有
混合	更多、更少、没有
反应	更高的反应速度、更低的速度、没有、逆反应、也、除了、部分
组成	其他；相反；也
交流	部分、也、除了、没有、部分、更多、更少、其他

该方法所采用的每一个节点逐一检查后，设计开始逐一审查可能的危害情况以及可操作性问题。相应的应对措施需要记录。必须强调的是 HAZOP 不是一个设计环节的活动，目的是为了确保达到设计要求。设计的更正以及修订是在 HAZOP 之外开展的。

28.9　保护分析层面

危害以及可操作性研究主要用于识别不同的危险情景，但是并不涉及如何预防以及减少危害发生。一旦危险情景出现，在危害以及可操作性研究之外，可采取不同的活动来减少所识别的危害场景的影响。在危害以及可操作性研究之后，可采取保护层面分析(*LOPA*)。

对于某一危险情景，危险情形的可能性是根据没有保护层面参与的一些历史数据得来的。特定的危险情形可能由许多原因造成，都需要从保护层面考虑。通常引入故障概率这一参数，即：每年可能发生的故障次数，将未加保护可能发生的危害与加了特定防护可能发生的危害的情景加以比较，如果未加保护可能发生危害可能性远高于加了特定防护可能发生的危害，则需加以注意，并采用独立防护层面来减少危害，以达到规定的要求。必须强调，未加防护所导致的危害与加了防护所减少的危害之间的差距，可以采用固有安全设计来减小。

如果想要探究系统执行特定功能失败的概率，需要首先确定所期望故障率。期望故障率是一种概率学统计，主要统计系统或者设备能够按照所规定的功能操作的可能性。主要基于历史数据，其值通常在 0 和 1 之间(0 表示不可能，而 1 表示完全可能)。比如一个释压阀门可能失败的概率允许在 1×10^{-2}。这就意味着该阀门按照要求操作 100 次时，可能会有 1 次失败的可能。

安全仪控功能可能会在两种情况下失效，第一种是误跳车，该情况下通常会发生未预期的但是安全的过程关闭。另一种情况的失效，是未检测到故障发生，因而仍然在连续进行不安全的过程操作。一旦紧急需求发生，安全仪控功能不能够满足真正的情况所需。另外，还受到系统可靠性的影响、测试的时间间隔以及该系统的工作频率。为了决定安全仪控系统期望的故障概率，需要收集以前该系统各组成工作的历史数据。历史的失败率结合测试的时间间隔来计算满足特定要求的失败概率。测试间隔是通过测试得到遇到未知故障所需的时间。

当应用安全仪控功能来降低故障危害至设定目标时，安全仪控功能减小的幅度每一个等级都需要与每一具体安全完整性等级一致。完全完整性等级越低，则期望失败概率就越高。当安全完整性等级为 1 级时(SIL-1)表示等级越低，而 4 级为最高等级。然而随着安全完整性等级的提高，系统的成本以及复杂性也随之提高。SIL-1 通常包括一个传感器、一个逻辑解算器和一个末控元件。而高等级则需要多个传感器(为了容错需要)、多通道的逻辑结算器(为了容错需要)以及多个末控原件。高于 SIL-3 的等级一般不用于工业的过程生产中。安全完整性等级越高，随之而来的复杂的测试以及维护等，需要贯穿整个生产过程中。如果没有相应的测试以及足够的维护，则级别再高也往往提供不了相应的安全保护，反而会导致潜在的危害更大的情况出现。因此分析时应该尽可能不采用 SIL-3 的防护级别，且尽可能减少采用 SIL-2 的安全完整性等级。可通过探索其他防护层面来避免对于该系统的依赖。具体而言，可以通过采用固有安全设计的方式来避免对于该系统的依赖。

28.10　过程安全——总结

工业过程产生的主要安全危害为火灾、爆炸以及有毒物质泄漏。潜在的危害需要尽早识别，如果可能，可以通过改变设计来消除或减少危害情景的产生。过程安全管理的层次关系如图 28.1 所示。不同层面的保障可以用于消除或者降低危害，如图 28.5 所示，且这些保护层面之间应该相互独立。

过程安全中，通过采用固有安全设计的方式可以使其得到较大改善。该方法需要在设计最初即要加以考虑，并且贯穿整个设计过程，需要在设计过程中不断地反思比对，以保障固有安全性的进一步提升。固有安全设计的层面划分如图 28.2 所示。为了提高安全性，必须考虑相应的设计修改(Kletz and Amyotte，2010；Lees，1989；Crowl and Louvar，1990；化工过程安全中心，2009)。

反应器

- 间歇到连续；
- 间歇到半间歇；
- 混合流反应器到活塞流反应器；
- 通过改变催化剂或更好的混合来降低反应器内的温度和压力；
- 将液相反应器的温度降低到正常沸点以下，或者用安全溶剂稀释；
- 降低温度以降低失控反应的危险；
- 替换掉有害的溶剂；
- 外部加热/冷却到内部加热/冷却。

蒸馏

- 合理安排精馏的顺序以减少危险物质的使用；
- 采用隔板或者隔壁塔来减少两个简单塔的危险品的使用量，减少设备数量，进而降低潜在的泄漏的风险；
- 采用低的塔储量间隔。

热交换操作

- 使用水或其他不可燃的传热介质；
- 使用温度较低的公用设施或传热介质；
- 如果易燃或有毒，使用液态传热介质，降低其大气沸点；
- 如果需要制冷，可采用更高压力的方式来避免制冷，或采用危险性较低的制冷剂。

存贮

- 尽量将原料生产厂和消费厂选址离得近一些，这样有危害的中间物就不必存贮或者运输了；
- 通过增加设计灵活性来减少存储；
- 尽可能在安全条件下存储(相对较低的极端压力、温度或者更加安全的化学形式)。

泄压系统

- 考虑采用强度更高的反应器，而不是依赖于释放系统，但是释放阀门对于火灾引起的压力释放还是有必要的。

总库存

- 考虑改变反应器的转化率或者循环惰性气体浓度的方法来降低总库存。

设计尽可能减少对于危险品的需求，或者尽可能少采用危险品，或者采用危险品时尽可能在较低的温度和压力下操作，或者将其用惰性物质来稀释，这些因素能够进一步提升其固有安全性。在设计一个工艺流程时，应避免可燃气体混合物的出现，而不是依赖于消除火源。

一个过程固有安全性的主要方法是降低有害物的库存，库存中尽可能避免的是采用闪蒸的易燃或者有毒液体，即：高于其在空气中沸点的、具有一定压力的液体。如果可能工厂设计时采用更加安全的原材料或者中间产物，尽可能少用有害物或者在较低的温度和压力下使用有害物，或者将其用惰性物质稀释。这样可以在其后避免很多问题的产生(Kletz and Amyotte，2010)。

在设计过程中，有必要进行可靠性和可操作性研究(Lees，1989；Crawley and Tyler，2000)。HAZOP 研究不能看作是设计的一部分，却是确保设计正确进行的必要手段。确定危险场景后，需要进行一层防护分析(LOPA)，以确定需要哪些独立的防护层来降低目标事件发生风险的可能性。

28.11 习题

1. 当操作易燃、有毒物时，为什么超过常压沸点的过热液体需要尽可能避免？

2.

① 100℃和 200℃操作条件下，容器产生灾难性故障的情景下，试比较 1000kmol 的环己烷产生的易燃性危害。环己烷常压下沸点为 81℃，其汽化潜热为 30000kJ · $kmol^{-1}$。液体热容量为 210kJ · $kmol^{-1}$ · K^{-1}，燃烧热为 3.95×10^6kJ · $kmol^{-1}$。

② 如果产生爆炸，燃烧产生的理论热量为多少？

3. 一个采用有害物组分 A 作为原材料的化工过程，组分 A 是以一定压力下的液体状态进入连续搅拌反应器中(混合反应器)，其中进行的反应为一级反应，产物为 B。设备中的反应为等温一级反应，反应速率为$-r_A=k_0\exp(-E/RT)$，式中 r_A 为反应速率(kmol · min^{-1})，$k_0=1.5\times10^6 min^{-1}$，$E=67000$kJ · $kmol^{-1}$，$R=8.3145$kJ · K^{-1} · $kmol^{-1}$，T 为反应器的温度(K)，C_A 为 A 的浓度(kmol · m^3)，T 为进入反应器的 A 的温度，m_A为过热状态下液体的量，其值未知。B 的产量为 100kmol · h^{-1}。根据安全方面的考虑来选择 T 及 m_A的值。对于 A 和 B 的混合物，假定其常压沸点为 70℃，汽化潜热为 25000kJ · $kmol^{-1}$，液体的比热容为 2.5×10^6kJ · $kmol^{-1}$。反应器的停留时间为 1h，基于设备灾难性失败所得理论燃烧热量，评估其火灾以及爆炸危害。

① 如果 T 为 80℃，试计算需要 A 的量，以及进料中 A 在蒸气中的百分数、在该温度下理论燃烧的热量。

② 如果温度为 130℃，重复上述计算过程，则通过计算判断该设计是否为安全的。

参考文献

Boccara K (1992) *Inherent Safety for Total Processes*, MSc Dissertation, UMIST, UK.

Cardillo P and Girelli A (1981) The Seveso Runaway Reaction: A Thermoanalytical Study, *IChemE Symp Ser*, **68**, 3/N: 1.

Center for Chemical Process Safety (2009) *Inherently Safer Chemical Processes*, 2nd Edition, John Wiley & Sons.

Crawley F and Tyler B (2015) *HAZOP: Guide to Best Practice*, 3rd Edition, IChemE, UK.

Crowl DA (2012) Minimise the Risks of Flammable Materials, *Chem Eng Progr*, **April**: 28.

Crowl DA and Louvar JF (1990) *Chemical Process Safety – Fundamentals with Applications*, Prentice Hall.

Kletz TA (1999) *Hazop and Hazan*, 4th Edition, IChemE, UK.

Kletz TA and Amyotte P (2010) *Process Plants: A Handbook of Inherently Safer Design*, 2nd Edition, CRC Press, Taylor & Francis Group.

Lees FP (1989) *Loss Prevention in the Process Industries*, Vol. 1, Butterworths.

Tharmalingam S (1989) Assessing Runaway Reactions and Sizing Vents, *Chem Eng*, **Aug**: 33.

附录A 工艺设计中的物理特性

设计计算过程中通常需要了解物理特性。这包括热力学性质、相平衡以及传输特性。实际上，设计者通常使用商业物理属性或模拟软件包来查询此类数据。了解方法和相关性的基础和局限性很重要，这样才能选择最合适的方法，避免使用不适当的方法。

A.1 状态方程

流体的压力、体积和温度之间的关系用状态方程来描述。例如，如果一种气体最初处于特定的压力、体积和温度条件下，这三个变量中的两个发生变化，第三个变量可以利用状态方程计算。

低压条件下，气体趋向于理想气体的行为。对于理想气体：

- 分子的体积比总体积小；
- 无分子间作用力。

理想气体的行为可以用理想气体定律来描述(Hougen，Watson and Ragatz，1954，1959)：

$$PV=NRT \tag{A.1}$$

式中 P——压力 $N\cdot m^{-2}$；

V——N 摩尔气体所占的体积，m^3；

N——气体摩尔量，kmol；

R——气体常数，$8314N\cdot m\cdot kmol^{-1}$ 或 $J\cdot kmol^{-1}\cdot K^{-1}$；

T——绝对温度，K。

理想气体定律很合理地描述了大多数气体在低于5bar的压力时的实际行为。

如果规定标准条件为1atm($101325N\cdot m^{-2}$)和0℃(273.15K)，那么根据理想气体定律，1kmol气体所占体积为22.4 m^3。

对于气体混合物，分压是指当气体混合物中的某一种组分在相同的温度下占据气体混合物相同的体积时，该组分所形成的压力。因此，对于理想气体：

$$p_iV=N_iRT \tag{A.2}$$

式中 p_i——分压，$N\cdot m^{-2}$；

N_i——组分 i 的摩尔数，kmol。

理想气体的气相摩尔分数由方程A.1和A.2给出：

$$y_i=\frac{N_i}{N}=\frac{P_i}{P} \tag{A.3}$$

式中 y_i——组分 i 的摩尔分数。

对于理想气体的混合物，各组分分压之和等于总压强(道尔顿定律)：

$$\sum_i^{NC} p_i = P \tag{A.4}$$

式中 p_i——组分 i 的分压，$N\cdot m^{-2}$；

NC——组分数。

实际气体和液体的行为可以通过引入压缩因子(Z)来解释(Hougen Watson and Ragatz，1954，1959；Poling，Prausnitz and O′Connell，2001)：

$$PV=ZRT \tag{A.5}$$

式中 Z——压缩因子；

V——摩尔体积，$m^3\cdot kmol^{-1}$。

对于理想气体 $Z=1$，它是温度、压力和混合物组分的函数，需要一个模型。

在工艺设计计算中，立方型状态方程是最常用的。在立方型状态方程中最常用的是Peng-Robinson状态方程(Peng and Robinson，1976；Poling，Prausnitz and O′Connell，2001)：

$$Z=\frac{V}{V-b}-\frac{aV}{RT(V^2+2bV-b^2)} \tag{A.6}$$

式中 $Z=\frac{PV}{RT}$； (A.7)

V——摩尔体积；

a——$0.45724\dfrac{R^2T_c^2}{P_c}\alpha$；

b——$0.0778\dfrac{RT_c}{P_c}$；

α——$[1+\kappa(1-\sqrt{T_R})]^2$；

κ——$0.37464+1.54226\omega-0.26992\omega^2$；

T_c——临界温度；

P_c——临界压力；

ω——偏心因子

$=\left[-\log\left(\dfrac{P^{PST}}{P_c}\right)_{T_R=0.7}\right]-1$；

R——气体常数；

$T_R=\dfrac{T}{T_c}$；

T——绝对温度。

通过实验得到了偏心因子。它解释了分子形状的差异，随着非球形度和极性的增加而增加，并且有数据可直接使用(Poling，Prausnitz 和 O'Connell，2001)。由方程 A.6 可得到如下的立方型方程：

$$Z^3+\beta Z^2+\gamma Z+\delta=0 \tag{A.8}$$

式中 $Z=\dfrac{PV}{RT}$；

$\beta=B-1$；

$\gamma=A-3B^2-2B$；

$\delta=B^3+B^2-AB$；

$A=\dfrac{aP}{R^2T^2}$；

$B=\dfrac{bP}{RT}$。

这是关于压缩因子 Z 的立方型方程，可以解析求解。这个立方型方程可以产生一个或三个实根(Press et al，1992)。为了得到根，首先计算以下两个值(Press et al，1992)：

$$q=\frac{\beta^2-3\gamma}{9} \tag{A.9}$$

$$r=\frac{2\beta^3-9\beta\gamma+27\delta}{54} \tag{A.10}$$

如果$q^3-r^2\geqslant 0$，立方型方程有三个解。首先计算这些解：

$$\theta=\arccos\left(\frac{r}{q^{3/2}}\right) \tag{A.11}$$

然后获得三个解的值如下：

$$Z_1=-2q^{1/2}\cos\left(\frac{\theta}{3}\right)-\frac{\beta}{3} \tag{A.12}$$

$$Z_2=-2q^{1/2}\cos\left(\frac{\theta+2\pi}{3}\right)-\frac{\beta}{3} \tag{A.13}$$

$$Z_3=-2q^{1/2}\cos\left(\frac{\theta+4\pi}{3}\right)-\frac{\beta}{3} \tag{A.14}$$

如果$q^3-r^2<0$，这三个解由下式可得：

$$Z_1=-\mathrm{sign}(r)\left\{[(r^2-q^3)^{1/2}+|r|]^{1/3}+\frac{q}{[(r^2-q^3)^{1/2}+|r|]^{1/3}}\right\}-\frac{\beta}{3} \tag{A.15}$$

其中 $\mathrm{sign}(r)$ 为 r 的符号函数，如果 $r>0$，则 $\mathrm{sign}(r)=1$；如果 $r<0$，则 $\mathrm{sign}(r)=-1$。

如果只有一个解，在指定的温度和压力条件下压缩因子的值就是它。如果存在三个解，则最大值对应气相压缩因子，最小值对应为液相压缩因子。中间值没有物理意义。过热蒸气和过冷液体可能只提供一个解，对应气相压缩因子。一个气-液系统应该有三个解，只有最大和最小的解有意义。Peng-Robinson 方程这一类状态方程通常在预测蒸汽压缩性方面比液体压缩性更可靠。对于多组分系统，需要利用混合规则来确定 a 和 b 的值(Poling，Prausnitz 和 O'Connell，2001；Oellrich et al，1981)：

$$b=\sum_i^{NC}x_ib_i \tag{A.16}$$

$$a=\sum_i^{NC}\sum_j^{NC}x_ix_j\sqrt{a_ia_j}(1-k_{ij}) \tag{A.17}$$

其中，k_{ij}是通过拟合实验数据得到的二元交互作用参数(Oellrich et al.，1981)。

碳氢化合物：　　　k_{ij}非常小，几乎为零

碳氢化合物/轻气体：k_{ij}小且恒定

极性混合物：　　　k_{ij}非常大，与温度有关

Oellrich 等人(1981)给出了一些二元交互作用参数。

除了 Peng-Robinson(PR)状态方程(Peng 和 Robinson，1976)，另一个常用的立方型状态方程是 Soave-Redlich-Kwong(SRK)方程(Soave，1972)。这两个方程相似，但 PR 方程能更好地预

测液体密度。在基础的 PR 和 SRK 方程上有许多改进的形式。在预测含有大量氢混合物的行为时，可靠性是立方型方程的一个明显的缺点。如果有大量的氢，找到正确的立方型方程的解是有困难的。在氢气存在的情况下，建议使用 Chao-Seader-Grayson-Streed 模型（Chao and Seader，1961；Grayson and Streed，1963）。这是一个可准确预测富氢烃混合物行为的半经验模型。其他形式的状态方程包括从统计热力学中导出的状态方程，如 SAFT（统计关联流体理论）（Chapman，et al.，1989；kontoorgis and Folas，2010）。许多其他状态方程可供专家应用。表 A.1 比较了一些最常用的状态方程的特征。

表 A.1 常用状态方程的特征

状态方程	特点	参考文献
Peng-Robinson（PR）方程	用于碳氢化合物和气体的立方型状态方程。低温系统温度低至-250℃，压力高达 1000bar。PR 方程的变化可用于三相闪蒸计算。可能难以获得接近临界点的立方型方程的正确解。不建议用于低压下的重烃混合物。许多可用的变化是从原始 PR 方程推导出来的。	Peng 和 Robinson（1976）
Soave-Redlich-Kwong（SRK）方程	用于碳氢化合物和气体的立方型状态方程。产生与 PR 相当的结果，但应用范围较小。在预测液体密度（摩尔体积）方面，精度低于 PR 方程。低温系统温度低至-140℃，压力高达 350bar。对于非理想系统，其可靠性不如 PR。SRK 的变化可用于以水为第二液相的三相闪蒸计算。可能难以获得接近临界点的立方型方程的正确解。不建议用于低压下的重烃混合物，许多可用的变化是从原始 SRK 方程推导出来的。	Soave（1972）
Chao-Seader-Grayson-Streed（CSGS）方程	建议用于氢含量高的碳氢化合物混合物和含有液态水或水蒸气的混合物（但纯水使用蒸汽表）。可用于以水为第二液相的三相闪蒸计算。温度从-20℃到 430℃，压力可达 200bar。	Chao 和 Seader（1961），Grayson 和 Streed（1963）
Benedict-Webb-Rubin（BWR）方程	需要 8 个特定的系数，以及二元交互作用参数的混合物。对碳氢化合物系统和气体精确性较高，但对极性混合物精确性较低。	Benedict，Webb 和 Rubin（1940）
Benedict-Webb-Rubin-Starling（BWRS）方程	需要 11 个特定系数，以及二元交互作用参数的混合物。对碳氢化合物系统和气体精确，但对极性混合物不精确，通常用于碳氢化合物系统的压缩计算。	Starling（1973）
Lee-Kesler-Plocker（LKP）方程	对 BWR 方程的修正，以改进 Lee 和 Kesler（1975），Plocker，Knapp 等人对更大范围物质的预测，是非极性物质和混合物的精确计算通用方法。可以比 PR 和 SRK 更准确地计算碳氢化合物混合物的液体密度。	Lee 和 Kesler（1975），Plocker，Knapp 和 Prausnitz（1978）
SAFT 方程	当存在强氢键时以及涉及聚合物的混合物时使用。	Chapman et al.，1989，Kontogeorgis 和 Folas（2010）

例 A.1 使用 Peng-Robinson 状态方程：

① 计算氮气在 273.15K 和 1.013bar、5bar 和 50bar 时的气相压缩因子，并与理想气体进行比较。对于氮气，$T_c = 126.2\text{K}$。$P_c = 33.98\text{bar}$，$\omega = 0.037$。取 $R = 0.08314\text{bar}\cdot\text{m}^3\cdot\text{kmol}^{-3}\cdot\text{K}^{-1}$

② 测定 293.15K 时苯的密度，并与 $\rho_L = 876.5\text{kg}\cdot\text{m}^{-3}$ 的测量值进行比较。对于苯，摩尔质量 = $78.11\text{kg}\cdot\text{kmol}^{-1}$，$T_c = 562.05\text{K}$，$P_r = 48.95\text{bar}$，$\omega = 0.210$。

解：

① 对于氮气，方程 A.8 必须求解气相压缩因子。在此，$q^3 - r^2 < 0$，由方程 A.15 可得一个解。所有的解在表 A.2 中。从表 A.2 可以看出，氮气在中等压力下的行为可以近似于理想气体行为。

表 A.2 氮的 Peng-Robinson 状态方程的解

	压力 1.013bar	压力 5bar	压力 50bar
k	0.43133	0.43133	0.43133
α	0.63482	0.63482	0.63482
a	0.94040	0.94040	0.94040
b	2.4023×10^{-2}	2.4023×10^{-2}	2.4023×10^{-2}

续表

	压力 1.013bar	压力 5bar	压力 50bar
A	1.8471×10^{-3}	9.1171×10^{-3}	9.1171×10^{-2}
B	1.0716×10^{-3}	5.2891×10^{-3}	5.2891×10^{-2}
β	−0.99893	0.99471	−0.94711
γ	-2.9947×10^{-4}	-1.5451×10^{-3}	-2.3004×10^{-2}
δ	-8.2984×10^{-7}	-2.0099×10^{-5}	-1.8767×10^{-3}
q	0.11097	0.11045	0.10734
r	-3.6968×10^{-2}	-3.6719×10^{-2}	-3.6035×10^{-2}
q^3-r^2	-2.9848×10^{-8}	-7.1589×10^{-7}	-6.1901×10^{-5}
Z_1	0.9993	0.9963	0.9727
$RT/P/$ $m^3\cdot kmol^{-1}$	22.42	4.542	0.4542
$Z_1RT/P/$ $m^3\cdot kmol^{-1}$	22.40	4.525	0.4418

② 对于苯，在 293.15K 和 1.013bar(1atm)时，方程 A.8 必须求出液相压缩因子。在这种情况下$q^3-r^2>0$，由方程 A.12 到方程 A.14 可得三个解。Peng-Robinson 方程参数如表 A.3 所示。在这三个根中，只有Z_1和Z_2有意义。最小的解(Z_1)与液体有关，最大的解(Z_2)与蒸气有关。因此，液体苯的密度由式 A.5 给出：

$$\rho_L=\frac{78.11}{Z_1RT/P}$$

$$=\frac{78.11}{0.0036094\times24.0597}=899.5kg\cdot m^{-3}$$

与$\rho_L=876.5kg\cdot m^{-3}$的实验值相比较误差为 3%。

表 A.3 苯的 Peng-Robinson 状态方程的解

	压力 1.013bar
k	0.68661
α	1.41786
a	28.920
b	7.4270×10^{-2}
A	4.9318×10^{-2}
B	3.0869×10^{-3}
β	−0.99691
γ	4.3116×10^{-2}
δ	-1.4268×10^{-4}
q	9.6054×10^{-2}
r	-2.9603×10^{-2}
q^3-r^2	9.9193×10^{-6}
Z_1	0.0036094
Z_2	0.95177
Z_3	0.04153

A.2 纯组分相平衡

纯组分的相平衡如图 A.1 所示。在低温下，该组分为固态。在高温低压下，该组分为气态；在高压和高温下，该组分为液态。各相间的相平衡边界如图 A.1 所示。三相平衡边界的交汇点是三相点，此时固体、液体和蒸气共存。液体和蒸气之间的相平衡边界终止于临界点。超过临界温度，不管压强有多高，没有液体形成。液体和蒸汽的相平衡边界连接着三相点和临界点，标志着液体和蒸汽共存的边界。在这一边界上，给定温度时，压力即为蒸气压。当蒸气压为 1atm 时，相应的温度为标准沸点。如果在任何给定的蒸气压下，该组分的温度低于相平衡温度，则为过冷液体。如果它的温度高于相平衡，它就是过热蒸气。蒸气压曲线可以用各种表达式表示。

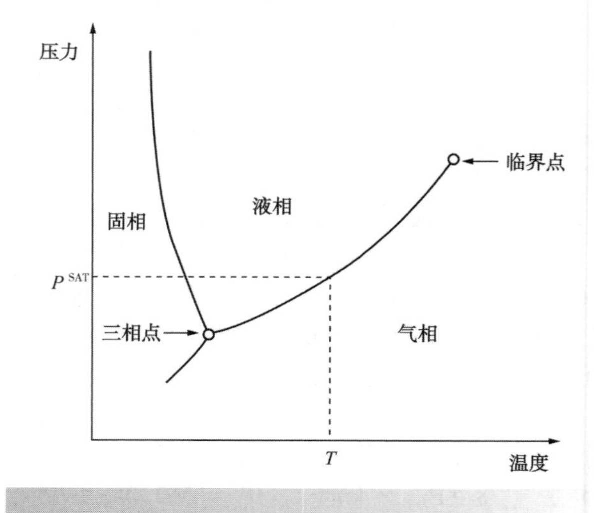

图 A.1 纯组分相平衡

最简单的表达式是 Clausius-Clapeyron 方

程(Hougen, Watson and Ragatz, 1954, 1959):

$$\ln P^{SAT}=A-\frac{B}{T} \quad (A.18)$$

其中 A 和 B 为常数，T 为绝对温度。这表明 $\ln P^{SAT}$ 与 $1/T$ 之间为线性关系。由于公式(A.18)只在很小的温度范围内给出了良好的相关性。为了扩大应用范围，提出了各种修正形式，例如 Antoine 方程。

$$\ln P^{SAT}=A-\frac{B}{C+T} \quad (A.19)$$

其中 A、B 和 C 是由相关实验数据确定的常数(Poling, Prausnitz and O′Connell, 2001)。同时提出了 Antoine 方程的扩展形式。例如：

$$\ln P^{SAT}=A+\frac{B}{C+T}+DT+E\ln T+F\,T^{G} \quad (A.20)$$

其中 A、B、C、D、E、F 和 G 是由实验数据相关确定的常数。Antoine 方程的扩展形式允许预测更大温度范围内的饱和液体蒸气压。必须谨慎使用相关蒸气压数据，切忌使用相关系数超出相关数据所涉及的温度范围；否则，可能会出现严重的错误。

A.3 逸度和相平衡

考虑过纯组分系统后，现在需要解决多组分系统的问题。如果一个封闭系统包含多个相，则平衡条件为：

$$f_i^{\mathrm{I}}=f_i^{\mathrm{II}}=f_i^{\mathrm{III}}\quad i=1,2,\cdots,NC \quad (A.21)$$

其中 f_i 为第 Ⅰ 阶段第 i 组分的逸度，Ⅱ，Ⅲ 和 NC 为组分数量。逸度在化学热力学中表示压强，但它没有严格的物理意义，可以被认为是一种“逸出倾向”。因此，公式 A.21 指出，如果一个由不同相组成的系统处于平衡状态，那么组分 i 从不同相中的“逸出倾向”是相同的。

A.4 气液平衡

气液混合物的热力学平衡是由各组分的气液逸度相等的条件下得到的(Hougen, Watson and Ragatz, 1959)：

$$f_i^{V}=f_i^{L} \quad (A.22)$$

式中 f_i^{V}——组分 i 在汽相中的逸度；

f_i^{L}——组分 i 在液相中的逸度。

因此，当组分 i 从气相和液相的“逸出倾向”相等时，就达到平衡。

气相逸度系数 ϕ_i^{V} 可由式定义：

$$f_i^{V}=y_i\phi_i^{V}P \quad (A.23)$$

式中 y_i——组分 i 在气相中的摩尔分数；

ϕ_i^{V}——气相逸度系数；

P——系统压力。

液相逸度系数 ϕ_i^{L} 可由式定义：

$$f_i^{L}=x_i\phi_i^{L}P \quad (A.24)$$

液相活度系数 γ_i 可由式定义：

$$f_i^{L}=x_i\gamma_i f_i^{0} \quad (A.25)$$

式中 x_i——组分 i 在液相中的摩尔分数；

ϕ_i^{L}——液相逸度系数；

γ_i——液相活度系数；

f_i^{0}——组分 i 在标准状态下的逸度。

对于中等压力，f_i^{0} 可以用饱和蒸气压 P_i^{SAT} 来近似。因此，方程 A.25 变成(Poling, Prausnitz 和 O′Connell, 2001)：

$$f_i^{L}=x_i\gamma_i P_i^{SAT} \quad (A.26)$$

利用公式 A.22、A.23 和 A.24 可以求出 K_i 的值，K_i 与气体和液体的摩尔分数有关：

$$K_i=\frac{y_i}{x_i}=\frac{\phi_i^{L}}{\phi_i^{V}} \quad (A.27)$$

公式(A.27)定义了气体和液体摩尔分数之间的关系，并提供了基于状态方程的气液平衡计算的基础。含 ϕ_i^{L} 和 ϕ_i^{V} 的状态方程需要热力学模型。另外，利用公式(A.22)、(A.23)和(A.26)可得：

$$K_i=\frac{y_i}{x_i}=\frac{\gamma_i P_i^{SAT}}{\phi_i^{V}P} \quad (A.28)$$

该表达式为基于液相活度系数模型的汽液平衡计算提供了依据。在公式 A.28 中，需要 Φ_i^{V}(从状态方程得到)建立热力学模型，从液相活度系数模型中得到 γ_i，稍后将给出一些例子。在中等压力下，像前面讨论的一样且 $\Phi_i^{V}=1$。对于理想气相来说，公式 A.28 简化为：

$$K_i=\frac{y_i}{x_i}=\frac{\gamma_i P_i^{SAT}}{P} \quad (A.29)$$

当液相为理想溶液，即 $\gamma_i=1$ 时，方程(A.29)简化为：

A

$$K_i=\frac{y_i}{x_i}=\frac{P_i^{SAT}}{P} \quad (A.30)$$

这是拉乌尔定律，同时代表理想汽液相行为。如 A.2 节所讨论的，可以得到组分蒸汽压与温度之间的关系式。

相比之下，高度非理想行为，其中$\gamma_i>1$(与拉乌尔定律正偏差)形成最低沸点共沸物。在共沸组成中，混合物的蒸气和液体组成都是相同的。最低沸点低于纯组分的沸点，属于最低沸点共沸物(见图 8.4b)。对于$\gamma_i<1$(与拉乌尔定律负偏差)的高度非理想行为，可以形成最高沸点共沸物(见图 8.4c)。这种最高沸点共沸物的沸点比任何一种纯组分都要高，它将是最后一个被精馏的馏分，而不是非共沸物时挥发性最小的组分。

不凝性气体与液体平衡时的汽液平衡常常可以用亨利定律来近似得到(Hougen, Watson and Ragatz, 1954, 1959; Poling, Prausnitz and O′Connell, 2001)：

$$p_i=H_ix_i \quad (A.31)$$

式中　p_i——组分 i 的分压；

H_i——亨利定律常数(通过实验确定)；

x_i——组分 i 在液相中的摩尔分数。

假设理想气体行为($p_i=y_iP$)：

$$y_i=\frac{H_ix_i}{P} \quad (A.32)$$

因此，K 值由下式给出：

$$K_i=\frac{y_i}{x_i}=\frac{H_i}{P} \quad (A.33)$$

从y_i对x_i的图中可以得到一条直线。

两个组分的平衡 K 值之比可得它们的相对挥发度：

$$\alpha_{ij}=\frac{K_i}{K_j} \quad (A.34)$$

式中　α_{ij}——组分 i 相对于组分 j 的相对挥发度。

这些表达式构成了汽液平衡计算的两种备选方法的基础：

① $K_i=\phi_i^L/\phi_i^V$构成了完全基于状态方程计算的基础。对液相和气相都使用状态方程有许多优点。首先，不需要确定f_i^O。而且，在临界点处的连续性可以保证所有热力学性质都来自同一模型。原则上不凝性气体的存在不会使过程更复杂。然而，状态方程的应用很大程度上仅限于非极性组分。

② $K_i=\gamma_iP_i^{SAT}/\phi_i^VP$ 是液相活度系数模型计算的基础，在极性分子存在时使用。对于大多数的低压下系统，可以假定ϕ_i^V是统一的。如果涉及高压，那么ϕ_i^V必须从状态方程中计算。然而，高压系统下在混合和匹配不同模型的γ_i和ϕ_i^V时，应注意确保采用适当的组合。

例 A.2　燃烧过程中气体的速率为 10 $m^3 \cdot s^{-1}$。含有 200ppmv 的氮氧化物，在 0℃ 和 1atm 的条件下为 NO。在排放到外界环境中之前，NO 浓度需要降到 50ppmv(在标准条件下)。假设所有的氮氧化物都以 NO 的形式存在，考虑 NO 去除的方法是在 20℃ 和 1atm 条件下吸收 NO。NO 在水中的溶解度遵循亨利定律，在 20℃ 时$H_{NO}=2.6\times10^4$。气体与水逆流接触。可以假定在 0℃ 和 1atm 的条件下，水的平衡浓度为 90%，假设气体的摩尔质量为 22.4 m^3，估计所需水的流量。

解：

$$气体的摩尔流量=10\times\frac{1}{22.4}=0.446kmol\cdot s^{-1}$$

假设气体的摩尔流量不变，则需要去除 NO 的量

$$=0.446(200-50)\times10^{-6}=6.69\times10^{-5}kmol\cdot s^{-1}$$

假设出水达到了 90% 的平衡浓度，并且与气体发生了逆流接触，根据亨利定律(方程 A.32)：

$$x_{NO}=\frac{0.9\,y_{NO}^*P}{H_{NO}}$$

其中y_{NO}^*气相的平衡摩尔分数

$$x_{NO}=\frac{0.9\times200\times10^{-6}\times1}{2.6\times10^4}=6.9\times10^{-9}$$

假设水的流量是恒定的

$$=\frac{6.69\times10^{-5}}{6.9\times10^{-9}-0}=9696kmol\cdot s^{-1}$$

$$=9696\times18kg\cdot s^{-1}=174500kg\cdot s^{-1}$$

这是一个过大的流量。

A.5　基于活度系数模型的汽液平衡

为了模拟中等压力下液相非理想性，液体活度系数γ_i：

$$K_i = \frac{\gamma_i P_i^{SAT}}{P} \quad (A.35)$$

γ_i随组分和温度而变化，有三种常用的活度系数模型（Poling，Prausnitz and O′Connell，2001）：

① Wilson

② NRTL

③ UNIQUAC

这都是基于分子间作用力导致混合物中分子的非随机排列的半经验模型。这些模型考虑了不同大小分子的排列和分子的首选取向。在每一种情况下，模型拟合实验二元气液平衡数据，为预测多组分气液平衡提供了二元交互作用参数。在使用UNIQUAC方程时，如果没有实验确定的气液平衡数据，基团贡献法（UNIFAC）可以从混合物组分的分子结构中估算UNIOUAC参数（Poling，Prausnitz and O′Connell，2001）。

① Wilson方程。Wilson方程活度系数模型由下式给出（Wilson，1964：Poling，Prausnitz and O′Connell，2001）：

$$\ln \gamma_i = -\ln\left[\sum_j^{NC} x_i \Lambda_{ij}\right] + 1 - \sum_l^{NC}\left[\frac{x_k \Lambda_{ki}}{\sum_j^{N} x_j \Lambda_{ij}}\right] \quad (A.36)$$

其中
$$\Lambda_{ij} = \frac{V_j^L}{V_i^L}\exp\left[-\frac{\lambda_{ij}-\lambda_{ii}}{RT}\right] \quad (A.37)$$

式中　V_i^L——纯液体i的摩尔体积；

λ_{ij}——描述分子i与分子j相互作用的能量参数；

R——气体常数；

T——绝对温度；

$\Lambda_{ii} = \Lambda_{ij} = \Lambda_{kk} = 1$；

$\Lambda_{ij} = 1$ 理想情况；

$\Lambda_{ij} < 1$ 与拉乌尔定律的正偏差；

$\Lambda_{ij} > 1$ 与拉乌尔定律的负偏差。

对于一组分系统，有两个和温度有关的可调参数必须由实验数据确定，即$(\lambda_{ij}-\lambda_{ii})$，它们与温度有关。$V_j^L/V_i^L$是一个与温度弱相关的函数。对于双组分系统，Wilson方程简化为（Poling，Praunitz and O′Connell，2001）

$$\ln \gamma_1 = -\ln[x_1 + x_2\Lambda_{12}] + x_2\left[\frac{\Lambda_{12}}{x_1+\Lambda_{12}x_2} - \frac{\Lambda_{21}}{x_1\Lambda_{21}+x_2}\right] \quad (A.38)$$

$$\ln \gamma_2 = -\ln[x_2 + x_1\Lambda_{21}] - x_1\left[\frac{\Lambda_{12}}{x_1+\Lambda_{12}x_2} - \frac{\Lambda_{21}}{x_1\Lambda_{21}+x_2}\right] \quad (A.39)$$

其中

$$\Lambda_{12} = \frac{V_2^L}{V_1^L}\exp\left[-\frac{\lambda_{12}-\lambda_{11}}{RT}\right],\quad \Lambda_{21} = \frac{V_1^L}{V_2^L}\exp\left[-\frac{\lambda_{21}-\lambda_{22}}{RT}\right] \quad (A.40)$$

$(\lambda_{12}-\lambda_{11})$和$(\lambda_{21}-\lambda_{22})$这两个可调参数必须通过实验确定（Gmehling，Onken and Arlt，1977-1980）。

② NRTL方程。NRTL方程由下式给出（Renon and Prausnitz，1968；Poling，Prausnitz and O′Connell，2001）：

$$\ln \gamma_i = \frac{\sum_j^{NC} \tau_{ji} G_{ji} x_j}{\sum_k^{NC} G_{ki} x_k} + \sum_j^{NC} \frac{x_j G_{ij}}{\sum_k^{NC} G_{kj} x_k}\left(\tau_{ij} - \frac{\sum_k^{NC} x_k \tau_{kj} G_{kj}}{\sum_k^{NC} G_{kj} x_k}\right) \quad (A.41)$$

其中$G_{ij} = \exp(-\alpha_{ij}\tau_{ij})$，$G_{ji} = \exp(-\alpha_{ij}\tau_{ji})$

$$\tau_{ij} = \frac{g_{ij}-g_{jj}}{RT},\quad \tau_{ji} = \frac{g_{ji}-g_{ii}}{RT}$$

$G_{ij} \neq G_{ji}$，$\tau_{ij} \neq \tau_{ji}$，$G_{ii} = G_{jj} = 1$，$\tau_{ii} = \tau_{jj} = 0$

$\tau_{ij} = 0$ 理想情况

g_{ij}和g_{ji}是分子i和分子j相互作用的能量；α_{ij}表示分子i和分子j呈随机分布的趋势，取决于分子的性质，通常在0.2~0.5之间。对于每一双组分系统，有三个可调参数，$(g_{ij}-g_{ji})$，$(g_{ji}-g_{ij})$和$\alpha_{ij}(=\alpha_{ji})$，这与温度相关。对于双组分系统，NRTL方程可以简化为（Poling，Prausnitz adn O′Connell，2001）：

$$\ln \gamma_1 = x_2^2\left[\tau_{21}\left(\frac{G_{21}}{x_1+x_2G_{21}}\right)^2 + \frac{\tau_{12}G_{12}}{(x_2+x_1G_{12})^2}\right] \quad (A.42)$$

$$\ln \gamma_2 = x_1^2\left[\tau_{12}\left(\frac{G_{12}}{x_2+x_1G_{12}}\right)^2 + \frac{\tau_{21}G_{21}}{(x_1+x_2G_{21})^2}\right] \quad (A.43)$$

其中$G_{12} = \exp(-\alpha_{12}\tau_{12})$，$G_{21} = \exp(-\alpha_{21}\tau_{21})$

A

$$\tau_{12}=\frac{g_{12}-g_{22}}{RT},\quad \tau_{21}=\frac{g_{21}-g_{11}}{RT}$$

三个可调参数，$(g_{12}-g_{22})$，$(g_{21}-g_{11})$和α_{12} $(=\alpha_{21})$，必须通过实验确定（Gmehling，Onken and Arlt，1977～1980）。

③ UNIQUAC 方程。UNIQUAC 方程由下式给出（和 Anderson and Prausnitz，1978a；Poling，Praunitz and O′Connell，2001）：

$$\ln\gamma_i=\ln\left(\frac{\Phi_i}{x_i}\right)+\frac{z}{2}q_i\ln\left(\frac{\theta_i}{\Phi_i}\right)+l_i-\frac{\Phi_i}{x_i}\sum_j^{NC}x_y l_j+q_i\left[1-\ln\left(\sum_j^{NC}\theta_j\tau_{ji}\right)-\sum_j^{NC}\frac{\theta_j\tau_{ji}}{\sum_K^{NC}\theta_K\tau_{Kj}}\right] \quad (A.44)$$

式中

$$\Phi_i=\frac{r_i x_i}{\sum_K^{NC}r_K x_K};$$

$$\theta_i=\frac{q_i x_i}{\sum_K^{NC}q_K x_K};$$

$$l_i=\frac{z}{2}(r_i-q_i)-(r_i-1);$$

$$\tau_{ij}=\exp-\left(\frac{u_{ij}-u_{jj}}{RT}\right);$$

u_{ij}——分子 i 和分子 j 之间的相互作用参数$(u_{ij}=u_{ji})$；

z——配位数$(z=10)$；

r_i——纯组分属性，衡量分子 i 的范德华体积；

q_i——纯组分属性，衡量分子 i 的范德华表面积；

R——气体常数；

T——绝对温度；

$u_{ij}=u_{ji}$，$\tau_{ii}=\tau_{jj}=1$。

对于每个双组分系统，有两个和温度有关的可调参数必须由实验数据确定，即$(u_{ij}-u_{jj})$。纯组分性质r_i和q_i衡量分子的范德华体积和表面积，并已将数据制成表格（Gmehling，Onken and Alt，1977-1980）。对于双组分系统，UNIQUAC 方程简化为（Poling，Prausnitz and O′Connell，2001）：

$$\ln\gamma_1=\ln\left(\frac{\Phi_1}{x_1}\right)+\frac{z}{2}q_1\ln\left(\frac{\theta_1}{\Phi_1}\right)+\Phi_2\left(l_1-l_2\frac{r_1}{r_2}\right)-q_1\ln(\theta_1+\theta_2\tau_{21})+\theta_2 q_1\left(\frac{\tau_{21}}{\theta_1+\theta_2\tau_{21}}-\frac{\tau_{21}}{\theta_2+\theta_2\tau_{12}}\right) \quad (A.45)$$

$$\ln\gamma_2=\ln\left(\frac{\Phi_2}{x_2}\right)+\frac{z}{2}q_2\ln\left(\frac{\theta_2}{\Phi_2}\right)+\Phi_1\left(l_2-l_1\frac{r_2}{r_1}\right)-q_2\ln(\theta_2+\theta_1\tau_{12})+\theta_1 q_2\left(\frac{\tau_{12}}{\theta_2+\theta_1\tau_{12}}-\frac{\tau_{21}}{\theta_1+\theta_2\tau_{21}}\right) \quad (A.46)$$

其中

$$\Phi_1=\frac{r_1x_1}{r_1x_1+r_2x_2},\quad \Phi_2=\frac{r_2x_2}{r_1x_1+r_2x_2}$$

$$\theta_1=\frac{q_1x_1}{q_1x_1+q_2x_2},\quad \theta_2=\frac{q_2x_2}{q_1x_1+q_2x_2}$$

$$l_1=\frac{z}{2}(r_1-q_1)-(r_1-1),$$

$$l_2=\frac{z}{2}(r_2-q_2)-(r_2-1)$$

$$\tau_{12}=\exp-\left(\frac{u_{12}-u_{22}}{RT}\right),\quad \tau_{21}=\exp-\left(\frac{u_{21}-u_{11}}{RT}\right)$$

两个可调参数$(u_{12}-u_{22})$和$(u_{21}-u_{11})$必须根据经验确定（Gmehling，Onken and Arlt，1977～1980）。纯组分特性 r_1，r_2，q_1 和 q_2 已制成表格（Gmehling，Onken and Arlt，1977-1980）。

由于所有的气-液平衡实验数据都有一定的实验误差，因此通过数据简化得到的参数不是唯一的（Poling，Prausnitz and O′Connell，2001）。有很多组参数可以很好地代表实验数据，但存在一定的实验误差。这些实验数据简化得到的参数不能确定为唯一的最佳参数。实际上数据简化只能确定一定范围内的参数（Hougen，Watson and Ragatz，1959）。

已发表的交互参数是可用的（Gmehling，Onken and Arlt，1977-1980）。但是，当超过一组二元交互参数可用时，应如何选择？

① 检验实验数据是否与热力学一致。Gibbs-Duhem 方程（Hougen，Watson and Ragatz，1954，1959）可用于实验二元数据的热力学一致性检验，且应该与方程具有一致性。

② 选择适合过程压力的参数。

③ 选择适合组成范围的数据。

④ 对于多组分系统，可能的话，选择适合三元或更高系统的参数。

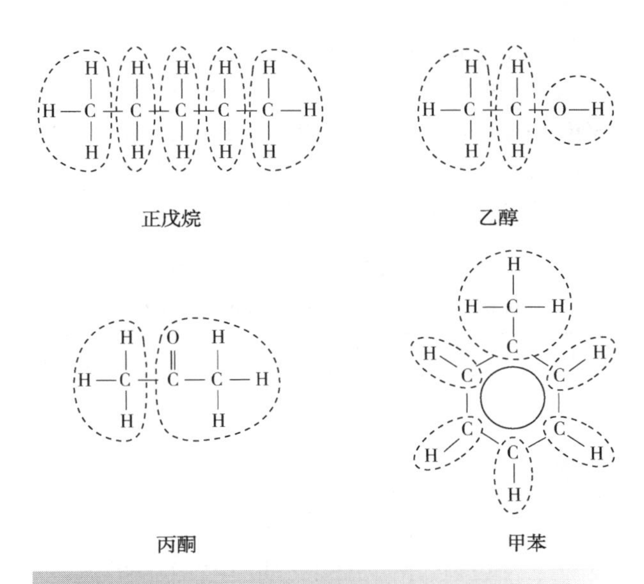

图 A.2　分子作为官能团

A.6　汽液平衡的基团贡献法

A.5 节利用实验数据拟合混合物中每一组二元交互作用参数建立了气液平衡模型。通常情况下，二元交互作用参数并不适用于混合物中所有的二元体系。如果只有少量数据或没有数据，则可利用基团贡献法来估计气液平衡数据。利用这种方法，可以任意将分子划分为多种官能团。分子间总的相互作用可认为是基团间相互作用之和。因此，在多组分体系中，基团贡献法是假设每个官能团的行为与出现的分子具有一定的独立性。对于二元体系，从实验数据中找出基团与基团之间的相互作用，这样就可以计算分子间的相互作用以及在没有实验数据可用的情况下分子间的相平衡。基团贡献法的优点是，由于不同官能团的数量远远小于不同分子的数量，因此可能关联更多的基团与基团之间的相互作用，而不是分子与分子之间的相互作用。然而，这也有很多缺点，我们将在后面讨论。

图 A.2a 所示为将一些分子划分为官能团的例子。图 A.2a 为正戊烷，由两个 CH_3 和三个 CH_2 组成；图 A.2b 为乙醇，它是由一个 CH_3，一个 CH_2 和一个 OH 组成；图 A.2c 为丙酮，由一个 CH_3 基团和一个 CH_3CO 基团组成；最后，图 A.2d 为甲苯，它由五个 ACH(芳香—CH)基团和一个 $ACCH_3$(芳香—CCH_3)基团组成。

为了计算活度系数，需要定义基团摩尔分数 X_k。这类似于分子的摩尔分数，其定义为：

$$X_k = \frac{\sum_i x_i v_k^i}{\sum_i x_i\left(\sum_k v_k^i\right)} \tag{A.47}$$

式中　X_k——相互作用的基团 k 在分子 i 中的摩尔分数；

v_k^i——相互作用的基团 k 在分子 i 中的数量。

例如，在丙酮摩尔分数 $x_{AC}=0.4$，甲苯摩尔分数 $x_{TOL}=0.6$ 的混合物中，混合物中—CH_3 基团的基团分数为：

$$X_{CH_3} = \frac{x_{AC}\times 1}{x_{AC}\times 2 + x_{TOL}\times 6} = \frac{0.4\times 1}{0.4\times 2+0.6\times 6} = 0.0909$$

气液平衡中最常用的基团贡献方法是 UNIFAC 方法。UNIFAC 模型是用一个组合组分(C)和一个剩余组分(R)表示组分 i 的活度系数：

$$\ln\gamma_i = \ln\gamma_i^C + \ln\gamma_i^R \tag{A.48}$$

这两部分都是基于上面的 UNIQUAC 方程，组合组分是由下式得出：

$$\ln\gamma_i^C = \ln\left(\frac{\Phi_i}{x_i}\right) + \frac{z}{2}q_i\ln\left(\frac{\theta_i}{\Phi_i}\right) + l_i - \frac{\Phi_i}{x_i}\sum_j^{NC} x_y l_j \tag{A.49}$$

式中

$$\Phi_i = \frac{r_i x_i}{\sum_j^{NC} r_j x_j}\quad \theta_i = \frac{q_i x_i}{\sum_j^{NC} q_j x_j};$$

$$l_i = \frac{z}{2}(r_i - q_i) - (r_i - 1),\quad z = 10;$$

x_i——组分 i 的摩尔分数；

z——配位数($z=10$)；

r_i——纯组分 i 的体积参数；

q_i——纯组分 i 的表面积参数。

纯组分 r_i 和 q_i 参数由基团体积 R_k 和 Q_k 表面积计算得到：

$$r_i = \sum_k v_k^i R_k,\quad q_i = \sum_k v_k^i Q_k \tag{A.50}$$

基团体积 R_k 和表面积 Q_k 的通常从表中得到(Poling, Prausnitz and O′Connell, 2001)。剩余组分的活性系数 γ_i^R 定义为：

$$\ln\gamma_i^R = \sum_k^{\text{All groups}} v_k^i(\ln\Gamma_k - \ln\Gamma_k^i) \quad (A.51)$$

式中 Γ_k——基团剩余活度系数；

Γ_k^i——仅含 i 分子的参比溶液中基团 k 的剩余活度系数

两个Γ_k和Γ_k^i的基团活度系数由下式确定：

$$\ln\Gamma_k = Q_k\left[1 - \ln\left(\sum_m \theta_m\Psi_{mk}\right) - \sum_m \frac{\theta_m\Psi_{km}}{\sum_n \theta_n\Psi_{nm}}\right] \quad (A.52)$$

式中 θ_m——基团 m 在所有基团中面积分数之和 $= \dfrac{\theta_m X_m}{\sum_n Q_n X_n}$；

X_m——混合物中基团 m 的摩尔分数；

Ψ_{nm}——$\exp(-\dfrac{a_{mn}}{T})$；

a_{mn}——基团交互作用参数，K；

T——绝对温度，K。

基团交互作用参数 a_{mn} 必须与实验数据相关联。还应该注意到，$a_{mn} \neq a_{nm}$。

如果要使用 UNIFAC 方法，需要定义两个不同的组别：子基团和主基团。子基团是最小的构建模块，主基团的作用是将子基团组合在一起。例如，子基团 CH_3、CH_2、CH 和 C 都属于主基团 CH_2。其原因是，子基团虽然有不同的体积R_k和表面积Q_k，但是一个主基团内所有子基团的交互作用参数是相同的。表 4 给出了一些R_k和Q_k的数据以及表 5 给出对应的交互作用参数。

UNIFAC 方法存在一些必要的限制条件：

- UNIFAC 方法不能区分异构体。
- 不凝性气体不能使用 UNIFAC 方法建模。但是这种气体可以使用亨利定律单独建模。
- 聚合物和电解质不能使用 UNIFAC 方法。
- 小于 10bar 的中等压力下使用。
- 温度为 15~150℃的范围内使用。
- 使用条件必须低于临界条件。
- 基于汽-液平衡数据得到的 UNIFAC 参数不能用于预测液-液平衡的数据。在最初的方法中允许将相同的参数用于预测气-液平衡和液-液平衡的数据。
- 基团贡献法假设在任何分子中给定的基团表现是相同的。但是，事实并非如此。

一个可以替代 UNIFAC 的基团贡献法是 ASOG（Analytical Solution Of Groups）方法（Poling，Prausnitz and O'Connell，2001）。尽管它开发得比较早，但是这种方法比 UNIFAC 方法使用得少。

表 A.4 基团体积和表面积参数示例

（Poling，Prausnitz and O'Connell，2001）

主要基团		子基团		R_k	Q_k
编号	基团	编号	基团		
1	CH_2	1	CH_3	0.9011	0.848
		2	CH_2	0.6744	0.540
		3	CH	0.4469	0.228
		4	C	0.2195	0.000
2	C=C	5	CH_2=CH	1.3454	1.176
		6	CH=CH	1.1167	0.867
		7	CH_2=C	1.1173	0.988
		8	CH=C	0.8886	0.676
		70	C=C	0.6605	0.485
3	ACH	9	ACH	0.5313	0.400
		10	AC	0.3652	0.120
4	$ACCH_2$	11	$ACCH_3$	1.2663	0.968
		12	$ACCH_2$	1.0396	0.660
		13	ACCH	0.8121	0.348

表 A.5 相互作用参数示例

（Poling，Prausnitz and O' Connell，2001）

主要基团	1	2	3	4
1	0	86.02	61.13	76.5
2	-35.36	0	38.81	74.15
3	-11.12	3.446	0	167.0
4	-69.7	-113.6	-146.8	0

尽管基团贡献法使用方便，但不能视为预测相平衡的首选方法，而是在二元交互作用参数不能用于其他方法时的最后一种选择。

A.7 基于状态方程的气液平衡

在利用状态方程计算气-液平衡之前，需要确定各相的逸度系数Φ_i。逸度系数与体积的关系可以写成：

$$\ln \Phi_i = \frac{1}{RT}\int_v^\infty \left[\left(\frac{\partial P}{\partial N_i} \right)_{T,V,N_j} - \frac{RT}{V} \right] \mathrm{d}V - RT\ln Z \quad (A.53)$$

例如，P－R 状态方程的积分形式如下(Poling，Prausnitz and O'Conell，2001)：

$$\ln \Phi_i = \frac{b_i}{b}(Z-1) - \ln(Z-B) - \frac{A}{2\sqrt{2B}}\left(\frac{2\sum_k x_k a_{ik}}{a} - \frac{b_i}{b}\right)\ln\left(\frac{Z+(1+\sqrt{2})B}{Z+(1-\sqrt{2})B}\right) \quad (A.54)$$

式中 $A=\frac{aP}{R^2T^2}$；

$B=\frac{bP}{RT}$。

因此，给定各组分的临界温度、临界压力和偏心因子，以及各相组成、温度和压力，可确定压缩因子，从而计算各组分在某一阶段的逸度系数。根据每种组分的逸度系数，就得到该组分的气-液平衡的 K 值。该方法的优点是在气相热力学模型和液相热力学模型之间具有一致性。这种模型广泛应用于预测碳氢混合物和烃类气体混合物的气-液平衡。

一个气-液体系可以利用立方型状态方程中得到三个根，只有最大根和最小根才是可用的。最大根对应于气相压缩因子，最小根对应于液相压缩因子。然而，一些气液混合物可能存在问题，特别是含有大量氢气的轻烃类混合物，在石油加工过程中很常见。在某些情况下，这种混合物的气-液体系只能提供一个根，但实际上应该有三个根。这意味着气相和液相的逸度系数都不能计算，这是这立方形状态方程的一个弊端。

在高压下使用活度系数模型(公式 A.28)可由式 A.54 预测气相逸度系数。然而，这种方法有一个缺点，即气液相的热力学模型不一致。尽管存在这种情况，但如果液相存在合理的非理想性，特别是对于极性混合物，则可能需要使用活度系数模型。

A.8 汽液平衡的计算

汽-液平衡时，如何使相同的温度和压力下所有组分的气相和液相逸度是不相同的？在相平衡计算时，一些条件是固定不变的。例如，温度、压力和组成是固定不变的，就要找到满足平衡关系的未知条件，但这不能直接实现。首先，必须猜测和检验未知变量的值是否满足平衡关系。如果不满足平衡关系就要对估计值进行修改并不断迭代，直到未知变量满足平衡要求。

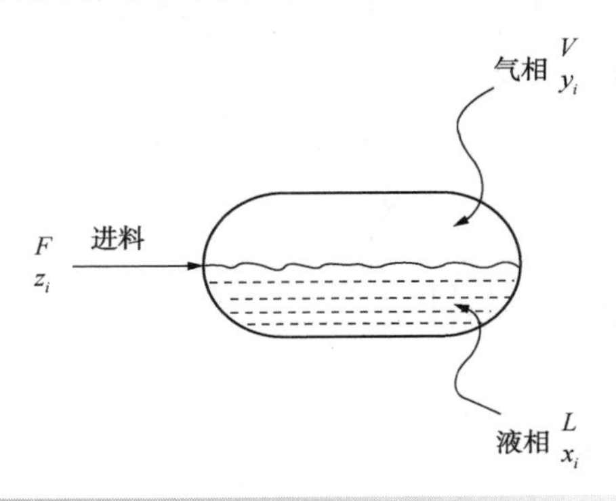

图 A.3 气-液平衡

图 A.3 所示为多组分进料分离成气相和液相直到两相达到平衡的简单过程。总物料衡算和组分物料衡算由下式给出(见第 8 章)：

$$y_i = \frac{z_i}{\frac{V}{F} + \left(1 - \frac{V}{F}\right)\frac{1}{K_i}} \quad (A.55)$$

$$x_i = \frac{z_i}{(K_i - 1)\frac{V}{F} + 1} \quad (A.56)$$

式中 F——进料流量，kmol · s^{-1}；

V——气相流量，kmol · s^{-1}；

z_i——进料中组分 i 的摩尔分数；

y_i——气相中组分 i 的摩尔分数；

x_i——液相中组分 i 的摩尔分数。

公式 A.55 和公式 A.56 中的气相分率适用范围是 0～1。

对于特定的温度和压力，公式 A.55 和公式 A.56 需要通过试错法求解：

$$\sum_i^{NC} y_i = \sum_i^{NC} x_i = 1 \quad (A.57)$$

其中 NC 是分量数，则：

$$\sum_i^{NC} y_i - \sum_i^{NC} x_i = 0 \qquad (A.58)$$

将公式 A.55 和公式 A.56 代入公式 A.58，整合得出(见第 8 章)：

$$\sum_i^{NC} \frac{z_i(K_i - 1)}{\frac{V}{F}(K_i - 1) + 1} = 0 = f\left(\frac{V}{F}\right) \qquad (A.59)$$

公式 A.59 是著名的 Rachford - Rice 方程(Rachford and Rice, 1952)。为了解决公式 A.59，首先假设 V/F 的值，计算 $f(V/F)$，如不符合条件，则继续寻找 V/F 的值，直到函数值等于 0。如果有必要计算泡点(见第 8 章)：

$$\sum_i^{NC} z_i K_i = 1 \qquad (A.60)$$

因此，需要找出满足公式 A.60 的温度，从而计算出给定混合物在特定压力下的泡点。

另外，可以指定温度并搜索其泡点压力，以满足方程式 A.60。另一种特殊情况是需要计算露点。在这种情况下，式 A.59 中的 $V/F=1$，可简化为

$$\sum_i^{NC} \frac{z_i}{K_i} = 1 \qquad (A.61)$$

也就是说，对于一定压力下的混合物，确定温度以满足式 A.61。或者，指定温度以确定露点压力。

如果 K 值要求两相的组分已知，则计算时要假设温度。K 值的计算需要确定气相组成以获得气相逸度系数。如果液相组成已知，而气相组成未知，需要进行初步估算。一旦根据气相组成的初始值估算了 K 值，就可以估算气相组成，依此类推。

例 A.3 计算在 1atm(1.013bar)下等摩尔甲醇和水的液相混合物的气相组成：

① 假设气体为理想气体，液相为理想溶液，即满足拉乌尔定律。

② 使用 Wilson 方程。

可使用表 A.6 中的系数(Poling, Prausnitz and O'Connell, 2001)，根据 Antoine 方程预测以热力学温度为单位的蒸气压(单位：bar)。Wilson 方程的数据见表 A.7(Gmehling, Onken and Arlt, 1977～1980)。假设气体常数 $R = 8.3145\text{kJ} \cdot \text{kmol}^{-1} \cdot \text{K}^{-1}$。

表 A.6 甲醇和水的 Antoine 系数
(Gmehling, Onken and Arlt, 1977～1980)

	A_i	B_i	C_i
甲醇	11.9869	3643.32	−33.434
水	11.9647	3984.93	−39.734

表 A.7 在 1atm 下，Wilson 方程的甲醇(1)和水(2)数据
(Gmehling, Onken and Arlt, 1977～1980)

V_1/ $m^3 \cdot kmol^{-1}$	V_2/ $m^3 \cdot kmol^{-1}$	$(\lambda_{12}-\lambda_{11})$/ $kJ \cdot kmol^{-1}$	$(\lambda_{21}-\lambda_{22})$/ $kJ \cdot kmol^{-1}$
0.04073	0.01807	347.4525	2179.8398

表 A.8 理想甲醇-水混合物的泡点计算

z_i	T=340K		T=360K		T=350K	
	K_i	z_iK_i	K_i	z_iK_i	K_i	z_iK_i
0.5	1.0938	0.5469	2.2629	1.1325	1.5906	0.7953
0.5	0.2673	0.1336	0.6122	0.3061	0.4094	0.2047
1		0.6805		1.4386		1.0000

解：

① 假设理想气-液相的 K 值满足拉乌尔定律(方程 A.30)。液相的组成为 $x_1 = 0.5$，$x_2 = 0.5$，压力为 1atm，但温度未知。因此，需要计算泡点来确定气相组成。通过规定 $V/F=0$，可以由式 A.60 或式 A.59 计算出泡点。泡点由表 A.8 中的公式 A.60 计算得到。步骤可以通过在电子表格软件中实现。表 A.8 为拉乌尔定律的结果。

因此，如果为理想混合物，1atm 时的气相组成为 $y_1=0.7953$，$y_2=0.2047$。

② 甲醇和水的活度系数可以通过 Wilson 方程(式 A.38 和 A.39)计算得到。结果如表 A.9 所示。

因此，根据 Wilson 方程，在 1atm 时气相组成为 $y_1=0.7863$，$y_2=0.2136$。对于这种混合物，在这些条件下，拉乌尔定律和 Wilson 方程的预测之间没有太大的差异，表明在所选条件下与理想状态的偏差很小。

表 A.9　用 Wilson 方程计算甲醇-水混合物的泡点

z_i	T=340K			T=350K			T=346.13K		
	γ_i	K_i	z_iK_i	γ_i	K_i	z_iK_i	γ_i	K_i	z_iK_i
0.5	1.1429	1.2501	0.6251	1.1363	1.8092	0.9046	1.1388	1.5727	0.7863
0.5	1.2307	0.3289	0.1645	1.2227	0.5012	0.2506	1.2258	0.4273	0.2136
1			0.7896			1.1552			0.9999

例 A.4　2-丙醇(异丙醇)和水在特定的组成下形成共沸物，气相和液相组成相等。2-丙醇-水混合物的气液平衡可用 Wilson 方程预测。表 A.10(Gmehling, Onken and Arlt, 1977~1980)给出了 Antoine 方程的蒸气压系数，单位为 bar，温度为 K。Wilson 方程的数据见表 A.11(Gmehling. Onken and Arlt, 1977~1980)。假设气体常数 $R=8.3145\text{kJ}\cdot\text{kmol}^{-1}\cdot\text{K}^{-1}$。测定 1atm 下的共沸成分。

解：为了确定特定压力下共沸物的组成，必须改变液相组成，并在每个液相组成上进行泡点计算，直到确定组成，即$x_i=y_i$。或者，可以改变气相组成，并在每个气相组成进行露点计算。无论如何，这都需要迭代。图 A.4 所示为 2-丙醇-水系统的 x-y 图，这是通过在不同的液相组成下进行泡点计算得到的。x-y 图与对角线相交的点为共沸点，通过改变 T 和 x_1 并求解目标函数，可在电子表格中直接检索二元体系的共沸组成(见第 3.8 节)：

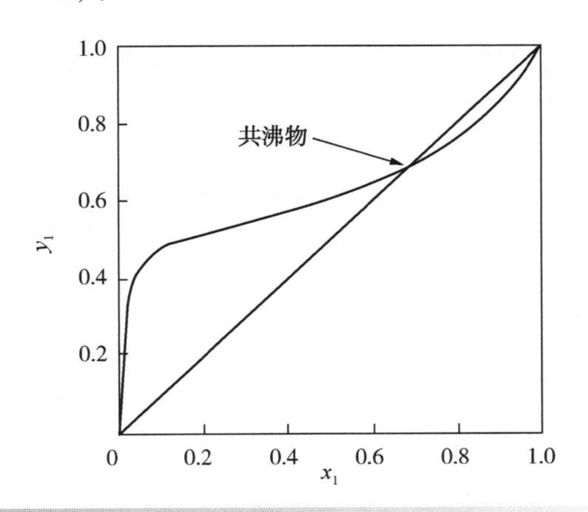

图 A.4　根据 Wilson 方程，在 1atm 下绘制了 2-丙醇(1)水(2)系统的 x-y 图

$$(x_1K_1+x_2K_2-1)^2+(x_1-x_1K_1)^2=0$$

该方程中第一个括号内的表达式必须满足泡点原则。第二个表达式确保汽相和液相组成相等。对于 1atm 下的 2-丙醇-水系统，当 $x_1=y_1=0.69$ 和 $x_2=y_2=0.31$ 时，即为共沸组成。

表 A.10　2-丙醇和水的 Antoine 方程系数
(Gmehling, Onken and Arlt, 1977~1980)

	A_i	B_i	C_i
2-丙醇	13.8228	4628.96	-20.524
水	11.9647	3984.93	-39.734

表 A.11　1atm 下 Wilson 方程的 2-丙醇(1)和水(2)数据
(Gmehling, Onken and Arlt, 1977~1980)

V_1/ $\text{m}^3\cdot\text{kmol}^{-1}$	V_2/ $\text{m}^3\cdot\text{kmol}^{-1}$	$(\lambda_{12}-\lambda_{11})$/ $\text{kJ}\cdot\text{kmol}^{-1}$	$(\lambda_{21}-\lambda_{22})$/ $\text{kJ}\cdot\text{kmol}^{-1}$
0.07692	0.01807	3716.4038	5163.0311

例 A.5　重复例 A.4 中的计算，但使用 UNIFAC 模型，并将 Wilson 方程的预测与 UNIFAC 进行比较。2-丙醇(CH_3CHOCH_3)由两个 CH_3、一个 CH 和一个 OH 官能团组成。水本身就是一个官能团，表 A.12 给出了组体积和组表面积参数。表 A.13 给出了官能团相互作用参数。注意，在表 A.13 中，同一组分的官能团之间不存在相互作用，且 $a_{mn}\neq a_{nm}$。Antoine 方程的蒸气压系数见表 A.10。

解：图 A.5 所示为 UNIFAC 模型与 Wilson 方程预测的 x-y 图之间的差异。可以看出，UNIFAC 方法很好地预测了共沸物的组成。然而，在低于共沸组成的浓度下，UNIFAC 方法的预测存在显著误差。对于这个物系，UNIFAC 预测较为准确。这是合乎常理的，因为条件温和，只涉及四个官能团。随着官能团数量的增加，预测误差可能会增加。此外，2-丙醇-水物系已经被充分研究，UNIFAC 方法有望给出精准的预测。尽管在这种情况下的预测是相当好的，但其他更复杂的物系 UNIFAC 模型可能会有较大的误差，并且该方法只能在没有气液平衡数据时使用。

表 A.12 基团体积和基团表面积参数
(Poling, Prausnitz and O′Connell, 2001)

	官能团	官能团数目	R_k	Q_k
2-丙醇	CH_3	1	0.9011	0.848
	CH	1	0.4469	0.228
	OH	5	1.0000	1.200
水	H_2O	7	0.9200	1.400

表 A.13 交互作用参数
(Poling, Prausnitz and O′Connell, 2001)

	CH_3	CH	OH	H_2O
CH_3	0	0	986.5	1318
CH	0	0	986.5	1318
OH	156.4	156.4	0	353.5
H_2O	300.0	300.0	-229.1	0

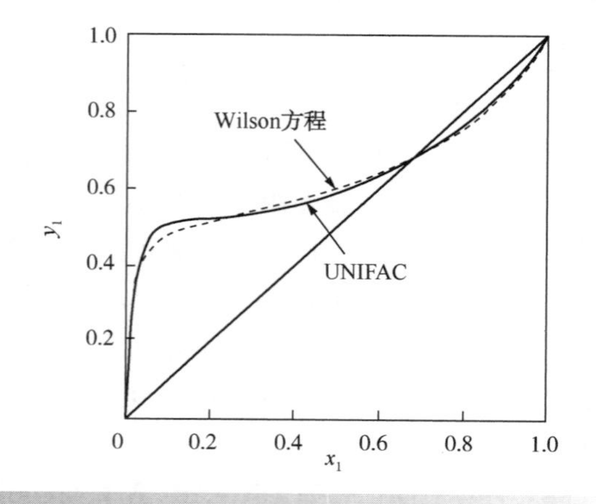

图 A.5 1atm 下 UNIFAC 模型中 2-丙醇(1)水(2)物系的 $x-y$ 图

A.9 液-液平衡

当液体混合物中的组分在化学结构上越不相似时，它们的溶解度越低。其特点是它们的活度系数增加(与拉乌尔定律形成正偏差)。如果化学结构差异足够大和相应的活度系数增加足够大，溶液可以分成两个液相。

图 A.6 所示为双液相行为物系的气液平衡。图 A.6a 和 A.6b 中的 *abcd* 区域中存在两个液相。两相区外的液体混合物是均一的。在 *ab* 以下的双液相区，两液相过冷。沿着 *ab*，两液相是饱和的。随着温度的升高，双液相区的面积变窄。这是因为互溶性通常随温度升高而增加。对于两相区内的混合物，如图 A.6a 和 A.6b 中的点 Q，在平衡状态下，在点 P 和 R 处形成两个液相。线 PR 为连接线。式 A.55 至式 A.59 中的气-液分离也适用于液-液分离。因此，在图 A.6a 和图 A.6b 中，从 P 和 R 到点 Q 形成的两个液相的相对量遵循杠杆法则(见第 8 章和方程 8.24)。

在图 A.6a 中，*e* 点处的共沸组成位于两个液相区之外。在图 A.6b 中，共沸组分位于两个液相区域内。如图 A.6b 所示，沿 *ab* 蒸发的液体混合物具有相同的温度，并具有与点 *e* 相对应的气相组成。这是由于汽液区内汽液平衡线是水平的，如图 A.6b 所示。在图 A.6b 中，组分 *e* 的液相混合物产生相同组成的蒸汽，称为非均相共沸物。图 A.6c 和 d 中的 $x-y$ 图显示了与两相区相对应的水平截面。

对于液-液平衡，各相中各组分的逸度必须相等：

$$(x_i\gamma_i)^{\mathrm{I}}=(x_i\gamma_i)^{\mathrm{II}} \tag{A.62}$$

式中，Ⅰ和Ⅱ表示处于平衡状态的两个液相。组分 i 的 K 值或分配系数可通过以下公式定义：

$$K_i=\frac{x_i^{\mathrm{I}}}{x_i^{\mathrm{II}}}=\frac{\gamma_i^{\mathrm{II}}}{x_i^{\mathrm{I}}} \tag{A.63}$$

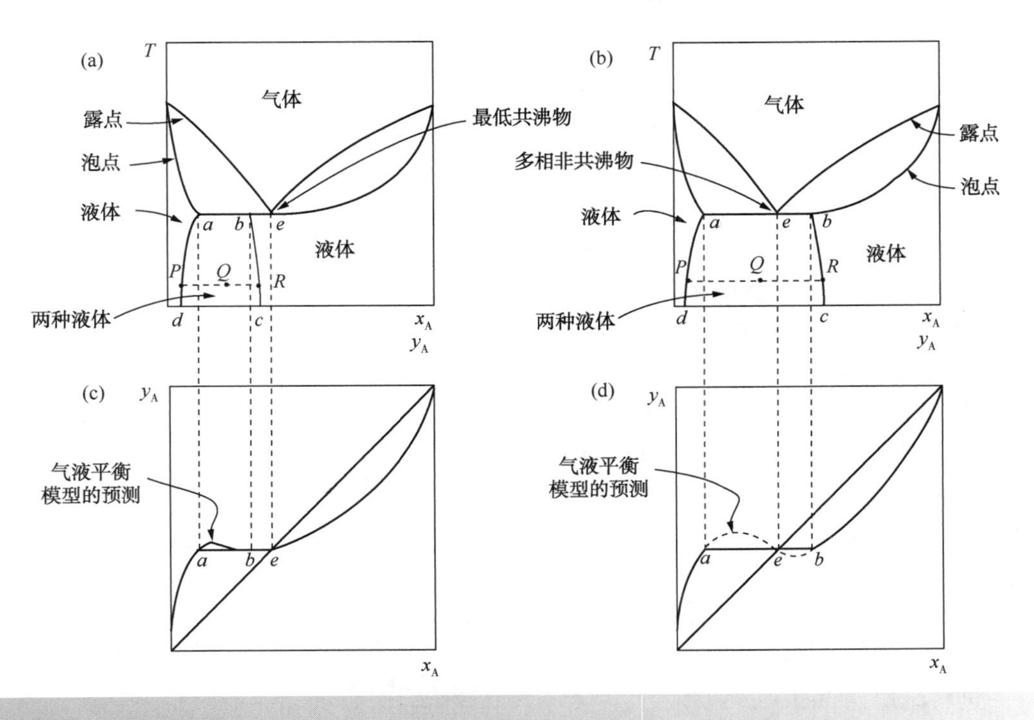

图 A.6　具有两个液相的相平衡

A.10　液-液平衡活度系数模型

需要一个模型来计算方程式 A.62 中活度系数的液-液平衡。NRTL 和 UNIQUAC 方程均可用于预测液-液平衡。需要注意的是，Wilson 方程不适用于液-液平衡，因此也不适用于气-液-液平衡。NRTL 和 UNIQUAC 方程中的参数可以通过气液平衡数据(Gmehling，Onken and Arlt，1977-1980)或液液平衡数据(Sorenson and Arlt，1980，Macedo and Rasmussen，1987)进行关联。UNIFAC 方法可根据混合物中各组分的分子结构预测液-液平衡(Poling，Prausnitz and O′Connell，2001)。

A.11　液-液平衡的计算

图 A.6c 和 A.6d 中的气液 x-y 图可以通过设置液相组成并使用泡点计算出相应的气相组成。或者，可以设置气相组成并通过露点计算出液相组成。如果混合物形成两个液相，可以通过气液平衡计算预测 x-y 图中的最大值，如图 A.6c 和 A.6d 所示。请注意，Wilson 方程不能出现这样的最大值。

为了计算二元体系中两个共存液相的组成，需要求解两个相平衡方程：

$$(x_1\gamma_1)^{\mathrm{I}}=(x_1\gamma_1)^{\mathrm{II}},\ (x_2\gamma_2)^{\mathrm{I}}=(x_2\gamma_2)^{\mathrm{II}} \tag{A.64}$$

其中

$$x_1^{\mathrm{I}}+x_2^{\mathrm{I}}=1,\ x_1^{\mathrm{II}}+x_2^{\mathrm{II}}=1 \tag{A.65}$$

根据 NRTL 或 UNIQUAC 方程预测液相活度系数，则方程 A.64 和方程 A.65 可同时求解x_1^{I}和x_1^{II}。这些方程有很多个解，包括一个与$x_1^{\mathrm{I}}=x_1^{\mathrm{II}}$对应的无效解。对于一个有效解需满足：

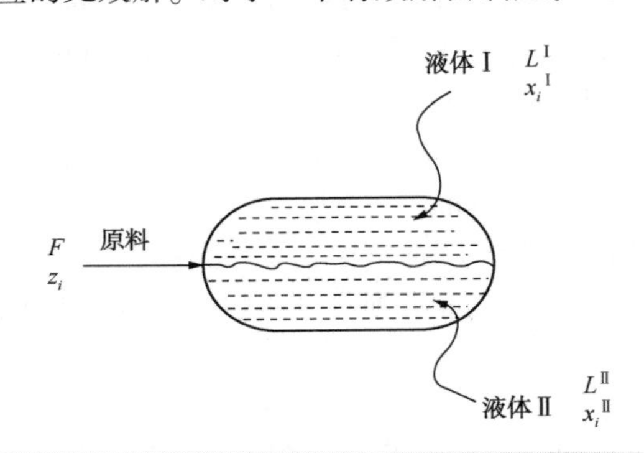

图 A.7　液液平衡

$$0<x_1^{\mathrm{I}}<1,\ 0<x_1^{\mathrm{II}}<1,\ x_1^{\mathrm{I}} \neq x_1^{\mathrm{II}} \quad (A.66)$$

对于一个三元物系，求解的方程式如下：

$$(x_1\gamma_1)^{\mathrm{I}}=(x_1\gamma_1)^{\mathrm{II}}$$
$$(x_2\gamma_2)^{\mathrm{I}}=(x_2\gamma_2)^{\mathrm{II}}$$
$$(x_3\gamma_3)^{\mathrm{I}}=(x_3\gamma_3)^{\mathrm{II}} \quad (A.67)$$

这些方程可与物料平衡方程联立求解，以获得x_1^{I}，x_2^{I}，x_1^{II}和x_2^{II}。对于一个多组分体系，液-液平衡如图 A.7 所示。质量平衡大致上与气液平衡相同，但可以写成两液相平衡。液-液平衡中的液体Ⅰ对应于气-液平衡中的汽相，而液体Ⅱ对应于气-液平衡中的液体。相应的质量平衡由等式 A.59 给出：

$$\sum_{i}^{NC} \frac{z_i(K_i-1)}{\dfrac{L^{\mathrm{I}}}{F}(K_i-1)+1}=0=f\left(\frac{L^{\mathrm{I}}}{F}\right) \quad (A.68)$$

式中 F——进料流量，kmol · s^{-1}；

L^{I}——分离器的液体Ⅰ流量，kmol · s^{-1}；

z_i——原料中组分 i 摩尔分数；

K_i——组分 i 的 K 值或分配系数。

此外，需要定义液-液平衡 K 值，以确定平衡

$$K_i=\frac{x_i^{\mathrm{I}}}{x_i^{\mathrm{II}}}=\frac{\gamma_i^{\mathrm{II}}}{\gamma_i^{\mathrm{I}}} \quad (A.69)$$

x_1^{I}，x_2^{I}，…，x_{NC-1}^{I}和x_1^{II}，x_2^{II}，…，x_{NC-1}^{II}，和 L^{I}/F 需要同时联立来求解方程 A.68 和方程 A.69。

例 A.6 水和 1-丁醇(正丁醇)的混合物形成两个液相，水-正丁醇体系的气液平衡和液液平衡可用 NRTL 方程预测。表 A.14(Gmehling，Onken and Arlt，1977~1980)给出了 Antoine 方程的蒸气压系数(单位：bar)和温度(单位：K)。表 A.15(Gmehling，Onken and Arlt，1977~1980)给出了 1atm 下 NRTL 方程的数据。假设气体常数 R=8.3145kJ · kmol^{-1} · K^{-1}。

① 绘制在 1atm 下的 x-y 相图。

② 测定 1atm 下饱和气-液-液相平衡时两液相的组成。

解：

① 对于二元物系，计算可以在电子表格中进行。例如例 A.4，可以在不同的液相组成下进行一系列的泡点计算(或者在不同的气相组成下进行一系列的露点计算)。使用方程 A.42 和方程 A.43 对方程 NRTL 进行计算。x-y 图的结果如图 A.8。x-y 图所示为两液相组成的最大值。

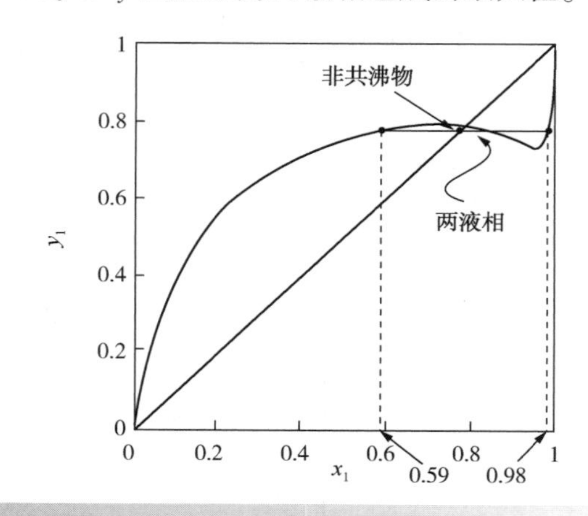

图 A.8 1atm 下，根据 NRTL 方程绘制水(1)和正丁醇(2)的 x-y 相图

② 为了确定两液相区的组成，将每一项组成代入式 A.42 和式 A.43，建立两液相的 NRTL 方程。这些常数如表 A.15 所示，如果指定了x_1^{I}和x_1^{II}，那么：

$$x_2^{\mathrm{I}}=1-x_1^{\mathrm{II}} \text{和} x_2^{\mathrm{I}}=1-x_1^{\mathrm{II}}$$

然后通过同时改变x_1^{I}和x_1^{II}(例如，使用电子表格求解器)以求解目标函数(见第 3.8 节)：

$$(x_1^{\mathrm{I}}\gamma_1^{\mathrm{I}}-x_1^{\mathrm{II}}\gamma_1^{\mathrm{II}})^2+(x_2^{\mathrm{I}}\gamma_2^{\mathrm{I}}-x_2^{\mathrm{II}}\gamma_2^{\mathrm{II}})^2=0$$

这避免了$x_1^{\mathrm{I}}=x_1^{\mathrm{II}}$的无效解，确保了液-液平衡。结果如下所示。

表 A.14 水和正丁醇的 Antoine 系数
(Gmehling，Onken and Arlt，，1977~1980)

	A_i	B_i	C_i
水	11.9647	3984.93	-39.734
正丁醇	10.3353	3005.33	-99.733

表 A.15 1atm 下水(1)和丁醇(2)的 NRTL 方程
(Gmehling，Onken and Arlt，1977~1980)

$(g_{12}-g_{22})$/kJ · kmol^{-1}	$(g_{21}-g_{11})$/kJ · kmol^{-1}	α_{ij}
11181.9721	1649.2622	0.4362

在表 A.8 中x_1^{I}=0.59，x_1^{II}=0.98，该物系为非均相共沸混合物。

为确保预测的两相区与饱和气-液-液平衡的

两相区一致，温度必须指定为在 $x_1=0.59$ 或 $x_1=0.98$(温度为 366.4K)下 NRTL 方程预测的泡点温度。

应该谨慎的使用表 A.15 中的系数预测过冷条件下的两种液相行为。使用饱和条件下的气液平衡数据确定表 A.15 中的系数。

虽然开发的方法可以用来预测液-液平衡，但其预测结果的准确性与活度系数模型中预测结果接近。在设计液-液分离物系时，此方法预测非常关键。预测液液平衡时，最好使用与液液平衡数据关联的系数，而不是基于气液平衡关联的系数。同样，在预测气液平衡时，最好使用与气液平衡数据相关联的系数，而不是基于液液平衡的相关系数。此外，当计算多组分体系的液液平衡时，最好使用多组分实验数据，而不是二元数据。

A.12　平衡计算方法的选择

从众多方法中选择最合适的方法对获得可靠的设计至关重要。通常相平衡(气-液、液-液、固-液等)最关键的是选择合适的物性方法，确定气-液、液-液和气-液-液平衡最合适方法的取决于如下因素：

① 组分的性质(极性、电解性、聚合、化学反应)；

② 压力；

③ 温度；

④ 实验数据的可靠性。

表 A.16　常用活度系数模型

活度系数模型	特征	文献
Wilson 方程	每个二进制对都需要两个可调参数，这些参数已从实验数据中关联。无法预测两个液相的存在。	Wilson(1964)
NRTL(非随机两液体)方程	对于已从实验数据关联的每个二进制对，需要三个可调参数，可用于 VLE 和 LLE，VLE 参数不应用于 LLE。	Renon 和 Prausnitz(1969)
UNIQUAC(通用似化学模型)方程	对于已从实验数据关联的每个二进制对，需要三个可调参数，可用于 VLE 和 LLE，VLE 参数不应用于 LLE。	And erson 和 Prausnitz (1978a，1978b)
UNIFAC(基团贡献法)方程	不需要根据实验数据拟合交互作用参数，分子代表官能团。分子间的相互作用被模拟为官能团间的相互作用。可用于 VLE 和 LLE。最初的版本要求气液平衡和液液平衡参数不同，但该方法的最新衍生物可以用一组参数对气液平衡和液液平衡进行建模。VLE 的温度限制在 15~150℃之间，LLE 的温度限制在 15~40℃之间。只能在缺乏二元相互作用实验数据的情况下使用。	Fedenslund、Gmehling 和 Rasmussen(1977)

选择相平衡模型时的重要问题：

① 非极性混合物。为了预测碳氢化合物和轻气体的非极性混合物的气-液平衡，通常使用状态方程法。这些混合物的特征与在理想状态下的液相存在少量的偏差。表 A.1 列出了通常用于过程设计的状态方程。到目前为止，最常用的方法是 Peng-Robinson 和 Soave-Redlich-Kwong，当存在大量氢气时，将使用 Chao-Seadar-Grayson-Streed。使用方程 A.27 和方程 A.53 计算 K 值。表 A.1 讨论了各种状态方程的局限性。

② 极性混合物。对于预测极性物质混合物或极性物质和非极性物质混合物的汽液相平衡，活度系数模型也不常用。这些混合物的特征是与理想状态下的液相存在显著偏差。当 $\Phi_i^v=1$ 时，在高压系统下使用方程式 A.28，在低压系统下使用方程式 A.29 计算 i 值。液相活度系数 γ_i 需要数据模型。表 A.16 比较了最常用模型的特性，这些模型只能在远离临界点时使用。如果混合物中存在超临界气体，那么可以用 Henry's Law 模型对其进行建模。每个活度系数模型都可以处理非理想性体系。如果模型需要基于实验数据的可调参数，最好根据操作时的温度、压力和组成范围的数据来拟合可调参数。

③ 压力。对于压力低于 5bar 的气相，可以

假设是理想的。对于压力高于 5bar 的气相，必须根据状态方程计算气相逸度系数Φ_i^v。基于状态方程 A. 27 的汽液平衡计算考虑了气相非理想性。然而，基于方程 A. 28 的活度系数需要一个状态方程来计算。

④ 液-液体系。可以使用各种方法预测液-液相平衡。表 A. 16 中讨论了流程设计中最常用的 NRTL、UNIQUA 和 UNIFAC 方法。应注意不能用与气-液平衡相关的相互作用参数预测液-液平衡，此外，当预测过冷条件下的行为时(例如分相器)应该谨慎，因为二元相互作用参数大多是在饱和条件下确定的。

⑤ 电解液。电解液是含有完全电离(如氯化钠)或部分电离(如醋酸)的溶质的水性混合物。相平衡物系模型必须考虑到离子之间长时间的电荷相互作用。必须使用特殊的模型来预测电解质系统的相平衡。

⑥ 聚合物。聚合物溶液在相对较小摩尔质量的溶剂中表现出高度的非理想相平衡行为。这种混合物需要特殊的模型，通常在商业软件中可用。

⑦ 化学反应。各种分离过程还需要对所涉及的反应进行建模。该反应可能是简单化学关联或者是多聚体、四聚体和六聚体在气相中的齐聚反应。例如，甲酸和乙酸可以在气相进行二聚、醋酸四聚和氟化氢六聚。表 A. 16 中的活度系数模型为标准方法，此方法需要进行修改以适合低聚物的分压以及单体的分压，这需要商业软件提供的特殊模型。涉及更复杂反应的系统比如使用胺类分离出 H_2S 和 CO_2，如第 9 章所述，可使用水溶液中的胺或胺混合物。所使用的胺为单乙醇胺(MEA)、二乙醇胺(DEA)或甲基二乙醇胺(MDEA)。这些气体在吸收过程中与 H_2S 和 CO_2发生反应，而在再生过程中反应朝着逆方向进行。商业软件中有特殊的模型，可以同时对反应和分离进行建模。

⑧ 石油和石油馏分。工艺设计与原油和石油馏分的关系呈现出特殊的问题。除了最轻组分外，原油和石油馏分的详细数据无法获得，通常可以得到 C_6和 C_{10}左右的气体和碳氢化合物的数据。对于这四种组分，不可能单独对其进行表征。与详细分析相比，可以更容易地获得体积特征。更重要的体积特征是原油(或石油馏分)的沸腾温度曲线与精馏体积的关系以及相应的密度分布。原油(或石油馏分)由纯的轻组分(已知)和称为虚拟组分的假设碳氢化合物组分的混合物表示。经验相关性允许物理特性归因于虚拟成分。每个虚拟组分由摩尔质量、临界性质和偏心因子表征。可以通过状态方程对伪组件进行建模。调整虚拟组分的性质，使混合物的预测性质与混合物的实测性质一致。这样就可以进行工艺设计计算。用于表示混合物的虚拟组分数量由设计师决定。将石油流股切割成虚拟组分需要商业模拟软件包中提供的专用软件。

⑨ 酸性液体物系。酸性液体是指石油精炼厂中被各种溶解气体污染的液体。最令人担忧的气体是硫化氢和氨气。此类酸性液体物系需要进行分离，这需要商业模拟软件包中提供的专用软件。

⑩ 蒸气表。蒸气表列出了水和蒸气的热力学性质，这是预测各种状态下纯水热力学性质的最准确方法。这必须对数据点进行插值。但是，该方法仅适用于纯水物系。

⑪ 实验数据的可靠性。对于非极性物系，缺乏交互作用参数的实验数据并不会存在严重的误差，因为这种混合物的特点是只与理想状态有适度的偏差。然而，极性混合物的情况并非如此。如果极性混合物的交互作用参数不可用，则须使用 UNIFAC 方法。如果 UNIQUAC 的参数可用，则应使用这些参数，UNIFAC 方法仅用于无法进行实验的混合物。

⑫ 灵敏度分析。物性参数始终存在不确定性。物性参数是否存在错误可以通过灵敏度分析进行测试。对物性参数进行扰动和重复工艺设计计算，检验最终设计是否有可能出现误差。例如，对于气液平衡，如果相对挥发度越小，数据误差影响的偏差就越大。例如在乙烯生产中需要对丙烯和丙烷进行分离，其相对挥发性较小。丙烷 K 值预测误差为+1%时，可能需要增加 26%的塔板或 25%回流(Streich and Kirsten macher，1979年)。

A.13　焓值的计算

能量平衡需要计算焓值。在计算其他热力学性质时也可能需要它。物质的绝对焓值无法测量，只有焓值的变化才有意义。在给定温度 T 下，考虑焓随压力的变化，液体的焓变化可通过固定温度下焓与压力的导数 $(\partial H/\partial P)_T$ 确定。因此，相对于参考值的焓变化可通过以下公式得出：

$$[H_P - H_{P_0}]_T = \int_{P_0}^{P}\left(\frac{\partial H}{\partial P}\right)_T \mathrm{d}P \qquad (A.70)$$

式中　H_P——焓压，$\mathrm{kJ \cdot kmol^{-1}}$

H_{P_0}——焓参考压力 P_0，$\mathrm{kJ \cdot kmol^{-1}}$；

P——压力，bar；

P_0——参考压力，bar。

焓随压力的变化由（Hougen，Watson and Ragatz，1954 年）给出：

$$\left(\frac{\partial H}{\partial P}\right)_T = V - T\left(\frac{\partial V}{\partial T}\right)_P \qquad (A.71)$$

$$\left(\frac{\partial V}{\partial T}\right)_P = \left[\frac{\partial}{\partial T}\left(\frac{ZRT}{P}\right)\right]_P = \frac{R}{P}\left[Z + T\left(\frac{\partial Z}{\partial T}\right)_P\right] \qquad (A.72)$$

式中　Z——压缩系数；

R——通用气体常数。

结合式 A.70 至式 A.72 得出压力 P_0 下的焓与标准压力 P 下焓的差值，称为焓差：

$$[H_P - H_{P_0}]_T = -\int_{P_0}^{P}\left[\frac{RT^2}{P}\left(\frac{\partial Z}{\partial T}\right)_T\right]\mathrm{d}P \qquad (A.73)$$

式 A.73 定义了与参考温度 T 和参考压力 P_0 的焓差。

$(\partial Z/\partial T)_P$ 的值可从状态方程中获得，如 Peng-Robinson 状态方程，并可用于计算式 A.73 中的积分（Poling，Prausnitz and O′Connell，2001）。Peng - Robinson 状态方程的焓差由（Poling，Prausnitz and O′Connell，2001）给出：

$$[H_P - H_{P_0}]_T = RT(Z-1) + \frac{T(\mathrm{d}a/\mathrm{d}T) - a}{2\sqrt{2}b}\ln\frac{[Z + (1+\sqrt{2})B]}{[Z + (1-\sqrt{2})B]} \qquad (A.74)$$

其中

$$\frac{\mathrm{d}a}{\mathrm{d}T} = -0.45724\frac{R^2T_c^2}{P_c}\kappa\sqrt{\frac{\alpha}{TT_c}}$$

$$B = \frac{bP}{RT}$$

式中，a、b、α 和 κ 在式 A.6 中定义。状态方程，如 Peng-Robinson 方程，能够预测液相和气相的行为。如上所述，必须取液相或气相方程的根。式 A.74 是能够预测液相和气相焓的公式（Poling，Prausnitz and O′Connell，2001）。Peng-Robinson 方程等状态方程在预测汽相压缩性方面通常比液相压缩性更可靠，因此预测气相焓比液相焓更可靠。

还须注意的是参考焓必须指定为温度 T 和压力 P_0。焓的参考状态可作为理想气体。在零压力下，流体处于理想的气态，其焓与压力无关。理想气体焓可以由理想气体比热容数据计算得出（Poling，Prausnitz and O′Connell，2001）：

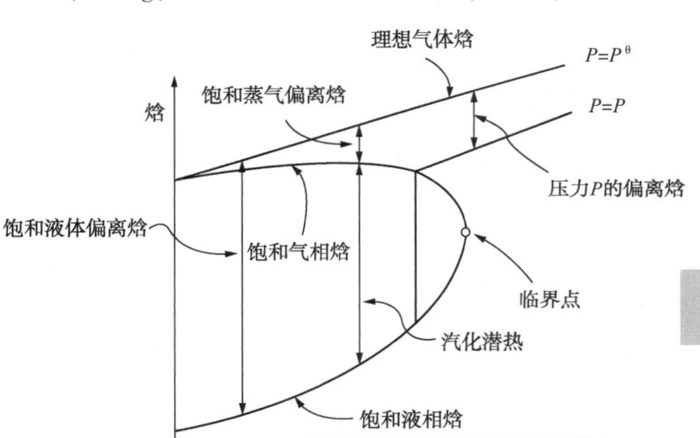

$$H_T^0 = H_{T_0}^0 + \int_{T_0}^{T} C_P^0 \mathrm{d}T \qquad (A.75)$$

式中　H_T^0——零压和温度 T 下的焓，$\mathrm{kJ \cdot kmol^{-1}}$；

$H_{T_0}^0$——零压和温度 T_0 下的焓定义为零，$\mathrm{kJ \cdot kmol^{-1}}$；

T_0——参考温度，K；

C_P^0——理想气体焓值，$\mathrm{kJ \cdot kmol^{-1} \cdot K^{-1}}$。

理想气体焓是温度的函数，例如（Poling，Prausnitz and O′connell，2001）：

$$\frac{C_P^0}{R} = \alpha_0 + \alpha_1 T + \alpha_2 T^2 + \alpha_3 T^3 + \alpha_4 T^4 \qquad (A.76)$$

其中，α_0，α_1，α_2，α_3，α_4——由拟合实验数据确定

计算了不同温度、压力条件下的焓偏差（式

A. 73)，得到了不同状态下的焓偏差(式 A. 73)。值得注意的是，从 A. 73 开始计算出的焓偏差会有明显的变化，如图 A. 9 所示。这种复杂的计算方法通常使用物性方法或模拟软件包，然而，了解计算的基础及其局限性很重要。

A. 14 熵的计算

压缩和膨胀计算都需要计算熵。等熵压缩和膨胀常用作实际压缩和膨胀过程的参考。与焓一样，熵也可由偏差函数计算：

$$[S_P - S_{P_0}]_T = \int_{P_0}^{P} \left(\frac{\partial S}{\partial P}\right)_T \mathrm{d}P \qquad (A.77)$$

式中 S_P—— 压力 P 下的熵；

S_{P_0}——压力 P_0下的熵。

熵随压强的变化由(Hougen，Watson 和 Ragatz，1959)给出：

$$\left(\frac{\partial S}{\partial P}\right)_T = -\left(\frac{\partial V}{\partial T}\right)_P \qquad (A.78)$$

将式 A. 72 和式 A. 77 与式 A. 78 相结合可得：

$$[S_P - S_{P_0}]_T = -\int_{P_0}^{P} \left[\frac{RZ}{P} + \frac{RT}{P}\left(\frac{\partial Z}{\partial T}\right)_P\right]_T \mathrm{d}P \qquad (A.79)$$

式 A. 79 中的积分可由状态方程(Poling，Prausnitz and O'connell，2001)求得。然而，在使用熵偏差函数计算熵之前，必须先定义参考态。与焓不同，在压力为零时不能定义参考态，因为压力为零时气体的熵无限大。为了避免这种情况，标准状态可以定义为低压 P_0(通常选择为 1bar 或 1atm)和一定温度下的参考状态。因此，

$$S_T = S_{T_0} + \int_{T_0}^{T} \frac{C_P^0}{T} \mathrm{d}T \qquad (A.80)$$

式中 S_T——温度 T 和参考压力 P_0时的熵；

S_{T_0}——一定温度 T_0 和参考压力 P_0 下的气体熵。

为了计算温度 T 和压力 P 下的液体或气体的熵，熵偏差函数(式 A. 79)可以由一个状态方程(Poling，Prausnitz and O′Connell，2001)得到。参考态的熵在温度 T 下由式 A. 80 计算。然后将一定状态下的熵加到熵偏差函数中，得到所需的熵。熵偏差函数如图 A. 10 所示。与焓偏差函数一样，此计算是复杂的，通常在物性方法或模拟软件包中进行。

A. 15 其他物理性质

除了摩尔体积、密度、焓、汽化热、热容和熵等热力学性质外，传递性质(黏度、导热系数和扩散系数)也是设计计算所必需的。物性参数的准确性取决于数据的用途。物性参数的预测可以基于：

- 相关的实验数据；
- 估计方法。

应尽可能使用相关的实验数据。如果没有这样的数据，那么设计者必须采用估计方法。

1) 相关的实验数据。根据相关数据预测组分混合物的物性参数，首先是预测单个组分的物性参数，然后根据混合规则进行组合。这种混合规则引入的误差取决于物性参数和混合规则的可靠性。在大多数计算中，性质随温度的变化是首先需要考虑的因素。使用的一些典型的相关形式如下：

① 液相密度。液相密度可以由状态方程计算出来。然而，状态方程并不保证工艺设计计算的液相密度具有足够高的精度。此外，在复杂的设计计算中使用状态方程也不方便。因此，对于液相密度，最常用的是实验数据。一种常用的相关形式是：

$$\rho_{\mathrm{L}} = \frac{A}{B^{(1+(1-T/C)^D)}} \qquad (A.81)$$

式中 ρ_{L}——摩尔液体密度，$\mathrm{kmol \cdot m^{-3}}$；

A，B，C，D——从实验数据得到的液体密度系数；

T——绝对温度，K。

而式 A. 81 在很大的温度范围内都能提供可靠的相关性，它需要四个系数。可用于较小温度范围的密度方程如下：

$$\rho_{\mathrm{LT}} = \frac{\rho_{\mathrm{LT0}}}{1+A(T-T_0)} \qquad (A.82)$$

式中 ρ_{LT}——温度 T 下液体密度，$\mathrm{kmol \cdot m^{-3}}$；

ρ_{LT_0}—— 温度 T_0 的参考液体密度，$\mathrm{kmol \cdot m^{-3}}$；

A——由实验数据得出液体密度的相关系数；

T_0——参考温度，K。

NC 组分 i 的混合密度由：

$$\bar{\rho}_L = \frac{1}{\sum_i^{NC} \frac{x_i}{\rho_{Li}}} \quad (A.83)$$

式中　$\bar{\rho}_L$——液体混合物的摩尔密度，$kmol \cdot m^{-3}$；

ρ_{Li}——i 组分的液体摩尔密度，$kmol \cdot m^{-3}$；

x_i——组分 i 的摩尔分数。

平均摩尔质量可以用来将摩尔质量换算成质量密度：

$$\bar{M} = \sum_i^{NC} x_i M_i \quad (A.84)$$

式中　$\bar{M}$——混合物的平均摩尔质量，$kg \cdot kmol^{-1}$；

M_i——组分 i 的摩尔质量，$kg \cdot kmol^{-1}$。

② 气相密度。用状态方程计算气相密度比计算液相密度更可靠。在适当的条件下，可以用理想气体状态方程计算。或者，可以使用一个立方型状态方程。如果混合物中有大量的氢，那么应该使用 Chao-Seader-Grayson-Streed 状态方程。

③ 液体黏度。对于液体的黏度，可以用方程将其和温度的变化联系起来：

$$\ln \mu_L = A + \frac{B}{T} + C\ln T + D\,T^E \quad (A.85)$$

式中　μ_L——液体黏度，$N \cdot s \cdot m^{-2}$；

A、B、C、D、E——液体密度的相关系数来自实验数据；

T——绝对温度，K。

在较窄的温度范围内，这可以简化为：

$$\ln \mu_L = A + \frac{B}{T} \quad (A.86)$$

NC 组分 i 的液相混合物黏度为：

$$\ln \bar{\mu}_L = \sum_i^{NC} x_i \ln \mu_{Li} \quad (A.87)$$

其中　$\bar{\mu}_L$——液体混合物黏度，$N \cdot s \cdot m^{-2}$；

μ_{Li}——i 组分黏度，$N \cdot s \cdot m^{-2}$。

④ 气相黏度。对于气相黏度，可以通过方程将其和温度的变化关联起来：

$$\mu_V = \frac{A\,T^B}{\left(1 + \frac{C}{T} + \frac{D}{T^2}\right)} \quad (A.88)$$

式中　μ_V——蒸气黏度，$N \cdot s \cdot m^{-2}$；

A，B，C，D——由实验数据得出蒸气黏度的相关系数。

在较窄的温度范围内，这可以简化为：

$$\mu_V = A\,T^B \quad (A.89)$$

NC 组分 i 的汽相混合物的黏度由（Wilke，1950）给出：

$$\ln \bar{\mu}_V = \sum_{i=1}^{NC} \frac{\mu_{Vi}}{1 + \frac{1}{x_i}\sum_{\substack{j=1 \\ j\neq i}}^{NC} x_j \phi_{ij}} \quad (A.90)$$

$$\phi_{ij} = \frac{\left[1 + \sqrt{\frac{\mu_{Vi}}{\mu_{Vj}}}\left(\frac{M_j}{M_i}\right)^{1/4}\right]^2}{\sqrt{8\left(1 + \frac{M_i}{M_j}\right)}} \quad (A.91)$$

式中　$\bar{\mu}_V$——气相混合物的黏度，$N \cdot s \cdot m^{-2}$；

μ_{Vi}——第 i 组分的气相黏度，$N \cdot s \cdot m^{-2}$；

M_i——第 i 组分的摩尔质量，$kg \cdot kmol^{-1}$。

⑤ 液相导热性。对于液相的导热系数，可以通过方程将其和温度的变化关联起来：

$$k_L = A + BT + CT^2 + DT^3 + ET^4 \quad (A.92)$$

在较窄的温度范围内，这可以简化为：

$$k_L = A + BT \quad (A.93)$$

式中　k_L——液体导热系数，$W \cdot m^{-1} \cdot K^{-1}$；

A，B，C，D，E——从实验数据得到液相导热系数的相关系数。

NC 组分 i 的液相混合物的导热系数为：

$$\bar{k}_L = \sum_i^{NC} x_i k_{Li} \quad (A.94)$$

式中　$\bar{k}_L$——液体混合物的黏度，$W \cdot m^{-1} \cdot K^{-1}$；

k_{Li}——i 组分的黏度，$W \cdot m^{-1} \cdot K^{-1}$。

⑥ 气相导热系数。对于气相热导率，可以通过方程将其和温度的变化关联起来：

$$k_V = \frac{A\,T^B}{1 + \frac{C}{T} + \frac{D}{T^2}} \quad (A.95)$$

NC 组分 i 的汽相混合物的导热系数为：

$$\bar{k}_V = \sum_{i}^{NC} x_i k_{Vi} \qquad (A.96)$$

式中 $\bar{k}_V$——气相混合物的黏度，$W \cdot m^{-1} \cdot K^{-1}$；

k_{Vi}——组分 i 的黏度，$W \cdot m^{-1} \cdot K^{-1}$。

2）估算方法。估算方法有两大类：

① 一种是通过化合物的已知性质来估算未知性质的方法。例如，液体的表面张力可以通过临界性质和标准沸点（Poling，Prausnitz and O′connell，2001）估算：

$$\sigma = P_c^{2/3} T_c^{1/3} Q\ (1-T_R)^{11/9} \qquad (A.97)$$

式中 σ——表面张力，$dyn \cdot cm^{-1}$；

P_c——临界压力，bar；

T_c——临界温度，K；

T_R——还原温度，$=\dfrac{T}{T_c}$；

T——温度，K；

$$Q = 0.1196\left[1+\frac{T_{BR}\ln\left(\dfrac{P_c}{1.01325}\right)}{1-T_{BR}}\right]-0.279;$$

T_{BR}——降低正常沸点，$=\dfrac{T_B}{T_c}$；

T_B——标准沸点，K。

② 基团贡献法，即一种化合物的特定物理性质可以被认为是由组成化合物的化学基团和化学键的贡献组成的。这和气液相平衡的基团贡献法基本相同。例如，液体的热容量可以根据方程估算为温度的函数（Ruzicka and Domalski，1993）：

$$C_{PL} = R\left[A + B\frac{T}{100} + D\left(\frac{T}{100}\right)^2\right] \qquad (A.98)$$

式中 $A = \sum_{i=1}^{k} n_i a_i$，$B = \sum_{i=1}^{k} n_i b_i$，$D = \sum_{i=1}^{k} n_i d_i$；

R——通用气体常数；

T——绝对温度，K；

n_i——类型 i 的基团数目；

k——不同类型基团的总数；

a_i，b_i，d_i——不同官能团的常数表（Poling，Prausnitz and O′connell，2001）。

A.16 工艺设计中的物理特性——总结

大多数设计计算需要物性的知识，包括热力学性质、相平衡和传递性质。在实际应用中，设计人员经常使用复合物性或模拟软件包来获取这些数据。

气液平衡可以根据活度系数模型或状态方程来计算。当液相与理想状态有较大偏差时，需要建立活度系数模型。当气相与状态方程有较大偏差时，也需要建立相应的热力学模型，状态方程通常应用于碳氢化合物和轻组分分压低于大气压的情况。这样的气液平衡计算通常使用物理性质或模拟软件包进行。

液液平衡的预测还可以通过活度系数模型。选择液液平衡模型比选择气液平衡模型更受限制，而且预测液液平衡对所选用的模型参数特别敏感。

应该注意的是，本附录中所概述的相平衡方法不适用于组分在气相中呈现化学缔合的体系（例如醋酸）、液相中的反应、聚合物或电解质物系。

焓和熵都可以通过状态方程计算以预测理想气体行为的偏差。从实验相关数据中计算出理想气体的焓或熵后，就可以从状态方程中计算出与参考状态的焓或熵的偏差。

其他的物性，特别是特殊的传递特性，都是温度的函数。作为实验数据相关性的一种替代方法，可以通过估算方法来估算物性参数，如基团贡献法。

A.17 习题

1. 对于以下混合物，建议使用适用于液相和汽相的模型，以预测气液平衡。

① 20℃和 1.013bar 下的 H_2S 和水。

② 1.013bar 下的苯和甲苯（接近理想液相行为）。

③ 20bar 苯和甲苯（接近理想液相行为）。

④ 20bar 下的氢气、甲烷、乙烯、乙烷、丙基烯和丙烷的混合物。

⑤ 1.013bar 下的丙酮和水（非理想液相）。

⑥ 1.013bar 下的 2-丙醇、水和二异丙醚的混合物（非理想液相形成两液相）。

2. 在溶气浮选过程中所需的空气需要在 20℃的压力下溶解在水中（见第 7 章）。空气和水之间的气液平衡可以用亨利定律来预测，其常数为 6.7×10^4 bar。估计在 20℃、10bar 压强下可以溶解空气的摩尔分数。

3. 甲醇-环己烷体系可以用 NRTL 方程建模。表 A.17 给出了大气压和开尔文温度的 Antoine 方程蒸气压系数(Gmehling, Onken and Arlt, 1977-1980)。1atm 时 NRTL 方程的数据见表 A.18 Gmehling, Onke and Arlt, 1977~1980)。假设气体常数 $R=8.3145\ kJ\cdot kmol^{-1}\cdot K^{-1}$。建立一个电子表格,计算液体混合物的泡点,并绘制 $x-y$ 相图。

表 A.17 乙醇和环己烷的 Antoine 系数 (Gmehling, Onken and Arlt, 1977~1980)

	A_i	B_i	C_i
甲醇	11.9869	3643.32	-33.432
环乙烷	9.1559	2778.00	-50.024

表 A.18 NRTL 方程中甲醇(1)和环己烷(2)在 1atm 时的数据。(Gmehling, onk and Arlt, 1977~1980)

$(g_{12}-g_{22})$/kJ·kmol^{-1}	$(g_{21}-g_{11})$/kJ·kmol^{-1}	a_{ij}
5714.00	6415.36	0.4199

4. 对于共沸物 $y_i=x_i$ 时,方程 A.29 可简化为:

$$\gamma_l=\frac{P}{P_l^{\text{SAT}}} \tag{A.99}$$

因此,如果已知共沸成分处的饱和蒸汽压,活度系数就可以计算出来。如果已知共沸物的组成,则可将共沸物各系数的组成和活度代入 Wilson 方程以确定相互作用参数。对于 2-丙醇-水体系,可以假设 2-丙醇的共沸组成的摩尔分数为 0.69,温度为 353.4K,压力为 1atm。结合 A.100 方程和二进制的 Wilson 方程,建立两个联立方程,求解 Λ_{12} 和 Λ_{21}。蒸气压的数据可以从表 A.10 中得到,通用气体常数可以取 $8.3145kJ\cdot kmol^{-1}\cdot K^{-1}$。然后,利用表 A.11 中的摩尔体积值,计算 Wilson 方程的相互作用参数,并与表 A.11 中的值进行比较。

5. 2-丁醇(仲丁醇)和水的混合物形成两液相。通过 NRTL 方程可以预测 2-丁醇-水体系的气液平衡和液液平衡。表 A.19 给出了大气压和开尔文温度的 Antoine 方程的蒸气压系数(Gmehling, Onken and Arlt, 1977~1980)。表 A.20 给出了 1atm 时 NRTL 方程的数据(gmeling, Onken and Arlt, 1977~1980)。假设气体常数 $R=8.3145kJ\cdot kmol^{-1}\cdot K^{-1}$。

① 绘制系统的 $x-y$ 相图。

② 确定饱和气液平衡的两液相区域的组成。

③ 系统是否形成非共沸物?

表 A.19 2-丁醇和水的 Antoine 系数 (Gmehling, Onken and Arlt, 1977~1980)

	A_i	B_i	C_i
2-丁醇	9.9614	2664.0939	-104.881
水	11.9647	3984.9273	-39.734

表 A.20 NRTL 方程中 2-丁醇(1)和水(2)在 1atm 时的数据(Gmehling, Onken and Arlt, 1977~1980)

$(g_{12}-g_{22})$/kJ·kmol^{-1}	$(g_{21}-g_{11})$/kJ·kmol^{-1}	a_{ij}
5714.00	6415.36	0.4199

参考文献

Anderson TF and Prausnitz JM (1978a) Application of the UNIQUAC Equation to Calculation of Multicomponent Phase Equilibriums. I Vapor–Liquid Equilibrium, *Ind Eng Chem Proc Des Dev*, **17**: 552.

Anderson TF and Prausnitz JM (1978b) Application of the UNIQUAC Equation to Calculation of Multicomponent Phase Equilibriums. II Liquid–Liquid Equilibrium, *Ind Eng Chem Proc Des Dev*, **17**: 562.

Benedict M, Webb GB and Rubin LC (1940) An Empirical Equation for Thermodynamic Properties of Light Hydrocarbons and Their Mixtures. I. Methane, Ethane, Propane and *n*-Butane, *J Chem Phys*, **8**: 334–345.

Chao C and Seader JD (1961) A General Correlation of Vapor–Liquid Equilibria in Hydrocarbon Mixtures, *AIChEJ*, **7**: 598.

Chapman WG, Gubbins KE, Jackson G and Radosz M (1989) SAFT: Equation-of-State Solution Model for Associating Fluids, *Fluid Phase Equilibria*, **52**: 31.

Fedenslund A, Gmehling J and Rasmussen P (1977) *Vapor–Liquid Equilibrium Using UNIFAC: A Group Contribution Method*, Elsevier.

Gmehling J, Onken U and Arlt W (1977–1980) Vapor–Liquid Equilibrium Data Collection, Dechema Chemistry Data Series.

Oellrich L, Plöcker U, Prausnitz JM and Knapp H (1981) Equation-of-State Methods for Computing Phase Equilibria and Enthalpies, *Int Chem Eng*, **21** (1): 1.

Peng D and Robinson DB (1976) A New Two Constant Equation of State, *Ind Eng Chem Fundam*, **16**: 59.

Plocker U, Knapp H and Prausnitz JM (1978) Calculation of High-Pressure Vapor–Liquid Equilibrium from a Corresponding-States Correlation with Emphasis on Asymmetric Mixtures, *Ind Eng Chem Proc Des Dev*, **17**: 243.

Poling BE, Prausnitz JM and O'Connell JP (2001) *The Properties of Gases and Liquids*, McGraw-Hill.

Press WH, Teukolsky SA, Vetterling WT and Flannery BP (1992) *Numerical Recipes in Fortran*, Cambridge University Press.

Rachford HH and Rice JD (1952) Procedure for Use in Electrical Digital Computers in Calculating Flash Vaporization Hydrocarbon Equilibrium, *Journal of Petroleum Technology*, Sec. 1, **Oct**: 19.

Renon H and Prausnitz JM (1968) Local Composition in Thermodynamic Excess Functions for Liquid Mixtures, *AIChE Journal*, **14**: 135.

Ruzicka V and Domalski ES (1993) Estimation of the Heat Capacities of Organic Liquids as a Function of Temperature Using Group Additivity, *J Phys Chem Ref Data*, **22**: **597**, 619.

Soave G (1972) Equilibrium Constants from a Modified Redlich–Kwong Equation of State, *Chem Eng Sci*, **27** (6): 1197.

Sorenson JM and Arlt W (1980) *Liquid–Liquid Equilibrium Data Collection*, Dechema Chemistry Data Series.

Starling, KE (1973) *Fluid Properties for Light Petroleum Systems*, Gulf Publishing Company.

Streich M and Kistenmacher H (1979) Property Inaccuaracies Influence Low Temperature Designs, *Hydrocarbon Process*, **58**: 237.

Wilke CR (1950) A Viscosity Equation for Gas Mixtures, *J Chemical Physics*, **18**: 517.

Wilson GM (1964) A New Expression for Excess Energy of Mixing, *J Am Chem Soc*, **86**: 127.

A

附录 B　建筑材料

建筑材料的选择不仅影响机械设计，而且影响设备的资本建设成本。投资成本估算和性能评估设备的初步规范要求对建筑材料做出决定。首先考虑材料的机械性能。

B.1　机械性能

1）屈服和抗拉强度。当固体材料受到垂直于受力区域的应力（单位面积上的力）增加时，材料的变形通过应变（材料长度变化与初始长度的比值）来测量。拉应力垂直于受应力区域以使材料变长。图 B.1 所示为在拉应力下金属试样的典型应力-应变剖面。最初，根据胡克定律，应力与应变成正比。在这个线性范围内，变形是弹性的，不是永久的，应力消除后，材料会恢复到原来的形状。如果应力的增加超过了屈服强度的线性范围，即使应力不再与应变成比例，变形仍然是弹性的，不是永久的。屈服强度标志着弹性极限，当应力消除时，超过该极限，材料将不再恢复其原始形状。屈服强度不是一个明确定义的点，通常被定义为将导致原始尺寸 0.2% 的永久变形的应力。当应力增加超过屈服强度，塑性变形发生，应变只能部分恢复。如果应力完全释放，材料就会永久变形。增加的应力使材料沿其长度均匀伸长，直到图 B.1 中的应力-应变曲线达到最大值。最大点被称为抗拉强度或极限强度。随着应力进一步增大，塑性变形集中在最弱点区域，材料开始"颈部"或局部变薄，直至发生断裂。由于设计者感兴趣的是在颈化之前整个截面所能承受的最大载荷，因此最大点处的应力被视为设计依据，而不是断裂点。

非变形材料，如铸铁，不会表现出与图 B.1 相同的行为。脆性材料通常在变形时失效。这些抗拉强度与脆性材料的抗拉强度相同。

如果应力垂直于受力区域，但为了压缩（缩短）材料，这就是压缩应力。抗压强度不等于抗拉强度。

对于设备的机械设计，容许应力应限制在屈服强度以下。然而，由于屈服强度难以准确确定，容许应力被认为是屈服强度或抗拉（极限）强度除以一个大于 1 的安全系数。在工作温度下，结构钢的容许应力通常是屈服强度的一半到三分之二或抗拉强度的四分之一。使用抗拉强度作为设计基础是必要的材料，如铸铁，没有表现出屈服点。设计依据取决于施工材料和所遵循的适用设计规范。

2）延展性和可锻性。延展性是材料在断裂前的拉应力下塑性变形的能力。另一方面，延展性衡量的是材料在压缩应力下变形的能力。这两种力学性能都衡量了固体材料塑性变形而不断裂的程度。具有高延展性的材料能够被拉成又长又细的电线而不会断裂。延展性和可锻性在金属加工中尤其重要，因为在应力下开裂或断裂的材料不能使用金属成形工艺，如轧制和拉拔。脆性材料不能通过轧制和拉拔等工艺成形，必须铸造或热成型。

3）韧性。韧性是金属在断裂前塑性变形和吸收能量的能力。脆性意味着突然的破坏；韧性正好相反。最重要的是断裂前吸收能量的能力。韧性要求强度和延性的结合。韧性的量度之一是拉伸试验的应力-应变曲线下的面积（见图 B.1）。这个值被称为材料韧性，单位是每体积的能量。为了具有韧性，材料必须同时具有高强度和延展性。坚固但延展性有限的脆性材料并不坚韧。低强度的韧性材料也不坚硬。要使材料坚韧，材料应能承受高应力和高应变。

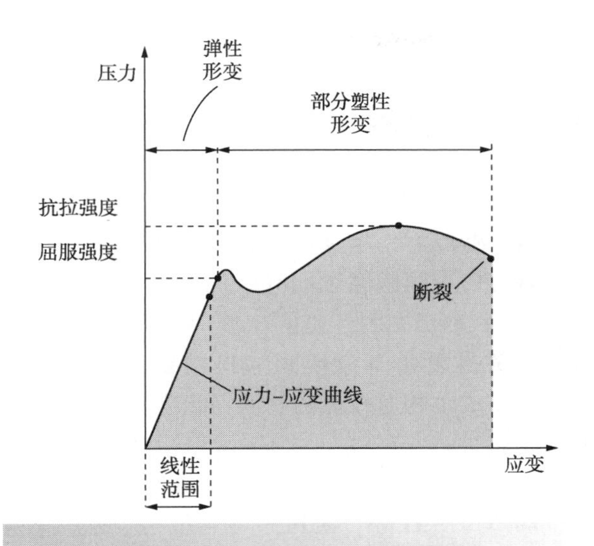

图 B.1 测试材料的应力-应变曲线

4）硬度。硬度是材料的一种特性，它决定了材料的耐磨性。这对于暴露于磨料中的建筑材料，特别是固体和泥浆，是很重要的。不同的硬度测试可以导致不同的硬度测量。许多金属的硬度可以通过热处理或冷加工来提高。

5）疲劳。疲劳是材料在循环荷载作用下发生的渐进性和局部性结构损伤。造成这种损伤的应力可能远远小于材料的屈服或抗拉强度。当载荷超过某一阈值时，微裂纹开始形成。最终裂纹会达到临界尺寸并突然扩展，导致结构断裂。结构的形状对疲劳寿命有显著影响。方孔或尖角会导致局部应力升高，从而引发疲劳裂纹。圆孔和光滑的形状增加了疲劳强度。疲劳极限量化了循环应力的振幅，可以适用于材料而不引起疲劳失效。铁合金和钛合金有一个明显的极限，即应力幅值低于该应力幅值，似乎没有多少循环会导致失效。其他金属，如铝和铜，没有明显的极限，即使是很小的应力振幅，最终也会失效。

6）蠕变。蠕变是材料在机械应力影响下缓慢变形的趋势。变形变得足够大，以致组件不再能够执行其功能。它可能是由于长期暴露于低于屈服强度的高水平应力的结果。当应力下的材料长时间暴露在高温下时，蠕变更加严重，并且通常在其熔点附近增加。当材料同时承受高应力和高温时，蠕变尤其值得关注。作为一个的指导方针，对于金属来说，蠕变变形的影响通常在大约30%的熔点（用绝对温度测量）时变得明显。蠕变最初产生一个相对较高的应变水平，随着时间的增加而减缓。

B.2 腐蚀

在化工生产中，耐腐蚀通常是材料选择的首要考虑因素。腐蚀是材料（通常是金属）由于材料和周围环境之间的化学反应而恶化，例如，在有水存在的情况下，铁通过电解过程被氧化。虽然主要的问题是由工艺流体引起的腐蚀，但周围环境中的外部腐蚀也可能是一个问题。有各种不同的腐蚀机制，这取决于建筑材料和腐蚀环境。腐蚀速率也与高温有关。在广泛的条件。腐蚀可分为均匀腐蚀和局部腐蚀两种。腐蚀的主要类型有：

1）均匀腐蚀。均匀或一般腐蚀是或多或少均匀地分布在表面上，并或多或少以均匀速度进行的材料的侵蚀。应该注意的是，均匀腐蚀也可以伴随着局部腐蚀。相对成本较低的材料，如碳钢，可接受的腐蚀速率为 0.25 $mm \cdot y^{-1}$ 或更少（Hunt，2014）。对于更昂贵的材料，如不锈钢，可接受的腐蚀速率为 0.1 $mm \cdot y^{-1}$（Hunt，2014）。

2）电化学腐蚀。当两种不同的金属在同一电解质中物理或电接触时，就会发生电偶腐蚀。一种电偶可以被创造出来，其中更活跃的金属（阳极）腐蚀速率更快，而更贵金属（阴极）腐蚀速率更低。两种不同金属的表面积影响腐蚀速率。如果每一种材料都分别浸泡在电解液中，每一种金属都会以其均匀的速率被腐蚀。通过使用牺牲电极，同样的原理可以应用于腐蚀保护。例如，锌电极可以作为牺牲阳极电连接以保护钢。

3）侵蚀腐蚀。侵蚀腐蚀是一种由于流动流体侵蚀作用而增强的腐蚀过程。侵蚀作用可能是由于流体的高速引起，或液体流中撞击固体颗粒或气泡的存在，或气体流中撞击固体颗粒或液滴。空化，即液体中蒸气气泡的形成和突然崩塌，也能促进腐蚀。侵蚀作用从材料表面去除保护性（或被动）氧化层，增强腐蚀。冲蚀腐蚀还可伴有机械冲蚀。通过避免流体流动方向的突然变化，避免射流在流动中对表面的形成，安装冲击板保护脆弱表面，可以减轻侵蚀腐蚀。或者使用更耐磨的材料和表面涂层来缓解冲蚀腐蚀。

4）缝隙腐蚀。缝隙腐蚀是流体可能停滞小缝隙中的局部腐蚀。此类裂缝可能出现在金属表面或接头、螺纹等处。为了发挥腐蚀场所的作用，裂缝必须足够宽，以允许腐蚀性流体进入，但必须足够窄，以确保腐蚀性流体保持静止。裂缝会形成一种不同于散装流体的局部化学物质。缝隙内可能发生净阳极反应，缝隙外可能发生净阴极反应，导致类似于电偶腐蚀的腐蚀。改变设计以避免裂缝和潜在腐蚀位置可以减轻裂缝腐蚀。

5）点蚀。点蚀是导致金属表面产生小孔的局部腐蚀。当超薄钝化膜(氧化膜)保护金属表面免受腐蚀时，点蚀通常发生在金属和合金上，如铝合金、不锈钢和不锈钢合金。如果该层受到化学或机械损伤，且未立即重新钝化，则该层可能变为阳极，主要区域变为阴极，导致局部电偶腐蚀。

6）应力腐蚀开裂。应力腐蚀开裂是一种失效机制，由敏感材料(通常为韧性金属)、拉伸应力和特定腐蚀环境的组合引起。需要拉应力来打开材料中的裂缝。应力可以直接施加，也可以以残余应力的形式存在，残余应力从制造过程中冻结到材料中。在特定的腐蚀环境中，应力产生的裂纹会迅速扩展。应力腐蚀开裂具有高度的化学特性，仅当某些合金暴露在非常特殊的化学环境中时才会发生。例如，铜及其合金易受氨化合物的影响，低碳钢易受碱和氮的影响，不锈钢易受氯化物的影响。温度也是一个重要因素，应力腐蚀开裂可通过选择避免问题的材料和工艺环境组合来缓解，应力消除部件可在制造或焊接后进行热处理。

7）脆性。脆性是一种导致材料失去延展性，使其变脆并降低其承载能力的现象。氢脆涉及氢原子扩散到金属中。如果钢在高温下暴露于氢中，氢原子扩散到合金中，并与合金中的碳反应生成甲烷，或与其他氢原子结合在微小的口袋中形成氢分子。由于这些分子太大，无法在金属中扩散，因此在金属中的晶界和空隙处产生压力，导致形成微小裂纹。铜合金暴露在氢气中会脆化。氢通过铜扩散，并与 Cu_2O 夹杂物反应形成水，然后在晶界和空隙处形成加压气泡。可通过选择耐腐蚀的金属合金来避免氢脆。

B.3 腐蚀裕量

当设备采用机械设计时，在确定满足机械要求所需的壁厚后，增加一个额外的厚度，以补偿在设备寿命期间因腐蚀而导致的壁厚减少。这称为腐蚀裕量。因此，必须在壁厚上增加腐蚀裕量，以满足设备寿命期间的机械要求。如上所述，对于成本相对较低的材料(如碳钢)，可接受的均匀腐蚀速率约为 0.25mm · y^{-1}。对于更昂贵的材料(如不锈钢)，可接受的均匀腐蚀速率约为 0.1 mm · y^{-1}(Hunt，2014)。但是，这应被视为最大值。必须确定实际均匀腐蚀速率，并将其用作腐蚀裕量的基础。然后，由于腐蚀的穿透深度可能在整个表面上有所不同，因此腐蚀裕量通常指定为两个安全系数。

B.4 常用建筑材料

化工厂最常用的建筑材料有：

1）碳钢。由铁和煤形成的碳钢合金，元素含量为标称值。当其他微量元素的百分比不超过某些值时，钢被视为碳钢。锰、硅和铜的最大含量分别为 1.65%、0.60%和 0.60%。也含有较高或规定数量的其他元素(如镍、铬或钒)的钢称为合金钢。改变碳含量会改变钢的性能。低碳钢更软，更容易成型，含碳量较高的钢更硬，强度更高，但韧性较差，更难加工和焊接。碳钢可分为：

低碳钢的碳含量通常为 0.05%~0.25%，锰含量高达 0.4%。它是一种易于制造的低成本材料。它没有高碳钢那么硬。

中碳钢的碳含量通常为 0.25%至 0.55%，锰含量为 0.60%至 1.65%。它具有良好的韧性和耐磨性。

高碳钢的碳含量通常为 0.55%至 0.95%，锰含量为 0.30%至 0.90%。它非常坚固，形状保持良好，是弹簧和金属丝的理想选择。

超高碳钢的碳含量通常为 0.96%至 2.1%。高碳含量使其成为一种极强但易碎的材料。

碳含量超过 2.1%作为主要合金元素的铁合

金被归类为铸铁。除碳外，铸铁还必须含有1%至3%的硅。铸铁因其脆性而不能用于压力容器，但可用于某些设备部件，如泵壳。碳含量高达1.1%、硅含量高达15%的高硅铁具有优异的抗硫酸和大多数有机酸侵蚀性，但仍然存在脆性。

2）不锈钢。不锈钢是最常用的耐腐蚀结构材料(Pitcher，1976)。不锈钢与碳钢的区别主要在于铬的含量，铬的含量至少为10.5%。添加其他合金元素以提高性能，如高温或低温下的强度、易于制造和焊接性(可焊接性)。这些附加元素包括镍、钼、钛、铜、碳和氮。不锈钢可防止腐蚀，因为它们含有足够的铬，形成氧化铬钝化膜，从而防止进一步的表面腐蚀。氧化物与金属表面紧密结合，阻止腐蚀扩散到金属内部结构。因此，不锈钢在氧化环境中最有效。

不锈钢有许多等级。美国钢铁协会(AISI)和美国试验与材料学会(ASTM)已制定了304、430等名称。这些名称不是规范，只是与钢级成分范围有关。不锈钢具有不同的冶金结构，可分为五种类型：

① 奥氏体等级。奥氏体牌号是化工厂最常用的牌号。最常见的奥氏体等级是构成300系列的铁-铬-镍钢。奥氏体等级不能通过热处理硬化，但可以通过冷加工硬化。不锈钢类型后的字母“L”表示低碳(例如304L)，其中碳含量保持在0.03%或以下。这些用于在焊接后提供额外的耐腐蚀性。然而，L级更昂贵，高温下更多的碳赋予更大的物理强度。高碳H级含碳量在0.04%~0.10%，并在极端温度下保持强度。一些更常用的等级是(Pitcher，1976)：

类型	典型组成	典型应用
304	18%~20% Cr，8%~11% Ni，0.08% C，平衡 Fe	最常见的奥氏体级别。广泛用于腐蚀性较弱的化工处理设备。它也广泛用于食品和饮料行业的工艺设备。
304L	18%~20% Cr，8%~11% Ni，0.03% C，平衡 Fe	低碳版304型。用于焊接和热处理有问题的304型。
316	16%~18% Cr，10%~14% Ni，2%~3% Mo，0.08% C，平衡 Fe	用于控制沥青腐蚀的钼。广泛应用于腐蚀性环境下的化学加工设备。还用于食品、饮料、纸浆和造纸行业的工艺设备。
316L	16%~18% Cr，10%~14% Ni，2%~3% Mo，0.03% C，平衡 Fe	316型低碳版。316型用于处理焊接和热处理问题。
317	18%~20% Cr，11%~15% Ni，3%~4% Mo，0.08% C，平衡 Fe	比316型具有更高的钼含量，具有更强的耐腐蚀性。适用于高腐蚀环境。
317L	18%~20% Cr，11%~15% Ni，3%~4% Mo，0.03% C，平衡 Fe	低碳317型。317型用于焊接和热处理问题。

② 马氏体等级。马氏体等级为不锈钢合金，既耐腐蚀，又可通过热处理硬化。这些等级是不含镍的铬钢。马氏体等级用于要求强度、硬度和耐磨性的地方。一些更常用的等级是(Pitcher，1976)：

类型	典型组成	典型应用
410	11.5%~13.5% Cr，0.6% Ni，1% Mn，0.15%C，平衡 Fe	基本的马氏体级别。低成本、通常使用不锈钢，可进行热处理，在腐蚀不严重时使用。典型的应用是需要结合强度和耐腐蚀性的高应力部件。
420	12%~14% Cr，0.6% Ni，0.2%~0.4%C，平衡 Fe	增加碳可以改善机械性能。
431	15%~17% Cr，1.25%~2.5% Ni，最大0.2%C，平衡 Fe	耐腐蚀性能优于410型，机械性能好。典型的应用是高强度部件，如阀门和泵。
440	16%~18% Cr，0.6% Ni，最大0.75% Mn，0.6%~1.2%C，平衡 Fe	进一步增加铬和碳，提高强度和耐腐蚀性。

③ 铁素体等级。铁素体等级适用于需要耐腐蚀和氧化，但也需要高抗应力腐蚀开裂的应用。

B

这些等级不能进行热处理，铁素体等级比马氏体等级更耐腐蚀，但通常不如奥氏体等级。与马氏体等级一样，这些等级为不含镍的铬钢。一些更常用的等级是(Pitcher，1976)：

类型	典型组成	典型应用
430	16%~18% Cr，最大0.12%C，平衡Fe	基本铁素体级，耐腐蚀性略低于304型。耐硝酸、硫气体、多种有机酸和食品酸。
405	11.5%~14.5% Cr，最大0.8%C，0.1%-0.3%Al，平衡Fe	低铬，但添加铝，以防止从高温冷却硬化。典型的应用包括热交换器。
442	18%~23% Cr，1%Mn，0.2%C，平衡Fe	增加铬以提高抗氧化结垢能力。典型的应用包括炉和加热器部件。
446	23%~27% Cr，最大1.5% Mn，最大0.2%C，平衡Fe	比442型含有更多的铬，在高温和硫可能存在的情况下提供高抗氧化结垢能力。

④ 双重等级。这些等级是奥氏体和铁素体材料的组合。它们具有更高的强度和更好的抗应力腐蚀开裂能力。

⑤ 沉淀硬化等级。沉淀硬化等级结合了强度、易于制造、易于热处理和耐腐蚀性，这些在其他等级中是不存在的。这些等级用于棒材、线材、锻件、薄板和带材产品。

3）镍和镍合金。镍及其合金对腐蚀不锈钢的许多含氯化物和还原性环境具有良好的抵抗力。钼和铜增强了镍对还原环境的抵抗力。纯镍通常仅用于氢氧化钠和氢氧化钾，其合金是大多数应用的首选。最常见的镍合金等级为(Hughson，1976)：

① 哈斯特莱合金。哈斯特莱合金具有很高的抗均匀腐蚀、局部腐蚀、应力腐蚀开裂的能力，并且易于焊接和制造。一些较常用的等级包括：

哈氏合金	典型组成	典型应用
B类型	28%Mo，2% Fe，1%Cr、平衡Ni	盐酸、氯化氢气体、硫酸、醋酸和磷酸。氯化废物的热氧化。
C类型	16% Mo，5% Fe，16%Cr、平衡Ni	无机酸(如硫酸、硝酸、磷酸等)。甲酸和乙酸、乙酸酐、氯、氯污染溶液(有机和无机)、次氯酸盐、盐水和海水。纸浆过程。
G类型	3% Mo，30%Fe，21%Cr，2%Cu，平衡Ni	热硫酸和磷酸氧化还原剂，酸和碱性溶液，混合酸，硫酸盐化合物。被污染的硝酸和氢氟酸。

② 铬镍铁合金。铬镍铁合金是一种奥氏体镍-铬基合金。当加热时，铬镍铁合金形成稳定的被动氧化层，保护表面免受进一步侵蚀。铬镍铁合金在较宽的温度范围内保持强度，对于铝和钢容易蠕变的高温应用具有吸引力。一些较常用的等级包括：

铬镍铁合金	典型组成	典型应用
600类型	7% Fe，16% Cr，平衡Ni	需要耐腐蚀和耐热性的应用。碱性溶液的还原条件。耐氯离子应力腐蚀开裂。
625类型	9% Mo，2.5% Fe，22%Cr、平衡Ni	低温硫酸。磷酸和氢氧化钠溶液在高温下，但浓度很低。
825类型	3% Mo，30%Fe，21%Cr，平衡Ni	还原环境，如硫酸和磷酸；氧化环境，如硝酸溶液，硝酸盐和氧化盐。大多数有机酸包括沸水浓乙酸、乙酸甲酸混合物、马来酸和邻苯二甲酸。大多数碱性解决方案。

③ 蒙乃尔。蒙乃尔合金是一组镍合金，主要由镍(高达67%)和铜(通常为32%)、铁(通常为

2%)以及少量锰、碳和硅组成。用于硫酸、盐酸和还原条件，它可以用于许多碱，但不是所有浓度。它的耐碱性不如纯镍。蒙乃尔合金可用于海水和微咸水。它不易受到任何氯盐的应力腐蚀开裂。与钢相比，蒙乃尔合金很难制造，因为它工作硬化非常快。

4）铝和铝合金。铝由于其高导热性，主要用于传热应用。铝板热交换器广泛应用于制冷应用中。铝被广泛用于增强空气冷却换热器的热传递。铝的主要限制之一是其强度在150℃以上显著下降，最高工作温度通常为200℃。但是，它具有优异的低温性能，可在250℃以下使用。许多矿物酸会腐蚀铝，但可与浓硫酸和大多数有机酸、82%以上的浓硝酸一起使用。铝不能与强碱溶液一起使用。与不锈钢和镍合金一样，耐腐蚀性是形成薄氧化层的结果，这意味着它最适合在氧化条件下使用。

有许多铝合金可用，合金主要用于改善机械性能，且大多数合金的耐蚀性低于纯金属。

5）铜及铜合金。铜的吸引力在于它具有极高的导热性，可用于传热设备。然而，纯铜很少用于化工厂设备。铜通常会受到无机酸的腐蚀，但通常对苛性碱、有机酸和盐具有抵抗力。含10%~30%镍的白铜具有良好的耐腐蚀性，可用于热交换器管。白铜的耐海水性能特别好，通常用于以海水作为冷却剂的热交换器。

6）铅及铅合金。铅是化工厂的传统建筑材料之一，在硫酸厂的建设中尤为重要。铅依赖于它对表面形成的不溶性铅盐层的高耐腐蚀性。然而，随着其他金属和塑料的替代，铅和铅合金的使用已经减少。

7）钛。钛在氧化和轻度还原环境中具有良好的耐腐蚀性。它几乎耐所有浓度的硝酸。它对热氯化物溶液具有抵抗力，并且在海水应用中的性能优于不锈钢。然而，用钛的制造很困难。

8）锆。锆的腐蚀性能与钛相似。但是，除铁和铜外，锆更耐盐酸和耐氯化物，但铁和铜除外。锆的制造难度类似于钛，所有焊接必须在惰性介质中进行。

9）钽。钽实际上对许多氧化反应呈惰性和还原酸。它会受到热碱和氢氟酸的腐蚀。钽的力学性能类似于低碳钢，但熔点更高。

10）玻璃。玻璃工厂设备可从专业设备制造商处获得。管接头使用聚四氟乙烯（PTFE）垫圈。玻璃对除氢氟酸以外的所有酸具有优异的耐受性。它的使用有两个主要缺点。首先，它很脆，不适合高压，也可能被热冲击损坏。其次，设备的可用性范围有限，仅限于相对较小的规模。然而，搪玻璃钢结合了玻璃的耐腐蚀性和钢的强度。因此，搪玻璃搅拌反应器容器非常普遍。

11）塑料材料。常用的建筑塑料材料是聚氯乙烯（PVC）、丙烯丁二烯-苯乙烯（ABS)和聚乙烯（PE）。通常，当金属可能不适合时，塑料对弱无机酸和无机盐溶液具有很高的抵抗力。与金属相比，塑料仅限于在相对较低的温度下使用。塑料材料的使用通常仅限于罐、管道和阀门。然而，热交换器和泵的专业设计也可采用塑料材料。最常用的塑料材料有：

PVC	所有热塑性管道材料中最常用的指定材料。耐酸、碱、盐溶液和许多其他化学物质的腐蚀和化学侵蚀。然而，它受到极性溶剂如酮和芳烃的侵蚀。PVC 的最大使用温度在压力下为60℃，排水时为80℃。
ABS	温度范围是-40~82℃。ABS 可以抵抗各种工艺材料。
PE	对于不同等级的 PE，工艺设备通常采用高密度 PE 制造，以提高强度和硬度。高密度 PE 罐可耐高达55℃。管材一般由中高密度 PE 或高密度 PE 制成。PE 一般用于配气管线、水线和浆管线。

12）复合材料。复合材料结合了两种或多种材料，通常是具有截然不同特性的材料。两种材料的特性结合在一起，形成复合材料的特性。最常用的复合材料是玻璃纤维。玻璃纤维增强塑料(GRP)或玻璃纤维增强塑料(FRP)使用玻璃纤维增强的聚酯树脂。玻璃本身很坚固但很脆，如果弯曲就会破裂。基质将玻璃纤维固定在一起，并通过分散作用在它们上的力来保护它们免受损坏。玻璃钢的强度相对较高，对稀无机酸、无机盐和许多溶剂具有良好的耐受性，但对碱的耐受性较差。玻璃增强塑料的使用主要限于可制造的最大尺寸为20m 的罐和容器。

一些先进的复合材料现在使用碳纤维而不是玻璃制成。这些材料比玻璃纤维更轻、更坚固，但生产成本更高，因此在化工厂中没有得到广泛应用。

13）衬里。许多耐腐蚀材料不适应于大型设备的制造，因为它们是难以焊接、太脆、太软或太贵。使用合金来建造大型设备成本是昂贵的，可以使用更便宜的材料，例如碳钢使用内衬耐腐蚀材料，以防止损害。玻璃可用于衬砌容器和管道。塑料可以使用衬里。最耐化学腐蚀的塑料是聚四氟乙烯（PTFE），它在高温下耐除氟和氯气以外的所有碱和酸。橡胶在过去被广泛用于油箱衬里。天然橡胶具有良好的抗大多数碱和大多数酸，但不是硝酸。合成橡胶可用于硝酸和强氧化环境，但通常不适用于氯化溶剂。

高温设备中除了使用内衬耐腐蚀外，还需要内衬来保护熔炉的金属外壳。耐火砖和水泥用作火炉、锅炉和高炉反应器的内衬。碳钢外壳在运行中必须保持在500℃以下。

B.5 选择标准

为特定应用选择结构材料的因素有很多：

1）腐蚀。许多化学过程应用的主要考虑因素是腐蚀。腐蚀的一般特征和不同材料的使用已在前面讨论过。腐蚀图表可用于在选择过程中提供更多详细信息(Green and Perry，2007)。但是，应非常谨慎地使用此类腐蚀图表，腐蚀很难精确预测。除了大量流体的主要成分外，它还取决于温度、工艺材料中的低含量成分以及结构材料的制备。如前所述，它还取决于局部现象。预测耐腐蚀性的最可靠方法是使用相同或相似过程操作的经验。实验室测试很有用，但不如对处理相同化学品的工厂进行的测试有效。测试样品可以放置在工作设备中并测试其耐腐蚀性。然而，温度以及工艺材料的成分在测试中同样很重要。

如果腐蚀允许，大多数应用的主要材料选择是碳钢。另一种选择是使用塑料材料，但这些材料因无法承受高温和低强度而受到限制。因此，碳钢易腐蚀性，或在塑料材料不耐高温与高压，迫使使用更昂贵的材料。工艺设计中遇到的大多数腐蚀问题都可以通过使用前面讨论过的各种不锈钢等级中的一种来解决(Pitcher，1976)。然而，有时腐蚀问题对于不锈钢来说太严重了。在这种情况下，有必要使用更昂贵的金属，例如镍合金。作为更便宜的替代方案，有时可以用更便宜的材料(例如碳钢)、玻璃、PTFE或其他一些耐腐蚀材料制造设备。

2）温度。除了腐蚀现象受温度影响之外，温度还会显著影响材料的机械性能。塑料材料通常限制在80℃以下使用。铜最高可使用260℃，铝最高可使用460℃。碳钢仅限于在500℃以下使用。不锈钢等级304和316以及镍可在高达760℃的温度下使用。其他一些不锈钢牌号，例如321和347，以及蒙乃尔合金，最高可使用815℃。446型不锈钢、铬镍铁合金和钛可在高达1100℃的温度下使用。对于暴露在高温下的材料，特别是在与高应力结合时，抗蠕变是一个重要的考虑因素。

然而，高温并不是唯一的问题。当暴露在极低的温度下时，金属会因脆性断裂而发生灾难性的失效。碳钢可在低至-45℃的温度下使用。不锈钢可以用于较低的温度，但这取决于不锈钢的等级。某些奥氏体不锈钢可以在-270℃的温度下使用。铝可在低至-250℃的温度下使用。

3）压力。对于在显著压力下工作的工艺，主要考虑因素是结构材料的强度，这将取决于温度。

4）磨损环境。加工固体和泥浆会为建筑材料创造一个磨损环境。在这种情况下，没有一定硬度的结构材料会迅速变质。

5）易于制造。制造包括切割、弯曲、机加工、连接和组装以生产功能设备。材料的机械性能与其制造的难易程度密切相关。由于加工过程的不同，机械性能也会发生变化。材料的脆性、延展性、可锻性以及加工硬化和热处理性能等特性都是影响加工工艺的重要因素。

材料的焊接是另一个重要的考虑因素。焊接通过使被连接的金属聚结来连接金属。这通常是通过熔化要连接的金属并添加填充材料以形成熔化材料池，冷却后成为坚固的接头来实现的。许多不同的材料可用于焊接。然而，并非所有金属都容易焊接，将不同的金属焊接在一起会出现问题。钎焊是一种金属连接的替代工艺，其中填充金属在要连接的金属之间熔化。钎焊中使用的填充金属的熔点通常在450~1000℃，但必须比被连接的金属的熔点低。与焊接不同，要连接的金属不会熔化。填充金属熔化并与要连接的金属发生冶金反应，形成牢固的永久性接头。钎焊的优点是比焊接产生的热应力小。

连接塑料和复合材料有多种方法。这些可以分为机械紧固、黏合剂、溶剂黏合以及焊接。焊接是一种永久连接塑料构件的有效方法，但只能应用于热塑性塑料和热塑性弹性体。

6）标准设备的可用性。在设计化学工艺时，必须从规格范围有限的供应商处选择设备（例如泵、压缩机、阀门和管道），包括结构材料。此类设备的结构材料选择可能取决于设备供应商提供的选择。

7）成本。成本效益是工艺设计的主要考虑因素之一。结构材料的选择对成本有重大影响，如表2.2所示，它表明由不锈钢制成的设备比由碳钢制成的设备贵2.4~3.4倍，如果由镍合金制成则贵3.6~4.4倍，钛的价格是碳钢的5.8倍。因此，有很大的动机避免使用外来的建筑材料。上面讨论的另一种选择是使用具有耐腐蚀衬里的低成本材料。

B.6 结构材料——总结

许多因素影响建筑材料的选择。其中最重要的是：

- 机械性能（特别是拉伸和屈服强度、压缩强度、延展性、韧性、硬度、疲劳极限和抗蠕变性）；
- 温度对机械性能（低温和高温）的影响；
- 易于制造（加工、焊接等）；
- 耐腐蚀性能；
- 材料中标准设备的可用性；
- 成本。

Kirby（1980）对建筑材料的选择进行了更详细的讨论。

参考文献

Green DW and Perry RH (2007) *Perry's Chemical Engineer's Handbook*, McGraw-Hill.
Hughson RV (1976) High-Nickel Alloys for Corrosion Resistance, *Chemical Engineering*, **Nov**: **125**.
Hunt MW (2014) Develop a Strategy for Material Selection, *Chem Eng Progr*, **May**: **42**.
Kirby GN (1980) How to Select Materials, *Chemical Engineering*, **Nov**: **86**.
Pitcher JH (1976) Stainless Steels: CPI Workhorses, *Chemical Engineering*, **Nov**: **119**.

B

附录 C　年投资成本

式 2.7 的推导如下（Holland、Watson 和 Wilkinson，1983）。

P——估计投资成本现值；

F——估计投资成本将来价值；

i——年利率；

n ——年数。

第一年之后，投资成本现值 P 的将来值 F 由下式给出：

$$F(1)=P+Pi=P(1+i) \tag{C.1}$$

第二年之后，价值是：

$$F(2)=P(1+i)+P(1+i)i=P(1+i)^2 \tag{C.2}$$

第三年之后，价值是：

$$F(3)=P(1+i)^2+P(1+i)^2i=P(1+i)^3 \tag{C.3}$$

在第 n 年之后，价值为：

$$F(n)=P(1+i)^n \tag{C.4}$$

公式 C.4 通常写为：

$$F=P(1+i)^n \tag{C.5}$$

以投资成本为例，将其分摊为一系列等额的年度付款 A，在每年年底支付，分为 n 年。第一次付款在 $(n-1)$ 年内获得利息，其在 $(n-1)$ 年后的未来价值为：

$$F=A(1+i)^{n-1} \tag{C.6}$$

$(n-2)$ 年后第二次年度付款的未来价值是：

$$F=A(1+i)^{n-2} \tag{C.7}$$

所有年度付款的总和为：

$$F=A[(1+i)^{n-1}+(1+i)^{n-2}+(1+i)^{n-3}+\cdots+(1+i)^{n-n}] \tag{C.8}$$

将等式两边同时乘以 $(1+i)$ 得到：

$$F(1+i)=A[(1+i)^n+(1+i)^{n-1}+(1+i)^{n-2}+\cdots+(1+i)] \tag{C.9}$$

减去式 C.8 和 A.9 得：

$$F(1+i)-F=A[(1+i)^n-1] \tag{C.10}$$

重新整理得：

$$F=\frac{A[(1+i)^n-1]}{i} \tag{C.11}$$

将式 C.11 与式 C.5 相结合得出：

$$A=\frac{P[i(1+i)^n]}{(1+i)^n-1} \tag{C.12}$$

因此，得式 2.7。

参 考 文 献

Holland FA, Watson FA and Wilkinson JK (1983) *Introduction to Process Economics*, 2nd Edition, John Wiley & Sons, Inc., New York.

附录 D　1-2 管壳式换热器的最大热效率

式 12.34 的推导如下（Ahmad，1985）。来自 Bowman，Mueller 和 Nagle（1940）：

当 $R\neq1$：

$$F_T=\frac{\sqrt{R^2+1}\ln\left(\frac{1-P}{1-RP}\right)}{(R-1)\ln\left(\frac{2-P\left(R+1-\sqrt{R^2+1}\right)}{2-P\left(R+1+\sqrt{R^2+1}\right)}\right)} \quad (D.1)$$

当 $R=1$：

$$F_T=\frac{\left(\frac{\sqrt{2}P}{1-P}\right)}{\ln\left(\frac{2-P\left(2-\sqrt{2}\right)}{2-P\left(2+\sqrt{2}\right)}\right)} \quad (D.2)$$

对于任何 R，P 的最大值出现在 F_T 趋向于 $-\infty$ 时。根据上述 F_T 函数，确定 F_T：

① $P<1$

② $RP<1$

③ $\frac{2-P\left(R+1-\sqrt{R^2+1}\right)}{2-P\left(R+1+\sqrt{R^2+1}\right)}>0$

当 $R=1$ 时，条件 3 适用于式 D.2。对于具有正温差的可行热交换，条件 1 和 2 总是成立的。

采取条件 3，或者：

$$① \ P<\frac{2}{R+1-\sqrt{R^2+1}} \text{ 与 } P<\frac{2}{R+1+\sqrt{R^2+1}} \quad (D.3)$$

或

$$② P>\frac{2}{R+1-\sqrt{R^2+1}} \text{and} P>\frac{2}{R+1+\sqrt{R^2+1}} \quad (D.4)$$

但不是两者兼而有之。更详细地考虑条件 b。对于 R 的正值，$R+1-\sqrt{R^2+1}$ 是 R 的连续递增函数，并且：

- 由于 R 趋于 0，$R+1-\sqrt{R^2+1}$ 趋于 0；
- 随着 R 趋于∞，$R+1-\sqrt{R^2+1}$ 趋于 1。

对于要应用的条件 b，对于 R 为正值，$P>2$。然而，对于可行的热交换，$P<1$。因此，条件 b 不适用。

现在考虑条件 a。因为：

$$R+1+\sqrt{R^2+1}>R+1-\sqrt{R^2+1} \quad (D.5)$$

当条件 a 的两个不等式都满足时：

$$P<\frac{2}{R+1-\sqrt{R^2+1}} \quad (D.6)$$

因此，对于任何 R 值 P 有最大值，P_{max} 给出：

$$P_{max}=\frac{2}{R+1+\sqrt{R^2+1}} \quad (D.7)$$

参 考 文 献

Ahmad S (1985) *Heat Exchanger Networks: Cost Trade-offs in Energy and Capital*, PhD Thesis, UMIST, UK.

Bowman RA, Mueller AC and Nagle WM (1940) Mean Temperature Differences in Design, *Trans ASME*, **62**: 283.

D

附录 E　给定单元的 1-2 管壳式换热器的最小数量表达式

式 12.45～式 12.47 的推导如下（Ahmad, 1985）。由 Bowman（1936），串联 1-2 壳程的 N_{SHELLS} 数量的 P 值，P_{N-2N}，可以与每 1-2 壳程的 P 值对应，P_{1-2}，根据

$R \neq 1$：

$$P = \frac{1-\left(\dfrac{1-P_{1-2}R}{1-P_{1-2}}\right)^{N_{SHELLS}}}{R-\left(\dfrac{1-P_{1-2}R}{1-P_{1-2}}\right)^{N_{SHELLS}}} \tag{E.1}$$

$R = 1$：

$$P = \frac{P_{1-2}N_{SHELLS}}{P_{1-2}N_{SHELLS}-P_{1-2}+1} \tag{E.2}$$

P_{1-2}在 1-2 壳程可能的最大值是（见附录 D）

$$P_{1-2max} = \frac{2}{R+1+\sqrt{R^2+1}} \tag{E.3}$$

定义每 1-2 壳程中满足所选X_P值所要求的P_{1-2}值

$$P_{1-2} = X_P P_{1-2max} \tag{E.4}$$

这就要求

$R \neq 1$：

$$P = \frac{1-\left(\dfrac{1-\dfrac{2X_PR}{R+1+\sqrt{R^2+1}}}{1-\dfrac{2X_P}{R+1+\sqrt{R^2+1}}}\right)^{N_{SHELLS}}}{R-\left(\dfrac{1-\dfrac{2X_PR}{R+1+\sqrt{R^2+1}}}{1-\dfrac{2X_P}{R+1+\sqrt{R^2+1}}}\right)^{N_{SHELLS}}} \tag{E.5}$$

$R = 1$：

$$P = \frac{\dfrac{2X_PN_{SHELLS}}{2+\sqrt{2}}}{\dfrac{2X_PN_{SHELLS}}{2+\sqrt{2}}-\dfrac{2X_P}{2+\sqrt{2}}+1} \tag{E.6}$$

根据每个壳程中的 R 和X_P，这些表达式定义了 1-2 壳程串联的N_{SHELLS}数量的P_{N-2N}。在给定 R 和P_{N-2N}，表达式可用于定义所需的 1-2 壳程串联的数量来满足每个壳程中指定的X_P值。因此，这个关系可以反过来找到串联每 1-2 壳程中恰好满足X_P的 N 值。

$R \neq 1$：

$$N_{SHELLS} = \frac{\ln\left[\dfrac{1-RP}{1-P}\right]}{\ln W} \tag{E.7}$$

$$W = \frac{R+1+\sqrt{R^2+1}-2X_PR}{R+1+\sqrt{R^2+1}-2X_P} \tag{E.8}$$

$R = 1$：

$$N_{SHELLS} = \left(\frac{P}{1-P}\right)\left(\frac{1+\dfrac{\sqrt{2}}{2}-X_P}{X_P}\right) \tag{E.9}$$

选择串联 1-2 壳程的数量作为大于N_{SHELLS}的下一个最大的整数，确保实际的换热器设计满足X_P。

参　考　文　献

Ahmad S (1985) *Heat Exchanger Networks: Cost Trade-offs in Energy and Capital*, PhD Thesis, UMIST, UK.

Bowman RA (1936) Mean Temperature Difference Correction in Multipass Exchangers, *Ind Eng Chem*, **28**: 541.

附录 F　管壳式换热器的传热系数及压降

管壳式换热器基本布局如图 F.1 所示。模型中使用的基本相关系数适用于以下条件（Wang, et al., 2012）：

① 管壳式换热器单相换热。

② 光滑管。

③ 折流板切割比例为 20%～50%。

④ 根据进、出口条件的平均值，假设物性恒定。

F.1　管侧传热和压降的关联式

1）管侧传热系数。根据流型，使用三个方程计算管侧传热系数。层流区域采用 Seider-Tate 公式（式 F.1）（Serth, 2007; Kraus, Welty and Aziz, 2011）。过渡区域采用 Hausen 公式（式 F.2），湍流区域采用 Dittus - Boelter 公式（式 F.3）（Bhatti and Shah, 1987）。

$$Nu = 1.86\left[RePr\left(\frac{d_I}{L}\right)\right]^{1/3} \quad Re \leqslant 2100 \text{ 和 } L \leqslant 0.05RePrd_I \tag{F.1}$$

$$Nu = 0.116(Re^{2/3}-125)Pr^{1/3}\left[1+\left(\frac{d_I}{L}\right)^{2/3}\right] \quad 2100<Re<10^4 \tag{F.2}$$

$$Nu = CR^{0.8}e\,P^{0.4}r \geqslant 10^4 \tag{F.3}$$

式中　Nu——管侧努塞尔数，$=\frac{h_T d_I}{k}$；

C——常数（加热时为 0.024，冷却时为 0.023）；

Re——管侧雷诺数，$=\frac{\rho v_T d_I}{\mu}$；

Pr——管侧普朗特数，$=\frac{C_P\mu}{k}$；

I——管内径；

L——管长；

h_T——管侧传热系数；

ρ——管侧流体密度；

C_P——管侧比热容；

μ——管侧流体黏度；

k——管侧流体导热系数；

v_T——管内的平均流体流速，$m_T(N_P/N_T))/\rho(\pi d_I{}^2/4)$；

m_T——管侧质量流量；

N_P——管道数；

N_T——管数。

流体物理性质是在管侧流体入口和出口之间的平均体积流体温度下测量的。

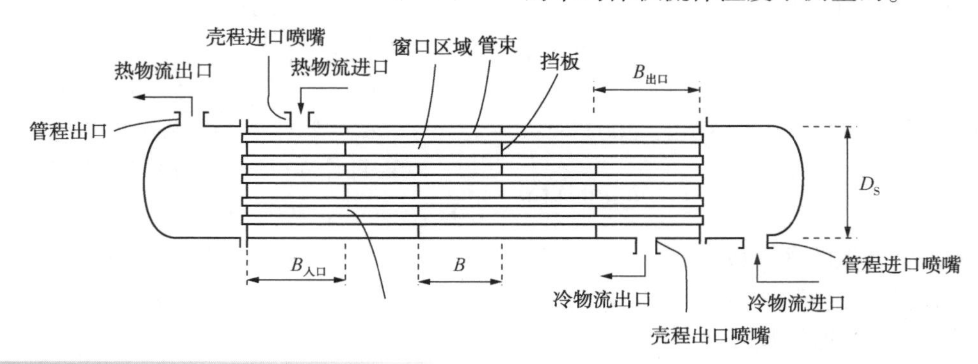

图 F.1　管壳式换热器的结构

F

可根据式 F. 1~式 F. 3 计算管侧传热系数：

① 对于层流 $Re \leqslant 2100$ 并且 $L \leqslant 0.05RePr\, d_I$：

$$h_T = 1.86\frac{k}{d_I}\left[\left(\frac{\rho v_T d_I}{\mu}\right)Pr\left(\frac{d_I}{L}\right)\right]^{\frac{1}{3}}$$

$$= 1.86\frac{k}{d_I}\left[\left(\frac{\rho d_I}{\mu}\right)Pr\left(\frac{d_I}{L}\right)\right]^{\frac{1}{3}} v_T^{\frac{1}{3}}$$

$$= K_{hT1} v_T^{\frac{1}{3}} \qquad (F.4)$$

其中

$$K_{hT1} = 1.86\frac{k}{d_I}\left[\left(\frac{\rho d_I}{\mu}\right)Pr\left(\frac{d_I}{L}\right)\right]^{\frac{1}{3}} \qquad (F.5)$$

② 对于过渡流 $2100 < Re < 10^4$：

$$h_T = \frac{k}{d_I}\times 0.116\left[\left(\frac{\rho v_T d_I}{\mu}\right)^{\frac{2}{3}} - 125\right]Pr^{\frac{1}{3}}\left[1+\left(\frac{d_I}{L}\right)^{\frac{2}{3}}\right]$$

$$= 0.116\frac{k}{d_I}\left(\frac{\rho v_T d_I}{\mu_i}\right)^{\frac{2}{3}} Pr^{\frac{1}{3}}\left[1+\left(\frac{d_I}{L}\right)^{\frac{2}{3}}\right] - 0.116\times 125\frac{k}{d_I}Pr^{\frac{1}{3}}\left[1+\left(\frac{d_I}{L}\right)^{\frac{2}{3}}\right]$$

$$= 0.116\frac{k}{d_I}\left(\frac{\rho d_I}{\mu}\right)^{\frac{2}{3}} Pr^{\frac{1}{3}}\left[1+\left(\frac{d_I}{L}\right)^{\frac{2}{3}}\right] v_T^{\frac{2}{3}} - 14.5\frac{k}{d_I}Pr^{\frac{1}{3}}\left[1+\left(\frac{d_I}{L}\right)^{\frac{2}{3}}\right]$$

$$= K_{hT2} v_T^{\frac{2}{3}} - K_{hT3} \qquad (F.6)$$

其中

$$K_{hT2} = 0.116\frac{k}{d_I}\left(\frac{\rho d_I}{\mu}\right)^{\frac{2}{3}} Pr^{\frac{1}{3}}\left[1+\left(\frac{d_I}{L}\right)^{\frac{2}{3}}\right] \qquad (F.7)$$

$$K_{hT3} = 14.5\frac{k}{d_I}Pr^{\frac{1}{3}}\left[1+\left(\frac{d_I}{L}\right)^{\frac{2}{3}}\right] \qquad (F.8)$$

③ 对于完全湍流 $Re \geqslant 10^4$：

$$h_T = C\frac{k}{d_I}\left(\frac{\rho v_T d_I}{\mu}\right)^{0.8} Pr^{0.4} = K_{hT4} v_T^{0.8} \qquad (F.9)$$

其中，

$$K_{hT4} = C\frac{k}{d_I}Pr^{0.4}\left(\frac{\rho d_I}{\mu}\right)^{0.8} \qquad (F.10)$$

2）管侧压降。单个壳程的管侧总压降 ΔP_T 包括直管中的压降（ΔP_{TT}），管进口、出口和逆转的压降（ΔP_{TE}）以及喷嘴中的压降（ΔP_{TN}）（Serth，2007）。

① 直管段的摩擦损失 ΔP_{TT}（Serth，2007）：

$$\Delta P_{TT} = \frac{2N_P c_{fT} L\rho v_T^2}{d_I} \qquad (F.11)$$

式中 N_P——每个壳程的管程数；

c_{fT}——管测摩擦系数。

由下式得到范宁摩擦系数：

$$c_{fT} = F_c Re^{m_f} \qquad (F.12)$$

其中

$F_C = 16$，$m_f = -1 Re \leqslant 2100$

$F_C = 5.36\times 10^{-6}$，$m_f = 0.949 2100 > Re > 3000$

$F_C = 0.0791$，$m_f = -0.25 Re \geqslant 3000$

将式 F. 12 代入式 F. 11，得到：

$$\Delta P_{TT} = \frac{2N_P F_C R e^{m_j} L\rho v_T^2}{d_I}$$

$$= \frac{2N_P F_C\left(\frac{\rho v_T d_I}{\mu}\right)^{m_j} L\rho v_T^2}{d_I}$$

$$= \frac{2N_P F_C\left(\frac{\rho d_I}{\mu}\right)^{m_j} L\rho v_T^{2+m_f}}{d_I} \qquad (F.13)$$

② 通过管道布置 ΔP_{TE} 的突然收缩、膨胀和反向流动造成的压强损失（Serth，2007）：

$$\Delta P_{TE} = 0.5\alpha_R \rho v_T^2 \rho \qquad (F.14)$$

其中

$\alpha_R = 3.25N_P - 1.5 \quad 500 \leqslant Re \leqslant 2100$

$\alpha_R = 2N_P - 1.5 \quad Re > 2100$

③ 每个壳程进口和出口喷嘴的压强损失 ΔP_{TN}（Serth，2007）：

$$\Delta P_{TN} = \Delta P_{TN,in} + \Delta P_{TN,out}$$

$$= C_{TN,in}\rho v_{TN,in}^2 + C_{TN,out}\rho v_{TN,out}^2 \qquad (F.15)$$

其中

$C_{TN,in} = 0.75 \quad 100 \leqslant Re_{TN,in} \leqslant 2100$

$C_{TN,in}=0.375\quad Re_{TN,in}>2100$

$$Re_{TN,in}=\frac{\rho\, v_{TN,in}d_{TN,in}}{\mu}$$

$$v_{TN,in}=\frac{m_T}{\rho\left(\frac{\pi\, d_{TN,in}^2}{4}\right)}$$

$d_{TN,in}$=管侧流体进口喷嘴的内径

$C_{TN,out}=0.75\quad 100\leqslant Re_{TN,out}\leqslant 2100$

$C_{TN,out}=0.375\quad Re_{TN,out}>2100$

$$Re_{TN,out}=\frac{\rho\, v_{TN,out}d_{TN,out}}{\mu}$$

$$v_{TN,out}=\frac{m_T}{\rho\left(\frac{\pi\, d_{TN,out}^2}{4}\right)}$$

$d_{TN,out}$=管侧流体出口喷嘴的内径

因此，每个壳程管侧的总压降为：

$$\begin{aligned}\Delta P_T&=\Delta P_{TT}+\Delta P_{TE}+\Delta P_{TN}\\&=\frac{2N_{P_{ef}}L\rho\, v_T^2}{d_I}+0.5\,\alpha_R\rho\, v_T^2+C_{TN,in}\rho\, v_{TN,in}^2+C_{TN,out}\rho\, v_{TN,out}^2\\&=\frac{2N_PF_C\left(\frac{\rho\, d_I}{\mu}\right)^{m_f}L\rho\, v_T^{2+m_f}}{d_I}+0.5\,\alpha_R\rho\, v_T^2+C_{TN,in}\rho\, v_{TN,in}^2+C_{TN,out}\rho\, v_{TN,out}^2\\&=K_{PT1}N_PL\,v_T^{2+m_f}+K_{PT2}v_T^2+K_{PT3}\end{aligned}\quad(F.16)$$

其中

$$K_{PT1}=\frac{2F_C\left(\frac{\rho\, d_I}{\mu}\right)^{m_f}\rho}{d_I}\quad(F.17)$$

$$K_{PT2}=0.5\,\alpha_R\rho\quad(F.18)$$

$$K_{PT3}=\rho(C_{TN,in}v_{TN,in}^2+C_{TN,out}v_{TN,out}^2)\quad(F.19)$$

对于具有多个串联壳程的换热器，管侧流体的总压降由每个壳程的压降和串联壳程数的乘积估算：

$$\Delta P_{TN\,SHELES}=N_{SHELLS}\Delta P_T\quad(F.20)$$

式中

$\Delta P_{T,N_{SHELLS}}$——N_{SHELLS}管侧壳程上的总压降；

ΔP_T——每个壳程的压降，由式F.16给出；

N_{SHELLS}——串联壳程数。

对于具有多个平行壳程的换热器，管侧流体的总压降等于单个壳程的压降ΔP_T。

F.2 壳程侧的传热和压降关联式

1）壳程传热系数。壳程传热系数的计算公式如下（Ayub，2005；Wang，et al.，2012）：

$$h_S=\frac{0.06207\,F_SF_PF_LJ_Sk^{\frac{2}{3}}(c_P\mu)^{\frac{1}{3}}}{d_O}\quad(F.21)$$

式中 h_S——壳程传热系数；

d_O——管外径；

k——壳程流体导热系数；

c_P——壳程流体比热容；

μ——壳程流体的黏度；

F_S——考虑折流板切割、折流板布置和流动状态的壳程几何因素，（Wang，et al.，2012）：

$$F_S=-5.9969\times10^{-4}Re_S^2+0.6191\,Re_S+17.793\qquad Re_S\leqslant 250\quad(F.22)$$

$$F_S=1.40915\,Re_S^{0.6633}B_C^{-0.5053}\qquad 250<Re_S\leqslant 125,000\quad(F.23)$$

Re_S——基于管外径的雷诺数，$=(\rho d_Ov_S)/\mu$；

ρ——壳程流体密度；

v_S——壳程流体速度；

B_C——折流板弓形缺口；

F_P——节距因子，它取决于管的管布局，1.0为三角形和对角方形节距，0.85直线方节距；F_L=考虑所有流泄漏的泄漏因子，它是管布局的函数，直管为0.9，U型管为0.85，浮头管为0.8；

J_S——折流板间距不等的修正系数（Taborek in Hewitt，1998；Serth，2007）：

F

$$\frac{(N_B-1)+\left(\frac{B_{in}}{B}\right)^{\frac{2}{3}}+\left(\frac{B_{out}}{B}\right)^{\frac{2}{3}}}{(N_B-1)+\left(\frac{B_{in}}{B}\right)+\left(\frac{B_{out}}{B}\right)} \qquad Re_S<100$$

$$\frac{(N_B-1)+\left(\frac{B_{in}}{B}\right)^{0.4}+\left(\frac{B_{out}}{B}\right)^{0.4}}{(N_B-1)+\left(\frac{B_{in}}{B}\right)+\left(\frac{B_{out}}{B}\right)} \qquad Re_S\geqslant 100$$

(F. 24)

B——中间折流板间距；

B_{in}——进口折流板间距；

B_{out}——出口折流板间距。

壳程流体速度的定义需要仔细考虑。当流体从一个折流板（或入口喷嘴）流向下一个折流板（或出口喷嘴）时，横流速度会发生变化。壳程速度通常由最宽点处的速度来定义，最宽点在壳直径上，速度最慢。速度将取决于流体流经的面积。图 12. 15a 显示，最宽点处的横截面积是管束外侧与壳体内侧之间的面积以及管束内两个管之间的面积之和。

A_{CF}＝折流板间距×［管外侧和壳内侧之间的区域+穿过最宽点的管数×管之间的空间］ (F. 25)

式中 A_{CF}——壳程错流区。

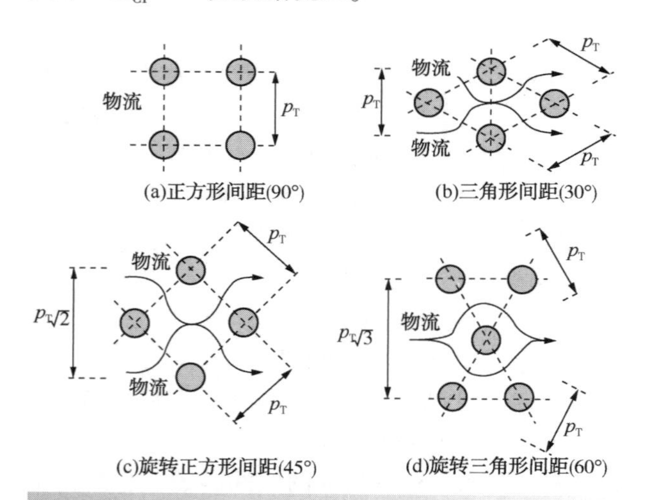

图 F. 2 管路配置

对于管束中各管之间的区域，图 F. 2a 表示流过一个方形间距（90°）布局。对于 90°布局，横截面上的管数为 $\frac{D_B-d_O}{p_T}$ 并且管间的间隙为 (p_T-d_O)。因此，对于 90°布局：

$$A_{CF}=B\left[(D_S-D_B)+\frac{(D_B-d_O)}{P_T}(p_T-d_O)\right] \tag{F. 26}$$

式中 A_{CF}——壳程横流区域；

B——折流板间距；

D_S——壳内径；

D_B——管的外直径；

p_T——管间距；

d_O——管外径。

图 F. 2b 是穿过三角形（30°）的布局。取流通面积为最小流通面积，即最小的 (p_T-d_O) 和 $2\times(p_T-d_O)$，即 (p_T-d_O)。因此，三角形布局的流通面积也由式 F. 26 给出。

图 F. 2c 是穿过旋转正方形（45°）的布局。最小流动面积为 $p_T\sqrt{2}$ 和 $2\times(p_T-d_O)$ 的最小值。对于实际使用的管间距（例如 $p_T=1.25d_O$），最小值是 $2(p_T-d_O)$。因此，对于 45°布局：

$$A_{CF}=B\left[(D_S-D_B)+\frac{(D_B-d_O)}{\sqrt{2}p_T}2(p_T-d_O)\right] \tag{F. 27}$$

最后，图 F. 2d 是穿过一个旋转的三角形（60°）的布局。最小流通面积为最小 $p_T\sqrt{3}$ 和 $2\times(p_T-d_O)$。对于实际使用的管间距，最小为 $2(p_T-d_O)$。因此，对于一个 60°的布局：

$$A_{CF}=B\left[(D_S-D_B)+\frac{(D_B-d_O)}{\sqrt{3}p_T}2(p_T-d_O)\right] \tag{F. 28}$$

结合式 F. 26，式 F. 27 和式 F. 28 可得：

$$A_{CF}=B\left[(D_S-D_B)+\frac{(D_B-d_O)}{p_{CF}p_T}(p_T-d_O)\right] \tag{F. 29}$$

式中 p_{CF}——流向的节距校正系数，

＝1 为 90°和 30°布局，

＝$\sqrt{2}/2$ 为 45°布局，

＝$\sqrt{3}/2$ 为 60°布局。

假定：

$$v_S=\frac{m_S}{\rho A_{CF}} \tag{F. 30}$$

式中 m_S——壳程质量流率。

然后结合式 F.29 和式 F.30 得到：

$$v_S=\frac{m_S}{\rho B\left[(D_S-D_B)+\frac{(D_B-d_O)(p_T-d_O)}{p_{CF}p_T}\right]} \tag{F.31}$$

壳程压降是折流板间距 B 的强度函数，因为壳程流体速度 v_S 与折流板间距 B 成反比，由式 F.21可知，壳程传热系数 h_S 为：

$$h_S=K'_{hS}F_S \tag{F.32}$$

其中

$$K'_{hS}=\frac{0.06207\ F_PF_LJ_Sk^{\frac{2}{3}}(c_P\mu)^{\frac{1}{3}}}{d_O}$$

① 对于 $Re_S\leqslant250$，将式 F.22 代入式 F.32，得到：

$$h_S=K'_{hS}(-5.9969\times10^{-4}Re_S^2+0.6191Re_S+17.793)$$
$$=-5.9969\times10^{-4}K'_{hS}\left(\frac{\rho d_ov_S}{\mu}\right)^2+0.6191K'_{hS}$$
$$+17.793K'_{hS}=K_{hS1}v_S^2+K_{hS2}v_S+K_{hS3} \tag{F.33}$$

其中

$$K_{hS1}=-5.9969\times10^{-4}K'_{hS}\left(\frac{\rho d_O}{\mu}\right)^2$$
$$=-5.9969\times10^{-4}\times\frac{0.06207\ F_PF_LJ_Sk^{\frac{2}{3}}(c_P\mu)^{\frac{1}{3}}}{d_O}\times\left(\frac{\rho d_O}{\mu}\right)^2$$
$$=-3.722\times10^{-5}\frac{F_PF_LJ_Sk^{\frac{2}{3}}c_P^{\frac{1}{3}}\rho^2d_O}{\mu^{\frac{5}{3}}} \tag{F.34}$$

$$K_{hS2}=0.6191K'_{hS}\frac{\rho d_O}{\mu}$$
$$=0.6192\times\frac{0.06207\ F_PF_LJ_Sk^{\frac{2}{3}}(c_P\mu)^{\frac{1}{3}}}{d_O}\times\frac{\rho d_O}{\mu}$$
$$=0.03843\frac{F_PF_LJ_Sk^{\frac{2}{3}}c_P^{\frac{1}{3}}\rho}{\mu^{\frac{2}{3}}} \tag{F.35}$$

$$K_{hS3}=17.793K'_{hS}$$
$$=17.793\times\frac{0.06207\ F_PF_LJ_Sk^{\frac{2}{3}}(c_P\mu)^{\frac{1}{3}}}{d_O}$$
$$=1.104\frac{F_PF_LJ_Sk^{\frac{2}{3}}(c_P\mu)^{\frac{1}{3}}}{d_O} \tag{F.36}$$

② 对于 $250<Re_S\leqslant125,000$，将式 F.23 代入式 F.32，得到：

$$h_S=1.40915K'_{hS}Re_S^{0.6633}B_C^{-0.5053}$$
$$=1.40915K'_{hS}\left(\frac{\rho d_Ov_S}{\mu}\right)^{0.6633}B_C^{-0.5053}$$
$$=K_{hS4}v_S^{0.6633} \tag{F.37}$$

其中

$$K_{hS4}=1.40915K'_{hS}\left(\frac{\rho d_O}{\mu}\right)^{0.6633}B_C^{-0.5053}$$
$$=1.40915\frac{0.06207\ F_PF_LJ_Sk^{\frac{2}{3}}(c_P\mu)^{\frac{1}{3}}}{d_O}\left(\frac{\rho d_O}{\mu}\right)^{0.6633}B_C^{-0.5053}$$
$$=0.08747\frac{F_PF_LJ_Sk^{\frac{2}{3}}c_P^{\frac{1}{3}}\rho^{0.6633}}{\mu^{0.33}d_O^{0.3367}B_C^{0.5053}} \tag{F.38}$$

2）壳程压降。简化 Delaware 法（Kern 和 Kraus，1972）可用于壳程压降的计算。一个壳程侧总压降 ΔP_S 包括壳程直管段的压降 ΔP_{SS} 和喷嘴内的压降（ΔP_{NS}）（Kern and Kraus，1972）。

① 壳程直线段的压降为 $\frac{P_{SS}}{\text{壳程}}$（Wang 等，2012；Kern and Kraus，1972）：

$$\Delta P_{SS}=\Delta P_{SS,20\%}\left(\frac{B_C}{0.2}\right)^{m_{fo}} \tag{F.39}$$

其中

$$\Delta P_{SS,20\%}=(N_B-1)\Delta P_{SB,20\%}+R_S\Delta P_{SB,20\%} \tag{F.40}$$

$$\Delta P_{SB,20\%}=\frac{c_{fS}D_S\rho v_S^2}{2d_e} \tag{F.41}$$

$$R_S=\left(\frac{B}{B_{in}}\right)^{1.8}+\left(\frac{B}{B_{out}}\right)^{1.8} \tag{F.42}$$

$\Delta P_{SS,20\%}$——具有 20% 折流板切割比例壳程直管段的压降；

$\Delta P_{SB,20\%}$——折流板切割比例为 20% 时，一个中间折流板间距区域的压降

m_{fo}——-0.26765 $20\%<B_C\leqslant30\%$；

m_{fo}——-0.36106 $30\%\leqslant B_C<40\%$；

m_{fo}——-0.58171 $40\%\leqslant B_C<50\%$；

N_B——折流板数量；

R_S——折流板间距不等的修正系数；

B_C——折流板切割率，%；

B——中间折流板间距；

B_{in}——进口折流板间距；

B_{out}——出口折流板间距；

D_S——壳内径。

c_{fs}——壳程摩擦系数

$$=144\left[f_1-1.25\left(1-\frac{B}{D_S}\right)(f_1-f_2)\right] \quad (F.43)$$

$$f_1=aRe_{Se}^{-0.125} \quad (F.44)$$

$a=0.008190$ $D_S\leqslant 0.9m$

$a=0.01166$ $D_S>0.9m$

$$f_2=bRe_{Se}^{-0.157} \quad (F.45)$$

$b=0.004049$ $D_S\leqslant 0.9m$

$b=0.002935$ $D_S>0.9m$

$$Re_{Se}=\frac{\rho v_S d_e}{\mu}$$

式中 v_S——壳程流体速度；

d_e——壳程当量直径。

用当量直径计算非圆管的流量，方法与用圆管计算相同。

当量直径定义为：

$$d_e=\frac{4\times 流动面积}{润湿周边} \quad (F.46)$$

对于一个正方形间距(参见图 12.14a)：

$$d_e=\frac{4\times\left(p_T^2-\frac{\pi d_O^2}{4}\right)}{\pi d_O}=\frac{4p_T^2}{\pi d_O}-d_O \quad (F.47)$$

对于三角形间距(参见图 12.14c)：

$$d_e=\frac{4\left(\frac{1}{2}p_T^2\frac{\sqrt{3}}{2}-\frac{1}{2}\frac{\pi d_O^2}{4}\right)}{\frac{\pi d_O}{2}}$$

$$=\frac{2\sqrt{3}p_T^2}{\pi d_O}-d_O \quad (F.48)$$

式 F.47 和式 F.48 可以表示为

$$d_e=C_{De}\frac{p_T^2}{d_O}-d_O \quad (F.49)$$

式中 C_{De}——间距配置因子，

$=\frac{4}{\pi}$为方间距

$=\frac{2\sqrt{3}}{\pi}$为三角形间距

因此，式 F.39 可写成：

$$\Delta P_{SS}=\Delta P_{SS,20\%}\left(\frac{B_C}{20}\%\right)^{m_{fo}}$$

$$=[(N_B-1)\Delta P_{SB,20\%}+R_S\Delta P_{SB,20\%}]\left(\frac{B_C}{0.2}\right)^{m_{fo}}$$

$$=(N_B-1+R_S)\frac{c_{fS}D_S\rho v_S^2}{2d_e}\left(\frac{B_C}{0.2}\right)^{m_{fo}}$$

$$=(N_B-1+R_S)\left\{144\left[f_1-1.25\left(1-\frac{B}{D_S}\right)(f_1-f_2)\right]\right\}\times\frac{D_S\rho v_S^2}{2d_e}\left(\frac{B_C}{0.2}\right)^{m_{fo}}$$

$$=(N_B-1+R_S)\left[36\left(5\frac{B}{D_S}-1\right)aRe_{Se}^{-0.125}+180\left(1-\frac{B}{D_S}\right)bRe_{Se}^{-0.157}\right]\frac{D_S\rho v_S^2}{2d_e}\left(\frac{B_C}{0.2}\right)^{m_{fo}}$$

$$=(N_B-1+R_S)\left[36\left(5\frac{B}{D_S}-1\right)a\left(\frac{\rho v_S d_e}{\mu}\right)^{-0.125}+180\left(1-\frac{B}{D_S}\right)b\left(\frac{\rho v_S d_e}{\mu}\right)^{-0.157}\right]\frac{D_S\rho v_S^2}{2d_e}\left(\frac{B_C}{0.2}\right)^{m_{fo}}$$

$$=36\left(5\frac{B}{D_S}-1\right)(N_B-1+R_S)\frac{aD_S\rho}{2d_e}\left(\frac{B_C}{0.2}\right)^{m_{fo}}\left(\frac{\rho d_e}{\mu}\right)^{-0.125}v_S^{1.875}+180\left(1-\frac{B}{D_S}\right)(N_B-1+R_S)\frac{bD_S\rho}{2d_e}\left(\frac{B_C}{0.2}\right)^{m_{fo}}\left(\frac{\rho d_e}{\mu}\right)^{-0.157}v_S^{1.843}$$

$$=K_{PS1}v_S^{1.875}+K_{PS2}v_S^{1.843} \quad (F.50)$$

其中

$$K_{PS1}=18\left(5\frac{B}{D_S}-1\right)(N_B-1+R_S)\frac{aD_S\rho}{d_e}\left(\frac{B_C}{0.2}\right)^{m_{fo}}\left(\frac{\rho d_e}{\mu}\right)^{-0.125} \quad (F.51)$$

$$K_{PS2}=90\left(1-\frac{B}{D_S}\right)(N_B-1+R_S)\frac{bD_S\rho}{d_e}\left(\frac{B_C}{0.2}\right)^{m_{fo}}\left(\frac{\rho d_e}{\mu}\right)^{-0.157} \quad (F.52)$$

其中

$a=0.008190$ $D_S\leqslant 0.9m$

$a=0.01166$ $D_S>0.9m$

$b=0.004049$ $D_S\leqslant 0.9m$

$b=0.002935$ $D_S>0.9m$

② 每个壳程的进口和出口喷嘴的压强损失 ΔP_{NS}(Serth，2007)：

$$\Delta P_{NS}=\Delta P_{NS,in}+\Delta P_{NS,out}=C_{NS,in}\rho v_{NS,in}^2+C_{NS,out}\rho v_{NS,out}^2 \quad (F.53)$$

其中

$$C_{NS,in}=0.75 \quad 100\leq Re_{NS,in}\leq 2100$$

$$C_{NS,in}=0.375 \quad Re_{NS,in}>2100$$

$$Re_{NS,in}=\frac{\rho\, v_{NS,in}d_{NS,in}}{\mu}$$

$$v_{NS,in}=\frac{m_S}{\rho\left(\frac{\pi\, d_{NS,in}^2}{4}\right)}$$

$d_{NS,in}$=壳程流体入口喷嘴的内径

$$C_{NS,out}=0.75 \quad 100\leq Re_{NS,out}\leq 2100$$

$$C_{NS,out}=0.375 \quad Re_{NS,out}>2100$$

$$Re_{NS,out}=\frac{\rho\, v_{NS,out}d_{NS,out}}{\mu}$$

$$v_{NS,out}=\frac{m_S}{\rho(\pi\, d_{NS,out}^2/4)}$$

$d_{NS,out}$=壳侧流体出口喷嘴的内径

因此，每个壳侧的总压降为：

$$\begin{aligned}\Delta P_S&=\Delta P_{SS}+\Delta P_{NS}\\&=K_{PS1}v_S^{1.875}+K_{PS2}v_S^{1.843}+C_{NS,in}\rho\, v_{NS,in}^2+C_{NS,out}\rho\, v_{NS,out}^2\\&=K_{PS1}v_S^{1.875}+K_{PS2}v_S^{1.843}+K_{PS3}\end{aligned} \quad (F.54)$$

其中

$$K_{PS3}=\rho(C_{NS,in}v_{NS,in}^2+C_{NS,out}v_{S,out}^2) \quad (F.55)$$

对于具有多个串联壳程的换热器，壳侧流体的总压降由每个壳程的压降和串联壳程数压降的乘积估算：

$$\Delta P_{S,N_{SHELLS}}=N_{SHELLS}\Delta P_S \quad (F.56)$$

式中　$\Delta P_{S,N_{SHELLS}}$——壳程总压降；

ΔP_S——每个壳程的压降，由式F.54得到；

N_{SHELLS}——串联连接的壳数。

对于具有多个壳程并联的换热器，壳侧流体的总压降等于单个壳程的压降 ΔP_S。

参 考 文 献

Ayub ZH (2005) A New Chart Method for Evaluating Single-Phase Shell Side Heat Transfer Coefficient in a Single Segmental Shell and Tube Heat Exchanger, *Appl Therm Eng*, **25**: 2412.

Bhatti MS and Shah RK (1987) Turbulent and Transition Convective Heat Transfer in Ducts. In: Kakac S, Shah RK and Aung W (eds.), *Handbook of Single-Phase Convective Heat Transfer*, John Wiley & Sons, Chapter 4.

Hewitt GF (1998) *Handbook of Heat Exchanger Design*, Begell House Inc.

Kern DQ and Kraus AD (1972) *Extended Surface Heat Transfer*, McGraw-Hill, New York.

Kraus AD, Welty JR, Aziz A (2011) *Introduction to Thermal and Fluid Engineering*, CRC Press.

Serth RW (2007) Design of shell-and-tube heat exchangers. In: Serth RW (ed.), *Process Heat Transfer: Principles and Applications*, Burlington Academic Press, Chapter 5.

Wang YF, Pan M, Bulatov I, Smith R and Kim JK (2012) Application of intensified heat transfer for the retrofit of heat exchanger network, *Appl Energy*, **89**: 45.

附录 G　气体压缩理论

G.1　往复式压缩机的建模

压缩气体的机械功是作用在气体上的外力与力移动距离的乘积。考虑一个具有截面面积 A 的气缸，它包含一个被活塞压缩的气体。施加在气体上的力是压强(单位面积的力)和活塞面积 A 的乘积。活塞移动的距离是气缸的体积 V 除以面积 A。因此：

$$W=\int_{V_1}^{V_2}PA\mathrm{d}\left(\frac{V}{A}\right)=\int_{V_1}^{V_2}P\mathrm{d}V \qquad (G.1)$$

式中　W——气体压缩功；

P——气体压强；

V——气体体积；

A——气缸和活塞的面积。

对于气体压缩，最终体积 V_2 小于初始体积 V_1，压缩功为负值。对于膨胀过程，压缩功是正值。压缩机通过做功为气体增加能量。图 G.1 显示了一个简单的理想压缩过程。将气体从压强 P_1 和体积 V_1 压缩至压强 P_2 和体积 V_2 时，式 G.1 中定义的功为图中的面积。通过考虑图 G.1 中的面积，可以将式 G.1 中的积分从 V 积分转换为 P 积分：

$$\begin{aligned}W&=\int_{V_1}^{V_1}P\mathrm{d}V\\&=-\int_{V_2}^{V_1}P\mathrm{d}V\\&=-\left[\int_{P_1}^{P_2}V\mathrm{d}P-P_2V_2+P_1V_1\right]\\&=P_2V_2-P_1V_1-\int_{P_1}^{P_1}V\mathrm{d}P\end{aligned} \qquad (G.2)$$

所以：

$$\int_{V_t}^{V_2}P\mathrm{d}V+P_1V_1-P_2V_2=-\int_{P_1}^{P_2}V\mathrm{d}P \qquad (G.3)$$

在此阶段，压缩过程被认为是无摩擦的。

为了计算式 G.1 中的积分，需要知道沿压缩路径的每个点处的压强。原则上，压缩可以在等温或绝热条件下进行。大多数压缩过程在接近绝热条件下进行。理想气体沿热力学可逆(等熵)路径的绝热压缩可表示为(Hougen，Watson and Ragatz，1959，Coull 和 Stuart，1964)：

$$PV^{\gamma}=常数 \qquad (G.4)$$

式中　$\gamma=C_P/C_V$；

C_P——恒压热容；

C_V——恒容热容。

根据绝热理想气体(等熵)压缩的方程式 G.4：

$$\frac{P_1}{P_2}=\left(\frac{V_2}{V_1}\right)^{\gamma} \qquad (G.5)$$

式中　P_1，P_2——初始和最终压强；

V_1，V_2——初始和最终体积。

一般理想气体绝热(等熵)压缩过程如下所示：

$$P=\frac{P_1V_1^{\gamma}}{V^{\gamma}} \qquad (G.6)$$

其中 P 和 V 是压强和体积，从 P_1 和 V_1 的初始条件开始。将式 G.6 代入式 G.1，得出：

$$\begin{aligned}W&=P_1V_1^{\gamma}\int_{V_1}^{V_2}\left(\frac{1}{V^{\gamma}}\right)\mathrm{d}V\\&=P_1V_1^{\gamma}\left[-\frac{1}{(\gamma-1)V^{\gamma-1}}\right]_{V_1}^{V_2}\\&=\frac{P_1V_1}{\gamma-1}\left[1-\left(\frac{V_1}{V_2}\right)^{\gamma-1}\right]\end{aligned} \qquad (G.7)$$

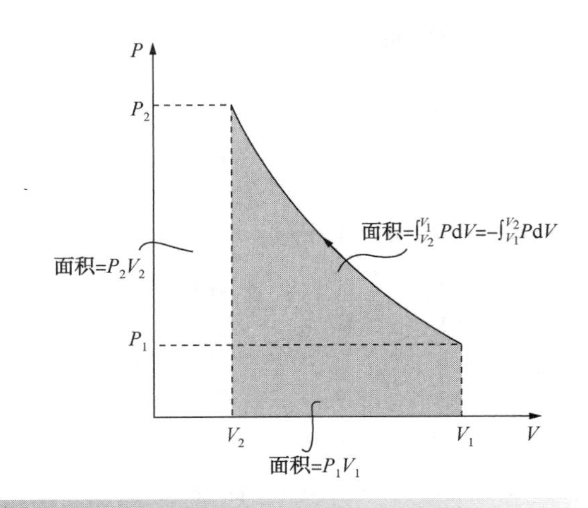

图 G.1　简单理想压缩过程

结合式 G.7 和式 G.5 得出：

$$W=\frac{P_1V_1}{\gamma-1}\left[1-\left(\frac{P_2}{P_1}\right)^{(\gamma-1)/\gamma}\right] \tag{G.8}$$

式 G.8 仅考虑伴随状态变化的功。在往复式压缩机中，这些变化只是一个变化周期中的一个步骤。图 G.2 表示理想往复式压缩机气缸内气体的压强和体积变化。

在图 G.2 中的点 1 和点 2 之间，进气阀和排气阀关闭，气缸中的气体从 P_1压缩到 P_2。当压强达到 P_2时，排气阀打开，气体从图 G.2 中点 2 和点 3 之间的气缸中排出。在第 3 点和第 4 点之间，进气阀和排气阀关闭，气缸中剩余的气体膨胀至 P_1的进气压强。在点 4 和点 1 之间，进气阀打开，吸气冲程在压强 P_1下将气体吸入气缸。循环的总功是四个步骤的功之和。压缩所需的功通常称为轴功。因此：

$$W_S=W_{12}+W_{23}+W_{34}+W_{41} \tag{G.9}$$

其中

$$W_{12}=\int_{V_1}^{V_2}P\mathrm{d}V$$

$$W_{23}=\int_{V_2}^{V_3}P\mathrm{d}V=P_3V_3-P_2V_2$$

$$W_{34}=\int_{V_3}^{V_4}P\mathrm{d}V$$

$$W_{41}=\int_{V_4}^{V_1}P\mathrm{d}V=P_1V_1-P_4V_4$$

代入式 G.9 中，得出：

$$W_S=\int_{V_1}^{V_2}P\mathrm{d}V+P_3V_3-P_2V_2+\int_{V_3}^{V_4}P\mathrm{d}V+P_1V_1-P_4V_4$$

$$=\left[\int_{V_1}^{V_2}P\mathrm{d}V+P_1V_1-P_2V_2\right]+\left[\int_{V_3}^{V_4}P\mathrm{d}V+P_3V_3-P_4V_4\right] \tag{G.10}$$

结合式 G.10 和式 G.3 得出：

$$W_S=-\int_{P_1}^{P_2}V\mathrm{d}P-\int_{P_3}^{P_4}V\mathrm{d}P$$

$$=-\int_{P_1}^{P_2}V\mathrm{d}P+\int_{P_4}^{P_3}V\mathrm{d}P \tag{G.11}$$

对于绝热理想气体(等熵)压缩或膨胀：

$$\int_{P_1}^{P_2}V\mathrm{d}P=P_1^{1/\gamma}V_1\int_{P_1}^{P_2}\left(\frac{1}{P^{1/\gamma}}\right)\mathrm{d}P$$

$$=P_1^{1/\gamma}V_1\left[-\frac{1}{\left(\frac{1}{\gamma}-1\right)P^{1/(\gamma-1)}}\right]_{P_1}^{P_2}$$

$$=\frac{\gamma}{1-\gamma}P_1V_1\left[1-\left(\frac{P_2}{P_1}\right)^{(\gamma-1)/\gamma}\right] \tag{G.12}$$

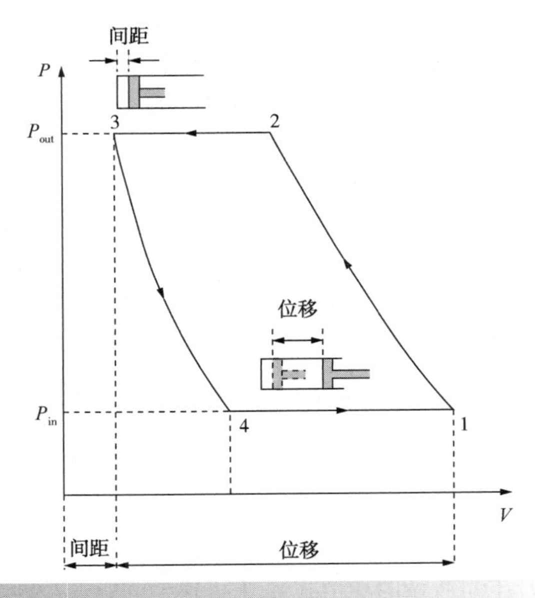

图 G.2　理想单级往复式气体压缩机

因此，由式 G.11 和式 G.12 得：

$$W_S=-\frac{\gamma}{1-\gamma}P_1V_1\left[1-\left(\frac{P_2}{P_1}\right)^{(\gamma-1)/\gamma}\right]+\frac{\gamma}{1-\gamma}P_4V_4\left[1-\left(\frac{P_3}{P_4}\right)^{(\gamma-1)/\gamma}\right] \tag{G.13}$$

假设$P_1=P_4=P_{in}$，$P_2=P_3=P_{out}$和 $(V_1-V_4)=V_{in}$：

$$W_S=\left(\frac{\gamma}{\gamma-1}\right)P_{in}V_{in}\left[1-\left(\frac{P_{out}}{P_{in}}\right)^{(\gamma-\frac{1}{\gamma})}\right] \quad (G.14)$$

式 G. 14 是理想绝热(等熵)压缩所需要的功。为了解决压缩过程中的低效问题，我们引入了等熵压缩效率(见图 13. 18)：

$$W=\left(\frac{\gamma}{\gamma-1}\right)\frac{P_{in}V_{in}}{\eta_{IS}}\left[1-\left(\frac{P_{out}}{P_{in}}\right)^{(\gamma-\frac{1}{\gamma})}\right] \quad (G.15)$$

式中 W——气体压缩所需的功，J；

P_{in}, P_{out}——进出口压强，$N \cdot m^2$；

V_{in}——入口气体体积，m^3

η_{IS}——等熵效率；

γ——热容比C_P/C_V。

将 V_{in} 表示为单位体积流量产生单位 W(瓦特)的值。

G. 2 动态压缩机的建模

不像往复式压缩机，动态压缩机涉及一个恒定的流量通过压缩机。还需考虑类似于往复式压缩机的理想压缩机在理想压缩机中的绝热压缩。体积 V_1 的气体流入压缩机。气体进入系统需要 W_1 的压缩功。施加在气体上的恒力为 P_1A_1，其中 A_1 为进气管的横截面积。气体进入系统时，通过的距离是 $-V_1/A_1$。$-V_1/A_1$ 是环境作用于系统的力。

因此：

$$W_1=P_1A_1\left(-\frac{V_1}{A_1}\right)=-P_1V_1 \quad (G.16)$$

同样，对于压缩机的出口，系统必须对周围环境做功，使气体排出，从而：

$$W_2=P_2V_2 \quad (G.17)$$

压缩所做的功由式 G. 1 描述。

因此：

$$\int_{V_1}^{V_2}P\mathrm{d}V=W_S+W_1+W_2 \quad (G.18)$$

将式 G. 16 和式 G. 17 代入式 G. 18：

$$\int_{V_1}^{V_2}P\mathrm{d}V=W_S-P_1V_1+P_2V_2 \quad (G.19)$$

重新整理式 G. 19：

$$W_S=\int_{V_1}^{V_2}P\mathrm{d}V+P_1V_1-P_2V_2 \quad (G.20)$$

由式 G. 3 可知：

$$W_S=-\int_{P_1}^{P_2}V\mathrm{d}P \quad (G.21)$$

对于绝热理想气体压缩，由式 G. 12：

$$W_S=\frac{\gamma}{\gamma-1}P_{in}V_{in}\left[1-\left(\frac{P_{out}}{P_{in}}\right)^{(\gamma-1)/\gamma}\right] \quad (G.22)$$

引入等熵压缩效率得到：

$$W=\left(\frac{\gamma}{\gamma-1}\right)\frac{P_{in}V_{in}}{\eta_{IS}}\left[1-\left(\frac{P_{out}}{P_{in}}\right)^{(\gamma-1)/\gamma}\right] \quad (G.23)$$

式 G. 23 与式 G. 15 中往复式压缩机的结果相同。在往复式压缩机中，循环的净效率是一个流动过程，即使有间歇性的非流动步骤。将 V_{in} 表示为单位体积流量产生单位 W(瓦特)的值。

G. 3 压缩状态

如果单级气体压缩的温度升高得无法接受，则整个压缩可以分解为若干级，并进行中间冷却。考虑一种两级压缩，其中中间气体被冷却到初始温度。理想气体的两段绝热气体压缩的总功为：

$$W_S=\frac{\gamma}{\gamma-1}P_1V_1\left[1-\left(\frac{P_2}{P_1}\right)^{(\gamma-1)/\gamma}\right]+\frac{\gamma}{\gamma-1}P_2V_2\left[1-\left(\frac{P_3}{P_2}\right)^{(\gamma-1)/\gamma}\right] \quad (G.24)$$

式中 P_1，P_2，P_3——初始、中间和终压；

V_1，V_2——初始和中间气体体积。

对于中间冷却到初始温度的理想气体：

$$P_1V_1=P_2V_2 \quad (G.25)$$

结合式 G. 24 和式 G. 25：

$$W_S=\frac{\gamma}{\gamma-1}P_1V_1\left[2-\left(\frac{P_2}{P_1}\right)^{(\gamma-1)/\gamma}-\left(\frac{P_3}{P_2}\right)^{(\gamma-1)/\gamma}\right] \quad (G.26)$$

可以选择中间压强 P_2，使压缩的总功最小。因此：

$$\frac{\mathrm{d}W_S}{\mathrm{d}P_2}=0=\frac{\gamma}{\gamma-1}P_1V_1\left[-\left(\frac{1}{P_1}\right)^{(\gamma-1)/\gamma}\left(\frac{\gamma-1}{\gamma}\right)P_2^{-1/\gamma}+P_3^{(\gamma-1)/\gamma}\left(\frac{\gamma-1}{\gamma}\right)P_2^{(1-2\gamma)/\gamma}\right] \quad (G.27)$$

将式 G. 27 化简整理得到：

$$P_2^{(2\gamma-2)/\gamma}=(P_1P_3)^{(\gamma-1)/\gamma}$$

或

$$P_2=\sqrt{P_1P_3} \quad (G.28)$$

通过式 G. 28 得到：

$$\frac{P_2}{P_1}=\frac{P_3}{P_2}=\left(\frac{P_3}{P_1}\right)^{1/2} \qquad (G.29)$$

因此，对于最小的轴功，每个阶段应该有相同的压缩比，等于总压缩比的平方根。由式 G. 24 得出的结论是，给定理想气体的 $P_1V_1=P_2V_2$，如果每一级的压强比相同，那么每一级的输入功率也相同。总之，对于分阶段压缩，如果气体是理想气体，当中间冷却到入口温度且中间冷却器无压降时，那么对于最低总功率输入，每级的压降相同，每级的输入功率相同。这个结果很容易扩展到 N 级压缩。当各阶段压缩比相等时，功最小：

$$\frac{P_2}{P_1}=\frac{P_3}{P_2}=\frac{P_4}{P_3}=\cdots=r \qquad (G.30)$$

其中 r=压缩比

因为

$$\left(\frac{P_2}{P_1}\right)\left(\frac{P_3}{P_2}\right)\left(\frac{P_4}{P_3}\right)=\cdots=r^N=\frac{P_{N+1}}{P_1} \qquad (G.31)$$

N 级最小功的压强比为：

$$r=\sqrt[N]{\frac{P_{out}}{P_{in}}} \qquad (G.32)$$

得到 N 级的总轴功：

$$W_S=\frac{\gamma}{\gamma-1}P_{in}V_{in}N[1-(r)^{(\gamma-1)/\gamma}] \qquad (G.33)$$

引入等熵压缩效率得到：

$$W=\frac{\gamma}{\gamma-1}\frac{P_{in}V_{in}N}{\eta_{IS}}[1-(r)^{(\gamma-1)/\gamma}] \qquad (G.34)$$

对应的多级压缩方程为：

$$W=\frac{n}{n-1}\frac{P_{in}V_{in}N}{\eta_P}[1-(r)^{(n-1)/n}] \qquad (G.35)$$

现在考虑一种两级压缩，其中中间气体被冷却到一个定义的温度 T_2，不同于入口温度 T_1，并且在中间冷却器 ΔP_{INT} 上有压降。设 T_2 和 P_2 是中间冷却器的出口温度和压强。对于理想气体：

$$P_2V_2=\frac{T_2}{T_1}P_1V_1 \qquad (G.36)$$

将式 G. 36 代入式 G. 24，考虑中间冷却器内压降，得到：

$$W_S=\frac{\gamma}{\gamma-1}P_1V_1\left[1-\left(\frac{P_2+\Delta P_{INT}}{P_1}\right)^{(\gamma-1)/\gamma}\right]+\frac{\gamma}{\gamma-1}\left(\frac{T_2}{T_1}\right)P_1V_1\left[1-\left(\frac{P_3}{P_2}\right)^{(\gamma-1)/\gamma}\right] \qquad (G.37)$$

对中间压强 P_2（假设 T_2 为常数）求导得到：

$$\frac{dW_S}{dP_2}=0=\frac{\gamma}{\gamma-1}P_1V_1\left[-\left(\frac{1}{P_1}\right)^{(\gamma-1)/\gamma}\left(\frac{\gamma-1}{\gamma}\right)(P_2+\Delta P_{INT})^{-1/\gamma}+\frac{T_2}{T_1}P_3(\gamma-1)/\gamma\left(\frac{\gamma-1}{\gamma}\right)P_2^{(1-2\gamma)/\gamma}\right] \qquad (G.38)$$

通过式 G. 38 得到：

$$\frac{P_2^{2\gamma-1}}{(P_2+\Delta P_{INT})}=\left(\frac{T_2}{T_1}\right)^{\gamma}(P_1P_3)^{\gamma-1} \qquad (G.39)$$

当 $\Delta P_{INT}=0$，$T_2=T_1$ 时，式 G. 39 简化为式 G. 28。式 G. 39 预测了压缩理想气体的最小轴功的中间压强。在式 G. 39 中，用 n 代替 γ 得出了相应的多级压缩表达式。需要注意的是，如果中间冷却没有回到原来的入口温度，并且中冷器中有压降，那么式 G. 32 不能预测最小功耗的压强比。实际上，这通常是通过将计算分解为不同的压缩级，并适当考虑级之间的温度和压降变化来实现的。然而，压缩对整个轴功率的影响对这些影响不敏感。

参　考　文　献

Coull J and Stuart EB (1964) *Equilibrium Thermodynamics*, John Wiley & Sons.

Hougen OA, Watson KM and Ragatz RA (1959) *Chemical Process Principles. Part II Thermodynamics*, John Wiley & Sons.

附录 H　以换热网络面积为目标的算法

图 H.1 所示为垂直焓间隔的复合曲线。图 H.1 中表示了一个焓间隔的热交换网络，它将满足所有的加热和冷却要求。图 H.1 所示的焓间隔网络是网格图形式。热流在顶部，从左向右流动。冷流在底部，从右向左流动。热交换匹配是用一条垂直线连接被匹配流上的两个圆来表示。图 H.1 所示的网络布局使每个匹配都经历 ΔT_{LM} 的间隔。网络还使用最小匹配数($S-1$)。这样的网络可以存在任何间隔，只要在该间隔内的每个匹配：

① 完全满足流体在这段间隔内的焓变

② 在复合曲线之间达到相同的 CP_s 比例(必要时采用分流)。

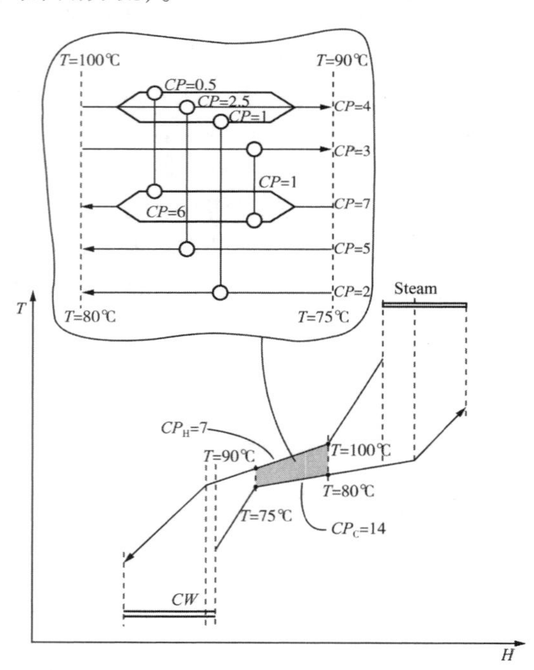

图 H.1　在每个焓间隔内，都可以设计一个具有($S-1$)匹配的网络
(转载自 Ahmad S and Smith R，1989，IChemE ChERD，67：48，by permission of the Institution of Chemical Engineers)

由于每个这样的匹配都被连续地置于间隔中，因此可以实现最小的匹配数，因为可以少匹配一个物流，并且剩余流的 CP 比(即间隔内剩余流 ΣCP_H 和 ΣCP_C 的比率)仍然满足复合曲线之间的 CP 比。

因此，始终可能实现 $S-1$ 匹配的间隔设计，每个匹配都使用该间隔的对数平均温差运行。

现在考虑焓间隔 k 所需要的换热面积，在这个换热面积中，允许单个匹配之间的总换热系数变化：

$$A_k = \frac{1}{\Delta T_{LM_k}} \sum_{ij} \frac{Q_{ij,k}}{U_{ijk}} \qquad (H.1)$$

式中　A_k——基于焓间隔 k 的垂直换热网络面积；

ΔT_{LM_k}——对数焓间隔 k 的平均温差；

$Q_{ij,k}$——热流 i 和冷流 j 在焓间隔 k 内匹配的热负荷；

$U_{ij,k}$——热流 i 和冷流 j 在焓间隔 k 内的总换热系数。

引入单个膜传递系数：

$$A_k = \frac{1}{\Delta T_{LM_k}} \sum_{ij} Q_{ij,k}\left(\frac{1}{h_i} + \frac{1}{h_j}\right) \qquad (H.2)$$

其中 h_i，h_j 为热流 i 和冷流 j 的膜传递系数(包括壁阻和污垢热阻)。从方程 H.2 得：

$$A_k = \frac{1}{\Delta T_{LM_k}}\left(\sum_{ij} \frac{Q_{ij,k}}{h_i} + \sum_{ij} \frac{Q_{ij,k}}{h_j}\right) \qquad (H.3)$$

由于焓间隔 k 处于热平衡状态，那么将与热流 i 匹配的冷流整体相加，得到热流 i 的流量负荷：

$$\sum_{j}^{J} Q_{ij,k} = q_{i,k} \qquad (H.4)$$

式中　$q_{i,k}$——热流 i 在焓间隔 k 中的流量负荷；

J——焓间隔 k 内冷流的总数。

同样，将与冷流 i 匹配的热流整体相加，得

到冷流 j 的流量负荷：

$$\sum_{i}^{I} Q_{ij,k} = q_{j,k} \tag{H.5}$$

其中 $q_{j,k}$——冷流 j 在焓间隔 k 中的流量占空比

I——焓间隔 k 中热流的总数

因此，由式 H.4：

$$\sum_{ij} \frac{Q_{ij,k}}{h_i} = \sum_{i}^{I} \frac{q_{i,k}}{h_i} \tag{H.6}$$

由式 H.5：

$$\sum_{ij} \frac{Q_{ij,k}}{h_j} = \sum_{j}^{J} \frac{q_{j,k}}{h_j} \tag{H.7}$$

将这些表达式代入式 H.3，得到：

$$A_k = \frac{1}{\Delta T_{\mathrm{LM}_k}}\left(\sum_{i}^{I} \frac{q_{i,k}}{h_i} + \sum_{j}^{J} \frac{q_{j,k}}{h_j}\right) \tag{H.8}$$

把这个方程推广到复合曲线的所有焓间隔，得到

$$A_{\text{换热网络}} = \sum_{k}^{\text{间隔}K} \frac{1}{\Delta T_{\mathrm{LM}_k}}\left(\sum_{i}^{\text{热物流}I} \frac{q_{i,k}}{h_i} + \sum_{j}^{\text{冷物流}J} \frac{q_{j,k}}{h_j}\right) \tag{H.9}$$

H